“十二五”国家重点图书出版规划项目

石油化工设备设计手册

（上册）

刘家明　主　编

赖周平　张迎恺　蒋荣兴　副主编

中国石化出版社

内 容 提 要

本手册为“十二五”国家重点图书出版规划项目。手册编写人员，都是石油化工设备设计领域的专家，具有较高的理论水准和丰富的实践经验，代表了当前国内石化设备设计的最高水平。

手册共分九篇，包括基础知识、材料与焊接、压力容器、塔器、换热器、空冷器、储罐、分离设备和电脱盐设备等。手册的内容反映了我国石油化工设备设计的最新进展，具有科学性、先进性和实用性。本手册是一部大型工具书，也是一部技术专著，总结了我国石油化工设备设计的理论和实践经验，具有较高的理论水平和专业实践经验。

本手册的读者对象主要是从事石油化工设备设计和管理的工程技术人员，同时也可作为高等院校石油化工专业及相关专业师生的参考资料。

图书在版编目(CIP)数据

石油化工设备设计手册 /刘家明主编. —北京：中国石化出版社，2012.3
ISBN 978-7-5114-1220-1

Ⅰ. 石… Ⅱ. 刘… Ⅲ. ①石油化工设备-设计-手册 Ⅳ. ①TE960.2-62

中国版本图书馆 CIP 数据核字(2011)第 196918 号

中国石化出版社出版发行
地址：北京市东城区安定门外大街 58 号
邮编：100011　电话：(010)84271850
读者服务部电话：(010)84289974
http://www.sinopec-press.com
E-mail:press@sinopec.com
北京科信印刷有限公司印刷
全国各地新华书店经销

*

787×1092 毫米 16 开本 158.5 印张 4024 千字
2013 年 1 月第 1 版　2013 年 1 月第 1 次印刷
定价：498.00 元(上、下册)

序

随着我国石油化工事业的迅猛发展，我国石油化工设备技术也取得了巨大进步，出现了大量新工艺、新技术、新材料和新设备。为适应石油化工装备技术的发展，中国石化出版社适时提出《石油化工设备设计手册》编撰意见，中国石化工程建设有限公司承担了此手册的编写工作，中石化洛阳石化工程公司、中国石化茂名分公司的专家参加了编写工作。

石油化工设备是完成石油化工工艺过程的物质基础，操作条件苛刻、种类繁多、科技含量高、涉及面广，包括高耸入云的塔器、高压反应器、高效换热器、容器，以及大型储罐等。中国石化工程建设有限公司在近六十年的石油化工设备设计过程中，不但满足了国内石油化工工业发展的需要，而且还培养了一大批从事石油化工设备设计的专门人才，在实践中积累了丰富的经验，形成了一整套石油化工设备设计的程序、理论和方法。

中国石化集团公司副总工程师、中石化工程(集团)股份有限公司总经理刘家明同志主编的《石油化工设备设计手册》是一部大型工具书，全书包括基础理论知识、材料选用、各种单元设备的设计原理、设计方法和实例，集中体现了我国石油化工设备领域几十年的科研成果和经验积累。

《石油化工设备设计手册》的出版发行是值得庆贺的事情。编撰出版这一大型工具书，为规范本行业的设计方法，对本行业的设备设计将有很大指导意义，对石油化工设备技术水平和管理水平的提高也必将起到重要的促进作用，也为我国广大从事石油化工设备设计和管理的科技人员，以及石油化工院校师生提供了一部很有价值的工具书。

在《石油化工设备设计手册》即将付印之际，对为该手册编撰工作付出辛勤劳动的专家们表示衷心的祝贺和感谢。

2012年12月

前 言

改革开放30多年来，我国石油化工工业得到了迅猛的发展。截至2011年底，我国的炼油加工能力达到了5.7亿吨/年，乙烯生产能力达到了1500万吨/年，炼油、乙烯能力均已位居世界第二位。作为石油化工的基础，石油化工设备技术得到了迅速的发展，石油化工设备设计、制造技术接近了世界先进水平。为了总结石油化工设备的设计经验，推进这一行业的技术进步，在中国石化出版社的组织下，2003年3月在中国石化工程建设有限公司召开了编写启动会议。时任中国石化股份有限公司高级副总裁王天普同志亲临现场作了重要讲话，提出《石油化工设备设计手册》的编写和出版是集团公司的一份重要的知识产权，要全面总结我国石油化工设备设计的理论和实践，并要求全体参编人员发扬石油行业吃苦耐劳和勇于奉献精神，克服困难，尽早完成任务。中国石化工程建设有限公司按天普同志的指示，要求参编人员细致严谨，认真总结，高标准、高质量完成任务，同时实现本手册顾问徐承恩院士提出的“体现最新的科技进步、最新的技术发展，集权威性和实用性于一体”的目标。

参加编撰的人员都是本行业的专家，具有较高的理论水平和丰富的实践经验。经过认真的撰写、多次的讨论、评审，手册最终圆满完稿。

手册共分九篇，包括基础知识、材料、压力容器、塔器、换热器、空冷器、储罐、分离设备和电脱盐设备等。手册的内容反映了我国石油化工设备设计的最新进展，具有科学性、先进性和实用性，代表了当前国内的最高水平。这是一部大型工具书，也是一部技术专著，总结了我国石油化工设备设计的理论和实践经验，具有较高的理论水平和专业实践经验，对提高专业人员的专业设计水平将会起到积极的作用。手册的读者对象主要是从事石油化工设备设计和管理的工程技术人员，同时也可作为在校石油化工专业师生的参考资料。

手册的编写过程由于工作繁忙，加之内容繁杂，虽经多次审查，难免会有不妥之处，敬请广大读者批评指正。

中国石化集团公司王天普总经理在百忙之中为本手册作序，为此我代表编写人员表示衷心的感谢。同时也对大力支持本手册编写的中石化洛阳石化工程公司和中国石化股份有限公司茂名分公司致谢。

2012年12月

《石油化工设备设计手册》编委会名单

目　录
（上册）

第一篇　基础资料

第一章　符　号

第二章　气象和地震资料

第三章　常用介质及材料的特性

第四章　法定计量单位

第五章 常用单位换算

第六章 常用几何体特性

第七章 螺纹零件结构要素

第八章　常用紧固件及管件

第九章　常用计算公式

第十章　常用国内外标准

第十一章　其他

第二篇　金属材料

第一章　基础知识

第二章　金属材料的性能

第三章 碳素结构钢和低合金钢

第四章 不锈钢和耐蚀合金

第五章 压力容器用钢

第六章 非铁金属材料

第七章 材料的测试与分析

第八章 金属材料的焊接

第三篇 石油化工装置设备的腐蚀与防护

第一章 石油化工设备常见的腐蚀损伤和失效机理

第二章 石油化工装置设备的材料选择和防腐措施

第三章 腐蚀监控

第四篇 压力容器

第一章 概述

第二章 压力容器用钢

第三章 内压薄壁容器的设计计算

第四章 外压容器

第五章 压力容器的疲劳设计

第六章 开孔及开孔补强

第七章 法兰连接的设计计算

第八章 塔式容器

第九章 卧式容器

第十章 压力容器的耐压试验

第十一章 几种大型压力容器

第十二章 压力容器的涂敷与运输包装

附录 A 敞口矩形容器的设计

(下册)

第五篇 换 热 器

第一章 概述

第二章 管壳式换热器的传热计算

第三章 管壳式换热器的结构设计

第四章 管壳式换热器的制造、检验和验收

第五章 管壳式换热器的压力试验、运输包装和安装

第六章 管壳式换热器的维护与检修

第六篇 空气冷却器

第一章 概述

第二章 总体设计

第三章 空气冷却器的传热与流动阻力

第四章 空冷器管束

第五章 风机

第六章 空冷器的设计步骤和计算实例

第七章 构架

第八章 百叶窗

第九章 空气冷却器的安装、操作、维护

第十章 现场测试方法

第七篇 储 罐

第一章 概述

第二章 立式储罐设计的通用规定

第三章 固定顶储罐

第四章 浮顶储罐

第五章 内浮顶储罐

第六章 球形储罐

第七章 气柜

第八章 低温储罐

第九章 储罐和气柜的防腐蚀

第十章 储罐的建造

第十一章 油品储罐的日常维护

第八篇 分离设备

第一章 流化床用旋风分离器

第二章 翼阀

第三章 提升管末端快分系统

第四章 第三级旋风分离器

第五章 气液分离器

第九篇　电脱盐及其他设备

第一章　电脱盐设备

第二章　污水处理设备

第三章　循环水冷却塔

第四章　蒸汽喷射式抽空器

第五章　隔热耐磨混凝土衬里

第一篇　基础资料

第一章 符 号

1.1 汉语拼音字母

表 1.1-1 汉语拼音字母

大写	小写	汉字注音	大写	小写	汉字注音	大写	小写	汉字注音
A	a	啊	J	j	基	S	s	思
B	b	玻	K	k	科	T	t	特
C	c	雌	L	l	勒	U	u	乌
D	d	得	M	m	摸	V	v	物诶
E	e	鹅	N	n	讷	W	w	蛙
F	f	佛	O	o	喔	X	x	希
G	g	哥	P	p	坡	Y	y	呀
H	h	喝	Q	q	欺	Z	z	资
I	i	衣	R	r	日			

注：1. 字母的手写体依照拉丁字母的一般书写习惯。

2. 名称栏内的汉字注音是按普通话的近似音，二字以上的要连续读。

3. "V"只用来拼写外来语、少数民族语言和方言。

1.2 拉丁字母

表 1.2-1 拉丁字母

正体		斜体		名称(汉语拼音注音)	正体		斜体		名称(汉语拼音注音)	正体		斜体		名称(汉语拼音注音)
大写	小写	大写	小写		大写	小写	大写	小写		大写	小写	大写	小写	
A	a	*A*	*a*	a	J	j	*J*	*j*	jie	S	s	*S*	*s*	es
B	b	*B*	*b*	be	K	k	*K*	*k*	ke	T	t	*T*	*t*	te
C	c	*C*	*c*	ce(ke)	L	l	*L*	*l*	el	U	u	*U*	*u*	wu
D	d	*D*	*d*	de	M	m	*M*	*m*	em	V	v	*V*	*v*	ve
E	e	*E*	*e*	e	N	n	*N*	*n*	ne	X	x	*X*	*x*	xi
F	f	*F*	*f*	ef	O	o	*O*	*o*	o	Y	y	*Y*	*y*	ya
G	g	*G*	*g*	ge	P	p	*P*	*p*	pe	Z	z	*Z*	*z*	ze
H	h	*H*	*h*	ha	Q	q	*Q*	*q*	qiu					
I	i	*I*	*i*	yi	R	r	*R*	*r*	ar					

注：我国在机电工程方面习惯采用英语读音。

1.3　希腊字母

表 1.3－1　希腊字母

正体		斜体		名称（汉语拼音注音）	正体		斜体		名称（汉语拼音注音）	正体		斜体		名称（汉语拼音注音）
大写	小写	大写	小写		大写	小写	大写	小写		大写	小写	大写	小写	
Α	α	*Α*	*α*	alfa	Ι	ι	*Ι*	*ι*	yota	Ρ	ρ	*Ρ*	*ρ*	rou
Β	β	*Β*	*β*	bita	Κ	k, κ	*Κ*	*κ*	kapa	Σ	σ	*Σ*	*σ*	sigma
Γ	γ	*Γ*	*γ*	gama	Λ	λ	*Λ*	*λ*	lamda	Τ	τ	*Τ*	*τ*	tao
Δ	δ	*Δ*	*δ*	delta	Μ	μ	*Μ*	*μ*	miu	r	υ	*Υ*	*υ*	yupsilon
Ε	Ε, ε	*Ε*	*ε*	epsilon	Ν	ν	*Ν*	*ν*	niu	Φ	ϕ, φ	*Φ*	*ϕ, φ*	fai
Ζ	ζ	*Ζ*	*ζ*	zita	Ε	ξ	*Ξ*	*ξ*	ksai	Χ	χ	*Χ*	*χ*	hai
Η	η	*Η*	*η*	yita	Ο	ο	*Ο*	*ο*	omikron	Ψ	ψ	*Ψ*	*ψ*	psai
Θ	θ, ϑ	*Θ*	*θ*	sita	Π	π	*Π*	*π*	pai	Ω	ω	*Ω*	*ω*	omiga

1.4　数学符号

表 1.4－1　数学符号

1. 杂类符号

符号	应用	意义或读法
$=$	$a=b$	a 等于 b
$\equiv$	$a\equiv b$	数学上的恒等[式]
$\neq$	$a\neq b$	a 不等于 b
$\stackrel{\text{def}}{=}$	$a\stackrel{\text{def}}{=}b$	按定义 a 等于 b 或 a 以 b 为定义
$\hat{=}$	$a\hat{=}b$	a 相当于 b
$\approx$	$a\approx b$	a 约等于 b
$\propto$	$a\propto b$	a 与 b 成正比
$:$	$a:b$	a 比 b
$<$	$a<b$	a 小于 b
$>$	$b>a$	b 大于 a
$\leqslant$	$a\leqslant b$	a 小于或等于 b
$\geqslant$	$b\geqslant a$	b 大于或等于 a
$\ll$	$a\ll b$	a 远小于 b
$\gg$	$b\gg a$	b 远大于 a
∞	∞	无穷[大]或无限[大]
$\sim$	$a\sim b$	a 至 b 数字范围
.	13.59	小数点
· ·	$13.12\dot{3}\dot{8}\dot{2}$	循环小数
%	5% ~10%	百分率
(　)		圆括号
[　]		方括号

续表 1.4－1

符号	应用	意义或读法
{ }		花括号
< >		角括号
±		正或负
∓		负或正
max		最大
min		最小

2. 运算符号

符号，应用	意义或读法
$a+b$	a 加 b
$a-b$	a 减 b
$a\pm b$	a 加或减 b
$a\mp b$	a 减或加 b
$ab, a\cdot b, a\times b$	a 乘以 b
$\frac{a}{b}, a/b, ab^{-1}$	a 除以 b 或 a 被 b 除
$\sum_{i=1}^{n} a_i$	$a_1+a_2+\cdots a_n$
$\prod_{i=1}^{n} a_i$	$a_1\cdot a_2\cdot\cdots\cdot a_n$
a^p	a 的 p 次方或 a 的 p 次幂
$a^{1/2}, a^{\frac{1}{2}}, \sqrt{a}, \surd a$	a 的二分之一次方，a 的平方根
$a^{1/n}$，$a^{\frac{1}{n}}$，$\sqrt[n]{a}$，$\sqrt[n]{}a$	a 的 n 分之一次方，a 的 n 次方根
$\vert a\vert$	a 的绝对值；a 的模
$\mathrm{sgn}a$	a 的符号函数
$\bar{a}$，$\langle a\rangle$	a 的平均值
$n!$	n 的阶乘
$\binom{n}{p}, C_n^p$	二项式系数；组合数
Ent a，E(a)	小于或等于 a 的最大整数；示性 a

3. 几何符号

符号	意义或读法
$\overline{AB}$，AB	[直]线段 AB
∠	[平面]角
$\overset{\frown}{AB}$	弧 AB
π	圆周率
△	三角形

续表 1.4－1

符号	意义或读法
▱	平行四边形
⊙	圆
⊥	垂直
//，∥	平行
⫩	平行且相等
∽	相似
≌	全等

4. 函数符号

符号，应用	意义或读法
f	函数f
$f(x)$，$f(x, y, \cdots)$	函数f在x或在$(x, y, \cdots)$的值
$f(x)\|_a^b$，$[f(x)]_a^b$	$f(b)-f(a)$
$g \cdot f$	f与g的合成函数或复合函数
$x \to a$	x趋于a
$\lim\limits_{x \to a} f(x)$，$\lim_{x \to a}(x)$	x趋于a时$f(x)$的极限
$\overline{\lim}$	上极限
$\underline{\lim}$	下极限
sup	上确界
inf	下确界
$\simeq$	渐近等于
$O(g(x))$	$f(x)=O(g(x))$的含义为 $\|f(x)/g(x)\|$在行文所述的极限中有上界
$o(g(x))$	$f(x)=o(g(x))$表示在行文所述的 极限中$f(x)/g(x) \to 0$
Δx	x的[有限]增量
$\frac{df}{dx}$，df/dx，f'	单变量函数f的导[函]数或微商
$\left(\frac{df}{dx}\right)_{x=a}$，$(df/dx)_{x=a}$，$f'(a)$	函数f的导[函]数在a的值
$\frac{d^n f}{dx^n}$，$d^n f/dx^n$，$f^{(n)}$	单变量函数f的n阶导函数
$\frac{\partial f}{\partial x}$，$\partial f/\partial x$，$\partial_x f$	多变量$x, y, \cdots$的函数f对于x的偏微商或偏导数
$\frac{\partial^{m+n} f}{\partial x^n \partial y^m}$	函数f先对y求m次偏微商，再对x求n次偏微商；混合偏导数
$\frac{\partial(u, \nu, \omega)}{\partial(x, y, z)}$	u, ν, ω对x, y, z的函数行列式
df	函数f的全微分
δf	函数f的(无穷小)变分

续表 1.4－1

符号，应用	意义或读法
$\int f(x)\mathrm{d}x$	函数 f 的不定积分
$\int_a^b f(x)\mathrm{d}x$，$\int_a^b f(x)\mathrm{d}x$	函数 f 由 a 至 b 的定积分
$\iint_A f(x \cdot y)\mathrm{d}A$	函数 $f(x, y)$ 在集合 A 上的二重积分
δ_{ik}	克罗内克 δ 符号
$\varepsilon_{\mathrm{ijk}}$	勒维—契维塔符号
$\delta(x)$	狄拉克 δ 分布[函数]
$\varepsilon(x)$	单位阶跃函数，海维赛函数
$f * g$	f 与 g 的卷积

5. 三角函数和双曲函数符号

符号，表达式	意义或读法
$\sin x$	x 的正弦
$\cos x$	x 的余弦
$\tan x$	x 的正切，也可用 $\mathrm{tg}x$
$\cot x$	x 的余切，$\cot x = 1/\tan x$
$\sec x$	x 的正割，$\sec x = 1/\cos x$
$\csc x$	x 的余割，也可用 $\mathrm{cosec}x$，$\csc x = 1/\sin x$
$\sin^m x$	$\sin x$ 的 m 次方
$\arcsin x$	x 的反正弦
$\arccos x$	x 的反余弦
$\arctan x$	x 的反正切；也可用 $\mathrm{arctg}x$
$\mathrm{arccot}x$	x 的反余切
$\mathrm{arcsec}x$	x 的反正割
$\mathrm{arccsc}x$	x 的反余割；也可用 $\mathrm{arccosec}x$
$\sinh x$	x 的双曲正弦，也可用 $\mathrm{sh}x$
$\cosh x$	x 的双曲余弦，也可用 $\mathrm{ch}x$
$\tanh x$	x 的双曲正切，也可用 $\mathrm{th}x$
$\coth x$	x 的双曲余切，$\coth x = 1/\tanh x$
$\mathrm{sech}x$	x 的双曲正割，$\mathrm{sech}x = 1/\cosh x$
$\mathrm{csch}x$	x 的双曲余割；也可用 $\mathrm{cosech}x$
$\mathrm{arsinh}x$	x 的反双曲正弦；也可用 $\mathrm{arsh}x$
$\mathrm{arcosh}x$	x 的反双曲余弦；也可用 $\mathrm{arch}x$
$\mathrm{artanh}x$	x 的反双曲正切；也可用 $\mathrm{arth}x$
$\mathrm{arcoth}x$	x 的反双曲余切
$\mathrm{arscoh}x$	x 的反双曲正割
$\mathrm{arcsch}x$	x 的反双曲余割；也可用 $\mathrm{arccosec}x$

续表 1.4－1

6. 指数函数和对数函数符号

符号，表达式	意义或读法
a^x	x 的指数函数（以 a 为底）
e	自然对数的底
e^x，$\exp x$	x 的指数函数（以 e 为底）
$\log_a x$	以 a 为底的 x 的对数
$\ln x$，$\log_e x$	x 的自然对数
$\lg x$，$\log_{10} x$	x 的常用对数
$\mathrm{lb} x$，$\log_2 x$	x 的以 2 为底的对数

7. 复数符号

符号，表达式	意义或读法
i，j	虚数单位，$i^2 = -1$
Rez	z 的实部
Imz	z 的虚部
$\|z\|$	z 的绝对值；z 的模
argz	z 的辐角；z 的相
z^*	z 的[复]共轭
sgnz	z 的单位模函数

8. 矩阵符号

符号，表达式	意义或读法
A $\begin{pmatrix} A_{11} & \cdots & A_{1n} \\ \vdots & \vdots & \vdots \\ A_{ml} & & A_{mn} \end{pmatrix}$	$m \times n$ 型的矩阵 A
AB	矩阵 A 与 B 的积
E，l	单位矩阵
A^{-1}	方阵 A 的逆
A^{T}，$\tilde{A}$	A 的转置矩阵
A^*	A 的复共轭矩阵
A^{H}，A^+	A 的厄米特共轭矩阵
det$A$ $\begin{pmatrix} A_{11} & \cdots & A_{1n} \\ \vdots & \vdots & \vdots \\ A_{n1} & & A_{nn} \end{pmatrix}$	方阵 A 的行列式
tr$A$	方阵 A 的迹
$\\|A\\|$	矩阵 A 的范数

9. 矢量和张量符量

符号，表达式	意义或读法
a，$\vec{a}$	矢量或向量 a
a，$\|a\|$	矢量 a 的模或长度，也可用 $\\|a\\|$

续表 1.4-1

符号，应用	意义或读法
e_a	a 方向的单位矢量
e_x，e_y，e_z、i，j，k、e_i	在笛卡儿坐标轴方向的单位矢量
a_x，a_y，a_z、a_i	矢量 a 的笛卡儿分量
$a \cdot b$	a 与 b 的标量积或数量积；在特殊场合，也可用(a, b)
$a \times b$	a 与 b 的矢量积或向量积
∇，$\vec{\nabla}$	那勃勒算子或算符，也可用 $\frac{\partial}{\partial r}$
$\nabla\varphi$, $\mathrm{grad}\varphi$	φ 的梯度；也可用 $\mathrm{grad}\,\varphi$
$\mathrm{div}\ a$, $\nabla \cdot a$	a 的散度
$\nabla \times a$ $\mathrm{rot}\ a$，$\mathrm{curl}\ a$	a 的旋度；也可用 $\mathrm{rot}\ a$，$\mathrm{curl}\ a$
∇^2, Δ	拉普拉斯算子
□	达朗贝尔算子
T	二阶张量 T；也用 $\vec{\vec{T}}$
T_{xx}，T_{xy}，…、T_{zz}、T_{ij}	张量 T 的笛卡儿分量
ab, $a \otimes b$	两矢量 a 与 b 的并矢积或张量积
$T \otimes S$	两个二阶张量 T 与 S 的张量积
$T \cdot S$	两个二阶张量 T 与 S 的内积
$T \cdot a$	二阶张量 T 与矢量 a 的内积
$T : S$	两个二阶张量 T 与 S 的标量积

10. 坐标系符号

坐标	径矢量及其微分	坐标或名称
x，y，z	$r = xe_x + ye_y + ze_z$ $\mathrm{d}r = \mathrm{d}xe_x + \mathrm{d}ye_y + \mathrm{d}ze_z$	笛卡儿坐标 e_x，e_y和 e_z组成一标准正交右手系
ρ，φ，z	$r = \rho e_\rho(\varphi) + ze_z$， $\mathrm{d}r = \mathrm{d}\rho e_\rho(\varphi) + \rho \mathrm{d}\varphi e_\rho(\Phi) + \mathrm{d}ze_z$	圆柱坐标 e_ρ, e_φ 与 e_z 组成一标准正交右手系
γ，θ，φ	$r = \gamma e_\gamma(\theta,\varphi)$， $\mathrm{d}r = \mathrm{d}\gamma e_\gamma(\theta,\varphi) + \gamma \mathrm{d}\theta e_\theta(\theta,\varphi) +$ $\gamma\sin\theta\ \mathrm{d}\varphi e_\varphi(\varphi)$	球坐标 e_γ, e_θ 与 e_φ 组成一标准正交右手系

注：如果为了某些目的，例外地使用左手坐标系时，必须明确地说出，以免引起符号错。

注：1. 行文中方括号内的文字表示可以略去或不读。

2. 摘自 GB 3102.11—93。

1.5 化学元素符号

表 1.5-1 化学元素表

原子序数	元素名称		符号	原子序数	元素名称		符号
	英文	中文			英文	中文	
1	hydrogen	氢	H	34	selenium	硒	Se
2	helium	氦	He	35	bromine	溴	Br
3	lithium	锂	Li	36	krypton	氪	Kr
4	berylium	铍	Be	37	rubidium	铷	Rb
5	boron	硼	B	38	strontium	锶	Sr
6	carbon	碳	C	39	yttrium	钇	Y
7	nitrogen	氮	N	40	zirconium	锆	Zr
8	oxygen	氧	O	41	niobium	铌	Nb
9	fluorine	氟	F	42	molybdenum	钼	Mo
10	neon	氖	Ne	43	technetium	锝	Tc
11	sodium(natrium)	钠	Na	44	ruthenium	钌	Ru
12	magnesium	镁	Mg	45	rhodium	铑	Rh
13	aluminium	铝	Al	46	palladium	钯	Pd
14	silicon	硅	Si	47	silver, argentum	银	Ag
15	phosphrous	磷	P	48	cadmium	镉	Cd
16	sulfhur	硫	S	49	indium	铟	In
17	chlorine	氯	Cl	50	tin(stannum)	锡	Sn
18	argon	氩	Ar	51	antimony(stibium)	锑	Sb
19	potassium(kalium)	钾	K	52	tellurium	碲	Te
20	calcium	钙	Ca	53	iodine	碘	I
21	scandium	钪	Sc	54	xenon	氙	Xe
22	titanium	钛	Ti	55	caesium	铯	Cs
23	vanadium	钒	V	56	barium	钡	Ba
24	chromium	铬	Cr	57	lanthanum	镧	La
25	manganese	锰	Mn	58	cerium	铈	Ce
26	iron(ferrum)	铁	Fe	59	praseodymium	镨	Pr
27	cobalt	钴	Co	60	neodymium	钕	Nd
28	nickel	镍	Ni	61	promethium	钷	Pm
29	copper(cuprum)	铜	Cu	62	samarium	钐	Sm
30	zinc	锌	Zn	63	europium	铕	En
31	gallium	镓	Ga	64	gadolinium	钆	Gd
32	germanium	锗	Ge	65	terbium	铽	Tb
33	arsenic	砷	As	66	dysprosium	镝	Dy

续表 1.5-1

原子序数	元素名称		符号	原子序数	元素名称		符号
	英文	中文			英文	中文	
67	holmium	钬	Ho	89	actinium	锕	Ac
68	erbium	铒	Er	90	thorium	钍	Th
69	thulium	铥	Tm	91	protactinium	镤	Pa
70	ytterbium	镱	Yb	92	uranium	铀	U
71	lutecium	镥	Lu	93	neptunium	镎	Np
72	hafnium	铪	Hf	94	plutonium	钚	Pu
73	tantalum	钽	Ta	95	americium	镅	Am
74	tungsten(wolfam)	钨	W	96	curium	锔	Cm
75	rhenium	铼	Re	97	berkelium	锫	Bk
76	osmium	锇	Os	98	californium	锎	Cf
77	iridium	铱	Ir	99	einsteinium	锿	Es
78	platinum	铂	Pt	100	fermium	镄	Fm
79	gold(aurum)	金	Au	101	mendelevium	钔	Md
80	mercury(hydrargyrum)	汞	Hg	102	nobelium	锘	No
81	thallium	铊	Tl	103	lawrencium	铹	Lr
82	lead(plumbum)	铅	Pb	104	unnilquadium		Unq
83	bismuth	铋	Bi	105	unnilpentium		Unp
84	polonium	钋	Po	106	unnilhexium		Unh
85	astatine	砹	At	107	unnilseptium		Uns
86	radon	氡	Rn	108	unniloctium		Uno
87	francium	钫	Fr	109	unnilennium		Une
88	radium	镭	Ra				

注：摘自 GB 3102.8—93

参考文献

1　机械工程手册电机工程手册编辑委员会编. 机械工程手册　基础理论卷(第二版). 北京：机械工业出版社，1996

第二章 气象和地震资料

2.1 我国主要城市石油化工常用气象资料

表 2.1-1 我国主要城市石油化工常用气象资料

省(区、直辖市)	站名	区站号	台站位置			室外计算温度/℃			大气压力/hPa		气温/℃							夏季每年不保证5天的日平均干球温度/℃	夏季每年不保证50小时的平均湿球温度/℃	最热月平均相对湿度/%	统计年份
			北纬	东经	海拔高度/m	冬季采暖	冬季通风	夏季通风	冬季	夏季	极端最高	极端最低	最热月月平均	最热月月平均最高	最冷月月平均	最冷月月平均最低	年平均				
黑龙江	嫩江	50557	49°10′	125°14′	242.2	-29.6	-24.1	25.4	991.5	977.0	37.6	-43.7	21.0	23.4	-24.3	-29.9	4.0	24.0	18.5	78	1971~2000
	齐齐哈尔	50745	47°23′	123°55′	145.9	-22.9	-18.6	26.7	1005.0	987.9	40.1	-36.4	23.3	25.2	-18.8	-24.0	3.9	26.4	20.1	73	1971~2000
	安达	50854	46°23′	125°19′	149.3	-23.7	-19.2	27.0	1004.3	987.4	38.3	-39.3	23.1	25.1	-19.4	-25.6	3.7	26.0	20.0	74	1971~2000
	哈尔滨	50953	45°45′	126°46′	142.3	-23.2	-18.3	26.8	1005.1	988.5	36.7	-37.7	23.1	25.2	-18.4	-24.7	4.2	25.8	20.2	77	1971~2000
	牡丹江	54094	44°34′	129°36′	241.4	-21.5	-17.3	26.9	992.2	978.9	38.4	-35.1	22.5	25.3	-17.4	-23.6	4.3	25.3	19.6	75	1971~2000
吉林	吉林	54172	43°57′	126°28′	183.4	-23.4	-17.3	26.6	100.17	984.8	35.7	-40.3	22.9	24.8	-17.5	-22.4	4.7	25.6	20.6	79	1971~2000
	长春	54161	43°54′	125°13′	236.8	-20.5	-15.1	26.6	994.4	978.3	35.7	-33.0	23.2	25.3	-15.1	-20.2	5.6	25.9	20.2	78	1971~2000
	四平	54157	43°11′	124°20′	164.2	-19.0	-13.5	27.2	1004.3	986.6	37.3	-32.3	23.8	26.0	-13.5	-18.2	6.7	26.2	21.1	78	1971~2000
辽宁	章党	54351	41°55′	124°05′	118.5	-19.2	-13.4	27.8	1011.0	992.3	37.7	-35.9	23.7	25.8	-13.5	-18.2	6.8	26.1	21.4	81	1971~2000
	沈阳	54342	41°44′	123°27′	44.7	-16.1	-11.0	28.2	1019.9	1000.1	36.1	-29.4	24.7	26.7	-11.0	-15.7	8.4	26.9	22.0	78	1971~2000
	丹东	54497	40°03′	124°20′	13.8	-12.4	-7.4	26.8	1023.9	1005.6	35.3	-25.8	23.6	25.2	-7.5	-12.4	8.9	25.5	22.3	86	1971~2000
	大连	54662	38°54′	121°38′	91.5	-9.2	-3.9	26.3	1013.7	995.0	35.3	-18.8	24.2	26.0	-4.0	-8.0	10.9	26.1	22.1	81	1971~2000
	营口	54471	40°40′	122°16′	3.3	-13.3	-8.5	27.7	1026.1	1005.5	34.7	-28.4	25.1	27.1	-8.5	-13.5	9.5	27.1	22.7	78	1971~2000
内蒙古	呼和浩特	53463	40°49′	111°41′	1063.0	-16.2	-11.6	26.6	901.2	889.6	38.5	-30.5	22.6	25.0	-11.7	-16.2	6.7	25.5	17.6	61	1971~2000
	通辽	54135	43°36′	122°16′	178.5	-17.9	-13.5	28.2	1002.6	984.4	38.9	-31.6	24.2	26.7	-13.6	-18.4	6.6	26.8	20.7	73	1971~2000
	赤峰	54218	42°16′	118°56′	568.0	-15.5	-10.7	28.0	955.3	941.3	40.4	-28.8	23.7	27.2	-10.8	-15.4	7.5	26.8	19.1	65	1971~2000
	东胜	53543	39°50′	109°59′	1460.4	-15.9	-10.5	24.8	856.7	849.5	35.3	-28.4	21.0	23.2	-10.7	-15.9	6.1	24.1	15.4	57	1971~2000
新疆	乌鲁木齐	51463	43°47′	87°39′	935.0	-18.7	-12.6	27.5	917.1	904.8	40.5	-32.8	24.2	28.2	-13.5	-19.2	6.9	27.8	15.8	43	1971~2000
	克拉玛依	51243	45°37′	84°51′	449.5	-21.4	-15.4	30.6	976.6	955.6	42.7	-34.3	28.2	30.3	-16.2	-22.7	8.6	31.8	17.3	30	1971~2000
甘肃	酒泉	52533	39°46′	98°29′	1477.2	-14.0	-8.9	26.3	856.2	847.2	36.6	-29.8	21.7	23.9	-9.4	-12.9	7.5	24.4	15.1	53	1971~2000
	兰州	52889	36°03′	103°53′	1517.2	-8.4	-5.3	26.5	851.5	843.2	39.8	-19.7	22.5	26.0	-5.5	-8.6	9.8	25.8	17.0	59	1971~2000
	天水	57006	34°35′	105°45′	1141.7	-5.3	-2.0	26.9	892.0	880.9	38.2	-17.4	22.9	26.2	-2.2	-4.7	11.0	25.6	19.1	70	1971~2000
	玉门	52436	40°16′	97°02′	1526.0	-14.8	-9.8	26.3	850.5	841.9	36.0	-35.1	21.7	24.0	-10.3	-13.6	7.1	24.5	14.5	47	1971~2000

续表 2.1－1

省(区、直辖市)	站名	区站号	台站位置 北纬	台站位置 东经	台站位置 海拔高度/m	室外计算温度/℃ 冬季采暖	室外计算温度/℃ 冬季通风	室外计算温度/℃ 夏季通风	大气压力/hPa 冬季	大气压力/hPa 夏季	气温/℃ 极端最高	气温/℃ 极端最低	气温/℃ 最热月月平均	气温/℃ 最热月月平均最高	气温/℃ 最冷月月平均	气温/℃ 最冷月月平均最低	气温/℃ 年平均	夏季每年不保证5天的日平均干球温度/℃	夏季每年不保证50小时的平均湿球温度/℃	最热月平均相对湿度/%	统计年份
宁夏	银川	53614	38°29′	106°13′	1111.4	−12.2	−7.9	27.6	896.1	883.9	38.7	−27.7	23.5	25.7	−8.0	−11.9	9.0	26.0	18.2	63	1971～2000
	中宁	53705	37°29′	105°40′	1183.3	−11.1	−6.8	27.9	888.0	876.1	37.7	−26.9	23.5	26.1	−7.0	−11.1	9.5	26.8	18.0	61	1971～2000
青海	西宁	52866	36°43′	101°45′	2295.2	−10.9	−7.4	21.9	771.7	770.4	36.5	−24.9	17.4	19.7	−7.7	−10.1	6.1	20.5	13.3	65	1971～2000
	格尔木	52818	36°25′	94°54′	2807.6	−12.5	−9.1	21.6	723.5	724.0	35.5	−26.9	18.1	20.6	−9.3	−12.3	5.3	21.1	9.5	37	1971～2000
陕西	西安	57036	34°18′	108°56′	397.5	−3.1	−1.0	30.7	979.1	959.8	41.8	−16.0	26.8	29.1	−2.0	−4.0	13.7	30.1	22.1	71	1971～2000
	延安	53845	36°36′	109°30′	958.8	−9.6	−5.5	28.1	913.8	900.7	38.3	−23.0	23.1	25.2	−5.7	−8.5	9.9	25.8	19.5	70	1971～2000
	汉中	57127	33°04′	107°02′	509.5	−1.0	2.4	28.5	964.3	947.9	38.3	−10.0	25.6	27.4	2.3	−7.0	14.3	28.2	22.6	81	1971～2000
	宝鸡	57016	34°21′	107°08′	612.4	−3.2	1	29.5	953.6	936.8	41.6	−16.1	25.7	27.7	0	−3.8	13.2	28.7	21.4	69	1971～2000
北京	北京	54511	39°48′	116°28′	31.3	−6.8	−3.7	29.7	1023.3	1001.5	41.9	−18.3	26.3	29.6	−3.7	−7.6	12.3	28.7	23.1	75	1971～2000
河北	石家庄	53698	38°02′	114°25′	81.0	−5.6	−2.2	30.8	101.72	99.58	41.5	−19.3	26.9	29.6	−2.3	−6.0	13.4	29.6	23.7	74	1971～2000
	沧州	54616	38°20′	116°50′	9.6	−6.5	−3.0	30.1	1026.3	1004.0	40.5	−19.5	26.6	28.5	−3.0	−6.3	12.9	29.5	23.6	77	1971～1995
天津	天津	54527	39°05′	117°04′	2.5	−6.5	−3.5	29.9	1027.1	1005.2	40.5	−17.8	26.6	28.8	−3.5	−6.5	12.6	29.1	23.6	76	1971～2000
	塘沽	54623	39°03′	117°43′	4.8	−6.4	−3.2	28.8	1025.9	1004.2	40.9	−15.4	26.7	29.1	−3.3	−6.4	12.6	29.1	24.0	77	1971～2000
山西	太原	53772	37°47′	112°33′	778.3	−9.4	−5.5	27.8	93.35	91.97	37.4	−22.7	23.5	25.1	−5.6	−8.8	10.0	25.8	19.7	73	1971～2000
	大同	53487	40°06′	113°20′	1067.2	−15.6	−10.6	26.4	89.99	88.91	37.2	−27.2	22.0	24.2	−10.8	−15.4	7.0	24.9	17.1	64	1971～2000
	阳泉	53782	37°51′	113°33′	741.9	−7.6	−3.4	28.2	93.71	92.37	40.2	−16.2	24.1	26.1	−3.5	−8.1	11.2	27.1	20.4	70	1971～2000
山东	济南	54823	36°36′	117°03′	170.3	−4.7	−4.0	30.9	102.00	99.86	40.5	−14.9	27.7	30.4	−4.0	−3.6	14.7	30.8	24.0	72	1971～2000
	青岛	54857	36°04′	120°20′	76.0	−4.5	−5.0	27.3	1017.6	1000.5	37.4	−14.3	25.4	26.7	−5.0	−3.7	12.6	26.9	23.7	82	1971～2000
	淄博	54830	36°50′	118°00′	34.0	−6.7	−2.3	30.9	1023.3	1001.4	40.7	−23.0	26.9	29.3	−2.4	−6.0	13.2	29.7	23.5	76	1971～1994
	德州	54724	37°26′	116°19′	21.2	−5.9	−2.4	30.5	1024.9	1002.8	39.4	−20.1	26.8	28.7	−2.4	−5.6	13.2	29.4	23.8	77	1971～1994
江苏	徐州	58027	34°17′	117°09′	41.2	−3.3	4.0	30.5	1022.1	1000.8	40.6	−15.8	27.3	29.4	4.0	−2.4	14.5	30.2	24.9	80	1971～2000
	南通	58259	31°59′	120°53′	6.1	−6.0	3.1	30.5	1025.5	1005.0	38.5	−9.6	27.6	30.0	3.0	2.0	15.3	29.9	25.8	85	1971～2000
	常州	58343	31°53′	119°59′	4.4	−7.0	3.1	31.3	1026.0	1005.2	39.4	−12.8	28.4	31.2	3.0	−4	15.8	31.1	26.0	81	1971～2000
	南京	58238	32°00′	118°18′	7.1	−1.2	2.4	31.2	1026.1	1004.8	39.7	−13.1	28.1	30.5	2.3	−1.1	15.4	30.8	25.8	81	1971～2000
上海	上海	58367	31°10′	121°26′	2.6	3.0	4.2	31.2	1025.3	1005.4	39.4	−10.1	28.3	30.4	4.0	1.3	16.1	30.5	26.2	81	1971～1998
安徽	安庆	58424	30°32′	117°03′	19.8	2.0	4.0	31.8	1023.9	1002.9	39.5	−9.0	29.0	31.1	3.9	−1.0	16.7	31.7	26.1	78	1971～2000
	蚌埠	58221	32°57′	117°23′	18.7	−2.0	1.8	31.4	1023.5	1002.1	40.3	−13.0	28.1	30.7	1.7	−1.20	15.4	31.2	25.7	79	1971～2000
	合肥	58321	31°52′	117°14′	27.9	−1.1	2.6	31.4	1022.2	1001.0	39.1	−13.5	28.4	30.5	2.5	−9.0	15.8	31.4	25.9	80	1971～2000
浙江	杭州	58457	30°14′	120°10′	41.7	5.0	4.3	32.3	1021.1	1000.9	39.9	−8.6	28.6	31.0	4.1	0	16.5	31.2	25.3	78	1971～2000
	杭州	58659	28°02′	120°39′	28.3	4.0	8.0	31.5	1021.4	1005.0	39.6	−3.9	28.3	29.6	7.6	4.9	18.1	29.6	26.2	84	1971～2000
	宁波	58562	29°52′	121°34′	4.8	1.0	4.9	31.9	1025.6	1005.9	39.5	−8.5	28.4	30.4	4.7	1.7	16.5	30.3	25.9	81	1971～2000

续表 2.1－1

省（区、直辖市）	站名	区站号	台站位置			室外计算温度/℃			大气压力/hPa		气温/℃							夏季每年不保证5天的日平均干球温度/℃	夏季每年不保证50小时的平均湿球温度/℃	最热月平均相对湿度/%	统计年份
			北纬	东经	海拔高度/m	冬季采暖	冬季通风	夏季通风	冬季	夏季	极端最高	极端最低	最热月月平均	最热月月平均最高	最冷月月平均	最冷月月平均最低	年平均				
福建	福州	58847	26°05′	119°17′	84.0	6.7	10.9	33.1	1012.9	996.6	39.9	－1.7	29.0	30.2	10.3	8.4	19.8	30.5	25.4	77	1971～2000
	厦门	59134	24°29′	118°04′	139.4	8.6	12.4	31.3	1003.6	991.8	37.1	1.5	28.2	29.5	12.1	10.4	20.4	29.4	25.7	82	1971～2000
	漳州	59126	24°30′	117°39′	28.9	9.3	13.2	32.6	1018.1	1003.0	38.6	－1	28.9	29.9	12.8	10.8	21.2	30.6	26.1	78	1971～2000
河南	信阳	57297	32°08′	111°03′	114.5	－1.7	2.2	30.7	1012.9	992.1	40.0	－16.6	27.5	29.9	2.1	－9.0	15.3	30.6	25.1	80	1971～2000
	开封	57091	34°46′	111°23′	72.5	－3.4	0	30.7	1018.2	996.8	42.5	－16.0	27.0	28.7	－1.0	－3.3	14.2	29.7	24.6	80	1971～2000
	安阳	53898	36°07′	111°22′	75.5	－4.3	－9.0	31.0	1017.9	996.6	41.5	－17.3	27.1	29.4	－9.0	－4.0	14.1	29.9	24.1	77	1971～2000
	郑州	57083	34°43′	113°39′	110.4	－3.4	1.0	30.9	1013.3	992.2	42.3	－17.9	27.1	29.1	1.0	－3.2	14.3	29.9	24.0	78	1971～2000
湖北	武汉	57494	30°37′	111°08′	23.1	2.0	3.7	32.0	1023.5	1002.1	39.3	－18.1	28.9	31.1	3.6	1.0	16.6	31.7	26.3	79	1971～2000
	宜昌	57461	30°42′	111°18′	133.1	1.4	4.8	31.8	1010.2	989.9	40.4	－9.8	28.0	30.4	4.7	1.5	16.8	30.8	25.2	80	1971～2000
湖南	长沙	57687	28°13′	112°55′	68.0	1.2	4.9	32.1	1017.4	997.2	39.0	－10.3	28.8	30.2	4.9	3.5	17.1	31.6	25.9	78	1971～2000
	常德	57662	29°03′	111°41′	35.0	1.0	4.7	31.9	1022.3	1000.9	40.1	－13.2	28.8	31.0	4.5	1.6	16.9	31.8	26.1	79	1971～2000
	岳阳	57584	29°23′	113°05′	53.0	8.0	4.8	31.0	1019.5	998.7	39.3	－11.4	29.1	31.3	4.7	1.2	17.2	31.9	25.9	76	1971～2000
	衡阳	57872	26°54′	112°36′	104.9	1.4	5.8	33.2	1012.3	992.8	40.0	－7.9	29.8	31.3	5.6	1.6	18.0	32.2	25.9	72	1971～2000
江西	南昌	58606	28°36′	115°55′	46.7	1.2	5.3	32.7	1019.6	999.7	40.1	－9.7	29.5	31.6	5.1	9.0	17.6	31.8	26.5	77	1971～2000
广西	桂林	57957	25°19′	110°18′	164.4	3.6	7.9	31.7	1003.0	986.1	38.5	－3.6	28.4	29.5	7.5	3.5	18.8	30.2	25.2	79	1971～2000
	南宁	59431	22°38′	108°13′	121.6	8.1	12.8	31.9	1005.1	989.9	39.0	－1.9	28.7	30.4	12.2	8.3	21.8	30.4	26.4	82	1971～2000
	百色	59211	23°54′	106°36′	173.5	9.2	13.3	32.6	998.7	983.6	42.2	1.0	28.7	30.2	12.8	9.5	22.0	31.1	26.0	80	1971～2000
	柳州	59046	24°21′	109°24′	96.8	5.7	10.4	32.4	1009.8	993.2	39.1	－1.3	29.3	30.7	9.9	5.8	20.7	31.1	26.0	76	1971～2000
	梧州	59265	23°29′	111°18′	114.8	6.4	11.9	32.5	1007.2	991.9	39.7	－1.5	28.4	29.8	11.4	7.6	21.0	30.3	26.1	81	1971～2000
广东	广州	59287	23°10′	113°20′	41.0	8.3	13.6	31.8	1015.4	1000.6	38.1	0	28.8	30.2	13.1	10.3	22.0	30.4	26.5	82	1971～2000
	汕头	59316	23°24′	116°41′	2.9	9.8	13.7	30.9	1019.9	1005.5	38.6	3.0	28.4	29.6	13.3	11.1	21.5	29.7	25.9	83	1971～2000
	深圳	59493	22°33′	114°06′	18.2	9.5	14.9	31.2	1015.3	1001.1	38.7	1.7	28.7	29.8	11.3	11.6	22.5	30.2	26.3	80	1971～2000
	湛江	59658	21°13′	110°24′	25.3	10.5	15.9	31.4	1015.6	1001.4	38.1	2.8	29.1	30.0	15.2	12.5	23.3	30.6	26.9	81	1971～2000
	阳江	59663	21°52′	111°58′	23.3	9.7	15.1	30.7	1016.7	1002.5	37.5	2.2	28.4	29.1	14.4	11.9	22.5	29.6	26.7	84	1971～2000
四川	成都	56294	30°40′	104°01′	506.1	3.0	5.6	28.5	963.6	948.0	36.7	－5.9	25.5	27.2	5.4	3.1	16.1	27.7	23.6	86	1971～2000
	宜宾	56492	28°48′	104°36′	340.8	4.9	7.8	30.2	982.4	965.4	39.5	－1.7	27.1	29.1	7.5	4.9	17.8	29.8	24.7	82	1971～2000
	内江	57504	29°35′	105°03′	347.1	4.4	7.2	30.4	981.0	963.9	40.1	－2.7	27.4	29.9	7.0	4.5	17.6	30.4	24.8	79	1971～2000
重庆	重庆	57516	29°35′	106°28′	259.1	5.2	7.8	32.3	991.7	973.7	41.9	－1.7	29.0	30.9	7.6	5.2	18.2	32.0	25.3	73	1971～2000
云南	昆明	56778	25°01′	102°41′	1892.4	4.3	8.1	23.0	811.6	807.9	30.4	－7.8	20.2	21.6	7.6	4.9	14.9	22.1	17.8	78	1971～2000
	蒙自	56985	23°23′	103°23′	1300.7	7.3	12.3	26.8	871.2	864.8	35.9	－3.9	23.4	24.8	11.5	9.0	18.6	25.6	20.1	74	1971～2000
贵州	贵阳	57816	26°35′	106°44′	1223.8	2	5.1	27.1	898.0	888.3	35.1	－7.3	24.2	25.7	4.6	7.0	15.3	26.2	20.9	76	1971～2000
	遵义	57713	27°42′	106°53′	843.9	8	4.5	28.8	924.0	911.8	37.4	－7.1	25.4	27.1	4.3	1.0	15.3	27.6	22.3	76	1971～2000
西藏	拉萨	55591	29°40′	91°08′	3648.7	－4.8	－1.6	19.8	650.8	653.1	29.9	－16.5	16.4	18.2	－2.1	－5.2	8.0	18.8	11.5	51	1971～2000
海南	海口	59758	20°02′	110°21′	13.9	13.0	17.7	32.2	1016.1	1002.4	38.7	4.9	28.8	29.8	17.3	14.5	24.1	30.2	26.3	82	1971～2000
	三亚	59948	18°14′	109°31′	5.9	18.3	21.6	31.3	1016.1	1005.6	35.9	5.1	28.9	30.2	21.2	19.5	25.8	30.0	27.0	82	1971～2000

注：我国主要城市石油化工常用气象资料是中国气象局2005年提供的。

2.2 大气压力、温度与海拔高度的关系

表 2.2-1　大气压力、温度与海拔高度的关系

海拔高度/m	大气压力/hPa	温度/℃	海拔高度/m	大气压力/hPa	温度/℃	海拔高度/m	大气压力/hPa	温度/℃
-300	1052.5	16.95	1900	804.7	2.65	4000	616.3	-11.00
-260	1044.9	16.69	2000	794.9	2.00	4100	608.3	-11.65
-200	1037.5	16.30	2100	785.0	1.35	4200	600.4	-12.30
-160	1032.6	16.04	2200	775.3	0.70	4300	592.5	-12.95
-100	1025.3	15.65	2300	765.7	-0.05	4400	584.8	-13.60
-60	1020.5	15.39	2400	756.2	-0.60	4500	577.1	-14.25
0	1013.2	15	2500	746.7	-1.25	4600	569.6	-14.90
500	954.6	11.75	2600	737.4	-1.90	4700	562.1	-15.55
600	943.2	11.10	2700	728.2	-2.55	4800	554.6	-16.20
700	932.0	10.45	2800	719.0	-3.20	4900	547.3	-16.85
800	920.7	9.8	2900	709.9	-3.85	5000	540.0	-17.50
900	909.9	9.15	3000	701.0	-4.50	5500	504.9	-20.75
1000	898.7	8.50	3100	692.1	-5.15	6000	471.6	-24.00
1100	887.8	7.85	3200	683.3	-5.80	6500	440.2	-27.25
1200	877.1	7.20	3300	674.6	-6.45	7000	410.4	-30.50
1300	866.5	6.55	3400	666.0	-7.10	7500	382.3	-33.75
1400	855.9	5.90	3500	657.5	-7.75	8000	355.8	-37.00
1500	845.5	5.25	3600	649.1	-8.40	8500	330.8	-40.25
1600	832.5	4.60	3700	640.8	-9.05	9000	307.3	-43.50
1700	824.9	3.95	3800	632.5	-9.70	9500	285.1	-46.75
1800	814.8	3.30	3900	624.3	-10.35	10000	264.2	-50.00

2.3 风力级别与风速的关系

表 2.3-1　风力级别与风速的关系

风级	风名	相当风速/m·s^{-1}	地面上物体的象征
0	无风	0~0.2	炊烟直上，树叶不动
1	软风	0.3~1.5	风信不动，烟能表示风向
2	轻风	1.6~3.3	脸感觉有微风，树叶微响，风信开始转动
3	微风	3.4~5.4	树叶及微枝摇动不息，旌旗飘展
4	和风	5.5~7.9	吹起地面尘土及纸片，树的小枝摇动
5	清风	8.0~10.7	小树枝摇动，水面起波
6	强风	10.8~13.8	大树枝摇动，电线呼呼作响，举伞困难
7	疾风	13.9~17.1	大树摇动，迎风步行感到阻力
8	大风	17.2~20.7	可折断树枝，迎风步行感到阻力甚大
9	烈风	20.8~24.4	屋瓦吹落，稍有破坏
10	狂风	24.5~28.4	树木连根拔起或摧毁建筑物，陆上少见
11	暴风	28.5~32.6	有严重破坏力，陆上很少见
12	飓风	32.6 以上	摧毁力极大，陆上极少见

2.4 在10m高处我国各地基本风压值

表2.4-1 在10m高处我国各地基本风压值 kN/m²

地　区	风　压	地　区	风　压	地　区	风　压	地　区	风　压	地　区	风　压	地　区	风　压
北京	0.35	长春	0.55	南京	0.35	台北	1.20	茂名	0.60	哈密	0.65
天津	0.40	四平	0.55	徐州	0.35	台东	1.50	南宁	0.35	成都	0.25
塘沽	0.45	延吉	0.50	连云港	0.40	高雄	1.10	桂林	0.35	重庆	0.30
保定	0.40	沈阳	0.50	合肥	0.30	郑州	0.40	柳州	0.35	甘孜	0.60
石家庄	0.30	抚顺	0.45	安庆	0.35	洛阳	0.35	西安	0.35	贵阳	0.30
张家口	0.45	大连	0.60	蚌埠	0.35	开封	0.45	宝鸡	0.30	遵义	0.30
太原	0.30	鞍山	0.45	杭州	0.40	武汉	0.30	银川	0.65	昆明	0.25
大同	0.40	丹东	0.50	宁波	0.50	荆门	0.30	兰州	0.30	昭通	0.30
运城	0.40	锦州	0.55	温州	0.55	襄樊	0.30	天水	0.30	个旧	0.25
呼和浩特	0.50	营口	0.55	南昌	0.40	长沙	0.35	玉门	0.50	拉萨	0.35
包头	0.50	兴城	0.45	九江	0.35	岳阳	0.40	西宁	0.35	昌都	0.40
二连浩特	0.65	济南	0.35	赣州	0.30	衡阳	0.35	格尔木	0.55	葛尔昆沙	0.50
哈尔滨	0.45	青岛	0.55	福州	0.60	广州	0.45	冷湖	0.45		
齐齐哈尔	0.45	烟台	0.55	厦门	0.75	汕头	0.75	乌鲁木齐	0.60		
满州里	0.70	上海	0.55	南平	0.30	海口	0.70	克拉玛依	0.80		

2.5 我国各地基本雪压值

表2.5-1 我国各地基本雪压值 kN/m²

地　区	雪　压	地　区	雪　压	地　区	雪　压	地　区	雪　压	地　区	雪　压	地　区	雪　压
北京	0.30	哈尔滨	0.40	营口	0.30	温州	0.15	宝鸡	0.20	昌都	0.15
天津	0.25	齐齐哈尔	0.30	兴城	0.25	南昌	0.35	兰州	0.15	成都	0.10
塘沽	0.25	满州里	0.30	济南	0.20	郑州	0.25	天水	0.15	贵阳	0.20
保定	0.25	长春	0.35	青岛	0.25	洛阳	0.25	玉门	0.25	昆明	0
石家庄	0.25	四平	0.35	烟台	0.25	开封	0.20	西宁	0.25	福州	0
张家口	0.30	延吉	0.55	上海	0.20	武汉	0.40	格尔木	0.10	台北	0
太原	0.20	沈阳	0.40	南京	0.40	荆门	0.25	冷湖	0	南宁	0
大同	0.25	抚顺	0.45	徐州	0.30	襄樊	0.30	乌鲁木齐	0.75	广州	0
运城	0.20	大连	0.40	合肥	0.50	长沙	0.35	哈密	0.20		
呼和浩特	0.30	鞍山	0.40	蚌埠	0.45	岳阳	0.40	甘孜	0.25		
包头	0.25	丹东	0.40	杭州	0.40	衡阳	0.20	昭通	0.15		
二连浩特	0.15	锦州	0.30	宁波	0.25	西安	0.20	拉萨	0.15		

2.6　全国月平均最低气温低于或等于 -20℃和 -10℃的地区

根据国家气象局提供的1971年至1988年全国气象台站月平均最低气温等值线图和有关资料，以县级行政区划为单位，画出月平均最低气温等值线。

(1) 低于、等于 -20℃的地区，包括：

① 新疆维吾尔自治区、西藏自治区、青海省、内蒙古自治区、黑龙江省、吉林省；

② 下列省中所列县和省直辖行政单位：

山西省—雁北地区的天镇、大同、怀仁、平鲁、右玉、阳高、左云等县，忻州地区的偏关和河曲县；

河北省—张家口地区的怀安、万全、崇礼、亦城、康保、洁源等县，承德地区的丰宁、隆化、围场、平泉等县；

辽宁省—朝阳市的凌源、喀喇沁左翼、朝阳等县，锦州市的北镇、义县、黑山等县，沈阳市的新民县，抚顺市的抚顺、清原、新宾等县，阜新市和彰武、阜新县，铁岭市和铁岭、开原县，铁法市，北票市。

(2) 低于、等于 -10℃的地区，包括：

1) 上款中低于、等于 -20℃的地区；

2) 河北省、山西省、宁夏回族自治区；

3) 下列省中所列县和地区

陕西省—榆林地区，延安地区，渭南地区的韩城市、薄城、潼关、白水、华阴、澄城、合阳、大荔等县，铜川市的宜君县，咸阳市的彬县、长武，旬邑等县；

甘肃省—平凉地区，定西地区，庆阳地区、武威地区、张掖地区，酒泉地区，临夏回族自治州，甘南藏族自治州的临潭、卓尼、迭部、玛曲、碌曲、夏河等县，兰州市，金昌市，白银市，嘉峪关市；

四川省—阿坝藏族羌族自治州的马尔康、若尔盖、红原、金川、壤塘等县，甘孜藏族自治州的丹巴、炉霍、新龙、道孚、雅江、白玉、理塘、石渠、巴塘、德格、色达、稻城等县；

辽宁省—除(1)款中划为 -20℃地区外的地区。

如个别地区有小气候，应以当地气象资料为准。

2.7　中国地震烈度表(GB/T 17742—2008)

按表2.7-1划分地震烈度等级。

表2.7-1　中国地震烈度表

地震烈度	人的感觉	房屋震害			其他震害现象	水平向地震动参数	
		类型	震害程度	平均震害指数		峰值加速度/(m/s^2)	峰值速度/(m/s)
Ⅰ	无感						
Ⅱ	室内个别静止中的人有感觉						

续表 2.7－1

地震烈度	人的感觉	房屋震害			其他震害现象	水平向地震动参数	
		类型	震害程度	平均震害指数		峰值加速度/(m/s^2)	峰值速度/(m/s)
Ⅲ	室内少数静止中的人有感觉		门、窗轻微作响		悬挂物微动		
Ⅳ	室内多数人、室外少数人有感觉，少数人梦中惊醒		门、窗作响		悬挂物明显摆动，器皿作响		
Ⅴ	室内绝大多数、室外多数人有感觉，多数人梦中惊醒		门窗、屋顶、屋架颤动作响，灰土掉落，个别房屋墙体抹灰出现细微裂缝，个别屋顶烟囱掉砖		悬挂物大幅度晃动，不稳定器物摇动或翻倒	0.31 (0.22～0.44)	0.03 (0.02～0.04)
Ⅵ	多数人站立不稳，少数人惊逃户外	A	少数中等破坏，多数轻微破坏和/或基本完好	0.00～0.11	家具和物品移动；河岸和松软土出现裂缝，饱和砂层出现喷砂冒水；个别独立砖烟囱轻度裂缝	0.63 (0.45～0.89)	0.06 (0.05～0.09)
		B	个别中等破坏，少数轻微破坏，多数基本完好				
		C	个别轻微破坏，大多数基本完好	0.00～0.08			
Ⅶ	大多数人惊逃户外，骑自行车的人有感觉，行驶中的汽车驾乘人员有感觉	A	少数毁坏和/或严重破坏，多数中等和/或轻微破坏	0.09～0.31	物体从架子上掉落；河岸出现塌方，饱和砂层常见喷水冒砂，松软土地上地裂缝较多；大多数独立砖烟囱中等破坏	0.25 (0.90～1.77)	0.13 (0.10～0.18)
		B	少数中等破坏，多数轻微破坏和/或基本完好				
		C	少数中等和/或轻微破坏，多数基本完好	0.07～0.22			
Ⅷ	多数人摇晃颠簸，行走困难	A	少数损坏，多数严重和/或中等破坏	0.29～0.51	干硬土上出现裂缝，饱和砂层绝大多数喷砂冒水；大多数独立砖烟囱严重破坏	2.50 (1.78～3.53)	0.25 (0.19～0.35)
		B	个别毁坏，少数严重破坏，多数中等和/或轻微破坏				
		C	少数严重和/或中等破坏，多数轻微破坏	0.20～0.40			

续表 2.7-1

地震烈度	人的感觉	房屋震害			其他震害现象	水平向地震动参数	
		类型	震害程度	平均震害指数		峰值加速度/(m/s^2)	峰值速度/(m/s)
Ⅸ	行动的人摔倒	A	多数严重破坏或/和毁坏	0.49~0.71	干梗土上多处出现裂缝，可见基岩裂缝、错动、滑坡、塌方常见；独立砖烟囱多数倒塌	5.00 (3.54~7.07)	0.50 (0.36~0.71)
		B	少数毁坏，多数严重和/或中等破坏				
		C	少数毁坏和/或严重破坏，多数中等和/或轻微破坏	0.38~0.60			
Ⅹ	骑自行车的人会摔倒，处不稳状态的人会摔离原地，有抛起感	A	绝大多数毁坏	0.69~0.91	山崩和地震断裂出现，基岩上拱桥破坏；大多数独立砖烟囱从根部破坏或倒毁	10.00 (7.08~14.14)	1.00 (0.72~1.41)
		B	大多数毁坏				
		C	多数毁坏和/或严重破坏	0.58~0.80			
Ⅺ		A	绝大多数毁坏	0.89~1.00	地震断裂延续很大，大量山崩滑坡		
		B					
		C		0.78~1.00			
Ⅻ		A	几乎全部毁坏	1.00	地面剧烈变化，山河改观		
		B					
		C					

注：1. 表中给出的“峰值加速度”和“峰值速度”是参考值，括弧内给出的是变动范围。

2. 数量词的界定

数量词采用个别、少数、多数、大多数和绝大多数。其范围界定如下：

a）“个别”为10%以下；

b）“少数”为10%~45%；

c）“多数”为40%~70%；

d）“大多数”为60%~90%；

e）“绝大多数”为80%以上。

3. 评定烈度的房屋类型

用于评定烈度的房屋，包括以下三种类型：

a）A类：木构架和土、石、砖墙建造的旧式房屋；

b）B类：未经抗震设防的单层或多层砖砌体房屋；

c）C类：按照Ⅶ度抗震设防的单层或多层砖砌体房屋。

4. 房屋破坏等级及其对应的震害指数

房屋破坏等级分为基本完好、轻微破坏、中等破坏、严重破坏和毁坏五类，其定义和对应的震害指数 d 如下：

a）基本完好：承重和非承重构件完好，或个别非承重构件轻微损坏，不加修理可继续使用。对应的震害指数范围为 $0.00 \leqslant d < 0.10$；

b）轻微破坏：个别承重构件出现可见裂缝，非承重构件有明显裂缝，不需要修理或稍加修理即可继续使用。对应的震害指数范围为 $0.10 \leqslant d < 0.30$；

c）中等破坏：多数承重构件出现轻微裂缝，部分有明显裂缝，个别非承重构件破坏严重，需要一般修理后可使用。对应的震害指数范围为 $0.30 \leqslant d < 0.55$；

d）严重破坏：多数承重构件破坏严重，非承重构件局部倒塌，房屋修复困难。对应的震害指数范围为 $0.55 \leq d < 0.85$；

e）毁坏：多数承重构件严重破坏，房屋结构频于崩溃或已倒毁，已无修复可能。对应的震害指数范围为 $0.85 \leq d < 1.00$。

5. 评定地震烈度时，Ⅰ度～Ⅴ度应以地面上以及底层房屋中的人的感觉和其他震害现象为主；Ⅵ度～Ⅹ度应以房屋震害为主，参照其他震害现象，当用房屋震害程度与平均震害指数评定结构不同时，应以震害程度评定结果为主，并综合考虑不同类型房屋的平均震害指数；Ⅺ度和Ⅻ度应综合房屋震害和地表震害现象。

6. 以下三种情况的地震烈度评定结果，应作适应调整：

a）当采用高楼上人的感觉和器物反应评定地震烈度时，适当降低评定值；

b）当采用低于或高于Ⅶ度抗震设计房屋的震害程度和平均震害指数评定地震烈度时，适当降低或提高评定值；

c）当采用建筑质量特别差或特别好房屋的震害程度和平均震害指数评定地震烈度时，适当降低或提高评定值。

7. 当计算的平均震害指数值位于表2.7－1中地震烈度对应的平均震害指数重叠搭接区间时，可参照其他判别指标和震害现象综合判定地震烈度。

2.8 我国主要城镇抗震设防烈度、设计基本地震加速度和设计地震分组

本节仅提供我国抗震设防区各县级及县级以上城镇的中心地区建筑工程抗震设计时所采用的抗震设防烈度、设计基本地震加速度值和所属的设计地震分组。

注：本节一般把“设计地震第一、二、三组”简称为“第一组、第二组、第三组”。

2.8.1 首都和直辖市

1 抗震设防烈度为8度，设计基本地震加速度值为 $0.20g$：

第一组：北京（东城、西城、崇文、宣武、朝阳、丰台、石景山、海淀、房山、通州、顺义、大兴、平谷），延庆，天津，（汉沽），宁河。

2 抗震设防烈度为7度，设计基本地震加速度值为 $0.15g$；：

第二组：北京（昌平、门头沟、怀柔），密云；天津（和平、河东、河西、南开、河北、红桥、塘沽、东丽、西青、津南、北辰、武清、宝坻），蓟县，静海。

3 抗震设防烈度为7度，设计基本地震加速度值为 $0.10g$：

第一组：上海（黄浦、卢湾、徐汇、长宁、静安、普陀、闸北、虹口、杨浦、闵行、宝山、嘉定、浦东、松江、青浦、南汇、奉贤）；

第二组：天津（大港）

4 抗震设防烈度为6度，设计基本地震加速度值为 $0.05g$：

第一组：上海（金山），崇明：重庆（渝中、大渡口、江北、沙坪坝、九龙坡、南岸、北碚、万盛、双桥、渝北、巴南、万州、涪陵、黔江、长寿、江津、合川、永川、南川），巫山，奉节，云阳，忠县，丰都，壁山，铜梁，大足，荣昌，綦江，石柱，巫溪*

注：上标“*”该城镇的中心位于本设防区和较低设防区的分界线。下同。

2.8.2 河北省

1 抗震设防烈度为8度，设计基本地震加速度值为 $0.20g$：

第一组：唐山（路北、路南、古冶、开平、丰润、丰南），三河，大厂，香河，怀来，涿鹿；

第二组：廊坊（广阳、安次）。

2 抗震设防烈度为7度，设计基本地震加速度值为 $0.15g$：

第一组：邯郸（丛台、邯山、复兴、峰峰矿区），任丘，河间，大城，滦县，蔚县，磁县，宣化县，张家口（下花园、宣化区），宁晋*；

第二组：涿州，高碑店，涞水，固安，永清，文安，玉田. 迁安，卢龙，滦南，唐海，乐亭，阳原，邯郸县，大名，临漳，成安。

3 抗震设防烈度为7度，设计基本地震加速度值为0.10g。

第一组：张家(桥西、桥东)，万全，怀安，安平，饶阳，晋州，深州，辛集，赵县，隆尧，任县，南和，新河，肃宁，柏乡；

第二组：石家庄(长安、桥东、桥西、新华、裕华、井陉矿区)，保定(新市、北市、南市)，沧州(运河、新华)，邢台(桥东、桥西)，衡水，霸州，雄县，易县，沧县，张北，兴隆，迁西，抚宁，昌黎，青县，献县，广宗，平乡，鸡泽，曲周，肥乡，馆陶，广平，高邑，内丘，邢台县，武安，涉县，赤城，定兴，容城，徐水，安新，高阳，博野，蠡县，深泽，魏县，藁城，栾城，武强，冀州，巨鹿，沙河，临城，白头，永年，崇礼，南宫*；

第三组：秦皇岛(海港、北戴河)，清苑，遵化，安国，涞源，承德(鹰手营子*)。

4 抗震设防烈度为6度，设计基本地震加速度值为0.05g：

第一组：围场，沽源；

第二组：正定，尚义，无极，平山，鹿泉，井陉县，元氏，南皮，吴桥，景县，东光；

第三组：承德(双桥、双滦)，秦皇岛(山海关)，承德县，隆化，宽城，青龙，阜平，满城，顺平，唐县，望都，曲阳，定州，行唐，赞皇，黄骅，海兴，孟村，盐山，阜城，故城，清河，新乐，武邑，枣强，威县，丰宁，滦平，平泉，临西，灵寿，邱县。

2.8.3 山西省

1 抗震设防烈度为8度，设计基本地震加速度值为0.20g：

第一组：太原(杏花岭、小店、迎泽、尖草坪、万柏林、晋源)，晋中，清徐，阳曲，忻州，定襄，原平，介休，灵石，汾西，代县，霍州，古县，洪洞，临汾，襄汾，浮山，永济；

第二组：祁县，平遥，太谷。

2 抗震设防烈度为7度，设计基本地震加速度值为0.15g：

第一组：大同(城区、矿区、南郊)，大同县，怀仁，应县，繁峙，五台，广灵，灵丘，芮城，翼城；

第二组：朔州(朔城区)，浑源，山阴，古交，交城，文水，汾阳，孝义，曲沃，侯马，新绛，稷山，绛县，河津，万荣，闻喜，临猗，夏县，运城，平陆，沁源*，宁武*。

3 抗震设防烈度为7度，设计基本地震加速度值为0.10g：

第一组：阳高，天镇；

第二组：大同(新荣)，长治(城区、郊区)，阳泉(城区、矿区、郊区)，长治县，左云，右玉，神池，寿阳，昔阳，安泽，平定，和顺，乡宁，垣曲，黎城，潞城，壶关；

第三组：平顺，榆社，武乡，娄烦，交口，隰县，蒲县，吉县，静乐，陵川，盂县，沁水，沁县，朔州(平鲁)。

4 抗震设防烈度为6度，设计基本地震加速度值为0.05g：

第三组：偏关，河曲，保德，兴县，临县，方山，柳林，五寨，岢岚，岚县，中阳，石楼，永和，大宁，晋城，吕梁，左权，襄垣，屯留，长子，高平，阳城，泽州。

2.8.4 内蒙古自治区

1 抗震设防烈度为8度，设计基本地震加速度值为0.30g：

第一组：土墨特右旗，达拉特旗*。

2 抗震设防烈度为8度，设计基本地震加速度值为0.20g：

第一组：呼和浩特(新城、回民、玉泉、赛罕)，包头(昆都仑、东河、青山、九原)，乌海(海勃湾、海南、乌达)，土墨特左旗，杭锦后旗，磴口，宁城；

第二组：包头(石拐)，托克托*。

3 抗震设防烈度为7度，设计基本地震加速度值为0.15g：

第一组：赤峰(红山*，元宝山区)，喀喇沁旗，巴彦卓尔，五原，乌拉特前旗，凉城；

第二组：固阳，武川，和林格尔；

第三组：阿拉善左旗。

4 抗震设防烈度为7度，设计基本地震加速度值为0.10g：

第一组：赤峰(松山区)，察右前旗，开鲁，傲汉旗，扎兰屯，通辽*；

第二组：清水河，乌兰察布，卓资，丰镇，乌特拉后旗，乌特拉中旗；

第三组：鄂尔多斯，准格尔旗。

5 抗震设防烈度为6度，设计基本地震加速度值为0.05g：

第一组：满洲里，新巴尔虎右旗，莫力达瓦旗，阿荣旗，，扎赉特旗，翁牛特旗，商都，乌审旗，科左中旗，科左后旗，奈曼旗，库伦旗，苏尼特右旗；

第二组：兴和，察右后旗；

第三组：达尔罕茂明安联合旗，阿拉善右旗，鄂托克旗，鄂托克前旗，包头(白云矿区)，伊金霍洛旗，杭锦旗，四王子旗，察右中旗。

2.8.5 辽宁省

1 抗震设防烈度为8度，设计基本地震加速度值为0.20g：

第一组：普兰店，东港。

2 抗震设防烈度为7度，设计基本地震加速度值为0.15g：

第一组：营口(站前、西市、鲅鱼圈、老边)，丹东(振兴、元宝、振安)，海城，大石桥，瓦房店，盖州，大连(金州)。

3 抗震设防烈度为7度，设计基本地震加速度值为0.10g：

第一组：沈阳(沈河、和平、大东、皇姑、铁西、苏家屯、东陵、沈北、于洪)，鞍山(铁东、铁西、立山、千山)，朝阳(双塔、龙城)，辽阳(白塔、文圣、宏伟、弓长岭、太子河)，抚顺(新抚、东洲、望花)，铁岭(银州、清河)，盘锦(兴隆台、双台子)，盘山，朝阳县，辽阳县，铁岭县，北票，建平，开原，抚顺县*，灯塔，台安，辽中，大洼；

第二组：大连(西岗、中山、沙河口、甘井子、旅顺)，岫岩，凌源。

4 抗震设防烈度为6度，设计基本地震加速度值为0.05g：

第一组：本溪(平山、溪湖、明山、南芬)，阜新(细河、海州、新邱、太平、清河门)，葫芦岛(龙港、连山)，昌图，西丰，法库，彰武，调兵山，阜新县，康平，新民，黑山，北宁，义县，宽甸，庄河，长海，抚顺(顺城)；

第二组：锦州(太和、古塔、凌河)，凌海，凤城，喀喇沁左翼；

第三组：兴城，绥中，建昌，葫芦岛(南票)。

2.8.6 吉林省

1 抗震设防烈度为8度，设计基本地震加速度值为0.20g：

前郭尔罗斯，松原。

2　抗震设防烈度为7度，设计基本地震加速度值为0.15g：

大安*。

3　抗震设防烈度为7度，设计基本地震加速度值为0.10g：

长春(难关、朝阳、宽城、二道、绿园、双阳)，吉林(船营、龙潭、昌邑、丰满)，白城，乾安，舒兰，九台，永吉*。

4　抗震设防烈度为6度，设计基本地震加速度值为0.05g：

四平(铁西、铁东)，辽源(龙山、西安)，镇赉，洮南，延吉，汪清，图们，珲春，龙井，和龙，安图，蛟河，桦甸，梨树，磐石，东丰，辉南，梅河口，东辽，榆树，靖宇，抚松，长岭，德惠，农安，伊通，公主岭，扶余，通榆*。

注：全省县级及县级以上设防城镇，设计地震分组均为第一组。

2.8.7　黑龙江省

1　抗震设防烈度为7度，设计基本地震加速度值为0.10g：

绥化，萝北，泰来。

2　抗震设防烈度为6度，设计基本地震加速度值为0.05g：

哈尔滨(松北、道里、南岗、道外、香坊、平房、呼兰、阿城)，齐齐哈尔(建华、龙沙、铁锋、昂昂溪、富拉尔基、碾子山、梅里斯)，大庆(萨尔图、龙凤、让胡路、大同、红岗)，鹤岗(向阳、兴山、工农、南山、兴安、东山)，牡丹江(东安、爱民、阳明、西安)，鸡西(鸡冠、恒山、滴道、梨树、城子河、麻山)，佳木斯(前进、向阳、东风、郊区)，七台河(桃山、新兴、茄子河)，伊春(伊春区，乌马、友好)，鸡东，望奎，穆棱，绥芬河，东宁，宁安，五大连池，嘉荫，汤原，桦南，桦川，依兰，勃利，通河，方正，木兰，巴彦，延寿，尚志，宾县，安达，明水，绥棱，庆安，兰西，肇东，肇州，双城，五常，讷河，北安，甘南，富裕，龙江，黑河，肇源，青冈*，海林*。

注：全省县级及县级以上设防城镇，设计地震分组均为第一组。

2.8.8　江苏省

1　抗震设防烈度为8度，设计基本地震加速度值为0.30g：

第一组：宿迁(宿城、宿豫*)。

2　抗震设防烈度为8度，设计基本地震加速度值为0.20g：

第一组：新沂，邳州，睢宁。

3　抗震设防烈度为7度，设计基本地震加速度值为0.15g：

第一组：扬州(维扬、广陵、邗江)，镇江(京口、润州)，泗洪，江都；

第二组：东海，沭阳，大丰。

4　抗震设防烈度为7度，设计基本地震加速度值为0.10g：

第一组：南京(玄武、白下、秦淮、建邺、鼓楼、下关、浦口、六合、栖霞、雨花台、江宁)，常州(新北、钟楼、天宁、戚墅堰、武进)，泰州(海陵、高港)，江浦，东台，海安，姜堰，如皋，扬中，仪征，兴化，高邮，六合，句容，丹阳，金坛，镇江(丹徒)，溧阳，溧水，昆山，太仓；

第二组：徐州(云龙、鼓楼、九里、贾汪、泉山)，铜山，沛县，淮安(清河、青浦、淮阴)，盐城(亭湖、盐都)，泗阳，盱眙，射阳，赣榆，如东；

第三组：连云港(新浦、连云、海州)，灌云。

5　抗震设防烈度为6度，设计基本地震加速度值为0.05g：

第一组：无锡(崇安、南长、北塘、滨湖、惠山)，苏州(金阊、沧浪、平江、虎丘、吴中、相成)，宜兴，常熟，吴江，泰兴，高淳；

第二组：南通(崇川、港闸)，海门，启东，通州，张家港，靖江，江阴，无锡(锡山)，建湖，洪泽，丰县；

第三组：响水，滨海，阜宁，宝应，金湖，灌南，涟水，楚州。

2.8.9　浙江省

1　抗震设防烈度为7度，设计基本地震加速度值为0.10g：

第一组：岱山，嵊泗，舟山(定海、普陀)，宁波(北仑、镇海)。

2　抗震设防烈度为6度，设计基本地震加速度值为0.05g：

第一组：杭州(拱墅、上城、下城、江干、西湖、滨江、余杭、萧山)，宁波(海曙、江东、江北、鄞州)，湖州(吴兴、南浔)，嘉兴(南湖、秀洲)，温州(鹿城、龙湾、瓯海)，绍兴，绍兴县，长兴，安吉，临安，奉化，象山，德清，嘉善，平湖，海盐，桐乡，海宁，上虞，慈溪，余姚，富阳，平阳，苍南，乐清，永嘉，泰顺，景宁，云和，洞头；

第二组：庆元，瑞安。

2.8.10　安徽省

1　抗震设防烈度为7度，设计基本地震加速度值为0.15g：

第一组：五河，泗县。

2　抗震设防烈度为7度，设计基本地震加速度值为0.10g：

第一组：合肥(蜀山、庐阳、瑶海、包河)，蚌埠(蚌山、龙子湖、禹会、淮山)，阜阳(颍州、颍东、颍泉)，淮南(田家庵、大通)，枞阳，怀远，长丰，六安(金安、裕安)，固镇，凤阳，明光，定远，肥东，肥西，舒城，庐江，桐城，霍山，涡阳，安庆(大观、迎江、宜秀)，铜陵县*；

第二组：灵璧。

3　抗震设防烈度为6度，设计基本地震加速度值为0.05g：

第一组：铜陵(铜官山、狮子山、郊区)，淮南(谢家集、八公山、潘集)，芜湖(镜湖、戈江、三江、鸠江)，马鞍山(花山、雨山、金家庄)，芜湖县，界首，太和，临泉，阜南，利辛，凤台，寿县，颍上，霍邱，金寨，含山，和县，当涂，无为，繁昌，池州，岳西，潜山，太湖，怀宁，望江，东至，宿松，南陵，宣城，郎溪，广德，泾县，青阳，石台；

第二组：滁州(琅琊、南谯)，来安，全椒，砀山，萧县，蒙城，亳州，巢湖，天长；

第三组：濉溪，淮北，宿州。

2.8.11　福建省

1　抗震设防烈度为8度，设计基本地震加速度值为0.20g：

第二组：金门*。

2　抗震设防烈度为7度，设计基本地震加速度值为0.15g：

第一组：漳州(芗城、龙文)，东山，诏安，龙海；

第二组：厦门(思明、海沧、湖里、集美、同安、翔安)，晋江，石狮，长泰，漳浦；

第三组：泉州(丰泽、鲤城、洛江、泉港)。

3　抗震设防烈度为7度，设计基本地震加速度值为0.10g：

第二组：福州(鼓楼、台江、仓山、晋安)，华安，南靖，平和，云宵；

第三组：莆田(城厢、涵江、荔城、秀屿)，长乐，福清，平潭，惠安，南安，安溪，福州(马尾)。

4 抗震设防烈度为6度，设计基本地震加速度值为0.05g：

第一组：三明(梅列、三元)，屏南，霞浦，福鼎，福安；柘荣，寿宁，周宁，松溪，宁德，古田，罗源，沙县，尤溪，闽清，闽侯，南平，大田，漳平，龙岩，泰宁，宁化，长汀，武平，建宁，将乐，明溪，清流，连城，上杭，永安，建瓯；

第二组：政和，永定；

第三组：连江，永泰，德化，永春，仙游，马祖。

2.8.12 江西省

1 抗震设防烈度为7度，设计基本地震加速度值为0.10g：

寻乌，会昌。

2 抗震设防烈度为6度，设计基本地震加速度值为0.05g：

南昌(东湖、西湖、青云谱、湾里、青山湖)，南昌县，九江(浔阳、庐山)，九江县，进贤，余干，彭泽，湖口，星子，瑞昌，德安，都昌，武宁，修水，靖安，铜鼓，宜丰，宁都，石城；瑞金，安远，定南，龙南，全南，大余。

注：全省县级及县级以上设防城镇，设计地震分组均为第一组。

2.8.13 山东省

1 抗震设防烈度为8度，设计基本地震加速度值为0.20g：

第一组：郯城，临沭，莒南，莒县，沂水，安丘，阳谷，临沂(河东)。

2 抗震设防烈度为7度，设计基本地震加速度值为0.15g：

第一组：临沂(兰山、罗庄)，青州，临驹，菏泽，东明，聊城，莘县，鄄城；

第二组：潍坊(奎文、潍城、寒亭、坊子)，苍山，沂南，昌邑，昌乐，诸城，五莲，长岛，蓬莱，龙口，枣庄(台儿庄)，淄博(临淄*)，寿光*。

3 抗震设防烈度为7度，设计基本地震加速度值为0.10g：

第一组：烟台(莱山、芝罘、牟平)，威海，文登，高唐．茌平，定陶，成武；

第二组：烟台(福山)，枣庄(薛城、市中、峄城、山亭*)，淄博(张店、淄川、周村)，平原，东阿，平阴，梁山，郓城，巨野，曹县，广饶，博兴，高青，桓台，蒙阴，费县，微山，禹城，冠县，单县*，夏津*，莱芜(莱城*、钢城)；

第三组：东营(东营、河口)，日照(东港、岚山)，沂源．招远，新泰，栖霞，莱州，平度，高密，垦利，淄博(博山)，滨州*，平邑*。

4 抗震设防烈度为6度，设计基本地震加速度值为0.05g：

第一组：荣成；

第二组：德州，宁阳，曲阜，邹城，鱼台，乳山，兖州；

第三组：济南(市中、历下、槐荫、天桥、历城、长清)，青岛(市南、市北、四方、黄岛、崂山、城阳、李沧)，泰安(泰山、岱岳)，济宁(市中、任城)，乐陵，庆云，无棣，阳信，宁津，沾化，利津，武城，惠民，商河，临邑，济阳，齐河，章丘，泗水，莱阳，海阳，金乡，滕州，莱西，即墨，胶南，胶州，东平，汶上，嘉祥，临清，肥城，陵县，邹平。

2.8.14 河南省

1 抗震设防烈度为8度，设计基本地震加速度值为0.20g：

第一组：新乡(卫滨、红旗、凤泉、牧野)，新乡县，安阳(北关、文峰、殷都、龙安)，安阳县，淇县，卫辉，辉县，原阳，延津，获嘉，范县；

第二组：鹤壁(淇滨、山城*、鹤山*)，汤阴。

2 抗震设防烈度为7度，设计基本地震加速度值为0.15g：

第一组：台前，南乐，陕县，武陟；

第二组：郑州(中原、二七、管城、金水、惠济)，濮阳，濮阳县，长桓，封丘，修武，内黄，浚县，滑县，清丰，灵宝，三门峡，焦作(马村*)，林州*。

3 抗震设防烈度为7度，设计基本地震加速度值为0.10g：

第一组：南阳(卧龙、宛城)，新密，长葛，许昌*，许昌县*；

第二组：郑州(上街)，新郑，洛阳(西工、老城、瀍河、涧西、吉利、洛龙*)，焦作(解放、山阳、中站)，开封(鼓楼、龙亭、顺河、禹王台、金明)，开封县，民权，兰考，孟州，孟津，巩义，偃师，沁阳，博爱，济源，荥阳，温县，中牟，杞县*。

4 抗震设防烈度为6度，设计基本地震加速度值为0.05g：

第一组：信阳(狮河、平桥)，漯河(郾城、源汇、召陵)，平顶山(新华、卫东、湛河、石龙)，汝阳，禹州，宝丰，鄢陵，扶沟，太康，鹿邑，郸城，沈丘，项城，淮阳，周口，商水，上蔡，临颍. 西华，西平，栾川，内乡，镇平，唐河，邓州，新野，社旗，平舆，新县，驻马店，泌阳，汝南，桐柏，淮滨，息县，正阳，遂平，光山，罗山，潢川，商城，固始，南召，叶县*，舞阳*；

第二组：商丘(梁园、睢阳)，义马，新安，襄城，郏县，嵩县，宜阳，伊川，登封，柘城，尉氏，通许，虞城，夏邑，宁陵；

第三组：汝州，睢县，永城，卢氏，洛宁，渑池。

2.8.15 湖北省

1 抗震设防烈度为7度，设计基本地震加速度值为0.10g：

竹溪，竹山，房县。

2 抗震设防烈度为6度，设计基本地震加速度值为0.05g：

武汉(江岸、江汉、礄硚口Ⅱ、汉阳、武昌、青山、洪山、东西湖、汉南、蔡甸、江厦、黄陂、新洲)，荆州(沙市、荆州)，荆门(东宝、掇刀)，襄樊(襄城、樊城、襄阳)，十堰(茅箭、张湾)，宜昌(西陵、伍家岗、点军、犹亭、夷陵)，黄石(下陆、黄石港、西塞山、铁山)，恩施，咸宁，麻城，团风，罗田，英山，黄冈，鄂州，浠水，蕲春，黄梅，武穴，郧西，郧县，丹江口，谷城，老河口，宜城，南漳，保康，神农架，钟祥，沙洋，远安，兴山，巴东，秭归，当阳，建始，利川，公安，宣恩，成丰，长阳，嘉鱼，大冶，宜都，枝江，松滋，江陵，石首. 监利，洪湖，孝感，应城，云梦，天门，仙桃，红安，安陆. 潜江，通山，赤壁，崇阳，通城，五峰*，京山*。

注：全省县级及县级以上设防城镇，设计地震分组均为第一组。

2.8.16 湖南省

1 抗震设防烈度为7度，设计基本地震加速度值为0.15g：

常德(武陵、鼎城)。

2 抗震设防烈度为7度，设计基本地震加速度值为0.10g：

岳阳(岳阳楼、君山*)，岳阳县，汨罗，湘阴，临澧，澧县，津市，桃源，安乡，汉寿。

3 抗震设防烈度为6度，设计基本地震加速度值为0.05g：

长沙(岳麓、芙蓉、天心、开福、雨花)，长沙县，岳阳(云溪)，益阳(赫山、资阳)，张家界(永定、武陵源)，郴州(北湖、苏仙)，邵阳(大祥、双清、北塔)，邵阳县，泸溪，沅陵，娄底，宜章，资兴，平江，宁乡，新化，冷水江，涟源，双峰，新邵，邵东，隆回，石门，慈利，华容，南县，临湘．沅江，桃江，望城，溆浦，会同，靖州，韶山，江华，宁远，道县，临武，湘乡*，安化*，中方*，洪江*。

注：全省县级及县级以上设防城镇，设计地震分组均为第一组。

2.8.17 广东省

1 抗震设防烈度为8度，设计基本地震加速度值为0.20g：

汕头(金平、濠江、龙湖、澄海)，潮安，南澳，徐闻．潮州*。

2 抗震设防烈度为7度，设计基本地震加速度值为0.15g：

揭阳，揭东，汕头(潮阳、潮南)，饶平。

3 抗震设防烈度为7度，设计基本地震加速度值为0.10g：

广州(越秀、荔湾、海珠、天河、白云、黄埔、番禺、南沙、萝岗)，深圳(福田、罗湖、南山、宝安、盐田)，湛江(赤坎、霞山、坡头、麻章)，汕尾，海丰，普宁，惠来，阳江，阳东，阳西，茂名(茂南、茂港)，化州，廉江，遂溪，吴川，丰顺，中山，珠海(香洲、斗门、金湾)，电白，雷州，佛山(顺德、南海、禅城*)，江门(蓬江、江海、新会)*，陆丰*。

4 抗震设防烈度为6度，设计基本地震加速度值为0.05g：

韶关(浈江、武江、曲江)，肇庆(端州、鼎湖)，广州(花都)，深圳(尤岗)，河源，揭西，东源，梅州，东莞，清远，清新，南雄，仁化，始兴，乳源，英德，佛冈，龙门，龙川，平远，从化，梅县，兴宁，五华，紫金，陆河，增城，博罗，惠州(惠城、惠阳)，惠东，四会，云浮，云安，高要，佛山(三水、高明)，鹤山，封开，郁南，罗定，信宜，新兴，开平，恩平，台山，阳春，高州，翁源，连平，和平，蕉岭，大埔，新丰*。

注：全省县级及县级以上设防城镇，除大埔为设计地震第二组外，均为第一组。

2.8.18 广西壮族自治区

1 抗震设防烈度为7度，设计基本地震加速度值为0.15g：

灵山，田东。

2 抗震设防烈度为7度，设计基本地震加速度值为0.10g：

玉林，兴业，横县，北流，百色，田阳，平果，隆安，浦北，博白，乐业*。

3 抗震设防烈度为6度，设计基本地震加速度值为0.05g：

南宁(青秀、兴宁、江南、西乡塘、良庆、邕宁)，桂林(象山、叠彩、秀峰、七星、雁山)，柳州(柳北、城中、鱼峰、柳南)，梧州(长洲、万秀、蝶山)，钦州(钦南、钦北)，贵港(港北、港南)，防城港(港口、防城)，北海(海城、银海)，兴安，灵川，临桂，永福，鹿寨，天峨，东兰，巴马，都安，大化，马山，融安，象州，武宣，桂平，平南，上林，宾阳，武鸣，大新，扶绥，东兴，合浦，钟山，贺州，藤县，苍梧，容县，岑溪，陆川，凤山，凌云，田林，隆林，西林，德保，靖西，那坡，天等，崇左，上思，龙州，宁明，融水，凭祥，全州。

注：全自治区县级及县级以上设防城镇，设计地震分组均为第一组。

2.8.19 海南省

1 抗震设防烈度为8度，设计基本地震加速度值为0.30g：

海口(龙华、秀英、琼山、美兰)。

2 抗震设防烈度为8度，设计基本地震加速度值为0.20g：

文昌，定安。

3 抗震设防烈度为7度，设计基本地震加速度值为0.15g：

澄迈。

4 抗震设防烈度为7度，设计基本地震加速度值为0.10g：

临高，琼海，儋州，屯昌。

5 抗震设防烈度为6度，设计基本地震加速度值为0.05g：

三亚，万宁，昌江，白沙，保亭，陵水，东方，乐东，五指山，琼中。

注：全省县级及县级以上设防城镇，除屯昌、琼中为设计地震第二组外，均为第一组。

2.8.20 四川省

1 抗震设防烈度不低于9度，设计基本地震加速度值不小于0.40g：

第二组：康定，西昌。

2 抗震设防烈度为8度，设计基本地震加速度值为0.30g：

第二组：冕宁*。

3 抗震设防烈度为8度，设计基本地震加速度值为0.20g：

第一组：茂县，汶川，宝兴；

第二组：松潘，平武，北川(震前)，都江堰，道孚，泸定，甘孜，炉霍，喜德，普格，宁南，理塘；

第三组：九寨沟，石棉，德昌。

4 抗震设防烈度为7度，设计基本地震加速度值为0.15g：

第二组：巴塘，德格，马边，雷波，天全，芦山，丹巴，安县，青川，江油，绵竹，什邡，彭州，理县，剑阁*；

第三组：荥经，汉源，昭觉，布拖，甘洛，越西，雅江，九龙，木里，盐源，会东，新龙。

5 抗震设防烈度为7度，设计基本地震加速度值为0.10g：

第一组：自贡(自流井、大安、贡井、沿滩)；

第二组：绵阳(涪城、游仙)，广元(利州、元坝、朝天)，乐山(市中、沙湾)，宜宾，宜宾县，峨边，沐川，屏山，得荣，雅安，中江，德阳，罗江，峨眉山，马尔康；

第三组：成都(青羊、锦江、金牛、武侯、成华、龙泽泉、青白江、新都、温江)，攀枝花(东区、西区、仁和)，若尔盖，色达，壤塘，石渠，白玉，盐边，米易，乡城，稻城，双流，乐山(金口河、五通桥)，名山，美姑，金阳，小金，会理，黑水，金川，洪雅，夹江，邛崃，蒲江，彭山，丹棱，眉山，青神，郫县，大邑，崇州，新津，金堂，广汉。

6 抗震设防烈度为6度，设计基本地震加速度值为0.05g：

第一组：泸州(江阳、纳溪、龙马潭)，内江(市中、东兴)，宣汉，达州，达县，大竹，邻水，渠县，广安，华蓥，隆昌，富顺，南溪，兴文，叙永，古蔺，资中，通江，万源，巴中，阆中，仪陇，西充，南部，射洪，大英，乐至，资阳；

第二组：南江，苍溪，旺苍，盐亭，三台，简阳，泸县，江安，长宁，高县，珙县，仁寿，威远；

第三组：犍为，荣县，梓潼，筠连，井研，阿坝，红原。

2.8.21　贵州省

1　抗震设防烈度为7度，设计基本地震加速度值为0.10g：

第一组：望谟；

第三组：威宁。

2　抗震设防烈度为6度，设计基本地震加速度值为0.05g：

第一组：贵阳(乌当*、白云*、小河、南明、云岩、花溪)，凯里，毕节，安顺，都匀，黄平，福泉，贵定，麻江，清镇，龙里，平坝，纳雍，织金，普定，六枝，镇宁，惠水，长顺，关岭，紫云，罗甸，兴仁，贞丰，安龙，金沙，印江，赤水，习水，思南*；

第二组：六盘水，水城，册亨；

第三组：赫章，普安，晴隆，兴义，盘县。

2.8.22　云南省

1　抗震设防烈度不低于9度，设计基本地震加速度值不小于0.40g：

第二组：寻甸，昆明(东川)；

第三组：澜沧。

2　抗震设防烈度为8度，设计基本地震加速度值为0.30g：

第二组：剑川，嵩明，宜良，丽江，玉龙，鹤庆，永胜，潞西，龙陵，石屏，建水；

第三组：耿马，双江，沧源，勐海，西盟，孟连。

3　抗震设防烈度为8度，设计基本地震加速度值为0.20g：

第二组：石林，玉溪，大理，巧家，江川，华宁，峨山，通海，洱源，宾川，弥渡，祥云，会泽，南涧；

第三组：昆明(盘龙、五华、官渡、西山)，普洱(原思茅市)，保山，马龙，呈贡，澄江，晋宁，易门，漾濞，巍山，云县，腾冲，施甸，瑞丽，梁河，安宁，景洪，永德，镇康，临沧，凤庆*，陇川*。

4　抗震设防烈度为7度，设计基本地震加速度值为0.15g：

第二组：香格里拉，泸水，大关，永善，新平*；

第三组：曲靖，弥勒，陆良，富民，禄劝，武定，兰坪，云龙，景谷，宁洱(原普洱)，沾益，个旧，红河，元江，禄丰，双柏，开远，盈江，永平，昌宁，宁蒗，南华，楚雄，勐腊，华坪，景东*。

5　抗震设防烈度为7度，设计基本地震加速度值为0.10g：

第二组：盐津，绥江，德钦，贡山，水富；

第三组：昭通，彝良，鲁甸，福贡，永仁，大姚，元谋，姚安，牟定，墨江，绿春，镇沅，江城，金平，富源，师宗，泸西，蒙自，元阳，维西，宣威。

6　抗震设防烈度为6度，设计基本地震加速度值为0.05g；

第一组：威信，镇雄，富宁，西畴，麻栗坡，马关；

第二组；广南；

第三组：丘北，砚山，屏边，河口，文山，罗平。

2.8.23　西藏自治区

1　抗震设防烈度不低于9度，设计基本地震加速度值不小于0.40g：

第三组：当雄，墨脱。

2　抗震设防烈度为8度，设计基本地震加速度值为0.30g：

第二组：申扎；

第三组；米林。波密。

3 抗震设防烈度为8度．设计基本地震加速度值为0.20g：

第二组：普兰，聂拉术，萨嘎；

第三组；拉萨，堆龙德庆，尼木，仁布，尼玛，洛隆，隆子，错那，曲松，那曲，林芝（八一镇），林周。

4 抗震设防烈虚为7度．设计基本地震加速度值为0.15g：

第二组：札达．吉l蟹，拉孜，谢通门．亚东，洛扎，昂仁；

第三组：日土。江孜，康马．白朗，扎囊，措美，桑日，加查，边坝，八宿，丁青，类乌齐，乃东，琼结，贡嘎，朗县，达孜，南木林，班戈，浪卡子，墨竹工卡，曲水，安多，聂荣．日喀则*，噶尔*。

5 抗震设防烈度为7度，设计基本地震加速度值为0.10g：

第一组；改则；

第二组：措勤，仲巴，定结．芒康；

第三组：昌都，定日，萨迦，岗巴，巴青．工布江达．索县，比如，嘉黎，察雅，左贡，察隅，江达，贡觉。

6 抗震设防烈度为6度．设计基本地震加速度值为0.05g；

第二组：革吉。

2.8.24 陕西省

1 抗震设防烈度为8度。设计基本地震加速度值为0.20g：

第一组；西安(未央、莲湖、新城、碑林、灞桥、雁塔、阎良*、临潼)，滑南，华县，华阴，潼关，大荔；

第三组：陇县。

2 抗震设防烈度为7度，设计基本地震加速度值为0.15g：

第一组，成阳(秦都、渭城)，西安(长安)，高陵，兴平，周至，户县，蓝田；

第二组：宝鸡(金台、渭滨、陈仓)．成阳(杨凄特区)，千阳．岐山．风翔，扶风，武功，眉县，三原，富平，澄城，蒲城，泾阳，礼泉，韩城，合阳，略阳；

第三组 风县。

3 抗震设防烈度为7度．设计基本地震加速度值为0.10g：

第一组；安康，平刺；

第二组：浩南，乾县，勉县，宁强，南郑，汉中；

第三组：白水，淳化，麟游．永寿，商洛(商州)，太白，留坝，铜川(耀州、王益、印台*)，柞水*。

4 抗震设防烈度为6度，设计基本地震加速度值为0.05g：

第一组：延安，清涧，神木，佳县，米脂，绥德，安塞，延川，延长，志丹．甘泉．商南．紫阳．镇巴，子长*，子洲*；

第二组：吴旗，富县，旬阳．白河，岚皋，镇坪；

第三组：定边，府谷，吴壁，洛川．黄陵，旬邑，洋县，西乡，石泉．汉阴，宁陕，城固，宜川，黄龙，宜君，长武，彬县，佛坪，镇安，丹凤，山阳。

2.8.25　甘肃省

1　抗震设防烈度不低于9度. 设计基本地震加速度值不小于0.40g：

第二组：古浪。

2　抗震设防烈度为8度，设计基本地震加速度值为0.30g：

第二组；天水(秦州、麦积)，礼县，西和；

第三组：白银(平川区)。

3　抗震设防烈度为8度，设计基本地震加速度值为0.20g：

第二组：若昌，肃北，陇南，成县，徽县，康县，文县；

第三组：兰州(城关、七里河、西固、安宁)，武威，永登，天祝，景泰，靖远，陇西，武山，秦安，清水，甘谷，漳县，会宁，静宁，庄浪，张家川，通渭，华亭，两当，舟曲。

4　抗震设防烈度为7度，设计基本地震加速度值为0.15g：

第二组：康乐，嘉峪关，玉门，酒泉，高台，临泽，肃南；

第三组：白银(白银区)，兰州(红古区)，永靖，岷县，东乡，和政，广河，临潭，卓尼，迭部，临洮，渭源，皋兰，崇信，榆中，定西，金昌，阿克塞，民乐，永昌，平凉。

5　抗震设防烈度为7度，设计基本地震加速度值为0.10g：

第二组：张掖，合作，玛曲，金塔；

第三组：敦煌，瓜洲，山丹，临夏，临夏县，夏河，碌曲，泾川，灵台，民勤，镇原，环县，积石山。

6　抗震设防烈度为6度，设计基本地震加速度值为0.05g：

第三组：华池，正宁，庆阳，合水，宁县，西峰。

2.8.26　青海省

1　抗震设防烈度为8度，设计基本地震加速度值为0.20g：

第二组：玛沁；

第三组：玛多，达日。

2　抗震设防烈度为7度，设计基本地震加速度值为0.15g：

第二组：祁连；

第三组：甘德，门源，治多，玉树。

3　抗震设防烈度为7度，设计基本地震加速度值为0.10g：

第二组：乌兰，称多，杂多，囊谦；

第三组：西宁(城中、城东、城西、城北)，同仁，共和，德令哈，海晏，湟源，湟中，平安，民和，化隆，贵德，尖扎，循化，格尔木，贵南，同德，河南，曲麻莱，久治，班玛，天峻，刚察，大通，互助，乐都，都兰，兴海。

4　抗震设防烈度为6度，设计基本地震加速度值为0.05g：

第三组：泽库。

2.8.27　宁夏回族自治区

1　抗震设防烈度为8度，设计基本地震加速度值为0.30g：

第二组：海原。

2　抗震设防烈度为8度，设计基本地震加速度值为0.20g：

第一组：石嘴山(大武口、惠农)，平罗；

第二组：银川(兴庆、金凤、西夏)，吴忠，贺兰，永宁，青铜峡，泾源，灵武，固原；

第三组：西吉，中宁，中卫，同心，隆德。

3 抗震设防烈度为7度，设计基本地震加速度值为0.15g：

第三组：彭阳。

4 抗震设防烈度为6度，设计基本地震加速度值为0.05g：

第三组：盐池。

2.8.28 新疆维吾尔自治区

1 抗震设防烈度不低于9度，设计基本地震加速度值不小于0.40g：

第三组：乌恰，塔什库尔干。

2 抗震设防烈度为8度，设计基本地震加速度值为0.30g：

第三组：阿图什，喀什，疏附。

3 抗震设防烈度为8度，设计基本地震加速度值为0.20g：

第一组：巴里坤；

第二组：乌鲁木齐(天山、沙依巴克、新市、水磨沟、头屯河、米东)，乌鲁木齐县，温宿，阿克苏，柯坪，昭苏，特克斯，库车，青河，富蕴，乌什*；

第三组：尼勒克，新源，巩留，精河，乌苏，奎屯，沙湾，玛纳斯，石河子，克拉玛依(独山子)，疏勒，伽师，阿克陶，英吉沙。

4 抗震设防烈度为7度，设计基本地震加速度值为0.15g：

第一组：木垒*；

第二组：库尔勒，新和－轮台，和静，焉耆，博湖，巴楚，拜城，昌吉，阜康*；

第三组：伊宁，伊宁县，霍城，呼图壁，察布查尔，岳普湖。

5 抗震设防烈度为7度，设计基本地震加速度值为0.10g：

第一组：鄯善；

第二组：乌鲁木齐(达坂城)，吐鲁番，和田，和田县，吉木萨尔，洛浦，奇台，伊吾，托克逊，和硕，尉犁，墨玉，策勒，哈密*；

第三组：五家渠，克拉玛依(克拉玛依区)，博乐，温泉，阿合奇，阿瓦提，沙雅，图木舒克，莎车，泽普，叶城，麦盖堤，皮山。

6 抗震设防烈度为6度，设计基本地震加速度值为0.05g：

第一组：额敏，和布克赛尔；

第二组：于田，哈巴河，塔城，福海，克拉玛依(马尔禾)；

第三组：阿勒泰，托里，民丰，若羌，布尔津，吉木乃，裕民，克拉玛依(白碱滩)，且末，阿拉尔。

2.8.29 港澳特区和台湾省

1 抗震设防烈度不低于9度，设计基本地震加速度值不小于0.40g：

第二组：台中；

第三组：苗栗，云林，嘉义，花莲。

2 抗震设防烈度为8度，设计基本地震加速度值为0.30g：

第二组：台南；

第三组：台北，桃园，基隆，宜兰，台东，屏东。

3 抗震设防烈度为8度，设计基本地震加速度值为0.20g：

第三组：高雄，澎湖。

4　抗震设防烈度为7度，设计基本地震加速度值为0.15g：

第一组：香港。

5　抗震设防烈度为7度，设计基本地震加速度值为0.10g：

第一组：澳门。

参考文献

1　中国石化集团洛阳石油化工工程公司编．石油化工设备设计便查手册(第二版)．北京：中国石化出版社，2007

2　GB 50011—2010《建筑抗震设计规范》

第三章　常用介质及材料的特性

3.1　固体材料的物理性能

表 3.1-1　固体材料的物理性能

名称	密度 ρ ($t=20℃$)/(kg·dm^{-3})	熔点 t/℃	沸点 t/℃	热导率 λ ($t=20℃$)/[W·(m·K)$^{-1}$]	比热容 c ($0<t<100℃$)/[kJ·(kg·K)$^{-1}$]	名称	密度 ρ ($t=20℃$)/(kg·dm^{-3})	熔点 t/℃	沸点 t/℃	热导率 λ ($t=20℃$)/[W·(m·K)$^{-1}$]	比热容 c ($0<t<100℃$)/[kJ·(kg·K)$^{-1}$]
纯铁	7.86	1530	3070	81	0.456	铀	19.1	1133	≈3800	28	0.117
生铁	7.0~7.8	1560	2500	52	0.54	金	19.29	1063	2700	310	0.130
灰铸铁	7.25	1200	2500	58	0.532	银	10.5	960	2170	470	0.234
碳钢	7.85	1460	2500	47~58	0.49	锂	0.53	179	1372	301.2	0.36
不锈钢	7.9	1450		14	0.51	钽	16.6	2990	4100	54	0.138
硬质合金	14.8	2000	≈4000	81	0.80	硒	4.4	220	688	0.20	0.33
蒙乃尔合金[1]	8.8	≈1300		19.7	0.43	砷	5.72		(613)[2]		0.348
铝	2.6~2.7	658	≈2200	204	0.879	碲	6.25	455	1300	4.9	0.201
铜	8.8~8.9	1083	≈2500	384	0.394	碘	4.95	113.5	184	0.44	0.218
黄铜	8.6	950		104.7	0.384	硅	2.33	1420	2600	83	0.75
青铜	8.83	910	2300	64	0.37	碳	3.51	≈3600	(3540)[2]	8.9	0.854
康铜	8.89	1600	2400	23.3	0.410	磷	1.82	44	280		0.80
锌	6.86~7.15	419	906	110~113	0.38	石墨	2.24	≈3800	≈4200	168	0.71
锡	7.2	232	2500	64	0.24	石英	≈2.5	≈1500	2230	9.9	0.80
钾	0.86	63.6	760	110	0.80	石膏	2.3	1200		0.45	1.1
钠	0.98	97.5	880	126	1.25	干砂	1.4~1.6	≈1550	2230	0.58	0.80
钙	1.55	850	1439		0.63	干黏土	1.8~2.1	≈1600		≈1	0.88
铅	11.3	327.4	1740	34.7	0.130	刚玉（金刚砂）	4	2200	3000	11.6	0.96
镁	1.74	657	1110	157	1.05	硬橡胶	≈1.4			0.17	1.42
锰	7.43	1221	2150		0.46	云杉	≈0.45			0.14	2.1
镍	8.9	1452	2730	59	0.46	松木	≈0.75			0.14	1.4
钴	8.8	1490	≈3100	69.4	0.435	白杨	≈0.50			0.12	1.4
钼	10.2	2600	5500	145	0.27	水泥（煅烧）	2~2.2			0.9~1.2	1.3
铬	7.1	1800	2700	69	0.452	石灰石	2.6			2.2	0.909
锆	6.5	1850	≈3600	22	0.29	食盐	2.15	802	1440		0.92
钒	6.1	1890	≈3300	31.4	0.50	沥青	1.25			0.13	
钨	19.2	3410	5900	130	0.13	纸	0.7~1.1			0.14	1.336
铋	9.8	271	1560	8.1	0.13	石蜡	0.9	52	300	0.26	3.26
铂	21.5	1770	4400	70	0.13	木炭	≈0.4			0.084	0.84
钛	4.5	1670	3200	15.5	0.47	石棉	≈2.5	≈1300			0.816
锶	2.54	797	1366		0.23	玻璃纤维	≈0.15			≈0.04	0.84
锑	6.67	630	1635	22.5	0.209	聚氯乙烯	1.4			0.16	
钡	3.59	704	1700		0.29	聚酰胺	1.1			0.31	
铍	1.85	1280	2970	165	1.02	云母	≈2.8			0.35	0.87
镉	8.64	321	765	92.1	0.234	碳化硅	3.12			1.52	0.67

注：本表摘自“Technische Formelsammlung”28. erweiterten aufl.，$Z_1 \sim Z_4$，Gieck，1984。

1）蒙乃尔合金组成为 68Ni-28Cu-1.5Mn-2.5Fe。

2）直接从固体变为气体（升华）的沸点。

3.2　液体材料的物理性能

表3.2－1　液体材料的物理性能

名　称	密度ρ (t=20℃)/(kg·dm^{-3})	熔点 t/℃	沸点 t/℃	热导率λ (t=20℃)/[W·(m·K)$^{-1}$]	比热容c (0<t<100℃)/[kJ·(kg·K)$^{-1}$]	名　称	密度ρ (t=20℃)/(kg·dm^{-3})	熔点 t/℃	沸点 t/℃	热导率λ (t=20℃)/[W·(m·K)$^{-1}$]	比热容c (0<t<100℃)/[kJ·(kg·K)$^{-1}$]
水	0.998	0	100	0.60	4.187	氯仿	1.49	−70	61		
汞	13.55	−38.9	357	10	0.138	盐酸(400g/L)	1.20				
苯	0.879	5.5	80	0.15	1.70	硫酸(500g/L)	1.40				
甲苯	0.867	−95	110	0.14	1.67	浓硫酸	1.83	≈10	338	0.47	1.42
甲醇	0.8	−98	66		2.51	浓硝酸	1.51	−41	84	0.26	1.72
乙醚	0.713	−116	35	0.13	2.28	醋酸	1.04	16.8	118		
乙醇	0.79	−110	78.4		2.38	氢氟酸	0.987	−92.5	19.5		
丙酮	0.791	−95	56	0.16	2.22	石油醚	0.66	−160	>40	0.14	1.76
甘油	1.26	19	290	0.29	2.37	三氯乙烯	1.463	−86	87	0.12	0.93
重油(轻级)	≈0.83	−10	>175	0.14	2.07	四氯代乙烯	1.62	−20	119		0.904
汽油	≈0.73	−(30~50)	25~210	0.13	2.02	亚麻油	0.93	−15	316	0.17	1.88
煤油	0.81	−70	>150	0.13	2.16	润滑油	0.91	−20	>360	0.13	2.09
柴油	≈0.83	−30	150~300	0.15	2.05	变压器油	0.88	−30	170	0.13	1.88

注：本表摘自"Technische Formelsammlung"28. erweiterten aufl.，Z.，Gieck，1984。

3.3　气体材料的物理性能

表3.3－1　气体材料的物理性能

名　称	密度ρ (t=20℃)/(kg·m^{-3})	熔点 t/℃	沸点 t/℃	热导率λ (t=0℃)/[W/(m·K)$^{-1}$]	比热容[1)] (t=0℃)/[kJ·(kg·K)$^{-1}$]		名　称	密度ρ (t=20℃)/(kg·m^{-3})	熔点 t/℃	沸点 t/℃	热导率λ (t=0℃)/[W·(m·K)$^{-1}$]	比热容[1)] (t=0℃)/[kJ·(kg·K)$^{-1}$]	
					c_p	c_v						c_p	c_v
氢	0.09	−259.2	−252.8	0.171	14.05	9.934	二氧化碳	1.97	−78.2	−56.6	0.015	0.816	0.627
氧	1.43	−218.8	−182.9	0.024	0.909	0.649	二氧化硫	2.92	−75.5	−10.0	0.0086	0.586	0.456
氮	1.25	−210.5	−195.7	0.024	1.038	0.741	氯化氢	1.63	−111.2	−84.8	0.013	0.795	0.567
氯	3.17	−100.5	−34.0	0.0081	0.473	0.36	臭氧	2.14	−251	−112			
氩	1.78	−189.3	−185.9	0.016	0.52	0.312	硫化碳	3.40	−111.5	46.3	0.0069	0.582	0.473
氖	0.90	−248.6	−246.1	0.046	1.03	0.618	硫化氢	1.54	−85.6	−60.4	0.013	0.992	0.748
氪	3.74	−157.2	−153.2	0.0088	0.25	0.151	甲烷	0.72	−182.5	−161.5	0.030	2.19	1.672
氙	5.86	−111.9	−108.0	0.0051	0.16	0.097	乙炔	1.17	−83	−81	0.018	1.616	1.300
氦	0.18	−270.7	−268.9	0.143	5.20	3.121	乙烯	1.26	−169.5	−103.7	0.017	1.47	1.173
氨	0.77	−77.9	−33.4	0.022	2.056	1.568	丙烷	2.01	−187.7	−42.1	0.015	1.549	1.360
干燥空气	1.293	−213	−192.3	0.02454	1.005	0.718	正丁烷	2.70	−135	1			
煤气	≈0.58	−230	−210		2.14	1.59	异丁烷	2.67	−145	−10			
高炉煤气	1.28	−210	−170	0.02	1.05	0.75	水蒸气[2)]	0.77	0.00	100.00	0.016	1.842	1.381
一氧化碳	1.25	−205	−191.6	0.023	1.038	0.741							

注：①本表摘自"Techische Formelsammlung"28. erweiterten aufl. Z_6，Gieck，1984。

②表中性能数据在101325Pa压力时测出。

1）c_p—比定压热容；c_v—比定容热容。

2）在t=100℃时测出。

3.4 常用气体的物理 - 化学常数

表 3.4-1 常用气体的物理 - 化学常数

气体	分子式	相对分子质量 M	标准沸点 T_b/K	临界温度 T_c/K	临界压力 p_c/MPa	临界摩尔体积 $V_{c\cdot m}$/($m^3\cdot kmol^{-1}$)	临界压缩因子 Z_c	偏心因子 ω	气体常数 R/[$kJ\cdot(kg\cdot K)^{-1}$]	标准密度 ρ_0/($kg\cdot m^{-3}$)	比定压热容 c_{p0}/[$kJ\cdot(kg\cdot K)^{-1}$]	比热容比 γ_0	热导率 λ_0/[$W\cdot(m\cdot K)^{-1}$]
氦	He	4.003	4.25	5.19	0.227	0.0574	0.302	-0.365	2.0770	0.1786	5.200	1.66	0.143
氩	Ar	39.948	87.3	150.8	4.87	0.0749	0.291	0.001	0.2081	1.784	0.519	1.66	0.016
氢	H_2	2.016	20.3	33.0	1.29	0.0643	0.303	0.216	4.1242	0.0899	14.21	1.409	0.171
氧	O_2	31.999	90.2	154.6	5.04	0.0734	0.288	0.025	0.2598	1.429	0.915	1.40	0.0247
氮	N_2	28.013	77.4	126.2	3.39	0.0898	0.290	0.039	0.2968	1.251	1.039	1.40	0.0243
空气		28.965	78.8	132.5	3.766	0.0926	0.316		0.2871	1.293	1.004	1.40	0.0244
氯	Cl_2	70.906	239.2	416.9	7.98	0.1238	0.285	0.090	0.1173	3.17	0.473	1.34	0.008
一氧化碳	CO	28.010	81.7	132.9	3.50	0.0932	0.295	0.066	0.2968	1.250	1.0396	1.40	0.023
二氧化碳	CO_2	44.010	194.7	304.1	7.38	0.0939	0.274	0.239	0.1889	1.977	0.826	1.31	0.015
二氧化硫	SO_2	64.063	263.2	430.8	7.88	0.1222	0.269	0.256	0.1298	2.926	0.6092	1.271	0.0086
氨	NH_3	17.031	239.8	405.5	11.35	0.0725	0.244	0.250	0.4882	0.771	2.0557	1.312	0.0211
水蒸气	H_2O	18.015	273.15	647.3	2.212	0.0571	0.235	0.344	0.4615	0.804	1.859	1.33	0.015
甲烷	CH_4	16.043	111.6	190.4	4.60	0.0992	0.288	0.011	0.5183	0.717	2.180	1.30	0.030
乙烯	C_2H_4	28.054	169.3	282.4	5.04	0.1304	0.280	0.089	0.2964	1.251	1.460	1.266	0.017
丙烯	C_3H_6	42.081	225.5	364.9	4.60	0.181	0.274	0.144	0.1976	1.915	1.461	1.172	0.014
乙烷	C_2H_6	30.070	184.6	305.4	4.88	0.1483	0.285	0.099	0.2765	1.357	1.663	1.22	0.018
丙烷	C_3H_8	44.094	231.1	369.8	4.25	0.203	0.281	0.153	0.1886	2.005	1.598	1.14	0.0145
正丁烷	$n-C_4H_{10}$	58.124	272.7	425.2	3.80	0.255	0.274	0.199	0.1430	2.703	1.599		0.0140
异丁烷	$i-C_4H_{10}$	58.124	261.4	408.2	3.65	0.263	0.283	0.183	0.1430	2.703			
正戊烷	$n-C_5H_{12}$	72.151	309.2	469.7	3.37	0.304	0.263	0.251	0.1152	3.221			0.0116
异戊烷	$i-C_5H_{12}$	72.151	301.0	460.4	3.39	0.306	0.271	0.227	0.1152	3.221			

3.5 常压下几种气体的热物理性质

表 3.5-1 常压下几种气体的热物理性质

气体名称	温度 t/℃	密度 ρ/(kg·m^{-3})	比定压热容 c_p/[kJ·(kg·℃)$^{-1}$]	热导率 $\lambda\times10^2$/[W·(m·℃)$^{-1}$]	热扩散率 $a\times10^2$/(m^2·h^{-1})	动力黏度 $\eta\times10^6$/(Pa·s)	运动黏度 $\nu\times10^6$/(m^2·s^{-1})	对比压力 P_r
氢气 (H_2)	-50	0.1064	13.82	14.07	34.4	7.355	69.1	0.72
	0	0.0869	14.19	16.75	48.6	8.414	96.8	0.72
	50	0.0734	14.40	19.19	65.3	9.385	128	0.71
	100	0.0636	14.49	21.40	84.0	10.277	162	0.69
	150	0.0560	14.49	23.61	105	11.121	199	0.68
	200	0.0502	14.53	25.70	128	11.915	237	0.66
	250	0.0453	14.53	27.56	152	12.651	279	0.66
	300	0.0415	14.57	29.54	178	13.631	321	0.65
氮气 (N_2)	-50	1.485	1.043	2.000	4.65	14.122	9.5	0.74
	0	1.211	1.043	2.407	6.87	16.671	13.8	0.72
	50	1.023	1.043	2.791	9.42	18.927	18.5	0.71
	100	0.887	1.043	3.128	12.2	21.084	23.8	0.70
	150	0.782	1.047	3.477	15.3	23.046	29.5	0.69
	200	0.699	1.055	3.815	18.6	24.811	35.5	0.69
	250	0.631	1.059	4.129	22.1	26.674	42.3	0.69
	300	0.577	1.072	4.419	25.7	28.341	49.1	0.69
一氧化碳 (CO)	-100	1.920	1.047	1.523	2.7	10.40	5.4	0.72
	-50	1.482	1.043	1.931	4.5	13.24	8.9	0.71
	0	1.210	1.043	2.326	6.6	15.59	12.9	0.70
	50	1.022	1.043	2.721	9.2	18.33	17.9	0.70
	100	0.886	1.047	3.047	11.8	20.69	23.4	0.71
氨 (NH_3)	0	0.746	2.144	2.186	4.9	9.32	12.5	0.91
	50	0.626	2.181	2.733	7.2	11.08	17.7	0.89
	100	0.540	2.240	3.326	9.9	13.04	24.1	0.88
	150	0.476	2.324	4.036	13.1	15.00	31.5	0.86
	200	0.425	2.420	4.850	17.0	16.57	39.0	0.83
二氧化硫 (SO_2)	0	2.83	0.624	0.837	1.71	11.57	4.08	0.86
	100	2.06	0.674	1.198	3.10	16.28	8.06	0.94
氦 (He)	0	0.179	5.192	14.421	55.9	18.58	102	0.66
	100	0.172	5.192	16.631	67.0	22.65	134	0.72
氟利昂12 (CF_2Cl_2)	30	5.02	0.615	0.837	0.98	12.65	2.52	0.92
氟利昂21 ($CHFCl_2$)	30	4.57	0.586	0.989	1.33	11.57	2.53	0.68
氟利昂123 ($CHCl_2CF_3$)	25	5.8 (27.9℃的饱和蒸气)	0.720	0.951	0.82	13.00	2.24	0.98

续表 3.5－1

气体名称	温度 t/℃	密度 ρ/(kg·m^{-3})	比定压热容 c_p/[kJ·(kg·℃)$^{-1}$]	热导率 $\lambda\times10^2$/[W·(m·℃)$^{-1}$]	热扩散率 $a\times10^2$/(m^2·h^{-1})	动力黏度 $\eta\times10^6$/(Pa·s)	运动黏度 $\nu\times10^6$/(m^2·s^{-1})	对比压力 P_r
氟利昂 134a (CH_2FCF_3)	25	5.04 (－26.5℃的饱和蒸气)	0.858	1.45	1.21	13.70	2.72	0.81
二氧化碳 (CO_2)	－50	2.373	0.766	1.105	2.2	11.28	4.8	0.78
	0	1.912	0.829	1.454	3.3	13.83	7.2	0.78
	50	1.616	0.875	1.830	4.7	16.18	10.0	0.77
	100	1.400	0.921	2.221	6.2	18.34	13.1	0.76
	150	1.235	0.959	2.628	8.0	20.40	16.5	0.74
	200	1.103	0.996	3.059	10.1	22.36	20.3	0.72
	250	0.996	1.030	3.512	12.3	24.22	24.3	0.71
	300	0.911	1.063	3.989	14.8	25.99	28.5	0.69
氧气 (O_2)	－100	2.192	0.917	1.465	2.7	12.94	5.9	0.80
	－50	1.694	0.917	1.884	4.4	16.18	9.6	0.79
	0	1.382	0.917	2.291	6.5	19.12	13.9	0.77
	50	1.168	0.925	2.687	8.9	21.97	18.8	0.76
	100	1.012	0.934	3.035	11.6	24.61	24.3	0.76

3.6 干空气的热物理性质

表 3.6－1 干空气的热物理性质(p＝0.1013MPa)

温度 t/℃	密度 ρ/(kg·m^{-3})	比定压热容 c_p/[kJ·(kg·℃)$^{-1}$]	热导率 $\lambda\times10^2$/[W·(m·℃)$^{-1}$]	热扩散率 $a\times10^6$/(m^2·s^{-1})	动力黏度 $\eta\times10^6$/(Pa·s)	运动黏度 $\nu\times10^6$/(m^2·s^{-1})	对比压力 P_r
－50	1.584	1.013	2.04	12.7	14.6	9.23	0.728
－40	1.515	1.013	2.12	13.8	15.2	10.04	0.728
－30	1.453	1.013	2.20	14.9	15.7	10.80	0.723
－20	1.395	1.009	2.28	16.2	16.2	11.61	0.716
－10	1.342	1.009	2.36	17.4	16.7	12.43	0.712
0	1.293	1.005	2.44	18.8	17.2	13.28	0.707
10	1.247	1.005	2.51	20.0	17.6	14.16	0.705
20	1.205	1.005	2.59	21.4	18.1	15.06	0.703
30	1.165	1.005	2.67	22.9	18.6	16.00	0.701
40	1.128	1.005	2.76	24.3	19.1	16.96	0.699
50	1.093	1.005	2.83	25.7	19.6	17.95	0.698
60	1.060	1.005	2.90	27.2	20.1	18.97	0.696
70	1.029	1.009	2.96	28.6	20.6	20.02	0.694
80	1.000	1.009	3.05	30.2	21.1	21.09	0.692

续表 3.6－1

温度 t ℃	密 度 ρ/ (kg·m^{-3})	比定压热容 c_p/ [kJ·(kg·℃)$^{-1}$]	热导率 $\lambda\times10^2$/ [W·(m·℃)$^{-1}$]	热扩散率 $a\times10^6$/ (m^2·s^{-1})	动力黏度 $\eta\times10^6$/ (Pa·s)	运动黏度 $\nu\times10^6$/ (m^2·s^{-1})	对比压力 P_r
90	0.972	1.009	3.13	31.9	21.5	22.10	0.690
100	0.946	1.009	3.21	33.6	21.9	23.13	0.688
120	0.898	1.009	3.34	36.8	22.8	25.45	0.686
140	0.854	1.013	3.49	40.3	23.7	27.80	0.684
160	0.815	1.017	3.64	43.9	24.5	30.09	0.682
180	0.779	1.022	3.78	47.5	25.3	32.49	0.681
200	0.746	1.026	3.93	51.4	26.0	34.85	0.680
250	0.674	1.038	4.27	61.0	27.4	40.61	0.677
300	0.615	1.047	4.60	71.6	29.7	48.33	0.674
350	0.566	1.059	4.91	81.9	31.4	55.46	0.676
400	0.524	1.068	5.21	93.1	33.0	63.09	0.678
500	0.456	1.093	5.74	115.3	36.2	79.38	0.687
600	0.404	1.114	6.22	138.3	39.1	96.89	0.699
700	0.362	1.135	6.71	163.4	41.8	115.4	0.706
800	0.329	1.156	7.18	188.8	44.3	134.8	0.713
900	0.301	1.172	7.63	216.2	46.7	155.1	0.717
1000	0.277	1.185	8.07	245.9	49.0	177.1	0.719
1100	0.257	1.197	8.50	276.2	51.2	199.3	0.722
1200	0.239	1.210	9.15	316.5	53.5	233.7	0.724

3.7 几种保温、耐火材料的热导率与温度的关系

表 3.7－1 几种保温、耐火材料的热导率与温度的关系

材料名称	材料最高允许温度/℃	密度 ρ/(kg/m^3)	热导率 λ/[W/(m·K)]
超细玻璃棉毡	400	18～20	$0.033+0.00023t$[1)]
超细玻璃棉管	400	18～20	$0.033+0.00023t$
水泥蛭石板管	800	420～450	$0.058+0.00014t$
水泥珍珠岩制品	600	350	$0.074+0.00013t$
膨胀珍珠岩	1000	55	$0.42+0.00014t$
矿渣棉	550～600	350	$0.067+0.00022t$
岩棉玻璃布缝板	600	100	$0.031+0.00020t$
粉煤灰泡沫砖	300	500	$0.098+0.00020t$
水泥泡沫砖	250	450	$0.10+0.00020t$
A 级硅藻土砖	900	500	$0.072+0.00020t$
B 级硅藻土砖	900	550	$0.085+0.00021t$

续表 3.7－1

材料名称	材料最高允许温度/℃	密度ρ/(kg/m³)	热导率λ/[W/(m·K)]
硅藻土粉	900	350～770	(0.099～0.13)+0.00029t
微孔硅酸钙制品	650	≯250	0.041+0.00020t
耐火黏土砖	1350～1450	1800～2000	(0.70～0.84)+0.00058t
轻质耐火黏土砖	1250～1300	800～1300	(0.29～0.41)+0.00026t
超轻质耐火黏土砖	1150～1300	540～610	0.093+0.00016t
超轻质耐火黏土砖	1100	270～300	0.058+0.00017t
硅砖	1700	1900～1950	0.93+0.00070t
镁砖	1600～1700	2300～2600	2.09+0.00019t
铬砖	1600～1700	2600～2800	4.65+0.00018t

注：t 为材料的平均温度(℃)。

3.8 金属的密度、比定压热容和热导率

表 3.8－1 金属的密度、比定压热容和热导率

金属名称[1]	20℃			热导率λ/[W·(m·K)⁻¹]									
				温度/℃									
	密度ρ/(kg·m⁻³)	比定压热容c_p/[J·(kg·K)⁻¹]	热导率λ/[W·(m·K)⁻¹]	−100	0	100	200	300	400	600	800	1000	1200
纯铝	2710	902	236	243	236	240	238	234	228	215			
杜拉铝(96Al－4Cu[1]·微量Mg)	2790	881	169	124	160	188	188	193					
铝合金(92Al－8Mg)	2610	904	107	86	102	123	148						
铝合金(87Al－13Si)	2660	871	162	139	158	173	176	180					
铍	1850	1758	219	382	218	170	145	129	118				
纯铜	8930	386	398	421	401	393	389	384	379	366	252		
铝青铜(90Cu－10Al)	8360	420	56		49	57	66						
青铜(89Cu－11Sn)	8800	343	24.8		24	28.4	33.2						
黄铜(70Cu－30Zn)	8440	377	109	90	106	131	143	145	148				
铜合金(60Cu－40Ni)	8920	410	22.2	19	22.2	23.4							
黄金	19300	127	315	331	318	313	310	305	300	287			
纯铁	7870	455	81.1	96.7	83.5	72.1	63.5	56.5	50.3	39.4	29.6	29.4	31.6
阿姆口铁	7860	455	73.2	82.9	74.7	67.5	61.0	54.8	49.9	38.6	29.3	29.3	31.1
灰铸铁(W_C[2]≈3%)	7570	470	39.2		28.5	32.4	35.8	37.2	36.6	20.8	19.2		
碳钢(W_C≈0.5%)	7840	465	49.8		50.5	47.5	44.8	42.0	39.4	34.0	29.0		
碳钢(W_C≈1.0%)	7790	470	43.2		43.0	42.8	42.2	41.5	40.6	36.7	32.2		
碳钢(W_C≈1.5%)	7750	470	36.7		36.8	36.6	36.2	35.7	34.7	31.7	27.8		

续表 3.8－1

金属名称[1]	20℃			热导率 λ/[W·(m·K)$^{-1}$]									
	密度 ρ/(kg·m^{-3})	比定压热容 c_p/[J·(kg·K)$^{-1}$]	热导率 λ/[W·(m·K)$^{-1}$]	温度/℃									
				－100	0	100	200	300	400	600	800	1000	1200
铬钢(W_{Cr}≈5%)	7830	460	36.1		36.3	35.2	34.7	33.5	31.4	28.0	27.2	27.2	27.2
铬钢(W_{Cr}≈13%)	7740	460	26.8		26.5	27.0	27.0	27.0	27.6	28.4	29.0	29.0	
铬钢(W_{Cr}≈17%)	7710	460	22		22	22.2	22.6	22.6	23.3	24.0	24.8	25.5	
铬钢(W_{Cr}≈26%)	7650	460	22.6		22.6	23.8	25.5	27.2	28.5	31.8	35.1	38	
铬镍钢[W_{Cr}[2](18～20)%/W_{Ni}[2](8～12)%]	7820	460	15.2	12.2	14.7	16.6	18.0	19.4	20.8	23.5	26.3		
铬镍钢[W_{Cr}(17～19)%/W_{Ni}(9～13)%]	7830	460	14.7	11.8	14.3	16.1	17.5	18.8	20.2	22.8	25.5	28.2	30.9
镍钢(W_{Ni}≈1%)	7900	460	45.5	40.8	45.2	46.8	46.1	44.1	41.2	35.7			
镍钢(W_{Ni}≈3.5%)	7910	460	36.5	30.7	36.0	38.8	39.7	39.2	37.8				
镍钢(W_{Ni}≈25%)	8030	460	13.0										
镍钢(W_{Ni}≈35%)	8110	460	13.8	10.9	13.4	15.4	17.1	18.6	20.1	23.1			
镍钢(W_{Ni}≈44%)	8190	460	15.8		15.7	16.1	16.5	16.9	17.1	17.8	18.4		
镍钢(W_{Ni}≈50%)	8260	460	19.6	17.3	19.4	20.5	21.0	21.1	21.3	22.5			
锰钢(W_{Mn}[2]≈12%～13%，W_{Ni}≈3%)	7800	487	13.6			14.8	16.0	17.1	18.3				
锰钢(W_{Mn}≈0.4%)	7860	440	51.2			51.0	50.0	47.0	43.5	35.5	27.0		
钨钢(W_W[2]≈5%～6%)	8070	436	18.7		18.4	19.7	21.0	22.3	23.6	24.9	26.3		
铅	11300	130	24.7	37.2	35.5	34.3	32.8	31.5					
镁	1740	1050	157	160	157	154	152	150					
钼	1002	270	138	146	139	135	131	127	123	116	109	103	93.7
镍	8900	460	59	144	94.0	82.8	74.2	67.3	64.6	69.0	73.3	77.6	81.9
铂	21500	130	70	73.3	71.5	71.6	72.0	72.8	73.6	76.6	80.0	84.2	88.9
银	10500	234	427	431	428	422	415	407	399	384			
锡	7200	240	64	75.0	68.2	63.2	60.9						
钛	4500	520	15.5	23.3	22.4	20.7	19.9	19.5	19.4	19.9			
铀	19070	116	27.4	24.3	27.0	29.1	31.1	33.4	35.7	40.6	45.6		
锌	7140	380	121	123	122	117	112						
锆	6500	290	22	26.5	23.2	21.8	21.2	20.9	21.4	22.3	24.5	26.4	28.0
钨	19200	130	130	204	182	166	153	142	134	125	119	114	110

注：1)数值96和4分别为成分Al和Cu的质量分数，下同。

2)W_C，W_{Cr}，W_{Ni}，W_{Mn}，W_W 分别为材料中C，Cr，Ni，Mn，W各成分的质量分数。

3.9 摩擦副材料的摩擦系数

表 3.9－1 摩擦副材料的摩擦系数

摩擦副材料	动摩擦因数 μ			静摩擦因数 μ_0		
	干	带 水	有润滑	干	带 水	有润滑
青 铜	0.20	0.10	0.06			0.11
青铜－灰铸铁	0.18		0.08			
钢	0.18		0.07			0.10
橡木－橡木[1]	0.20～0.40	0.10	0.05～0.15	0.40～0.60		0.18
橡木[2]	0.15～0.35	0.08	0.04～0.12	0.50		
灰铸铁－灰铸铁		0.31	0.10			0.16
钢	0.17～0.24		0.02～0.05	0.18～0.24		0.10
橡胶－沥青	0.50	0.30	0.20			
混凝土	0.60	0.50	0.30			
麻绳－木材				0.50		
皮带－橡木	0.40			0.50		
灰铸铁		0.40		0.40	0.50	0.12
橡木	0.20～0.50	0.26	0.02～0.10	0.50～0.60		0.11
钢－冰	0.014			0.027		
钢	0.10～0.30		0.02～0.08	0.15～0.30		0.10
PE－W[3]	0.40～0.50					
PTFE[4]	0.03～0.05					
PA66[5]	0.30～0.50		0.10			
POM[6]	0.35～0.45					
PE－W－PE－W	0.50～0.70					
PTFE－PTFE	0.035～0.055					
POM－POM	0.40～0.50					

摩擦副材料	滚动摩擦系数 k	摩擦副材料	滚动摩擦系数 k
橡胶－沥青	0.10	钢－淬火钢（滚动轴承）	0.005～0.01
橡胶－混凝土	0.15	钢－钢（软）	0.05
铁梨木－铁梨木	0.50	榆木－铁梨木	0.8

注：本表摘自“Technische Formelsammlung”28. erweiterten Aufl. Z_7，Gieck，1984。

1）运动方向与材料纤维方向平行。

2）运动方向与材料纤维方向垂直。

3）含增塑剂的聚乙烯。

4）聚四氟乙烯。

5）聚酰胺。

6）聚甲醛。

3.10 油品的性质

表 3.10-1 油品的性质

油品名称	相对密度 d_4^{20}	相对分子质量	闪点/℃	爆炸极限(体)/%		在空气中的自燃点/℃	卫生容许最高浓度/(mg/m³)
				上限	下限		
石油气(干气)		~25		~13	~3	650~750	
汽油	~0.73	~110	<28	6	1	510~530	300
航空煤油	0.775~0.80	~150	7.5	1.4		300	
灯用煤油	~0.81	~200	28~45	7.5	1.4	380~425	300
轻柴油	0.81~0.84	~220	45~120				
重柴油	0.84~0.86		>120			300~330	
减压渣油	~0.94		>120			230~240	
润滑油组分							
馏程范围							
350~400℃	0.87~0.88	~300	>120				300~380
400~450℃	~0.89	~400	>120				300~380
450~500℃	0.90~0.91	~500	>120				300~380
500~535℃	0.90~0.92	~550	>120				300~380

3.11 水和水蒸气的性质

表 3.11-1 饱和水与干饱和蒸汽表(按压力编排)

绝对压力 p/MPa	饱和温度 t_a/℃	比体积		比焓		汽化潜热 r/(kJ/kg)	比熵	
		液体 v'/(m³/kg)	蒸汽 v''/(m³/kg)	液体 h'/(kJ/kg)	蒸汽 h''/(kJ/kg)		液体 s'/[kJ/(kg·K)]	蒸汽 s''/[kJ/(kg·K)]
0.001	6.982	0.0010001	129.208	29.33	2513.8	2484.5	0.1060	8.9756
0.002	17.511	0.0010012	67.006	73.45	2533.2	2459.8	0.2606	8.7236
0.003	24.098	0.0010027	45.668	101.00	2545.2	2444.2	0.3543	8.5776
0.004	28.981	0.0010040	34.803	121.41	2554.1	2432.7	0.4224	8.4747
0.005	32.90	0.0010052	28.196	137.77	2561.2	2423.4	0.4762	8.3952
0.006	36.18	0.0010064	23.742	151.50	2567.1	2415.6	0.5209	8.3305
0.007	39.02	0.0010074	20.532	163.38	2572.2	2408.8	0.5591	8.2760
0.008	41.53	0.0010084	18.106	173.87	2576.7	2402.8	0.5926	8.2289
0.009	43.79	0.0010094	16.206	183.28	2580.8	2397.5	0.6224	8.1875
0.01	45.83	0.0010102	14.676	191.84	2584.4	2392.6	0.6493	8.1505
0.02	60.09	0.0010172	7.6515	251.46	2609.6	2358.1	0.8321	7.9092
0.03	69.12	0.0010223	5.2308	289.31	2625.3	2336.0	0.9441	7.7695
0.04	75.89	0.0010265	3.9949	317.65	2636.8	2319.2	1.0261	7.6711
0.05	81.35	0.0010301	3.2415	340.57	2646.0	2305.4	1.0912	7.5951
0.06	85.95	0.0010333	2.7329	359.93	2653.6	2293.7	1.1454	7.5332
0.07	89.96	0.0010361	2.3658	376.77	2660.2	2283.4	1.1921	7.4811

续表3.11-1

绝对压力 p/MPa	饱和温度 t_a/℃	比体积		比焓		汽化潜热 r/(kJ/kg)	比熵	
		液体 v'/(m^3/kg)	蒸汽 v''/(m^3/kg)	液体 h'/(kJ/kg)	蒸汽 h''/(kJ/kg)		液体 s'/[kJ/(kg·K)]	蒸汽 s''/[kJ/kg·K)]
0.08	93.51	0.0010387	2.0879	391.72	2666.0	2274.3	1.2330	7.4360
0.09	96.71	0.0010412	1.8701	405.21	2671.1	2265.9	1.2696	7.3963
0.1	99.63	0.0010434	1.6946	417.51	2675.7	2258.2	1.3027	7.3608
0.2	120.23	0.0010608	0.88592	504.7	2706.9	2202.2	1.5301	7.1286
0.3	133.54	0.0010735	0.60586	561.4	2725.5	2164.1	1.6717	6.9930
0.4	143.62	0.0010839	0.46242	604.7	2738.5	2133.8	1.7764	6.8966
0.5	151.85	0.0010928	0.37481	640.1	2748.5	2108.4	1.8604	6.8215
0.6	158.84	0.0011009	0.31556	670.4	2756.4	2086.0	1.9308	6.7598
0.7	164.96	0.0011082	0.27274	697.1	2762.9	2065.8	1.9918	6.7074
0.8	170.42	0.001150	0.24030	720.2	2768.4	2047.5	2.0457	6.6618
0.9	175.36	0.0011213	0.21484	742.6	2773.0	2030.4	2.0941	6.6212
1	179.88	0.0011274	0.19430	762.6	2777.0	2014.4	2.1382	6.5847
1.2	187.96	0.0011386	0.16320	798.4	2783.4	1985.0	2.2160	6.5210
1.4	195.04	0.0011489	0.14072	830.1	2788.4	1958.3	2.2836	6.4665
1.6	201.37	0.0011586	0.12368	858.6	2792.2	1933.6	2.3436	6.4187
1.8	207.10	0.0011678	0.11031	884.6	2795.1	10910.5	2.3976	6.3759
2.0	212.37	0.0011766	0.09953	908.6	2797.4	1888.8	2.4468	6.3373
2.5	223.93	0.0011972	0.07993	961.8	2800.8	1839.0	2.5540	6.2564
3.0	233.84	0.0012163	0.06662	1008.4	2801.9	1793.5	2.6455	6.1832
3.5	242.54	0.0012345	0.05702	1049.8	2801.3	1751.5	2.7253	6.1218
4.0	250.33	0.0012521	0.04974	1087.5	2799.4	1711.9	2.7967	6.0670
5.0	263.92	0.0012858	0.03941	1154.6	2792.8	1638.2	2.9209	5.9712
6.0	275.56	0.0013187	0.03241	1213.9	2783.3	1569.4	3.0277	5.8878
7.0	285.80	0.0013514	0.02734	1267.7	2771.4	1503.7	3.1225	5.8126
8.0	294.98	0.0013843	0.02349	1317.5	2757.5	1440.0	3.2083	5.7430
9.0	303.31	0.0014179	0.02046	1364.2	2741.8	1377.6	3.2875	5.6773
10	310.96	0.0014526	0.01800	1408.6	2724.4	1315.8	3.3616	5.6143
12	324.64	0.0015267	0.01425	1492.6	2684.8	1192.2	3.4986	5.4930
14	336.63	0.0016104	0.01149	1572.8	2638.3	1065.5	3.6262	5.3737
16	347.32	0.007101	0.009330	1651.5	2582.7	931.2	3.7486	5.2496
18	356.96	0.0018380	0.007534	1733.4	2514.4	781.0	3.8739	5.1135
20	365.71	0.002038	0.005873	1828.8	2413.8	585.0	4.0181	4.9338
21	369.79	0.002218	0.005006	1892.2	2340.2	448.0	4.1137	4.8106
22	373.68	0.002675	0.003757	2007.7	2192.5	184.8	4.2891	4.5748
22.129	374.15	0.00326	0.00326	2100	2100	0.0	4.4296	4.4296

注：临界参数：p_c=22.129MPa；v_c=0.00326m^3/kg；t_c=374.15℃。

表3.11-2 饱和水与干饱和蒸汽表(按温度编排)

温度 t/℃	饱和压力(绝) p_g/MPa	比体积 液体 v'/(m^3/kg)	比体积 蒸汽 v''/(m^3/kg)	比焓 液体 h'/(kJ/kg)	比焓 蒸汽 h''/(kJ/kg)	汽化潜热 r/(kJ/kg)	比熵 液体 s'/[kJ/(kg·K)]	比熵 蒸汽 s''/[kJ/(kg·K)]
0	0.0006108	0.0010002	206.321	-0.04	2501.0	2501.0	-0.0002	9.1565
0.01	0.0006112	0.00100022	206.175	0.000614	2501.0	2501.0	0.0000	9.1562
1	0.0006566	0.0010001	192.611	4.17	2502.8	2498.6	0.0152	9.1298
2	0.0007054	0.0010001	179.935	8.39	2504.7	2496.3	0.0306	9.1035
4	0.0008129	0.0010000	157.267	16.80	2508.3	2491.5	0.0611	9.0514
6	0.0009346	0.0010000	137.768	25.21	2512.0	2486.8	0.0913	9.0003
8	0.0010721	0.0010001	120.952	33.60	2515.7	2482.1	0.1213	8.9501
10	0.0012271	0.0010003	106.419	41.99	2519.4	2477.4	0.1510	8.9009
12	0.0014015	0.0010004	93.828	50.38	2523.0	2472.6	0.1805	8.8525
14	0.0015974	0.0010007	82.893	58.75	2526.7	2467.9	0.2098	8.8050
16	0.0018170	0.0010010	73.376	67.13	2530.4	2463.3	0.2388	8.7583
18	0.0020626	0.0010013	65.080	75.50	2534.0	2458.5	0.2677	8.7125
20	0.0023368	0.0010017	57.833	83.86	2537.7	2453.8	0.2963	8.6674
25	0.0031660	0.0010030	43.400	104.81	2547.0	2442.2	0.3672	8.5570
30	0.0042417	0.0010043	32.929	125.66	2555.9	2430.2	0.4365	8.4537
35	0.0056217	0.0010060	25.246	146.56	2565.0	2418.4	0.5049	8.3536
40	0.0073749	0.0010078	19.548	167.45	2574.0	2406.5	0.5721	8.2576
45	0.0095817	0.0010099	15.278	188.35	2582.9	2394.5	0.6383	8.1655
50	0.012335	0.0010121	12.048	209.26	2591.8	2382.5	0.7035	8.0771
60	0.019919	0.0010171	7.6807	251.09	2609.5	2358.4	0.8310	7.9106
70	0.031161	0.0010228	5.0479	292.97	2626.8	2333.8	0.9548	7.7565
80	0.047359	0.0010292	3.4104	334.92	2643.8	2308.9	1.0752	7.6135
90	0.070108	0.0010361	2.3624	376.94	2660.3	2283.4	1.1925	7.4805
100	0.101325	0.0010437	1.6738	419.06	2676.3	2257.2	1.3069	7.3564
110	0.14326	0.0010519	1.2106	461.32	2691.8	2230.5	1.4185	7.2402
120	0.19854	0.0010606	0.89202	503.7	2706.6	2202.9	1.5276	7.1310
130	0.27012	0.0010700	0.66851	546.3	2720.7	2174.4	1.6344	7.0281
140	0.36136	0.0010801	0.50875	589.1	2734.0	2144.9	1.7390	6.9307
150	0.47597	0.0010908	0.39261	632.2	2746.3	2114.1	1.8416	6.8381
160	0.61804	0.0011022	0.30685	675.5	2757.7	2082.2	1.9425	6.7498
170	0.79202	0.0011145	0.24259	719.1	2768.0	2048.9	2.0416	6.6652
180	1.0027	0.0011275	0.19381	763.1	2777.1	2014.0	2.1393	6.5838
190	1.2552	0.0011415	0.15631	807.5	2784.9	1977.4	2.2356	6.5052
200	1.5551	0.0011565	0.12714	852.4	2791.4	1960.0	2.3307	6.4289
220	2.3201	0.0011900	0.08602	943.7	2799.9	1856.2	2.5178	6.2819
240	3.3480	0.0012201	0.05964	1037.6	2801.6	1764.0	2.7021	6.1397
260	4.6940	0.0012756	0.04212	1135.0	2795.2	1660.2	2.8850	5.9989
280	6.4191	0.0013324	0.03010	1237.0	2778.6	1541.6	3.0687	5.8555
300	8.5917	0.0014041	0.02162	1345.4	2748.4	1403.0	3.2559	5.7038
320	11.290	0.0014995	0.01544	1463.4	2699.6	1236.2	3.4513	5.5356
340	14.608	0.0016390	0.01078	1596.8	2622.3	1025.5	3.6638	5.3363
350	16.527	0.0017407	0.008822	1672.9	2566.1	893.2	3.7816	5.2149
360	18.674	0.0018930	0.006970	1763.1	2485.7	722.6	3.9180	5.0603
370	21.053	0.002231	0.004958	1806.2	2335.7	439.5	4.1198	4.8031
374.15	22.129	0.00326	0.00326	2100	2100	0.0	4.4296	4.4296

3.12 炼油化工厂常见介质的主要理化性质

表 3.12-1 炼油化工厂常见介质的主要理化性质(一)

名称	化学式	标准状态密度/(kg/m³)[或相对密度(d_4^{20})]	相对分子质量	标准沸点/℃	熔点/℃	爆炸极限(体积分数)/%		自燃点/℃	卫生容许最高浓度/(mg/L)	比热容[20℃, 1大气压][kcal/(kg·℃)]		$K=\frac{c_p}{c_v}$ 标准状态	标准状态的蒸发潜热/(kcal/kg)	标准状态的黏度/10^{-2}cP	临界性质			标准状态的导热系数/[kcal/(m·h·℃)]
						上限	下限			c_p	c_v				温度/℃	压力(绝)/MPa	密度/(kg/m³)	
氦	He	0.1769	4.003	-268.9	-272.2					1.25 (15℃)	0.75 (15℃)	1.66	5.52		-267.9	0.23	69.3	0.1226
氮	N_2	1.2507	28.02	-195.78	-209.9					0.250	0.178	1.40	47.58	1.70	-147.13	3.39	310.96	0.0196
氢	H_2	0.0898	2.016	-252.75	-259.18	74.2	4.1	510		3.408	2.42	1.407	108.5	0.842	-239.9	1.29	31	0.140
氧	O_2	1.4289	32	-182.98	-218.4					0.218	0.156	1.4	50.92	2.03	-118.82	5.04	429.9	0.0206
氯	Cl_2	3.217	70.91	-33.8	-101.6				0.002	0.115	0.0848	1.36	72.95	1.29 (16℃)	144.0	7.71	573	0.0062
氟	F_2	1.6354	38.00	-187	-223								40.52		-129	5.57		
氨	NH_3	0.771	17.03	-33.4	-77.7	27	15.5		0.030	0.53	0.40	1.29	328	0.918	132.4	11.29	236	0.0185
一氧化碳	CO	1.2501	28	-191.48	-205	74.2	12.5	610	0.030	0.250	0.180	1.40	50.5	1.66	-140.2	3.49	311	0.0194
二氧化碳	CO_2	1.9768	44	-78.2 (升华)	-56.6 (5.2大气压)					0.200	0.156	1.30	137	1.37	31.1	7.38	460	0.0118
二氧化氮	NO_2	1.49	46.01	21.2	-9.3					0.192	0.147	1.31	170		158.2	10.13	570	0.0344
二氧化硫	SO_2	2.9268	64.06	-10.8	-75.5				0.020	0.151	0.120	1.25	94	1.17	157.5	7.88	52.0	0.0066
硫化氢	H_2S	1.5392	34.09	-60.2	-82.9	45.5	4.3	290	0.010	0.253	0.192	1.30	131	1.166	100.4	9.00		0.0113
氯化氢	HCl	1.6394	36.465	-84.95	-114				0.015	0.1939	0.1375	1.41	106		51.5	8.25	42.2	
氟化氢	HF	0.9218	20.01	19.4	-83				0.001				372.76		230.2			
氯甲烷	CH_3Cl	2.308	50.48	-24.1	-44.5	20	8			0.177	0.139	1.28	96.9	0.989	148	6.68	370	0.0073
氯乙烷	C_2H_5Cl			12.27		14.8	3.6											
氯乙烯	C_2H_3Cl	0.9195 (15℃)	62.50	-13.9	-159.7	22	4											

表3.12-2 炼油化工厂常见介质的主要理化性质(二)

名称	化学式	标准状态密度/(kg/m³)[或相对密度(d_4^{20})]	相对分子质量	标准沸点/℃	熔点/℃	爆炸极限(体积分数/%)		自燃点/℃	卫生容许最高浓度/(mg/L)	蒸气密度(常压,16.5℃)/(kg/m³)	黏度(20℃)		临界性质			比热容(15.6℃、常压)				蒸发潜热(沸点下)/(kcal/kg)
						上限	下限				mm^2/s	mPa·s	温度/℃	压力/MPa	密度/(g/mL)	理想气体 c_P	理想气体 c_V	c_P/c_V	c_P 液体	
二氧化碳	CS_2	1.262	76.13	46.3(760mmHg)		50	1.0	124	1.01				277.7	7.40						84(760mmHg)
丙酮	CH_3COCH_3	0.791	58.08	56.2(760mmHg)		13	2.1	540	0.40				235	4.76						125(760mmHg)
乙醚	$(C_2H_5)_2O$	0.714	74.12	34.6	-116.3	40	1.85		0.6	3.31(标准状态)			194.7	3.68						86
苯	C_6H_6	0.8790	78.108	80.10	5.533	6.75	1.41	580		3.2970	0.737	0.648	289.5	4.77	0.304	0.2404	0.2150	1.118	0.407	94.08
甲苯	C_7H_8	0.8670	92.134	110.63	-94.991	6.75	1.27	550		3.8891	0.675	0.585	320.8	4.08	0.280	0.2599	0.2383	1.091	0.406	86.8
邻二甲苯	C_8H_{10}	0.8802	106.160	144.42	-25.18	6.4	1.1	500		4.4811	0.920	0.811	359.1	3.62	0.280	0.2914	0.2727	1.069	0.416	82.8
间二甲苯	C_8H_{10}	0.8642	106.160	139.10	-47.87	6.4	1.1			4.4811	0.714	0.617	346.1	3.51	0.280	0.2782	0.2595	1.072	0.406	81.9
对二甲苯	C_8H_{10}	0.8611	106.16	138.35	13.26	6.6	1.1			4.4811	0.747	0.643	345.2	3.43	0.290	0.2769	0.2582	1.072	0.407	81.2
乙醇	C_2H_5OH	0.7892	46.07	78.3(760mmHg)	-114.2	20	3.1	425	1.5	2.06(标准状态)			234.3	6.31						202
甲烷	CH_4	0.4240(沸点)	16.042	-161.49	-182.48	15.0	5.0	645		0.6785		0.010(气)	-82.5	4.64	0.161	0.5271	0.402	1.308		121.87

续表 3.12-2

名称	化学式	标准状态密度/(kg/m^3)[或相对密度(d_4^{20})]	相对分子质量	标准沸点/℃	熔点/℃	爆炸极限(体积分数/%)		自燃点/℃	卫生容许最高浓度/(mg/L)	蒸气密度(常压,16.5℃)/(kg/m^3)	黏度(20℃)		临界性质			比热容(15.6℃、常压)				蒸发潜热(沸点下)/(kcal/kg)
						上限	下限				mm^2/s	mPa·s	温度/℃	压力/MPa	密度/(g/mL)	理想气体 c_P	理想气体 c_V	c_P/c_V	c_P 液体	
乙烷	C_2H_6	0.5462(沸点)	30.068	-88.63	-183.27	12.45	3.22	530		1.2794		0.0090(气)	32.27	4.88	0.204	0.4097	0.343	1.193	1.2006(25℃)	116.97
丙烷	C_3H_9	0.5824(沸点)	44.094	-42.07	-187.69	9.50	2.37	510		1.8910	0.246(10℃)	0.125(10℃)	96.81	4.25	0.219	0.3885	0.342	1.133	0.543(-41.7℃)	101.8
丁烷	C_4H_{10}	0.5788	58.120	-0.50	-138.35	8.41	1.86	490		2.5318	0.300	0.174	152.01	3.79	0.228	0.3970	0.363	1.094	0.536	92.13
戊烷	C_5H_{10}	0.6262	72.146	-36.07	-129.72	7.80	1.40			3.0453	0.366	0.229	196.62	3.37	0.232	0.3972	0.370	1.074		85.38
乙烯	C_2H_6	0.5674(-103℃)	28.052	-103.71	-169.15	28.6	3.05	540		1.184		0.0093(气)	9.9	5.12	0.227	0.3622	0.2914	1.2430		115.31
丙烯	C_3H_6	0.5139	42.078	-47.70	-185.25	11.1	2.0	455		1.776		0.0078(气)	91.89	4.60	0.232	0.3541	0.3069	1.1538		104.55
1-丁烯	C_4H_8	0.5951	56.104	-6.26	-185.25	9.3	1.6	455		2.368		0.0070(气)	146.4	4.02	0.232	0.3703	0.3349	1.1051	0.53	93.3
1,2-丁二烯	C_4H_6	0.652	54.088	10.3	-136.3	12	2			2.283			171	4.49	(0.247)	(0.3458)	(0.3091)	(1.12)		101
1,3-丁二烯	C_4H_6	0.6211	54.088	-4.41	-108.92	11.5	2			2.283			152	4.33	(0.246)	(0.2412)	(0.3045)	(1.12)	0.53	97
乙炔	C_2H_2	0.6208(沸点)	26.036	-84.0(挥发点)	-81	80	2.5	335		1.099		0.0102	36.3	6.24	0.242	0.3966	0.3203	1.238		

3.13 钢与其他材料的滑动摩擦系数

表 3.13-1 钢与其他材料的滑动摩擦系数

材料名称	摩擦系数 f		
	静摩擦	动摩擦	
	无润滑剂	无润滑剂	有润滑剂
钢-钢	0.15，0.1~0.12*	0.15	0.05~0.10
钢-软钢		0.2	0.1~0.2
钢-铸铁	0.3	0.18	0.05~0.15
钢-青铜	0.15，0.1~0.15*	0.15	0.1~0.15
钢-巴氏合金		0.15~0.3	
钢-铜铅合金		0.15~0.3	
钢-粉末金属	0.35~0.55		
钢-橡胶	0.9	0.6~0.8	
钢-塑料	0.09~0.1*		
钢-尼龙		0.3~0.5	0.05~0.1
钢-软木		0.15~0.39	
软钢-软钢		0.40	
软钢-铸铁	0.2	0.18	0.05~0.15
软钢-黄铜		0.46	
软钢-铝合金		0.30	
软钢-铅		0.40	
软钢-镍		0.40	
软钢-铝		0.36	
软钢-青铜	0.2	0.18	0.07~0.15
软钢-铅基白合金		0.40	
软钢-锡基白合金		0.30	
软钢-镉镍合金		0.35	
软钢-油膜轴承合金		0.18	
软钢-铝青铜		0.20	
软钢-玻璃		0.51	
软钢-石墨		0.21	
软钢-槲木	0.6，0.12*	0.4~0.6	0.1
软钢-榆木		0.25	
硬风-红宝石		0.24	
硬风-蓝宝石		0.35	
硬风-二硫化钼		0.15	
硬风-电木		0.35	
硬钢-玻璃		0.48	
硬钢-硬质橡胶		0.38	
硬钢-石墨		0.15	
铸铁-铸铁	0.18*	0.15	0.07~0.12

续表 3.13－1

材料名称	摩擦系数 f		
	静摩擦	动摩擦	
	无润滑剂	无润滑刘	有润滑剂
铸铁－青铜		0.15～0.2	0.07～0.15
铸铁－橡皮		0.8	0.5
铸铁－皮革	0.3～0.5，0.15*	0.6	0.15
铸铁－层压纸板		0.3	
铸铁－槲木	0.65	0.3～0.5	0.2
铸铁－榆、杨木		0.4	0.1
青铜－青铜	0.1*	0.2	0.07～0.1
青铜－黄铜		0.8～1.5	
铅－铅		1.2	
镍－镍		0.8	
铬－铬		0.8～1.5	
锌－锌		0.35～0.65	
钛－钛		0.35～0.65	
镍－石墨		0.24	
青铜－槲木	0.6	0.3	
玻璃－玻璃		0.7	
玻璃－硬质橡胶		0.53	
金刚石－金刚石	0.1		
尼龙－尼龙	0.2		0.1～0.2
橡胶－纸	1.0		
砖木	0.6		
皮革(外)－槲木	0.6	0.3～0.5	
皮革(内)－槲木	0.4	0.3～0.4	
木材－木材	0.4～0.6，0.1*	0.2～0.5	0.07～0.15

注：表中标有＊号者表示有润滑剂的情况。

3.14 松散物料的堆密度和安息角

表 3.14－1 松散物料的堆密度和安息角

物料名称	堆密度/(t/m³)	安息角	
		运动	静止
无烟煤(干、小)	0.7～1.0	27°～30°	27°～45°
烟煤	0.8～1	30°	35°～45°
褐煤	0.6～0.8	35°	35°～50°
泥煤	0.29～0.5	40°	45°
泥煤(湿)	0.55～0.65	40°	45°
焦炭	0.36～0.53	35°	50°
木炭	0.2～0.4		
无烟煤粉	0.84～0.89		37°～45°

续表 3.14－1

物料名称	堆密度/(t/m³)	安息角	
		运动	静止
烟煤粉	0.4～0.7		37°～45°
粉状石墨	0.45		40°～45°
磁铁矿	2.5～3.5	30°～35°	40°～45°
赤铁矿	2.0～2.8	30°～35°	40°～45°
褐铁矿	1.8～2.1	30°～35°	40°～45°
硫铁矿(块)	—		45°
锰矿	1.7～1.9		35°～45°
镁砂(块)	2.2～2.5		40°～42°
粉状镁砂	2.1～2.2		45°～50°
铜矿	1.7～2.1		35°～45°
铜精矿	1.3～1.8		40°
铅精硫	1.9～2.4		40°
锌精矿	1.3～1.7		40°
铅锌精矿	1.3～2.4		40°
铁烧结块	1.7～2.0		40°～45°
砾石	1.5～1.9	30°	30°～45°
黏土(小块)	0.7～1.5	40°	50°
黏土(湿)	1.7		27°～45°
碎烧结块	1.4～1.6	35°	
铅烧结块	1.8～2.2		
铅锌烧结块	1.6～2.0		
锌烟尘	0.7～1.5		
黄铁矿烧渣	1.7～1.8		
铅锌团矿	1.3～1.8		
黄铁矿球团矿	1.2～1.4		
平炉渣(粗)	1.6～1.85		45°～50°
高炉渣	0.6～1.0	35°	50°
铅锌水碎渣(湿)	1.5～1.6		42°
干煤灰	0.64～0.72		35°～45°
煤灰	0.7		15°～20°
粗砂(干)	1.4～1.9		
细砂(干)	1.4～1.65	30°	30°～35°
细砂(湿)	1.8～2.1		32°
造型砂	0.8～1.3	30°	45°
石灰石(大块)	1.6～2.0	30°～35°	40°～45°
石灰石(中块，小块)	1.2～1.5	30°～35°	40°～45°
生石灰(块)	1.1	25°	45°～50°
生石灰(粉)	1.2		
碎石	1.32～2.0	35°	45°
白云石(块)	1.2～2.0	35°	
碎白云石	1.8～1.9	35°	
水泥	0.9～1.7	35°	40°～45°
熟石灰(粉)	0.5		
电石	～1.2		

3.15 常见物料的物性系数

表 3.15－1 常见物料的物性系数

名 称	堆密度/(kN/m^3)	真密度/(kN/m^3)	安息角	内摩擦角 ψ(内摩擦系数)	物料与仓壁摩擦角(摩擦系数)
聚乙烯(粒料)	6.0～7.0	9.4～9.7	35°	35°(0.70)	18°(0.3～0.36)
聚乙烯(粉料)	3.0～4.0	9.4～9.7	35°～40°	35°～38°(0.70～0.78)	18°～20°(0.32～0.36)
聚丙烯(粒料)	5.0	9.0～9.5	38°～40°	35.5°～37°(0.74～0.76)	15°～18°(0.27～0.32)
聚丙烯(粉料)	3.7～4.5	9.0～9.5	35°～38°	35°～36.5°(0.70～0.74)	15°～18°(0.27～0.32)
ABS(粒料)	5.0	15.8	40°	38°(0.78)	18°～22°(0.32～0.40)
ABS(粉料)	4.8	10.1	30°～35°	31°～35°(0.60～0.70)	15°～20°(0.27～0.36)
聚苯乙烯(粒料)	5.0～6.0	10.5	30°	35°(0.70)	20°(0.36)
聚苯乙烯(粉料)	5.0～6.0	10.3	30°～35°	31°～35°(0.60～0.70)	15°～18°(0.27～0.32)
聚酯(粒料)	6.0～7.0	12.8	40°	38°(0.78)	19°(0.34)
聚酯(粉料)	6.0～6.5	10.3	30°～38°	31°～35°(0.60～0.70)	17°(0.30)
砂	14.0～18.0	26.2	35°	32°(0.62)	18°(0.32)
米	8.6	14.3	20°～25°	29°(0.554)	15°～16°(0.27～0.29)
砂糖	9.1	15.9	35°	37°(0.754)	34°(0.67)
大豆	7.6	11.6	28°	39°(0.81)	17°～19°(0.30～0.34)
小麦	8.6	13.8	32°～35°	25°(0.466)	25°40′(0.48)
尿素	7.6	13.3	35°～38°	22°(0.405)	11°～14°(0.19～0.25)
离子交换树脂	14.6	23.9	45°	26°(0.49)	20°～22°(0.26～0.40)

3.16 钢材的弹性模量

表 3.16－1 钢材的弹性模量

材 料	在下列温度(℃)下的弹性模量 E/GPa																		
	－196	－150	－100	－20	20	100	150	200	250	300	350	400	450	475	500	550	600	650	700
碳素钢(C≤0.30%)				194	192	191	189	186	183	179	173	165	150	133					
碳素钢(C＞0.30%)碳锰钢				208	206	203	200	196	190	186	179	170	158	151					
碳钼钢、低铬钼钢(至 Cr3Mo)				208	206	203	200	198	194	190	186	180	174	170	165	153	138		
中铬钼钢(Cr5Mo～Cr9Mo)				191	189	187	185	182	180	176	173	169	165	163	161	156	150		
奥氏体钢(至 Cr25Ni20)	210	207	205	199	195	191	187	184	181	177	173	169	164	162	160	155	151	147	143
高铬钢(Cr13－Cr17)				203	201	198	195	191	187	181	175	165	156	153					

3.17　材料的弹性模量和泊松比

表 3.17－1　材料的弹性模量和泊松比

材料名称	弹性模量 E/GPa	弹剪模量 G/GPa	泊松比 μ
灰铸铁、白口铸铁	113～157	44	0.23～0.27
球墨铸铁	140～154	73～76	
碳钢	196～206	79	0.24～0.28
镍铬钢、合金钢	206	79	0.25～0.30
轧制纯铜	108	39	0.31～0.34
冷拔纯铜	127	48	
轧制磷青铜	113	41	0.32～0.35
冷拔黄铜	89～97	34～36	0.32～0.42
轧制锰青铜	108	39	0.35
轧制铝	68	25～26	0.32～0.36
铸铝青铜	103	41	
硬铝合金	70	26	
轧制锌	82	31	0.27
铅	17	6.9	0.42
玻璃	55	21.6	0.25
混凝土(1000kg/m^3)	19～14		0.1～0.18
混凝土(1500kg/m^3)	21～16		0.1～0.18
混凝土(2000kg/m^3)	23～18		
纵纹木枋	12～10	0.5	
横纹木材	0.5～1.0	0.4～0.6	
橡胶	7.8MPa	0.7～2	0.47
电木	2～3		0.35～0.38
可锻铸铁	152		
铸钢(μ=0.3)	172		
拔制铝线	70		
花岗石	48		
石灰石	41		
大理石	55		
低压聚乙烯	0.5～0.8		
高压聚乙烯	0.15～0.25		
石棉酚醛塑料	1.3		
夹布酚醛塑料	4～9		
尼龙 1010	1		

3.18 不同温度下金属材料的平均线膨胀系数

表 3.18－1 不同温度下金属材料的平均线膨胀系数

材料	在下列温度(℃)与20℃之间的平均线膨胀系数 α/(10^{-6}mm/mm·℃)																				
	－196	－150	－100	－50	0	50	100	150	200	250	300	350	400	450	500	550	600	650	700	750	800
碳素钢、碳锰钢、碳钼钢、低铬钼钢(至 Cr3Mo)	9.1	9.44	9.89	10.39	10.76	11.12	11.53	11.88	12.25	12.56	12.90	13.24	13.58	13.93	14.22	14.42	14.62	14.74	14.90	15.02	—
中铬钼钢(Cr5Mo－Cr9Mo)	8.46	8.90	9.36	9.77	10.16	10.52	10.91	11.15	11.39	11.66	11.90	12.15	12.38	12.63	12.86	13.05	13.18	13.35	13.48	13.58	—
奥氏体不锈钢(Cr19－Ni14)	14.67	15.08	15.45	15.97	16.28	16.54	16.84	17.06	17.25	17.42	17.61	17.79	17.99	18.19	18.34	18.58	18.71	18.87	18.97	19.07	19.29
高铬钢(Cr13、Cr17)	7.74	8.10	8.44	8.95	9.92	9.59	9.94	10.20	10.45	10.67	10.96	11.19	11.41	11.61	11.81	11.97	12.11	12.21	12.32	12.41	—
Cr25－Ni20	—	—	—	—	—	—	15.84	15.98	16.05	16.06	16.07	16.11	16.13	16.17	16.33	16.56	16.66	16.91	17.14	17.20	—
蒙纳尔(MonelNi67－Cu30)	9.99	11.06	12.13	12.83	13.26	13.69	14.16	14.45	14.74	15.06	15.36	15.67	15.98	16.28	16.60	16.90	17.15	17.47	17.77	18.07	—
铝	17.82	18.73	19.58	20.79	21.73	22.52	23.38	23.94	24.44	24.94	25.42	—	—	—	—	—	—	—	—	—	—
灰铸铁	—	—	—	—	—	—	10.39	10.68	10.97	1.26	11.55	11.85	12.14	12.42	12.71	—	—	—	—	—	—
青铜	15.12	15.44	15.76	16.35	16.97	17.51	18.07	18.23	18.40	18.55	18.73	18.88	19.04	19.20	19.34	19.49	19.71	19.85	—	—	—
黄铜	14.76	15.03	15.34	15.92	16.56	17.11	17.62	18.19	18.38	18.77	19.14	19.50	19.89	20.27	20.66	21.05	21.34	21.77	—	—	—
Cu70－Ni30	11.97	12.65	13.43	13.99	14.48	14.94	15.41	15.69	15.99	—	—	—	—	—	—	—	—	—	—	—	—

3.19　非金属材料的线膨胀系数

表 3.19－1　非金属材料的线膨胀系数

材料名称	线膨胀系数 α/（mm/mm・℃）	材料名称	线膨胀系数 α/（mm/mm・℃）
砖(20℃)	9.5×10^{-6}	黏土质耐火制品(20～1300℃)	5.2×10^{-6}
水泥、混凝土(20℃)	$(10\sim14)\times10^{-6}$	硅质耐火制品(20～1670℃)	7.4×10^{-6}
胶木、硬橡皮(20℃)	$(64\sim77)\times10^{-6}$	高品质耐火制品(20～1200℃)	6×10^{-6}
赛璐珞(20～100℃)	100×10^{-6}	刚玉制品	8.1×10^{-6}
有机玻璃(20～100℃)	130×10^{-6}	陶瓷、工业瓷(管)	$(3\sim6)\times10^{-6}$
辉绿岩板	1×10^{-6}	石英玻璃	5.1×10^{-6}
耐酸瓷砖、陶板	$(4.5\sim6)\times10^{-6}$	花岗石	$<8\times10^{-6}$
不透性石墨板(浸渍型)	5.5×10^{-6}	聚酰胺(尼龙6)	$(11\sim14)\times10^{-6}$
硬聚氨乙烯(10～60℃)	59×10^{-6}	聚酰胺(尼龙1010)	$(1.4\sim1.6)\times10^{-6}$
玻璃管道(0～500℃)	$\leqslant5\times10^{-6}$	聚四氟乙烯(纯)	$(1.1\sim2.56)\times10^{-6}$
玻璃(20～100℃)	$(4\sim11.5)\times10^{-6}$		

3.20　常用金属材料的硬度

表 3.20－1　常用金属材料的硬度

材　料	状态	硬度(HB)	材　料	状态	硬度(HB)
08(F)	热轧	≤131	12CrMo(管料)		≤156
10(F)	热轧	≤137	15CrMo	退火或高温回火	≤179
10	热轧	≤137	15CrMo(管料)		≤156
15(F)	热轧	≤143	1Cr13	退火或高温回火	≤187
20(F)	热轧	≤156	2Cr13	退火或高温回火	≤197
20	热轧	≤156	1Cr18Ni9Ti	淬火	≤192
25	热轧	≤170	40Mn	热轧/退火	≤229/≤207
30	热轧	≤179	30CrMo	退火或高温回火	≤229
35	热轧	≤187	35CrMo	退火或高温回火	≤229
40	热轧/退火	≤217/≤187	35CrMoA	退火或高温回火	217－321
45	热轧/退火	≤241/≤197	25Cr2MoVA	退火或高温回火	241－302
15MnV	退火或高温回火	≤187	Cr5Mo	退火	≤163
12CrMo	退火或高温回火	≤179	Cr5Mo(管料)		<170
12CrMoV	退火或高温回火	≤179			

3.21 压力容器中化学介质毒性危害和爆炸危险程度分类(HG 20660—2000)

表 3.21－1 毒性介质危害程度分级数据

序号	名称	英文名称	分子式	急性危害指标		最高容许浓度	慢性危害指标			定级	备注
				毒性	中毒状况		发病状况	中毒后果	致癌性		
1	一乙醇胺	Monoethanolamine	$H_2NCH_2CH_2OH$	中	中	高	中	中	低	中	
2	一氧化碳	Carbon monoxide	CO	中	极	低	高	高	低	中	
3	一氯醋酸	Chloroacetic acid	$ClCH_2COOH$	高	中		低	低	低	中	
4	乙二胺	Ethylenediamine	$NH_2CH_2CH_2—NH_2$	中	中	中	中	中	低	中	
5	乙二酸二乙酯	Diethyloxalate	$(COOC_2H_5)_2$	中	低		中	低		中	
6	亚乙基降冰片烯	Ethylidene norbornene	HC(CH)=HC–CH ring: HC, HC=, C(CH₃)₂ bridge, CH₂, CH, C=CH—CH₃	中	中	低				中	
7	乙拌磷	Disyston	$(C_2H_5O)_2P(=S)—S—CH_2—CH_2—S—C_2H_5$	极	极	极	高	中	低	极	
8	乙胺	Ethylamine	$C_2H_5NH_2$	高		低				中	
9	乙硫醇	Ethyl mercaptan	CH_3CH_2SH	中	中	中				中	
10	乙腈	Acetonitrile	CH_3CN	中	高	中	中	中	低	中	
11	乙酸	Ethanoic acid	CH_3COOH	中	低	中	中	高	低	中	
12	乙酸酐	Acetic anhydride	$(CH_3CO)_2O$	中	中	低	中	高	低	中	
13	1,2－亚乙基亚胺	Ethyleneimine	$NHCH_2CH_2$	极	高	极			中	极	
14	2,6－二乙基苯胺	2, 6－Diethylaniline	$C_6H_5N(C_2H_5)_2$	中	中	中				中	
15	二甲胺	Dimethylamine	$(CH_3)_2NH$	中	中	中				中	
16	二甲基乙酰胺	Dimethylacetamide	$CH_3CON(CH_3)_2$	中	中	中	中	高	低	中	
17	二甲基二氯硅烷	Dimethyldichlorosilane	$(CH_3)_2SiCl_2$	高		中				中	
18	二甲基甲酰胺	Dimethylformamide	$(CH_3)_2NCOH$	中	中	中	中	高	低	中	
19	二甲基二硝胺	Dimethylnitrosamine	$(CH_3)_2HNO$	极	极	极			高	极	

续表 3. 21 - 1

序号	名称	英文名称	分子式	急性危害指标		最高容许浓度	慢性危害指标			定级	备注
				毒性	中毒状况		发病状况	中毒后果	致癌性		
20	二甲肼(不对称)	Dimethylhydrazine	$(CH_3)_2NNH_2$	高	高	中	高		中	高	
21	二甲基苯胺	Dimethylaniline	$(CH_3)_2C_6H_3NH_2$	中		中	中			中	
22	N，N-二甲基苯胺	N，N - Dimethylaniline	$(CH_3)_2NC_6H_5$	中	中	高	中			中	
23	二异氰酸甲苯酯(TDI)	Toluene - 2，4 - diisocyanate	$CH_3C_6H_3(NCO)_2$	极	高	高	高	中	低	高	
24	二氟化氧	Oxygen difluoxide	OF_2	极		高	高		低	高	
25	二氧化硫	Sulfurdioxide	SO_2	高		中	极	中		中	
26	二氧化氮	Nitrogenoxide	NO_2	高	中	中	中	低	低	中	
27	二硫化碳	Carbon disulfide	CS_2	中	高	中	极	中	低	中	
28	二硝基苯(间、邻、对)	Dinitrobenzene(m，o，p)	$C_6H_4(NO_2)_2$	极	高	高		高	低	高	
29	二硝基氯化苯	Chloro - dinitrobenzene	$C_6H_3Cl(NO_2)_2$	高	高	高	中	高	低	高	
30	1，2-二溴乙烷	1，2 - Dibromoethane	CH_2BrCH_2Br	高	高	极	高		高	高	
31	1，2-二溴氯丙烷	1，2 - Dibromo - 3 - Chloro - propane	$CH_2BrCHBrCH_2Cl$	高	高	极		高	中	高	
32	二硼烷	Diborane	B_2H_6	极	高	极	高		低	极	
33	1，1-二氯乙烯	1，1 - Dichloroethylene	CH_2CCl_2	中		低			中	中	
34	1，2-二氯乙烯(顺、反)	1，2 - Dichloroethylene	$ClCHCHCl$	中		低	高	高		中	
35	1，2-二氯乙烷	1，2 - Dichloroethane	$(CH_2Cl)_2$	中	中	低	高	高	中	中	
36	二氯乙烷	Dichloroethane	CH_3CHCl_2	中	中	低	高	高	中	中	
37	二氯乙醚	Dichloroethane	$ClCH_2CH_2OCH_2CH_2Cl$	高	高	低		高	低	中	
38	二氯丙醇	1，3 - Dichloro propanol - 2	$(CH_2Cl)_2CHOH$	高	中	中	中			中	
39	二氯四氟丙酮	Dichlorotetrafluro proptone	$CClF_2COCClF_2$	高	高					高	
40	二氯氧化硒	Selenium oxychloride	$SeOCl_2$	极	高	高			低	高	
41	丁胺	Buthylamine	$C_4H_9NH_2$	中	中	中	中			中	

续表 3.21 - 1

序号	名称	英文名称	分子式	急性危害指标		最高容许浓度	慢性危害指标			定级	备注
				毒性	中毒状况		发病状况	中毒后果	致癌性		
42	3 - 丁烯腈	Allyl cyanide	$CH_2=CHCH_2CN$	高		高				高	参照光气
43	丁烯醛	Crotonaldehyde	$CH_3CHCHCHO$	中	中	中	中			中	
44	十氟化硫	Sulphurdecafluoxide	S_2F_{10}	极	极					高	参照光气
45	八甲基焦磷酰胺	Schradan	$[(CH_3)_2N]_2POOPO[N(CH_3)_2]_2$	极	高				低	极	
46	三乙基氯化锡	Triethyl tin chloride	$(C_2H_5)_3SnCl$	极	极	极	高	高	低	极	
47	三氧化硫	Sulfur trioxide	SO_3	高	中	中	中			中	
48	三氟化氯	Chlorine trifluoride	ClF_3	高	高	高	中	中	低	高	
49	三溴甲烷	Tribromomethane	$CHBr_3$	中		中				中	
50	1，1，2 - 三氯乙烷	1，1，2 - Trichloroethane	$CH_2ClCHCl_2$	中	高	低		高	低	中	
51	1，1，2 - 三氯乙烯	1，1，2 - Trichloroethylene	$CHClCCl_2$	中	中	低	中	中	中	中	
52	三氯化磷	Phosphorus trichloride	PCl_3	高	高	高	中	中		高	
53	1，2，4 - 三氯苯	1，2，4 - Trichlorobenzene	$C_6H_3Cl_3$	中		中	中			中	
54	三氯醋酸	Trichloroacetic acid	CCl_3COOH	中	中	中				中	
55	三氯氢硅	Trichlorosilane	$SiHCl_3$	中	中	中				中	
56	己二腈	Adiponitrile	$NC(CH_2)_4CN$	中		低	中			中	
57	马拉硫磷	Malathion	$(CH_3O)_2P(S)SCH$ $(CH_2COOC_2H_5)—COOC_2H_5$	中	中	中	中	中		中	
58	五硫化二磷	Phosphorus Pentosulfide	P_2S_5	高	中	中				中	
59	五氯化磷	Phosphorus pentochloride	PCl_5	高	高	高				高	
60	五硼烷	Pentaborane	B_5H_9	极	高	极		高	低	极	
61	内吸磷	Systox	$(C_2H_5O)_2P(S)OCH_2CH_2SC_2H_5$	极	高	极			低	极	
62	四乙基铅	Tetraethyl lead	$Pb(C_2H_5)_4$	高	高	极	极	高	低	极	
63	1，1，2，2 - 四溴乙烷	Tetrabromoethane	$CHBr_2CHBr_2$	高	高	中	中	中		中	

续表 3.21－1

序号	名称	英文名称	分子式	急性危害指标		最高容许浓度	慢性危害指标			定级	备注
				毒性	中毒状况		发病状况	中毒后果	致癌性		
64	四氯乙烷	Tetrachloroethane	$Cl_2CHCHCl_2$	中	高	中	高	高	低	中	
65	四氯化碳	Carbontetrachloride	CCl_4	中	低	低	中	高	高	中	（高）
66	丙烯腈	Acrylonitrile	$CH_2=CH-CN$	高	高	中	高	高	高	高	
67	丙烯酰胺	Acrylamine	$CH_2=CH-C(=O)-NH_2$	高	中	高	中	中	中	高	
68	丙烯醛	Acrolein	$CH_2=CHCHO$	高	高	高			低	高	
69	丙酮氰醇	Acetone cyanohydrin	$(CH_3)_2C(OH)CN$	高	高	高			低	高	
70	丙烯醇	Allylalcohol	$CH_2=CHCH_2OH$	高	中	中	中			中	
71	丙硫醇	Propyl mercapton	C_3H_7SH	中		中				中	
72	甲拌磷	Thimet	$(C_2H_5O)_2P(S)SCH_2SC_2H_5$	极	高	极	高	高	低	极	
73	甲基对硫磷	Methyl parathion	$(CH_3O)_2P(S)OC_6H_4NO_2$	极	高	极	高	高	中	极	
74	甲基内吸磷	Demeton methyl	$(CH_3O)_2P(S)OCH_2CH_2SC_2H_5$	高	高	高	高	中	低	高	
75	甲醛	Formaldehyde	$HCHO$	高	高	中	高	中	中	高	
76	甲酸	Formic acid	$HCOOH$	高	高	高				高	
77	甲胺	Methylamine	CH_3NH_2	中		中				中	
78	甲基丙烯酸环氧丙酯	Glycidyl methacrylate	$CH_2=C(CH_3)-COOCH_2-CH-CH_2$ （CH与CH_2间以O成环）	中	中	中	中	中	中	中	
79	甲硫醇	Methyl mercaptan	CH_3SH	中	高	中				中	
80	甲醇	Methanol	CH_3OH	中	中	低	中	高	低	中	
81	正丁腈	*n*－Butyronitrile	$CH_3CH_2CH_2CN$	高	高	中				高	
82	正丁硫醇	Butyl me captan	C_4H_9SH	中	中	中				中	
83	正丁醛	*n*－Butyraldehyde	$CH_3(CH_2)_2CHO$	低		中	中			中	
84	正硅酸甲酯	*n*－methyl silicate	$Si(OCH_3)_4$	中	中	中	中	中		中	

续表 3.21－1

序号	名称	英文名称	分子式	急性危害指标		最高容许浓度	慢性危害指标			定级	备注
				毒性	中毒状况		发病状况	中毒后果	致癌性		
85	对硫磷	Parathion	$(C_2H_5O)_2P(S)OC_6H_4NO_2$	极	极	极	高	中	低	极	
86	对硝基苯胺	*p*－Nitroaniline	$O_2NC_6H_4NH_2$	中	高	高	中	高	低	高	
87	对硝基氯苯	*p*－chloronitrobenzene	$ClC_6H_4NO_2$	中	高	高	中	高	低	高	
88	乐果	Rogor	$(CH_3O)_2P(S)SCH_2C(O)NHCH_3$	中	中	高	中	中	中	中	
89	叶蝉散	Etrofolan	$C_{11}H_{15}NO_2$	中	中		低	低	低	中	
90	光气	Phosgene	$COCl_2$	极	高	极		高	低	极	
91	异氰酸甲酯	Methylisocynate	CH_3NCO	极	极	极	高	高	低	极	
92	异丁腈	Isobutyronitrile	$(CH_3)_2CHCN$	高	高	中				高	
93	异丁醛	Isobutyraldehyde	$(CH_3)_2CHCHO$	中	中		中			中	
94	西维因	Carbaryl	$C_{10}H_7OCONHCH_3$	高	中	中	中		中	中	
95	杀螟松	Sumithion	$(CH_3O)_2P(S)OC_6H_3(CH_3)NO_2$	高	中	中				中	
96	苄基氯	Benzyl chloride	$C_6H_5CH_2Cl$	高	高	高			中	高	
97	呋喃丹	Carbofuran	$C_{12}H_{15}NO_3$	极	高	高			低	高	
98	吡啶	Pyridine	N: CHCH: CHCH: CH (环状，N与CH相连)	中	中	中	中			中	
99	汞	Mercury	Hg	极	高	极	极	极	低	极	
100	邻－硝基氯苯	*o*－Chloronitrobenzene	$ClC_6H_4NO_2$	高	高	高			低	高	
101	邻－甲苯胺	*o*－Toluidine	$C_6H_4(CH_3)NH_2$	中	中	中	高	高	高	中	（高）
102	邻硝基甲苯	*o*－Nitrotoluene	$NO_2C_6H_4CH_3$	中	中	中			低	中	
103	邻－硝基酚	*o*－Nitrophenol	$NO_2C_6H_4OH$	中	低	中	低	低	低	中	
104	苯	Benzene	C_6H_6	低	中	中	高	极	极	中	（高）
105	苯酚	Phenol	C_6H_5OH	中	低	中	高	中	中	中	
106	苯醛	Benzaldehyde	C_6H_5CHO	中	低	低	中	低	低	中	
107	苯乙腈	Phenyl acetonitrile	$C_6H_5CH_2CN$	极	高	高			低	高	

续表 3.21－1

序号	名称	英文名称	分子式	急性危害指标		最高容许浓度	慢性危害指标			定级	备注
				毒性	中毒状况		发病状况	中毒后果	致癌性		
108	苯胺	Aniline	$C_6H_5NH_2$	高	高	中	高	中	低	高	
109	苯乙烯	Styrene	$C_6H_5CH{=}CH_2$	中	低	低	中	高	中	中	
110	肼	Hydrazine	NH_2NH_2	高	高	极			中	高	
111	间甲酚	*m*－Cresol	$CH_3C_6H_4OH$	高	中	中	中	中		中	
112	间甲苯胺	*m*－methylaniline	$CH_3C_6H_4NH_2$	中	高	中	高	高	中	中	
113	间苯二酚	Resorcinol	$C_6H_4(OH)_2$	中	中	中	低	低	低	中	
114	间硝基甲苯	*m*－Nitrotoluene	$CH_3C_6H_4NO_2$	高	中	中			低	中	
115	间氯苯胺	*m*－Chloroaniline	$ClC_6H_4NH_2$	中	中	极	中			中	
116	环氧乙烷	Ethylene oxide	$H_2C{-}CH_2$ (O 桥接)	高	高	中	中		高	高	
117	环氧氯丙烷	Epichlorohydrin	$H_2C{-}CHCH_2Cl$ (O 桥接)	高		高		高	高	高	
118	速灭威	Tsumacide	$C_9H_{11}NO_2$	高	中			中	低	高	
119	臭氧	Ozone	O_3	极	高	高	高	中	低	高	
120	倍硫磷	Fenthion	$(CH_3O)_2P(S)OC_6H_3CH_3SCH_3$	高		高	中	中		高	
121	敌百虫	Dipterex	$(CH_3O)_2P(O)C(OH)HCCl_3$	中	高	高	高	高	中	高	
122	敌敌畏	DDVP	$(CH_3O)_2P(O)OCHCCl_2$	极	高	高	中	中	低	高	
123	氟	Fluorine	F_2	高	高	中	高	高	低	高	
124	氟化氢	Hydrogen fluoride	HF	高	高	高	高	高	低	高	
125	氟苯	Fluorobenzene	C_6H_5F	中		中				中	
126	砷化氢	Arsine	AsH_2	极	高	高	中	中	低	高	
127	氨	Ammonia	NH_3	低	低	低	中	低	低	中	按规程
128	偏二氯乙烯	Vinylidene chloride	$CH_2{=}CCl_2$	中	中	低	中	中	中	中	

续表 3.21－1

序号	名称	英文名称	分子式	急性危害指标		最高容许浓度	慢性危害指标			定级	备注
				毒性	中毒状况		发病状况	中毒后果	致癌性		
129	菸碱	Nicotine	CHNCHCHCHC CH$(CH_2)_3NCH_3$	极	高	高	中	低	低	高	
130	硒化氢	Hydrogen selenide	H_2Se	高	高	高	高			高	
131	萘	Naphthalene	$C_{10}H_3$	中	中	低	中	高	中	中	
132	α－萘胺	α－Naphthylamine	$C_{10}H_7NH_2$	中	低		中	极	极	中	（极）
133	α－萘酚	α－Naphthol	$C_{10}H_7(OH)$	中			中			中	
134	硝基苯	Nitrobenzene	$C_6H_5NO_2$	中	高	中	高	高	低	中	
135	硝酸	Nitric acid	HNO_3	高	中	低				中	
136	硫化氢	Hydrogen sulfide	H_2S	高	高	中	中	中	低	中	结合国内实际
137	硫酸	Sulfuric acid	H_2SO_4	中		中				中	
138	硫酸二甲酯	Dimethyl sulfate	$(CH_3)_2SO_4$	极	高	高	中	高	高	高	
139	硫芥	Sulfur mustard	$S(CH_2CH_2Cl)_2$	极	极				极	极	
140	氰	Cyanogen	$N\equiv C—C\equiv N$	高	高	低			低	高	
141	氰化氢	Hydrogen cyanide	HCN	极	极	高	高	中	低	极	
142	氯	Chlorine	Cl_2	高	高	高	高	高	低	高	
143	氯甲醚	Chloromethyl ether	$ClCH_2OCH_3$	极	高	高	极	极	极	极	
144	氯丹	Chlordane	$C_{10}H_6Cl_8$	高	高	高	高	高		高	
145	氯化苦	Chloropicrin	CCl_3NO_2	高	高	高			低	高	
146	氯化氰	Cyanogen chloride	CNCl	高	高	高	高	高	低	高	
147	β－氯丙腈	β－Chloropropionitrile	$ClCH_2CH_2CN$	高	高					高	
148	氯代联苯	Chlorinated diphenyls	$C_{12}H_{10-n}Cl_n$	中	中	高	高	高	中	高	
149	氯甲烷	Monochloromethane	CH_3Cl	中	高	中	中	高	低	高	参照溴甲烷
150	氯萘	Chlorinated naphthalenes	$C_{10}H_{8-n}Cl_n$	中	中	高	高	高	低	高	

续表 3.21－1

序号	名　称	英文名称	分子式	急性危害指标		最高容许浓度	慢性危害指标			定级	备注
				毒性	中毒状况		发病状况	中毒后果	致癌性		
151	氯酚	Chlorophenol	ClC_6H_4OH	高	低	高	低	低	中	高	
152	氯甲酸三氯甲酯	Trichloromethyl chloroformate	$ClCOOCCl_3$	高	高					高	
153	氯乙烯	Vinyl chloride	$CH_2=CHCl$	低	中	低	极	极	极	中	（极）
154	氯乙醇	Chloroethanol	$ClCH_2CH_2OH$	高	高	中	中	中	中	中	
155	氯丁二烯	Chloroprene	$CH_2=CClCH=CH_2$	中	高	中	高	高	中	中	
156	3－氯丙烯	3－Chloropropene	$CH_2=CHCH_2Cl$	中	低	中	高	高	中	中	
157	氯化氢	Hydrogen chloride	HCl	中	中	低	高	高	低	中	
158	氯苯	Chlorobenzene	C_6H_5Cl	中	中	低	中	中		中	
159	溴甲烷	Bromomethane	CH_3Br	高	高	高	中	中	低	高	
160	碘甲烷	Iodomethane	CH_3I	高	高	高	中	高	中	高	
161	碳酰氟	Carbonyl fluoride	COF_2	高	高	中			低	高	
162	羰基镍	Nickel carbonyl	$Ni(CO)_4$	极	极	极	高	极	高	极	
163	磷化氢	Phosphine	PH_3	极	高	高	高	高	低	高	
164	磷胺	Phosphamidon	$CH_3O—P(=O)(—OCH_3)—O—C(CH_3)=C(Cl)—CO—N(C_2H_5)_2$	高	高	极	高	中	低	高	
165	磷酸三丁酯	Tri－*n*－butyl phosphate	$(C_4H_9)_3PO_4$	中	低	高	低	低	低	中	
166	磷酸三对甲苯酯	Trip－Cresyl phosphate	$[CH_3(C_6H_4)O]_3PO$	低	中	高	中	高	低	中	
167	糠醛	Furfural	OCHCHCHCCHO（环）	高	中	低	中			中	
168	苯并（α）芘	Benzo（α）pyrene	$C_{20}H_{12}$	高		极			极	极	
169	三硝基甲苯	2，4，6－Trinitrotoluene	$C_6H_2CH_3(NO_2)_3$	高	中	高	高	极	低	高	

续表 3.21－1

序号	名称	英文名称	分子式	急性危害指标		最高容许浓度	慢性危害指标			定级	备注
				毒性	中毒状况		发病状况	中毒后果	致癌性		
170	环已酮	Cyclohexanone	$CH_2(CH_2)_4CO$	中	中	低				中	

注：① 六项分级指标栏中的文字，是表示按照 GB 5044—1985 的六项分级依据中单独该项指标所列入的等级，即：极—极度危害；高—高度危害；中—中度危害；轻—轻度危害。

② 定级一栏中的文字，是表示按照本标准 3.0.2 的分类原则而将该介质列入的等级，文字意义同注①。

③ 备注一栏中括号内的文字，是表示按照本标准 3.0.3 的分类原则而将该介质调整后列入的等级，文字意义同注①。

表 3.21－2 爆炸危险介质数据

序号	名称	英文名称	分子式	沸点/℃	闪点/℃	爆炸极限/%		备注
						下限	上限	
1	一甲胺	Monomethylamine	CH_3NH_2	－6.79	0	4.95	20.75	
2	一氧化碳	Carbon monoxide	CO	－191.3		12.5	74.2	
3	一氯二氟乙烷	Chlorodifluoroethane	CF_2ClCH_3	－10		6.2	17.9	
4	乙二醇	Ethylene glycol	$HOCH_2CH_2OH$	197.5	111.11	3.2		
5	乙炔	Acetylene	CHCH	－84（升华）	－17.78	2.5	82	
6	乙胺	Ethylamine	$C_2H_5NH_2$	16.6	＜－17.78	3.5	14	
7	乙基乙二醇	Ethyl glycol	$C_2H_5OCH_2CH_2OH$	135.1	94.44	1.8	14	
8	乙基丙基醚	Ethyl propylether	$C_2H_5OC_3H_7$	64	＜－20	1.9	24	
9	乙基丙酮	Ethyl propylketone	$C_3H_5COC_3H_7$	123	35(O.C)	~1	~8	
10	5－乙基－2－甲基吡啶	5－Ethyl－2－methylpyridine	$C_2H_5(C_5H_3N)CH_3$	178.3	68.3(O.C)	1.1	6.6	

续表 3.21－2

序号	名称	英文名称	分子式	沸点/℃	闪点/℃	爆炸极限/%		备注
						下限	上限	
11	乙基环丁烷	Ethyl cyclobutane	$CH_2CH_2CH_2CHC_2H_5$	71	<－20	1.2	7.7	
12	乙基环已烷	Ethyl cyclohexane	$C_2H_5CH(CH_2)_4CH_2$	131.8	<21	0.9	6.6	
13	乙基环戊烷	Ethyl cyclopentane	$C_2H_5CHCH_2CH_2CH_2CH_2$	103.5	<21	1.1	6.7	
14	乙苯	Ethyl benzene	$C_6H_5C_2H_5$	136.2	15	1	6.7	
15	乙烯	Ethylene	CH_2CH_2	－103.9	－136	2.7	36	
16	乙烯基乙炔	Vinylacetylene	CH_2CHCCH	5		1.7	73.3	
17	乙烯基乙基醚	Vinyethylether	$CH_2CHOC_2H_5$	35.6	<－45.56	1.7	28	
18	乙烯基甲苯	Vinyltoluene	$CH_2CHC_6H_4CH_3$		52.8	0.8	11	
19	乙烷	Ethane	CH_3CH_3	－88.6		3	16	
20	乙硫醇	Ethyl mercaptan	C_2H_5SH	36.2	<26.67	2.8	18.2	
21	乙腈	Acetonitrile	CH_3CN	80	6	4	16	
22	乙酰乙酸乙酯	Ethyl acetoacetate	$CH_3COCH_2COOC_2H_5$	180	65	1.0		
23	乙酰二甲胺	*N*,*N*－Dimethylacetamide	$CH_3CON(CH_3)_2$	165	77.22(O.C)	*2	*11.5	*在740mmHg 160℃下
24	乙酸	Acetic acid	CH_3COOH	118.1	42.78	5.4	16	
25	乙酸乙烯酯	Vinyl acetate	$CH_3COOCHCH_2$	72～73	－7.78	2.6	13.4	
26	乙酸乙酯	Ethyl acetate	$CH_3COOC_2H_5$	77.15	－4.44	2.2	11	
27	乙酸丁酯	Butyl acetate	$CH_3COO(CH_2)_3CH_3$	126	22.22	1.7	7.6	
28	乙酸异丁酯	Isobutyl acetate	$CH_3COOCH_2CH(CH_3)_2$	112	17.78	2.4	10.5	
29	乙酸仲丁酯	Sec－butyl acetate	$CH_3COOCH(CH_3)C_2H_5$	105	19	1.7		
30	乙酸叔丁酯	Tert－butyl acetate	$CH_3COOC(CH_3)_3$	96	31.11	1.7		

续表 3.21－2

序号	名称	英文名称	分子式	沸点/℃	闪点/℃	爆炸极限/%		备注
						下限	上限	
31	乙酸丙酯	Propyl acetate	$CH_3COOC_3H_7$	96～102	14.44	2	8	
32	乙酸异丙酯	Isopropyl acetate	$CH_3COOCH(CH_3)_2$	88.4	4.44	1.8	7.8	
33	乙酸甲酯	Methyl acetate	CH_3COOCH_3	57.8	－13	3.1	16	
34	乙酸戊酯	Amyl acetate	$CH_3COO(CH_2)_4CH_3$	147	25	1.1	7.5	
35	乙酸异戊酯	Isopentyl acetate	$CH_3COOC_5H_{11}$	142	25	1	10	
36	乙酸环己酯	Cyclohexyl acetate	$CH_3COOC_6H_{11}$	177	57.78	1.0		
37	乙酸酐	Acetic anhydride	$(CH_3CO)_2O$	140	53.89	2.9	10.3	
38	乙醇	Ethyl alcohol	C_2H_5OH	78.32	12.78	3.3	19	
39	乙醇乙酸乙酯	Ethoxyglycolacetate	$CH_3COOC_2H_4OC_2H_5$	156	51	1.7		
40	乙撑亚胺	Ethylene imine	$NHCH_3CH_2$	55～56	－11.11	3.6	46	
41	乙醛	Acetaldehyde	CH_3CHO	20.8	－38	4	57	
42	乙醚	Ethyl ether	$C_2H_5OC_2H_5$	34.6	－45	1.85	36.5	
43	二乙氧基乙烷	1,1－Diethoxyethane	$CH_3CH(OC_2H_5)_2$	102.7	－20.56	1.65	10.4	
44	二乙胺	Diethylamine	$(C_2H_5)_2NH$	55.4	－21.6	1.8	10.1	
45	3,3－二乙基戊烷	3,3－Diethylpentane	$CH_3CH_2C(C_2H_5)_2CH_2CH_3$	146		0.7	5.7	
46	对二乙基苯	*p*－Diethylbenzene	$C_6H_4(C_2H_5)_2$	183.75(750)	56.7	0.8		
47	*N*,*N*－二乙基苯胺	*N*,*N*－Diethylaniline	$(C_2H_5)_2NC_6H_5$	216.27	85	0.8		
48	二乙基硒	Diethyl selenide	$(C_2H_5)_2Se$	108		2.5		
49	间二乙烯苯	*m*－Divinylbenzene	$C_6H_4(CHCH_2)_2$	199.5	73.89	0.3		
50	二乙烯醚	Divinyl ether	$(CH_2CH)_2O$	29	－30	1.7	27	
51	二丁胺	*n*－Dibutylamine	$(CH_3CH_2CH_2CH_2)_2NH$	159	52	1.1		
52	二异丁基甲酮	Diisobutyl ketone	$[(CH_3)_2CHCH_2]_2CO$	166	60	*0.8	*6.2	*100℃以下

续表 3.21－2

序号	名称	英文名称	分子式	沸点/℃	闪点/℃	爆炸极限/%		备注
						下限	上限	
53	二丙酮醇	Diacetone alcohol	$(CH_3)_2C(OH)CH_2COCH_3$	167.9	64.44	1.8	6.9	
54	二异丙醚	Diisopropyl ether	$[(CH_3)_2CH]_2O$	68.4	－21	1.4	7.9	
55	对二甲苯	*p*－Xylene	$1,4-C_6H_4(CH_3)_2$	138	25	1	7	
56	邻二甲苯	*o*－Xylene	$1,2-C_6H_4(CH_3)_2$	144	17	1	7	
57	间二甲苯	*m*－Xylene	$1,3-C_6H_4(CH_3)_2$	139	25	1	7	
58	二甲胺	Dimethylamine	$(CH_3)_2NH$	6.88	－17.78	2.8	14.4	
59	二甲基二氯硅烷	Dimethyldichlorosilane	$(CH_3)_2SiCl_2$	70	－9	3.4	9.5	
60	2,2－二甲基丁烷	2,2－Dimethylbutane	$(CH_3)_3CCH_2CH_3$	49.7	－47.78	1.2	7	
61	2,3－二甲基丁烷	2,3－Dimethylbutane	$(CH_3)_2CHCH(CH_3)_2$	58	－29	1.2	7	
62	2,2－二甲基丙烷	2,2－Dimethylpropane	$(CH_3)_4C$	9.5	＜－6.7	1.4	7.5	
63	2,3－二甲基戊烷	2,3－Dimethylpentane	$CH_3CH(CH_3)CH(CH_3)CH_2CH_3$	89.8	＜－28.89	1.1	6.7	
64	二甲基甲酰胺	Dimethylformamide	$HCON(CH_3)_2$	152.8	57.78	2.2	16.0	
65	*N*,*N*－二甲基苯胺	*N*,*N*－Dimethylaniline	$(CH_3)_2NC_6H_5$	193.1	62.78	1.2	7.0	
66	二甲基肼(不对称)	(unsym)－Dimethylhydrazine	$(CH_3)_2NNH_2$	63.3	－15	2	95	
67	二甲硫醚	Dimethyl sulfide	$(CH_3)_2S$	37.5～38	＜－17.78	2.2	19.7	
68	二甲醚	Dimethyl ether	CH_3OCH_3	－23.7	－41.11	3.4	27	
69	二苯醚	Diphenyl ether	$(C_6H_5)_2O$	258	115	0.8	15	
70	1,1－二氟乙烯	1,1－Vinyl difluoride	CH_2CF_2	－83		5.5	21.3	
71	1,1－二氟乙烷	1,1－Difluoroethane	CH_3CHF_2	－24.7		3.7	18	
72	二氧六环	1,4－Dioxane	$OCH_2CH_2OCH_2CH_2$ (环状)	101.1	12.22	2	22.2	
73	二硫化碳	Carbon disulfide	CS_2	46.5	－30	1.3	50	
74	1,1－二氯乙烯	1,1－Dichloroethylene	CH_2CCl_2	31.6	－15	5.6	11.4	
75	1,2－二氯乙烯(顺)	1,2－Dichloroethylenecis	$(CHCl)_2$	60.3	4	9.7	12.8	

续表 3.21 - 2

序号	名称	英文名称	分子式	沸点/℃	闪点/℃	爆炸极限/%		备注
						下限	上限	
76	1,2 - 二氯乙烯(反)	1,2 - Dichloroethylenetrans	$(CHCl)_2$	47.5	2.2	9.7	12.8	
77	1,2 - 二氯乙烷	Ethylenedichloride	$(CH_2Cl)_2$	83.5	13	5.8	15.9	
78	1,3 - 二氯丙烯(顺或反)	1,3 - Dichloropropene	$CHClCHCH_2Cl$	103 ~ 110	35(O.C)	5.3	14.5	
79	1,2 - 二氯丙烷	1,2 - Dichloropropane	$CH_3ClCHClCH_2$	96.8	15.56	3.4	14.5	
80	二氯甲烷	Dichloromethane	CH_2Cl_2	40 ~ 41		6.4	15	
81	邻二氯苯	*o* - Dichlorobenzene	$C_6H_4Cl_2$	179	66.11	2.2	9.2	
82	二硼烷	Diborane	B_2H_6	-92.6		0.9	88	
83	十二烷	Dodecane	$C_{12}H_{26}$	216.2	73.89	0.6		
84	正十四烷	*n* - tetradecane	$C_{14}H_{30}$	254	100	0.5		
85	十氢萘	Decahydronaphthalene	$C_{10}H_{18}$	194.6(顺) 186.7(反)	57.78	0.7 (100℃)	4.9 (100℃)	
86	1,3 - 丁二烯	1,3 - Butadiene	$CH_2CHCHCH_2$	-4.5	-78	2.0	11.5	
87	1,3 - 丁二醇	1,3 - Butanediol	$CH_3CH(OH)CH_2CH_2OH$	207.5	121.11 (O.C)	1.9		
88	正丁苯	*n* - Butylbenzene	$C_6H_5CH_2CH_2CH_2CH_3$	182.1	71.11 (O.C)	0.8	5.8	
89	异丁苯	Isobutylbenzene	$C_6H_5CH_2CH(CH_3)_2$	173	<55	0.8	6.0	
90	2 - 丁炔	2 - Butyne	CH_3CCCH_3	27	-20	1.4		
91	丁胺	Butylamine	$C_4H_9NH_2$	77	-12.22	1.7	9.8	
92	叔丁胺	*tert* - Butylamine	$(CH_3)_3CNH_2$	44 ~ 46	-8.89	1.7	8.9	
93	丁基乙二醇	Butylglycol	$C_4H_9OC_2H_4OH$	168.4 ~ 170.2	61	1.1	12.7	
94	仲丁基苯	*sec* - Butylbenzene	$C_6H_5CH(CH_3)C_2H_5$	173.5	52.22	0.8	6.9	
95	叔丁基苯	*tert* - Butylbenzene	$C_6H_5C(CH_3)_3$	168.2	60 (O.C)	0.7 (100℃)	5.7 (100℃)	

续表 3.21－2

序号	名称	英文名称	分子式	沸点/℃	闪点/℃	爆炸极限/% 下限	爆炸极限/% 上限	备注
96	丁基锂（溶于乙烷溶液）	Butyllithinm in hydrocarbon solvents	C_4H_9Li		－21.6	1.1	7.5	
97	丁基锂（溶于戊烷溶液）	Butyllithinm in hydrocarbon solvents	C_4H_9Li		＜－40	1.5	7.8	
98	丁基锂（溶于庚烷溶液）	Butyllithinm in hydrocarbon solvents	C_4H_9Li		－3.9	1.05	6.7	
99	1－丁烯	1－Butene	$CH_3CH_2CHCH_2$	－6.3	－80	1.6	10	
100	异丁烯	Isobutylene	$(CH_3)_2CCH_2$	－6.9	－77	1.8	9.6	
101	2(顺)－丁烯	*cis*－Butene－2	$CH_3CHCHCH_3$	1	－73	1.7	9.0	
102	2(反)－丁烯	*trans*－Butene－2	$CH_3CHCHCH_3$	2.5	－73	1.8	9.7	
103	丁烯醛	Crotonaldehyde	$CH_3CHCHCHO$	104	12.78	2.1	15.5	
104	正丁烷	Butane	$CH_3CH_2CH_2CH_3$	－0.5	－60	1.9	8.5	
105	异丁烷	Isobutane	$CH_3CH(CH_3)CH_3$	－11.7	－82.79	1.9	8.5	
106	丁腈	Butylnitrile	$CH_3CH_2CH_2CN$	117	26.11 (O.C)	1.65		
107	丁酮	2－Butanone	$CH_3COC_2H_5$	79.57	－3.9	1.8～2	10～12	
108	丁酸	Butyric acid	$CH_3CH_2CH_2COOH$	163.5	71.67	2.0	10	
109	正丁醇	Butyl alcohol	$CH_3(CH_2)_2CH_2OH$	117.5	28.9	1.4	11.2	
110	异丁醇	Isobutyl alcohol	$(CH_3)_2CHCH_2OH$	107.9	27.78	1.2 (100℃)	10.9 (100℃)	
111	仲丁醇	sec－Butyl alcohol	$CH_3CH_2CHOHCH_3$	99.5	23.89	1.7 (100℃)	9.8 (100℃)	
112	叔丁醇	*tert*－Butyl alcohol	$(CH_3)_2COH$	82.8	11.11	2.4	8.0	
113	正丁醛	*n*－Butyraldehyde	$CH_3CH_2CH_2CHO$	74.7	－6.67	1.9	12.5	
114	异丁醛	Isobutyraldehyde	$(CH_3)_2CHCHO$	64	－40	1.7	12.5	
115	丁醚	Butyl ether	$CH_3(CH_2)_3O(CH_2)_3CH_3$	142	25	1.5	7.6	
116	三乙胺	Triethylamine	$(C_2H_5)_3N$	89.5	－4	1.2	8	
117	三甘醇	Triethylene glycol	$HOCH_2(CH_2OCH_2)_2CH_2OH$	291	177	0.9	9.2	

续表 3.21－2

序号	名称	英文名称	分子式	沸点/℃	闪点/℃	爆炸极限/%		备注
						下限	上限	
118	三甲胺	Trimethylamine	$(CH_3)_3N$	2.87	－6.67	2	11.6	
119	2,2,5－三甲基己烷	2,2,5－Trimethylhexane	$(CH_3)_3CCH_2CH_2CH(CH_3)_2$	125	12.78 (O.C)	0.85		
120	2,2,3－三甲基戊烷	2,2,3－Trimethylpentane	$(CH_3)_3CCH(CH_3)CH_2CH_3$	109.84	<10	1.0		
121	2,2,4－三甲基戊烷	2,2,4－Trimethylpentane	$(CH_3)_2CCH_2CH(CH_3)_2$	99.2	－12.22	1.1	6.0	
122	3,5,5－三甲基环己烯－2－酮－1	Isophorone	$COCHC(CH_3)CH_2C(CH)_2CH_2$	215	84.4	0.8	3.8	
123	1,2,4－三甲基苯	1,2,4－Trimethylbenzene	$C_6H_3(CH_3)_3$	169	50	1.1	7.0	
124	三氯乙烯	Trichloroethylene	$CHClCCl_2$	87.1		12.5	90	
125	三氯乙烷(1,1,2－三氯乙烷)	Trichloroethane	$CH_2ClCHCl_2$	114		4	20	
126	1,2,3－三氯丙烷	1,2,3－Trichloropropane	$CH_2ClCHClCH_2Cl$	156.17	82.22	3.2	12.6	
127	三氯硅烷	Trichlorosilane	$SiHCl_3$	31.8	－13.89	2.0		
128	三聚乙醛	Paraldehyde	$OCH(CH_3)OCH(CH_3)OCHCH_3$	124.4 (752)	35.56 (O.C)	1.3		
129	1,4－己二烯	1,4－Hexadiene	$CH_3CHCHCH_2CHCH_2$	64 (745)	－21.11	2.0	6.1	
130	1－己烯	1－Hexene	$CH_2CH(CH_2)_3CH_3$	64.5	<－6.67	1.2		
131	正己烷	*n*－Hexane	$CH_3(CH_2)_4CH_3$	68.7	－21.7	1.2	7.5	
132	异己烷	Isohexane	C_6H_{14}	54～60	－6.67	1	7	
133	己酮－2	2－Hexanone	$CH_3(CH_2)_3COCH_3$	127.2	35 (O.C)	1.22	8.0	
134	无水肼	Hydrazine Anhydrous	NH_2NH_2	113.5	37.78 (O.C)	4.7	100	
135	天然气	Natural gas				4	16	
136	1－壬烯	1－Nonene	$CH_3(CH_3)_6CHCH_2$	146.87	24	0.8		
137	正壬烷	*n*－Nonane	C_9H_{20}	150.7	31.11	0.7	5.6	

续表 3.21－2

序号	名　称	英文名称	分子式	沸点/℃	闪点/℃	爆炸极限/%		备注
						下限	上限	
138	双戊烯	Dipentene	$C_{10}H_{16}$	174.6	45	0.7 (150℃)	6.1 (150℃)	
139	水煤气	Water gas				6.2	72	
140	1,2－丙二醇	1,2－Propanediol	$CH_3CHOHCH_2OH$	188.2	98.89 (O.C)	2.6	12.6	
141	丙苯	*n*－Propylbenzene	$C_3H_7C_6H_5$	159.2	30 (O.C)	0.8	6	
142	异丙苯	Isopropylbenzene	$C_6H_5CH(CH_3)_2$	152	36	0.9	6.5	
143	丙胺	Propylamine	$CH_3CH_2CH_2NH_2$	48～49	－37.22	2.0	10.4	
144	异丙胺	Isopropylamine	$(CH_3)_2CHNH_2$	31.7	－37.22	2.0	10.4	
145	对异丙基甲苯	*p*－Isopropyltoluene	$CH_3C_6H_4CH(CH_3)_2$	176	47.22	0.7	5.6	
146	丙炔	Methyl acetylene	CH_3CCH	－23.3	－151	1.7	11.7	
147	丙烯	Propylene	CH_2CHCH_3	－47.7	－108	2	11.1	
148	丙烯胺	Allylamine	$CH_2CHCH_2NH_2$	55.2	－28.89	2.2	22	
149	异丙烯基苯	Isopropenylbenzene	$C_6H_5C(CH_3)CH_2$	166	58	0.9	6.6	
150	丙烯腈	Arcylnitrile	CH_2CHCN	77.3	－1.11	3	17.5	
151	丙烯酸乙酯	Ethyl acrylate	$CH_2CHCOOC_2H_5$	99.8	15.56 (O.C)	1.8		
152	丙烯酸正丁酯	*n*－Butylacrylate	$CH_2CHCOOC_4H_9$	69 (50)	48.89 (O.C)	1.5	9.9	
153	丙烯酸甲酯	Methyl actylate	$CH_2CHCOOCH_3$	80	－2.78 (O.C)	2.8	25	
154	丙烯碳酸酯	Propylcarbonate	$CH_2OCOOCHCH_3$ (环状)	242	135 (O.C)	1.9		
155	丙烯醇	Allyl alcohol	CH_2CHCH_2OH	96～97	21.11	2.5	18	
156	丙烯醛	Acrolein	CH_2CHCHO	52.5	－26	2.8	31	
157	丙烷	Propane	$CH_3CH_2CH_3$	－42.1	－104	2.3	9.5	

续表 3.21－2

序号	名称	英文名称	分子式	沸点/℃	闪点/℃	爆炸极限/%		备注
						下限	上限	
158	丙腈	Propionitrile	CH_3CH_2CN	97.1	2.22 (O.C)	3.1		
159	丙酮	Acetone	CH_3COCH_3	56.5	－20	2.5	13	
160	丙酸乙酯	Ethyl propionate	$C_2H_5COOC_2H_5$	99	12	1.8	11	
161	丙酸甲酯	Methyl propionate	$C_2H_5COOCH_3$	79.8	－2.22	2.5	13	
162	正丙醇	*n*－Propyl alcohol	$CH_3(CH_2)_2OH$	97.19	25	2.1	13.5	
163	异丙醇	Isopropyl alcohol	$(CH_3)_2CHOH$	80.3	11.67	2	12	
164	丙醛	Propyl aldehyde	CH_3CH_2CHO	48	－9.44～－7.22 (O.C)	2.9	17	
165	石油醚	Petroleum ether		40～80	＜－17.78	1.1	5.9	
166	异戊二烯	Isoprene	$CH_2CHC(CH_3)CH_2$	34	－53.89	1.5	9.7	
167	戊胺	1－Pentylamine	$CH_3(CH_2)_4NH_2$	103.3	－1.11	1.4	22	
168	1－戊烯	1－Pentene	$CH_3(CH_2)_2CHCH_2$	30.1	－17.78 (O.C)	1.6	8.7	
169	2－戊烯	2－Pentene	$CH_3CH_2CHCHCH_3$	37(顺) 35.85(反)	＜－20	1.4		
170	正戊烷	*n*－Pentane	$CH_3(CH_2)_3CH_3$	36.1	－40	1.4	7.8	
171	异戊烷	Isopentane	$CH_3CH(CH_3)CH_2CH_3$	27.8	＜－51	1.3	7.6	
172	2－戊酮	Methyl propylketone	$CH_3COCH_2CH_2CH_3$	102.3	7.22	1.5	8.2	
173	3－戊酮	3－Pentanone	$CH_3CH_2COCH_2CH_3$	101	12.78	1.6		
174	正戊醇	*n*－Amyl alcohol	$CH_3(CH_2)_4OH$	137.8	32.78	1.2	10	
175	3－戊醇	3－Pentanol	$CH_3CH_2CHOHCH_2CH_3$	116	34.44	1.2	9.0	
176	叔戊醇	*tert*－Amyl alcohol	$(CH_3)_2C(OH)CH_2CH_3$	101.8	40.56	1.2	9.0	
177	伯异戊醇	Isoamyl alcohol primary	$(CH_3)_2CHCH_2CH_2OH$	132	42.78	1.2 (100℃)	9.0 (100℃)	
178	仲异戊醇	Isoamyl alcohol secondary	$(CH_3)_2CHCH(OH)CH_3$	113	39.44	1.2	9.0	

续表 3.21 - 2

序号	名称	英文名称	分子式	沸点/℃	闪点/℃	爆炸极限/%		备注
						下限	上限	
179	甲乙醚	Mthyl ethyl ether	$C_2H_{50}CH_3$	11	-37.13	2.0	10.1	
180	甲苯	Toluene	$CH_3C_6H_5$	110.4	4.44	1.27	7.0	
181	甲苯二异氰酸酯	2,4 - Tolylene diisocyanate	$CH_3C_6H_3(NCO)_2$	251	121	0.9	9.5	
182	3 - 甲氧基乙酸丁酯	Methoxy butylacetate	$CH_3COOC_3H_5(OCH_3)CH_3$	~170	60	0.8	4.7	
183	邻甲酚	O - Cresol	$CH_3C_6H_4OH$	191	81	1.3		
184	间甲酚	M - Cresol	$CH_3C_6H_4OH$	203	86	1.0		
185	对甲酚	P - Cresol	$CH_3C_6H_4OH$	202	86	1.0		
186	甲基乙二醇	Methyl glycol	$CH_3OC_2H_4OH$	124	39	2.5	14	
187	甲基乙二醇乙酸酯	Methyl glycolacetate	$CH_3COOC_2H_4OCH_3$	143	43.89	1.7	8.2	
188	甲基乙烯甲酮	Methyl vinyl ketone	$CH_3COCHCH_2$		-6.7	2.1	15.6	
189	甲基二氯硅烷	Methyl dichlorosilane	CH_3SiHCl_2	41	-32.22	6.0	55	
190	甲基异丁基甲酮	Methyl isobutyketone	$(CH_3)_2CHCH_2COCH_3$	118	22.78	1.4	7.5	
191	3 - 甲基 - 1 - 丁烯	3 - Methyl - 1 - butene	$CH_2CHCH(CH_3)_2$	31.11	< -6.67	1.6	9.1	
192	甲基三氯硅烷	Methyl trichlorosilane	CH_3Cl_3Si	66.5	<21.11	7.6		
193	甲基丙烯酸乙酯	Ethyl methacrylate	$CH_2C(CH_3)COOC_2H_5$	119	20 (O.C)	1.8		
194	甲基丙烯酸甲酯	Methyl methacrylate	$CH_2C(CH_3)COOCH_3$	101	10 (O.C)	1.7	8.2	
195	2 - 甲基丙烯醛	2 - Methyl acrolein	CH_2CCH_3CHO	73.5	-13.9	2.1	15.5	
196	2 - 甲基戊二醇 - 2,4	2 - Methyl - 2,4 - pentanedid	$(CH_3)_2C(OH)C_2H_3OHCH_3$	196	96 (O.C)	1.0	9.9	
197	2 - 甲基戊烷	2 - Methyl pentane	$(CH_3)_2CH(CH_2)_2CH_3$	60	-6.67	1.0	7.0	
198	3 - 甲基戊烷	3 - Methyl Pentane	$CH_3CH_2CH(CH_3)CH_2CH_3$	63.3	-6.67	1.2	7.0	
199	2 - 甲基吡啶	2 - Methyl pyridine	$NCHCHCHCHCCH_3$ (ring)	129	38.89 (O.C)	1.4	8.6	

续表 3.21－2

序号	名称	英文名称	分子式	沸点/℃	闪点/℃	爆炸极限/%		备注
						下限	上限	
200	3－甲基吡啶	3－Methyl pyridine	$NCHCHCHC(CH_3)CH$	143.5	40	1.4		
201	甲基环己烷	Methyl cyclohexane	$CH_3CH(CH_2)_4CH_2$	100.3	－4	1.2	6.7	
202	甲基环戊二烯	Methyl cyclopentadiene	$CHCHCHCHCHCH_3$	163	48.89	1.3	7.6	
203	甲基环戊烷	Methyl cyclopentane	$CH_3CH(CH_2)_3CH_2$	71.8	＜－6.7	1.0	8.4	
204	甲基肼	Methyl hydrazine	CH_3NHNH_2	70.56	－8.3	2.5	92	
205	甲烷	Methane	CH_4	－161.5	－190	5.3	15	
206	甲硫醇	Methyl mercaptan	CH_3SH	7.6	－17.78	3.9	21.8	
207	甲酸	Formic acid	HCOOH	100.8	68.89 (O.C)	18	57	
208	甲酸乙酯	Ethyl formate	$HCOOC_2H_5$	54.3	－20	2.7	16.0	
209	甲酸正丁酯	Butyl formate	$HCOOCH_2CH_2CH_2CH_3$	106	17.78	1.7	8.0	
210	甲酸异丁酯	Isobutyl formate	$HCOOCH_2CH(CH_3)CH_3$	98.2	＜21	～1.7	～8.0	
211	甲酸正戊酯	Amyl formate	$HCOO(CH_2)_4CH_3$	130.4	26.67	1.1	7.5	
212	甲酸异戊酯	Isoamyl formate	$HCOO(CH_2)_2CH(CH_3)_2$	123.3	22	1.7	10	
213	甲酸甲酯	Methyl formate	$HCOOCH_3$	32	＜－20	5	23	
214	甲醇	Methyl alcohol	CH_3OH	64.8	7	5.5	44	
215	甲醛	Formaldehyde	HCHO	－19.44		7.0	73	
216	四乙基铅	Lead tetraethyl	$P_6(C_2H_5)_4$	～180	～80	1.8		
217	四甲基铅	Tetramethyllead	$P_6(CH_3)_4$	110	＜21	1.8		
218	四甲基锡	Tetramethyltin	$(CH_3)_4Sn$	78	＜21	1.9		
219	四氢呋喃	Tetrahydrofuran	$OCH_2CH_2CH_2CH_2$	65.4	－20	2.0	12.4	

续表 3.21-2

序号	名称	英文名称	分子式	沸点/℃	闪点/℃	爆炸极限/%		备注
						下限	上限	
220	四氢糠醇	Tetrahydrofuryl alcohol	$C_4H_7OCH_2OH$	178 (743)	75 (O.C)	1.5 (22~50℃)	9.7 (22~50℃)	
221	四羰基镍	Nickel tetracarbonyl	$Ni(CO)_4$	43	-18	2.0		
222	发生炉煤气	Air gas				20.7	73.7	
223	亚硝酸乙酯	Ethyl nitrite	C_2H_5ONO	16.4	-35	3.0	50	
224	杂醇油	Fusel oil		132	42	1.2		
225	导生(联苯与联苯醚混合物)	Dowtherm		256	115	0.99	3.36	
226	呋喃	Furan	HCCHCHCHO	31.36	<0	2.3	14.3	
227	吡啶	Pyridine	NCHCHCHCHCH	115.3	20	1.8	12.4	
228	1-辛烯	1-Octene	$CH_3(CH_2)_5CHCH_2$	121.27	21.11 (O.C)	0.9		
229	正辛烷	*n*-Octane	$CH_3(CH_2)_6CH_3$	125.8	12	1	6.5	
230	汽油	Gasoline	$C_5H_{12} \sim C_{12}H_{26}$	40~200	-50	1	7.6	
231	环丁烷	Cyclobutane	$CH_2CH_2CH_2CH_2$	13		1.8		
232	环己烷	Cyclohexane	$CH_2(CH_2)_4CH_2$	80.7	-16.7	1.3	8.4	
233	环己酮	Cyclohexanone	$CO(CH_2)_4CH_2$	155.5	43	1.1	8.1	
234	环丙烷	Cyclopropane	$CH_2CH_2CH_2$	-33.5		2.4	10.4	
235	环戊烷	Cyclopentane	$CH_2(CH_2)_3CH_2$	49.3	<-6.67	1.4		
236	环氧乙烷	Ethylene oxide	OCH_2CH_2	10.7	<-17.78 (O.C)	3.0	100	
237	1,2-环氧丁烷	1,2-Butylene oxide	$C_2H_5CHCH_2O$	62~64.5	-15	3.1	25.1	

续表 3.21－2

序号	名称	英文名称	分子式	沸点/℃	闪点/℃	爆炸极限/%		备注
						下限	上限	
238	环氧丙烷	Propylene oxide	CH_3CHCH_2O	33.9	－37.22 (O.C)	2.8	37	
239	环氧氯丙烷	Epichlorohydrin	C_3H_5OCl	115～117	32.22	5.23	17.86	
240	苯	Benzene	C_6H_6	80.1	－11	1.2	8.0	
241	苯乙烯	phenylethylene	$C_6H_5CHCH_2$	146	31.1	1.1	6.1	
242	苯甲酸乙酯	Ethyl benzoate	$C_6H_5COOC_2H_5$	213	88	1.0		
243	苯甲醛	Benzaldehyde	C_6H_5CHO	179	64.44	1.4		
244	苯胺	Aniline oil	$C_6H_5NH_2$	184.4	70	1.2	11	
245	乳酸乙酯	Ethyl lactate	$HO(CH_3)CHCOOC_2H_5$	154	46.1	1.5		
246	乳酸甲酯	Methy lactate	$HO(CH_3)CHCOOCH_3$	144	49.44	2.2		
247	1－庚烯	1－Heptene	$CH_2CH(CH_2)_4CH_3$	93.64	0	1.0		
248	正庚烷	*n*－Heptane	$CH_3(CH_2)_5CH_3$	98.5	－4	1.05	6.7	
249	异庚烷	Isoheptane	$(CH_3)_2CH(CH_2)_2CH_2CH_3$	90	＜－18	1	6	
250	氢	Hydrogen	H_2	－252.8		4.1	74.2	
251	1－癸烯	1－Decene	$H_2CCH(CH_2)_7CH_3$	172	47	0.7		
252	癸烷	Decane	$CH_3(CH_2)_8CH_3$	174	46.11 (O.C)	0.8	5.4	
253	烟碱	Nicotine	$C_{10}H_{14}N_2$	246		0.75	4.0	
254	液化石油气	Liquefied petroleumgas				2	15	
255	联环己基	Bicyclohexyl	$C_{12}H_{22}$	240	73.89	0.7 (100℃)	5.1 (100℃)	
256	硝基乙烷	Nitroethane	$C_2H_5NO_2$	114.0	27.28	3.0	5.0	
257	1－硝基丙烷	1－Nitropropane	$CH_3CH_2CH_2NO_2$	132	49(O.C)	2.6		
258	2－硝基丙烷	2－Nitropropane	$CH_3CHNO_2CH_3$	120	37.8	2.6		

续表 3.21－2

序号	名称	英文名称	分子式	沸点/℃	闪点/℃	爆炸极限/%		备注
						下限	上限	
259	硝基甲烷	Nitromethane	CH_3NO_2	101	35	7.1	63	
260	硝基苯	Nitrobenzene	$C_6H_5NO_2$	210.9	87.8	1.8		
261	硝酸乙酯	Ethyl nitrate	$C_2H_5ONO_2$	88.7	10	3.8		
262	硝酸正丙酯	Propyl nitrate	$CH_3CH_2CH_2ONO_2$	110.5	20	2	100	
263	硫化氢	Hydrogen sulfide	H_2S	-60.4		4	44	
264	喹啉	Quinoline	$CH(CH)_3CCN(CH)_2CH$	237.7	99	1.0		
265	氰	Cyanogen	CNNC	-21		6.6	42.6	
266	氰化氢	Hydrogen cyanide	HCN	25.7	-17.78	5.6	40	
267	氯乙烯	Vinyl chloride	CH_2CHCl	-13.4	-78 (O.C)	3.6	33	
268	氯乙烷	Chloroethane	CH_3CH_2Cl	13.1		3.6	14.8	
269	氯乙酸	Monochloroacetic acid	$CH_2ClCOOH$	189	126.11	8		
270	氯乙醇	Ethylene chlorohydrine	CH_2ClCH_2OH	128	60 (O.C)	4.9	15.9	
271	2－氯丁二烯[1,3]	2－Chlorobutadiene[1,3]	$CH_2CHC(Cl)CH_2$	59.4	-20	4	20	
272	氯丁烯	Chlorobutene	C_4H_7Cl	72	<21	2.2	9.3	
273	1－氯－2－丁烯	1－Chloro－2－butene	$CH_3CHCHCH_2Cl$	84.1 (758 顺) 84.8 (752 反)	-15	4.2	19	
274	氯丁烷	1－Chlorobutane	$CH_3(CH_2)_2CH_2Cl$	78	-9.44 (O.C)	1.9	10.1	
275	氯异丁烷	Isobutyl chloride	$(CH_3)_2CHCH_2Cl$	69	21.11	2	8.8	
276	氯化苄	Benzyl chloride	$C_6H_5CH_2Cl$	179	60	1.1		
277	氯丙烯	Allyl chloride	CH_2CHCH_2Cl	44.6	-32	2.9	11.2	
278	2－氯丙烯	2－Chloropropene	CH_3CClCH_2	23	< -20	4.5	16	

续表 3.21-2

序号	名称	英文名称	分子式	沸点/℃	闪点/℃	爆炸极限/%		备注
						下限	上限	
279	氯正丙烷	*n* - Propyl chloride	$CH_3CH_2CH_2Cl$	47.2	-17.78	2.6	11.1	
280	氯异丙烷	Isopropyl chloride	$CH_3CHClCH_3$	35.3	-32	2.8	10.7	
281	氯戊烷	1 - Chloropentane	$CH_3CH_2CH_2CH_2CH_2Cl$	108.2	12	1.4	8.6	
282	氯异戊烷	Isoamyl chloride	$(CH_3)_2CH(CH_2)_2Cl$	100	* <21.11	1.5	7.4	*1
283	3 - 氯 2 - 甲基丙烯	3 - Chloro - 2 - methylpropene	$CH_2C(CH_3)CH_2Cl$	72.11	-11.6	3.2	8.1	
284	氯甲烷	Methyl chloride	CH_3Cl	-23.7	<0 (O. C)	8.25	18.7	
285	氯苯	Chlorobenzene	C_6H_5Cl	132	28	1.3	7.1	
286	焦炉煤气	Coke oven gas				5.6	30.4	
287	溴乙烷	Bromoethane	CH_3CH_2Br	38.4	< -20	6.7	11.3	
288	溴正丁烷	1 - Bromobutane	$CH_3(CH_2)_2CH_2Br$	101.4	18.33 (O. C)	2.6 (100℃)	6.6 (100℃)	
289	溴丙烯	Allyl Bromide	CH_2CHCH_2Br	71.3	-1.11	4.3	7.3	
290	溴苯	Bromobenzene	C_6H_5Br	156.2	51.11	1.6		
291	糠醇	Fufuryl alcohol	$C_4H_3OCH_2OH$	171 (750)	75 (O. C)	1.8	16.3	
292	糠醛	Furfural	OCHCHCHCCHO	161.7 (764)	60	2.1	19.3	

注：1. 易爆介质是指气体或者液体的蒸气、薄雾与空气混合形成的爆炸混合物，并且其爆炸下限小于10%，或者爆炸上限和爆炸下限的差值大于或等于20%的介质。如一氧化碳、乙二醇、乙炔、乙苯、乙烯、乙烷、丁二烯等。

2. 闪点一般为闭杯法测定数据，注有(O. C)者为开杯法测定的数据。沸点为760mmHg下的数据，如指其他压力，则在沸点后面注明，如80(744)，表示在744mmHg下的沸点为80℃。爆炸极限为20℃、760mmHg下的数据，如指其他温度下的，则在爆炸极限数值后面注明。

参　考　文　献

1　中国石化集团洛阳石油化工工程公司编．石油化工设备设计便查手册(第二版)．北京：中国石化出版社，2007

2　中国石油化工总公司石油化工规划院编．炼油厂设备加热炉设计手册(第一分篇)．中国石油化工总公司石油化工规划院出版，1987

3　GB 150《压力容器》

第四章　法定计量单位

4.1　中华人民共和国法定计量单位的构成

我国法定计量单位包括国际单位制(SI)的单位及可与国际单位制单位并用的我国法定计量单位。国际单位制的单位包括SI单位以及SI单位的倍数单位。SI单位包括SI基本单位及SI导出单位，SI单位的倍数单位包括SI单位的十进倍数和分数单位。

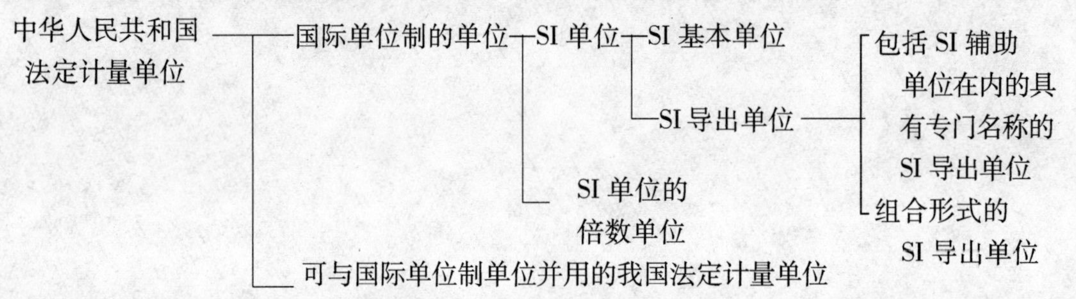

4.2　SI基本单位

SI基本单位为表4.2－1中的7个基本单位。其定义见GB 3100—93附录B“国际单位制基本单位的定义”(参考件)。

表4.2－1　SI基本单位

量的名称	单位名称	单位符号
长　度	米	m
质　量	千克(公斤)	kg
时　间	秒	s
电　流	安[培]	A
热力学温度	开[尔文]	K
物质的量	摩[尔]	mol
发光强度	坎[德拉]	cd

注：① 圆括号中的名称，是它前面的名称的同义词，下同。

② 无方括号的量的名称与单位名称均为全称。方括号中的字，在不致引起混淆、误解的情况下，可以省略。去掉方括号中的字即为其名称的简称，下同。

③ 本标准所称的符号，除特殊指明外，均指我国法定计量单位中所规定的符号以及国际符号，下同。

④ 人民生活和贸易中，质量习惯称为重量。

4.3　SI导出单位

SI导出单位是用基本单位以代数形式表示的单位，它可分为包括SI辅助单位(弧度和球面度）在内的具有专门名称的SI导出单位（见表4.3－1和表4.3－2）和组合形式的SI导出单位两种单位。

组合形式的SI导出单位是用SI基本单位和具有专门名称的SI导出单位或（和）SI辅助单位以代数形式表示的单位。

表4.3－1　包括SI辅助单位在内的具有专门名称的SI导出单位

量的名称	SI导出单位		
	名　称	符　号	用SI基本单位和SI导出单位表示
[平面]角	弧　度	rad	$1rad = 1m/m = 1$
立体角	球面度	sr	$1sr = 1m^2/m^2 = 1$
频率	赫[兹]	Hz	$1Hz = 1s^{-1}$
力	牛[顿]	N	$1N = 1kg \cdot m/s^2$
压力，压强，应力	帕[斯卡]	Pa	$1Pa = 1N/m^2$
能[量]，功，热量	焦[耳]	J	$1J = 1N \cdot m$
功率，辐[射能]通量	瓦[特]	W	$1W = 1J/s$
电荷[量]	库[仑]	C	$1C = 1A \cdot s$
电压，电动势，电位，（电势）	伏[特]	V	$1V = 1W/A$
电容	法[拉]	F	$1F = 1C/V$
电阻	欧[姆]	Ω	$1\Omega = 1V/A$
电导	西[门子]	S	$1S = 1\Omega^{-1}$
磁通[量]	韦[伯]	Wb	$1Wb = 1V \cdot s$
磁通[量]密度，磁感应强度	特[斯拉]	T	$1T = 1Wb/m^2$
电感	亨[利]	H	$1H = 1Wb/A$
摄氏温度	摄氏度	℃	$1℃ = 1K$
光通量	流[明]	lm	$1lm = 1cd \cdot sr$
[光]照度	勒[克斯]	lx	$1lx = 1lm/m^2$

表4.3－2　由于人类健康安全防护上的需要而确定的具有专门名称的SI导出单位

量的名称	SI导出单位		
	名　称	符　号	用SI基本单位和SI导出单位表示
[放射性]活度	贝可[勒尔]	Bq	$1Bq = 1s^{-1}$
吸收剂量 比授[予]能 比释动能	戈[瑞]	Gy	$1Gy = 1J/kg$
剂量当量	希[沃特]	Sv	$1Sv = 1J/kg$

4.4　SI单位的倍数单位

SI单位的倍数单位包括SI单位的十进倍数和分数单位。用于构成倍数单位的词头的名称及符号列于表4.4－1。

表4.4-1 SI词头

因数	词头名称		符号
	英文	中文	
10^{24}	yotta	尧[它]	Y
10^{21}	zetta	泽[它]	Z
10^{18}	exa	艾[可萨]	E
10^{15}	peta	拍[它]	P
10^{12}	tera	太[拉]	T
10^{9}	giga	吉[咖]	G
10^{6}	mega	兆	M
10^{3}	kilo	千	k
10^{2}	hecto	百	h
10^{1}	deca	十	da
10^{-1}	deci	分	d
10^{-2}	centi	厘	c
10^{-3}	milli	毫	m
10^{-6}	micro	微	μ
10^{-9}	nano	纳[诺]	n
10^{-12}	pico	皮[可]	p
10^{-15}	femto	飞[母托]	f
10^{-18}	atto	阿[托]	a
10^{-21}	zepto	仄[普托]	z
10^{-24}	yocto	幺[科托]	y

4.5 可与SI单位并用的我国法定计量单位

可与SI单位并用的我国法定计量单位(即非SI单位)列于表4.5-1。

表4.5-1 可与SI单位并用的我国法定计量单位

量的名称	单位名称	单位符号	与SI单位的关系
时间	分	min	1min = 60s
	[小]时	h	1h = 60min = 3600s
	日,(天)	d	1d = 24h = 86400s
[平面]角	度	°	1° = (π/180) rad
	[角]分	′	1′ = (1/60)° = (π/10800) rad
	[角]秒	″	1″ = (1/60)′ = (π/648000) rad
体积	升	L, (l)	$1L = 1dm^3 = 10^{-3}m^3$
质量	吨	t	$1t = 10^3 kg$
	原子质量单位	u	$1u \approx 1.660540 \times 10^{-27} kg$
旋转速度	转每分	r/min	$1r/min = (1/60) s^{-1}$
长度	海里	n mile	1n mile = 1852m (只用于航行)
速度	节	kn	1kn = 1n mile/h = (1852/3600) m/s (只用于航行)
能	电子伏	eV	$1eV \approx 1.602177 \times 10^{-19} J$

续表 4.5-1

量的名称	单位名称	单位符号	与SI单位的关系
级差	分贝	dB	
线密度	特[克斯]	tex	$1tex = 10^{-6}kg/m$
面 积	公顷	hm^2	$1hm^2 = 10^4 m^2$

注：① 平面角单位度、分、秒的符号，在组合单位中应采用(°)、(′)、(″)的形式。例如，不用°/s 而用(°)/s。

② 升的符号中，小写字母 l 为备用符号。

③ 公顷的国际通用符号为 ha。

4.6 物理量单位及其换算关系(GB 3102—1993)

表 4.6-1 常用空间、时间和周期的量和单位及其换算关系

量的名称	符号	法定计量单位		非法定计量单位		换算关系	备注
		单位名称	单位符号	单位名称	单位符号		
[平面]角	α, β, γ, θ, φ	弧度 度 [角]分 [角]秒	rad ° ′ ″			$1° = \frac{\pi}{180}rad$ $=0.0174533rad$	度最好按十进制细分；因此单位符号应置于数字之后。例：17°15′最好写成 17.25°
立体角	Ω	球面度	sr				球面度不得称为立径
长度 宽度 高度 厚度 半径 直径 程长 距离 笛卡儿坐标 曲率半径	l, L b h d, δ r, R d, D s d, r x, y, z ρ	米 海里	m n mile	天文单位[距离] 秒差距 埃 英尺 英寸 英里 密耳	AU pc Å ft in mile mil	1n mile = 1 852m (准确值)(只用于航程) $1AU = 1.49597870 \times 10^{11}m$ $1pc = 206265AU$ $= 3.0857 \times 10^{16}m$ $1Å = 10^{-10}m$(准确值) 1ft = 0.3048m 1in = 0.0254m 1mile = 1609.344m $1mil = 25.4 \times 10^{-6}m$	长度是基本量之一 千米俗称公里，米不得称为公尺
曲率	κ	每米	m^{-1}				
面积	A, (S)	平方米 公顷	m^2 hm^2	公亩 平方英尺 平方英寸 平方英里	a ft^2 in^2 $mile^2$	$1a = 100m^2$ $1ha = 10^4m^2$(准确值) $1ft^2 = 0.0929030m^2$ $1in^2 = 6.4516 \times 10^{-4}m^2$ $1mile^2 = 2.58999 \times 10^6m^2$	平方米不得简称为平米
体积	V	立方米 升	m^3 l, L	立方英尺 立方英寸	ft^3 in^3	$1l = 10^{-3}m^3$ $1ft^3 = 0.028\,3168m^3$ $1in^3 = 1.638\,71 \times 10^{-5}m^3$	立方米不得称为立米 立方厘米的符号用 cm^3，而不是 cc
时间， 时间间隔， 持续时间	t	秒 分 [小]时 日，(天)	s min h d			1min = 60s 1h = 3600s 1d = 864 00s	时间是基本量之一。其他单位如年(a)、月、星期是通常使用的单位。年的符号不应采用 y 或 yr

续表 4.6－1

量的名称	符号	法定计量单位		非法定计量单位		换算关系	备注
		单位名称	单位符号	单位名称	单位符号		
角速度	ω	弧度每秒	rad/s				角速度单位 rad/s 不宜因为 rad = 1 而用 s^{-1} 作为单位
角加速度	a	弧度每二次方秒	rad/s^2				
速度	v c u, v, w	米每秒 千米每小时 节	m/s km/h kn	英尺每秒 英寸每秒 英里每小时	ft/s in/s mile/h	1km/h $= \frac{1}{3.6}$ m/s（准确值） = 0.277778m/s 1kn = 1n mile/h = 0.514444m/s 1ft/s = 0.3048m/s 1in/s = 0.025m/s	速度单位节只用于航行
加速度 重力加速度，自由落体加速度	a g	米每二次方秒	m/s^2	伽 英尺每二次方秒	Gal ft/s^2	1Gal = 0.01m/s^2 1ft/s^2 = 0.3048m/s^2	伽仅用于量 g，特别是毫伽，通常用于大地测量学
周期	T	秒	s				
时间常数	τ	秒	s				
频率 旋转频率	f, ν n	赫[兹] 每秒 转每分 转每秒	Hz s^{-1} r/min r/s			1Hz = 1s^{-1} 1r/min $= \frac{\pi}{30}$rad/s 1r/s = 2πrad/s	旋转频率又称“转速” r/min 不能写成 rpm
角频率	ω	弧度每秒 每秒	rad/s s^{-1}				
波长	λ	米	m	埃	Å	1Å = 0.1nm = 10^{-10}m（准确值）	
波数	σ	每米	m^{-1}				
角波数	k	弧度每米 每米	rad/m m^{-1}				
阻尼系数	δ	每秒 奈培每秒 分贝每秒	s^{-1} Np/s dB/s				
衰减系数 相位系数 传播系数	α β γ	每米	m^{-1}				α 和 β 的单位，常分别用“奈培每米”(Np/m)和“弧度每米”(rad/m)

表4.6-2 常用力学的量和单位及其换算关系

量的名称	符号	法定计量单位		非法定计量单位		换算关系	备注
		单位名称	单位符号	单位名称	单位符号		
质量	m	千克(公斤) 吨 原子质量单位	kg t u	磅 英担 英吨	lb cwt ton	1t = 1000kg 1u = 1.6605655×10^{-27}kg 1lb = 0.45359237kg 1cwt = 50.8023kg 1ton = 1016.05kg	在人民生活和贸易中，质量习惯称为重量 表示力的概念时，应称为重力 1kg不应写成kG，t不应写成T
体积质量，[质量]密度	ρ	千克每立方米 吨每立方米 千克每升	kg/m^3 t/m^3 kg/L	磅每立方英尺 磅每立方英寸	lb/ft^3 lb/in^3	$1t/m^3 = 1000kg/m^3 = 1g/cm^3$ $1kg/L = 1000kg/m^3 = 1g/cm^3$ $1lb/ft^3 = 16.0185kg/m^3$ $1lb/in^3 = 27679.9kg/m^3$	在实际中，对液体和固体更多地使用g/cm^3这样的倍数单位
相对体积，质量，相对[质量]密度	d						此量无量纲
质量体积，比体积	v	立方米每千克	m^3/kg	立方英尺每磅 立方英寸每磅	ft^3/lb in^3/lb	$1ft^3/lb = 0.06242780m^3/kg$ $1in^3/lb = 3.61273\times10^{-5}m^3/kg$	
线质量，线密度	ρ_l	千克每米 特[克斯]	kg/m tex	磅每英尺 磅每英寸	lb/ft lb/in	$1tex = 10^{-6}kg/m$ 1lb/ft = 1.48816kg/m 1lb/in = 17.8580kg/m	特[克斯]用于纺织业，不应把tex称之为特数
动量	p	千克米每秒	kg·m/s	达因秒 磅英尺每秒	dyn·s lb·ft/s	$1dyn\cdot s = 10^{-5}kg\cdot m/s$ 1lb·ft/s = 0.138255kg·m/s	
动量矩，角动量	L	千克二次方米每秒	$kg\cdot m^2/s$	尔格秒 磅二次方英尺每秒	erg·s $lb\cdot ft^2/s$	$1erg\cdot s = 10^{-7}kg\cdot m^2/s$ $1lb\cdot ft^2/s = 0.0421401kg\cdot m^2/s$	
转动惯量，(惯性矩)	J，(I)	千克二次方米	$kg\cdot m^2$	磅二次方英尺 磅二次方英寸	$lb\cdot ft^2$ $lb\cdot in^2$	$1lb\cdot ft^2 = 0.0421401kg\cdot m^2$ $1lb\cdot in^2 = 2.92640\times10^{-4}kg\cdot m^2$	

续表 4.6-2

量的名称	符号	法定计量单位		非法定计量单位		换算关系	备注
		单位名称	单位符号	单位名称	单位符号		
力 重量	F W, (P, G)	牛[顿]	N	达因 千克力 磅力	dyn kgf lbf	$1dyn = 10^{-5}N$ 1kgf = 9.80665N 1lbf = 4.44822N	$1N = 1kg \cdot m/s^2$ 在地球上，重量常称为物体所在地的重力 "重量"一词按照习惯仍可用于表示质量，但是，不赞成这种习惯
力矩 力偶矩 转矩	M M M, T	牛[顿]米	N·m	千克力米 磅力英尺 磅力英寸	kgf·m lbf·ft lbf·in	1kgf·m = 9.80665N·m 1lbf·ft = 1.355818N·m 1lbf·in = 0.112985N·m	力矩的单位不应用mN，以免误解为毫牛 力偶矩不应称为偶矩
压力，压强 正应力 切应力	p σ τ	帕[斯卡]	Pa	巴 千克力每平方厘米 毫米水柱 毫米汞柱 托 工程大气压 磅力每平方英尺 磅力每平方英寸	bar kgf/cm^2 mmH_2O mmHg Torr at lbf/ft^2 lbf/in^2	$1Pa = 1N/m^2$ $1bar = 10^5Pa$ $1dyn \cdot cm^{-2} = 10^{-1}Pa$ $1kgf/cm^2$ = 0.0980665MPa $1mmH_2O$ = 9.80665Pa 1mmHg = 133.322Pa 1Torr = 133.322Pa 1at = 98066.5Pa $1lbf/ft^2$ = 47.8803Pa $1lbf/in^2$ = 6894.757Pa	
线应变（相对变形） 切应变 体应变	ε, e γ θ						此量无量纲
泊松比	μ, ν						此量无量纲
弹性模量 切变模量 刚量模量 体积模量 压缩模量	E G K	帕[斯卡]	Pa	达因每平方厘米	dyn/cm^2	$1dyn \cdot cm^{-2} = 10^{-1}Pa$	$1Pa = 1N/m^2$
[体积]压缩率	κ	每帕[斯卡]	Pa^{-1}	每达因二次方秒	$dyn^{-1} \cdot s^2$	$1dyn^{-1} \cdot s^2 = 10Pa^{-1}$	
截面二次矩，截面二次轴矩，（惯性矩） 截面二次极矩，（极惯性矩）	I_a, (I) I_p	四次方米	m^4	四次方英寸	in^4	$1in^4 = 41.62314 \times 10^{-8}m^4$	截面二次矩常被称为惯性矩

续表4.6-2

量的名称	符号	法定计量单位		非法定计量单位		换算关系	备注
		单位名称	单位符号	单位名称	单位符号		
截面系数	W，Z	三次方米	m^3	三次方英寸	in^3	$1in^3 = 16.387064 \times 10^{-6}m^3$	
动摩擦因数 (摩擦系数) 静摩擦因数	μ，(f) μ_s，(f_s)						此量无量纲
[动力] 黏度	η，(μ)	帕[斯卡] 秒	Pa·s	泊 厘泊 千克力秒 每平方米 磅力秒每 平方英尺 磅力秒每 平方英寸	P，P_o cP $kgf \cdot s/m^2$ $lbf \cdot s/ft^2$ $lbf \cdot s/in^2$	$1P = 10^{-1}Pa \cdot s$ $1cP = 10^{-3}Pa \cdot s$ $1kgf \cdot s/m^2 = 9.80665Pa \cdot s$ $1lbf \cdot s/ft^2 = 47.8803Pa \cdot s$ $1lbf \cdot s/in^2 = 6894.76Pa \cdot s$	
运动黏度	ν	二次方米 每秒	m^2/s	斯[托克斯] 厘斯[托克斯] 二次方英尺 每秒 二次方英 寸每秒	St cSt ft^2/s in^2/s	$1St = 10^{-4}m^2/s$ $1cSt = 10^{-6}m^2/s$ $1ft^2/s = 9.29030 \times 10^{-2}$ m^2/s $1in^2/s = 6.4516 \times 10^{-4}m^2/s$	运动黏度过去广泛使用的单位cSt，在改用SI后，等于mm^2/s
表面张力	γ，σ	牛[顿]每米	N/m	达因每厘米	dyn/cm	$1dyn/cm = 10^{-3}N/m$	
能[量] 功 势能，位能 动能	E W，(A) E_p，(V) E_k，(T)	焦[耳] 瓦[特] [小]时 电子伏	J W·h eV	尔格 千克力米 英尺磅力 卡 马力小时 英热单位	erg kgf·m ft·lbf cal Btu	$1eV = 1.60219 \times 10^{-19}J$ $1erg = 10^{-7}J$ $1kgf \cdot m = 9.80665J$ $1ft \cdot lbf = 1.355818J$ $1cal = 4.1868J$ 1马力小时 = 2.64779MJ 1Btu = 105506J	$1J = N \cdot m = 1W \cdot s$ $1kW \cdot h = 3.6MJ$ $1W \cdot h = 3.6 \times 10^3J$ =3.6kJ(准确值) $1eV = (1.60217733 \pm 0.00000049) \times 10^{-19}J$
功率	P	瓦[特]	W	千克力米 每秒 英马力 英尺磅力 每秒 千卡每小时	kgf·m/s hp ft·lbf/s kcal/h	$1erg/s = 10^{-7}W$ $1kgf \cdot m/s = 9.80665W$ 1hp = 745.700W =550ft·lbf/s $1ft \cdot lbf/s = 1.355818W$ 1kcal/h = 1.163W	1W = 1J/s 不应用匹作为功率单位，马力二字不应作为功率的同义词使用
质量流量	q_m	千克每秒	kg/s	磅每秒 磅每小时	lb/s lb/h	1lb/s = 0.453592kg/s $1lb/h = 1.25998 \times 10^{-4}$ kg/s	
体积流量	q_V	立方米每秒	m^3/s	立方英尺 每秒 立方英寸 每小时	ft^3/s in^3/h	$1ft^3/s = 0.0283168m^3/s$ $1in^3/h = 4.55196 \times 10^{-6}$ L/s	

表4.6-3 常用热学的量和单位及其换算关系

量的名称	符号	法定计量单位		非法定计量单位		换算关系	备注
		单位名称	单位符号	单位名称	单位符号		
热力学温度	T, (Θ)	开[尔文]	K				热力学温度的单位不再用°K 热力学温度不应再称为绝对温度，开氏温度
摄氏温度	t, θ	摄氏度	℃	华氏度	℉		表示温度差和温度间隔时 1℃ = 1K 表示温度的数值时： ℃ = K - 273.15 表示温度差和间隔时： $1℉ = \frac{5}{9}℃$ 表示温度数值时： $K = \frac{5}{9}(℉ + 459.67)$ $℃ = \frac{5}{9}(℉ - 32)$
线[膨]胀系数 体[膨]胀系数 相对压力系数	α_l α_V, (α, γ) α_p	每开[尔文]	K^{-1}				
压力系数	β	帕[斯卡]每开[尔文]	Pa/K			$1dyn/(cm^2 \cdot K) = 10^{-1}Pa/K$	
等温压缩率 等熵压缩率	κ_T κ_s	每帕[斯卡]	Pa^{-1}				
热，热量	Q	焦[耳]	J	尔格 卡	erg cal	$1erg = 10^{-7}J$ 1cal = 4.1868J	热，热量的单位不应再用cal，kcal
热流量	Φ	瓦[特]	W	尔格每秒	erg/s	$1erg/s = 10^{-7}W$	
面积热流量热流[量]密度	q, φ	瓦[特]每平方米	W/m^2				
热导率（导热系数）	λ, (k)	瓦[特]每米开[尔文]	W/(m·K)	卡每厘米秒开[尔文] 千卡每米小时开[尔文]	cal/(cm·s·K) kcal/(m·h·K)	1cal/(cm·s·K) = 418.68W/(m·K) 1kcal/(m·h·K) = 1.163W/(m·K)	
传热系数 表面传热系数	K, (k) h, (α)	瓦[特]每平方米开[尔文]	$W/(m^2 \cdot K)$	卡每平方厘米秒开[尔文] 千卡每平方米小时开[尔文]	$cal/(cm^2 \cdot s \cdot K)$ $kcal/(m^2 \cdot h \cdot K)$	$1cal/(cm^2 \cdot s \cdot K) = 4.1868 \times 10^4 W/(m^2 \cdot K)$ $1kcal/(m^2 \cdot h \cdot K) = 1.163W/(m^2 \cdot K)$	
热绝缘系数	M	平方米开[尔文]每瓦[特]	$m^2 \cdot K/W$				

续表 4.6－3

量的名称	符号	法定计量单位		非法定计量单位		换算关系	备注
		单位名称	单位符号	单位名称	单位符号		
热阻	R	开[尔文]每瓦[特]	K/W				
热导	G	瓦[特]每开[尔文]	W/K				
热扩散率	a	平方米每秒	m^2/s	平方英尺每秒	ft^2/s	$1ft^2/s = 0.09290304m^2/s$	
热容	C	焦[耳]每开[尔文]	J/K				
质量热容，比热容 质量定压热容，比定压热容 质量定容热容，比定容热容 质量饱和热容，比饱和热容	c c_p c_V c_{sat}	焦[耳]每千克[开尔文]	J/(kg·K)	千卡每千克开[尔文] 热化学千卡每千克开[尔文]	kcal/(kg·K) $kcal_{th}$/(kg·K)	1kcal/kg·K =4186.8J/(kg·K) $1kcal_{th}$/(kg·K) =4184J/(kg·K)	
质量热容比，比热[容]比 等熵指数	γ κ	—	1				
熵	S	焦[耳]每开[尔文]	J/K				
质量熵比熵	s	焦[耳]每千克开[尔文]	J/(kg·K)				
能[量] 热力学能 焓 亥姆霍兹自由能 吉布斯自由能	E U H A，F G	焦[耳]	J				
质量能，比能 质量热力学能，比热力学能 质量焓，比焓 质量亥姆霍兹自由能，比亥姆霍兹自由能 质量吉布斯自由能，比吉布斯自由能	e u h a，f g	焦[耳]每千克	J/kg				质量热力学能也称为质量内能

续表4.6-3

量的名称	符号	法定计量单位		非法定计量单位		换算关系	备注
		单位名称	单位符号	单位名称	单位符号		
马休函数	J	焦[耳]每开[尔文]	J/K				
普朗克函数	Y	焦[耳]每开[尔文]	J/K				

表4.6-4 常用电学和磁学的量和单位及其换算关系

量的名称	符号	法定计量单位		非法定计量单位		换算关系	备注
		单位名称	单位符号	单位名称	单位符号		
电流	I	安[培]	A				基本量之一 在交流电技术中，用 i 表示电流的瞬时值。I 表示有效值
电荷[量]	Q	库[仑] 安[培][小]时	C A·h			1C = 1A·s 1A·h = 3.6kC	常用 kC，mC，μC，nC，pC 电荷量可以简称为电荷，但不能简称为电量
体积电荷，电荷[体]密度	ρ，(η)	库[仑]每立方米	C/m^3				
面积电荷，电荷面密度	σ	库[仑]每平方米	C/m^2				
电场强度	E	伏[特]每米	V/m			1V/m = 1N/C	
电位，(电势) 电位差，(电势差)，电压 电动势	V，φ U，(V) E	伏[特]	V			1V = 1W/A	
电通[量]密度，电位移	D	库[仑]每平方米	C/m^2				
电通[量] 电位移通量	Ψ	库[仑]	C				
电容	C	法[拉]	F			1F = 1C/V	
介电常数(电容率) 真空介电常数(真空电容率)	ε ε_0	法[拉]每米	F/m				ISO 和 IEC 还给出此量的另一名称“电常数” $\varepsilon_0 = 8.854187818 \times 10^{-12}$ F/m

续表4.6-4

量的名称	符号	法定计量单位		非法定计量单位		换算关系	备注
		单位名称	单位符号	单位名称	单位符号		
相对介电常数，(相对电容率)	ε_r	—	1				
电极化率	χ，χ_e	—	1				
电极化强度	P	库[仑]每平方米	C/m^2				IEC还给出备用符号D_t
电偶极矩	p，(p_e)	库[仑]米	C·m				
面积电流，电流密度	J，(S)	安[培]每平方米	A/m^2				
线电流，电流线密度	A，(α)	安[培]每米	A/m				
磁场强度	H	安[培]每米	A/m	奥斯特	Oe	$1Oe=(1000/4\pi)A/m$	
磁位差(磁势差) 磁通势，磁动势	U_m F，F_m	安[培]	A				
磁通[量]密度，磁感应强度	B	特[斯拉]	T	高斯	Gs，G	$1Gs=10^{-4}T$ $1T=1Wb/m^2$ $=1N/(A\cdot m)$ $=1V\cdot s/m^2$	
磁通[量]	Φ	韦[伯]	Wb	麦克斯韦	Mx	$1Mx=10^{-8}Wb$ $1Wb=1V\cdot s$	
磁矢位，(磁矢势)	A	韦[伯]每米	Wb/m				
自感 互感	L M，L_{12}	亨[利]	H			$1H=1V\cdot s/A$	
耦合因数，(耦合系数) 漏磁因数，(漏磁系数)	k，(k) σ	—	1				
磁导率 真空磁导率	μ μ_0	亨[利]每米	H/m			$1H/m=1Wb/(A\cdot m)$ $=1V\cdot s(A\cdot m)$	
相对磁导率	μ_r	—	1				
磁化率	κ，(χ_m，χ)	—	1				
[面]磁矩	m	安[培]平方米	$A\cdot m^2$				
磁化强度	M，(H_i)	安[培]每米	A/m				
磁极化强度	J，(B_i)	特[斯拉]	T				
体积电磁能，电磁能密度	w	焦[耳]每立方米	J/m^3				
坡印廷矢量	S	瓦[特]每平方米	W/m^2				

续表 4.6－4

量的名称	符号	法定计量单位		非法定计量单位		换算关系	备注
		单位名称	单位符号	单位名称	单位符号		
电磁波的相平面速度 电磁波在真空中的传播速度	c c，c_0	米每秒	m/s				
[直流]电阻	R	欧[姆]	Ω				1Ω＝1V/A
[直流]电导	G	西[门子]	S				$1S=1\Omega^{-1}$
[直流]功率	P	瓦[特]	W				1W＝1V·A
电阻率	ρ	欧[姆]米	Ω·m				
电导率	γ，σ	西[门子]每米	S/m				
磁阻	R_m	每亨[利]	H^{-1}				$1H^{-1}=1A/Wb$
磁导	Λ，(P)	亨[利]	H				1H＝1Wb/A
绕组的匝数 相数	N m	—	1				这些量是无量纲量
频率 旋转频率	f，ν n	赫[兹] 每秒	Hz s^{-1}			$1Hz=1s^{-1}$	
角频率	ω	弧度每秒 每秒	rad/s s^{-1}				
相[位]差，相[位]移	φ	弧度 [角]秒 [角]分 度	rad ″ ′ °			1°＝0.0174533rad	
阻抗，(复[数]阻抗) 阻抗模，(阻抗) 电抗 [交流]电阻	Z $\|Z\|$ X R	欧[姆]	Ω				
导纳，(复[数]导纳) 导纳模，(导纳) 电纳 [交流]电导	Y $\|Y\|$ B G	西[门子]	S				1S＝1A/V
品质因数	Q	—	1				
损耗因数	d	—	1				
损耗角	δ	弧度	rad				

续表 4.6-4

量的名称	符 号	法定计量单位		非法定计量单位		换算关系	备 注
		单位名称	单位符号	单位名称	单位符号		
[有功]功率	P	瓦[特]	W				
视在功率（表观功率） 无功功率	S，P_S Q，P_Q	伏安	V·A	乏	var	1W = 1J/s = 1V·A 1W = 1var	
功率因数	λ						
[有功]电能[量]	W	焦[耳] 瓦[特][小]时	J W·h			1kW·h = 3.6MJ	

表 4.6-5 常用光及有关电磁辐射的量和单位及其换算关系

量的名称	符 号	法定计量单位		非法定计量单位		换算关系	备 注
		单位名称	单位符号	单位名称	单位符号		
辐[射]强度	I，(I_e)	瓦[特]每球面度	W/sr			$1erg/(sr \cdot s) = 10^{-7} W/sr$	
辐[射]亮度，辐射度	L，(L_e)	瓦[特]每球面度平方米	$W/(sr \cdot m^2)$			$1erg/(cm^2 \cdot sr) = 10^{-3} W/(sr \cdot m^2)$	
辐[射]出[射]度	M，(M_e)	瓦[特]每平方米	W/m^2				
辐[射]照度	E，(E_e)	瓦[特]每平方米	W/m^2				
光子通量	Φ_p，Φ	每秒	s^{-1}				
光子强度	I_p，I	每秒球面度	s^{-1}/sr				
光子亮度	L_p，L	每秒球面度平方米	$s^{-1}/(sr \cdot m^2)$				
光子出射度	M_p，M	每秒平方米	s^{-1}/m^2				
光子照度	E_p，E	每秒平方米	s^{-1}/m^2				
发光强度	I，(I_v)	坎[德拉]	cd				发光强度是基本量之一 发光强度不应再称之为“光强度”
光通量	Φ，(Φ_v)	流[明]	lm			1lm = 1cd·sr	光通量不宜简称为光通
光量	Q，(Q_v)	流[明]秒 流[明][小]时	lm·s lm·h			1lm·h = 3600lm·s	光量不宜称为光能，因为人们常说的光能，指的是辐射能
[光]亮度	L，(L_v)	坎[德拉]每平方米	cd/m^2	熙提	sb	$1cd/cm^2 = 10^4 cd/m^2$ $1sb = 10^4 cd/m^2$	光亮度不宜称为发光率
光出射度	M，(M_v)	流[明]每平方米	lm/m^2			$1lm/cm^2 = 10^4 lm/m^2$	光出射度不应称为面发光度

续表 4.6-5

量的名称	符号	法定计量单位		非法定计量单位		换算关系	备注
		单位名称	单位符号	单位名称	单位符号		
[光]照度	E, (E_v)	勒[克斯]	lx	英尺烛光 辐透	lm/ft ph	$1lm/cm^2=10^4lx$ $1lm/ft^2=10.76lx$ $1ph=10^4lx$	$1lx=lm/m^2$
曝光量	H	勒[克斯]秒 勒[克斯][小]时	lx·s lx·h			$1lm\cdot s/cm=10^4lx\cdot s$ $1lx\cdot h=3600lx\cdot s$	
光视效能 光谱光视效能	K $K(\lambda)$	流[明]每瓦[特]	lm/W			$1lm\cdot s/erg=10^7lm/W$	光视效能不宜称为视见函数或可见度
光视效率 光谱光视效率	V $V(\lambda)$						这些量无量纲
线性衰减系数，线性消光系数 线性吸收系数	μ, μ_l a	每米	m^{-1}				
摩尔吸收系数	κ	平方米每摩[尔]	m^2/mol				摩尔吸收系数不应称为克分子吸收系数
折射率	n	—	1				这个量无量纲 折射率不宜称为折射系数

表 4.6-6 常用声学的量和单位及其换算关系

量的名称	符号	法定计量单位		换算关系	备注
		单位名称	单位符号		
静压 (瞬时)声压	p_s, (p_0) p	帕[斯卡]	Pa	$1Pa=1N/m^2$ $1dyn/cm^2=10^{-1}Pa$	以前曾用微巴(μbar)为单位 $1Pa=10\mu bar$
声速，(相速)	c	米每秒	m/s	$1cm/s=10^{-2}m/s$	
声能密度	w, (e), (D)	焦[耳]每立方米	J/m^3	$1erg/cm^3=10^{-1}J/m^3$	
声功率	W, P	瓦[特]	W	$1erg/s=10^{-7}W$	
声强[度]	I, J	瓦[特]每平方米	W/m^2	$1erg/(s\cdot cm^2)=10^{-3}W/m^2$	
衰减系数	α	每米	m^{-1}		
衰变率	K	贝[尔]每秒	B/s	$1dB/s=0.1B/s$	
噪度	N_a	呐	(noy)		1 呐是感觉噪声级为 40dB 的噪声的噪度

参 考 文 献

1　中国石化集团洛阳石油化工工程公司编．石油化工设备设计便查手册(第二版)．北京：中国石化出版社，2007

2　法定计量单位应用规定，中国石化集团洛阳石油化工工程公司标准 01B003—1997

3　机械工程手册电机工程手册编辑委员会编．机械工程手册　基础理论卷(第二版)．北京：机械工业出版社，1996

第五章　常用单位换算

5.1　SI、CGS 制与重力制单位对照

表 5.1－1　SI、CGS 制与重力制单位对照

量的名称	SI	CGS 制	重力制	量的名称	SI	CGS 制	重力制
长度	m	cm	m	应力	Pa 或 N/m^2	dyn/cm^2	kgf/m^2
质量	kg	g	$kgf \cdot s^2/m$	压力	Pa	dyn/cm^2	kgf/m^2
时间	s	s	s	能量	J	erg	kgf · m
加速度	m/s^2	Gal	m/s^2	功率	W	erg/s	kgf · m/s
力	N	dyn	kgf	温度	K	℃	℃

5.2　长度单位换算

表 5.2－1　长度单位换算

米/ m	英寸/ in	英尺/ ft	码/ yd	英里/ mile	英海里/ (UK nautical mile)	(国际)海里/ (n mile)	公里/ km
1	39. 3701	3. 28084	1. 09361	6.21371×10^{-4}	5.39612×10^{-1}	5.39957×10^{-4}	1×10^{-3}
0. 0254	1	0. 0833333	0. 0277778	1.57828×10^{-5}	1.37061×10^{-5}	1.37149×10^{-5}	2.54×10^{-5}
0. 3048	12	1	0. 333333	1.89394×10^{-4}	1.64474×10^{-4}	1.64579×10^{-4}	3.048×10^{-4}
0. 9144	36	3	1	5.68182×10^{-4}	4.93421×10^{-4}	4.93737×10^{-4}	9.144×10^{-4}
1609. 344	63360	5280	1760	1	0. 868421	0. 868976	1. 60934
1853. 18	72960	6080	2026. 67	1. 15152	1	1. 00064	1. 85318
1852	72913. 4	6076. 1	2025. 37	1. 15078	0. 999361	1	1. 852
1000	39370. 1	3280. 84	1093. 61	0. 621371	0. 539612	0. 539957	1

5.3　面积与地积单位换算

表 5.3－1　面积与地积单位换算

米²/ m^2	公顷/ ha	英寸²/ in^2	英尺²/ ft^2	英亩/ acre
1	1×10^{-4}	1550. 00	10. 7639	2.47105×10^{-4}
10000	1	1550.00×10^4	107639	2. 47105
6.4516×10^4	6.4516×10^{-3}	1	6.94444×10^{-3}	1.59423×10^{-7}
0. 0929030	9.29030×10^{-6}	144	1	2.29568×10^{-5}
4046. 86	0. 404686	6272640	43560	1

5.4　体积单位换算

表 5.4－1　体积单位换算

米³ (m^3)	分米³(升) [dm^3(L)]	英寸³ (in^3)	英尺³ (ft^3)	英加仑 (UKgal)	美加仑 (USgal)
1	1000	61023.7	35.3147	219.969	264.172
0.001	1	61.0237	0.0353147	0.219969	0.264172
1.63871×10^{-5}	0.0163871	1	5.78704×10^{-4}	3.60465×10^{-3}	4.32900×10^{-3}
0.0283168	28.3168	1728	1	6.22883	7.48052
4.54609×10^{-3}	4.54609	277.420	0.160544	1	1.20095
3.78541×10^{-3}	3.78541	231	0.133681	0.832674	1

5.5　质量单位换算

表 5.5－1　质量单位换算

千克 (kg)	吨 (t)	磅 (lb)	英吨 (tn)	美吨 (shtn)
1	0.001	2.2046	9.84207×10^{-4}	1.10231×10^{-3}
1000	1	2204.62	0.984207	1.10231
0.453592	4.53592×10^{-4}	1	4.46429×10^{-4}	0.0005
1016.05	1.01605	2240	1	1.12
907.185	0.907183	2000	0.892857	1

注：英吨又名长吨(longton)；美吨又名短吨(shortton)。

5.6　市制单位换算

表 5.6－1　市制单位换算

类别	名称	对主单位的比	折合米制	备　注	类别	名称	对主单位的比	折合米制	备　注
长度	市尺	主单位	0.3333m	1 市尺 $=\frac{1}{3}$m	体积和容积	市升	容积主单位	1L	
	市丈	10 市尺	3.3333m			市尺³	体积主单位	0.0370m^3	
	市里	1500 市尺	0.5km			市石	100 市升	100L	
面积和地积	市尺²	面积主单位	0.1111m^2	1 市尺² $=\frac{1}{9}m^2$	质量	市两	0.1 市斤	50g	
	市亩	地积主单位	666.7m^2			市斤	主单位	0.5kg	
	市里²	375 市亩	0.25km^2			市担	100 市斤	50kg	

5.7 密度单位换算

表 5.7-1 密度单位换算

千克/米^3 (kg/m^3)	磅/英寸^3 (lb/in^3)	磅/英尺^3 (lb/ft^3)	磅/英加仑 (lb/UKgal)	磅/美加仑 (lb/USgal)
1	3.61273×10^{-5}	0.062428	0.0100224	0.008354
27679.9	1	1728	277.42	231
16.0185	5.78704×10^{-4}	1	0.160544	0.133681
99.7763	0.0036	6.22883	1	0.832674
119.8	0.004329	7.48052	1.20095	1

5.8 波美度与密度换算

表 5.8-1 波美度与密度换算

波美度 x	$\rho_{20℃}$ 密度/ (g/cm^3)	波美度 x	$\rho_{20℃}$ 密度/ (g/cm^3)	波美度 x	$\rho_{20℃}$ 密度/ (g/cm^3)	波美度 x	$\rho_{20℃}$ 密度/ (g/cm^3)	波美度 x	$\rho_{20℃}$ 密度/ (g/cm^3)
0	0.99896	15	1.11485	30	1.26115	45	1.45166	60	1.70996
1	1.00593	16	1.12354	31	1.27229	46	1.46643	61	1.73049
2	1.01300	17	1.13236	32	1.28362	47	1.48150	62	1.75152
3	1.02017	18	1.14133	33	1.29515	48	1.49688	63	1.77306
4	1.02744	19	1.15044	34	1.30689	49	1.51259	64	1.79514
5	1.03482	20	1.15969	35	1.31885	50	1.52863	65	1.81778
6	1.04230	21	1.16910	36	1.33102	51	1.54502	66	1.84100
7	1.04989	22	1.17866	37	1.34343	52	1.56176	67	1.86481
8	1.05759	23	1.18838	38	1.35607	53	1.57886	68	1.88925
9	1.06541	24	1.19825	39	1.36895	54	1.59635	69	1.91434
10	1.07334	25	1.20830	40	1.38207	55	1.61422	70	1.94011
11	1.08140	26	1.21851	41	1.39545	56	1.63250	71	1.96658
12	1.08957	27	1.22890	42	1.40909	57	1.65120	72	1.99378
13	1.09787	28	1.23947	43	1.42300	58	1.67034	73	2.02174
14	1.10629	29	1.25022	44	1.43719	59	1.68992	74	2.05050

注：① 本表引自 JJG 42—75《工业玻璃浮计检定规程》。

② $\rho_{20℃}=\dfrac{144.15}{144.3-x}$；$\rho_{20℃}$—20℃时的密度，$x$—波美度。

5.9 速度单位换算

表 5.9-1 速度单位换算

米/秒 (m/s)	千米/时 (km/h)	英尺/秒 (ft/s)	英尺/分 (ft/min)	英寸/秒 (in/s)	英里/时 (mile/h)	节 (kn)
1	3.6	3.28084	196.850	39.3701	2.23694	1.94384
0.277778	1	0.911344	54.6807	10.9361	0.621371	0.539957
0.3048	1.09728	1	60	12	0.681818	0.592484
0.00508	0.018288	0.0166667	1	0.2	0.0113636	9.87473×10^{-5}

续表 5.9－1

米/秒 (m/s)	千米/时 (km/h)	英尺/秒 (ft/s)	英尺/分 (ft/min)	英寸/秒 (in/s)	英里/时 (mile/h)	节 (kn)
0.0254	0.09144	0.0833333	5	1	0.0568182	4.93737×10^{-2}
0.44704	1.609344	1.46667	88	17.6	1	0.868976
0.514444	1.852	1.68781	101.269	20.2537	1.15078	1

5.10 角速度单位换算

表 5.10－1 角速度单位换算

弧度/秒 (rad/s)	弧度/分 (rad/min)	转/秒 (r/s)	转/分 (r/min)	度/秒 [(°)/s]	度/分 [(°)/min]
1	60	0.159155	9.54930	57.2958	3437.75
0.0166667	1	0.00265258	0.159155	0.954930	57.2958
6.28319	376.991	1	60	360	21600
0.104720	6.28319	0.0166667	1	6	360
0.0174533	1.04720	0.00277778	0.166667	1	60
2.90888×10^{-4}	0.0174533	4.62963×10^{-5}	2.77778×10^{-3}	0.0166667	1

5.11 力单位换算

表 5.11－1 力单位换算

牛 (N)	千克力 (kgf)	达因 (dyn)	吨力 (tf)	磅达 (pdl)	磅力 (lbf)
1	0.101972	100000	1.01972×10^{-4}	7.23301	0.224809
9.80665	1	980665	10^{-3}	70.9316	2.20462
10^{-5}	0.101972×10^{-5}	1	0.101972×10^{-8}	7.23301×10^{-5}	2.24809×10^{-6}
9806.65	1000	980665×10^{3}	1	70931.6	2204.62
0.138255	0.0140981	13825.5	1.40981×10^{-5}	1	0.0310810
4.44822	0.453592	444822	4.53592×10^{-4}	32.1740	1

5.12 力矩与转矩单位换算

表 5.12－1 力矩与转矩单位换算

牛·米 (N·m)	千克力·米 (kgf·m)	磅达·英尺 (pdl·ft)	磅力·英尺 (lbf·ft)	达因·厘米 (dyn·cm)
1	0.101972	23.7304	0.737562	10^{7}
9.80665	1	232.715	7.23301	9.807×10^{7}
0.0421401	4.29710×10^{-3}	1	0.0310810	421401.24
1.35582	0.138255	32.1740	1	1.356×10^{7}
10^{-7}	1.020×10^{-8}	2.373×10^{-6}	0.7376×10^{-7}	1

5.13 压力与应力单位换算

表 5.13－1 压力与应力单位换算

帕 (Pa)	微巴 (μbar)	毫巴 (mbar)	巴 (bar)	千克力/毫米^2 (kgf/mm^2)	工程大气压 (at)	毫米水柱 (mmH_2O)	标准大气压[1] (atm)	毫米汞柱 (mmHg)	磅力/英尺^2 (lbf/ft^2)	磅力/英寸^2 (lbf/in^2)	英寸水柱 (inH_2O)
1	10	0.01	10^{-5}	1.02×10^{-7}	1.02×10^{-5}	0.102	0.99×10^{-5}	0.0075	0.02089	14.5×10^{-5}	40.15×10^{-4}
0.1	1	0.001				0.0102					
100	1000	1	0.001			10.2		0.7501	2.089	0.0145	40.15×10^{-2}
10^5	10^6	1000	1	0.0102	1.02	10197	0.9869	750.1	2089	14.5	
98.07×10^5		98067	98.07	1	100	10^8	96.78	73556		1422	
98067		980.7	0.9807	0.01	1	10^4	0.9678	735.6	2048	14.22	393.7
9.807	98.07	0.0981			0.0001	1	0.9678×10^{-4}	0.0736	0.2048		39.37×10^{-2}
101325		1013	1.013		1.033	10332	1	760	2116	14.7	406.8
133.32	1333	1.333			0.00136	13.6	0.00132	1	2.785	0.01934	0.5354
47.88	478.8	0.4788		4.882×10^{-6}		4.882		0.3591	1	0.00694	0.192
6894.8	68948	68.95	0.06895	7.03×10^{-4}	0.0703	703	0.068	51.71	144	1	27.68
249.1		2.49			0.00254	25.4	0.00246	1.8676	5.20272	0.03613	1

1 帕(Pa) = 1 牛/米^2(N/m^2)

1 微巴(μbar) = 1 达因/厘米^2(dyn/cm^2)

1 毫米水柱(mmH_2O)(4℃时) = 1 公斤力/米^2(kgf/m^2)

1 工程大气压(at) = 1 千克力/厘米^2(kgf/cm^2)

1 毫米汞柱(mmHg) = 1Torr

1 磅达/英尺^2(pdl/ft^2) = 1.488 牛/米^2(N/m^2)

1 英尺水柱(ftH_2O) = 2989.07 牛/米^2(N/m^2)

1 英寸汞柱(inHg) = 3386.39 牛/米^2(N/m^2)

注：1)标准大气压即物理大气压。

5.14 功、能与热量单位换算

表 5.14－1 功、能与热量单位换算

焦 (J)	千瓦·时 (kW·h)	千克力·米 (kgf·m)	英尺·磅力 (ft·lbf)	米制马力·时 (PS·h)	英制马力·时 (hp·h)	千卡 ($kcal_{IT}$)[1]	英热单位 (Btu)
1	2.77778×10^{-7}	0.101972	0.737562	3.77673×10^{-7}	3.72506×10^{-7}	2.38846×10^{-4}	9.47813×10^{-4}
3600000	1	367098	2655220	1.35962	1.34102	859.845	3412.14
9.80665	2.72407×10^{-6}	1	7.23301	3.70370×10^{-6}	3.65304×10^{-6}	2.34228×10^{-3}	9.2949×10^{-3}
1.35582	3.76616×10^{-7}	0.138255	1	5.12055×10^{-7}	5.05051×10^{-7}	3.23832×10^{-4}	1.28507×10^{-3}
2647790	0.735499	270000	1952193	1	0.986321	632.415	2509.62
2684520	0.745699	273745	1980000	1.01387	1	641.186	2544.43
4186.80	1.163×10^{-3}	426.935	3088.03	1.58124×10^{-3}	1.55961×10^{-3}	1	3.96832
1055.06	2.93071×10^{-4}	107.66	778.169	3.98467×10^{-4}	3.93015×10^{-4}	0.251996	1

注：米制马力无国际符号，PS 为德国符号。

1) $kcal_{IT}$是指国际蒸汽表卡。

5.15 功率单位换算

表 5.15－1 功率单位换算

瓦 (W)	千克力·米/秒 (kgf·m/s)	米制马力[1] (PS)	英尺·磅力/秒 (ft·lbf/s)	英制马力 (hp)	卡/秒 (cal/s)	千卡/时 (kcal/h)	英热单位/时 (Btu/h)
1	0.101972	1.35962×10^{-3}	0.737562	1.34102×10^{-3}	0.238846	0.859845	3.41214
9.80665	1	0.0133333	7.23301	0.0131509	2.34228	8.43220	33.4617
735.499	75	1	542.476	0.986320	175.671	632.415	2509.63
1.35582	0.138255	1.84340×10^{-3}	1	1.81818×10^{-3}	0.323832	1.16579	4.62624
745.700	76.0402	1.01387	550	1	178.107	641.186	2544.43
4.1868	0.426935	5.69246×10^{-3}	3.08803	5.61459×10^{-3}	1	3.6	14.2860
1.163	0.118593	1.58124×10^{-3}	0.857785	1.55961×10^{-3}	0.277778	1	3.96832
0.293071	2.98849×10^{-2}	3.98466×10^{-4}	0.216158	3.93015×10^{-4}	0.0699988	0.251996	1

注：1）米制马力无国际符号，PS 为德国符号。

5.16 比能单位换算

表 5.16－1 比能单位换算[1]

焦/千克 (J/kg)	千卡/千克 ($kcal_{IT}$/kg)	热化学千卡/千克 ($kcal_{th}$/kg)	15℃千卡/千克 ($kcal_{15}$/kg)	英热单位/磅 (Btu/lb)	英尺·磅力/磅 (ft·lbf/lb)	千克力·米/千克 (kgf·m/kg)
1	0.238846×10^{-3}	0.239006×10^{-3}	0.238920×10^{-3}	0.429923×10^{-3}	0.334553	0.101972
4186.8	1	1.00067	1.00031	1.8	1400.70	426.935
4184	0.999331	1	0.999642	1.79880	1399.77	426.649
4185.5	0.999690	1.00036	1	1.79944	1400.27	426.802
2326	0.555556	0.555927	0.555728	1	778.169	237.186
2.98907	7.13926×10^{-4}	7.14404×10^{-4}	7.14148×10^{-4}	1.28507×10^{-3}	1	0.3048
9.80665	2.34228×10^{-3}	2.34385×10^{-3}	2.34301×10^{-3}	4.21610×10^{-3}	3.28084	1

注：1）比能又称质量能。

5.17 比热容与比熵单位换算

表 5.17－1 比热容与比熵单位换算[1]

焦/千克·开 [J/(kg·K)]	千卡/(千克·开) [$kcal_{IT}$/(kg·K)]	热化学千卡/(千克·开) [$kcal_{th}$/(kg·K)]	15℃千卡/(千克·开) [$kcal_{15}$/(kg·K)]	英热单位/(磅·℉) [Btu/(lb·℉)]	英尺·磅力/(磅·℉) [ft·lbf/(lb·℉)]	千克力·米/(千克·开) [kgf·m/(kg·K)]
1	0.238846×10^{-3}	0.239006×10^{-3}	0.238920×10^{-3}	0.238846×10^{-3}	0.185863	0.101972
4186.8	1	1.00067	1.00031	1	778.169	426.935
4184	0.999331	1	0.999642	0.999331	777.649	426.649
4185.5	0.999690	1.00036	1	0.999690	777.928	426.802
4186.8	1	1.00067	1.00031	1	778.169	426.935
5.38032	1.28507×10^{-3}	1.28593×10^{-3}	1.28547×10^{-3}	1.28507×10^{-3}	1	0.54864
9.80665	2.34228×10^{-3}	2.34385×10^{-3}	2.34301×10^{-3}	2.34228×10^{-3}	1.82269	1

注：1）比热容又称质量热容，比熵又称质量熵。

5.18 传热系数单位换算

表 5.18－1 传热系数单位换算

瓦/(米^2·开) [W/(m^2·K)]	卡/(厘米^2·秒·开) [cal/(cm^2·s·K)]	千卡/(米^2·小时·开) [kcal/(m^2·h·K)]	英热单位/(英尺^2·时·℉) [Btu/(ft^2·h·℉)]
1	0.238846×10^{-4}	0.859845	0.176110
41868	1	36000	7373.38
1.163	2.77778×10^{-5}	1	0.204816
5.67826	1.35623×10^{-4}	4.88243	1

5.19 热导率单位换算

表 5.19－1 热导率单位换算

瓦/(米·开) [W/(m·K)]	卡/(厘米·秒·开) [cal/(cm·s·K)]	千卡/(米·时·开) [kcal/(m·h·K)]	英热单位/(英尺·时·℉) [Btu/(ft·h·℉)]	英热单位·英寸/(英尺^2·时·℉) [Btu·in/(ft^2·h·℉)]
1	0.238846×10^{-2}	0.859845	0.577789	6.93347
418.68	1	360	241.909	2902.91
1.163	2.77778×10^{-3}	1	0.671969	8.06363
1.73073	4.13379×10^{-3}	1.48816	1	12
0.144228	3.44482×10^{-4}	0.124014	0.0833333	1

5.20 动力黏度单位换算

表 5.20－1 动力黏度单位换算

帕·秒 (Pa·s)	厘泊 (cP)	千克力·秒/米^2 (kgf·s/m^2)	磅达·秒/英尺^2 (pdl·s/ft^2)	磅力·秒/英尺^2 (lbf·s/ft^2)
1	1000	0.101972	0.671969	2.08854×10^{-2}
0.001	1	1.01972×10^{-4}	6.71969×10^{-4}	2.08854×10^{-5}
9.80665	9806.65	1	6.58976	0.204816
1.48816	1488.16	0.151750	1	0.0310810
47.8803	47880.3	4.88243	32.1740	1

5.21 运动黏度单位换算

表 5.21-1 运动黏度单位换算

米²/秒 (m^2/s)	厘 斯 (cSt)	英寸²/秒 (in^2/s)	英尺²/秒 (ft^2/s)	米²/时 (m^2/h)
1	1×10^6	1.55000×10^3	10.7639	3600
1×10^{-6}	1	1.55000×10^{-3}	1.07639×10^{-5}	0.0036
6.4516×10^{-4}	645.16	1	6.94444×10^{-3}	2.32258
9.29030×10^{-2}	92903.0	144	1	334.451
2.77778×10^{-4}	277.778	0.430556	2.98998×10^{-3}	1

5.22 平面角单位换算

表 5.22-1 平面角单位换算

弧度 (rad)	直角 (L)	度 (°)	分 (′)	秒 (″)	冈 (gon·gr)
1	0.636620	57.2958	3437.75	206265	63.6620
1.57080	1	90	5400	324000	100
0.0174533	0.0111111	1	60	3600	1.11111
2.90888×10^{-4}	1.85185×10^{-4}	0.0166667	1	60	1.85185×10^{-2}
4.84814×10^{-6}	3.08642×10^{-6}	2.77778×10^{-4}	0.0166667	1	3.08642×10^{-4}
0.0157080	0.01	0.9	54	3240	1

5.23 温度换算公式

表 5.23-1 温度换算公式

开尔文(K)	摄氏度(℃)	华氏度(℉)	兰氏度①(°R)
K	K-273.15²⁾	$\frac{9}{5}K-459.67$	$\frac{9}{5}K$
C+273.15②	C	$\frac{9}{5}C+32$	$\frac{9}{5}C+491.67$
$\frac{5}{9}(F+459.67)$	$\frac{5}{9}(F-32)$	F	F+459.67
$\frac{5}{9}R$	$\frac{5}{9}(R-491.67)$	R-459.67	R

注：① 原文是 Rankine。

② 摄氏温度的标定是以水的冰点为一个参照点作为0℃，相对于热力学温度上的273.15K。热力学温度的标定是以水的三相点为一个参照点作为273.16K，相对于0.01℃（即水的三相点高于水的冰点0.01℃）。

5.24 分数英寸、小数英寸与毫米对照

表 5.24-1 分数英寸、小数英寸与毫米对照

英寸 (in)		毫米 (mm)	英寸 (in)		毫米 (mm)	英寸 (in)		毫米 (mm)	英寸 (in)		毫米 (mm)
1/64	0.015625	0.396875	17/64	0.265625	6.746875	33/64	0.515625	13.096875	49/64	0.765625	19.446875
1/32	0.03125	0.793750	9/32	0.28125	7.143750	17/32	0.53125	13.493750	25/32	0.78125	19.843750
3/64	0.046875	1.190625	19/64	0.296875	7.540625	35/64	0.546875	13.890625	51/64	0.796875	20.240625
1/16	0.0625	1.587500	5/16	0.3125	7.937500	9/16	0.5625	14.287500	13/16	0.8125	20.637500
5/64	0.078125	1.984375	21/64	0.328125	8.334375	37/64	0.578125	14.684375	53/64	0.828125	21.034375
3/32	0.09375	2.381250	11/32	0.34375	8.731250	19/32	0.59375	15.081250	27/32	0.84375	21.431250
7/64	0.109375	2.778125	23/64	0.359375	9.128125	39/64	0.609375	15.478125	55/64	0.859375	21.828125
1/8	0.125	3.175000	3/8	0.375	9.525000	5/8	0.625	15.875000	7/8	0.875	22.225000
9/64	0.140625	3.571875	25/64	0.390625	9.921875	41/64	0.640625	16.271875	57/64	0.890625	22.621875
5/32	0.15625	3.968750	13/32	0.40625	10.318750	21/32	0.65625	16.668750	29/32	0.90625	23.018750
11/64	0.171875	4.365625	27/64	0.421875	10.715625	43/64	0.671875	17.065625	59/64	0.921875	23.415625
3/16	0.1875	4.762500	7/16	0.4375	11.112500	11/16	0.6875	17.462500	15/16	0.9375	23.812500
13/64	0.203125	5.159375	29/64	0.453125	11.509375	45/64	0.703125	17.859375	61/64	0.953125	24.209375
7/32	0.21875	5.556250	15/32	0.46875	11.906250	23/32	0.71875	18.256250	31/32	0.96875	24.606250
15/64	0.234375	5.953125	31/64	0.484375	12.303125	47/64	0.734375	18.653125	63/64	0.984375	25.003125
1/4	0.25	6.350000	1/2	0.5	12.700000	3/4	0.75	19.050000	1	1.000000	25.400000

5.25 弧度与度对照

表 5.25-1 弧度与度对照

弧度 (rad)	度 (°)	弧度 (rad)	度 (°)	弧度 (rad)	度 (°)	弧度 (rad)	度 (°)	弧度 (rad)	度 (°)
1	57.2958	9	515.6620	0.7	40.1071	0.05	2.8648	0.003	0.1719
2	114.5916	10	572.9578	0.8	45.8366	0.06	3.4378	0.004	0.2292
3	171.8873	0.1	5.7296	0.9	51.5662	0.07	4.0107	0.005	0.2865
4	229.1831	0.2	11.4592	1.0	57.2958	0.08	4.5837	0.006	0.3438
5	286.4789	0.3	17.1887	0.01	0.5730	0.09	5.1566	0.007	0.4011
6	343.7747	0.4	22.9183	0.02	1.1459	0.1	5.7296	0.008	0.4584
7	401.0705	0.5	28.6479	0.03	1.7189	0.001	0.0573	0.009	0.5157
8	458.3662	0.6	34.3775	0.04	2.2918	0.002	0.1146	0.01	0.5730

5.26 分、秒与小数度对照

表 5.26-1 分、秒与小数度对照

分(′)	度(°)	分(′)	度(°)	分(′)	度(°)	分(′)	度(°)	秒(″)	度	秒(″)	度(°)	秒(″)	度(°)	秒(″)	度(°)
1	0.0167	16	0.2667	31	0.5167	46	0.7667	1	0.0003	16	0.0044	31	0.0086	46	0.0128
2	0.0333	17	0.2833	32	0.5333	47	0.7833	2	0.0006	17	0.0047	32	0.0089	47	0.0131
3	0.0500	18	0.3000	33	0.5500	48	0.8000	3	0.0008	18	0.0050	33	0.0092	48	0.0133
4	0.0667	19	0.3167	34	0.5667	49	0.8167	4	0.0011	19	0.0053	34	0.0094	49	0.0136
5	0.0833	20	0.3333	35	0.5833	50	0.8333	5	0.0014	20	0.0056	35	0.0097	50	0.0139
6	0.1000	21	0.3500	36	0.6000	51	0.8500	6	0.0017	21	0.0058	36	0.0100	51	0.0142
7	0.1167	22	0.3667	37	0.6167	52	0.8667	7	0.0019	22	0.0061	37	0.0103	52	0.0144
8	0.1333	23	0.3833	38	0.6333	53	0.8833	8	0.0022	23	0.0064	38	0.0106	53	0.0147
9	0.1500	24	0.4000	39	0.6500	54	0.9000	9	0.0025	24	0.0067	39	0.0108	54	0.0150
10	0.1667	25	0.4167	40	0.6667	55	0.9167	10	0.0028	25	0.0069	40	0.0111	55	0.0153
11	0.1833	26	0.4333	41	0.6833	56	0.9333	11	0.0031	26	0.0072	41	0.0114	56	0.0156
12	0.2000	27	0.4500	42	0.7000	57	0.9500	12	0.0033	27	0.0075	42	0.0117	57	0.0158
13	0.2167	28	0.4667	43	0.7167	58	0.9667	13	0.0036	28	0.0078	43	0.0119	58	0.0161
14	0.2333	29	0.4833	44	0.7333	59	0.9833	14	0.0039	29	0.0081	44	0.0122	59	0.0164
15	0.2500	30	0.5000	45	0.7500	60	1.0000	15	0.0042	30	0.0083	45	0.0125	60	0.0167

5.27 度与度(百分制)对照

表 5.27-1 度与度(百分制)对照

度(°)	1	0.9	90
度(百分制)(g)	1.1111	1	100

5.28 lbf/in² 与 kPa 换算

表 5.28-1 lbf/in² 与 kPa 换算

lbf/in²	kPa	lbf/in²	kPa	lbf/in²	kPa	lbf/in²	kPa
1	6.89476	17	117.211	33	227.527	49	337.843
2	13.7895	18	124.106	34	234.422	50	344.738
3	20.6843	19	131.000	35	241.317	51	351.633
4	27.5790	20	137.895	36	248.211	52	358.527
5	34.4738	21	144.790	37	255.106	53	365.422
6	41.3685	22	151.685	38	262.001	54	372.317
7	48.2633	23	158.579	39	268.896	55	379.212
8	55.1581	24	165.474	40	275.790	56	386.106
9	62.0528	25	172.369	41	282.685	57	393.001
10	68.9476	26	179.264	42	289.580	58	399.896
11	75.8423	27	186.158	43	296.475	59	406.791
12	82.7371	28	193.053	44	303.369	60	413.685
13	89.6318	29	199.948	45	310.264	61	320.580
14	96.5266	30	206.843	46	317.159	62	427.475
15	103.421	31	213.737	47	324.054	63	434.370
16	110.316	32	220.632	48	330.948	64	441.264

续表 5.28－1

lbf/in²	kPa	lbf/in²	kPa	lbf/in²	kPa	lbf/in²	kPa
65	448.159	74	510.212	83	572.265	92	634.318
66	455.054	75	517.107	84	579.160	93	641.213
67	461.949	76	524.002	85	586.054	94	648.107
68	468.844	77	530.896	86	592.949	95	655.002
69	475.738	78	537.791	87	599.844	96	661.897
70	482.633	79	544.686	88	606.739	97	668.792
71	489.528	80	551.581	89	613.634	98	675.686
72	496.423	81	558.475	90	620.528	99	682.581
73	503.317	82	565.370	91	627.423	100	689.476

5.29 碳钢及合金钢硬度与强度换算值

表 5.29－1 碳钢及合金钢硬度与强度换算值

硬度								抗拉强度 R_m/(N·mm^{-2})								
洛氏		表面洛氏			维氏	布氏($F/D^2=30$)		碳钢	铬钢	铬钒钢	铬镍钢	铬钼钢	铬镍钼钢	铬锰硅钢	超高强度钢	不锈钢
HRC	HRA	HR15N	HR30N	HR45N	HV	HBS	HBW									
20.0	60.2	68.8	40.7	19.2	226	225		774	742	736	782	747		781		740
20.5	60.4	69.0	41.2	19.8	228	227		784	751	744	787	753		788		749
21.0	60.7	69.3	41.7	20.4	230	229		793	760	753	792	760		794		758
21.5	61.0	69.5	42.2	21.0	233	232		803	769	761	797	767		801		767
22.0	61.2	69.8	42.6	21.5	235	234		813	779	770	803	774		809		777
22.5	61.5	70.0	43.1	22.1	238	237		823	788	779	809	781		816		786
23.0	61.7	70.3	43.6	22.7	241	240		833	798	788	815	789		824		796
23.5	62.0	70.6	44.0	23.3	244	242		843	808	797	822	797		832		806
24.0	62.2	70.8	44.5	23.9	247	245		854	818	807	829	805		840		816
24.5	62.5	71.1	45.0	24.5	250	248		864	828	816	836	813		848		826
25.0	62.8	71.4	45.5	25.1	253	251		875	838	826	843	822		856		837
25.5	63.0	71.6	45.9	25.7	256	254		886	848	837	851	831	850	865		847
26.0	63.3	71.9	46.4	26.3	259	257		897	859	847	859	840	859	874		858
26.5	63.5	72.2	46.9	26.9	262	260		908	870	858	867	850	869	883		868
27.0	63.8	72.4	47.3	27.5	266	263		919	880	869	876	860	879	893		879
27.5	64.0	72.7	47.8	28.1	269	266		930	891	880	885	870	890	902		890
28.0	64.3	73.0	48.3	28.7	273	269		942	902	892	894	880	901	912		901
28.5	64.6	73.3	48.7	29.3	276	273		954	914	903	904	891	912	922		913
29.0	64.8	73.5	49.2	29.9	280	276		965	925	915	914	902	923	933		924
29.5	65.1	73.8	49.7	30.5	284	280		977	937	928	924	913	935	943		936
30.0	65.3	74.1	50.2	31.1	288	283		989	948	940	935	924	947	954		947
30.5	65.6	74.4	50.6	31.7	292	287		1002	960	953	946	936	959	965		959
31.0	65.8	74.7	51.1	32.3	296	291		1014	972	966	957	948	972	977		971
31.5	66.1	74.9	51.6	32.9	300	294		1027	984	980	969	961	985	989		983
32.0	66.4	75.2	52.0	33.5	304	298		1039	996	993	981	974	999	1001		996
32.5	66.6	75.5	52.5	34.1	308	302		1052	1009	1007	994	987	1012	1013		1008
33.0	66.9	75.8	53.0	34.7	313	306		1065	1022	1022	1007	1001	1027	1026		1021
33.5	67.1	76.1	53.4	35.3	317	310		1078	1034	1036	1020	1015	1041	1039		1034
34.0	67.4	76.4	53.9	35.9	321	314		1092	1048	1051	1034	1029	1056	1052		1047
34.5	67.7	76.7	54.4	36.5	326	318		1105	1061	1067	1048	1043	1071	1066		1060
35.0	67.9	77.0	54.8	37.0	331	323		1119	1074	1082	1063	1058	1087	1079		1074
35.5	68.2	77.2	55.3	37.6	335	327		1133	1088	1098	1078	1074	1103	1094		1087
36.0	68.4	77.5	55.8	38.2	340	332		1147	1102	1114	1093	1090	1119	1108		1101
36.5	68.7	77.8	56.2	38.8	345	336		1162	1116	1131	1109	1106	1136	1123		1116
37.0	69.0	78.1	56.7	39.4	350	341		1177	1131	1148	1125	1122	1153	1139		1130

续表 5.29－1

硬度								抗拉强度 R_m/(N·mm^{-2})								
洛氏		表面洛氏			维氏	布氏($F/D^2=30$)		碳钢	铬钢	铬钒钢	铬镍钢	铬钼钢	铬镍钼钢	铬锰硅钢	超高强度钢	不锈钢
HRC	HRA	HR15N	HR30N	HR45N	HV	HBS	HBW									
37.5	69.2	78.4	57.2	40.0	355	345		1192	1146	1165	1142	1139	1171	1155		1145
38.0	69.5	78.7	57.6	40.6	360	350		1207	1161	1183	1159	1157	1189	1171		1161
38.5	69.7	79.0	58.1	41.2	365	355		1222	1176	1201	1177	1174	1207	1187	1170	1176
39.0	70.0	79.3	58.6	41.8	371	360		1238	1192	1219	1195	1192	1226	1204	1195	1193
39.5	70.3	79.6	59.0	42.4	376	365		1254	1208	1238	1214	1211	1245	1222	1219	1209
40.0	70.5	79.9	59.5	43.0	381	370	370	1271	1225	1257	1233	1230	1265	1240	1243	1226
40.5	70.8	80.2	60.0	43.6	387	375	375	1288	1242	1276	1252	1249	1285	1258	1267	1244
41.0	71.1	80.5	60.4	44.2	393	380	381	1305	1260	1296	1273	1269	1306	1277	1290	1262
41.5	71.3	80.8	60.9	44.8	398	385	386	1322	1278	1317	1293	1289	1327	1296	1313	1280
42.0	71.6	81.1	61.3	45.4	404	391	392	1340	1296	1337	1314	1310	1348	1316	1336	1299
42.5	71.8	81.4	61.8	45.9	410	396	397	1359	1315	1358	1336	1331	1370	1336	1359	1319
43.0	72.1	81.7	62.3	46.5	416	401	403	1378	1335	1380	1358	1353	1392	1357	1381	1339
43.5	72.4	82.0	62.7	47.1	422	407	409	1397	1355	1401	1380	1375	1415	1378	1404	1361
44.0	72.6	82.3	63.2	47.7	428	413	415	1417	1376	1424	1404	1397	1439	1400	1427	1383
44.5	72.9	82.6	63.6	48.3	435	418	422	1438	1398	1446	1427	1420	1462	1422	1450	1405
45.0	73.2	82.9	64.1	48.9	441	424	428	1459	1420	1469	1451	1444	1487	1445	1473	1429
45.5	73.4	83.2	64.6	49.5	448	430	435	1481	1444	1493	1476	1468	1512	1469	1496	1453
46.0	73.7	83.5	65.0	50.1	454	436	441	1503	1468	1517	1502	1492	1537	1493	1520	1479
46.5	73.9	83.7	65.5	50.7	461	442	448	1526	1493	1541	1527	1517	1563	1517	1544	1505
47.0	74.2	84.0	65.9	51.2	468	449	455	1550	1519	1566	1554	1542	1589	1543	1569	1533
47.5	74.5	84.3	66.4	51.8	475		463	1575	1546	1591	1581	1568	1616	1569	1594	1562
48.0	74.7	84.6	66.8	52.4	482		470	1600	1574	1617	1608	1595	1643	1595	1620	1592
48.5	75.0	84.9	67.3	53.0	489		478	1626	1603	1643	1636	1622	1671	1623	1646	1623
49.0	75.3	85.2	67.7	53.6	497		486	1653	1633	1670	1665	1649	1699	1651	1674	1655
49.5	75.5	85.5	68.2	54.2	504		494	1681	1665	1697	1695	1677	1728	1679	1702	1689
50.0	75.8	85.7	68.6	54.7	512		502	1710	1698	1724	1724	1706	1758	1709	1731	1725
50.5	76.1	86.0	69.1	55.3	520		510		1732	1752	1755	1735	1788	1739	1761	
51.0	76.3	86.3	69.5	55.9	527		518		1768	1780	1786	1764	1819	1770	1792	
51.5	76.6	86.6	70.0	56.5	535		527		1806	1809	1818	1794	1850	1801	1824	
52.0	76.9	86.8	70.4	57.1	544		535		1845	1839	1850	1825	1881	1834	1857	
52.5	77.1	87.1	70.9	57.6	552		544			1869	1883	1856	1914	1867	1892	
53.0	77.4	87.4	71.3	58.2	561		552			1899	1917	1888	1947	1901	1929	
53.5	77.7	87.6	71.8	58.8	569		561			1930	1951			1936	1966	
54.0	77.9	87.9	72.2	59.4	578		569			1961	1986			1971	2006	
54.5	78.2	88.1	72.6	59.9	587		577			1993	2022			2008	2047	
55.0	78.5	88.4	73.1	60.5	596		585			2026	2058			2045	2090	
55.5	78.7	88.6	73.5	61.1	606		593								2135	
56.0	79.0	88.9	73.9	61.7	615		601								2181	
56.5	79.3	89.1	74.4	62.2	625		608								2230	
57.0	79.5	89.4	74.8	62.8	635		616								2281	
57.5	79.8	89.6	75.2	63.4	645		622								2334	
58.0	80.1	89.8	75.6	63.9	655		628								2390	
58.5	80.3	90.0	76.1	64.5	666		634								2448	
59.0	80.6	90.2	76.5	65.1	676		639								2509	
59.5	80.9	90.4	76.9	65.6	687		643								2572	
60.0	81.2	90.6	77.3	66.2	698		647								2639	
60.5	81.4	90.8	77.7	66.8	710		650									
61.0	81.7	91.0	78.1	67.3	721											
61.5	82.0	91.2	78.6	67.9	733											
62.0	82.2	91.4	79.0	68.4	745											

5.30 国外洛氏—维氏—肖氏—布氏硬度对照

表 5.30－1 国外洛氏—维氏—肖氏—布氏硬度对照

维氏硬度 DPH	布氏硬度 10mm 球载荷 3000kg			洛氏硬度				洛氏表面硬度			肖氏硬度	强度/(kgf/mm^2)(近似值)	维氏硬度载荷 50kg
	标准球	Hult－gren 球	碳化钨球	A 等级载荷 60kg 金钢石压头	B 等级载荷 100kg 径$\frac{1}{16}$英寸球	C 等级载荷 150kg 压头	D 等级载荷 100kg 压头	15—N 载荷 15kg	30—N 载荷 30kg	45—N 载荷 45kg			
1	2	3	4	5	6	7	8	9	10	11	12	13	14
940	—	—	—	85.6	—	68.0	76.9	93.2	84.4	75.4	97	—	940
920	—	—	—	85.3	—	67.5	76.5	93.0	84.0	74.8	96	—	920
900	—	—	—	85.0	—	67.0	76.1	92.9	83.6	74.2	95	—	900
880	—	—	767	84.7	—	66.4	75.7	92.7	83.1	73.6	93	—	880
860	—	—	757	84.4	—	69.5	75.3	92.5	82.7	73.1	92	—	860
840	—	—	745	84.1	—	65.3	74.8	92.3	82.2	72.2	91	—	840
820	—	—	733	83.8	—	64.7	74.3	92.1	81.7	71.8	90	—	820
800	—	—	722	83.4	—	64.0	73.8	91.8	81.1	71.0	88	—	800
780	—	—	710	83.0	—	63.3	73.3	91.5	80.4	70.2	87	—	780
760	—	—	698	82.6	—	62.5	72.6	91.2	79.7	69.4	86	—	760
740	—	—	684	82.2	—	61.8	72.1	91.0	79.1	68.6	84	—	740
720	—	—	670	81.8	—	61.0	71.5	90.7	78.4	67.7	83	—	720
700	—	615	656	81.3	—	60.1	70.8	90.3	77.6	66.7	81	—	700
690	—	610	647	81.1	—	59.7	70.5	90.1	77.2	66.2	—	—	690
680	—	603	638	80.8	—	59.2	70.1	89.8	76.8	65.7	80	—	680
670	—	597	630	80.6	—	58.8	69.8	89.7	76.4	65.3	—	—	670
660	—	590	620	80.3	—	58.3	69.4	89.5	75.9	64.7	79	—	660
650	—	585	611	80.0	—	57.8	69.0	89.2	75.5	64.1	—	—	650
640	—	578	601	79.8	—	57.3	68.7	89.0	75.1	63.5	77	—	640
630	—	571	591	79.5	—	56.8	68.3	88.8	74.6	63.0	—	—	630
620	—	564	582	79.2	—	56.3	67.9	88.5	74.2	62.4	75	—	620
610	—	557	573	78.9	—	55.7	67.5	88.2	73.6	61.7	—	—	610
600	—	550	564	78.6	—	55.2	67.0	88.0	73.2	61.2	74	—	600
590	—	542	554	78.4	—	54.7	66.7	87.7	72.7	60.5	—	—	590
580	—	535	545	78.0	—	54.1	66.2	87.5	72.1	59.9	72	—	580

续表 5.30-1

维氏硬度 DPH	布氏硬度 10mm 球载荷 3000kg			洛氏硬度				洛氏表面硬度			肖氏硬度	强度/（kgf/mm^2）（近似值）	维氏硬度载荷 50kg
	标准球	Hult-gren 球	碳化钨球	A 等级载荷 60kg 金钢石压头	B 等级载荷 100kg 径 $\frac{1}{16}$ 英寸球	C 等级载荷 150kg 压头	D 等级载荷 100kg 压头	15—N 载荷 15kg	30—N 载荷 30kg	45—N 载荷 45kg			
570	—	527	535	77.8	—	53.6	65.8	87.2	71.7	59.3	—	220	570
560	—	519	525	77.4	—	53.0	65.4	86.9	71.2	58.6	71	—	560
550	505	512	517	77.0	—	52.3	64.8	86.6	70.5	57.8	—	—	550
540	496	503	507	76.7	—	51.7	64.4	86.3	70.0	57.0	69	—	540
530	488	495	497	76.4	—	51.1	63.9	86.0	69.5	56.2	—	—	530
520	480	487	488	76.1	—	50.5	62.5	85.7	69.0	55.6	67	183	520
510	473	479	479	75.7	—	49.8	62.9	85.4	68.3	54.7	—	179	510
500	465	471	471	75.3	—	49.1	62.2	85.0	67.7	53.9	66	174	500
490	456	460	460	74.9	—	48.4	61.6	84.7	67.1	53.1	—	169	490
480	448	452	452	74.5	—	47.7	61.3	84.3	66.4	52.2	64	165	480
470	441	442	442	74.1	—	46.9	60.7	83.9	65.7	51.3	—	160	470
460	433	433	433	73.6	—	46.1	60.1	83.6	64.9	50.4	62	156	460
450	425	425	425	73.3	—	45.3	59.4	83.2	64.3	49.4	—	153	450
440	415	415	415	72.8	—	44.5	58.8	82.8	63.5	48.4	59	149	440
430	405	405	405	72.3	—	43.6	58.2	82.3	62.7	47.4	—	144	430
420	397	397	397	71.8	—	42.7	57.5	81.8	61.9	46.4	57	140	420
410	388	388	388	71.4	—	41.8	56.8	81.4	61.1	45.3	—	136	410
400	379	379	379	70.8	—	40.8	56.0	81.0	60.2	44.1	55	131	400
390	369	369	369	70.3	—	39.8	55.2	80.3	59.3	45.9	—	127	390
380	360	360	360	69.8	（110.0）	38.8	54.4	79.8	58.4	41.7	52	123	380
370	350	350	350	69.2	—	37.7	53.6	79.2	57.4	40.4	—	120	370
360	341	341	341	68.7	（109.0）	36.6	52.8	78.6	56.4	39.1	50	115	360
350	331	331	331	68.1	—	35.5	51.9	78.0	55.4	37.8	—	112	350
340	322	322	322	67.6	（108.0）	34.4	51.1	77.4	54.4	36.5	47	109	340
330	313	313	313	67.0	—	33.3	50.2	76.8	53.6	35.2	—	105	330
320	303	303	303	66.4	（107.0）	32.2	49.4	76.2	52.3	33.9	45	103	320
310	294	294	294	65.8	—	31.0	48.4	75.6	51.3	32.5	—	100	310
300	284	284	284	65.2	（105.5）	29.8	47.5	74.9	50.2	31.1	42	97	300
295	280	280	280	64.8	—	29.2	47.1	74.6	49.7	30.4	—	96	295

续表 5.30－1

维氏硬度DPH	布氏硬度 10mm 球载荷 3000kg			洛氏硬度				洛氏表面硬度			肖氏硬度	强度/(kgf/mm²)(近似值)	维氏硬度载荷50kg
	标准球	Hult－gren球	碳化钨球	A等级载荷60kg金钢石压头	B等级载荷100kg径$\frac{1}{16}$英寸球	C等级载荷150kg压头	D等级载荷100kg压头	15—N载荷15kg	30—N载荷30kg	45—N载荷45kg			
290	275	275	275	64.5	(104.5)	28.5	46.5	74.2	49.0	29.5	41	94	290
285	270	270	270	64.2	—	27.8	46.0	73.8	48.4	28.7	—	92	285
280	265	265	265	63.8	(103.5)	27.1	45.3	73.4	47.8	27.9	40	91	280
275	261	261	261	63.5	—	26.4	44.8	73.0	47.2	27.1	—	89	275
270	256	256	256	63.1	(102.0)	25.6	44.3	72.6	46.4	26.2	38	87	270
265	252	252	252	62.7	—	24.8	43.7	72.1	45.7	25.2	—	86	265
260	247	247	247	62.4	(101.0)	24.0	43.1	71.6	45.0	24.3	37	84	260
255	243	243	243	62.0	—	23.1	42.2	71.1	44.2	23.2	—	82	255
250	238	238	238	61.6	99.5	22.2	41.7	70.6	43.4	22.2	36	81	250
245	233	233	233	61.2	—	21.3	41.1	70.1	42.5	21.1	—	79	245
240	228	228	228	60.7	98.1	20.3	40.3	69.6	41.7	19.9	34	78	240
230	219	219	219	—	96.7	(18.0)	—	—	—	—	33	75	230
220	209	209	209	—	95.0	—	—	—	—	—	32	71	220
210	200	200	200	—	93.4	—	—	—	—	—	30	68	210
200	190	190	190	—	91.5	—	—	—	—	—	29	65	200
190	181	181	181	—	89.5	—	—	—	—	—	28	62	190
180	171	171	171	—	87.1	(6.0)	—	—	—	—	26	59	180
170	162	162	162	—	85.0	—	—	—	—	—	25	56	170
160	152	152	152	—	81.7	—	—	—	—	—	24	53	160
150	143	143	143	—	78.7	—	—	—	—	—	22	50	150
140	133	133	133	—	75.0	—	—	—	—	—	21	46	140
130	124	124	124	—	71.2	—	—	—	—	—	20	44	130
120	114	114	114	—	66.7	—	—	—	—	—	—	40	120
110	105	105	105	—	62.3	—	—	—	—	—	—	—	110
100	95	95	95	—	56.2	—	—	—	—	—	—	—	100
95	90	90	90	—	52.0	—	—	—	—	—	—	—	95
90	86	86	86	—	48.1	—	—	—	—	—	—	—	90
85	81	81	81	—	41.0	—	—	—	—	—	—	—	85

注：1. 表中括号内的数值是不常用的，仅供参考。

2. 表中换算值适用于碳素钢，用于焊缝金属换算是有误差的，特别是合金钢和高硬度值的误差更大。一般来说，洛氏硬度、肖氏硬度的实测值低于换算值。

3. 表中所列硬度基准与我国所采用的硬度基准略有差别，使用时应注意。

5.31 运动黏度(厘斯)与恩氏黏度(条件度)对照

表 5.31－1 运动黏度(厘斯)与恩氏黏度(条件度)对照

厘斯/cSt	条件度/°E	厘斯/cSt	条件度/°E	厘斯/cSt	条件度/°E	厘斯/cSt	条件度/°E	厘斯/cSt	条件度/°E
1.00	1.00	4.00	1.29	7.00	1.57	10.00	1.86	15.00	2.37
1.10	1.01	4.10	1.30	7.10	1.58	10.10	1.87	15.20	2.39
1.20	1.02	4.20	1.31	7.20	1.59	10.20	1.88	15.40	2.42
1.30	1.03	4.30	1.32	7.30	1.60	10.30	1.89	15.60	2.44
1.40	1.04	4.40	1.33	7.40	1.61	10.40	1.90	15.80	2.46
1.50	1.05	4.50	1.34	7.50	1.62	10.50	1.91	16.00	2.48
1.60	1.06	4.60	1.35	7.60	1.63	10.60	1.92	16.20	2.51
1.70	1.07	4.70	1.36	7.70	1.64	10.70	1.93	16.40	2.53
1.80	1.08	4.80	1.37	7.80	1.65	10.80	1.94	16.60	2.55
1.90	1.09	4.90	1.38	7.90	1.66	10.90	1.95	16.80	2.58
2.00	1.10	5.00	1.39	8.00	1.67	11.00	1.96	17.00	2.60
2.10	1.11	5.10	1.40	8.10	1.68	11.20	1.98	17.20	2.62
2.20	1.12	5.20	1.41	8.20	1.69	11.40	2.00	17.40	2.65
2.30	1.13	5.30	1.42	8.30	1.70	11.60	2.01	17.60	2.67
2.40	1.14	5.40	1.42	8.40	1.71	11.80	2.03	17.80	2.69
2.50	1.15	5.50	1.43	8.50	1.72	12.00	2.05	18.00	2.72
2.60	1.16	5.60	1.44	8.60	1.73	12.20	2.07	18.20	2.74
2.70	1.17	5.70	1.45	8.70	1.73	12.40	2.09	18.40	2.76
2.80	1.18	5.80	1.46	8.80	1.74	12.60	2.11	18.60	2.79
2.90	1.19	5.90	1.47	8.90	1.75	12.80	2.13	18.80	2.81
3.00	1.20	6.00	1.48	9.00	1.76	13.00	2.15	19.00	2.83
3.10	1.21	6.10	1.49	9.10	1.77	13.20	2.17	19.20	2.86
3.20	1.21	6.20	1.50	9.20	1.78	13.40	2.19	19.40	2.88
3.30	1.22	6.30	1.51	9.30	1.79	13.60	2.21	19.60	2.90
3.40	1.23	6.40	1.52	9.40	1.80	13.80	2.24	19.80	2.92
3.50	1.24	6.50	1.53	9.50	1.81	14.00	2.26	20.00	2.95
3.60	1.25	6.60	1.54	9.60	1.82	14.20	2.28	20.20	2.97
3.70	1.26	6.70	1.55	9.70	1.83	14.40	2.30	20.40	2.99
3.80	1.27	6.80	1.56	9.80	1.84	14.60	2.33	20.60	3.02
3.90	1.28	6.90	1.56	9.90	1.85	14.80	2.35	20.80	3.01

5.32 浓度换算

气体或液体的浓度通常以质量分数、体积分数或摩尔分数表示。

体积摩尔浓度为1L溶液中所含溶质的摩尔数。

质量摩尔浓度为1kg溶剂中所含溶质摩尔数。

摩尔分数为气体或溶液中任一组分的摩尔数除以各组分摩尔总数所得的商。

气体或溶液中微量组分通常用ppm(10^{-6})或ppb(10^{-9})表示。如果ppm系指气体或溶液中微量组分的体积含量，则相应的每立方米中的毫克数N为：

$$N(\mathrm{mg/m^3}) = \mathrm{ppm} \times \frac{M_i}{M_m/\gamma_v}$$

式中 M_i——微量组分i的分子量；

M_m——混合气体或液体的分子量；

γ_v——混合气体或液体的密度，kg/m^3。

如果ppm是指质量比，则：

$$N = \mathrm{ppm} \cdot \gamma_v$$

5.33 相对密度、波美和API度换算

波美度：

$$°Be' = 145 - \frac{145}{\text{相对密度}}\text{（比水重时）}$$

$$°Be' = \frac{145}{\text{相对密度}} - 130\text{（比水轻时）}$$

API度：

$$°API = \frac{141.5}{\text{相对密度}} - 131.5$$

5.34 水的硬度换算

表5.34－1 水的硬度换算

硬度	毫克当量/升	德国度	法国度	英国度	美国度
毫克当量/升	1	2.804	5.005	3.5110	50.045
德国度	0.3566	1	1.7848	1.2521	17.847
法国度	1.9982	0.5603	1	0.7015	10
英国度	0.2848	0.7987	1.4285	1	14.285
美国度	0.0189	0.0560	0.1	0.0702	1

注：德国度：1度相当于1L水中含有10mgCaO；

法国度：1度相当于1L水中含有$10mgCaCO_3$；

英国度：1度相当于0.7L水中含有$10mgCaCO_3$；

美国度：1度相当于1L水中含有$1mgCaCO_3$。

5.35 体积流率换算

表 5.35－1 体积流率换算

单位	升/秒(L/s)	升/分(L/min)	米^3/时(m^3/h)	米^3/分(m^3/min)	米^3/秒(m^3/s)	英尺^3/时(ft^3/h)
升/秒(L/s)	1	60	3.6	6×10^{-2}	10^{-3}	1.2713×10^{2}
升/分(L/min)	1.6667×10^{-2}	1	6×10^{-2}	10^{-3}	1.6667×10^{-5}	2.119
米^3/时(m^3/h)	0.27778	16.667	1	1.6667×10^{-2}	2.7778×10^{-4}	35.3147
米^3/分(m^3/min)	16.667	10^{3}	60	1	1.6667×10^{-2}	2.119×10^{3}
米^3/秒(m^3/s)	10^{3}	6×10^{4}	3.6×10^{3}	60	1	1.2713×10^{5}
英尺^3/时(ft^3/h)	7.8658×10^{-3}	0.4720	2.8317×10^{-2}	4.7195×10^{-4}	7.8658×10^{-6}	1
英尺^3/分(ft^3/min)	0.47195	28.317	1.6990	2.8317×10^{-2}	4.7195×10^{-4}	60
英尺^3/秒(ft^3/s)	28.317	1.6990×10^{3}	1.0194×10^{2}	1.6990	2.8317×10^{-2}	3.6×10^{3}
英加仑/分(gal. UK/min)	7.5766×10^{-2}	4.5460	0.2728	4.5460×10^{-3}	7.5766×10^{-5}	9.6324
英加仑/秒(gal. UK/s)	4.5460	2.7276×10^{2}	16.3655	0.2728	4.5460×10^{-3}	5.78×10^{2}
美加仑/分(gal. US/min)	6.3089×10^{-2}	3.7853	0.2271	3.7853×10^{-3}	6.3089×10^{-5}	8.0208
美加仑/秒(gal. US/s)	3.7853	2.2712×10^{2}	13.6272	0.2271	3.7853×10^{-3}	4.8125×10^{2}

单位	英尺^3/分(ft^3/min)	英尺^3/秒(ft^3/s)	英加仑/分($\frac{gal.UK}{min}$)	英加仑/秒($\frac{gal.UK}{s}$)	美加仑/分($\frac{gal.US}{min}$)	美加仑/秒($\frac{gal.US}{s}$)
升/秒(L/s)	2.119	3.5315×10^{-2}	13.199	0.21998	15.8507	0.26418
升/分(L/min)	3.532×10^{-2}	5.886×10^{-4}	0.21998	3.6663×10^{-3}	0.2642	4.403×10^{-3}
米^3/时(m^3/h)	0.58858	9.810×10^{-3}	3.6663	6.1104×10^{-3}	4.40296	7.3383×10^{-2}
米^3/分(m^3/min)	35.3147	0.58858	2.1998×10^{2}	3.6663	2.6418×10^{2}	4.40296
米^3/秒(m^3/s)	2.119×10^{3}	35.3147	1.3199×10^{4}	2.1998×10^{2}	1.5851×10^{4}	2.6418×10^{2}
英尺^3/时(ft^3/h)	1.6667×10^{-2}	2.7778×10^{-4}	0.1038	1.73×10^{-3}	0.12468	2.078×10^{-3}
英尺^3/分(ft^3/min)	1	1.6667×10^{-2}	6.2290	0.1038	7.4805	0.1247
英尺^3/分(ft^3/s)	60	1	3.7374×10^{2}	6.2990	4.4883×10^{2}	7.4805
英加仑/分(gal. UK/min)	0.1654	2.676×10^{-3}	1	1.667×10^{-2}	1.2009	2.0016×10^{-2}
英加仑/秒(gal. UK/s)	9.6324	0.1605	60	1	72.0564	1.2009
英加仑/分(gal. US/min)	0.1337	2.228×10^{-3}	0.8327	1.3878×10^{-2}	1	1.6667×10^{-2}
英加仑/秒(gal. US/s)	8.0208	0.1337	49.9608	0.8327	60	1

5.36 质量流率换算

表 5.36－1 质量流率换算

单位	公斤/秒 (kg/s)	公斤/时 (kg/h)	磅/秒 (lb/s)	磅/时 (lb/h)	磅/日 (lb/d)	吨/时 (t/h)	吨/日 (t/d)	吨/年 (t/a)
公斤/秒(kg/s)	1	3.6×10^{3}	2.2046	7.9366×10^{3}	1.9048×10^{5}	3.6	86.4	2.88×10^{4}
公斤/时(kg/h)	2.7778×10^{-4}	1	6.124×10^{-4}	2.2046	52.9104	10^{-3}	2.4×10^{-2}	8
磅/秒(lb/s)	0.4536	1.6329×10^{3}	1	3.6×10^{3}	8.64×10^{4}	1.6329	39.1896	1.3063×10^{4}
磅/时(lb/h)	1.25998×10^{-4}	0.4536	2.7778×10^{-4}	1	24	4.5359×10^{-4}	1.0886×10^{-2}	3.6287
磅/日(lb/d)	5.2498×10^{-6}	1.8899×10^{-2}	1.1574×10^{-5}	4.1667×10^{-2}	1	1.8899×10^{-5}	4.5359×10^{-4}	0.1512
吨/时(t/h)	0.27778	10^{3}	0.6124	2.2046×10^{3}	5.291×10^{4}	1	24	8×10^{3}
吨/日(t/d)	1.1574×10^{-2}	41.6667	0.25517	9.186×10^{2}	2.2046×10^{3}	4.1666×10^{-2}	1	3.3333×10^{2}
吨/年(t/a)	3.4723×10^{-5}	0.125	7.6556×10^{-5}	0.2756	6.6138	1.25×10^{-4}	2×10^{-3}	1

注：表中“年”按 8000 小时计算

5.37 传热速度单位换算

表 5.37－1 传热速度单位换算

单位	卡/厘米²·秒 [cal/(cm²·s)]	卡/厘米²·时 [cal/(cm²·h)]	千米/米²·秒 [kcal/(m²·s)]	千卡/米²·时 [kcal/(m²·h)]	英热单位/英尺²·秒 [Btu/(ft²·s)]	英热单位/英尺²·时 [Btu/(ft²·h)]	瓦/厘米² (W/cm²)
卡/厘米²·秒[cal/(cm²·s)]	1	3.6×10^{3}	10	3.6×10^{4}	3.6867	1.3272×10^{4}	4.1868
卡/厘米²·时[cal/(cm²·h)]	2.778×10^{-4}	1	2.778×10^{-3}	10	1.021×10^{-3}	3.6867	1.16×10^{-3}
千卡/米²·秒[kcal/(m²·s)]	0.1	3.6×10^{2}	1	3.6×10^{3}	0.3687	1.3272×10^{3}	0.4187
千卡/米²·时[kcal/(m²·h)]	2.778×10^{-5}	0.1	2.778×10^{-4}	1	1.024×10^{-4}	0.3687	1.163×10^{-4}
英热单位/英尺²·秒[Btu/(ft²·s)]	0.2713	9.765×10^{2}	2.7125	9.7650×10^{3}	1	3.6×10^{3}	1.1357
英热单位/英尺²·时[Btu/(ft²·h)]	7.535×10^{-5}	0.2713	7.535×10^{-4}	2.7125	2.778×10^{-4}	1	3.1548×10^{-4}
瓦/厘米²(W/cm²)	0.2389	8.5985×10^{2}	2.3885	8.5985×10^{3}	0.8806	3.1700×10^{3}	1

5.38　扩散系数单位换算

表 5.38－1　扩散系数单位换算

单　位	厘米²/秒(cm²/s)	米²/时(m²/h)	英寸²/秒(in²/s)	英尺²/时(ft²/h)
厘米²/秒(cm²/s)	2	0.36	0.155	3.875
米²/时(m²/h)	2.778	1	0.4306	10.76
英寸²/秒(in²/s)	6.425	2.323	1	25
英尺²/时(ft²/h)	0.2581	9.290×10^{-2}	4×10^{-2}	1

5.39　表面张力单位换算

表 5.39－1　表面张力单位换算

单　位	达因/厘米 (dyn/cm)	克力/厘米 (gf/cm)	公斤力/厘米 (kgf/cm)	磅力/英尺 (lbf/ft)
达因/厘米(dyn/cm)	1	1.02×10^{-3}	1.02×10^{-4}	6.854×10^{-5}
克力/厘米(gf/cm)	980.7	1	0.1	6.720×10^{-2}
公斤力/厘米(kgf/cm)	9.807×10^{3}	10	1	0.6720
磅力/英尺(lbf/ft)	1.4592×10^{4}	14.88	1.488	1

5.40　单位面积流量速度单位换算

表 5.40－1　单位面积流量速度单位换算

单　位	公斤/米²·时 [kg/(m²·h)]	公斤/米²·秒 [kg/(m²·s)]	磅/英尺²·时 [lb/(ft²·h)]	磅/英尺²·秒 [lb/(ft²·s)]
公斤/米²·时[kg/(m²·h)]	1	2.7778×10^{-4}	0.2048	5.6893×10^{-5}
公斤/米²·秒[kg/(m²·s)]	3.6×10^{3}	1	7.3733×10^{2}	0.2048
磅/英尺²·时[lb/(ft²·h)]	4.8825	1.3652×10^{-3}	1	2.778×10^{-4}
磅/英尺²·秒[lb/(ft²·s)]	1.758×10^{4}	4.8825	2.6×10^{3}	1

5.41　比体积单位换算

表 5.41－1　比体积单位换算

单　位	米³/公斤 (m³/kg)	升/公斤 (L/kg)	英尺³/磅 (ft³/lb)	英寸³/磅 (in³/lb)	英尺³/英吨 (ft³/lt)	英加仑/磅 (gal. UK/lb)
米³/公斤(m³/kg)	1	9.9997×10^{2}	16.0185	2.7680×10^{4}	3.5881×10^{4}	99.7764
升/公斤(L/kg)	1.00003×10^{-3}	1	1.6019×10^{-2}	27.6807	35.8824	9.9779×10^{-2}
英尺³/磅(ft³/lb)	6.2428×10^{-2}	62.4262	1	1.728×10^{3}	2.240×10^{3}	6.2288
英寸³/磅(in³/lb)	3.6127×10^{-5}	3.6126×10^{-2}	5.7870×10^{-4}	1	1.2963	3.6047×10^{-3}
英尺³/英吨(ft³/lt)	2.787×10^{-5}	2.7869×10^{-2}	4.4643×10^{-4}	0.7714	1	2.7807×10^{-3}
英加仑/磅(gal. UK/lb)	1.0022×10^{-2}	10.0221	0.1605	2.7742×10^{2}	3.5962×10^{2}	1

5.42 相对密度 $\gamma_{15.6}^{15.6}$ 与 γ_4^{20} 换算

表 5.42－1 相对密度 $\gamma_{15.6}^{15.6}$ 与 γ_4^{20} 换算

相对密度 $r_{15.6}^{15.6}$ 或 r_4^{20}	校正值	相对密度 $r_{15.6}^{15.6}$ 或 r_4^{20}	校正值
0.700～0.710	0.0051	0.830～0.840	0.0044
0.710～0.720	0.0050	0.840～0.850	0.0043
0.720～0.730	0.0050	0.850～0.860	0.0042
0.730～0.740	0.0049	0.860～0.870	0.0042
0.740～0.750	0.0049	0.870～0.880	0.0041
0.750～0.760	0.0048	0.880～0.890	0.0041
0.760～0.770	0.0048	0.890～0.900	0.0040
0.770～0.780	0.0047	0.900～0.910	0.0040
0.780～0.790	0.0046	0.910～0.920	0.0039
0.790～0.800	0.0046	0.920～0.930	0.0038
0.800～0.810	0.0045	0.930～0.940	0.0038
0.810～0.820	0.0045	0.940～0.950	0.0037
0.820～0.830	0.0044		

注：$\gamma_{15.6}^{15.6}=\gamma_4^{20}+$校正值；$\gamma_4^{20}=\gamma_{15.6}^{15.6}-$校正值。

5.43 英寸与毫米对照

表 5.43－1 英寸与毫米对照

英寸 (in)	0	1	2	3	4	5	6	7	8	9	10	11
	毫米(mm)											
1/64	0.397	25.80	51.20	76.60	102.00	127.40	152.80	178.20	203.60	229.00	254.40	279.80
1/32	0.794	26.19	51.59	76.99	102.39	127.79	153.19	178.59	203.99	229.39	254.79	280.19
3/64	1.191	26.59	51.99	77.39	102.79	128.19	153.59	178.99	204.39	229.79	255.19	280.59
1/16	1.588	26.99	52.39	77.79	103.19	128.59	153.99	179.39	204.79	230.19	255.59	280.99
5/64	1.984	27.38	52.78	78.18	103.58	128.98	154.38	179.78	205.18	230.58	255.98	281.38
3/32	2.381	27.78	53.18	78.58	103.98	129.38	154.78	180.18	205.58	230.98	256.38	281.78
7/64	2.778	28.18	53.58	78.98	104.38	129.78	155.18	180.58	205.98	231.38	256.78	282.18
1/8	3.175	28.58	53.98	79.38	104.78	130.18	155.58	180.98	206.38	231.78	257.18	282.58
9/64	3.572	28.97	54.37	79.77	105.17	130.57	155.97	181.37	206.77	232.17	257.57	282.97
5/32	3.969	29.37	54.77	80.17	105.57	130.97	156.37	181.77	207.17	232.57	257.97	283.37
11/64	4.366	29.77	55.17	80.57	105.97	131.37	156.77	182.17	207.57	232.97	258.37	283.77
3/16	4.763	30.16	55.56	80.96	106.36	131.76	157.16	182.56	207.96	233.36	258.76	284.16
13/64	5.159	30.56	55.96	81.36	106.76	132.16	157.56	182.96	208.36	233.76	259.16	284.56
7/32	5.556	30.96	56.36	81.76	107.16	132.56	157.96	183.36	208.76	234.16	259.56	284.96
15/64	5.953	31.35	56.75	82.15	107.55	132.95	158.35	183.75	209.15	234.55	259.95	285.35
1/4	6.360	31.57	57.15	82.55	107.95	133.35	158.75	184.15	209.55	234.95	260.35	285.75
17/64	6.747	32.15	57.55	82.95	108.35	133.75	159.15	184.55	209.95	235.35	260.75	286.15
9/32	7.144	32.54	57.94	83.34	108.74	134.14	159.54	184.94	210.34	235.74	261.14	286.54
19/64	7.541	32.94	58.34	83.74	109.14	134.54	159.94	185.34	210.74	236.14	261.54	286.94
5/16	7.938	33.34	58.74	84.14	109.54	134.94	160.34	185.74	211.14	236.54	261.94	287.34
21/64	8.334	33.73	59.13	84.53	109.93	135.33	160.73	186.13	211.53	236.93	262.33	287.73

续表 5.43－1

英寸	0	1	2	3	4	5	6	7	8	9	10	11
(in)	毫米(mm)											
11/32	8.731	34.13	59.53	84.93	110.33	135.73	161.13	186.53	211.93	237.33	262.73	288.13
23/64	9.128	34.53	59.93	85.33	110.73	136.13	161.53	186.93	212.33	237.73	263.13	288.53
3/8	9.525	34.93	60.33	85.73	111.13	136.53	161.93	187.33	212.73	238.13	263.53	288.93
25/64	9.922	35.32	60.72	86.12	111.52	136.92	162.32	187.72	213.12	238.52	263.92	289.32
13/32	10.32	35.72	61.12	86.52	111.92	137.32	162.72	188.12	213.52	238.92	264.32	289.72
27/64	10.72	36.12	61.52	86.92	112.32	137.72	163.12	188.52	213.92	239.32	264.72	290.12
7/16	11.11	36.51	61.91	87.31	112.71	138.11	163.51	188.91	214.31	239.71	265.11	290.51
29/64	11.51	36.91	62.31	87.71	113.11	138.51	163.91	189.31	214.72	240.11	265.51	290.91
15/32	11.91	37.31	62.71	88.11	113.51	138.91	164.31	189.71	215.11	240.51	265.91	291.31
31/64	12.30	37.70	63.10	88.50	113.90	139.90	164.70	190.10	215.50	240.90	266.30	291.70
1/2	12.70	38.10	63.50	88.90	114.30	139.70	165.10	190.50	215.90	241.30	266.70	292.10
33/64	13.10	38.50	63.90	89.30	114.70	140.10	165.50	190.90	216.30	241.70	267.10	292.50
17/32	13.49	38.89	64.29	89.69	115.09	140.49	165.89	191.29	216.69	242.09	267.49	292.89
35/64	13.89	39.29	64.69	90.09	115.49	140.89	166.29	191.69	217.09	242.49	267.89	292.29
9/16	14.29	39.69	65.09	90.49	115.89	141.29	166.69	192.09	217.49	242.89	268.29	293.69
37/64	14.68	40.08	65.48	90.88	116.28	141.68	167.08	192.48	217.88	243.28	268.68	294.08
19/32	15.08	40.48	65.88	91.28	116.68	142.08	167.48	192.88	218.28	243.68	269.08	294.48
39/64	15.48	40.88	66.28	91.68	117.08	142.48	167.88	193.28	218.68	244.08	269.48	294.88
5/8	15.88	41.28	66.68	92.08	117.48	142.88	168.28	193.68	219.08	244.48	269.88	295.28
41/64	16.27	41.67	67.07	92.47	117.87	143.27	168.67	194.07	219.47	244.87	270.27	295.67
21/32	16.67	42.07	67.47	92.87	118.27	143.67	169.07	194.47	219.87	245.27	270.67	296.07
43/64	17.07	42.47	67.87	93.27	118.67	144.07	169.47	194.87	220.27	245.67	271.07	296.47
11/16	17.46	42.86	68.26	93.66	119.06	144.46	169.86	195.26	220.66	246.06	271.46	296.86
45/64	17.86	43.26	68.66	94.06	119.46	144.86	170.26	195.66	221.06	246.46	271.86	297.26
23/32	18.26	43.66	69.06	94.46	119.86	145.26	170.66	196.06	221.46	246.86	272.26	297.66
47/64	18.65	44.05	69.45	94.85	120.25	145.65	171.05	196.45	221.85	247.25	272.65	298.05
3/4	19.05	44.45	69.85	95.25	120.65	146.05	171.45	196.85	222.25	247.65	273.05	298.45
49/64	19.45	44.85	70.25	95.65	121.05	146.45	171.85	197.25	222.65	248.05	273.45	298.85
25/32	19.84	45.24	70.64	96.04	121.44	146.84	172.24	197.64	223.04	248.44	273.84	299.24
51/64	20.24	45.64	71.04	96.44	121.84	147.24	172.64	198.04	223.44	248.84	274.24	299.64
13/16	20.64	46.04	71.44	96.84	122.24	147.64	173.04	198.44	223.85	249.24	274.64	300.04
53/64	21.03	46.43	71.83	97.23	122.63	148.03	173.43	198.83	224.23	249.63	275.03	300.43
27/32	21.43	46.83	72.23	97.63	123.03	148.43	173.83	199.23	224.63	250.03	275.43	300.83
55/64	21.83	47.23	72.63	98.03	123.43	148.83	174.23	199.63	225.03	250.43	275.83	301.23
7/8	22.23	47.63	73.03	98.43	123.83	149.23	174.63	200.03	225.43	250.83	276.23	301.63
57/64	22.62	48.02	73.42	98.82	124.22	149.62	175.02	200.42	225.82	251.22	276.62	302.02
29/32	23.02	48.42	73.82	99.22	124.62	150.02	175.42	200.82	226.22	251.62	277.02	302.42
59/64	23.42	48.82	74.22	99.62	125.02	150.42	175.82	201.22	226.62	252.02	277.42	302.82
15/16	23.81	49.21	74.61	100.01	125.41	150.81	176.21	201.61	227.01	252.41	277.81	303.21
61/64	24.21	49.61	75.01	100.41	125.81	151.21	176.61	202.01	227.41	252.81	278.21	303.61
31/32	24.61	50.01	75.41	100.81	126.21	151.61	177.01	202.41	227.81	253.21	278.61	304.01
63/64	25.00	50.40	75.80	101.20	126.60	152.00	177.40	202.80	228.20	253.60	279.00	304.40

5.44 毫米与小数英寸对照

表 5.44-1 毫米与小数英寸对照

毫米(mm)	英寸(in)	毫米(mm)	英寸(in)
1	0.03937	14	0.55118
2	0.07848	15	0.59055
3	0.11811	16	0.62992
4	0.15748	17	0.66929
5	0.19685	18	0.70866
6	0.23622	19	0.74803
7	0.27559	20	0.78740
8	0.31496	21	0.82677
9	0.35433	22	0.86614
10	0.39370	23	0.90551
11	0.43307	24	0.94488
12	0.47244	25	0.98425
13	0.51181		

5.45 英尺与米对照

表 5.45-1 英尺与米对照

英尺(ft)	0	1	2	3	4	5	6	7	8	9
	米(m)									
0		0.3048	0.6069	0.9144	1.2192	1.5240	1.8288	2.1336	2.4384	2.7432
10	3.0480	3.3528	3.6576	3.9624	4.2672	4.5720	4.8768	5.1816	5.4864	5.7912
20	6.0960	6.4008	6.7056	7.0104	7.3152	7.6200	7.9248	8.2296	8.5344	8.8392
30	9.1440	9.4488	9.7536	10.0584	10.3632	10.6680	10.9728	11.2776	11.5824	11.8872
40	12.1920	12.4968	12.8016	13.1064	13.4112	13.7160	14.0208	14.3256	14.6304	14.9352
50	15.2400	15.5448	15.8496	16.1544	16.4592	16.7640	17.0688	17.3736	17.6784	17.9832
60	18.2800	18.5928	18.8976	19.2024	19.5072	19.8120	20.1168	20.4216	20.7264	21.0312
70	21.3360	21.6408	21.9456	22.2504	22.5552	22.8600	23.1648	23.4696	23.7744	24.0792
80	24.3840	24.6888	24.9936	25.2984	25.6032	25.9080	26.2128	26.5176	26.8224	27.1272
90	27.4320	27.7368	28.0146	28.3464	28.6512	28.9560	29.2608	29.5656	29.8704	30.1752
100	30.4800	30.7848	31.0896	31.3944	31.6992	32.0040	32.3088	32.6136	32.9184	33.2232

5.46　英尺－英寸与毫米对照

表 5.46－1　英尺－英寸与毫米对照

英尺(ft)	英寸(in)											
	0	1	2	3	4	5	6	7	8	9	10	11
	毫米(mm)											
0		25.4	50.8	76.2	101.6	127.0	152.4	177.8	203.2	228.6	254.0	279.4
1	304.8	330.2	355.6	381.0	406.4	431.8	457.2	482.6	508.0	533.4	588.8	584.2
2	609.6	635.0	660.4	685.8	711.2	736.6	762.0	787.4	812.8	838.2	863.6	889.0
3	914.4	939.8	965.2	990.6	1016.0	1041.4	1066.8	1092.2	1117.6	1143.0	1168.4	1193.8
4	1219.2	1244.6	1270.0	1295.4	1320.8	1346.2	1371.6	1397.0	1422.4	1447.8	1473.2	1498.6
5	1524.0	1549.4	1574.8	1600.2	1625.6	1651.0	1676.4	1701.8	1727.2	1752.6	1778.0	1803.4
6	1828.8	1854.2	1879.6	1905.0	1930.4	1955.8	1981.2	2006.6	2032.0	2057.4	2082.8	2108.2
7	2133.6	2159.0	2184.2	2209.8	2235.2	2260.6	2286.0	2311.4	2336.8	2362.2	2387.6	2413.0
8	2438.4	2463.8	2489.2	2514.4	2540.0	2565.4	2590.8	2616.2	2641.6	2667.0	2692.4	2171.8
9	2743.2	2768.6	2794.0	2819.4	2844.8	2870.2	2895.6	2921.0	2946.4	2971.8	2997.2	3022.6
10	3048.0	3073.4	3098.8	3124.2	3149.6	3175.0	3200.4	3225.8	3251.2	3276.6	3302.0	3327.4

5.47　平方英寸与平方厘米对照

表 5.47－1　平方英寸与平方厘米对照

平方英寸 (in^2)	0	1	2	3	4	5	6	7	8	9
	平方厘米(cm^2)									
0		6.4516	12.9032	19.3548	25.8064	32.2580	38.7096	45.1612	51.6128	58.0644
10	64.5160	70.9676	77.4192	83.8708	90.3224	96.7740	103.2256	109.6772	116.1288	122.5804
20	129.0320	139.4836	141.9352	148.3868	154.8384	161.2900	167.7416	174.1932	180.6448	187.0964
30	193.5480	199.9996	206.4512	212.9028	219.3544	225.8060	232.2576	283.7092	245.1608	251.6124
40	258.0640	264.5156	270.9672	277.4188	283.8704	290.3220	296.7736	303.2252	309.6768	316.1284
50	322.5800	329.0316	335.4832	341.9348	348.3864	354.8380	361.2896	367.7412	374.1928	380.6444
60	387.0960	393.5476	399.9992	406.4508	412.9024	419.3540	425.8056	432.2572	438.7088	445.1604
70	451.6120	458.0636	464.5152	470.9668	477.4184	483.8700	490.3216	496.7732	503.2248	509.6764
80	516.1280	522.5796	529.0312	535.4828	541.9344	548.3860	554.8376	561.2892	567.7408	574.1924
90	580.6440	587.0956	593.5472	599.9988	606.4504	612.9020	619.3536	625.8052	632.2568	638.7084
100	645.1600	651.6116	658.0632	664.5148	670.9664	677.4180	690.8696	683.3212	696.7728	703.2244
110	709.6760	716.1276	722.5792	729.0308	735.4824	741.9340	748.3856	754.8372	761.2888	767.7404
120	774.1920	780.6436	787.0952	793.5468	799.9984	806.4500	812.9016	819.3532	825.8048	832.2564
130	838.7080	845.1596	851.6112	858.0628	864.5144	870.9660	877.4176	883.8692	890.3208	896.7724
140	903.2240	909.6756	916.1272	922.5788	929.0304					

注：1 平方英尺(ft^2)＝144 平方英寸(in^2)＝929.0304 平方厘米(cm^2)。

5.48 立方英寸与立方厘米对照

表 5.48-1 立方英寸与立方厘米对照

立方英寸 (in^3)	0	1	2	3	4	5	6	7	8	9
	立方厘米(cm^3)									
0		16.387	32.774	49.161	65.548	81.935	98.322	114.709	131.096	147.483
10	163.870	180.257	196.644	213.031	229.418	245.805	262.192	278.579	294.066	311.353
20	327.740	344.127	360.514	376.901	393.288	409.675	426.062	442.449	458.836	475.223
30	491.610	507.997	524.384	540.771	557.158	573.545	589.932	606.319	622.706	639.093
40	655.480	671.867	688.254	704.641	721.028	737.415	753.802	770.189	786.576	802.963
50	819.350	835.737	852.124	868.511	884.898	901.285	917.672	934.059	950.446	966.833
60	983.220	999.607	1015.994	1032.381	1048.768	1065.155	1081.542	1097.929	1114.316	1130.703
70	1147.090	1163.477	1179.864	1196.251	1212.638	1229.025	1245.412	1261.799	1278.186	1294.573
80	1310.960	1327.347	1343.734	1360.121	1376.508	1392.895	1409.282	1425.669	1442.056	1458.443
90	1474.830	1491.217	1507.604	1523.991	1540.378	1556.765	1573.152	1589.539	1605.926	1622.313
立方英寸 (in^3)	100	200	300	400	500	600	700	800	900	1000
立方厘米 (cm^3)	1638.7064	3277.4128	4916.1192	6554.8256	8193.5320	9832.2384	11470.9448	13109.6512	14748.3576	16387.0640
立方英寸 (in^3)	1100	1200	1300	1400	1500	1600	1700	1800	1900	2000
立方厘米 (cm^3)	18025.7704	19664.4768	21303.1832	23241.8896	24580.5960	26219.3024	27858.0088	29496.7152	31135.4216	32774.128

注：1 立方英尺(ft^3) = 1728 立方英寸(in^3) = 28316.84659 立方厘米(cm^3)。

5.49 英寸^4 与厘米^4 对照

表 5.49-1 英寸^4 与厘米^4 对照

英寸^4 (in^4)	0	1	2	3	4	5	6	7	8	9
	厘米^4 (cm^4)									
0		41.623	83.246	124.869	166.492	208.115	249.738	291.361	332.984	374.607
10	416.230	457.853	499.476	541.099	582.722	624.345	665.968	707.591	749.214	790.837
20	832.460	874.083	915.706	957.329	998.952	1040.575	1082.198	1123.821	1165.444	1207.067
30	1248.690	1290.313	1331.936	1373.559	1415.182	1456.805	1498.428	1540.051	1581.674	1623.297
40	1664.920	1706.543	1748.166	1789.789	1831.412	1873.035	1914.658	1956.281	1997.904	2039.527
50	2081.150	2122.773	2164.396	2206.019	2247.642	2289.265	2330.888	2372.511	2414.134	2455.757
60	2497.380	2539.003	2580.626	2622.249	2663.872	2705.495	2747.118	2788.741	2830.364	2871.987
70	2913.610	2955.233	2996.856	3038.479	3080.102	3121.725	3163.348	3204.971	3246.594	3288.217
80	3329.840	3371.463	3413.086	3454.709	3496.332	3537.955	3579.578	3621.201	3662.824	3704.447
90	3746.070	3787.693	3829.316	3870.939	3912.562	3954.185	3995.808	4037.431	4079.054	4120.677
英寸^4 (in^4)	1000	2000	3000	4000	5000	6000	7000	8000	9000	10000
厘米^4 (cm^4)	41623.143	83246.285	124869.428	166492.570	208115.713	249738.855	291361.998	332985.141	374608.283	416231.426
英寸^4 (in^4)	11000	12000	13000	14000	15000	16000	17000	18000	19000	20000
厘米^4 (cm^4)	457854.568	499477.711	541100.853	582723.996	624347.138	665970.281	707593.424	749216.566	790839.709	832462.851

注：1 英尺^4 (in^4) = 20736 英寸^4 (in^4) = 863097.4841 厘米^4 (cm^4)。

5.50 磅力/英尺与千克力/米对照

表 5.50－1 磅力/英尺与千克力/米对照

磅力/英尺 (lbf/ft)	0	1	2	3	4	5	6	7	8	9
	千克力/米(kgf/m)									
0		1.488	2.976	4.464	5.952	7.440	8.928	10.416	11.904	13.392
10	14.880	16.368	17.856	19.344	20.832	22.320	23.808	25.296	26.784	28.272
20	29.760	31.248	32.736	34.224	35.712	37.200	38.688	40.176	41.664	43.152
30	44.640	46.128	47.616	49.104	50.592	52.080	53.568	55.056	56.544	58.032
40	59.520	61.008	62.496	63.984	65.472	66.960	68.448	69.936	71.424	72.912
50	74.400	75.888	77.376	78.864	80.352	81.840	83.328	84.816	86.304	87.792
60	89.280	90.768	92.256	93.744	95.232	96.720	98.208	99.696	101.184	102.672
70	104.160	105.648	107.136	108.624	110.112	111.600	113.088	114.576	116.064	117.552
80	119.040	120.528	122.016	123.504	124.992	126.480	127.968	129.456	130.944	132.432
90	133.920	135.408	136.896	138.384	139.872	141.360	142.848	144.336	145.824	147.312
100	148.800	150.288	151.776	153.264	154.752	156.240	157.728	159.216	160.704	162.192

5.51 磅力·英尺与千克力·米对照

表 5.51－1 磅力·英尺与千克力·米对照

磅力·英尺 (lbf·ft)	0	1	2	3	4	5	6	7	8	9
	千克力·米(kgf/m)									
0		0.138	0.276	0.414	0.552	0.690	0.828	0.966	1.104	1.242
10	1.380	1.518	1.656	1.794	1.932	2.070	2.208	2.346	2.484	2.622
20	2.760	2.898	3.036	3.174	3.312	3.450	3.588	3.726	3.864	4.002
30	4.140	4.278	4.416	4.554	4.692	4.830	4.968	5.106	5.244	5.382
40	5.520	5.658	5.796	5.934	6.072	6.210	6.348	6.486	6.624	6.762
50	6.900	7.038	7.176	7.314	7.452	7.590	7.728	7.866	8.004	8.142
60	8.280	8.418	8.556	8.694	8.832	8.970	9.108	9.246	9.384	9.552
70	9.660	9.798	9.936	10.074	10.212	10.350	10.488	10.626	10.764	10.902
80	11.040	11.178	11.316	11.454	11.592	11.730	11.868	12.006	12.144	12.282
90	12.420	12.558	12.696	12.834	12.972	13.110	13.248	13.386	13.524	13.662
100	13.800	13.938	14.076	14.214	14.352	14.490	14.628	14.766	14.904	15.042

5.52　单位质量的能量单位换算

表 5.52-1　单位质量的能量单位换算

单　位	焦耳/克 (J/g)	千卡/千克 (kcal/kg)	英热单位/磅 (Btu/lb)	磅力·英尺/磅 (lbf·ft/lb)	千克力·米/千克 (kgf·m/kg)
焦尔/克(J/g)	1	0.2389	0.4299	3.3455×10^{2}	1.0197×10^{2}
千卡/千克(kcal/kg)	4.1868	1	1.8	1.4007×10^{2}	4.2694×10^{2}
英热单位/磅(Btu/lb)	2.326	0.5556	1	7.7817×10^{2}	2.3719×10^{2}
磅力·英尺/磅(lbf·ft/lb)	2.9891×10^{-3}	7.1393×10^{-4}	1.2851×10^{-3}	1	0.3048
千克力·米/千克(kgf·m/kg)	9.8067×10^{-3}	2.3423×10^{-3}	4.2161×10^{-3}	3.2808	1

参　考　文　献

1　中国石化集团洛阳石油化工工程公司编．石油化工设备便查手册(第二版)．北京：中国石化出版社，2007

2　常用计量单位换算表，中国石化集团洛阳石油化工工程公司标准 01B004—1997

3　机械工程手册电机工程手册编辑委员会编．机械工程手册　基础理论卷(第四版)．北京：机械工业出版社，2002

4　中国石油化工总公司石油化工规划院编．炼油厂设备加热炉设计手册(第一分篇)．中国石油化工总公司石油化工规划院，1987

第六章　常用几何体特性

6.1　常用几何体的面积、体积及重心位置

S—重心位置；A_n—全面积；A—侧面积；V——体积。

表 6.1－1　常用几何体的面积、体积及重心位置

1）圆球体

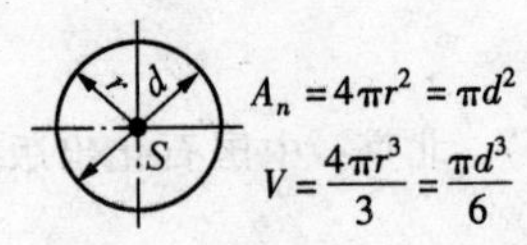

$$A_n = 4\pi r^2 = \pi d^2$$
$$V = \frac{4\pi r^3}{3} = \frac{\pi d^3}{6}$$

2）正圆柱体

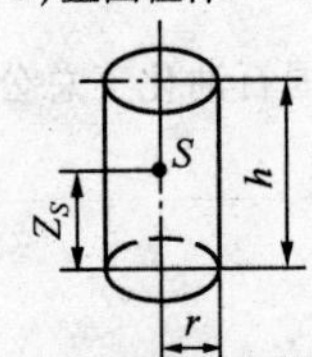

$$Z_S = \frac{h}{2}$$
$$A_n = 2\pi r(h + r)$$
$$A = 2\pi rh$$
$$V = \pi r^2 h$$

3）斜截圆柱体

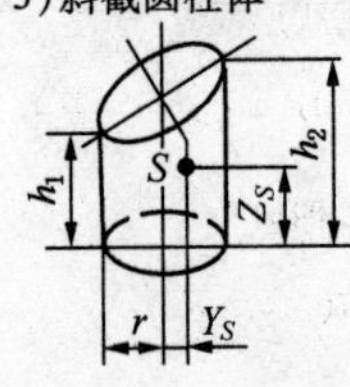

$$Y_S = \frac{r(h_2 - h_1)}{4(h_2 + h_1)}$$
$$Z_S = \frac{h_2 + h_1}{4} + \frac{(h_2 - h_1)^2}{16(h_2 + h_1)}$$
$$A = \pi r(h_2 + h_1)$$
$$A_n = \pi r\left[h_1 + h_2 + r + \sqrt{r^2 + \left(\frac{h_2 - h_1}{2}\right)^2}\right]$$
$$V = \frac{\pi r^2 (h_2 + h_1)}{2}$$

4）平截正圆锥体

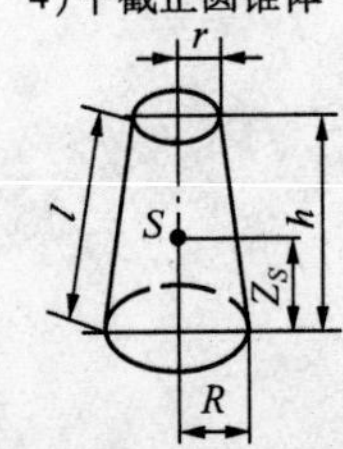

$$Z_S = \frac{h(R^2 + 2Rr + 3r^2)}{4(R^2 + Rr + r^2)}$$
$$A = \pi l(R + r)$$
$$A_n = A + \pi(R^2 + r^2)$$
$$V = \frac{\pi h}{3}(R^2 + Rr + r^2)$$
$$l = \sqrt{(R - r)^2 + h^2}$$

5）正圆锥体

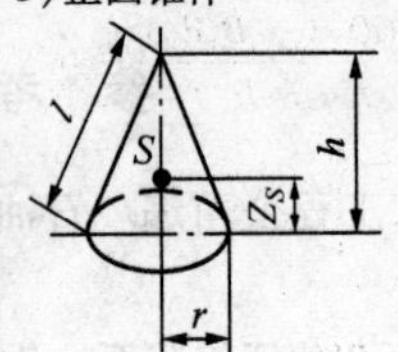

$$Z_S = \frac{h}{4}$$
$$A = \pi rl$$
$$A_n = \pi r(l + r)$$
$$V = \frac{\pi r^2 h}{3}$$
$$l = \sqrt{r^2 + h^2}$$

6）球面扇形体

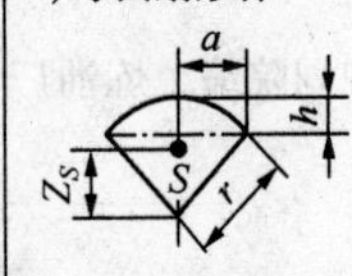

$$Z_S = \frac{3}{8}(2r - h)$$
$$A_n = \pi r(2h + a)$$
$$A = \pi ar$$
$$V = \frac{2}{3}\pi r^2 h$$

7）棱锥体

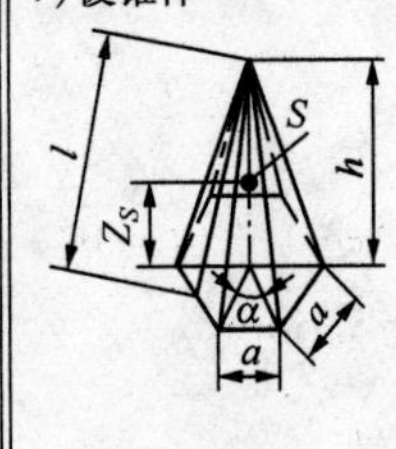

$Z_S = \frac{h}{4}$，$A = \frac{1}{2}nal$

$$V = \frac{na^2 h}{12}\operatorname{ctg}\frac{\alpha}{2}$$

或 $V = \frac{hA_b}{3}$（A_b 为底面积，此式适用于底面为任意多边形的棱锥体）

$$A_n = \frac{1}{2}na\left(\frac{a}{2}\operatorname{ctg}\frac{\alpha}{2} + l\right)$$

$\alpha = \frac{360°}{n}$，n——侧面面数

8）平截长方棱锥体

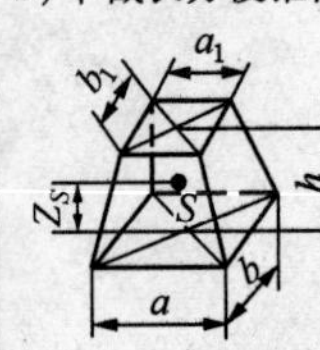

$$Z_S = \frac{h(ab + ab_1 + a_1 b + 3a_1 b_1)}{2(2ab + ab_1 + a_1 b + 2a_1 b_1)}$$

或 $Z_S = \frac{h}{4} \times \frac{A_b + 2\sqrt{A_t A_b} + 3A_t}{A_b + \sqrt{A_t A_b} + A_t}$

（此式适用情况同下面 V）

$$V = \frac{h}{6}(2ab + ab_1 + a_1 b + 2a_1 b_1)$$

或 $V = \frac{h}{3}(A_t + \sqrt{A_t A_b} + A_b)$

（A_t，A_b 分别为顶、底面积，此式适用底面为任意多边形的平截角锥体）

续表 6.1－1

9）空心圆柱体

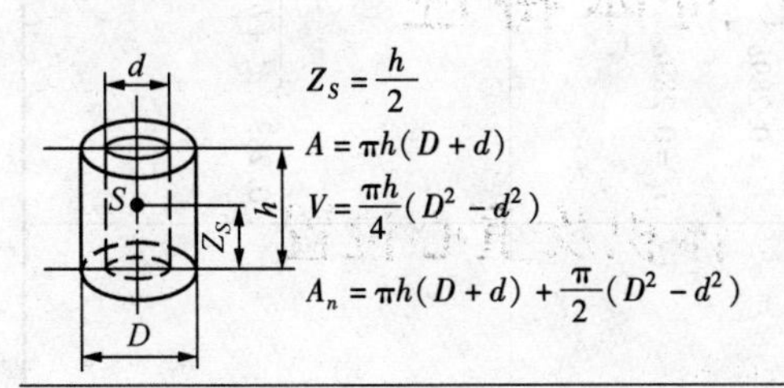

$Z_S=\dfrac{h}{2}$

$A=\pi h(D+d)$

$V=\dfrac{\pi h}{4}(D^2-d^2)$

$A_n=\pi h(D+d)+\dfrac{\pi}{2}(D^2-d^2)$

10）平截空心圆锥体

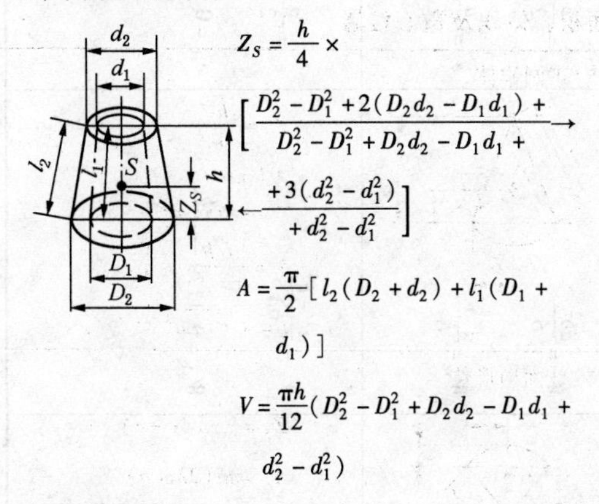

$Z_S=\dfrac{h}{4}\times\left[\dfrac{D_2^2-D_1^2+2(D_2d_2-D_1d_1)+3(d_2^2-d_1^2)}{D_2^2-D_1^2+D_2d_2-D_1d_1+d_2^2-d_1^2}\right]$

$A=\dfrac{\pi}{2}[l_2(D_2+d_2)+l_1(D_1+d_1)]$

$V=\dfrac{\pi h}{12}(D_2^2-D_1^2+D_2d_2-D_1d_1+d_2^2-d_1^2)$

11）球缺

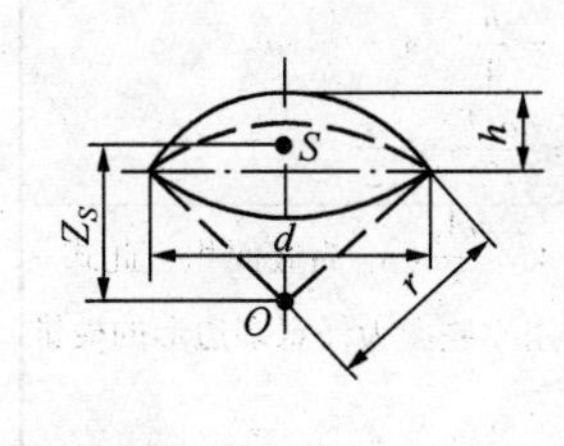

$Z_S=\dfrac{3}{4}\times\dfrac{(2r-h)^2}{3r-h}$

$A=2\pi rh=\dfrac{\pi}{4}(d^2+4h^2)$

$A_n=\pi h(4r-h)$

$V=\pi h^2\left(r-\dfrac{h}{3}\right)$

12）球台

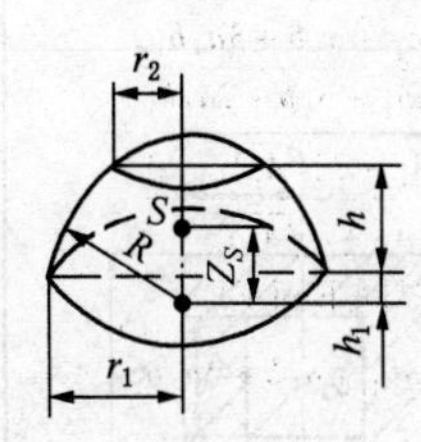

$Z_S=h_1+\dfrac{h}{2}$

$A=2\pi Rh$

$A_n=\pi[2Rh+(r_1^2+r_2^2)]$

$V=\dfrac{\pi h}{6}(3r_1^2+3r_2^2+h^2)$

$=0.5236h(3r_1^2+3r_2^2+h^2)$

13）楔形体

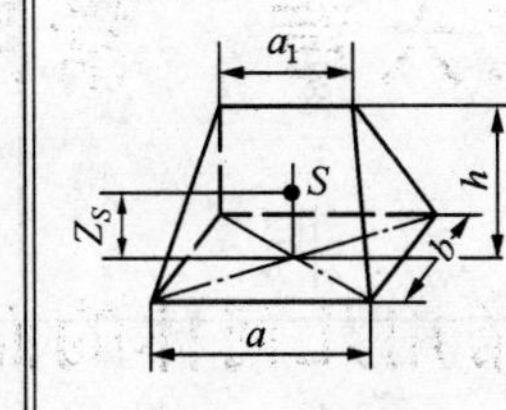

$Z_S=\dfrac{h(a+a_1)}{2(2a+a_1)}$

$V=\dfrac{bh}{6}(2a+a_1)$

14）圆环

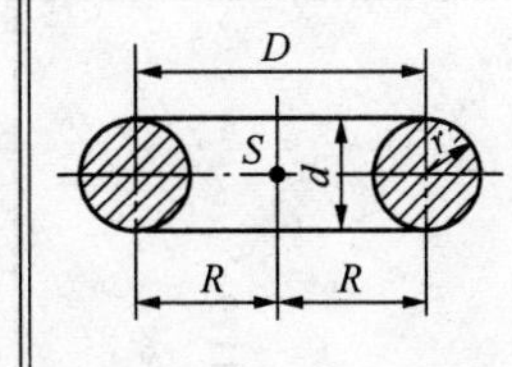

$A_n=4\pi^2Rr=39.478Rr$

$V=2\pi^2Rr^2=\dfrac{\pi^2Dd^2}{4}$

$=19.74Rr^2$

15）桶形

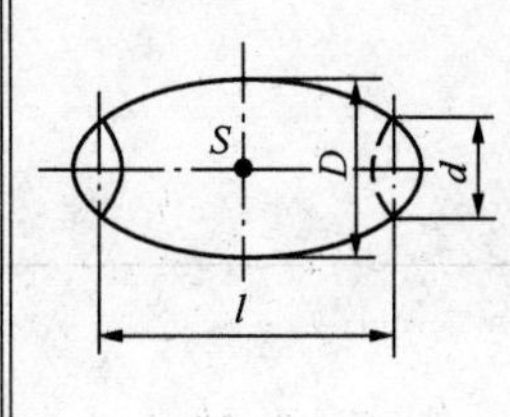

对于抛物线形桶板：

$V=\dfrac{\pi l}{15}\left(2D^2+Dd+\dfrac{3}{4}d^2\right)$

对于圆形桶板：

$V=\dfrac{1}{12}\pi l(2D^2+d^2)$

$=0.262l(2D^2+d^2)$

16）椭圆球

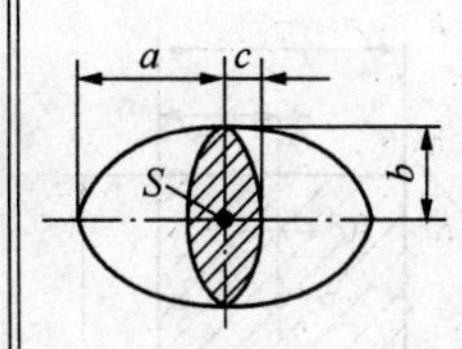

$V=\dfrac{4}{3}abc\pi$

（A_n 不能用简单公式表示）

6.2 常用几何体截面的力学特性

表 6.2-1 各种截面的力学特性

简图	面积 A	惯性矩 I	抗弯截面模数 $W=I/e$	重心 S 到相应边的距离 e	惯性半径 $i=\sqrt{I/A}$
正方形 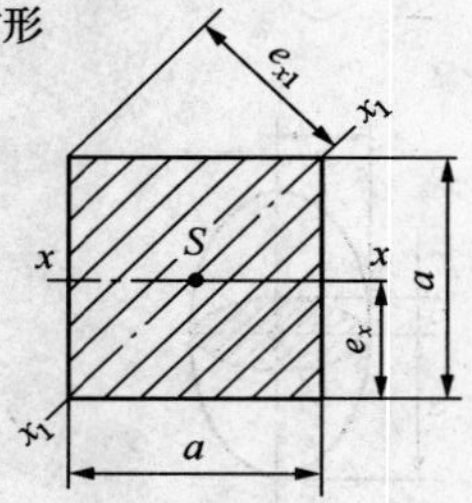	a^2	$\frac{a^4}{12}$	$W_x=\frac{a^3}{6}$ $W_{x1}=0.1179a^3$	$e_x=\frac{a}{2}$ $e_{x1}=0.7071a$	$\frac{a}{\sqrt{12}}=0.289a$
矩形 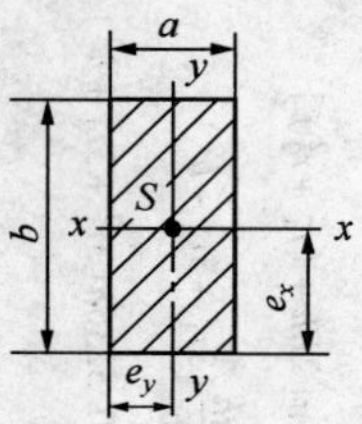	ab	$I_x=\frac{ab^3}{12}$ $I_y=\frac{a^3b}{12}$	$W_x=\frac{ab^2}{6}$ $W_y=\frac{a^2b}{6}$	$e_x=\frac{b}{2}$ $e_y=\frac{a}{2}$	$i_x=0.289b$ $i_y=0.289a$
空心正方形 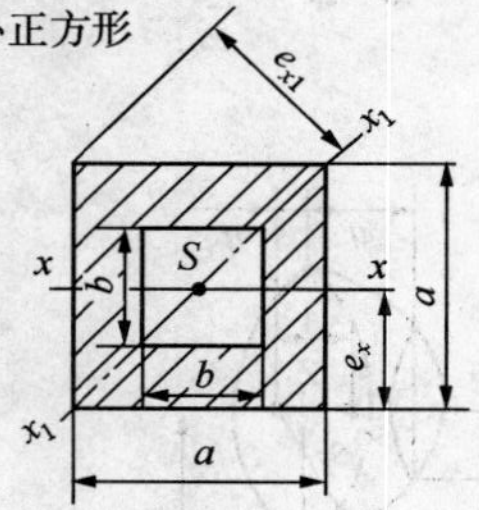	a^2-b^2	$\frac{a^4-b^4}{12}$	$W_x=\frac{a^4-b^4}{6a}$ $W_{x1}=0.1179\frac{a^4-b^4}{a}$	$e_x=\frac{a}{2}$ $e_{x1}=0.7071a$	$0.289\sqrt{a^2+b^2}$

续表 6.2－1

简图	面积 A	惯性矩 I	抗弯截面模数 $W=I/e$	重心 S 到相应边的距离 e	惯性半径 $i=\sqrt{I/A}$
三角形	$A=\frac{bh}{2}=\sqrt{p(p-a)(p-b)(p-c)}$ 式中：$p=\frac{1}{2}(a+b+c)$	$I_{x1}=\frac{bh^3}{4}$ $I_x=\frac{bh^3}{36}$ $I_{x2}=\frac{bh^3}{12}$	$W_{x1}=\frac{bh^2}{24}$ $W_{x2}=\frac{bh^2}{12}$	$e_x=\frac{2h}{3}$	$i_x=0.236h$
梯形	$\frac{h(a+b)}{2}$	$I_x=\frac{h^3(a^2+4ab+b^2)}{36(a+b)}$ $I_{x1}=\frac{h^3(b+3a)}{12}$	$W_{x2}=\frac{h^2(a^2+4ab+b^2)}{12(a+2b)}$ $W_{x1}=\frac{h^2(a^2+4ab+b^2)}{12(2a+b)}$	$e_x=\frac{h(a+2b)}{3(a+b)}$	$i_x=\frac{h}{3(a+b)}\times\sqrt{\frac{a^2+4ab+b^2}{2}}$
六角形	$A=2.598C^2$ $=3.464r^2$ $C=R$ $r=0.866R$	$I_x=0.5413R^4$ $I_y=I_x$	$W_x=0.625R^3$ $W_y=0.5413R^3$	$e_x=0.866R$ $e_y=R$	$i_x=0.4566R$
多角形	$A=nCr/2$ $=\frac{nC}{2}\sqrt{R^2-\frac{C^2}{4}}$ $C=2\sqrt{R^2-r^2}$ $\alpha=360°/n$ 式中：n——多角形边数 $\beta=180°-\alpha$ 对八角形 $A=2.828R^2=4.828C^2$ $r=0.924R$ $C=0.765R$	对八角形 $I=0.638R^4$ $=0.8752r^4$	对八角形 $W_x=0.691R^3$ $=0.876r^3$	$e_x=r=\sqrt{R^2-\frac{C^2}{4}}$ $=R\cos\frac{\alpha}{2}$	对八角形 $i_x=0.4749R$ $=0.514r$ $=0.621C$

续表 6.2－1

简图	面积 A	惯性矩 I	抗弯截面模数 $W=I/e$	重心 S 到相应边的距离 e	惯性半径 $i=\sqrt{I/A}$
圆	$\frac{\pi}{4}d^2$	$I_x=I_y=\frac{\pi}{64}d^4$ $=0.0491d^4$ $I_\rho=\frac{\pi d^4}{32}=0.0982d^4$	$\frac{\pi}{32}d^3=0.0982d^3$ 抗扭截面模数 $W_n=2W$	$\frac{d}{2}$	$\frac{d}{4}$
空心圆	$\frac{\pi}{4}(D^2-d^2)$	$I_x=I_y=\frac{\pi}{64}(D^4-d^4)$ $=0.0491(D^4-d^4)$ $I_\rho=\frac{\pi}{32}(D^4-d^4)$ $=0.0982(D^4-d^4)$	$\frac{\pi(D^4-d^4)}{32D}$ $=0.0982\frac{D^4-d^4}{D}$ 抗扭截面模数 $W_n=2W$	$\frac{D}{2}$	$\frac{1}{4}\sqrt{D^2+d^2}$
半圆	$\frac{\pi}{8}d^2=0.393d^2$	$I_x=0.00686d^4$ $I_y=\frac{\pi}{128}d^4\approx0.0245d^4$	$W_x=0.0239d^3$ $W_y=\frac{\pi}{64}d^3\approx0.0491d^3$	$e_x=0.2878d$ $y_s=0.2122d$	$i_x=0.1319d$ $i_y=\frac{d}{4}$
半圆环	$\frac{\pi(D^2-d^2)}{8}$ $=0.393(D^2-d^2)$ $=1.5708(R^2-r^2)$	$I_x=0.00686(D^4-d^4)-\frac{0.0177D^2d^2(D-d)}{D+d}$ $I_y=\frac{\pi(D^4-d^4)}{128}$	$W_y=\frac{\pi d^3}{64}\left(1-\frac{d^4}{D^4}\right)$	$y_s=\frac{2(D^2+Dd+d^2)}{3\pi(D+d)}$	$i_x=\sqrt{I_x/A}$ $i_y=\sqrt{I_y/A}=\frac{1}{4}\sqrt{D^2+d^2}$

续表6.2－1

简图	面积 A	惯性矩 I	抗弯截面模数 $W=I/e$	重心 S 到相应边的距离 e	惯性半径 $i=\sqrt{I/A}$
带横孔圆	$\frac{\pi}{4}d^2-d_1d$	$I_x=\frac{\pi d^4}{64}(1-1.69\beta)$ $I_y=\frac{\pi d^4}{64}(1-1.69\beta^3)$ $\beta=\frac{d_1}{d}$	$W_x=\frac{\pi d^3}{32}(1-1.69\beta)$ $W_y=\frac{\pi d^3}{32}(1-1.69\beta^3)$ 抗扭截面模数 $W_n=\frac{\pi d^3}{16}(1-\beta)$	$e_y=\frac{d}{2}$ $e_x=\frac{d}{2}$	$i=\sqrt{\frac{I}{A}}$
花键	$\frac{\pi}{4}d^2+\frac{Zb(D-d)}{2}$ （Z—花键齿数）	$I_x=\frac{\pi d^4}{64}+\frac{bZ(D-d)(D+d)^2}{64}$	$W_x=\frac{\pi d^4+bZ(D-d)(D+d)^2}{32D}$ 抗扭截面模数 $W_n=2W_x$	$e_y=\frac{D}{2}$ $e_x=\frac{d}{2}$	$i_x=\frac{1}{4}\times\sqrt{\frac{\pi d^4+bZ(D-d)(D+d)^2}{\pi d^2+2Zb(D-d)}}$
扇形	$A=\frac{\pi r^2\alpha}{360°}$ $=0.00873r^2\alpha$ $l=\frac{\pi r\alpha}{180°}=0.01745r\alpha$ $C=2r\sin\frac{\alpha}{2}$	$I_{x1}=\frac{r^4}{8}\left(\pi\frac{\alpha}{180°}+\sin\alpha\right)$ $I_x=\frac{r^4}{8}\left(\pi\frac{\alpha}{180°}+\sin\alpha-\frac{64}{9}\sin^2\frac{\alpha}{2}\times\frac{180°}{\pi\alpha}\right)$ $I_y=\frac{r^4}{8}\left(\pi\frac{\alpha}{180°}-\sin\alpha\right)$		$y_s=\frac{2rC}{3l}$	$i_x=\frac{r}{2}\sqrt{1+\frac{\sin\alpha}{\alpha}\times\frac{180°}{\pi}-\frac{64}{9}\times\frac{\sin^2\frac{\alpha}{2}}{\left(\alpha\frac{\pi}{180°}\right)^2}}$ $i_y=\frac{r}{2}\sqrt{1-\frac{\sin\alpha}{\alpha}\times\frac{180°}{\pi}}$
弓形	$A=\frac{1}{2}[rl-C(r-h)]$ $C=2\sqrt{h(2r-h)}$ $r=\frac{C^2+4h^2}{8h}$ $h=r-\frac{1}{2}\sqrt{4r^2-C^2}$ $l=0.01745r\alpha$ $\alpha=\frac{57.296l}{r}$	$I_{x1}=\frac{lr^3}{8}-\frac{r^4}{16}\sin2\alpha$ $I_x=I_{x1}-Ay_s{}^2$ $I_y=\frac{r^4}{8}\left(\frac{\alpha\pi}{180°}-\sin\alpha-\frac{2}{3}\sin\alpha\sin^2\frac{\alpha}{2}\right)$ $W_x=\frac{I_x}{r-y_s}$		$y_s=\frac{C^3}{12A}$	$i_x=\sqrt{\frac{I_x}{A}}$

续表 6.2-1

简图	面积 A	惯性矩 I	抗弯截面模数 $W=I/e$	重心 S 到相应边的距离 e	惯性半径 $i=\sqrt{I/A}$
扇形圆环 y α α x S x y_s O x_1 x_1 y $d=2r$ $D=2R$	$\frac{\pi\alpha}{180^\circ}(R^2-r^2)$	$I_{x1}=\frac{R^4-r^4}{8}(\frac{\pi\alpha}{90^\circ}+\sin2\alpha)$ $I_x=I_{x1}-Ay_s{}^2$ $I_y=\frac{R^4-r^4}{8}(\frac{\pi\alpha}{90^\circ}-\sin2\alpha)$		$y_s=38.197\times\frac{(R^3-r^3)\sin\alpha}{(R^2-r^2)\alpha}$	$i_x=\sqrt{\frac{I_x}{A}}$ $i_y=\sqrt{\frac{I_y}{A}}$
椭圆 e_y y $2b$ x S x e_x y $2a$	πab	$I_x=\frac{\pi ab^3}{4}$ $I_y=\frac{\pi a^3 b}{4}$	$W_x=\frac{\pi ab^2}{4}$ $W_y=\frac{\pi a^2 b}{4}$	$e_x=b$ $e_y=a$	$i_x=\frac{b}{2}$ $i_y=\frac{a}{2}$
空心椭圆 y e_y $2b$ $2b_1$ x S x e_x y $2a_1$ $2a$	$\pi(ab-a_1b_1)$	$I_x=\frac{\pi}{4}(ab^3-a_1b_1^3)$ $I_y=\frac{\pi}{4}(a^3b-a_1^3b_1)$	$W_x=\frac{\pi(ab^3-a_1b_1^3)}{4b}$ $W_y=\frac{\pi(a^3b-a_1^3b_1)}{4a}$	$e_x=b$ $e_y=a$	$i_x=\sqrt{\frac{I_x}{A}}$ $i_y=\sqrt{\frac{I_y}{A}}$

续表 6.2－1

简图	面积 A	惯性矩 I	抗弯截面模数 $W=I/e$	重心 S 到相应边的距离 e	惯性半径 $i=\sqrt{I/A}$
带孔矩形 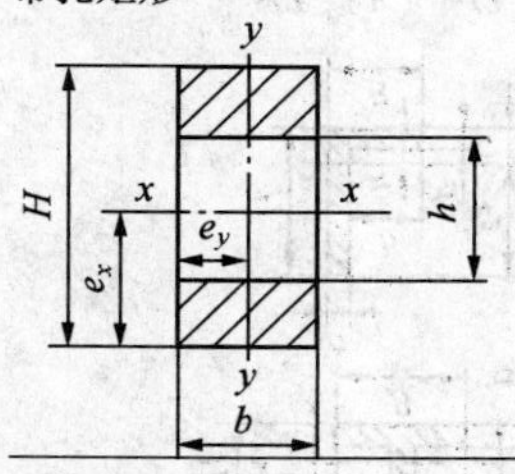	$b(H-h)$	$I_x=\frac{b(H^3-h^3)}{12}$ $I_y=\frac{b^3(H-h)}{12}$	$W_x=\frac{b(H^3-h^3)}{6H}$ $W_y=\frac{b^2(H-h)}{6}$	$e_x=\frac{H}{2}$ $e_y=\frac{b}{2}$	$i_x=\sqrt{\frac{H^2+Hh+h^2}{12}}$ $i_y=0.289b$
空心正方形 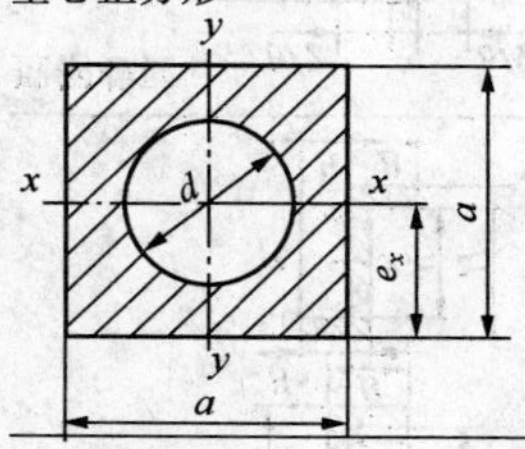	$a^2-\frac{\pi d^2}{4}$	$\frac{1}{12}\left(a^4-\frac{3\pi d^4}{16}\right)$	$\frac{1}{6a}\left(a^4-\frac{3\pi d^4}{16}\right)$	$e_x=\frac{a}{2}$	$\sqrt{\frac{16a^4-3\pi d^4}{48(4a^2-\pi d^2)}}$
型钢截面 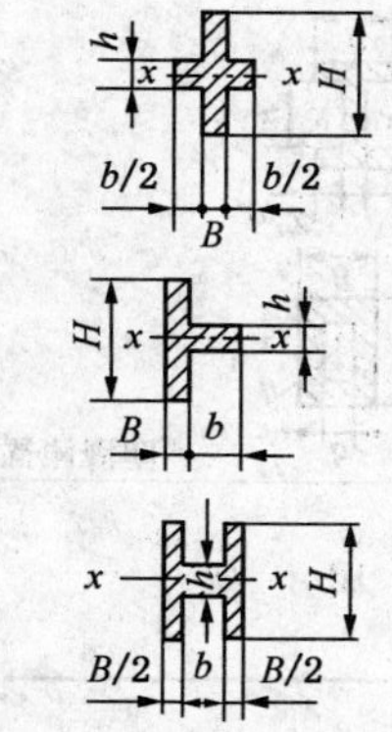	$BH+bh$	$I_x=\frac{BH^3+bh^3}{12}$	$W_x=\frac{BH^3+bh^3}{6H}$	$e_x=\frac{H}{2}$	$i_x=\sqrt{\frac{I_x}{A}}$

续表 6.2－1

简图	面积 A	惯性矩 I	抗弯截面模数 $W=I/e$	重心 S 到相应边的距离 e	惯性半径 $i=\sqrt{I/A}$
型钢截面 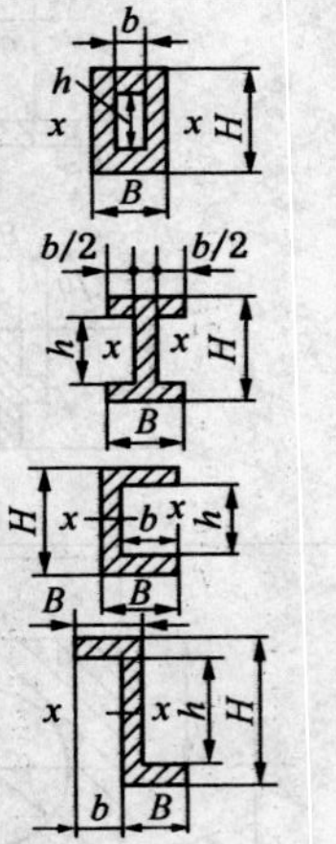	$BH-bh$	$I_x=\frac{BH^3-bh^3}{12}$	$W_x=\frac{BH^3-bh^3}{6H}$	$e_x=\frac{H}{2}$	$i_x=\sqrt{\frac{I_x}{A}}$
型钢截面 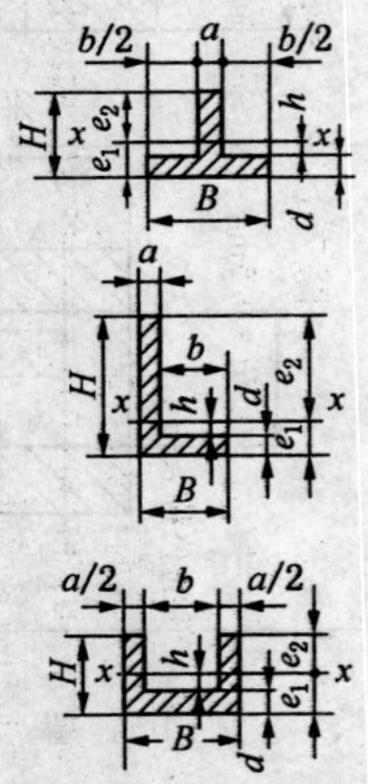	$BH-b(e_2+h)$	$I_x=\frac{1}{3}(Be_1^3-bh^3+ae_2^3)$	$W_{x1}=\frac{I_x}{e_1}$ $W_{x2}=\frac{I_x}{e_2}$	$e_1=\frac{aH^2+bd^2}{2(aH+bd)}$ $e_2=H-e_1$	$i_x=\sqrt{\frac{I_x}{A}}$

注：1. 表中 I_x，I_y 均为轴惯性矩，I_p 为极惯性矩。2. 表中 α 单位为（°）。

第七章　螺纹零件结构要素

7.1　紧固件　外螺纹零件的末端（GB/T 2—2001）

1. 紧固件公称长度以内的末端，应按图 7.1－1 和表 7.1－1 的规定。

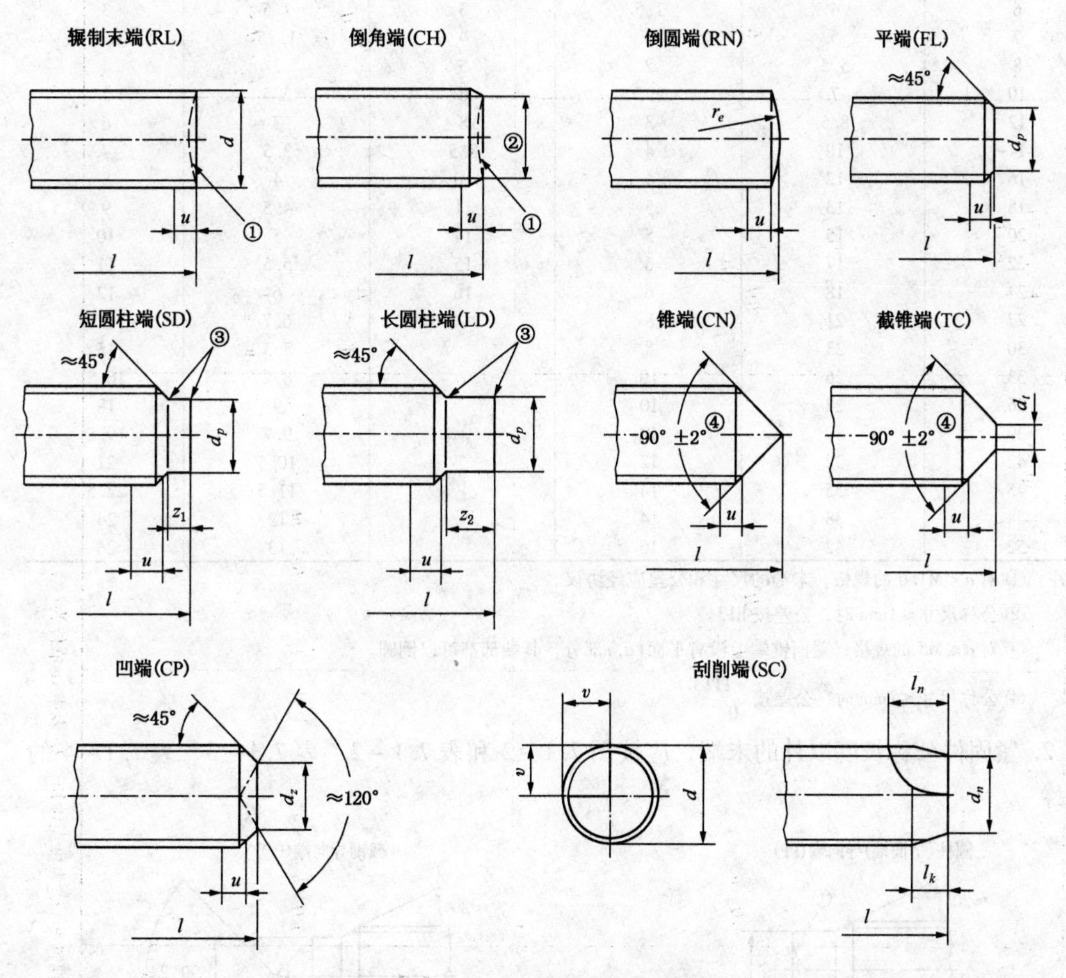

图 7.1－1　公称长度以内的末端形式

$r_e \approx 1.4d$；$v = 0.5d \pm 0.5$mm；$d_n = d - 1.6P$；$l_n \leqslant 5P$；$l_k \leqslant 3P$；$l_n - l_k \geqslant 2P$；P—螺距。

注：1. l 为紧固件的公称长度；

2. 不完整螺纹的长度 $u \leqslant 2P$；

3. 对 FL，SD，LD 和 CP 型末端，45°仅指螺纹小径以下的末端部分。

① 端面可以是凹面。

② ≤螺纹小径。

③ 倒圆。

④ 对短螺钉为 120°±2°，并按产品标准的规定，如 GB/T 78。

表 7.1-1 尺寸 mm

螺纹直径 d①	d_p h14②	d_t③ h16	d_z h14	z_1 $^{+IT14④}_{0}$	z_2 $^{+IT14④}_{0}$
1.6	0.8		0.8	0.4	0.8
1.8	0.9		0.9	0.45	0.9
2	1		1	0.5	1
2.2	1.2		1.1	0.55	1.1
2.5	1.5		1.2	0.63	1.25
3	2		1.4	0.75	1.5
3.5	2.2		1.7	0.88	1.75
4	2.5		2	1	2
4.5	3		2.2	1.12	2.25
5	3.5		2.5	1.25	2.5
6	4	1.5	3	1.5	3
7	5	2	4	1.75	3.5
8	5.5	2	5	2	4
10	7	2.5	6	2.5	5
12	8.5	3	8	3	6
14	10	4	8.5	3.5	7
16	12	4	10	4	8
18	13	5	11	4.5	9
20	15	5	14	5	10
22	17	6	15	5.5	11
24	18	6	16	6	12
27	21	8		6.7	13.5
30	23	8		7.5	15
33	26	10		8.2	16.5
36	28	10		9	18
39	30	12		9.7	19.5
42	32	12		10.5	21
45	35	14		11.5	22.5
48	38	14		12	24
52	42	16		13	26

注：① 对 $d<$ M1.6 的规格，末端的尺寸和公差应经协议。

② 公称尺寸≤1mm 时，公差按 h13。

③ 对 $d\leqslant$ M5 的规格，截面锥端上没有平面(d_t)部分，其端部都可以倒圆。

④ 公称尺寸≤1mm 时，公差按 $^{+IT13}_{0}$。

2. 紧固件公称长度以外的末端，应按图 7.1-2 和表 7.1-2、表 7.1-3、表 7.1-4 的规定。

圆柱(平面端)导向端(PF)

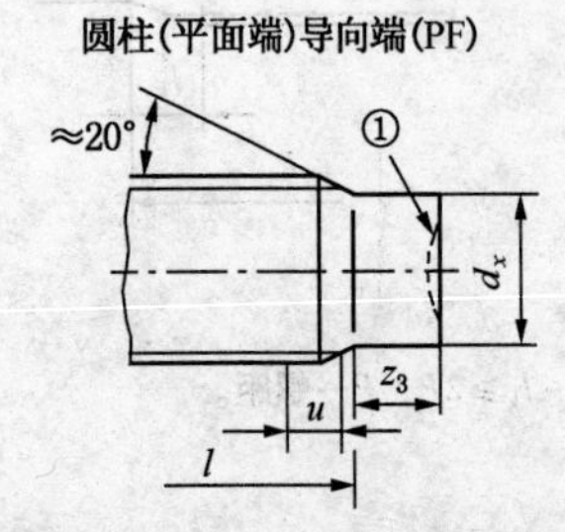

截锥导向端(PC)

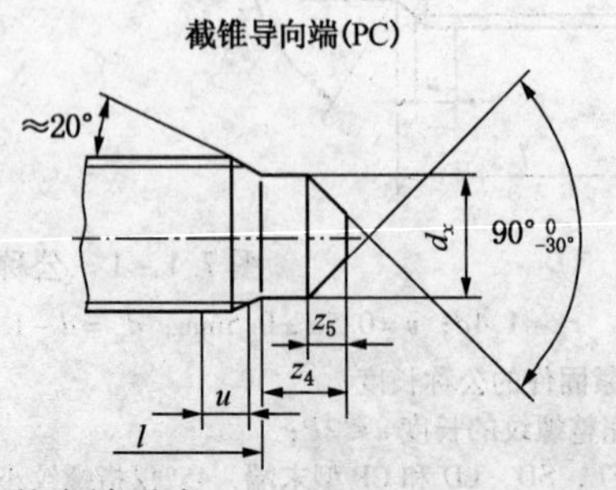

图 7.1-2 公称长度以外的末端形式

注：1. 不完整螺纹的长度 $u\leqslant 2P$；P—螺距。

2. 20°仅指螺纹小径以下的末端部分。

① 端面可以是凹面。

表 7.1－2　粗牙螺纹用圆柱导向端(PF)尺寸　　mm

螺纹规格		M4	M5	M6	M8	M10	M12	M14	M16	M20	M24
d_x①	max	2.9	3.8	4.5	6.1	7.8	9.4	11.1	13.1	16.3	19.6
	min	2.7	3.6	4.3	5.9	7.6	9.1	10.8	12.8	15.9	19.2
z_3	$^{+IT17}_{0}$	2	2.5	3	4	5	6	7	8	10	12

注：①在特殊情况下，如有不同要求，其直径尺寸必须单独协议。

表 7.1－3　粗牙螺纹用截锥导向端(PC)尺寸　　mm

螺纹规格		M4	M5	M6	M8	M10	M12	M14	M16	M20	M24
d_x①	max	2.9	3.8	4.5	6.1	7.8	9.4	11.1	13.1	16.3	19.6
	min	2.7	3.6	4.3	5.9	7.6	9.1	10.8	12.8	15.9	19.2
z_4	$^{+IT17}_{0}$	2	2.5	3	4	5	6	7	8	10	12
z_5	max	1.0	1.50	2	2.5	3.0	3.5	4	4.5	5	6
	min	0.5	0.75	1	1.5	1.5	2	2	2.5	3	4

注：①在特殊情况下，如有不同要求，其直径尺寸必须单独协议。

表 7.1－4　细牙螺纹用截锥导向端(PC)尺寸　　mm

螺纹规格		M8×1	M10×1	M12×1.5	M14×1.5	M16×1.5
d_x	max	6.3	8.0	9.6	11.40	13.50
	min	6.08	7.78	9.38	11.13	13.23
z_4	$^{+IT17}_{0}$	4	5	6	7	8
z_5	max	2.5	3	3.5	4	4.5
	min	1.5	1.5	2	2	2.5

7.2　普通螺纹收尾、肩距、退刀槽、倒角(GB/T 3—1997)

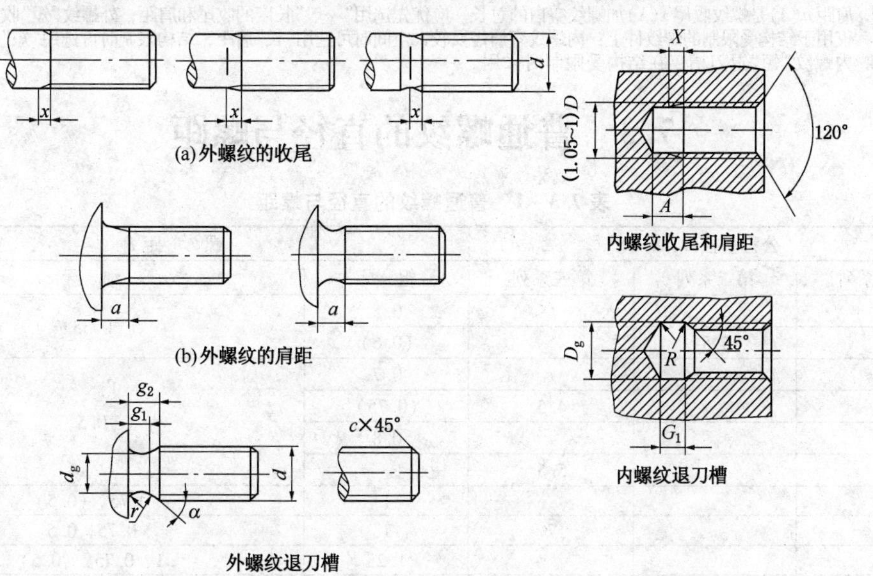

(a)外螺纹的收尾

内螺纹收尾和肩距

(b)外螺纹的肩距

内螺纹退刀槽

外螺纹退刀槽

表 7.2-1 普通螺纹收尾、肩距、退刀槽和倒角 mm

螺距	粗牙螺纹大径	外螺纹										内螺纹							
		收尾 x (max)		肩距 a (max)			退刀槽				倒角	收尾 X (max)		肩距 A (min)		退刀槽			
P	d						g_1	g_2	r	d_g	c					G_1		D_g	R
		一般	短的	一般	长的	短的	min	max	≈			一般	短的	一般	长的	一般	短的		≈
0.5	3	1.25	0.7	1.5	2	1	0.8	1.5	0.2	$d-0.8$	0.5	2	1	3	4	2	1		0.2
0.6	3.5	1.5	0.75	1.8	2.4	1.2	0.9	1.8	0.4	$d-1$		2.4	1.2	3.2	4.8	2.4	1.2		0.3
0.7	4	1.75	0.9	2.1	2.8	1.4	1.1	2.1	0.4	$d-1.1$	0.6	2.8	1.4	3.5	5.6	2.8	1.4	$D+0.3$	0.4
0.75	4.5	1.9	1	2.25	3	1.5	1.2	2.25	0.4	$d-1.2$		3	1.5	3.8	6	3	1.5		0.4
0.8	5	2	1	2.4	3.2	1.6	1.3	2.4	0.4	$d-1.3$	0.8	3.2	1.6	4	6.4	3.2	1.6		0.4
1	6	2.5	1.25	3	4	2	1.6	3	0.6	$d-1.6$	1	4	2	5	8	4	2		0.5
1.25	8	3.2	1.6	4	5	2.5	2	3.75	0.6	$d-2$	1.2	5	2.5	6	10	5	2.5		0.6
1.5	10	3.8	1.9	4.5	6	3	2.5	4.5	0.8	$d-2.3$	1.5	6	3	7	12	6	3		0.8
1.75	12	4.3	2.2	5.3	7	3.5	3	5.25	1	$d-2.6$	2	7	3.5	9	14	7	3.5		0.9
2	14, 16	5	2.5	6	8	4	3.4	6	1	$d-3$		8	4	10	16	8	4		1
2.5	18, 20, 22	6.3	3.2	7.5	10	5	4.4	7.5	1.2	$d-3.6$	2.5	10	5	12	18	10	5		1.2
3	24, 27	7.5	3.8	9	12	6	5.2	9	1.6	$d-4.4$		12	6	14	22	12	6	$D+0.5$	1.5
3.5	30, 33	9	4.5	10.5	14	7	6.2	10.5	1.6	$d-5$	3	14	7	16	24	14	7		1.8
4	36, 39	10	5	12	16	8	7	12	2	$d-5.7$		16	8	18	26	16	8		2
4.5	42, 45	11	5.5	13.5	18	9	8	13.5	2.5	$d-6.4$	4	18	9	21	29	18	9		2.2
5	48, 52	12.5	6.3	15	20	10	9	15	2.5	$d-7$		20	10	23	32	20	10		2.5
5.5	56, 60	14	7	16.5	22	11	11	17.5	3.2	$d-7.7$	5	22	11	25	35	22	11		2.8
6	64, 68	15	7.5	18	24	12	11	18	3.2	$d-8.3$		24	12	28	38	24	12		3

注：1. 外螺纹始端端面的倒角一般为45°，也可采用60°或30°倒角；倒角深度应大于或等于螺纹牙型高度。内螺纹入口端面的倒角一般为120°，也可采用90°倒角；端面倒角直径为(1.05~1)D；
2. 外螺纹退刀槽过渡角(α)不应小于30°；
3. 肩距$a(A)$是螺纹收尾$x(X)$加螺纹空白的总长。应优先选用"一般"长度的收尾和肩距；外螺纹"短"收尾和"短"肩距仅用于结构受限制的螺纹件上；内螺纹容屑需要较大空间时可选用"长"肩距，结构限制时可选用"短"收尾；
4. 内螺纹"短"退刀槽仅在结构受限制时采用。

7.3 普通螺纹的直径与螺距

表 7.3-1 普通螺纹的直径与螺距 mm

公称直径 D, d			螺距 P	
第一系列	第二系列	第三系列	粗牙	细牙
3			0.5	0.35
	3.5		(0.6)	
4			0.7	0.5
		4.5	(0.75)	
5			0.8	
		5.5		
6			1	0.75, (0.5)
		7	1	0.75, 0.5
8			1.25	1, 0.75, (0.5)
		9	(1.25)	1, 0.75, 0.5

续表 7.3－1

公称直径 D，d			螺　距 P	
第一系列	第二系列	第三系列	粗　牙	细　牙
10			1.5	1.25，1，0.75，(0.5)
		11	(1.5)	1，0.75，0.5
12			1.75	1.5，1.25，1，(0.75)，(0.5)
	14		2	1.5，(1.25)，1，(0.75)，(0.5)
		15		1.5，(1)
16			2	1.5，1，(0.75)，(0.5)
		17		1.5，(1)
20	18 22		2.5	2，1.5，1，(0.75)，(0.5)
24			3	2，1.5，1，(0.75)
		25		2，1.5，(1)
		26		1.5
	27		3	2，1.5，1，(0.75)
		28		2，1.5，1
30			3.5	(3)，2，1.5，1，(0.75)
		32		2，1.5
	33		3.5	(3)，2，1.5，(1)，(0.75)
		35		1.5
36			4	3，2，1.5，(1)
		38		1.5
	39		4	3，2，1.5，(1)
		40		(3)，(2)，1.5
42 48	45		4.5 5	(4)，3，2，1.5，(1)
		50		(3)，(2)，1.5
	52		5	(4)，3，2，1.5，(1)
		55		(4)，(3)，2，1.5
56			5.5	4，3，2，1.5，(1)
		58		(4)，(3)，2，1.5
	60		(5.5)	4，3，2，1.5，(1)
		62		(4)，(3)，2，1.5
64			6	4，3，2，1.5，(1)
		65		(4)，(3)，2，1.5
	68		6	4，3，2，1.5，(1)
		70		(6)，(4)，(3)，2，1.5
72				6，4，3，2，1.5，(1)
		75		(4)，(3)，2，1.5
	76			6，4，3，2，1.5，(1)
		78		2
80				6，4，3，2，1.5，(1)
		82		2
90 100 110 125 140	85 95 105 115 120 130 150	 135 145		6，4，3，2，(1.5)
		155 165 175 185 195		6，4，3，2
160 180	170 190			6，4，3，(2)
200 220 250	 210 240	205 215 225 230 235 245		6，4，3
		255 265 270 275 285 290 295		6，4，(3)

续表 7.3-1

公称直径 D, d			螺距 P	
第一系列	第二系列	第三系列	粗牙	细牙
280	260			6, 4, (3)
	300			
		310		6, 4
320		330		
	340	350		
360		370		
400	380	390		
	420	410		6
	440	430		
450	460	470		
	480	490		
500	520	510		
550	540	530		
	560	570		
600	580	590		

注：1. 直径优先选用第一系列，其次第二系列，第三系列尽可能不用。

2. 括号内的螺距尽可能不用。

3. M14×1.25 仅用于火花塞，M35×1.5 仅用于滚动轴承锁紧螺母。

7.4 普通螺纹(GB/T 196—2003)

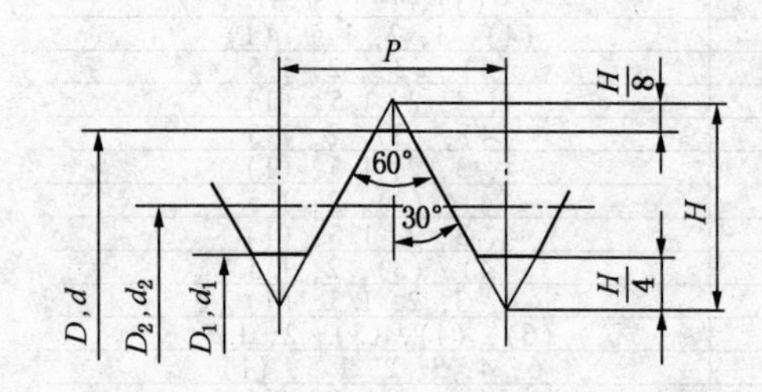

$$D_2 = D - 2\times\frac{3}{8}H = D - 0.6495P;$$

$$d_2 = d - 2\times\frac{3}{8}H = d - 0.6495P;$$

$$D_1 = D - 2\times\frac{5}{8}H = D - 1.0825P;$$

$$d_1 = d - 2\times\frac{5}{8}H = d - 1.0825P;$$

$$H = \frac{\sqrt{3}}{2}P = 0.866P;\quad h = 0.5413P。$$

在强度计算时，采用的螺栓有效面积：

$$F = \frac{\pi}{4}\left(d_1 - \frac{H}{6}\right)^2$$

表 7.4-1 普通螺纹的基本尺寸 mm

粗牙普通螺纹

公称直径 D, d	螺距 P	中径 D_2 或 d_2	小径 D_1 或 d_1	工作高度 h	有效面积 F/cm²	公称直径 D, d	螺距 P	中径 D_2 或 d_2	小径 D_1 或 d_1	工作高度 h	有效面积 F/cm²
3	0.5	2.675	2.459	0.271	0.0446	10	1.5	9.026	8.376	0.812	0.523
3.5	0.6	3.110	2.850	0.325	0.0599	11	1.5	10.026	9.376	0.812	0.658
4	0.7	3.545	3.242	0.379	0.078	12	1.75	10.863	10.106	0.947	0.763
4.5	0.75	4.013	3.688	0.406	0.095	14	2	12.701	11.835	1.083	1.047
5	0.8	4.480	4.134	0.433	0.127	16	2	14.701	13.835	1.083	1.441
6	1	5.350	4.917	0.541	0.179	18	2.5	16.376	15.294	1.353	1.744
7	1	6.350	5.917	0.541	0.261	20	2.5	18.376	17.294	1.353	2.252
8	1.25	7.188	6.647	0.677	0.329	22	2.5	20.376	19.294	1.353	2.815
9	1.25	8.188	7.647	0.677	0.437	24	3	22.051	20.752	1.624	3.243

续表 7.4－1

粗牙普通螺纹

公称直径 D，d	螺距 P	中径 D_2 或 d_2	小径 D_1 或 d_1	工作高度 h	有效面积 F/cm^2	公称直径 D，d	螺距 P	中径 D_2 或 d_2	小径 D_1 或 d_1	工作高度 h	有效面积 F/cm^2
27	3	25.051	23.752	1.624	4.271	48	5	44.752	42.587	2.706	13.767
30	3.5	27.727	26.211	1.895	5.189	52	5	48.752	46.587	2.706	16.52
33	3.5	30.727	29.211	1.895	6.330	56	5.5	52.428	50.046	2.977	19.052
36	4	33.402	31.670	2.165	7.595	60	5.5	56.428	54.046	2.977	22.27
39	4	36.402	34.670	2.165	9.129	64	6	60.103	57.505	3.248	25.182
42	4.5	39.077	37.129	2.436	10.452	68	6	64.103	61.505	3.248	28.88
45	4.5	42.077	40.129	2.436	12.24						

细牙普通螺纹

螺距 P	中径 D_2 或 d_2	小径 D_1 或 d_1	工作高度 h	螺距 P	中径 D_2 或 d_2	小径 D_1 或 d_1	工作高度 h
0.35	$d-1+0.773$	$d-1+0.621$	0.189	1.5	$d-1+0.026$	$d-2+0.376$	0.812
0.5	$d-1+0.675$	$d-1+0.459$	0.271	2	$d-2+0.701$	$d-3+0.835$	1.083
0.75	$d-1+0.513$	$d-1+0.188$	0.406	3	$d-2+0.052$	$d-4+0.752$	1.624
1	$d-1+0.350$	$d-2+0.918$	0.541	4	$d-3+0.402$	$d-5+0.670$	2.165
1.25	$d-1+0.188$	$d-2+0.647$	0.677	6	$d-4+0.103$	$d-7+0.505$	3.248

注：本节只选用公称直径 3～68mm 的常用规格，如需其他规格请查阅标准原文。

表 7.4－2 普通螺纹的推荐公差带及螺纹标记（GB/T 197—2003）

	公差精度	公差带位置 G			公差带位置 H		
		S	N	L	S	N	L
内螺纹	精密				4H	5H	6H
	中等	(5G)	**6G**	(7G)	**5H**	**6H**	**7H**
	粗糙		(7G)	(8G)		7H	8H

	公差精度	公差带位置 e			公差带位置 f			公差带位置 g			公差带位置 h		
		S	N	L	S	N	L	S	N	L	S	N	L
外螺纹	精密								(4g)	(5g4g)	(3h4h)	**4h**	(5h4h)
	中等		**6e**	(7e6e)		**6f**		(5g6g)	**6g**	(7g6g)	(5h6h)	6h	(7h6h)
	粗糙		(8e)	(9e8e)					8g	(9g8g)			

续表 7.4－2

<table>
<tr><td rowspan="3">标记示例</td><td>粗牙螺纹</td><td>直径 10mm，螺距 1.5mm，中径顶径公差带均为 6H 的单线内螺纹：M10－6H</td><td rowspan="2">顶径指外螺纹大径和内螺纹小径</td></tr>
<tr><td>细牙螺纹</td><td>直径 16mm，螺距 1.5mm，导程 3mm，中径顶径公差带均为 6g 的双线外螺纹：M16×Ph3P1.5(two starts)－6g</td></tr>
<tr><td>螺纹副</td><td colspan="2">M6×0.75－6H/5g6g－S－LH
LH：左旋(右旋不标)
S：旋合长度(中等旋合长度“N”不标)
6g：外螺纹顶径公差带
5g：外螺纹中径公差带
6H：内螺纹中径和顶径公差带(公差带代号相同时只标一个)</td></tr>
</table>

注：1. 带方框的粗体字公差带用于大量生产的紧固件螺纹。

2. 公差带优先选用顺序为：粗字体公差带、一般字体公差带、括号内公差带。

3. 螺纹的公差精度分为三级：精密—用于精密螺纹；中等—用于一般用途螺纹；粗糙—用于制造螺纹有困难的场合，例如在热轧棒料上和涤盲孔内加工螺纹。

4. 旋合长度代号：S—短旋合长度组；N—中等旋合长度组；L—长旋合长度组。

5. 螺纹线数使用英语进行说明：双线为 two starts；三线为 three starts；四线为 four starts。

7.5 英制螺纹($\alpha=55°$)

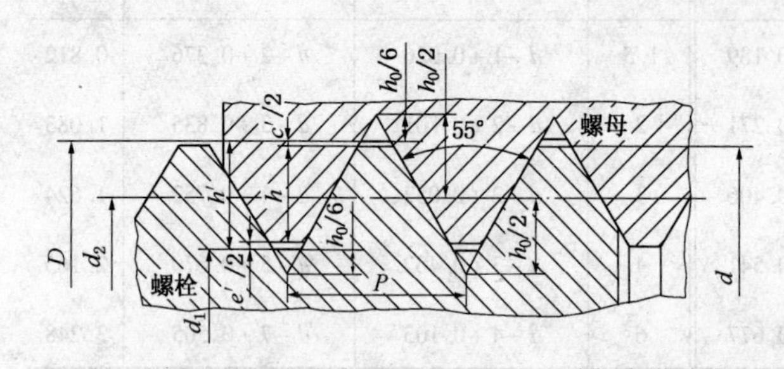

$h_0=0.96049P$

$h'=0.6403P$

$h=h'-(\frac{e'}{2}+\frac{c'}{2})$

$P=\frac{25.4}{n}$

标记示例：

尺寸代号 3/16″：3/16″

表 7.5－1 英制螺纹 mm

尺寸代号	每英寸牙数 n	螺距 P	螺纹直径 大径 d	中径 d_2	小径 d_1	间隙 c'	e'	工作高度 h
3/16	24	1.058	4.762	4.085	3.408	0.132	0.152	0.538
1/4	20	1.270	6.350	5.537	4.724	0.150	0.186	0.646
5/16	18	1.411	7.938	7.034	6.131	0.158	0.209	0.72
3/8	16	1.588	9.525	8.509	7.492	0.165	0.238	0.816
(7/16)	14	1.814	11.112	9.951	8.789	0.182	0.271	0.936
1/2	12	2.117	12.700	11.345	9.989	0.200	0.311	1.1
(9/16)	12	2.117	14.288	12.932	11.577	0.208	0.313	1.096
5/8	11	2.309	15.875	14.397	12.918	0.225	0.342	1.146
3/4	10	2.540	19.050	17.424	15.798	0.240	0.372	1.32
7/8	9	2.822	22.225	20.418	18.611	0.265	0.419	1.465
1	8	3.175	25.400	23.367	21.334	0.290	0.466	1.655
1⅛	7	3.629	28.575	26.252	23.929	0.325	0.531	1.905

续表 7.5-1

尺寸代号	每英寸牙数 n	螺距 P	螺纹直径 大径 d	螺纹直径 中径 d_2	螺纹直径 小径 d_1	间隙 c'	间隙 e'	工作高度 h
1¼	7	3.629	31.750	29.427	27.104	0.330	0.536	1.890
(1⅜)	6	4.233	34.925	32.215	29.504	0.365	0.626	2.216
1½	6	4.233	38.100	35.390	32.679	0.370	0.631	2.211
(1⅝)	5	5.080	41.275	38.022	34.770	0.425	0.750	2.666
1¾	5	5.080	44.450	41.198	37.945	0.430	0.755	2.666
(1⅞)	4½	5.644	47.625	44.011	40.397	0.475	0.833	2.960
2	4½	5.644	50.800	47.186	43.572	0.480	0.838	2.960
2¼	4	6.350	57.150	53.084	49.019	0.530	0.941	3.330
2½	4	6.350	63.500	59.434	55.369	0.530	0.941	3.330
2¾	3½	7.257	69.850	65.204	60.557	0.590	1.073	3.816
3	3½	7.257	76.200	71.554	66.907	0.590	1.073	3.816
3¼	3¼	7.815	82.550	77.546	72.542	0.640	1.158	4.105
3½	3¼	7.815	88.900	83.896	78.892	0.640	1.158	4.105
3¾	3	8.467	95.250	89.829	84.409	0.700	1.251	4.446
4	3	8.467	101.600	96.179	90.759	0.700	1.251	4.446

注：1. 英制螺纹只在制造修配机件时使用，设计新产品时不使用。

2. 括号内尺寸尽可能不采用。

3. 大径 $d = D - c'$。

7.6　55°非螺纹密封的管螺纹（GB/T 7307—2001）

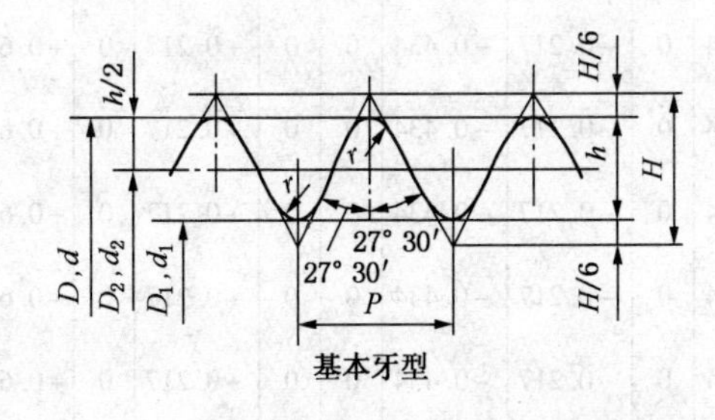

基本牙型

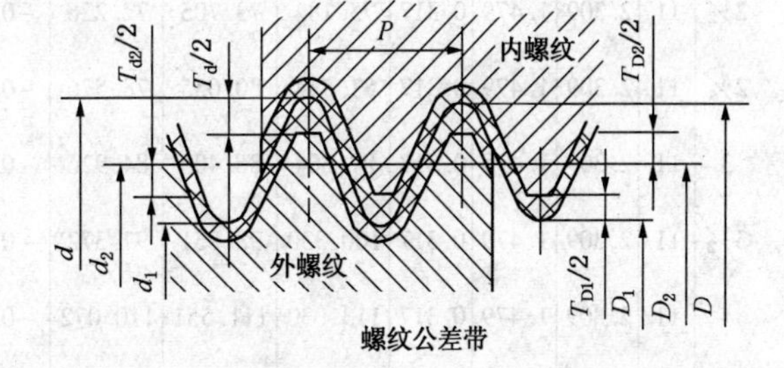

螺纹公差带

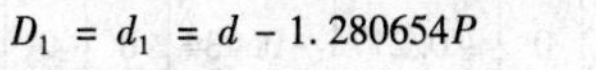

$P = \dfrac{25.4}{n}$　　$\dfrac{H}{6} = 0.160082P$

$H = 0.960491P$　　$D_2 = d_2 = d - 0.640327P$

$h = 0.640327P$　　$D_1 = d_1 = d - 1.280654P$

$r = 0.137329P$

标记示例：

1½左旋风螺纹　G1½-LH（右旋不标 LH）；

1½A 级外螺纹　G1½A（A，B 表示外螺纹公差等级代号，内螺纹则不标）；

1½B 级外螺　G1½B；

内外螺纹装配在一起时　G1½/G1½A（右旋）；G1½/G½A-LH（左旋）

表7.6-1　螺纹的基本尺寸和公差　　mm

尺寸代号	每25.4mm内的牙数 n	螺距 P	牙高 h	圆弧半径 r ≈	基本直径			外螺纹					内螺纹			
					大径 $d=D$	中径 $d_2=D_2$	小径 $d_1=D_1$	大径公差 T_d		中径公差 T_{d2}①			中径公差 T_{D2}①		小径公差 T_{D1}	
								下偏差	上偏差	下偏差 A级	下偏差 B级	上偏差	下偏差	上偏差	下偏差	上偏差
1/16	28	0.907	0.581	0.125	7.723	7.142	6.561	-0.214	0	-0.107	-0.214	0	0	+0.107	0	+0.282
1/8	28	0.907	0.581	0.125	9.728	9.147	8.566	-0.214	0	-0.107	-0.214	0	0	+0.107	0	+0.282
1/4	19	1.337	0.856	0.184	13.157	12.301	11.445	-0.250	0	-0.125	-0.250	0	0	+0.125	0	+0.445
3/8	19	1.337	0.856	0.184	16.662	15.806	14.950	-0.250	0	-0.125	-0.250	0	0	+0.125	0	+0.445
1/2	14	1.814	1.162	0.249	20.955	19.793	18.631	-0.284	0	-0.142	-0.284	0	0	+0.142	0	+0.541
5/8	14	1.814	1.162	0.249	22.911	21.749	20.587	-0.284	0	-0.142	-0.284	0	0	+0.142	0	+0.541
3/4	14	1.814	1.162	0.249	26.441	25.279	24.117	-0.284	0	-0.142	-0.284	0	0	+0.142	0	+0.541
7/8	14	1.814	1.162	0.249	30.201	29.039	27.877	-0.284	0	-0.142	-0.284	0	0	+0.142	0	+0.541
1	11	2.309	1.479	0.317	33.249	31.770	30.291	-0.360	0	-0.180	-0.360	0	0	+0.180	0	+0.640
1⅛	11	2.309	1.479	0.317	37.897	36.418	34.939	-0.360	0	-0.180	-0.360	0	0	+0.180	0	+0.640
1¼	11	2.309	1.479	0.317	41.910	40.431	38.952	-0.360	0	-0.180	-0.360	0	0	+0.180	0	+0.640
1½	11	2.309	1.479	0.317	47.803	46.324	44.845	-0.360	0	-0.180	-0.360	0	0	+0.180	0	+0.640
1¾	11	2.309	1.479	0.317	53.746	52.267	50.788	-0.360	0	-0.180	-0.360	0	0	+0.180	0	+0.640
2	11	2.309	1.479	0.317	59.614	58.135	56.656	-0.360	0	-0.180	-0.360	0	0	+0.180	0	+0.640
2¼	11	2.309	1.479	0.317	65.710	64.231	62.752	-0.434	0	-0.217	-0.434	0	0	+0.217	0	+0.640
2½	11	2.309	1.479	0.317	75.184	73.705	72.226	-0.434	0	-0.217	-0.434	0	0	+0.217	0	+0.640
2¾	11	2.309	1.479	0.317	81.534	80.055	78.576	-0.434	0	-0.217	-0.434	0	0	+0.217	0	+0.640
3	11	2.309	1.479	0.317	87.884	86.405	84.926	-0.434	0	-0.217	-0.434	0	0	+0.217	0	+0.640
3½	11	2.309	1.479	0.317	100.330	98.851	97.372	-0.434	0	-0.217	-0.434	0	0	+0.217	0	+0.640
4	11	2.309	1.479	0.317	113.030	111.551	110.072	-0.434	0	-0.217	-0.434	0	0	+0.217	0	+0.640
4½	11	2.309	1.479	0.317	125.730	124.251	122.772	-0.434	0	-0.217	-0.434	0	0	+0.217	0	+0.640
5	11	2.309	1.479	0.317	138.430	136.951	135.472	-0.434	0	-0.217	-0.434	0	0	+0.217	0	+0.640
5½	11	2.309	1.479	0.317	151.130	149.651	148.172	-0.434	0	-0.217	-0.434	0	0	+0.217	0	+0.640
6	11	2.309	1.479	0.317	163.830	162.351	160.872	-0.434	0	-0.217	-0.434	0	0	+0.217	0	+0.640

注：本标准适用于管接头、旋塞、阀门及其他附件。

① 对薄壁管件，此公差适用于平均中径，该中径是测量两个互相垂直直径的算术平均值。

7.7 55°密封管螺纹

圆柱内螺纹与圆锥外螺纹(GB/T 7306.1—2000)

圆锥内螺纹与圆锥外螺纹(GB/T 7306.2—2000)

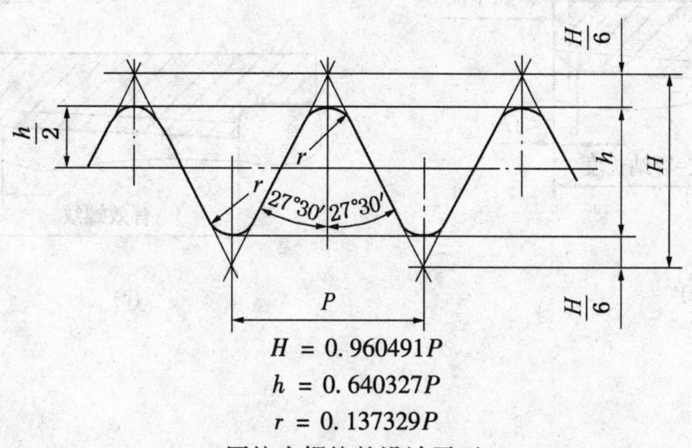

$H = 0.960491P$

$h = 0.640327P$

$r = 0.137329P$

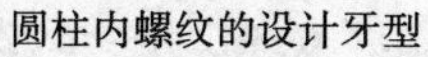

圆柱内螺纹的设计牙型

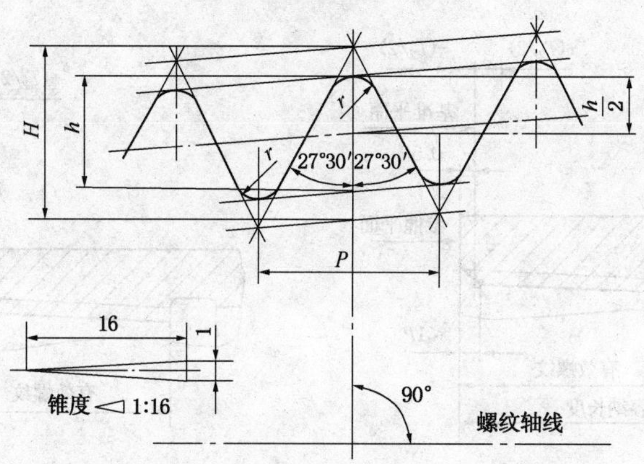

$H = 0.960237P$

$h = 0.640327P$

$r = 0.137278P$

圆锥内、外螺纹的设计牙型(GB/T 7306.1,GB/T 7306.2)

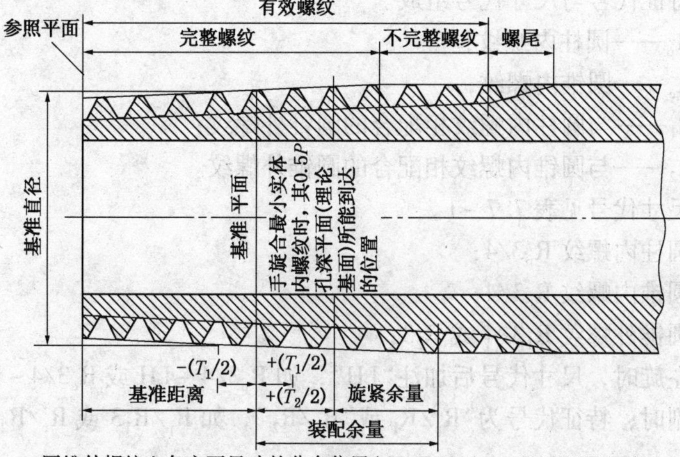

圆锥外螺纹上各主要尺寸的分布位置(GB/T 7306.1, GB/T 7306.2)

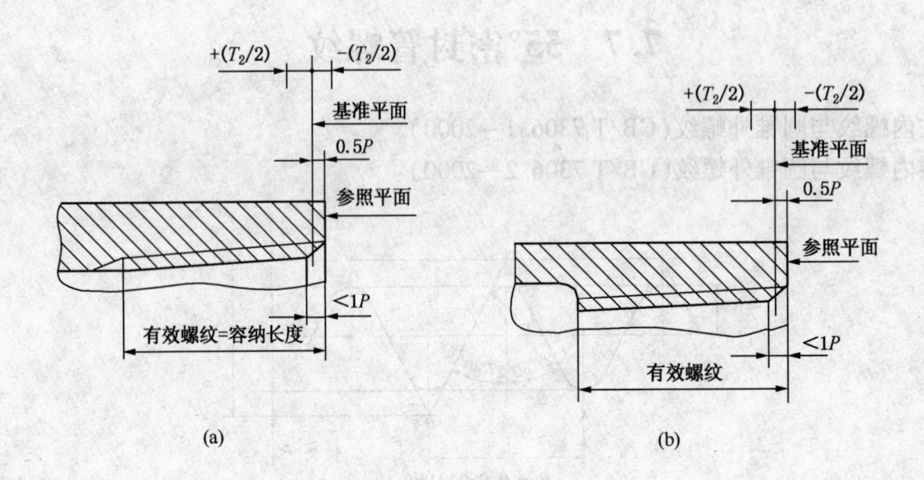

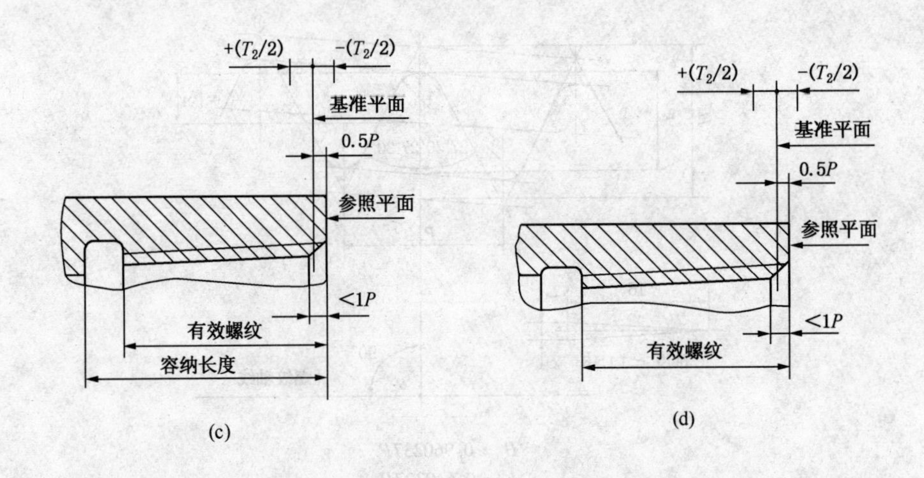

圆柱(锥)内螺纹上各主要尺寸的分布位置

管螺纹的标记由特征代号与尺寸代号组成。

螺纹特征代号：R_p——圆柱内螺纹；

R_c——圆锥内螺纹；

R_1——与圆柱内螺纹相配合的圆锥外螺纹；

R_2——与圆锥内螺纹相配合的圆锥外螺纹。

尺寸代号见表7.7-1。

标记示例：右旋圆柱内螺纹 $R_p3/4$；

右旋圆锥内螺纹 $R_c3/4$；

右旋圆锥外螺纹 $R_13/4$ 或 R_23；

螺纹左旋时，尺寸代号后加注“LH”，如 $R_p3/4-LH$ 或 $R_c3/4-LH$；

螺纹副时，特征代号为“R_p/R_1 或“R_c/R_2”，如 R_p/R_13 或 R_c/R_23。

表 7.7－1　螺纹的基本尺寸及公差

mm

尺寸代号	每25.4mm内的牙数 n	螺距 P	牙高 h	圆弧半径 r ≈	基面上的基本直径 大径（基准直径）$d=D$	中径 $d_2=D_2$	小径 $d_1=D_1$	基准距离 基本	极限偏差 $\pm T_1/2$ ≈	圈数	最大	最小	圆柱内螺纹直径的极限偏差 ± 径向	轴向圈数 $T_2/2$	圆锥内螺纹基面轴向位移的极限偏差 $\pm T_2/2$ ≈	圈数	装配余量 长度 ≈	圈数	外螺纹的有效螺纹长度≥ 基本	最大	最小
1/16	28	0.907	0.581	0.125	7.723	7.142	6.561	4.0	0.9	1	4.9	3.1	0.071	1¼	1.1	1¼	2.5	2¾	6.5	7.4	5.6
1/8	28	0.907	0.581	0.125	9.728	9.147	8.566	4.0	0.9	1	4.9	3.1	0.071	1¼	1.1	1¼	2.5	2¾	6.5	7.4	5.6
1/4	19	1.337	0.856	0.184	13.157	12.301	11.445	6.0	1.3	1	7.3	4.7	0.104	1¼	1.7	1¼	3.7	2¾	9.7	11.0	8.4
3/8	19	1.337	0.856	0.184	16.662	15.806	14.950	6.4	1.3	1	7.7	5.1	0.104	1¼	1.7	1¼	3.7	2¾	10.1	11.4	8.8
1/2	14	1.814	1.162	0.249	20.955	19.793	18.631	8.2	1.8	1	10.0	6.4	0.142	1¼	2.3	1¼	5.0	2¾	13.2	15.0	11.4
3/4	14	1.814	1.162	0.249	26.441	25.279	24.117	9.5	1.8	1	11.3	7.7	0.142	1¼	2.3	1¼	5.0	2¾	14.5	16.3	12.7
1	11	2.309	1.479	0.317	33.249	31.770	30.291	10.4	2.3	1	12.7	8.1	0.180	1¼	2.9	1¼	6.4	2¾	16.8	19.1	14.5
1¼	11	2.309	1.479	0.317	41.910	40.431	38.952	12.7	2.3	1	15.0	10.4	0.180	1¼	2.9	1¼	6.4	2¾	19.1	21.4	16.8
1½	11	2.309	1.479	0.317	47.803	46.324	44.845	12.7	2.3	1	15.0	10.4	0.180	1¼	2.9	1¼	6.4	2¾	19.1	21.4	16.8
2	11	2.309	1.479	0.317	59.614	58.135	56.656	15.9	2.3	1	18.2	13.6	0.180	1¼	2.9	1¼	7.5	3¼	23.4	25.7	21.1
2½	11	2.309	1.479	0.317	75.184	73.705	72.226	17.5	3.5	1½	21.0	14.0	0.216	1½	3.5	1½	9.2	4	26.7	30.2	23.2
3	11	2.309	1.479	0.317	87.884	86.405	84.926	20.6	3.5	1½	24.1	17.1	0.216	1½	3.5	1½	9.2	4	29.8	33.3	26.3
4	11	2.309	1.479	0.317	113.030	111.551	110.072	25.4	3.5	1½	28.9	21.9	0.216	1½	3.5	1½	10.4	4½	35.8	39.3	32.3
5	11	2.309	1.479	0.317	138.430	136.951	135.472	28.6	3.5	1½	32.1	25.1	0.216	1½	3.5	1½	11.5	5	40.1	43.6	36.6
6	11	2.309	1.479	0.317	163.830	162.351	160.872	28.6	3.5	1½	32.1	25.1	0.216	1½	3.5	1½	11.5	5	40.1	43.6	36.6

注：1. 本标准适用于管子、阀门、管接头、旋塞及其他管路附件的螺纹联接。

2. 允许在螺纹副内添加合适的密封介质，例如在螺纹表面缠胶带、涂密封胶等。

3. 圆锥内螺纹小端面和圆柱（锥）内螺纹外端面的倒角轴向长度不得大于1P。

4. 圆锥外螺纹的有效长度不应小于其基准距离的实际值与装配余量之和。对应基准距离为最大、基本和最小尺寸的三种条件，表1－6－7分别给出了相应情况所需的最小有效螺纹长度。

5. 当圆柱（锥）内螺纹的尾部未采用退刀结构时，其最有效螺纹应能容纳表中所规定长度的圆锥外螺纹；当圆柱（锥）内螺纹的尾部采用退刀结构时，其容纳长度应能容纳表中所规定长度的圆锥外螺纹，其最小有效长度应不小于表中所规定长度的80%，见圆柱（锥）内螺纹上各主要尺寸的分布位置。

7.8 米制密封螺纹(GB/T 1415—2008)

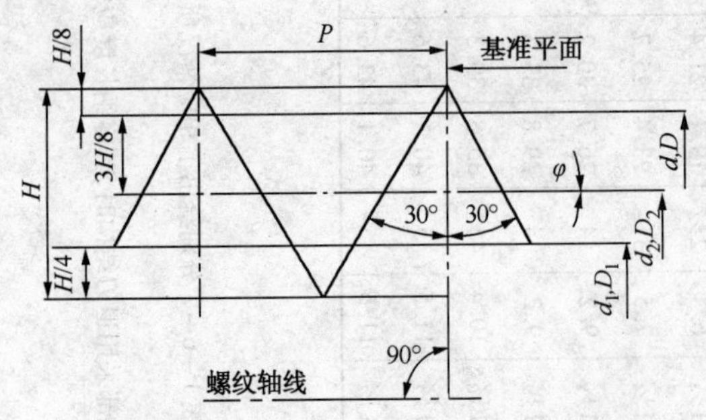

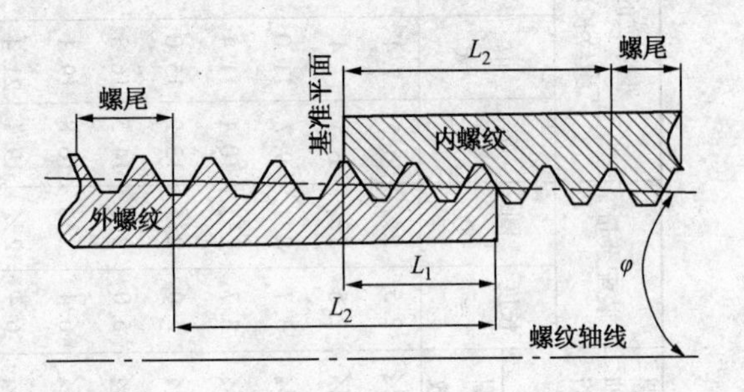

$\varphi=1°47'24''$；锥度：$2\tan\varphi=1:16$；$H=0.866025404P$；$D_2=d_2=d-0.6495P$；$D_1=d_1=d-1.0825P$

标记示例：

公称直径为12mm、螺距为1mm、标准型基准距离、右旋的圆锥螺纹：Mc12×1；

公称直径为20mm、螺距为1.5mm、短型基准距离、右旋的圆锥外螺纹：Mc20×1.5－S；

公称直径为42mm、螺距为2mm、短型基准距离、右旋的圆柱内螺纹：Mp42×2－S；

公称直径为12mm、螺距为1mm、标准型基准距离、左旋的圆锥螺纹：Mc12×1－LH；

公称直径为12mm、螺距为1mm、标准型基准距离、右旋的圆锥螺纹副：Mc12×1；

公称直径为20mm、螺距为1.5mm、短型基准距离、右旋的圆柱内螺纹与圆锥外螺纹副：Mp/Mc20×1.5－S。

表7.8－1 米制密封螺纹的基本尺寸 mm

公称直径 d，D	螺距 P	基准平面内的直径①			基准距离②		最小有效螺纹长度②	
		大径 D，d	中径 D_2，d_2	小径 D_1，d_1	标准型 L_1	短型 $L_{1短}$	标准型 L_2	短型 $L_{2短}$
8	1	8.000	7.350	6.917	5.500	2.500	8.000	5.500
10	1	10.000	9.350	8.917	5.500	2.500	8.000	5.500
12	1	12.000	11.350	10.917	5.500	2.500	8.000	5.500
14	1.5	14.000	13.026	12.376	7.500	3.500	11.000	8.500
16	1	16.000	15.350	14.917	5.500	2.500	8.000	5.500
	1.5	16.000	15.026	14.376	7.500	3.500	11.000	8.500
20	1.5	20.000	19.626	18.376	7.000	3.500	11.000	8.500
27	2	27.000	25.701	24.835	11.000	5.000	16.000	12.000
33	2	33.000	31.701	30.835	11.000	5.000	16.000	12.000
42	2	42.000	40.701	39.835	11.000	5.000	16.000	12.000
48	2	48.000	46.701	45.835	11.000	5.000	16.000	12.000
60	2	60.000	58.701	57.835	11.000	5.000	16.000	12.000
72	3	72.000	70.051	68.752	16.500	7.500	24.000	18.000
76	2	76.000	74.701	73.835	11.000	5.000	16.000	12.000
90	2	90.000	88.701	87.835	11.000	5.000	16.000	12.000
	3	90.000	88.051	86.752	16.500	7.500	24.000	18.000
115	2	115.000	113.701	112.835	11.000	5.000	16.000	12.000
	3	115.000	113.051	111.752	16.500	7.500	24.000	18.000
140	2	140.000	138.701	137.835	11.000	5.000	16.000	12.000
	3	140.000	138.051	136.752	16.500	7.500	24.000	18.000
170	3	170.000	168.051	166.752	16.500	7.500	24.000	18.000

注：1. 本标准规定了牙型角为60°、米制密封螺纹的牙型、基本尺寸、公差和标记。

2. 内螺纹有圆锥内螺纹和圆柱内螺纹两种，外螺纹仅有圆锥外螺纹一种。内、外螺纹可以组成两种密封配合形式：圆锥内螺纹与圆锥外螺纹组成“锥/锥”配合；圆柱内螺纹与圆锥外螺纹组成“柱/锥”配合。

3. 本标准适用于管子、阀门、管接头、旋塞等产品上的一般密封螺纹联结。装配时，推荐在螺纹副内添加合适的密封介质，例如密封胶带、密封胶等。

① 对圆锥螺纹，不同轴向位置平面内的螺纹直径数值是不同的。要注意各直径的轴向位置。

② 基准距离有两种型式：标准型和短型。两种基准距离分别对应两种型式的最小有效螺纹长度。标准型基准距离 L_1 和标准型最小有效螺纹长度 L_2 适用于由圆锥内螺纹与圆锥外螺纹组成的“锥/锥”配合螺纹；短型基准距离 $L_{1短}$ 和短型最小有效螺纹长度 $L_{2短}$ 适用于由圆柱内螺纹与圆锥外螺纹组成的“柱/锥”配合螺纹。选择时要注意两种配合形式对应两组不同的基准距离和最小有效螺纹长度，避免选择错误。

表 7.8－2 圆锥螺纹公差 mm

螺距 P	圆锥外螺纹基准平面的极限偏差 $(\pm T_1/2)$	圆锥内螺纹基准平面的极限偏差 $(\pm T_2/2)$	外螺纹极限偏差		内螺纹极限偏差		牙侧角 (′)	螺距累积		中径锥角①/(′)	
			牙顶高	牙底高	牙顶高	牙底高		在 L_1 范围内	在 L_2 范围内	外螺纹	内螺纹
1	0.7	1.2	0 －0.032	－0.015 －0.050	±0.030	±0.030	±45	±0.04	±0.07	+24 －12	+12 －24
1.5	1	1.5	0 －0.048	－0.020 －0.065	±0.040	±0.040					
2	1.4	1.8	0 －0.050	－0.025 －0.075	±0.045	±0.045					
3	2	3	0 －0.055	－0.030 －0.085	±0.050	±0.050					

注：1. 圆柱内螺纹中径公差带为 5H，其公差值应符合 GB/T 197 的规定。

2. 圆柱内螺纹的牙顶高和牙底高极限偏差与圆锥内螺纹牙顶高和牙底高极限偏差一致。

① 测量中径锥角的测量跨度为 L_1。

7.9 美国国家标准锥管螺纹(NPT)基本尺寸

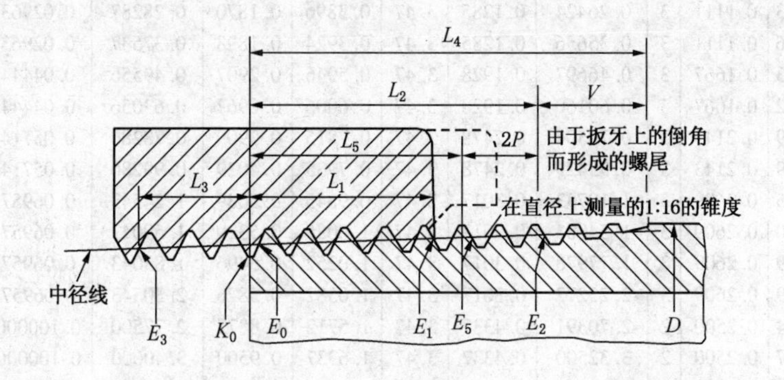

表 7.9－1 美国国家标准锥管螺纹(NPT)①的基本尺寸

公称管子尺寸	管子外径 D	每英寸牙数 n	螺距 P	外螺纹起始端的中径 E_0	手旋合 长度② L_1 in	手旋合 长度② L_1 牙数	手旋合 直径③ E_1	有效螺纹，外螺纹 长度④ L_2 in	有效螺纹，外螺纹 长度④ L_2 牙数	有效螺纹，外螺纹 直径
1	2	3	4	5	6	7	8	9	10	11
1/16	0.3125	27	0.03704	0.27118	0.160	4.32	0.28118	0.2611	7.05	0.28750
⅛	0.405	27	0.03704	0.36351	0.1615	4.36	0.37360	0.2639	7.12	0.38000
¼	0.540	18	0.05556	0.47739	0.2278	4.10	0.49163	0.4018	7.23	0.50250
⅜	0.675	18	0.05556	0.61201	0.240	4.32	0.62701	0.4078	7.34	0.63750
½	0.840	14	0.07143	0.75843	0.320	4.48	0.77843	0.5337	7.47	0.79179
¾	1.050	14	0.07143	0.96768	0.339	4.75	0.98887	0.5457	7.64	1.00179
1	1.315	11.5	0.08696	1.21363	0.400	4.60	1.23863	0.6828	7.85	1.25630
1¼	1.660	11.5	0.08686	1.55713	0.420	4.83	1.58338	0.7068	8.13	1.60130
1½	1.900	11.5	0.08696	1.79609	0.420	4.83	1.82234	0.7235	8.32	1.84130
2	2.375	11.5	0.08696	2.26902	0.436	5.01	2.29627	0.7565	8.70	2.31630
2½	2.875	8	0.12500	2.71953	0.682	5.46	2.76216	1.1375	9.10	2.79062
3	3.500	8	0.12500	3.34062	0.766	6.13	3.38850	1.2000	9.60	3.41562

续表 7.9-1

公称管子尺寸	管子外径 D	每英寸牙数 n	螺距 P	外螺纹起始端的中径 E_0	手旋合 长度②L_1		手旋合 直径③ E_1	有效螺纹，外螺纹 长度④L_2		有效螺纹，外螺纹 直径
					in	牙数		in	牙数	
3½	4.000	8	0.12500	3.83750	0.821	6.57	3.88881	1.2500	10.00	3.91562
4	4.500	8	0.12500	4.33438	0.844	6.75	4.38712	1.3000	10.40	4.41562
5	5.563	8	0.12500	5.39073	0.937	7.50	5.44929	1.4063	11.25	5.47862
6	6.625	8	0.12500	6.44609	0.958	7.66	6.50597	1.5125	12.10	6.54062
8	8.625	8	0.12500	8.43359	1.063	8.50	8.50003	1.7125	13.70	8.54062
10	10.750	8	0.12500	10.54531	1.210	9.68	10.62094	1.9250	15.40	10.66562
12	12.750	8	0.12500	12.53281	1.360	10.88	12.61781	2.1250	17.00	12.66562
14O.D.	14.000	8	0.12500	13.77500	1.562	12.50	13.87262	2.2500	18.00	13.91562
16O.D.	16.000	8	0.12500	15.76250	1.812	14.50	15.87575	2.4500	19.60	15.91562
18O.D.	18.000	8	0.12500	17.75000	2.000	16.00	17.87500	2.6500	21.20	17.91562
20O.D.	20.000	8	0.12500	19.73750	2.125	17.00	19.87031	2.8500	22.80	19.91562
24O.D.	24.000	8	0.12500	23.71250	2.375	19.00	23.86094	3.2500	26.00	23.91562

公称管子尺寸	长度，L_1平面到L_2平面，外螺纹		用扳手拧入的内螺纹长度⑤ 长度 L_3		用扳手拧入的内螺纹长度⑤ 直径 E_3	螺尾 V		外螺纹总长度⑥ L_4	公称完整的外螺纹⑦ 长度 L_5	公称完整的外螺纹⑦ 直径 E_5	螺纹高度 h	直径增加值/牙数 $0.0625/n$	管端螺纹小径⑧ K_0
	in	牙数	in	牙数		in	牙数						
1	12	13	14	15	16	17	18	19	20	21	22	23	24
1/16	0.1011	2.73	0.1111	3	0.26424	0.1285	3.47	0.3896	0.1870	0.28287	0.02963	0.00231	0.2416
⅛	0.1024	2.76	0.1111	3	0.35656	0.1285	3.47	0.3924	0.1898	0.37537	0.02963	0.00231	0.3339
¼	0.1740	3.13	0.1667	3	0.46697	0.1928	3.47	0.5946	0.2907	0.49556	0.04444	0.00347	0.4329
⅜	0.1678	3.02	0.1667	3	0.60160	0.1928	3.47	0.6006	0.2967	0.63056	0.04444	0.00347	0.5676
½	0.2137	2.99	0.2143	3	0.74504	0.2478	3.47	0.7815	0.3909	0.78286	0.05714	0.00446	0.7013
¾	0.2067	2.89	0.2143	3	0.95429	0.2478	3.47	0.7935	0.4029	0.99286	0.05714	0.00446	0.9105
1	0.2828	3.25	0.2609	3	1.19733	0.3017	3.47	0.9845	0.5089	1.24543	0.06957	0.00543	1.1441
1¼	0.2868	3.30	0.2609	3	1.54083	0.3017	3.47	1.0085	0.5329	1.59043	0.06957	0.00543	1.4876
1½	0.3035	3.49	0.2609	3	1.77978	0.3017	3.47	1.0252	0.5496	1.83043	0.06957	0.00543	1.7265
2	0.3205	3.69	0.2609	3	2.25272	0.3017	3.47	1.0582	0.5826	2.30543	0.06957	0.00543	2.1995
2½	0.4555	3.64	0.2500	2	2.70391	0.4337	3.47	1.5712	0.8875	2.77500	0.100000	0.00781	2.6195
3	0.4340	3.47	0.2500	2	3.32500	0.4337	3.47	1.6337	0.9500	3.40000	0.100000	0.00781	3.2406
3½	0.4290	3.43	0.2500	2	3.82188	0.4337	3.47	1.6837	1.0000	3.90000	0.100000	0.00781	3.7375
4	0.4560	3.65	0.2500	2	4.31875	0.4337	3.47	1.7337	1.0500	4.40000	0.100000	0.00781	4.2344
5	0.4693	3.75	0.2500	2	5.37511	0.4337	3.47	1.8400	1.1563	5.46300	0.100000	0.00781	5.2907
6	0.5545	4.44	0.2500	2	6.43047	0.4337	3.47	1.9462	1.2625	6.52500	0.100000	0.00781	6.3461
8	0.6495	5.20	0.2500	2	8.41797	0.4337	3.47	2.1462	1.4625	8.52500	0.100000	0.00781	8.3336
10	0.7150	5.72	0.2500	2	10.52969	0.4337	3.47	2.3587	1.6750	10.65000	0.100000	0.00781	10.4453
12	0.7650	6.12	0.2500	2	12.51719	0.4337	3.47	2.5587	1.8750	12.65000	0.100000	0.00781	12.4328
14O.D.	0.6880	5.50	0.2500	2	13.75938	0.4337	3.47	2.6837	2.0000	13.90000	0.100000	0.00781	13.6750
16O.D.	0.6380	5.10	0.2500	2	15.74688	0.4337	3.47	2.8837	2.2000	15.90000	0.100000	0.00781	15.6625
18O.D.	0.6500	5.20	0.2500	2	17.73438	0.4337	3.47	3.0837	2.4000	17.90000	0.100000	0.00781	17.6500
20O.D.	0.7250	5.80	0.2500	2	19.72188	0.4337	3.47	3.2837	2.6000	19.90000	0.100000	0.00781	19.6675
24O.D.	0.8750	7.00	0.2500	2	23.69688	0.4337	3.47	3.6837	3.0000	23.90000	0.100000	0.00781	23.6125

注：① 美国国家标准锥管螺纹基本尺寸的单位是英寸，精确到小数点后 4 或 5 位数。这些尺寸是量规尺寸的基准，它意味着比一般达到的精度要高，这样表示是为了消除计算中的误差。

② 是薄环量规的长度，也是圆柱塞规由其缺口到小端头的长度。

③ 是量规缺口处的节圆直径(手旋面)。

④ 是圆柱塞规的长度。

⑤ 海军用规范 MIL-P-7105 给出用扳手拧入的 3in 及更小直径的为 3 个螺扣。E_3 的尺寸如下：公称直径 2½″ =2.69609；公称直径 3″=3.31719。公称直径 2″及更小的管径与 16 栏相同。

⑥ 参考尺寸。

⑦ 自管端长度为 L_5 处确定一个平面，远离该平面则螺纹形状在螺纹顶部不完整。该平面后面的 2 个螺纹在齿根处完整。在此平面处由螺纹顶部形成的锥面与管外表面形成的圆柱面相交。$L_5=L_2-2P$。

⑧ 作为选用螺孔钻头的资料给出。

7.10　管螺纹　切制内、外螺纹前的毛坯尺寸（JB/ZQ 4168—2006）

本标准适用于55°密封管螺纹（GB/T 7306.1，GB/T 7306.2）、55°非密封管螺纹（GB/T 7307）和60°密封管螺纹（GB/T 12716）加工螺纹前的毛坯尺寸。

1. 55°密封管螺纹的毛坯尺寸应符合图7.10－1、图7.10－2（a）、图7.10－3及表7.10－1的规定。

2. 55°非密封管螺纹的毛坯尺寸应符合图7.10－2、表7.10－2的规定。

3. 60°密封管螺纹的毛坯尺寸应符合图7.10－1、图7.10－2（a）、图7.10－3及表7.10－3的规定。

注：1. 当内螺纹底径由车（镗）削制出时，其公差为H10。

2. 本标准中各项尺寸均不包含螺纹倒角在内。

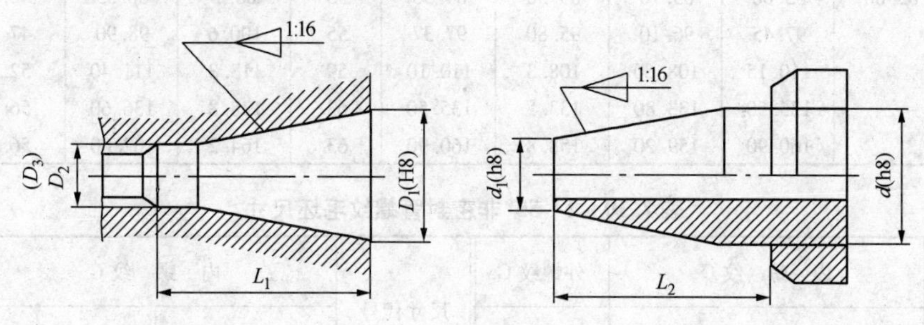

图7.10－1

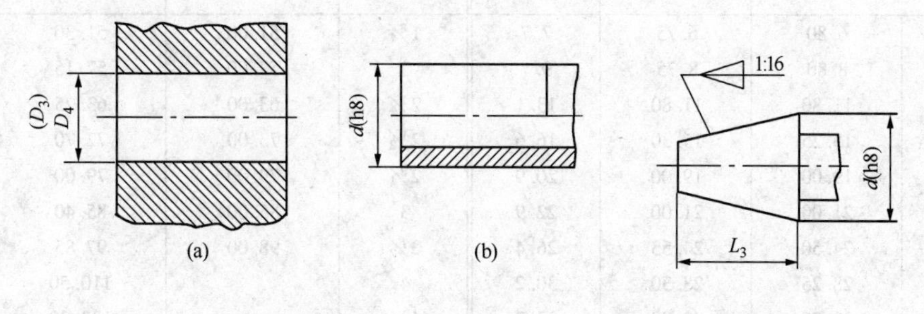

图7.10－2　　图7.10－3

表7.10－1　55°密封管螺纹毛坯尺寸　mm

尺寸代号（GB/T 7306）	圆柱内螺纹 R_p		圆锥内螺纹 R_c				圆锥外螺纹 R			
	钻（扩）孔底径 D_4	车（镗）孔底径 D_5	柱孔坯底径 D_2	锥孔坯 底径 D_3	锥孔坯 锥孔大径 D_1	底孔深 L_1 max	圆锥大端（圆柱）直径 d	圆锥小端直径 d_1	端肩距 L_2 max	螺塞长 L_3
1/16	6.60	6.55	6.40	6.20	6.56	15	7.8	7.45	12.5	9
1/8	8.60	8.55	8.40	8.20	8.57	15	9.8	9.45	12.5	9
1/4	11.50	11.45	11.20	11.00	11.45	22	13.5	13.00	18.5	11
3/8	15.00	14.95	14.75	14.50	14.95	22	16.8	16.25	19.0	12

续表 7.10－1

尺寸代号（GB/T 7306）	圆柱内螺纹 R_p		圆锥内螺纹 R_c			圆锥外螺纹 R					
	钻(扩)孔底径 D_4	车(镗)孔底径 D_5	柱孔坯底径 D_2	锥孔坯		底孔深 L_1 max	圆锥大端(圆柱)直径 d	圆锥小端直径 d_1	端肩距 L_2 max	螺塞长 L_3
				底径 D_3	锥孔大径 D_1					
1/2	18.75	18.65	18.25	18.00	18.63	30	21.1	20.40	25.0	15
3/4	24.25	24.15	23.75	23.50	24.12	31	26.5	25.80	26.5	17
1	30.50	30.35	29.75	29.50	30.29	38	33.4	32.55	31.8	19
1¼	39.00	39.00	38.30	38.00	38.95	40	42.1	41.10	34.2	22
1½	45.00	44.90	44.20	44.00	44.85	40	48.0	47.00	34.2	23
2	57.00	56.70	55.80	55.50	56.66	45	59.8	58.60	38.5	26
2½	73.00	72.30	71.20	70.90	72.23	50	75.4	74.05	43.0	30
3	85.00	85.00	83.70	83.50	84.93	53	88.1	86.55	46.0	32
3½		97.45	96.10	95.80	97.37	55	100.6	98.90	47.8	35
4		110.15	108.60	108.3	110.10	59	113.3	111.40	52.0	38
5		135.50	133.80	133.5	135.50	63	138.8	136.60	56.5	42
6		160.90	159.20	158.8	160.90	63	164.2	162.00	56.5	42

表 7.10－2　55°非密封管螺纹毛坯尺寸　mm

尺寸代号(GB/T 7307)	内螺纹 G		外螺纹 G	尺寸代号(GB/T 7307)	内螺纹 G		外螺纹 G
	钻(扩)孔底径 D_4	车(镗)孔底径 D_5	坯径 d		钻(扩)孔底径 D_4	车(镗)孔底径 D_5	坯径 d
1/16	6.80	6.75	7.7	1¾	51.00	51.30	53.7
1/8	8.80	8.75	9.7	2	57.00	57.15	59.6
1/4	11.80	11.80	13.1	2¼	63.00	63.25	65.7
3/8	15.25	15.30	16.6	2½	73.00	72.70	75.1
1/2	19.00	19.00	20.9	2¾	79.00	79.00	81.5
5/8	21.00	21.00	22.9	3	85.00	85.40	87.8
3/4	24.50	24.55	26.4	3½	98.00	97.85	100.3
7/8	28.25	28.30	30.2	4		110.50	113.0
1	30.75	30.80	33.2	4½		123.20	125.7
1⅛	35.50	35.45	37.8	5		135.90	138.4
1¼	39.50	39.45	41.9	5½		148.60	151.1
1½	45.00	45.35	47.8	6		161.30	163.8

表 7.10－3　60°密封管螺纹毛坯尺寸　mm

尺寸代号(GB/T 12716)	圆柱内螺纹 NPSC	圆锥内螺纹 NPT				圆锥外螺纹 NPT			
	螺孔坯底径 D_4	柱孔坯底径 D_2	锥孔坯		底孔深 L_1 max	圆锥大端(圆柱)直径 d	圆锥小端直径 d_1	端肩距 L_2 max	螺塞长 L_3
			底径 D_3	锥孔大径 D_1					
1/16		6.25	6.00	6.39	15	8.00	7.62	13	9
1/8	8.6	8.50	8.40	8.74	15	10.30	9.95	13	9
1/4	11.2	11.10	10.80	11.36	23	13.80	13.25	19	12

续表 7.10-3

尺寸代号（GB/T 12716）	圆柱内螺纹 NPSC 螺孔坯底径 D_4	圆锥内螺纹 NPT 柱孔坯底径 D_2	锥孔坯 底径 D_3	锥孔坯 锥孔大径 D_1	底孔深 L_1 max	圆锥外螺纹 NPT 圆锥大端（圆柱）直径 d	圆锥小端直径 d_1	端肩距 L_2 max	螺塞长 L_3
3/8	14.5	14.70	14.25	14.80	23	17.20	16.65	20	12
1/2	18.0	18.00	17.60	18.32	30	21.40	20.70	25	15
3/4	23.5	23.25	23.00	23.67	30	26.70	26.00	26	15
1	29.5	29.25	28.75	29.69	37	33.40	32.50	32	19
1¼	38.0	38.00	37.50	38.45	38	42.20	41.30	32	19
1½	44.0	44.25	43.50	44.52	38	48.30	47.30	33	20
2	56.0	56.25	55.50	56.56	39	60.40	59.40	34	20
2½	67.0	67.00	66.10	67.62	57	73.10	71.60	50	30
3	83.0	83.00	81.90	83.53	59	89.00	87.30	51	34
3½	96.0	95.50	94.50	96.24	60	101.70	100.00	52	34
4	109	108.00	107.10	108.90	61	114.40	112.50	54	37
5		135	133.90	135.90	64	141.40	139.40	56	38
6		162	160.50	162.70	67	168.40	166.20	50	42
8		213	210.90	213.40	72	219.20	216.70	64	46
10		267	264.40	267.20	77	273.10	270.30	70	51
12		317	314.80	318.00	82	324.00	320.80	75	58
14O.D.		349	346.50	350.00	87	355.50	352.40	80	60
16O.D.		400	397.00	401.00	92	406.40	402.80	86	63
18O.D.		451	447.50	451.50	98	457.00	453.30	90	66
20O.D.		502	498.00	502.20	102	507.70	503.80	94	70
24O.D.		603	599.00	603.50	106	609.00	604.80	100	75

注：O.D. 是英文管子外径（outside diameter）的缩写。

7.11　扳手空间（JB/ZQ 4005—2006）

扳手空间应符合图 7.11-1～图 7.11-8 和表 7.11-1 的规定。

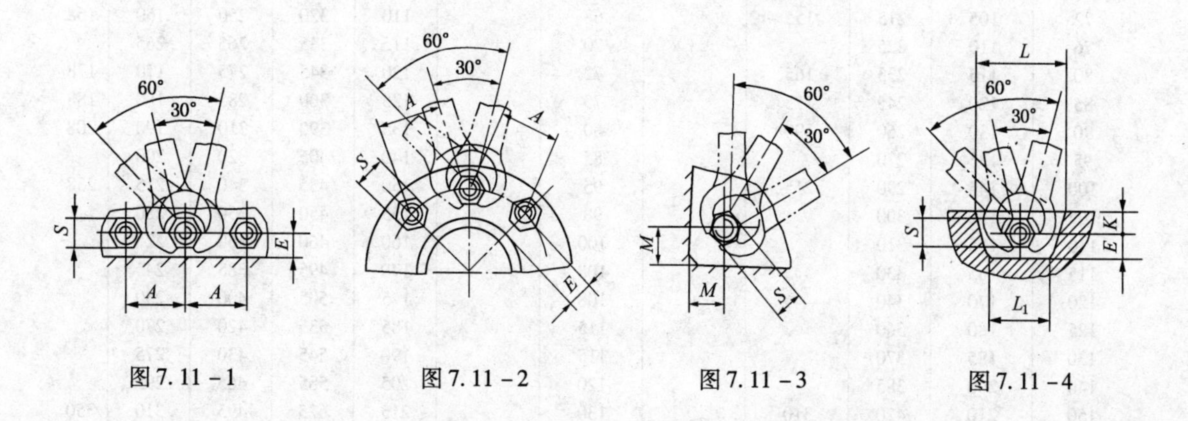

图 7.11-1　图 7.11-2　图 7.11-3　图 7.11-4

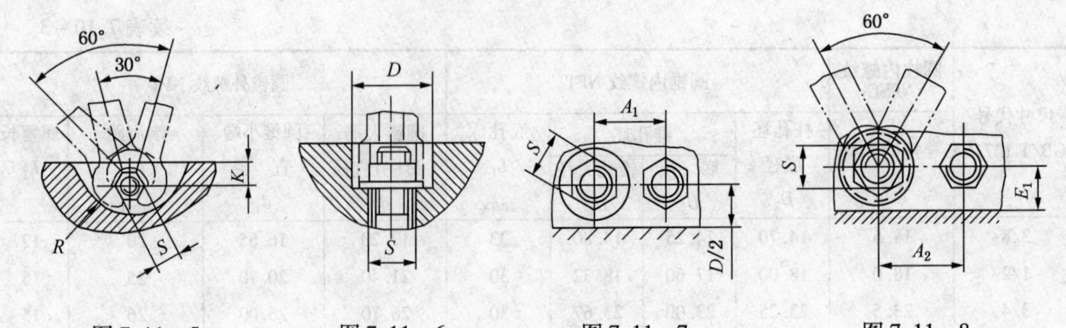

图 7.11 －5　　图 7.11 －6　　图 7.11 －7　　图 7.11 －8

表 7.11 －1　扳手空间

mm

螺纹直径 d	S	A	A_1	A_2	E	E_1	M	L	L_1	R	D
3	5. 5	18	12	12	5	7	11	30	24	15	14
4	7	20	16	14	6	7	12	34	28	16	16
5	8	22	16	15	7	10	13	36	30	18	20
6	10	26	18	18	8	12	15	46	38	20	24
8	13	32	24	22	11	14	18	55	44	25	28
10	16	38	28	26	13	16	22	62	50	30	30
12	18	42		30	14	18	24	70	55	32	
14	21	48	36	34	15	20	26	80	65	36	40
16	24	55	38	38	16	24	30	85	70	42	45
18	27	62	45	42	19	25	32	95	75	46	52
20	30	68	48	46	20	28	35	105	85	50	56
22	34	76	55	52	24	32	40	120	95	58	60
24	36	80	58	55	24	34	42	125	100	60	70
27	41	90	65	62	26	36	46	135	110	65	76
30	46	100	72	70	30	40	50	155	125	75	82
33	50	108	76	75	32	44	55	165	130	80	88
36	55	118	85	82	36	48	60	180	145	88	95
39	60	125	90	88	38	52	65	190	155	92	100
42	65	135	96	96	42	55	70	205	165	100	106
45	70	145	105	102	45	60	75	220	175	105	112
48	75	160	115	112	48	65	80	235	185	115	126
52	80	170	120	120	48	70	84	245	195	125	132
56	85	180	126		52		90	260	205	130	138
60	90	185	134		58		95	275	215	135	145
64	95	195	140		58		100	285	225	140	152
68	100	205	145		65		105	300	235	150	158
72	105	215	155		68		110	320	250	160	168
76	110	225			70		115	335	265	265	
80	115	235	165		72		120	345	275	170	178
85	120	245	175		75		125	360	285	180	188
90	130	260	190		80		135	390	310	190	208
95	135	270			85		140	405	320	200	
100	145	290	215		95		150	435	340	215	238
105	150	300			98		155	450	350	220	
110	155	310			100		160	460	360	225	
115	165	330			108		170	495	385	245	
120	170	340			108		175	505	400	250	
125	180	360			115		185	535	420	270	
130	185	370			115		190	545	430	275	
140	200	385			120		205	585	465	295	
150	210	420	310		130		215	625	495	310	350

7.12　对边和对角宽度尺寸（JB/ZQ 4263—2006）

对边和对角宽度尺寸见图7.12－1～图7.12－4和表7.12－1。

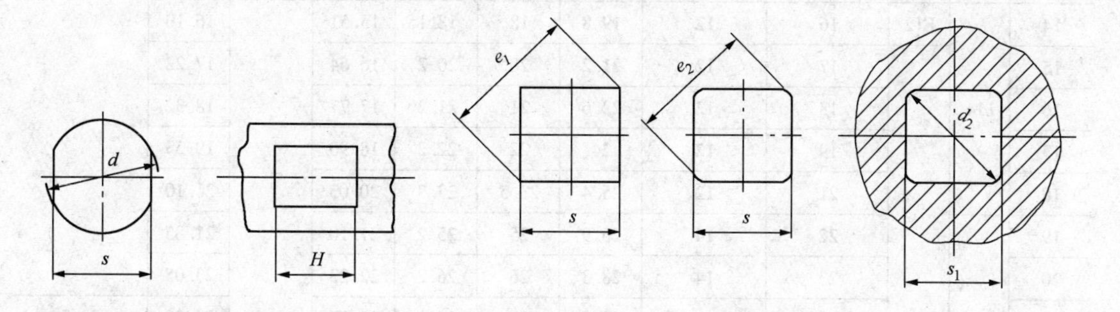

图7.12－1　　　　　　　　　　　　　图7.12－2

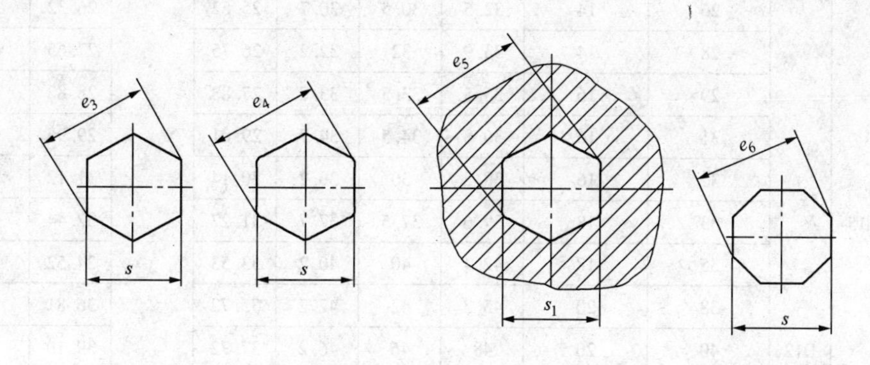

图7.12－3　　　　　　　　　　　　　图7.12－4

表7.12－1　对边和对角宽度尺寸

mm

对边基本宽度			d	H	四边形			六边形			八边形
s、s_1	偏差				e_1	e_2 (h11)	d_1 min	e_3 min	e_4	e_5 min	e_6 min
	Δs	Δs_1									
5	h14	E12	6	7	7.1	6.5	6.6	5.45		5.75	
5.5			7	8	7.8	7	7.2	6.01		6.32	
6			7	8	8.5	8	8.1	6.58		6.90	
7			8	8	9.9	9	9.1	7.71		8.10	
8			9	8	11.3	10	10.1	8.84		9.21	
9			10	8	12.7	12	12.1	9.92		10.32	
10			12	10	14.1	13	13.1	11.05		11.51	
11			13	10	15.6	14	14.1	12.12		12.63	
12			14	10	17.0	16	16.1	13.25		13.75	
13			15	10	18.4	17	17.1	14.38		14.96	

续表 7.12－1

对边基本宽度			d	H	四边形			六边形			八边形
s、s_1	偏差				e_1	e_2 (h 11)	d_1 min	e_3 min	e_4	e_5 min	e_6 min
	Δs	Δs_1									
14		E12	16	12	19.8	18	18.1	15.51		16.10	
15			17	12	21.2	20	20.2	16.64		17.22	
16	h14		18	12	22.6	21	21.2	17.77		18.32	
17			19	12	24	22	22.2	18.90		19.53	
18			21	12	25.4	23.5	23.7	20.03		21.10	
19			22	14	26.9	25	25.2	21.10		21.85	
20			23	14	28.3	26	26.2	22.23		23.05	
21			24	14	29.7	27	27.2	23.36		24.20	22.7
22			25	14	31.1	28	28.2	24.49		25.35	23.8
23			26	14	32.5	30.5	30.7	25.62		26.32	24.9
24			28	14	33.9	32	32.2	26.75		27.65	26
25			29	16	35.5	33.5	33.7	27.88		28.82	27
26			31	16	36.8	34.5	34.7	29.01		29.96	28.1
27			32	16	38.2	36	36.2	30.14		31.12	29.1
28	h15		33	18	39.6	37.5	37.7	31.27		32.44	30.2
30			35	18	42.4	40	40.2	33.53		34.52	32.5
32			38	20	45.3	42	42.2	35.72		36.81	34.6
34		D12	40	20	48	46	46.2	37.72		39.10	36.7
36			42	22	50.9	48	48.2	39.98		41.61	39
41			48	22	58	54	54.2	45.63		46.95	44.4
46			52	25	65.1	60	60.2	51.28		52.80	49.8
50			58	25	70.7	65	65.2	55.80		57.20	54.1
55			65	28	77.8	72	72.2	61.31		62.98	59.5
60			70	30	84.8	80	80.2	66.96		68.80	64.9
65			75	32	91.9	85	85.2	72.61		74.42	70.3
70			82	35	99	92	92.2	78.26		80.01	75.7
75			88	35	106	98	98.2	83.91		85.70	81.2
80			92	38	113	105	105.2	89.56		91.45	86.6
85			98	40	120	112	112.2	95.07		97.10	92.0
90	h16		105	42	127	118	118.2	100.72		102.80	97.4
95			110	45	134	125	125.2	106.37		108.50	103
100			115	45	141	132	132.2	112.02		114.20	108
105			122	48	148	138	138.2	117.67		119.90	114
110			128	50	156	145	145.2	123.32		125.60	119

续表 7.12－1

对边基本宽度			d	H	四边形			六边形			八边形
s、s_1	偏差				e_1	e_2 (h11)	d_1 min	e_3 min	e_4	e_5 min	e_6 min
	Δs	Δs_1									
115	h16	D12	132	52	163	152	152.2	128.97		131.40	124
120	h16	D12	140	55	170	160	160.2	134.62		137.00	130
130	h16	D12	150	58	184	170	170.2	145.77		148.50	141
135	h16	D12	158	62	191	178	178.2	151.42		154.15	146
145	h16	D12	168	66	205	190	190.2	162.72		165.50	157
150	h16	D12						168.37	165	171.22	162
155	h16	D12						174.02	170	176.90	168
165	h16	D12						185.32	180	188.32	179
170	h16	D12						190.97	186	194.00	184
175	h16	D12						196.62	192	199.80	189
180	h17	D12						202.27	198	205.50	195
185	h17	D12						207.75	205	211.12	200
190	h17	D12						213.40	210	216.85	206
200	h17	D12						224.70	220	228.21	216
210	h17	D12						236.00	232	239.62	227
220	h17	D12						247.30	242	251.10	238
230	h17	D12						258.60	255	262.42	249
235	h17	D12						264.25	260	268.15	254
245	h17	D12						275.55	270	279.52	265
255	h17	D12						286.68	280	291.10	276
265	h17	D12						297.98	290	302.40	287
270	h17	D12						303.63	298	308.20	292
280	h17	D12						314.93	308	319.50	303
290	h17	D12						326.23	320	330.90	314
300	h17	D12						337.53	330	342.42	325
310	h17	D12						348.83	340	353.80	335
320	h17	D12						360.02	352	365.10	346
330	h17	D12						371.32	362	376.50	357
340	h17	D12						382.62	375	388.00	368
350	h17	D12						393.92	385	399.40	379
365	h17	D12						410.87	400	416.50	395
380	h17	D12						427.82	420	433.50	411
395	h17	D12						444.77	435	450.60	427
410	h17	D12						461.55	452	467.80	444
425	h17	D12						478.50	470	484.80	460
440	h17	D12						495.45	485	502.00	476
455	h17	D12						512.40	500	519.00	492
470	h17	D12						529.35	518	536.20	509
480	h17	D12						540.65	528	547.52	519
495	h17	D12						557.60	545	564.60	536
510	h17	D12							560		552
525	h17	D12							580		568

7.13 普通螺纹 内、外螺纹余留长度，钻孔余留深度、螺栓突出螺母的末端长度(JB/ZQ 4247—2006)

尺寸见图7.13－1、图7.13－2和表7.13－1。

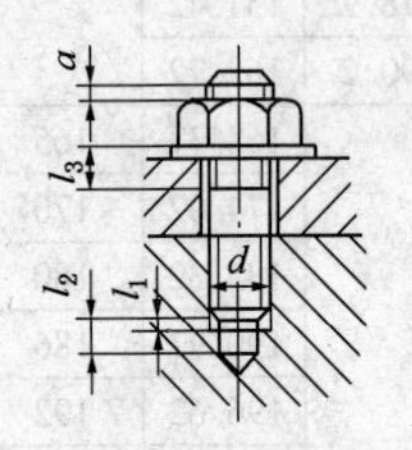

图7.13－1

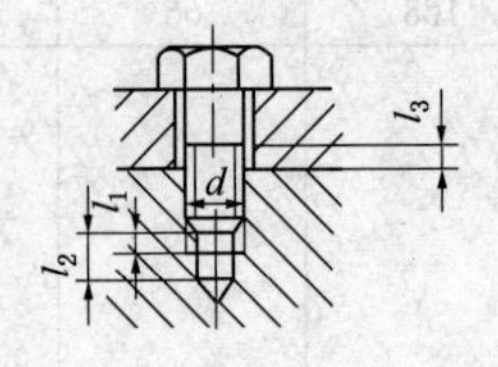

图7.13－2

表7.13－1 普通螺纹的内、外螺纹余留长度和钻孔余留深度、螺栓突出螺母的末端长度

螺距	螺纹直径		余留长度			末端长度
	粗牙	细牙	内螺纹	钻孔	外螺纹	
P	d		l_1	l_2	l_3	a
0.5	3	5	1	4	2	1~2
0.7	4		1.5	5	2.5	2~3
0.75		6		6		
0.8	5					
1	6	8, 10, 14, 16, 18	2	7	3.5	2.5~4
1.25	8	12	2.5	9	4	
1.5	10	14, 16, 18, 20, 22, 24, 27, 30, 33	3	10	4.5	3.5~5
1.75	12		3.5	13	5.5	
2	14, 16	24, 27, 30, 33, 36, 39, 45, 48, 52	4	14	6	4.5~6.5
2.5	18, 20, 22		5	17	7	
3	24, 27	36, 39, 42, 45, 48, 56, 60, 64, 72, 76	6	20	8	5.5~8
3.5	30		7	23	10	
4	36	56, 60, 64, 68, 72, 76	8	26	11	7~11
4.5	42		9	30	12	
5	48		10	33	13	10~15
5.5	56		11	36	16	
6	64, 72, 76		12	40	18	

7.14　粗牙螺栓、螺钉的拧入深度、攻丝深度和钻孔深度

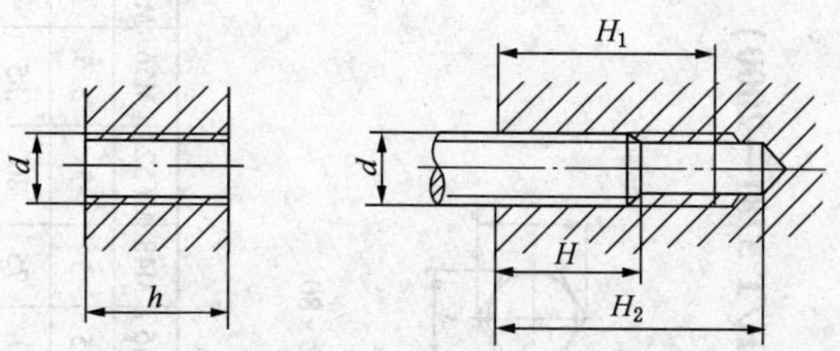

表 7.14-1　粗牙螺栓、螺钉的拧入深度、攻丝深度和钻孔深度　mm

公称直径	钢和青铜				铸铁				铝			钻孔深度 H_2
d	通孔拧入深度 h	盲孔拧入深度 H	攻丝深度 H_1	钻孔深度 H_2	通孔拧入深度 h	盲孔拧入深度 H	攻丝深度 H_1	钻孔深度 H_2	通孔拧入深度 h	盲孔拧入深度 H	攻丝深度 H_1	
3	4	3	4	7	6	5	6	9	8	6	7	10
4	5.5	4	5.5	9	8	6	7.5	11	10	8	10	14
5	7	5	7	11	10	8	10	14	12	10	12	16
6	8	6	8	13	12	10	12	17	15	12	15	20
8	10	8	10	16	15	12	14	20	20	16	18	24
10	12	10	13	20	18	15	18	25	24	20	23	30
12	15	12	15	24	22	18	21	30	28	24	27	36
16	20	16	20	30	28	24	28	33	36	32	36	46
20	25	20	24	36	35	30	35	47	45	40	45	57
24	30	24	30	44	42	35	42	55	55	48	54	68
30	36	30	36	52	50	45	52	68	70	60	67	84
36	45	36	44	62	65	55	64	82	80	72	80	98
42	50	42	50	72	75	65	74	95	95	85	94	115
48	60	48	58	82	85	75	85	108	105	95	105	128

参考文献

1　成大光主编．机械设计手册．第2卷(第四版)．北京：化学工业出版社，2002

2　中国石化集团洛阳石油化工工程公司编．石油化工设备设计便查手册(第二版)．北京：中国石化出版社，2007

第八章　常用紧固件及管件

8.1　紧　固　件

六角头螺栓产品等级分 A，B 和 C 级，A 级最精确，C 级最不精确，A 级用于重要的、装配精度高的以及受较大冲击或变载荷的地方。

8.1.1　六角头螺栓 - C 级(GB/T 5780—2000)

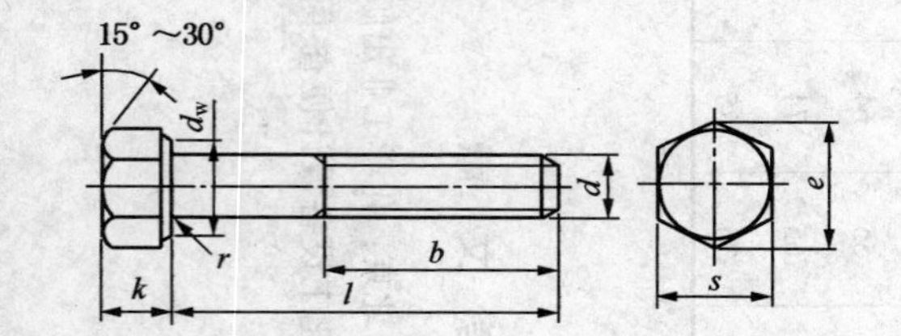

8.1.2　六角头螺栓 - 全螺纹 - C 级(GB/T 5781—2000)

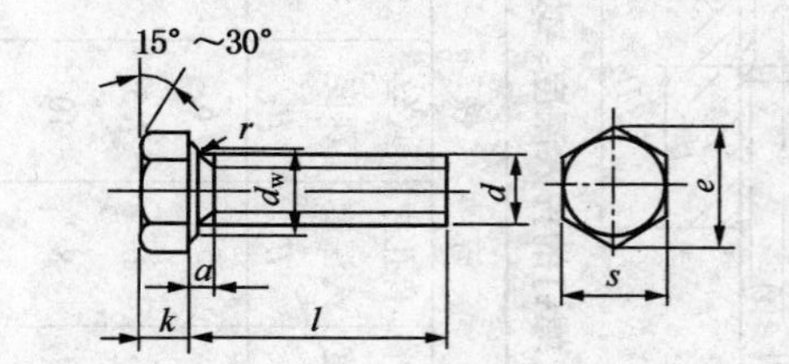

标记示例：螺纹规格 d = M12、公称长度 l = 80mm、性能等级为 4.8 级、不经表面处理、C 级的六角头螺栓的标记　螺栓 GB/T 5780 M12 × 80

表 8.1-1(a)、表 8.1-2　六角头螺栓(C 级)规格尺寸

mm

螺纹规格 d	M5	M6	M8	M10	M12	M(14)	M16	M(18)	M20	M(22)	M24	M(27)	M30	M(33)	M36	M(39)	M42	M(45)	M48	M(52)	M56	M(60)	M64
P①	0.8	1	1.25	1.5	1.75	2	2	2.5	2.5	2.5	3	3	3.5	3.5	4	4	4.5	4.5	5	5	5.5	5.5	6
s(公称)	8	10	13	16	18	21	24	27	30	34	36	41	46	50	55	60	65	70	75	80	85	90	95
k(公称)	3.5	4	5.3	6.4	7.5	8.8	10	11.5	12.5	14	15	17	18.7	21	22.5	25	26	28	30	33	35	38	40
r(最小)	0.2	0.25	0.4		0.6				0.8			1					1.2		1.6		2		
e(最小)	8.63	10.89	14.2	17.59	19.85	22.78	26.17	29.56	32.95	37.29	39.55	45.2	50.85	55.37	60.79	66.44	71.3	76.95	82.6	88.25	93.56	99.21	104.86
a(最大)GB/T 5781	2.4	3	4	4.5	5.3	6	6	7.5	7.5	7.5	9	9	10.5	10.5	12	12	13.5	13.5	15	15	16.5	16.5	18
d_W(最小)	6.74	8.74	11.47	14.47	16.47	19.15	22	24.85	27.7	31.35	33.25	38	42.75	46.55	51.11	55.86	59.95	64.7	69.45	74.2	78.66	83.41	88.16

续表 8-1(a)、8.1-2

螺纹规格 d		M5	M6	M8	M10	M12	M(14)	M16	M(18)	M20	M(22)	M24	M(27)	M30	M(33)	M36	M(39)	M42	M(45)	M48	M(52)	M56	M(60)	M64
$b_{参考}$	$l \leqslant 125$	16	18	22	26	30	34	38	42	46	50	54	60	66										
	$125 < l \leqslant 200$	22	24	28	32	36	40	44	48	52	56	60	66	72	78	84	90	96	102	108	116			
	$l > 200$	35	37	41	45	49	53	57	61	65	69	73	79	85	91	97	103	109	115	121	129	137	145	153
l(公称)范围 GB/T 5780		25 ~ 50	30 ~ 60	40 ~ 80	45 ~ 100	55 ~ 120	60 ~ 140	65 ~ 160	80 ~ 180	80 ~ 200	90 ~ 220	100 ~ 240	110 ~ 260	120 ~ 300	130 ~ 320	140 ~ 360	150 ~ 400	180 ~ 420	180 ~ 440	200 ~ 480	200 ~ 500	240 ~ 500	240 ~ 500	260 ~ 500
l(公称)范围 GB/T 5781		10 ~ 50	12 ~ 60	16 ~ 80	20 ~ 100	25 ~ 120	30 ~ 140	30 ~ 160	35 ~ 180	40 ~ 200	45 ~ 220	50 ~ 240	55 ~ 280	60 ~ 300	65 ~ 360	65 ~ 360	80 ~ 400	80 ~ 420	90 ~ 440	100 ~ 480	100 ~ 500	110 ~ 500	120 ~ 500	120 ~ 500
l(公称)系列		10，12，16，20，25，30，35，40，45，50，55，60，65，70，80，90，100，110，120，130，140，150，160，180，200，220，240，260，280，300，320，340，360，380，400，420，440，460，480，500																						
技术条件	GB/T 5780	螺纹公差 8g		材料：钢	机械性能等级：$d \leqslant$ M39 时为 3.6，4.6，4.8；$d >$ M39 时按协议							表面处理		①不经处理；②电镀；③非电解锌粉覆盖层；④如需其他表面镀层或表面处理，由供需双方协议						产品等级：C 级				
	GB/T 5781	螺纹公差 8g																						

注：1. 带括号的为非优选螺纹规格。

2. GB/T 5780—2000 等效采用 ISO 4016—1999；GB/T 4781 等效采用 ISO 4018—1999。

① P—螺距。

表 8.1-1(b) 六角头螺栓的质量(GB/T 5780—2000)

l(公称)/mm	M5	M6	M8	M10	M12	M(14)	M16	M(18)	M20	M(22)	M24	M(27)	M30	M(33)	M36	M(39)	M42	M(45)	M48	M(52)	M56	M(60)	M64
	d/mm																						
	每 1000 件钢制品的质量/kg																						
25	4.35																						
30	4.97	7.65																					
35	5.6	8.59	16.48																				
40	6.23	9.52	18.16	30.02																			
45	6.85	10.45	19.85	32.74	47.47																		
50	7.48	11.39	21.54	35.46	51.38																		
55		12.32	23.22	38.17	56.29																		
60		13.25	24.91	40.89	59.2	83.37	114.7																
65			26.6	43.61	63.11	88.79	121.9		203.2														

续表 8.1-1(b)

l(公称)/mm	d/mm																						
	M5	M6	M8	M10	M12	M(14)	M16	M(18)	M20	M(22)	M24	M(27)	M30	M(33)	M36	M(39)	M42	M(45)	M48	M(52)	M56	M(60)	M64
	每1000件钢制品的质量/kg																						
70			28.28	46.33	67.02	94.21	129.1		214.4														
80			31.65	51.76	74.85	105	143.4	186.2	236.9		358.5												
90				57.2	82.67	115.9	157.7	204.5	259.4	331.6	391.4		668.8										
100				62.64	90.49	126.7	172.1	222.9	281.9	359	424.3	566.6	720.9										
110					98.31	137.6	186.4	241.2	304.4	386.4	457.1	608.6	773		1176								
120					106.1	148.4	200.8	259.5	326.9	413.9	490	650.5	825.1		1251								
130						158.6	214.4	276.6	348.1	440	520.8	690.1	873.9	1091	1322								
140						169.4	228.7	294.9	370.6	467.4	553.7	732	926	1154	1397								
150							243	313.3	393.1	494.8	586.5	774	978.1	1216	1742	1800							
160							257.4	331.6	415.6	522.3	619.4	815.9	1030	1279	1547	1888	2212						
180								368.3	460.6	577.1	685.1	899.7	1134	1404	1697	2065	2418	2840	3294				
200									505.6	632	750.8	983.6	1239	1530	1847	2242	2624	3077	3565	4276			
220										683.9	812.2	1063	1336	1648	1988	2409	2816	3300	3818	4574	5327		
240											877.9	1146	1440	1774	2138	2586	3022	3538	4089	4891	5695	6671	
260												1230	1544	1899	2288	2763	3228	3775	4359	5207	6063	7095	8116
280													1648	2025	2438	2940	3434	4012	4630	5523	6431	7518	8600
300													1752	2150	2588	3116	3640	4249	4901	5839	6799	7942	9083
320														2276		3293	3846	4486	5171	6155	7167	8366	9566
340																3470	4052	4724	5442	6472	7535	8789	10049
360																3647	4258	4961	5713	6788	7903	9213	10532
380																3824	4464	5198	5983	7104	8270	9636	11016
400																4001	4670	5435	6254	7420	8638	10060	11499
420																	4876	5672	6525	7736	9006	10484	11982
440																		5910	6795	8052	9374	10907	12465
460																			7066	8369	9742	11331	12948
480																			7337	8685	10110	11754	13432
500																				9001	10478	12178	13915

表 8.1-1(c) 六角头螺栓的质量(GB/T 5781—2000)

l(公称)/mm	d/mm																						
	M5	M6	M8	M10	M12	M(14)	M16	M(18)	M20	M(22)	M24	M(27)	M30	M(33)	M36	M(39)	M42	M(45)	M48	M(52)	M56	M(60)	M64
	每1000件钢制品的质量/kg																						
10	2.52																						
12	2.76	4.46																					
16	3.24	5.15	10.39																				
20	3.72	5.83	11.63	19.86																			
25	4.32	6.69	13.19	22.31	32.78																		
30	4.92	7.55	14.74	24.77	36.34	52.38																	
35	5.52	8.4	16.3	27.22	39.91	57.26	80.5	107.8															
40	6.13	9.26	17.85	29.68	43.47	62.13	87.04	115.9	150.7														
45		10.12	19.41	32.13	47.03	67.01	93.58	124	160.9	212													
50		10.97	20.96	34.59	50.59	71.88	100.1	132.1	171.1	224.6	266.4												
(55)			22.52	37.05	54.16	76.75	106.7	140.2	181.4	237.2	281.1	385.6											
60			24.07	39.5	57.72	81.63	113.2	148.4	191.6	249.9	295.9	404.6	525.2										
(65)			25.63	41.96	61.28	86.5	119.8	156.5	201.9	262.5	310.6	423.7	548.5	699.3									
70				44.41	64.84	91.38	126.3	164.6	212.1	275.1	325.4	442.8	571.9	728	896.1								
80				49.32	71.97	101.1	139.4	180.9	232.6	300.3	354.9	480.9	618.6	785.4	963.9	1204	1427						
90					79.09	110.9	152.5	197.1	253.1	325.5	384.3	519	665.3	842.8	1032	1285	1519	1810					
100					86.22	120.6	165.6	213.3	273.5	350.7	413.8	557.1	712	900.2	1100	1365	1612	1918	2256	2749			
110						130.4		229.6		375.9		595.2		957.6		1446	1705	2026	2378	2894	3394		
120						140.1		245.8		401.1		633.3		1015		1526	1798	2133	2500	3039	3561	4223	4869
130						149.9		262.1		426.3		671.4		1072		1607	1891	2241	2622	3184	3728	4417	5090
140						159.6		278.3		451.5		709.6		1130		1688	1984	2349	2744	3328	3896	4611	5310

续表 8.1－1(c)

l(公称)/mm	d/mm																						
	M5	M6	M8	M10	M12	M(14)	M16	M(18)	M20	M(22)	M24	M(27)	M30	M(33)	M36	M(39)	M42	M(45)	M48	M(52)	M56	M(60)	M64
	每1000件钢制品的质量/kg																						
150								294.6		476.7		747.7		1187		1768	2077	2457	2865	3473	4063	4805	5530
160								310.8		501.9		785.8		1245		1849	2170	2564	2987	3618	4231	4999	5750
180								343.3		552.3		862		1359		2010	2356	2780	3231	3907	4565	5387	6190
200										602.7		938.2		1474		2171	2541	2995	3475	4197	4900	5775	6630
220										653.1		1015		1589		2333	2727	3211	3719	4486	5235	6163	7070
240												1091		1704		2494	2913	3427	3962	4776	5570	6551	7511
260												1167		1819		2655	3099	3642	4206	5065	5905	6939	7951
280												1243		1933		2816	3285	3858	4450	5355	6239	7327	8391
300														2048		2978	3470	4073	4694	5644	6574	7715	8831
320														2163		3139	3656	4289	4938	5934	6909	8103	9271
340														2278		3300	3842	4504	5181	6223	7244	8491	9711
360														2393		3461	4028	4720	5425	6512	7579	8879	10152
380																3622	4214	4935	5669	6802	7913	9267	10592
400																3784	4400	5151	5913	7091	8248	9655	11032
420																	4585	5366	6156	7381	8583	10043	11472
440																		5582	6400	7670	8918	10431	11912
460																			6644	7960	9253	10819	12353
480																			6888	8249	9587	11207	12793
500																				8539	9922	11595	13233

8.1.3 六角头螺栓 – A 和 B 级(GB/T 5782—2000)

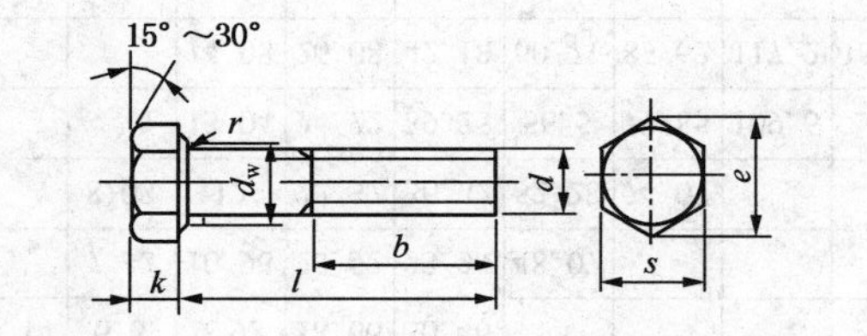

8.1.4 六角头螺栓 – 全螺纹 – A 和 B 级(GB/T 5783—2000)

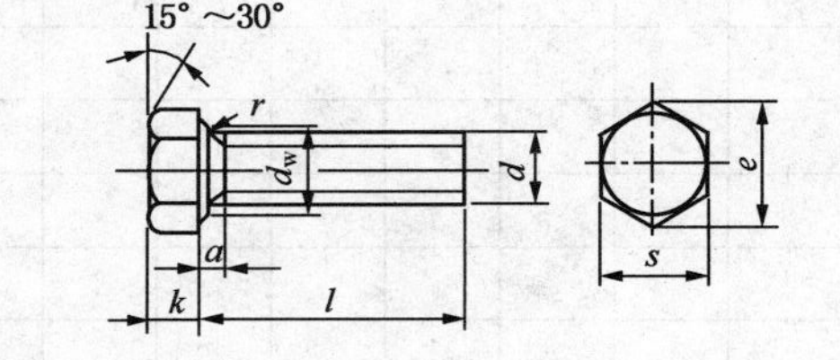

标记示例：螺纹规格 d = M12、公称长度 l = 80mm、性能等级为 8.8 级、表面氧化、产品等级为 A 级的六角头螺栓的标记　螺栓 GB/T 5782 M12 × 80

表 8.1 – 3(a)、8.1 – 4(a)　六角头螺栓(A，B 级)规格尺寸

mm

螺纹规格 d		M3	M4	M5	M6	M8	M10	M12	M(14)	M16	M(18)	M20	M(22)	M24	M(27)	M30	M(33)	M36	M(39)	M42	M(45)	M48	M(52)	M56	M(60)	M64
P①		0.5	0.7	0.8	1	1.25	1.5	1.75	2	2	2.5	2.5	2.5	3	3	3.5	3.5	4	4	4.5	4.5	5	5	5.5	5.5	6
s(公称)		5.5	7	8	10	13	16	18	21	24	27	30	34	36	41	46	50	55	60	65	70	75	80	85	90	95
k(公称)		2	2.8	3.5	4	5.3	6.4	7.5	8.8	10	11.5	12.5	14	15	17	18.7	21	22.5	25	26	28	30	33	35	38	40
r(最小)		0.1	0.2		0.25	0.4		0.6					0.8				1			1.2		1.6		2		
d_W(最小) 产品等级	A	4.57	5.88	6.88	8.88	11.63	14.63	16.63	19.64	22.49	25.34	28.19	31.71	33.61												
	B	4.45	5.74	6.74	8.74	11.47	14.47	16.47	19.15	22	24.85	27.7	31.35	33.25	38	42.75	46.55	51.11	55.86	59.95	64.7	69.45	74.2	78.66	83.41	88.16
e(最小) 产品等级	A	6.01	7.66	8.79	11.05	14.38	17.77	20.03	23.36	26.75	30.14	33.53	37.72	39.98												
	B	5.88	7.50	8.63	10.89	14.20	17.59	19.85	22.78	26.17	29.56	32.95	37.29	39.55	45.2	50.85	55.37	60.79	66.44	71.3	76.95	82.6	88.25	93.56	99.21	104.86
$b_{参考}$	l≤125	12	14	16	18	22	26	30	34	38	42	46	50	54	60	66										
	125 < l ≤200	18	20	22	24	28	32	36	40	44	48	52	56	60	66	72	78	84	90	96	102	108	116			
	l > 200	31	33	35	37	41	45	49	53	57	61	65	69	73	79	85	91	97	103	109	115	121	129	137	145	153
l(公称)范围 GB/T 5782		20 ~ 30	25 ~ 40	25 ~ 50	30 ~ 60	40 ~ 80	45 ~ 100	50 ~ 120	60 ~ 140	65 ~ 150	70 ~ 180	80 ~ 200	90 ~ 220	90 ~ 240	100 ~ 260	110 ~ 300	130 ~ 320	140 ~ 360	150 ~ 380	160 ~ 440	180 ~ 440	180 ~ 480	200 ~ 480	220 ~ 500	240 ~ 500	260 ~ 500
l(公称)范围 GB/T 5783		6 ~ 30	8 ~ 40	10 ~ 50	12 ~ 60	16 ~ 80	20 ~ 100	25 ~ 120	30 ~ 140	30 ~ 150	35 ~ 200	40 ~ 200	45 ~ 200	50 ~ 200	55 ~ 200	60 ~ 200	65 ~ 200	70 ~ 200	80 ~ 200	80 ~ 200	90 ~ 200	100 ~ 200	100 ~ 200	110 ~ 200	120 ~ 200	120 ~ 200

续表 8.1－3(a)、8.1－4(a)

<table>
<tr><td>螺纹规格 d</td><td>M3</td><td>M4</td><td>M5</td><td>M6</td><td>M8</td><td>M10</td><td>M12</td><td>M(14)</td><td>M16</td><td>M(18)</td><td>M20</td><td>M(22)</td><td>M24</td><td>M(27)</td><td>M30</td><td>M(33)</td><td>M36</td><td>M(39)</td><td>M42</td><td>M(45)</td><td>M48</td><td>M(52)</td><td>M56</td><td>M(60)</td><td>M64</td></tr>
<tr><td>l(公称)系列</td><td colspan="24">6，8，10，12，16，20，25，30，35，40，45，50，55，60，65，70，80，90，100，110，120，130，140，150，160，180，200，220，240，260，280，300，320，340，360，380，400，420，440，460，480，500</td></tr>
<tr><td rowspan="3">技术条件</td><td rowspan="3">螺纹公差 6g</td><td rowspan="3">材料</td><td>钢</td><td rowspan="3">机械性能等级</td><td>$M3 \leq d \leq M39$：5.6，8.8，10.9；$M3 < d \leq M16$：9.8；$d > M39$ 按协议</td><td rowspan="3">表面处理</td><td>①氧化；</td><td rowspan="3">②电镀；③非电解锌粉覆盖层；④如需其他表面镀层或表面处理，由供需双方协议</td><td rowspan="3">产品等级：A 级、B 级</td></tr>
<tr><td>不锈钢</td><td>$d \leq M24$：A2－70，A4－70；$M24 < d \leq M39$：A2－50，A4－50；$d > M39$ 按协议</td><td>①简单处理；</td></tr>
<tr><td>有色金属</td><td>CU2，CU3，AL4</td><td>①简单处理</td></tr>
</table>

注：1. 带括号的为非优选螺纹规格。

2. A 级用于 $d \leq 24$mm 和 $l \leq 10d$ 或 $l \leq 150$mm(按较小值)的螺栓；B 级用于 $d > 24$mm 或 $l > 10d$ 或 $l > 150$mm(按较小值)的螺栓。

3. GB/T 5782—2000 等效采用 ISO 4014—1999；GB/T 5783 等效采用 ISO 4017—1999。

① P—螺距。

表 8.1－3(b) 六角头螺栓的质量(GB/T 5782—2000)

l(公称)/mm	M3	M4	M5	M6	M8	M10	M12	M(14)	M16	M(18)	M20	M(22)	M24	M(27)	M30	M(33)	M36	M(39)	M42	M(45)	M48	M(52)	M56	M(60)	M64
	每1000件钢制品的质量/kg																								
20	1.25																								
25	1.5	2.8	4.47																						
30	1.75	3.25	5.18	7.85																					
35		3.69	5.89	8.89	16.81																				
40		4.14	6.6	9.92	18.66	30.46																			
45			7.32	10.96	20.52	33.39	48.07																		
50			8.03	12	22.37	36.32	52.28	74.07																	
(55)				13.04	24.22	39.25	56.5	79.85	109.6																
60				14.08	26.08	42.18	60.71	85.62	117.2	151.9															
(65)					27.93	45.11	64.93	91.39	124.7	161.5	206.2														
70					29.79	48.04	69.14	97.17	132.3	171.2	218.1	279.8													

续表 8.1-3(b)

l(公称)/mm	d/mm																								
	M3	M4	M5	M6	M8	M10	M12	M(14)	M16	M(18)	M20	M(22)	M24	M(27)	M30	M(33)	M36	M(39)	M42	M(45)	M48	M(52)	M56	M(60)	M64
	每1000件钢制品的质量/kg																								
80					33.49	53.9	77.57	108.7	147.5	190.4	241.8	308.6	362.5												
90						59.75	86	120.3	162.6	209.7	265.5	337.3	396.8	526	669.1										
100						65.61	94.43	131.8	177.8	228.9	289.2	366.1	431.2	568.9	722.4	906.9									
110							102.9	143.4	192.9	248.2	312.9	394.9	465.5	611.9	775.6	971.1	1178								
120							111.3	154.9	208.1	267.5	336.6	423.6	499.8	654.8	828.9	1035	1254	1541							
130								165.4	222	284.9	358.4	452.4	531.2	694.9	878.2	1096	1326	1625	1904	2247					
140								176.9	237.2	304.2	382.1	479	565.6	737.8	931.4	1160	1402	1716	2009	2367	2753				
150									252.3	323.4	405.8	507.8	599.9	780.8	984.7	1224	1479	1806	2114	2488	2890	3486			
160									267.5	342.7	429.5	536.6	634.2	823.7	1038	1288	1556	1896	2218	2609	3028	3647	4245		
180										381.2	476.9	594.1	702.9	909.6	1144	1417	1709	2077	2428	2850	3303	3969	4620	5428	
200											524.3	651.6	771.5	995.6	1251	1545	1862	2257	2638	3091	3578	4291	4994	5858	6703
220												704.5	833.9	1075	1349	1665	2004	2425	2832	3316	3833	4592	5342	6261	7161
240													902.5	1161	1455	1793	2158	2606	3042	3557	4108	4914	5716	6691	7651
260														1247	1562	1922	2311	2786	3252	3799	4383	5236	6091	7122	8141
280															1668	2050	2464	2966	3462	4040	4658	5557	6465	7552	8632
300															1775	2179	2618	3147	3671	4281	4933	5879	6839	7982	9122
320																2307	2771	3327	3881	4523	5208	6201	7213	8412	9612
340																	2924	3508	4091	4764	5483	6523	7587	8843	10103
360																	3078	3688	4301	5005	5758	6845	7961	9273	10593
380																		3869	4511	5247	6033	7167	8335	9703	11083
400																			4720	5488	6308	7489	8710	10134	11573

表 8.1-4(b) 六角头螺栓的质量(GB/T 5783—2000)

l(公称)/mm	d/mm																								
	M3	M4	M5	M6	M8	M10	M12	M(14)	M16	M(18)	M20	M(22)	M24	M(27)	M30	M(33)	M36	M(39)	M42	M(45)	M48	M(52)	M56	M(60)	M64
	每 1000 件钢制品的质量/kg																								
6	0.61																								
8	0.7	1.42																							
10	0.78	1.57	2.56																						
12	0.87	1.72	2.8	4.51																					
16	1.04	2.02	3.28	5.2	10.49																				
20	1.21	2.32	3.76	5.88	11.74	20.02																			
25	1.42	2.69	4.36	6.74	13.29	22.47	33																		
30	1.63	3.07	4.96	7.6	14.85	24.93	36.57	53.49																	
35		3.44	5.56	8.45	16.4	27.39	40.13	58.37	81.95	109.6															
40		3.81	6.16	9.31	17.96	29.84	43.69	63.24	88.49	117.8	152.9		239.2		431.4		492								
45			6.76	10.17	19.51	32.3	47.25	68.12	95.03	125.9	163.2	214.1	254		454.7		725.9								
50			7.36	11.03	21.07	34.75	50.81	72.99	101.6	134	173.4	226.7	268.7		478.1		759.9								
(55)				11.88	22.62	37.21	54.38	77.87	108.1	142.1	183.7	239.3	283.5	385.3	501.4		793.8								
60				12.74	24.18	39.66	57.94	82.74	114.7	150.3	193.9	251.9	298.2	404.3	524.8		827.7								
(65)					25.73	42.12	61.5	87.61	121.2	158.4	204.1	264.5	313	423.4	548.1	698.8	861.6								
70					27.29	44.58	65.06	92.49	127.7	166.5	214.4	277.1	327.7	442.5	571.5	727.5	895.5								
80					30.4	49.49	72.19	102.2	140.8	182.7	234.9	302.3	357.2	480.6	618.2	784.9	963.3	1203	1425	1701					
90						54.4	79.31	112	153.9	199	255.3	327.5	386.7	518.7	664.9	842.3	1031	1284	1518	1809					
100						59.31	86.44	121.7	167	215.2	275.8	352.7	416.2	556.8	711.6	899.7	1099	1364	1611	1916	2254	2748		3833	
110								131.5		231.5		377.9		594.9		957.1		1445	1704	2024	2376	2892	3392	4027	
120								141.2		247.7		403.1		633		1015		1526	1797	2132	2498	3037	3559	4221	4867
130								151		263.9		428.3		671.1		1072		1606	1890	2240	2620	3182	3727	4415	5087

续表 8.1-4(b)

l(公称)/mm	d/mm																								
	M3	M4	M5	M6	M8	M10	M12	M(14)	M16	M(18)	M20	M(22)	M24	M(27)	M30	M(33)	M36	M(39)	M42	M(45)	M48	M(52)	M56	M(60)	M64
	每1000件钢制品的质量/kg																								
140								160.7		280.2		453.5		709.3		1129		1687	1983	2348	2742	3327	3894	4609	5307
150										296.4		478.8		747.4		1187		1767	2076	2455	2864	3471	4061	4803	5527
160										312.7		504		785.5		1244		1848	2169	2563	2986	3616	4229	4997	5747
180										345.2		554.4		861.7		1359		2009	2354	2779	3230	3906	4564	5385	6188
200												604.8		937.9		1474		2170	2540	2994	3473	4195	4898	5773	6628
220																			2726		3717		5233		7068
240																			2912		3961		5568		7508
260																			3098		4205		5903		7948
280																			3284		4448		6238		8388
300																			3469		4692		6572		8829
320																			3655		4936		6907		9269
340																			3841		5180		7242		9709
360																			4027		5424		7577		10149
380																			4213		5667		7912		10689
400																			4398		5911		8246		11030
420																			4584		6155		8581		11470
440																			4770		6399		8916		11910
460																			4956		6642		9251		12350
480																			5142		6886		9586		12790
500																			5237		7130		9920		13230

8.1.5 等长双头螺柱－B级(GB/T 901—1988)

标记示例：螺纹直径 $d=12$mm、长度 $l=100$mm、机械性能为4.8级、不经表面处理的等长双头螺柱的标记 螺柱 GB/T 901 M12×100

表8.1－5(a) 等长双头螺柱(B级)规格尺寸 mm

螺纹规格 d	M2	M2.5	M3	M4	M5	M6	M8	M10	M12	M(14)	M16	M(18)	M20	M(22)	M24	M(27)	M30	M(33)	M36	M(39)	M42	M48	M56
b	10	11	12	14	16	18	28	32	36	40	44	48	52	56	60	66	72	78	84	89	96	108	124
l(公称)范围	10～60	10～80	12～250	16～300	20～300	25～300	32～300	40～300	50～300	60～300	60～300	60～300	70～300	80～300	90～300	100～300	120～400	140～400	140～500	140～500	140～500	150～500	190～500
l(公称)系列	10，12，(14)，16，(18)，20，(22)，25，(28)，30，(32)，35，(38)，40，45，50，(55)，60，(65)，70，(75)，80，(85)，90，(95)，100，110，120，130，140，150，160，170，180，190，200，(210)，220，(230)，(240)，250，(260)，280，300，320，350，380，400，420，450，480，500																						
技术条件	螺纹公差6g				材料	钢		机械性能等级		4.8，5.8，6.8，8.8，10.9，12.9						表面处理		①不经处理；②镀锌钝化			产品等级：B级		
						不锈钢				A2－50，A2－70								不经处理					

注：①尽可能不采用括号内的规格。

②当 $l\leqslant 50$mm 或 $l\leqslant 2b$ 时，允许螺柱上全部制出螺纹，但当 $l\leqslant 2b$ 时，亦允许制出长度不大于4P(粗牙螺纹螺距)的无螺纹部分。

表8.1－5(b) 等长双头螺柱的质量

l(公称)/mm	M2	M2.5	M3	M4	M5	M6	M8	M10	M12	M(14)	M16	M(18)	M20	M(22)	M24	M(27)	M30	M(33)	M36	M(39)	M42	M48	M56
	d/mm；每1000件钢制品的质量/kg																						
10	0.18	0.29																					
12	0.21	0.35	0.51																				
(14)	0.25	0.4	0.59																				
16	0.29	0.46	0.68	1.2																			
(18)	0.32	0.52	0.76	1.35																			

续表 8.1-5(b)

l(公称)/mm	d/mm																						
	M2	M2.5	M3	M4	M5	M6	M8	M10	M12	M(14)	M16	M(18)	M20	M(22)	M24	M(27)	M30	M(33)	M36	M(39)	M42	M48	M56
	每1000件钢制品的质量/kg																						
20	0.35	0.58	0.85	1.5	2.4																		
(22)	0.39	0.63	0.93	1.65	2.64																		
25	0.44	0.72	1.06	1.87	3	4.29																	
(28)	0.5	0.81	1.19	2.1	3.36	4.8																	
30	0.53	0.86	1.27	2.25	3.6	5.14																	
(32)	0.57	0.92	1.36	2.4	3.84	5.49	9.95																
35	0.62	1.01	1.49	2.62	4.2	6	10.88																
(38)	0.67	1.09	1.61	2.85	4.56	6.51	11.82																
40	0.71	1.15	1.7	2.99	4.8	6.86	12.44	19.52															
45	0.8	1.29	1.91	3.37	5.41	7.71	13.99	21.96															
50	0.89	1.44	2.12	3.74	6.01	8.57	15.55	24.4	35.62														
(55)	0.97	1.58	2.34	4.12	6.61	9.43	17.1	26.84	39.18														
60	1.06	1.73	2.55	4.49	7.21	10.29	18.66	29.28	42.75	58.49	78.51	97.46											
(65)		1.87	2.76	4.87	7.81	11.14	20.21	31.72	46.31	63.37	85.05	105.6											
70		2.01	2.97	5.24	8.41	12	21.77	34.16	49.87	68.24	91.6	113.7	143.3										
(75)		2.16	3.19	5.62	9.01	12.86	23.32	36.6	53.43	73.12	98.14	121.8	153.6										
80		2.3	3.4	5.99	9.61	13.71	24.88	39.04	56.99	77.99	104.7	129.9	163.8	201.6									
(85)			3.61	6.36	10.21	14.57	26.43	41.48	60.56	82.87	111.2	138.1	174.1	214.2									
90			3.82	6.74	10.81	15.43	27.99	43.92	64.12	87.74	117.8	146.2	184.3	226.8	265.5								
(95)			4.03	7.11	11.41	16.29	29.54	46.36	67.68	92.62	124.3	154.3	194.5	239.4	280.2								
100			4.25	7.49	12.01	17.14	31.1	48.8	71.24	97.49	130.9	162.4	204.8	252	295	381.1							
110			4.67	8.24	13.21	18.86	34.21	53.68	78.37	107.2	143.9	178.7	225.3	277.2	324.5	419.3							

续表 8.1-5(b)

l(公称)/mm	d/mm																						
	M2	M2.5	M3	M4	M5	M6	M8	M10	M12	M(14)	M16	M(18)	M20	M(22)	M24	M(27)	M30	M(33)	M36	M(39)	M42	M48	M56
	每1000件钢制品的质量/kg																						
120			5.1	8.98	14.41	20.57	37.32	58.56	85.49	117	157	194.9	245.7	302.4	354	457.4	560.4						
130			5.58	9.73	15.62	22.29	40.43	63.44	92.62	126.7	170.1	211.2	266.2	327.6	383.5	495.5	607.1						
140			5.95	10.48	16.82	24	43.54	68.32	99.74	136.5	183.2	227.4	286.7	352.8	413	533.6	653.8	803.6	949.6	1129	1301		
150			6.37	11.23	18.02	25.72	46.65	73.2	106.9	146.2	196.3	243.6	307.2	378	442.5	571.7	700.5	861	1018	1209	1394	1828	
160			6.8	11.98	19.22	27.43	49.76	78.08	114	156	209.4	259.9	327.6	403.2	472	609.8	747.2	918.4	1085	1290	1487	1950	
170			7.22	12.73	20.42	29.14	52.87	82.96	121.1	165.7	222.5	276.1	348.1	428.5	501.5	647.9	793.9	975.8	1153	1370	1579	2072	
180			7.64	13.48	21.62	30.86	55.98	87.84	128.2	175.5	235.5	292.4	368.6	453.7	530.9	686.1	840.6	1033	1221	1451	1672	2194	
190			8.07	14.23	22.82	32.57	59.09	92.72	135.4	185.2	248.6	308.6	389.1	478.9	560.4	724.2	887.3	1091	1289	1532	1765	2316	3181
200			8.49	14.97	24.02	34.29	62.2	97.6	142.5	195	261.7	324.9	409.6	504.1	589.9	762.3	934	1148	1357	1612	1858	2438	3348
(210)			8.92	15.72	25.22	36	65.31	102.5	149.6	204.7	274.8	341.1	430	529.3	619.4	800.4	980.7	1205	1424	1693	1951	2560	3515
220			9.34	16.47	26.43	37.72	68.42	107.4	156.7	214.5	287.9	357.3	450.5	554.5	648.9	838.5	1027	1263	1492	1774	2044	2682	3683
(230)			9.77	17.22	27.63	39.43	71.53	112.2	163.9	224.2	301	373.6	471	579.7	678.4	876.6	1074	1320	1560	1854	2137	2804	3850
(240)			10.19	17.97	28.83	41.14	74.64	117.1	171	234	314.1	389.8	491.5	604.9	707.9	914.7	1121	1378	1628	1935	2230	2925	4018
250			10.62	18.72	30.03	42.86	77.75	122	178.1	243.7	327.1	406.1	511.9	630.1	737.4	952.8	1168	1435	1696	2015	2323	3047	4185
(260)				19.47	31.23	44.57	80.86	126.9	185.2	253.5	340.2	422.3	532.4	655.3	766.9	991	1214	1492	1764	2096	2416	3169	4352
280				20.96	33.63	48	87.08	136.6	199.5	273	366.4	454.8	573.4	705.7	825.9	1067	1308	1607	1899	2257	2601	3413	4687
300				22.46	36.03	51.43	93.3	146.4	213.7	292.5	392.6	487.3	614.3	756.1	884.9	1143	1401	1722	2035	2418	2787	3657	5022
320																	1494	1837	2171	2580	2973	3901	5357
350																	1635	2009	2374	2821	3252	4266	5859
380																	1775	2181	2578	3063	3530	4632	6361
400																	1868	2296	2713	3225	3716	4876	6696
420																			2849	3386	3902	5119	7031
450																			3052	3628	4181	5485	7533
480																			3256	3869	4460	5851	8035
500																			3392	4031	4645	6095	8370

8.1.6 等长双头螺柱 - C 级(GB/T 953—1988)

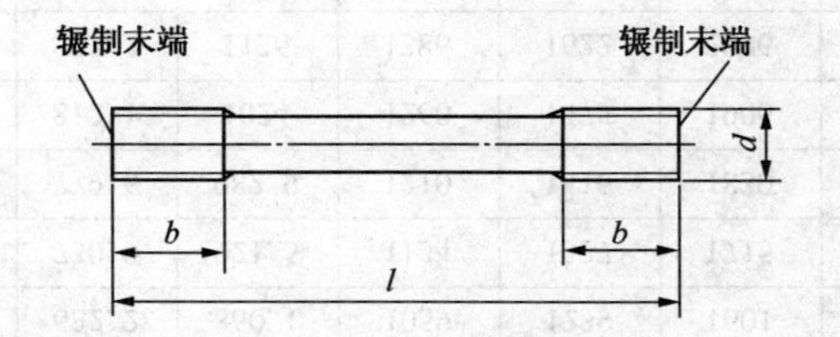

标记示例：螺纹直径 $d=10$mm、长度 $l=100$mm、螺纹长度 $b=26$mm、机械性能为4.8级、不经表面处理的等长双头螺柱的标记　螺柱 GB/T 953 M10×100

（需要加长螺纹时应加标记 Q：螺柱 GB/T 953 M10×100 - Q）

表 8.1-6(a)　等长双头螺柱(C 级)规格尺寸　mm

螺纹规格 d		M8	M10	M12	M(14)	M16	M(18)	M20	M(22)	M24	M(27)	M30	M(33)	M36	M(39)	M42	M48
b	标准	22	26	30	34	38	42	46	50	54	60	66	72	78	84	90	102
	加长	41	45	49	53	57	61	65	69	73	79	85	91	97	103	109	121
l(公称)范围		100~600	100~800	150~1200	150~1200	200~1500	200~1500	260~1500	260~1800	300~1800	300~2000	350~2500	350~2500	350~2500	350~2500	500~2500	500~2500
l(公称)系列		100，110，120，130，140，150，160，170，180，190，200，220，240，260，280，300，320，350，380，400，420，450，480，500，550，600，650，700，750，800，850，900，950，1000，1100，1200，1300，1400，1500，1600，1700，1800，1900，2000，2100，2200，2300，2400，2500															
技术条件		螺纹公差 8g		材料	钢	机械性能等级		4.8，6.8，8.8			表面处理	①不经处理；②镀锌钝化			产品等级：C 级		

注：尽可能不采用括号内的规格。

表 8.1-6(b)　等长双头螺柱的质量

l(公称)/mm	d/mm															
	M8	M10	M12	M(14)	M16	M(18)	M20	M(22)	M24	M(27)	M30	M(33)	M36	M(39)	M42	M48
	每1000件钢制品的质量/kg															
100	31.1	48.8														
110	34.21	53.68														
120	37.32	58.56														
130	40.43	63.44														

续表 8.1-6(b)

l(公称)/mm	d/mm															
	M8	M10	M12	M(14)	M16	M(18)	M20	M(22)	M24	M(27)	M30	M(33)	M36	M(39)	M42	M48
	每1000件钢制品的质量/kg															
140	43.54	68.32														
150	46.65	73.2	106.9	146.2												
160	49.76	78.08	114	156												
170	52.87	82.96	121.1	165.7												
180	55.98	87.84	128.2	175.5												
190	59.09	92.72	135.4	185.2												
200	62.2	97.6	142.5	195	261.7	324.9										
220	68.42	107.4	156.7	214.5	287.9	357.3										
240	74.64	117.1	171	234	314.1	389.8										
260	80.86	126.9	185.2	253.5	340.2	422.3	532.4	655.3								
280	87.08	136.6	199.5	273	366.4	454.8	573.4	705.7								
300	93.3	146.4	213.7	292.5	392.6	487.3	614.3	756.1	884.9	1143						
320	99.52	156.2	228	312	418.7	519.8	655.3	806.5	943.9	1220						
350	108.9	170.8	249.4	341.2	458	568.5	716.7	882.1	1032	1334	1635	2009	2374	2821		
380	118.2	185.4	270.7	370.5	497.2	617.2	778.2	957.7	1121	1448	1775	2181	2578	3063		
400	124.4	195.2	285	390	523.4	649.7	819.1	1008	1180	1525	1868	2296	2713	3225		
420	130.6	205	299.2	409.5	549.6	682.2	860.1	1059	1239	1601	1961	2411	2849	3386		
450	140	219.6	320.6	438.7	588.8	730.9	921.5	1134	1327	1715	2102	2583	3052	3628		
480	149.3	234.2	342	468	628.1	779.6	982.9	1210	1416	1830	2242	2755	3256	3869		
500	155.5	244	356.2	487.5	654.3	812.1	1024	1260	1475	1906	2335	2870	3392	4031	4645	6095
550	171.1	268.4	391.8	536.2	719.7	893.3	1126	1386	1622	2096	2569	3157	3731	4434	5110	6704
600	186.6	292.8	427.5	584.9	785.1	974.6	1229	1512	1770	2287	2802	3444	4070	4837	5574	7313

续表 8.1-6(b)

l(公称)/mm	d/mm															
	M8	M10	M12	M(14)	M16	M(18)	M20	M(22)	M24	M(27)	M30	M(33)	M36	M(39)	M42	M48
	每1000件钢制品的质量/kg															
650		317.2	463.1	633.7	850.5	1056	1331	1638	1917	2477	3036	3731	4409	5240	6039	7923
700		341.6	498.7	682.4	916	1137	1433	1764	2065	2668	3269	4018	4748	5643	6503	8532
750		366	534.3	731.2	981.4	1218	1536	1890	2212	2859	3503	4305	5087	6046	6968	9142
800		390.4	570	779.9	1047	1299	1638	2016	2360	3049	3736	4592	5426	6449	7433	9751
850			605.6	828.7	1112	1381	1741	2142	2507	3240	3970	4879	5766	6852	7897	10361
900			641.2	877.4	1178	1462	1843	2268	2655	3430	4203	5166	6105	7255	8362	10970
950			676.8	926.2	1243	1543	1945	2394	2802	3621	4437	5453	6444	7658	8826	11580
1000			712.4	974.9	1309	1624	2048	2520	2950	3811	4670	5740	6783	8061	9291	12189
1100			783.7	1072	1439	1787	2253	2772	3245	4193	5137	6314	7461	8867	10220	13408
1200			854.9	1170	1570	1949	2457	3024	3540	4574	5604	6888	8140	9673	11149	14627
1300					1701	2112	2662	3276	3835	4955	6071	7462	8818	10480	12078	15846
1400					1832	2274	2867	3528	4130	5336	6538	8036	9496	11286	13007	17065
1500					1963	2436	3072	3780	4425	5717	7005	8610	10175	12092	13936	18284
1600								4033	4720	6098	7472	9184	10853	12898	14865	19503
1700								4285	5015	6479	7939	9758	11531	13704	15794	20721
1800								4537	5309	6861	8406	10332	12209	14510	16723	21940
1900										7242	8873	10906	12888	15316	17652	23159
2000										7623	9340	11480	13566	16122	18581	24378
2100											9807	12054	14244	16929	19510	25597
2200											10274	12628	14923	17735	20439	26816
2300											10741	13202	15601	18541	21368	28035
2400											11208	13776	16279	19347	22297	29254
2500											11675	14350	16957	20153	23227	30473

8.1.7 手工焊用焊接螺柱(GB/T 902.1—2008)

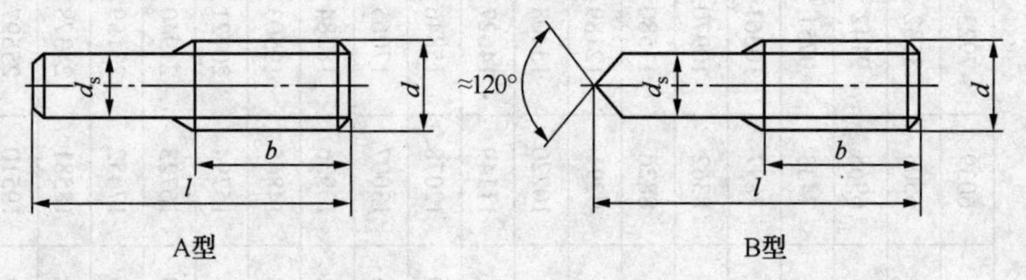

注：① d_s 约等于螺纹中径。

② 螺柱末端应为倒角端，如需方同意亦可制成辗制末端(GB/T 2)

标记示例：螺纹规格 d = M10、公称长度 l = 50mm、螺纹长度 26mm、性能等级为 4.8 级、不经表面处理、按 A 型制造的手工焊用焊接螺柱的标记　焊接螺柱 GB/T 902.1 M10×50；需要加长螺纹时应加标记 Q　螺柱 GB/T 902.1 M10×50 - Q；按 B 型制造时应加标记 B　焊接螺柱 GB/T 902.1 BM10×50 - B

表 8.1-7(a)　手工焊用焊接螺柱规格尺寸　mm

<table>
<tr><td colspan="2">螺纹规格 d</td><td>M3</td><td>M4</td><td>M5</td><td>M6</td><td>M8</td><td>M10</td><td>M12</td><td>(M14)</td><td>M16</td><td>M(18)</td><td>M20</td></tr>
<tr><td rowspan="2">b^{+2P}_{0}</td><td>标准</td><td>12</td><td>14</td><td>16</td><td>18</td><td>22</td><td>26</td><td>30</td><td>34</td><td>38</td><td>42</td><td>46</td></tr>
<tr><td>加长</td><td>15</td><td>20</td><td>22</td><td>24</td><td>28</td><td>45</td><td>49</td><td>53</td><td>57</td><td>61</td><td>65</td></tr>
<tr><td colspan="2">l(公称)范围</td><td>10 ~ 80</td><td>10 ~ 80</td><td>12 ~ 90</td><td>16 ~ 100</td><td>20 ~ 200</td><td>25 ~ 240</td><td>30 ~ 240</td><td>35 ~ 280</td><td>45 ~ 280</td><td>50 ~ 300</td><td>60 ~ 300</td></tr>
<tr><td colspan="2">l(全螺纹)范围</td><td>10 ~ 16</td><td>10 ~ 20</td><td>12 ~ 20</td><td>16 ~ 25</td><td>20 ~ 30</td><td>25 ~ 35</td><td>30 ~ 45</td><td>35 ~ 50</td><td>45 ~ 55</td><td>50 ~ 60</td><td>60</td></tr>
<tr><td colspan="2">l(公称)系列</td><td colspan="11">10, 12, 16, 20, 25, 30, 35, 40, 45, 50, (55), 60, (65), 70, 80, 90, 100, (110), 120, (130), 140, 150, 160, 180, 200, 220, 240, 260, 280, 300</td></tr>
<tr><td colspan="2">技术条件</td><td colspan="2">螺纹公差 6g</td><td>材料</td><td>普通碳钢</td><td>机械性能</td><td>4.8 级</td><td colspan="2">表面处理</td><td colspan="3">①不经处理 ②镀锌钝化</td></tr>
</table>

注：1. 尽可能不采用括号内的规格。

2. 材料的化学成分按 GB/T 3098.1 的规定，但最大含碳量为 0.2%，且不得采用易切钢。

表 8.1-7(b)　手工焊用焊接螺柱的质量

<table>
<tr><td rowspan="3">l(公称)/mm</td><td colspan="11">d/mm</td></tr>
<tr><td>M3</td><td>M4</td><td>M5</td><td>M6</td><td>M8</td><td>M10</td><td>M12</td><td>(M14)</td><td>M16</td><td>M(18)</td><td>M20</td></tr>
<tr><td colspan="11">每 1000 件钢制品的质量/kg</td></tr>
<tr><td>10</td><td>0.42</td><td>0.75</td><td></td><td></td><td></td><td></td><td></td><td></td><td></td><td></td><td></td></tr>
<tr><td>12</td><td>0.51</td><td>0.9</td><td>1.44</td><td></td><td></td><td></td><td></td><td></td><td></td><td></td><td></td></tr>
<tr><td>16</td><td>0.68</td><td>1.2</td><td>1.92</td><td>2.74</td><td></td><td></td><td></td><td></td><td></td><td></td><td></td></tr>
<tr><td>20</td><td>0.85</td><td>1.5</td><td>2.4</td><td>3.43</td><td>6.22</td><td></td><td></td><td></td><td></td><td></td><td></td></tr>
<tr><td>25</td><td>1.06</td><td>1.87</td><td>3</td><td>4.29</td><td>7.77</td><td>12.28</td><td></td><td></td><td></td><td></td><td></td></tr>
<tr><td>30</td><td>1.27</td><td>2.25</td><td>3.6</td><td>5.14</td><td>9.33</td><td>14.73</td><td>21.37</td><td></td><td></td><td></td><td></td></tr>
<tr><td>35</td><td>1.49</td><td>2.62</td><td>4.2</td><td>6</td><td>10.88</td><td>17.19</td><td>24.94</td><td>34.12</td><td></td><td></td><td></td></tr>
<tr><td>40</td><td>1.7</td><td>2.99</td><td>4.8</td><td>6.86</td><td>12.44</td><td>19.65</td><td>28.5</td><td>39</td><td></td><td></td><td></td></tr>
<tr><td>45</td><td>1.91</td><td>3.37</td><td>5.41</td><td>7.71</td><td>13.99</td><td>22.1</td><td>32.06</td><td>43.87</td><td>58.88</td><td></td><td></td></tr>
<tr><td>50</td><td>2.12</td><td>3.74</td><td>6.01</td><td>8.57</td><td>15.55</td><td>24.56</td><td>35.62</td><td>48.74</td><td>65.43</td><td>81.21</td><td></td></tr>
</table>

续表 8.1-7(b)

l(公称)/mm	d/mm										
	M3	M4	M5	M6	M8	M10	M12	M(14)	M16	M(18)	M20
	每1000件钢制品的质量/kg										
(55)	2.34	4.12	6.61	9.43	17.1	27.01	39.18	53.62	71.97	89.33	
60	2.55	4.49	7.21	10.29	18.66	29.47	42.75	58.49	78.51	97.46	122.9
(65)	2.76	4.87	7.81	11.14	20.21	31.93	46.31	63.37	85.05	105.6	133.1
70	2.97	5.24	8.41	12	21.77	34.38	49.87	68.24	91.6	113.7	143.3
80	3.4	5.99	9.61	13.71	24.88	39.29	56.99	77.99	104.7	129.9	163.8
90			10.81	15.43	27.99	44.2	64.12	87.74	117.8	146.2	184.3
100				17.14	31.1	49.12	71.24	97.49	130.9	162.4	204.8
110					34.21	54.03	78.37	107.2	143.9	178.7	225.3
120					37.32	58.94	85.49	117	157	194.9	245.7
130					40.43	63.85	92.62	126.7	170.1	211.2	266.2
140					43.54	68.76	99.74	136.5	183.2	227.4	286.7
150					46.65	73.67	106.9	146.2	196.3	243.6	307.2
160					49.76	78.58	114	156	209.4	259.9	327.6
180					55.98	88.41	128.2	175.5	235.5	292.4	368.6
200					62.2	98.23	142.5	195	261.7	324.9	409.6
220						108.1	156.7	214.5	287.9	357.3	450.5
240						117.9	171	234	314.1	389.8	491.5
260								253.5	340.2	422.3	532.4
280								273	366.4	454.8	573.4
300										487.3	614.3

8.1.8　1型六角螺母-C级(GB/T 41—2000)

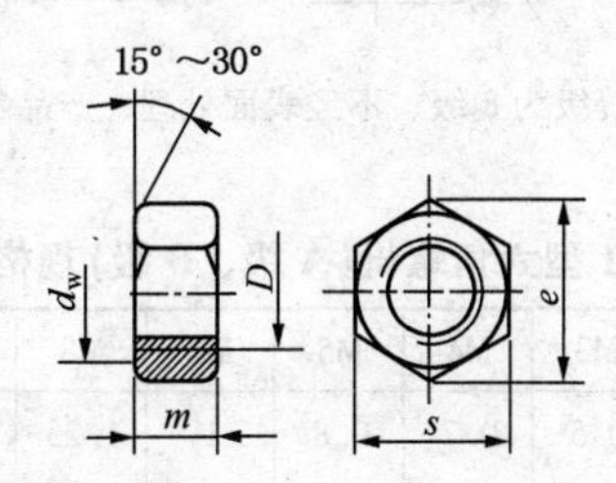

标记示例：螺纹规格 D = M12、性能等级为5级、不经表面处理、产品等级为C级的1型六角螺母的标记　螺母 GB/T 41 M12

表 8.1-8　1型六角螺母(C级)规格尺寸及质量

螺纹规格 D	M5	M6	M8	M10	M12	M(14)	M16	M(18)	M20	M(22)	M24	M(27)
螺距 P	0.8	1	1.25	1.5	1.75	2	2	2.5	2.5	2.5	3	3
e(最小)/mm	8.63	10.89	14.2	17.59	19.85	22.78	26.17	29.56	32.95	37.29	39.55	45.2
s(公称)/mm	8	10	13	16	18	21	24	27	30	34	36	41

续表 8.1－8

螺纹规格 D	M5	M6	M8	M10	M12	M(14)	M16	M(18)	M20	M(22)	M24	M(27)
m(最大)/mm	5.6	6.4	7.9	9.5	12.2	13.9	15.9	16.9	19	20.2	22.3	24.7
d_W(最小)/mm	6.7	8.7	11.5	14.5	16.5	19.2	22	24.9	27.7	31.4	33.3	38
每 1000 个螺母的质量/kg	0.99	1.86	4.05	7.68	11.55	17.28	26.81	36.87	51.55	73.85	88.8	133

螺纹规格 D	M30	M(33)	M36	M(39)	M42	M(45)	M48	M(52)	M56	M(60)	M64
螺距 P	3.5	3.5	4	4	4.5	4.5	5	5	5.5	5.5	6
e(最小)/mm	50.85	55.37	60.79	66.44	72.02	76.95	82.6	88.25	93.56	99.21	104.86
s(公称)/mm	46	50	55	60	65	70	75	80	85	90	95
m(最大)/mm	26.4	29.5	31.9	34.3	34.9	36.9	38.9	42.9	45.9	48.9	52.4
d_W(最小)/mm	42.8	46.6	51.1	55.9	60	64.7	69.5	74.2	78.7	83.4	88.2
每 1000 个螺母的质量/kg	184.4	242.8	317	414.9	502.9	605.2	744.4	924.8	1091	1291	1512

技术条件	螺纹公差 7H	材料	钢	机械性能等级	$D \leqslant$ M16：5；M16 $< D \leqslant$ M39：4，5；$D >$ M39：按协议	表面处理	①不经处理；②电镀；③非电解锌粉覆盖层；④如需其他表面镀层或表面处理，应由供需双方协议	产品等级：C 级

注：1. 尽可能不采用括号内的规格。

2. 本标准等效采用 ISO 4034—1999。

8.1.9 1 型六角螺母-A 级和 B 级(GB/T 6170—2000)

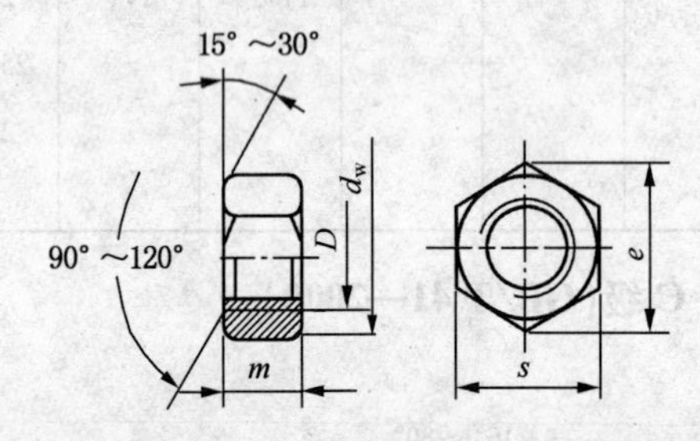

标记示例：螺纹规格 D＝M12、性能等级为 8 级、不经表面处理、产品等级为 A 级的 1 型六角螺母的标记 螺母 GB/T 6170 M12

表 8.1－9 1 型六角螺母(A 级、B 级)规格尺寸及质量

螺纹规格 D	M1.6	M2	M2.5	M3	M4	M5	M6	M8	M10	M12	M(14)	M16	M(18)	M20
螺距 P	0.35	0.4	0.45	0.5	0.7	0.8	1	1.25	1.5	1.75	2	2	2.5	2.5
e(最小)/mm	3.41	4.32	5.45	6.01	7.66	8.79	11.05	14.38	17.77	20.03	23.36	26.75	29.56	32.95
d_W(最小)/mm	2.4	3.1	4.1	4.6	5.9	6.9	8.9	11.6	14.6	16.6	19.6	22.5	24.9	27.7
s(公称)/mm	3.2	4	5	5.5	7	8	10	13	16	18	21	24	27	30
m(最大)/mm	1.3	1.6	2	2.4	3.2	4.7	5.2	6.8	8.4	10.8	12.8	14.8	15.8	18
c(最大)/mm	0.2	0.2	0.3	0.4	0.4	0.5	0.5	0.6	0.6	0.6	0.6	0.8	0.8	0.8
每 1000 个螺母的质量/kg	0.05	0.09	0.2	0.27	0.58	1.05	1.95	4.22	7.94	11.93	18.89	29	36.87	51.55

续表 8.1-9

螺纹规格 D	M(22)	M24	M(27)	M30	M(33)	M36	M(39)	M42	M(45)	M48	M(52)	M56	M(60)	M64
螺距 P	2.5	3	3	3.5	3.5	4	4	4.5	4.5	5	5	5.5	5.5	6
e(最小)/mm	37.29	39.55	45.2	50.85	55.37	60.79	66.44	71.3	76.95	82.6	88.25	93.56	99.21	104.86
d_W(最小)/mm	31.4	33.3	38	42.8	46.6	51.1	55.9	60	64.7	69.5	74.2	78.7	83.4	88.2
s(公称)/mm	34	36	41	46	50	55	60	65	70	75	80	85	90	95
m(最大)/mm	19.4	21.5	23.8	25.6	28.7	31	33.4	34	36	38	42	45	48	51
c(最大)/mm	0.8	0.8	0.8	0.8	0.8	0.8	1.0	1.0	1.0	1.0	1.0	1.0	1.0	1.0
每1000个螺母的质量/kg	73.85	88.8	132.4	184.4	242.8	317	414.9	502.9	605.2	744.4	924.8	1091	1291	1503
技术条件	螺纹公差6H	材料	钢	机械性能等级	$M3 \leqslant D \leqslant M39$: 6,8,10; $D < M3$ 或 $D > M39$: 按协议			表面处理	① 不经处理；		② 电镀；③非电解锌粉覆盖层；④如需其他表面镀层或表面处理，应由供需双方协议			
			不锈钢		$D \leqslant M20$: A2-70; $M20 < D \leqslant M39$: A2-50; $D > M39$: 按协议				① 简单处理；					
			有色金属		CU2, CU3, AL4				① 简单处理；					

注：1. 带括号的为非优选螺纹规格。

2. 本标准等效采用 ISO 4032—1999。

8.1.10 2型六角螺母-A级和B级(GB/T 6175—2000)

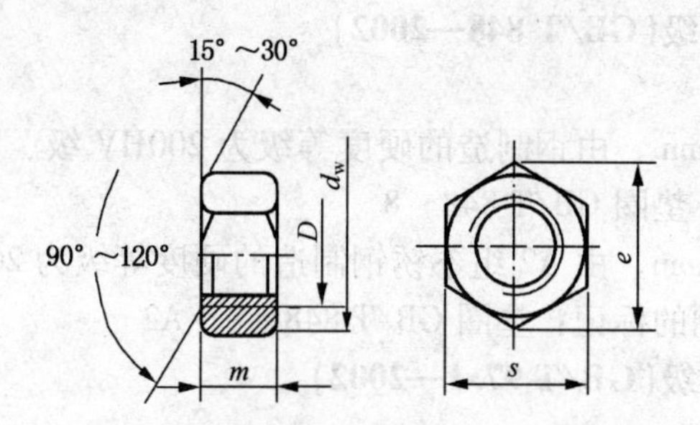

标记示例：螺纹规格 D = M16、性能等级为9级、表面氧化、产品等级为A级的2型六角螺母的标记 螺母 GB/T 6175 M16

表 8.1-10 2型六角螺母(A级、B级)规格尺寸及质量

螺纹规格 D	M5	M6	M8	M10	M12	M(14)	M16	M20	M24	M30	M36
螺距 P	0.8	1	1.25	1.5	1.75	2	2	2.5	3	3.5	4
c(最大)	0.5	0.5	0.6	0.6	0.6	0.6	0.8	0.8	0.8	0.8	0.8
e(最小)/mm	8.79	11.05	14.38	17.77	20.03	23.36	26.75	32.95	39.55	50.85	60.79
s(最大)/mm	8	10	13	16	18	21	24	30	36	46	55
m(最大)/mm	5.1	5.7	7.5	9.3	12	14.1	16.4	20.3	23.9	28.6	34.7
d_w(最小)/mm	6.9	8.9	11.6	14.6	16.6	19.6	22.5	27.7	33.2	42.7	51.1
每1000个螺母的质量/kg	1.14	2.15	4.68	8.83	13.31	20.92	32.29	57.95	99.35	207.1	356.9
技术条件	螺纹公差6H	材料	钢	机械性能	9，12	表面处理	① 氧化；②电镀；③非电解锌粉覆盖层；④如需其他表面镀层或表面处理，应由供需双方协议				

注：1. 尽可能不采用括号内的规格。

2. A级用于 $D \leqslant 16$mm 的螺母；B级用于 $D > 16$mm 的螺母。

3. 本标准等效采用 ISO 4033—1999。

8.1.11 平垫圈 C级(GB/T 95—2002)

标记示例

标准系列、公称规格8mm、硬度等级为100HV级、不经表面处理、产品等级为C级的平垫圈的标记：垫圈 GB/T 95 8

8.1.12 大垫圈 A级(GB/T 96.1—2002)

标记示例

大系列、公称规格8mm、由钢制造的硬度等级为200HV级、不经表面处理、产品等级为A级的平垫圈的标记：垫圈 GB/T96.1 8

大系列、公称规格8mm，由A2组不锈钢制造的硬度等级为200HV级、不经表面处理、产品等级为A级的平垫圈的标记：垫圈 GB/T 96.1 8 A2

8.1.13 大垫圈 C级(GB/T 96.2—2002)

标记示例

大系列、公称规格8mm、由钢制造的硬度等级为100HV级、不经表面处理、产品等级为C级的平垫圈的标记：垫圈 GB/T 96.2 8

8.1.14 特大垫圈 C级(GB/T 5287—2002)

标记示例

特大系列、公称规格8mm、由钢制造的硬度等级为100HV级、不经表面处理、产品等级为C级的平垫圈的标记：垫圈 GB/T 5287 8

8.1.15 小垫圈 A级(GB/T 848—2002)

标记示例

小系列、公称规格8mm、由钢制造的硬度等级为200HV级、不经表面处理、产品等级为A级的平垫圈的标记：垫圈 GB/T 848 8

小系列、公称规格8mm、由A2组不锈钢制造的硬度等级为200HV级、不经表面处理、产品等级为A级的平垫圈的标记：垫圈 GB/T 848 8 A2

8.1.16 平垫圈 A级(GB/T 97.1—2002)

标记示例

标准系列、公称规格8mm、由钢制造的硬度等级为200HV级、不经表面处理、产品等级为A级的平垫圈的标记：垫圈 GB/T 97.1 8

标准系列、公称规格8mm，由A2组不锈钢制造的硬度等级为200HV级、不经表面处理、产品等级为A级的平垫圈的标记：垫圈 GB/T 97.1 8 A2

8.1.17 平垫圈 倒角型 A级(GB/T 97.2—2002)

标记示例

标准系列、公称规格8mm、由钢制造的硬度等级为200HV级、不经表面处理、产品等级为A级、倒角型平垫圈的标记：垫圈 GB/T 97.2 8

标准系列、公称规格8mm，由A2组不锈钢制造的硬度等级为200HV级、不经表面处理、产品等级为A级、倒角型平垫圈的标记：垫圈 GB/T 97.2 8 A2

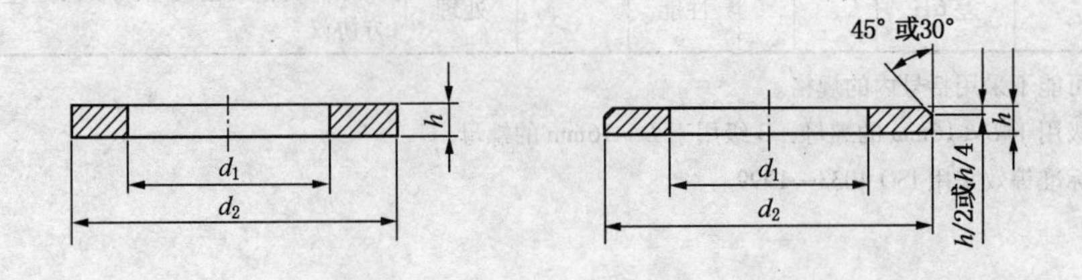

表 8.1-11～表 8.1-17 垫圈规格尺寸及质量

mm

公称规格（螺纹大径 d）	GB/T 95 GB/T 97.1 GB/T 97.2		GB/T 95（标准系列）		GB/T 97.1 GB/T 97.2（标准系列）		GB/T 96.1（大系列） GB/T 96.2（大系列）				GB/T 848（小系列）				GB/T 5287（特大系列）			
	d_2（公称）	h（公称）	d_1	每1000个的质量/kg≈	d_1（公称）	每1000个的质量/kg≈	d_1（公称）	d_2（公称）	h（公称）	每1000个的质量/kg≈	d_1（公称）	d_2（公称）	h（公称）	每1000个的质量/kg≈	d_1（公称）	d_2（公称）	h（公称）	每1000个的质量/kg≈
5	10	1	5.5	0.43	5.3	0.44	5.3	15	1	1.22	5.3	9	1	0.33	5.5	18	2	3.62
6	12	1.6	6.6	0.99	6.4	1.02	6.4	18	1.6	2.79	6.4	11	1.6	0.79	6.6	22		5.43
8	16		9	1.73	8.4	1.83	8.4	24	2	6.23	8.4	15		1.52	9	28	3	13.00
10	20	2	11	3.44	10.5	3.57	10.5	30	2.5	12.17	10.5	18		2.11	11	34		19.14
12	24	2.5	13.5	6.07	13	6.27	13	37	3	22.20	13	20	2	2.85	13.5	44	4	43.25
16	30	3	17.5	10.98	17	11.30	17	50		40.89	17	28	2.5	7.63	17.5	56	5	87.23
20	37		22	16.37	21	17.16	21	60	4	77.90	21	34	3	13.22	22	72	6	173.86
24	44	4	26	31.07	25	32.33	25	72	5	140.54	25	39	4	22.10	26	85		242.26
30	56		33	50.48	31	53.64	33	92	6	272.82	31	50		37.95	33	105		367.55
36	66	5	39	87.39	37	92.08	39	110	8	521.79	37	60	5	68.77	39	125	8	695.65
42	78	8	45	200.00	45	200.00												
48	92		52	284.10	52	284.10												
56	105	10	62	442.74	62	442.74												
64	115		70	513.27	70	513.27												

技术条件	材料		钢	奥氏体不锈钢	表面处理	钢	奥氏体不锈钢
	性能等级	GB/T 95	C 级 100HV			不经处理	不经处理
		GB/T 5287					
		GB/T 96.1	A 级 200HV、300HV	200HV		① 不经处理 ② 镀锌钝化	
		GB/T 96.2	C 级 100HV				

材料		钢	奥氏体不锈钢	表面处理	钢	奥氏体不锈钢
性能等级	GB/T 848	A 级 200HV、300HV	200HV		① 不经处理 ② 镀锌钝化	不经处理
	GB/T 97.1					
	GB/T 97.2					

注：1. GB/T 95、GB/T 97.1 和 GB/T 97.2 公称规格为 1.6～64mm；GB/T 96.1、GB/T 96.2、GB/T 848 公称规格为 1.6～36mm。公称规格 1.6～4mm 本表中未予列入。

2. GB/T 848 适用于圆柱头的螺钉；GB/T 5287 适用于铁木结构用螺栓、螺钉和螺母；其他适用于标准六角的螺栓、螺钉和螺母。

3. 精装配系列适用于 A 级垫圈；中等装配系列适用于 C 级垫圈。

8.1.18 工字钢用方斜垫圈（GB/T 852—1988）

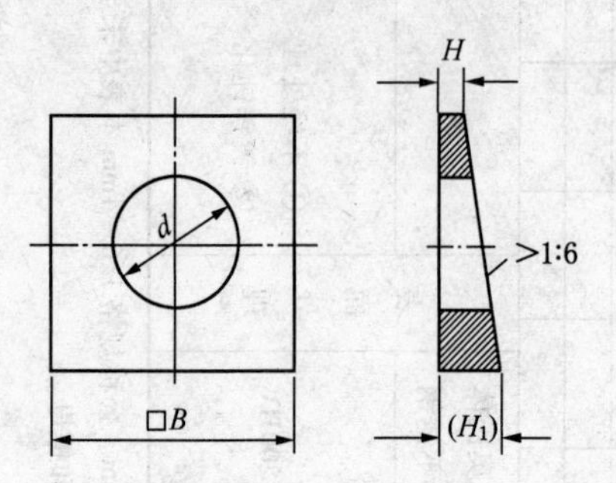

8.1.19 槽钢用方斜垫圈（GB/T 853—1988）

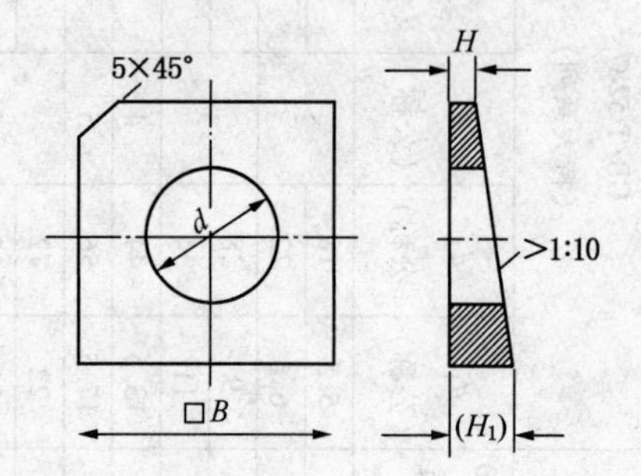

标记示例：规格16mm、材料为Q215、不经表面处理工字钢用方斜垫圈的标记 垫圈 GB/T 852 16

表8.1-18、表8.1-19 方斜垫圈规格尺寸及质量

规格（螺纹大径）		6	8	10	12	16	（18）	20	（22）	24	（27）	30	36
d（最大）/mm		6.96	9.36	11.43	13.93	17.93	20.52	22.52	24.52	26.52	30.52	33.62	39.62
B/mm		16	18	22	28	35		40		50		60	70
H/mm				2						3			
H_1/mm	GB/T 852	4.7	5	5.7	6.7	7.7		9.7		11.3		13	14.7
	GB/T 853	3.6	3.8	4.2	4.8	5.4		7		8		9	10
每1000个的质量/kg≈	GB/T 852	5.8	7.11	11.69	21.76	37.6	63.73	60.47	56.9	109.8	99.91	171.3	255.9
	GB/T 853	4.75	5.79	9.31	16.9	28.22	50	47.43	44.61	84.33	76.78	128.3	187.7

注：1. 材料：Q215，Q235。

2. 尽量不采用括号内的规格。

8.1.20 标准型弹簧垫圈（GB/T 93—1987）、轻型弹簧垫圈（GB/T 859—1987）、重型弹簧垫圈（GB/T 7244—1987）

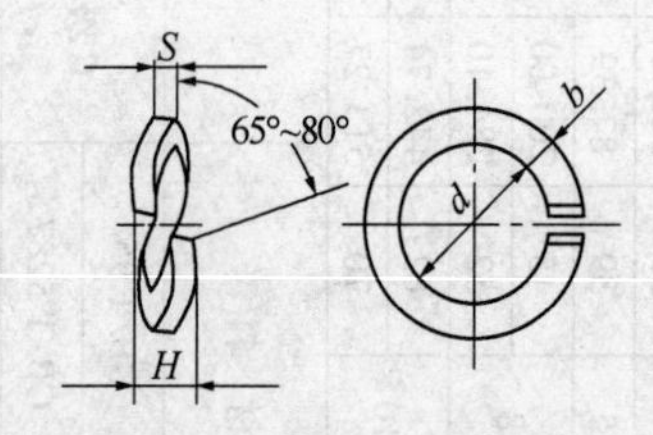

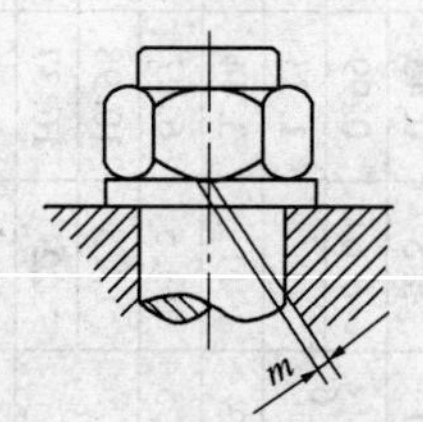

标记示例：

规格16mm、材料为65Mn、表面氧化的标准型弹簧垫圈；

垫圈 GB/T 93 16

表 8.1－20　弹簧垫圈规格尺寸及质量　　mm

规格（螺纹大径）	d min	GB/T 93				GB/T 859					GB/T 7244				
		S(b) 公称	H max	m≤	每1000个的重量≈/kg	S 公称	b 公称	H max	m≤	每1000个的重量≈/kg	S 公称	b 公称	H max	m≤	每1000个的重量≈/kg
2	2.1	0.5	1.25	0.25	0.01	—	—	—	—	—	—	—	—	—	—
2.5	2.6	0.65	1.63	0.33	0.01	—	—	—	—	—	—	—	—	—	—
3	3.1	0.8	2	0.4	0.02	0.6	1	1.5	0.3	0.03	—	—	—	—	—
4	4.1	1.1	2.75	0.55	0.05	0.8	1.2	2	0.4	0.05	—	—	—	—	—
5	5.1	1.3	3.25	0.65	0.08	1.1	1.5	2.75	0.55	0.11	—	—	—	—	—
6	6.1	1.6	4	0.8	0.15	1.3	2	3.25	0.65	0.21	1.8	2.6	4.5	0.9	0.39
8	8.1	2.1	5.25	1.05	0.35	1.6	2.5	4	0.8	0.43	2.4	3.2	6	1.2	0.84
10	10.2	2.6	6.5	1.3	0.68	2	3	5	1	0.81	3	3.8	7.5	1.5	1.56
12	12.2	3.1	7.75	1.55	1.15	2.5	3.5	6.25	1.25	1.41	3.5	4.3	8.75	1.75	2.44
(14)	14.2	3.6	9	1.8	1.81	3	4	7.5	1.5	2.24	4.1	4.8	10.25	2.05	3.69
16	16.2	4.1	10.25	2.05	2.68	3.2	4.5	8	1.6	3.08	4.8	5.3	12	2.4	5.4
(18)	18.2	4.5	11.25	2.25	3.65	3.6	5	9	1.8	4.31	5.3	5.8	13.25	2.65	7.31
20	20.2	5	12.5	2.5	5	4	5.5	10	2	5.84	6	6.4	15	3	10.11
(22)	22.6	5.5	13.75	2.75	6.76	4.5	6	11.25	2.25	7.96	6.6	7.2	16.5	3.3	13.97
24	24.5	6	15	3	8.76	5	7	12.5	2.5	11.2	7.1	7.5	17.75	3.55	16.96
(27)	27.4	6.8	17	3.4	12.6	5.5	8	13.75	2.75	16.04	8	8.5	20	4	24.33
30	30.5	7.5	18.75	3.75	17.02	6	9	15	3	21.89	9	9.3	22.5	4.5	33.11
(33)	33.5	8.5	21.25	4.25	23.84	—	—	—	—	—	9.9	10.2	24.75	4.95	43.86
36	36.5	9	22.5	4.5	29.32	—	—	—	—	—	10.8	11	27	5.4	56.13
(39)	39.5	10	25	5	38.92	—	—	—	—	—	—	—	—	—	—
42	42.5	10.5	26.25	5.25	46.44	—	—	—	—	—	—	—	—	—	—
(45)	45.5	11	27.5	5.5	54.84	—	—	—	—	—	—	—	—	—	—
48	48.5	12	30	6	69.2	—	—	—	—	—	—	—	—	—	—

注：1. 标记示例中的材料为最常用的主要材料，其他技术条件按 GB/T 94.1 规定。
2. 尽可能不采用括号内的规格。
3. m 应大于零。

8.1.21　开口销（GB/T 91—2000）

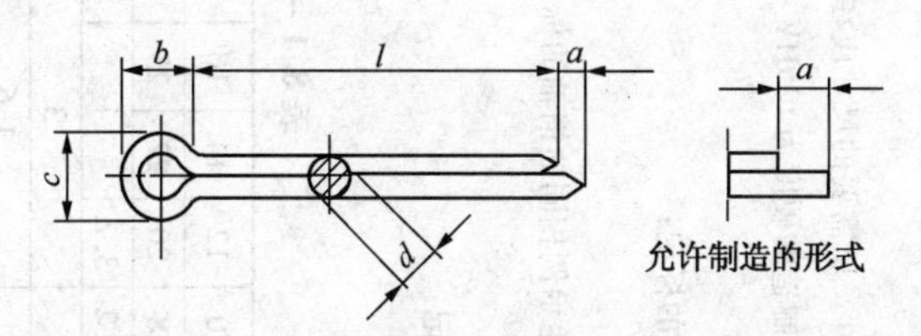

允许制造的形式

标记示例：公称规格为5mm、公称长度 l＝50mm、材料为 Q215 或 Q235、不经表面处理的开口销的标记　销 GB/T 91 5×50

表 8.1－21(a)　开口销规格尺寸　　mm

公称规格（销孔直径）	0.6	0.8	1	1.2	1.6	2	2.5	3.2	4	5	6.3	8	10	13	16	20
d（最大）	0.5	0.7	0.9	1.0	1.4	1.8	2.3	2.9	3.7	4.6	5.9	7.5	9.5	12.4	15.4	19.3
c（最大）	1	1.4	1.8	2	2.8	3.6	4.6	5.8	7.4	9.2	11.8	15	19	24.8	30.8	38.5
b≈	2	2.4	3		3.2	4	5	6.4	8	10	12.6	16	20	26	32	40
a（最大）	1.6			2.5				3.2	4				6.3			
l（公称）范围	4～12	5～16	6～20	8～25	8～32	10～40	12～50	14～63	18～80	22～100	32～125	40～160	45～200	71～250	112～280	160～280
l（公称）系列	4，5，6，8，10，12，14，16，18，20，22，25，28，32，36，40，45，50，56，63，71，80，90，100，112，125，140，160，180，200，224，250，280															

表 8.1－21(b)　开口销所用材料及热处理

材　料	Q215，Q235	1Cr17Ni7，0Cr18Ni9Ti	H63
表面处理	不处理、磷化、镀锌钝化	简单处理	

8.1.22 销轴(GB/T 882—2008)

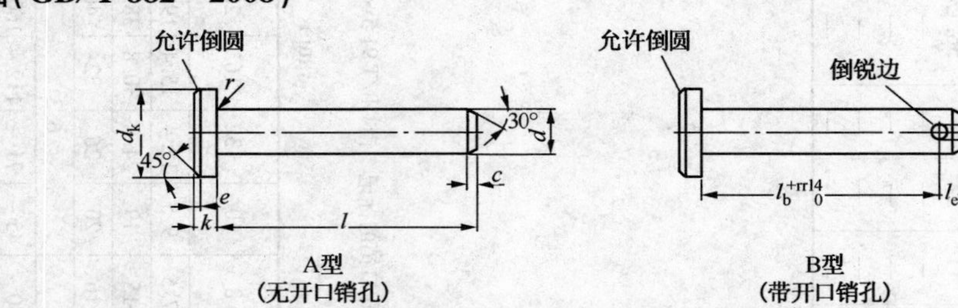

A型
(无开口销孔)

B型
(带开口销孔)

注：B 型销轴在某些情况下，不能按 l－le 计算 ln 尺寸，所需要的尺寸应在标记中注明，但不允许 ln 尺寸小于表 8.1－21 规定的数值。

标记示例：公称直径 $d=20$mm、长度 $l=100$mm、由钢制造的硬度为 125HV～245HV、表面氧化处理的 B 型销轴的标记：

销　GB/T 882　20×100

开口销孔为 6.3mm，其余要求与上述示例相同的销轴的标记：

销　GB/T 882　20×100×6.3

孔距 $l_h=80$mm、开口销孔为 6.3mm，其余要求与上述示例相同的销轴的标记：

销　GB/T 882　20×100×6.3×80

孔距 $l_h=80$mm，其余要求与上述示例相同的销轴的标记：

销　GB/T 882　20×100×80

表 8.1－22(a)　销轴规格尺寸

mm

d(公称)	3	4	5	6	8	10	12	14	16	18	20	22	24	27	30	33	36	40	45	50	55	60	70	80	90	100
d_k	5	6	8	10	14	18	20	22	25	28	30	33	36	40	44	47	50	55	60	66	72	78	90	100	110	120
d_1	0.8	1	1.2	1.6	2	3.2	3.2	4		5			6.3		8				10				13			
c(最大)	1		2				3				4											6				
$e\approx$	0.5		1				1.6				2											3				
k	1		1.6	2	3	4			4.5	5		5.5	6		8				9		11	12	13			
l_e(最小)	1.6	2.2	2.9	3.2	3.5	4.5	5.5	6		7	8		9		10				12		14		16			
r	0.6									1																
l(公称)范围	6～30	8～40	10～50	12～60	16～80	20～100	24～120	28～140	32～160	35～180	40～200	45～200	50～200	55～200	60～200	65～200	70～200	80～200	90～200	100～200	120～200	120～200	140～200	160～200	180～200	200
l系列	6,8,10,12,14,16,18,20,22,24,26,28,30,32,35,40,45,50,55,60,65,70,75,80,85,90,95,100,120,140,160,180,200																									

注：公称长度 l 大于 200mm，按 20mm 递增。

表 8.1－22(b)　销轴的质量

l(公称)/mm	d(公称)/mm																									
	3	4	5	6	8	10	12	14	16	18	20	22	24	27	30	33	36	40	45	50	55	60	70	80	90	100
	每1000件钢制品的质量/kg																									
6	0.49																									
8	0.60	1.01																								
10	0.71	1.21	1.60																							
12	0.82	1.41	2.47	3.90																						
14	0.93	1.61	2.78	4.34																						
16	1.04	1.80	3.09	4.79	9.93																					
18	1.15	2.00	3.40	5.23	10.72																					
20	1.26	2.20	3.71	5.68	11.50	20.31																				
22	1.37	2.40	4.01	6.12	12.30	21.54																				
24	1.48	2.60	4.32	6.56	13.08	22.77	31.16																			
26	1.60	2.79	4.63	7.01	13.87	24.01	32.93																			
28	1.70	2.99	4.94	7.45	14.66	25.24	34.71	45.75																		
30	1.82	3.19	5.24	7.90	15.45	26.47	36.48	48.18																		
32		3.39	5.55	8.34	16.24	27.70	38.26	50.59	67.84																	
35		3.68	6.01	9.01	17.42	29.55	40.92	54.22	72.57	94.05																
40		4.18	6.78	10.12	19.39	32.63	45.35	60.26	80.46	104.04	126.31															
45			7.55	11.23	21.36	35.71	49.79	66.30	88.35	114.02	138.63	171.13														
50			8.32	12.34	23.33	38.79	54.23	72.34	96.24	124.01	150.96	186.05	225.37													
55				13.45	25.30	41.87	58.66	78.38	104.13	133.99	163.28	200.96	243.11	306.15												
60				14.56	27.27	44.96	61.10	84.42	112.02	143.98	176.60	215.88	260.86	328.60	428.45											
65					29.24	48.04	67.54	90.46	119.91	153.96	187.92	230.79	278.60	351.05	456.20	545.14										
70					31.21	51.12	71.98	96.50	127.80	163.95	200.25	245.71	296.34	373.50	483.95	578.70	682.09									
75					33.18	54.20	76.41	102.54	135.69	173.93	212.58	260.62	314.08	395.95	511.70	612.26	722.00									
80					35.15	57.28	80.85	108.60	143.58	183.92	224.90	275.54	331.82	418.41	539.45	645.82	761.92	937.92								
85						60.36	85.29	114.62	151.47	193.90	237.23	290.45	349.56	440.86	567.20	679.38	801.84	987.22								
90						63.44	89.72	120.66	159.36	203.89	249.55	305.37	367.30	463.31	594.95	712.94	841.76	1036.51	1322.73							
95						66.52	94.16	126.70	167.24	213.87	261.88	320.28	385.04	485.76	622.70	746.50	881.67	1085.81	1385.13							
100						69.61	98.60	132.74	175.13	223.86	274.20	335.20	402.78	508.21	650.45	780.05	921.59	1135.11	1447.54	1780.22						
120							116.34	156.91	206.69	263.80	323.50	394.86	473.75	598.01	761.45	914.29	1081.26	1332.30	1697.17	2087.94	2588.62	3111.98				
140								181.07	238.25	303.74	372.80	454.52	544.71	687.82	872.45	1048.52	1240.93	1529.49	1946.80	2395.66	2961.49	3555.66	4876.73			
160									252.46	343.68	422.09	514.18	615.68	777.62	983.45	1182.76	1400.60	1726.69	2196.43	2703.38	3334.37	3999.34	5480.71	7111.24		
180										363.65	471.39	573.84	686.64	867.43	1094.45	1316.99	1560.27	1923.88	2446.06	3011.10	3707.24	4443.02	6084.69	7900.00	9954.59	
200											520.69	633.50	757.60	957.23	1205.45	1451.23	1719.94	2121.07	2695.69	3318.82	4080.12	4886.70	6688.67	8688.77	10952.95	13478.06

8.1.23 吊环螺钉(GB/T 825—1988)

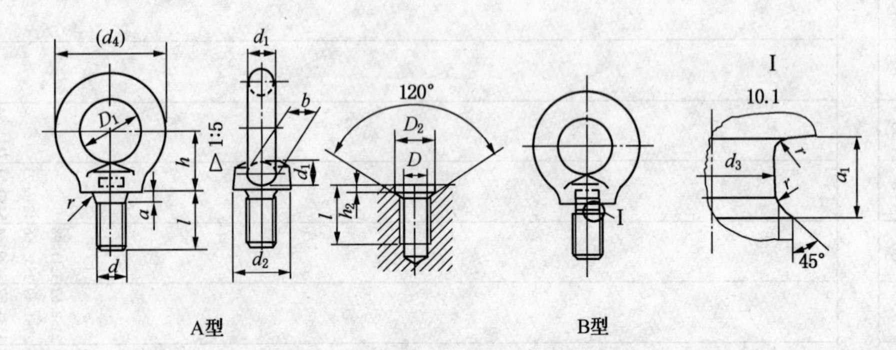

A型　　　　B型

标记示例：规格为20mm、材料为20号钢、经正火处理、不经表面处理的A型吊环螺钉的标记　螺钉 GB/T 825 M20

表8.1-23　吊环螺钉规格尺寸、质量及最大起吊质量　　mm

规格 d	M8	M10	M12	M16	M20	M24	M30	M36	M42	M48	M56	M64	M72×6	M80×6	M100×6
d_1(最大)	9.1	11.1	13.1	15.2	17.4	21.4	25.7	30	34.4	40.7	44.7	51.4	63.8	71.8	79.2
D_1(公称)	20	24	28	34	40	48	56	67	80	95	112	125	140	160	200
d_2(最大)	21.1	25.1	29.1	35.2	41.4	49.4	57.7	69	82.4	97.7	114.7	128.4	143.8	163.8	204.2
l(公称)	16	20	22	28	35	40	45	55	65	70	80	90	100	115	140
d_4(参考)	36	44	52	62	72	88	104	123	144	171	196	221	260	296	350
h	18	22	26	31	36	44	53	63	74	87	100	115	130	150	175
r(最小)	1					2		3			4				5
a_1(最大)	3.75	4.5	5.25	6	7.5	9	10.5	12	13.5	15	16.5	18			
d_3(公称)	6	7.7	9.4	13	16.4	19.6	25	30.8	35.6	41	48.3	55.7	63.7	71.7	91.7
a(最大)	2.5	3	3.5	4	5	6	7	8	9	10	11	12			
b	10	12	14	16	19	24	28	32	38	46	50	58	72	80	88
D_2(公称)	13	15	17	22	28	32	38	45	52	60	68	75	85	95	115
h_2(公称)	2.5	3	3.5	4.5	5	7	8	9.5	10.5	11.5	12.5	13.5	14		
每1000个的质量/kg≈	40.5	77.9	131.7	233.7	385.2	705.3	1205	1998	3070	4947	7155	10382	17758	25892	40273

规格 d		M8	M10	M12	M16	M20	M24	M30	M36	M42	M48	M56	M64	M72×6	M80×6	M100×6
最大起吊质量/t(平稳起吊)	单螺钉起吊	0.16	0.25	0.4	0.63	1	1.6	2.5	4	6.3	8	10	16	20	25	40
	双螺钉起吊（45° max）	0.08	0.125	0.2	0.32	0.5	0.8	1.25	2	3.2	4	5	8	10	12.5	20

技术条件	材料：20或25号钢	螺纹公差：8g	热处理：整体铸造，正火处理	表面处理：①不处理；②镀锌钝化；③镀铬

8.1.24 U形螺栓(JB/ZQ 4321—2006)

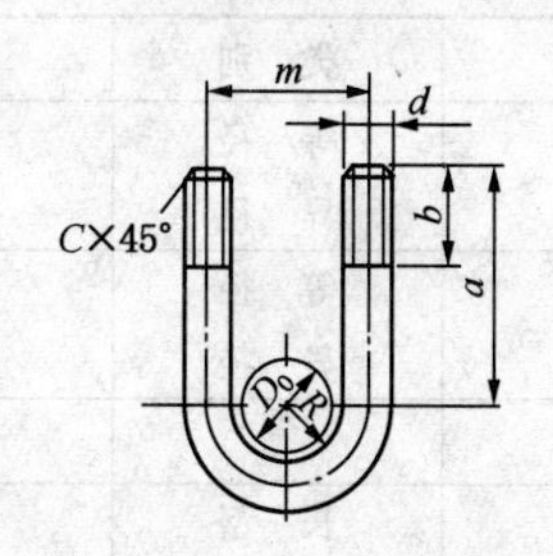

标记示例：

固定外径 D_0 = 25mm 管子用的U形螺栓的标记

U形螺栓 25 JB/ZQ 4321—2006

固定外径 D_0 = 25mm 管子用的表面镀锌U形螺栓的标记

U形螺栓 25 - Zn JB/ZQ 4321—2006

表8.1-24 U形螺栓规格尺寸及质量 mm

管子外径 D_0	R	d	毛坯长 L	a	b	m	C	1000件质量/kg
14	8	M6	98	33	22	22	1	22
18	10		108	35		26		24
22	12	M10	135	42	28	34	1.5	83
25	14		143	44		38		88
33	18		160	48		46		99
38	20	M12	192	55	32	52	2	171
42	22		202	57		56		180
45	24		210	59		60		188
48	25		220	60		62		196
51	27		225	62		66		200
57	31		240	66		74		214
60	32		250	67		76		223
76	40		289	75		92		256
83	43		310	78		98		276
89	46		325	81		104		290
102	53	M16	365	93	38	122		575
108	56		390	96		128		616
114	59		405	99		134		640
133	69		450	108		154		712
140	72		470	112		160		752
159	82		520	122		180		822
165	85		538	125		186		850
219	112		680	152		240		1075

注：1. 材料Q235A。

2. 螺纹公差 6g。

3. 表面处理：①不经处理；②镀锌钝化[镀锌层厚度按(GB/T 5267.1)《紧固件 电镀层》]的规定。

8.2 管 件

8.2.1 钢制对焊无缝管件(GB/T 12459—2005)

1. 种类及代号

对焊无缝管件的种类和代号见表8.2-1(a)。

表 8.2-1(a) 管件的种类和代号

品种	类别	代号	品种	类别	代号
45°弯头	长半径	45E(L)	三通	等径	T(S)
90°弯头	长半径	90E(L)		异径	T(R)
	短半径	90E(S)	四通	等径	CR(S)
	长半径异径	90E(L)R		异径	CR(R)
180°弯头	长半径	180E(L)	管帽		C
	短半径	180E(S)			
异径接头(大小头)	同心	R(C)	翻边短节	长型	SE(L)
	偏心	R(E)		短型	SE(S)

2. 米制单位(*DN*)与英制单位(*NPS*)对照见表 8.2-1(b)

表 8.2-1(b) *DN* 与 *NPS* 对照

DN	15	20	25	32	40	50	65	80	90	100
NPS	1/2	3/4	1	1¼	1½	2	2½	3	3½	4

注：*NPS* 大于 4 时，*DN* = 25 × (*NPS*)。

3. 管件的尺寸

1) 弯头

(1) 长半径弯头

长半径弯头尺寸应符合图 8.2-1(c_1)及表 8.2-1(c_1)的规定。

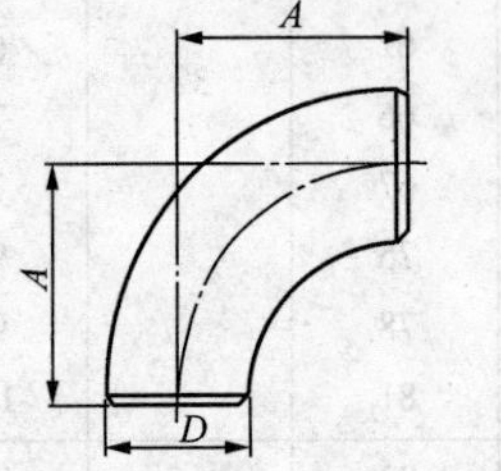

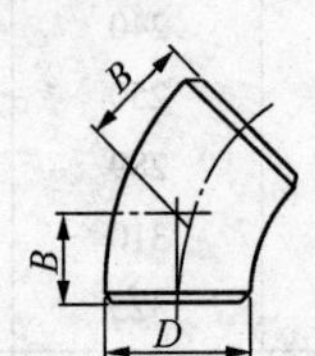

图 8.2-1(c_1) 长半径弯头

表 8.2-1(c_1) 长半径弯头尺寸 mm

公称尺寸 *DN*	坡口处外径 *D*		中心至端面	
	Ⅰ系列	Ⅱ系列	90°弯头 *A*	45°弯头 *B*
15	21.3	18	38	16
20	26.9	25	38	19
25	33.7	32	38	22
32	42.4	38	48	25
40	48.3	45	57	29
50	60.3	57	76	35
65	73.0	76	95	44
80	88.9	89	114	51
90	101.6	—	133	57
100	114.3	108	152	64
125	141.3	133	190	79
150	168.3	159	229	95
200	219.1	219	305	127
250	273.0	273	381	159
300	323.9	325	457	190

续表 8.2-1(c_1)

公称尺寸 *DN*	坡口处外径 *D*		中心至端面	
	Ⅰ系列	Ⅱ系列	90°弯头 *A*	45°弯头 *B*
350	355.6	377	533	222
400	406.4	426	610	254
450	457	480	686	286
500	508	530	762	318
550	559	—	838	343
600	610	630	914	381
650	660	—	991	406
700	711	720	1067	438
750	762	—	1143	470
800	813	820	1219	502

(2) 长半径异径弯头

长半径异径弯头尺寸应符合图 8.2-1(c_2)及表 8.2-1(c_2)的规定。

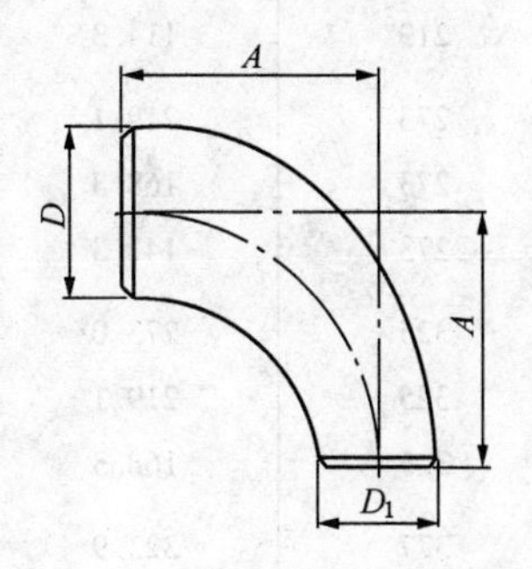

图 8.2-1(c_2) 长半径异径弯头

表 8.2-1(c_2) 长半径异径弯头尺寸 mm

公称尺寸 *DN*	坡口处外径				中心至端面 *A*
	大端 *D*		小端 D_1		
	Ⅰ系列	Ⅱ系列	Ⅰ系列	Ⅱ系列	
50×40	60.3	57	48.3	45	76
50×32	60.3	57	42.4	38	76
50×25	60.3	57	33.7	32	76
65×50	73.0	76	60.3	57	95
65×40	73.0	76	48.3	45	95
65×32	73.0	76	42.4	38	95
80×65	88.9	89	73.0	76	114
80×50	88.9	89	60.3	57	114
80×40	88.9	89	48.3	45	114
90×80	101.6	—	88.9	—	133
90×65	101.6	—	73.0	—	133
90×50	101.6	—	60.3	—	133
100×90	114.3	108	101.6	—	152
100×80	114.3	108	88.9	89	152
100×65	114.3	108	73.0	76	152
100×50	114.3	108	60.3	57	152

续表 8.2-1(c_2)

公称尺寸 DN	坡口处外径				中心至端面 A
	大端 D		小端 D_1		
	Ⅰ系列	Ⅱ系列	Ⅰ系列	Ⅱ系列	
125×100	141.3	133	114.3	108	190
125×90	141.3	—	101.6	—	190
125×80	141.3	133	88.9	89	190
125×65	141.3	133	73.0	76	190
150×125	168.3	159	141.3	133	229
150×100	168.3	159	114.3	108	229
150×90	168.3	—	101.6	—	229
150×80	168.3	159	88.9	89	229
200×150	219.1	219	168.3	159	305
200×125	219.1	219	141.3	133	305
200×100	219.1	219	114.3	108	305
250×200	273.0	273	219.1	219	381
250×150	273.0	273	168.3	159	381
250×125	273.0	273	141.3	133	381
300×250	323.9	325	273.0	273	457
300×200	323.9	325	219.1	219	457
300×150	323.9	325	168.3	159	457
350×300	355.6	377	323.9	325	533
350×250	355.6	377	273.0	273	533
350×200	355.6	377	219.1	219	533
400×350	406.4	426	355.6	377	610
400×300	406.4	426	323.9	325	610
400×250	406.4	426	273.0	273	610
450×400	457	480	406.4	426	686
450×350	457	480	355.6	377	686
450×300	457	480	323.9	325	686
450×250	457	480	273.0	273	686
500×450	508	530	457	480	762
500×400	508	530	406.4	426	762
500×350	508	530	355.6	377	762
500×300	508	530	323.9	325	762
500×250	508	530	273.0	273	762
600×550	610	—	559	—	914
600×500	610	630	508	530	914
600×450	610	630	457	480	914
600×400	610	630	406.4	426	914
600×350	610	630	355.6	377	914
600×300	610	630	323.9	325	914

(3) 长半径180°弯头

长半径180°弯头尺寸应符合图8.2-1(c_3)及表8.2-1(c_3)的规定。

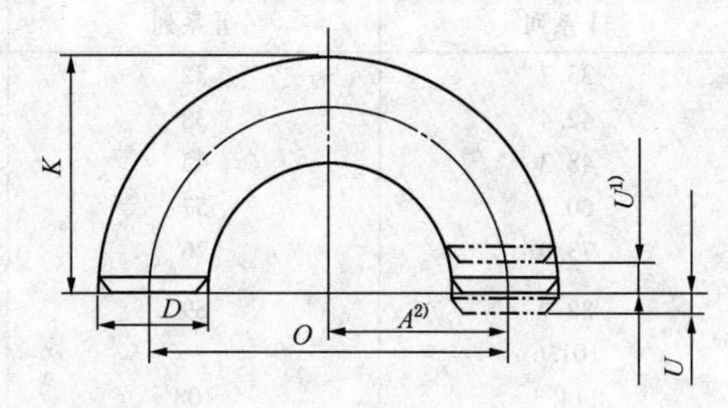

注：1）端部错边 U 的公差见表8.2-1(d)。

2）尺寸 A 等于尺寸 O 的一半。

图8.2-1(c_3)　长半径180°弯头

表8.2-1(c_3)　长半径180°弯头尺寸　mm

公称尺寸	坡口处外径 D		中心至	背部至端面 K	
DN	Ⅰ系列	Ⅱ系列	中心 O	Ⅰ系列	Ⅱ系列
15	21.3	18	76	48	47
20①	26.9	25	76	51	51
25	33.7	32	76	56	54
32	42.4	38	95	70	67
40	48.3	45	114	83	80
50	60.3	57	152	106	105
65	73.0	76	190	132	133
80	88.9	89	229	159	159
90	101.6	—	267	184	—
100	114.3	108	305	210	206
125	141.3	133	381	262	257
150	168.3	159	457	313	308
200	219.1	219	610	414	414
250	273.0	273	762	518	518
300	323.9	325	914	619	620
350	355.6	377	1067	711	722
400	406.4	426	1219	813	823
450	457	480	1372	914	925
500	508	530	1524	1016	1026
550	559	—	1676	1118	—
600	610	630	1829	1219	1229

注：① DN20管件，由制造商自定，O 和 K 的值可分别为57mm和43mm。

(4) 短半径弯头

短半径弯头尺寸应符合图8.2-1(c_4)及表8.2-1(c_4)的规定。

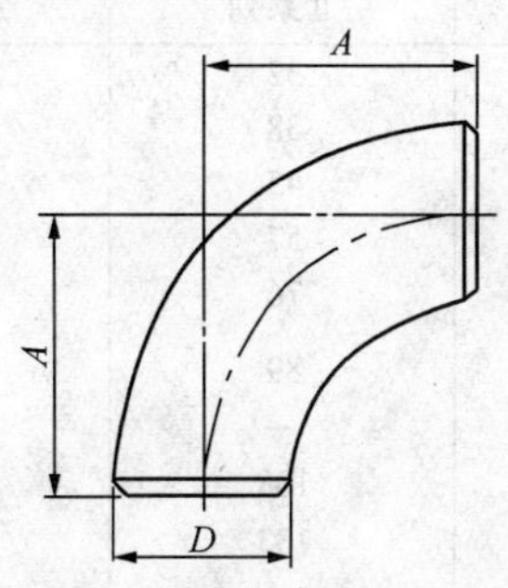

图8.2-1(c_4)　短半径弯头

表 8.2－1(c_4)　短半径弯头尺寸　mm

公称尺寸 DN	坡口处外径 D		中心至端面 A
	Ⅰ系列	Ⅱ系列	
25	33.7	32	25
32	42.4	38	32
40	48.3	45	38
50	60.3	57	51
65	73.0	76	64
80	88.9	89	76
90	101.6	—	89
100	114.3	108	102
125	141.3	133	127
150	168.3	159	152
200	219.1	219	203
250	273.0	273	254
300	323.9	325	305
350	355.6	377	356
400	406.4	426	406
450	457	480	457
500	508	530	508
550	559	—	559
600	610	630	610

(5) 短半径 180°弯头

短半径 180°弯头尺寸应符合图 8.2－1(c_5)及表 8.2－1(c_5)的规定。

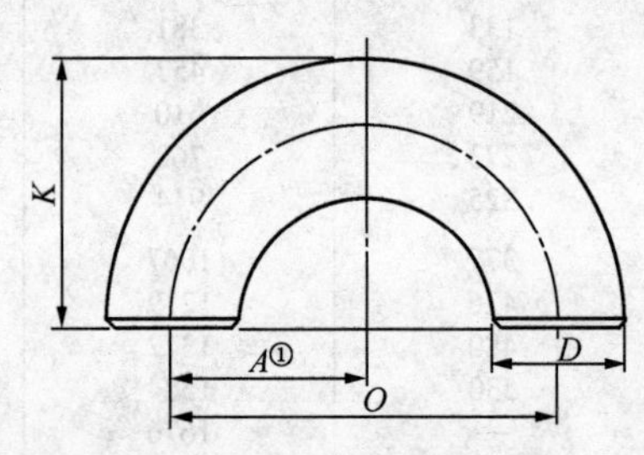

注：① 尺寸 A 等于尺寸 O 的一半。

图 8.2－1(c_5)　短半径 180°弯头

表 8.2－1(c_5)　短半径 180°弯头尺寸　mm

公称尺寸 DN	坡口处外径 D		中心至中心 O	背部至端面 K	
	Ⅰ系列	Ⅱ系列		Ⅰ系列	Ⅱ系列
25	33.7	32	51	41	41
32	42.4	38	64	52	51
40	48.3	45	76	62	61
50	60.3	57	102	81	79
65	73.0	76	127	100	102
80	88.9	89	152	121	121
90	101.6	—	178	140	—
100	114.3	108	203	159	156
125	141.3	133	254	197	194
150	168.3	159	305	237	232

续表 8.2－1(c_5)

公称尺寸 DN	坡口处外径 D		中心至中心 O	背部至端面 K	
	Ⅰ系列	Ⅱ系列		Ⅰ系列	Ⅱ系列
200	219.1	219	406	313	313
250	273.0	273	508	391	391
300	323.9	325	610	467	467
350	355.6	377	711	533	544
400	406.4	426	813	610	619
450	457	480	914	686	697
500	508	530	1016	762	773
550	559	—	1118	838	—
600	610	630	1219	914	925

2）三通和四通

（1）等径三通和四通

等径三通和四通尺寸应符合图 8.2－1(c_6)及表 8.2－1(c_6)的规定。

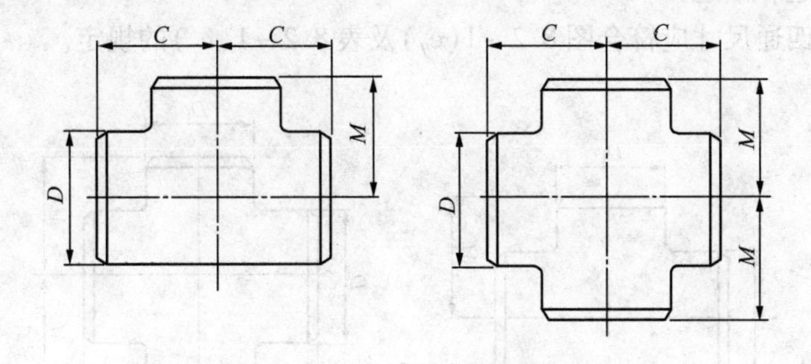

图 8.2－1(c_6) 等径三通和四通

表 8.2－1(c_6) 等径三通和四通尺寸 mm

公称尺寸 DN	坡口处外径 D		中心至端面	
	Ⅰ系列	Ⅱ系列	管程 C	出口[①,②] M
15	21.3	18	25	25
20	26.9	25	29	29
25	33.7	32	38	38
32	42.4	38	48	48
40	48.3	45	57	57
50	60.3	57	64	64
65	73.0	76	76	76
80	88.9	89	86	86
90	101.6	—	95	95
100	114.3	108	105	105
125	141.3	133	124	124
150	168.3	159	143	143
200	219.1	219	178	178
250	273.0	273	216	216
300	323.9	325	254	254

续表 8.2-1(c_6)

公称尺寸 *DN*	坡口处外径 *D*		中心至端面	
	Ⅰ系列	Ⅱ系列	管程 *C*	出口①、② *M*
350	355.6	377	279	279
400	406.4	426	305	305
450	457	480	343	343
500	508	530	381	381
550	559	—	419	419
600	610	630	432	432
650	660	—	495	495
700	711	720	521	521
750	762	—	559	559
800	813	820	597	597

注：① *DN*650 及其以上的三通和四通，推荐但并不要求采用出口尺寸 *M*。

② 尺寸适用于 *DN*600 及其以下的四通。

(2) 异径三通和四通

异径三通和四通尺寸应符合图 8.2-1(c_7)及表 8.2-1(c_7)的规定。

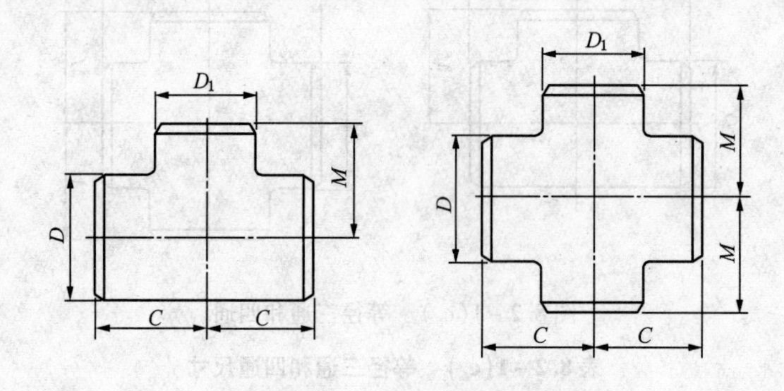

图 8.2-1(c_7)　异径三通和四通

表 8.2-1(c_7)　异径三通和四通尺寸　mm

公称尺寸 *DN*	坡口处外径				中心至端面	
	管程 *D*		出口 D_1		管程 *C*	出口① *M*
	Ⅰ系列	Ⅱ系列	Ⅰ系列	Ⅱ系列		
15×15×10	21.3	18	17.3	14	25	25
15×15×8	21.3	18	13.7	10	25	25
20×20×15	26.9	25	21.3	18	29	29
20×20×10	26.9	25	17.3	14	29	29
25×25×20	33.7	32	26.9	25	38	38
25×25×15	33.7	32	21.3	18	38	38
32×32×25	42.4	38	33.7	32	48	48
32×32×20	42.4	38	26.9	25	48	48
32×32×15	42.4	38	21.3	18	48	48
40×40×32	48.3	45	42.4	38	57	57
40×40×25	48.3	45	33.7	32	57	57
40×40×20	48.3	45	26.9	25	57	57
40×40×15	48.3	45	21.3	18	57	57

续表 8.2-1(c_7)

公称尺寸 DN	坡口处外径				中心至端面	
	管程 D		出口 D_1		管程 C	出口①M
	Ⅰ系列	Ⅱ系列	Ⅰ系列	Ⅱ系列		
50×50×40	60.3	57	48.3	45	64	60
50×50×32	60.3	57	42.4	38	64	57
50×50×25	60.3	57	33.7	32	64	51
50×50×20	60.3	57	26.9	25	64	44
65×65×50	73.0	76	60.3	57	76	70
65×65×40	73.0	76	48.3	45	76	67
65×65×32	73.0	76	42.4	38	76	64
65×65×25	73.0	76	33.7	32	76	57
80×80×65	88.9	89	73.0	76	86	83
80×80×50	88.9	89	60.3	57	86	76
80×80×40	88.9	89	48.3	45	86	73
80×80×32	88.9	89	42.4	38	86	70
90×90×80	101.6	—	88.9	—	95	92
90×90×65	101.6	—	73.0	—	95	89
90×90×50	101.6	—	60.3	—	95	83
90×90×40	101.6	—	48.3	—	95	79
100×100×90	114.3	—	101.6	—	105	102
100×100×80	114.3	108	88.9	89	105	98
100×100×65	114.3	108	73.0	76	105	95
100×100×50	114.3	108	60.3	57	105	89
100×100×40	114.3	108	48.3	45	105	86
125×125×100	141.3	133	114.3	133	124	117
125×125×90	141.3	—	101.6	—	124	114
125×125×80	141.3	133	88.9	89	124	111
125×125×65	141.3	133	73.0	76	124	108
125×125×50	141.3	133	60.3	57	124	105
150×150×125	168.3	159	141.3	133	143	137
150×150×100	168.3	159	114.3	108	143	130
150×150×90	168.3	—	101.6	—	143	127
150×150×80	168.3	159	88.9	89	143	124
150×150×65	168.3	159	73.0	76	143	121
200×200×150	219.1	219	168.3	159	178	168
200×200×125	219.1	219	141.3	133	178	162
200×200×100	219.1	219	114.3	108	178	156
200×200×90	219.1	—	101.6	—	178	152
250×250×200	273.0	273	219.1	219	216	203
250×250×150	273.0	273	168.3	159	216	194
250×250×125	273.0	273	141.3	133	216	191
250×250×100	273.0	273	114.3	108	216	184
300×300×250	323.9	325	273.0	273	254	241
300×300×200	323.9	325	219.1	219	254	229
300×300×150	323.9	325	168.3	159	254	219
300×300×125	323.9	325	141.3	133	254	216

续表 8.2-1(c_7)

公称尺寸 DN	坡口处外径				中心至端面	
	管程 D		出口 D_1		管程 C	出口①M
	Ⅰ系列	Ⅱ系列	Ⅰ系列	Ⅱ系列		
350×350×300	355.6	377	323.9	325	279	270
350×350×250	355.6	377	273.0	273	279	257
350×350×200	355.6	377	219.1	219	279	248
350×350×150	355.6	377	168.3	159	279	238
400×400×350	406.4	426	355.6	377	305	305
400×400×300	406.4	426	323.9	325	305	295
400×400×250	406.4	426	273.0	273	305	283
400×400×200	406.4	426	219.1	219	305	273
400×400×150	406.4	426	168.3	159	305	264
450×450×400	457	480	406.4	426	343	330
450×450×350	457	480	355.6	377	343	330
450×450×300	457	480	323.9	325	343	321
450×450×250	457	480	273.0	273	343	308
450×450×200	457	480	219.1	219	343	298
500×500×450	508	530	457	480	381	368
500×500×400	508	530	406.4	426	381	356
500×500×350	508	530	355.6	377	381	356
500×500×300	508	530	323.9	325	381	346
500×500×250	508	530	273.0	273	381	333
500×500×200	508	530	219.1	219	381	324
550×550×500	559	—	508	—	419	406
550×550×450	559	—	457	—	419	394
550×550×400	559	—	406.4	—	419	381
550×550×350	559	—	355.6	—	419	381
550×550×300	559	—	323.9	—	419	371
550×550×250	559	—	273.0	—	419	359
600×600×550	610	—	559	—	432	432
600×600×500	610	630	508	530	432	432
600×600×450	610	630	457	480	432	419
600×600×400	610	630	406.4	426	432	406
600×600×350	610	630	355.6	377	432	406
600×600×300	610	630	323.9	325	432	397
600×600×250	610	630	273.0	273	432	384
650×650×600	660	—	610	—	495	483
650×650×550	660	—	559	—	495	470
650×650×500	660	—	508	—	495	457
650×650×450	660	—	457	—	495	444
650×650×400	660	—	406.4	—	495	432
650×650×350	660	—	355.6	—	495	432
650×650×300	660	—	323.9	—	495	422
700×700×650	711	—	660	—	521	521
700×700×600	711	720	610	630	521	508
700×700×550	711	—	559	—	521	495
700×700×500	711	720	508	530	521	483
700×700×450	711	720	457	480	521	470

续表 8.2－1(c_7)

公称尺寸 *DN*	坡口处外径				中心至端面	
	管程 *D*		出口 D_1		管程 *C*	出口①*M*
	Ⅰ系列	Ⅱ系列	Ⅰ系列	Ⅱ系列		
700×700×400	711	720	406.4	426	521	457
700×700×350	711	720	355.6	377	521	457
700×700×300	711	720	323.9	325	521	448
750×750×700	762	—	711	—	559	546
750×750×650	762	—	660	—	559	546
750×750×600	762	—	610	—	559	533
750×750×550	762	—	559	—	559	521
750×750×500	762	—	508	—	559	508
750×750×450	762	—	457	—	559	495
750×750×400	762	—	406.4	—	559	483
750×750×350	762	—	355.6	—	559	483
750×750×300	762	—	323.9	—	559	473
750×750×250	762	—	273.0	—	559	460
800×800×750	813	—	762	—	597	584
800×800×700	813	820	711	720	597	572
800×800×650	813	—	660	—	597	572
800×800×600	813	820	610	630	597	559
800×800×550	813	—	559	—	597	546
800×800×500	813	820	508	530	597	533
800×800×450	813	820	457	480	597	521
800×800×400	813	820	406.4	426	597	508
800×800×350	813	820	355.6	377	597	508

注：① *DN*350 及其以上的三通或四通，推荐但并不要求采用出口尺寸 *M*。

3）翻边短节

翻边短节尺寸应符合图 8.2－1(c_8)及表 8.2－1(c_8)的规定。

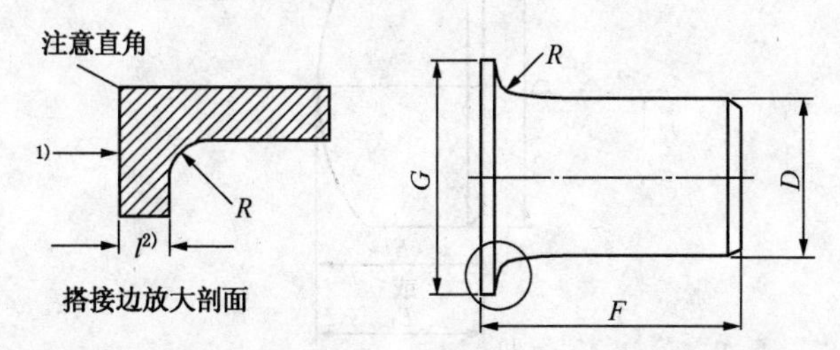

注：1）密封面表面粗糙度应符合 GB/T 9124 或 ASME B16.5 对突面法兰的规定。

2）搭接边的厚度 *t* 应不小于钢管公称壁厚。最大公差见表 6－2－1(d)。

图 8.2－1(c_8) 翻边短节

表 8.2－1(c_8) 翻边短节尺寸

mm

公称尺寸 *DN*	短节外径 *D*		接管长度①、② *F*		圆角半径③	搭接边外径④
	max	min	长型	短型	*R*	*G*
15	22.8	20.5	76	51	3	35
20	28.1	25.9	76	51	3	43
25	35.0	32.6	102	51	3	51
32	43.6	41.4	102	51	5	64
40	49.9	47.5	102	51	6	73

续表 8.2-1(c_8)

公称尺寸 *DN*	短节外径 *D*		接管长度①、② *F*		圆角半径③	搭接边外径④
	max	min	长型	短型	*R*	*G*
50	62.4	59.5	152	64	8	92
65	75.3	72.2	152	64	8	105
80	91.3	88.1	152	64	10	127
90	104.0	100.8	152	76	10	140
100	116.7	113.5	152	76	11	157
125	144.3	140.5	203	76	11	186
150	171.3	167.5	203	89	13	216
200	222.1	218.3	203	102	13	270
250	277.2	272.3	254	127	13	324
300	328.0	323.1	254	152	13	381
350	359.9	354.8	305	152	13	413
400	411.0	405.6	305	152	13	470
450	462	456	305	152	13	533
500	514	507	305	152	13	584
550	565	558	305	152	13	641
600	616	609	305	152	13	692

注：1. 公差见表 8.2-1(d)。

2. 使用条件和连接结构通常决定对短节的长度要求，因此，在订货时采购方必须规定是长型或短型短节。

① 当短型翻边短节用于 *PN*50 和 *PN*110 的较大法兰以及大于等于 *PN*150 的大部分规格的法兰时；或当长型翻边短节用于 *PN*260 和 *PN*420 的较大法兰时，为了避免法兰可能影响焊接，可能需要增加接管的长度。长度增加量由制造商与采购方双方协商。

② 当采用榫槽面和凹凸密封面时，必须增加搭接边的厚度。增加厚度应附加(不包括)在基本长度 *F* 上。

③ 这些尺寸应与 GB/T 9118.1~9118.2 或 ASME B16.5 中的松套法兰的圆角半径相符合。

④ 该尺寸与 ASME B16.5 中表示的标准机加工面相符合。搭接边的背面应进行机加工，使其与安装表面一致。当采用环连接密封面时，使用 ASME B16.5 中给出的尺寸 *K*。

4）管帽

管帽尺寸应符合图 8.2-1(c_9)及表 8.2-1(c_9)的规定。

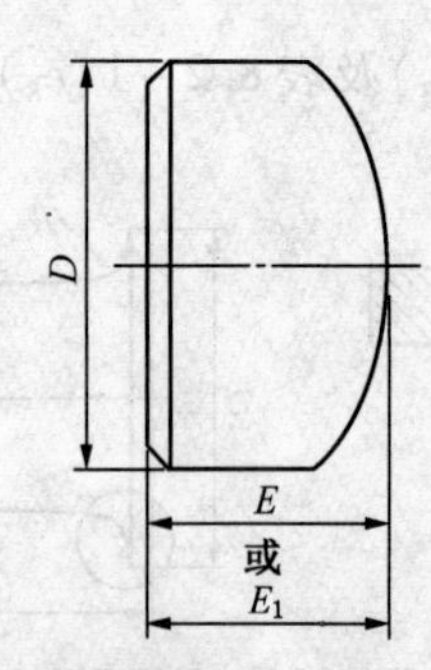

注：管帽的形状应为椭圆形，并应符合相应国家标准或行业标准中给定的形状要求。

图 8.2-1(c_9)管帽

表 8.2-1(c_9) 管帽尺寸 mm

公称尺寸 *DN*	坡口处外径 *D*		长度①	长度 *E* 时	长度②
	Ⅰ系列	Ⅱ系列	*E*	极限壁厚	E_1
15	21.3	18	25	4.57	25
20	26.9	25	25	3.81	25
25	33.7	32	38	4.57	38
32	42.4	38	38	4.83	38
40	48.3	45	38	5.08	38

续表 8.2－1(c_9)

公称尺寸 *DN*	坡口处外径 *D*		长度① *E*	长度 *E* 时极限壁厚	长度② E_1
	Ⅰ系列	Ⅱ系列			
50	60.3	57	38	5.59	44
65	73.0	76	38	7.11	51
80	88.9	89	51	7.62	64
90	101.6	—	64	8.13	76
100	114.3	108	64	8.64	76
125	141.3	133	76	9.65	89
150	168.3	159	89	10.92	102
200	219.1	219	102	12.70	127
250	273.0	273	127	12.70	152
300	323.9	325	152	12.70	178
350	355.6	377	165	12.70	191
400	406.4	426	178	12.70	203
450	457	480	203	12.70	229
500	508	530	229	12.70	254
550	559	—	254	12.70	254
600	610	630	267	12.70	305
650	660	—	267	—	—
700	711	720	267	—	—
750	762	—	267	—	—
800	813	820	267	—	—

注：① 长度 *E* 适用于厚度不超过“长度 *E* 时极限壁厚”栏中所列值的场合。

② *DN*600 及其以下的管帽，长度 E_1 适用于厚度大于“长度 *E* 时极限壁厚”栏中所列值的场合。

5）异径接头

异径接头尺寸应符合图 8.2－1(c_{10})及表 8.2－1(c_{10})的规定。

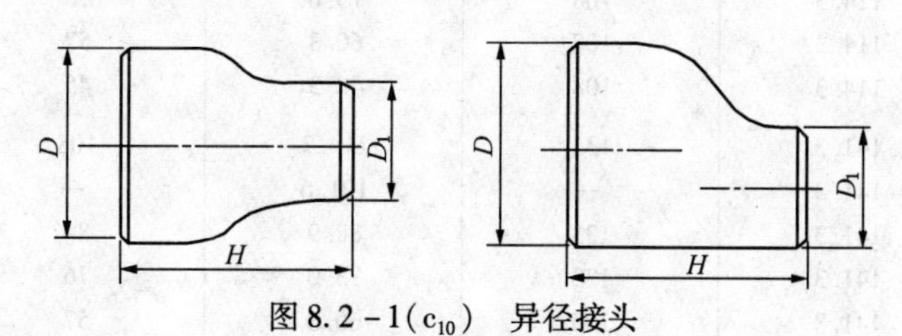

图 8.2－1(c_{10}) 异径接头

表 8.2－1(c_{10}) 异径接头尺寸 mm

公称尺寸 *DN*	坡口处外径				端面至端面 *H*
	大端 *D*		小端 D_1		
	Ⅰ系列	Ⅱ系列	Ⅰ系列	Ⅱ系列	
20×15	26.9	25	21.3	18	38
20×10	26.9	25	17.3	14	38
25×20	33.7	32	26.9	25	51
25×15	33.7	32	21.3	18	51
32×25	42.4	38	33.7	32	51
32×20	42.4	38	26.9	25	51
32×15	42.4	38	21.3	18	51

续表 8.2-1(c_{10})

公称尺寸 DN	坡口处外径				端面至端面 H
	大端 D		小端 D_1		
	Ⅰ系列	Ⅱ系列	Ⅰ系列	Ⅱ系列	
40×32	48.3	45	42.4	38	64
40×25	48.3	45	33.7	32	64
40×20	48.3	45	26.9	25	64
40×15	48.3	45	21.3	18	64
50×40	60.3	57	48.3	45	76
50×32	60.3	57	42.4	38	76
50×25	60.3	57	33.7	32	76
50×20	60.3	57	26.9	25	76
65×50	73.0	76	60.3	57	89
65×40	73.0	76	48.3	45	89
65×32	73.0	76	42.4	38	89
65×25	73.0	76	33.7	32	89
80×65	88.9	89	73.0	76	89
80×50	88.9	89	60.3	57	89
80×40	88.9	89	48.3	45	89
80×32	88.9	89	42.4	38	89
90×80	101.6	—	88.9	—	102
90×65	101.6	—	73.0	—	102
90×50	101.6	—	60.3	—	102
90×40	101.6	—	48.3	—	102
90×32	101.6	—	42.4	—	102
100×90	114.3	—	101.6	—	102
100×80	114.3	108	88.9	89	102
100×65	114.3	108	73.0	76	102
100×50	114.3	108	60.3	57	102
100×40	114.3	108	48.3	45	102
125×100	141.3	133	114.3	108	127
125×90	141.3	—	101.6	—	127
125×80	141.3	133	88.9	89	127
125×65	141.3	133	73.0	76	127
125×50	141.3	133	60.3	57	127
150×125	168.3	159	141.3	133	140
150×100	168.3	159	114.3	108	140
150×90	168.3	—	101.6	—	140
150×80	168.3	159	88.9	89	140
150×65	168.3	159	73.0	76	140
200×150	219.1	219	168.3	159	152
200×125	219.1	219	141.3	133	152
200×100	219.1	219	114.3	108	152
200×90	219.1	—	101.6	—	152
250×200	273.0	273	219.1	219	178
250×150	273.0	273	168.3	159	178
250×125	273.0	273	141.3	133	178
250×100	273.0	273	114.3	108	178

续表 8.2-1(c_{10})

公称尺寸 *DN*	坡口处外径				端面至端面 *H*
	大端 *D*		小端 D_1		
	Ⅰ系列	Ⅱ系列	Ⅰ系列	Ⅱ系列	
300×250	323.9	325	273.0	273	203
300×200	323.9	325	219.1	219	203
300×150	323.9	325	168.3	159	203
300×125	323.9	325	141.3	133	203
350×300	355.6	377	323.9	325	330
350×250	355.6	377	273.0	273	330
350×200	355.6	377	219.1	219	330
350×150	355.6	377	168.3	159	330
400×350	406.4	426	355.6	377	356
400×300	406.4	426	323.9	325	356
400×250	406.4	426	273.0	273	356
400×200	406.4	426	219.1	219	356
450×400	457	480	406.4	426	381
450×350	457	480	355.6	377	381
450×300	457	480	323.9	325	381
450×250	457	480	273.0	273	381
500×450	508	530	457	480	508
500×400	508	530	406.4	426	508
500×350	508	530	355.6	377	508
500×300	508	530	323.9	325	508
550×500	559	—	508	—	508
550×450	559	—	457	—	508
550×400	559	—	406.4	—	508
550×350	559	—	355.6	—	508
600×550	610	—	559	—	508
600×500	610	630	508	530	508
600×450	610	630	457	480	508
600×400	610	630	406.4	426	508
650×600	660	—	610	—	610
650×550	660	—	559	—	610
650×500	660	—	508	—	610
650×450	660	—	457	—	610
700×650	711	—	660	—	610
700×600	711	720	610	630	610
700×550	711	—	559	—	610
700×500	711	720	508	530	610
750×700	762	—	711	—	610
750×650	762	—	660	—	610
750×600	762	—	610	—	610
750×550	762	—	559	—	610
800×750	813	—	762	—	610
800×700	813	820	711	720	610
800×650	813	—	660	—	610
800×600	813	820	610	720	610

4. 公差

管件的尺寸偏差和形位公差应符合图 8.2-1(d)及表 8.2-1(d)的规定。

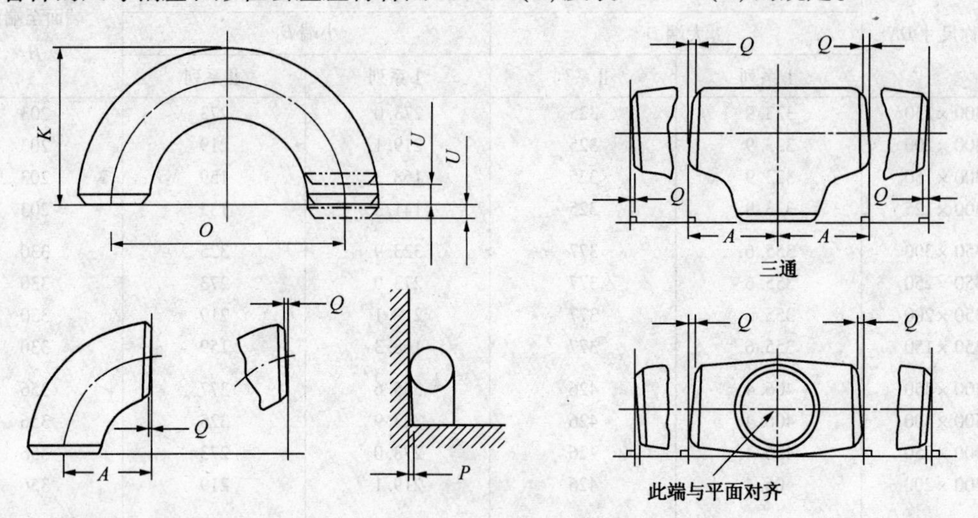

图 8.2-1(d) 公差简图

表 8.2-1(d) 管件的尺寸偏差和形位公差

mm

公称尺寸 DN	所有管件 坡口处外径①、④ D	所有管件 端部内径①、②、③	所有管件 壁厚②	90°和45°弯头及三通中心至端面尺寸 A,B,C,M	异径接头和翻边短节总长 F,H	管帽总长 E	180°弯头 中心至中心尺寸 O	180°弯头 背部至端面尺寸 K
15~65	+1.6 -0.8	±0.8		±2	±2	±3	±6	±6
80~90	±1.6	±1.6		±2	±2	±3	±6	±6
100	±1.6	±1.6		±2	±2	±3	±6	±6
125~200	+2.4 -1.6	±1.6		±2	±2	±6	±6	±6
250~450	+4.0 -3.2	±3.2	不小于公称壁厚的87.5%	±2	±2	±6	±10	±6
500~600	+6.4 -4.8	±4.8		±2	±2	±6	±10	±6
650~750	+6.4 -4.8	±4.8		±3	±5	±10	—	—
800	+6.4 -4.8	±4.8		±5	±5	±10	—	—

公称尺寸 DN	翻边短节 搭接边外径 G	翻边短节 搭接边圆角半径 R	翻边短节 短节外径 D	翻边短节 搭接边厚度	公称尺寸 DN	形位公差 弯头、三通异径接头 Q	形位公差 90°和45°弯头、三通 P	形位公差 180°弯头 U
15~65	0 -1	0 -1		+1.6 0	15~100	1	2	1
80~90	0 -1	0 -1	极限尺寸见表8.2-1(C_8)	+1.6 0	125~200	2	4	1
100	0 -1	0 -2		+1.6 0	250~300	3	5	2
125~200	0 -1	0 -2		+1.6 0	350~400	3	6	2

续表 8.2-1(d)

公称尺寸 *DN*	翻边短节				公称尺寸 *DN*	形位公差		
	搭接边外径 *G*	搭接边圆角半径 *R*	短节外径 *D*	搭接边厚度		弯头、三通异径接头 *Q*	90°和45°弯头、三通 *P*	180°弯头 *U*
250~450	0 -2	0 -2	极限尺寸见表8.2-1(c_8)	+3.2 0	450~600	4	10	2
500~600	0 -2	0 -2		+3.2 0	650~750	5	10	—
650~750	—	—		—	800	5	13	—
800	—	—		—				

注：① 圆度为正负偏差绝对值之和。

② 端部内径和公称壁厚由采购方指定。

③ 除非采购方另有规定，这些公差适用于公称内径等于公称外径减去两倍公称壁厚的场合。

④ 当需要增加管件壁厚以满足抗内压要求时，该公差可能不适用于成型管件的局部区域。

5. 标志

1）标志的内容

(1) 制造商的名称或商标；

(2) 公称尺寸(包括外径系列，外径为Ⅰ系列时，不单独标记；外径为Ⅱ系列时，应进行标记)；

(3) 壁厚等级(或壁厚值)；

(4) 材料牌号；

(5) 产品代号[见表 8.2-1(a)]；

(6) 标准编号。

2）例外

当管件规格不能进行完整标志，可逆上述顺序省略识别标志或用标签标志。

3）标志示例

例1：公称尺寸 *DN*100、外径为Ⅰ系列、壁厚等级 Sch40、材料牌号为 15CrMo 的 90°短半径弯头，其标志为：

制造商的名称或商标 *DN*100 - Sch40 - 15CrMo 90E(S) GB/T 12459

例2：公称尺寸 *DN*100×80、外径为Ⅱ系列、壁厚等级 Sch80、材料牌号为 16Mn 的同心异径接头，其标志为：

制造商的名称或商标 *DN*100×80 Ⅱ - Sch80 - 16Mn R(C) GB/T 12459

例3：公称尺寸 *DN*150、外径为Ⅰ系列、壁厚为 4.5mm、材料牌号为 0Cr18Ni9 的 90°长半径弯头，其标志为：

制造商的名称或商标 *DN*150 - 4.5 - 0Cr18Ni9 90E(L) GB/T 12459

8.2.2 钢制无缝管件壁厚分级

表 8.2-2 钢制无缝管件壁厚分级 mm

公称通径 *DN*	外径		公称壁厚											
	A 系列	B 系列	Sch5s	Sch10s	Sch20s	Sch20	Sch30	Sch40	Sch60	Sch80	Sch100	Sch120	Sch140	Sch160
15	21.3	18	1.6	2.1	2.6			2.9		3.6				4.5
20	26.9	25	1.6	2.1	2.6			2.9		4.0				5.6

续表 8.2-2

公称通径 *DN*	外径		公称壁厚											
	A 系列	B 系列	Sch5s	Sch10s	Sch20s	Sch20	Sch30	Sch40	Sch60	Sch80	Sch100	Sch120	Sch140	Sch160
25	33.7	32	1.6	2.8	3.2			3.2		4.5				6.3
32	42.4	38	1.6	2.8	3.2			3.6		5.0				6.3
40	48.3	45	1.6	2.8	3.2			3.6		5.0				7.1
50	60.3	57	1.6	2.8	3.6	3.2		4.0		5.6				8.8
65	76.1(73)	76	2.0	3.0	3.6	4.5		5.0		7.1				10.0
80	88.9	89	2.0	3.0	4.0	4.5		5.6		8.0				11.0
90	101.6		2.0	3.0	4.0	4.5		5.6		8.0				12.5
100	114.3	108	2.0	3.0	4.0	5.0		5.9		8.8		11.0		14.2
125	139.7	133	2.9	3.4	5.0	5.0		6.3		10.0		12.5		16.0
150	168.3	159	2.9	3.4	5.0	5.6		7.1		11.0		14.2		17.5
200	219.1	219	2.9	4.0	6.3	6.3	7.1	8.0	10.0	12.5	16.0	17.5	20.0	22.2
250	273.0	273	3.6	4.0	6.3	6.3	8.0	8.8	12.5	16.0	17.5	22.2	25.0	28.0
300	323.9	325	4.0	4.5	6.3	6.3	8.8	10.0	14.2	17.5	22.2	25.0	28.0	32.0
350	355.6	377	4.0	5.0		8.0	10.0	11.0	16.0	20.0	25.8	28.0	32.0	36.0
400	406.4	426	4.0	5.0		8.0	10.0	12.5	17.5	22.2	28.0	30.0	36.0	40.0
450	457.0	478	4.0	5.0		8.0	11.0	14.2	20.0	25.0	30.0	36.0	40.0	45.0
500	508.0	529	5.0	5.6		10.0	12.5	16.0	20.0	28.0	32.0	40.0	45.0	50.0

8.2.3 钢板制对焊管件(GB/T 13401—2005)

1. 种类和代号

钢板制对焊管件的种类和代号见表 8.2-3(a)。

表 8.2-3(a) 管件的种类和代号

品种	类别	代号	品种	类别	代号
45°弯头	长半径	45E(L)	三通	等径	T(S)
90°弯头	长半径	90E(L)		异径	T(R)
	短半径	90E(S)	四通	等径	CR(S)
	长半径异径	90E(L)R		异径	CR(R)
异径接头(大小头)	同心	R(C)			
	偏心	R(E)	管帽		C

2. 尺寸

管件端部外径分为Ⅰ、Ⅱ两个系列，Ⅰ系列为国际通用系列。

1) 弯头

(1) 90°、45°长半径弯头的结构型式见图 8.2-3(b_1)，尺寸见表 8.2-3(b_1)。

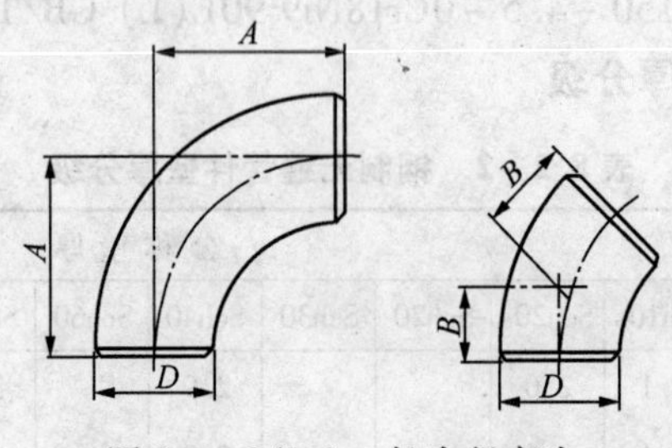

图 8.2-3(b_1) 长半径弯头

表 8.2－3(b_1)　长半径弯头尺寸　mm

公称尺寸 DN	坡口处外径 D		中心至端面	
	Ⅰ系列	Ⅱ系列	90°弯头 A	45°弯头 B
150	168.3	159	229	95
200	219.1	219	305	127
250	273.0	273	381	159
300	323.9	325	457	190
350	355.6	377	533	222
400	406.4	426	610	254
450	457	480	686	286
500	508	530	762	318
550	559	—	838	343
600	610	630	914	381
650	660	—	991	405
700	711	720	1067	438
750	762	—	1143	470
800	813	820	1219	502
850	864	—	1295	533
900	914	920	1372	565
950	965	—	1448	600
1000	1016	1020	1524	632
1050	1067	—	1600	660
1100	1118	1120	1676	695
1150	1168	—	1753	727
1200	1219	1220	1829	759

(2) 90°长半径异径弯头的结构型式见图 8.2－3(b_2)，尺寸见表 8.2－3(b_2)。

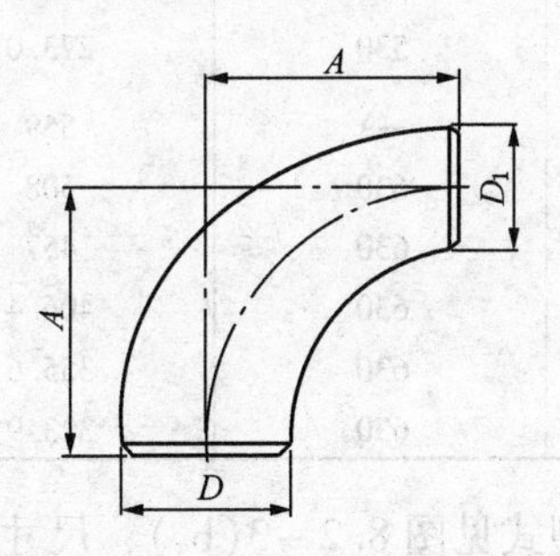

图 8.2－3(b_2)　90°长半径异径弯头

表 8.2－3(b_2)　90°长半径异径弯头尺寸　mm

公称尺寸 DN	坡口处外径				中心至端面 A
	大端 D		小端 D_1		
	Ⅰ系列	Ⅱ系列	Ⅰ系列	Ⅱ系列	
150×125	168.3	159	141.3	133	229
150×100	168.3	159	114.3	108	229
150×90	168.3	—	101.6	—	229
150×80	168.3	159	88.9	89	229
200×150	219.1	219	168.3	159	305
200×125	219.1	219	141.3	133	305
200×100	219.1	219	114.3	108	305

续表8.2-3(b_2)

公称尺寸 *DN*	坡口处外径				中心至端面 *A*
	大端 *D*		小端 D_1		
	Ⅰ系列	Ⅱ系列	Ⅰ系列	Ⅱ系列	
250×200	273.0	273	219.1	219	381
250×150	273.0	273	168.3	159	381
250×125	273.0	273	141.3	133	381
300×250	323.9	325	273.0	273	457
300×200	323.9	325	219.1	219	457
300×150	323.9	325	168.3	159	457
350×300	355.6	377	323.9	325	533
350×250	355.6	377	273.0	273	533
350×200	355.6	377	219.1	219	533
400×350	406.4	426	355.6	377	610
400×300	406.4	426	323.9	325	610
400×250	406.4	426	273.9	273	610
450×400	457	480	406.4	426	686
450×350	457	480	355.6	377	686
450×300	457	480	323.9	325	686
450×250	457	480	273.0	273	686
500×450	508	530	457	480	762
500×400	508	530	406.4	426	762
500×350	508	530	355.6	377	762
500×300	508	530	323.9	325	762
500×250	508	530	273.0	273	762
600×550	610	—	559	—	914
600×500	610	630	508	530	914
600×450	610	630	457	480	914
600×400	610	630	406.4	426	914
600×350	610	630	355.6	377	914
600×300	610	630	323.9	325	914

(3) 90°短半径弯头的结构型式见图8.2-3(b_3)，尺寸见表8.2-3(b_3)。

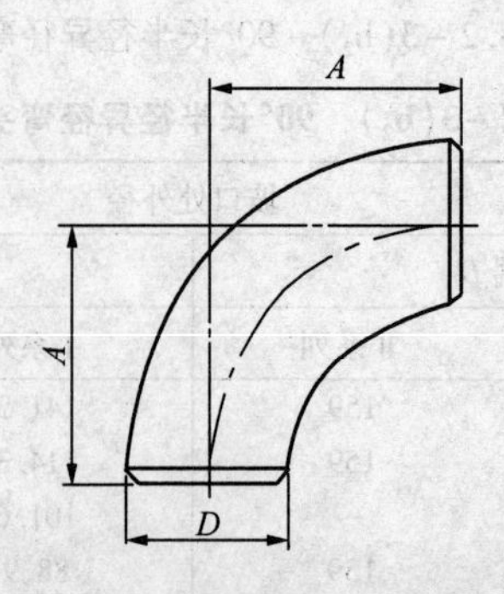

图8.2-3(b_3) 90°短半径弯头

表 8.2－3(b_3)　90°短半径弯头尺寸　mm

公称尺寸 DN	坡口处外径 D		中心至端面 A
	Ⅰ系列	Ⅱ系列	
150	168.3	159	152
200	219.1	219	203
250	273.0	273	254
300	323.9	325	305
350	355.6	377	356
400	406.4	426	406
450	457	480	457
500	508	530	508
550	559	—	559
600	610	630	610

2）三通和四通

（1）等径三通和四通的结构型式见图 8.2－3(b_4)，尺寸见表 8.2－3(b_4)。

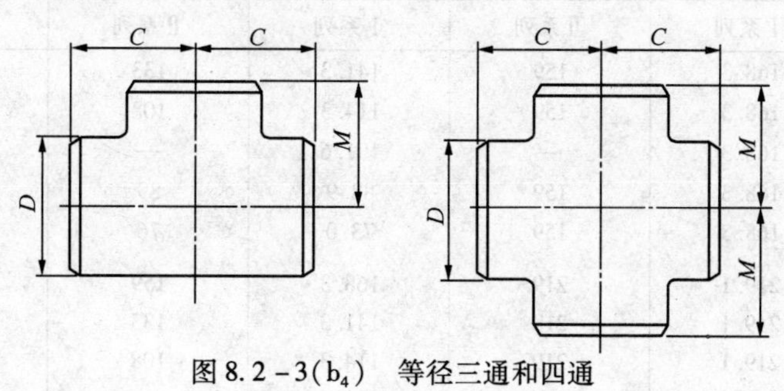

图 8.2－3(b_4)　等径三通和四通

表 8.2－3(b_4)　等径三通和四通尺寸　mm

公称尺寸 DN	坡口处外径 D		中心至端面	
	Ⅰ系列	Ⅱ系列	管程 C	出口①,② M
150	168.3	159	143	143
200	219.1	219	178	178
250	273.0	273	216	216
300	323.9	325	254	254
350	355.6	377	279	279
400	406.4	426	305	305
450	457	480	343	343
500	508	530	381	381
550	559	—	419	419
600	610	630	432	432
650	660	—	495	495
700	711	720	521	521
750	762	—	559	559
800	813	820	597	597
850	864	—	635	635
900	914	920	673	673
950	965	—	711	711
1000	1016	1020	749	749
1050	1067	—	762	711
1100	1118	1120	813	762
1150	1168	—	851	800
1200	1219	1220	889	838

注：① *DN*650 及其以上的三通和四通，推荐但并不要求采用出口尺寸 *M*。

② 尺寸适用于 *DN*600 及其以下的四通。

(2) 异径三通和四通的结构型式见图 8.2-3(b_5)，尺寸见表 8.2-3(b_5)。

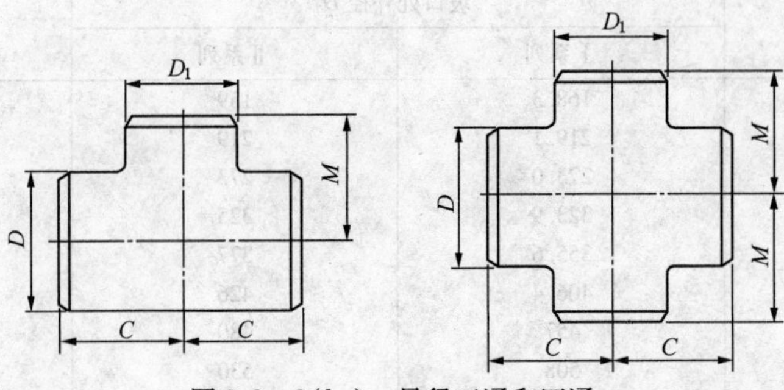

图 8.2-3(b_5) 异径三通和四通

表 8.2-3(b_5) 异径三通和四通的尺寸 mm

公称尺寸 DN	坡口处外径				中心至端面	
	管程 D		出口 D_1		管程 C	出口① M
	Ⅰ系列	Ⅱ系列	Ⅰ系列	Ⅱ系列		
150×150×125	168.3	159	141.3	133	143	137
150×150×100	168.3	159	114.3	108	143	130
150×150×90	168.3	—	101.6	—	143	127
150×150×80	168.3	159	88.9	89	143	124
150×150×65	168.3	159	73.0	76	143	121
200×200×150	219.1	219	168.3	159	178	168
200×200×125	219.1	219	141.3	133	178	162
200×200×100	219.1	219	114.3	108	178	156
200×200×90	219.1	—	101.6	—	178	152
250×250×200	273.0	273	219.1	219	216	203
250×250×150	273.0	273	168.3	159	216	194
250×250×125	273.0	273	141.3	133	216	191
250×250×100	273.0	273	114.3	108	216	184
300×300×250	323.9	325	273.0	273	254	241
300×300×200	323.9	325	219.1	219	254	229
300×300×150	323.9	325	168.3	159	254	219
300×300×125	323.9	325	141.3	133	254	216
350×350×300	355.6	377	323.9	325	279	270
350×350×250	355.6	377	273.0	273	279	257
350×350×200	355.6	377	219.1	219	279	248
350×350×150	355.6	377	168.3	159	279	238
400×400×350	406.4	426	355.6	377	305	305
400×400×300	406.4	426	323.9	325	305	295
400×400×250	406.4	426	273.0	273	305	283
400×400×200	406.4	426	219.1	219	305	273
400×400×150	406.4	426	168.3	159	305	264
450×450×400	457	480	406.4	426	343	330
450×450×350	457	480	355.6	377	343	330
450×450×300	457	480	323.9	325	343	321
450×450×250	457	480	273.0	273	343	308
450×450×200	457	480	219.1	219	343	298

续表 8.2-3(b_5)

公称尺寸 DN	坡口处外径				中心至端面	
	管程 D		出口 D_1		管程 C	出口[①] M
	Ⅰ系列	Ⅱ系列	Ⅰ系列	Ⅱ系列		
500×500×450	508	530	457	480	381	368
500×500×400	508	530	406.4	426	381	356
500×500×350	508	530	355.6	377	381	356
500×500×300	508	530	323.9	325	381	346
500×500×250	508	530	273.0	273	381	333
500×500×200	508	530	219.1	219	381	324
550×550×500	559	—	508	—	419	406
550×550×450	559	—	457	—	419	394
550×550×400	559	—	406.4	—	419	381
550×550×350	559	—	355.6	—	419	381
550×550×300	559	—	323.9	—	419	371
550×550×250	559	—	273.0	—	419	359
600×600×550	610	—	559	—	432	432
600×600×500	610	630	508	530	432	432
600×600×450	610	630	457	480	432	419
600×600×400	610	630	406.4	426	432	406
600×600×350	610	630	355.6	377	432	406
600×600×300	610	630	323.9	325	432	397
600×600×250	610	630	273.0	273	432	384
650×650×600	660	—	610	—	495	483
650×650×550	660	—	559	—	495	470
650×650×500	660	—	508	—	495	457
650×650×450	660	—	457	—	495	444
650×650×400	660	—	406.4	—	495	432
650×650×350	660	—	355.6	—	495	432
650×650×300	660	—	323.8	—	495	422
700×700×650	711	—	660	—	521	521
700×700×600	711	720	610	630	521	508
700×700×550	711	—	559	—	521	495
700×700×500	711	720	508	530	521	483
700×700×450	711	720	457	480	521	470
700×700×400	711	720	406.4	426	521	457
700×700×350	711	720	355.6	377	521	457
700×700×300	711	720	323.8	325	521	448
750×750×700	762	—	711	—	559	546
750×750×650	762	—	660	—	559	546
750×750×600	762	—	610	—	559	533
750×750×550	762	—	559	—	559	521
750×750×500	762	—	508	—	559	508
750×750×450	762	—	457	—	559	495
750×750×400	762	—	406.4	—	559	483
750×750×350	762	—	355.6	—	559	483
750×750×300	762	—	323.8	—	559	473
750×750×250	762	—	273.0	—	559	460

续表 8.2-3(b_5)

公称尺寸 DN	坡口处外径				中心至端面	
	管程 D		出口 D_1		管程	出口[①]
	Ⅰ系列	Ⅱ系列	Ⅰ系列	Ⅱ系列	C	M
800×800×750	813	—	762	—	597	584
800×800×700	813	820	711	720	597	572
800×800×650	813	—	660	—	597	572
800×800×600	813	820	610	630	597	559
800×800×550	813	—	559	—	597	546
800×800×500	813	820	508	530	597	533
800×800×450	813	820	457	480	597	521
800×800×400	813	820	406.4	426	597	508
800×800×350	813	820	355.6	377	597	508
850×850×800	864	—	813	—	635	622
850×850×750	864	—	762	—	635	610
850×850×700	864	—	711	—	635	597
850×850×650	864	—	660	—	635	597
850×850×600	864	—	610	—	635	584
850×850×550	864	—	559	—	635	572
850×850×500	864	—	508	—	635	559
850×850×450	864	—	457	—	635	546
850×850×400	864	—	406.4	—	635	533
900×900×850	914	—	864	—	673	660
900×900×800	914	920	813	820	673	648
900×900×750	914	—	762	—	673	635
900×900×700	914	—	711	—	673	622
900×900×650	914	—	660	—	673	622
900×900×600	914	—	610	—	673	610
900×900×550	914	—	559	—	673	597
900×900×500	914	—	508	—	673	584
900×900×450	914	—	457	—	673	572
900×900×400	914	—	406.4	—	673	559
950×950×900	965	—	914	—	711	711
950×950×850	965	—	864	—	711	698
950×950×800	965	—	813	—	711	686
950×950×750	965	—	762	—	711	673
950×950×700	965	—	711	—	711	648
950×950×650	965	—	660	—	711	648
950×950×600	965	—	610	—	711	635
950×950×550	965	—	559	—	711	622
950×950×500	965	—	508	—	711	610
950×950×450	965	—	457	—	711	597
1000×1000×950	1017	—	965	—	749	749
1000×1000×900	1017	1020	914	920	749	737
1000×1000×850	1017	—	864	—	749	724
1000×1000×800	1017	—	813	—	749	711
1000×1000×750	1017	—	762	—	749	698
1000×1000×700	1017	—	711	—	749	673
1000×1000×650	1017	—	660	—	749	673
1000×1000×600	1017	—	610	—	749	660

续表 8.2-3(b_5)

公称尺寸 DN	坡口处外径				中心至端面	
	管程 D		出口 D_1		管程 C	出口[①] M
	Ⅰ系列	Ⅱ系列	Ⅰ系列	Ⅱ系列		
1000×1000×550	1017	—	559	—	749	648
1000×1000×500	1017	—	508	—	749	635
1000×1000×450	1017	—	457	—	749	622
1050×1050×1000	1067	—	1016	—	762	711
1050×1050×950	1067	—	965	—	762	711
1050×1050×900	1067	—	914	—	762	711
1050×1050×850	1067	—	864	—	762	711
1050×1050×800	1067	—	813	—	762	711
1050×1050×750	1067	—	762	—	762	711
1050×1050×700	1067	—	711	—	762	698
1050×1050×650	1067	—	660	—	762	698
1050×1050×600	1067	—	610	—	762	660
1050×1050×550	1067	—	559	—	762	660
1050×1050×500	1067	—	508	—	762	660
1050×1050×450	1067	—	457	—	762	648
1050×1050×400	1067	—	406.4	—	762	635
1100×1100×1050	1118	—	1067	—	813	762
1100×1100×1000	1118	1120	1016	1020	813	749
1100×1100×950	1118	—	965	—	813	737
1100×1100×900	1118	—	914	—	813	724
1100×1100×850	1118	—	864	—	813	724
1100×1100×800	1118	—	813	—	813	711
1100×1100×750	1118	—	762	—	813	711
1100×1100×700	1118	—	711	—	813	698
1100×1100×650	1118	—	660	—	813	698
1100×1100×600	1118	—	610	—	813	698
1100×1100×550	1118	—	559	—	813	686
1100×1100×500	1118	—	508	—	813	686
1150×1150×1100	1168	—	1118	—	851	800
1150×1150×1050	1168	—	1067	—	851	787
1150×1150×1000	1168	—	1016	—	851	775
1150×1150×950	1168	—	965	—	851	762
1150×1150×900	1168	—	914	—	851	762
1150×1150×850	1168	—	864	—	851	749
1150×1150×800	1168	—	813	—	851	749
1150×1150×750	1168	—	762	—	851	737
1150×1150×700	1168	—	711	—	851	737
1150×1150×650	1168	—	660	—	851	737
1150×1150×600	1168	—	610	—	851	724
1150×1150×550	1168	—	559	—	851	724
1200×1200×1150	1219	—	1168	—	889	838
1200×1200×1100	1219	1220	1118	1120	889	838
1200×1200×1050	1219	—	1067	—	889	813
1200×1200×1000	1219	—	1016	—	889	813
1200×1200×950	1219	—	965	—	889	813
1200×1200×900	1219	—	914	—	889	787

续表 8.2-3(b_5)

公称尺寸 DN	坡口处外径				中心至端面	
	管程 D		出口 D_1		管程	出口[①]
	Ⅰ系列	Ⅱ系列	Ⅰ系列	Ⅱ系列	C	M
1200×1200×850	1219	—	864	—	889	787
1200×1200×800	1219	—	813	—	889	787
1200×1200×750	1219	—	762	—	889	762
1200×1200×700	1219	—	711	—	889	762
1200×1200×650	1219	—	660	—	889	762
1200×1200×600	1219	—	610	—	889	737
1200×1200×550	1219	—	559	—	889	737

注：① DN350 及其以上的管件，推荐但并不一定采用出口尺寸 M。

3）异径接头

异径接头的结构型式见图 8.2-3(b_6)，尺寸见表 8.2-3(b_6)。

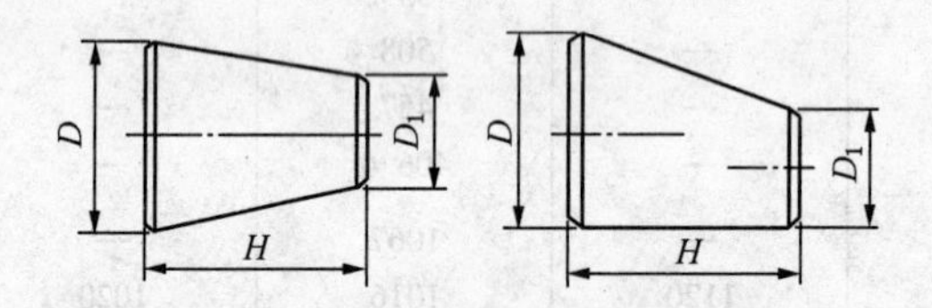

图 8.2-3(b_6) 异径接头

表 8.2-3(b_6) 异径接头尺寸 mm

公称尺寸 DN	坡口处外径				端面至端面 H
	大端 D		小端 D_1		
	Ⅰ系列	Ⅱ系列	Ⅰ系列	Ⅱ系列	
150×125	168.3	159	141.3	133	140
150×100	168.3	159	114.3	108	140
150×90	168.3	—	101.6	—	140
150×80	168.3	159	88.9	89	140
150×65	168.3	159	73.0	76	140
200×150	219.1	219	168.3	159	152
200×125	219.1	219	141.3	133	152
200×100	219.1	219	114.3	108	152
200×90	219.1	—	101.6	—	152
250×200	273.0	273	219.1	219	178
250×150	273.0	273	168.3	159	178
250×125	273.0	273	141.3	133	178
250×100	273.0	273	114.3	108	178
300×250	323.9	325	273.0	273	203
300×200	323.9	325	219.1	219	203
300×150	323.9	325	168.3	159	203
300×125	323.9	325	141.3	133	203

续表 8.2-3(b_6)

公称尺寸 DN	坡口处外径				端面至端面 H
	大端 D		小端 D_1		
	Ⅰ系列	Ⅱ系列	Ⅰ系列	Ⅱ系列	
350×300	355.6	377	323.9	325	330
350×250	355.6	377	273.0	273	330
350×200	355.6	377	219.1	219	330
350×150	355.6	377	168.3	159	330
400×350	406.4	426	355.6	377	356
400×300	406.4	426	323.9	325	356
400×250	406.4	426	273.0	273	356
400×200	406.4	426	219.1	219	356
450×400	457	480	406.4	426	381
450×350	457	480	355.6	377	381
450×300	457	480	323.9	325	381
450×250	457	480	273.0	273	381
500×450	508	530	457	480	508
500×400	508	530	406.4	426	508
500×350	508	530	355.6	377	508
500×300	508	530	323.9	325	508
550×500	559	—	508	—	508
550×450	559	—	457	—	508
550×400	559	—	406.4	—	508
550×350	559	—	355.6	—	508
600×550	610	—	559	—	508
600×500	610	630	508	530	508
600×450	610	630	457	480	508
600×400	610	630	406.4	426	508
650×600	660	—	610	—	610
650×550	660	—	559	—	610
650×500	660	—	508	—	610
650×450	660	—	457	—	610
700×650	711	—	660	—	610
700×600	711	720	610	630	610
700×550	711	—	559	—	610
700×500	711	720	508	530	610
750×700	762	—	711	—	610
750×650	762	—	660	—	610
750×600	762	—	610	—	610
750×550	762	—	559	—	610
800×750	813	—	762	—	610
800×700	813	820	711	720	610
800×650	813	—	660	—	610
800×600	813	820	610	630	610
850×800	864	—	813	—	610
850×750	864	—	762	—	610
850×700	864	—	711	—	610
850×650	864	—	660	—	610

续表 8.2－3(b_6)

公称尺寸 DN	坡口处外径				端面至端面 H
	大端 D		小端 D_1		
	Ⅰ系列	Ⅱ系列	Ⅰ系列	Ⅱ系列	
900×850	914	—	864	—	610
900×800	914	920	813	820	610
900×750	914	—	762	—	610
900×700	914	920	711	720	610
900×650	914	—	660	—	610
950×900	965	—	914	—	610
950×850	965	—	864	—	610
950×800	965	—	813	—	610
950×750	965	—	762	—	610
950×700	965	—	711	—	610
950×650	965	—	660	—	610
1000×950	1016	—	965	—	610
1000×900	1016	1020	914	920	610
1000×850	1016	—	864	—	610
1000×800	1016	1020	813	820	610
1000×750	1016	—	762	—	610
1050×1000	1067	—	1016	—	610
1050×950	1067	—	965	—	610
1050×900	1067	—	914	—	610
1050×850	1067	—	864	—	610
1050×800	1067	—	813	—	610
1050×750	1067	—	762	—	610
1100×1050	1118	—	1067	—	610
1100×1000	1118	1120	1016	1020	610
1100×950	1118	—	965	—	610
1100×900	1118	1120	914	920	610
1150×1100	1168	—	1118	—	711
1150×1050	1168	—	1067	—	711
1150×1000	1168	—	1016	—	711
1050×950	1168	—	965	—	711
1200×1150	1219	—	1168	—	711
1200×1100	1219	1220	1118	1120	711
1200×1050	1219	—	1067	—	711
1200×1000	1219	1220	1016	1120	711

注：不禁止使用带“钟形”异径接头。

4）管帽

管帽的结构型式见图 8.2－3(b_7)，尺寸见表 8.2－3(b_7)。

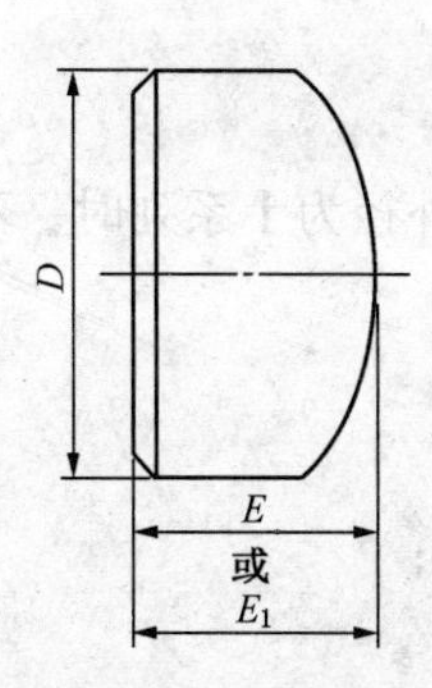

注：管帽的形状应为椭圆形，并应符合相应国家标准或行业标准中给定的形状要求。

图 8.2-3(b_7)　管帽

表 8.2-3(b_7)　管帽尺寸

mm

公称尺寸 DN	坡口处外径 D Ⅰ系列	坡口处外径 D Ⅱ系列	长度① E	长度 E 时极限壁厚	长度② E_1
150	168.3	159	89	10.92	102
200	219.1	219	102	12.70	127
250	273.0	273	127	12.70	152
300	323.9	325	152	12.70	178
350	355.6	377	165	12.70	191
400	406.4	426	178	12.70	203
450	457	480	203	12.70	229
500	508	530	229	12.70	254
550	559	—	254	12.70	254
600	610	630	267	12.70	305
650	660	—	267	—	—
700	711	720	267	—	—
750	762	—	267	—	—
800	813	820	267	—	—
850	864	—	267	—	—
900	914	920	267	—	—
950	965	—	305	—	—
1000	1016	1020	305	—	—
1050	1067	—	305	—	—
1100	1118	1120	343	—	—
1150	1168	—	343	—	—
1200	1219	1220	343	—	—

注：① 长度 E 适用于厚度不超过“长度 E 时极限壁厚”栏中所列值的场合。

② 对 DN600 及其以下的管帽，长度 E_1 适用于厚度大于“长度 E 时极限壁厚”栏中所列值的场合。对于 DN650 及其以上的管帽，长度 E_1 应由制造厂与采购方协商确定。

3. 标志

1）管件的标志方法

管件可采用钢印、喷涂等方式进行标志。

2）管件的标志位置

只要管件规格许可，都应在管件上直接标志。无论何种标志方法，标志的位置应在管件的侧面中心线附近，且易于观察的部位，钢印应避开高应力区且不得损害到管件的最小壁厚。

3）标志的内容

（1）制造商的名称或商标；

（2）公称尺寸(包括外径系列，外径为Ⅰ系列时，不单独标记；外径为Ⅱ系列时，应进行标记)；

（3）壁厚等级(或壁厚值)；

（4）材料牌号；

（5）产品代号[见表8.2－3(a)]；

（6）标准编号。

4）标志示例

例1：公称尺寸*DN*200、外径为Ⅰ系列、壁厚等级Sch40、材料牌号为15CrMoR的90°短半径弯头，其标志为：

制造商的名称或商标*DN*200－Sch40－15CrMoR 90E(S)　GB/T 13401

例2：公称尺寸*DN*300×80、外径为Ⅱ系列、壁厚等级Sch80、材料牌号为16MnR的同心异径接头，其标志为：

制造商的名称或商标*DN*300×80Ⅱ－Sch80－16MnR R(C) GB/T 13401

例3：公称尺寸*DN*350、外径为Ⅰ系列、壁厚为4.0mm、材料牌号为0Cr18Ni9的90°长半径弯头，其标志为：

制造商的名称或商标*DN*350－4.0－0Cr18Ni9 90E(L) GB/T 13401

8.2.4　与管件连接的钢管壁厚分级

与钢板制管件相连接的钢管壁厚分级见表8.2－4。

表8.2－4　与管件连接的钢管壁厚分级　mm

公称尺寸[①]		外径	公称壁厚															
DN	*NPS*		Sch 5S	Sch 10S	Sch 40S	Sch 80S	Sch 10	Sch 20	Sch 30	STD	Sch 40	Sch 60	XS	Sch 80	Sch 100	Sch 120	Sch 140	Sch 160	XXS
150	6	168.3	2.77	3.40	7.11	10.97				7.11	7.11		10.97	10.97		14.27		18.26	21.95
200	8	219.1	2.77	3.76	8.18	12.70		6.35	7.04	8.18	8.18	10.31	12.70	12.70	15.09	18.26	20.62	23.01	22.23
250	10	273.0	3.40	4.19	9.27	*12.70		6.35	7.80	9.27	9.27	12.70	12.70	15.09	18.26	21.44	25.40	28.58	25.40
300	12	323.8	3.96	*4.57	*9.53	*12.70		6.35	8.38	9.53	10.31	14.27	12.70	17.48	21.44	25.40	28.58	33.32	25.40
350	14	355.6	3.96	*4.78			6.35	7.92	9.53	9.53	11.13	15.09	12.70	19.05	23.83	27.79	31.75	35.71	
400	16	406.4	4.19	*4.78			6.35	7.92	9.53	9.53	12.70	16.66	12.70	21.44	26.19	30.96	36.53	40.49	
450	18	457	4.19	*4.78			6.35	7.92	11.13	9.53	14.27	19.05	12.70	23.83	29.36	34.93	39.67	45.24	
500	20	508	4.78	*5.54			6.35	9.53	12.70	9.53	15.09	20.62	12.70	26.19	32.54	38.10	44.45	50.01	
550	22	559	4.78	*5.54			6.35	9.53	12.70	9.53		22.23	12.70	28.58	34.93	41.28	47.63	53.98	
600	24	610	5.54	6.35			6.35	9.53	14.27	9.53	17.48	24.61	12.70	30.96	38.89	46.02	52.37	59.54	
650	26	660					7.92	12.70		9.53			12.70						
700	28	711					7.92	12.70	15.88	9.53			12.70						
750	30	762	6.35	7.92			7.92	12.70	15.88	9.53			12.70						
800	32	813					7.92	12.70	15.88	9.53	17.48		12.70						

续表 8.2－4

公称尺寸①		外径	公称壁厚																
DN	NPS		Sch 5S	Sch 10S	Sch 40S	Sch 80S	Sch 10	Sch 20	Sch 30	STD	Sch 40	Sch 60	XS	Sch 80	Sch 100	Sch 120	Sch 140	Sch 160	XXS
850	34						7.92			9.53			12.70						
900	36						7.92	12.70	15.88	9.53	19.05		12.70						
950	38									9.53			12.70						
1000	40									9.53			12.70						
1050	42									9.53			12.70						
1100	44									9.53			12.70						
1150	46									9.53			12.70						
1200	48									9.53			12.70						

注：1. Sch 数字后带“S”者为 ASME B36.19M 标准中规定的数据；不带“S”者为 ASME B36.10M 标准中规定的数据。

2. 带“*”号的壁厚数据，在 ASME B36.19M 标准中注明与 ASME B36.10M 不同。

3. “STD”为标准管壁厚系列代号，“XS”为加强管壁厚系列代号，“XXS”为特加强管壁厚系列代号。

4. 管件的壁厚可根据钢管壁厚进行圆整后取值。

① 由于米制单位和英制单位不能做到精确的等同，使用者必须分别采用两种单位制。对于尺寸为米制单位的管件，其公称尺寸用 DN 表示；对于尺寸为英制单位的管件，其公称尺寸用 NPS 表示。公称尺寸栏目中所列的数字为两种单位制的数值对照。

8.2.5　45°，90°焊接弯头(虾米腰)

45°，90°焊接弯头的结构型式和尺寸应分别符合图 8.2－5 和表 8.2－5 的规定。

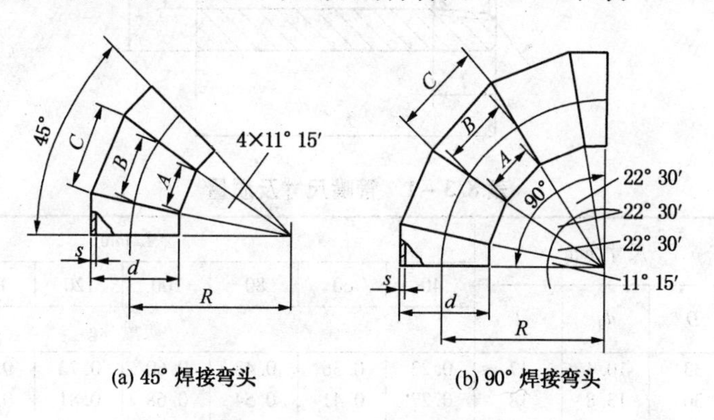

(a) 45° 焊接弯头　(b) 90° 焊接弯头

图 8.2－5　45°，90°焊接弯头

表 8.2－5　45°，90°焊接弯头

公称直径 DN/mm	外径 d/mm	厚度 s/mm	尺寸/mm				质量/kg	
			R	A	B	C	45°	90°
500	529	6	600	133	238	344	18.5	55.5
600	630	6	700	153	278	403	26	78
700	720	6	800	175	318	462	33.5	100.5
800	820	6	900	195	358	521	42.5	127.5
900	920	6	1000	215	398	581	53.5	160.5
1000	1020	8	1100	234	438	640	87.5	262.5

续表 8.2-5

公称直径 DN/mm	外径 d/mm	厚度 s/mm	尺寸/mm				质量/kg	
			R	A	B	C	45°	90°
1200	1220	8	1300	274	517	760	123	369
1400	1420	8	1500	314	596	880	165.5	496.5
1600	1620	8	1700	334	676	998	214.5	643.5
1800	1820	10	1900	394	755	1120	336	1008
2000	2020	10	2100	434	835	1238	413	1239
2200	2220	10	2300	474	914	1356	497	1491
2400	2420	10	2500	514	993	1475	592	1776
2600	2620	12	2700	554	1073	1595	826	2449
2800	2820	12	2900	594	1152	1714	957	2880
3000	3020	12	3100	634	1233	1834	1130	3290

8.3 管嘴及管塞

8.3.1 管嘴

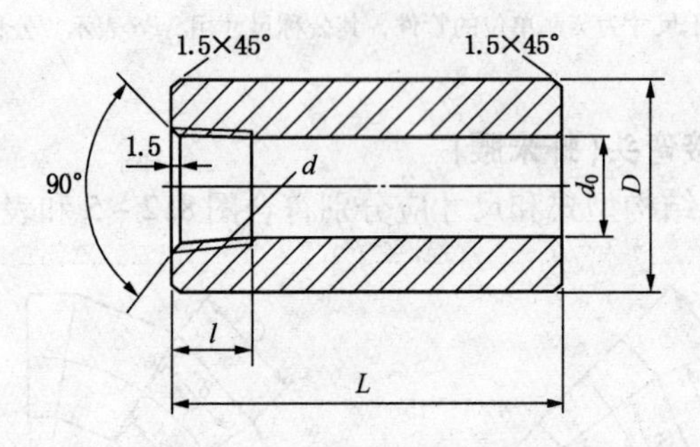

表 8.3-1 管嘴尺寸及质量

公称直径 d/in	尺寸/mm			L/mm							
				40	60	80	100	120	140	160	180
	D	d_0	l	质量/kg							
1/4	33	10.4	17	0.23	0.36	0.48	0.60	0.72	0.84	0.96	1.08
3/8	36	13.8	18	0.27	0.41	0.54	0.68	0.81	0.95	1.08	1.22
1/2	40	17.1	23		0.47	0.63	0.78	0.94	1.10	1.26	1.42
3/4	45	22.5	25		0.55	0.73	0.92	1.10	1.28	1.46	1.65
1	50	28.4	30		0.61	0.81	1.02	1.22	1.42	1.62	1.83
1¼	60	37	31		0.81	1.08	1.35	1.61	1.87	2.14	2.41
1½	70	42.7	33		1.11	1.48	1.85	2.22	2.58	2.95	3.32
2	85	54.4	36		1.55	2.07	2.59	3.11	3.62	4.14	4.66

注：1. 本标准适用于公称压力低于或等于 16MPa。

2. 螺纹应符合 GB/T 7306《用螺纹密封的管螺纹》的规定。

3. 加工面的未注公差尺寸的极限偏差，应按 GB/T 1804m 级的要求。

4. 管嘴端表面与螺纹中心线应垂直，其偏差不得大于 30′。

5. 材料为 20 号锻钢，应符合 JB 4726《压力容器用碳素钢和低合金钢锻件》的要求，如总图有特殊要求时按所在总图规定的材料制造，在适当位置打上材料及代号的标记。

6. 长度 L 可按需要调整。

7. 标记示例：如尺寸代号为 1/2，L=60mm 时，代号为 Y-R c 1/2-60。

8.3.2　直式温度计管嘴

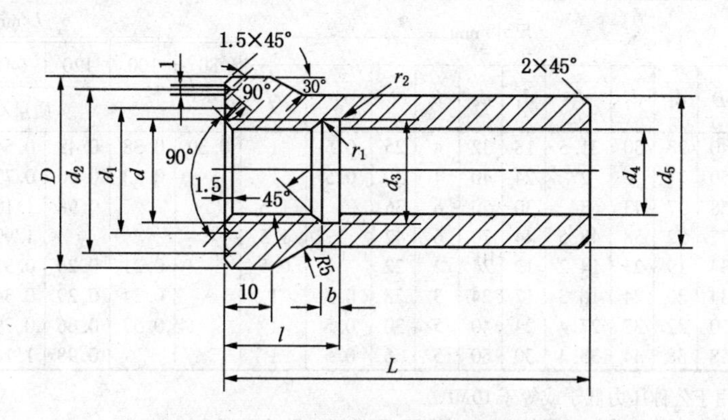

表 8.3-2　直式温度计管嘴尺寸和质量

公称直径 d		尺寸/mm										L/mm							
												40	60	80	100	120	140	160	180
mm	in	D	d_1	d_2	d_3	d_4	d_5	b	l	r_1	r_2	质量/kg							
	1/2	40	26	30	21.5	18	32	4	25	0.5	1	0.21	0.20	0.37	0.45	0.53	0.61	0.69	0.77
	3/4	50	31	36	27	24	40	4	30	0.5	1	0.26	0.39	0.56	0.69	0.82	0.94	1.07	1.19
	1	58	37	43	34	30	50	6	36	1	1.5	0.45	0.64	0.86	1.03	1.23	1.43	1.63	1.83
	1½	77	52	58	48.5	44	70	6	42	1	1.5			1.50	1.83	2.20	2.56	3.00	3.30
14×1		34	19	23	14.2	12	24	2	22		0.5			0.19	0.24	0.29	0.34	0.39	0.44
16×1.5		34	20	24	16.3	12	24	3	25	0.5	1			0.22	0.27	0.32	0.37	0.42	0.47
27×2		50	32	37	27.4	24	40	5	30	0.5	1			0.56	0.69	0.82	0.94	1.07	1.19
33×2		58	38	44	33.4	30	50	5	36	0.5	1			0.84	1.03	1.23	1.43	1.63	1.83

注：1. 本标准适用于公称压力低于或等于 10MPa。

2. 加工面的未注公差尺寸的极限偏差，应按 GB/T 1804m 级的要求。

3. 管嘴端表面与螺纹中心线应垂直，其偏差不得大于 30′。

4. 管螺纹应符合 GB/T 7307《非螺纹密封的管螺纹》的规定，公制螺纹应符合 GB 196《普通螺纹基本尺寸(1～600mm)》规定的细牙普通螺纹的要求，公差按 GB 197《普通螺纹公差与配合(1～355mm)》规定的 6H。

5. 材料为 20 号锻钢，应符合 JB 4726《压力容器用碳素钢和低合金钢锻件》的要求，如总图有特殊要求时，按所在总图规定的材料制造，在适当位置打上材料及代号的标记。

6. 长度 L 可按需要调整。

7. 标记示例：如尺寸代号为 1/2，L=60mm 时，代号为 W－G1/2－60；

如公称直径为 27×2，L=80mm 时，代号为 W－M27×2－80。

8.3.3　斜式温度计管嘴

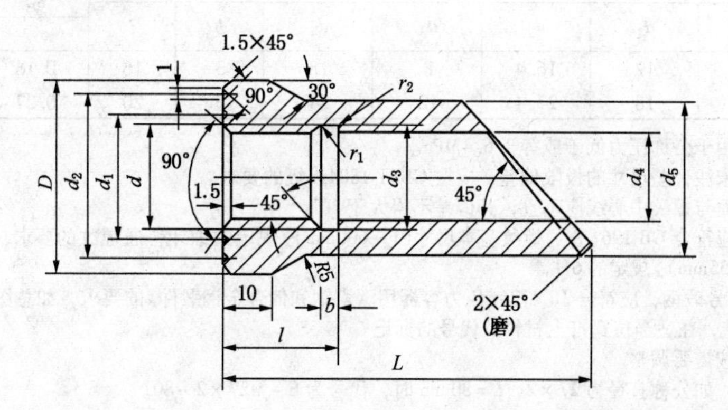

表 8.3-3 斜式温度计管嘴尺寸和质量

公称直径 d		尺寸/mm										L/mm						
												80	100	120	140	160	180	200
mm	in	D	d_1	d_2	d_3	d_4	d_5	b	l	r_1	r_2	质量/kg						
	1/2	40	28	30	21.5	18	32	4	25	0.5	1	0.30	0.38	0.48	0.54	0.62	0.70	0.78
	3/4	50	31	36	27	24	40	4	30	0.5	1		0.53	0.66	0.79	0.92	1.05	1.18
	1	58	37	43	34	30	50	6	36	1	1.5			0.98	1.18	1.38	1.58	1.75
	1½	77	52	58	48.5	44	70	6	42	1	1.5				1.90	2.36	2.65	3.00
14×1		34	19	23	14.2	12	24	2	22		0.5		0.21	0.26	0.31	0.36	0.42	0.47
16×1.5		34	20	24	16.3	12	24	3	25	0.5	1		0.24	0.29	0.34	0.39	0.44	0.50
27×2		50	32	37	27.4	24	40	5	30	0.5	1		0.53	0.66	0.79	0.92	1.05	1.18
33×2		58	38	44	33.4	30	50	5	36	0.5	1			0.98	1.18	1.38	1.58	1.75

注：1. 本标准适用于公称压力低于或等于10MPa。

2. 加工面的未注公差尺寸的极限偏差，应按 GB/T 1804m 级的要求。

3. 管嘴端表面与螺纹中心线应垂直，其偏差不得大于30′。

4. 管螺纹应符合 GB/T 7307《非螺纹密封的管螺纹》的规定，公制螺纹应符合 GB 196《普通螺纹基本尺寸(1～600mm)》规定的细牙普通螺纹的要求，公差按 GB 197《普通螺纹公差与配合(1～355mm)》规定的 6H。

5. 材料为20号锻钢，应符合 JB 4726《压力容器用碳素钢和低合金钢锻件》的要求，如总图有特殊要求时，按所在总图规定的材料制造，在适当位置打上材料及代号的标记。

6. 长度 L 可按需要调整。

7. 标记示例：如尺寸代号为 1/2，L=80mm 时，代号为 XW-6 1/2-80；

如公称直径为 27×2，L=100mm 时，代号为 XW-M27×2-100。

8.3.4 直式双金属温度计管嘴

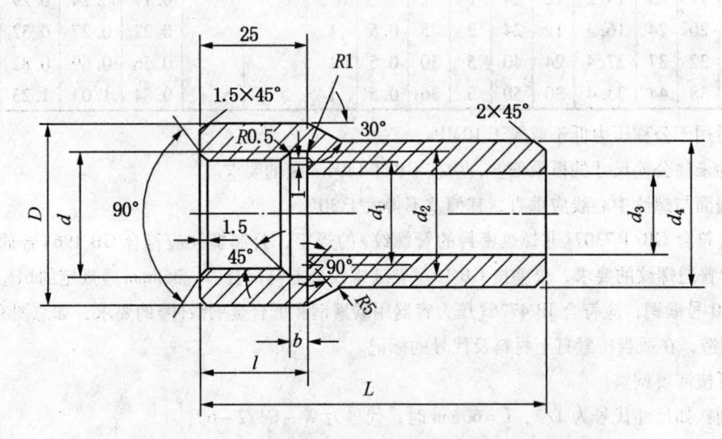

表 8.3-4 直式双金属温度计管嘴尺寸和质量

公称直径 d/mm	尺寸/mm							L/mm		
								80	100	120
	D	d_1	d_2	d_3	d_4	b	l	质量/kg		
16×1.5	30	12	16.4	8	18	3	16	0.16	0.19	0.22
27×2	40	18	27.4	12	24	5	20	0.27	0.32	0.36

注：1. 本标准适用于公称压力低于或等于6.4MPa。

2. 加工面的未注公差尺寸的极限偏差，应按 GB/T 1804m 级的要求。

3. 管嘴端表面与螺纹中心线应垂直，其偏差不得大于30′。

4. 公制螺纹应符合 GB 196《普通螺纹基本尺寸(1～600mm)》规定的细牙普通螺纹的要求，公差按 GB 197《普通螺纹公差与配合(1～355mm)》规定的 6H。

5. 材料为20号锻钢，应符合 JB 4726《压力容器用碳素钢和低合金钢锻件》的要求，如总图有特殊要求时，按所在总图规定的材料制造，在适当位置打上材料及代号的标记。

6. 长度 L 可按需要调整。

7. 标记示例：如公称直径为 27×2，L=80mm 时，代号为 S-M27×2-80。

8.3.5　斜式双金属温度计管嘴

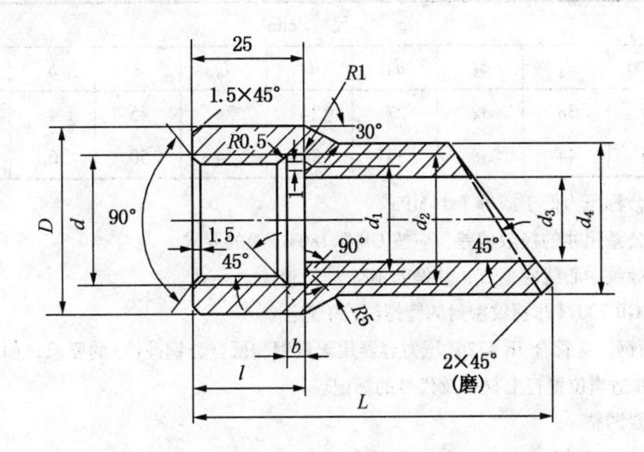

表 8.3-5　斜式双金属温度计管嘴尺寸和质量

公称直径 d/mm	尺寸/mm							L/mm						
								80	100	120	140	160	180	200
	D	d_1	d_2	d_3	d_4	b	l	质量/kg						
M16×1.5	30	12	16.4	8	18	3	16	0.15	0.18	0.21	0.24	0.27	0.30	0.33
M27×2	40	18	27.4	12	24	5	20	0.24	0.29	0.33	0.37	0.43	0.48	0.52

注：1. 本标准适用于公称压力低于或等于 6.4MPa。

2. 加工面的未注公差尺寸的极限偏差，应按 GB/T 1804m 级的要求。

3. 管嘴端表面与螺纹中心线应垂直，其偏差不得大于 30′。

4. 公制螺纹应符合 GB 196《普通螺纹基本尺寸(1~600mm)》规定的细牙普通螺纹的要求，公差按 GB 197《普通螺纹公差与配合(1~355mm)》规定的 6H。

5. 材料为 20 号锻钢，应符合 JB 4726《压力容器用碳素钢和低合金钢锻件》的要求，如总图有特殊要求时，按所在总图规定的材料制造，在适当位置打上材料及代号的标记。

6. 长度 L 可按需要调整。

7. 标记示例：如公称直径为 27×2，L=80mm 时，代号为 XS-M27×2-80。

8.3.6　特殊温度计管嘴

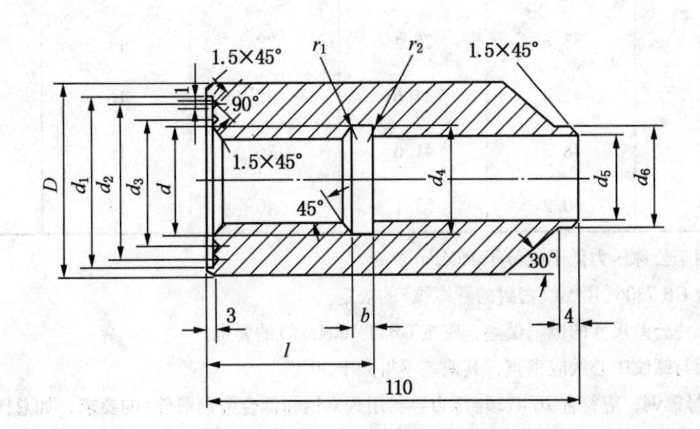

表 8.3-6 特殊温度计管嘴尺寸和质量

公称直径 d/in	尺寸/mm											质量/kg
	D	d_1	d_2	d_3	d_4	d_5	d_6	l	b	r_1	r_2	
3/4	50	44	38	32	27	24	28	45	4	0.5	1	1.10
1	56	50	44	38	34	30	34	50	6	1	1.5	1.33

注：1. 本标准适用于公称压力低于或等于 16MPa。

2. 加工面的未注公差尺寸的极限偏差，应按 GB/T 1804m 级的要求。

3. 管嘴端表面与螺纹中心线应垂直，其偏差不得大于 30′。

4. 管螺纹应符合 GB 7307《非螺纹密封的管螺纹》的规定。

5. 材料为 20 号锻钢，应符合 JB 4726《压力容器用碳素钢和低合金钢锻件》的要求，如总图有特殊要求时，按所在总图规定的材料制造，在适当位置打上材料及代号的标记。

6. 长度 L 可按需要调整。

7. 标记示例：如尺寸代号为 3/4 时，代号为 TW－G 3/4。

8.3.7 圆锥管塞

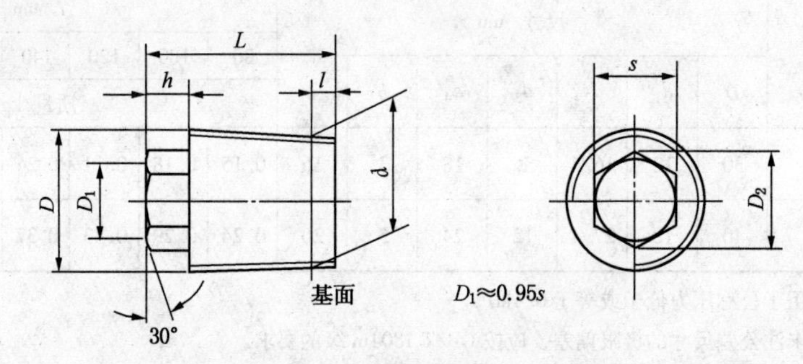

表 8.3-7 圆锥管塞尺寸和质量

公称直径 d/in	尺寸/mm						质量/kg
	L	D	D_2	S	h	l	
1/4	16	13.5	11.5	10	5	6	0.013
3/8	18	17.0	16.2	14	6	6	0.027
1/2	21	21.4	16.2	14	6	7.5	0.045
3/4	25	26.9	19.6	17	8	9.5	0.031
1	30	33.8	25.4	22	11	11	0.16
1¼	38	42.4	34.6	30	16	13	0.32
1½	42	48.3	41.6	36	19	14	0.47
2	50	60.2	53.1	46	24	16	0.88

注：1. 本标准适用于公称压力低于或等于 16MPa。

2. 螺纹应符合 GB 7306《用螺纹密封的管螺纹》的规定。

3. 加工面的未注公差尺寸的极限偏差，应按 GB/T 1804m 级的要求。

4. 管嘴端表面与螺纹中心线应垂直，其偏差不得大于 30′。

5. 材料为 20 号锻钢，应符合 JB 4726《压力容器用碳素钢和低合金钢锻件》的要求，如总图有特殊要求时，按所在总图规定的材料制造，在适当位置打上材料及代号的标记。

6. 标记示例：如尺寸代号为 1/2 时，代号为 YS－R 1/2。

8.3.8　圆柱管塞

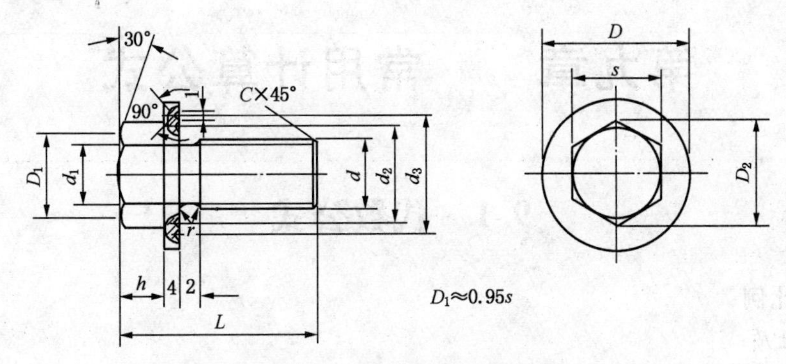

表8.3-8　圆柱管塞尺寸和质量

公称直径d		尺寸/mm										质量/
mm	in	D	D_2	S	d_1	h	L	d_2	d_3	C	r	kg
	1/4	23	16.2	14	11	6	23	16	20	1	1	0.03
	3/8	30	21.9	19	14	10	28	21	25	1.5	1	0.06
	1/2	40	25.4	22	18	11	33	26	30	1.5	1	0.12
	3/4	50	27.7	24	23.5	13	37	31	36	1.5	1	0.18
	1	58	36.9	32	29.5	18	47	37	43	1.5	1.5	0.34
	1¼	66	47.3	41	38	22	52	46	52	1.5	1.5	0.61
	1½	77	53.1	46	44	24	55	52	58	1.5	1.5	0.84
	2	85	75	65	56	32	65	63	68	1.5	1.5	1.68
14×1		34	16.2	14	12.5	6	28	19	23	1	0.5	0.05
16×1.5		34	21.9	19	13.8	10	34	20	24	1	1	0.09
27×2		50	36.9	32	24	18	45	32	37	1.5	1	0.29
33×2		58	47.3	41	30	22	51	38	44	1.5	1	0.5

注：1. 本标准适用于公称压力低于或等于10MPa。

2. 加工面的未注公差尺寸的极限偏差，应按GB/T 1804m级的要求。

3. 管嘴端表面与螺纹中心线应垂直，其偏差不得大于30′。

4. 管螺纹应符合GB/T 7307《非螺纹密封的管螺纹》的规定，公制螺纹应符合GB 196《普通螺纹基本尺寸(1～600mm)》规定的细牙普通螺纹的要求，公差按GB 197《普通螺纹公差与配合(1～355mm)》规定的6H。

5. 材料为20号锻钢，应符合JB 4726《压力容器用碳素钢和低合金钢锻件》的要求，如总图有特殊要求时，按所在总图规定的材料制造，在适当位置打上材料及代号的标记。

6. 标记示例：如尺寸代号为1/2时，代号为WS-G 1/2；

如公称直径为16×1.5时，代号为WS-M16×1.5。

参　考　文　献

1　紧固件产品国家标准汇编．北京：中国标准出版社，1997

2　标准紧固件尺寸与重量手册．北京：学苑出版社

3　GB/T 12459—2005 钢制对焊无缝钢管

4　GB/T 13401—2005　钢板制对焊管件

5　中国石化集团洛阳石油化工工程公司编．石油化工设备设计便查手册(第二版)．北京：中国石化出版社，2007

第九章　常用计算公式

9.1　代数公式

9.1.1　比例

1. 比例性质

对于比例 $\frac{a}{b}=\frac{c}{d}$ 或 $a:b=c:d$ 下列定理成立。

1）基本定理 $ad=bc$（内项积等于外项积）

2）反比定理 $\frac{b}{a}=\frac{d}{c}$（内外项互换）

3）更比定理 $\frac{a}{c}=\frac{b}{d}$（两内项互换）

$\frac{d}{b}=\frac{c}{a}$（两外项互换）

4）合比定理 $\frac{a+b}{b}=\frac{c+d}{d}$ 或 $\frac{a}{a+b}=\frac{c}{c+d}$

5）分比定理 $\frac{a-b}{b}=\frac{c-d}{d}$ 或 $\frac{a}{a-b}=\frac{c}{c-d}$

6）合分比定理 $\frac{a+b}{a-b}=\frac{c+d}{c-d}$

7）等比定理 $\frac{a}{b}=\frac{a+c}{b+d}=\frac{c}{d}$

上述各式中比的后项均不能为零。

2. 比例关系

1）正比关系　如果变量 y 与变量 x 的比值恒等于非零常数 k，那么称 y 与 x 成正比，记作 $y=kx$ 或 $y\propto x$，称 k 为比例系数。

2）反比关系　如果变量 y 与变量 x 的倒数成正比，那么称 y 与 x 成反比，记做 $y=\frac{k}{x}$ 或 $y\propto\frac{1}{x}$。

9.1.2　乘法公式与因式分解公式

下列公式由左到右为乘法公式，由右到左为因式分解公式。

1）$(a\pm b)^2=a^2\pm 2ab+b^2$

2）$(a\pm b)^3=a^3\pm 3a^2b+3ab^2\pm b^3$

3）$(a+b)(a-b)=a^2-b^2$

4）$(a\pm b)(a^2\mp ab+b^2)=a^3\pm b^3$

5）$(a-b)(a+b)(a^2+b^2)=a^4-b^4$

6) $(a-b)(a^{n-1}+a^{n-2}b+\cdots+ab^{n-2}+b^{n-1})=a^n-b^n$（$n$ 为正整数）

7) $(a+b)(a^{n-1}-a^{n-2}b+\cdots+ab^{n-2}-b^{n-1})=a^n-b^n$（$n$ 为正偶数）

8) $(a+b)(a^{n-1}-a^{n-2}b+\cdots-ab^{n-2}+b^{n-1})=a^n+b^n$（$n$ 为正奇数）

9) $m(a+b-c)=ma+mb-mc$

10) $(x+a)(x+b)=x^2+(a+b)x+ab$

11) $(ax+c)(bx+d)=abx^2+(ad+bc)x+cd$

12) $(a+b+c)^2=a^2+b^2+c^2+2ab+2bc+2ca$

13) $(a\pm b-c)^2=a^2+b^2+c^2\pm 2ab\mp 2bc-2ca$

14) $(a+b+c)(a^2+b^2+c^2-ab-bc-ca)=a^3+b^3+c^3-3abc$

15) $(a^2+ab+b^2)(a^2-ab+b^2)=a^4+a^2b^2+b^4$

9.1.3　分式与部分分式

1. 分式

1）基本性质 $\frac{a}{b}=\frac{am}{bm}=\frac{a/m}{b/m}(m\neq 0)$

2）运算法则

$\frac{a}{b}\pm\frac{c}{b}=\frac{a\pm c}{b}$　　$\frac{a}{b}\pm\frac{c}{d}=\frac{ad\pm bc}{bd}$

$\frac{a}{b}\cdot\frac{c}{d}=\frac{ac}{bd}$

$\frac{a}{b}\div\frac{c}{d}=\frac{a}{b}\cdot\frac{d}{c}$

上述各式中分式的分母均不为零。

2. 部分分式

有理真分式 $\frac{P(x)}{Q(x)}$ 都可化为分母是 $Q(x)$ 的一次、二次既约因式或其整数幂的部分分式之和。各项部分分式应取的形式见表 9.1－1。

表 9.1－1　部分分式应取的各项形式

对应于 $Q(x)$ 的每一个既约因式类型	真分式 $\frac{P(x)}{Q(x)}$ 的部分分式应有项形式
一次因式[①] $x-a$	一项 $\frac{A}{x-a}$
k 重一次因式 $(x-a)^k$	k 项 $\frac{A_1}{x-a}+\frac{A_2}{(x-a)^2}+\cdots+\frac{A_k}{(x-a)^k}$
二次因式 x^2+px+q	一项 $\frac{Bx+C}{x^2+px+q}$
k 重二次因式 $(x^2+px+q)^k$	k 项 $\frac{B_{1x}+C_1}{x^2+px+q}+\frac{B_2x+C^2}{(x^2+px+q)^2}+\cdots+\frac{B_kx+C_k}{(x^2+px+q)^k}$

注：式中系数 A，$A_1\cdots$，B_k，C_k 用待定系数法确定（可用比较同次项系数法或代值法，也可两种方法结合使用）。

① 若 $Q(x)=(x-a)Q_1(x)$，则当 $Q_1(a)\neq 0$ 时系数 $A=\frac{P(a)}{Q_1(a)}$。

9.1.4　根式

若 $b^n=a$（n 为大于 1 的整数），则称 b 是 a 的一个 n 次方根。正数 a 的正 n 次方根叫做 a

的 n 次算术根，记为 $\sqrt[n]{a}$。$\sqrt[n]{a}$ 作为代数式叫做 n 次根式。

$$(\sqrt[n]{a})^n = a$$

$$\sqrt[n]{a^n} = \begin{cases} a & (n\text{ 为奇数}) \\ |a| & (n\text{ 为偶数}) \end{cases}$$

1. 根式运算

1）$\sqrt[n]{a \cdot b} = \sqrt[n]{a} \cdot \sqrt[n]{b} (a \geqslant 0, b \geqslant 0)$

2）$\sqrt[n]{\dfrac{a}{b}} = \dfrac{\sqrt[n]{a}}{\sqrt[n]{b}} (a \geqslant 0, b > 0)$

3）$(\sqrt[n]{a})^m = \sqrt[n]{a^m} (a \geqslant 0)$

4）$\sqrt[m]{\sqrt[n]{a}} = \sqrt[mn]{a} (a \geqslant 0)$

5）$\sqrt{a \pm 2\sqrt{b}}$

$$= \sqrt{\frac{a + \sqrt{a^2 - 4b}}{2}} \pm \sqrt{\frac{a - \sqrt{a^2 - 4b}}{2}}$$

2. 根式化简

1）$\sqrt[np]{a^{mp}} = \sqrt[n]{a^m} (a \geqslant 0)$

2）$\sqrt[n]{a^{mn}} = a^m (a \geqslant 0)$

3）$\dfrac{1}{\sqrt{a}} = \dfrac{\sqrt{a}}{a} (a > 0)$

4）$\dfrac{1}{\sqrt{a} \pm \sqrt{b}} = \dfrac{\sqrt{a} \mp \sqrt{b}}{a - b}$

$(a > 0, b > 0, a \neq b)$

5）$\dfrac{1}{\sqrt[3]{a} \pm \sqrt[3]{b}} = \dfrac{\sqrt[3]{a^2} \mp \sqrt[3]{ab} + \sqrt[3]{b^2}}{a \pm b}$

9.1.5　一元二次方程

一元二次方程的根的公式、判别式及根与系数的关系见表 9.1－2。

表 9.1－2　根的公式、判别式及根与系数的关系

方　程	$ax^2 + bx + c = 0, a \neq 0$
求根公式	$x_{1,2} = \dfrac{-b \pm \sqrt{b^2 - 4ac}}{2a}$
根的判别式	$\Delta = b^2 - 4ac$ $\Delta > 0$ 有两个不等实根 $\Delta = 0$ 有两个相等实根 $\Delta < 0$ 有一对共轭虚根
根与系数的关系	$x_1 + x_2 = -\dfrac{b}{a}$ $x_1 x_2 = \dfrac{c}{a}$

双二次方程 $ax^4+bx^2+c=0(a\neq0)$ 设 $y=x^2$ 可化为一元二次方程。

$2n$ 次方程 $ax^{2n}+bx^n+c=0$（a,b,c 均不为零）设 $y=x^n$ 也可化为一元二次方程。

9.1.6 指数

1. 指数定义

1）正整指数 $a^n=\overbrace{a\cdot a\cdot\cdots\cdot a}^{n个}$

2）分数指数 $a^{\frac{n}{m}}=\sqrt[m]{a^n}(a\geqslant0)$

3）零指数 $a^0=1(a\neq0)$

4）负指数 $a^{-p}=\dfrac{1}{a^p}(a>0)$

5）无理指数 $a^a(a>0)$，可用有理指数幂近似表示，如 $a^\pi\approx a^3,a^{3.1},a^{3.14},a^{3.142},a^{3.1416},\cdots(a>0)$。

2. 指数运算律

1）同底幂的积 $a^x\cdot a^y=a^{x+y}$

2）同底幂的商 $a^x\div b^y=a^{x-y}$

3）幂的幂 $(a^x)^y=a^{xy}$

4）积的幂 $(ab)^x=a^x\cdot b^x$

5）商的幂 $(\dfrac{a}{b})^x=\dfrac{a^x}{b^x}$

上述各式中 $a>0$，$b>0$，x、y 为任意实数。

9.1.7 对数

1. 定义

1）若 $a^x=N(a>0,\ a\neq1,\ N>0)$，则 x 叫做 N 的以 a 为底的对数，记作 $x=\log_aN$，叫做真数。

2）当 $a=10$ 时，$\log_{10}N$ 简记作 $\lg N$，叫做常用对数。

3）当 $a=e$ 时，$\log_eN$ 简记作 $\ln N$，叫做自然对数。这里 $e=\lim\limits_{n\to\infty}\left(1+\dfrac{1}{n}\right)^n=2.71828\cdots$ 是无理数。

2. 基本关系式

1）$a^{\log_aN}=N$

2）$\log_aa=1$

3）$\log_aa^x=x$

4）$\log_a1=0$

3. 运算法则

1）$\log_aN_1N_2\cdots N_n=\log_aN_1+\log_aN_2+\cdots+\log_aN_n$

2）$\log_a\dfrac{N_1}{N_2}=\log_aN_1-\log_aN_2$

3）$\log_aN^p=p\log_aN$

4）$\log_a\sqrt[p]{N}=\dfrac{1}{p}\log_aN$

4. 换底公式

1) $\log_a N = \dfrac{\log_c N}{\log_c a}$

2) $\lg N = \dfrac{\ln N}{\ln 10} \approx 0.4343 \ln N$

3) $\ln N = \dfrac{\lg N}{\lg e} \approx 2.3026 \lg N$

4) $\log_a N \cdot \log_N a = 1$

9.1.8 等式变形

1) 移项(被移项变号)

$a + b = c \Leftrightarrow$[①] $a = c - b$

2) 移因子(被移因子倒置)

$ab = c \Leftrightarrow a = \dfrac{c}{b}(b \neq 0)$

3) 两边乘方

$a = b \Rightarrow$[②] $a^2 = b^2$

$a = b \Rightarrow a^n = b^n$

4) 两边开方

$a^{2n} = b \Rightarrow a = \pm b^{\frac{1}{2n}}$

$a^{2n+1} = b \Rightarrow a = b^{\frac{1}{2n+1}}$

5) 两边取对数

$a = b \Rightarrow \lg a = \lg b$

$(b > 0)$

或 $\ln a = \ln b$

6) 对数还原

$\lg a = b \Rightarrow a = 10^b$

$\ln a = b \Rightarrow a = e^b$

9.1.9 不等式

1. 不等式性质

如果 $a > b$ 成立，则下列 1) ~6)成立。

1) $a \pm c > b \pm c$

2) $ac > bc (c > 0), ac < bc (c < 0)$

3) $\dfrac{a}{c} > \dfrac{b}{c}(c > 0); \dfrac{a}{c} < \dfrac{b}{c}(c < 0)$

4) $\dfrac{1}{a} < \dfrac{1}{b}(ab > 0); \dfrac{1}{a} > \dfrac{1}{b}(ab < 0)$

5) $a^s > b^s (s > 0, a > 0, b > 0)$

注：① “⇔”表示左、右两端的式子互为充分必要条件，即由左端式子可以推得右端式子；反过来，由右端式子也可以推得左端式子。

② “⇒”表示由左端式子可以推得右端式子，即若左端式子成立，则右端式子也成立。

6) $a^s < b^s (s < 0, a > 0, b > 0)$

7) 如果$\frac{a}{b} < \frac{c}{d}$,且$b,d$同号,则

$$\frac{a}{b} < \frac{a+c}{b+d} < \frac{c}{d}$$

2. 常用不等式

1) $a^2 + b^2 \geqslant 2ab$

等号仅当$a=b$时成立。

2) $\frac{a_1 + a_2 + \cdots a_n}{n} \geqslant \sqrt[n]{a_1 a_2 \cdots a_n}$

$(a_i \geqslant 0, i = 1,2,\cdots,n)$

等号仅当$a_1 = a_2 = \cdots = a_n$时成立。特别有

$$\frac{a_1 + a_2}{2} \geqslant \sqrt{a_1 a_2}$$

$$\frac{a_1 + a_2 + a_3}{3} \geqslant \sqrt[3]{a_1 a_2 a_3}$$

3) $\sqrt{a_1^2 + a_2^2 + \cdots a_n^2} \leqslant |a_1| + |a_2| + \cdots + |a_n|$

等号仅当$a_1 = a_2 = \cdots = a_n$时成立。

4) $(a_1 b_1 + a_2 b_2 + \cdots + a_n b_n)^2$

$\leqslant (a_1^2 + a_2^2 + \cdots + a_n^2)(b_1^2 + b_2^2 + \cdots b_n^2)$

等号仅当$\frac{a_1}{b_1} = \frac{a_2}{b_2} = \cdots = \frac{a_n}{b_n}$时成立。

3. 绝对值与不等式

数a的绝对值用$|a|$表示，规定

$$|a| = \begin{cases} a (a \geqslant 0) \\ -a (a < 0) \end{cases}$$

1) $\sqrt{a^2} = |a|$

2) $|ab| = |a| \cdot |b|$

3) $\left|\frac{a}{b}\right| = \frac{|a|}{|b|}$

4) $|a \pm b| \leqslant |a| + |b|$

5) $|a - b| \geqslant |a| - |b|$

6) $-|a| \leqslant a \leqslant |a|$

7) 若$|a| \leqslant b$,则$-b \leqslant a \leqslant b$

8) 若$|a| > b$,则$a > b$或$a < -b$

4. 一元二次不等式

表 9.1-3 $ax^2+bx+c>0(a\neq 0)$ 的解

类型	$\Delta>0$ $(\Delta=b^2-4ac)$	$\Delta=0$	$\Delta<0$
$a>0$	$x<\frac{-b-\sqrt{\Delta}}{2a}$ $x>\frac{-b+\sqrt{\Delta}}{2a}$	$x\neq-\frac{b}{2a}$	$-\infty<x<+\infty$
$a<0$	$\frac{-b+\sqrt{\Delta}}{2a}<x$ $<\frac{-b-\sqrt{\Delta}}{2a}$	无解	无解

当 $ax^2+bx+c<0(a\neq 0)$，两边先同乘 -1 化为上述情况再求解。

9.2 几何图形

9.2.1 平面图形计算公式

表 9.2-1 平面图形计算公式

图形	计算公式	图形	计算公式
直角三角形 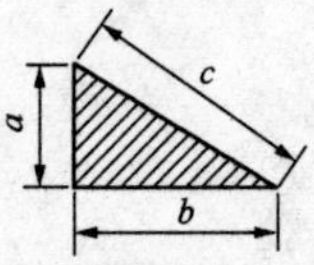	$A=\frac{ab}{2}$ $c=\sqrt{a^2+b^2}$ $a=\sqrt{c^2-b^2}$ $b=\sqrt{c^2-a^2}$	锐角三角形 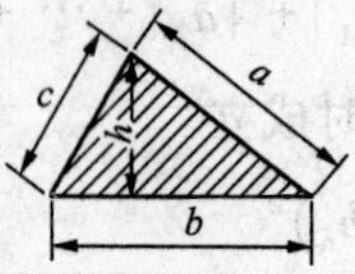	$A=\frac{bh}{2}=\frac{b}{2}\sqrt{a^2-(\frac{a^2+b^2-c^2}{2b})^2}$ 设 $S=\frac{1}{2}(a+b+c)$ 则 $A=\sqrt{S(S-a)(S-b)(S-c)}$
钝角三角形 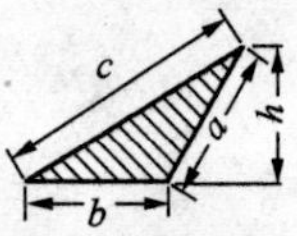	$A=\frac{bh}{2}=\frac{b}{2}$ $\sqrt{a^2-(\frac{c^2-a^2-b^2}{2b})^2}$ 设 $S=\frac{1}{2}(a+b+c)$ 则 $A=\sqrt{S(S-a)(S-b)(S-c)}$	梯形 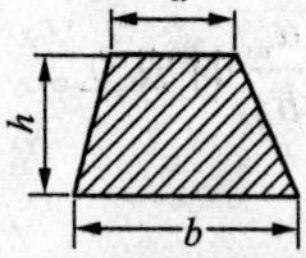	$A=\frac{(a+b)h}{2}$
正方形 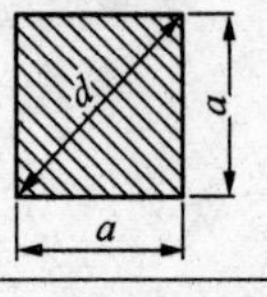	$A=a^2$ $A=\frac{1}{2}d^2$ $a=0.7071d$ $d=1.414a$	任意四边形 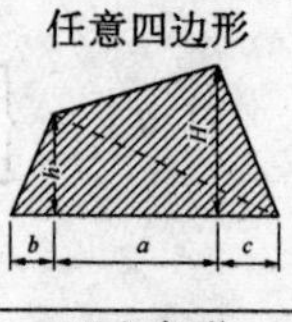	$A=\frac{(H+h)a+bh+cH}{2}$ 任意四边形的面积也可分成两个三角形，将其面积相加得出
矩形 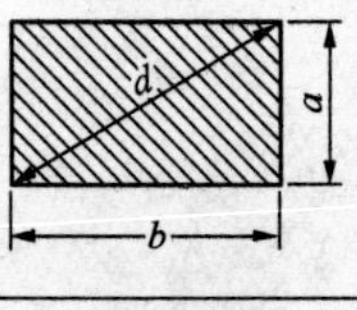	$A=ab$ $A=a\sqrt{d^2-a^2}$ $=b\sqrt{d^2-b^2}$ $d=\sqrt{a^2+b^2}$ $a=\sqrt{d^2-b^2}$ $b=\sqrt{d^2-a^2}$	正六角形 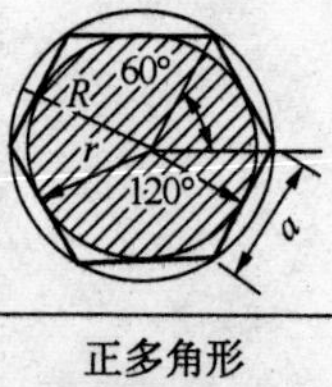	$A=2.598a^2=2.598R^2$ $r=0.866a=0.866R$ $a=R=1.155r$
平行四边形 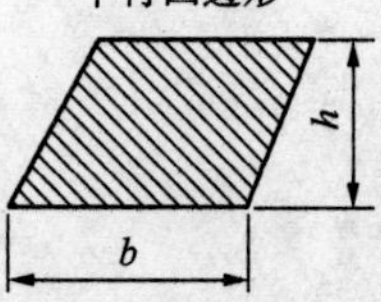	$A=bh$	正多角形 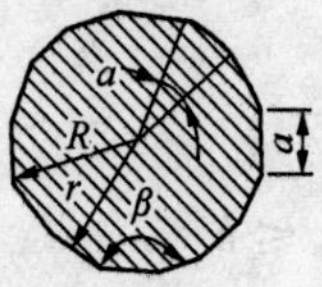	$n=$ 边数 $A=\frac{nar}{2}=\frac{na}{2}\sqrt{R^2-\frac{a^2}{4}}$ $R=\sqrt{r^2+\frac{a^2}{4}}$ $r=\sqrt{R^2-\frac{a^2}{4}}$ $a=2\sqrt{R^2-r^2}$

注：A—面积。

续表 9.2-1

图形	计算公式	图形	计算公式
菱形 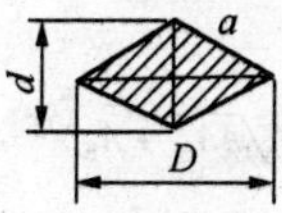	$A=\frac{Dd}{2}$ $D^2+d^2=4a^2$	圆 	C—圆周长 $A=\pi r^2=3.1416r^2=0.7854d^2$ $C=2\pi r=6.2832r=3.1416d$
扇形 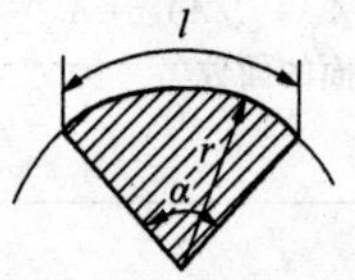	$A=\frac{1}{2}rl=\frac{\pi r^2\alpha}{360}=0.008727r^2\alpha$ $l=\frac{\pi r\alpha}{180}$ $=0.01745r\alpha$	双曲线 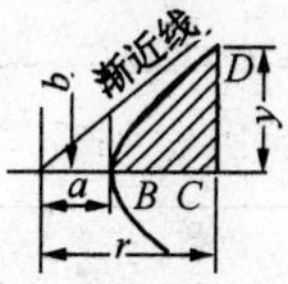	$A=\frac{xy}{2}-\frac{ab}{l}\ln\left(\frac{x}{a}+\frac{y}{b}\right)$
环形 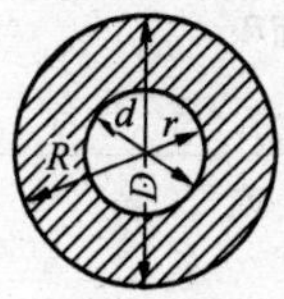	$A=\pi(R^2-r^2)$ $=3.1416(R^2-r^2)$ $=3.1416(R+r)(R-r)$ $=0.7854(D^2-d^2)$ $=0.7854(D+d)(D-d)$	抛物线 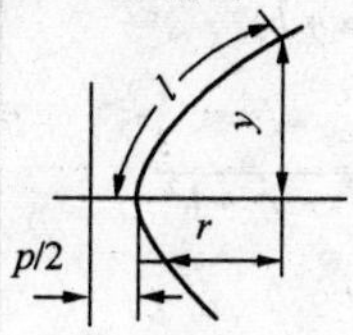	$l=\frac{p}{2}[\sqrt{\frac{2x}{p}(1+\frac{2x}{p})}+$ $\ln(\sqrt{\frac{2x}{p}}+\sqrt{1+\frac{2x}{p}})]$ $l\approx y[1+\frac{2}{3}(\frac{x}{y})^2-\frac{2}{5}(\frac{x}{y})^2]$ 或 $l\approx\sqrt{y^2+\frac{4}{3}}$
环式扇形 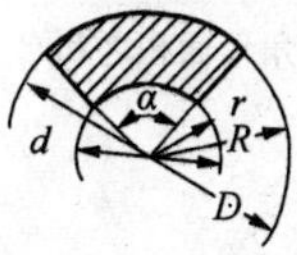	$A=\frac{\alpha\pi}{360}(R-r^2)$ $=0.00873\alpha(R^2-r^2)$ $=\frac{\alpha\pi}{4\times360}(D^2-d^2)$ $=0.00218\alpha(D^2-d^2)$	抛物线 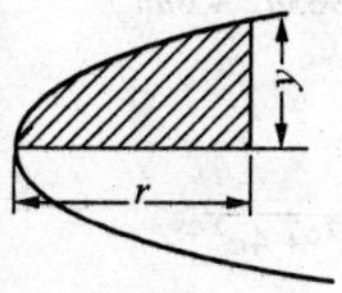	$A=\frac{2}{3}xy$
角椽 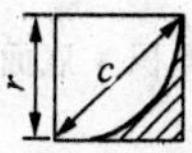	$A=r^2-\frac{\pi r^2}{4}=0.2146r^2$ $=0.1073c^2$	抛物线弓形 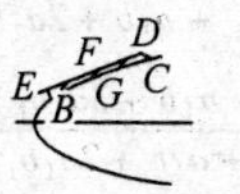	A = 面积 $BFC=\frac{2\square BCDE}{3}$ 设 FG 是弓形的高，$FG\perp BC$ 则 $A=\frac{2BC\times FG}{3}$
椭圆 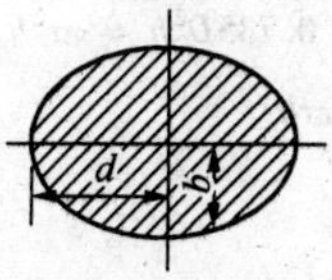	$A=\pi ab=3.1416ab$ $P=\pi(a+b)[1+\frac{1}{4}(\frac{a-b}{a+b})^2+$ $\frac{1}{64}(\frac{a-b}{a+b})^4+\cdots]$ 或 $P\approx\pi\sqrt{2(a^2+b^2)}$ （当 a 与 b 相差很小时可用此公式） P— 椭圆周长	摆线 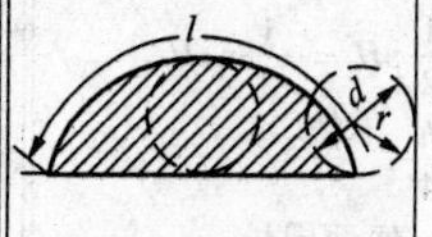	$A=3\pi r^2=9.4248r^2$ $=2.3562d^2$ $l=8r=4d$

9.2.2 立体图形计算公式

表 9.2-2 立体图形计算公式

图形	计算公式	图形	计算公式
正方体 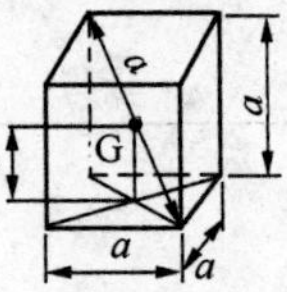	$V=d^3$ $A_n=6a^2$ $A_0=4a^2$ $A=A_S=a^2$ $x=a/2$ $d=\sqrt{3}a=1.7321a$	平截正角锥体 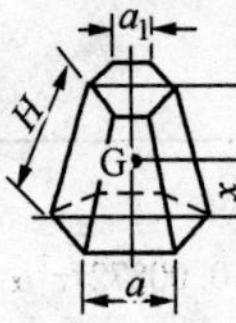	$V=\frac{h}{3}(A+\sqrt{AA_S}+A_S)$② $A_0=\frac{1}{2}H(na_1+na)$ $x=\frac{h}{4}\times\frac{A_S+2\sqrt{AA_S}+3A}{A_S+\sqrt{AA_S}+A}$ n— 侧面的面数
长方体 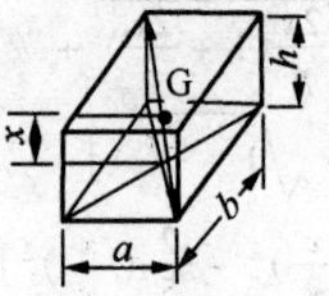	$V=abh$ $A_n=2(ab+ah+bh)$ $A_0=2h(a+b)$ $x=\frac{h}{2}$ $d=\sqrt{a^2+b^2+h^2}$	楔形体 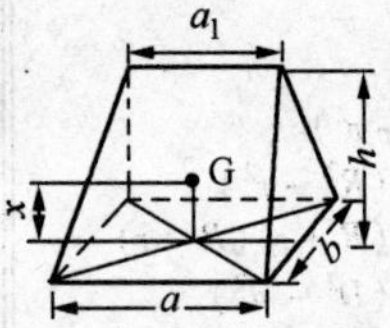	$V=\frac{bh}{6}(2a+a_1)$ A_n = 二个梯形面积 + 二个三角形面积 + 底面积 $x=\frac{h(a+a_1)}{2(2a+a_1)}$ 底为矩形
正六角体 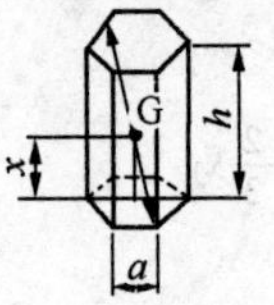	$V=2.598a^2h$ $A_n=5.1963a^2+6ah$ $A_0=6ah$ $x=\frac{h}{2}$ $d=\sqrt{h^2+4a^2}$	四面体 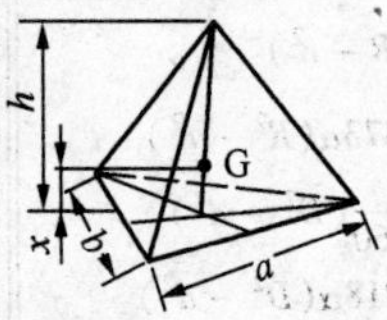	$V=\frac{1}{6}abh$ A_n = 四个三角形面积之和 $x=\frac{1}{4}h$ $a\perp b$
平截四角锥体 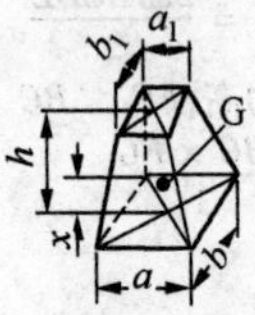	$V=\frac{h}{6}(2ab+ab_1+a_1b+2a_1b_1)$ $x=\frac{h(ab+ab_1+a_1b+3a_1b_1)}{2(2ab+ab_1+a_1b+2a_1b_1)}$ 底为矩形	矩形棱锥体 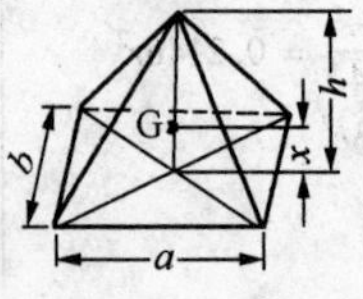	$V=\frac{1}{3}abh$ A_n = 四个三角形面积 + 底面积 $x=\frac{1}{4}h$ 底为矩形
正角锥体 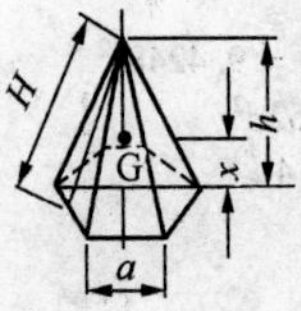	$V=\frac{hA_S}{3}$① $A_0=\frac{1}{2}pH=\frac{1}{2}naH$ $x=\frac{h}{4}$ p— 底面周长 n— 侧面的面数	圆柱体 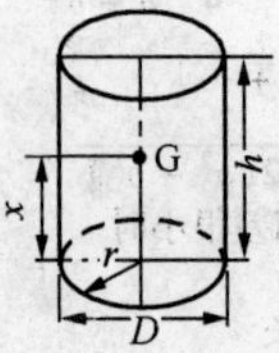	$V=\frac{\pi}{4}D^2h=0.785D^2h=\pi r^2h$ $A_0=\pi Dh=2\pi rh$ $x=\frac{h}{2}$ $A_n=2\pi r(r+h)$

续表 9.2-2

图形	计算公式	图形	计算公式
斜截圆柱 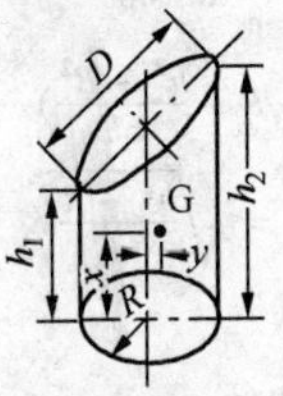	$V=\pi R^2\dfrac{h_1+h_2}{2}$ $A_n=\pi R(h_1+h_2)$ $D=\sqrt{4R^2+(h_2-h_1)^2}$ $x=\dfrac{h_2+h_1}{4}+\dfrac{(h_2-h_1)^2}{16(h_2+h_1)}$ $y=\dfrac{R(h_2-h_1)}{4(h_2+h_1)}$	平截空心圆锥体 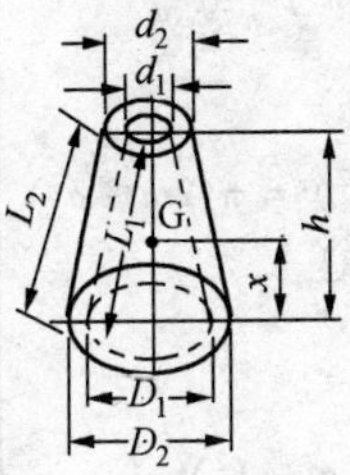	$V=\dfrac{\pi h}{12}(D_2^2-D_1^2+D_2d_2-D_1d_1+d_2^2-d_1^2)$ $A_0=\dfrac{\pi}{2}[L_2(D_2+d_2)+L_1(D_1+d_1)]$ $x=\dfrac{h}{4}\left[\dfrac{D_2^2-D_1^2+2(D_2d_2-D_1d_1)^2+3(d_2^2-d_1^2)}{D_2^2-D_1^2+D_2d_2-D_1d_1+d_2^2-d_1^2}\right]$
空心圆柱 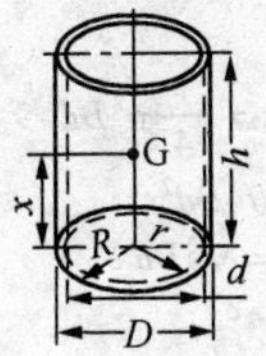	$V=\dfrac{\pi}{4}h(D^2-d^2)$ $A_0=\pi h(D+d)=2\pi h(R+r)$ $x=\dfrac{h}{2}$	圆球 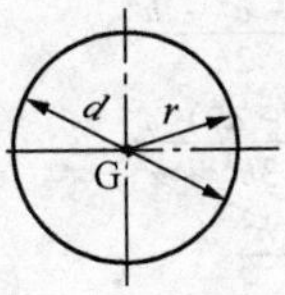	$V=\dfrac{4}{3}\pi r^3=\dfrac{\pi d^3}{6}=0.5236d^3$ $A_n=4\pi r^2=\pi d^2$
圆锥体 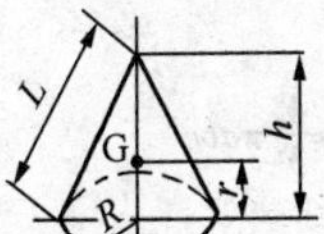	$V=\dfrac{\pi R^2h}{3}$ $A_0=\pi RL=\pi R\sqrt{R^2+h^2}$ $x=\dfrac{h}{4}$ $L=\sqrt{R^2+h^2}$	半圆球体 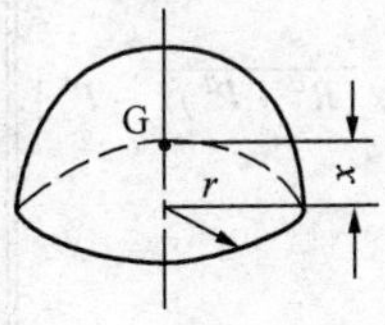	$V=\dfrac{2}{3}\pi r^3$ $A_n=3\pi r^2$ $x=\dfrac{3}{8}r$
平截圆锥体 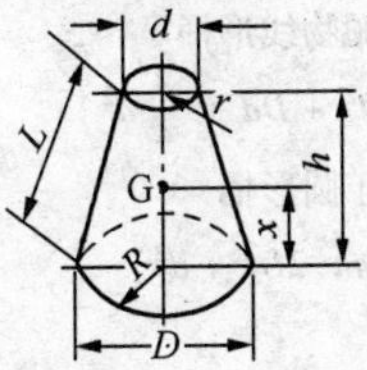	$V=\dfrac{\pi}{12}h(D^2+Dd+d^2)$ $=\dfrac{\pi}{3}h(R^2+r^2+Rr)$ $A_0=\dfrac{\pi}{2}L(D+d)=\pi L(R+r)$ $L=\sqrt{\left(\dfrac{D-d}{2}\right)^2+h^2}$ $x=\dfrac{h(D^2+2Dd+3d^2)}{4(D^2+Dd+d^2)}$	球楔体 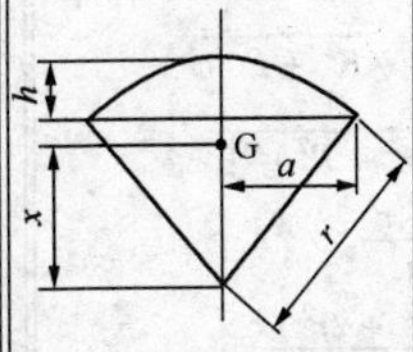	$V=\dfrac{2\pi r^2h}{3}$ $A_n=\pi r(a+2h)$ $x=\dfrac{3}{8}(2r-h)$

续表 9.2-2

图形	计算公式	图形	计算公式
缺球体 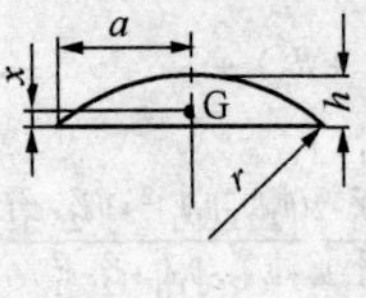	$V=\frac{\pi h}{6}(3a^2+h^2)$ $=\frac{\pi h^2}{3}(3r-h)$ $A_n=\pi(2a^2+h^2)=\pi(2rh+a^2)$ $x=\frac{h(2a^2+h^2)}{2(3a^2+h^2)}$ $x=\frac{h(4r-h)}{4(3r-h)}$ $A_0=2\pi rh=\pi(a^2+h^2)$	半椭圆球体 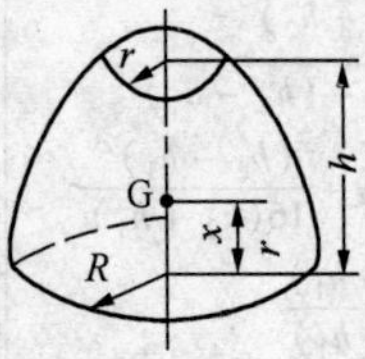	$V=\frac{2}{3}\pi hR^2$ $A_0=\pi R^2+\frac{\pi hR}{e}\text{arcsine}$ $\approx\pi R(h+R+\frac{h^2-R^2}{6h})$ $e=$离心率$=\sqrt{\frac{h^2-R^2}{h}}$ $x=\frac{3}{8}h$ h—长半轴； R—短半轴； e—离心率
平截球台体 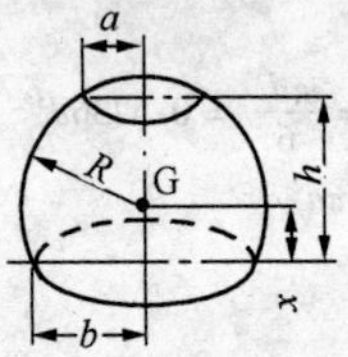	$V=\frac{\pi h}{6}(3a^2+3b^2+h^2)$ $A_0=2\pi Rh$ $R^2=b^2+(\frac{b^2-a^2-h^2}{2h})^2$ $x=\frac{3(b^4-a^4)}{2h(3a^2+3b^2+h^2)}\pm\frac{b^2-a^2-h^2}{2h}$ 式中“+”号为球心在球台体之内“-”号为球心在球台体之外	圆环体 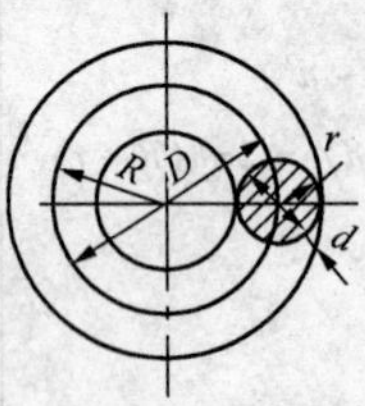	$V=2\pi^2Rr^2=\frac{1}{4}\pi^2Dd^2$ $=2.4674Dd^2$ $A_n=4\pi^2Rr=\pi^2Dd$
抛物线体 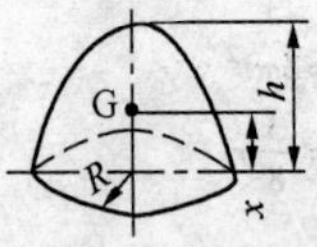	$V=\frac{\pi R^2h}{2}$ $A_0=\frac{2\pi}{3P}[\sqrt{(R^2+P^2)^3}-P^3]$ 其中 $P=\frac{R^2}{2h}$ $x=\frac{1}{3}h$	椭圆体 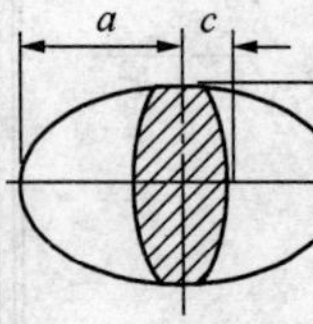	$V=\frac{4}{3}\pi abc$
平截抛物线体 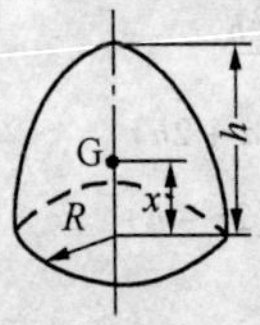	$V=\frac{\pi}{2}(R^2+r^2)h$ $A_0=\frac{2\pi}{3P}[\sqrt{(R^2+P^2)^3}-\sqrt{(r^2+P^2)^3}]$ $P=\frac{R^2-r^2}{2h}$ $x=\frac{h(R^2+2r^2)}{3(R^2+r^2)}$	桶形体 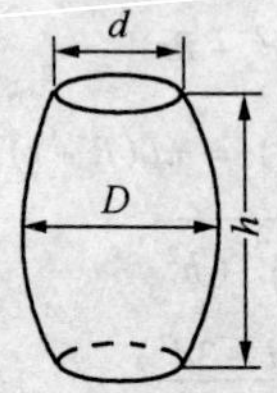	对于抛物线形桶 $V=\frac{\pi h}{15}(2D^2+Dd+\frac{3}{4}d^2)$ 对于圆形桶 $V=\frac{1}{12}\pi h(2D^2+d^2)$

9.3 三角函数

9.3.1 直角三角形的边角关系

表 9.3-1 直角三角形的边角关系

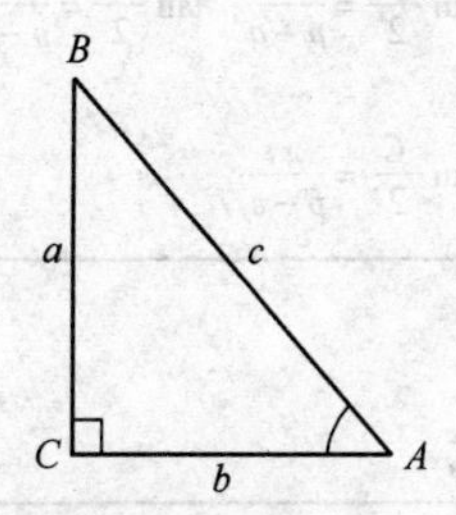

边与角的关系：$a = c\sin A = b\tan A$

$b = c\cos A = a\text{ctan}A$

角与角的关系：$A + B = 90°$

$C = 90°$

边与边的关系：$a^2 + b^2 = c^2$

9.3.2 任意三角形常用公式

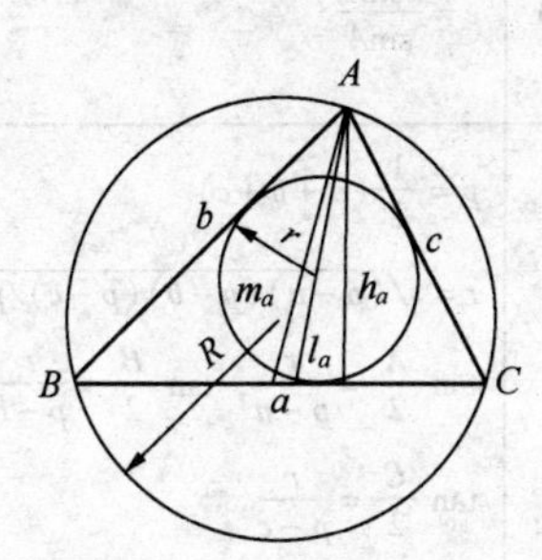

a，b，c——边；

$\angle A$，$\angle B$，$\angle C$——边的对角；

R——外接圆半径；

r——内切圆半径；

h_a——a 边上的高；

m_a——a 边上的中线；

l_a——A 角的二等分线；

p——三角形三边之和之半。

表 9.3-2 任意三角形常用公式

正弦定理	$\frac{a}{\sin A} = \frac{b}{\sin B} = \frac{c}{\sin C} = 2R$	a 边上的高	$h_a = b\sin C = c\sin B$
余弦定理	$a^2 = b^2 + c^2 - 2bc\cos A$ $b^2 = a^2 + c^2 - 2ac\cos B$ $c^2 = a^2 + b^2 - 2ab\cos C$	a 边上的中线	$m_a = \frac{1}{2}\sqrt{b^2 + c^2 + 2bc\cos A}$
		A 角的二等分线	$l_a = \frac{2bc\cos\frac{A}{2}}{b + c}$
正切定理	$\frac{a + b}{a - b} = \frac{\text{tg}\frac{A + B}{2}}{\text{tg}\frac{A - B}{2}} = \frac{\tan\frac{C}{2}}{\tan\frac{A - B}{2}}$	外接圆半径	$R = \frac{a}{2\sin A} = \frac{b}{2\sin B} = \frac{c}{2\sin C}$
面　积	$S = \frac{1}{2}ab\sin C$ $= 2R^2\sin A\sin B\sin C = rp$ $= \sqrt{p(p - a)(p - b)(p - c)}$	内切圆半径	$r = \sqrt{\frac{(p - a)(p - b)(p - c)}{p}}$ $= p\tan\frac{A}{2}\tan\frac{B}{2}\tan\frac{C}{2}$ $(p = \frac{a + b + c)}{2})$

续表 9.3-2

半角公式	$\sin\frac{A}{2}=\sqrt{\frac{(p-b)(p-c)}{bc}}$ $\sin\frac{B}{2}=\sqrt{\frac{(p-a)(p-c)}{ac}}$ $\sin\frac{C}{2}=\sqrt{\frac{(p-a)(p-b)}{ab}}$ $\cos\frac{A}{2}=\sqrt{\frac{p(p-a)}{bc}}$	半角公式	$\cos\frac{B}{2}=\sqrt{\frac{p(p-b)}{ac}}$ $\cos\frac{C}{2}=\sqrt{\frac{p(p-c)}{ab}}$ $\tan\frac{A}{2}=\frac{r}{p-a}$；$\tan\frac{B}{2}=\frac{r}{p-b}$ $\tan\frac{C}{2}=\frac{r}{p-c}$

9.3.3 任意三角形边和角的公式

表 9.3-3 任意三角形边和角的公式

已　知	求其余要素的公式	已　知	求其余要素的公式
一边和二角 a，$\angle A$，$\angle B$	$\angle C=180°-\angle A-\angle B$ $b=\frac{a\sin B}{\sin A}$，$c=\frac{a\sin C}{\sin A}$	二边和其一对角 a，b，$\angle A$	$\sin B=\frac{b\sin A}{a}$① $\angle C=180°-(\angle A+\angle B)$ $c=\frac{a\sin C}{\sin A}$
二边及其夹角 a，b，$\angle C$	$\frac{A+B}{2}=90°-\frac{C}{2}$ $\tan\frac{A-B}{2}=\frac{a-b}{a+b}\tan\frac{A+B}{2}$ 由所求的$\frac{A+B}{2}$和$\frac{A-B}{2}$的值解出$\angle A$和$\angle B$ $c=\frac{a\sin C}{\sin A}$	三边 a，b，c	$p=\frac{1}{2}(a+b+c)$ $r=\sqrt{(p-a)(p-b)(p-c)/p}$ $\tan\frac{A}{2}=\frac{r}{p-a}$，$\tan\frac{B}{2}=\frac{r}{p-b}$ $\tan\frac{C}{2}=\frac{r}{p-c}$

注：①表示如 $a>b$，则 $\angle B<90°$，这时只有一值；如 $a<b$，则 1）当 $b\sin A<a$ 时，$\angle B$ 有二值（$\angle B_2=180°-\angle B_1$）；2）当 $b\sin A=a$ 时，$\angle B$ 有一值即 $\angle B=90°$；3）当 $b\sin A>a$ 时，三角形不可能。

9.4 椭　　圆

9.4.1 椭圆的定义和坐标方程

1. 定义

动点 P 到两定点 F_1，F_2（称为焦点）的距离之和为一常数时，P 点的轨迹为椭圆。即

$$|PF_1|+|PF_2|=2a$$

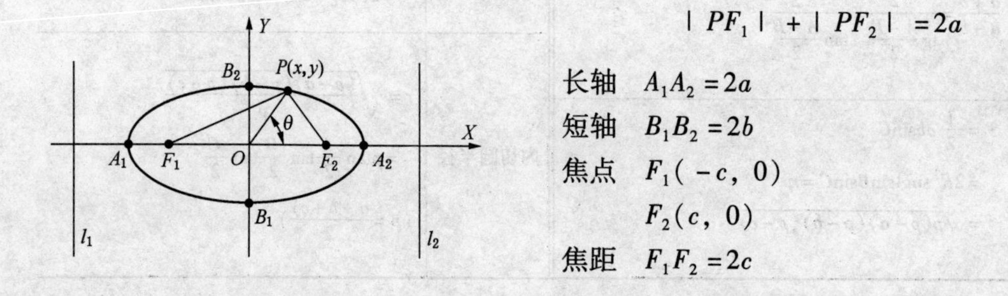

长轴　$A_1A_2=2a$

短轴　$B_1B_2=2b$

焦点　$F_1(-c,0)$

　　　$F_2(c,0)$

焦距　$F_1F_2=2c$

$c=\sqrt{a^2-b^2}$

离心率 $e=\frac{c}{a}<1$

对称轴 OX 轴，OY 轴

顶点 $A_1(-a, 0)$ $A_2(a, 0)$

$B_1(0, -b)$ $B_2(0, b)$

准线 l_1: $x=-\frac{a}{e}$

l_2: $x=\frac{a}{e}$

2. 直角坐标方程

$$\frac{x^2}{a^2}+\frac{y^2}{b^2}=1$$

3. 参数方程

$$x=a\cos\theta$$

$$y=b\sin\theta$$

4. 极坐标方程

$$\rho^2=\frac{b^2}{1-e^2\cos^2\theta} \quad (\theta\text{ 为极角})$$

椭圆的准线有两条，动点 P 距准线及相应焦点的比值等于离心率 e。

9.4.2 椭圆各量的计算

1. 曲率半径 R

$$R=a^2b^2\left(\frac{x^2}{a^4}+\frac{y^2}{b^4}\right)^{\frac{3}{2}}=\frac{(r_1r_2)^{\frac{3}{2}}}{ab}=\frac{p}{\sin^3\alpha}$$

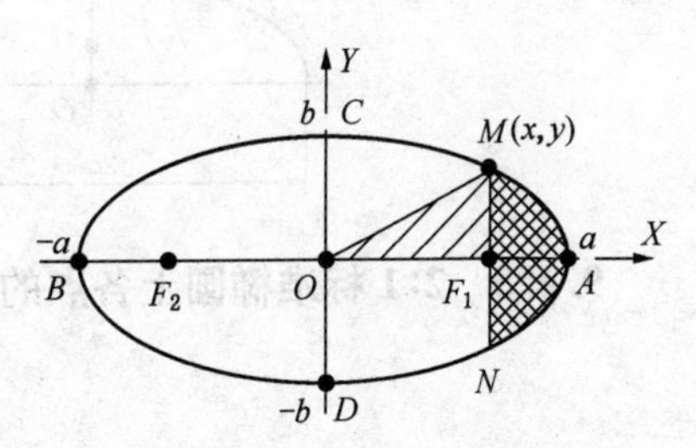

式中 r_1，r_2——焦点半径，即 $M(x, y)$ 点到焦点的距离；$r_1=a-ex$，$r_2=a+ex$

e——离心率；

p——焦点参数，等于过焦点且垂直于长轴的弦长之半；$p=F_1M=F_1N=b^2/a$；

α——$M(x, y)$ 点的焦点半径与切线的夹角。

各顶点的曲率半径为：

$R_A=R_B=p=b^2/a$

$R_C=R_D=a^2/b$

2. 弧长 L_{AM}

$$L_{AM}=a\int_0^{\arccos\frac{x}{a}}\sqrt{1-e^2\cos^2t}\,dt=a\int_{\arcsin\frac{x}{a}}^{\frac{\pi}{2}}\sqrt{1-e^2\sin^2t}\,dt$$

3. 周长 L

$$L=4a\int_0^{\frac{\pi}{2}}\sqrt{1-e^2\sin^2t}\,dt=4aE\left(e,\frac{\pi}{2}\right)$$

式中 $E\left(e, \frac{\pi}{2}\right)=\frac{\pi}{2}\left[1-\left(\frac{1}{2}\right)^2e^2-\left(\frac{1\times3}{2\times4}\right)^2\frac{e^4}{3}-\left(\frac{1\times3\times5}{2\times4\times6}\right)^2\frac{e^6}{5}-\cdots\cdots\right]$

设 $\lambda = \frac{a-b}{a+b}$

则 $L = \pi(a+b)\left(1 + \frac{\lambda^2}{4} + \frac{\lambda^4}{64} + \frac{\lambda^6}{256} + \frac{25\lambda^8}{16384} + \cdots\cdots\right)$

$L \approx \pi[1.5(a+b) - \sqrt{ab}]$

或 $L \approx \pi(a+b)\frac{64-3\lambda^4}{64-16\lambda^2}$

4. 面积 S

扇形 OAM 的面积 $S_{OAM} = \frac{1}{2}ab\arccos\frac{x}{a}$

弓形 MAN 的面积 $S_{MAN} = ab\arccos\frac{x}{a} - xy$

椭圆面积 $S = \pi ab$

5. 几何重心 G

椭圆形 G 与 O 重合。

半椭圆形：

$$GO = \frac{4}{3\pi}b$$

6. 转动惯量 J

椭圆的转动通过 b 轴时，其转动惯量为：$J = \frac{a^2}{4}m$

式中 m——质量。

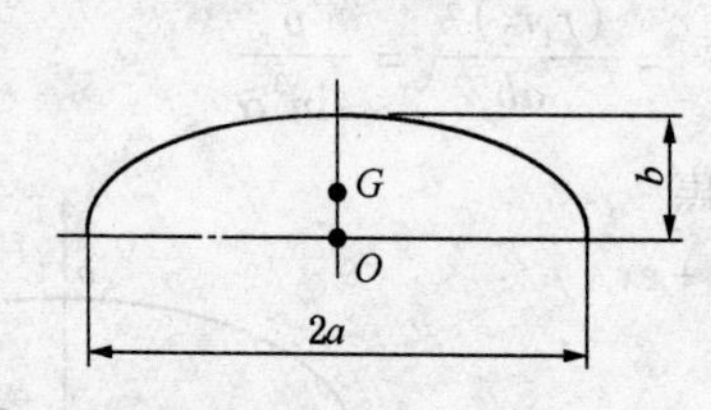

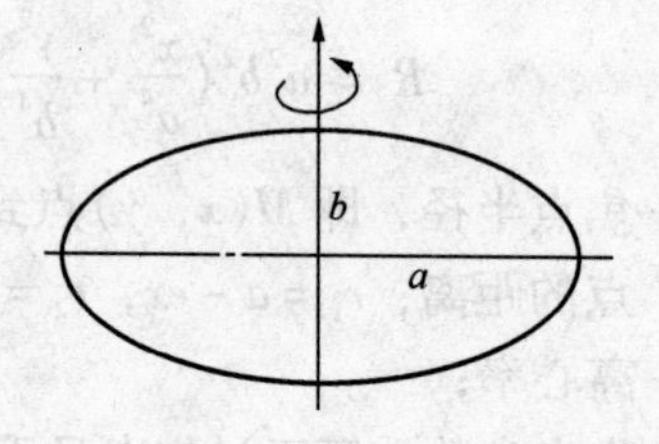

9.4.3 2∶1 标准椭圆上各点的坐标关系

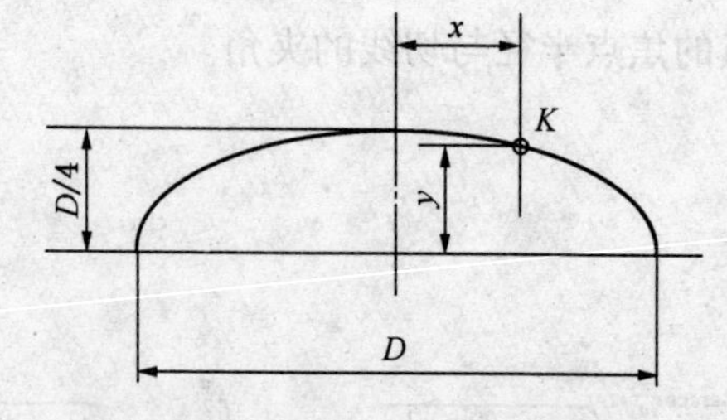

当椭圆曲线的长轴 D 和任意点 K 的横坐标 x 已知时，即可求出该点的纵坐标 y。同样，如果已知 D 和 y 时，亦可求出 x。表 9.4－1 是按公式 $y = \frac{1}{2}\sqrt{R^2 - x^2}$ 求出的。式中 $R = \frac{1}{2}D$，即椭圆的长半轴。

表 9.4－1　标准椭圆各点的坐标关系

D＝300	
x	y
50	70.7
100	55.9
150	0

D＝400	
x	y
50	96.8
100	86.6
150	66.1
200	0

D＝500	
x	y
50	122.5
100	114.6
150	100.0
200	75.0
250	0

D＝600	
x	y
50	147.9
100	141.4
150	129.9
200	111.8
250	82.9
300	0

D＝700	
x	y
50	173.2
100	167.7
150	158.1
200	143.6
250	122.5
300	90.1
350	0

D＝800	
x	y
50	198.4
100	193.6
150	185.4
200	173.2
250	156.1
300	132.3
350	96.8
400	0

D＝900	
x	y
50	223.6
100	219.4
150	212.1
200	201.6
250	187.1
300	167.7
350	141.4
400	103.1
450	0

D＝1000	
x	y
50	248.7
100	244.9
200	229.1
300	200.0
400	150.0
500	0

D＝1200	
x	y
100	295.8
200	282.8
300	259.8
400	223.6
500	165.8
600	0

D＝1400	
x	y
100	346.4
200	335.4
300	316.2
400	287.2
500	244.9
600	180.3
700	0

D＝1600	
x	y
100	396.9
200	387.3
300	370.8
400	346.4
500	312.2
600	264.6
700	193.6
800	0

D＝1800	
x	y
100	447.2
200	438.7
300	424.3
400	403.1
500	374.2
600	335.4
700	282.8
800	206.2
900	0

D＝2000	
x	y
100	497.5
200	489.9
300	477.0
400	458.3
500	433.0
600	400.0
700	357.1
800	300.0
900	217.9
1000	0

D＝2200	
x	y
100	547.7
200	540.8
300	529.2
400	512.3
500	489.9
600	461.0
700	424.3
800	377.5
900	316.2
1000	229.1
1100	0

D＝2400	
x	y
100	597.9
200	591.6
300	580.9
400	565.7
500	545.4
600	519.6
700	487.3
800	447.2
900	396.9
1000	331.7
1100	239.8
1200	0

D＝2600	
x	y
100	648.1
200	642.3
300	632.5
400	618.5
500	600.0
600	576.6
700	547.7
800	512.3
900	469.0
1000	415.3
1100	346.4
1200	250.0
1300	0

D＝2800	
x	y
100	698.2
200	692.8
300	683.7
400	670.8
500	653.8
600	632.5
700	606.2
800	574.5
900	536.2
1000	489.9
1100	433.0
1200	360.6
1300	259.8
1400	0

续表 9.4 - 1

D = 3000							
x	y	1100	509.9	700	719.4	300	836.7
100	748.3	1200	450.0	800	692.8	400	826.1
200	743.3	1300	374.2	900	661.4	500	812.4
300	734.8	1400	269.2	1000	624.5	600	795.3
400	722.8	1500	0	1100	580.9	700	774.6
500	707.1	D = 3200		1200	529.2	800	750.0
600	687.4	x	y	1300	466.4	900	721.1
700	663.3	100	798.4	1400	387.3	1000	687.4
800	634.4	200	793.7	1500	278.4	1100	648.1
900	600.0	300	785.8	1600	0	1200	602.1
1000	559.0	400	774.6	D = 3400		1300	547.7
		500	759.9	x	y		
		600	741.6	100	848.5		
				200	844.1		

9.5 半径 R 为 1 的弓形弧长、矢高、弦长和面积

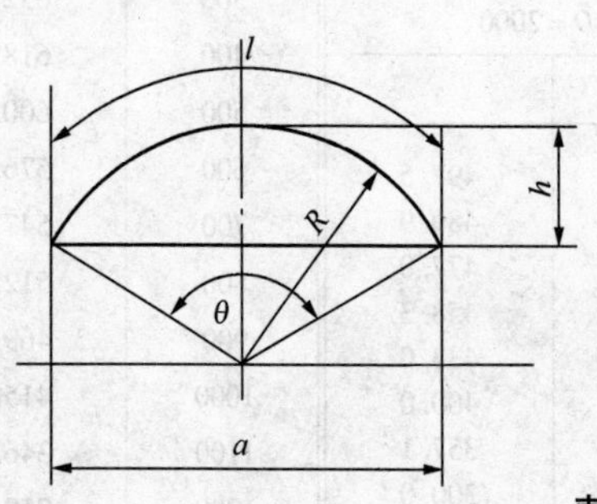

弓形面积：$F = \frac{1}{2}[Rl - a(R-h)]$

弦　　长：$a = 2\sqrt{h(2R-h)}$

半　　径：$R = (a^2 + 4h^2)/8h$

矢　　高：$h = R - \frac{1}{2}\sqrt{4R^2 - a^2}$

弧　　长：$l = 0.01745R\theta$

圆 心 角：$\theta = 57.296l/R$

表 9.5 - 1　弓形系数

圆心角 θ	弧　长 l	矢　高 h	弦　长 a	弓形面积 F
1°	0.0175	0.0000	0.0175	0.00000
2°	0.0349	0.0002	0.0349	0.00000
3°	0.0524	0.0003	0.0524	0.00001
4°	0.0698	0.0006	0.0698	0.00003
5°	0.0873	0.0010	0.0872	0.00006
6°	0.1047	0.0014	0.1047	0.00010
7°	0.1222	0.0019	0.1221	0.00015
8°	0.1396	0.0024	0.1395	0.00023
9°	0.1571	0.0031	0.1569	0.00032
10°	0.1745	0.0038	0.1743	0.00044
11°	0.1920	0.0046	0.1917	0.00059
12°	0.2094	0.0055	0.2091	0.00076
13°	0.2269	0.0064	0.2264	0.00097
14°	0.2443	0.0075	0.2437	0.00121
15°	0.2618	0.0086	0.2611	0.00149
16°	0.2793	0.0097	0.2783	0.00181

续表 9.5-1

圆心角 θ	弧 长 l	矢 高 h	弦 长 a	弓形面积 F
17°	0.2967	0.0110	0.2956	0.00217
18°	0.3142	0.0123	0.3129	0.00257
19°	0.3316	0.0137	0.3301	0.00302
20°	0.3491	0.0152	0.3473	0.00352
21°	0.3665	0.0167	0.3645	0.00408
22°	0.3840	0.0184	0.3816	0.00468
23°	0.4014	0.0201	0.3987	0.00535
24°	0.4189	0.0219	0.4158	0.00607
25°	0.4363	0.0237	0.4329	0.00686
26°	0.4538	0.0256	0.4499	0.00771
27°	0.4712	0.0276	0.4669	0.00862
28°	0.4887	0.0297	0.4838	0.00961
29°	0.5061	0.0319	0.5008	0.01067
30°	0.5236	0.0341	0.5176	0.01180
31°	0.5411	0.0364	0.5345	0.01301
32°	0.5585	0.0387	0.5513	0.01429
33°	0.5760	0.0412	0.5680	0.01566
34°	0.5934	0.0437	0.5847	0.01711
35°	0.6109	0.0463	0.6014	0.01864
36°	0.6283	0.0489	0.6180	0.02027
37°	0.6458	0.0517	0.6346	0.02198
38°	0.6632	0.0545	0.6511	0.02378
39°	0.6807	0.0574	0.6676	0.02568
40°	0.6981	0.0603	0.6840	0.02767
41°	0.7156	0.0633	0.7004	0.02976
42°	0.7330	0.0664	0.7167	0.03195
43°	0.7505	0.0696	0.7330	0.03425
44°	0.7679	0.0728	0.7492	0.03664
45°	0.7854	0.0761	0.7654	0.03915
46°	0.8029	0.0795	0.7815	0.04176
47°	0.8203	0.0829	0.7975	0.04448
48°	0.8378	0.0865	0.8135	0.04731
49°	0.8552	0.0900	0.8294	0.05025
50°	0.8727	0.0937	0.8452	0.05331
51°	0.8901	0.0974	0.8610	0.05649
52°	0.9076	0.1012	0.8767	0.05978
53°	0.9250	0.1051	0.8924	0.06319

续表 9.5-1

圆心角 θ	弧　长 l	矢　高 h	弦　长 a	弓形面积 F
54°	0.9425	0.1090	0.9080	0.06673
55°	0.9599	0.1130	0.9235	0.07039
56°	0.9774	0.1171	0.9389	0.07417
57°	0.9948	0.1212	0.9543	0.07808
58°	1.0123	0.1254	0.9696	0.08212
59°	1.0297	0.1296	0.9848	0.08629
60°	1.0472	0.1340	1.0000	0.09059
61°	1.0647	0.1384	1.0151	0.09502
62°	1.0821	0.1428	1.0301	0.09958
63°	1.0996	0.1474	1.0450	0.10428
64°	1.1170	0.1520	1.0598	0.10911
65°	1.1345	0.1566	1.0746	0.11408
66°	1.1519	0.1613	1.0893	0.11919
67°	1.1694	0.1661	1.1039	0.12443
68°	1.1868	0.1710	1.1184	0.12982
69°	1.2043	0.1759	1.1328	0.13535
70°	1.2217	0.1808	1.1472	0.14102
71°	1.2392	0.1859	1.1614	0.14683
72°	1.2566	0.1910	1.1756	0.15279
73°	1.2741	0.1961	1.1896	0.15889
74°	1.2915	0.2014	1.2036	0.16514
75°	1.3090	0.2066	1.2175	0.17154
76°	1.3265	0.2120	1.2313	0.17808
77°	1.3439	0.2174	1.2450	0.18477
78°	1.3614	0.2229	1.2586	0.19160
79°	1.3788	0.2284	1.2722	0.19859
80°	1.3963	0.2340	1.2856	0.20573
81°	1.4137	0.2396	1.2989	0.21301
82°	1.4312	0.2453	1.3121	0.22045
83°	1.4486	0.2510	1.3252	0.22804
84°	1.4661	0.2569	1.3383	0.23578
85°	1.4835	0.2627	1.3512	0.24367
86°	1.5010	0.2686	1.3640	0.25171
87°	1.5184	0.2746	1.3767	0.25990
88°	1.5359	0.2807	1.3893	0.26825
89°	1.5533	0.2867	1.4018	0.27675
90°	1.5708	0.2929	1.4142	0.28540

续表 9.5－1

圆心角 θ	弧　长 l	矢　高 h	弦　长 a	弓形面积 F
91°	1.5882	0.2991	1.4265	0.29420
92°	1.6057	0.3053	1.4387	0.30316
93°	1.6232	0.3116	1.4507	0.31226
94°	1.6406	0.3180	1.4627	0.32152
95°	1.6581	0.3244	1.4746	0.33093
96°	1.6755	0.3309	1.4863	0.34050
97°	1.6930	0.3374	1.4979	0.35021
98°	1.7104	0.3439	1.5094	0.36008
99°	1.7279	0.3506	1.5208	0.37009
100°	1.7453	0.3572	1.5321	0.38026
101°	1.7628	0.3639	1.5432	0.39058
102°	1.7802	0.3707	1.5543	0.40104
103°	1.7977	0.3775	1.5652	0.41166
104°	1.8151	0.3843	1.5760	0.42242
105°	1.8326	0.3912	1.5867	0.43333
106°	1.8500	0.3982	1.5973	0.44439
107°	1.8675	0.4052	1.6077	0.45560
108°	1.8850	0.4122	1.6180	0.46695
109°	1.9024	0.4193	1.6282	0.47845
110°	1.9199	0.4264	1.6383	0.49008
111°	1.9373	0.4336	1.6483	0.50187
112°	1.9548	0.4408	1.6581	0.51379
113°	1.9722	0.4481	1.6678	0.52586
114°	1.9897	0.4554	1.6773	0.53806
115°	2.0071	0.4627	1.6868	0.55041
116°	2.0246	0.4701	1.6961	0.56289
117°	2.0420	0.4775	1.7053	0.57551
118°	2.0595	0.4850	1.7143	0.58827
119°	2.0769	0.4925	1.7233	0.60116
120°	2.0944	0.5000	1.7321	0.61418
121°	2.1118	0.5076	1.7407	0.62734
122°	2.1293	0.5152	1.7492	0.64063
123°	2.1468	0.5228	1.7576	0.65404
124°	2.1642	0.5305	1.7659	0.66759
125°	2.1817	0.5383	1.7740	0.68125
126°	2.1991	0.5460	1.7820	0.69505

续表 9.5-1

圆心角 θ	弧　长 l	矢　高 h	弦　长 a	弓形面积 F
127°	2.2166	0.5538	1.7899	0.70897
128°	2.2340	0.5616	1.7976	0.72301
129°	2.2515	0.5695	1.8052	0.73716
130°	2.2689	0.5774	1.8126	0.75144
131°	2.2864	0.5853	1.8199	0.76584
132°	2.3038	0.5933	1.8271	0.78034
133°	2.3213	0.6013	1.8341	0.79497
134°	2.3387	0.6093	1.8410	0.80970
135°	2.3562	0.6173	1.8478	0.82454
136°	2.3736	0.6254	1.8544	0.83949
137°	2.3911	0.6335	1.8608	0.85455
138°	2.4086	0.6416	1.8672	0.86971
139°	2.4260	0.6498	1.8733	0.88497
140°	2.4435	0.6580	1.8794	0.90034
141°	2.4609	0.6662	1.8853	0.91580
142°	2.4784	0.6744	1.8910	0.93135
143°	2.4958	0.6827	1.8966	0.94700
144°	2.5133	0.6910	1.9021	0.96274
145°	2.5307	0.6993	1.9074	0.97858
146°	2.5482	0.7076	1.9126	0.99449
147°	2.5656	0.7160	1.9176	1.01050
148°	2.5831	0.7244	1.9225	1.02658
149°	2.6005	0.7328	1.9273	1.04275
150°	2.6180	0.7412	1.9319	1.05900
151°	2.6354	0.7496	1.9363	1.07532
152°	2.6529	0.7581	1.9406	1.09171
153°	2.6704	0.7666	1.9447	1.10818
154°	2.6878	0.7750	1.9487	1.12472
155°	2.7053	0.7836	1.9526	1.14132
156°	2.7227	0.7921	1.9563	1.15799
157°	2.7402	0.8006	1.9598	1.17472
158°	2.7576	0.8002	1.9633	1.19151
159°	2.7751	0.8178	1.9665	1.20835
160°	2.7925	0.8264	1.9696	1.22525
161°	2.8100	0.8350	1.9726	1.24221

续表 9.5－1

圆心角 θ	弧　长 l	矢　高 h	弦　长 a	弓形面积 F
162°	2.8274	0.8436	1.9754	1.25921
163°	2.8449	0.8522	1.9780	1.27626
164°	2.8623	0.8608	1.9805	1.29335
165°	2.8798	0.8695	1.9829	1.31049
166°	2.8972	0.8781	1.9851	1.32766
167°	2.9147	0.8868	1.9871	1.34487
168°	2.9322	0.8955	1.9890	1.36212
169°	2.9496	0.9042	1.9908	1.37940
170°	2.9671	0.9128	1.9924	1.39671
171°	2.9845	0.9215	1.9938	1.41404
172°	3.0020	0.9302	1.9951	1.43140
173°	3.0194	0.9390	1.9963	1.44878
174°	3.0369	0.9477	1.9973	1.46617
175°	3.0543	0.9564	1.9981	1.48359
176°	3.0718	0.9651	1.9988	1.50101
177°	3.0892	0.9738	1.9993	1.51845
178°	3.1067	0.9825	1.9997	1.53589
179°	3.1241	0.9913	1.9999	1.55334
180°	3.1416	1.0000	2.0000	1.57080

注：① 当 R 为 1 时，弓形弧长 l、矢高 h、弦长 a 和弓形面积 F 均直接引用表中的数值。

② 当 R 为其他值时，表中的 l，h 和 a 应乘以 R 之值，F 则乘以 R^2。

9.6　水平圆筒的局部容积

水平圆筒的局部容积按下式计算：

$$V_P = KV_a$$

式中　V_P——水平圆筒的局部容积（见图 9.6－1 中斜线部分的容积）；

V_a——圆筒的总容积，按下式计算：

$$V_a = \frac{\pi}{4}D^2L$$

其中　D——圆筒的内直径；

L——圆筒计算部分的长度；

K——系数，根据比值 H/D 由图 9.6－1 或表 9.6－1 查得，或按下式计算：

$$K = \frac{1}{180}\arccos\left(1 - \frac{2H}{D}\right) - \frac{1}{\pi}\left(1 - \frac{2H}{D}\right)\sqrt{1 - \left(1 - \frac{2H}{D}\right)^2}$$

式中 H——弓高，弓高的取值范围为：$0 \leqslant H \leqslant D$。

举例：$D=3\text{m}$，$H=0.8\text{m}$，$L=18\text{m}$；求水平圆筒的局部容积。

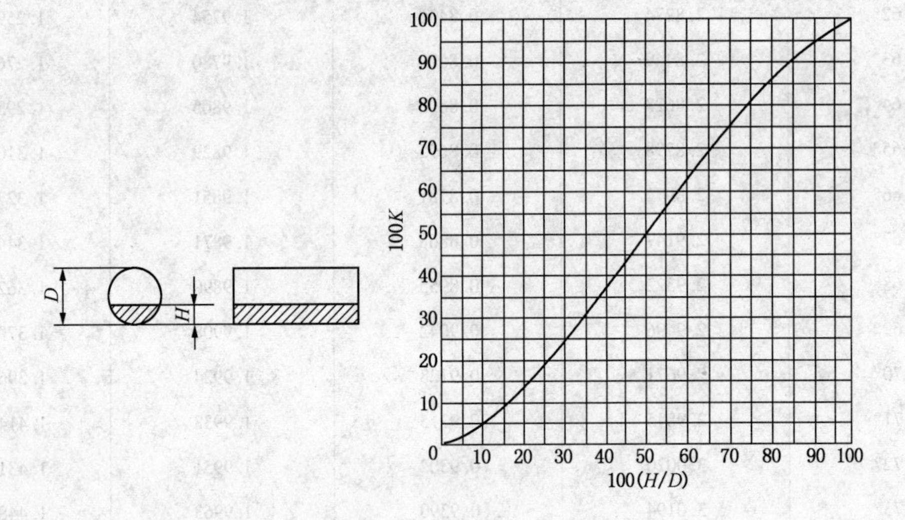

图 9.6-1 水平圆筒的局部容积

解：
$$V_{\text{a}}=\frac{\pi}{4}D^2L=\frac{\pi}{4}\times 3^2\times 18=127.2345\text{m}^3$$

$$\frac{H}{D}=\frac{0.8}{3}=0.267$$

由图 9.6-1 查得 $K=0.214$。

由表 9.6-1 查得 $K=0.214453$。

按公式计算：

$$K=\frac{1}{180}\text{arc}\ \cos(1-\frac{2\times 0.8}{3})-\frac{1}{\pi}(1-\frac{2\times 0.8}{3})\sqrt{1-\left(1-\frac{2\times 0.8}{3}\right)^2}$$

$$=0.214452422$$

$$V_{\text{P}}=KV_{\text{a}}$$

$$=0.214\times 127.2345=27.23\text{m}^3\text{（查图法）}$$

$$=0.214453\times 127.2345=27.286\text{m}^3\text{（查表法）}$$

$$=0.214452422\times 127.2345=27.286\text{m}^3\text{（计算法）}$$

表 9.6-1 系数 K 值

H/D	0	1	2	3	4	5	6	7	8	9
0.00	0.000000	0.000053	0.000151	0.000279	0.000429	0.000600	0.000788	0.000992	0.001212	0.001445
0.01	0.001692	0.001952	0.002223	0.002507	0.002800	0.003104	0.003419	0.003743	0.004077	0.004421
0.02	0.004773	0.005134	0.005503	0.005881	0.006267	0.006660	0.007061	0.007470	0.007886	0.008310
0.03	0.008742	0.009179	0.009625	0.010076	0.010534	0.010999	0.011470	0.011947	0.012432	0.012920
0.04	0.013417	0.013919	0.014427	0.014940	0.015459	0.015985	0.016515	0.017052	0.017593	0.018141
0.05	0.018692	0.019250	0.019813	0.020382	0.020955	0.021533	0.022115	0.022703	0.023296	0.023894

续表 9.6－1

H/D	0	1	2	3	4	5	6	7	8	9
0.06	0.024496	0.025103	0.025715	0.026331	0.026952	0.027578	0.028208	0.028842	0.029481	0.030124
0.07	0.030772	0.031424	0.032081	0.032740	0.033405	0.034073	0.034747	0.035423	0.036104	0.036789
0.08	0.037478	0.038171	0.038867	0.039569	0.040273	0.040981	0.041694	0.042410	0.043129	0.043852
0.09	0.044579	0.045310	0.046043	0.046782	0.047523	0.048268	0.049017	0.049768	0.050524	0.051283
0.10	0.052044	0.052810	0.053579	0.054351	0.055126	0.055905	0.056688	0.057474	0.058262	0.059054
0.11	0.059850	0.060648	0.061449	0.062253	0.063062	0.063872	0.064687	0.065503	0.066323	0.067147
0.12	0.067972	0.068802	0.069633	0.070469	0.071307	0.072147	0.072991	0.073836	0.074686	0.075539
0.13	0.076393	0.077251	0.078112	0.078975	0.079841	0.080709	0.081581	0.082456	0.083332	0.084212
0.14	0.085094	0.085979	0.086866	0.087756	0.088650	0.089545	0.090443	0.091343	0.092246	0.093153
0.15	0.094061	0.094971	0.095884	0.096799	0.097717	0.098638	0.099560	0.100486	0.101414	0.102343
0.16	0.103275	0.104211	0.105147	0.106087	0.107029	0.107973	0.108920	0.109869	0.110820	0.111773
0.17	0.112728	0.113686	0.114646	0.115607	0.116572	0.117538	0.118506	0.119477	0.120450	0.121425
0.18	0.122403	0.123382	0.124364	0.125347	0.126333	0.127321	0.128310	0.129302	0.130296	0.131292
0.19	0.132290	0.133291	0.134292	0.135296	0.136302	0.137310	0.138320	0.139332	0.140345	0.141361
0.20	0.142378	0.143398	0.144419	0.145443	0.146468	0.147494	0.148524	0.149554	0.150587	0.151622
0.21	0.152659	0.153697	0.154737	0.155779	0.156822	0.157867	0.158915	0.159963	0.161013	0.162066
0.22	0.163120	0.164176	0.165233	0.166292	0.167353	0.168416	0.169480	0.170546	0.171613	0.172682
0.23	0.173753	0.174825	0.175900	0.176976	0.178053	0.179131	0.180212	0.181294	0.182378	0.183463
0.24	0.184550	0.185639	0.186729	0.187820	0.188912	0.190007	0.191102	0.192200	0.193299	0.194400
0.25	0.195501	0.196604	0.197709	0.198814	0.199922	0.201031	0.202141	0.203253	0.204368	0.205483
0.26	0.206600	0.207718	0.208837	0.209957	0.211079	0.212202	0.213326	0.214453	0.215580	0.216708
0.27	0.217839	0.218970	0.220102	0.221235	0.222371	0.223507	0.224645	0.225783	0.226924	0.228065
0.28	0.229209	0.230352	0.231498	0.232644	0.233791	0.234941	0.236091	0.237242	0.238395	0.239548
0.29	0.240703	0.241859	0.243016	0.244173	0.245333	0.246494	0.247655	0.248819	0.249983	0.251148
0.30	0.252315	0.253483	0.254652	0.255822	0.256992	0.258165	0.259338	0.260512	0.261687	0.262863
0.31	0.264039	0.265218	0.266397	0.267578	0.268760	0.269942	0.271126	0.272310	0.273495	0.274682
0.32	0.275869	0.277058	0.278247	0.279437	0.280627	0.281820	0.283013	0.284207	0.285401	0.286598
0.33	0.287795	0.288992	0.290191	0.291390	0.292591	0.293793	0.294995	0.296198	0.297403	0.298605
0.34	0.299814	0.301021	0.302228	0.303438	0.304646	0.305857	0.307068	0.308280	0.309492	0.310705
0.35	0.311918	0.313134	0.314350	0.315566	0.316783	0.318001	0.319219	0.320439	0.321660	0.322881
0.36	0.324104	0.325326	0.326550	0.327774	0.328999	0.330225	0.331451	0.332678	0.333905	0.335134
0.37	0.336363	0.337593	0.338823	0.340054	0.341286	0.342519	0.343751	0.344985	0.346220	0.347455
0.38	0.348690	0.349926	0.351164	0.352402	0.353640	0.354879	0.356119	0.357359	0.358599	0.359840
0.39	0.361082	0.362325	0.363568	0.364811	0.366056	0.367300	0.368545	0.369790	0.371036	0.372282
0.40	0.373530	0.374778	0.376026	0.377275	0.378524	0.379724	0.381024	0.382274	0.383526	0.384778

续表 9. 6 - 1

H/D	0	1	2	3	4	5	6	7	8	9
0. 41	0. 386030	0. 387283	0. 388537	0. 389790	0. 391044	0. 392298	0. 393553	0. 394808	0. 396063	0. 397320
0. 42	0. 398577	0. 399834	0. 401092	0. 402350	0. 403608	0. 404866	0. 406125	0. 407384	0. 408645	0. 409904
0. 43	0. 411165	0. 412426	0. 413687	0. 414949	0. 416211	0. 417473	0. 418736	0. 419998	0. 421261	0. 422526
0. 44	0. 423788	0. 425052	0. 426316	0. 427582	0. 428846	0. 430112	0. 431378	0. 432645	0. 433911	0. 435178
0. 45	0. 436445	0. 437712	0. 438979	0. 440246	0. 441514	0. 442782	0. 444050	0. 445318	0. 446587	0. 447857
0. 46	0. 449125	0. 450394	0. 451663	0. 452932	0. 454201	0. 455472	0. 456741	0. 458012	0. 459280	0. 460554
0. 47	0. 461825	0. 463096	0. 464367	0. 465638	0. 466910	0. 468182	0. 469453	0. 470725	0. 471997	0. 473269
0. 48	0. 474541	0. 475814	0. 477086	0. 478358	0. 479631	0. 480903	0. 482176	0. 483449	0. 484722	0. 485995
0. 49	0. 487269	0. 488542	0. 489814	0. 491087	0. 492360	0. 493633	0. 494906	0. 496179	0. 497452	0. 498726
0. 50	0. 500000	0. 501274	0. 502548	0. 503821	0. 505094	0. 506367	0. 507640	0. 508913	0. 510186	0. 511458
0. 51	0. 512731	0. 514005	0. 515278	0. 516551	0. 517824	0. 519097	0. 520369	0. 521642	0. 522914	0. 524186
0. 52	0. 525459	0. 526731	0. 528003	0. 529275	0. 530547	0. 531818	0. 533090	0. 534362	0. 535633	0. 536904
0. 53	0. 538175	0. 539446	0. 540717	0. 541988	0. 543259	0. 544528	0. 545799	0. 547068	0. 548337	0. 549606
0. 54	0. 550875	0. 552143	0. 553413	0. 554682	0. 555950	0. 557218	0. 558486	0. 559754	0. 561021	0. 562288
0. 55	0. 563555	0. 564822	0. 566089	0. 567355	0. 568622	0. 569888	0. 571154	0. 572418	0. 573684	0. 574948
0. 56	0. 576212	0. 577475	0. 578739	0. 580002	0. 581264	0. 582527	0. 583789	0. 585051	0. 586313	0. 587574
0. 57	0. 588835	0. 590096	0. 591355	0. 592616	0. 593870	0. 595134	0. 596392	0. 597650	0. 598908	0. 600166
0. 58	0. 601423	0. 602680	0. 603937	0. 605192	0. 606447	0. 607702	0. 608956	0. 610210	0. 611463	0. 612717
0. 59	0. 613970	0. 615222	0. 616474	0. 617726	0. 618976	0. 620226	0. 621476	0. 622725	0. 623974	0. 625222
0. 60	0. 626470	0. 627718	0. 628964	0. 630210	0. 631455	0. 632700	0. 633944	0. 635189	0. 636432	0. 637675
0. 61	0. 638918	0. 640160	0. 641401	0. 642641	0. 643881	0. 645121	0. 646360	0. 647598	0. 648836	0. 650047
0. 62	0. 651310	0. 652545	0. 653780	0. 655015	0. 656249	0. 657481	0. 658714	0. 659946	0. 661177	0. 662407
0. 63	0. 663637	0. 664866	0. 666095	0. 667322	0. 668549	0. 669775	0. 671001	0. 672226	0. 673450	0. 674674
0. 64	0. 675896	0. 677119	0. 678340	0. 679561	0. 680781	0. 681999	0. 683217	0. 684434	0. 685650	0. 686866
0. 65	0. 688082	0. 689295	0. 690508	0. 691720	0. 692932	0. 694143	0. 695354	0. 696562	0. 697772	0. 698979
0. 66	0. 700186	0. 701392	0. 702597	0. 703802	0. 705005	0. 706207	0. 707409	0. 708010	0. 709809	0. 711008
0. 67	0. 712205	0. 713402	0. 714599	0. 715793	0. 716987	0. 718180	0. 719373	0. 720563	0. 721753	0. 722942
0. 68	0. 724181	0. 725318	0. 726505	0. 727690	0. 728874	0. 730058	0. 731240	0. 732422	0. 733603	0. 734782
0. 69	0. 735961	0. 737137	0. 738313	0. 739488	0. 740662	0. 741835	0. 743008	0. 744178	0. 745348	0. 746517
0. 70	0. 747685	0. 748852	0. 750017	0. 751181	0. 752345	0. 753506	0. 754667	0. 755827	0. 756984	0. 758141
0. 71	0. 759297	0. 760452	0. 761605	0. 762758	0. 763909	0. 765059	0. 766209	0. 767356	0. 768502	0. 769648
0. 72	0. 770791	0. 771935	0. 773076	0. 774217	0. 775355	0. 776493	0. 777629	0. 778765	0. 779898	0. 781030
0. 73	0. 782161	0. 783292	0. 784420	0. 785547	0. 786674	0. 787798	0. 788921	0. 790043	0. 791163	0. 792282
0. 74	0. 793400	0. 794517	0. 795632	0. 796747	0. 797859	0. 798969	0. 800078	0. 801186	0. 802291	0. 803396
0. 75	0. 804499	0. 805600	0. 806701	0. 807800	0. 808898	0. 809993	0. 811088	0. 812180	0. 813271	0. 814361

续表 9.6－1

H/D	0	1	2	3	4	5	6	7	8	9
0.76	0.815450	0.816537	0.817622	0.818706	0.819788	0.820869	0.821947	0.823024	0.824100	0.825175
0.77	0.826427	0.827318	0.828387	0.829454	0.830520	0.831584	0.832647	0.833708	0.834767	0.835824
0.78	0.836880	0.837934	0.838987	0.840037	0.841085	0.842133	0.843187	0.844221	0.845263	0.846303
0.79	0.847341	0.848378	0.849413	0.850446	0.851476	0.852506	0.853532	0.854557	0.855581	0.856602
0.80	0.857622	0.858639	0.859655	0.860668	0.861680	0.862690	0.863698	0.864704	0.865708	0.866709
0.81	0.867710	0.868708	0.869704	0.870698	0.871690	0.872679	0.873667	0.874653	0.875636	0.876618
0.82	0.877597	0.878575	0.879550	0.880523	0.881494	0.882462	0.883428	0.884393	0.885354	0.886314
0.83	0.887272	0.888227	0.889180	0.890131	0.891080	0.892027	0.892971	0.893913	0.894853	0.895789
0.84	0.896725	0.897657	0.898586	0.899514	0.900440	0.901362	0.902283	0.903201	0.904116	0.905029
0.85	0.905939	0.906847	0.907754	0.908657	0.909557	0.910455	0.911350	0.912244	0.913134	0.914021
0.86	0.914906	0.915788	0.916668	0.917544	0.918419	0.919291	0.920159	0.921025	0.921888	0.922749
0.87	0.923607	0.924461	0.925314	0.926164	0.927009	0.927853	0.928693	0.929531	0.930367	0.931198
0.88	0.932028	0.932853	0.933677	0.934497	0.935313	0.936128	0.936938	0.937747	0.938551	0.939352
0.89	0.940150	0.940946	0.941738	0.942526	0.943312	0.944095	0.944874	0.945649	0.946421	0.947190
0.90	0.947956	0.948717	0.949476	0.950232	0.950983	0.951732	0.952477	0.953218	0.953957	0.954690
0.91	0.955421	0.956148	0.956871	0.957590	0.958306	0.959019	0.959727	0.960431	0.961133	0.961829
0.92	0.962562	0.963211	0.963896	0.964577	0.965253	0.965927	0.966595	0.967260	0.967919	0.968576
0.93	0.969228	0.969876	0.970519	0.971158	0.971792	0.972422	0.973048	0.973669	0.974285	0.974894
0.94	0.975504	0.976106	0.976704	0.977297	0.977885	0.978467	0.979045	0.979618	0.980187	0.980750
0.95	0.981308	0.981895	0.982407	0.982948	0.983485	0.984015	0.984541	0.985060	0.985573	0.986081
0.96	0.986583	0.987080	0.987568	0.988053	0.988530	0.989001	0.989466	0.989924	0.990375	0.990821
0.97	0.991258	0.991690	0.992114	0.992530	0.992939	0.993340	0.993733	0.994119	0.994497	0.994866
0.98	0.995227	0.995579	0.995923	0.996257	0.996581	0.996896	0.997200	0.997493	0.997777	0.998048
0.99	0.998308	0.998555	0.998788	0.999008	0.999212	0.999400	0.999571	0.999721	0.999849	0.999947
1.00	1.000000									

9.7 椭圆形封头和球形容器的局部容积

2∶1 椭圆形封头和球形容器的局部容积（V_P）按图 9.7－1 所列出的公式进行计算。椭圆形封头的总容积和局部容积均不包括封头直边部分的容积。

举例：2∶1 标准椭圆形封头，$D=3\text{m}$，$H=0.453\text{m}$，求局部容积。

解：1）卧式容器两个椭圆形封头的局部容积之和（不包括封头直边部分的容积）

$A=\dfrac{H}{D}=\dfrac{0.453}{3}=0.151$；由表 9.7－1 查得 $K=0.061517$；

$V_a=0.2618D^3=0.2618\times3^3=7.0686\text{m}^3$；

$V_P=V_aK=7.0686\times0.061517=0.4348\text{m}^3$。

2∶1 标准椭圆形封头（卧式容器）

V_P = 体积[1] + 体积[2] = KV_a；

$V_a = 0.2618D^3$（两个封头的总容积）。

式中：K——系数，根据比值 $A = H/D$ 由表 9.7－1 查得。

适用范围：$0 \leqslant H \leqslant D$

球形容器

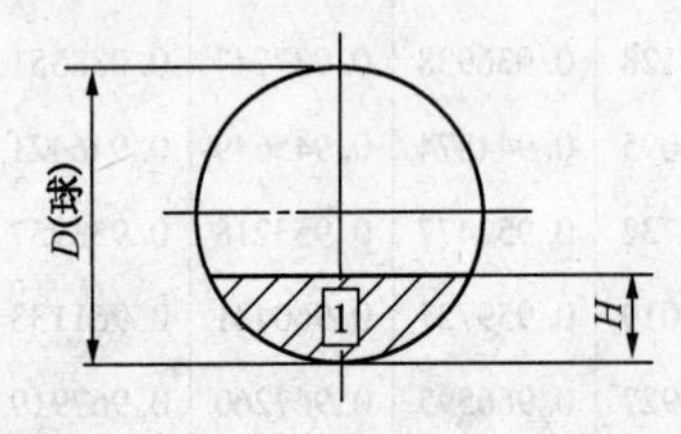

V_P = 体积[1] = KV_a；

$V_a = 0.5236D^3$（总容积）；

式中：K——系数，根据比值 $A = H/D$ 由表 9.7－1 查得。

适用范围：$0 \leqslant H \leqslant D$

2∶1 标准椭圆形封头（立式容器）

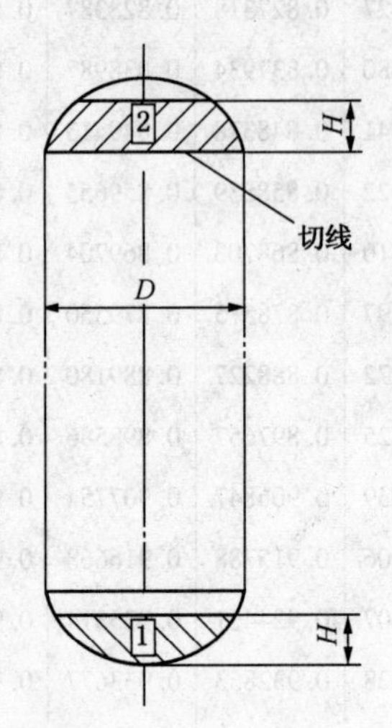

下封头 V_P = 体积[1] = KV_a

上封头 V_P = 体积[2] = $(0.5 - K)V_a$

$V_a = 0.2618D^3$（两个封头的总容积）；

式中：K——系数，根据比值 $A = 2H/D$ 由表 9.7－1 查得。

适用范围：$0 \leqslant H \leqslant \dfrac{D}{4}$

图 9.7－1 局部容积计算

2）球形容器的局部容积

$A = \dfrac{0.453}{3} = 0.151$；由表 9.7－1 查得：$K = 0.061517$；

$V_a = 0.5236D^3 = 0.5236 \times 3^3 = 14.137\text{m}^3$；

$V_P = V_a K = 14.137 \times 0.061517 = 0.87\text{m}^3$。

3）立式容器椭圆形封头的局部容积

$A = \dfrac{2H}{D} = \dfrac{2 \times 0.453}{3} = 0.302$；

由表 9.7－1 查得 $K = 0.218526$；

$V_a = 0.2618D^3 = 0.2618 \times 3^3 = 7.0686(\text{m}^3)$

下封头　$V_P = V_a K = 7.0686 \times 0.218526 = 1.545(\text{m}^3)$；

上封头　$V_P = V_a(0.5 - K) = 7.0686(0.5 - 0.218526) = 1.99(\text{m}^3)$。

表9.7-1 系 数 K

A	0	1	2	3	4	5	6	7	8	9
0.00	0.000000	0.000003	0.000012	0.000027	0.000048	0.000075	0.000108	0.000146	0.000191	0.000242
0.01	0.000298	0.000360	0.000429	0.000503	0.000583	0.000668	0.000760	0.000857	0.000960	0.001069
0.02	0.001184	0.001304	0.001431	0.001563	0.001700	0.001844	0.001993	0.002148	0.002308	0.002474
0.03	0.002646	0.002823	0.003006	0.003195	0.003389	0.003589	0.003795	0.004006	0.004222	0.004444
0.04	0.004672	0.004905	0.005144	0.005388	0.005638	0.005893	0.006153	0.006419	0.006691	0.006968
0.05	0.007250	0.007538	0.007831	0.008129	0.008433	0.008742	0.009057	0.009377	0.009702	0.010032
0.06	0.010368	0.010709	0.011055	0.011407	0.011764	0.012126	0.012493	0.012865	0.013243	0.013626
0.07	0.014014	0.014407	0.014806	0.015209	0.015618	0.016031	0.016450	0.016874	0.017303	0.017737
0.08	0.018176	0.018620	0.019069	0.019523	0.019983	0.020447	0.020916	0.021390	0.021869	0.022353
0.09	0.022842	0.023336	0.023835	0.024338	0.024847	0.025360	0.025879	0.026402	0.026930	0.027462
0.10	0.028000	0.028542	0.029000	0.029642	0.030198	0.030760	0.031326	0.031897	0.032473	0.033053
0.11	0.033638	0.034228	0.034822	0.035421	0.036025	0.036633	0.037246	0.037864	0.038486	0.039113
0.12	0.039744	0.040380	0.041020	0.041665	0.042315	0.042969	0.043627	0.044290	0.044958	0.045630
0.13	0.046306	0.046987	0.047672	0.048362	0.049056	0.049754	0.050457	0.051164	0.051876	0.052592
0.14	0.053321	0.054037	0.054765	0.055499	0.056236	0.056978	0.057724	0.058474	0.059228	0.059987
0.15	0.060750	0.061517	0.062288	0.063064	0.063843	0.064627	0.065415	0.066207	0.067003	0.067804
0.16	0.068608	0.069416	0.070229	0.071046	0.071866	0.072691	0.073519	0.074352	0.075189	0.076029
0.17	0.076874	0.077723	0.078575	0.079432	0.080292	0.081156	0.082024	0.082897	0.083772	0.084652
0.18	0.085536	0.086424	0.087315	0.088210	0.089109	0.090012	0.090918	0.091829	0.092743	0.093660
0.19	0.094582	0.095507	0.096436	0.097369	0.098305	0.099245	0.100189	0.101136	0.102087	0.103042
0.20	0.104000	0.104962	0.105927	0.106896	0.107869	0.108845	0.109824	0.110808	0.111794	0.112784
0.21	0.113778	0.114775	0.115776	0.116780	0.117787	0.118798	0.119813	0.120830	0.121852	0.122876
0.22	0.123904	0.124935	0.125970	0.127008	0.128049	0.129094	0.130142	0.131193	0.132247	0.133305
0.23	0.134366	0.135430	0.136498	0.137568	0.138642	0.139719	0.140799	0.141883	0.142969	0.144059
0.24	0.145152	0.146248	0.147347	0.148449	0.149554	0.150663	0.151774	0.152889	0.154006	0.155127
0.25	0.156250	0.157376	0.158506	0.159638	0.160774	0.161912	0.163054	0.164198	0.165345	0.166495
0.26	0.107648	0.168804	0.169963	0.171124	0.172289	0.173456	0.174626	0.175799	0.176974	0.178153
0.27	0.179334	0.180518	0.181705	0.182894	0.184086	0.185281	0.186479	0.187679	0.188882	0.190088
0.28	0.191296	0.192507	0.193720	0.194937	0.196155	0.197377	0.198601	0.199827	0.201056	0.202288
0.29	0.203522	0.204759	0.205998	0.207239	0.208484	0.209730	0.210979	0.212231	0.213485	0.214741
0.30	0.216000	0.217261	0.218526	0.219792	0.221060	0.222331	0.223604	0.224879	0.226157	0.227437
0.31	0.228718	0.230003	0.231289	0.232578	0.233870	0.235163	0.236459	0.237757	0.239057	0.240359
0.32	0.241664	0.242971	0.244280	0.245590	0.246904	0.248219	0.249536	0.250855	0.252177	0.253500
0.33	0.254826	0.256154	0.257483	0.258815	0.260149	0.261484	0.262822	0.264161	0.265503	0.266847

续表 9.7-1

A	0	1	2	3	4	5	6	7	8	9
0.34	0.268192	0.269539	0.270889	0.272240	0.273593	0.274948	0.276305	0.277663	0.279024	0.280386
0.35	0.281750	0.283116	0.284484	0.285853	0.287224	0.288597	0.289972	0.291348	0.292727	0.294106
0.36	0.295488	0.296871	0.298256	0.299643	0.201031	0.302421	0.303812	0.305205	0.306600	0.307996
0.37	0.309394	0.310793	0.312194	0.313597	0.315001	0.316406	0.317813	0.319222	0.320632	0.322043
0.38	0.323456	0.324870	0.326286	0.327703	0.329122	0.330542	0.331963	0.333386	0.334810	0.336235
0.39	0.337662	0.339090	0.340519	0.341950	0.343382	0.344815	0.346250	0.347685	0.349122	0.350561
0.40	0.352000	0.353441	0.354882	0.356325	0.357769	0.359215	0.360661	0.362109	0.363557	0.365007
0.41	0.366458	0.367910	0.369363	0.370817	0.372272	0.373728	0.375185	0.376644	0.378103	0.379563
0.42	0.381024	0.382486	0.383949	0.395413	0.386878	0.388344	0.389810	0.391278	0.392746	0.394216
0.43	0.395686	0.397157	0.398629	0.400102	0.401575	0.403049	0.404524	0.406000	0.407477	0.408954
0.44	0.410432	0.411911	0.413390	0.414870	0.416351	0.417833	0.419315	0.420798	0.422281	0.423765
0.45	0.425250	0.426735	0.428221	0.429708	0.431195	0.432682	0.434170	0.435659	0.437148	0.438637
0.46	0.440128	0.441619	0.443110	0.444601	0.446093	0.447586	0.449097	0.450572	0.452066	0.453560
0.47	0.455054	0.456549	0.458044	0.459539	0.461035	0.462531	0.464028	0.465524	0.467021	0.468519
0.48	0.470016	0.471514	0.473012	0.474510	0.476008	0.477507	0.479005	0.480504	0.482003	0.483503
0.49	0.485002	0.486501	0.488001	0.489501	0.491000	0.492500	0.494000	0.495500	0.497000	0.498500
0.50	0.500000	0.501500	0.503000	0.504500	0.506000	0.507500	0.509000	0.510499	0.511999	0.513499
0.51	0.514998	0.516497	0.517997	0.519496	0.520995	0.522493	0.523992	0.525490	0.526988	0.528486
0.52	0.529984	0.531481	0.532979	0.534476	0.535972	0.537469	0.538965	0.540461	0.541956	0.543451
0.53	0.544946	0.546440	0.547934	0.549428	0.550921	0.552414	0.553907	0.555399	0.556890	0.558381
0.54	0.559872	0.561360	0.562852	0.564341	0.565830	0.567318	0.568805	0.570292	0.571779	0.573265
0.55	0.574750	0.576235	0.577719	0.579202	0.580685	0.582167	0.583649	0.585130	0.586610	0.588089
0.56	0.589568	0.591046	0.592523	0.594000	0.595476	0.596951	0.598425	0.599898	0.601371	0.602843
0.57	0.604314	0.605784	0.607254	0.608722	0.610190	0.611656	0.613122	0.614587	0.616051	0.617514
0.58	0.618976	0.620437	0.621897	0.623356	0.624815	0.626272	0.627728	0.629183	0.630637	0.632090
0.59	0.633542	0.634993	0.636443	0.637891	0.639339	0.640785	0.642231	0.643675	0.645118	0.646559
0.60	0.648000	0.649439	0.650873	0.652315	0.653750	0.655185	0.656618	0.658050	0.659481	0.660910
0.61	0.662338	0.663765	0.665190	0.666614	0.668037	0.669458	0.670878	0.672297	0.673714	0.675130
0.62	0.676544	0.677957	0.679368	0.680778	0.682187	0.683594	0.684999	0.686403	0.687806	0.689207
0.63	0.690606	0.692004	0.693400	0.694795	0.696188	0.697579	0.698969	0.700357	0.701744	0.703129
0.64	0.704512	0.705894	0.707273	0.708652	0.710028	0.711403	0.712776	0.714147	0.715516	0.716884
0.65	0.718250	0.719614	0.720976	0.722337	0.723695	0.725052	0.726407	0.727760	0.729111	0.730461
0.66	0.731808	0.733153	0.734497	0.735839	0.737178	0.738516	0.739851	0.741185	0.742517	0.743846

续表 9.7－1

A	0	1	2	3	4	5	6	7	8	9
0.67	0.745174	0.746500	0.747823	0.749145	0.750464	0.751781	0.753096	0.754410	0.755720	0.757029
0.68	0.758336	0.759641	0.760943	0.762243	0.763541	0.764837	0.766130	0.767422	0.768711	0.769997
0.69	0.771282	0.772563	0.773843	0.775121	0.776396	0.777669	0.778940	0.780208	0.781474	0.782739
0.70	0.784000	0.785259	0.786515	0.787769	0.789021	0.790270	0.791516	0.792761	0.794002	0.795241
0.71	0.796478	0.797712	0.798944	0.800173	0.801399	0.802623	0.803845	0.805063	0.806280	0.807493
0.72	0.808704	0.809912	0.811118	0.812321	0.813521	0.814719	0.815914	0.817106	0.818295	0.819482
0.73	0.820666	0.821847	0.823026	0.824201	0.825374	0.826544	0.827711	0.828876	0.830037	0.831196
0.74	0.832352	0.833505	0.834655	0.835802	0.836946	0.838088	0.839226	0.840362	0.841494	0.842624
0.75	0.843750	0.844873	0.845994	0.847111	0.848226	0.849337	0.850446	0.851551	0.852653	0.853752
0.76	0.854848	0.855941	0.857031	0.858117	0.859201	0.860281	0.861358	0.862432	0.863502	0.864570
0.77	0.865634	0.866695	0.867753	0.868807	0.869858	0.870906	0.871951	0.872992	0.874030	0.875065
0.78	0.876096	0.877124	0.878148	0.879170	0.880187	0.881202	0.882213	0.883220	0.884224	0.885225
0.79	0.886222	0.887216	0.888206	0.889192	0.890176	0.891155	0.892131	0.893104	0.894073	0.895038
0.80	0.896000	0.896958	0.897913	0.898864	0.899811	0.900755	0.901695	0.902631	0.903564	0.904493
0.81	0.905418	0.906340	0.907257	0.908171	0.909082	0.909988	0.910891	0.911790	0.912685	0.913576
0.82	0.914464	0.915348	0.916228	0.917103	0.917976	0.918844	0.919708	0.920568	0.921425	0.922277
0.83	0.923126	0.923971	0.924811	0.925648	0.926481	0.927309	0.928134	0.928954	0.929771	0.930584
0.84	0.931392	0.932196	0.932997	0.933793	0.934585	0.935373	0.936157	0.936936	0.937712	0.938483
0.85	0.939250	0.940013	0.940772	0.941526	0.942276	0.943022	0.943764	0.944501	0.945235	0.945963
0.86	0.946688	0.947408	0.948124	0.948836	0.949543	0.950246	0.950944	0.951638	0.952328	0.953013
0.87	0.953694	0.954370	0.955042	0.955710	0.956373	0.957031	0.957685	0.958335	0.958980	0.959620
0.88	0.960256	0.960887	0.961514	0.962136	0.962754	0.963367	0.963975	0.964579	0.965178	0.965772
0.89	0.966362	0.966947	0.967527	0.968103	0.968674	0.969240	0.969802	0.970358	0.970910	0.971458
0.90	0.972000	0.972538	0.973070	0.973598	0.974121	0.974640	0.975153	0.975662	0.976165	0.976664
0.91	0.977158	0.977647	0.978131	0.978610	0.979084	0.979553	0.980017	0.980477	0.980931	0.981380
0.92	0.981824	0.982263	0.982697	0.983126	0.983550	0.983969	0.984382	0.984791	0.985194	0.985593
0.93	0.985986	0.986374	0.986757	0.987135	0.987507	0.987874	0.988236	0.988593	0.988945	0.989291
0.94	0.989632	0.989968	0.990298	0.990623	0.990943	0.991258	0.991567	0.991871	0.992169	0.992462
0.95	0.992750	0.993032	0.993309	0.993581	0.993847	0.994107	0.994362	0.994612	0.994856	0.995095
0.96	0.995328	0.995556	0.995778	0.995994	0.996205	0.996411	0.996611	0.996805	0.996994	0.997177
0.97	0.997354	0.997526	0.997692	0.997852	0.998007	0.998156	0.998300	0.998437	0.998569	0.998696
0.98	0.998816	0.998931	0.999040	0.999143	0.999240	0.999332	0.999417	0.999497	0.999571	0.999640
0.99	0.999702	0.999758	0.999809	0.999854	0.999892	0.999925	0.999952	0.999973	0.999988	0.999997
1.00	1.000000									

9.8 接管插入筒体的最小长度 L_{min}

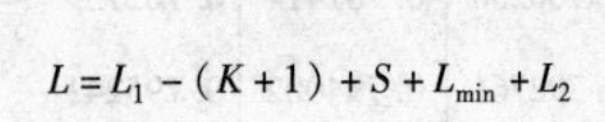

$$L = L_1 - (K+1) + S + L_{min} + L_2$$

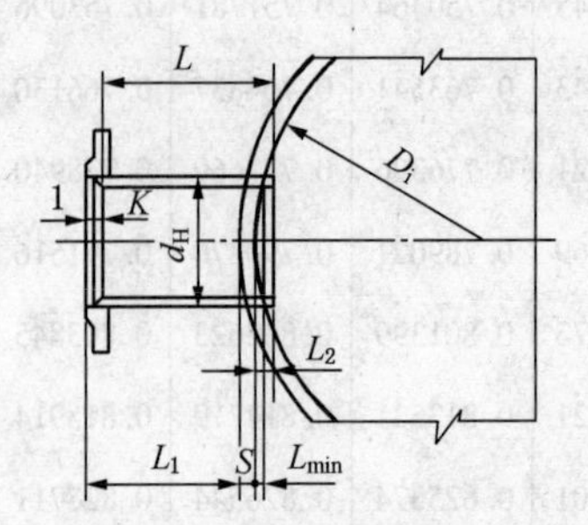

表 9.8-1 接管插入筒体的最小长度 L_{min}

设备内径 D_i	接管公称直径 DN																			
	20	25	32	40	50	65	80	100	125	150	175	200	225	250	300	350	400	450	500	600
	接管外径 d_H																			
	25	32	38	45	57	73	89	108	133	159	194	219	245	273	325	377	426	478	529	630
	接管插入筒体的最小长度 L_{min}																			
300	1	1	1	2	3	5	7	10	16	23	36	47								
400		1	1	1	2	3	5	7	11	16	25	33	42	54						
500		1	1	1	2	3	4	6	9	13	20	25	32	41	60					
600			1	1	1	2	3	5	7	11	16	21	26	33	48	67				
700			1	1	1	2	3	4	6	9	14	18	22	28	40	55	72			
800				1	1	2	2	4	6	8	12	15	19	24	34	47	61	79	100	153
900				1	1	1	2	3	5	7	11	14	17	21	30	41	54	69	86	129
1000				1	1	1	2	3	4	6	9	12	15	19	27	37	48	61	76	112
1200					1	1	2	2	4	5	8	10	13	16	22	30	39	50	61	89
1400					1	1	1	2	3	5	7	9	11	13	19	26	33	42	52	75
1600					1	1	1	2	3	4	6	8	9	12	17	23	29	37	45	65
1800						1	1	2	2	4	5	7	8	10	15	20	26	32	40	57
2000						1	1	1	2	3	5	6	8	9	13	18	23	29	36	51
2200						1	1	1	2	3	4	5	7	9	12	16	21	26	32	46
2400						1	1	1	2	3	4	5	6	8	11	15	19	24	30	42
2600						1	1	1	2	2	4	5	6	7	10	14	18	22	27	39
2800							1	1	2	2	3	4	5	7	9	13	16	21	25	36
3000							1	1	1	2	3	4	5	6	9	12	15	19	24	33
3200							1	1	1	2	3	4	5	6	8	11	14	18	22	31
3400							1	1	1	2	3	4	4	5	8	10	13	17	21	29
3600							1	1	1	2	3	3	4	5	7	10	13	16	20	28
3800							1	1	1	2	2	3	4	5	7	9	12	15	19	26
4000								1	1	2	2	3	4	5	7	9	11	14	18	25
4200				均等于0				1	1	2	2	3	4	4	6	8	11	14	17	24
4400								1	1	1	2	3	3	4	6	8	10	13	16	23
4600								1	1	1	2	3	3	4	6	8	10	12	15	22
4800								1	1	1	2	2	3	4	6	7	9	12	15	21
5000								1	1	1	2	2	3	4	5	7	9	11	14	20
5200								1	1	1	2	2	3	4	5	7	9	11	13	19
5400								1	1	1	2	2	3	3	5	7	8	11	13	18
5600								1	1	1	2	2	3	3	5	6	8	10	13	18
5800								1	1	1	2	2	3	3	5	6	8	10	12	17
6000									1	1	2	2	3	3	4	6	8	10	12	17
6200									1	1	2	2	2	3	4	6	7	9	11	16
6400									1	1	1	2	2	3	4	6	7	9	11	16
10000										1	1	1	2	2	3	4	5	6	7	10

9.9 底裙至封头切线的距离

表 9.9－1 底裙至封头切线的距离

图示	说明及公式
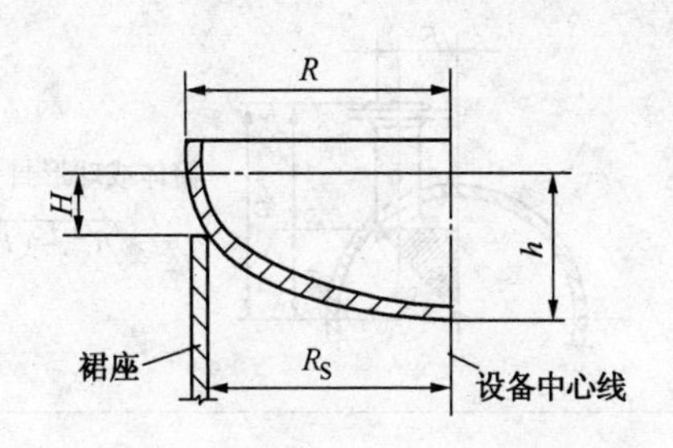	椭圆形封头 $H = h\sqrt{1-\frac{R_S^{\ 2}}{R^2}}$
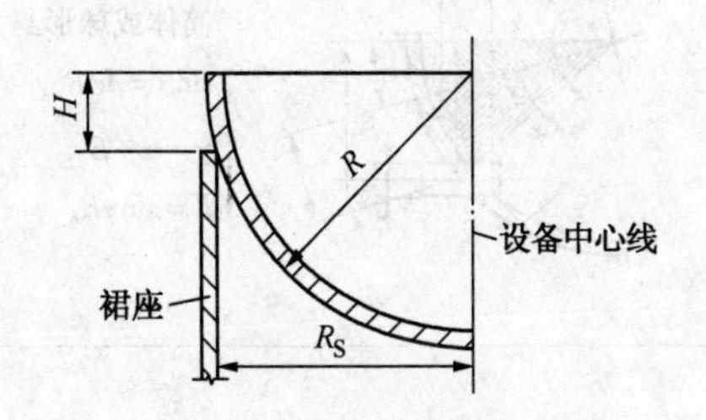	球形封头 $H = \sqrt{R^2 - R_S^{\ 2}}$
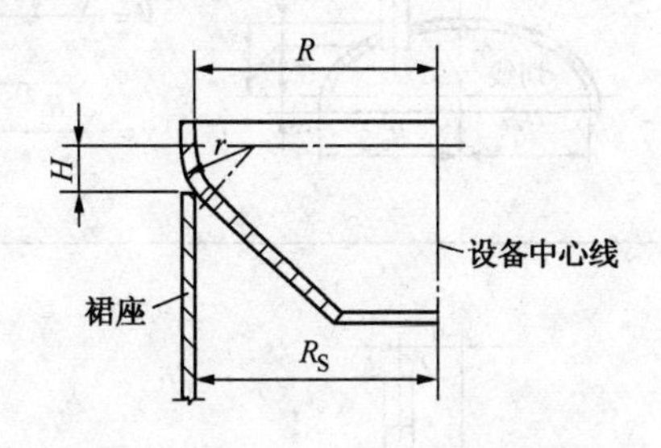	折边锥形封头 $H = \sqrt{r^2 - [R_S - (R-r)]^2}$
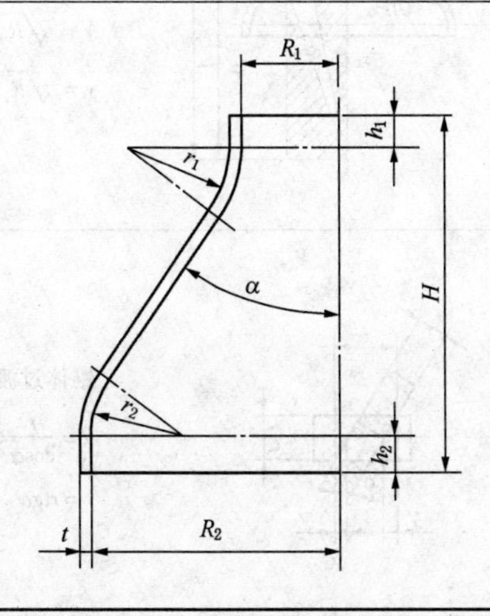	大小头过滤段高度 设：$A = r_1 + r_2 + t$ $H = h_1 + h_2 + [R_2 - R_1 - A(1-\cos\alpha)] \times$ $(\mathrm{ctg}\alpha + A\sin\alpha)$

9.10 开口与壳体相交处的最小尺寸

表 9.10－1　开口与壳体相交处的最小尺寸

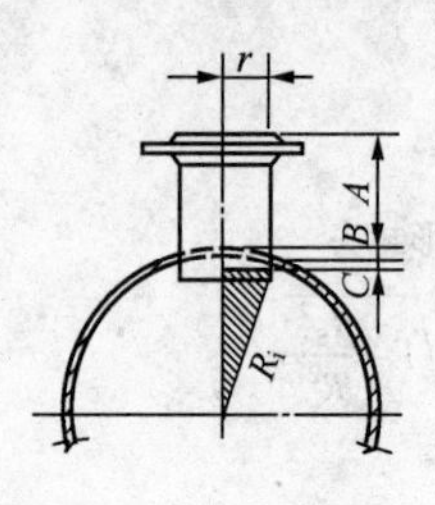 筒体或球形封头上的开口 $C=R_i-\sqrt{R_i^2-r^2}$	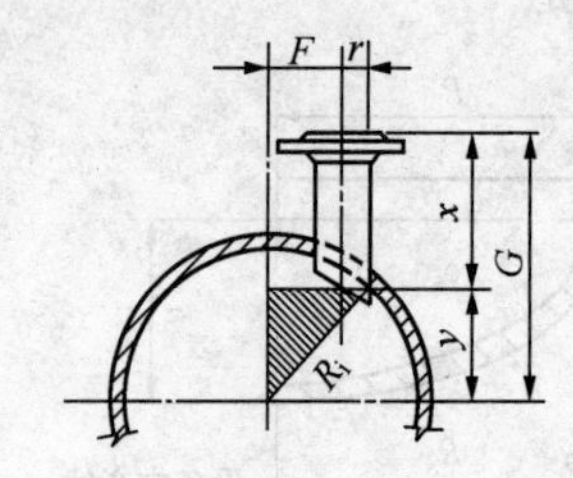 筒体或球形封头上的开口 $y=\sqrt{R_i^2-(F+r)^2}$
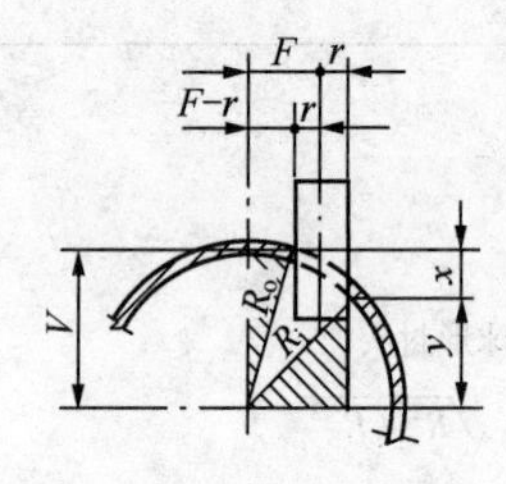 筒体或球形封头上的接管 $V=\sqrt{R_o^2-(F-r)^2}$ $y=\sqrt{R_i^2-(F+r)^2}$	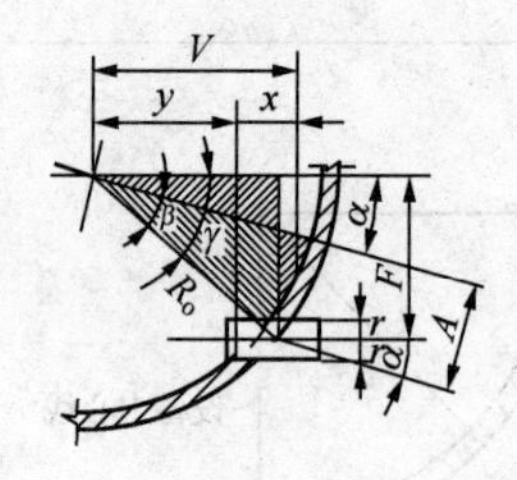 筒体或球形封头上的接管 $\sin\beta=A/R_o$ $\gamma=\alpha+\beta$ $F=\sin\gamma R_o$
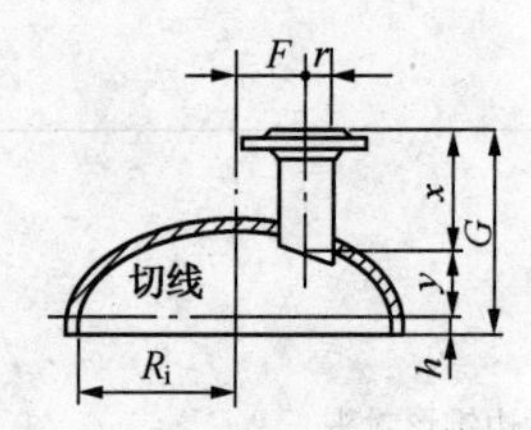 2:1 椭圆封头上的开口 $y=\frac{\sqrt{R_i^2-(F+r)^2}}{2}$	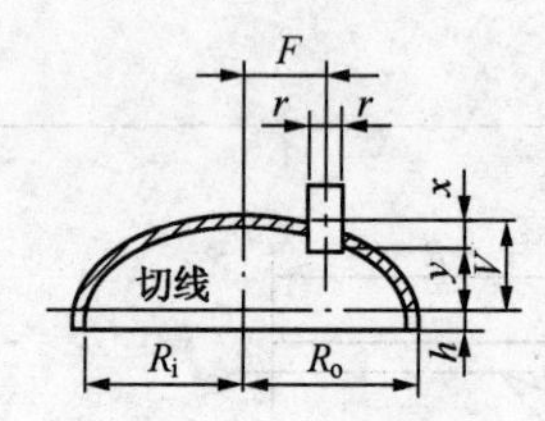 2:1 椭圆封头上的接管 $V=\frac{\sqrt{R_o^2-(F-r)^2}}{2}$ $y=\frac{\sqrt{R_i^2-(F+r)^2}}{2}$
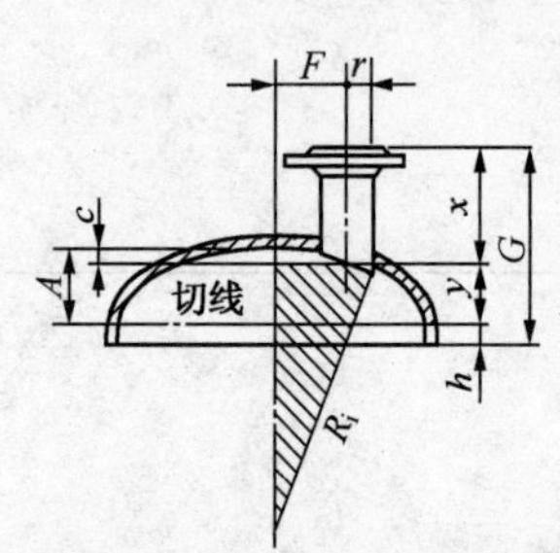 碟形封头上的开口 $C=R_i-\sqrt{R_i^2-(F+r)^2}$	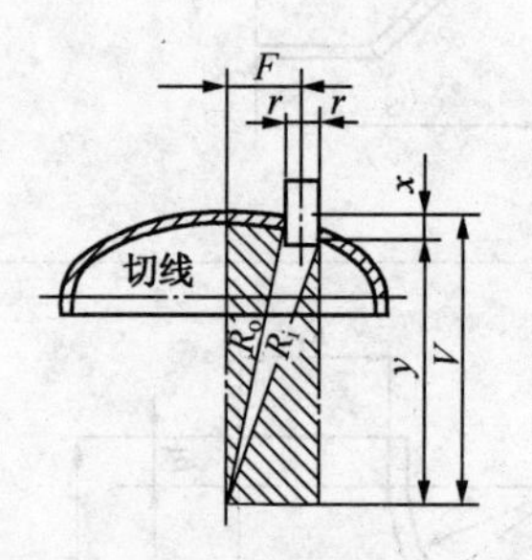 碟形封头上的接管 $V=\sqrt{R_o^2-(F-r)^2}$ $y=\sqrt{R_i^2-(F+r)^2}$
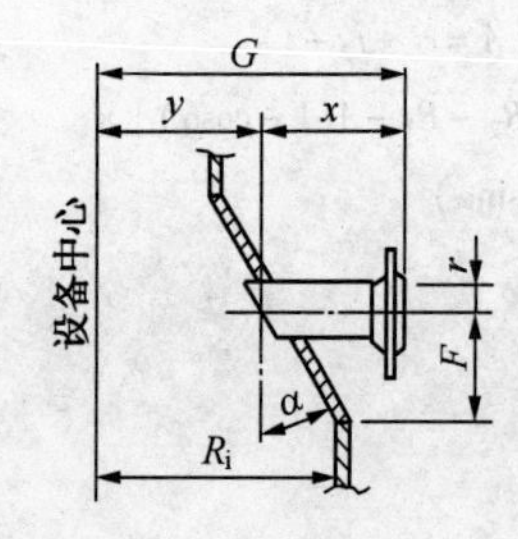 锥体过渡段上的开口 当 α 角小于45°时 $y=R_i-[\text{tg}\alpha(F+r)]$	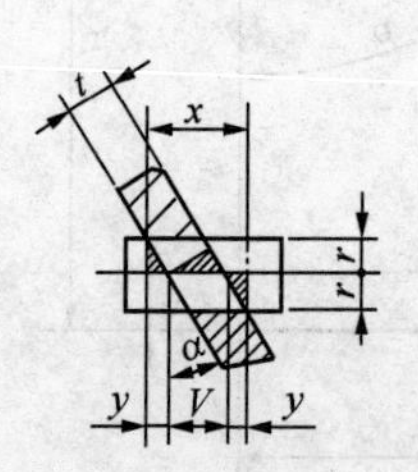 锥体过渡段上的接管 $V=\frac{t}{\cos\alpha}$ $y=r\text{tg}\alpha$

9.11　加强圈惯性矩的计算及举例

符　号　说　明

I_1，I_2，I_3，I_4——各加强元件的惯性矩，cm^4；

l_s——被加强的筒体起加强作用部分的宽度，cm；

D——筒体内直径，(应取外径，为简化起见故取其内径) 取 $D=200$cm；

d_1——筒体壁厚，设 $d_1=1.6$cm；

d_2——加强圈厚度，取 $d_2=1.6$cm；

d_3——加强环高度，取 $d_3=20$cm；

d_4——加强圈厚度，取 $d_4=1.6$cm；

b_1——筒体起加强作用部分的宽度，cm；

b_2——加强圈宽度，取 $b_2=15$cm；

b_3——加强环厚度，取 $b_3=1.6$cm；

b_4——加强圈宽度，取 $b_4=15$cm；

C——组合形心 $a-a$ 轴离 $o-o$ 轴距离，cm；

y_1, y_2, y_3, y_4——平行于轴线的各加强元件的形心离 $o-o$ 轴距离，cm；

h_1, h_2, h_3, h_4——各加强元件的形心离组合形心 $a-a$ 轴的距离，cm；

$I_{组合}$——组合加强圈的惯性矩，cm^4。

所采用型钢的有关参数见表 9.11－1。

表 9.11－1　有关参数

名　称	号　数	截面积/cm^2	Z_o/cm	惯性矩/cm^4		
				$X-X$	Y_0-Y_0	X_1-X_1
角　钢	20	62.013	5.54	2366.15	971.41	4270.39
槽　钢	20	32.83	1.95	1913.7	268.4	
工字钢	20b	39.5		2500		

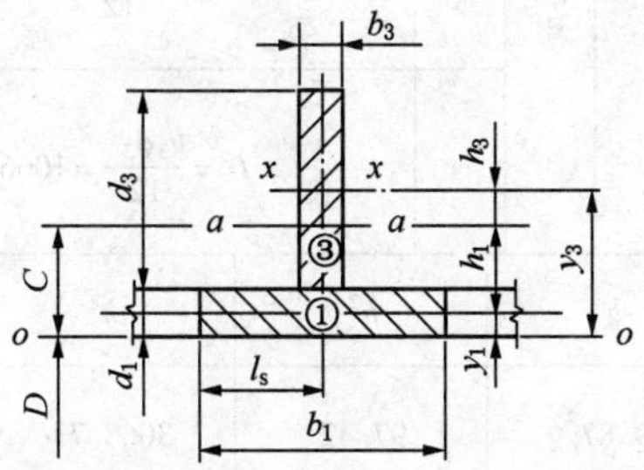

加强范围		$l_s=0.55\sqrt{Dd_1}=9.84$
惯性矩	I_1	$I_1=\dfrac{b_1 d_1^{\ 3}}{12}=6.72$
	I_3	$I_3=\dfrac{b_3 d_3^{\ 3}}{12}=1066.67$

序　号	a	y	ay	h	h^2	ah^2	I
1	31.5	0.8	25.2	5.44	29.59	932.09	6.72
3	32	11.6	371.2	5.36	28.73	919.36	1066.67
小　计	$A=63.5$		$AY=396.4$			$AH^2=1851.45$	1073.39

$C=\dfrac{AY}{A}=6.24$cm　$I_{组合}=AH^2+I=2924.84cm^4$

续表 9.11－1

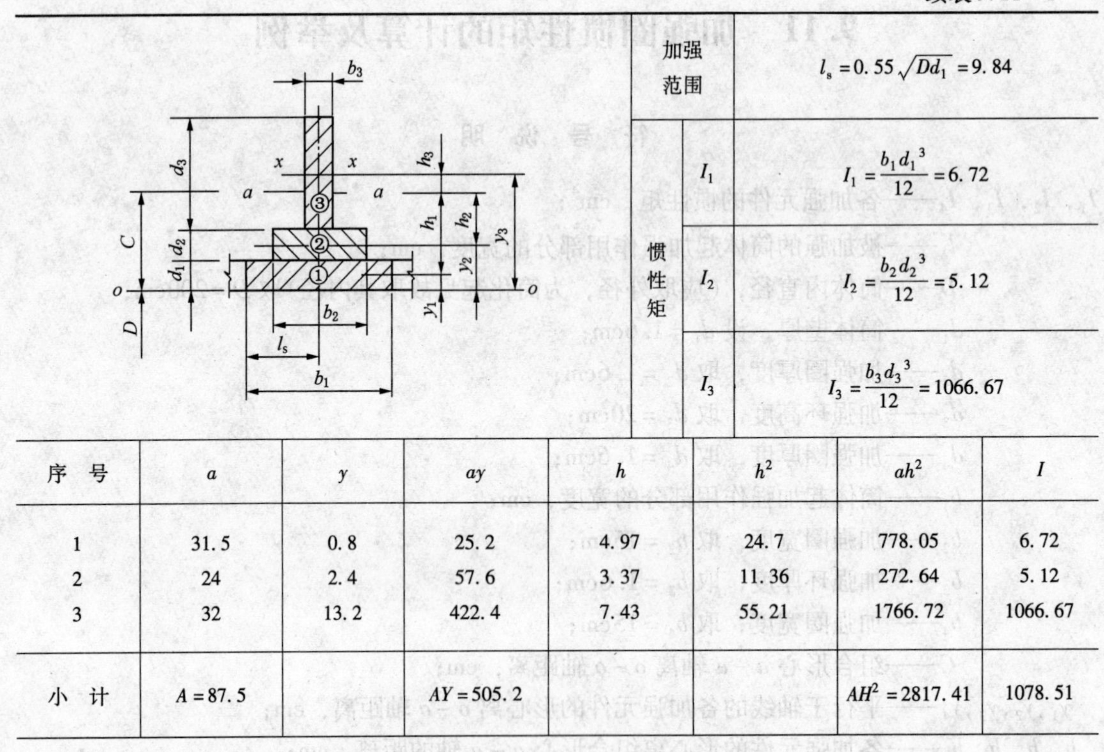

加强范围		$l_s=0.55\sqrt{Dd_1}=9.84$
惯性矩	I_1	$I_1=\frac{b_1d_1^{\ 3}}{12}=6.72$
	I_2	$I_2=\frac{b_2d_2^{\ 3}}{12}=5.12$
	I_3	$I_3=\frac{b_3d_3^{\ 3}}{12}=1066.67$

序　号	a	y	ay	h	h^2	ah^2	I
1	31.5	0.8	25.2	4.97	24.7	778.05	6.72
2	24	2.4	57.6	3.37	11.36	272.64	5.12
3	32	13.2	422.4	7.43	55.21	1766.72	1066.67
小　计	$A=87.5$		$AY=505.2$			$AH^2=2817.41$	1078.51

$$C=\frac{AY}{A}=5.77\text{cm}\qquad I_{组合}=AH^2+I=3895.92\text{cm}^4$$

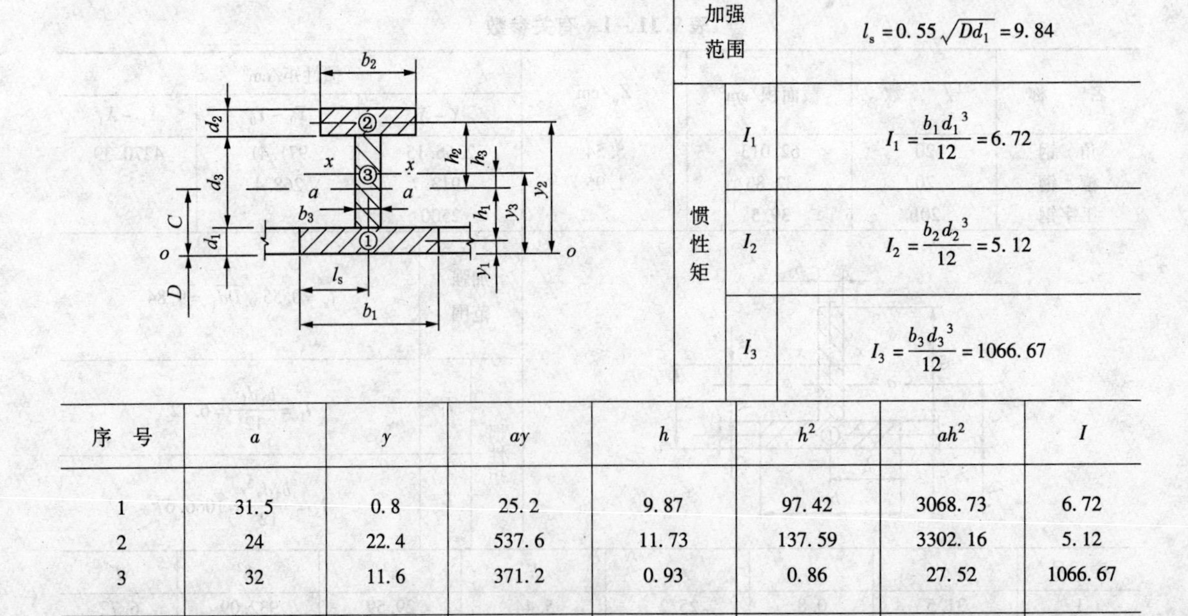

加强范围		$l_s=0.55\sqrt{Dd_1}=9.84$
惯性矩	I_1	$I_1=\frac{b_1d_1^{\ 3}}{12}=6.72$
	I_2	$I_2=\frac{b_2d_2^{\ 3}}{12}=5.12$
	I_3	$I_3=\frac{b_3d_3^{\ 3}}{12}=1066.67$

序　号	a	y	ay	h	h^2	ah^2	I
1	31.5	0.8	25.2	9.87	97.42	3068.73	6.72
2	24	22.4	537.6	11.73	137.59	3302.16	5.12
3	32	11.6	371.2	0.93	0.86	27.52	1066.67
小　计	$A=87.5$		$AY=934$			$AH^2=6398.41$	1078.51

$$C=\frac{AY}{A}=10.67\text{cm}\qquad I_{组合}=AH^2+I=7476.92\text{cm}^4$$

续表 9.11－1

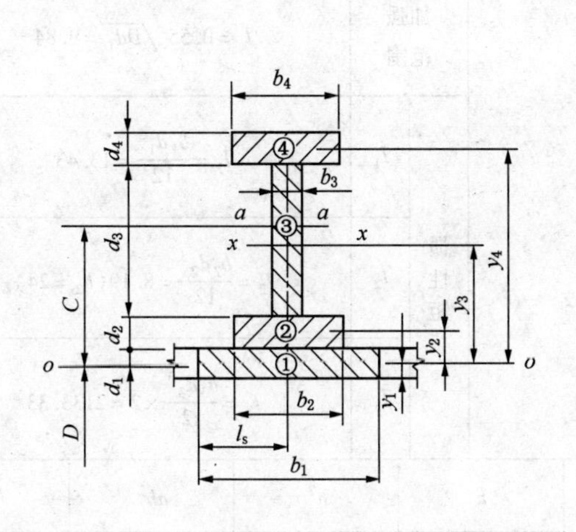	加强范围	$l_s=0.55\sqrt{Dd_1}=9.84$
	惯性矩 I_1	$I_1=\frac{b_1d_1{}^3}{12}=6.72$
	I_2	$I_2=\frac{b_2d_2{}^3}{12}=5.12$
	I_3	$I_3=\frac{b_3d_3{}^3}{12}=1066.67$
	I_4	$I_4=\frac{b_4d_4{}^3}{12}=5.12$

序 号	a	y	ay	h	h^2	ah^2	I
1	31.5	0.8	25.2	8.9	79.21	2495.11	6.72
2	24	2.4	57.6	7.3	53.29	1278.96	5.12
3	32	13.2	422.4	3.5	12.25	392	1066.67
4	24	24	576	14.3	204.49	4907.76	5.12
小 计	$A=111.5$		$AY=1081.2$			$AH^2=9073.83$	1073.39

$C=\frac{AY}{A}=9.7\text{cm}$　　$I_{组合}=AH^2+I=10147.22\text{cm}^4$

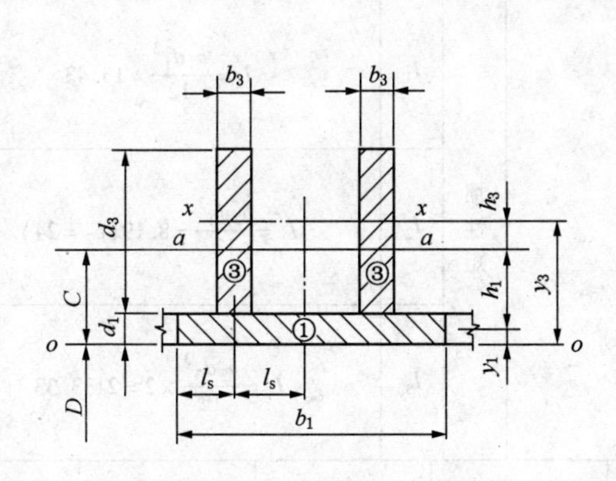	加强范围	$l_s=0.55\sqrt{Dd_1}=9.84$
	惯性矩 I_1	$I_1=\frac{b_1d_1{}^3}{12}=13.43$
	I_3	$I_3=\frac{b_3d_3{}^3}{12}\times2=2133.33$

序 号	a	y	ay	h	h^2	ah^2	I
1	62.98	0.8	50.38	5.44	29.59	1863.58	13.43
2	64	11.6	742.4	5.36	28.73	1838.72	2133.33
小 计	$A=126.98$		$AY=792.78$			$AH^2=3702.3$	2146.76

$C=\frac{AY}{A}=6.24\text{cm}$　　$I_{组合}=AH^2+I=5849.06\text{cm}^4$

续表 9.11－1

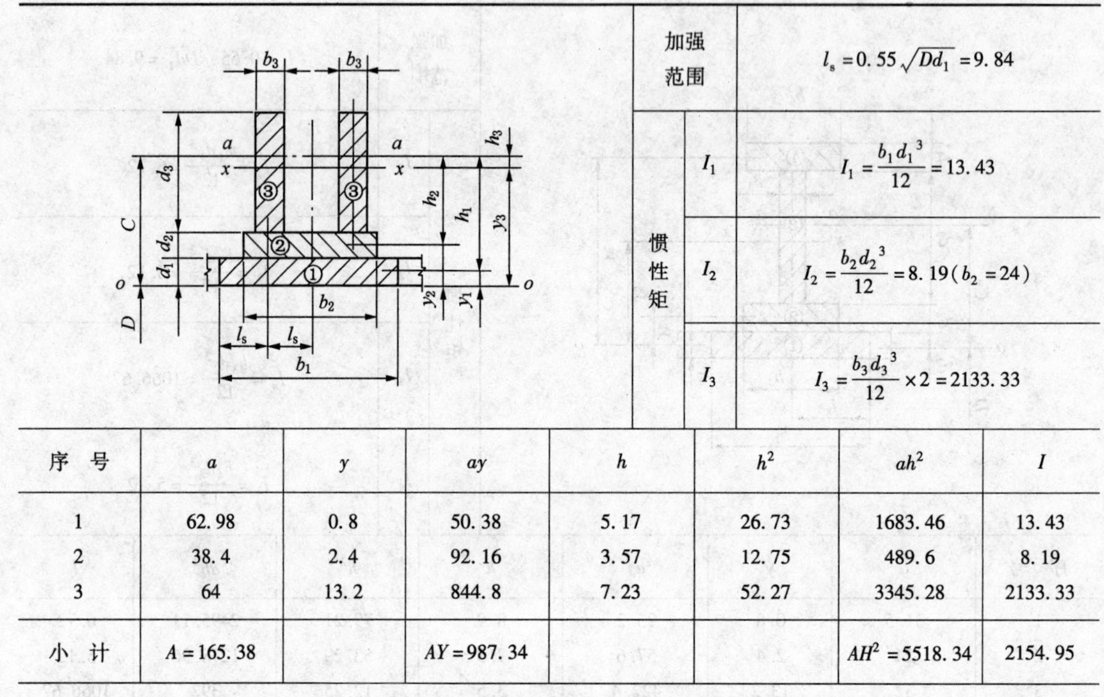

加强范围		$l_s=0.55\sqrt{Dd_1}=9.84$
惯性矩	I_1	$I_1=\frac{b_1d_1^3}{12}=13.43$
	I_2	$I_2=\frac{b_2d_2^3}{12}=8.19\ (b_2=24)$
	I_3	$I_3=\frac{b_3d_3^3}{12}\times 2=2133.33$

序 号	a	y	ay	h	h^2	ah^2	I
1	62.98	0.8	50.38	5.17	26.73	1683.46	13.43
2	38.4	2.4	92.16	3.57	12.75	489.6	8.19
3	64	13.2	844.8	7.23	52.27	3345.28	2133.33
小 计	$A=165.38$		$AY=987.34$			$AH^2=5518.34$	2154.95

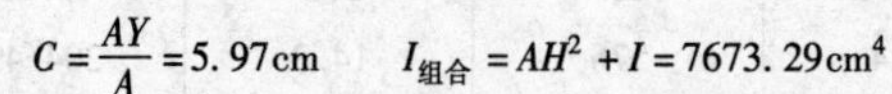

$C=\frac{AY}{A}=5.97\text{cm}\quad I_{组合}=AH^2+I=7673.29\text{cm}^4$

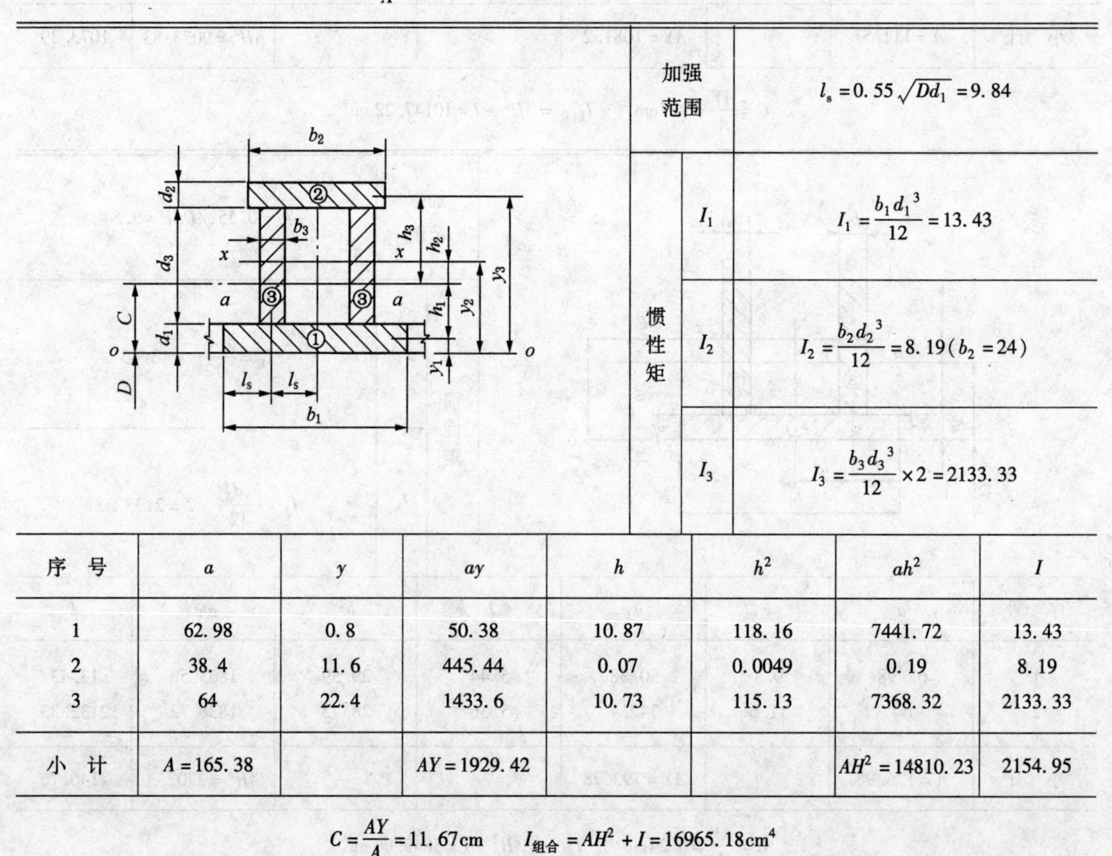

加强范围		$l_s=0.55\sqrt{Dd_1}=9.84$
惯性矩	I_1	$I_1=\frac{b_1d_1^3}{12}=13.43$
	I_2	$I_2=\frac{b_2d_2^3}{12}=8.19\ (b_2=24)$
	I_3	$I_3=\frac{b_3d_3^3}{12}\times 2=2133.33$

序 号	a	y	ay	h	h^2	ah^2	I
1	62.98	0.8	50.38	10.87	118.16	7441.72	13.43
2	38.4	11.6	445.44	0.07	0.0049	0.19	8.19
3	64	22.4	1433.6	10.73	115.13	7368.32	2133.33
小 计	$A=165.38$		$AY=1929.42$			$AH^2=14810.23$	2154.95

$C=\frac{AY}{A}=11.67\text{cm}\quad I_{组合}=AH^2+I=16965.18\text{cm}^4$

续表 9.11-1

<table>
<tr><td rowspan="5">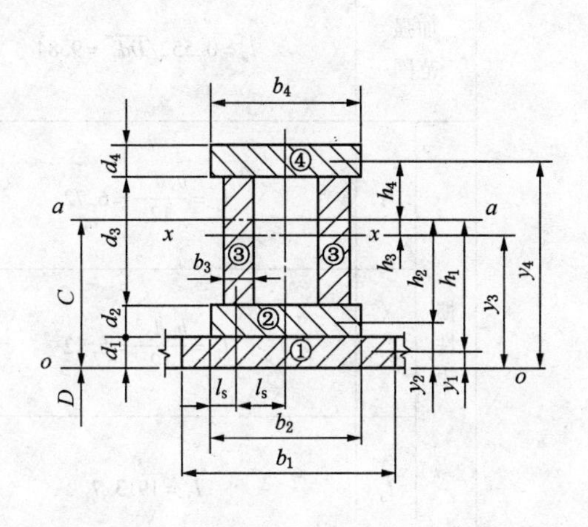</td><td colspan="2">加强范围</td><td>$l_s = 0.55\sqrt{Dd_1} = 9.84$</td></tr>
<tr><td rowspan="4">惯性矩</td><td>I_1</td><td>$I_1 = \frac{b_1 d_1^3}{12} = 13.43$</td></tr>
<tr><td>I_2</td><td>$I_2 = \frac{b_2 d_2^3}{12} = 8.19\,(b_2 = 24)$</td></tr>
<tr><td>I_3</td><td>$I_3 = \frac{b_3 d_3^3}{12} \times 2 = 2133.33$</td></tr>
<tr><td>I_4</td><td>$I_4 = \frac{b_4 d_4^3}{12} = 8.19\,(b_4 = 24)$</td></tr>
</table>

序号	a	y	ay	h	h^2	ah^2	I
1	62.98	0.8	50.38	8.57	73.45	4625.88	13.43
2	38.4	2.4	92.16	6.97	48.58	1865.47	8.19
3	64	13.2	844.8	3.83	14.67	938.88	2133.33
4	38.4	24	921.6	14.63	214.04	8219.14	8.19
小计	$A = 203.78$		$AY = 1908.94$			$AH^2 = 15649.37$	2163.14

$C = \frac{AY}{A} = 9.37\text{cm}$ $I_{组合} = AH^2 + I = 17812.51\text{cm}^4$

<table>
<tr><td rowspan="3">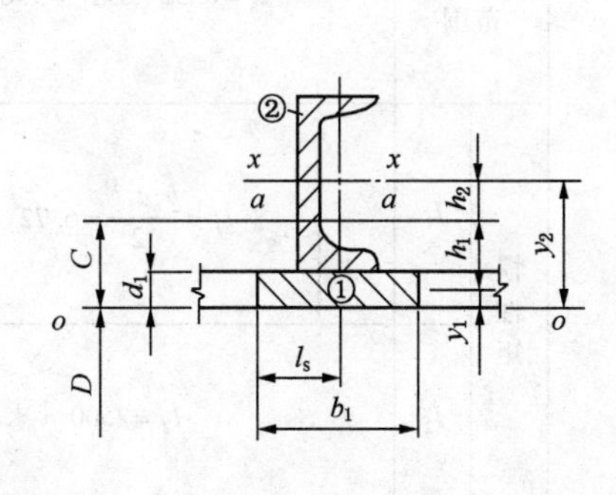</td><td colspan="2">加强范围</td><td>$l_s = 0.55\sqrt{Dd_1} = 9.84$</td></tr>
<tr><td rowspan="2">惯性矩</td><td>I_1</td><td>$I_1 = \frac{b_1 d_1^3}{12} = 6.72$</td></tr>
<tr><td>I_2</td><td>$I_2 = 1913.7$</td></tr>
</table>

序号	a	y	ay	h	h^2	ah^2	I
1	31.5	0.8	25.2	5.51	30.36	956.34	6.72
2	32.83	11.6	380.83	5.29	27.98	918.58	1913.7
小计	$A = 64.33$		$AY = 406.03$			$AH^2 = 1874.92$	1920.42

$C = \frac{AY}{A} = 6.31\text{cm}$ $I_{组合} = AH^2 + I = 3795.34\text{cm}^4$

续表 9.11－1

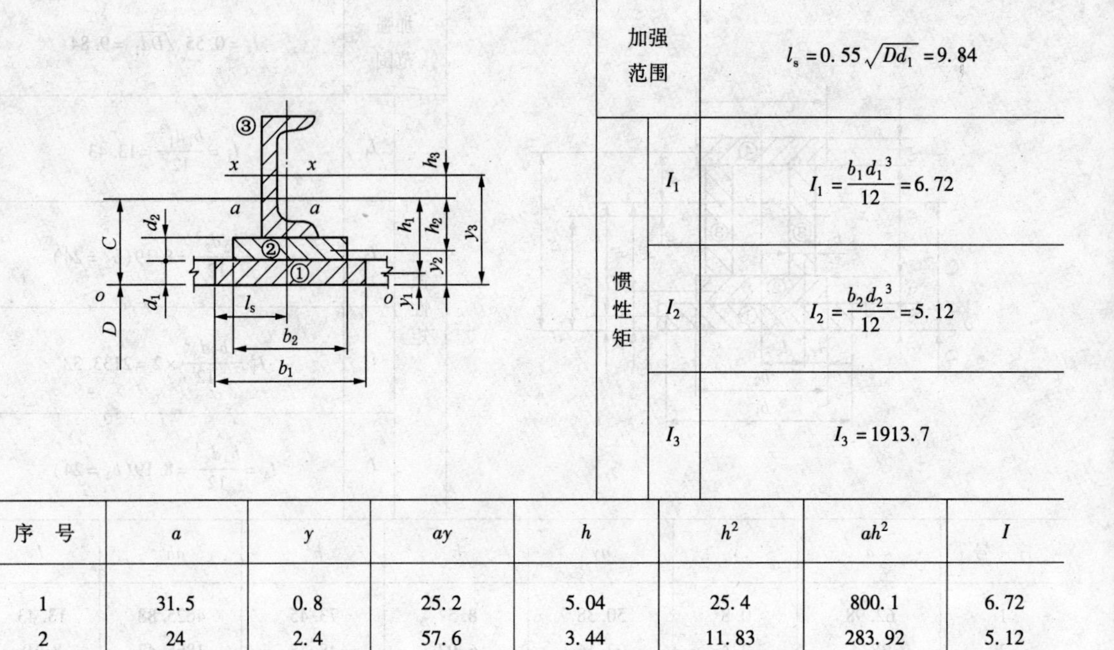

加强范围		$l_s=0.55\sqrt{Dd_1}=9.84$
惯性矩	I_1	$I_1=\frac{b_1d_1^{\ 3}}{12}=6.72$
	I_2	$I_2=\frac{b_2d_2^{\ 3}}{12}=5.12$
	I_3	$I_3=1913.7$

序　号	a	y	ay	h	h^2	ah^2	I
1	31.5	0.8	25.2	5.04	25.4	800.1	6.72
2	24	2.4	57.6	3.44	11.83	283.92	5.12
3	32.83	13.2	433.36	7.36	54.17	1778.4	1913.7
小　计	$A=88.33$		$AY=516.16$			$AH^2=2862.42$	1925.54

$C=\frac{AY}{A}=5.84\text{cm}$　　$I_{组合}=AH^2+I=4787.96\text{cm}^4$

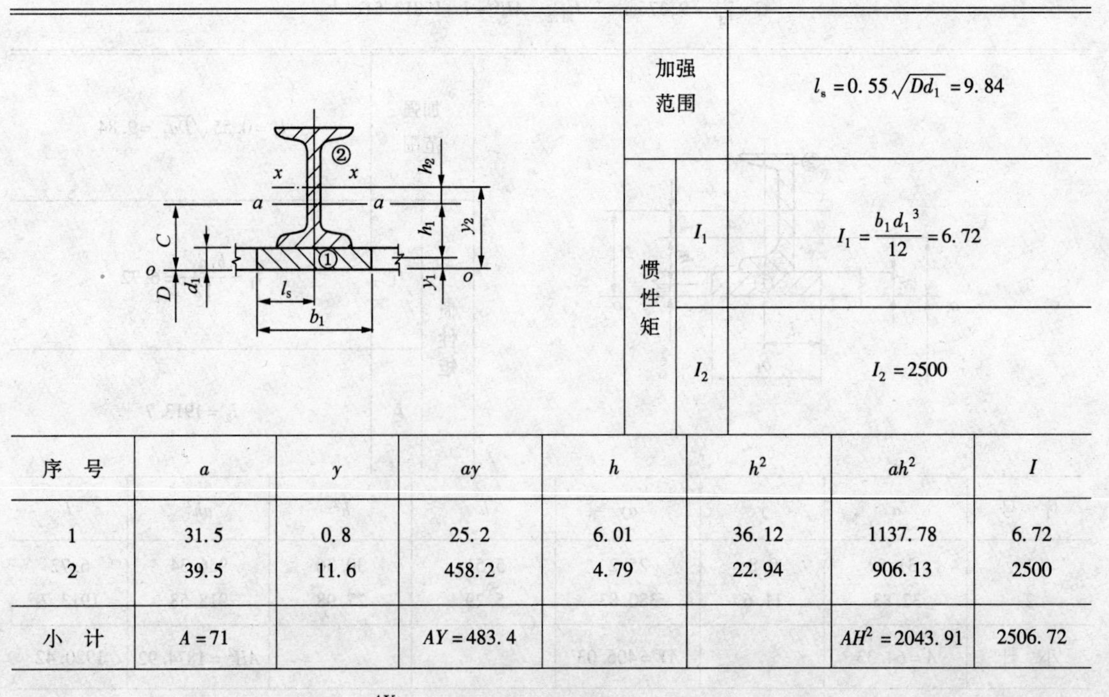

加强范围		$l_s=0.55\sqrt{Dd_1}=9.84$
惯性矩	I_1	$I_1=\frac{b_1d_1^{\ 3}}{12}=6.72$
	I_2	$I_2=2500$

序　号	a	y	ay	h	h^2	ah^2	I
1	31.5	0.8	25.2	6.01	36.12	1137.78	6.72
2	39.5	11.6	458.2	4.79	22.94	906.13	2500
小　计	$A=71$		$AY=483.4$			$AH^2=2043.91$	2506.72

$C=\frac{AY}{A}=6.81\text{cm}$　　$I_{组合}=AH^2+I=4550.63\text{cm}^4$

续表 9.11－1

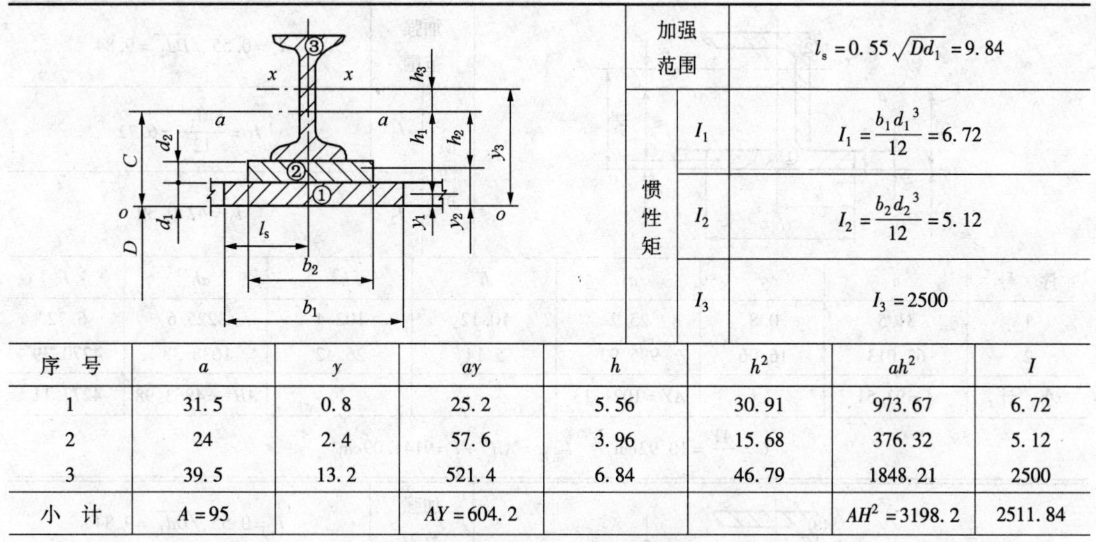

加强范围		$l_s=0.55\sqrt{Dd_1}=9.84$
惯性矩	I_1	$I_1=\frac{b_1d_1^3}{12}=6.72$
	I_2	$I_2=\frac{b_2d_2^3}{12}=5.12$
	I_3	$I_3=2500$

序号	a	y	ay	h	h^2	ah^2	I
1	31.5	0.8	25.2	5.56	30.91	973.67	6.72
2	24	2.4	57.6	3.96	15.68	376.32	5.12
3	39.5	13.2	521.4	6.84	46.79	1848.21	2500
小计	$A=95$		$AY=604.2$			$AH^2=3198.2$	2511.84

$C=\frac{AY}{A}=6.36\text{cm}$　　$I_{组合}=AH^2+I=5710.04\text{cm}^4$

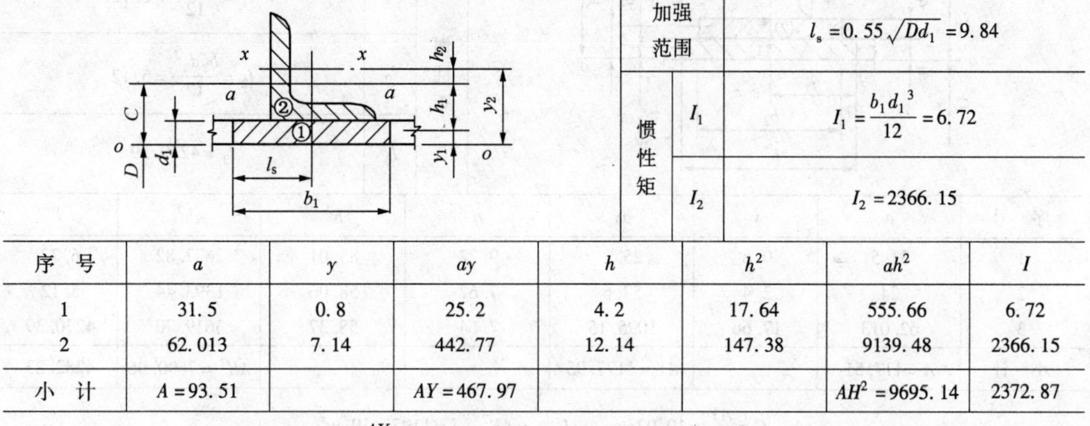

加强范围		$l_s=0.55\sqrt{Dd_1}=9.84$
惯性矩	I_1	$I_1=\frac{b_1d_1^3}{12}=6.72$
	I_2	$I_2=2366.15$

序号	a	y	ay	h	h^2	ah^2	I
1	31.5	0.8	25.2	4.2	17.64	555.66	6.72
2	62.013	7.14	442.77	12.14	147.38	9139.48	2366.15
小计	$A=93.51$		$AY=467.97$			$AH^2=9695.14$	2372.87

$C=\frac{AY}{A}=5.0\text{cm}$　　$I_{组合}=AH^2+I=12068.01\text{cm}^4$

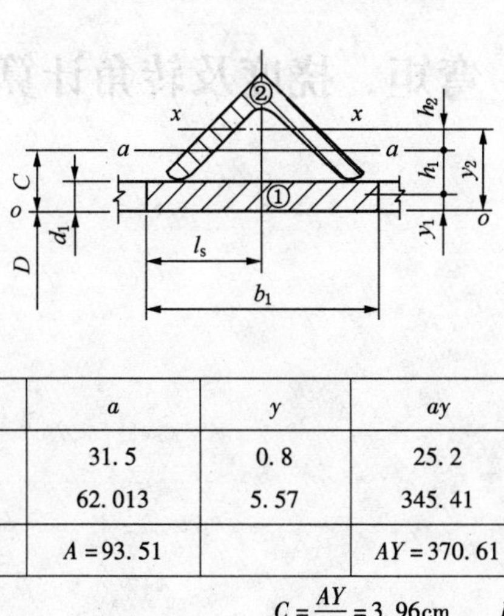

加强范围		$l_s=0.55\sqrt{Dd_1}=9.84$
惯性矩	I_1	$I_1=\frac{b_1d_1^3}{12}=6.72$
	I_2	$I_2=971.41$

序号	a	y	ay	h	h^2	ah^2	I
1	31.5	0.8	25.2	3.16	9.99	314.69	6.72
2	62.013	5.57	345.41	1.61	2.59	160.61	971.41
小计	$A=93.51$		$AY=370.61$			$AH^2=475.3$	978.13

$C=\frac{AY}{A}=3.96\text{cm}$　　$I_{组合}=AH^2+I=1453.43\text{cm}^4$

续表 9.11－1

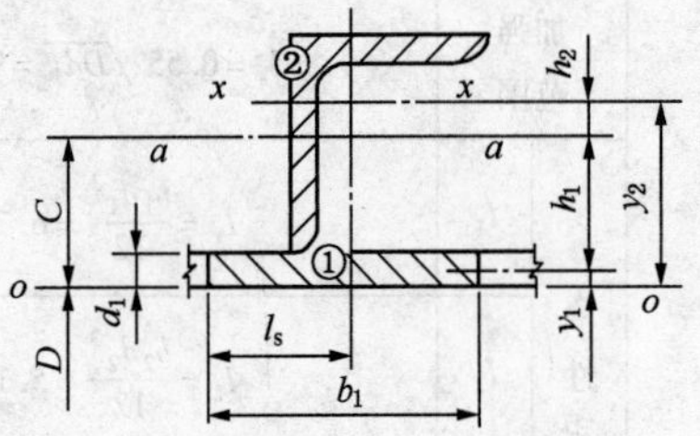

加强范围		$l_s=0.55\sqrt{Dd_1}=9.84$
惯性矩	I_1	$I_1=\frac{b_1d_1^3}{12}=6.72$
	I_2	$I_2=4270.39$

序 号	a	y	ay	h	h^2	ah^2	I
1	31.5	0.8	25.2	10.12	102.4	3225.6	6.72
2	62.013	16.06	995.93	5.14	26.42	1638.38	4270.39
小 计	A=93.51		AY=1021.13			$AH^2=4863.98$	4277.11

$C=\frac{AY}{A}=10.92\text{cm}$　　$I_{组合}=AH^2+I=9141.09\text{cm}^4$

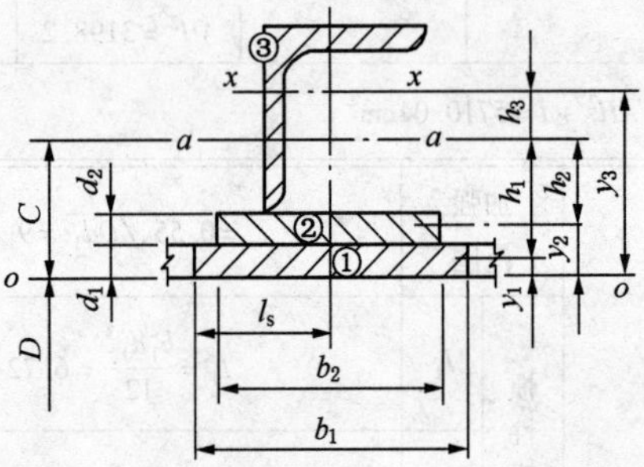

加强范围		$l_s=0.55\sqrt{Dd_1}=9.84$
惯性矩	I_1	$I_1=\frac{b_1d_1^3}{12}=6.72$
	I_2	$I_2=\frac{b_2d_2^3}{12}=5.12$
	I_3	$I_3=4270.39$

序 号	a	y	ay	h	h^2	ah^2	I
1	31.5	0.8	25.2	9.22	85.01	2677.82	6.72
2	24	2.4	57.6	7.62	58.06	1393.44	5.12
3	62.013	17.66	1095.15	7.64	58.37	3619.70	4270.39
小 计	A=117.51		AY=1177.95			$AH^2=7690.96$	4282.23

$C=\frac{AY}{A}=10.02\text{cm}$　　$I_{组合}=AH^2+I=11973.19\text{cm}^4$

9.12 受静载荷梁的反力、弯矩、挠度及转角计算

下表各式中：

R_A，R_B——反力，kgf；

P——集中载荷，kgf；

q——均布载荷，kgf/cm；

E——弹性模量，kgf/cm^2；

I——截面惯性矩，cm^4；

M_A，M_B——力矩，kgf·cm；

M_W——弯矩，kgf·cm；

y——挠度，cm；

θ_A，θ_B——支点处转角。

表 9.12－1　受静载荷梁的反力、弯矩、挠度及转角计算

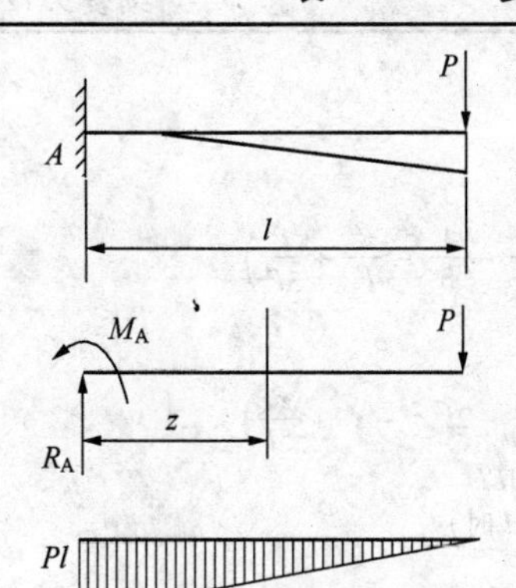

$R_A = P$

$M_A = Pl$

$M_W = P(z-l)$

$M_{W_{max}} = Pl$

$y = \frac{P}{2EI}\left(\frac{z^3}{3} - lz^2\right)$

$y_{max} = -\frac{Pl^3}{3EI}$（当 $z=l$）

$\theta_A = 0$

$\theta_B = -\frac{Pl^2}{2EI}$

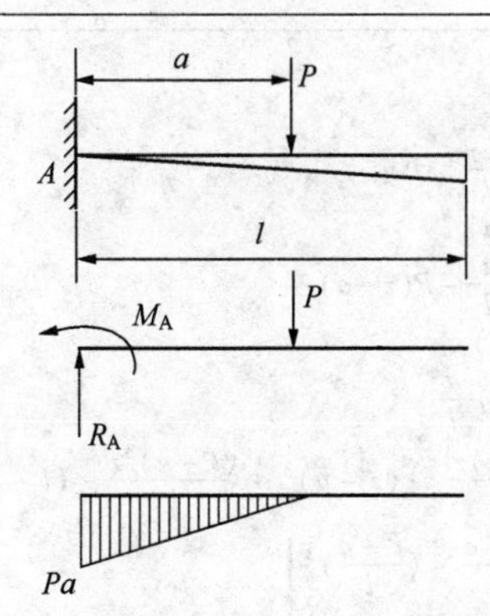

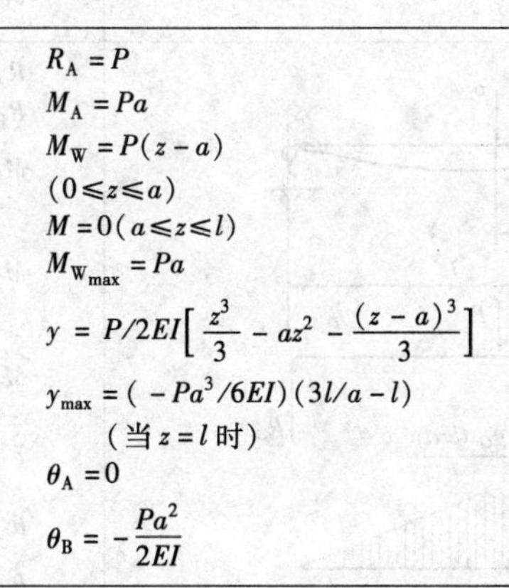

$R_A = P$

$M_A = Pa$

$M_W = P(z-a)$

$(0 \leqslant z \leqslant a)$

$M = 0 (a \leqslant z \leqslant l)$

$M_{W_{max}} = Pa$

$y = P/2EI\left[\frac{z^3}{3} - az^2 - \frac{(z-a)^3}{3}\right]$

$y_{max} = (-Pa^3/6EI)(3l/a - l)$

（当 $z=l$ 时）

$\theta_A = 0$

$\theta_B = -\frac{Pa^2}{2EI}$

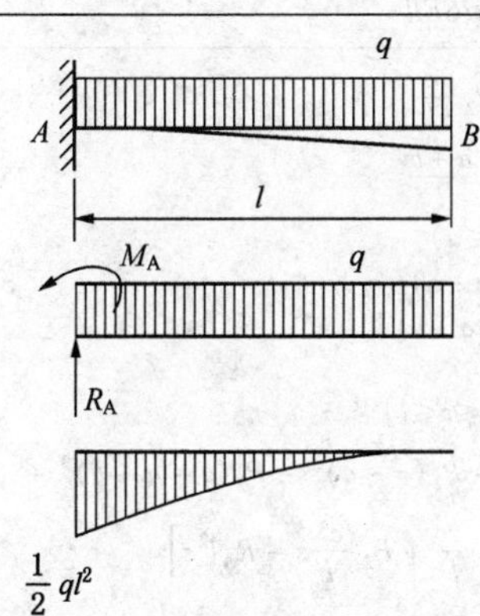

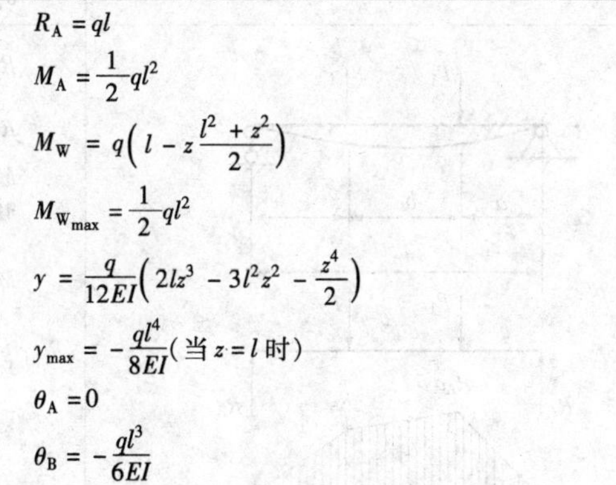

$R_A = ql$

$M_A = \frac{1}{2}ql^2$

$M_W = q\left(l - z\frac{l^2+z^2}{2}\right)$

$M_{W_{max}} = \frac{1}{2}ql^2$

$y = \frac{q}{12EI}\left(2lz^3 - 3l^2z^2 - \frac{z^4}{2}\right)$

$y_{max} = -\frac{ql^4}{8EI}$（当 $z=l$ 时）

$\theta_A = 0$

$\theta_B = -\frac{ql^3}{6EI}$

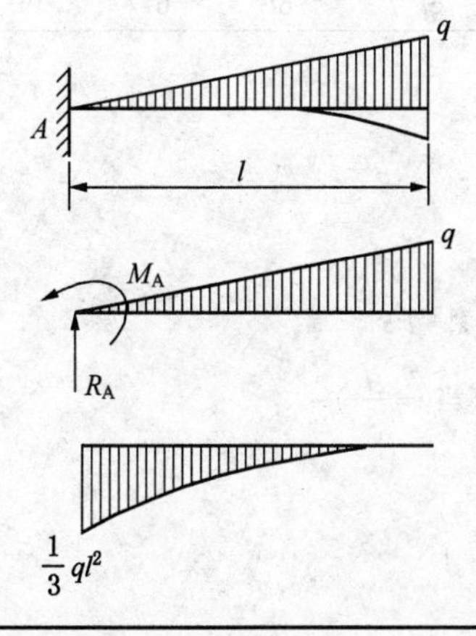

$R_A = \frac{1}{2}ql$

$M_A = \frac{1}{3}ql^2$

$M_W = ql^2\left(\frac{z}{2l} - \frac{1}{3} - \frac{z^3}{6l^3}\right)$

$M_{W_{max}} = \frac{1}{3}ql^2$

$y = \frac{q}{12EI}\left(lz^3 - 2l^2z^2 - \frac{z^5}{10l}\right)$

$y_{max} = -11ql^4/120EI$

（当 $z=l$ 时）

$\theta_A = 0$

$\theta_B = -ql^3/8EI$

续表 9.12-1

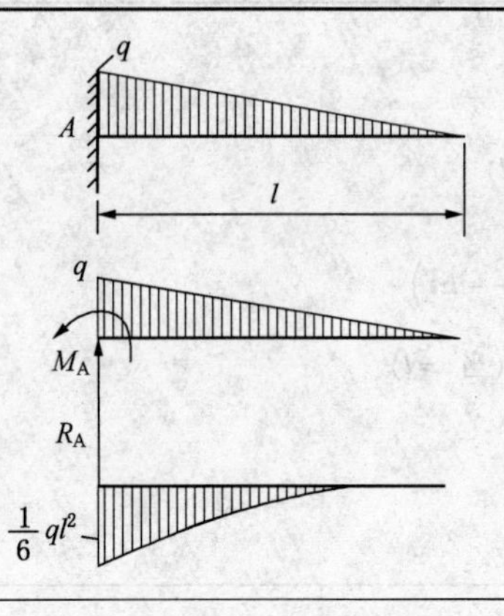	$R_A=\frac{1}{2}ql$ $M_A=\frac{1}{6}ql^2$ $M_W=\frac{ql^2}{2}\left(\frac{z}{l}-\frac{1}{3}-\frac{z^2}{l^2}+\frac{z^3}{3l^3}\right)$ $M_{W_{max}}=\frac{1}{6}ql^2$ $y=\frac{q}{24EI}\left(2lz^3-2l^2z^2-z^4+\frac{z^5}{5l}\right)$ $y_{max}=-ql^4/30EI$ （当 $z=l$ 时） $\theta_A=0$ $\theta_B=-ql^3/24EI$
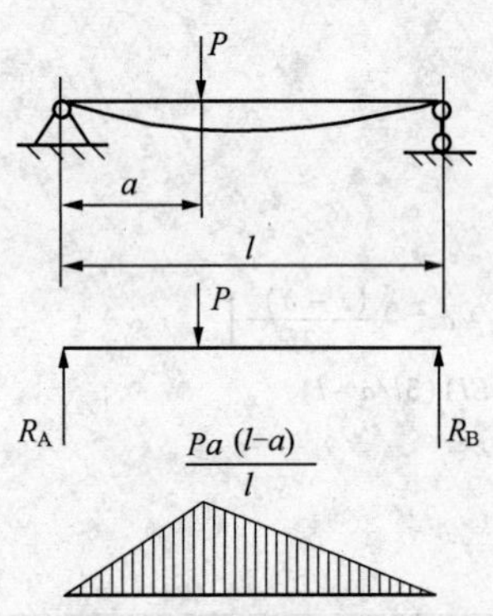	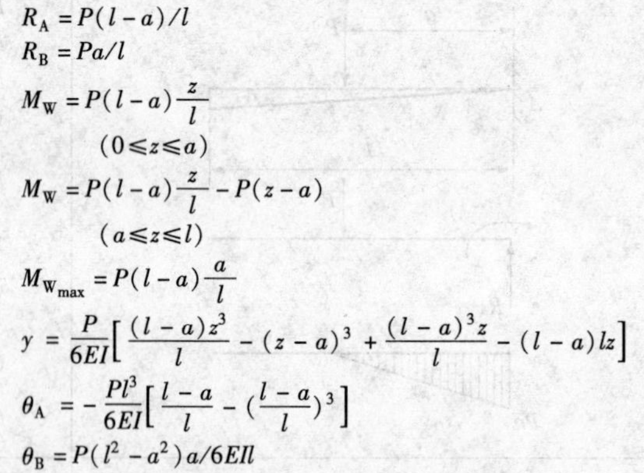 $R_A=P(l-a)/l$ $R_B=Pa/l$ $M_W=P(l-a)\frac{z}{l}$ $(0\leqslant z\leqslant a)$ $M_W=P(l-a)\frac{z}{l}-P(z-a)$ $(a\leqslant z\leqslant l)$ $M_{W_{max}}=P(l-a)\frac{a}{l}$ $y=\frac{P}{6EI}\left[\frac{(l-a)z^3}{l}-(z-a)^3+\frac{(l-a)^3z}{l}-(l-a)lz\right]$ $\theta_A=-\frac{Pl^3}{6EI}\left[\frac{l-a}{l}-(\frac{l-a}{l})^3\right]$ $\theta_B=P(l^2-a^2)a/6EIl$
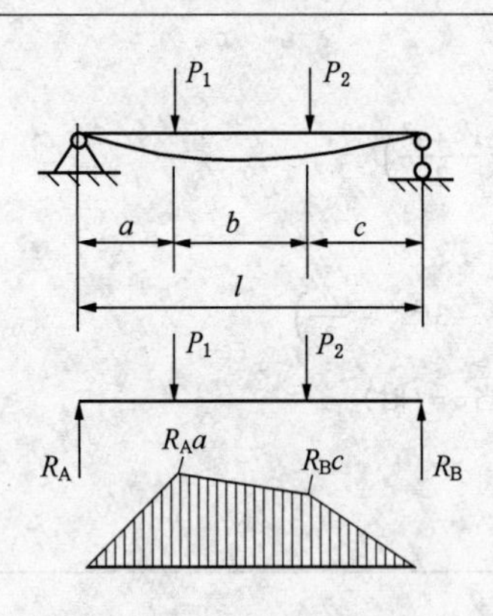	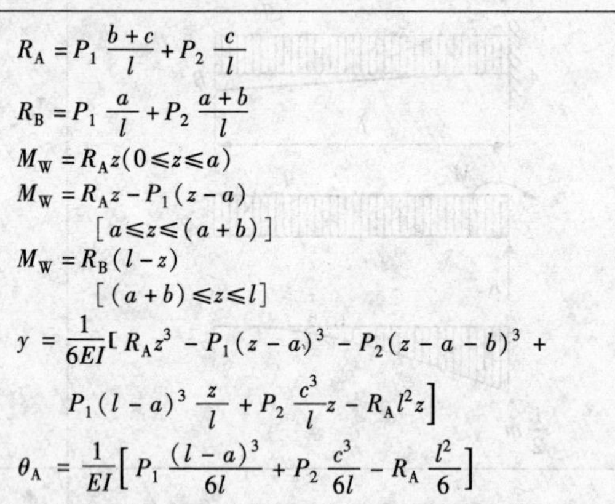 $R_A=P_1\frac{b+c}{l}+P_2\frac{c}{l}$ $R_B=P_1\frac{a}{l}+P_2\frac{a+b}{l}$ $M_W=R_Az(0\leqslant z\leqslant a)$ $M_W=R_Az-P_1(z-a)$ $[a\leqslant z\leqslant(a+b)]$ $M_W=R_B(l-z)$ $[(a+b)\leqslant z\leqslant l]$ $y=\frac{1}{6EI}[R_Az^3-P_1(z-a)^3-P_2(z-a-b)^3+$ $P_1(l-a)^3\frac{z}{l}+P_2\frac{c^3}{l}z-R_Al^2z]$ $\theta_A=\frac{1}{EI}\left[P_1\frac{(l-a)^3}{6l}+P_2\frac{c^3}{6l}-R_A\frac{l^2}{6}\right]$
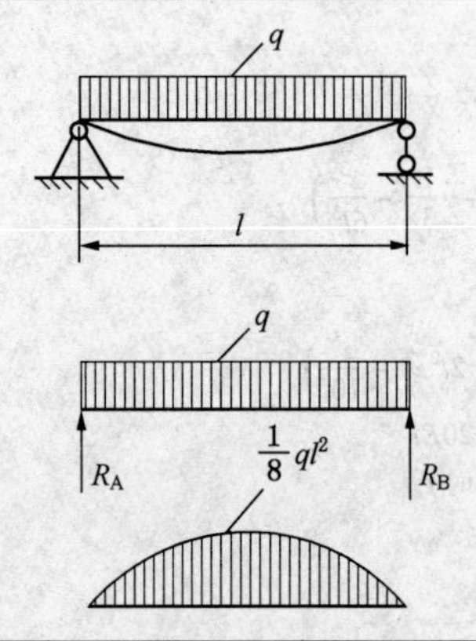	$R_A=R_B=\frac{1}{2}ql$ $M_W=\frac{1}{2}qz(l-z)$ $M_{W_{max}}=\frac{1}{8}ql^2$ $y=\frac{q}{24EI}[2lz^3-z^4-l^3z]$ $y_{max}=-\frac{5ql^4}{384EI}$（当 $z=\frac{l}{2}$） $\theta_A=-\frac{ql^3}{24EI}$ $\theta_B=\frac{ql^3}{24EI}$

续表 9.12－1

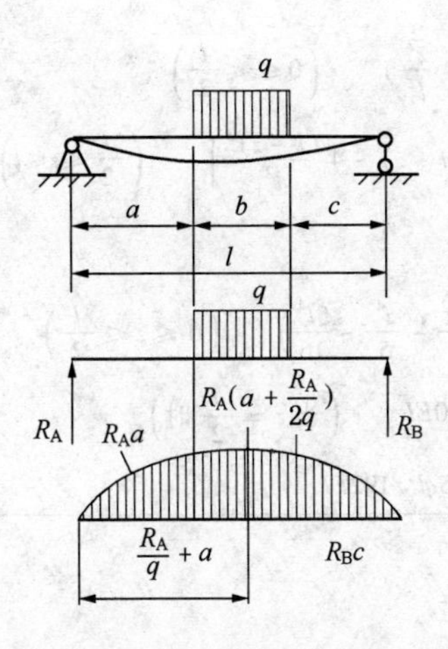

$$R_A=qb/l(\frac{b}{2}+c)$$

$$R_B=qb/l(\frac{b}{2}+a)$$

$$M_W=R_Az(0\leqslant z\leqslant a)$$

$$M_W=R_Az-\frac{1}{2}q(z-a)^2\quad[a\leqslant z\leqslant(a+b)]$$

$$M_W=R_B(l-z)\quad[(a+b)\leqslant z\leqslant l]$$

$$M_{W_{max}}=R_A(a+R_A/2q)$$

$$y=\frac{1}{24EI}[4R_Az^3-q(z-a)^4+q(z-a-b)^4+q(l-a)\frac{4z}{l}-4R_Al^2z-qc^4\frac{z}{l}]$$

$$\theta_A=\frac{1}{24EI}\left[-4R_Al^2+q\frac{(l-a)^4}{l}-q\frac{c^4}{l}\right]$$

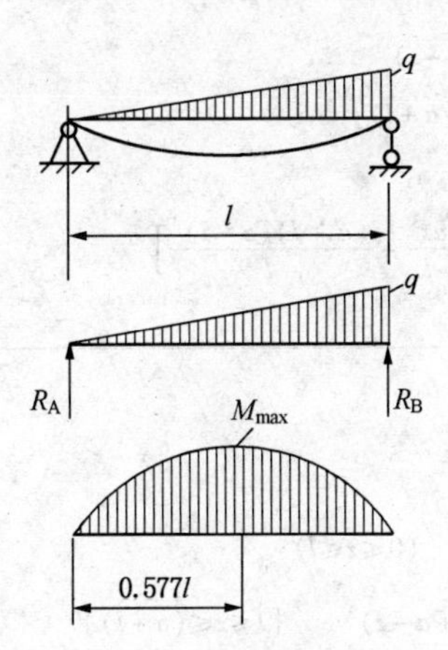

$$R_A=\frac{1}{6}ql$$

$$R_B=\frac{1}{3}ql$$

$$M_W=\frac{qlz}{b}\left(1-\frac{z^2}{l^2}\right)$$

$$M_{W_{max}}=ql^2/9\sqrt{3}=0.064ql^2(\text{当 }z=0.577l\text{ 时})$$

$$y=\frac{ql^4}{360EI}\left(-7\frac{z}{l}+10\frac{z^3}{l^3}-3\frac{z^5}{l^5}\right)$$

$$y_{max}=-0.00652ql^4/EI(\text{当 }z=0.519l\text{ 时})$$

$$\theta_A=-7ql^3/360EI$$

$$\theta_B=8ql^3/360EI$$

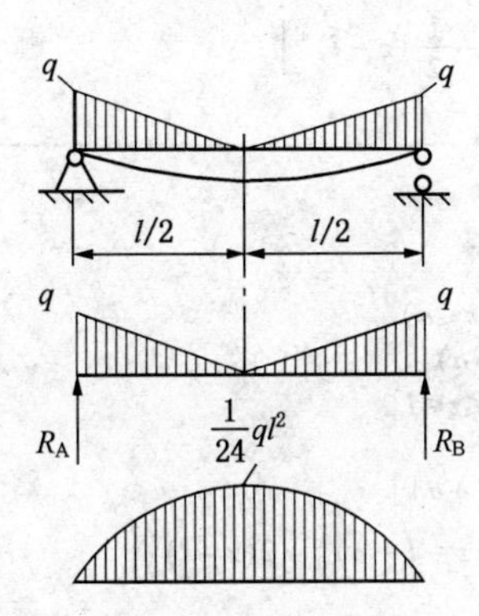

$$R_A=R_B=\frac{1}{4}ql$$

$$M_W=\frac{1}{4}qlz-\frac{1}{2}qz^2+\frac{qz^3}{3l}\quad\left(0\leqslant z\leqslant\frac{l}{2}\right)$$

$$M_W=q\left[\frac{l-z}{4}-\frac{(l-z)^2}{2}+\frac{(l-z)^3}{3l}\right]\quad\left(\frac{l}{2}\leqslant z\leqslant l\right)$$

$$M_{W_{max}}=\frac{1}{24}ql^2$$

$$y=\frac{q}{24EI}\left[lz^3-z^4+\frac{2z^5}{5l}-\frac{3}{8}l^3z\right]\quad\left(0\leqslant z\leqslant\frac{l}{2}\right)$$

$$y_{max}=-0.0047\frac{ql^4}{EI}\quad\left(\text{当 }z=\frac{l}{2}\text{时}\right)$$

$$\theta_A=-\theta_B=-ql^3/64EI$$

续表 9.12－1

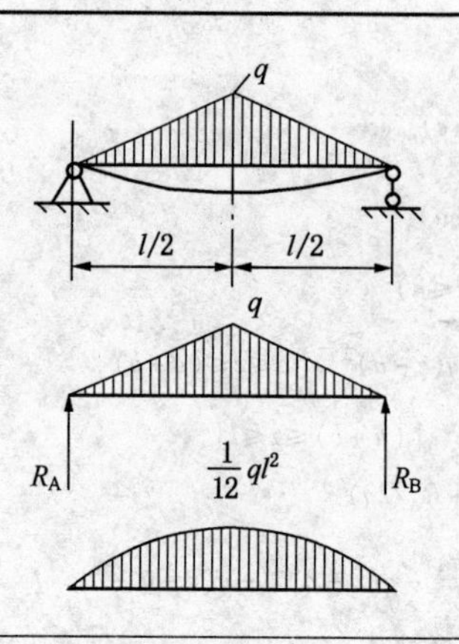

$R_A = R_B = \frac{1}{4}ql$

$M_W = \frac{qlz}{12}(3 - 4\frac{z^2}{l^2}) \quad \left(0 \leqslant z \leqslant \frac{l}{2}\right)$

$M_W = \frac{ql}{12}\left[3(l-z) - 4\frac{(l-z)^3}{l^2}\right] \quad \left(\frac{l}{2} \leqslant z \leqslant l\right)$

$M_{W_{max}} = \frac{1}{12}ql^2$

$y = \frac{qz}{12EIl}\left(\frac{l^2z^2}{2} - \frac{z^4}{5} - \frac{5l^4}{16}\right) \quad \left(0 \leqslant z \leqslant \frac{l}{2}\right)$

$z_{max} = -ql^4/120EI \quad \left(当 z = \frac{l}{2} 时\right)$

$\theta_A = -\theta_B = -5ql^3/192EI$

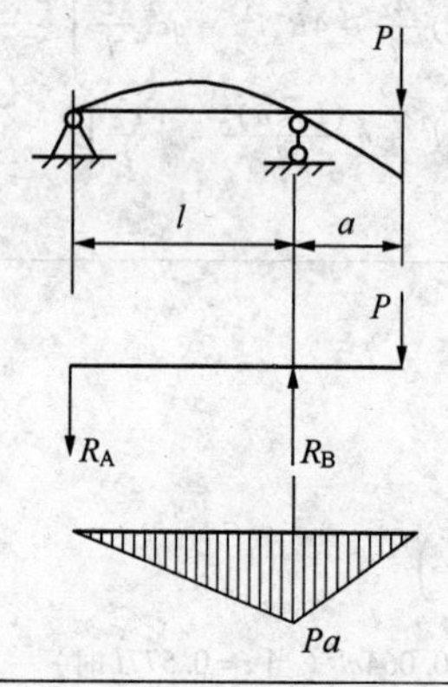

$R_A = P\frac{a}{l}$

$R_B = P\frac{a+l}{l}$

$M_W = -P\frac{az}{l} \quad (0 \leqslant z \leqslant l)$

$M_W = -P(l+a-z)$

$[l \leqslant z \leqslant (a+l)]$

$M_{W_{max}} = Pa$

$y = \frac{P}{6EI}\left[alz - \frac{az^3}{l} + \frac{(a+l)(z-l)^3}{l}\right]$

$\theta_A = Pal/6EI$

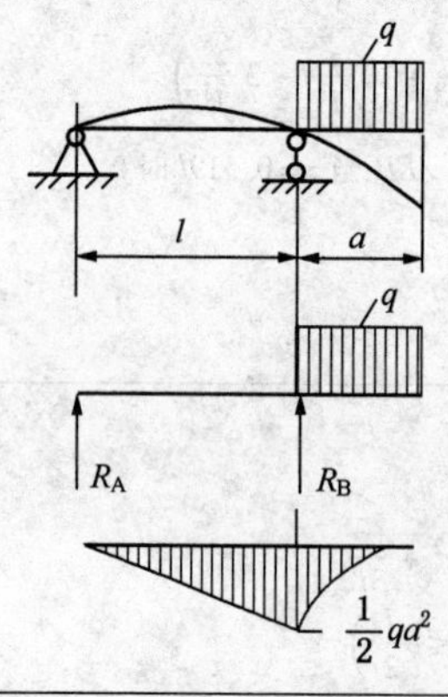

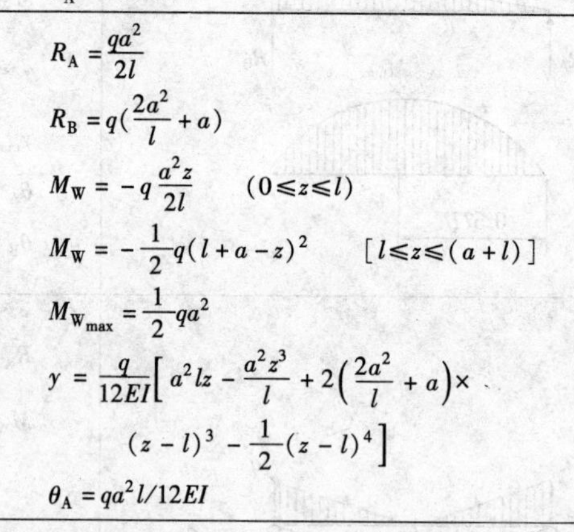

$R_A = \frac{qa^2}{2l}$

$R_B = q(\frac{2a^2}{l} + a)$

$M_W = -q\frac{a^2z}{2l} \quad (0 \leqslant z \leqslant l)$

$M_W = -\frac{1}{2}q(l+a-z)^2 \quad [l \leqslant z \leqslant (a+l)]$

$M_{W_{max}} = \frac{1}{2}qa^2$

$y = \frac{q}{12EI}\left[a^2lz - \frac{a^2z^3}{l} + 2\left(\frac{2a^2}{l} + a\right)\times (z-l)^3 - \frac{1}{2}(z-l)^4\right]$

$\theta_A = qa^2l/12EI$

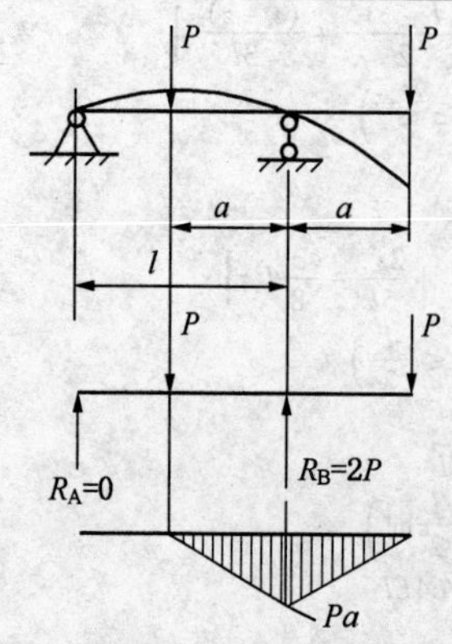

$R_A = 0$

$R_B = 2P$

$M_W = 0 \quad (0 \leqslant z \leqslant a)$

$M_W = -P(z-l+a)$

$[(l-a) \leqslant z \leqslant l]$

$M_W = -P(l+a-z)$

$[l \leqslant z \leqslant (l+a)]$

$y = \frac{P}{6EI}\left[\frac{a^3z}{l} - (z-l+a)^3 + 2(z-l)^3\right]$

$\theta_A = Pa^3/6EIl$

$\theta_B = \frac{P}{6EI}\left(\frac{a^3}{l} - 6a^2\right)$

续表9.12-1

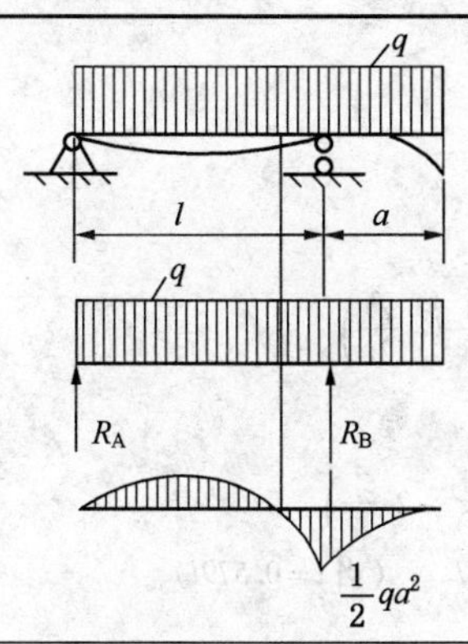

$$R_A = q[l + a - (l + a)^2/2l]$$
$$R_B = q(l + a)^2/2l$$
$$M_W = R_A z - \frac{1}{2}qz^2 \quad (0 \leqslant z \leqslant l)$$
$$M_W = -\frac{1}{2}q(l + a - z)^2 \quad [l \leqslant z \leqslant (l + a)]$$
$$y = \frac{1}{6EI}\left[\frac{ql^3 z}{4} - R_A l^2 z + R_A z^3 - \frac{1}{4}qz^4 + R_B(z - l)^3\right]$$
$$\theta_A = \frac{1}{EI}\left(\frac{1}{24}ql^3 - \frac{1}{6}al^2\right)$$

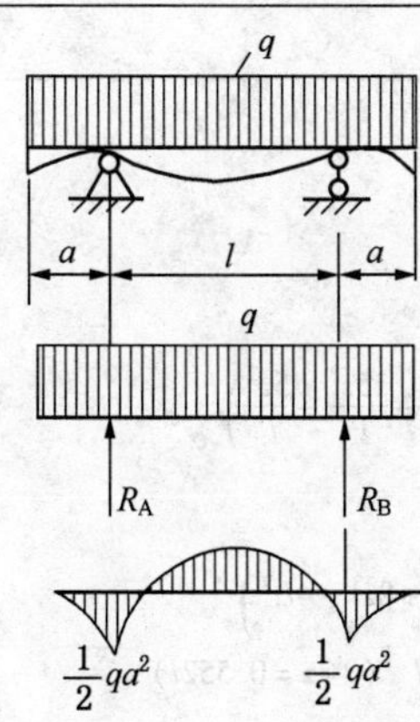

$$R_A = R_B = q\frac{l + 2a}{2}$$
$$M_W = -\frac{1}{2}qz^2 \quad (0 \leqslant z \leqslant a)$$
$$M_W = -\frac{q}{2}[z^2 - (l + 2a)(z - a)] \quad [a \leqslant z \leqslant (a + l)]$$
$$M_{W_{max}} = qa^2/2 \quad \left(当\ a > \frac{\sqrt{2}}{4}l\right)$$
$$M_{W_{max}} = \frac{q}{8}(l^2 - 4a^2) \quad \left(当\ a < \frac{\sqrt{2}}{4}l\right)$$
$$y = \frac{q}{24EI}\left\{a^4 - \left[\frac{(a + l)^4 - a^4}{l} - 2(l + 2a)l^2\right] \times (z - a) - z^4 + 2(l + 2a)(z - a)^3\right\}$$

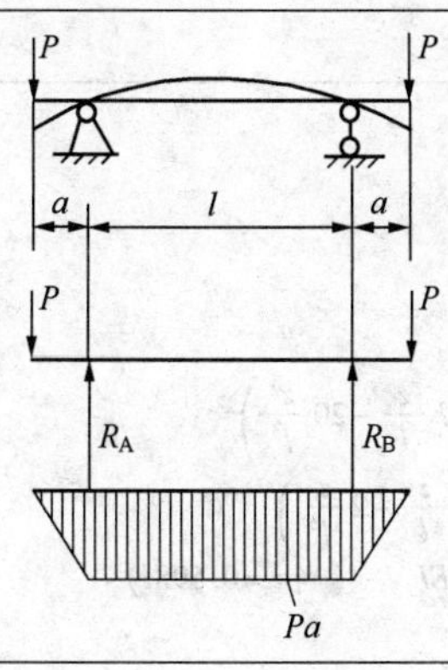

$$R_A = R_B = P$$
$$M_W = -Pz \quad (0 \leqslant z \leqslant a)$$
$$M_W = -Pa \quad [a \leqslant z \leqslant (a + l)]$$
$$M_{W_{max}} = Pa$$
$$y = \frac{P}{6EI}[3a(a + l)z - a^2(2a + 3l) - z^3 + (z - a)^3 + (z - a - l)^3]$$
$$y = -Pa^2(2a + 3l)/6EI \quad (当\ z = 0)$$
$$y = 3Pal^2/8EI \quad \left(当\ z = a + \frac{l}{2}\right)$$
$$\theta_A = -\theta_B = Pa(a + l)/2EI$$

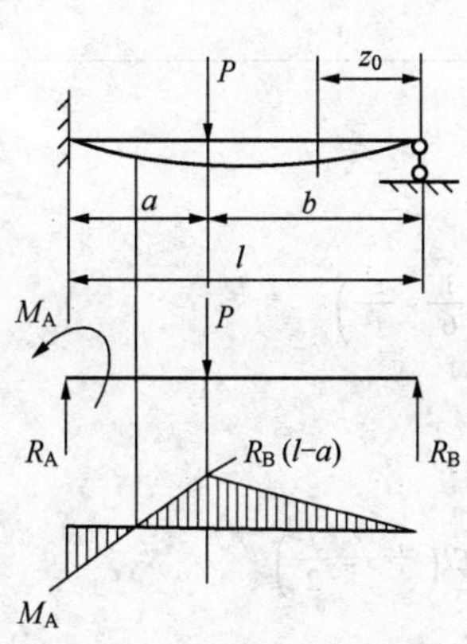

$$R_A = (2l^3 - 3a^2 + a^3)P/2l^3$$
$$R_B = a^2(3l - a)P/2l^3$$
$$M_A = Pa\left(1 - \frac{3a}{2l} + \frac{a^2}{2l^2}\right)$$
$$M_W = R_A z - M_A \quad (0 \leqslant z \leqslant a)$$
$$M_W = R_A z - M_A - P(z - a) \quad (a \leqslant z \leqslant l)$$
$$y = \frac{1}{EI}\left[R_A\frac{z^3}{6} - M_A\frac{z^2}{2} - P\frac{(z - a)^3}{6}\right]$$

若 $a < 0.586l$

$$y_{max} = \frac{Pa^2 b}{6EI}\sqrt{\frac{b}{2l + b}} \quad \left[当\ z_0 = l\sqrt{b/(2l + b)}\right]$$

若 $a = 0.586l$

$$y_{max} = Pl^3/101.9EI \quad (当\ z = a)$$
$$\theta_A = 0$$
$$\theta_B = Pa^2 b/4EIl$$

续表 9.12－1

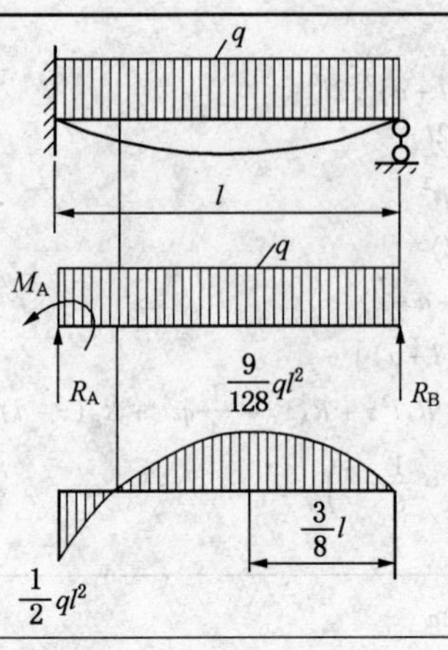

$R_A=\frac{5}{8}ql$

$R_B=\frac{3}{8}ql$

$M_A=\frac{1}{8}ql^2$

$M_W=ql\left(\frac{5}{8}z-\frac{1}{8}l-\frac{z^2}{2l}\right)$

$M_{W_{max}}=\frac{1}{8}ql^2$

$y=\frac{ql}{48EI}\left(5z^3-3lz^2-2\frac{z^4}{l}\right)$

$y_{max}=-ql^4/185El$　　（当 $z=0.579l$）

$\theta_A=0$

$\theta_B=ql^3/48EI$

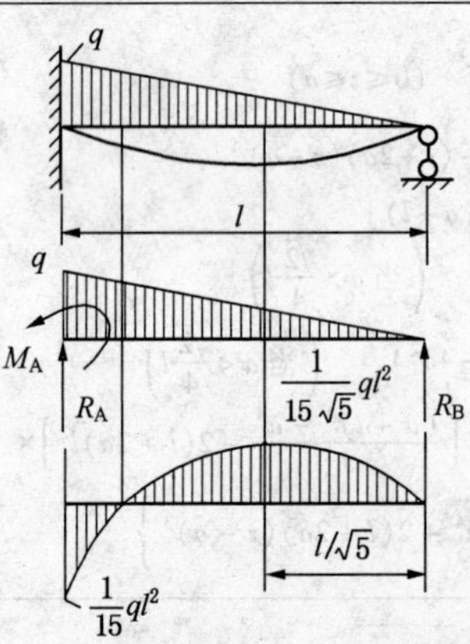

$R_A=\frac{2}{5}ql$

$R_B=\frac{1}{10}ql$

$M_A=\frac{1}{15}ql^2$

$M_W=\frac{ql^2}{30}\left(-2+\frac{12z}{l}-\frac{15z^2}{l^2}+\frac{5z^3}{l^3}\right)$

$M_{W_{max}}=\frac{1}{15}ql^2$

$y=\frac{ql}{120EI}\left(\frac{z^5}{l^2}-\frac{5z^4}{l}+8z^3-4lz^2\right)$

$y_{max}=-ql^4/418.6EI$　（当 $z=0.552l$）

$\theta_A=0$

$\theta_B=ql^3/120EI$

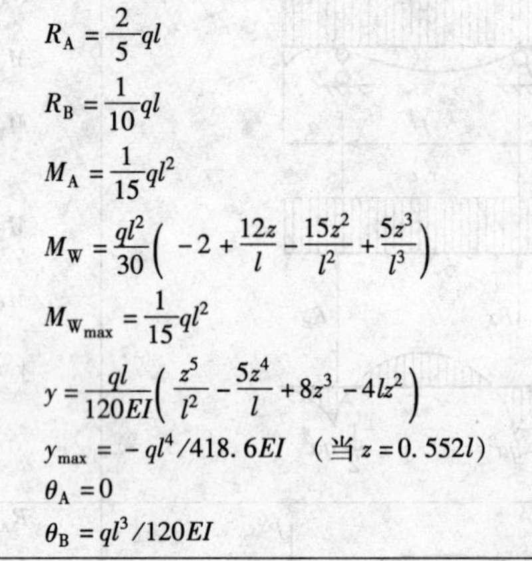

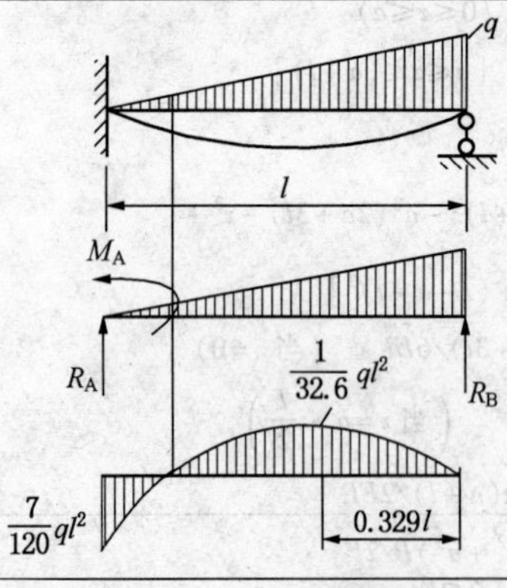

$R_A=\frac{9}{40}ql$

$R_B=\frac{11}{40}ql$

$M_A=\frac{7}{120}ql^2$

$M_W=\frac{ql^2}{120}\left(-7+27\frac{z}{l}-20\frac{z^3}{l^3}\right)$

$y=\frac{ql^2z^2}{240EI}\left(-7+9\frac{z}{l}-2\frac{z^3}{l^3}\right)$

$y_{max}=-ql^4/327.8EI$　　（当 $z=0.598l$）

$\theta_A=0$

$\theta_B=ql^3/80EI$

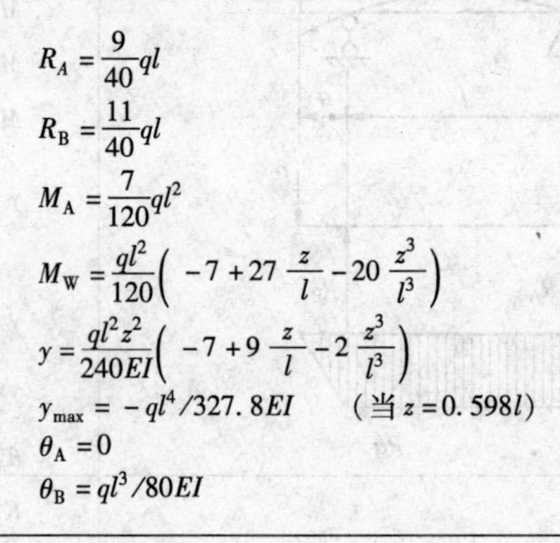

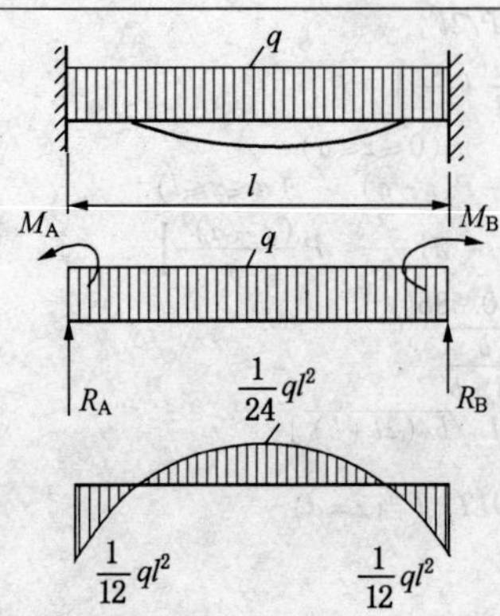

$R_A=R_B=\frac{1}{2}ql$

$M_A=M_B=\frac{1}{12}ql^2$

$M_W=\frac{ql^2}{2}\left(\frac{z}{l}-\frac{1}{6}-\frac{z^2}{l^2}\right)$

$M_{W_{max}}=\frac{1}{12}ql^2$

$y=-\frac{qz^2}{24EI}(l-z)^2$

$y_{max}=-ql^4/384EI\left(当 z=\frac{l}{2}\right)$

$\theta_A=\theta_B=0$

续表 9.12-1

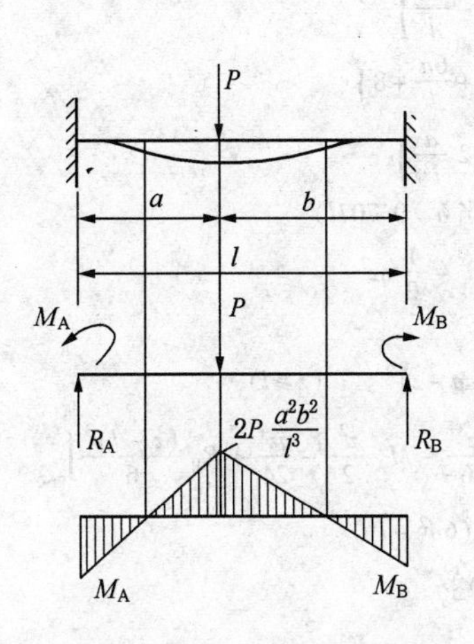	$R_A = Pb^2(l+2a)/l^3$ $R_B = [a^2(l+2b)P]/l^3$ $M_A = Pab^2/l^2$ $M_B = Pa^2b/l^2$ $M_W = R_Az - Pab^2/l^2$ $(0 \leqslant z \leqslant a)$ $M_W = R_Az - Pab^2/l^2 - P(z-a)$ $(a \leqslant z \leqslant l)$ $y = \frac{P}{6EI}\left[b^2(l+2a)\frac{z^3}{l^3} - \frac{3ab^2z^2}{l^2} - (z-a)^3\right]$ 若 $a > b$ $y_{max} = 2Pa^3b^2/3EI(2a+l)^2$ [当 $z = 2al/(2a+l)$] 若 $a < b$ $y_{max} = 2Pa^2b^3/3EI(2b+l)^3$ [当 $z = l^2/(2b+l)$] $\theta_A = \theta_B = 0$
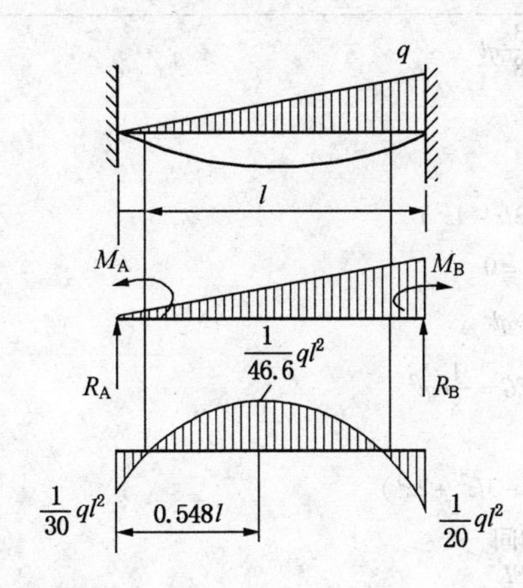	$R_A = 0.15ql$ $R_B = 0.35ql$ $M_A = ql^2/30$ $M_B = ql^2/20$ $M_W = \frac{ql^2}{60}(-10z^3/l^3 + 9z/l - 2)$ $M_{W_{max}} = ql^2/20$ $y = \frac{ql^2z^2}{120EI}\left(-\frac{z^3}{l^3} + \frac{3z}{l} - 2\right)$ $y_{max} = ql^4/764EI$ (当 $z = 0.525l$) $\theta_A = \theta_B = 0$
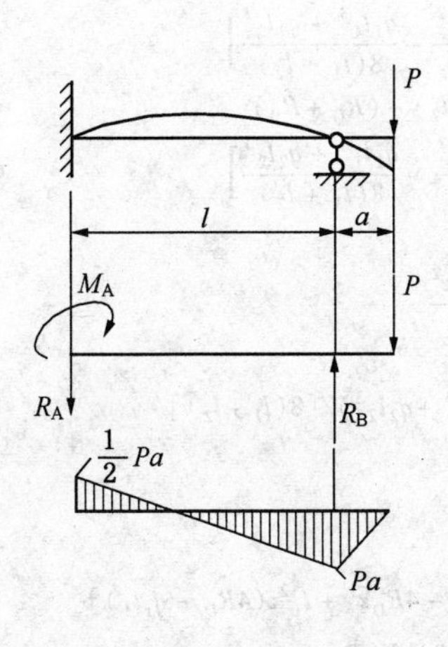	$R_A = 3Pa/2l$ $R_B = (2l+3a)P/2l$ $M_A = \frac{1}{2}Pa$ $M_W = \frac{Pa}{2}(1 - \frac{3z}{l})$ $(0 \leqslant z \leqslant l)$ $M_W = -P(l+a+z)$ $(z \geqslant l)$ $M_{W_{max}} = Pa$ $y = \frac{P}{4EI}\left[az^2 - \frac{a}{l}z^3 + \frac{(2l+3a)(z-l)^3}{3l}\right]$ $y_{max} = Pal^2/27EI$ $\left(当 z = \frac{2}{3}l\right)$ $y = -Pa^2(3l+4a)/12EI$ (当 $z = l+a$) $\theta_A = 0$ $\theta_B = -Pa(l+2a)/4EI$

续表 9.12－1

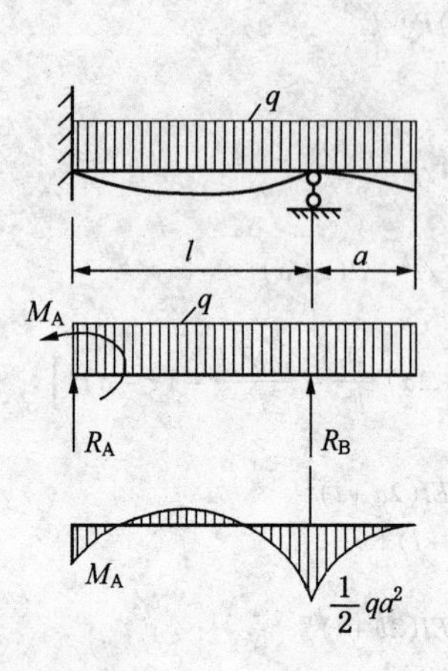	$R_A=\frac{qa}{8}\left(\frac{5l}{a}-\frac{6a}{l}\right)$ $R_B=\frac{qa}{8}\left(\frac{3l}{a}+\frac{6a}{l}+8\right)$ $M_A=\frac{ql^2}{8}\left(1-2\frac{a}{l^2}\right)$ $M_A=0$ （当 $a=0.707l$） $M_W=R_Az-M_A-\frac{1}{2}qz^2$ $(0\leqslant z\leqslant l)$ $M_W=\frac{1}{2}q(l+a-z)^2$ $(z\geqslant l)$ $y=\frac{1}{EI}\left[R_A\frac{z^3}{6}-M_A\frac{z^2}{2}-\frac{qz^4}{24}+R_B\frac{(z-l)^3}{6}\right]$ $y=\frac{qa^4}{8EI}+\frac{qla}{48EI}(6a^2-l^2)$ ［当 $z=(l+a)$］ $\theta_A=0$ $\theta_B=-\frac{qa^3}{6EI}\left[1+\frac{l(6a^2-l^2)}{8a^3}\right]$
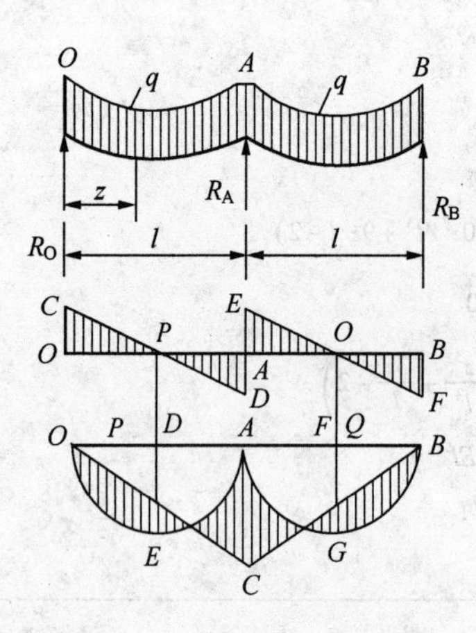	$R_O=R_B=\frac{3}{8}ql$ $R_A=\frac{5}{4}ql$ 当 $z\leqslant l$ 时 $M_Wz=\frac{q}{8}(3lz-4z^2)$ $M_{WO}=M_{WB}=0$ $M_{WA}=-\frac{1}{8}ql^2$ $DE=AC=FG=\frac{1}{8}ql^2$ 当 $z\leqslant l$ $y=\frac{qz}{48EI}(l^3-3lz^2+2z^3)$ 在两支点中间 $y=ql^4/192EI$ 当 $z=0.421l$ 时 $y_{max}=0.0054ql^4/EI$
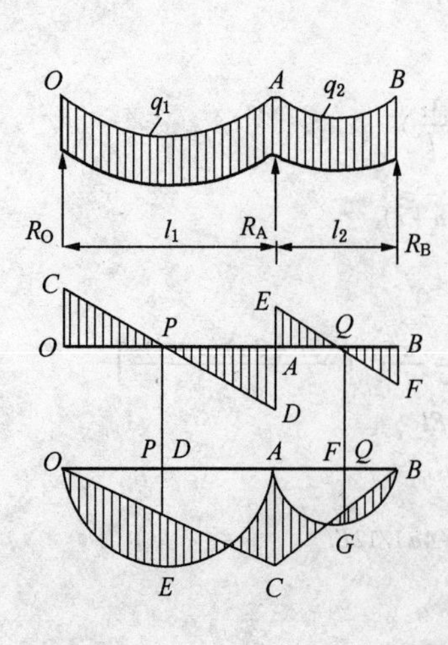	$R_O=\frac{1}{l_1}\left[\frac{q_1l_1^2}{2}-\frac{q_1l_1^3+q_2l_2^3}{8(l_1+l_2)}\right]$ $R_A=(q_1l_1+q_2l_2)-(R_O+R_B)$ $R_B=\frac{1}{l_2}\left[\frac{q_2l_2^2}{2}-\frac{q_1l_1^3+q_2l_2^3}{8(l_1+l_2)}\right]$ 当 $z\leqslant l_1$ $M_Wz=R_Oz-\frac{q_1z^2}{2}$ $M_{WO}=M_{WB}=0$ $M_{WA}=-(q_1l_1^3+q_2l_2^3)/[8(l_1+l_2)]$ $DE=q_1l_1^2/8$ $FG=q_2l_2^2/8$ 当 $z\leqslant l_1$ $y=\frac{1}{24EI}[q_1z^4-4R_Oz^3+l_1^2z(4R_O-q_1l_1)]$ 最大挠度按下式计算： $4q_1z^3-12R_Oz^2+4R_Ol_1^2-q_1l_1^3=0$

续表 9.12－1

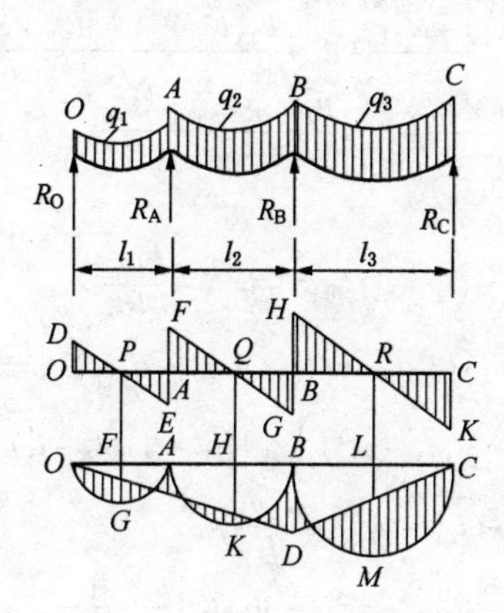

$$R_O=\frac{1}{l_1}\left(\frac{q_1 {l_1}^2}{2}+M_{WA}\right)$$

$$R_A=\frac{q_1 l_1}{2}+\frac{q_2 l_2}{2}-\frac{M_{WA}}{l_1}-\frac{M_{WA}-M_{WB}}{l_2}$$

$$R_B=\frac{q_3 l_3}{2}+\frac{q_2 l_2}{2}-\frac{M_{WB}}{l_3}-\frac{M_{WB}-M_{WA}}{l_2}$$

$$R_C=\frac{1}{l_3}\left(\frac{q_3 {l_3}^2}{2}+M_{WB}\right)$$

$$M_{WO}=M_{WC}=0$$

$$M_{WA}=\frac{-\left[2q_1 {l_1}^3(l_2+l_3)-q_2 {l_2}^3(l_2+2l_3)+q_3 {l_3}^2\right]}{16\left[l_1(l_2+l_3)+l_2\left(l_3+\frac{3}{4}l_2\right)\right]}$$

$$M_{WB}=-\frac{q_2 {l_2}^3-q_3 {l_3}^3-4M_{WA}l_2}{8(l_2+l_3)}$$

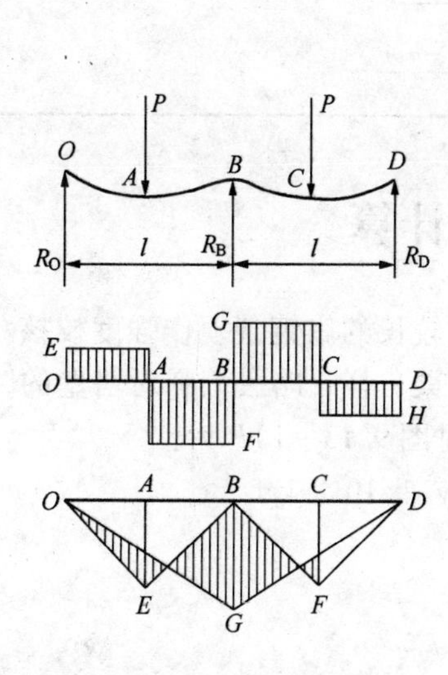

$$R_O=R_D=\frac{5}{16}P$$

$$R_B=\frac{11}{8}P$$

当 $z\leqslant\frac{l}{2}$

$$M_W z=\frac{5}{16}Pz$$

当 $\frac{l}{2}\leqslant z\leqslant l$

$$M_W z=\frac{P}{16}(8l-11z)$$

$$M_{WO}=M_{WD}=0$$

$$M_{WB}=-\frac{3}{16}Pl$$

当 $z\leqslant\frac{l}{2}$

$$y=\frac{P}{96EI}(3l^2z-5z^3)$$

当 $\frac{l}{2}\leqslant z\leqslant l$

$$y=\frac{P}{96EI}(11z^3-24lz^2+15l^2z-2l^3)$$

当 $z=0.447l$

$$y_{max}=0.0093\frac{Pl^3}{EI}$$

$$y_c=\frac{7}{768}\times\frac{Pl^3}{EI}$$

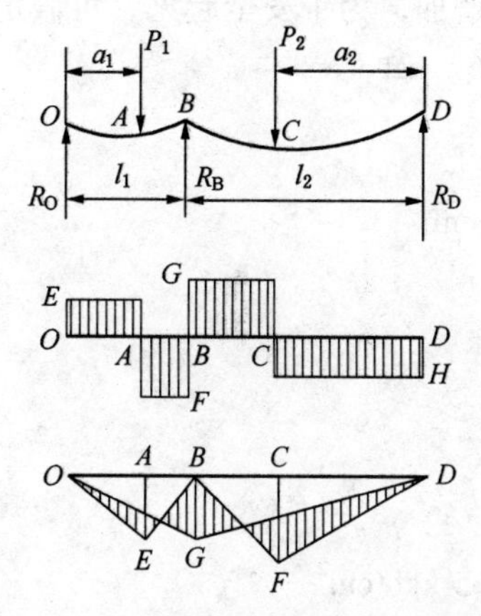

$$R_O=[M_{WB}+P_1(l_1-a_1)]/l_1$$

$$R_B=P_1+P_2-(R_O+R_2)$$

$$R_D=[M_{WB}+P_2(l_2-a_2)]/l_2$$

$$M_{WO}=M_{WD}=0$$

$$AE=[P_1a_1(l_1-a_1)]/l_1$$

$$CF=[P_2a_2(l_2-a_2)]/l_2$$

$$M_{WB}=\frac{P_1\frac{a_1}{l_1}({l_1}^2-{a_1}^2)+P_2\frac{a_2}{l_2}({l_2}^2-{a_2}^2)}{2(l_1+l_2)}$$

续表 9.12－1

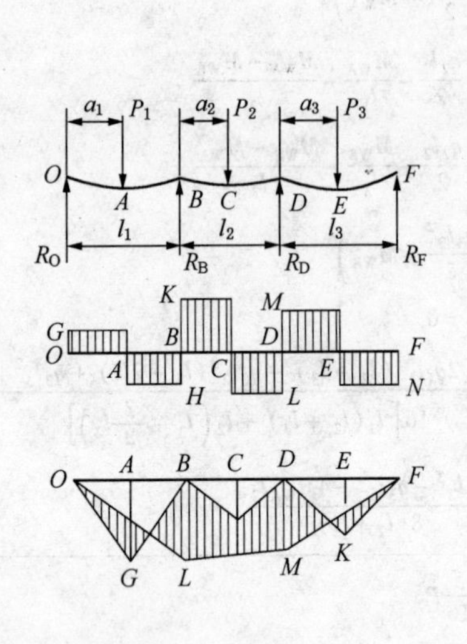

$$R_O=[P_1(l_1-a_1)+M_{WB}]/l_1$$

$$R_B=\frac{P_1(l_1-a_1)+M_{WB}}{l_1}+P_1+\frac{P_2(l_2-a_2)-M_{WB}+M_{WD}}{l_2}$$

$$R_D=-\frac{P_3a_3+M_{WD}}{l_3}+P_3+\frac{P_2a_2+M_{WB}-M_{WD}}{l_2}$$

$$R_F=(P_3a_3+M_{WD})/l_3$$

$$M_{WO}=M_{WF}=0$$

$$M_{WB}=\Big[\frac{2P_1a_1}{l_1}(l_2+l_3)(a_1^2-l_1^2)-\frac{P_2a_2}{l_2}\times(l_2-a_2)(3l_3l_2^2+4l_2-3l_2a_2-2l_3a_2)+\frac{P_3a_3l_2}{l_3}+(2l_3^2-3l_3a_3+a_3^2)\Big]/[4(l_1+l_2)(l_2+l_3)-l_2^2]$$

$$M_{WD}=\Big[\frac{P_2a_2}{l_2}(l_2^2-a_2^2)+\frac{P_3a_3}{l_3}\times(2l_3^2-3l_3a_3+a_3^3)+M_{WB}l_2\Big]\frac{1}{2(l_2+l_3)}$$

$$AG=\frac{P_1a_1(l_1-a_1)}{l_1}$$

$$CH=\frac{P_2a_2(l_2-a_2)}{l_2}$$

$$EK=\frac{P_3a_3(l_3-a_3)}{l_3}$$

9.13 格栅板强度计算

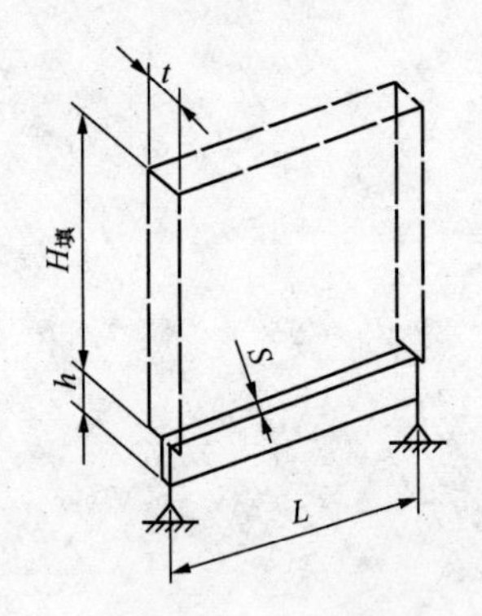

图 9.13－1 作用于格栅扁钢条上的载荷

格栅板扁钢条尺寸的确定：较长的扁钢条须作强度校核。计算方法如同受均布载荷的两端简支梁一样，略去填料对塔壁的摩擦阻力，则作用于扁钢条上的载荷（见图 9.13－1）P 为：

$$P=H_{填}Lt\gamma_{填}\times10^4\quad \text{kgf}$$

式中 $H_{填}$——填料高度，m；

L——扁钢条长度，cm；

t——扁钢条间距，cm；

$\gamma_{填}$——填料的堆积容重，kg/m³。

最大弯矩 $M=PL/8$ kgf·cm，但考虑到负荷的分布是不均匀的，并且操作时，湿填料重量将有所增加，为了安全起见，可假定：

$$M=PL/6\quad \text{kgf}\cdot\text{cm}$$

断面系数：

$$W=\frac{1}{6}(S-C)(h-C)^2\quad \text{cm}^3$$

式中 S——扁钢厚度，cm；

h——扁钢高度，cm；

C——腐蚀裕度，cm。

则应力：

$$\sigma=\frac{H_{填}tL^2\gamma_{填}}{(S-C)(h-C)^2}\times10^4\leqslant\sigma_{许}\quad \text{kgf/cm}^2$$

先选扁钢条的厚度 S 和腐蚀裕度 C，然后按下式计算扁钢条高度：

$$h = 0.01 \times \sqrt{\frac{H_{填}\ tL^2\gamma_{填}}{(S-C)\sigma_{许}}} + C \quad \mathrm{cm}$$

9.14　吊架强度与刚度计算

吊架可视为受偏心载荷的长柱，需进行强度与刚度计算。

1. 按钢结构计算的方法

1）强度计算

$$\frac{M}{W} + \frac{P}{F} = \sigma_1 < [\sigma]$$

$$M = PS$$

$$F = \frac{\pi}{4}(D_1^2 - D_2^2)$$

$$W = 0.98\,\frac{D_1^4 - D_2^4}{D_1}$$

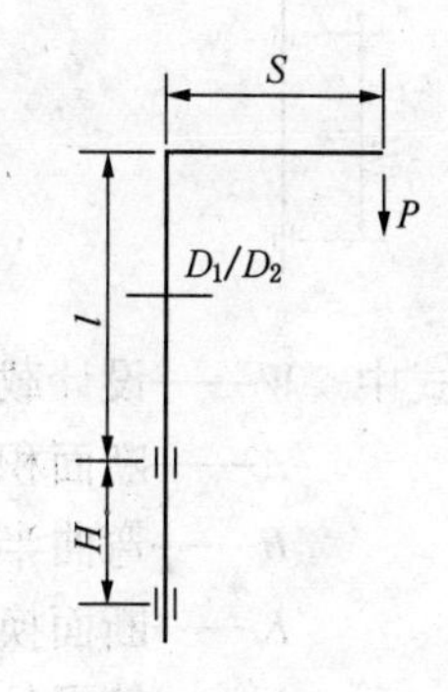

式中　M——弯矩，kgf·cm；

F——断面积，cm^2；

W——断面系数，cm^3；

P——吊重，kgf；

S——悬臂长，cm；

D_1——管子外径，cm；

D_2——管子内径，cm；

σ_1——强度应力，$\mathrm{kgf/cm^2}$；

$[\sigma]$——许用应力；$\mathrm{kgf/cm^2}$。

2）刚度计算

$$\frac{P}{\varphi F} = \sigma_2 < [\sigma]$$

$$F = \frac{\pi}{4}(D_1^2 - D_2^2)$$

φ 按 ε 与 λ 查表（查 GB/T 50017—2003《钢结构设计规范》）

$$\varepsilon = \frac{M}{P} \times \frac{F}{W}$$

$$\lambda = \frac{l_0}{r}$$

$$l_0 = 2l$$

$$r = \sqrt{\frac{J}{F}}$$

$$J = 0.049(D_1^4 - D_2^4)$$

式中　σ_2——刚度应力，$\mathrm{kgf/cm^2}$；

P——吊重，kgf；

φ——动载系数；

F——管子断面积，cm^2；

λ——细长比；

l_0——计算高度，cm；

l——实际高度，cm；

r——回转半径，cm；

J——惯性矩，cm^4；

ε——偏心率。

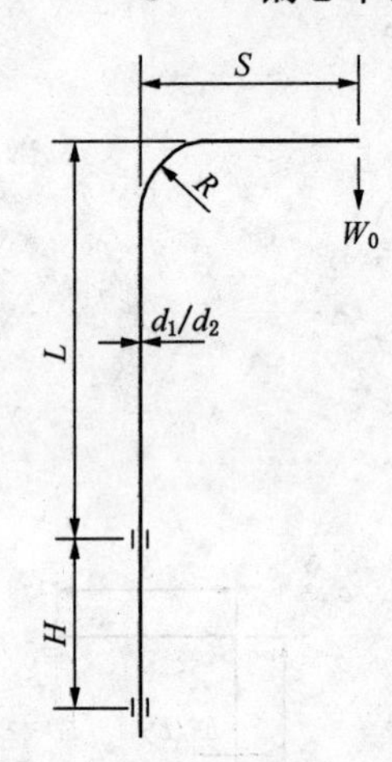

2. 日本石油学会的计算方法

1）强度计算

$$\sigma_1 = -\frac{W}{A} + \frac{WS}{AR}\left(1 + \frac{1}{K}\frac{-\frac{d_1}{2}}{R - \frac{d_1}{2}}\right) < [\sigma]$$

$$W = 2.2W_0$$

$$K = \frac{1}{\left(\frac{d_1}{2}\right)^2 - \left(\frac{d_2}{2}\right)^2}\left\{\left(\frac{d_1{}^2}{2}\right)^2\left[\frac{1}{4}\left(\frac{d_1}{2R}\right)^2 + \frac{1}{8}\left(\frac{d_1}{2R}\right)^4 + \cdots\cdots\right] - \left(\frac{d_2}{2}\right)^2\left[\frac{1}{4}\left(\frac{d_2}{2R}\right)^2 + \frac{1}{8}\left(\frac{d_2}{2R}\right)^4 + \cdots\cdots\right]\right\}$$

式中 W——设计载荷，kgf；

A——断面积，cm^2；

R——弯曲半径，cm；

K——断面换算系数；

d_1——管子外径，cm；

d_2——管子内径，cm；

S——悬臂长度，cm；

σ_1——强度应力，kgf/cm^2；

$[\sigma]$——许用应力，此处取$[\sigma] = 1300kgf/cm^2$。

2）刚度计算

$$\sigma_2 = \frac{W}{A} + \frac{W}{A} \times \frac{d_1 S}{2K^2}(1 + 0.5Q^2 + 0.028Q^4 + 0.0847Q^6 + \cdots\cdots) < [\sigma]$$

$$Q^2 = \frac{1}{E} \times \frac{W}{A}\left(\frac{l}{K}\right)^2$$

$$l = L - R$$

式中 W——设计载荷，kgf；

A——断面积，cm^2；

R——吊架的弯曲半径，cm；

K——断面换算系数；

S——悬臂长度，cm；

E——弹性模量，kgf/cm^2。

上述刚度计算公式限于 $L/A>10$，或者 $L/K>30$，在计算过程中，可把断面换算系数 K 进行简化，并把 σ_2 式中 $0.5Q^2$ 的后几项略去，即

$$K=\frac{d_1^2+d_2^2}{16R^2}$$

$$\sigma_2=\frac{W}{A}+\frac{W}{A}\times\frac{d_1 S}{2K^2}(1+0.5Q^2)$$

9.15　角钢支腿地脚螺栓节圆直径计算

螺栓节圆直径按下式计算：

$$R_0=\sqrt{(R_B+S+r)^2-\frac{(L-d)^2}{2}}-\sqrt{2}(A-B-C-d+r)+\frac{L-d}{\sqrt{2}}$$

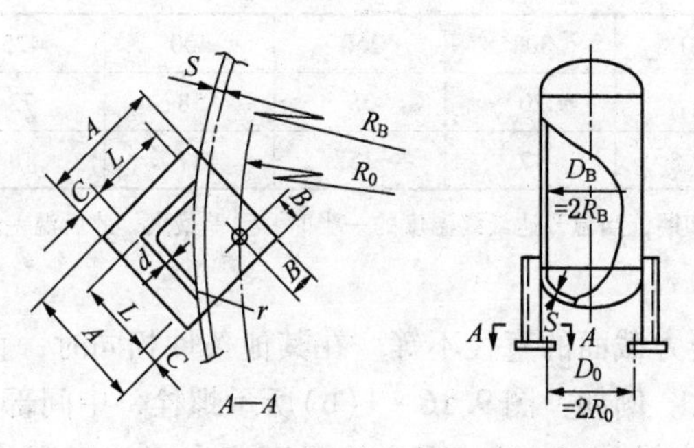

9.16　法兰螺栓的温度应力

在法兰连接中，受热时螺栓温度总会比法兰的温度要低一些。这是因为介质的热量是首先传给法兰，继而由法兰通过螺母与法兰的接触面再由螺母传给螺栓，因而在法兰与螺栓之间会引起温差。

由于温差的存在，在螺栓中将产生温度应力。与固定管板换热器的情况相似，法兰连接中螺栓的温度应力可由下式计算：

$$\sigma_{bm}=\frac{E_f E_b F_f[\alpha_f(t_f-t_0)-\alpha_b(t_b-t_0)]}{E_f F_f+E_b F_b} \quad (1)$$

式中　σ_{bm}——螺栓温度应力，kgf/cm²；

α_f，α_b——分别表示法兰、螺栓在计算温度下的线膨胀系数，cm/cm·℃；

t_f，t_b——分别表示法兰、螺栓的计算温度，℃；

F_f，F_b——分别表示法兰、螺栓的横截面积，cm²；

$$F_f=\frac{\pi}{4}(A^2-B^2) \quad (2)$$

$$F_b=\frac{\pi}{4}d_2 \quad (3)$$

A，B——分别表示法兰的外径、内径，cm；

d——螺栓承受力的最大截面直径，cm；

n——螺栓的数量，个；

E_f，E_b——分别表示法兰、螺栓在计算温度下的弹性模量，kgf/cm^2；

t_0——安装螺栓时的温度，℃。

假若法兰和螺栓的线膨胀系数和弹性模量均相同，即 $\alpha_f=\alpha_b=\alpha$，$E_f=E_b=E$，将其代入式(1)可得到温度应力计算公式的更简单形式：

$$\sigma_{bm}=\frac{F_f}{F_f+F_b}-E\alpha(t_f-t_b) \tag{4}$$

由于 $F_f \gg F_b$，故可令 $\frac{F_f}{F_f+F_b}=1$，从而式(4)可改写为下述形式：

$$\sigma_{bm}=\alpha E(t_f-t_b) \tag{5}$$

式(4)和式(5)中的 (t_f-t_b) 表示法兰和螺栓之间的温度差，缺乏数据时可按表 9.16－1 选取。

表 9.16－1　法兰和螺栓之间的温度差　℃

介质温度		250	300	350	400	425	450	500
t_f-t_b	加热时[1]		20	35	58	72	90	150
	操作时		12	15	17	18	19	20

注：1）“加热时”是指升温初期，当温升达最终温度的一半时，温差最大，此后温差逐渐降低。当达到操作温度稳定以后，即为“操作时”的温差。

如果螺栓沿其长度受力截面的直径不等，在其他条件相同时，直径小的截面其温度应力会比直径大的截面来得大。例如：图 9.16－1(b)所示螺栓，中间部分的直径 d_0 等于螺纹的外径，在这种情况下螺纹部分（$b-b$ 截面）的温度应力将比中间光杆部分（$a-a$ 截面）大 d_0^2/d_i^2 倍。以 M24 的普通粗牙螺纹为例：$d_0=24mm$，$d_i=20.752mm$，则 $d_0^2/d_i^2\approx1.34$。为了避免出现上述情况，当温度较高（譬如≥250℃）时，通常采用通丝螺栓[图 9.16－1(c)]或将中间部分做成与螺纹内径相等（$d'_0=d_i$）的光杆螺栓[图 9.16－1(d)]。

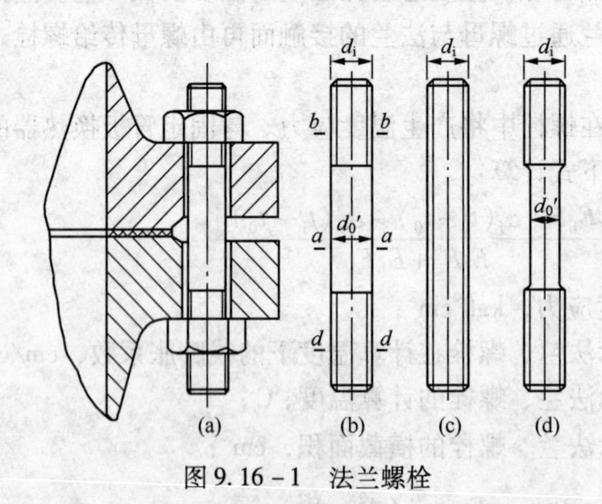

图 9.16－1　法兰螺栓

9.17　塔盘的强度计算

1. 塔盘板

塔盘板的厚度（不包括腐蚀裕度）按设计温度下承受 $70kgf/m^2$ 的均布荷载或实际最大液柱（比重取 1.0）的均布荷载（取两者中的较大值）。再加上塔板自重进行计算，其最大挠度不得超过 3mm。

塔盘板可采用周边铰接均布载荷的平板计算公式求出挠度：

$$y = C_0 \frac{qb^4}{Eh^3}$$

式中　y——塔盘板中心最大挠度，cm；

b——板的短边(见图 9.17－1)，cm；

h——塔盘板的厚度，cm；

C_0——系数，由表 9.17－1(a)选取；

q——均布载荷，kgf/cm²；

E——材料在设计温度下的弹性模量，kgf/cm²。

表 9.17－1(a)　C_0 系数

a/b	1.0	1.1	1.2	1.3	1.4	1.5	1.6	1.7
C_0	0.0443	0.0530	0.0616	0.0697	0.0770	0.0843	0.0906	0.0964
a/b	1.8	1.9	2.0	3.0	4.0	5.0	∞	
C_0	0.1017	0.1064	0.1106	0.1336	0.1400	0.1416	0.1422	

2. 梁的载荷及要求

塔盘的梁(主梁、支梁)应按如下荷载进行设计，其支持条件可视为简支。

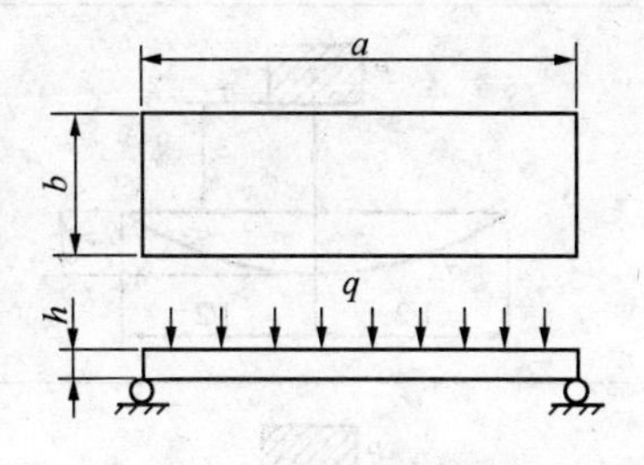

图 9.17－1　塔盘板载荷图

1）梁在安装检修并已受到腐蚀的条件下，当任一点承受 135 公斤的集中载荷时，其最大应力不超过 20℃时材料的许用应力。

梁截面上的最大弯矩：

$$M_{max} = \frac{Pl}{4} \quad \text{kgf·cm}$$

梁上的最大应力：

$$\sigma_{max} = \frac{M_{max}}{W} \leqslant [\sigma] \quad \text{kgf/cm}^2$$

式中　P——集中载荷，kgf；

l——最长的一根支承梁的长度，cm；

W——梁的抗弯断面模数，cm³；

$[\sigma]$——常温下梁材料的许用弯曲应力，kgf/cm²。

2）在操作条件下梁承受 70kgf/m² 的均布荷载或实际最大液柱(相对密度取 1.0)的均布载荷(取两者中的较大值)，再加上塔板自重按下式进行梁的最大挠度计算：

$$f_{max} = \frac{5ql^4}{384EJ} \leqslant [f] \quad \text{cm}$$

式中　q——梁上单位长度的均布载荷，kgf/cm；

E——梁材料在设计温度下的弹性模数，kgf/cm²；

J——梁的惯性矩，cm⁴；

$[f]$——梁的许用挠度，推荐采用表 9.17－1(b)给出的值，但最大不超过 7mm。

表 9.17-1(b) 梁的允许挠度

塔盘型式	喷射型、浮阀型塔盘	泡帽型塔盘	集油箱类
允许挠度	$L/720$	$L/900$	$L/300$

注：L——梁的跨度，mm。

9.18 受冲击载荷梁的计算

下列各式中：

P——冲击载荷，kgf；

E——弹性模量，kgf/cm^2；

I——截面轴惯性矩，cm^4；

W——截面模量，cm^3；

h——冲击高度，cm；

l——梁的长度，cm。

简图	最大冲击应力/(kgf/cm^2)	静挠度/cm	最大冲击挠度/cm
P, h, y, 1/2, 1/2	$\sigma_{max}=\frac{Pl}{4W}\times\frac{y_{max}}{y}$	$y=\frac{Pl^3}{48EI}$	$y_{max}=\left(1+\sqrt{1+\frac{2h}{y}}\right)y$
P, h, y, 1/2, 1/2	$\sigma_{max}=\frac{Pl}{8W}\times\frac{y_{max}}{y}$	$y=\frac{Pl^3}{192EI}$	$y_{max}=\left(1+\sqrt{1+\frac{2h}{y}}\right)y$
P, h, y, l	$\sigma_{max}=\frac{Pl}{W}\times\frac{y_{max}}{y}$	$y=\frac{Pl^3}{3EI}$	$y_{max}=\left(1+\sqrt{1+\frac{2h}{y}}\right)y$

9.19 等断面立柱受压缩时的静力稳定性计算

稳定裕度

$$n=P_0/P$$

式中 P_0——临界载荷，kgf；

P——实际载荷，kgf。

稳定裕度与立柱的材料有关，推荐如表 9.19-1。

表 9.19－1　稳定裕度 n 的选取

材　料	钢	木　材	铸　铁
n	1.5～3.0	2.5～3.5	4.5～5.5

注：计算方案与实际情况相符，计算较为准确时采用表中的小值。

临界载荷

$$P_0=\eta\frac{EI}{l^2}$$

式中　E——弹性模量，kgf/cm^2；

$I=I_{min}$——柱截面的中心惯性矩中的最小值，cm^4；

l——柱的全长，cm；

η——稳定系数，见表 9.19－2、表 9.19－3 和表 9.19－4。

表 9.19－2　稳定系数

$\frac{b}{l}$	$P_2:P_1$ 0	0.1	0.2	0.5	1.0	2.0	5.0	10	20	50	100
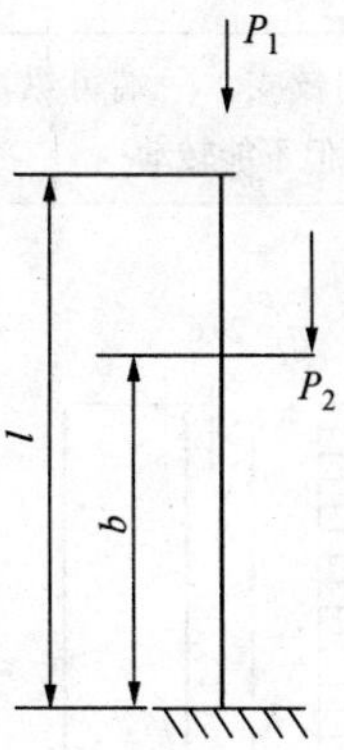 0	2.467	2.714	2.961	3.701	4.935	7.402	14.80	27.14	51.82	125.8	249.2
0.1	2.467	2.714	2.960	3.698	4.930	7.377	14.68	26.66	49.86	111.6	176.3
0.2	2.467	2.710	2.953	3.679	4.880	7.207	13.78	23.19	36.33	50.96	56.48
0.3	2.467	2.703	2.930	3.622	4.712	6.769	11.70	16.82	21.37	24.89	26.14
0.4	2.467	2.688	2.904	3.525	4.470	6.074	9.187	11.57	13.29	14.52	14.97
0.5	2.467	2.665	2.856	3.384	4.136	5.268	7.060	8.210	8.963	9.488	9.675
0.6	2.467	2.635	2.793	3.211	3.759	4.497	5.504	6.048	6.434	6.674	6.764
0.7	2.467	2.599	2.715	3.020	3.385	3.830	4.376	4.660	4.834	4.952	4.993
0.8	2.467	2.557	2.636	2.821	3.040	3.280	3.551	3.685	3.765	3.818	3.836
0.9	2.467	2.513	2.551	2.641	2.734	2.832	2.936	2.986	3.015	3.033	3.040
1.0	2.467	2.467	2.467	2.467	2.467	2.467	2.467	2.467	2.467	2.467	2.467

表 9.19－3　稳定系数

一端固定，一端自由	一端铰支，一端可横向移动，但不能转动	两端铰支	一端固定，一端可横向移动，但不能转动
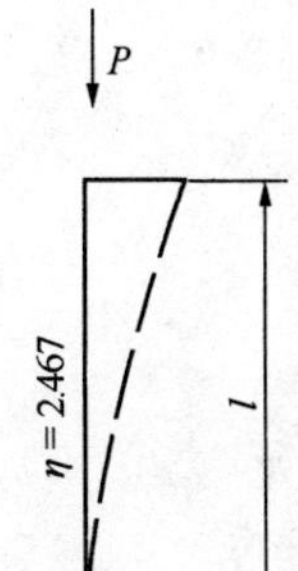 P　l　$\eta=2.467$	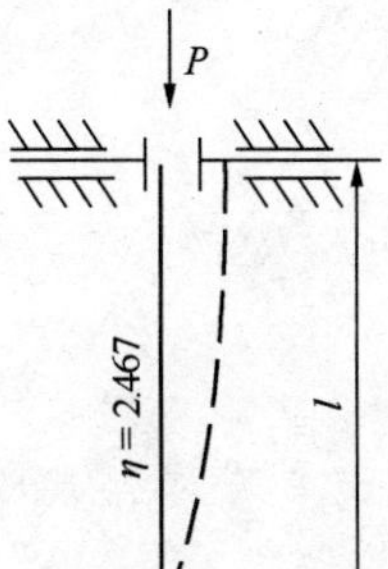 P　l　$\eta=2.467$	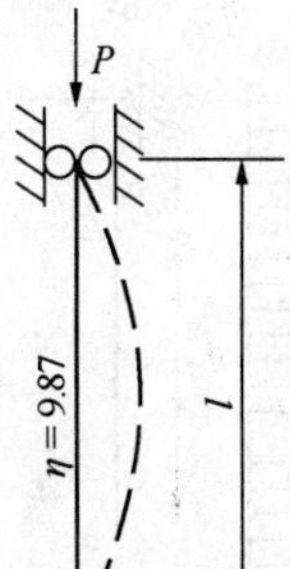 P　l　$\eta=9.87$	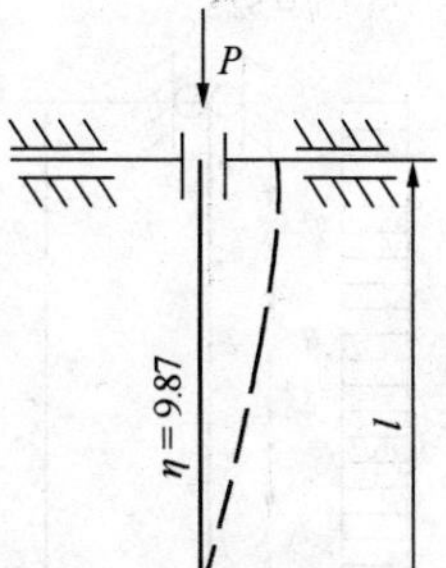 P　l　$\eta=9.87$

续表 9.19－3

一端固定，一端铰支	一端铰支，一端可纵向移动，但不能转动	一端固定，一端可纵向移动，但不能转动	
P; $\eta=20.19$; l	P; $\eta=20.19$; l	P; $\eta=39.48$; l	
一端固定，一端自由	两端铰支	一端固定，一端可横向移动，但不能转动	一端铰支，一端可纵向移动，但不能转动
$\eta=7.87$; q; l	$\eta=18.5$; q; l	$\eta=18.9$; q; l	$\eta=29.6$; q; l
一端固定，一端铰支	一端固定，一端可纵向移动，但不能转动		
$\eta=52.5$; q; l	$\eta=73.6$; q; l		

表 9.19－4　稳定系数

$\frac{b}{l}$	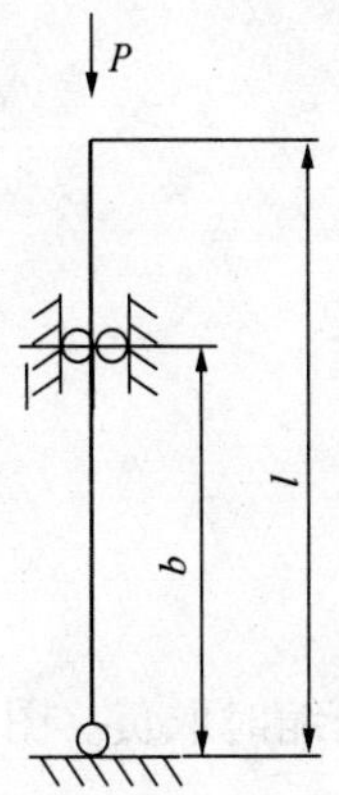	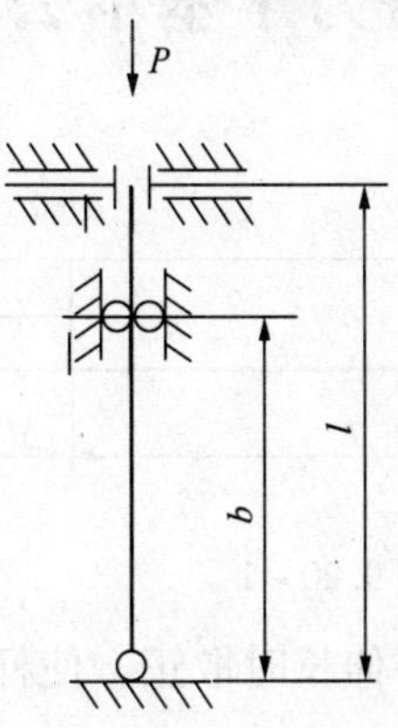	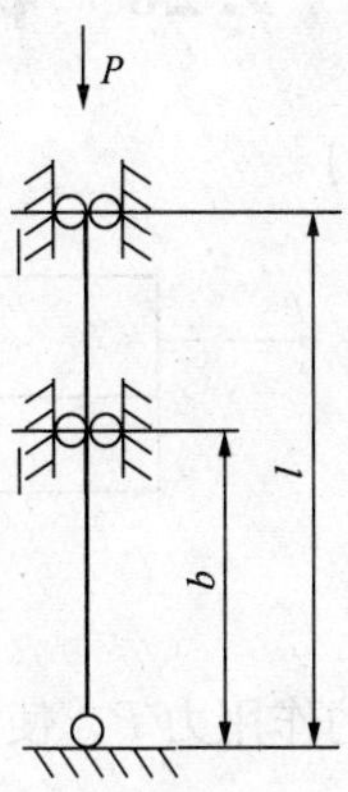	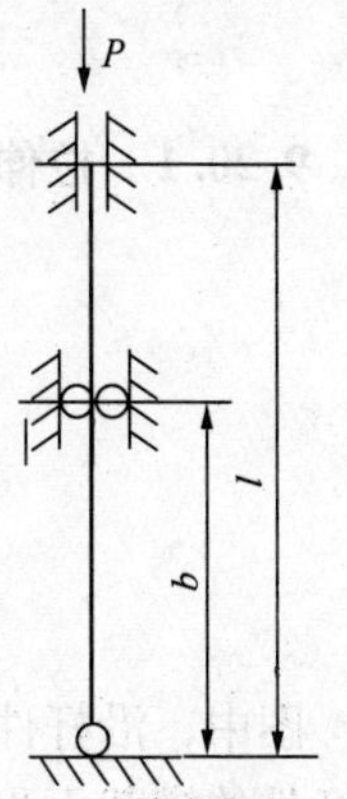
0	2.467	9.870	20.19	39.48
0.1	2.832	11.33	23.23	45.27
0.2	3.283	13.11	27.06	51.97
0.3	3.845	15.26	31.75	58.92
0.4	4.551	17.72	36.80	58.84
0.5	5.438	20.19	39.48	51.12
0.6	6.511	21.88	36.80	41.68
0.7	7.726	22.14	31.75	33.96
0.8	8.874	21.40	27.06	28.09
0.9	9.637	20.55	23.23	23.63
1.0	9.870	20.19	20.19	20.19

$\frac{b}{l}$	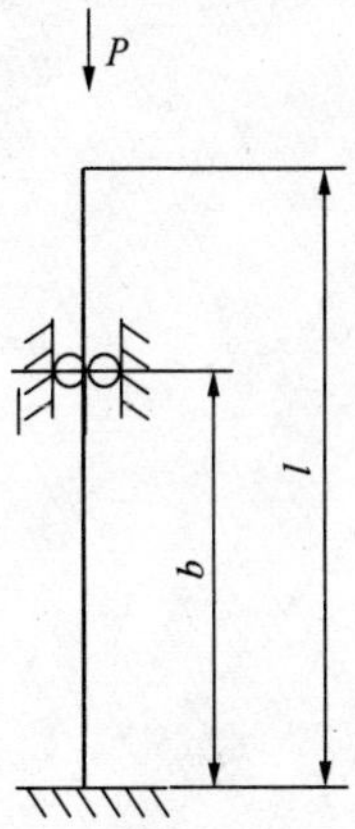	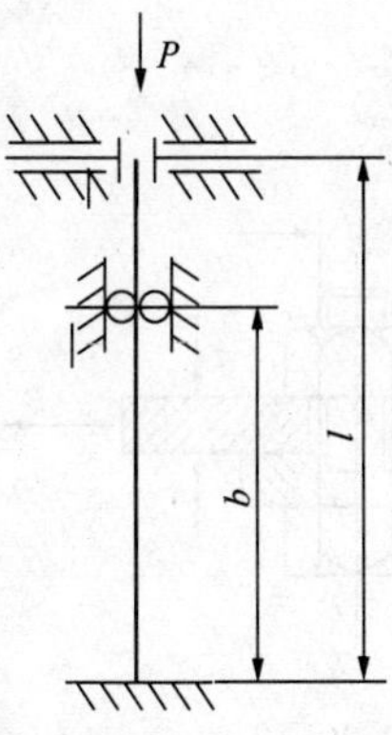	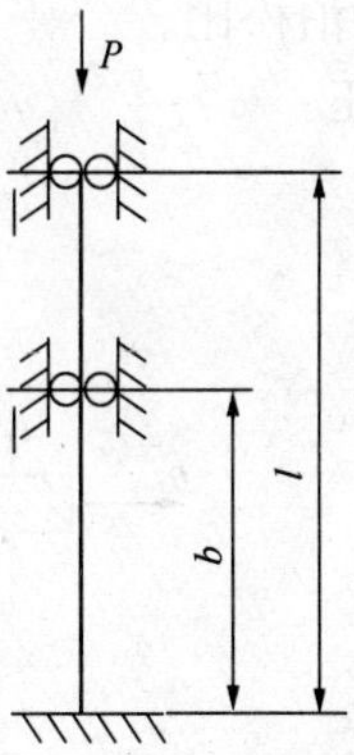	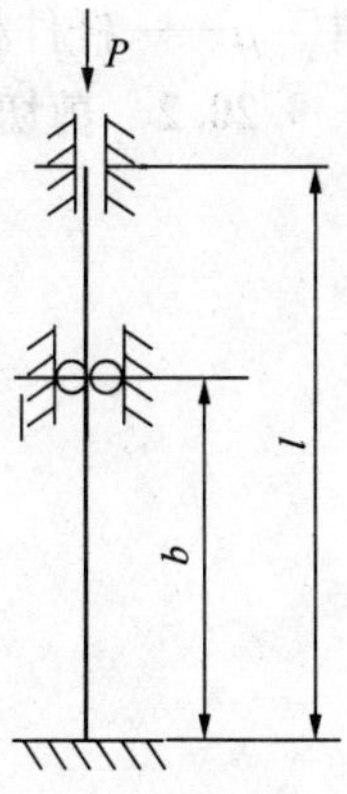
0	2.467	9.87	20.19	39.48
0.1	2.883	11.53	23.63	46.13
0.2	3.414	13.65	28.09	54.48
0.3	4.105	16.37	33.96	64.56
0.4	5.021	19.90	41.68	75.22
0.5	6.260	24.42	51.12	80.76
0.6	7.990	29.82	58.84	75.22
0.7	10.39	35.10	58.92	64.56
0.8	13.52	38.41	51.97	54.45
0.9	17.24	39.40	45.27	46.13
1.0	20.19	39.48	39.48	39.48

9.20 材料力学基本公式

9.20.1 拉伸(压缩)

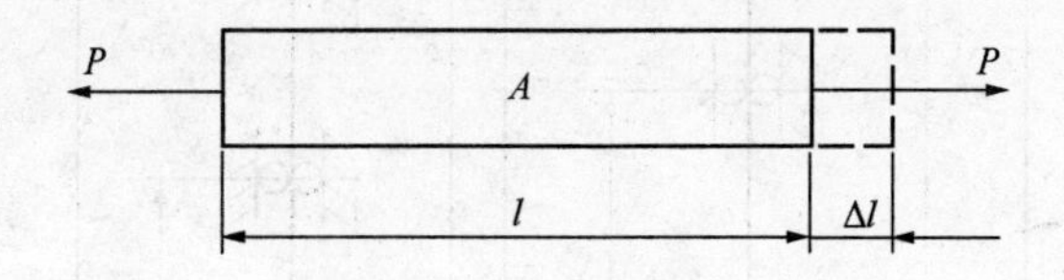

图 9.20－1

图中，沿杆件轴线的作用力 P，使杆件伸长时取正，使杆件压缩时取负。图中的“A”表示杆件的横截面积。

1. 任意横截面上的应力

$$\sigma = P/A$$

2. 纵向绝对伸长(缩短)量

$$\Delta l = Pl/EA$$

式中　E——杆件材料在受力状态的温度下的弹性模量。

3. 纵向线应变

$$\varepsilon = \Delta l/(l + \Delta l) = \sigma/E$$

4. 横向线应变

$$\varepsilon_1 = -\mu\varepsilon$$

式中　μ——杆件材料的泊松比。

9.20.2 剪切和挤压

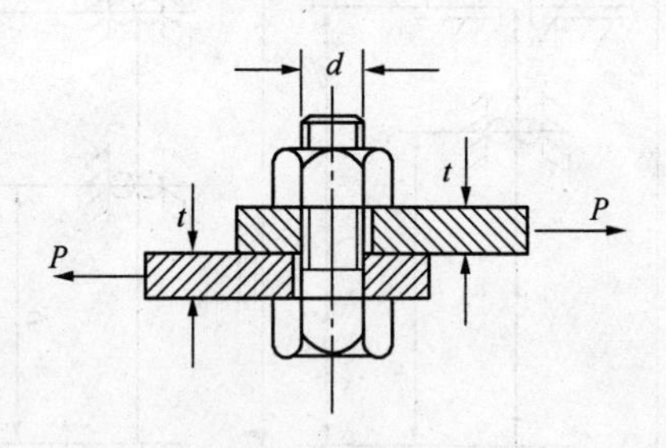

图 9.20－2

图中：抗剪面积

$$A_S = \frac{1}{4}\pi d^2$$

抗挤压面积

$$A_P = dt$$

1. 剪切应力

$$\tau = P/A_S = 4P/\pi d^2$$

2. 挤压应力

$$\sigma_P = P/A_P - P/dt$$

9.20.3　扭转

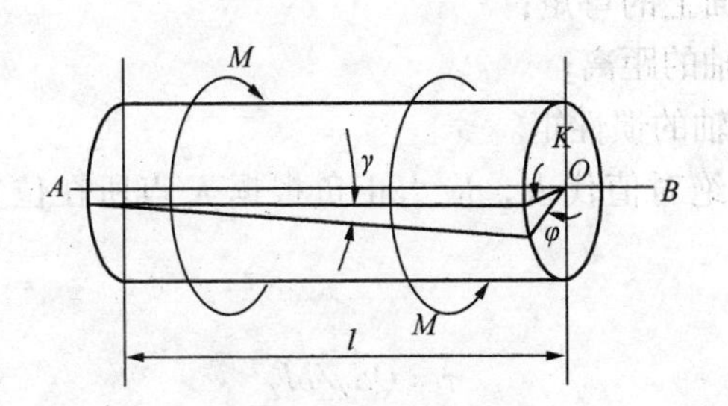

图 9.20－3

1. 任意横截面上任意点 K 的切应力

$$\tau_n = M_n\rho/I_n$$

式中　M_n——K 点所在截面上的扭矩；

ρ——K 点至圆心的距离；

I_n——K 点所在横截面对圆心的极惯矩，

$$I_n = \pi D^4/32$$

危险截面位于 ρ 等于 R 处，此时：

$$\tau_{\max} = M_{\max}R/I = M_{\max}/W$$

式中　$W = \pi D^3/16$

2. 变形

相距为 l 的两横截面的相对转角(扭转角)：

$$\varphi = M_n l/GI_0 \quad \text{rad}$$

或

$$\varphi = 57.3M_n l/GI_n$$

式中　G——材料的剪切弹性模量：

$$G = \frac{E}{2(1+\mu)}$$

9.20.4　平面弯曲

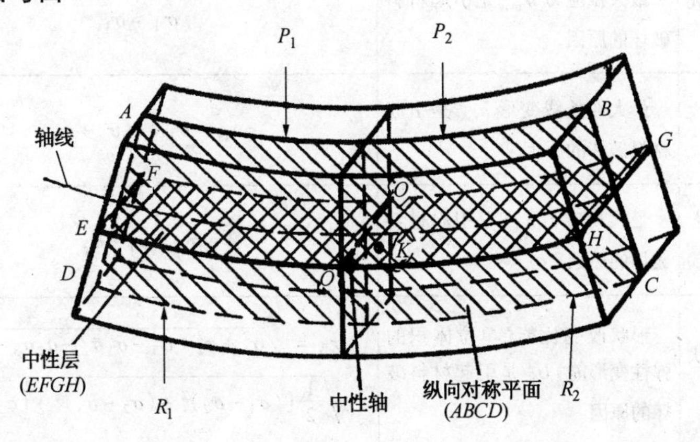

图 9.20－4

1. 任意横截面上任意点 K 的正应力

$$\sigma = My/I_Z$$

式中 M——K 点所在截面上的弯矩；

y——K 点至中性轴的距离；

I_Z——横截面对 Z 轴的惯性矩。

计算时，M 与 y 均用绝对值代入，应力正负根据 K 点所在位置而定，受拉区为正，受压区为负。

2. K 点的切应力

$$\tau = QS_Z/bI_Z$$

式中 Q——K 点所在横截面上的切力；

b——K 点所在横截面上的宽度；

S_Z——K 点以上或其以下的面积对中性轴的静矩。

3. 危险截面上危险点的应力

$$\sigma_{max} = M_{max}y_{max}/I_Z = M_{max}/W_Z$$

式中 y_{max}——上、下边缘点至中性轴的距离；

W_Z——构件的抗弯截面模量。

$$\tau_{max} = Q_{max}S_{max}/bI_Z$$

式中 S_{max}——中性轴以上或以下面积对中性轴的静矩。

4. 变形和挠度

平面弯曲梁的变形和挠度的计算公式见本章 9.11 节。

9.21 强度理论及其相当应力表达式

9.21.1 强度理论及其相当应力表达式

表 9.21－1 强度理论及其相当应力表达式

强度理论名称	基本假设	相当应力表达式	强度条件
第一强度理论（最大拉应力理论）	最大拉应力 σ_{max} 是引起材料破坏的原因	$\sigma_{I} = \sigma_1$	$\sigma_{I} \leqslant [\sigma]$
第二强度理论（最大伸长线变形理论）	最大伸长线变形 ε_{max} 是引起材料破坏的原因	$\sigma_{II} = \sigma_1 - \mu(\sigma_2 + \sigma_3)$	$\sigma_{II} \leqslant [\sigma]$
第三强度理论（最大切应力理论）	最大切应力 τ_{max} 是引起材料破坏的原因	$\sigma_{III} = \sigma_1 - \sigma_3$	$\sigma_{III} \leqslant [\sigma]$
第四强度理论（形状改变比能理论）	形状改变比能（单位体积的弹性变形能）U_P 是引起材料破坏的原因	$\sigma_{IV} = \sqrt{\sigma_1^2 + \sigma_2^2 + \sigma_3^2 - \sigma_1\sigma_2 - \sigma_2\sigma_3 - \sigma_1\sigma_3}$ $= \sqrt{\frac{1}{2}[(\sigma_1 - \sigma_2)^2 + (\sigma_2 - \sigma_3)^2 + (\sigma_3 - \sigma_1)^2]}$	$\sigma_{IV} \leqslant [\sigma]$
莫尔理论（修正后的第三强度理论）	决定材料塑性破坏或断裂的原因主要是由于某一截面上切应力达到某一极限，同时还与该截面上的正应力有关	$\sigma_M = \sigma_1 - v\sigma_3$（$v$ = 拉伸强度极限/压缩强度极限）	$\sigma_M \leqslant [\sigma]$

9.21.2　选用强度理论的参考范围

表 9.21－2　选用强度理论的参考范围

<table>
<tr><th colspan="2" rowspan="2">应力状态</th><th rowspan="2">塑性材料（低碳钢、非淬硬中碳钢、退火球墨铸铁、铜、铝等）</th><th rowspan="2">极脆材料（淬硬工具钢、陶瓷等）</th><th colspan="2">拉伸与压缩强度极限不等的脆性材料（如铸铁、淬硬的高强度钢、混凝土等）</th></tr>
<tr><th>精确计算</th><th>简化计算</th></tr>
<tr><td>单向应力状态</td><td>简单拉伸</td><td rowspan="4">第三强度理论或第四强度理论</td><td rowspan="4">第一强度理论</td><td rowspan="4">莫尔强度理论</td><td rowspan="3">第一强度理论</td></tr>
<tr><td rowspan="4">二向应力状态</td><td>二向拉伸应力（如薄壁压力容器）
一向拉伸，一向压缩，其中拉应力较大（如拉伸与扭转或弯曲与扭转联合作用）</td></tr>
<tr><td>拉伸与压缩应力相等（如圆轴扭转）</td></tr>
<tr><td>一向拉伸，一向压缩，其中压应力较大（如压缩与扭转等联合作用）</td><td>近似采用第二强度理论</td></tr>
<tr><td>二向压缩应力（如压配合的被包容件的受力情况）</td><td colspan="4">第三强度理论与第四强度理论</td></tr>
<tr><td rowspan="2">三向应力状态</td><td>三向拉伸应力（如对具有能产生应力集中的尖锐沟槽的杆件进行拉伸）</td><td colspan="4">第一强度理论</td></tr>
<tr><td>三向压缩应力（点接触或线接触的接触应力，如齿轮齿面间的接触应力）</td><td colspan="4">第三强度理论与第四强度理论</td></tr>
</table>

9.22　杆件计算的基本公式

9.22.1　轴心受拉杆件

$$\sigma = \frac{P}{A_j} \leqslant m[\sigma]$$

式中　P——纵向力；

A_j——杆件的净截面面积；

m——调整系数，与杆件的结构形式、受力状态及连接情况有关，$m \leqslant 1$。

9.22.2　轴心受压杆件

$$\sigma = \frac{P}{A_u} \leqslant \varphi[\sigma]$$

式中　A_u——杆件的有效截面面积，与杆件的翼缘和腹板的宽厚比以及两纵向边的支承情况有关；

φ——纵向弯曲系数，与杆件的最大长细以及材质有关。

9.22.3　偏心受拉杆件

$$\sigma = \frac{P}{A_j} \pm \frac{M}{Z_j} \leqslant m[\sigma]$$

式中　P、M——分别为所计算截面上的纵向力和弯矩；

A_j、Z_j——分别为所计算截面的净截面面积和净截面的断面系数，它们与截面内受压翼缘的宽厚比及结构形式有关。

9.22.4 偏心受压杆件

$$\sigma = \frac{P}{A_j} \pm \frac{M}{Z_u} \leqslant m[\sigma]$$

式中 A_j，Z_u——分别为所计算截面的有效截面面积和有效断面系数，它们与杆件的翼缘及腹板的宽厚比以及两端边的支承情况有关。

上列各式中的有关系数及其取值方法可参阅有关设计标准或手册。

9.23 曲梁中性层曲率半径

下表各式中：

r——曲梁中性层的曲率半径；

R_0——曲梁轴线的原始曲率半径；

y——曲梁横截面形心至中性轴的距离。

表 9.23-1 曲梁中性层曲率半径

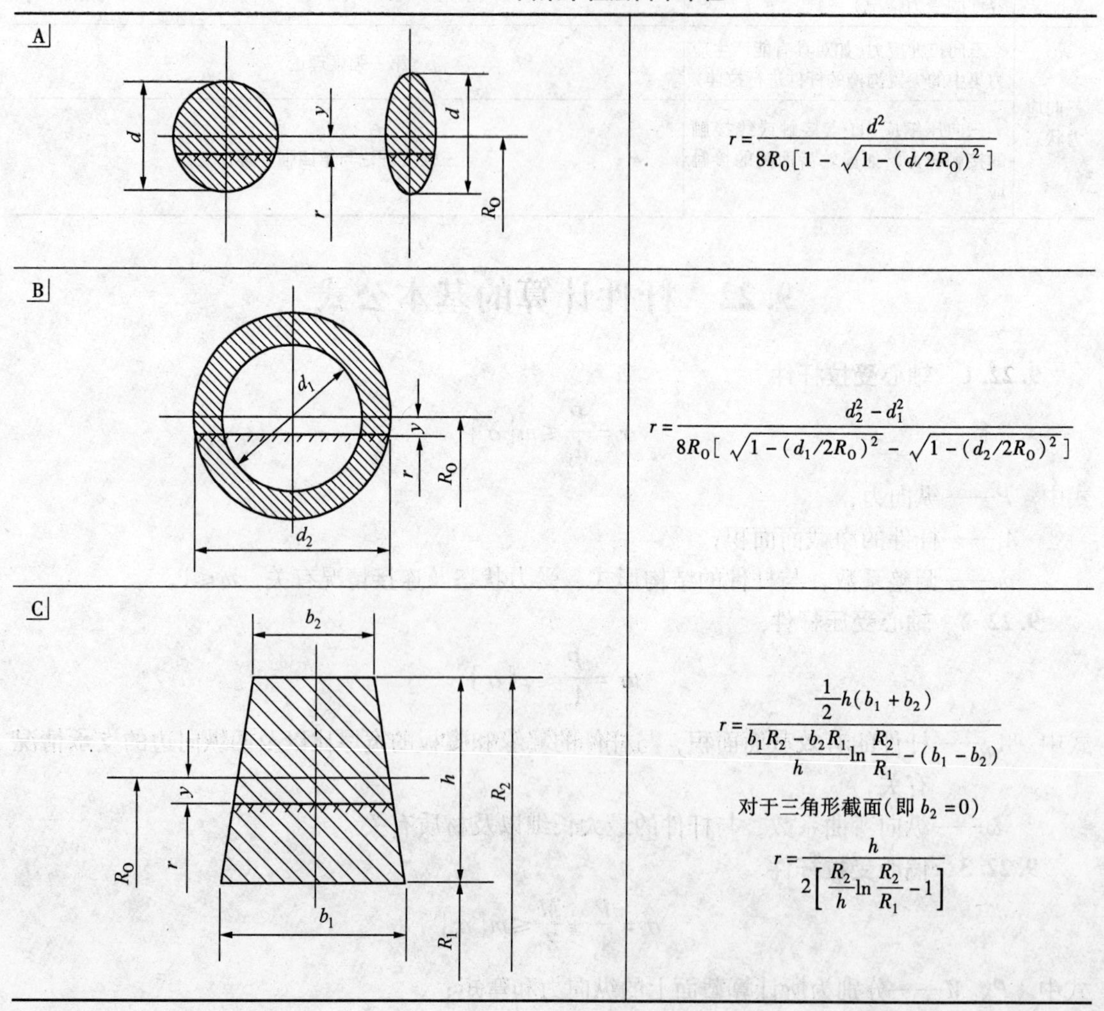

截面	公式
A	$r = \frac{d^2}{8R_0[1 - \sqrt{1-(d/2R_0)^2}]}$
B	$r = \frac{d_2^2 - d_1^2}{8R_0[\sqrt{1-(d_1/2R_0)^2} - \sqrt{1-(d_2/2R_0)^2}]}$
C	$r = \frac{\frac{1}{2}h(b_1+b_2)}{\frac{b_1R_2 - b_2R_1}{h}\ln\frac{R_2}{R_1} - (b_1 - b_2)}$ 对于三角形截面(即 $b_2 = 0$) $r = \frac{h}{2\left[\frac{R_2}{h}\ln\frac{R_2}{R_1} - 1\right]}$

续表 9.23－1

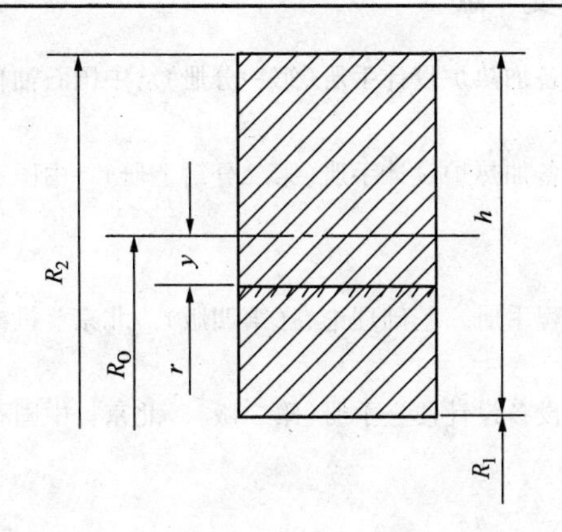	$r=\dfrac{h}{\ln\dfrac{R_2}{R_1}}$
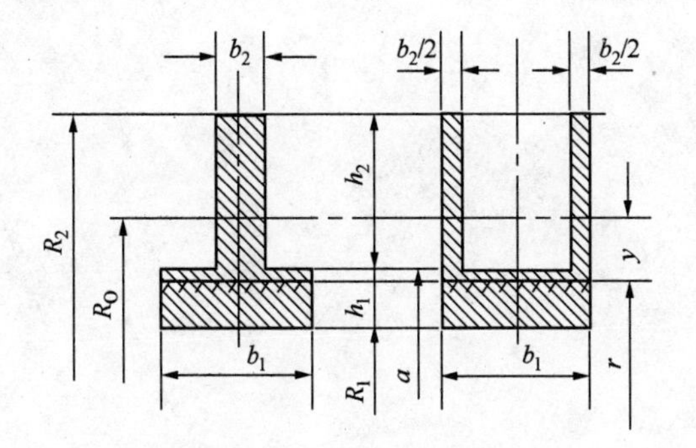	$r=\dfrac{b_1h_1+b_2h_2}{b_1\ln\dfrac{a}{R_1}+b_2\ln\dfrac{R_2}{a}}$
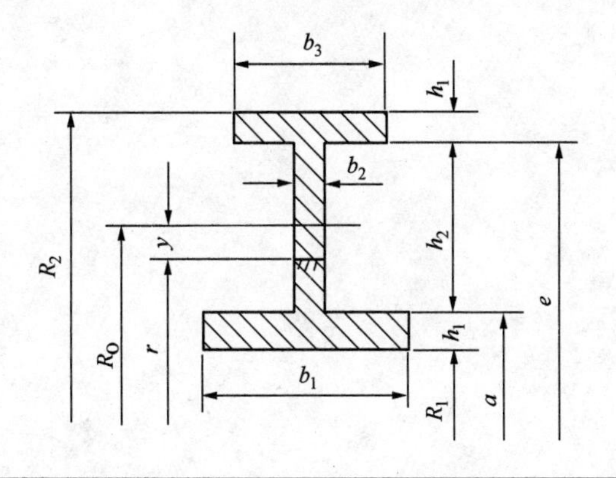	$r=\dfrac{b_1h_1+b_2h_2+b_3h_3}{b_1\ln\dfrac{a}{R_1}+b_2\ln\dfrac{e}{a}+b_3\ln\dfrac{R_2}{e}}$
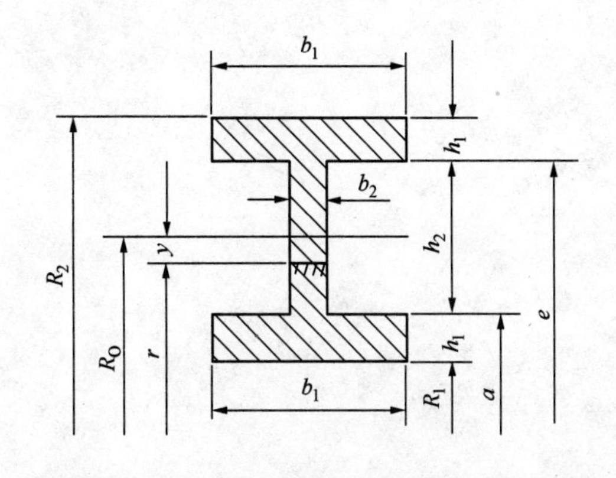	$r=\dfrac{2b_1h_1+b_2h_2}{b_1\left(\ln\dfrac{a}{R_1}+\ln\dfrac{R_2}{e}\right)+b_2\ln\dfrac{e}{a}}$

参 考 文 献

1 中国石油化工总公司石油化工规划院编．炼油厂设备加热炉设计手册(第一分册)．中国石油化工总公司石油化工规划院出版，1987

2 中国石油化工总公司石油化工规划院编．炼油厂设备加热炉设计手册(第二分篇上册)．中国石油化工总公司石油化工规划院出版，1987

3 JB/T 4736—2002《补强圈》

4 机械工程手册电机工程手册编辑委员会编．机械工程手册 基础理论卷(第四版)．北京：机械工业出版社，2002

5 中国石化集团洛阳石油化工工程公司编．石油化工设备设计便查手册(第二版)．北京：中国石化出版社，2007

第十章　常用国内外标准

10.1　外国标准

10.1.1　世界各国国家标准代号

表 10.1－1　世界各国国家标准代号

标准代号	标准名称	标准代号	标准名称	标准代号	标准名称
ANSI	美国标准	KSA	肯尼亚标准	SAO	菲律宾标准
AS	澳大利亚标准	KSS	科威特标准	SASO	沙特阿拉伯标准
BDSI	孟加拉国标准	L. S.	黎巴嫩标准	SFS	芬兰标准
BGC	保加利亚标准	LS	利比亚标准	SI	以色列标准
BS	英国标准	MS	马来西亚标准	SIS	瑞典标准
CAN	加拿大标准	MSZ	匈牙利标准	SLS	斯里兰卡标准
CAS	津巴布韦标准	NB	巴西标准	SNIMA	摩洛哥标准
DGN	墨西哥官方标准	NBN	比利时标准	SN	瑞士标准
DGNT	玻利维亚标准	NC	古巴标准	SS	新加坡标准
DIN	德国标准	NCh	智利标准	SS	苏丹标准
DS	丹麦标准	NEN	荷兰标准	SNS	叙利亚标准
ELOT	希腊标准	NF	法国标准	SR(STASH)	阿尔巴尼亚标准
EOS	埃及标准	NHS	希腊标准	STAS	罗马尼亚标准
GS	加纳标准	NI	印度尼西亚标准	TCVN	越南标准
ICONTEC	哥伦比亚标准	NIS	尼日利亚标准	TIS	泰国标准
INAPI	阿尔及利亚标准	NM	马达加斯加标准	TS	土耳其标准
IOS	伊拉克标准	NOP	秘鲁标准	TZS	坦桑尼亚标准
IRAM	阿根廷标准	NORVEN	委内瑞拉标准	UBS	缅甸联邦标准
IS	印度标准	NP	葡萄牙标准	UNE	西班牙标准
I. S	爱尔兰标准	NP	巴拉圭标准	UNI	意大利标准
ISIRI	伊朗标准	NS	挪威标准	UNIT	乌拉圭标准
JIS	日本工业标准	NT	突尼斯标准	VCT	蒙古标准
JS	牙买加标准	NSO	尼日利亚标准	ZS	赞比亚标准
J. S. S	约旦标准	NZS	新西兰标准	ГОСТ	俄罗斯标准
JUS	南斯拉夫标准	PN	波兰标准	ÖNORM	奥地利标准
KPS	朝鲜标准	PS	巴基斯坦标准		
KS	韩国标准	SABS	南非标准		

10.1.2　一些国际或区域组织的标准代号及机构名称

表 10.1－2　一些国际或区域组织的标准代号及机构名称

标准代号	机构名称	中文译名
ISO	International Standardization Organization	国际标准化组织
IIW	International Institute of Welding	国际焊接学会
EN	European committee for standardization	欧洲标准化委员会

10.1.3 常见的国外标准化组织的标准代号和机构名称

表 10.1－3 常见的国外标准化组织的标准代号及机构名称

标准代号	机构名称	中文译名
ACM	Association for Computing Machinery	【美国】计算机协会
ACS	American Chemical Society	美国化学学会
AFS	American foundrymen's society	美国铸工学会
AGA	American Gas Association	美国煤气协会
AGMA	American Gear Manufacturers' Association	美国齿轮制造商协会
AICE	American Institute of Chemical Engineers	美国化学工程师学会
AIJ	Architectural Institute of Japan	日本建筑学会
AISC	American Institute of Steel Construction	美国钢结构学会
AISE	Association of Iron and Steel Engineers	【美国】钢铁工程师协会
AISI	American Iron and Steel Institute	美国钢铁学会
ANSI	American National Standards Institute	美国国家标准学会
API	American Petroleum Institute	美国石油学会
ASEP	American Society of Electroplated Plastics	美国电镀塑料学会
ASM	American Society for Matals	美国金属学会
ASME	American Society of Mechanical Engineers	美国机械工程师学会
ASTM	American Society for Testing and Materials	美国材料与试验学会
ASNT	American Society for Nondestructive Testing	美国无损试验协会
AWS	American Welding Society	美国焊接学会
BAS	The Japan Bearing Industrial Association Standard	日本轴承工业会标准
BPVC	ASME Boiler and Pressure Vessel Code	美国机械工程师学会锅炉与压力容器规范
BS	British Standard Institution(BSI)	英国标准协会
CSA	Canadian Standards Association	加拿大标准协会
DCS	JapanDie Casting Association	日本压铸件协会
DVM	German Association for Materials Testing	德国材料试验协会
DVS	German Welding Association	德国焊接协会
EJMA	Expansion Joint Manufacturers' Association	美国膨胀节制造商协会
HPIS	HighPressure Institute	日本高压技术协会
IP	Institute of Petroleum	【英国】石油学会
JASO	Japanese Automobile Standard Organization	日本汽车标准组织
JHS		日本金属热处理工业会
JIC	Joint Industrial Council	【美国】工业联合委员会
JISC	Japan Industrial Standards Committee	日本工业标准委员会
JLPA	Japan Liquefied Petroleum Gas Association	日本液化石油气协会
JPI	TheJapan Petroleum Institute	日本石油学会
JSA	Japan Standards Association	日本标准协会
JV	Japan Valve Manufacturers' Association	日本阀门工业会
JWES	Japan Welding Society	日本焊接协会
LIS	Light Metal Industry Research	日本轻金属工业协会
MAS	Japan Machine Tool Builders' Association	日本机床工业会
NACE	National Association of Corrosion Engineers	【美国】全国腐蚀工程师协会
NDIS	Non－Destructive Inspection Association	【日本】无损检验协会
NGPA	Natural Gas Processors Association	【美国】全国天然气加工商协会
NPRA	National Petroleum Refiners Association	【美国】全国石油炼制商协会
SAE	Society of Automotive Engineers	美国机动机械工程师学会标准
TEMA	Tubular Exchanger Manufacturer's Association	【美国】管式热交换器制造商协会

续表 10.1－3

标准代号	机构名称	中文译名
VDE	Association of German Electrical Engineers	德国电气工程师协会
VDI	Association of German Engineers	德国工程师协会
WI	Welding Institute	【英国】焊接学会
AD【德】	Arbeitsgemeinschaft Druckbehlter	【德国】压力容器工作委员会
AFNOR【法】	Association Francaise de Normalisation	【法国】标准化协会
BNF【法】	Bureau de Normalisation des Industries de la Fonderie	【法国】铸造工业标准化局
DIN【德】	Deutsche Institut für Normung	【德国】标准化学会
FDBR【德】	Fachverband Dampfkessel－，Behälter－und Rohrleitungsbau	【德国】蒸汽锅炉、容器与管道制造协会
FES【德】	Fachnormenausschuβ für Eisen und Stahl	【德国】钢铁标准委员会
FNM【德】	Fachnormenausschuβ Materialprüfung	【德国】材料检验标准委员会
FNS【德】	Fachnormenausschuβ Schweiβtechnik	【德国】焊接技术专业标准委员会
SEL. E【德】	Stahl－Eisen－Liste	【德国】钢材手册
SEL. L【德】	Stahl－Eisen－Liefer－bedingungen	【德国】钢铁供货条件
SEP. P【德】	Stah-Eisen-Prüfblätte des Vereins Deutscher Eisenhüttenleute	【德国】钢铁工程师协会钢铁试验标准
SNCT. SNCTTI【法】	Syndicat National de la Chaudronnerie，de la Tölerie et de la Tuyauterie Industrielle	【法国】全国锅炉、压力容器及管道工业协会
VDMA【德】	Verein Deutscher Maschinenbau Anstalten	德国机械制造商协会
VGB【德】	Vereinigung der GroβKesselbetreiber	【德国】大型锅炉制造商联合会
VM【德】	Vertband der Materialprüfungsämter	【德国】材料试验联合会

10.1.4　常见的国际标准化组织标准

表 10.1－4　常见的国际标准化组织标准

标准号	标准名称
ISO 128	技术制图　画法的一般原则
ISO 129.1	技术制图　尺寸和公差的表示
ISO 148－1	金属材料　夏比摆锤冲击试验　第 1 部分：试验方法
ISO 148－2	金属材料　摆锤式冲击试验　第 2 部分：测试机的鉴定
ISO 148－3	金属材料　摆锤式冲击试验　第 3 部分：摆锤式冲击机间接鉴定用摆锤式 V 型槽口试样的制备及特性
ISO 204	金属材料　拉伸状态下的单轴蠕变试验　试验方法
ISO 406	技术制图　直线和角度尺寸公差
ISO TR581	可焊性　金属材料　一般原则
ISO 704	术语工作　原则和方法
ISO 857－1	焊接和相关工艺　术语　第 1 部分：金属焊接工艺　两种语言版
ISO 857－2	焊接和相关工艺　词汇　第 2 部分：软钎焊和铜焊工艺及相关术语
ISO 860	术语工作　概念和术语的统一
ISO 1101	产品几何量技术规范(GPS)　几何公差形状、方位、位置和跳动公差
ISO 1127	不锈钢管　尺寸、公差和单位长度的公称质量
ISO 1129	锅炉、过热器和热交换器用钢管　尺寸、公差和单位常用重量
ISO 1302	产品几何量技术规范(GPS)　技术产品文件中表面结构的表示方式
ISO 1660	技术制图　外形尺寸公差和注法
ISO 2162－1	技术产品文件　弹簧　第 1 部分：简化表示法
ISO 2203	技术制图　齿轮的习惯画法
ISO 2553	焊接、硬钎焊和软钎焊接头　图样上的符号表示法
ISO 3040	产品几何量技术规范(GPS)　椎体尺寸和公差注法
ISO 3098－2	技术产品文件　文字　第 2 部分：拉丁字母表、数字和符号

续表 10.1-4

标准号	标准名称
ISO 3690	焊接、碳钢和低合金钢手工焊熔敷金属扩散氢的测定
ISO 5455	技术制图　比例尺
ISO 5457	技术产品文件　图纸的尺寸和布局
ISO 6506-1	金属材料　布氏硬度试验　第1部分：试验方法
ISO 6708	管件　公称尺寸的定义和选择
ISO 6758	热交换器用焊接钢管
ISO 6759	热交换器用无缝钢管
ISO 7438	金属材料　弯曲试验
ISO 9327	压力用途的钢锻件和轧制或锻造的棒材　交货技术条件
ISO 17636	焊缝的无损检验　熔焊接头的放射检验
ISO 80000-1	数量和单位　第1部分：通论

10.1.5　常见的美国标准

10.1-5　常见的美国标准

标　准　号	标准名称
API RP 5C5	套管和管连接的测试程序
API RP 41	粘接和水力破碎设备的现行操作数据
API 510	压力容器检验规程—在用的检验、鉴定、修理和更换
API STD 520 PT I	炼油厂压力泄放装置的定径、造型和安装　第1部分：定径和造型
API RP 520 PT II	炼油厂压力泄放装置的定径、造型和安装　第2部分：安装
API STD 530	炼油厂加热炉炉管壁厚计算
API STD 620	大型焊接低压储罐设计与建造
API STD 650	焊接油罐
API STD 660	管壳式换热器
API STD 661	炼油厂装置用空冷换热器
API STD 2510	液化石油气装置的设计和建造
ASME PTC 4.3	空气加热器
ASME PTC 24	喷射器
ASME 锅炉及压力容器规范	第Ⅱ卷　材料
	第Ⅴ卷　无损检测
	第Ⅷ卷　压力容器建造规则
	第Ⅸ卷　焊接和钎接评定
	第Ⅹ卷　玻璃钢受压容器
ASTM A20/A20M	压力容器用钢板通用要求
ASTM A53/A53M	无镀层及热镀锌焊接管和无缝公称钢管
ASTM A106/A106M	高温用无缝碳钢公称管
ASTM A179/A179M	换热器及冷凝器用无缝冷拔低碳钢管
ASTM A192/A192M	高压用无缝碳素钢锅炉管
ASTM A203/A203M	压力容器用镍合金钢板
ASTM A204/A204M	压力容器用钼合金钢板
ASTM A209/A209M	锅炉和过热器用无缝碳钼合金钢管
ASTM A210/A210M	锅炉和过热器用无缝中碳钢管
ASTM A213/A213M	锅炉、过热器和换热器用无缝铁素体和奥氏体合金钢管
ASTM A225/A225M	压力容器用锰钒镍合金钢板
ASTM A240/A240M	压力容器和一般用途用耐热铬及铬镍不锈钢板、薄板和钢带
ASTM A268/A268M	一般用途无缝和焊接铁素体和马氏体不锈钢管

续表 10.1-5

标准号	标准名称
ASTM A269	一般用途无缝和焊接奥氏体不锈钢管
ASTM A275/A275M	钢锻件磁粉检测
ASTM A285/A285M	压力容器用低、中强度碳素钢板
ASTM A299/A299M	压力容器用碳锰硅钢板
ASTM A302/A302M	压力容器用锰钼和锰钼镍合金钢板
ASTM A312/A312M	无缝和焊接奥氏体不锈钢公称管
ASTM A333/A333M	低温用无缝和焊接公称钢管
ASTM A334/A334M	低温用无缝和焊接碳钢和合金钢管
ASTM A335/A335M	高温用无缝铁素体合金钢公称管
ASTM A336/A336M	高温承压件用合金钢铸件
ASTM A353/A353M	压力容器用二次正火加回火含9%镍合金钢板
ASTM A372/A372M	薄壁压力容器用碳钢和合金钢锻件
ASTM A387/A387M	压力容器用铬钼合金钢板
ASTM A414/A414M	压力容器用碳素钢薄板
ASTM A435/A435M	钢板超声直射波检测
ASTM A455/A455M	压力容器用高强度碳锰钢板
ASTM A479/A479M	锅炉和其他压力容器用不锈钢棒材和型材
ASTM A498	带整体散热片热交换器用无缝焊接碳钢管
ASTM A508/A508M	压力容器用经真空处理的淬火加回火碳钢和合金钢锻件
ASTM A515/A515M	中、高温压力容器用碳钢板
ASTM A516/A516M	中、低温压力容器用碳钢板
ASTM A517/A517M	压力容器用淬火加回火高强度合金钢板
ASTM A537/A537M	压力容器用经热处理碳锰硅钢板
ASTM A541/A541M	压力容器部件用淬火加回火碳钢和合金钢锻件
ASTM A542/A542M	压力容器用淬火加回火铬钼和铬钼钒合金钢板
ASTM A543/A543M	压力容器用淬火加回火镍铬钼合金钢板
ASTM A553/A553M	压力容器用淬火加回火8%和9%镍合金钢板
ASTM A562/A562M	搪玻璃或扩散金属层用的压力容器碳锰钛钢板
ASTM A577/A577M	钢板超声斜射波检测
ASTM A592/A592M	压力容器用淬火加回火高强度低合金锻制配件和零件
ASTM A608/A608M	高温离心铸造铁铬镍高合金钢管
ASTM A612/A612M	中、低温压力容器用高强度碳钢板
ASTM A632	一般用途无缝和焊接奥氏体不锈钢管(小直径)
ASTM A645/A645M	压力容器用特殊热处理5%和5.5%镍合金钢板
ASTM A662/A662M	中、低温压力容器用碳锰硅钢板
ASTM A723/A723M	承压件用公高强度合金钢锻件
ASTM A724/A724M	焊接多层压力容器用淬火加回火碳锰硅钢板
ASTM A788/A788M	钢锻件通用要求
ASTM A789/A789M	一般用途无缝和焊接铁素体、奥氏体不锈钢管
TEMA	管式换热器制造商协会标准
EJMA	美国膨胀节制造节协会标准

10.1.6 常见的日本标准

表10.1-6 常见的日本标准

标准号	标准名称
JIS B8242	液化石油气用卧式圆筒贮罐结构
JIS B8248	圆柱形双层压力容器
JIS B8249	壳式和管式热交换器
JIS B8501	焊接的钢制石油储罐
JIS G3101	一般结构用轧制钢材
JIS G3103	锅炉和压力容器用碳素钢及钼钢板
JIS G3106	焊接结构用轧制钢材
JIS G3115	压力容器用钢板
JIS G3116	高压气体容器用钢板及钢带
JIS G3118	中、常温压力容器用碳素钢板
JIS G3119	锅炉和压力容器用锰钼及锰钼镍合金钢板
JIS G3120	压力容器用调质锰钼和锰钼镍合金钢板
JIS G3126	低温压力容器用碳素钢钢板
JIS G3127	低温压力容器用镍钢钢板
JIS G3201	一般用途碳钢锻件
JIS G3214	压力容器用不锈钢锻件
JIS G3221	一般用途铬钼钢锻件
JIS G3222	一般用途镍铬钼钢锻件
JIS G3429	高压气瓶用无缝钢管
JIS G3441	机器用合金钢管
JIS G3444	一般结构用碳素钢管
JIS G3445	机械结构用碳素钢管
JIS G3446	机械和结构用不锈钢钢管
JIS G3461	锅炉与热交换器用碳素钢钢管
JIS G3462	锅炉与热交换器用合金钢钢管
JIS G3463	锅炉与热交换器用不锈钢钢管
JIS G3464	低温设备用热交换器钢管
JIS G3467	加热炉用钢管
JIS G4051	机械结构用碳素钢
JIS G4107	高温设备用合金钢螺栓材料
JIS G4109	锅炉和压力容器用铬钼合金钢板
JIS G4303	不锈钢棒
JIS G4304	热轧不锈钢钢板和钢带
JIS G4305	冷轧不锈钢钢板和钢带
JPI 7R-19	不锈钢复合钢板加工标准
JPI 7R-28	容器的温度和压力推荐准则
JPI 7R-35	裙式支座立式设备的强度计算
JPI 7R-51	空气冷却器结构
JPI 7R-52	卧式容器鞍式支座强度计算
JPI 7R-53	卧式容器鞍式支座
JPI 7S-29	容器的腐蚀裕量设计准则
JPI 7S-33	列管式热交换器的结构(石油工业)

10.1.7　常见的俄罗斯国家标准

表 10.1-7　常见的俄罗斯国家标准

标　准　号	标准名称
ГОСТ 380	普通碳素钢的牌号及一般技术要求
ГОСТ 550	石油加工和石油化学工业用的无缝钢管
ГОСТ 977	非合金结构钢及合金钢铸件的一般技术条件
ГОСТ 1577	热轧优质碳素钢及合金结构钢厚钢板技术要求
ГОСТ 4637	普通碳素钢厚钢板及宽扁钢的通用技术要求
ГОСТ 5520	制造锅炉和压力容器用碳素钢板和低合金钢板的技术要求
ГОСТ 8479	碳素结构钢及合金钢锻件的技术条件
ГОСТ 8731	热轧无缝钢管的一般技术要求
ГОСТ 8732	热轧无缝钢管的品种
ГОСТ 9929	列管式钢热交换器的形式。基本参数和尺寸
ГОСТ 9931	钢焊圆筒形容器和器具的形式和基本尺寸
ГОСТ 9940	热轧无缝不锈钢管
ГОСТ 10885	热轧复合耐蚀钢板
ГОСТ 14249	容器及设备的强度计算方法和标准
ГОСТ 15518	可拆板式热交换器的参数和基本尺寸及技术要求
ГОСТ 16523	一般用途的优质碳素钢及普通碳素钢板
ГОСТ 17066	低合金结构钢板及卷板的牌号和技术要求

10.1.8　常见的其他标准

表 10.1-8　常见的其他标准

标　准　号	标准名称
BS PD 5500	非直接火焊制压力容器规范
EN 13445	非直接火压力容器

10.2　中国标准

10.2.1　中国标准代号

标准有国家标准、行业标准、地方标准和企业标准。国家标准和行业标准，又分强制性标准和推荐性标准。各种标准的编号都由标准代号、顺序号和批准发布年号三部分组成。例如：GB 3087—2008，GB 为国家标准代号，3087 为顺序号，2008 为批准发布年号。强制性国家标准的标准代号为 GB，推荐性国家标准的标准代号为 GB/T。

行业标准的标准代号由国务院标准化行政主管部门规定。例如，强制性机械工业行业标准的标准代号为 JB，推荐性机械工业行业标准的标准代号为 JB/T，相关行业的标准代号见表 10.2-1。

地方标准的标准代号为 DB 加上省、自治区或直辖市的代码前两位数字。例如，辽宁省的代码为 210000，其强制性地方标准的标准代号为 DB21，其推荐性标准的标准代号为 DB21/T。各省、自治区和直辖市的代码见表 10.2-2。

企业标准的标准代号由 Q/加上企业代号组成。企业代号由企业自己规定，例如，某企业的代号为 A23，则该企业标准的标准代号为 Q/A23。

10.2.2 行业标准代号

表 10.2-1 行业标准代号

标准代号	标准名称	标准代号	标准名称	标准代号	标准名称
AQ	安全生产	HJ	环境保护	QB	轻工
CB	船舶	HY	海洋	QC	汽车
CJ	城镇建设	JB	机械	QJ	航天
CH	测绘	JC	建材	SH	石油化工
CY	新闻出版	JG	建筑工业	SJ	电子
DA	档案	JT	交通	SY	石油天然气
DL	电力	JY	教育	TB	铁路运输
DZ	地质矿产	LY	林业	YB	黑色冶金
EJ	核工业	MH	民用航空	YC	烟草
FZ	纺织	MT	煤炭	YD	通信
GA	公共安全	MZ	民政	YS	有色冶金
GY	广播电影电视	NB	能源	YY	医药
HG	化工	NY	农业		

10.2.3 省、自治区、直辖市代码

表 10.2-2 省、自治区、直辖市代码

名称	代码	名称	代码	名称	代码	名称	代码
北京	110000	上海	310000	湖北	420000	云南	530000
天津	120000	江苏	320000	湖南	430000	西藏	540000
河北	130000	浙江	330000	广东	440000	陕西	610000
山西	140000	安徽	340000	广西	450000	甘肃	620000
内蒙古	150000	福建	350000	海南	460000	青海	630000
辽宁	210000	江西	360000	重庆	500000	宁夏	640000
吉林	220000	山东	370000	四川	510000	新疆	650000
黑龙江	230000	河南	410000	贵州	520000	台湾	710000

10.2.4 压力容器法规文件

1. 法律、法规和规章

表 10.2-3 法律、法规和规章

文件号	文件名称
中华人民共和国主席令第七十号	中华人民共和国安全生产法
中华人民共和国国务院令第 549 号	特种设备安全监察条例
国家质量监督检验检疫总局令第 140 号	关于修改《特种设备作业人员监督管理办法》的决定
国家质量监督检验检疫总局令第 116 号	高耗能特种设备节能监督管理办法
	起重机械安全监察规定
国家质量监督检验检疫总局令第 115 号	特种设备事故报告和调查处理规定
国家质量监督检验检疫总局令第 46 号	气瓶安全监察规定
国家质量监督检验检疫总局令第 22 号	锅炉压力容器制造监督管理办法
国家质量监督检验检疫总局令第 14 号	锅炉压力容器压力管道特种设备安全检察行政处罚规定
国家质量技术监督局令第 11 号	小型和常压热水锅炉安全监察规定

2. 安全技术规范

表 10.2-4 安全技术规范

文件号	文件名称
劳锅发[1993]4号	溶解乙炔气瓶安全监察规程
劳部发[1994]262号	液化气体汽车罐车安全监察规程
质技监局锅发[2000]99号	压力管道安装单位资格认可实施细则
质技监局锅发[2001]57号	特种设备注册登记与使用管理规则
国质检锅[2002]83号	压力管道安装安全质量监督检验规则
国质检锅[2002]109号	锅炉压力容器压力管道焊工考试与管理规则
国质检锅[2003]108号	在用工业管道定期检验规程
国质检锅[2003]174号	机电类特种设备制造许可规则(试行)
国质检锅[2003]194号	锅炉压力容器制造许可条件
国质检锅[2003]194号	锅炉压力容器制造许可工作程序
国质检锅[2003]194号	锅炉压力容器产品安全性能监督检验规则
国质检锅[2003]207号	锅炉压力容器使用登记管理办法
国质检锅[2003]248号	特种设备无损检测人员考核与监督管理规则
国质检锅[2003]251号	机电类特种设备安装改造维修许可规则(试行)
国质检特[2005]220号	特种设备行政许可鉴定评审管理与监督规则
TSG D0001—2009	压力管道安全技术监察规程—工业管道
TSG D2001—2006	压力管道元件制造许可规则
TSG D2002—2006	燃气用聚乙烯管道焊接技术规则
TSG D3001—2009	压力管道安装许可规则
TSG D5001—2009	压力管道使用登记管理规则
TSG D6001—2006	压力管道安全管理人员和操作人员考核大纲
TSG D7001—2005	压力管道元件制造监督检验规则(埋弧焊钢管与聚乙烯管)
TSG D7002—2006	压力管道元件型式试验规则
TSG D7003—2010	压力管道定期检验规则—长输(油气)管道
TSG D7004—2010	压力管道定期检验规则—公用管道
TSG G0002—2010	锅炉节能技术监督管理规程
TSG G0003—2010	工业锅炉能效测试与评价规则
TSG G1001—2004	锅炉设计文件鉴定管理规则
TSG G3001—2004	锅炉安装改造单位监督管理规则
TSG G6001—2009	锅炉安全管理人员和操作人员考核大纲
TSG G7001—2004	锅炉安装监督检验规则
TSG R0001—2004	非金属压力容器安全技术监察规程
TSG R0002—2005	超高压力容器安全技术监察规程
TSG R0003—2007	简单压力容器安全技术监察规程
TSG R0004—2009	固定式压力容器安全技术监察规程
TSG R0009—2009	车用气瓶安全技术监察规程
TSG R1001—2008	压力容器压力管道设计许可规则
TSG R1003—2006	气瓶设计文件鉴定规则
TSG R3001—2006	压力容器安装改造维修许可规则
TSG R5001—2005	气瓶使用登记管理规则
TSG R6001—2011	压力容器安全管理人员和操作人员考核大纲
TSG R6003—2006	压力容器压力管道带压密封作业人员考核大纲
TSG R7001—2004	压力容器定期检验规则
TSG R7003—2011	气瓶制造监督检验规则
TSG RF001—2009	气瓶附件安全技术监察规程

续表 10.2－4

文件号	文件名称
TSG Z0001—2009	特种设备安全技术规范制造程序导则
TSG Z0002—2009	特种设备信息化工作管理规则
TSG Z0003—2005	特种设备鉴定评审人员考核大纲
TSG Z0004—2007	特种设备制造、安装、改造、维修质量保证体系基本要求
TSG Z0005—2007	特种设备制造、安装、改造、维修许可鉴定评审细则
TSG Z0006—2009	特种设备事故调查处理导则
TSG Z6001—2005	特种设备作业人员考核规则
TSG Z6002—2010	特种设备焊接操作人员考核细则
TSG Z7001—2004	特种设备检验检测机构核准规则
TSG Z7002—2004	特种设备检验检测机构鉴定评审细则
TSG Z7003—2004	特种设备检验检测机构质量管理体系要求
TSG Z7004—2011	特种设备型式试验机构核准规则
TSG ZB001—2008	燃油(气)燃烧器安全技术规则
TSG ZB002—2008	燃油(气)燃烧器型式试验规则
TSG ZC001—2009	锅炉压力容器用钢板(带)制造许可规则
TSG ZF001—2006	安全阀安全技术监察规程
TSG ZF002—2005	安全阀维修人员考核大纲
TSG ZF003—2011	爆破片装置安全技术监察规程

10.2.5 压力容器设计通用标准

1. 国家标准

表 10.2－5 国家标准

序号	标准编号	标准名称
1	GB 150.1—2011	压力容器 第1部分：通用要求
2	GB 150.2—2011	压力容器 第2部分：材料
3	GB 150.3—2011	压力容器 第3部分：设计
4	GB 150.4—2011	压力容器 第4部分：制造、检验和验收
5	GB/T 4272—2008	设备及管道绝热通则
6	GB/T 5616—2006	无损检测应用导则
7	GB/T 9019—2001	压力容器公称直径

2. 石油化工行业标准

表 10.2－6 石油化工行业标准

序号	标准编号	标准名称
1	SH 3048—1999	石油化工钢制设备抗震设计规范
2	SH/T 3074—2007	石油化工钢制压力容器
3	SH/T 3075—2009	石油化工钢制压力容器材料选用规范

3. 相关行业标准

表 10.2－7 相关行业标准

序号	标准编号	标准名称
1	HG/T 20580—2011	钢制化工容器设计基础规定
2	HG/T 20581—2011	钢制化工容器材料选用规定

续表 10.2－7

序号	标准编号	标准名称
3	HG/T 20582—2011	钢制化工容器强度计算规定
4	HG/T 20583—2011	钢制化工容器结构设计规定
5	HG/T 20584—2011	钢制化工容器制造技术要求
6	HG/T 20585—2011	钢制低温压力容器技术规定
7	HG 20660—2000	压力容器中化学介质毒性危害和爆炸危险程度分类
8	JB 4732—1995(2005 确认)	钢制压力容器—分析设计标准
9	NB/T 47003.1—2009(JB/T 4735.1)	钢制焊接常压容器

10.2.6　压力容器设计专用标准

1. 国家标准

表 10.2－8　国家标准

序号	标准编号	标准名称
1	GB 151—1999	管壳式换热器
2	GB/T 9222—2008	水管锅炉受压元件强度计算
3	GB 12337—1998	钢制球形储罐

2. 石油化工行业标准

表 10.2－9　石油化工行业标准

序号	标准编号	标准名称
1	SH 3046—1992	石油化工立式圆筒形钢制焊接储罐设计规范
2	SH/T 3078—1996	立式圆筒形钢制和铝制料仓设计规范
3	SH 3088—1998	石油化工塔盘设计规范
4	SH/T 3096—2011	高硫原油加工装置设备和管道设计选材导则
5	SH/T 3098—2011	石油化工塔器设计规范
6	SH/T 3118—2000	石油化工蒸汽喷射式抽空器设计规范
7	SH/T 3119—2000	石油化工钢制套管换热器设计规范
8	SH/T 3120—2000	石油化工喷射式混合器设计规范
9	SH/T 3129—2011	高酸原油加工装置设备和管道设计选材导则
10	SH/T 3167—2010	钢制焊接低压储罐

3. 相关行业标准

表 10.2－10　相关行业标准

序号	标准编号	标准名称
1	HG/T 20517—1992	钢制低压湿式气柜
2	HG/T 20531—1993	铸钢、铸铁容器
3	HG/T 20536—1993	聚四氟乙烯衬里设备
4	HG/T 20569—1994	机械搅拌设备
5	HG/T 20640—1997	塑料设备
6	HG/T 20652—1998	塔器设计技术规定
7	HG/T 20671—1989	铅衬里化工设备
8	HG/T 20672—2005	尿素造粒塔设计规定
9	HG/T 20676—1990	砖板衬里化工设备
10	HG/T 20677—1990	橡胶衬里化工设备
11	HG/T 20678—2000	衬里钢壳设计技术规定

续表 10.2-10

序号	标准编号	标准名称
12	HG/T 20679—1990	化工设备、管道外防腐设计规定
13	HG/T 20696—1999	玻璃钢化工设备设计规定
14	JB/T 4710—2005	钢制塔式容器
15	JB/T4731—2005	钢制卧式容器
16	JB/T 4781—2005	液化气体罐式集装箱
17	JB/T 7356—2005	列管式油冷却器
18	NB/T 47001—2009(JB/T 4713)	钢制液化石油气卧式储罐型式与基本参数
19	NB/T 47003.1—2009(JB/T 4735.1)	钢制焊接常压容器
20	NB/T 47003.2—2009(JB/T 4735.2)	固体料仓
21	NB/T 47004—2009(JB/T 4752)	板式热交换器
22	NB/T 47005—2009(JB/T 4753)	板式蒸发装置
23	NB/T 47006—2009(JB/T 4757)	铝制板翅式热交换器
24	NB/T 47007—2009(JB/T 4758)	空冷式热交换器

10.2.7 压力容器设计技术条件

表 10.2-11 压力容器设计技术条件

序号	标准编号	标准名称
1	GB 567—1999	爆破片与爆破片装置
2	GB 9237—2001	制冷和供热用机械制冷系统安全要求
3	GB/T 9842—2004	尿素合成塔技术条件
4	GB/T 9843—2004	尿素高压洗涤塔技术条件
5	GB/T 10476—2004	尿素高压冷凝器技术条件
6	GB/T 12241—2005	安全阀一般要求
7	GB/T 12353—1999	拱形金属爆破片装置分类与安装尺寸
8	GB/T 12777—2008	金属波纹管膨胀节通用技术条件
9	GB/T 13147—2009	铜及铜合金复合钢板焊接技术要求
10	GB/T 13148—2008	不锈钢复合钢板焊接技术要求
11	HG/T 2059—2004	不透性石墨管技术条件
12	HG/T 2119—1991	氨合成塔三套管式内件技术条件
13	HG/T 2128—2008	改性酚醛玻璃纤维增强塑料管技术条件
14	HG 2367—2005	氯乙烯聚合反应釜技术条件
15	HG/T 2370—2005	石墨制化工设备技术条件
16	HG/T 2650—1995	钢制管式换热器
17	HG 2952—2003	尿素二氧化碳汽提塔技术条件
18	HG/T 3177—1987	钢制绕板压力容器技术条件
19	HG 20652—1998	塔器设计技术规定
20	HG 21594—1999	不锈钢人、手孔分类与技术条件
21	JB/T 1035—2002	铜制空气分离设备技术规范
22	JB/T 1205—2001	塔盘技术条件
23	JB/T 1616—1993	管式空气预热器技术条件
24	JB/T 2549—1994	铝制空气分离设备制造技术规范
25	JB/T 4711—2003	压力容器涂敷与运输包装
26	JB/T 7215—1994	锻焊结构热壁加氢反应器技术条件
27	JB/T 8542—1997	小型空气分离设备
28	JB/T 8693—1998	大中型空气分离设备
29	NB/T 47006—2009(JB/T 4757)	铝制板翅式热交换器
30	NB/T 47012—2010(JB/T 4750)	制冷装置用压力容器

10.2.8　压力容器零、部件及附件标准

表 10.2－12　压力容器零、部件及附件标准

序号	标准编号	标准名称
1	GB/T 4622.1—2009	缠绕式垫片分类
2	GB/T 4622.2—2008	缠绕式垫片管法兰用垫片尺寸
3	GB/T 4622.3—2007	缠绕式垫片技术条件
4	GB/T 12243—2005	弹簧直接载荷式安全阀
5	GB/T 12522—2009	不锈钢波形膨胀节
6	GB/T 14525—2010	波纹金属软管通用技术条件
7	GB 16749—1997	压力容器波形膨胀节
8	GB/T 25198－2010	压力容器封头
9	HG/T 20592—2009	钢制管法兰(PN 系列)
10	HG/T 20606—2009	钢制管法兰用非金属平垫片(PN 系列)
11	HG/T 20607—2009	钢制管法兰用聚四氟乙烯包覆垫片(PN 系列)
12	HG/T 20609—2009	钢制管法兰用金属包覆垫片(PN 系列)
13	HG/T 20610—2009	钢制管法兰用缠绕式垫片(PN 系列)
14	HG/T 20611—2009	钢制管法兰用具有覆盖层的齿形组合垫(PN 系列)
15	HG/T 20612—2009	钢制管法兰用金属环形垫(PN 系列)
16	HG/T 20613—2009	钢制管法兰用紧固件(PN 系列)
17	HG/T 20614—2009	钢制管法兰、垫片、紧固件选配规定(PN 系列)
18	HG/T 20615—2009	钢制管法兰(Class 系列)
19	HG/T 20623—2009	大直径钢制管法兰(Class 系列)
20	HG/T 20627—2009	钢制管法兰用非金属平垫片(Class 系列)
21	HG/T 20628—2009	钢制管法兰用聚四氟乙烯包覆垫片(Class 系列)
22	HG/T 20630—2009	钢制管法兰用金属包覆垫片(Class 系列)
23	HG/T 20631—2009	钢制管法兰用缠绕式垫片(Class 系列)
24	HG/T 20632—2009	钢制管法兰用具有覆盖层的齿形组合垫(Class 系列)
25	HG/T 20633—2009	钢制管法兰用金属环形垫(Class 系列)
26	HG/T 20634—2009	钢制管法兰用紧固件(Class 系列)
27	HG/T 20635—2009	钢制管法兰、垫片、紧固件选配规定(Class 系列)
28	HG 21506—1992	补强圈
29	HG/T 21514—2005	钢制人孔和手孔的类型与技术条件
30	HG/T 21515—2005	常压人孔
31	HG/T 21516—2005	回转盖板式平焊法兰人孔
32	HG/T 21517—2005	回转盖带颈平焊法兰人孔
33	HG/T 21518—2005	回转盖带颈对焊法兰人孔
34	HG/T 21519—2005	垂直吊盖板式平焊法兰人孔
35	HG/T 21520—2005	垂直吊盖带颈平焊法兰人孔
36	HG/T 21521—2005	垂直吊盖带颈对焊法兰人孔
37	HG/T 21522—2005	水平吊盖板式平焊法兰人孔
38	HG/T 21523—2005	水平吊盖带颈平焊法兰人孔
39	HG/T 21524—2005	水平吊盖带颈对焊法兰人孔
40	HG/T 21525—2005	常压旋柄快开人孔
41	HG/T 21526—2005	椭圆形回转盖快开人孔
42	HG/T 21527—2005	回转拱盖快开人孔
43	HG/T 21528—2005	常压手孔
44	HG/T 21529—2005	板式平焊法兰手孔
45	HG/T 21530—2005	带颈平焊法兰手孔

续表 10.2－12

序号	标准编号	标准名称
46	HG/T 21531—2005	带颈对焊法兰手孔
47	HG/T 21532—2005	回转盖带颈对焊法兰手孔
48	HG/T 21533—2005	常压快开手孔
49	HG/T 21534—2005	旋柄快开手孔
50	HG/T 21535—2005	回转盖快开手孔
51	HG/T 21550—1993	防霜液面计
52	HG/T 21584—1995	磁性液位计
53	HG 21594—1999	不锈钢人、手孔分类与技术条件
54	HG 21595—1999	常压不锈钢人孔
55	HG 21596—1999	回转盖不锈钢人孔
56	HG 21597—1999	回转拱盖快开不锈钢人孔
57	HG 21598—1999	水平吊盖不锈钢人孔
58	HG 21599—1999	垂直吊盖不锈钢人孔
59	HG 21600—1999	椭圆快开不锈钢人孔
60	HG 21601—1999	常压快开不锈钢手孔
61	HG 21602—1999	平盖不锈钢手孔
62	HG 21603—1999	回转盖快开不锈钢手孔
63	HG 21604—1999	旋柄快开不锈钢手孔
64	HG 21605—1995	钢与玻璃烧结视镜
65	HG 21606—1995	钢与玻璃烧结液位计
66	HG/T 21618—1998	丝网除沫器
67	HG/T 21630—1990	补强管
68	HG/T 21639—2005	塔顶吊柱
69	JB/T 2203—1999	弹簧式安全阀结构长度
70	JB/T 4700—2000	压力容器法兰分类与技术条件
71	JB/T 4701—2000	甲型平焊法兰
72	JB/T 4702—2000	乙型平焊法兰
73	JB/T 4703—2000	长颈对焊法兰
74	JB/T 4704—2000	非金属软垫片
75	JB/T 4705—2000	缠绕垫片
76	JB/T 4706—2000	金属包垫片
77	JB/T 4707—2000	等长双头螺柱
78	JB/T 4712—2007	容器支座
79	JB/T 4718—1992	管壳式换热器用金属包垫片
80	JB/T 4719—1992	管壳式换热器用缠绕垫片
81	JB/T 4720—1992	管壳式换热器用非金属垫片
82	JB/T 4721—1992	外头盖侧法兰
83	JB/T 4736—2002	补强圈
84	JB/T 6171—1992	多层金属波纹膨胀节
85	JB/T 8130. 1—1999	恒力弹簧支吊架
86	JB/T 8130. 2—1999	可变弹簧支吊架
87	JB/T 8132—1999	弹簧减振器
88	JB/T 9243—1999	玻璃管液位计
89	JB/T 9244—1999	玻璃板液位计
90	SH/T 3138—2003	球形储罐整体补强凸缘
91	SH/T 3540—2007	钢制换热设备管束复合涂层施工及验收规范
92	NB/T 47017—2011	压力容器视镜

10.2.9　设备内件标准

表 10.2－13　设备内件标准

序号	标准编号	标准名称
1	HG/T 21512—1995	梁型气体喷射式填料支承板
2	HG/T 21554.2—1995	不锈钢矩鞍环填料
3	HG/T 21556.2—1995	不锈钢鲍尔环填料
4	HG/T 21557.2—1995	不锈钢阶梯环填料
5	HG/T 21559.1—1995	不锈钢网孔板波纹填料
6	HG/T 21559.2—2005	不锈钢孔板波纹填料
7	HG/T 21559.3—2005	不锈钢丝网波纹填料
8	HG/T 21585.1—1998	可拆型槽盘气液分布器
9	HG/T 21618—1998	丝网除抹器
10	JB/T 1118—2001	F1 型浮阀
11	JB/T 1119—1999	卡子
12	JB/T 1120—1999	双面可拆连接件
13	JB/T 1212—1999	圆泡帽
14	JB/T 2878.1—1999	X1 型楔卡
15	JB/T 2878.2—1999	X2 型楔卡
16	JB 3166—1999	S 型双面可拆卸卡子
17	JB/T 3278—1992	焊接条缝筛板

10.2.10　压力容器用金属材料标准

1. 金属材料试验方法标准

表 10.2－14　金属材料试验方法标准

序号	标准编号	标准名称
1	GB/T 224—2008	钢的脱碳层深度测定法
2	GB/T 225—2006	钢淬透性的末端淬火试验方法(Jominy 试验)
3	GB/T 226—1991	钢的低倍组织及缺陷酸蚀检验法
4	GB/T 228.1—2010	金属材料　拉伸试验　第 1 部分：室温试验方法
5	GB/T 229—2007	金属材料　夏比摆锤冲击试验方法
6	GB/T 230.1—2009	金属材料　洛氏硬度试验　第 1 部分：试验方法(A、B、C、D、E、F、G、H、K、N、T 标尺)
7	GB/T 231.1—2009	金属材料　布氏硬度试验　第 1 部分：试验方法
8	GB/T 232—2010	金属材料　弯曲试验方法
9	GB/T 235—1999	金属材料　厚度等于或小于 3mm 薄板和薄带　反复弯曲试验方法
10	GB/T 238—2002	金属材料　线材　反复弯曲试验方法
11	GB/T 241—2007	金属管　液压试验方法
12	GB/T 242—2007	金属管　扩口试验方法
13	GB/T 244—2008	金属管　弯曲试验方法
14	GB/T 245—2008	金属管　卷边试验方法
15	GB/T 246—2007	金属管　压扁试验方法
16	GB/T 1172—1999	黑色金属硬度及强度换算值
17	GB/T 1786—2008	锻制圆饼超声波检验方法
18	GB/T 1814—1979	钢材断口检验法
19	GB/T 1979—2001	结构钢低倍组织缺陷评级图
20	GB/T 2039—1997	金属拉伸蠕变及持久试验方法
21	GB/T 2523—2008	冷轧金属薄板(带)表面粗糙度和峰值数的测量方法
22	GB/T 2970—2004	厚钢板超声波检验方法

续表 10.2-14

序号	标准编号	标准名称
23	GB/T 2975—1998	钢及钢产品　力学性能试验取样位置及试样制备
24	GB/T 3075—2008	金属材料　疲劳试验轴向力控制方法
25	GB/T 3651—2008	金属高温导热系数测量方法
26	GB/T 4156—2007	金属材料　薄板和薄带埃里克森杯突试验
27	GB/T 4157—2006	金属在硫化氢环境中抗特殊形式环境开裂实验室实验
28	GB/T 4160—2004	钢的应变时效敏感性试验方法(夏比冲击法)
29	GB/T 4161—2007	金属材料　平面应变断裂韧度 KIC 试验方法
30	GB/T 4162—2008	锻轧钢棒超声检测方法
31	GB/T 4236—1984	钢的硫印检验方法
32	GB/T 4334—2008	金属和合金的腐蚀　不锈钢晶间腐蚀试验方法
33	GB/T 4335—1984	低碳钢冷轧薄板铁素体晶粒度测定法
34	GB/T 4337—2008	金属材料　疲劳试验　旋转弯曲方法
35	GB/T 4338—2006	金属材料　高温拉伸试验方法
36	GB/T 4340.1—2009	金属材料　维氏硬度试验　第1部分：试验方法
37	GB/T 4341—2001	金属肖氏硬度试验方法
38	GB/T 5028—2008	金属材料　薄板和薄带　拉伸应变硬化指数(n值)的测定
39	GB/T 5125—2008	有色金属冲杯试验方法
40	GB/T 5482—2007	金属材料动态撕裂试验方法
41	GB/T 5617—2005	钢的感应淬火或火焰淬火后有效硬化层深度的测定
42	GB/T 5776—2005	金属和合金的腐蚀　金属和合金　在表层海水中暴露和评定的导则
43	GB/T 5777—2008	无缝钢管超声波探伤检验方法
44	GB/T 6394—2002	金属平均晶粒度测定法
45	GB/T 6396—2008	复合钢板力学及工艺性能试验方法
46	GB/T 6398—2000	金属材料疲劳裂纹扩展速率试验方法
47	GB/T 6402—2008	钢锻件超声检测方法
48	GB/T 6803—2008	铁素体钢的无塑性转变温度落锤试验方法
49	GB/T 7233.1—2009	铸钢件　超声检测　第1部分：一般用途铸钢件
50	GB/T 7233.2—2010	铸钢件　超声检测　第2部分：高承压铸钢件
51	GB/T 7314—2005	金属材料　室温压缩试验方法
52	GB/T 7732—2008	金属材料　表面裂纹拉伸试样断裂韧度试验方法
53	GB/T 7734—2004	复合钢板超声波检验方法
54	GB/T 7735—2004	钢管涡流探伤检验方法
55	GB/T 7736—2008	钢的低倍缺陷超声波检验法
56	GB/T 8358—2006	钢丝绳破断拉伸试验方法
57	GB/T 8363—2007	铁素体钢落锤撕裂试验方法
58	GB/T 8642—2002	热喷涂　抗拉结合强度的测定
59	GB/T 8651—2002	金属板材超声板波探伤方法
60	GB/T 9441—2009	球墨铸铁金相检验
61	GB/T 10120—1996	金属应力松弛试验方法
62	GB/T 10561—2005	钢中非金属夹杂物含量的测定　标准评级图显微检验法
63	GB/T 13239—2006	金属材料低温拉伸试验方法
64	GB/T 13298—1991	金属显微组织检验方法
65	GB/T 13299—1991	钢的显微组织检验方法
66	GB/T 13302—1991	钢中石墨碳显微评定方法
67	GB/T 13303—1991	钢的抗氧化性能测定方法
68	GB/T 13305—2008	不锈钢中α_r相面积含量金相测定法
69	GB/T 14979—1993	钢的共晶碳化物不均匀度评定法

续表 10.2－14

序号	标准编号	标准名称
70	GB/T 17600.1—1998	钢的伸长率换算　第1部分：碳素钢和低合金钢
71	GB/T 17600.2—1998	钢的伸长率换算　第2部分：奥氏体钢
72	GB/T 17897—1999	不锈钢三氯化铁点腐蚀试验方法
73	GB/T 17899—1999	不锈钢点蚀电位测量方法
74	GB/T 21143—2007	金属材料　准静态断裂韧度的统一试验方法
75	GB/T 22315—2008	金属材料　弹性模量和泊松比试验方法
76	JB/T 4730.1—2005	承压设备无损检测　第1部分：通用要求
77	JB/T 4730.2—2005	承压设备无损检测　第2部分：射线检测
78	JB/T 4730.3—2005	承压设备无损检测　第3部分：超声检测
79	JB/T 4730.4—2005	承压设备无损检测　第4部分：磁粉检测
80	JB/T 4730.5—2005	承压设备无损检测　第5部分：渗透检测
81	JB/T 4730.6—2005	承压设备无损检测　第6部分：涡流检测
82	NB/T 4730.10—2010 (JB/T 4730.10)	承压设备无损检测　第10部分：衍射时差法超声检测
83	YS/T 541—2006	金属热喷涂层表面洛氏硬度试验方法
84	YS/T 542—2006	热喷涂层抗拉强度的测定
85	YB/T 5338—2006	钢中残余奥氏体定量测定　X射线衍射仪法
86	YB/T 5344—2006	铁－铬－镍合金在高温水中应力腐蚀试验方法
87	YB/T 5349—2006	金属弯曲力学性能试验方法
88	YB/T 5350—2006	金属材料高温弹性模量测量方法　圆盘振子法
89	YB/T 5362—2006	不锈钢在沸腾氯化镁溶液中应力腐蚀试验方法

2. 钢板和带材标准

表 10.2－15　钢板和带材标准

序号	标准编号	标准名称
1	GB/T 708—2006	冷轧钢板和钢带的尺寸、外形、重量及允许偏差
2	GB/T 709—2006	热轧钢板和钢带的尺寸、外形、重量及允许偏差
3	GB/T 710—2008	优质碳素结构钢热轧薄钢板和钢带
4	GB/T 711—2008	优质碳素结构钢热轧厚钢板和宽钢带
5	GB 712—2011	船舶及海洋工程用结构钢
6	GB 713—2008	锅炉和压力容器用钢板
7	GB/T 716—1991	碳素结构钢冷轧钢带
8	GB 912—2008	碳素结构钢和低合金结构钢热轧薄钢板和钢带
9	GB/T 2072—2007	镍及镍合金带材
10	GB/T 2518—2008	连续热镀锌钢板及钢带
11	GB/T 3274—2007	碳素结构钢和低合金结构钢热轧厚钢板和钢带
12	GB/T 3277—1991	花纹钢板
13	GB/T 3280—2007	不锈钢冷轧钢板和钢带
14	GB/T 3522—1983	优质碳素结构钢冷轧钢带
15	GB/T 3524—2005	碳素结构钢和低合金结构钢热轧钢带
16	GB 3531—2008	低温压力容器用低合金钢钢板
17	GB/T 3621—2007	钛及钛合金板材
18	GB/T 3622—1999	钛及钛合金带、箔材
19	GB/T 4237—2007	不锈钢热轧钢板和钢带
20	GB/T 4238—2007	耐热钢钢板和钢带
21	GB/T 5313—2010	厚度方向性能钢板

续表 10.2－15

序号	标准编号	标准名称
22	GB 6653—2008	焊接气瓶用钢板和钢带
23	GB/T 8165—2008	不锈钢复合钢板和钢带
24	GB/T 8546—2007	钛－不锈钢复合板
25	GB/T 8547—2006	钛－钢复合板
26	GB/T 8749—2008	优质碳素结构钢热轧钢带
27	GB/T 11251—2009	合金结构钢热轧厚钢板
28	GB/T 11253—2007	碳素结构钢冷轧薄钢板及钢带
29	GB/T 13237—1991	优质碳素结构钢冷轧薄钢板和钢带
30	GB/T 14995—2010	高温合金热轧板
31	GB/T 14996—2010	高温合金冷轧板
32	GB 19189—2011	压力容器用调质高强度钢板
33	GB 24511—2009	承压设备用不锈钢钢板及钢带
34	NB/T 47002.1—2009	压力容器用爆炸焊接复合板　第1部分：不锈钢－钢复合板
35	NB/T 47002.2—2009	压力容器用爆炸焊接复合板　第2部分：镍－钢复合板
36	NB/T 47002.3—2009	压力容器用爆炸焊接复合板　第3部分：钛－钢复合板
37	NB/T 47002.4—2009	压力容器用爆炸焊接复合板　第4部分：铜－钢复合板
38	YB/T 5059—2005	低碳钢冷轧钢带
39	YB/T 5090—1993	不锈钢热轧钢带
40	YB/T 5132—2007	合金结构钢薄钢板

3. 管材标准

表 10.2－16　管材标准

序号	标准编号	标准名称
1	GB/T 2102—2006	钢管的验收、包装、标志和质量证明书
2	GB 3087—2008	低中压锅炉用无缝钢管
3	GB/T 3089—2008	不锈钢极薄壁无缝钢管
4	GB/T 3091—2008	低压流体输送用焊接钢管
5	GB/T 3094—2000	冷拔异型钢管
6	GB/T 3639—2009	冷拔或冷轧精密无缝钢管
7	GB 5310—2008	高压锅炉用无缝钢管
8	GB 6479—2000	高压化肥设备用无缝钢管
9	GB/T 8162—2008	结构用无缝钢管
10	GB/T 8163—2008	输送流体用无缝钢管
11	GB/T 8890—2007	热交换器用铜合金无缝管
12	GB 9948—2006	石油裂化用无缝钢管
13	GB/T 12771—2008	液体输送用不锈钢焊接钢管
14	GB 13296—2007	锅炉、热交换器用不锈钢无缝钢管
15	GB/T 13793—2008	直缝电焊钢管
16	GB/T 14975—2002	结构用不锈钢无缝钢管
17	GB/T 14976—2002	流体输送用不锈钢无缝钢管
18	GB/T 15062—2008	一般用途高温合金管
19	GB/T 17395—2008	无缝钢管尺寸、外形、重量及允许偏差
20	GB/T 21832—2008	奥氏体－铁素体型双相不锈钢焊接钢管
21	GB/T 21833—2008	奥氏体－铁素体型双相不锈钢无缝钢管
22	HG/T 3181—2009	高频电阻焊螺旋翅片管
23	HG/T 20553—2011	化工配管用无缝及焊接钢管尺寸选用系列

续表 10.2-16

序号	标准编号	标准名称
24	JB/T 6169—2006	金属波纹管
25	NB/T 47019.1—2011	锅炉、热交换器用管订货技术条件 第1部分：通则
26	NB/T 47019.2—2011	锅炉、热交换器用管订货技术条件 第2部分：规定室温性能的非合金钢和合金钢
27	NB/T 47019.3—2011	锅炉、热交换器用管订货技术条件 第3部分：规定高温性能的非合金钢和合金钢
28	NB/T 47019.4—2011	锅炉、热交换器用管订货技术条件 第4部分：低温用低合金钢
29	NB/T 47019.5—2011	锅炉、热交换器用管订货技术条件 第5部分：不锈钢
30	NB/T 47019.6—2011	锅炉、热交换器用管订货技术条件 第6部分：铁素体/奥氏体型双相不锈钢
31	NB/T 47019.7—2011	锅炉、热交换器用管订货技术条件 第7部分：有色金属 铜和铜合金
32	NB/T 47019.8—2011	锅炉、热交换器用管订货技术条件 第8部分：有色金属 钛和钛合金

4. 锻件标准

表 10.2-17 锻件标准

序号	标准编号	标准名称
1	JB/T 6396—2006	大型合金结构钢锻件 技术条件
2	JB/T 6397—2006	大型碳素结构钢锻件 技术条件
3	JB/T 6398—2006	大型不锈、耐酸、耐热钢锻件
4	NB/T 47008—2010(JB/T 4726)	承压设备用碳素钢和合金钢锻件
5	NB/T 47009—2010(JB/T 4727)	低温承压设备用低合金钢锻件
6	NB/T 47010—2010(JB/T 4728)	承压设备用不锈钢和耐热钢锻件

5. 铸件标准

表 10.2-18 铸件标准

序号	标准编号	标准名称
1	GB/T 718—2005	铸造用生铁
2	GB/T 1348—2009	球墨铸铁件
3	GB/T 1412—2005	球墨铸铁用生铁
4	GB/T 5680—2010	奥氏体锰钢铸件
5	GB/T 6060.1—1997	表面粗糙度比较样块 铸造表面
6	GB/T 6967—2009	工程结构用中、高强度不锈钢铸件
7	GB/T 7659—2010	焊接结构用铸钢件
8	GB/T 8491—2009	高硅耐蚀铸铁件
9	GB/T 8492—2002	一般用途耐热钢和合金铸件
10	GB/T 9437—2009	耐热铸铁件
11	GB/T 9439—2010	灰铸铁件
12	GB/T 9440—2010	可锻铸铁件
13	GB/T 11352—2009	一般工程用铸造碳钢件

10.2.11 焊接标准

表 10.2-19 焊接标准

序号	标准编号	标准名称
1	GB/T 324—2008	焊缝符号表示法
2	GB/T 983—1995	不锈钢焊条
3	GB/T 984—2001	堆焊焊条

续表 10.2-19

序号	标准编号	标准名称
4	GB/T 985.1—2008	气焊、焊条电弧焊、气体保护焊和高能束焊的推荐坡口
5	GB/T 985.2—2008	埋弧焊的推荐坡口
6	GB/T 985.3—2008	铝及铝合金气体保护焊的推荐坡口
7	GB/T 985.4—2008	复合钢的推荐坡口
8	GB/T 3323—2005	金属熔化焊焊接接头射线照相
9	GB/T 3429—2002	焊接用钢盘条
10	GB/T 3669—2001	铝及铝合金焊条
11	GB/T 3670—1995	铜及铜合金焊条
12	GB/T 3965—1995	熔敷金属中扩散氢测定方法
13	GB/T 4241—2006	焊接用不锈钢盘条
14	GB/T 5117—1995	碳钢焊条
15	GB/T 5118—1995	低合金钢焊条
16	GB/T 5126—2001	铝及铝合金冷拉薄壁管材涡流探伤方法
17	GB/T 5293—1999	埋弧焊用碳钢焊丝和焊剂
18	GB/T 8110—2008	气体保护电弧焊用碳钢、低合金钢焊丝
19	GB/T 9460—2008	铜和铜合金焊丝
20	GB/T 10044—2006	铸铁焊条及焊丝
21	GB/T 10045—2001	碳钢药芯焊丝
22	GB/T 10858—2008	铝和铝合金焊丝
23	GB/T 11345—1989	钢焊缝手工超声波探伤方法和探伤结果分级
24	GB/T 12470—2003	埋弧焊用低合金钢焊丝和焊剂
25	GB/T 12604.1—2005	无损检测术语超声检测
26	GB/T 12604.2—2005	无损检测　术语　射线照相检测
27	GB/T 12604.3—2005	无损检测　术语　渗透检测
28	GB/T 12604.4—2005	无损检测　术语　声发射检测
29	GB/T 12604.5—2008	无损检测　术语　磁粉检测
30	GB/T 12604.6—2008	无损检测　术语　涡流检测
31	GB/T 12605—2008	无损检测　金属管道熔化焊环向对接接头射线照相检测方法
32	GB/T 13147—2009	铜和铜合金复合钢板焊接技术要求
33	GB/T 13148—2008	不锈钢复合钢板焊接技术要求
34	GB/T 13149—2009	钛及钛合金复合钢板焊接技术要求
35	GB/T 13814—2008	镍和镍合金焊条
36	GB/T 14957—1994	溶化焊用钢丝
37	GB/T 15620—2008	镍及镍合金焊丝
38	GB/T 17493—2008	低合金钢药芯焊丝
39	GB 50236—2011	现场设备、工业管道焊接工程施工规范
40	HGJ 222—1992	铝及铝合金焊接技术规程
41	HGJ 223—1992	铜及铜合金焊接及钎焊技术规程
42	JB/T 9186—1999	二氧化碳气体保护焊工艺规程
50	NB/T 47014—2011(JB/T 4708)	承压设备焊接工艺评定
51	NB/T 47015—2011(JB/T 4709)	压力容器焊接规程
52	NB/T 47016—2011(JB/T 4744)	承压设备产品焊接试件的力学性能检验

续表 10.2－19

序号	标准编号	标准名称
53	NB/T 47018.1—2011	承压设备用焊接材料订货技术条件　第 1 部分：采购通则
54	NB/T 47018.2—2011	承压设备用焊接材料订货技术条件　第 2 部分：钢焊条
55	NB/T 47018.3—2011	承压设备用焊接材料订货技术条件　第 3 部分：气体保护电弧焊钢焊丝和填充丝
56	NB/T 47018.4—2011	承压设备用焊接材料订货技术条件　第 4 部分：埋弧焊钢焊丝和焊剂
57	NB/T 47018.5—2011	承压设备用焊接材料订货技术条件　第 5 部分：堆焊用不锈钢焊带和焊剂
58	NB/T 47018.6—2011	承压设备用焊接材料订货技术条件　第 6 部分：铝及铝合金焊丝和填充丝
59	NB/T 47018.7—2011	承压设备用焊接材料订货技术条件　第 7 部分：钛及钛合金焊丝和填充丝
60	YB/T 5091—1993	惰性气体保护焊接用不锈钢棒及钢丝
61	YB/T 5092—2005	焊接用不锈钢丝

第十一章　其　　他

11.1　管材最小弯曲半径

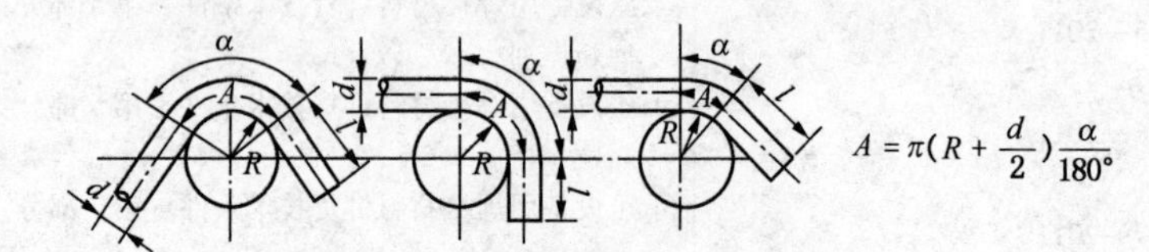

表 11.1－1　管材最小弯曲半径　　mm

硬聚氯乙烯管			铝　管			紫铜管与黄铜管				焊接钢管					
d	壁厚	R	d	壁厚	R	d	壁厚	R	$l_{最小}$	d		壁厚	R 热	R 冷	$l_{最小}$
12.5	2.25	30	6	1	10	5	1	10		13.5	¼"		40	80	40
15	2.25	45	8	1	15	6	1	10	18	17	⅜"		50	100	45
25	2	60	10	1	15	7	1	15		21.25	½"	2.75	65	130	50
25	3	80	12	1	20	8	1	15	25	26.75	¾"	2.75	80	160	55
32	3	110	14	1	20	10	1	15	30	33.5	1"	3.25	100	200	70
40	3.5	150	16	1.5	30	12	1	20	35	42.25	1¼"	3.25	130	250	85
51	4	180	20	1.5	30	14	1	20		48	1½"	3.5	150	290	100
65	4.5	240	25	1.5	50	15	1	30	45	60	2"	3.5	180	360	120
76	5	330	30	1.5	60	16	1.5	30		75.5	2½"	3.75	225	450	150
90	6	400	40	1.5	80	18	1.5	30	50	88.5	3"	4	265	530	170
114	7	500	50	2	100	20	1.5	30		114	4"	4	340	680	230
140	8	600	60	2	125	24	1.5	40	55	125	5"		400		
166	8	800				25	1.5	40		150	6"		500		
						28	1.5	50							
						35	1.5	60							
						45	1.5	80							
						55	2	100							

无缝钢管			不锈钢管			不锈无缝钢管		
d	壁　厚	R	d	壁　厚	R	d	壁　厚	R
6	1	15	14	2	18	6	1	15
8	1	15	18	2	28	8	1	15
10	1.5	20	(22)	2	50	10	1.5	20
12	1.5	25	25	2	50	12	1.5	25
14	1.5	30	32	2.5	60	14	1.5	30
14	3	18	38	2.5	70	16	1.5	30
16	1.5	30	45	2.5	90	18	1.5	40
18	1.5	40	57	2.5	110	20	1.5	40
18	3	28	(76)	3.5	225	22	1.5	60
20	1.5	40	89	4	250	25	3	60
22	3	50				32	3	80
25	3	50	(108)	4	360	38	3	80
32	3	60	133	4	400	41	3	100
32	3.5	60	139	4	450	57	4	180
38	3	80				76	4	220
38	3.5	70				89	4	270
44.5	3	100				108	6	340
45	3.5	90				133	6	420
57	3.5	110				159	6	600
57	4	150				194	10	800

续表 11.1－1

无缝钢管			不锈钢管			不锈无缝钢管		
d	壁厚	R	d	壁厚	R	d	壁厚	R
76	4	180				219	12	900
89	4	220						
108	4	270						
133	4	340						
159	4.5	450						
159	6	470						
194	6	500						
219	6	500						
245	6	600						
273	8	700						
325	8	800						
371	10	900						
426	10	1000						

11.2 板材最小弯曲半径

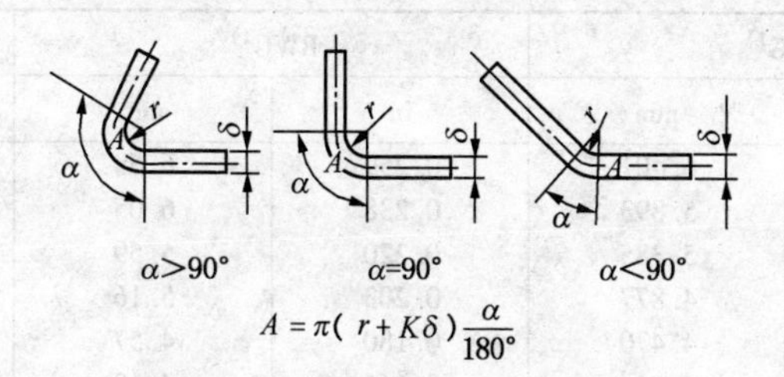

$$A=\pi(r+K\delta)\frac{\alpha}{180^\circ}$$

表 11.2－1 板材最小弯曲半径 mm

材料	回火或正火		淬火	
	弯曲半径 r			
	垂直于轧制纹路	平行于轧制纹路	垂直于轧制纹路	平行于轧制纹路
工业纯铁			0.2δ	0.5δ
铝			0.3δ	0.8δ
黄铜	0	0.2δ	0.4δ	0.8δ
铜			1.0δ	2.0δ
10，Q195，Q215，	0	0.4δ	0.4δ	0.8δ
15，20，Q235，	0.1δ	0.5δ	0.5δ	1.0δ
25，30，Q255，	0.2δ	0.6δ	0.6δ	1.2δ
35，40，Q275	0.3δ	0.8δ	0.8δ	1.5δ
45，50，	0.5δ	1.0δ	1.0δ	1.7δ
55，60，	0.7δ	1.3δ	1.3δ	2.0δ
硬铝	1.0δ	1.5δ	1.5δ	2.5δ
超硬铝	2.0δ	3.0δ	3.0δ	4.0δ

δ	1	1.5	2	3	4	5	6	8	10
r	K								
1	0.350								
2	0.375	0.357	0.350						
3	0.398	0.375	0.362	0.350					
4	0.415	0.391	0.374	0.360	0.350				
5	0.428	0.404	0.386	0.367	0.357	0.350			
6	0.440	0.415	0.398	0.375	0.363	0.355	0.350		
7	0.450	0.425	0.407	0.383	0.369	0.360	0.354		
8	0.459	0.433	0.415	0.391	0.375	0.365	0.358	0.350	
9	0.465	0.440	0.423	0.398	0.381	0.370	0.362	0.353	

续表 11.2-1

δ	1	1.5	2	3	4	5	6	8	10
r	K								
10	0.470	0.447	0.429	0.405	0.387	0.375	0.366	0.356	0.350
12	0.480	0.459	0.440	0.416	0.399	0.385	0.375	0.362	0.355
14		0.467	0.450	0.425	0.408	0.395	0.385	0.369	0.360
16		0.473	0.459	0.433	0.416	0.403	0.392	0.375	0.365
18		0.479	0.465	0.440	0.423	0.409	0.400	0.382	0.370
20	0.50		0.470	0.447	0.430	0.415	0.405	0.388	0.375
22			0.475	0.453	0.435	0.421	0.410	0.394	0.380
25		0.5		0.460	0.443	0.430	0.417	0.402	0.387
28			0.5	0.466	0.450	0.436	0.425	0.408	0.395
30				0.470	0.455	0.440	0.430	0.412	0.400

11.3 常用线规号与公称直径对照

表 11.3-1 线规号与公称直径对照

线规号	SWG[1]		BWG[1]		AWG[1]	
	in	mm	in	mm	in	mm
3	0.252	6.401	0.259	6.58	0.2294	5.83
4	0.232	5.893	0.238	6.05	0.2043	5.19
5	0.212	5.385	0.220	5.59	0.1819	4.62
6	0.192	4.877	0.203	5.16	0.1620	4.12
7	0.176	4.470	0.180	4.57	0.1443	3.67
8	0.160	4.064	0.165	4.19	0.1285	3.26
9	0.144	3.658	0.148	3.76	0.1144	2.91
10	0.128	3.251	0.134	3.40	0.1019	2.59
11	0.116	2.946	0.120	3.05	0.09074	2.31
12	0.104	2.642	0.109	2.77	0.08081	2.05
13	0.092	2.337	0.095	2.41	0.07196	1.83
14	0.080	2.032	0.083	2.11	0.06408	1.63
15	0.072	1.829	0.072	1.83	0.05707	1.45
16	0.064	1.626	0.065	1.65	0.05082	1.29
17	0.056	1.422	0.058	1.47	0.04526	1.15
18	0.048	1.219	0.049	1.24	0.04030	1.02
19	0.040	1.016	0.042	1.07	0.03589	0.91
20	0.036	0.914	0.035	0.89	0.03196	0.812
21	0.032	0.813	0.032	0.81	0.02346	0.723
22	0.028	0.711	0.028	0.71	0.02535	0.644
23	0.024	0.610	0.025	0.64	0.02257	0.573
24	0.022	0.559	0.022	0.56	0.02010	0.511
25	0.020	0.508	0.020	0.51	0.01790	0.455
26	0.018	0.457	0.018	0.46	0.01594	0.405
27	0.0164	0.4166	0.016	0.41	0.01420	0.361
28	0.0148	0.3759	0.014	0.36	0.01264	0.321
29	0.0136	0.3454	0.013	0.33	0.01126	0.286
30	0.0124	0.3150	0.012	0.30	0.01003	0.255
31	0.0116	0.2946	0.010	0.25	0.008928	0.227
32	0.0108	0.2743	0.009	0.23	0.007950	0.202
33	0.0100	0.2540	0.008	0.20	0.007080	0.180
34	0.0092	0.2337	0.007	0.18	0.006304	0.150
35	0.0084	0.2134	0.005	0.13	0.005615	0.142
36	0.0076	0.1930	0.004	0.10	0.005000	0.127

注：1)SWG 为英国线规代号；BWG 为伯明翰线规代号；AWG 为美国线规代号。

11.4　各种线规对照

表 11.4－1　各种线规对照

线规					直径	线规					直径
CWG	mm	B&S	SWG	BWG	mm	CWG	mm	B&S	SWG	BWG	mm
			7/0	5/0	12.700			3			5.827
	12				12.000	5.6					5.600
			6/0		11.790					5	5.588
		4/0			11.680		5.5				5.500
				4/0	11.530				5		5.385
11.2					11.200			4			5.180
			5/0		10.970					6	5.156
				3/0	10.800	5.0	5.0				5.000
		3/0			10.400				6		4.877
			4/0		10.160			5			4.621
10.0	10.0				10.000					7	4.572
				2/0	9.650	4.5	4.5				4.500
			3/0		9.450				7		4.470
		2/0			9.270					8	4.191
9.0	9.0				9.000			6			4.115
			2/0		8.840				8		4.064
				1/0	8.640	4.0	4.0				4.000
		1/0			8.250					9	3.759
			1/0		8.230			7	9		3.658
8.0	8.0				8.000	3.55					3.550
			1	1	7.620		3.5				3.500
		1			7.350					10	3.404
				2	7.210			8	10		3.251
7.1					7.100		3.2				3.200
			2		7.010	3.15					3.150
	7.0				7.000					11	3.048
				3	6.580				11		2.946
		2			6.540		2.9	9			2.900
	6.5				6.500	2.8					2.800
			3		6.400					12	2.769
6.3					6.300				12		2.642
				4	6.045		2.6				2.600
	6.0				6.000			10			2.591
			4		5.893	2.5					2.500

续表 11.4-1

线规					直径	线规					直径
CWG	mm	B&S	SWG	BWG	mm	CWG	mm	B&S	SWG	BWG	mm
				13	2.413	0.71					0.7100
			13		2.337		0.7				0.7000
		11			2.310		0.65				0.6500
	2.3				2.300			22			0.6430
2.24					2.240					23	0.6350
				14	2.108	0.63					0.6300
		12			2.057				23		0.6096
			14		2.032		0.6				0.6000
2.0	2.0				2.000			23			0.5740
		13	15	15	1.829	0.56					0.5600
1.8	1.8				1.800				24	24	0.5588
				16	1.651		0.55				0.5500
		14	16		1.626			24			0.5106
1.6	1.6				1.600				25	25	0.5080
				17	1.473	0.5	0.5				0.5000
		15			1.448				26	26	0.4572
			17		1.422			25			0.4547
1.4	1.4				1.400	0.45	0.45				0.4500
		16			1.295				27		0.4166
1.25					1.250					27	0.4064
				18	1.245			26			0.4039
			18		1.219	0.4	0.4				0.4000
	1.2				1.200				28		0.3759
		17			1.143			27			0.3606
1.12					1.1200					28	0.3556
				19	1.0670		0.35				0.3500
		18	19		1.0160				29		0.3454
1.0	1.0				1.0000	0.335					0.3350
		19	20		0.9114					29	0.3302
0.9	0.9				0.9000		0.32	28			0.3200
				20	0.8830	0.315			30		0.3150
		20	21	21	0.8128					30	0.3048
0.8	0.8				0.8000				31		0.2946
		21			0.7230		0.29				0.2900
			22	22	0.7112			29			0.2870

续表 11.4-1

线规					直径	线规					直径
CWG	mm	B&S	SWG	BWG	mm	CWG	mm	B&S	SWG	BWG	mm
0.28					0.2800			36		35	0.1270
			32		0.2743	0.125					0.1250
	0.26				0.2600				40		0.1219
		30	33	31	0.2540		0.12				0.1200
0.25					0.2500	0.112					0.1120
			34		0.2337			37	41		0.1118
	0.23				0.2300			38	42	36	0.1016
				32	0.2286	0.1	0.1				0.1000
		31			0.2261				43		0.0914
0.224					0.2240	0.09					0.0900
			35		0.2134			39			0.0889
				33	0.2032				44		0.0813
		32			0.2007			40			0.0787
0.2	0.2				0.2000			41	45		0.0711
			36		0.1930						0.0633
		33			0.1803			42	46		0.0610
0.18	0.18				0.1800			43			0.0564
				34	0.1778				47		0.0508
			37		0.1727			44			0.0502
0.16	0.16	34			0.1600		0.05				0.0500
			38		0.1524			45			0.0477
		35			0.1422				48		0.0406
0.14	0.14				0.1400				49		0.0305
			39		0.1321				50		0.0254

注：CWG 以直径直接表示，为中国线规；毫米线规，以直径直接表示，日、德、法、意等国用之；B&S 即 AWG 为美国线规；BWG 为英国伯明翰线规；SWG 为英国标准线规。

11.5　铁路整体运输、分片、分段运输的界限

表 11.5-1　铁路整体运输分片、分段运输界限

运输方法	界限
整体运输	(1) 设备的最大外廓直径(不焊接管时等于设备外径) =3850mm,设备长度≤15.9m (2) 设备内径 ϕ3600mm > DN≥ϕ3000mm,设备长度≤20.8m (3) 设备内径 DN < ϕ3000mm,设备长度≤26m
分片运输	设备的最大外廓直径(不焊接管时等于设备外径) >3850mm
分段运输	(1) 设备的最大外廓直径(不焊接管时等于设备外径) =3850mm,设备长度 >15.9m (2) 设备内径 ϕ3600mm > DN≥ϕ3000mm,设备长度 >20.8m (3) 设备内径 DN < ϕ3000mm,设备长度 >26m

注:以上界限尺寸仅供参考,具体极限尺寸须与铁路局商榷。

11.6 型钢、钢板与钢丝

11.6.1 热轧工字钢(GB/T 706—2008)

h—高度；
b—腿宽度；
d—腰厚度；
t—平均腿厚度；
r—内圆弧半径；
r_1—腿端圆弧半径；
I—惯性矩；
W—截面模数；
i—惯性半径。

表 11.6-1 工字钢截面尺寸、截面面积、理论重量及截面特性

型号	尺寸/mm						截面面积/cm²	理论重量/(kg/m)	截面特性					
									X-X			Y-Y		
	h	b	d	t	r	r_1			I_X/cm^4	W_X/cm^3	i_X/cm	I_Y/cm^4	W_Y/cm^3	i_Y/cm
10	100	68	4.5	7.6	6.5	3.3	14.345	11.261	245	49.0	4.14	33.0	9.72	1.52
12	120	74	5.0	8.4	7.0	3.5	17.818	13.987	436	72.7	4.95	46.9	12.7	1.62
12.6	126	74	5.0	8.4	7.0	3.5	18.118	14.223	488	77.5	5.20	46.9	12.7	1.61
14	140	80	5.5	9.1	7.5	3.8	21.516	16.890	712	102	5.76	64.4	16.1	1.73
16	160	88	6.0	9.9	8.0	4.0	26.131	20.512	1130	141	6.58	93.1	21.2	1.89
18	180	94	6.5	10.7	8.5	4.3	30.756	24.143	1660	185	7.36	122	26.0	2.00
20a	200	100	7.0	11.4	9.0	4.5	35.578	27.929	2370	237	8.15	158	31.5	2.12
20b	200	102	9.0	11.4	9.0	4.5	39.578	31.069	2500	250	7.96	169	33.1	2.06
22a	220	110	7.5	12.3	9.5	4.8	42.128	33.070	3400	309	8.99	225	40.9	2.31
22b	220	112	9.5	12.3	9.5	4.8	46.528	36.524	3570	325	8.78	239	42.7	2.27
24a	240	116	8.0	13.0	10.0	5.0	47.741	37.477	4570	381	9.77	280	48.4	2.42
24b	240	118	10.0	13.0	10.0	5.0	52.541	41.245	4800	400	9.57	297	50.4	2.38
25a	250	116	8.0	13.0	10.0	5.0	48.541	38.105	5020	402	10.2	280	48.3	2.40
25b	250	118	10.0	13.0	10.0	5.0	53.541	42.030	5280	423	9.94	309	52.4	2.40
27a	270	122	8.5	13.7	10.5	5.3	54.554	42.825	6550	485	10.9	345	56.6	2.51
27b	270	124	10.5	13.7	10.5	5.3	59.954	47.064	6870	509	10.7	366	58.9	2.47

续表 11.6－1

型号	尺寸/mm						截面面积/cm^2	理论重量/(kg/m)	截面特性					
									X－X			Y－Y		
	h	b	d	t	r	r_1			I_X/cm^4	W_X/cm^3	i_X/cm	I_Y/cm^4	W_Y/cm^3	i_Y/cm
28a	280	122	8.5	13.7	10.5	5.3	55.404	43.492	7110	508	11.3	345	56.6	2.50
28b	280	124	10.5	13.7	10.5	5.3	61.004	47.888	7480	534	11.1	379	61.2	2.49
30a	300	126	9.0	14.4	11.0	5.5	61.254	48.084	8950	597	12.1	400	63.5	2.55
30b	300	128	11.0	14.4	11.0	5.5	67.254	52.794	9400	627	11.8	422	65.9	2.50
30c	300	130	13.0	14.4	11.0	5.5	73.254	57.504	9850	657	11.6	445	68.5	2.46
32a	320	130	9.5	15.0	11.5	5.8	67.156	52.717	11100	692	12.8	460	70.8	2.62
32b	320	132	11.5	15.0	11.5	5.8	73.556	57.741	11600	726	12.6	502	76.0	2.61
32c	320	134	13.5	15.0	11.5	5.8	79.956	62.765	12200	760	12.3	544	81.2	2.61
36a	360	136	10.0	15.8	12.0	6.0	76.480	60.037	15800	875	14.4	552	81.2	2.69
36b	360	138	12.0	15.8	12.0	6.0	83.680	65.689	16500	919	14.1	582	84.3	2.64
36c	360	140	14.0	15.8	12.0	6.0	90.880	71.341	17300	962	13.8	612	87.4	2.60
40a	400	142	10.5	16.5	12.5	6.3	86.112	67.598	21700	1090	15.9	660	93.2	2.77
40b	400	144	12.5	16.5	12.5	6.3	94.112	73.878	22800	1140	15.6	692	96.2	2.71
40c	400	146	14.5	16.5	12.5	6.3	102.112	80.158	23900	1190	15.2	727	99.6	2.65
45a	450	150	11.5	18.0	13.5	6.8	102.446	80.420	32200	1430	17.7	855	114	2.89
45b	450	152	13.5	18.0	13.5	6.8	111.446	87.485	33800	1500	17.4	894	118	2.84
45c	450	154	15.5	18.0	13.5	6.8	120.446	94.550	35300	1570	17.1	938	122	2.79
50a	500	158	12.0	20.0	14.0	7.0	119.304	93.654	46500	1860	19.7	1120	142	3.07
50b	500	160	14.0	20.0	14.0	7.0	129.304	101.504	48600	1940	19.4	1170	146	3.01
50c	500	162	16.0	20.0	14.0	7.0	139.304	109.354	50600	2080	19.0	1220	151	2.96
55a	550	166	12.5	21.0	14.5	7.3	134.185	105.335	62900	2290	21.6	1370	164	3.19
55b	550	168	14.5	21.0	14.5	7.3	145.185	113.970	65600	2390	21.2	1420	170	3.14
55c	550	170	16.5	21.0	14.5	7.3	156.185	122.605	68400	2490	20.9	1480	175	3.08
56a	560	166	12.5	21.0	14.5	7.3	135.435	106.316	65600	2340	22.0	1370	165	3.18
56b	560	168	14.5	21.0	14.5	7.3	146.635	115.108	68500	2450	21.6	1490	174	3.16
56c	560	170	16.5	21.0	14.5	7.3	157.835	123.900	71400	2550	21.3	1560	183	3.16
63a	630	176	13.0	22.0	15.0	7.5	154.658	121.407	93900	2980	24.5	1700	193	3.31
63b	630	178	15.0	22.0	15.0	7.5	167.258	131.298	98100	3160	24.2	1810	204	3.29
63c	630	180	17.0	22.0	15.0	7.5	179.858	141.189	102000	3300	23.8	1920	214	3.27

注：表中 r、r_1 的数值用于孔型设计，不做交货条件。

11.6.2 热轧槽钢(GB/T 706—2008)

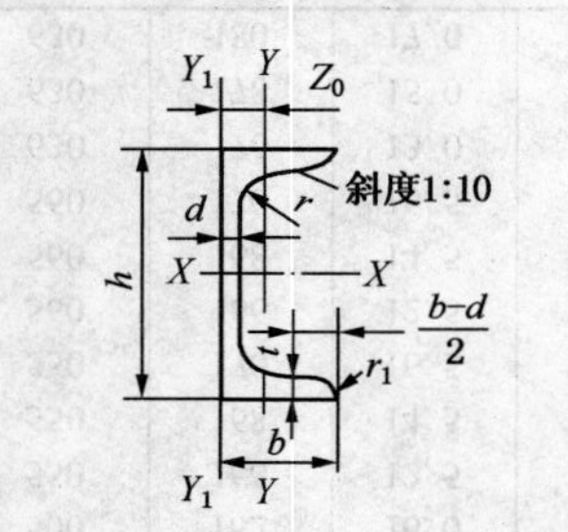

h—高度；
b—腿宽度；
d—腰厚度；
t—平均腿厚度；
r—内圆弧半径；
r_1—腿端圆弧半径；
I—惯性矩；
W—截面模数；
i—惯性半径；
Z_0—$Y-Y$ 与 Y_1-Y_1 轴线间距离(重心距离)。

表 11.6-2 槽钢截面尺寸、截面面积、理论重量及截面特性

型号	尺寸/mm						截面面积/cm^2	理论重量/(kg/m)	截面特性								
									$X-X$			$Y-Y$			Y_1-Y_1	Z_0/cm
	h	b	d	t	r	r_1			W_X/cm^3	I_X/cm^4	i_X/cm	W_Y/cm^3	I_Y/cm^4	i_Y/cm	I_{Y1}/cm^4	
5	50	37	4.5	7.0	7.0	3.5	6.928	5.438	10.4	26.0	1.94	3.55	8.30	1.10	20.9	1.35
6.3	63	40	4.8	7.5	7.5	3.8	8.451	6.634	16.1	50.8	2.45	4.50	11.9	1.19	28.4	1.36
6.5	65	40	4.3	7.5	7.5	3.8	8.547	6.709	17.0	55.2	2.54	4.59	12.0	1.19	28.3	1.38
8	80	43	5.0	8.0	8.0	4.0	10.248	8.045	25.3	101	3.15	5.79	16.6	1.27	37.4	1.43
10	100	48	5.3	8.5	8.5	4.2	12.748	10.007	39.7	198	3.95	7.80	25.6	1.41	54.9	1.52
12	120	53	5.5	9.0	9.0	4.5	15.362	12.059	57.7	346	4.75	10.2	37.4	1.56	77.7	1.62
12.6	126	53	5.5	9.0	9.0	4.5	15.692	12.318	62.1	391	4.95	10.2	38.0	1.57	77.1	1.59
14a	140	58	6.0	9.5	9.5	4.8	18.516	14.535	80.5	564	5.52	13.0	53.2	1.70	107	1.71
14b	140	60	8.0	9.5	9.5	4.8	21.316	16.733	87.1	609	5.35	14.1	61.1	1.69	121	1.67
16a	160	63	6.5	10.0	10.0	5.0	21.962	17.240	108	866	6.28	16.3	73.3	1.83	144	1.80
16	160	65	8.5	10.0	10.0	5.0	25.162	19.752	117	935	6.10	17.6	83.4	1.82	161	1.75
18a	180	68	7.0	10.5	10.5	5.2	25.699	20.174	141	1270	7.04	20.0	98.6	1.96	190	1.88
18	180	70	9.0	10.5	10.5	5.2	29.299	23.000	152	1370	6.84	21.5	111	1.95	210	1.84
20a	200	73	7.0	11.0	11.0	5.5	28.837	22.637	178	1780	7.86	24.2	128	2.11	244	2.01
20b	200	75	9.0	11.0	11.0	5.5	32.837	25.777	191	1910	7.64	25.9	144	2.09	268	1.95
22a	220	77	7.0	11.5	11.5	5.8	31.846	24.999	218	2390	8.67	28.2	158	2.23	298	2.10
22b	220	79	9.0	11.5	11.5	5.8	36.246	28.453	234	2570	8.42	30.1	176	2.21	326	2.03

续表 11.6-2

型号	尺寸/mm						截面面积/	理论重量/	截面特性								
									X-X			Y-Y			Y_1-Y_1	Z_0/cm
	h	b	d	t	r	r_1	cm^2	(kg/m)	W_X/cm^3	I_X/cm^4	i_X/cm	W_Y/cm^3	I_Y/cm^4	i_Y/cm	I_{Y1}/cm^4	
24a	240	78	7.0	12.0	12.0	6.0	34.217	26.860	254	3050	9.45	30.5	174	2.25	325	2.10
24b	240	80	9.0	12.0	12.0	6.0	39.017	30.628	274	3280	9.17	32.5	194	2.23	355	2.03
24c	240	82	11.0	12.0	12.0	6.0	43.817	34.396	293	3510	8.96	34.4	213	2.21	388	2.00
25a	250	78	7.0	12.0	12.0	6.0	34.917	27.410	270	3370	9.82	30.6	176	2.24	322	2.07
25b	250	80	9.0	12.0	12.0	6.0	39.917	31.335	282	3530	9.41	32.7	196	2.22	353	1.98
25c	250	82	11.0	12.0	12.0	6.0	44.917	35.260	295	3690	9.07	35.9	218	2.21	384	1.92
27a	270	82	7.5	12.5	12.5	6.2	39.284	30.838	323	4360	10.5	35.5	216	2.34	393	2.13
27b	270	84	9.5	12.5	12.5	6.2	44.684	35.077	347	4690	10.3	37.7	239	2.31	428	2.06
27c	270	86	11.5	12.5	12.5	6.2	50.084	39.316	372	5020	10.1	39.8	261	2.28	467	2.03
28a	280	82	7.5	12.5	12.5	6.2	40.034	31.427	340	4760	10.9	35.7	218	2.33	388	2.10
28b	280	84	9.5	12.5	12.5	6.2	45.634	35.823	366	5130	10.6	37.9	242	2.30	428	2.02
28c	280	86	11.5	12.5	12.5	6.2	51.234	40.219	393	5500	10.4	40.3	268	2.29	463	1.95
30a	300	85	7.5	13.5	13.5	6.8	43.902	34.463	403	6050	11.7	41.1	260	2.43	467	2.17
30b	300	87	9.5	13.5	13.5	6.8	49.902	39.173	433	6500	11.4	44.0	289	2.41	515	2.13
30c	300	89	11.5	13.5	13.5	6.8	55.902	43.883	463	6950	11.2	46.4	316	2.38	560	2.09
32a	320	88	8.0	14.0	14.0	7.0	48.513	38.083	475	7600	12.5	46.5	305	2.50	552	2.24
32b	320	90	10.0	14.0	14.0	7.0	54.913	43.107	509	8140	12.2	49.2	336	2.47	593	2.16
32c	320	92	12.0	14.0	14.0	7.0	61.313	48.131	543	8690	11.9	52.6	374	2.47	643	2.09
36a	360	96	9.0	16.0	16.0	8.0	60.910	41.814	660	11900	14.0	63.5	455	2.73	818	2.44
36b	360	98	11.0	16.0	16.0	8.0	68.110	53.466	703	12700	13.6	66.9	497	2.70	880	2.37
36c	360	100	13.0	16.0	16.0	8.0	75.310	59.118	746	13400	13.4	70.0	536	2.67	948	2.34
40a	400	100	10.5	18.0	18.0	9.0	75.068	58.928	879	17600	15.3	78.8	592	2.81	1070	2.49
40b	400	102	12.5	18.0	18.0	9.0	83.068	65.208	932	18600	15.0	82.5	640	2.78	1140	2.44
40c	400	104	14.5	18.0	18.0	9.0	91.068	71.488	986	19700	14.7	86.2	688	2.75	1220	2.42

注：表中 r、r_1 的数据用于孔型设计，不做交货条件。

11.6.3 热轧等边角钢(GB/T 706—2008)

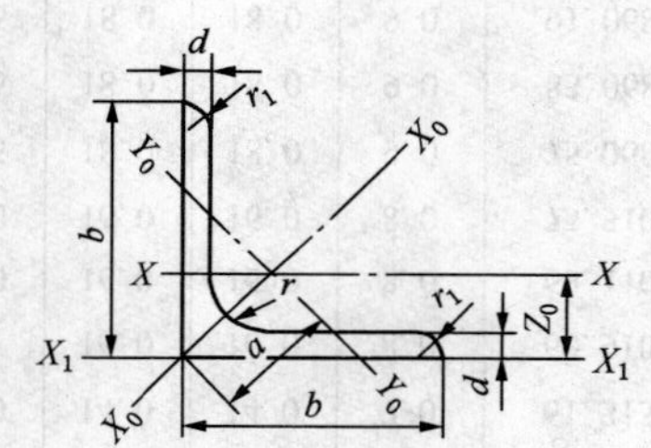

b—边宽度；
d—边厚度；
r—内圆弧半径；
r_1—边端圆弧半径，$r_1 = d/3$；
a—重心至顶端距离；

I—惯性矩；
W—截面模数；
i—惯性半径；
Z_0—重心距离。

表 11.6-3 等边角钢截面尺寸、截面面积、理论重量及截面特性

型号	截面尺寸/mm			截面面积/cm^2	理论重量/(kg/m)	外表面积/(m^2/m)	截面特性										
							$X-X$			X_0-X_0			Y_0-Y_0			X_1-X_1	Z_0/cm
	b	d	r				I_X/cm^4	i_X/cm	W_X/cm^3	I_{X0}/cm^4	i_{X0}/cm	W_{X0}/cm^3	I_{Y0}/cm^4	i_{Y0}/cm	W_{Y0}/cm^3	I_{X1}/cm^4	
2	20	3	3.5	1.132	0.889	0.078	0.40	0.59	0.29	0.63	0.75	0.45	0.17	0.39	0.20	0.81	0.60
		4		1.459	1.145	0.077	0.50	0.58	0.36	0.78	0.73	0.55	0.22	0.38	0.24	1.09	0.64
2.5	25	3		1.432	1.124	0.098	0.82	0.76	0.46	1.29	0.95	0.73	0.34	0.49	0.33	1.57	0.73
		4		1.859	1.459	0.097	1.03	0.74	0.59	1.62	0.93	0.92	0.43	0.48	0.40	2.11	0.76
3.0	30	3	4.5	1.749	1.373	0.117	1.46	0.91	0.68	2.31	1.15	1.09	0.61	0.59	0.51	2.71	0.85
		4		2.276	1.786	0.117	1.84	0.90	0.87	2.92	1.13	1.37	0.77	0.58	0.62	3.63	0.89
3.6	36	3		2.109	1.656	0.141	2.58	1.11	0.99	4.09	1.39	1.61	1.07	0.71	0.76	4.68	1.00
		4		2.756	2.168	0.141	3.29	1.09	1.28	5.22	1.38	2.05	1.37	0.70	0.93	6.25	1.04
		5		3.382	2.654	0.141	3.95	1.08	1.56	6.24	1.36	2.45	1.65	0.70	1.00	7.84	1.07
4	40	3	5	2.359	1.852	0.157	3.95	1.23	1.23	5.69	1.55	2.01	1.49	0.79	0.96	6.41	1.09
		4		3.086	2.422	0.157	4.60	1.22	1.60	7.29	1.54	2.58	1.91	0.79	1.19	8.56	1.13
		5		3.791	2.976	0.156	5.53	1.21	1.96	8.76	1.52	3.10	2.30	0.78	1.39	10.74	1.17
4.5	45	3		2.659	2.088	0.177	5.17	1.40	1.58	8.20	1.76	2.58	2.14	0.89	1.24	9.12	1.22
		4		3.486	2.736	0.177	6.65	1.38	2.05	10.56	1.74	3.32	2.75	0.89	1.54	12.18	1.26
		5		4.292	3.369	0.176	8.04	1.37	2.51	12.74	1.72	4.00	3.33	0.88	1.81	15.20	1.30
		6		5.076	3.985	0.176	9.33	1.36	2.95	14.76	1.70	4.64	3.89	0.80	2.06	18.36	1.33

续表 11.6-3

型号	截面尺寸/mm			截面面积/ cm^2	理论重量/ (kg/m)	外表面积/ (m^2/m)	截面特性										
							$X-X$			X_0-X_0			Y_0-Y_0			X_1-X_1	Z_0/cm
	b	d	r				I_X/cm^4	i_X/cm	W_X/cm^3	I_{X0}/cm^4	i_{X0}/cm	W_{X0}/cm^3	I_{Y0}/cm^4	i_{Y0}/cm	W_{Y0}/cm^3	I_{X1}/cm^4	
5	50	3	5.5	2.971	2.332	0.197	7.18	1.55	1.96	11.37	1.96	3.32	2.98	1.00	1.57	12.50	1.34
		4		3.897	3.059	0.197	9.26	1.54	2.56	14.70	1.94	4.16	3.82	0.99	1.96	16.69	1.38
		5		4.803	3.770	0.196	11.21	1.53	3.13	17.79	1.92	5.03	4.64	0.98	2.31	20.90	1.42
		6		5.688	4.465	0.196	13.05	1.52	3.68	20.68	1.91	5.85	5.42	0.98	2.63	25.14	1.46
5.6	56	3	6	3.343	2.624	0.221	10.19	1.75	2.48	16.14	2.20	4.08	4.24	1.13	2.02	17.56	1.48
		4		4.390	3.446	0.220	13.18	1.73	3.24	20.92	2.18	5.28	5.46	1.11	2.52	23.43	1.53
		5		5.415	4.251	0.220	16.02	1.72	3.97	25.42	2.17	6.42	6.61	1.10	2.98	29.33	1.57
		6		6.420	5.040	0.220	18.69	1.71	4.68	29.66	2.15	7.49	7.73	1.10	3.40	35.26	1.61
		7		7.404	5.812	0.219	21.23	1.69	5.36	33.63	2.13	8.49	8.82	1.09	3.80	41.23	1.64
		8		8.367	6.568	0.219	23.63	1.68	6.03	37.37	2.11	9.44	9.89	1.09	4.16	47.24	1.68
6	60	5	6.5	5.829	4.576	0.236	19.89	1.85	4.59	31.57	2.33	7.44	8.21	1.19	3.48	36.05	1.67
		6		6.914	5.427	0.235	23.25	1.83	5.41	36.89	2.31	8.70	9.60	1.18	3.98	43.33	1.70
		7		7.977	6.262	0.235	26.44	1.82	6.21	41.92	2.29	9.88	10.96	1.17	4.45	50.65	1.74
		8		9.020	7.081	0.235	29.47	1.81	6.98	46.66	2.27	11.00	12.28	1.17	4.88	58.02	1.78
6.3	63	4	7	4.978	3.907	0.248	19.03	1.96	4.13	30.17	2.46	6.78	7.89	1.26	3.29	33.35	1.70
		5		6.143	4.822	0.248	23.17	1.94	5.08	36.77	2.45	8.25	9.57	1.25	3.90	41.73	1.74
		6		7.288	5.721	0.247	27.12	1.93	6.00	43.03	2.43	9.66	11.20	1.24	4.46	50.14	1.78
		7		8.412	6.603	0.247	30.87	1.92	6.88	48.96	2.41	10.99	12.79	1.23	4.98	58.60	1.82
		8		9.515	7.469	0.247	34.46	1.90	7.75	54.56	2.40	12.25	14.33	1.23	5.47	67.11	1.85
		10		11.657	9.151	0.246	41.09	1.88	9.39	64.85	2.36	14.56	17.33	1.22	6.36	84.31	1.93
7	70	4	8	5.570	4.372	0.275	26.39	2.18	5.14	41.80	2.74	8.44	10.99	1.40	4.17	45.74	1.86
		5		6.875	5.397	0.275	32.21	2.16	6.32	51.08	2.73	10.32	13.31	1.39	4.95	57.21	1.91
		6		8.160	6.406	0.275	37.77	2.15	7.48	59.93	2.71	12.11	15.61	1.38	5.67	68.73	1.95
		7		9.424	7.398	0.275	43.09	2.14	8.59	68.35	2.69	13.81	17.82	1.38	6.34	80.29	1.99
		8		10.667	8.373	0.274	48.17	2.12	9.68	76.37	2.68	15.43	19.98	1.37	6.98	91.92	2.03

续表 11.6－3

型号	截面尺寸/mm			截面面积/cm²	理论重量/(kg/m)	外表面积/(m²/m)	截面特性										
							$X-X$			X_0-X_0			Y_0-Y_0			X_1-X_1	Z_0/cm
	b	d	r				I_X/cm^4	i_X/cm	W_X/cm^3	I_{X0}/cm^4	i_{X0}/cm	W_{X0}/cm^3	I_{Y0}/cm^4	i_{Y0}/cm	W_{Y0}/cm^3	I_{X1}/cm^4	
7.5	75	5	9	7.412	5.818	0.295	39.97	2.33	7.32	63.30	2.92	11.94	16.63	1.50	5.77	70.56	2.04
		6		8.797	6.905	0.294	46.95	2.31	8.64	74.38	2.90	14.02	19.51	1.49	6.67	84.55	2.07
		7		10.160	7.976	0.294	53.57	2.30	9.93	84.96	2.89	16.02	22.18	1.48	7.44	98.71	2.11
		8		11.503	9.030	0.294	59.96	2.28	11.20	95.07	2.88	17.93	24.86	1.47	8.19	112.97	2.15
		9		12.825	10.068	0.294	66.10	2.27	12.43	104.71	2.86	19.75	27.48	1.46	8.89	127.30	2.18
		10		14.126	11.089	0.293	71.98	2.26	13.64	113.92	2.84	21.48	30.05	1.46	9.56	141.71	2.22
8	80	5	9	7.912	6.211	0.315	48.79	2.48	8.34	77.33	3.13	13.67	20.25	1.60	6.66	85.36	2.15
		6		9.397	7.376	0.314	57.35	2.47	9.87	90.98	3.11	16.08	23.72	1.59	7.65	102.50	2.19
		7		10.860	8.525	0.314	65.58	2.46	11.37	104.07	3.10	18.40	27.09	1.58	8.58	119.70	2.23
		8		12.303	9.658	0.314	73.49	2.44	12.83	116.60	3.08	20.61	30.39	1.57	9.46	136.97	2.27
		9		13.752	10.774	0.314	81.11	2.43	14.25	128.60	3.06	22.73	33.61	1.56	10.29	154.31	2.31
		10		15.126	11.874	0.313	88.43	2.42	15.64	140.09	3.04	24.76	36.77	1.56	11.08	171.74	2.35
9	90	6	10	10.637	8.350	0.354	82.77	2.79	12.61	131.26	3.51	20.63	34.28	1.80	9.95	145.87	2.44
		7		12.301	9.656	0.354	94.83	2.78	14.54	150.47	3.50	23.64	39.18	1.78	11.19	170.30	2.48
		8		13.944	10.946	0.353	106.47	2.76	16.42	168.97	3.48	26.55	43.97	1.78	12.35	194.80	2.52
		9		15.566	12.219	0.353	117.72	2.75	18.27	186.77	3.46	29.35	48.66	1.77	13.46	219.39	2.56
		10		17.167	13.476	0.353	128.58	2.74	20.07	203.90	3.45	32.04	53.26	1.76	14.52	244.07	2.59
		12		20.306	15.940	0.352	149.22	2.71	23.57	236.21	3.41	37.12	62.22	1.75	16.49	293.76	2.67
10	100	6	12	11.932	9.366	0.393	114.95	3.10	15.68	181.98	3.90	25.74	47.92	2.00	12.69	200.07	2.67
		7		13.796	10.830	0.393	131.86	3.09	18.10	208.97	3.89	29.55	54.74	1.99	14.26	233.54	2.71
		8		15.638	12.276	0.393	148.24	3.08	20.47	235.07	3.88	33.24	61.41	1.98	15.75	267.09	2.76
		9		17.462	13.708	0.392	164.12	3.07	22.79	260.30	3.86	36.81	67.95	1.97	17.18	300.73	2.80
		10		19.261	15.120	0.392	179.51	3.05	25.06	284.68	3.84	40.26	74.35	1.96	18.54	334.48	2.84
		12		22.800	17.898	0.391	208.90	3.03	29.48	330.95	3.81	46.80	86.84	1.95	21.08	402.34	2.91
		14		26.256	20.611	0.391	236.53	3.00	33.73	374.06	3.77	52.90	99.00	1.94	23.44	470.75	2.99
		16		29.627	23.257	0.390	262.53	2.98	37.82	414.16	3.74	58.57	110.89	1.94	25.63	539.80	3.06

续表 11.6-3

型号	截面尺寸/mm			截面面积/ cm^2	理论重量/ (kg/m)	外表面积/ (m^2/m)	截面特性										
							$X-X$			X_0-X_0			Y_0-Y_0			X_1-X_1	Z_0/cm
	b	d	r				I_X/cm^4	i_X/cm	W_X/cm^3	I_{X0}/cm^4	i_{X0}/cm	W_{X0}/cm^3	I_{Y0}/cm^4	i_{Y0}/cm	W_{Y0}/cm^3	I_{X1}/cm^4	
11	110	7	12	15.196	11.928	0.433	177.16	3.41	22.05	280.94	4.30	36.12	73.38	2.20	17.51	310.64	2.96
		8		17.238	13.532	0.433	199.46	3.40	24.95	316.49	4.28	40.69	82.42	2.19	19.39	355.20	3.01
		10		21.261	16.690	0.432	242.19	3.38	30.60	384.39	4.25	49.42	99.98	2.17	22.91	444.65	3.09
		12		25.200	19.782	0.431	282.55	3.35	36.05	448.17	4.22	57.62	116.93	2.15	26.15	534.60	3.16
		14		29.056	22.809	0.431	320.71	3.32	41.31	508.01	4.18	65.31	133.40	2.14	29.14	625.16	3.24
12.5	125	8	14	19.750	15.504	0.492	297.03	3.88	32.52	470.89	4.88	53.28	123.16	2.50	25.86	521.01	3.37
		10		24.373	19.133	0.491	361.67	3.85	39.97	573.89	4.85	64.93	149.46	2.48	30.62	651.93	3.45
		12		28.912	22.696	0.491	423.16	3.83	41.17	671.44	4.82	75.96	174.88	2.46	35.03	783.42	3.53
		14		33.367	26.193	0.490	481.65	3.80	54.16	763.73	4.78	86.41	199.57	2.45	39.13	915.61	3.61
		16		37.739	29.625	0.489	537.31	3.77	60.93	850.98	4.75	96.28	223.65	2.43	42.96	1048.62	3.68
14	140	10		27.373	21.488	0.551	514.65	4.34	50.58	817.27	5.46	82.56	212.04	2.78	39.20	915.11	3.82
		12		32.512	25.522	0.551	603.68	4.31	59.80	958.79	5.43	96.85	248.57	2.76	45.02	1099.28	3.90
		14		37.567	29.490	0.550	688.81	4.28	68.75	1093.56	5.40	110.47	284.06	2.75	50.45	1284.22	3.98
		16		42.539	33.393	0.549	770.24	4.26	77.46	1221.81	5.36	123.42	318.67	2.74	55.55	1470.07	4.06
15	150	8		23.750	18.644	0.592	521.37	4.69	47.36	827.49	5.90	78.02	215.25	3.01	38.14	899.55	3.99
		10		29.373	23.058	0.591	637.50	4.66	58.35	1012.79	5.87	95.49	262.21	2.99	45.51	1125.09	4.08
		12		34.912	27.406	0.591	748.85	4.63	69.04	1189.97	5.84	112.19	307.73	2.97	52.38	1351.26	4.15
		14		40.367	31.688	0.590	855.64	4.60	79.45	1359.30	5.80	128.16	351.98	2.95	58.83	1578.25	4.23
		15		43.063	33.804	0.590	907.39	4.59	84.56	1441.09	5.78	135.87	373.69	2.95	61.90	1692.10	4.27
		16		45.739	35.905	0.589	958.08	4.58	89.59	1521.02	5.77	143.40	395.14	2.94	64.89	1806.21	4.31
16	160	10	16	31.502	24.729	0.630	779.53	4.98	66.70	1237.30	6.27	109.36	321.76	3.20	52.76	1365.33	4.31
		12		37.441	29.391	0.630	916.58	4.95	78.98	1455.68	6.24	128.67	377.49	3.18	60.74	1639.57	4.39
		14		43.296	33.987	0.629	1048.36	4.92	90.95	1665.02	6.20	147.17	431.70	3.16	68.24	1914.68	4.47
		16		49.067	38.518	0.629	1175.08	4.89	102.63	1865.57	6.17	164.89	484.59	3.14	75.31	2190.82	4.55

续表 11.6-3

型号	截面尺寸/mm			截面面积/ cm^2	理论重量/ (kg/m)	外表面积/ (m^2/m)	截面特性										
							X-X			X_0-X_0			Y_0-Y_0			X_1-X_1	Z_0/cm
	b	d	r				I_X/cm^4	i_X/cm	W_X/cm^3	I_{X0}/cm^4	i_{X0}/cm	W_{X0}/cm^3	I_{Y0}/cm^4	i_{Y0}/cm	W_{Y0}/cm^3	I_{X1}/cm^4	
18	180	12	16	42. 241	33. 159	0. 710	1321. 35	5. 59	100. 82	2100. 10	7. 05	165. 00	542. 61	3. 58	78. 41	2332. 80	4. 89
		14		48. 896	38. 383	0. 709	1514. 48	5. 56	116. 25	2407. 42	7. 02	189. 14	621. 53	3. 56	88. 38	2723. 48	4. 97
		16		55. 467	43. 542	0. 709	1700. 99	5. 54	131. 13	2703. 37	6. 98	212. 40	698. 60	3. 55	97. 83	3115. 29	5. 05
		18		61. 955	48. 634	0. 708	1875. 12	5. 50	145. 64	2988. 24	6. 94	234. 78	762. 01	3. 51	105. 14	3502. 43	5. 13
20	200	14	18	54. 642	42. 894	0. 788	2103. 55	6. 20	144. 70	3343. 26	7. 82	236. 40	863. 83	3. 98	111. 82	3734. 10	5. 46
		16		62. 013	48. 680	0. 788	2366. 15	6. 18	163. 65	3760. 89	7. 79	265. 93	971. 41	3. 96	123. 96	4270. 39	5. 54
		18		69. 301	54. 401	0. 787	2620. 64	6. 15	182. 22	4164. 54	7. 75	294. 48	1076. 74	3. 94	135. 52	4808. 13	5. 62
		20		76. 505	60. 056	0. 787	2867. 30	6. 12	200. 42	4554. 55	7. 72	322. 06	1180. 04	3. 93	146. 55	5347. 51	5. 69
		24		90. 661	71. 168	0. 785	3338. 25	6. 07	236. 17	5294. 97	7. 64	347. 41	1381. 53	3. 90	166. 55	6457. 16	5. 87
22	220	16	21	68. 664	53. 901	0. 866	3187. 36	6. 81	199. 55	5063. 73	8. 59	325. 51	1310. 99	4. 37	153. 81	5681. 62	6. 03
		18		76. 752	60. 250	0. 866	3534. 30	6. 79	222. 37	5615. 32	8. 55	360. 97	1453. 27	4. 35	168. 29	6395. 93	6. 11
		20		84. 756	66. 533	0. 865	3871. 49	6. 76	244. 77	6150. 08	8. 52	395. 34	1592. 90	4. 34	182. 16	7112. 01	6. 18
		22		92. 676	72. 751	0. 865	4199. 23	6. 78	266. 78	6668. 37	8. 48	428. 66	1730. 10	4. 32	195. 45	7830. 19	6. 26
		24		100. 512	78. 902	0. 864	4517. 83	6. 70	288. 39	7170. 55	8. 45	460. 91	1865. 11	4. 31	208. 21	8550. 57	6. 33
		26		108. 264	84. 987	0. 864	4827. 58	6. 68	309. 62	7656. 98	8. 41	492. 21	1998. 17	4. 30	220. 49	9273. 39	6. 41
25	250	18	24	87. 842	68. 956	0. 985	5268. 22	7. 74	290. 12	8369. 04	9. 76	473. 42	2167. 41	4. 97	224. 03	9379. 11	6. 84
		20		97. 045	76. 180	0. 984	5779. 34	7. 72	319. 66	9181. 94	9. 73	519. 41	2376. 74	4. 95	242. 85	10426. 97	6. 92
		24		115. 201	90. 433	0. 983	6763. 93	7. 66	377. 34	10742. 67	9. 66	607. 70	2785. 19	4. 92	278. 38	12529. 74	7. 07
		26		124. 154	97. 461	0. 982	7238. 08	7. 63	405. 50	11491. 33	9. 62	650. 05	2984. 84	4. 90	295. 19	13585. 18	7. 15
		28		133. 022	104. 422	0. 982	7700. 60	7. 61	433. 22	12219. 39	9. 58	691. 23	3181. 81	4. 89	311. 42	14643. 62	7. 22
		30		141. 807	111. 318	0. 981	8151. 80	7. 58	460. 51	12927. 26	9. 55	731. 28	3376. 34	4. 88	327. 12	15705. 30	7. 30
		32		150. 508	118. 149	0. 981	8592. 01	7. 56	487. 39	13615. 32	9. 51	770. 20	3568. 71	4. 87	342. 33	16770. 11	7. 37
		35		163. 402	128. 271	0. 980	9232. 44	7. 52	526. 97	14611. 16	9. 46	826. 53	3853. 72	4. 86	364. 30	18374. 95	7. 48

注：截面图中的 $r_1=d/3$ 及表中 r 值的数据用于孔型设计，不做交货条件。

11.6.4　热轧不等边角钢（GB/T 706—2008）

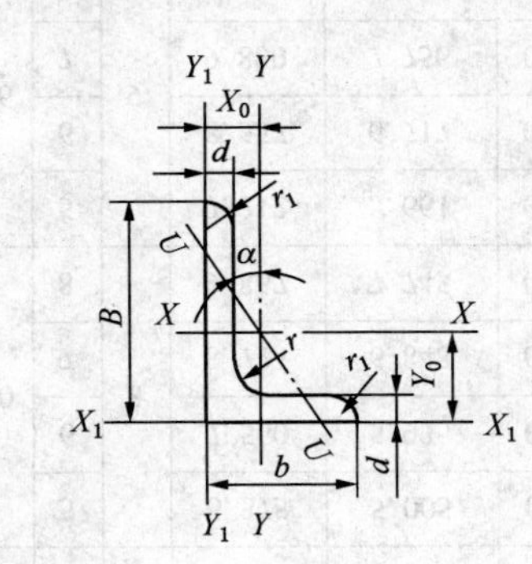

B—长边宽度；
b—短边宽度；
d—边厚度；
r—内圆弧半径；
r_1—边端圆弧半径 $r_1 = d/3$；
X_0—重心距离；
Y_0—重心距离；
I—惯性矩；
W—截面模数；
i—惯性半径。

表 11.6-4　不等边角钢截面尺寸、截面面积、理论重量及截面特性

型号	截面尺寸/mm				截面面积/cm²	理论重量/(kg/m)	外表面积/(m²/m)	截面特性														
								X-X			Y-Y			X_1-X_1		Y_1-Y_1		U-U				
	B	b	d	r				I_X/cm⁴	i_X/cm	W_X/cm³	I_Y/cm⁴	i_Y/cm	W_Y/cm³	I_{X1}/cm⁴	Y_0/cm	I_{Y1}/cm⁴	X_0/cm	I_U/cm⁴	i_U/cm	W_U/cm³	tgα
2.5/1.6	25	16	3	3.5	1.162	0.912	0.080	0.70	0.78	0.43	0.22	0.44	0.19	1.56	0.86	0.43	0.42	0.14	0.34	0.16	0.392
			4		1.499	1.176	0.079	0.88	0.77	0.55	0.27	0.43	0.24	2.09	0.90	0.59	0.46	0.17	0.34	0.20	0.381
3.2/2	32	20	3		1.492	1.171	0.102	1.53	1.01	0.72	0.46	0.55	0.30	3.27	1.08	0.82	0.49	0.28	0.43	0.25	0.382
			4		1.939	1.522	0.101	1.93	1.00	0.93	0.57	0.54	0.39	4.37	1.12	1.12	0.53	0.35	0.42	0.32	0.374
4/2.5	40	25	3	4	1.890	1.484	0.127	3.08	1.28	1.15	0.93	0.70	0.49	5.39	1.32	1.59	0.59	0.56	0.54	0.40	0.385
			4		2.467	1.936	0.127	3.93	1.36	1.49	1.18	0.69	0.63	8.53	1.37	2.14	0.63	0.71	0.54	0.52	0.381
4.5/2.8	45	28	3	5	2.149	1.687	0.143	4.45	1.44	1.47	1.34	0.79	0.62	9.10	1.47	2.23	0.64	0.80	0.61	0.51	0.383
			4		2.806	2.203	0.143	5.69	1.42	1.91	1.70	0.78	0.80	12.13	1.51	3.00	0.68	1.02	0.60	0.66	0.380
5/3.2	50	32	3	5.5	2.431	1.908	0.161	6.24	1.60	1.84	2.02	0.91	0.82	12.49	1.60	3.31	0.73	1.20	0.70	0.68	0.404
			4		3.177	2.494	0.160	8.02	1.59	2.39	2.58	0.90	1.06	16.65	1.65	4.45	0.77	1.53	0.69	0.87	0.402
5.6/3.6	56	36	3	6	2.743	2.153	0.181	8.88	1.80	2.32	2.92	1.03	1.05	17.54	1.78	4.70	0.80	1.73	0.79	0.87	0.408
			4		3.590	2.818	0.180	11.45	1.79	3.03	3.76	1.02	1.37	23.39	1.82	6.33	0.85	2.23	0.79	1.13	0.408
			5		4.415	3.466	0.180	13.86	1.77	3.71	4.49	1.01	1.65	29.25	1.87	7.94	0.88	2.67	0.78	1.36	0.404

续表 11.6-4

型号	截面尺寸/mm				截面面积/cm^2	理论重量/(kg/m)	外表面积/(m^2/m)	截面特性													
								$X-X$			$Y-Y$			X_1-X_1		Y_1-Y_1		$U-U$			
	B	b	d	r				I_X/cm^4	i_X/cm	W_X/cm^3	I_Y/cm^4	i_Y/cm	W_Y/cm^3	I_{X1}/cm^4	Y_0/cm	I_{Y1}/cm^4	X_0/cm	I_U/cm^4	i_U/cm	W_U/cm^3	tgα
6.3/4	63	40	4	7	4.058	3.185	0.202	16.49	2.02	3.87	5.23	1.14	1.70	33.30	2.04	8.63	0.92	3.12	0.88	1.40	0.398
			5		4.993	3.920	0.202	20.02	2.00	4.74	6.31	1.12	2.07	41.63	2.08	10.86	0.95	3.76	0.87	1.71	0.396
			6		5.908	4.638	0.201	23.36	1.96	5.59	7.29	1.11	2.43	49.98	2.12	13.12	0.99	4.34	0.86	1.99	0.393
			7		6.802	5.339	0.201	26.53	1.98	6.40	8.24	1.10	2.78	58.07	2.15	15.47	1.03	4.97	0.86	2.29	0.389
7/4.5	70	45	4	7.5	4.547	3.570	0.226	23.17	2.26	4.86	7.55	1.29	2.17	45.92	2.24	12.26	1.02	4.40	0.98	1.77	0.410
			5		5.609	4.403	0.225	27.95	2.23	5.92	9.13	1.28	2.65	57.10	2.28	15.39	1.06	5.40	0.98	2.19	0.407
			6		6.647	5.218	0.225	32.54	2.21	6.95	10.62	1.26	3.12	68.35	2.32	18.58	1.09	6.35	0.98	2.59	0.404
			7		7.657	6.011	0.225	37.22	2.20	8.03	12.01	1.25	3.57	79.99	2.36	21.84	1.13	7.16	0.97	2.94	0.402
7.5/5	75	50	5	8	6.125	4.808	0.245	34.86	2.39	6.83	12.61	1.44	3.30	70.00	2.40	21.04	1.17	7.41	1.10	2.74	0.435
			6		7.260	5.699	0.245	41.12	2.38	8.12	14.70	1.42	3.88	84.30	2.44	25.37	1.21	8.54	1.08	3.19	0.435
			8		9.467	7.431	0.244	52.39	2.35	10.52	18.53	1.40	4.99	112.50	2.52	34.23	1.29	10.87	1.07	4.10	0.429
			10		11.590	9.098	0.244	62.71	2.33	12.79	21.96	1.38	6.04	140.80	2.60	43.43	1.36	13.10	1.06	4.99	0.423
8/5	80	50	5	8	6.375	5.005	0.255	41.96	2.56	7.78	12.82	1.42	3.32	85.21	2.60	21.06	1.14	7.66	1.10	2.74	0.388
			6		7.560	5.935	0.255	49.49	2.56	9.25	14.95	1.41	3.91	102.53	2.65	25.41	1.18	8.85	1.08	3.20	0.387
			7		8.724	6.848	0.255	56.16	2.54	10.58	16.96	1.39	4.48	119.33	2.69	29.82	1.21	10.18	1.08	3.70	0.384
			8		9.867	7.745	0.254	62.83	2.52	11.92	18.85	1.38	5.03	136.41	2.73	34.32	1.25	11.38	1.07	4.16	0.381
9/5.6	90	56	5	9	7.212	5.661	0.287	60.45	2.90	9.92	18.32	1.59	4.21	121.32	2.91	29.53	1.25	10.98	1.23	3.49	0.385
			6		8.557	6.717	0.286	71.03	2.88	11.74	21.42	1.58	4.96	145.59	2.95	35.58	1.29	12.90	1.23	4.13	0.384
			7		9.880	7.756	0.286	81.01	2.86	13.49	24.36	1.57	5.70	169.60	3.00	41.71	1.33	14.67	1.22	4.72	0.382
			8		11.183	8.779	0.286	91.03	2.85	15.27	27.15	1.56	6.41	194.17	3.04	47.93	1.36	16.34	1.21	5.29	0.380

续表11.6－4

型号	截面尺寸/mm				截面面积/cm^2	理论重量/(kg/m)	外表面积/(m^2/m)	截面特性													
								$X-X$			$Y-Y$			X_1-X_1		Y_1-Y_1		$U-U$			
	B	b	d	r				I_X/cm^4	i_X/cm	W_X/cm^3	I_Y/cm^4	i_Y/cm	W_Y/cm^3	I_{X1}/cm^4	Y_0/cm	I_{Y1}/cm^4	X_0/cm	I_U/cm^4	i_U/cm	W_U/cm^3	tgα
10/6.3	100	63	6	10	9.617	7.550	0.320	99.06	3.21	14.64	30.94	1.79	6.35	199.71	3.24	50.50	1.43	18.42	1.38	5.25	0.394
			7		11.111	8.722	0.320	113.45	3.20	16.88	35.26	1.78	7.29	233.00	3.28	59.14	1.47	21.00	1.38	6.02	0.394
			8		12.534	9.878	0.319	127.37	3.18	19.08	39.39	1.77	8.21	266.32	3.32	67.88	1.50	23.50	1.37	6.78	0.391
			10		15.467	12.142	0.319	153.81	3.15	23.32	47.12	1.74	9.98	333.06	3.40	85.73	1.58	28.33	1.35	8.24	0.387
10/8	100	80	6	10	10.637	8.350	0.354	107.04	3.17	15.19	61.24	2.40	10.16	199.83	2.95	102.68	1.97	31.65	1.72	8.37	0.627
			7		12.301	9.656	0.354	122.73	3.16	17.52	70.08	2.39	11.71	233.20	3.00	119.98	2.01	36.17	1.72	9.60	0.626
			8		13.944	10.946	0.353	137.92	3.14	19.81	78.58	2.37	13.21	266.61	3.04	137.37	2.05	40.58	1.71	10.80	0.625
			10		17.167	13.476	0.353	166.87	3.12	24.24	94.65	2.35	16.12	333.63	3.12	172.48	2.13	49.10	1.69	13.12	0.622
11/7	110	70	6		10.637	8.350	0.354	133.37	3.54	17.85	42.92	2.01	7.90	265.78	3.53	69.08	1.57	25.36	1.54	6.53	0.403
			7		12.301	9.656	0.354	153.00	3.53	20.60	49.01	2.00	9.09	310.07	3.57	80.82	1.61	28.95	1.53	7.50	0.402
			8		13.944	10.946	0.353	172.04	3.51	23.30	54.87	1.98	10.25	354.39	3.62	92.70	1.65	32.45	1.53	8.45	0.401
			10		17.167	13.476	0.353	208.39	3.48	28.54	65.88	1.96	12.48	443.13	3.70	116.83	1.72	39.20	1.51	10.29	0.397
12.5/8	125	80	7	11	14.096	11.066	0.403	227.98	4.02	26.86	74.42	2.30	12.01	454.99	4.01	120.32	1.80	43.81	1.76	9.92	0.408
			8		15.989	12.551	0.403	256.77	4.01	30.41	83.49	2.28	13.56	519.99	4.06	137.85	1.84	49.15	1.75	11.18	0.407
			10		19.712	15.474	0.402	312.04	3.98	37.33	100.67	2.26	16.56	650.09	4.14	173.40	1.92	59.45	1.74	13.64	0.404
			12		23.351	18.330	0.402	364.41	3.95	44.01	116.67	2.24	19.43	780.39	4.22	209.67	2.00	69.35	1.72	16.01	0.400
14/9	140	90	8	12	18.038	14.160	0.453	365.64	4.50	38.48	120.69	2.59	17.34	730.53	4.50	195.79	2.04	70.83	1.98	14.31	0.411
			10		22.261	17.475	0.452	445.50	4.47	47.31	140.03	2.56	21.22	913.20	4.58	245.92	2.12	85.82	1.96	17.48	0.409
			12		26.400	20.724	0.451	521.59	4.44	55.87	169.79	2.54	24.95	1096.09	4.66	296.89	2.19	100.21	1.95	20.54	0.406
			14		30.456	23.908	0.451	594.10	4.42	64.18	192.10	2.51	28.54	1279.26	4.74	348.82	2.27	114.13	1.94	23.52	0.403

续表 11.6-4

型号	截面尺寸/mm				截面面积/ cm^2	理论重量/ (kg/m)	外表面积/ (m^2/m)	截面特性													
								X-X			Y-Y			X_1-X_1		Y_1-Y_1		U-U			
	B	b	d	r				I_X/ cm^4	i_X/ cm	W_X/ cm^3	I_Y/ cm^4	i_Y/ cm	W_Y/ cm^3	I_{X1}/ cm^4	Y_0/ cm	I_{Y1}/ cm^4	X_0/ cm	I_U/ cm^4	i_U/ cm	W_U/ cm^3	tgα
15/9	150	90	8	12	18.839	14.788	0.473	442.05	4.84	43.86	122.80	2.55	17.47	898.35	4.92	195.96	1.97	74.14	1.98	14.48	0.364
			10		23.261	18.260	0.472	539.24	4.81	53.97	148.62	2.53	21.38	1122.85	5.01	246.26	2.05	89.86	1.97	17.69	0.362
			12		27.600	21.666	0.471	632.08	4.79	63.79	172.85	2.50	25.14	1347.50	5.09	297.46	2.12	104.95	1.95	20.80	0.359
			14		31.856	25.007	0.471	720.77	4.76	73.33	195.62	2.48	28.77	1572.38	5.17	249.74	2.20	119.53	1.94	23.84	0.356
			15		33.952	26.652	0.471	763.63	4.74	77.99	206.50	2.47	30.53	1684.93	5.21	376.33	2.24	126.67	1.93	25.33	0.354
			16		36.027	28.281	0.470	805.51	4.73	82.60	217.07	2.45	32.27	1797.55	5.25	403.24	2.27	133.72	1.93	26.82	0.352
16/10	160	100	10	13	25.315	19.872	0.512	668.69	5.14	62.13	205.03	2.85	26.56	1362.89	5.24	336.59	2.28	121.74	2.19	21.92	0.390
			12		30.054	23.592	0.511	784.91	5.11	73.49	239.06	2.82	31.28	1635.56	5.32	405.94	2.36	142.33	2.17	25.79	0.388
			14		34.709	27.247	0.510	896.30	5.08	84.56	271.20	2.80	35.83	1908.50	5.40	476.42	2.43	162.23	2.16	29.56	0.385
			16		39.281	30.835	0.510	1003.04	5.05	95.33	301.60	2.77	40.24	2181.79	5.48	548.22	2.51	182.57	2.16	33.44	0.382
18/11	180	110	10	14	28.373	22.273	0.571	956.25	5.80	78.96	278.11	3.13	32.49	1940.40	5.89	447.22	2.44	166.50	2.42	26.88	0.376
			12		33.712	26.440	0.571	1124.72	5.78	93.53	325.03	3.10	38.32	2328.38	5.98	538.94	2.52	194.87	2.40	31.66	0.374
			14		38.967	30.589	0.570	1286.91	5.75	107.76	369.55	3.08	43.97	2716.60	6.06	631.95	2.59	222.30	2.39	36.32	0.372
			16		44.139	34.649	0.569	1443.06	5.72	121.64	411.85	3.06	49.44	3105.15	6.14	726.46	2.67	248.94	2.38	40.87	0.369
20/12.5	200	125	12		37.912	29.761	0.641	1570.90	6.44	116.73	483.16	3.57	49.99	3193.85	6.54	787.74	2.83	285.79	2.74	41.23	0.392
			14		43.687	34.436	0.640	1800.97	6.41	134.65	550.83	3.54	57.44	3726.17	6.62	922.47	2.91	326.58	2.73	47.34	0.390
			16		49.739	39.045	0.639	2023.35	6.38	152.18	615.44	3.52	64.89	4258.88	6.70	1058.86	2.99	366.21	2.71	53.32	0.388
			18		55.526	43.588	0.639	2238.30	6.35	169.33	677.19	3.49	71.74	4792.00	6.78	1197.13	3.06	404.83	2.70	59.18	0.385

注：表中 r 的数据用于孔型设计，不做交货条件。

11.6.5　焊接H型钢(YB 3301—2005)

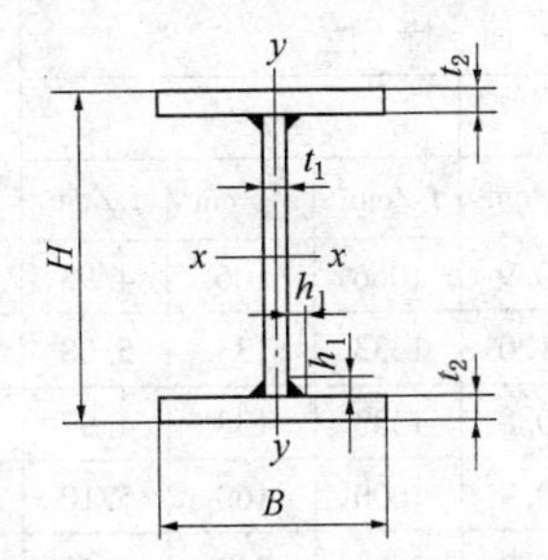

H—高度；　h_1—焊角高度；

B—宽度；　I—惯性矩；

t_1—腹板厚度；　W—截面模数；

t_2—翼缘厚度；　i—惯性半径。

表11.6-5　焊接H型钢型号、尺寸、截面面积、理论重量及截面特性

型　号	尺寸				截面面积/	理论重量/	截面特性						焊脚尺寸
	H	B	t_1	t_2			$x-x$			$y-y$			
	mm				cm^2	(kg/m)	I_x/cm^4	W_x/cm^3	i_x/cm	I_y/cm^4	W_y/cm^3	i_y/cm	h_f/mm
WH100×50	100	50	3.2	4.5	7.41	5.82	122	24	4.05	9	3	1.10	3
	100	50	4	5	8.60	6.75	137	27	3.99	10	4	1.07	4
WH100×75	100	75	4	6	12.5	9.83	221	44	4.20	42	11	1.83	4
WH100×100	100	100	4	6	15.5	12.2	288	57	4.31	100	20	2.54	4
	100	100	6	8	21.0	16.5	369	73	4.19	133	26	2.51	5
WH125×75	125	75	4	6	13.5	10.6	366	58	5.20	42	11	1.76	4
WH125×125	125	125	4	6	19.5	15.3	579	92	5.44	195	31	3.16	4
WH150×75	150	75	3.2	4.5	11.2	8.8	432	57	6.21	31	8	1.66	3
	150	75	4	6	14.5	11.4	554	73	6.18	42	11	1.70	4
	150	75	5	8	18.7	14.7	705	94	6.14	56	14	1.73	5
WH150×100	150	100	3.2	4.5	13.5	10.6	551	73	6.38	75	15	2.35	3
	150	100	4	6	17.5	13.8	710	94	6.36	100	20	2.39	4
	150	100	5	8	22.7	17.8	907	120	6.32	133	26	2.42	5
WH150×150	150	150	4	6	23.5	18.5	1021	136	6.59	337	44	3.78	4
	150	150	5	8	30.7	24.1	1311	174	6.53	450	60	3.82	5
	150	150	6	8	32.0	25.2	1331	177	6.44	450	60	3.75	5
WH200×100	200	100	3.2	4.5	15.1	11.9	1045	104	8.31	75	15	2.22	3
	200	100	4	6	19.5	15.3	1350	135	8.32	100	20	2.26	4
	200	100	5	8	25.2	19.8	1734	173	8.29	133	26	2.29	5
WH200×150	200	150	4	6	25.5	20.0	1915	191	8.66	337	44	3.63	4
	200	150	5	8	33.2	26.1	2472	247	8.62	450	60	3.68	5
WH200×200	200	200	5	8	41.2	32.3	3210	321	8.82	1066	106	5.08	5
	200	200	6	10	50.8	39.9	3904	390	8.76	1333	133	5.12	5
WH250×125	250	125	4	6	24.5	19.2	2682	214	10.4	195	31	2.82	4
	250	125	5	8	31.7	24.9	3463	277	10.4	260	41	2.86	5
	250	125	6	10	38.8	30.5	4210	336	10.4	325	52	2.89	5
WH250×150	250	150	4	6	27.5	21.6	3129	250	10.6	337	44	3.50	4
	250	150	5	8	35.7	28.0	4048	323	10.6	450	60	3.55	5
	250	150	6	10	43.8	34.4	4930	394	10.6	562	74	3.58	5

续表 11.6-5

型号	尺寸 H	B	t_1	t_2	截面面积/cm^2	理论重量/(kg/m)	截面特性 x-x I_x/cm^4	W_x/cm^3	i_x/cm	y-y I_y/cm^4	W_y/cm^3	i_y/cm	焊脚尺寸 h_f/mm
	mm												
WH250×200	250	200	5	8	43.7	34.3	5220	417	10.9	1066	106	4.93	5
	250	200	5	10	51.5	40.4	6270	501	11.0	1333	133	5.08	5
	250	200	6	10	53.8	42.2	6371	509	10.8	1333	133	4.97	5
	250	200	6	12	61.5	48.3	7380	590	10.9	1600	160	5.10	6
WH250×250	250	250	6	10	63.8	50.1	7812	624	11.0	2604	208	6.38	5
	250	250	6	12	73.5	57.7	9080	726	11.1	3125	250	6.52	6
	250	250	8	14	87.7	68.9	10487	838	10.9	3646	291	6.44	6
WH300×200	300	200	6	8	49.0	38.5	7968	531	12.7	1067	106	4.66	5
	300	200	6	10	56.8	44.6	9510	634	12.9	1333	133	4.84	5
	300	200	6	12	64.5	50.7	11010	734	13.0	1600	160	4.98	6
	300	200	8	14	77.7	61.0	12802	853	12.8	1867	186	4.90	6
	300	200	10	16	90.8	71.3	14522	968	12.6	2135	213	4.84	6
WH300×250	300	250	6	10	66.8	52.4	11614	774	13.1	2604	208	6.24	5
	300	250	6	12	76.5	60.1	13500	900	13.2	3125	250	6.39	6
	300	250	8	14	91.7	72.0	15667	1044	13.0	3646	291	6.30	6
	300	250	10	16	106	83.8	17752	1183	12.9	4168	333	6.27	6
WH300×300	300	300	6	10	76.8	60.3	13717	914	13.3	4500	300	7.65	5
	300	300	8	12	94.0	73.9	16340	1089	13.1	5401	360	7.58	6
	300	300	8	14	105	83.0	18532	1235	13.2	6301	420	7.74	6
	300	300	10	16	122	96.4	20981	1398	13.1	7202	480	7.68	6
	300	300	10	18	134	106	23033	1535	13.1	8102	540	7.77	7
	300	300	12	20	151	119	25317	1687	12.9	9003	600	7.72	8
WH350×175	350	175	4.5	6	36.2	28.4	7661	437	14.5	536	61.2	3.84	4
	350	175	4.5	8	43.0	33.8	9586	547	14.9	714	81	4.07	4
	350	175	6	8	48.0	37.7	10051	574	14.4	715	81.7	3.85	5
	350	175	6	10	54.8	43.0	11914	680	14.7	893	102	4.03	5
	350	175	6	12	61.5	48.3	13732	784	14.9	1072	122	4.17	6
	350	175	8	12	68.0	53.4	14310	817	14.5	1073	122	3.97	6
	350	175	8	14	74.7	58.7	16063	917	14.6	1251	142	4.09	6
	350	175	10	16	87.8	68.9	18309	1046	14.4	1431	163	4.03	6
WH350×200	350	200	6	8	52.0	40.9	11221	641	14.6	1067	106	4.52	5
	350	200	6	10	59.8	46.9	13360	763	14.9	1333	133	4.72	5
	350	200	6	12	67.5	53.0	15447	882	15.1	1600	160	4.86	6
	350	200	8	10	66.4	52.1	13959	797	14.4	1334	133	4.48	5
	350	200	8	12	74.0	58.2	16024	915	14.7	1601	160	4.65	6
	350	200	8	14	81.7	64.2	18040	1030	14.8	1868	186	4.78	6
	350	200	10	16	95.8	75.2	20542	1173	14.6	2135	213	4.72	6

续表 11.6-5

型　号	尺　寸				截面面积/	理论重量/	截　面　特　性						焊脚尺寸
	H	B	t_1	t_2			$x-x$			$y-y$			
	mm				cm^2	(kg/m)	I_x/cm^4	W_x/cm^3	i_x/cm	I_y/cm^4	W_y/cm^3	i_y/cm	h_f/mm
WH350×250	350	250	6	10	69.8	54.8	16251	928	15.2	2604	208	6.10	5
	350	250	6	12	79.5	62.5	18876	1078	15.4	3125	250	6.26	6
	350	250	8	12	86.0	67.6	19453	1111	15.0	3126	250	6.02	6
	350	250	8	14	95.7	75.2	21993	1256	15.1	3647	291	6.17	6
	350	250	10	16	111	87.8	25008	1429	15.0	4169	333	6.12	6
WH350×300	350	300	6	10	79.8	62.6	19141	1093	15.4	4500	300	7.50	5
	350	300	6	12	91.5	71.9	22304	1274	15.6	5400	360	7.68	6
	350	300	8	14	109	86.2	25947	1482	15.4	6301	420	7.60	6
	350	300	10	16	127	100	29473	1684	15.2	7202	480	7.53	6
	350	300	10	18	139	109	32369	1849	15.2	8102	540	7.63	7
WH350×350	350	350	6	12	103	81.3	25733	1470	15.8	8575	490	9.12	6
	350	350	8	14	123	97.2	29901	1708	15.5	10005	571	9.01	6
	350	350	8	16	137	108	33403	1908	15.6	11434	653	9.13	6
	350	350	10	16	143	113	33939	1939	15.4	11435	653	8.94	6
	350	350	10	18	157	124	37334	2133	15.4	12865	735	9.05	7
	350	350	12	20	177	139	41140	2350	15.2	14296	816	8.98	8
WH400×200	400	200	6	8	55.0	43.2	15125	756	16.5	1067	106	4.40	5
	400	200	6	10	62.8	49.3	17956	897	16.9	1334	133	4.60	5
	400	200	6	12	70.5	55.4	20728	1036	17.1	1600	160	4.76	6
	400	200	8	12	78.0	61.3	21614	1080	16.6	1601	160	4.53	6
	400	200	8	14	85.7	67.3	24300	1215	16.8	1868	186	4.66	6
	400	200	8	16	93.4	73.4	26929	1346	16.9	2134	213	4.77	7
	400	200	8	18	101	79.4	29500	1475	17.0	2401	240	4.87	7
	400	200	10	16	100	79.1	27759	1387	16.6	2136	213	4.62	6
	400	200	10	18	108	85.1	30304	1515	16.7	2403	240	4.71	7
	400	200	10	20	116	91.1	32794	1639	16.8	2669	266	4.79	7
WH400×250	400	250	6	10	72.8	57.1	21760	1088	17.2	2604	208	5.98	5
	400	250	6	12	82.5	64.8	25246	1262	17.4	3125	250	6.15	6
	400	250	8	14	99.7	78.3	29517	1475	17.2	3647	291	6.04	6
	400	250	8	16	109	85.9	32830	1641	17.3	4168	333	6.18	6
	400	250	8	18	119	93.5	36072	1803	17.4	4689	375	6.27	8
	400	250	10	16	116	91.7	33661	1683	17.0	4169	333	5.99	6
	400	250	10	18	126	99.2	36876	1843	17.1	4690	375	6.10	7
	400	250	10	20	136	107	40021	2001	17.1	5211	416	6.19	7
WH400×300	400	300	6	10	82.8	65.0	25563	1278	17.5	4500	300	7.37	5
	400	300	6	12	94.5	74.2	29764	1488	17.7	5400	360	7.55	6
	400	300	8	14	113	89.3	34734	1736	17.5	6301	420	7.46	6
	400	300	10	16	132	104	39562	1978	17.3	7203	480	7.38	6
	400	300	10	18	144	113	43447	2172	17.3	8103	540	7.50	7
	400	300	10	20	156	122	47248	2362	17.4	9003	600	7.59	7
	400	300	12	20	163	128	48025	2401	17.1	9005	600	7.43	8

续表 11.6－5

型号	尺寸				截面面积/	理论重量/	截面特性						焊脚尺寸
	H	B	t_1	t_2			$x-x$			$y-y$			
	mm				cm^2	(kg/m)	I_x/cm^4	W_x/cm^3	i_x/cm	I_y/cm^4	W_y/cm^3	i_y/cm	h_f/mm
WH400×400	400	400	8	14	141	111	45169	2258	17.8	14934	746	10.2	6
	400	400	8	18	173	136	55786	2789	17.9	19201	960	10.5	7
	400	400	10	16	164	129	51366	2568	17.6	17069	853	10.2	6
	400	400	10	18	180	142	56590	2829	17.7	19203	960	10.3	7
	400	400	10	20	196	154	61701	3085	17.7	21336	1066	10.4	7
	400	400	12	22	218	172	67451	3372	17.5	23471	1173	10.3	8
	400	400	12	25	242	190	74704	3735	17.5	26671	1333	10.4	8
	400	400	16	25	256	201	76133	3806	17.2	26678	1333	10.02	10
	400	400	20	32	323	254	93211	4660	16.9	34155	1707	10.2	12
	400	400	20	40	384	301	109568	5478	16.8	42688	2134	10.5	12
WH450×250	450	250	8	12	94.0	73.9	33937	1508	19.0	3126	250	5.76	6
	450	250	8	14	103	81.5	38288	1701	19.2	3647	291	5.95	6
	450	250	10	16	121	95.6	43774	1945	19.0	4170	333	5.87	6
	450	250	10	18	131	103	47927	2130	19.1	4690	375	5.98	7
	450	250	10	20	141	111	52001	2311	19.2	5211	416	6.07	7
	450	250	12	22	158	125	57112	2538	19.0	5735	458	6.02	8
	450	250	12	25	173	136	62910	2796	19.0	6516	521	6.13	8
WH450×300	450	300	8	12	106	83.3	39694	1764	19.3	5401	360	7.13	6
	450	300	8	14	117	92.4	44943	1997	19.5	6301	420	7.33	6
	450	300	10	16	137	108	51312	2280	19.3	7203	480	7.25	6
	450	300	10	18	149	117	56330	2503	19.4	8103	540	7.37	7
	450	300	10	20	161	126	61253	2722	19.5	9003	600	7.47	7
	450	300	12	20	169	133	62402	2773	19.2	9005	600	7.29	8
	450	300	12	22	180	142	67196	2986	19.3	9905	660	7.41	8
	450	300	12	25	198	155	74212	3298	19.3	11255	750	7.53	8
WH450×400	450	400	8	14	145	114	58255	2589	20.2	14935	746	10.1	6
	450	400	10	16	169	133	66387	2950	19.8	17070	853	10.0	6
	450	400	10	18	185	146	73136	3250	19.8	19203	960	10.1	7
	450	400	10	20	201	158	79756	3544	19.9	21336	1066	10.3	7
	450	400	12	22	224	176	87364	3882	19.7	23472	1173	10.2	8
	450	400	12	25	248	195	96816	4302	19.7	26672	1333	10.3	8
WH500×250	500	250	8	12	98.0	77.0	42918	1716	20.9	3127	250	5.64	6
	500	250	8	14	107	84.6	48356	1934	21.2	3647	291	5.83	6
	500	250	8	16	117	92.2	53701	2148	21.4	4168	333	5.96	6
	500	250	10	16	126	99.5	55410	2216	20.9	4170	333	5.75	6
	500	250	10	18	136	107	60621	2424	21.1	4691	375	5.87	7
	500	250	10	20	146	115	65744	2629	21.2	5212	416	5.97	7
	500	250	12	22	164	129	72359	2894	21.0	5735	458	5.91	8
	500	250	12	25	179	141	79685	3187	21.0	6516	521	6.03	8

续表 11.6-5

型　号	尺　寸				截面面积/	理论重量/	截　面　特　性						焊脚尺寸
	H	B	t_1	t_2			$x-x$			$y-y$			
	mm				cm^2	(kg/m)	I_x/cm^4	W_x/cm^3	i_x/cm	I_y/cm^4	W_y/cm^3	i_y/cm	h_f/mm
WH500×300	500	300	8	12	110	86.4	50064	2002	21.3	5402	360	7.00	6
	500	300	8	14	121	95.6	56625	2265	21.6	6302	420	7.21	6
	500	300	8	16	133	105	63075	2523	21.7	7201	480	7.35	6
	500	300	10	16	142	112	64783	2591	21.3	7203	480	7.12	6
	500	300	10	18	154	121	71081	2843	21.4	8103	540	7.25	7
	500	300	10	20	166	130	77271	3090	21.5	9003	600	7.36	7
	500	300	12	22	186	147	84934	3397	21.3	9906	660	7.29	8
	500	300	12	25	204	160	93800	3752	21.4	11256	750	7.42	8
WH500×400	500	400	8	14	149	118	73163	2926	22.1	14935	746	10.0	6
	500	400	10	16	174	137	83531	3341	21.9	17070	853	9.90	6
	500	400	10	18	190	149	92000	3680	22.0	19203	960	10.0	7
	500	400	10	20	206	162	100324	4012	22.0	21337	1066	10.1	7
	500	400	12	22	230	181	110085	4403	21.8	23473	1173	10.1	8
	500	400	12	25	254	199	122029	4881	21.9	26673	1333	10.2	8
WH500×500	500	500	10	18	226	178	112919	4516	22.3	37503	1500	12.8	7
	500	500	10	20	246	193	123378	4935	22.3	41670	1666	13.0	7
	500	500	12	22	274	216	135236	5409	22.2	45839	1833	12.9	8
	500	500	12	25	304	239	150258	6010	22.2	52089	2083	13.0	8
	500	500	20	25	340	267	156333	6253	21.4	52113	2084	12.3	12
WH600×300	600	300	8	14	129	102	84603	2820	25.6	6302	420	6.98	6
	600	300	10	16	152	120	97144	3238	25.2	7204	480	6.88	6
	600	300	10	18	164	129	106435	3547	25.4	8104	540	7.02	7
	600	300	10	20	176	138	115594	3853	25.6	9004	600	7.15	7
	600	300	12	22	198	156	127488	4249	25.3	9908	660	7.07	8
	600	300	12	25	216	170	140700	4690	25.5	11257	750	7.21	8
WH600×400	600	400	8	14	157	124	108645	3621	26.3	14935	746	9.75	6
	600	400	10	16	184	145	124436	4147	26.0	17071	853	9.63	6
	600	400	10	18	200	157	136930	4564	26.1	19204	960	9.79	7
	600	400	10	20	216	170	149248	4974	26.2	21338	1066	9.93	7
	600	400	10	25	255	200	179281	5976	26.5	26671	1333	10.2	8
	600	400	12	22	242	191	164255	5475	26.0	23474	1173	9.84	8
	600	400	12	28	289	227	199468	6648	26.2	29874	1493	10.1	8
	600	400	12	30	304	239	210866	7028	26.3	32007	1600	10.2	9
	600	400	14	32	331	260	224663	7488	26.0	34145	1707	10.1	9

续表 11.6－5

型号	尺寸				截面面积/	理论重量/	截面特性						焊脚尺寸
	H	B	t_1	t_2			$x-x$			$y-y$			
	mm				cm^2	(kg/m)	I_x/cm^4	W_x/cm^3	i_x/cm	I_y/cm^4	W_y/cm^3	i_y/cm	h_f/mm
WH700×300	700	300	10	18	174	137	150008	4285	29.3	8105	540	6.82	7
	700	300	10	20	186	146	162718	4649	29.5	9005	600	6.95	7
	700	300	10	25	215	169	193822	5537	30.0	11255	750	7.23	8
	700	300	12	22	210	165	179979	5142	29.2	9909	660	6.86	8
	700	300	12	25	228	179	198400	5668	29.4	11259	750	7.02	8
	700	300	12	28	245	193	216484	6185	29.7	12609	840	7.17	8
	700	300	12	30	256	202	228354	6524	29.8	13509	900	7.26	9
	700	300	12	36	291	229	263084	7516	30.0	16209	1080	7.46	9
	700	300	14	32	281	221	244364	6981	29.4	14414	960	7.16	9
	700	300	16	36	316	248	271340	7752	29.3	16221	1081	7.16	10
WH700×350	700	350	10	18	192	151	170944	4884	29.8	12868	735	8.18	7
	700	350	10	20	206	162	185844	5309	30.0	14297	816	8.33	7
	700	350	10	25	240	188	222312	6351	30.4	17870	1021	8.62	8
	700	350	12	22	232	183	205270	5864	29.7	15730	898	8.23	8
	700	350	12	25	253	199	226889	6482	29.9	17873	1021	8.40	8
	700	350	12	28	273	215	248113	7088	30.1	20017	1143	8.56	8
	700	350	12	30	286	225	262044	7486	30.2	21446	1225	8.65	9
	700	350	12	36	327	257	302803	8651	30.4	25734	1470	8.87	9
	700	350	14	32	313	246	280090	8002	29.9	22881	1307	8.54	9
	700	350	16	36	352	277	311059	8887	29.7	25746	1471	8.55	10
WH700×400	700	400	10	18	210	165	191879	5482	30.2	19205	960	9.56	7
	700	400	10	20	226	177	208971	5970	30.4	21338	1066	9.71	7
	700	400	10	25	265	208	250802	7165	30.7	26672	1333	10.0	8
	700	400	12	22	254	200	230561	6587	30.1	23476	1173	9.61	8
	700	400	12	25	278	218	255379	7296	30.3	26676	1333	9.79	8
	700	400	12	28	301	237	279742	7992	30.4	29875	1493	9.96	8
	700	400	12	30	316	249	295734	8449	30.5	32009	1600	10.0	9
	700	400	12	36	363	285	342523	9786	30.7	38409	1920	10.2	9
	700	400	14	32	345	271	315815	9023	30.2	34147	1707	9.94	9
	700	400	16	36	388	305	350779	10022	30.0	38421	1921	9.95	10
WH800×300	800	300	10	18	184	145	202302	5057	33.1	8106	540	6.63	7
	800	300	10	20	196	154	219141	5478	33.4	9006	600	6.77	7
	800	300	10	25	225	177	260468	6511	34.0	11256	750	7.07	8
	800	300	12	22	222	175	243005	6075	33.0	9910	660	6.68	8
	800	300	12	25	240	188	267500	6687	33.3	11260	750	6.84	8
	800	300	12	28	257	202	291606	7290	33.6	12610	840	7.00	8
	800	300	12	30	268	211	307462	7686	33.8	13510	900	7.10	9
	800	300	12	36	303	238	354011	8850	34.1	16210	1080	7.31	9
	800	300	14	32	295	232	329792	8244	33.4	14416	961	6.99	9
	800	300	16	36	332	261	366872	9171	33.2	16224	1081	6.99	10

续表 11.6－5

型号	尺寸				截面面积/	理论重量/	截面特性						焊脚尺寸
	H	B	t_1	t_2			$x-x$			$y-y$			h_f/mm
	mm				cm^2	(kg/m)	I_x/cm^4	W_x/cm^3	i_x/cm	I_y/cm^4	W_y/cm^3	i_y/cm	
WH800×350	800	350	10	18	202	159	229826	5745	33.7	12868	735	7.98	7
	800	350	10	20	216	170	249568	6239	33.9	14298	817	8.13	7
	800	350	10	25	250	196	298020	7450	34.5	17870	1021	8.45	8
	800	350	12	22	244	192	276304	6907	33.6	15731	898	8.02	8
	800	350	12	25	265	208	305052	7626	33.9	17875	1021	8.21	8
	800	350	12	28	285	224	333343	8333	34.1	20019	1143	8.38	8
	800	350	12	30	298	235	351952	8798	34.3	21448	1225	8.48	9
	800	350	12	36	339	266	406583	10164	34.6	25735	1470	8.71	9
	800	350	14	32	327	257	377006	9425	33.9	22883	1307	8.36	9
	800	350	16	36	368	289	419444	10486	33.7	25749	1471	8.36	10
WH800×400	800	400	10	18	220	173	257349	6433	34.2	19206	960	9.34	7
	800	400	10	20	236	185	279994	6999	34.4	21339	1066	9.50	7
	800	400	10	25	275	216	335572	8389	34.9	26672	1333	9.84	8
	800	400	10	28	298	234	368216	9205	35.1	29872	1493	10.0	8
	800	400	12	22	266	209	309604	7740	34.1	23477	1173	9.39	8
	800	400	12	25	290	228	342604	8565	34.3	26677	1333	9.59	8
	800	400	12	28	313	246	375080	9377	34.6	29877	1493	9.77	8
	800	400	12	32	344	270	417574	10439	34.8	34143	1707	9.96	9
	800	400	12	36	375	295	459154	11478	34.9	38410	1920	10.1	9
	800	400	14	32	359	282	424219	10605	34.3	34150	1707	9.75	9
	800	400	16	36	404	318	472015	11800	34.1	38424	1921	9.75	10
WH900×350	900	350	10	20	226	177	324091	7202	37.8	14298	817	7.95	7
	900	350	12	20	243	191	334692	7437	37.1	14304	817	7.67	8
	900	350	12	22	256	202	359574	7990	37.4	15733	899	7.83	8
	900	350	12	25	277	217	396464	8810	37.8	17876	1021	8.03	8
	900	350	12	28	297	233	432837	9618	38.1	20020	1144	8.21	8
	900	350	14	32	341	268	490274	10894	37.9	22885	1307	8.19	9
	900	350	14	36	367	289	536792	11928	38.2	25743	1471	8.37	9
	900	350	16	36	384	302	546253	12138	37.7	25753	1471	8.18	10
WH900×400	900	400	10	20	246	193	362818	8062	38.4	21340	1067	9.31	7
	900	400	12	20	263	207	373418	8298	37.6	21345	1067	9.00	8
	900	400	12	22	278	219	401982	8932	38.0	23478	1173	9.18	8
	900	400	12	25	302	237	444329	9873	38.3	26678	1333	9.39	8
	900	400	12	28	325	255	486082	10801	38.6	29878	1493	9.58	8
	900	400	12	30	340	268	513590	11413	38.8	32012	1600	9.70	9
	900	400	14	32	373	293	550575	12235	38.4	34152	1707	9.56	9
	900	400	14	36	403	317	604015	13422	38.7	38418	1920	9.76	9
	900	400	14	40	434	341	656432	14587	38.8	42685	2134	9.91	10
	900	400	16	36	420	330	613476	13632	38.2	38428	1921	9.56	10
	900	400	16	40	451	354	665622	14791	38.4	42694	2134	9.72	10

续表 11.6-5

型号	尺寸				截面面积/	理论重量/	截面特性						焊脚尺寸
	H	B	t_1	t_2			$x-x$			$y-y$			
	mm				cm^2	(kg/m)	I_x/cm^4	W_x/cm^3	i_x/cm	I_y/cm^4	W_y/cm^3	i_y/cm	h_f/mm
WH1100×400	1100	400	12	20	287	225	585714	10649	45.1	21348	1067	8.62	8
	1100	400	12	22	302	238	629146	11439	45.6	23481	1174	8.81	8
	1100	400	12	25	326	256	693679	12612	46.1	26681	1334	9.04	8
	1100	400	12	28	349	274	757478	13772	46.5	29881	1494	9.25	8
	1100	400	14	30	385	303	818354	14879	46.1	32023	1601	9.12	9
	1100	400	14	32	401	315	859943	15635	46.3	34157	1707	9.22	9
	1100	400	14	36	431	339	942163	17130	46.7	38423	1921	9.44	9
	1100	400	16	40	483	379	1040801	18923	46.4	42701	2135	9.40	10
WH1100×500	1100	500	12	20	327	257	702368	12770	46.3	41681	1667	11.2	8
	1100	500	12	22	346	272	756993	13463	46.7	45848	1833	11.5	8
	1100	500	12	25	376	295	838158	15239	47.2	52098	2083	11.7	8
	1100	500	12	28	405	318	918401	16698	47.6	58348	2333	12.0	8
	1100	500	14	30	445	350	990134	18002	47.1	62523	2500	11.8	9
	1100	500	14	32	465	365	1042497	18954	47.3	66690	2667	11.9	9
	1100	500	14	36	503	396	1146018	20836	47.7	75023	3000	12.2	9
	1100	500	16	40	563	442	1265627	23011	47.4	83368	3334	12.1	10
WH1200×400	1200	400	14	20	322	253	739117	12318	47.9	21359	1067	8.1	9
	1200	400	14	22	337	265	790879	13181	48.4	23493	1174	8.3	9
	1200	400	14	25	361	283	867852	14464	49.0	26692	1334	8.5	9
	1200	400	14	28	384	302	944026	15733	49.5	29892	1494	8.8	9
	1200	400	14	30	399	314	994366	16572	49.9	32026	1601	8.9	9
	1200	400	14	32	415	326	1044355	17405	50.1	34159	1707	9.0	9
	1200	400	14	36	445	350	1143281	19054	50.6	38425	1921	9.2	9
	1200	400	16	40	499	392	1264230	21070	50.3	42704	2135	9.2	10
WH1200×450	1200	450	14	20	342	269	808744	13479	48.6	30401	1351	9.4	9
	1200	450	14	22	359	282	867210	14453	49.1	33438	1486	9.6	9
	1200	450	14	25	386	303	954154	15902	49.7	37995	1688	9.9	9
	1200	450	14	28	412	324	1040195	17336	50.2	42551	1891	10.1	9
	1200	450	14	30	429	337	1097056	18284	50.5	45588	2026	10.3	9
	1200	450	14	32	447	351	1153520	19225	50.7	48625	2161	10.4	9
	1200	450	14	36	481	378	1265261	21087	51.2	54700	2431	10.6	9
	1200	450	16	36	504	396	1289182	21486	50.5	54713	2431	10.4	10
	1200	450	16	40	539	423	1398843	23314	50.9	60788	2701	10.6	10

续表 11.6－5

型　号	尺　寸				截面面积/	理论重量/	截面特性						焊脚尺寸
	H	B	t_1	t_2			$x-x$			$y-y$			
	mm				cm^2	(kg/m)	I_x/cm^4	W_x/cm^3	i_x/cm	I_y/cm^4	W_y/cm^3	i_y/cm	h_f/mm
WH1200×500	1200	500	14	20	362	284	878371	14639	49.2	41693	1667	10.7	9
	1200	500	14	22	381	300	943542	15725	49.7	45859	1834	10.9	9
	1200	500	14	25	411	323	1040456	17340	50.3	52109	2084	11.2	9
	1200	500	14	28	440	346	1136364	18939	50.8	58359	2334	11.5	9
	1200	500	14	32	479	376	1262686	21044	51.3	66692	2667	11.7	9
	1200	500	14	36	517	407	1387240	23120	51.8	75025	3001	12.0	9
	1200	500	16	36	540	424	1411161	23519	51.1	75038	3001	11.7	10
	1200	500	16	40	579	455	1533457	25557	51.4	83371	3334	11.9	10
	1200	500	16	45	627	493	1683888	28064	51.8	93787	3751	12.2	11
WH1200×600	1200	600	14	30	519	408	1405126	23418	52.0	108026	3600	14.4	9
	1200	600	16	36	612	481	1655120	27585	52.0	129638	4321	14.5	10
	1200	600	16	40	659	517	1802683	30044	52.3	144038	4801	14.7	10
	1200	600	16	45	717	563	1984195	33069	52.6	162037	5401	15.0	11
WH1300×450	1300	450	16	25	425	334	1174947	18076	52.5	38011	1689	9.4	10
	1300	450	16	30	468	368	1343126	20663	53.5	45604	2026	9.8	10
	1300	450	16	36	520	409	1541390	23713	54.4	54716	2431	10.2	10
	1300	450	18	40	579	455	1701697	26179	54.2	60809	2702	10.2	11
	1300	450	18	45	622	489	1861130	28632	54.7	68402	3040	10.4	11
WH1300×500	1300	500	16	25	450	353	1276562	19639	53.2	52126	2085	10.7	10
	1300	500	16	30	498	391	1464116	22524	54.2	62542	2501	11.2	10
	1300	500	16	36	556	437	1685222	25926	55.0	75041	3001	11.6	10
	1300	500	18	40	619	486	1860510	28623	54.8	83392	3335	11.6	11
	1300	500	18	45	667	524	2038396	31359	55.2	93808	3752	11.8	11
WH1300×600	1300	600	16	30	558	438	1706096	26247	55.2	108042	3601	13.9	10
	1300	600	16	36	628	493	1972885	30352	56.0	129641	4321	14.3	10
	1300	600	18	40	699	549	2178137	33509	55.8	144059	4801	14.3	11
	1300	600	18	45	757	595	2392929	36814	56.2	162058	5401	14.6	11
	1300	600	20	50	840	659	2633000	40507	55.9	180080	6002	14.6	12
WH1400×450	1400	450	16	25	441	346	1391643	19880	56.1	38014	1689	9.2	10
	1400	450	16	30	484	380	1587923	22684	57.2	45608	2027	9.7	10
	1400	450	18	36	563	442	1858657	26552	57.4	54739	2432	9.8	11
	1400	450	18	40	597	469	2010115	28715	58.0	60814	2702	10.0	11
	1400	450	18	45	640	503	2196872	31383	58.5	68407	3040	10.3	11
WH1400×500	1400	500	16	25	466	366	1509820	21568	56.9	52129	2085	10.5	10
	1400	500	16	30	514	404	1728713	24695	57.9	62545	2501	11.0	10
	1400	500	18	36	599	470	2026141	28944	58.1	75064	3002	11.1	11
	1400	500	18	40	637	501	2195128	31358	58.7	83397	3335	11.4	11
	1400	500	18	45	685	538	2403501	34335	59.2	93813	3752	11.7	11

续表 11.6－5

型号	尺寸 H	B	t_1	t_2	截面面积/cm^2	理论重量/(kg/m)	截面特性 x－x I_x/cm^4	W_x/cm^3	i_x/cm	y－y I_y/cm^4	W_y/cm^3	i_y/cm	焊脚尺寸 h_f/mm
	mm												
WH1400×600	1400	600	16	30	574	451	2010293	28718	59.1	108045	3601	13.7	10
	1400	600	16	36	644	506	2322074	33172	60.0	129645	4321	14.1	10
	1400	600	18	40	717	563	2565155	36645	59.8	144064	4802	14.1	11
	1400	600	18	45	775	609	2816758	40239	60.2	162063	5402	14.4	11
	1400	600	18	50	834	655	3064550	43779	60.6	180063	6002	14.6	11
WH1500×500	1500	500	18	25	511	401	1817189	24229	59.6	52153	2086	10.1	11
	1500	500	18	30	559	439	2068797	27583	60.8	62569	2502	10.5	11
	1500	500	18	36	617	484	2366148	31548	61.9	75069	3002	11.0	11
	1500	500	18	40	655	515	2561626	34155	62.5	83402	3336	11.2	11
	1500	500	20	45	732	575	2849616	37994	62.3	93844	3753	11.3	12
WH1500×550	1500	550	18	30	589	463	2230887	29745	61.5	83257	3027	11.8	11
	1500	550	18	36	653	513	2559083	34121	62.6	99894	3632	12.3	11
	1500	550	18	40	695	546	2774839	36997	63.1	110985	4035	12.6	11
	1500	550	20	45	777	610	3087857	41171	63.0	124875	4540	12.6	12
WH1500×600	1500	600	18	30	619	486	2392977	31906	62.1	108069	3602	13.2	11
	1500	600	18	36	689	541	2752019	36693	63.1	129669	4322	13.7	11
	1500	600	18	40	735	577	2988053	39840	63.7	144069	4802	14.0	11
	1500	600	20	45	822	645	3326098	44347	63.6	162094	5403	14.0	12
	1500	600	20	50	880	691	3612333	48164	64.0	180093	6003	14.3	12
WH1600×600	1600	600	18	30	637	500	2766519	34581	65.9	108074	3602	13.0	11
	1600	600	18	36	707	555	3177382	39717	67.0	129674	4322	13.5	11
	1600	600	18	40	753	592	3447731	43096	67.6	144073	4802	13.8	11
	1600	600	20	45	842	661	3839070	47988	67.5	162100	5403	13.8	12
	1600	600	20	50	900	707	4167500	52093	68.0	180100	6003	14.1	12
WH1600×650	1600	650	18	30	667	524	2951409	36892	66.5	137387	4227	14.3	11
	1600	650	18	36	743	583	3397570	42469	67.6	164849	5072	14.8	11
	1600	650	18	40	793	623	3691144	46139	68.2	183157	5635	15.1	11
	1600	650	20	45	887	696	4111173	51389	68.0	206069	6340	15.2	12
	1600	650	20	50	950	746	4467916	55848	68.5	228954	7044	15.5	12
WH1600×700	1600	700	18	30	697	547	3136299	39203	67.0	171574	4902	15.6	11
	1600	700	18	36	779	612	3617757	45221	68.1	205874	5882	16.2	11
	1600	700	18	40	833	654	3934557	49181	68.7	228740	6535	16.5	11
	1600	700	20	45	932	732	4383277	54790	68.5	257350	7352	16.6	12
	1600	700	20	50	1000	785	4768333	59604	69.0	285933	8169	16.9	12

续表 11.6－5

型号	尺寸				截面面积/cm²	理论重量/(kg/m)	截面特性						焊脚尺寸 h_f/mm
	H	B	t_1	t_2			x－x			y－y			
	mm						I_x/cm⁴	W_x/cm³	i_x/cm	I_y/cm⁴	W_y/cm³	i_y/cm	
WH1700×600	1700	600	18	30	655	514	3171921	37316	69.5	108079	3602	12.8	11
	1700	600	18	36	725	569	3638098	42801	70.8	129679	4322	13.3	11
	1700	600	18	40	771	606	3945089	46412	71.5	144078	4802	13.6	11
	1700	600	20	45	862	677	4394141	51695	71.3	162107	5403	13.7	12
	1700	600	20	50	920	722	4767666	56090	71.9	180106	6003	13.9	12
WH1700×650	1700	650	18	30	685	538	3381111	39777	70.2	137392	4227	14.1	11
	1700	650	18	36	761	597	3887337	45733	71.4	164854	5072	14.7	11
	1700	650	18	40	811	637	4220702	49655	72.1	183162	5635	15.0	11
	1700	650	20	45	907	712	4702358	55321	72.0	206076	6340	15.0	12
	1700	650	20	50	970	761	5108083	60095	72.5	228960	7044	15.3	12
WH1700×700	1700	700	18	32	742	583	3773285	44391	71.3	183012	5228	15.7	11
	1700	700	18	36	797	626	4136577	48665	72.0	205879	5882	16.0	11
	1700	700	18	40	851	669	4496315	52897	72.6	228745	6535	16.3	11
	1700	700	20	45	952	747	5010574	58947	72.5	257357	7353	16.4	12
	1700	700	20	50	1020	801	5448500	64100	73.0	285940	8169	16.7	12
WH1700×750	1700	750	18	32	774	608	3995890	47010	71.8	225079	6002	17.0	11
	1700	750	18	36	833	654	4385816	51597	72.5	253204	6752	17.4	11
	1700	750	18	40	891	700	4771929	56140	73.1	281328	7502	17.7	11
	1700	750	20	45	997	783	5318790	62574	73.0	316513	8440	17.8	12
	1700	750	20	50	1070	840	5788916	68104	73.5	351669	9377	18.1	12
WH1800×600	1800	600	18	30	673	528	3610083	40112	73.2	108084	3602	12.6	11
	1800	600	18	36	743	583	4135065	45945	74.6	129683	4322	13.2	11
	1800	600	18	40	789	620	4481027	49789	75.3	144083	4802	13.5	11
	1800	600	20	45	882	692	4992313	55470	75.2	162114	5403	13.5	12
	1800	600	20	50	940	738	5413833	60153	75.8	180113	6003	13.8	12
WH1800×650	1800	650	18	30	703	552	3845073	42723	73.9	137397	4227	13.9	11
	1800	650	18	36	779	612	4415156	49057	75.2	164858	5072	14.5	11
	1800	650	18	40	829	651	4790840	53231	76.0	183166	5635	14.8	11
	1800	650	20	45	927	728	5338892	59321	75.8	206082	6340	14.9	12
	1800	650	20	50	990	777	5796750	64408	76.5	228967	7045	15.2	12
WH1800×700	1800	700	18	32	760	597	4286071	47623	75.0	183017	5229	15.5	11
	1800	700	18	36	815	640	4695248	52169	75.9	205883	5882	15.8	11
	1800	700	18	40	869	683	5100653	56673	76.6	228750	6535	16.2	11
	1800	700	20	45	972	763	5685471	63171	76.4	257364	7353	16.2	12
	1800	700	20	50	1040	816	6179666	68662	77.0	285946	8169	16.5	12

续表 11.6-5

型号	尺寸				截面面积/	理论重量/	截面特性						焊脚尺寸
	H	B	t_1	t_2			$x-x$			$y-y$			
	mm				cm^2	(kg/m)	I_x/cm^4	W_x/cm^3	i_x/cm	I_y/cm^4	W_y/cm^3	i_y/cm	h_f/mm
	1800	750	18	32	792	622	4536164	50401	75.6	225084	6002	16.8	11
	1800	750	18	36	851	668	4975339	55281	76.4	253208	6752	17.2	11
WH1800×750	1800	750	18	40	909	714	5410467	60116	77.1	281333	7502	17.5	11
	1800	750	20	45	1017	798	6032049	67022	77.0	316520	8440	17.6	12
	1800	750	20	50	1090	856	6562583	72917	77.5	351675	9378	17.9	12
	1900	650	18	30	721	566	4344195	45728	77.6	137401	4227	13.8	11
	1900	650	18	36	797	626	4981928	52441	79.0	164863	5072	14.3	11
WH1900×650	1900	650	18	40	847	665	5402458	56867	79.8	183171	5636	14.7	11
	1900	650	20	45	947	743	6021776	63387	79.7	206089	6341	14.7	12
	1900	650	20	50	1010	793	6534916	68788	80.4	228974	7045	15.0	12
	1900	700	18	32	778	611	4836881	50914	78.8	183022	5229	15.3	11
	1900	700	18	36	833	654	5294671	55733	79.7	205888	5882	15.7	11
WH1900×700	1900	700	18	40	887	697	5748471	60510	80.5	228755	6535	16.0	11
	1900	700	20	45	992	779	6408967	67462	80.3	257370	7353	16.1	12
	1900	700	20	50	1060	832	6962833	73292	81.0	285953	8170	16.4	12
	1900	750	18	34	839	659	5362275	56445	79.9	239151	6377	16.8	11
	1900	750	18	36	869	682	5607415	59025	80.3	253213	6752	17.0	11
WH1900×750	1900	750	18	40	927	728	6094485	64152	81.0	281338	7502	17.4	11
	1900	750	20	45	1037	814	6796158	71538	80.9	316526	8440	17.4	12
	1900	750	20	50	1110	871	7390750	77797	81.5	351682	9378	17.7	12
	1900	800	18	34	873	686	5658274	59560	80.5	290222	7255	18.2	11
	1900	800	18	36	905	710	5920158	62317	80.8	307288	7682	18.4	11
WH1900×800	1900	800	18	40	967	760	6440498	67794	81.6	341421	8535	18.7	11
	1900	800	20	45	1082	849	7183350	75614	81.4	384120	9603	18.8	12
	1900	800	20	50	1160	911	7818666	82301	82.0	426786	10669	19.1	12
	2000	650	18	30	739	580	4879377	48793	81.2	137406	4227	13.6	11
	2000	650	18	36	815	640	5588551	55885	82.8	164868	5072	14.2	11
WH2000×650	2000	650	18	40	865	679	6056456	60564	83.6	183176	5636	14.5	11
	2000	650	20	45	967	759	6752010	67520	83.5	206096	6341	14.5	12
	2000	650	20	50	1030	809	7323583	73235	84.3	228980	7045	14.9	12
	2000	700	18	32	796	625	5426616	54266	82.5	183027	5229	15.1	11
	2000	700	18	36	851	668	5935746	59357	83.5	205893	5882	15.5	11
WH2000×700	2000	700	18	40	905	711	6440669	64406	84.3	228759	6535	15.8	11
	2000	700	20	45	1012	794	7182064	71820	84.2	257377	7353	15.9	12
	2000	700	20	50	1080	848	7799000	77990	84.9	285960	8170	16.2	12

续表 11.6-5

型　号	尺寸 H	B	t_1	t_2	截面面积/cm^2	理论重量/(kg/m)	截面特性 x-x I_x/cm^4	W_x/cm^3	i_x/cm	y-y I_y/cm^4	W_y/cm^3	i_y/cm	焊脚尺寸 h_f/mm
	mm												
WH2000×750	2000	750	18	34	857	673	6010279	60102	83.7	239156	6377	16.7	11
	2000	750	18	36	887	696	6282942	62829	84.1	253218	6752	16.8	11
	2000	750	18	40	945	742	6824883	68248	84.9	281343	7502	17.2	11
	2000	750	20	45	1057	830	7612118	76121	84.8	316533	8440	17.3	12
	2000	750	20	50	1130	887	8274416	82744	85.5	351689	9378	17.6	12
WH2000×800	2000	800	18	34	891	700	6338850	63388	84.3	290227	7255	18.0	11
	2000	800	18	36	923	725	6630137	66301	84.7	307293	7682	18.2	11
	2000	800	20	40	1024	804	7327061	73270	84.5	341461	8536	18.2	12
	2000	800	20	45	1102	865	8042171	80421	85.4	384127	9603	18.6	12
	2000	800	20	50	1180	926	8749833	87498	86.1	426793	10669	19.0	12
WH2000×850	2000	850	18	36	959	753	6977333	69773	85.2	368568	8672	19.6	11
	2000	850	18	40	1025	805	7593309	75933	86.0	409509	9635	19.9	11
	2000	850	20	45	1147	900	8472225	84722	85.9	460721	10840	20.0	12
	2000	850	20	50	1230	966	9225249	92252	86.6	511897	12044	20.4	12
	2000	850	20	55	1313	1031	9970389	99703	87.1	563073	13248	20.7	12

注：1. 表列 H 型钢的板件宽厚比应根据钢材牌号和 H 型钢用于结构的类型验算腹板和翼缘的局部稳定性，当不满足时应按 GB 50017 及相关规范、规程的规定进行验算并采取相应措施（如设置加劲肋等）。

2. 特定工作条件下的焊接 H 型钢板件宽厚比限值，应遵守相关现行国家规范、规程的规定。

3. 表中理论重量未包括焊缝重量。

11.6.6 热轧 H 型钢和剖分 T 型钢（GB/T 11263—2005）

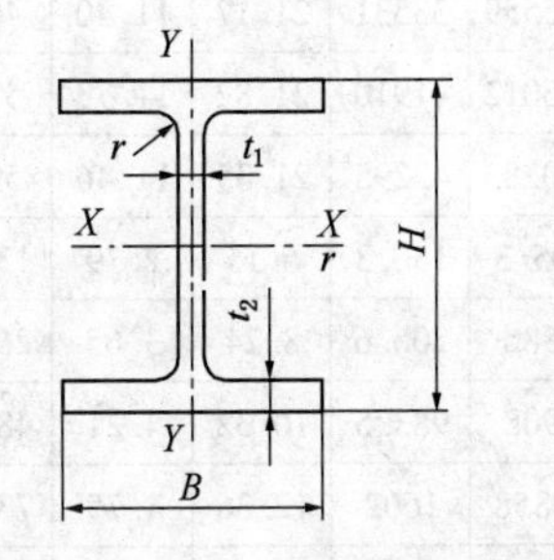

$H(h)$—高度；
B—宽度；
t_1—腹板厚度；
t_2—翼缘厚度；
C_x—重心；
r—圆角半径。

图 11.6-6(a)　H 型钢截面图

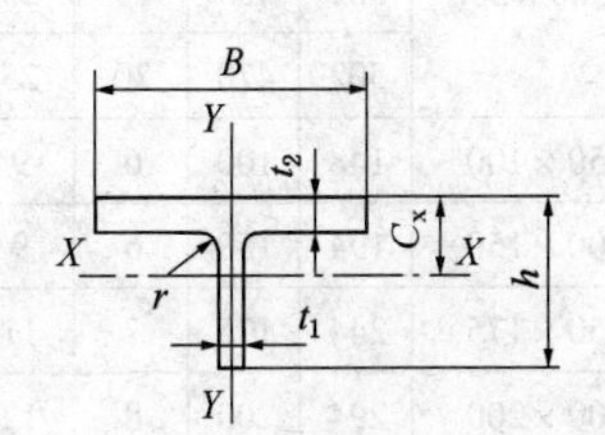

图 11.6-6(b)　剖分 T 型钢截面图

表 11.6-6(a) H 型钢截面尺寸、截面面积、理论重量及截面特性

类别	型号（高度×宽度）/（mm×mm）	截面尺寸/mm					截面面积/cm²	理论重量/（kg/m）	惯性矩/cm⁴		惯性半径/cm		截面模数/cm³	
		H	B	t_1	t_2	r			I_x	I_y	i_x	i_y	W_x	W_y
HW（宽翼缘H型钢）	100×100	100	100	6	8	8	21.59	16.9	386	134	4.23	2.49	77.1	26.7
	125×125	125	125	6.5	9	8	30.00	23.6	843	293	5.30	3.13	135	46.9
	150×150	150	150	7	10	8	39.65	31.1	1620	563	6.39	3.77	216	75.1
	175×175	175	175	7.5	11	13	51.43	40.4	2918	983	7.53	4.37	334	112
	200×200	200	200	8	12	13	63.53	49.9	4717	1601	8.62	5.02	472	160
		200	204	12	12	13	71.53	56.2	4984	1701	8.35	4.88	498	167
	250×250	244	252	11	11	13	81.31	63.8	8573	2937	10.27	6.01	703	233
		250	250	9	14	13	91.43	71.8	10689	3648	10.81	6.32	855	292
		250	255	14	14	13	103.93	81.6	11340	3875	10.45	6.11	907	304
	300×300	294	302	12	12	13	106.33	83.5	16384	5513	12.41	7.20	1115	365
		300	300	10	15	13	118.45	93.0	20010	6753	13.00	7.55	1334	450
		300	305	15	15	13	133.45	104.8	21135	7102	12.58	7.29	1409	466
	350×350	338	351	13	13	13	133.27	104.6	27352	9376	14.33	8.39	1618	534
		344	348	10	16	13	144.01	113.0	32545	11242	15.03	8.84	1892	646
		344	354	16	16	13	164.65	129.3	34581	11841	14.49	8.48	2011	669
		350	350	12	19	13	171.89	134.9	39637	13582	15.19	8.89	2265	776
		350	357	19	19	13	196.39	154.2	42138	14427	14.65	8.57	2408	808
	400×400	388	402	15	15	22	178.45	140.1	48040	16255	16.41	9.54	2476	809
		394	398	11	18	22	186.81	146.6	55597	18920	17.25	10.06	2822	951
		394	405	18	18	22	214.39	168.3	59165	19951	16.61	9.65	3003	985
		400	400	13	21	22	218.69	171.7	66455	22410	17.43	10.12	3323	1120
		400	408	21	21	22	250.69	196.8	70722	23804	16.80	9.74	3536	1167
		414	405	18	28	22	295.39	231.9	93518	31022	17.79	10.25	4518	1532
		428	407	20	35	22	360.65	283.1	12089	39357	18.31	10.45	5649	1934
		458	417	30	50	22	528.55	414.9	19093	60516	19.01	10.70	8338	2902
		498	432	45	70	22	770.05	604.5	30473	94346	19.89	11.07	12238	4368
	*500×500	492	465	15	20	22	257.95	202.5	115559	33531	21.17	11.40	4698	1442
		502	465	15	25	22	304.45	239.0	145012	41910	21.82	11.73	5777	1803
		502	470	20	25	22	329.55	258.7	150283	43295	21.35	11.46	5987	1842
HM（中翼缘H型钢）	150×100	148	100	6	9	8	26.35	20.7	995.3	150.3	6.15	2.39	134.5	30.1
	200×150	194	150	6	9	8	38.11	29.9	2586	506.6	8.24	3.65	266.6	67.6
	250×175	244	175	7	11	13	55.49	43.6	5908	983.5	10.32	4.21	484.3	112.4
	300×200	294	200	8	12	13	71.05	55.8	10858	1602	12.36	4.75	738.6	160.2
	350×250	340	250	9	14	13	99.53	78.1	20867	3648	14.48	6.05	1227	291.9
	400×300	390	300	10	16	13	133.25	104.6	37363	7203	16.75	7.35	1916	480.2
	450×300	440	300	11	18	13	153.89	120.8	54067	8105	18.74	7.26	2458	540.3

续表 11.6-6(a)

类别	型号（高度×宽度）/（mm×mm）	截面尺寸/mm					截面面积/cm^2	理论重量/（kg/m）	惯性矩/cm^4		惯性半径/cm		截面模数/cm^3	
		H	B	t_1	t_2	r			I_x	I_y	i_x	i_y	W_x	W_y
HM（中翼缘H型钢）	500×300	482	300	11	15	13	141.17	110.8	57212	6756	20.13	6.92	2374	450.4
		488	300	11	18	13	159.17	124.9	67916	8106	20.66	7.14	2783	540.4
	550×300	544	300	11	15	13	147.99	116.2	74874	6756	22.49	6.76	2753	450.4
		550	300	11	18	13	165.99	130.3	88470	8106	23.09	6.99	3217	540.4
	600×300	582	300	12	17	13	169.21	132.8	97287	7659	23.96	6.73	3343	510.6
		588	300	12	20	13	187.21	147.0	112827	9009	24.55	6.97	3838	600.6
		594	302	14	23	13	217.09	170.4	132179	10572	24.68	6.98	4450	700.1
HN（窄翼缘H型钢）	100×50	100	50	5	7	8	11.85	9.3	191.0	14.7	4.02	1.11	38.2	5.9
	125×60	125	60	6	8	8	16.69	13.1	407.7	29.1	4.94	1.32	65.2	9.7
	150×75	150	75	5	7	8	17.85	14.0	645.7	49.4	6.01	1.66	86.1	13.2
	175×90	175	90	5	8	8	22.90	18.0	1174	97.4	7.16	2.06	134.2	21.6
	200×100	198	99	4.5	7	8	22.69	17.8	1484	113.4	8.09	2.24	149.9	22.9
		200	100	5.5	8	8	26.67	20.9	1753	133.7	8.11	2.24	175.3	26.7
	250×125	248	124	5	8	8	31.99	25.1	3346	254.5	10.23	2.82	269.8	41.1
		250	125	6	9	8	36.97	29.0	3868	293.5	10.23	2.82	309.4	47.0
	300×150	298	149	5.5	8	18	40.80	32.0	5911	441.7	12.04	3.29	396.7	59.3
		300	150	6.5	9	13	46.78	36.7	6829	507.2	12.08	3.29	455.3	67.6
	350×175	346	174	6	9	13	52.45	41.2	10456	791.1	14.12	3.88	604.4	90.9
		350	175	7	11	13	62.91	49.4	12980	983.8	14.36	3.95	741.7	112.4
	400×150	400	150	8	13	13	70.37	55.2	17906	733.2	15.95	3.23	895.3	97.8
	400×200	396	199	7	11	13	71.41	56.1	19023	1446	16.32	4.50	960.8	145.3
		400	200	8	13	13	83.37	65.4	22775	1735	16.53	4.56	1139	173.5
	450×200	446	199	8	12	13	82.97	65.1	27146	1578	18.09	4.36	1217	158.6
		450	200	9	14	13	95.43	74.9	31973	1870	18.30	4.43	1421	187.0
	500×200	496	199	9	14	13	99.29	77.9	39628	1842	19.98	4.31	1598	185.1
		500	200	10	16	13	112.25	88.1	45685	2138	20.17	4.36	1827	213.8
		506	201	11	19	13	129.31	101.5	54478	2577	20.53	4.46	2153	256.4
	550×200	546	199	9	14	13	103.79	81.5	49245	1842	21.78	4.21	1804	185.2
		550	200	10	16	13	149.25	117.2	79515	7205	23.08	6.95	2891	480.3
	600×200	596	199	10	15	13	117.75	92.4	64739	1975	23.45	4.10	2172	198.5
		600	200	11	17	13	131.71	103.4	73749	2273	23.66	4.15	2458	227.3
		606	201	12	20	13	149.77	117.6	86656	2716	24.05	4.26	2860	270.2
	650×300	646	299	10	15	13	152.75	119.9	107794	6688	26.56	6.62	3337	447.4
		650	300	11	17	13	171.21	134.4	122739	7657	26.77	6.69	3777	510.5
		656	301	12	20	13	195.77	153.7	144433	9100	27.16	6.82	4403	604.6
	700×300	692	300	13	20	18	207.54	162.9	164101	9014	28.12	6.59	4743	600.9
		700	300	13	24	18	231.54	181.8	193622	10814	28.92	6.83	5532	720.9

续表 11.6 - 6(a)

类别	型号（高度×宽度）/（mm×mm）	截面尺寸/mm					截面面积/cm^2	理论重量/（kg/m）	惯性矩/cm^4		惯性半径/cm		截面模数/cm^3	
		H	B	t_1	t_2	r			I_x	I_y	i_x	i_y	W_x	W_y
HN（窄翼缘H型钢）	750×300	734	299	12	16	18	182.70	143.4	155539	7140	29.18	6.25	4238	477.6
		742	300	13	20	18	214.04	168.0	191989	9015	29.95	6.49	5175	601.0
		750	300	13	24	18	238.04	186.9	225863	10815	30.80	6.74	6023	721.0
		758	303	16	28	18	284.78	223.6	274350	13008	30.87	6.76	7160	858.6
	800×300	792	300	14	22	18	239.50	188.0	242399	9919	31.81	6.44	6121	661.3
		800	300	14	26	18	263.50	206.8	280925	11719	32.65	6.67	7023	781.3
	850×300	834	298	14	19	18	227.46	178.6	243858	8400	32.74	6.08	5848	563.8
		842	299	15	23	18	259.75	203.9	291216	10271	33.49	6.29	6917	687.0
		850	300	16	27	18	292.14	229.3	339670	12179	34.10	6.46	7992	812.0
		858	301	17	31	18	324.72	254.9	389234	14125	34.62	6.60	9073	938.5
	900×300	890	299	15	23	18	266.92	209.5	330588	10273	35.19	6.20	7429	687.1
		900	300	16	28	18	305.82	240.1	397241	12631	36.04	6.43	8828	842.1
		912	302	18	34	18	360.06	282.6	484615	15652	36.69	6.59	10628	1037
	1000×300	970	297	16	21	18	276.00	216.7	382977	9203	37.25	5.77	7896	619.7
		980	298	17	26	18	315.50	247.7	462157	11508	38.27	6.04	9432	772.3
		990	298	17	31	18	345.30	271.1	535201	13713	39.37	6.30	10812	920.3
		1000	300	19	36	18	395.10	310.2	626396	16256	39.82	6.41	12528	1084
		1008	302	21	40	18	439.26	344.8	704572	18437	40.05	6.48	13980	1221
HT（薄壁H型钢）	100×50	95	48	3.2	4.5	8	7.62	6.0	109.7	8.4	3.79	1.05	23.1	3.5
		97	49	4	5.5	8	9.38	7.4	141.8	10.9	3.89	1.08	29.2	4.4
	100×100	96	99	4.5	6	8	16.21	12.7	272.7	97.1	4.10	2.45	56.8	19.6
	125×60	118	58	3.2	4.5	8	9.26	7.3	202.4	14.7	4.68	1.26	34.3	5.1
		120	59	4	5.5	8	11.40	8.9	259.7	18.9	4.77	1.29	43.3	6.4
	125×125	119	123	4.5	6	8	20.12	15.8	523.6	186.2	5.10	3.04	88.0	30.3
	150×75	145	73	3.2	4.5	8	11.47	9.0	383.2	29.3	5.78	1.60	52.9	8.0
		147	74	4	5.5	8	14.13	11.1	488.0	37.3	5.88	1.62	66.4	10.1
	150×100	139	97	3.2	4.5	8	13.44	10.5	447.3	68.5	5.77	2.26	64.4	14.1
		142	99	4.5	6	8	18.28	14.3	632.7	97.2	5.88	2.31	89.1	19.6
	150×150	144	148	5	7	8	27.77	21.8	1070	378.4	6.21	3.69	148.6	51.1
		147	149	6	8.5	8	33.68	26.4	1338	468.9	6.30	3.73	182.1	62.9
	175×90	168	88	3.2	4.5	8	13.56	10.6	619.6	51.2	6.76	1.94	73.8	11.6
		171	89	4	6	8	17.59	13.8	852.1	70.6	6.96	2.00	99.7	15.9
	175×175	167	173	5	7	13	33.32	26.2	1731	604.5	7.21	4.26	207.2	69.9
		172	175	6.5	9.5	13	44.65	35.0	2466	849.2	7.43	4.36	286.8	97.1
	200×100	193	98	3.2	4.5	8	15.26	12.0	921.0	70.7	7.77	2.15	95.4	14.4
		196	99	4	6	8	19.79	15.5	1260	97.2	7.98	2.22	128.6	19.6

续表 11.6-6(a)

类别	型号(高度×宽度)/(mm×mm)	截面尺寸/mm					截面面积/cm²	理论重量/(kg/m)	惯性矩/cm⁴		惯性半径/cm		截面模数/cm³	
		H	B	t_1	t_2	r			I_x	I_y	i_x	i_y	W_x	W_y
HT(薄壁H型钢)	200×150	188	149	4.5	6	8	26.35	20.7	1669	331.0	7.96	3.54	177.6	44.4
	200×200	192	198	6	8	13	43.69	34.3	2984	1036	8.26	4.87	310.8	104.6
	250×125	244	124	4.5	6	8	25.87	20.3	2529	190.9	9.89	2.72	207.3	30.8
	250×175	238	173	4.5	8	13	39.12	30.7	4045	690.8	10.17	4.20	339.9	79.9
	300×150	294	148	4.5	6	13	31.90	25.0	4342	324.6	11.67	3.19	295.4	43.9
	300×200	286	198	6	8	13	49.33	38.7	7000	1036	11.91	4.58	489.5	104.6
	350×175	340	173	4.5	6	13	36.97	29.0	6823	518.3	13.58	3.74	401.3	59.9
	400×150	390	148	6	8	13	47.57	37.3	10900	433.2	15.14	3.02	559.0	58.5
	400×200	390	198	6	8	13	55.57	43.6	13819	1036	15.77	4.32	708.7	104.6

注：1. 同一型号的产品，其内侧尺寸高度一致。

2. 截面面积计算公式为："$t_1(H-2t_2)+2Bt_2+0.858r^2$"。

3. "*"所示规格表示国内暂不能生产。

表 11.6-6(b) 部分 T 型钢截面尺寸、截面面积、理论重量及截面特性

类别	型号(高度×宽度)/(mm×mm)	截面尺寸/mm					截面面积/cm²	理论重量/(kg/m)	惯性矩/cm⁴		惯性半径/cm		截面模数/cm³		重心 C_x	对应H型钢系列型号
		h	B	t_1	t_2	r			I_x	I_y	i_x	i_y	W_x	W_y		
TW(宽翼缘剖分T型钢)	50×100	50	100	6	8	8	10.79	8.47	16.7	67.7	1.23	2.49	4.2	13.5	1.00	100×100
	62.5×125	62.5	125	6.5	9	8	15.00	11.8	35.2	147.1	1.53	3.13	6.9	23.5	1.19	125×125
	75×150	75	150	7	10	8	19.82	15.6	66.6	281.9	1.83	3.77	10.9	37.6	1.37	150×150
	87.5×175	87.5	175	7.5	11	13	25.71	20.2	115.8	494.4	2.12	4.38	16.1	56.5	1.55	175×175
	100×200	100	200	8	12	13	31.77	24.9	185.6	803.3	2.42	5.03	22.4	80.3	1.73	200×200
		100	204	12	12	13	35.77	28.1	256.3	853.6	2.68	4.89	32.4	83.7	2.09	
	125×250	125	250	9	14	13	45.72	35.9	413.0	1827	3.01	6.32	39.6	146.1	2.08	250×250
		125	255	14	14	13	51.97	40.8	589.3	1941	3.37	6.11	59.4	152.2	2.58	
	150×300	147	302	12	12	13	53.17	41.7	855.8	2760	4.01	7.20	72.2	182.8	2.85	300×300
		150	300	10	15	13	59.23	46.5	798.7	3379	3.67	7.55	63.8	225.3	2.47	
		150	305	15	15	13	66.73	52.4	1107	3554	4.07	7.30	92.6	233.1	3.04	
	175×350	172	348	10	16	13	72.01	56.5	1231	5624	4.13	8.84	84.7	323.2	2.67	350×350
		175	350	12	19	13	85.95	67.5	1520	6794	4.21	8.89	103.9	388.2	2.87	
	200×400	194	402	15	15	22	89.23	70.0	2479	8150	5.27	9.56	157.9	405.5	3.70	400×400
		197	398	11	18	22	93.41	73.3	2052	9481	4.69	10.07	122.9	476.4	3.01	
		200	400	13	21	22	109.35	85.8	2483	1122	4.77	10.13	147.9	561.3	3.21	
		200	408	21	21	22	125.35	98.4	3654	1192	5.40	9.75	229.4	584.7	4.07	
		207	405	18	28	22	147.70	115.9	3634	1553	4.96	10.26	213.6	767.2	3.68	
		214	407	20	35	22	180.33	141.6	4393	1970	4.94	10.45	251.0	968.2	3.90	

续表 11.6-6(b)

类别	型号(高度×宽度)/(mm×mm)	截面尺寸/mm					截面面积/cm²	理论重量/(kg/m)	惯性矩/cm⁴		惯性半径/cm		截面模数/cm³		重心 C_x	对应H型钢系列型号
		h	B	t_1	t_2	r			I_x	I_y	i_x	i_y	W_x	W_y		
TM(中翼缘剖分T型钢)	75×100	74	100	6	9	8	13.17	10.3	51.7	75.6	1.98	2.39	8.9	15.1	1.56	150×100
	100×150	97	150	6	9	8	19.05	15.0	124.4	253.7	2.56	3.65	15.8	33.8	1.80	200×150
	125×175	122	175	7	11	13	27.75	21.8	288.3	494.4	3.22	4.22	29.1	56.5	2.28	250×175
	150×200	147	200	8	12	13	35.53	27.9	570.0	803.5	4.01	4.76	48.1	80.3	2.85	300×200
	175×250	170	250	9	14	13	49.77	39.1	1016	1827	4.52	6.06	73.1	146.1	3.11	350×250
	200×300	195	300	10	16	13	66.63	52.3	1730	3605	5.10	7.36	107.7	240.3	3.43	400×300
	225×300	220	300	11	18	13	76.95	60.4	2680	4056	5.90	7.26	149.6	270.4	4.09	450×300
	250×300	241	300	11	15	13	70.59	55.4	3399	3381	6.94	6.92	178.0	225.4	5.00	500×300
		244	300	11	18	13	79.59	62.5	3615	4056	6.74	7.14	183.7	270.4	4.72	
	275×300	272	300	11	15	13	74.00	58.1	4789	3381	8.04	6.76	225.4	225.4	5.96	550×300
		275	300	11	18	13	83.00	65.2	5093	4056	7.83	6.99	232.5	270.4	5.59	
	300×300	291	300	12	17	13	84.61	66.4	6324	3832	8.65	6.73	280.0	255.5	6.51	600×300
		294	300	12	20	13	93.61	73.5	6691	4507	8.45	6.94	288.1	300.5	6.17	
		297	302	14	23	13	108.55	85.2	7917	5289	8.54	6.98	339.9	350.3	6.41	
TN(窄翼缘剖分T型钢)	50×50	50	50	5	7	8	5.92	4.7	11.9	7.8	1.42	1.14	3.2	3.1	1.28	100×50
	62.5×60	62.5	60	6	8	8	8.34	6.6	27.5	14.9	1.81	1.34	6.0	5.0	1.64	125×60
	75×75	75	75	5	7	8	8.92	7.0	42.4	25.1	2.18	1.68	7.4	6.7	1.79	150×75
	87.5×90	87.5	90	5	8	8	11.45	9.0	70.5	49.1	2.48	2.07	10.3	10.9	1.93	175×90
	100×100	99	99	4.5	7	8	11.34	8.9	93.1	57.1	2.87	2.24	12.0	11.5	2.17	200×100
		100	100	5.5	8	8	13.33	10.5	113.9	67.2	2.92	2.25	14.8	13.4	2.31	
	125×125	124	124	5	8	8	15.99	12.6	206.7	127.6	3.59	2.82	21.2	20.6	2.66	250×125
		125	125	6	9	8	18.48	14.5	247.5	147.1	3.66	2.82	25.5	23.5	2.81	
	150×150	149	149	5.5	8	13	20.40	16.0	390.4	223.3	4.37	3.31	33.5	30.0	3.26	300×150
		150	150	6.5	9	13	23.39	18.4	460.4	256.1	4.44	3.31	39.7	34.2	3.41	
	175×175	173	174	6	9	13	26.23	20.6	674.7	398.0	5.07	3.90	49.7	45.8	3.72	350×175
		175	175	7	11	13	31.46	24.7	811.1	494.5	5.08	3.96	59.0	56.5	3.76	
	200×200	198	199	7	11	13	35.71	28.0	1188	725.7	5.77	4.51	76.2	72.9	4.20	400×200
		200	200	8	13	13	41.69	32.7	1392	870.3	5.78	4.57	88.4	87.0	4.26	
	225×200	223	199	8	12	13	41.49	32.6	1863	791.8	6.70	4.37	108.7	79.6	5.15	450×200
		225	200	9	14	13	47.72	37.5	2148	937.6	6.71	4.43	124.1	93.8	5.19	
	250×200	248	199	9	14	13	49.65	39.0	2820	923.8	7.54	4.31	149.8	92.8	5.97	500×200
		250	200	10	16	13	56.13	44.1	3201	1072	7.55	4.37	168.7	107.2	6.03	
		253	201	11	19	13	64.66	50.8	3666	1292	7.53	4.47	189.9	128.5	6.00	
	275×200	273	199	9	14	13	51.90	40.7	3689	924.0	8.43	4.22	180.3	92.9	6.85	550×200
		275	200	10	16	13	58.63	46.0	4182	1072	8.45	4.28	202.9	107.2	6.89	

续表 11.6-6(b)

类别	型号(高度×宽度)/(mm×mm)	截面尺寸/mm h	B	t_1	t_2	r	截面面积/cm^2	理论重量/(kg/m)	惯性矩/cm^4 I_x	I_y	惯性半径/cm i_x	i_y	截面模数/cm^3 W_x	W_y	重心 C_x	对应H型钢系列型号
TN(窄翼缘剖分T型钢)	300×200	298	199	10	15	13	58.88	46.2	5148	990.6	9.35	4.10	235.3	99.6	7.92	600×200
		300	200	11	17	13	65.86	51.7	5779	1140	9.37	4.16	262.1	114.0	7.95	
		303	201	12	20	13	74.89	58.8	6554	1361	9.36	4.26	292.4	135.4	7.88	
	325×300	323	299	10	15	12	76.27	59.9	7230	3346	9.74	6.62	289.0	223.8	7.28	650×300
		325	300	11	17	13	85.61	67.2	8095	3832	9.72	6.69	321.1	255.4	7.29	
		328	301	12	20	13	97.89	76.8	9139	4553	9.66	6.82	357.0	302.5	7.20	
	350×300	346	300	13	20	13	103.11	80.9	1126	4510	10.45	6.61	425.3	300.6	8.12	700×300
		350	300	13	24	13	115.11	90.4	1201	5410	10.22	6.86	439.5	360.6	7.65	
	400×300	396	300	14	22	18	119.75	94.0	1766	4970	12.14	6.44	592.1	331.3	9.77	800×300
		400	300	14	26	18	131.75	103.4	1877	5870	11.94	6.67	610.8	391.3	9.27	
	450×300	445	299	15	23	18	133.46	104.8	2589	5147	13.93	6.21	790.0	344.3	11.72	900×300
		450	300	16	28	18	152.91	120.0	2922	6327	13.82	6.43	868.5	421.8	11.35	
		456	302	18	34	18	180.03	141.3	3434	7838	13.81	6.60	1002	519.0	11.34	

表 11.6-6(c)　工字钢与 H 型钢型号及截面特性参数对比表

工字钢型号	H型钢型号	工字钢与H型钢截面特性参数对比 横截面积	抗弯强度	抗剪强度	抗弯刚度	惯性半径 i_x	i_y
I10	H125×60	1.16	1.33	1.62	1.66	1.19	0.87
I12.6	H150×75	0.99	1.11	1.15	1.32	1.16	1.03
I14	H175×90	1.07	1.32	1.12	1.65	1.25	1.19
I16	H175×90	0.88	0.95	0.90	1.04	1.09	1.09
	H198×99	0.87	1.06	0.91	1.32	1.23	1.19
	H200×100	1.02	1.24	1.12	1.56	1.23	1.19
I18	H200×100	0.87	0.95	0.91	1.03	1.10	1.12
	H248×124	1.04	1.46	1.04	1.97	1.39	1.41
I20a	H248×124	0.90	1.14	0.88	1.41	1.25	1.34
	H250×125	1.04	1.31	1.06	1.63	1.25	1.34
I20b	H248×124	0.81	1.08	0.88	1.34	1.29	1.36
	H250×125	0.93	1.24	0.84	1.55	1.29	1.36
I22a	H250×125	0.88	1.00	0.90	1.14	1.14	1.22
	H298×149	0.97	1.28	0.95	1.74	1.34	1.42
I22b	H250×125	0.80	0.95	0.72	1.08	1.17	1.24
	H298×149	0.88	1.22	0.76	1.65	1.37	1.45
	H300×150	1.00	1.40	0.91	1.91	1.38	1.45
I25a	H298×149	0.84	0.99	0.79	1.18	1.18	1.37
	H300×150	0.96	1.13	0.94	1.36	1.19	1.37

工字钢型号	H型钢型号	工字钢与H型钢截面特性参数对比 横截面积	抗弯强度	抗剪强度	抗弯刚度	惯性半径 i_x	i_y
I25b	H298×149	0.76	0.94	0.64	1.12	1.21	1.39
	H300×150	0.87	1.08	0.76	1.29	1.22	1.39
	H346×174	0.98	1.43	0.82	1.98	1.42	1.64
I28a	H346×174	0.95	1.19	0.856	1.50	1.25	1.56
I28b	H346×174	0.86	1.13	0.70	1.40	1.27	1.59
	H350×175	1.03	1.39	0.84	1.74	1.30	1.62
I32a	H350×175	0.94	1.07	0.80	1.17	1.12	1.51
I32b	H350×175	0.86	1.02	0.67	1.12	1.14	1.54
	H400×150	0.96	1.23	0.86	1.54	1.27	1.26
	H396×199	0.97	1.32	0.76	1.64	1.30	1.75
I32c	H350×175	0.79	0.97	0.58	1.07	1.16	1.56
	H400×150	0.88	1.18	0.74	1.47	1.29	1.28
	H396×199	0.89	1.26	0.66	1.56	1.32	1.78
I36a	H400×150	0.92	1.02	0.87	1.13	1.29	1.20
	H396×199	0.93	1.09	0.77	1.20	1.31	1.67
	H400×150	0.84	0.97	0.73	1.08	1.13	1.22
I36b	H396×199	0.85	1.04	0.65	1.15	1.16	1.70
	H400×200	1.00	1.24	0.76	1.37	1.17	1.73
	H446×199	0.99	1.32	0.83	1.64	1.28	1.65

续表 11.6-6(c)

工字钢型号	H型钢型号	工字钢与H型钢截面特性参数对比					
		横截面积	抗弯强度	抗剪强度	抗弯刚度	惯性半径	
						i_x	i_y
I36c	H396×199	0.79	1.00	0.56	1.10	1.18	1.73
	H400×200	0.92	1.18	0.66	1.31	1.20	1.75
	H446×199	0.91	1.26	0.72	1.56	1.31	1.68
I40a	H400×200	0.97	1.05	0.77	1.05	1.04	1.65
	H446×199	0.96	1.12	0.85	1.25	1.14	1.57
I40b	H400×200	0.89	1.00	0.65	1.00	1.06	1.68
	H446×199	0.88	1.07	0.72	1.19	1.16	1.61
	H450×200	1.01	1.25	0.82	1.40	1.18	1.63
I40c	H400×200	0.82	0.96	0.57	0.96	1.08	1.71
	H446×199	0.81	1.02	0.63	1.14	1.18	1.63
	H450×200	0.93	1.19	0.72	1.34	1.20	1.66
	H496×199	0.97	1.34	0.78	1.66	1.31	1.61
I45a	H450×200	0.93	0.99	0.79	1.00	1.03	1.53
	H496×199	0.97	1.12	0.86	1.23	1.13	1.49
I45b	H450×200	0.86	0.95	0.68	0.95	1.05	1.56
	H496×199	0.89	1.07	0.74	1.17	1.15	1.52
	H500×200	1.01	1.22	0.84	1.35	1.16	1.54
I45c	H450×200	0.79	0.91	0.60	0.91	1.07	1.59
	H496×199	0.82	1.02	0.65	1.12	1.17	1.54

工字钢型号	H型钢型号	工字钢与H型钢截面特性参数对比					
		横截面积	抗弯强度	抗剪强度	抗弯刚度	惯性半径	
						i_x	i_y
I45c	H500×200	0.93	1.17	0.74	1.29	1.18	1.56
	H596×199	0.98	1.39	0.86	1.84	1.37	1.47
I50a	H500×200	0.94	0.98	0.83	0.98	1.02	1.42
	H596×199	0.99	1.17	0.98	1.39	1.19	1.34
I50b	H506×201	1.00	1.11	0.81	1.12	1.06	1.48
	H596×199	0.91	1.12	0.85	1.33	1.21	1.36
	H600×200	1.02	1.27	0.94	1.52	1.22	1.38
I50c	H500×200	0.81	0.90	0.64	0.90	1.06	1.47
	H506×201	0.93	1.06	0.72	1.08	1.08	1.51
	H596×199	0.85	1.07	0.75	1.28	1.23	1.39
	H600×200	0.95	1.21	0.83	1.46	1.24	1.40
I56a	H596×199	0.87	0.93	0.84	0.99	1.07	1.29
	H600×200	0.97	1.05	0.93	1.12	1.07	1.31
I56b	H606×201	1.02	1.17	0.90	1.26	1.11	1.37
I56c	H600×200	0.83	0.96	0.72	1.03	1.11	1.34
	H606×201	0.95	1.12	0.80	1.21	1.13	1.39
I63a	H582×300	1.09	1.12	0.87	1.03	0.97	2.03
I63b	H582×300	1.01	1.07	0.77	0.99	0.99	2.07
I63c	H582×300	0.94	1.03	0.68	0.95	1.00	2.10

注：按照截面积大体相近，并且绕X轴的抗弯强度不低于相应工字钢的原则，计算对比了标准中H型钢有关型号与GB/T 706—1988的工字钢有关型号及截面特性参数(见表11.6-6(c))，供有关人员使用H型钢时参考。

11.6.7 钢丝

表11.6-7(a) 一般用途低碳钢丝(GB/T 343—1994)

直径/mm	理论重量/(kg/1000m)	直径/mm	理论重量/(kg/1000m)	直径/mm	理论重量/(kg/1000m)	直径/mm	理论重量/(kg/1000m)
0.16	0.158	0.45	1.25	1.4	12.1	4.0	98.7
0.18	0.200	0.50	1.54	1.6	15.8	4.5	125
0.20	0.247	0.55	1.87	1.8	20.0	5.0	154
0.22	0.298	0.60	2.22	2.0	24.7	5.5	187
0.25	0.358	0.70	3.02	2.2	29.8	6.0	222
0.28	0.483	0.80	3.95	2.5	38.5	7.0	302
0.30	0.555	0.90	4.99	2.8	48.3	8.0	395
0.35	0.755	1.0	6.17	3.0	55.5	9.0	499
0.40	0.987	1.2	8.88	3.5	75.5	10.0	617

注：① 用于一般的捆绑、牵拉、镀锌、制钉、编织及建筑等。

② 目前生产直径0.3~6mm的钢丝，常用材料为Q195-A·F至Q235-A·F。

表 11.6-7(b)　一般用途电镀锌低碳钢丝(GB 3081—1982，GB 9972—1988)

直　径/mm	理论重量/(kg/1000m)	直　径/mm	理论重量/(kg/1000m)	直　径/mm	理论重量/(kg/1000m)	直　径/mm	理论重量/(kg/1000m)
0.20	0.247	0.50	1.54	1.40	12.1	3.50	75.5
(0.22)	0.298	0.55	1.87	1.60	15.8	4.00	98.7
0.25	0.385	0.60	2.22	1.80	20.0	4.50	125
(0.28)	0.483	0.70	3.02	2.00	24.7	5.00	154
0.30	0.555	0.80	3.95	2.20	29.8	5.50	187
0.35	0.755	0.90	4.99	2.50	38.5	6.00	222
0.40	0.987	1.00	6.17	2.80	48.3		
0.45	1.25	1.20	8.88	3.00	55.5		

注：① 镀锌低碳钢丝可分为热镀锌(GB 3081)和电镀锌(GB 9972)两种。一般用于捆绑、牵拉、编织等。

② 表中带括号的规格不生产热镀锌钢丝。

③ 热镀锌钢丝的抗拉强度为 295～540MPa。

④ 镀锌钢丝的材料应用 GB 343 中的冷拉普通碳素钢丝镀制而成。

⑤ 电镀锌钢丝应用 GB 343 中抗拉强度为Ⅰ组的Ⅰ类退火低碳钢丝镀制而成，其抗拉强度为 295～490MPa。

11.6.8　型钢焊接接头尺寸、螺栓和铆钉连接规线、最小弯曲半径及截切

1. 等边角钢

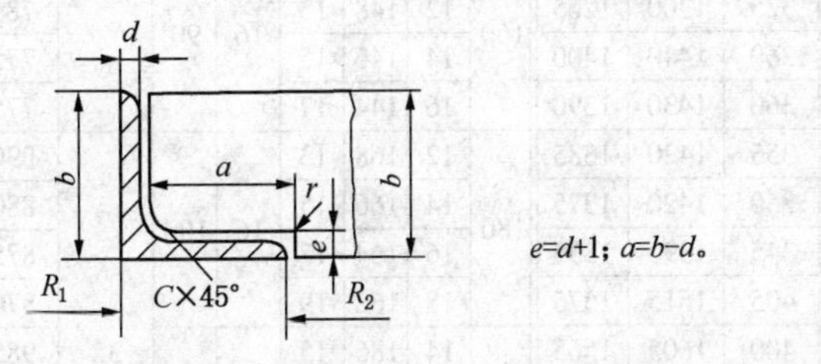

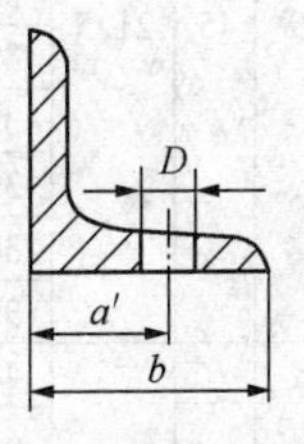

表 11.6-8(a)　等边角钢焊接接头尺寸、螺栓和铆钉连接规线及最小弯曲半径　mm

角钢尺寸		焊接接头尺寸			螺栓、铆钉连接规线		最小弯曲半径			
							热弯		冷弯	
b	d	a	e	C	a′	D	R_1	R_2	R_1	R_2
20	3	17	4	3	13	4.5	95	85	345	335
	4	16	5				90	85	335	325
25	3	22	4		15	5.5	120	110	435	425
	4	21	5				115	105	425	415
30	3	27	4	4	18	6.6	145	130	530	515
	4	26	5				140	130	520	505
36	3	33	4		20	9	175	160	640	625
	4	32	5				170	155	630	615
	5	31	6				170	145	620	605
40	3	37	4	5	22	11	195	180	735	715
	4	36	5				195	175	705	690
	5	35	6				190	170	695	680
45	3	42	4		25		220	200	810	790
	4	41	5				220	200	800	775
	5	40	6				215	195	790	770
	6	39	7				215	195	780	760
50	3	47	4		30	13	250	225	900	880
	4	46	5				245	220	880	860

续表 11.6－8(a)

角钢尺寸		焊接接头尺寸			螺栓、铆钉连接规线		最小弯曲半径				角钢尺寸		焊接接头尺寸			螺栓、铆钉连接规线		最小弯曲半径			
							热弯		冷弯									热弯		冷弯	
b	d	a	e	C	a'	D	R_1	R_2	R_1	R_2	b	d	a	e	C	a'	D	R_1	R_2	R_1	R_2
50	5	45	6	5	30	13	240	220	880	860	100	7	93	8	12	55	23.5	495	450	1795	1745
	6	44	7				240	220	870	850		8	92	9				485	440	1780	1740
56	3	53	4	6			280	255	1000	1090		10	90	11				485	440	1765	1720
	4	52	5				275	250	1000	980		12	88	13				475	435	1740	1700
	5	51	6				270	250	990	965		14	86	15				470	430	1720	1680
	8	48	9				265	240	965	940		16	84	17				465	425	1705	1665
63	4	59	5	7	35	17	310	285	1135	1105	110	7	103	8		60	26	555	505	1980	1930
	5	58	6				310	280	1120	1095		8	102	9				550	490	1965	1915
	6	57	7				305	280	1110	1085		10	100	11				535	490	1945	1895
	8	55	9				300	275	1090	1065		12	98	13				530	480	1930	1880
	10	53	11				295	270	1070	1045		14	96	15				520	475	1910	1860
70	4	66	5	8	40	20	350	315	1265	1235	125	8	117	9	14	70	26	620	560	2245	2190
	5	65	6				345	315	1255	1220		10	115	11				610	555	2225	2170
	6	64	7				340	310	1240	1210		12	113	13				600	550	2205	2150
	7	63	8				340	310	1230	1200		14	111	15				600	545	2205	2150
	8	62	9				335	305	1225	1115	140	10	130	11		80	32	690	625	2500	2440
75	5	70	6	9	45	21.5	370	335	1345	1310		12	128	13				680	620	2485	2425
	6	69	7				365	335	1335	1305		14	126	15				675	615	2460	2400
	7	68	8				365	330	1330	1295		16	124	17				670	610	2440	2380
	8	67	9				360	330	1330	1285	160	10	150	11	16	90		790	720	2875	2805
	10	65	11				355	325	1300	1265		12	148	13				785	715	2855	2785
80	5	75	6				395	360	1440	1400		14	146	15				775	705	2840	2765
	6	74	7				395	360	1430	1390		16	144	17				775	705	2815	2745
	7	73	8				390	355	1420	1385	180	12	168	13	16	100	32	890	805	3230	3150
	8	72	9				385	350	1420	1375		14	166	15				880	800	3210	3130
	10	70	11				380	345	1390	1355		16	164	17				875	795	3190	3110
90	6	84	7	10	50	23.5	445	405	1615	1575		18	162	19				870	790	3160	3080
	7	83	8				440	400	1605	1565	200	14	186	15	18	110		985	895	3575	3485
	8	82	9				440	400	1600	1560		16	184	17				980	890	3565	3475
	10	80	11				435	395	1575	1535		18	182	19				970	885	3535	3445
	12	78	13				425	390	1555	1515		20	180	21				965	880	3525	3435
100	6	94	7	12	55		495	450	1815	1765		24	176	25				950	870	3470	3390

2. 不等边角钢

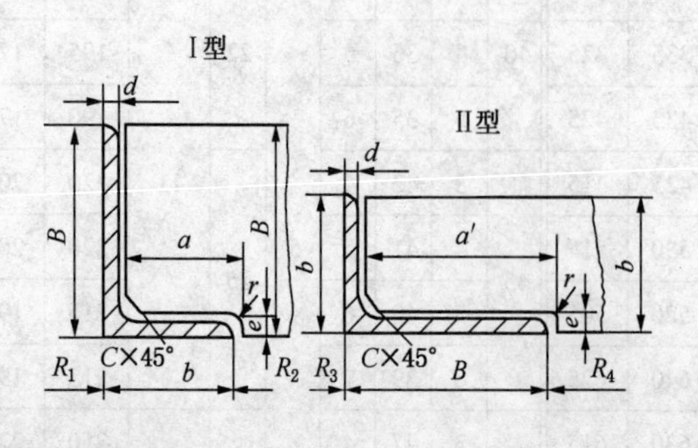

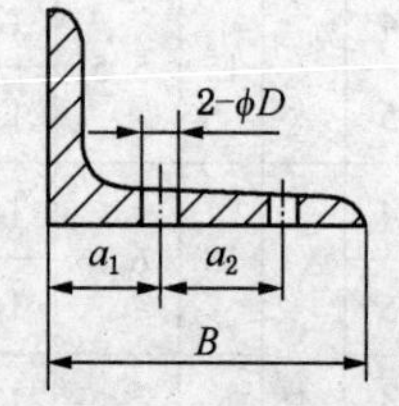

$e=d+1$；$a=b-d$；$a'=B-d$。

表 11.6-8(b)　不等边角钢焊接接头尺寸、螺栓和铆钉连接规线及最小弯曲半径　mm

角钢尺寸			焊接接头尺寸				螺栓、铆钉连接规线						最小弯曲半径							
							孔并列			孔交错排列			朝小的翼缘方向				朝大的翼缘方向			
			Ⅰ	Ⅱ									热弯		冷弯		热弯		冷弯	
B	b	d	a	a'	e	C	a_1	a_2	D	a_1	a_2	D	R_1	R_2	R_1	R_2	R_3	R_4	R_3	R_4
25	16	3	13	22	4	3							80	75	290	285	110	100	400	395
		4	12	21	5								75	70	280	280	105	100	390	385
32	20	3	17	29	4	4							100	90	370	360	140	130	520	510
		4	16	28	5								100	90	360	360	140	130	510	500
40	25	3	22	37	4								130	115	470	470	180	180	655	655
		4	21	36	5								125	115	460	460	175	160	645	630
45	28	3	25	42	4	5							150	135	535	535	200	185	745	730
		4	24	41	5								145	130	520	525	200	185	735	720
50	32	3	29	47	4								170	150	610	610	225	210	835	815
		4	28	46	5			22					165	150	600	600	220	190	820	790
56	36	3	33	53	4		18		6.6	18	20	6.6	190	170	690	690	255	235	935	915
		4	32	52	5			25					190	170	680	680	250	230	925	905
		5	31	51	6								185	165	670	670	250	230	915	895
63	40	4	36	59	5	7							210	190	760	760	285	260	1045	1020
		5	35	58	6		20			20			210	185	755	750	285	260	1035	1005
		6	34	57	7								205	185	745	745	280	255	1025	1005
		7	33	56	8								200	180	730	730	275	255	1015	995
70	45	4	41	66	5								240	215	860	860	320	295	1165	1140
		5	40	65	6	8	25			25	28	9	235	215	850	850	315	290	1160	1135
		6	39	64	7								235	210	840	840	310	290	1145	1125
		7	38	63	8			32	9				230	210	830	830	310	285	1140	1115
75	50	5	45	70	6								260	235	945	945	340	315	1255	1225
		6	44	69	7								260	235	935	935	335	310	1240	1215
		8	42	67	9								252	230	915	915	330	305	1220	1195
		10	40	65	11	9	28						245	225	895	890	325	300	1200	1175
80	50	5	45	75	6								265	235	955	955	360	330	1325	1295
		6	44	74	7					30	35	11	260	235	945	945	355	330	1310	1285
		7	43	73	8								260	235	935	935	355	325	1305	1275
		8	42	72	9								255	230	925	925	350	325	1295	1265
90	56	5	51	85	6								300	265	1075	1075	405	375	1495	1460
		6	50	84	7	10	30						295	265	1065	1065	405	375	1485	1450
		7	49	83	8								290	260	1055	1055	400	370	1470	1440
		8	48	82	9								290	260	1045	1045	395	365	1460	1430
100	63	6	57	94	7								335	300	1205	1170	455	415	1660	1620
		7	56	93	8			40	11		40	13	330	295	1195	1160	450	415	1645	1615
		8	55	92	9								325	290	1185	1150	440	410	1635	1600
		10	53	90	11								320	290	1165	1130	440	405	1615	1585
100	80	6	74	94	7								410	370	1485	1490	475	435	1730	1690
		7	73	93	8	12	35			40			410	370	1480	1480	470	430	1720	1680
		8	72	92	9								405	365	1470	1460	470	430	1710	1670
		10	70	90	11								400	360	1445	1450	460	425	1690	1650
110	70	6	64	104	7								370	335	1340	1340	500	460	1835	1795
		7	63	103	8			55	15		45	15	370	330	1330	1335	495	460	1820	1780
		8	62	102	9								365	330	1325	1320	490	455	1810	1775
		10	60	100	11								360	325	1305	1305	485	450	1790	1750

续表 11.6-8(b)

<table>
<tr><th colspan="3" rowspan="2">角钢尺寸</th><th colspan="4" rowspan="2">焊接接头尺寸</th><th colspan="6">螺栓、铆钉连接规线</th><th colspan="8">最小弯曲半径</th></tr>
<tr><th colspan="3">孔并列</th><th colspan="3">孔交错排列</th><th colspan="4">朝小的翼缘方向</th><th colspan="4">朝大的翼缘方向</th></tr>
<tr><th rowspan="2">B</th><th rowspan="2">b</th><th rowspan="2">d</th><th>Ⅰ</th><th>Ⅱ</th><th rowspan="2">e</th><th rowspan="2">C</th><th rowspan="2">a_1</th><th rowspan="2">a_2</th><th rowspan="2">D</th><th rowspan="2">a_1</th><th rowspan="2">a_2</th><th rowspan="2">D</th><th colspan="2">热弯</th><th colspan="2">冷弯</th><th colspan="2">热弯</th><th colspan="2">冷弯</th></tr>
<tr><th>a</th><th>a′</th><th>R_1</th><th>R_2</th><th>R_1</th><th>R_2</th><th>R_3</th><th>R_4</th><th>R_3</th><th>R_4</th></tr>
<tr><td rowspan="4">125</td><td rowspan="4">80</td><td>7</td><td>73</td><td>118</td><td>8</td><td rowspan="8">14</td><td rowspan="8">45</td><td rowspan="4">55</td><td rowspan="4">15</td><td rowspan="4">55</td><td rowspan="4">35</td><td rowspan="8">23.5</td><td>425</td><td>380</td><td>1530</td><td>1530</td><td>570</td><td>525</td><td>2080</td><td>2035</td></tr>
<tr><td>8</td><td>72</td><td>117</td><td>9</td><td>420</td><td>380</td><td>1520</td><td>1520</td><td>565</td><td>520</td><td>2070</td><td>2025</td></tr>
<tr><td>10</td><td>70</td><td>115</td><td>11</td><td>415</td><td>375</td><td>1500</td><td>1500</td><td>555</td><td>515</td><td>2050</td><td>2010</td></tr>
<tr><td>12</td><td>68</td><td>113</td><td>13</td><td>410</td><td>370</td><td>1480</td><td>1480</td><td>550</td><td>510</td><td>2030</td><td>1980</td></tr>
<tr><td rowspan="4">140</td><td rowspan="4">90</td><td>8</td><td>82</td><td>132</td><td>9</td><td rowspan="4">70</td><td rowspan="8">21</td><td rowspan="8">60</td><td rowspan="4">40</td><td>480</td><td>430</td><td>1720</td><td>1720</td><td>635</td><td>585</td><td>2330</td><td>2280</td></tr>
<tr><td>10</td><td>80</td><td>130</td><td>11</td><td>470</td><td>420</td><td>1700</td><td>1700</td><td>630</td><td>580</td><td>2315</td><td>2265</td></tr>
<tr><td>12</td><td>78</td><td>128</td><td>13</td><td>465</td><td>420</td><td>1680</td><td>1680</td><td>620</td><td>575</td><td>2290</td><td>2245</td></tr>
<tr><td>14</td><td>76</td><td>126</td><td>15</td><td>460</td><td>415</td><td>1660</td><td>1660</td><td>615</td><td>570</td><td>2270</td><td>2225</td></tr>
<tr><td rowspan="4">160</td><td rowspan="4">100</td><td>10</td><td>90</td><td>150</td><td>11</td><td rowspan="8">16</td><td rowspan="8">55</td><td rowspan="4">75</td><td rowspan="4">70</td><td rowspan="12">26</td><td>530</td><td>475</td><td>1905</td><td>1910</td><td>720</td><td>660</td><td>2640</td><td>2580</td></tr>
<tr><td>12</td><td>88</td><td>148</td><td>13</td><td>525</td><td>470</td><td>1900</td><td>1885</td><td>710</td><td>655</td><td>2600</td><td>2565</td></tr>
<tr><td>14</td><td>86</td><td>146</td><td>15</td><td>515</td><td>465</td><td>1870</td><td>1870</td><td>705</td><td>655</td><td>2595</td><td>2545</td></tr>
<tr><td>16</td><td>84</td><td>144</td><td>17</td><td>510</td><td>460</td><td>1845</td><td>1845</td><td>700</td><td>645</td><td>2575</td><td>2525</td></tr>
<tr><td rowspan="4">180</td><td rowspan="4">110</td><td>10</td><td>100</td><td>170</td><td>11</td><td rowspan="8">90</td><td rowspan="8">26</td><td rowspan="4">65</td><td rowspan="8">80</td><td>590</td><td>525</td><td>2115</td><td>2115</td><td>810</td><td>745</td><td>2980</td><td>2910</td></tr>
<tr><td>12</td><td>98</td><td>168</td><td>13</td><td>580</td><td>520</td><td>2095</td><td>2095</td><td>800</td><td>740</td><td>2940</td><td>2880</td></tr>
<tr><td>14</td><td>96</td><td>166</td><td>15</td><td>575</td><td>520</td><td>2075</td><td>2085</td><td>795</td><td>735</td><td>2930</td><td>2870</td></tr>
<tr><td>16</td><td>94</td><td>164</td><td>17</td><td>510</td><td>510</td><td>2055</td><td>2055</td><td>790</td><td>730</td><td>2900</td><td>2840</td></tr>
<tr><td rowspan="4">200</td><td rowspan="4">125</td><td>12</td><td>113</td><td>188</td><td>13</td><td rowspan="4">18</td><td rowspan="4">70</td><td rowspan="4">80</td><td>665</td><td>595</td><td>3030</td><td>2390</td><td>900</td><td>830</td><td>3295</td><td>3225</td></tr>
<tr><td>14</td><td>111</td><td>186</td><td>15</td><td>655</td><td>590</td><td>3025</td><td>2370</td><td>890</td><td>820</td><td>3275</td><td>3205</td></tr>
<tr><td>16</td><td>109</td><td>184</td><td>17</td><td>650</td><td>590</td><td>3020</td><td>2350</td><td>890</td><td>815</td><td>3255</td><td>3190</td></tr>
<tr><td>18</td><td>107</td><td>182</td><td>19</td><td>640</td><td>580</td><td>3015</td><td>2330</td><td>880</td><td>815</td><td>3240</td><td>3180</td></tr>
</table>

3. 热轧普通槽钢

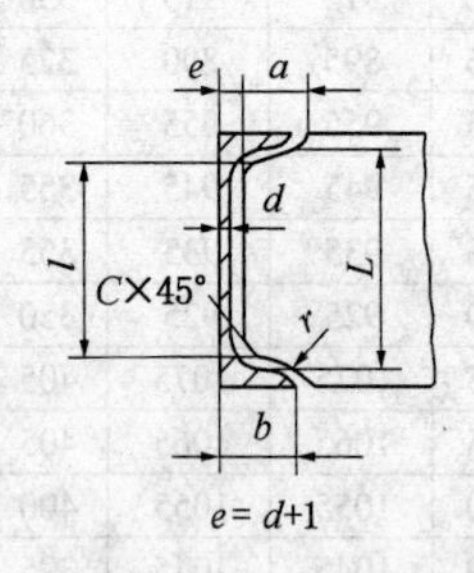

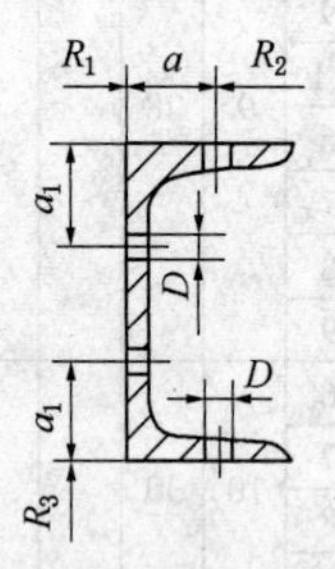

表 11.6-8(c) 热轧普通槽钢焊接接头尺寸、螺栓和铆钉连接规线及最小弯曲半径 mm

<table>
<tr><th rowspan="3">型 号</th><th colspan="5">焊接接头尺寸</th><th colspan="4">螺栓、铆钉连接规线</th><th colspan="6">最小弯曲半径</th></tr>
<tr><th rowspan="2">L</th><th rowspan="2">l</th><th rowspan="2">a</th><th rowspan="2">C</th><th rowspan="2">e</th><th rowspan="2">b</th><th rowspan="2">a</th><th rowspan="2">a_1</th><th rowspan="2">D</th><th colspan="3">热 弯</th><th colspan="3">冷 弯</th></tr>
<tr><th>R_1</th><th>R_2</th><th>R_3</th><th>R_1</th><th>R_2</th><th>R_3</th></tr>
<tr><td>5</td><td>38</td><td>31</td><td>33</td><td>3</td><td>5.5</td><td>37</td><td>21</td><td rowspan="2"></td><td rowspan="2">12</td><td>155</td><td>145</td><td>155</td><td>575</td><td>565</td><td>600</td></tr>
<tr><td>6.3</td><td>51</td><td>43</td><td>36</td><td>4</td><td>5.8</td><td>40</td><td>22</td><td>175</td><td>160</td><td>195</td><td>645</td><td>635</td><td>755</td></tr>
<tr><td>8</td><td>66</td><td>58</td><td>38</td><td rowspan="2">5</td><td>6.0</td><td>43</td><td>25</td><td>29</td><td rowspan="2">14</td><td>190</td><td>175</td><td>245</td><td>700</td><td>685</td><td>960</td></tr>
<tr><td>10</td><td>86</td><td>77</td><td>43</td><td>6.3</td><td>48</td><td>28</td><td>30</td><td>220</td><td>200</td><td>305</td><td>805</td><td>790</td><td>1200</td></tr>
</table>

续表 11.6－8(c)

型号	焊接接头尺寸				螺栓、铆钉连接规线					最小弯曲半径					
										热弯			冷弯		
	L	l	a	C	e	b	a	a_1	D	R_1	R_2	R_3	R_1	R_2	R_3
12.6	104	94	48	6	6.5	53	30	34	18	250	230	385	910	890	1510
14a	124	114	52		7.0	58	35	36		270	250	430	1005	980	1680
14b					9.0	60				295	265		1065	1010	
16a	144	133	57		7.5	63	36	39	20	305	275	490	1105	1080	1920
16					9.5	65				320	290		1170	1140	
18a	162	150	61		8.0	68	38	40		335	305	555	1210	1180	2160
18					10.0	70				350	315		1270	1240	
20a	182	169	66	7	8.0	73	40	41	22	360	325	615	1300	1270	2400
20					10.0	75				375	340		1370	1335	
22a	200	186	70		8.0	77	42	43		380	345	675	1380	1345	2640
22					10.0	79				400	360		1450	1410	
a	230	215	72		8	78	45	46	26	390	350	770	1415	1380	2995
25b					10	80				410	370		1485	1445	
c					12	82				430	385		1550	1505	
a	258	242	76		8.5	82	46	48		415	375	860	1505	1465	3360
28b					10.5	84				445	400		1575	1530	
c					12.5	86				455	410		1640	1595	
a	296	278	80	8	9	88	49	50	30	445	405	985	1620	1575	3840
32b					11	90				455	420		1690	1640	
c					13	92				485	435		1770	1710	
a	334	316	88	9	11.0	96	55	55		490	445	1105	1775	1720	4320
36b					12.0	98				505	455		1835	1795	
c					14.0	100				525	470		1890	1840	
a	370	352	90	10	11.5	100	60	59		515	460	1230	1855	1805	4800
40b					13.5	102				530	475		1915	1860	
c					15.5	104				555	490		1970	1915	

4. 热轧普通工字钢

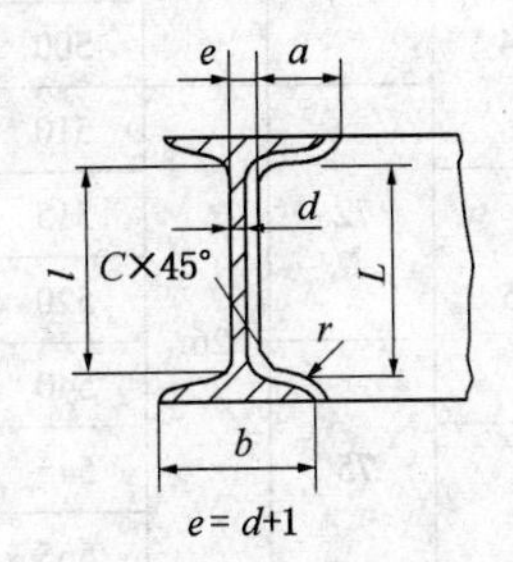

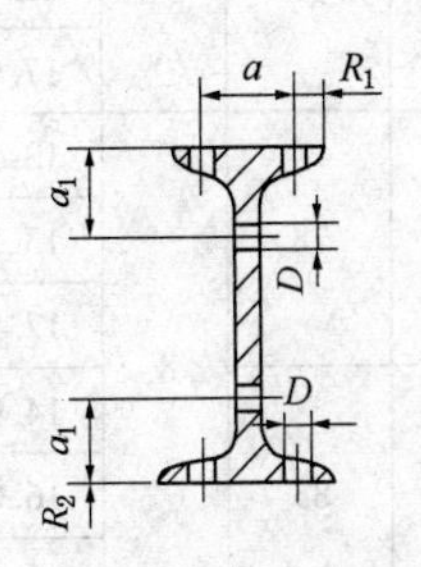

表 11.6-8(d) 热轧普通工字钢焊接接头尺寸、螺栓和铆钉连接规线及最小弯曲半径 mm

型号	焊接接头尺寸				螺栓、铆钉连接规线					最小弯曲半径			
										热弯		冷弯	
	L	l	a	C	e	b	a	a_1	D	R_1	R_2	R_1	R_2
10	88	77	32		5.5	68	36			210	305	815	1200
12.6	106	95	35	4	6.0	74	40		12	225	385	890	1510
14	126	113	38		6.5	80	44			245	430	960	1680
16	144	130	41		7.0	88	48		14	270	490	1055	1920
18	164	149	44		7.5	94	50	45		290	555	1130	2160
20a	182	166	47		8.0	100	54			305	615	1200	
20b					10.0	102		47	17	315		1220	2400
22a	202	185	52	5	8.5	110	60			340	675	1320	
22b					10.5	112	65	48		345	770	1345	2640
25a	220	202	55		9	116				355		1390	
25b					11	118	66	54	20	365	860	1415	2995
28a	248	229	58		9.5	122		56		375		1465	
28b					11.5	124	75			380	985	1490	3360
32a					10.5	130				400		1560	
32b	308	288	61		12.5	132		58		405		1585	3840
32c					14.5	134	80		22	410	1105	1610	
36a				6	11.0	136				420		1630	
36b	336	316	64		13.0	138		64		425		1655	4320
36c					15.0	140	80			430	1230	1680	
40a					11.5	142				435		1705	
40b	376	354	66		13.5	144		65		440		1730	4800
40c					15.5	146	85			450	1380	1750	
45a					12.5	150				460		1800	
45b	424	400	70	7	14.5	152		67	24	465		1825	5395
45c					16.5	154	90			475	1535	1850	
50a					13.0	158				485		1895	
50b	472	446	74		15.0	160		70		490		1920	6000
50c					17.0	162	94			500	1720	1940	
56a					13.5	166				510		1995	
56b	520	494	78		15.5	168		72		515		2015	6720
56c				8	17.5	170	95		26	520	1935	2035	
63a					14.0	176				540		2110	
63b	590	564	83		16.0	178		75		545		2135	7560
63c					18.0	180				565		2160	

11.6.9　花纹钢板(GB/T 3277—1991)

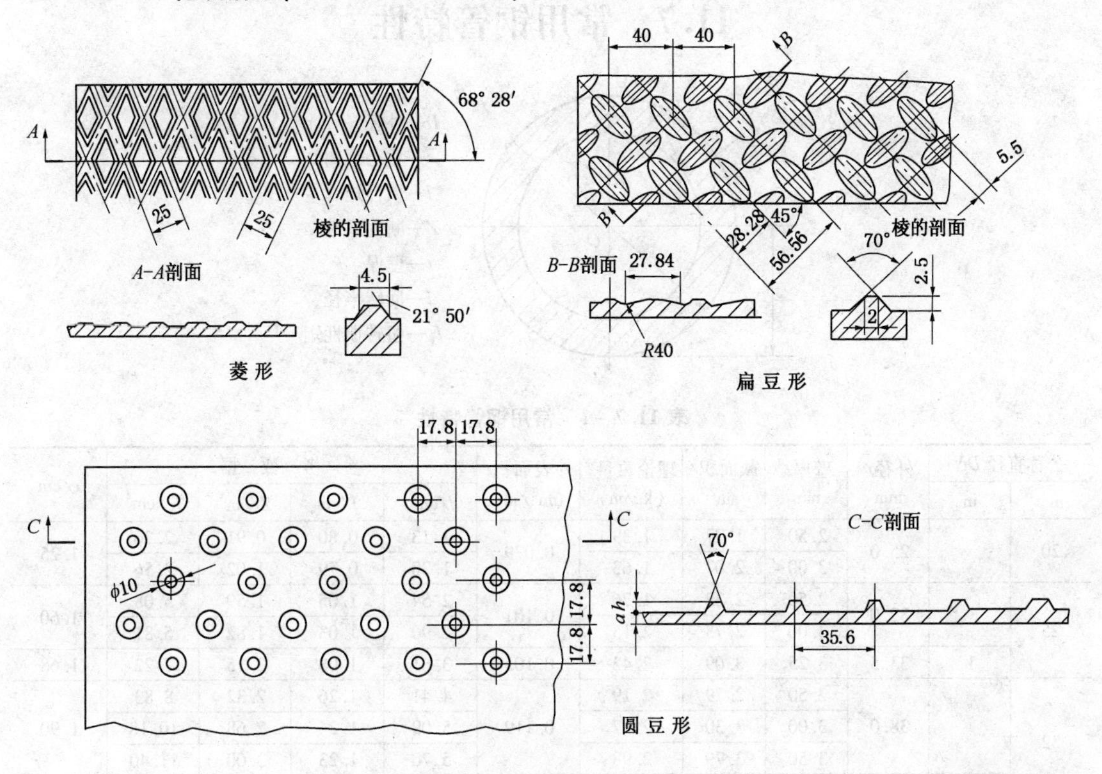

表 11.6-9　花纹钢板

基本厚度/mm	基本厚度允许偏差/mm	理论质量/(kg·m⁻²) 菱形	扁豆形	圆豆形
2.5	±0.3	21.6	21.3	21.1
3.0	±0.3	25.6	24.4	24.3
3.5	±0.3	29.5	28.4	28.3
4.0	±0.4	33.4	32.4	32.3
4.5	±0.4	37.3	36.4	36.2
5.0	+0.4 −0.5	42.3	40.5	40.2
5.5	+0.4 −0.5	46.2	44.3	44.1
6.0	+0.5 −0.6	50.1	48.4	48.1
7.0	+0.6 −0.7	59.0	52.6	52.4
8.0	+0.6 −0.8	66.8	56.4	56.2

注：① 本标准适用于碳素结构钢、船体用结构钢、高耐候性结构热轧菱形、扁豆形、圆豆形的花纹钢板。

② 花纹钢板的长度为 2000～12000mm，按 100mm 进级。宽度为 600～1800mm，按 50mm 进级。

③ 花纹钢板用钢牌号按 GB/T 700(碳素结构钢)、GB/T 712(船体用结构钢)和 GB/T 4171(高耐候性结构钢)的规定供应。

④ 钢板以热轧状态交货。

11.7 常用钢管特性

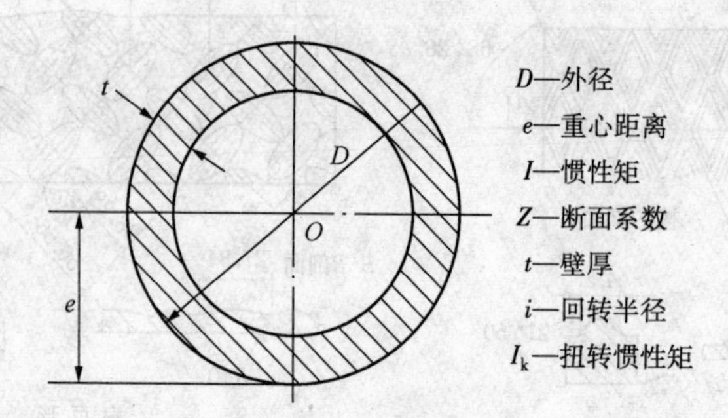

表 11.7-1 常用钢管特性

公称直径 DN		外径/	壁厚/	截面积/	理论重量/	外表面积/	参考数据				e/cm
mm	in	mm	mm	cm^2	(kg/m)	(m^2/m)	I/cm^4	i/cm	Z/cm^3	I_k/cm^4	
20		25.0	2.50	1.77	1.39	0.079	1.13	0.80	0.91	2.26	1.25
			3.00	2.07	1.63		1.28	0.79	1.02	2.56	
25		32.0	2.50	2.32	1.76	0.101	2.54	1.05	1.59	5.08	1.60
			3.00	2.73	2.15		2.90	1.03	1.82	5.81	
	1	33.5	3.25	3.09	2.42	0.105	3.61	1.08	2.15	7.22	1.68
32		38.0	2.50	2.79	2.19	0.119	4.41	1.26	2.32	8.83	1.90
			3.00	3.30	2.37		5.09	1.24	2.68	10.18	
			3.50	3.79	2.98		5.70	1.23	3.00	11.40	
	1¼	42.25	3.25	3.98	3.13	0.133	7.62	1.38	3.61	15.25	2.11
40		45.0	3.00	3.96	3.11	0.141	8.77	1.49	3.90	17.55	2.25
			3.50	4.56	3.58		9.89	1.47	4.40	19.79	
	1½	48.0	3.50	4.89	3.84	0.151	12.19	1.58	5.08	24.37	2.40
50		57.0	3.50	5.88	4.62	0.179	21.14	1.90	7.42	42.27	2.85
	2	60.0	3.50	6.21	4.88	0.188	24.88	2.00	8.30	49.77	3.00
70	2½	75.5	3.75	8.45	6.64	0.237	54.54	2.54	14.45	109.09	3.78
		76.0	4.00	9.05	7.10	0.239	58.81	2.55	15.48	117.62	3.80
			5.00	11.15	8.75		70.62	2.52	18.59	141.25	
80	3	88.5	4.00	10.62	8.34	0.278	94.99	2.99	21.44	189.97	4.43
		89.0	4.00	10.68	8.40	0.280	96.68	3.01	21.73	193.36	4.45
			5.00	13.20	9.24		116.79	2.98	26.24	233.58	
100		108.0	4.00	13.07	10.30	0.339	176.95	3.68	32.77	353.91	5.40
			6.00	19.23	15.09		250.90	3.61	46.46	501.81	
	4	114.0	4.00	13.82	10.85	0.358	209.35	3.89	36.73	418.70	5.70
125		133.0	4.00	16.21	12.73	0.418	337.53	4.56	50.76	675.05	6.65
			6.00	23.94	18.79		483.72	4.50	72.74	967.43	
	5	140.0	4.50	19.16	15.04	0.440	440.12	4.79	62.87	880.24	7.00
150		159.0	4.50	21.84	17.15	0.500	652.27	5.46	82.05	1304.54	7.95
			6.00	28.84	22.64		845.19	5.42	106.31	1690.38	
	6	165.0	4.50	22.69	17.81	0.518	731.21	5.68	88.63	1462.41	8.25
200		219.0	6.00	40.15	31.52	0.688	2778.74	7.53	208.10	4557.49	10.95
			9.00	59.38	46.61		3279.13	7.43	299.46	6558.25	
250		273.0	8.00	66.68	52.28	0.858	5851.73	9.37	428.70	11703.46	13.65
			11.00	90.62	71.09		7782.56	9.27	570.15	15565.11	
300		325.0	8.00	79.67	62.54	1.021	10013.94	11.21	616.24	20027.89	16.25
			13.00	127.42	100.03		15531.78	11.04	955.80	31063.57	

11.8　噪声的允许标准

11.8.1　我国工业企业噪声允许标准

表 11.8－1　我国工业企业噪声允许标准

允许噪声/dB		每个工作日允许接触时间/h					
		8	4	2	1	0.5	0.25
企业标准	现有企业	90	93	96	99	102	105
	新建、扩建、改建企业	85	88	91	94	97	100

注：最高不得超过 115dB。

11.8.2　国外噪声控制标准

表 11.8－2　国外噪声控制标准

允许噪声/dB	每个工作日允许接触时间/h					
	8	4	2	1	0.5	0.25
美国标准	90	95	100	105	110	115
英国标准	90	93	96	99	101	107
国际标准	85	87	89	92	95	108

11.8.3　炼油化工厂工作地点的噪声标准

表 11.8－3　炼油化工厂工作地点的噪声标准

每个工作日接触噪声时间/h	8	4	2	1	1/2	1/4	1/6
允许噪声/dB	85	88	91	94	97	100	103

参　考　文　献

1　中国石化集团洛阳石油化工工程公司编. 石油化工设备设计便查手册(第二版). 北京：中国石化出版社，2007

2　GB/T 706—2008 热轧工字钢、热轧槽钢、热轧等边角钢、热轧不等边角钢

3　YB 3301—2005 焊接 H 型钢

4　GB/T 11263—2005 热轧 H 型钢和剖分 T 型钢

5　GB/T 3277—1991 花纹钢板

6　中国石油化工总公司石油化工规划院编. 炼油厂设备加热炉设计手册(第一分篇). 中国石油化工总公司石油化工规划院出版，1987

第二篇　金属材料

第一章　基础知识

1.1　热处理常用的临界温度符号及说明

表 1.1 – 1　热处理常用的临界温度符号及说明

符号	说　明
A_0	渗碳体的磁性转变点
A_1	在平衡状态下，奥氏体、铁素体、渗碳体或碳化物共存的温度，即一般所说的下临界点，也可写为 Ae_1
A_3	亚共析钢在平衡状态下，奥氏体和铁素体共存的最高温度，即亚共析钢的上临界点，也可写为 Ae_3
A_{cm}	过共析钢在平衡状态下，奥氏体和渗碳体或碳化物共存的最高温度，即过共析钢的上临界点，也可写为 Ae_{cm}
A_4	在平衡状态下 δ 相和奥氏体共存的最低温度，也可写为 Ae_4
Ac_1	钢加热，开始形成奥氏体的温度
Ac_3	亚共析钢加热时，所有铁素体均转变为奥氏体的温度
Ac_{cm}	过共析钢加热时，所有渗碳体和碳化物完全融入奥氏体的温度
Ac_4	低碳亚共析钢加热时，奥氏体开始转变为 δ 相的温度
Ar_1	钢高温奥氏体化后冷却时，奥氏体分解为铁素体和珠光体的温度
Ar_3	亚共析钢高温奥氏体化后冷却时，铁素体开始析出的温度
Ar_{cm}	过共析钢高温奥氏体化后冷却时，渗碳体或碳化物开始析出的温度
Ar_4	钢在高温形成 δ 相冷却时，完全转变为奥氏体的温度
B_S	钢奥氏体化后冷却时，奥氏体开始分解为贝氏体的温度
M_S	钢奥氏体化后冷却时，其中奥氏体开始转变为马氏体的温度
M_Z	奥氏体变为马氏体的终了温度

1.2　常用名词和物理、化学数据

1.2.1　常用名词

常用名词按汉语拼音字母顺序排列

A

奥氏体　铁和其他元素形成的面心立方结构的固溶体，一般指碳和其他元素在 γ 铁中的间隙固溶体。原系外来语译名，由这种组织的发现人 Austen 而得名。

奥氏体化　把钢加热到临界温度以上使其组织转变为奥氏体的加热处理。所用加热温度叫做奥氏体化温度。当奥氏体化温度超过上临界温度 A_{c3} 或 A_{cm} 时，钢的结构全部转变为奥氏体时，叫做完全奥氏体化；当奥氏体化温度在 A_{c1} 和 A_{c3} 或 A_{c1} 和 A_{cm} 之间时，结果将有部分先共析的铁素体或渗碳体存在，所以叫做部分奥氏体化。部分奥氏体化一般仅在热处理过共析钢时使用。

B

白点 钢经热加工后，在一定温度范围内冷却较快时，由于过饱和的原子氢脱溶进入钢内微隙中合成分子氢，形成巨大压力，并和钢相变时所产生的局部内应力相结合，超过钢在这一温度的破断强度而产生的钢材内部的细小裂缝。这种细小裂缝在纵向断口上呈银亮色晶状斑点，所以叫做白点，在横向热酸侵宏观试样上呈细小裂缝，所以也叫做发裂。

杯突试验 检验金属薄板和带材延性和冷冲压变形性能的一种试验。常用的是艾利克森(Erich - sen)法，即用一规定的钢球或球状冲头向夹紧于规定压模内的试样施加压力，直到试样开始破裂为止，此时压入深度即为该金属材料的杯突值。

杯锥状断口 拉力试验试样拉断后，断处一端呈浅杯形，另一端呈截锥形的断口。一般调质钢多有此种断口，表示试样的强度和韧性都比较好，即具有较好的综合力学性能。

贝氏体 奥氏体在低于珠光体转变温度和高于马氏体形成温度的温度范围内分解成的铁素体和渗碳体的聚合组织。原系外来语译名，因这种组织的发现人 E. C. Bain 而得名。在较高温度时分解成的组织呈羽毛状，叫做上贝氏体；在较低温度时形成的组织，有类似低温回火马氏体针状组织的特征，叫做下贝氏体。

比例极限 金属材料中应力和应变能保持比例关系(符合虎克定律)时的最大应力值，常用符号为 σ_P，单位为 MPa。但其值难以用普通测试方法准确地求得，故常用规定比例极限表示，即取其作拉力试验时应力应变已不成直线关系而产生一定偏差时的应力值作为规定比例极限。所说的一定偏差，通常指应力应变曲线和应力轴夹角的正切值较其成比例关系时的直线部分和应力轴夹角的正切值增大 50%。在特殊情况下，为了更接近真正的比例极限，也可采用其他较低的规定偏差值，如 20%、10% 等。

表面淬火 将工件表面层迅速加热到淬火温度后进行淬火，使表面层硬化的热处理工艺。表面淬火常用的有火焰表面淬火、高频淬火、中频淬火等。

不起皮钢 见耐热钢。

不锈钢 具有抵抗大气、酸、碱、盐等腐蚀作用的合金钢的总称。能抵抗腐蚀性较强介质的腐蚀作用的钢也叫做耐酸钢。

步冷试验 为测定钢材对回火脆性的敏感性，通常采用分布冷却实验法(简称步冷试验)。其做法是试件加热到规定的温度后，分段逐步冷却。温度每降一级，保温时间就更长。步冷试验的目的是使试验钢材在 200 ~ 300h 内产生最大的回火脆性。

C

C 曲线 见等温转变曲线。

残余应力 去除外界影响(如外力、温差等的作用)后，物体内部仍然残存的应力；也叫做内应力。

超结构 见有序固溶体。

沉淀硬化 在一定的条件下，由过饱和固溶体中析出另一相而导致的硬化作用。由于强度也随硬度的增加而增加，所以也叫做沉淀强化。

沉淀强化 见沉淀硬化。

成核 在相变或再结晶过程中，新相核心质点的形成，叫做成核或形核。

持久强度 材料在给定温度经过一定时间破坏时所能承受的恒定应力；或称持久极限。

单位为 MPa，常用符号为 $\sigma_{b/1000}$，分母数字表示持久时间，单位为 h。例：$\sigma_{b/100}$是表示持久时间为 100h 的应力，余类推。

持久极限 见持久强度。

冲击功 见冲击值。

冲击韧性 见冲击值。

冲击试验 测定材料在给定条件下承受冲击载荷(弯曲、拉力、扭转等)的能力的试验。

冲击值 用给定方法迅速折断给定形状和尺寸的试样，所需的功叫做冲击功，在试样折断处每单位横截面积上所消耗的功叫做冲击值。因为冲击值一般显示材料承受冲击载荷时的韧性好坏，所以也叫做冲击韧性。冲击功和冲击值分别用符号 A_K或 α_K 表示之；两者的关系为 $\alpha_K = A_K/F$，其中 F 为试验前试样折断处的横截面积。A_K 的单位为 kg · m，α_K 的单位为kg · m/cm^2。

重结晶 与再结晶不同，重结晶是具有多型性相变的金属和合金，当温度改变通过其临界转变温度时，发生从一种点阵结构转变成另一种点阵结构的过程。

穿晶断裂 穿过晶粒内部破裂的现象，也叫做晶内断裂。

瓷状断口 经过正确淬火或低温回火的高碳钢的断口，具有致密、呈亮灰色、有绸缎光泽、如细瓷碎片断口形状的特征；也叫做干纤维状断口。

磁场热处理 把磁性材料在磁场中加热和冷却，以改善其磁学或其他性能的热处理工艺。

磁粉检验 对铁磁性材料进行无损检验的一种方法。当试样磁化后或在磁化过程中，将磁性粉末喷洒于试样上，依据磁性粉末的局部聚集情况，可以确定试样表面及皮下有无缺陷及缺陷性质、分布情况和严重程度等。

淬火 将金属加热到给定温度并保持一定时间后，使之快速冷却的热处理工艺。对于钢来说，通常指加热到临界温度 Ac_3以上或 Ac_1及 Ac_m 之间，保温一定时间，使之奥氏体化并均匀化后，将其淬入水或油中，迅速冷却，形成马氏体的工艺。

淬火剂 在淬火操作中，用以冷却金属的介质，如水、油、熔盐等；也叫做淬火介质。

淬透性 钢经加热奥氏体化后接受淬火的能力，它表示钢淬火后从表面到内部的硬度分布情况。淬透性和钢的化学成分、纯洁度、晶粒度等有关。

淬硬性 决定钢淬火后所能达到的最高硬度的性能，主要和钢的碳含量有关。

脆性 金属材料受力突然断裂，在断裂过程中没有显著的形变特性。

脆性断口 金属材料在没有显著形变之前就断裂所形成的断口。这种断口一般呈光亮的晶面状，所以有时也叫晶状断口。

脆性转变温度 材料由塑性断裂过渡到脆性断裂时的温度。如无特殊说明，一般是指用冲击试验方法来测定的。

D

带状组织 钢材中与加工方向平行的条带状偏析组织，如铁素体带、碳化物带，以及由非金属夹杂物所引起的条带等。

氮化 见渗氮。

单晶体 点阵位向基本相同的单独存在的结晶体。

刀状腐蚀 含稳定化元素如钛、铌等的不锈钢焊缝热影响区内熔化线附近，由于焊后被再次加热到450～850℃，以致碳化铬在晶界析出，引起晶间腐蚀倾向，在腐蚀介质中产生的一种形同刀刃的腐蚀现象。

等温淬火 把钢加热使其奥氏体化并均匀化后，迅速冷却到给定温度，并在该温度保持一定时间，使其进行等温分解，转变为贝氏体的热处理工艺。

等温退火 把钢加热使其奥氏体化并均匀化后，迅速冷却到给定温度，并在该温度保持一定时间，使钢中奥氏体完全分解为珠光体的热处理工艺。

等温转变曲线 过冷奥氏体等温转变的综合动力学曲线，也叫做S曲线、C曲线或综合动力学曲线；它表示过冷奥氏体等温分解的温度和时间的关系。

低倍检验 见宏观检验。

低温回火 钢淬火后在200℃左右保持较长时间，以便在不过多丧失其淬火硬度的情形下，尽可能地消除由淬火产生的内应力的热处理工艺，也称马氏体低温回火，低温回火后的组织叫做低温回火马氏体，或简称回火马氏体。

点阵参数 晶体晶胞沿三晶轴方向的长度和三晶轴间的夹角合称该晶体的点阵参数。沿三晶轴方向的长度叫做点阵常数。

点阵常数 见点阵参数。

点状偏析 在横向宏观热酸蚀试样上出现的大小和形状不同、颜色灰暗的斑点；有人也叫做滴状或质点状偏析。这种缺陷表示钢的纯洁度和质量欠佳；一般认为偏析斑点处的碳、硫、磷含量较高，夹杂较多，是由于钢锭凝固时，低熔物和气体的析集所造成的。

电化学腐蚀 金属与其周围介质接触，由于电化学作用而引起的表面腐蚀现象。

顶锻试验 检验金属材料承受规定程度的顶锻变形时其表面质量情况的试验，详见国家标准GB 233。

锭型偏析 钢锭凝固过程中，外部柱晶和内部等轴晶交接处的液体金属最后凝固，因而形成具有钢锭外形的一种区域偏析。根据热加工形式，这一区域在钢锭锻轧成材后，在钢材横截面上常呈规则或不规则的方框形，所以也有人叫它方框形偏析。一般用宏观热酸蚀来进行检验。

断口检验 将钢样打断，检验断口情况来确定钢的质量、晶粒大小，以及钢内是否有白点、内裂、严重夹杂、气孔等缺陷的检验方法。根据钢材种类和检验要求，所用钢样可在淬火、调质、退火或热轧状态打断；但如无特别规定时，则应在淬火后打断，以避免断口处有显著的塑性形变。

断面收缩率 简称面缩率或收缩率，常用符号为Z。是作拉力试验时，试样拉断后，其拉断处横截面积的缩减量和原截面积的比率，用百分数表示之。

钝化 金属表面经过某种处理，如电化学、氧化等，由于金属阳极反应被阻止，而增加其抵抗腐蚀能力的现象和工艺。

多边形化 金属晶体在冷加工变形后，位错密度增大，晶面发生弯曲。随后，在加热回复过程中，部分位错排列成为整齐的小角度晶界，形成完整的亚结构的过程和现象。

多次回火 对淬过火的钢件，重复多次回火的热处理工艺。目的是比较彻底地消除工件内的残余奥氏体和内应力。

多晶体 众多不同取向的晶体的聚集体。一般的金属物体通常都是多晶体。

E

二次硬化 某些合金钢，如高速钢等，淬火或正火后，在一定温度回火时，由于某些碳化物析出，产生沉淀硬化作用，使所得到的硬度比淬火或在较低温度回火后得到的硬度为高的现象和作用。

F

发裂 见白点。

发纹 钢材表面及内部沿锻轧方向出现的细小纹缕。这些纹缕一般是由于钢中的夹杂、气孔和疏松等被延伸所形成的。

翻皮 浇注钢锭时，由于钢液在钢锭模内上升不平稳而把液面的氧化膜翻卷入钢液中所造成的宏观缺陷。其特征是在钢材截面热酸蚀试样上，呈颜色不同、形状不规则的长条形，其周围并常有氧化物夹杂和气孔等存在。

范性 见塑性。

方框形偏析 见锭型偏析。

非金属夹杂 存在于钢中的不溶解的非金属元素的化合物，如氧化物、硫化物、氮化物以及硅酸盐等的总称，简称夹杂或夹杂物。

分层 也叫夹层。由于非金属夹杂、未焊合的内裂、残余缩孔、气孔等，在钢板内部形成的与钢板表面平行的局部不连接现象或缺陷。

分级淬火 把工件加热到奥氏体化温度后，淬入温度略高于(如必要时亦可稍低于)M_S点的淬火剂中，保持一定时间，在工件内外温度基本一致但显微组织仍保持为奥氏体(或含有微最马氏体的奥氏体)的状态下取出冷却，使其组织转变为马氏体的一种热处理工艺。采用这种工艺可以减低工件中的淬火应力，减少工件的开裂或变形。

腐蚀 金属因和周围介质发生化学和电化学作用所产生的表面变质而破坏的现象。

G

干纤维状断口 见瓷状断口。

高频淬火 利用高频感应电流将工件表面迅速加热后淬火的热处理工艺。

高温不起皮钢 见耐热钢。

高温回火 钢淬火后在较高的温度回火以得到较好的强度和韧性的综合力学性能的热处理工艺。回火温度根据所要得到的性能进行选择，一般大于400℃。

各向同性 物质的性能不随测试方向的改变而改变的特性。非晶体物质是各向同性的。

各向异性 物质的性能随晶体点阵方向而改变的特性。

共析钢 具有共析成分的钢种。如铁碳平衡相图所示，纯铁碳合金的共析点S处的碳含量约为0.80%；但在合金钢中，碳含量均较此为低。一般可以把退火后其显微组织全为珠光体的钢看做共析钢。

固溶处理 把合金加热到适当的温度并保持充分的时间，使合金中的某些组成物溶解到基体里去形成均匀的固溶体，然后将合金迅速冷却，使溶入的组成物留在基体内成为过饱和固溶体，这样可以改善合金的延展性和韧性，并为进一步进行沉淀硬化处理准备条件，这种处理叫做固溶处理。

固溶强化 由于形成固溶体而使基体强度增加的作用。

固溶体 含有两种或更多的化学组元的单一均匀的固态晶相。其中含量较多的组元称为溶剂或基体；含量较少的叫做溶质。

光亮退火 在保护气氛或真空中退火以防止或尽量减轻钢材或工件的氧化，保持其表面光亮的热处理工艺。

规定蠕变极限 见蠕变强度。

过冷 物质冷却到低于平衡相变温度尚未发生相变的现象。

过热 由于加热温度过高或时间过长使钢的晶粒过于粗大的现象。此种情况一般可用适当的热处理或热加工或两者的联合使用来加以消除。

过热敏感性 钢材加热到Ac_3以上温度时晶粒长大的倾向。

过烧 也叫烧毁。是由于加热温度过高，致使钢中熔点较低的组成物熔化而导致的不可挽救的损坏现象。

H

焊接性 在给定的工艺条件和焊接结构方案下，用焊接方法获得预期质量要求的优良焊接接头的性能，也有人叫它可焊性。焊接性好的钢，易于用一般焊接工艺焊接；焊接性差或坏的钢，则必须用特定的工艺进行焊接，以保证焊件的质量。

合金钢 含一种或多种适量的合金元素因而具有较好或特殊性能的钢。

合金元素 为了改善和提高钢的性能，在冶炼过程中有意识地加入钢中的化学元素。在冶炼过程中，由于原材料不纯而随着进入钢中的元素，对钢的性能虽也有一定的影响，但不认为是合金元素，而被看做是杂质或残余元素。为了去气脱氧等而加入一定量的元素，一般也不认为是合金元素。如为了脱氧和细化晶粒而加入的铝，并不认为是合金元素；但在38CrMoAlA之类钢中的铝，是为了改善钢的参氮性能，则被认为是主要合金元素之一。又如硅和锰，由于冶炼时脱氧，钢中总有一定的残余量；所以硅含量小于0.40%，锰含量小于0.80%时，一般也不看做是合金元素。

红硬性 某些钢，如高速工具钢和高合金工具钢，经过适当的热处理后，在较高温度下仍能保持其高硬度的性能。用具有红硬性的钢制成的刀具，在高速切削过程中所产生的热量，虽可使刀刃呈暗红色，但仍能保持其良好的切削能力。

宏观检验 用肉眼或不大于十倍的放大镜来检查金属表面或断面以确定其宏观组织和缺陷的检验；通常叫做低倍检验。宏观检验包括酸蚀、断口、硫印、塔形发纹等等。

宏观侵蚀 为了便于宏观检验，用化学药剂对所要检验的金属表面或断面进行的侵蚀。

宏观缺陷 也称低倍组织缺陷，用肉眼和不大于十倍的放大镜检查，如白点、疏松、偏析、发纹、裂缝、折迭等。

宏观组织 用肉眼或放大镜 可以观察到的金属组织，如粗晶、树枝状组织、偏析等；也有人叫它低倍组织。

滑移 晶体作塑性形变的方式之一，也就是晶体的一部分对晶体的另一部分沿特定的晶面和方向作切变位移。

化学腐蚀 金属由于和外部介质发生化学作用所引起的腐蚀现象。

化学热处理 把工件放在活性介质中，加热到一定的温度并保持足够的时间，使活性元素渗入工件，以改变其表面层的化学成分、组织和性能的热处理工艺。常用的有渗碳、渗氮、氰化等。化学热处理是提高工件表面硬度、耐磨性、疲劳强度、抗蚀性和抗氧化性等的主要方法。

回复　金属经冷加工后进行低温回火，其显微组织虽无显著的变化，但因冷加工产生的残余应力却被部分地消除，在冷加工前的物理和力学性能也部分地得到恢复。这种过程和现象叫做回复。

回火　把淬过火或经过冷加工变形的钢加热到选定的温度（低于钢的下临界点或再结晶温度），保持充分的时间，以消除其因淬火或冷加工变形所产生的残余应力，并获得较稳定的显微组织和根据需要和可能达到的综合力学性能的热处理工艺。

回火脆性　某些钢，特别是不含钼的合金结构钢，在回火缓冷后，其室温冲击韧性普遍降低的特性。在 250～450℃回火发生的脆性通常是不可逆的，叫做第一类或不可逆回火脆性；在更高温度发生的脆性一般是可逆的，叫做第二类或可逆回火脆性。回火脆性产生的原因，还没有普遍公认的解释。

回火马氏体组织　马氏体回火后的较稳定的显微组织，包括：

（1）低温回火马氏体：简称回火马氏体，指在 200℃左右回火后仍具有马氏体针状特征的显微组织；

（2）屈氏体：以前叫做二次屈氏体或回火屈氏体，现用做专指在中温回火，碳脱溶形成碳化物析出，马氏体基体恢复体心立方铁素体结构，易于腐蚀，并失去针状特征的显微组织；

（3）索氏体：以前叫做二次索氏体或回火索氏体，现用做专指在高温回火，碳化物聚集成较大的、在放大约 1000 倍的显微镜下就能分辨其颗粒的显微组织；

（4）球化体：曾有人叫它球状或粒状珠光体，是在接近下临界点的温度较长时间回火时，碳化物已聚集成在铁素体基体内均匀分布的、在放大约 500 倍的显微镜下即可清晰看到的较大颗粒的显微组织。

回火稳定性　钢淬火硬化后在回火过程中抵抗硬度下降的能力，有时也叫抗回火性。回火稳定性主要决定于钢中合金元素的种类和含量。

J

畸变　晶体点阵由于某种原因，如空位和位错的出现和溶质原子的存在等所产生的内应力而引起失去其理想的完整性和规律性的现象。

激活能　开始或继续一种物理化学过程或反应过越过势垒所需的能量。

机械性能　见力学性能。

夹层　见分层。

加工强化　见形变强化。

加工性　一般指形变加工性，是在不开裂的前提下，金属接受塑性变形的性能。

加工硬化　见形变强化。

间浸腐蚀试验　金属材料抗蚀试验的一种。其特点是把金属试样按给定程序浸入腐蚀介质内一定时间，取出曝露在空气中一定时间，而后再浸入腐蚀介质，重复进行若干次后，检验其受腐蚀的情况。

结疤　钢锭和钢材表面粘结的形状不规则的凸起小块；有时也叫做结斑。

金属学　研究成分、组织结构及其变化，以及加工和热处理工艺等对金属和合金性能的影响和它们相互之间的关系的学科。

金相检验 应用金相学方法检查金属材料宏观和显微组织的工作。

金相学 狭义的金属学，也就是研究合金相图，用肉眼观察，在放大镜和显微镜的帮助下，研究金属和合金的组织和相变的学科。

晶胞 能全面描述晶体点阵特征的最小平行六面体，它可以在三个晶轴方向按同一位向重复排列成完整晶体。

晶带 晶体中平行于同一方向的一系列晶面的总称。

晶间断裂 沿晶粒间界破裂的现象。

晶间腐蚀 有选择性地发生在晶粒间界上的腐蚀现象和作用。

晶界 多晶体中，晶体相互接触的间界面。

晶粒度 表示晶粒大小的尺度。对钢来讲，若不特别指明，一般是指奥氏体化后的奥氏体晶粒的大小，通常采用8级方法来表示，1级最大，8级最小。钢的晶粒度有以下几种：

(1) 本质晶粒度。指钢加热到930℃ ±10℃奥氏体化并保温充分长的时间后所获得的奥氏体晶粒度。本质晶粒度表示钢的奥氏体晶粒在规定温度下的长大倾向，是制定钢的热处理规范的重要参考数据。

(2) 实际晶粒度。指钢件在最后一次热处理(退火、正火、淬火)过程中，加热至奥氏体化并保温后所实际得到的晶粒度；如为热轧(锻)材时，则指热轧终了时，其中奥氏体的晶粒度。实际晶粒度对钢的性能有密切的影响。

(3) 起始晶粒度。是钢加热奥氏体化过程中，最初形成奥氏体晶粒的晶粒度。

晶面 通过晶体点阵若干结点或晶体中若干原子的平面。

晶体 由许多质点(包括原子、离子和原子群等)在三维空间作有规则排列的固体物质。

晶体缺陷 实际晶体中，由于某些原因使原子偏离完全规则排列的各种现象，包括空位、间隙原子、位错、嵌镶块等。

晶状断口 呈光亮结晶状的断口，是脆性断裂的特征。见脆性断口。

颈缩 进行金属材料的拉力试验时，在载荷超越最大值后和断裂前由于局部形变而导致试样某一部分截面收缩的现象。

K

抗拉强度 拉力试验中，最大载荷与试样原横截面积之商；也叫做强度极限，又叫抗张强度或强度。以符号 R_m 表示之，单位为MPa。

抗切强度 剪切或扭转试验中，试样单位横截面积上所能承受的最大剪切力。以符号 τ_b 表示之，单位为MPa。

抗蚀性 抵抗周围介质腐蚀的能力或性能。也有叫做抗腐蚀性和耐蚀性的。

抗氧化性 主要是指金属材料在高温时，抵抗氧化气氛腐蚀作用的性能。

空蚀 在流动的液体中，由于液体压力急剧变动，气泡不断产生和消失而引起的工作表面的损坏现象和作用。

扩散 物质中质点(原子、分子等)由于热振动进行无规则运动，从一个位置迁移到另一个位置的过程。

扩散退火 也叫做均匀化退火，是把钢加热到超过上临界点200℃左右的温度，并保留较长时间，借原子在高温下可以较快地扩散，减低或消除各合金元素在钢中的显微偏析的热处理工艺。

L

拉氏相(Laves 相)　二元合金中间相的一种，其化学成分为 AB_2，A 和 B 两种原子直径的比值约为 1.2；其晶体结构与 $MgCu_2$、$MgZn_2$或 $MgNi_2$的结构相同。在多元合金钢中，有时也存在化学式为 $A(B', B'')_2$的三元的拉氏相(Laves 相)。

莱氏体　铁－碳系中，奥氏体和渗碳体的共晶体。其中的奥氏体在缓冷到 Ar_1以下温度时则又分解为铁素体和渗碳体。原系外来语译名，国外为纪念 A. Ledebur 而得名。

莱氏体钢　在铸态含有莱氏体组织的钢，如高速工具钢和 Cr12 型高合金工具钢等，这类钢一般具有较大的耐磨性和较好的切削性。

蓝脆　钢在 300℃上下时，由于应变时效，其塑性及韧性降低或基本上消失的现象。

冷处理　钢件淬火后，再立即把它迅速冷却到室温以下温度，使淬火后所残余的奥氏体转变为马氏体，以增加钢件硬度和尺寸稳定性的热处理工艺，也叫做低温处理。至于“冰冷处理”和“零下处理”两个名词，不够确切，建议不再继续使用。

冷脆　某些钢在低温时，其塑性和韧性显著下降的现象。

冷加工　在低于再结晶温度时进行塑性变形加工工艺。但在机械制造业中，常把“冷加工”理解为“切削加工”。这是两个不同的含义，为避免混淆，建议对“切削加工”不再叫“冷加工”。

冷作硬化　见形变强化。

力学性能　也叫机械性能，指材料受外力作用时反应出的各种性能，如抗拉强度、伸长率、弹性模量等。

裂缝　钢内部或表面断开或不连续的一种宏观缺陷，特征是有尖锐的根部或边缘。钢材内部的裂缝常简称做内裂。有人把细微的裂缝叫做裂纹，但这种区分是不必要的，也易于造成混乱。

临界点　见临界温度

临界冷却速度　钢淬火时，能抑止过冷奥氏体在马氏体点以上温度发生相变的最小冷却速度。

临界形变　能导致再结晶的最小冷加工形变量。冷加工形变量等于或略超过临界形变的金属材料，在再结晶过程中，将生成异常粗大的晶粒而变脆。

临界直径　钢在某种淬火剂中淬火时，能够完全淬透的最大的圆柱体的直径。

流线　钢中夹杂、枝状偏析、气孔、疏松等沿加工方向延伸形成的彼此平行的宏观条纹组织。

孪晶　也叫双晶，是内部原子排列以某一结晶面为对称面处于对称位置的晶体。由于形变孪生所产生的孪晶叫做形变孪晶；在退火过程中所产生的则叫做退火孪晶。

M

马氏体　奥氏体通过无扩散型相变而转变成的亚稳定相。实际上，是碳在铁中过饱和的间隙式固溶体。晶体具有体心四方结构，在显微镜下呈竹叶状。原系外来语译名，国外为纪念冶金学家 Martens 而命名。

马氏体点　钢奥氏体化后冷却时，其中奥氏体转变为马氏体的温度。通常用符号 M_s表示开始转变的温度，M_z表示转变终了的温度。

马氏体时效钢 经退火和时效处理后，屈服强度可高达1960MPa，并有优越的韧性的低碳铁基合金，一般含镍18%～25%，并含一定量的其他合金元素，如钼、钴、钛等。此类钢，在退火状态为马氏体；经时效处理，因沉淀强化作用，使其强度进一步提高。

马氏体型相变 钢中奥氏体到马氏体的相变，也叫做无扩散型相变。它的特征是在相变过程中，原子不进行扩散，只作有规则的重新排列。因此，新旧两相之间没有化学成分上的差别，但有密切的取向关系。

弥散强化 由于加入第二相的弥散分布，使合金的强度和硬度增加的作用和现象，也叫做弥散硬化。

弥散硬化 见弥散强化。

磨蚀 在流动的介质(液体或气体)中，金属表面由于介质和介质中携带的固体颗粒的摩擦和腐蚀所造成的损坏现象及作用。

N

萘状断口 脆性穿晶断口的一种。在断口上可以看到一些颇似萘晶的颗粒，这些颗粒具有弱金属光泽的亮点，是合金结构钢和高速钢等热处理时过热所产生的一种粗晶缺陷。此种缺陷难用适当的正火或退火予以消除。

耐热钢 在高温下具有一定热稳定性和热强性的钢。一般包括：(1)高温不起皮钢，或简称不起皮钢，其特点是在高温时有较好的抗氧化及其他介质腐蚀性能。(2)热强钢，有较好的持久和蠕变强度，并有适当的抗氧化和耐腐蚀性能。

耐蚀性 见抗蚀性。

耐酸钢 见不锈钢。

内应力 见残余应力。

P

派登脱处理 见铅浴处理。

配位数 晶体点阵中，某一原子最近邻的原子数目。

疲劳断口 由于交变载荷所导致的断裂断口。其特征是疲劳裂缝开始形成和逐渐扩大部分的断口光亮平整，有时围绕疲劳裂缝开始点可发现一系列同心或彼此平行的、标志疲劳裂缝逐渐扩大和发展的疲劳线，断口的其他部分则为一般骤然断裂的脆性晶状断口。

疲劳极限 钢及其他一些金属材料在交变应力作用下，可以经受无数周次的应力循环而仍不断裂时所能承受的最大应力，常以符号σ_{-1}表示之。

疲劳强度 某些有色金属和合金材料，在重复或交变应力作用下，没有明显的疲劳极限。因此常根据需要取交变应力循环一定周次N后断裂时所能承受的最大应力，称为疲劳强度，以符号σ_K表示之。此时的N称为材料的疲劳寿命。

偏析 钢中存在的化学成分不均匀现象。偏析一般可归纳为两大类，微观的和宏观的，即显微偏析和区域偏析。在浇铸凝固过程所形成的偏析，也常叫做液析。

普通低合金钢 普通低合金钢是结合我国富产资源而发展起来的一种钢类。其特点是在普通碳素钢的基础上加入少量或微量我国富产的合金元素，而获得强度和综合性能的明显改善(有时还可得到某些所要求的特殊性能)，用它代替普通碳素钢，可大大节约钢材。

Q

气孔　也叫气泡，是钢锭在凝固过程中，由于钢中的碳和氧化铁发生作用而生成的一氧化碳和由钢中脱溶而释出的其他气体聚集在钢锭内部形成内壁光滑的孔洞。这种孔洞在轧制过程中沿轧制方向延伸，在钢材横截面的酸浸试样上则呈圆形的、叫做针孔的小孔眼。

气泡　见气孔。

铅浴处理　把中碳或高碳钢丝加热奥氏体化后迅速淬入温度低于下临界点的熔融铅槽或盐槽中，使在该温度等温转变为细珠光体或贝氏体的一种处理工艺；也叫做铅浴淬火或派登脱(patenting)处理。

嵌镶块组织　也叫做亚结构，指晶体内部由于某些原因，如多边形化，产生一系列位向相差极小的细小晶体组织。

切削加工性　金属材料被切削加工的难易程度，也叫做可切削性。一般取决于可能的最大切削速度，切削出的表面的光洁度，以及对刀具寿命的影响等因素。

切削性　工具钢制成刀具后切割其他金属材料的性能。

氢脆　由于吸收和固溶氢原子而导致的脆性。

氰化　在熔融的氰化盐浴中，在高于Ac_1的温度下，将碳和氮同时渗入钢件表面以增加其淬火后的表面硬度、耐磨性和疲劳强度等的化学热处理工艺。

球化体　碳化物(包括渗碳体)成球状小颗粒均匀分布在铁素体基体中的显微组织(参见回火马氏体)。也有叫球状或粒状珠光体的，这种叫法容易发生误解，建议废弃。

球化退火　把钢的显微组织处理成球化体的热处理工艺。常用的方法是加热使钢奥氏体化后，较长时间地保持在略低于下临界点的温度，然后缓慢地冷却。

屈服点　材料承受载荷时，当载荷不再增加而仍继续发生塑性形变的现象叫做“屈服”。开始发生屈服现象时的应力叫屈服点。在发生屈服后，应力反而有所降低，则开始屈服时所达到的最高应力叫做上屈服点，屈服后第一次降到的最低应力叫做下屈服点。只有少数的金属材料，如强度较低的低碳和中碳钢等才有屈服点。

屈服强度　材料承受载荷时，当其永久形变达到规定值时的应力。对于钢材，一般的规定值是标距的0.2%，常用符号为$R_{p0.2}$，单位为MPa。当材料的屈服点不明显或根本没有屈服点时，就用屈服强度来衡量它的强度性能，所以也有人叫它做规定屈服点，甚而也叫它屈服点。

屈氏体

(1) 见回火马氏体。

(2) 奥氏体在500~600℃时分解转变成的用光学显微镜不能分辨其片层状组织的极细珠光体，也有人把它叫做屈氏体，为避免混淆起见，建议废弃这种叫法，称极细珠光体为宜。

缺口敏感性　因缺口的应力集中作用和形成的三维应力状态而导致力学性能降低的倾向。一般常用带有缺口的试样和没有缺口的试样的冲击值的比值来表示。比值越小，表示钢对缺口越敏感。

R

热处理　把金属和合金加热到给定的温度并保持一定的时间，然后用选定的速度和方法使之冷却以得到所需要的显微组织和性能的操作工艺。

热脆

(1) 金属在热加工变形温度范围内性能变脆的现象。对钢来说，主要是晶界上的低熔点杂质，如硫化铁夹杂等在较高的热加工温度熔化所造成的。

(2) 金属在较高温度长期停留或使用时，由于某些元素在晶界的析集和新相的析出而变脆的现象。

热分析 利用加热和冷却曲线上的转折点和陡度的改变来测定金属和合金相变温度和临界点的试验研究方法。

热加工 在高于再结晶温度时进行塑性变形的加工工艺。在机械制造业中，一般也把铸、锻、焊接和热处理等看做是热加工。

热疲劳 由于反复加热和冷却在材料内部形成温度梯度的交替循环所导致的应力而产生的疲劳裂缝和断裂的现象。

热强钢 见耐热钢。

热影响区

(1) 紧靠焊缝或用氧气切割切口边缘的未曾溶化、但其显微组织和性能因受焊接或切割热循环影响而显著改变的部分。

(2) 钢件局部热处理后，从被热处理部分到未被热处理部分的过渡区。

热滞 见温度滞后。

人工时效 在高于室温温度进行时效处理的工艺。

韧性 金属材料在破断前吸收能量和进行塑性变形的能力。一般多用冲击值的大小来衡量，叫做冲击韧性。也可以用拉力试验所描绘的应力－应变曲线下的面积来衡量。

韧性断口 金属材料在受力裂断前若经过显著的塑性滑移形变，断口将呈暗灰色，看不出任何晶界和晶面的痕迹。这种断口，一般叫做韧性断口。也有人把它叫做纤维状断口，但此种叫法已不多见。

蠕变 金属和合金，在不超过其屈服强度的应力作用下，随时间缓慢变形的现象。这种现象在温度较高时较为显著。在开始阶段，蠕变速度随时间而逐渐降低，这一阶段叫做初期蠕变。随后蠕变速度降到最低值而保持不变，这一阶段叫做二期蠕变。再后，蠕变速度又复升高直到破坏，这一阶段叫做三期蠕变。

蠕变强度 也叫规定蠕变极限。

(1) 在给定温度下一定时间内导致一定蠕变程度的应力；

(2) 在给定温度导致在二期蠕变中产生给定蠕变速度时的应力。

S

S 曲线 见等温转变曲线。

上贝氏体 见贝氏体。

烧毁 见过烧。

伸长率 也叫延伸率。作拉力试验所用试样拉断后，其标距部分所增加的长度和原标距的比率，用百分数表示。

渗氮 也叫氮化。通常指把已调质并加工好的零件放在含氮的介质(如氨气或熔融的氰化盐)中，在 500~540℃保持适当的时间，使介质分解而生成的新生氮渗入钢件表面层以增加其硬度、耐磨性和抗蚀性的化学热处理工艺。作渗氮零件的钢，一般是含铝、铬和钼的高级优质中碳调质合金结构钢，如 38CrMoA1A 钢。若只要求零件有较好的抗蚀性时，为了提高效率，也可在高于 540℃但低于 Ac_1 的温度下进行渗氮。这样，渗氮层的硬度将较低。

渗碳 将碳渗入钢件表面层以增加其淬火后的硬度的化学热处理工艺。作渗碳零件用的钢叫渗碳钢，一般是优质低碳碳素或合金结构钢，如 20 钢、18CrMnTi 钢、20MnTiB 钢等。

渗碳体 钢中的碳化铁(Fe_3C)相，其中的铁原子有时部分地为锰、铬等碳化物形成元素的原子所代替。

石墨钢 部分的碳以石墨状态存在的钢。有时也叫石墨化钢。

石状断口 一种无金属光泽、呈碎石状的脆性晶间断口，是严重过热、晶粒极度长大、晶界上有杂质析集的表征。这种缺陷用一般热处理方法不能消除，但可用热加工或热加工及热处理联合工艺加以补救。

时效 金属和合金(如低碳钢等)，它们经加工后，特别是经过一定程度的冷加工变形后，其性能随时间而改变的现象。一般地讲，经过时效，硬度和强度有所增加，塑性、韧性和内应力则有所降低。

时效处理 把材料有意识地在室温或较高温度下存放较长时间，使之产生时效作用的工艺。

时效硬化 把经过固溶处理或冷加工的金属材料进行时效处理，以提高其硬度和强度的现象和工艺。见沉淀硬化。

疏松 钢锭凝固过程中，由于晶间部分的液体最后凝固收缩和放出气体，导致很多细微孔隙而造成钢的一种不致密现象。根据它们存在的位置，可以区分为一般疏松和中心疏松。疏松情况较严重的将影响到钢的性能，是钢的宏观缺陷之一。

双液淬火 钢件淬火时，先淬入冷却能力较强的淬火剂中若干时间，再转入另一冷却能力较弱的淬火剂中冷却，使在得到预期的淬火组织的同时，又能有效地防止钢件开裂和减小其中的残余应力的淬火工艺。

斯氏体 铁素体和磷化铁(Fe_3P)的共晶体，又名磷共晶。原系外来语译名，国外为纪念 Stead 而命名。是铸铁中常见的一种显微组织

松弛 由于蠕变，在总形变量不变的条件下，钢件应力随时间的延长而逐渐降低的现象。

塑性 材料在受力破坏前可以经受较大的永久形变的本领，也叫做范性。

塑性形变 材料受力所产生的永久形变，也叫做范性形变。

酸脆 由于酸洗以致氢原子扩散到钢内而导致的氢脆。

酸浸试验 是酸蚀试验的一种，其方法是将试样腐蚀面向上，使整个试样浸没于腐蚀液中。此法一般用于热酸蚀试验。

酸侵试验 也是酸蚀试验的一种，其方法系用蘸有腐蚀液的棉花或棉纱等擦拭或覆盖于被腐蚀面。此法主要用于对大工件表面进行冷酸蚀试验。

酸蚀试验 把制备好的试样，用酸液进行腐蚀以显示其宏观组织的试验。有时也用中性化学溶液进行腐蚀，但习惯上仍称之为酸蚀试验。根据腐蚀所用酸液的温度不同，可分为热酸蚀和冷酸蚀两种。根据腐蚀所用方法的不同，又可分为酸浸和酸侵两种。见酸浸试验和酸侵试验。

缩孔 钢锭和铸件，由于最后凝固部分的收缩得不到钢液填充所形成的宏观孔穴。

索氏体

（1）见回火马氏体。

（2）奥氏体在约600℃分解成细珠光体，也有人把它叫做索氏体或一次索氏体。为避免混淆起见，应废弃这种叫法，称为细珠光体。

T

塔形车削发纹检验 钢材质量检验方法之一，是将钢材车削成规定的塔形或阶段形梯形试样，而后用酸蚀或磁粉法检验钢中发纹存在情况。简称塔形检验或塔形车削检验。

弹性 物体受力变形，当全部或部分去掉所受的力时，它恢复受力前的形状和尺寸的特性。

弹性后效 弹性形变的产生和恢复落后于外力的增加和减低的现象。见滞弹性。

弹性极限 在不产生永久塑性形变的前提下，材料所能承受的最大应力。常用符号为σ_e，单位为MPa。

弹性模量(弹性模数) 在比例极限以内，应力和应变的比值，常用符号为E，单位为MPa。根据应力、应变的性质，有正弹性模量、切弹性模量和体积弹性模量之分。

弹性形变 物体受力而发生的暂时形变。去除所受的力时，弹性形变也随之消失。

碳氮共渗 在含有碳氢化合物、一氧化碳和氨气的气氛中，在高于Ac_1的温度下，把碳和氮同时渗入钢件表面以增加其淬火后的表面硬度、耐磨性和疲劳强度等的化学热处理工艺。

碳化物不均匀度 莱氏体型高合金钢中，共晶碳化物在热加工过程中，未能有效地破碎，以致分布不均匀的情况。一般是和标准的分级图片比较，加以评定。

特殊钢 用特殊方法生产或具有特殊性能的品质优良的钢。

调质处理 利用淬火和中温(或高温)回火以得到所需要的强度和韧性的热处理工艺。

调质钢 适于进行调质处理的钢，一般指中碳的碳素结构钢和合金结构钢，如40、30CrMnSiA钢等。

铁素体 铁和其他元素形成的体心立方结构的固溶体，包括在A_4以上温度存在的δ相和在A_3以下温度存在的α相。如不特殊注明，一般是指碳和其他元素在α铁中的间隙固溶体。

退火 把钢加热到高于临界点或再结晶温度，保温后以小于在静止空气中的冷却速度进行冷却的热处理工艺。

脱碳 钢加热和保温时，由于周围气氛的作用，使表面层中的碳全部或部分丧失的现象和反应。具有脱碳情况的表面层，叫做脱碳层。

W

弯曲试验 把试样绕给定直径的弯心进行弯曲以鉴定其韧性、延性和表面质量的试验。在室温及室温以下温度进行试验时，叫冷弯试验，在室温以上温度进行试验时，叫热弯试验。

网状组织 沿晶粒间界析集的第二相把晶粒全部或部分包围，以致在金相试样上观察呈连续的或不连续的网络状显微组织。在钢中出现的，一般是碳化物网或铁素体网。

魏氏组织　在一定的冷却条件下，过饱和固溶体晶粒内，将沿某些惯析晶面上析出和原晶粒保持一定结晶学位向关系的新相。在显微镜下观察，将看到由针状的新相组成的有规则的几何图形嵌入原晶相构成的基底内的一种显微组织。这种显微组织的名称原系外来语译名，国外为了纪念它的发现者 widmanstatten 而命名的。亚共析钢过热、晶粒长大后，以一定速度冷却时所形成的由彼此交叉约 60°的铁素体针构成的几何图形嵌入珠光体基底的显微组织，是最常见的例子。

位错　晶体中具有特定结构和特点的微观线性缺陷。最简单的有刃型位错和螺型位错两种。

位向　晶体在空间坐标系内排列的方向。

温加工　为了避免脆裂，在高于室温和低于再结晶温度的温度范围内进行的塑性变形加工，有时叫做温加工。但此种叫法不够恰当，因为在上述温度范围内进行的塑性变形加工，仍属冷加工范畴。

稳定化处理　为了稳定工件的形状和尺寸，以及材料的组织和性能而进行的处理，例如：

(1) 工具和量块淬火后的冷处理回火和时效。

(2) 含钛奥氏体不锈钢在选定的温度回火使其中的碳尽可以多地形成碳化钛以改善钢的抗晶间腐蚀性能。

(3) 低合金耐热钢在较高温度作较长时间的回火以稳定其组织和性能等。

无扩散型相变　见马氏体型相变。

无损检验　在不损坏工件的前提下，用以鉴定其质量和是否合用的检验方法，如磁粉检验、荧光检验、X 及 γ 射线透照检验、超声波检验等。

X

下贝氏体　见贝氏体。

纤维状断口

(1) 使钢材纵向脆裂后，经常发现的一种沿加工方向呈纤维组织状的断口。

(2) 见韧性断口。

纤维组织　由于晶粒及夹杂在加工变形过程中被拉长，在钢材纵向酸蚀试样上及纵向断口试样上呈现的线条状组织。

显微组织　需要借助于显微镜才能分辨和进行观察的微观组织。

线膨胀系数　物质热胀冷缩，每当温度升降 1℃，其单位长度胀缩的长度。常用符号为 α，单位为 mm/(mm·℃)。

相　在一物质或合金体系中具有同一化学成分、同一聚集和组织状态的均匀部分。

相变　由于温度、压力或成分等的变化而导致的一个体系中相的分解、合成或转变过程。

相结构　一般指固态相的晶体结构。

相图　表示合金体系中各相区温度和成分极限的图解，也叫状态图。表示在平衡状态或亚平衡状态的，则分别冠以“平衡”或“亚平衡”字样，如“平衡相图”。

形变 钢材受力时尺寸和形状的改变。有弹性形变和塑性形变之分。

形变强化 由于塑性变形而导致硬度和强度增加的作用和现象，也叫加工强化、加工硬化或冷作硬化。

形变强化率 金属和合金的强度和硬度随塑性形变量而增加的速率。

形变热处理 钢加热奥氏体化并均匀化后，迅速冷却到根据需要选定的温度，趁其尚未分解转变时，进行较大量的塑性变形，而后在其仍为奥氏体的状态下进行淬火和回火，以获得回火马氏体组织。此种热形变加工继之以调质处理的联合工艺，和正常的调质处理比较，可以在同样的延性和韧性的水平上，得到较高的强度。

Y

亚结构 见嵌镶块组织。

延性 材料在外力作用下可以被拉伸的性能。

液析 见偏析。

易切钢 含有较多分布均匀的硫化锰或金属铅等微粒的钢。这一类钢，在切削加工时，切屑易于破碎，因而可节省动力，采用较高的切削速度，获得较好的工件表面粗糙度和延长刀具寿命等，所以叫做易切钢。

应变时效 由于冷加工变形而导致的时效作用和现象。

应力腐蚀 金属在应力状态下被腐蚀的现象。

硬度 对塑性变形、划痕、磨损或切割等的抗力。它实际上是弹性模量、屈服强度、形变强化率等一系列物理性能在不同程度上组合成的一种复合力学性能。由于试验方法和所根据的原理的不同，有布氏硬度(HB)、洛氏硬度(HRA、HRB、HRC)、维氏硬度(HV)、肖氏硬度(HS)等之分。

优质钢 含杂质，特别是硫、磷较少，品质优良的钢。一般常和“特殊钢”一词混用。

有序固溶体 在一定温度以下，在其晶体点阵中，各不同种类的原子都分别占有有规则的位置的固溶体，也叫做超结构。

郁氏体 溶有若干氧的氧化亚铁(FeO)固溶体相，在温度降到570℃时按共析反应分解为α铁及四氧化三铁(Fe_3O_4)。

孕育期 在相变过程中，开始时虽然达到热力学的条件，但还需要经过一段时间才能获得动力学的条件，形成新相的晶核，这一段必须经过的时间叫做孕育期。如在奥氏体等温转变过程中，孕育期就是奥氏体实际开始分解前的一段时间。

Z

再结晶 金属冷加工变形后，由于内能提高处于不稳定状态，当加热到适当温度时，将进行重新成核和晶粒长大，以获得没有内应力和形变的稳定组织。这种没有相变的结晶过程叫做再结晶。可以进行再结晶的最低温度叫做再结晶温度。再结晶温度的高低，一般和金属的成分和变量有关。能导致再结晶的最小形变量叫做临界形变。

再结晶退火 将冷加工变形过的金属加热到高于它的再结晶温度使之再结晶的热处理

工艺。

展性 金属材料可以被锤击或碾轧成薄箔的性能。

折迭 在锻轧过程中，由于尖棱角、飞翅、凸起等，被卷折或搭迭压到钢材表面上，但又因氧化关系未能焊合的一种宏观表面缺陷。

正火 将钢加热到上临界点以上约 30～50℃或更高温度奥氏体化并保温使均匀化后，在静止空气中冷却的热处理工艺；也有人叫它正常化处理或常化。

枝晶 液体金属凝固时，固体晶核沿某些晶向生长较快，以致最后形成的具有树枝状的晶体，有人也叫它树枝状晶体。

织构 多晶体中，由于塑性变形时各晶粒的转动、再结晶、凝固时定向结晶、或电沉积等原因，产生的各晶粒位向趋向一致的组织，也叫做择优取向。按形成的原因，可分别称为形变织构、再结晶织构等。

滞弹性 固体在低应力范围内，当尚未产生永久形变时，其应变不是应力的单值函数，也就是它不仅与应力有关，而且与时间有关的一种特性。

质量钢 见优质钢。

中间相 合金系中，除以纯组元为溶剂并具有纯组元晶体结构的固溶体外的其他相，如金属间化合物、σ 相、拉氏相等的总称。每一中间相都有它自己的独特形成规律和晶体结构。

珠光体 铁素体片和渗碳体片交替排列的层状显微组织，是过冷奥氏体进行共析反应的直接产物，因为具有这种组织的样品抛光蚀刻后有珠母贝的光泽而得名。珠光体片层组织的粗细，随奥氏体过冷程度而不同，过冷程度越大片层组织越细，以至不能在一般光学显微镜下加以辨别。这些极细的本质上是珠光体的显微组织曾被分别命名为一次索氏体和一次屈氏体，但为避免容易混淆起见，这些叫法应该废弃。另外，也有人把球化体叫做球状或粒状珠光体，但它不是奥氏体直接分解的产物，也不是层状的，所以也建议不再用球状或粒状珠光体这一名称。

柱晶 彼此平行且一般垂直于钢锭或铸件表面的粗长晶粒。

转变温度 见临界温度。

状态图 见相图。

自然时效 在室温或自然条件下和较长时间内发生的时效作用和现象。

综合动力学曲线 见等温转变曲线。

组织 单相和多相组成的具有独特性能、形态或花样的聚集体。

α

α 铁 纯铁在 910℃及以下温度，以体心立方结构存在的同素异构体，也写做 α－Fe。

α 相 见铁素体。

σ

σ 相 在许多过渡族的二元和三元合金中出现的一种具有四方晶体结构的无磁性的金属间化合物。在高镍铬和高铬不锈耐热钢和合金中，是经常出现的一种硬脆的铁铬中间相。

1.2.2 常用物理、化学数据

1. 物理常数

表 1.2-1 物理常数

符号	名称	数值及单位
A_0	标准大气压	$(1.013246 \pm 0.000004) \times 10^6$ dyn/cm² (达因/厘米²)
$a_0 = h^2/4\pi^2 me^2$	玻尔(N. Bohr)半径	$(0.529210 \pm 0.000028) \times 10^{-8}$ cm(厘米)
c	真空中光速	$(2.99776 \pm 0.00004) \times 10^{10}$ cm/s(厘米/秒)
$E_0 = 10^8 e/c$	1电子伏特的能量	$(1.60199 \pm 0.00016) \times 10^{-12}$ erg(尔格)
e	电子电荷	$(4.8024 \pm 0.0005) \times 10^{-10}$ esu(静电电量单位) $(1.60199 \pm 0.00016) \times 10^{-20}$ emu(电磁电量单位)
e/m	电子的荷质比	$(5.2741 \pm 0.0005) \times 10^{17}$ esu/g(静电电量单位/克) $(1.75936 \pm 0.00018) \times 10^7$ emu/g(电磁电量单位/克)
F	法拉第(M. Faraday)常数	化学制 96487 ±10abs C/gequiv(绝对库仑/克当量) 物理制 96514 ±10abs C/gequiv(绝对库仑/克当量)
G	万有引力常数	6.6720×10^{-11} m³/(s²·kg)
g_0	标准重力加速度	980.665cm/s² (厘米/秒²)
g_{45}	在45°纬度处的重力加速度	980.616cm/s² (厘米/秒²)
h	普朗克(M. Planck)常数；量子常数	$(6.6237 \pm 0.0011) \times 10^{-27}$ erg·s(尔格·秒)
J_{15}	热功当量	$(4.1855 \pm 0.0004) \times 10^7$ erg/cal(尔格/卡)
k	玻耳兹曼(L. Boltzmann)常数	$(1.38032 \pm 0.00011) \times 10^{-16}$ erg·t(尔格·温度)
m	电子质量	$(9.1055 \pm 0.0012) \times 10^{-28}$ g(克)
N, N_0	阿伏伽德罗(A. Avogadro)常数	$(6.0235 \pm 0.0004) \times 10^{23}$
n_0	洛喜密脱(J. Loschmidt)常数	$(2.68731 \pm 0.00019) \times 10^{19}$ 1/cm³ (1/厘米³)
R_0	真实气体常数	$(8.31436 \pm 0.00038) \times 10^7$ erg/mol·t(尔格/摩尔·温度)
R_∞	里德伯(Rydberg)常数－无限质量	109737.30 ±0.051/cm(1/厘米)
T_0	冰点的绝对温度	273.16K(开氏温标)
V_0	理想气体在标准状况下的体积	$(22.4146 \pm 0.0006) \times 10^3$ cm³/mol(厘米³/摩尔)
$\alpha = 2\pi e^2/hc$	索末菲(Sommerfeld)精细结构常数	$(7.2978 \pm 0.0004) \times 10^{-3}$
μ	波尔(N. Bohr)磁子	$(0.92736 \pm 0.00017) \times 10^{-20}$ erg/Gs(尔格/高斯)
σ	斯塔芬－波耳兹曼(J. Stefun－L. Boltzmann)常数	$(5.6716 \pm 0.0023) \times 10^{-5}$ erg/(cm²·t⁴·s)[尔格/(厘米²·温度⁴·秒)]
—	钠(Na)黄线的波长	5893Å(埃)
—	镉(Cd)红线的波长	6438.5Å(埃)
—	氪86(Kr86)$2p_{10}$与$5d_5$能级间跃迁时辐射线的波长	1/1650763.73m(米)

2. 元素周期表

表 1.2-2 元素周期表

原子序数 → 19 K ← 元素符号
钾 ← 元素名称（注*的是人造元素）
原子量 → 39.0983

周期 \ 族	I_A	II_A	III_B	IV_B	V_B	VI_B	VII_B	VIII	VIII	VIII	I_B	II_B	III_A	IV_A	V_A	VI_A	VII_A	0	电子层	0族电子数
1	1 H 氢 1.00794(7)																	4 He 氦 4.002602(2)	K	2
2	3 Li 锂 9.941(2)	4 Be 铍 9.012182(3)											5 B 硼 10.811(7)	6 C 碳 12.0107(8)	7 N 氮 14.0067(2)	8 O 氧 15.9994(3)	9 F 氟 18.9984032(5)	10 Ne 氖 20.1797(6)	L K	8 2
3	11 Na 钠 22.989770(2)	12 Mg 镁 24.3050(6)											13 Al 铝 26.981538(2)	14 Si 硅 28.0855(3)	15 P 磷 30.973761(2)	16 S 硫 32.065(5)	17 Cl 氯 35.453(2)	18 Br 氩 39.948(1)	M L K	8 8 2
4	19 K 钾 39.0983(1)	20 Ca 钙 40.079(4)	21 Sc 钪 44.955910(8)	22 Ti 钛 47.867(1)	23 V 钒 50.9415(1)	24 Cr 铬 51.9961(6)	25 Mn 锰 54.938049(9)	26 Fe 铁 55.846(2)	27 Co 钴 58.933200(9)	28 Ni 镍 58.6934(2)	29 Cu 铜 63.546(3)	30 Zn 锌 65.39(2)	31 Ga 镓 69.723(1)	32 Ge 锗 72.54(1)	33 As 砷 74.92160(2)	34 Se 硒 78.96(3)	35 Br 溴 79.904(1)	36 Kr 氪 81.60(1)	N M L K	8 18 8 2
5	37 Rb 铷 85.4678(3)	38 Sr 锶 87.62(1)	39 Y 钇 88.90585(2)	40 Zr 锆 91.224(2)	41 Nb 铌 92.90688(2)	42 Mo 钼 95.94(1)	43 Tc 锝 (97.99)	44 Ru 钌 101.07(2)	45 Rh 铑 102.90550(2)	46 Pd 钯 104.42(1)	47 Ag 银 107.8682(2)	48 Cd 镉 112.411(8)	49 In 铟 114.818(3)	50 Sn 锡 118.710(7)	51 Sb 锑 121.760(1)	52 Te 碲 127.60(1)	53 I 碘 126.90447(3)	54 Xe 氙 131.293(4)	O N M L K	8 18 18 8 2
6	55 Cs 铯 132.90545(2)	56 Ba 钡 137.327(7)	57-71 La-Lu 镧系	72 Hf 铪 178.49(2)	73 Ta 钽 180.979(1)	74 W 钨 183.84(1)	75 Re 铼 185.207(1)	76 Os 锇 190.23(3)	77 Ir 铱 192.217(3)	78 Pt 铂 195.078(2)	79 Au 金 196.96655(2)	80 Hg 汞 200.59(2)	81 Tl 铊 204.3833(2)	82 Pb 铅 207.2(1)	83 Bi 铋 208.98038(2)	84 Po 钋 (209.210)	85 At 砹 (210)	86 Rn 氡 (222)	P O N M L K	8 18 32 18 8 2
7	87 Fr 钫 (223)	88 Ra 镭 (226)	89-103 Ac-Lr 锕系	104 Rf 𬬻* (261)	105 Db 𬭊* (262)	106 Db 𬭳* (263)	107 Bh 𬭛* (264)	108 Hs 𬭶* (265)	109 Mt 鿏* (268)	110 Uun * (269)	111 Uuu * (272)	112 Uub * (277)								

系															
镧系	57 Ac 镧 138.9055(2)	58 Ce 铈 140.116(1)	59 Pr 镨 140.90765(2)	60 Nd 钕 144.24(3)	61 Pm 钷* (147)	62 Sm 钐 150.36(3)	63 Eu 铕 151.964(1)	64 Gd 钆 157.25(3)	65 Tb 铽 158.92534(2)	66 Dy 镝 162.50(3)	67 Ho 钬 164.93032(2)	68 Er 铒 167.259(3)	69 Tm 铥 168.93421(2)	70 Yb 镱 173.04(3)	71 Lu 镥 174.967(1)
锕系	89 Ac 锕 (227)	90 Th 钍 232.0381(1)	91 Pa 镤 321.03588(2)	92 U 铀 238.02891(3)	93 Np 镎 (237)	94 Pu 钚 (239.244)	95 Am 镅* (243)	96 Gm 锔* (247)	97 Bk 锫* (247)	98 Cf 锎* (251)	99 Es 锿* (252)	100 Fm 镄* (257)	101 Md 钔* (258)	102 No 锘* (259)	103 Lr 铹* (260)

注：1. 原子量录自 1999 年国际原子量表，以 $^{12}C=12$ 为基准。原子量的末位数的准确度加注在其后括弧内。

2. 括弧内数据是天然放射性元素较重要的同位素的质量数或人造元素半衰期最长的同位素的质量数。

3. 105～109 号元素中文名称分别读作 dù(𬭊)、xǐ(𬭳)bo(𬭛)、hēi(𬭶)、mài(鿏)

3. 元素的点阵结构

表 1.2－3 元素的点阵结构

元素符号	元素名称	原子序数	晶型	点阵参数/kX①			c/a 或 α, β	原子半径(配位数 12 时)/Å
				a	*b*	*c*		
Ac	锕	89	面心立方	5.3003				1.88
Ag	银	47	面心立方	4.0779(25℃)				1.44
Al	铝	13	面心立方	4.0417(25℃)				1.4319
Am	镅	95	密集六角	3.6346(25℃)		11.7363	3.229	1.82
Ar	氩	18	面心立方	5.43(－253℃)				1.92
As	砷	33	菱形	4.123			α－54.10°	1.40
Au	金	79	面心立方	4.0704(25℃)				1.456
B	硼	5	正交	17.8639	8.9314	10.1395		0.95
Ba	钡	56	体心立方	5.009				2.25
Be	铍	4	密集六角	2.2810(18℃)		3.5760	1.5677	1.13
Bi	铋	83	菱形	4.7364(25℃)			α－57°14′	1.82
Br	溴	35	正交	4.48(－150℃)	6.67	8.72		1.483
$C_{金刚石}$	碳	6	钻石立方	3.5597(18℃)				0.86
$C_{石墨}$			六角	2.4564		6.6906		
Caα	钙	20	面心立方	5.582(18℃)				1.97
β			密集六角	3.9320(300℃)		6.4270	1.634	
Cd	镉	48	密集六角	2.973(20℃)		5.605	1.885	1.52
Ceα	铈	58	面心立方	5.143(室温)				1.82
β			密集六角	3.65(室温)		5.96	1.63	1.81
Cl	氯	17	正交	8.1934(－160℃)	4.4909	6.2773		
Coα	钴	27	密集六角	2.507		4.069	1.623	1.26
β			面心立方	3.5370(18℃)				
Crα	铬	24	体心立方	2.8846(20℃)				1.28
β			密集六角	2.717(室温)		4.418	1.626	
Cs	铯	55	体心立方	6.13(－10℃)				2.74
Cu	铜	29	面心立方	3.6147(20℃)				1.28
Dy	镝	66	密集六角	3.5923(20℃)		5.6545	1.574	1.77
Er	铒	68	密集六角	3.559(20℃)		5.592	1.571	1.75
Eu	铕	63	体心立方	4.578(20℃)				2.04
Feα	铁	26	体心立方	2.8611(20℃)				1.27
γ			面心立方	3.6468(916℃)				
δ			体心立方	2.932(1390℃)				
Ga	镓	31	正交	4.5107(20℃)	4.5167	7.6448		1.39
Gd	钆	64	密集六角	3.6315(20℃)		5.777	1.591	1.79
Ge	锗	32	钻石立方	5.648(20℃)				1.39

续表 1.2-3

元素符号	元素名称	原子序数	晶型	点阵参数/kX①			c/a 或 α，β	原子半径（配位数 12 时）/Å
				a	b	c		
H	氢	1	密集六角	3.75		6.12	1.63	0.78
He	氦	2	密集六角	3.57		5.83	1.633	1.22
Hfα	铪	72	密集六角	3.200（室温）		5.077	1.587	1.59
β			体心立方	3.50				
Hg	汞	80	菱形	2.999（-46℃）			α—70°31.7′	1.55
Ho	钬	67	密集六角	3.5761（20℃）		5.6174	1.571	1.95
I	碘	53	正交	9.78（室温）	4.79	7.255		1.39
In	铟	49	面心四方	4.585（22℃）		4.941	1.078	1.57
Ir	铱	77	面心立方	3.8312（18℃）				1.35
K	钾	19	体心立方	5.32（20℃）				2.38
Kr	氪	36	面心立方	5.59（20K）				1.98
Laα	镧	57	密集六角	3.754（室温）		6.063	1.613	1.86
β			面心立方	5.296（室温）				
Li	锂	3	体心立方	3.5021（20℃）				1.57
Lu	镥	71	密集六角	3.509		5.559	1.584	1.74
Mg	镁	12	密集六角	3.2094（25℃）		5.2105	1.6235	1.60
Mnα	锰	25	复杂立方（58 个原子）	8.8959				1.31
β			复杂立方（20 个原子）	6.300				
γ			面心四方	3.774（室温）		3.533	0.936	
δ			面心立方	3.862（1095℃）				
Mo	钼	42	体心立方	3.1405（20℃）				1.40
N	氮	7	简单立方	5.66（-252℃）				0.8
Na	钠	11	体心立方	4.2820（20℃）				1.92
Nb	铌	41	体心立方	3.2940（20℃）				1.47
Nd	钕	60	密集六角	3.650（室温）		5.890	1.614	1.82
Ne	氖	10	面心立方	4.52（-253℃）				1.60
Ni	镍	28	面心立方	3.5168（25℃）				1.24
Npα	镎	93	正交	6.663（20℃）	4.723	4.887		1.50
β			四方	4.897（313℃）		3.388	0.6919	
γ			体心立方	3.52（600℃）				
O	氧	8	正交	5.50（-252℃）	3.82	3.44		0.66
Os	锇	76	密集六角	2.7298（20℃）		4.3104	1.5790	1.35
$P_{黄磷}$	磷	15	正交	3.31（室温）	4.38	10.50		1.3
Pa	镤	91	体心四方	3.9178		3.238		1.60

续表 1.2－3

元素符号	元素名称	原子序数	晶型	点阵参数/kX①			c/a 或 α，β	原子半径（配位数12时）/Å
				a	b	c		
Pb	铅	82	面心立方	4.9502				1.75
Pd	钯	46	面心立方	3.8829				1.37
Po	钋	84	简单立方	3.3383(－10℃)				1.635
Pr	镨	59	密集六角	3.662		5.908	1.613	1.82
Pt	铂	78	面心立方	3.9239				1.38
Pu	钚	94	单斜	6.1835(21℃)	4.8244	10.973	β－101.81°	1.639
Ra	镭	88						2.35
Rb	铷	37	体心立方	5.69(20℃)				2.53
Re	铼	75	密集六角	2.7553(20℃)		4.4493	1.6148	1.38
Rh	铑	45	面心立方	3.7967(20℃)				1.34
Ru	钌	44	密集六角	2.7058(25℃)		4.2816	1.5824	1.32
Sα	硫	16	正交	10.48(室温)	10.92	24.55		1.04
β			单斜	10.90(103℃)	10.96	11.02	β－83°16′	
Sb	锑	51	菱形	4.4976(25℃)			57°6′	1.61
Sc	钪	21	密集六角	3.3080(20℃)		5.2653	1.5917	1.6383
Se	硒	34	单斜	9.05	9.07	11.61	β－90°46′	1.6
Si	硅	14	钻石立方	5.4199(20℃)				1.34
Sm	钐	62	菱形	8.996(20℃)			α－23°13′	2.0
Sn	锡	50	四方	5.8197(25℃)		3.1749	0.5455	1.58
Sr	锶	38	面心立方	6.0849(25℃)				2.15
Ta	钽	73	体心立方	3.2959(20℃)				1.46
Tb	铽	65	密集六角	3.599(20℃)		5.696	1.583	1.77
Tc	锝	43	密集六角	2.735		4.388	1.604	1.36
Te	碲	52	简单六角	4.4566(25℃)		5.9268	1.3299	1.7
Th	钍	90	面心立方	5.0741				1.80
Ti	钛	22	密集六角	2.9506(25℃)		4.6788	1.5857	1.4680
Tl	铊	81	密集六角	3.4496(18℃)		5.5137	1.5948	1.71
Tm	铥	69	密集六角	3.5372(20℃)		5.5619	1.572	1.74
Uα	铀	92	正交	2.852	5.865	4.945		1.57
β			四方	10.759(720℃)		5.656	0.5257	
γ			体心立方	3.5169(805℃)				
V	钒	23	体心立方	3.033(20℃)				
Wα	钨	74	体心立方	3.1589(20℃)				1.41
β			复杂立方	5.0408(18℃)				
Xe	氙	54	面心立方	6.24(－185℃)				2.18
Y	钇	39	密集六角	3.663(室温)		5.814	1.588	1.81
Yb	镱	70	面心立方	5.481(20℃)				1.93
Zn	锌	30	密集六角	2.6649(25℃)		4.9468	1.8563	1.38
Zrα	锆	40	密集六角	3.2312(25℃)		5.1477	1.5931	1.60
β			体心立方	3.61(867℃)				

注：①1kX＝1.002020Å。

4. 元素(物质)的物理性能

表1.2-4　元素(物质)的物理性能

元素符号	元素名称	原子序数	密度 d (20℃)/(g/cm³)	熔点/℃	沸点/℃	比热容 c(20℃)/[cal/(g·℃)]	熔解热/(cal/g)	导热系数 λ/[cal/(cm·s·℃)]	线胀系数 α (0~100℃)/(10^{-6}/℃)	电阻系数 ρ(0℃)/($10^{-6}\Omega\cdot$cm)	电阻温度系数(0℃)/(10^{-3}/℃)	磁化率 x(18℃)/(10^{-6}cm³/g)	弹性模量 E/(kg/mm²)
Ac	锕	89	10.07	1050	3200	—	—	—	—	—	4.23	—	—
Ag	银	47	10.49	960.8	2210	0.0559	25	1.0	19.7	1.5	4.29	-0.1813	7000~8200
Al	铝	13	2.6984	660.1	2500	0.215	94.6	0.53	23.6	2.655	4.23	+0.62	6900~7200
Am	镅	95	11.7	~1200	~2500	—	—	—	50.8	145	—	—	—
Ar	氩	18	1.784×10^{-3}	-189.2	-185.7	0.125	6.7	0.406×10^{-4}	—	—	—	-0.45	—
As	砷	33	5.73	814(36atm)	613(升华)	0.082	88.5	—	4.7	35.0	3.9	-0.31	790
Au	金	79	19.32	1063	2966	0.0312	16.1	0.71	14.2	2.065	3.5	-0.142	7900~8000
B	硼	5	2.34	2300	3675	0.309	—	—	8.3(40℃)	1.8×10^{12}	—	-0.63	—
Ba	钡	56	3.5	710	1640	0.068	—	—	19.0	50	—	+0.9	1290
Be	铍	4	1.84	1283	2970	0.45	260	0.35	11.6 (20~60℃)	6.6	6.7	-1.00	31500~28980
Bi	铋	83	9.80	271.2	1420	0.0294	12.5	0.020	13.4	106.8	4.2	-1.35	3234
Br	溴	35	3.12(液态)	-7.1	58.4	0.070	16.2	—	—	6.7×10^{7}	—	-0.39	—
C	碳	6	2.25(石墨)	3727	4830	0.165	-	0.057	0.6~4.3	1375	0.6~1.2	-0.49	490
Ca	钙	20	1.55	850	1440	0.155	52	0.3	22.3	3.6	3.33	+1.1	2000~2600
Cd	镉	48	8.65	321.03	765	0.055	13.2	0.22	31.0	7.51	4.24	-0.182	5350
Ce	铈	58	6.90	804	3468	0.042	8.5	0.026	8.0	75.3(25℃)	0.87	+17.5	3060
Cl	氯	17	3.214×10^{-3}	-101	-33.9	0.116	21.6	0.172×10^{-4}	—	10×10^{9}	—	-0.57	—
Co	钴	27	8.9	1492	2870	0.099	58.4	0.165	12.4	5.06(α)	6.6	铁磁性(α)	21400
Cr	铬	24	7.19	1903	2642	0.11	96	0.16	6.2	12.9	2.5	+2.65	25900
Cs	铯	55	1.90	28.6	685	0.052	3.8	—	97	19.0	4.96	+0.1	—
Cu	铜	29	8.96	1083	2580	0.092	50.6	0.94	17.0	1.67~1.68 (20℃)	4.3	-0.086	11700~12650
Dy	镝	66	8.56	1407	2300	0.041	25.2	0.024	7.7	56.0	1.19	铁磁性	6435

续表 1.2-4

元素符号	元素名称	原子序数	密度 d (20℃)/(g/cm³)	熔点/℃	沸点/℃	比热容 c(20℃)/[cal/(g·℃)]	熔解热/(cal/g)	导热系数 λ/[cal/(cm·s·℃)]	线胀系数 α (0~100℃)/(10⁻⁶/℃)	电阻系数 ρ(0℃)/(10⁻⁶Ω·cm)	电阻温度系数(0℃)/(10⁻³/℃)	磁化率 x(18℃)/(10⁻⁶cm³/g)	弹性模量 E/(kg/mm²)
Er	铒	68	9.16	1500	~2600	0.04	24.5	0.023	10.0	107	2.01	低温时为铁磁性	7475
Eu	铕	63	5.30	~830	~1430	0.039	16.5	—	—	81.3	4.30	—	—
F	氟	9	1.696×10^{-3}	-219.6	-188.2	0.18	10.1	—	—	—	—	—	—
Fe	铁	26	7.87	1537	2930	0.11	65.5	0.18	11.76	9.7(20℃)	6.0	铁磁性	20000~21550
Ga	镓	31	5.91	29.8	2260	0.079	19.16	0.07	18.3	13.7	3.9	-0.225	—
Gd	钆	64	7.87	1312	~2700	0.574	23.5	0.021	0.0~10.0	134.5	1.76	铁磁性	5730
Ge	锗	32	5.323	958	2880	0.073	7.3	0.14	5.92	0.86×10^{6} ~ 52×10^{6}	1.4	-0.12	—
H	氢	1	0.0899×10^{-3}	-259.04	-252.61	3.45	15.0	4.06×10^{-4}	—	—	—	-1.97	—
He	氦	2	0.1785×10^{-3}	-269.5 (103atm)	-268.9	1.25	0.825	3.32×10^{-4}	—	—	10^{21}(20℃)	-0.47	—
Hf	铪	72	13.28	2225	5400	0.0351	—	0.223	5.9	32.7~43.9	4.43	—	9800~14060
Hg	汞	80	13.546(液态)	-38.87	356.58	0.033	2.8	0.0196	182	94.07	0.99	-0.177	—
Ho	钬	67	8.8	1461	~2300	0.039	24.9	—	—	87.0	1.71	—	6840
I	碘	53	4.93	113.8	183	0.052	14.2	10.4×10^{-4}	93	1.3×10^{15}	-	-0.36	—
In	铟	49	7.31	156.61	2050	0.057	6.8	0.057	33.0	8.2	4.9	-0.11	1070~1125
Ir	铱	77	22.4	2443	5300	0.0323	—	0.14	6.5	4.85	4.1	+0.133	52500~53830
K	钾	19	0.87	63.2	765	0.177	14.5	0.24	83	6.55	5.4	+0.455(30℃)	—
Kr	氪	36	3.743×10^{-3}	-157.1	-153.25	—	—	0.21×10^{-4}	—	—	-0.39	—	—
La	镧	57	6.18	920	3470	0.048	17.3	0.033	5.1	56.8(20℃)	2.18	+1.04	3820~3920
Li	锂	3	0.531	180	1347	0.79	104.2	0.17	56	8.55	4.6	+0.50	500
Lu	镥	71	9.74	1730	1930	0.037	26.29	—	—	79.0	2.40	—	—
Mg	镁	12	1.74	650	1108	0.245	88±2	0.367	24.3	4.47	4.1	+0.49	4570
Mn	锰	25	7.43	1244	2150	0.115	63.7	0.0119(-192℃)	37	185(20℃)	1.7	+9.9	20160
Mo	钼	42	10.22	2625	4800	0.66	~69.8	0.34	4.9	5.17	4.71	+0.04	32200~35000
N	氮	7	1.25×10^{-3}	-210	-195.8	0.247	6.2	6×10^{-5}	—	—	—	+0.8	—

续表 1.2-4

元素符号	元素名称	原子序数	密度 d (20℃)/(g/cm³)	熔点/℃	沸点/℃	比热容 c(20℃)/[cal/(g·℃)]	熔解热/(cal/g)	导热系数 λ/[cal/(cm·s·℃)]	线胀系数 α (0~100℃)/(10⁻⁶/℃)	电阻系数 ρ(0℃)/(10⁻⁶Ω·cm)	电阻温度系数(0℃)/(10⁻³/℃)	磁化率 x(18℃)/(10⁻⁶cm³/g)	弹性模量 E/(kg/mm²)
Na	钠	11	0.9712	97.8	892	0.295	27.5	0.32	71	4.27	5.47	+0.51 ~ +0.66	—
Nb	铌	41	8.57	2468	5130	0.065	69	0.125 ~ 0.13	7.1	13.1 ~ 15.22	3.95	+1.5 ~ +2.28	8720
Nd	钕	60	7.00	1024	3180	0.045	11.78	0.031	7.4	64.3(25℃)	1.64	+36	3865
Ne	氖	10	0.8999×10^{-3}	-248.6	-246.0	—	—	0.00011	—	—	—	+0.33	—
Ni	镍	28	8.90	1453	2732	0.105	73.8	0.22	13.4	6.84	5.0 ~ 6.0	铁磁性	19700 ~ 22000
Np	镎	93	20.25	637	—	—	—	—	50.8	145(20℃)	-	+2.6	—
O	氧	8	1.429×10^{-3}	-218.83	-182.97	0.218	3.3	59×10^{-6}	—	—	—	+106.2	—
Os	锇	76	22.5	~3045	5500	0.031	—	—	5.7 ~ 6.57	9.66	4.2	+0.052	56000
P	磷(白)	15	1.83	44.1	280	0.177	5.0	—	125	1×10^{17}	-0.456	-0.90	—
Pa	镤	91	15.4	~1230	~4000	—	—	—	—	—	—	+2.6	—
Pb	铅	82	11.34	327.3	1750	0.0306	6.26	0.083	29.3	18.8	4.2	-0.12	1600 ~ 1828
Pd	钯	46	12.16	1552	~3980	0.0584	34.2	0.168	11.8	9.1	3.79	+5.4	11280 ~ 12360
Pm	钷	61	-	~1000	~2700	—	—	—	—	—	—	—	—
Po	钋	84	9.4	254	960	—	—	—	24.4	42 ± 10(α) 44 ± 10(β)	4.6(α) 7.0(β)	—	—
Pr	镨	59	6.77	935	3020	0.045	11.71	0.028	5.4	68(25℃)	1.71	+25	3590
Pt	铂	78	21.45	1769	4530	0.0324	26.9	0.165	8.9	9.2 ~ 9.6	3.99	+1.1	15470 ~ 17000
Pu	钚	94	19.0 ~ 19.8	639.5	3235	0.032	—	0.020	50.8	145(28℃)	-0.21	+2.2 ~ +2.52	10125
Ra	镭	88	5.0	700	1500	—	—	—	—	—	—	—	—
Rb	铷	37	1.53	38.8	680	0.080	6.5	—	90.0	11	4.81	+0.196(30℃)	—
Re	铼	75	21.03	3180	5900	0.033	—	0.17	6.7	19.5	1.73	+0.046	47100 ~ 47600
Rh	铑	45	12.44	1960	4500	0.059(0℃)	—	0.21	8.3	6.02	4.35	+1.1	28000
Rn	氡	86	9.960×10^{-3}	-71	-61.8	—	—	—	—	—	—	—	—
Ru	钌	44	12.2	2400	4900	0.057(20℃)	—	—	9.1	7.157	4.49	+0.427	42000
S	硫	16	2.07	115	444.6	0.175	9.3	6.31×10^{-4}	64	2×10^{23} (20℃)	—	-0.48	—

续表 1.2-4

元素符号	元素名称	原子序数	密度 d (20℃)/ (g/cm^3)	熔点/ ℃	沸点/ ℃	比热 C(20℃)/ [cal/(g·℃)]	熔解热/ (cal/g)	导热系数 λ/ [cal/(cm·s·℃)]	线胀系数 α (0~100℃)/ (10^{-6}/℃)	电阻系数 ρ(0℃)/ ($10^{-6}\Omega\cdot cm$)	电阻温度系数(0℃)/ (10^{-3}/℃)	磁化率 x(18℃)/ ($10^{-6}cm^3/g$)	弹性模量 E/(kg/mm^2)
Sb	锑	51	6.68	630.5	1440	0.049	38.3	0.045	8.5~10.8	39.0	5.1	-0.736	7900
Sc	钪	21	2.992	1539	2730	0.134	84.52	—	—	61(22℃)	—	+0.18	—
Se	硒	34	4.808	220	685	0.077	16.4	$7\sim18.3\times10^{-4}$	37	12	4.45	-0.32	5500
Si	硅	14	2.329	1412	3310	0.162(0℃)	432	0.20	2.8~7.2	10	0.8~1.8	-0.12	11500
Sm	钐	62	7.53	1052	1630	0.042	17.29	—	—	88.0	1.48	—	3475
Sn	锡	50	7.298	231.91	2690	0.054	14.5	0.150	23	11.5	4.4	-0.40	4150~4780
Sr	锶	38	2.60	770	1460	0.176	25	—	—	30.7	3.83	-0.2	—
Ta	钽	73	16.67	2980	5400	0.034	38	0.130	6.55	13.1	3.85	+0.93	18820~19200
Tb	铽	65	8.267	1356	2530	0.044	24.54	—	—	—	—	—	5865
Tc	锝	00	11.46	~2100	4600	—	—	—	—	—	—	—	—
Te	碲	52	6.24	450	990	0.047	32	0.014	17.0	$1\times10^5\sim$ 2×10^5	—	-0.301	4350
Th	钍	90	11.724	1695	4200	0.034	<19.82	0.090	11.3~11.6	19.1	2.26	+0.57	7420
Ti	钛	22	4.508	1677	3530	0.124	104	0.036(α)	8.2	42.1~47.8	3.97	+3.2	7870
Tl	铊	81	11.85	~304	1470	0.031	5.04	0.093	28.0	15~18.1	5.2	-0.215	810
Tm	铥	69	9.325	1545	1700	0.038	26.04	—	—	79.0	1.95	—	—
U	铀	92	19.05	1132	3930	0.0275	—	0.071	6.8~14.1	29.0	2.18~2.76	+2.6	16100~16800
V	钒	23	6.1	1910	3400	0.127	—	0.074	8.3	24.8~26	2.8	+4.5	12950~14700
W	钨	74	19.3	3380	5900	0.034	44	0.397	4.6(20℃)	5.1	4.82	+0.284	35000~41530
Xe	氙	54	5.495×10^{-3}	-112	-108	—	—	1.24×10^{-4}	—	—	—	—	—
Y	钇	39	4.475	1509	~3200	0.071	46	0.035	—	—	—	+5.3	6760
Yb	镱	70	6.966	824	1530	0.035	12.71	—	25	30.3	1.30	—	1815
Zn	锌	30	7.134(25℃)	419.505	907	0.0925	24.09	0.27	39.5	5.75	4.2	-0.157	9400~13000
Zr	锆	40	6.507	1852±2	3580	0.068	~60	0.211(25℃)	5.85	39.7~40.5	4.35	-0.45	7980~9770

5. 常见的碳化物和金属间化合物的点阵结构

表 1.2-5　常见的碳化物和金属间化合物的点阵结构

化合物	晶　型	点阵参数/(Å)			晶胞中原子数
		a	*b*	*c*	
$(Co, W)_6C$	立方	10.9～11.05			112(金属96，C16)
$(Cr, Fe)_2C$	面心立方，具有点阵缺陷	3.618			
Cr_3C_2	正交	11.48	5.63	2.827	20(Cr_{12}，C_8)
Cr_7C_3	六角(菱形)	14.01		4.532	80(Cr_{56}，C_{24})
$Cr_{23}C_6$	立方	10.53～10.66			116(Cr_{92}，C_{24})
FeAl	简单立方	2.89			2
Fe_3Al	面心立方	5.78			16
FeB	正交	4.05	5.50	2.95	8
Fe_2B	四方	5.10		4.24	12
Fe_3C	正交	4.524	5.089	6.743	16(Fe12，C4)
FeCo	简单立方	2.8504			2
$(Fe, Mo)_6C$	立方	11.05～11.09			112(金属96，C16)
$(Fe, W)_6C$					
Mo_2C	六角	3.00		4.72	3
NbC	立方	4.44～4.46			8(Nb_4，C_4)
NiAl	简单立方	2.88			2
$NiAl_3$	正交	6.60	7.35	4.80	16
SiC	六角(另有多种六角及菱形结构)	3.08		10.08	8
TiAl	四方	3.99		4.07	2
$TiAl_3$	四方	5.436		8.596	8
TiC	面心立方	4.311			8(Ti_4，C_4)
VC	立方	4.14～4.31			8(V_4，C_4)
WC	六角	2.916		2.844	2
W_2C	六角	2.937		4.722	3
ZrC	立方	4.66～4.68			8(Zr_4，C_4)

1.3　钢的分类

多年来，我国常用的钢分类方法有以下5种：

(1) 按化学成分分类，分为碳素钢、合金钢；

(2) 按品质分类，分为普通钢、优质钢、高级优质钢；

(3) 按冶炼方法分类，可按炉别、脱氧程度和浇注制度进一步分类；

(4) 按金相组织分类，可按退火状态的钢、正火状态的钢、无相变或部分发生相变的钢进一步分类；

（5）按用途分类，分为建筑及工程用钢、结构钢、工具钢、特殊性能钢、专业用钢（如桥梁用钢、锅炉和压力容器用钢）等。

1992年10月，我国实施新的钢分类方法，颁发了GB/T 13304—1991《钢分类》。这个标准是参照国际标准（ISO 4948/1，4948/2）而制订的。GB/T 13304—1991《钢分类》分为两部分：第一部分为按化学成分分类；第二部分为按主要质量等级、主要性能及使用特性分类。该标准后来又修订为GB/T 13304.1—2008《钢分类　第1部分：按化学成分分类》和GB/T 13304.2—2008《钢分类　第2部分：按主要质量等级和主要性能或使用特性的分类》。

1.3.1 按化学成分分类

GB/T 13304.1—2008按钢中合金元素规定含量界限值，将钢分为非合金钢、低合金钢、合金钢三大类，见表1.3-1。

表1.3-1　非合金钢、低合金钢和合金钢合金元素规定含量界限值

合金元素	合金元素规定含量界限值（质量分数）/%		
	非合金钢	低合金钢	合金钢
Al	<0.10	—	≥0.10
B	<0.0005	—	≥0.0005
Bi	<0.10	—	≥0.10
Cr	<0.30	0.30~<0.50	≥0.50
Co	<0.10	—	≥0.10
Cu	<0.10	0.10~<0.50	≥0.50
Mn	<1.00	1.00~<1.40	≥1.40
Mo	<0.05	0.05~<0.10	≥0.10
Ni	<0.30	0.30~<0.50	≥0.50
Nb	<0.02	0.02~<0.06	≥0.06
Pb	<0.40	—	≥0.40
Se	<0.10	—	≥0.10
Si	<0.50	0.50~<0.90	≥0.90
Te	<0.10	—	≥0.10
Ti	<0.05	0.05~<0.13	≥0.13
W	<0.10	—	≥0.10
V	<0.04	0.04~<0.12	≥0.12
Zr	<0.05	0.05~<0.12	≥0.12
La系（每一种元素）	<0.02	0.02<0.05	≥0.05
其他规定元素（S、P、C、N除外）	<0.05	—	≥0.05

注：1. 因为海关关税的目的而区分非合金钢、低合金钢和合金钢时，除非合同或订单中另有协议，表中Bi、Pb、Se、Te、La系和其他规定元素（S、P、C和N除外）的规定界限值可不予考虑。

2. La系元素含量，也可作为混合稀土含量总量。

3. 表中“—”表示不规定，不作为划分依据。

需要说明的是，当Cr、Cu、Mo、Ni四种元素，有其中两种、三种或四种元素同时规定在钢中时，对于低合金钢，应同时考虑这些元素中每种元素的规定含量；所有这些元素的规定含量总和，应不大于表 1.3－1 中规定的两种、三种或四种元素中每种元素最高界限值总和的 70%。如果这些元素的规定含量总和大于表 1.3－1 中规定的元素中每种元素最高界限总和的 70%，即使这些元素每种元素的规定含量低于规定的最高界限值，也应划入合金钢。

上述原则也适用于 Nb、Ti、V、Zr 四种元素。

1.3.2　按主要质量等级、主要性能及使用特性分类

按主要质量等级和主要性能或使用特性，GB/T 13304.2—2008 对非合金钢、低合金钢和合金钢进行了进一步分类。

1.3.2.1　非合金钢的主要分类

1. 按主要质量等级分类

按主要质量等级分类，非合金钢可分为普通质量非合金钢、优质非合金钢和特殊质量非合金钢。

1）普通质量非合金钢

普通质量非合金钢是指生产过程中不规定需要特别控制质量要求的钢。同时符合下列 4 个条件的钢为普通质量非合金钢。

（1）钢是非合金化的。

（2）不规定热处理(退火、正火、消除应力及软化处理不作为热处理对待)。

（3）如产品标准或技术条件中规定，其特性值应符合下列条件：

① 碳含量最高值≥0.10%；

② 硫或磷含量最高值≥0.040%；

③ 氮含量最高值≥0.007%；

④ 抗拉强度最低值≤690MPa；

⑤ 屈服强度最低值≤360MPa；

⑥ 断后伸长率最低值($L_0=5.56\sqrt{S_0}$)≤33%；

⑦ 弯心直径最低值≥0.5×试件厚度；

⑧ 冲击吸收能量最低值(20℃、V 型、纵向标准试件)≤27J；

⑨ 洛氏硬度最高值(HRB)≥60。

（4）未规定其他质量要求

2）优质非合金钢

优质非合金钢是指在生产过程中需要特别控制质量(例如控制晶粒度，降低硫、磷含量，改善表面质量或增加工艺控制等)，以达到比普通质量非合金钢特殊的质量要求(例如良好的抗脆断性能，良好的冷成形性等)，但这种钢的生产控制不如特殊质量非合金钢严格(如不控制淬透性)。

3）特殊质量非合金钢

特殊质量非合金钢是指在生产过程中需要特别严格控制质量和性能(如控制淬透性和纯洁度)的非合金钢。

符合下列条件之一的钢为特殊质量非合金钢：

（1）钢材要经热处理并至少具有下列一种特殊要求的非合金钢：

① 要求淬火和回火或模拟表面硬化状态下的冲击性能；

② 要求淬火或淬火和回火后的淬硬层深度或表面硬度；

③ 要求限制表面缺陷，比对冷镦和冷挤压用钢的规定更严格；

④ 要求限制非金属夹杂物含量和(或)内部材质均匀性。

（2）钢材不进行热处理并至少应具有下述一种特殊要求的非合金钢：

① 要求限制非金属夹杂物含量和(或)内部质量均匀性(如钢板抗层状撕裂性能)；

② 要求限制磷含量和(或)硫含量最高值，并符合如下规定：

熔炼分析值≤0.020%；

成品分析值≤0.025%。

③ 要求残余元素的含量符合如下限制：

Cu 熔炼分析最高含量≤0.10%

Co 熔炼分析最高含量≤0.05%

V 熔炼分析最高含量≤0.05%。

④ 表面质量的要求比 GB/T 6478《冷镦和冷挤压用钢》的规定更严格。

（3）具有规定的电导性能(不小于 9s/m)或具有规定的磁性能(对于只规定最大比总损耗和最小磁极化强度而不规定磁导率的磁性薄板和带除外)的钢。

非合金钢的主要分类及举例见表 1.3-2。

表 1.3-2　非合金钢的主要分类及举例

按主要特性分类	按主要质量等级分类		
	1	2	3
	普通质量非合金钢	优质非合金钢	特殊质量非合金钢
以规定最高强度为主要特性的非合金钢	普通质量低碳结构钢板和钢带 GB 912 中的 Q195 牌号	（1）冲压薄板低碳钢 GB/T 5213 中的 DC01 （2）供镀锡、镀锌、镀铅板带和原板用碳素钢 GB/T 2518、GB/T 2520、GB/T 5364 全部碳素钢牌号 （3）不经热处理的冷顶锻和冷挤压用钢 GB/T 6478 中表 1 的牌号	
以规定最低强度为主要特性的非合金钢	（1）碳素结构钢 GB/T 700 中的 Q215 中 A、B 级，Q275 的 A、B 级，Q275 的 A、B 级 （2）碳素钢筋钢 GB 1499.1 中的 HPB235、HPB300 （3）铁道用钢 GB/T 11264 中的 50Q、55Q GB/T 11265 中的 Q235-A （4）一般工程用不进行热处理的普通质量碳素钢 GB/T 14292 中的所有普通质量碳素钢 （5）锚链用钢 GB/T 18669 中的 CM 370	（1）碳素结构钢 GB/T 700 中除普通质量 A、B 级钢以外的所有牌号及 A、B 级规定冷成型性及模锻性特殊要求者 （2）优质碳素结构钢 GB/T 699 中除 65Mn、70Mn、70、75、80、85 以外的所有牌号 （3）锅炉和压力容器用钢 GB 713 中的 Q245R GB 3087 中的 10、20 GB 6479 中的 10、20 GB 6653 中的 HP235、HP265 （4）造船用钢 GB 712 中的 A、B、D、E GB/T 5312 中的所有牌号 GB/T 9945 中的 A、B、D、E	（1）优质碳素结构钢 GB/T 699 中的 65Mn、70Mn、70、75、80、85 钢 （2）保证淬透性钢 GB/T 5216 中的 45H （3）保证厚度方向性能钢 GB/T 5313 中的所有非合金钢 GB/T 19879 中的 Q235GJ （4）汽车用钢 GB/T 20564、1 中的 CR180BH、CR220BH、CR260BH、GB/T20564.2 中的 CR260/450DP （5）铁道用钢 GB 5068 中的所有牌号 GB 8601 中的 CL60A 级 GB 8602 中的 LG60A、LG65A 级

续表 1.3－2

按主要特性分类	按主要质量等级分类		
	1	2	3
	普通质量非合金钢	优质非合金钢	特殊质量非合金钢
以规定最低强度为主要特性的非合金钢		(5) 铁道用钢 GB 2585 中的 U74 GB 8601 中的 CL60B 级 GB 8602 中的 LG60B 级、LG65B 级 (6) 桥梁用钢 GB/T 714 中的 Q235qC、Q235qD (7) 汽车用钢 YB/T 4151 中 330CL、380CL YB/T 5227 中的 12LW YB/T 5035 中的 45 YB/T 5209 中的 08Z、20Z (8) 输送管线用钢 GB/T 3091 中的 Q195、Q215A、Q215B、Q235A、Q235B GB/T 8163 中的 10、20 (9) 工程结构用铸造碳素钢 GB 11352 中的 ZG200－400、ZG230－450，ZG270－500，ZG310－570、ZG340－640 GB 7659 中的 ZG200－400H、ZG230－450H、ZG275－485H (10) 预应力及混凝土钢筋用优质非合金钢	(6) 航空用钢 包括所有航空专用非合金结构钢牌号 (7) 兵器用钢 包括各种兵器用非合金结构钢牌号 (8) 核压力容器用非合金钢 (9)输送管线用钢 GB/T 21237 中的 L245、L290、L320、L360 (10)锅炉和压力容器用钢 GB5310 中的所有非合金钢
以碳含量为主要特性的非合金钢	(1)普通碳素钢盘条 GB/T 701 中的所有牌号(C 级钢除外) YB/T 170.2 中的所有牌号(C4D、C7D 除外) (2)一般用途低碳钢丝 YB/T5294 中的所有碳钢牌号 (3)热轧花纹钢板及钢带 YB/T4159 中的普通质量碳素结构钢	(1)焊条用钢(不包括成品分析 S、P 不大于 0.025 的钢) GB/T 14957 中的 H08A、H08MnA、H15A、H15Mn GB/T 3429 中的 H08A、H08MnA、H15A、H15Mn (2)冷镦用钢 YB/T4155 中的 BL1、BL2、BL3 GB/T5953 中的 ML10～ML45 YB/T5144 中的 ML15、ML20 GB/T6478 中的 ML08Mn、ML22Mn、ML25～ML45、ML15Mn～ML35Mn (3)花纹钢板 YB/T 4159 优质非合金钢 (4) 盘条钢 GB/T 4354 中的 25～65、40Mn～60Mn (5) 非合金钢质钢(特殊质量钢除外) (6) 非合金表面硬化钢(特殊质量钢除外) (7) 非合金弹簧钢(特殊质量钢除外)	(1) 焊条用钢(成品分析 S、P 不大于 0.025 的钢) GB/T14957 中的 H08E、H08C GB/T 3429 中的 H04E、H08E、H08C (2) 碳素弹簧钢 GB/T 1222 中的 65～85、65Mn GB/T 4357 中的所有非合金钢 (3) 特殊盘条钢 YB/T 5100 中的 60、60Mn、65、65Mn、70、70Mn、75、80、T8MnA、T9A(所有牌号) TB/T 146 中所有非合金钢 (4) 非合金调质钢 (符合本部分中的 4.1.3.2 规定) (5) 非合金表面硬化钢 (符合本部分中的 4.1.3.2 规定) (6) 火焰及感应淬火硬化钢 (符合本部分中的 4.1.3.2 规定) (7) 冷顶锻和冷挤压钢(符合本部分中的 4.1.3.2 规定)

续表 1.3-2

按主要特性分类	按主要质量等级分类		
	1	2	3
	普通质量非合金钢	优质非合金钢	特殊质量非合金钢
非合金易切削钢		(1) 易切削结构钢 GB/T 8731 中的牌号 Y08~Y45、Y08Pb、Y12Pb、Y15Pb、Y45Ca	(1) 特殊易切削钢 要求测定热处理后冲击韧性等 GJB 1494 中的 Y75
非合金工具钢			(1) 碳素工具钢 GB/T 1298 中的全部牌号
规定磁性能和电性能的非合金钢		(1) 非合金电工钢板、带 GB/ T2521 电工钢板、带 (2) 具有规定导电性能(<9S/m)的非合金电工钢	(1) 具有规定导电性能(≥9S/m)的非合金电工钢 (2)具有规定磁性能的非合金软磁材料 GB/T 6983 规定的非合金钢
其他非合金钢	(1) 栅栏用钢丝 YB/T 4026 中普通质量非合金钢牌号		(1) 原料纯铁 GB/T 9971 中的 YT1、YT2、YT3

2. 按主要性能或使用特性分类

所谓主要性能或使用特性是指在某些情况下(如在编制体系或对钢进行分类时)要优先考虑的特性。

表 1.3-2 中非合金钢按其主要性能或使用特性分类如下:

(1) 以规定最高强度(或硬度)为主要特性的非合金钢;

(2) 以规定最低强度为主要特性的非合金钢(如压力容器、管道用的结构钢);

(3) 以限制碳含量为主要特性的非合金钢(如线材、调质用钢等);

(4) 非合金易切削钢,钢中硫含量最低值、熔炼分析值不小于 0.070%,并(或)加入 Pb、Bi、Te、Se、Sn、Ca 或 P 等元素;

(5) 非合金工具钢;

(6) 具有专门规定磁性或电性能的非合金钢(如电磁纯铁);

(7) 其他非合金钢(如原料纯铁等)。

1.3.2.2 低合金钢的主要分类

1. 按主要质量等级分类

按主要质量等级分类,低合金钢可分为普通质量低合金钢、优质低合金钢和特殊质量低合金钢。

1)普通质量低合金钢

普通质量低合金钢是指不规定生产过程中需要特别控制质量要求的,供作一般用途的低合金钢。

同时满足下列条件的钢为普通质量低合金:

(1) 合金含量较低(符合表 1.3－1 的规定)；

(2) 不规定热处理(退火、正火、消除应力及软化处理不作为热处理对待)；

(3) 如产品标准或技术条件中有规定，其特性值应符合下列条件：

① 硫或磷含量最高值≥0.040%；

② 抗拉强度最低值≤690MPa；

③ 屈服强度最低值≤360MPa；

④ 断后伸长率最低值≤26%；

⑤ 弯心直径最低值≥2×试件厚度；

⑥ 冲击吸收能量最低值(20℃、V 型、纵向标准选择)≤27J。

(4) 未规定其他质量要求

2) 优质低合金钢

优质低合金钢是指在生产过程中需要特别控制质量(如降低硫、磷含量、控制晶粒度、改善表面质量、增加工艺控制等)，以达到比普通质量低含金钢特殊的质量要求(如良好的抗脆断性能、良好的冷成形性等)，但这种钢的生产控制和质量要求，不如特殊质量低合金钢严格。

3) 特殊质量低合金钢

特殊质量低合金钢是指在生产过程中需要特别严格控制质量和性能(特别是严格控制硫、磷等杂质含量和纯洁度)的低合金钢。

符合下列条件之一的钢为特殊质量低合金钢：

(1) 规定限制非金属夹杂物含量和(或)内部材质均匀性；

(2) 规定严格限制磷含量和(或)硫含量最高值，并符合下列规定：

熔炼分析值≤0.020%；

成品分析值≤0.025%。

(3) 规定限制残余元素含量，并同时符合下列规定：

Cu 熔炼分析最高含量≤0.10%；

Co 熔炼分析最高含量≤0.05%；

V 熔炼分析最高含量≤0.05%。

(4) 规定低温(低于－40℃，V 型)冲击性能；

(5) 可焊接的高强度钢，规定的屈服强度最低值≥420MPa；

(6) 弥散强化钢，其规定碳含量熔炼分析最小值不小于 0.25%；并具有铁素体/珠光体或其他显微组织；含有 Nb、V 或 Ti 等一种或多种微合金化元素。一般在热成形过程中控制轧制温度和冷却速度完成弥散强化。

(7) 预应力钢

低合金钢的主要分类及举例见表 1.3－3。

2. 按主要性能及使用特性分类

所谓主要性能及使用特性是指在某些情况下(如在编制体系或对钢进行分类时)要优先考虑的特性。

表 1.3－3 中低合金钢按其主要性能及使用特性分类如下：

表1.3-3 低合金钢的主要分类及举例

<table>
<tr><td rowspan="3">按主要特性分类</td><td colspan="3">按主要质量等级分类</td></tr>
<tr><td>1</td><td>2</td><td>3</td></tr>
<tr><td>普通质量低合金钢</td><td>优质低合金钢</td><td>特殊质量低合金钢</td></tr>
<tr><td>可焊接的低合金高强度结构钢</td><td>(1) 一般用途低合金结构钢
GB/T 1591 中的 Q295、Q345 牌号的 A 级钢</td><td>(1) 一般用途低合金结构钢
GB/T 1591 中的 Q295B、Q345(A 级钢以外)和 Q390(E 级钢以外)
(2) 锅炉和压力容器用低合金钢
GB 713 除 Q245R 以外的所有牌号 GB6653 中除 HP235、HP265 以外的所有牌号
GB 6479 中的 16Mn、15MnV
(3) 造船用低合金钢
GB 712 中的 A32、D32、E32、A36、D36、E36、A40、D40、E40
GB/T 9945 中的高强度钢
(4) 汽车用低合金钢
GB/T 3237 中所有牌号
YB/T 5209 中的 08Z、20Z
YB/T 4151 中的 440CL、490CL、540CL
(5) 桥梁用低合金钢
GB/T 714 中除 Q235q 以外的钢
(6) 输送管线用低合金钢
GB/T 3091 中的 Q295A、Q295B、Q345A、Q345B
GB/T 8163 中的 Q295、Q345
(7) 锚链用低合金钢
GB/T 18669 中的 CM490、CM690
(8) 钢板桩
GB/T 20933 中的 Q295bz、Q390bz</td><td>(1) 一般用途低合金结构钢
GB/T 1591 中的 Q390E、Q345E、Q420 和 Q460
(2) 压力容器用低合金钢
GB/T 19189 中的 12MnNiVR
GB 3531 中的所有牌号
(3) 保证厚度方向性能低合金钢
GB/T 19879 中除 Q235GJ 以外的所有牌号
GB/T 5313 中所有低合金牌号
(4) 造船用低合金钢
GB 712 中的 F32、F36、F40
(5) 汽车用低合金钢
GB/T 20564.2 中的 CR300/500DP
YB/T 4151 中的 590CL
(6) 低焊接裂纹敏感性钢
YB/T 4137 中所有牌号
(7) 输送管线用低合金钢
GB/T 21237 中的 L390、L415、L450、L485
(8) 舰船兵器用低合金钢
(9) 核能用低合金钢</td></tr>
<tr><td>低合金耐候钢</td><td></td><td>(1) 低合金耐候性钢
GB/T 4171 中所有牌号</td><td></td></tr>
<tr><td>低合金混凝土用钢</td><td>(1) 一般低合金钢筋钢
GB 1499.2 中的所有牌号</td><td></td><td>(1) 预应力混凝土用钢
YB/T 4160 中的 30MnSi</td></tr>
<tr><td>铁道用低合金钢</td><td>(1) 低合金轻轨钢
GB/T 11264 中的 45SiMnP、50SiMnP</td><td>(1) 低合金重轨钢
GB 2585 中的除 U74 以外的牌号
(2) 起重机用低合金钢轨钢
YB/T 5055 中的 U71Mn
(3) 铁路用异型钢
YB/T 5181 中的 09CuPRE
YB/T 5182 中的 09V</td><td>(1) 铁路用低合金车轮钢
GB 8601 中的 CL45MnSiV</td></tr>
</table>

续表 1.3-3

按主要特性分类	按主要质量等级分类		
	1	2	3
	普通质量低合金钢	优质低合金钢	特殊质量低合金钢
矿用低合金钢	（1）矿用低合金钢 GB/T3414 中的 M510、M540、M565 热轧钢 GB/T4697 中的所有牌号	（1）矿用低合金结构钢 GB/T 3414 中的 M540、M565 热处理钢	（1）矿用低合金结构钢 GB/T 10560 中的 20Mn2A、20MnV、25MnV
其他低合金钢		（1）易切削结构钢 GB/T 8731 中的 Y08MnS、Y15Mn、Y40Mn、Y45Mn、Y45MnS、Y45MnSPb （2）焊条用钢 GB/T 3429 中的 H08MnSi、H10MnSi	（1）焊条用钢 GB/T 3429 中的 H05MnSiTiZrAlA、H11MnS、H11MnSiA

（1）可焊接的低合金高强度结构钢；

（2）低合金耐候钢；

（3）低合金混凝土用钢及预应力用钢；

（4）铁道用低合金钢；

（5）矿用低合金钢；

（6）其他低合金钢，如焊接用钢。

1.3.2.3 合金钢的主要分类

1. 按主要质量等级分类

按主要质量等级分类，合金钢可分为优质合金钢和特殊质量合金钢。

1）优质合金钢

优质合金钢是指在生产过程中需要特别控制质量和性能（如韧性、晶粒度或成形性等）的钢，但其生产控制和质量要求不如特殊质量合金钢严格。

下列钢为优质合金钢

（1）一般工程结构用合金钢，如钢板桩用合金钢、矿用合金钢等；

（2）合金钢筋钢；

（3）电工用合金钢，主要含有硅或硅和铝等合金元素，但无磁导率的要求；

（4）铁道用合金钢；

（5）凿岩、钻探用钢；

（6）硫、磷含量大于0.035%的耐磨钢。

2）特殊质量合金钢

特殊质量合金钢是指需要严格控制化学成分和特定的制造及工艺条件，以保证改善综合性能，并使性能严格控制在极限范围内。

优质合金钢以外的所有其他合金钢都为特殊质量合金钢。

合金钢按主要质量分类及举例见表 1.3-4。

表 1.3－4 合金钢的分类

按主要质量分类	优质合金钢		特殊质量合金钢								
	1		2	3	4		5		6	7	8
按主要使用特性分类	工程结构用钢	其他	工程结构用钢	机械结构用钢①（第4、6除外）	不锈、耐蚀和耐热钢②		工具钢		轴承钢	特殊物理性能钢	其他
按其他特性（除上述特性以外）对钢进一步分类举例	11 一般工程结构用合金钢 GB/T 20933 中的 Q420bz	16 电工用硅（铝）钢（无磁导率要求）GB/T 6983 中的合金钢	21 锅炉和压力容器用合金钢（4类除外）GB/T 19189 中的 07MnCrMoVR、07MnNiMoVDR GB 713 中的合金钢 GB 5310 中的合金钢	31 V、MnV、Mn(X)系钢	41 马氏体型或42铁素体型	411/421 Cr(X)系钢	51 合金工具钢（GB/T 1299 中所有牌号）	511Cr(x)	61 高碳铬轴承钢 GB/T 18254 中所有牌号	71 软磁钢（除16外）GB/T 14986 中所有牌号	焊接用钢 GB/T 3429 中的合金钢
				32 SiMn(X)系钢		412/422 CrNi(X)系钢		512 Ni(X)、CrNi(X)	62 渗碳轴承钢 GB/T 3203 中所有牌号		
						413/423CrMo(X) CrCo(X)系钢		513 Mo(X)、CrMo(X)			
	12 合金钢筋钢 GB/T 20065 中的合金钢	17 铁道用合金钢 GB/T 11264 中的 30CuCr	22 热处理合金钢筋钢	33 Cr(X)系钢		414/424 CrAl(X) CrSi(X)系钢		514 V(x)、CrV(x)	63 不锈轴承钢 GB/T 3086 中所有牌号	72 永磁钢 GB/T 14991 中所有牌号	
			23 汽车用钢 GB/T 20564.2 中的 CR 340/590DP CR 420/780DP CR 550/980DP			415/425 其他					
				34 CrMo(X)系钢	43 奥氏体型或44奥氏体－铁素体型或45沉淀硬化型	431/441/451 CrNi(X)系钢		515 W(X)、CrW(X)系钢			
						432/442/452 CrNiMo(X)系钢					
	13 凿岩钎杆用钢 GB/T 1301 中的合金钢	18 易切削钢 GB/T 8731 中的含锡钢	24 预应力用钢 YB/T 4160 中的合金钢	35 CrNiMo(X)系钢		433/443/453 CrNi＋Ti 或 Nb 钢		516 其他	64 高温轴承钢	73 无磁钢	
						434/444/454 CrNiMo＋Ti 或 Nb 钢					
			25 矿用合金钢 GB/T 10560 中的合金钢	36 Ni(X)系钢		435/445/455 CrNi＋V、W、Co 钢	52 高速钢（GB/T 9943 中所有牌号）	521 WMo 系钢			
	14 耐磨钢 GB/T 5680 中的合金钢	19 其他	26 输送管线用钢 GB/T 21237 中的 L555、L690	37 B(X)系钢		436/446 CrNiSi(X)系钢		522 W 系钢	65 无磁轴承钢	74 高电阻钢和合金 GB/T 1234 中所有牌号	
				38 其他		437 CrMnSi(X)系钢		523 Co 系钢			
			27 高锰钢			438 其他					

注：(X)表示该合金系列中还包括有其他合金元素，如 Cr(X)系，除 Cr 钢外，还包括 CrMn 钢等。

① GB/T 3007 中所有牌号，GB/T 1222 和 GB/T 6478 中的合金钢等。

② GB/T 1220、GB/T 1221、GB/T 2100、GB/T 6892 和 GB/T12230 中的所有牌号。

2. 按主要性能及使用特性分类

所谓主要性能或使用特性是指在某些情况下(如在编制体系或对钢进行分类时)要优先考虑的特性。

表1.3-4中合金钢按其主要性能或使用特性分类如下:

(1) 工程结构用合金钢，包括一般工程结构用合金钢、供冷成形用的热轧或冷轧扁平产品用合金钢(如压力容器用钢、汽车用钢和输送管线用钢)、预应力用合金钢、矿用合金钢、高猛耐磨钢等;

(2) 机械结构用合金钢，包括调质处理合金结构钢、表面硬化合金结构钢、冷塑性成形(如冷顶锻、冷挤压)合金结构钢、合金弹簧钢等、但不锈、耐蚀和耐热钢及轴承钢除外。

(3) 不锈、耐蚀和耐热钢，包括不锈钢、耐酸钢、抗氧化钢和热强钢等，按其金相组织可分为马氏体型钢、铁素体型钢、奥氏体型钢、奥氏体—铁素体型钢、沉淀硬化型钢等。

(4) 工具钢、包括合金工具钢、高速工具钢。

(5) 轴承钢、包括高碳铬轴承钢、渗碳轴承钢、不锈轴承钢、高温轴承钢等。

(6) 特殊物理性能钢、包括软磁钢、永磁钢、无磁钢及高电阻钢和合金等。

(7) 其他，如焊接用合金钢等。

1.4　钢铁产品牌号的表示方法

1.4.1　中国钢铁产品牌号的表示方法

1. 基本原则

1) 产品牌号的表示，一般采用汉语拼音字母，化学元素符号和阿拉伯数字结合的方法表示。常用化学元素符号见表1.4-1。

表1.4-1　常用的化学元素符号

元素名称	化学元素符号	元素名称	化学元素符号	元素名称	化学元素符号
铁	Fe	锂	Li	钐	Sm
锰	Mn	铍	Be	锕	Ac
铬	Cr	镁	Mg	硼	B
镍	Ni	钙	Ca	碳	C
钴	Co	锆	Zr	硅	Si
铜	Cu	锡	Sn	硒	Se
钨	W	铅	Pb	碲	Te
钼	Mo	铋	Bi	砷	As
钒	V	铯	Cs	硫	S
钛	Ti	钡	Ba	磷	P
铝	Al	镧	La	氮	N
铌	Nb	铈	Ce	氧	O
钽	Ta	钕	Nd	氢	H

注：混合稀土元素符号用“RE”表示

2) 采用的汉语拼音字母表示产品名称、用途、特性和工艺方法时，一般从代表产品名称的汉字的汉语拼音中选取第一个字母。当和另一产品所取字母重复时，改取第二个字母或第三个字母，或同时选取两个汉字的第一个拼音字母。

采用汉语拼音字母，原则上只取一个，一般不超过两个。

产品名称、用途、特性和工艺方法表示符号见表1.4-2。

表 1.4－2 产品名称、用途、特性和工艺方法表示符号

名称	采用的汉字及汉语拼音		采用符号	字体	位置
	汉字	汉语拼音			
炼钢用生铁	炼	LIAN	L	大写	牌号头
铸造用生铁	铸	ZHU	Z	大写	牌号头
球墨铸铁用生铁	球	QIU	Q	大写	牌号头
脱碳低磷粒铁	脱炼	TUO LIAN	TL	大写	牌号头
含钒生铁	钒	FAN	F	大写	牌号头
耐磨生铁	磨	NAI MO	NM	大写	牌号头
碳素结构钢	屈	QU	Q	大写	牌号头
低合金高强度钢	屈	QU	Q	大写	牌号头
耐候钢	耐候	NAI HOU	NH	大写	牌号尾
保证淬透性钢			H	大写	牌号尾
易切削非调质钢	易非	YIFEI	YF	大写	牌号头
热锻用非调质钢	非	FEI	F	大写	牌号头
易切削钢	易	YI	Y	大写	牌号头
电工用热轧硅钢	电热	DIAN RE	DR	大写	牌号头
电工用冷轧无取向硅钢	无	WU	W	大写	牌号中
电工用冷轧取向硅钢	取	QU	Q	大写	牌号中
电工用冷轧取向高磁感硅钢	取高	QU GAO	QG	大写	牌号中
(电讯用)取向高磁感硅钢	电高	DIAN GAO	DG	大写	牌号头
电磁纯铁	电铁	DIAN TIE	DT	大写	牌号头
碳素工具钢	碳	TAN	T	大写	牌号头
塑料模具钢	塑模	SU MO	SM	大写	牌号头
(滚球)轴承钢	滚	GUN	G	大写	牌号头
焊接用钢	焊	HAN	H	大写	牌号头
钢轨钢	轨	GUI	U	大写	牌号头
铆螺钢	铆螺	MAO LUO	ML	大写	牌号头
锚链钢	锚	MAO	M	大写	牌号头
地质钻探钢管用钢	地质	DI ZHI	DZ	大写	牌号头
船用钢			采用国际符号		
汽车大梁用钢	梁	LIANG	L	大写	牌号尾
矿用钢	矿	KUANG	K	大写	牌号尾
压力容器用钢	容	RONG	R	大写	牌号尾
桥梁用钢	桥	QIAO	q	小写	牌号尾
锅炉用钢	锅	GUO	g	小写	牌号尾
焊接气瓶用钢	焊瓶	HAN PING	HP	大写	牌号尾
车辆车轴用钢	辆轴	LIANG ZHOU	LZ	大写	牌号头
机车车轴用钢	机轴	JI ZHOU	JZ	大写	牌号头
管线用钢			S	大写	牌号头
沸腾钢	沸	FEI	F	大写	牌号尾
半镇静钢	半	BAN	B	小写	牌号尾
镇静钢	镇	ZHEN	Z	大写	牌号尾
特殊镇静钢	特镇	TEZHEN	TZ	大写	牌号尾
质量等级			A	大写	牌号尾
			B	大写	牌号尾
			C	大写	牌号尾
			D	大写	牌号尾
			E	大写	牌号尾

注：没有汉字及汉语拼音的，采用符号为英文字母。

2. 牌号表示方法

1）生铁

生铁采用表1.4－2中规定的符号和阿拉伯数字表示。

（1）阿拉伯数字表示平均含硅量（以千分之几计）。例如：含硅量为2.75%～3.25%的铸造生铁，其牌号表示为::“Z30”；含硅量为0.85%～1.25%的炼钢用生铁，其牌号表示为“L10”。

（2）含钒生铁和脱碳低磷粒铁，阿拉伯数字分别表示钒和碳的平均含量（均以千分之几计）。例如：含钒量不小于0.40%的含钒生铁，其牌号表示为“F04”；含碳量为1.20%～1.60%的炼钢用脱碳低磷粒铁，其牌号表示为“TL14”。

2）碳素结构钢和低合金结构钢

这类钢分为通用钢和专用钢两类。

（1）通用结构钢采用代表屈服点的拼音字母“Q”，屈服点数值（单位为MPa）和表1.4－2中规定的质量等级、脱氧方法等符合表示，按顺序组成牌号。例如：

碳素结构钢牌号表示为Q235AF，Q235BZ；

低合金高强度结构钢牌号表示为Q345C，Q345D。

① 碳素结构钢的牌号组成中，表示镇静钢的符号“Z”和表示特殊镇静钢的符号“TZ”可以省略，例如：质量等级分别为C级和D级的Q235钢，其牌号表示为Q235CZ和Q235DTZ，可以省略为Q235C和Q235D。

② 低合金高强度结构钢分为镇静钢和特殊镇静钢，在牌号的组成中没有表示脱氧方法的符号。

（2）专用结构一般采用代表钢屈服点的符号“Q”、屈服点数值和表1.4－2规定的代表产品用途的符号等表示，例如：压力容器用钢牌号表示为“Q345R”；焊接气瓶用钢牌号表示为“Q295HP”；锅炉用钢牌号表示为“Q390g”；桥梁用钢表示为“Q420q”。

耐候钢时抗大气腐蚀用的低合金高强度结构钢，其牌号表示为“Q340NH”。

（3）根据需要，通用低合金高强度结构钢的牌号也可以采用二位阿拉伯数字（表示平均含碳量，以万分之几计）和表1.4－1规定的元素符号，按顺序表示，专用低合金高强度结构钢的牌号也可以采用二位阿拉伯数字（表示平均含碳量，以万分之几计）及表1.4－1规定的元素符号和表1.4－2规定代表产品用途的符号，按顺序表示。

3）优质碳素结构钢和优质碳素弹簧钢

优质碳素结构钢采用阿拉伯数字或阿拉伯数字和表1.4－1、表1.4－2规定的符号表示，以二位阿拉伯数字表示平均含碳量（以万分之几计）。

（1）沸腾钢和半镇静钢，在牌号尾部分别加符号“F”和“b”。例如：平均含碳量为0.08%的沸腾钢，其牌号表示为“08F”；平均含碳量为0.1%的半镇静钢，其牌号表示为“10b”。

镇静钢一般不标符号。例如：平均含碳量为0.45%的镇静钢，其牌号表示为“45”。

（2）较高含锰量的优质碳素结构钢，在表示平均含碳量的阿拉伯数字后加锰元素符号。例如：平均含碳量为0.50%，含锰量为0.70%～1.00%的钢，其牌号表示为“50Mn”。

（3）高级优质碳素结构钢，在牌号后加符号“A”。例如：平均含碳量为0.20%的高级优质碳素结构钢，其牌号表示为“20A”。

特级优质碳素结构钢，在牌号后加符号“E”。例如：平均含碳量为0.45%的特级优质碳素结构钢，其牌号表示为“45E”。

(4) 优质碳素弹簧钢的牌号表示方法与优质碳素结构钢相同。

(5) 专用优质碳素结构钢，采用阿拉伯数字(平均含碳量)和表1.4-2规定的代表产品用途的符号表示。例如：平均含碳量为0.2%的锅炉用钢，其牌号表示为“20g”。

4) 易切削钢

易切削钢采用表1.4-1、表1.4-2规定的符号和阿拉伯数字表示。阿拉伯数字表示平均含碳量(以万分之几计)。

(1) 加硫易切削钢和加硫磷易切削钢，在符号“Y”和阿拉伯数字后不加易切削元素符号。例如：平均含碳量为0.15%的易切削钢，其牌号表示为“Y15”。

较高含锰量的加硫或加硫磷易切削钢，在符号Y和阿拉伯数字后加锰元素符号。例如：平均含碳量为0.40%，含锰量为1.20%~1.55%的易切削钢，其牌号表示为“Y40Mn”。

(2) 含钙、铅等易切削元素的易切削钢，在符号“Y”和阿拉伯数字后加易切削元素符号。例如：平均含碳量为0.15%，含铅量为0.15%~0.35%的易切削钢，其牌号表示为“Y15Pb”；平均含碳量为0.45%，含钙量为0.002%~0.006%的易切削钢，其牌号表示为“Y45Ca”。

5) 合金结构钢和合金弹簧钢

合金结构钢牌号采用阿拉伯数字和表1.4-1规定的合金元素符号表示。

用二位阿拉伯数字表示平均含碳量(以万分之几计)，放在牌号头部。

合金元素含量表示方法为：平均含量小于1.5%时，牌号中仅标明元素，一般不标明含量；平均合金含量为1.5%~2.49%、2.50%~3.49%、3.50%~4.49%、4.50%~5.49%、……时，在合金元素后相应写成2、3、4、5……。

例如：碳、铬、锰、硅的平均含量分别为0.30%、0.95%、0.85%、1.05%的合金结构钢，其牌号表示为“30CrMnSi”；碳、铬、镍的平均含量分别为0.20%、0.75%、2.95%的合金结构钢，其牌号表示为“20CrNi3”。

(1) 高级优质合金结构钢，在牌号尾部加符号“A”表示。例如“30CrMnSiA”

特级优质合金结构钢，在牌号尾部加符号“E”表示，例如：“30CrMnSiE”。

(2) 专用合金结构钢，在牌号头部(或尾部)加表1.4-2规定的代表产品用途的符号表示。例如：碳、铬、锰、硅的平均含量分别为0.30%、0.95%、0.85%、1.05%的合金结构钢，其牌号表示为“ML30CrMnSi”。

(3) 合金弹簧钢的表示方法与合金结构钢相同。例如：碳、硅、锰的平均含量分别为0.60%、1.75%、0.75%的弹簧钢，其牌号表示为“60Si2Mn”。高级优质弹簧钢，在牌号尾部加符号“A”，其牌号表示为“60Si2MnA”。

6) 非调质机械结构钢

非调质机械结构钢，在牌号的头部分别加符号“YF”、“F”表示易切削非调质机械结构钢和热锻用非调质机械结构钢，牌号表示方法与合金结构钢相同。例如：平均含碳量为：0.35%，含钒量为0.06%~0.13%的易切削非调质机械结构钢，其牌号表示为“YF35V”；

平均含碳量为0.45%，含钒量为0.06%~0.13%的热锻用非调质机械结构钢，其牌号表示为“F45V”

7) 工具钢

工具钢分为碳素工具钢、合金工具钢、高速工具钢三类。

（1）碳素工具钢采用表1.4－1、表1.4－2规定的符号和阿拉伯数字表示。阿拉伯数字表示平均含碳量(以千分之几计)。

① 普通含锰量碳素工具钢，在表示工具钢“T”后为阿拉伯数字。例如：平均含碳量为0.90%的碳素工具钢，其牌号表示为“T9”。

② 较高含锰量碳素工具钢，在表示工具钢符号“T”和阿拉伯数字后加锰元素符号。例如：平均含碳量为0.80%、含锰量为0.40%～0.60%的碳素工具钢，其牌号表示为“T8Mn”

③ 高级优质碳素工具钢，在牌号尾部加符号“A”。例如：平均含碳量为1.0%的高级优质碳素工具钢，其牌号表示为“T10A”。

（2）合金工具钢和高速工具钢

合金工具钢和高速工具钢表示方法与合金结构钢相同。采用表1.4－1规定的合金元素符号和阿拉伯数字表示，但一般不标明含碳量数字，例如：平均含碳量为1.60%，含铬量为11.75%，含钼量为0.50%，含钒量为0.22%的合金工具钢，其牌号表示为“Cr12MoV”；平均含碳量为0.85%，含钨量为6.00%，含钼量为5.00%，含铬量为4.00%，含钒量为2.00%的高速工具钢，其牌号表示为“W6Mo5Cr4V2”。若平均含碳量小于1.00%时，可采用一位数字表示含碳量(以千分之几计)。例如：平均含碳量为0.80%，含硅量为0.45%，含锰量为0.95%的合金工具钢，其牌号表示为“8MnSi”。

低铬(平均含铬量小于1%)合金工具钢，在含铬量(以千分之几计)前加数字“0”。例如：平均含铬量为0.60%的合金工具钢，其牌号表示为“Cr06”。

（3）塑料模具钢，在牌号头部加符号“SM”，牌号表示方法与优质碳素结构钢和合金工具钢相同。例如：平均含碳量为0.45%的碳素塑料模具钢，其牌号表示为SM45；平均含碳量为0.34%，含铬量为1.70%，含钼量为0.42%的合金塑料模具钢，其牌号表示为“SM3Cr2Mo”

8）轴承钢

轴承钢分为高碳铬轴承钢、渗碳轴承钢、高碳铬不锈轴承钢和高温轴承钢等四大类。

（1）高碳铬轴承钢，在牌号头部加符号“G”，但不标明含碳量。铬含量以千分之几计，其他合金元素按合金结构钢的合金含量表示。例如：平均含铬量为1.50%的轴承钢。其牌号表示为“GCr15”。

（2）渗碳轴承钢，采用合金结构钢的牌号表示方法，仅在牌号头部加符号“G”。例如：平均含碳量为0.20；含铬量为0.35%～0.65%，含镍量为0.40%～0.70%，含钼量为0.10%～0.35%的渗碳轴承钢，其牌号表示为“G20CrNiMo”

高级优质渗碳轴承钢，在牌号尾部加“A”，例如：“G20CrNiMoA”。

（3）高碳铬不锈轴承钢和高温轴承钢，采用不锈钢和耐热钢的牌号表示方法，牌号头部不加符号“G”。例如，平均含碳量为0.90%，含铬量为18%的高碳铬不锈轴承钢，其牌号表示为9Cr18；平均含碳量为1.02%，含铬量为14%，含钼量为4%的高温轴承钢，其牌号表示为“10Cr14Mo4”。

9）不锈钢和耐热钢

不锈钢和耐热钢牌号采用表1.4－1规定的合金元素符号和阿拉伯数字表示，易切削不锈钢和耐热钢在牌号头部加“Y”。一般用一位阿拉伯数字表示平均含碳量(以千分之几计)；当平均含碳量不小于1.00%时，采用二位阿拉伯数字表示；当含碳量上限小于0.1%时，以“0”表示含碳量；当含碳量上限不大于0.03%，大于0.01%时(超低碳)，以“03”表示含碳量；当含碳量上限不大于0.01%时(极低碳)，以“01”表示含碳量。含碳量没有规定下限时，采用阿拉伯数字表示含碳量的上限数字。合金元素含量表示方法同合金结构钢。例如：平均含碳量为0.20%，含铬量为13%的不锈钢，其牌号表示为“2Cr13”；含碳量上限为0.08%，平均含铬量为18%，含镍量为9%的铬镍不锈钢，其牌号表示为“0Cr18Ni9”；含碳量上限为0.12%、平均含铬量为17%的加硫易切削铬不锈钢，其牌号表示为“Y1Cr17”；平均含碳量为1.10%，含铬量为17%的高碳铬不锈钢，其牌号表示为“11Cr17”；含碳量上限为0.03%，平均含铬量为19%，含镍量为10%的超低碳不锈钢，其牌号表示为“03Cr19Ni10”；含碳量上限为0.01%，平均含铬量为19%，含镍量为11%的极低碳不锈钢。其牌号表示为“01Cr19Ni11”。

10）焊接用钢

焊接用钢包括焊接用碳素钢、焊接用合金钢和焊接用不锈钢等，其牌号表示方法是在各类焊接用钢牌号头部加符号“H”。例如：“H08”、“H08Mn2Si”、“H1Cr19Ni9”。

高级优质焊接用钢，在牌号尾部加符号“A”。例如：“H08A”、“H08Mn2SiA”。

11）电工用硅钢

电工用硅钢分为热轧硅钢和冷轧硅钢；冷轧硅钢分为无取向硅钢和取向硅钢。

硅钢牌号采用表1.4-2规定的符号和阿拉伯数字表示。阿拉伯数字表示典型产品(某一厚度的产品)的厚度和最大允许铁损值(W/kg)。

(1) 电工用热轧硅钢，在牌号头部加符号“DR”，之后为表示最大允许铁损值100倍的阿拉伯数字。如果是在高频率(400Hz)下检验的，在表示铁损值的阿拉伯数字后加符号“G”。不加“G”的，表示在频率50Hz下检验。在铁损值或在符号“G”后加一横线，横线后为产品公称厚度(单位：mm)100倍的数字。例如：频率为50Hz时，厚度为0.50mm，最大允许铁损值为4.40W/kg的电工用热轧硅钢，其牌号表示为“DR440—50”；频率为400Hz时，厚度为0.35mm，最大允许铁损值为17.50W/kg的电工用热轧硅钢，其牌号表示为“DR1750G—35”。

(2) 电工用冷轧无取向硅钢和取向硅钢，在牌号中间为分别表示无取向硅钢符号“W”和取向硅钢符号“Q”，在符号之前产品公称厚度(单位：mm)100倍的数字，符号之后为铁损值100倍的数字。例如：“30Q130”、“35W300”取向高磁感硅钢，其牌号应在符号“Q”和铁损值之间加符号“G”。例如：“27QG100”。

(3) 电讯用取向高磁感硅钢牌号采用表1.4-2规定的符号和阿拉伯数字表示。阿拉伯数字表示电磁性能级别，从1至6表示电磁性能从低到高。例如：“DG5”。

12）电磁纯铁

电磁纯铁牌号采用1.4-2规定符号和阿拉伯数字表示，例如：“DT3”“DT4”。阿拉伯数字表示不同牌号的顺序号。电磁性能不同，可以在牌号尾部分别加质量等级符号“A”、“C、“E”。；例如：：“DT4A”、“DT4C”、“DT4E”。

13）高电阻电热合金

高电阻电热合金牌号采用表1.4-1规定的化学元素符号和阿拉伯数字表示。牌号表示与不锈钢和耐热钢的牌号表示方法相同(镍铬基合金不标出含碳量)。例如平均含铬量为25%，含铝量为5%，含碳量不大于0.06%的合金(其余为铁)，其牌号表示为0Cr25A15。

1.4.2 美国钢号的表示方法

美国的国家标准是由美国标准协会ASA(American Standard Association)制定的标准，但钢铁产品的牌号却大都采用美国各团体协会标准的牌号表示方法。通常被广泛采用的有：美国钢铁学会 AISI(American Iron and Steel Institute)标准，美国汽车工程师协会 SAE(American Society of Automotive Engineers)标准，合金铸件(高合金钢)学会(美)ACI(Alloy Casting Institute)标准，美国材料试验学会 ASTM(American Society for Testing and Material)标准等的钢号。除了这些团体协会的标准钢号外，还有所谓“政府标准”，即美国联邦标准 FS(Federal Specification)标准，也是常见采用的。

由于采用的标准体系很多，所以各类钢的钢号表示方法各不相同，不仅没有采用统一的标准体系，而且往往在同一类钢中存在几种标准体系的钢号表示方法。

1. 结构钢

结构钢的钢号一般大都采用 AISI 和 SAE 标准的钢号表示方法，也有采用 FS 标准体系的。实际上这三个标准体系的表示方法基本上是相同的，只是前置符号有些不同。分述如下：

1) SAE 标准的钢号表示方法：钢号一般采用四位数字来表示，前两位表示钢类，后两位表示钢平均含碳量为万分之几的数值。具体编号系统为：

1×××—碳素钢，其中包括：

10××——一般碳素钢，例如“1030”为平均含 C 0.30% 的碳素钢；

11××——易切削碳素钢，例如“1132”为含 C 0.27% ~0.34%、Mn1.35% ~1.65%、S0.08% ~0.13% 的易切削碳素钢；

13××——锰结构钢，例如“1335”为含 C0.33% ~0.38%；Mn1.60% ~1.90% 的锰钢。

2×××——镍钢，第二位数字表示平均含镍量百分数的近似数值。其中 23××表示平均含 Ni3.5% 的钢；25××表示平均含 Ni5.0% 的钢。例如“2517”为平均含 Ni5%、C0.17% 的镍钢。

3×××——镍铬钢，第二位数字表示平均含镍量百分数的近似数值。其中 31××表示平均含 Ni1.25%、Cr0.65% 或 0.80% 的钢；33××表示平均含 Ni3.5%、Cr1.55% 的钢。例如“3310”为含 Ni3.25% ~3.75%、Cr1.40% ~1.75%、C0.08% ~0.13% 的镍铬钢。

4×××——含钼钢，第二位数字表示其他合金元素的含量等。其中 40××、44××、45××表示含钼量不同的钼钢；41××表示铬钼钢；43××、47××表示不同镍铬钼钢含量的钢；46××、48××表示不同镍钼含量的钢。例如“4815”为含 Ni3.25% ~3.75%、Mo0.2% ~0.3%、C0.13% ~0.18% 的镍钼钢。

5×××——铬钢，第二位数字表示含铬量的平均百分数近似值。其中 50××表示平均含 Cr0.27% 和 0.65% 的低铬钢；51××表示平均含 Cr0.80%，0.95%，1.05% 的低铬钢。例如“5135”为含 Cr0.80% ~1.05%、C0.33% ~0.38% 的铬钢。

61××——平均含 Cr0.95%、含 V >0.10% 的铬钒钢。例如“6150”为含 Cr0.80% ~1.10%、V >0.15%、C0.48% ~0.53% 的铬钒钢。

8×××——低镍铬钼钢，第二位数字表示某一镍、铬含量和不同含钼量的钢。其中 86××表示平均含 Ni0.55%、Cr0.50%、Mo0.20% 的钢；87××表示平均含 Ni0.55%、Cr0.50%、Mo0.25% 的钢；88××表示平均含 Ni0.55%、Cr0.50%、Mo0.35% 的钢。例如“8740”为含 Ni0.4% ~0.7%、Cr0.40% ~0.60%、Mo0.2% ~0.3%、C0.38% ~0.43% 的镍铬钼钢。

9×××——主要由第二位数字决定属于哪个钢类。其中

92××——硅锰钼，钢中含 Si1.80% ~2.20%、Mn0.70% ~1.00%；

93××——镍铬钼钢，钢中平均含Ni3.25%、Cr1.20%、Mo0.12%；

94××——镍铬钼钢，钢中平均含Ni0.45%、Cr0.40%、Mo0.12%；

97××——镍铬钼钢，钢中平均含Ni0.55%、Cr0.17%、Mo0.20%；

98××——镍铬钼钢，钢中平均含Ni1.00%、Cr0.80%、Mo0.25%。

另外，在有些钢号中间插入字母"B"和"L"，在有些钢号末尾标以字母"H"的，如：

××B××——含硼的钢种，"B"为Boron的缩写字母。例如"50B46"为平均含C0.46%、Cr0.20%~0.35%、B<0.0005%的铬硼钢。

×××L××——含铅的钢种，"L"为Lead的缩写字母。例如"12L14"为含C≤0.15%、Mn0.80%~1.20%、Pb0.15%~0.35%的易切削钢。

××××-H——对淬透性有一定要求的钢，"H"为Hardenability的缩写字母。例如"4140-H"为有一定淬透性要求的铬钼钢。

2）AISI标准的钢号表示方法：钢号亦采用四位数字来表示，具体编号系统和SAE相同，所以AISI和SAE的钢号系统常常是通用的。但是这两个标准的钢号也有不同之处：

（1）AISI标准的有些钢号带有前置字母或后置字母。如对碳素钢和易切削钢的钢号前冠以"C"是表示平炉钢，冠以"B"是表示酸性转炉钢；对合金钢的钢号冠以"E"是表示电炉钢，冠以"TS"是表示试验性的标准钢号；在钢号末尾标以"F"也是表示易切削钢。

（2）AISI标准中所列的钢号，除包括SAE标准的全部钢号外，尚有些钢号是SAE等其他标准未列入的。

AISI与SAE和FS标准的钢号表示方法对照见表1.4-3。

表1.4-3 AISI，SAE和FS标准的钢号表示方法对照举例

AISI	SAE	FS QQ-S-624	AISI	SAE	FS QQ-S-624
C1006	1006	—	4815	4815	FS4815
C1030	1030	FS1030	5135	5135	FS5135
B1113	1113	FSB1113	6150	6150	FS6150
1335	1335	FS1335	86B45	86B45	—
E2517	2517	—	94B40	—	—
E3310	3310	FSE3310	12L14	12L14	—
TS4140	—	—	4140-H	4140-H	—

3）FS标准的钢号表示方法：钢号亦采用四位数字表示，具体编号系统和SAE相同；只是在钢号前一律冠以"FS"。对于电炉钢和酸性转炉钢，也在"FS"之后分别标以字母"E"和"B"。FS标准与上述两种标准的钢号表示方法对照亦参见表1.4-3。

2. 不锈钢和耐热钢

不锈钢和耐热钢的钢号，按加工工艺分为锻造钢和铸钢两类。锻造钢的钢号主要采用AISI标准的编号系统；而铸钢的钢号除了采用上述编号系统外，大多采用ACI标准的编号系统。

1）AISI标准的钢号表示方法：对于锻造钢和铸钢，钢号均由三位数字组成；第一位数字表示钢的类型，后二位数字只表示顺序号。具体编号系统为：

2××——铬锰镍氮奥氏体钢，××为顺序号数字（下同），例如"202"为含碳C≤0.15%、Mn≤10.0%、Si≤1.0%、Cr17%~19%、Ni4%~6%、N≤0.25%奥氏体不锈耐

热钢。

3××——镍铬奥氏体钢，例如“302”为相当于我国YB标准的1Cr18Ni9奥氏体不锈钢。

4××——高铬马氏体和低碳高铬铁素体不锈耐热钢，例如“403”大致相当于我国YB的1Cr13钢；“430”大致相当于我国YB的Cr17钢。

5××——低铬马氏体钢，例如“501”大约相当于我国YB的Cr5Mo耐热钢。

2)SAE标准的钢号表示方法：钢号采用五位数字来表示；前三位数字表示钢的类型，后两位数字只表示顺序号(和AISI的顺序号相同)。具体编号系统为：

303××——镍铬奥氏体不锈耐热钢(锻造钢)，“××”为顺序号数字(下同)，例如“30316”相当于AISI的“316”钢。

514××——高铬马氏体和低碳高铬铁素体不锈耐热钢(锻造钢)，例如“51414”相当于AISI的“414”钢。

515××——低铬马氏体钢(锻造钢)，例如“51501”相当于AISI的“501”钢。

60×××——用于650℃以下的耐酸钢(铸钢)，“×××”为与AISI相同的编号数字，例如“60136”相当于AISI的“316”钢。

70×××——用于超过650℃的耐热钢(铸钢)，“×××”为与AISI相同的编号数字，例如“70334”相当于AISI的“334”钢。

由上可知，SAE编号系统的最后三位数字实际上和AISI的编号系统是一致的。

3)二ACI标准的钢号表示方法：钢号由两个字母组成或在字母后加以表示含碳量的数字及表示合金元素的字母。钢号的第一个字母一般是采用“C”或“H”，C型钢表示在650℃以下使用的耐酸钢，H型钢表示用于超过650℃的耐热钢。

C型钢钢号的第二个字母A、B、C、D……，表示不同的含镍量，见表1.4－4。在该字母后再标以数字，表示含碳量的万分之几，在数字与字母之间要加一短线。例如“CE－30”为含C<0.30%、Cr26%～30%、Ni8%～11%的耐酸钢。

表1.4－4　ACI钢号第二个字母所表示的大致含镍量

字　母	大致含镍量/%	字　母	大致含镍量/%
A	<1.0	I	14.0～18.0
B	<2.0	K	18.0～22.0
C	<4.0	N	23.0～27.0
D	4.0～7.0	T	33.0～37.0
E	8.0～11.0	U	37.0～41.0
F	9.0～12.0	W	58.0～62.0
H	11.0～14.0	X	64.0～68.0

H型钢钢号的第二个字母亦为A、B、C、D……，表示不同的含镍量，见表1.4－4。一般不标含碳量的数值。例如“HC”为含C<0.50%、Cr26.0%～30.0%、Ni<4.0%的耐热钢。

在有些钢号的数字之后(主要是C型钢)还标有字母，如“C”表示加入Cb(Nb)，“M”表示加入Mo，“F”表示具有易切削性能的。例如“CF－8C”、“CF－16F”。

除了上述介绍的以外，还有ASTM标准的钢号。它的钢号，开头一般冠以字母“A”，也有冠以字母“B”或“E”的，接着标以序号数字，最后常为年号数字，并在两种数字之间用短线隔开。例如“A355－56”，并不能直接表示出钢的成分和用途，一般只能从短线右边的年号数字中看出：该钢是在1956年制定(或修订)的。也有些ASTM的钢号在年号数字之后再标以字母"T"，是表示试验性的钢号，例如"A194-56T"。

1.4.3 日本钢号的表示方法

日本工业标准JIS钢号的表示原则由下列三部分组成：

第一位用英语字母或化学符号表示材质，如S表示钢(Steel)。

第二位用英语或罗马字以及附加元素的符号表示制品形状、品种和用途等，如STB表示锅炉热交换器用碳素钢钢管[S：Steel(钢)，T：Tube(管)，B：Boiler(锅炉)]，SNC表示镍铬结构钢[S：Steel(钢)，N：Nickel(镍)，C：Chromium(铬)]。

第三位用数字表示材料的顺序号或最低抗拉强度，如SNC1表示第一种镍铬钢；STB30表示最小抗拉强度为300MPa的锅炉热交换器用碳素钢钢管。特殊用途钢常在"S"后加"U"(Use)表示。还有些钢在数字后再标以A、B、C……等表示不同的等级。

"A"SUS××——不锈耐酸钢，××为钢种编号。对于不同钢材品种，分别在钢号尾标以下字母：SUS××B——不锈钢棒材，如SUS24B；

SUS××HP——不锈钢热轧板材，如SUS41HP；

SUS××CP——不锈钢冷轧板材，如SUS38CP；

SUS××HS——不锈钢热轧带钢，如SUS36HS；

SUS××CS——不锈钢冷轧带钢，如SUS32CS；

SUS××WR——不锈钢线材，如SUS27WR；

SUS××WS×——不锈钢丝，如SUS24WS1，最后一个数字为钢丝的编号；

SUS××TP——奥氏体不锈钢管，如SUS29TP；

SUS××TB——锅炉和热交换器用不锈钢管，如SUS21TB。

JIS钢号的表示方法，只表示出用途和主要成分的缩写，却不能具体地表示出钢的化学成分，所以如果欲知钢的化学成分范围，还需查阅日本JIS标准。名称代号见表1.4-5、表1.4-6和表1.4-7。

表1.4-5 钢轧材名称代号

代　号	名称及标准号
SS	一般结构用轧制钢材 JIS G 3101
SB	锅炉和压力容器用碳素钢及钼钢钢板 JIS G 3103
SM	焊接结构用轧制钢材 JIS G 3106
SPV	压力容器用钢板 JIS G 3115
SGV	中、常温压力容器用碳素钢钢板 JIS G 3118
S××C	机械结构用碳素钢钢材 JIS G 4051
SNC	镍铬合金钢钢材 JIS G 4102
SNCM	镍铬钼合金钢钢材 JIS G 4103
SLA	低温压力容器用碳素钢钢板 JIS G 3126
SCr	铬合金钢钢材 JIS G 4104
SCM	铬钼合金钢钢材 JIS G 4105
SMn	机械结构用锰合金钢钢材及锰铬合金钢钢材 JIS G 4106
SMnC	
SUS	不锈钢总代号 JIS G 4303~4307

表1.4-6 钢管

代 号	名称及标准号
SGP	配管用碳钢钢管 JIS G 3452
STPG	压力配管用碳钢钢管 JIS G 3454
STS	高压配管用碳钢钢管 JIS G 3455
STPT	高温配管用碳钢钢管 JIS G 3456
STPA	配管用合金钢钢管 JIS G 3458
SUS	配管用不锈钢钢管 JIS G 3459
STPL	低温配管用钢管 JIS G 3460
STB	锅炉与热交换器用碳钢钢管 JIS G 3461
STBA	锅炉与热交换器用合金钢钢管 JIS G 3462
SUS	锅炉与热交换器用不锈钢钢管 JIS G 3463

表1.4-7 其他

代 号	名称及标准号
SF	碳素钢锻件 JIS G 3201
SFV	压力容器用经调质处理的碳素钢和低合金钢锻件 JIS G 3211
SUH	耐热钢棒 JIS G 4311
LT	低温结构用钢板材质评定标准 WES-136
HW	高压容器用高强钢板 WES 135 HPIS B 101
KP	日本海事协会规范
B、R、W、BR、WR、ER	日本复合钢板标准 JIS G 3601

1.4.4 德国钢号的表示方法

DIN 是德国工业标准代号。钢号表示方法有 DIN 17006 和 DIN 17007 两种系统。

1. DIN 17006 系统的钢号表示方法

此系统的钢号是由德国钢铁学会 VDEh 制定的，故在文献资料中对该系统命名的钢号，或标以 DIN，或标以 VDEh。

为了钢号命名的方便，DIN 17006 首先对各类钢的概念作了如下规定：

非合金钢——钢中 Si<0.5%，Mn<0.8%，Al 和 Ti<0.1%，Cu<0.25%者；

合金钢——钢中上述成分超过者或特意加入其他合金元素者；

低合金钢——钢中总合金含量在5%以下者；

高合金钢——钢中总合金含量在5%以上者。

根据 DIN 17006 对钢号表示方法的规定，它的钢号是由三部分组成：①表示钢的强度或化学成分的主体部分；②冠在主体前面表示冶炼或原始特性的缩写字母；③附在主体后面的代表保证范围的数字或处理状态的缩写字母。见表 1.4-8。不过②、③两部分在非必需时应于省略。

表 1.4-8 DIN 17006 系统钢号的主体部分以及所采用的字母和数字的函义

熔炼方法（代表字母）	原始特征（代表字母）	主体部分	保证范围（代表数字）	处理状态（代表字母）
B—贝氏炉钢	A—耐时效的	按照材料强度：	1—屈服点	A—经回火的
E—电炉钢（一般的）	G—含较高的磷和（或）硫	主体符号“st”	2—弯曲或顶锻试验 3—冲击韧性	B—经处理获得最好的可切削性
I—感应电炉钢	H—半镇静浇铸的	抗拉强度下限	4—屈服点和弯曲或顶锻试验	E—经渗碳淬火的
LE—电弧炉钢	K—含较低的磷和（或硫）	按照化学成分：		G—经软化退火的
M—平炉钢		碳素符号	5—弯曲或顶锻试验及冲击韧性	H—经淬火的
PP—熟铁	L—耐碱脆的	含碳量		HF—表面经火焰淬火的
SS—焊接用钢	P—可压焊的（可锻焊的）	合金元素符号	6—屈服点及冲击韧性	H_I—表面经高频感应淬火的
T—托马斯钢				
Ti—坩锅钢	Q—可冷镦的（可压挤、可冷变形）	合金含量	7—屈服点和弯曲或顶锻试验及冲击韧性	K—经冷加工的（如冷轧、冷拉等）
W—转炉代用钢附加字母：		或		
	R—镇静浇铸的	前置字母 X		N—经正火的
B—碱性	S—可熔焊的	含碳量	8—高温强度或蠕变强度	NT—经渗氮的
Y—酸性	U—沸腾浇铸的	合金元素符号		S—经消除应力退火的
	Z—可拉伸的	合金含量	9—电气特性或磁性	U—未经处理的
			无数字—弯曲或顶锻试验（每炉一个试样）	V—经调质的

由表 1.4-8 可知，DIN 17006 系统的钢号分为按照材料强度和化学成分二种表示方法，除此之外，还有铸钢的钢号表示方法。

1）按照材料强度的表示方法

这种表示方法仅适用于非合金钢，钢号的主体由“st”（stahl）字母和随后的抗拉强度下限数值组成。必要时再在主体部分的前后标以如表 1.4-8 列举的各种字母或数字。例如：

st34——其抗拉强度不小于 340MPa；

Tst37——托马斯钢，其抗拉强度不小于 370MPa；

MAst45.6N——耐时效的平炉钢，其抗拉强度不小于 450MPa，保证屈服点及冲击韧性的、经常化退火的钢。

2）按照化学成分的表示方法

这种表示方法又可分为非合金钢、低合金钢和高合金钢三种类型：

(1) 非合金钢：对于碳素钢来说，只有在使用时，当钢的其他性能比抗拉强度更重要，或钢材需要用户自己进行热处理时（如渗碳、调质），才采用按化学成分的表示方法。

它的钢号的主体是由碳素符号“C”和随后的表示平均含碳量万分之几的数字组成。如必要时同样可以在主体前或后加以如表 1.4-8 所列的缩写字母和数字。例如：

C15，C15E——平均含 C 0.15% 的渗碳钢，后者“E”表示经渗碳淬火的。

如果还需要把强度下限注明，则可把表示强度值的数字附于代表热处理状态的字母之后。如果没有这个字母时，则可加入字母 F（表示强度）。例如：

C35N50——经正火的含 C 0.35% 的调质钢，其抗拉强度不低于 500MPa；

C35F60——含 C 0.35% 的调质钢，其抗拉强度不低于 600MPa。

对于普通大量生产用钢，一般在钢铁厂进行热处理后，用户大多不再进行热处理。这些钢的钢号经常只用表示熔炼方法的字母和含碳量为万分之几的数字来表示，有时再加上一个原始特性的字母，而“C”字却可省略。例如：

MU12——含 C0.12% 的平炉沸腾钢；

MBA14——含 C0.14% 的耐时效的碱性平炉钢。

对于还需要标明某些特性的，则可把表示这些特性的元素符号标于钢号之后，其中：Al 表示含铝的，Cu 表示含铜的，Mn 表示含锰量较高的，P 表示含磷量较高的，Si 表示含硅量较高的或用 Si 镇静的。例如：

M10MnSi——用硅镇静的平炉钢，含 C0.10% 且含锰量较高的；

M12Cu——含 C0.12% 的平炉钢，含少量的铜。

(2) 低合金钢：它的钢号主体是由表示含碳量为万分之几的数字、合金元素符号和表示合金元素含量值的数字组成。合金元素的符号是采用国际化学符号，并按其含量的多少依次排列；当含量相同时则按字母次序排列。合金元素含量值的表示方法列于表 1.4-9。

表 1.4-9　低合金钢合金元素含量值的表示方法

合　金　元　素	平均含量的%乘以
Cr，Co，Mn，Ni，Si，W	4
Al，Cu，Mo，Nb，Ta，Ti，V	10
C，N，P，S	100

从表 1.4-9 求得的数值，如遇有小数时，用四舍五入的方法化为整数。例如：

15Cr3——平均含 C0.15%、含 Cr3/4%(0.75%)的铬钢。

24CrMoV5.5——平均含 C0.24%、含 Cr5/4%(1.25%)、含 Mo5/10%(0.50%)的铬钼钒钢。

较完整的低合金钢号，也同样标以表示熔炼方法、原始特性的字母(同表 1.4-8)。如有时需注明多种处理方法时，则可用“+”把钢号主体与代表某一意义的字母连接起来。为了免除误解，常常把表示处理方法的字母和强度的下限值合在一起标在“+”号后面。例如：

15Cr3E——铬钢，含 C0.15%，Cr0.75%，经渗碳淬火的；

25CrMo56V+65S——铬钼钢，含 C0.25%，Cr1.25%，Mo0.6%，经调质后强度为 650MPa，经消除内应力退火的。

E13CrV53.8——铬钒电炉钢，含 C0.13%，Cr1.25%，V0.3%，保证一定高温强度。

(3) 高合金钢：它的钢号开始冠以字母“X”，表示为高合金钢；随后是表示钢平均含碳量为万分之几的数字和按含量多少依次排列的合金元素的化学符号；最后是标明各主要合金元素含量的平均百分值(按四舍五入化为整数)。例如：

X10CrNi188——含 C0.10%，Cr18%，Ni8% 的不锈钢。

X10CrNiTi1892——含 C0.10%，Cr18%，Ni9%，Ti2% 的不锈钢。

如果由于含碳量无关重要而不必注明时，则字母“X”也可省略。

3) 铸钢钢号表示方法

它的钢号开头冠以“GS-”或“G-”。在需要时，铸模浇注可在短横前加“K”，离心浇注可加“Z”，例如 GSK-××或 GSZ-××。

铸钢的钢号表示方法和上述轧制或锻造钢的是相同的。在需要时也可采用表 1.4-8 中的各种字母或数字及表 1.4-9 中的系数。对于非合金铸钢可按强度或化学成分表示；而合金铸钢只能用化学成分表示。

2. DIN 17007 系统的钢号表示方法

DIN 17007 是由德意志标准委员会的钢铁专业标准小组提出的一种材料数字系统(W－Nr)。虽然这个草案后来被撤回了，但是已经得到广泛的采用，尤其在技术刊物、商业广告和产品目录中至今还经常采用它。现将其表示原则叙述如下：

1) 材料号(W－Nr)系由6位数字组成，各位数字表示的涵义如图解：

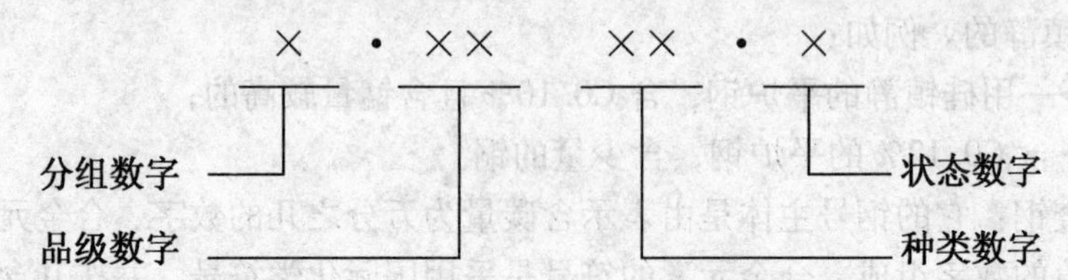

(1) 在分组数字(W－Nr 的第一位)中：：0——生铁和铁合金；1——钢；2～9 暂予保留，将来再为其他材料规定数字。对于明显的属于钢类材料时，其分组数字“1”常常可以省略。

(2) 品级数字(W－Nr 的第二、三位)是最主要的数字，按照钢的分类规定如下：

① 普通钢：00——不考虑其冶炼方法的普通钢。01～03——空气吹炼的转炉钢。其中“01”表示托马斯钢，“02”暂予保留，“03”表示贝氏体钢。

04～07——平炉钢，其中“04”为 S、P＞0.050%，“05”为 C＜0.20%，“06”为 C＞0.20%而≤0.40%的，“07”为 P≤0.050%而＞0.40%的。

② 不锈耐酸钢与耐热钢：40～45——不锈耐酸钢。其中“40”为 Cr 钢与 CrNi 钢(Ni＜2.0%的)；“41”为 CrMo 钢和 CrNiMo 钢(Ni＜2.0%的)；“42”为 CrMn 钢；“43”为 CrNi(Si)钢(Ni＜2.0%的)；“44”为 CrNiMo 钢(Ni＞2.0%)；“45”为加入其他元素(Si、Mn、Mo 除外)的 Cr 钢与 CrNi 钢。

47～49—耐热钢，其中“47”为 Cr 钢，CrSi(Al)钢和 CrAl 钢；；“48”为 CrNi 钢和 CrMn 钢；“49”为其他的耐热钢。

③ 合金结构钢：50——Mn 钢、Si 钢、Cu 钢；51——MnSi 钢；52——MnCu 钢、MnV 钢、SiV 钢、MnSiV 钢；53——MnTi 钢、SiTi 钢、MnSiTi 钢、MnSiZr 钢、54——Mo 钢(包括 Mn、Si)、含 Nb、Ti、V、W 钢、CrW 钢、CrVW 钢；56——Ni 钢；57～60——CrNi 钢，其中“57”为含 Cr≤1.0%的；“58”为含 Cr＞1.0%而≤1.5%的；“59”为含 Cr＞1.5%而≤2.0%；“60”为含 Cr＞2.0%而＜3.0%。

62——NiSi 钢、NiMn 钢、NiCu 钢；

63——NiMo 钢、NiMoMn 钢、NiMoV 钢、NiVMn 钢；

65～67——CrNiMo 钢，其中“65”为含 Mo≤4%＋Ni≤2%的；“66”为含 Mo≤0.4%＋Ni＞2%而≤3.5%的；“67”为含 Mo≤4%＋Ni＞3.5%而≤5.0%或 Mo＞4%的。

68——CrNiV 钢、CrNiW 钢；

69——除上列 57～68 以外的 CrNi 钢；

70——Cr 钢；

71——CrSi 钢、CrMn 钢、CrSiMn 钢；

72～72——CrMo 钢，其中“72”为含 Mo≤0.35%的；“73”为含 Mo＞0.35%的。

75～76——CrV 钢，其中“75”为含 Cr≤0.2%的；“76”为含 Cr＞2.0%的；

77——CrMoV 钢；

79——CrMnMo 钢、CrMnMoV 钢；

80——CrSiMo 钢、CrSiMnMo 钢、CrSiMoV 钢；

81——CrSiV 钢、CrMnV 钢；

82——CrMoW 钢、CrMoWV 钢；

84——CrSiTi 钢、CrMnTi 钢、CrSiMoTi 钢；

85——渗氮钢。

(3) 种类数字(W－Nr 的第四、五位)是任意确定的，并代表钢种的成分。

(4) 状态数字(W－Nr 的第六位)通常采用 0～9，其涵义为：

0——不规定处理的(在变形加工后不要求或不保证某种热处理的)；

1——经常化退火的；

2——经软化退火的；

3——经热处理获得良好的可切削性能的；

4——经调质处理在常温下有良好性能的；

5——经调质处理在高温下有良好性能的(奥氏体钢的剧冷、有时相应材料的淬火也包括在内)；

6——(暂予保留)；

7——经冷加工的；

8——(暂予保留)；

9——按特种规范处理的。

2) 在分组数字之后和状态数字之前必须用小圆点隔开，例如 1·1151·7。

但在非必须情况下，状态数字是不必标出的。

1.4.5　俄罗斯(原苏联)钢号的表示方法

гост 是原苏联国定全苏标准(государственный обшесоюзный стандарт)的标准代号。гост 标准中钢铁牌号的表示方法和我国 GB 标准的钢铁牌号表示方法基本相同，只是钢号中的化学元素名称和冶炼、浇注以及用途等一律采用本国文字(俄文字母)缩写来表示，如表 1.4－10 和表 1.4－11 所列。

表 1.4－10　合金钢钢号中表示各合金元素的字母缩写

字母缩写	合金元素名称		相应的拉丁字母[①]	字母缩写	合金元素名称		相应的拉丁字母[①]
	原文	汉字及化学符号			原文	汉字及化学符号	
А	—	高级优质的	A	П	Фосфор	磷(P)	P
А	Азот	氮(N)	A	Р	Бор	硼(B)	R
Б	Ннобдй	铌(Nb)	B	С	Кремний	硅(Si)	S
В	Вольфрам	钨(W)	V	Т	Титан	钛(Ti)	T
Г	Марганец	锰(Mn)	G	У	Углерод	碳(C)	U
Д	Медь	铜(Cu)	D	Ф	Ванадий	钒(V)	F
К	Кобальт	钴(Co)	K	Х	Хром	铬(Cr)	ch
М	Молибден	钼(Mo)	M	Ц	Цирконий	锆(Zr)	—
Н	Никель	镍(Ni)	N	Ю	Алюминий	铝(Al)	Ju

注：①在英文、德文或日文的文献资料中，对苏联 ГОСТ 钢号常常采用相应的拉丁字母来表示。

表1.4-11 钢铁产品牌号中常用的俄文字母缩写及其涵义

生 铁	普 通 钢	合 金 钢
М碱性平炉生铁	СТ钢	Ж铬不锈钢
Б酸性转炉生铁	МСТ平炉钢	Я镍铬不锈钢
Т碱性转炉生铁	БСТ酸性转炉钢	Е磁钢
ЛК铸造焦碳生铁	ТСТ碱性转炉钢	Р高速工具钢
КЧ变性灰口铁	КСТ氧气顶吹转炉钢	Ш滚珠轴承钢
КК可锻铸铁	КП沸腾钢	Э电工用钢
	ПС半镇静钢	ЭИ试验研究钢种
	СП镇静钢	ЭП工业试验钢种

现将有关钢铁产品牌号的表示方法举例如下：

1. 普通碳素钢

1） 普通碳素钢分为А类钢、Б类钢和В类钢：

（1）А类钢供应时保证机械性能。不论钢的熔炼方法，它们的钢号一律冠以“СТ”，后面用阿拉伯数字顺序编号，例如CT.0～CT.7。

（2）Б类钢供应时保证化学成分，对于不同冶炼方法的钢，应在“СТ.”之前再冠以“М”、“Б”……等。例如“МСТ.3”表示3号平炉钢，“БСТ.3”和“ТСТ.3”分别表示3号酸性转炉(贝氏炉)钢和3号碱性转炉(托马斯炉)钢。

（3）В类钢是供应时保证化学成分和机械性能的钢，相当于我国GB标准的特类钢。它的钢号一律冠以“ВСТ”，其余表示方法与А类钢、Б类钢相一致。

2）沸腾钢在钢号末尾加“кп”，半镇静钢加“пс”，镇静钢则不加сп。

3）专门用途的碳素钢，如桥梁钢、造船钢等，基本上采用普通碳素钢的表示方法；必要时再在钢号末尾加用途字母。例如“СТ.4С”表示用于制造过程中不作突缘的船身部分的钢

2. 优质碳素结构钢

它的钢号表示原则与我国GB标准的表示方法基本相同。例如：10－平均含Со10%的镇静钢；10кп－平均含Со10%的沸腾钢；30г－平均含Со30%、含Mn较高的优质碳素结构钢。

3. 低合金高强度钢、合金结构钢

它们的钢号表示原则与我国GB标准的表示方法基本相同，钢号中用以表示各合金元素的字母缩写均见表1.4－10所列。例如12Х1Мф＝12Cr1MoV(GB)。

4. 不锈耐酸钢、耐热不起皮钢

它们的钢号表示原则与我国GB标准的表示方法基本相同，钢号中用以表示合金元素的字母缩写均见表1.4－10所列。例如1Х18Н9Т＝1Cr18Ni9Ti(GB)3Х13＝3Cr13(GB)。

此外也有些工厂用字母“эЖ”或“Ж”表示铬不锈钢；用字母“эя”或“я”表示镍铬不锈钢。例如：

эЖ1或Ж1＝1Х13； эя0或я0＝0Х18Н9；

эЖ2或Ж2＝2Х×13； эя1或я1＝1Х18Н9；

эя1Т或я1Т＝1Х18Н9Т。

5. 铸钢

它们的钢号在末尾标以字母“л”，并用短横线与前面的钢号隔开，以便区别其他类钢号。例如“35－л”表示35号铸钢。

1.4.6　英国钢号的表示方法

在英国，一般常用的是BS标准(British Standard Specification)。BS钢号主要是根据用途来表示的，不能表示出钢的化学成分。BS标准的编号为BS××，××是编号的数字，这个数字不一定具有特定的涵义，也不一定是顺序号，其中除BS970包括了大部分优质钢钢号外，还有BS的工具钢钢号和BS1501钢号等，见表1.4－12。不过都没有一套系统的钢号表示方法。下面只是将钢号表示方法作简要的介绍。

表1.4－12　BS标准的钢号表示方法

BS标准	代表钢种	BS标准	代表钢种
BS970	一般用途结构钢	BS1630	不锈铸钢
BS1501～1506	化工与石油用钢	BS1864	奶酪业用不锈钢管
BS1507，1508	化工压力容器用钢	BS3014	一般用焊接不锈钢管
BS1607	石油高温用无缝钢管		

BS970钢号包括了大部分优质钢，主要是结构钢和一部分不锈钢与耐热钢。BS970钢号一般开头冠以“En”，接着是阿拉伯数字顺序编号，表示不同用途的钢种。有的钢号在顺序号后还标有一个字母：A、B、C……M等，或二个字母：AM、BM、CM等。现列举如下：

En1——易切削钢，钢号有En1A和En1B二种，后者为含硫较高的钢。

En2——普通用途的冷作成型的“20”碳素钢(含C 0.20%)；还有E2A/1，En2A，En2B，En2C，En2D，均为特殊用途的；En2E表示完全脱氧的。

En3——热轧或热锻的“20”碳素钢；还有En3A，En3C是热轧正火状态的；En3B，En3D是冷拔的。

En4——正火状态的“25”碳素钢；还有En4A是冷拔的。

En5——“30”碳素钢；还有En5A，En5B，En5C均为含碳量范围较窄而含量稍有不同的；En5D为冷拔的；En5K为含S、P较低的。

En6——“35”光亮碳素钢；还有En6K为含S、P较低些的；En6A为不要求冲击值的。

En7——半易切削钢；还有En7A为含C较低，含Mn较高的。

En8——“40”碳素钢；还有En8A，En8B，En8C，EN8D，EN8E均为含碳量范围较窄(0.05%以内)而含量稍有不同的；En8M为易切削“40”碳素钢，还有En8AM，En8BM，En8CM，En8DM亦为含碳量上下限≤0.05%的。

En9——“55”碳素钢；还有En9K为含S、P较低些的。

En10——含3/4%Ni的“55”碳素钢。

En11——含3/4%Cr的“60”碳素钢。

En12——1%Ni钢；还有En12A，EN12B，En12C为含碳量上下限≤0.05%的。

En13——Mn－Ni－Mo钢。

En14——C－Mn钢；还有En14A/1，En14A，为特殊用途的；E14B为含碳量稍高的(含C0.25%)。

En15——高强度的C－Mn钢；还有En15A，En15B为成分稍有不同的；En15AM为含硫易切削 C－Mn 钢。

En16——Mn－Mo 钢；还有 En16A，En16B，En16C，En16D 均为含碳量上下限≤0.05%的；En16M 为易切削 Mn－Mo 钢。

En17——高钼的 Mn－Mo 钢。

En18——1%Cr 钢；还有 En18A，En18B，En18C，En18D 均为含碳量范围较窄(≤0.05%)的各钢种。

En19——1%Cr－Mo 钢；还有 En19A，En19B，En19C 均为含碳量范围较窄的各钢种。

En20——1%Cr－Mo 钢(含钼较高的)；钢号有 En20A 和 En20B 二种，后者的含碳量较前者稍高些。

En21——3%Ni 钢；还有 En21A 其成分稍有不同。

En22——3½%Ni 钢。

En23——3%Ni－Cr 钢。

En24——1½%Ni－Cr－Mo 钢。

En25——中碳的 2½%Ni－Cr－Mo 钢。

En26——中碳的 2½%Ni－Cr－Mo 钢。

En27——3%Ni－Cr－Mo 钢。

En28——3½%Ni－Cr－Mo 钢。

En29——3%Cr－Mo 钢，钢号有 En29A 和 En29B 二种。后者的含碳量较前者稍高些。

En30——4¼%Ni－Cr 钢；钢号有 En30A、En30B 二种，前者不含钼，而后者是含钼(0.3%)的。

En31——1%C－Cr 钢。

En32——“15”碳素渗碳钢；钢号有 En32A，En32B，En32C 三种，成分各稍有不同；还有 En32M 为半易切削钢。

En33——3%Ni 渗碳钢。

En34——2%Ni－Mo 渗碳钢(含 C<0.20%)。

En35——2%Ni－Mo 渗碳钢(含 C0.20%～0.28%)；还有 En35A，En35B 为含碳量上下限范围较窄的(≤0.05%)。

En36——钢号有三种，其中 En36A 和 En36B 为 3%Ni－Cr 钢；En36C 为 3%Ni－Cr－Mo 钢。

En37——5%Ni 渗碳钢。

En38——5%Ni－Mo 渗碳钢。

En39——钢号有两种：其中 En39A 为 4¼%Ni－Cr 渗碳钢；En39B 为 4¼%Ni－Cr－Mo 渗碳钢。

En40—钢号有三种，En40A 和 En40B 为 3%Cr－Mo 氮化钢，后者的含碳量较高些；En40C 为强度较高的 3%Cr－Mo－V 氮化钢。

En41——1%Cr－Al－Mo 氮化钢；钢号有 En41A 和 En41B 二种，后者的含碳量高些。

En56——Cr 不锈钢；钢号有 En56A，En56B，En56C，En56D 四种，其含碳量依次提高。

En56M——钢号有 En56AM，En56BM，En56CM，En56DM 四种，为易加工的 Cr 不锈钢。

En57——Cr－Ni 马氏体不锈钢。

En58——18-8型Cr-Ni奥氏体不锈耐酸钢和耐热钢。钢号共有En58A，En58B，En58C，En58D，En58E，En58F，E58G，En58H，En58J九种，成分各稍有不同。

En60——铁素体Cr不锈钢(含Cr17%)。

En61——铁素体Cr不锈钢(含Cr20%~22%)。

En100——低合金钢；还有En100A，En100B，En100C，En100D，En100E，成分各稍有不同。

En110——低Ni-Cr-Mo钢。

En111——低Ni-Cr钢；还有En111A为含碳量上下限范围规定较窄的钢种。

En160——2%Ni-Mo钢；还有En160A亦为含碳量规定较窄的钢种。

En201——C-Mo渗碳钢。

En202——半易切削的C-Mn渗碳钢。

En206——低Cr渗碳钢。

En207——低Cr渗碳钢(含C、Cr稍高些的)。

En320——Ni-Cr-Mo渗碳钢。

En325——低Ni-Cr-Mo渗碳钢。

En351——3/4%Ni-Cr渗碳钢。

En352——1%Ni-Cr渗碳钢。

EN353——1¼%Ni-Cr渗碳钢。

En354——1¾%Ni-Cr-Mo渗碳钢。

En355——2%Ni-Cr-Mo渗碳钢。

En361——含C0.15%的低合金渗碳钢。

En362——含C0.20%的低合金渗碳钢。

En363——含C0.25%的低合金渗碳钢。

1.4.7 法国钢号的表示方法

NF是法国标准(Normes Francaises)的标准代号。这套标准是由法国标准协会制订的。有关钢铁产品的标准都规定在NFA×××中，其中关于钢号表示方法记载在FDA№30-009标准中(FD表示标准的分册或附件)。

1. 非合金钢和碳素钢

这类钢通常是指除C和Fe以外，钢中残余元素的含量均不得超过表1.4-13中的数值，表中未列出的其他元素的含量亦不得超过0.1%。

表1.4-13 钢中残余元素含量上限 %

Mn	Si	Cr	Ni	Mo	V	W	Co	Al	Ti	Cu	P	S	P+S
1.2	1.0	0.25	0.50	0.10	0.05	0.30	0.30	0.30	0.30	0.30	0.12	0.10	0.20

1）一般用钢(A类别)

(1) AD×钢：这是一般商品钢，要求有一定的延展性，抗拉强度为330~500MPa，弯曲试验(90°)弯芯直径=4×厚度。

(2) 其他类钢：钢号有A33、A37、A42、A48、A56、A65、A75、A85、A95等9种。其钢号表示方法如下：

① 钢号开头为“A”，表示一般用钢。

② “A”后面的数字是表示抗拉强度范围，如表 1.4 - 14 所示。

表 1.4 - 14 抗拉强度范围

数字	33	37	42	48	56	65	75	85	95
抗拉强度/MPa	330 ~ 400	370 ~ 440	420 ~ 500	480 ~ 650	560 ~ 650	650 ~ 750	750 ~ 850	850 ~ 950	950 ~ 1050

③ 专门用途的钢在数字后再标以各种大写字母来表示。例如：T - 结构用钢；N - 船体用钢；C - 锅炉或受压容器用钢；BA - 混凝土用钢筋。

④ 钢号最后所标的数字，表示钢的质量等级；其符号共有七种：1，2，2bis，3，3bis，4，4bis(× bis 表示冷加工状态的)。而每一种质量符号都有其相应的质量指数 N，常用的质量等级为№1，№2，№3，№4，其相应的各钢种的质量指数 N 列于表 1.4 - 15。

表 1.4 - 15 各钢号的质量指数 N

质量等级	№1	№2	№3	№4
A33	98	110	116	121
A37	96	109	114	119
A42	94	106	112	116
A48	94	106	112	116
A56	94	106	112	116
A65	98	108	114	118
A75		108	114	119
A85		110		
A95		110		

根据 $N = R + 2.5A$ 这一公式(式中：R—抗拉强度，MPa；A—延伸率,%)并查表 1.4 - 14 和表 1.4 - 15，就可以从钢号上推算出钢的抗拉强度和延伸率。例如：A33.1 钢，由表 1.4 - 14 得知其 R = 330 ~ 400MPa，再由表 1.4 - 15 得知 N = 98，则延伸率为 $A_1 = \frac{98 - 33}{2.5} = 26(\%)$，$A_2 = \frac{98 - 40}{2.5} = 23.2(\%)$，即延伸率为 23% ~26%。

⑤ 钢中硫、磷等含量的高低，采用小写字母 a、b、c……m 来表示其含量的依次减低(见表 1.4 - 16)。

表 1.4 - 16 钢中 P、S 和(P + S)的等级及其符号

符号	P/%	S/%	(P + S)/%	符号	P/%	S/%	(P + S)/%
a	0.09	0.065	0.14	f	0.04	0.035	0.065
b	0.08	0.060	0.12	g	0.025	0.035	0.060
c	0.06	0.050	0.10	h	0.030	0.025	0.055
d	0.05	0.050	0.09	k	0.020	0.025	0.045
e	0.04	0.040	0.07	m	0.020	0.015	0.035

注：A 类钢只从 b 级到 e 级。

⑥ 钢材退火状态者用小写字母“r”表示。

⑦ 可焊接的钢以大写字母“S”表示。例如 A37T 2bis br 钢，其中 A37 - 抗拉强度 370 ~

440MPa 的 A 类钢(见表 1.4－14)，T—结构用钢板，2bis—冷加工状态的质量等级(相当表 1.4－15 中№2)，b—钢中硫、磷含量(见表 1.4－16)，r—退火状态。

2）结构用非合金钢

(1) CC 类钢：钢号有 CC10、CC11、CC20、CC28、CC35、CC45、CC55，钢号中“CC”表示 CC 类钢，CC 后面的数字表示钢的平均含碳量的万分之几。例如 CC10S 表示平均含碳量为 0.10%、可焊接的碳素钢。

(2) XC 类钢：其含碳量的范围较 C 类钢为窄；并且 S、P 含量亦有较严格的限制，其 S、P 等级符号与表 1.4－16 所列的相同。这类钢包括以下各钢号：XC10、XC12、XC18、XC25、XC32、XC35、XC38、XC42、XC45、XC65、XC70、XC80。

例如：

XC10d——含 C0.05%～0.15%，S、P 等级为 d 的 XC 类钢；

XC12f——含 C0.09%～0.16%，S、P 等级为 f 的 XC 类钢；

XC18s——平均 C0.18%，可焊接的 XC 类钢。

2. 合金钢

1）一般用合金钢(A 类钢)

(1) 这类钢开头均冠以大写字母“A”。

(2) 在“A”字后如标以大写的“S”，表示该钢种是可以焊接的。

(3) 再其后的数字是表示抗拉强度(kgf/mm^2)不低于该数值。

(4) 钢中所含的主要合金元素的表示，用该元素的大写字母(见表 1.4－18)标在数字的后面。倒如：

A55M——抗拉强度 550MPa、含 Mn 量 1% 的 Mn 钢。

AS55M——抗拉强度 550MPa、含 Mn 量 1%，并可焊接的 Mn 钢。

2）热处理用合金钢

这类钢包括合金结构钢和工具钢，按其合金含量来分，可分为低合金钢和高合金钢两类：

(1) 低合金钢(合金元素总量低于 5% 的)

① 含碳量是 C% 的 100 倍的数字来表示。

② 各主要合金元素采用大写字母来表示，见表 1.4－17。

表 1.4－17　表示合金元素的缩写字母和含量指数

元素名称及化学符号	钢号中采用的字母	指数	元素名称及化学符号	钢号中采用的字母	指数
铬 Cr	C	4	锡 Sn	E	10
钴 Co	K	4	镁 Mg	G	10
锰 Mn	M	4	钼 Mo	D	10
镍 Ni	N	4	磷 P	P	10
硅 Si	S	4	钨 W	W	10
铝 Al	A	10	钒 V	V	10
铍 Be	Be	10	锌 Zn	Z	10
铜 Cu	U	10			

③ 各合金元素的含量多少，是采用主要元素实际平均含量百分数乘以表 1.4－17 中所

列的该元素的指数来表示。

④ 钢中主要合金元素含量如低于表 1.4－18 所列的含量，则钢号中不必标出，但硼例外。

表 1.4－18 钢号中不必标出的元素含量上限

元素名称	Mn 和 Si	Ni	Cr	Mo	V
含量,%	3.20	0.50	0.25	0.10	0.05

⑤ 当硫、磷含量需要标明时，则可按表 1.4－16 的规定标上化学纯度等级符号。

【例 1】 42CD4。其中：

42－C%，42÷100＝0.42(%)；C－Cr；D－Mo；4－Cr%，4÷4＝1(%)。即表示含 C0.42%，Cr1%，Mo＞0.10% 的 Cr－Mo 钢。

【例 2】 60NCDV06－02。其中：

60－C%，60÷100＝0.60(%)；N－Ni；C－Cr；D－Mo；V－V；06－Ni%，60÷4＝1.5%；02－Cr%，0.2÷4＝0.5%；即表示含 C0.06%，Ni1.5%，Cr0.5%，Mo＞0.10%，V＞0.05% 的 Ni－Cr－Mo－V 钢。

(2) 高合金钢(其中有一种合金元素超过 5% 的)。

① 钢号开头冠以大写字母“Z”。

② 合金元素的含量直接以实际的平均含量百分数来表示，不再乘以指数。

③ 当表示合金元素含量的数字小于 10 时，则在该数字之前冠以“0”。

④ 其他表示方法和低合金钢相同。

【例 1】 Z80W18。其中：

Z—高合金钢；80—C%，80÷100＝0.80(%)；W—W，18—W%(18%)。即表示含 C0.80%、W18% 有 W 钢。

【例 2】 Z8CN18－08。其中：

Z—高合金钢；8—C%，8÷100＝0.08(%)；C—Cr；N—Ni；18—Cr%(18%)；08—Ni%(8%)。即表示含 C0.08%、Cr18%、Ni8% 的 Cr－Ni 钢。

以上介绍的是 NF 钢号表示方法的要点，如果能熟悉并掌握这些要点，就可以根据 NF 钢号来确定钢的成分，亦可以根据钢的成分来命名 NF 钢号。

1.5 钢铁材料的基本组织

钢铁材料的基本组织见表 1.5－1。

表 1.5－1 钢铁材料的基本组织

序号	名称	含义
1	晶粒和晶界	金属结晶后形成的外形不一致，内部晶格排列方向一致的小晶体，称为晶粒。晶粒与晶粒之间的分界面，称为晶界
2	相和相界	在金属或合金中，凡成分相同、结构相同并有界面相互隔开的均匀组成部分，称为相。相与相之间的界面，称为相界
3	固溶体	在组成合金的一种金属元素的晶体中溶有另一种元素的原子形成的固态相，称为固溶体。固溶体一般有较高的强度、良好的塑性、耐蚀性以及较高的电阻和磁性

续表 1.5-1

序号	名称	含　义
4	金属化合物	合金中不同元素的原子相互作用形成的、晶格类型和性能完全不同于其组成元素、具有金属特性的固态相，称为金属化合物
5	奥氏体	奥氏体是碳和其他元素溶解在 γ-Fe 中的固溶体。奥氏体具有面心立方晶体，塑性好，一般在高温下存在
6	铁素体	铁素体是碳和其他元素溶解于 α-Fe 中的固溶体。铁素体具有体心立方晶格，含碳量极少，其性能与纯铁极为相似，也叫纯铁体
7	渗碳体	渗碳体式铁和碳的化合物，也称碳化三铁(Fe_3C)，含碳量 6.69%，具有复杂的晶格结构。其性能硬而脆，几乎没有塑性
8	珠光体	珠光体是铁素体和渗透体相间的片层状组织。因其显微组织有指纹状的珍珠光泽而得名。其性能介于铁素体和渗碳体之间，强度、硬度适中，并具有良好的塑性和韧性
9	索氏体	亦称细珠光体，是奥氏体在低于珠光体形成温度分解而成的铁素体和渗碳体的混合物。其层片比珠光体更细。仅在高倍显微镜下才能辨别。硬度强度和冲击韧性均高于珠光体
10	屈氏体	亦称极细珠光体，由奥氏体在低于珠光体形成温度分解而成的铁素体和渗碳体的混合体。其层片比索氏体更细。其硬度和强度均高于索氏体
11	贝氏体	贝氏体是过饱和铁素体和渗透体的混合物，贝氏体又分为上贝氏体和下贝氏体。在较高温度形成的称"上贝氏体"，呈羽毛状；在较低温度形成的称"下贝氏体"，呈针状或竹叶状。下贝氏体与上贝氏体相比，其硬度和强度更高，并保持一定韧性和塑性
12	马氏体	马氏体通常是指碳在 α-Fe 中的过饱和固溶体。钢中马氏体的硬度随碳含量的增加而提高。高碳马氏体硬度高而脆，低碳马氏体则较高的韧性。马氏体在奥氏体转变产物中硬度最高
13	莱氏体	莱氏体是碳合金中的一种共晶组织。在高温时由奥氏体和渗碳体构成；在低温时(727℃以下)，由珠光体和渗碳体构成。含碳量为 4.3%，组织中含有大量渗碳体，所以硬度高，塑性，韧性低
14	断口检验	断口组织是钢材质量标志之一。将试样刻槽或折断后用肉眼或 10 倍放大镜检查断口情况，称为断口检验。从端口可以看出金属的缺陷
15	塔形车削发纹检验	将钢材车成规定的塔形或阶梯形试样，然后用酸蚀或磁粉法检验发纹，简称塔形检验

注：含碳量皆为质量分数。

1.6　合金元素在钢中的作用

1.6.1　概述

1. 钢中的元素与合金元素

钢是铁和碳(小于2.1%)的合金。在实际生产和使用的钢中尚有少量非有意加入的其他元素，如一般含量的硅、锰、磷、硫以及氧、氮、氢等。这些元素称为常存或残余元素。其中硅、锰是脱氧后残留下来的，磷、硫主要是原料带来的，而氧、氮、氢则部分是原料带来，部分是在冶炼过程中从空气中吸收来的。

为了改善和提高钢的某些性能和使之获得某些特殊性能而有意在冶炼过程中加入的元素称为合金元素。常用的合金元素有硅、锰、铬、镍、钼、钨、钒、钛、铌、锆、钴、铝、铜、硼、稀土等。磷、硫、氮等在某些情况下也起合金元素的作用。钢中合金元素的含量各有不同，有的高达百分之几十，如铬、镍、锰等，有的则低至万分之几，如硼。

合金元素在钢中与铁和碳这两个基本组元的作用，以及他们彼此之间相互作用，影响钢中各组成相、组织和结构，促使发生有利的变化。通过合金化，可提高和改善钢的综合机械性能，能显著提高和改善钢的工艺性能，如淬透性、回火稳定性、被切削性等，还可使钢获得一些特殊的物理化学性能，如耐热、不锈、耐腐蚀等。这些性能的改善和获得，一部分是加入合金元素的直接影响，而大部分则是合金元素影响钢的相变过程所引起。合金元素所起的作用，是和其本身的原子结构、原子大小和晶体点阵等的差异有关。

2. 合金元素在钢中的分布与存在状态

钢一般是由不同晶体结构的组织，如铁素体、奥氏体、碳化物、金属间化合物以及夹杂和基本上不溶解于钢中的少量游离元素等所组成的混合体。一种元素在不同组织中的溶解度或含量是不同的，有的甚至相差很多倍，即使在同一金相组织中，溶解度也随温度而变化。

合金元素在退火的钢中，有较多的机会按照各自的特性进行分布，但一种元素在几种可能形成的组成物中的分布，也受其他元素的影响。因此，需给出化学成分才能判断其分布情况。表 1.6－1 列出了各常用合金元素在退火钢中的分布倾向。

表 1.6－1 合金元素在退火钢中的分布倾向

元素	溶于铁素体	形成碳化物	进入非金属夹杂物	进入金属间化合物	游离状态存在
Al	Al	—	Al_2O_3，$FeO \cdot Al_2O_3$，AlN	Fe_xAl	
B	B	—		Fe_xB	
Ni	Ni	—		Ni_3Ti，Ni_3Al	
Co	Co	—		(FeCo)	
Si	Si	—	$SiO_2 \cdot M_xO_y$	FeSi	
Mn	Mn ◀◀◀—▶Mn		MnS，$MnO \cdot SiO_2$		
Cr	Cr ◀◀—◀Cr		Cr_xO_y，$FeO \cdot Cr_2O_3$	FeCr	
Mo	Mo ◀◀—◀◀Mo				
W	W ◀◀—◀◀W			Fe_2W	
V	V ◀—◀◀V		V_xO_y，V_xN_y		
Ta	Ta ◀—◀◀◀Ta		TaN		
Nb	Nb ◀—◀◀◀Nb		NbN		
Zr	Zr ◀—◀◀◀Zr		ZrO_2，Zr_xN_y		
Ti	Ti ◀—◀◀◀Ti		$FeO \cdot TiO_2$，Ti_xN_y	Fe_2Ti	
P	P	—			
S	S(?)	—	(Mn，Fe)S，ZrS		
Cu	Cu	—			Cu(＞0.8%)
Pb	—	—	pbS		Pb

注：箭头多少表示倾向性的强弱。

从表 1.6－1 可以看出，合金元素的存在形成和分布有下列五种情况：

（1）与铁形成固溶体，不与碳形成任何碳化物，如硅、镍、铜、铝、钴等；

（2）部分固溶于铁素体，另一部分与碳形成碳化物，但每一元素同时固溶于铁素体和形成碳化物的倾向并不相同，因而同一元素在铁素体和碳化物中的浓度或含量也有所不同。属于这一类的元素有锰、铬、钼、钨、钒、铌、锆、钛等；

(3) 大多数元素与钢中的氧、氮、硫形成简单的或复合的非金属夹杂，如 Al_2O_3，$FeO \cdot Al_2O_3$，A1N，$SiO_2 \cdot M_xO_y$，TiO_2，TiN，MnS 等；

(4) 一些元素彼此作用形成金属间化合物，如 FeSi，FeCr(σ)，Ni_3Al，Ni_3Ti，Fe_2W 等；

(5) 有的元素，如铜和铅，常以游离状态存在。

3. 合金元素对铁碳系平衡相图的影响

1) 铁碳合金二元相图

由于冷却速度的不同，铁碳二元合金相同可以是介稳定平衡系的 Fe－Fe_3C(图中实践)，也可以是稳定平衡系的 FeC(图中虚线)，见图 1.6－1。

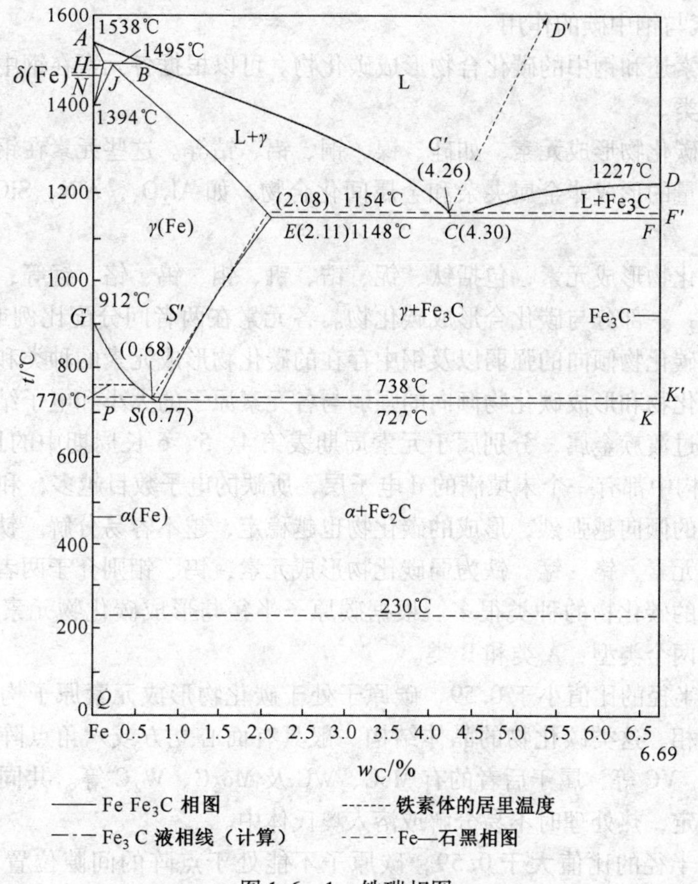

图 1.6－1　铁碳相图

2) 铁与合金元素二元系平衡相图

铁是一种多型性的元素。在加热和冷却时，在 A_3 和 A_4 温度将发生多型性相变：

其他元素固溶于铁中时，将影响 A_3 和 A_4 点的温度；影响的大小视元素的种类和浓度而定。此外，有的元素固溶于铁的同时，并与铁化合形成金属间化合物，构成各种不同类型的二元系平衡相图。合金元素固溶于 α 铁和 γ 铁的固溶体分别叫做铁素体和奥氏体。根据铁和各合金元素组成的二元系平衡相图的形状，可以将合元素分为两大类。

第一大类是扩大 γ 相区的元素。特点是使 A_4 点温度升高，使 A_3 点温度下降，结果扩大奥氏体存在的温度范围。这一类元素被认为是奥氏体形成元素，它们又可分为两组，即：

（1）与γ铁形成无限固溶体，有镍、锰、钴等，

（2）与γ铁形成有限固溶体，有碳、氮和铜等。

第二大类是缩小γ相区的元素。特点和第一大类相反，是使A_4点温度降低，使A_3点温度升高，结果缩小奥氏体存在的温度范围。这一类元素被认为是铁素体形成元素。它们也可以分为以下两组：

（1）形成封闭γ相区的元素，能限制稳定奥氏体存在的温度范围，在一定浓度时，A_3点与A_4点汇合，γ相区为α相区所封闭，形成γ相圈。属于这类的合金元素有硅、铬、钼、钨、磷、钒、锡、砷等；其中铬和钒与α铁无限固溶，其他则与α铁有限固溶。

（2）缩小γ相区，但由于出现了金属间化合物，破坏了γ相圈，以致γ相区没有被α相区所封闭，属于这类的合金元素有铌、钽、锆、硼等。

3）合金元素与钢中碳的作用

某些合金元素还和钢中的碳化合物形成碳化物。可以根据各元素在钢中是否与碳化合形成碳化物分为两类。

第一类是非碳化物形成元素，如硅、镍、铜、铝、钴等。这些元素在钢中主要与铁形成固溶体，另有少量的形成非金属夹杂和金属间化合物，如Al_2O_3，AlN，$SiO_2 \cdot M_xO_y$，FeSi，Ni_3Al等。

第二类是碳化物形成元素，包括钛、铌、锆、钒、钼、钨、铬、锰等；这些元素一部分与铁形成固溶体，一部分与碳化合形成碳化物。各元素在两者间分配比例或浓度各不相同，取决于它们形成碳化物倾向的强弱以及钢中存在的碳化物形成元素的种类和含量。

能否形成碳化物和形成碳化物倾向的强弱与各元素原子的大小和电子结构有关。形成碳化物的元素都是过渡族金属，分别属于元素周期表第4、5、6长周期中的ⅣB，ⅤB，ⅥB，ⅦB族，原子结构中都有一个未填满的d电子层，所缺的电子数目越多，和碳的亲合力就越强，形成碳化物的倾向越强烈，形成的碳化物也越稳定，越不容易分解。钛、铌、锆、钒等为强碳化物形成元素，铬、锰、铁为弱碳化物形成元素，钨、钼则介于两者之间。

出现于钢中的碳化物的种类很多。根据碳原子半径与形成碳化物元素的原子半径的比值，又可以分为两个类型：A类和B类。

A类：两者半径的比值小于0.59，碳原子处于碳化物形成元素原子构成点阵内的间隙位置，形成间隙相。这类碳化物的晶体结构一般具有面心立方或六角点阵。属于前者的有TiC、NbC、ZrC、VC等，属于后者的有MoC、WC及Mo_2C、W_2C等。共同的特点是熔点和硬度高，也很稳定，热处理时不易分解或溶入奥氏体中。

B类：两者半径的比值大于0.59，碳原子不能处于点阵的间隙位置，晶体结构极其复杂。这类碳化物主要的有Fe_3C、Mn_3C、Cr_7C_3、$Cr_{23}C_6$等，熔点和硬度，与A类碳化物比都较低，稳定性也较差，热处理时较易分解并溶入奥氏体中，对热处理相变过程影响较大。

4）合金元素对铁碳系平衡相图的影响

合金元素对铁碳系平衡相图的影响大致可以根据各自与铁形成的二元系平衡相图的类型加以推断。根据对钢的热处理和性能的影响，可归纳为以下三个方面。

（1）对共析点S位置的影响

所有缩小γ相区的元素，如钛、钼、硅、钨、铬等均使S点温度升高，所有扩大γ相区

的元素，如如镍、锰和氮，则使之降低。同时所有元素均使S点左移，也就是降低共析点的碳含量。不过强碳化物形成元素如钛、铌、钒等，也包括钨和钼，在含量超过一定值时，又使S点右移。

（2）对临界温度的影响

所有与铁组成扩大γ相区型的二元系相图的元素，除钴外，都不同程度地使铁碳平衡相图中的NJ线上移，GS线下移；所有缩小γ相区的元素，除铬外，都不同程度地使NJ下移，GS线上移。也就是说：扩大γ相区的元素使A_3点温度降低，A_4点温度升高；相反，缩小γ相区的元素使A_3点温度升高，A_4点温度降低。钴和铬的作用比较特殊：钴使A_3和A_4点温度都升高，铬除含量大于7%时使A_3点温度升高外，均使A_3和A_4点温度降低。各元素对A_1点温度的影响和对A_3点温度的影响基本上相似。

（3）对奥氏体相区形状、大小和位置的影响

合金元素对铁碳系平衡相图中奥氏体相区NJESGN的影响较为复杂。既改变S点和GS及NJ相界线位置，还使E点向左和向上、下移动，并改变JE及ES相界线位置和各相界线的斜度和形状。其他合金元素对γ相区的影响可以对照各自的类型类推。当合金元素含量不高时，一般对奥氏体相区的影响不大，但含量高时，能显著改变其形状、大小和位置。锰或镍含量高可以使奥氏体单相区扩展到室温以下，硅或铬含量高可以将奥氏体单相区限制在很小的一个楔形区域内，甚而使之完全消失。此外，由于E点的左移，将使铸钢中碳含量不到2%时即出现莱氏体共晶组织。

1.6.2　合金元素对相变的影响

钢在加热和冷却过程中，发生复杂的相变，合金元素对相变产生重要的影响。

1. 合金元素对钢加热时相变的影响

1）以奥氏体化的影响

钢加热时的主要相变是非奥氏体相向奥氏体相的转变。这种转变包括奥氏体晶核的形成和长大，碳化物的分解和溶解，以及奥氏体均匀化等几个交错进行的阶段。整个奥氏体化的过程都和碳的扩散有关。影响碳扩散速度的因素是温度和合金元素。非碳化物形成元素如镍、钴等，降低碳在奥氏体中的激活能，增加奥氏体形成的速度。相反，强碳化物形成元素如钒、钛、钨、钼等，与碳有较大的亲和力，强烈地妨碍碳在钢中的扩散，大大减慢奥氏体化的过程。

奥氏体形成后，组织中常有未溶解的各种类型的碳化物颗粒，稳定性各不相同。稳定性高的碳化物，要使之分解并溶入奥氏体中，常需提高加热温度。含铬的碳化物在850℃才会大量溶解，含钨、钼的碳化物要在950℃才显著溶解，钒、钛、铌的碳化物要高至1050℃才溶解。这类合金元素将使奥氏体化的过程更加复杂。

奥氏体化过程中还包括均匀化的过程。初形成的奥氏体，在碳和合金元素的浓度方面都是不均匀的。奥氏体形成后，由于碳化物的陆续溶入，不均匀度更加严重。要使奥氏体均匀化，碳和合金元素都需扩散。但合金元素的扩散很缓慢，即使在1000℃的高温下，也仅及碳扩散速度的万分之几或千分之几。必须采取较高的加热温度和较长的保温时间才能得到比较均匀的奥氏体，以充分发挥合金元素的作用。对有些高碳合金工具钢，则希望有一些未溶碳化物存在以提高钢的耐磨性，不需要十分均匀的奥氏体。

2）对晶粒度的影响

强碳化物形成元素如钛、钒、锆、铌等强烈阻止奥氏体晶粒长大，起细化晶粒的作用；钨、钼、铬等阻止奥氏体晶粒长大作用中等；非碳化物形成元素如镍、硅、铜、钴等阻止奥氏体晶粒长大的作用轻微，锰、磷则有助长奥氏体晶粒长大的倾向。

铝在钢中不形成碳化物，却是控制奥氏体晶粒粗化颇有效和最常用的元素。主要作用是提高晶粒粗化温度。铝在钢中与其他元素，特别是氮，形成颗粒细小弥散分布的难熔化合物，如氮化铝，从而阻碍晶粒长大。温度超过一定界限，细小的化合物颗粒发生聚合和溶解，而失掉作用，奥氏体晶粒即将迅速长大粗化。当钢中总铝含量为0.02%～0.08%，或形成氮化铝的化合铝达到0.008%时，铝限制晶粒粗化的作用最有效。

碳化物形成元素的作用，也可用形成细微碳化物或氮化物因而阻碍晶粒长大的观点来解释。还可用“内吸附理论”来解释固溶于奥氏体中的元素影响晶粒长大的作用。镍、硅、钴等固溶于钢中使晶粒界面能降低，从而减缓晶粒长大的速度。相反，磷和锰提高奥氏体晶粒的界面能，促使晶粒长大加快。

2. 合金元素对钢冷却时相变的影响

钢冷却时的相变指的是过冷奥氏体的分解

1）对珠光体转变的影响

珠光体转变是一种高温扩散型相变，是通过成核和长大过程来完成的。在转变过程中，必须借扩散来不断地进行合金元素和碳的重新分配。由于合金元素自扩散很慢，同时也使碳的扩散速度减慢，无疑将延长成核和长大所需的时间，即延长了转变的孕育期和完成转变的时间。总的效果是降低钢的临界冷却速度，增加钢的淬透性。

常用合金元素对珠光体转变的影响大致可归纳为以下几点：

(1) 除钴和铝外，所有元素都不同程度地延缓珠光体转变，其中钼的作用最显著，钨、铬、锰等次之，非碳化物形成元素的影响较弱。钴有加速珠光体转变的作用。铝的作用尚未确定。

(2) 强碳化物形成元素，如钛、钒、铌、锆等的碳化物极为稳定，加热时不易分解溶入奥氏体中。这些碳化物微粒的存在，将为珠光体转变的成核提供便利，加速相变。

(3) 数种合金元素同时存在时，对延缓珠光体转变的作用不是迭加的，而是迭乘的。在总合金含量相同时，多元素低含量的效果远大于单元素高含量的效果。

(4) 硼对珠光体转变的影响是改变奥氏体的晶界状态使成核困难，从而延长转变的孕育期。但对晶核的长大无显著的作用。

2）对贝氏体转变的影响

贝氏体转变是一种中温半扩散型的相变，也包括成核和长大的过程。与珠光体转变不同的是，由于温度较低，奥氏体过冷度较大，以致扩散更加缓慢而限于较短距离。相变形成的晶核与奥氏体母相有共格关系并沿奥氏体晶粒内某些惯析而长大。关于对贝氏体转变的影响，目前了解尚不充分，但下列两点是比较明确的：

(1) 扩大奥氏体相区的元素如锰和镍，都使临界温度降低，并都减小奥氏体与铁素体间的自由能差，因而减慢奥氏体的分解，使贝氏体转变推迟。它们还阻碍碳原子的扩散，也起到一定的延缓转变过程的作用。

(2) 缩小奥氏体相区并形成碳化物的元素如钼、钨、钒等的作用，主要是阻碍碳原子的扩散，使贝氏体转变速度减慢。

3）对马氏体转变的影响

马氏体转变属于非扩散型相变，成核及长大不包括原子的扩散过程，速度非常大，转变是在一个温度范围内进行，而且转变一般不可能完全，总有若干奥氏体残留下来。钢中大多数合金元素对马氏体转变的直接影响是降低转变温度，并增加残余奥氏体的含量。钴和铝的作用则与此相反，锰降低马氏体转变开始温度 Ms 点的作用最强，硅实际上没有影响。

钢中有多种合金元素存在时，对 M_s点的影响是互相促进，使作用更加显著。

下式是适用于估算一般合金结构钢 M_s 点的公式之一。

M_s(℃) = 538 − 317C(%) − 33Mn(%) − 28Cr(%) − 17Ni(%) − 11Si(%) − 11Mo(%) − 11W(%)

碳及合金元素对马氏体形态也有影响。低碳的马氏体呈平行的条状组织，亚结构内为位错，称为条状或位错马氏体。高碳的马氏体呈针叶或透镜状，亚结构内为细孪晶，叫做片状或孪晶型马氏体。中碳的马体则为两种类型的混合形态。合金元素会改变钢淬火后形成马氏体的类型。常用的合金元素如镍、铬、锰、钼、钴等，都增加形成孪晶马氏体的倾向。

3. 合金元素对淬火钢回火转变的影响

钢淬火后回火的转变实际上包括四个过程或阶段：马氏体的分解，残余奥氏体的转变，碳化物的聚集和长大，以及马氏体结构的回复和再结晶。四个过程均为碳和金属原子的扩散所控制，是相互交错重迭进行的，很难截然分开。

1）马氏体的分解和合金元素的影响

马氏体的分解可以分成两个阶段来说明。由室温至约 150℃为第一阶段。因温度较低，碳原子只能作短距离的扩散，首先偏聚在马氏体中位错线附近，析出 ε 碳化物。合金元素在这一阶段基本上不产生影响。温度超过 150℃时，碳原子可以作较长距离的扩散，原已析出的 ε 碳化物将重量新溶解并发生渗碳体的形成和聚集。在这一阶段，镍和锰含量不高时不产生影响。强碳化物形成元素，由于降低碳的扩散将推迟马氏体的分解过程。硅由于推迟 ε 碳化物的重新溶解和渗碳体的形成，将提高马氏体分解的温度。

2）残余奥氏体的转变

残余奥氏体在回火中过程将进行分解。合金元素的影响基本上遵循过冷奥氏体等温转变的规律。但在高合金钢中，残余奥氏体十分稳定，甚至加热至 500 ~ 600℃并保温一段时间仍不分解，而是在冷却过程中部分转变为马氏体，使钢的硬度反而增加。这种作用被称为“二次硬化”。发生的原因可能有两种：一是在回火过程中由残余奥氏体中析出部分碳化物，从而降低碳含量，提高 M_s点，使在冷却过程可以在较高温度发生转变；另一是在回火过程中发生催化现象，使 M_s点升高，使冷却时在较高温度发生转变。

3）合金元素对回火时碳化物析出、聚集和长大的影响

碳化物的聚集和长大是通过微小颗粒的重新溶解，碳和合金元素扩散到较大颗粒处而使其长大。合金元素提高碳扩散的激活能，从而减慢碳的扩散。另外，强碳化物形成元素增强碳化物的稳定性，减慢其重新溶解的速度。总的效果是阻碍碳化物的聚集和长大，使碳化物在较高温度回火仍能保持均匀分布的细小颗粒。

强碳化物形成元素如铬、钼、钨、钒等，在含量较高及较高回火温度下还将形成各自的特殊碳化物。在合金钢中，随着回火温度的升高和时间的延长，更稳定的碳化物将取代较不稳定的碳化物。例如在高铬钢中，随回火温度的升高和回火时间的延长将有如下的变化：

$$Fe_{2,3}C(\varepsilon相) \rightarrow Fe_3C \longrightarrow Cr_7C_3 \longrightarrow Cr_{23}C_6$$

在有利的条件下，一些特殊碳化物可不经中间转变而直接析出，且颗粒细小，分布弥散，使钢的硬度不仅不降低，反而再次升高，这种现象亦称二次硬化。

4）马氏体结构的回复和再结晶

淬火马氏体中，由于大量过饱和碳原子填入其晶格点阵间隙处使之发生严重的畸变，存在巨大的内应力。回火时，随着马氏体碳含量的降低，畸变的晶格点阵得以逐步回复到铁素体的体心立方点阵，内应力也逐步下降。当温度足够高时，并将进行再结晶和长大成为较大的等轴铁素体晶粒。这种具有细小碳化物颗粒均匀分布的铁素体组织，就是通常所说的索氏体。

钢中的合金元素，一般将延缓马氏体回复和再结晶的过程，并提高其发生的温度。硅在这方面的作用特别强烈。

1.6.3 合金元素对钢的性能影响

钢的性能取决于铁的固溶体和碳化物的各自性能以及彼此相对的分布状态。合金元素是通过影响上述因素发生作用的。

1. 合金元素对钢的机械性能的影响

1）对铁素体钢和珠光体低合金高强度钢室温机械性能的影响

合金元素固溶于铁素体中起固溶强化作用，提高其硬度和强度，但同时却使韧性和塑性相对地降低。磷和硅的固溶强化作用最显著，硅影响其冲击值也最严重。少量的锰、铬或镍，反而对铁素体的冲击值有所提高。

珠光体低合金高强度钢在退火和正火状态下的显微组织都是铁素体和一些珠光体，只是正火后的珠光体较细，含量较多。合金元素的影响主要是对铁素体的强化和使珠光体细化。合金元素对钢的韧性和塑性，特别是脆性转折温度也有显著的影响。

2）对钢在淬火回火状态下机械性能的影响

不同成分的钢淬火成全部马氏体而回火至同一硬度水平时，强度及塑性也大致相同。对任何钢种来说，只有淬火成全部马氏体后再经适当温度的回火，才能获得最好的综合机械性能。钢淬火成全部马氏体后所能达到的硬度取决于钢的碳含量。合金元素对钢在淬火回火状态下机械性能的影响主要有两方面：首先是提高钢的淬透性，使截面较大的零部件也能获得全部淬火马氏体组织；其次是提高钢的抗回火性或回火稳定性，以便在较高温度回火获得更好的综合机械性能。

3）对蠕变及低温韧性的影响

蠕变的产生是由于晶界强度的降低。提高钢的抗蠕变强度，可以采用粗晶粒钢，以尽量减少晶粒边界的面积和利用合金元素提高晶界的强度。硼在这方面的作用较突出，钼和铬的作用也很明显，镍和钴的影响较小。

钢在低温的强度一般略有提高，但韧性和塑性却降低很多。对低温用钢首要是解决低温脆性问题：一是采用奥氏体钢；一是采用超细晶粒钢。需用铝、钒、钛等细化奥氏体晶粒的元素，或加入一些细化铁素体晶粒的元素，如镍等。

2. 合金元素对钢的工艺性能的影响

1）对淬透性的影响

钢的淬透性高低主要取决于化学成分和晶粒度。以固溶状态存在的元素，除钴外，都在不同程度上提高钢的淬透性。原因是降低奥氏体晶界的自由能，使新相在晶界上成核困难。

同时由于阻碍碳原子的扩散和合金元素自扩散缓慢，也降低新相成核和长大的速度。这些作用，都将在淬火时，不同程度地抑止过冷奥氏体和贝氏体的转变，增加获得马氏体组织的数量，也就是提高钢的淬透性。能抑止过冷奥氏体在马氏体点以上温度发生相变的最小淬火冷却速度称为临界冷却速度，除钴外，一些强碳化物形成元素如钛、锆、钒等，在超过一定含量时，也将增加钢的临界冷却速度，从而降低其淬透性。这些元素的特殊碳化物难于溶解，在正常奥氏体化温度下，总有众多未溶的微小颗粒残存下来，成为转变的核心，加速奥氏体分解的过程。

硼对钢淬透性的影响很突出，0.001～0.003%的硼对钢淬透性的影响约相当于1.6%的镍或0.2%的钼。硼的作用主要是降低晶界的能量，阻抑铁素体晶核在晶界上的形成，延长转变的孕育期。硼对晶核的长大并无影响。硼提高淬透性的作用，仅对低、中碳含量的钢有效，对高碳钢完全无效。一般限制硼含量不超过0.005%，过高不能相应地提高钢的淬透性，反而对钢的其他性能产生不利的影响。

2）对钢回火的影响

马氏体的分解主要靠碳的扩散。各合金元素一般通过抑制碳的扩散而发挥提高钢的抗回火性或回火稳定性的作用。硅的作用比较突出。一些强碳化物形成元素如钒、钨、铬等，在较高回火温度下，各自形成弥散分布的细小的特殊碳化物颗粒而产生二次硬化现象。

在回火过程中，碳素钢和合金钢都会发生回火脆性，而以合金钢较为显著，发生回火脆性的温度范围有二：一在250～400℃，是不可逆的，叫做低温或第一类回火脆性；另一在450℃以上是可逆的，叫做高温或第二类回火脆性。铬、锰促进低温回火脆性的发展，钼、钨、钒、铝等则能稍微使之减弱。硅促使低温回火脆性发展并使其发生的温度范围有所提高。杂质元素如硫、磷、砷、锑、锡等及气体元素如氮和氢都有促使发生低温回火脆性的作用。目前尚无完全抑制这种脆性发展的方法。

在高于发生高温回火脆性的温度范围进行回火，并快速冷却，可阻止此种脆性的发生。反之，如回火后缓冷或在此温度范围内长期停留，则发生此类脆性。如将已发生高温回火脆性的钢加热至高于此温度范围后快冷，则可消除已有的高温回火脆性。一些元素如铬和镍，单独加入钢中，对高温回火脆性影响不大，但复合加入时，则倾向明显。相反，钼如单独加入将使钢发生高温回火脆性，与其他元素合用时，却可抑制其他元素造成的损害。

3）对钢的焊接性能的影响

凡提高淬透性和降低马氏体点的合金元素均对钢的焊接性不利。因在焊缝热影响区靠近熔合线一侧冷却时易形成马氏体等硬脆组织，有导致开裂的危险。另一方面，热影响区靠近熔合线处的晶粒因受高热易于粗化，在钢中加入细化晶粒的元素如钛、钒等是有益的。

硅含量高，焊接时喷溅严重。硫含量高易产生热裂纹，同时将有二氧化硫气体逸出，在焊接金属内形成气孔和疏松。磷含量高易导致冷裂。用于焊接的钢，对这几种元素的含量应严加控制。另外，氧、氮等易引起焊后在热影响区内产生时效开裂，为此沸腾钢不宜用于重要的焊接构件。

4）对被切削性及冷作加工性能的影响

硫、铅等可改善钢的被切削性。固溶于铁素体中的元素，特别是磷和硅，增加钢的冷加工变形强化率，使钢的冷冲压性能变坏。

3. 合金元素对钢的物理及化学性能的影响

1）对物理性能的影响

合金元素的原子体积、质量和电子结构等与铁原子有很大区别。它们固溶于钢中将引起原有晶体点阵和自由能的变化，影响钢的各种物理性能，主要有以下几方面：

（1）密度和比重

将随固溶原子的原子量而变化。如硅、铝使钢的密度降低，铬和镍则影响不大，重金属使之增高，高速钢 W18Cr4V 的密度高达 $8.7g/cm^3$。

（2）热学性能

热的传导是由金属中自由电子进行的。固溶于钢中的合金原子使钢的晶格点阵发生畸变；阻碍电子的通行，因此，降低钢的导热能力。

各合金元素对钢热胀系数的影响并无规律。如铬，使钢的热胀系数随含量的增加而有所降低。镍的影响则颇不规律，在含量约36%时最低，几近于零。

（3）电学性能

电的传导和热的传导完全相似，也是由自由电子进行的。电导率和导热系数一样，也随固溶合金元素含量的增加而降低。电阻率是电导率的倒数，随固溶合金、元素含量的增加而增加。

（4）磁学性能

合金元素对钢磁学性能的影响各异。如硅降低铁损并在一定范围内提高磁导率，所以硅钢片是最普遍使用的软磁材料。另一方面，含钨、钼、铬、铝、钴等的钢，淬火后硬度高，有较大的矫顽力和磁能积，为常用的硬磁材料。

2）对耐蚀性能的影响

各合金元素对钢耐蚀能力的影响因介质不同而各异。

4. 合金元素在钢中的作用要点

表1.6－2按元素符号字母次序列出了各合金元素在钢中的主要作用。

表1.6－2 合金元素在钢中的主要作用

元素名称	对组织的影响	对性能的影响
Al（铝）	缩小γ相区，形成γ相圈；在α铁及γ铁中的最大溶解度分别为36%及0.6%，不形成碳化物，但与氮及氧亲和力极强	主要用来脱氧和细化晶粒。在渗氮钢中促使形成坚硬耐蚀的渗氮层。含量高时，赋予钢高温抗氧化及耐氧化介质及 H_2S 气体的腐蚀作用。固溶强化作用大。在耐热合金中，与镍形成γ′相（Ni_3Al），从而提高其热强性。有促使石墨化倾向，对淬透性影响不显著
A_s（砷）	缩小γ相区，形成γ相圈，作用与磷相似，在钢中偏析严重	含量不超过0.2%，对钢的一般力学性能影响不大，但增加回火脆性敏感性
B（硼）	缩小γ相区，但因形成 Fe_2B，不形成γ相圈。在α铁及γ铁中的最大溶解度分别为不大于0.008%及0.02%	微量硼在晶界上阻抑铁素体晶核的形成，从而延长奥氏体的孕育期，提高钢的淬透性。但随钢中碳含量的增加，此种作用逐渐减弱以至完全消失
C（碳）	扩大γ相区，但因渗碳体的形成，不能无限固溶。在α铁及γ铁中的最大溶解度分别为0.02%及2.1%	随含量的增加，提高钢的硬度和强度，但降低其塑性和韧性

续表 1.6－2

元素名称	对组织的影响	对性能的影响
Co（钴）	无限固溶于γ铁，在α铁中的溶解度为76%。非碳化物形成元素	有固溶强化作用，赋予钢红硬性，改善钢的高温性能和抗氧化及耐腐蚀的能力，为超硬高速钢及高温合金的重要合金化元素。提高钢的M_s点，降低钢的淬透性
Cr（铬）	缩小γ相区，形成γ相圈；在α铁中无限固溶，在γ铁中的最大溶解度为12.5%，中等碳化物形成元素，随铬含量的增加，可形成$(Fe, Cr)_3C$，$(Cr, Fe)_7C_3$及$(Cr, Fe)_{23}C_6$等碳化物	增加钢的淬透性并有二次硬化作用，提高高碳钢的耐磨性。含量超过12%时，使钢有良好的高温抗氧化性和耐氧化性介质腐蚀的作用，并增加钢的热强性。为不锈耐酸钢及耐热钢的主要合金化元素。含量高时，易发生σ相和475℃脆相
Cu（铜）	扩大γ相区，但不无限固溶，在α铁及γ铁中最大溶解度分别约为2%或8.5%。在724℃及700℃时，在α铁中的溶解度剧降至0.68%及0.52%。	当含量超过0.75%时，经固溶处理和时效后可产生时效强化作用。含量低时，其作用与镍相似，但较弱。含量较高时，对热变形加工不利，如超过0.3%，在氧化气氛中加热，由于选择性氧化作用，在表面将形成一富铜层，在高温熔化并侵蚀钢表面层的晶粒边界，在热变形加工时导致高温铜脆现象。如钢中同时含有超过铜含量1/3的镍，则可避免此种铜脆的发生，如用于铸钢件则无上述弊病。在低碳低合金钢中，特别与磷同时存在时，可提高钢的抗大气腐蚀性能。2%～3%铜在奥氏体不锈钢中可提高其对硫酸、磷酸及盐酸等的抗腐蚀性及对应力腐蚀的稳定性
H（氢）	扩大γ相区，在奥氏体中的溶解度远大于在铁素体中的溶解度；而在铁素体中的溶解度也随温度的下降而剧减	氢使钢易产生白点等允许有的缺陷，也是导致焊缝热影响区中发生冷裂的重要因素。因此，应采取一切可能的措施降低钢中的氢含量
Mn（锰）	扩大γ相区，形成无限固溶体。对铁素体及奥氏体均有较强的固溶强化作用。为弱碳化物形成元素，进入渗碳体替代部分铁原子，形成合金渗碳体	与硫形成熔点较高的MnS，可防止因FeS而导致的热脆现象。降低钢的下临界点，增加奥氏体冷却时的过冷度，细化珠光体组织以改善其机械性能，为低合金钢的重要合金化元素之一，并为无镍及少镍奥氏体钢的主要奥氏体化元素。提高钢的淬透性的作用强，但有增加晶粒粗化和回火脆性的不利倾向
Mo（钼）	缩小γ相区，形成γ相圈；在α铁及γ铁中的最大溶解度分别约为4%及37.5%。强碳化物形成元素	阻抑奥氏体到珠光体转变的能力最强，从而提高钢的淬透性，并为贝氏体高强度钢的重要合金化元素之一。含量约0.5%时，能降低或抑止其他合金元素导致的回火脆性。在较高回火温度下，形成弥散分布的特殊碳化物，有二次硬化作用。提高钢的热强性和蠕变强度，含量2%～3%能增加耐蚀钢抗有机酸及还原性介质腐蚀的能力
N（氮）	扩大γ相区，但由于形成氮化铁而不能无限固溶；在α铁及γ铁中的最大溶解度分别约为0.1%及2.8%。不形成碳化物，但与钢中其他合金元素形成氮化物，如TiN，VN，AiN等	有固溶强化和提高淬透性的作用，但均不太显著，由于氮化物在晶界上析出，提高晶界高温强度，从而增加钢的蠕变强度。在奥氏体钢中，可以取代一部分镍。与钢中其他元素化合，有沉淀硬化作用；对钢抗腐蚀性能的影响不显著，但钢表面渗氮后，不仅增加其硬度和耐磨性能，也显著改善其抗蚀性，在低碳钢中，残余氮会导致时效脆性
Nb（铌）	缩小γ相区，但由于拉氏相$NbFe_2$的形成而不形成γ相圈；在α铁及γ铁中的最大溶解度分别约为1.8%及2.0%。强碳化物及氮化物形成元素	部分元素进入固溶体，固溶强化作用很强。固溶于奥氏体时，显著提高钢的淬透性；但以碳化物及氧化物微细颗粒形态存在时，却细化晶粒并降低钢的淬透性。增加钢的回火稳定性，有二次硬化作用。微量铌可以在不影响钢的塑性或韧性的情况下，提高钢的强度。由于细化晶粒的作用，提高钢的冲击韧性并降低其脆性转折温度。当含量大于碳含量的8倍时，几乎可以固定钢中所有的碳，使钢具有很好的抗氢性能；在奥氏体钢中，可以防止氧化介质对钢的晶间腐蚀。由于固定钢中的碳和沉淀硬化作用，可以提高热强钢的高温性能，如蠕变强度等

续表 1.6－2

元素名称	对组织的影响	对性能的影响
Ni（镍）	扩大γ相区，形成无限固溶体，在α铁中的最大溶解度约为10%。不形成碳化物	固溶强化及提高淬透性的作用中等。细化铁素体晶粒，在强度相同的条件下，提高钢的塑性和韧性，特别是低温韧性。为主要奥氏体形成元素并改善钢的耐蚀性能。与铬、钼等联合使用，提高钢的热强性和耐蚀性，为热强钢及奥氏体不锈耐酸钢的主要合金元素之一
O（氧）	缩小γ相区，但由于氧化铁的形成，不形成γ相圈；在α铁及γ铁中的最大溶解度分别约为0.03%及0.003%	固溶于钢中的数量极少，所以对钢性能的影响并不显著。超过溶解度部分的氧以各种夹杂的形式存在，对钢塑性及韧性不利，特别是对冲击韧性的脆性转折温度极为不利
P（磷）	缩小γ相区，形成γ相圈；在α铁及γ铁中的最大溶解度分别为2.8%及0.25%。不形成碳化物，但含量高时易形成 Fe_3P	固溶强化及冷作硬化作用极强；与铜联合使用，提高低合金高强度钢的耐大气腐蚀性能，但降低其冷冲压性能。与硫、锰联合使用，增加钢的被切削性。在钢中偏析严重。增加钢的回火脆性及冷脆敏感性
Pb（铅）	基本上不溶于钢中	含量在0.20%左右并以极微小的颗粒存在时，能在不显著影响其他性能的前提下，改善钢的被切削性
RE（稀土）	包括元素周期表ⅢB族中镧系元素及钇和钪，共17个元素。它们都缩小γ相区，除镧外，都由于中间化合物的形成而不形成γ相圈；它们在铁中的溶解度都很低，如铈和钕的溶解度都不超过0.5%。它们在钢中，半数以上进入碳化物中，小部分进入夹杂物中，其余部分存在于固溶体中。它们和氧、硫、磷、氮、氢的亲合力很强，和砷、锑、铅、铋、锡等也都能形成熔点较高的化合物	有脱气、脱硫和消除其他有害杂质的作用。还改善夹杂物的形态和分布，改善钢的铸态组织，从而提高钢的质量。0.2%的稀土加入量可以提高钢的抗氧化性、高温强度及蠕变强度；也可以较大幅度地提高不锈耐酸钢的耐蚀性
S（硫）	缩小γ相区，因有FeS的形成，未能形成γ相圈。在铁中溶解度很小，主要以硫化物的形式存在	提高硫和锰的含量，可以改善钢的被切削性。在钢中偏析严重，恶化钢的质量。如以熔点较低的FeS的形式存在时，将导致钢的热脆现象。为了防止因硫导致的热脆应有足够的锰，使形成熔点较高的MnS。硫含量偏高，焊接时由于 SO_2 的产生，将在焊接金属内形成气孔和疏松
Si（硅）	缩小γ相区，形成γ相圈，在α铁及γ铁中的溶解度分别为18.5%及2.15%。不形成碳化物	为常用的脱氧剂。对铁素体的固溶强化作用仅次于磷，提高钢的电阻率，降低磁滞损耗，对磁导率也有所改善，为硅钢片的主要合金化元素。提高钢的淬透性和抗回火性，对钢的综合机械性能，特别是弹性极限有利。还可增强钢在自然条件下的耐蚀性。为弹簧钢和低合金高强度钢中常用的合金元素。含量较高时，对钢的焊接性不利，因焊接时喷溅较严重，有损焊缝质量，并易导致冷脆；对中、高碳钢回火时易产生石墨化
Ti（钛）	缩小γ相区，形成γ相圈；在α铁及γ铁中的最大溶解度分别约为7%及0.75%，系最强的碳化物形成元素，与氮的亲合力也极强	固溶状态时，固溶强化作用极强，但同时降低固溶体的韧性。固溶于奥氏体中提高钢淬透性的作用很强，但化合钛，由于其细微颗粒形成新相的晶核从而促进奥氏体分解，降低钢的淬透性。提高钢的回火稳定性，并有二次硬化作用。含量高时析出弥散分布的拉氏相 $TiFe_2$，而产生时效强化作用。提高耐热钢的抗氧化性和热强性，如蠕变和持久强度。在高镍含铝合金中形成γ′相[Ni_3(Al，Ti)]，弥散析出，提高合金的热强性。有防止和减轻不锈耐酸钢晶间和应力腐蚀的作用。由于细化晶粒和固定碳，对钢的焊接性有利

续表 1.6－2

元素名称	对组织的影响	对性能的影响
V（钒）	缩小 γ 相区，形成 γ 相圈；在 α 铁中无限固溶，在 γ 铁中的最大溶解度约为 1.35%。强碳化物及氮化物形成元素	固溶于奥氏体中可提高钢的淬透性；但以化合物状态存在的钒，由于这类化合物的细小颗粒形成新相的晶核，将降低钢的淬透性。增加钢的回火稳定性并有强烈的二次硬化作用。固溶于铁素体中有极强的固溶强化作用。有细化晶粒作用，所以对低温冲击韧性有利。碳化钒是金属碳化物中最硬最耐磨的，可提高工具钢的使用寿命。钒通过细小碳化物颗粒的弥散分布可以提高钢的蠕变和持久强度。钒、碳含量比大于 5.7 时可防止或减轻介质对不锈耐酸钢的晶间腐蚀，并大大提高钢抗高温高压氢腐蚀的能力，但对钢高温抗氧化性不利
W（钨）	缩小 γ 相区，形成 γ 相圈；在 α 铁及 γ 铁中的最大溶解度分别约为 33% 及 3.2%，强碳化物形成元素，碳化钨硬而耐磨	含量高时有二次硬化作用，赋予红硬性以及增加耐磨性。其对钢淬透性。回火稳定性、机械性能及热强性的影响均与钼相似，但按重量含量的百分数比较，其作用较钼为弱。对钢抗氧化性不利
Zr（锆）	缩小 γ 相区，形成 γ 相圈；在 α 铁及 γ 铁中的最大溶解度分别约为 0.3% 及 0.7%，强碳化物及氮化物形成元素，其作用仅次于钛	在钢中的一些作用与铌、钛、钒相似。小量的锆有脱气、净化和细化晶粒的作用，对钢的低温韧性有利，并可消除时效现象，改善钢的冲压性能

1.6.4　微合金钢中的合金元素

微合金钢是近 30 年发展迅速的工程结构用钢，通常包括微合金高强度钢、微合金双相钢和微合金非调质钢。微合金钢中的合金元素通常可分为两类：一类为影响相变的合金元素，如锰、钼、铬、镍等；另一类为形成碳化物和(或)氮化物的微合金元素，如钒、钛、铌等。

锰、钼、铬、镍等合金元素，在微合金钢中起降低钢的相变温度、产生细的铁素体晶粒等作用，并且对相变过程中或相变后析出的碳化物或氮化物亦起细化作用。例如，钼和铌的共同加入，引起相变中出现针状铁素体组织；为改善钢的耐大气腐蚀而加入铜，并可部分地起析出强化的作用；添加镍可以影响钢的亚结构，从而提高钢的韧性。在非调质钢中，降低碳含量，增加锰或铬含量，也有利于钢的韧性提高。当锰的质量分数从 0.85% 增至 1.15% ~1.30% 时，则在同一强度下非调质钢的冲击韧度提高 30J/cm^2，即可达到经调质处理的碳钢的冲击韧度水平，当然，工艺条件如冶炼工艺以及加热温度、加工温度、冷却速度等，对微合金钢的冲击韧度和强度也有重要的影响。

钒、铌、钛等微合金元素，其质量分数大致在 0.01% ~0.20% 之间，视对性能及工艺要求而定。这些微合金元素在高温下将形成碳化物或氮化物，见表 1.6－3。每种微合金元素的积极作用，和其析出温度有关；而析出温度又受表 1.6－3 中各种化合物平衡条件下的形成温度以及钢的相变温度、轧制温度的制约。

表 1.6－3　微合金钢中的各种化合物

化合物	碳化物			氮化物			
	VC	NbC	TiC	VN	AlN	NbN	TiN
开始形成温度/℃	719	1137	1140	1088	1104	1272	1527

非调质钢根据使用要求应具有良好的强度与韧性的配合。为此，主要是通过微合金元素钒、钛、铌的碳化物沉淀析出，铁素体晶粒细化，珠光体量的控制和珠光体组织细化而使非调质钢得到强化。同时还通过调节珠光体量、沉淀物的体积分数而调节非调质钢的强度和韧性的配合。

微合金双相钢中合金元素以及热处理工艺的变化都会明显地影响和改变双相钢的组织形态，尤其是钒、钛、铌等微合金元素的存在，对铁素体形态、精细结构和沉淀相的形态产生明显的影响。

1. 钒

钒是微合金钢中主要的和常用的微合金元素。钒在钢中形成钒的碳化物和氮化物。在微合金(高强度)钢中，钒的氮化物在缓慢冷却条件下(如热轧厚板)开始在奥氏体中析出，阻止晶粒长大；而钒的碳化物却在相变过程中或相变后形成。因此，同钛、铌相比，钒是更有效的沉淀强化元素。若铁素体中存在氮，则将以碳氮化钒的形式析出。研究表明，在较高温度下形成化合物的元素的存在，将影响在较低温度下析出的另一种合金元素的作用。这对含钒钢尤为重要。例如，钛和铌的存在会减少形成 VN 的有效氮，因而增加了 VC 的析出。

根据对 C0.5% ~ V0.1% 非调质钢进行钒溶解量与加热温度之间关系的实测结果表明：在820℃时有50%钒的碳化物溶解，而在1100℃时则完全溶解。这表明在常规的锻造加热温度下，非调质钢中钒的碳化物基本上全部溶解于奥氏体中。固溶于奥氏体中的钒，在随后冷却时将析出钒的碳氮化物。在冷却到略高于钢的 Ar_3时，有少量钒的碳化物析出；大量析出物主要以相同沉淀的形式析出，在铁素体晶粒内呈点状分布；在 α 相区内析出量亦不多，而且析出物与 α 相保持共格关系。在钒、钛、铌三种微合金元素中，以钒对沉淀强化的作用最大。以热锻空冷状态的45V 非调质钢和热轧状态的45 钢的强度作比较，结果表明，钒的质量分数每增加0.1%，使钢的屈服强度升高约190MPa。这是沉淀强化、晶粒细化强化和固溶强化叠加的综合效果。

含钒的微合金双相钢，从临界区加热温度空冷或风冷即可获得满意的双相组织和性能。钒是强碳化物形成元素，它能消除铁素体间隙固溶化、细化晶粒、产生高延性的铁素体，还可提高双相钢的时效稳定性。因此，国外早期开发的热处理双相钢中均含少量钒；并且认为，要获得良好性能的双相钢，钒是必须加入的元素。研究表明，钒还可提高临界区加热时所形成的奥氏体的淬透性，在临界区退火后，采用较低的冷却速度，就可以获得强度和延性配合良好的双相钢。

2. 钛

钛也是微合金钢中主要的微合金元素。在微合金(高强度)钢中的钛，在高温下形成与相变有关的化合物，可阻止奥氏体晶粒长大，在钢的冷却过程中，这些析出物不断地形成并长大。但在奥氏体状态下，在相变过程中或相变后的析出量是很少的。因此，钛的主要作用局限于对晶粒大小的影响。

在非调质钢中，钛常以 TiC 或钛的碳氮化物形式存在。含钛(质量分数)为0.1%的中碳钢(C0.3% ~0.4%)，钛的完全固溶温度在1255 ~1280℃之间，比铌的完全固溶温度低些。这表明，在锻造加热温度下，钛比铌的溶解量要多些。钛具有阻止形变奥氏体再结晶的作用，可以细化晶粒。钛和钒复合添加时可改善钢的韧性，例如在含钒(质量分数)为0.05% ~0.10%的碳钢中加入适量的钛，可以使钢的韧性有较大提高；尤其是碳的质量分数小于0.35%时，钛的这种作用更为显著。这可能是TiN能阻止加热时奥氏体晶粒长大的结果，但为了发挥VN的析出强化作用，钛含量应有一个适宜的范围。

在微合金双相钢中，钛和钒的作用相近，均提高临界区加热时形成的奥氏体的淬透性，含钛钢和含钒钢在工艺条件相当的情况下，两者性能差异不大。但有人认为，单独用钛代替钒，将使双相钢的性能恶化。

3. 铌

铌也是微合金钢中主要的微合金元素。在微合金(高强度)钢中，铌的化合物也在奥氏体中形成，一般认为可阻止奥氏体的再结晶，在控轧过程中形成拉延扁平的晶粒，在随后的相变过程中产生更细的铁素体晶粒。一些铌将保留于固溶体中，相变时以碳氮化物的形式析出，产生析出强化。

在非调质钢中，铌可能形成NbC～$NbC_{0.87}$间隙中间相，当Nb－V－N复合添加时，可以形成铌、钒的碳氮化物。铌的质量分数为0.1%的中碳钢(C0.3%～0.4%)，铌的完全固溶温度约为1325～1360℃。因此，需热锻的非调质钢通常不宜单独加入铌。当铌和钒复合添加时，则既可提高钢的强度，又能改善钢的韧性。这是因为钒的固溶温度较低，可以起沉淀强化作用；而铌比钒的完全固溶温度高得多，在锻造加热温度下，大部分铌都不溶解，可以起细化晶粒作用。

微合金双相钢中铌和钒的作用类似，但铌的碳化物更稳定，临界区加热时，这种碳化物的长大或溶解也更困难。在合适的冷却速度下，含铌或含钒双相钢会出现取向附生铁素体，可进一步改善双相钢的延性。

4. 氮和铝

在用铝脱氧的微合金钢中，铝可形成使晶粒细化的AlN，而减少了形成铌和钒的氮化物的有效氮，并因此提高了铌、钒形成碳化物的能力。

氮在非调质钢中起强化作用，当钢中氮的质量分数从0.005%增至0.03%时，钢的屈服强度升高100～150MPa。氮一般与其他元素复合添加，如氮和钢中的铝化合可以细化晶粒，起强化作用。氮和钒可形成VN或钒的碳氮化物，复合添加钒和氮，可获得明显的强化效果。在0.1%V－N钢中，当氮的质量分数在0.005%～0.030%时，钒的完全溶解温度为970～1130℃，这表明在常规的锻造加热温度下，氮和钒可完全固溶于奥氏体中，具有明显的沉淀强化效果。但氮和铌，或者氮和钛的复合添加，其强化效果并不明显，这是由于NbN、TiN或铌、钛的碳氮化物，其固溶温度一般均高于常规的锻造温度，也就是说，这些化合物在锻造加热温度下大多不溶解的缘故。

钒、钛、铌等微合金元素在微合金(高强度)钢生产上的应用举例见表1.6－4。

表1.6－4　微合金元素在微合金钢生产上的应用举例

钢材品种	厚度/mm	R_{eL}/MPa	特　点
Nb钢控轧钢板(有时加入Mo)	12～15	413～448	在低温下有良好的缺口韧性，其强度主要来源于晶粒细化和沉淀强化
Nb钢带材	15～18	448	其强度取决于晶粒大小
V－Nb钢板	<18	448～482	其强度取决于晶粒大小　析出强化和位错强化
	<25	517	1. 钢中添加Ni，Cr，Mo等元素；2. 当轧制温度较低时，可以进一步提高强度

续表 1.6-4

钢材品种	厚度/mm	R_{eL}/MPa	特　点
V-Nb 钢卷、带材	8	552(带材)	其强度取决于晶粒大小和析出强化
V-Nb 钢板材或棒材	100(截面)	552	经淬火回火的
Ti 钢带材	8	700	Ti 还用于控制硫化物形态
Mo-Nb 钢板(C0.07%)	25		具有针状铁素体的高强度高韧性板材

另外，值得注意的是，锰对非调质钢的强度和韧性有明显的影响。

首先，锰在非调质钢中有显著的强化作用。在铁素体-珠光体钢中，锰能促使珠光体量增多，降低珠光体生成温度，细化珠光体片间距或珠光体团直径。锰的质量分数每增加1%，一般可提高屈服强度70MPa。同时，锰可降低VC的固溶度，促进VC和VN的溶解，当钢中有锰存在时，VC在临界区热处理时即可溶解。

其次，锰可通过几方面的作用来提高非调质钢的韧性，例如，锰固溶到铁素体中可以促进交滑移，加强了位错胞状亚结构的形成；Mn-N形成结合较紧密的原子团，起到固定氮原子的作用；Fe-Mn的内吸附现象可以排除晶界碳化物，使它在晶内析出。此外，在贝氏体型非调质钢中均含有一定量的锰，以促进贝氏体组织的形成。

除了锰以外，各种合金元素对非调质钢的强度和韧性均有不同的影响，见表1.6-5。

表1.6-5　合金元素对非调质钢强度和韧性的影响

合金元素	对强度和韧性的影响	合金元素	对强度和韧性的影响
C，N，V，Nb，P	提高强度，降低韧性	Mn，Cr，Cu+Ni，Mo	提高强度，同时改善韧性
Ti	降低强度，提高韧性	Al①	对强度和韧性无明显影响

注：①若以AlN形式存在，可以细化晶粒，改善韧性。

1.6.5　微量气体对钢性能的影响

1. 氢(hydrogen)

在冶炼过程中，钢液会从炉料或炉气中吸收微量的氢，这些微量的氢在钢凝固后继续留存于钢内，在缺陷处聚集，以分子状态存在，造成高压，使钢产生微裂纹，称为白点。白点能显著降低钢材的机械性能，尤其是塑性和韧性的下降更为严重。所以在冶炼时应采取措施，尽量降低氢的含量。同时对大截面钢件，特别是合金钢件，锻后必须缓冷，以使氢排出钢外，或继续去氢退火处理加以避免。

2. 氮(nitrogen)

氮同样是冶炼过程中进入钢中的。氮在一定条件下是一种有用的合金元素，它与钢中的铝、钒等合金元素形成细小的化合物，有细化晶粒的作用。但氮在钢中也有不利的影响，例如会导致低碳钢的应变时效。这是因为当含氮量较高的钢自高温较快地冷却，使铁素体中溶氮量达到过饱和。如果将此钢材冷变形后在室温放置或稍加温时(例如200~250℃)，氮将逐渐以氮化物的形式沉淀析出，使低碳钢的强度、硬度上升，塑性、韧性下降。钢液中加入铝、钛进行脱氮处理，使氮固定在AlN或TiN中，可以消除钢的时效倾向。

3. 氧(oxygen)

钢中的氧主要存在于非金属夹杂物中，一般钢中夹杂物的数量大体为10^6~10^7/mm³，其尺寸大都小于0.2μm。钢中的非夹杂物常常是应力集中源，从而引起局部塑性变形，以及冲击破坏和疲劳破坏的起点，导致冲击韧性和疲劳强度的下降。因此，为保证钢的性能，必须严格控制这类夹杂物的数量、形状、大小和分布。

1.7　钢铁材料的一般热处理

钢铁材料的一般热处理见表1.7－1。

表1.7－1　钢铁材料的一般热处理

名　称		热处理过程	热处理目的
1. 退火		将钢件加热到一定温度，保温一定时间，然后缓慢冷却到室温	① 降低钢的硬度，提高塑性，以利于切削加工及冷变形加工 ② 细化晶粒，均匀钢的组织，改善钢的性能及为以后的热处理作准备 ③ 消除钢中的内应力，防止零件加工后变形及开裂
退火类别	(1) 完全退火	将钢件加热到临界温度(不同钢材临界温度也不同，一般是710～750℃，个别合金钢的临界温度可达800～900℃以上30～50℃，保温一定时间，然后随炉缓慢冷却(或埋在沙中冷却)	细化晶粒，均匀组织、降低硬度，充分消除内应力 完全退火适用于含碳量(质量分数)在0.8%以下的锻件或铸钢件
	(2) 球化退火	将钢件加热到临界温度以上20～30℃，经过保温以后，缓慢冷却至500℃以下再出炉空冷	降低钢的硬度，改善切削性能，并为以后淬火作好准备，以减少淬火后变形和开裂 球化退火适用于含碳量(质量分数)大于0.8%的碳素钢和合金工具钢
	(3) 去应力退火	将钢件加热到500～650℃保温一定时间，然后缓慢冷却(一般采用随炉冷却)	消除钢件焊接和冷校直时产生的内应力，消除精密零件切削加工时产生的内应力，以防止以后加工和使用过程中发生变形 去应力退火适用于各种铸件、锻件、焊接件和冷挤压件等
2. 正火		将钢件加热到临界温度以上40～60℃，保温一定时间，然后在空气中冷却	① 改善组织结构和切削加工性能 ② 对力学性能要求不高的零件，常用正火作为最终热处理 ③ 消除内应力
3. 淬火		将钢件加热到淬火温度，保温一段时间。然后在水、盐水或油(个别材料在空气中)中急速冷却	① 使钢件获得较高的硬度和耐磨性 ② 使钢件在回火以后得到某种特殊性能，如较高的强度、弹性和韧性等
淬火类别	(1)单液淬火	将钢件加热到淬火温度，经过保温以后，在一种淬火剂中冷却 单液淬火只适用于形状比较简单，技术要求不太高的碳素钢及合金钢件。淬火时，对于直径或厚度大于5～8mm的碳素钢件，选用盐水或水冷却；合金钢件选用油冷却	

续表 1.7－1

名称		热处理过程	热处理目的
淬火类别	(2)双液淬火	将钢件加热到淬火温度，经过保温以后，先在水中快速冷却至300～400℃，然后移入油中冷却	
淬火类别	(3)火焰表面淬火	用乙炔和氧气混合燃烧的火焰喷射到零件表面，使零件迅速加热到淬火温度，然后立即用水向零件表面喷射 火焰表面淬火适用于单件或小批生产、表面要求硬而耐磨，并能承受冲击载荷的大型中碳钢和中碳合金钢件，如曲轴、齿轮和导轨等	
淬火类别	(4)表面感应淬火	将钢件放在感应器中，感应器在一定频率的交流电的作用下产生磁场，钢件在磁场作用下产生感应电流，使钢件表面迅速加热(2～10min)到淬火温度，这时立即将水喷射到钢件表面 经表面感应淬火的零件，表面硬而耐磨，而心部保持着较好的强度和韧性 表面感应淬火适用于中碳钢和中等含碳量的合金钢件	
4. 回火		将淬火后的钢件加热到临界温度以下，保温一段时间，然后在空气或油中冷却 回火时紧接着淬火以后进行的，也是热处理的最后一道工序	① 获得所需的力学性能。在通常情况下，零件淬火后的强度和硬度有很大提高，但塑性和韧性却有明显降低，而零件的实际工作条件要求良好的强度和韧性。选择适当的回火温度进行回火后，可以获得所需的力学性能 ② 稳定组织，稳定尺寸 ③ 消除内应力
回火类别	(1)低温回火	将淬硬的钢件加热到150～250℃，并在这温度保温一定时间，然后在空气中冷却 低温回火多用于切削刀具、量具、模具、滚动轴承和渗碳零件等	消除钢件因淬火而产生的内应力
回火类别	(2)中温回火	将淬火的钢件加热到350～450℃，经保温一段时间冷却下来 一般用于各类弹簧及热冲模等零件	使钢件获得较高的弹性、一定的韧性和硬度
回火类别	(3)高温回火	将淬火后的钢件加热到500～650℃，经保温以后冷却下来 主要用于要求强度、高韧性的重要结构零件，如主轴、曲轴、凸轮、齿轮和连杆等	使钢件获得较好的综合力学性能，即较高的强度和韧性及足够的硬度，消除钢件因淬火而产生的内应力

续表 1.7－1

名 称		热处理过程	热处理目的
5. 调质		将淬火后的钢件进行高温(500～600℃)回火 调质多用于重要的结构零件，如轴类、齿轮、连杆等	细化晶粒，使钢件获得较高韧性和足够的强度，使其具有良好的综合力性能
6. 时效处理	(1) 人工时效	将经过淬火的钢件加热到100～160℃，经过长时间的保温，随后冷却	消除内应力，减少零件变形，稳定尺寸。对精度要求较高的零件更为重要
	(2) 自然时效	将铸件放在露天；钢件(如长轴、丝杠等)放在海水中或长期悬吊或轻轻敲打 要经自然时效的零件最好先进行粗加工	
7. 化学热处理		将钢件放到含有某些活性原子(如碳、氮、铬等)的化学介质中，通过加热、保温、冷却等方法，使介质中的某些原子渗入到钢件的表层从而达到改变钢件表层的化学成分，使钢件表层具有某种特殊的性能	
化学热处理类别	(1) 钢的渗碳	将碳原子渗入钢件表层 常用于耐磨并受冲击的零件，如凸轮、齿轮、轴、活塞等	使表面具有高的硬度(HRC60～65)和耐磨性，而中心仍保持高的韧性
	(2) 钢的渗氮	将氮原子渗入钢件表层 常用于重要的螺栓、螺母、销钉等零件	提高钢件表层的硬度、耐磨性、耐蚀性
	(3) 钢的氰化	将碳和氮原子同时渗入到钢件表层 使用于低碳钢、中碳钢或合金钢零件，也可用于高速钢刀具	提高钢件表层的硬度和耐磨性
8. 发黑		将金属零件放在很浓的碱和氧化剂溶液中加热氧化，使金属零件表面生产一层带有磁性的四氧化三铁薄膜 常用于低碳钢、低碳合金工具钢 由于材料和其他因素的影响，发黑层的薄膜颜色有蓝黑色、黑色、红棕色、棕褐色等，其厚度为0.6～0.8μm	防锈、增加金属表面美观和光泽，消除淬火过程中的应力

1.8 钢材的品种及常用规格

按照钢材的加工方法，可分为轧材、拉拔材、锻材和挤压材等。

按照成型方法和断面形状，轧材又可分为钢板、钢带、钢管、钢轨、型钢、线材(盘条)等；拉拔材也可分为钢管、型钢、条钢、钢丝等。

钢板、钢带、钢管、钢轨与型钢、线材和钢丝的品种及常用规格举例见表1.8－1至表1.8－5。

表 1.8-1 钢板品种及常用规格

类别	品种	常用产品及规格举例	
		钢板名称	厚度/mm
普通钢板（包括普通钢和低合金钢钢板）	热轧普通厚钢板（厚度>4mm） 热轧普通薄钢板（厚度≤4mm） 冷轧普通薄钢板（厚度≤4mm）	桥梁用钢板	4.5~50
		造船用钢板	1.0~120
		汽车大梁用钢板	2.5~12
		锅炉和压力容器用钢板	3~200
		普通碳素钢钢板	0.3~200
		低合金钢钢板	1.0~200
		花纹钢板	2.5~8.0
		镀锌薄钢板	0.25~2.5
		镀锡薄钢板	0.1~0.5
		镀铅薄钢板	0.9~1.2
		彩色涂层钢板（带）	0.3~2.0
优质钢板	热轧优质钢厚钢板（厚度>4mm） 热轧优质钢薄钢板（厚度≤4mm） 冷轧优质钢薄钢板（厚度≤4mm）	碳素结构钢钢板	0.5~60
		合金结构钢钢板	0.5~30
		碳素和合金工具钢钢板	0.7~20
		高速工具钢钢板	1.0~10
		弹簧钢钢板	0.7~20
		滚动轴承钢钢板	1.0~8
		不锈钢钢板	0.4~25
		耐热钢钢板	4.5~35
复合钢板		不锈复合厚钢板	4~60
		塑料复合薄钢板	0.35~2.0
		犁铧用三层钢板	5~10

表 1.8-2 钢带品种及常用规格

类别	品种	常用产品及规格举例		
		钢带名称	厚度/mm	宽度/mm
普通钢带	热轧普通钢钢带 冷轧普通钢钢带	普通碳素钢钢带	2.6~2.0（热轧）	50~600
			0.1~3.0（冷轧）	10~250
		镀锡钢带	0.08~0.6（冷轧）	
		软管用钢带	0.25~0.7（冷轧）	4~25
优质钢带	热轧优质钢钢带	碳素结构钢钢带	2.5~5.0（热轧）	100~250
			0.1~4.0（冷轧）	4~200
		合金结构钢钢带	0.25~3.0（冷轧）	10~120
			2.75~7.0（热轧）	15~300
		碳素和合金工具钢钢带	0.05~3.0（冷轧）	4~200
			1~1.5（冷轧）	50~100
		高速工具钢钢带	2.5~6.0（热轧）	60~180
			0.1~3.0（冷轧）	4~200
	冷轧优质钢带	弹簧钢钢带	0.08~1.5（冷轧）	1.5~100
		热处理弹簧钢钢带	2.0~8.0（热轧）	15~1600
		不锈钢钢带	0.05~2.5（冷轧）	20~600

表 1.8-3 钢管品种及常用规格

类 别	品 种	常用产品及规格举例	
		钢管名称	外径/mm
无缝钢管	热轧无缝钢管 冷拔(轧)无缝钢管 异形无缝钢管 (包括方形、各种三角形、六角形、矩形、菱形、梯形、半圆形、椭圆形、梅花形、双凹形、双凸形等) 渗铝钢管	结构用无缝钢管 锅炉用无缝钢管 锅炉用高压无缝钢管 高压油管用无缝钢管 不锈耐酸钢无缝钢管 滚动轴承钢无缝钢管 汽车半轴套管用无缝钢管 碳素结构钢毛细管 渗铝钢管	2~630(热轧) 6~200(冷拔) 10~426(热轧) 10~194(冷拔) 22~530(热轧) 10~108(冷拔) 6~7(冷拔) 54~480(热轧) 6~200(冷拔) 25~180(热轧) 25~180(冷拔) 76~122(热轧) 1.5~5(冷拔) 20~90
焊接管	直缝电焊钢管 螺旋缝电焊钢管 炉焊钢管 异形电焊钢管	低压流体输送用焊接钢管 低压流体输送用镀锌钢管 直缝电焊钢管 螺旋缝电焊钢管	10~165 (1/8~6in)① 10~165 (1/8~6in)① 5~508 168.3~2220

注：① 公称口径。

表 1.8-4 线材与钢丝的品种及常用规格

类 别	品 种	常用产品及规格举例	
		线材与钢丝名称	直径/mm
线材	热轧圆盘条	普通低碳钢热轧盘条 碳素电焊条钢盘条 制缆钢丝用盘条	5.5~14 5.5~10 5.5~19
钢丝	低碳钢钢丝 结构钢钢丝 易切结构钢钢丝 弹簧钢钢丝 铬轴承钢钢丝 工具钢钢丝 不锈耐酸钢钢丝 电热合金丝 预应力钢丝 冷顶锻用钢丝 焊条用钢丝 其他专用钢丝 异形钢丝	一般用途低碳钢钢丝 低碳结构钢钢丝 中碳结构钢钢丝 碳素弹簧钢钢丝 (Ⅰ，Ⅱ，Ⅱa，Ⅲ组) 合金弹簧钢钢丝 铬轴承钢钢丝 不锈耐酸钢钢丝 碳素工具钢钢丝 合金工具钢钢丝 银亮钢丝 冷顶锻用碳素钢钢丝 冷顶锻用合金钢钢丝	0.16~10 0.3~10 0.2~10 0.08~13 0.5~14 1.4~16 0.05~14 0.25~10 1.0~12 1.0~10 1.0~16 1.0~14

表 1.8－5　型钢的品种及常用规格

类别	品　　种	常用产品及规格举例	
普通型钢	型钢 条钢 螺纹钢 铆螺钢 锻材坯	普通工字钢 轻型工字钢 普通槽钢 轻型槽钢 等边角钢 不等边角钢 方钢 圆钢 扁钢 螺纹钢 锻材坯	10～63 号 8～70 号 5～40 号 5～40 号 2～20 号 2.5/1.6～20/12.5 号 5.5～200mm ϕ5.5～250mm 3×10～60×150mm 10～40mm 90mm×90mm～500mm×500mm
优质型钢	碳素和合金结构钢 易切结构钢 碳素和合金工具钢 高速工具钢 弹簧钢 滚动轴承钢 不锈耐热钢 中空钢 冷镦钢	碳素结构钢热轧材 圆钢 方钢 六角钢 扁钢 碳素结构钢锻材： 圆钢 方钢 扁钢 碳素结构钢冷拉材： 圆钢 方钢 六角钢 扁钢	 ϕ8～220mm 10～120mm 8～70mm 3mm×25mm～36mm×100mm ϕ50～250mm 50～250mm 25mm×60mm～120mm×260mm ϕ7～80mm 7～70mm 7～75mm 5mm×8mm～30mm×50mm

1.9　钢的生产

1.9.1　钢的冶炼

炼钢的基本原料是炼钢生铁和废钢（或海绵铁）。根据工艺要求，还需加入各种铁合金或金属料，以及各种造渣剂和辅助材料。原材料的优劣，对钢的质量有一定的影响。而炼钢设备和冶炼工艺对钢的性能有直接的影响，所以不同的钢种，不同质量要求的钢材，应当正确合理地选择炼钢炉，并制订相应的冶炼工艺。

1. 炼钢炉

用于大量生产的炼钢炉主要有氧气转炉，高功率或超高功率电弧炉，还有平炉和普通功率电弧炉。为了满足特殊需要还应用电渣炉、感应炉、电子束炉、等离子炉等。各种炼钢炉的特点和用途见表 1.9－1。

表 1.9－1　各种炼钢炉的特点和用途

炼钢炉	主要热源	主要原料	主要特点	用途举例
氧气转炉	钢液中碳、硅、锰、磷等元素氧化产生的化学热	炼钢生铁（液态）和废钢	氧化熔炼，吹炼速度快，生产效率高，有不同的吹炼方法，钢的质量与平炉钢相当	冶炼各种非合金钢和低合金钢，用于大量生产；与炉外精炼配合可生产各种合金钢
电弧炉	交流或直流电弧	钢和海绵铁	通用性大，炉内气氛可以控制，钢水脱氧良好，能冶炼含易氧化元素和难熔金属的钢种，产品多样化	冶炼各种合金钢和优质非合金钢；现代超高功率电弧炉生产非合金风钢或初炼钢水，再与炉外精炼配合生产优质钢
平炉	重油、发生炉煤气、焦炉煤气、高炉煤气、天然气	炼钢生铁和废钢	氧化熔炼，容量大，炉料中废钢比例不限，采用吹氧技术可提高生产率，但相对生产率低，成本较高	冶炼各种非合金钢和低合金钢
电渣炉	电渣电阻热	铸造或锻压的坯料	由于渣洗作用，脱氧、脱硫效果显著，钢的纯洁度较高，钢锭致密、偏析减少，自下而上顺序凝固，能改善加工性能	精炼合金钢和各种合金材料
感应炉（真空感应炉）	感应电流	优质废钢、中间合金（工业纯金属料）	脱硫、脱磷效果不如电弧炉，要用优质炉料，但可避免电极增碳，钢中氮含量也较低，能冶炼含易氧化元素的钢种	冶炼优质高合金钢和其他特种合金
真空电弧炉（自耗电极）	直流电弧	铸造、锻压或粉末烧结的坯料	高温高真空下，使夹杂和气体含量显著降低，钢的纯洁度高，成分和性能稳定性好	高合金钢和难熔合金的精炼
电子束炉	电子束	真空电弧炉	高真空电子束精炼，气体和夹杂含量大大降低，钢锭特别致密、纯洁	难熔金属和超合金的精炼
等离子炉	等离子体电弧	同感应炉	熔炼温度高，熔化速度快，比容量相同的感应炉耗电量少，对成分控制、脱氧、去气、去硫作用均较好	低熔点合金到高熔点合金均可熔炼

现代炼钢工艺中，几种主要炼钢炉只是作为初炼炉，其主要功能是完成熔化及粗调钢液成分和温度，而钢的精炼和合金化将在其后的炉外精炼装备中完成。

现代转炉有顶吹氧转炉和由顶吹、底吹发展起来的各种类型的顶底复合吹炼转炉。转炉炼钢主要是氧化过程，靠铁液中元素（主要是硅和碳）的氧化产生的化学热提供主要热源。其他杂质元素氧化后生成的氧化物，一部分进入炉渣，另一部分以气体形态排出。当钢液的碳含量和温度达到要求时，停止吹炼。为了去除钢中剩余的氧并调整化学成分到规定含量，按所炼钢种的需要，可在出钢前加入脱氧剂进行炉内预脱氧，也可在出钢时加入钢包中进行终脱氧；还可在钢包中加铁合金等进行合金化，或在炉外精炼时进一步微调成分。由国外率先发展的新技术，转炉用三脱(脱硫、脱磷、脱硅)铁水作原料，进行少渣炼钢，使冶炼周期缩短，钢水的成分和温度双命中率提高，炉衬寿命延长，钢的纯洁度高，经济效益显著。

电弧炉的冶炼工艺也在演变，已由原来的熔化期-氧化期-还原期操作改变为熔氧结合-精炼或钢包合金化的工艺，即熔池吹氧迅速熔化炉料，去除钢中的磷，加速杂质元素的氧化；精炼期结合出渣、喷粉、钢包合金化，从而缩短了电弧炉冶炼时间。超高功率电弧炉则采取在大功率下熔化、氧化和粗调金属液的成分，再结合炉外精炼装置而炼制各种合金钢。

炼钢炉由于所用的炉衬材料不同，分为碱性炉和酸性炉。与此相应的冶炼操作方法也有碱性法和酸性法之分。碱性法的炉渣主要成分为 CaO，保持高的碱度(质量分数)(CaO/SiO_2 大于2)，通过钢-渣反应，能充分脱除磷和硫，因此可用一般废钢为炉料。机械工业用钢大部分是碱性法冶炼的。酸性法的炉渣中含 SiO_2 较高(CaO/SiO_2 小于1)，炉内扩散脱氧效果较好，钢中气体含量较低，钢的质量较优。但酸性法不能去除磷、硫，故对炉料的要求严格。随着炉外精炼技术的发展，钢的质量得到明显改善，已没有必要再发展酸性炼钢法。

2. 钢的炉外精炼

炉外精炼也叫二次精炼，是提高钢材内在质量，保证连铸机正常运行的关键技术。现代工业对钢材质量的要求越来越高，又促进了炉外精炼技术的发展。20 世纪 50 年代主要发展了钢包脱气技术(DH 法、RH 法)；60 年代以来，为了扩大炉外处理的作用，使钢液有均匀的温度和成分，促进夹杂物上浮，开发了具有感应电磁搅拌、电弧加热功能的 ASEA-SKF 精炼炉、真空吹氧脱碳法(VOD)、氩氧吹炼炉(AOD)，以及具有电弧加热、氩气搅拌功能的钢包精炼炉(LF)等；近年又有 CAS 及 CAS-OB(密封钢吹氩成分微调法加氧枪实现温度调节)、PM(喷流搅拌的钢包快速精炼法)、KIP(喷粉精炼法)、TN(惰性气体喷吹碱土金属脱硫法)等综合精炼工艺。炉外精炼技术按功能分类大致可分为 7 类，见表 1.9-2。

表 1.9-2 炉外精炼技术按功能分类

分类	功能特点及应用实例
精炼脱碳技术	采用强搅拌，在真空下碳的质量分数可降至 0.005% 以下。例如，RH 处理 250t 钢水，碳的质量分数可降至 0.002% 以下；50t 的 SS-VOD 精炼 30Cr-2Mo 不锈钢，碳的质量分数可降至 9×10^{-4}%
精炼脱硫技术	钢包加顶渣脱硫，可使硫的质量分数从 0.0035% 降至 0.0007%；采用带加热设备的则降至 10^{-4}%；用钙系粉剂处理，降至 0.002% 以下
精炼脱磷技术	在铁水脱磷的同时，采用钢水脱磷技术。例如超低磷钢的生产流程可概括为：铁水脱硅-喷粉脱磷-转炉吹炼-炉外精炼(VAD、LF 等)脱磷
低氧钢生产技术	精炼采用高碱度顶渣、吹氩搅拌和保护浇注，并选用优质耐火材料包衬
精炼脱氮技术	采用 SS-VOD 设备在真空下精炼不锈钢，钢中氮的质量分数可降至 0.0015% 以下
钢的清洁度和夹杂物变性技术	钢中的氧、硫含量是钢的清洁度重要参量，采用各种工艺方法使其降到最低值；工业上普遍采用钙处理使夹杂物变性
微量有害杂质去除技术	向不锈钢中喷吹 CaC_2，微量有害杂质(质量分数)的脱除率分别为：As85%~95%，Se87%~95%，S79%~94%，Pb50%~88%

3. 脱氧工艺

脱氧工艺及钢水脱氧程度，与钢的凝固结构、钢材性能、质量有密切关系。当加入足够数量的强脱氧剂(硅、铝)，使钢水脱氧良好，在钢锭模内凝固时不产生CO气体，钢水保持平静，这样生产的钢叫做镇静钢。如果控制脱氧剂种类和加入量(主要是锰)，使钢液中残留一定量的氧，在凝固过程中形成CO气泡逸出而产生沸腾现象，这类钢叫做沸腾钢。还有一种脱氧程度介于镇静钢和沸腾钢之间的钢，叫做半镇静钢。它们的特点和性能比较见表1.9－3。

表1.9－3　镇静钢、半镇静钢和沸腾钢的特点、性能比较

<table>
<tr><th colspan="2">项　目</th><th>镇静钢</th><th>半镇静钢</th><th>沸腾钢</th></tr>
<tr><td colspan="2">脱氧程度</td><td>脱氧较完全，钢水在钢锭模内凝固过程中保持平静，基本上无CO气泡产生</td><td>进行中等程度的脱氧，使钢水在钢锭模内凝固过程中维持一定的沸腾现象</td><td>不用硅和铝脱氧，保留足以导致钢水在钢锭模内产生适当沸腾现象的氧含量</td></tr>
<tr><td rowspan="4">钢锭特点</td><td>成分限制</td><td>无特殊限制</td><td>碳与硅含量(质量分数)一般分别不大于0.25%与0.17%</td><td>碳与硅含量(质量分数)一般分别不大于0.25%与0.07%</td></tr>
<tr><td>表面质量</td><td>一般</td><td>良好</td><td>良好</td></tr>
<tr><td>偏析与纯洁度</td><td>较纯洁，内外部偏析较轻</td><td>介于镇静钢与沸腾钢之间</td><td>外壳纯净，内部杂质及夹杂物较多；钢锭上、中、下偏析比较严重</td></tr>
<tr><td>钢锭成材率</td><td>钢锭头部有巨大缩孔，锻、轧成材后，切头量较多，成材率较低；对质量要求严格的大锻件，钢锭成材率有时尚不到50%</td><td>介于镇静钢与沸腾钢之间</td><td>无缩孔，因而成材率较高，一般大于80%</td></tr>
<tr><td rowspan="2">钢的力学性能</td><td>抗拉性能</td><td colspan="3">在其他情况相同的条件下，三类钢的强度与伸长率等均大致相同</td></tr>
<tr><td>冲击韧性</td><td>良好</td><td>次于镇静钢</td><td>较差，脆性转折温度较高，时效现象严重</td></tr>
<tr><td rowspan="2">钢的工艺性能</td><td>冷冲压性能</td><td>良好</td><td>尚好</td><td>只宜作简单的冲压件</td></tr>
<tr><td>焊接性能</td><td>随钢的化学成分不同而变化。碳含量相同时，比沸腾钢好</td><td>可焊接</td><td>由于化学成分偏析，焊接性能不是很好，并易产生时效开裂，不宜用于制造较重要的焊接构件</td></tr>
</table>

1.9.2　钢的浇铸

1. 模铸(略)

2. 连续浇铸(略)

1.9.3　钢的压力加工

1. 冷、热压力加工

钢的压力加工根据加工温度(高于或低于钢的再结晶温度)和是否完全消除加工硬化，分为热加工和冷加工。

钢的热加工温度范围与钢的化学成分有关，而生产条件和温度控制也有影响。热加工时，由于再结晶作用而消除了塑性变形所产生的内应力，强化作用不明显。钢在高温下塑性变形的抗力较弱，使之变形所耗的动力和能量也较少，所以热加工效率高、成本低。但是钢在高温下加工，表面产生氧化和脱碳，钢材表面质量和尺寸均不易严格控制。因此，细、薄钢材不宜采用热压力加工。

钢的冷加工通常在室温下进行，由于不发生再结晶和回复作用，金属晶格将被扭曲并产生大量错位，形成很高的内应力，使钢得到强化，以致难以继续加工。所以冷加工每道次变形量有限；当需要作较大的冷变形和多道次冷加工时，还需进行中间退火。有时为了改善钢的塑性和降低钢的变形抗力，也可适当加热后再加工，因为加热温度在再结晶温度以下，仍属于冷加工范畴。

2. 控制轧制

在热轧过程中，通过对坯料加热、轧制和冷却的合理控制，使塑性变形和固态相变相结合，以获得良好的晶粒组织，使钢材具有优异的综合性能，这种轧制技术称为控制轧制。

根据塑性变形、再结晶和相变条件，控制轧制可分为如下三个阶段：

1）在奥氏体再结晶区控制轧制

在高于奥氏体再结晶温度范围（≥950℃）内进行轧制，使再结晶和变形交替进行，以细化奥氏体晶粒，从而提高钢的韧性。

2）在奥氏体未再结晶区控制轧制

在奥氏体再结晶开始温度到 Ar_3 以上进行轧制，可使奥氏体晶粒拉长，同时在晶粒内形成大量的变形带，增加奥氏体向铁素体转变时的晶核生成能，获得极细小的铁素体晶粒，从而提高钢的韧性。

3）在奥氏体和铁素体两相区控制轧制

在奥氏体和铁素体两相区温度范围内（Ar_3 以下）进行轧制，由于伴随着加工硬化和珠光体析出的硬化，从而使钢的强度提高，韧－脆转折温度降低。

控制轧制工艺主要用于含有微量元素［一般（Nb + V + Ti）的质量分数小于 0.1%］的低碳钢种；此外，含锰钢和硅锰钢的控制轧制也取得成效，应用范围不断扩大。

1.9.4 钢的热处理

钢材的热处理，因加工工艺和对组织、性能的不同要求而不同。例如各种钢板常需进行正火处理，以获得细化而均匀的组织和较好的综合力学性能。高强度调质钢板则常需进行淬火回火处理，以保证达到要求的力学性能。不锈钢板与钢带大多需进行固溶处理，以改善其耐蚀性。钢丝及琴钢丝等需要进行铅浴处理并继以冷加工，以获得所要求的强度指标。

1. 钢锭的热处理

钢锭的热处理主要是不同温度下的退火。退火工艺的制订，应考虑退火的目的、钢种、钢锭大小与形状，以及现有退火设备等。钢锭常用的退火可分为扩散退火、普通退火和低温退火，见表 1.9－4。

表 1.9－4 钢锭常用热处理

热处理种类	主要目的	适用范围及钢类举例
扩散退火	利用元素在高温下的扩散作用，尽可能减轻钢锭内的显微偏析，部分地改善枝晶间界的性质，以利于以后热锻轧加工的进行	重量大、枝晶严重的钢锭①
普通退火（包括完全退火和不完全退火）	消除铸态应力，便于钢锭存放 改善铸态组织，降低钢锭表面硬度，改善其切削加工性，便于表面清理	常用于某些高合金钢，如高铬钢、高速钢等的钢锭
低温退火（在 A_1 温度下进行）	降低钢锭表面硬度，便于表面清理 尽可能降低或消除钢锭的内应力	淬透性高的钢种

注：① 在实际生产上很少单独对钢锭进行扩散退火，大都是在锻轧加热时，适当延长保温时间。

2. 热锻轧钢材的热处理

对于一般热锻轧钢材，如果技术条件没有规定或用户没有提出要求时，钢厂不进行热处理，以热轧(锻)状态供应。对组织和性能有一定要求的某些钢类，则须进行适当的热处理后再出厂。热锻轧钢材常用的热处理见表1.9-5。

表1.9-5　热锻轧钢材常用的热处理

热处理种类	主要目的	适用的钢类举例
正火	细化晶粒和使组织均匀化 改善综合力学性能，在不降低或略降低强度的条件下，提高塑性和韧性	低合金钢板材和型材
完全退火	细化钢的晶粒，并使组织均匀，为以后切削加工和调质处理准备有利条件	中碳的非合金钢和合金结构钢
球化退火	改善网状碳化物，并获得适中的球化组织，降低其硬度，为以后切削加工和最终热处理创造良好条件	过共析钢和莱氏体钢，如各种工具钢、高速钢及轴承钢
低温退火	消除内应力和降低硬度	高淬透性的钢种

3. 冷拉钢材的热处理

用冷拉钢材制造机械零件，可以省工、省料，并提高产品质量。但冷拉钢材往往塑性和韧性较差，屈强比过高，需通过热处理进行调整。

由于冷拉工序比较复杂，对冷拉坯料的组织和性能有一定的要求；冷拉过程中，随着冷拉变形导致的加工硬化，需要及时进行中间退火使之软化。为了获得最终的组织和性能，对冷拉的成品钢材有时也需要进行适当的热处理。所以冷拉钢材的热处理又可分为坯料热处理、中间热处理和成品热处理，见表1.9-6。

表1.9-6　冷拉钢材常用的热处理

热处理阶段	主要目的	热处理种类	适用的钢类举例
坯①料热处理	消除坯料的内应力，降低硬度，使之软化，以改善冷拉性能 调整坯料的金相组织，使之均匀化，以适应冷拉加工的需要和保证对成品金相组织的要求	正火	低碳钢
		完全退火	中碳非合金钢与合金结构钢、弹簧钢、易切钢
		不完全退火	中、低碳非合金钢与合金结构钢
		球化退火	高碳轴承钢、碳素工具钢与合金工具钢、高速钢等
		软化及消除应力退火	对组织没有要求的各钢类
		固溶处理	奥氏体钢、铁素体钢
中间热处理	消除钢的冷变形加工硬化作用和恢复钢铁的塑性，以便继续进行冷拉加工	消除应力退火	各类冷拉钢
		再结晶退火	低碳非合金钢与合金结构钢
成②品热处理	消除冷拉后的内应力，降低硬度，以利于以后的切削加工 保证得到标准或技术条件中规定的组织和性能指标	软化及消除应力退火	要求性能指标而对组织无要求的各钢类
		再结晶退火	低碳结构钢、奥氏体钢、铁素体钢

① 如果其组织和硬度符合要求的冷拉坯料，也可不经退火，直接进行冷拉。

② 冷拉钢材成品，按标准规定有两种交货状态，即冷拉状态和退火状态。退火状态又分为一般退火状态(钢材表面有氧化层)和光亮退火状态(表面无氧化层)，如高碳钢、各种工具钢及轴承钢等大都以光亮退火后交货。

4. 钢材的形变热处理

与普通热处理相比，经形变热处理后的钢材可获得更好的综合力学性能。尤其是微合金钢，唯有采用形变热处理工艺，才能充分发挥钢中合金元素的作用，优化强度与韧性的配合。形变热处理已广泛应用于生产各种钢材和合金材料。

形变热处理工艺中的塑性变形，可选用轧制、锻造、拉拔、挤压等方法。形变与相变的顺序也多种多样，如先形变后相变，或在相变过程中进行形变，或在某两种相变之间进行形变。较常用的形变热处理工艺见表 1.9－7。

表 1.9－7 形变热处理的类别及应用

类型	工艺特点		效果与应用
高温形变淬火	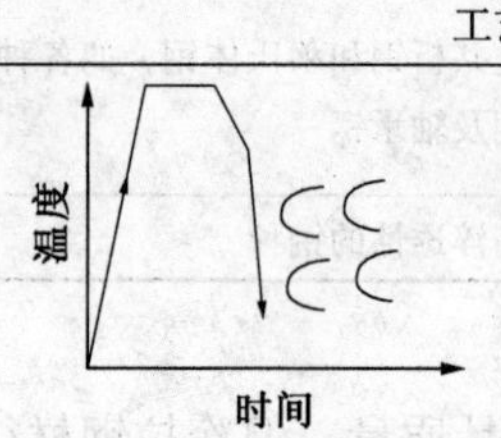 温度 时间	在钢的 Ar_3 以上或 Ar_1 ~ Ar_3 之间或在合金的固溶热处理温度之上进行形变，然后淬火、回火	取消重新加热淬火，可提高钢的强度 10% ~30%，同时改善钢的韧性和抗疲劳性能，减小回火脆性。用于生产非合金钢、低合金钢和合金钢的板、带、管、线、棒材，以及形状简单的机械零件
控制轧制	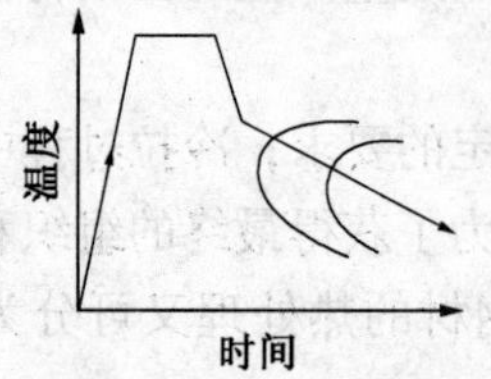 温度 时间	在钢的 Ar_3 以上或 Ar_1 ~ Ar_3 之间形变，然后空冷或水冷至550℃以上，再空冷获得铁素体－珠光体或贝氏体组织	提高屈服强度的同时，可得到优异的低温韧性，用于生产低碳钢、低碳含 Nb、V、Ti 的微合金非调质钢的板、带、线材等产品
低温形变淬火	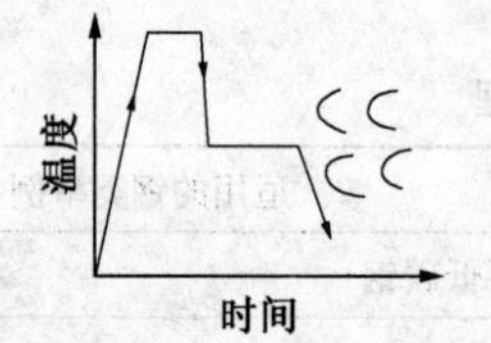 温度 时间	在钢的过冷奥氏体稳定区(500 ~ 600℃)进行形变，然后淬火、回火	在保证钢的塑性条件下，可以大幅度提高钢的强度。适用于强度要求高的中合金高强度钢的零件，用于截面小的高强度钢的钢丝，或高合金钢模具、高速钢刀具等
等温形变热处理	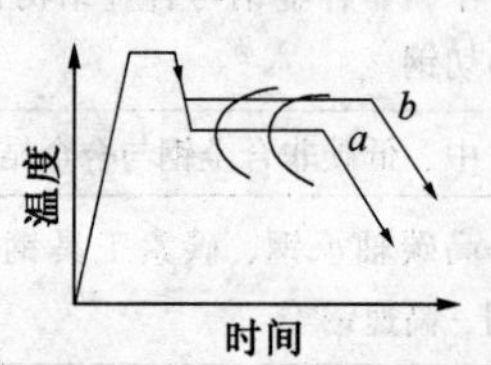 温度 时间 a b	1. 在钢的珠光体转变温度区间，在珠光体转变前及转变过程中进行形变 2. 在珠光体转变后进行形变	1. 得到细小铁素体亚晶粒及球状碳化物，提高钢的冲击韧度几倍，用于生产合金结构钢的小零件 2. 可大大缩短球化工艺时间，降低球化工艺的温度，并改善球化的组织。用于工具钢、轴承钢
诱发马氏体相变的形变热处理	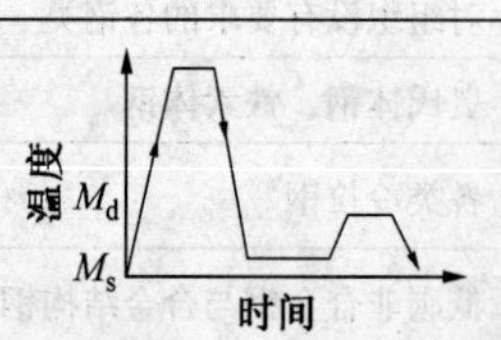 温度 M_d M_s 时间	在钢的 M_s ~ M_D 温度区间进行形变	在保证塑性的条件下，提高强度。适用于奥氏体不锈钢及相变诱发塑性钢(TRIP钢)等
过饱和固溶体的形变时效处理	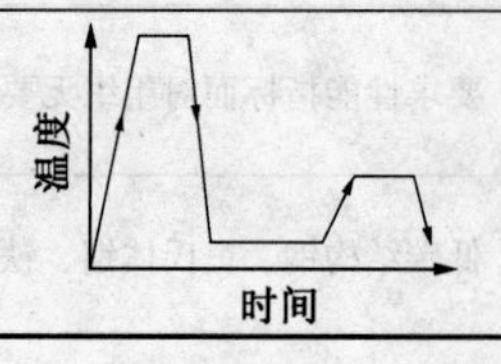 温度 时间	钢或合金固溶处理后，在时效前进行冷加工或温加工	强度显著提高，仍可保证必要的塑性。用于需要强化的钢种或合金，如奥氏体钢、马氏体时效钢、镍基高温合金等

续表 1.9－7

类型		工艺特点	效果与应用
预先形变热处理	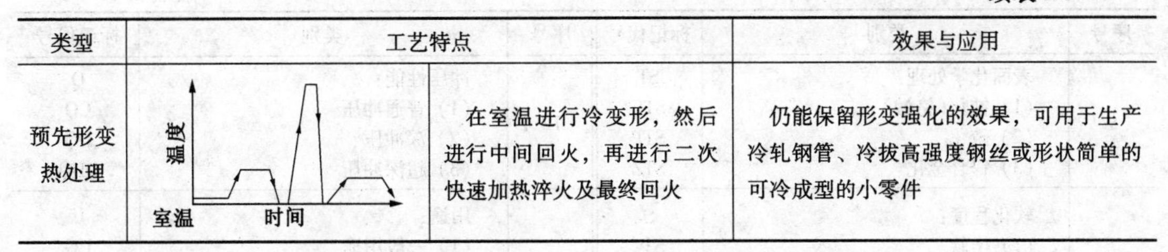	在室温进行冷变形，然后进行中间回火，再进行二次快速加热淬火及最终回火	仍能保留形变强化的效果，可用于生产冷轧钢管、冷拔高强度钢丝或形状简单的可冷成型的小零件

1.10　钢材的标记及交货状态

1.10.1　钢材标记代号

表 1.10－1　钢材的标记

序号	类别	标记代号	序号	类别	标记代号
1	加工状态 (1) 热轧(含热扩、热挤、热锻) (2) 冷轧(含冷挤压) (3) 冷拉(拔)	W WH WC WCD	5	尺寸精度： (1) 普通精度 (2) 较高精度 (3) 高级精度 (4) 厚度较高精度 (5) 宽度较高精度 (6) 厚度宽度较高精度	P PA PB PC PT PW PTW
2	截面形状和型号 用表示产品截面形状特征的英文字母作为标记代号，例如：方型空心型钢的代号 QHS 如果产品有型号，应在表示产品形状特征的标记代号后加上型号		6	边缘状态 (1) 切边 (2) 不切边 (3) 磨边	E EC EM ER
3	表面质量： (1) 普通级 (2) 较高级 (3) 高级	F FA FB FC	7	热处理： (1) 退火 (2) 球化退火 (3) 光亮退火 (4) 正火 (5) 回火 (6) 淬火＋回火 (7) 正火＋回火 (8) 固溶	T TA TG TL TN TT TQT TNT TS
4	表面种类： (1) 酸洗(喷丸) (2) 剥皮 (3) 光亮 (4) 磨光 (5) 抛光 (6) 麻面 (7) 发蓝 (8) 热镀锌 (9) 电镀锌 (10) 热镀锡 (11) 电镀锡	S SA SF SL SP SB SG SBL SZH SZE SSH SSE	8	力学性能 (1) 低强度 (2) 普通强度 (3) 较高强度 (4) 高强度 (5) 超高强度	M MA MB MC MD ME

续表 1.10－1

序号	类别	标记代号	序号	类别	标记代号
9	表面化学处理: (1) 钝化(铬酸) (2) 磷化 (3) 锌合金化	ST STC STP STZ	12	冲压性能: (1) 普通冲压 (2) 深冲压 (3) 超深冲压	Q CQ DQ DDQ
10	软化程度: (1) 半软 (2) 软 (3) 热软	S S½ S SZ	13	用途: (1) 一般用途 (2) 重要用途 (3) 特殊用途 (4) 其他用途 (5) 压力加工用 (6) 切削加工用 (7) 顶锻用 (8) 热加工用 (9)冷加工用	U UG UM US UO UP UC UF UH UC
11	硬化程度: (1) 低冷硬 (2) 半冷硬 (3) 冷硬 (4) 特硬	H H1/4 H1/2 H H 2			

注：1. 本内容适用于钢丝、钢板、型钢、钢管等的标记代号。

2. 钢材标记代号采用与类别名称相应的英文名称首位字母(大写)和阿拉伯数字组合表示。

3. 其他用途可以指某种专门用途，在“U”后加专用代号。

1.10.2 钢材的涂色标记

表 1.10－2 钢材的涂色标记

类别	牌号或组别	涂色标记	类别	牌号或组别	涂色标记
优质碳素结构钢	05～15 20～25 30～40 45～85 15Mn～40Mn 45Mn～70Mn	白色 棕色＋绿色 白色＋蓝色 白色＋棕色 白色二条 绿色三条	高速工具钢	W12Cr4V4Mo W18Cr4V W9Cr4V2 W9Cr4V	棕色一条＋黄色一条 棕色一条＋蓝色一条 棕色二条 棕色一条
			铬轴承钢	GCr6 GCr9 GCr9SiMn GCr15 GCr15SiMn	绿色一条＋白色一条 白色一条＋黄色一条 绿色二条 蓝色一条 绿色一条＋蓝色一条
合金结构钢	锰钢 硅锰钢 锰钒钢 铬钢 铬硅钢 铬锰钢 铬锰硅钢 铬钒钢 铬锰钛钢 铬钨钒钢 钼钢 铬钼钢 铬锰钼钢 铬钼钒钢 铬硅钼钒钢 铬铝钢 铬钼铝钢 铬钨钒铝钢 硼钢 铬钼钨钒钢	黄色＋蓝色 红色＋黑色 蓝色＋绿色 绿色＋黄色 蓝色＋红色 蓝色＋黑色 红色＋紫色 绿色＋黑色 黄色＋黑色 棕色＋黑色 紫色 绿色＋紫色 绿色＋白色 紫色＋棕色 紫色＋棕色 铝白色 黄色＋紫色 黄色＋红色 紫色＋蓝色 紫色＋黑色	不锈耐酸钢	铬钢 铬钛钢 铬锰钢 铬钼钢 铬镍钢 铬锰镍钢 铬镍钛钢 铬镍铌钢 铬钼钛钢 铬钼钒钢 铬镍钼钛钢 铬钼钒钴钢 铬镍钒钛钢 铬镍钼铜钛钢 铬镍钼铜铌钢	铝色＋黑色 铝色＋黄色 铝色＋绿色 铝色＋白色 铝色＋红色 铝色＋棕色 铝色＋蓝色 铝色＋蓝色 铝色＋白色＋黄色 铝色＋红色＋黄色 铝色＋紫色 铝色＋紫色 铝色＋蓝色＋白色 铝色＋黄色＋绿色 铝色＋黄色＋绿色 (铝色为宽条，余色为窄色条)

续表 1.10－2

类别	牌号或组别	涂色标记	类别	牌号或组别	涂色标记
耐热钢	铬硅钢 铬钼钢 铬硅钼钢 铬钢 铬钼钒钢 铬镍钛钢 铬铝硅钢	红色＋白色 红色＋绿色 红色＋蓝色 铝色＋黑色 铝色＋紫色 铝色＋蓝色 红色＋黑色	耐热钢	铬硅钛钢 铬硅钼钛钢 铬硅钼钒钢 铬铝钢 铬镍钨钼钛钢 铬镍钨钼钢 铬镍钨钛钢	红色＋黄色 红色＋紫色 红色＋紫色 红色＋铝色 红色＋棕色 红色＋棕色 铝色＋白色＋红色 （前为宽色条，后为窄色条）

1.10.3 钢材交货状态

表 1.10－3 钢材交货状态

序号	名称	说明
1	热轧状态	钢材在热轧或锻造后不再对其进行专门热处理，冷却后直接交货，称为热轧或热锻状态 热轧（锻）的终止温度一般为800～900℃，之后一般在空气中自然冷却，因而热轧（锻）状态相当于正火处理。所不同的是因为热轧（锻）终止温度有高有低，不像正火加热温度控制严格，因而钢材组织与性能的波动比正火大，目前不少钢铁企业采用控制轧制，由于终轧温度控制很严格，并在终轧后采取强制冷却措施，因而钢的晶粒细化，交货钢材有较高的综合力学性能。无扭控冷热轧盘条比普通热轧盘条性能优越就是这个道理 热轧（锻）状态交货的钢材，由于表面覆盖有一层氧化铁皮，因而具有一定的耐蚀性，储运保管的要求不像冷拉（轧）状态交货的钢材那样严格，大中型型钢、中厚钢板可以在露天货场或经苫盖后存放
2	冷拉（轧）状态	经冷拉、冷轧等冷加工成型的钢材，不经任何热处理而直接交货的状态，称为冷拉或冷轧状态。与热轧（锻）状态相比，冷拉（轧）状态的钢材尺寸精度高、表面质量好、表面粗糙度低，并有较高的力学性能 由于冷拉（轧）状态交货的钢材表面没有氧化皮覆盖，并且存在很大的内应力，极易遭受腐蚀或生锈，因而冷拉（轧）状态的钢材，其包装、储运均有较严格的要求，一般均需在库房内保管，并应注意库房内的温、湿度控制
3	正火状态	钢材出厂前经正火热处理，这种交货状态称正火状态。由于正火加热温度（亚共析钢为 $Ac_3+30\sim50$℃，过共析钢为 $Ac_m+30\sim50$℃）比热轧终止温度控制严格，因而钢材的组织、性能均有。与退火状态的钢材相比，由于正火冷却速度较快，钢的组织中珠光体数量增多，珠光体层片及钢的晶粒细化，因而有较高的综合力学性能，并有利于改善低碳钢的魏氏组织和过共析钢的渗碳体网状，可为成品的进一步热处理做好组织准备。碳素结构钢、合金结构钢钢材常采用正火状态交货。某些低合金高强度钢如14MnMoVBRE、14CrMnMoVB钢为了获得贝氏体组织，也要求正火状态交货
4	退火状态	钢材出厂前经退火热处理，这种交货状态称为退火状态。退火的目的主要是消除和改善前道工序遗留的组织缺陷和内应力，并为后道工序做好组织和性能上的准备 合金结构钢、保证淬透性结构钢、冷镦钢、轴承钢、工具钢、汽轮机叶片用钢、铁素体型不锈耐热钢的钢材常用退火状态交货
5	高温回火状态	钢材出厂前经高温回火热处理，这种交货状态称为高温回火状态。高温回火的回火温度高，有利于彻底消除内应力，提高塑性和韧性，碳素结构钢合金钢、保证淬透性结构钢钢材均可采用高温回火状态交货。某些马氏体型高强度不锈钢、高速工具钢和高强度合金钢，由于有很高的淬透性以及合金元素的强化作用，常在淬火（或回火）后进行一次高温回火，使钢中碳化物适当聚集，得到碳化物颗粒较粗大的回火索氏体组织（与球化退火组织相似），因而，这种交货状态的钢材有很好的切削加工性能
6	固溶处理状态	钢材出厂前经固溶处理，这种交货状态称为固溶处理状态。这种状态主要适用于奥氏体型不锈钢材出厂前的处理。通过固溶处理，得到单相奥氏体组织，以提高钢的韧性和塑性，为进一步冷加工（热轧或冷拉）创造条件，也可为进一步沉淀硬化做好组织准备

1.11 钢的成品化学成分允许偏差

熔炼分析是指在钢液浇铸过程中采取样锭，然后进一步制成试样并对其进行的化学分析。分析结果表示同一炉(罐)钢液的平均化学成分。

成品分析是指在经过加工的成品钢材(包括钢坯)上采取试样，然后对其进行的化学分析。成品分析主要用于验证化学成分，又称验证分析。由于钢液在结晶过程中产生元素的不均匀性分布(偏析)，成品分析的成分值有时与熔炼分析的成分值不同。

成品化学成分允许偏差是指熔炼分析的成分值虽在标准规定的范围内，但由于钢中元素偏析，成品分析的成分值可能超出标准规定的成分界限值。对超出界限值的大小规定一个允许的数值，就是成品化学成分允许偏差。

1.11.1 非合金钢和低合金钢成品化学成分允许偏差

表 1.11-1 非合金钢和低合金钢成品化学成分允许偏差 %

元素	规定化学成分上限值	允许偏差		元素	规定化学成分上限值	允许偏差	
		上偏差	下偏差			上偏差	下偏差
C	≤0.25	0.02	0.02	V	≤0.20	0.02	0.01
	>0.25~0.55	0.03	0.03	Ti	≤0.20	0.02	0.01
	>0.55	0.04	0.04	Nb	0.015~0.060	0.005	0.005
Mn	≤0.80	0.03	0.03	Cu	≤0.55	0.05	0.05
	>0.80~1.70	0.06	0.06	Cr	≤1.50	0.05	0.05
Si	≤0.37	0.03	0.03	Ni	≤1.00	0.05	0.05
	>0.37	0.05	0.05	Pb	0.15~0.35	0.03	0.03
S	≤0.050	0.005	—	Al	≤0.015	0.003	0.003
	>0.05~0.35	0.02	0.01	N	0.010~0.020	0.005	0.005
P	≤0.060	0.005	—	Ca	0.0020~0.0060	0.002	0.0005
	>0.06~0.15	0.01	0.01				

注：1. 表1.11-1、表1.11-2中的偏差值适用于横截面积不大于65000mm²的钢材(或钢坯)，大于该横截面积的钢材(或钢坯)的化学成分允许偏差值可适当加大，其具体数值由供需双方协商确定。

2. 产品标准中规定的残余元素不适用于表1.11-1、表1.11-2、表1.11-3中规定的成品化学成分允许偏差。

1.11.2 合金钢(不包括不锈钢、耐热刚)成品化学成分允许偏差

表 1.11-2 合金钢成品化学成分允许偏差 %

元素	规定化学成分上限值	允许偏差		元素	规定化学成分上限值	允许偏差	
		上偏差	下偏差			上偏差	下偏差
C	≤0.30	0.01	0.01	V	≤0.10	0.01	—
	>0.30~0.75	0.02	0.02		>0.10~0.90	0.03	0.03
	>0.75	0.03	0.03		>0.90	0.05	0.05
Mn	≤1.00	0.03	0.03	W	≤1.00	0.04	0.04
	>1.00~2.00	0.04	0.04		>1.00~4.00	0.08	0.08
	>2.00~3.00	0.05	0.05		>4.004~10.00	0.10	0.10
	>3.00	0.10	0.10		>10.00	0.20	0.20

续表 1.11-2

元素	规定化学成分上限值	允许偏差		元素	规定化学成分上限值	允许偏差	
		上偏差	下偏差			上偏差	下偏差
Si	≤0.37	0.02	0.02	Al	≤0.10	0.01	—
	>0.37~1.50	0.04	0.04		>0.10~0.70	0.03	0.03
	>1.50	0.05	0.05		>0.70~1.50	0.05	0.05
Ni	≤1.00	0.03	0.03		>1.5	0.10	0.10
	>1.00~2.00	0.05	0.05	Cu	≤1.00	0.03	0.03
	>2.00~5.00	0.07	0.07		>1.00	0.05	0.05
	>5.00	0.10	0.10	Ti	≤0.20	0.02	—
Cr	≤0.90	0.03	0.03	B	0.0005~0.0050	0.0005	0.0001
	>0.90~2.10	0.05	0.05	Co	≤4.00	0.10	0.10
	>2.10~5.00	0.10	0.10		>4.00	0.15	0.15
	>5.00	0.15	0.15				
Mo	≤0.30	0.01	0.01	Pb	0.15~0.35	0.03	0.03
	>0.30~0.60	0.02	0.02				
	>0.60~1.40	0.03	0.03	Nb	0.20~0.35	0.02	0.01
	>1.40~6.00	0.05	0.05	S	≤0.050	0.005	—
	>6.00	0.10	0.10	P	≤0.050	0.005	—

1.11.3 不锈钢和耐热钢成品化学成分允许偏差

表 1.11-3 不锈钢和耐热钢成品化学成分允许偏差 %

元素	规定化学成分上限值	允许偏差		元素	规定化学成分上限值	允许偏差	
		上偏差	下偏差			上偏差	下偏差
C	≤0.010	0.002	0.002	Mo	>0.20~0.60	0.03	0.03
	>0.010~0.030	0.005	0.005		>0.60~2.00	0.05	0.05
	>0.030~0.20	0.01	0.01		>2.00~7.00	0.10	0.10
	>0.20~0.60	0.02	0.02		>7.00~15.00	0.15	0.15
	>0.60~1.20	0.03	0.03		>15.00	0.20	0.20
Mn	≤1.00	0.03	0.03	Ti	≤1.00	0.05	0.05
	>1.00~3.00	0.04	0.04		>1.00~3.00	0.07	0.07
	>3.00~6.00	0.05	0.05		>3.00	0.10	0.10
	>6.00~10.00	0.06	0.06	Co	>0.05~0.50	0.01	0.01
	>10.00~15.00	0.10	0.10		>0.50~2.00	0.02	0.02
	>15.00~20.00	0.15	0.15		>2.00~5.00	0.05	0.05
P	≤0.040	0.005	—		>5.00~10.00	0.10	0.10
	>0.040~0.20	0.01	0.01		>10.00~15.00	0.15	0.15
S	≤0.040	0.005	—		>15.00~22.00	0.20	0.20
	>0.040~0.20	0.01	0.01		>22.00~30.00	0.25	0.25
	>0.20~0.50	0.02	0.02	Nb+Ta	≤1.50	0.05	0.05
Si	≤1.00	0.05	0.05		>1.50~5.00	0.10	0.10
	>1.00	0.10	0.10		>5.00	0.15	0.15

续表 1.11－3

元素	规定化学成分上限值	允许偏差		元素	规定化学成分上限值	允许偏差	
		上偏差	下偏差			上偏差	下偏差
Cr	>3.00～10.00	0.10	0.10	Ta	≤0.10	0.02	0.02
	>10.00～15.00	0.15	0.15	Cu	≤0.50	0.03	0.03
	>15.00～20.00	0.20	0.20		>0.50～1.00	0.05	0.05
	>20.00～30.00	0.25	0.25		>1.00～3.00	0.10	0.10
Ni	≤1.00	0.03	0.03		>3.00～5.00	0.15	0.15
	>1.00～5.00	0.07	0.07		>5.00～10.00	0.20	0.20
	>5.00～10.00	0.10	0.10	Al	≤0.15	0.01	0.005
	>10.00～20.00	0.15	0.15		>0.15～0.50	0.05	0.05
	>20.00～30.00	0.20	0.20		0.50～2.00	0.10	0.10
	>30.00～40.00	0.25	0.25		>2.00～5.00	0.20	0.20
	>40.00	0.30	0.30		>5.00～10.00	0.35	0.35
N	≤0.020	0.005	0.005	W	>2.00～5.00	0.07	0.07
	>0.02～0.19	0.01	0.01		>5.00～10.00	0.10	0.10
	>0.19～0.25	0.02	0.02		>10.00～20.00	0.15	0.15
	>0.25～0.35	0.03	0.03	V	≤0.50	0.03	0.03
	>0.35	0.04	0.04		>0.50～1.50	0.05	0.05
W	≤1.00	0.03	0.03		>1.50	0.07	0.07
	>1.00～2.00	0.05	0.05	Se	全部	0.03	0.03

注：1. 如果对成品化学成分的某种或某几种元素的允许偏差与表 1.11－1、表 1.11－2 或表 1.11－3 的规定有不同要求(缩小或加大)时，由供需双方协商确定。

2. 产品标准在规定成品化学成分允许偏差时，应写明 GB/T 222 及所述表号，一种钢的成品化学成分允许偏差，只能使用一个表，不能两个表同时混用。

3. 成品分析所得的值，不能超过标准规定化学成分界限的上限加上偏差，或不能超过标准规定化学成分界限的下限或减下偏差。同一熔炼号的成品分析，同一元素只允许有单项偏差，不能同时出现上偏差和下偏差。

举例：优质碳素结构钢 20 号钢，其熔炼化学成分的碳含量，标准规定界限值为：上限 0.23%，下限 0.17%，在做成品钢材化学分析时，假如有一熔炼号的钢材出现碳含量为 0.25%，说明超出标准规定上限值 0.02%，按表 1.11－1 规定，钢材的碳含量是合格的；假如另一熔炼号的钢材出现碳含量为 0.15%。说明超出标准规定下限值 0.02%，按表 1.11－1 规定，钢材的碳含量也是合格的。

4. 因故未能取得熔炼分析试样，或因熔炼分析试样不正确而得不到熔炼成分的可靠结果，可采用成品分析来代替熔炼分析，此时成品分析的成分值应符合熔炼成分的规定，不得采用表 1.11－1、表 1.11－2 或表 1.11－3 中规定的成品成分允许偏差。

第二章　金属材料的性能

2.1　金属材料的物理性能

2.1.1　密度(density)

物质的密度等于该物质的质量和它的体积之比，即材料每单位体积的质量，用 ρ 表示，单位为 kg/m^3。根据阿基米德原理，由水的密度可求得材料的密度：

$$\rho = \frac{m}{m_1 - m_2}\rho_{H_2O} \tag{2.1-1}$$

式中　ρ——试样的密度，kg/m^3；

m——试样的空气中称重，g；

m_1——试样吊丝在空气中的称重，g；

m_2——试样吊丝在水中的称重，g；

ρ_{H_2O}——水的密度，kg/m^3。

2.1.2　熔点(melting point)

物质由固态转变为液态的温度，即金属材料在开始熔化时的温度，称为熔点。用 T(℃)表示。对于焊接、锻压等金属加工来说，熔点是制定热加工工艺规范的依据之一。

熔点的测定是在试棒上垂直于试样轴心方向打一小孔，小孔的深度与孔径之比大于5，认为小孔绝对符合黑体条件。试样通电加热，用显微光学高温计测量孔底温度，记下孔底熔化时光学高温计示出的温度 T'，再测得此时高温计与试样间观察窗石英玻璃的减弱系数 A，由下式计算出试样熔化时的温度，即熔点 T(℃)。

$$\frac{1}{T} - \frac{1}{T'} = A \tag{2.1-2}$$

2.1.3　弹性模量(modulus of elasticity)

材料在弹性变形范围内正应力与正应变成正比，比例常数称为弹性模量，即：

$$\sigma = \varepsilon E \tag{2.1-3}$$

式中　E——弹性模量，MPa；

σ——正应力，MPa；

ε——正应变。

测量材料弹性模量的方法很多，目前一般采用悬丝耦合弯曲共振法来测定。其计算方法为：一根截面均匀的试样，在两端自由的条件下作弯曲自由振动时，弹性模量与试样的固有频率、试样尺寸、质量有如下关系：

圆棒　$$E = 1.6067 \times 10^{-9} K \frac{mL^3}{d^4} f^2 \tag{2.1-4}$$

矩形棒　$$E = 0.9464 \times 10^{-9} K \frac{mL^3}{bh^3 f^2} \tag{2.1-5}$$

式中 E——弹性模量，GPa；

m——试样质量，g；

L——试样长度，mm；

d——试样直径，mm；

b——试样宽度，mm；

h——试样厚度，mm；

f——试样基频固有频率，Hz；

K——修正系数，见表2.1－1、表2.1－2。

表2.1－1 圆棒试样修正系数值

d/L	0.01	0.02	0.03	0.04	0.05	0.06
K	1.001	1.002	1.005	1.008	1.014	1.019

表2.1－2 矩形棒试样修正系数值

d/L	0.01	0.02	0.03	0.04	0.05	0.06
K	1.001	1.003	1.006	1.012	1.018	1.026

注：表2.1－1和表2.1－2所给出的修正系数仅适用于泊松比在0.25～0.35范围内的材料。

2.1.4 切变模量(shear modulus)

材料在弹性变形范围内，切应力τ和应变γ成正比关系，比例系数即称为切变模量G。可用公式表示：

$$\tau = G\gamma \tag{2.1-6}$$

式中 τ——切应力，MPa；

G——切变模量，MPa；

γ——切应变。

切变模量也采用共振法测定。截面均匀的棒状试样在两端自由的情况下，作自由扭转振动时，其切变模量G与固有基频、试样尺寸、质量有如下关系：

圆棒
$$G = 5.109 \times 10^{-9} \frac{mL}{d^2} f^2 \tag{2.1-7}$$

矩形棒
$$G = 4 \times 10^{-9} R \frac{mL}{bh} f^2 \tag{2.1-8}$$

式中 G——切变模量，GPa；

m——试样质量，g；

L——试样长度，mm；

d——试样直径，mm；

b——试样宽度，mm；

h——试样厚度，mm；

f——试样扭转固有基频，Hz；

R——矩形棒形状因子，取决于试样宽厚比(b/h)和宽长比(b/L)，可由GB/T 22315—2008《金属材料　弹性模量和泊松比试验方法》中附表查取。

2.1.5 泊松比(Poisson's ratio)

对于各向同性材料，在弹性变形范围内，试样在轴向拉伸时，所产生的横向应变与轴向应变之比的绝对值定义为泊松比。

$$\mu = |\varepsilon_2/\varepsilon_1| \quad (2.1-9)$$

式中　ε_1——轴向应变；

ε_2——横向应变。

任一温度下试样的泊松比可由同一温度下的弹性模量、切变模量值计算得到：

$$\mu = \frac{E}{2G} - 1 \quad (2.1-10)$$

式中　μ——泊松比，无量纲；

E——弹性模量，任意单位；

G——切变模量，单位同 E。

2.1.6　热导率(thermal conductivity coefficient)

1. 热导率的定义

若物体中两点有温度差，则有热能从一点向另一点传递，热导率就是表示这一传递的能力。取一个横截面均匀的细长试样，在其相距为 ΔL 的两个平行横截面间保持温度差 $\Delta T = T_2 - T_1$，其中 T_1和 T_2分别为两平行横截面的温度，热能将从高温 T_2处向温度 T_1处传递。则在时间 t 内流过的热量 Q 的数值为：

$$Q = \lambda S\left(\frac{\Delta T}{\Delta L}\right)t \quad (2.1-11)$$

式中　S——试样的横截面，m^2；

λ——试验材料的热导率，W/(m·K)。

也即在维持单位温度梯度时，单位时间 t 内，流经该物质横截面积 S 的热量 Q，称为材料的热导率，用 λ 表示，单位为 W/(m·K)。计算公式为：

$$\lambda = \frac{1}{S} \times \frac{Q}{t} \times \frac{\Delta L}{\Delta T} \quad (2.1-12)$$

式中　$\Delta L/\Delta T$——单位温度梯度。

2. 测定金属材料热导率的方法

测定金属材料热导率的方法可分为动态法和静态法两大类：

1）动态法是将试样某一部分的温度作周期或突然的改变，而在另一部分测定温度的变化。这种方法是在直接测得试样热扩散率、比热容和密度的基础上，然后利用下式计算：

$$\lambda = \alpha\rho c \quad (2.1-13)$$

式中　α——试样的热扩散率，m^2/s；

ρ——试样的密度，kg/m^3；

c——试样的比热容，J/(kg·K)。

2）静态法的基本要求是热稳定，即试样上的温度场恒定(Q/t 为一恒量)。因此，在测量时必须确立稳定状态，控制热流按规定的路径流动，防止各种方式的热散失。

2.1.7　比热容(specific heat coefficient)

物体温度升高时所吸收的热量与其质量和升高的温度($T_2 - T_1$)成正比。单位质量的某种物质，在温度升高 1K 时所吸收的热量(J)，或者温度降低 1K 时所放出的能量，叫做这种物质的比热容，用 c 表示，单位为 J/(kg·K)。

$$Q = cm(T_2 - T_1) \quad (2.1-14)$$

式中 Q——吸收的热量，J；

c——材料的比热容，J/(kg·K)；

m——物体质量，kg；

T_1、T_2——升温前、后的温度，℃。

在测定材料比热容时，先用激光热导仪测定材料的热扩散率：

$$\alpha = 0.139\frac{L^2}{t_{1/2}} \tag{2.1-15}$$

式中 α——热扩散率，m^2/s；

L——试样厚度，m；

$t_{1/2}$——试样后表面达到最大温升的一半所需的时间。

热扩散率表示物体在加热或冷却过程中各部分温度趋向一致的能力，它表达了不稳定导热过程的速度变动特征。测定热扩散率 α 后再根据已知的热导率 λ 由下式计算：

$$c = \lambda/\alpha\rho \tag{2.1-16}$$

式中 ρ——材料的密度，kg/m^3。

2.1.8 膨胀系数(coefficient of expansion)

热胀冷缩是材料重要的物理性能。材料受到热胀或者冷缩，长度(或体积)都将发生变化。材料在温度每升高1K所增加的长度与原来长度的比值，称为线膨胀系数，用 α_l 表示，单位为 K^{-1}。计算公式为：

$$\alpha_l = \frac{L_2 - L_1}{L_1(t_2 - t_1)} = \frac{\Delta L}{L_1(t_2 - t_1)} \tag{2.1-17}$$

式中 α_l——平均线膨胀系数，K^{-1}；

L_1——原来长度，mm；

L_2——加热以后长度，mm；

$t_2 - t_1$——温度差，K。

在不同的温度区段，线膨胀率是不同的，上式用单位长度单位温度的平均增长量来代表该温区的线膨胀系数。因此线膨胀系数是所在温区的平均伸长率指标。

线膨胀系数采用光学方法测定。使试样膨胀量通过光学系统放大到感光纸上，然后精确测量出相纸上对应于各温度的光点距离，由下式计算出平均线膨胀系数：

$$\alpha_l = \frac{\Delta L}{KL_1\Delta T} \tag{2.1-18}$$

式中 K——仪器系统的放大倍数。

2.1.9 磁导率(magnetoconductivity, magnetic conductivity)

所有物质均可按照一定磁场强度所导致的磁化强度或磁感应强度的大小，分为铁磁性物质和弱磁性物质。而弱磁性物质又可分为抗磁性物质和顺磁性物质。

磁感应强度 B 值随磁场强度 H 值的升高而增大，二者的比值叫做磁导率 μ。它表征了材料在一定的磁场强度中产生磁感应强度的能力。

$$\mu = \frac{B}{H} \tag{2.1-19}$$

式中 B——磁感应强度，Wb/m^2；

H——磁场强度，A/m。

磁感应强度 B 采用冲击电流法测定，按下述公式计算：

$$B = \frac{C_{\phi}\alpha_{B}}{2N_{2}S} \tag{2.1-20}$$

式中 C_{ϕ}——冲击检流计冲击常数，Wb/mm；

α_{B}——在磁化电流下冲击检流计偏转，mm；

N_2——次级绕组匝数；

S——试样横截面积，m^2。

磁场强度 H 根据磁化电流的控制值由下式计算：

$$H = \frac{I_{H}N_{i}}{L} \tag{2.1-21}$$

式中 I_H——磁化电流；

L——试样有效磁路长度，m；

N_i——初级绕组匝数。

磁导率是软磁性材料中的一个重要参数。对于铁磁性材料，磁导率不是一个恒量。因此存在起始磁导率和最大磁导率。起始磁导率对软场下工作的软磁材料，如铁镍合金等具有重要的意义。而硅钢片、工业纯铁等大功率材料则要求最大磁导率高。

2.1.10 电阻率及电导率(electrical resistivity and electrical conductivity)

按照欧姆定律，通过试样的电流正比于试样两端的电压，比例系数即为电阻：

$$R = \frac{V}{I} \tag{2.1-22}$$

式中 V——试样两端的电压，V；

I——通过试样的电流，A。

试样的电阻与试样的长度成正比，与横截面积成反比：

$$R = \rho\frac{L}{S} \tag{2.1-23}$$

式中 ρ——电阻率，Ω · cm；

L——试样的长度，cm；

S——试样的横截面积，cm^2。

电导率 γ 定义为电阻率 ρ 的倒数，即：

$$\gamma = \frac{LI}{SV} \tag{2.1-24}$$

2.1.11 振动衰减系数(coefficient of vibration attenuation)

一个处于自由振动状态的物体，即使置于真空之中，也会因其振动能逐渐转变为热能而衰耗下去，这种由于内部的原因所造成的振动能耗损的现象称为内耗。

金属材料通过内摩擦(内耗)吸收振动能量，并把它转变成热能的能力叫减振性。减振性的高低以振动振幅的对数衰减率 δ 来表示：

$$\delta = \frac{1}{n} \times \ln\frac{a_i}{a_{i+n}} \times 100\% \tag{2.1-25}$$

式中 δ——减振系数；

n——两次测量振幅 α_i 和 α_{i+n} 相隔的周期数。

或者：

$$\delta = \ln\frac{a_i}{a_n}/(n-1) \tag{2.1-26}$$

式中 a_i——起始振幅，mm；

a_n——经 n 次振动后的振幅，mm；

n——振动次数。

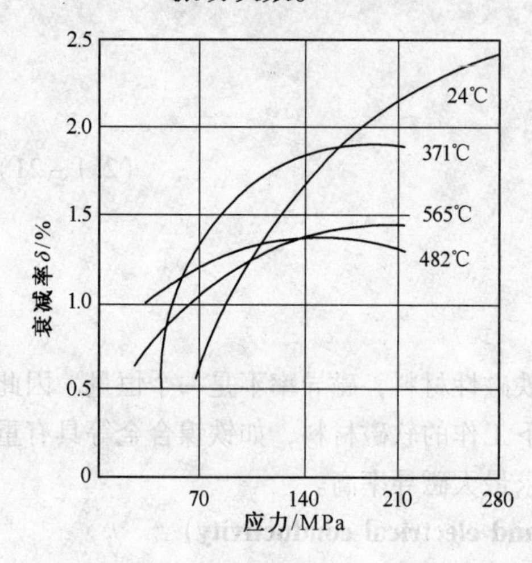

图 2.1-1 1Cr13 钢的减振性曲线

减振系数与温度和振动应力有关，减振性好的材料可降低构件的振动应力。图 2.1-1 给出了 1Cr13 钢的振动衰减率与应力的关系曲线。温度升高，钢的振动衰减率亦提高。

衰减率大，表明振动的振动幅很快衰减，在第二次受到外力作用时，第一次扰动的振幅已衰减得很小了。汽轮机叶片，特别是变速机叶片和变转速汽轮机叶片引起共振的可能性较大。而叶片共振时的应力水平与振动衰减率有关，衰减率愈大，叶片振动时所能达到的动应力愈小，使叶片由振动而导致疲劳破坏的可能性减小。因此测量振动衰减率的高低，成为材料的重要性能之一。叶片材料对数振动衰减率的大小，目前尚不能提出定量的要求，但总希望能高一些。

试验指出，13%铬型钢具有最高的减振性，低合金耐热钢和奥氏体钢及合金的减振性就远低于13%铬型钢，这也是叶片材料广泛采用这类钢的原因之一。但是防止叶片发生断裂的主要方面还是通过叶片自振频率的设计和调整使其完全避开共振区。

振动衰减率的测量一般采用录波法。先使叶片产生共振，然后去除激振力，使叶片作自由衰减振动，由叶片上的拾振元件将振幅信号放大录波，然后根据波形照片测量出 a_i、a_{i+n} 和 n 即可进行计算，按公式求出 δ。

2.1.12 塑性应变比(plastic strain ratio，γ-value)

在单向拉伸试验条件下，薄板三向的变形程度不同。GB/T 10623《金属材料 力学性能试验术语》中，定义塑性应变比为金属薄板试样轴向拉伸到产生均匀塑性变形时，试样标距内宽度方向的真实应变与厚度方向的真实应变之比。用 γ 表示，称为 γ 值(γ-value)。

塑性应变比，即当薄板试样受单向拉伸发生塑性变形，长度方向的真实应变达到某规定值 ε_1时，宽度方向的真实应变 ε_b与厚度方向的真实应变 ε_a之比。

塑性应变比 γ 值是评价金属薄板深压延性能的重要参数。它反映金属薄板在平面内，承受拉力或压力时，抵抗变薄或变厚的能力，是金属薄板塑性各向异性的一种量度。这种变形的各向异性的能力可以提高冷轧钢板的成形性能。

$$\gamma = \frac{\varepsilon_b}{\varepsilon_a} \tag{2.1-27}$$

$$\varepsilon_b = \ln\left(\frac{b_1}{b_0}\right) \qquad \varepsilon_a = \ln\left(\frac{a_1}{a_0}\right)$$

式中 b_0——试样原始宽度，mm；

a_0——试样原始厚度，mm；

b_1——拉伸变形后试样宽度，mm；

a_1——拉伸变形后试样厚度，mm。

根据体积不变条件，γ 值也可用下式计算：

$$\gamma = \ln(b_0/b_1)/\ln\left(\frac{b_1L_1}{b_0L_0}\right) \tag{2.1-28}$$

式中　L_0——试样原始标距，mm；

L_1——拉伸变形后试样标距，mm。

平均塑性应变比(average of plastic strain ratio value)是金属薄板平面上与主轧制方向成0°、45°和90°三个方向测得的塑性应变比值的加权平均值。

$$\gamma = \frac{\gamma_0 + \gamma_{90} + 2\gamma_{45}}{4} \tag{2.1-29}$$

式中　γ——平均塑性应变比；

γ_0——0°方向测得的塑性应变比；

γ_{90}——90°方向测得的塑性应变比；

γ_{45}——45°方向测得的塑性应变比。

塑性应变比平面各向异性度(degree of planer anisotropy of plastic strain ratio)定义为金属薄板平面上与主轧制方向成0°和90°方向的塑性应变比值的算术平均值与45°方向的塑性应变比值之差。

$$\Delta\gamma = \frac{1}{2}(\gamma_0 + \gamma_{90}) - \lambda_{45} \tag{2.1-30}$$

式中　$\Delta\gamma$——塑性应变比平面各向异性度；

γ_0——0°方向测得的塑性应变比；

γ_{90}——90°方向测得的塑性应变比；

γ_{45}——45°方向测得的塑性应变比。

2.1.13　应变硬化指数(*n* 值)(strain hardening exponent, *n* - value)

在常规拉伸试验中，给出的是条件应力-应变曲线(或工程应力-应变曲线)。曲线超过 R_m 后，应力随应变的增加而下降，这并不符合试样内部的真实情况。如果用真实应力-应变曲线来表达，就能真正表示试样所承受的应力及其应变之间的关系。

$$\varepsilon = \ln(1 + e)$$

$$\sigma = s(1 + e)$$

式中　ε——真实应变；

σ——真实应力，MPa；

e——条件应变；

s——条件应力，MPa。

在真实应力-应变曲线上超过屈服阶段以后，塑性变形并不象屈服平台那样连续流变下去，而需要不断增加外力才能继续进行。这说明金属有一种阻止继续塑变的抗力，这就是形变强化性能。这样的流变曲线(或塑性变形曲线)称为流变硬化曲线或形变硬化曲线。为与疲劳试验中的循环应力-应变曲线相区别，又称一次拉伸硬化曲线。

目前一般采用 Hollomon 公式，即假设真实应力-应变曲线服从如下的幂指数关系式：

$$\sigma = K\varepsilon^n \tag{2.1-31}$$

式中　n——应变硬化指数；

K——强度系数。

应变硬化指数 n 是真实应力 - 应变双对数直线的斜率，当 $\varepsilon=1$ 时真实应力值为 K。

GB/T 10623—1989《金属力学性能试验术语》中定义应变硬化指数 n 是真实应力 - 真实应变关系 $\sigma=K\varepsilon^n$ 中的指数 n。用假定对数真实应力和对数真实应变之间成线性关系的斜率来评定。

2.1.14 薄板塑性应变硬化指数（n 值）（tensile strain hardening exponent of metallic sheets，n - values）

应变硬化指数 n 是金属薄板在塑性变形过程中形变强化能力的一种量度。GB/T 5028《金属材料 薄板和薄带 拉伸应变硬化指数（n 值）的测定》可用来估计单轴拉伸试验中，试样开始缩颈时的应变。可以评价同一金属系列的相对伸展成形性。

在单轴拉伸条件下，试样各部位的塑性应变不是同时均匀地发生，最早变形的部位会因形变硬化而增加变形抗力，不致过早出现缩颈现象而造成破裂。因此加工硬化倾向较强的材料在拉伸或冲压时裂损现象少。材料在塑性变形阶段，应变抗力随变形的增加而增加，称为形变硬化或加工硬化现象，形变硬化性能以应变硬化指数表示，应变硬化指数由真实应力 - 真实应变曲线的幂指数式确定：

$$\sigma = K\varepsilon^n \tag{2.1-32}$$

式中 σ——真实应力，MPa；

ε——真实应变；

K——强度系数，MPa；

n——应变硬化指数。

根据上式的对数形式确定应变硬化指数 n：

$$\lg\sigma = \lg K + n\lg\varepsilon \tag{2.1-33}$$

对上式进行线性回归即可计算出其斜率 n 及其标准偏差：

$$n = \frac{N\sum_{i=1}^{N} X_iY_i - \sum_{i=1}^{N} X_i \sum_{i=1}^{N} Y_i}{N\sum_{i=1}^{N}(X_i)^2 - (\sum_{i=1}^{N} X_i)^2} \tag{2-1-34}$$

式中 N——参加回归计算的真实应力 - 真实应变数据对个数；

$X_i - \lg\varepsilon_i$；

$Y_i - \lg\sigma_i$。

截距 b 和强度系数 K 按下式计算：

$$b = \frac{\sum_{i=1}^{N} Y_i - n\sum_{i=1}^{N} X_i}{N} \tag{2.1-35}$$

$$K = e \times P(b) \tag{2.1-36}$$

$S(n)$ 按下式求出，它反应回归直线斜率 n 的离散程度。

$$S(n) = \left\{\left[\frac{N\sum_{i=1}^{N}(Y_i)^2 - (\sum_{i=1}^{N} Y_i)^2}{N\sum_{i=1}^{N}(X_i)^2 - (\sum_{i=1}^{N} X_i)^2}\right] \times \frac{1}{N-2}\right\} \tag{2.1-37}$$

2.2 金属材料的工艺性能

2.2.1 金相组织状态(metallographic structure)

1. 奥氏体(Austenite)

奥氏体是碳在γ-Fe 中的固溶体。在合金钢中则是碳和合金元素溶于γ-Fe 中所形成的固溶体。通常以大写拉丁字母 A 表示。

2. 铁素体(Ferrite)

铁素体是碳在α-Fe 中的固溶体，通常以大写拉丁字母 F 表示。铁素体的性质接近于纯铁，有很高的塑性、韧性，但强度很低。

3. 渗碳体(Cementite)

渗碳体是铁和碳的化合物，通常用 Fe_3C 表示，含碳量为 6.69%，其性能硬而脆，几乎没有塑性。含有合金元素的渗碳体，则称为合金渗碳体。

4. 珠光体(Pecalite)

珠光体是由铁素体和渗碳体相间排列的片层状组织，按片间距的大小，分别称为珠光体、索氏体和屈氏体。通常以大写拉丁字母 P、S 和 T 表示。珠光体中的渗碳体呈颗粒状分布在铁素体基体上的组织，则称为粒状珠光体。

5. 马氏体(Martensite)

马氏体是碳在α-F 中的过饱和固溶体，是钢通过淬火使奥氏体过冷到 M_s点以下转变而成的，通常以大写拉丁字母 M 表示。马氏体具有高硬度，但较脆，淬火后可使钢得到强化。低碳马氏体则具有高的硬度和韧性良好的综合性能。近年来低碳马氏体钢的应用有较大的发展。

6. 贝氏体(Bainite)

贝氏体是奥氏体过冷到中温区间转变而成的产物，组织是过饱和铁素体和渗碳体的混合物。根据形成温度的高低分成上贝氏体和下贝氏体。下贝氏体有较好的综合机械性能。

2.2.2 临界点(critical temperature)

临界点又称为临界温度，是指钢加热或冷却时发生相变的温度。对钢来说，常用的临界点有:

A_1——表示钢加热时珠光体向奥氏体转变，或冷却时奥氏体向珠光体转变的温度。

A_3——表示亚共析钢加热时，先共析钢素体完全溶入奥氏体的温度，或冷却时先共析铁素体开始从奥氏体中析出的温度。

Ac_m——表示过共析钢加热时，先共析渗碳体完全溶入奥氏体的温度，或冷却时先共析渗碳体开始从奥氏体中析出的温度。

Ac_1——为与平衡条件下的临界点相区别，将在加热时实际的 A_1温度称为 Ac_1。

Ac_3——加热时实际的 A_3温度称为 Ac_3。

Ar_1——冷却时实际的 A_1温度称为 Ar_1。

Ar_3——冷却时实际的 A_3温度称为 Ar_3。

试样在加热冷却时发生相变，相变伴有体积变化，利用高精度膨胀仪作出温度-膨胀量之间的变化曲线，用切线法确定临界点的数值。

取膨胀曲线上偏离正常纯热膨胀(或纯冷收缩)的开始位置作为 Ac_1(或 Ar_3)的温度，如

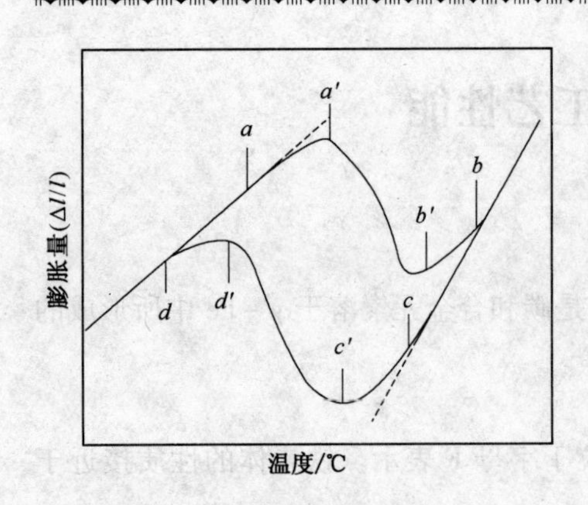

图 2.2-1 确定临界点的方法示意图

图 2.2-1 中的 a、c 点。取再次恢复纯热膨胀(或纯冷收缩)的开始位置作为 Ac_3(或 Ar_1)的温度，如图中的 b、d 点。通常其分离位置由作切线得到，故称切线法。若取加热或冷却曲线上的 4 个极值位置，如图 2.2-1 中的 a'、b'、c'、d' 分别为 Ac_1、Ac_3、Ar_3、Ar_1 的温度，这种方法称为极值法。

该法确定临界点的人为因素较小，相变点位置明显，便于不同试验条件下相变点的比较。

2.2.3 等温转变曲线(isothermal transition curve)

钢的等温转变曲线即为过冷奥氏体等温转变曲线的综合动力学曲线。由于曲线的形状通常呈 C 形状，所以又称 C 曲线。它反映了过冷奥氏体在不同过冷度下等温转变的过程：转变开始和终了时间、转变产物和转变量与温度和时间的关系。其基本类型可分为两种：第一种是在 $A_1 \sim M_s$ 之间有一个过冷奥氏体转变最快的温度区；第二种是在 $A_1 \sim M_s$ 之间有两个过冷奥氏体转变最快的温度区，如图 2.2-2 所示。对亚共析钢或过共析钢，在过冷奥氏体共析转变之前，先要析出铁素体或渗碳体，所以在等温转变曲线上部还有一条先共析转变曲线。

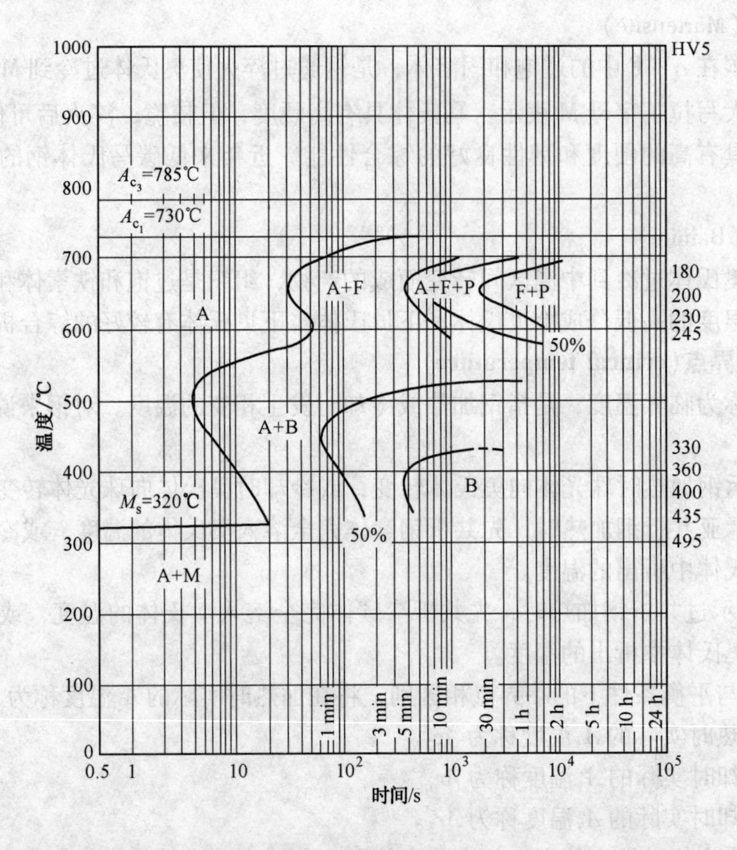

图 2.2-2 钢的等温转变曲线

根据过冷奥氏体等温转变所得到的组织产物大致可分为3个区域：

(1) 高温转变——珠光体型相变。

(2) 中温转变——贝氏体型相变。

(3) 低温转变——马氏体型相变。

目前测定钢的过冷奥氏体等温度转变曲线多用磁性法和膨胀法。它们都是利用过冷奥氏体转变产物的组织形态和物理性质发生变化来进行测定的。

2.2.4　热处理性能(heat treatment performance)

1. 热处理(heat treatment)

将固态金属或合金，在一定介质中加热、保温和冷却，以改变其整体或表面的组织情况，从而获得所需要性能的工艺，称为热处理。

2. 重结晶(recrystallization)

固态的金属及合金，在加热(或冷却)通过临界点时，从一种晶体结构转变为另一种晶体结构的现象，称为重结晶。

3. 再结昌(recrystallization)

经过冷塑性变形的金属或合金，加热到再结晶温度以上时，严重畸变的晶格通过形核及长大形成新的无畸变的晶格完整的等轴晶粒的过程，称为再结晶。再结晶时，金属或合金没有晶体结构类型的变化。

4. 过热(overheat，overheating)

金属或合金在热加工加热时，由于温度过高，晶粒长得很大，致使性能显著降低的现象，称为过热。过热的材料可以通过热处理的方法使其恢复。

5. 过烧(overfiring)

金属或合金加热温度达到固相线附近时，发生晶界开始部分熔化或氧化的现象，称为过烧。过烧的金属或合金不能用热处理及塑性变形加工的方法使其恢复。

6. 时效(ageing)

合金经固溶处理或冷变形后，性能随时间而变化的现象，称为时效。由固溶处理所引起的时效称为热时效或淬火时效，而由冷变形所引起的时效则称为应变时效或机械时效。

7. 沉淀硬化(precipitation－hardening)

从过饱和固溶体中析出弥散的碳化物或金属间化合物等第二相而引起的硬化现象，称为沉淀硬化。

8. 退火(anneal，annealing)

把钢加热到临界点(Ac_1或Ac_3)或再结晶温度以上，保温一定时间，然后缓慢冷却，使组织达到接近平衡状态的热处理工艺，称为退火。

完全退火，又称重结晶退火，一般简称退火，是加热至Ac_3以上20～40℃保温后缓冷的一种热处理操作。退火可以细化晶粒，消除内应力，改善钢的性能，主要用于亚共析成分的各种钢材和热轧型材。

去应力退火是将钢加热到500～650℃(小于Ac_1)，然后保温、缓冷的热处理操作。去应力退火又叫低温退火或高温回火，主要用来消除铸件、焊接件、热轧件、冷拉件等的残余应力。

再结晶退火是将经过冷塑性变形的金属，加热到再结晶温度以上的适当温度，保温后以适当方式冷却的热处理操作。主要用来消除形变硬化和残余应力，以降低硬度，提高塑性。

9. 淬火(quench, quenching)

将钢加热到Ac_3(亚共析钢)或Ac_1(过共析钢)以上30~50℃，保温后以大于临界冷却速度的速度快速冷却，这种热处理操作称为淬火。一般说来，淬火是为了得到马氏体组织，使钢得到强化。

淬透性和淬硬性：钢在淬火后能获得淬硬层深度的性质叫做淬透性，又叫可淬性。钢在正常淬火条件下所能达到的最高硬度，称为淬硬性。

10. 正火(normalization, normalize, normalizing)

将钢加热到Ac_3(或Ac_m)以上30~50℃，保温后在空气中冷却，得到珠光体型组织的热处理操作称为正火。正火的冷却速度比退火大，得到的组织比较细，机械性能也有所提高。所以正火主要用于碳钢和低合金钢，提高其机械性能、细化晶粒、改善组织(如消除魏氏组织、带状组织、大块状铁素体和网状碳化物)。

11. 回火(tempering)

钢淬火后为了消除残余应力及获得所需要的组织和性能，把已淬火的钢重新加热到Ac_1以下某一温度，保温后缓慢冷却的热处理工艺，称为回火。

按回火温度的不同，可分为低温回火、中温回火和高温回火。当要求钢件有较高的硬度和较好的耐磨性时，淬火后常采用低温回火；当要求钢件有足够的硬度和较高的弹性强度并保持一定韧性时，淬火后常用中温回火处理；当要求钢件既有较高强度和硬度又有较好的韧性时，在淬火后常用高温回火处理。

回火脆性：淬火钢，特别是不含钼的合金结构钢，在某些温度区间回火缓冷后，其室温冲击韧性出现降低的现象，叫做回火脆性。

第一类回火脆性又叫不可逆回火脆性，是发生在250~400℃回火温度范围内。这种回火脆性产生后无法消除，所以又叫不可逆回火脆性。

第二类回火脆性是发生在550~650℃回火温度范围内，又叫高温回火脆性。主要在合金结构钢中出现。这类回火脆性具有可逆性，即将已发生回火脆性的钢件重新加热到600℃以上高温回火并随之迅速冷却，即可恢复其韧性，所以又叫可逆回火脆性。

12. 调质(modified treatment)

通常将淬火加高温回火相结合的热处理工艺称为调质处理，简称调质。调质后获得回火索氏体组织，可使钢件得到强度与韧性相配合的良好的综合性能。

13. 固溶处理(solution treatment)

将合金加热到高温单相区，并经过充分的保温，使过剩相充分溶解到固溶体中后快速冷却，以得到过饱和固溶体的工艺，称为固溶处理。固溶处理的目的，是为了改善金属的塑性和韧性，并为进一步沉淀硬化处理准备条件。

2.2.5 硬度(hardness)

硬度是材料抵抗局部变形，特别是塑性变形、压痕或划痕的能力，是衡量金属软硬的判据，根据试验方法和试验原理的不同，常用有布氏硬度(HB)，洛氏硬度(HRA、HRB、HRC)、维氏硬度(HV)等，它们均属于压痕硬度(indentation hardness)，即在规定的静态试验力下将压头压入材料表面，用压痕深度或压痕表面面积评定其硬度。其值表示材料表面抵抗更硬的物体压入的能力。而肖氏硬度(HS)则属于回跳法硬度试验，其值代表金属弹性变形功的大小。因此，硬度值不是一个单纯的物理量，而是反应材料的弹性、塑性、形变强化、强度和韧性等的综合性能指标。金属材料的各种硬度值之间，硬度值与强度值之间具有近似的相应关系，可以由对照表或换算公式进行换算。

硬度试验的特点是：①设备较简单，操作迅速方便；②试验时一般不破坏零件或构件，因而大多数机件可用成品试验而无需专门加工试样；③被测物体可大可小，小至单个晶粒也可进行测定；④不管是塑性材料还是脆性材料，均可进行试验；⑤硬度与静载强度等其他力学性能指标有一定关系。因此，在工程上被广泛地用以检验原材料和热处理件的质量、鉴定热处理工艺的合理性以及作为评定工艺性能的参考。

1. 布氏硬度 HB(Brinell hardness)

1）试验原理

用一定直径 D 的钢球或硬质合金球，以相应的试验力 F 压入试样表面，经规定保持时间后，卸除试验力，测量试样表面的压痕直径 d，如图 2.2-3 所示。并计算出压痕球形面积 S 所承受的平均应力值，此值即为布氏硬度值，按下式计算：

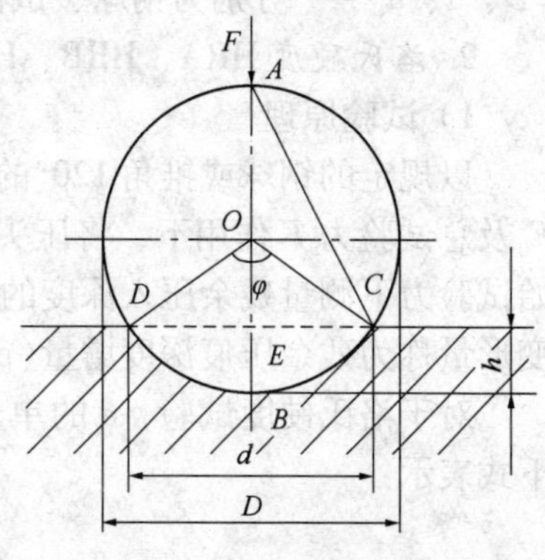

图 2.2-3　布氏硬度试验原理

$$\mathrm{HBS(HBW)} = 0.102\frac{F}{S} = 0.102\frac{2F}{\pi D(D-\sqrt{D^2-d^2})} \tag{2.2-1}$$

式中　HBS(HBW)——用钢球(或硬质合金)试验时的布氏硬度值；

F——试验力，N；

D——钢球直径，mm；

d——压痕平均直径，mm。

2）试验方法

为使试验结果具有可比性，试验时应取 F/D^2 = 常数，见表 2.2-1。且应使试验后的压痕直径 d 满足 $0.24D \sim 0.6D$，否则应重新选择 F/D^2 值进行试验。试验操作按照 GB/T 231.1《金属材料　布氏硬度试验　第 1 部分：试验方法》。硬度值可根据实测压痕直径 d 查表而得，且一般只标出大小，而不必注明量纲。压头为钢球时用 HBS，适用于布氏硬度值在 450 以下的材料。压头为硬质合金球时用 HBW，适用于布氏硬度值在 650 以下的材料。

表 2.2-1　布氏硬度试验时的 F/D^2 值

材料	布氏硬度	F/D^2
钢及铸铁	<140	10
	>140	30
铜及其合金	<35	5
	35~130	10
	>130	30
轻金属及其合金	<35	2.5(1.25)
	35~80	10(5 或 15)
	>80	10(15)
铅、锡		1.25(1)

注：1. 当试验条件允许时，应尽量选择 10mm 钢球。

2. 当有关标准没有明确规定时，应选用无括号的 F/D^2 值。

3）手锤布氏硬度试验(Brinell hardness test by hammer)

这是一种操作简单而广泛使用的动力硬度试验方法。常用于测定大型设备或构件的布氏硬度。

试验时用手锤打击硬度计捶击杆顶端一次，使置于试样和标准硬度棒之间的钢球同时压入试样和标准硬度棒的表面，并由下式计算出 HB 值：

$$HB = HB_0 \frac{D - \sqrt{D^2 - d^2}}{D - \sqrt{D^2 - d_0^2}} \tag{2.2-2}$$

式中 HB_0——标准硬度棒的布氏硬度值；

D、d、d_0——分别为钢球、试样上压痕、标准硬度棒上压痕的直径。

2. 洛氏硬度 HRA、HRB、HRC（Rockwell hardness）

1）试验原理

以规定的钢球或锥角120°的金刚石圆锥体作压头，在先后施加二次负荷，初始试验力 F_0 及总试验力 F 作用下，将压头压入试样表面，经规定保持时间后卸除主试验力 F_1，在初始试验力下测量残余压入深度的一种压痕深度试验。洛氏硬度试验中，测量的深度方向塑性变形量称为残余压痕深度增量（permanent increase of depth of indentation），用 e 表示。

对于洛氏硬度试验，e 的单位为 0.002mm。即每压入 0.002mm 为一个硬度单位。可由下式表示：

$$HR = \frac{k - h}{0.002} \tag{2.2-3}$$

式中 k——常数，对金钢石圆锥体压头，$k = 0.2$mm；对钢球压头 $k = 0.26$mm；

h——卸除主试验力 F_1 后的残余压入深度。

若令 $e = h/0.002$，则式（2.2-3）可写为：

$$HRC(HRA) = 100 - e \tag{2.2-4}$$

$$HRB = 130 - e \tag{2.2-5}$$

洛氏硬度试验的优点是操作简单迅速，压痕较小，几乎不伤工件表面；采用不同标尺可测定各种软硬不同的材料和厚薄不一的试样的硬度值。但缺点是由于压痕较小，代表性差，往往使所测硬度值重复性差，分散度也大。

洛氏硬度试验方法见图 2.2-4。

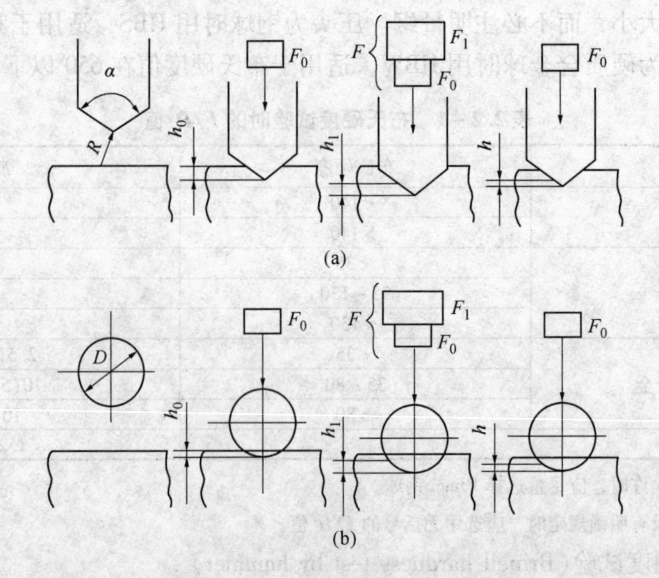

图 2.2-4 洛氏硬度试验方法

（a）压头为金刚石圆锥体 （b）压头为钢球

2）洛氏硬度标尺(Rockwell hardness scale)

在洛氏硬度试验中，由不同类型压头、试验力及硬度公式组合可表征不同的洛氏硬度值。其中HRA、HRB、HRC最常用。例如：

A标尺洛氏硬度(HRA)，是用圆锥角为120°的金刚石压头在初始试验力为98.07N、总试验力为588.4N条件下试验，用100 - e计算出的洛氏硬度。

B标尺洛氏硬度(HRB)，是用直径为1.588mm的钢球在初始试验力为98.07N、总试验力为980.7N条件下试验，用130 - e计算出的洛氏硬度。

C标尺洛氏硬度(HRC)，是用圆锥角为120°的金刚石压头在初始试验力为98.07N、总试验力为1461.0N条件下试验，用100 - e计算出的洛氏硬度。

洛氏硬度标尺的符号及试验条件见表2.2-2。试验技术条件按照GB/T 230.1《金属材料　洛氏硬度试验　第1部分：试验方法》。洛氏硬度值可直接由硬度计的刻度盘上读取。

表2.2-2　洛氏硬度标尺的符号及试验条件

洛氏硬度标尺	硬度符号	压头类型	初试验力 F_0/N	主试验力 F_1/N	总试验力 F/N	硬度范围
A	HRA	金钢石圆锥	98.07	490.3	588.4	20~88HRA
B	HRB	ϕ1.588mm钢球(1/16″)	98.07	882.6	980.7	20~100HRB
C	HRC	金钢石圆锥	98.07	1373	1471	20~70HRC
D	HRD	金钢石圆锥	98.07	882.6	980.7	40~77HRD
E	HRE	ϕ3.175mm钢球(1/8″)	98.07	882.6	980.7	70~100HRE
F	HRF	ϕ1.588mm钢球(1/16″)	98.07	490.3	588.4	60~100HRF
G	HRG	ϕ1.588mm钢球(1/16”)	98.07	1373	1471	30~94HRG
H	HRH	ϕ3.175mm钢球(1/8″)	98.07	490.3	588.4	80~100HRH
K	HRK	ϕ3.175mm钢球(1/8″)	98.07	1383	1481	40~100HRK

3）表面洛氏硬度试验(Rockwell superficial hardness test)

由于洛氏硬度试验所用试验力较大，不宜用来测定极薄工件及氮化层、金属镀层等的硬度，对表面硬度的测定，可按GB/T 230.1《金属材料　洛氏硬度试验　第1部分：试验方法》进行。

表面硬度的测定是在初始试验力为29N、总试验力为147、294或441N的洛氏硬度试验。对于表面洛氏硬度试验，e的单位为0.001mm。公式(2.2-3)中常数k取0.1mm，以每0.001mm压痕深度残余量为一个硬度单位。表面洛氏硬度标尺符号及试验条件见表2.2-3。

表2.2-3　表面洛氏硬度标尺符号及试验条件

标尺符号	压头类型	硬度测量范围	初试验力/N	主试验力/N	硬度值计算公式	应用实例
HR15N	金刚石圆锥体	68~92	29.42	117.68	HRN = 100 - e	氮化钢、渗碳钢、薄钢板、刀刃、零件边缘和表层
HR30N		39~83		264.78		
HR45N		17~72		411.88		
HR15T	钢球 ϕ1.588mm (1/16″)	70~92		117.68	HRT = 100 - e	软钢、铜合金、铝合金等薄板
HR30T		35~72		264.78		
HR45T		1~72		411.88		

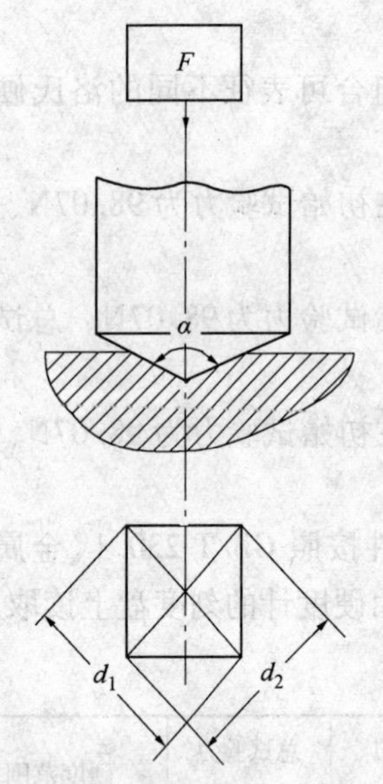

图 2.2－5 维氏硬度试验原理

3. 维氏硬度 HV(Vickers Hardness)

1）试验原理

维氏硬度是用正四棱锥形压痕单位表面积上所承受的平均压力表示的硬度值。它是以两相对间夹角 136°的正四棱锥体金刚石压头，以选定的试验力 F(49.03～980.7N)压入试样表面，经规定保持时间后卸除试验力，测定压痕两对角线长度的一种压痕硬度试验。测量对角线长度 d_1 和 d_2，取其平均值 d(见图 2.2－5)，并计算出压痕表面所承受的平均应力值，即为维氏硬度值，以 HV 表示。计算公式如下[3]：

$$HV = 0.102\frac{F}{S} = 0.1891\frac{F}{d^2} \quad (2.2-6)$$

式中 F——试验力，N；

d——压痕两对角线算术平均值，mm。

2）试验方法

一般应尽可能选用较大的试验力，但必须保证压痕深度要小于试样或试验层厚度的 1/10，即压痕对角线长度应小于试样或试验层厚度的 1/1.5。但当金属硬度大于 HV500 时，最好不选用大于 490.3N(50kgf)的试验力，以免损坏压头。试验力可根据所试材料的硬度和试样或试验层厚度从有关表格选用，也可由下式计算出最大试验力：

$$F_{\max} = \frac{\delta^2}{4}\mathrm{HV} \quad (2.2-7)$$

式中 δ——试样厚度。

如果要检验的表面是曲面，所测得的 HV 值应予以修正。试验技术条件见 GB/T 4340.1《金属维氏硬度试验 第 1 部分：试验方法》。

在小负荷情况下，应采用 GB/T 4340.1《金属维氏硬度试验 第 1 部分：试验方法》。试验力范围为 1.961～49.03N。

4. 高温硬度试验(high tempera turehardness test)

目前常用的高温硬度试验有布氏硬度和维氏硬度。当试验温度低于 600℃时，高温硬度试验可在一般硬度计上安装一密闭的试样加热装置，包括加热及冷却系统、测温装置等。同时应配上长压杆，以便压头能伸进加热炉内进行试验。当试验温度高于 600℃时，必须考虑因试样表面氧化对试验结果的影响。必须采用专门设计的高温真空硬度计。目前应用的有高温真空维氏硬度计。

5. 低温硬度试验(low temperature hardness test)

低温硬度试验是指低于室温的温度下进行的硬度试验。可在一般的硬度计上加装必要的装置进行。最简单的办法是在硬度计载物台上加装一冷却容器，把试样和压头浸入有低温介质的容器中，再加致冷剂，使冷却到指定温度并按规定时间保温后，再按常规方法进行试验，即可得到指定温度下的硬度值。

2.2.6 可焊性(weldability)

可焊性又称焊接性，是指金属适应常用焊接方法和焊接工艺的能力，即焊接时获得优良焊接接头的可能性。一种金属，如果能用最普通的焊接工艺条件获得优质焊接接头，则认为它具有良好的可焊性。反之，如果要用很复杂或特殊的工艺条件才能获得优质接头，则认为它的可焊性差。可焊性很差的金属材料甚至不能用以焊接结构。

通常根据金属焊接时产生裂纹的敏感性以及焊接区机械性能的变化，作为衡量可焊性的指标。一般说来，低碳钢具有良好的可焊性，中碳钢的焊接性中等，高碳钢和高合金钢则较差。

可焊性主要取于材料的化学成分。因为在焊接接头热影响区内，总有一个在焊接时接近熔化温度的区域，即相当于被加热到钢材进行淬火热处理的温度区域，不但晶粒明显粗大，且易出现过热组织(例如魏氏组织和索氏体组织)，而且在焊后冷却时相当于进行了淬火处理。

含碳量较低的低碳钢材，冷却时淬硬效应不明显，不会产生粗大的马氏体组织，焊接接头不会明显变脆变硬，不易产生裂纹，可焊性能良好。一般含碳量在 0.30% 以下的低碳钢具有较好的可焊性。相反，当含碳较高时，焊接冷却过程中易产生淬火效应，出现淬火组织明显脆化，容易出现焊接裂纹，可焊性明显变差。一般中碳钢的可焊性已经较差，高碳钢更差，无法进行焊接。

压力容器常用的低合金钢，虽然它们的含碳量很低，但各种合金元素的存在也会使可焊性变差。工程上根据大量试验将合金元素的含量折算成为焊接碳当量，用以衡量可焊性中的碎硬倾向的程度。焊接碳当量 C_d 的经验式很多，其中采用较多的为：

$$C_d = C + \frac{1}{6}Mn + \frac{1}{5}Cr + \frac{1}{15}Ni + \frac{1}{4}Mo + \frac{1}{5}V + \frac{1}{24}Si + \frac{1}{2}P + \frac{1}{13}Cu \qquad (2.2-8)$$

这种焊接碳当量可以用来衡量焊接淬硬倾向，但不能很好地反映出这种焊接裂纹的规律。近年来许多试验总结出反映出现焊接裂纹的“焊接冷裂纹敏感性组成 P_{cm}”来衡量：

$$P_{cm} = C + \frac{1}{20}Mn + \frac{1}{20}Cr + \frac{1}{60}Ni + \frac{1}{15}Mo + \frac{1}{10}V + \frac{1}{30}Si + \frac{1}{20}Cu + 5B \qquad (2.2-9)$$

以上当量值仅说明钢材可焊性优劣的一种指标，但焊接时还有许多工艺问题，需要采用焊接工艺试验的方法，具体衡量焊接接头的性能和确定焊接工艺是否合理。例如拘束试验、刚性固定对接试验、十字接头试验等。还需对焊接接头进行强度、塑性与冲击试验，以考验焊接以后是否具有优良的力学性能和其他性能。

2.2.7　可铸性(castability)

铸造是利用金属的可熔性将其熔化后注入铸模，用以制造大型铸件和形状复杂的机械部件的一种工艺方法。制成铸件的难易程度称为可铸性。它主要是指液体金属的流动性和凝固过程中的收缩和偏析倾向(合金凝固后化学成分的不均匀性叫偏析)。流动性好的金属充满铸模的能力大。例如，灰口铸铁的流动性比钢好，它能浇铸较薄与较复杂的铸件，熔渣和气体较易上浮，不易形成夹渣和气孔。收缩小，则铸件中缩孔、疏松、变形、裂纹等缺陷较少；偏析小，则各部位成分较均匀。这些都使铸件质量提高。合金钢偏析倾向较大，高碳钢偏析倾向也比低碳钢大，因此合金钢铸造后要用热处理清除偏析。常用的金属材料中，灰铸铁和锡青铜铸造性能较好。

2.2.8　可锻件(forgeability)

塑性加工是利用材料可塑性的加工工艺方法，包括锻造、压延、拉拔、轧制、压力加工等方法。塑性加工性表示材料塑性加工的难易程度。它取决于材料的变形能力和变形抗力。高温时变形抗力减小，变形能力增大，所以高温下材料的塑性加工性能较好。

可锻性是指金属材料在锻造过程中承受塑性变形的能力。易于锻造成形而不发生破裂的可认为可锻性好。金属的塑性愈好，变形抗力愈小，则可锻性愈好。

可锻性包括金属的塑性与变形抗力两方面。塑性大，锻压所需外力小，则可锻性好。低碳钢的可锻性比中碳钢、高碳钢好；碳钢比合金钢好。铸铁是脆性材料，锻压困难，只有球墨铸铁可稍许变形。灰口铸铁塑性接近于零。

锻造时的变形程度可以用锻造比 γ 来表示：

$$\gamma = \frac{F_0}{F} \tag{2.2-10}$$

式中：F_0、F 分别表示锻件延伸前后的截面积。锻件的锻造比愈大，锻造变形也愈大。

2.2.9 切削性(cutability，machineability)

金属材料的切削性是指金属在切削加工时的难易程度，切削性好的金属切削时消耗的动力小，刀具寿命长，切屑易于折断脱落，切削后表面光洁度好。通常用“切削率”或“切削加工系数”来相对地表示。即选用某一钢种作为标准材料，取其在切削加工精度、光洁度相同和刀具寿命一致的情况下，用被试材料与标准材料的最大切削速度之比值来表示。比值以百分率表示的称为“切削率”，比值以整数或小数表示的称为“切削加工系数”。凡切削率高或切削加工系数大的材料，切削性好。

实际上，常以材料的硬度和韧性作大致的判断。硬度过大、过小或韧性过大，切削性能均不好。合适的硬度大约为 HB170～230 之间。

灰铸铁有良好的切削性。碳钢当其硬度为 HB150～250，特别在 HB180～200 时，具有较好的切削性。太软的钢切屑不易断，刀具易磨损，切断速度提高困难；太硬的钢则刀具寿命缩短，有的甚至除衍、磨、研之外无法进行切削加工。

2.3 金属材料的力学性能

2.3.1 概述

金属力学(mechanics of metals)系研究金属在力的作用下的表现行为和发生现象的学科，由于作用力特点的不同，如力的种类(静态力、动态力、磨蚀力等)、施力方式(速度、方向及大小的变化，局部或全面施力等)、应力状态(简单应力：拉、压、弯、剪、扭；复杂应力：两种以上简单应力的复合)等的不同，以及金属在受力状态下所处环境的不同(温度、压力、介质、特殊空间等)，使金属在受力后表现出各种不同的行为，显示出各种不同的力学性能。

金属力学性能(mechanical properties of metals)是金属在力作用下所显示与弹性和非弹性反应相关或涉及应力应变关系的性能。

金属力学性能判据(characteristic of mechanical properties of metals)是表征和判定金属力学性能所用的指标和依据，其高低表征金属抵抗各种损伤作用的能力的大小，是评定金属材料质量的主要判据，也是金属制件设计时选材和进行强度计算的主要依据。如抗拉强度、伸长率、疲劳极限等。

金属力学试验(mechanical testing of metals)是测定金属力学性能判据所进行的试验。一般有拉伸试验、压缩试验、弯曲试验、扭转试验、剪切试验、冲击试验、硬度试验、蠕变试验、应力松弛试验、疲劳试验、断裂韧性试验、磨损试验、工艺试验、复合应力试验等。

金属力学性能测试(measurement and test of mechanical properties of metals)系通过不同力学试验及相应测量以求出金属的各种力学性能判据的实验技术。金属力学性能测试对金属材料质量检验，研制和发展新材料，改进材料质量，最大限度发挥材料潜力，进行金属制件失效分析，确保金属制件的合理设计、制造、安全使用和维护，都是必不可少的手段。

金属力学性能测试的基本任务，是确定合理的金属力学性能判据并准确而尽可能快速地测出这些判据。

2.3.2　强度(strength)

1. *屈服强度*(yield strength)

当金属材料呈现屈服现象时，在试验期间达到塑性变形发生而力不增加的应力点，称为屈服强度。屈服强度应区分上屈服强度和下屈服强度。

上屈服强度(R_{eH})upper yield strength

试样发生屈服而力首次下降的最高应力(见图2.3-1)。

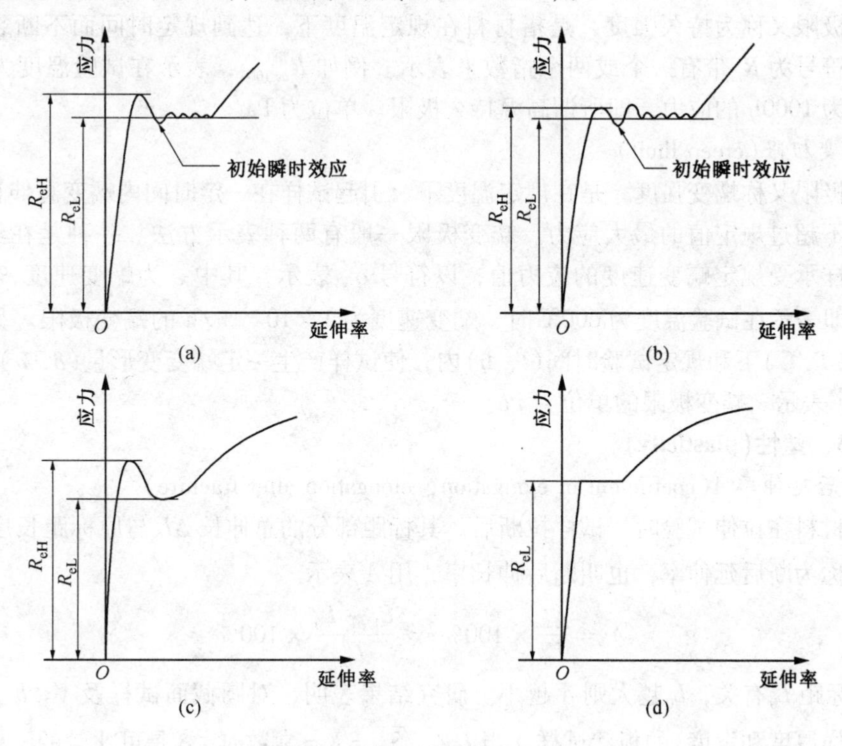

图2.3-1　不同类型曲线的上屈服强度和下屈服强度(R_{eH}和R_{eL})

下屈服强度(R_{eL})lower yield strength

在屈服期间，不计初始瞬时效应时的最低应力(见图2.3-1)。

2. *抗拉强度*(tensile strength)

金属试样拉伸时，试样拉断前所承受的最大负荷与试样原始截面之比，称为强度极限或抗拉强度，用R_m表示，单位为Pa。

$$R_m = \frac{F_0}{A_0} \tag{2.3-1}$$

式中　F_0——试样断裂前的最大载荷，N；

A_0——试样原始横截面面积，mm^2。

零件设计选材时，一般是以R_{eL}或$R_{p0.2}$为主要依据。但R_m的测定比较方便精确，同时从安全方面考虑，也有直接用R_m作为设计依据的，并采用较大的安全系数。由于脆性材料无屈服现象，则必须以R_m作为设计依据。

3. 疲劳极限(fatigue limit)

在GB/T 10623《金属力学性能试验术语》中，疲劳极限定义为指定循环基数下的中值疲劳强度。循环基数一般取10^7或更高一些。即金属材料在重复或交变应力作用下，可以经受无数周次的应力循环而不断裂的最大应力，称为疲劳极限或疲劳强度，以σ_{-1}表示，单位为Pa。

某些金属材料在重复或交变应力作用下，没有明显的疲劳极限。因此，通常规定循环一定周次后断裂时所能承受的最大应力，作为疲劳强度，也称条件疲劳根限，以σ_N表示，单位为Pa。此时，N称为材料的疲劳寿命(fatigue life)。

4. 持久极限(stress - rupture limit)

持久极限又称为持久强度，是指材料在规定温度下，达到规定时间而不断裂的最大应力。常用符号为R_m带有一个或两个指数来表示。例如$R^{700}_{m/1000}$，表示在试验温度为700℃时，持久时间为1000h的应力，即所谓高温持久极限。单位为Pa。

5. 蠕变极限(creep limit)

蠕变极限又称蠕变强度，是在规定温度下，引起试样在一定时间内蠕变总伸长率或恒定蠕变速率不超过规定值的最大应力。蠕变极限一般有两种表示方法。一种是在给定温度T下，使试样承受规定蠕变速度的应力值，以符号σ^T_ε表示，其中ε为蠕变速度，%/h。例如$\sigma^{600}_{1\times10^{-5}}$，即表示在试验温度为600℃时，蠕变速度为$1\times10^{-5}$%/h的蠕变极限。另一种是在给定温度($T$,℃)下和规定试验时间($t$, h)内，使试样产生一定蠕变变形量($\delta$,%)的应力值，以符号$\sigma^T_{\delta/t}$表示。蠕变极限的单位为Pa。

2.3.3 塑性(plasticity)

1. 断后延伸率A(coefficient of elongation, elongation after fracture)

金属材料在拉伸试验时，试样拉断后，其标距部分的总伸长ΔL与原标距长度L_0之比的百分比，称为断后延伸率，也叫断后伸长率，用A表示。

$$A=\frac{\Delta L}{L_0}\times100\%=\frac{L_1-L_0}{L_0}\times100\% \tag{2.3-2}$$

A与标距L_0有关，L_0越大则A越小。研究结果表明，对圆截面试样及$1\leqslant b/a\leqslant5$(a、b分别为试样厚度和宽度)的板状试样，当$L_0/\sqrt{S_0}=K=$常数时，δ是可比较的。根据试样标距长度的不同，有长试样与短试样之分。符合$l_0=11.3(F_0)^{1/2}$关系的称为长试样(圆试样可以简化为$l_0=10d_0$)，伸长率用A_{10}或A表示；符合$l_0=5.65(F_0)^{1/2}$关系的称为短试样(圆试样可简化为$l_0=5d_0$)，伸长率用A_5表示。F_0为试样原横截面积，d_0为试样原始直径，l_0为试样原标距长度。按上述两种关系制定的位伸试样称为比例试样，不符合上述关系的称为非比例试样，非比例试样的试验结果不能和A_5或A相互比较。

因此GB/T 228—2002《金属材料　室温拉伸试验方法》中规定：长标距试样$K=11.3$；短标距试样$K=5.56$。其对应的断后伸长率分别用A_{10}和A_5表示。对于定标距试样的断后伸长率应附以该标距数值的角注，例如$L_0=200$mm，则以符号δ_{200}表示。

2. 断面收缩率(reduction of area after fracture)

金属试样在拉断后，其缩颈处横截面积的最大缩减量与原横截面面积的百分比，称为断面收缩率，用 Z 表示。塑性材料的断面收缩率较大，脆性材料的断面收缩率较小。

$$Z = \frac{\Delta A}{A_0} \times 100\% \tag{2.3-3}$$

式中　ΔA——缩颈处横截面积的最大缩减量；

A_0——原来的横截面面积。

3. 冷弯性能(bend test)

金属材料在常温下承受弯曲而不破裂的能力，称为冷弯性能。冷变试验是用以考核材料弯曲变形的能力并且显示其缺陷，是容器用钢必须了解的一种重要指标。它可以模拟化工设备加工制造时卷板机的工艺情况。

出现冷弯裂纹前能承受的弯曲程度愈大，则材料的冷弯性能愈好。弯曲程度一般用弯曲角度或弯芯直径 d 对材料厚度 a 的比值来表示。

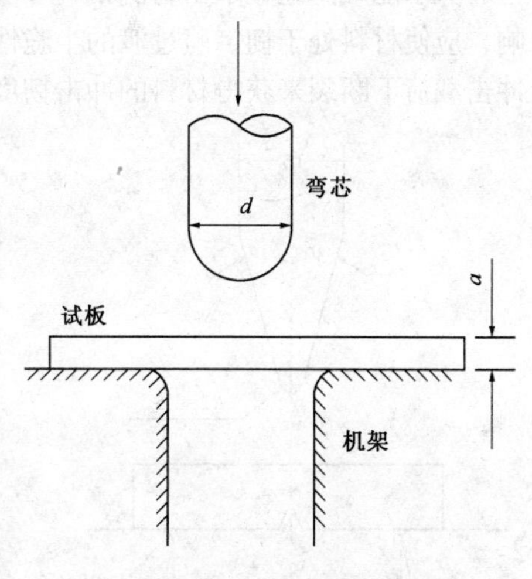

图 2.3-2　冷弯试验示意图

冷弯试验如图 2.3-2 所示。从被检钢板取一试板，放在试验机的机架上，通过弯芯加载，使试板冷弯，要求弯到 180°时不出现裂纹。冷弯试验必须随板厚而改变弯芯直径，一般当被检钢板厚度为 a 时，采用的弯芯的直径 $d=2a$，对强度偏高或厚度偏厚的钢板可放松到 $d=3a$。对有特殊要求的钢板，如需作深度冲压的焊接气瓶钢板，要求 $d=1.5a$。冷弯试验结果的评定等级见表 2.3-1。

表 2.3-1　冷弯试验结果的评定等级

等　级	结　果	评 定 方 法
1	无裂纹	在 10 倍放大镜下没有发现裂纹
2	微裂纹	在 10 倍放大镜下能清楚地看到，而肉眼仔细观察也能找到长 $L<2$mm、宽 $b<0.2$mm 的裂纹
3	小裂纹	肉眼能明显地看到 $L=2\sim10$mm、$b=0.1\sim1$mm 裂纹
4	大裂纹	有 $L>10$mm、$b>1$mm 的裂纹
5	断裂	断成某断裂角的两块(如断口有分层、夹杂、气孔等缺陷应注明)

4. 压扁试验(flattening test)

压扁试验用以检验金属管压扁到规定尺寸的变形性能，并显示其缺陷。试验时将试样放在两个平行板之间，用压力机或其他方法，均匀地压至有关技术条件中规定的压扁距，用管子外壁压扁距或内壁压扁距表示。试验后检查试样弯曲变形处，如无裂纹、裂口或焊缝开裂，则认为试样合格。

2.3.4　韧性(toughness)

1. 冲击韧性(impact toughness)

金属材料在使用过程中除要求有足够的强度和塑性外，还要求有足够的韧性。材料的韧性与加载速率、应力状态及温度等有很大关系。GB/T 10623《金属力学性能试验术语》中定义为：规定形状和尺寸的试样在冲击试验力一次作用下折断时所吸收的功称为冲击吸收功(impact absorbing energy)。冲击试样缺口底部单位横截面上的冲击吸收功称为冲击韧性。冲击韧性是评定金属材料在动载荷下承受冲击抗力的机械性能指标。

用一定尺寸和形状的试样，在规定类型的试验机上，用大能量一次冲击，将冲断试样所消耗的功 A_K(J)除以试样缺口处的原始截面积 F_0(cm^2)，即为冲击韧性，用 α_K表示，单位为J/cm^2。

2. 冲击试验

为了能敏感地显示出材料的化学成分、金相组织和加工工艺的微小变化对其韧性的影响，应使材料处于韧、脆过渡的半脆性状态进行试验。因此，通常采用带缺口试样，使之在冲击载荷下断裂来获得材料的冲击韧度。

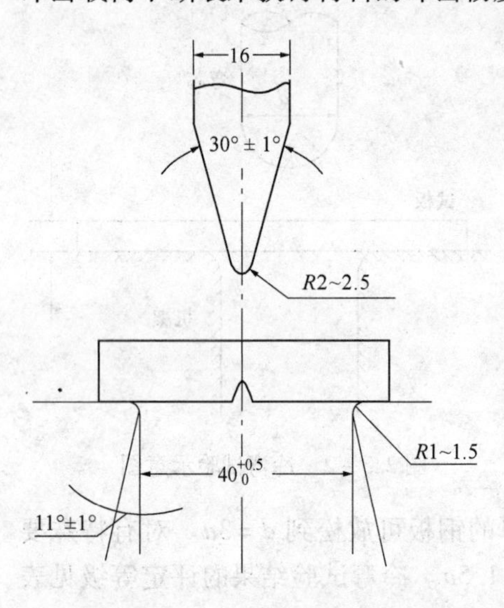

图 2.3-3 夏比冲击试验示意图

试验证明，冲击值对组织缺陷非常敏感，能够灵敏地反应材料品质、宏观缺陷和显微组织方面的微小变化。冲击试验是检验材料冶金质量和脆性倾向的有效手段。

冲击试验方法很多，目前常用的有两种类型，一是简支梁式冲击弯曲试验，一是悬臂梁式冲击弯曲试验。前者称为夏比冲击试验，后者称为艾氏冲击试验。图 2.3-3 是夏比冲击试验示意图。

冲击试样有梅氏、夏比、艾氏、DVM 等数种，其中以梅氏和夏比 V 型缺口试样为最常用。目前国外多数国家均采用夏比 V 型缺口试样。我国在压力容器业中广泛采用夏比 V 型缺口试样作为检验指标，它用冲击吸收功 A_{KV}(J)来表示。

冲击试样的断口情况对材料是否处于脆性状态的判断很重要。断口在宏观上大体可分为纤维状、晶状(细晶状或粗晶状)及混合型(纤维状和晶状相混合)三类。

1）常温冲击试验

冲击试验是将规定形状和尺寸的试样，在摆锤式冲击试验机上，测定试样在一次冲击载荷作用下折断时冲击吸收功的试验方法。试样的基本类型有 U 型缺口试样和 V 型缺口试样两种，其尺寸如图 2.3-4 所示。

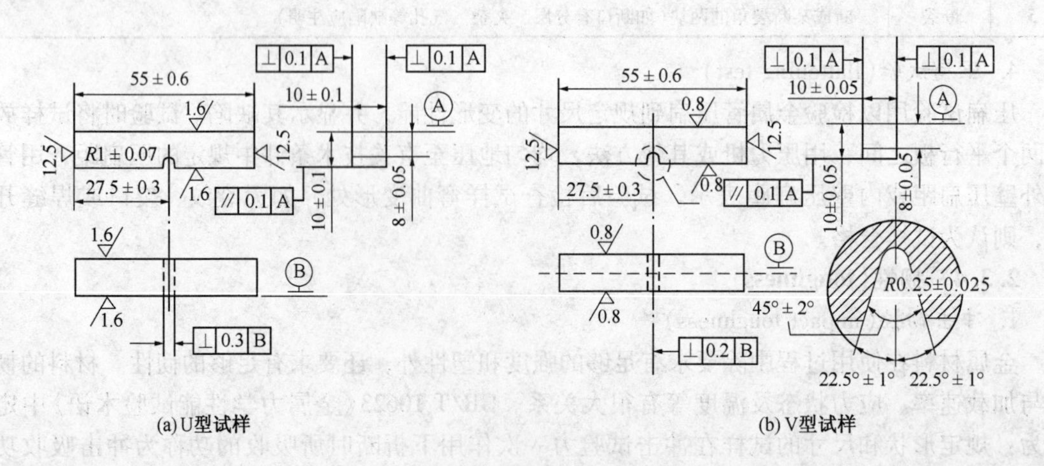

图 2.3-4 夏比冲击试样

当试样在一次冲击载荷作用下折断时，所吸收的能量称冲击吸收功，以 A_K 表示。材料的冲击韧度 α_K 由下式计算：

$$\alpha_K = \frac{A_K}{F_0} \tag{2.3-4}$$

式中 A_K——冲击吸收功，J；

F_0——试样缺口底部处横截面面积，cm^2。

对于U型或V型缺口试样，分别用 α_{KV} 或 α_{KU} 表示。冲击试样的几何形状及取样方向、缺口底部的粗糙度、冲击加载速率以及试验温度等都影响试验结果，试验时应予重视。

2）低温冲击试验

低温冲击试验是将试样放在规定的冷却介质中冷却，然后进行试验，测定其冲击韧度值。如果在系列温度下进行试验，得到不同温度下的冲击吸收功，根据试验结果可作出系列冲击曲线。从曲线中可确定出材料由韧性状态转变为脆性状态的韧脆转变温度（或称脆性转变温度）。

低温冲击试验所用试样及试验机等都与常温试验相同。所不同的是必须附有足够容量的试验冷却装置的低温槽，且应对槽内的冷却介质进行均匀搅拌，以使试样均匀冷却。也可在专门的高、低温冲击试验机上进行。

冷却介质应选用无毒、安全、不腐蚀金属和在试验温度下不凝固的液态物体或气体。因此，目前采用的冷却方法有液态冷却法（浸泡法）和气体冷却法（喷射法）。采用上述方法时，应使试样在相应的冷却温度下分别保温5min和15min。

3）高温冲击试验

高温冲击试验与低温冲击试验本质上是一致的。只要在普通的冲击试验机上配上加热设备及测温仪器即可进行试验（也可在专用试验机上进行）。一般试验温度低于200℃时，试样可在液态介质中加热；当试验温度超过200℃时，一般用气体介质加热炉加热试样。无论采用何种加热装置，都应通过温度控制系统将试验温度控制在规定温度范围内，其温度波动、温度梯度以及在不同温度下的过热度都必须符合有关标准规定。

由于大多数钢在高温下出现两个脆性区，即蓝脆区和重结晶脆性区。因此高温冲击试验除了测定规定温度下材料的冲击韧度外，带经常进行高温系列冲击试验，并绘制出冲击吸收功与温度关系曲线。

4）应变时效冲击敏感性

金属材料经冷加工塑性变形或规定应变后，在室温或较高温度下，其性能（如力学性能）随时间而变化的现象称为应变时效。应变时效的强弱用应变时效敏感性来衡量。当用冲击韧性表达时称为应变时效冲击敏感性。它定义为材料经时效前后的冲击吸收功平均值之差与未经受应变时效的冲击吸收功平均值之比，即：

$$C = \frac{A_K - A_{KS}}{A_K} \tag{2.3-5}$$

式中 C——应变时效敏感性系数；

A_K——应变时效前冲击吸收功平均值，J；

A_{KS}——应变时效后冲击吸收功平均值，J。

3. 多次冲击试验（multiple impact tests）

一般的冲击韧性试验是用大能量将标准试样一次冲断。而实际上承受冲击载荷的零件很少承受这么大的冲击载荷，以致一次冲断。许多机构和构件在实际服役过程中经受一次载荷冲击而损坏的现象是很少见的，大多属于小能量多次冲击而失效。它们承受较小的冲击载荷，经受上万次或更多次的冲击后才断裂。因此有必要进行多次冲击试验。多次冲击试验是在小能量多次冲击作用下测定金属材料耐多次冲击力的试验方法。

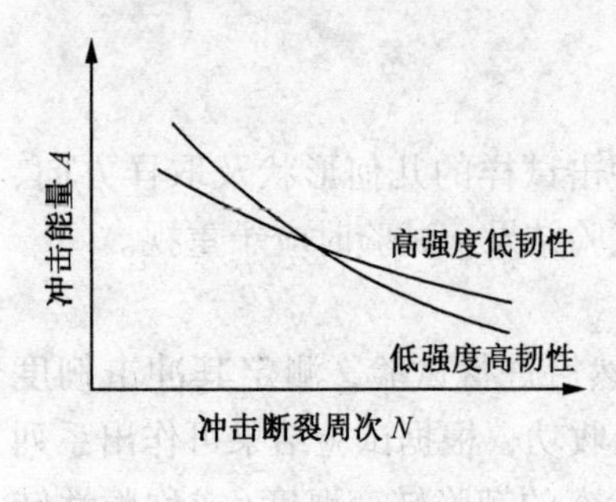

图 2.3－5　多次冲击试验 $A-N$ 曲线

多次冲击试验就是在一定的冲击功下测定到达破坏的冲击次数。多次冲击抗力以指定工作寿命(到达断裂的冲击次数)下的冲击功 A 表示，当冲击次数 $N=10^7$ 次时的冲击功称为冲击疲劳极限。材料的多次冲击性能主要取决于材料的韧性或强度指标。

与疲劳试验相似，根据多次冲击试验可以作出冲击能量 A 和冲击破断次数 N 的关系曲线，即 $A-N$ 曲线，见图 2.3－5。

材料在小能量多次冲击下的受力状态是交变应力，所以它的破坏属于疲劳类型。但由于多次载荷具有冲击性，作用时间短，应力、应变速度高，因此多冲抗力与一般疲劳强度又有不同。

从多次冲击试验 $A-N$ 曲线图可以看出，高强度低韧性材料和低强度高韧性材料的 $A-N$ 曲线有交点。在交点下方冲击能量较低时，高强度低韧性材料的多冲寿命长；在交点上方冲击能量较高时，低强度高韧性材料的多冲寿命长。随着冲击能量的降低，多冲抗力高峰向高强度、低韧性状态转移。因此小能量多冲抗力主要决定于强度；较大能量冲击次数较少时，冲击抗力主要决定于韧性。在交点附近，表明决定多冲抗力的主导因素发生转化。

高强度或超高强度钢，其韧性一般较小，这时适当增加韧性(最好不降低强度)对提高多冲抗力将起显著作用。特别在材料存在尖锐缺口、裂纹及应力集中较大时，多冲抗力对材料的韧性、塑性要求较高。

应用多冲抗力的规律，对于延长承受小能量多次冲击载荷的零件的使用寿命，能起一定作用。可以根据材料的小能量多次冲击 $A-N$ 曲线作为选材和制定工艺的参考。

4. 脆性转变温度 *FATT*(fracture appearance transient temperature)

工程上常用的结构钢均会产生冷脆断裂现象，即当试验温度低于某一温度 T_K 时，材料将转变为脆性状态，其冲击值明显下降，这种现象称为冷脆。温度 T_K 称为材料的脆性转变温度或冷脆转变温度。

钢材的脆性转变温度愈低，表明钢材的韧性能保持到较低的温度，低温性能愈好。工程上使用的中、低强度钢具有明显的冷脆性。一般说来，镇静钢低温韧性优于沸腾钢，因此，沸腾钢不能用于低温结构，面心立方金属的冲击韧性基本上与温度无关而优于体心立方金属，所以铜、铝和奥氏体不锈钢在低温设备中有广泛应用。

中低强度的体心立方金属如铁素体型的碳钢和合金钢随着试验温度的降低，冲断试样所需要的冲击吸收功也降低。但这种变化并不是随温度缓慢的变化，而是在某一温度范围内急剧降低，见图 2.3－6。在高于这一温度范围时，表现为韧性断裂；低于这一温度范围时，就转变成脆性断裂。材料由韧性状态脆性状态转化的温度叫做脆性转变温度。实际上，脆性转变温度是一个温度区间，但是为了工程上使用方便，通常按照冲击吸收功、断口形貌或膨胀量确定某一温度来表示材料的脆性转变温度。还有其他确定材料脆性转变温度的定义和方法。按不同的定义所确定的脆性转变温度其物理意义并不相同，所得的脆性转变温度数值可以相差很大。因此在评定材料的脆性转变温度时，要注意它的评定方法。

为了掌握材料随工作温度下降而变脆的倾向，必须进行系列冲击试验。将试样在不同温度下进行冲击试验称为系列冲击试验。通过系列冲击试验，可以分别得出冲击吸收功、断口形貌和膨胀量与温度的关系曲线，从而确定脆性转变温度。进行系列冲击试验必须采用夏比V型缺口试样，以灵敏地反映材料的脆性倾向。

冲击试验对脆性转变温度有不同的定义和确定方法，下面是几种常用的方法。

1）能量转变倾向和能量脆性转变温度

图2.3－6为冲击吸收功－温度转变曲线（impact absorbing energy－temperature curve）。脆性断面率（percentage of brittle fracture surface）是脆性断口面积占断口总面积的百分率。韧性断面率（percentage of ductile fracture surface）是韧性断口面积占断口总面积的百分率。能量韧脆转变温度的定义是韧性断面率为100%的最低温度的冲击吸收功和脆性断面率为100%（或接近100%）的最高温度的冲击功之差的50%所对应的温度。

2）断口形貌转变曲线和断口形貌转变温度

将断口形貌的面积百分数与试验温度的关系绘成曲线，即为断口形貌转变曲线，如图2.3－7所示。断口形貌转变温度的定义是断口面积呈现出50%脆性断口和50%韧性断口时所对应的温度，用 $FATT_{50}$ 表示。影响材料 $FATT_{50}$ 的因素很多，如化学成分、热处理状态、冶金质量等。对于大型锻件如汽轮机转子、汽轮发电机转子等，$FATT_{50}$ 是一个重要的指标，因为材料的冶金缺陷如偏析、非金属夹杂、有害元素含量、裂纹、白点等明显地提高脆性转变温度，所以 $FATT_{50}$ 数值的高低，综合反映出材料的冶金质量。

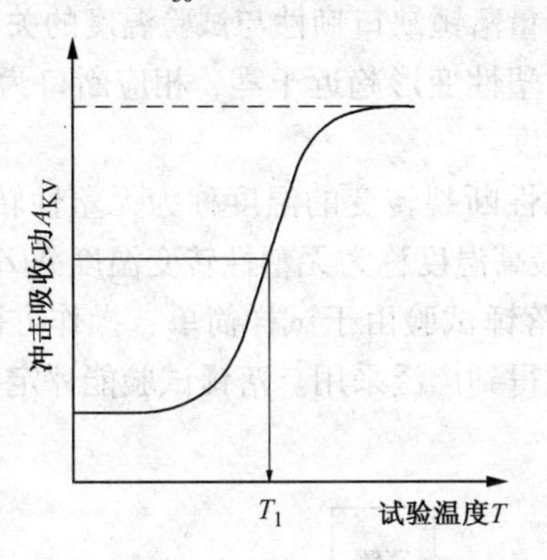

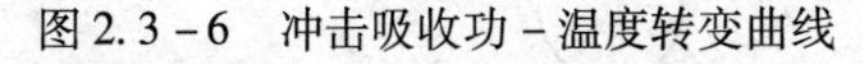
图2.3－6　冲击吸收功－温度转变曲线

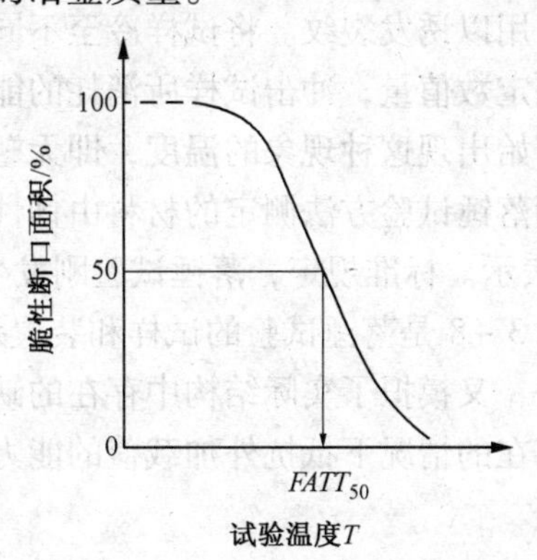

图2.3－7　断口形貌－温度转变曲线

3）能量准则

采用某一规定的冲击吸收功水平所对应的温度作为脆性转变温度。例如对于船用钢板，为了防止脆性断裂，大量试验证明夏比V型缺口试样冲击吸收功必须大于20.3J（15ft·lb），以对应此值的温度作为脆性转变温度。根据不同要求，冲击吸收功有采用20ft·lb（27.1J）或30ft·lb（40.7J）为标准的，还有采用0.4倍最大冲击功或最大和最小冲击吸收功的算术平均值所对应的温度作为钢的脆性转变温度的。

5. 落锤试验和无塑性转变温度 NDT（drop－weight test and nil－ductility transtition temperature）

落锤试验是由美国海军研究所于1952年创立的，已广泛用于研究结构钢发生脆性断裂的必要条件。该试验方法已列入美国ASTM　E208标准。目前，落锤试验方法已成为锅炉和压力容器抗断设计重要的依据。钢的无塑性转变温度与钢的断口形貌转变温度 *FATT* 建立了联系。表2.3-2是标准落锤试验条件。

表2.3-2 标准落锤试验条件(ASTM E208)

试样型号	试样尺寸/mm			跨距	挠度	屈服强度		给定的屈服强度的落锤能	
	T	W	L	S/mm	D/mm	kgf/mm²	MPa	kgf·m	J
P1	25	90	360	305	7.60	21.4~34.7	210~340	81.6	800
						34.7~48.9	340~480	112.2	1100
						48.9~63.2	480~620	137.7	1350
						63.2~77.5	620~760	168.3	1650
P2	19	50	130	100	1.50	21.4~41.8	210~410	35.7	350
						41.8~63.2	410~620	40.8	400
						63.2~84.6	620~830	45.9	450
						84.6~105.0	830~1030	56.1	550
P3	16	50	130	100	1.90	21.4~41.8	210~410	35.7	350
						41.8~63.2	410~620	40.8	400
						63.2~84.6	620~830	45.9	450
						84.6~105.0	830~1030	56.1	550

常用的落锤试验采用长方形板状试样(25mm×90mm×350mm，19mm×50mm×125mm，16mm×50mm×125mm)，在试样一面沿长度方向堆焊一层脆性金属，焊道中部横向锯形一小缺口，用以诱发裂纹。将试样冷至不同温度，测量落锤缺口韧性与试验温度的关系。当温度低至一定数值量，冲击试样所消耗的能量最小，塑性变形趋近于零，相应断口为100%结晶区，开始出现这种现象的温度，即无塑性转变温度。

使用落锤试验方法测定的材料由韧性断裂向脆性断裂转变的温度称为无塑性转变温度，用*NDT*表示。标准规定，落锤试验刚发生断裂的最高温度称为无塑性转变温度*NDT*。

图2.3-8是落锤试验的试样和装置示意图。落锤试验由于试样简单、操作方法，结果重现性好，又模拟了实际结构中存在的缺陷，因此得到广泛采用。落锤试验能评定材料在有小裂纹存在的情况下抵抗外加载荷的能力。

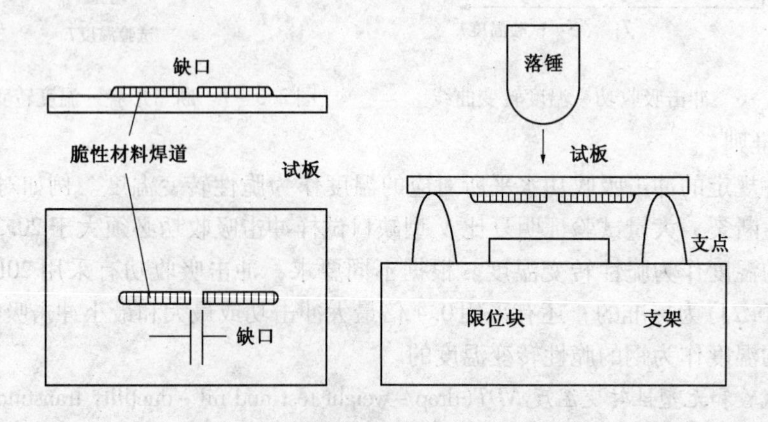

图2.3-8 落锤试验的试样和装置

6. 韧脆转变温度(ductile - brittle transition temperature)

韧脆转变温度是在一系列不同温度的冲击试验中，冲击吸收功急剧变化或断口韧性急剧转变的温度区域。由于判断的准则不同，有不同的转变温度。

1）塑性断裂转变温度 *FTP*(transition - plastic fracture)：高于某一温度，材料吸收能量基本不变，出现一个上平台，称为高阶能。高阶能对应的温度 T_1 即为塑性断裂转变温度(见图 2.3-9)。高于 T_1 的断裂，断口将呈 100% 纤维状。

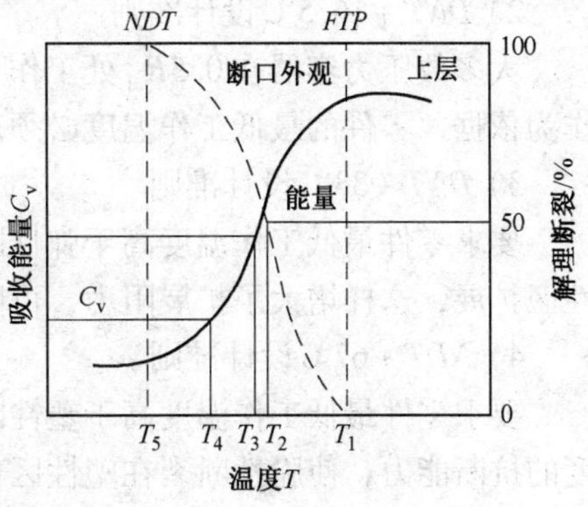

图 2.3-9　各种韧脆转变温度判据

2）断口形貌转变温度 *FATT*：即以 50% 结晶状或 50% 纤维状断口面积来确定的温度，如图 2.3-9 中 T_2。

3）无塑性转变温度 *NDT*：根据断口为 100% 结晶状所确定。它是基本上无前期塑性变形即开始断裂的温度(见图 2.3-9 中 T_5)。低于该温度，完全出现脆性断裂。

7. 断裂分析图

通过落锤试验可以建立表示应力、缺陷和温度之间关系的断裂分析图，见图 2.3-10。断裂分析图提供了钢板开裂、扩展、止裂的条件。图中 *NDT*(nil - ductility transition temperature)为无塑性转变温度，即在工作应力等于屈服强度时具有微裂纹的钢板产生脆性断裂的最高温度。*FTE*(transition - elastic fracture)为弹性断裂转变温度，即在工作应力低于屈服强度的水平下，脆断一旦开始能使断裂继续扩展的最高温度。*ETP*(transition - plastic fracture)为塑性断裂转变温度，即在工作应力高于屈服强度时，断裂不能从脆性裂源扩展到塑性金属中的最低温度，这时断裂是完全的剪切破坏，其应力接近钢的抗拉强度。试验发现，*NDT* 与 *FTE* 和 *ETP* 有很好的对应关系。

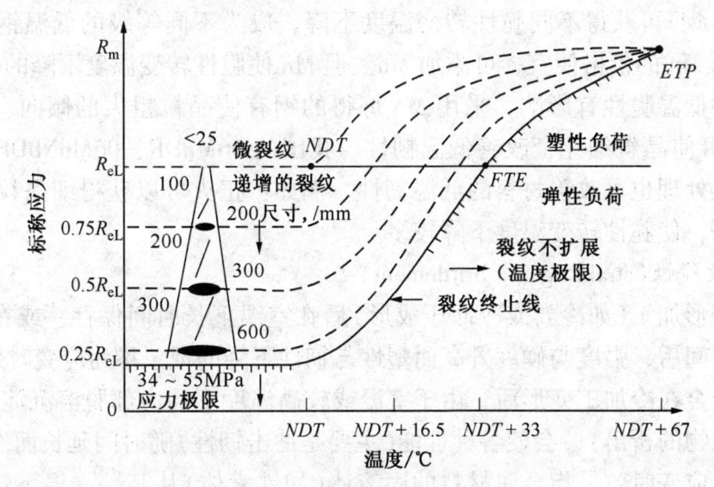

图 2.3-10　断裂分析图(ASTM E208)

$$FTE = NDT + 33℃；ETP = NDT + 67℃$$

上述关系仅适用于 50mm 以下厚度的钢板。

断裂分析图在工程设计上有重要的应用价值，它提供了防止脆性破坏的设计准则。

1）*NDT*设计准则

要求零件最低工作温度大于*NDT*。这时25mm以内的裂纹在高应力区也不会造成脆断。

2）*DNT*+16.5℃设计准则

大多数压力容器在0.5R_{eL}处工作，因此把工作应力等于0.5R_{eL}时，脆性裂纹终止的温度作为依据，零件的最低工作温度必须高于这个温度。

3）*DNT*+33℃设计准则

要求零件最低工作温度高于弹性断裂转变温度*FTE*，使脆性裂纹不是在弹性区而是在塑性区扩展，这样增大了扩展阻力，可防止脆性破坏的发生。

4）*NDT*+67℃设计准则

要求零件最低工作温度高于塑性断裂转变温度*ETP*，在塑性超载条件下仍能保证最大限度的抗断能力，使脆性断裂在塑性区也不能扩展。

落锤试验是用标准厚度的钢板进行试验的，因此当实际钢板厚度变化时，必须对试验结果进行修正，GB/T 8363《铁素体钢落锤撕裂试验方法》介绍了试验要求。

2.3.5 脆性(brittleness)

材料的脆性是相对于塑性与韧性而言的。塑性差、韧性差的材料必然脆性大。所以塑性指标延伸率*A*及断面收缩率*Z*与韧性指标冲击功A_{KV}等也是脆性大小的反映。脆性有下列几种形式。

1. 低温冷脆(cold brittleness，cold－shortness，black shortness)

具有体心立方晶格的材料(如α－Fe)，均会有低温冷脆现象，而面心立方晶格的材料(如γ－Fe，Al，Cu，Ni，18－8奥氏体不锈钢)都无低温冷脆现象。以铁素体－珠光体为基体的各类钢材均有低温冷脆现象，主要表现为当温度下降到某一界限之后冲击功大幅度地下降，出现冲击功曲线的下平台。这些材料必须在高于脆性转变温或无塑性转变温度以上若干度下使用。合金元素是影响铁素体－珠光体钢转变温度的主要因素。Ni和Mn均可扩大奥氏体相区，若Ni含量增大到20%以上，可使奥氏体相区扩大到常温。不同含量的镍钢(如3.5%Ni，9%Ni钢)可获得不同脆性转变温度下降，成为不同等级的低温钢。由于Ni资源少，价格贵，而Mn的价格便宜，可添加Mn。但Mn使脆性转变温度下降的幅度不够大。

晶粒度也对低温脆性有影响，采用Mn炼得的钢有使晶粒粗大的倾向。同时增加V或Nb等合金元素可使晶粒细化，改善低温韧性。我国的16MnDR，06MnNbDR等均为不同等级低温用钢。热处理也可改善材料的低温韧性。例如：正火可以获得细晶粒，韧性可提高。调质的效果更好，使脆性转变温度下降较多。

2. 应变时效脆性(strain ageing brittlement)

材料经冷变形加工(如冷卷或冷冲压成形)后在室温下长时间保存，或在100～300℃温度下停留一定时间后，强度与硬度升高而塑性与韧性下降的现象称为应变时效脆性。

金属及其合金在冷加工变形后，由于室温或较高温度下的内部脱溶沉淀过程(对低碳钢来说主要是氮化物的析出)，会使各种性能(主要是冲击韧性)随时间延长而发生变化。

一般说来，应变时效是指金属材料的固溶体(如铁素体)从某一高温下迅速冷却得到过饱和亚稳态的固溶体之后，逐步析出第二相质点(如渗碳体)，而使强度硬度增加同时塑性韧性下降的现象。应变时效是指发生塑性应变之后产生的时效现象。因为塑性应变之后晶格扭曲，固溶体对溶质(如碳)的溶解能力下降，原来处于饱和状态的固溶体变为过饱和状态，溶质将析出第二相质点并发生扩散迁移，这样引起的材质硬化就是应变时效。

发生应变时效的钢材，冲击值明显降低。冷加工的应变量越大，应变时效越明显。材料的含碳量增加，珠光体数量增加，铁素体减少，从而使应变时效倾向降低。另外，氧及氮含量增加会明显增大应变时效倾向。但加入1.5%~5%的镍则可消除钢材的应变时效。因此化学成分对应变时效有明显影响。

温度也对应变时效有重要影响。在300℃以下，温度提高将加速溶质的析出与扩散，因而应变时效倾向愈为显著。但300℃以上时由于出现再结晶，则应变时效将不存在。

压力容器制造时，有的是经冷加工成形。要衡量这些材料的应变时效敏感性，可将钢材预拉伸10%(或5%)，加热到250℃保温1h，然后再作常温冲击。目前压力容器用钢不要求作应变时效冲击试验，但锅炉钢板的验收标准对应变时效冲击值有明确要求。

一般根据GB 4160《钢的应变时效敏感性试验方法(夏比冲击法)》测定其应变时效敏感性。测定应变时效敏感性的方法为：采用规定的位伸样坯，一般均采用拉伸应变，也可采用压缩变。一般低碳钢的残余应变量应为10%；低合金钢应为5%。用此种样坯制出的冲击试样均匀加热到250℃±10℃，保温1h(人工时效)，然后空冷。

应变时效敏感性系数G为原始状态和应变时效后冲击吸收功平均值之差与原始状态冲击吸收功平均值之比：

$$G = \frac{A_K - A_{KS}}{A_K} \times 100\% \qquad (2.3-6)$$

式中　A_K——原始状态冲击吸收功的平均值；

A_{KS}——应变时交后冲击吸收功的平均值。

3. 回火脆性(temper brittleness)

一般说来，进行淬火的钢材还需再作回火处理以改善塑性与韧性。提高回火温度，更有利于提高塑性与韧性，但在特定区间(如250~400℃)回火时，或在该温度区间缓慢冷却时，会出现常温冲击功显著下降呈现发脆现象，这就是回火脆性。回火脆性一般分为两类：

第一类回火脆性。是指一些合金结构钢在250~450℃温度区间回火后发生常温韧性下降的现象，一旦发生就不易消除，称为不可逆回火脆性。

第二类回火脆性。是指长时间在450~600℃之间回火或在更高的600~700℃之间回火后缓冷的情况下发生脆化的现象。但这类回脆化可以通过加热到脆化温度以上保持短时间加以消除，它是可逆的。

压力容器用钢主要是第二类回火脆性问题。产生回火脆性主要与杂质P、Sn、As、Pb等元素的偏析有关。压力容器用的碳钢和低合金强度用钢的回火脆性并不明显，即使是强度较高的调质钢也不明显。一般是Cr-Mo或Cr-Mo-V低合金中高温用钢的回火脆性倾向较为明显。2.25Cr-1Mo钢回火脆性较为突出，而1.25Cr-1Mo钢则不明显。

压力容器用钢的回火脆性问题在以下两种情况下容易发生：

1）在制造过程中由回火处理或焊后热处理保温及缓冷而产生脆化。

2）长期处于回火脆化温度下操作的高温或中温压力容器也易发生。例如Cr-Mo钢制的加氢反应器及管道。

回火脆性不一定是作回火处理时才会发生。因为这一温度范围与一般热处理的回火温度相一致，故称回火脆性。发生回火脆性的压力容器，其材料变脆，冲击值与断裂韧性下降，对缺口敏感易产生裂纹，容易在热处理或长期使用后开裂，在水压试验或长期使用后发生低应力脆断。断裂时常由穿晶断裂变为沿晶断裂。材料的晶粒越粗，回火脆性越明显。因此采用Cr－Mo低合金钢制造的中温化工机械设备，在设计、制造时必须充分注意如何避免发生回火脆化的问题，并注意利用回火脆性的可逆性加以消除。

2.3.6 刚度(stiffness)

刚度是材料或结构弹性变形的抗力。材料刚度的大小在弹性范围内，可由弹性模量E来表征。E愈大，材料在一定应力下发生弹性变形的量愈小，刚度就愈大。当温度升高时，材料的E值减小，刚度也随之降低。

材料的弹性模量主要决定于金属本性，对金属及合金的显微组织变化不敏感，所以热处理和少量合金化对E值的影响不大。工程上往往将构件产生弹性变形的难易程度叫做构件刚度，用F_0E表示。F_0E愈大，构件弹性变形愈小，所以在设计、选材时，除了应选用E值高的材料外，还应设计足够的截面F_0。

压力容器在稳定性计算时，刚度是设计的主要依据，即设备结构的设计主要决定于刚度而不是强度，这时可以把刚度理解为构件在外力作用下保持原始形状的能力。

2.4 金属材料的高温性能

2.4.1 高温短时拉伸试验(metallic materials－tensile testing at elevated temperature)

按照GB/T 4338—1995《金属高温拉伸试验方法》，高温短时拉伸试验主要测定金属材料在100～1100℃范围下的规定非比例伸长应力R_p、规定残余伸长应力R_r屈服点R_{eL}抗拉强度R_m、断后伸长率A和断面收缩率Z等性能指标。可在各种类型的拉力试验机上加装加热装置及测量和控制温度的仪表等就可以进行试验。

(1) 试样。试样原始标距按$L_0=5d_0$计算。

板状比例试样标准宽度为15、20mm两种，试样原始标距按下式计算：

$$L_0 = 5.65\sqrt{F_0} \tag{2.4-1}$$

式中 L_0——试样原始标距，mm；

d_0——试样原始直径，mm；

F_0——试样原始横截面面积，mm^2。

(2) 夹具。应能使试样正确地承受轴向拉伸力，拉伸轴同心度不应超过15%。

(3) 加热装置。可采用辐射式或其他加热炉对试样加热，目前较常用的是管式电阻炉，但加热炉炉膛均匀热带长度不得小于试样原始标距L_0的二倍。

(4) 温度测量装置。一般采用热电偶。对短比例试样可测其中部；对长比例试样，且需测量变形时，则需在标距的上、中、下三部位各用一热电偶测量。

(5) 变形测量装置。用高温引伸计进行微量变形测量。生产检测或对精度要求不高时，也可用试验机自动记录装置绘制的力—伸长曲线或力—夹头位移曲线图进行测量。

2.4.2 高温蠕变性能

1. 蠕变曲线(creep curve)

金属在高温和应力作用下逐渐产生塑性变形的现象叫蠕变。对某些金属如铅、锡等，在室温下也有蠕变现象。钢铁和许多有色金属，只有当温度达到一定程度时才会出现蠕变。例如碳素钢在温度超过300～350℃时，合金钢在温度超过350～400℃时，轻合金超过50～150℃时，才会发生蠕变。

蠕变曲线如图2.4－1所示。图中oa部分是加上负荷后所引起的瞬时弹性变形，如果应力超过金属在该温度下的弹性极限，则瞬时变形由弹性变形oa和塑性变形$a'a$组成，此一变形还不标志蠕变现象的发生，而是由外加负荷所引起的一般变形过程。

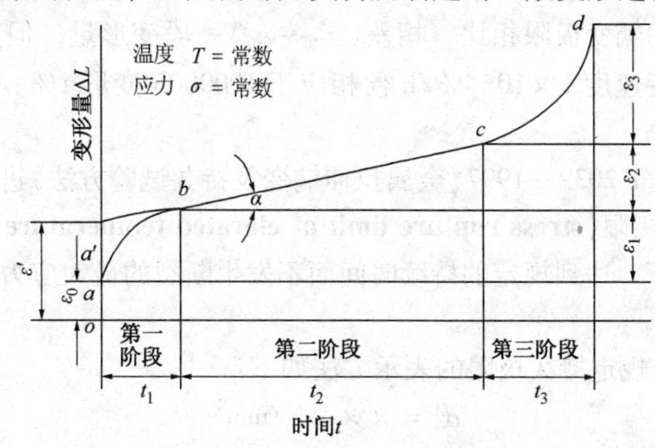

图 2.4－1　典型蠕变曲线

蠕变的第一阶段 ab 是蠕变的不稳定阶段，此阶段中，金属以逐渐减慢的变形速度积累塑性变形。

蠕变的第二阶段 bc 是蠕变的稳定阶段，这时金属以恒定的变形速度进行变形，此一线段倾角的正切表示蠕变速度。

蠕变的第三阶段 cd 是蠕变的最后阶段，在此阶段中，蠕变是加速进行的，直至 d 点金属发生断裂为止。

图 2.4－1 所示是一个典型的蠕变曲线。不同金属和合金在不同条件下所得到的蠕变曲线是不相同的，但它们都具有一共同特征：一般都保持蠕变的三阶段，只不过各阶段持续时间不同而已。例如：当应力较小、温度较低时，其第二阶段即等速蠕变阶段便持续很久；在应力较大、温度较高时，第二阶段便很短甚至完全消失，这时蠕变只有第一阶段和第三阶段，试件将在很短时间内发生断裂。

2. 蠕变极限(creep limit)

蠕变极限的定义有两种：第一种的定义是在工作温度下，引起规定形变速度的应力值，这里所指的形变速度是蠕变第二阶段的形变速度。在电站锅炉、汽轮机和燃气轮机制造中，规定的形变速度大多是 $v = 1\times10^{-5}\%/\text{h}$ 或 $1\times10^{-4}\%/\text{h}$。以 $\sigma_{1-10^{-5}}$ 代表蠕变速度为 $1\times10^{-5}\%/\text{h}$ 的蠕变极限，$\sigma_{1-10^{-4}}$ 代表蠕变速度为 $1\times10^{-4}\%/\text{h}$ 的蠕变极限。

第二种蠕变极限定义是：在一定工作温度下，在规定的使用时间内，使试件发生一定量总变形时的应力值。例如 $\sigma_{1/100000}$ 代表经 100000h 总变形为 1% 的蠕变极限，$\sigma_{1/10000}$ 代表经 10000h 总变形为 1% 的蠕变极限。

以上两种蠕变极限均须试验到蠕变第二阶段若干小时后才能确定。

蠕变总变形量按下式计算(参阅图 2.4－1)：

$$\varepsilon_{e} = \varepsilon'_{0} - \varepsilon_{0} + v_{p}\tau \tag{2.4-2}$$

式中　ε_e——规定工作期间的总变形；

v_p——第二阶段的蠕变速度；

τ——工件期限；

ε_0——试样的弹性变形；

ε'_0——蠕变曲线在第一阶段结束时的切线在纵坐标轴上截取的长度(可用蠕变第一阶段的变形 ε_1 来代替，数值相差不大)。

在涡轮机和锅炉的制造中，较短时间的蠕变极限通常是根据整个应力作用期间的总变形来确定。而较长时间的蠕变极限(例如10000h以上)则根据第二阶段恒定蠕变速度来确定，它和以总变形量确定的蠕变极限相比，相差($\varepsilon'_0-\varepsilon_0$)一段变形量，但其值甚小。这种蠕变极限，一个恒定的蠕变速度 $1\times10^{-5}\%/h$ 便相应于100000h变形1%；$1\times10^{-4}\%/h$ 便相应于10000h变形1%。

蠕变试验按照GB/T 2039—1997《金属拉伸蠕变及持久试验方法》进行。

2.4.3 高温持久极限(stress rupture limit at elevated temperature)

试样在恒定温度下，达到规定的持续时间而不发生断裂的最大应力定义为材料的持久极限(stress rupture limit)。

GB/T 2039—1997规定持久极限的表示方法如下：

$$\sigma_{\tau}^{t}=\times\times\times \text{N/mm}^2$$

例如：$\sigma_{100}^{800}=294\text{N/mm}^2$ 表示试验温度为800℃时，持续时间100h的持久极限为 294N/mm^2。

持久极限是一定温度和一定压力下材料抵抗断裂的能力，能支持时间愈久，则材料抵抗断裂的能力愈大。持久极限试验不但能反映材料在高温长期工作时的断裂抗力，而且通过测量试件在断裂后的残留伸长及断面收缩，也能反映材料的持久塑性。

在制造航空用发动机时，机组的设计寿命一般是数百至数千小时，材料的持久极限可以直接用同样的时间试验确定。但是，在压力容器、锅炉制造中，设备的设计寿命一般为数万以至十万小时，当然不可能进行这么长久的试验来确定材料的持久极限。因此，人们致力于寻求短持久极限的试验方法。

试验表明，材料在进行持久极限试验时，试样的断裂时间与应力存在一定关系。被广泛应用的有下列两种经验公式：

$$\tau=A\sigma^{-B} \tag{2.4-3}$$

$$\tau=Ce^{-D\sigma} \tag{2.4-4}$$

若将式(2.4-3)与式(2.4-4)分别取对数，则得：

$$\ln\tau=\ln A-B\ln\sigma \tag{2.4-5}$$

$$\ln\tau=\ln C-D\sigma \tag{2.4-6}$$

式中 A、B、C、D——与试验温度和材料有关的常数。

从式2.4-5可看出：断裂时间 τ 与应力 σ 的对数值 $\ln\tau$ 与 $\ln\sigma$ 之间呈线性关系，如图2.4-2(b)。而式2.4-6表明断裂时间的对数值 $\ln\tau$ 与试验应力 σ 呈线性关系，如图2.4-2(a)。前者又称对数坐标关系，后者又称半对数坐标关系。

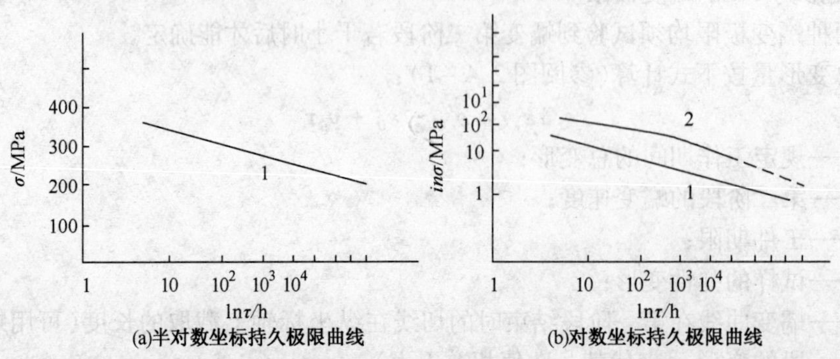

图2.4-2 持久极限曲线

因为这两种关系的横坐标都是对数值，而且又是线性关系，所以就可以用短时间的数据直线外推，得到数万以至10万小时的持久极限。这就是等温线直线外推法。

试验表明，用双对数直线外推导致外推值偏高。通过长时间（几万至十万小时以上）的持久极限试验发现，试验点并不总是分布在一条直线上，而是一条大致成S形的曲线，即是一条具有二次转折的曲线。有人认为转折的原因与金属断裂性质的变化有关，即转折以前是晶内断裂，转折以后是晶界断裂。但试验并不完全证实这种观点，在转折点附近断裂类型并不一定有明显的改变。因此又有人提出是由于扩散过程钢的组织变化所引起，如晶界上沉淀析出等。对于试验温度、介质和时间的作用具有较高组织稳定性的钢，转折不明显或在更长的试验时间以后出现；对于某些组织不稳定的钢，转折就非常明显。因此等温直线外推法还是很粗略的方法。

由于用短时试验外推长时持久极限是一种近似的方法，因此各国都规定只能外推一个数量级，即要得到10万小时的持久极限指标，试验时间应不少于1万小时。随着技术的进展，发现外推一个数量级仍不够精确，目前推荐外推系数不大于3，即外推10万小时持久极限，试验时间应不少于3.3万小时，所得到的指标才能作为该钢种的长期性能标准值列入标准中。

除了上述等温线外推法外，目前应用广泛的还有时间温度参数法。参数法的基本出发点是提高试验温度以缩短试验时间，即由较高温度下的短时试验数据，外推较低温度（即工作温度）下的长期性能指标。

常用的参数法公式有：

拉森－米勒（简称L－M）公式

$$P(\sigma)=T(C+\lg t) \tag{2.4-7}$$

葛言燧－唐恩（简称K－D）公式

$$P(\sigma)=te^{\frac{Q}{RT}} \tag{2.4-8}$$

式中　$P(\sigma)$——热强参数，也称为时间温度参数；

T——绝对温度；

t——时间；

C、Q——常数。

由以上参数式可以看出，参数值$P(\sigma)$只决定于应力，应力一定，P值就确定了，但对应的时间和温度可以变化。因此，高温下的短时试验与常温下的长时试验可以对应于同一参数值。在$\lg\sigma$－$P(\sigma)$关系图上，不管试验在什么温度下进行，所有的试验点都将落在同一曲线上。$\lg\sigma$－$P(\sigma)$曲线称为综合参数曲线（图2.4－3）。

按照综合参数曲线，根据预测点的温度和断裂时间，算出P值，即可查出外推的持久极限值。

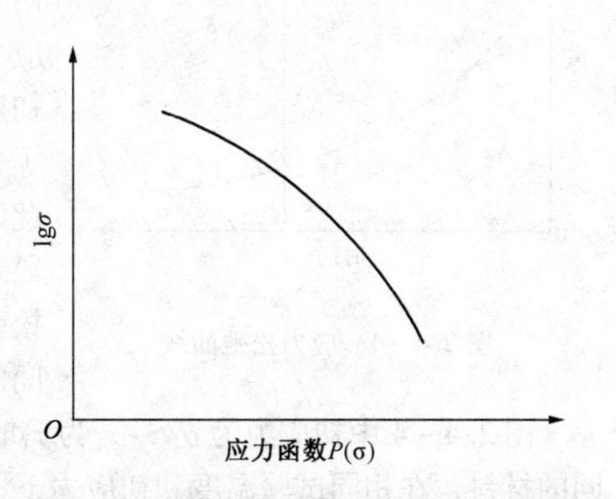

图2.4－3　综合参数曲线［$\lg\sigma$－$P(\sigma)$曲线］

2.4.4　应力松弛性能（stress relaxation）

1. 持久塑性（stress－rupture plasticity）

通过持久极限试验，测量试样在断裂后的相对伸长率A及断面收缩率Z，能够反应出材料的持久塑性。持久塑性是材料在高温下运行的一个重要指标，它反映材料长时间在高温及应力作用下的塑性性能。过低的持久塑性会使材料在设计寿命未到之前发生脆性破坏，如电厂运行的低合金 Cr－Mo－V 螺杆钢就经常发生脆断。这种脆性断裂并不是钢的持久强度不足，而是由于持久塑性耗尽而突然发生的脆性破坏。近年来，高温下运行的钢材的持久塑性受到了更大的重视，它与缺口敏感性、低周疲劳及抗裂纹扩展能力等均有密切关系。随着持久塑性的降低，缺口敏感性增加。低周疲劳性能及抗裂纹扩展能力也降低。

对于持久塑性，目前还没有一个统一的指标，一般认为持久塑性 >3% ~5% 时，能防止脆性断裂的发生。

2. 抗松弛性(stress relaxation)

GB/T 10120—1996《金属应力松弛试验方法》中定义应力松弛为：在规定温度及初始变形或位移恒定的条件下，金属材料的应力随时间而减小的现象。

试样或零件在高温和应力状态下，如维持总变形不变，随着时间的增长应力会自发降低。这就是松弛现象。松弛过程的主要条件是：

$$\varepsilon_0=\varepsilon_{弹}+\varepsilon_{塑}=常数，t=常数，\sigma\neq常数 \quad (2.4-9)$$

式中 ε_0——总变形；

$\varepsilon_{弹}$——弹性变形；

$\varepsilon_{塑}$——塑性变形；

t——试验或工作温度；

σ——试样或零件中的应力。

由上述条件可以看出，试样或工件的松弛过程是弹性变形减少、塑性变形增加的过程，两者是同时和等量发生的。

锅炉、汽轮机的许多零件如紧固件、弹簧、汽封弹簧片等，处于松弛条件下工作，当这些紧固件应力松弛到一定程度后，就会引起汽缸和阀门漏气，安全阀过早起跳，影响机组的正常运行。

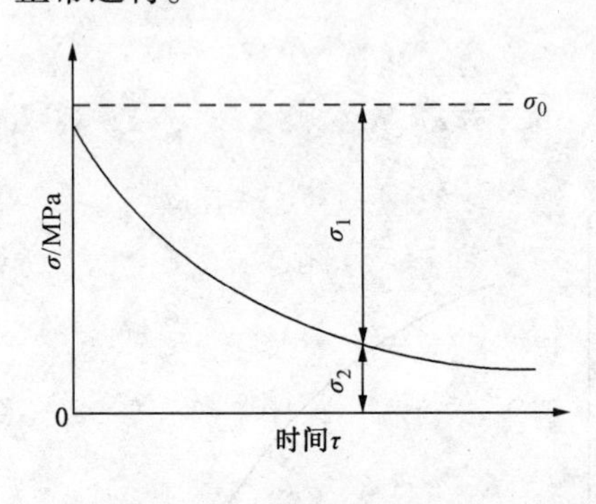

图 2.4－4 应力松弛曲线

在总变形量一定时应力随时间降低的曲线称为松弛曲线。由图 2.4－4 可看出，整个松弛曲线可以分为两个阶段：第一阶段应力随时间急剧降低；第二阶段应力下降逐渐缓慢，lgσ 的下降趋向于恒定。试样加上初应力 σ_0后，在高温下发生应力松弛，塑性变形代替了一部分弹性变形，试样中的应力便降低了一部分，此时试样中所剩下的应力叫“剩余应力”。松弛第二阶段剩余应力下降的极限定义为松弛极限。通常要达到松弛极限的时间很长，工程上把达到某一设计要求时间的剩余应力称为松弛极限。

图 2.4－4 中初应力为 σ_0，σ_1为 τ_1时间后的剩余应力，σ_2为时间 τ_2后的剩余应力。对不同的材料，在相同试验温度和初应力下，如剩余应力愈高，就表明该材料抗松弛性能愈好。在松弛曲线第二阶段，应力随时间下降符合指数函数或幂函数变化。在单对数坐标或双对数坐标上呈线性。因此，可根据曲线第二阶段的应力－时间关系用外推法得到指定时间下的松弛极限。

松弛和蠕变既有差别也有联系。它们的差别从定义上可以看出：蠕变是在恒定应力下，塑性变形随时间的增大而逐渐增大；松弛是在恒定总变形下，应力随时间的增加而逐渐降低。松弛和蠕变也有一定的联系。可以认为，松弛发生的过程，是在某种应力作用下发生的蠕变过程，这种应力因塑性变形的增加而随时降低。

对松弛应力的计算，可采用下列经验公式，这个公式适用于松弛的第二阶段，给出了应力 σ 与时间 τ 的关系：

$$\sigma = \sigma'_0 e^{\frac{\tau}{\tau_0}} \tag{2.4-10}$$

式中　σ'_0 和 τ_0 是待定常数。将上式两边取对数，得

$$\lg\sigma = \lg\sigma'_0 - \frac{1ge}{\tau_0}\tau \tag{2.4-11}$$

上式表明，在松弛第二阶段，应力 σ 的对数值与时间 τ 呈线性关系。在工程上，根据这个半对数坐标上的直线关系，就可以进行松弛剩余应力的外推。

3. *应力松弛试验方法*(stress relaxation tests)

应力松弛的试验方法，目前常用的有两种，即拉伸松弛试验法和环状试样试验法。

(1) 拉伸松弛试验法

拉伸松弛试验是将试样在一定温度下进行拉伸加载试验。当试样伸长以后，通过一套自动减载机构卸掉部分载荷，使试样恢复到原始长度。由于拉伸松弛试验机需要一套复杂的自动减荷装置以保持总变形恒定，因此使用较少。但是，螺栓所受的应力状态与拉伸松弛试验时试样的受力状态相似，因此拉伸松弛试验用于螺栓是合适的。我国 GB/T 10120—1996、美国 ASME E328 和英国 BS3500Pt. 6 标准对拉伸松弛试验均有规定。

拉伸松弛试验应力的计算：

$$\sigma = \varepsilon E \tag{2.4-12}$$

式中　σ——松弛应力，MPa；

ε——在不同试验时间测得的弹性应变；

E——试验温度下的弹性模量。

(2) 环状试样试验法

目前国内松弛试验大多数用环状试验法。将试样加工成有开口的环形。试样的设计使其工作部分为等强度半圆环。利用这种等强度环进行松弛试验，使得试验设备和试验方法大大简化。

汽轮机、锅炉机组、高温容器中的紧固件在运行中要经受多次重复加载。为了模拟这种重复加载对材料抗松弛性的影响，可以进行重复加载试验，即将已经进行过松弛试验的试样，重新加上原始初应力 σ_0，再进行松弛试验。一般说来，经重复加载后，抗松弛性有所提高，松弛的第二阶段趋于稳定。

环状试样弯曲试验应力的计算：

$$\sigma = AE\Delta L \tag{2.4-13}$$

式中　σ——松弛应力，MPa；

A——试样尺寸常数，mm^{-1}。对 ϕ70mm 标准环状试样为 0.000583mm^{-1}；

E——试验温度下材料的弹性模量，MPa；

ΔL——在不同试验时间环状开口处测得的弹性张开位移，mm。

2.4.5 抗氧化性(antioxidation)

在高温下，金属与空气中的氧发生化学反应生成氧化物的过程称为高温氧化。金属抵抗

高温氧化的能力称为抗氧化性。

金属材料的氧化速度与外界条件，如温度、时间、压力、钢的化学成分、气体介质的成分、形成氧化膜的成分及气流速度等因素有关。其抗氧化性主要取决于化学成分，而与材料的热处理等加工工艺关系不大。

锅炉、汽轮机、燃气轮机、高温容器等在高温工作条件下不仅有自由氧的氧化腐蚀过程，还有其他气体如水蒸气、CO_2、SO_2等介质的氧化腐蚀作用。因此锅炉给水中的含氧量和燃料中硫及其他杂质的含量对钢的氧化都有一定的影响。

对于钢的抗氧化性来说，氧化膜保护层的熔点、生成热和分解压力等性质是十分重要的。熔点愈高、生成热愈大和分解压力愈小，则氧化膜保护能力愈强，金属抗氧化性愈稳定。铬、硅、铝是耐热钢及合金中形成稳定氧化膜保护层的主要元素，尤以铬的氧化膜最为致密，能阻止氧及金属原子的继续扩散。因此金属表面渗入铝或铬，以及其他表面保护措施，均是提高抗氧化性的手段。

高温空气介质中掺有水蒸气(3% ~12%)或SO_2，会加速钢的氧化腐蚀，SO_2在高温时的腐蚀作用又与钢中含镍量有关。

若不计SO_2及其他高温下加剧钢氧化腐蚀的特殊因素，则各种钢在长时间运行下最高抗氧化温度如下：

(1) 碳素钢　　500℃

(2) 低合金珠光体钢　　500 ~620℃

(与含 Cr、Si 量多少有关)

(3) 马氏体钢

5% ~6% Cr + Mo　　600℃

7% ~10% Cr + Si、Mo　　800℃

13% Cr　　800℃

(4) 铁素体钢

17% Cr + Si　　850 ~900℃

27% ~30% Cr　　1100℃

高 Cr + Al　　~1250℃

(5) 奥氏体钢

18% Cr - 8% Ni　　850 ~900℃

25% Cr - 12% Ni　　1100 ~1150℃

25% Cr - 20% Ni + Si　　1100 ~1150℃

(6) 高镍钢及合金

20% Cr - 35% Ni　　1000 ~1050℃

15% Cr - 60% Ni　　1100 ~1150℃

20% Cr - 80% Ni　　1100 ~1150℃

金属的氧化过程属于化学腐蚀的范畴，所以和耐蚀性一样，评定金属材料的抗氧化性，可以用腐蚀速度或腐蚀速率来表示。根据 GB/T 13303—1991《钢的抗氧化性能测定方法》的规定，钢铁材料的抗氧化性可分为五级，如表 2.4 - 1 所示。

表 2.4-1　钢铁材料抗氧化性的级别

级别	氧化速度/[g/(mm^2·h)]	抗氧化性分类	级别	氧化速度/[g/(mm^2·h)]	抗氧化性分类
1	<0.1	完全抗氧化性	4	3.0~10.0	弱抗氧化性
2	0.1~1.0	抗氧化性	5	>10.0	不抗氧化性
3	1.0~3.0	次抗氧化性			

钢的抗氧化性可按实测腐蚀深度评定，或根据氧化过程的稳定速度按 GB/T 13303《钢的抗氧化性能测定方法》测定。

材料的抗氧化性一般采用失重法或增重法测定，以试样在氧化过程中的重量变化或厚度变化来表示。

用减重法测定时，氧化速度按下列计算：

$$K^{-}=\frac{m_0^{-}-m_1^{-}}{S_0 t} \tag{2.4-14}$$

式中　K^{-}——单位面积单位时间质量的变化，g/(m^2·h)；

m_0^{-}——试验前试样质量，g；

m_1^{-}——清除腐蚀产物后试样质量，g；

S_0——试样原表面积，m^2；

t——时间，h。

腐蚀速度的深度指标 R(mm/a)以质量指标[g/(m^2·h)]为依据。当氧化速度接近平稳阶段时，可按下列公式求出年氧化深度：

$$R=8.76\frac{K}{\rho} \tag{2.4-15}$$

式中　R——氧化速度的深度指标，mm/a；

K——按稳定速度计算的质量损失或增加，g/(m^2·h)；

ρ——金属的密度，g/cm^3；

8.76——常数，由(365×24)/1000 而来。

用失重法测定钢的抗氧化性，K_{loss}可直接用试验方法求得。

用增重法试验时，必须分析氧化铁皮的成分，才能由增重量约略地换算成失重量。

$$K_{loss}=\lambda K_{increase} \tag{2.4-16}$$

式中　$K_{increase}$——稳定速度计算的重量增加值，g/(m^2·h)；

λ——氧化皮中铁与氧的重量比。一般说来，氧化皮由几种氧化物组成，λ 大致在 2.3~3.5 范围内。对 Fe_2O_3，$\lambda=2.3$；对 Fe_3O_4，$\lambda=2.6$；对 FeO，$\lambda=3.5$。

试验结果可按表 2.4-1 评定钢的抗氧化性级别。

2.4.6　金属高温氧化参数方程和氧化参数图

计算金属持久强度可采用参数方程和参数图，如拉森-米勒参数法等。由于温度和时间在金属的各种高温过程中互为补偿因素，在其他条件相同的情况下，较高温、较时间对金属造成的损伤与较低温度、较长时间的作用结果相当。现有参数法就是建立在这样的基础上的。

利用金属氧化的动力学方程和氧化速度常数及温度关系就可求出氧化参数方程。金属氧化的动力学规律最普遍的有抛物线规律、直线规律和对数规律。在工程上，最有实用意义的是抛物线规律：

$$q^{n} = kt \quad (2.4-17)$$

式中 n——与温度无关的表示金属和氧化介质特性的系数；

k——氧化的速度常数。

温度对氧化过程的影响反映在相应的氧化速度常数的关系式中：

$$k = k_0 e^{\frac{Q}{RT}} \quad (2.4-18)$$

式中 T——绝对温度；

R——气体常数；

Q——氧化激活能；

k_0——取决于金属和氧化介质的常数。

金属高温氧化参数方程和参数图除了上述应用于确定某一固定温度下金属单位面积失重 q 或均匀腐蚀深度 h 外，还可用于确定变动温度下的各项氧化指标以及评定金属的抗氧化性能等。所得数据可以作为强度计算（零件强度设计时应取的氧化附加量）和零件寿命估算的依据。

只有当金属受均匀腐蚀而不是局部腐蚀的情况下才可以应用参数法，而且严格地来说，只有在金属的氧化机理不发生变化的温度范围内才可以应用参数法，这一点必须引起注意。

2.5 金属材料的断裂力学性能

2.5.1 概述

传统的机械强度设计是以下面的基本假设为基础的，即假设材料是连续、均匀、各向同性的，并以常规的力学性能指标 R_m、R_{eL} 等作为设计参数。但是，近几十年来在石油化工、化工、发电设备、造船、航空等行业发生的一系列低应力破坏事故，就无法用传统的材料力学进行解释。

研究证明，这种低应力破坏往往和材料内部存在的宏观缺陷有关。事实上，材料内部总是存在缺陷的，如冶炼、铸造、锻压、热处理、焊接过程中出现的夹杂、气孔、白点、折叠、裂纹、未焊透以及材料在运行过程中产生的疲劳裂纹、应力腐蚀裂纹等。断裂力学就是在这种背景下产生的一门新的力学分支。

断裂力学是研究带有裂纹的材料的强度和裂纹扩展规律的科学。在裂纹尖端不发生或很少发生塑性变形、塑性区尺寸与裂纹尺寸相比足够小的情况下，对裂纹尖端处的力学分析符合线弹性条件，属于“线弹性断裂力学”范围，这时最常用的力学参数是应力强度因子 K，相应的断裂韧性指标是 K_{IC}。在裂纹尖端塑性变形区尺寸接近或超过裂纹尺寸的情况下，线弹性条件已不适用，此时对裂纹尖端所在处的力学分析则属于“弹塑性断裂力学”或“非线弹性断裂力学”范围，这时常用的力学参数是裂纹尖端张开位移量 COD 和裂纹尖端能量线积分 J，相应的断裂力学指标是 δ_C 和 J_{IC}。

2.5.2 断裂（fracture）

金属受力后当局部的变形量超过一定限度时，原子间的结合力受到破坏，从而萌生微裂纹，微裂纹发生扩展而使金属断开，称为断裂。其断裂表面及其外观形貌称为断口，它记录着有关断裂过程的许多重要信息。

脆性断裂(brittle fracture)：几乎不伴随塑性变形而形成脆性断口(断裂面通常与拉应力方向垂直，宏观上具有光泽的亮面组成)的断裂。脆性断裂一般包括沿晶脆性断裂、解理断裂、准解理断裂、疲劳断裂、腐蚀疲劳断裂、应力腐蚀断裂、氢脆断裂等。

延性断裂(ductile fracture)：伴随明显塑性变形而形成延性断口(断裂面与拉应力方向垂直或倾斜，断面上有细小的凹凸，呈纤维状)的断裂。延性断裂一般包括纯剪切变形断裂、韧窝断裂、蠕变断裂等。

解理断裂(cleavage fracture)：沿着原子结合力最弱的解理面发生开裂的断裂，称为解理断裂。这种断裂具有有明显的结晶学性质。

韧窝断裂(dimple fracture)：通过微孔的成核、长大和相互连接过程而形成的断裂称为韧窝断裂。韧窝断裂是属于一种高能吸收过程的延性断裂，其断口宏观形貌呈纤维状，微观形貌呈蜂窝状，断裂面由一些细小的窝坑构成。

疲劳断裂(fatigue fracture)：金属在循环载荷作用下产生疲劳裂纹萌生和扩展而导致的断裂称为疲劳断裂。其断口在宏观上由疲劳源、扩展区和最后破断区三个区域构成，在微观上可出现疲劳裂纹。

断裂应力(fracture stress)：断裂开始时最小横截面上的真实应力。

2.5.3　断裂力学(fracture mechanics)

1. 线弹性断裂力学(linear elastic fracture mechanics)

用固体线弹性理论分析固体中已存在裂纹附近的应力场，基本原则是从分析线弹性均匀和各向同性连续体中个别裂纹(假定构件只含有一个裂纹且其顶端只有一个塑性区)行为出发，得到的是各向同性的二维弹性理论的结果，因其对裂纹顶端进行的力学分析符合线性条件，故称为线弹性断裂力学。

理想裂纹(ideal crack)：是在弹性应力分析中所采取的一种简化裂纹模型。在无应力体中，裂纹具有两个重合的并在物体内沿着称之为裂纹前缘的平滑表面。以两维表示时，裂纹前缘称为裂纹尖端。

理想裂纹尖端应力场(ideal - crack - tip stress field)：是无限接近于裂纹前缘处的奇异应力场，这种应力场主要是由于变形的弹性体中理想裂纹影响所造成。在线弹性均匀体中，裂纹尖端应力场可视为三种分量应力场的叠加。

裂纹形式(crack mode)：是裂纹尖端附近的裂纹位移类型。按照裂纹受力模型，裂纹尖端变形可分为三种类型：Ⅰ、Ⅱ、Ⅲ三种形式，它们与裂纹尖端周围的应力 - 应变场相关。Ⅰ型为张开型，Ⅱ型为滑移型或称面内剪切型，Ⅲ型为撕裂型或称面外剪切型。由于Ⅰ型(张开型)受力对裂纹扩展危害性最大，故通常断裂韧性试验都采用Ⅰ型变形方法。

裂纹尺寸(crack size)：裂纹的主平面尺寸的线性测量值。这种测量通常用于应力和位移场定量描述的计算。

物理裂纹尺寸(physical crack size)：从参考平面至观察的裂纹前缘的距离。此距离可代表沿裂纹前缘几次测量的平均值。参考平面取决于试样形状，通常取边界，或者取包含加载线或试样(和平板)中心线的平面作为参考平面。

原始裂纹尺寸(original crack size)：试验开始时的物理裂纹尺寸。

有效裂纹尺寸(effective crack size)：考虑到裂纹尖端塑性变形影响而增大了的物理裂纹尺寸。

裂纹长度(crack length)：在表面裂纹拉伸试样中，在试样表面上裂纹前缘与试样表面交会的两点之间所测量的距离。裂纹长度是试样宽度的一部分。

裂纹深度(crack depth)：在表面裂纹拉伸试样中，从含裂纹平板表面至裂纹前缘透入材料最深点的垂直距离。

标准化裂纹尺寸(normalized crack size)：裂纹尺寸与试样宽度之比。试样宽度系从参考部位至其背面测量，对于弯曲试样参考部位为其前缘面，对于紧凑拉伸试样为其加载线。

裂纹扩展量(crack extension)：裂纹尺寸的增量。

2. *弹塑性断裂力学*(elastic－plastic fracture mechanics)

由于工程中大量使用的中、低强度钢的韧度较高，在裂纹尖端往往存在着较大的塑性变形，尤其在结构的应力集中区以及焊接引起的残余应力区甚至会发生全面屈服。屈服区的存在将改变裂纹尖端区域应力场的性质。当屈服区尺寸与裂纹长度达到同一数量级或更大时，线弹性断裂力学已不适用，需要采用弹塑性断裂力学进行研究。

弹塑性断裂力学要解决的问题是：如何在大范围屈服条件下，确定能定量描述裂纹尖端区域弹塑性应力应变场强度的参量，以便既能用理论建立起这些参量与裂纹几何特性、外加载荷之间的关系，又易于通过试验来测定它们，并建立便于工程应用的断裂判据。目前应用最多的是 COD 理论和 J 积分理论。

2.5.4　应力强度因子 *K*(stress intensity factor，SIF)

1. *应力强度因子的定义*(definition of stress intensity factor)

根据 GB 10623《金属材料　力学性能试验术语》，应力强度因子是均匀线弹性体中特定的理想裂纹尖端应力场的量值。三种形式的应力强度因子的表达式如下[7]：

$$\begin{aligned} K_{\mathrm{I}} &= \lim_{r \to 0} [\sigma_{y}(2\pi r)^{\frac{1}{2}}] \\ K_{\mathrm{II}} &= \lim_{r \to 0} [\tau_{xy}(2\pi r)^{\frac{1}{2}}] \\ K_{\mathrm{III}} &= \lim_{r \to 0} [\tau_{yz}(2\pi r)^{\frac{1}{2}}] \end{aligned} \tag{2.5-1}$$

式中　r——从裂纹尖端向前至计算应力处的距离。

按照弹性力学对Ⅰ型受力情况的应力场的理论分析，裂纹尖端附近任一点(r,θ)处的应力分量可表达为：

$$\sigma_{ij} = \frac{K_{\mathrm{I}}}{\sqrt{2\pi r}} f_{ij}(\theta) \tag{2.5-2}$$

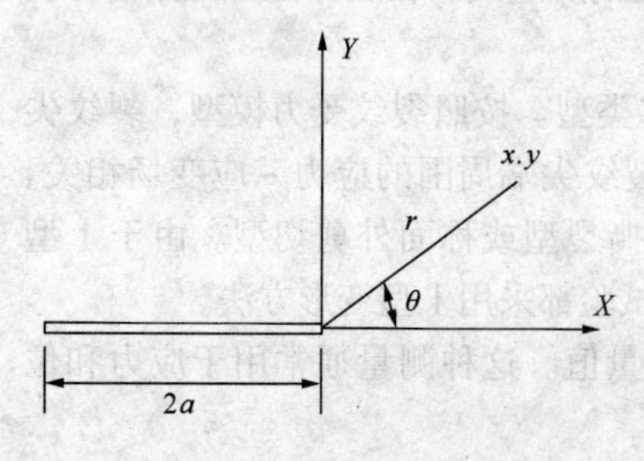

图 2.5－1　裂纹尖端的应力场

见图 2.5－1。式子 K_{I} 称为"Ⅰ型受力模型的应力强度因子"，其单位为 $\mathrm{N \cdot mm^{-3/2}}$。$K_{\mathrm{I}}$ 反映了裂纹尖端附近区域的弹性应力应变场的强弱程度，是应力场的主要参数。

一般说来，应力强度因子可统一写成下面的形式：

$$K_{\mathrm{I}} = Y\sigma\sqrt{\pi a} \tag{2.5-3}$$

式中　σ——外加名义应力；

a——裂纹的特征尺寸；

Y——与裂纹形式和零件几何结构有关的参数。

断裂力学中的应力强度因子 K_{I} 相当于传统强度计算中的工作应力。

应力强度标定(K 标定)(stress－intensity calibration，K calibration)：是一种基于经验和

解析结果的数学表达式，它表明特定试样平面几何条件下应力强度因子与载荷及裂纹长度的关系。

2. 塑性区修正(plastic - zone adjustment)

考虑到弹线性应力场所包围的裂纹尖端塑性区的影响而对物理裂纹尺寸所作的附加修正量。通常塑性区修正由下式求得：

对于Ⅰ型平面应力

$$r_y = \frac{1}{2\pi} \times \frac{K^2}{\sigma_y^2} \tag{2.5-4}$$

对于Ⅰ型平面应变

$$r_y = \frac{a}{2\pi} \times \frac{K^2}{\sigma_y^2} \tag{2.5-5}$$

式中　r_y——塑性区修正，mm；

K——应力强度因子，MPa · $m^{1/2}$

σ_y——有效屈服强度，MPa；

a——近似于1/3 ~1/4。

2.5.5　断裂韧度 K_{IC}(fracture toughness，K_{IC})

1. 概述

从应力强度因子的一般表达式可以看出，应力强度因子 K_I 与裂纹尺寸的平方根及垂直于裂纹的应力成正比。当裂纹尺寸或应力增加时，K_I 随之增加。当 K_I 达到某一临界值 K_{IC} 时，裂纹处于临界状态，若 K_I 再增加，裂纹将会失稳扩展。因此，裂纹失稳扩展的临界条件为：

$$K_I = K_{IC} \tag{2.5-6}$$

式中　K_{IC}——表示材料对裂纹扩展的抵抗能力，称为Ⅰ型受力时的临界应力强度因子，又称为平面应变断裂韧度。

平面应变断裂韧度 K_{IC}(plane - strain fracture toughness，K_{IC})：是在裂纹尖端平面应变条件下的裂纹扩展阻力。

平面应力断裂韧度 K_C(plane - stress fracture toughness，K_C)：是在失稳条件下，从试样的 R 曲线和临界裂纹扩展力曲线之间相切所确定的 K_R 值。

在传统的强度计算中，强度指标 R_{eL} 和 R_m 与塑性指标 A 和 Z 之间是相互分割的，且塑性指标在强度计算中并不定量反映。而 K_{IC} 既反映了材料的强度性能，又反映了材料的塑性性能。

断裂韧度 K_{IC} 的测试方法可按照 ASTME399《金属材料平面应变断裂韧性标准试验方法》、GB/T 4161《金属材料　平面应变断裂韧度 K_{IC} 试验方法》和 GB 7732《金属材料　表面裂纹拉伸试样断裂韧度试验方法》进行。

2. 测定平面应变断裂韧度 K_{IC} 的试样

在进行断裂韧度 K_{IC} 的测试中，裂纹尖端需达平面应变状态(crack tip plan estrain)。要判断裂纹尖端附近的应力 - 应变场，其平面应变接近到经验判据所要求的程度。由于 K_{IC} 是金属材料在平面应变和小范围屈服条件下裂纹失稳扩展时 K_I 的临界值，因此，试样尺寸必须保证裂纹尖端处于平面应变和小范围屈服状态。对于Ⅰ型裂纹，裂纹尖端小范围屈服及平面应变的判断准则为：板厚必须满足

$$a,\ (W-a),\ 或\ B\ 均满足 \geqslant 2.5(K_{\mathrm{IC}}/\sigma_s)^2 \tag{2.5-7}$$

式中 B——试样厚度，mm；

a——裂纹长度，mm；

W——试样宽度，mm；

K_{IC}——平面应变断裂韧度，$\mathrm{MPa \cdot m^{1/2}}$；

σ_s——有效屈服强度，MPa。

对于中低强度高韧性钢来说，为满足平面应变条件所要求的试样尺寸非常大，有时无法做到。但是，在研究高强度低韧性材料的断裂问题时，线弹性断裂力学仍得到了广泛的应用。

GB/T 4161 中规定了四种形式的试样：三点弯曲试样 SE(B)、紧急凑拉伸试样 C(T)、C 形拉伸试样 A(T)和圆形紧凑拉伸试样 DC(T)。并且规定：$W/B=2$ 的称为标准试样。对于标准三点弯曲试样，其名义跨距 $S=2W$；非标准三点弯曲的 $S=3W$ 或 $S=5W$。

3. 预制疲劳裂纹

保证裂纹尖端的尖锐度是试验的关键环节之一。这就要求控制预制疲劳裂纹的最高载荷。最高载荷由下式确定：

对紧凑拉伸试样：

$$F_{\max} \leqslant \frac{BW^{1/2}}{f(a/W)} K_{f\max} \tag{2.5-8}$$

式中 $f(a/W)$——紧凑拉伸试样的形状系数。

对三点弯曲试样：

$$F_{\max} \leqslant \frac{BW^{2/3}}{Sf(a/W)} K_{f\max} \tag{2.5-9}$$

式中 $f(a/W)$——三点弯曲形状系数；

S——名义跨距，mm。

在预制疲劳裂纹的开始阶段，要使最大应力强度因子 $K_{f\max} \leqslant 0.8K_{\mathrm{IC}}$（$K_{\mathrm{IC}}$是估计材料断裂韧度值）。当裂纹扩展到最后阶段时，即在裂纹总长度最后的 2.5% 的距离内，应使 $K_{f\max} \leqslant 0.6K_{\mathrm{IC}}$，并同时满足 $K_{f\max}/E < 0.00032m^{1/2}$。可在两个式子中取较小的一个 $K_{f\max}$代入上式计算 $K_{\max}$值。当对材料的 K_{IC}一无所知时，则可用后面的式子算 $K_{f\max}$值。

预制疲劳裂纹时，应使疲劳裂纹的长度不小于 2.5% W，且不小于 1.5mm；a/W 应控制在 0.45 ~0.55 范围内；疲劳裂纹面应同时与试样的宽度和厚度方向平行，偏差不大于10°。

4. 试验方法及数据结果处理

(1) 裂纹 a 的测量方法

试验时，同一种状态的材料试样至少做三根。加载速率应加以控制，并使应力强度因子速率 K_{I} 在 0.55 ~2.75$\mathrm{MPa \cdot m^{1/2}/s}$ 范围内。

试样断裂后，取 $B/4$、$B/2$ 和 $3B/4$ 三点测量裂纹长度 a_2、a_3和 a_4，取平均值 $a=(a_2+a_3+a_4)/3$，并要求 a_2、a_3、a_4中任意两个测量值之差不大于 a 的 10%。

(2) 临界载荷 F_Q的确定

试验中得到载荷 - 位移曲线（$F-V$ 曲线）如图 2.5-2 所示。通过曲线的线性段作直线 OA，并通过原点 O 作割线 OF_5，它的斜率比 OA 的斜率降低 5%，即$(F/V)=0.95(F/V)_0$，其中，$(F/V)_0$是直线 OA 的斜率。如在 F_5前，记录曲线上每点的载荷都低于 F_5，则取 $F_0=$

F_5，如图 2.5－2 曲线Ⅰ；如果在 F_5 前还有一个超过 F_5 的最大载荷，则取这个最大载荷为 F_Q，如图 2.5－2 曲线Ⅱ、Ⅲ。

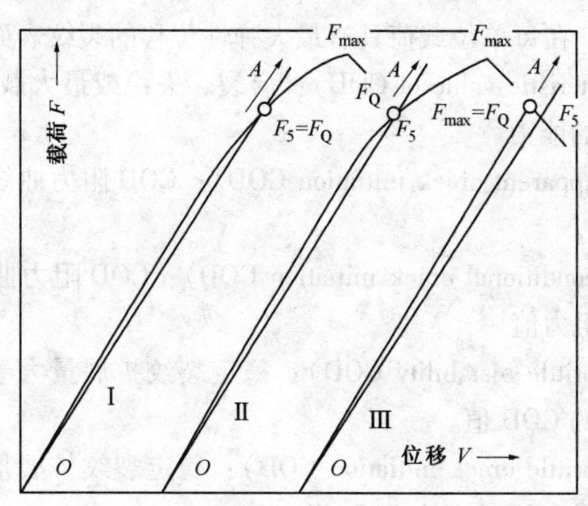

图 2.5－2　载荷－位移曲线的基本形式

(3) K_{IC} 的计算

把 F_Q 代入试样 K_I 的表达式，计算得到 K_Q。

$$K_Q = \frac{F_Q S}{BW^{2/3}} f(a/W) \tag{2.5-10}$$

式中　$f(a/W)$——试样形状系数。

$$f(a/W) = [1.88 + 0.75(a/W - 0.50)^2] \sec\left[\frac{\pi a}{2W}\right] \times \sqrt{\tan\frac{\pi a}{2W}} \tag{2.5-11}$$

对于标准紧凑拉伸试样

$$K_Q = \frac{F_Q}{BW^{1/2}} f(a/W) \tag{2.5-12}$$

$$f(a/W) = \frac{2 + a/W}{(1 - a/W)^{3/2}} [0.886 + 4.64(a/W) - 13.32(a/W)^2 + 14.72(a/W)^3 - 5.6(a/W)^4] \tag{2.5-13}$$

(4) 有效性试验

用上述方法确定的临界载荷 F_Q 代入 K_I 至计算得到的 K_Q，叫条件断裂韧度。检验 K_Q 是否是有效的 K_{IC}，应看它是否满足下列两个条件：

$$\left.\begin{aligned} F_{max}/F_Q &\leqslant 1.1 \\ B &\geqslant 2.5(K_Q/\sigma_e)^2 \end{aligned}\right\} \tag{2.5-14}$$

如果满足上述两个条件，则 $K_Q = K_{IC}$。

2.5.6　裂纹张开位移 COD(crack opening displacement)

1. 概述

当裂纹尖端超过小范围屈服而进入范围屈服时，以应力场的强弱来描述受力的大小已没有实际意义，因此断裂失稳扩展临界条件 $K_I = K_{IC}$ 也失效了。

在弹塑性断裂力学中，以裂纹张开位移法即 COD 法应用最广。研究表明，不同厚度试样破坏时的临界张开位移基本相同。因此可用裂纹张位移作为断裂判断依据参量。

裂纹尖端张开位移(crack tip opening displacement，CTOD)：在原始(施加载荷前)裂纹

尖端附近不同的限定部位，由于弹性和塑性变形而引起的裂纹位移。

裂纹嘴张开位移(crack mouth opening displacement, CTOD)：由于弹性和塑性变形所引起的Ⅰ型裂纹位移分量，在每单位载荷具有最大弹性位移的裂纹表面处测出。

COD 特征值(characteristic value of COD)：启裂、失稳或最大载荷的 COD 值，表征材料抵抗裂纹的启裂或扩展的能力。

表观启裂 COD 值(apparent crack initiation COD)：COD 阻力曲线外推到稳定，裂纹扩展量为零时的 COD 阻力值。

条件启裂 COD 值(conditional crack initiation COD)：COD 阻力曲线上相应于稳定裂纹扩展量为 0.05 时的 COD 阻力值。

脆性失稳 COD 值(brittle instability COD)：稳定裂纹扩展量大于 0.05mm 时的脆性失稳断裂点或突进点所对应的 COD 值。

脆性启裂 COD 值(brittle crack initiation COD)：稳定裂纹扩展量等于或小于 0.05mm 时的脆性失稳断裂点或突进点所对应的 COD 值。

COD 阻力曲线(COD resistan cecurve)：COD 阻力值与裂纹扩展量的关系曲线。

最大载荷 COD 值(COD at maximum load)：最大载荷点或最大载荷平台开始点所对应的 COD 值。

采用裂纹张开位移法即 COD 法的断裂判据为：

$$\delta \leqslant \delta_c \tag{2.5-15}$$

式中 δ——外力所产生的裂纹张开位移；

δ_c——裂纹张开位移临界值，与线弹性断裂力学中的断裂韧性 K_{IC} 相拟，它反映材料对裂纹开裂的抗力。研究表明，只要试样厚度足够大(5mm)，同一材料的 δ_c 值是一个稳定的韧性参量。

材料的 δ_c 和 K_{IC} 之间存在下列近似的关系：

$$\delta_c = \frac{K_{IC}^2}{R_{eL}} \tag{2.5-16}$$

式中 E——弹性模量；

R_{eL}——屈服强度。

2. 测定 COD 的试样

测定 COD 所用试样采用三点弯曲的标准试样和非标准的比例试样两类。试样的厚度 B 应等于被检验材料的厚度。当材料厚度小于 20mm 时，可按 $W = 1.2B$ 加工成比例试样。

3. 预制疲劳裂纹

在预制疲劳裂纹时，应在整个过程中保证预制疲劳裂纹最高载荷满足下列条件：

$$F_{fmax} \leqslant 0.5F_L \tag{2.5-17}$$

$$F_{fmax} \leqslant \frac{0.01EB\sqrt{W}}{Y(a/W)} \tag{2.5-18}$$

式中 F_L——塑性流变过程的极限载荷，其计算公式为 $F_L = 1.456\dfrac{B}{S}(W-a)^2\sigma_s$；

$Y(a/W)$——三点弯曲试样的形状系数。

4. 试验方法

试验时，应严格控制压头位移速度或加载速度。在弹性范围内，压头位移速度选择为

$(0.05\sim0.40)B^{1/2}$mm/min 或加载速度选择为$(147\sim1176)B^{3/2}$N/min。

试样断裂后，沿试样厚度 B 的 0、1/4、1/2、3/4、1 五点测量裂纹长度 a_1、a_2、a_3、a_4、a_5，取平均值来计算 COD。

试验结果的处理，根据试验得到的载荷－位移曲线，见图 2.5－3，共有 6 种形式。现分别分析计算如下：

(1) 在延性启裂的情况下，如图 2.5－3 中曲线，可按 GB/T 21443—2007《金属材料准静态断裂韧度的统一试验方法》中的附录，采用多试样法作出 COD 阻力曲线，即 $\delta_R-\Delta a$ 曲线，简称 δ_R 曲线。从曲线上可以确定 δ_1、$\delta_{0.05}$、δ_m。其符号代表：

δ_1——表观启裂 COD 值，为 δ_R 曲线外推到 $\Delta a=0$ 的 δ_R 值；

$\delta_{0.05}$——条件启裂 COD 值，为 δ_R 曲线上对应于 $\Delta a=0.05$mm 的 δ_R 值；

δ_u——脆性失稳 COD 值，即 $\Delta a>0.05$mm 的脆性失稳断裂点或突进点的对应的 COD 值；

δ_m——最大载荷时 COD 值。

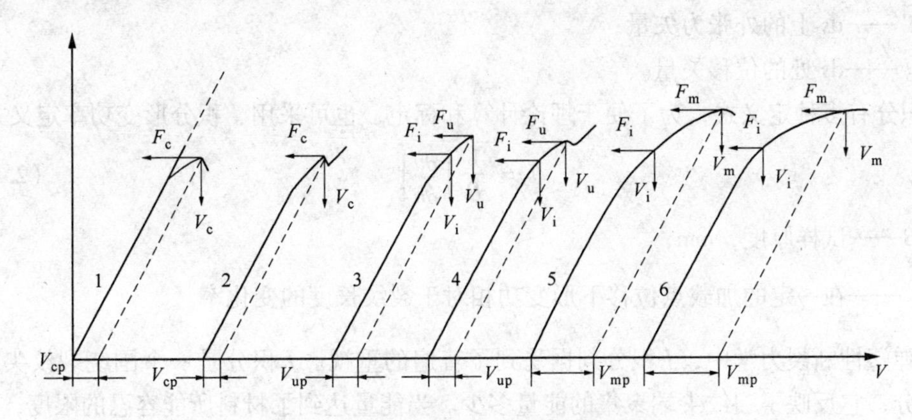

图 2.5－3 COD 试验的载荷－位移曲线

(2) 在稳定扩展量 $\Delta a\leqslant0.05$mm 即发生脆性失稳断裂或突进的情况下，可以求得临界 COD 值，即 δ_c，这时有效试样数应不少于三个。

(3) δ 的计算公式。裂纹尖端张开位移 δ 由弹性张开位移 δ_e 和塑性张开位移 δ_p 组成。在获得必要的试验数据后，可由下列公式计算：

$$\delta=\delta_e+\delta_p=\frac{K_I^2(1-v^2)}{2R_{eL}E}+\frac{r_p(W-a)V_p}{r_p(W-a)+a+Z} \tag{2.5-19}$$

式中 K_I——应力强度因子，MPa·m$^{1/2}$；

V_p——夹式引伸计位移的塑性部分；

E、v——弹性模量、泊松比；对于一般钢材，取 $E=2.06\times10^5$MPa，$v=0.3$

r_p——塑性转动因子，一般取 $r_p=0.45$ 或钢材的实测值；

Z——夹式引伸计装卡部位到试样表面的距离，即刀口厚度。

利用上式，对于图 2.5－3 中曲线 1 和 2 的情况，可取脆性失稳断裂点或突进点所对应的 F_c 与位移 V_{cp} 计算得 δ_c；对于图 2.5－3 中曲线 5 和 6 的情况，可取最大载荷点或最大载荷平台开始点所对应的载荷 F_m 与位移 V_{mp}，计算出 δ_m；当采用某种物理方法检测启裂点时，取对应的 F_i 与 V_{ip}，计算出 δ_i。

2.5.7 J 积分(J－integral)

1. 概述

J 积分是弹性裂纹体受张开型载荷时，表征裂纹尖端附近应力应变场强度的参量，它的一些特征值可作为材料断裂韧性的量度，即可以表征为材料的延性断裂韧度。

根据 GB 10623《金属材料　力学性能试验术语》，J 分积分是围绕裂纹前缘从裂纹的一侧表面至另一侧表面的线积分或面积分的数学表达式，用来表征裂纹前缘周围地区的局部应力－应变场。

对于与 z 轴平行的位于 $x-z$ 平面中的两维裂纹，J 积分表达式为线积分：

$$J = \int_{\Gamma}\left(W\mathrm{d}y - \overline{T} \times \frac{\partial \overline{U}}{\partial x}\mathrm{d}x\right) \tag{2.5－20}$$

式中 W——每单位体积的加载功，或对于弹性体为应变能密度；

Γ——围绕(即包含)裂纹尖端的积分路径；

$\mathrm{d}x$——路径的增量；

$\overline{T}$——ds 上的外张力矢量；

$\overline{U}$——ds 处的位移矢量。

J 积分有多种定义式，为了便于理论计算和标定，也可采用 J 积分形变功率定义式：

$$J = \frac{1}{B}\left[\frac{\partial u}{\partial a}\right]_{\Delta} \tag{2.5－21}$$

式中　B——试样厚度，mm；

$\left[\frac{\partial\ u}{\partial\ a}\right]_{\Delta}$——在一定的加载点位移下形变功相对于裂纹长度的变化率。

在弹塑性断裂力学中，J 积分判据受到了普遍的重视。J 积分是一个围绕裂纹尖端的能量线积分，它反映了裂纹尖端聚集的能量多少。当能量达到了材料所能容忍的限度，即积分值 J_1 达到某一临界 J_{IC} 时，裂纹尖端发生开裂。J_{IC} 即为材料的断裂韧性。在线弹性和小范围屈服情况下，J 积分值和应力强度因子 K_{I} 之间的关系如下：

$$J_1 = \frac{1-v^2}{E}K_{\mathrm{I}}^2 \tag{2.5－22}$$

当开裂时，则有

$$K_{\mathrm{IC}}^2 = \frac{E}{1-v^2}J_{\mathrm{IC}} \tag{2.5－23}$$

由上式得知，若用小试样试验求出临界状态时的 J_{IC} 后，即可计算出断裂韧性 K_{IC} 值。这样，对中低强度钢就有可能采取小试样测定出 K_{IC} 值。

J 积分值作为断裂判据的参量，不仅在线弹性范围内有效，在大范围屈服时也是有效的，因此它优于应力强度因子等线弹性判据。

对于中低强度钢，裂纹尖端受载启裂后还要经过一个扩展过程才发生断裂，故以启裂断裂韧度不能全面表达其断裂韧性，通常用 J_{R} 阻力曲线的特征值来表达这类钢材的断裂韧度。

J_{R} 阻力曲线(J_{R} resistance curve)是 J 积分值与裂纹扩展量的关系曲线。

钝化线(blunting line)近似表示在缓慢稳态裂纹撕裂时，由于裂纹尖端钝化而引起的 J 值与表观裂纹前进量关系的线。基于裂纹前进量等于裂纹尖端张开位移一半的假设来确定这条线。拟裂纹前进量的估算系基于材料的有效屈服强度，按下式计算：

$$\Delta a_B = J2\sigma_y \tag{2.5-24}$$

式中　Δa_B——拟裂纹前进量，mm；

J——J积分值，kJ/m²；

σ_y——有效屈服强度，MPa。

表观启裂韧度(apparent crack initiation toughness)是J_R阻力曲线与钝化线的交点相应的J值。

延性断裂韧度J_{IC}(ductile fracture toughness J_{IC})，定义为按GB 21143《金属材料　准静态断裂韧度的统一试验方法》测定的J_{IC}值。它与裂纹开始扩展时的J值接近，是裂纹起始稳态扩展时J的工程估量值。

条件启裂韧度(condi tional crack initiation toughness)是表观裂纹扩展量为0.05mm时相应的J_R值。

2. 测定J积分的试样

标准试样尺寸为：B_{20}标准试样，$B=20$mm，$W=24$mm；B_{15}标准试样，$B=15$mm，$W=18$mm。一般中低强度钢，应优先选择B_{20}标准试样；高强度低韧性钢和铝、钛合金应优先选用B_{15}标准试样。也可以协商采用拱形三点弯曲试样或紧凑拉伸试样。试样尺寸必须满足$B \geqslant k(J_{0.05}/R_{eL})$，式中$k$的取值；钢$k=80$；铝合金$k=120$。

3. 预制疲劳裂纹

载荷的选取可按引发裂纹和扩展裂纹两个阶段来进行。

疲劳引发裂纹时，用切口长度a_0计算极限载荷P_L：

$$P_L = 1.456\left[\frac{B}{S}\right](W-a_0)^2 R_{eL} \tag{2.5-25}$$

一般取$P_{fmax} \leqslant 0.5P_L$作为引发裂纹的载荷。

疲劳裂纹扩展时，用实际的裂纹长度a计算极限载荷P_L：

$$P_L = 1.456\left[\frac{B}{S}\right](W-a_0)^2 R_{eL} \tag{2.5-26}$$

一般钢材和铝合金，其P_{fmax}不大于用a计算的极限载荷的50%。而钛合金则要求P_{fmax}不大于用a计算的极限载荷的25%。并且都要求$K_{fmax} \leqslant 62\text{MPa}\cdot\text{m}^{1/2}$，取两者较小的一个。

4. 试验方法

对试样加载，在弹性变形阶段。试验机压头位移速度选择范围为(0.04～0.50)$B^{1/2}$mm/min或加载速度选择范围为(147～1176)$B^{3/2}$N/min。记录载荷-加载点位移曲线($P-\Delta$曲线)。当试样产生稳定裂纹扩展而达到一定的裂纹扩展量Δa时，立即停机卸载。

1）裂纹扩展量Δa的测量

(1) 规定在试样厚度方向的$B/2$范围内，从疲劳裂纹扩展前缘算起的稳定裂纹扩展面积除以$B/2$所得的长度值，为裂纹扩展量Δa。$B/2$的选取应使Δa的值最大。

(2) 在沿厚度B方向的1/4、1.5/4、1/2、2.5/4和3/4五个点，分别测定亚临界扩展量Δa_3、Δa_4、Δa_5、Δa_6和Δa_7，取平均值$\Delta a=(\Delta a_3+\Delta a_4+\Delta a_5+\Delta a_6+\Delta a_7)/5$。

(3) 标准试样允许的最大测量裂纹扩展为0.5mm，且在0.5mm内应较均匀的分布，但必须有小于0.15mm的值和大于0.4mm的值。

2）试验结果的处理

JR 值的计算可根据 $P-\Delta$ 曲线，如图2.5-4。过危险的线性段作直线 OA，过停机点 P_s 作 OA 的平行线 P_s。用下式计算 JR 值：

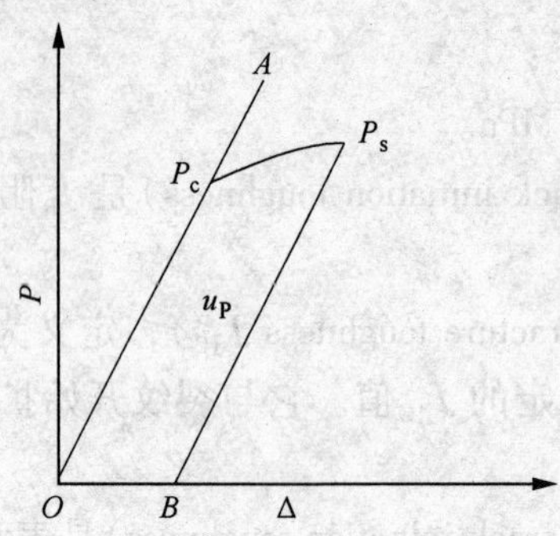

图2.5-4 计算 J_R 的 $P-\Delta$ 曲线

$$J_R = J_e + J_p$$

$$J_e = \frac{1-v^2}{E}\left[\frac{P_s}{BW^{1/2}}Y(a/W)\right]^2 \tag{2.5-27}$$

$$J_p = \frac{2u_p}{B(W-a)}$$

式中 P_s——停机点载荷，N；

u_p——塑性变形功，N·mm；

$Y(a/W)$——形状因子。

J_R 值也可按下式计算：

$$J_R = \frac{2u}{B(W-a)} \tag{2.5-28}$$

式中 $u=u_0-u_s$；u_0 为 $P-\Delta$ 曲线下的面积，即弹塑性总功；u_s 为对应停机点 E_s 系统吸收的弹性功。u_0 和 u_s 的计算示意如图2.5-5所示。

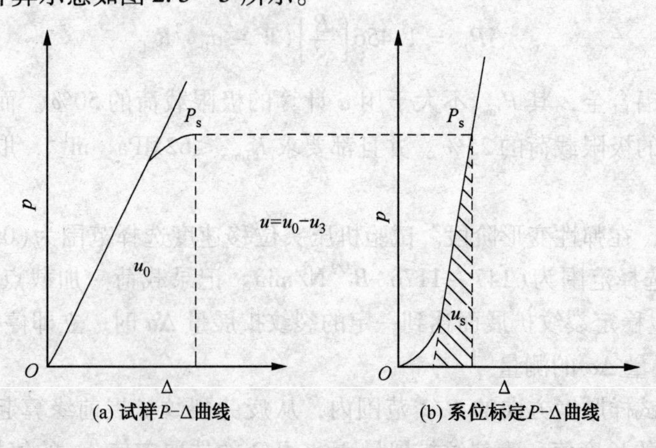

(a) 试样 $P-\Delta$ 曲线　(b) 系位标定 $P-\Delta$ 曲线

图2.5-5 应变能 u 计算示意图

3）J_R 曲线的绘制

（1）在 $J_R-\Delta a$ 直角坐标图上标上全部有效数据点。推荐坐标长度为100mm。

（2）过原点 O 作一斜率为 $1.5(R_{eL}+R_m)$ 的直线，称为钝化线，如图2.5-6所示。

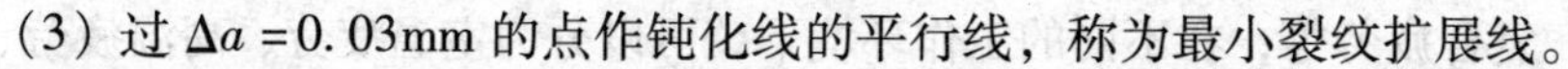

(3) 过 $\Delta a = 0.03\text{mm}$ 的点作钝化线的平行线，称为最小裂纹扩展线。

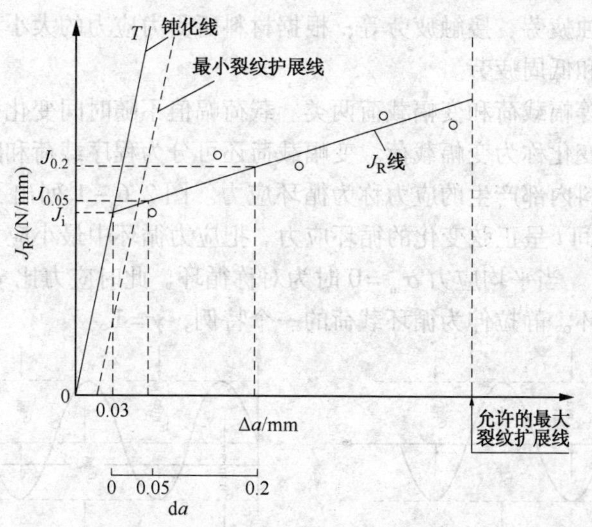

图 2.5－6　J_R阻力曲线

(4) 有效数据点必须位于最小裂纹扩展线以右且应满足：$J_R \leqslant \left[\dfrac{W-a}{t}\right]\sigma_s$。式中的 t 值，钢为 25，钛合金为 40，铝合金为 60。

(5) 对有效数据点进行线性回归，其方程为：

$$J_R = a + \beta\Delta a \tag{2.5-29}$$

有效数据点不少于 5 个。若其分布呈明显的曲线趋势，且不少于 8 个，推荐采用带常数附加项的双曲线回归。从试验数据，用线性回归，得出式(2.5－29)中的系数 a、β 及剩余标准差 ΔJ，即可绘制出 $J_R-\Delta a$ 曲线。

(6) 延性断裂韧度的确定：

J_R阻力曲线与钝化线交点相应的 J_R值，称为表观启裂韧度，以 J_i表示。

当表观裂纹扩展量 da = 0.05mm 时相应的 J_R值称条件启裂韧度，以 $J_{0.05}$表示。

da < 0.05mm 即发生失稳断裂时的 J_R值称为启裂韧度，以 J_{IC}表示。

da = 0.2mm 时的 J_R值以 $J_{0.2}$表示。它可用于断裂韧性的相对评定。

2.6　金属材料的疲劳性能

2.6.1　疲劳性能(fatigue properties)

1. 概述(introduction)

疲劳是材料在循环应力和应变作用下，在一处或几处产生局部永久性积累损伤，经一定循环次数后产生裂纹或突然发生完全断裂的过程。

设备或机械运行过程中受到的载荷，往往都是循环载荷，大多数情况下都是交变载荷。其工作应力虽然低于材料的屈服强度，但是在长时间运行中会发生破坏。材料在循环载荷下，经较长时间运行而发生断裂的现象称为疲劳。据统计，机械零件或设备的失效有80%～90%是由疲劳破坏造成的。

金属的疲劳可以按不同的方法分类。按照材料受力方式的不同，可以分为弯曲疲劳、拉压疲劳、扭转疲劳、复合疲劳等；在不同的工作环境下，可以分为室温疲劳、高温疲劳、低温疲劳、热疲劳、腐蚀疲劳、接触疲劳等；根据材料所受力应力的大小和应力循环频率的高低，可分为高周疲劳和低周疲劳。

循环载荷可分为等幅载荷和变幅载荷两类。载荷幅值不随时间变化称为等幅载荷。载荷幅值随时间作不等的变化称为变幅载荷。变幅载荷还可分为程序载荷和随机载荷。

在循环载荷下材料内部产生的应力称为循环应力。图 2.6－1 列出了四种类型的交变载荷下材料应力 σ 随时间 t 呈正弦变化的循环应力。把应力循环中最小应力与最大应力之比称为应力比(stress ratio)。当平均应力 $\sigma_m=0$ 时为对称循环。此时应力比 $\gamma=-1$；当 γ 为其他值时，称为不对称循环。静拉伸为循环载荷的一个特例，$\gamma=1$。

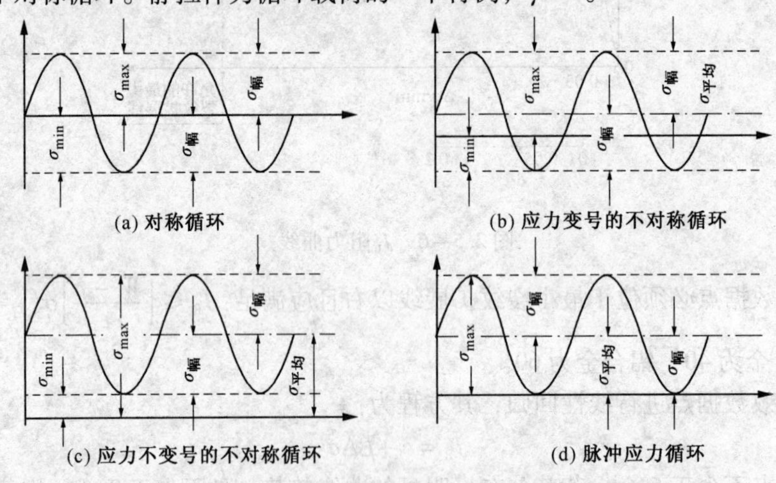

图 2.6－1　不同情况下的交变载荷

图中平均应力 $\sigma_{平均}=(\sigma_{最大}+\sigma_{最小})/2$，应力幅 $\sigma_{幅}=(\sigma_{最大}-\sigma_{最小})/2$　(2.6－1)

不对称循环系数

$$\gamma=\sigma_{最大}/\sigma_{最小} \tag{2.6-2}$$

在(a)对称循环中，

$$\sigma_{最大}=-\sigma_{最小}=\sigma_{幅} \tag{2.6-3}$$

$$\sigma_{平均}=0;\quad \gamma=-1$$

在(b)应力变号的不对称循环中，

$$\sigma_{最大}>-\sigma_{最小} \tag{2.6-4}$$

$$\sigma_{平均}<\sigma_{幅};\quad -1<\gamma<0$$

在(c)应力不变号的不对称循环中，

$$\sigma_{最大}>\sigma_{最小} \tag{2.6-5}$$

$$\sigma_{平均}>\sigma_{幅};\quad \gamma>0$$

在(d)脉冲应力循环中，

$$\sigma_{最小}=0 \tag{2.6-6}$$

$$\sigma_{幅}=\sigma_{最大}/2=\sigma_{平均};\quad \gamma=0$$

材料在交变载荷作用下经过 N 次循环不发生断裂的最大应力叫疲劳极限(fatigue limit)。

2. *疲劳破坏的特征*(features of fatigue rupture)

疲劳断裂与静载荷下的断裂不同，无论静载荷下显示脆性或韧性的材料，在疲劳断裂时都不产生明显的塑性变形，断裂是突然发生的。由于疲劳断裂有裂纹的萌生、扩展直至最终断裂三个阶段，因此，疲劳破坏的宏观断口可分为疲劳源区、疲劳裂纹扩展区和瞬时断裂区三部分。由于疲劳源区的特征与形成疲劳裂纹的主要原因有关，所以当疲劳裂纹起源于原始的宏观缺陷时，准确的判断原始宏观缺陷的性质，将为分析断裂事故的原因提供重要依据。

疲劳裂纹扩展区和瞬时断裂区所占断口面积的相对比例，随所受应力大小而变化。当应力较低、无大的应力集中时，疲劳裂纹扩展区较大；反之，疲劳裂纹扩展区则较小。疲劳断口上的前沿线常随应力集中程度及材料质量等因素的不同而变化。因此，可以根据疲劳断口上两个区域的面积所占的比例，估计所受应力的高低及应力集中的大小。一般说来，瞬时断裂区的面积愈大，愈靠近中心，表示机件过载程度愈大。相反，其面积愈小，愈靠近边缘，则表示过载程度愈小。

2.6.2　高周疲劳性能(high－cycle fatigue)

高周疲劳是材料在低于其屈服强度的循环应力作用下，经 10^5 以上循环次数而产生的疲劳，也即低应力(低于屈服强度甚至低于弹性极限)、高寿命(循环周次一般大于 10^5)的疲劳，是最常见的一种疲劳现象。

1. $S-N$ 曲线($S-N$ curve)

在循环载荷作用下，材料所承受的循环应力和断裂循环周次之间的关系可用疲劳曲线来描述。在试验室中，一般采用标准试样(见图 2.6－2)，在控制应力的条件下进行试验，记录试样在某一循环应力作用下断裂时的循环周次或寿命 N。对一组试样施加不同应力幅的循环载荷，就得到了一组疲劳寿命。最广泛采用的疲劳曲线是半对数坐标的疲劳曲线，又称 $S-N$ 曲线，通常以循环应力中的最大应力 σ_{max}(或应力幅)为纵坐标(线性坐标)，N 为横坐标(对数坐标)，根据试验数据，绘制出图 2.6－3 的 $S-N$ 曲线。

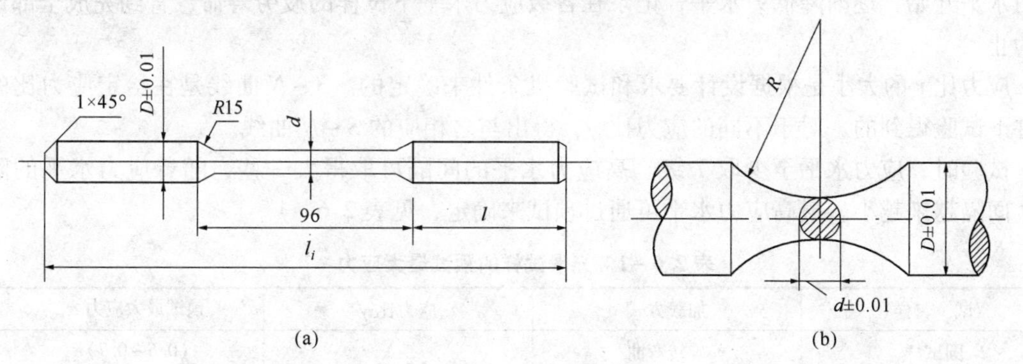

图 2.6－2　疲劳试样

(1) 在中等寿命情况下，一般为 $N<10^6$，$S-N$ 曲线可用下列公式表达：

$$\sigma^m N = C \tag{2.6-7}$$

式中　m，C——为材料常数。

将上式两边取对数得：

$$m\lg\sigma + \lg N = \lg C \tag{2.6-8}$$

可见式(2.6－8)在双对数坐标上为直线。

(2) 在中长寿命区，一般 $N>10^4$，$S-N$ 曲线常用下列公式表达：

$$(\sigma - \sigma_r)^m N = C \tag{2.6-9}$$

式中　σ_r——材料的疲劳极限，MPa。

从图2.6-3可以看出，当应力低于某一定值时，试样可以经受无限周次循环而不破坏，此应力值称为材料的疲劳极限，用σ_γ表示。γ为应力比。

不同材料的$S-N$曲线形状不同。对于碳钢、铁、钛及其合金，在$N=10^7$循环周次左右，曲线出现平行于横轴的水平部分，疲劳极限有明显的物理意义，而对于有色金属，在高温下或腐蚀介质中的疲劳等，曲线逐渐趋近于横轴，无明显的疲劳极限，这时规定某$-N_0$值所对应的应力作为"条件疲劳极限"。N_0称为循环基数。对于有色金属，一般规定应力循环10^7周次而不断裂的最大应力作为疲劳极限；有色金属、不锈钢等取10^7或10^8。

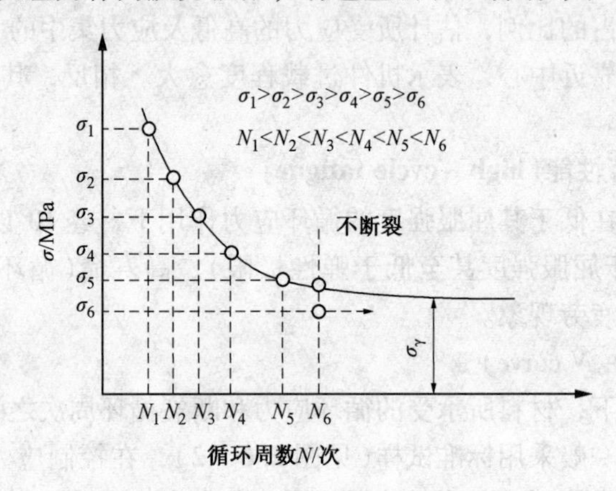

图2.6-3　材料的$S-N$曲线

1）测定$S-N$曲线的常规方法

（1）单点试验法：在每一个应力水平下试验一个试样来测定$S-N$曲线时，一般从最高应力水平开始，逐渐降低力水平，记录在各级应力水平下试样的疲劳寿命，直到完成全部试验为止。

应力比r的大小是根据设计要求和试验机条件来确定的。$S-N$曲线是在给定应力比的条件下试验得到的。对于不同的应力比γ，得出与之相应的$S-N$曲线。

试验时，应力水平至少取7级。高应力水平的间隔可取得大一些，随着应力水平的降低，间隔越来越小。最高应力水平可通过预试来确定，见表2.6-1。

表2.6-1　光滑试样的预试最大应力

试　　样	加载方式	应力比γ	预试最大应力σ_{max}
圆试样	旋转弯曲	-1	$(0.6\sim0.7)R_m$
圆试样	平面弯曲	-1	$(0.6\sim0.7)R_m$
圆试样	轴向加载	-1	$(0.6\sim0.7)R_m$
板试样	轴向加载	-1	$(0.6\sim0.7)R_m$
板试样	轴向加载	0.1	$(0.6\sim0.8)R_m$
圆试样	扭转	-1	$\tau_{max}=(0.45\sim0.55)R_m$

测定疲劳极限可按下述方法进行：试样超过预定循环周次10^7而未发生破坏，称为"通过"。在应力水平由高到低的试验中，假定第6根试样在应力σ_6的作用下，未及10^7循环周次就发生了破坏，而依次取的第7根试样在应力σ_7的作用下通过，并且两个应力之差($\sigma_6-\sigma_7$)不超过σ_7的5%，则σ_6和σ_7的平均值就是疲劳极限(fatigue limit)或条件疲劳极限(conditional fatigue limit)：

$$\sigma_\gamma = \frac{1}{2}(\sigma_6 + \sigma_7) \tag{2.6-10}$$

如果$(\sigma_6 - \sigma_7) > 5\% \sigma_7$，那么需取第8根试样进行试验，使$\sigma_8$等于$\sigma_6$和$\sigma_7$平均值。试验后可能有两种情况：

第一种情况：若第8根试样在σ_8的作用下仍然通过，并且$(\sigma_6 - \sigma_7) < 5\% \sigma_8$，则$\sigma_8$和$\sigma_6$的平均值就是疲劳极限。

第二种情况：若第8根试样在σ_8的作用下未达到10^7周次破坏，并且$(\sigma_8 - \sigma_7) < 5\% \sigma_7$，则$\sigma_8$和$\sigma_7$的平均值就是疲劳极限。

测定疲劳极限时，要求至少有两根试样达到循环基数而不破坏，以保证试验结果的可靠度。根据在各应力水平下测得的疲劳寿命N和疲劳极限，即可绘制出$S-N$曲线。

(2) 成组试验法：按单点试验法在每个应力水平下只用一个试样得到试验结果精度较差。为了得到较精确的$S-N$曲线，通常采用成组试验法，即在每级应力水平下试验一组试样。应力水平级数一般取4～5级。

用成组试验法测得$S-N$曲线时，一般每组试样取5根左右。当误差极限δ一定时，每组的最少试样数n取决于变异系数ν_x和置信度γ。通常取$\delta = 5\%$，这时可根据ν_x及γ由图2.6-4确定n。

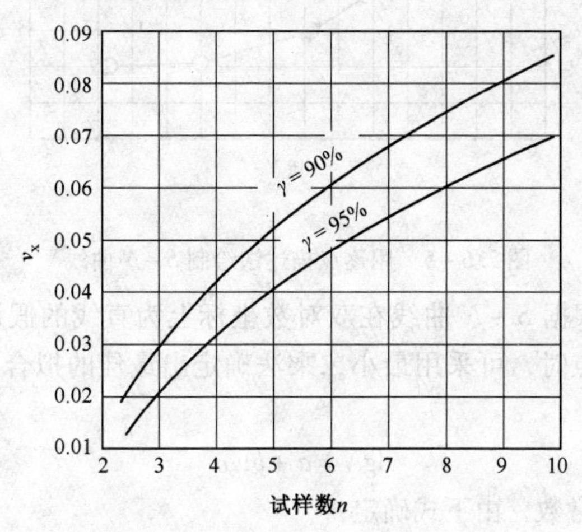

图2.6-4　确定最少试样数n的线图

图中纵坐标ν_x为对数疲劳寿命的变异系数，由下式计算：

$$\nu_x = S/X \tag{2.6-11}$$

式中　S——对数疲劳寿命标准差；

X——对数疲劳寿命均值。

X和S的计算公式：

$$X = \frac{1}{n}\sum_{i-1}^{n} \lg N_i = \frac{1}{n}\sum_{i=1}^{n} X_i \tag{2.6-12}$$

$$S = \sqrt{\frac{\sum_{i=1}^{n} X_i^2 - \frac{1}{n}\left[\sum_{i=1}^{n} X_i\right]^2}{n-1}} \tag{2.6-13}$$

式中　n——试样数；

X_i——第i个试样的对数疲劳寿命。

异变系数 ν_x 反映了疲劳寿命的相对分散性。ν_x 愈大，分散性愈大，为保证一定的试验精度，疲劳试验所需的最少试样数亦愈大；反之，ν_x 愈小，分散性愈小，疲劳试验所需的最少试样数亦愈少。一般取置信度 $\gamma = 90\%$ 或 95%。

用上述方法可得到各级应力水平下的对数疲劳寿命，并绘制出 $S-N$ 曲线。

2）绘制 $S-N$ 曲线的方法

绘制 $S-N$ 曲线一般采用下述两种方法：

(1) 逐点描述法：是以应力 σ 为纵坐标，以对数疲劳寿命 X 为横坐标，将各数据点画在单对数坐标纸上，然后用曲线板将它们连成光滑曲线，见图 2.6-5。在连线过程中，应力求做到使曲线均匀地通过各数据点，曲线两边的数据点与曲线的偏离应大致相等。

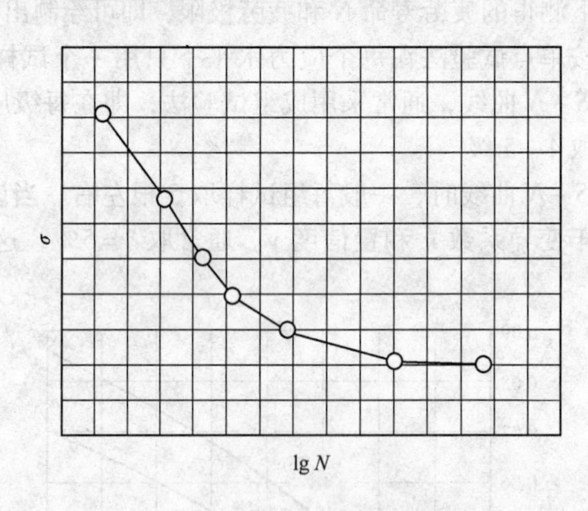

图 2.6-5 用逐点描述法绘制 $S-N$ 曲线

(2) 直线拟合法：根据 $S-N$ 曲线在双对数坐标上为直线的假设，亦即根据式(2.6-8)，在用直线拟合数据点时，可采用最小二乘法确定出最佳的拟合直线。用最小二乘法得出的拟合方程为：

$$\lg N = a + b\lg\sigma \tag{2.6-14}$$

式中，a、b 是特定常数，由下式确定：

$$b = \frac{\sum_{i=1}^{n} \lg\sigma_i \lg N_i - \frac{1}{n}\left[\sum_{i=1}^{n} \lg\sigma_i\right]\left[\sum_{i=1}^{n} \lg n_i\right]}{\sum_{i=1}^{n} (\lg\sigma_i)^2 - \frac{1}{2}\left[\sum_{i=1}^{n} \lg\sigma_i\right]} \tag{2.6-15}$$

$$a = \frac{1}{n}\sum_{i=1}^{n} \lg N_i - \frac{b}{n}\sum_{i=1}^{n} \lg\sigma_i \tag{2.6-16}$$

式中 n——数据点个数或应力水平数；

σ_i——第 i 个数据点的最大应力；

N_i——第 i 个数据点的疲劳寿命。

$S-N$ 曲线是否可用直线拟合，可以用相关系数 r 来检验（r 由数据点的线性拟合时给出）。R 的绝对值愈接近于 1，说明 $\lg\sigma$ 与 $\lg N$ 的线性相关性愈好。根据子样数，可以相关系数表中查得其起码值 r_{min}。当数据点线性拟合得出的 r 大于 r_{min} 时，用直线拟合各数据点才有意义。

3）测定 $S-N$ 曲线的精确方法——升降法

由于疲劳数据的分散性，用常规试验法求出的疲劳极限是很不精确的。为了比较准确地测得材料的疲劳极限或中值疲劳强度，必须使用升降法。

试验前先用常规或估算法得出疲劳极限的估计值。然后估计预计疲劳极限确定出应力增量。应力增量一般为预计疲劳极限的3% ~5%。试验一般在 3 ~5 级应力水平下进行。试验时，第一根试样的应水平应略高于预计的疲劳极限。根据上一根试样破坏或通过的试验结果，决定下一根试样的应力降低还是升高，直至完成全部试样。见图 2.6 -6 一般有效的试样数量在 13 根以上。

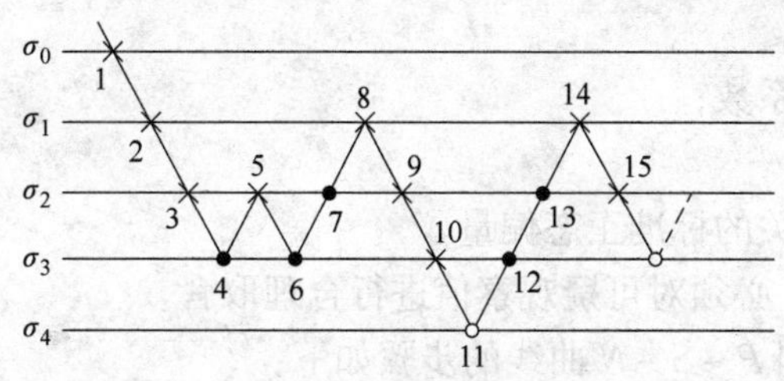

图 2.6 -6　用升降法测定疲劳极限

在处理试验结果时，在出现第一对相反结果以前的数据应舍弃。如图 2.6 -6 中的点 3 和 4 是出现的第一对相反结果，因此数据点 1 和 2 均应舍弃(如在以后数据的应力波动范围之内，则可作为有效数据加以利用)。而第一次出现的相反结果点 3 和点 4 的应力平均值 $(\sigma_3+\sigma_4)/2$ 就是常规试验法给出的疲劳极限值。同样，第二次出现的相反结果点 5 和点 6 的应力平均值，和以后出现相邻相反结果的应力平均值也都相当于常规试验法给出的疲劳极限。将这些用“配对法”得出的结果作为疲劳极限的数据点进行统计处理，即可得到疲劳极限的平均值和标准差。

$$\sigma_{\mathrm{r}} = \frac{1}{K}\sum_{i-1}^{n}\sigma_{\mathrm{r}} = \frac{1}{n}\sum_{i=1}^{n}\nu_{\mathrm{i}}\sigma_{\mathrm{i}} \tag{2.6-17}$$

$$S_{\sigma\mathrm{r}} = \frac{\sqrt{\sum_{i=1}^{n}\sigma_{\mathrm{i}}^{2} - \frac{1}{K}\left[\sum_{i=1}^{n}\sigma_{\mathrm{i}}\right]^{2}}}{K-1} \tag{2.6-18}$$

式中　K——配成的对子数；

n——配成对子的有效试样数，$n=2K$；

σ_i——第 i 个应力水平的应力值，MPa；

ν_i——第 i 个应力水平的试样数。

当最后一个数据的下一根试样恰好回到第一个有效数据点时，则有效数据点恰能互相配成对子。因此，用小子样升降法进行试验时，最好进行到最后一个数据点和第一个有效数据点恰好衔接。

用升降法测出的疲劳极限可以和成组试验法测出的 $S-N$ 曲线合并在一起，绘制出中等寿命区的 $S-N$ 曲线。

4）材料的 $P-S-N$ 曲线

利用成组试验法可以测得 50% 存活率的中值 $S-N$ 曲线。如果单纯以此作为产品寿命估算的依据，则往往偏于危险。为此，要寻求具有较高存活率的 $S-N$ 曲线。$P-S-N$ 曲线就是指具有某一存活率的 $S-N$ 曲线，即存活率 - 应力 - 寿命曲线。

测定 $P-S-N$ 曲线时，应力水平的数量及选择方法与成组试验法测定 $S-N$ 曲线时相同。但每组试样数量不少于6个。数据分散性小，试样可以少取一些，分散性大试样要多取一些。每级应力水平所需的最少试样个数 n 的确定：对于5%误差极限和99.9%存活率，根据变异系数 ν_x 的给定的置信度 γ 确定。最少试样个数n由下式确定：

$$\frac{\delta_{max}}{t_r\sqrt{\frac{1}{n}+u_p^2(\beta^2-1)}-\delta_{max}u_p\beta} \geqslant \frac{S}{X} \tag{2.6-19}$$

式中 δ——误差限度，一般取5%；

n——最少试样数；

β——标准差修正系数；

t_r——t 分布值；

u_p——与存活率有关的标准正态偏量。

在进行数据处理时，必须对可疑观察值进行合理取舍。

按对数正态分布绘制 $P-S-N$ 曲线的步骤如下：

（1）首先把同一应力水平下测得的疲劳寿命 N_i 按大小次序由小到大排列，并取相应的对数值。

（2）用下列公式计算各试样的存活率 P_i：

$$P_i = 1-\frac{i}{n+1} \tag{2.6-20}$$

（3）相关性检验，检验 P_i 与对数疲劳寿命 X_i 在正态概率坐标纸上是否为线性关系，以确定 X_i 是否服从正态分布。通常采用线性回归法计算相关系数 r，并由相关系数表查得 r_{min}，当 $r>r_{min}$ 时，疲劳寿命服从对数正态分布。

（4）由式(2.6-12)、式(2.6-13)计算出某一应力水平下对数疲劳寿命均值 X 和标准差 S。

（5）由 X、S 计算具有指定存活率 P 时的对数疲劳寿命：

$$\lg N_p = X + u_p S \tag{2.6-21}$$

（6）求出各应力水平下的 N_p，并拟合 $\lg\sigma-\lg N_p$ 直线方程，进行相关性试验。若 $\lg N_p$ 和 $\lg\sigma$ 线性相关，则可由 $\lg\sigma-\lg N_p$ 直线方程求出某一存活率 P 下的安全寿命 N_p，并绘制出 $P-S-N$ 曲线，见图2.6-7。

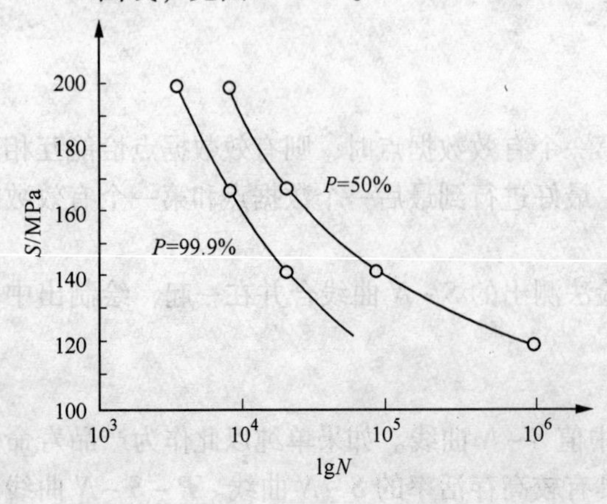

图2.6-7 材料的 $P-S-N$ 曲线

试验研究表明，疲劳寿命在长寿命区不服从正态分布。本手册中的有关数据采用“最小二乘法”估计威布尔分布三参数。由于威布尔分布参数估计较为复杂，目前尚没有统一的标准。因此，建议在测定 $P-S-N$ 曲线时，在 $N<10^6$ 周次的高应力区用成组试验法进行试验，在 $N\geqslant 10^6$ 循环周次的长寿命区用升降法进行试验。这样采用正态分布就可进行数据处理。

2. *疲劳极限*(fatigue limit)

对于碳钢、大多数合金结构钢和铸铁，

其疲劳曲线在 $N=10^7$ 周次后都变为水平，即当应力低于某一定值时，试样可以经受无限周次循环而不破坏，就把 $N=10^7$ 周次不破坏的最大应力取为它们的疲劳极限(fatigue limit)，用 σ_γ 表示。

有色金属和某些超高强度钢，其疲劳曲线在 $N=10^7$ 周次以后仍不出现水平线段，即没有无限寿命的疲劳极限。这时取 $N=5\times10^7$ 或 $N=10^8$ 周次不破坏的最大应力作为它的疲劳极限，称为条件疲劳极限(conditional fatigue limit)。

试验证明，对称循环的疲劳极限 σ_{-1} 和抗拉极限 R_m、屈服强度 R_{eL} 和断面收缩率 Z 等有一定的关系，受人们重视的经验公式有[6]：

对于钢：

$$\sigma_{-1}=CR_m \quad (2.6-22)$$

式中：C 为系数，其值在 0.35～0.55 之间，R_m 愈高，C 值愈接近下限。

$$\sigma_{-1}=0.25(R_{eL}+R_m)+5 \quad (2.6-23)$$

$$\sigma_{-1}=0.35R_m+12.2 \quad (2.6-24)$$

$$\sigma_{-1}=0.285(R_{eL}+R_m) \quad (2.6-25)$$

$$\sigma_{-1}=0.25S_k+4.3 \quad (2.6-26)$$

式中　S_K——真实抗拉强度。

$$\sigma_{-1}=0.25R_m(1+1.35Z) \quad (2.6-27)$$

对于铸铁、可锻铁和铜合金：

$$\sigma_{-1}=(0.3\sim0.4)R_m \quad (2.6-28)$$

$$\sigma_{-1}=(0.3\sim0.5)R_m \quad (2.6-29)$$

对于铝合金和镁合金：

$$\sigma_{-1}=(0.3\sim0.4)R_m \quad (2.6-30)$$

$$\sigma_{-1}=0.19S_k+2 \quad (2.6-31)$$

对于灰口铸铁：

$$\sigma_{-1}=(0.3\sim0.6)R_m \quad (2.6-32)$$

$$\sigma_{-1}=(0.4\sim0.55)R_m \quad (2.6-33)$$

在对称循环下，对于塑性金属：

$$\sigma_{-1P}=(0.6\sim1.0)\sigma_{-1} \quad (2.6-34)$$

式中　σ_{-1P}——对称拉压疲劳极限。

$$\tau_{-1P}=(0.4\sim0.8)\sigma_{-1} \quad (2.6-35)$$

式中　τ_{-1P}——对称扭转疲劳极限。

对于高强度结构钢，τ_{-1P} 和 σ_{-1} 实际上是相等的；

对于脆性和低塑性材料(例如铸铁)：

$$\tau_{-1}/\sigma_{-1}=0.75\sim0.95 \quad (2.6-36)$$

对于轻合金：

$$\tau_{-1}/\sigma_{-1}=0.5\sim0.6 \quad (2.6-37)$$

应当注意的是，不同的材料或材料的不同组织状态，疲劳极限和抗拉强度的比例关系可能在很宽的范围内变化。

3. 疲劳裂纹扩展速率(fatigue crack propagation rates)

疲劳破坏由裂纹的形成、扩展和断裂三个阶段组成。疲劳裂纹扩展速度 da/dN 可以用试验方法求得。研究表明，表征裂纹前端应力场强度的应力强度因子 K，是影响裂纹扩展的重要参量。

根据 GB 10623《金属材料　力学性能试验术语》，应力强度因子 K(stress intensity factor)是均匀线弹性体中特定型式的理想裂纹尖端应力场的量值。应力强度因子范围 ΔK(range of stress intensity factor)是一次循环中的最大与最小应力强度因子的代数差，即：

$$\Delta K = K_{max} - K_{min} \tag{2.6-38}$$

疲劳裂纹扩展门槛值 ΔK_{th}(threshoid in fatigue crack propagation)是已存在疲劳裂纹不发生扩展的应力强度因子值，在平面应变条件下，以 $10^{-6} \sim 10^{-7}$mm/次所对应的应力强度因子范围 ΔK 值表示。

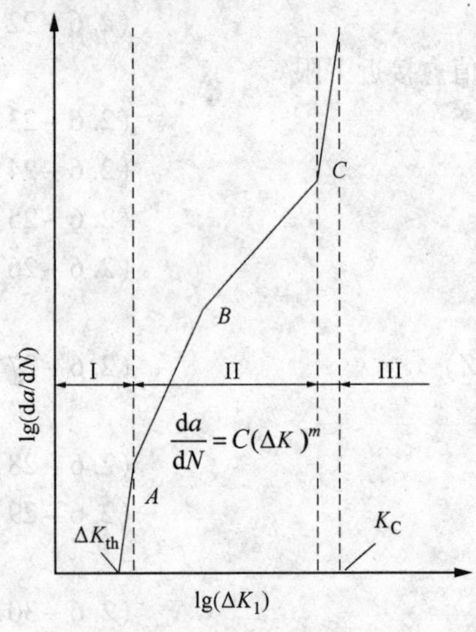

图 2.6-8　裂纹扩展速率示意图

恒幅疲劳载荷引起的裂纹扩展速率，称为疲劳裂纹扩展速率(fatigue crack growth rate)。以循环一次的疲劳裂纹扩展量表示，即疲劳裂纹在亚临界扩展阶段内，每一个应力循环下，裂纹沿垂直拉应力方向扩展的距离。

图 2.6-8 为裂纹扩展速率示意图(da/dN) - ΔK 关系图。在曲线的下端($da/dN = 0$ 处)，给出了 ΔK_{th} 值，即当外加应力强度因子幅度小于某一界限值 ΔK_{th}时，裂纹不再扩展，处于稳定状态。反之，当 $\Delta K > \Delta K_{th}$时，裂纹开始扩展。因此，ΔK_{th}称为“界限应力强度因子幅度”。图中，随着 ΔK_{th} 的小量增加，裂纹扩展速度急剧上升，由失稳扩展而发生断裂。曲线中间一段在双对数坐标下为直线关系，满足下述帕里斯(Paris)经验公式：

$$\frac{da}{dN} = c\,(\Delta K)^m \tag{2.6-39}$$

式中，c 及 m 是决定于材料的参数，对大多数金属材料，$m = 2 \sim 4$。

2.6.3　低周疲劳(low - cycle fatigue)

1. 概述

低周疲劳是材料在接近或超过其屈服强度的循环应力作用下，经 $10^2 \sim 10^5$次塑性应变循环而产生的疲劳。即材料在循环载荷作用下，高应力(接近或超过屈服强度)或高应变、低寿命(循环周次在 $10^4 \sim 10^5$以下)低周次加载的疲劳。

低周疲劳与高周疲劳的主要区别在于材料塑性变形程度不同。高周疲劳时，应力一般比较低，材料处于弹性范围，应力和应变成正比。低周疲劳则不同，由于循环应力很高，甚至可以超过材料的屈服强度，产生了比较大的塑性变形，所以应力和应变不成正比。

由于反复塑性应变在这种疲劳破坏中起着主要作用，低周疲劳主要考虑的参数是应变，通常也称为塑性疲劳或应变疲劳。在低周疲劳的每次循环中，材料都产生一定量的塑性应变，在这种情况下，断裂周次必然很低，一般在 $10^4 \sim 10^5$次以下。

2. 滞后回线(hysteresis diagram)

材料在低周疲劳过程中，其应力应变行为可用滞后回线表征，如图 2.6－9 所示。滞后回线是一次循环中的应力－应变回路。每一应力产生的总应变为：

$$\Delta\varepsilon_t = \Delta\varepsilon_e + \Delta\varepsilon_p \qquad (2.6-40)$$

式中　$\Delta\varepsilon_e$——弹性应变幅；

$\Delta\varepsilon_p$——塑性应变幅。

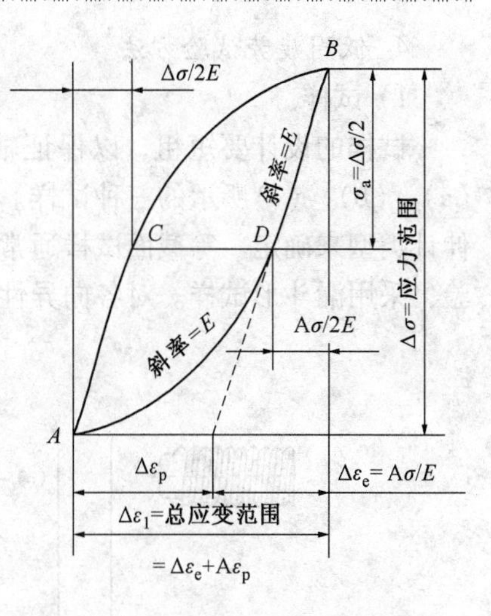

图 2.6－9　应力－应变滞后回线

显然，高、低周疲劳的区别主要取决于 ε_e 和 ε_p 的相对比例。在低周疲劳时 ε_e 起主导作用；而在高周疲劳范围内，$\Delta\varepsilon_e$ 起主导作用。

低周疲劳一般采用恒应变试验。在对称恒应变条件下，塑性应变幅度与断裂周次有如下关系：

$$\Delta\varepsilon_p N^a = c \qquad (2.6-41)$$

式中　a——材料塑性指数，一般取 0.5～0.7；

c——材料常数，取 $\frac{1}{2}\ln\frac{1}{1-\psi}$ ～ $\ln\frac{1}{1-\psi}$；　(2.6－42)

$\Delta\varepsilon_p$——塑性应变幅度；

N——疲劳断裂时的循环次数。

式(2.6－41)称为曼森－柯芬(Manson－Coffin)公式，是低周疲劳的基本关系式。当参量 a、c 已知，材料的应力－应变滞后回线能画出、$\Delta\varepsilon_p$ 可求得时，即可求得疲劳寿命 N。

比较高周疲劳和低周疲劳，前者弹性应变起主要作用，后者塑性应变起主要作用。因此高周疲劳应着重考虑材料的强度，高强度的材料具有高的高周疲劳极限；低周疲劳应着重考虑材料的塑性和韧性，高塑性高韧性材料具有高的低周疲劳极限。

3. 循环硬化和软化(cyclic hardening and softening)

金属材料在低周疲劳初期，由于循环应力的作用，会出现循环硬化和软化现象。当控制应变恒定进行低周疲劳试验时，发现其应力随循环次数而变化的现象。一种是应力随循环次数的增加而增加，然后达到稳定状态；另一种是应力随循环次数的增加而减小，然后达到稳定状态。反之，控制应力恒定试验时，应变也出现类似的变化。这种现象称为循环硬化和软化。

试验表明，循环硬化和软化的现象，一般在达到一定循环次数(总寿命的 20%～50%)后就趋于稳定。但也有个别情况在同一试验中出现几次硬化和软化现象，这可能与材料在循环载荷作用下的组织变化有关。

出现循环硬化或软化现象，取决于材料的原始状态、结构特征以及应变幅和温度等。一般来说，可以用以下方法判断材料为循环硬化或循环软化：

(1) 根据屈强比：

$R_{eL}/R_m < 0.7$　　循环硬化

$R_{eL}/R_m > 0.8$　　循环软化

$R_{eL}/R_m = 0.7 \sim 0.8$　　循环硬化或循环软化

(2) 根据应变硬化指数 n：

$n > 0.15$　　循环硬化

$n < 0.15$　　循环软化

4. 低周疲劳试验方法

1）试样

试样的设计要短粗，以保证轴向加载试验正常进行，不致受压失稳。推荐图2.6－10(a)、(b)、(c)所示的三种试样。选用哪种试样，应根据材料的各向异性和抗弯性及应变引伸计类型来确定。等截面试样通常用于约2%以内的总应变范围。大于2%总应变范围的试验，采用漏斗形试样。对各向异性的材料，应采用等截面试样。

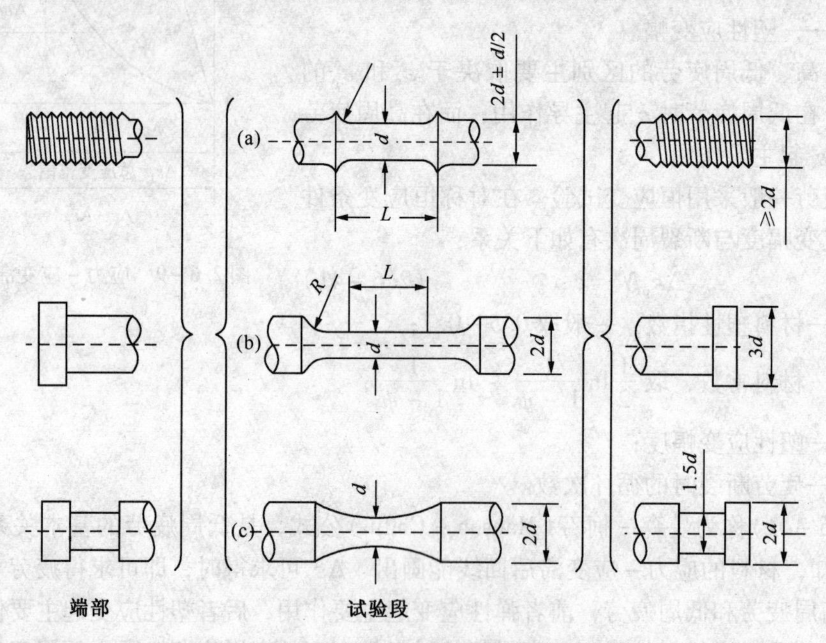

图2.6－10 低周疲劳试样

试样工作部分的最小直径 d 为6mm，其与夹持部分的同心度在0.01mm以内。

对于板状试样，其形状、尺寸可参照有关标准规定。

2）试验设备

（1）试验机 试验可在任何能控制载荷和变形的低循环疲劳试验机上进行。其载荷精度应符合有关标准要求。关于应力或应变控制的稳定性，相继两循环的重复性应在所试验应力或应变范围的1%以内，或平均范围的0.5%以内，整个试验过程稳定在2%以内。

（2）应变引伸计 由于疲劳试验的特点是试验周期长，因此，应配备适合长时间内动态测量和控制用的应变引伸计。其精度不低于±1%。试验时，可以根据试样形式选用轴向或径向引伸计。

3）试验条件

（1）试验环境温度 室温试验时，试样的温度变化不大于±2℃。高温试验时，试样工作部分的温度波动不大于±2℃，标距长度内的温度梯度应在±2℃以内。

（2）波形 在整个试验过程中，应变(应力)对时间波形应保持一致。在没有特定要求或设备限制时，除了对应变速度不敏感的测量外，控制应变的疲劳试验一般采用三角波，以保证在一个循环过程中其应变速率维持不变。

（3）应变速率或循环频率 在试验过程中，应变速率或循环频率应保持不变。所选择的应变速率或循环频率应足够低，以防止试样发热超过2℃，以及适应应变引伸计的频率响应特性。所以在控制应变的疲劳试验中，通常选用的循环频率在0.1～1Hz范围内。

4）试验方法

（1）应变－寿命曲线　不同的应变幅度ε_t与其对应的断裂循环周次$2N_f$之间建立起来的关系曲线称为应变－寿命曲线。图2.6－11为典型的总应变幅度与寿命关系曲线。

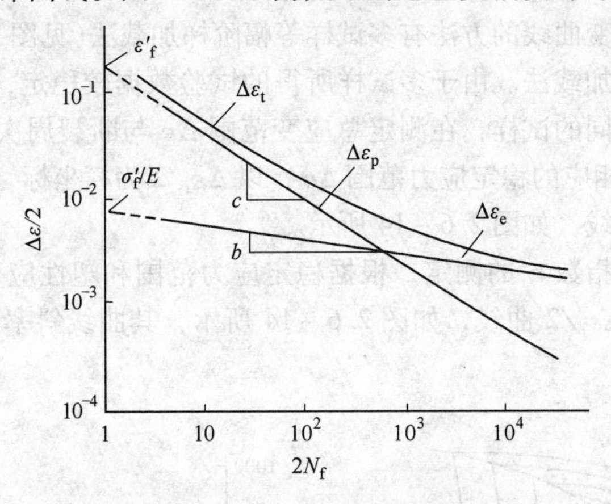

图2.6－11　应变－寿命曲线

总应变幅度等于弹性应变幅度与塑性应变幅度之和，为此可以根据材料力学理论，从总应变幅度$\Delta\varepsilon_t$中计算出弹性应变幅度$\Delta\varepsilon_e$和塑性应变幅$\Delta\varepsilon_p$，并相应地画出$\Delta\varepsilon_p-N$和$\Delta\varepsilon_p-N$曲线。在双对数坐标中上述两曲线都可近似地作为直线。其关系式分别为：

$$\Delta\varepsilon_t/2=(2N_f)^b\sigma'_f/E \tag{2.6-43}$$

$$\Delta\varepsilon_p/2=\varepsilon'_f(2N_f)^b \tag{2.6-44}$$

在式(2.6－43)中，当$2N_f=1$时的截距为σ'_f/E，直线斜率为b。式中σ'_f为疲劳强度系数，即在一次载荷反向($2N_f=1$)时的断裂应变；b为疲劳强度指数，对于软金属，其绝对值不超过0.12，随着材料硬度的增高，其值略有下降，最小值不低于0.05。

在式(2.6－44)中，当$2N_f=1$时的截距为ε_f'，直线斜率为C。式中ε_f'为疲劳塑性系数，即一次载荷反向($2N_f=1$)时的断裂应变；C称为疲劳塑性指数，其取值范围在0.5～0.7之间，对于给定的金属材料来说是一个常数。

由式(2.6－40)，总应变幅为：

$$\Delta\varepsilon_t/2=\sigma'_f/E(2N_f)^b+\varepsilon'_f(2N_f)^c \tag{2.6-45}$$

上式是Manson－Coffin公式的另一种表达形式，即总应变范围－寿命曲线。

测定$\Delta\varepsilon_t/2-2N_f$曲线(或$\Delta\sigma/2-2N_f$曲线)，一般需12～15根试样，选取$n$个一般范围(或应力范围)，分别测定其断裂循环周次，通过数据处理，可以得到应变范围与对应的断裂循环周次并绘制出$\Delta\varepsilon_t/2-2N_f$曲线。

由应变－寿命曲线，如图2.6－11，可计算出金属及其合金在所试条件下的疲劳塑性指数C、疲劳强度指数b、疲劳塑性系数ε_f'和疲劳强度系数σ_f。

（2）循环应力－应变曲线　在进行低周疲劳试验过程中，循环变形的金属材料在完成硬化(软化)过程之后进入相对稳定状态，此时相应的应力或应变幅也达到了一个稳定值。同时滞后回线的形状也不再改变。在控制应变或应力试验中，根据不同的应变(应力)幅值可以得到一组大小不同的稳定滞后回线，这就反映了整个加载过程中不同幅值的稳定行为。连接这些回线的顶点，得到一条曲线，如图2.6－12所示，即为循环应力－应变曲线。

循环加载的应力和应变关系为：

$$\Delta\sigma/2 = K'(\Delta\varepsilon_p/2)^{n'} \tag{2.6-46}$$

式中 n'——循环应变硬化指数，即曲线的斜率，其取值范围一般为0.10~0.20；

K'——循环强度系数，即曲线在纵坐标上的截距。

测定循环应力－应变曲线的方法有多试样等幅阶梯加载法(见图2.6－13)、单试样等幅阶梯加载法和变幅循环加载法。由于多试样所得的试验数据较稳定，是一种较常用的方法。即用一组材料和尺寸相同的试样，在测定总应变范围 $\Delta\varepsilon_t$ 与断裂周次 $2N_f$ 曲线时，根据不同的应变范围 $\Delta\varepsilon_t$ 可得到相应的稳定应力范围 $\Delta\sigma$，以 $\Delta\varepsilon_t/2$ 为横坐标，以 $\Delta\sigma/2$ 为纵坐标即可作出循环应力－应变曲线，如图2.6－14所示。

关于循环应变硬化指数 n' 的测定，根据稳定应力范围和塑性应变范围的数据，在双对数坐标上给出 $\Delta\sigma/2-\Delta\varepsilon_p/2$ 曲线，如图2.6－14所示，其曲线斜率即为所测材料的循环应变硬化指数。

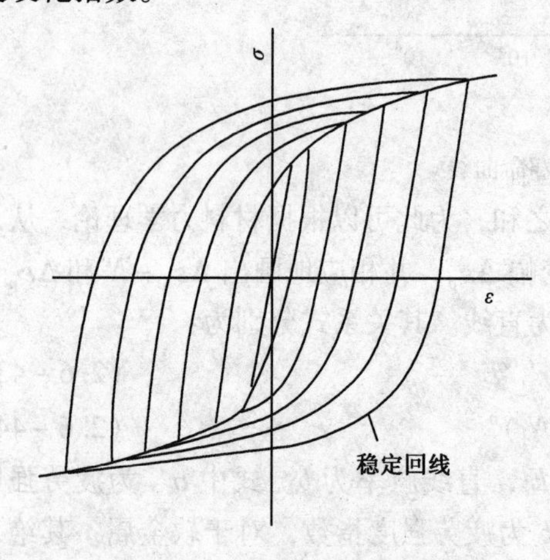

图2.6－12 循环应力－应变曲线

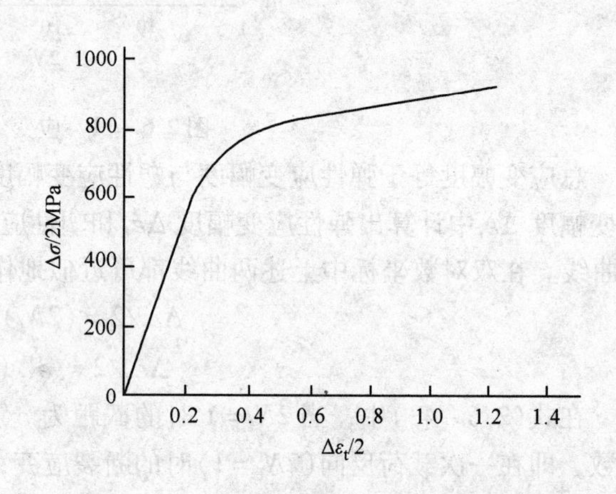

图2.6－13 多试样法测定循环应力－应变曲线

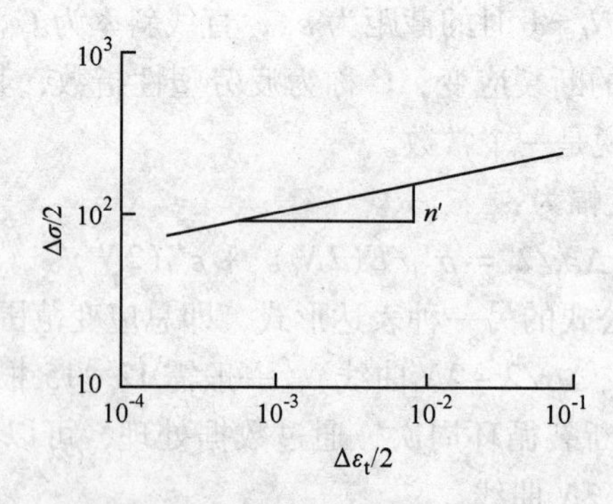

图2.6－14 $\Delta\sigma/2-\Delta\varepsilon_t/2$ 曲线

2.6.4 高温疲劳(high temperature fatigue)

材料在高温和循环应力作用下发生的破坏现象称为高温疲劳。在高温交变应力作用下的零件，往往不是产生蠕变断裂，而是出现疲劳断裂。高温疲劳强度是耐热钢的一个重要特性。通常把温度高于材料的蠕变温度(蠕变温度约等于 $0.3T_m$ ~ $0.5T_m$，其中 T_m 为以绝对温标表示的熔点温度)或高于再结晶温度时所发生的疲劳现象叫做高温疲劳。而高于室温，但低于蠕变温度时发生的疲劳现象叫中温疲劳。在中温环境中，金属材料的疲劳强度一般比室温有所降低，但降低不多。高于蠕变温度以后，疲劳强度急剧下降，这是因为试样已处于疲劳蠕变交互作用的缘故。

一般说来，金属材料在高温下没有明显的疲劳极限。高温疲劳强度是指在一定温度下一定循环次数内材料不发生断裂的最大交变应力。

高温疲劳试验主要是测定材料在高温条件下的疲劳极限 σ_r 和 $S-N$ 曲线(或 $P-S-N$ 曲线)。其试验方法与数据处理方法与室温疲劳试验相同。

2.6.5　低温疲劳(low temperature fatigue)

低温疲劳试验与高温疲劳相似，只是不将试样加热到高温而是冷却到所要求的试验温度，在低温下进行疲劳试验。

金属在低温下，强度提高而塑性降低。因此，低温下材料的常规疲劳强度与室温下相比，随温度的降低而升高。试验表明，无论在短寿命下还是在长寿命下，低温通常对光滑试样的等幅应力的 $S-N$ 曲线有利，使疲劳强度提高。但对缺口试样，在短寿命下，低温对等幅应力的 $S-N$ 曲线几乎没有影响；而在长寿命下，疲劳强度通常比室温下的稍高或与之相同。

对于低温周疲劳，由于这时塑性应变起主导作用，情况与高周疲劳相反，其疲劳性能随温度的降低而降低。

2.6.6　热疲劳(thermal fatigue)

热疲劳是温度循环变化产生的循环热应力导致的疲劳。

热机械疲劳(thermal mechanical fatigue)：温度循环与应变循环叠加的疲劳。

叶片、叶轮、转子、汽缸、锅炉热交换管等零件经常在温度急剧交变情况下工作，在这种反复加热和冷却的温度循环下，由于材料经受多次重复加热和冷却的循环变化，限制机件收缩、膨胀或具有温度梯度，使金属材料内部产生交变的热应力，同时伴随有弹塑性变形的循环，引起塑性变形逐渐积累损伤，最后导致破坏。由热疲劳引起的破坏称为热疲劳破坏。

热疲劳破坏是材料塑性变形积累损伤结果，但其破坏特征是脆性的。热疲劳裂纹一般在零件表面发生。由于温度交变的作用，导致材料组织变化，降低材料抗热疲劳性能。

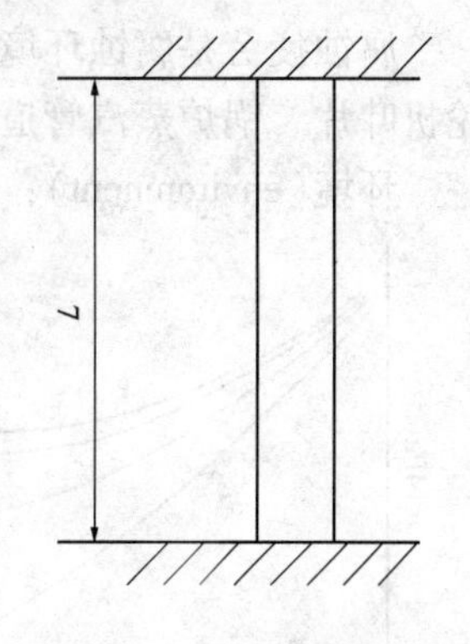

图 2.6-15　两端固定限制变形的杆

图 2.6-15 表示两端固定、长度为 L 的杆，温度由零上升到 T。假设杆的两端为自由端，a_1 为线膨胀系数，则杆的伸长量 ΔL 为：

$$\Delta L = a_1 TL \tag{2.6-47}$$

由于杆的两端固定，使杆不能自由伸长，故上述伸长量即为杆的压缩变形量，其压缩变形为：

$$\varepsilon = \frac{\Delta L}{L} = -a_1 T \tag{2.6-48}$$

由于温度升高而产生的压应力为：

$$\sigma = -aTE \tag{2.6-49}$$

式中：E 为弹性模量。这时即使不加外力，杆件也产生应力。这就是热应力。

由于在交变热应力作用下产生塑性变形循环，因此，热疲劳过程中材料的应力-应变关系可以用滞后环来表征。塑性应变幅和热应力循环周次符合曼森－柯芬经验公式(见“低周疲劳”一节)。公式中的 N 为破坏前的热应力循环周次。

热疲劳试验方法可以采用定性比较和定量测定法。其中定性比较法可以作为不同材料的热疲劳抗力相对比较之用，试验简单。这种方法仅以试样表面出现裂纹前的循环次数或者规定出现一定裂纹长度时的循环次数作为热疲劳抗力指标。定量测定法采用的试验装置最早是采用柯芬(L. F. Coffin)的热疲劳试验装置，它是模拟管道的工作状态而设计的，试验易于进行。但缺点是，试样产生的应变几乎唯一地取决于温差，而不能任意改变热循环和应变的关系。后来又研制了能够分别地以任意相位关系施加温度循环和机械应力循环的试验机，并且研究了平均应力和循环机械应力叠加时的热疲劳强度。

热疲劳试验可分为标准试样试验和模拟使用条件的实物试验两种。为了测定在循环条件下的材料强度，试验可在专用的热疲劳试验机上进行。一般采用高频感应加热使固定在试验机上的试样循环加热，再用压缩冷空气吹冷。加热和冷却速度均应小于20℃/s。最高和最低循环温度用焊在试样中部的热电偶测量。在试验过程中，保持规定的温度循环恒定，直到试样破坏为止，此时可确定破坏循环周次。

热疲劳的数据处理方法目前还没有统一的标准。常见的数据表示方法有：在约束系数 η 相同的条件下，以平均温度－寿命曲线($T_m - N$ 曲线)或以约束系数 η、温度幅度 ΔT 相同的条件下，以上限温度－寿命曲线($T_2 - N$ 曲线)表示等。上述的约束系数 η 表示试样上实际产生的应变幅 $\Delta\varepsilon$ 与温度循环所引起的自由伸长或收缩量 $a_1\Delta T$ 之比。

2.6.7 腐蚀疲劳(corrosion fatigue)

腐蚀疲劳是腐蚀环境和循环应力(应变)的复合作用所导致的疲劳。例如汽轮机和燃气轮机叶片、锅炉蒸汽管道等就常因腐蚀疲劳而破坏。

环境(environment)：包围试样试验部分的化学物质和能量的组合体。

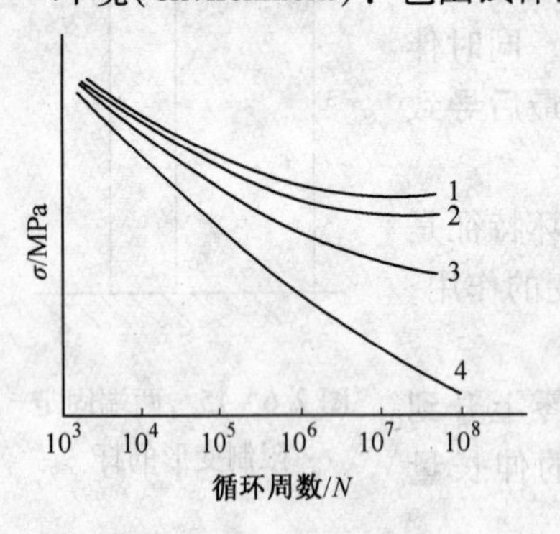

图2.6－16 在不同环境条件下的 $S-N$ 曲线
1—真空；2—空气；3—预腐蚀；4—腐蚀疲劳

对于腐蚀疲劳，按腐蚀介质的状态和性质可分为气相疲劳和水介质疲劳。严格说来，只有在真空中的疲劳才是纯疲劳。空气本身就是腐蚀介质。图2.6－16表示在不同条件下的疲劳性能。从图中可看出，在短寿命区，不同环境中的 $S-N$ 曲线几乎汇交于一点，这说明腐蚀的影响逐渐减弱。原因在于短寿命条件下没有充分的时间让腐蚀起作用。

腐蚀疲劳的 $S-N$ 曲线没有水平部分，即使在弱腐蚀介质如淡水中，试验得到的 $S-N$ 曲线也没有水平部分。因此腐蚀疲劳不存在无限寿命的疲劳极限，一般用条件疲劳极限来表达。

腐蚀介质和循环应力共同作用，能大大降低材料的疲劳强度。

腐蚀介质和循环应力先后作用产生的疲劳破坏现象，通常称为预腐蚀疲劳。预腐蚀对材料疲劳强度的影响取决于材料和腐蚀介质的性质以及试样在腐蚀介质中浸泡时间的长短；而腐蚀疲劳是指材料在腐蚀介质与循环应力同时作用下产生的疲劳破坏现象。

在腐蚀疲劳过程中，循环应力增强介质的腐蚀作用，而腐蚀介质又加快了循环应力下的疲劳破坏。

腐蚀疲劳与应力循环频率有密切关系。条件腐蚀疲劳极限与钢的静强度没有关系，主要由环境特性而定。

应力腐蚀只有在特定的介质环境中才产生，而腐蚀疲劳没有这个限制，在任何腐蚀环境和交变应力联合作用下，都会产生腐蚀疲劳断裂。甚至相对真空来说，空气也是一种腐蚀介质，在空气中的疲劳极限就比在真空中低。

应力腐蚀开裂有一临界应力强度因子，但腐蚀疲劳不存在临界应力强度因子，只要在腐蚀介质中有交变应力作用，腐蚀疲劳断裂总是会发生的。

提高零件腐蚀疲劳极限的措施主要有两方面：采用表面强化工艺如表面高频淬火、滚压、超声波处理、喷丸及氮化等；在零件表面上镀层，包括金属镀层和非金属镀层。

材料的腐蚀疲劳强度也取决于腐蚀介质的作用方式。例如，将试样泡在水介质中或连续喷淋时的疲劳强度要比间歇喷淋时高，见图2.6-17。这是因为在间歇喷淋介质过程中，空气中的氧助长了水介质的腐蚀作用而使金属的腐蚀疲劳强度降低。温度、腐蚀介质浓度和循环应力频率等对腐蚀疲劳都有很大的影响。

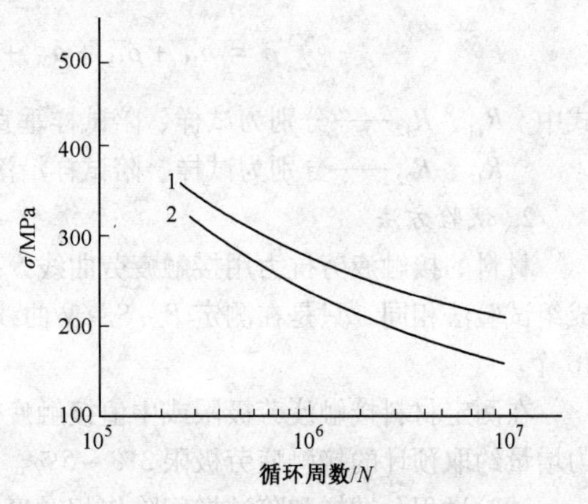

图2.6-17　腐蚀介质作用方式对疲劳强度的影响
1—连续喷淋；2—间歇喷淋

腐蚀疲劳试验方法和数据处理方法与室温试验相同。

2.6.8　接触疲劳(contact fatigue)

1. 概述

材料在循环应力作用下，产生局部永久性积累损伤，经一定的循环次数后，接触表面发生麻点，浅层或深层剥落的过程称为接触疲劳。

接触疲劳试验是一种模拟轴承、齿轮、轧辊、轮箍等滚动接触零件工况的失效试验。它是材料在循环接触应力作用下，产生局部永久性累积损伤，经一定循环周次后，接触表面发生麻点、浅层或深层剥落的过程，是工程疲劳中一种独特的类型。

接触疲劳试样有点接触和线接触两种。可根据试验目的和试验机类型加以选用。其相应的最大接触应力分别由下列公式计算：

点接触
$$\sigma_{\max} = \frac{1}{\pi a\beta}\sqrt[3]{\frac{3}{2}\frac{F\left(\sum\rho\right)^2}{\left[\frac{1-\mu_1^2}{E_1}+\frac{1-\mu_2^2}{E_2}\right]}} \tag{2.6-50}$$

线接触
$$\sigma_{\max} = \sqrt{\frac{F\left(\sum\rho\right)^2}{\pi L\left[\frac{1-\mu_1^2}{E_1}+\frac{1-\mu_2^2}{E_2}\right]}} \tag{2.6-51}$$

式中　F——试验力，N；

a、β——点接触变形系数，由辅助参数得：

$$\cos\tau = \left|(\rho_{11}-\rho_{12})+(\rho_{21}+\rho_{22})\right|/\sum\rho \tag{2.6-52}$$

μ_1、μ_2——分别为试样和陪试样泊松比；

E_1、E_2——分别为试样和陪试样弹性模量，MPa；

L——试样线接触长度，mm；

ρ——试样和陪试样接触处的主曲率，mm^{-1}；

$\sum\rho$——试样、陪试样主曲率之和，mm^{-1}；

$$\sum\rho = \rho_{11} + \rho_{12} + \rho_{21} + \rho_{22} = \frac{1}{R_{11}} + \frac{1}{R_{12}} + \frac{1}{R_{21}} + \frac{1}{R_{22}} \quad (2.6-53)$$

式中 R_{11}、R_{12}——分别为试样、陪试样垂直于滚动方向的曲率半径；

R_{12}、R_{22}——分别为试样、陪试样沿滚动方向的曲率半径。

2. 试验方法

材料的接触疲劳抗力用接触疲劳曲线 $S-N$(或 $P-S-N$)来描述。其试验方法与前述的成组试验法相同，只是在测定 $P-S-N$ 曲线时，一般每级应力水平下的有效试样数不少于16个。

在测定材料接触疲劳极限或中值接触疲劳强度时，一般在3～5级的应力水平进行，应力增量约取预计的接触疲劳极限3%～5%。每级应力水平下一般试验两个以上的试样。

试验过程，试样和陪试样间除作相对滚动外，还附有相对滑动，称为相对滑差。不同的滑差率对接触疲劳寿命影响很大。对于模拟滚动轴承的试验，选用5%的滑差率为宜；对于模拟齿轮等的试验，一般选用10%～20%左右的滑差率。

2.7 金属材料的腐蚀性能

2.7.1 概述

1. 基本概念

按照GB 10123《金属和合金的腐蚀 基本术语和定义》，腐蚀(corrosion)是金属与环境间的物理-化学相互作用(通常为电化学性质)，其结果是使金属的性能发生变化，并常可导致金属、环境或由它们作为组成部分的技术体系的功能受到损伤。

腐蚀剂(corrosive agent)：与给定金属接触并发生腐蚀的物质。

腐蚀环境(corrosion environment)：含有一种或多种腐蚀剂的环境。

腐蚀体系(corrosion system)：由一种或多种金属和对腐蚀有影响的环境整体所组成的体系。

腐蚀效应(corrosion effect)：腐蚀体系的任何部分因腐蚀而引起的变化。

腐蚀损伤(corrosion damage)：金属、环境或由它们作为组成部分的技术体系的功能遭受的有害腐蚀效应。

腐蚀产物(corrosion product)：由腐蚀形成的物质。

腐蚀深度(corrosion depth)：受腐蚀的金属表面某一点和其原始表面间的垂直距离。

腐蚀速率(corrosion rate)：单位时间内金属腐蚀效应的数值。腐蚀速率的表示方式取决于技术体系和腐蚀效应的类型。例如：可采用单位时间内腐蚀深度的增加或单位时间内单位表面积上腐蚀金属的失重或增重等来表示。腐蚀效应可随时间变化，且在腐蚀表面的各点上并不相同。因此除腐蚀速率数据外，应说明腐蚀效应的类型、位置及时间的依赖性。

腐蚀性(corrosivity)：给定的腐蚀体系内，环境对金属腐蚀的能力。

耐蚀性(corrosion resistance)：在给定的腐蚀体系中金属所具有的抗腐蚀能力。

耐候性(weathering resistance)：金属或覆盖层耐大气腐蚀的性能。

等腐蚀线(iso－corrosion line)：指腐蚀行为图中表示具有相同腐蚀速率的线。

点蚀系数(pitting factor)：最深腐蚀点的深度与由重量损失计算而得的“平均腐蚀深度”之比。

应力腐蚀门坎应力(stress corrosion threshold sterss)：在给定的试验条件下，导致应力腐蚀裂纹发生的临界应力强度因子值。

腐蚀疲劳极限(corrosion fatigue limit)：在给定的腐蚀环境中，金属经特定周期数或长时间而不发生腐蚀疲劳破坏的最大交变应力值。

防蚀(corrosion protection)：人为地对腐蚀体系施加影响以减轻腐蚀损伤。

缓蚀剂(corrosion inhibitor)：向腐蚀体系中添加适当浓度且不会显著改变任何其他腐蚀剂浓度而又能明显降低腐蚀速率的化学物质。

2. 腐蚀类型

电化学腐蚀(electrochemical corrosion)：至少包含一种电极反应的腐蚀。电化学腐蚀是指金属与电解质溶液相接触而引起的损坏，腐蚀过程是一种原电池的工作过程，使其中电位较负的部分遭腐蚀。包括金属在酸、碱、盐溶液，水和海水中的腐蚀，金属在潮湿空气中的大气腐蚀，地下管线的土壤腐蚀，以及不同金属接触处的电偶腐蚀等。

非电化学腐蚀(nonelectrochemical corrosion)：不包含电极反应的腐蚀。

气体腐蚀(gaseous corrosion)：在金属表面上无任何水相条件下，金属仅与气体腐蚀剂反应所发生的腐蚀。

大气腐蚀(atmospheric corrosion)：在腐蚀环境下，以地球大气作为腐蚀环境的腐蚀。

海洋腐蚀(marine corrodion)：在海洋环境中所发生的腐蚀。

土壤腐蚀(soil corrosion，underground corrosion)：在环境温度下，以土壤作为腐蚀环境的腐蚀。

均匀腐蚀(uniform corrosion)：在与腐蚀环境接触的整个金属表面上几乎以相同速度进行的腐蚀。即在金属材料的整个暴露表面上，均匀地发生化学腐蚀或电化学腐蚀，使金属宏观地变薄的破坏形式。这是最常见的腐蚀损坏形式。例如钢材的大气腐蚀，碳钢和低合金钢在海水中的全浸腐蚀，金属的氧化以及金属在某些酸中的溶解等。

局部腐蚀(localized corrosion)：在与环境接触的金属表面上局限于某些区域发生的腐蚀，常以点坑、裂纹、沟槽等形式出现。

沟状腐蚀(groovy corrosion，grooving)：具有腐蚀性的某种腐蚀产物由于重力作用流向某个方向时所产生的沟状局部腐蚀。

点蚀(pitting corrosion)：产生点状的腐蚀，且从金属表面向内部扩展，形成孔穴。

缝隙腐蚀(crevice corrosion)：由于狭缝或间隙的存在，在狭隙内或近旁发生的腐蚀。

选择性腐蚀(selective corrosion)：某些组分不按其在合金中所占的比例进行反应所发生的合金腐蚀。

晶间腐蚀(intergranular corrosion)：沿着或紧挨着金属的晶粒边界发生的腐蚀。

磨损腐蚀(erosion－corrosion)：由磨损和腐蚀联合作用而产生的材料破坏过程。

腐蚀疲劳(corrosion fatigue)：由金属的交变应变和腐蚀联合作用产生的材料破坏过程。即当金属在腐蚀环境中遭受周期应变时，可发生腐蚀疲劳并导致破裂。

应力腐蚀(stress corrosion)：由残余或外加应力导致的应变和腐蚀联合作用所产生的材料破坏过程。

应力腐蚀破裂(stress corrosion cracking，SCC)：由应力腐蚀所产生的材料破裂。

龟裂(crazing)：系表面产生的网状细裂纹。

穿晶破裂(transgranular cracking)：腐蚀裂纹穿过晶粒而扩展。

晶间破裂(intergranular cracking)：腐蚀裂纹沿晶界而扩展。

硫化物应力腐蚀破裂(sulfide stress corrosion cracking，SSCC)：金属在含硫化物(特别是硫化氢 H_2S)环境中所发生的应力腐蚀破裂。

氢脆(hydrogen embrittlement)：由于吸氢，使金属韧性或延性降低的过程。例如，由于腐蚀或电解，往往伴随氢的产生而发生氢脆，有时导致断裂。

氢鼓泡(hydrogen blister，HB)：由于金属中过高的氢内压使金属在表面或表面下面形成鼓泡的现象。

氢致破裂(hydrogen induced cracking，HIC)：在应力下金属由于吸氢所导致的破坏过程。

氢蚀(hydrogen attack)：高温下(约200℃以上)氢和钢中的渗碳体(Fe_3C)发生还原作用生成甲烷而导致沿晶界腐蚀的现象。

脱碳(decarburization)：钢或铸铁表面在高温气体中失碳的现象。

热腐蚀(hot corrosion)：金属表面由于氧化及硫化物或其他污染物(如氯化物)反应的复合效应而形成熔盐，使金属表面正常的保护性氧化物溶解、离散和破坏，导致表面加速腐蚀的现象。

辐照腐蚀(radiation corrosion)：金属在遭受辐照的腐蚀环境中所发生的腐蚀。

3. 腐蚀试验类型

腐蚀试验(corrosion test)：为评定金属的腐蚀行为、腐蚀产物污染环境的程度、防蚀措施的有效性或环境的腐蚀性所进行的试验。

加速腐蚀试验(accelerated corrosion test)：在比实用条件苛刻的条件下进行的腐蚀试验，目的是在比实用条件更短的时间内得出相对比较快的结果。

大气暴露试验(atmospheric exposure test)：将试样暴露在自然大气环境中的腐蚀试验。

盐雾试验(salt spray test)：将试样置于氯化钠(NaCl)等溶液制成的雾状环境中所进行的腐蚀试验。

慢应变速率应力腐蚀破裂试验(slow strain rate SCC test)：在慢应变速率下进行试样的可控拉伸应力腐蚀破裂试验。

恒应变应力腐蚀破裂试验(constant strain SCC test)：对试样施加固定的变形量所进行的应力腐蚀破裂试验。

恒载荷应力腐蚀破裂试验(constant load SCC test)：对试样施加固定载荷的应力腐蚀破裂试验。

抗高温氧化试验(test of resistance to high temperature oxidation)：在气体成分、压力等固定的高温条件下，测定金属材料抗氧化性的试验。

2.7.2 应力腐蚀和腐蚀疲劳

1. 应力腐蚀破裂(stress corrosion cracking，SCC)

金属材料在持久拉应力和腐蚀介质的共同作用下出现的脆性开裂称为应力腐蚀。有不少机器零件是在腐蚀介质中工作的，在长期腐蚀介质和拉伸应力(包括残余应力)的作用下，往往发生低应力脆断。在应力腐蚀下的零件，其裂纹很细小，表面上只能看到轻微的痕迹。裂纹沿晶或穿晶扩展，并存在大量二次裂纹。主裂纹通常垂直于应力方向，多数情况下有分支。裂纹端部尖锐。裂纹内壁及金属外表面的腐蚀程度通常很轻微。裂纹端部的扩展速度很快，断口具有脆性断裂的特征。

一般说来，材料的强度愈高其应力腐蚀开裂的敏感性愈大。例如，碳钢在大气中，没有应力腐蚀开裂倾向，但是低合金高强度钢在同样的环境中，在相当低的应力水平下就很容易产生应力腐蚀开裂。

临界应力强度因子 K_{ISCC}：应力腐蚀裂纹的扩展速率主要受裂纹尖端的应力强度因子 K_I 控制。当 $K_I < K_{ISCC}$ 时，裂纹实际上不扩展。K_{ISCC} 称为应力腐蚀临界应力强度因子。它是用断裂力学来描述材料在某一特定介质中抗应力腐蚀断裂的特征参量，其物理意义是含有宏观裂纹的参量在腐蚀条件下的断裂韧性。

为了提高零件抗应力腐蚀能力，可以采取下面的措施：应力方面，由于应力腐蚀开裂敏感性随拉应力的增加而增加，因此应把材料表面的拉应力降到低于材料的应力界限值，如采用退火工艺和喷丸处理等。环境介质方面，尽量减少或消除助长开裂的化学离子，在腐蚀介质中添加防腐蚀剂，以减慢或消除环境对材料的腐蚀开裂作用。材料方面，选用在该环境下对应力腐蚀较不敏感的材料，或采用保护镀层、阴极保护等。

2. 腐蚀疲劳

腐蚀疲劳是指金属材料受腐蚀介质和交变应力的联合作用而引起的破损现象。特点是产生腐蚀坑和大量裂纹，以使金属的疲劳极限不复存在。裂纹多半为穿晶裂纹，一般不分支。裂纹端部较钝，断口大部分为腐蚀产物所覆盖，小部分呈脆性破坏，断口上可以看到疲劳辉纹。

2.7.3　应力腐蚀试验方法

1. 恒变形法(constant deformation method)

恒变形法是给予试样一定的变形，对它在试验环境中的开裂敏感性进行评定的方法。常用加载方式有三种：

1) 弯梁法　这是给予长方形试样以一定的弹性变形的方法。按照支点的数目有二支点、三支点、四支点弯梁法。图 2.7-1(a) 为三支点弯梁法。把长方形试样(例如：75mm × 10mm × 2mm)装上夹具后，其中心部分形成一定的挠曲，由于具有三个支点，应力值由中心部分向两端逐渐变小。试样表面的最大应力值可由下式求得：

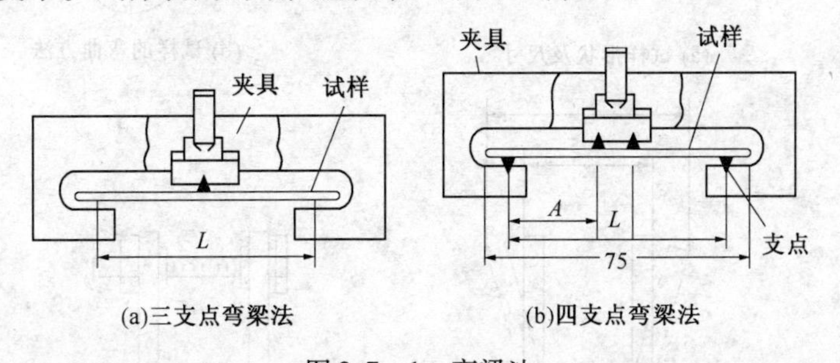

图 2.7-1　弯梁法

$$\sigma = EtY/L^2 \tag{2.7-1}$$

式中　σ——最大应力值，MPa；

E——弹性模量，MPa；

t——试样厚度，mm；

Y——挠曲量，mm；

L——支点间距离，mm。

图2.7-1(b)为四支点弯梁法，因在中心区域有两个支点，试样的中央部分所承载的为均一应力。表面的最大应力值由下式求得：

$$\sigma = 12EtY/(3L^2 - 4A^2) \quad (2.7-2)$$

式中 L——外侧支点间的距离，mm；

A——内侧支点间的距离，mm。

2）C形环法　将图2.7-2所示的环状试样的中部用螺栓螺母拧紧以加载应力。在顶端部分可造成最大的应力。该法的优点是能正确地施加负载应力。其值可由下式求出：

$$\Delta = (外径)_0 - (外径) \quad (2.7-3)$$

$$= \sigma \pi D^2 / 4EtZ \quad (2.7-4)$$

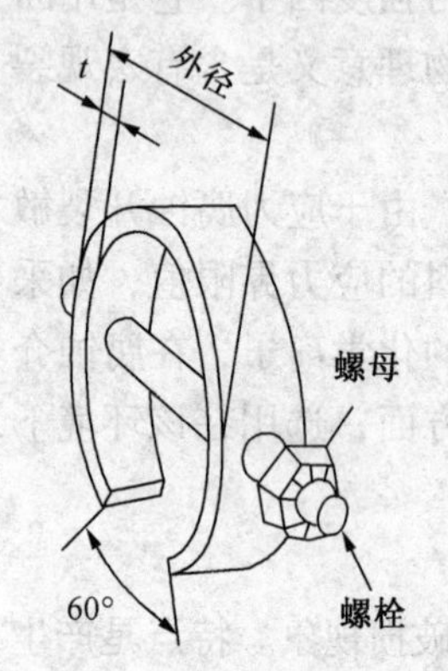

图2.7-2　C形环法

式中 Δ——应力加载前后的外径变化；

σ——应力值，MPa；

t——厚度，mm；

D——平均直径，D = 外径 - t，mm；

Z——修正项；

E——弹性模量，MPa。

3）U形弯曲法　U形弯曲法是应用最为广泛的一种简便方法。如图2.7-3(d)试样弯曲成U形，拧上螺栓螺母，就能把拉伸应力加至试样的外侧面。设想其应力应变曲线如图2.7-4所示。因试样起初弯成U形，应力值先到达A点，后又被释放，弹性变形恢复到C点。如果用螺栓、螺母再拧紧固定，在试样的外侧面可加载相当于D点的拉伸应力，此时所加载的应力接近于加工硬化后的屈服点。

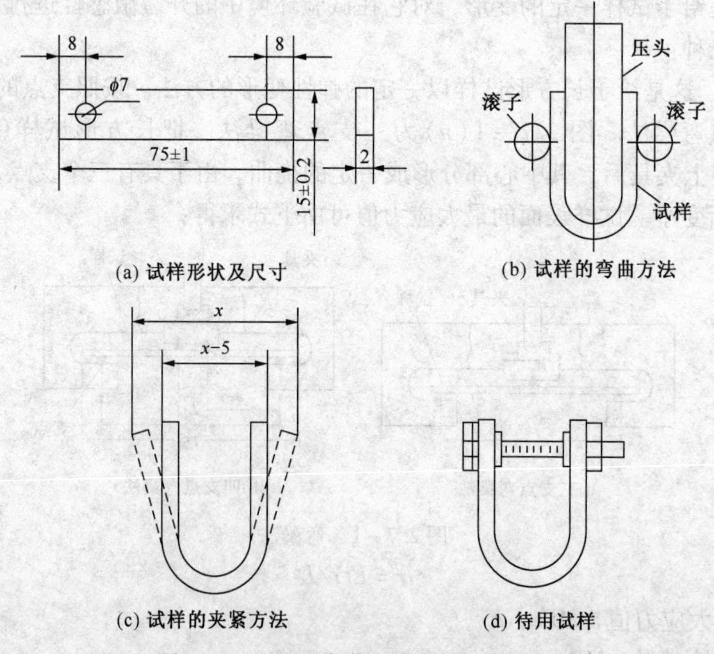

图2.7-3　U形弯曲试样及其加载方法

2. 恒载荷法(constant load method)

恒载荷法是把单轴拉伸型的试样沿轴向加载应力，在腐蚀介质中试验，比较断裂时间的长短，或利用应力与断裂时间的关系曲线来求出应力腐蚀破裂的临界应力σ_{SCC}(或极限应力σ_{th})。

3. 慢应变速率法(slow strain rate test，SSRT)

对于应力腐蚀破裂过程的进行，应变速率是很重要的，过慢或过快，裂纹都不会扩展。慢应变速率试验法是在专门设计的慢应变速率应力腐蚀试验机上，使试样在腐蚀介质中以一定的应变速率(通常为$10^{-4}\sim10^{-8}$/s 拉伸，直至断裂，分析试样的破断情况和断口特征等，以评定其应力腐蚀破裂敏感性。

慢应变速率法试验装置是通过电动机和齿轮组合的装置把拉伸应力施加于试样，由传感器测定应力应变的变化情况，求出在大气中(或油中、惰性气体中)和在试验溶液中的应力-应变曲线。

图2.7-5表明，开裂敏感性的评定可根据应变量的比($\varepsilon_{SCC}/\varepsilon_0$)最大应力值的比($\sigma_{max}/\sigma_{0max}$)、面积比($A_{SCC}/A_0$)、应力腐蚀破裂的断口率(SCC断口/全断口)等项来进行。应注意不同的评定方法所获得的结论之间的差异。此外，也有按照敏感性指数I来评定的：

$$I=(\sigma_{0max}/\sigma_{max})/\sigma_{0max} \tag{2.7-5}$$

式中　σ_{0max}——大气或油中的最大应力值；

σ_{max}——在腐蚀溶液中的最大应力值。

也可根据试样断面收缩率来评定。

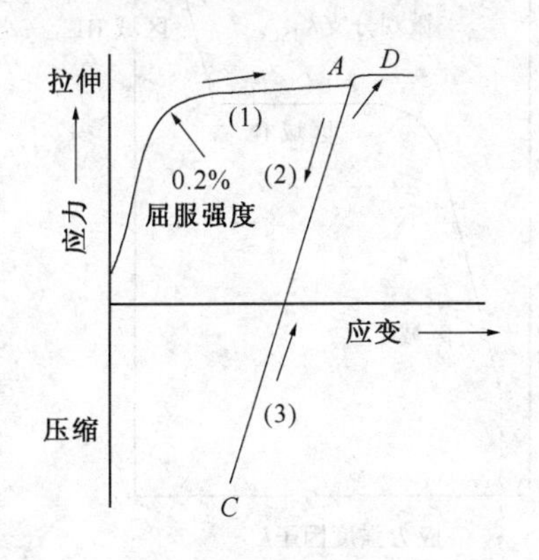

图2.7-4　U形弯曲法测定的应力-应变曲线

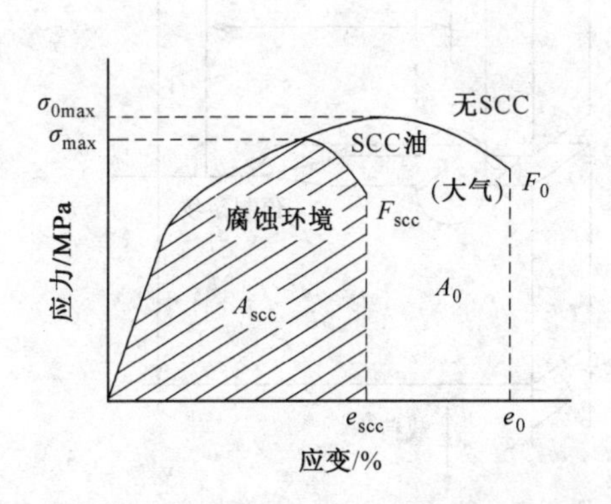

图2.7-5　用慢应变速率法评定应力腐蚀开裂敏感性

本方法是测定表观裂纹扩展速率的优良方法。实际的应力腐蚀破裂多需很长时间才能发生，此试验则是强制性地使裂纹萌生和扩展。另外，按此方法所得到的是对应于高载荷应力的试验结果，在评定破裂敏感性时，应考虑上述情况。该法能在短期内对各钢种的应力腐蚀敏感性作出评定，从这方面看，这是一种优良的试验方法。

4. 断裂力学试验方法

为了测定应力腐蚀裂纹扩展速率，可使用楔形张开加载(wedge opening loading specimen，WOL)型试样进行研究。试样形状见图2.7-6，对预先制有裂纹的试样给以各种K值，测定裂纹停止扩展的临界值K_{ISCC}。其中K_I的计算公式为：

$$K_{\mathrm{I}} = \frac{Pa}{BH^{3/2}}\left[3.46 + 2/38\frac{H}{a}\right] \tag{2.7-6}$$

式中 P——载荷，N；

a——裂纹尖端至加载点的距离，mm；

B——试板厚度，mm；

H——试板半宽，mm。

图 2.7-7 表示应力强度因子 K_{I}与裂纹扩展速率 $\mathrm{d}a/\mathrm{d}t$ 的关系。曲线分三个区域，第 I 区域中裂纹扩展速率和应力强度因子密切相关。在第二区域内，裂纹扩展速率 $\mathrm{d}a/\mathrm{d}t$ 因裂纹产生分支而保持定值，与 K_{I}无关。在第三区域则产生机械性破坏。

该方法最初适用于高强度钢，以后逐渐扩大应用于柔韧的奥氏体不锈钢。本方法所得到的信息和表观裂纹扩展有关。由 K 减少型试样所得到的结果与恒变形试验结果可互为对应。

该方法存在的问题是必须在有限的时间内求出 K_{ISCC}，与长期试验相比较，其结果可能有较大差异。另外，为了满足平面应变的条件，应对试样的厚度加以限制。

此外，在实验室中，也常采用悬臂试验机对预裂纹试样进行应力腐蚀试验，可测定 K_{ISCC}及 $\mathrm{d}a/\mathrm{d}t$。

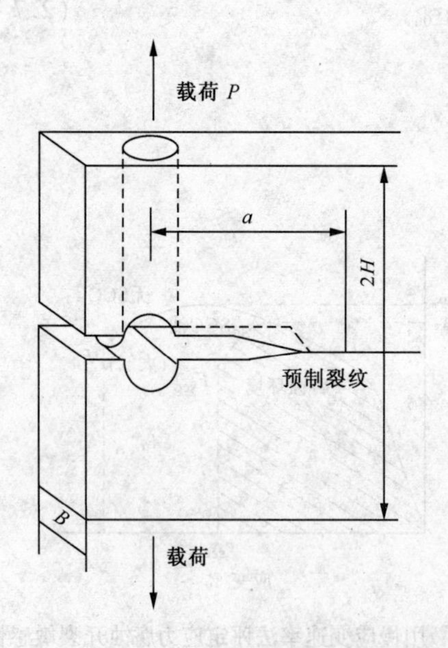

图 2.7-6 WOL 型应力腐蚀开裂试样

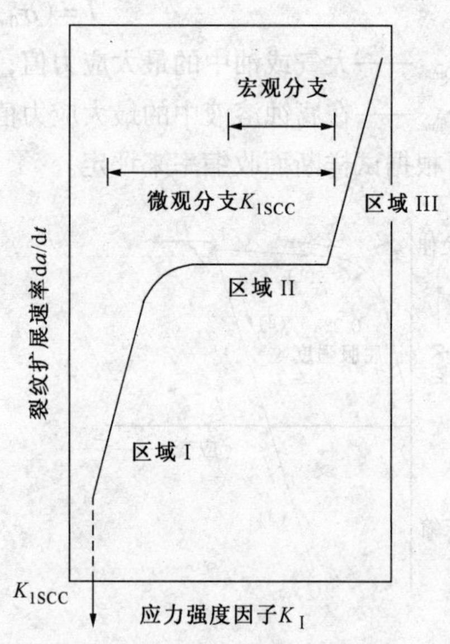

图 2.7-7 应力强度因子与裂纹扩展速率的关系

5. 各种试验方法的比较

图 2.7-8 中示意地表示了应力、应变随时间的变化。在 U 形弯曲试验中，加载应力后，随着裂纹的扩展，应力值减小，在应变量保持不变的条件下直至最终断裂。采用恒载荷法时，在开裂的进行过程中应变量和应力值都增加，直至发生断裂。在慢应变速率试验过程中，应变量始终以线性形式增加，应力值也随时间而增加。因此，按照不同的试验方法，应力、应变的变化情况也是不同的。在将实验室试验结果与实际环境中的情况作比较时，必须对此加以考虑。

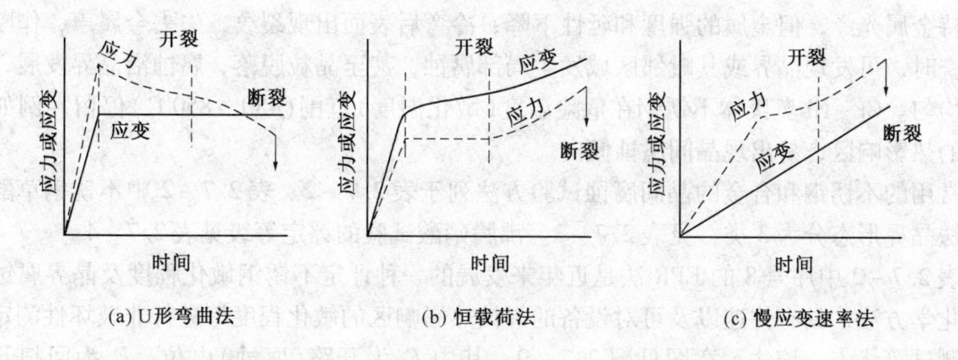

图 2.7-8　各试验方法中应力、应变随时间的变化

各试验方法的特征列于表 2.7-1。因为各种试验方法的评定对象和优缺点各不相同，所以应选用合乎要求的试验方法，尤其是必须充分考虑到实验室加速试验和实际环境有无对应性的问题，但对此目前尚缺乏系统的研究。

表 2.7-1　应力腐蚀开裂试验方法的特点

试验方法	评定方法	优　点	缺　点
恒变形法	1. 发生断裂时间 T 2. 裂纹深度 3. 一定时间内出现裂纹的数目	1. 便于作为筛选试验 2. 可同时进行多个试样的试验 3. 易在实际环境中进行试验	1. 力学条件不明确 2. 定量化困难 3. 作为设计数据难于使用
恒载荷法	1. 断裂时间 2. 临界应值 σ_{SCC} 或 σ_{th} 3. σ_{th}/σ_y	1. 能由断裂时间作出定量评定 2. 力学条件明确	1. 出现裂纹后变形速度就显著增大，有时不能检测出开裂的敏感性 2. 设备价格昂贵
慢应变速率法	1. 断裂时间 2. 最大应力值 σ_{max} 3. SCC 断面率 4. 断面收缩率	1. 可在短期内作出评定 2. 能得到有关裂纹扩展方面的信息	1. 忽视了裂纹的发生过程 2. 不能同时进行多个试样的试验 3. 设备价格昂贵
断裂力学法	1. K_{ISCC} 2. da/dt	1. 能得到有关裂纹扩展方面的信息 2. 力学条件明确（K_{ISCC} 等值可用于强度设计）	1. 不能获得裂纹发生过程的任何信息 2. 试样加工费用高

我国已发布实施部分应力腐蚀试验国家标准，包括：

GB/T 4157《金属在硫化氢环境中抗特殊形式环境开裂试验室试验》，是在含有硫氢的酸性水溶液中，用恒载荷拉伸法对金属进行抗开裂破坏性能的试验方法。

YB/T 5362—2006《不锈钢在沸腾氯化镁溶液中应力腐蚀试验方法》，是采用恒载荷拉伸法及 U 形弯曲法试验不锈钢在沸腾 42% $MgCl_2$ 溶液中应力腐蚀破裂敏感性的方法。

YB/T 5344—2006《铁-铬-镍合金在高温水中应力腐蚀试验方法》，是采用 U 形弯曲试样或 C 形环试样对奥氏体不锈钢、铁镍基合金、镍基合金在高温高压水中应力腐蚀破裂敏感性进行试验的方法。

GB/T 15970—2007《金属和合金的腐蚀　应力腐蚀试验》是对金属和合金进行应力腐蚀试验的方法。

2.7.4　晶间腐蚀

晶间腐蚀是沿金属晶粒边界发生的腐蚀现象。特点是金属的外形尺寸几乎不变，大多数仍保持金属光泽，但金属的强度和延性下降，冷弯后表面出现裂纹，失去金属声，作断面金相检查时，可发现晶界或其毗邻区域发生局部腐蚀，甚至晶粒脱落，腐蚀沿晶界发展，扩展较为均匀。Cr－Ni奥氏体不锈钢在危险温度(敏化温度)范围(450～850℃)停留，例如焊接接头的热影响区，易出现晶间腐蚀倾向。

常用的不锈钢和合金的晶间腐蚀试验方法列于表2.7－2。表2.7－2中不锈钢草酸电解浸蚀法晶界形态分为3类，见表2.7－3。沸腾硝酸试验的评定等级见表2.7－4。

表2.7－2中序号8的EPR法是近年来发展的一种评定不锈钢敏化程度及晶界腐蚀倾向的电化学方法，具有快速以及可对设备的焊接热影响区的敏化程度等进行非破坏性测定甚至现场测试等优点。该法示意图见图2.7－9，其中E_C为开路(腐蚀)电位，E_P为回扫开始电位，i_a为由$E_C \to E_P$正扫时的最大电流密度，i_r为逆扫时的最大电流密度。

表2.7－2　常用的晶间腐蚀试验方法

序号	试验方法	国标编号	溶液组成	试验操作方法	评定方法	适用钢种及检测对象
1	草酸电解浸蚀试验	GB/T 4334	10%草酸($100gH_2C_2O_42H_2O$+900mL蒸馏水)	20～50℃，在1A/cm^2电流密度下，阳极浸蚀1.5min	在200～500倍显微镜下观察(按规定评定标准分类，见表2.7－4)	奥氏体不锈钢，检测各种碳化物
2	硫酸－硫酸铁试验	GB/T 4334	50% H_2SO_4 600mL +25g$Fe_2(SO_4)_3$	暴露于沸腾溶液中120h	腐蚀率g/(m^2·h)	奥氏体不锈钢的贫铬区及某些合金的σ相
3	沸腾硝酸试验	GB/T 4334	65% ±0.2%(质量百分比)HNO_3	48h沸腾试验为一周期，共计5个周期	5个试验周期的平均腐蚀率g/(m^2·h)或mm/a	奥氏体不锈钢，检测贫铬区、σ相及碳化物
4	硝酸－氢氟酸试验	GB/T 4334	10% HNO_3 +3% HF	暴露于70℃试验溶液中，2h为一周期，共计2个周期	同种材料交货状态与试验室热处理状态下腐蚀速率的比值	含钼奥氏体不锈钢的贫铬区
5	硫酸－硫酸铜试验	GB/T 4334	100mLH_2SO_4 +100g $CuSO_4$+蒸馏水稀释至1000mL+铜屑	在沸腾溶液中暴露16h	弯曲180°(铸钢件90°)后观察有无裂纹	奥氏体不锈钢及奥氏体－铁素体不锈钢的贫铬区
6	盐酸试验	—	10% HCl	在沸腾溶液中暴露24h	1. 弯曲后观察有无裂纹 2. 腐蚀速率g/(m^2·h)	适用于哈氏合金(Hastelloy)
7	硝酸－Cr^{6+}试验	—	5mol/L HNO_3 +0.25mol/L $K_2Cr_2O_7$	沸腾溶液中试验4h为一周期，共计2周期	1. 腐蚀速率g/(m^2·h) 2. 金相检查	适用于晶粒边界溶质偏析引起的晶间腐蚀
8	EPR试验(电化学再活化法试验)	日本标准 JISG 0580－1986	0.5mol/LH_2SO_4 + 0.01mol/LKSCN(脱气溶液)	30℃ ±1℃，电位扫描度为100mV/min ±5mV/min，回扫电位为E_p=0.3V	再活化率=i_r/i_a×100%，见图2.7－9	奥氏体不锈钢，检测贫铬区

表 2.7-3　草酸法浸蚀后的组织特征和级别评定

评定级别	组织特征	评定级别	组织特征
1	晶界没有腐蚀沟槽，晶粒间呈台阶状	3	晶界有腐蚀沟槽，个别或大部分晶粒已被腐蚀沟槽所包围
2	晶界有腐蚀沟槽，但没有一个晶粒被腐蚀沟槽所包围		

表 2.7-4　金属耐蚀性能的三级标准

耐蚀性级别	腐蚀率/(mm/a)	耐蚀性评定
1	<0.1	耐蚀
2	0.1~1.0	可用
3	>1.0	不可用

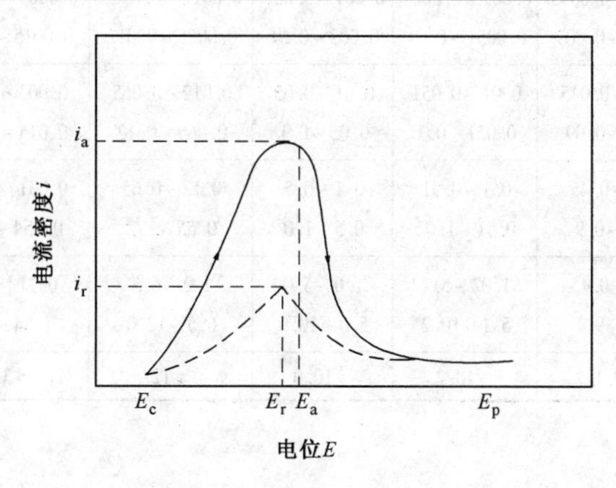

图 2.7-9　电化学再活化法

i_a—最大电流密度(阳极)；i_r—最大电流密度(逆向)；$i_r/i_a \times 100\%$ = 再活化率

2.7.5　耐腐蚀性

金属材料抵抗周围介质破坏的能力，称作金属的耐腐蚀性。金属的耐腐蚀性通常用腐蚀速度或腐蚀率作为评定的主要指标。腐蚀速度通常是指金属材料在腐蚀介质中，单位时间内在单位面积上的重量损失，单位为 mg/(dm^2·d)。腐蚀率又称腐蚀深度，单位为 mm/a。计算公式如下：

$$K = \frac{W_0 - W}{St} \qquad (2.7-7)$$

式中　K——腐蚀率，g/(m^2·h)；

S——试验前试样表面积，m^2；

t——试验时间，h；

W_0——试验前试样的质量，g；

W——试验后试样的质量，g。

腐蚀率也可用腐蚀深度 R 来表示，R 和 K 的关系如下：

$$R = 8.76\,\frac{K}{D} \qquad (2.7-8)$$

式中 R——腐蚀率，mm/a；

D——金属的密度，g/cm³。

按照腐蚀速率评定金属的耐腐蚀性能，作为简易的评定，有如下三级标准，如表2.7-4所示。作为精细的评定，有十级标准，见表2.7-5。表列评定金属耐蚀性的方法，仅对均匀腐蚀适用，对其他腐蚀类型不适用。

表2.7-5 金属耐蚀性能的十级标准

耐蚀性类别	腐蚀速度/(mm/a)	失重/[g/(m²·h)]						耐蚀等级
		铁基合金	铜及铜合金	镍及镍合金	铅及铅合金	铝及铝合金	镁及镁合金	
完全耐蚀	<0.001	<0.0009	<0.001	<0.001	<0.0012	<0.0003	<0.0002	1
很耐蚀	0.001~0.005	0.0009~0.0045	0.001~0.0051	0.001~0.005	0.0012~0.0065	0.0003~0.0015	0.0002~0.001	2
	0.005~0.01	0.0045~0.009	0.0051~0.01	0.005~0.01	0.0065~0.012	0.0015~0.003	0.001~0.002	3
耐蚀	0.01~0.05	0.009~0.045	0.01~0.051	0.01~0.05	0.012~0.065	0.003~0.015	0.002~0.01	4
	0.05~0.1	0.045~0.09	0.051~0.1	0.05~0.1	0.065~0.12	0.015~0.031	0.01~0.02	5
尚耐蚀	0.1~0.5	0.09~0.45	0.1~0.51	0.1~0.5	0.12~0.65	0.031~0.154	0.02~0.1	6
	0.5~1.0	0.45~0.9	0.51~1.02	0.5~1.0	0.65~1.2	0.154~0.31	0.1~0.2	7
欠耐蚀	1.0~5.0	0.09~0.45	1.02~5.1	1.0~5.0	1.2~6.5	0.31~1.54	0.2~1.0	8
	5.0~10.0	0.45~9.1	5.1~10.2	5.0~10.0	6.5~12.0	1.54~3.1	1.0~2.0	9
不耐蚀	>10	>9.1	>10.2	>10.0	>12	>3.1	>2.0	10

第三章　碳素结构钢和低合金钢

碳素结构钢(包括优质碳素结构钢)和低合金钢，属于大批量生产的钢类。在钢的总产量中，碳素结构钢的产量一般约占70%，低合金结构钢的产量约占10%～16%。这几类钢的品种规格很多，包括各种钢板、钢管、钢带、钢丝以及各种型钢、条钢等，碳素结构钢和低合金钢主要用作焊接、铆接和螺栓联接的钢结构，广泛用于建筑、桥梁、铁道、车辆、船舶、化工设备等，优质碳素结构钢主要用于机械制造。它们都是价格低廉、用途广泛的工业用钢。

碳素结构钢(我国以前叫普通碳素钢)和优质碳素结构钢在GB 13304.1～13304.2《钢分类》中均属于非合金钢类。它们的主要区别是：碳素结构钢的碳含量较低，对性能要求以及磷、硫和其他残余元素含量的限制较宽。优质碳素结构钢的杂质元素(磷、硫及残余镍、铬、铜等)含量均较低，夹杂物也较少，钢的纯洁度和均匀性较好，因而其综合力学性能比碳素结构钢优良。从用途看，碳素结构钢大多为工程结构用材，一般在热轧状态下使用，少部分也用于机械制造；优质碳素钢通常以热轧材、冷拉(轧)材或锻材供应，主要作为机械制造用钢，其中一类是供热压力加工、热顶锻以及冷拔用材(坯料)，另一类是供冷加工(切削、冲压)用材。

低合金钢，在我国曾属于普通低合金钢范畴，其中低合金结构钢，以前称为低合金高强度钢，在我国新的《钢分类》国家标准中属于低合金钢类。我国的低合金钢从20世纪50年代开始研制、生产，当时根据第一代热轧低合金钢及其实际使用情况，提出符合以下条件者为低合金高强度钢：钢中合金总含量(指质量分数)≤4.5%；屈服强度≥323MPa；在热轧状态下使用，用于焊接结构的钢。几十年来，低合金钢有了很大发展，相继开发了热处理型低合金钢(第二代低合金钢)和控轧微合金化低合金钢(第三代低合金钢)，在20世纪80年代中后期又开发了新一代控轧控冷微合金钢。可见，低合金钢的概念已在不断变化，同时它在国民经济中的应用更日益显示其重要性。

3.1　碳素结构钢(GB/T 700—2006)

3.1.1　碳素结构钢的钢种、化学成分和力学性能

根据现行国家标准(GB/T 700—2006)，碳素结构钢按钢号、质量等级及化学成分见表3.1－1。质量等级由低到高，其中Q235钢分为A、B、C、D四个等级，其余钢号有的分A、B级，有的不分等级。每种钢还相应标明脱氧方法；对质量要求较高的钢，则要求镇静脱氧和特殊镇静脱氧。

现行国标中对碳素结构钢各钢号规定了力学性能和冷弯性能指标，见表3.1－2和表3.1－3。力学性能指标中除屈服强度、抗拉强度和伸长率外，新增加冲击吸收功，对D等级还要求低温冲击韧度。增加这些性能要求，可提高钢在使用中的可靠性和稳定性。

表 3.1-1 碳素结构钢的钢号和化学成分(GB/T 700—2006)

牌号①	统一数字代号①	等级	厚度(或直径)/mm	脱氧方法	化学成分(质量分数)/%，不大于				
					C	Si	Mn	P	S
Q195	U11952	—	—	F、Z	0.12	0.30	0.50	0.035	0.040
Q215	U12152	A	—	F、Z	0.15	0.35	1.20	0.045	0.050
	U12155	B							0.045
Q235	U12352	A	—	F、Z	0.22	0.35	1.40	0.045	0.050
	U12355	B			0.20②				0.045
	U12358	C		Z	0.17			0.040	0.040
	U12359	D		TZ				0.035	0.035
Q275	U12752	A	—	F、Z	0.24	0.35	1.50	0.045	0.050
	U12755	B	≤40	Z	0.21			0.045	0.045
			>40		0.22				
	U12758	C	—	Z	0.20			0.040	0.040
	U12759	D		TZ				0.035	0.035

符号解释：

Q——钢材屈服强度"屈"字汉语拼音首位字母；

A、B、C、D——分别为质量等级；

F——沸腾钢"沸"字汉语拼音首位字母；

Z——镇静钢"镇"字汉语拼音首位字母；

TZ——特殊镇静钢"特镇"两字汉语拼音首位字母；

在牌号组成表示方法中，"Z"与"TZ"符号可以省略。

注：①表中为镇静钢、特殊镇静钢牌号的统一数字，沸腾钢牌号的统一数字代号如下：

Q195F——U11950；

Q215AF——U12150，Q215BF——U12153；

Q235AF——U12350，Q235BF——U12353；

Q275AF——U12750。

② 经需方同意，Q235B 的碳含量可不大于 0.22%。

表 3.1-2 碳素结构钢的力学性能(GB/T 700—2006)

牌号	等级	屈服强度① R_{eH}/(N/m²)，不小于						抗拉强度② R_m/(N/mm²)	断后伸长率 A/%，不小于					冲击试验(V型缺口)	
		厚度(或直径)/mm							厚度(或直径)/mm					温度/℃	冲击吸收功(纵向)/J 不小于
		≤16	>16~40	>40~60	>60~100	>100~150	>150~200		≤40	>40~60	>60~100	>100~150	>150~200		
Q195	—	195	185	—	—	—	—	315~430	33	—	—	—	—	—	—
Q215	A	215	205	195	185	175	165	335~450	31	30	29	27	26	—	—
	B													+20	27
Q235	A	235	225	215	215	195	185	375~500	26	25	24	22	21	—	—
	B													+20	27③
	C													0	
	D													−20	
Q275	A	275	265	255	245	225	215	410~540	22	21	20	18	17	—	—
	B													+20	27
	C													0	
	D													−20	

注：① Q195 的屈服强度指标仅供参考，不作为交货条件。

② 厚度大于 100mm 的钢材，抗拉强度下限允许降低 20N/mm²。宽带钢(包括剪切钢板)抗拉强度上限不作交货条件。

③ 厚度小于 25mm 的 Q235B 级钢材，如供方能保证冲击吸收功值合格，经需方同意，可不作检验。

表 3.1-3　碳素结构钢的冷弯性能(GB/T 700—2006)

牌号	试样方向	冷弯试验 180° $B=2\alpha$①	
		钢材厚度(或直径)②/mm	
		≤60	>60~100
		弯心直径 d	
Q195	纵	0	—
	横	0.5α	
Q215	纵	0.5α	1.5α
	横	α	2α
Q235	纵	α	2α
	横	1.5α	2.5α
Q275	纵	1.5α	2.5α
	横	2α	3α

注：① B 为试样宽度，α 为试样厚度(或直径)。

② 钢材厚度(或直径)大于 100mm 时，弯曲试验由双方协商确定。

3.1.2　碳素结构钢新、旧标准对比

碳素结构钢新旧标准差别较大，在分类、钢号特征、性能要求及交货条件等方面都有很大的不同。在旧标准(GB 700—79)中，碳素结构钢(原称普通碳素钢)分为以下三类：

甲类钢——也叫 A 类钢，按力学性能供应，需保证抗拉强度和伸长率，也可根据需方要求，补充保证屈服强度、室温冲击韧度和冷弯性能。对其化学成分，除磷、硫的质量分数分别≤0.045%和 0.050%外，其余成分不作为交货条件。

乙类钢——也叫 B 类钢，按化学成分供应，并保证残余铜的含量的质量分数≤0.30%；还可根据需方要求，补充保证残余铬、镍的含量的质量分数各≤0.30%，氮的含量质量分数≤0.008%。

特类钢——也叫 C 类钢，同时按力学性能和化学成分供应，力学性能需保证抗拉强度、屈服点、伸长率和冷弯性能等。

另外在旧标准中，按钢材尺寸大小对屈服点和伸长率的要求有所不同，对此分成三个组，即小尺寸(第一组)钢材的屈服点应高于大尺寸(第二、三组)钢材，而第三组钢材的屈服点和伸长率，通常作为参考值，不作为交货条件。

3.1.3　碳素结构钢的应用及其专业用钢

碳素结构钢的应用很广，钢材品种有热轧钢板、钢带、钢管、槽钢、角钢、扁钢、圆钢、钢轨、钢筋、钢丝等。这类钢大量用于工程结构，一般在供应状态下使用；少量用于制造机械零件。各钢号的用途举例见表 3.1-4。

表 3.1-4　碳素结构钢用途举例

钢号	用途举例
Q195 Q215	薄板、钢丝、焊接钢管、钢丝网、屋面板、烟筒、炉撑、地脚螺丝、铆钉、犁板等
Q235	薄板、钢筋、钢结构用各种型钢及条钢、中厚板、铆钉、道钉、各种机械零件如拉杆、螺栓、螺钉、钩子、套环、轴、连杆、销钉等
Q275	鱼尾板、农业机械用型钢及异型钢，还用于钢筋，但已逐渐减少

根据一些专业的特殊要求，对碳素结构钢的成分和工艺作些微小的调整，使分别适合于各专业的应用，从而派生出一系列的专业用钢。对这些钢种，除严格要求所规定的化学成分和力学性能以外，还规定某些特殊的性能和质量检验项目，如低温冲击韧度、时效敏感性、钢中气体、夹杂或断口等。由 Q235 钢派生出的一系列碳素结构钢专业用钢的钢种和技术条件见表 3.1－5 和表 3.1－6。

表 3.1－5　由 Q235 钢派生出的专业用钢的化学成分

专业用钢名称	牌号	化学成分(质量分数)/%						数据来源
		C	Si	Mn	P	S	Cu	
					≤			
钢筋混凝土用钢筋	A3，AD3	0.14～0.22	0.12～0.30	0.40～0.65	0.045	0.050	—	GB 1499—84
桥梁用热轧碳素钢	A3q	0.14～0.22	0.15～0.30	0.40～0.65	0.045	0.050	0.30	GB 714—65
铆螺用热轧碳素钢圆钢	BL3	0.14～0.22	—	—	0.045	0.050	0.25	GB 715—89
船体用结构钢	A	≤0.22	0.10～0.35	≥2.5C	0.040	0.040	—	GB 712—88
	B	≤0.21	0.10～0.35	0.60～1.00	0.040	0.040	—	
	C	≤0.21	0.10～0.35	0.60～1.00	0.040	0.040	Als① 0.015	
	D	≤0.18	0.10～0.35	0.70～1.20	0.040	0.040	Als① 0.015	

注：① Als—酸溶铝。

表 3.1－6　由 Q235 派生出的专业用碳素钢室温性能

牌号	钢材品种及规格/mm	R_{eL}/MPa	R_m/MPa	A_5/%	A_{10}/%	A_{KV}/J	弯 180°不裂（d＝弯心直径）（a＝试样厚度）	
				≥				
A3 AD3	热轧圆钢筋 8～25	≥235	≥370	25	—	—	$d=\alpha$	
	28～50						$d=2\alpha$	
A3q	条钢 8～40	≥235	≥370	28	24	98	$d=\alpha(\alpha\leq16)$	
	钢板 8～20			26	22	78(纵向)69(横向)	$d=\alpha(\alpha\leq16)$	
BL3	盘条 6～16	—	370～450	26	22	—	—	
A	≤50	≥235	400～490	22	—	—	窄冷弯	宽冷弯
B							$b=2\alpha$	$b=5\alpha$
C							$d=2\alpha$	$d=5\alpha$
D								

3.2　优质碳素结构钢(GB/T 699—1999)

3.2.1　优质碳素结构钢的分类、钢种和成分

在我国国家标准 GB/T 699—1999 中，列有 31 种优质碳素结构钢，牌号和化学成分见表

3.2－1。其硫、磷含量见表3.2－2。从表中可以看到，按钢中锰含量的不同，又分为普通锰含量钢（Mn的质量分数为0.25%～0.80%）和较高锰含量钢（Mn的质量分数为0.70%～1.20%）两组。由于锰能改善钢的淬透性，强化铁素体，提高钢的屈服强度和抗拉强度，因此较高锰含量钢的强度、硬度、耐磨性及淬透性等均优于普通锰含量钢，但其塑性和韧性稍差。优质碳素钢结构钢的热处理和力学性能见表3.2－3。

表3.2－1　优质碳素结构钢的牌号和化学成分（GB/T 699—1999）

序号	统一数字代号	牌号	化学成分（质量分数）/%					
			C	Si	Mn	Cr	Ni	Cu
						≤		
1	U20080	08F	0.05～0.11	≤0.03	0.25～0.50	0.10	0.30	0.25
2	U20100	10F	0.07～0.13	≤0.07	0.25～0.50	0.15	0.30	0.25
3	U20150	15F	0.12～0.18	≤0.07	0.25～0.50	0.25	0.30	0.25
4	U20082	08	0.05～0.11	0.17～0.37	0.35～0.65	0.10	0.30	0.25
5	U20102	10	0.07～0.13	0.17～0.37	0.35～0.65	0.15	0.30	0.25
6	U20152	15	0.12～0.18	0.17～0.37	0.35～0.65	0.25	0.30	0.25
7	U20202	20	0.17～0.23	0.17～0.37	0.35～0.65	0.25	0.30	0.25
8	U20252	25	0.22～0.29	0.17～0.37	0.50～0.80	0.25	0.30	0.25
9	U20302	30	0.27～0.34	0.17～0.37	0.50～0.80	0.25	0.30	0.25
10	U20352	35	0.32～0.39	0.17～0.37	0.50～0.80	0.25	0.30	0.25
11	U20402	40	0.37～0.44	0.17～0.37	0.50～0.80	0.25	0.30	0.25
12	U20452	45	0.42～0.50	0.17～0.37	0.50～0.80	0.25	0.30	0.25
13	U20502	50	0.47～0.55	0.17～0.37	0.50～0.80	0.25	0.30	0.25
14	U20552	55	0.52～0.60	0.17～0.37	0.50～0.80	0.25	0.30	0.25
15	U20602	60	0.57～0.65	0.17～0.37	0.50～0.80	0.25	0.30	0.25
16	U20652	65	0.62～0.70	0.17～0.37	0.50～0.80	0.25	0.30	0.25
17	U20702	70	0.67～0.75	0.17～0.37	0.50～0.80	0.25	0.30	0.25
18	U20752	75	0.72～0.80	0.17～0.37	0.50～0.80	0.25	0.30	0.25
19	U20802	80	0.77～0.85	0.17～0.37	0.50～0.80	0.25	0.30	0.25
20	U20852	85	0.82～0.90	0.17～0.37	0.50～0.80	0.25	0.30	0.25
21	U21152	15Mn	0.12～0.18	0.17～0.37	0.70～1.00	0.25	0.30	0.25
22	U21202	20Mn	0.17～0.23	0.17～0.37	0.70～1.00	0.25	0.30	0.25
23	U21252	25Mn	0.22～0.29	0.17～0.37	0.70～1.00	0.25	0.30	0.25
24	U21302	30Mn	0.27～0.34	0.17～0.37	0.70～1.00	0.25	0.30	0.25
25	U21352	35Mn	0.32～0.39	0.17～0.37	0.70～1.00	0.25	0.30	0.25
26	U21452	40Mn	0.37～0.44	0.17～0.37	0.70～1.00	0.25	0.30	0.25
27	U21452	45Mn	0.42～0.50	0.17～0.37	0.70～1.00	0.25	0.30	0.25
28	U21502	50Mn	0.48～0.56	0.17～0.37	0.70～1.00	0.25	0.30	0.25
29	U21602	60Mn	0.57～0.65	0.17～0.37	0.70～1.00	0.25	0.30	0.25
30	U21652	65Mn	0.62～0.70	0.17～0.37	0.90～1.20	0.25	0.30	0.25
31	U21702	70Mn	0.67～0.75	0.17～0.37	0.90～1.20	0.25	0.30	0.25

注：（1）表中所列牌号为优质钢。如果是高级优质钢，在牌号后面加“A”（统一数字代号最后一位数字改为“3”）；如果特级优质钢，在牌号后面加“E”（统一数字代号最后一位数字改为“6”）；对于沸腾钢，牌号后面为“F”（统一数字代号最后一位数字为“0”）；对于半镇静钢，牌号后面加“b”（统一数字代号最后一位数字为“1”）。

（2）使用废钢冶炼的钢允许含铜量不大于0.30%。

（3）热压力加工用钢的铜含量应不大于0.20%。

（4）铅浴淬火（派登脱）钢丝用的35～85钢的锰含量为0.30%～0.60%；65Mn和70Mn钢的锰含量为0.70%～1.00%，铬含量不大于0.10%，镍含量不大于0.15%，铜含量不大于0.20%；硫、磷含量应符合钢丝标准要求。

（5）08钢用铝脱氧冶炼镇静钢，锰含量下限为0.25%，硅含量不大于0.03%，铝含量为0.02%～0.07%。此时刚的牌号为08A1。

(6) 冷冲压用沸腾钢含硅量不大于0.03%。

(7) 氧气转炉冶炼的钢其含氮量应不大于0.008%。供方能保证合格时，可不做分析。

(8) 经供需双方协议，08~25钢可供应硅含量不大于0.17%的半镇静钢，其牌号为08b~25b。

(9) 上述各成分含量皆指质量分数。

表3.2-2 优质碳素结构钢的硫、磷含量 w,%

组　别	P	S
	≤	
优质钢	0.035	0.035
高级优质钢	0.030	0.035
特级优质钢	0.025	0.020

优质碳素结构钢的基本性能主要取决于钢中的碳含量。按碳含量的不同，可分为低碳钢、中碳钢和高碳钢。

1. 低碳钢

碳的质量分数≤0.25%的钢。其特点是强度、硬度低而塑性、韧性高，锻造和焊接性能良好，冷塑性变形能力极佳；但切削加工后不易得到光洁的表面，热处理强化效果也差。一般多不经热处理在热轧或冷轧(拉)状态直接使用。一部分低碳钢，如08F、08钢大多轧制成高精度薄钢板，广泛用于制作深冲压和深拉延的制品。一部分低碳钢，如15、20钢可用作渗碳钢，用于制造表面耐磨而心部具有一定韧性的中、小型机械零件。

2. 中碳钢

碳的质量分数为0.30%~0.60%的钢。与低碳钢相比较，其强度、硬度较高，而塑性、韧性略低。热锻、热压性能及被切削性能良好，冷加工变形能力及焊接性能中等。这类钢大多属调质钢，可通过热处理强化而获得较好的综合力学性能；其中45钢是机械行业最常用的钢号之一，通常在调质或正火状态下使用，还用于高频或火焰表面淬火处理。对齿轮、轴类等承受重载荷和冲击条件的零件，经调质处理后再进行表面淬火，可以代替渗碳钢。普通锰含量的中碳钢，由于淬透性较低，适于制造尺寸较小的零件；直径或厚度>15mm的工件，淬火效果不佳；尺寸>50mm时，宜采用正火或正火加高温回火处理。较高锰含量的中碳钢，淬透性较好，强度、耐磨性较高，韧性也较好，可用于制造较大截面的工件，但这类钢有回火脆性倾向，需严格控制热处理工艺。

3. 高碳钢

碳的质量分数>0.60%的钢，经热处理后具有较高的强度、硬度、耐磨性和良好的弹性，被切削性能中等，但塑性、韧性较差，焊接性能不好。淬火时易发生裂纹，故不宜水淬。大多采用油淬或双液淬火，再经回火后使用；也有采用正火或表面淬火后使用，这类钢主要制造耐磨零件和弹簧等。其中65钢是常用的弹簧钢，主要在淬火并中温回火状态下使用；也可在正火状态下使用，如用于制造轴、凸轮等要求耐磨的零件以及钢丝绳等制品。

3.2.2 优质碳素结构钢的热处理和力学性能

优质碳素结构钢的质量要求较高，大多采用氧气转炉和电炉冶炼，再经炉外精炼或其他钢液净化处理，以获得稳定性和均匀性较好的力学性能。我国国家标准GB/T 699—1999中列有优质碳素结构钢各钢种的力学性能及推荐的热处理温度，见表3.2-3。需要补充说明几点：①表中的热处理保温时间：正火≥30min，淬火≥30min，回火≥1h。②表中所列的力学性能是纵向性能，适用于直径或厚度≤80mm的钢材；截面尺寸更大的钢材，力学性能有所降低。③表中的冲击吸收功，是对试样在淬火回火后的韧度要求。标准中规定，对于直径≤16mm的圆钢或厚度≤12mm的方钢、扁钢，可不进行冲击试验。

表 3.2-3 优质碳素结构钢的热处理和力学性能

序号	牌号	试样毛坯尺寸/mm	推荐热处理/℃			力学性能					钢材交货状态硬度 HBS10/3000 不大于	
			正火	淬火	回火	R_m/MPa	R_{eL}/MPa	A/%	Z/%	A_{KU2}/J		
						不小于					未热处理钢	退火钢
1	08F	25	930			295	175	35	60		131	
2	10F	25	930			315	185	33	55		137	
3	15F	25	920			355	205	29	55		143	
4	08	25	930			325	195	33	60		131	
5	10	25	930			335	205	31	55		137	
6	15	25	920			375	225	27	55		143	
7	20	20	910			410	245	25	55		156	
8	25	25	900	870	600	450	275	23	50	71	170	
9	30	25	880	860	600	490	295	21	50	63	179	
10	35	25	870	850	600	530	215	20	45	55	197	
11	40	25	860	840	600	570	335	19	45	47	217	187
12	45	25	850	840	600	600	355	16	40	39	229	197
13	50	25	830	830	600	630	375	14	40	31	241	207
14	55	25	820	820	600	645	380	13	35		255	217
15	60	25	810			675	400	12	35		255	229
16	65	25	810			695	410	10	30		255	229
17	70	25	790			715	420	9	30		269	229
18	75	试样		820	480	1080	880	7	30		285	241
19	80	试样		820	480	1080	930	6	30		285	241
20	85	试样		820	480	1130	980	6	30		302	255
21	15Mn	25	920			410	245	26	55		163	
22	20Mn	25	910			450	275	24	50		197	
23	25Mn	25	900	870	600	490	295	22	50	71	207	
24	30Mn	25	880	860	600	540	315	20	45	63	217	187
25	35Mn	25	870	850	600	560	335	18	45	55	229	197
26	40Mn	25	860	840	600	590	355	17	45	47	229	207
27	45Mn	20	850	840	600	620	375	15	40	39	241	217
28	50Mn	25	830	830	600	645	390	13	40	31	255	217
29	60Mn	25	810			695	410	11	35		269	229
30	65Mn	25	830			735	430	9	30		285	229
31	70Mn	25	790			785	450	8	30		285	229

注：(1) 对于直径或厚度小于 25mm 的钢材，热处理是在与成品截面尺寸相同的试样毛坯上进行。

(2) 表中所列正火推荐保温时间不少于 30min，空冷；淬火推荐保温时间不少于 30min，75、80 和 85 钢油冷，其余钢水冷；回火推荐保温时间不少于 1h。

对于某些低碳钢，根据使用条件要求，可进行渗碳处理，然后再进行淬火和回火处理，使工件表面获得较高的硬度而心部具有较好的韧性。几种优质碳素结构钢的渗碳及热处理温度见表 3.2-4。

表 3.2-4 部分钢号的渗碳及热处理温度

钢号	渗碳温度/℃	淬火温度/℃及冷却剂	回火温度/℃	回火后硬度 HRC
08	900~920	780~800，水	150~200	55~62
10	900~960	780~820，水	150~200	55~62
15	900~950	770~800，水	150~200	56~62
20	900~920	780~800，水	150~200	58~62

续表 3.2-4

钢号	渗碳温度/℃	淬火温度/℃及冷却剂	回火温度/℃	回火后硬度 HRC
25	900~920	790~810，水	150~200	58~62
15Mn	880~920	780~880，油	180~200	58~62
20Mn	880~920	780~800，油	180~200	58~62

3.2.3 优质碳素结构钢的应用及其专业用钢

优质碳素结构钢类各钢种的化学成分范围宽、热处理方式多，性能差异大，应用面广。其特点和用途见表 3.2-5。

表 3.2-5 优质碳素结构钢的特点和用途

钢号	主要特点	用途举例
08F	优质沸腾钢，强度、硬度低，塑性极好。深冲压、深拉延性好，冷加工性、焊接性好 成分偏析倾向大，时效敏感性大，故冷加工时，可采用消除应力热处理，或水韧处理，防止冷加工断裂	易轧成薄板、薄带、冷变形材、冷拉钢丝 用作冲压件、压延件，各类不承受载荷的覆盖件、渗碳、渗氮、氰化件，制作各类套筒、靠模、支架
08	极软低碳钢，强度、硬度很低，塑性、韧性极好。冷加工性好，淬透性、淬硬性极差，时效敏感性比08F稍弱，不宜切削加工，退火后，导磁性能好	宜轧制成薄板、薄带、冷变形材、冷拉、冷冲压、焊接件、表面硬化件
10F 10	强度低(稍高于08钢)，塑性、韧性很好，焊接性优良，无回火脆性。易冷热加工成形、淬透性很差，正火或冷加工后切削性能好	宜用冷轧、冷冲、冷镦、冷弯、热轧、热挤压、热镦等工艺成形，制造要求受力不大、韧性高的零件，如摩擦片、深冲器皿、汽车车身、弹体等
15F 15	强度、硬度、塑性与10F、10钢相近。为改善其切削性能需进行正火或水韧处理适当提高硬度。淬透性、淬硬性低，韧性、焊接性好	制造受力不大、形状简单，但韧性要求较高或焊接性能较好的中、小结构件及螺钉、螺栓、拉杆、起重钩、焊接容器等
20F 20	强度、硬度稍高于15F、15钢，塑性、焊接性都好，热轧或正火后韧性好	制作不太重要的中、小型渗碳、碳氮共渗件、锻压件，如杠杆轴、变速箱变速叉、齿轮、重型机械拉杆、钩环等
25	具有一定强度、硬度。塑性和韧性好。焊接性、冷塑性加工性较高，被切削性中等，淬透性、淬硬性差。淬火后低温回火后强韧性好，无回火脆性	焊接件、热锻、热冲压件渗碳后用作耐磨件
30	强度、硬度较高，塑性好、焊接性尚好，可在正火或调质后使用，适于热锻、热压。被切削性良好	用于受力不大，温度 < 150℃的低载荷零件，如丝杆、拉杆、轴键、齿轮、轴套筒等，渗碳件表面耐磨性好，可作耐磨件
35	强度适当、塑性较好，冷塑性高，焊接性尚可。冷态下可局部镦粗和拉丝。淬透性低，正火或调质后使用	适于制造小截面零件，可承受较大载荷的零件，如曲轴、杠杆、钩环等，各种标准件、紧固件
40	强度较高，可切削性良好，冷变形能力中等，焊接性差，无回火脆性，淬透性低，易生水淬裂纹，多在调质或正火态使用，两者综合性能相近，表面淬火后可用于制造承受较大应力件	适于制造曲轴心轴、传动轴、活塞杆、连杆、链轮、齿轮等，作焊接件时需先预热、焊后缓冷
45	最常用中碳调质钢，综合力学性能良好，淬透性低，水淬时易生裂纹。小型件宜采用调质处理，大型件宜采用正火处理	主要用于制造强度高的运动件，如透平机叶轮、压缩机活塞及轴、齿轮、齿条、蜗杆等。焊接件注意焊前预热，焊后消除应力退火

续表 3.2-5

钢号	主要特点	用途举例
50	高强度中碳结构钢，冷变形能力低，可切削性中等。焊接性差，无回火脆性，淬透性较低，水淬时，易生裂纹，使用状态：正火，淬火后回火，高频表面淬火，适用于在动载荷及冲击作用不大的条件下耐磨性高的机械零件	锻造齿轮、拉杆、轧辊、轴摩擦盘、机床主轴、发动机曲轴、农业机械犁铧、重载荷心轴及各种轴零件等，以及较次要的减震弹簧、弹簧垫圈等
55	具有高强度和硬度，塑性和韧性差，被切削性中等，焊接性差，淬透性差，水淬时易淬裂。多在正火或调质处理后使用，适于制造高强度、高弹性、高耐磨性机件	齿轮、连杆、轮圈、轮缘、机车轮箍、扁弹簧、热轧轧辊等
60	具有高强度、高硬度和高弹性。冷变形时塑性差，可切削性能中等，焊接性不好，淬透性差，水淬易生裂纹，故大型件用正火处理	轧辊、轴类、轮箍、弹簧圈、减震弹簧、离合器、钢丝绳
65	适当热处理或冷作硬化后具有较高强度与弹性。焊接性不好，易形成裂纹，不宜焊接，可切削性差，冷变形塑性低，淬透性不好，一般采用油淬，大截面件采用水淬油冷，或正火处理。其特点是在相同组态下其疲劳强度可与合金弹簧钢相当	宜用于制造截面、形状简单、受力小的扁形或螺旋形弹簧零件。如汽门弹簧、弹簧环等，也宜用于制造高耐磨性零件，如轧辊、曲轴、凸轮及钢丝绳等
70	强度和弹性比65号钢稍高，其他性能与65号钢近似	弹簧、钢丝、钢带、车轮圈等
75 80	性能与65、70号钢相似，但强度较高而弹性略低，其淬透性亦不高。通常在淬火、回火后使用	板弹簧、螺旋弹簧、抗磨损零件，较低速车轮等
85	含碳量最高的高碳结构钢，强度、硬度比其它高碳钢高，但弹性略低，其它性能与65，70，75，80号钢相近似。淬透性仍然不高	铁道车辆，扁形板弹簧，圆形螺旋弹簧，钢丝钢带等
15Mn	含锰(0.70%～1.00%)较高的低碳渗碳钢，因锰高故其强度、塑性、可切削性和淬透性均比15号钢稍高，渗碳与淬火时表面形成软点较少，宜进行渗碳、碳氮共渗处理，得到表面耐磨而心部韧性好的综合性能。热轧或正火处理后韧性好	齿轮、曲柄轴、支架、铰链、螺钉、螺母。铆焊结构件。板材适于制造油罐等。寒冷地区农具，如奶油罐等
20Mn	其强度和淬透性比15Mn钢略高，其他性能与15Mn钢相近	与15Mn钢基本相同
25Mn	性能与20Mn及25号钢相近，强度稍高	与20Mn及25号钢相近
30Mn	与30号钢相比具有较高的强度和淬透性，冷变形时塑性好，焊接性中等，可切削性良好。热处理时有回火脆性倾向及过热敏感性	螺栓、螺母、螺钉、拉杆、杠杆、小轴、刹车机齿轮
35Mn	强度及淬透性比30Mn高，冷变形时的塑性中等。可切削性好，但焊接性较差。宜调质处理后使用	转轴、啮合杆、螺栓、螺母、螺钉等，心轴、齿轮等
40Mn	淬透性略高于40号钢。热处理后，强度、硬度、韧性比40钢稍高，冷变形塑性中等，可切削性好，焊接性低，具有过热敏感性和回火脆性，水淬易裂	耐疲劳件、曲轴、辊子、轴、连杆。高应力下工作的螺钉、螺母等

续表 3.2－5

钢号	主要特点	用途举例
45Mn	中碳调质结构钢，调质后具有良好的综合力学性能。淬透性、强度、韧性比45号钢高，可切削性尚好，冷变形塑性低，焊接性差，具有回火脆性倾向	转轴、心轴、花键轴、汽车半轴、万向接头轴、曲轴、连杆、制动杠杆、啮合杆、齿轮、离合器、螺栓、螺母等
50Mn	性能与50号钢相近，但其淬透性较高，热处理后强度、硬度、弹性均稍高于50号钢。焊接性差，具有过热敏感性和回火脆性倾向	用作承受高应力零件。高耐磨零件。如齿轮、齿轮轴、摩擦盘、心轴、平板弹簧等
60Mn	强度、硬度、弹性和淬透性比60号钢稍高，退火态可切削性良好，冷变形塑性和焊接性差，具有过热敏感和回火脆性倾向	大尺寸螺旋弹簧、板簧、各种圆扁弹簧，弹簧环、片，冷拉钢丝及发条
65Mn	强度、硬度、弹性和淬透性均比65号钢高，具有过热敏感性和回火脆性倾向，水淬有形成裂纹倾向。退火态可切削性尚可，冷变形塑性低，焊接性差	受中等载荷的板弹簧，直径达7～20mm螺旋弹簧及弹簧垫圈、弹簧环。高耐磨性零件，如磨床主轴、弹簧卡头、精密机床丝杆、犁、切刀、螺旋辊子轴承上的套环，铁道钢轨等
70Mn	性能与70号钢相近，但淬透性稍高，热处理后强度、硬度、弹性均比70号钢好，具有过热敏感性和回火脆性倾向，易脱碳及水淬时形成裂纹倾向，冷塑性变形能力差，焊接性差	承受大应力、磨损条件下工作零件。如各种弹簧圈、弹簧垫圈、止推环、锁紧圈、离合器盘等

为了适应某些专业的特殊用途，对优质碳素结构钢的成分和工艺作了一些调整，并对性能作了补充规定，以满足使用部门的要求，从而派生出一系列专业用钢，见表3.2－6。

表3.2－6 派生出的专业用钢

标准号	技术标准名称	所列钢号
1. 锅炉和压力容器用钢		
GB 713	锅炉和压力容器用钢板	Q245R
GB 3087	低中压锅炉用无缝钢管	10、20
GB 5310	高压锅炉用无缝钢管	20G
GB 6479	高压化肥设备用无缝钢管	10、20G
GB 6653	焊接气瓶用钢板和钢带	20HP、15MnHP
2. 焊条用钢		
GB/T 14957	熔化焊用钢丝	H08A、H08E、H08C、H08MnA、H15A、H15Mn
3. 其他		
GB/T 8163	输送流体用无缝钢管	10、20

3.3 低合金钢

低合金钢是一类可焊接的低碳低合金工程结构用钢，其合金元素的质量分数总量不超过5%，一般在3%以下。这类钢和相同碳含量的碳素结构钢相比，有较高的强度和屈强比，并有较好的韧性和焊接性，以及较低的缺口和时效敏感性。由于钢中含有耐大气和海水腐蚀或细化晶粒的元素，而具有较相应碳素钢为优的耐蚀性或较低的脆性转折温度。这类钢包括耐候结构钢、低合金结构钢、低合金低温钢以及其他低合金钢。本节仅介绍前两类低合金钢。

3.3.1　耐候结构钢(GB/T 4171—2008)

GB/T 4171—2008《耐候结构钢》代替 GB/T 4171—2000《高耐候结构钢》、GB/T 4172—2000《焊接结构用耐候钢》和 GB/T 18982—2003《集装箱用耐腐蚀钢板及钢带》。

1. 耐候钢定义

通过添加少量的合金元素如 Cu、P、Cr、Ni 等，使其在金属基体表面上形成保护层，以提高耐大气腐蚀性能的钢。

2. 分类和代号

1）分类

各牌号的分类及用途见表 3.3-1。

表 3.3-1　牌号的分类及用途

类别	牌号	生产方式	用途
高耐候钢	Q295GNH、Q355GNH	热轧	车辆、集装箱、建筑、塔架或其他结构件等结构用，与焊接耐候钢相比，具有较好的耐大气腐蚀性能
	Q265GNH、Q310GNH	冷轧	
焊接耐候钢	Q235NH、Q295NH、Q355NH、Q415NH、Q460NH、Q500NH、Q550NH	热轧	车辆、桥梁、集装箱、建筑或其他结构件等结构用，与高耐候钢相比，具有较好的焊机性能

2）牌号表示方法

刚的牌号由“屈服强度”、“高耐候”或“耐候”的汉语拼音首位字母“Q”、“GNH”或“NH”、屈服强度的下限值以及质量等级(A、B、C、D、E)组成。

例如：Q355GNHC

Q——屈服强度中“屈”字汉语拼音的首位字母；

355——钢的下屈服强度的下限值，单位为 N/mm^2；

GNH——分别为：“高”、“耐”和“候”字汉语拼音的首位字母；

C——质量等级。

3. 技术要求

1）钢的牌号和化学成分

(1) 钢的牌号和化学成分(熔炼分析)应符合表 3.3-2 的规定。

(2) 成品钢材化学成分的允许偏差应符合 GB/T 222 的规定。

2）冶炼方法

钢采用转炉或电炉冶炼，且为镇静钢。除非需方有特殊要求，冶炼方法由供方选择。

3）交货状态

热轧钢材以热轧、控轧或正火状态交货，牌号为 Q460NH、Q500NH、Q550NH 的钢材可以淬火加回火状态交货，冷轧钢材一般以退火状态交货。

表 3.3-2　钢的牌号及化学成分(GB/T 4171—2008)

牌　号	化学成分(质量分数)/%								
	C	Si	Mn	P	S	Cu	Cr	Ni	其他元素
Q265GNH	≤0.12	0.10~0.40	0.20~0.50	0.07~0.12	≤0.020	0.20~0.45	0.30~0.65	0.25~0.50[e]	①②
Q295GNH	≤0.12	0.10~0.40	0.20~0.50	0.07~0.12	≤0.020	0.20~0.45	0.30~0.65	0.25~0.50[e]	①②
Q310GNH	≤0.12	0.25~0.75	0.20~0.50	0.07~0.12	≤0.020	0.20~0.50	0.30~1.25	≤0.65	①②
Q355GNH	≤0.12	0.20~0.75	≤1.00	0.07~0.15	≤0.020	0.20~0.55	0.30~1.25	≤0.65	①②
Q235NH	≤0.13⑥	0.10~0.40	0.20~0.60	≤0.030	≤0.030	0.20~0.55	0.40~0.80	≤0.65	①②

续表 3.3-2

牌号	化学成分(质量分数)/%								
	C	Si	Mn	P	S	Cu	Cr	Ni	其他元素
Q295NH	≤0.15	0.10~0.50	0.30~1.00	≤0.030	≤0.030	0.20~0.55	0.40~0.80	≤0.65	①②
Q355NH	≤0.16	≤0.50	0.50~1.50	≤0.030	≤0.030	0.20~0.55	0.40~0.80	≤0.65	①②
Q415NH	≤0.12	≤0.65	≤1.10	≤0.025	≤0.030④	0.20~0.55	0.30~1.25	0.12~0.65⑤	①②③
Q460NH	≤0.12	≤0.65	≤1.50	≤0.025	≤0.030④	0.20~0.55	0.30~1.25	0.12~0.65⑤	①②③
Q500NH	≤0.12	≤0.65	≤2.0	≤0.025	≤0.030④	0.20~0.55	0.30~1.25	0.12~0.65⑤	①②③
Q550NH	≤0.16	≤0.65	≤2.0	≤0.025	≤0.030④	0.20~0.55	0.30~1.25	0.12~0.65⑤	①②③

注：① 为了改善刚的性能，可以添加一种或一种以上的微量合金元素：Nb0.015%~0.060%，V0.02%~0.12%，Ti0.02%~0.10%，Alt≥0.020%。若上述元素组合使用时，应至少保证其中一种元素含量达到上述化学成分的下限规定。

② 可以添加下列合金元素：Mo≤0.30%，Zr≤0.15%。

③ Nb、V、Ti 等三种合金元素的添加总量不应超过 0.22%。

④ 供需双方协议商，S 的含量可以不大于 0.008%。

⑤ 供需双方协议商，Ni 含量的下限可不做要求。

⑥ 供需双方协议商，C 的含量可以不大于 0.15%。

4. 力学性能和工艺性能

1）钢材的力学性能和工业性能应符合表 3.3-3 的规定。

表 3.3-3 钢材的力学性能和工艺性能(GB/T 4171—2008)

牌号	拉伸试验①									180°弯曲试验 弯心直径		
	下屈服强度 R_{eL}/(N/mm²)不小于				抗拉强度	断后伸长率 A/% 不小于						
	≤16	>16~40	>40~60	>60	R_m/(N/mm²)	≤16	>16~40	>40~60	>60	≤6	>6~16	>16
Q235NH	235	225	215	215	360~510	25	25	24	23	α	α	2α
Q295NH	295	285	275	255	430~560	24	24	23	22	α	2α	3α
Q295GNH	295	285	—	—	430~560	24	24	—	—	α	2α	3α
Q355NH	355	345	355	325	490~630	22	22	21	20	α	2α	3α
Q355GNH	355	345	—	—	490~630	22	22	—	—	α	2α	3α
Q415NH	415	405	395	—	520~680	22	22	20	—	α	2α	3α
Q460NH	460	450	440	—	570~730	20	20	19	—	α	2α	3α
Q500NH	500	490	480	—	600~760	18	16	15	—	α	2α	3α
Q550NH	550	540	530	—	620~780	16	16	15	—	α	2α	3α
Q265GNH	265	—	—	—	≥410	27	—	—	—	α	—	—
Q310GNH	310	—	—	—	≥450	26	—	—	—	α	—	—

注：α 为钢材厚度。

① 当屈服现象不明显时，可以采用 $R_{P0.2}$。

2）钢材的冲击性能应符合表 3.3-4 的规定。

表 3.3-4 钢材的冲击性能

质量等级	V 型缺口冲击试验①		
	试样方向	温度/℃	冲击吸收能量 KV_2/J
A	纵向	—	—
B		+20	≥47
C		0	≥34
D		-20	≥34
E		-40	≥27②

注：① 冲击试样尺寸为 10mm×10mm×55mm。

② 经供需双方协商，平均冲击功值可以≥60J。

(1) 经供需双方协商，高耐候钢可以不作冲击试验。

(2) 冲击试验结果按三个试样的平均值计算，允许其中一个试样的冲击吸收能量小于规定值，但不得低于规定值的70%。

(3) 厚度不小于6mm或直径不小于12mm的钢材应做冲击试验。对于厚度≥6mm～<12mm或直径≥12mm～<16mm的钢材做冲击试验时，应采用10mm×5mm×55mm或10mm×7.5mm×55mm小尺寸试样，其试验结果应不小于表5规定值的50%或75%。应尽可能取较大尺寸的冲击试样。

5. 其他要求

根据需方要求，经供需双方协商，并在合同中注明，可增加以下检验项目。

1) 晶粒度

钢材的晶粒度应不小于7级，晶粒度不均匀性应在三个相邻级别范围内。

2) 非金属夹杂物

钢材的非金属夹杂物按GB/T 10561的A法进行检验，检验结果应符合表3.3-5的规定。

表3.3-5　钢材的非金属夹杂物要求

A	B	C	D	DS
≤2.5	≤2.0	≤2.5	≤2.0	≤2.0

6. 表面质量

1) 钢材表面不得有裂纹、结疤、折叠、气泡、夹杂和分层等对使用有害的缺陷。

2) 热轧钢材表面允许存在其他不影响使用的缺陷，但应保证钢材的最小额度。

3) 冷轧钢板和钢带表面允许有轻微的擦伤、氧化色、酸洗后浅黄色薄膜、折印、深度或高度不大于公差之半的局部麻点、划伤和压痕。

4) 钢带允许带缺陷交货，但有缺陷的部分不得超过钢带总长度的8%。

7. 钢材新旧牌号及相近牌号对照

钢材新旧牌号及相近牌号对照见表3.3-6。

表3.3-6　钢材新旧牌号及相近牌号对照

GB/T 4171—2008	GB/T 4171—2000	GB/T 4172—2000	GB/T 18982—2003	TB/T 1979—2003
Q235NH	—	Q235NH	—	—
Q295NH	—	Q295NH	—	—
Q295GNH	Q295GNHL	—	—	09CuPCrNi-B
Q355NH	—	Q355NH	—	—
Q355GNH	Q345GNHL	—	—	09CuPCrNi-A
Q415NH	—	—	—	—
Q460NH	—	—	—	—
Q500NH	—	—	—	—
Q550NH	—	—	—	—
Q265GNH	Q295GNHL	—	—	09CuPCrNi-B
Q310GNH	—	—	Q310GNHLJ	09CuPCrNi-A

3.3.2　合金结构钢(GB/T 3077—1999)

1. 合金结构钢的牌号和化学成分(表3.3-7)

表 3.3-7 合金结构钢的牌号和化学成分(GB/T 3077—1999)

钢组	序号	统一数字代号	牌号	化学成分(质量分数)/%								
				C	Si	Mn	Cr	Mo	Ni	B	V	其他
Mn	1	A00202	20Mn2	0.17~0.24	0.17~0.37	1.40~1.80	—	—	—	—	—	—
	2	A00302	30Mn2	0.27~0.34	0.17~0.37	1.40~1.80	—	—	—	—	—	—
	3	A00352	35Mn2	0.32~0.39	0.17~0.37	1.40~1.80	—	—	—	—	—	—
	4	A00402	40Mn2	0.37~0.44	0.17~0.37	1.40~1.80	—	—	—	—	—	—
	5	A00452	45Mn2	0.42~0.49	0.17~0.37	1.40~1.80	—	—	—	—	—	—
	6	A00502	50Mn2	0.47~0.55	0.17~0.37	1.40~1.80	—	—	—	—	—	—
MnV	7	A01202	20MnV	0.17~0.24	0.17~0.37	1.30~1.60	—	—	—	—	0.07~0.12	—
SiMn	8	A10272	27SiMn	0.24~0.32	1.10~1.40	1.10~1.40	—	—	—	—	—	—
	9	A10352	35SiMn	0.32~0.40	1.10~1.40	1.10~1.40	—	—	—	—	—	—
	10	A10422	42SiMn	0.39~0.45	1.10~1.40	1.10~1.40	—	—	—	—	—	—
SiMnMoV	11	A14202	20SiMn2MoV	0.17~0.23	0.90~1.20	2.20~2.60	—	0.30~0.40	—	—	0.05~0.12	—
	12	A14262	25SiMn2MoV	0.22~0.28	0.90~1.20	2.20~2.60	—	0.30~0.40	—	—	0.05~0.12	—
	13	A14372	37SiMn2MoV	0.33~0.39	0.60~0.90	1.60~1.90	—	0.40~0.50	—	—	0.05~0.12	—
B	14	A70402	40B	0.37~0.44	0.17~0.37	0.60~0.90	—	—	—	0.0005~0.0035	—	—
	15	A70452	45B	0.42~0.49	0.17~0.37	0.60~0.90	—	—	—	0.0005~0.0035	—	—
	16	A70502	50B	0.47~0.55	0.17~0.37	0.60~0.90	—	—	—	0.0005~0.0035	—	—
MnB	17	A71402	40MnB	0.37~0.44	0.17~0.37	1.10~1.40	—	—	—	0.0005~0.0035	—	—
	18	A71452	45MnB	0.42~0.49	0.17~0.37	1.10~1.40	—	—	—	0.0005~0.0035	—	—
MnMoB	19	A72202	20MnMoB	0.16~0.22	0.17~0.37	0.90~1.20	—	0.20~0.30	—	0.0005~0.0035	—	—
MnVB	20	A73152	15MnVB	0.12~0.18	0.17~0.37	1.20~1.60	—	—	—	0.0005~0.0035	0.07~0.12	—
	21	A73202	20MnVB	0.17~0.23	0.17~0.37	1.20~1.60	—	—	—	0.0005~0.0035	0.07~0.12	—
	22	A73402	40MnVB	0.37~0.44	0.17~0.37	1.10~1.40	—	—	—	0.0005~0.0035	0.05~0.10	—
MnTiB	23	A74202	20MnTiB	0.17~0.24	0.17~0.37	1.30~1.60	—	—	—	0.0005~0.0035	—	Ti0.04~0.10
	24	A74252	25MnTiBRE	0.22~0.28	0.20~0.45	1.30~1.60	—	—	—	0.0005~0.0035	—	Ti0.04~0.10

续表 3.3－7

钢组	序号	统一数字代号	牌号	化学成分(质量分数)/%								
				C	Si	Mn	Cr	Mo	Ni	B	V	其他
Cr	25	A20152	15Cr	0.12～0.18	0.17～0.37	0.40～0.70	0.70～1.00	—	—	—	—	—
	26	A20153	15CrA	0.12～0.17	0.17～0.37	0.40～0.70	0.70～1.00	—	—	—	—	—
	27	A20202	20Cr	0.18～0.24	0.17～0.37	0.50～0.80	0.70～1.10	—	—	—	—	—
	28	A20302	30Cr	0.27～0.34	0.17～0.37	0.50～0.80	0.80～1.10	—	—	—	—	—
	29	A20352	35Cr	0.32～0.39	0.17～0.37	0.50～0.80	0.80～1.10	—	—	—	—	—
	30	A20402	40Cr	0.37～0.44	0.17～0.37	0.50～0.80	0.80～1.10	—	—	—	—	—
	31	A20452	45Cr	0.42～0.49	0.17～0.37	0.50～0.80	0.80～1.10	—	—	—	—	—
	32	A20502	50Cr	0.47～0.54	0.17～0.37	0.50～0.80	0.80～1.10	—	—	—	—	—
CrSi	33	A21382	38CrSi	0.35～0.43	1.00～1.30	0.50～0.80	1.30～1.60	—	—	—	—	—
CrMo	34	A30122	12CrMo	0.08～0.15	0.17～0.37	0.30～0.60	0.40～0.70	0.40～0.55	—	—	—	—
	35	A30152	15CrMo	0.12～0.18	0.17～0.37	0.40～0.70	0.80～1.10	0.40～0.55	—	—	—	—
	36	A30202	20CrMo	0.17～0.24	0.17～0.37	0.40～0.70	0.80～1.10	0.15～0.25	—	—	—	—
	37	A30302	30CrMo	0.26～0.34	0.17～0.37	0.40～0.70	0.80～1.10	0.15～0.25	—	—	—	—
	38	A30303	30CrMoA	0.26～0.33	0.17～0.37	0.40～0.70	0.80～1.10	0.15～0.25	—	—	—	—
	39	A30352	35CrMo	0.32～0.40	0.17～0.37	0.40～0.70	0.80～1.10	0.15～0.25	—	—	—	—
	40	A30422	42CrMo	0.38～0.45	0.17～0.37	0.50～0.80	0.90～1.20	0.15～0.25	—	—	—	—
CrMoV	41	A31122	12CrMoV	0.08～0.15	0.17～0.37	0.40～0.70	0.30～0.60	0.25～0.35	—	—	0.15～0.30	—
	42	A31352	35CrMoV	0.30～0.38	0.17～0.37	0.40～0.70	1.00～1.30	0.20～0.30	—	—	0.10～0.20	—
	43	A31132	12Cr1MoV	0.08～0.15	0.17～0.37	0.40～0.70	0.90～1.20	0.25～0.35	—	—	0.15～0.30	—
	44	A31253	25Cr2MoVA	0.22～0.29	0.17～0.37	0.40～0.70	1.50～1.80	0.25～0.35	—	—	0.15～0.30	—
	45	A31263	25Cr2Mo1VA	0.22～0.29	0.17～0.37	0.50～0.80	2.10～2.50	0.90～1.10	—	—	0.30～0.50	—
CrMoAl	46	A33382	38CrMoAl	0.35～0.42	0.20～0.45	0.30～0.60	1.35～1.65	0.15～0.25	—	—	—	Al0.70～1.10

续表 3.3-7

钢组	序号	统一数字代号	牌号	化学成分(质量分数)/%								
				C	Si	Mn	Cr	Mo	Ni	B	V	其他
CrV	47	A23402	40CrV	0.37~0.44	0.17~0.37	0.50~0.80	0.80~1.10	—	—	—	0.10~0.20	—
	48	A23503	50CrVA	0.47~0.54	0.17~0.37	0.50~0.80	0.80~1.10	—	—	—	0.10~0.20	—
CrMn	49	A22152	15CrMn	0.12~0.18	0.17~0.37	1.10~1.40	0.40~0.70	—	—	—	—	—
	50	A22202	20CrMn	0.17~0.23	0.17~0.37	0.90~1.20	0.90~1.20	—	—	—	—	—
	51	A22402	40CrMn	0.37~0.45	0.17~0.37	0.90~1.20	0.90~1.20	—	—	—	—	—
CrMnSi	52	A24202	20CrMnSi	0.17~0.23	0.90~1.20	0.80~1.10	0.80~1.10	—	—	—	—	—
	53	A24252	25CrMnSi	0.22~0.28	0.90~1.20	0.80~1.10	0.80~1.10	—	—	—	—	—
	54	A24302	30CrMnSi	0.27~0.34	0.90~1.20	0.80~1.10	0.80~1.10	—	—	—	—	—
	55	A24303	30CrMnSiA	0.28~0.34	0.90~1.20	0.80~1.10	0.80~1.10	—	—	—	—	—
	56	A24353	35CrMnSiA	0.32~0.39	1.10~1.40	0.80~1.10	1.10~1.40	—	—	—	—	—
CrMnMo	57	A34202	20CrMnMo	0.17~0.23	0.17~0.37	0.90~1.20	1.10~1.40	0.20~0.30	—	—	—	—
	58	A34402	40CrMnMo	0.37~0.45	0.17~0.37	0.90~1.20	0.90~1.20	0.20~0.30	—	—	—	—
CrMnTi	59	A26202	20CrMnTi	0.17~0.23	0.17~0.37	0.80~1.10	1.00~1.30	—	—	—	—	Ti0.04~0.10
	60	A26302	30CrMnTi	0.24~0.32	0.17~0.37	0.80~1.10	1.00~1.30	—	—	—	—	Ti0.04~0.10
CrNi	61	A40202	20CrNi	0.17~0.23	0.17~0.37	0.40~0.70	0.45~0.75	—	1.00~1.40	—	—	—
	62	A40402	40CrNi	0.37~0.44	0.17~0.37	0.50~0.80	0.45~0.75	—	1.00~1.40	—	—	—
	63	A40452	45CrNi	0.42~0.49	0.17~0.37	0.50~0.80	0.45~0.75	—	1.00~1.40	—	—	—
	64	A40502	50CrNi	0.47~0.54	0.17~0.37	0.50~0.80	0.45~0.75	—	1.00~1.40	—	—	—
	65	A41122	12CrNi2	0.10~0.17	0.17~0.37	0.30~0.60	0.60~0.90	—	1.50~1.90	—	—	—
	66	A42122	12CrNi3	0.10~0.17	0.17~0.37	0.30~0.60	0.60~0.90	—	2.75~3.15	—	—	—
	67	A42202	20CrNi3	0.17~0.24	0.17~0.37	0.30~0.60	0.60~0.90	—	2.75~3.15	—	—	—
	68	A42302	30CrNi3	0.27~0.33	0.17~0.37	0.30~0.60	0.60~0.90	—	2.75~3.15	—	—	—
	69	A42372	37CrNi3	0.34~0.41	0.17~0.37	0.30~0.60	1.20~1.60	—	3.00~3.50	—	—	—
	70	A43122	12Cr2Ni4	0.10~0.16	0.17~0.37	0.30~0.60	1.25~1.65	—	3.25~3.65	—	—	—
	71	A43202	20Cr2Ni4	0.17~0.23	0.17~0.37	0.30~0.60	1.25~1.65	—	3.25~3.65	—	—	—

续表 3.3-7

钢组	序号	统一数字代号	牌号	化学成分(质量分数)/%								
				C	Si	Mn	Cr	Mo	Ni	B	V	其他
CrNiMo	72	A50202	20CrNiMo	0.17~0.23	0.17~0.37	0.60~0.95	0.40~0.70	0.20~0.30	0.35~0.75	—	—	—
	73	A50403	40CrNiMoA	0.37~0.44	0.17~0.37	0.50~0.80	0.60~0.90	0.15~0.25	1.25~1.65	—	—	—
CrMnNiMo	74	A50183	18CrNiMnMoA	0.15~0.21	0.17~0.37	1.10~1.40	1.00~1.30	0.20~0.30	1.00~1.30	—	—	—
CrNiMoV	75	A51453	45CrNiMoVA	0.42~0.49	0.17~0.37	0.50~0.80	0.80~1.10	0.20~0.30	1.30~1.80	—	0.10~0.20	—
CrNiW	76	S52183	18Cr2Ni4WA	0.13~0.19	0.17~0.37	0.30~0.60	1.35~1.65	—	4.00~4.50	—	—	W0.80~1.20
	77	S52253	25Cr2Ni4WA	0.21~0.28	0.17~0.37	0.30~0.60	1.35~1.65	—	4.00~4.50	—	—	W0.80~1.20

注：(1) 本表中规定带“A”字标志的牌号仅能作为高级优质钢订货，其他牌号按优质钢订货。

(2) 根据需方要求，可对表中各牌号按高级优质钢(指不带“A”)或特级优质钢(全部牌号)订货，只需在所订牌号后加“A”或“E”字标志(对有“A”字牌号应先去掉“A”)。需方对表中牌号化学成分提出其他要求可按特殊要求订货。

(3) 统一数字代号系根据 GB/T 7616 规定列入，优质钢尾部数字为“2”，高级优质钢(带“A”钢)尾部数字为“3”，特级优质钢(带“E”钢)尾部数字为“6”。

(4) 稀土成分按 0.05% 计算量加入，成品分析结果供参考。

(5) 钢中硫、磷及残余铜、铬、镍、钼含量应符合下表的规定。

钢中硫、磷及残余铜、铬、镍、钼含量

钢类	化学成分(质量分数)/%					
	P	S	Cu	Cr	Ni	Mo
	≤					
优质钢	0.035	0.035	0.30	0.30	0.30	0.15
高级优质钢	0.025	0.025	0.25	0.30	0.30	0.10
特级优质钢	0.025	0.015	0.25	0.30	0.30	0.10

(6) 热压力加工用钢的铜含量(质量分数)不大于 0.20%。

2. 合金结构钢的力学性能(表3.3－8)

表3.3－8 合金结构钢的力学性能(GB/T 3077—1999)

钢组	序号	牌号	试样毛坯尺寸/mm	热处理					力学性能					钢材退火或高温回火供应状态布氏硬度 HB10/3000≤
				淬火			回火		抗拉强度 R_m/MPa	屈服点 R_{eL}/MPa	断后伸长率 A/%	断面收缩率 Z/%	冲击吸收功 A_{KU2}/J	
				加热温度/℃ 第一次淬火	加热温度/℃ 第二次淬火	冷却剂	加热温度/℃	冷却剂	≥					
Mn	1	20Mn2	15	850	—	水、油	200	水、空	785	590	10	40	47	187
				880	—	水、油	440	水、空						
	2	30Mn2	25	840	—	水	500	水	785	635	12	45	63	207
	3	35Mn2	25	840	—	水	500	水	835	685	12	45	55	207
	4	40Mn2	25	840	—	水、油	540	水	835	735	12	45	55	217
	5	45Mn2	25	840	—	油	550	水、油	835	735	10	45	47	217
	6	50Mn2	25	820	—	油	550	水、油	930	785	9	40	39	229
MnV	7	20MnV	15	880	—	水、油	200	水、空	785	590	10	40	55	187
SiMn	8	27SiMn	25	920	—	水	450	水、油	980	835	12	40	39	217
	9	35SiMn	25	900	—	水	570	水、油	885	735	15	45	47	229
	10	42SiMn	25	880	—	水	590	水	885	735	15	40	47	229
SiMnMoV	11	20SiMo2MoV	试样	900	—	油	200	水、空	1380	—	10	45	55	269
	12	25SiMn2MoV	试样	900	—	油	200	水、空	1470	—	10	40	47	269
	13	37SiMn2MoV	25	870	—	水、油	650	水、空	980	835	12	50	63	269
B	14	40B	25	840	—	水	550	水	785	635	12	45	55	207
	15	45B	25	840	—	水	550	水	835	685	12	45	47	217
	16	50B	20	840	—	油	600	空	785	540	10	45	39	207
MnB	17	40MnB	25	850	—	油	500	水、油	980	785	10	45	47	207
	18	45MnB	25	840	—	油	500	水、油	1030	835	9	40	39	217
MnMoB	19	20MnMoB	15	880	—	油	200	油、空	1080	885	10	50	55	207

续表 3.3－8

钢组	序号	牌号	试样毛坯尺寸/mm	热处理					力学性能					钢材退火或高温回火供应状态布氏硬度 HB10/3000≤
				淬火			回火		抗拉强度 R_m/MPa	屈服点 R_{eL}/MPa	断后伸长率 A/%	断面收缩率 Z/%	冲击吸收功 A_{KU2}/J	
				加热温度/℃		冷却剂	加热温度/℃	冷却剂						
				第一次淬火	第二次淬火				≥					
MnVB	20	15MnVB	15	860	—	油	200	水、空	885	635	10	45	55	207
	21	20MnVB	15	860	—	油	200	水、空	1080	885	10	45	55	207
	22	40MnVB	25	850	—	油	520	水、油	980	785	10	45	47	207
MnTiB	23	20MnTiB	15	860	—	油	200	水、空	1130	930	10	45	55	187
	24	25MnTiBRE	试样	860	—	油	200	水、空	1380	—	10	40	47	229
Cr	25	15Cr	15	880	780～820	水、油	200	水、空	735	490	11	45	55	179
	26	15CrA	15	880	780～820	水、油	180	油、空	685	490	12	45	55	179
	27	20Cr	15	880	780～820	水、油	200	水、空	835	540	10	40	47	179
	28	30Cr	25	860	—	油	500	水、油	885	685	11	45	47	187
	29	35Cr	25	860	—	油	500	水、油	930	735	11	45	47	207
	30	40Cr	25	850	—	油	520	水、油	980	785	9	45	47	207
	31	45Cr	25	840	—	油	520	水、油	1030	835	9	40	39	217
	32	50Cr	25	830	—	油	520	水、油	1080	930	9	40	39	229
CrSi	33	38CrSi	25	900	—	油	600	水、油	980	835	12	50	55	255
CrMo	34	12CrMo	20	900	—	空	650	空	410	265	24	60	110	179
CrMo	35	15CrMo	30	900	—	空	650	空	440	295	22	60	94	179
	36	20CrMo	15	880	—	水、油	500	水、油	885	685	12	50	78	197
	37	30CrMo	25	880	—	水、油	540	水、油	930	785	12	50	63	229
	38	30CrMoA	15	880	—	油	540	水、油	930	735	12	50	71	229
	39	35CrMo	25	850	—	油	550	水、油	980	835	12	45	63	229
	40	42CrMo	25	850	—	油	560	水、油	1080	930	12	45	63	217

续表 3.3－8

钢组	序号	牌号	试样毛坯尺寸/mm	热处理					力学性能					钢材退火或高温回火供应状态布氏硬度 HB10/3000≤
				淬火			回火		抗拉强度 R_m/MPa	屈服点 R_{eL}/MPa	断后伸长率 A/%	断面收缩率 Z/%	冲击吸收功 A_{KU2}/J	
				加热温度/℃ 第一次淬火	加热温度/℃ 第二次淬火	冷却剂	加热温度/℃	冷却剂	≥					
CrMoV	41	12CrMoV	30	970	—	空	750	空	440	225	22	50	78	241
CrMoV	42	35CrMoV	25	900	—	油	630	水、油	1080	930	10	50	71	241
CrMoV	43	12Cr1MoV	30	970	—	空	750	空	490	245	22	50	71	179
CrMoV	44	25Cr2MoVA	25	900	—	油	640	空	930	785	14	55	63	241
CrMoV	45	25Cr2Mo1VA	25	1040	—	空	700	空	735	590	16	50	47	241
CrMoAl	46	38CrMoAl	30	940	—	水、油	640	水、油	980	835	14	50	71	229
CrV	47	40CrV	25	880	—	油	650	水、油	885	735	10	50	71	241
CrV	48	50CrVA	25	860	—	油	500	水、油	1280	1130	10	40	—	255
CrMn	49	15CrMn	15	880	—	油	200	水、空	785	590	12	50	47	179
CrMn	50	20CrMn	15	850	—	油	200	水、空	930	735	10	45	47	187
CrMn	51	40CrMn	25	840	—	油	550	水、油	980	835	9	45	47	229
CrMnSi	52	20CrMnSi	25	880	—	油	480	水、油	785	635	12	45	55	207
CrMnSi	53	25CrMnSi	25	880	—	油	480	水、油	1080	885	10	40	39	217
CrMnSi	54	30CrMnSi	25	880	—	油	520	水、油	1080	885	10	45	39	229
CrMnSi	55	30CrMnSiA	25	880	—	油	540	水、油	1080	835	10	45	39	229
CrMnSi	56	35CrMnSiA	试样	加热到 880℃，于 280～310℃等温淬火					1620	1280	9	40	31	241
CrMnSi	56	35CrMnSiA	试样	950	890	油	230	空、油						
CrMnMo	57	20CrMnMo	15	850	—	油	200	水、空	1180	885	10	45	55	217
CrMnMo	58	40CrMnMo	25	850	—	油	600	水、油	980	785	10	45	63	217
20CrMnTi	59	20CrMnTi	15	880	870	油	200	水、空	1080	850	10	45	55	217
20CrMnTi	60	30CrMnTi	试样	880	850	油	200	水、空	1470	—	9	40	47	229

续表 3.3－8

钢组	序号	牌号	试样毛坯尺寸/mm	热处理					力学性能					钢材退火或高温回火供应状态布氏硬度 HB10/3000≤
				淬火			回火		抗拉强度 R_m/MPa	屈服点 R_{eL}/MPa	断后伸长率 A/%	断面收缩率 Z/%	冲击吸收功 A_{KU2}/J	
				加热温度/℃		冷却剂	加热温度/℃	冷却剂	≥					
				第一次淬火	第二次淬火									
CrNi	61	20CrNi	25	850	—	水、油	460	水、油	785	590	10	50	63	197
	62	40CrNi	25	820	—	油	500	水、油	980	785	10	45	55	241
	63	45CrNi	25	820	—	油	530	水、油	980	785	10	45	55	255
	64	50CrNi	25	820	—	油	500	水、油	1080	835	8	40	39	255
	65	12CrNi2	15	860	780	水、油	200	水、空	785	590	12	50	63	207
	66	12CrNi3	15	860	780	油	200	水、空	930	685	11	50	71	217
	67	20CrNi3	25	830	—	水、油	480	水、油	930	735	11	55	78	241
	68	30CrNi3	25	820	—	油	500	水、油	980	785	9	45	63	241
	69	37CrNi3	25	820	—	油	500	水、油	1130	980	10	50	47	269
CrNi	70	12Cr2Ni4	15	860	780	油	200	水、空	1080	835	10	50	71	269
	71	20Cr2Ni4	15	880	780	油	200	水、空	1180	1080	10	45	63	269
CrNiMo	72	20CrNiMo	15	850	—	油	200	空	980	785	9	40	47	197
	73	40CrNiMoA	25	850	—	油	600	水、油	980	835	12	55	78	269
CrMnNiMo	74	18CrMnNiMoA	15	830	—	油	200	空	1180	885	10	45	71	269
CrNiMoV	75	45CrNiMoVA	试样	860	—	油	460	油	1470	1330	7	35	31	269
CrNiW	76	18Cr2Ni4WA	15	950	850	空	200	水、空	1180	835	10	45	78	269
	77	25Cr2Ni4WA	25	850	—	油	550	水、油	1080	930	11	45	71	269

注：（1）表中所列热处理温度允许调整范围：淬火 ±15℃，低温回火 ±20℃，高温回火 ±50℃。

（2）棚钢在淬火前可先经正火，正火温度应不高于其淬火温度，铬锰钛钢第一次淬火可用正火代替。

（3）拉伸试验时试样钢上不能发现屈服，无法测定屈服点 R_{eL} 情况下，可以测规定残余伸长应力 $R_{p0.2}$。

3.3.3 低合金高强度结构钢(GB/T 1591—2008)

1. 术语和定义

1）热机械轧制

最终变形在某一温度范围内进行，使材料获得仅仅依靠热处理不能获得的特定性能的轧制工艺。

注1：轧制后如果加热到580℃可能导致材料强度值的降低。如果确实需要加热到580℃以上，则应由供方进行。

注2：热机械轧制交货状态可以包括加速冷却，或加速冷却并回火(包括自回火)，但不包括直接淬火或淬火加回火。

2）正火轧制

最终变形是在某一温度范围内进行，使材料获得与正火后性能相当的轧制工艺。

2. 牌号表示方法

钢的牌号由代表屈服强度的汉语拼音字母、屈服强度数值、质量等级符号三个部分组成。例如：Q345D。其中：

Q——钢的屈服强度的“屈”字汉语拼音的首位字母；

345——屈服强度数值，单位 MPa；

D——质量等级为D级。

当需方要求钢板具有厚度方向性能时，则在上述规定的牌号后加上代表厚度方向(Z向)性能级别的符号，例如：Q345DZ15。

3. 技术要求

1）牌号及化学成分

(1) 钢的牌号及化学成分(熔炼分析)应符合表3.3-9的规定。

(2) 当需要加入细化晶粒元素时，钢中应至少含有Al、Nb、V、Ti中的一种。加入的细化晶粒元素应在质量证明书中注明含量。

(3) 当采用全铝(Al_t)含量表示时，Al_t应不小于0.020%。

(4) 钢中氮元素含量应符合表3.3-9的规定，如供方保证，可不进行氮元素含量分析。如果钢中加入Al、Nb、V、Ti等具有固氮作用的合金元素，氮元素含量不作限制，固氮元素含量应在质量证明书中注明。

(5) 各牌号的Cr、Ni、Cu作为残余元素时，其含量各不大于0.30%，如供方保证，可不作分析；当需要加入时，其含量应符合表3.3-9的规定或由供需双方协议规定。

(6) 为改善钢的性能，可加入RE元素时，其加入量按钢水重量的0.02%~0.20%计算。

(7) 在保证钢材力学性能符合本标准规定的情况下，各牌号A级钢的C、Si、Mn化学成分可不作交货条件。

(8) 各牌号除A级钢以外的钢材，当以热轧、控轧状态交货是，其最大碳当量值应符合表3.3-10的规定；当以正火、正火轧制、正火加回火状态交货时，其最大碳当量值应符合表3.3-11的规定；当以热机械轧制(TMCP)或热机械轧制加回火状态交货时，其最大碳当量值应符合表3.3-12的规定。碳当量(CEV)应由熔炼分析成分并采用下式计算。

$$CEV = C + Mn/6 + (Cr + Mo + V)/5 + (Ni + Cu)/15$$

表 3.3-9 钢的牌号及化学成分(GB/T 1591—2008)

牌号	质量等级	化学成分①,②(质量分数)/%														
		C	Si	Mn	P	S	Nb	V	Ti	Cr	Ni	Cu	N	Mo	B	Als
					不大于											不小于
Q345	A	≤0.20	≤0.50	≤1.70	0.035	0.035	0.07	0.15	0.20	0.30	0.50	0.30	0.012	0.10	—	—
	B				0.035	0.035										
	C				0.030	0.030										0.015
	D	≤0.18			0.030	0.025										
	E				0.025	0.020										
Q390	A	≤0.20	≤0.50	≤1.70	0.035	0.035	0.07	0.20	0.20	0.30	0.50	0.30	0.015	0.10	—	—
	B				0.035	0.035										
	C				0.030	0.030										0.015
	D				0.030	0.025										
	E				0.025	0.020										
Q420	A	≤0.20	≤0.50	≤1.70	0.035	0.035	0.07	0.20	0.20	0.30	0.80	0.30	0.015	0.20	—	—
	B				0.035	0.035										
	C				0.030	0.030										0.015
	D				0.030	0.025										
	E				0.025	0.020										
Q460	C	≤0.20	≤0.60	≤1.80	0.030	0.030	0.11	0.20	0.20	0.30	0.80	0.55	0.015	0.20	0.004	0.015
	D				0.030	0.025										
	E				0.025	0.020										
Q500	C	≤0.18	≤0.60	≤1.80	0.030	0.030	0.11	0.12	0.20	0.60	0.80	0.55	0.015	0.20	0.004	0.015
	D				0.030	0.025										
	E				0.025	0.020										
Q550	C	≤0.18	≤0.60	≤2.00	0.030	0.030	0.11	0.12	0.20	0.80	0.80	0.80	0.015	0.30	0.004	0.015
	D				0.030	0.025										
	E				0.025	0.020										
Q620	C	≤0.18	≤0.60	≤2.00	0.030	0.030	0.11	0.12	0.20	1.00	0.80	0.80	0.015	0.30	0.004	0.015
	D				0.030	0.025										
	E				0.025	0.020										
Q690	C	≤0.18	≤0.60	≤2.00	0.030	0.030	0.11	0.12	0.20	1.00	0.80	0.80	0.015	0.30	0.004	0.015
	D				0.030	0.025										
	E				0.025	0.020										

注：①型材及棒材 P、S 含量可提高 0.005%，其中 A 级钢上限可为 0.045%。

② 当细化晶粒元素组合加入时，20(Nb + V + Ti) ≤0.22%，20(Mo + Cr) ≤0.30%。

表 3.3－10 热轧、控轧状态交货钢材的碳当量

牌号	碳当量(CEV)/%		
	公称厚度或直径≤63mm	公称厚度或直径＞63～250mm	公称厚度＞250mm
Q345	≤0.44	≤0.47	≤0.47
Q390	≤0.45	≤0.48	≤0.48
Q420	≤0.45	≤0.48	≤0.48
Q460	≤0.46	≤0.49	—

表 3.3－11 正火、正火轧制、正火加回火状态交货钢材的碳当量

牌号	碳当量(CEV)/%		
	公称厚度≤63mm	公称厚度＞63～120mm	公称厚度＞120～250mm
Q345	≤0.45	≤0.48	≤0.48
Q390	≤0.46	≤0.48	≤0.49
Q420	≤0.48	≤0.50	≤0.52
Q460	≤0.53	≤0.54	≤0.55

表 3.3－12 热机械轧制(TMCP)或热机械轧制加回火状态交货钢材的碳当量

牌号	碳当量(CEV)/%		
	公称厚度≤63mm	公称厚度＞63～120mm	公称厚度＞120～150mm
Q345	≤0.44	≤0.45	≤0.45
Q390	≤0.46	≤0.47	≤0.47
Q420	≤0.46	≤0.47	≤0.47
Q460	≤0.47	≤0.48	≤0.48
Q500	≤0.47	≤0.48	≤0.48
Q550	≤0.47	≤0.48	≤0.48
Q620	≤0.48	≤0.49	≤0.49
Q690	≤0.49	≤0.49	≤0.49

(9) 热机械轧制(TMCP)或热机械轧制加回火状态交货钢材的碳含量不大于0.12%时，可采用焊接裂纹敏感性指数(P_{cm})代替碳当量评估钢材的可焊性。P_{cm}应由熔炼分析成分并采用下式计算，其值应符合表3.3－13的规定。

$$P_{cm} = C + Si/30 + Mn/20 + Cu/20 + Ni/60 + Cr/20 + Mo/15 + V/10 + 5B$$

经供需双方协商，可指定采用碳当量或焊接裂纹敏感性指数作为衡量可焊性的指标，当未指定时，供方可任选其一。

表 3.3－13 热机械轧制(TMCP)或热机械轧制加回火状态交货钢材 P_{cm} 值

牌号	P_{cm}/%	牌号	P_{cm}/%
Q345	≤0.20	Q500	≤0.25
Q390	≤0.20	Q550	≤0.25
Q420	≤0.20	Q620	≤0.25
Q460	≤0.20	Q690	≤0.25

(10) 钢材、钢坯的化学成分允许偏差应符合 GB/T 222 的规定。

(11) 当需方要求保证厚度方向性能钢材时，其化学成分应符合 GB/T 5313 的规定。

2) 冶炼方法

钢由转炉或电炉冶炼，必要时加炉外精炼。

3) 交货状态

钢材以热轧、空扎、正火、正火轧制或正火加回火、热机械轧制(TMCP)或热机械轧制加回火状态交货。

4) 力学性能及工艺性能

(1) 拉伸试验

钢材拉伸试验的性能应符合表3.3－14的规定。

表 3.3－14　钢材的拉伸性能

牌号	质量等级	拉伸试验①②③																					
		以下公称厚度（直径，边长）下屈服强度（R_{eL}）/MPa									以下公称厚度（直径，边长）抗拉强度（R_m）/MPa							断后伸长率（A）/% 公称厚度（直径，边长）					
		≤16mm	>16～40mm	>40～63mm	>63～80mm	>80～100mm	>100～150mm	>150～200mm	>200～250mm	>250～400mm	≤40mm	>40～63mm	>63～80mm	>80～100	>100～150mm	>150～250mm	>250～400mm	≤40mm	>40～63mm	>63～100mm	>100～150mm	>150～250mm	>250～400mm
Q345	A、B	≥345	≥335	≥325	≥315	≥305	≥285	≥275	≥265	—	470～630	470～630	470～630	470～630	450～600	450～600	—	≥20	≥19	≥19	≥18	≥17	—
	C									≥265								≥21	≥20	≥20	≥19	≥18	
	D、E																450～600						≥17
Q390	A、B、C、D、E	≥390	≥370	≥350	≥330	≥330	≥310	—	—	—	490～650	490～650	490～650	490～650	470～620	—	—	≥20	≥19	≥19	≥18	—	—
Q420	A、B、C、D、E	≥420	≥400	≥380	≥360	≥360	≥340	—	—	—	520～680	520～680	520～680	520～680	500～650	—	—	≥19	≥18	≥18	≥18	—	—
Q460	C、D、E	≥460	≥440	≥420	≥400	≥400	≥380	—	—	—	550～720	550～720	550～720	550～720	550～700	—	—	≥17	≥16	≥16	≥16	—	—
Q500	C、D、E	≥500	≥480	≥470	≥450	≥440	—	—	—	—	610～770	600～760	590～750	540～730	—	—	—	≥17	≥17	≥17	—	—	—
Q550	C、D、E	≥550	≥530	≥520	≥500	≥490	—	—	—	—	670～830	620～810	600～790	890～780	—	—	—	≥16	≥16	≥16	—	—	—
Q620	C、D、E	≥620	≥600	≥590	≥570	—	—	—	—	—	710～880	690～880	670～860	—	—	—	—	≥15	≥15	≥15	—	—	—
Q690	C、D、E	≥690	≥670	≥660	≥640	—	—	—	—	—	770～940	750～920	730～900	—	—	—	—	≥14	≥14	≥14	—	—	—

注：①当屈服不明显时，可测量 $R_{p0.2}$ 代替下屈服强度。

② 宽度不小于 600mm 扁平材，拉伸试验取横向试样；宽度小于 600mm 的扁平材、型材及棒材取纵向试样，断后伸长率最小值相应提高 1%（绝对值）。

③ 厚度 >250～400mm 的数值适用于扁平材。

(2) 夏比(V)型冲击试验

① 钢材的夏比(V型)冲击试验的试验温度和冲击吸收能量应符合表3.3－15的规定。

表3.3－15 夏比(V型)冲击试验的试验温度和冲击吸收能量

<table>
<tr><th rowspan="3">牌 号</th><th rowspan="3">质量等级</th><th rowspan="3">试验温度/℃</th><th colspan="3">冲击吸收能量(KV_2)①/J</th></tr>
<tr><th colspan="3">公称厚度(直径、边长)</th></tr>
<tr><th>12～150mm</th><th>>150～250mm</th><th>>250～400mm</th></tr>
<tr><td rowspan="4">Q345</td><td>B</td><td>20</td><td rowspan="4">≥34</td><td rowspan="4">≥27</td><td rowspan="2">—</td></tr>
<tr><td>C</td><td>0</td></tr>
<tr><td>D</td><td>－20</td><td rowspan="2">27</td></tr>
<tr><td>E</td><td>－40</td></tr>
<tr><td rowspan="4">Q390</td><td>B</td><td>20</td><td rowspan="4">≥34</td><td rowspan="4">—</td><td rowspan="4">—</td></tr>
<tr><td>C</td><td>0</td></tr>
<tr><td>D</td><td>－20</td></tr>
<tr><td>E</td><td>－40</td></tr>
<tr><td rowspan="4">Q420</td><td>B</td><td>20</td><td rowspan="4">≥34</td><td rowspan="4">—</td><td rowspan="4">—</td></tr>
<tr><td>C</td><td>0</td></tr>
<tr><td>D</td><td>－20</td></tr>
<tr><td>E</td><td>－40</td></tr>
<tr><td rowspan="3">Q460</td><td>C</td><td>0</td><td rowspan="3">≥34</td><td>—</td><td>—</td></tr>
<tr><td>D</td><td>－20</td><td>—</td><td>—</td></tr>
<tr><td>E</td><td>－40</td><td>—</td><td>—</td></tr>
<tr><td rowspan="3">Q500、Q550
Q620、Q690</td><td>C</td><td>0</td><td>≥55</td><td>—</td><td>—</td></tr>
<tr><td>D</td><td>－20</td><td>≥47</td><td>—</td><td>—</td></tr>
<tr><td>E</td><td>－40</td><td>≥31</td><td>—</td><td>—</td></tr>
</table>

注：①冲击试验取纵向试样

② 厚度不小于6mm或直径不小于12mm的钢材应做冲击试验，冲击试样尺寸取10mm×10mm×55mm的标准试样；当钢材不足以制取标准试样时，应采用10mm×7.5mm×55mm或10mm×5mm×55mm小尺寸试样，冲击吸收能量应分别为不小于表3.3－15规定值的75%或50%，优先采用较大尺寸试样。

③ 钢材的冲击试验结果按一组3个试样的算术平均值进行计算，允许其中有1个试验值低于规定值，但不应低于规定值的70%，否则，应从同一抽样产品上再取3个试样进行试验，先后6个试样试验结果的算术平均值不得低于规定值，允许有2个试样的试验结果低于规定值，但其中低于规定值70%的试样只允许有一个。

(3) Z向钢厚度方向断面收缩率应符合GB/T 5313的规定。

(4)当需方要求做弯曲试验时，弯曲试验应符合表3.3－16的规定。当供方保证弯曲合格时，可不做弯曲试验。

表 3.3-16　弯曲试验

牌　号	试样方向	180°弯曲试验 [d=弯心直径，a=试样厚度(直径)]	
		钢材厚度(直径，边长)	
		≤16mm	>16~100mm
Q345 Q390 Q420 Q460	宽度不小于600mm扁平材，拉伸试验取横向试样。宽度小于600mm的扁平材、型材及棒材取纵向试样	$2a$	$3a$

5）表面质量

钢材的表面质量应符合相关产品标准的规定。

3.3.4　低合金钢专业用钢

为了适应某些专业的特殊需要，对低合金结构钢的成分、工艺及性能作了相应的调整和补充规定，因此发展了门类众多的低合金钢专业用钢，大部分已纳入国家标准。低合金钢及其专业用钢的应用，几乎涉及国民经济各基础工业领域。这里仅列举出3种。

1. 锅炉、压力容器用低合金钢

锅炉、压力容器用低合金钢见表3.3-17。

表 3.3-17　锅炉、压力容器用低合金钢

标准号	技术标准名称	所列钢号
GB 713	锅炉和压力容器用钢板	Q345R
GB 3531	低温压力容器用低合金钢钢板	16MnDR、06MnNbDR
GB/T 6479	高压化肥设备用无缝钢管	16Mn、15MnV
GB 6653	焊接气瓶用钢板和钢带	12MnHP、16MnHP、12MnCrVHP、10MnNbHP
GB 6655	多层压力容器用低合金钢钢板	16MnRC、15MnVRC

2. 油气管道用低合金钢

当前石油和天然气管道工程向大管径、高压输送以及海底管道向大壁厚方向发展，对管道用钢也提出新要求。为此管道用钢的开发应满足以下要求：(1)要求钢中合金元素和显微组织的作用，既提高屈服强度，又降低韧脆转折温度。(2)要求尽可能降低非金属夹杂物含量。通过添加钙和稀土元素对硫化物形态进行控制，可获得钢的良好成形性和减少其力学性能的各向异性。(3)要求降低碳含量，具有良好的焊接性能。

管道用钢国际上通常采用API标准(美国石油工业标准)按屈服强度等级的分类方法。国外石油和天然气管道工程用钢的钢管尺寸、钢种强度等级和工作应力见表3.3-18。随着油气管道工程的迅速发展，管道用钢的屈服强度等级也在逐年提高，20世纪60年代以前多采用X52级以下的管道用钢，60年代采用X60~X65级钢，70年代提高到X70级，80年代以来开发了X80~X100级的更高等级的管道用钢。

表 3.3－18 国外管道工程用钢

管线工程用钢	陆地		海洋	
	天然气	石油	天然气	石油
钢管管径/mm	914～1422	762～1219	508	508～762
钢管壁厚 mm	10～19	7～14	12～25	12～25
钢种等级①	X65～X70	X52～X65	X60	X62
屈服强度/MPa②	448～482	358～448	413	358
输送工作压力/kPa	6958～9996	4802～6860	8918～13720	4802～8820

注：本表根据 API 标准摘编。

① X 表示钢管屈服强度等级，其后的数字是规定的屈服强度值，单位为 klb/in^2（＝1000psi）。

② 由换算式 1000psi＝6.895MPa 进行换算后的数值。

X52 级以下的管道用钢，一般为 C－Mn 系低合金钢。X56～X65 级管道用钢则在降碳的同时，添加 Nb、V、Ti 等碳氮化物形成元素，在弥补了由于降碳所损失的强度的同时，而不损害焊接性。X70 级管道用钢通常有三种类型：Nb－V 复合微合金化钢（PRS）、添加钼的针状铁素体钢（AFS）和控轧控冷生产的超低碳贝氏体钢（ULCBS）。X80 级以上的管道用钢，按不同生产流程又分为两种：一种是适应螺旋焊管的控轧控冷钢；一种是适应压力机成形（UOE）焊管的淬火－回火钢。

海底管道用钢，通常是在 C－Mn 系或 C－Mn－V 系钢的基础上添加 Cu 或 Nb，以提高耐蚀性。这类钢具有良好的抗应力腐蚀和海水腐蚀能力，并有足够的低温韧性，其屈服强度可达 X60～X80 级管道用钢的要求。

低温管道用钢，其典型钢种如 06r2HA6 钢（原苏联），是在 C－Mn 系钢的基础上添加 Ni0.85%（质量分数，下同），Nb0.15% 和 N0.02%，屈服强度为 353MPa，具有很好的低温韧性，其低温冲击吸收功在－70℃时为 80J，在－120℃时为 60J，可以确保在－100℃下长期使用。

3. 海洋工程结构用低合金钢

这类钢包括海洋平台主体结构用钢、海洋平台用抗层状撕裂钢、焊接无裂纹钢以及其他海洋工程用钢。海洋平台因其所处的环境复杂，要求海洋平台用钢应具有中等以上强度、良好的抗海水腐蚀和抗低温断裂能力、较高的抗疲劳强度以及优良的焊接性等。由于时带受到强海浪和风力的袭击，还要求用于某些重要部位的板材具有抗层状撕裂性能。为了在恶劣的条件下保证焊接施工质量，又要求焊接裂纹敏感性低的钢材。

1）海洋平台主体结构用钢　海洋平台主体结构包括立柱、导管架、甲板及上层结构等。要求所采用的钢种，在冶炼时降低硫、磷含量至规定值以下，并控制非金属夹杂物的形态及均匀分布，以提高钢的抗冲击性能和弯曲性能，并降低焊接接头的层状撕裂倾向和减少断裂韧性的方向性。海洋平台用低合金钢按屈服强度等级分为以下几种：

294MPa 级（30kgf 级）用钢——12Mn；

343MPa 级（35kgf 级）用钢——16Mn、12MnV；

392MPa 级（40kgf 级）用钢——15MnV、15MnTi、10MnPNbRE；

441MPa 级（45kgf 级）用钢——14MnVTiRE。

近年来我国开发的 15MnMoVNRE 等钢种，可以提供 490MPa 级、588MPa 级、686MPa

级(50~70kgf 级)三种强度等级的高强度钢，其低温韧性也很好。

2）抗层状撕裂钢　也叫 Z 向钢，主要用于造船和海洋平台，也用于锅炉和压力容器。由于海洋平台很多节点部位的焊接结构复杂，焊后易产生残余应力，在强海浪、海风的袭击下，易导致母材与焊接热影响区之间产生层状撕裂。Z 向钢不仅要求沿宽度和长度方向有一定的力学性能，而且要求沿厚度方向(Z 向)面缩率 ψz 达到一定值，当 ψz 达20%~30%时，就可消除层状撕裂发生。钢中硫含量对 ψz 值的影响很大，要求严格控制。我国有关 Z 向钢板的标准(GB/T 5313—2010)规定，Z 向钢根据控制硫质量分数的高低而分为三个等级；即 Z15 级，含 S≤0.010%；Z25 级，含 S≤0.007%；Z35 级，含 S≤0.005%。Z 向钢在生产工艺上相应采用低硫铁水，在顶底复吹转炉中冶炼并进一步脱硫，再经钢包处理、保护浇注直至轧成板材后，还需进行超声波探伤，然后正火处理，出厂前再进行性能检测。由于严格的生产工艺，我国生产的抗层状撕裂钢 D36-Z35，其力学性能已和日本的 KD36-Z35 钢相近，见表 3.3-19。

表 3.3-19　抗层状撕裂钢的力学性能比较

钢号	板厚/mm	试样取向	R_{eL}/MPa	R_m/MPa	A/%	Z_z/%	A_{KV}/J	
							-20℃	-40℃
D36-A35 中国	50	Z 向	370	535	30.1	75.1	160	125
		横向	380	565	30.0	—	—	—
		纵向	—	—	—	—	155	100
KD36-Z35（日本）	50	Z 向	370	530	28.4	74.2	—	—

注：表中力学性能系实测平均值。

3）焊接无裂纹钢　也叫 CF 钢(系 Crack-free 的缩写)，是一种焊接裂纹敏感性很低的钢。由于许多大型钢结构(如海洋采油平台等)在焊接施工中受条件限制，不能进行预热而造成焊接裂纹，影响钢结构质量。国外首先开发的 CF 钢，如日本的 K-TEN62CF、Welten62CF 等，可满足屈服强度 490MPa 级(50kgf 级)和 539MPa 级(55kgf 级)用钢的要求，其力学性能见表 3.3-20。CF 钢还用于大型球罐、桥梁、水电站高压叉管等结构，已成为重要的专业用钢。

表 3.3-20　国外焊接无裂纹钢典型钢种的力学性能

钢　号	R_{eL}/MPa	R_m/MPa	A/%	冲击试验	
				温度/℃	A_{KV}/J
K-TEN62CF①	≥490	608~726	≥16	-15	≥47
Welten 62CF②(纵向)	544~549	617~621	—	-15	196~240
(横向)	542~543	616~619	—	-15	147~190

注：① 钢的技术条件规定值。
② 实测值。

我国武汉钢铁公司生产的 CF-60、CF-62 钢的化学成分和力学性能见表 3.3-21 和表 3.3-22。

表 3.3-21 CF-60、CF-62 钢的化学成分 w,%

成分	C	Si	Mn	P	S	Ni	Cr	Mo	V	B
含量	≤0.09	0.15~0.35	1.10~1.50	≤0.030	≤0.020	≤0.50	≤0.35	≤0.30	0.02~0.06	≤0.003

注：1. 化学成分摘自武钢企标。

2. Ni、B 元素必要时加入。

3. 碳当量 C_{eq}≤0.42。

表 3.3-22 CF-60、CF-62 钢的力学性能

牌号	R_{eL}/MPa	R_m/MPa	A/%	A_{KV}(-40℃)/J		冷弯，180°
				平均值	单个值	
CF-60	≥450	590~705	≥18	≥39	≥34	$d=3a$
CF-62	≥490	610~725	≥18	≥39	≥34	$d=3a$

注：力学性能摘自武钢企标。

第四章　不锈钢和耐蚀合金

机械设备及其零部件在各种腐蚀环境下造成的不同形态的腐蚀损害，是设备失效的主要原因之一。为了提高工程材料的抗腐蚀能力，开发了各种不锈钢和耐蚀合金。

不锈钢通常是不锈钢和耐酸钢的统称，也叫不锈耐酸钢，一般称耐空气、蒸汽和水等弱腐蚀性介质腐蚀的钢为不锈钢，称耐酸、碱、盐等强腐蚀性介质腐蚀的钢为耐酸钢。两者在化学成分上有共同特点，都属于铬含量的质量分数为 11% ~12% 以上的高合金钢；但两者在合金化程序上有差异，不锈钢并不一定耐酸，而耐酸钢则一般均有良好的不锈性能。本章从习惯叫法，将不锈耐酸钢简称为不锈钢。不锈钢按使用状态下的组织结构不同，可分为奥氏体不锈钢、铁素体不锈钢、马氏体不锈钢、双相不锈钢和沉淀硬化不锈钢等。

对不锈钢性能的要求，最重要的是耐蚀性能，合适的力学性能，良好的冷、热加工和焊接等工艺性能。铬是不锈钢获得耐蚀性的基本合金元素。当钢中铬的质量分数达到 12% 左右时，使钢的表面生成致密的 Cr_2O_3 保护膜，这个膜的存在对耐蚀性起决定性作用，主要表现出钢在氧化性介质中的耐蚀性发生突变性上升；而在还原性介质中，则铬的作用并不明显。除了铬外，不锈钢中还含有其他元素，有些是作为主要成分加入的，有的则是钢中的残余元素。各种合金元素对不锈钢耐蚀性能的影响见表 4.1 -1。

表 4.1 -1　合金元素对不锈钢耐蚀性能的影响

耐蚀类型	C	Si	P	S	Cr	Ni	Mo	Cu	Nb	Ti	N
耐一般腐蚀	↡	↕	↓	↓	↟	↑	↑	↑			
耐晶间腐蚀	↡	↕	↓		↑	↓			↟	↟	
耐点腐蚀和缝隙腐蚀	↡			↡	↟		↟		↕	↕	↟
耐应力腐蚀	↕	↑	↡		↑	↟	↕	↕	↕	↕	↕

注：↟ 很有利；↑ 有利；↕ 有利或有害随条件而定；↓ 有害；↡ 肯定有害。

为了解决一般不锈钢和其他金属材料无法解决的工程腐蚀问题，开发了耐蚀合金，例如 Monel 合金（Ni70%，Cu30%），可算是最早的耐蚀合金。耐蚀合金通常按化学成分分为镍基耐蚀合金、铁 - 镍基耐蚀合金和钛基耐蚀合金等。镍基耐蚀合金是指以镍为基体、能在某些介质中耐腐蚀的合金。对于 Ni >30%，而且（Ni + Fe）>50% 的耐蚀合金，通常称为铁 - 镍基耐蚀合金。钛基合金是指以钛为基体的耐蚀合金，在中性、氧化性介质中，尤其在海水中，钛基合金的耐蚀性能显著优于各种不锈钢，甚至超过镍基耐蚀合金，是目前在上述介质中耐蚀性能最好的金属材料。

4.1　不锈钢和耐蚀合金的化学成分及性能特点

4.1.1　奥氏体不锈钢

以铬镍为主要合金元素的奥氏体不锈钢是应用最为广泛的一类不锈钢，约占不锈钢总产量的70%。此类钢包括Cr18Ni8系不锈钢以及在此基础上发展起来的含铬、镍更高并含钼、硅、铜等合元素的奥氏体类不锈钢，其形成及发展过程见图4.1-1. 奥氏体不锈钢的化学成分见表4.1-2，其特性和用途见表4.1-3。

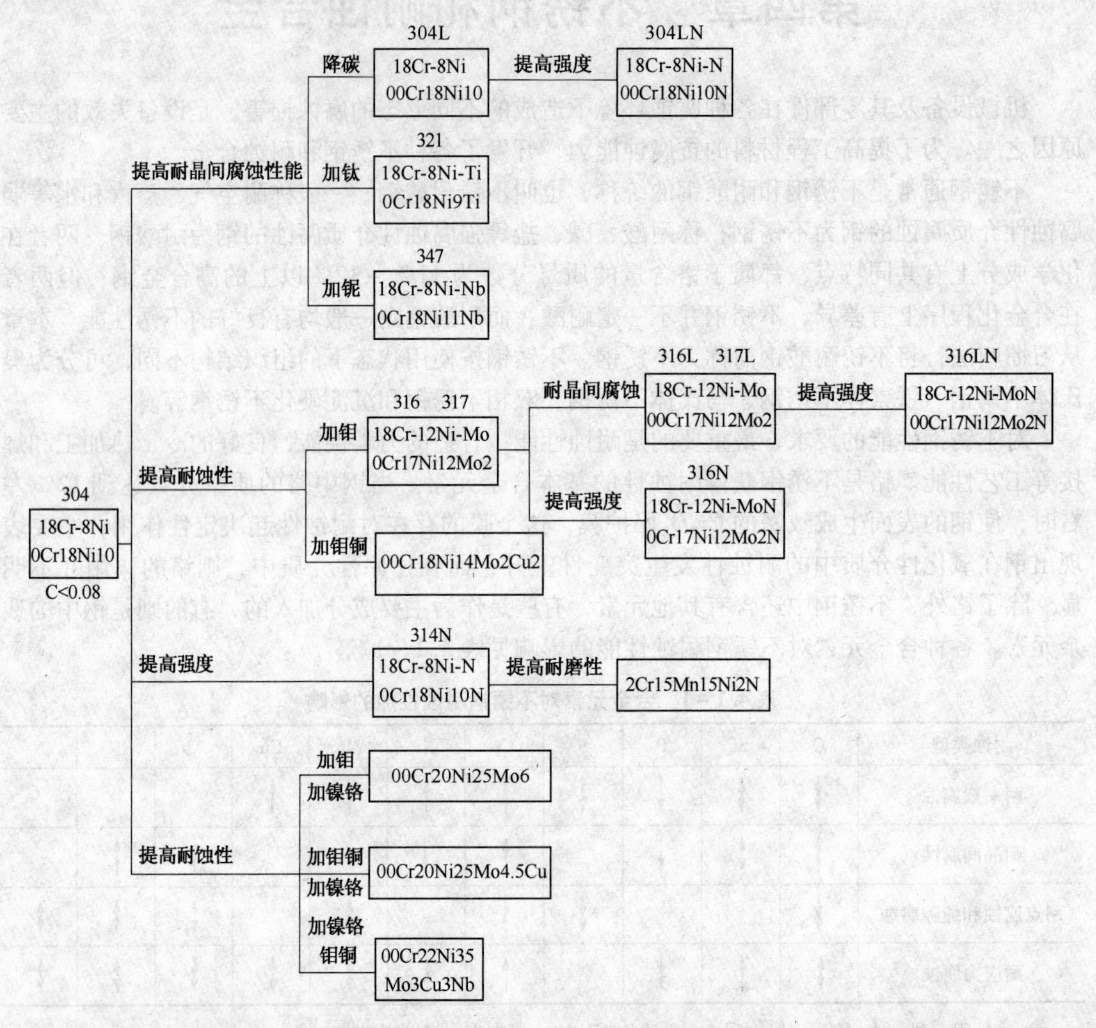

图4.1-1 18-8型奥氏体不锈钢的发展过程

奥氏体不锈钢通常是无磁性的；由于合金元素含量较高，其导热性在不锈钢中是最差的，热导率仅为碳钢的1/3左右；它具有单一的奥氏体组织，不能通过热处理强化，但加工硬化作用显著，故可通过冷变形方法提高钢的强度，但耐蚀性相应有所下降。

奥氏体不锈钢不仅在常温，而且在极低温度下(如-185℃)仍具有很高的冲击韧性，使这类钢在制冷工业中得到广泛应用。这类钢的切削性能较差，并易粘刀；含硫或硒等易切削元素的奥氏不锈钢的可加工性有所改善，如304F和316F易切削不锈钢。

奥氏体不锈钢的塑性优良，与其他不锈钢相比具有较好的可焊性。由于含有较高的铬和镍，钢在氧化性、中性及弱还原性介质中均具有良好的耐蚀性。但这类不锈钢不适合在氧化物环境中使用，因有较高的应力腐蚀破裂敏感性和点蚀倾向。这类钢的冷热加工性能俱佳，容易生产板、管、丝、带等各种钢材。可制成形状复杂的冲压件。奥氏体不锈钢经固溶处理可获得最佳的耐蚀性与力学性能的配合。这种处理也常用于冷加工过程中的软化退火处理。

表 4.1-2　奥氏体不锈钢和耐热钢牌号及其化学成分(GB/T 20878—2007)

序号	统一数字代号	新牌号	旧牌号	化学成分(质量分数)/%										
				C	Si	Mn	P	S	Ni	Cr	Mo	Cu	N	其他元素
1	S35350	12Cr17Mn6Ni5N	1Cr17Mn6Ni5N	0.15	1.00	5.50~7.50	0.050	0.030	3.50~5.50	16.00~18.00	—	—	0.05~0.25	—
2	S35950	10Cr17Mn9Ni4N		0.12	0.80	8.00~10.50	0.035	0.025	3.50~4.50	16.00~18.00	—	—	0.15~0.25	—
3	S35450	12Cr18Mn9Ni5N	1Cr18Mn8Ni5N	0.15	1.00	7.50~10.00	0.050	0.030	4.00~6.00	17.00~19.00	—	—	0.05~0.25	—
4	S35020	20Cr13Mn9Ni4	2Cr13Mn9Ni4	0.15~0.25	0.80	8.00~10.00	0.035	0.025	3.70~5.00	12.00~14.00	—	—	—	—
5	S35550	20Cr15Mn15Ni2N	2Cr15Mn15Ni2N	0.15~0.25	1.00	14.00~16.00	0.050	0.030	1.50~3.00	14.00~16.00	—	—	0.15~0.30	—
6	S35660	53Cr21Mn9Ni4N①	5Cr21Mn9Ni4N①	0.48~0.58	0.35	8.00~10.00	0.040	0.030	3.25~4.50	20.00~22.00	—	—	0.35~0.50	—
7	S35750	26Cr18Mn12Si2N①	3Cr18Mn12Si2N①	0.22~0.30	1.40~2.20	10.50~12.50	0.050	0.030	—	17.00~19.00	—	—	0.22~0.33	—
8	S35850	22Cr20Mn10Ni2Si2N①	2Cr20Mn9Ni2Si2N①	0.17~0.26	1.80~2.70	8.50~11.00	0.050	0.030	2.00~3.00	18.00~21.00	—	—	0.20~0.30	—
9	S30110	12Cr17Ni7	1Cr17Ni7	0.15	1.00	2.00	0.045	0.030	6.00~8.00	16.00~18.00	—	—	0.10	—
10	S30103	022Cr17Ni7		0.030	1.00	2.00	0.045	0.030	5.00~8.00	16.00~18.00	—	—	0.20	—
11	S30153	022Cr17Ni7N		0.030	1.00	2.00	0.045	0.030	5.00~8.00	16.00~18.00	—	—	0.07~0.20	—
12	S20220	17Cr18Ni9	2Cr18Ni9	0.13~0.21	1.00	2.00	0.035	0.025	8.00~10.50	17.00~19.00	—	—	—	—
13	S30210	12Cr18Ni9①	1Cr18Ni9①	0.15	1.00	2.00	0.045	0.030	8.00~10.00	17.00~19.00	—	—	0.10	—

续表4.1-2

序号	统一数字代号	新牌号	旧牌号	化学成分(质量分数)/%										
				C	Si	Mn	P	S	Ni	Cr	Mo	Cu	N	其他元素
14	S30240	12Cr18Ni9Si3[①]	1Cr18Ni9Si3[①]	0.15	2.00~3.00	2.00	0.045	0.030	8.00~10.00	17.00~19.00	—	—	0.10	—
15	S30317	Y12Cr18Ni9	Y1Cr18Ni9	0.15	1.00	2.00	0.20	≥0.15	8.00~10.00	17.00~19.00	(0.60)	—	—	—
16	S30327	Y12Cr18Ni9Se	Y1Cr18Ni9Se	0.15	1.00	2.00	0.20	0.060	8.00~10.00	17.00~19.00	—	—	—	Se≥0.15
17	S30408	06Cr19Ni10[①]	0Cr18Ni9[①]	0.08	1.00	2.00	0.045	0.030	8.00~11.00	18.00~20.00	—	—	—	—
18	S30403	022Cr19Ni10	00Cr19Ni10	0.030	1.00	2.00	0.045	0.030	8.00~12.00	18.00~20.00	—	—	—	—
19	S30409	07Cr19Ni10		0.04~0.10	1.00	2.00	0.045	0.030	8.00~11.00	18.00~20.00	—	—	—	—
20	S30450	05Cr19Ni10Si2CeN		0.04~0.06	1.00~2.00	0.80	0.045	0.030	9.00~10.00	18.00~19.00	—	—	0.12~0.18	Ce0.03~0.08
21	S20480	06Cr18Ni9Cu2	0Cr18Ni9Cu2	0.08	1.00	2.00	0.045	0.030	8.00~10.50	17.00~19.00	—	1.00~3.00	—	—
22	S30488	06Cr18Ni9Cu3	0Cr18Ni9Cu3	0.08	1.00	2.00	0.045	0.030	8.50~10.50	17.00~19.00	—	3.00~4.00	—	—
23	S30458	06Cr19Ni10N	0Cr19Ni9N	0.08	1.00	2.00	0.045	0.030	8.00~11.00	18.00~20.00	—	—	0.10~0.16	—
24	S30478	06Cr19Ni9NbN	0Cr19Ni10NbN	0.08	1.00	2.50	0.045	0.030	7.50~10.00	18.00~20.00	—	—	0.15~0.30	Nb0.15
25	S30453	022Cr19Ni10N	00Cr19Ni10N	0.030	1.00	2.00	0.045	0.030	8.00~11.00	18.00~20.00	—	—	0.10~0.16	—
26	S30510	10Cr18Ni12	1Cr18Ni12	0.12	1.00	2.00	0.045	0.030	10.50~13.00	17.00~19.00	—	—	—	—

续表 4.1－2

序号	统一数字代号	新牌号	旧牌号	化学成分(质量分数)/%										
				C	Si	Mn	P	S	Ni	Cr	Mo	Cu	N	其他元素
27	S30508	06Cr18Ni12	0Cr18Ni12	0.08	1.00	2.00	0.045	0.030	11.00～13.50	16.50～19.00	—	—	—	—
28	S30608	06Cr16Ni18	0Cr16Ni18	0.08	1.00	2.00	0.045	0.030	17.00～19.00	15.00～17.00	—	—	—	—
29	S30808	06Cr20Ni11		0.08	1.00	2.00	0.045	0.030	10.00～12.00	19.00～21.00	—	—	—	—
30	S30850	22Cr21Ni12N①	2Cr21Ni12N①	0.15～0.28	0.75～1.25	1.00～1.60	0.040	0.030	10.50～12.50	20.00～22.00	—	—	0.15～0.30	—
31	S30920	16Cr23Ni13①	2Cr23Ni13①	0.20	1.00	2.00	0.040	0.030	12.00～15.00	22.00～24.00	—	—	—	—
32	S30908	06Cr23Ni13①	0Cr23Ni13①	0.08	1.00	2.00	0.045	0.030	12.00～15.00	22.00～24.00	—	—	—	—
33	S31010	11Cr23Ni18	1Cr23Ni18	0.18	1.00	2.00	0.035	0.025	17.00～20.00	22.00～25.00	—	—	—	—
34	S31020	20Cr25Ni20①	2Cr25Ni20①	0.25	1.50	2.00	0.045	0.030	19.00～22.00	24.00～26.00	—	—	—	—
35	S31008	06Cr25Ni20①	0Cr25Ni20①	0.08	1.50	2.00	0.045	0.030	19.00～22.00	24.00～26.00	—	—	—	—
36	S31053	022Cr25Ni22Mo2N		0.030	0.40	2.00	0.030	0.015	21.00～23.00	24.00～26.00	2.00～3.00	—	0.10～0.16	—
37	S31252	015Cr20Ni18Mo6CuN		0.020	0.80	1.00	0.030	0.010	17.50～18.50	19.50～20.50	6.00～6.50	0.50～1.00	0.18～0.22	—
38	S31608	06Cr17Ni12Mo2①	0Cr17Ni12Mo2①	0.08	1.00	2.00	0.045	0.030	10.00～14.00	16.00～18.00	2.00～3.00	—	—	—
39	S31603	022Cr17Ni12Mo2	00Cr17Ni14Mo2	0.030	1.00	2.00	0.045	0.030	10.00～14.00	16.00～18.00	2.00～3.00	—	—	—

续表4.1-2

序号	统一数字代号	新牌号	旧牌号	化学成分(质量分数)/%										
				C	Si	Mn	P	S	Ni	Cr	Mo	Cu	N	其他元素
40	S31609	07Cr17Ni12Mo2①	1Cr17Ni12Mo2①	0.04~0.10	1.00	2.00	0.045	0.030	10.00~14.00	16.00~18.00	2.00~3.00	—	—	—
41	S31668	06Cr17Ni12Mo2Ti①	0Cr18Ni12Mo3Ti①	0.08	1.00	2.00	0.045	0.030	10.00~14.00	16.00~18.00	2.00~3.00	—	—	Ti≥5C
42	S31678	06Cr17Ni12Mo2Nb		0.08	1.00	2.00	0.045	0.030	10.00~14.00	16.00~18.00	2.00~3.00	—	0.10	Nb10C~0.10
43	S31658	06Cr17Ni12Mo2N	0Cr17Ni12Mo2N	0.08	1.00	2.00	0.045	0.030	10.00~13.00	16.00~18.00	2.00~3.00	—	0.10~0.16	—
44	S31653	022Cr17Ni12Mo2N	00Cr17Ni13Mo2N	0.030	1.00	2.00	0.045	0.030	10.00~13.00	16.00~18.00	2.00~3.00	—	0.10~0.16	—
45	S31688	06Cr18Ni12Mo2Cu2	0Cr18Ni12Mo2Cu2	0.08	1.00	2.00	0.045	0.030	10.00~14.00	17.00~19.00	1.20~2.75	1.00~2.50	—	—
46	S31683	022Cr18Ni14Mo2Cu2	00Cr18Ni14Mo2Cu2	0.030	1.00	2.00	0.045	0.030	12.00~16.00	17.00~19.00	1.20~2.75	1.00~2.50	—	—
47	S31693	022Cr18Ni15Mo3N	00Cr18Ni15Mo3N	0.030	1.00	2.00	0.025	0.010	14.00~16.00	17.00~19.00	2.35~4.20	0.50	0.10~0.20	—
48	S31782	015Cr21Ni26Mo5Cu2		0.020	1.00	2.00	0.045	0.030	23.00~28.00	19.00~23.00	4.00~5.00	1.00~2.00	0.10	—
49	S31708	06Cr19Ni13Mo3	0Cr19Ni13Mo3	0.08	1.00	2.00	0.045	0.030	11.00~15.00	18.00~20.00	3.00~4.00	—	—	—
50	S31703	022Cr19Ni13Mo3①	00Cr19Ni13Mo3①	0.030	1.00	2.00	0.045	0.030	11.00~15.00	18.00~20.00	3.00~4.00	—	—	—
51	S31793	022Cr18Ni14Mo3	00Cr18Ni14Mo3	0.030	1.00	2.00	0.025	0.010	13.00~15.00	17.00~19.00	2.25~3.50	0.05	0.10	—
52	S31794	03Cr18Ni16Mo5	0Cr18Ni16Mo5	0.04	1.00	2.50	0.045	0.030	15.00~17.00	16.00~19.00	4.00~6.00	—	—	—
53	S31723	022Cr19Ni16Mo5N		0.030	1.00	2.00	0.045	0.030	13.50~17.50	17.00~20.00	4.00~5.00	—	0.10~0.20	—

续表 4.1－2

序号	统一数字代号	新牌号	旧牌号	化学成分(质量分数)/%										
				C	Si	Mn	P	S	Ni	Cr	Mo	Cu	N	其他元素
54	S31753	022Cr19Ni13Mo4N		0.030	1.00	2.00	0.045	0.030	11.00～15.00	18.00～20.00	3.00～4.00	—	0.10～0.20	—
55	S32168	06Cr18Ni11Ti①	0Cr18Ni10Ti①	0.08	1.00	2.00	0.045	0.030	9.00～12.00	17.00～19.00	—	—	—	Ti5C～0.70
56	S32169	07Cr19Ni11Ti	1Cr18Ni11Ti	0.04～0.10	0.75	2.00	0.030	0.030	9.00～13.00	17.00～20.00	—	—	—	Ti4C～0.60
57	S32590	45Cr14Ni14W2Mo①	4Cr14Ni14W2Mo①	0.40～0.50	0.80	0.70	0.040	0.030	13.00～15.00	13.00～15.00	0.25～0.40	—	—	W2.00～2.75
58	S32652	015Cr24Ni22Mo8Mn3CuN		0.020	0.50	2.00～4.00	0.030	0.005	21.00～23.00	24.00～25.00	7.00～8.00	0.30～0.60	0.45～0.55	—
59	S32720	24Cr18Ni8W2①	2Cr18Ni8W2①	0.21～0.28	0.30～0.80	0.70	0.030	0.025	7.50～8.50	17.00～19.00	—	—	—	W2.00～2.50
60	S33010	12Cr16Ni35①	1Cr16Ni35①	0.15	1.50	2.00	0.040	0.030	33.00～37.00	14.00～17.00	—	—	—	—
61	S34553	022Cr24Ni17Mo5Mn6NbN		0.030	1.00	5.00～7.00	0.030	0.010	16.00～18.00	23.00～25.00	4.00～5.00	—	0.40～0.60	Nb0.10
62	S34778	06Cr18Ni11Nb①	0Cr18Ni11Nb①	0.08	1.00	2.00	0.045	0.030	9.00～12.00	17.00～19.00	—	—	—	Nb10C～1.10
63	S34779	07Cr18Ni11Nb①	1Cr19Ni11Nb①	0.04～0.10	1.00	2.00	0.045	0.030	9.00～12.00	17.00～19.00	—	—	—	Nb8C～1.10
64	S38148	06Cr18Ni13S4①②	0Cr18Ni13S4①②	0.08	3.00～5.00	2.00	0.045	0.030	11.50～15.00	15.00～20.00	—	—	—	—
65	S38240	16Cr20Ni14Si2①	1Cr20Ni14Si2①	0.20	1.50～2.50	1.50	0.040	0.030	12.00～15.00	19.00～22.00	—	—	—	—
66	S38340	16Cr25Ni20Si2①	1Cr25Ni20Si2①	0.20	1.50～2.50	1.50	0.040	0.030	18.00～21.00	24.00～27.00	—	—	—	—

注：表中所列成分除标明范围或最小值外，其余均为最大值。括号内值为允许添加的最大值。

① 耐热钢或可作耐热钢使用。

② 必要时，可添加表中以外的合金元素。

表4.1-3 奥氏体型不锈钢的特性和用途

GB/T 20878中序号	新牌号	旧牌号	特性和用途
9	12Cr17Ni7	1Cr17Ni7	经冷加工有高的强度，用于铁道车辆，传送带螺栓、螺母等
10	022Cr17Ni7		
11	022Cr17Ni7N		
13	12Cr18Ni9	1Cr18Ni9	经冷加工有高的强度，但伸长率比12Cr17Ni7稍差，用于建筑装饰部件
14	12Cr18Ni9Si3	1Cr18Ni9Si3	耐氧化性比12Cr18Ni9好，900℃以下与06Cr25Ni20具有相同的耐氧化性和强度。用于汽车排气净化装置、工业炉等高温装置部件
17	06Cr19Ni10	0Cr18Ni9	在固溶态钢的塑性、韧性、冷加工性良好，在氧化性酸和大气、水等介质中耐蚀性好，但在敏态或焊接后有晶间腐蚀倾向。耐蚀性优于12Cr18Ni9。适于制造深冲成形部件和输酸管道、容器等
18	022Cr19Ni10	00Cr19Ni10	比06Cr19Ni10碳含量更低的钢，耐晶间腐蚀性优越，焊接后不进行热处理
19	07Cr19Ni10		具有耐晶间腐蚀性
20	05Cr19Ni10Si2N		填加N，提高钢的强度和加工硬化倾向，塑性不降低。改善钢的耐点蚀、晶间腐蚀性，可承受更重的负荷，使材料的厚度减少。用于结构用强度部件
23	06Cr19Ni10N	0Cr19Ni9N	在牌号06Cr19Ni10上加N，提高钢的强度和加工硬化倾向，塑性不降低。改善钢的耐点蚀、晶间腐蚀性，使材料的厚度减少。用于有一定耐腐要求，并要求较高强度和减轻重量的设备、结构部件
24	06Cr19Ni9NbN	0Cr19Ni10NbN	在牌号06Cr19Ni10上加N和Nb，提高钢的耐点蚀，晶间腐蚀性能，具有与06Cr19Ni10N相同的特性和用途
25	022Cr19Ni10N	00Cr18Ni10N	06Cr19Ni10N的超低碳钢，因06Cr19Ni10N在450~900℃加热后耐晶间腐蚀性将明显下降。因此对于焊接设备构件，推荐022Cr19Ni10N
26	10Cr18Ni12	1Cr18Ni12	与06Cr19Ni10相比，加工硬化性低。用于施压加工，特殊拉拔，冷墩等
32	06Cr23Ni13	0Cr23Ni13	耐腐蚀性比06Cr19Ni10好，但实际上多作为耐热钢使用
35	06Cr25Ni20	0Cr25Ni20	抗氧化性比06Cr23Ni13好，但实际上多作为耐热钢用
36	022Cr25Ni22Mo2N		钢中加N提高钢的耐孔蚀性，且使钢具有更高的强度和稳定的奥氏体组织。适用于尿素生产中汽提塔的结构材料，性能远优于022Cr17Ni12Mo2
38	06Cr17Ni12Mo2	0Cr17Ni12Mo2	在海水和其他各种介质中，耐腐蚀性比06Cr19Ni10好。主要用于耐点蚀材料
39	022Cr17Ni12Mo2	00Cr17Ni14Mo2	为06Cr17Ni12Mo2的超低碳钢，节Ni钢种
41	06Cr17Ni12Mo2Ti	0Cr18Ni12Mo3Ti	有良好的耐晶间腐蚀性，用于抵抗硫酸、磷酸、甲酸、乙酸的设备

续表 4.1-3

GB/T 20878 中序号	新牌号	旧牌号	特性和用途
42	06Cr17Ni12Mo2Nb		比 06Cr17Ni12Mo2 具有更好的耐晶间腐蚀性
43	06Cr17Ni12Mo2N	0Cr17Ni12Mo2N	在牌号 06Cr17Ni12Mo2 中加入 N，提高强度，为降低塑性，使材料的使用厚度减薄。用于耐腐蚀性较好的强度较高的部件
44	022Cr17Ni12Mo2N	00Cr17Ni13Mo2N	用途与 06Cr17Ni12Mo2N 相同，但耐晶间腐蚀性更好
45	06Cr18Ni12Mo2Cu2	0Cr18Ni12Mo2Cu2	耐腐蚀性、耐点蚀性比 06Cr17Ni12Mo2 好。用于耐硫酸材料
48	015Cr21Ni26Mo5Cu2		高 Mo 不锈钢，全面耐硫酸、磷酸、醋酸等腐蚀，又可解决氧化物孔蚀、缝隙腐蚀和应力腐蚀问题，主要用于石化、化工、化肥、海洋开发等的塔、槽、管、换热器等
49	06Cr19Ni13Mo3	0Cr19Ni13Mo3	耐点蚀性比 06Cr17Ni12Mo2 好，用于染色设备材料等
50	022Cr19Ni13Mo3	00Cr19Ni13Mo3	为 06Cr19Ni13Mo3 的超低碳钢，比 06Cr19Ni13Mo3 耐晶间腐蚀性好
53	022Cr19Ni16Mo5N		高 Mo 不锈钢，钢中含 0.10% ~0.20% Mo，使其耐孔蚀性能进一步提高，此钢种在硫酸、甲酸、醋酸等介质中的耐蚀性要比一般含 2% ~4% Mo 的常用 Cr-Ni 钢更好
54	022Cr19Ni13Mo4N		
55	06Cr18Ni11Ti	0Cr18Ni10Ti	添加 Ti 提高耐晶间腐蚀性，不推荐作装饰部件
58	015Cr24Ni22Mo8Mn3CuN		
61	022Cr24Ni17Mo5Mn6NbN		
62	06Cr18Ni11Nb	0Cr18Ni11Nb	含 Nb 提高耐晶间腐蚀性

奥氏体不锈钢的品种很多，以 0Cr18Ni9 为代表的普通型奥氏体不锈钢用量最大。我国原以 1Cr18Ni9Ti 为主，近几年，正逐步被低碳或超低碳的 0Cr18Ni9 或 00Cr18Ni10 所取代。超低碳不锈钢不仅可避免晶间腐蚀的产生，而且在耐均匀腐蚀、点腐蚀以及应力腐蚀方面均有所提高，在塑性成形方面亦有所提高，只是强度略有降低。钼的加入使普通型奥氏体不锈钢的耐蚀性，特别是在还原性介质中的耐蚀性得到显著改善，其代表钢种为 00Cr17Ni14Mo2。若选用 00Cr19Ni10 还嫌耐蚀性不足时，可选用含钼的 00Cr17Ni14Mo2。当钢中铬镍含量进一步增加，并同时加入钼、铜、硅等合金元素时，可以承受某些腐蚀性更强的介质的腐蚀作用。此外，还有一些针对某些特殊条件而研制的奥氏体不锈钢，比如，耐浓硝酸的 C 系列钢，高硬度、高耐磨性奥氏体不锈钢，原子能领域应用的含硼不锈金钢等。

4.1.2 铁素体不锈钢

在不锈钢中，铁素体不锈钢应用的广泛性仅次于奥氏体不锈钢。普通纯度的铁素体不锈钢由于焊后晶粒粗化而引起脆性以及耐蚀性下降等问题，其应用受到限制。近年来，由于精炼技术的进步，生产碳、氮含量极低的高纯铁素体不锈钢成为可能[(C+N)≤0.015%]。高纯铁素体不锈钢大大改善了铁素体不锈钢的脆性及焊接问题，同时因其对氯化物应力腐蚀不敏感，不仅使 Cr13 和 Cr17 型铁素体不锈钢获得广泛应用，而且还开发成功一批高铬高钼的高钝素体不锈钢。这类钢一般不含镍，铬的质量分数在 12% ~30% 之间，通常还含有质量分数为 1% ~4% 的钼，其化学成分见表 4.1-4，铁素体不锈钢的特性和用途见表 4.1-5。

表 4.1-4 铁素体不锈钢和耐热钢牌号及其化学成分(GB/T 20878—2007)

序号	统一数字代号	新牌号	旧牌号	化学成分(质量分数)/%										
				C	Si	Mn	P	S	Ni	Cr	Mo	Cu	N	其他元素
78	S11348	06Cr13Al①	0Cr13Al①	0.08	1.00	1.00	0.040	0.030	(0.60)	11.50~14.50	—	—	—	Al0.10~0.30
79	S11168	06Cr11Ti	0Cr11Ti	0.08	1.00	1.00	0.045	0.030	(0.60)	10.50~11.70	—	—	—	Ti6C~0.75
80	S11163	022Cr11Ti①		0.030	1.00	1.00	0.040	0.020	(0.60)	10.50~11.70	—	—	0.030	Ti≥8(C+N) Ti0.15~0.50 Nb0.10
81	S11173	022Cr11NbTi①		0.030	1.00	1.00	0.040	0.020	(0.60)	10.50~11.70	—	—	0.030	Ti+Nb 8(C+N)+0.08~0.75Ti≥0.05
82	S11213	022Cr12Ni①		0.030	1.00	1.50	0.040	0.015	0.30~1.00	10.50~12.50	—	—	0.030	—
83	S11203	022Cr12①	00Cr12①	0.030	1.00	1.00	0.040	0.030	(0.60)	11.00~13.50	—	—	—	—
84	S11510	10Cr15	1Cr15	0.12	1.00	1.00	0.040	0.030	(0.60)	14.00~16.00	—	—	—	—
85	S11710	10Cr17①	1Cr17①	0.12	1.00	1.00	0.040	0.030	(0.60)	16.00~18.00	—	—	—	—
86	S11717	Y10Cr17	Y1Cr17	0.12	1.00	1.25	0.060	≥0.15	(0.60)	16.00~18.00	(0.60)	—	—	—
87	S11863	022Cr18Ti	00Cr17	0.030	0.75	1.00	0.040	0.030	(0.60)	16.00~19.00	—	—	—	Ti 或 Nb0.10~1.00

续表 4.1-4

序号	统一数字代号	新牌号	旧牌号	化学成分(质量分数)/%										
				C	Si	Mn	P	S	Ni	Cr	Mo	Cu	N	其他元素
88	S11790	10Cr17Mo	1Cr17Mo	0.12	1.00	1.00	0.040	0.030	(0.60)	16.00~18.00	0.75~1.25	—	—	—
89	S11770	10Cr17MoNb		0.12	1.00	1.00	0.040	0.030	—	16.00~18.00	0.75~1.25	—	—	Nb：5C~0.80
90	S11862	019Cr18MoTi		0.025	1.00	1.00	0.040	0.030	(0.60)	16.00~19.00	0.75~1.50	—	0.025	Ti，Nb，Zr 或其组合 8(C+N)~0.80
91	S11873	022Cr18NbTi		0.030	1.00	1.00	0.040	0.015	(0.60)	17.50~18.50	—	—	—	Ti：0.10~0.60 Nb≥0.30+3C
92	S11972	019Cr19Mo2NbTi	00Cr18Mo2	0.025	1.00	1.00	0.040	0.030	1.00	17.50~19.50	1.75~2.50	—	0.035	(Ti+Nb) [0.20+4(C+N)]~0.80
93	S12550	16Cr25N①	2Cr25N①	0.20	1.00	1.50	0.040	0.030	(0.60)	23.00~27.00	—	(0.30)	0.25	—
94	S12791	008Cr27Mo②	00Cr27Mo②	0.010	0.40	0.40	0.030	0.020	—	25.00~27.50	0.75~1.50	—	0.015	—
95	S13091	008Cr30Mo2②	00Cr3027Mo2②	0.010	0.10	0.40	0.030	0.020	—	28.50~32.00	1.50~2.50	—	0.015	—

注：表中所列成分除标明范围或最小值外，其余均为最大值。括号内值为允许添加的最大值。

① 耐热钢或可作耐热使用。

② 必要时，可添加表中以外的合金元素。

表4.1-5 铁素体不锈钢的特性和用途

GB/T 20878 中序号	新牌号	旧牌号	特性和用途
78	06Cr13Al	0Cr13Al	从高温下冷却不产生显著硬化，用于汽轮机材料、淬火用部件、复合钢材等
80	022Cr11Ti		超低碳钢，焊接性能好，用于汽车排气处理装置
81	022Cr11NbTi		在钢中加入Nb+Ti细化晶粒，提高铁素体钢的耐晶间腐蚀性、改善焊后塑性，性能比022Cr11Ti更好，用于汽车排气装置
82	022Cr12Ni		用于压力容器
83	022Cr12	00Cr12	焊接部位弯曲性能、加工性能、耐高温氧化性能好。用于汽车排气处理装置、锅炉燃烧室、喷嘴
84	10Cr15	1Cr15	为10Cr17改善焊接性的钢种
85	10Cr17	1Cr17	耐蚀性良好的通用钢种，用于建筑内装饰、重油燃烧器部件、家庭用具、家用电器部件。脆性转变温度在室温以上，而且对缺口敏感，不适于制作室温以下的承载备件
87	022Cr18Ti	00Cr17	降低10Cr17Mo中的C和N，单独或复合加入Ti、Nb或Zr，使加工性和焊接性改善，用于建筑内外装饰、车辆部件、厨房用具、餐具
88	10Cr17Mo	1Cr17Mo	在钢中加入Mo，提高钢的耐点蚀、耐缝隙腐蚀性及强度等
90	019Cr18MoTi		在钢中加入Mo，提高钢的耐点蚀、耐缝隙腐蚀性及强度等
91	022Cr18NbTi		在牌号10Cr17中加入Ti或Nb，降低碳含量，改变加工性、焊接性能。用于温水槽、热水供应器、卫生器具、家庭耐用机器、自行车轮缘
92	019Cr19Mo2NbTi	00Cr18Mo2	含Mo比022Cr18MoTi多，耐腐蚀性提高，耐应力腐蚀破裂性好，用于贮水槽太阳能温水器、热交换器、食品机器、染色机械等
94	008Cr27Mo	00Cr27Mo	性能、用途、耐蚀性和软磁性与008Cr30Mo2类似
95	008Cr30Mo2	00Cr30Mo2	高Cr-Mo系，C、N降至极低。耐蚀性很好，耐卤离子应力腐蚀破裂、耐点蚀性好。用于制作与醋酸、乳酸等有机酸有关的设备、制造苛性碱设备

铁素体不锈钢的特点如下：

(1) 由于不含贵重元素镍，故较为经济，适于民用设备。例如，铬含量(Cr)13% ~ 17%的铁素体不锈钢广泛用于厨房设备、家电产品等要求不很苛刻的地方。

(2) 同奥氏体不锈钢一样，由于没有相变，故不能通过热处理强化。冷加工虽能产生强化作用，但加工硬化速度较低，强化效果不如奥氏体不锈钢明显，因而切削性能和冷成形性能较好。

(3) 与奥氏体不锈钢相比，铁素体不锈钢的导热系数大，比电阻小，膨胀系数也小，且呈铁磁性，在这些方面更接近于碳钢。

(4) 对氯化物应力腐蚀破裂不敏感，这也是这类钢近些年发展较快的原因之一。此外，由于含有较高的铬和钼，故耐点蚀、耐缝隙腐蚀性能亦佳，可广泛用作热交换设备，耐海水设备等。

(5) 当钢中铬的质量分数超过16%时，存在固有的加热脆性(特别是高铬钼钢)：如475℃附近加热时所出现的“475℃回火脆性”；850℃附近加热时由于σ相的析出及高温晶粒长大造成的脆性等。此外，这类钢具有脆性转变特性，脆性转变温度与钢中碳、氮含量，热处理时的冷却速度以及截面尺寸有关，碳、氮含量越低，截面尺寸越小，其转变温度也就越低。因此，铁素体不锈钢一般不推荐用于大截面尺寸工件的制造。

（6）高纯级铁素体不锈钢的可焊性良好，可采用奥氏体类型的焊丝或焊条进行氩弧焊或手工电弧焊，高纯级材料在焊接时还必须考虑防护问题，以防焊接时碳氮等不纯物的污染，防止使性能变坏。

4.1.3　马氏体不锈钢

马氏体不锈钢是含铬的质量分数为12%～18%的高碳铬不锈钢，其铬含量下限由耐蚀性的要求决定，上限由高温奥氏体区域决定。这类钢加热时可形成奥氏体，冷却时则发生马氏体转变，一般在油或空气中冷却淬火即可得到马氏体组织。钢中碳的质量分数一般为0.1%～1.0%，碳含量越高，硬度和耐磨性也相应提高，耐蚀性则下降。碳的质量分数为0.1%时，其金相组织由马氏体和铁素体组成；碳含量提高到0.2%～0.4%时，则可得到完全的马氏体组织；碳含量更高时，除马氏体外，还会有碳化物出现。为改善某些特性，可向钢中加入钼、镍、钒、钴、硅、钢等元素，从而形成一类新型的马氏体不锈钢。马氏体不锈钢的发展过程见图4.1－2，化学成分见表4.1－6。淬火后的马氏体不锈钢应进行回火处理，低温回火(150～370℃)可消除淬火应力；高温回火(560～650℃)可调整综合力学性能，同时获得良好的不锈耐蚀性。应避免在370～560℃范围内进行回火，这是因为在该范围回火时，会出现回火脆性。工序间的软化退火应在760℃加热保温后炉冷。马氏体不锈钢一般不用作焊接部件，必须焊接时，则应进行焊前预热和焊后热处理，马氏体不锈钢多用于耐蚀要求不很高，但对强度、硬度要求较高的场合，如量具、刃具、弹簧、泵、阀、轴承、叶片等。部分马氏体不锈钢的特性和用途见表4.1－7。

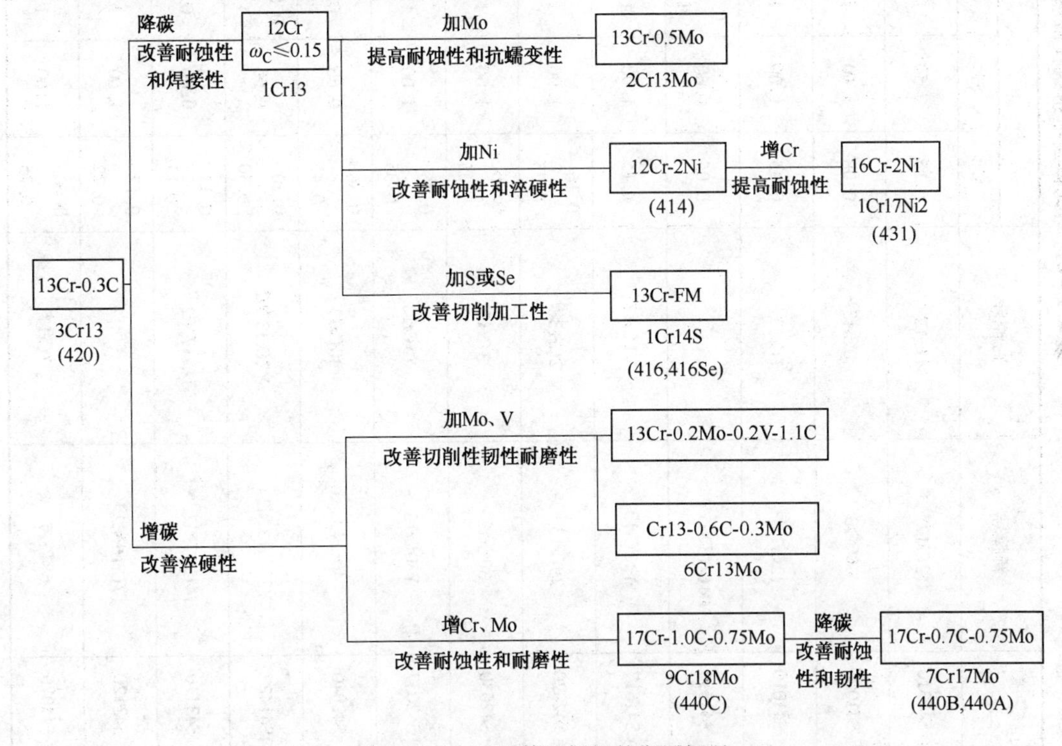

图4.1－2　马氏体不锈钢的发展概况

表 4.1－6　马氏体型不锈钢和耐热钢牌号及其化学成分(GB/T 20878—2007)

序号	统一数字代号	新牌号	旧牌号	化学成分(质量分数)/%										
				C	Si	Mn	P	S	Ni	Cr	Mo	Cu	N	其他元素
96	S40310	12Cr12①	1Cr12①	0.15	0.50	1.00	0.040	0.030	(0.60)	11.50～13.00	—	—	—	—
97	S41008	06Cr13	0Cr13	0.08	1.00	1.00	0.040	0.030	(0.60)	11.50～13.50	—	—	—	—
98	S41010	12Cr13①	1Cr13①	0.15	1.00	1.00	0.040	0.030	(0.60)	11.50～13.50	—	—	—	—
99	S41595	04Cr13Ni5Mo		0.05	0.60	0.50～1.00	0.030	0.030	3.50～5.50	11.50～14.00	0.50～1.00	—	—	—
100	S41617	Y12Cr13	Y1Cr13	0.15	1.00	1.25	0.060	≥0.15	(0.60)	12.00～14.00	(0.60)	—	—	—
101	S42020	20Cr13①	2Cr13①	0.16～0.25	1.00	1.00	0.040	0.030	(0.60)	12.00～14.00	—	—	—	—
102	S42030	30Cr13	3Cr13	0.26～0.35	1.00	1.00	0.040	0.030	(0.60)	12.00～14.00	—	—	—	—
103	S42037	Y30Cr13	Y3Cr13	0.26～0.35	1.00	1.25	0.060	≥0.15	(0.60)	12.00～14.00	(0.60)	—	—	—
104	S42040	40Cr13	40Cr13	0.36～0.45	0.60	0.80	0.040	0.030	(0.60)	12.00～14.00	—	—	—	—
105	S41427	Y25Cr13Ni2	Y2Cr13Ni2	0.20～0.30	0.50	0.80～1.20	0.08～0.12	0.15～2.50	1.50～2.00	12.00～14.00	(0.60)	—	—	—
106	S43110	14Cr17Ni2①	1Cr17Ni2①	0.11～0.17	0.80	0.80	0.040	0.030	1.50～2.50	16.00～18.00	—	—	—	—
107	S43120	17Cr16Ni2①		0.12～0.22	1.00	1.50	0.040	0.030	1.50～2.50	15.00～17.00	—	—	—	—
108	S41070	68Cr17	7Cr17	0.60～0.75	1.00	1.00	0.040	0.030	(0.60)	16.00～18.00	(0.75)	—	—	—

续表 4.1－6

序号	统一数字代号	新牌号	旧牌号	化学成分(质量分数)/%										
				C	Si	Mn	P	S	Ni	Cr	Mo	Cu	N	其他元素
109	S44080	85Cr17	8Cr17	0.75～0.95	1.00	1.00	0.040	0.030	(0.60)	16.00～18.00	(0.75)	—	—	—
110	S44096	108Cr17	11Cr17	0.95～1.20	1.00	1.00	0.040	0.030	(0.60)	16.00～18.00	(0.75)	—	—	—
111	S44097	Y108Cr17	Y11Cr17	0.95～1.20	1.00	1.25	0.060	≥0.15	(0.60)	16.00～18.00	(0.75)	—	—	—
112	S44090	95Cr18	9Cr18	0.90～1.00	0.80	0.80	0.040	0.030	(0.60)	17.00～19.00	—	—	—	—
113	S45110	12Cr5Mo①	1Cr5Mo①	0.15	0.50	0.60	0.040	0.030	(0.60)	4.00～6.00	0.40～0.60	—	—	—
114	S45610	12Cr12Mo①	1Cr12Mo①	0.10～0.15	0.50	0.30～0.50	0.040	0.030	0.30～0.60	11.50～13.00	0.30～0.60	(0.30)	—	—
115	S45710	13Cr13Mo①	1Cr13Mo①	0.08～0.18	0.60	1.00	0.040	0.030	(0.60)	11.50～14.00	0.30～0.60	(0.30)	—	—
116	S45830	32Cr13Mo	3Cr13Mo	0.28～0.35	0.80	1.00	0.040	0.030	(0.60)	12.00～14.00	0.50～1.00	—	—	—
117	S45990	102Cr17Mo	9Cr18Mo	0.95～1.10	0.80	0.80	0.040	0.030	(0.60)	16.00～18.00	0.40～0.79	—	—	—
118	S46990	90Cr18MoV	9Cr18MoV	0.85～0.95	0.80	0.80	0.040	0.030	(0.60)	17.00～19.00	1.00～1.30	—	—	V0.07～0.12
119	S46010	14Cr11MoV①	1Cr11MoV①	0.11～0.18	0.50	0.60	0.035	0.030	0.60	10.00～11.50	0.50～0.70	—	—	V0.25～0.40
120	S46110	158Cr12MoV①	1Cr12MoV①	1.45～1.70	0.10	0.35	0.030	0.025	—	11.00～12.50	0.40～0.60	—	—	V0.15～0.30
121	S46020	21Cr12MoV①	2Cr12MoV①	0.18～0.24	0.10～0.50	0.30～0.80	0.030	0.025	0.30～0.60	11.00～12.50	0.80～1.20	0.30	—	V0.25～0.35

续表 4.1-6

序号	统一数字代号	新牌号	旧牌号	化学成分(质量分数)/%										
				C	Si	Mn	P	S	Ni	Cr	Mo	Cu	N	其他元素
122	S46250	18Cr12MoVNbN①	2Cr12MoVNbN①	0.15~0.20	0.50	0.50~1.00	0.035	0.030	(0.60)	10.00~13.00	0.30~0.90	—	0.05~0.10	V0.10~0.40 Nb0.20~0.60
123	S47010	15Cr12WMoV①	1Cr12WMoV①	0.12~0.18	0.50	0.50~0.90	0.035	0.030	0.40~0.80	11.00~13.00	0.50~0.70	—	—	W0.70~1.10 V0.15~0.30
124	S47220	22Cr12NiWMoV①	2Cr12NiMoWV①	0.20~0.25	0.50	0.50~1.00	0.040	0.030	0.50~1.00	11.00~13.00	0.75~1.25	—	—	W0.75~1.25 V0.20~0.40
125	S47310	13Cr11Ni2W2MoV①	1Cr11Ni2W2MoV①	0.10~0.16	0.60	0.60	0.035	0.030	1.40~1.80	10.50~12.00	0.35~0.50	—	—	W1.50~2.00 V0.18~0.30
126	S47410	14Cr12Ni2WMoVNb①	1Cr12Ni2WMoVNb①	0.11~0.17	0.60	0.60	0.030	0.025	1.80~2.20	11.00~12.00	0.80~1.20	—	—	W0.70~1.00 V0.20~0.30 Nb0.15~0.30
127	S47250	10Cr12Ni3Mo2VN		0.08~0.13	0.40	0.50~0.90	0.030	0.025	2.00~3.00	11.00~12.5	1.50~2.00	—	0.020~0.04	V0.25~0.40
128	S47450	18Cr11NiMoNbVN①	2Cr11NiMoNbVN①	0.15~0.20	0.50	0.50~0.80	0.020	0.015	0.30~0.60	10.00~12.00	0.60~0.90	0.10	0.04~0.09	V0.20~0.30 Al0.30 Nb0.20~0.60
129	S47710	13Cr14Ni3W2VB①	1Cr14Ni3W2VB①	0.10~0.16	0.60	0.60	0.300	0.030	2.80~3.40	13.00~15.00	—	—	—	W1.60~2.20 Ti0.05 B0.004 V0.18~0.28
130	S48040	42Cr9Si2	4Cr9Si2	0.35~0.50	2.00~3.00	0.70	0.035	0.030	0.60	8.00~10.00	—	—	—	—
131	S48045	45Cr9Si3		0.40~0.50	3.00~3.50	0.60	0.030	0.030	0.60	7.50~9.50	—	—	—	—
132	S48140	40Cr10Si2Mo①	4Cr10Si2Mo①	0.35~0.45	1.90~2.60	0.70	0.035	0.030	0.60	9.00~10.50	0.70~0.90	—	—	—
133	S48380	80Cr20Si2Ni①	8Cr20Si2Ni①	0.75~0.85	1.75~2.25	0.20~0.60	0.030	0.030	1.15~1.65	19.00~20.50	—	—	—	—

注：表中所列成分除标明范围或最小值外，其余均为最大值。括号内值为允许添加的最大值。

① 耐热钢或可作耐热使用。

表 4.1-7　马氏体不锈钢的特性和用途

GB/T 20878 中序号	新牌号	旧牌号	特性和用途
96	12Cr12	2Cr12	用于汽轮机叶片及高应力部件的不锈耐热钢
97	06Cr13	0Cr13	比 12Cr13 的耐蚀性、加工成形性更优良的钢种
98	12Cr13	1Cr13	具有良好的耐蚀性、机械加工性，一般用途、刃具类
99	04Cr13Ni5Mo		适用于厚截面尺寸的要求焊接性能良好的使用使用，如大型的水电站转轮和转轮下环等
101	20Cr13	2Cr13	淬火状态下硬度高，耐蚀性良好。用于汽轮机叶片
102	30Cr13	3Cr13	比 20Cr13 淬火后的硬度高，作刃具、喷嘴、阀座、阀门等
104	40Cr13	4Cr13	比 30Cr13 淬火后的硬度高，作刃具、喷嘴、阀座、阀门等
107	17Cr16Ni2		用于具有较高程度的耐硝酸、有机酸腐蚀性的零件、容器和设备
108	68Cr17	7Cr17	硬化状态下，坚硬，韧性高，用于刃具、量具、轴承

4.1.4　奥氏体－铁素体型双相不锈钢

钢的显微组织主要由奥氏体和铁素体两相所组成的不锈钢称为双相不锈钢，双相中有时铁素体多些，有时奥氏体多些。这类钢既具有奥氏体不锈钢优良的韧性和焊接性能，也具有铁素体不锈钢强度高、耐氯化物应力腐蚀的特性，是近十多年来发展很快的钢种。常见双相不锈钢的化学成分见表 4.1-8，其特性及用途见表 4.1-9。国外常用奥氏体－铁素体双相不锈钢的化学成分见表 4.1-10，其力学性能见表 4.1-11。

双相不锈钢具有如下特点：

(1) 较高的屈服强度(约为奥氏体不锈钢的两倍)，同时具有良好的韧性；此外，冷热加工性能也不错，在适当温度和变形条件下还显示出超塑性。

(2) 高的铬和钼含量及双相结构特征使这类钢具有优良的耐应力腐蚀、晶间腐蚀、点腐蚀和缝隙腐蚀的性能。

(3) 与通常的奥氏体不锈钢相比，导热系数大而线膨胀系数小。

(4) 可焊性好，不需焊前预热和焊后热处理。

(5) 含有较高的铬和钼量，故仍具有铁素体不锈钢的各种脆性倾向，如 475℃ 脆性，σ 相析出脆性和高温晶粒长大脆性等。

目前用量较大的双相不锈钢以瑞典的 3RE60 为代表，广泛应用于石油、化工等领域内。但早期的 3RE60 钢在焊接时易在焊接热影响区出现单相铁素体组织，从而丧失双相不锈钢所固有的耐应力腐蚀、耐晶间腐蚀等特性。为此，研制了加铌、加氮的 3RE60 新钢种。氮的加入不仅改善了焊接接头的相平衡关系，避免热影响区单相铁素体的形成，同时也提高了钢的耐点蚀和耐应力腐蚀性能，使超低碳型的双相不锈钢可直接应用于焊接状态。加氮的 3RE60 和 2205 等双相不锈钢用于氯化物腐蚀环境中，制成的换热器解决了 18-8 奥氏体不锈钢的氯化物应力腐蚀破裂问题，含铬、钼较高的双相不锈钢是良好的耐海水腐蚀用材。此外，作为酸性油气井的结构部件或高腐蚀环境中的耐蚀材料也得到了广泛应用。

表 4.1－8 奥氏体－铁素体型双相不锈钢牌号及其化学成分（GB/T 20878—2007）

序号	统一数字代号	新牌号	旧牌号	化学成分（质量分数）/%										
				C	Si	Mn	P	S	Ni	Cr	Mo	Cu	N	其他元素
67	S21860	14Cr18Ni11Si14AlTi	1Cr18Ni11Si14AlTi	0.10～0.18	3.10～4.00	0.80	0.035	0.030	10.00～12.00	17.50～19.50	—	—	—	Ti0.40～0.70 A10.10～0.30
68	S21953	022Cr19Ni5Mo3Si2N	00Cr18Ni5Mo3Si2	0.030	1.30～2.00	1.00～2.00	0.035	0.030	4.50～5.50	18.00～19.50	2.50～3.00	—	0.05～0.12	—
69	S22160	12Cr21Ni5Ti	1Cr21Ni5Ti	0.09～0.14	0.80	0.80	0.035	0.030	4.80～5.80	20.00～22.00	—	—	—	Ti5（C－0.02）～0.08
70	S22253	022Cr22Ni5Mo3N		0.030	1.00	2.00	0.030	0.030	4.50～6.50	21.00～23.00	2.50～3.50	—	0.08～0.20	—
71	S22053	022Cr23Ni5Mo3N		0.030	1.00	2.00	0.030	0.020	4.50～6.50	22.00～23.00	3.00～3.50	—	0.14～0.20	—
72	S23043	022Cr23Ni4MoCuN		0.030	1.00	2.50	0.035	0.030	3.00～5.50	21.50～24.50	0.05～0.60	0.05～0.60	0.05～0.20	—
73	S22553	022Cr25Ni6Mo2N		0.030	1.00	2.00	0.030	0.030	5.50～6.50	24.00～26.00	1.20～2.50	—	0.10～0.20	—
74	S22583	022Cr25Ni7Mo3WCuN		0.030	1.00	0.75	0.030	0.030	5.50～7.50	24.00～26.00	2.50～3.50	0.20～0.80	0.10～0.30	W0.10～0.50
75	S25554	03Cr25Ni6Mo3Cu2N		0.040	1.00	1.50	0.035	0.030	4.50～6.50	24.00～27.00	2.90～3.90	1.50～2.50	0.10～0.25	—
76	S25073	022Cr25Ni7Mo4N		0.030	0.08	1.20	0.035	0.020	6.00～8.00	24.00～26.00	3.00～5.00	0.50	0.24～0.32	—
77	S27603	022Cr25Ni7Mo4WCuN		0.030	1.00	1.00	0.030	0.010	6.00～8.00	24.00～26.00	3.00～4.00	0.50～1.00	0.20～0.30	W0.50～1.00 Cr＋3.3Mo＋16N≥40

注：表中所列成分除标明范围或最小值外，其余均为最大值。

表 4.1-9　奥氏体-铁素体型双相不锈钢的特性和用途(GB/T 4237—2007)

GB/T 20878 中序号	新牌号	旧牌号	特性和用途
67	14Cr18Ni11Si4AlTi	1Cr18Ni11Si4AlTi	用于制作抗高温浓硝酸介质的零件和设备
68	0224Cr19Ni15Mo3Si2N	00Cr18Ni15Mo3Si2	耐应力腐蚀破裂性能良好，耐点蚀性能与 022Cr17Ni14Mo2 相当，具有较高强度，适用于含氯离子的环境，用于炼油、化肥、造纸、石油化工等工业制造热交换器、冷凝器等
69	12Cr21Ni5Ti	1Cr21Ni5Ti	用于化学工业、食品工业耐酸腐蚀的容器及设备
70	022Cr22Ni5Mo3N		对含硫化氢、二氧化碳、氯化物的环境具有阻抗性，用于油井管，化工储罐用材，各种化学装置等
71	022Cr23Ni5Mo3N		
72	022Cr23Ni4MoCuN		具有双相组织，优异的耐应力腐蚀断裂和其他形式耐蚀的性能以及良好的焊接性。储罐和容器用材
73	022Cr25Ni6Mo2N		用于耐海水腐蚀部件等
74	022Cr25Ni7Mo4WCuN		在 022Cr25Ni7Mo3N 钢中加入 W、Cu 提高 Cr25 型双相钢的性能。特别是耐氯化物点蚀和缝隙腐蚀性能更佳，主要用于以水(含海水、卤水)为介质的热交换设备
75	03Cr25Ni6Mo3Cu2N		该钢具有良好的力学性能和耐局部腐蚀性能，尤其是耐磨损腐蚀性能优于一般的不锈钢。海水环境中的理想材料，适用作舰船用的螺旋推进器、轴、潜艇密封件等，而且在化工、石油化工、天然气、纸浆、造纸等行业中应用
76	022Cr25Ni7Mo4N		是双相不锈钢中耐局部腐蚀最好的钢，特别是耐点蚀最好，并具有高强度、耐氯化物应力腐蚀、可焊接的特点。非常适用于化工、石油、石化和动力工业中以河水、地下水和海水等为冷却介质的换热设备

4.1.5　沉淀硬化型不锈钢

沉淀硬化型不锈钢，是在各类不锈钢中单独或复合加入硬化元素，并通过适当热处理而获得高强度、高韧性并具有一定耐蚀性的一类不锈钢，包括马氏体沉淀硬化不锈钢、马氏体时效不锈钢、半奥氏体沉淀硬化不锈钢和奥氏体沉淀硬化不锈钢。沉淀硬化不锈钢主要钢号和化学成分见表 4.1-12，其特性和用途见表 4.1-13。

表 4.1-10　国外常用奥氏体-铁素体双相不锈钢的化学成分(质量分数)　%

类　型	牌　号	国家	C	Si	Mn	Cr	Ni	Mo	N	其他	标准
Cr18 型	S31500(无缝钢管)	美国	0.030	1.40~2.0	1.20~2.0	18.0~19.0	4.25~5.25	2.50~3.00	—		ASTM A669—83
	3RE60	瑞典	0.030	1.6	1.5	18.5	4.9	2.7	0.07		例值
C23（无 Mo）型	S32304	美国	0.030	—	—	21.5~24.5	3.0~5.0	0.05~0.6	0.05~0.20		ASTM A790—98
	SAF2304	瑞典	0.030	0.5	1.2	23	4.5	—	0.10		例值
	UR35N	法国	0.030	—	—	23	4		0.10		例值
Cr22 型	SAF2205	瑞典	0.030	1.0	2.0	22	5	3.2	0.18		例值
	UR45N	法国	0.030	—	—	22	5.3	3	0.16		例值
	AF22	德国	0.030	—	—	22	5.5	3	0.14		例值
	S31803	美国	0.030	—	—	21.0~23.0	4.5~6.5	2.5~3.5	0.08~0.20		ASTM A790—98
Cr25 普通双相不锈钢	SUS329J1	日本	0.08	1.00	1.5	23.0~28.0	3.0~6.0	1.0~3.0	0.08~0.30		JIS G4304
	DP3①	日本	0.03	0.75	1.10	24.0~26.0	5.5~7.5	2.5~3.5	0.10~0.20	Cu：0.2~0.8	JIS G4304
	S31260①	美国	0.03	—	—	24.0~26.0	5.5~7.5	2.5~3.5	0.10~0.30	Cu：0.2~0.8	ASTM A790
	UR 47N	法国	0.030	0.50	0.80	25.0	6.5	3.0	0.20		例值
Cr25 超级双相不锈钢	S32750	美国	0.030	—	—	24.0~26.0	6.0~8.0	3.0~5.0	0.24~0.32		ASTM A790
	S32760②	美国	0.030	—	—	24.0~26.0	6.0~8.0	3.0~4.0	0.25~0.30	Cu：0.5~1.0	ASTM A790
	SAF2507	瑞典	0.030	0.8	1.2	25	7	4	0.3		例值
	UR52N +	法国	0.030	—	—	25	6.5	3.5	0.25	Cu≥1.5	例值
	ZERON100③	比利时	0.030	0.5	1.0	25	7	3.7	例值 0.25	Cu：0.7	例值

注：①还含有 W：0.1~0.5；
② 还含有 W：0.15~1.0；
③ 还含有 W：0.7。

表 4.1－11 国外常用奥氏体－铁素体双相不锈钢的力学性能

类型	牌号	国家	屈服强度 $R_{P0.2}$/MPa	抗拉强度 R_m/MPa	伸长率 A/%	冲击韧性 A_{KV}/J	硬度	点蚀指数 PREN	其他
Cr18 型	S31500(无缝钢管)	美国	440	630	30	—	≤290HB	25～30	ASTM A669—83
	3RE60	瑞典	450	700	30	100	≤260HV		例值
Cr23（无 Mo）型	S32304	美国	400	600	25		≤30.5HRC	～25	ASTM A790，A789
	SAF2304	瑞典	400	600～820	25	100	≤230HV		例值
	UR35N	法国	400	600	25	100	≤290HV		例值
Cr22 型	SAF2205	瑞典	450	680～880	25	100	≤260HV	～35	例值
	S31803	美国	450	620	25	—	≤32HRC		ASTM A790，A789
	UR45N	法国	460	680	25	100	≤240HB		例值
Cr25 普通双相不锈钢	S31260	美国	440	630	30	—	≤30.5HRC	36～69	ASTM A790，A789
	UR 47N	法国	500	700	25	—	—		例值
Cr25 超级双相不锈钢	SAF2507	瑞典	550	800～1000	25	150	≤290HV	40～42	例值
	UR 52N+	法国	550	700	25	100	≤280HV		例值
	ZERON100	比利时	550	800	25	100	≤290HV		例值

表 4.1-12　沉淀硬化型不锈钢牌号及其化学成分（GB/T 20878—2007）

序号	统一数字代号	新牌号	旧牌号	化学成分（质量分数）/%										
				C	Si	Mn	P	S	Ni	Cr	Mo	Cu	N	其他元素
134	S51380	04Cr13Ni8Mo2Al		0.05	0.10	0.20	0.010	0.008	7.50~8.50	12.30~13.20	2.00~3.00	—	0.01	Al0.90~1.35
135	S51290	022Cr12Ni9Cu2NbTi①		0.030	0.50	0.50	0.040	0.030	7.50~9.50	11.00~12.50	0.50	1.50~2.50	—	Ti0.80~1.40 Nb0.10~0.50
136	S51550	05Cr15Ni5Cu4Nb		0.07	1.00	1.00	0.040	0.030	3.50~5.50	14.00~15.50	—	2.50~4.50	—	Nb0.15~0.45
137	S51740	05Cr17Ni4Cu4Nb①	0Cr17Ni4Cu4Nb①	0.07	1.00	1.00	0.040	0.030	3.00~5.00	15.00~17.50	—	3.00~5.00	—	Nb0.15~0.45
138	S51770	07Cr17Ni7Al①	0Cr17Ni7Al①	0.09	1.00	1.00	0.040	0.030	6.50~7.75	16.00~18.00	—	—	—	Al0.75~1.50
139	S51570	07Cr15Ni7Mo2Al①	0Cr15Ni7Mo2Al①	0.09	1.00	1.00	0.040	0.030	6.50~7.75	14.00~16.00	2.00~3.00	—	—	Al0.75~1.50
140	S51240	07Cr12Ni4Mn5Mo3Al①	0Cr12Ni4Mn5Mo3Al①	0.09	0.80	4.40~5.30	0.030	0.025	1.00~5.00	11.00~12.00	2.70~3.30	—	—	Al0.50~1.00
141	S51750	09Cr17Ni5Mo3N		0.07~0.11	0.50	0.50~1.25	0.040	0.030	4.00~5.00	16.00~17.00	2.50~3.20	—	0.07~0.13	—
142	S51778	06Cr17Ni7AlTi①		0.08	1.00	1.00	0.040	0.030	6.00~7.50	16.00~17.50	—	—	—	Al0.40 Ti0.40~1.20
143	S51525	06Cr15Ni25Ti2MoAlVB①	0Cr15Ni25Ti2MoAlVB①	0.08	1.00	2.00	0.040	0.030	24.00~27.00	13.50~16.00	1.00~1.50	—	—	Al0.35 Ti1.90~2.35 B0.001~0.010 V0.10~0.50

注：表中所列成分除标明范围或最小值外，其余均为最大值。

① 可作耐热钢使用。

表 4.1－13　沉淀硬化型不锈钢的特性和用途

GB/T 20878 中序号	新牌号	旧牌号	特性和用途
134	04Cr13Ni8Mo2Al		
135	022Cr12Ni9Cu2NbTi		
138	07Cr17Ni7Al	0Cr17Ni7Al	添加 Al 的沉淀硬化钢种。用于弹簧、垫圈、计器部件
139	07Cr15Ni7Mo2Al	0Cr15Ni7Mo2Al	用于有一定耐蚀要求的高强度容器、零件及结构件
141	09Cr17Ni5Mo3N		
142	06Cr17Ni7AlTi		

1. 马氏体沉淀硬化不锈钢

1000℃以上高温固溶处理后空冷到室温即可得到低碳马氏体，同时还含有质量分数为10%左右的 δ 铁素体和少量残余奥氏体。通过 510～565℃的时效处理(保温 30min 即可)，可获得高的强度。这类钢易焊接，但韧性和切削性较差。

2. 马氏体时效不锈钢

与前者一样，固溶处理后为马氏体组织。不同的是马氏体基体为高位错密度的板条状马氏体，不含 δ 铁素体，只有少量的残余奥氏体。时效处理也较简单，采用不同的时效温度可得到不同的强化效果：H900，482℃保温 1h 空冷；H925，496℃保温 1h 空冷；H1025，552℃保温 1h 空冷；H1075，592℃保温 1h 空冷；H1150，621℃保温 1h 空冷。由沉淀硬化处理和时效硬化处理所得的两类马氏体型不锈钢的耐蚀性，一般优于铬系不锈钢；时效态与固溶态相比，在氧化性介质中耐蚀性变差，而在还原性介质中变好。

3. 半奥氏体型沉淀硬化不锈钢

这类钢比马氏体时效不锈钢具有更好的综合性能。固溶处理后室温下为不稳定的奥氏体组织，经调整处理或进一步冰冷处理可获得马氏体组织。这类钢要求有严格的化学成分控制和热处理制度的控制，以获得不同要求的综合性能，其耐蚀性优于 18Cr 系或 13Cr 系不锈钢。以 PH15－7Mo 钢为例，其热处理制度见图 4.1－3。

4. 奥氏体沉淀硬化不锈钢

在奥氏体基体上析出不同的沉淀硬化相，以提高强度。为使钢的组织不仅在淬火状态，而且在时效状态均为稳定的奥氏体组织。要求钢中镍或锰含量高，这类钢一般用于高温条件下，故铬含量也较高。这类钢比普通奥氏体不锈钢钢的难焊接，易出现热裂倾向；耐蚀性相对优于其他几种沉淀硬化不锈钢。

由于沉淀硬化不锈钢中存在着不同形态的析出相，其耐点蚀性能均有所降低，也由于其强度高、耐空蚀性能优于其他类型不锈钢。

4.1.6　耐蚀合金

主要介绍镍基耐蚀合金以及钛合金等常见的合金。镍基耐蚀合金主要有：Ni－Cu，Ni－Mo，Ni－Mo－Fe，Ni－Cr－Mo，Ni－Cr－Fe，Ni－Cr－Mo－W，Ni－Cr－Mo－Cu 等合金系列，其化学成分见表 4.1－14，其力学性能及用途见表 4.1－15。

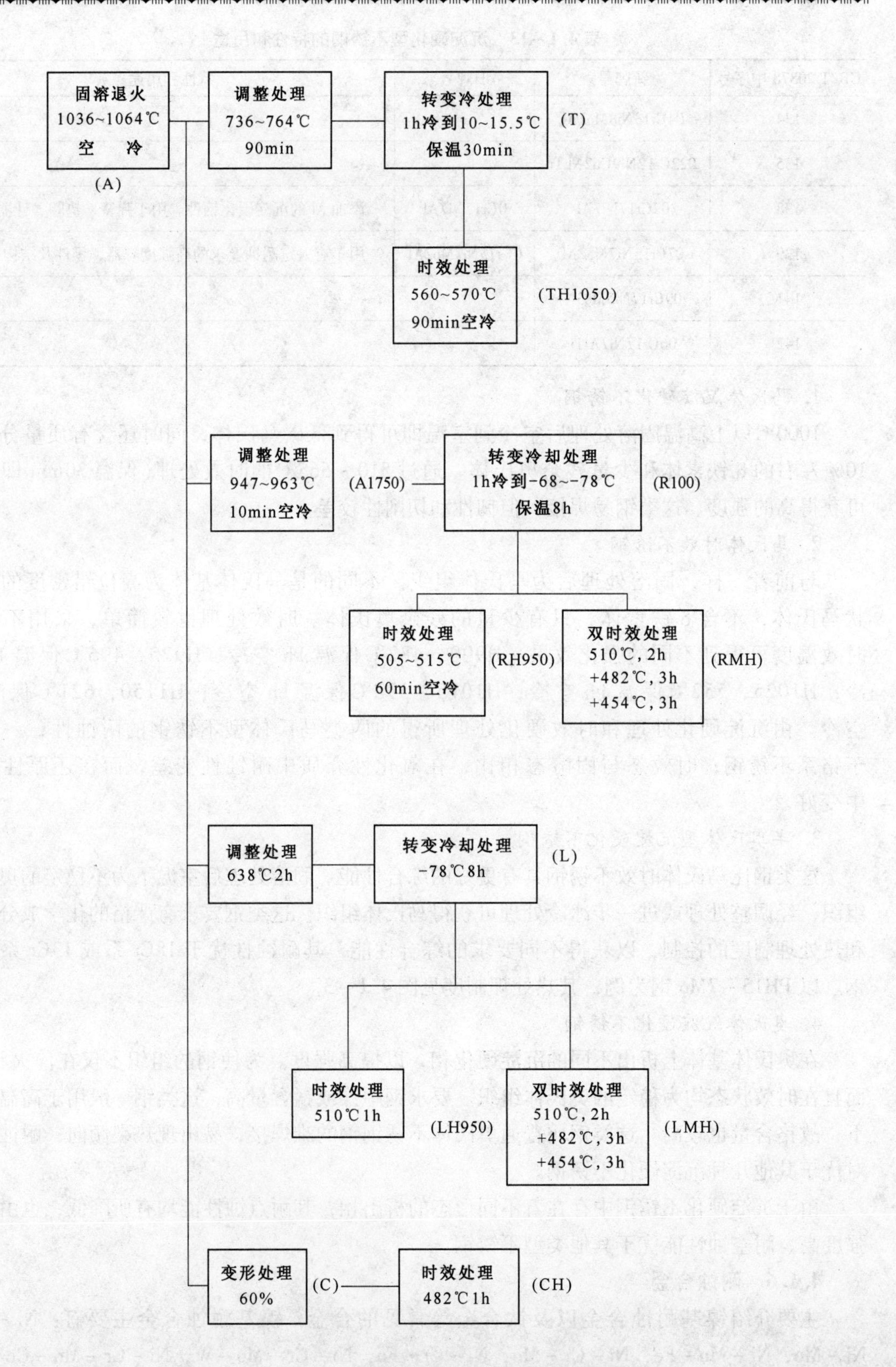

图 4.1-3 PH15-7Mo 沉淀硬化不锈钢的热处理制度

表 4.1-14 耐蚀合金的化学成分

类别	牌号	化学成分(质量分数)/%									近似牌号
		C	Si	Mn	Ni	Cr	Mo	Cu	Ti	其他	
镍基耐蚀合金	Ni68Cu28	≤0.16	≤0.5	≤1.25	≥63			28~34		Fe：1.0~2.5	Monel 400
	Ni65Cu30A13Ti	≤0.25	≤1.0	≤1.25	≥63			27~34	0.3~1.0	Fe：0.5~2.5 Al：2.0~4.0	Monel K500
	0Cr15Ni75Fe	≤0.10	≤0.5	≤1.0	余	14~17				Fe：6.0~10.0	Inconel 600
	0Cr50Ni50	≤0.10	≤0.5	≤0.3	余	48~52			1.5		Inconel 671
	0Ni65Mo28Fe5V	≤0.05	≤1.0	≤1.0	余	—	28~30	—	—	Fe：4~6 V：≤0.35	Hastelloy B
	00Ni70Mo28	≤0.02	≤0.10	≤1.0	余	—	28~30			Fe：≤2.0	Hastelloy B2
	00Cr16Ni60Mo17W4	≤0.03	≤0.7	≤1.0	余	15~17	16~18			W：3.0~4.5 Fe：4~7	Hastelloy C
	00Cr15Ni60Mo17W4	≤0.02	≤0.08	≤1.0	余	14.5~16.5	15~17			W：3.0~4.5 Fe：4~7	Hastelloy C276
	0Cr22Ni46Mo6Fe17	≤0.05	≤1.0	1.0~2.0	45~48	21.0~23.0	5.5~7.5	—	—	Fe：13.5~17.0 Nb+Ta：1.75~2.5	Hastelloy F
	0Cr20Ni40Mo3Cu2Ti	≤0.05	≤0.5	≤1.0	38~46	19.5~23.5	2.5~3.5	1.5~3.0	0.6~1.2	余 Fe	Ni-0-Nel 825
	0Cr22Ni64Mo5Cu2	0.05	≤0.7	≤1.25	68	21	5.0	3.0		Fe：1.0	Llium R
	00Cr16Ni75MoTi	≤0.03	≤1.0	≤1.0	余	14~17	2.0~3.0	—	—	Fe：≤8	新一号
	0Cr30Ni70	≤0.05	≤0.5	≤1.2	余	28~31				—	6021
	00Cr18Ni60Mo17	≤0.03	≤0.7	≤1.0	余	17~19	16~18				Chromet-3
钛合金	工业纯 Ti	<0.10	<0.15						余	—	TA2
	Ti-5Al-2.5Sn	<0.10	<0.05						余	Al：4.0~6.0 Sn：2.0~3.0	TA7
	Ti-5Mo-5V-8Cr-3Al	<0.05	<0.15			7.5~8.5	4.7~5.7		余	Al：2.5~3.5 V：4.7~5.7	TB2
	Ti-6Al-4V	<0.10	<0.15						余	Al：5.5~6.8 V：3.5~4.5	TC-4

表 4.1-15 耐蚀合金的力学性能及用途

类型	牌号	R_m/MPa	R_{eL}/MPa	A/%	其他	特性及用途举例
镍基合金	Ni68Cu28	516~620	170~345	35~60	60~80HRB	耐蚀性、综合性能好，广泛用于石油化工海洋开发，制造换热器、塔槽、泵等
	Ni65Cu30Al3Ti	1135	820	22	32HRC	可时效硬化，耐蚀性同上，主要用于泵、轴、叶轮、弹性元件
	0Cr15Ni75Fe	550~690	175~345	35~55	65~85HRB	综合性能良好，用于换热设备、反应堆结构件等
	0Cr50Ni50	550	340	≥5		耐高温硫、钒、钠的腐蚀，一般铸态用于燃油加热器件
	0Ni65Mo28Fe5V	902	388	50	92HRB	主要用于耐盐酸、硫酸、磷酸、甲酸的管道、容器、衬里、泵、阀等
	00Ni70Mo28	902	407	61	94HRB	同上，主要用于有焊接要求的部件
	00Cr15Ni60Mo17W4	≥686	≥343	≥25	ϕ≥45%	在氧化或还原性酸中，特别是在混酸中有很好的耐蚀性，用于各类器件
	00Cr15Ni60Mo17W4	≥686	≥343	≥25	ϕ≥45%	同上。耐蚀性和耐晶间腐蚀性能进一步提高，多用于焊接部件
	0Cr20Ni40Mo3Cu2Ti	630	245	50	—	在硫酸中耐蚀性好，在处理热硫酸、含氯化物介质中，用做换热器、泵、管线等
	0Cr21Ni68Mo5Cu3	776	290	45	162HB	耐硫酸和磷酸性特别好，用作泵、阀、管线、塔槽等部件
	00Cr16Ni75Mo2Ti	637~667	206	57	ϕ≥50%	是 0Cr15Ni75Fe 的改进型，在高温 HF 和≤450℃的氯气中耐蚀性好
	0Cr30Ni70	≥569	≥245	≥45	ϕ≥60%	在硝酸及硝酸加氢氟酸中有很好的耐蚀性
	00Cr18Ni60Mo17	≥736	≥294	≥25	ϕ≥45%	在含 Cl^- 的氧化-还原复合介质中有良好的耐蚀性
钛合金	工业纯 Ti	540		31		在中性、氧化性介质中及海水中有很高的耐蚀性，用作热交换器我、阀门等
	Ti-5Al-2.5Sn	750~950	685~850	8~15		耐蚀性同上，可用于 500℃以下长期工作的部件或超低温部件
	Ti-5Mo-5V-8Cr-3Al	—	—	—		用于 350℃以下工作的零件，如叶片、轮盘、轴类等
	Ti-6Al-4V	1080	1050	15.5		用于 400℃以下长期工作的零件，舰船耐压壳体、容器、泵低温部件等

1. Ni – Cu 合金

以 Ni70Cu28Fe 为代表的 Monel 合金是迄今为止耐氢氟酸腐蚀最好的材料之一，此外，在磷酸、硫酸、盐酸、有机酸和盐溶液中亦有比镍或铜更好的耐蚀性，在碱液中也很耐蚀，常用来制造化工设备中的管线、容器、塔槽、反应釜、泵阀及弹性部件等。

2. Ni – Mo 合金

典型牌号为 Ni – 28Mo – Fe(HastelloyB)，它解决了曾经被认为是耐蚀金属材料难以解决的盐酸腐蚀问题。在常压下，该合金可用于任意浓度、任意温度的盐酸介质中，在硫酸、磷酸及氢氟酸等还原性中亦有良好的耐蚀性。

3. Ni – Cr – Mo 合金

Ni – Cr 合金在氧化性介质中具有良好的耐蚀性，而 Ni – Mo 合金在还原性介质中具有良好的耐蚀性；Ni – Cr – Mo 三元合金不仅在氧化性介质中，而且在还原性介质中均有良好的耐蚀性，特别是在含有 F^- 和 Cl^- 等离子的氧化性酸、在有氧或氧化剂存在的还原性酸中以及在氧化性酸和还原性酸共存的混酸中，在湿氯和含氯气的水溶液中，均具有其他耐蚀合金无法与之相比的独特的耐蚀性。这类合金的典型代表为 Hastelloy – C 合金。特别是改进了晶间腐蚀倾向的 HastelloyC – 26 合金对于各种氯化物介质、含各种氧化性盐的硫酸、亚硫酸、磷酸、有机酸、高温 HF 等介质均具有优异的耐均匀腐蚀和局部腐蚀性能，常用于制造和这些介质相接触的容器、管道、阀门、仪表元件等。

4. Ni – Cr – Mo – Cu 合金

Ni – Cr – Mo 合金中加入铜可进一步提高合金在还原性酸中的耐蚀性，特别是在硫酸和磷酸中的耐蚀性。其典型代表为 IlliumR 合金，其铬含量较高，所以该合金在还原性酸(盐酸、氢氟酸除外)和氧化性与还原性的混合酸中都具有良好的耐蚀性。

5. Ti 合金

Ti 及 Ti 合金的耐蚀性在很大程度上依赖于表面氧化膜的存在，而且这层氧化膜的自愈能力非常强。因此，Ti 及 Ti 合金在很多介质中均具有很好的耐蚀性，可用于沸点以下的各种浓度的含水硝酸中，在湿氯或含氯化物溶液中，特别是在海水中，钛是目前耐蚀性最好的材料之一，性能明显优于目前使用的各种不锈钢甚至镍基合金。在还原性酸中，如在硫酸和硝酸的混酸中，硝酸和盐酸的混酸中，甚至在含有自由氯气的强盐酸中，只要溶液中加入少量氧化剂，仍然具有很好的耐蚀性。钛合金同时具有比强度高的突出优点，因此它是制造用于宇航、化工、冶金、动力、医学等工程中的泵、阀、管线、冷凝器、热交换器、外科植入件等的理想材料。

4.2　不锈钢和耐蚀合金的选用

4.2.1　选材需考虑的因素

1. 耐蚀性

耐蚀性通常采用 10 级标准，见表 4.2 – 1。一般情况下，在使用过程中要求保持光洁镜面或精密尺寸的设备部件，可选 1 ~ 3 级标准；对要求密切配合，长期不漏或使用寿命长的设备可选用 2 ~ 5 级标准；对要求不高，使用期限不需很长但要维修方便的设备零件，可选用 4 ~ 7 级标准。除特殊情况外，年腐蚀率超过 1mm 者，一般不再选用。

表 4.2-1　合金耐蚀性的 10 级标准

耐蚀性差别	腐蚀率/(mm/a)	等　级
Ⅰ完全耐蚀	<0.001	1
Ⅱ很耐蚀	0.001~0.005	2
	0.005~0.010	3
Ⅲ耐蚀	0.01~0.05	4
	0.05~0.10	5
Ⅳ尚耐蚀	0.1~0.5	6
	0.5~1.0	7
Ⅴ欠耐蚀	1.0~5.0	8
	5.0~10.0	9
Ⅵ不耐蚀	>10.0	10

应该指出，不锈性或耐蚀性是相对的、有条件的，诸如介质的浓度、温度、杂质含量、流速、压力等因素均对不锈钢的耐蚀性有明显的影响。因此，选材必须针对具体的使用条件，才能达到耐腐蚀的目的。到目前为止，还没有在任何腐蚀环境中均耐蚀的不锈钢或合金。此外，除了考虑均匀腐蚀性能外，还应特别注意局部腐蚀性能，如晶间腐蚀、点腐蚀、应力腐蚀等，因为局部腐蚀的危害性远远大于均匀腐蚀。

2. 力学及物理性能

通常考虑的因素有强度、塑性、韧性、硬度、疲劳等。对于量具、刃具及耐磨部件，硬度是主要的；对处于交变载荷下的构件，疲劳则是主要的；低温使用或承受冲击载荷时，冲击韧性则应首先考虑；对于热交换设备，异种材料焊接、复合、衬里等设备还应考虑材料的热导率、膨胀系数等物理性能；对于电子设备则要考虑电阻率、磁导率等物理性能。

应当指出，材料的力学性能一般是在无腐蚀性介质条件下取得的，在有腐蚀介质存在时，这些性能往往明显下降，尤其是疲劳性能下降更甚。

3. 加工成形及焊接性能

包括必要的塑性、韧性、切削性能、深冲性能、可焊性等。

4. 价格及获得的难易度

不锈钢及耐蚀合金的价格是决定它们能否扩大生产、推广应用的关键之一，用户应加以综合分析，决定选用哪种材料综合成本最低，同时还要考虑所选中的不锈钢或耐蚀合金能否顺利得到供应，以满足工程需要。

4.2.2　在大气、淡水等弱腐蚀介质中的选用

一般说来，所有不锈钢均可用于此介质中。用得最多的是含铬质量分数为 13%～18% 的马氏体、铁素体和奥氏体不锈钢。厨房用具、餐具多选用 0Cr17、1Cr13、2Cr13、3Cr13、4Cr13、6Cr13、9Cr18、9Cr18MoV 等高碳马氏体不锈钢在量具、刃具、轴承、医疗器械等方面获得广泛应用。

在石油及化工设备中，以及凡与大气、淡水、水蒸气等弱腐蚀介质接触的设备中均可选用 06Cr19Ni10 或 06Cr17Ni12Mo2 等不锈钢。作为热交换设备以及塔槽、管道、容器等，只要在弱介质中严格控制氯离子(Cl^-)，采用 022Cr19Ni10 亦可得到满意的结果，否则应选用 019Cr19Mo2NbTi 等高纯铁素体不锈钢，以避免可能出现的应力腐蚀。

4.2.3　在海水介质中的选用

研究表明，海水中的氧含量、氯离子浓度、流速、海水的污染情况及海洋生物等均可对

材料的耐蚀性构成影响。在流动海水中各种金属及合金的腐蚀电位见图 4.2－1；电位越高表明在海水中的耐蚀性越好。一般情况下，30℃以下的海水中，可选择 Mo 含量为 2%～3% 的 Cr－Ni 奥氏体不锈钢，如 06Cr17Ni12Mo2（AISI 316），06Cr19Ni14Mo3（AISI317）等；40℃时这类不锈钢处于临界状态，不能使用。在低于 50℃的海水中，以选用高铬或高铬、钼不锈钢为宜，在高于 60℃的海水中，一般不再选用铁基不锈钢，而应选用高镍并含有铬、钼的耐蚀合金，如 HastelloyC 合金或选用钛合金。

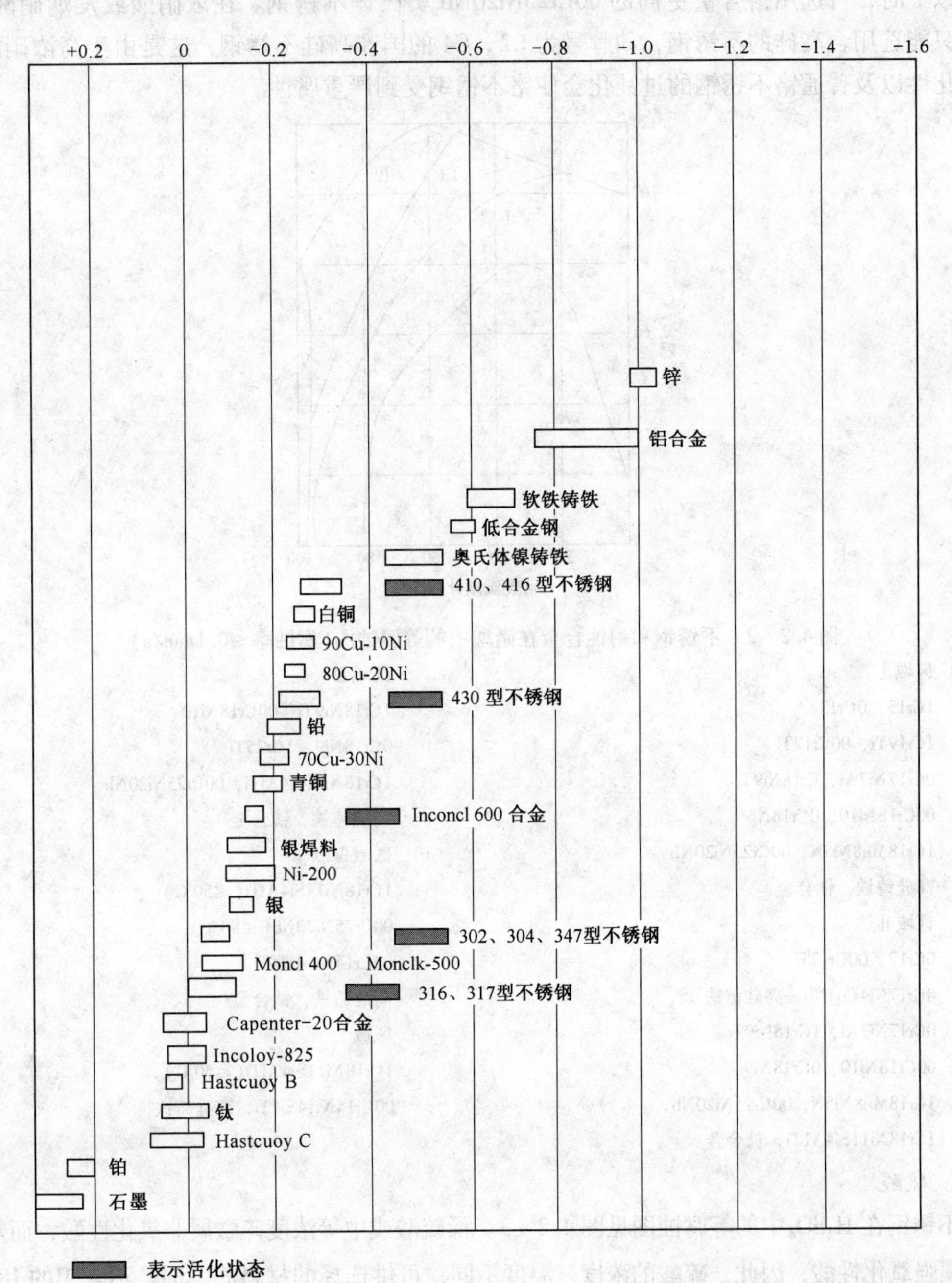

图 4.2－1 流动海水中各种金属的腐蚀电位

注：海水温度：10～27℃，流速 2.4～3.9m/s。

4.2.4 在酸、碱、盐等强腐蚀性介质中的选用

1. 硝酸

不锈钢在 HNO_3 中的耐蚀性可用等腐蚀图来描述，见图 4.2-2。由图可知，适于在 HNO_3 中使用的不锈钢很多。在常压下，质量分数小于或等于 65%，任何温度的 HNO_3 中，18-8 型奥氏体不锈钢应用最为广泛。这类不锈钢中进一步降低钢中的 C、Si、P、S 等杂质元素，耐 HNO_3 性能还会进一步提高，这种钢通常称为硝酸级不锈钢。当质量分数提高到 85% 以下时，可选用铬含量更高的 00Cr25Ni20Nb 奥氏体不锈钢。在浓硝酸或发烟硝酸中，一般只能选用含高硅的不锈钢，如牌号为 C2、C4 的国产高硅不锈钢，这是由于高浓硝酸的强氧化性以及普通铬不锈钢的过钝化会使铬不锈钢受到严重腐蚀。

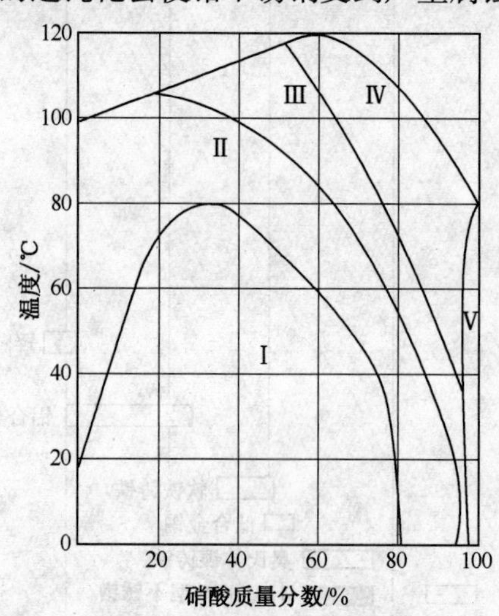

图 4.2-2 不锈钢和耐蚀合金在硝酸中的等腐蚀图(腐蚀率≤0.1mm/a)

区域 I

1Cr13，0Cr13

1Cr17Ti，00Cr17Ti

0Cr17Ni7Al，Cr18Ni9Ti

00Cr18Ni10，0Cr18Ni9

1Cr18Mn8Ni5N，00Cr25Ni20Nb

高硅铸铁，钛合金

区域 II

0Cr17，00Cr17Ti

0Cr17Ni4Cu4Nb，高硅铸铁

0Cr17Ni7Al，1Cr18Ni9Ti

00Cr18Ni10，0Cr18Ni9

1Cr18Mn8Ni5N，00Cr25Ni20Nb，

1Cr18Ni11Si4A1Ti，钛合金

区域 III

1Cr18Ni9Ti，00Cr18Ni10

0Cr18Ni9，1Cr25Ti

1Cr18Ni11Si4AlTi，00Cr25Ni20Nb

高硅铸铁，钛合金

区域 IV

1Cr18Ni11Si4AlTi(≤50℃)

00Cr25Ni20Nb(≤80%)

00Cr14Ni14Si4Ti

高硅铸铁，钛合金

区域 V

1Cr18Ni11Si4AlTi(≤50℃)

00Cr14Ni14Si4Ti，高硅铸铁

2. 硫酸

不锈钢在 H_2SO_4 中的等腐蚀图见图 4.2-3。稀硫酸或中等浓度硫酸属非氧化性酸，而热浓硫酸属强氧化性酸，因此，硫酸的浓度、温度不同，可供选择的材料亦不同。不含钼的 18-8 奥氏体不锈钢仅能用于室温下的某些浓度条件下。一般说来，在硫酸中使用的不锈钢应含有至

少质量分数为2%～3%的Mo。例如，含Mo质量分数为2%～3%的316型不锈钢在质量分数5% H_2SO_4 中可用到≤50℃，含Mo3%～4%的317型不锈钢可用到≤60℃。加入铜使含钼不锈钢的使用范围进一步扩大。此外，若硫酸中含有质量分数为(500～2000)×10^{-4}%的 Cu^{2+} 离子，可产生极大的缓蚀作用，从而增大某些钢种的适用范围。当硫酸中含有 F^-、Cl^- 等活性离子时，则明显加速不锈钢的腐蚀，因此选材时一定要注意硫酸的介质条件。

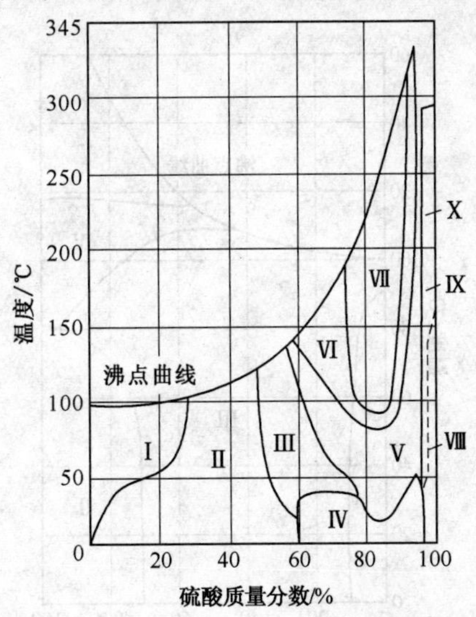

图4.2－3　不锈钢和耐蚀合金在硫酸中的等腐蚀图(腐蚀率≤0.5mm/a)

区域Ⅰ

0Cr18Ni12Mo2Ti，1Cr18Ni12Mo2Ti

1Cr18Ni12Mo2Ti(＜40℃，无空气)

00Cr17Ni14Mo2Ti，00Cr17Ni14Mo2

00Cr17Ni14Mo3，00Cr18Ni18Mo5

0Cr18Ni18Mo2Cu2Ti(＜50℃)

0Cr23Ni28Mo3Cu3Ti(＜80℃)

0Cr12Ni25Mo3Cu3Si2Nb(＜80℃)

HastelloyB/D，Monel

区域Ⅱ

0Cr12Ni25Mo3Cu3Si2Nb(＜80℃)

00Cr20Ni25Mo4.5Cu

0Cr20Ni29Cu4Mo2(＜65℃)

0Cr23Ni28Mo3Cu3Ti(＜80℃)

0Cr20Ni24Mo3Si3Cu2(＜80℃)

Monel(无空气)，高硅铸铁

HastelloyB/D(沸点除外)

区域Ⅲ

00Cr18Ni14Mo2Cu2，00Cr20Ni25Mo4.5Cu

0Cr12Ni25Mo3Cu3Si2Nb，高硅铸铁

0Cr23Ni28Mo3Cu3Ti(＜65℃)

Hastelloy B/D(沸点除外)

Monel(无空气)

区域Ⅳ

1Cr18Ni12Mo2Ti，00Cr17Ni14Mo2

00Cr17Ni14Mo3，00Cr18Ni14Mo2Cu2

0Cr18Ni18Mo2Cu2，00Cr18Ni18Mo5

00Cr20Ni25Mo4.5Cu，0Cr12Ni25Mo3Cu3Si2Nb

高硅铸铁，高镍铸铁

区域Ⅴ

1Cr18Ni11Si4AlTi(＜65℃)

Hastelloy B/D(沸点除外)

高硅铸铁

区域Ⅵ，Ⅶ高硅铸铁

区域Ⅷ　碳钢，1Cr18Ni9Ti

区域Ⅸ　1Cr18Ni9Ti

3. 磷酸

不锈钢及耐蚀合金在磷酸中的等腐蚀图见图4.2－4。磷酸属较弱的还原性酸。在纯的磷酸中，普通的18－8型奥氏体不锈钢均适用。含钼不锈钢则更好，且随钼含量增加，耐蚀性提高。但是，当磷酸中含有杂质时，特别是活性离子存在时，不锈钢的使用范围

会大大减小。例如，湿法生产工业磷酸时，不可避免地会存在一些 F^-、Cl^- 等极为有害的杂质，他们的存在大大缩小了普通不锈钢的适用范围，使一般常用的各种不锈钢均不能满足使用要求。此时应选用铬含量相当高的 Fe－Ni 基耐蚀合金，这是由于氯离子 Cl^- 使不含钼的不锈钢产生点蚀，氟离子 F^- 使高硅铸铁加速腐蚀；充气或含氧化剂时，镍基合金也会加速腐蚀。

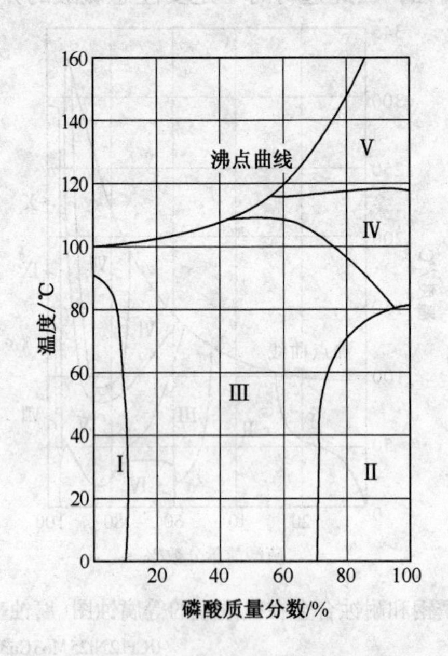

图 4.2－4　不锈钢和耐蚀合金在磷酸中的等腐蚀图(腐蚀率≤0.1mm/a)

区域Ⅰ
1Cr13，1Cr17Ti
1Cr18Ni9Ti，00Cr18Ni10
1Cr18Ni12Mo2Ti，00Cr17Ni14Mo2
00Cr17Ni14Mo3，0Cr18Ni12Mo3
00Cr18Ni18Mo5，00Cr18Ni4Mo2Cu2
0Cr23Ni28Mo3Cu3Ti，高硅铸铁

区域Ⅱ
1Cr181Ni9Ti
1Cr18Ni12Mo2Ti，00Cr17Ni14Mo2
00Cr18Ni18Mo2Cu2Ti，00Cr17Ni14Mo2Cu2
00Cr17Ni14Mo3，00Cr18Ni8Mo5
0Cr23Ni28Mo3Cu3Ti
高硅铸铁

区域Ⅲ
1Cr13，1Cr17Ti
1Cr18Ni9Ti，1Cr18Ni12Mo2Ti
00Cr17Ni14Mo2，00Cr18Ni18Mo5
00Cr20Ni25Mo4.5，00Cr18Ni14Mo3Cu2
0Cr18Ni18Mo2Cu2Ti，0Cr23Ni28Mo3Cu3Ti
高硅铸铁

区域Ⅳ
0Cr18Ni12Mo2Ti，00Cr17Ni14Mo2
0Cr18Ni18Mo2Cu2Ti，00Cr18Ni14Mo2Cu2
00Cr18Ni18Mo5，00Cr20Ni25Mo4.5Cu
0Cr20Ni25Mo3Cu2，HastelloyB
HastelloyC

区域Ⅴ
HastelloyB

4. 醋酸

不锈钢在醋酸中的等腐蚀图见图 4.2－5。在醋酸条件下，钼是非常有效的合金元素。常压下，含 Mo 质量分数为 2%～3% 的不锈钢，如 Cr18Mo2、00Cr18Ni12Mo2、0Cr17Ni14Mo3 等，就具有相当好的耐蚀性。在高温、高浓度醋酸中，应选用 Monel、HastelloyB、HastelloyC 等镍基耐蚀合金或选用高硅铸铁。

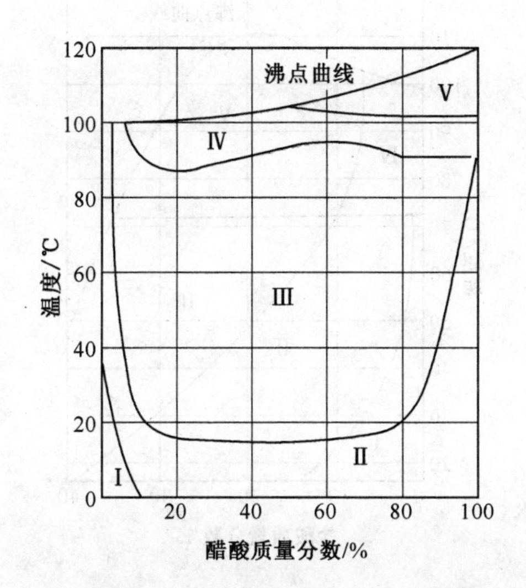

图4.2－5　不锈钢和耐蚀合金在醋酸中的等腐蚀图(腐蚀率≤0.1mm/a)

区域Ⅰ
碳素钢，低合金钢
1Cr13，0Cr17Ti
1Cr18Ni12Mo2Ti，1Cr18Ni9Ti
区域Ⅱ
1Cr17Mo2Ti，00Cr17Mo
1Cr18Ni9Ti，1Cr18Ni12Mo2Ti
0Cr18Mo2
区域Ⅲ
1Cr18Ni9Ti，1Cr18Ni12Mo2Ti
0Cr17Mn13Mo2N，00Cr18Mo2
高硅铸铁，钛
区域Ⅳ
1Cr18Ni12Mo2Ti，00Cr17Ni14Mo2
00Cr17Ni14Mo3，0Cr17Mn13Mo2N
00Cr18Ni18Mo5，0Cr20Ni25Mo4.5Cu
高硅铸铁，钛
区域
高硅铸铁，钛
Hastelloy B/C/D
Monel(＜95%)

5. 盐酸

在所有腐蚀介质中，盐酸中耐蚀材料的选择是最困难的，绝大多数金属和合金在盐酸中均遭到严重腐蚀，因此，在盐酸条件下一般不选用不锈钢。一些高镍含量的不锈钢只能用于室温下非常稀的盐酸中，而 Ni－Mo 合金也只能用于有限条件下。一些不锈钢和耐蚀合金在盐酸中的等腐蚀图见图4.2－6。

6. 氢氟酸

该酸具有独特的腐蚀行为。在其他酸中很耐蚀的高硅铸铁、玻璃等，在氢氟酸中则很不耐蚀；相反，在很多酸中很不耐蚀的镁却有相当好的耐蚀性。除了在室温氢氟酸中可选用不锈钢外，其他条件下，Monel 合金(Ni－Cu 合金)是理想的耐氢氟酸腐蚀的可变形金属材料。一些材料在氢氟酸中的等腐蚀图见图4.2－7。

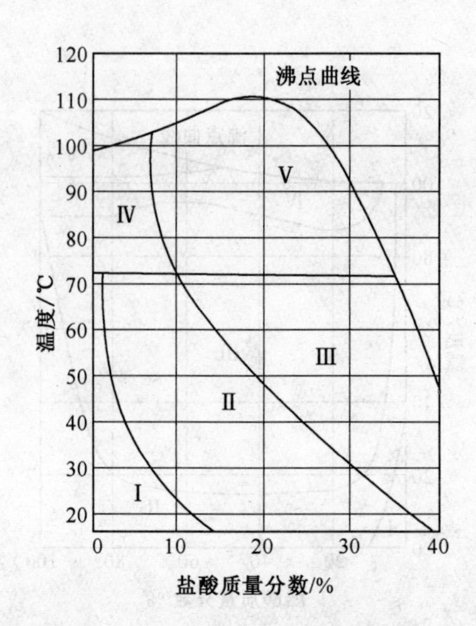

图4.2-6不锈钢和耐蚀合金在盐酸中的等腐蚀图(腐蚀率≤0.5mm/a)

区域Ⅰ

1Cr18Ni12Mo2Ti(<5%)

0Cr18Ni18Mo2Cu2Ti

Hastelloy B/C

含钼高硅铸铁(无 $FeCl_3$)

Monel(无空气)

钛(质量分数<10%，<室温)

区域Ⅱ

HastelloyB

含钼高硅铸铁(<50℃，无 $FeCl_3$)

Cu86Ni9Si3(无空气)

硅青铜(无空气)

区域Ⅲ

银

HastelloyB(无氯)

含钼高硅铸铁(<50℃，无 $FeCl_3$)

硅青铜

区域Ⅳ

银

HastelloyB(无氯)

含钼高硅铸铁(质量分数<1%，无 $FeCl_3$)

Monel(无空气，质量分数0.5%)

区域Ⅴ

银

HastelloyB(无氯)

7. 氢氧化钠

各类钢在碱溶液中均有一定的耐蚀性，一些材料在碱中的等腐蚀图见图4.2-8。应该指出，18-8或含钼的18-8奥氏体不锈钢在碱溶液中具有良好的耐蚀性，并得到广泛应用。但容易产生应力腐蚀，尤其是在中等质量分数(40%~50%)的碱液中更为突出。此外，不同方法生产的NaOH，由于杂质类型及含量不同，其腐蚀性也不同。例如，隔膜电解法所生产的NaOH中，含有一定数量的氯酸盐，在高浓度情况下，由于氯酸盐的存在，使耐蚀性最好的纯镍或镍基合金的耐蚀性明显下降。研究指出，此时选用高纯度、高铬钼含量的铁素体不锈钢可以获得良好的效果，如Cr26Mo1、Cr30Mo2、Cr25Mo3等高纯铁素体不锈钢，在隔膜法制碱工业设备中获得了广泛的应用。

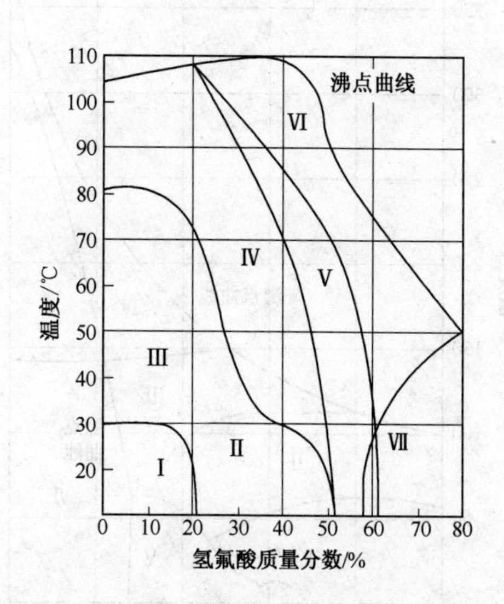

图 4.2-7 不锈钢和耐蚀合金在氢氟酸中的等腐蚀图(腐蚀率≤0.5mm/a)

区域Ⅰ

Monel(无空气)

铜(无空气),镍(无空气)

0Cr20Ni29Cu4Mo2

HastelloyC

高镍铸铁,银

区域Ⅱ

Monel(无空气)

铜(无空气),镍(无空气)

0Cr20Ni29Cu4Mo2

银,HastelloyC

区域Ⅲ

Monel(无空气),铜(无空气),铅(无空气)

HastelloyC,银

0Cr20Ni29Cu4Mo2

区域Ⅳ

Monel(无空气)

Cu70Ni30(无空气)

铜(无空气),铅(无空气)

HastelloyC,银

区域Ⅴ

Monel(无空气)

HastelloyC,银

Cu70Ni30(无空气),铅(无空气)

区域Ⅵ

Monel(无空气)

HastelloyC,银

区域Ⅶ

Monel(无空气)

HastelloyC,银

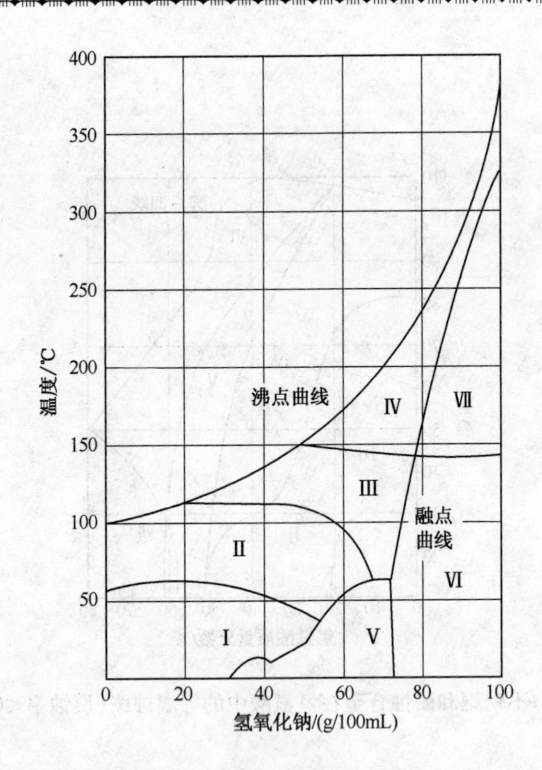

图 4.2-8　不锈钢和耐蚀合金在氢氧化钠中的等腐蚀图(腐蚀率≤0.1mm/a)

区域Ⅰ

碳素钢，普通铸铁

高硅铸铁(10~30)g/100mL，高镍铸铁

马氏体不锈钢，铁素体不锈钢

奥氏体不锈钢

区域Ⅱ

碳素钢(50g/100mL，<54℃)

普通铸铁(<50g/100mL，<54℃；50%~70%，<沸点)

高镍铸铁，马氏体不锈钢

铁素体不锈钢，奥氏体不锈钢

区域Ⅲ

普通铸铁(>50g/100mL)

高镍铸铁

奥氏体不锈钢(≤100℃)

0Cr20Ni29Mo4Cu2

区域Ⅳ

普通铸铁(>50g/100mL)，高镍铸铁(<70g/100L，<180℃)

镍(>200℃时不含氯酸盐)

1Cr25Mo3Ti，000Cr26Mo1，000Cr30Mo2(>80g/100mL，含氯酸盐)

Cu70Ni30(不含氯酸盐)

区域Ⅴ　碳素钢，各种不锈钢

区域Ⅵ　碳素钢，各种不锈钢

区域Ⅶ　碳素钢，各种不锈钢，高镍铸铁

注：表中所列浓度系指称取一定量固体试剂(NaOH)，溶于溶剂(水)中，并以同一溶剂稀释至100mL混匀而成，故单位为g/mL。

8. 尿素

尿素是一种用量很大的化学肥料，在其生产过程中，主要介质有CO_2、氨基甲酸铵、氨水、尿液、碳酸铵等，这些介质的腐蚀性并不强，普通的18-8型不锈钢即可满足使用要求。但在高温、高(中)压下生成的氨基甲酸铵及氰酸铵有很强的腐蚀性。为此尿素合成塔、汽提塔等尿素生产设备均选用含钼的不锈钢制造，如00Cr17Ni14Mo2，0Cr17Mn13MoN，0Cr18Mn8Mo3N等，其中被称为“尿素级”、经特别加工制造的00Cr17Mn14Mo2.5(AISI 136L)应用更广泛，效果也最好。

在更为苛刻的腐蚀部位，则以选用更高一级的00Cr25Ni22Mo2N(2RE69)更合适，例如汽提塔中的分布管就选用此合金制造。

4.2.5　局部腐蚀为主的环境中材料的选用

近年来，大量的统计数字表明，不锈钢的腐蚀破坏事故中，由均匀腐蚀引起者只占事故总量的10%左右，而由晶间腐蚀、点腐蚀、应力腐蚀、缝隙腐蚀等局部腐蚀引起的破坏则高达90%以上，可见局部腐蚀的严重性。

1. 晶间腐蚀

晶间腐蚀是由于晶界铬的贫化造成的，为此，应尽可能降低造成晶界贫铬的元素—碳的含量。一方面可通过精炼使碳含量降至超低碳水平（C≤0.02%～0.03%）；另一方面可通过加入稳定化元素钛或铌以实现钢之基体中有效碳含量的降低。对于铁素体不锈钢，目前的冶炼水平较难以实现不产生晶间腐蚀的超低碳水准，因此工业上多以加入稳定化元素来达到避免晶间腐蚀的目的。此外，由于双相不锈钢的结构特点，一般说来对晶间腐蚀是不敏感的。有时为了防止焊接等因素造成的相比例变化而出现的晶间腐蚀，钢中加入稳定化元素是有效的。对于非敏化态晶间腐蚀，主要是由于硅、磷等杂质元素在晶界偏聚形成选择性腐蚀所致。在这种情况下，一方面尽量降低这些杂质元素的含量；另一方面可采取工艺措施尽量减少杂质元素在晶界的偏聚。

2. 应力腐蚀

目前常见的应力腐蚀破裂类型是氯化物应力腐蚀，特别是水介质中的氯化物应力腐蚀；其次有碱性应力腐蚀及连多硫酸造成的应力腐蚀。对于水介质中的氯化物应力腐蚀，可选用铁素体不锈钢、双相不锈钢或高镍不锈钢；对于碱性应力腐蚀，则选用某些铁素体不锈钢或镍基耐蚀合金较为合理；对于炼油厂中连多硫酸引起的应力腐蚀，最合适的材料是含钛的18－8不锈钢（如0Cr18Ni10Ti），应用前应对其进行稳定化热处理。

3. 点蚀和缝隙腐蚀

点腐蚀和缝隙腐蚀虽然腐蚀现象不同，然而两者的扩展机制完全相同，材料的选择原则也几乎是一样的，只是缝隙腐蚀更苛刻一些罢了。一般说来，钢中铬和钼的含量越高，钢的耐点蚀和耐缝隙腐蚀的能力也越好，另外，钢中氮的存在也能显著提高钢的耐点蚀和耐缝隙腐蚀性能。有人用Cr＋3.3Mo＋16N这样一个关系式来衡量不锈钢的耐点蚀和耐缝隙腐蚀的能力，表明钼的作用相当于3.3倍铬的作用，而氮的作用则相当16倍铬的作用。依据这一关系可大体上判断不锈钢耐点蚀性能的强弱。例如，按耐点蚀性能增强的顺序有：1Cr18Ni9Ti（0Cr18Ni10、00Cr18Ni10）→0Cr18Ni12Mo2（1Cr18Ni12Mo2Ti、00Cr17Ni14Mo2Cu2）→1Cr18Ni12Mo3Ti（00Cr17Ni14Mo3）→00Cr18Ni18Mo5→00Cr20Ni25Mo4.5Cu→00Cr26Ni25Mo5N。

此外，还常依据不锈钢在介质中的点蚀电位来判断材料的优劣。

4. 腐蚀疲劳

随着材料强度的提高和耐蚀性的增加，特别是耐点蚀能力的增加，其耐腐蚀疲劳的性能亦提高。双相结构对腐蚀疲劳有良好的作用，因此，强度高、耐点蚀性能亦优的双相不锈钢常被选作耐腐蚀疲劳的钢种。例如，尿素生产中，氨基甲酸铵泵缸体曾用含钼的Cr－Ni奥氏体不锈钢制造，由于出现腐蚀疲劳，改用双相不锈钢制造取得了满足的结果；又如，核反应堆的紧固件，原用4Cr14Ni14W2Mo奥氏体不锈钢制造，由于腐蚀疲劳及应力腐蚀而经常发生断裂，后改用00Cr25Ni5Ti和00Cr25Ni7Mo2Ti双相不锈钢制造，则不再出现断裂。

4.2.6 其他腐蚀介质中的选用

1. 耐硫化物腐蚀的材料

金属在硫化物中，特别是在含 H_2O、CO_2、O_2情况下会发生腐蚀，造成应力腐蚀开裂即硫化物应力腐蚀开裂。各种不锈钢对硫化物造成的均匀腐蚀都具有足够的耐蚀性，然而，钢中的镍易与硫生成低熔点(约780℃)化合物 NiS，它与镍的共晶点更低(645℃)，故高镍钢的抗硫腐蚀性能较差。几种不锈钢的抗硫化温度见表4.2－2。硫化物造成的应力腐蚀开裂具有很大的危害性。研究指出，材料的断裂大多出现在硬度＞22HRC 的情况下，因此，马氏体结构，经冷变形的材料，或硬度、强度较高的材料较容易发生应力腐蚀开裂；介质浓度和压力愈高也容易发生应力腐蚀。因此，耐硫化物应力腐蚀开裂的钢种在热处理和硬度方面均有所要求，见表4.2－3。

表4.2－2 不锈钢的抗硫化温度

材料	Cr18Ni8	Cr13	Cr17	Cr25
在 H_2S、SO_2、SO_3 中使用最高温度/℃	540	540	815	925

表4.2－3 抗硫化物应力腐蚀的材料及其热处理要求

材料种类	热处理及硬度要求	材料种类	热处理及硬度要求
碳素钢	＜22HRC，冷作需＞620℃回火	马氏体不锈钢	＞620℃二次回火，＜22HRC
低合金钢	＜22HRC，冷作需＞620℃回火	Ni－Cu－Al	时效硬化，＜35HRC
中合金钢	＜22HRC，冷作需＞620℃回火	Ni－Cr－Fe	退火或冷变形，＜35HRC
奥氏体不锈钢	＜22HRC	Ni－Mo 或 Ni－Mo－Cr	任何状态下
铁素体不锈钢	＜22HRC		

2. 高温高压气体介质中材料的选用

高温大气条件下，一般材料均要产生氧化，性能的优劣决定着材料的可用性。通常，抗氧化能力主要取决于钢中铬、铝、硅等元素的含量，不锈钢中均含有较高的铬量，故具有良好的抗氧化性能，几种不锈钢的最高抗氧化温度见表4.2－4。

表4.2－4 不锈钢的抗氧化能力

材料	Cr13	Cr17	Cr25	Cr18Ni8	Cr18Ni25	Cr25Ni20
最高抗氧化温度/℃	750～800	850～900	1050～1100	850～900	1050～1100	1050～1100

在干燥、无水分、温度不高的氯气和 HCl 气体中，一些不锈钢是耐蚀的，例如，在 HCl 气体中，18－8型奥氏体不锈钢可用于温度≤150℃条件下；而高一级的 Cr－Ni 不锈钢，如0Cr18Ni18Mo2Cu2，0Cr23Ni28Mo3Cu3Ti 等则可用于温度≤200℃条件下；温度更高时则不再选用不锈钢，而选用镍基耐蚀合金。

氟气有很强的腐蚀性，且随温度升高而加剧，由于铬的氟化物极易挥发，故不锈钢不能用于高温氟气中，不锈钢只能用于＜150℃的氟气条件下。镍、铝、铜等元素的氟化物较为稳定，因此，钝镍、高镍合金以及 Ni－Al，Ni－Cu 等具有较好的耐氟气腐蚀性能，Monel

合金可用于≤550℃的氟气中。

在气态 HF 中，普通 Cr－Ni 不锈钢可用到 300℃，温度进一步提高，或 HF 中含有氧或氧化剂时，不锈钢的耐蚀性会下降，特别是含有水分时，一旦有冷凝水存在，不锈钢就会受到严重腐蚀。一般情况下，Ni－Cu 合金在 550～650℃的 HF 中有良好的耐蚀性，而 Ni－Cr－Mo 合金（如 HastelloyC）则允许在≤750℃的 HF 气体中使用；用使 HF 中含有氧，Ni－Cr－Mo 合金的耐蚀性也不会下降。

第五章 压力容器用钢

压力容器的使用条件(如温度、压力、介质特性和操作特点等)差别很大，因而压力容器所使用的钢材种类很多，有非合金钢、低合金钢，合金钢，还有低温压力容器用钢、中温抗氢钢，此外还有复合钢材。

TSG R0004—2009《固定式压力容器安全技术监察规程》和 GB 150.1～150.4—2011《压力容器》，是压力容器设计、选材、制造及检验等方面的两项基础性标准，对压力容器的结构设计、设计计算、钢材的适用范围、钢材的许用应力及对钢材的附加技术要求等均作出了规定。

5.1 压力容器用钢板

5.1.1 锅炉和压力容器用钢板(GB 713—2008)

2008 年颁布的 GB 713—2008《锅炉和压力容器用钢板》标准，规定了锅炉及其附件和中常温压力容器受压元件用钢板(厚度 3～200mm)的尺寸、外形、技术要求、试验方法、检验规则、包装、标志及质量证明书等。

1. *牌号表示方法*

碳素钢和低合金高强度钢的牌号用屈服强度值和“屈”字、压力容器“容”字的汉语拼音首位字母表示。例如：Q245R。

钼钢、铬－钼钢的牌号，用平均含碳量和合金元素字母、压力容器“容”字的汉语拼音首位字母表示。例如：15CrMoR。

2. *尺寸、外形、重量及允许偏差*

1）钢板的尺寸、外形及允许偏差应符合 GB/T 709 的规定。

2）厚度允许偏差按 GB/T 709 的 B 类偏差。

根据需方要求，经供需双方协议，可供应减小负偏差且公差不变的钢板。

3）钢板按理论重量交货，理论计重采用的厚度为钢板允许的最大厚度和最小厚度的算术平均值。钢的密度为 $7.85g/cm^3$。

3. *技术要求*

1）牌号和化学成分

（1）钢的牌号和化学成分(熔炼分析)应符合表 5.1－1 的规定。

① 厚度大于 60mm 的 Q235R 钢板，碳含量上限可提高至 0.22%。

② 作为残余元素的铬、镍、铜含量应各不大于 0.30%，钼应不大于 0.080%，这些元素的总含量应不大于 0.70%。供方若能保证可不做分析。

③ Q245R、Q345R 和 Q370R 钢中可添加微量铌、钒、钛元素，其含量应填写在质量证明书中，上述 3 个元素含量总和应分别不大于 0.050%、0.10%、0.12%。

④ 根据需方要求，经供需双方协议，可规定 Q345R 和 Q370R 钢的 P 含量≤0.015%、S 含量≤0.005%，14Cr1MoR 和 12Cr2Mo1R 钢的 P 含量≤0.012%。

表 5.1-1　化学成分

牌号	化学成分(质量分数)/%										
	C②	Si	Mn	Cr	Ni	Mo	Nb	V	P	S	Alt
Q235R①	≤0.20	≤0.35	0.50~1.00③						≤0.025	≤0.015	≥0.020
Q345R①	≤0.20	≤0.55	1.20~1.60						≤0.025	≤0.015	≥0.020
Q370R	≤0.18	≤0.55	1.20~1.60				0.015~0.050		≤0.025	≤0.015	
18MnMoNbR	≤0.22	0.15~0.50	1.20~1.60			0.45~0.65	0.025~0.050		≤0.020	≤0.010	
13MnNiMoR	≤0.15	0.15~0.50	1.20~1.60	0.20~0.40	0.60~1.00	0.20~0.40	0.005~0.020		≤0.020	≤0.010	
15CrMoR	0.12~0.18	0.15~0.40	0.40~0.70	0.80~1.20		0.45~0.60			≤0.025	≤0.010	
14Cr1MoR	0.05~0.17	0.50~0.80	0.40~0.65	1.15~0.65		0.45~0.65			≤0.020	≤0.010	
12Cr2Mo1R	0.08~0.15	≤0.50	0.30~0.60	0.30~0.60		0.90~1.10			≤0.020	≤0.010	
12Cr1MoVR	0.08~0.15	0.15~0.40	0.40~0.70	0.90~1.20		0.25~0.35		0.15~0.30	≤0.025	≤0.010	

注：①如果钢中加入 Nb、Ti、V 等微量元素，Alt 含量的下限不适用。

② 经供需双方协议，并在合同中注明，C 含量下限可不作要求。

③ 厚度大于 60mm 的钢板，Mn 含量上限可至 1.20%。

⑤ 根据需方要求，经供需双方协议，Q245R、Q345R、Q370R 等牌号可以规定碳当量，其数值由双方商定。碳当量按式(5.1-1)计算：

$$CE(\%) = C + Mn/6 + (Cr + Mo + V)/5 + (Ni + Cr)/15 \qquad (5.1-1)$$

⑥ 全铝 Alt 含量可以用测定酸溶铝含量代替，此时酸溶铝 Als 含量应不小于 0.015%。

(2) 成品钢板的化学成分允许偏差应符合 GB/T 222 规定。

2) 制造方法

(1) 钢由氧气转炉或电炉冶炼。

(2) 连铸坯压缩比不小于 3。

3) 交货状态

(1) 钢板交货状态按表 5.1-2 规定。

(2) 18MnMoNbR、13MnNiMoR、15CrMoR、14Cr1MoR 的回火温度应不低于 620℃，12Cr2Mo1R、12Cr1MoVR 的回火温度应不低于 680℃。

(3) 经需方同意，厚度大于 60mm 的 18MnMoNbR、13MnNiMoR、15CrMoR、14Cr1MoR、12Cr2Mo1R、12Cr1MoVR 钢板可以退火或回火状态交货。此时，这些牌号的试验用样坯应按表 5.1-2 交货状态进行热处理，性能按表 5.1-2 规定。样坯尺寸(宽度×厚度×长度)应不小于 $3a \times a \times 3a$(a 为钢板厚度)。

表5.1-2　力学性能和工艺性能

牌号	交货状态	钢板厚度/mm	拉伸试验			冲击试验		弯曲试验
			抗拉强度 R_m/(N/mm²)	屈服强度 R_{eL}/(N/m²)	伸长率 A/%	温度/℃	V型冲击功 A_{KV}/J	180 $b=2a$
				不小于			不小于	
Q245R	热轧控轧或回火	3~16	400~520	245	25	0	31	$d=1.5a$
		>16~36		235				
		>36~60		225				
		>60~100	390~510	205	24			$d=2a$
		>100~150	380~500	185				
Q345R		3~16	510~640	345	21	0	34	$d=2a$
		>16~36	500~630	325				$d=3a$
		>36~60	490~620	315				
		>60~100	490~620	305	20			
		>100~150	480~610	285				
		>150~200	470~600	265				
Q370R	正火	10~16	530~630	370	20	-20	34	$d=2a$
		>16~36		360				$d=3a$
		>36 >60	520~620	340				
18MnMoNbR	正火	30~60	570~720	400	17	0	34	$d=3a$
		>60~100		390				
13MnNiMoR		30~100	570~720	390	18	0	41	$d=3a$
		>100~150		380				
15CrMoR	正火+回火	6~60	450~590	295	19	20	41	$d=3a$
		>60~100		275				
		>100~150	440~580	255				
14Cr1MoR		6~100	520~680	310	19	20	31	$d=3a$
		>100~150	510~670	300				
12Cr2Mo1R		6~150	520~680	310	19	20	34	$d=3a$
12Cr1MoVR		6~60	440~590	245	19	20	34	$d=3a$
		>60~100	430~580	235				

注：①如屈服现象不明显，屈服强度取 $R_{P0.2}$。

(4) 经供需双方协议，铬钼钢可以正火后加速冷却加回火交货，此时，按每轧制坯组检验。

(5) 钢板应剪切或用火焰切割交货。

受设备能力限制时，经供需双方协议，并在合同中注明，允许以毛边状态交货。

4) 力学和工艺性能

(1) 钢板的拉伸试验、夏比(V型缺口)冲击试验和弯曲试验结果应符合表4.1-2的规定。

① 厚度大于 60mm 的钢板，经供需双方协议，并在合同中注明，可不做弯曲试验。

② 根据需方要求，经供需双方协议，Q245R、Q345R 和 13MnNiMoR 钢板可进行 -20℃ 冲击试验，代替表 5.1-2 中的 0℃ 冲击试验，其冲击功值应符合表 4.1-2 的规定。

③ 夏比(V 型缺口)冲击功，按 3 个试样的算术平均值计算，允许其中 1 个试样的单个值比表 4.1-2 规定值低，但不得低于规定值的 70%。

④ 对厚度小于 12mm 钢板的夏比(V 型缺口)冲击试验应采用辅助试样，>8 ~ <12mm 钢板辅助试样尺寸为 10mm × 7.5mm × 55mm，其试验结果应不小于表 5.1-2 规定值的 75%，6 ~ 8mm 钢板辅助试样尺寸为 10mm × 5mm × 55mm，其试验结果应不小于表 5.1-2 规定值的 50%，厚度小于 6mm 的钢板不做冲击试验。

(2) 根据需方要求，经供需双方协议，对厚度大于 20mm 的钢板可进行高温拉伸试验，试验温度应在合同中注明。高温下的规定非比例延伸强度($R_{p0.2}$)或下屈服强度(R_{eL})值应符合表 5.1-3 的规定。

表 5.1-3　高温力学性能

牌号	厚度/mm	试验温度/℃						
		200	250	300	350	400	450	500
		屈服强度①R_{eL} 或 $R_{p0.2}$/(N/m²)不小于						
Q245R	>20 ~ 36	186	167	153	139	129	121	
	>36 ~ 60	178	161	147	133	123	116	
	>60 ~ 100	164	147	135	123	113	106	
	>100 ~ 150	150	135	120	110	105	95	
Q345R	>20 ~ 36	255	235	215	200	190	180	
	>36 ~ 60	240	220	200	185	175	165	
	>60 ~ 100	225	205	185	175	165	155	
	>100 ~ 150	220	200	180	170	160	150	
	>150 ~ 200	215	195	175	165	155	145	
Q370R	>20 ~ 36	290	275	260	245	230		
	>36 ~ 60	280	270	255	240	225		
18MnMoNbR	30 ~ 60	360	355	350	340	310	275	
	>60 ~ 100	355	350	345	335	305	270	
13MnNiMoR	30 ~ 100	355	350	345	335	305		
	>100 ~ 150	345	340	335	325	300		
15CrMoR	>20 ~ 60	240	225	210	200	189	179	174
	>60 ~ 100	220	210	196	186	176	167	162
	>100 ~ 150	210	199	185	175	165	156	150
14Cr1MoR	>20 ~ 150	255	245	230	220	210	195	176
12Cr2Mo1R	>20 ~ 150	260	255	250	245	240	230	215
12Cr1MoVR	>20 ~ 100	200	190	176	167	157	150	142

注：①如屈服现象不明显，屈服强度取 $R_{p0.2}$。

(3) 根据需方要求，经供需双方协议，可进行厚度方向的拉伸试验，试验结果填写在质量证明书中。

(4) 根据需方要求，经供需双方协议，可进行落锤试验，试验结果填写在质量证明书中。

5) 超声检测

根据需方要求，经供需双方协议，钢板可逐张进行超声检测，检测方法按 GB/T 2970 或 GB/T 4730.3 的规定，检测标准和合格级别应在合同中注明。

6) 表面质量

(1) 钢板表面不允许存在裂纹、气泡、结疤、折叠和夹杂等对使用有害的缺陷。钢板不得有分层。

如有上述表面缺陷允许清理，清理深度从钢板实际尺寸算起，不得大于钢板厚度公差之半，并应保证清理处钢板的最小厚度。缺陷清理处应平滑无棱角。

(2) 其他缺陷允许存在，其深度从钢板实际尺寸算起，不得超过钢板厚度允许公差之半，并应保证缺陷处钢板厚度不小于钢板允许最小厚度。

7) 其他附加要求

根据需方要求，经供需双方协议并在合同中注明，可附加规定临氢用途铬钼钢、抗 HIC 用途碳素钢和低合金钢的其他要求。

4. 试验方法

每批钢板的检验项目、取样数量、取样方法及试验方法应符合表 5.1-4 的规定。

表 5.1-4　检验项目、取样数量及试验方法

序号	检验项目	取样数量/个	取样方法	取样方向	试验方法
1	化学成分	1/每炉	GB/T 20066		GB/T 223 或 GB/T 4336
2	拉伸试验	1	GB/T 2975	横向	GB/T 228
3	Z 向拉伸	3	GB/T 5313		GB/T 4313
4	弯曲试验	1	GB/T 2975	横向	GB/T 232
5	冲击试验	3	GB/T 2975	横向	GB/T 229
6	高温拉伸	1/每炉	GB/T 2975	横向	GB/T 4338
7	落锤试验		GB/T 6803		GB/T 6803
8	超声波检测	逐张			GB/T 2970 或 JB/T 4730.3
9	尺寸、外形	逐张			符合精度要求的适宜量具
10	表面	逐张			目视

5. 检验规则

1) 钢板的质量由供方质量技术监督部门进行检查和验收。

2) 钢板应成批验收，每批钢板由同一牌号、同一炉号、同一厚度、同一轧制或热处理制度的钢板组成，每批重量不大于 30t。

对长期生产质量稳定的钢厂，提出申请报告并附出厂检验数据，由国家特种设备安全监察机构审查合格批准后，按批准扩大的批重交货。

3) 根据需方要求，经供需双方协议，厚度大于 16mm 的钢板可逐轧制坯进行力学性能试验。

4) 力学试验取样位置按 GB/T 2975 的规定。对于厚度大于 40mm 的钢板，冲击试样轴线应位于厚度四分之一处。

根据需方要求，经供需双方协议，冲击试样的轴线位于厚度二分之一处。

5）夏比（V 型缺口）冲击试样结果不符合规定时，应从同一张（或同一样坯）上再取 3 个试样进行复验，前后两组 6 个试样的平均值不得低于规定值，允许有 2 个试样低于规定值，但其中低于规定值 70% 的试样只允许有 1 个。

6）其他检验项目的复验和判定按 GB/T 17505 的有关规定执行。

6. 包装、标志及质量证明书

钢板的包装、标志及质量证明书应符合 GB/T 247 的规定。

7. 新旧标准牌号对照

GB 713—2008 的牌号与 GB 713—1997、GB 6654—1996（含第 1 号和第 2 号修改单）的牌号对照见表 5.1－5。

表 5.1－5 新旧标准牌号对照

GB 713—2008	GB 713—1997	GB 6654—1996
Q245	20g	20R
Q345R	16Mng、19Mng	16MnR
Q370R		15MnNbR
18MnMoNbR		18MnMoNbR
13MnNiMoR	13MnNiCrMoNbg	13MnNiMoNbR
15CrMoR	15CrMog	15CrMoR
12CrMoVR	12Cr1MoVg	
14Cr1MoR		
12Cr2Mo1R		

5.1.2 低温压力容器用低合金钢钢板（GB 3531—2008）

低温压力容器用低合金钢钢板的厚度允许偏差应符合 GB/T 709—2006《热轧钢板和钢带的尺寸、外形、重量及允许偏差》的规定。钢板的牌号和化学成分见表 5.1－6。钢板的力学和工艺性能见表 5.1－7。

表 5.1－6 低温压力容器用低合金钢钢板的牌号和化学成分

牌号	化学成分（质量分数）/%								
	C	Si	Mn	Ni	V	Nb	Alt	P	S
								≤	
16MnDR	≤0.20	0.15～0.50	1.20～1.60	—	—	—	≥0.020	0.025	0.012
15MnNiDR	≤0.18	0.15～0.50	1.20～1.60	0.20～0.60	≤0.06	—	≥0.020	0.025	0.012
09MnNiDR	≤0.12	0.15～0.50	1.20～1.60	0.30～0.80	—	≤0.04	≥0.020	0.020	0.012

注：（1）为改善钢的性能，可添加微量的 V、Ti、Nb、RE 等元素。

（2）残余元素铬、铜含量应各不大于 0.25%，镍含量不大于 0.40%，钼含量不大于 0.08%。供方如能保证，可不进行分析。

（3）全铝 Atl 质量分数可以用测定酸溶铝质量分数代替，此时酸溶铝质量分数应不小于 0.015%。

1. 冶炼方法

钢由氧气转炉或电炉冶炼，并采用炉外精炼工艺。

2. 交货状态

钢板以正火或正火加回火状态交货。

3. 力学性能和工艺性能

钢板的拉伸试验、夏比(V型缺口)低温冲击试验、弯曲试验应符合表5.1-7的规定。

表5.1-7　力学性能、工艺性能

牌号	钢板公称厚度/mm	拉伸试验①			冲击试验		180°弯曲试验②
		抗拉强度 R_m/(N/mm²)	屈服强度 R_{eL}/(N/mm²)	伸长率 A/%	温度/℃	冲击吸收能量 KV_2/J	弯心直径 ($b \geq 35$mm)
			不小于			不小于	
16MnDR	6~16	490~620	315	21	-40	34	$d=2a$
	>16~36	470~600	295				$d=3a$
	>36~60	460~590	285				
	>60~100	450~580	275		-30	34	
	>100~120	440~570	265				
15MnNiDR	6~16	490~620	325	20	-45	34	$d=3a$
	>16~36	480~610	315				
	>36~60	470~600	305				
09MnNiDR	6~16	440~570	300	23	-70	34	$d=2a$
	>16~36	430~560	280				
	>36~60	430~560	270				
	>60~120	420~550	260				

注：a为钢材厚度。

① 当屈服现象不明显时，采用$R_{P0.2}$。

② 弯曲试验仲裁试样宽度$b=35$mm。

1）夏比(V型缺口)低温冲击功，按3个试样的算术平均值计算，允许其中1个试样的单个值比表5.1-7规定值低，但应不低于规定值的70%。

2）厚度小于12mm的钢板，夏比(V型缺口)低温冲击试验应采用辅助试样，6~8mm钢板辅助试样尺寸为5mm×10mm×55mm，其试验结果应不小于表2规定值的50%，>8~<12mm钢板辅助试样尺寸为7.5mm×10mm×55mm，其试验结果应不小于表5.1-7规定值的75%。

3）经供需双方协议，钢板的低温冲击功可按高于表5.1-7的值交货，具体值应在合同中注明。

4. 超声检测

1）厚度大于20mm的钢板供方应逐张进行超声检测。

2）厚度不大于20mm的钢板，经供需双方协议，也可逐张进行超声检测。

3）超声检验标准按GB/T 2970或JB/T 4730.3执行，检验标准和合格级别在合同中注明。

5. 表面质量

1）钢板表面不允许存在裂纹、气泡、结疤、折叠和夹杂等对使用有害的缺陷。钢板不应有分层。

如有上述表面缺陷允许清理，清理深度从钢板实际尺寸算起，应不大于钢板厚度允许公差之半，并应保证清理处钢板的最小厚度，缺陷清理处应平滑无棱角。

2）其他缺陷允许存在，但其深度从钢板实际尺寸算起，应不超过钢板厚度允许公差之外，并应保证缺陷处钢板厚度不小于钢板允许最小厚度。

从表 5.1 – 7 可以看出，16MnDR 钢为 –40℃用钢；15MnNiDR 钢为 –45℃用钢；09MnNiDR 钢为 –70℃用钢。–100℃级低温用钢板基本上为 3.5Ni 钢。5Ni 钢的最低使用温度为 –120 ~ –170℃。9Ni 钢的最低使用温度为 –196℃。

奥氏体不锈钢也可用作低温钢，最低使用温度一般为 –196℃。

研究表明，钢的化学成分和组织对其低温韧性有显著影响：P、C、Si 使韧脆转变温度升高，对钢的低温韧性不利，尤其以 P、C 的影响最为显著，因此其含量必须严格加以限制；而 Mn 和 Ni 使钢的韧脆转变温度降低，对低温韧性有利。

一般说来，具有体心立方晶格的金属，随着温度的降低，韧性显著降低。而面心立方晶格的金属，其韧性随温度变化较少。低碳钢和低合金钢具有体心立方点阵，其冲击韧性随着温度的降低而显著下降，出现冷脆性，断裂从韧性转变为脆性。而铜和铝是面心立方晶格，它们的冲击韧性与温度无关。当钢中含镍量增高到 18 – 8 型不锈钢的成分时，其组织为单向奥氏体，具有面心立方晶格，而冲击韧性随温度的变化极小，在很低的温度下仍具有较高的冲击韧性。

此外，钢的晶粒越细，低温冲击韧性越好。通常用铝脱氧并加入微量 Mo、V、Ti 等元素的钢，其低温冲击韧性较好。同一种钢，不同的热处理状态，其冲击韧性也不同。同一试验温度下，淬火高温回火组织韧性最高，辗轧状态的韧性最差。因此厚度大于 25mm 的钢板，为了提高韧性，一般都要进行正火或调质处理。微量冷变形也会引起钢材冲击韧性明显下降，对于要求冲击韧性好的高压容器等构件，在冷变形及焊接之后必须进行去应力退火。

冲击韧性对试样缺口的形式很敏感。各国在冲击韧性试验中，使用最普遍的是夏比（V 型缺口）试样，除美、英、日外，法国、瑞典等国家也采用夏比（V 型缺口）试样。这主要是由于夏比（V 型缺口）试样的根部半径小，对低温冲击韧性的敏感性好于梅氏试样（U 型缺口）。

国内以往对 –40℃以下的压力容器用钢一直采用 U 型缺口试样冲击进行验收。但研究结果表明，在低温下，U 型缺口试样与 V 型缺口试样的冲击试验结果存在很大差异，且 U 型缺口试样的冲击值对温度的变化不够敏感。当前越来越多的国家都采用 V 型缺口冲击试样来检验压力容器用钢，因此，我国的压力容器标准已明确规定，低温压力容器用材料应提供夏比（V 型缺口）试样冲击值。

至于夏比（V 型缺口）试样冲击值的指标问题，在国外规范或标准中，对夏比（V 型缺口）冲击试验结果一般采用冲击吸收功（KV_2）来表示。我国颁布的 GB 3531《低温压力容器用低合金钢钢板》中对夏比（V 型缺口）冲击试验结果也已规定用冲击吸收能量 KV_2 来表示。

5.1.3 压力容器用调质高强度钢板（GB 19189—2011）

1. 冶炼方法

钢由氧气转炉或电炉冶炼，并应经过真空处理。

2. 交货状态

钢板应以淬火加回火的调质热处理状态交货，回火温度不低于 600℃。

3. 化学成分

钢的牌号和化学成分应符合表5.1-8的规定。

表5.1-8 钢的牌号和化学成分

牌号	化学成分(质量分数)/%											
	C	Si	Mn	P	S	Cu	Ni	Cr	Mo	V	B	P_{cm}
07MnMoVR	≤0.09	0.15~0.40	1.20~1.60	≤0.020	≤0.010	≤0.25	≤0.40	≤0.30	0.10~0.30	0.02~0.06	≤0.0020	≤0.20
07MnNiVDR	≤0.09	0.15~0.40	1.20~1.60	≤0.018	≤0.008	≤0.25	0.20~0.50	≤0.30	≤0.30	0.02~0.06	≤0.0020	≤0.21
07MnNiMoDR	≤0.09	0.15~0.40	1.20~1.60	≤0.015	≤0.005	≤0.25	0.30~0.60	≤0.30	0.10~0.30	≤0.06	≤0.0020	≤0.21
12MnNiVR	≤0.15	0.15~0.40	1.20~1.60	≤0.020	≤0.010	≤0.25	0.15~0.40	≤0.30	≤0.30	0.02~0.06	≤0.0020	≤0.25

注：P_{cm}为焊接裂纹敏感性组成，按如下公式计算

$P_{cm} = C + Si/30 + (Mn + Cu + Cr)/20 + Ni/60 + Mo/15 + V/10 + 5B(\%)$。

4. 力学性能和工艺性能

钢的力学性能和工艺性能应符合表5.1-9的规定。

表5.1-9 力学性能和工艺性能

牌号	钢板厚度/mm	拉伸试验			冲击试验		弯曲试验
		屈服强度① R_{eL}/MPa	抗拉强度 R_m/MPa	断后伸长率 A/%	温度/℃	冲击功吸收能量 KV_2/J	180° $b=2a$
07MnMoVR	10~60	≥490	610~730	≥17	-20	≥80	$d=3a$
07MnNiVDR	10~60	≥490	610~730	≥17	-40	≥80	$d=3a$
07MnNiMoDR	10~50	≥490	610~730	≥17	-50	≥80	$d=3a$
12MnNiVR	10~60	≥490	610~730	≥17	-20	≥80	$d=3a$

注：①当屈服现象不明显时，采取$R_{P0.2}$。

5. 其他要求详见GB 19189—2011《压力容器用调质高强度钢板》。

6. 新、旧标准牌号对照

新、旧标准牌号对照见表5.1-10。

表5.1-10 新、旧标准牌号对照

GB 19189—2011	GB 19189—2003	GB 19189—2011	GB 19189—2003
07MnMoVR	07MnCrMoVR	07MnNiMoDR	
07MnNiVDR	07MnNiMoVDR	12MnNiVR	12MnNiVR

5.1.4 中温抗氢钢钢板

在工作温度高于400℃时，碳素结构钢钢板和低合金高强度钢钢板因其高温持久强度和蠕变极限数值较低，因而其许用应力也较低。钢中加入钼、铬等合金元素，能显著提高钢材的高温持久强度和蠕变极限，从而提高钢材的许用应力。因此，设计工作温度>400℃(特别是>475℃)至600℃的压力容器时，通常选用钼钢或铬钼钢。在炼油及化工装置的工艺介

质中所含的氢，在一定的温度和压力下会对钢材产生氢腐蚀，而加入钼、铬等合金元素能提高钢材的抗氢腐蚀能力。当工艺介质中的氢分压较高而温度又高于200℃时，就应考虑钢材的氢腐蚀问题。工程设计中，一般根据工艺介质的温度和氢分压，按照纳尔逊曲线来选择压力容器用钢。

引进的大型化肥、乙烯、炼油装置中，有大量的临氢压力容器，这些压力容器因生产国及介质参数的不同，而选用了不同国家、不同牌号的中温抗氢钢板。压力容器常用的中温抗氢钢板的钢号、钢板标准和钢的化学成分见表5.1－11。钢板的力学性能和工艺性能见表5.1－12。

中温抗氢钢中化学成分最简单的是钼钢。目前世界各国的钼钢主要有0.3Mo钢和0.5Mo钢两种。0.3Mo钢板的代表钢号为德国的16Mo3；0.5Mo钢板的代表钢号为美国的SA204Gr.B和日本的SB480M。

铬钼钢板中的0.5Cr－0.5Mo钢板，仅美国、日本的标准中有相应的钢号，实际工程中很少使用。1.0Cr－0.5Mo钢板则是使用量最大的中温抗氧钢，世界主要工业发达国家的标准中均列有相应的钢号。大量使用的中温抗氢钢有SA387Gr、12C1.2和13CrMo4－5钢板，后者的铬、钼含量偏低，在用于临氢压力容器时应予注意。

鉴于钼钢板和0.5Cr－0.5Mo钢板总的使用量不大，以及综合考虑钢管、锻件和焊接材料的配套问题，GB150标准中选用的低铬、钼含量的中温抗氢钢板为1.0Cr－0.5Mo型的15CrMoR，该钢板已列入GB 713—2008标准。

近年来，大型化肥及石油加氢精制装置的操作参数进一步提高，抗氢腐蚀性能优于1.0Cr－0.5Mo钢板的1.25Cr－0.5Mo钢板使用量逐渐增加。目前在国外标准中，美国、日本有相应的钢板，我国生产的14Cr1MoR钢板已列入GB 713—2008标准。

2.25Cr－1.0Mo钢为石油加氢裂化装置广泛使用的钢号，在大型化肥装置中也有使用。世界主要工业发达国家的标准中也均列有相应的钢号，且铬、钼合金元素的含量也相同。该钢号的钢材在一定的温度范围内长期使用后会发生回火脆化现象，因此在有关技术条件中对钢的化学成分和钢板的力学性能均有特殊的要求。

用于更高操作参数的中温抗氢钢依次为3.0Cr－1.0Mo、5.0Cr－0.5Mo、7.0Cr－0.5Mo和9.0Cr－1.0Mo钢，代表性的钢号相应为美国的SA387Gr.21、SA387Gr.5、SA387Gr.7和SA387Gr.9的改良型钢号。

2.25Cr－1Mo钢虽然使用多年，但实践证明，该钢在371℃～575℃长期使用，有较明显的回火脆化倾向和堆焊层剥离问题，而且它的高温强度偏低，不适应设备大型化的形势。为此，美国、日本相继开发了加钒(V)的铬－钼钢；2.25Cr－1Mo－0.25V钢和3Cr－1Mo－0.25V钢。

20世纪90年代，我国也先后开发了加钒(V)的铬－钼钢：3Cr－1Mo－0.25V(锻钢)和2.25Cr－1Mo－0.25V(锻钢)。用这两种材质制作的锻焊结构的加氢反应器已成功用于镇海炼化公司、克拉玛依石化厂等石化企业。

3Cr－1Mo－0.25V(锻钢)和2.25Cr－1Mo－0.25V(锻钢)的化学成分和力学性能分别见表5.1－13和表5.1－14。

高温高压临氢作业用钢防止脱碳和开裂的操作极限(Nelson曲线)见图5.1－1。

表 5.1－11　中温抗氢钢钢板的化学成分　　% (质量分数)

钢　号	钢板标准	C	Si	Mn	P	S	Cr	Mo	其他
15CrMoR	GB 713—2008	0.12～0.18	0.15～0.40	0.40～0.70	≤0.025	≤0.010	0.80～1.20	0.45～0.60	
14Cr1MoR	GB 713—2008	0.05～0.17	0.50～0.80	0.40～0.65	≤0.020	≤0.010	1.15～1.50	0.45～0.65	
12Cr2Mo1R	GB 713—2008	0.08～0.15	≤0.50	0.30～0.60	≤0.020	≤0.010	2.00～2.50	0.90～1.10	
12Cr1MoVR	GB 713—2008	0.08～0.15	0.15～0.40	0.40～0.70	≤0.025	≤0.010	0.90～1.20	0.25～0.35	V0.15～0.30
16Mo3	DIN EN10028—2—92	0.12～0.20	≤0.35	0.40～0.90	≤0.030	≤0.025	≤0.30	0.25～0.35	Cu≤0.30 Ni≤0.30
SA204Gr. B	ASME SA20—98	≤0.20	0.15～0.40	≤0.90	≤0.035	≤0.035		0.45～0.60	
SB480M	JIS G3103—87	≤0.20	0.15～0.30	≤0.90	≤0.035	≤0.040		0.45～0.60	
SA387Gr. 2	ASME SA20—99	0.05～0.21	0.15～0.40	0.55～0.80	≤0.035	≤0.040	0.50～0.80	0.45～0.60	
SCMV1	JIS G4109—87	≤0.21	≤0.40	0.55～0.80	≤0.030	≤0.030	0.50～0.80	0.45～0.60	
SA387Gr. 12	ASME SA20—99	0.05～0.17	0.15～0.40	0.40～0.65	≤0.035	≤0.035	0.80～1.15	0.45～0.60	
SCMV2	JIS G4109—87	≤0.17	≤0.40	0.40～0.65	≤0.030	≤0.030	0.80～1.15	0.45～0.60	
13GrMo4－5	DIN EN10028—2—92	0.05～0.18	≤0.35	0.40～1.00	≤0.030	≤0.025	0.70～1.15	0.40～0.60	Cu≤0.30
SA387Gr. 11	ASME SA20—99	0.05～0.17	0.50～0.80	0.40～0.65	≤0.035	≤0.040	1.00～1.50	0.45～0.60	
SCMV3	JIS G4109—87	≤0.17	0.50～0.80	0.40～0.65	≤0.030	≤0.030	1.00～1.50	0.45～0.60	
SA387Gr. 22	ASME SA20—99	0.05～0.15	≤0.50	0.30～0.60	≤0.035	≤0.035	2.00～2.50	0.90～1.10	
SCMV4	JIS G4109—87	≤0.17	≤0.50	0.30～0.60	≤0.030	≤0.030	2.00～2.50	0.90～1.10	
10CrMo9－10	DIN EN10028—2—92	0.06～0.14	≤0.50	0.40～0.80	≤0.030	≤0.025	2.00～2.50	0.90～1.10	Cu≤0.30
SA387Gr. 21	AMSE SA20—99	0.05～0.15	≤0.50	0.30～0.60	≤0.035	≤0.035	2.75～3.25	0.90～1.10	
SCMV5	JIS G4109—87	≤0.17	≤0.50	0.30～0.60	≤0.030	≤0.030	2.75～3.25	0.90～1.10	
SCMV6	JIS G4109—87	≤0.15	≤0.50	0.30～0.60	≤0.030	≤0.030	4.00～6.00	0.45～0.65	
SA542C 级	ASME SA20—99	0.10～0.15	≤0.13	0.30～0.60	≤0.025	≤0.025	2.75～3.25	0.90～1.10	V0.20～0.30 Ti0.015～0.035 B0.001～0.003 Cu≤0.25 Ni≤0.25
SA387Gr. 5	ASME SA20—99	≤0.15	≤0.50	0.30～0.60	≤0.040	≤0.030	4.00～6.00	0.45～0.65	
11CrMo9—10	DIN EN10028—2—92	0.08～0.15	≤0.50	0.40～0.80	≤0.030	≤0.025	2.00～2.50	0.90～1.10	Cu≤0.30

表 5.1－12 中温抗氢钢钢板的力学性能和工艺性能

牌号（钢号）	交货状态	板厚/mm	拉伸试验			冲击试验		冷弯 180° $b=2a$
			R_m/MPa	R_{eL}/MPa	A/%	温度/℃	KV_2/J	
15CrMoR	正火＋回火	6～60	450～590	≥295	≥19	20	31	$d=3a$
		>60～100		≥275				
		>100～150	440～580	≥255				
14CrMoR		>6～100	520～680	≥310	≥19	20	34	$d=3a$
		>100～150	510～670	≥300				
12Cr2Mo1R		6～150	520～680	≥310	≥19	20	34	$d=3a$
12Cr1MoVR		6～60	440～590	≥245	≥19	20	34	$d=3a$
		>60～100	430～580	≥235				
16Mo3	正火、正火＋回火、调质	16～150	440～590	R_{eH}≥275	≥24	20	31	
13CrMo4－5			450～600	R_{eH}≥300	≥20	20	31	
10CrMo9－10			470～620	R_{eH}≥270	≥18	20	31	
11CrMo9－10			520～670	R_{eH}≥310	≥18	20	31	
SB480M	正火＋回火或退火	6～150	480～620	≥275	≥17			$d/2=0.5a$
SCMV1		6～200	Ⅰ类：380～550	≥225	≥18			$d/2=(0.75\sim1.25)a$
			Ⅱ类：480～620	≥315	≥22			
SCMV2		6～200	Ⅰ类：380～550	≥225	≥19			与SCMV1相同
			Ⅱ类：450～590	≥275				
SCMV3	正火＋回火	6～200	Ⅰ类：410～590	≥235	≥19			与SCMV1相同
			Ⅱ类：520～690	≥315	≥18			
SCMV4	正火＋回火	6～300	Ⅰ类：410～590	≥205	≥18 Z≥45%			$d/2=(1\sim1.75)a$
SCMV5			Ⅱ类：520～690	≥315				
SCMV6								
SA204Gr. B	≤40 热轧 >40 正火	≤150	480～620	$R_{p0.2}$≥275	21			
SA387Gr. 2 C1. 2	正火＋回火		485～620	≥310	22			
SA387Gr. 12 C1. 1	退火		380～550	≥227	22			
SA387Gr. 12 C1. 2	正火＋回火		450～585	≥275	22			
SA387Gr. 11 C1. 2	正火＋回火		515～690	≥310	22			
SA387Gr. 22 C1. 2	正火＋回火		515～690	≥310	18 Z≥45%			
SA387Gr. 21 C1. 2	正火＋回火		515～690	≥310	18 Z≥45%			
SA542C 级	淬火＋回火	≤300	655～795	≥515	20			
SA387Gr. 5 C1. 2	正火＋回火		515～690	≥310	18 Z≥45%			

表 5.1-13　3Cr-1Mo-0.25V(锻)和2.25Cr-1Mo-0.25V(锻)的化学成分

钢号	化学成分(质量分数)/%														
	C	Si	Mn	P	S	Cr	Mo	Ni	Cu	Sb	Sn	As	V	Ti	B	其他
3Cr-1Mo-0.25V	0.16	0.07	0.54	0.004	0.003	3.35	0.99	0.09	0.02	0.001	0.005	0.001	0.21	0.019	0.0013	
2.25Cr-1Mo-0.25V	0.15	0.03	0.54	0.006	0.003	2.47	1.05	0.20	0.05	0.001	0.002	0.003	0.27	0.015	0.0007	Nb：0.05

注：3Cr-1Mo-0.25V(锻钢)的 J 系数≤54.9，$\overline{X}$ 系数≤6.9×10^{-6}；
2.25Cr-1Mo-0.25V(锻钢)的 J 系数≤51.0，$\overline{X}$ 系数≤8.0×10^{-6}。

表 5.1-14　3Cr-1Mo-0.25V(锻)和2.25Cr-1Mo-0.25V(锻)的力学性能

钢号	R_m/MPa	$R_{P0.2}$/MPa	A/%	Z/%	450℃ R_m/MPa	450℃ $R_{P0.2}$/MPa	冲击 A_{KV}/J		
							温度/℃	单个最低	平均
3Cr-1Mo-0.25V	635/645	500/525	27/25	77/78	490/510	405/440	-18	290/260	290/270
2.25Cr-1Mo-0.25V	630	505	26	79		430	-18	260	270

参考文献：1. 仇恩沧．国产3Cr-1Mo-0.25V钢加氢反应器的开发．石油化工设备技术[J]，2000，21(4)；36.
2. 陈崇刚、黎国磊．我国2.25Cr-1Mo-0.25V抗氢钢的开发．石油化工设备技术[J]，2002，23(5)；38.

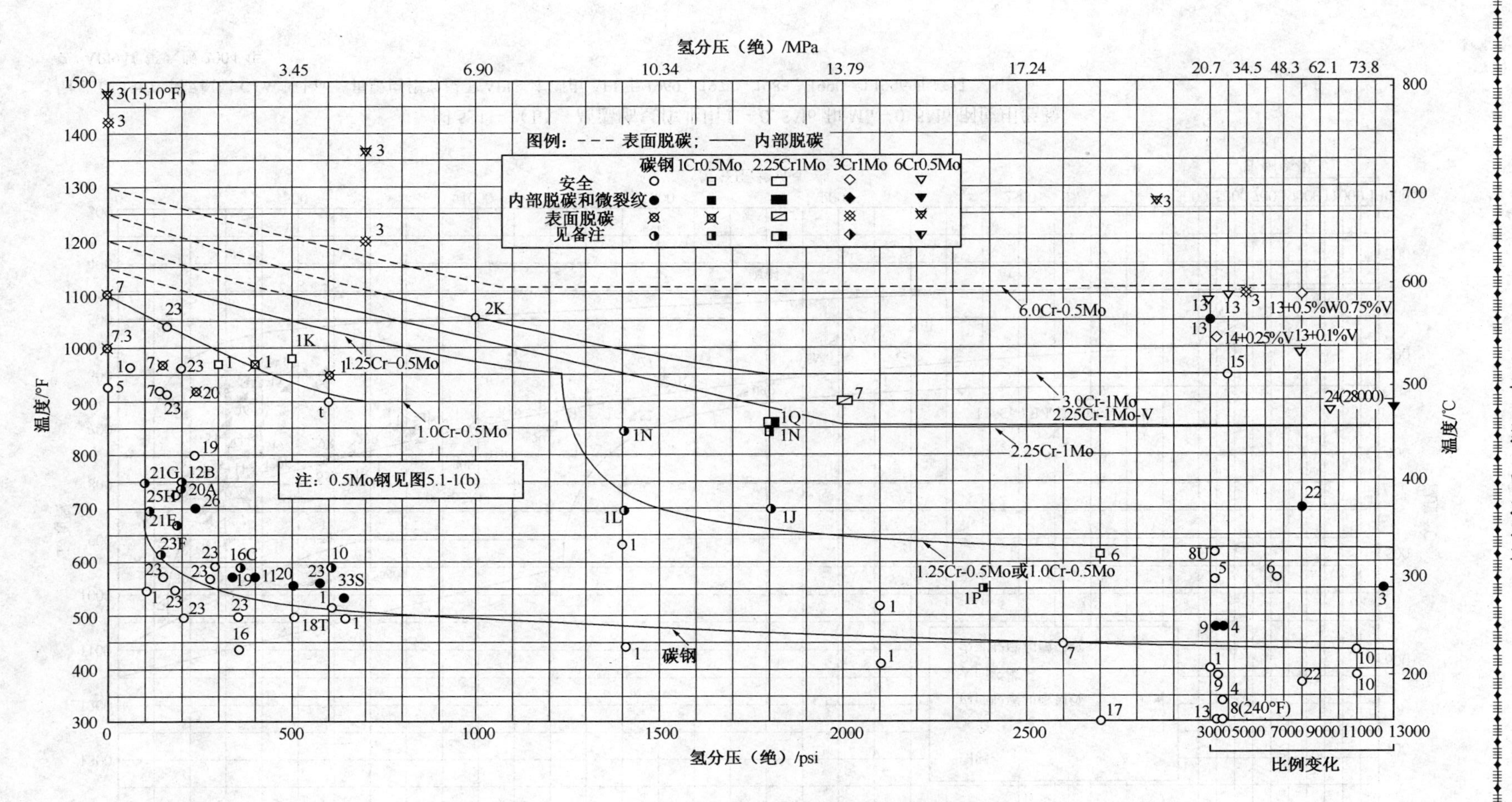

图 5.1－1（a） 临氢作业用钢防止脱碳和开裂的操作极限

注：1. 1967 年版权属 G. A. Nelson，再版由作者授予 API 于 1969、1983、1990 和 1996 年修订。

2. API941 第六版 2004 年。

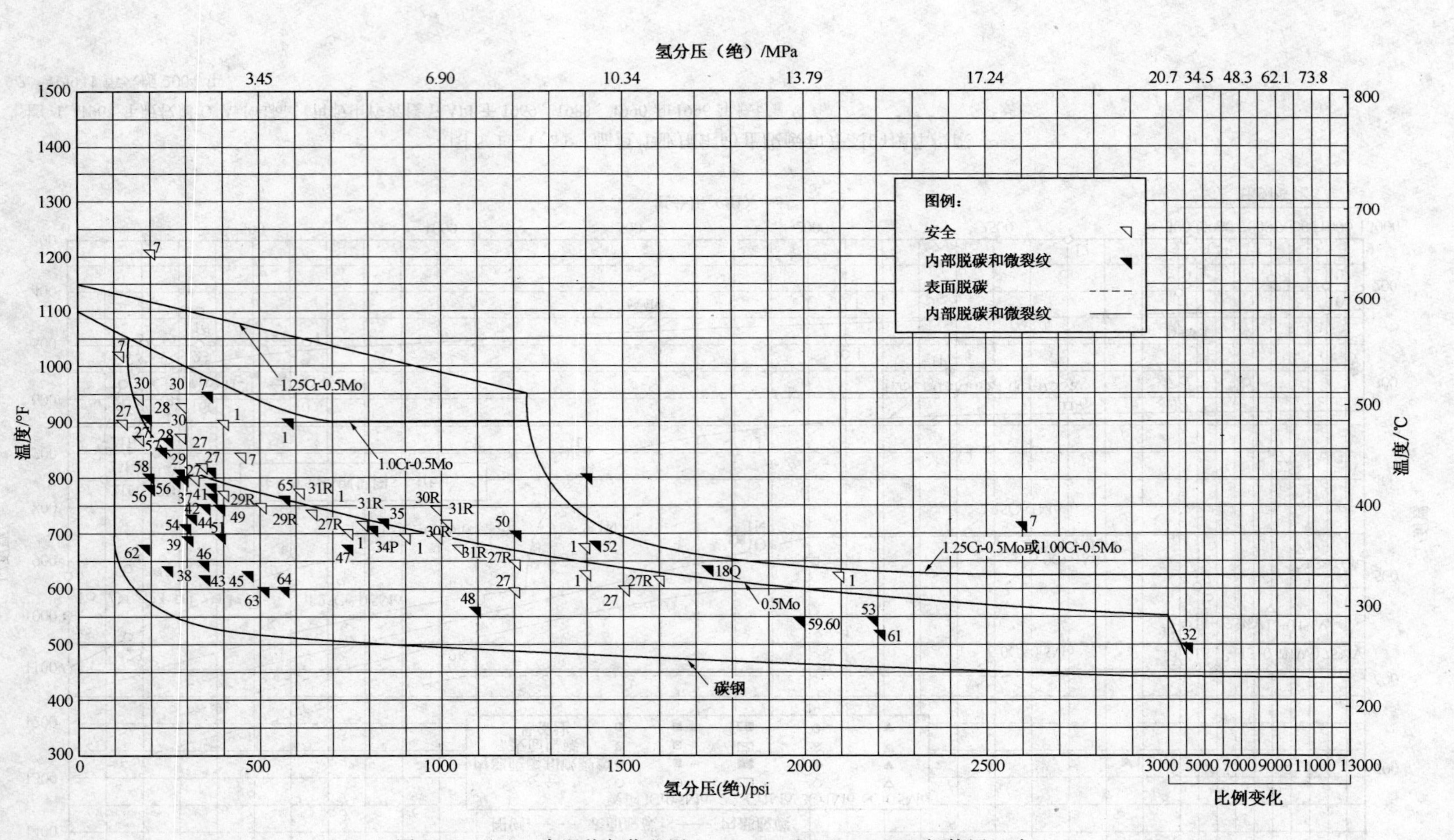

图 5.1-1(b) 高温临氢作业用 C-0.5Mo 和 Mn-0.5Mo 钢使用经验

注：1. 1967 年版权属 G. A. Nelson，再版由作者授予 API。本图由 API 于 1969、1977、1983、1990 和 1996 年修订。

2. API941 第六版 2004 年。

5.1.5　承压设备用不锈钢钢板及钢带(GB 24511—2009)

1. 公称尺寸范围

钢板和钢带的公称尺寸范围见表5.1－15。

表5.1－15　公称尺寸范围　mm

产品类别	代　号	公称厚度	公称宽度
热轧厚钢板	P	6.0～100	600～4800
热轧钢板及钢带	H	2.0～14.0	600～2100
冷轧钢板及钢带	C	1.5～8.0	600～2100

2. 允许偏差

各类钢板及钢带厚度、宽度的允许偏差等按GB 24511－2009的规定。

3. 钢的冶炼

钢采用粗炼钢水加炉外精炼工艺冶炼。

4. 化学成分

钢的统一数字代号、牌号及化学成分(熔炼分析)应符合表5.1－16～表5.1－18的规定。

5. 室温力学性能和工艺性能

经热处理的钢板和钢带的室温力学性能和工艺性能应符合表5.1－19～表5.1－21的规定。

6. 表面加工及质量要求

表面加工类型及质量要求见表5.1－22。

7. 交货状态

钢板和钢带经冷轧或热轧后，应经热处理及酸洗或类似热处理后的状态交货，热处理制度可参照表5.1－23～表5.1－25。

8. 不锈钢的密度

不锈钢的密度值见表5.1－26。

5.1.6　耐热钢钢板和钢带(GB/T 4238—2007)

1. 尺寸、外形、质量及允许偏差

冷轧钢板和钢带的尺寸外形、质量及允许偏差应符合GB/T 3280《不锈钢冷轧钢板和钢带》的相应规定；热轧钢板和钢带的尺寸外形、质量及允许偏差应符合GB/T 4237《不锈钢热轧钢板和钢带》的相应规定。

2. 技术要求

1）冶炼方法

优先采用粗炼钢水加炉外精炼工艺。

2）化学成分

(1) 钢的牌号、类别及化学成分(熔炼分析)应符合表5.1－27～表5.1－30的规定。

(2) 钢板和钢带的化学成分允许偏差应符合GB/T 222《钢的成品化学成分允许偏差》的规定。

表 5.1－16　奥氏体型不锈钢的化学成分(熔炼分析)

GB/T20878中序号	统一数字代号	牌　号	化学成分(质量分数)/%										
			C	Si	Mn	P	S	Ni	Cr	Mo	N	Cu	其他
17	S30408	06Cr19Ni10	0.08	0.75	2.00	0.035	0.020	8.00～10.50	18.00～20.00	—	0.10	—	—
18	S30403	022Cr19Ni10	0.030	0.75	2.00	0.035	0.020	8.00～12.00	18.00～20.00	—	—	—	—
19	S30409	07Cr19Ni10	0.04～0.10	0.75	2.00	0.035	0.020	8.00～10.50	18.00～20.00	—	—	—	—
35	S31008	06Cr25Ni20	0.04～0.08	1.50	2.00	0.035	0.020	19.00～22.00	24.00～26.00	—	—	—	—
38	S31608	06Cr17Ni12Mo2	0.08	0.75	2.00	0.035	0.020	10.00～14.00	16.00～18.00	2.00～3.00	0.10	—	—
39	S31603	022Cr17Ni12Mo2	0.030	0.75	2.00	0.035	0.020	10.00～14.00	16.00～18.00	2.00～3.00	0.10	—	—
41	S31668	06Cr17Ni12Mo2Ti	0.08	0.75	2.00	0.035	0.020	10.00～14.00	16.00～18.00	2.00～3.00	—	—	Ti≥5C
48	S39042	015Cr21Ni26Mo5Cu2	0.020	1.00	2.00	0.030	0.010	24.00～26.00	19.00～21.00	4.00～5.00	0.10	1.20～2.00	—
49	S31708	06Cr19Ni13Mo3	0.08	0.75	2.00	0.035	0.020	11.00～15.00	18.00～20.00	3.00～4.00	0.10	—	—
50	S31703	022Cr19Ni13Mo3	0.030	0.75	2.00	0.035	0.020	11.00～15.00	18.00～20.00	3.00～4.00	—	—	—
55	S32168	06Cr18Ni11Ti	0.08	0.75	2.00	0.035	0.020	9.00～12.00	17.00～19.00	—	—	—	Ti≥5C

注：表中有些牌号的化学成分与 GB/T 20878 相比有变化。

表 5.1－17 奥氏体－铁素体型不锈钢牌号及其化学成分(熔炼分析)

GB/T20878 中序号	统一数字代号	牌号	化学成分(质量分数)/%										
			C	Si	Mn	P	S	Cr	Ni	Mo	Cu	N	其他
68	S21953	022Cr19Ni5Mo3Si2N	0.030	1.30～2.00	1.00～2.00	0.030	0.020	18.00～19.50	4.50～5.50	2.50～3.00	—	0.05～0.12	—
70	S22253	022Cr22Ni5Mo3N	0.030	1.00	2.00	0.030	0.020	21.00～23.00	4.50～6.50	2.50～3.50	—	0.08～0.20	—
71	S22053	022Cr23Ni5Mo3N	0.030	1.00	2.00	0.030	0.020	22.00～23.00	4.50～6.50	3.00～3.50	—	0.14～0.20	—

注：表中有些牌号的化学成分与 GB/T 20878 相比有变化。

表 5.1－18 铁素体型不锈钢的化学成分(熔炼分析)

GB/T 20878 中序号	统一数字代号	牌号	化学成分(质量分数)/%								
			C	Si	Mn	P	S	Cr	Ni	Mo	N	其他
78	S11348	06Cr13Al	0.08	1.00	1.00	0.035	0.020	11.50～14.50	0.60	—	—	Al：0.10～0.30
92	S11972	019Cr19Mo2NbTi	0.025	1.00	1.00	0.035	0.020	17.50～19.50	1.00	1.75～2.50	0.035	(Ti＋Nb) [0.20＋4(C＋N)]～0.80
97	S11306	06Cr13	0.06	1.00	1.00	0.035	0.020	11.50～13.50	0.60	—	—	—

注：表中有些牌号的化学成分与 GB/T 20878 相比有变化。

表 5.1－19 经固溶处理的奥氏体型钢室温下的力学性能

GB/T 20878 中序号	统一数字代号	牌号	各类型产品的最大厚度/mm		规定非比例延伸强度 $R_{p0.2}$/MPa	规定非比例延伸强度 $R_{p1.0}$/MPa	抗拉强度 R_m/MPa	断后伸长率 A/%	硬度值		
									HBW	HRB	HV
					不小于				不大于		
17	S30408	06Cr19Ni10	C	8	205	250	520	40	201	92	210
			H	14							
			P	80							
18	S30403	022Cr19Ni10	C	8	180	230	490	40	201	92	210
			H	14							
			P	80							
19	S30409	07Cr19Ni10	C	8	205	250	520	40	201	92	210
			H	14							
			P	80							
35	S31008	06Cr25Ni20	C	8	205	240	520	40	217	95	220
			H	14							
			P	80							
38	S31608	06Cr17Ni12Mo2	C	8	205	260	520	40	217	95	220
			H	14							
			P	80							
39	S31603	022Cr17Ni12Mo2	C	8	180	260	490	40	217	95	220
			H	14							
			P	80							
41	S31668	06Cr17Ni12Mo2Ti	C	8	205	260	520	40	217	95	220
			H	14							
			P	80							
48	S39042	015Cr21Ni26Mo5Cu2	C	8	220	260	490	35	—	90	—
			H	14							
			P	80							
49	S31708	06Cr19Ni13Mo3	C	8	205	260	520	35	217	95	220
			H	14							
			P	80							
50	S31703	022Cr19Ni13Mo3	C	8	205	260	520	40	217	95	220
			H	14							
			P	80							
55	S32168	06Cr18Ni11Ti	C	8	205	250	520	40	217	95	220
			H	14							
			P	80							

表 5.1－20 经热处理的奥氏体－铁素体型钢的室温力学性能

GB/T 20878 中序号	统一数字代号	牌号	各类型产品的最大厚度/mm		拉伸试验 规定非比例延伸强度 $R_{p0.2}$/MPa	抗拉强度 R_m/MPa	断后伸长率 A/%	硬度试验 HBW	HRC
					不小于			不大于	
68	S21953	022Cr19Ni5Mo3Si2N	C	8	440	630	25	290	31
			H	14					
			P	80					
70	S22253	022Cr22Ni5Mo3N	C	8	450	620	25	293	31
			H	14					
			P	80					
71	S22053	022Cr23Ni5Mo3N	C	8	450	620	25	293	31
			H	14					
			P	80					

表 5.1－21 经退火处理的铁素体型钢室温下的力学性能和工艺性能

GB/T 20878 中序号	统一数字代号	牌号	各类型产品的最大厚度/mm		拉伸试验 规定非比例延伸强度 $R_{p0.2}$/MPa	抗拉强度 R_m/MPa	断后伸长率 A/%	硬度试验 HBW	HRB	HV	弯曲试验 180 b=2a
					不小于			不大于			
78	S11348	06Cr13Al	C	8	170	415	20	179	88	200	d=2a
			H	14							
			P	25							
92	S11972	019Cr19－Mo2NbTi	C	8	275	415	20	217	96	230	d=2a
97	S11306	06Cr13	C	8	205	415	20	183	89	200	d=2a
			H	14							
			P	25							

表 5.1－22 表面加工类型及质量要求

类别	简称	加工类型	表面状态	备注
热轧产品	1E	热轧、热处理、机械除氧化皮	无氧化皮	机械除氧化皮的方法（粗磨或喷丸）取决于产品种类，除另有规定外，由生产厂选择
	1D	热轧、热处理、酸洗	无氧化皮	适用于确保良好耐腐蚀性能的大多数钢的标准，是进一步加工产品常用的精加工，允许有研磨痕迹
冷轧产品	2D	冷轧、热处理、酸洗或除鳞	表面均匀、呈亚光状	冷轧后热处理、酸洗。亚光表面经酸洗或除鳞产生。可用毛面辊进行平整。毛面加工便于在深冲时将润滑剂保留在钢板表面。这种表面适用于加工深冲部件，但这些部件成型后还需进行抛光处理
	2B	冷轧、热处理、酸洗或除鳞、光亮加工	较2D表面光滑平直	在2D表面的基础上，对经热处理、除鳞后的钢板用抛光辊进行小压下量的平整。属最常用的表面加工

表 5.1-23 奥氏体型钢的热处理制度

GB/T 20878 中序号	统一数字代号	牌 号	热处理温度及冷却方式
17	S30408	06Cr19Ni10	≥1040℃水冷或其他方式快冷
18	S30403	022Cr19Ni10	≥1040℃水冷或其他方式快冷
19	S30409	07Cr19Ni10	≥1095℃水冷或其他方式快冷
35	S31008	06Cr25Ni20	≥1040℃水冷或其他方式快冷
38	S31608	06Cr17Ni2Mo2	≥1040℃水冷或其他方式快冷
39	S31603	022Cr17Ni2Mo2	≥1040℃水冷或其他方式快冷
41	S31668	06Cr17Ni12Mo2Ti	≥1040℃水冷或其他方式快冷
48	S39042	015Cr21Ni26Mo5Cu2	≥1040℃水冷或其他方式快冷
49	S31708	06Cr19Ni3Mo3	≥1040℃水冷或其他方式快冷
50	S31703	022Cr19Ni13Mo3	≥1040℃水冷或其他方式快冷
55	S32168	06Cr18Ni11Ti	≥1040℃水冷或其他方式快冷

表 5.1-24 奥氏体-铁素体型钢的热处理制度

GB/T 20878 序号	统一数字代号	牌 号	热处理温度冷却方式
68	S21953	022Cr19Ni5Mo3Si2N	950~1050℃，水冷或其他方式快冷
70	S22253	022Cr22Ni5Mo3N	1040~1100℃，水冷或其他方式快冷
71	S22053	022Cr23Ni5Mo3N	1040~1100℃，水冷或其他方式快冷

表 5.1-25 铁素体型钢的热处理制度

GB/T 20878 中序号	统一数字代号	牌 号	退火处理温度及冷却方式
78	S11348	06Cr13Al	780~830℃，快冷或缓冷
92	S11972	019Cr19Mo2NbTi	800~1050℃，快冷
97	S11306	06Cr13	罩式炉退火；约760℃，缓冷 连续退火；800~900℃，缓冷

表 5.1-26 不锈钢的密度值

GB/T 20878 序号	统一数字代号	牌 号	20℃密度/(kg/dm^3)
17	S30408	06Cr19Ni10	7.93
18	S30403	022Cr19Ni10	7.90
19	S30409	07Cr19Ni10	7.90
35	S31008	06Cr25Ni20	7.98
38	S31608	06Cr17Ni12Mo2	8.00
39	S31603	022Cr17Ni12Mo2	8.00
41	S31668	06Cr17Ni12Mo2Ti	7.90
48	S39042	015Cr21Ni26Mo5Cu2	8.00
49	S31708	06Cr19Ni13Mo3	8.00
50	S31703	022Cr19Ni13Mo3	7.98
55	S32168	06Cr18Ni11Ti	8.03
68	S21953	022Cr19Ni5Mo3Si2N	7.70
70	S22253	022Cr22Ni5Mo3N	7.80
71	S22053	022Cr23Ni5Mo3N	7.80
78	S11348	06Cr13Al	7.75
92	S11972	019Cr19Mo2NbTi	7.75
97	S11306	06Cr13	7.75

表 5.1－27　奥氏体型耐热钢的化学成分

GB/T 20878 中序号	新牌号	旧牌号	化学成分（质量分数）/%										
			C	Si	Mn	P	S	Ni	Cr	Mo	N	V	其他
13	12Cr18Ni9	1Cr18Ni9	0.15	0.75	2.00	0.045	0.030	8.00～11.00	17.00～19.00	—	0.10	—	—
14	12Cr18Ni9Si3	1Cr18Ni9Si3	0.15	2.00～3.00	2.00	0.045	0.030	8.00～10.00	17.00～19.00	—	0.10	—	—
17	06Cr19Ni9①	0Cr18Ni9	0.08	0.75	2.00	0.045	0.030	8.00～10.50	18.00～20.00	—	0.10	—	—
19	07Cr19Ni10	—	0.04～0.10	0.75	2.00	0.045	0.030	8.00～10.50	18.00～20.00	—	—	—	—
29	06Cr20Ni11	—	0.08	0.75	2.00	0.045	0.030	10.00～12.00	19.00～21.00	—	—	—	—
31	16Cr23Ni13	2Cr23Ni13	0.20	0.75	2.00	0.045	0.030	12.00～15.00	22.00～24.00	—	—	—	—
32	06Cr23Ni13	0Cr23Ni13	0.08	0.75	2.00	0.045	0.030	12.00～15.00	22.00～24.00	—	—	—	—
34	20Cr25Ni20	2Cr25Ni20	0.25	1.50	2.00	0.045	0.030	19.00～22.00	24.00～26.00	—	—	—	—
35	06Cr25Ni20	0Cr25Ni20	0.08	1.50	2.00	0.045	0.030	19.00～22.00	24.00～26.00	—	—	—	—
38	06Cr17Ni12Mo2	0Cr17Ni12Mo2	0.08	0.75	2.00	0.045	0.030	10.00～14.00	16.00～18.00	2.00～3.00	0.10	—	
49	06Cr19Ni13Mo3	0Cr19Ni13Mo3	0.08	0.75	2.00	0.045	0.030	11.00～15.00	18.00～20.00	3.00～4.00	0.10	—	
55	06Cr18Ni11Ti	0Cr18Ni40Ti	0.08	0.75	2.00	0.045	0.030	9.00～12.00	17.00～19.00			—	Ti≥5C
60	12Cr16Ni35	1Cr16Ni35	0.15	1.50	2.00	0.045	0.030	33.00～37.00	14.00～17.00	—	—	—	—
62	06Cr18Ni11Nb①	0Cr18Ni11Nb	0.08	0.75	2.00	0.045	0.030	9.00～13.00	17.00～19.00	—	—	—	Nb：10×C～0.10
66	16Cr25Ni20Si2	1Cr25Ni20Si2	0.20	1.50～2.50	1.50	0.045	0.030	18.00～21.00	24.00～27.00				

注：① 为相对于 GB/T 20878 调整化学成分牌号。

表 5.1－28　铁素体型耐热钢的化学成分

GB/T 20878 中序号	新牌号	旧牌号	化学成分（质量分数）/%								
			C	Si	Mn	P	S	Cr	Ni	N	其他
78	06Cr13Al	0Cr13Al	0.08	1.00	1.00	0.040	0.030	11.00～14.50	0.60	—	Al：0.10～0.30
80	022Cr11Ti①	—	0.030	1.00	1.00	0.040	0.030	10.50～11.70	0.60	0.030	Ti：6C～0.75
81	022Cr11NbTi①	—	0.030	1.00	1.00	0.040	0.030	10.50～11.70	0.60	0.030	Ti＋Nb：8(C＋N)＋0.08～0.75
85	10Cr17	1Cr17	0.12	1.00	1.00	0.040	0.030	16.00～18.00	0.75		
93	16Cr25N	2Cr25N	0.20	1.00	1.50	0.040	0.030	23.00～27.00	0.75	0.25	

注：① 为相对于 GB/T 20878 调整化学成分牌号。

表 5.1－29　马氏体型耐热钢的化学成分

GB/T 20878 中序号	新牌号	旧牌号	化学成分(质量分数)/%									
			C	Si	Mn	P	S	Cr	Ni	Mo	N	其他
96	12Cr12	1Cr12	0.15	0.50	1.00	0.040	0.030	11.50～13.00	0.60	—	—	—
98	12Cr13①	1Cr13	0.15	1.00	1.00	0.040	0.030	11.50～13.00	0.75	0.50	—	—
124	22Cr12NiMoWV	2Cr12NiMoWV	0.20～0.25	0.50	0.50～1.00	0.025	0.025	11.00～12.50	0.50～1.00	0.90～1.25	—	V：0.20～0.30 W：0.90～1.25

注：① 为相对于 GB/T 20878 调整化学成分牌号。

表 5.1－30　沉淀硬化型耐热钢的化学成分

GB/T 20878 中序号	新牌号	旧牌号	化学成分(质量分数)/%										
			C	Si	Mn	P	S	Cr	Ni	Cu	Al	Mo	其他
135	022Cr12Ni9Cu2NbTi①	—	0.05	0.50	0.50	0.040	0.030	11.00～12.50	7.50～9.50	1.50～2.50		0.50	Ti：0.80～1.40 (Nb+Ta)：0.10～0.50
137	05Cr17Ni4Cu4Nb	0Cr17Ni4Cu4Nb	0.07	1.00	1.00	0.040	0.030	15.00～17.50	3.00～5.00	3.00～5.00	—	—	Nb：0.15～0.45
138	07Cr17Ni7Al	0Cr17Ni7Al	0.09	1.00	1.00	0.040	0.030	16.00～18.00	6.50～7.75	—	0.75～1.50	—	—
139	07Cr15Ni7Mo2Al	—	0.09	1.00	1.00	0.040	0.030	14.00～16.00	6.50～7.75	—	0.75～1.50	2.00～3.00	
142	06Cr17Ni7AlTi	—	0.08	1.00	1.00	0.040	0.030	16.00～17.50	6.00～7.75	—	0.40	—	Ti：0.40～1.20
143	06Cr15Ni25Ti2MoAlVB	0Cr15Ni25Ti2MoAlVB	0.08	1.00	2.00	0.040	0.030	13.50～16.00	24.00～27.00		0.35	1.00～1.50	Ti：1.90～2.35 V：0.10～0.50 B：0.001～0.010

注：1. 表 5.1－27～表 5.1－30 中所列成分除标明范围或最小值外，其余均为最大值。
2. 优先采用粗炼钢水加炉外精炼工艺的冶炼方法。
3. 钢板和钢带经冷轧或热轧后，可经热处理及酸洗或类似处理后的状态交货。经需方同意也可省去酸洗等处理。
① 为相对于 GB/T 20878 调整化学成分牌号。

3) 力学性能

经热处理的钢板和钢带的力学性能应符合本条(1) ~ (5)的规定。

钢板和钢带的规定非比例延伸强度和硬度试验、经退火处理的铁素体型耐热钢和马氏体型耐热钢的弯曲试验，仅当需方要求并在合同中注明时才进行检验。对于几种不同硬度的试验可根据钢板和钢带的不同尺寸和状态按其中一种方法试验。经退火处理的铁素体型耐热钢和马氏体型耐热钢的钢板和钢带进行弯曲试验时，其外表面不允许有可见的裂纹产生。

用作冷轧原料的钢板和钢带的力学性能仅当需方要求并在合同中注明时方进行检验。

(1) 经固溶处理的奥氏体型耐热钢的力学性能应符合表 5.1 - 31 的规定。

(2) 经退火处理的铁素体型耐热钢的力学性能应符合表 5.1 - 32 的规定。

(3) 经退火处理的马氏体型耐热钢的力学性能应符合表 5.1 - 33 的规定。

(4) 经固溶处理的沉淀硬化型耐热钢的力学性能应符合表 5.1 - 34 的规定。按需方指定的沉淀硬化热处理后的试样的力学性能应符合表 5.1 - 35 的规定。

(5) 经固溶处理的沉淀硬化型钢的弯曲试验应符合表 5.1 - 36 要求。

表 5.1 - 31　经固溶处理的奥氏体型耐热钢的力学性能

GB/T 20878 中序号	新牌号	旧牌号	拉伸试验			硬度试验		
			规定非比例延伸强度 $R_{p0.2}$/MPa	抗拉强度 R_m/MPa	断后伸长率 A/%	HBW	HRB	HV
			≥			≤		
13	12Cr18Ni9	1Cr18Ni9	205	515	40	201	92	210
14	12Cr18Ni9Si3	1Cr18Ni9Si3	205	515	40	217	95	220
17	06Cr19Ni9	0Cr18Ni9	205	515	40	201	92	210
19	07Cr19Ni10	—	205	515	40	201	92	210
29	06Cr20Ni11	—	205	515	40	183	88	—
31	16Cr23Ni13	2Cr23Ni13	205	515	40	217	95	220
32	06Cr23Ni13	0Cr23Ni13	205	515	40	217	95	220
34	20Cr25Ni20	2Cr25Ni20	205	515	40	217	95	220
35	06Cr25Ni20	0Cr25Ni20	205	515	40	217	95	220
38	06Cr17Ni2Mo2	0Cr17Ni12Mo2	205	515	40	217	95	220
49	06Cr19Ni13Mo3	0Cr19Ni13Mo3	205	515	35	217	95	220
55	06Cr18Ni11Ti	0Cr18Ni10Ti	205	515	40	217	95	220
60	12Cr16Ni35	1Cr16Ni35	205	560	—	201	95	210
62	06Cr18Ni11Nb	0Cr18Ni11Nb	205	515	40	201	92	210
66	16Cr25Ni20Si2①	1Cr25Ni20Si2	—	540	35	—	—	—

注：① 16Cr25Ni20Si2 钢板厚度大于 25mm 时，力学性能仅供参考。

表 5.1－32　经退火处理的铁素体型耐热钢的力学性能

GB/T 20878 中序号	新牌号	旧牌号	拉伸试验			硬度试验			弯曲试验	
			规定非比例延伸强度 $R_{p0.2}$/MPa	抗拉强度 R_m/MPa	断后伸长率 A/%	HBW	HRB	HV	弯曲角度	d—弯芯直径 a—钢板厚度
			≥			≤				
78	06Cr13Al	0Cr13Al	170	415	20	179	88	200	180°	$d=2a$
80	022Cr11Ti	—	275	415	20	197	92	200	180°	$d=2a$
81	022Cr11NbTi	—	275	415	20	197	92	200	180°	$d=2a$
85	10Cr17	1Cr17	205	450	22	183	89	200	180°	$d=2a$
93	16Cr25N	2Cr25N	275	510	20	201	95	210	135°	$d=2a$

表 5.1－33　经退火处理的马氏体型耐热钢的力学性能

GB/T 20878 中序号	新牌号	旧牌号	拉伸试验			硬度试验			弯曲试验	
			规定非比例延伸强度 $R_{p0.2}$/MPa	抗拉强度 R_m/MPa	断后伸长率 A/%	HBW	HRB	HV	弯曲角度	d—弯芯直径 a—钢板厚度
			≥			≤				
96	12Cr12	1Cr12	205	485	25	217	88	210	180°	$d=2a$
98	12Cr13	1Cr13	—	690	15	217	96	210	—	—
124	22Cr12NiMoWV	2Cr12NiMoWV	275	510	20	200	95	210	—	a≥3mm，$d=a$

表 5.1－34　经固溶处理的沉淀硬化型耐热钢的力学性能

GB/T 20878 中序号	新牌号	旧牌号	钢材厚度/mm	规定非比例延伸强度 $R_{p0.2}$/MPa	抗拉强度 R_m/MPa	断后伸长率 A/%	硬度值	
							HRC	HBW
135	022Cr12Ni9Cu2NbTi	—	≥0.30～≤100	≤1105	≤1205	≥3	≤36	≤331
137	05Cr17Ni4Cu4Nb	0Cr17Ni4Cu4Nb	≥0.4～＜100	≤1105	≤1225	≥3	≤38	≤363
138	07Cr17Ni7Al	0Cr17Ni7Al	≥0.1～＜0.3	≤450	≤1035	—	—	—
			≥0.3～≤100	≤380	≤1035	≥20	≤92②	—
139	07Cr15Ni7Mo7Al	—	≥0.10～≤100	≤450	≤1035	≥25	≤100②	—
142	06Cr17Ni7AlTi	—	≥0.10～＜0.80	≤515	≤825	≥3	≤32	—
			≥0.80～＜1.50	≤515	≤825	≥4	≤32	—
			≥1.50～≤100	≤515	≤825	≥5	≤32	—
143	06Cr15Ni25Ti2MoAlVB①	0Cr15Ni25Ti2MoAlVB	≥2	—	≥725	≥25	≤91②	≤192
			≥2	≥590	≥900	≥15	≤101②	≤248

注：① 为时效处理后的力学性能

② 为 HRB 硬度值。

表 5.1－35　经沉淀硬化处理耐热钢的力学性能

GB/T 20878 中序号	牌号	钢材厚度/mm	处理温度/℃	规定非比例延伸强度 $R_{p0.2}$/MPa	抗拉强度 R_m/MPa	断后伸长率 A/%	硬度值	
				≥			HRC	HBW
135	022Cr12Ni9Cu2NbTi	≥0.10～<0.75		1410	1525		≤44	—
		≥0.75～<1.50	510±10 或480±6	1410	1525	3	≤44	—
		≥1.50～≤16		1410	1525	4	≤44	—
137	05Cr17Ni4Cu4Nb	≥0.10～<5.0		1170	1310	5	40～48	388～477
		≥5.0～<16	482±10	1170	1310	8	40～48	388～477
		≥16～≤100		1170	1310	10	40～48	
		≥0.1～<5.0		1070	1170	5	38～46	375～477
		≥5.0～<16	496±10	1070	1170	8	38～47	375～477
		≥16～≤100		1070	1170	10	38～47	
		≥0.1～<5.0		790	965	5	31～40	293～375
		≥5.0～<16	593±10	790	965	10	29～38	293～375
		≥16～≤100		790	965	14	29～38	
		≥0.1～<5.0		725	930	8	28～38	269～352
		≥5.0～<16	621±10	725	930	10	26～36	269～352
		≥16～≤100		725	930	16	26～36	
		≥0.1～<5.0		515	790	9	26～36	255～331
		≥5.0～<16	760±10 621±10	515	790	11	24～34	248～321
		≥16～≤100		515	790	18	24～34	248～321
138	07Cr17Ni7Al	≥0.05～<0.30	760±15	1035	1240	3	≥38	
		≥0.30～<5.0	15±3	1035	1240	5	≥38	≥352
		≥5.0～≤16	566±6	965	1170	7	≥38	
		≥0.05～<0.30	954±8	1310	1450	1	≥44	
		≥0.30～<5.0	－73±6	1310	1450	3	≥44	≥401
		≥5.0～≤16	510±6	1240	1380	6	≥43	
139	07Cr15Ni7Mo2Al	≥0.05～<0.30	760±15	1170	1310	3	≥40	
		≥0.30～<5.0	15±3	1170	1310	5	≥40	≥375
		≥5.0～≤16	566±10	1170	1310	4	≥40	
		≥0.05～<0.30	954±8	1380	1550	2	≥46	
		≥0.30～<5.0	－73±6	1380	1550	4	≥46	≥429
		≥5.0～≤16	510±6	1380	1550	4	≥45	
142	06Cr17NiAlTi	≥0.10～<0.80		1170	1310	3	≥39	—
		≥0.80～<1.50	510±8	1170	1310	4	≥39	—
		≥1.50～≤16		1170	1310	5	≥39	—
		≥0.10～<0.75		1105	1240	3	≥37	—
		≥0.75～<1.50	538±8	1105	1240	4	≥37	—
		≥1.50～≤16		1105	1240	5	≥37	—
		≥0.10～<0.75		1035	1170	3	≥35	—
		≥0.75～<1.50	566±8	1035	1170	4	≥35	—
		≥1.50～≤16		1035	1170	5	≥35	—
143	06Cr15Ni25Ti2MoAlVB	≥2.0～<8.0	700～760	590	900	15	≥101①	≥248

注：推荐性热处理温度。供方应向需方提供推荐性热处理制度。

① 适用于沿宽度方向的试验。垂直于轧制方向且平行于钢板表面。

表 5.1-36 经固溶处理的沉淀硬化型耐热钢的弯曲试验

GB/T 20878 中序号	新牌号	旧牌号	厚度/mm	冷弯 180° d—弯芯直径 a—钢板厚度
135	022Cr12Ni9Cu2NbTi		≥2.0~≤5.0	$d=6a$
138	07Cr17Ni7Al	0Cr17Ni7Al	≥2.0~<5.0 ≥5.0~≤7.0	$d=a$ $d=3a$
139	07Cr15Ni7Mo2Al		≥2.0~<5.0 ≥5.0~≤7.0	$d=a$ $d=3a$

4）交货状态

钢板和钢带经冷轧或热轧后，可经热处理及酸洗或类似处理后的状态交货。经需方同意也可省去酸洗等处理。热处理制度见表 5.1-37~表 5.1-40。

对于沉淀硬化型钢的热处理，需方应在合同中注明对钢板或试样、钢带或试样热处理的种类，如未注明则以固溶状态交货。

表 5.1-37 奥氏体型耐热钢的热处理制度

GB/T 20878 中序号	新牌号	旧牌号	固溶处理
13	12Cr18Ni9	1Cr18Ni9	≥1040，水冷或其他方式快冷
14	12Cr18Ni9Si3	1Cr18Ni9Si3	≥1400，水冷或其他方式快冷
17	06Cr19Ni10	0Cr18Ni9	≥1040，水冷或其他方式快冷
19	07Cr19Ni10	—	≥1040，水冷或其他方式快冷
29	06Cr20Ni11	—	≥1400，水冷或其他方式快冷
31	16Cr23Ni13	2Cr23Ni13	≥1400，水冷或其他方式快冷
32	06Cr23Ni13	0Cr23Ni13	≥1040，水冷或其他方式快冷
34	20Cr25Ni20	2Cr25Ni20	≥1400，水冷或其他方式快冷
35	06Cr25Ni20	0Cr25Ni20	≥1040，水冷或其他方式快冷
38	06Cr17Ni12Mo2	0Cr17Ni12Mo2	≥1040，水冷或其他方式快冷
49	06Cr19Ni13Mo3	0Cr19Ni13Mo2	≥1040，水冷或其他方式快冷
55	06Cr18Ni11Ti	0Cr18Ni10Ti	≥1095，水冷或其他方式快冷
60	12Cr16Ni35	1Cr16Ni35	1030~1180，快冷
62	06Cr18Ni11Nb	0Cr18Ni11Nb	≥1040，水冷或其他方式快冷
66	16Cr25Ni20Si2	1Cr25Ni20Si2	1080~1130，快冷

表 5.1-38 铁素体型耐热钢的热处理制度 ℃

GB/T 20878 中序号	新牌号	旧牌号	退火处理
78	06Cr13Al	0Cr13Al	780~830 快冷或缓冷
80	022Cr11Ti	—	800~900 快冷或缓冷
81	022Cr11NbTi	—	800~900 快冷或缓冷
85	10Cr17	1Cr17	780~850 快冷或缓冷
93	16Cr25N	2Cr25N	780~880 快冷

表 5.1-39　马氏体型耐热钢的热处理制度　℃

GB/T 20878 中序号	新牌号	旧牌号	退火处理
96	12Cr12	12Cr12	约 750 快冷或 800~900 缓冷
98	12Cr13	1Cr13	约 750 快冷或 800~900 缓冷
124	22Cr12NiMoWV	2Cr12NiMoWV	—

表 5.1-40　沉淀硬化型钢的热处理制度　℃

GB/T 20878 中序号	新牌号	旧牌号	固溶处理	沉淀硬化处理
135	022Cr12Ni9Cu2NbTi	—	829±15，水冷	480±6，保温 4h，空冷，或 510±6，保温 4h，空冷
137	05Cr17Ni4CuNb	0Cr17Ni4Cu4Nb	1050±25，水冷	482±10，保温 1h，空冷 496±10，保温 4h，空冷 552±10，保温 4h，空冷 579±10，保温 4h，空冷 593±10，保温 4h，空冷 621±10，保温 4h，空冷 （760±10，保温 2h，空冷， 621±10，保温 4h，空冷）
138	07Cr17Ni7Al	0Cr17Ni7Al	1065±15，水冷	954±8，保温 10min，快冷至室温，24h 内冷至 -73±6，保温不小于 8h。在空气中加热至室温。加热到 510±6，保温 1h，空冷
				760±15，保温 90min，1h 内冷却至 15±3。 保温≥30min，热至 566±6。保温 90min 空冷
139	07Cr15Ni7Mo2Al	—	1040±15，水冷	954±8，保温 10min，快冷至室温，24h 内冷至 -73±6，保温不小于 8h。在空气中加热至室温。加热到 510±6，保温 1h，空冷
				760±15，保温 90min，1h 内冷却至 15±3。 保温≥30min，加热至 566±6。保温 90min 空冷
142	06Cr17Ni7AlTi	—	1038±15，水冷	510±8，保温 30min，空冷 538±8，保温 30min，空冷 566±8，保温 30min，空冷
143	06Cr15Ni25Ti2MoAlVB	0Cr15Ni25Ti2MoAlVB	885~915，快冷或 965~995，快冷	700~760 保温 16h，空冷或缓冷

注：对于沉淀硬化型钢的热处理，需方应在合同中注明对钢板或试样、钢带或试样处理的种类，如未注明则以固溶状态交货。

5）表面加工类型

耐热钢冷轧钢板和钢带、热轧钢板和钢带的表面加工类型应分别符合 GB/T 3280、GB/T 4237的规定。

6）表面质量

钢板和钢带不允许有分层，表面不允许存在裂纹、气泡、夹杂、结疤等对使用有害的缺陷。并应符合 GB/T 3280、GB/T 4237 的规定。

7）特殊要求

根据需方要求并经供需双方商定，可对钢的化学成分、力学性能、非金属夹杂物、高温性能规定特殊技术要求，或补充规定无损检验等特殊检验项目，具体要求和试验方法应由供需双方协商确定。

3. 试验方法

每批钢板或钢带的检验项目，取样数量、取样部位及试验方法应符合表 5.1－41 的规定。

表 5.1－41 钢板或钢带检验项目，取样数量、取样部位及试验方法

序号	检验项目	取样数量	取样方法及部位	试验方法
1	化学成分	1	GB/T 20066	GB/T 223、GB/T 11170 及 GB/T 9971—2004 中的附录 A
2	拉伸试验	1	GB/T 2975	GB/T 228
3	弯曲试验	1	GB/T 232	GB/T 232
4	硬度	1	任一张或卷	GB/T 230.1、GB/T 231.1、GB/T 4340.1
5	尺寸、外形	逐张或逐卷		GB/T 3280、GB/T 4237
6	表面质量	逐张或逐卷		目视

4. 工艺性能

工艺性能见表 5.1－42。

表 5.1－42 经固溶处理的沉淀硬化型耐热钢的弯曲试验

GB/T 20878 中序号	新牌号	旧牌号	厚度/mm	冷弯 180° d—弯芯直径 a—钢板厚度
135	022Cr12Ni9Cu2NbTi		≥2.0 ~ ≤5.0	$d=6a$
138	07Cr17Ni7Al	0Cr17Ni7Al	≥2.0 ~ <5.0 ≥5.0 ~ ≤7.0	$d=a$ $d=3a$
139	07Cr15NiMo2Al		≥2.0 ~ <5.0 ≥5.0 ~ ≤7.0	$d=a$ $d=3a$

5. 特性和用途

特性和用途见表 5.1－43。

表 5.1-43 耐热钢的特性和用途

类型	GB/T 20878 中序号	新牌号	旧牌号	特性和用途
奥氏体型	13	12Cr18Ni9	1Cr18Ni9	
	14	12Cr18Ni9Si3	1Cr18Ni9Si3	耐氧化性优于 12Cr18Ni9，在 900℃以下具有与 SUS301S 相同的耐氧化性及强度。汽车排气净化装置、工业炉等高温装置部件
	17	06Cr19Ni9	0Cr18Ni9	作为不锈钢，耐热钢被广泛使用，食品设备，一般化工设备、原子能工业
	19	07Cr19Ni10	—	
	29	06Cr120Ni11	—	
	31	16Cr123Ni13	2Cr23Ni13	承受 980℃以下反复加热的抗氧化钢。加热炉部件，重油燃烧器
	32	06Cr23Ni13	0Cr23Ni13	比 06Cr19Ni9 耐氧化性好，可承受 980℃以下反复加热。炉用材料
	34	20Cr25Ni20	2Cr25Ni20	承受 1035℃以下反复加热的抗氧化钢。炉用部件、喷嘴、燃烧室
	35	06Cr25Ni20	0Cr25Ni20	比 16Cr23Ni13 抗氧化性好，可承受 1035℃加热。炉用材料，汽车净化装置用料
	60	12Cr16Ni35	1Cr16Ni35	抗渗碳、氮化性大的钢种 1035℃以下反复加热。炉用钢料、石油裂解装置
	38	06Cr17Ni12Mo2	0Cr17Ni12Mo2	高温具有优良的蠕变强度，作热交换用部件，高温耐蚀螺栓
	49	06Cr19Ni13Mo3	0Cr19Ni13Mo3	高温具有优良的蠕变强度，作热交换用部件
	55	06Cr18Ni11Ti	0Cr18Ni10Ti	作在 400~900℃腐蚀条件下使用的部件，高温用焊接结构部件
	62	06Cr18Ni11Nb	0Cr18Ni11Nb	作在 400~900℃腐蚀条件下使用的部件，高温用焊接结构部件
	66	16Cr25Ni20Si2	1Cr25Ni20Si2	在 600~800℃有析出相的脆化倾向，适于承受应力的各种炉用构件
铁素体型	78	06Cr13Al	0Cr13Al	由于冷却硬化小，作燃气透平压缩机叶片、退火箱、淬火台架
	80	022Cr11Ti	—	
	81	022Cr11NbTi	—	比 022Cr11Ti 具有更好的焊接性能，汽车排气阀净化装置用材料
	85	10Cr17	1Cr17	作 900℃以下耐氧化部件、散热器、炉用部件、喷油嘴
	93	16Cr25N	2Cr25N	耐高温腐蚀性强，1082℃以下不产生易剥落的氧化皮，用于燃烧室

续表 5.1-43

类型	GB/T 20878 中序号	新牌号	旧牌号	特性和用途
马氏体型	96	12Cr12	1Cr12	作为汽轮机叶片以及高应力部件的良好不锈耐热钢
	98	12Cr13	1Cr13	作800℃以下耐氧化用部件
	124	22Cr12NiMoWV	2Cr12NiMoWV	
沉淀硬化型	135	022Cr12Ni9Cu2NbTi	—	
	137	05Cr17Ni14Cu4Nb	0Cr17Ni4Cu4Nb	添加Cu的沉淀硬化型的钢种，轴类、汽轮机部件，胶合压板，钢带输送机用
	138	07Cr17Ni7Al	0Cr17Ni7Al	添加Al的沉淀硬化型钢种。作高温弹簧、膜片、固定器、波纹管
	139	07Cr15Ni7Mo2Al	—	用于有一定耐蚀要求的高强度容器、零件及结构件
	142	06Cr17Ni7AlTi	—	
	143	06Cr15Ni25Ti2MoAlVB	0Cr15Ni25Ti2MoAlVB	耐700℃高温的汽轮机转子，螺栓、叶片、轴

5.1.7 不锈钢—钢复合板(NB/T 47002.1—2009)

1. 范围

适用于总厚度等于或大于8mm的压力容器用爆炸焊接不锈钢-钢复合板。

2. 形式

复合板的形状为矩形、方形、圆形三种。覆材可在基材一面或两面包覆。

3. 尺寸

1）覆材厚度为2～16mm；

2）基材最小厚度为6mm，且基材厚度与覆材厚度的比值不小于3；

3）复合板的最大宽度为3000mm，最大长度为10000mm，最大面积通常不超过20m^2；圆形复合板最大直径为4000mm。

4. 级别

复合板的级别按表5.1-44的规定。

表5.1-44 复合板的级别

级别	代号	未结合率/%
1	B1	0
2	B2	≤2
3	B3	≤5

5. 技术要求

1）覆材和基材

(1) 覆材和基材的标准及钢号应符合表5.1-45的规定。基材的技术要求还应符合GB 150或JB 4732的规定。以锻件为基材时，应采用Ⅲ级或Ⅳ级锻件。

表 5.1－45　覆材和基材

覆　材		基　材	
标准号	钢号示例	标准号	钢号示例
GB 24511	S11306，S11348 S30408，S30403， S32168，S31603 S31703，S39042 S21953，S22053	GB 713	Q245R，Q345R，15CrMoR
		JB 4726	16Mn，20MnMo，15CrMo
		GB 3531	16MnDR，09MnNiDR
		JB 4727	16MnD，09MnNiD
		GB 24511	S30408
		JB 4728	0Cr18Ni9

注：覆材和基材也可采用表列各标准中的其他钢号。

（2）以 $R_m \geqslant 540$MPa 为基材的复合板，应经技术评审后使用。

（3）若采用表 5.1－45 以外标准的覆材和基材，其技术要求不得低于(1)的规定，其中基材所用钢号的化学成分与表 5.1－45 所列钢号相近，力学性能应不低于相近钢号的有关规定。

（4）覆材需要拼焊时，有关技术要求由供需双方协议确定。

2）交货状态

复合板应经热处理、校平、剪切(或切割)后交货，热处理制度应符合 GB 150 或 JB 4732 标准中对相应基材的规定。

3）结合状态

复合板应经超声检测，扫查方式为 100% 扫查，结合状态应符合表 5.1－46 的规定。

表 5.1－46　结合状态

级别代号	单个未结合指示长度/mm	单个未结合区面积/cm^2	未结合率/%
B1	0	0	0
B2	≤50	≤20	≤2
B3	≤75	≤45	≤5

4）力学性能

（1）复合板复合界面的结合剪切强度应不小于 210MPa。

（2）复合板拉伸试验结果应符合表 5.1－47 的规定。当基材厚度大于 40mm 或需方指定时，只进行基材的拉伸试验，试验结果应符合基材标准的规定。

表 5.1－47　拉伸试验结果

屈服强度 R_e/MPa	抗拉强度 R_m/MPa	伸长率 A/%
$R_e \geqslant \frac{R_{e1} t_1 + R_{e2} t_2}{t_1 + t_2}$	$R_m \geqslant \frac{R_{m1} t_1 + R_{m2} t_2}{t_1 + t_2}$	不小于基材标准值

注：(1) R_{e1}——覆材屈服强度标准值，MPa；

R_{e2}——基材屈服强度标准值，MPa；

R_{m1}——覆材抗拉强度标准下限值，MPa；

R_{m2}——基材抗拉强度标准下限值，MPa；

t_1——覆材厚度，mm；

t_2——基材厚度，mm。

(2) 当覆材伸长率标准值小于基材伸长率标准值时，允许复合板伸长率小于基材标准值，但不小于覆材标准值。此时尚应补充进行 1 个基材试样的拉伸试验，其伸长率不小于基材标准值。

(3) 复合板只进行基材的冲击试验，冲击试验温度和冲击功应符合基材标准的规定。

5）弯曲性能

单面复合板内弯曲（覆材表面受压）和外弯曲（覆材表面受控）试验，双面复合板外弯曲（两种覆材表面分别受拉）试验，其结果应符合表5.1－48的规定。基材为锻件的复合板不进行弯曲试验。

表5.1－48　弯曲性能

弯曲角度	弯芯直径	试验结果
180°	内弯曲按基材标准的规定，外弯曲 $d=4a$（d 为弯芯直径，a 为试样厚度）	在弯曲部分的外侧不得有裂纹，复合界面不得有分层

6）复合板尺寸偏差及平面度

复合板厚度允许偏差应符合表5.1－49的规定，其余要求详见NB/T 47002.1—2009。复合板的平面度按GB/T 709的规定，具体要求见复合板标准。

表5.1－49　厚度允许偏差

覆材厚度允许偏差	基材厚度允许偏差	总厚度允许偏差
覆材公称厚度的±10%，且不大于±1.00mm	基材标准正负偏差之数值各减0.5mm	覆材允许偏差+基材允许偏差

6. 复合板检验项目

检验项目按表5.1－50的规定。

表5.1－50　检验项目

检验项目	级别代号		
	B1	B2	B3
超声检测	○	○	○
剪切试验	○	○	○
拉伸试验	○	○	○
冲击试验	○	○	○
内弯曲试验	○	△	△
外弯曲试验	△	△	△
晶间腐蚀试验	△	△	△
尺寸	○	○	○
表面质量	○	○	○

注：○——应检验的项目；

△——按需方要求检验的项目。

5.1.8　镍－钢复合板（NB/T 47002.2—2009）

1. 范围

适用于总厚度等于或大于8mm的压力容器用爆炸焊接镍－钢复合板。

2. 形式

与NB/T 47002.1—2009相同。

3. 尺寸

复合板的最大宽度为 2000mm，最大长度为 8000mm。其余与 NB/T 47002.1—2009 相同。

4. 级别

镍-钢复合板的级别与 NB/T 47002.1—2009 相同。

5. 技术要求

1）覆材和基材

（1）覆材和基材的标准及牌号应符合表 5.1-51 的规定。

表 5.1-51　覆材和基材

覆材		基材	
标准号	牌号示例	标准号	牌号示例
GB/T 2054 YB/T 5253 YB/T 5254	N5 N6 N7 NCu30 NS111 NS112 NS142 NS312 NS334 NS335	GB 713	Q234R，Q345R，15CrMoR
		JB 4726	16Mn，20MnMo，15CrMo
		GB 3531	16MnDR
		JB 4727	16MnD
		GB 24511	S31603
		JB 4728	00Cr17Ni14Mo2

注：(1) 覆材和基材也可采用表列各标准中的其他牌号。

(2) 覆材 N5、N6、N7 和 NCu30 应为退火状态。

（2）其他要求与 NB/T 47002.1—2009 相同。

2）交货状态

交货状态要求与 NB/T 47002.1—2009 相同。

3）结合状态

结合状态要求与 NB/T 47002.1—2009 相同。

4）力学性能

力学性能要求与 NB/T 47002.1—2009 相同。

其他各项（包括弯曲性能、尺寸偏差、平面度及检验项目）要求均与 NB/T 47002.1—2009 相同。

镍及镍合金的密度见表 5.1-52。

表 5.1-52　镍及镍合金的密度

中国牌号	美国 ASME 牌号	密度/(g/cm³)
N6	—	8.89
N5	N02201	8.89
N7	N02200	8.89
NCu30	N04400	8.83
NS111	N08800	7.94
NS112	N08810	7.94
NS142	N08825	8.14

续表 5.1-52

中国牌号	美国 ASME 牌号	密度/(g/cm³)
NS312	N06600	8.42
NS334	N10276	8.87
NS335	N06455	8.64
—	N06022	8.69
—	N06059	8.80
—	N06686	8.73
—	N10675	9.22

5.1.9 钛-钢复合板(NB/T 47002.3—2009)

1. 范围

适用于总厚度等于或大于8mm的压力容器用爆炸焊接钛-钢复合板。

2. 形式

与NB/T 47002.1—2009相同。

3. 尺寸

(1) 覆材厚度为2~10mm。

(2) 复合板最大宽度为2000mm，最大长度为6000mm。圆形复合板最大直径为3000mm。

其余内容与NB/T 47002.1—2009相同。

4. 级别

钛-钢复合板的级别与NB/T 47002.1—2009相同。

5. 技术要求

1) 覆材和基材

(1) 覆材和基材的标准及牌号应符合表5.1-53的规定，覆材应为退火状态。

(2) 其余各项要求与NB/T 47002.1—2009相同。

表 5.1-53 覆材和基材

覆材		基材	
标准号	牌号示例	标准号	牌号示例
GB/T 3621	TA1 TA2 TA3 TA9 TA10	GB 713	Q245R、Q345R
		JB 4726	16Mn、20MnMo
		GB 3531	16MnDR
		JB 4727	16MnD
		GB 24511	S30408
		JB 4728	0Cr18Ni9

注：基材也可采用表列各标准中的其他牌号。

2) 交货状态

复合板应经热处理(消除应力退火)、校平、剪切(或切割)及覆材表面去除氧化皮处理后交货。

3) 结合状态

要求与NB/T 47002.1—2009相同。

4）力学性能

（1）复合板复合界面的结合剪切强度应不小于140MPa。对于双面复合板，分别保留不同侧覆材进行剪切试验。

（2）复合板只进行基材的拉伸试验，其试验结果应符合基材标准的规定。

（3）复合板只进行基材的冲击试验，冲击试验温度和冲击功应符合基材标准的规定。如基材标准中无冲击试验的要求，则复合板不进行冲击试验。

5）弯曲性能

要求与NB/T 47002.1—2009相同。

6）尺寸偏差及平面度

各项要求与NB/T 47002.1—2009相同。

6. 检验项目

复合板的检验项目按表5.1－54的规定。

表5.1－54　检验项目

检验项目	级别代号		
	B1	B2	B3
超声检测	○	○	○
剪切试验	○	○	○
拉伸试验	○	○	○
冲击试验	○	○	○
内弯曲试验	○	△	△
外弯曲试验	△	△	△
尺寸	○	○	○
表面质量	○	○	○

注：○——应检验的项目；

△——按需方要求检验的项目。

5.1.10　铜－钢复合板（NB/T 47002.4—2009）

铜－钢复合板为《压力容器用爆炸焊接复合板》标准的第4部分。

1. 范围

适用总厚度等于或大于8mm的压力容器用爆炸焊接铜－钢复合板。

2. 形式

与NB/T 47002.1—2009相同。

3. 尺寸

（1）覆材厚度为2～10mm。

（2）复合板最大宽度为2000mm，最大长度为8000mm；圆形复合板最大直径为4000mm。

其余各项与NB/T 47002.1—2009相同。

4. 级别

与NB/T 47002.1—2009相同。

5. 技术要求

1）覆材和基材

（1）覆材和基材的标准及牌号应符合表5.1－55的规定。

（2）其余各项要求与NB/T 47002.1—2009相同。

表 5.1 -55 覆材和基材

覆材		基材	
标准号	牌号示例	标准号	牌号示例
GB/T 2040	T2 TU1 H68 H62 HSn62 - 1 QSn6.5 - 0.1 QA19 - 2 B19 BFe10 - 1 - 1 BFe30 - 1 - 1	GB 713	Q245R、Q345R
		JB 4726	16Mn、20MnMo
		GB 3531	16MnDR
		JB 4727	16MnD
		GB 24511	S30408
		JB 4728	0Cr18Ni9

注：覆材和基材也可采用表列各标准中的其他牌号。

2）交货状态

复合板应经热处理、校平、剪切(或切割)及覆材表面去除氧化皮处理后交货，复合板的热处理状态应符合 GB 150 或 JB 4732 标准中对相应基材的规定。

3）结合状态

其要求与 NB/T 47002.1—2009 相同。

4）力学性能

(1) 复合板复合界面的结合剪切强度应不小于 100MPa。对于双面复合板，分别保留不同侧覆材进行剪切试验。

(2) 复合板只进行基材的拉伸试验，其试验结果应符合基材标准的规定。

(3) 复合板只进行基材的冲击试验，冲击试验温度和冲击功应符合基材标准的规定。如基材标准中无冲击试验的要求，则复合板不进行冲击试验。

5）弯曲性能

其要求与 NB/T 47002.1—2009 相同。

6）尺寸偏差及平面度

其要求与 NB/T 47002.1—2009 相同。

6. 检验项目

检验项目按表 5.1 -56 的规定。

表 5.1 -56 检验项目

检验项目	级别代号		
	B1	B2	B3
超声检测	○	○	○
剪切试验	○	○	○
拉伸试验	○	○	○
冲击试验	○	○	○
内弯曲试验	○	△	△
外弯曲试验	△	△	△
尺寸	○	○	○
表面质量	○	○	○

注：○——应检验的项目；

△——按需方要求检验的项目。

铜及铜合金的密度见表5.1－57。

表5.1－57　铜及铜合金的密度

牌　号	密度/(g/cm³)	牌　号	密度/(g/cm³)
T2	8.93	QSn6.5－0.1	8.80
TU1	8.93	QA19－2	7.60
H68	8.53	B19	8.90
H62	8.43	BFe10－1－1	8.90
HSn62－1	8.45	BFe30－1－1	8.90

5.1.11　压力容器用钢板有关性能数据(GB 150.2—2011)

1. 钢板的使用温度下限(见表5.1－58)

表5.1－58　钢板的使用温度下限

钢　号	使用状态	厚度/mm	冲击试验温度/℃
Q245R	热轧、控轧	≤20	－20
	正火	≤150	－20
Q345R	热轧、控轧	≤30	－20
	正火	≤200	－20
Q370R	正火	10～60	－20
13MnNiMoR	正火加回火	30～150	－20
16MnDR	正火，正火加回火	6～60	－40
		>60～120	－30
15MnNiDR	正火，正火加回火	6～60	－45
15MnNiNbDR	正火，正火加回火	10～50	－50
09MnNiDR	正火，正火加回火	6～120	－70
08Ni3DR	正火，正火加回火，调质	6～100	－100
06Ni9DR	调质(或两次正火加回火)	6～40(6～12)	－196
07MnMoVR	调质	12～60	－20
07MnNiVDR	调质	12～60	－40
07MnNiMoDR	调质	12～50	－50
12MnNiVR	调质	12～60	－20

2. 钢板、钢管、钢锻件及其焊接接头的冲击功最低值要求(见表5.1－59)

表5.1－59　钢板、钢管、钢锻件及其焊接接头冲击功最低要求

钢材标准抗拉强度下限值 R_m/MPa	3个标准试样冲击功平均值 KV_2/J	钢材标准抗拉强度下限值 R_m/MPa	3个标准试样冲击功平均值 KV_2/J
≤450	≥20	>570～630	≥34
>450～510	≥24	>630～690	≥38
>510～570	≥31		

3. 钢板的许用应力

1）碳素钢和低合金钢钢板的许用应力见表5.1－60。

2）高合金钢钢板的许用应力见表5.1－61。

表 5.1－60　碳素钢和低合金钢钢板许用应力

钢号	钢板标准	使用状态	厚度/mm	室温强度指标		在下列温度(℃)下的许用应力/MPa																注
				R_m/MPa	R_{eL}/MPa	≤20	100	150	200	250	300	350	400	425	450	475	500	525	550	575	600	
Q245R	GB 713	热轧，控轧，正火	3～16	400	245	148	147	140	131	117	108	98	91	85	61	41						
			>16～36	400	235	148	140	133	124	111	102	93	86	84	61	41						
			>36～60	400	225	148	133	127	119	107	98	89	82	80	61	41						
			>60～100	390	205	137	123	117	109	98	90	82	75	73	61	41						
			>100～150	380	185	123	112	107	100	90	80	73	70	67	61	41						
Q345R	GB 713	热轧，控轧，正火	3～16	510	345	189	189	189	183	167	153	143	125	93	66	43						
			>16～36	500	325	185	185	183	170	157	143	133	125	93	66	43						
			>36～60	490	315	181	181	173	160	147	133	123	117	93	66	43						
			>60～100	490	305	181	181	167	150	137	123	117	110	93	66	43						
			>100～150	480	285	178	173	160	147	133	120	113	107	93	66	43						
			>150～200	470	265	174	163	153	143	130	117	110	103	93	66	43						
Q370R	GB 713	正火	10～16	530	370	196	196	196	196	190	180	170										
			>16～36	530	360	196	196	196	193	183	173	163										
			>36～60	520	340	193	193	193	180	170	160	150										
18MnMoNbR	GB 713	正火加回火	>36～60	570	400	211	211	211	211	211	211	211	207	195	177	117						
			>60～100	570	390	211	211	211	211	211	211	211	203	192	177	117						
13MnNiMoR	GB 713	正火加回火	30～100	570	390	211	211	211	211	211	211	211	203									
			>100～150	570	380	211	211	211	211	211	211	211	200									

续表 5.1-60

钢号	钢板标准	使用状态	厚度/mm	室温强度指标		在下列温度(℃)下的许用应力/MPa																注
				R_m/MPa	R_{eL}/MPa	≤20	100	150	200	250	300	350	400	425	450	475	500	525	550	575	600	
15CrMoR	GB 713	正火加回火	6~60	450	295	167	167	167	160	150	140	133	126	122	119	117	88	58	37			
			>60~100	450	275	167	167	157	147	140	131	124	117	114	111	109	88	58	37			
			>100~150	440	255	163	157	147	140	133	123	117	110	107	104	102	88	58	37			
14Cr1MoR	GB 713	正火加回火	6~100	520	310	193	187	180	170	163	153	147	140	135	130	123	80	54	33			
			>100~150	510	300	189	180	173	163	157	147	140	133	130	127	121	80	54	33			
12Cr2Mo1R	GB 713	正火加回火	6~150	520	310	193	187	180	173	170	167	163	160	157	147	119	89	61	46	37		
12Cr1MoVR	GB 713	正火加回火	6~60	440	245	163	150	140	133	127	117	111	105	103	100	98	95	82	59	41		
			>60~100	430	235	157	147	140	133	127	117	111	105	103	100	98	95	82	59	41		
12Cr2Mo1R	—	正火加回火	30~120	590	415	219	219	219	219	219	219	219	219	219	193	163	134	104	72			①
16MnDR	GB 3531	正火，正火加回火	6~16	490	315	181	181	180	167	153	140	130										
			>16~36	470	295	174	174	167	157	143	130	120										
			>36~60	460	285	170	170	160	150	137	123	117										
			>60~100	450	275	167	167	157	147	133	120	113										
			>100~120	440	265	163	163	153	143	130	117	110										
15MnNiDR	GB 3531	正火，正火加回火	6~16	490	325	181	181	181	173													
			>16~36	480	315	178	178	178	167													
			>36~60	470	305	174	174	173	160													

续表 5.1-60

钢号	钢板标准	使用状态	厚度/mm	室温强度指标		在下列温度(℃)下的许用应力/MPa																注
				R_m/MPa	R_{eL}/MPa	≤20	100	150	200	250	300	350	400	425	450	475	500	525	550	575	600	
15MnNiNbDR	—	正火，正火加回火	10～16	530	370	196	196	196	196													①
			>16～36	530	360	196	196	196	193													
			>36～50	520	350	193	193	193	187													
09MnNiDR	GB 3531	正火，正火加回火	6～16	440	300	163	163	163	160	153	147	137										
			>16～36	440	280	163	163	157	150	143	137	127										
			>36～60	430	270	159	159	150	143	137	130	120										
			>60～120	420	260	156	156	147	140	133	127	117										
08Ni3DR	—	正火，正火加回火，调质	6～60	490	320	181	181															①
			>60～100	480	300	178	178															
06Ni9DR	—	调质	6～30	680	575	252	252															①
			>30～40	680	565	252	252															
07MnMoVR	GB 19189	调质	10～60	610	490	226	226	226	226													
07MnNiVDR	GB 19189	调质	10～60	610	490	226	226	226	226													
07MnNiMoDR	GB 19189	调质	10～50	610	490	226	226	226	226													
12MnNiVR	GB 19189	调质	10～60	610	490	226	226	226	226													

注：①该钢板的技术要求见 GB 150—2011 附录 A(规范性附录)。

表 5.1-61 高合金钢钢板许用应力

钢号	钢板标准	厚度/mm	在下列温度(℃)下的许用应力/MPa																						注
			≤20	100	150	200	250	300	350	400	450	500	525	550	575	600	625	650	675	700	725	750	775	800	
S11306	GB 24511	1.5~25	137	126	123	120	119	117	112	109															
S11348	GB 24511	1.5~25	113	104	101	100	99	97	95	90															
S11972	GB 24511	1.5~8	154	154	149	142	136	131	125																
S21953	GB 24511	1.5~80	233	233	223	217	210	203																	
S22253	GB 24511	1.5~80	230	230	230	230	223	217																	
S220253	GB 24511	1.5~80	230	230	230	230	223	217																	
S30408	GB 24511	1.5~80	137	137	137	130	122	114	111	107	103	100	98	91	79	64	52	42	32	27					①
			137	114	103	96	90	85	82	79	76	74	73	71	67	62	52	42	32	27					
S30403	GB 24511	1.5~80	120	120	118	110	103	98	94	91	88														①
			120	98	87	81	76	73	69	67	65														
S30409	GB 24511	1.5~80	137	137	137	130	122	114	111	107	103	100	98	91	79	64	52	42	32	27					①
			137	114	103	96	90	85	82	79	76	74	73	71	67	62	52	42	32	27					
S31008	GB 24511	1.5~80	137	137	137	137	134	130	125	122	119	115	113	105	84	61	43	31	23	19	15	12	10	8	①
			137	121	111	105	99	96	93	90	88	85	84	83	81	61	43	31	23	19	15	12	10	8	
S31608	GB 24511	1.5~80	137	137	137	134	125	118	113	111	109	107	106	105	96	81	65	50	38	30					①
			137	117	107	99	93	87	84	82	81	79	78	78	76	73	65	50	38	30					
S31603	GB 24511	1.5~80	120	120	117	108	100	95	90	86	84														①
			120	98	87	80	74	70	67	64	62														
S31668	GB 24511	1.5~80	137	137	137	134	125	118	113	111	109	107													①
			137	117	107	99	93	87	84	82	81	79													
S31708	GB 24511	1.5~80	137	137	137	134	125	118	113	111	109	107	106	105	96	81	65	50	38	30					①
			137	117	107	99	93	87	84	82	81	79	78	78	76	73	65	50	38	30					
S31703	GB 24511	1.5~80	137	137	137	134	125	118	113	111	109														①
			137	117	107	99	93	87	84	82	81														
S32168	GB 24511	1.5~80	137	137	137	130	122	114	111	108	105	103	101	83	58	44	33	25	18	13					①
			137	114	103	96	90	85	82	80	78	76	75	74	58	44	33	25	18	13					
S39042	GB24511	1.5~80	147	147	147	147	144	131	122																①
			147	137	127	117	107	97	90																

注：①该行许用应力仅适用于允许产生微量永久变形之元件，对于法兰或其他有微量永久变形就引起泄漏或故障的场合不能采用。

4. 钢板的高温屈服强度(供参考)

1) 碳素钢和低合金钢钢板的高温屈服强度见表5.1-62。

表5.1-62 碳素钢和低合金钢钢板高温屈服强度

钢号	板厚/mm	在下列温度(℃)下的 $R_{P0.2}(R_{eL})$/MPa									
		20	100	150	200	250	300	350	400	450	500
Q245R	3~16	245	220	210	196	176	162	147	137	127	
	>16~36	235	210	200	186	167	153	139	129	121	
	>36~60	225	200	191	178	161	147	133	123	116	
	>60~100	205	184	176	164	147	135	123	113	106	
	>100~150	185	168	160	150	135	120	110	105	95	
Q345R	3~16	345	315	295	275	250	230	215	200	190	
	>16~36	325	295	275	255	235	215	200	190	180	
	>36~60	315	285	260	240	220	200	185	175	165	
	>60~100	305	275	250	225	205	185	175	165	155	
	>100~150	285	260	240	220	200	180	170	160	150	
	>150~200	265	245	230	215	195	175	165	155	145	
Q370R	10~16	370	340	320	300	285	270	255	240		
	>16~36	360	330	310	290	275	260	245	230		
	>36~60	340	310	290	270	255	240	225	210		
18MnMoNbR	36~60	400	375	365	360	355	350	340	310	275	
	>60~100	390	370	360	355	350	345	335	305	270	
13MnNiMoR	30~100	390	370	360	355	350	345	335	305		
	>100~150	380	360	350	345	340	335	325	300		
15CrMoR	6~60	295	270	255	240	225	210	200	189	179	174
	>60~100	275	250	235	220	210	196	186	176	167	162
	>100~150	255	235	220	210	199	185	175	165	156	150
14Cr1MoR	6~100	310	280	270	255	245	230	220	210	195	176
	>100~150	300	270	260	245	235	220	210	200	190	172
12Cr2Mo1R	6~150	310	280	270	260	255	250	245	240	230	215
12Cr1MoVR	6~60	245	225	210	200	190	176	167	157	150	142
	>60~100	235	220	210	200	190	176	167	157	150	142
12Cr2Mo1VR	30~120	415	395	380	370	365	360	355	350	340	325
16MnDR	6~16	315	290	270	250	230	210	195			
	>16~36	295	270	250	235	215	195	180			
	>36~60	285	260	240	225	205	185	175			
	>60~100	275	250	235	220	200	180	170			
	>100~120	265	245	230	215	195	175	165			
15MnNiDR	6~16	325	300	280	260						
	>16~36	315	290	270	250						
	>36~60	305	280	260	240						
15MnNiNbDR	10~16	370	340	320	300						
	>16~36	360	330	310	290						
	>36~50	350	320	300	280						
09MnNiDR	6~16	300	275	255	240	230	220	205			
	>16~36	280	255	235	225	215	205	190			
	>36~60	270	245	225	215	205	195	180			
	>60~120	260	240	220	210	200	190	175			
07MnMoVR	12~60	490	465	450	435						
07MnNiVDR	12~60	490	465	450	435						
07MnNiMoDR	12~50	490	465	450	435						
12MnNiVR	12~60	490	465	450	435						

2）高合金钢钢板的高温屈服强度见表5.1-63。

表5.1-63　高合金钢钢板高温屈服强度

钢号	板厚/mm	在下列温度(℃)下的 $R_{P0.2}$/MPa										
		20	100	150	200	250	300	350	400	450	500	550
S11306	≤25	205	189	184	180	178	175	168	163			
S11348	≤25	170	156	152	150	149	146	142	135			
S11972	≤8	275	238	223	213	204	196	187	178			
S30408	≤80	205	171	155	144	135	127	123	119	114	111	106
S30403	≤80	180	147	131	122	114	109	104	101	98		
S30409	≤80	205	171	155	144	135	127	123	119	114	111	106
S31008	≤80	205	181	167	157	149	144	139	135	132	128	124
S31608	≤80	205	175	161	149	139	131	126	123	121	119	117
S31603	≤80	180	147	130	120	111	105	100	96	93		
S31668	≤80	205	175	161	149	139	131	126	123	121	119	117
S31708	≤80	205	175	161	149	139	131	126	123	121	119	117
S31703	≤80	205	175	161	149	139	131	126	123	121		
S32168	≤80	205	171	155	144	135	127	123	120	117	114	111
S39042	≤80	220	205	190	175	160	145	135				
S21953	≤80	440	355	335	325	315	305					
S22253	≤80	450	395	370	350	335	325					
S22053	≤80	450	395	370	350	335	325					

5. 碳素钢和低合金钢钢板的高温持久强度极限

见表5.1-64。

表5.1-64　碳素钢和低合金钢钢板高温持久强度极限

钢　号	在下列温度(℃)下的10万h的 R_D/MPa								
	400	425	450	475	500	525	550	575	600
Q245R	170	127	91	61					
Q345R	187	140	99	64					
18MnMoNbR			265	176					
15CrMoR				201	132	87	56		
14Cr1MoR				185	120	81	49		
12Cr2Mo1R			221	179	133	91	69	56	
12Cr1MoVR					170	123	88	62	
12Cr2Mo1VR			290	244	201	156	108		

6. 钢材的弹性模量

见表5.1-65。

7. 钢材的平均线膨胀系数

见表5.1-66

8. 高合金钢钢板的钢号近似对照

见表5.1-67。

表 5.1-65 钢材弹性模量

钢类	在下列温度(℃)下的弹性模量 $E/(10^3 MPa)$																
	-196	-100	-40	20	100	150	200	250	300	350	400	450	500	550	600	650	700
碳素钢、碳锰钢			205	201	197	194	191	188	183	178	170	160	149				
锰钼钢、镍钢	214	209	205	200	196	193	190	187	183	178	170	160	149				
铬(0.5%~2%)钼(0.2%~0.5%)钢			208	204	200	197	193	190	186	183	179	174	169	164			
铬(2.25%~3%)钼(1.0%)钢			215	210	206	202	199	196	192	188	184	180	175	169	162		
铬(5%~9%)钼(0.5%~1.0%)钢			218	213	208	205	201	198	195	191	187	183	179	174	168	161	
铬钢(12%~17%)			206	201	195	192	189	186	182	178	173	166	157	145	131		
奥氏体钢(Cr18Ni8~Cr25Ni20)	209	203	199	195	189	186	183	179	176	172	169	165	160	156	151	146	140
奥氏体-铁素体钢(Cr18Ni5~Cr25Ni7)				200	194	190	186	183	180								

表 5.1-66 钢材平均线膨胀系数

钢类	在下列温度(℃)与20℃之间的平均线膨胀系数 $\alpha/[10^{-6}/(mm/mm \cdot ℃)]$																	
	-196	-100	-50	0	50	100	150	200	250	300	350	400	450	500	550	600	650	700
碳素钢、碳锰钢、锰钼钢、低铬钼钢		9.89	10.39	10.76	11.12	11.53	11.88	12.25	12.56	12.90	13.24	13.58	13.93	14.22	14.42	14.62		
中铬钼钢(Cr5Mo~Cr9Mo)			9.77	10.16	10.52	10.91	11.15	11.39	11.66	11.90	12.15	12.38	12.63	12.86	13.05	13.18		
高铬钢(Cr12~Cr17)			8.95	9.29	9.59	9.94	10.20	10.45	10.67	10.96	11.19	11.41	11.61	11.81	11.97	12.11		
奥氏体钢(Cr18Ni8~Cr19Ni14)	14.67	15.45	15.97	16.28	16.54	16.84	17.06	17.25	17.42	17.61	17.79	17.99	18.19	18.34	18.58	18.71	18.87	18.97
奥氏体钢(Cr25Ni20)						15.84	15.98	16.05	16.06	16.07	16.11	16.13	16.17	16.33	16.56	16.66	16.91	17.14
奥氏体钢-铁素体钢(Cr18Ni5~Cr25Ni7)						13.10	13.40	13.70	13.90	14.10								

表 5.1－67　高合金钢钢板的钢号近似对照

序号	GB 24511—2009		GB/T 4237—1992	ASME(2007)SA240		EN10028－7：2007	
	统一数字代号	新牌号	旧牌号	UNS 代号	型号	数字代号	牌号
1	S11306	06Cr13	0Cr13	S41008	410S	—	—
2	S11348	06Cr13Al	0Cr13Al	S40500	405	—	—
3	S11972	019Cr19Mo2NbTi	00Cr18Mo2	S44400	444	1.4521	X2CrMoTi18－2
4	S30408	06Cr19Ni10	0Cr18Ni9	S30400	304	1.4301	X5CrNi18－10
5	S30403	022Cr19Ni10	00Cr19Ni10	S30403	304L	1.4306	X2CrNi19－11
6	S30409	07Cr19Ni10	—	S30409	304H	1.4948	X6CrNi18－10
7	S31008	06Cr25Ni20	0Cr25Ni20	S31008	310S	1.4951	X6CrNi25－20
8	S31608	06Cr17Ni12Mo2	0Cr17Ni12Mo2	S31600	316	1.4401	X5CrNiMo17－12－2
9	S31603	022Cr17Ni12Mo2	00Cr17Ni14Mo2	S31603	316L	1.4404	X2CrNiMo17－12－2
10	S31668	06Cr17Ni12Mo2Ti	0Cr18Ni12Mo2Ti	S31635	316Ti	1.4571	X6CrNiMoTi17－12－2
11	S31708	06Cr19Ni13Mo3	0Cr19Ni13Mo3	S31700	317	—	—
12	S31703	022Cr19Ni13Mo3	00Cr19Ni13Mo3	S31703	317L	1.4438	X2CrNiMo18－15－4
13	S32168	06Cr18Ni11Ti	0Cr18Ni10Ti	S32100	321	1.4541	X6CrNiTi18－10
14	S39042	015Cr21Ni26Mo5Cu2	—	N08904	904L	1.4539	X1NiCrMoCu25－20－5
15	S21953	022Cr19Ni5Mo3Si2N	00Cr18Ni5Mo3Si2	—	—	—	—
16	S22253	022Cr22Ni5Mo3N	—	S31803	—	1.4462	X2CrNiMoN22－5－3
17	S22053	022Cr23Ni5Mo3N	—	S32205	2205	—	—

5.2 压力容器用钢管

5.2.1 输送流体用无缝钢管(GB/T 8163—2008)

1. 使用范围(选自 GB 150.2—2011)

GB/T 8163 中 10 钢和 20 钢钢管的使用范围如下:

(1) 不得用于热交换器管束;

(2) 设计压力不大于 2.5MPa

(3) 钢管壁厚不大于 8mm;

(4) 不得用于毒性强度为极度危害的介质;

(5) 使用温度下限按表 5.2-1 的规定。

表 5.2-1 10 钢和 20 钢钢管使用温度下限

钢 号	壁厚/mm	使用状态	使用温度下限/℃
10 钢	≤8	热轧	-10
20 钢	≤8	热轧	0

2. 外径和壁厚

钢管的外径和壁厚应符合 GB/T 17395 的规定。

3. 通常长度

钢管的通常长度为 3000~12500mm。

4. 定尺和倍尺长度

根据需方要求,钢管可按定尺长度和倍尺长度交货。

5. 钢管用钢的牌号和化学成分

钢管由 10、20、Q295、Q345、Q390、Q420、Q460 牌号的钢制造。钢管用钢的牌号及化学成分(熔炼分析)应符合 GB/T 699《优质碳素结构钢》或 GB/T 1591《低合金高强度结构钢》的规定。

钢管用钢应采用电弧炉加炉外精炼或氧气转炉加炉外精炼方法冶炼。

6. 钢管的纵向力学性能(见表 5.2-2)

表 5.2-2 钢管的纵向力学性能

牌号	质量等级	拉伸性能					冲击试验	
		抗拉强度 R_m/MPa	下屈服强度①R_{eL}/MPa			断后伸长率 A/%	温度/℃	吸收能量 KV_2/J
			壁厚/mm					
			≤16	>16~30	>30			
		不小于						不小于
10	—	335~475	205	195	185	24	—	—
20	—	410~530	245	235	225	20	—	—
Q295	A	390~570	295	275	255	22	—	—
	B						+20	34

续表 5.2-2

牌号	质量等级	拉伸性能					冲击试验	
		抗拉强度 R_m/MPa	下屈服强度① R_{eL}/MPa			断后伸长率 A/%	温度/℃	吸收能量 KV_2/J
			壁厚/mm					
			≤16	>16~30	>30			
		不小于						不小于
Q345	A	470~630	345	325	295	20	—	—
	B						+20	34
	C					21	0	
	D						-20	
	E						-40	27
Q390	A	490~650	390	370	350	18	—	—
	B						+20	34
	C					19	0	
	D						-20	
	E						-40	27
Q420	A	520~680	420	400	380	18	—	—
	B						+20	34
	C					19	0	
	D						-20	
	E						-40	27
Q460	C	550~720	460	440	420	17	0	34
	D						-20	
	E						-40	27

注：①拉伸试验时，如不能测定屈服强度，可测定规定非比例延伸强度 $R_{P0.2}$ 代替 R_{eL}。

7. 工艺试验

1）压扁试验。外径>22~400mm 并且壁厚与外径比值不大于10%的10、20、Q295 和 Q345 牌号的钢管应进行压扁试验，试验后，试样应无裂缝或裂口。

2）液压试验。钢管应逐根进行液压试验，最高试验压力不超过19MPa；在试验压力下，耐压时间不少于5s，钢管不得出现渗漏现象。

3）扩口试验。据需方要求，经协商，对于壁厚不大于8mm 的10、20、Q295 和 Q345 牌号的钢管，可做扩口试验。扩口后试样不允许出现裂缝或裂口。

4）弯曲试验。据需方要求，经协商，外径不大于22mm 的钢管可做弯曲试验。弯曲角度为90，弯芯半径为钢管外径的6倍。弯曲后弯曲处不允许出现裂缝或裂口。

8. 交货状态

热轧（挤压、扩）钢管应以热轧状态或热处理状态交货。要求热处理状态交货时，需在合同中注明。

冷拔（轧）钢管应以热处理状态交货。根据需方要求，经供需双方协商，并在合同中注明，也可以冷拔（轧）状态交货。

9. 表面质量

钢管的内外表面不允许有目视可见的裂纹、折叠、结疤、轧折和离层。这些缺陷应完全清除，清除深度应不超过公称壁厚的负偏差，清理处的实际壁厚应不小于壁厚偏差所允许的最小值。

不超过壁厚负偏差的其他局部缺欠允许存在。

5.2.2 石油裂化用无缝钢管(GB 9948—2006)

1. 使用范围(选自 GB 150.2—2011)

(1) 热交换器管应选用冷拔或冷轧钢管，钢管的尺寸精度应选用高级精度；

(2) GB 9948 中 10 钢和 20 钢钢管的使用温度下限按表 5.2-3 的规定。

表 5.2-3 10 钢和 20 钢钢管使用温度下限

钢号	壁厚/mm	使用状态	使用温度下限/℃
10 钢	≤16	正火	-20
	>16~30		-30
20 钢	≤16	正火	-10
	>16~50		-20

2. 分类和代号

热轧(挤压、扩)钢管：WH；

冷拔(轧)钢管：WC。

3. 外径和壁厚

钢管的外径和壁厚应符合 GB/T 17395 的规定

4. 通常长度

钢管的通常长度为 4000~12000mm，

5. 定尺长度和倍尺长度

钢管的定尺长度和倍尺长度应在通常长度范围内。

6. 钢的冶炼方法

优质碳素结构钢、合金结构钢应采用电炉、氧气转炉加炉外精炼或电渣重熔法冶炼。不锈钢、耐热钢应采用电炉加炉外冶炼或电渣重熔法冶炼。

7. 牌号和化学成分(见表 5.2-4 和表 5.2-5)

表 5.2-4 钢的牌号和化学成分(熔炼分析)

牌号	化学成分(质量分数)/%								
	C	Si	Mn	Cr	Mo	Ni	Nb	P	S
								≤	
10	0.07~0.13	0.17~0.37	0.35~0.65	—	—	—	—	0.025	0.015
20	0.17~0.23	0.17~0.37	0.35~0.65	—	—	—	—	0.025	0.015
12CrMo	0.08~0.15	0.17~0.37	0.40~0.70	0.40~0.70	0.40~0.55	—	—	0.030	0.020
15CrMo	0.12~0.18	0.17~0.37	0.40~0.70	0.80~1.10	0.40~0.55	—	—	0.030	0.020
1Cr5Mo	≤0.15	≤0.50	≤0.60	4.00~6.00	0.45~0.65	≤0.60	—	0.030	0.020
1Cr19Ni9	0.04~0.10	≤1.00	≤2.00	18.00~20.00	—	8.00~11.00	—	0.030	0.020
1Cr19Ni11Nb	0.04~0.10	≤1.00	≤2.00	17.00~20.00	—	9.00~13.00	8C~1.00	0.030	0.020

表 5.2-5　各牌号残余元素含量

牌　号	残余元素(质量分数)/%				
	Ni	Cr	Cu	Mo	V
	≤				
10	0.25	0.15	0.20	—	—
20	0.25	0.25	0.20	0.15	0.08
其他	0.30	0.30	0.20	—	—

注：用氧气转炉冶炼的钢的氮含量应不大于0.008%。

8. 热处理制度(见表5.2-6)

表 5.2-6　钢管的热处理制度(方式)

牌　号	热处理制度
10	正火①
20	正火①
12CrMo	900~930℃正火，670~720℃回火，保温时间：周期式炉大于2h，连续炉大于1h
15CrMo	930~960℃正火，680~720℃回火，保温时间：周期式炉大于2h，连续炉大于1h
1Cr5Mo	退火
1Cr19Ni9	固溶处理：固溶温度≥1040℃
1Cr19Ni11Nb	固溶处理：热轧(挤压、扩)钢管固溶温度≥1050℃，冷拔(轧)钢管固溶温度≥1950℃。

注：(1)钢管应按表中规定的热处理制度(方式)热处理后交货。热处理制度(方式)应填写在质量证明书中。

(2) 钢管按实际质量交货，亦可按理论质量交货。优质碳素结构钢(10、20)、合金结构钢(12CrMo、15CrMo)和耐热钢(1Cr5Mo)钢管理论质量按 GB/T 17395 的规定(钢的密度为7.85kg/dm^3)，奥氏体不锈钢(1Cr19Ni9、1Cr19Ni11Nb)钢管理论质量为按 GB/T 17395 规定计算理论质量的1.015倍。

根据需方要求，经供需双方协商，并在合同中注明，交货钢管的理论质量与实际质量的偏差应符合如下规定：

a. 单根钢管：±10%。

b. 每批最小为10的钢管，±7.5%。

① 热轧钢管终轧温度符合正火温度时，可以代替正火。

9. 力学性能(见表5.2-7)

表 5.2-7　钢管的室温纵向力学性能

牌　号	抗拉强度 R_m/MPa	下屈服强度 R_{eL}/MPa 钢管壁厚/mm			断后伸长率 A/%	冲击功 A_{KV}/J	布氏硬度值 HB
		≤16	>16~30	>30			
		≥					≤
10	335~475	205	195	185	25	35	—
20	410~550	245	235	225	24	35	—
12CrMo	410~560	205	195	185	21	35	156
15CrMo	440~640	235	225	215	21	35	170
1Cr5Mo	390~590	195	185	175	22	35	187
1Cr19Ni9	≥520	205	195	185	35	—	—
1Cr19Ni11Nb	≥520	205	195	185	35	—	—

注：外径不小于76mm，且壁厚不小于14mm的钢管应做纵向标准试样V型缺口冲击试验。冲击试验结果的评定按 GB/T 17505《钢及钢产品交货一般技术要求》的规定。

10. 工艺性能(见表5.2－8)

表5.2－8　钢管的工艺性能

<table>
<tr><td>液压试验</td><td>钢管应逐根进行液压试验，试验压力按下式计算，最大试验压力为20MPa。在试验压力下，稳压时间不少于10s，钢管不得出现渗漏现象。
$$P = 20sR/D$$
式中　P——试验压力，MPa；
s——钢管公称壁厚，mm；
D——钢管公称外径，mm；
R——允许应力，优质碳素结构钢和合金结构钢为表5.2－7规定的屈服强度的80%，不锈钢和耐热钢为表5.2－7规定的屈服强度的70%，MPa。
供方可用涡流探伤或漏磁探伤代替液压试验。用涡流探伤时，对比样管人工缺陷应符合GB/T 7735中验收等级A的规定；用漏磁探伤时，对比样管外表面纵向缺口槽应符合GB/T 12606中验收等级L4的规定</td></tr>
<tr><td>压扁试验</td><td>外径大于22～400mm的钢管应做压扁试验，试样压扁后平板间距离H(mm)按下式计算：
$$H = \frac{(1 + \alpha)s}{a + s/D}$$
式中　s——钢管公称壁厚，mm；
D——钢管公称外径，mm；
α——单位长度变形系数。10钢为0.09，20钢、合金结构钢和耐热钢为0.08，不锈钢为0.09，当$s/D \geqslant 0.125$时，α值应减少0.01。
压扁试验后，试样上不得有裂缝或裂口</td></tr>
<tr><td>扩口试验</td><td>外径不大于76mm，且壁厚不大于8mm的优质碳素结构钢和不锈钢钢管应做扩口试验。根据需方要求，经供需双方协商，合金结构钢钢管和耐热钢钢管也可做扩口试验。
扩口试验在室温下进行，顶芯锥度为60。扩口后试样的外径扩口率应符合下列的规定，扩口后试样不允许出现裂缝或裂口。
钢管外径扩口率
<table><tr><td rowspan="3">牌号</td><td colspan="3">钢管外径扩口率/%</td></tr><tr><td colspan="3">内径/外径</td></tr><tr><td>≤0.6</td><td>>0.6～0.8</td><td>>0.8</td></tr><tr><td>10、20</td><td>10</td><td>12</td><td>17</td></tr><tr><td>12CrMo、15CrMo、1Cr5Mo</td><td>8</td><td>10</td><td>15</td></tr><tr><td>1Cr19Ni9、1Cr19Ni11Nb</td><td>12</td><td>15</td><td>20</td></tr></table></td></tr>
<tr><td>低倍检验</td><td>用钢锭直接轧制的钢管应做低倍检验，钢管横截面酸浸试片上不应有目视可见的白点、夹杂、皮下气泡、翻皮和分层。</td></tr>
<tr><td>非金属夹杂物</td><td>用链铸坯或钢锭直接轧制的钢管应做非金属夹杂物检验。钢管的非金属夹杂物按GB/T 10561中的A法和ISO标准评级图谱评级</td></tr>
<tr><td>表面质量</td><td>钢管的内外表面不允许有裂纹、折叠、结疤、轧折和离层。这些缺陷应完全清除，清除深度不应超过公称壁厚的负偏差，清理处的实际壁厚应不小于壁厚所允许的最小值。
在钢管的内外表面上直道的允许深度或高度应符合如下规定：
(1) 冷拔(轧)钢管：不大于公称壁厚的4%，且最大为0.2mm；
(2) 热轧(挤压、扩)钢管：不大于公称壁厚的5%，且最大为0.4mm。
允许存在不超过壁厚允许负偏差的其他局部缺陷</td></tr>
<tr><td>无损检验</td><td>钢管应按GB/T 5777的规定逐根进行超声波探伤检验。对比样管外表面纵向刻槽深度等级为：冷拔(轧)钢管C5，热轧(挤压、扩)钢管C8。
经供需双方协商，可增做其他无损检验</td></tr>
</table>

5.2.3　高压锅炉用无缝钢管(GB 5310—2008)

1. 分类和代号

该标准无缝钢管按产品制造方式分为两类：

1）热轧(挤压、扩)钢管，代号为 W－H；

2）冷拔(轧)钢管，代号为 W－C。

其他代号说明：

D——外径或公称外径；

S——壁厚；

S_{min}——最小壁厚；

d——公称内径；

D_c——计算外径。

2. 外径和壁厚

1）除非合同中另有规定，钢管按公称外径和公称壁厚交货。根据需方要求，经供需双方协商，钢管可按公称外径和最小壁厚、公称内径和公称壁厚或其他尺寸规格方式交货。

2）钢管的公称外径和壁厚应符合 GB/T 17395 的规定。根据需方要求，经供需双方协商，可供应 GB/T 17395 规定以外尺寸的钢管。

当钢管按公称内径和公称壁厚交货时，其尺寸规格由供需双方协商确定。

注：如无特殊说明，本标准中所述“壁厚(S)”包括公称壁厚和最小壁厚，所述“外径(D)”包括公称外径和计算外径。

3）钢管按公称外径和公称壁厚交货时，其公称外径和公称壁厚的允许偏差应符合表 5.2－9 的规定。

钢管按公称外径和最小壁厚交货时，其公称外径的允许偏差应符合表 5.2－9 的规定，壁厚的允许偏差应符合表 5.2－10 的规定。

表 5.2－9　钢管公称外径和公称壁厚允许偏差　mm

分类代号	制造方式	钢管尺寸			允许偏差 普通级	允许偏差 高级
W－H	热轧(挤压)钢管	公称外径(D)	≤54		±0.40	±0.30
			>54～325	S≤35	±0.75%D	±0.5%D
				S>35	±1%D	±0.75%D
			>325		±1%D	±0.75%D
		公称壁厚(S)	≤4.0		±0.45	±0.35
			>4.0～20		+12.5%S −10%S	±10%S
			>20	D<219	±10%S	±7.5%S
				D≥219	+12.5%S −10%S	±10%S
W－H	热扩钢管	公称外径(D)	全部		±1%D	±0.75%D
		公称壁厚(S)	全部		+20%S −10%S	+15%S −10%S
W－C	冷拔(轧)钢管	公称外径(D)	≤25.4		±0.15	—
			>25.4～40		±0.20	—
			>40～50		±0.25	—
			>50～60		±0.30	—
			>60		±0.5%D	—
		公称壁厚(S)	≤3.0		±0.3	±0.2
			>3.0		±10%S	±7.5%S

表5.2－10 钢管最小壁厚的允许偏差 mm

分类代号	制造方式	壁厚范围	允许偏差	
			普通级	高级
W－H	热轧(挤压)钢管	$S_{min} \leqslant 4.0$	$^{+0.90}_{0}$	$^{+0.70}_{0}$
		$S_{min} > 4.0$	$^{+25\%S_{min}}_{0}$	$^{+22\%S_{min}}_{0}$
W－C	冷拔(轧)钢管	$S_{min} \leqslant 3.0$	$^{+0.6}_{0}$	$^{+0.4}_{0}$
		$S_{min} > 3.0$	$^{+20\%S_{min}}_{0}$	$^{+15\%S_{min}}_{0}$

钢管按公称内径和公称壁厚交货时，其公称内径的允许偏差为±1.0%d，公称壁厚的允许偏差应符合表5.2－9的规定。

4）当需方未在合同中注明钢管尺寸允许偏差级别时，钢管外径和壁厚的允许偏差应符合普通级的规定。

根据需方要求，经供需双方协商，并在合同中注明，可供应其他内径允许偏差的钢管。

3. 长度

1）通常长度

钢管的通常长度为4000～12000mm。

经供需双方协商，并在合同中注明，可交付长度大于12000mm或短于4000mm但不短于3000mm的钢管；长度短于4000mm但不短于3000mm的钢管，其数量应不超过该批钢管交货总数量的5%。

2）定尺长度和倍尺长度

根据需方要求，经供需双方协商，并在合同中注明，钢管可按定尺长度或倍尺长度交货。钢管的定尺长度允许偏差为$^{+15}_{0}$mm。每个倍尺长度应按下述规定留出切口余量。

(1) $D \leqslant 159$mm时，切口余量为5～10mm；

(2) $D > 159$mm时，切口余量为10～15mm。

4. 弯曲度

1）钢管的每米弯曲度应符合如下规定：

(1) $S \leqslant 15$mm时，弯曲度不大于1.5mm/m；

(2) $S > 15$～30mm时，弯曲度不大于2.0mm/m；

(3) $S > 30$mm时，弯曲度不大于3.0mm/m。

2）$D \geqslant 127$mm的钢管，其全长弯曲度应不大于钢管长度的0.10%。

3）根据需方要求，经供需双方协商，并在合同中注明，钢管的每米弯曲度和全长弯曲度可采用其他规定。

5. 不圆度和壁厚不均

根据需方要求，经供需双方协商，并在合同中注明，钢管的不圆度和壁厚不均应分别不超过外径和壁厚公差的80%。

6. 端头外形

钢管两端端面应与钢管轴线垂直，切口毛刺应予清除。

7. 技术要求

1）钢的牌号和化学成分

钢的牌号和化学成分(熔炼成分)应符合表5.2－11的规定。

表 5.2－11 钢的牌号和化学成分

钢类	序号	牌号	化学成分(质量分数)①/%															
			C	Si	Mn	Cr	Mo	V	Ti	B	Ni	Alt	Cu	Nb	N	W	P	S
																	不大于	
优质碳素结构钢	1	20G	0.17～0.23	0.17～0.37	0.35～0.65	—	—	—	—	—	—	—	—	—	—	—	0.025	0.015
	2	20MnG	0.17～0.23	0.17～0.37	0.70～1.00	—	—	—	—	—	—	—	—	—	—	—	0.025	0.015
	3	25MnG	0.22～0.27	0.17～0.37	0.70～1.00	—	—	—	—	—	—	—	—	—	—	—	0.025	0.015
合金结构钢	4	15MoG	0.12～0.20	0.17～0.37	0.40～0.80	—	0.25～0.35	—	—	—	—	—	—	—	—	—	0.025	0.015
	5	20MoG	0.15～0.25	0.17～0.37	0.40～0.80	—	0.44～0.65	—	—	—	—	—	—	—	—	—	0.025	0.015
	6	12CrMoG	0.08～0.15	0.17～0.37	0.40～0.70	0.40～0.70	0.40～0.55	—	—	—	—	—	—	—	—	—	0.025	0.015
	7	15CrMoG	0.12～0.18	0.17～0.37	0.40～0.70	0.80～1.10	0.40～0.55	—	—	—	—	—	—	—	—	—	0.025	0.015
	8	12Cr2MoG	0.08～0.15	≤0.50	0.40～0.60	2.00～2.50	0.90～1.13	—	—	—	—	—	—	—	—	—	0.025	0.015
	9	12Cr1MoVG	0.08～0.15	0.17～0.37	0.40～0.70	0.90～1.20	0.25～0.35	0.15～0.30	—	—	—	—	—	—	—	—	0.025	0.010
	10	12Cr2MoWVTiB	0.08～0.15	0.45～0.75	0.45～0.65	1.60～2.10	0.50～0.65	0.28～0.42	0.08～0.18	0.0020～0.0080	—	—	—	—	—	0.30～0.55	0.025	0.015
	11	07Cr2MoW2VNbB	0.04～0.10	≤0.50	0.10～0.60	1.90～2.60	0.05～0.30	0.20～0.30	—	0.0005～0.0060	—	≤0.030	—	0.02～0.08	≤0.030	1.45～1.75	0.025	0.010
	12	12Cr3MoVSiTiB	0.09～0.15	0.60～0.90	0.50～0.80	2.50～3.00	1.00～1.20	0.25～0.35	0.22～0.38	0.0050～0.0110	—	—	—	—	—	—	0.025	0.015

续表 5.2-11

钢类	序号	牌号	化学成分(质量分数)[①]/%														
			C	Si	Mn	Cr	Mo	V	Ti	B	Ni	Alt	Cu	Nb	N	W	P 不大于	S 不大于
合金结构钢	13	15Ni1MnMoNbCu	0.10 ~ 0.17	0.25 ~ 0.50	0.80 ~ 1.20	—	0.25 ~ 0.50	—	—	—	1.00 ~ 1.30	≤0.050	0.50 ~ 0.80	0.015 ~ 0.045	≤0.020	—	0.025	0.015
	14	10Cr9Mo1VNbN	0.08 ~ 0.12	0.20 ~ 0.50	0.30 ~ 0.60	8.00 ~ 9.50	0.85 ~ 1.05	0.18 ~ 0.25	—	—	≤0.40	≤0.20	—	0.06 ~ 0.10	0.030 ~ 0.070	—	0.020	0.010
	15	10Cr9MoW2VNbBN	0.07 ~ 0.13	≤0.50	0.30 ~ 0.60	8.50 ~ 9.50	0.30 ~ 0.60	0.15 ~ 0.25	—	0.0010 ~ 0.0060	≤0.40	≤0.20	—	0.04 ~ 0.09	0.030 ~ 0.070	1.50 ~ 2.00	0.020	0.010
	16	10Cr11MoW2VNbCu1BN	0.07 ~ 0.14	≤0.50	≤0.70	10.00 ~ 11.50	0.25 ~ 0.60	0.15 ~ 0.30	—	0.0005 ~ 0.0050	≤0.50	≤0.20	0.30 ~ 1.70	0.04 ~ 0.10	0.040 ~ 0.100	1.50 ~ 2.50	0.020	0.010
	17	11Cr9Mo1W1VNbBN	0.09 ~ 0.13	0.10 ~ 0.50	0.30 ~ 0.60	8.50 ~ 9.50	0.90 ~ 1.10	0.18 ~ 0.25	—	0.0003 ~ 0.0060	≤0.40	≤0.20	—	0.06 ~ 0.10	0.040 ~ 0.090	0.90 ~ 1.10	0.020	0.010
不锈(耐热)钢	18	07Cr19Ni10	0.04 ~ 0.10	≤0.75	≤2.00	18.00 ~ 20.00	—	—	—	—	8.00 ~ 11.00	—	—	—	—	—	0.030	0.015
	19	10Cr18Ni9NbCu3BN	0.07 ~ 0.13	≤0.30	≤1.00	17.00 ~ 19.00	—	—	—	0.0010 ~ 0.0100	7.50 ~ 10.50	0.003 ~ 0.030	2.50 ~ 3.50	0.30 ~ 0.60	0.050 ~ 0.120	—	0.030	0.010
	20	07Cr25Ni21NbN	0.04 ~ 0.10	≤0.75	≤2.00	24.00 ~ 26.00	—	—	—		19.00 ~ 22.00	—	—	0.20 ~ 0.60	0.150 ~ 0.350	—	0.030	0.015
	21	07Cr19Ni11Ti	0.04 ~ 0.10	≤0.75	≤2.00	17.00 ~ 20.00	—	—	4C ~ 0.60		9.00 ~ 13.00	—	—	—	—	—	0.030	0.015
	22	07Cr18Ni11Nb	0.04 ~ 0.10	≤0.75	≤2.00	17.00 ~ 20.00	—	—	—	—	9.00 ~ 13.00	—	—	8C ~ 1.10	—	—	0.030	0.015
	23	08Cr18Ni11NbFG	0.06 ~ 0.10	≤0.75	≤2.00	17.00 ~ 19.00	—	—	—	—	9.00 ~ 12.00	—	—	8C ~ 1.10	—	—	0.030	0.015

注(1) Alt 指全铝含量。

(2) 牌号 08Cr18Ni11NbFG 中的“FG”表示细晶粒。① 除非冶炼需要，未经需方同意，不允许在钢中有意添加本表中未提及的元素，制造厂应采取所有恰当的措施，以防止废钢和生产过程中所使用的其他材料把会削弱钢材力学性能及适用性的元素带入钢中。

② 20G 钢中 Alt 不大于 0.015%，不作交货要求，但应填入质量证明书中。

钢中残余元素的含量应符合表5.2-12的规定。

规定的钢牌号与其他近似钢牌号的对照见表5.2-13(供参考)。

成品钢管化学成分允许偏差应符合表5.2-14的规定。

表5.2-12 钢中残余元素含量

钢类	残余元素(质量分数)/%						
	Cu	Cr	Ni	Mo	V①	Ti	Zr
	不大于						
优质碳素结构钢	0.20	0.25	0.25	0.15	0.08	—	—
合金结构钢	0.20	0.30	0.30	—	0.08	②	②
不锈(耐热)钢	0.25	—	—	—	—	—	—

注:① 15Ni1MnMoNbCu的残余V含量应不超过0.02%。

② 10Cr9Mo1VNbN、10Cr9MoW2VNbBN、10Cr11MoW2VNbCu1BN和11Cr9Mo1W1VNbBN的残余Ti含量应不超过0.01%,残余Zr含量应不超过0.01%。

表5.2-13 规定钢牌号与其他相近钢牌号对照

序号	本标准钢的牌号	其他相近的钢牌号			
		ISO	EN	ASME/ASTM	JIS
1	20G	PH26	P235GH	A-1、B	STB 410
2	20MnG	PH26	P235GH	A-1、B	STB 410
3	25MnG	PH29	P265GH	C	STB 510
4	15MoG	16Mo3	16Mo3	—	STBA 12
5	20MoG	—	—	T1a	STBA 13
6	12CrMoG	—	—	T2/P2	STBA 20
7	15CrMoG	13CrMo4-5	10CrMo5-5、13CrMo4-5	T12/P12	STBA 22
8	12Cr2MoG	10CrMo9-10	10CrMo9-10	T22/P22	STBA 24
9	12Cr1MoVG	—	—	—	—
10	12Cr2MoWVTiB	—	—	—	—
11	07Cr2MoW2VNbB	—	—	T23/P23	—
12	12Cr3MoVSiTiB	—	—	—	—
13	15Ni1MnMoNbCu	9NiMnMoNb5-4-4	15NiCuMoNb5-6-4	T36/P36	—
14	10Cr9Mo1VNbN	X10CrMoVNb9-1	X10CrMoVNb9-1	T91/P91	STBA 26
15	10Cr9MoW2VNbBN	—	—	T92/P92	—
16	10Cr11MoW2VNbCu1BN	—	—	T122/P122	—
17	11Cr9Mo1W1VNbBN	—	E911	T911/P911	—
18	07Cr19Ni10	X7CrNi18-9	X6CrNi18-10	TP304H	SUS 304H TB
19	10Cr18Ni9NbCu3BN	—	—	(S30432)	—
20	07Cr25Ni21NbN	—	—	TP310HNbN	—
21	07Cr19Ni11Ti	X7CrNiTi18-10	X6CrNiTi18-10	TP321H	SUS 321H TB
22	07Cr18Ni11Nb	X7CrNiNb18-10	X7CrNiNb18-10	TP347H	SUS 347H TB
23	08Cr18Ni11NbFG	—	—	TP347HFG	—

表 5.2-14　成品钢管化学成分允许偏差

元素	规定的熔炼化学成分上限值	允许偏差/% 上偏差	允许偏差/% 下偏差
C	≤0.27	0.01	0.01
Si	≤0.37	0.02	0.02
	>0.37~1.00	0.04	0.04
Mn	≤1.00	0.03	0.03
	>1.00~2.00	0.04	0.04
P	≤0.030	0.005	—
S	≤0.015	0.005	—
Cr	≤1.00	0.05	0.05
	>1.00~10.00	0.10	0.10
	>10.00~15.00	0.15	0.15
	>15.00~26.00	0.20	0.20
Mo	≤0.35	0.03	0.03
	>0.35~1.20	0.04	0.04
V	≤0.10	0.01	—
	>0.10~0.42	0.03	0.03
Ti	≤0.01	0	—
	>0.01~0.38	0.01	0.01
Ni	≤1.00	0.03	0.03
	>1.00~1.30	0.05	0.05
	>1.30~10.00	0.10	0.10
	>10.00~22.00	0.15	0.15
Nb	≤0.10	0.005	0.005
	>0.10~1.10	0.05	0.05
W	≤1.00	0.04	0.04
	>1.00~2.50	0.08	0.08
Cu	≤1.00	0.05	0.05
	>1.00~3.50	0.10	0.10
Al	≤0.050	0.005	0.005
B	≤0.0050	0.0005	0.0001
	>0.0050~0.0110	0.0010	0.0003
N	≤0.100	0.005	0.005
	>0.100~0.350	0.010	0.010
Zr	≤0.01	0	—

2）钢管的制造

（1）钢的冶炼

钢应采用电弧炉加炉外精炼并经真空精炼处理，或氧气转炉加炉外精炼并经真空精炼处理，或电渣重溶法冶炼。

经供需双方协商，并在合同中注明，可采用其他较高要求的冶炼方法。需方指定某一种冶炼方法时，应在合同中注明。

（2）钢管的制造方法

钢管应采用热轧（挤压、扩）或冷拔（轧）无缝方法制造。牌号为08Cr18Ni11NbFG的钢管应采用冷拔（轧）无缝方法制造。热扩钢管应是指坯料钢管经整体加热后扩制变形而成的更大口径的钢管。

3）交货状态

钢管应以热处理状态交货。钢管的热处理制度应符合表5.2－15的规定。

表5.2－15 钢管的热处理制度

序号	牌号	热处理制度
1	20G①	正火：正火温度880～940℃
2	20MnG①	正火：正火温度880～940℃
3	25MnG①	正火：正火温度880～940℃
4	15MoG②	正火：正火温度890～950℃
5	20MoG②	正火：正火温度890～950℃
6	12CrMoG②	正火加回火：正火温度900～960℃，回火温度670～730℃
7	15CrMoG②	正火加回火：正火温度900～960℃，回火温度680～730℃
8	12Cr2MoG②	S≤30mm的钢管正火加回火：正火温度900～960℃；回火温度700～750℃。 S＞30mm的钢管淬火加回火或正火加回火：淬火温度不低于900，回火温度700～750℃；正火温度900～960℃，回火温度700～750℃，但正火后应进行快速冷却
9	12Cr1MoVG②	S≤30mm的钢管正火加回火：正火温度980～1020℃；回火温度720～760℃。 S＞30mm的钢管淬火加回火或正火加回火：淬火温度950～990℃；回火温度720℃～760℃；正火温度980～1020℃，回火温度720～760℃，但正火后应进行快速冷却
10	12Cr2MoWVTiB	正火加回火：正火温度1020～1060℃，回火温度760～790℃
11	07Cr2MoW2VNbB	正火加回火：正火温度1040～1080℃，回火温度750～780℃
12	12Cr3MoVSiTiB	正火加回火：正火温度1040～1090℃，回火温度720～770℃
13	15NiMnMoNbCu	S≤30mm的钢管正火加回火：正火温度880～980℃；回火温度610～680℃。 S＞30mm的钢管淬火加回火或正火加回火：淬火温度不低于900℃；回火温度610～680℃；正火温度880～980℃，回火温度610～680℃，但正火后应进行快速冷却
14	10Cr9Mo1VNbN	正火加回火：正火温度1040～1080℃，回火温度750～780℃。S＞70mm的钢管可淬火加回火，淬火温度不低于1040℃，回火温度750～780℃
15	10Cr9MoW2VNbBN	正火加回火：正火温度1040～1080℃，回火温度760～790℃。S＞70mm的钢管可淬火加回火，淬火温度不低于1040℃，回火温度760～790℃

续表 5.2-15

序号	牌号	热处理制度
16	10Cr11MoW2VNbCu1BN	正火加回火：正火温度1040~1080℃，回火温度760~790℃。$S>70$mm 的钢管可淬火加回火，淬火温度不低于1040℃，回火温度760~790℃
17	11Cr9Mo1W1VNbBN	正火加回火：正火温度1040~1080℃，回火温度750~780℃。$S>70$mm 的钢管可淬火加回火，淬火温度不低于1040℃，回火温度750~780℃
18	07Cr19Ni10	固溶处理：固溶温度≥1040℃，急冷
19	10Cr18Ni9NbCu3BN	固溶处理：固溶温度≥1100℃，急冷
20	07Cr25Ni21NbN③	固溶处理：固溶温度≥1100℃，急冷
21	07Cr19Ni11Ti③	固溶处理：热轧（挤压、扩）钢管固溶温度≥1050℃，冷拔（轧）钢管固溶温度≥1100℃，急冷
22	07Cr18Ni11Nb③	固溶处理：热轧（挤压、扩）钢管固溶温度≥1050℃，冷拔（轧）钢管固溶温度≥1100℃，急冷
23	08Cr18Ni11NbFG	冷加工之前软化热处理：软化热处理温度应至少比固溶处理温度高50℃；最终冷加工之后固溶处理；固溶温度≥1180℃，急冷

注：①热轧（挤压、扩）钢管终轧温度在相变临界温度 A_{r3} 至表中规定温度上限的范围内，且钢管是经过空冷时，则应认为钢管是经过正火的。

② $D\geqslant457$mm 的热扩钢管，当钢管终轧温度在相变临界温度 A_{r3} 至表中规定温度上限的范围内，且钢管是经过空冷时，则应认为钢管是经过正火的；其余钢管在需方同意的情况下，并在合同中注明，可采用符合前述规定的在线正火。

③ 根据需方要求，牌号为07Cr25Ni21NbN、07Cr19Ni11Ti 和 07Cr18Ni11Nb 的钢管在固溶处理后可接着进行低于初始固溶处理温度的稳定化热处理，稳定化热处理的温度由供需双方协商。

4）力学性能

（1）交货状态钢管的室温力学性能应符合表5.2-16的规定。$D\geqslant76$mm，且 $S\geqslant14$mm 的钢管应做冲击试验。

表5.2-16 钢管的力学性能

序号	牌号	拉伸性能				冲击吸收能量 KV_2/J		硬度		
		抗拉强度 R_m/MPa	上屈服强度或规定非比例延伸强度 R_{eL} 或 $R_{p0.2}$/MPa	断后伸长率 A/%		纵向	横向	HBW	HV	HRC 或 HRB
				纵向	横向					
			不小于					不大于		
1	20G	410~550	245	24	22	40	27	—	—	—
2	20MnG	415~560	240	22	20	40	27	—	—	—
3	25MnG	485~640	275	20	18	40	27	—	—	—
4	15MoG	450~600	270	22	20	40	27	—	—	—
5	20MoG	415~665	220	22	20	40	27	—	—	—
6	12CrMoG	410~560	205	21	19	40	27	—	—	—
7	15CrMoG	440~640	295	21	19	40	27	—	—	—

续表 5.2－16

序号	牌号	拉伸性能				冲击吸收能量 KV_2/J		硬度		
		抗拉强度 R_m/MPa	上屈服强度或规定非比例延伸强度 R_{eL} 或 $R_{p0.2}$/MPa	断后伸长率 A/%		纵向	横向	HBW	HV	HRC 或 HRB
				纵向	横向					
		不小于						不大于		
8	12Cr2MoG	450～600	280	22	20	40	27	—	—	—
9	12Cr1MoVG	470～640	255	21	19	40	27	—	—	—
10	12Cr2MoWVTiB	540～735	345	18	—	40	—	—	—	—
11	07Cr2MoW2VNbB	≥510	400	22	18	40	27	220	230	97HRB
12	12Cr3MoVSiTiB	610～805	440	16	—	40	—	—	—	—
13	15Ni1MnMoNbCu	620～780	440	19	17	40	27	—	—	—
14	10Cr9Mo1VNbN	≥585	415	20	16	40	27	250	265	25HRC
15	10Cr9MoW2VNbBN	≥620	440	20	16	40	27	250	265	25HRC
16	10Cr11MoW2VNbCu1BN	≥620	400	20	16	40	27	250	265	25HRC
17	11Cr9Mo1W1VNbBN	≥620	440	20	16	40	27	238	250	23HRC
18	07Cr19Ni10	≥515	205	35	—	—	—	192	200	90HRB
19	10Cr18Ni9NbCu3BN	≥590	235	35	—	—	—	219	230	95HRB
20	07Cr25Ni21NbN	≥655	295	30	—	—	—	256	—	100HRB
21	07Cr19Ni11Ti	≥515	205	35	—	—	—	192	200	90HRB
22	07Cr18Ni11Nb	≥520	205	35	—	—	—	192	200	90HRB
23	08Cr18Ni11NbFG	≥550	205	35	—	—	—	192	200	90HRB

（2）表 5.2－16 中的冲击吸收能量为全尺寸试样夏比 V 型缺口冲击吸收能量要求值。当采用小尺寸冲击试样时，小尺寸试样的最小夏比 V 型缺口冲击吸收能量要求值应为全尺寸试样冲击吸收能量要求值乘以表 5.2－17 中的递减系数。

表 5.2－17　小尺寸试样冲击吸收能量递减系数

试样规格	试样尺寸（高度×宽度）/mm×mm	递减系数
标准试样	10×10	1.00
小试样	10×7.5	0.75
小试样	10×5	0.50

（3）表 5.2－26 中规定了硬度值的钢管，其硬度试验应符合以下要求：

① S≥5.0mm 的钢管，应做布氏硬度试验或洛氏硬度试验；

② S<5.0mm 的钢管，应做洛氏硬度试验。

③ 根据需方要求，经供需双方协商，并在合同中注明，钢管可做维氏硬度试验代替布

氏硬度试验或洛氏硬度试验。

（4）根据需方要求，经供需双方协商，并在合同中注明试验温度，供方可做钢管的高温规定非比例延伸强度($R_{P0.2}$)试验。当合同规定了钢管高温规定非比例延伸强度试验时，其值应符合表5.2－18的规定。

（5）成品钢管的100000h持久强度推荐数据参见表5.2－19。

表5.2－18 高温规定非比例延伸强度

序号	牌号	高温规定非比例延伸强度 $R_{p0.2}$/MPa 不小于										
		温度/℃										
		100	150	200	250	300	350	400	450	500	550	600
1	20G	—	—	215	196	177	157	137	98	49	—	—
2	20MnG	219	214	208	197	183	175	168	156	151	—	—
3	25MnG	252	245	237	226	210	201	192	179	172	—	—
4	15MoG	—	—	225	205	180	170	160	155	150	—	—
5	20MoG	207	202	199	187	182	177	169	160	150	—	—
6	12CrMoG	193	187	181	175	170	165	159	150	140	—	—
7	15CrMoG	—	—	269	256	242	228	216	205	198	—	—
8	12Cr2MoG	192	188	186	185	185	185	185	181	173	159	—
9	12Cr1MoVG	—	—	—	—	230	225	219	211	201	187	
10	12Cr2MoWVTiB	—	—	—	—	360	357	352	343	328	305	274
11	07Cr2MoW2VNbB	379	371	363	361	359	352	345	338	330	299	266
12	12Cr3MoVSiTiB	—	—	—	—	403	397	390	379	364	342	—
13	15Ni1MnMoNbCu	422	412	402	392	382	373	343	304	—	—	—
14	10Cr9Mo1VNbN	384	378	377	377	376	371	358	337	306	260	198
15	10Cr9MoW2VNbBN①	619	610	593	577	564	548	528	504	471	428	367
16	10Cr11MoW2VNbCu1BN①	618	603	586	574	562	550	533	511	478	433	371
17	11Cr9Mo1W1VNbBN	413	396	384	377	373	368	362	348	326	295	256
18	07Cr19Ni10	170	154	144	135	129	123	119	114	110	105	101
19	10Cr18Ni9NbCu3BN	203	189	179	170	164	159	155	150	146	142	138
20	07Cr25Ni21NbNe①	573	523	490	468	451	440	429	421	410	397	374
21	07Cr19Ni11Ti	184	171	160	150	142	136	132	128	126	123	122
22	07Cr18Ni11Nb	189	177	166	158	150	145	141	139	139	133	130
23	08Cr18Ni11NbFG	185	174	166	159	153	148	144	141	138	135	132

注：①表中所列牌号10Cr9MoW2VNbBN、10Cr11MoW2VNbCu1BN和07Cr25Ni21NbN的数据为材料在该温度下的抗拉强度。

表 5.2－19 100000h 持久强度推荐数据

序号	牌号	100000h 持久强度推荐数据/MPa 不小于																														
		温度/℃																														
		400	410	420	430	440	450	460	470	480	490	500	510	520	530	540	550	560	570	580	590	600	610	620	630	640	650	660	670	680	690	700
1	20G	128	116	104	93	83	74	65	58	51	45	39	—	—	—	—	—	—	—	—	—	—	—	—	—	—	—	—	—	—	—	—
2	20MnG	—	—	—	110	100	87	75	64	55	46	39	31	—	—	—	—	—	—	—	—	—	—	—	—	—	—	—	—	—	—	—
3	25MnG	—	—	—	120	103	88	75	64	55	46	39	31	—	—	—	—	—	—	—	—	—	—	—	—	—	—	—	—	—	—	—
4	15MoG	—	—	—	—	—	245	209	174	143	117	93	74	59	47	38	31	—	—	—	—	—	—	—	—	—	—	—	—	—	—	—
5	20MoG	—	—	—	—	—	—	—	—	145	124	105	85	71	59	50	40	—	—	—	—	—	—	—	—	—	—	—	—	—	—	—
6	12CrMoG	—	—	—	—	—	—	—	—	—	144	130	113	95	83	71	—	—	—	—	—	—	—	—	—	—	—	—	—	—	—	—
7	15CrMoG	—	—	—	—	—	—	—	—	—	—	168	145	124	106	91	75	61	—	—	—	—	—	—	—	—	—	—	—	—	—	—
8	12Cr2MoG	—	—	—	—	—	172	165	154	143	133	122	112	101	91	81	72	64	56	49	42	36	31	25	22	18	—	—	—	—	—	—
9	12Cr1MoVG	—	—	—	—	—	—	—	—	—	—	184	169	153	138	124	110	98	85	75	64	55	—	—	—	—	—	—	—	—	—	—
10	12Cr2MoWVTiB	—	—	—	—	—	—	—	—	—	—	—	—	—	—	176	162	147	132	118	105	92	80	69	59	50	—	—	—	—	—	—
11	07Cr2MoW2VNbB	—	—	—	—	—	—	—	—	—	—	—	184	171	158	145	134	122	111	101	90	80	69	58	43	28	14	—	—	—	—	—
12	12Cr3MoVSiTiB	—	—	—	—	—	—	—	—	—	—	—	—	—	—	148	135	122	110	98	88	78	69	61	54	47	—	—	—	—	—	—
13	15Ni1MnMoNbCu	373	349	325	300	273	245	210	175	139	104	69	—	—	—	—	—	—	—	—	—	—	—	—	—	—	—	—	—	—	—	—
14	10Cr9Mo1VNbN	—	—	—	—	—	—	—	—	—	—	—	—	—	—	166	153	140	128	116	103	93	83	73	63	53	44	—	—	—	—	—
15	10Cr9MoW2VNbBN	—	—	—	—	—	—	—	—	—	—	—	—	—	—	—	—	171	160	146	132	119	106	93	82	71	61	—	—	—	—	—

序号	牌号	100000h 持久强度推荐数据/MPa 不小于																									
		温度/℃																									
		500	510	520	530	540	550	560	570	580	590	600	610	620	630	640	650	660	670	680	690	700	710	720	730	740	750
16	10Cr11MoW2VNbCu1BN	—	—	—	—	—	—	157	143	128	114	101	89	76	66	55	47	—	—	—	—	—	—	—	—	—	—
17	11Cr9Mo1W1VNbBN	—	—	—	187	181	170	160	148	135	122	106	89	71	—	—	—	—	—	—	—	—	—	—	—	—	—
18	07Cr19Ni10	—	—	—	—	—	—	—	—	—	—	96	88	81	74	68	63	57	52	47	44	40	37	34	31	28	26
19	10Cr18Ni9NbCu3BN	—	—	—	—	—	—	—	—	—	—	—	—	137	131	124	117	107	97	87	79	71	64	57	50	45	39
20	07Cr25Ni21NbN	—	—	—	—	—	—	—	—	—	—	160	151	142	129	116	103	94	85	76	69	62	56	51	46	—	—
21	07Cr19Ni11Ti	—	—	—	—	—	—	123	118	108	98	89	80	72	66	61	55	50	46	41	38	35	32	29	26	24	22
22	07Cr18Ni11Nb	—	—	—	—	—	—	—	—	—	—	132	121	110	100	91	82	74	66	60	54	48	43	38	34	31	28
23	08Cr18Ni11NbFG	—	—	—	—	—	—	—	—	—	—	—	—	132	122	111	99	90	81	73	66	59	53	48	43	—	—

5）液压试验

钢管应逐根进行液压试验。液压试验压力按下式计算，最大试验压力为20MPa。在试验压力下，稳压时间应不少于10s，钢管不允许出现渗漏现象。

$$p = 2sR/D$$

式中 p——试验压力，MPa，当$p<7$MPa时，修约到最接近的0.5MPa，当$p\geqslant 7$MPa时，修约到最接近的1MPa；

s——钢管壁厚，mm；

D——钢管公称外径或计算外径，mm；

R——允许应力，优质碳素结构钢和合金结构钢为规定屈服强度的80%，不锈钢和耐热钢为规定屈服强度的70%，MPa。

供方可用涡流探伤或漏磁探伤代替液压试验。涡流探伤时，对比样管人工缺陷应符合GB/T 7735中验收等级B的规定；漏磁探伤时，对比样管外表面纵向人工缺陷应符合GB/T 12606中验收等级L2的规定。

6）工艺性能

（1）压扁试验

① $D>22\sim400$mm，且$s\leqslant 40$mm的钢管应做压扁试验。

② 下述情况不能作为压扁试验合格与否的判定依据：

a）试样表面缺陷引起的无金属光泽的裂缝或缺口；

b）当$s/D>0.1$时，试样6点钟（底）和12点钟（顶）位置处内表面的裂缝或裂口。

（2）弯曲试验

$D>400$mm或$s>40$mm的钢管应做弯曲试验。弯曲试验分别为正向弯曲（靠近钢管外表面的试样表面受拉变形）和反向弯曲（靠近钢管内表面的试样表面受拉变形）。

弯曲试验的弯芯直径为25mm，试样应在室温下弯曲180°。

弯曲试验后，试样弯曲受拉表面及侧面不允许出现目视可见的裂缝或裂口。

（3）扩口试验

根据需方要求，并在合同中注明，$D\leqslant 76$mm且$s\leqslant 8$mm的钢管可做扩口试验。

扩口试验在室温下进行，顶芯锥度为60。扩口后试样的外径扩口率应符合表5.2－20的规定，扩口后试样不允许出现裂缝或裂口。

表5.2－20 钢管外径扩口率

钢类	钢管外径扩口率/%		
	内径[①]/外径		
	≤0.6	>0.6~0.8	>0.8
优质碳素结构钢	10	12	17
合金结构钢	8	10	15
不锈（耐热）钢	12	15	20

注：①内径为试样计算内径。计算内径是按公称外径和公称壁厚（当钢管按最小壁厚交货时为平均壁厚）计算出来的内径值。

7）低倍检验

采用钢锭直接轧制的钢管应做低倍检验，钢管低倍检验横截面酸浸式片上不允许有目视可见的白点、夹杂、皮下气泡、翻皮和分层。

8）非金属夹杂物

用钢锭和连铸圆管坯直接轧制的钢管应做非金属夹杂物检验，钢管的非金属夹杂物按GB/T 10561 中的 A 法评级，其中 A、B、C、D 各类夹杂物的细系级别和粗系级别应分别不大于2.5 级，DS 类夹杂物应不大于2.5 级；A、B、C、D 各类夹杂物的细系级别总数与粗系级别总数应各不大于6.5 级。

根据需方要求，经供需双方协商，并在合同中注明，成品钢管的非金属夹杂物可要求更严级别。

9）晶粒度

成品钢管的晶粒度应符合表 5.2－21 的规定。

表 5.2－21 成品钢管的晶粒度

序号	钢类（钢的牌号）	晶粒度级别	两个试片上晶粒度最大级别与最小级别差
1	优质碳素结构钢和本表序号 2 所列牌号以外的合金结构钢	4～10 级	不超过 3 级
2	10Cr9Mo1VNbN、10Cr9MoW2VNbBN、10Cr11MoW2VNbCu1BN 和 11Cr9Mo1W1VNbBN	≥4 级	不超过 3 级
3	07Cr19Ni10、07Cr25Ni21NbN、07Cr19Ni11Ti、07Cr18Ni11Nb	4～7 级	—
4	10Cr18Ni9NbCu3BN，08Cr18Ni11NbFG	7～10 级	—

10）显微组织

优质碳素结构钢和合金结构钢成品钢管的显微组织应符合如下规定：

① 优质碳素结构钢应为铁素体加珠光体；

② 15MoG、20CrMoG、12CrMoG 和 15CrMoG 应为铁素体加珠光体，允许存在粒状贝氏体，不允许存在相变临界温度 A_{C1} ～A_{C3}之间的不完全相变产物（如黄块状组织）；

③ 12Cr2MoG 和 12Cr1MoVG 应为铁素体加粒状贝氏体或铁素体加珠光体或铁素体加粒状贝氏体加珠光体，允许存在索氏体，不允许存在相变临界温度 A_{C1} ～A_{C3}之间的不完全相变产物（如黄块状组织）；15Ni1MnMoNbCu 应为铁素体加贝氏体；

④ 12Cr2MoWVTiB、12Cr3MoVSiTiB 和 07Cr2MoW2VNbB 应为回火贝氏体，允许存在索氏体或回火马氏体，不允许存在自由铁素体；

⑤ 10Cr9Mo1VNbN、10Cr9MoW2VNbBN、10Cr11MoW2VNbCu1BN 和 11Cr9Mo1W1VNbBN 应为回火马氏体或回火索氏体。

11）脱碳层

D≤76mm 的冷拔（轧）优质碳素结构钢和合金结构钢成品钢管应检验全脱碳层，其外表面全脱碳层深度应不大于0.3mm，内表面全脱碳层深度应不大于0.4mm，两者之和应不大于0.6mm。

12）晶间腐蚀试验

根据需方要求，经供需双方协商，并在合同中注明，不锈（耐热）钢钢管可做晶间腐蚀试验，晶间腐蚀试验方法由供需双方协商确定。

13）表面质量

（1）钢管的内外表面不允许有裂纹、折叠、结疤、轧折和离层。这些缺陷应完全清除，缺陷清除深度应不超过壁厚的10%，缺陷清除处的实际壁厚应不小于壁厚所允许的最小值。

钢管内外表面上直道允许的深度应符合如下规定：

① 冷拔(轧)钢管：不大于壁厚的4%，且最大为0.2mm；

② 热轧(挤压、扩)钢管：不大于壁厚的5%，且最大为0.4mm。

不超过壁厚允许负偏差的其他局部缺陷允许存在。

(2) 钢管内外表面的氧化铁皮应清除，但不妨碍检查的氧化薄层允许存在。

14) 无损检验

钢管应按GB/T 5777—2008的规定逐根全长进行超声波探伤检验。超声波探伤检验对比样管纵向刻槽深度等级为L2。当钢管壁厚与外径之比大于0.2时，除非合同中另有规定，钢管内壁人工缺陷深度按GB/T 5777—2008中附录C的C.1规定执行。当钢管按最小壁厚交货时，对比样管刻槽深度按钢管平均壁厚计算。

根据需方要求，经供需双方协商，并在合同中注明，可增做其他无损检验。

8. 试样

1) 拉伸试验试样

$D<219$mm的钢管，拉伸试验应沿钢管纵向取样。

$D\geqslant219$mm的钢管，当钢管尺寸允许时，拉伸试验应沿钢管横向截取直径为10mm的圆形横截面试样；当钢管尺寸不足以截取10mm试样时，则应采用直径为8mm或5mm中可能的较大尺寸横向圆形横截面试样；当钢管尺寸不足以截取5mm圆形横截面试样时，拉伸试验应沿钢管纵向取样。横向圆形横截面试样应取自未经压扁的管端。

2) 冲击试验试样

$D<219$mm的钢管，冲击试验沿钢管纵向或横向取样；如合同中无特殊规定，仲裁试样应沿钢管纵向截取。

$D\geqslant219$mm的钢管，冲击试验应沿钢管横向取样。

无论沿钢管纵向截取还是沿钢管横向截取，冲击试样均应为标准尺寸、宽度7.5mm或宽度5mm中可能的较大尺寸试样。

3) 弯曲试验试样

(1) 试样制备

弯曲试验的试样应沿钢管的一端横向截取，试样的制备应符合GB/T 232的规定。试样截取时，正向弯曲试样应尽量靠近外表面，反向弯曲试样应尽量靠近内表面。试样弯曲受拉变形表面不允许有明显伤痕和其他缺陷。

(2) 试样尺寸

试样加工后的截面尺寸为12.5mm×12.5mm或25mm×12.5mm(宽度×厚度)；截面上的四个角应倒成圆角，圆角半径不大于1.6mm；试样长度不大于150mm。

9. 使用要求(选自GB 150.2—2011)

1) GB 5310中的12Cr1MoVG钢管用于热交换器时应选用冷拔或冷轧钢管；

2) GB 5310中的20G、12CrMoG、15CrMoG和12Cr2MoG钢管可分别代用表5.2-53中的20、12CrMo、15CrMo和12Cr2Mo1钢管。

5.2.4 低温管道用无缝钢管(GB/T 18984—2003)

1. 钢管的牌号和化学成分(见表5.2-22)

表5.2-22 钢管的牌号和化学成分

牌　号	化学成分(质量分数)/%							
	C	Si	Mn	P	S	Ni	Mo	V
16MnDG	0.12~0.20	0.20~0.55	1.20~1.60	≤0.025	≤0.025	—	—	—
10MnDG	≤0.13	0.17~0.37	≤1.35	≤0.025	≤0.025	—	—	≤0.07
09DG	≤0.12	0.17~0.37	≤0.95	≤0.025	≤0.025	—	—	≤0.07
09MnVDG	≤0.12	0.17~0.37	≤1.85	≤0.025	≤0.025	—	—	≤0.12
06NiMoDG	≤0.08	0.17~0.37	≤0.85	≤0.025	≤0.025	2.5~3.7	0.15~0.30	≤0.05

注：10MnDG和06Ni3MoDG的酸溶铝分别不小于0.015%和0.020%，但不作为交货条件；为改善钢的性能，16MnDG、09DG和10MnDG可加入0.01%~0.05%的Ti，09Mn2VDG可加入0.01%~0.10%的Ti或0.015%~0.060%的Nb。

2. 钢管的纵向力学性能(见表5.2-23)

表5.2-23 钢管的纵向力学性能

牌　号	抗拉强度 R_m/MPa	下屈服强度 R_L/MPa		断后伸长率①A/%		
		壁厚≤16mm	壁厚>16mm	1号试样	2号试样②	3号试样
16MnDG	490~665	≥325	≥315	≥30		
10MnDG	≥400	≥240		≥35		
09DG	≥385	≥210		≥35		
09Mn2VDG	≥450	≥300		≥30		
06Ni3MoDG	≥455	≥250		≥30		

① 外径小于20mm的钢管，本表规格的断后伸长率值不适用，其断后伸长率值由供需双方商定。

② 壁厚小于8mm的钢管，用2号试样进行拉伸试验时，壁厚每减少1mm其断后伸长率的最小值应从本表规定最小断后伸长率中减去1.5%，并按数字修约规则修约为整数。

3. 钢管的纵向低温冲击性能(见表5.2-24)

表5.2-24 钢管的纵向低温冲击性能

试样尺寸/mm	冲击功①A_{KV}/J			试样尺寸/mm	冲击功①A_{KV}/J		
	一组(3个)的平均值	2个的各自值	1个的最低值		一组(3个)的平均值	2个的各自值	1个的最低值
10×10×55	≥21	≥21	≥15	5×10×55	≥14	≥14	≥10
7.5×10×55	≥18	≥18	≥13	2.5×10×55	≥7	≥7	≥5

注：试样，试验温度：16MnDG、09DG和10MnDG为-45℃，09Mn2VDG为-70℃，06Ni3MoDG为-100℃。

① 对不能采用2.5mm×10mm×55mm冲击试样尺寸的钢管，冲击功由供需双方协商。

5.2.5 流体输送用不锈钢无缝钢管(GB/T 14976—2002)

1. 钢管的分类和代号

1）按产品加工方式分

热轧(挤、扩)：WH；

冷拔(轧)：WC。

2）按尺寸精度分

普通级：PA；

高级：PC。

2. 外径和壁厚

钢管的外径和壁厚应符合GB/T 17395《无缝钢管尺寸、外形、重量及允许偏差》的规定。

3. 通常长度

热轧(挤、扩)钢管：2000~12000mm；

冷拔(轧)钢管：1000~10500mm。

4. 钢管用钢的牌号和化学成分(见表5.2-25)

表 5.2-25 钢管用钢的牌号和化学成分

组织类型	序号	牌号	化学成分(质量分数)/%									
			C	Si	Mn	P	S	Ni	Cr	Mo	Ti	其他
奥氏体型	1	0Cr18Ni9	≤0.07	≤1.00	≤2.00	≤0.035	≤0.030	8.00~11.00	17.00~19.00			
	2	1Cr18Ni9	≤0.15	≤1.00	≤2.00	≤0.035	≤0.030	8.00~10.00	17.00~19.00			
	3	00Cr19Ni10	≤0.030	≤1.00	≤2.00	≤0.035	≤0.030	8.00~12.00	18.00~20.00			
	4	0Cr18Ni10Ti	≤0.08	≤1.00	≤2.00	≤0.035	≤0.030	9.00~12.00	17.00~19.00		≥5C%	
	5	0Cr18Ni11Nb	≤0.08	≤1.00	≤2.00	≤0.035	≤0.030	9.00~13.00	17.00~19.00			Nb≥10C%
	6	0Cr17Ni12Mo2	≤0.08	≤1.00	≤2.00	≤0.035	≤0.030	10.00~14.00	16.00~18.50	2.00~3.00		
	7	00Cr17Ni14Mo2	≤0.030	≤1.00	≤2.00	≤0.035	≤0.030	12.00~15.00	16.00~18.00	2.00~3.00		
	8	0Cr18Ni12Mo2Ti	≤0.08	≤1.00	≤2.00	≤0.035	≤0.030	11.00~14.00	16.00~19.00	1.80~2.50	5C%~0.70	
	9	1Cr18Ni12Mo2Ti	≤0.12	≤1.00	≤2.00	≤0.035	≤0.030	11.00~14.00	16.00~19.00	1.80~2.50	5(C%-0.02)~0.80	
	10	0Cr18Ni12Mo3Ti	≤0.08	≤1.00	≤2.00	≤0.035	≤0.030	11.00~14.00	16.00~19.00	2.50~3.50	5C%~0.70	
	11	1Cr18Ni12Mo2Ti	≤0.12	≤1.00	≤2.00	≤0.035	≤0.030	11.00~14.00	16.00~19.00	2.50~3.50	5(C%-0.02)~0.80	
	12	1Cr18Ni9Ti	≤0.12	≤1.00	≤2.00	≤0.035	≤0.030	8.00~11.00	17.00~19.00		5(C%-0.02)~0.80	
	13	0Cr19Ni13Mo3	≤0.08	≤1.00	≤2.00	≤0.035	≤0.030	11.00~15.00	18.00~20.00	3.00~4.00		
	14	00Cr19Ni13Mo3	≤0.030	≤1.00	≤2.00	≤0.035	≤0.030	11.00~15.00	18.00~20.00	3.00~4.00		
	15	00Cr18Ni10N	≤0.030	≤1.00	≤2.00	≤0.035	≤0.030	8.50~11.50	17.00~19.00			N：0.12~0.22
	16	0Cr19Ni9N	≤0.08	≤1.00	≤2.00	≤0.035	≤0.030	7.00~10.50	18.00~20.00			N：0.10~0.25
	17	0Cr19Ni10NbN	≤0.08	≤1.00	≤2.00	≤0.035	≤0.030	7.50~10.50	18.00~20.00			Nb≤0.15 N：0.15~0.30
	18	0Cr23Ni13	≤0.08	≤1.00	≤2.00	≤0.035	≤0.030	12.00~15.00	22.00~24.00			
	19	0Cr25Ni20	≤0.08	≤1.00	≤2.00	≤0.035	≤0.030	19.00~22.00	24.00~26.00			
	20	00Cr17Ni13Mo2N	≤0.030	≤1.00	≤2.00	≤0.035	≤0.030	10.50~14.50	16.00~18.50	2.0~3.0		N：0.12~0.22
	21	0Cr17Ni2Mo2N	≤0.08	≤1.00	≤2.00	≤0.035	≤0.030	10.00~14.00	16.00~18.00	2.0~3.0		N：0.10~0.22
	22	0Cr18Ni12Mo2Cu2	≤0.08	≤1.00	≤2.00	≤0.035	≤0.030	10.00~14.50	17.00~19.00	1.20~2.75		Cu：1.00~2.50
	23	00Cr18Ni14Mo2Cu2	≤0.30	≤1.00	≤2.00	≤0.035	≤0.030	12.00~16.00	17.00~19.00	1.20~2.75		Cu：1.00~2.50
铁素体型	24	1Cr17	≤0.12	≤0.75	≤1.00	≤0.035	≤0.030	①	16.00~18.00			
马氏体型	25	0Cr13	≤0.08	≤1.00	≤1.00	≤0.035	≤0.030	①	11.50~13.50			
奥-铁双相型	26	0Cr26Ni5Mo2	≤0.08	≤1.00	≤1.50	≤0.035	≤0.030	3.00~6.00	23.00~28.00	1.00~3.00		
	27	00Cr18Ni5Mo3Si2	≤0.030	1.30~2.00	1.00~2.00	≤0.035	≤0.030	4.50~5.50	18.00~19.50	2.50~3.00		

注：1Cr18Ni9Ti 不作为推荐性牌号。

① 残余元素 Ni≤0.60%。

5. 推荐热处理制度及力学性能(见表 5.2-26)

表 5.2-26 推荐热处理制度及力学性能

组织类型	序号	牌号	推荐热处理温度/℃	力学性能			密度/(kg/dm^3)
				抗拉强度 R_m/MPa	规定非比例伸长应力 $R_{p0.2}$/MPa	伸长率 A_5/%	
				≥			
奥氏体型	1	0Cr18Ni9	1010~1150 急冷	520	205	35	7.93
	2	1Cr18Ni9					7.90
	3	00Cr19Ni10		480	175		7.93
	4	0Cr18Ni10Ti	920~1150，急冷	520	205	35	7.95
	5	0Cr18Ni11Nb	980~1150，急冷				7.98
	6	0Cr17Ni12Mo2	1010~1150，急冷				
	7	00Cr17Ni14Mo2		480	175		
	8	0Cr18Ni12Mo2Ti	1000~1100，急冷	530	205		8.00
	9	1Cr18Ni12Mo2Ti					
	10	0Cr18Ni12Mo3Ti		530	205		8.10
	11	1Cr18Ni12Mo3Ti					
	12	1Cr18Ni9Ti	1010~1150，急冷	520			7.90
	13	0Cr19Ni13Mo3					7.98
	14	00Cr19Ni13Mo3		480	175		
	15	00Cr18Ni10N		550	245	40	7.90
	16	0Cr19Ni9N			275	35	
	17	0Cr19Ni10NbN		685	345		7.98
	18	0Cr23Ni13	1030~1150，急冷	520	205		
	19	0Cr25Ni20	1030~1180，急冷			40	
	20	00Cr17Ni13Mo2N	1010~1150，急冷	550	245		8.00
	21	0Cr17Ni2Mo2N			275		7.80
	22	0Cr18Ni12Mo2Cu2		520	205	35	7.98
	23	00Cr18Ni14Mo2Cu2		480	180		
铁素体型	24	1Cr17	780~850，空冷或缓冷	410	245	20	7.70
马氏体型	25	0Cr13	800~900，缓冷或750快冷	370	180	22	
奥氏体-铁素体双相型	26	0Cr26Ni5Mo2	≥950，急冷	590	390	18	7.80
	27	00Cr18Ni5Mo3Si2	920~1150，急冷			20	7.98

注：(1)热挤压管的抗拉强度允许降低20MPa。可测定钢管的规定非比例伸长应力 $R_{p0.2}$，其测定值应符合表中规定。

(2) 钢管按实际质量交货。根据需方要求，也可按理论质量交货，钢管每米的理论质量按下式计算：

$$W = \frac{\pi \rho s}{1000}(D - s)$$

式中：W——钢管理论质量，kg/m；π——3.1416；ρ——钢的密度，kg/dm^3；s——钢管的公称壁厚，mm；D——钢管的公称直径，mm。

(3) 钢可采用电弧炉冶炼，亦可采用电弧炉+炉外精炼冶炼方法，可采用其他冶炼方法。

钢管应采用热轧(挤、扩)或冷拔(扎)方法制造，需方要求某一种方法制造时，应在合同中注明。

(4) 钢管经热处理并酸洗后交货。凡经整体磨、镗或保护气氛热处理的钢管，可不经酸洗交货。

(5) 奥氏体型热挤压管，如果在热变形后，按表中规定的热处理温度范围进行淬火，则应认为已符合钢管热处理要求。根据需方要求，奥氏体和奥氏体-铁素体型冷拔(轧)钢管也可以冷加工状态交货。其弯曲度、力学性能、压扁试验等由供需双方协议。

6. 工艺性能(见表 5.2－27)

表 5.2－27　流体输送用不锈钢钢管的工艺性能

液压试验	钢管应逐根进行液压试验，试验压力按下式计算： $$p = \frac{2sR}{D}$$ 式中：p——试验压力，MPa；s——钢管的公称壁厚，mm；D——钢管的公称外径，mm；R——允许应力，标准中规定抗拉强度的 40%，MPa。 钢管最大试验压力不超过 20MPa。在试验压力下，应保证耐压时间不少于 5s。钢管不得出现漏水或渗漏。 供方可用超声波检验或涡流检验代替液压试验。超声波检验按 GB/T 5777《无缝钢管超声波探伤方法》执行。对此试样刻槽深度为钢管公称壁厚的 12.5%；涡流检验对比试样管采用 GB/T 7735《钢管涡流探伤方法》中的 A 级。
压扁试验	根据需方要求，壁厚不大于 10mm 的钢管可进行压扁试验，压扁后试样弯曲处外侧不得有裂缝或裂口。 钢管压扁后平板间距 H 按下式计算： $$H = \frac{(1+\alpha)s}{\alpha + s/D}$$ 式中：H——压扁后平板间距距离，mm；s——钢管的公称壁厚，mm；D——钢管的公称外径，mm；α——单位长度变形系数，奥氏体型钢管为 0.09，其他为 0.07。 根据需方要求，壁厚小于或等于 10mm 的钢管可进行扩口试验。扩口试验的顶心锥度为 30°、45°或 60°中的一种，扩孔后外径的扩大值为 10%，扩口后试样不得出现裂缝或裂口。

7. 使用要求(选自 GB 150.2—2011)

1) GB/T 14976 中的钢管不得用于热交换器管。

2) GB/T 14976 中各钢号钢管的使用温度下限为－196℃。

3) GB/T 14976 中各钢号钢管的使用温度高于或等于－196℃时可免做冲击试验，使用温度低于－196℃时，由设计单位确定冲击试验要求。

5.2.6　锅炉、热交换器用不锈钢无缝钢管(GB 13296—2007)

1. 分类和代号

热轧(挤压、扩)钢管：WH；冷拔(轧)钢管：WC。

2. 钢管公称外径和公称壁厚的允许偏差(见表 5.2－28)

表 5.2－28　外径和壁厚的允许偏差　　mm

钢管种类、代号	钢管公称尺寸		允许偏差
热轧(挤、扩)钢管 WH	外径(D)	≤140	±1.25% D
		>140	±1% D
	壁厚(s)	≤3	$^{+40}_{0}\% s$
		>3～4	$^{+35}_{0}\% s$
		>4～5	$^{+33}_{0}\% s$
		>5	$^{+28}_{0}\% s$
冷拔(轧)钢管 WC	外径(D)	6～30	$^{+0.15}_{-0.20}$
		>30～50	±0.30
		>50	±0.75% s
	壁厚(s)	D≤38	$^{+20}_{0}\% s$
		D>38	$^{+22}_{0}\% s$

注：经供需双方协商，在公差带不变的情况下，外径不大于 38mm 的冷拔(轧)热交换器用钢管的壁厚允许偏差可按±0.10% s 交货，外径大于 38mm 的冷拔(轧)热交换器用钢管的壁厚允许偏差中按±0.11% s 交货。

3. 通常长度

锅炉用钢管通常长度为 4000～12000mm；

热交换器及其他钢管的通常长度为 3000～12000mm。

4. 定尺长度和倍尺长度

定尺和倍尺总长度应在通常长度范围内。

5. 钢管用钢的牌号和化学成分(见表 5.2－29)

表 5.2－29　钢管用钢的牌号和化学成分

组织类型	序号	牌　号	化学成分(质量分数)/%									
			C	Si	Mn	P	S	Ni	Cr	Mo	Ti	其他
奥氏体型	1	0Cr18Ni9	≤0.07	≤1.00	≤2.00	≤0.035	≤0.030	8.00～11.00	17.00～19.00	—	—	—
	2	1Cr18Ni9	≤0.15	≤1.00	≤2.00	≤0.035	≤0.030	8.00～10.00	17.00～19.00	—	—	—
	3	1Cr19Ni9	0.04～0.10	≤1.00	≤2.00	≤0.035	≤0.030	8.00～12.00	18.00～20.00	—	—	—
	4	00Cr19Ni10	≤0.030	≤1.00	≤2.00	≤0.035	≤0.030	9.00～12.00	18.00～20.00	—	—	—
	5	0Cr18Ni10Ti	≤0.08	≤1.00	≤2.00	≤0.035	≤0.030	9.00～12.00	17.00～19.00	—	≥5C	—
	6	1Cr18Ni11Ti	0.04～0.10	≤0.75	≤2.00	≤0.035	≤0.030	9.00～13.00	17.00～20.00	—	4×C～0.60	—
	7	0Cr18Ni11Nb	≤0.08	≤1.00	≤2.00	≤0.035	≤0.030	9.00～13.00	17.00～19.00	—	—	Nb+Ta：10×C～1.00
	8	1Cr19Ni11Nb	0.04～0.10	≤1.00	≤2.00	≤0.035	≤0.030	9.00～13.00	17.00～20.00	—	—	Nb+Ta：8×C～1.00
	9	0Cr17Ni12Mo2	≤0.08	≤1.00	≤2.00	≤0.035	≤0.030	11.00～14.00	16.00～18.00	2.00～3.00	—	—
	10	1Cr17Ni12Mo2	0.04～0.10	≤0.75	≤2.00	≤0.035	≤0.030	11.00～14.00	16.00～18.00	2.00～3.00	—	—
	11	00Cr17Ni14Mo2	≤0.030	≤1.00	≤2.00	≤0.035	≤0.030	12.00～15.00	16.00～18.00	2.00～3.00	—	—
	12	0Cr18Ni12Mo2Ti	≤0.08	≤1.00	≤2.00	≤0.035	≤0.030	11.00～14.00	16.00～19.00	1.80～2.50	5C～0.70	—
	13	1Cr18Ni12Mo2Ti	≤0.12	≤1.00	≤2.00	≤0.035	≤0.030	11.00～14.00	16.00～19.00	1.80～2.50	5(C－0.02)～0.08	—
	14	0Cr18Ni12Mo3Ti	≤0.08	≤1.00	≤2.00	≤0.035	≤0.030	11.00～14.00	16.00～19.00	2.50～3.50	5C～0.70	—
	15	1Cr18Ni12Mo3Ti	≤0.12	≤1.00	≤2.00	≤0.035	≤0.030	11.00～14.00	16.00～19.00	2.50～3.50	5(C－0.02)～0.08	—
	16	1Cr18Ni9Ti	≤0.12	≤1.00	≤2.00	≤0.035	≤0.030	8.00～11.00	17.00～19.00	—	5(C－0.02)～0.08	—
	17	0Cr19Ni13Mo3	≤0.08	≤1.00	≤2.00	≤0.035	≤0.030	11.00～15.00	18.00～20.00	3.00～4.00	—	—
	18	00Cr19Ni13Mo3	≤0.030	≤1.00	≤2.00	≤0.035	≤0.030	11.00～15.00	18.00～20.00	3.00～4.00	—	—

续表 5.2-29

组织类型	序号	牌号	化学成分(质量分数)/%									
			C	Si	Mn	P	S	Ni	Cr	Mo	Ti	其他
奥氏体型	19	00Cr18Ni10N	≤0.030	≤1.00	≤2.00	≤0.035	≤0.030	8.50~11.00	17.00~19.00	—	—	N：0.10~0.16
	20	0Cr19Ni9N	≤0.08	≤1.00	≤2.00	≤0.035	≤0.030	7.00~10.50	18.00~20.00	—	—	N：0.10~0.16
	21	0Cr23Ni13	≤0.08	≤1.00	≤2.00	≤0.035	≤0.030	12.00~15.00	22.00~24.00	—	—	—
	22	2Cr23Ni13	≤0.20	≤1.00	≤2.00	≤0.035	≤0.030	12.00~15.00	22.00~24.00	—	—	—
	23	0Cr25Ni20	≤0.08	≤1.00	≤2.00	≤0.035	≤0.030	19.00~22.00	24.00~26.00	—	—	—
	24	2Cr25Ni20	≤0.25	≤1.50	≤2.00	≤0.035	≤0.030	19.00~22.00	24.00~26.00	—	—	—
	25	0Cr18Ni13Si4	≤0.08	3.00~5.00	≤2.00	≤0.035	≤0.030	11.50~15.00	15.00~20.00	—	—	—
	26	00Cr17Ni13Mo2N	≤0.030	≤1.00	≤2.00	≤0.035	≤0.030	10.50~14.50	16.00~18.50	2.0~3.0	—	N：0.12~0.22
	27	0Cr17Ni12Mo2N	≤0.08	≤1.00	≤2.00	≤0.035	≤0.030	10.00~14.00	16.00~18.00	2.0~3.0	—	N：0.10~0.22
	28	0Cr18Ni12Mo2Cu2	≤0.08	≤1.00	≤2.00	≤0.035	≤0.030	10.00~14.50	17.00~19.00	1.20~2.75	—	Cu：1.00~2.50
	29	00Cr18Ni14Mo2Cu2	≤0.030	≤1.00	≤2.00	≤0.035	≤0.030	12.00~16.00	17.00~19.00	1.20~2.75	—	Cu：1.00~2.50
铁素体型	30	1Cr17①	≤0.12	≤0.75	≤2.00	≤0.035	≤0.030	—	16.00~18.00	—	—	—
	31	00Cr27Mo②	≤0.010	≤0.40	≤2.00	≤0.035	≤0.020	—	25.00~27.00	0.75~1.50	—	N≤0.015

注：(1)无缝钢管产品制造方式分为两类，WH——热轧(挤压、扩)钢管和 WC——冷拔(轧)钢管。

(2) 钢应采用电弧炉加炉外精炼或电渣重熔法冶炼。经供需双方协商，也可采用其他冶炼方法制造。

(3) 钢管应采用热轧(挤、扩)或冷拔(轧)无缝方法制造。

(4) 1Cr18Ni9Ti 为不推荐使用钢种。

① 允许含有不大于 0.60% 的 Ni。

② 允许含有不大于 0.50% 的 Ni，不大于 0.20% 的 Cu，但 Ni + Cu 应不大于 0.50%。

6. 钢管的热处理制度及力学性能

1）钢管的热处理制度及力学性能(见表5.2-30和表5.2-31)

表5.2-30 推荐热处理制度及钢管纵向力学性能要求

组织类型	序号	牌号	推荐热处理温度		力学性能			密度 ρ/(kg/dm³)
					抗拉强度① R_m/MPa	规定非比例延伸强度 $R_{p0.2}$/MPa	断后伸长率 A/%	
					≥			
奥氏体型	1	0Cr18Ni9	1010~1150℃	急冷	520	205	35	7.93
	2	1Cr18Ni9	1010~1150℃		520	205	35	7.90
	3	1Cr19Ni9	1010~1150℃		520	205	35	7.93
	4	00Cr19Ni10	1010~1150℃		480	175	35	7.93
	5	0Cr18Ni10Ti	920~1150℃		520	205	35	7.95
	6	1Cr18Ni11Ti	冷轧≥1095℃ 热轧≥1050℃		520	205	35	7.93
	7	0Cr18Ni11Nb	980~1150℃		520	205	35	7.98
	8	1Cr19Ni11Nb	冷轧≥1095℃ 热轧≥1050℃		520	205	35	8.00
	9	0Cr17Ni12Mo2	1010~1150℃		520	205	35	7.98
	10	1Cr17Ni12Mo2	≥1040℃		520	205	35	7.98
	11	00Cr17Ni14Mo2	1010~1150℃		480	175	40	7.98
	12	0Cr18Ni12Mo2Ti	1000~1100℃		530	205	35	8.00
	13	1Cr18Ni12Mo2Ti	1000~1100℃		540	215	35	8.00
	14	0Cr18Ni12Mo3Ti	1000~1100℃		530	205	35	8.10
	15	1Cr18Ni12Mo3Ti	1000~1100℃		540	215	35	8.10
	16	1Cr18Ni9Ti	920~1150℃		520	205	40	7.90
	17	0Cr19Ni13Mo3	1010~1150℃		520	205	35	7.98
	18	00Cr19Ni13Mo3	1010~1150℃		480	175	35	7.98
	19	00Cr18Ni10N	1010~1150℃		515	205	35	7.90
	20	0Cr19Ni9N	1010~1150℃		550	240	35	7.90
	21	0Cr23Ni13	1030~1150℃		520	205	35	7.98
	22	2Cr23Ni13	1030~1150℃		520	205	35	7.98
	23	0Cr25Ni20	1030~1180℃		520	205	35	7.98
	24	2Cr25Ni20	1030~1180℃		520	205	35	7.98
	25	0Cr18Ni13Si4	1010~1150℃		520	205	35	7.98
	26	00Cr17Ni13Mo2N	1010~1150℃		515	205	35	8.00

续表 5.2-30

组织类型	序号	牌号	推荐热处理温度		力学性能 抗拉强度① R_m/MPa	规定非比例延伸强度 $R_{p0.2}$/MPa	断后伸长率 A/%	密度 ρ/(kg/dm³)
					≥			
奥氏体型	27	0Cr17Ni12Mo2N	1010~1150℃	急冷	550	240	35	7.80
	28	0Cr18Ni12Mo2Cu2	1010~1150℃		520	205	35	7.98
	29	00Cr18Ni14Mo2Cu2	1010~1150℃		480	180	35	7.98
铁素体型	30	1Cr17	780~850℃	空冷或缓冷	410	245	20	7.90
	31	00Cr27Mo	850~1050℃	急冷	410	245	20	7.70

注：(1) 钢管应经热处理并酸洗交货。热处理制度应在质量证明书中注明。经供需双方协商，并在合同中注明，钢管可采用表中规定以外的其他热处理制度。

(2) 凡经整体磨、镗或经保护气氛热处理的钢管，可不经酸洗交货。

(3) 钢管应按实际质量交货。根据需方要求，经供需双方协商也可按理论质量交货。按平均壁厚供货钢管每米的理论质量按下式计算：

$$W = \frac{\pi}{1000}(D - s)s\rho$$

式中：W——钢管每米理论质量，kg/m；π——3.1416；D——钢管的公称外径，mm；s——钢管的公称壁厚，mm；ρ——钢的密度，见本表。

按最小壁厚供货钢管的理论质量，热轧（挤压、扩）钢管按该式计算值增加 15%，冷拔（轧）钢管按该式计算值增加 10% 为标准数量。

① 热挤压钢管的抗拉强度可降低 20N/mm²。

2）钢管的硬度

用户有要求时，壁厚≥2mm 的钢管可做硬度试验，硬度值应符合表 5.2-31 的规定。

表 5.2-31 壁厚≥2mm 钢管的硬度值

组织类型	牌号	硬度 HBW	HRB	HV
奥氏体型	00Cr18Ni10N，0Cr19Ni9N，00Cr17Ni13Mo2N，0Cr17Ni12Mo2N	≤217	≤95	≤220
	0Cr18Ni13Si4	≤207	≤95	≤218
	其他	≤187	≤90	≤200
铁素体型	1Cr17	≤183	—	—
	00Cr27Mo	≤219	—	—

7. 工艺性能(见表 5.2-32)

表 5.2-32 钢管的工艺性能

液压试验	钢管应逐根进行液压试验，试验压力按下式计算，最大试验压力为 20MPa，在试验压力下，稳压时间应不少于 5s，钢管不应出现渗漏现象。 $p = 2sR/D$ 式中：p——试验压力，MPa，s——钢管的公称壁厚，mm；D——钢管的公称外径，mm；R——允许压力，MPa。 铁素体型钢管，按表 5.2-30 中规定非比例延伸强度最小值的 60%，奥氏体型钢管，按表 5.2-30 中规定非比例延伸强度最小值的 50%。 供方可用涡流探伤代替液压试验。用涡流探伤时对比样管人工缺陷应符合 GB/T 7735 中验收等级 B 的规定

续表 5.2－32

压扁试验	壁厚不大于 10mm 的钢管应做压扁试验，试样压扁后不允许有裂缝和裂口。试样压扁后的外壁 H 按下式计算： $$H=\frac{(1+\alpha)s}{\alpha+s/D}$$ 式中：H——压扁后的外壁距，mm；α——单位长度变形系数。奥氏体型钢管为 0.09，铁素体型钢管为 0.08；s——钢管的公称壁厚，mm；D——钢管的公称外径，mm
扩口试验	壁厚不大于 10mm 的钢管应做扩口试验。扩口试验的顶芯锥度为 60°，扩口后试样的外径扩口率应分别为：铁素体型钢管为 15%，奥氏体型钢管为 18%。扩口后试样不允许出现裂缝或裂口
腐蚀试验	牌号为 2Cr23Ni13 和 2Cr25Ni20 的不耐腐蚀钢管可不做晶间腐蚀试验，其他耐腐蚀的奥氏体型钢管应做晶间腐蚀试验。晶间腐蚀试验方法按 GB/T 4334 执行。经供需双方协商，并在合同中注明，需方可指定采用其他腐蚀试验方法
晶粒度	1Cr19Ni9、1Cr17Ni12Mo2、1Cr18Ni11Ti、1Cr19Ni11Nb 钢管的平均晶粒度为 4～7 级
超声波检验	钢管应按 GB/T 5777 的规定逐支进行超声波探伤。对比样管表面纵向刻槽深度等级应为 C5。 根据需方要求，经供需双方协商，并在合同中注明，超声波探伤可采用其他验收等级
表面质量	钢管的内外表面不应有裂纹、折叠、轧折、离层和结疤存在。这些缺陷应完全清除，缺陷清除处钢管表面应圆滑无棱角，清理处的实际壁厚应不小于壁厚允许的最小值。 在钢管内外表面上，直道允许深度应符合如下规定： (1) 冷拔(轧)钢管：不大于壁厚的 4%，且最大深度为 0.2mm。 (2) 热轧(挤压、扩)钢管：不大于壁厚的 5%，且最大深度为 0.4mm。 不超过壁厚负偏差的其他局部缺陷允许存在

8. 使用要求(选自 GB 150.2—2011)

1) GB 13296 中各钢号钢管的使用温度高于或等于 －196℃。

2) GB 13296 中各钢号钢管的使用温度高于或等于 －196℃时可免做冲击试验；使用温度低于 －196℃时，由设计单位确定冲击试验要求。

5.2.7　流体输送用不锈钢焊接钢管(GB/T 12771—2008)

1. 范围

适用于流体输送用耐蚀不锈钢焊接钢管。

2. 分类和代号

钢管按制造类别分为以下六类：

Ⅰ类——钢管采用双面自动焊接方法制造，且焊缝 100% 全长射线探伤；

Ⅱ类——钢管采用单面自动焊接方法制造，且焊缝 100% 全长射线探伤；

Ⅲ类——钢管采用双面自动焊接方法制造，且焊缝局部射线探伤；

Ⅳ类——钢管采用单面自动焊接方法制造，且焊缝局部射线探伤；

Ⅴ类——钢管采用双面自动焊接方法制造，且焊缝不做射线探伤；

Ⅵ类——钢管采用单面自动焊接方法制造，且焊缝不做射线探伤。

钢管按供货状态分为以下四类

a) 焊接状态 H；

b）热处理状态 T；

c）冷拔(轧)状态 WC；

d）磨(抛)光状态 SP。

3. 外径和壁厚

钢管的外径 D 和壁厚 s 应符合 GB/T 21835 的规定。

4. 外径和壁厚允许偏差

钢管的外径偏差应符合表 5.2－33 的规定。壁厚允许偏差应符合表 5.2－34 的规定。

表 5.2－33 钢管外径的允许偏差 mm

类 别	外径 D	允许偏差	
		较高级(A)	普通级(B)
焊接状态	全部尺寸	±0.5%D 或 ±0.20，两者取较大值	±0.75%D 或 ±0.30，两者取较大值
热处理状态	<40	±0.20	±0.30
	≥40～<65	±0.30	±0.40
	≥65～<90	±0.40	±0.50
	≥90～<168.3	±0.80	±1.00
	≥168.3～<325	±0.75%D	±1.0%D
	≥325～<610	±0.6%D	±1.0%D
	≥610	±0.6%D	±0.7%D 或 ±10，两者取较小值
冷拔(轧)状态、磨(抛)光状态	<40	±0.15	±0.20
	≥40～<60	±0.20	±0.30
	≥60～<100	±0.30	±0.40
	≥100～<200	±0.4%D	±0.5%D
	≥200	±0.5%D	±0.75%D

表 5.2－34 钢管壁厚的允许偏差 mm

壁厚 s	壁厚允许偏差	壁厚 s	壁厚允许偏差
≤0.5	±0.10	>2.0～4.0	±0.30
>0.5～1.0	±0.15	>4.0	±10%s
>1.0～2.0	±0.20		

5. 长度

钢管的通常长度为 3000～9000mm。

6. 技术要求

1）钢管用钢的牌号和化学成分

钢管用钢的牌号和化学成分应符合表 5.2－35 的规定。

表 5.2－35 钢的牌号和化学成分(熔炼分析)

序号	类型	统一数字代号	新牌号	旧牌号	化学成分(质量分数)/%									
					C	Si	Mn	P	S	Ni	Cr	Mo	N	其他元素
1	奥氏体型	S30210	12Cr18Ni9	1Cr18Ni9	≤0.15	≤0.75	≤2.00	≤0.040	≤0.030	8.00～10.00	17.00～19.00	—	≤0.10	—
2	奥氏体型	S30408	06Cr19Ni10	0Cr18Ni9	≤0.08	≤0.75	≤2.00	≤0.040	≤0.030	8.00～11.00	18.00～20.00	—	—	—
3	奥氏体型	S30403	022Cr19Ni10	00Cr19Ni10	≤0.030	≤0.75	≤2.00	≤0.040	≤0.030	8.00～12.00	18.00～20.00	—	—	—
4	奥氏体型	S31008	06Cr25Ni20	0Cr25Ni20	≤0.08	≤1.50	≤2.00	≤0.040	≤0.030	19.00～22.00	21.00～26.00	—	—	—
5	奥氏体型	S31608	06Cr17Ni12Mo2	0Cr17Ni12Mo2	≤0.08	≤0.75	≤2.00	≤0.040	≤0.030	10.00～14.00	16.00～18.00	2.00～3.00	—	—
6	奥氏体型	S31603	022Cr17Ni12Mo2	00Cr17Ni12Mo2	≤0.030	≤0.75	≤2.00	≤0.040	≤0.030	10.00～14.00	16.00～18.00	2.00～3.00	—	—
7	奥氏体型	S32168	06Cr18Ni11Ti	0Cr18Ni10Ti	≤0.08	≤0.75	≤2.00	≤0.040	≤0.030	9.00～12.00	17.00～19.00	—	—	Ti5×C～0.70
8	奥氏体型	S34778	06Cr18Ni11Nb	0Cr18Ni11Nb	≤0.08	≤0.75	≤2.00	≤0.040	≤0.030	9.00～12.00	17.00～19.00	—	—	Nb10×C～1.10
9	铁素体型	S11863	022Cr18Ti	00Cr17	≤0.030	≤0.75	≤1.00	≤0.040	≤0.030	(0.60)	16.00～19.00	—	—	Ti 或 Nb0.10～1.00
10	铁素体型	S11972	019Cr19Mo2NbTi	00Cr18Mo2	≤0.025	≤0.75	≤1.00	≤0.040	≤0.030	1.00	17.50～19.50	1.75～2.50	≤0.035	(Ti+Nb) [0.20+4(C+N)]～0.80
11	铁素体型	S11348	06Cr13Al	0Cr13Al	≤0.08	≤0.75	≤1.00	≤0.040	≤0.030	(0.60)	11.50～14.50	—	—	Al0.10～0.30
12	铁素体型	S11163	022Cr11Ti	—	≤0.080	≤0.75	≤1.00	≤0.040	≤0.020	(0.60)	10.50～11.70	—	≤0.030	Ti≥8(C+N) Ti0.15～0.50 Nb0.10
13	铁素体型	S11213	022Cr12Ni	—	≤0.030	≤0.75	≤1.50	≤0.040	≤0.015	0.30～1.00	10.50～12.50	—	≤0.030	
14	马氏体型	S41008	06Cr13	0Cr13	≤0.08	≤0.75	≤1.00	≤0.040	≤0.030	(0.60)	11.50～13.50	—	—	—

2）钢管用钢的冶炼方法

钢应采用电弧炉加炉外精炼方法冶炼。

3）钢管的制造方法

钢管应采用添加或不添加填充金属的单面自动电弧焊接方法或双面自动电弧焊接方法制造。当采用添加填充金属焊接方法时，填充金属材料的合金成分应不低于母材。

4）交货状态

钢管应以热处理并酸洗状态交货，热处理时须采用连续式或周期式炉全长热处理。钢管的推荐热处理制度见表5.2－36。

根据需方要求，经供需双方协议，也可按其他状态交货。

表5.2－36 钢管的热处理制度

序 号	类 型	新牌号	旧牌号	推荐的热处理制度[①]	
1	奥氏体型	12Cr18Ni9	1Cr18Ni9	固熔处理	1010～1150℃快冷
2		06Cr19Ni10	0Cr18Ni9		1010～1150℃快冷
3		022Cr19Ni10	00Cr19Ni10		1010～1150℃快冷
4		06Cr25Ni20	0Cr25Ni20		1030～1180℃快冷
5		06Cr17Ni12Mo2	0Cr17Ni12Mo2		1010～1150℃快冷
6		022Cr17Ni12Mo2	00Cr17Ni14Mo2		1010～1150℃快冷
7		06Cr18Ni11Ti	0Cr18Ni10Ti		920～1150℃快冷
8		06Cr18Ni11Nb	0Cr18Ni11Nb		980～1150℃快冷
9	铁素体型	022Cr18Ti	00Cr17	退火处理	780～950℃快冷或缓冷
10		019Cr19Mo2NbTi	00Cr18Mo2		800～1050℃快冷
11		06Cr13Al	0Cr13Al		780～830℃快冷或缓冷
12		022Cr11Ti	—		830～950℃快冷
13		022Cr12Ni	—		830～950℃快冷
14	马氏体型	06Cr13	0Cr13		750℃快冷或800～900℃缓冷

注：①对06Cr18Ni11Ti、06Cr18Ni11Nb，需方规定在固熔热处理后需进行稳定化热处理时，稳定化热处理制度为850～930℃快冷。

5）力学性能

钢管的力学性能应符合表5.2－37的规定。

表5.2－37 钢管的力学性能

序号	新牌号	旧牌号	规定非比例延伸强度 $R_{p0.2}$/MPa	抗拉强度 R_m/MPa	断后伸长率 A/%	
					热处理状态	非热处理状态
			不小于			
1	12Cr18Ni9	1Cr18Ni9	210	520	35	25
2	06Cr19Ni10	0Cr18Ni9	210	520		
3	022Cr19Ni10	00Cr19Ni10	180	480		
4	06Cr25Ni20	0Cr25Ni20	210	520		
5	06Cr17Ni12Mo2	0Cr17Ni12Mo2	210	520		
6	022Cr17Ni12Mo2	00Cr17Ni14Mo2	180	480		
7	06Cr18Ni11Ti	0Cr18Ni10Ti	210	520		
8	06Cr18Ni11Nb	0Cr18Ni11Nb	210	520		

续表 5.2－37

序号	新牌号	旧牌号	规定非比例延伸强度 $R_{p0.2}$/MPa	抗拉强度 R_m/MPa	断后伸长率 A/%	
					热处理状态	非热处理状态
			不小于			
9	022Cr18Ti	00Cr17	180	360		
10	019Cr19Mo2NbTi	00Cr18Mo2	240	410	20	—
11	06Cr13Al	0Cr13Al	177	410		
12	022Cr11Ti	—	275	400	18	—
13	022Cr12Ni	—	275	400	18	—
14	06Cr13	0Cr13	210	410	20	—

6）工艺性能

（1）液压试验

钢管应逐根进行液压试验。

（2）压扁试验

外径不大于 219.1mm 的钢管应进行压扁试验。外径不大于 50mm 的钢管取环状压扁试样；外径大于 50mm 但不大于 219.1mm 的钢管取 C 形压扁试样。试验时，焊缝应位于受力方向 90°的位置。经热处理的钢管，试样应压至钢管外径的 1/3；未经热处理的钢管，试样应压至钢管外径的 2/3。压扁后，试样不允许出现裂缝和裂口。

（3）焊缝横向弯曲试验

① 外径大于 219.1mm 的钢管应做焊缝横向弯曲试验。弯曲试样应从钢管或焊接试板上截取，焊接试板应与钢管同一材质、同一炉号、同一热处理制度以及同一焊接工艺。一组弯曲试验应包括一个正弯试验，一个背弯试验(即钢管外焊缝和内焊缝分别处于最大弯曲表面)。

② 弯曲试验时，弯芯直径为三倍试样厚度，弯曲角度为 180°。弯曲后试样焊缝区域不允许出现裂缝和裂口。

7. 钢管的检验

1）钢管的尺寸和外形应采用符合精度要求的量具逐根测量。

2）钢管的内外表面质量应在充分照明条件下逐根目视检查，焊缝余高应采用符合精度要求的量具测量。

3）钢管各项检验的取样方法和试验方法应符合表 5.2－38 的规定。

表 5.2－38　钢管各项检验的取样方法和试验方法

序　号	试验项目	取样数量	取样方法	试验方法
1	化学成分	每炉取 1 个试样	GB/T 20065	GB/T 223、GB/T 11170 GB/T 20123、GB/T 20124
2	拉伸试验	每批在两根钢管上各取 1 个试样	GB/T 2975	GB/T 228
3	液压试验	逐根	—	GB/T 241
4	涡流探伤	逐根	—	GB/T 7735
5	压扁试验	每批在一根钢管上取 1 个试样	GB/T 246	GB/T 246
6	焊缝横向弯曲试验	每批在一根钢管上取 1 组试样	GB/T 232	GB/T 232
7	晶间腐蚀试验	每批在一根钢管上取 1 组试样	GB/T 4334.5	GB/T 4334.5
8	射线探伤	6.6 条	—	GB/T 3323
9	卷边试验	每批在一根钢管上取 1 个试样	GB/T 245	GB/T 245
10	奥氏体晶粒度	每批在一根钢管上取 1 个试样	GB/T 6394	GB/T 6394
11	焊缝接头冲击试验	协商	GB/T 2650	GB/T 2650

8. 使用要求(选自 GB 150.2—2011)

1) GB/T 12771—2008 中的Ⅴ类和Ⅵ类钢管不得用于压力容器;

2) GB/T 12771—2008 中的Ⅰ类~Ⅳ类钢管不得用于热交换器管;

3) Ⅰ类钢管的许用应力可选用 GB/T 14976 中相应钢号无缝钢管的许用应力;

4) Ⅲ类和Ⅳ类钢管的使用规定如下:

(1) 设计压力小于 10MPa;

(2) 不得用于毒性程度为极度、高度危害的介质。

5) GB/T 12771 各钢号钢管的使用温度高于或等于 -196℃时可免做冲击试验;使用温度低于 -196℃时,由设计单位确定冲击试验要求。

5.2.8 锅炉和热交换器用奥氏体不锈钢焊接钢管(GB/T 24593—2009)

1. 范围

适用于热交换器和中低压锅炉用奥氏体不锈钢焊接钢管。

2. 外径和壁厚

1) 钢管的外径 D 不大于 305mm,壁厚 s 不大于 8mm;

2) 钢管的外径、壁厚允许偏差应符合表 5.2-39 的规定。

表 5.2-39 外径和壁厚的允许偏差 mm

钢管外径 D	外径允许偏差①		壁厚允许偏差
	正偏差	负偏差	
≤25	+0.10	-0.10	±10% s
>25~40	+0.15	-0.15	
>40~50	+0.20	-0.20	
>50~65	+0.25	-0.25	
>65~75	+0.30	-0.30	
>75~100	+0.38	-0.38	
>100~200	+0.38	-0.64	
>200~225	+0.38	-1.14	
>225~305	+0.75% D	-0.75% D	

注:①对于壁厚与外径之比不大于3%的薄壁钢管,钢管实测的平均外径应符合本表所列的外径允许偏差。

3. 不圆度

钢管的不圆度应不超过外径的公差;但对于壁厚与外径之比不大于 3% 的薄壁钢管,其不圆度应不超过外径的 2%。

4. 长度

钢管的通常长度为 2000~18000mm。

5. 弯曲度

钢管的弯曲度应不大于 1.5mm/m。

6. 技术要求

1) 钢管用钢的牌号和化学成分

钢的牌号和化学成分(熔炼分析)应符合表 5.2-40 的规定。

表 5.2-40 钢的牌号和化学成分

序号	GB/T 20878中序号	统一数字代号	牌号	化学成分①(质量分数)/%									
				C	Si	Mn	P	S	Ni	Cr	Mo	N	其他
1	13	S30210	12Cr18Ni9	0.15	1.00	2.00	0.035	0.030	8.00~10.00	17.00~19.00	—	0.10	—
2	17	S30408	06Cr19Ni10	0.08	1.00	2.00	0.035	0.030	8.00~11.00	18.00~20.00	—	—	—
3	18	S30403	022Cr19Ni10	0.030	1.00	2.00	0.035	0.030	8.00~12.00	18.00~20.00	—	—	—
4	19	S30409	07Cr19Ni10	0.04~0.10	1.00	2.00	0.035	0.030	8.00~11.00	18.00~20.00	—	—	—
5	23	S30458	06Cr19Ni10N	0.08	1.00	2.00	0.035	0.030	8.00~11.00	18.00~20.00	—	0.10~0.16	—
6	25	S30453	022Cr19Ni10N	0.030	1.00	2.00	0.035	0.030	8.00~11.00	18.00~20.00	—	0.10~0.16	—
7	26	S30510	10Cr18Ni12	0.12	1.00	2.00	0.035	0.030	10.50~13.00	17.00~19.00	—	—	—
8	32	S30908	06Cr23Ni13	0.08	1.00	2.00	0.035	0.030	12.00~15.00	22.00~24.00	—	—	—
9	35	S31008	06Cr25Ni20	0.08	1.50	2.00	0.035	0.030	19.00~22.00	24.00~26.00	—	—	—
10	38	S31608	06Cr17Ni12Mo2	0.08	1.00	2.00	0.035	0.030	10.00~14.00	16.00~18.00	2.00~3.00	—	—
11	39	S31603	022Cr17Ni12Mo2	0.030	1.00	2.00	0.035	0.030	10.00~14.00	16.00~18.00	2.00~3.00	—	—
12	41	S31668	06Cr17Ni12Mo2Ti	0.08	1.00	2.00	0.035	0.030	10.00~14.00	16.00~18.00	2.00~3.00	—	Ti≥5×C
13	43	S31658	06Cr17Ni12Mo2N	0.08	1.00	2.00	0.035	0.030	10.00~13.00	16.00~18.00	2.00~3.00	0.10~0.16	—
14	44	S31653	022Cr17Ni12Mo2N	0.030	1.00	2.00	0.035	0.030	10.00~13.00	16.00~18.00	2.00~3.00	0.10~0.16	—
15	49	S31708	06Cr19Ni13Mo3	0.08	1.00	2.00	0.035	0.030	11.00~15.00	18.00~20.00	3.00~4.00	—	—
16	50	S31703	022Cr19Ni13Mo3	0.030	1.00	2.00	0.035	0.030	11.00~15.00	18.00~20.00	3.00~4.00	—	—
17	55	S32168	06Cr18Ni11Ti	0.08	1.00	2.00	0.035	0.030	9.00~12.00	17.00~19.00	—	—	Ti：5×C~0.70
18	62	S34778	06Cr18Ni11Nb	0.08	1.00	2.00	0.035	0.030	9.00~12.00	17.00~19.00	—	—	Nb：10×C~1.10
19	63	S34779	07Cr18Ni11Nb	0.04~0.10	1.00	2.00	0.035	0.030	9.00~12.00	17.00~19.00	—	—	Nb：8×C~1.10

注：①表中所列成分除标明范围的，其余均为最大值。

2）钢的冶炼

优先采用粗炼钢水加炉外精炼。

3）钢管的制造

钢管应采用不添加填充金属的自动焊接方法制造，钢管焊接之后及最终热处理之前应对焊缝或整管进行冷变形加工。

4）交货状态

钢管应经热处理并酸洗交货，但经保护气氛热处理的钢管，可不经酸洗交货。钢管的推荐热处理规范见表5.2－41。经供需双方协商，并在合同中注明，钢管可采用其他热处理规范。

5）力学性能

（1）拉伸试验

经热处理后钢管的拉伸性能应符合表5.2－41的规定。

（2）硬度试验

壁厚不小于1.7mm的钢管应按GB/T 230.1进行母材洛氏硬度试验，平均硬度值应符合表5.2－41的规定。经供需双方协商，并在合同中注明，也可对壁厚小于1.7mm的钢管或焊缝进行硬度试验。

表5.2－41　钢管的推荐热处理规范及力学性能

序号	GB/T 20878中序号	统一数字代号	牌号	推荐热处理规范		拉伸性能			硬度
						抗拉强度 R_m/(N/mm²)	规定塑性延伸强度 $R_{p0.2}$/(N/mm²)	断后伸长率 A/%	HRB
						不小于			不大于
1	13	S30210	12Cr18Ni9	≥1040℃	急冷	515	205	35	90
2	17	S30408	06Cr19Ni10	≥1040℃	急冷	515	205	35	90
3	18	S30403	022Cr19Ni10	≥1040℃	急冷	485	170	35	90
4	19	S30409	07Cr19Ni10	≥1040℃	急冷	515	205	35	90
5	23	S30458	06Cr19Ni10N	≥1040℃	急冷	550	240	35	90
6	25	S30453	022Cr19Ni10N	≥1040℃	急冷	515	205	35	90
7	26	S30510	10Cr18Ni12	≥1040℃	急冷	515	205	35	90
8	32	S30908	06Cr23Ni13	≥1040℃	急冷	515	205	35	90
9	35	S31008	06Cr25Ni20	≥1040℃	急冷	515	205	35	90
10	38	S31608	06Cr17Ni12Mo2	≥1040℃	急冷	515	205	35	90
11	39	S31603	022Cr17Ni12Mo2	≥1040℃	急冷	485	170	35	90
12	41	S31668	06Cr17Ni12Mo2Ti	≥1040℃	急冷	515	205	35	90
13	43	S31658	06Cr17Ni12Mo2N	≥1040℃	急冷	550	240	35	90
14	44	S31653	022Cr17Ni12Mo2N	≥1040℃	急冷	515	205	35	90
15	49	S31708	06Cr19Ni13Mo3	≥1040℃	急冷	515	205	35	90
16	50	S31703	022Cr19Ni13Mo3	≥1040℃	急冷	515	205	35	90
17	55	S32168	06Cr18Ni11Ti	≥1040℃	急冷	515	205	35	90
18	62	S34778	06Cr18Ni11Nb	≥1040℃	急冷	515	205	35	90
19	63	S34779	07Cr18Ni11Nb	≥1100℃	急冷	515	205	35	90

6）工艺性能

（1）压扁试验。钢管应进行压扁试验。

（2）卷边试验。壁厚小于等于 2mm 的钢管应进行卷边试验，卷边宽度不小于外径的 15%。

（3）扩口试验。壁厚大于 2mm 的钢管应进行扩口试验，扩口试验的顶心锥度为 60°，外径的扩大值应不小于 14%。

（4）反向弯曲试验。钢管应进行反向弯曲试验。

7）液压试验

钢管应逐根进行液压试验。

8）晶间腐蚀试验

钢管应进行晶间腐蚀试验。

9）钢管的检验

（1）钢管的尺寸和外形应采用符合精度要求的量具逐根测量。

（2）钢管的内外表面质量应在充分照明条件下逐根目视检查。

（3）钢管其他检验项目的取样方法和试验方法应符合表 5.2－42 的规定。

表 5.2－42 钢管检验项目、取样数量和试验方法

序号	试验项目	取样数量	取样方法	试验方法
1	化学成分	每炉取 1 个试样	GB/T 20066	GB/T 223 GB/T 11170 GB/T 20123 GB/T 20124
2	拉伸试验	每批在两根钢管上各取 1 个试样	GB/T 2975	GB/T 228
3	硬度试验	每批在两根钢管上各取 1 个试样	GB/T 2975	GB/T 230.1
4	压扁试验	每批在两根钢管上各取 1 个试样	GB/T 246	GB/T 246
5	卷边试验	每批在两根钢管上各取 1 个试样	GB/T 245	GB/T 245
6	扩口试验	每批在两根钢管上各取 1 个试样	GB/T 242	GB/T 242
7	反向弯曲试验	每 450m 钢管取 1 个试样	5.5.4	5.5.4
8	展平试验	每批在两根钢管上各取 1 个试样	5.5.5	5.5.5
9	液压试验	逐根	—	GB/T 241
10	涡流探伤	逐根	—	GB/T 7735
11	晶间腐蚀试验	每批在两根钢管上各取 1 个试样	GB/T 4334 和 5.7	GB/T 4334 和 5.7
12	晶粒度试验	每批在两根钢管上各取 1 个试样	GB/T 6394	GB/T 6394
13	射线检测	逐根	—	协议
14	水下气密试验	逐根	—	协议

7. 钢管的使用规定（选自 GB 150.2—2011）

1）GB/T 24593 中的钢管应逐根进行涡流检测，对比样管人工缺陷应符合 GB/T 7735 中验收等级 B 级的规定。

2）设计压力小于 10.0MPa；

3）不得用于毒性程度为极高、高度危害的介质。

4）GB/T 24593 中各钢号钢管的使用温度高于或等于 -196℃时，可免做冲击试验；使用温度低于 -196℃时，由设计单位确定冲击试验要求。

5.2.9 奥氏体 - 铁素体型双相不锈钢无缝钢管(GB/T 21833—2008)

1. 范围

适用于耐腐蚀的奥氏体 - 铁素体型双相不锈钢无缝钢管。

2. 外径和壁厚

1）钢管的公称外径 D 和公称壁厚 s 应符合 GB/T 17395 的规定；

2）钢管公称外径和壁厚的允许偏差应符合表 5.2-43 的规定。

表 5.2-43　外径和壁厚的允许偏差　　mm

<table>
<tr><th rowspan="2">制造方法</th><th rowspan="2" colspan="3">钢管的尺寸</th><th colspan="2">允许偏差</th></tr>
<tr><th>普通级</th><th>高级</th></tr>
<tr><td rowspan="8">热轧(热挤压)钢管</td><td rowspan="4">公称外径
D</td><td colspan="2">≤51</td><td>±0.40</td><td>±0.30</td></tr>
<tr><td rowspan="2">>51~≤219</td><td>S≤35</td><td>±0.75%D</td><td>±0.5%D</td></tr>
<tr><td>S>35</td><td>±1%D</td><td>±0.75%D</td></tr>
<tr><td colspan="2">>219</td><td>±1%D</td><td>±0.75%D</td></tr>
<tr><td rowspan="4">公称壁厚
s</td><td colspan="2">≤4.0</td><td>±0.45</td><td>±0.35</td></tr>
<tr><td colspan="2">>4.0~20</td><td>$^{+12.5}_{-10}\%s$</td><td>±10%s</td></tr>
<tr><td rowspan="2">>20</td><td>D<219</td><td>±10%s</td><td>±7.5%s</td></tr>
<tr><td>D≥219</td><td>$^{+12.5}_{-10}\%s$</td><td>±10%s</td></tr>
<tr><td rowspan="7">冷拔(轧)钢管</td><td rowspan="5">公称外径
D</td><td colspan="2">12~30</td><td>±0.20</td><td>±0.15</td></tr>
<tr><td colspan="2">>30~50</td><td>±0.30</td><td>±0.25</td></tr>
<tr><td colspan="2">>50~89</td><td>±0.50</td><td>±0.40</td></tr>
<tr><td colspan="2">>89~140</td><td>±0.8%D</td><td>±0.7%D</td></tr>
<tr><td colspan="2">>140</td><td>±1%D</td><td>±0.9%D</td></tr>
<tr><td rowspan="2">公称壁厚
s</td><td colspan="2">≤3</td><td>±14%s</td><td>$^{+12}_{-10}\%s$</td></tr>
<tr><td colspan="2">>3</td><td>$^{+12}_{-10}\%s$</td><td>±10%s</td></tr>
</table>

3. 长度

钢管一般以通常长度交货，通常长度为 3000~12000mm。

4. 弯曲度

钢管的弯曲度应符合以下规定：

1）S≤15mm 时，钢管的弯曲度应不大于 1.5mm/m；

2）S>15~30mm 时，钢管的弯曲度应不大于 2.0mm/m；

3）S>30mm 时，钢管的弯曲度应不大于 3.0mm/m。

5. 技术要求

1）钢管用钢的牌号和化学成分

钢管用钢的牌号和化学成分(熔炼分析)应符合表 5.2-44 的规定。

表 5.2－44　钢的牌号和化学成分

序号	统一数字代号	牌　号	化学成分(质量分数)/%										
			C	Si	Mn	P	S	Ni	Cr	Mo	N	Cu	W
1	S21953	022Cr19Ni5Mo3Si2N	≤0.030	1.40～2.00	1.20～2.00	≤0.030	≤0.030	4.30～5.20	18.00～19.00	2.50～3.00	0.05～0.10	—	—
2	S22253	022Cr22Ni5Mo3N	≤0.030	≤1.00	≤2.00	≤0.030	≤0.020	4.50～6.50	21.00～23.00	2.50～3.50	0.08～0.20	—	—
3	S23043	022Cr23Ni4MoCuN	≤0.030	≤1.00	≤2.50	≤0.035	≤0.030	3.00～5.50	21.50～24.50	0.05～0.60	0.05～0.20	0.05～0.60	
4	S22053	022Cr23Ni5Mo3N	≤0.030	≤1.00	≤2.00	≤0.030	≤0.020	4.50～6.50	22.00～23.00	3.00～3.50	0.14～0.20	—	—
5	S25203	022Cr24Ni7Mo4CuN	≤0.030	≤0.80	≤1.50	≤0.035	≤0.020	5.50～8.00	23.00～25.00	3.00～5.00	0.20～0.35	0.50～3.00	—
6	S22553	022Cr25Ni6Mo2N	≤0.030	≤1.00	≤2.00	≤0.030	≤0.030	5.50～6.50	24.00～26.00	1.20～2.00	0.14～0.20	—	—
7	S22583	022Cr25Ni7Mo3WCuN	≤0.030	≤0.75	≤1.00	≤0.030	≤0.030	5.50～7.50	24.00～26.00	2.50～3.50	0.10～0.30	0.20～0.80	0.10～0.50
8	S25073	022Cr25Ni7Mo4N	≤0.030	≤0.80	≤1.20	≤0.035	≤0.020	6.00～8.00	24.00～26.00	3.00～5.00	0.24～0.32	≤0.50	—
9	S25554	03Cr25Ni6Mo3Cu2N	≤0.04	≤1.00	≤1.50	≤0.035	≤0.030	4.50～6.50	24.00～27.00	2.90～3.90	0.10～0.25	1.50～2.50	—
10	S27603	022Cr25Ni7Mo4WCuN[a]	≤0.030	≤1.00	≤1.00	≤0.030	≤0.010	6.00～8.00	24.00～26.00	3.00～4.00	0.20～0.30	0.50～1.00	0.50～1.00
11	S22693	06Cr26Ni4Mo2	≤0.08	≤0.75	≤1.00	≤0.035	≤0.030	2.50～5.00	23.00～28.00	1.00～2.00	—	—	—
12	S22160	12Cr21Ni5Ti	0.09～0.14	≤0.80	≤0.80	≤0.035	≤0.030	4.80～5.80	20.00～22.00	—	—	Ti：5×(C%－0.02)～0.80	

[a] 022Cr25NI7Mo4WCuN 中：Cr%＋3.3Mo%＋16N%≥40%。

2）钢的冶炼

钢管用钢应采用电弧炉加炉外精炼或电渣重熔法冶炼。

3）钢管制造方法

钢管应采热轧(热挤压)或冷拔(轧)无缝生产工艺制造。

4）交货状态

钢管应经热处理并酸洗交货。经保护气氛热处理的钢管，可不经酸洗交货。钢管的热处理制度见表5.2－45.

5）力学性能

（1）热处理状态交货钢管的纵向力学性能应符合表5.2－45的规定。

（2）壁厚大于等于1.7㎜的钢管应进行布氏或洛氏硬度试验、钢管的硬度值应符合表5.2－45的规定。

表5.2－45　推荐热处理制度及钢管力学性能

序号	牌　号	推荐热处理制度		拉伸性能			硬度①	
				抗拉强度 R_m/(N/mm²)	规定非比例延伸强度 $R_{p0.2}$/(N/mm²)	断后伸长率 A/%	HBW	HRC
				不小于			不大于	
1	022Cr19Ni5Mo3Si2N	980～1040℃	急冷	630	440	30	290	30
2	022Cr22Ni5Mo3N	1020～1100℃	急冷	620	450	25	290	30
3	022Cr23Ni4MoCuN	925～1050℃	急冷 D≤25mm	690	450	25		
			急冷 D＞25mm	600	400	25	290	30
4	022Cr23Ni5Mo3N	1020～1100℃	急冷	655	485	25	290	30
5	022Cr24Ni7Mo4CuN	1080～1120℃	急冷	770	550	25	310	
6	022Cr25Ni6Mo2N	1050～1100℃	急冷	690	450	25	280	
7	022Cr25Ni7Mo3WCuN	1020～1100℃	急冷	690	450	25	290	30
8	022Cr25Ni7Mo4N	1025～1125℃	急冷	800	550	15	300	32
9	03Cr25Ni6Mo3Cu2N	≥1040℃	急冷	760	550	15	297	31
10	022Cr25Ni7Mo4WCuN	1100～1140℃	急冷	750	550	25	300	
11	06Cr26Ni4Mo2	925～955℃	急冷	620	485	20	271	28
12	12Cr21Ni5Ti	950～1100℃	急冷	590	345	20		

注：① 表中未规定硬度的牌号提供其硬度实测数据，不作为交货条件。

6）液压试验

（1）钢管应逐根进行液压试验，最大试验压力为20MPa；在试验压力下，稳压时间应不少于10s，钢管不允许出现渗漏现象。

（2）供方可用涡流探伤或超声波探伤代替液压试验。

7）压扁试验

壁厚不大于10㎜的钢管应做压扁试验。

8）扩口试验

公称外径不大于150mm、壁厚不大于10mm的钢管应做扩口试验。

9）金相检验

热处理状态下成品钢管的金相组织应为奥氏体和铁素体，奥氏体含量应为40%～60%。

10）检验项目和检验方法

钢管的检验项目和检验方法按表5.2－46的规定。

表5.2－46　钢管检验项目、取样数量、取样方法和试验方法

序号	检验项目	取样数量	取样方法	试验方法
1	化学成分	每炉取一个试样	GB/T 20066	GB/T 223、GB/T 11170、GB/T 20123、GB/T 20124
2	拉伸试验	每批2个	不同根钢管，GB/T 2975	GB/T 228
3	高温力学试验	协议	不同根钢管，GB/T 2975	GB/T 4338
4	硬度试验	每批2个	不同根钢管	GB/T 230.1、GB/T 231.1
5	液压试验	逐根	—	GB/T 241
6	涡流探伤	逐根	—	GB/T 7735
7	超声波探伤	逐根	—	GB/T 5777
8	压扁试验	每批2个	不同根钢管	GB/T 246
9	扩口试验	每批2个	不同根钢管	GB/T 242
10	金相检验	每批2个	不同根钢管	GB/T 6401
11	腐蚀试验	协议	协议	协议
12	有害沉淀相试验	协议	协议	协议
13	冲击试验	协议	协议	协议
14	尺寸、外形	逐根	整根钢管	用符合精度要求的量具测量
15	表面	逐根	整根钢管	目视

11）部分钢号的高温力学性能数据

钢管用部分钢号的高温力学性能数据见表5.2－47。

表5.2－47　部分牌号钢管固熔状态下，壁厚不大于30mm，高温下最小强度值

牌　号	$R_{p0.2}$最小/MPa				
	50℃	100℃	150℃	200℃	250℃
022Cr18Ni5Mo3Si2N	430	370	350	330	325
022Cr22Ni5Mo3N	415	360	335	310	295
022Cr23Ni4MoCuN	370	330	310	290	280
022Cr24Ni7Mo4CuN	485	450	420	400	380
022Cr25Ni7Mo4N	530	480	445	420	405
022Cr25Ni7Mo4WCuN	502	450	420	400	380

6. 各国标准中双相不锈钢牌号对照

各国相关标准中双相不锈钢牌号对照见表5.2－48。

7. 钢管使用规定(选自GB 150.2—2011)

（1）GB/T 21833中的钢管如用于热交换器管时，应选用冷拔或冷轧钢管，钢管的尺寸精度应选用高级精度。

（2）GB/T 21833中各类钢管的使用温度下限为－20℃

表 5.2-48 各国标准中双相不锈钢牌号对照

序号	中国				美国	欧洲	国际	日本	前苏联	原习惯用牌号
	GB/T 20878 中的序号	统一数字代号	GB/T 20878 中的牌号	本标准	ASTM A789M-05b	EN10216-5：2004	ISO 15156-3：2003	JIS G3459-2004	ГОСТ 5632—1972	
1	68	S21953	022Cr18Ni5Mo3Si2N	022Cr98Ni5Mo3Si2N①	S31500	X2CrNiMoSi18-5-3 1.4424				00Cr18Ni5Mo3Si2N，3RE60
2	70	S22253	022Cr22Ni5Mo3N	022Cr22Ni5Mo3N	S31803	X2CrNiMo22-5-3 1.4462	S31803/2205	SUS329J3LTP		00Cr22Ni5Mo3N，2205
3	72	S23043	022Cr23Ni4MoCuN	022Cr23Ni4MoCuN	S32304	X2CrNiN23-4 1.4362				00Cr23Ni4N
4	71	S22053	022Cr23Ni5Mo3N	022Cr23Ni5Mo3N	S32205					00Cr22Ni5Mo3N，2205
5		S25203		022Cr24Ni7Mo4CuN	S32520	X2CrNiMoCuN25-6-3 1.4507	S32520/52N +			00Cr25Ni7Mo4CuN，UR52N +
6	73	S22553	022Cr25Ni6Mo2N	022Cr25Ni6Mo2N①	S31200		S31200/44LN			00Cr25Ni6Mo2N
7	74	S22583	022Cr25Ni7Mo3WCuN	022Cr25Ni7Mo3WCuN	S31260			SUS329J4LTP		00Cr25Ni7Mo3WCuN
8	76	S25073	022Cr25Ni7Mo4N	022Cr25Ni7Mo4N	S32750	X2CrNiMoN25-7-4 1.4410	S32750/2507			00Cr25Ni7Mo4N，2507
9	75	S25554	03Cr25Ni6Mo3Cu2N	03Cr25Ni6Mo3Cu2N	S32550		S32550/255			0Cr25Ni6Mo3Cu2N FERRALIUMalloy255
10	77	S27603	022Cr25Ni7Mo4WCuN	022Cr25Ni7Mo4WCuN	S32760	X2CrNiMoCuWN25-7-4 1.4501	S32760a/Z100			0Cr25Ni7Mo4WCuN，Zeron100
11		S22693		06Cr26Ni4Mo2	S32900			SUS329J1LTP		0Cr26Ni5Mo2
12	69	S22160	12Cr21Ni5Ti	12Cr21Ni5Ti					12X21H5T	1Cr21Ni5Ti，э и811

注：①本牌号的化学成分规定与 GB/T 20878 中对应牌号的化学成分规定不一致，个别元素加严了要求。

5.2.10　奥氏体－铁素体型双相不锈钢焊接钢管(GB/T 21832—2008)

1. 范围

适用于承压设备、流体输送及热交换器用耐腐蚀的奥氏体－铁素体型双相不锈钢焊接钢管。

2. 分类及代号

钢管分为以下6个制造类别：

Ⅰ类——钢管采用添加填充金属的双面自动焊接方法制造，且焊缝100%全长射线探伤；

Ⅱ类——钢管采用添加填充金属的单面自动焊接方法制造，且焊缝100%全长射线探伤；

Ⅲ类——钢管采用添加填充金属的双面自动焊接方法制造，且焊缝局部射线探伤；

Ⅳ类——钢管采用除根部焊道不添加填充金属外，其他焊道应添加填充金属的单面自动焊接方法制造，且焊缝100%全长射线探伤；

Ⅴ类——钢管采用添加填充金属的双面自动焊接方法制造，且焊缝不做射线探伤；

Ⅵ类——钢管采用不添加填充金属的自动焊接方法制造。

3. 外径和壁厚

1）钢管的公称外径 D 和公称壁厚 s 应符合 GB/T 21835 的规定。

2）钢管公称外径和公称壁厚的允许偏差应符合表5.2－49的规定。

表5.2－49　公称外径和壁厚的允许偏差　　mm

序号	公称外径 D	外径允许偏差①		壁厚允许偏差
		高级	普通级	
1	≤38	±0.13	±0.40	±12.5%s
2	>38～89	±0.25	±0.50	±10%s 或 ±0.2mm，两者取较大值
3	>89～159	±0.35	±0.80	
4	>159～219.1	±0.75	±1.00	
5	>219.1	—	±0.75%D	

注：①当需方在合同中注明钢管用作热交换器用途时，钢管应按外径允许偏差的高级交货。

4. 长度

1）钢管的通常长度为3000～12000mm。

2）钢管可按定尺长度或倍尺长度交货。

3）经供需双方协商，外径不小于508mm的钢管允许有与纵向焊缝相同质量的环缝接头，但不得出现十字焊缝。

5. 技术要求

1）钢管用钢的牌号和化学成分

钢的牌号和化学成分(熔炼分析)应符合表5.2－50的规定。

表 5.2－50 钢的牌号和化学成分

序号	GB/T 20878 中序号	统一数字代号	牌号	化学成分(质量分数)/%										
				C	Si	Mn	P	S	Ni	Cr	Mo	N	Cu	其他
1	68	S21953	022Cr19Ni5Mo3Si2N	≤0.030	1.30～2.00	1.00～2.00	≤0.035	≤0.030	4.50～5.50	18.00～19.50	2.50～3.00	0.05～0.10	—	—
2	70	S22253	022Cr22Ni5Mo3N	≤0.030	≤1.00	≤2.00	≤0.030	≤0.020	4.50～6.50	21.00～23.00	2.50～3.50	0.08～0.20	—	—
3	71	S22053	022Cr23Ni5Mo3N	≤0.030	≤1.00	≤2.00	≤0.030	≤0.020	4.50～6.50	22.00～23.00	3.00～3.50	0.14～0.20	—	—
4	72	S23043	022Cr23Ni4MoCuN	≤0.030	≤1.00	≤2.50	≤0.035	≤0.030	3.00～5.50	21.50～24.50	0.05～0.60	0.05～0.20	0.05～0.60	—
5	73	S22553	022Cr25Ni6Mo2N	≤0.030	≤1.00	≤2.00	≤0.030	≤0.030	5.50～6.50	24.00～26.00	1.20～2.50	0.10～0.20	—	—
6	74	S22583	022Cr25Ni7Mo3WCuN	≤0.030	≤0.75	≤1.00	≤0.030	≤0.030	5.50～7.50	24.00～26.00	2.50～3.50	0.10～0.30	0.20～0.80	W：0.10～0.50
7	75	S25554	03Cr25Ni6Mo3Cu2N	≤0.04	≤1.00	≤1.50	≤0.035	≤0.030	4.50～6.50	24.00～27.00	2.90～3.90	0.10～0.25	1.50～2.50	—
8	76	S25073	022Cr25Ni7Mo4N	≤0.030	≤0.80	≤1.20	≤0.035	≤0.020	6.00～8.00	24.00～26.00	3.00～5.00	0.24～0.32	≤0.50	—
9	77	S27603	022Cr25Ni7Mo4WCuN	≤0.030	≤1.00	≤1.00	≤0.030	≤0.010	6.00～8.00	24.00～26.00	3.00～4.00	0.20～0.30	0.50～1.00	W：0.50～1.00 Cr＋3.3Mo＋16N≥40

2）钢管用钢的冶炼

钢应用电弧炉加炉外精炼或电渣重熔法冶炼。

3）钢管的制造方法

（1）钢管应采用添加或不添加填充金属的单面或双面自动电弧焊接方法制造。

（2）填充金属材料应与母材规定的化学成分相匹配。根据需方要求，可选择较高合金含量的填充金属。

（3）钢管在焊接之后及最终热处理之前可进行冷加工，并可规定冷加工的最小变形量。

4）交货状态

（1）钢管应经热处理并酸洗交货。经保护气氛热处理的钢管，可不经酸洗交货。钢管的推荐热处理制度见表 5.2－51。

（2）经供需双方协商，钢管还可按以下状态交货：

① 制造钢管的钢板已经按照表 5.2－51 规定经过热处理的，钢管可以不经热处理而以焊态交货，但应在钢管上作出标志“H”。

② 钢管表面进行抛光处理。

表 5.2－51　推荐热处理制度及钢管力学性能

序号	GB/T 20878 中序号	统一数字代号	牌号	推荐热处理制度		拉伸性能			硬度[①]	
						抗拉强度 R_m/(N/mm^2)	规定非比例延伸强度 $R_{p0.2}$/(N/mm^2)	断后伸长率 A/%	HBW	HRC
						不小于			不大于	
1	68	S21953	022Cr19Ni5Mo3Si2N	980～1040℃	急冷	630	440	30	290	30
2	70	S22253	022Cr22Ni5Mo3N	1020～1100℃	急冷	620	450	25	290	30
3	71	S22053	022Cr23Ni5Mo3N	1020～1100℃	急冷	655	485	25	290	30
4	72	S23043	022Cr23Ni4MoCuN	925～1050℃	急冷 $D\leqslant25$mm	690	450	25	—	—
					急冷 $D>25$mm	600	400	25	290	30
5	73	S22553	022Cr25Ni6Mo2N	1050～1100℃	急冷	690	450	25	280	—
6	74	S22583	022Cr25Ni7Mo3WCuN	1020～1100℃	急冷	690	450	25	290	30
7	75	S25554	03Cr25Ni6Mo3Cu2N	≥1040℃	急冷	760	550	15	297	31
8	76	S25073	022Cr25Ni7Mo4N	1025～1125℃	急冷	800	550	15	300	32
9	77	S27603	022Cr25Ni7Mo4WCuN	1100～1140℃	急冷	750	550	25	300	—

注：①未要求硬度的牌号，只提供实测数据，不作为交货条件。

5）力学性能

钢管的纵向或横向力学性能应符合表 5.2－51 的规定。

6）工艺性能

（1）压扁试验

外径不大于 219.1mm 的钢管应进行压扁试验。

(2) 焊缝弯曲试验

外径大于219mm的钢管应进行焊缝横向弯曲试验。

7) 液压试验

钢管应逐根进行液压试验，最大试验压力为20MPa。在试验压力下，稳压时间应不少于10s，钢管不允许出现渗漏现象。

供方可用涡流探伤代替液压试验。用涡流探伤时对比样管人工缺陷应符合GB/T7735中验收等级A的规定。

8) 金相检验

热处理状态下成品钢管的金相组织应为奥氏体和铁素体，母材区域的奥氏体含量应为40%～60%，焊缝区域的奥氏体含量由供需双方协商确定。

9) 焊缝无损检测

(1) 钢管应根据不同使用要求和制造类别，按GB/T 3323进行焊缝射线探伤，探伤比例应由供需双方协商并在合同中注明。

(2) 焊缝全长100%X射线探伤的，按GB/T 3323检测和判定，Ⅱ级为合格。

(3) 焊缝局部射线探伤的，按GB/T 3323检测和判定，Ⅲ级为合格。

10) 表面质量

(1) 钢管的内外表面不允许存在裂纹、折叠、分层、过酸洗及氧化皮。

(2) 补焊

除热交换器用途的钢管外，焊缝缺陷允许修补，但修补后的焊缝应重新进行检测，以热处理状态交货的钢管还应重新进行热处理。

(3) 焊缝余高

① 制造类别为Ⅰ、Ⅲ、Ⅴ类的钢管，其钢管内外表面的焊缝余高应与母材齐平或不超过2mm的均匀余高；

② 制造类别为Ⅱ、Ⅳ类的钢管，其钢管外焊缝的余高应与母材齐平或不超过2mm的均匀余高，其内焊缝余高应符合以下规定：

a) $D<133$mm的钢管，不大于壁厚的10%。

b) $D\geqslant133\sim325$mm的钢管，不大于壁厚的15%。

c) $D>325$mm的钢管，不大于壁厚的20%，且最大不超过3mm。

③ 制造类别为Ⅵ类的钢管，其外焊缝余高应与母材齐平，内侧焊缝余高应不大于壁厚的10%。

11) 钢管的检验

钢管的其他检验项目、试验方法应符合表5.2－52的规定。

表5.2－52 钢管检验项目、取样数量和试验方法

序号	检验项目	取样数量	取样方法	试验方法
1	化学成分	每炉取1个试样	GB/T 20066	GB/T 223、GB/T 11170、GB/T 20123、GB/T 20124
2	拉伸试验	每批在两根钢管上各取1个试样	GB/T 2975	GB/T 228
3	硬度试验	每批在两根钢管上各取1个试样	GB/T 2975	GB/T 230.1、GB/T 231.1

续表 5.2-52

序号	检验项目	取样数量	取样方法	试验方法
4	压扁试验	每批在两根钢管上各取1个试样	GB/T 246	GB/T 246
5	焊缝弯曲试验	每批在两根钢管上取各1个试样	GB/T 232	GB/T 232
6	卷边试验	每批在两根钢管上取各1个试样	GB/T 245	GB/T 245
7	液压试验	逐根	—	GB/T 241
8	涡流探伤	逐根	—	GB/T 7735
9	X射线探伤	逐根	—	GB/T 3323
10	金相检验	每批在两根钢管上取各1个试样	GB/T 6401	GB/T 6401
11	腐蚀试验	协议	协议	协议
12	焊接接头冲击试验	每批在两根钢管上各取一组3个试样	GB/T 2650	GB/T 2650
13	有害沉淀相检验	协议	协议	协议
14	水下气密试验	逐根	—	协议

6. 使用规定(选自 GB 150.2—2011)

1) GB/T 21832 中Ⅲ、Ⅳ、Ⅴ类钢管不得用于压力容器。

2) GB/T 21832 中的Ⅰ类和Ⅱ类钢管不得用于热交换器管。Ⅰ类钢管的许用应力可选用 GB/T 21833 中相应钢号无缝钢管的许用应力。

3) GB/T 21832 中的Ⅵ类钢管仅用于热交换器管，钢管的外径允许偏差按高级精度交货，并遵守以下规定：

(1) 钢管应逐根进行涡流检测；

(2) 设计压力小于10.0MPa；

(3) 不得用于毒性程度为极度、高度危害的介质。

4) GB/T 21832 中各类钢管的使用温度下限为-20℃。

5.2.11　压力容器用钢管的有关性能数据(选自 GB 150.2—2011)

1. 钢管的使用温度下限

见 GB 150.2—2011 的第5.1.8条。

2. 钢管的许用应力

1) 碳素钢和低合金钢钢管的许用应力见表5.2-53。

2) 高合金钢钢管的许用应力见表5.2-54。

3. 钢管的高温屈服强度

1) 碳素钢和低合金钢钢管的高温屈服强度见表5.2-55。

2) 高合金钢钢管的高温屈服强度见表5.2-56。

4. 碳素钢和低合金钢钢管的高温持久强度极限

见表5.2-57。

表 5.2－53 碳素钢和低合金钢钢管许用应力

钢号	钢管标准	使用状态	壁厚/mm	室温强度指标		在下列温度(℃)下的许用应力/MPa																注
				R_m/MPa	R_{eL}/MPa	≤20	100	150	200	250	300	350	400	425	450	475	500	525	550	575	600	
10	GB/T 8163	热轧	≤8	335	205	124	121	115	108	98	89	82	75	70	61	41						
10	GB 9948	正火	≤16	335	205	124	121	115	108	98	89	82	75	70	61	41						
			>16～30	335	195	124	117	111	105	95	85	79	73	67	61	41						
20	GB/T 8163	热轧	≤8	410	245	152	147	140	131	117	108	98	88	83	61	41						
20	GB 9948	正火	≤16	410	245	152	147	140	131	117	108	98	88	83	61	41						
			>16～30	410	235	152	140	133	124	111	102	93	83	78	61	41						
			>30～50	410	225	150	133	127	117	105	97	88	79	74	61	41						
12CrMo	GB 9948	正火加回火	≤16	410	205	137	121	115	108	101	95	88	82	80	79	77	74	50				
			>16～30	410	195	130	117	111	105	98	91	85	79	77	75	74	72	50				
15CrMo	GB 9948	正火加回火	≤16	440	235	157	140	131	124	117	108	101	95	93	91	90	88	58	37			
			>16～30	440	225	150	133	124	117	111	103	97	91	89	87	86	85	58	37			
			>30～50	440	215	143	127	117	111	105	97	92	87	85	84	83	81	58	37			
12Cr2Mol	—	正火加回火	≤30	450	280	167	167	163	157	153	150	147	143	140	137	119	89	61	46	37		①
1Cr5Mo	GB9948	退火	≤16	390	195	130	117	111	108	105	101	98	95	93	91	83	62	46	35	26	18	
			>16～30	390	185	123	111	105	101	98	95	91	88	86	85	82	62	46	35	26	18	
12Cr1MoVG	GB5310	正火加回火	≤30	470	225	170	153	143	133	127	117	111	105	103	100	98	95	82	59	41		
09MnD	—	正火	≤8	420	270	156	156															①
09MnNiD	—	正火	≤8	440	280	163	163															①
08Cr2AlMo	—	正火加回火	≤8	400	250	148	148	140	130	123	117											①
09CrCuSb	—	正火	≤8	390	245	144	144	137	127													①

注：①该钢管的技术要求见 GB 150.2—2011 附录 A(规范性附录)。

表 5.2－54 高合金钢钢管许用应力

钢号	钢管标准	壁厚/mm	在下列温度(℃)下的许用应力/MPa																						注
			≤20	100	150	200	250	300	350	400	450	500	525	550	575	600	625	650	675	700	725	750	775	800	
0Cr18Ni9	GB 13296	≤14	137	137	137	130	122	114	111	107	103	100	98	91	79	64	52	42	32	27					①
			137	114	103	96	90	85	82	79	76	74	73	71	67	62	52	42	32	27					
0Cr18Ni9	GB/T 14976	≤28	137	137	137	130	122	114	111	107	103	100	98	91	79	64	52	42	32	27					①
			137	114	103	96	90	85	82	79	76	74	73	71	67	62	52	42	32	27					
00Cr19Ni10	GB 13296	≤14	117	117	117	110	103	98	94	91	88														①
			117	97	87	81	76	73	69	67	65														
00Cr19Ni10	GB/T 14976	≤28	117	117	117	110	103	98	94	91	88														①
			117	97	87	81	76	73	69	67	65														
0Cr18Ni10Ti	GB 13296	≤14	137	137	137	130	122	114	111	108	105	103	101	83	58	44	33	25	18	13					①
			137	114	103	96	90	85	82	80	78	76	75	74	58	44	33	25	18	13					
0Cr18Ni10Ti	GB/T 14976	≤28	137	137	137	130	122	114	111	108	105	103	101	83	58	44	33	25	18	13					①
			137	114	103	96	90	85	82	80	78	76	75	74	58	44	33	25	18	13					
0Cr17Ni12Mo2	GB 13296	≤14	137	137	137	134	125	118	113	111	109	107	106	105	96	81	65	50	38	30					①
			137	117	107	99	93	87	84	82	81	79	78	78	76	73	65	50	38	30					
0Cr17Ni12Mo2	GB/T 14976	≤28	137	137	137	134	125	118	113	111	109	107	106	105	96	81	65	50	38	30					①
			137	117	107	99	93	87	84	82	81	79	78	78	76	73	65	50	38	30					
00Cr17Ni14Mo2	GB/T 13296	≤14	117	117	117	108	100	95	90	86	84														①
			117	97	87	80	74	70	67	64	62														
00Cr17Ni14Mo2	GB/T14976	≤28	117	117	117	108	100	95	90	86	84														①
			117	97	87	80	74	70	67	64	62														
0Cr18Ni12Mo2Ti	GB 13296	≤14	137	137	137	134	125	118	113	111	109	107													①
			137	117	107	99	93	87	84	82	81	79													

续表 5.2－54

钢号	钢管标准	壁厚/mm	在下列温度（℃）下的许用应力/MPa																						注
			≤20	100	150	200	250	300	350	400	450	500	525	550	575	600	625	650	675	700	725	750	775	800	
0Cr18Ni12Mo2Ti	GB/T 14976	≤28	137	137	137	134	125	118	113	111	109	107													①
			137	117	107	99	93	87	84	82	81	79													
0Cr19Ni13Mo3	GB 13296	≤14	137	137	137	134	125	118	113	111	109	107	106	105	96	81	65	50	38	30					①
			137	117	107	99	93	87	84	82	81	79	78	78	76	73	65	50	38	30					
0Cr19Ni13Mo3	GB/T 14976	≤28	137	137	137	134	125	118	113	111	109	107	106	105	96	81	65	50	38	30					①
			137	117	107	99	93	87	84	82	81	79	78	78	76	73	65	50	38	30					
00Cr19Ni13Mo3	GB 13296	≤14	117	117	117	117	117	117	113	111	109														①
			117	117	107	99	93	87	84	82	81														
00Cr19Ni13Mo3	GB/T 14976	≤28	117	117	117	117	117	117	113	111	109														①
			117	117	107	99	93	87	84	82	81														
0Cr25Ni20	GB 13296	≤14	137	137	137	137	134	130	125	122	119	115	113	105	84	61	43	31	23	19	15	12	10	8	①
			137	121	111	105	99	96	93	90	88	85	84	83	81	61	43	31	23	19	15	12	10	8	
0Cr25Ni20	GB/T 14976	≤28	137	137	137	137	134	130	125	122	119	115	113	105	84	61	43	31	23	19	15	12	10	8	①
			137	121	111	105	99	96	93	90	88	85	84	83	81	61	43	31	23	19	15	12	10	8	
1Cr19Ni9	GB 9948	≤28	137	137	137	130	122	114	111	107	103	100	98	91	79	64	52	42	32	27					①
			137	114	103	96	90	85	82	79	76	74	73	71	67	62	52	42	32	27					
1Cr19Ni9	GB 13296	≤14	137	137	137	130	122	114	111	107	103	100	98	91	79	64	52	42	32	27					①
			137	114	103	96	90	85	82	79	76	74	73	71	67	62	52	42	32	27					
S21953	GB/T 21833	≤12	233	233	233	217	210	203																	
S22253	GB/T 21833	≤12	230	230	230	230	223	217																	
S22053	GB/T 21833	≤12	243	243	243	243	240	233																	
S25073	GB/T 21833	≤12	296	296	296	280	267	257																	

续表 5.2－54

钢号	钢管标准	壁厚/mm	在下列温度(℃)下的许用应力/MPa																						注
			≤20	100	150	200	250	300	350	400	450	500	525	550	575	600	625	650	675	700	725	750	775	800	
S30408	GB/T 12771	≤28	116	116	116	111	104	97	94	91	88	85	83	77	67	54	44	36	27	23					①，②
			116	97	88	82	77	72	70	67	65	63	62	60	57	53	44	36	27	23					②
S30403	GB/T 12771	≤28	99	99	99	94	88	83	80	77	75														①，②
			99	82	74	69	65	62	59	57	55														②
S31608	GB/T 12771	≤28	116	116	116	114	106	100	96	94	93	91	90	89	82	69	55	43	32	26					①，②
			116	99	91	84	79	74	71	70	69	67	66	66	65	62	55	43	32	26					②
S31603	GB/T 12771	≤28	99	99	99	92	85	81	77	73	71														①，②
			99	82	74	68	63	60	57	54	53														②
S32168	GB/T 12771	≤28	116	116	116	111	104	97	94	92	89	88	86	71	49	37	28	21	15	11					①，②
			116	97	88	82	77	72	70	68	66	65	64	63	49	37	28	21	15	11					②
S30408	GB/T 24593	≤4	116	116	116	111	104	97	94	91	88	85	83	77	67	54	44	36	27	23					①，②
			116	97	88	82	77	72	70	67	65	63	62	60	57	53	44	36	27	23					②
S30403	GB/T 24593	≤4	99	99	99	94	88	83	80	77	75														①，②
			99	82	74	69	65	62	59	57	55														②
S31608	GB/T24593	≤4	116	116	116	114	106	100	96	94	93	91	90	89	82	69	55	43	32	26					①，②
			116	99	91	84	79	74	71	70	69	67	66	66	65	62	55	43	32	26					②
S31603	GB/T 24953	≤4	99	99	99	92	85	81	77	73	71														①，②
			99	82	74	68	63	60	57	54	53														②
S32168	GB/T24953	≤4	116	116	116	111	104	97	94	92	89	88	86	71	49	37	28	21	15	11					①，②
			116	97	88	82	77	72	70	68	66	65	64	63	49	37	28	21	15	11					②
S21953	GB/T2 1832	≤20	198	198	190	185	179	173																	②
S22253	GB/T 21832	≤20	196	196	196	196	190	185																	②
S22053	GB/T 21832	≤20	207	207	207	207	204	198																	②

注：①该行许用应力仅适用于允许产生微量永久变形之元件，对于法兰或其他有微量永久变形就引起泄露或故障的场合不能采用。

② 该行许用应力乘焊接接头系数 0.85。

表 5.2-55 碳素钢和低合金钢钢管高温屈服强度

钢号	壁厚/mm	在下列温度(℃)下的 $R_{p0.2}$(R_{eL})/MPa									
		20	100	150	200	250	300	350	400	450	500
10	≤16	205	181	172	162	147	133	123	113	98	
	>16~30	195	176	167	157	142	128	118	108	93	
20	≤16	245	220	210	196	176	162	147	132	117	
	>16~30	235	210	20	186	167	153	139	124	110	
	>30~50	225	200	190	176	158	145	132	118	105	
12CrMo	≤16	205	181	172	162	152	142	132	123	118	113
	>16~30	195	176	167	157	147	137	127	118	113	108
15CrMo	≤16	235	210	196	186	176	162	152	142	137	132
	>16~30	225	200	186	176	167	154	145	136	131	127
	>30~50	215	190	176	167	158	146	138	130	126	122
12Cr2Mo1	≤30	280	255	245	235	230	225	220	215	205	194
1Cr5Mo	≤16	195	176	167	162	157	152	147	142	137	127
	>16~30	185	167	157	152	147	142	137	132	127	118
12Cr1MoVG	≤30	255	230	215	200	190	176	167	157	150	142
08Cr2AlMo	≤8	250	225	210	195	185	175				
09CrCuSb	≤8	245	220	205	190						

表 5.2-56 商合金钢钢管高温屈服强度

序号	钢号	在下列温度(℃)下的 $R_{p0.2}$/MPa										
		20	100	150	200	250	300	350	400	450	500	550
1	0Cr18Ni9	205	171	155	144	135	127	123	119	114	111	106
2	00Cr19Ni10	175	145	131	122	114	109	104	101	98		
3	0Cr18Ni10Ti	205	171	155	144	135	127	123	120	117	114	111
4	0Cr17Ni12Mo2	205	175	161	149	139	131	126	123	121	119	117
5	00Cr17Ni14Mo2	175	145	130	120	111	105	100	96	93		
6	0Cr18Ni12Mo2Ti	205	175	161	149	139	131	126	123	121	119	117
7	0Cr19Ni13Mo3	205	175	161	149	139	131	126	123	121	119	117
8	00Cr19Ni13Mo3	175	175	161	149	139	131	126	123	121		
9	0Cr25Ni20	250	181	167	157	149	144	139	135	132	128	124

续表 5.2-56

序　号	钢　　号	在下列温度(℃)下的 $R_{p0.2}$/MPa										
		20	100	150	200	250	300	350	400	450	500	550
10	1Cr19Ni9	205	171	155	144	135	127	123	119	114	111	106
11	S21953	440	355	335	325	315	305					
12	S22253	450	395	370	350	335	325					
13	S22053	485	425	400	375	360	350					
14	S25073	550	480	445	420	400	385					
15	S30408	210	194	144	156	135	127	123	119	114	111	106
16	S30403	180	147	131	122	114	109	104	101	98		
17	S31608	210	178	162	149	139	131	126	123	121	119	117
18	S31603	180	147	130	120	111	105	100	96	93		
19	S32168	210	174	156	144	135	127	123	120	117	114	111

注：序号 1 ~ 9 为 GB13296 和 GB/T 14976 的参考值，序号 10 为 GB 9948 和 GB 13296 的参考值，序号 11 ~ 14 为 GB/T 21833 的参考值，序号 15 ~ 19 为 GB/T 12771 的参考值。

表 5.2-57　碳素钢和低合金钢钢管高温持久强度极限

钢　　号	在下列温度(℃)下的 10 万 h R_D/MPa								
	400	425	450	475	500	525	550	575	600
10	170	127	91	61					
20	170	127	91	61					
12CrMo					111	75			
15CrMo				201	132	87	56		
12Cr2Mo1			221	179	133	91	69	56	
1Cr5Mo			160	125	93	69	53	39	27
12Cr1MoVG					170	123	88	62	

5.3　承压设备用锻钢

5.3.1　承压设备用碳素钢和合金钢锻件[NB/T 47008—2010(JB/T 4726)]

1. 锻件用钢的冶炼方法

锻件用钢应采用电炉或氧气转炉冶炼的镇静钢。经供需双方协商，也可采用电渣重熔、炉外精炼等冶炼方法。

2. 锻件用钢的化学成分(见表 5.3-1)

表 5.3-1　锻件用钢的化学成分(熔炼分析)

钢号	化学成分(质量分数)/%														
	C	Si	Mn	Cr	Mo	Ni	Cu	V	Nb	Ti	Al	N	B	P	S
20	0.17~0.23	0.15~0.40	0.60~1.00	≤0.25	—	≤0.25	≤0.25	—	—	—	—	—	—	≤0.030	≤0.020
35	0.32~0.38	0.15~0.40	0.50~0.80	≤0.25	—	≤0.25	≤0.25	—	—	—	—	—	—	≤0.030	≤0.020
16Mn	0.13~0.20	0.20~0.60	1.20~1.60	≤0.30	—	≤0.30	≤0.25	—	—	—	—	—	—	≤0.030	≤0.020
20MnMo	0.17~0.23	0.15~0.40	1.10~1.40	≤0.30	0.20~0.35	≤0.30	≤0.25	—	—	—	—	—	—	≤0.025	≤0.015
20MnMoNb	0.17~0.23	0.15~0.40	1.30~1.60	≤0.30	0.45~0.65	≤0.30	≤0.25	—	0.025~0.050	—	—	—	—	≤0.025	≤0.015
20MnNiMo	0.17~0.23	0.15~0.40	1.20~1.50	≤0.25	0.45~0.60	0.40~1.00	≤0.25	≤0.050	—	—	—	—	—	≤0.020	≤0.012
15NiCuMoNb	0.11~0.17	0.20~0.50	0.80~1.20	≤0.30	0.25~0.50	1.00~1.30	0.50~0.80	≤0.020	0.015~0.045	—	≤0.050	≤0.020	—	≤0.025	≤0.015
35CrMo	0.32~0.38	0.15~0.40	0.40~0.70	0.80~1.10	0.15~0.25	≤0.30	≤0.25	—	—	—	—	—	—	≤0.025	≤0.015
15CrMo	0.12~0.18	0.10~0.60	0.30~0.80	0.80~1.25	0.45~0.65	≤0.30	≤0.25	—	—	—	—	—	—	≤0.025	≤0.015
12Cr1MoV	0.09~0.15	0.15~0.40	0.40~0.70	0.90~1.20	0.25~0.35	≤0.30	≤0.25	0.15~0.30	—	—	—	—	—	≤0.025	≤0.015
14Cr1Mo	0.11~0.17	0.50~0.80	0.30~0.80	1.15~1.50	0.45~0.65	≤0.30	≤0.25	—	—	—	—	—	—	≤0.025	≤0.015
12Cr2Mo1	≤0.15	≤0.50	0.30~0.60	2.00~2.50	0.90~1.10	≤0.30	≤0.25	—	—	—	—	—	—	≤0.020	≤0.012
12Cr2Mo1V	≤0.15	≤0.10	0.30~0.60	2.00~2.50	0.90~1.10	≤0.25	≤0.25	0.25~0.35	≤0.070	≤0.030	—	—	≤0.002	≤0.012	≤0.010
12Cr3Mo1V	≤0.15	≤0.10	0.30~0.60	2.70~3.30	0.90~1.10	≤0.25	≤0.25	0.20~0.30	—	0.015~0.035	—	—	0.001~0.003	≤0.012	≤0.010
1Cr5Mo	≤0.15	≤0.50	≤0.60	4.00~6.00	0.45~0.65	≤0.50	≤0.25	—	—	—	—	—	—	≤0.025	≤0.015
10Cr9Mo1VNb	0.80~0.12	0.20~0.50	0.30~0.60	8.00~9.50	0.85~1.05	≤0.40	≤0.25	0.18~0.25	0.06~0.10	—	≤0.040	0.030~0.070	—	≤0.020	≤0.010

注：(1)根据需方要求，20、35 和 16Mn 钢 P 含量可≤0.025%、S 含量可≤0.015%；

② 需方可进行成品分析，其结果与本表规定值的允许偏差应符合 GB/T 222 中表 2 的规定；

③ 表中 P≤0.020% 的钢号，其允许正偏差为 0.003%；S≤0.012% 的钢号，其允许正偏差为 0.002%。

3. 锻件级别

锻件分为Ⅰ、Ⅱ、Ⅲ、Ⅳ四个级别，每个级别的检验项目按表5.3－2的规定。Ⅰ级锻件不仅适用于公称厚度小于或等于100mm的20、35和16Mn钢锻件。

表5.3－2 锻件检验项目

锻件级别	检验项目	检验数量
Ⅰ	硬度(HBW)	逐件检验
Ⅱ	拉伸和冲击(R_m、R_{eL}、A、KV_2)	同冶炼炉号、同炉热处理的锻件组成一批，每批抽检一件
Ⅲ	拉伸和冲击(R_m、R_{eL}、A、KV_2)	
	超声检测	逐件检验
Ⅳ	拉伸和冲击(R_m、R_{eL}、A、KV_2)	逐件检验
	超声检测	逐件检验

4. 热处理

锻件应按表5.3－3中规定的热处理状态交货。如供方需改变热处理状态时，应征得需方同意。热处理状态的代号为：N——正火、Q——淬火、T——回火。

5. 力学性能

1）Ⅰ级锻件的硬度值应符合表5.3－3的规定。表中硬度值系3次测定结果算术平均值的合格范围，其单个值均不得超过表中规定范围的10HBW。

2）Ⅱ、Ⅲ和Ⅳ级锻件的拉伸和冲击性能应符合表5.3－3的规定。表中冲击功为3个试样试验结果的算术平均值，允许1个试样的冲击功低于规定值，但不得低于规定值的70%。

3）根据需方要求，并在合同中注明，20、16Mn和20MnMo钢锻件可进行－20℃冲击试验，代替表5.3－3中的0℃冲击试验，－20℃冲击功指标仍按表5.3－3的规定。

6. 外观质量

1）锻件经外观检查，应无肉眼可见的裂纹、夹层、折叠、夹渣等有害缺陷。如有缺陷，允许清除，但修磨部分应圆滑过渡，清除深度应符合以下规定：

(1) 当缺陷存在于非机械加工表面，清除深度不应超过该处公称尺寸下偏差；

(2) 当缺陷存在于机械加工表面，清除深度不应超过该处余量的75%。

2）锻件形状、尺寸和表面质量应满足订货图样的要求。

表5.3－3 锻件热处理状态和力学性能

钢号	公称厚度/mm	热处理状态	回火温度/℃	拉伸试验			冲击试验		硬度试验
				R_m/MPa	R_{eL}/MPa	A/%	试验温度/℃	KV_2/J	HBW
			不低于		不小于			不小于	
20	≤100	N N+T	620	410~560	235	24	0	31	110~160
	>100~200			400~550	225	24			—
	>200~300			380~530	205	24			
35	≤100	N N+T	590	510~670	265	18	20	34	136~192
	>100~300			490~640	245	18			—

续表 5.3-3

钢号	公称厚度/mm	热处理状态	回火温度/℃	拉伸试验			冲击试验		硬度试验
				R_m/MPa	R_{eL}/MPa	A/%	试验温度/℃	KV_2/J	HBW
			不低于		不小于			不小于	
16Mn	≤100	N N + T Q + T	620	480~630	305	20	0	34	128~180
	>100~200			470~620	295	20			—
	>200~300			450~600	275	20			
20MnMo	≤300	Q + T	620	530~700	370	18	0	41	—
	>300~500			510~680	350	18			
	>500~700			490~660	330	18			
20MnMoNb	≤300	Q + T	630	620~790	470	16	0	41	—
	>300~500			610~780	460	16			
20MnNiMo	≤500	Q + T	620	620~790	450	16	-20	41	—
15NiCuMoNb	≤500	N + T Q + T	640	610~780	440	17	20	47	—
35CrMo	≤300	Q + T	580	620~790	440	15	0	41	—
	>300~500			610~780	430	15			
15CrMo	≤300	N + T Q + T	620	480~640	280	20	20	47	—
	>300~500			470~630	270	20			
12Cr1MoV	≤300	N + T Q + T	680	470~630	280	20	20	47	—
	>300~500			460~620	270	20			
14Cr1Mo	≤300	N + T Q + T	620	490~660	290	19	20	47	—
	>300~500			480~650	280	19			
12Cr2Mo1	≤300	N + T Q + T	680	510~680	310	18	20	47	—
	>300~500			500~670	300	18			
12Cr2Mo1V	≤300	N + T Q + T	680	590~760	420	17	-20	60	—
	>300~500			580~750	410	17			
12Cr3Mo1V	≤300	N + T Q + T	680	590~760	420	17	-20	60	—
	>300~500			580~750	410	17			
1Cr5Mo	≤500	N + T Q + T	680	590~760	390	18	20	47	—
10Cr9Mo1VNb	≤500	N + T Q + T	740	590~760	420	18	20	47	—

注：如屈服现象不明显，屈服强度取 $R_{p0.2}$。

7. 内部缺陷

1）锻件应保证不存在白点。

2）用超声检测锻件内部缺陷，锻件的超声检测质量等级按表 5.3-4 的规定。

表 5.3－4 锻件的超声检测

锻件分类		超声检测质量等级		
		单个缺陷	底波降低量	密集区缺陷
筒形锻件	用于筒节	Ⅱ	Ⅰ	Ⅱ
	用于筒体端部法兰	Ⅲ	Ⅲ	Ⅱ
环形锻件		Ⅱ	Ⅱ	Ⅱ
饼形锻件	公称厚度≤200mm	Ⅲ	Ⅲ	Ⅲ
	公称厚度＞200mm	Ⅳ	Ⅳ	Ⅳ
碗形锻件		Ⅲ	Ⅲ	Ⅱ
长颈法兰锻件		Ⅲ	Ⅲ	Ⅱ
条形锻件		Ⅲ	Ⅱ	Ⅱ

8. 焊补

1）35 和 35CrMo 钢锻件不允许焊补，其他钢号锻件允许进行焊补。

2）允许焊补的部位、深度和面积，焊补所采用的焊材、焊接工艺参数，对焊工资格的要求，焊补前后的无损检测方法和合格等级等事项由供需双方商定。

3）供方应向需方提供锻件焊补的部位、深度和面积的简图，焊接材料、焊接工艺参数及无损检测的报告。

9. 锻件的高温屈服强度（附加要求）

Ⅲ级或Ⅳ级锻件可附加高温拉伸试验，锻件的高温屈服强度值应符合表 5.3－5 的规定。

表 5.3－5 锻件的高温拉伸试验要求

钢 号	公称厚度/mm	在下列温度（℃）下的 $R_{p0.2}$（R_{eL}）/MPa 不小于						
		200	250	300	350	400	450	500
20MnMo	≤300	305	295	285	275	260	240	—
	＞300～500	290	280	270	260	245	225	—
	＞500～700	280	270	260	250	235	215	—
20MnMoNb	≤300	405	395	385	370	355	335	—
	＞300～500	405	395	385	370	355	335	—
20MnNiMo	≤500	395	385	380	370	355	335	—
15NiCuMoNb	≤500	385	375	365	350	335	315	—
35CrMo	≤300	370	360	350	335	320	295	—
	＞300～500	370	360	350	335	320	295	—
15CrMo	≤300	—	—	200	190	180	170	160
	＞300～500	—	—	190	180	170	160	150
12Cr1MoV	≤300	—	—	—	200	190	180	170
	＞300～500	—	—	—	190	180	170	160
14Cr1Mo	≤300	—	—	220	210	200	190	175
	＞300～500	—	—	210	200	190	180	170

续表 5.3－5

钢号	公称厚度/mm	在下列温度(℃)下的 $R_{p0.2}$ (R_{eL})/MPa 不小于						
		200	250	300	350	400	450	500
12Cr2Mo1	≤300	—	—	—	245	240	230	215
	>300～500	—	—	—	240	235	225	215
12Cr2Mo1V	≤300	—	—	—	355	350	340	325
	>300～500	—	—	—	350	345	335	320
12Cr3Mo1V	≤300	—	—	—	355	350	340	325
	>300～500	—	—	—	350	345	335	320

5.3.2 低温承压设备用低合金钢锻件[NB/T 47009—2010(JB/T 4727)]

1. 锻件用钢的冶炼方法

锻件用钢应采用电炉或氧气转炉冶炼的镇静钢，并采用炉外精炼工艺。

2. 锻件用钢的化学成分(见表 5.3－6)

表 5.3－6 锻件用钢的化学成分(熔炼分析)

钢号	化学成分(质量分数)/%										
	C	Si	Mn	Ni	Mo	Cr	Cu	V	Nb	P	S
16MnD	0.13～0.20	0.20～0.60	1.20～1.60	≤0.40	—	≤0.30	≤0.25	—	≤0.030	≤0.025	≤0.012
20MnMoD	0.16～0.22	0.15～0.40	1.10～1.40	≤0.50	0.20～0.35	≤0.30	≤0.25	—	—	≤0.025	≤0.012
08MnNiMoVD	0.06～0.10	0.20～0.40	1.10～1.40	1.20～1.70	0.20～0.40	≤0.30	≤0.25	0.02～0.06	—	≤0.020	≤0.010
10Ni3MoVD	0.08～0.12	0.15～0.35	0.70～0.90	2.50～3.00	0.20～0.30	≤0.30	≤0.25	0.02～0.06	—	≤0.015	≤0.010
09MnNiD	0.06～0.12	0.15～0.35	1.20～1.60	0.45～0.85	—	≤0.30	≤0.25	—	≤0.050	≤0.020	≤0.010
08Ni3D	≤0.10	0.15～0.35	0.40～0.90	3.30～3.70	≤0.12	≤0.30	≤0.25	≤0.03	≤0.020	≤0.015	≤0.010

注：08MnNiMoVD 钢的焊接冷裂纹敏感性组成 P_{cm} ≤0.25%。

P_{cm} = C + Si/30 + Mn/20 + Cr/20 + Cu/20 + Ni/60 + Mo/15 + V/10 + 5B(%)。

3. 锻件级别

锻件分为Ⅱ、Ⅲ、Ⅳ三个级别，每个级别的检验项目按表 5.3－7 的规定。

表 5.3－7 锻件检验项目

锻件级别	检验项目	检验数量
Ⅱ	拉伸和冲击(R_m、R_{eL}、A、KV_2)	同冶炼炉号、同炉热处理的锻件组成一批，每批抽检一件
Ⅲ	拉伸和冲击(R_m、R_{eL}、A、KV_2)	
	超声检测	逐件检验
Ⅳ	拉伸和冲击(R_m、R_{eL}、A、KV_2)	逐件检验
	超声检测	逐件检验

4. 热处理

锻件应按表5.3－8中规定的热处理状态交货。如供方需改变热处理状态时，应征得需方同意。热处理状态的代号为：Q——淬火、T——回火。

5. 力学性能

经热处理后成品锻件的力学性能应符合表5.3－8的规定。表中冲击功为3个试样试验结果的算术平均值，允许1个试样的冲击功低于规定值，但不得低于规定值的70%。

表5.3－8　锻件热处理状态和力学性能

钢　号	公称厚度/mm	热处理状态	回火温度/℃	拉伸试验			冲击试验	
				R_m/MPa	R_{eL}/MPa	A/%	试验温度/℃	KV_2/J
			不低于		不小于			不小于
16MnD	≤100	Q+T	620	480～630	305	20	－45	47
	＞100～200			470～620	295	20	－40	
	＞200～300			450～600	275	20		
20MnMoD	≤300	Q+T	620	530～700	370	18	－40	47
	＞300～500			510～680	350	18	－30	
	＞500～700			490～660	330	18		
08MnNiMoVD	≤300	Q+T	620	600～770	480	17	－40	60
10Ni3MoVD	≤300	Q+T	620	600～770	480	17	－50	80
09MnNiD	≤200	Q+T	620	440～590	280	23	－70	60
	＞200～300			430～580	270	23		
08Ni3D	≤300	Q+T	620	460～610	260	22	－100	47

注：如屈服现象不明显，屈服强度取$R_{P0.2}$。

6. 外观质量

1）锻件经外观检查，应无肉眼可见的裂纹、夹层、折叠、夹渣等有害缺陷。如有缺陷，允许清除，但修磨部分应圆滑过渡，清除深度应符合以下规定：

（1）当缺陷存在与非机械加工表面，清除深度不应超过该处公称尺寸下偏差；

（2）当缺陷存在与机械加工表面，深除深度不应超过该处余量的75%。

2）锻件形状、尺寸和表面质量应满足订货图样的要求。

7. 内部缺陷

1）锻件应保证不存在白点。

2）用超声检测锻件内部缺陷，锻件的超声检测质量等级按表5.3－9的规定。

表5.3－9　锻件的超声检测

锻件分类		超声检测质量等级		
		单个缺陷	底波降低量	密集区缺陷
筒形锻件	用于筒节	Ⅱ	Ⅰ	Ⅱ
	用于筒体端部法兰	Ⅲ	Ⅲ	Ⅱ
环行锻件		Ⅱ	Ⅱ	Ⅱ
饼形锻件	公称厚度≤200mm	Ⅲ	Ⅲ	Ⅲ
	公称厚度＞200mm	Ⅳ	Ⅳ	Ⅳ
碗形锻件		Ⅲ	Ⅲ	Ⅲ
长颈法兰锻件		Ⅲ	Ⅲ	Ⅱ
条形锻件		Ⅲ	Ⅱ	Ⅱ

8. 焊补

1）锻件允许进行焊补。

2）允许焊补的部位、深度和面积，焊补所采用的焊材、焊接工艺参数，对焊工资格的要求，焊补前后的无损检测方法和合格等级等事项由供需双方商定。

3）供方应向需方提供锻件焊补的部位、深度和面积的简图，焊接材料、焊接工艺参数及无损检测的报告。

5.3.3 承压设备用不锈钢和耐热钢锻件[NB/T 47010—2010(JB/T 4728)]

1. 锻件用钢冶炼方法

锻件用钢应采用电炉或氧气转炉冶炼，并采用炉外精炼工艺。

2. 锻件用钢化学成分(见表5.3-10)

表5.3-10 锻件用钢的化学成分(熔炼分析)

类型	钢号	化学成分(质量分数)/%											
		C	Si	Mn	Cr	Ni	Mo	Cu	Ti	Nb	N	P	S
铁素体型	S11306	≤0.06	≤1.00	≤1.00	11.50~13.50	≤0.60	—	—	—	—	—	≤0.035	≤0.020
奥氏体型	S30408	≤0.08	≤1.00	≤2.00	18.00~20.00	8.00~10.50	—	—	—	—	—	≤0.035	≤0.020
	S30403	≤0.030	≤1.00	≤2.00	18.00~20.00	8.00~12.00	—	—	—	—	—	≤0.035	≤0.020
	S30409	0.04~0.10	≤1.00	≤2.00	18.00~20.00	8.00~10.50	—	—	—	—	—	≤0.035	≤0.020
	S32168	≤0.08	≤1.00	≤2.00	17.00~19.00	9.00~12.00	—	—	5×C~0.70	—	—	≤0.035	≤0.020
	S34779	0.04~0.10	≤1.00	≤2.00	17.00~19.00	9.00~12.00	—	—	—	8×C~1.10	—	≤0.035	≤0.020
	S31608	≤0.08	≤1.00	≤2.00	16.00~18.00	10.00~14.00	2.00~3.00	—	—	—	—	≤0.035	≤0.020
	S31603	≤0.030	≤1.00	≤2.00	16.00~18.00	10.00~14.00	2.00~3.00	—	—	—	—	≤0.035	≤0.020
	S31609	0.04~0.10	≤1.00	≤2.00	16.00~18.00	10.00~14.00	2.00~3.00	—	—	—	—	≤0.035	≤0.020
	S31668	≤0.08	≤1.00	≤2.00	16.00~18.00	10.00~14.00	2.00~3.00	—	5×C~0.70	—	—	≤0.035	≤0.020
	S31703	≤0.030	≤1.00	≤2.00	18.00~20.00	11.00~15.00	2.00~3.00	—	—	—	—	≤0.035	≤0.020
	S31008	0.04~0.08	≤1.50	≤2.00	24.00~26.00	19.00~22.00	—	—	—	—	—	≤0.035	≤0.020
	S39042	≤0.020	≤1.00	≤2.00	19.00~21.00	24.00~26.00	4.00~5.00	1.20~2.00	—	—	≤0.10	≤0.030	≤0.010
奥氏体—铁素体型	S21953	≤0.030	1.30~2.00	1.00~2.00	18.00~19.50	4.50~5.50	2.50~3.00	—	—	—	0.05~0.12	≤0.030	≤0.020
	S22253	≤0.030	≤1.00	≤2.00	21.00~23.00	4.50~6.50	2.50~3.50	—	—	—	0.08~0.20	≤0.030	≤0.020
	S22053	≤0.030	≤1.00	≤2.00	22.00~23.00	4.50~6.50	3.00~3.50	—	—	—	0.14~0.20	≤0.030	≤0.020

3. 锻件级别

锻件分为Ⅰ、Ⅱ、Ⅲ、Ⅳ四个级别，每个级别的检验项目按表5.3－11的规定。Ⅰ级锻件仅适用于公称厚度小于或等于150mm的S11306和S30408钢锻件。

表5.3－11　锻件检验项目

锻件级别	检验项目	检验数量
Ⅰ	硬度(HBW)	逐件检验
Ⅱ	拉伸(R_m、$R_{p0.2}$、A)	同冶炼炉号、同炉热处理的锻件组成一批，每批抽检一件
Ⅲ	拉伸(R_m、$R_{p0.2}$、A)	
	超声检测	逐渐检验
Ⅳ	拉伸(R_m、$R_{p0.2}$、A)	逐渐检验
	超声检测	逐渐检验

4. 热处理

锻件应按表5.3－12中规定的热处理状态交货。如供方需改变热处理状态时，应征得需方同意。热处理状态的代号为：A——退火、S——固溶。

5. 力学性能

经热处理后成品锻件的常温力学性能(Ⅰ级锻件的硬度，Ⅱ、Ⅲ和Ⅳ级锻件的拉伸性能)应符合表5.3－12的规定。表中硬度值系三次测定结果算术平均值的合格范围，其单个值均不得超过表中规定范围的10HBW。

表5.3－12　锻件热处理状态和力学性能

钢号	公称厚度/mm	热处理状态/℃	拉伸试验			硬度试验
			R_m/MPa	$R_{p0.2}$/MPa	A/%	HBW
			不小于			
S11306	≤150	A(800～900缓冷)	410	205	20	110～163
S30408	≤150	S(1010～1150快冷)	520	205	35	139～192
	>150～300		500	205	35	—
S30403	≤150	S(1010～1150快冷)	480	175	35	—
	>150～300		460	175	35	—
S30409	≤150	S(1010～1150快冷)	520	205	35	—
	>150～300		500	205	35	—
S32168	≤150	S(920～1150快冷)	520	205	35	—
	>150～300		500	205	35	—
S34779	≤150	S(1050～1180快冷)	520	205	35	—
	>150～300		500	205	35	—
S31608	≤150	S(1010～1150快冷)	520	205	35	—
	>150～300		500	205	35	—
S31603	≤150	S(1010～1150快冷)	480	175	35	—
	>150～300		460	175	35	—

续表 5.3－12

钢号	公称厚度/mm	热处理状态/℃	拉伸试验			硬度试验
			R_m/MPa	$R_{p0.2}$/MPa	A/%	HBW
			不小于			
S31609	≤150	S(1010～1150 快冷)	520	205	35	—
	>150～300		500	205	35	—
S31668	≤150	S(1010～1150 快冷)	520	205	35	—
	>150～300		500	205	35	—
S31703	≤150	S(1010～1150 快冷)	480	195	35	—
	>150～300		460	195	35	—
S31008	≤150	S(1030～1180 快冷)	520	205	35	—
	>150～300		500	205	35	—
S39042	≤300	S(1050～1180 快冷)	490	220	35	—
S21953	≤150	S(950～1050 快冷)	590	390	25	—
S22253	≤150	S(1020～1100 快冷)	620	450	25	—
S22053	≤150	S(1020～1100 快冷)	620	450	25	—

6. 外观质量

1）锻件经外观检查，应无肉眼可见的裂纹、夹层、折叠、夹渣等有害缺陷。如有缺陷，允许清除，但修磨部分应圆滑过渡，清除深度应符合以下规定：

（1）当缺陷存在于非机械加工表面，清除深度不应超过该处公称尺寸下偏差；

（2）当缺陷存在于机械加工表面，清除深度不应超过该处余量的75%。

2）锻件形状、尺寸和表面质量应满足订货图样的要求。

7. 内部缺陷

1）用超声检测锻件内部缺陷。

2）不锈钢锻件的超声检测验收标准由供需双方商定。

8. 焊补

1）锻件允许进行焊补。

2）允许焊补的部位、深度和面积、焊补所采用的焊材、焊接工艺参数，对焊工资格的要求，焊补前后的无损检测方法和合格等级等事项由供需双方商定。

3）供方应向需方提供锻件焊补的部位、深度和面积的简图，焊接材料、焊接工艺参数及无损检测的报告。

9. 新、旧标准相应钢号对照

为了便于使用，表5.3－13中列出了JB 4728—2000标准中的钢号与本标准中相应钢号的对照及主要成分的差异。

5.3.4 承压设备用锻钢有关性能数据(选自GB 150.2—2011)

1. 钢锻件的使用温度下限

见表5.3－14。

表 5.3－13　新、旧标准相应钢号对照

序号	标　准	钢　号	化学成分(质量分数)/%				
			C	Cr	Ni	Mo	S
1	JB 4728—2000	0Cr13	≤0.08	11.50～13.50	≤0.60	—	≤0.030
	NB/T 47010—2010	S11306	≤0.06				≤0.020
2	JB 4728—2000	0Cr18Ni9	≤0.07	17.00～19.00	8.00～11.00	—	≤0.030
	NB/T 47010—2010	S30408	≤0.08	18.00～20.00	8.00～10.50		≤0.020
3	JB 4728—2000	00Cr19Ni10	≤0.03	18.00～20.00	8.00～12.00	—	≤0.030
	NB/T 47010—2010	S30403	≤0.030				≤0.020
4	JB 4728—2000	0Cr18Ni10Ti	≤0.08	17.00～19.00	9.00～12.00	—	≤0.030
	NB/T 47010—2010	S32168					≤0.020
5	JB 4728—2000	0Cr17Ni12Mo2	≤0.08	16.00～18.00	10.00～14.00	2.00～3.00	≤0.030
	NB/T 47010—2010	S31608					≤0.020
6	JB 4728—2000	00Cr17Ni14Mo2	≤0.03	16.00～18.00	12.00～15.00	2.00～3.00	≤0.030
	NB/T 47010—2010	S31603	≤0.030		10.00～14.00		≤0.020
7	JB 4728—2000	0Cr18Ni12Mo2Ti	≤0.08	16.00～19.00	11.00～14.00	1.80～2.50	≤0.030
	NB/T 47010—2010	S31668		16.00～18.00	10.00～14.00	2.00～3.00	≤0.020
8	JB 4728—2000	00Cr18Ni5Mo3Si2	≤0.03	18.00～19.50	4.50～5.50	2.5～3.00	≤0.020
	NB/T 47010—2010	S21953	≤0.030				

表 5.3－14　钢锻件的使用温度下限

钢　号	使用状态	公称厚度/mm	冲击试验温度/℃
16MnD	调质	≤100	－45
		＞100～300	－40
20MnMoD	调质	≤300	－40
	调质	＞300～700	－30
08MnNiMoVD	调质	≤300	－40
10Ni3MoVD	调质	≤300	－50
09MnNiD	调质	≤300	－70
08Ni3D	调质	≤300	－100
35	N、N＋T	≤300	0
20	N、N＋T	≤300	－20
16Mn	N、N＋T，Q＋T	≤300	－20
20MnMo	Q＋T	≤700	－20
35CrMo	Q＋T	≤500	－10
20MnMoNb	Q＋T	≤500	－10
20MnNiMo	Q＋T	≤500	－20
S11306	A	≤150	0
S21953 S22253 S22053	S	≤150	－20
奥氏体钢锻件	S	≤300	－196

2. 钢锻件的许用应力

1）碳素钢和低合金钢钢锻件许用应力见表 5.3－15。

2）高合金钢钢锻件许用应力见表 5.3－16。

表 5.3－15 碳素钢和低合金钢钢锻件许用应力

钢号	钢锻件标准	使用状态	公称厚度/mm	室温强度指标		在下列温度(℃)下的许用应力/MPa																注
				R_m/MPa	R_{eL}/MPa	≤20	100	150	200	250	300	350	400	425	450	475	500	525	550	575	600	
20	JB/T 4726	正火、正火加回火	≤100	410	235	152	140	133	124	111	102	93	86	84	61	41						
			>100～200	400	225	148	133	127	119	107	98	89	82	80	61	41						
			>200～300	380	205	137	123	117	109	98	90	82	75	73	61	41						
35	JB/T 4726	正火、正火加回火	≤100	510	265	177	157	150	137	124	115	105	98	85	61	41						①
			>100～300	490	245	163	150	143	133	121	111	101	95	85	61	41						
16Mn	JB/T 4726	正火、正火加回火、调质	≤100	480	305	178	178	167	150	137	123	117	110	93	66	43						
			>100～200	470	295	174	174	163	147	133	120	113	107	93	66	43						
			>200～300	450	275	167	167	157	143	130	117	110	103	93	66	43						
20MnMo	JB/T 4726	调质	≤300	530	370	196	196	196	196	196	190	183	173	167	131	84	49					
			>300～500	510	350	189	189	189	189	187	180	173	163	157	131	84	49					
			>500～700	490	330	181	181	181	181	180	173	167	157	150	131	84	49					
20MnMoNb	JB/T 4726	调质	≤300	620	470	230	230	230	230	230	230	230	230	230	177	117						
			>300～500	610	460	226	226	226	226	226	226	226	226	226	117	117						
20MnNiMo	JB/T 4726	调质	≤500	620	450	230	230	230	230	230	230	230	230									
35CrMo	JB/T 4726	调质	≤300	620	440	230	230	230	230	230	230	223	213	197	150	111	79	50				①
			>300～500	610	430	226	226	226	226	226	226	223	213	197	150	111	79	50				
15CrMo	JB/T 4726	正火加回火、调质	≤300	480	280	178	170	160	150	143	133	127	120	117	113	110	88	58	37			
			>300～500	470	270	174	163	153	143	137	127	120	113	110	107	103	88	58	37			
14Cr1Mo	JB/T 4726	正火加回火、调质	≤300	490	290	181	180	170	160	153	147	140	133	130	127	122	80	54	33			
			>300～500	480	280	178	173	163	153	147	140	133	127	123	120	117	80	54	33			

续表 5.3－15

钢号	钢锻件标准	使用状态	公称厚度/mm	室温强度指标		在下列温度(℃)下的许用应力/MPa																注
				R_m/MPa	R_{eL}/MPa	≤20	100	150	200	250	300	350	400	425	450	475	500	525	550	575	600	
12Cr2Mo1	JB/T 4726	正火加回火，调质	≤300	510	310	189	187	180	173	170	167	163	160	157	153	119	89	61	46	37		
			>300～500	500	300	185	183	177	170	167	163	160	157	153	150	119	89	61	46	37		
12Cr1MoV	JB/T 4726	正火加回火，调质	≤300	470	280	174	170	160	153	147	140	133	127	123	120	117	113	82	59	41		
			>300～500	460	270	170	163	153	47	140	133	127	120	117	113	110	107	82	59	41		
12Cr2Mo1V	JB/T 4726	正火加回火，调质	≤300	590	420	219	219	219	219	219	219	219	219	219	193	163	134	104	72			
			>300～500	580	410	215	215	215	215	215	215	215	215	215	193	163	134	104	72			
12Cr3Mo1V	JB/T 4726	正火加回火，调质	≤300	590	420	219	219	219	219	219	219	219	219	219	193							
			>300～500	580	410	215	215	215	215	215	215	215	215	215	193							
1Cr5Mo	JB/T 4726	正火加回火，调质	≤500	590	390	219	219	219	219	217	213	210	190	136	107	83	62	46	35	26	18	
16MnD	JB/T 4727	调质	≤100	480	305	178	178	167	150	137	123	117										
			>100～200	470	295	174	174	163	147	133	120	113										
			>200～300	450	257	167	167	157	143	130	117	110										
20MnMoD	JB/T 4727	调质	≤300	530	370	196	196	196	196	196	190	183										
			>300～500	510	350	189	189	189	189	187	180	173										
			>500～700	490	330	181	181	181	181	180	173	167										
08MnNiMoVD	JB/T 4727	调质	≤300	600	480	222	222	222	222													
10Ni3MoVD	JB/T 4727	调质	≤300	600	480	222	222	222	222													
09MnNiD	JB/T 4727	调质	≤200	440	280	163	163	157	150	143	127	127										
			>200～300	430	270	159	159	150	143	137	120	120										
08Ni3D	JB/T 4727	调质	≤300	460	260	170																

注：①该钢锻件不得用于焊接结构。

表 5.3－16　高合金钢钢锻件许用应力

钢号	钢锻件标准	公称厚度/mm	在下列温度(℃)下的许用应力/MPa																						注
			≤20	100	150	200	250	300	350	400	450	500	525	550	575	600	625	650	675	700	725	750	775	800	
S11306	JB/T 4728	≤150	137	126	123	120	119	117	112	109															
S30408	JB/T 4728	≤300	137	137	137	130	122	114	111	107	103	100	98	91	79	64	52	42	32	27					①
			137	114	103	96	90	85	82	79	76	74	73	71	67	62	52	42	32	27					
S30403	JB/T 4728	≤300	117	117	117	110	103	98	94	91	88														①
			117	98	87	81	76	73	69	67	65														
S30409	JB/T 4728	≤300	137	137	137	130	122	114	111	107	103	100	98	91	79	64	52	42	32	27					①
			137	114	103	96	90	85	82	79	76	74	73	71	67	62	52	42	32	27					
S31008	JB/T 4728	≤300	137	137	137	137	134	130	94	122	119	115	113	105	84	61	43	31	23	19	15	12	10	8	①
			137	121	111	105	99	96	69	90	88	85	84	83	81	61	43	31	23	19	15	12	10	8	
S31608	JB/T 4728	≤300	137	137	137	134	125	118	111	111	109	107	106	105	96	81	65	50	38	30					①
			137	117	107	99	93	87	82	82	81	79	78	78	76	73	65	50	38	30					
S31603	JB/T 4728	≤300	117	117	117	108	100	95	125	86	84														①
			117	98	87	80	74	70	93	64	62														
S31668	JB/T 4728	≤300	137	137	137	134	125	118	113	111	109	107													①
			137	117	107	99	93	87	84	82	81	79													
S31703	JB/T 4728	≤300	130	130	130	130	125	118	113	111	109														①
			130	117	107	99	93	87	84	82	81														
S32168	JB/T 4728	≤300	137	137	137	130	122	114	111	108	105	103	101	83	58	44	33	25	18	13					①
			137	114	103	96	90	85	82	80	78	76	75	74	58	44	33	25	18	13					
S39042	JB/T 4728	≤300	147	147	147	147	144	131	122																①
			147	137	127	117	107	97	90																
S21953	JB/T 4728	≤150	219	210	200	193	187	180																	
S22253	JB/T 4728	≤150	230	230	230	230	223	217																	
S22053	JB/T 4728	≤150	230	230	230	230	223	217																	

注：①该行许用应力仅适用于允许产生微量永久变形之元件，对于法兰或其他有微量永久变形就引起泄漏或故障的场合不能采用。

3. 锻件高温屈服强度

1）碳素钢和低合金钢锻件高温屈服强度见表 5.3－17。

2）高合金钢锻件高温屈服强度见表 5.3－18。

表 5.3－17　碳素钢和低合金钢锻件高温屈服强度

钢　号	公称厚度/mm	在下列温度(℃)下的 $R_{p0.2}(R_{eL})$/MPa									
		20	100	150	200	250	300	350	400	450	500
20	≤100	235	210	200	186	167	153	139	129	121	
	>100～200	225	200	191	178	161	147	133	123	116	
	>200～300	205	184	176	164	147	135	123	113	106	
35	≤100	265	235	225	205	186	172	157	147	137	
	>100～300	245	225	215	200	181	167	152	142	132	
16Mn	≤100	305	275	250	225	205	185	175	165	155	
	>100～200	295	265	245	220	200	180	170	165	150	
	>200～300	275	250	235	215	195	175	165	155	145	
20MnMo	≤300	370	340	320	305	295	285	275	260	240	
	>300～500	350	325	305	290	280	270	260	245	225	
	>500～700	330	310	295	280	270	260	250	235	215	
20MnMoNb	≤300	470	435	420	405	395	385	370	355	335	
	>300～500	460	430	415	405	395	385	370	355	335	
20MoNiMo	≤500	450	420	405	395	385	380	370	355	335	
35CrMo	≤300	440	400	380	370	360	350	335	320	295	
	>300～500	430	395	380	370	360	350	335	320	295	
15CrMo	≤300	280	255	240	225	215	200	190	180	170	160
	>300～500	270	245	230	215	205	190	180	170	160	150
14Cr1Mo	≤300	290	270	255	240	230	220	210	200	190	175
	>300～500	280	260	245	230	220	210	200	190	180	170
12Cr3Mo1	≤300	310	280	270	260	255	250	245	240	230	215
	>300～500	300	275	265	255	250	245	240	235	225	215
12Cr1MoV	≤300	280	255	240	230	220	210	200	190	180	170
	>300～500	270	245	230	220	210	200	190	180	170	160
12Cr2Mo1V	≤300	420	395	380	370	365	360	355	350	340	325
	>300～500	410	390	375	365	360	355	350	345	335	320
12Cr3Mo1V	≤300	420	395	380	370	365	360	355	350	340	325
	>300～500	410	390	375	365	360	355	350	345	335	320
1Cr5Mo	≤500	390	355	340	330	325	320	315	305	285	255
16MnD	≤100	305	275	250	225	205	185	175			
	>100～200	295	265	245	220	200	180	170			
	>200～300	275	250	235	215	195	175	165			
20MnMoD	≤300	370	340	320	305	295	285	275			
	>300～500	350	325	305	290	280	270	260			
	>500～700	330	310	295	280	270	260	250			
08MnNiMoVD	≤300	480	455	440	425						
10Ni3MoVD	≤300	480	455	440	425						
09MnNiD	≤200	280	255	235	225	215	205	190			
	>200～300	270	245	225	215	205	190	180			
08Ni3D	≤300	260									

表 5.3-18　高合金钢锻件高温度屈服强度

钢　号	公称厚度/mm	在下列温度(℃)下的 $R_{p0.2}$/MPa										
		20	100	150	200	250	300	350	400	450	500	550
S11306	≤150	205	189	184	180	178	175	168	163			
S30408	≤300	205	171	155	144	135	127	123	119	114	111	106
S30403	≤300	175	147	131	122	114	109	104	101	98		
S30409	≤300	205	171	155	144	135	127	123	119	114	111	106
S31008	≤300	205	181	167	157	149	144	139	135	132	128	124
S31608	≤300	205	175	161	149	139	131	126	123	121	119	117
S31603	≤300	175	147	130	120	111	105	100	96	93		
S31668	≤300	205	175	161	149	139	131	126	123	121	119	117
S31703	≤300	195	175	161	149	139	131	126	123	121		
S32168	≤300	205	171	155	144	135	127	123	120	117	114	111
S39042	≤300	220	205	190	175	160	145	135				
S31953	≤150	390	315	300	290	280	270					
S22253	≤150	450	395	370	350	335	325					
S22053	≤150	450	395	370	350	335	325					

4. 碳素钢和低合金钢钢锻件高温持久强度极限

见表 5.3-19。

表 5.3-19　碳素钢和低合金钢钢锻件高温持久强度极限

钢　号	在下列温度(℃)下的 10 万 h R_2/MPa								
	400	425	450	475	500	525	550	575	600
20	170	127	91	61					
35	170	127	91	61					
16Mn	187	140	99	64					
20MnMo			196	126	74				
20MnMoNb			265	176					
35CrMo			225	167	118	75			
15CrMo				201	132	87	56		
14Cr1Mo				185	120	81	49		
12Cr2Mo1			21	179	133	91	69	56	
12Cr1MoV					170	123	88	62	
12Cr2Mo1V			290	244	201	156	108		
1Cr5Mo			160	125	93	69	53	39	27

5.4　螺旋(含螺栓)和螺母用钢

5.4.1　碳素钢和低合金钢钢棒

1）螺柱用棒钢

(1) 螺柱用棒钢的化学成分(见表5.4－1)

表5.4－1　螺柱用棒钢的化学成分

钢　号	化学成分(质量分数)/%									
	C	Si	Mn	P	S	Cr	Ni	Mo	V	B
20	0.17～0.23	0.17～0.37	0.35～0.55	≤0.035	≤0.035	≤0.25	≤0.30	—	—	—
35	0.32～0.39	0.17～0.37	0.50～0.80	≤0.035	≤0.035	≤0.25	≤0.30	—	—	—
40MnB	0.37～0.44	0.17～0.37	1.10～1.40	≤0.035	≤0.035	—	—	—	—	0.0005～0.0035
40MnVB	0.37～0.44	0.17～0.37	1.10～1.40	≤0.035	≤0.035	—	—	—	0.05～0.10	0.0005～0.0035
40Cr	0.37～0.44	0.17～0.37	0.50～0.80	≤0.035	≤0.035	0.80～1.10	—	—	—	—
30CrMoA	0.26～0.33	0.17～0.37	0.40～0.70	≤0.025	≤0.025	0.80～1.10	—	0.15～0.25	—	—
35CrMoA	0.32～0.40	0.17～0.37	0.40～0.70	≤0.025	≤0.025	0.80～1.10	—	0.15～0.25	—	—
35CrMoVA	0.30～0.38	0.17～0.37	0.40～0.70	≤0.025	≤0.025	1.00～1.30	—	0.20～0.30	0.10～0.20	—
25Cr2MoVA	0.22～0.29	0.17～0.37	0.40～0.70	≤0.025	≤0.025	1.50～1.80	—	0.25～0.35	0.15～0.30	—
40CrNiMoA	0.37～0.44	0.17～0.37	0.50～0.80	≤0.025	≤0.025	0.60～0.90	1.25～1.65	0.15～0.25	—	—
S45110(1Cr5Mo)	≤0.15	≤0.50	≤0.60	≤0.035	≤0.030	4.00～6.00	≤0.60	0.40～0.60		—

(2) 低合金钢螺柱的力学性能(见表5.4－2)

表5.4－2　低合金钢螺柱的力学性能

钢号	调质回火温度/℃	规格/mm	R_m/MPa	$R_{eL}(R_{p0.2})$/MPa	A/%	20℃KV_2/J
40MnB	≥550	≤M22	≥805	≥685	≥13	≥34
		M24～M36	≥765	≥635		
40MnVB	≥550	≤M22	≥765	≥635	≥12	≥34
		M24～M36	≥805	≥685		

续表 5.4-2

钢号	调质回火温度/℃	规格/mm	R_m/MPa	$R_{eL}(R_{p0.2})$/MPa	A/%	20℃ KV_2/J
40Cr	≥550	≤M22	≥805	≥685	≥13	≥34
		M24~M36	≥765	≥635		
30CrMoA	≥600	≤M22	≥700	≥550	≥15	≥61
		M24~M56	≥660	≥500		
35CrMoA	≥560	≤M22	≥835	≥735	≥13	≥54
		M24~M80	≥805	≥685		
		M85~M105	≥735	≥590		≥47
35CrMoVA	≥600	M52~M105	≥835	≥735	≥12	≥47
		M110~M140	≥785	≥665		
25Cr2MoVA	≥620	≤M448	≥835	≥735	≥14	≥47
		M52~M105	≥805	≥685		
		M110~M140	≥735	≥590		
40CrNiMoA	≥520	M52~140	≥930	≥825	≥12	≥54
S45110(1Cr5Mo)	≥650	≤M48	≥590	≥390	≥18	≥34

碳素钢和低合金钢螺柱的使用温度下限(即螺柱的最低设计温度)及相关技术要求应按下列规定:

a) 20 钢螺柱使用温度下限为-20℃, 35、40MnB 和 40MnVB 钢螺柱使用温度下限为 0℃, 40Cr、和 S35110(1Cr5Mo)钢螺柱使用温度下限为-10℃。35CrMoVA 和 25Cr2MoVA 钢螺柱使用温度下限为-20℃。

b) 30CrMoVA、35CrMoVA 和 40CrNiMoA 钢螺柱使用温度低于-20℃时, 应进行使用温度下的低温冲击试验, 此时的冲击试验温度由 20℃ 改为使用温度, 低温冲击功指标按表 5.4-2a的规定;

c) 使用温度低于-40℃到-70℃的 30CrMoA 和 35CrMoA 螺柱用钢, 其化学成分(熔炼分析)中磷、硫含量应为 $P \leqslant 0.020\%$、$S \leqslant 0.010\%$; 40CrNiMoA 螺柱用钢和使用温度低于-70~-100℃的 30CrMoA 螺柱用钢, 其化学成分(熔炼分析)中磷、硫含量应为 $P \leqslant 0.015\%$、$S \leqslant 0.008\%$。

(3) 棒钢的标准、螺柱使用状态和许用应力(见表 5.4-3)

表 5.4-2a 低温用螺柱的冲击功

钢 号	螺柱规格/mm	最低冲击试验温度/℃	KV_2/J
30CrMoVA	≤M56	-100	≥27
35CrMoVA	≤M56	-70	≥27
40CrNiMoA	M52~M64	-50	≥31

(4) 碳素钢和低合金钢螺柱高温屈服强度(见表 5.4-4)

(5) 低合金钢螺柱高温持久强度极限(见表 5.4-5)

表 5.4-3 碳素钢和低合金钢螺柱许用应力

钢号	钢棒标准	使用状态	螺柱规格/mm	室温强度指标		在下列温度下(℃)下的许用应力/MPa																注
				R_m/MPa	R_{eL}/MPa	≤20	100	150	200	250	300	350	400	425	450	475	500	525	550	575	600	
20	GB/T 699	正火	≤M22	410	245	91	81	78	73	65	60	54										
			M24~M27	400	235	94	84	80	74	67	61	56										
35	GB/T 699	正火	≤M22	530	315	117	105	98	91	82	74	69										
			M24~M27	510	295	118	106	100	92	84	76	70										
40MnB	GB/T 3077	调质	≤M22	805	685	196	176	171	165	162	154	143	126									
			M24~M36	765	635	212	189	183	180	176	167	154	137									
40MnVB	GB/T 3077	调质	≤M22	835	735	210	190	185	179	176	168	157	140									
			M24~M36	805	685	228	206	199	196	193	183	170	154									
40Cr	GB/T 3077	调质	≤M22	805	685	196	176	171	165	162	157	148	134									
			M24~M36	765	635	212	189	183	180	176	170	160	147									
30CrMoA	GB/T 3077	调质	≤M22	700	550	157	141	137	134	131	129	124	116	111	107	103	79					
			M24~M48	660	500	167	150	145	142	140	137	132	123	118	113	108	79					
			M52~M56	660	500	185	167	161	157	156	152	146	137	131	126	111	79					
35CrMoA	GB/T 3077	调质	≤M22	835	735	210	190	185	179	176	174	165	154	147	140	111	79					
			M24~M48	805	685	228	206	199	196	193	189	180	170	162	150	111	79					
			M52~M80	805	685	254	229	221	218	214	210	200	189	180	150	111	79					
			M85~M105	735	590	219	196	189	185	181	178	171	160	153	145	111	79					
35CrMoVA	GB/T3077	调质	M52~M105	835	735	272	247	240	232	229	225	218	207	201								
			M110~M140	785	665	246	221	214	210	207	203	196	189	183								
25Cr2MoVA	GB/T 3077	调质	≤M22	835	735	210	190	185	179	176	174	168	160	156	151	141	131	72	39			
			M24~M48	835	735	245	222	216	209	206	203	196	186	181	176	168	131	72	39			
			M52~M105	805	685	254	229	221	218	214	210	203	196	191	185	176	131	72	39			
			M110~M140	735	590	219	196	189	185	181	178	174	167	164	160	153	131	72	39			
40CrNiMoA	GB/T3077	调质	M52~M140	930	825	306	291	281	274	267	257	244										
S45110 (1Cr5Mo)	GB/T 1221	调质	≤M22	590	380	111	101	97	94	92	91	90	87	84	81	77	62	46	35	26	18	
			M24~M48	590	390	130	118	113	109	108	106	105	101	98	95	83	62	46	35	26	18	

注：括号中为旧钢号。

表 5.4－4 碳素钢和低合金钢螺柱高温屈服强度

钢 号	螺栓规格/mm	在下列温度(℃)下的 $R_{p0.2}$(R_{eL})/MPa									
		20	100	150	200	250	300	350	400	450	500
20	≤M22	245	220	210	196	176	162	147			
	M24 ~ M27	235	210	200	186	167	153	139			
35	≤M22	315	285	265	245	220	200	186			
	M24 ~ M27	295	265	250	230	210	191	176			
40MnB	≤M22	685	620	600	580	570	540	500	440		
	M24 ~ M36	635	570	550	540	530	500	460	410		
40MnVB	≤M22	735	665	645	625	615	590	550	490		
	M24 ~ M36	685	615	600	585	575	550	510	460		
40Cr	≤M22	685	620	600	580	570	550	520	470		
	M24 ~ M36	635	570	550	540	530	510	480	440		
30CrMoA	≤M22	550	495	480	470	460	450	435	405	375	
	M24 ~ M56	500	450	435	425	420	410	395	370	340	
35CrMoA	≤M22	735	665	645	625	615	605	580	540	490	
	M24 ~ M80	685	620	600	585	575	565	540	510	460	
	M85 ~ M105	590	530	510	500	490	480	460	430	390	
35CrMoVA	M52 ~ M105	735	665	645	625	615	605	590	560	530	
	M110 ~ M140	665	600	580	570	560	550	535	510	480	
25Cr2MoVA	≤M48	735	665	645	625	615	605	590	560	530	480
	M52 ~ M105	685	620	600	590	580	570	555	530	500	450
	M110 ~ M140	590	530	510	500	490	480	470	450	430	390
40CrNiMoA	M52 ~ M140	825	785	760	740	720	695	660			
S45110(1Cr5Mo)	≤M48	390	355	340	330	325	320	315	305	285	255

表 5.4－5 低合金钢螺柱高温持久强度极限

钢 号	在下列温度(℃)下的 10 万 h R_D/MPa								
	400	425	450	475	500	525	550	575	600
30CrMoA			225	167	118				
35CrMoA			225	167	118				
25Cr2MoVA					196	108	59		
S45110(1Cr5Mo)			160	125	93	69	53	39	27

2）螺母用钢

与螺柱用钢组合使用的螺母用钢可按表 5.4－6 选取，有使用经验的，也可选其他钢；调质状态使用的螺母用钢，其回火温度应高于组合使用的螺柱用钢的回火温度。

表 5.4－6 碳素钢和低合金钢螺母用钢

螺柱钢号	螺 母 用 钢			
	钢号	钢材标准	使用状态	使用温度范围/℃
20	10、15	GB/T 699	正火	－20 ~ 350
35	20、15	GB/T 699	正火	0 ~ 350
40MnB	40Mn、45	GB/T 699	正火	0 ~ 400
40MnVB	40Mn、45	GB/T 699	正火	0 ~ 400
40Cr	40Mn、45	GB/T 699	正火	－10 ~ 400
30CrMoA	40Mn、45	GB/T 699	正火	－10 ~ 400
	30CrMoA	GB/T 3077	调质	－100 ~ 500
35CrMoA	40Mn、45	GB/T 699	正火	－10 ~ 400
	30CrMoA、35CrMoA	GB/T 3077	调质	－70 ~ 500
35CrMoVA	35CrMoA、35CrMoVA	GB/T 3077	调质	－20 ~ 425
25Cr2MoVA	30CrMoA、35CrMoA	GB/T 3077	调质	－20 ~ 500
	25Cr2MoVA	GB/T 3077	调质	－20 ~ 550
40CrNiMoA	35CrMoA、40CrNiMoA	GB/T 3077	调质	－50 ~ 350
S45110(1Cr5Mo)	S45110(1Cr5Mo)	GB/T 1221	调质	－10 ~ 600

5.4.2 高合金钢钢棒

1）钢棒的标准、螺柱的使用状态及许用应力

见表 5.4－7。

表 5.4－7　高合金钢螺柱许用应力

钢号	钢棒标准	使用状态	螺柱规格/mm	室温强度指标		在下列温度(℃)下的许用应力/MPa															
				R_m/MPa	$R_{p0.2}$/MPa	≤20	100	150	200	250	300	350	400	450	500	550	600	650	700	750	800
S42020 (2Cr13)	GB/T 1220	调质	≤M22	640	440	126	117	111	106	103	100	97	91								
			M24～M27	640	440	147	137	130	123	120	117	113	107								
S30408	GB/T 1220	固溶	≤M22	520	205	128	107	97	90	84	79	77	74	71	69	66	58	42	27		
			M24～M48	520	205	137	114	103	96	90	85	82	79	76	74	71	62	42	27		
S31008	GB/T 1220	固溶	≤M22	520	205	128	113	104	98	93	90	87	84	83	80	78	61	31	19	12	8
			M24～M48	520	205	137	121	111	105	99	96	93	90	88	85	83	61	31	19	12	8
S31608	GB/T 1220	固溶	≤M22	520	205	128	109	101	93	87	82	79	77	76	75	73	68	50	30		
			M24～M48	520	205	137	117	107	99	93	87	84	82	81	79	78	73	50	30		
S32168	GB/T 1220	固溶	≤M22	520	205	128	107	97	90	84	79	77	75	73	71	69	44	25	13		
			M24～M48	520	205	137	114	103	96	90	85	82	80	78	76	74	44	25	13		

注：括号中为旧钢号。

2）螺母用钢

与螺柱用钢组合使用的螺母用钢可按表5.4－8选用，有使用经验的，也可选其他钢。

表5.4－8 高合金钢螺母用钢

螺柱钢号	螺母用钢			
	钢号	钢材标准	使用状态	使用温度范围/℃
S42020	S42020	GB/T 1220	调质	0～400
S30408	S30408	GB/T 1220	固溶	－253～700
S31008	S31008	GB/T 1220	固溶	－196～800
S31608	S31608	GB/T 1220	固溶	－253～700
S32168	S32168	GB/T 1220	固溶	－196～700

注：(1)S42020钢螺柱的使用温度下限为0℃；

(2)奥氏体钢螺柱的使用温度≥－196℃时可免做冲击试验；低于－196℃时，由设计单位确定冲击试验要求。

3）高合金钢螺柱高温屈服强度(见表5.4－9)

表5.4－9 高合金钢螺柱高温屈服强度

钢号	螺柱规格/mm	在下列温度(℃)下的 $R_{p0.2}$/MPa										
		20	100	150	200	250	300	350	400	450	500	550
S42020	≤M27	400	410	390	370	360	350	340	320			
S30408	≤M48	205	171	155	144	135	127	123	119	114	111	106
S31008	≤M48	205	181	167	157	149	144	139	135	132	128	124
S31608	≤M48	205	175	161	149	139	131	126	123	121	119	117
S32168	≤M48	205	171	155	144	135	127	123	120	117	114	111

4）应变强化处理的螺柱用钢

固溶处理后经应变强化处理的S30408螺柱用钢棒应按GB/T 4226选用。同一冶炼炉号、同一断面尺寸、同一固溶处理制度、同一应变强化工艺的螺柱毛坯组成一批，每批抽取一件毛坯进行试验。每件毛坯上取一个拉伸试样，3个冲击试样(当需要时)。试样取样方向为纵向，试样取样方向为纵向，试样的纵轴应尽量靠近螺柱毛坯半径的1/2处。

1）螺柱毛坯的拉伸性能和螺柱的许用应力按表5.4－10的规定；

表5.4－10 应变强化处理的螺柱用钢

钢号	螺柱规格/mm	R_m/MPa	$R_{p0.2}$/MPa	A/%	≤20℃的许用应力/MPa
S30408	≤M22	≥800	≥600	≥12.5	171
	M24～M27	≥750	≥510	≥15	170

2）使用温度低于－100℃时，螺柱毛坯应进行使用温度下的低温冲击试验，低温冲击功指标 KV_2≥31J；

3）拉伸和冲击试验的其他要求参照碳素钢和低合金钢螺柱用钢的规定。

5.5 铸　　钢

根据目前的有关规定，监察规程管辖下的压力容器采用铸钢件时，应按TSG R0004—

2009《固定式压力容器安全技术监察规程》中的1.9条办理。

5.5.1　碳素钢铸件

一般用途碳素钢铸件的钢号、铸件标准和钢的化学成分见表5.5－1。铸件的力学性能见表5.5－2。

表5.5－1　碳素钢铸件的化学成分

钢　号	铸件标准	化学成分(质量分数)/%				
		C	Si	Mn	P	S
ZG200—400H	GB/T 7659—1987	≤0.20	≤0.50	≤0.80	≤0.04	≤0.04
ZG230—450H	GB/T 7659—1987	≤0.20	≤0.50	≤1.20	≤0.04	≤0.04
ZG275—485H	GB/T 7659—1987	≤0.25	≤0.50	≤1.20	≤0.04	≤0.04

注：(1)实际碳的质量分数比表中碳上限每减少0.01%，允许实际锰的质量分数超出表中上限0.04%，但总超出不得大于0.20%。

(2)各钢号残余元素含量(质量分数)：Ni≤0.30%；Cr≤0.30%；Cu≤0.30%；Mo≤0.15%；V≤0.05%；上述元素含量总和不>0.80%。

表5.5－2　碳素钢铸件的力学性能

钢　号	R_m/MPa	R_{eL}/MPa	A/%	Z/%	A_{KV}/J
ZG200—400H	≥400	≥200	≥25	≥40	≥30
ZG230—450H	≥450	≥230	≥22	≥35	≥25
ZG275—485H	≥485	≥275	≥20	≥35	≥22

5.5.2　不锈钢铸件

不锈钢铸件的标准为GB/T 2100—2002《一般用途耐蚀钢铸件》。一般耐蚀用途铸钢的化学成分见表5.5－3，铸件的热处理规范见表5.5－4. 铸件的室温力学性能见表5.5－5. 铸件的晶间腐蚀试验方法见表5.5－6。

表5.5－3　化学成分　%

牌　号	化学成分								
	C	Si	Mn	P	S	Cr	Mo	Ni	其他
ZG15Cr－12	0.15	0.8	0.8	0.035	0.025	11.5～13.5	0.5	1.0	
ZG20Cr13	0.16～0.24	1.0	0.6	0.035	0.025	12.0～14.0	—	—	
ZG10Cr12NiMo	0.10	0.8	0.8	0.035	0.025	11.5～13.0	0.2～0.5	0.8～1.8	
ZG06Cr12Ni4(QT1) ZG06Cr12Ni4(QT2)	0.06	1.0	1.5	0.035	0.025	11.5～13.0	1.0	3.5～5.0	
ZG06Cr16Ni5Mo	0.06	0.8	0.8	0.035	0.025	15.0～17.0	0.7～1.5	4.0～6.0	
ZG03Cr18Ni10	0.03	1.5	1.5	0.040	0.030	17.0～19.0	—	9.0～12.0	
ZG03Cr18Ni10N	0.03	1.5	1.5	0.040	0.030	17.0～19.0	—	9.0～12.0	(0.10～0.20)%N

续表 5.5-3

牌号	化学成分							
	C	Si	Mn	P	S	Cr	Mo	Ni	其他
ZG07Cr19Ni9	0.07	1.5	1.5	0.040	0.030	18.0~21.0	—	8.0~11.0	
ZG08Cr19Ni10Nb	0.08	1.5	1.5	0.040	0.030	18.0~21.0	—	9.0~12.0	8×%C≤Nb≤1.00
ZG03Cr19Ni11Mo2	0.03	1.5	1.5	0.040	0.030	17.0~20.0	2.0~2.5	9.0~12.0	
ZG03Cr19Ni11Mo2N	0.03	1.5	1.5	0.040	0.030	17.0~20.0	2.0~2.5	9.0~12.0	(0.10~0.20)%N
ZG07Cr19Ni11Mo2	0.07	1.5	1.5	0.040	0.030	17.0~20.0	2.0~2.5	9.0~12.0	
ZG08Cr19Ni11Mo2Nb	0.08	1.5	1.5	0.040	0.030	17.0~20.0	2.0~2.5	9.0~12.0	8×%C≤Nb≤1.00
ZG03Cr19Ni11Mo3	0.03	1.5	1.5	0.040	0.030	17.0~20.0	3.0~3.5	9.0~12.0	
ZG03Cr19Ni11Mo3N	0.03	1.5	1.5	0.040	0.030	17.0~20.0	3.0~3.5	9.0~12.0	(0.10~0.20)%N
ZG07Cr19Ni11Mo3	0.07	1.5	1.5	0.040	0.030	17.0~20.0	3.0~3.5	9.0~12.0	
ZG03Cr26Ni5Cu3Mo3N	0.03	1.0	1.5	0.035	0.025	25.0~27.0	2.5~3.5	4.5~6.5	(2.4~3.5)%Cu (0.12~0.25)%N
ZG03Cr26Ni5Mo3N	0.03	1.0	1.5	0.035	0.025	25.0~27.0	2.5~3.5	4.5~6.5	(0.12~0.25)%N
ZG03Cr14Ni14Si4	0.03	3.5~4.5	0.8	0.035	0.025	13~15	—	13~15	

注：表中的单个值表示最大值。

表 5.5-4 热处理规范

牌号	处理
ZG15Cr12	奥氏体化 950~1050℃，空冷；650~750℃回火，空冷
ZG20Cr13	950℃退火，1050℃油淬，750~800℃空冷
ZG10Cr12NiMo	奥氏体化 1000~1050℃，空冷；620~720℃回火，空冷或炉冷
ZG06Cr12Ni4(QT1)	奥氏体化 1000~1000℃，空冷；570~620℃回火，空冷或炉冷
ZG06Cr12Ni4(QT2)	奥氏体化 1000~1100℃，空冷；500~530℃回火，空冷或炉冷
ZG06Cr16Ni5Mo	奥氏体化 1020~1070℃，空冷；580~630℃回火，空冷或炉冷
ZG03Cr18Ni10	1050℃固溶处理，淬火。随厚度增加，提高空冷速度
ZG03Cr18Ni10N	1050℃固溶处理，淬火。随厚度增加，提高空冷速度
ZG07Cr19Ni9	1050℃固溶处理，淬火。随厚度增加，提高空冷速度
ZG08Cr19Ni10Nb	1050℃固溶处理，淬火。随厚度增加，提高空冷速度
ZG03Cr19Ni11Mo2	1080℃固溶处理，淬火。随厚度增加，提高空冷速度
ZG03Cr19Ni11Mo2N	1080℃固溶处理，淬火。随厚度增加，提高空冷速度

续表 5.5－4

牌　号	处　理
ZG07Cr19Ni11Mo2	1080℃固溶处理，淬火。随厚度增加，提高空冷速度
ZG08Cr19Ni11Mo2Nb	1080℃固溶处理，淬火。随厚度增加，提高空冷速度
ZG03Cr19Ni11Mo3	1120℃固溶处理，淬火。随厚度增加，提高空冷速度
ZG03Cr19Ni11Mo3N	1120℃固溶处理，淬火。随厚度增加，提高空冷速度
ZG07Cr19Ni11Mo3	1120℃固溶处理，淬火。随厚度增加，提高空冷速度
ZG03Cr26Ni5CuMo3Mo3N	1120℃固溶处理，水淬。高温固溶处理之后，水淬之前，铸件可冷至1040～1010℃，以防止复杂形状铸件的开裂
ZG03Cr26Ni5Mo3N	1120℃固溶处理，水淬。高温固溶处理之后，水淬之前，铸件可冷至1040～1010℃，以防止复杂形状铸件的开裂
ZG03Cr14Ni14Si4	1050～1100℃固溶；水淬

表 5.5－5　室温力学性能①

牌　号	$\sigma_{p0.2}$/MPa min	σ_b/MPa min	δ/% min	A_{KV}/J min	最大厚度/mm
ZG15Cr12	450	620	14	20	150
ZG20Cr13	440(σ_s)	610	16	58(A_{KU})	300
ZG10Cr12NiMo	440	590	15	27	300
ZG06Cr12Ni4(QT1)	550	750	15	45	300
ZG06Cr12Ni4(QT2)	830	900	12	35	300
ZG06Cr16Ni5Mo	540	760	15	60	300
ZG03Cr18Ni10	180②	440	30	80	150
ZG03Cr18Ni10N	230②	510	30	80	150
ZG07Cr19Ni9	180②	440	30	60	150
ZG08Cr19Ni10Nb	180②	440	25	40	150
ZG03Cr19Ni11Mo2	180②	440	30	80	150
ZG03Cr19Ni11Mo2N	230②	510	30	80	150
ZG07Cr19Ni11Mo2	180②	440	30	60	150
ZG08Cr19Ni11Mo2Nb	180②	440	25	40	150
ZG03Cr19Ni11Mo3	180②	440	30	80	150
ZG03Cr19Ni11Mo3N	230②	510	30	80	150
ZG07Cr19Ni11Mo3	180②	440	30	60	150
ZG03Cr26Ni5Cu3Mo3N	450	650	18	50	150
ZG03Cr26Ni5Mo3N	450	650	18	50	150
ZG03Cr14Ni14Si4	245(σ_s)	490	σ_s=60	270(A_{KV})	150

注：①$\sigma_{p0.2}$——0.2%试验应力；

σ_b——抗拉强度；

δ——断裂后，原始测试长度 L_n 的延伸百分比；

$L_\sigma=5.65\sqrt{S_0}$（S_0为原始横截面积）；

A_{KV}——V 型缺口冲击吸收功；

A_{RU}——U 型缺口冲击吸收力；

② $\sigma_{p1.0}$的最低值高于25MPa。

表5.5－6　晶间腐蚀试验方法

牌　　号	晶间腐蚀试验方法	牌　　号	晶间腐蚀试验方法
ZG15Cr12		ZG03Cr19Ni11Mo2N	①
ZG20Cr13		ZG07Cr19Ni11Mo2	①
ZG10Cr12NiMo		ZG08Cr19Ni11Mo2Nb	①
ZG06Cr12Ni4(QT1) ZG06Cr12Ni4(QT2)		ZG03Cr19Ni11Mo3	①
ZG06Cr16Ni5Mo		ZG03Cr19Ni11Mo3N	①
ZG03Cr18Ni10	①	ZG07Cr19Ni11Mo3	①
ZG03Cr18Ni10N	①	ZG03Cr26Ni5CuMo3N	
ZG07Cr19Ni9	①	ZG03Cr26Ni5Mo3N	
ZG08Cr19Ni10Nb	①	ZG03Cr14Ni14Si4	
ZG03Cr19Ni10Mo2	①		

注：① GB/T 4334—2008《金属和合金的腐蚀　不锈钢晶间腐蚀试验方法》

第六章 非铁金属材料

6.1 非铁金属及其合金产品代号表示方法

我国非铁金属产品牌号的命名是以代号字头加顺序或元素符号加成分数字或两者相结合表示，如表6.1－1所示。

表6.1－1 非铁金属及其合金冶炼、加工产品代号表示法

产品类别			代号表示方法	代号举例	
				产品名称	代号
冶炼产品	工业纯度金属		用化学元素符号结合顺序号表示，元素符号和顺序号中间划一短横线“－”，其纯度随顺序号增加而降低	一号铜	Cu－1
				二号铜	Cu－2
				三号铜	Cu－3
	高纯度金属		用化学元素符号结合主成分的数字表示。短横线之后加一个“0”以示高纯，“0”后第一个数字表示主成分“9”的个数	主成分为99.999%的高纯铟	In－05
	海绵状金属		表示方法和工业纯度金属相同，但在元素符号前冠以“H”（“海”字汉语拼音的第一个字母）	一号海绵钛	HTi－1
纯金属加工产品	铜、镍、铝的纯金属加工产品		分别用汉语拼音字母（T、N、L）加顺序号表示	一号纯铝	L1
				二号纯铝	L2
				一号纯铜	T1
				二号纯铜	T2
				四号纯镍	N4
	其余纯金属加工产品		用化学元素号加顺序号表示	一号纯银	Ag1
				三号纯铅	Pb3
合金加工产品	铜合金	黄铜	普通黄铜用汉语拼音字母“H”加基元素铜的含量表示。三元以上黄铜用“H”加第二个主添加元素符号及除锌以外的成分数字组表示	68普通黄铜	H68
				90－1锡黄铜	HSn90－1
				58－2锰黄铜	HMn58－2
		青铜	用汉语拼音字母“Q”加第一个主添加元素符号及除基元素铜外的成分数字组表示	6.5－0.1锡青铜	QSn6.5－0.1
				10－3－1.5铝青铜	QA110－3－1.5
		白铜	用汉语拼音字母“B”加镍含量表示，三元以上的白铜用“B”加第二个主添加元素符号及除基元素铜外的成分数字组表示	30白铜	B30
				3－12锰白铜	BMn3－12

续表 6.1-1

产品类别		代号表示方法	代号举例	
			产品名称	代号
合金加工产品	镍合金	用汉语拼音字母"N"加第一个主添加元素符号及除基元素镍外的成分数字组表示	9 镍铬合金	NCr9
			40-2-1 镍铜合金	NCu40-2-1
	镁合金	用汉语拼音字母"M"加表示变形加工的汉语拼音字母"B"及顺序号表示	二号变形镁合金	MB2
	铝合金	用汉语拼音字母"L"加表示合金组别的汉语拼音字母及顺序号表示	二号防锈铝	LF2
			十二号硬铝	LY12
			二号锻铝	LD2
			四号超过硬铝	LC4
			一号硬钎焊铝	LQ1
	钛及钛合金	钛及钛合金用汉语拼音字母"T"加表示金属或合金组织类型的字母(A、B、C 分别表示 α 型、β 型和 α+β 型钛合金)及顺序号表示	一号 α 型纯钛	TA1
			五号 α 型钛合金	TA5
			四号 α+β 型钛合金	TC4
	其他合金	用基元素的化学元素符号加第一个主添加元素符号及除基元素外的成分数字组表示	13.5-2.5 锡铅合金	SnPb13.5-2.5
			20 金镍合金	AuNi20
			4 铜铍中间合金	CuBe4
			二号铅锑合金	PbSb2
			1.5 锌铜合金	ZnCu1.5
专用合金	硬质合金	用汉语拼音字母加一决定合金特性的主元素(或化合物)成分数字或顺序号表示,必要时,后面可加上表示产品性能、添加元素或加工方法的汉语拼音字母	钨钴 6 合金	YG6
			钨钴钛 5 表面涂层合金	YT5U
			添加少量碳化铌的钨钴 8 合金	YG8N
	焊料	用汉语拼音字母"Hi"加两个主元素符号及除第一个主元素外的成分数字组表示	40-35 银铜焊料	HiAgCu40-35
	轴承合金	铸造轴承合金用汉语拼音字母"ZCh"加元素符号(基元素符号在前,主添加元素符号在后)及除基元素外的成分数字组表示	铸造 12-4-10 锡锑轴承合金	ZChSnSb12-4-10
			铸造 16-16-2 铅锑轴承合金	ZChPnSb16-16-2

续表 6.1－1

产品类别	代号表示方法	代号举例	
		产品名称	代号
稀土金属	稀土代号采用“RE”表示，单一稀土金属用化学元素符号表示	氯化稀土	$RECl_3$
		四号金属铈	Ce－4
	混合稀土金属：“RE”后面加上富集元素符号及其含量数字表示。在化学元素与其含量数字之间划一短横隔开	含镧不少于 40% 的富镧混合稀土金属	RELa－40
	稀土化合物：用化合物分子式加上顺序号表示，中间加一短横“－”	一号氧化镧	La_2O_3 －1
		一号硝酸铈	$Ce(NO_3)_3$ －2
		一号氯化稀土	$RECl_3$ －1
金属粉末	用汉语拼音字母“F”加元素符号（铜、镍、铝、镁分别用 T、N、L、M）表示。后面加上表示产品纯度、粒度规格或产品特性的数字。表示纯度、粒度规格或产品特性的数字之间用一短横隔开。必要时，可在表示纯度的数字前加上表示生产方式、用途、产品特性的汉语拼音字母。对没有纯度等级、只有粒度规格或产品特性的金属粉末，可不用表示纯的数字和短横	一号镁粉	FM1
		二号喷铝粉	FLP2
		二号涂料铝粉	FLU2
		一号细铝粉	FLX1
		一号特细铝粉	FLT1
		一号炼钢、化工铝粉	FLG1
复合材料	用组成该复合材料的代号表示，代号之间用分线“/”隔开，如需要表明材料层的厚度关系，可在后面用括号标出材料层的厚度比	二号银/6.5－0.1 锡青铜（双金属）	Ag2/QSn6.5－0.1(1:1)

非铁合金铸造产品的牌号前冠以“铸”字汉语拼音的第一个大写字母“Z”，若为铸锭则在代号或元素符号后加”D”。

基体金属及主要合金化元素用元素符号表示，混合稀土元素用“RE”表示，石墨用“G”表示。

合金化元素的名义百分含量标在元素符号之后，小于 1% 时一般不标出。

具有相同化学成分的合金，杂质含量高于标准的元素置于牌号后的括号内，而杂质含量低、性能好的优质合金，在牌号后面标注字母“A”。

例如：ZA1Si5Cu2MgMn(Fe)，ZA1Cu4G3A，ZHD68。

应该指出，我国非铁金属产品牌号、代号表示方法比较繁杂，有向国际惯用表示法和国际标准化组织规定表示法靠拢的要求和发展趋势。

6.2 铝及其合金

铝之所以有如此广泛的用途是基于它有如下特性：密度小、约为铁的密度的 1/3；可强化，通过添加普通元素和热处理而获得不同程度的强化，其最佳者的比强度可与优质合金钢媲美；易加工，可铸造、压力加工、机械加工成各种形状；导电、导热性能好，仅次于金、银和铜；表面形成致密的Al_2O_3保护膜而耐腐蚀；无低温脆性；无磁性；对光和热的反射能力强和耐核辐射；冲击不产生火花；美观。

铝是强度低、塑性好的金属。合金化的首要目的在于提高强度，综合考虑其加工性能、抗腐蚀性能和其他特殊性能的要求。铝能和大多数金属形成合金，但只有八种元素（银、铜、镓、锗、锂、镁、锌和硅）在铝中的最大固溶度超过1% mol/mol。其中银、镓、锗为贵金属或稀有金属，工业上不可能大量采用；锂的化学性质十分活泼，提取较困难，价格昂贵，合金化工艺复杂，尚未大量采用。但由于铝－锂合金密度小、弹性模量高、比强度高、中子吸收截面大和放射性半衰期短等特点，是航空航天工业的理想材料。还可能是核反应堆的潜在材料，发展很快，正逐步走向应用，而铜、镁、锌、硅为普通元素，因而成为无论是铸造铝合金或加工铝合金的主要合金化元素，合金分类亦以此为依据。除此之外，锰、铁、镍、铬、锆、钛、硼等元素，对铝合金的力学性能或工艺性能有着明显的影响，因而也是铝合金的常用合金化元素。

6.2.1 铝合金的分类

铝合金种类繁多，根据生产方法的不同，可以分为变形铝合金和铸造铝合金两大类。

变形铝合金塑性好，可通过压力加工方法生产出板、带、线、管、棒、型材或锻件。有几种变形铝合金热处理强化效果不明显，称之为热处理不强化变形铝合金，包括工业纯铝和防锈铝。他们主要通过固溶强化和加工硬化来提高强度；热处理可强化的变形铝合金主要通过淬火和时效或变形热处理来使合金强化，包括硬铝、超硬铝、锻铝及特殊铝。

铸造铝合金合金元素含量高，有较多的共晶体，因而铸造性能好，但塑性低，适于铸造零件。铸造铝合金亦可通过热处理强化或调整力学性能。

应该指出，铸造铝合金和变形铝合金的界限并非截然分开的，如铝硅铸造合金可轧制成薄板，变形铝合金亦可浇注成铸件。

6.2.2 变形铝合金

我国已列入国标的变形铝合金牌号及化学成分见GB/T 3190—2008。

6.2.3 铸造铝合金

铸造铝合金是机械工程中应用最广泛的非铁铸造合金。它分为四类：

Al－Si系，Al－Si铸造合金俗称“硅铝明”(Silumin)，共晶型合金。其特点是铸造性能好，抗蚀性能高，密度小，力学性能较好。普通的Al－Si二元合金由于铝与硅不形成任何化合物，仅形成有限固溶体，其过共晶组织由α相和针状硅构成的共晶和块状初晶硅组成。因硅的脆性大，所以必须进行变质处理；同时，向普通硅铝明中加入铜、镁、锌等元素，可大大改善其性能，除个别合金外，大部分无需变质处理，而可以通过热处理进行强化。稀土元素(RE)对硅铝明有精炼作用、变质作用和合金化作用，可明显改善Al－Si铸造合金性能。

Al－Cu系，工业上应用最早的铸造铝合金，其特点是热强性比其他铸造铝合金都高，使用温度可达300℃，熔铸操作简单，密度较大，耐蚀性较差。

Al－Mg系，室温力学性能高，密度小，耐蚀性能好，但热强性低，铸造性能差，因而使用受到限制。

Al－Zn系，Zn在Al中溶解度大，固溶强化效果好，再加入硅及少量镁、铬、钛等元素，使合金有良好的综合性能。该合金在铸态下即有较高的力学性能，特别可贵的是铸造后不需淬火即有明显的时效硬化能力，其缺点是密度较大，热强性、耐蚀性不高。

6.2.4　铝合金的加工及连接

1. 熔炼和铸造

熔体的质量、铸锭的质量从本质上决定了材料的性能。铝合金的熔铸，一般采用反射炉熔炼，燃料可以是煤、油、天然气。提高铸锭质量的主要步骤是使合金成分充分混合、除气、除渣和细化晶粒。铝合金熔体中主要气体是氢，在熔点时液态铝和固态铝中氢含量相差约20倍，浇注温度下氢含量更高。渣主要是Al_2O_3和外来夹杂，一般需进行熔体过滤，加晶粒细化剂(如Al－Ti－B等)，铝硅系铸造合金需进行变质处理。

2. 压力加工

变形铝合金在加工前一般需进行铸锭均匀化处理，以减少枝晶偏析，消除低熔点共晶。然后进行热加工，破坏铸造组织，经中间退火后进行冷加工。退火温度取决于合金成分和变形量，一般退火温度在350～400℃之间。冷加工还是热处理不强化铝合金的一种重要强化手段。

3. 热处理

热处理是铝合金准备适宜的压力加工组织以及获得最终显微组织和性能的重要工艺手段。分为四个基本类型：

均匀退火　主要是消除铸锭的枝晶偏析和使非平衡相溶解，使显微组织均匀，以进行加工；

再结晶退火　消除金属或合金因冷变形而造成的组织与性能的亚稳状态，恢复和提高塑性，使后续工序得以进行，或满足使用性能要求；

淬火和时效　淬火是将加热到指定温度的合金快速冷却以获得过饱和固溶体，时效过程是过饱和固溶体分解过程。淬火和时效的配合是使铝合金获得优良综合性能的有效手段。

形变热处理　塑性变形与热处理结合，共同作用于合金，使其性能发生一系列有利变化，进一步提高合金的性能。

淬火和时效以及形变热处理，是热处理可强化的变形铝合金的关键性工艺手段。热处理不可强化的铝合金仅采用退火处理。

大多数铸造铝合金亦可通过热处理来改善其组织和性能。

淬火前加热应尽可能使强化相溶解，因而希望固溶处理温度尽可能高，但不得超过共晶体的最低熔点，否则会使合金“过烧”，性能恶化。

需要进行人工时效的合金，最好在淬火以后即施行，否则会降低制品的力学性能。但生产中难以做到，一般有一定的时间规定，如LD2在淬火3h之内或48h以后人工时效，LC4在4h之内或2～10昼夜之间人工时效。

4. 机械加工

1）切削加工特点

（1）铝合金熔点较低，塑性随温度升高而变大，易产生积屑瘤；弹性模量小，线膨胀系数大，易产生变形；因而难保证工件尺寸精度和表面粗糙度。

（2）铝合金热导率大，硬度强度低，刀具磨损小，切削效率高。

（3）铸造铝合金由于合金元素含量较高，可加工性一般比变形铝合金好。在变形铝合金中含铜量较多的锻铝切削性能较好，所有变形铝合金淬火时效状态比退火状态切削性能好。

2）典型切削条件

铝合金的切削性能可以分为两类：

Ⅰ类：指工业纯铝及硬度小于80HB的退火状态的变形铝合金。

Ⅱ类：指淬火时效态的变形铝合金，包括电工铝合金和切削铝合金等。

5. 连接

铝及铝合金可以采用螺栓连接、铆接、焊接、粘接等方法进行连接。

1）铆接

铆接虽是一种古老的连接方法，但仍是铝合金的一种重要和可靠的连接方法，如用于飞机蒙皮的铆接等。特别用于无法焊接的材料、焊接时的热影响区使强度下降严重的材料，或用于焊接不经济的结构件的连接上。

2）焊接

铝及其合金的焊接见本书第八章。

3）粘接

铝材的粘接是随着航空航天工业的发展而迅速兴起的，近几年来也广泛用于建筑和修船业，还将发展用于汽车业。粘接的特点是不需要钻孔而接合，不会产生应力集中而变形；不需要加热到高温，不会引起组织变化，因而热处理强化的铝合金亦可采用；密封性好，容易连接各种尺寸与复杂的工件。其缺点是，如粘接面不够清洁，粘接工艺不当而产生的缺陷不易发现，粘接剂有老化问题；粘接工件时温度一般不能超过250℃。根据不同用途选用粘接剂，一般与铝应具相容性。碱性水基乳胶粘接剂、酸性酐粘接剂，添加了铜、银或碳后成为具有导电性的粘接剂等均可选用。

6.2.5 铝合金的腐蚀与防护

1. 铝的一般腐蚀特点

铝的平衡电位 $E=-1.663+0.0197\lg[Al^{3+}]$(V)（注：$[Al^{3+}]$为$Al^{3+}$的浓度，按GB 3102.8规定，应用$CAl^{3+}$），是常用金属中电位最低者。从热力学观点看，铝是最活泼的金属之一，极易产生腐蚀。但实际上铝及其合金在大多数环境中是相当稳定的，其原因在于铝在大气和中性溶液(pH=4.5~8.5)中能生成一层致密的、牢固附着于基体的氧化物保护膜而使铝纯化，其钝态稳定性仅次于钛。该膜由Al_2O_3或$Al_2O_3\cdot nH_2O$组成。Al_2O_3膜的体积为铝的1.3倍，依生成条件不同，其厚度可在很大范围内变化，在干燥大气中，其厚度约为1nm，在相对湿度〉80%时，可达100~200nm，但其致密度则降低了。

铝在室温的浓硝酸或100%浓硫酸中是稳定的，在稀硝酸、稀硫酸中腐蚀很慢，在有机酸中腐蚀也很弱，而在盐酸、氢氟酸、氢溴酸中不耐腐蚀，在碱溶液中腐蚀很快。耐蚀性均决定于Al_2O_3保护膜的稳定或被破坏的程度。

铝及其合金的腐蚀行为决定于三个因素；氧化膜的完整性，环境和合金成分。

铝及大多数铝合金在自然大气中、淡水、大多数食品和化学品中都具有良好的耐蚀性，但条件的差异使腐蚀速率亦有很大的差别。例如大气环境有乡村大气、工业大气、海洋大气等。不同大气环境，其腐蚀速率可相差16倍。根据环境和材料的不同，主要的腐蚀类型有均匀腐蚀、点蚀、晶间腐蚀和应力腐蚀等。

2. 变形铝合金的耐蚀性能

工业纯铝在纯水中的耐蚀性，取决于水温、水质和铝的纯度。水温低于50℃时，随铝的纯度提高耐蚀性能变好，水中含有少量活性离子(如Cl^-、Cu^{2+}等)耐蚀性急剧下降，腐蚀类型以点蚀为主。铝在氨、硫气体中，在硫酸、亚硫酸、磷酸、浓硝酸和浓醋酸中，在石油、乙醇、丙酮、苯、甲苯、二甲苯、甘油等介质中均耐蚀性能良好，而在食盐、氟、氯、溴、碘以及盐酸、氢氟酸、稀醋酸中耐蚀性能不好。

防锈铝中的 Al－Mg 系合金，在工业和海洋大气中均有较高的耐蚀性能。在有机酸、氧化性酸中耐蚀性能良好。该系合金的耐蚀性与阴极相 β 相－Mg_5Al_8的析出有关，含镁量高，β 相沿晶界析出时，晶界腐蚀和应力腐蚀加剧。

Al－Mn 系防锈铝在大气和海水中的耐蚀性能与纯铝相当，在稀盐酸溶液中的耐蚀性能比纯铝高而比 Al－Mg 防锈铝低。冷变形程度增加则耐蚀性降低。

硬铝的耐蚀性能比纯铝和防锈铝低，有晶间腐蚀和应力腐蚀倾向，这类合金一般在淬火自然时效状态下耐蚀性能较好，人工时效状态下，耐蚀性较差。一般需进行包铝和阳极化保护。

锻铝中的 Al－Mg－Si 系耐蚀性能良好，无应力腐蚀倾向，Al－Cu－Mg－Si 系合金耐蚀性能较差，随 Cu 含量增加，晶间腐蚀倾向增大。

超硬铝的耐腐蚀性能比硬铝合金高，比防锈铝和 Al－Mg－Si 系锻铝低，淬火人工时效状态比自然时效状态耐蚀性反而提高，分级时效可减少其应力腐蚀敏感性。

3. 铸造铝合金的耐蚀性能

在铸造铝合金中，一般来说 Al－Si 系和 Al－Mg 系耐蚀性能较好(Al－Mg 系铸铝在海洋大气中有很好的耐蚀性能)，Al－Zn 系次之，Al－Cu 系较差，而在同一系合金中，成分愈复杂，第二相数量多，耐蚀性能降低。在许多情况下，铸铝合金零件多进行表面保护(如喷漆)，既增加美观，又可提高其耐蚀性能。

4. 防腐蚀措施

(1) 正确选择合金。在变形铝合金中，铝－镁系抗蚀性能最好，其次为工业纯铝，再其次为铝－锰系合金、铝－镁－硅系合金，他们的耐蚀性相差较小。除美观需要外，不需进行表面处理。铝－铜－镁和铝－锌－镁合金系需进行包铝或喷漆处理。在正确选择合金的同时，要注意热处理状态。如超硬铝人工时效处理后具有良好的抗应力腐蚀开裂能力。LY12 自然时效状态比人工时效状态耐蚀性好。

(2) 正确的结构设计。这是防止构件腐蚀的有效措施之一。如避免不同金属相接触，避免缝隙，避免高温点，不使应力过于集中等。

(3) 表面涂层。如表面涂漆。

(4) 表面处理。表面阳极氧化和增厚阳极氧化膜等。

(5) 阴析保护。安装牺牲阳极。

(6) 缓蚀剂。如铝为容器，可在被盛溶液中添加缓蚀剂。

6.3　钛及其合金

6.3.1　概述

钛在 20 年前仍称稀有金属，它在地球上的藏量却很丰富，约占地壳总量的 0.86%。金红石(TiO_2)和钛铁矿($FeO \cdot TiO_2$)是两种最重要的钛矿石。1791 年英国矿物学家威廉·麦格雷尔戈(William McGregor)首先肯定了钛的存在，直到 1940 年，威·克罗尔(W·Kroll)用镁还原 $TiCl_4$的方法，才制得可供工业生产用的海绵钛。之后发展迅速，50 年代起，钛及其合金作为一种重要的金属结构材料首先应用于航空工业，70 年代起逐渐应用于能源、化工和其他工业部门。

与其他金属材料相比，钛具有三大突出优点：比强度高，中温(400～550℃)性能好，优良的耐腐蚀性能。尽管钛合金在高温下的抗蠕变性能没有人们期望的那么好，但今天仍是关键性的燃气轮机材料。钛材80%用于航空航天工业，其余主要用作化工设备，钛及其合金的不足之处是加工较困难，成本较高。但随着钛冶炼和加工技术的进步，将会有更快的发展。例如新研制的Ti－Mo0.3－Ni0.8称之为Ti－Code12合金，其高温强度为工业纯钛的2倍，在氧化性和还原性介质中均有很强的耐蚀性，在沸腾的40%～50%硝酸溶液中，腐蚀速度仅为Ti－Pd合金的一半，且未发现缝隙腐蚀，克服了钛合金的诸多缺点。因此，钛作为可加工的高强耐蚀材料，有可能取代不锈钢和镍合金。

6.3.2 钛合金

钛合金按成材方式，可分为变形钛合金和铸造钛合金；按使用特点可分为结构钛合金(工作温度在100℃以下)，热强钛合金(工作温度在400℃以上)，耐蚀钛合金。按合金在平衡和亚稳状态不同的相组成，可分为α型(包括近α型)、β型(包括近β型)和α+β型三大类，分别用字母TA、TB、TC与编号数字相结合表示，Z表示铸造。

1. 钛的合金化特点

(1) 钛具有同素异构转变，通过合金化和热处理，可以获得α、β或(α+β)相的显微组织；

(2) 在低于熔点温度，即可与氧、氢、氮、碳等间隙元素发生强烈反应，使性能发生强烈改变；

(3) 钛为过渡族金属，有未填满的d电子层，能同原子直径相差±20%的置换式元素形成高浓度固溶体，可与其他金属形成金属键、共价键或离子键化合物。

钛合金相图往往非常复杂，以二元合金为例，按合金元素(E)与钛的反应特点可以分成四大类，见图6.3－1。

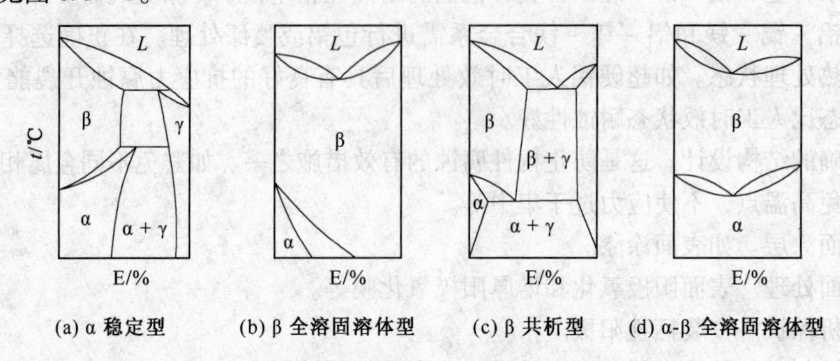

(a) α 稳定型 (b) β 全溶固溶体型 (c) β 共析型 (d) α-β 全溶固溶体型

图6.3－1 钛与常用元素的四类典型二元相图

2. 变形钛合金

1) α钛合金

主要合金化元素是α稳定元素铝及中中性元素Sn和Zr，可固溶强化，每1%的合金元素可提高强度35～70MPa，一般Al的质量分数含量不超过6%，否则会出现与α共存的Ti_3Al有序相，DO_{19}结构，对塑性和断裂韧性极为不利。O、C和N有间隙强化作用，但明显降低塑性。加入钛中的α稳定化元素的量是有限制的，当所谓“铝当量”超过9%时即会发生有序反应，应按下列经验公式控制(以质量分数计)：

$$Al + \frac{1}{3}Sn + \frac{1}{6}Zr + 10(O + C + 2N) \leqslant 9$$

Ti－Al二元相图见图6.3－2。

2) β钛合金

β钛合金的主要特点是加入了大量β相稳定元素，如Mo、Cr、V等，水冷或空冷至室

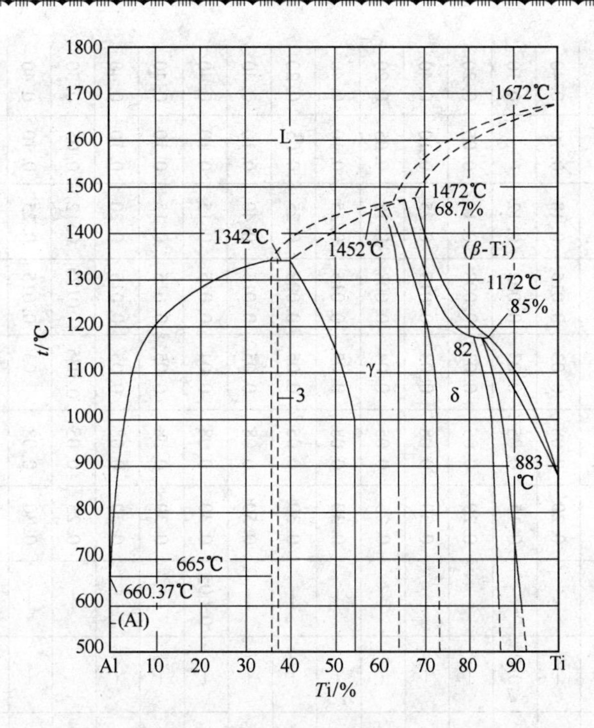

图 6.3－2　Ti－A1 二元相图

温能获得全部由 β 相组成的显微组织，β 相为体心立方结构，所以塑性好，可进行冷加工成形，同时由于 M_s 点低于室温，淬透性高，通过时效处理可大幅度提高强度，是发展高强度（>1400MPa）钛合金潜力最大的一类钛合金。其缺点是由于加入元素浓度高，铸锭易产生偏析，同时加入元素密度都比较大，因而相应使 β 钛合金的密度增加，同时组织不够稳定，工作温度一般在 350℃以下，TB2 为典型的 β 钛合金。

3）（α＋β）钛合金

钛合金固溶强化元素的含量受到一定的限制，含量过高会产生有序反应而使合金性能变脆，同时成形困难。β 钛合金组织不够稳定，这导致了（α＋β）型钛合金的发展。

这类合金主要是加入 β 稳定元素 Fe、Mo、Mg、Cr、Mn、V 等，大多数也含有 α 稳定元素，如 Al、B 等，使 α 相和 β 相同时得到强化。β 稳定元素一般加入 4%～6%，以获得足够量的 β 相，改善合金的塑性，同时赋予合金以热处理强化的能力。可以说其性能主要是由 β 相稳定元素决定的，α 相稳定元素起着辅助作用。

最著名的（α＋β）型钛合金为 Ti－Al6－V4 合金，国外也有不加 Al 的（α＋β）钛合金，如美国的 Al－Mn8 合金。

（α＋β）合金综合性能好，加工成形性能也较好，并有较高的耐热性、耐蚀性和低温性能，具有最大的工业意义，主要用作锻件，如航空发动机的叶片。

4）其他钛合金

Ti－Pd（Pd0.2%）合金（相当于 IMI260 合金），由于 Pd 的阳极钝化作用，耐蚀性能特别高，主要用于化学工业的阀门和槽等。

钛铝金属间化合物，虽尚未用于工业，但是很有前途，特别是 TiAl 有序化合物，不仅室温时具有高的比强度和比模量，而且在高温时仍维持高的强度和刚度、良好的抗蠕变、抗氧化和抗氢脆的能力，如能提高断后伸长率将是一种很有前途的航空航天高温材料。5）钛及钛合金牌号和化学成分（见表 6.3－1）

表 6.3-1　钛及钛合金牌号和化学成分(GB/T 3620.1—2007)

合金牌号	名义化学成分	化学成分(质量分数)/%														
		主要成分								杂质,不大于						
		Ti	Al	Sn	Mo	Pd	Ni	Si	B	Fe	C	N	H	O	其他元素	
															单一	总和
TA1ELI	工业纯钛	余量	—	—	—	—	—	—	—	0.10	0.03	0.012	0.008	0.10	0.05	0.20
TA1	工业纯钛	余量	—	—	—	—	—	—	—	0.20	0.08	0.03	0.015	0.18	0.10	0.40
TA1-1	工业纯钛	余量	≤0.20	—	—	—	—	≤0.08	—	0.15	0.05	0.03	0.003	0.12	—	0.10
TA2ELI	工业纯钛	余量	—	—	—	—	—	—	—	0.20	0.05	0.03	0.008	0.10	0.05	0.20
TA2	工业纯钛	余量	—	—	—	—	—	—	—	0.30	0.08	0.03	0.015	0.25	0.10	0.40
TA3ELI	工业纯钛	余量	—	—	—	—	—	—	—	0.25	0.05	0.04	0.008	0.18	0.05	0.20
TA3	工业纯钛	余量	—	—	—	—	—	—	—	0.30	0.08	0.05	0.015	0.35	0.10	0.40
TA4ELI	工业纯钛	余量	—	—	—	—	—	—	—	0.30	0.05	0.05	0.008	0.25	0.05	0.20
TA4	工业纯钛	余量	—	—	—	—	—	—	—	0.50	0.08	0.05	0.015	0.40	0.10	0.40
TA5	Ti-4Al-0.005B	余量	3.3~4.7	—	—	—	—	—	0.005	0.30	0.08	0.04	0.015	0.15	0.10	0.40
TA6	Ti-5Al	余量	4.0~5.5	—	—	—	—	—	—	0.30	0.08	0.05	0.015	0.15	0.10	0.40
TA7	Ti-5Al-2.5Sn	余量	4.0~6.0	2.0~3.0	—	—	—	—	—	0.50	0.08	0.05	0.015	0.20	0.10	0.40
TA7ELI[a]	Ti-5Al-2.5SnELI	余量	4.50~5.75	2.0~3.0	—	—	—	—	—	0.25	0.05	0.035	0.0125	0.12	0.05	0.30
TA8	Ti-0.05Pd	余量	—	—	—	0.04~0.08	—	—	—	0.30	0.08	0.03	0.015	0.25	0.10	0.40
TA8-1	Ti-0.05Pd	余量	—	—	—	0.04~0.08	—	—	—	0.20	0.08	0.03	0.015	0.18	0.10	0.40
TA9	Ti-0.2Pd	余量	—	—	—	0.12~0.25	—	—	—	0.30	0.08	0.03	0.015	0.25	0.10	0.40
TA9-1	Ti-0.2Pd	余量	—	—	—	0.12~0.25	—	—	—	0.20	0.08	0.03	0.015	0.18	0.10	0.40
TA10	Ti-0.3Mo-0.8Ni	余量	—	—	0.2~0.4	—	0.6~0.9	—	—	0.30	0.08	0.03	0.015	0.25	0.10	0.40

a　TA7 ELI 牌号的杂质“Fe + O”的总和应不大于0.32%。

续表6.3-1

合金牌号	名义化学成分	化学成分(质量分数)/%														
		主要成分								杂质,不大于						
		Ti	Al	Sn	Mo	V	Zr	Si	Nd	Fe	C	N	H	O	其他元素	
															单一	总和
TA11	Ti-8Al-1Mo-1V	余量	7.35~8.35	—	0.75~1.25	0.75~1.25	—	—	—	0.30	0.08	0.05	0.015	0.12	0.10	0.30
TA12	Ti-5.5Al—4S-2Zr-1Mo-1Nd-0.25Si	余量	4.8~6.0	3.7~4.7	0.75~1.25	—	1.5~2.5	0.2~0.35	0.6~1.2	0.25	0.08	0.05	0.0125	0.15	0.10	0.40
TA12-1	Ti-5.5Al-4Sn-2Zr-1Mo-1Nd-0.25Si	余量	4.5~5.5	3.7~4.7	1.0~2.0	—	1.5~2.5	0.2~0.35	0.6~1.2	0.25	0.08	0.04	0.0125	0.15	0.10	0.30
TA13	Ti-2.5Cu	余量	Cu:2.0~3.0		—	—	—	—	—	0.20	0.08	0.05	0.010	0.20	0.10	0.30
TA14	Ti-2.3Al-11Sn-5Zr-1Mo-0.2Si	余量	2.0~2.5	10.52~11.5	0.8~1.2	—	4.0~6.0	0.10~0.50	—	0.20	0.08	0.05	0.0125	0.20	0.10	0.30
TA15	Ti-6.5Al-1Mo-1V-2Zr	余量	5.5~7.1	—	0.5~2.0	0.8~2.5	1.5~2.5	≤0.15	—	0.25	0.08	0.05	0.015	0.15	0.10	0.30
TA15-1	Ti-2.5Al-1Mo-1V-1.5Zr	余量	2.0~3.0	—	0.5~1.5	0.5~1.5	1.0~2.0	≤0.10	—	0.15	0.05	0.04	0.003	0.12	0.10	0.30
TA15-2	Ti-4Al-1Mo-1V-1.5Zr	余量	3.5~4.5	—	0.5~1.5	0.5~1.5	1.0~2.0	≤0.10	—	0.15	0.05	0.04	0.003	0.12	0.10	0.30
TA16	Ti-2Al-2.5Zr	余量	1.8~2.5	—	—	—	2.0~3.0	≤0.12	—	0.25	0.08	0.04	0.006	0.15	0.10	0.30
TA17	Ti-4Al-2V	余量	3.5~4.5	—	—	1.5~3.0	—	≤0.15	—	0.25	0.08	0.05	0.015	0.15	0.10	0.30
TA18	Ti-3Al-2.5V	余量	2.0~3.5	—	—	1.5~3.0	—	—	—	0.25	0.08	0.05	0.015	0.12	0.10	0.30
TA19	Ti-6Al-2Sn-4Zr-2Mo-0.1Si	余量	5.5~6.5	1.8~2.2	1.8~2.2	—	3.6~4.4	≤0.13	—	0.25	0.08	0.05	0.0125	0.15	0.10	0.30

续表 6.3－1

合金牌号	名义化学成分	化学成分(质量分数)/%														
		主要成分								杂质,不大于						
		Ti	Al	Mo	V	Mn	Zr	Si	Nd	Fe	C	N	H	O	其他元素	
															单一	总和
TA20	Ti－4Al－3V－1.5Zr	余量	3.5～4.5	—	2.5～3.5	—	1.0～2.0	≤0.10	—	0.15	0.05	0.04	0.003	0.12	0.10	0.30
TA21	Ti－1Al－1Mn	余量	0.4～1.5	—	—	0.5～1.3	≤0.30	≤0.12	—	0.30	0.10	0.05	0.012	0.15	0.10	0.30
TA22	Ti－3Al－1Mo－1Ni－1Zr	余量	2.5～3.5	0.5～1.5	Ni:0.3～1.0		0.8～2.0	≤0.15	—	0.20	0.10	0.05	0.015	0.15	0.10	0.30
TA22－1	Ti－3Al－1Mo－1Ni－1Zr	余量	2.5～3.5	0.2～0.8	Ni:0.3～0.8		0.5～1.0	≤0.04	—	0.20	0.10	0.04	0.008	0.10	0.10	0.30
TA23	Ti－2.5Al－2Zr－1Fe	余量	2.2～3.0	—	Fe:0.8～1.2		1.7～2.3	≤0.15	—	—	0.10	0.04	0.010	0.15	0.10	0.30
TA23－1	Ti－2.5Al－2Zr－1Fe	余量	2.2～3.0	—	Fe:0.8～1.1		1.7～2.3	≤0.10	—	—	0.10	0.04	0.008	0.10	0.10	0.30
TA24	Ti－3Al－2Mo－2Zr	余量	2.5～3.5	1.0～2.5	—		1.0～3.0	≤0.15	—	0.30	0.10	0.05	0.015	0.15	0.10	0.30
TA24－1	Ti－3Al－2Mo－2Zr	余量	1.5～2.5	1.0～2.0	—		1.0～3.0	≤0.04	—	0.15	0.10	0.04	0.010	0.10	0.10	0.30
TA25	Ti－3Al－2.5V－0.05Pd	余量	2.5～3.5	—	2.0～3.0	—	—	Pd:0.04～0.08		0.25	0.08	0.03	0.015	0.15	0.10	0.40
TA26	Ti－3Al－2.5V－0.1Ru	余量	2.5～3.5	—	2.0～3.0	—	—	Ru:0.08～0.14		0.25	0.08	0.03	0.015	0.15	0.10	0.40
TA27	Ti－0.10Ru	余量	—	—	Ru:0.08～0.14		—	—	—	0.30	0.08	0.03	0.015	0.25	0.10	0.40
TA27－1	Ti－0.10Ru	余量	—	—	Ru:0.08～0.14		—	—	—	0.20	0.08	0.03	0.015	0.18	0.10	0.40
TA28	Ti－3Al	余量	2.0～3.0	—	—		—	—	—	0.30	0.08	0.05	0.015	0.15	0.10	0.40

续表6.3-1

合金牌号	名义化学成分	化学成分(质量分数)/%																	
		主要成分										杂质,不大于							
																	其他元素	
		Ti	Al	Sn	Mo	V	Cr	Fe	Zr	Pd	Nd	Si	Fe	C	N	H	O	单一	总和
TB2	Ti-5Mo-5V-8Cr-3Al	余量	2.5~3.5	—	4.7~5.7	4.7~5.7	7.5~8.5	—	—	—	—	—	0.30	0.05	0.04	0.015	0.15	0.10	0.40
TB3	Ti-3.5Al-10Mo-8V-1Fe	余量	2.7~3.7	—	9.5~11.0	7.5~8.5	—	0.8	—	—	—	—	—	0.05	0.04	0.015	0.15	0.10	0.40
TB4	Ti-4Al-7Mo-10V-2Fe-1Zr	余量	3.0~4.5	—	6.0~7.8	9.0~10.5	—	1.5~2.5	0.5~1.5	—	—	—	—	0.05	0.04	0.015	0.20	0.10	0.40
TB5	Ti-15V-3Al-3Cr-3Sn	余量	2.5~3.5	2.5~3.5	—	14.0~16.0	2.5~3.5	—	—	—	—	—	0.25	0.05	0.05	0.015	0.15	0.10	0.30
TB6	Ti-10V-2Fe-3Al	余量	2.6~3.4	—	—	9.0~11.0	—	1.6~2.2	—	—	—	—	—	0.05	0.05	0.012	0.13	0.10	0.30
TB7	Ti-32Mo	余量	—	—	30.0~34.0	—	—	—	—	—	—	—	0.30	0.08	0.05	0.015	0.20	0.10	0.40
TB8	Ti-15Mo-3Al-2.7Nb-0.25Si	余量	2.5~3.5	—	14.0~16.0	—	—	—	—	—	2.4~3.2	0.15~0.25	0.40	0.05	0.05	0.015	0.17	0.10	0.40
TB9	Ti-3Al-8V-6Cr-4Mo-4Zr	余量	3.0~4.0	—	3.5~4.5	7.5~8.5	5.5~6.5	—	3.5~4.5	≤0.10	—	—	0.30	0.05	0.03	0.030	0.14	0.10	0.40
TB10	Ti-5Mo-5V-2Cr-3Al	余量	2.5~3.5	—	4.5~5.5	4.5~5.5	1.5~2.5	—	—	—	—	—	0.30	0.05	0.04	0.015	0.15	0.10	0.40
TB11	Ti-15Mo	余量	—	—	14.0~16.0	—	—	—	—	—	—	—	0.10	0.10	0.05	0.015	0.20	0.10	0.40

续表6.3－1

合金牌号	名义化学成分	化学成分(质量分数)/%																
		主要成分										杂质,不大于						
		Ti	Al	Sn	Mo	V	Cr	Fe	Mn	Cu	Si	Fe	C	N	H	O	其他元素 单一	其他元素 总和
TC1	Ti－2Al－1.5Mn	余量	1.0～2.5	—	—	—	—	—	0.7～2.0	—	—	0.30	0.08	0.05	0.012	0.15	0.10	0.40
TC2	Ti－4Al－1.5Mn	余量	3.5～5.0	—	—	—	—	—	0.8～2.0	—	—	0.30	0.08	0.05	0.012	0.15	0.10	0.40
TC3	Ti－5Al－4V	余量	4.5～6.0	—	—	3.5～4.5	—	—	—	—	—	0.30	0.08	0.05	0.015	0.15	0.10	0.40
TC4	Ti－6Al－4V	余量	5.5～6.75	—	—	3.5～4.5	—	—	—	—	—	0.30	0.08	0.05	0.015	0.20	0.10	0.40
TC4ELI	Ti－6Al－4VELI	余量	5.5～6.5	—	—	3.5～4.5	—	—	—	—	—	0.25	0.08	0.03	0.0120	0.13	0.10	0.40
TC6	Ti－6Al－1.5Cr－2.5Mo－0.5Fe－0.3Si	余量	5.5～7.0	—	2.0～3.0	—	0.8～2.3	0.2～0.7	—	—	0.15～0.40	—	0.08	0.05	0.015	0.18	0.10	0.40
TC8	Ti－6.5Al－3.5Mo－0.25Si	余量	5.8～6.8	—	2.8～3.8	—	—	—	—	—	0.20～0.35	0.40	0.08	0.05	0.015	0.15	0.10	0.40
TC9	Ti－6.5Al－3.5Mo－2.5Sn－0.3Si	余量	5.8～6.8	1.8～2.8	2.8～3.8	—	—	—	—	—	0.2～0.4	0.40	0.08	0.05	0.015	0.15	0.10	0.40
TC10	Ti－6Al－6V－2Sn－0.5Cu－0.5Fe	余量	5.5～6.5	1.5～2.5	—	5.5～6.5	—	0.35～1.0	—	0.35～1.0	—	—	0.08	0.04	0.015	0.20	0.10	0.40

续表 6.3-1

合金牌号	名义化学成分	化学成分(质量分数)/%																
		主要成分										杂质,不大于						
		Ti	Al	Sn	Mo	V	Cr	Fe	Zr	Nb	Si	Fe	C	N	H	O	其他元素 单一	其他元素 总和
TC11	Ti-6.5Al-3.5Mo-1.5Zr-0.3Si	余量	5.8~7.0	—	2.8~3.8	—	—	—	0.8~2.0	—	0.2~0.35	0.25	0.08	0.05	0.012	0.15	0.10	0.40
TC12	Ti-5Al-4Mo-4Cr-2Zr-2Sn-1Nb	余量	4.5~5.5	1.5~2.5	3.5~4.5	—	3.5~4.5	—	1.5~3.0	0.5~1.5	—	0.30	0.08	0.05	0.015	0.20	0.10	0.40
TC15	Ti-5Al-2.5Fe	余量	4.5~5.5	1.5~2.5	3.5~4.5	—	3.5~4.5	—	1.5~3.0	0.5~1.5	—	0.30	0.08	0.05	0.015	0.20	0.10	0.40
TC16	Ti-3Al-5Mo-4.5V	余量	2.2~3.8		4.5~5.5	4.0~5.0	—	—	—	—	≤0.15	0.25	0.08	0.05	0.012	0.15	0.10	0.30
TC17	Ti-5Al-2Sn-2Zr-4Mo-4Cr	余量	4.5~5.5	1.5~2.5	3.5~4.5	—	—	—	1.5~2.5	—	—	0.25	0.05	0.05	0.0125	0.08~0.13	0.10	0.30
TC18	Ti-5Al-4.75Mo-4.75v-1Cr-1Fe	余量	4.4~5.7	—	4.0~5.5	4.0~5.5	0.5~1.5	0.5~1.5	≤0.30	—	≤0.15	—	0.08	0.05	0.015	0.18	0.10	0.30
TC19	Ti-6Al-2Sn-4Zr-6Mo	余量	5.5~6.5	1.75~2.25	5.5~6.5	—	—	—	3.5~4.5	—	—	0.15	0.04	0.04	0.0125	0.15	0.10	0.40
TC20	Ti-6Al-7Nb	余量	5.5~6.5	—	—	—	—	—	—	6.5~7.5	Ta≤0.5	0.25	0.08	0.05	0.009	0.20	0.10	0.40
TC21	Ti-6Al-2Mo-1.5Cr-2Zr-2Sn-2Nb	余量	5.2~6.8	1.6~2.5	2.2~3.3	—	0.9~2.0	—	1.6~2.5	1.7~2.3	—	0.15	0.08	0.05	0.015	0.15	0.1	0.40
TC22	Ti-6Al-4V-0.05Pd	余量	5.5~6.75	—	—	3.5~4.5	—	—	—	Pd:0.04~0.08		0.40	0.08	0.05	0.015	0.20	0.10	0.40

续表 6.3－1

合金牌号	名义化学成分	化学成分(质量分数)/%																
		主要成分										杂质,不大于						
		Ti	Al	Sn	Mo	V	Cr	Fe	Zr	Nb	Si	Fe	C	N	H	O	其他元素	
																	单一	总和
TC23	Ti－6Al－4V－0.1Ru	余量	5.5～6.75	—	—	3.5～4.5	—	—	—	Ru:0.08～0.14		0.25	0.08	0.05	0.015	0.13	0.10	0.40
TC24	Ti－4.5Al－3V－2Mo－2Fe	余量	4.0～5.0	—	1.8～2.2	2.5～3.5	—	1.7～2.3	—	—	—	—	0.05	0.05	0.010	0.15	0.10	0.40
TC25	Ti－6.5Al－2Mo－1Zr－1Sn－1W－0.2Si	余量	6.2～7.2	0.8～2.5	1.5～2.5	—	W:0.5～1.5		0.8～2.5	—	0.10～0.25	0.15	0.10	0.04	0.012	0.15	0.10	0.30
TC26	Ti－13Nb－13Zr	余量	—	—	—	—	—	—	12.5～14.0	12.5～14.0	—	0.25	0.08	0.05	0.012	0.15	0.10	0.40

注:至 GB/T 3620.1－2007 已删除的钛合金牌号有:TAD、TA0、TA8、TB1、TC5、TC7。

国内新旧纯钛牌号对照表

新牌号	对应或相当的旧牌号
TA1	TA0
TA2	TA1
TA3	TA2
TA4	TA3
TA28	TA4

6）变形钛合金的力学性能

由于纯钛有高的强度，所以工业纯钛大量用作变形材料，纯钛的力学性能有如下特点：

（1）钛有同素异构转变，由于显微组织不同，性能有明显差别。在α相区（<882℃）加工或退火的组织，由等轴晶组成，强度相对较低而韧性较高，α-Ti为常用组织。如自β相区（>882℃）缓慢冷却，形成片状魏氏体组织，强度较高，而塑性降低；如自β相区淬火，得到马氏体组织，强度显著提高，塑性低，组织不稳定。

（2）由于钛对氧、氮、碳等间隙元素有很大的溶解度，这些元素在冶炼过程中很难避免，而它们即使少量溶入，对钛的延性和韧性亦有很大影响。因此，工业纯钛的力学性能与杂质的含量有着密切的关系，见表6.3-2。

表6.3-2 几种间隙元素对纯钛主要力学性能的影响

杂质的质量分数/%	O		N		C	
	抗拉强度 R_m/MPa	断后伸长率 A/%	抗拉强度 R_m/MPa	断后伸长率 A/%	抗拉强度 R_m/MPa	断后伸长率 A/%
0.025	330	37	380	35	310	40
0.05	365	35	460	28	330	39
0.1	440	30	550	20	370	36
0.15	490	27	630	15	415	32
0.2	545	25	700	13	450	26
0.3	640	23	—	—	500	21
0.5	790	18	—	—	520	18
0.7	930	8	—	—	525	17

6.3.3 钛合金的加工与连接

1. 熔炼和铸造

钛的熔点高，活性大，在熔融状态下能迅速溶解。几乎所有的已知物质，尤其是与氧、氮、氢、碳等间隙元素有特别大的亲和力，并对性能产生很坏的影响。因而增加了熔炼与铸造的工艺困难。变形钛合金所用的合金锭采用真空自耗电极电弧炉或电子束炉熔炼，锭是逐渐熔化和逐渐凝固的。钛合金铸件则采用真空凝壳炉熔炼与铸造。

2. 压力加工

自耗电弧炉熔炼的铸态组织对开裂敏感，一般需要进行热锻初加工，然后再进行轧、挤、拉等加工。可加工成各种形状，但需较大功率，特别是在低于α/β转变温度以下时。热加工温度范围一般较窄，加工性能与不锈钢相当。锻造加热温度见表6.3-3。

钛的冷加工能力较差，同时钛合金的弹性模量较低和流变应力较高，所以冷加工回弹力大，冷加工后一般需在650～700℃温度下进行短时间退火以稳定形状和消除应力。

表 6.3 - 3 钛合金锻造加热温度

牌号	(α+β)/β 相变点/℃	铸锭		变形坯料		成品	
		加热温度/℃	终锻温度/≥℃	加热温度/℃	终锻温度/≥℃	加热温度/℃	终锻温度/≥℃
TA2	890~920	1000~1020	750	900~950	700	850~880	700
TA3	890~920	1000~1020	750	900~950	700	850~880	700
TA4	890~920	1000~1020	750	900~950	700	850~880	700
TA28	960~980	1150	850	1030~1050	800		
TA5	980~1000	1080~1150	850	1000~1050	800		
TA6	1000~1020	1150~1200	900	1050~1100	850	980~1020	800
TA7	1000~1020	1150~1200	900	1050~1100	850	980~1020	800
TA8	950~980	1150~1180	850	1080~1100	800	970~980	750
TB2	750	1140~1160	850	1090~1100	800	990~1010	800
TC1	910~930	1000~1020	750	900~950	750	850~880	750
TC2	920~940	1000~1020	800	900~950	800	850~900	750
TC3	960~970	1100~1150	850	950~1050	800	950~970	750
TC4	980~990	1100~1150	850	960~1100	800	950~970	750
TC6	950~980	1150~1180	850	1000~1050	800	950~980	800
TC9	1000~1020	1140~1160	850	1050~1080	800	950~970	800
TC10	935	1100~1150	800	1000~1050	800	930~940	800

钛合金易产生形变织构而使材料各向异性。

3. 热处理

钛合金热处理应注意如下几点：

(1) 钛有高的化学活性和吸氢倾向，热处理时应防止氧化和吸氢；

(2) 钛的热导率低，断面温度梯度大，淬火时断面厚、薄过渡区易开裂和变形，同时淬透性差；

(3) 钛及钛合金在加热到(α+β)/β 转变温度以上时，在过渡到 β 相区的温度下，晶粒极易急剧长大，使合金产生"β 脆性"，因而加热温度以不超过(α+β)/β 转变温度为宜。

钛合金主要热处理方式为退火，以获得需要的组织和性能，使之能继续加工或最终应用。

某些钛合金可以通过淬火、时效而强化。其淬火、时效行为与铝合金不同，是一个相当复杂的过程。淬火高温加热时残留的 α 相保持不变，β 相根据合金成分不同可转变成 α′、α″、ω、β′等亚稳相，这些亚稳相在时效过程中转变成弥散的(α+β)相，使合金显著强化。

钛合金热处理工艺见表 6.3 - 4。

表 6.3-4　钛合金热处理工艺参数

牌号	消除应力退火工艺①		完全退火工艺②		固溶处理工艺			时效处理工艺		
	温度/℃	时间/min	温度/℃	时间/min	温度/℃	时间/min	冷却方式	温度/℃	时间/h	冷却方式
TA2	500~600	15~60	680~720	30~120	—	—	—	—	—	—
TA3	500~600	15~60	680~720	30~120	—	—	—	—	—	—
TA4	500~600	15~60	680~720	30~120	—	—	—	—	—	—
TA28	550~650	15~60	700~750	30~120	—	—	—	—	—	—
TA5	550~650	15~60	800~850	30~120	—	—	—	—	—	—
TA6	550~650	15~120	750~800	30~120	—	—	—	—	—	—
TA7	550~650	15~120	750~850	30~120	—	—	—	—	—	—
TA8	550~650	15~120	750~800	60~120	—	—	—	—	—	—
TB2	480~650	15~240	800	30	800	30	水或空	500	8	空冷
TC1	550~650	30~60	700~750	30~120	—	—	—	—	—	—
TC2	550~650	30~60	700~750	30~120	—	—	—	—	—	—
TC3	550~650	30~240	700~800	60~120	820~920	25~60	水冷	480~560	4~8	空冷
TC4	550~650	30~240	700~800	60~120	850~950	30~60	水冷	480~560	4~8	空冷
TC6	550~650	30~120	750~850	60~120	860~900	30~60	水冷	540~580	4~12	空冷
TC9	550~650	30~240	600	60	900~950	60~90	水冷	500~600	2~6	空冷
TC10	550~650	30~240	760	120	850~900	60~90	水冷	500~600	4~12	空冷

注：① 所有合金消除应力退火后一律采用空冷。

② 产品使用前的退火可采用：950℃/1h，空冷或水冷；最终退火可采用：870℃/30min+650℃/60min，空冷。TC9 最终退火可采用：930℃/30min，空冷+530℃/60min，空冷。

4. 机械加工

可加工性能与奥氏体不锈钢相当，其特点是钛合金导热性差，切削时粘刀，因此需采用耐热性好的切削刀具，保持较低的加工速度，刀口应锐利，深切削。

5. 焊接

钛合金的熔焊能力与成分和组织有关，α 合金、近 α 合金具有好的焊接性能，大多数 β 合金在退火或热处理状态下焊接，β 相在 20% 以下的(α+β)合金具有一般的焊接性能。其中 Ti-Al6-V4 合金焊接性能最好，而 Ti-Mn8 合金焊缝裂纹倾向性大，不宜焊接。熔焊时用的填充金属一般应与母材的标称成分相同。当焊缝的塑性比合金强度更重要时，可采用工业纯钛作钛合金的填充金属。

焊接方法最好采用钨电极惰性气体保护焊(TIG)和自耗电极惰性气体保护焊(MIG)，氧乙炔和氢原子焊不宜采用，因为氧、氢会污染金属。真空电子束焊、激光束焊特别适合钛合金。

钛合金不能与其他常用的金属结构材料(如钢、铝、铜、镍合金)相熔焊，因为会形成脆性金属间化合物而产生开裂或脆性。

在 850~950℃温度范围内，即低于 α/β 转变温度，可以采用扩散焊接方法，被焊材料表面氧化物或微量杂质可很快被溶解，加以轻微压力，保持30~60min即可焊合。其最大优点是焊缝不会被污染。

在1000℃左右，采用惰性气体保护，使用银、铜合金钎料，或Ti-Cu15-Ni15作钎料，可进行钎焊。

6.3.4 钛合金的腐蚀与防护

1. 一般腐蚀特点

钛的平衡电位低：$E_{ti/Ti}{}^{2+} = -1.630 + 0.0293 \times 1g[Ti^{2+}](V)$，化学活性高，在热力学上是不稳定的。但钛在大气或水溶液中，其表面会很快生成一层致密的保护性氧化膜，使之处于钝化状态。而且，氧化膜一旦被机械损伤，在不到0.1s的极短时间内，又会立即在损伤处重新生成一层氧化膜，称之为“自愈合”。因此，钛及其合金在氧化性介质中的耐蚀性比在还原性介质中的耐蚀性要好得多。

钛在550℃以下形成的氧化膜致密，有良好的保护作用，但温度超过600℃时，氧能迅速透过氧化膜使基底金属继续氧化。钛在干燥的氧气和氯气中会自燃，钛粉尘在空气中可发生爆炸。

钛在海水、淡水、湿氯气、硝酸、王水、氯化氢(低于160℃)、醋酸、乳酸、酒石酸和鞣酸等介质中，具有优良的耐蚀性能。在还原性介质中加入氧化剂，或加入三价铁、二价铜之类的高价重金属离子，就能对钛起到明显的缓蚀作用。

除甲酸、草酸和相当浓的柠檬酸以外，钛对所有的有机酸都有极好的耐蚀性。如在室温的氢氧化钡、氢氧化钙、氢氧化镁的饱和溶液中，氢氧化铵($w=28\%$)溶液中，氢氧化钠($w=10\%$)和氢氧化钾($w=10\%$)溶液中均有优良的耐蚀性。

硝酸具有强氧化性，因此钛在硝酸中是耐蚀的，但在沸点以上则不耐蚀。钛材不适用于硫酸和盐酸体系，在氢氟酸中迅速被腐蚀。

钛设备在高温氯化物溶液和湿氯气中常因缝隙腐蚀而损坏；钛在临氢环境中吸氢达到一定程度后会发生脆化；钛及其合金的焊接件其焊区腐蚀是一个重要的工程问题。

工业纯钛在水溶液中一般不发生应力腐蚀，但所有的钛合金均对热盐应力腐蚀具有不同程度的敏感性。一般来说，α钛合金应力腐蚀敏感性最大。钛合金对不同环境应力腐蚀敏感性见表6.3-5。

表6.3-5 钛合金对应力腐蚀敏感的环境

介质	温度/℃	合金
镉	>320	Ti-Al4-Mn4
水银	常温	CPTi(99%)，Ti-Al6-V4
	370	Ti-V13-Cr11-Al3
银	470	Ti-A15-Sn2.5，Ti-Al7-Mo4
氯	290	Ti-A18-Mo1-V1
盐酸($w=10\%$)	35	Ti-Al5-2.5Sn
	345	Ti-Al8-Mo1-V1
盐酸(仅发烟的)	常温	CPTi，Ti-Mn8，Ti-Al6-V4，Ti-Al5-Sn2.5

续表 6.3－5

介 质	温度/℃	合 金
氯化物盐	290～425	全部工业钛合金
甲醇	常温	CPTi（99%），Ti－Al5－Sn2.5，Ti－Al8－Mo1－V1 Ti－Al6－V4，Ti－Al4－Mo3－V1
三氯乙烯	370	Ti－Al5－Sn2.5，Ti－Al8－Mo1－V1
海水	常温	CPTi（99%），Ti－Mn8，Ti－Al5－Sn2.5 Ti－Al8－Mo1－V1，Ti－Al6－V4，Ti－Sn11 Al2.25－Zr5－Mo1－Si0.25，Ti－V13－Cr11－Al3

2. 防腐蚀措施

一般来说，钛及其合金由于具有优良的耐蚀性能而无需采取保护措施，但在特殊环境中可采取如下保护措施：

（1）在介质中加入氧化剂（如氯气、硝酸、次氯酸或铬酸盐）或高价重金属离子，起到缓蚀作用；

（2）外加阳极保护。

由于采取了上述措施，使钛材可适用于有色金属的湿法冶金工业中。

6.3.5 钛合金的应用

钛合金虽然已经有了较多的品种，但大多是按航空工业的特殊要求研制的。国内外使用最普遍的钛合金是 Ti－Al6－V4，约占全部钛销售量的一半左右，其次是 Ti－Al6－V6－Sn2 和 Ti－Al5－Sn2.5。民用部门主要使用工业纯钛。

变形钛合金的特性和用途列于表 6.3－6。

铸造钛合金的特点是其冲击韧性比变形钛合金高，可加工成形状复杂的零件且节省材料。主要用于化工设备，如球形阀、泵、叶轮等，其精密铸件亦用于航空、航天工业。

表 6.3－6 变形钛合金的特性和应用

类型	代号	主要特性	用 途
工业纯钛	TA2 TA3 TA4	强度比钛合金低，塑性好，成形性、焊接性、耐蚀性能优良，可切削性能良好，使用温度一般不超过 350℃，随氧、氮、碳、氢在纯钛中的溶解度增大，强度增加，塑性降低	工作温度在 350℃以下强度要求不高，而要求成形性耐蚀性好的飞机、船舶、化工结构件，杂质含量少时可作－200℃以下的低温结构件。主要用于民用工业
α 型	TA28 TA5 TA6 TA7 TA8	单相合金，不能热处理强化，室温强度高于工业纯钛，高温强度（500～600℃）为钛合金中最高者，焊接性、耐蚀性、可切削性良好，室温塑性较低，高温塑性好，间隙杂质含量低时可作超低温材料	500℃以下的耐热、耐蚀航空、航海结构件，如飞机蒙皮、气压机叶片、轮船零件。TA7 短期工作温度可高于 500℃，杂质低时可作低温结构件
β 型	TB2	可热处理强化，强度较高，热塑性好，焊接性能、耐蚀性能良好，β 为亚稳定组织，故合金性能不够稳定	350℃以下的飞机压气机叶片等结构件或焊接件，使用不广泛
α＋β 型	TC1 TC2 TC3 TC4 TC6 TC9 TC10 TC11	TC1，TC2，TC7 不能热处理强化，其余合金可热处理强化，综合力学性能良好，锻造、焊接、切削等加工性能良好，耐蚀性能良好，组织不够稳定，TC4 为性能最佳应用最广的（α＋β）型合金	500℃以下工作的飞机发动机压气机叶片，飞机起落架等结构件，舰船耐压壳体，坦克履带，火箭外壳等

6.4 铜及其合金

6.4.1 概述

铜是人类发现最早和使用最广泛的金属之一。在中国，3700 多年前的殷周时代就已开始冶炼和应用铜。《周礼考工记》记载了当时铜锡合金的配制规范。

在金属材料中，铜及其合金的应用范围仅次于钢铁。在非铁金属材料中，铜的产量仅次于铝。

铜之所以用途广泛是由于它有如下特点：优良的导电性和导热件，优良的冷、热加工性能和良好的耐腐蚀性能。其导电性仅次于银，导热性在银和金之间，而金、银为贵金属，所以工业上良好的导电、导热体多选择铜。铜为面心立方结构，强度和硬度较低，而冷、热加工性能都十分优良，可以加工成极薄的箔和极细的丝(包括高纯单晶高导电性能的丝)；易于连接，耐腐蚀。铜还可与很多金属元素形成许多性能独特的合金。

铜及其合金习惯上分为紫铜、黄铜、青铜和白铜。以铸造和压力加工产品(管、棒、线、型、板、带、箔)提供使用。广泛用于电气、电子、仪表、机械、交通、建筑、化工、海洋工程等几乎所有工业和民用部门。

铜以硫化铜矿为主，品位低，一般为 0.5% ~1%，经采、选，得到 10% ~40% 铜精矿，经火法冶炼和电解而得到纯铜。全世界已查明的铜的储藏量约为 6.4×10^8t，如以每年 1000×10^4t 的水平生产，还不能维持到 2060 年。因此，在研究和使用铜合金的同时，对于研究减少铜的消耗，开发代用材料(如以铝代铜，以钢代铜)和废旧铜材的回收利用，必须引起高度的重视。

6.4.2 铜合金

1. 变形铜合金

1）紫铜

实际上是工业纯铜，是以纯金属状态应用最多的金属，约占铜用量的 2/3，主要用来加工成线材、带材，作电导体。由于纯铜的新鲜表面呈玫瑰红色，表面形成氧化亚铜(Cu_2O)后呈紫色，故又称紫铜。

所有杂质都影响铜的导电性能，Ag、Cd 影响最小，P 影响最大，见图 6.4－1。

工业纯铜又可分为：

含氧铜(韧铜)：工艺简单，含适量氧，杂质被氧化而排除大部分，有利于导电性能，但在高温还原气氛中易出现氢脆病。

无氧铜：在真空或 CO 保护气氛下熔炼，氧含量极低，无氢脆病，有高导电率，广泛用于电真空仪器与玻璃封焊的导线。

脱氧铜：用 P 或 Mn 脱氧，无氢脆现象。用 P 脱氧时残留 P 的质量分数应控制在 0.004% ~0.040% 范围内。多用于焊接。

变形纯铜牌号及化学成分见表 6.4－1。

2）黄铜

黄铜为铜锌合金，一般呈金黄色或淡黄色，故称黄铜。铜锌二元合金称简单(或普通)黄铜，再加其他元素称复杂(或特种)黄铜，按第三组元命名，主要有铅黄铜、锡黄铜、铝黄铜、铁黄铜、镍黄铜、锰黄铜、硅黄铜等。

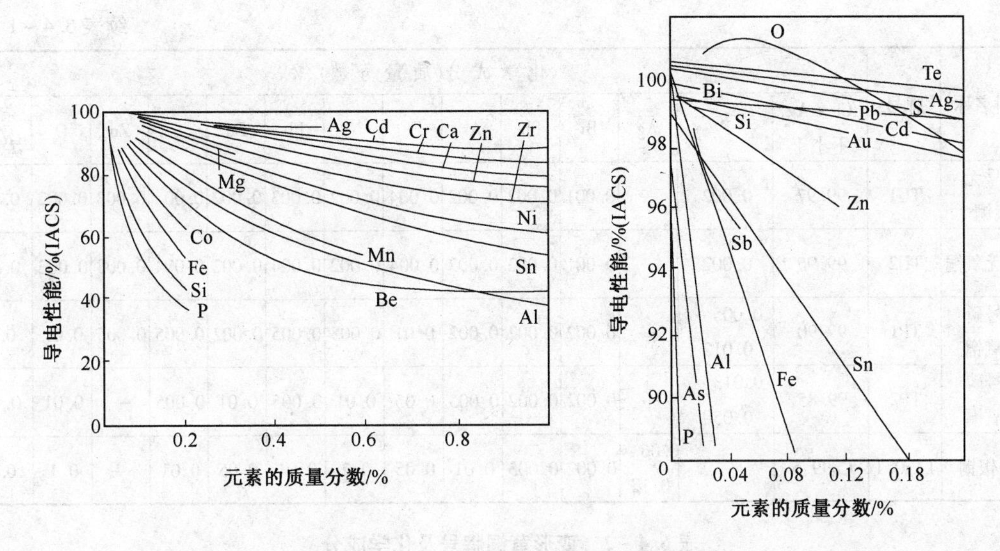

图6.4-1 杂质对铜的导电性能的影响

复杂黄铜所加入元素一般不形成新相，故复杂黄铜与普通黄铜的显微组织基本相同。加入1%的合金元素能起到百分之几的锌的作用，称“锌当量系数”，以 η 表示如下：

合金元素	Si	Al	Sn	Mg	Pb
η/%	10.0	6.0	2.0	2.0	1.0
合金元素	Cd	Fe	Mn	Ni	
η/%	1.0	0.9	0.5	-1.3	

变形黄铜的牌号及化学成分见表6.4-2，典型物理性能见表6.4-3；典型力学性能见表6.4-4。

3）青铜

青铜在历史上出现最早，原指铜锡合金，现在除黄铜和白铜以外的铜合金都称之为青铜。按主要合金元素命名，主要有锡青铜、铝青铜、铍青铜、硅青铜、铅青铜、锰青铜、铬青铜等。合金化学成分见表6.4-5，典型物理性能见表6.4-6，典型力学性能见表6.4-7。

4）白铜

镍的质量分数含量低于50%的铜镍合金称为简单(或普通)白铜，再加入锰、铁、锌或铝等元素的白铜称为复杂(或特殊)白铜。镍能显著提高铜的力学性能、耐蚀性能、电阻和热电性。工业上应用的白铜主要分耐蚀结构用白铜和电工仪表用白铜两大类。

白铜化学成分见表6.4-8，典型物理性能见表6.4-9，典型力学性能见表6.4-10。

表6.4-1 变形纯铜牌号及化学成分

材料名称	牌号	化学成分(质量分数)/%												
		Cu+Ag 不小于	P	Ag	Bi	Sb	As	Fe	Ni	Pb	Sn	S	Zn	O	杂质总和
一号铜	T1	99.95	0.001	—	0.001	0.002	0.002	0.005	0.002	0.003	0.002	0.005	0.005	0.02	0.05
二号铜	T2	99.90	—	—	0.001	0.002	0.002	0.005	0.005	0.005	0.002	0.005	0.005	0.06	0.1
三号铜	T3	99.70	—	—	0.002	0.005	0.01	0.05	0.2	0.01	0.05	0.01	—	0.1	0.3

续表 6.4-1

材料名称	牌号	化学成分(质量分数)/%													
		Cu+Ag 不小于	P	Ag	Bi	Sb	As	Fe	Ni	Pb	Sn	S	Zn	O	杂质总和
一号无氧铜	TU1	99.97	0.002	—	0.001	0.002	0.002	0.004	0.002	0.003	0.002	0.004	0.003	0.002	0.03
二号无氧铜	TU2	99.95	0.002	—	0.001	0.002	0.002	0.004	0.002	0.004	0.002	0.004	0.003	0.003	0.05
一号磷脱氧铜	TP1	99.90	0.005~0.012	—	0.002	0.002	0.002	0.01	0.005	0.005	0.002	0.005	0.005	0.01	0.1
二号磷脱氧铜	TP2	99.85	0.013~0.050	—	0.002	0.002	0.005	0.05	0.01	0.005	0.01	0.005	—	0.01	0.15
0.1 银铜	TAg0.1	Cu99.5	—	0.06~0.12	0.002	0.005	0.01	0.05	0.2	0.01	0.05	0.01	—	0.1	0.3

表 6.4-2 变形黄铜牌号及化学成分

材料名称	牌号	代号	化学成分(质量分数)/%													
			Cu	Sn	Ni	Al	Fe	Pb	Sb	Bi	P	As	Mn	Si	Zn	杂质总和
普通黄铜	96 黄铜	H96	95.0~97.0	—	—	—	0.10	0.03	0.005	0.002	0.01	—	—	—	余量	0.2
	90 黄铜	H90	88.0~91.0	—	—	—	0.10	0.03	0.005	0.002	0.01	—	—	—	余量	0.2
	85 黄铜	H85	84.0~86.0	—	—	—	0.10	0.03	0.005	0.002	0.01	—	—	—	余量	0.3
	80 黄铜	H80	79.0~81.0	—	—	—	0.10	0.03	0.005	0.002	0.01	—	—	—	余量	0.3
	70 黄铜	H70	68.5~71.5	—	—	—	0.10	0.03	0.005	0.002	0.01	—	—	—	余量	0.3
	68 黄铜	H68	67.0~70.0	—	—	—	0.10	0.03	0.005	0.002	0.01	—	—	—	余量	0.3
	65 黄铜	H65	63.5~68.0	—	—	—	0.10	0.03	0.005	0.002	0.01	—	—	—	余量	0.3
	63 黄铜	H63	62.0~65.0	—	—	—	0.15	0.08	0.005	0.002	0.01	—	—	—	余量	0.5
	62 黄铜	H62	60.5~63.5	—	—	—	0.15	0.08	0.005	0.002	0.01	—	—	—	余量	0.5
	59 黄铜	H59	57.0~60.0	—	—	—	0.3	0.5	0.01	0.003	0.01	—	—	—	余量	1.0
镍黄铜	65-5 镍黄铜	Hni65-5	64.0~67.0	—	5.0~6.5	—	0.15	0.03	0.005	0.002	0.01	—	—	—	余量	0.3
	56-3 镍黄铜	Hni56-3	54.0~58.0	0.25	2.0~3.0	0.3~0.5	0.15~0.5	0.2	—	—	0.01	—	—	—	余量	0.6

续表 6.4-2

材料名称	牌号	代号	化学成分(质量分数)/%													
			Cu	Sn	Ni	Al	Fe	Pb	Sb	Bi	P	As	Mn	Si	Zn	杂质总和
铅黄铜	63-3 铅黄铜	HPb63-3	62.0~65.0	—	—	0.5	0.1	2.4~3.0	0.005	0.002	0.01	—	—	—	余量	0.75
	63-0.1 铅黄铜	HPb63-0.1	61.5~63.5	—	—	0.2	0.15	0.05~0.3	0.005	0.002	0.01	—	—	—	余量	0.5
	62-0.8 铅黄铜	HPb62-0.8	60.0~63.0	—	—	0.2	0.2	0.5~1.2	0.005	0.002	0.01	—	—	—	余量	0.75
	61-1 铅黄铜	HPb61-1	59.0~61.0	—	—	0.2	0.15	0.6~1.0	0.005	0.002	0.01	—	—	—	余量	0.75
	59-1 铅黄铜	HPb59-1	57.0~60.0	—	—	0.2	0.5	0.8~1.9	0.01	0.003	0.02	—	—	—	余量	1.0
加砷黄铜	77-2 铝黄铜	HAl77-2	76.0~79.0	—	—	1.8~2.3	0.06	0.05	0.05	0.002	0.02	0.03~0.06	—	—	余量	0.3
	70-1 锡黄铜	HSn70-1	69.0~71.0	0.8~1.3	—	—	0.10	0.05	0.005	0.002	0.01	0.03~0.06	—	—	余量	0.3
	68A 黄铜	H68A	67.0~70.0	—	—	—	0.10	0.03	0.005	0.002	0.01	0.03~0.06	—	—	余量	0.3
锡黄铜	90-1 锡黄铜	HSn90-1	88.0~91.0	0.25~0.75	—	—	0.10	0.03	0.005	0.002	0.01	—	—	—	余量	0.2
	62-1 锡黄铜	HSn62-1	61.0~63.0	0.7~1.1	—	—	0.10	0.10	0.005	0.002	0.01	—	—	—	余量	0.3
	60-1 锡黄铜	HSn60-1	59.0~61.0	1.0~1.5	—	—	0.10	0.30	0.005	0.002	0.01	—	—	—	余量	1.0
铝黄铜	67-2.5 铝黄铜	HAl67-2.5	66.0~68.0	0.2	—	2.0~3.0	0.6	0.5	0.05	—	0.02	—	0.5	—	余量	1.5
	60-1-1 铝黄铜	HAl60-1-1	58.0~61.0	—	—	0.70~1.50	0.70~1.50	0.40	0.005	0.002	0.01	—	0.1~0.6	—	余量	0.7
	59-3-2 铝黄铜	HAl59-3-2	57.0~60.0	—	2.0~3.0	2.5~3.5	0.50	0.10	0.005	0.003	0.01	—	—	—	余量	0.9
	66-6-3-2 铝黄铜	HAl66-6-3-2	64.0~68.0	0.2	—	6.0~7.0	2.0~4.0	0.5	0.05	—	0.02	—	1.5~2.5	—	余量	1.5
锰黄铜	58-2 锰黄铜	HMn58-2	57.0~60.0	—	—	—	1.0	0.1	0.005	0.002	0.01	—	1.0~2.0	—	余量	1.2
	57-3-1 锰黄铜	HMn57-3-1	55.0~58.5	—	—	0.5~1.5	1.0	0.2	0.005	0.002	0.01	—	2.5~3.5	—	余量	1.3
	55-3-1 锰黄铜	HMn55-3-1	53.0~58.0	0.2	—	0.3	0.5~1.5	0.5	0.05	—	0.02	—	3.0~4.0	—	余量	1.5
铁黄铜	59-1-1 铁黄铜	HFe59-1-1	57.0~60.0	0.3~0.7	—	0.1~0.5	0.6~1.2	0.20	0.01	0.003	0.01	—	0.5~0.8	—	余量	0.3
	58-1-1 铁黄铜	HFe58-1-1	56.0~58.0	—	—	—	0.7~1.3	0.7~1.3	0.01	0.003	0.02	—	—	—	余量	0.5
硅黄铜	80-3 硅黄铜	HSi80-3	79.0~81.0	0.2	—	0.1	0.6	0.1	0.05	0.003	0.02	—	0.5	2.5~4.0	余量	1.5

表6.4－3 变形黄铜典型物理性能

合金代号	密度ρ/(g/cm³)	熔化温度范围/℃	20～300℃线膨胀系数/[μm/(m·K)]	室温热导率λ/[W/(m·K)]	室温电阻率ρ/μΩ·m
H96	8.85	1056～1071	18.0	245	31
H90	8.80	1026～1046	18.4	188	40
H80	8.66	966～1001	19.1	142	54
H68	8.53	910～939	20.0	117	64
H62	8.43	899～906	20.6	109	71
H59	8.40	886～896	21.0	110	72
HNi65－5	8.65	～961	19	59	146
HPb63－3	8.50	886～906	21	117	66
HPb61－1	8.50	886～901	20.8	105	64
HPb59－1	8.50	886～901	21	105	65
HSn90－1	8.80	996～1016	18.8	126	54
HSn70－1	8.58	891～936	20.5	91	72.2
HPb62－1	8.45	886～907	20	109	72.1
HPb60－1	8.45	886～901	21.4	100	70
HAl77－2	8.60	931～971	18.5	105	75
HAl59－3－2	8.40	893～957	20	84	78.5
HMn58－2	8.5	866～881	22	70	108
HMn55－3－1	8.5	～930	20	51	—
HFe59－1－1	8.5	886～901	22.5	75	93
HSi80－30	8.6	～900	17.0	42	200

表6.4－4 变形黄铜室温典型力学性能

合金代号	抗拉强度R_m/MPa		屈服强度$R_{p0.2}$/MPa		断后伸长率A/%		布氏硬度HBS		弹性模量E/GPa
	M态	Y态	M态	Y态	M态	Y态	M态	Y态	
H96	240	450	—	390	50	2	—	—	11.4
H90	260	480	120	400	45	4	53	130	11
H80	320	640	120	520	52	5	53	145	10.6
H68	320	660	90	520	55	3	54	150	10.6
H62	330	600	110	500	49	3	56	164	10
H59	390	500	150	200	44	10	—	163	9.8
HNi65－5	400	700	200	630	65	4	—	—	11.2
HPb63－3	350	580	120	500	55	5	—	—	10.5
HPb59－1	420	550	140	400	45	5	75	150	10.5
HSn90－1	280	520	85	450	40	4	58	148	10.5
HSn70－1	350	580	110	500	62	10	48	142	10.6
HPb60－1	380	560	130	420	40	12	—	—	10.5
HAl77－2	380	600	—	—	50	10	65	170	10.2
HAl59－3－2	380	650	—	—	50	15	75	150	10
HMn58－2	400	700	—	—	40	10	90	178	10
HMn57－3－1	550	700	—	—	25	5	115	178	—
HFe9－1－1	450	600	170	—	40	6	80	160	10.6
HSi80－3	300	600	—	—	58	4	—	—	9.8

注：M态为退火状态；Y态为原始态(即硬态)。以下同。

表 6.4-5 变形青铜牌号及化学成分

材料名称	牌号	代号	Sn	Al	Zn	Mn	Fe	Pb	Sb	Bi	Si	P	其他元素	Cu	杂质总和
			化学成分(质量分数)/%												
锡青铜	4-3锡青铜	QSn 4-3	3.5~4.5	0.002	2.7~3.3	—	0.05	0.02	0.002	0.002	0.002	0.03	—	余量	0.2
	4.4-2.5锡青铜	QSn4-4-2.5	3.0~5.0	0.002	3.0~5.0	—	0.05	1.5~3.5	0.002	0.002	—	0.03	—	余量	0.2
	4-4-4锡青铜	QSn4-4-4	3.0~5.0	0.002	3.0~5.0	—	0.05	3.5~4.5	0.002	0.002	—	0.03	—	余量	0.2
	6.5-0.1锡青铜	QSn6.5-0.1	6.0~7.0	0.002	—	—	0.05	0.02	0.002	0.002	0.002	0.10~0.25	—	余量	0.1
	6.5-0.4锡青铜	QSn6.5-0.4	6.0~7.0	0.002	—	—	0.02	0.02	0.002	0.002	0.002	0.26~0.40	—	余量	0.1
	7-0.2锡青铜	QSn7-0.2	6.0~8.0	0.01	—	—	0.05	0.02	0.002	0.002	0.02	0.10~0.25	—	余量	0.15
	4-0.3锡青铜	QSn4-0.3	3.5~4.5	0.002	—	—	0.02	0.02	0.002	0.002	0.002	0.20~0.40	—	余量	0.1
铝青铜	5铝青铜	QAl5	0.1	4.0~6.0	0.5	0.5	0.5	0.03	—	—	0.1	0.01	—	余量	1.6
	7铝青铜	QAl7	0.1	6.0~8.0	0.5	0.5	0.5	0.03	—	—	0.1	0.01	—	余量	1.6
	9-2铝青铜	QAl9-2	0.1	8.0~10.0	1.0	1.5~2.5	0.5	0.03	—	—	0.1	0.01	—	余量	1.7
	9-4铝青铜	QAl9-4	0.1	8.0~10.0	1.0	0.5	2.0~4.0	0.01	—	—	0.1	0.01	—	余量	1.7
	10-3-1.5铝青铜	QAl10-3-1.5	0.1	8.5~10.0	0.5	1.0~2.0	2.0~4.0	0.03	—	—	0.1	0.01	—	余量	0.75
	10-4-4铝青铜	QAl10-4-4	0.1	9.5~11.0	0.5	0.3	3.5~5.5	0.02	—	—	0.1	0.01	Ni3.5~5.5	余量	1.0
	11-6-6铝青铜	QAl11-6-6	0.2	10.0~11.5	0.6	0.5	5.0~6.5	0.05	—	—	0.2	0.1	Ni5.0~6.5	余量	1.5
	9-5-1-1铝青铜	QAl9-5-1-1	0.1	8.0~10.0	0.3	0.5~1.5	0.5~1.5	0.01	0.002	—	0.1	0.01	Ni4.0~6.0, As0.01	余量	0.6
	10-5-5铝青铜	QAl10-5-5	0.20	8.0~11.0	0.50	0.5~2.5	4.0~6.0	0.05	—	—	0.25	—	Ni4.0~6.0, Mg0.10	余量	1.2
铍青铜	2铍青铜	QBe2	—	0.15	—	—	0.15	0.005	—	—	0.15	—	Ni0.2~0.5, Be1.80~2.1	余量	0.5

续表 6.4－5

材料名称	牌号	代号	化学成分(质量分数)/%												
			Sn	Al	Zn	Mn	Fe	Pb	Sb	Bi	Si	P	其他元素	Cu	杂质总和
铍青铜	1.9 铍青铜	QBe 1.9	—	0.15	—	—	0.15	0.005	—	—	0.15	—	Ni0.2～0.4, Ti0.10～0.25, Be1.85～2.1	余量	0.5
	1.9－0.1 铍青铜	QBe1.9－0.1	—	0.15	—	—	0.15	0.005	—	—	0.15	—	Ni0.2～0.4, Ti0.10～0.25, Mg0.07～0.13, Be1.85～2.1	余量	0.5
	1.7 铍青铜	QBe 1.7	—	0.15	—	—	0.15	0.005	—	—	0.15	—	Ni0.2～0.4, Ti0.10～0.25, Be1.6～1.85	余量	0.5
硅青铜	3－1 硅青铜	QSi 3－1	0.25	—	0.5	1.0～1.5	0.3	0.03	—	—	2.7～3.5	—	Ni0.2	余量	1.1
	1－3 硅青铜	Qsi 1－3	0.1	0.02	0.2	0.1～0.4	0.1	0.15	—	—	0.6～1.1	—	Ni2.4～3.4	余量	0.5
	3.5－3－1.5 硅青铜	Qsi 3.5－3－1.5	0.25	—	2.5～3.5	0.5～0.9	1.2～1.8	0.03	0.002	—	3.0～4.0	0.03	Ni0.2, As0.002	余量	1.1
锰青铜	1.5 锰青铜	QMn1.5	0.05	0.07	—	1.20～1.80	0.1	0.01	0.005	0.002	0.1	—	Ni0.1, S0.01, Cr0.1	余量	0.3
	2 锰青铜	QMn2	0.05	0.07	—	1.5～2.5	0.1	0.01	0.005	0.002	0.1	—	As0.01	余量	0.5
	5 锰青铜	QMn5	0.1	—	0.4	4.5～5.5	0.35	0.03	0.002	—	0.1	0.01	—	余量	0.9
锆青铜	0.2 锆青铜	QZr0.2	0.05	—	—	—	0.05	0.01	0.005	0.002	—	—	Ni0.2, S0.01, Zr0.15～0.30	余量	0.5
	0.4 锆青铜	QZr0.4	0.05	—	—	—	0.05	0.01	0.005	0.002	—	—	Ni0.2, S0.01, Zr0.30～0.50	余量	0.5
铬青铜	0.5 铬青铜	QCr0.5	—	—	—	—	0.1	—	—	—	—	—	Ni0.05, Cr0.4～1.1	余量	0.5
	0.5－0.2－0.1 铬青铜	QCr0.5－0.2－0.1	—	0.1～0.25	—	—	—	—	—	—	—	—	Mg0.1～0.25, Cr0.4～1.0	余量	0.5
	0.6－0.4－0.05 铬青铜	QCr0.6－0.4－0.05	—	—	—	—	0.05	—	—	—	0.05	0.01	Mg0.04～0.08, Cr0.4～0.8, Zr0.3～0.6	余量	0.5

续表 6.4－5

材料名称	牌号	代号	化学成分(质量分数)/%												
			Sn	Al	Zn	Mn	Fe	Pb	Sb	Bi	Si	P	其他元素	Cu	杂质总和
镉青铜	1镉青铜	QCd1	—	—	—	—	—	—	—	—	—	—	Cd0.8～1.3	余量	0.3
镁青铜	0.8镁青铜	QMg0.8	0.002	—	0.005	—	0.005	0.005	0.005	0.002	—	—	Ni0.006，S0.005，Mg0.70～0.85	余量	0.3

表 6.4－6　变形青铜典型物理性能

合金代号	密度 ρ/(g/cm^3)	熔化温度范围/℃	20～100℃线膨胀系数/[μm/(m·K)]	热导率 λ/[W/(m·K)]	电阻率 ρ/μΩ·m
QSn4－4－2.5	9.0	888～1019	18.2	83.74	87
QSn6.5－0.4	8.8	≈996	17.2	59.50	128
QSn7－0.2	8.8	≈996	17.5	50.24	123
QAl5	8.2	1057～1077	18.2	104.67	99
QAl7	7.8	≈1041	17.8	79.55	110
QAl9－2	7.6	≈1061	17.0	71.18	110
QAl10－4－4	7.5	≈1085	17.1	75.36	193
QAl11－6－6	8.1	≈1142	14.9	63.64	
QBe2	8.23	865～956	16.6	104.67	100
QSi3－1	8.4	971～1026	15.8	37.68	150
Qsi1－3	8.85	≈1051	—	104.67	83
QMn1.5	—	≈1071	—	—	87
QMn5	8.6	1008～1048	20.4	108.86	197
QZr0.4	8.85	966～1066	16.32	334.94	—
QCr0.5	8.9	1073～1080	17.6	335	19
QCd1	8.9	1040～1076	17.6	343.32	20.7

表 6.4－7　变形青铜室温典型力学性能

合金代号	抗拉强度 R_m/MPa		屈服强度 R_{eL}/MPa		断后伸长率 A/%		布氏硬度 HBS		弹性模量 E/GPa
	M态	Y态	M态	Y态	M态	Y态	M态	Y态	
QSn4－4－2.5	340	600	130	280	40	4	60	170	124
QSn6.5－0.4	400	750	230	630	65	10	80	180	112
QSn7－0.2	360	500	230	—	64	15	75	180	108
QAl5	380	800	160	540	65	5	60	200	120
QAl7	420	1000	250	—	70	4	70	154	120
QAl9－2	450	700	—	400	40	5	90	170	116
QAl10－4－4	650	1000	330	580	40	10	150	200	130
QAl10－3－1.5	550	800	210	—	25	10	130	180	100
QBe2	500	1250	180	700	40	3	HV90	HV375	133
QSi3－1	400	700	140	650	50	5	80	180	120
QSi1－3	—	600	—	520	—	8	—	150	—
QMn1.5	210	—	—	—	—	30	—	—	—
QMn5	300	600	80	450	40	2	80	160	105
QCr0.5	230	480	—	400	11	—	70	150	119
QCd1	280	600	80	350	50	5	60	100	126

表 6.4－8　变形白铜牌号及化学成分

合金类别	牌号	代号	化学成分(质量分数)/%																	
			Ni + Co	Fe	Mn	Zn	Al	Si	Mg	Pb	S	C	P	Bi	As	Sb	O	Sn	Cu	杂质总和
普通白铜	0.6 白铜	B0.6	0.57～0.63	0.005	—	—	—	0.002	—	0.005	0.005	0.002	0.002	0.002	0.002	0.002	—	—	余量	0.1
	5 白铜	B5	4.4～5.0	0.20	—	—	—	—	—	0.01	0.01	0.03	0.01	0.002	0.01	0.005	0.1	—	余量	0.5
	19 白铜	B19	18.0～20.0	0.5	0.5	0.3	—	0.15	0.05	0.005	0.01	0.05	0.01	0.002	0.010	0.005	—	—	余量	1.8
	25 白铜	B25	24.0～26.0	0.5	0.5	0.3	—	0.15	0.05	0.005	0.01	0.05	0.01	0.002	0.010	0.005	—	0.03	余量	1.8
铁白铜	10－1－1 铁白铜	BFe10－1－1	9.0～11.0	1.0～1.5	0.5～1.0	0.3	—	0.15	—	0.02	0.01	0.05	0.006	—	—	—	—	0.03	余量	0.7
	30－1－1 铁白铜	BFe30－1－1	29.0～32.0	0.5～1.0	0.5～1.2	0.3	—	0.15	—	0.02	0.01	0.05	0.006	—	—	—	—	0.03	余量	0.7
锰白铜	3－12 锰白铜	BMn3－12	2.0～3.5	0.20～0.50	11.5～13.5	—	0.2	0.1～0.3	0.03	0.02	0.02	0.05	0.005	0.002	0.005	0.002	—	—	余量	0.5
	40－1.5 锰白铜	BMn40－1.5	39.0～41.0	0.50	1.0～2.0	—	—	0.10	0.05	0.005	0.02	0.10	0.005	0.002	0.010	0.002	—	—	余量	0.9
	43－0.5 锰白铜	BMn43－0.5	42.0～44.0	0.15	0.10～1.0	—	—	0.10	0.05	0.002	0.01	0.10	0.002	0.002	0.002	0.002	—	—	余量	0.6
锌白铜	15－20 锌白铜	BZn15－20	13.5～16.5	0.5	0.3	余量	—	0.15	0.05	0.02	0.01	0.03	0.005	0.002	0.010	0.002	—	—	62.0～65.0	0.9
	15－21－1.8 加铅锌白铜	BZn15－21－1.8	14.0～16.0	0.3	0.5	余量	—	0.15	—	1.5～2.0	—	—	—	—	—	—	—	—	60.0～63.0	0.9
	15－24－1.5 加铅锌白铜	BZn15－24－1.5	12.5～15.5	0.25	0.05～0.5	余量	—	—	—	1.4～1.7	0.005	—	0.02	—	—	—	—	—	58.0～60.0	0.75
铝白铜	13－3 铝白铜	BAl13－3	12.0～15.0	1.0	0.50	—	2.3～3.0	—	—	0.003	—	—	0.01	—	—	—	—	—	余量	1.9
	6－1.5 铝白铜	BA16－1.5	5.5～6.5	0.50	0.20	—	1.2～1.8	—	—	0.003	—	—	—	—	—	—	—	—	余量	1.1

表 6.4-9 变形白铜典型物理性能

合金代号	密度 ρ/(g/cm³)	熔化温度范围/℃	20℃线膨胀系数 α/[μm/(m·K)]	热导率 λ/[W/(m·K)]	电阻率 ρ/μΩ·m	电阻温度系数/(1/K)
B0.6	8.96	≈1085.5	—	272	31	0.003147
B5	8.7	1087.5~1121.5	16.4	130	70	0.0015
B19	8.9	1131.5~1191.7	16	39	287	0.00029
BFe30-1-1	8.9	1171.6~1231.7	16	37	420	0.0012
BMn3-12	8.4	961~1011.2	16	22	435	0.00003
BMn40-1.5	8.9	≈1261.7	14.4	21	480	0.00002
BMn43-0.5	8.9	1221.7~1291.8	14	24.3	495	-0.0014
BZn15-20	8.7	1040~1081.5	16.6	30	260	0.0002
BAl13-3	8.5	≈1184.7	—	—	—	—
BAl6-1.5	8.7	≈1141.6	—	—	—	—

表 6.4-10 变形白铜室温典型力学性能

合金代号	抗拉强度 R_m/MPa		屈服强度 R_{eL}/MPa		断后伸长率 A/%		布氏硬度 HBS		弹性模量 E/GPa
	M态	Y态	M态	Y态	M态	Y态	M态	Y态	
B0.6	250	450	—	—	40	2	60	—	120
B5	270	470	—	—	50	4	38	—	—
B19	400	800	100	600	35	5	70	120	140
BFe30-1-1	380	600	140	540	25	6	65	150	154
BMn3-12	500	900	200	—	30	2	120	—	126.5
BMn40-1.5	450	800	—	—	30	3	85	155	166
BMn43-0.5	400	700	—	—	35	2	90	185	120
BZn15-20	430	800	140	600	40	3	70	170	130
BAl13-3	380	900	—	—	13	5	—	—	—
BAl6-1.5	360	700	80	—	20	7	—	—	—

2. 铸造铜合金

黄铜有着优良的铸造性能，适合铸造复杂的铸件，尤其是加入了少量铅、铝、硅的复杂黄铜，特别适合于铸造各种机械零件和水暖配件。

某些青铜，主要是锡青铜、铅青铜、铝青铜和锰青铜也广泛用于各种铸件生产。铸造铜合金由于不需要进行塑性加工，熔铸时可多用废料，杂质控制比相应的变形产品范围要宽，但作为抗磁用的铸造黄铜和青铜，铁的质量分数不应超过 0.05%。

铸造黄铜锭用于制造黄铜铸件，铸造青铜锭用于制造青铜铸件。

6.4.3 铜合金的加工与连接

1. 熔炼和铸造

1）变形铜合金的熔炼与铸造

变形铜合金(包括紫铜、黄铜和青铜)，主要采用工频感应电炉(分为有铁芯和无铁芯两种)熔炼，半连续铸锭。亦有采用反射炉或坩埚炉熔炼、铁模铸造的，主要为小批量产品。其熔炼过程，有着各自的特点。

(1) 紫铜及无氧铜。由于铜的熔炼温度较高，熔体表面的氧化铜易于破碎而失去保护作用。但 Cu_2O 可溶于铜液中形成水蒸气而脱氢，还可将硫、磷等杂质氧化造渣，由于 Cu_2O 无保护作用，熔炼过程中需用煅烧过的木炭作覆盖和脱氧剂，或用片状石墨粉覆盖。铸造时需保护液流。近年来发展的上引法生产无氧铜杆，已成为生产无氧铜的主要方法。

(2) 黄铜。黄铜中的锌易氧化和挥发，在熔炼温度下蒸气压高，在熔炼高锌黄铜时，可利用锌挥发喷火除气，锌的氧化可脱氧和保护铜液，但所挥发的氧化锌污染环境，应注意通风收尘。铝黄铜可减小氧化挥发。

(3) 青铜。不同类别有各自的特点，铝青铜、铍青铜，由于氧化膜致密可防止氧化。但铍有毒，需在真空感应炉中熔炼、无流铸造。锡青铜结晶范围宽，易产生疏松和反偏析，铸造时应采用振动方法以减少反偏析。硅、锰青铜易产生气孔，需用煅烧木炭或冰晶石覆盖，控温精炼，低速铸造。

(4) 白铜。白铜含镍量较多，熔炼温度较高，对杂质含量要求严格，因此对炉料清洁、脱氧和防止氧化都要求严格。加锆以细化晶粒。由于白铜收缩率大，导热性低，因此铸锭速度要注意控制。

2) 铸造铜合金的熔炼

紫铜和铜合金均可作铸件，但常用的铸造铜合金为黄铜和青铜。铜在熔炼温度下易氧化生成 Cu_2O，而 Cu_2O 可溶入熔体中与铜液中的氢形成水蒸气，故可以脱氢，但也常产生气孔。溶于铜中的 Cu_2O 还可将铜液中的有害杂质磷、硫等氧化造渣而除去。

黄铜由于含锌，在熔炼温度下锌的蒸气压高，易挥发，利用锌的挥发氧化可以保护铜液。锌的氧化物呈白色烟尘，应注意收尘和通风。

常用的铸造青铜有：锡青铜(锡磷青铜)、铝青铜、铅青铜、锰青铜和硅青铜等，合金牌号多，成分复杂，熔炼和铸造工艺都要求严格或要求采取一些特殊措施。如锡青铜的结晶范围宽，易产生分散缩孔，元素扩散慢，易产生反偏析，铅青铜由于铅在955℃以下不能固溶于铜中，且铅的熔点低、密度大，极易产生成分不均匀，故既要求冷却速度大，又要防止铸件产生裂纹。

铸造铜合金在熔炼时常用煅烧木炭覆盖铜液表面，可以减少氧化。

3) 压力加工

铜为面心立方金属，塑性好。紫铜可以利用铸造余热进行挤压和轧制，如轧机能力强，冷轧可不进行中间退火。如果含铋(Bi)量超过0.002%，铅(Pb)超过0.005%时，由于Bi和Pb几乎不溶于铜，在晶界形成低熔点共晶，引起"热脆"和"冷脆"。加入微量铈(Ce)、锆(Zr)、钙(Ca)等元素，使Bi、Pb形成高熔点化合物可消除"热脆"。微量硒(Se)和碲(Te)也会显著降低含氧铜的热加工性能。铜中含H，会引起"氢脆"。

黄铜亦有良好的塑性，可进行冷、热加工，但在200～700℃存在低塑性区，故黄铜热加工温度一般不低于700℃，加热过程中应防止脱锌。

青铜和白铜均可进行各种压力加工，但变形抗力较大，工艺要求较严格。

4) 热处理

根据不同合金种类、牌号和用途，施行不同的热处理工艺。

均匀化退火只应用于合金铸造时有严重偏析的锡青铜和白铜，以消除枝晶偏析和非平衡组织，而大部分铜合金不需均匀化退火。

再结晶退火用于消除加工硬化现象，使之能进一步压力加工，或获得一定力学性能的成品。消除应力退火主要是防止应力腐蚀开裂。

铜合金中采用淬火、时效以获得明显强化效果的主要是铍青铜，其次是多元铝青铜、铬青铜、硅青铜、锆青铜。

铜合金主要热处理参数列于表6.4-11和表6.4-12。

表6.4-11 铜及其合金退火工艺参数

代 号	软化退火温度/℃	消除应力退火温度/℃
工业紫铜	500~700	
H96	540~600	
H90	650~720	200
H85	650~720	180
H80	600~700	260
H70	520~650	260
H68	520~650	260
H62	600~700	280
H59	600~670	
HPb64-2	620~670	
HPb63-3	620~650	
HPb61-1	600~650	250
HPb59-1	600~650	285
HSn90-1	650~720	230
HSn70-1	560~580	320
HSn62-1	550~650	360
HSn60-1	550~650	290
HAl77-2	600~650	320
HAl59-3-2	600~650	380
HMn58-2	600~650	250
HFe59-1-1	600~650	
HFe58-1-1	500~600	
HNi65-5	600~650	380
QSn4-3	590~610	
QSn4-4-2.5	590~610	
QSn4-4-4	590~610	
QSn6.5-0.1	600~650	
QSn6.5-0.4	600~650	

续表 6.4－11

代　号	软化退火温度/℃	消除应力退火温度/℃
QSn7－0.2	600～650	
QSn4－0.3	600～650	
QAl5	600～700	
QAl7	650～750	
QAl9－2	650～750	
QAl9－4	700～750	
QAl10－3－1.5	650～750	
QAl11－6－6	700～750	
QSi3－1	700～750	290
QMn5	700～750	
B5	650～800	
B19	650～800	250
B30	700～800	
BFe30－1－1	700～800	
BAl6－1.5	600～700	
BZn15－20	600～750	250
BMn3－12	720～860	300
BMn40－1.5	800～850	
BMn43－0.5	800～850	

表 6.4－12　铜合金淬火及时效工艺参数

代　号	淬　火		时效温度/℃
	温度/℃	冷却剂	
QBe2	760～780	水	310～320
QAl9－2	790～810	水	390～410
QAl9－4	840～860	水	340～360
QAl10－3－1.5	830～860	水	300～350
QAl10－4－4	910～930	水	640～660
QSi－3	790～810	水	410～475
QCr0.5	1000～1050	水	440～460

铜合金热处理值得注意的两个特点：

（1）单相铜合金在回复温度进行低温退火时，能明显提高硬度、抗拉强度、屈服强度和弹性极限，这种现象称之为退火硬化。工业上可用来提高冷变形单相铜合金的弹性。

（2）铜及铜合金在热处理过程中容易氧化和吸气，可分别采用真空退火或保护气氛（如水蒸气、分解氨、干燥氢气、还原性气氛）退火，用以保持铜合金表面不被氧化，称为“光亮退火”。

5）机械加工

铜合金的可切削性能，一般来说，黄铜、青铜较好；紫铜、白铜较差。同一合金成分，铸造合金可切削性能较好，变形合金较差。所有含铅量较高的复杂黄铜和复杂青铜，均有良好的机械加工性能，紫铜或不含铅的铜合金，加入适量铅亦能明显改善其可加工性。

6）连接

铜及其合金可以采取机械连接、铆接、焊接等方法连接。

变形合金产品，特别是紫铜、黄铜薄板，可用冷作方法连接，所有铜合金均可用螺栓或螺钉连接。可以铆接，铆钉材料一般用紫铜或黄铜，需考虑基体材料的成分和强度要求。

原则上所有的焊接方法都可以焊接铜及其合金。但是由于铜及其合金是电和热的良导体，所以电阻焊一般不宜采用。惰性气体保护电弧焊输入热量大而快，建议采用。硬钎焊、软钎焊、氧乙炔焊在工业上普遍采用，但热量输入均较慢，因此铜及铜合金的焊接需注意如下几个方面：预热，以减慢焊接时热传导；需热处理的合金尽量采用焊后热处理；尽量采用同母材成分一致的填充金属；选用合适的钎剂。

所有铜及其合金均可以钎焊，但铝青铜钎焊较困难，可采用气焊和电弧焊。

铜铆钉及铜焊料均有国家标准。

6.4.4　铜合金的腐蚀与防护

1. 铜的一般腐蚀特点

铜是正电性金属，当 $Cu \rightleftharpoons Cu^{2+} + 2e$ 时，标准电极电位为 +0.337V，当 $Cu \rightleftharpoons Cu^{+} + e$ 时，其标准电极电位为 +0.521V。铜在水溶液中腐蚀时，一般不会产生氢去极化腐蚀，而只能产生氧去极化腐蚀。因此当酸、碱溶液中无氧化剂存在时铜耐蚀，含有氧化剂时铜被腐蚀。

铜在大气中是耐蚀的，因为铜的热力学稳定性高，不易氧化。当长期暴露在大气中时，先生成 Cu_2O，然后逐渐生成 $CuCO_3 \cdot Cu(OH)_2$ 保护膜，在工业大气中生成 $CuSO_4 \cdot 3Cu(OH)_2$，在海洋大气中则生成 $CuCl_2 \cdot 3Cu(OH)_2$。

铜耐海水腐蚀，且铜离子有毒，使海洋生物不易粘附在表面上；在淡水和 $pH < 12$ 的中性和碱性溶液中，铜出现钝化。但铜不耐硫化物（如 H_2S）腐蚀。

2. 铜合金的腐蚀与防护

铜合金的腐蚀行为一般来说与纯铜相似，在合金化的时候不仅考虑了提高铜的力学性能，也考虑了提高铜的耐蚀性能，因此，铜合金一般比纯铜的耐蚀性能好。但也有其特殊性。

（1）黄铜。在大气中和纯净的淡水中耐蚀，在海水中腐蚀稍快，水中氟化物对黄铜耐蚀性能影响很小，氯化物影响较大，碘化物有严重影响。在含 O_2、CO_2、H_2S、HNO_3、$Fe_2(SO_4)_3$ 的水溶液中腐蚀速度剧增。

黄铜耐冲击腐蚀性能比纯铜高，因此用来制造冷凝器管。

黄铜有两种特殊的腐蚀形式：

脱锌腐蚀。当 Zn 的质量分数含量 <15% 时一般不脱锌，>15% 时随 Zn 含量的增加脱 Zn 倾向增加，当 >30% 时，更为明显。黄铜的脱 Zn 腐蚀是 Zn 被腐蚀而留下多孔的铜，使合金性能显著降低。加 As 可以抑制 α 黄铜的脱 Zn，但不能抑制 α + β 黄铜的脱 Zn。

应力腐蚀破裂。冷拔黄铜棒和管材，在潮湿的大气、含氨（或 NH_4^+）、或硫化物介质的大气或水中，汞或汞盐溶液中，高温高压水或蒸汽中，很容易产生应力腐蚀破裂（SCC），Zn

的质量分数含量 >20% 的黄铜尤为严重。影响黄铜应力腐蚀破裂有三个因素，即：应力、介质和合金成分及组织结构。

防止方法主要是进行消除应力退火(常用250℃、1h)即可避免。另外采用涂层或添加少量 Si 可以提高黄铜应力腐蚀抗力。

(2) 青铜。在一般情况下，青铜比紫铜和黄铜耐蚀，特别是锡青铜、硅青铜和铝青铜，前者随 Sn 和 Si 含量增加耐蚀性能增加，铝青铜则是 Al 的质量分数含量为 8% ~9% 时，耐蚀性能最最佳。含铝量较高时有应力腐蚀倾向，需进行消除应力退火。

(3) 白铜。是工业铜合金中耐蚀性能最优者；其耐海水腐蚀和碱腐蚀随 Ni 的质量分数含量的增加而提高，抗冲击腐蚀、应力腐蚀性能亦良好。是海水冷凝管的理想材料。

铜合金大气腐蚀和海水腐蚀统计资料见图 6.4-2 和图 6.4-3。

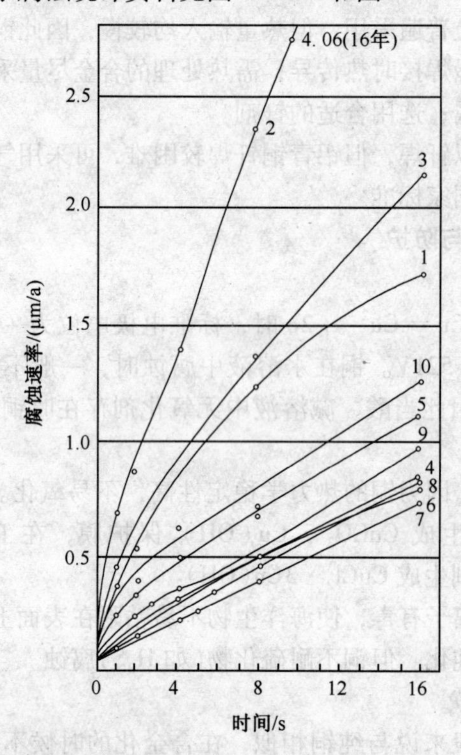

图 6.4-2 铜及铜合金在热带-巴拿马运河区大气腐蚀 16 年后的结果

1—纯铜(99.94%)；2—硅青铜；3—磷青铜；4—铝青铜；5—黄铜 90；6—黄铜 80；7—炮铜；8—海军黄铜；9—蒙茨黄铜；10—锰青铜

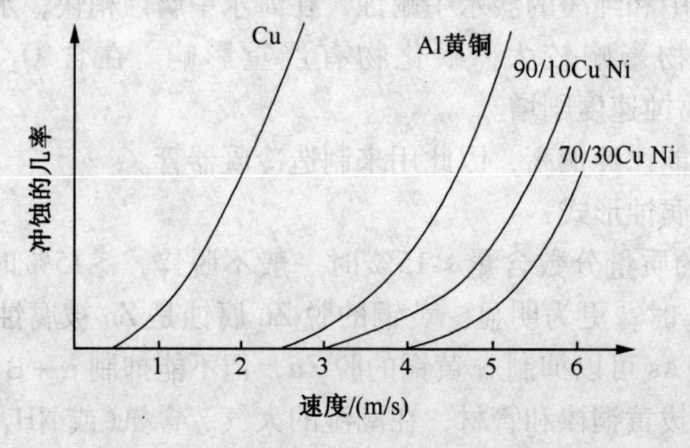

图 6.4-3 各种铜合金在流动海水中冲蚀的几率与海水流速的关系

6.4.5 铜合金的应用

变形紫铜的特性及用途见表 6.4－13；变形黄铜的特性和用途见表 6.4－14；变形青铜的特性和用途见表 6.4－15；变形白铜的特性和用途见表 6.4－16；铸造黄铜的特性和用途见表 6.4－17；铸造青铜的特性和用途见表 6.4－18。

表 6.4－13　变形紫铜的特性和用途

合金代号	主要特性	用途举例
T1，T2	杂质较少，有良好的导热、导电性能，耐蚀。加工性能和焊接性能好。含有微量氧，不能在高于370℃的还原性气氛中加工和利用，否则引起"氢病"	主要用作电导体，如电线、电缆、导电螺钉等，还用作爆破用雷管和化工用蒸发器等，以及铜合金原料
T3	杂质较多，含氧量比 T1、T2 高，导电、导热性能比 T1、T2 低，更易引起"氢病"	主要用作一般材料，如电气开关、垫片、铆钉等
TU1，TU2	无氧铜，极少发生"氢病"。纯度高，导电、导热性能优良，塑性加工、焊接、耐蚀、耐寒性能良好	主要用作电真空器件
TP1，TP2	磷脱氧铜，一般无"氢病"现象，可在还原性气氛中加工使用。导电、导热、焊接、耐蚀性能均好。TP1 中残留磷量比 TP2 少，故其导电、导热性能比 TP2 高	多以管材供应，主要用于汽油、气体管道、排水管、冷凝器、蒸发器、热交换器、水雷用管、火车箱零件等
TAg0.1	含少量银，显著提高了纯铜的再结晶温度和蠕变强度，但又不降低纯铜的导电、导热、加工性能，同时提高了纯铜的耐磨性、电接触性和可切削加工性和耐蚀性	用于耐热、导电器件，如微电机整流子片、发电机转子用导体、电子管材料等

表 6.4－14　变形黄铜的特性和用途

组别	合金代号	主要特性	用途举例
普通黄铜	H96	在黄铜中强度最低，但比紫铜强度高，导电、导热、塑性加工、焊接性能均好。在大气和淡水中有高的耐蚀性，无应力腐蚀开裂倾向，可镀金属	导电零件、汽车水箱带、散热器管和片、冷凝管、导管等
	H90	强度比 H96 稍高，其他性能与 H96 相近，可镀金属及涂敷珐琅	汽车水箱带、供水及排水管、双金属片、工艺品
	H85	强度较高，可承受冷热加工，耐蚀	虹吸管、冷却设备制件
	H80	在大气、淡水及海水中有较高的耐蚀性，加工性能优良	造纸网、薄壁管、皱纹管、建筑装饰用品
	H70 H68	有较高强度，塑性为黄铜中最佳者，亦为黄铜中应用最广泛的品种。有应力腐蚀开裂倾向	复杂冷冲件和深冲件，如子弹壳、散热器外壳、波纹管等
	H65 H63 H62	有较高的强度，热加工性能好，可切削性能好，易焊接。有应力腐蚀开裂倾向。价格较便宜，应用较广泛	一般机器零件、铆钉、垫圈、螺钉、螺帽、小五金等
	H59	强度、硬度为普通黄铜最高者，塑性较差，但仍能很好地承受热加工。耐蚀性相对较差，价格最便宜	一般机器零件、小五金件
镍黄铜	HNi56－3 HNi65－5	单独加 Ni 的黄铜有极高的抗蚀性，对脱锌和"季裂"比较稳定，耐磨性和冷热加工性能良好，导热、导电性较低，价格较贵	主要用于海船、舰艇动力站的冷凝管，造纸网，可作白铜代用品

续表 6.4－14

组别	合金代号	主要特性	用途举例
铅黄铜	HPb63－3	Pb 含量高，不能热加工。可切削性能优良，减摩性好	要求可切削性极高的钟表零件及汽车、拖拉机零件
	HPb63－0.1 HPb62－0.8 HPb61－1	可切削性好，强度较高	用于要求高切削性能的一般结构件
	HPb59－1	可切削性能好，可冷、热加工，易焊接，耐蚀性一般。有应力腐蚀开裂倾向，应用广泛	用于热冲压和切削加工制作的零件，如螺钉、垫片等
锡黄铜	HSn90－1	高的耐蚀性和减摩性，可作耐磨合金使用。力学性能、工艺性能与 H90 相近	汽车、拖拉机弹性套管及其他耐蚀减摩零件
	HSn62－1 HSn60－1	在海水中有高的耐蚀性，有良好的力学性能。热加工性能、焊接性能和可切削性良好。冷加工时有冷脆性和应力腐蚀开裂倾向	用于与海水和汽油接触的零件。HSn60－1 多用作焊条
铝黄铜	HAl67－2.5	对海水有较好的耐蚀性，对应力腐蚀开裂敏感	海船一般结构件
	HAl60－1－1	强度高，对大气、淡水、海水耐蚀，有应力腐蚀开裂倾向	要求耐蚀结构件，如齿轮轴、衬套等
	HAl59－3－2	铝黄铜中加 Ni，能进一步提高铝黄铜的强度和抗海水腐蚀性能。应力腐蚀开裂倾 向小。热加工性能好。可热处理强化。黄铜中耐蚀性最优者	船舶、电机及其他在常温下工作的高强、耐蚀结构件
	HAl66－6－3－2	铝黄铜中含铝量最高者，因而强度、硬度高，耐磨性好，但塑性低，耐蚀性一般。有应力腐蚀开裂倾向	大型螺杆、固定螺钉的螺母。可作 QAl10－4－4 的代用品
锰黄铜	HMn58－2	加 Mn 可提高黄铜强度和耐蚀性。在海水、过热蒸汽、氯化物中有高的耐蚀性。但有应力腐蚀开裂倾向，导热导电性能低	应用较广的黄铜品种。主要用于船舶制造和精密电器制造工业
	HMn57－3－1 HMn55－3－1	强度硬度高，塑性低。比普通黄铜耐蚀。有应力腐蚀开裂倾向	耐蚀结构件
铁黄铜	HFe59－1－1 HFe58－1－1	含 Fe 和 Pb，HFe59－1－1 还含少量 Sn。因此强度、硬度高，可切削性好，减摩性好，耐蚀性一般。有应力腐蚀开裂倾向	HFe59－1－1 适于制造受海水腐蚀的结构件。HFe58－1－1 适于热压和高切削结构件
硅黄铜	HSi80－3	强度和抗海水腐蚀能力高，无应力腐蚀开裂倾向。导热导电性是黄铜中最低者	船舶零件、蒸汽管及水管配件
加砷黄铜	HAl77－2	典型的铝黄铜。强度、硬度高，可冷、热加工。耐海水、盐水腐蚀，并耐冲蚀。加微量 As 可防止脱锌腐蚀	船舶和海滨热电站中的冷凝管及其他耐蚀零件
	HSn70－1	典型的锡黄铜。在大气、蒸汽、油类、海水中有高的耐蚀性。有高的力学性能、可切削性能、冷、热加工性能和焊接性能。有应力腐蚀开裂倾向。加微量 As 可防止脱锌腐蚀	海轮上的耐蚀零件，与海水、蒸汽、油类相接触的导管和零件
	H68A	H68 为典型的普通黄铜，为黄铜中塑性最佳者。应用最广。加微量 As 可防止脱锌腐蚀，进一步提高耐蚀性能	复杂冷冲件、深冲件、波导管、波纹管、子弹壳等

表 6.4-15　变形青铜的特性和用途

组别	合金代号	主要特性	用途举例
锡青铜	QSn4-3	含锌的锡青铜，有高的耐磨性和弹性，抗磁性良好，能很好地承受冷、热压力加工；在硬态下，可切削性好，易焊接，在大气、淡水和海水中耐蚀性好	制作弹簧及其他弹性元件，化工设备上的耐蚀零件以及耐磨零件，抗磁零件、造纸工业用的刮刀
	QSn4-4-2.5 QSn4-4-4	含锌、铅的锡青铜，有高的减摩性和良好的可切削性，易于焊接，在大气、淡水中具有良好的耐蚀性。因含铅，热加工时易引起热脆，只能在冷态下进行压力加工	轴承、卷边轴套、衬套、圆盘以及衬套的内垫等。QSn4-4-4使用温度可达300℃，是一种热强性较好的锡青铜
	QSn6.5-0.1	锡磷青铜，有高的强度、弹性、耐磨性和抗磁性，在热态和冷态下压力加工性能良好，对电火花有较高的抗燃性。可焊接，可切削性好，在大气和淡水中耐蚀	弹簧和导电性好的弹簧接触片，精密仪器中的耐磨零件和抗磁零件，如齿轮、电刷盒、振动片、接触器
	QSn6.5-0.4	锡磷青铜，性能用途和QSn6.5-0.1相似。因含磷量较高，其抗疲劳强度较高，弹性和耐磨性较好，但在热加工时有热脆性	除用作弹簧和耐磨零件外，主要用于造纸工业制作耐磨的铜网和单位载荷<980MPa，圆周速度<3m/s的条件下工作的零件
锡青铜	QSn7-0.2	锡磷青铜，强度高，弹性和耐磨性好，易焊接，在大气、淡水和海水中耐蚀，可切削性良好，适于热压加工	中等负荷、中等滑动速度下承受摩擦的零件，如抗磨垫圈、轴承、轴套、蜗轮等，还可用作弹簧、簧片等
	QSn4-0.3	锡磷青铜，有高的力学性能、耐蚀性和弹性，能很好地在冷态下承受压力加工，也可在热态下进行压力加工	主要制作压力计弹簧用的各种尺寸的管材
铝青铜	QAl5 QAl7	不含其他元素的铝青铜，有较高的强度、弹性和耐磨性，在大气、淡水、海水和某些酸中耐蚀，可电焊、气焊，不易钎焊。能很好地在冷态或热态中承受压力加工，不能热处理强化 QAl7因含铝量稍高，其强度较高	弹簧和其他要求耐蚀的弹性元件，如齿轮摩擦轮，涡轮传动机构等，可作为QSn6.5-0.4、QSn4-4-4的代用品
	QAl9-2	含锰的铝青铜，具有高的强度，在大气、淡水和海水中抗蚀性能好，可电焊和气焊，不易钎焊，在热态和冷态下压力加工性均好	高强度耐蚀零件以及在250℃以下蒸汽介质中工作的零配件和海轮用零件
	QAl9-4	含铁的铝青铜，有高的强度和减摩性，良好的耐蚀性，热态下压力加工性良好，可电焊和气焊，钎焊性不好，可用作高锡耐磨青铜的代用品	高载荷下工作的抗磨、耐蚀零件，如轴承、轴套、齿轮、蜗轮、阀座等，也用于制作双金属耐磨零件
	QAl10-3-1.5	含有铁、锰元素的铝青铜，有高的强度和耐磨性，经淬火、回火后可提高硬度，有较好的高温耐蚀性和抗氧化性，在大气、淡水和海水中耐蚀，可切削性尚可，可焊接，不易钎焊，热态下压力加工性良好	高温条件下工作的耐磨零件和各种标准件，如齿轮、轴承、衬套、圆盘、飞轮等。可代替锡青铜制作重要机件

续表 6.4－15

组别	合金代号	主要特性	用途举例
铝青铜	QAl10－4－4 QAl11－6－6 QAl9－5－1－1 QAl10－5－5	含有铁、镍元素的铝青铜，属于高强度耐热青铜，高温(400℃)下力学性能稳定，有良好的减摩性，在大气、淡水和海水中耐蚀性好，热态下压力加工性良好，可热处理强化，可焊接，不易钎焊，可切削性尚好 镍含量增加，强度、硬度、高温强度、耐蚀性提高。QAl11－6－6综合性能好。	高强度的耐磨零件和400～500℃工作的零件，如轴衬、轴套、齿轮、球形座、螺帽、法兰盘、滑座、坦克用蜗杆等以及其他各种重要的耐蚀耐磨零件
铍青铜	QBe2	含有少量镍的铍青铜，是力学、物理、化学综合性能良好的一种合金。经淬火时效后，具有高的强度、硬度、弹性、耐磨性、疲劳极限和耐热性，同时还具有高的导电性、导热性和耐寒性，无磁性，碰击时无火花，易于焊接，在大气、淡水和海水中抗蚀性极好	各种精密仪表、仪器中的弹簧和弹性元件，各种耐磨零件以及在高速、高压下工作的轴承、衬套，矿山和炼油厂用的冲击不产生火花的工具以及各种深冲零件
	QBe1.7 QBe1.9	含有少量镍、钛的皮青铜，具有和QBe2相近的特性，其优点是：弹性滞后小，疲劳强度高，温度变化时弹性稳定，性能随时效温度变化的敏感性小，价格较低廉，而强度和硬度比QBe2降低不多	各种重要用途的弹簧，精密仪表的弹性元件、敏感元件以及承受高变向载荷的弹性元件，可代替QBe2
	QBe1.9－0.1	加有少量Mg的铍青铜。性能同QBe1.9，但因加入微量Mg，能细化晶粒，提高了强化相(γ_2相)的弥散度和分布均匀性，以及合金时效后的弹性极限和力学性能的稳定性	可代替QBe2制造各种重要用途的弹性元件
硅青铜	QSi1－3	含有锰、镍元素的硅青铜，具有高的强度，相当好的耐磨性，能热处理强化，淬火回火后强度和硬度大大提高，在大气、淡水和海水中有较高的耐蚀性，焊接性和可切削性良好	在300℃以下，单位压力不大的摩擦零件(如发动机排气和进气门的导向套)以及在腐蚀介质中工作的结构零件
硅青铜	QSi3－1	含锰的硅青铜，有高的强度、弹性和耐磨性，塑性好，低温下仍不变脆；能良好地与青铜、钢和其他合金焊接，特别是钎焊性好；在大气、淡水和海水中的耐蚀性高，对于苛性钠及氯化物的作用非常稳定；能很好地承受冷、热压力加工，不能热处理强化，通常在退火和加工硬化状态下使用，有高的屈服极限和弹性	在腐蚀介质中工作的各种零件，弹簧和弹性零件，以及蜗轮、蜗杆、齿轮、轴套、制动销和杆类耐磨零件，也用于制作焊接结构中的零件，可代替重要的锡青铜，甚至铍青铜
	QSi3.5－3－1.5	含有锌、锰、铁等元素的硅青铜，性能似QSi3－1，但耐热性较好。棒材、线材存放时自行开裂的倾向性较小	主要用于高温条件下工作的轴套材料
锰青铜	QMn5	含锰量较高的锰青铜，有较高的强度、硬度和良好的塑性，能很好地在热态及冷态下承受压力加工，有好的耐蚀性和热强性，400℃下还能保持较高的力学性能	蒸汽机零件和锅炉的各种管接头、蒸汽阀门等高温耐蚀零件
	QMn1.5 QMn2	含锰量较QMn5低，与QMn5比较，强度、硬度较低，但塑性较高，其他性能相似。QMn2的力学性能稍高于QMn1.5	用作电子仪表零件，也可作为蒸汽锅炉管道配件和接头等

续表 6.4－15

组别	合金代号	主要特性	用途举例
镉青铜	QCd1.0	具有高的导电性和导热性，良好的耐磨性和减摩性。抗蚀性好，压力加工性能良好。时效硬化效果不显著，一般采用冷作硬化来提高强度	用于工作温度在250℃以下电机整流子片、电车触线和电话用软线以及电焊机的电极等
铬青铜	QCr0.5	在常温与较高温度下（＜400℃）具有较高的强度和硬度，导电性和导热性好，耐磨性和减摩性良好，经时效硬化处理后，强度、硬度、导电性和导热性均显著提高，易于焊接。在大气和淡水中具有良好的抗蚀性。高温抗氧化性好，能很好地在冷态和热态下承受压力加工。但其缺点是对缺口的敏感性较强，容易引起机械损伤	用于制作工作温度350℃以下的电焊机电极、电机整流子以及其他各种在高温下工作的、要求有高的强度、硬度、导电性和导热性的零件
	QCr0.5－0.2－0.1	加有少量镁、铝的铬青铜。与QCr0.5相比，不仅进一步提高了耐热性和耐蚀性，而且可改善缺口敏感性，其他性能和QCr0.5相似	用于制作点焊、滚焊机上的电极等
	QCr0.6－0.4－0.05	加少量锆、镁的铬青铜。与QCr0.5相比，可进一步提高合金的强度、硬度和耐热性，同时还有好的导电性	同QCr0.5
锆青铜	QZr0.2	有高的电导率，能冷、热态压力加工。时效后有高的硬度、强度和耐热性	作电阻焊接材料及高导电、高强度电极材料。如：工作温度在350℃以下的电机整流子、开关零件、导线、点焊电极等
	QZr0.4	强度及耐热性比QZr0.2更高，但电导率则比QZr0.2稍低	
镁青铜	QMg0.8	微量Mg降低铜的导电性较少，但对铜有脱氧作用，还能提高铜的高温抗氧化性。实际应用的铜－镁合金，其Mg含量一般小于1%，过高则压力加工性能急剧变坏。这类合金只能加工硬化，不能热处理强化	主要用作电缆线芯及其他导线材料

表 6.4－16　变形白铜的特性和用途

组别	合金代号	主要特性	用途举例
普通白铜	B0.6	电工铜镍合金，其特性是温差电动势小。100℃以下与Cu线配偶和Pt－PtRh热电势相同	特殊温差电偶（铂－铂铑热电偶）的补偿导线
	B5	为结构白铜，强度和耐蚀性都比铜高，无腐蚀破裂倾向	用作船舶耐蚀零件
	B19	结构铜镍合金，有高的耐蚀性和良好的力学性能，在热态及冷态下压力加工性良好，在高温和低温下仍能保持高的强度和塑性，可切削性不好	用于在蒸汽、淡水和海水中工作的精密仪表零件、金属网和抗化学腐蚀的化工机械零件以及医疗器具、钱币
	B25	结构铜镍合金，具有高的力学性能和抗蚀性，在热态及冷态下压力加工性良好，由于其含镍量较高，故其力学性能和耐蚀性均较B5、B19高	用于在蒸汽、海水中工作的抗蚀零件以及在高温高压下工作的金属管和冷凝管等

续表 6.4-16

组别	合金代号	主要特性	用途举例
锰白铜	BMn3-12	电工铜镍合金，俗称锰铜。有高的电阻率和低的电阻温度系数，电阻长期稳定性高，对铜的热电动势小	工作温度在100℃以下的电阻仪器以及精密电工测量仪器
	BMn40-1.5	电工铜镍合金，通常称为康铜。具有几乎不随温度而改变的高电阻率和高的热电动势。耐热性和抗蚀性好，且有高的力学性能和变形能力	制造热电偶(900℃以下)的良好材料，工作温度在500℃以下的加热器(电炉的电阻丝)和变阻器
	BMn43-0.5	电工铜镍合金，通常称为考铜。在电工铜镍合金中具有最大的温差电动势，并有高的电阻率和很低的电阻温度系数。耐热性和抗蚀性也比 BMn40-1.5好，同时具有高的力学性能和变形能力	广泛采用补偿导线和热电偶的负极以及工作温度不超过600℃的电热仪器
铁白铜	BFe30-1-1	结构铜镍合金。有良好的力学性能，在海水、淡水和蒸汽中具有高的耐蚀性，但可切削性较差	船舶制造业中制作高温、高压和高速条件下工作的冷凝器和恒温器的管材
	BFe10-1-1	含镍较少的结构铁白铜。和 BFe10-1-1 相比，其强度、硬度较低，但塑性较高、耐蚀性相似	主要用于船舶业，代替 BFe10-1-1 制作冷凝器及其他抗蚀零件
锌白铜	BZn15-20	结构铜镍合金。外表具有美丽的银白色，具有高的强度和耐蚀性，可塑性好，在热态及冷态下均能很好地承受压力加工，可切削性不好，焊接性差，弹性优于 QSn6.5-0.1	用作潮湿条件下和强腐蚀介质中工作的仪表零件以及医疗器械，工业器皿、艺术品、电讯工业零件、蒸汽配件和水道配件、日用品以及弹簧管和簧片等
	BZn15-21-18 BZn15-24-15	加有铅的锌白铜。性能和 BZn15-20 相似，但可切削性较好，只能在冷态下进行压力加工	手表工业中制作精细零件
铝白铜	BAl13-3	结构铜镍合金。可热处理强化，是白铜中强度最高者，耐蚀性好，还具有高的弹性和抗寒性，在低温(90K)下力学性能不但不降低，反而有所提高，这是其他铜合金所没有的	高强度耐蚀零件
	BAl6-1.5	结构铜镍合金。可以热处理强化，有较高的强度和良好的弹性	重要用途的扁弹簧

表 6.4-17　铸造黄铜的特性和用途

组别	合金代号	主要特性	应用举例
普通黄铜	ZH62	良好的铸造性能和可切削性能；力学性能较高，可焊接，有应力腐蚀开裂倾向	一般结构件，如螺杆、螺母、法兰、阀座、日用五金等
铝黄铜	ZHAl67-5-2-2	有较高的强度，铸造性能良好，可焊接，有应力腐蚀开裂倾向	用作高强耐磨零件，如螺杆、螺母、滑块、蜗轮等
	ZHAl62-4-3-3	强度高，铸造性能好。在空气、淡水、海水中耐蚀性较好，可焊接	要求强度高，并在空气、淡水、海水中耐蚀的铸件
	ZHAl67-2.5	铸造性能良好，在空气、淡水、海水中耐蚀性较好，易切削，可以焊接	适于压力铸造，如电机、仪表等压铸件及造船和机械制造业的耐蚀件
	ZHAl61-2-2-1	具有高的强度和良好的铸造性能，在大气、淡水、海水中有较好的耐蚀性，可切削性能好，可以焊接	管路配件和要求不高的耐磨件
锰黄铜	ZHMn58-2-2	有较高的强度和耐蚀性，耐磨性较好，可切削性能良好	一般用途的结构件，船舶、仪表等使用的外形简单的铸件，如套筒、衬套、轴瓦、滑块等
	ZHMn58-2	有较高的强度和耐蚀性，铸造性能好，受热时组织稳定	在空气、水、蒸汽、液体燃料中工作的耐蚀件，需镀锡或浇注巴氏合金的零件
	ZHMn57-3-1	有高的强度、良好的铸造性能和可切削加工性，在空气、淡水、海水中耐蚀性较好，有应力腐蚀开裂倾向	耐海水腐蚀的零件，以及300℃以下工作的配件，船舶螺旋桨等大型铸件
铅黄铜	ZHPb65-2	结构材料，给水温度为90℃时抗氧化性能好	煤气和给水设备的壳体，机械制造业、电子技术、精密仪器和光学仪器的部分构件和配件
	ZHPb59-1	有好的铸造性能和耐磨性，可切削加工性能好，耐蚀性较好，在海水中有应力腐蚀开裂倾向	一般用途的耐蚀零件，如轴套、齿轮等
硅黄铜	ZHSi80-3	具有较高的强度和良好的耐蚀性，铸造性能好，流动性高，铸件组织致密，气密性好	接触海水工作的管配件以及水泵、叶轮、旋塞和在空气、淡水、油、燃料以及工作压力在4.5MPa和250℃以下蒸汽中工作的铸件

表 6.4 – 18 铸造青铜的特性和用途

组别	合金代号	主要特性	应用举例
锡青铜	ZQSn3 – 8 – 6 – 1	耐磨性较好，易切削加工，铸造性能好，气密性较好，耐腐蚀，可在流动海水中工作	在各种液体燃料以及海水、淡水和蒸汽（<225℃）中工作的零件，压力不大于2.5MPa的阀门和管配件
	ZQSn3 – 11 – 4	铸造性能好，易加工，耐腐蚀	海水、淡水、蒸汽中，压力不大于2.5MPa的管配件
	ZQSn5 – 5 – 5	耐磨性和耐蚀性好，易加工，铸造性能和气密性较好	在较高载荷、中等滑动速度下工作的耐磨、耐蚀零件，如轴瓦、衬套、缸套、活塞、离合器、泵件压盖、蜗轮等
	ZQSn10 – 1	硬度高，耐磨性极好，不易产生咬死现象，有较好的铸造性能和可切削加工性能，在大气和淡水中有良好的耐蚀性	可用于高载荷和高滑动速度下工作的耐磨零件，如连杆、衬套、轴瓦、齿轮、蜗轮等
	ZQSn10 – 5	耐腐蚀，特别对稀硫酸、盐酸和脂肪酸的耐蚀性高	耐蚀、耐酸的配件以及破碎机衬套、轴瓦等
	ZQSn10 – 2	耐蚀性、耐磨性和切削加工性能好，铸造性能好，铸件致密性较高，气密性较好	在中等及较高载荷和小滑动速度下工作的重要管配件，以及阀、旋塞、泵体、齿轮、叶轮和蜗轮等
铅青铜	ZQPb15 – 8	在缺乏润滑剂和用水作润滑剂条件下，滑动性和自润滑性能好，易切削，铸造性能差，对稀硫酸耐蚀性能好	表面压力高，又有侧压力的轴承，可用来制造冷轧机的铜冷却管，耐冲击载荷达50MPa的零件，内燃机的双金属轴承。主要用于最大载荷达70MPa的活塞销套、耐酸配件
	ZQPb10 – 10	润滑性能、耐磨性能和耐蚀性能高，适合用作双金属铸造材料	表面压力高、又存在侧压力的滑动轴承，如轧辊、车辆轴承、载荷峰值60MPa的受冲击的零件、以及最高峰值达100MPa的内燃机双金属轴瓦，以及活塞销套、摩擦片等
	ZQPb17 – 4 – 4	耐磨性和自润滑性能好，易切削，铸造性能差	一般耐磨件，高滑动速度的轴承等
铅青铜	ZQPb20 – 5	有较高的滑动性能，在缺乏润滑介质和以水为介质时有特别好的自润滑性能，适用于双金属铸造材料，耐硫酸腐蚀，易切削，铸造性能差	高滑动速度的轴承及破碎机、水泵、冷轧机轴承，载荷40MPa的零件，抗腐蚀零件，双金属轴承，载荷达70MPa的活塞销套
	ZQPb30	有良好的自润滑性，易切削，铸造性能差，易产生比重偏析	要求高滑动速度的双金属轴瓦、减摩零件等

续表 6.4－18

组别	合金代号	主要特性	应用举例
铝青铜	ZQAl10－2	有高的强度，在大气、淡水和海水中耐蚀性好，铸造性能好，组织致密，耐磨性好，可以焊接，但不易钎焊	耐蚀、耐磨零件、形状简单的大型铸件，如衬套、齿轮、蜗轮，以及在250℃以下工作的管配件和要求气密性高的铸件，如增压器内气封
	ZQAl9－4－4－2	有很高的强度，在大气、淡水、海水中均有优良的耐蚀性，腐蚀疲劳强度高，耐磨性良好，在400℃以下具有耐热性，可以热处理，焊接性能好，但不易钎焊，铸造性能尚好	要求强度高、耐蚀性好的重要铸件，是制造船舶螺旋浆的主要材料之一。也可用作耐磨和400℃以下工作的零件，如轴承、齿轮、蜗轮、螺帽、法兰、阀体、导向套管等
	ZQAl9－4	具有高的强度，耐磨性和耐蚀性能好，可以焊接，不易钎焊，大型铸件自700℃空冷可以防止变脆	要求强度高、耐磨、耐蚀的重型铸件，如轴套、螺母、蜗轮以及250℃以下工作的管配件
	ZQAl10－3－2	具有高的强度和耐磨性，可热处理，高温下耐蚀性和抗氧化性能好，在大气、淡水和海水中耐蚀性好，可以焊接，不易钎焊，大型铸件自700℃空冷可以防止变脆	要求强度高、耐磨耐蚀的零件，如齿轮、轴承、衬套、管嘴，以及耐热管配件等

6.5　镍、钴及其合金

6.5.1　概述

镍(Ni)是1751年发现的，经过100多年才达到工业化生产。镍在地壳中的藏量超过铜，最重要的矿藏是硫化矿，如NiS、(Fe，Ni)S、Ni_3FeS_5等，其次为氧化矿和硅酸盐矿。金属镍主要用电解法生产，工业用零号电解镍，其纯度可达99.99%。

镍及其合金具有许多宝贵的物理、化学、力学性能，如高的强度和韧性，优良的抗腐蚀性能，良好的电真空性能，具有铁磁性等。通过合金化，可制成高温合金或超合金、耐蚀合金、高电阻合金、电真空合金等具有特殊性能的材料。广泛用于航天、航空、船舶、电子、电工、机械、化工、电镀等工业部门。

高温合金按基体可分为镍基、钴基和铁镍基。镍基发展最快，应用最广；铁镍基次之；钴基有良好的综合性能，但由于钴的资源缺乏，应用受到限制。

高温合金的工作条件十分苛刻，需承受高温、高压、高速，强烈的氧化和燃气腐蚀，而且要长期可靠地工作，如航空发动机的热端，燃气轮机、煤炭地下气化等重要设备，其合金化程度很高，工艺要求严格。它可分为变形高温合金和铸造高温合金两大类。其牌号表示方法为：变形合金以汉语拼音字母GH作前缀，后接四位阿拉伯数字；铸造合金以汉语拼音字母K作前缀，后接三位阿拉伯数字，DZ表示定向凝固合金，DD表示单晶合金。我国高温合金体系见图6.5－1。

镍合金除镍基高温合金外，还有镍基耐蚀合金，如著名的蒙乃尔(Monel Metal)耐蚀合金，以及各种镍基电工合金等，在工业上有着重要的地位。

Ni_3Al 为长程有序的金属间化合物，是镍基高温合金的主要强化相。它本身具有许多突出优点，如屈服强度随温度升高反而增加、抗高温氧化性能好、密度小等，如能克服其本征脆性，很有希望发展成为新一代的高温结构材料。近几年来，通过微合金化(如添加微量硼等)，以提高 Ni_3Al 的塑性，取得了很大进展。

公元前2000多年，钴就出现在古波斯的蓝色玻璃珠内。我国在唐代就在陶瓷生产中广泛应用钴的化合物作着色剂。钴矿常与银矿在一起，其颜色又相近，在还原银时钴也被还原，降低了银的成色。在中世纪把这种现象与神奇的钴神联系在一起，后来将制取的金属亦称为钴。直到1735年，瑞典化学家布兰特(Brandt)首次分离出钴。1903年加拿大的银钴矿和砷钴矿投入工业生产，1920年扎伊尔的铜钴矿开发，均以火法生产钴。加拿大、俄罗斯、中国从镍生产中回收钴，各种湿法冶金已成为提炼钴的主要方法。

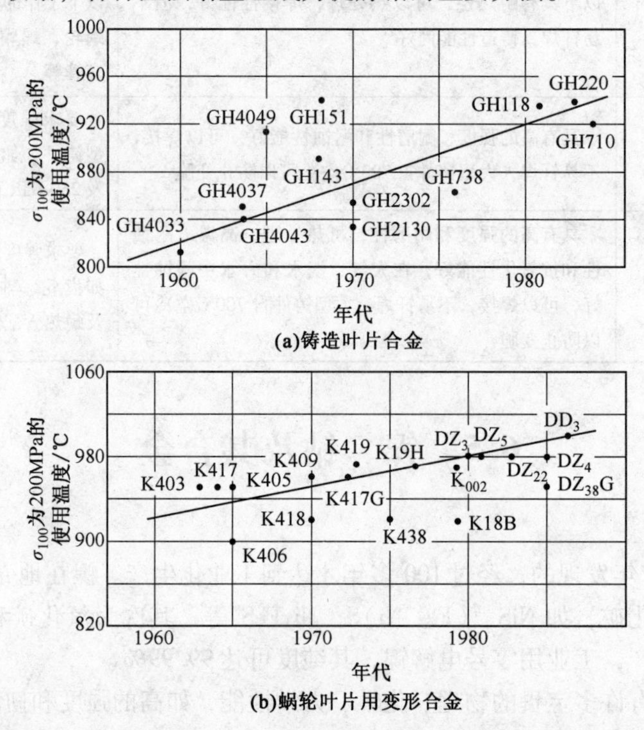

图6.5-1 我国高温合金的发展概况

钴具有同素异晶转变，α-Co为密排六方结构，β-Co为面心立方结构，转变温度为417℃。钴具有铁磁性，居里点为1121℃。钴在工业上有着重要的用途，3/4以上用于制造各种特殊性能的合金。如高温耐蚀合金、永磁合金、硬质合金、弹性合金、低膨胀系数合金等，约1/4以各种化合物用于化学工业。钴及其合金广泛用于航空、航天、机械制造、仪表、化工等部门。但钴稀缺，价格昂贵，应积极寻求代用材料。

6.5.2 合金

1. 镍合金

1）电阻合金

电阻合金要求电阻高、电阻温度系数小、耐热和抗高温氧化等性能，Ni-Cr合金能满足上述要求。图6.5-2为Ni-Cr二元相图。

从Ni-Cr相图中可以看出，Ni-Cr(Cr15%~20%)的合金为单相固溶体，在此成分范围内的合金NCr20为典型的电阻材料，电阻率 $\rho=1100n\Omega\cdot m$，0~200℃的电阻温度系数为

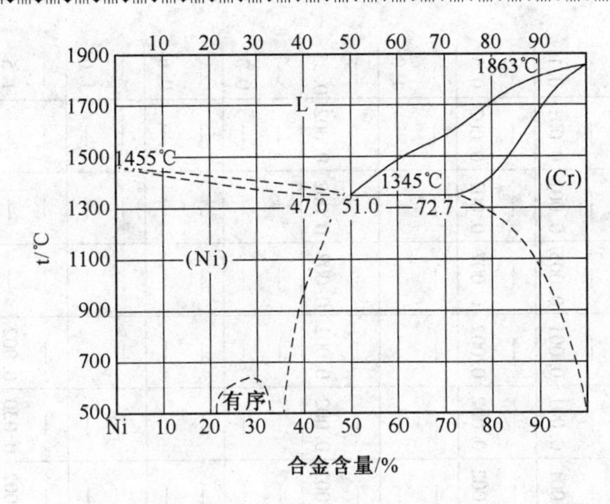

图 6.5－2　Ni－Cr 二元合金相图

0.0001K^{-1}。但塑性低，加工困难。该合金加入 Fe(Fe15%～20%)，能改善其塑性，但降低了合金的抗氧化性能。加入少量的 Mn(Mn1%～2%)，能提高合金的电阻和改善耐热性能，典型合金为含质量分数 15% 的 Cr、16% 的 Fe、1.5% 的 Mn 的 NCr15－16－1.5。新发展起来的 Fe－Cr－Al 合金已成为 Ni－Cr 电阻合金的代用品。因为加入 Cr 和 Al，铁基合金不仅电阻比 Ni－Cr 合金高，由于形成 Al_2O_3保护膜，工作温度可达 1350℃，但加工较困难。因而又出现了 Ni－Cr 系改良型电阻合金，如 NCr20AlFe，NCr20AlCu，即在 Ni－20Cr 合金的基础上添加少量 Al、Fe、Cu、Si、Mn 等元素，可使电阻提高，电阻温度系数下降，并有良好的加工性、耐磨性和耐蚀性能，是滑动电阻、电阻元件、仪表等精密高电阻材料。

2）热电偶合金

NCr10 是目前最典型的热电偶材料之一，称科罗米(Chromel)合金，热电势高、电阻率高、电阻温度系数小、抗高温氧化、耐蚀性好，常与通称阿留米(Alumel)合金 NMn2－2－1 配偶，可测量 0～1200℃区间的温度。

NSi3 亦为与 NCr10 配偶的热电偶负极材料。热电偶合金化学成分见表 6.5－1。

3）电真空合金

这类合金用于制造电子管阳极、阴极、栅极和支架外壳等。

高纯 Ni 作氧化物阴极芯时激活性能差，加入 Si、Mg、W 等元素，对 BaO 有强的还原作用，使氧化钡表面构成 Ba 膜，以利于电子的发射。代表合金有 NMg0.1、NSi0.19 和 NW4－0.1 等。其化学成分见表 6.5－1。

4）耐蚀合金

在镍中加入 Cu、Cr、Mo、Mn、Fe 等元素，可大大提高耐蚀性能，同时有高的强度和塑性。镍基耐蚀合金主要有 Ni－Cu、Ni－Cr、Ni－Mo 系。如 NCu28－2.5－1.5 与国外通用的著名蒙乃尔合金(Monel metal)成分相当，许多国家都有相应的牌号。NCu40－2－1，亦为优良的耐蚀合金。它们的化学成分见表 6.5－1。

蒙乃尔合金在大气、盐或碱的水溶液和有机物中都有极高的耐蚀性，在 500℃时还有足够的强度，加工性能良好，是应用十分广泛的耐蚀合金。

Ni－Cr 合金主要是抗高温氧化。Ni－Mo 系的代表合金是 Ni65Mo28FeV(Hastelloy B)和 Ni70Mo28(Hastelloy B－2)，是优越的耐蚀材料。

表 6.5－1 变形镍合金化学成分

组别	牌号	代号	元素	化学成分(质量分数)/%(仅列最大值者为杂质成分)																	
				Ni + Co	Cu	Si	Mn	C	Mg	O	S	P	Fe	Pb	Bi	As	Sb	Zn	Cd	Sn	杂质总和
纯镍	二号镍	N2	最小值	99.98	—	—	—	—	—	—	—	—	—	—	—	—	—	—	—	—	—
			最大值	—	0.001	0.003	0.002	0.005	0.003	—	0.001	0.001	0.007	0.0003	0.0003	0.001	0.003	0.002	0.0003	0.001	0.02
	四号镍	N4	最小值	99.9	—	—	—	—	—	—	—	—	—	—	—	—	—	—	—	—	—
			最大值	—	0.015	0.03	0.002	0.01	0.01	—	0.001	0.001	0.04	0.001	0.001	0.001	0.001	0.005	0.001	0.001	0.1
	六号镍	N6	最小值	99.5	—	—	—	—	—	—	—	—	—	—	—	—	—	—	—	—	—
			最大值	—	0.06	0.10	0.05	0.10	0.10	—	0.005	0.002	0.10	0.002	0.002	0.002	0.002	0.007	0.002	0.002	0.5
	八号镍	N8	最小值	99.0	—	—	—	—	—	—	—	—	—	—	—	—	—	—	—	—	—
			最大值	—	0.15	0.15	0.20	0.20	0.10	—	0.015	—	0.30	—	—	—	—	—	—	—	1.0
	电真空镍	DN	最小值	99.35	—	0.02	—	0.02	0.02	—	—	—	—	—	—	—	—	—	—	—	—
			最大值	—	0.06	0.10	0.05	0.10	0.10	—	0.005	0.002	0.10	0.002	0.002	0.002	0.002	0.007	0.002	0.002	0.35
阳极镍	一号阳极镍	NY1	最小值	99.7	—	—	—	—	—	—	—	—	—	—	—	—	—	—	—	—	—
			最大值	—	0.1	0.10	—	0.02	0.10	—	0.005	—	0.10	—	—	—	—	—	—	—	0.3
	二号阳极镍	NY2	最小值	99.4	0.01	—	—	—	—	0.03	0.002	—	—	—	—	—	—	—	—	—	—
			最大值	—	0.10	0.10	—	—	—	0.3	0.01	—	0.10	—	—	—	—	—	—	—	0.6
	三号阳极镍	NY3	最小值	99.0	—	—	—	—	—	—	—	—	—	—	—	—	—	—	—	—	—
			最大值	—	0.15	0.2	—	0.1	0.10	—	0.005	—	0.25	—	—	—	—	—	—	—	1.0
镍锰合金	3 镍锰合金	NMn3	最小值	余量	—	—	2.30	—	—	—	—	—	—	—	—	—	—	—	—	—	—
			最大值		0.50	0.30	3.30	0.30	0.10	—	0.03	0.010	0.65	0.002	0.002	0.030	0.002	—	—	—	1.5
	5 镍锰合金	NMn5	最小值	余量	—	—	4.60	—	—	—	—	—	—	—	—	—	—	—	—	—	—
			最大值		0.50	0.30	5.40	0.30	0.10	—	0.03	0.020	0.65	0.002	0.002	0.030	0.002	—	—	—	2.0
镍铜合金	40－2－1 镍铜合金	NCu40－2－1	最小值	余量	38.0	—	1.25	—	—	—	—	—	0.2	—	—	—	—	—	—	—	—
			最大值		42.0	0.15	2.25	0.30	—	—	0.02	0.005	1.0	0.006	—	—	—	—	—	—	0.6
	28－2.5－1.5 镍铜合金	NCu28－2.5－1.5	最小值	余量	27.0	—	1.2	—	—	—	—	—	2.0	—	—	—	—	—	—	—	—
			最大值		29.0	0.10	1.8	0.20	0.10	—	0.02	0.005	3.0	0.003	0.002	0.010	0.002	—	—	—	0.6

续表 6.5－1

组别	牌号	代号	元素	化学成分(质量分数)/%(仅列最大值者为杂质成分)																						
				Ni + Co	Cu	Si	Mn	Al	C	Mg	S	P	Fe	Pb	Bi	As	Sb	Zn	Cd	Sn	W	Ca	Zr	Cr	Co	杂质总和
电子用镍合金	0.1 镍镁合金	NMg 0.1	最小值	99.6	—	—	—	—	—	0.07	—	—	—	—	—	—	—	—	—	—	—	—	—	—	—	—
			最大值	—	0.05	0.02	0.05	—	0.05	0.15	0.005	0.002	0.07	0.002	0.002	0.002	0.002	0.007	0.002	0.002	—	—	—	—	—	0.40
	0.19 镍硅合金	NSi 0.19	最小值	99.4	—	0.15	—	—	—	—	—	—	—	—	—	—	—	—	—	—	—	—	—	—	—	—
			最大值	—	0.05	0.25	0.05	—	0.10	0.05	0.005	0.002	0.07	0.002	0.002	0.002	0.002	0.007	0.002	0.002	—	—	—	—	—	0.50
	4－0.15 镍钨钙合金	NW 4－0.15	最小值	余量	—	—	—	—	—	—	—	—	—	—	—	—	—	—	—	—	3.0	0.07	—	—	—	—
			最大值	余量	0.02	0.01	0.005	0.01	0.01	0.01	0.003	0.002	0.03	0.002	0.002	0.002	0.002	0.003	0.002	0.002	4.0	0.17	—	—	—	0.15
	4－0.1 镍钨锆合金	NW 4－0.1	最小值	余量	—	—	—	—	—	—	—	—	—	—	—	—	—	—	—	—	3.0	—	0.08	Ti	—	—
			最大值	余量	0.005	0.005	0.005	0.005	0.01	0.005	0.001	0.001	0.03	0.001	0.001	—	0.001	0.003	0.001	0.001	4.0	—	0.14	0.005	—	0.12
	4－0.07 镍钨镁合金	NW 4－0.07	最小值	余量	—	—	—	—	—	0.05	—	—	—	—	—	—	—	—	—	—	3.5	—	—	—	—	—
			最大值	余量	0.02	0.01	0.005	0.001	0.01	0.1	0.001	0.002	0.03	0.002	0.002	0.002	0.002	0.005	0.002	0.002	4.5	—	—	—	—	0.2
热电偶合金	3 镍硅合金	NSi3	最小值	Ni	—	2	0.05	—	—	—	—	—	—	—	—	—	—	—	—	—	—	—	—	—	0.05	—
			最大值	余量	—	3	0.7	—	0.05	—	0.02	0.002	0.10	—	—	—	—	—	—	—	—	—	—	—	0.6	—
	10 镍铬合金	NCr10	最小值	Ni	—	0.05	0.01	—	—	—	—	—	—	—	—	—	—	—	—	—	—	—	—	9.0	0.1	—
			最大值	余量	—	0.6	0.2	—	0.05	—	0.02	0.002	0.10	—	—	—	—	—	—	—	—	—	—	10.0	1.2	—

常用变形镍及镍合金的主要物理性能、力学性能分别见表6.5－2和表6.5－3，蒙乃尔合金的高温力学性能见表6.5－4。

5）镍基高温合金

高温合金又称耐热合金或超合金，镍基高温合金都含有相当高的铬，就其显微结构来看，可分为固溶强化型和金属间化合物强化型两大类。按其成形方式亦可分为变形高温合金和铸造高温合金两大类。为使一些性能良好但难以变形的铸造合金能承受压力加工，在高温合金的生产中引进了粉末冶金技术。铸造合金的生产工艺不断改进，发展了定向结晶和单晶技术，利用定向结晶技术又发展了共晶合金。

镍基变形高温合金和铸造高温合金的化学成分分别见表6.5－5和表6.5－6，主要物理性能见表6.5－7，室温和高温力学性能分别见表6.5－8和表6.5－9。

表6.5－2 常用变形镍及镍合金主要物理性能

物理性能	N2	N4	N6	N8	NMn3	NMn5	NCr10	NCu28－2.5－1.5（蒙乃尔合金）
密度 ρ/(g/cm³)	8.91	8.90	8.89	8.90	8.90	8.76	8.70	8.80
熔点/℃	1453	—	1435	—	1442	1412	1437	1350
比热容 c/[kJ/(kg·K)]	0.461	0.440	0.456	0.469	—	—	—	—
热导率 λ/[W/(m·K)]	82.90	59.45	67.41	59.45	53.17	48.15	—	25.12
热膨胀系数 α(0～100℃)/[μm/(m·K)]	13.3	13.3	—	13.7	13.4	13.7	12.8	—
电阻率 ρ/μΩ·m	68.44	68.40	95.0	82.0	140	195	600	480
电阻温度系数(20～100℃)/(1/K)	0.0038	0.0069	0.0027	0.0052	0.0042	0.0036	0.00048	0.0019
居里点/℃	353	360	360	—	—	—	—	27～95

表6.5－3 常用变形镍及镍合金主要力学性能

性能	状态	N2 N4 N6 N8	NMn3	NMn5	NCr10	NCu28－2.5－1.5
抗拉强度 R_m/MPa	M	300～600	500	550～600	600～700	450～500
	Y	500～900	1000	—	1100	600～850
屈服强度 $R_{p0.2}$/MPa	M	120	165～220	180～240	—	240
	Y	700	—	—	—	630～850
断后伸长率 A/%	M	10～30	40	40～45	35～45	25～40
	Y	2～20	2	—	3	2～3
硬度 HBS	M	90～120	140	147	150～200	135
	Y	120～240	—	—	300	210
弹性模量 E/GPa		210～230	210	210	—	182

表6.5－4 NCu28－2.5－1.5合金的高温力学性能

温度/℃	室温	93	149	204	260	316	371	427	483	538
屈服强度 $R_{p0.2}$/MPa	227	210	191	181	179	177	179	181	132	162
抗拉强度 R_m/MPa	586	557	539	536	540	558	525	490	431	378
断后伸长率 A/%	45	43.5	43	42	44	45.5	47.5	49	42	41
弹性模量 E/GPa	182	180.6	179.9	178.5	175	170.8	164.5	156.2	143.5	112

2. 钴基和含钴合金

钴基合金具有许多重要特性，广泛应用于很多重要工业部门。虽然热强性比镍合金低，但组织稳定性好，热导率比镍基合金高，而热膨胀系数比镍基合金低，抗热疲劳性能好，且有优良的耐热腐蚀性能，是综合性能好的高温耐蚀材料。许多以钴为主要合金化元素的合金，有着独特的物理、化学、力学性能，是重要的功能材料。但由于钴的资源缺乏，价格昂贵，工业上尽可能采用代钴材料，因而钴基和含钴合金，只应用于一些重要的工业部门。

1）高温耐蚀合金

钴基高温耐蚀合金化学成分见表 6.5－10，典型物理性能和力学性能分别见表 6.5－11 和表 6.5－12。

2）磁性材料

（1）铝镍钴系永磁合金　该系永磁合金是以高剩磁和低温度系数为主要特征。虽然 20 世纪 60 年代以后发展起来的永磁铁氧体和稀土永磁合金部分取代了铝镍钴永磁材料，但对永磁体稳定性具有高要求的精密装置中，铝镍钴永磁合金仍然是最佳材料。

表 6.5－5　镍基变形高温合金化学成分

牌号	化学成分(质量分数)/%											
	C	Cr	Al	Ti	Fe	Mn	Si	W	Mo	Nb	Zr	B	其他元素
GH3030	≤0.12	19.0～22.0	≤0.15	0.15～0.35	≤1.50	≤0.70	≤0.80	—	—	—	—	—	
GH3039	≤0.08	19.0～22.0	0.35～0.75	0.35～0.75	≤0.30	≤0.40	≤0.80	—	1.80～2.30	0.90～1.30	—	—	
GH3044	≤0.10	23.5～26.5	≤0.50	0.30～0.70	≤4.00	≤0.50	≤0.80	13.0～16.0	≤1.50	—	—	—	
GH3128	≤0.05	19.0～22.0	0.40～0.80	0.40～0.80	≤2.0	≤0.50	0.80	7.5～9.0	7.5～9.0	—	≤0.06	≤0.005	Ce≤0.05
GH4033	0.03～0.08	19.0～22.0	0.60～1.00	2.40～2.80	≤4.0	≤0.35	≤0.65	—	—	—	—	≤0.010	Ce≤0.010
GH4037	0.03～0.10	13.0～16.0	1.70～2.30	1.80～2.30	≤5.0	≤0.50	≤0.40	5.0～7.0	2.0～4.0	0.10～0.50	—	—	Ce≤0.02 Cu≤0.07
GH4043	≤0.12	15.0～19.0	1.00～1.70	1.90～2.80	≤5.0	≤0.50	≤0.60	2.00～3.50	4.0～6.0	—	—	≤0.01	Ce≤0.03 Cu≤0.07
GH4049	0.04～0.10	9.5～11.0	3.7～4.4	1.4～1.9	≤1.50	≤0.50	≤0.50	5.0～6.0	4.5～5.5	—	—	≤0.015	Co14.0～11.0 Ce≤0.02 Cu≤0.07
GH4133	≤0.07	19.0～22.0	0.7～1.2	2.5～3.0	≤1.50	≤0.35	≤0.65	—	—	1.15～1.65	—	≤0.01	Ce≤0.01 Cu≤0.07
GH4169	≤0.08	17.0～21.0	0.2～0.6	0.65～1.15	余	≤0.35	≤0.35	—	2.8～3.3	4.75～5.50	50～55(Ni)	≤0.006	

表 6.5-6 镍基铸造高温合金化学成分

牌号	化学成分(质量分数)/%												
	C	Cr	Al	Ti	Fe	Co	Mn	Si	W	Mo	B	Ce	Zr
K401	≤0.10	14.0~17.0	4.5~5.5	1.5~2.0	≤2.0	—	≤0.8	≤0.8	7.0~10.0	≤0.30	0.03~0.10	—	—
K403	0.11~0.18	10.0~12.0	5.3~5.9	2.3~2.9	≤2.0	4.5~6.0	≤0.5	≤0.5	4.8~5.5	3.8~4.5	0.012~0.022	≤0.01	0.03~0.08
K405	0.10~0.18	9.5~11.0	5.0~5.8	2.0~2.9	≤0.5	9.5~10.5	≤0.5	≤0.3	4.5~5.2	3.5~4.2	0.015~0.026	—	0.05~0.10
K406	0.10~0.20	14.0~17.0	3.25~4.0	2.0~3.0	≤5.0		≤0.10	≤0.30	—	4.5~6.0	0.05~0.10		≤0.10
K409	0.08~0.13	7.5~8.5	5.75~6.25	0.8~1.2	≤0.35	9.5~10.5	≤0.20	≤0.25	≤0.10	5.75~6.25	0.01~0.02	Ta4.0~4.5 Nb≤0.10	0.05~0.10
K412	0.11~0.16	14.0~18.0	1.6~2.2	1.6~2.3	≤8.0	—	≤0.6	≤0.6	4.5~6.5	3.0~4.5	≤0.02	V≤0.3	—
K417	0.13~0.22	8.5~9.5	4.8~5.7	4.5~5.0	≤1.0	14~16	≤0.5	≤0.5	—	2.5~3.5	0.012~0.022	V0.6~0.9	0.05~0.09
K418	0.08~0.16	11.5~13.5	5.5~6.4	0.5~1.0	≤1.0	—	≤0.5	≤0.5		3.8~4.8	0.008~0.020	Nb1.8~2.5	0.06~0.15
K419	0.09~0.14	5.5~6.5	5.2~5.7	1.0~1.5	≤0.5	11.5~13.0	≤0.20	≤0.20	9.5~10.5	1.7~2.3	0.05~0.10	Nb2.5~3.3	0.03~0.08 Cu≤1 V≤1
K438	0.10~0.20	15.7~16.3	3.2~3.7	3.0~3.5	≤0.5	8.0~9.0	≤0.2	≤0.3	2.4~2.8	1.5~2.0	0.005~0.015	Ta1.5~2.0	0.05~0.15

表 6.5-7 镍基高温合金主要物理性能

合金牌号	密度ρ/(g/cm³)	熔化温度范围/℃	150℃比热容 c/[J/(kg·K)]	900℃热导率 λ/[W/(m·K)]	20~900℃线膨胀系数 α/[μm/(m·K)]	电阻率 ρ/μΩ·m
GH3030	8.4	1374~1420	565.2	26.4	18.0	1100
GH3039	8.3	—	544	26.8	15.8	1180
GH3044	8.89	1352~1375	—	24.7	15.6	—
GH3128	8.81	1340~1390	—	23.02	15.66	1370
GH4033	8.2	—	439.6 (100℃)	27.62	17.15	1240
GH4037	8.4	1278~1346	—	23.9	16.67	1330
GH4043	8.32	—	—	26.38	16.4	—
GH4049	8.44	1320~1390	—	26.8	16.33	—
GH4133	8.21	—	—	27.6	17.6	1260
GH4169	8.24	1260~1320	—	25.96	18.4	—

续表 6.5－7

合金牌号	密度 ρ/(g/cm^3)	熔化温度范围/℃	150℃比热容 c/[J/(kg·K)]	900℃热导率 λ/[W/(m·K)]	20～900℃线膨胀系数 α/[μm/(m·K)]	电阻率 ρ/μΩ·m
K401	8.05	—	—		24.3 (800～900℃)	—
K403	8.10	1260～1388	—	24.82	14.3	—
K405	8.12	1290～1345	—	23.03	15.0	—
K406	8.05	1260～1345	—	25.54	15.48	
K409	8.18	1260～1289	420	25.92	15.25	
K412	8.2	—		26.80	22.1 (800～900℃)	
K417	7.8	1260～1340	448 (198℃)	31.5	16.0	—
K418	8.0	1295～1345	—	24.28	15.5	—
K419	8.5	1260～1340	—	24.70	14.61	—
K438	8.16	1260～1330	465	30.10	16.1	—

表 6.5－8　镍基高温合金室温典型力学性能

合金牌号	状态	抗拉强度 R_m/MPa	屈服强度 $R_{p0.2}$/MPa	断后伸长率 A_5/%	布氏硬度 HB	弹性模量 E/GPa
GH3030	冷轧板	756	355	42	—	191
GH3039	冷轧板	841	436	48	—	186
GH3044	冷轧板	785	314	60	—	195.4
GH3128	冷轧板	814	363	62	—	208①
GH4033	棒材	883	588	13	321～255	221①
GH4037	棒材	667	5	269		196
GH4043	—	1103	697	19	269～341	196
GH4049	—	1128	—	10	302～363	224.6①
GH4133	—	1060	735	16	285～363	223.2①
GH4169	—	1275	1030	12	346～450	205①
K401	—	970	—	3.6	345	186
K403	铸态	907	—	6.1	36～39HRC	212①
K405	—	1000	—	7.5	—	203①
K406	—	790	—	5	—	203①
K409	—	1054	899	11.6	34～44HRC	196①
K412	—	735	559	8.5	—	192
K417	—	990	765	11.5	—	220①
K418	—	902	760	9.6	—	211①
K419	—	951	823	5.8	—	240①
K438	—	1030	878	7.3	373	207①

注：① 动态弹性模量值。

表 6.5－9 镍基高温合金高温持久强度极限 σ_{100} MPa

合金牌号	状态	700℃	800℃	900℃	1000℃	1050℃
GH3030	冷轧板	103	44	14.7	—	—
GH3039	冷轧板	167	78	28	—	—
GH3044		—	108	51	24	16
GH3128		278	133	65	28	—
GH4033	棒材	410	200	—	—	—
GH4037		471～510	245～294	127	—	—
GH4043		490	269	—	—	—
GH4049	棒材	740	450	230	—	—
GH4133	双真空	569	—	—	—	—
GH4169		—	—	—	—	—
K401		392(750℃)	235(850℃)	137(950℃)	—	—
K403		—	—	294	147	—
K405		763	513	271	119	75
K406		669	389	—	—	—
K409		—	—	324	147	—
K412		—	284	98	—	—
K417		760	570	314	150	—
K418		725	480	274	118	—
K419		823	563	382	186	122
K438		726	451	265	—	—

表 6.5－10 钴基高温耐蚀合金化学成分

合金牌号	对应美国牌号	化学成分(质量分数)/%										
		Cr	Ni	W	Mo	Fe	Co	Mn	Si	C	Ti	其他
Co70Cr21Ni	Haynes 21	21	3	—	5	1.0	余	0.6	0.6	0.25	—	—
Co50Cr20Ni10W15	Haynes 25	19～21	9～11	14～16	—	3.0	余	1.0～2.0	1.0	0.05～0.15	—	—
Co60Cr25Ni10W8	Haynes 31	25	10	8	—	1.0	余	0.6	0.6	0.4	—	—
Co40Cr22Ni22W15	Haynes 188	20～24	20～24	13～16	—	3.0	余	1.25	0.2～0.5	0.05～0.15	—	La0.06～0.15
Co60Cr30NiW	Stellite 6B	28～32	3	3.5～5.5	1.5	3.0	余	2.0	2.0	0.9～1.4	—	—
Co40Cr20Ni15Mo	Elgiloy	20	15	—	7	余	40	—	—	0.15	—	—
Co35Cr20Ni35Mo	MP35N	20	35	—	10	—	35	—	—	—	0.8	—
Co35Cr20Ni25MoFe	MP159N	19	25	—	7	9	36	—	—	—	3.0	Al0.2, Nb0.6

表 6.5－11 钴基高温耐蚀合金典型物理性能

合金牌号	密度ρ/(g/cm^3)	熔点/℃	比热容/[J/(kg·K)]	热导率/[W/(m·K)]	电阻率/μΩ·m	弹性模量/GPa
Co50Cr20Ni10W15	9.13	1410	384	9.8	890	225
Co60Cr25Ni10W8	8.61	1340	—	14.3	—	224
Co40Cr22Ni22W15	9.13	1398	394	10.8	922	230
Co60Cr30NiW	8.38	1365	421	14.7	910	—
Co35Cr20Ni35Mo	8.43	1440	—	7.8	400	240

表 6.5－12 钴基高温耐蚀合金典型力学性能

试验温度/℃	Co50Cr20Ni10W15			Co40Cr22Ni22W15			Co60Cr30NiW		
	$R_{p0.2}$/MPa	R_m/MPa	A/%	$R_{p0.2}$/MPa	R_m/MPa	A/%	$R_{p0.2}$/MPa	R_m/MPa	A/%
20	460	1010	64	480	960	47	635	1010	11
315	—	—	—	335	800	71	—	—	—
540	250	800	59	300	740	70	—	—	—
650	240	710	35	305	710	64	—	—	—
760	260	455	12	290	635	43	—	—	—
870	240	325	30	260	420	73	270	385	18
980	—	—	—	160	250	72	140	230	36
1090	—	—	—	79	135	47	76	140	44
1150	—	—	—	57	97	37	55	90	22
1200	—	—	—	48	77	35	—	—	—

成形方法有铸造和粉末烧结两种，以铸造方法为主。小型、形状简单者采用粉末冶金方法。

铝镍钴系永磁合金的化学成分和磁性能见表 6.5－13、表 6.5－14。

(2)稀土钴永磁合金详见 GB/T 4180—2000《稀土钴永磁材料》。

表 6.5-13 铝镍钴系永磁合金的化学成分

合金牌号	化学成分(质量分数)/%								
	Al	Ni	Co	Cu	Ti	Nb	Si	S	Fe
LN9	13.0	24.0	—	3.0	—	—	—	—	余
LN10	13.0	26.0	—	3.0	—	—	—	—	余
LNG12	10.0	21.0	12.0	6.0	—	—	—	—	余
LNG16	9.5	20.0	15.0	4.0	0.5	—	—	—	余
LNG34	7.8	14.7	19.0	2.4	0.3	—	0.8	0.2	余
LNG37	8.0	14.0	24.0	3.0	—	—	—	—	余
LNG40	8.0	14.0	24.0	3.0	—	—	—	—	余
LNG44	8.0	14.0	24.0	3.0	—	—	—	—	余
LNG52	8.0	14.0	24.0	3.0	—	—	—	—	余
LNGT28	8.0	15.0	24.0	4.0	1.2	—	—	—	余
LNGT32	6.8	14.5	34.0	4.0	5.0	—	—	—	余
LNGT38	6.8	14.5	34.0	4.0	5.0	—	—	—	余
LNGT60	6.8	14.5	34.0	3.2	5.0	—	—	0.2	余
LNGT72	6.8	14.5	34.0	3.2	5.0	1.0	—	0.2	余
LNGT36J	7.5	14.0	38.0	3.5	8.0	—	—	—	余
FLN8	13.0	26.0	—	3.0	—	—	—	—	余
FLNG12	10.0	18.0	12.5	6.0	—	—	—	—	余
FLNG28	8.0	14.0	24.0	3.0	—	—	—	—	余
FLNG34	8.0	14.0	24.0	3.0	—	—	—	—	余
FLNGT31	7.0	15.0	34.0	4.0	5.0	—	—	—	余
FLNGT33J	7.2	13.7	38.0	3.0	7.5	—	—	—	余

注：摘自 JB/T 8146－1995《铸造铝镍钴永磁(硬磁)合金技术条件》。

表 6.5-14 合金的磁特性和密度

牌号	最大磁能积 $(BH)_{max}$/(kJ/m³)(MGOe)	剩磁 B_r/mT (G)	矫顽力 H_{cB}/(kA/m)(Oe)	矫顽力 H_{cJ}/(kA/m)(Oe)	相对回复磁导率 μ_{rec}	密度 D/(10^3 kg/m³)(g/cm³)	备注	
	最小值				典型值			
LN9	9.0 (1.13)	680 (6800)	30 (380)	32 (400)	6.0~7.0	6.9 (6.9)	等轴晶	各向同性
LN10	9.6 (1.20)	600 (6000)	40 (500)	43 (540)	4.5~5.5	6.9 (6.9)	等轴晶	各向同性
LNG12	12.0 (1.50)	700 (7000)	40 (500)	43 (540)	6.0~7.0	7.0 (7.0)	等轴晶	各向同性
LNG16	16.0 (2.00)	780 (7800)	52 (650)	54 (680)	5.0~6.0	7.0 (7.0)	等轴晶	各向同性
LNG34	34.0 (4.30)	1200 (12000)	44 (550)	45 (560)	4.0~5.0	7.3 (7.3)	半柱晶	各向异性
LNG37	37.0 (4.63)	1200 (12000)	48 (600)	49 (610)	3.0~4.5	7.3 (7.3)	半柱晶	各向异性
LNG40	40.0 (5.00)	1250 (12500)	48 (600)	49 (610)	2.5~4.0	7.3 (7.3)	半柱晶	各向异性
LNG44	44.0 (5.50)	1250 (12500)	52 (650)	53 (660)	2.5~4.0	7.3 (7.3)	半柱晶	各向异性
LNG52	52.0 (6.50)	1300 (13000)	56 (700)	57 (710)	1.5~3.0	7.3 (7.3)	柱晶	各向异性
LNGT28	28.0 (3.50)	1000 (10000)	58 (720)	59 (740)	3.5~5.5	7.3 (7.3)	等轴晶	各向异性
LNGT32	32.0 (4.00)	800 (8000)	100 (1250)	102 (1280)	2.0~3.0	7.3 (7.3)	等轴晶	各向异性
LNGT38	38.0 (4.75)	800 (8000)	110 (1380)	112 (1400)	1.5~2.5	7.3 (7.3)	等轴晶	各向异性
LNGT60	60.0 (7.50)	900 (9000)	110 (1380)	112 (1400)	1.5~2.5	7.3 (7.3)	柱晶	各向异性
LNGT72	72.0 (9.00)	1050 (10500)	112 (1400)	114 (1430)	1.5~2.5	7.3 (7.3)	柱晶	各向异性
LNGT36J	36.0 (4.50)	700 (7000)	140 (1750)	148 (1850)	1.5~2.5	7.3 (7.3)	等轴晶	各向异性
FLN8	8.0 (1.00)	520 (5200)	40 (500)	43 (540)	4.5~5.5	6.7 (6.7)	各向同性	
FLNG12	12.0 (1.50)	700 (7000)	40 (500)	43 (540)	6.0~7.0	7.0 (7.0)	各向同性	

续表 6.5－14

牌号	最大磁能积 $(BH)_{max}$/(kJ/m³)(MGOe)	剩磁 B_r/mT (G)	矫顽力 H_{cB}/(kA/m)(Oe)	矫顽力 H_{cJ}/(kA/m)(Oe)	相对回复磁导率 μ_{rec}	密度 D/(10³ kg/m³)(g/cm³)	备注
	最小值				典型值		
FLNG28	28.0 (3.50)	1050 (10500)	46 (580)	47 (590)	4.0～5.0	7.0 (7.0)	各向异性
FLNG34	34.0 (4.25)	1120 (11200)	47 (590)	48 (600)	3.0～4.5	7.0 (7.0)	
FLNGT31	31.0 (3.90)	760 (7600)	107 (1340)	111 (1390)	2.0～4.0	7.0 (7.0)	
FLNGT33J	33.0 (4.15)	650 (6500)	136 (1700)	150 (1880)	1.5～3.5	7.0 (7.0)	

注：(1) SI 单位与 CGS 单位换算公式

$1\text{Oe}=\frac{10^3}{4\pi}\text{A/m}$(安/米)；　　$1\text{G}=0.1\text{mT}$(毫特斯拉)；

$1\text{GOe}=\frac{1}{4\pi}\times10^{-1}\text{J/m}^3$(焦耳/米³)；　　$1\text{G/Oe}=\frac{4\pi}{10^7}\text{H/m}$(亨/米)。

(2) 辅助特性典型值参考国际标准 IEC《硬磁材料技术条件》(草案)

居里点(T_c)：1030～1180K；

温度系数：$\alpha(B_r)$ －0.02%/K；$\alpha(H_{cJ})$ ＋0.03～0.07%/K，在 273～373K(0～100℃)时。

(3) 若尺寸不满足 GB/T 3217－1992《永磁(硬磁)材料磁性试验方法》规定，则可能得到较小的磁性值。

3)弹性合金

(1) 钴基高弹性合金　基本成分为 Co、Ni、Cr，属奥氏体沉淀强化型合金，有代表性的合金成分见表 6.5－15。主要力学、物理性能见表 6.5－16。

(2) 恒弹性合金　Co－Fe 系埃林瓦(恒弹性)合金化学成分和主要物理性能示于表 6.5－17。

表 6.5－15　钴基高弹性合金化学成分

合金牌号	化学成分(质量分数)/%								
	C	Si	Mn	Cr	Co	Ni	Mo	W	其他元素
3J21	0.07～0.12	≤0.6	1.7～2.3	19.0～21.0	39.0～41.0	14.0～16.0	6.5～7.5	—	—
3J22	0.08～0.15	≤0.5	1.8～2.2	18.0～20.0	39.0～41.0	15.0～17.0	3.0～4.0	4.0～5.0	Ce0.01～0.04
Elgiloy(美国)	0.15	≤0.5	2.0	20	40	15.5	7.0	—	Be0.04

注：余为 Fe。

表 6.5－16　钴基高弹性合金主要力学、物理性能

合金牌号	弹性模量 E/GPa	抗拉强度 R_m/MPa	屈服强度 $R_{p0.05}$/MPa	断后伸长率 A/%	维氏硬度 HV	电阻率 $\rho/\mu\Omega\cdot m$
3J21	204	2450～2650	1670	3～5	600～700	90～100
3J22	206	2940～3140	1620～1670	4～6	580～630	90～100
Elgiloy(美国)	211	2450～2530	1600～1670	—	700	90

注：材料经淬火、冷变形、回火处理。

表 6.5-17　Co-Fe 系埃林瓦合金的化学成分和退火状态下的性能

合金系列	化学成分(质量分数)/%								线膨胀系数 α(10~50℃)/[μm/(m·K)]	切变弹性模量 G(20℃)/MPa	切变弹性模量温度系数 β_G(20~25℃)/($\times10^{-5}$/K)
	Co	Fe	Cr	Mo	W	V	Mn	Ni			
Co 埃林瓦系	60	30	10	—	—	—	—	—	5.1	69000	-0.2
	43.6	34.6	12.7	—	—	—	—	9.1	7.4	69400	0
	27.7	39.2	10.0	—	—	—	—	23.1	8.1	64800	-0.3
Mo 埃林瓦系	50.0	32.5	—	17.5	—	—	—	—	9.6	73500	-0.2
	10.0	45.0	—	15.0	—	—	—	30.0	9.8	78500	-0.4
W 埃林瓦系	50.0	28.5	—	—	21.5	—	—	—	7.4	64500	-0.7
	39.0	32.0	—	—	19.0	—	—	10.0	7.8	81300	0.4
V 埃林瓦系	60.0	30.0	—	—	—	10.0	—	—	8.1	65200	0
	20.0	40.0	—	—	—	10.0	—	30.0	11.6	70000	0.7
Mn 埃林瓦系	55.0	37.5	—	—	—	—	7.5	—	9.8	79400	-14.3
	35.0	35.0	—	—	—	—	10.5	20.0	11.5	54500	-4.3
Elcolloy 系	35.0	36.0	5.0	4.0	4.0	—	—	16.0	9.0	—	0.5
	40.0	35.0	5.0	—	5.0	—	—	15.0	5.0	—	-0.2

6.5.3　加工与连接

1. 熔炼和铸造

镍基和钴基合金，一般采用真空中频感应电炉熔炼，某些合金化程度低的镍基合金，可采用非真空高频感应电炉熔炼，但应有良好的覆盖和精炼。要求高的变形高温合金，需采用双联真空熔炼。铸造高温合金，一般采用熔模精密铸造，用作航空发动机叶片的高温合金，可采用定向凝固、制造单晶叶片，以改善其力学性能。

2. 压力加工

镍为面心立方结构的金属，有良好的塑性加工性能。钴在 417℃以下为 α-Co，密排六方结构，塑性较低，417℃以上为 β-Co，面心立方结构，因此纯 Co 亦有良好的热加工性能。镍基和钴基变形合金，相对合金化程度较低，均能很好地进行热、冷加工。随着合金化程度提高，变形更加困难，因此很大一部分耐热合金是以铸造状态使用的。

3. 热处理

1）镍合金热处理

热电偶镍合金、电真空镍合金、耐蚀镍合金等的热处理，主要是进行中间退火(减少和消除加工硬化，以使压力加工能继续进行)以及成品退火，以获得需要的组织和性能。许多合金的中间退火和成品退火，为了获得光亮的表面，需采用氢气或分解氨或其他保护气氛保护，即进行光亮退火。

高温镍基合金热处理是一个复杂的问题，有的合金需要两次淬火，有的合金需要两次时效，而有些合金只需进行固溶处理即可。主要决定于合金元素(特别是 Al + Ti)的含量。其目的是使强化相 γ'以理想状态析出，以获得优良的综合性能。

2）钴合金热处理

钴基高温合金的热处理，不及镍基高温合金热处理复杂，钴基高温合金一般含碳量较高，且含有强烈的碳化物形成元素，其碳化物在高温下比较稳定。

4. 机械加工

电解纯镍板强度、硬度较低，有韧性，可进行剪切和其他机械加工。电解钴板硬而脆，不能进行机械加工，经重新熔炼后，可进行机械加工。

镍基和钴基合金一般可进行各种机械加工，均需采用硬质合金刀具。某些钴合金(如 Stellite 合金)和一些含钴的铸造永磁合金，不能进行车削，只能进行磨削。

5. 焊接

具有奥氏体组织的镍合金和钴合金，与奥氏体不锈钢的焊接性能相似。有良好的焊接性能，可用各种焊接方法焊接。

所有的镍基和钴基合金，最常用的焊接方法是电弧焊，特别是惰性气体保护钨极电弧焊，应用更为广泛。

镍、钴及其合金可以采用等离子束焊、埋弧焊；不宜用氧乙炔焊连接低碳镍、钴合金，因为从烟雾中易吸收碳。应采用相近合金作填充料，焊前无需预热，焊后应进行退火。

6.5.4 腐蚀与保护

1. 镍的一般耐蚀特点

镍具有良好的耐蚀性能，在干燥和潮湿的大气中均非常耐蚀，但在含有 SO_2的大气中不耐蚀。镍的一个突出特点是在所有的碱类溶液中，不论是低温、高温和熔融的碱中都完全稳定。在非氧化性的稀酸中室温下稳定。镍的氧化物可溶于酸而不溶于碱，故其耐蚀性能随溶液 pH 值的升高而增大。在强氧化介质中，易被钝化而趋向稳定。

2. 钴的一般耐蚀特点

钴的电位序位于铁和镍之间，亦有良好的抗蚀性能。在常温时，钴在空气和水中均稳定，与碱溶液及有机酸均不起作用，在稀酸中不及镍稳定，在酸或碱溶液中均可钝化。

3. 镍基和钴基合金的耐蚀性能

镍和钴是各种耐蚀合金的重要添加元素，镍基和钴基合金是重要的耐蚀合金材料，特别是作为耐热腐蚀高温结构材料。

主要的镍基耐蚀合金有：Ni - Cu 合金，形成了蒙乃尔(Monel)合金系列，我国合金牌号有 NCu28 - 2.5 - 1.5。Ni - Cr 合金，因科镍尔(Inconel)是该系有代表性的合金。Ni - Mo 或 Ni - Cr - Mo 合金，形成了高耐蚀合金(Hastelloy)系列。

主要的钴基耐蚀合金有 Elgiloy 耐蚀游丝合金，Stellite 和 Haynes 耐腐蚀、耐磨损合金；含质量分数 Si13% + Cr7% + Mn5% 的钴基合金是不溶性阳极的最佳材料。

镍基和钴基合金重要耐蚀性能数据和腐蚀等级见表 6.5 - 18 ~ 表 6.5 - 22。

表 6.5－18　镍基和钴基高温合金在空气中加热 100h 后的氧化速率　　g/(m^2·h)

合金牌号	700℃	800℃	900℃	1000℃	1100℃	1200℃
GH3030	—	—	0.0535	0.1560	0.3905	0.5810
GH3039	—	—	0.0740	0.2510	0.5350	1.0610
GH3044	—	—	0.0971	0.2050	0.4320	0.7880
GH3128	—	—	0.0550	0.2360	0.2690	—
GH4033	—	0.0450	0.1180	0.2990	—	—
GH4037	—	—	0.1000	0.3320	0.7090	—
GH4043	—	—	0.0850	0.2710	0.8050	—
GH4049	—	—	—	0.80	1.07	—
GH4133	—	0.0205	0.1104	—	—	—
GH4169	0.0277	0.0351	0.0961	0.1620	—	—
GH188	—	—	—	0.15 (982℃)	0.39 (1093℃)	0.92 (115℃)

合金牌号	700℃	800℃	900℃	1000℃	1100℃	1200℃
K403	—	0.0038	0.0370	0.0370	0.079 (1050℃)	—
K405	—	—	0.04 (950℃)	0.04	0.014	—
K406	—	—	0.054	0.327	—	—
K409	—	—	0.03	0.04	—	—
K417	—	0.025	0.069	—	—	—
K418	—	—	—	0.027 (1050℃)	—	—
K419		—	0.031	0.051	0.089 (1050℃)	—
K438	—	—	0.055	0.0160	0.0960	—
K640	—	—	0.0347 (950℃)	—	—	—

表 6.5－19　部分镍基高温合金热腐蚀数据

合金牌号	试验条件	试验温度/℃	试验时间/h	失　重/[mg/(cm^2·h)]
GH19	0 号柴油，燃烧比 20%～30%，$CO_2$7%～9%，$O_2$8%～12% 空气：燃油＝44：1，盐分浓度：100×10^{-4}%	750 850	100 100	0.011～0.012 0.786
GH333	0 号柴油(S≈0.11%)，燃烧比 20%～30%，$CO_2$7%～9%，$O_2$8%～12% 0 号柴油，空气：燃油＝39：1，盐分浓度：106×10^{-4}%	837～865 90	100 500 27	0.0034 0.0042 0.137～0.246
GH220	$Na_2SO_4$75%＋NaCl25%　　未涂层 渗 Cr－Al 渗 Cr 镀 Ni＋渗 Cr－Al 镀 Ni＋渗 Cr	900	4	40.78～57.87 2.036～2.311 2.25～2.48 1.52 0.847～1.314
K6	10 号柴油(S≈0.1%)，燃气成分 $CO_2$7.7%～11.8%，$O_2$5.7%～9.7%，$SO_2$22×10^{-4}%	850	100	0.0131
K27	空气：燃气＝40：1，0 号柴油，盐分的质量分数 100×10^{-4}%	900	100	0.356
K9	空气：燃气＝38：1，盐分的质量分数 175×10^{-4}%，未涂层 AlSi 涂层	900	25	7.94 0.12
K38	(Na_2SO_4)75%＋(NaCl)25%，未涂层	900	4	13.5

注：表中含量皆为质量分数。

表 6.5-20 NCu28-2.5-1.5(蒙乃尔)合金在各种介质中的耐蚀情况

介质	质量分数/%	温度/℃	腐蚀等级	介质	质量分数/%	温度/℃	腐蚀等级
硫酸	5	101	C	酒石酸	30	20	B
	10	102	C	草酸	30	20	B
	25	104	D	柠檬酸	30	20~100	B
	50	123	E	蚁酸	30	20	C
盐酸	0.5	沸	D	蕃茄汁	30	20	A
	1.0	沸	E	柠檬汁	—	20~100	B
	10	30	E	葡萄汁	—	20~100	C
磷酸	10	60	D	脂肪酸	—	260	C
	25	95	C	四氯化碳	—	30	B
	80	95	C	三氯甲烷	—	30	A
	90	105	C	二氯乙烯	—	30	A
氢氟酸	6	76	B	三氯乙烯	—	30	B
	25	30	B	氯化钠	饱和	95	C
醋酸	50	80	B	氯化钙	35	70~160	B
	100	50	B	硝酸钠	27	50	B
	50	20	D	氯化铵	30~40	102	D
	5	沸	B	氯化镁	42	135	B
	50	沸	C	氯化锌	10~20	38	D

注：A、B、C、D、E 分别代表：优、良、中、次、劣。

表 6.5-21 NCu28-2.5-1.5 镍铜合金制品在各种介质中的适用程度

适用介质	可用介质	不适用介质
氨气	硫酸	盐酸
氨水溶液	磷酸	硝酸
苛性碱和碳酸盐的溶液	氢氰酸	熔融铅
脂肪酸及大部分有机酸	氢氟酸	熔融锌
海水及碱水	醋酸	氰化钾粉末及溶液
中性盐的水溶液	柠檬酸	亚硫酸
汽油、矿物油	硫酸亚铁溶液	三氯化铁
酚、甲酚	干燥的氯	铬酸
摄影用试剂		
染料溶液酒精		
酒精		

表 6.5-22 钴合金在酸、碱溶液中的耐蚀等级

介质	质量分数/%	温度/℃	耐蚀等级					
			Co40Cr20Ni15Mo	Co40Cr22Ni22W15	Co60Cr30NiW(C1.2%)	Co35Cr20Ni35Mo	CoCr15Ni60Mo16W4	CoCr17Ni14Mo2
HNO_3	10	沸	—	B	B	B	D	B
	65~70	沸	D	D	E	D	E	D
H_2SO_4	10	沸	E	E	E	D	D	E
	96	沸	E	—	—	E	—	—
HCl	5	沸	—	—	E	E	E	—
	10	沸	E	E	E	E	E	E
H_3PO_4	10	沸	A	—	A	—	—	—
	55	沸	—	D	E	C	C	D
	85	沸	E	E	E	E	D	E
HAc	10	沸	A	—	A	—	—	—
	99	沸	A	A	A	B	B	C
NaOH	10	沸	—	—	D	—	—	—
	50	90	—	—	—	A	—	—
$H_2SO_4$50% + $Fe_2(SO_4)_3$42g/L		沸	D	D	D	D	E	D

注：A、B、C、D、E 分别代表：优、良、中、次、劣。

4. 防腐蚀措施

镍基和钴基合金的保护措施有：表面钝化、表面涂层、表面渗铬、渗铝、渗硅等，均有着良好的保护作用。特别是作为航空发动机的叶片材料，应进行表面抗热腐蚀处理，如表面喷涂陶瓷等。

6.5.5 镍、钴及其合金的应用(见表 6.5-23 和表 6.5-24)

表 6.5-23 变形镍合金性能特点和和用途

类别		牌号	性能特点	用途举例
纯镍		N2、N4、N6、N8	冷、热加工性能好，耐蚀，在大气、淡水、海水中稳定，耐热浓碱溶液腐蚀，在酸性溶液和有机溶剂中稳定，耐果酸，无毒。不耐氧化性酸和高温含硫气体腐蚀	化工设备耐蚀件、医疗器械、餐具、冶金材料
		DN	含微量 Mg、Si 元素，有高的电真空性能	电子管阴极芯
		NY1、NY2、NY3	杂质含量少，有去钝化作用	电镀镍槽中的阳极
耐蚀合金	镍铜合金	NCu40-2-1 NCu28-2.5-1.5	Ni-Cu 系耐蚀合金，属蒙乃尔(Monel)合金系列。在工业大气、淡水和流动海水中，在强碱中均有优良的耐蚀性能。在非氧化性无机酸和大多数有机酸中有一定耐蚀能力。在强氧化性溶液和静止海水中不耐蚀	NCu40-2-1 作抗磁性零件 NCu28-2.5-1.5 作高强、高耐蚀零件，医疗器械等
	镍钼合金	Ni65Mo28FeV (美国 Hastelloy B) Ni70Mo28 (HastelloyB-2)	在大气和淡水中耐蚀，海水中易产生点蚀，对还原性介质有良好的耐蚀性。在磷酸、硫酸、氢氟酸中有良好的耐蚀性，对盐酸亦耐蚀	大气中温度不高于540℃的还原性介质中工作的零件
	镍铬钼合金	Ni60Cr15Mo16W4 (Hastelloy C-276)	在氧化性气氛中可工作到 1040℃，在还原性介质中亦有良好的耐蚀性	蒸馏塔、真空浓缩器等

续表 6.5-23

类别		牌　号	性能特点	用途举例
电阻合金		NiCr20AlFe NiCr20AlCu	高温下抗氧化能力强，强度高，高温下不软化，永久性伸长小，电阻大，电阻温度系数小，耐腐蚀，加工性能好	电热器中电阻材料、电阻元件
热电偶合金	镍铬合金	NCr10	在0~1200℃范围内有大的热电势和热电势率，抗氧化性强，耐蚀性好。与NSi3配对用作热电偶，测温较准确灵敏，互换性强，电阻率高，电阻温度系数小	K型热电偶正热电极材料，仪器仪表用高电阻材料
	镍硅合金	NSi3	在600~1250℃温度范围内有大的热电势；与NCr10配对用作热电偶	K型热电偶负热电极材料
电真空合金	镍锰合金	NMn3 NMn5	耐热、耐蚀、耐磨，塑性加工性能良好，强度较高，热稳定性和电阻率比纯Ni高	电子管栅极，亦可用作发动机火花塞电极
	镍镁镍硅合金	NMg0.1 NSi0.19	高的电真空性能，耐蚀性能良好。但用该合金制造的阻极芯，寿命不长	作用电真空管氧化物阴极芯，但不适用于长寿命管
	镍钨合金	NW4-0.15 NW4-0.1 NW4-0.07	耐高温、抗震，优良的电子发射性能，并有高的稳定性	要求长寿命、高性能的电真空管氧化物阴极芯

表 6.5-24　钴合金功能材料特点和用途

类别	合　金	性能特点	用途举例
磁性材料	铝镍钴永磁合金	以高剩磁和低温度系数为主要特征。合金的最大磁能积又低于稀土永磁材料，有各向同性和各向异性两类	对永磁体稳定性具有高要求的仪器仪表
	稀土钴永磁合金	有特别高的最大磁能积和特高的矫顽力，耐蚀性较差，价格贵	用于小型和超小型、薄型磁性元件音响设备、伺服电动机陀螺、飞机发动机、线性加速器
	铁铬钴永磁合金	有接近于铝镍钴合金的性能，可冷热加工成板材、棒材、丝材和管材	用于形状复杂和需要进行机加工的永磁体
	磁滞合金	性能介于硬磁和软磁之间，在外部干扰磁场作用下，具有稳定的剩余磁感应强度，而在励磁条件下又容易改变磁化方向	磁滞电机、铁簧继电器、闩锁继电器
弹性材料	钴基高弹性合金	无磁性，优良的耐蚀性能，高的静态试验和周期试验强度，需通过强烈变形后的热处理获得强化	有重要作用的弹性元件，如钟表发条、张丝、游丝、吊丝、轴尖、特殊轴承等
	钴铁系恒弹性合金	低的、恒定的弹性模量温度系数和频率温度系数，可降低仪表的温度误差，提高精度	仪表、手表游丝，音叉等

第七章　材料的测试与分析

7.1　材料测试的意义和测试的基本内容

7.1.1　材料测试的意义

（1）推动材料科学的发展；

（2）扩大材料的应用范围，提高材料的应用水平；

（3）提高产品质量，发展新工艺；

（4）提高产品设计水平。

7.1.2　材料测试的基本内容

材料测试的主要内容是成分分析、组织和结构分析、性能测定和无损检测等。

1. 成分分析

成分分析可分为宏观成分分析和微区成分分析，前者是指取样分析结果能代表材料总体成分状况的分析，其方法有湿法分析和仪器分析两大类。后者是指分析试件显微区域内的成分，提供元素在微观尺度上分布不均匀性的资料。例如分析同一元素在晶粒内部以及晶界或表面上能影响性能的偏析情况；这种分析是完整地鉴定材料显微组织所需要的。常用的成分分析方法和特点见表 7.1－1。

表 7.1－1　成分分析方法及特点

方　法	特点及适用范围	局　限　性
质量分析	分析方法可靠、准确性高，常量分析时相对误差为 0.1% ~ 0.2%；主要用于标样成分标定及仲裁分析	只能分析含量较高的元素，分析时间较长，操作较复杂
滴定分析	设备简单，方法易于掌握和实施，常量分析时相对误差为 0.2%；可作无机物元素和有机物（官能团）分析	指示剂选择不合适时会造成较大误差
吸光光度分析（分光光度分析）	灵敏度较高，设备简单，操作方便快速，方法易于掌握；相对误差为 1% ~2%；可分析几乎所有常量组分元素及 10^{-3}% 微量组分	测定超纯物质不太灵敏；碱金属和非金属元素尚无合适显色剂；测定高组分时误差较大
电化学分析	灵敏度和准确度都很高，方法适用面广；在测定过程中得到的是电学信号，因而易实现自动化，并可连续分析。分析方法较多，主要有：电导分析法、电解分析法、电位分析法和极谱分析法、库仑分析法等	利用物质的电学及电化学性能进行分析。通常应将试样溶液作为化学电池的一个组成部分来进行测量，需有一定的仪器
发射光谱分析	对一种材料可同时分析多种元素，分析速度快，2 ~ 3min 可得结果，误差 < 0.2%。可分析波长 > 170nm 的元素，在钢铁中几乎能分析所有元素	分析任务变化时适应性较差，大气压力及气温变化对精度有影响
原子吸收光谱分析	分析速度快，可测定约 70 种元素，检出限可达 10^{-2}g 数量级。能分析痕量元素，相对标准偏差一般约为 0.5% ~2%。主要适用于大批量试样的元素分析	原子吸收光谱分析仪器对灵敏度和准确度决定性的作用；分析时必须用标准曲线校正结果

续表 7.1－1

方　法	特点及适用范围	局　限　性
X 射线荧光分析	1min 内可连续分析约 30 个元素；检测质量分数范围为 $10^{-4}\%$ ～100%，精度为千分之几。能分析从 ^{6}C 到 ^{92}U 的所有元素。谱线简单，干扰少，分析方便，既能定性分析又能定量分析；对固体、粉末及液体试样均可分析	分析误差难以求出；对轻元素分析较困难，且灵敏度亦较低，一般为 μg/g 级；对标样要求严格
电子探针 X 射线显微分析（EPMA）	分析元素可从 ^{4}Be 到 ^{92}U；定量分析相对精度为 1% ～5%；分析区域为 0.5～1μm；分析试样质量仅约 10^{-10}g，被测元素的绝对感量可达 10^{-14}g 数量级；可检测质量分数极限为 $5\times10^{-3}\%$ ～1%。能成像，可进行点、线、面的成分分析，对合金的沉淀相和夹杂物的鉴定有广泛的应用；使用线扫描，对测定元素在材料内部相区或界面上的富集或贫化，以及对扩散现象的研究十分有效。也可用于非金属材料中的元素分析	待测试样表面必须是平整、清洁和导电，对于不导电的试样表面必须喷镀一层导电体；对 ^{12}Mg 以下的轻元素，分析较为困难，且需辅以某些特殊条件和技术；灵敏度和精度均较差；对非导体损伤大
离子探针分析（SIMS）	可分析 ^{1}H ～ ^{92}U 的所有元素。对轻元素和超轻元素很灵敏；分析区域为 1～2μm；检测灵敏度很高，可检测质量极限达 10^{-19}g；可检测质量分数极限为 $1\times10^{-6}\%$ ～ $10^{-2}\%$；检测深度在 5nm 之内。结合离子溅射技术，可作元素的深度分析；将一次束聚焦到直径为微米数量级时，可得到元素分析图像；可鉴定不同的同位素；也是痕量元素分析及氢脆研究的重要手段。对金属和非金属都可进行元素分析	试样表面必须清洁、无污染，且有导电性，对于绝缘体试样表面必须放一导电栅。对试样表面损伤严重，属消耗性分析；在定量分析方面尚未建立起必要的精度保证
俄歇电子能谱分析（AES）	可分析 ^{3}Li ～ ^{92}U 的所有元素，对轻元素分析特别有效；空间分辨率为 30nm；检测灵敏度较高，仅次于 SIMS，达 10^{-18}g；可检测质量分数极限为 $1\times10^{-3}\%$ ～ $1\times10^{-1}\%$；检测深度为 3nm 之内。分析速度快，可作点、线、面上元素分布以及确定某些元素状态的分析；结合离子溅射技术，可作元素的深度分布分析；对合金元素的扩散、偏析以及磨损、腐蚀的研究是非常合适的。也可用于非金属材料的元素分析	对半导体和绝缘体材料作分析时，因电荷积聚会干扰分析结果，必须采取一些措施才能分析；要求超高真空至少达 10^{-7}Pa；对试样要求较严，必须无污染。定量分析无精度保证
光电子能谱分析（ESCA，XPS）	可分析 ^{2}He ～ ^{92}U 的所有元素，对试样无破坏作用。用 ESCA 技术可获得碳酸盐谱，AES 技术对碳酸盐有破坏作用。它不仅适用于金属、半导体，还能分析绝缘体和聚合物；对于金属分析深度为 2nm 之内，对聚合物分析深度为 4～10nm；分析精度为 2%，摩尔分数检测极限约为 $10^{-2}\%$ ～ $10^{-3}\%$；分辨率可达 5～10μm；结合离子溅射技术可获得元素的深度分布，但检测速度低于 AES 技术。其最大优点是能鉴定元素所处的化学状态。特别适用于微区成分分析	检测区域较大，通常检测面积 > 1mm 直径，检测速度低；试样制备好坏直接影响分析结果。要鉴别不同类型的谱峰才能正确解释各种信息

2. 组织及结构分析

材料的组织和结构与性能密切关连。认识物理的、化学的以及工艺的过程等对材料组织和结构变化的影响，是材料性能研究中，具有重要意义的深层次课题。

组织和结构分析主要有宏观分析、光学金相分析、电子显微分析和 X 射线衍射分析等，其方法及特点见表 7.1－2。

表 7.1－2 组织和结构分析方法及特点

方 法	特点及适用范围	局 限 性
宏观分析	用肉眼或<30 倍的放大镜观察金属材料的表面及内部组织，操作方便且简单；主要用于日常质量检验和失效分析等。其主要方法有：用侵蚀法显示和评定宏观组织；宏观断口评定金属质量及断口的裂源；印痕法检测元素的偏析	仅适用于金属材料。试样表面或截面一般须经机械磨光或抛光，并经化学侵蚀或其他处理后才能观察，而且取样必须有代表性；必须按有关标准评定
金相显微分析	主要用于放大倍数在 50～2000 之间的显微组织观察，它是确定金属材料金相组织及测定表面显微硬度的重要方法。可进行定性和定量分析。也能用于无机非金属及高分子材料的观察；也是材料研究、失效分析和质量检验的重要手段	试样必须经研磨、热血光或经侵蚀处理；不同的材料有不同的制样要求；放大倍数较小，不能用于观察亚结构
电子显微分析	具有高分辨距离，高放大率。点分辨距离为 0.3～0.5nm，晶格分辨距离为 0.1～0.2nm；试样分复型和薄晶体两种；成像有厚度衬度象和衍衬象两种；可作组织观察、电子衍射及成分分析，是晶体结构、晶体缺陷、显微组织和断口形貌研究的重要手段	对试样要求较严格，其厚度应小于几微米，否则电子束无法穿过，制样程序相当复杂，分析视场很小；要有 10^{-4}Pa 高真空
电子显微分析	具有试样制备简单，放大倍数可连续调节，可观察大块试样，景深大，分辨率较高（达 3nm）等优点。适合于较粗糙表面如金属断口和显微组织的三维形态观察研究，也是失效分析和材料（包括无机非金属和高分子聚合物）研究的有效工具	非导体表面必须喷镀一层导电体；受试验室的限制，太大的试样必须分割到规定尺寸以下；设备较为昂贵
射线衍射分析	根据 X 射线照射晶体后所产生衍射线的方向和强度来确定晶体结构，属微观、非破坏的检验手段；试样用量少，准确度较高，主要应用于物相分析、固溶体分析、晶粒大小测定、应力测定和晶体取向测定等，是材料（包括非金属材料）研究的重要手段	要求操作者有一定的专业技能，属间接性测试；X 射线对人体有影响

3. 材料性能测定

在产品设计、制造中，材料性能是用材和选材的主要依据。因此，对材料性能的认识和测定始终是材料技术中的核心问题。

材料的性能主要有力学性能、物理性能和腐蚀性能等，其测试方法、用途和特性见表 7.1－3。

表 7.1－3 性能测试方法和用途

方 法	特点及适用范围	局 限 性
拉伸试验	是材料力学性能试验中最常用的试验方法，主要测定：抗拉强度（R_m）、屈服点（R_{eL}）、伸长率（A）、断面收缩率（Z）等。这些指标是评价材料性能优劣及选材等重要依据	试样装夹在试验机上，用拉伸力将其拉到断裂，测定其在拉伸时的力学性能
压缩试验	测定材料在室温单向压缩时压缩性能，主要测定：抗压强度（σ_{bc}）、规定总压缩应力（σ_{tc}）、压缩屈服点（σ_{sc}）、总压缩应变（ε_{tc}）等	在试验机上，用静压缩力对试样进行轴向压缩，压至规定的塑性变形量或破坏，测其压缩性能
扭转试验	测定材料在室温下的扭转力学性能，主要测定：抗扭强度（τ_b）、屈服点（τ_s）、最大非比例切应变（γ_{maxc}）等，是扭转体的力学性能指标	在等直径圆杆试样两端施加大小相等、方向相反的力矩，使之产生变形，测量扭矩及相应的扭角，一般扭至断裂

续表 7.1－3

方　法	特点及适用范围	局　限　性
硬度试验	是材料抵抗局部弹性变形如抗压痕或划痕的能力，是衡量材料软硬程度的一种力学性能指标。主要硬度指标有：布氏硬度(HB)、洛氏硬度(HV)、肖氏硬度(HS)、努氏硬度(HK)等	硬度试验方法已有十几种，基本上分为压入法和刻划法两大类。压入法中有静载、动载两种。静载法一般是用压头压入试样表面，经规定时间后卸载，测其压痕大小或深度
冲击试验	测定材料在常温、低温或高温下的韧性，是评定材料力学性能及选材时的主要指标。主要测定冲击吸收功(A_K)和冲击韧度(α_K)	一般将试样放在冲击试验机上使其处于三点弯曲受力状态，在一次冲击载荷作用下折断
疲劳试验	测定材料在循环应力和变作用下抵抗失效的力学性能，疲劳极限(σ_D)、条件疲劳极限(σ_N)等，是动态机件设计时的重要指标	试样处于循环应力和应变(弯曲或拉伸)的作用下，直至断裂或超过预定的应力(或应变)循环次数
蠕变试验	测定材料在高温恒载荷下的蠕变极限：σ^t_v(以蠕变速率确定的蠕变极限)或$\sigma^t_{os/\tau}$(以伸长率确定蠕变极限)，是高温力学性能的重要指标	材料在长时间的温度应力作用下发生缓慢塑性变形的现象称为蠕变。试验时测定试样在规定温度及恒定拉伸载荷下的蠕变速率或对应时间下的伸长率
持久强度试验	测定在一定温度和一定应力下材料抵抗断裂的能力即持久强度极限(σ^t_τ)，是材料在高温下的重要力学性能指标	在恒定温度和恒定拉力作用下，测定试样断裂的持续时间和持久强度极限
断裂韧性试验	为提高材料强度使用水平，扩大高强度材料的应用范围，确保机件运转的安全可靠性，测定材料平面应变断裂韧度K_{Ic}，是材料力学性能重要指标	用带有疲劳纹的缺口试样，在弯曲和拉伸加载下得出载荷P与裂纹嘴张开位移的关系曲线，通过计算求出K_{zIc}
密度ρ/(kg/m^3或g/cm^3)	测量材料在单位体积内的质量，是材料的基本物理性能参数，用途极广	用比重瓶法或液体静力衡量法测出
磁导率μ/(H/m)	在磁场中，物体将被磁化，当测出μ后，即可知该物体的磁化状态，是磁性材料必有的物理参数	冲击法，磁秤法，涡流法
电阻率ρ/(Ω·m)	是电学性能中的重要物理参数，在金属材料研究中及电炉设计制造时均很有用	双电桥法；电位差计法
热电势E/V	两种不同金属组成闭合回路，当其两个接点保持不同温度时，则产生热电势，它可作为温差电偶温度计及研究相变之用	棒材试样与铂丝标样焊在一起组成一电流回路，热端处于加热炉中，冷端保持恒温，用电位差计测量
比热容c_v/[J/(kg·K)]	单位质量物体当温度上升1℃时所吸收的热量为该物体的比热容，可作金属材料研究之用	量热计法，电加热法和脉冲电加热法
热导率λ/[W/(m·K)]	表征物体传导热量的能力，可用于金属相变的研究，也是热工设计时必需的物性参数	纵向热流法，激光脉冲法
热膨胀系数α/K^{-1}	表示物体的线长度(体积)随温度升高而加长(大)的程度，是金属研究及工程设计中重要物理参数	机械光学膨胀仪，电子膨胀仪，光干涉膨胀仪，千分表

续表 7.1－3

方 法	特点及适用范围	局 限 性
弹性模量 E/ Pa	材料在弹性范围内应力对应变的比例常数，是工程设计中的重要物理常数	静态法，动态法，悬挂共振法
全面(均匀)腐蚀	在金属材料的整个暴露表面或大面积上均发生化学或电化学反应，材料宏观变薄	重量法，线性极化法
点腐蚀	金属大部分表面不发生腐蚀，局部地方出现腐蚀小孔，并向深处发展	电化学法，化学浸泡法
晶间腐蚀	沿金属晶界发生腐蚀的现象，但金属外形尺寸几乎不变，大多数仍保持金属光泽，而强度和塑性下降	草酸电解浸蚀，硫酸－硫酸铁、沸腾硝酸、硫酸－硫酸铜、盐酸浸蚀
缝隙腐蚀	不锈钢或其他金属表面附有异物处或结构上缝隙部分如螺栓连接处发生的腐蚀	三氯化铁浸泡法，电化学方法
应力腐蚀	金属在持久拉应力和特定的腐蚀介质联合作用下出现脆性开裂	恒应变法，恒载荷法，慢应变速率法，断裂力学法

4. 无损检测

无损检测是对材料和构件进行非破坏性检查，即不影响其使用性能及几何形状的一种检测手段。应用这种技术可揭示或推断表面或深埋于材料内部的缺陷及测定材料的某些性能数据。常用检测方法、检测对象及用途见表 7.1－4。

表 7.1－4 无损检测的方法及用途

方 法	原理及适用范围	检测对象	局 限 性
超声波法	超声波脉冲直接透入被测工件中，其回波和反射波能指示出缺陷、界面和不连续性的存在和位置。可用于金属和非金属材料的板、棒、管、铸锻件和焊缝的检测，也可作焊接及热处理时的质量控制	裂纹、气孔、分层、夹杂物、晶粒度及厚度等。可检测 >0.01mm 的缺陷	由于散射效应，多次反射和复杂几何形状会导致模棱两可的信号；小的及薄的部件检测困难
磁粉法	被检件或被检区磁化后，施加磁粉覆盖整个区域，当任一处的表面或近表面的缺陷因导致磁场畸变而泄漏时，缺陷处便会吸附积聚磁粉。主要用于磁性材料	裂纹、缝隙、小孔群和夹杂，也可测量磁导率的变化。可测出长度为 0.5mm 的裂纹	表面须清洁；对粗糙度有较高的要求；不能磁化的部件无法检验；检验后需退磁
射线法	用 X 射线或 γ 射线透照被检件，用相片或成像法检查内部结构或缺陷。可用于金属、非金属、复合材料和混合材料；铸件和焊接件	裂纹、气孔、夹杂；可测量较大厚度和直径及内部结构；可测出 2% 的密度和厚度变化	灵敏度随深度增加而降低；裂纹必须垂直于射线束的方向；射线对人体有害
涡流法	当检测线圈靠近导电材料的构件表面，并通以交流电时，所产生的交变磁场将在构件表层感应出涡流的大小及分布，可检测金属、合金和导电体管、线、滚珠、轴承、钢轨及非金属涂层等；也可用于在线失效分析	裂纹、缝隙、坑点和夹杂物；也可测壁厚、涂层厚度、电导率等。可测出长 0.2mm 的裂纹	影响线圈阻抗因素很多，可能有假信号；透入深度较浅。限用于薄壁及表面缺陷，不能用于非导体

续表 7.1－4

方　法	原理及适用范围	检测对象	局　限　性
渗透法	将检测用的液体覆盖于被检物表面，使其渗入表面裂纹，然后清除表面上多余的液体。再施加显像剂，使其成为薄的粉层将裂纹中的液体吸出，污染粉层，从而将裂纹检出。用于所有非多孔性和非吸收性材料；也可用于金属加工及焊接时的质量控制	裂纹、针孔、缝隙、冷隔等，可测出 1μm 宽的裂纹	表面需清洗和去污；浅的擦痕和污迹全形成假信息；挥发的气体有害
声发射法	弹性变形、断裂或相变时均会发出超声波。根据其发射率和强度可判断应力引起的开裂、扩展和变形的情况和位置。可用于金属、非金属和复合材料的焊缝、铸件、粘接件；也可作动态监测	裂纹开裂和扩展、变形率及马氏体相变等测定	不良声通道、噪声及温度等作用均不利于有效信号的提取

7.2　化学分析

化学分析是材料测试技术的基本内容之一。随着电化学法和光化学分析方法的长足进步和发展，化学分析成为一门综合化学、物理化学、数学、生物学及计算机科学技术为一体的新型学科。

7.2.1　钢铁分析方法

化学分析法和吸光光度法在钢铁分析中应用很广泛。常用方法见表 7.2－1。

表 7.2－1　钢铁分析（化学方法和吸光光度法）

测定元素	方　法
碳	燃烧－容积法 燃烧－库仑法 燃烧－电导法 燃烧－红外法 燃烧－非水滴定法
硫	燃烧－碘滴定法 燃烧－电导法 燃烧－红外法 H_2S 发生－铅标准滴定法
镍	丁二酮肟－重量法 丁十酮肟－光度法
钼	SCN－盐光度法
铜	BCO 光度法 新亚铜灵光度法
钨	SCN－光度法 氯化四苯胂－SCN－萃取光度法
钛	DAM 光度法 变色酸光度法

续表 7.2-1

测定元素	方法
硼	BF_4^--离子选择电极法 次甲基蓝萃取光度法 HPTA 光度法 姜黄素光度法
钴	亚硝基红盐光度法 5-Cl-PADAB 光度法 电位滴定法
镁	EDTA 滴定法 CPAI 光度法
锰	$(NH_4)_2S_2O_8$氧化-光度法 $(NH_4)_2S_2O_8$氧化-滴定法 NH_4NO_3氧化-三价锰滴定法 KIO_4-氧化-光度法
硅	$HClO_4$冒烟脱水重量法 硅钼蓝光度法
磷	P-Mo 蓝光度法 P-Bi-Mo 蓝光度法 萃取-钼蓝光度法 δ-羟基喹啉重量法
铬	$(NH_4)_2S_2O_8$氧化-亚铁滴定法 二苯偕肼光度法
钒	$KMnO_4$氧化-亚铁滴定法 二苯胺磺酸钠光度法 PAR-H_2O_3光度法 BPHA-萃取光度法
铝	EDTA 滴定法 CAS 光度法
铌	氯化磺酚 S 光度法 二甲酚橙光度法
氮	酸碱滴定法 纳氏试剂光度法
氧	燃烧-库仑法
氢	热导法
稀土	CPAmN 光度法 偶氮胂Ⅲ光度法

7.2.2 有色金属合金分析法

常用的有色金属合金材料有铜合金、铝合金、锌合金、铅基合金、锡基合金、镁合金、镍基合金、钛合金等。这些合金中主要合金元素的化学分析方法和吸光光度分析方法见表7.2-2。有色金属合金中有很多元素(如铁、锰、铅、锌、镍、铋、锑、铝、镉、铬等)也可用原子吸收光谱法测定。

表7.2-2 有色金属合金的化学分析法和吸光光度分析方法

测定元素	方法
铜	电解重量法 KI－$Na_2S_2O_3$滴定法 BCO 光度法 IDTC 光度法 新亚铜灵光度法
锌	Pb－$Ba(SO_4)_2$沉淀掩蔽－EDTA 滴定法 SCN－MIBK 萃取分离－EDTA 滴定法 PAN－Triton X－100 光度法 N－235 萃取分离法－PAN－Triton X－100 光度法
铁	$Fe(OH)_3$分离－$K_2Cr_2O_7$滴定法 EDTA－H_2O_2光度法 1,10－菲咯林光度法
锰	$(NH_4)_2S_2O_8$氧化－光度法 KIO_4氧化－光度法 三价锰－亚铁滴定法
硅	$HClO_4$脱水－重量法 硅钼蓝光度法 萃取－钼蓝光度法
锡	次磷酸还原－KIO_3滴定法 PV－CTMAB 光度法 金属还原－KIO_3滴定法
铅	$PbSO_4$分离－EDTA 滴定法 XO 光度法 N－235 萃取分离－二苯硫腙光度法
磷	P－V－Mo 黄光度法 P－Mo 杂多酸萃取分离－8－羟基喹啉重量法 萃取分离－钼蓝光度法
铝	EDTA 滴定法 CAS 光度法 CAS－CATMAB 光度法
镍	丁二肟分离－EDTA 滴定法 丁二肟光度法 丁二肟萃取光度法
锑	$KBrO_3$滴定法 KI－光度法 孔雀绿萃取光度法
铋	EDTA 滴定法 硫脲光度法 P－204 萃取分离－KI－Brucine 光度法

续表 7.2－2

测定元素	方　法
镉	二苯硫腙萃取光度法 EDTA 滴定法 镉试剂光度法 极谱法
镁	二甲苯胺蓝光度法 CPAI 光度法 EDTA 滴定法
铬	氧化还原滴定法 二苯偕肼光度法
稀土	偶氮伸Ⅲ光度法 CPA－mN 光度法
钒	BPHA 光度法
钴	电位滴定法 亚硝基红盐光度法
硼	姜黄素光度法 HPTA 光度法
钍	偶氮胂Ⅲ光度法
钼	SCN－盐光度法
铌	氯代磺酚 S 光度法
钽	结晶紫萃取光度法
铝	EDTA 滴定法 CAS 光度法 8－羟基喹啉重量法 CAS－CTMAB 光度法 DDB 光度法
砷	蒸馏分离－$KBrO_3$滴定法 蒸馏分离－钼蓝光度法 As－Bi－Mo 蓝光度法 萃取分离－钼蓝光度法
铍	重量法 CAS 光度法
锆	偶氮胂Ⅲ光度法 EDTA 滴定法
钛	变色酸光度法 CAM 光度法
碲	$K_2Cr_2O_7$氧化滴定法 光度法
镓	罗丹明 6G 光度法
钯	亚硝基红盐光度法
钨	SCN－光度法
锆	偶氮胂Ⅲ光度法
银	二苯硫腙光度法 控制电位电解重量法

7.3 金相分析

金相分析是把截取的金属试样经加工(包括镶嵌)、磨光、抛光和选用适当的方法显示其组织后，用肉眼或在显微镜下进行组织观察，并根据金属冶炼、加工工艺、金属相图与相变原理和有关技术文件，对照相应的标准和图谱，定性或定量地分析组织形貌特征，从而判断材料的成分特点、冶炼质量、零件经历的加工过程、质量和性能，以及其失效原因等的检验和分析工作。金相分析包括光学金相和电子金相分析。光学金相分析包括宏观和显微分析两种。

金属材料的宏观组织通常用肉眼或放大20~30倍以下的放大镜分析、检查金属磨面(或表面)、断口的宏观组织和缺陷等特征。其优点是方法简便易行，视域面积大，可纵观全貌，但缺乏洞察细微组织的能力。宏观组织分析，主要用以检查和判断锻材或铸件的冶金质量，如检测、评定金属由液态凝固为固态时因体积收缩、气体析出、晶间低熔点物质集聚而形成的缩孔、中心疏松、一般疏松的形貌特征和级别，因沉淀结晶而在钢锭尾部沉积有非金属夹杂物和脱氧产物所残留的形态和级别；以及其他工艺因素而产生的影响产品质量与性能的气泡、晶间裂纹、翻皮、偏析等宏观缺陷和级别，其次用以判断压力加工、焊接工艺是否可靠，如加工流线分布情况、焊接接头是否焊合、有否裂纹存在等。宏观组织分析还可用于对经表面热处理后的渗硬层厚度进行测定。

光学显微分析是在较高放大倍数的光学金相显微镜下进行的显微组织检验和分析，因为肉眼的分辨距离仅为10^{-1}mm的数量级；准确地判别对材料质量与性能有很大影响的细微组织，必须借助光学金相显微镜。

用金相显微镜分析、检验金属内部组织已有100多年的历史，它具有观察范围大、试样制备简便、使用维护方便、设备成本低(相对于如电镜等其他显微分析手段而言)等优点。它可广泛地用于检查、分析金属材料中夹杂物的数量、大小、形状、分布和类别；晶粒度、晶粒变形程度、加工流线、带状组织和组织偏析；零件(或试样)表面到中心的组织变化；各种组织缺陷；表面硬化，渗、涂层的情况及深度等直接影响零件的性能和使用寿命的检验项目。此外，随着科学与技术的发展，金相试样的制备方法由手工逐渐进入自动化和半自动化，组织显示技术的不断完善，金相显微镜质量的提高和功能的扩大，如暗场、偏光、相衬、微差干涉、显微硬度及图像分析装置的应用，使观察组织的清晰度、衬度及分辨能力进一步提高，并由定性检测分析发展至一定程度的定量检测分析。在新材料、新工艺、新产品的研制开发、提高金属制品内在质量的研究分析、以及日常的生产检验工作中，光学显微分析仍是必不可少的主要手段。在各国金属材料检验标准中，光学显微检验、分析是物理检验的重要项目。

通常，光学显微镜的极限分辨距离大约为最短可见光波长的一半，即200nm。为了观察更细小的组织细节，必须提高显微镜的分辨率。曾尝试用短波长的不可见光源的显微镜，如紫外光显微镜，虽然其分辨率比可见光光学显微镜提高了，但由于种种原因，未能普遍采用。当前，若需观察小于200nm的组织细节，一般采用电子显微镜进行分析。

7.3.1 钢的宏观检验

1. 钢的常见宏观缺陷

钢的宏观缺陷按GB/T 226《钢的低倍组织及缺陷酸蚀检验法》进行酸蚀后，按GB/T 1979《结构钢低倍组织缺陷评级图》进行评定。

1）疏松

钢坯酸蚀试块上出现的组织不致密现象称为疏松。疏松还可分为一般疏松和中心疏松两类。

2）缩孔残余

在钢锭头部或铸件浇、冒口处，因最后凝固部位得不到液态金属的补充而形成的孔洞称为缩孔。因浇注操作不当或锭模设计错误，在钢锭中部或尾部产生的缩孔称二次缩孔。钢锭在锻轧时因切头量过小而残存在钢材中的缩孔称缩孔残余。在大多数情况下，缩孔残余在试块中心区域呈不规则的折皱裂缝或空洞，在其周围常伴有严重的疏松、夹杂物(夹渣)和成分偏析等。

3）气泡

气泡因钢锭在凝固过程中释放气体所致，一般分为三种：

(1)皮下气泡。在酸蚀试块上，于钢材(坯)表皮下或表面呈分散或成簇分布的，多数与表面垂直的细长裂纹或椭圆形气孔。

(2)内部气泡。在酸蚀试块上存在于内部，呈长度不一的直或弯曲的裂缝，有时伴有微小可见的夹杂物。

(3)针孔。深入表面呈分散孤立针状小孔称针孔。

4）偏析

合金成分的不均匀性称为偏析。钢中的宏观偏析主要由气体及夹杂物所引起，通过热锻轧和热处理可减轻或消除偏析，钢中偏析有两类：

(1) 方形偏析。在试块内部呈侵蚀较深的暗点和空隙组成的方形框带。它是钢锭中因柱状晶区与中心等轴晶区交界处的成分偏析和气体、夹杂集聚所致。

(2) 点状偏析。呈不同形状和大小的暗色斑点。当这些斑点分散分布在整个试块上时叫一般点状偏析；而当斑点存在于试块边缘时叫边缘点状偏析。在钢液结晶时缓慢冷却或存在大量的气体、低熔点组元和夹杂时，会使点状偏析严重。

5）翻皮

横截面试块上呈亮白色弯曲不规则的条带，并在其周围常伴有气孔和夹杂物；有的呈不规则的暗黑线条或有密集的空隙和夹杂组成的条带。翻皮是浇注过程中因表面氧化膜卷入钢液，在凝固前未能浮出所致。

6）白点

白点是钢中的氢和组织应力共同作用下产生的细微裂纹，常见于含有铬、镍、锰等的合金结构钢及低合金工具钢中，有时在大型碳钢锻件中也会出现；在奥氏体钢和莱氏体钢中，未曾发现过。白点往往位于钢件离表面一定距离的近中心部位。在酸蚀后的横截试块上呈放射形、同心圆形或不规则形态分布的锯齿形细微裂纹。在纵向断口上呈圆形或椭圆形的白亮色斑点，在酸蚀试块上则常沿轧制方向呈相互平行的短小裂纹，裂纹长度一般在零点几至几毫米的范围内。

白点除可用酸蚀法检测外，还可按 GB 1814《钢材断口检验法》或 GB/T 7736《钢的低倍缺陷超声波检验法》进行检测。由白点形成的裂纹在显微镜下观察，裂纹多为穿晶的，裂纹附近没有塑性变形，也不存在氧化、脱碳现象。

7）轴心晶间裂纹和内裂

轴心晶间裂纹一般出现在高合金不锈耐热钢中，如 Cr5Mo、1Cr13、Cr25 等，有时在高合金结构钢如18Cr2Ni4WA是也常出现，在中、低碳钢中也有发现。这种缺陷因其以沿晶界开裂方式出现在钢锭或钢材的轴心部位，故称为轴心晶间裂纹。在酸蚀试块上呈蜘蛛网状或断续的放射状，不严惩者在锻轧后可焊合。

内裂多出现在高合金莱氏体钢中。这类钢的变形抗力大，若锻造加热温度低、均热不透、锤击过猛等工艺因素均可引发内裂。

8）夹杂物

宏观夹杂物因冶炼操作不当所致，可分两类：

（1）非金属夹杂物。因冶炼或浇注系统的耐火材料、熔渣或其他脏物进入并留在钢液中被凝固所致。在酸蚀试块上呈不同形状和颜色的颗粒，有时出现成簇的空隙或空洞。

（2）金属夹杂物。由于冶炼操作不当，合金料未溶化，或异金属混入钢中所致。在酸蚀块上，因耐侵蚀程度不同，呈现出与周围基体不同颜色、轮廓较明显、但无一定形状的金属块区。有的与基本组织有明显界限，有的界限不清。

9）发纹

发纹是由钢中非金属夹杂物、气体及疏松等在加工变形过程中沿锻轧方向延伸而成的细长、狭窄并有一定深度的纹缕，在横截面上呈现为小点或小孔。故发纹实质上不属裂纹。

发纹检验采用圆柱状的塔形试样，经酸蚀或磁粉探伤后，直接在试件上用肉眼或低倍放大镜进行检查，故也称塔形发纹检查。具体方法和条件可按GB/T 15711《钢材塔形发纹酸浸检验方法》的规定执行。通常应用的三种方法的比较见表7.3－1。

表7.3－1 发纹检验方法比较

检验方法	发纹特征	比 较
酸蚀法	狭深细缝	易使发纹数量及深度增加
磁粉探伤	细条状磁粉堆集带	由于磁粉的再磁化作用，以及磁粉探伤能测及表层下缺陷，故显现的发纹较上法为长，且数量增多
直接对磨光试样进行观察法	细线状痕迹	不易出现假象，与实际情况较接近。粗糙度越优，越易观察，一般应不超过R_a0.8μm

10）其他宏观缺陷

（1）折迭。锻轧时，由于孔型设计不合理或操作不当，产生突出角边或耳子，在后续的锻轧过程中压入金属本身而形成折迭。常在钢材表面呈现为斜交的隙缝，其周围有严重的脱碳、氧化现象。

（2）粗晶。是因为加热温度较高、保温时间过长、或终锻轧温度过高，在加工过程中又未将晶粒细碎所致。模锻件因模具设计不当，致局部处于临界变形状态，也会在再结晶时引起粗晶。

2. 钢的宏观检验

宏观检验亦称低倍检验，直接用肉眼或通过20～30倍以下的放大镜来检查经侵蚀或不经侵蚀的金属表面或截面，以确定其宏观组织及缺陷类型。它能在一个很大的视域范围内，对材料的不均匀性、宏观组织缺陷的分布和类别等进行检测和评定，在原材料和半成品的检验、零部件的早期失效分析、金属材料的生产及加工工艺研究等工作中，得到广泛应用。

1）热酸蚀试验

酸蚀试验的酸液种类选择、酸蚀温度和时间等具体规定可参见 GB 226。

为了获得优良的热酸蚀效果并正确鉴别、判断和评定材料的缺陷和质量，试样的选取必须具有代表性，并符合不同检验目的要求。同时，也应注意试样制备的质量，将经精加工的并满足粗糙度要求的检验面，用有机溶剂如丙酮、四氯化碳等擦净，控制适当的酸蚀温度和时间。酸蚀后迅速取出洗净吹干，勿用手去触摸。

2）电解酸蚀试验

此试验法在 GB 226 标准中有明确的规定。它是借用酸液中的试样在两电极间以通电的办法，加速试件在酸液中的氧化还原反应。其特点是工作条件好，且省时、省料、试面酸蚀不易过度。常用体积分数为 15% ~20% 工业盐酸水溶液，室温，电压小于 20V，电流密度为 0.1 ~1A/cm^2，时间为 5 ~30min。

3）冷酸蚀试验

冷酸蚀试验是在室温下进行的酸蚀试验，其作用较热酸蚀试验法缓和，一般用于截面较大、不便于作热酸蚀的大件试样及已加工成零件的半成品。冷酸蚀检验面的粗糙度要求比热酸蚀者为高，最好经过磨光和抛光。常用试剂见 GB 226 标准中所示。

4）硫印

硫在钢中以硫化物形式存在，借钢中硫化物与一定量的稀硫酸作用，生成硫化氢气体，让硫化氢气体与印相纸药面上的银盐作用，生成棕褐色硫化银斑点，以检验钢中硫的分布。其反应过程如下：

$$MnS(\text{或} FeS) + H_2SO_4 \longrightarrow MnSO_4(\text{或} FeSO_4) + H_2S\uparrow$$

$$H_2S + 2AgBr \longrightarrow Ag_2S\downarrow + 2HBr$$

试验时选用光面相纸先在硫酸(2% ~5%)水溶液中浸润 2 ~3min，然后将此相纸的药面紧贴在磨光(R_a1.25μm)去油的被检面上，使两者保持良好接触，以 10min 后取下相纸，经水漂洗、定影、冲水和烘干后便得到硫印照片。重复试验时，对同一被测面应重新加工除去 0.5mm 以上。

硫印相片上出现的棕褐色斑点便是钢中存在硫的地方。目前，硫印结果尚无统一的评定标准，一般根据斑点的数量、大小、色泽的深浅及分布状态进行评定。硫印试验主要用于碳素钢及低、中合金钢。相应的标准见 GB/T 4236《钢的硫印检验方法》。

5）宏观组织的超声波检验

由于超声波能检测材料中某些组织缺陷，对白点等非体积性缺陷效果尤好，且方法简便、迅速，故近年来已实际用于钢的宏观检验中。相应的标准有 YB 898—77《钢材低倍缺陷超声波检验法》、GB/T 5777《无缝钢管超声波探伤检验方法》及 GB/T 1786《锻制圆饼超声波检验方法》。

7.3.2　钢的显微组织检验

按标准或技术条件对原材料、半成品及成品进行显微组织检验；研究显微组织、成分、工艺和性能的关系；为研制新材料、新工艺及新的工艺装备提供科学依据；废品分析和失效分析。

为观察研究真实、清晰、有代表性的显微组织，必须制备一个好的金相试样。

通常需经取样、磨光和抛光，再视检验要求的不同直接在抛光后或组织显示后进行观察。在整个制备过程中必须避免因操作不慎而引起的组织变化及假象。

1. 试样的选取与镶嵌

试样的选取应有充分的代表性，并保证截取时试样内部的组织不发生改变。所取试样的部位、数量等应严格按检验目的内容而定，见表7.3－2。废品分析和失效分析的取样部位应视具体情况而定。

试样以ϕ12mm×12mm左右的圆柱体或12mm×12mm×12mm左右的立方体为宜。对于细小的丝、带、片、管等，或形状不规则者，或检查试样的表层组织时，可选用机械夹持，塑料镶嵌等方法处理。

表7.3－2　检验磨面的选取

检验磨面	检验内容及目的
沿轧向的纵截面	夹杂物的数量、大小和形状；晶粒的变形程度、锻件的流线；带状组织及组织偏析情况
垂直轧向的横截面	从表面到中心的组织变化情况；各种表层缺陷，如脱碳氧化、过烧折迭等的深度；表面淬火的淬硬层，化学热处理的渗层、镀层等情况；晶粒度评定；夹杂物在整个截面上的分布

2. 试样的磨光与抛光

1）磨光

根据试样金属的软硬，分别选用锉、车、铣、或砂轮修整磨平，再用金相砂纸或嵌有磨料的磨光盘逐级磨光，使被检验面上无明显可见的粗痕存在，磨面表层的主形损伤尽可能的浅。

2）抛光

将磨光试样用粒度为1～10μm的抛光微粉或抛光膏在抛光盘上进行机械抛光；亦可用化学抛光、电解抛光及其他如电解－振动、化学机械等综合抛光，使被检验磨面达到镜面光洁。常用电解抛光及化学抛光液的配方及应用范围见表7.3－3。

3. 显微组织的显示

抛光后的试样表面是平整光亮、无磨痕的镜面，在显微镜下只见到非金属夹杂物、孔洞、裂纹、石墨及铅表铜中的铝质点和抛光时形成的相浮凸等，一般看不到显微组织。必须采用适当的显示方法，才能显示出组织，显示方法可分为化学显示法和特殊显示法两大类。

表7.3－3　常用电解、化学抛光液及应用范围

序号	试剂组成		工作范围	应用范围
电解抛光液				
1	高氯酸 醋酸乙酯 乙醇	1mL 2mL 7mL	<50℃，30V，80s	不锈钢、结构钢
2	高氯酸 冰醋酸	1mL 10mL	<20℃，20～22V，120s	钢和铸铁
3	高氯酸 酒精	10mL 90mL	10～20V，20～60s	铝及铝合金、铜等
4	磷酸 甘油	100mL 6mL	15～30℃，15～25V，5～10min	铜及铜合金

续表 7.3-3

序号	试剂组成	工作范围	应用范围
	化学抛光液		
5	草酸 2.5g 3%双氧水 43.5mL 硫酸 0.1mL 水 55mL	室温，3～1000s	低、中碳钢，铬不锈钢，珠光体可锻铸铁，高碳钢。兼有侵蚀作用，珠光体组织抛光数秒即可
6	正磷酸 17mL 醋酸(36%) 66mL 硝酸 17mL	85℃，≈3min	铜及铜合金
7	正磷酸 70mL 醋酸(36%) 12mL 蒸馏水 15mL	100～200℃，2～6min	铝

1）化学显示法

（1）侵蚀、擦蚀。试样中各组成相与侵蚀剂作用，发生不同程度的化学、电化学的溶解或腐蚀，借各相被侵蚀程度不同而显示组织。通常使用的侵蚀剂对于普通金属来说，即使在成分、温度、时间上有微小的变化，所显示的组织基本是一样的，并且有再现性。

对不同的金属和合金，有不同的侵蚀剂。铁和钢的侵蚀剂也很多，最常用的是硝酸酒精溶液和苦味酸酒精溶液。

（2）电解侵蚀。是将抛光试样浸入合适的电解侵蚀剂中，通过较小的直流电进行电化学侵蚀。许多电解抛光液可简单地用于侵蚀试样。也就是在抛光结束时减小所施加的电压(大约为抛光电压的1/10)，并保持这个电压值几秒钟或更长一些。但是并不是所有电解抛光溶液都能产生良好的侵蚀效果。

现已有许多理想的电解侵蚀剂，在采用较高的电压时并不产生有效的抛光效果。电解侵蚀剂经常用作特殊组织或晶界的选择性侵蚀。有些电解侵蚀剂无选择性地侵蚀试样，但有许多侵蚀剂则否，对相鉴别相当有效。电解侵蚀一般常用于不锈钢及镍基合金等。

2）特殊显示方法

（1）热染。将抛光后的试样置在空气中恒温加热(<650℃)，使抛光面上不同组成相因氧化速率不同而形成厚度不一的氧化膜，借白光在各氧化膜上的干涉使之呈现不同的色彩而显示组织。

（2）恒电位侵蚀。采用恒电位仪，保证侵蚀过程中阳极电位恒定，这样就可对组织中的特定相，根据其极化条件不同进行选择性侵蚀，或借阳极氧化及电沉积形成干涉薄膜来显示组织。

（3）真空镀膜(气相沉积)。将不吸光但具有高折射系数的锌盐材料如ZnS、ZnSe、ZnTe，或吸光材料如Sb_2S_3等在真空条件下进行气相沉积，在试样表面上形成一层均匀的干涉膜，利用不同波长的光在各相中的折射率或吸收系数的差异，经在膜和试样界面上多次反射和干涉，产生消光效应，提高组织中各相反差衬度，从而鉴别组织。

（4）化学染色。将抛光试样置于特殊化学染色剂中，一般在室温下除了有轻微侵蚀作用外，主要通过置换反应或沉积，在试样表面不同相上，形成不同膜厚的一层硫化物、氧化物或复杂的钼酸盐等，使不同相呈现不同色彩衬度而显示组织。根据不同的材料及不同的组织可使用不同的化学试剂进行染色。

(5) 离子溅射。在高真空下的气体－离子反应室内，抛光试样为阳极，阴极为铅、铜或铁等材料，电子在加速电压的作用下向阳极运动，并使气体部分电离，带正电荷的气体离子在电场作用下轰击阴极，溅射出阴极材料的原子散落在试样上。在电子轰击下，通过反应、吸收或单纯的沉积，在试样不同相上形成厚度不一或成分不同的薄膜，从而增加各相的色彩衬度，显示其组织。

(6) 热挥发。置抛光试样于真空或充以惰性气体室内，加热至一定温度，由于晶界处原子挥发形成凹沟，从而显示组织。

(7) 阴极真空侵蚀。在辉光放电的环境中，用正离子轰击试样(阴极)表面，使试样表面上的原子有选择地去除，从而显示组织。

(8) 磁性显示。借磁场作用，使涂在试样上的胶体磁性氧化铁质点聚集于磁性相上，显示出组织。

7.3.3 钢中常见显微组织的鉴别

钢中常见显微组织的名称和特征见表7.3－4。

表7.3－4 钢中常见显微组织的名称和特征

组织名称		特征
铁素体		侵蚀后呈白色块状、网状、针条状或碎粒状，因晶粒位向不同，明暗程度稍有差别
奥氏体		晶界较平直的多边形块状组织，有时晶内出现孪晶；残余奥氏体的形态受马氏体针、片及条束分布的制约
渗碳体	一次渗碳体	白色的条状或块状
	二次渗碳体	白色沿晶成网络状或断网状。随含碳量增多，网络完整变宽。经球化处理后呈均匀分布的点、粒(球)状
	三次渗碳体	白色点、粒状均匀分布在铁素体内，但大多以狭细的条状或链状分布在铁素体晶界上
珠光体		铁素体与渗碳体层片相间交替排列、形似指纹状的组织。按层片间距(d)的不同分为：粗珠光体($d>0.7\mu m$)、珠光体($d\approx0.5\mu m$)、中珠光体($d\approx0.25\mu m$)、细珠光体($d\approx0.1\mu m$)
贝氏体	上贝氏体	沿原奥氏体晶界一侧或两侧呈羽毛状排列。在电子显微镜下，可看到与针状铁素体长轴方向平行排列的杆状碳化物
	下贝氏体	形态极似侵蚀后的回火针状马氏体，针与针之间有交角。在电子显微镜下，可看到与针状铁素体长轴方向成55°～60°角，呈断续、平行排列的碳化物
贝氏体	无碳贝氏体	亚共析钢在较高温度奥氏体化后，晶粒长大，冷却后除可看到晶界处的块状铁素体外，还有向晶内生长的、具有一定取向的扁片状铁素体(其周围也可能析出碳化物颗粒)形似魏氏组织，铁素体层片间可为珠光体
	粒状贝氏体	在块状铁素体上分布着孤立的“小岛”状残余奥氏体(或其分解产物)及碳化物
马氏体	低碳(板条)马氏体	细条马氏体同向平行生成、呈束排列；在同一奥氏体晶粒内可出现多个不同方向的马氏体条束；每个条束马氏体内部存在大量的位错，故也称位错马氏体。常在含碳<0.3%的钢中出现
	高碳(针状)马氏体	马氏体呈针状、竹叶状、透镜状及片状，长短不一，互成一定角度分布。初生者较长较厚，横贯整个奥氏体晶粒，侵蚀后呈灰白色；针与针之间常伴有残余奥氏体；针片状马氏体内存在大量的微细孪晶亚结构，故又称孪晶马氏体，常在含碳为1%～1.4%的钢中出现。当钢含碳量大于1.4%时，马氏体片中有“中脊线”，针片与针片之间呈Z形分布
	蝶状马氏体	立体形状为细长杆状，其内部亚结构为高密度位错，看不到孪晶。断面呈蝴蝶状，故称蝴蝶状马氏体。常在Fe－Ni合金或在Fe－Ni－C合金中在某个温度范围内形成
	薄片状马氏体	呈非常细的带状(空间形状为薄片状)，带与带相互交叉、曲折及分枝等，是特异形态的全孪晶型马氏体。常存在于M_s点极低的Fe－Ni－C合金中

续表 7.3-4

组织名称		特征
马氏体	ε马氏体	上述各种马氏体都具有体心立方或体心正方结构，但ε马氏体具有密排六方结构，组织形态呈极薄的片状，在含Mn量>15%的Fe-Mn合金淬火后形成
回火马氏体		淬火钢经150~250℃回火后，在马氏体基体中分布着大量微细的ε碳化物，两者保持共格关系。仍有针状特征。侵蚀后的颜色比淬火马氏体深，与下贝氏体相近。在中、高碳钢中尚可能存在由残余奥氏体转变而成的马氏体
回火托氏体		淬火钢经250~400℃回火后，在α相基体中弥散分布着微小的粒状或片状碳化物。原马氏体针已逐渐消失，但仍隐约可辨。在某些合金钢中，特别是含Cr、Si等元素的合金钢，仍可保持清晰的针状特征。碳化物很细小，在光镜下不能分辨，仅观察到暗黑的组织；在电子显微镜下，才能看出碳化物颗粒已明显长大
回火索氏体		淬火钢经500~650℃回火，其组织为铁素体基体上均匀弥散分布着细小碳化物颗粒，它已较清晰，马氏体针片痕迹已消失。在电子显微镜下所观察到的碳化物也较回火托氏体中者为大
球化组织		淬火钢经600℃~Ac_1温度回火后，因再结晶或碳化物粗化，形成等轴铁素体基体上均匀分布着球粒状碳化物

7.3.4 常用钢材的组织评定及标准

常用钢材的组织评定及标准见表7.3-5。

表7.3-5 常用钢材的组织评定及标准

钢种	组织名称	特征	评定原则及标准
低碳钢	游离渗碳体	在铁素体晶界上出现三次渗碳体，呈链状，网状或分散状三种形态存在	在500倍下，根据GB/T 13299《钢的显微组织评定方法》评定
结构钢	带状组织	铁素体与珠光体铅压延变形方向交替或层带分布	在100倍下，根据GB/T 13299标准评定
亚共析钢、过共析钢	魏氏组织	过热钢材，当冷速适宜时，先共析相以片状或针状沿奥氏体一定的晶面析出，奥氏体随后转变为珠光体，这种混合组织为魏氏组织	根据片针状的α-Fe(或Fe_3C)的多少和明显程度对照GB/T 13299标准评定
弹簧钢、高碳工具钢	石墨碳含量	在一定条件下，含硅弹簧网、高碳工具钢中的固溶碳和化合碳以游离态的微细点状石墨析出，分布在基体上	在抛光后的磨面上，于250倍下，对照GB/T 13302《钢中石墨碳显微评定方法》评定。高碳工具钢的石墨碳含量也可参考该标准评定
高速钢、铬轴承钢、高铬钢	带状碳化物(或碳化物不均匀性)	因成分偏析，使莱氏体钢或含较高碳和合金元素的钢中的共晶碳化物，在热加工过程中随变形方向延伸成带状分布	试样经淬火、回火并深侵蚀，在放大100倍的纵向磨面上，按照碳化物颗粒大小和聚集程度检查评级。高速钢对照GB/T 9943《高速工具钢》评定，铬轴承钢对照YB/T 9《铬轴承钢技术条件》评定。高铬钢则根据GB/T 1299《合金工具钢》评定

续表 7.3-5

钢种	组织名称	特征	评定原则及标准
碳素工具钢、合金工具钢	网状碳化物	在热加工后的冷却过程中，碳化物沿晶界呈网状析出	试样经深侵蚀，在放大100倍下，按碳化物网的完整程度评定。可对照GB/T 1298《碳素工具钢》GB/T 1299和YB/T 9评定
铬轴承钢	碳化物液析	因成分偏析，从液态中析出的碳化物，在随后加工过程中不被消除，并以链状、块状或条状沿轧延方向存在	经深侵蚀试样在90~110倍放大下，按液析碳化物形状、大小、分布情况对照YB/T 9评定
中、高碳钢及合金钢	钢的表面脱碳层组织	钢的表面失去全部或部分碳量，称脱碳。表面脱碳的区域叫脱碳层，全部脱碳层为全部铁素体组织，部分脱层是其组织与基体组织有差异的区域	钢的表面脱碳按GB/T 224《钢的脱碳层深度测定法》进行检查
碳素工具钢、合金工具钢、滚动轴承钢	球化珠光体评定	金相组织应为铁素体基体上均匀分布细粒状的碳化物，但因工艺不当，常有部分甚至全部为片状珠光体	试样取横截面，经侵蚀后，在放大500倍下选择试样上最差的视场评级，三种钢分别依照GB/T 1298、GB/T 1299及YB/T 9评定
碳素工具钢、合金工具钢	马氏体评级	粗大的马氏体表明钢在淬火加热时已过热，会使钢的力学性能下降，脆性增大	检查应在淬火后、回火前进行。经侵蚀后在放大450~500倍下，依据ZBJ 36003—1987《工具热处理金相检验》评级
奥氏体不锈钢	α相(铁素体)含量评定	α相的存在对钢的性能有显著影响，特别是塑性变差，使加工变形困难	试样进行化学侵蚀或电化学浸蚀后，在放大280~320倍下，对照GB/T 13305《不锈钢中α-相面积含量金相测定法》评级

7.3.5 部分高合金钢与高温合金中若干相的检验(表7.3-6)

表7.3-6 部分高合金钢与高温合金中若干相的检验

材料种类	组成相	鉴别方法	特征
镍基高温合金	γ(奥氏体)+硼化物+富钨相+(γ+γ′)共晶组织	机械抛光后，经盐酸、硫酸铜溶液轻度侵蚀再经650℃加热并保持30min热染	硼化物相呈浅黄色，富钨相呈浅绿色，(γ+γ′)共晶组织呈蓝紫色
铸态铁基高温合金	Laves相(Fe_2Ti、Fe_2W、Fe_2Nb)等	经重铬酸钾、氧化铁、硝酸、盐酸混合溶液侵蚀	呈枝晶状、白色块状分布于基体上或枝晶间，Laves相也可能在长期时效时呈针状析出
镍基高温合金	奥氏体+$M_{23}C_6$+M_6C+MC	机械抛光后经500~650℃加热并保持30~20min热染	MC呈黄色块状，M_6C中黑色粒状，$M_{23}C_6$在晶界呈浅黄色
钴基高温合金(铸态)	奥氏体+M_7C_3+$M_{23}C_6$	化学抛光后，用高锰酸钾、氢氧化钠水溶液侵蚀12s	共晶碳化物M_7C_3呈黄棕色。$Cr_{23}C_6$呈蓝灰色，余为奥氏体

续表 7.3－6

材料种类	组成相	鉴别方法	特征
铁铝锰耐热钢、奥氏体不锈钢	奥氏体＋铁素体	磁性显示法	铁素体为磁粉所堆集，呈黑色块条状；不堆集磁粉的为基体奥氏体
半奥氏体沉淀硬化不锈钢	铁素体＋奥氏体＋马氏体	试样经电解抛光后，再经 NaOH15g + $K_3Fe(CN)_6$ 15g + H_2O 100mL 溶液沸腾下侵蚀 30min	奥氏体不染色，铁素体呈黄棕至蓝灰色，马氏体呈棕色针状，在浮凸
耐热钢、奥氏体不锈钢	σ 相（金属间化合物）	经电解抛光后，再经 100g/L 过硫酸铵电解侵蚀	晶界上黑色点状物为 $M_{23}C_6$，σ 相呈灰色条、块状，晶粒内针状物为氮化物
		经抛光后，再用赤血盐 10g + KOH10g + H_2O100mL 煮沸 2～4min	铁体呈黄色，碳化物被腐蚀，奥氏体呈光亮式，σ 相由褐色变为黑色
		经电解抛光后，再采用 NaOH2g + $KMnO_4$4g + H_2O100mL，电压为 6V 的电解染色	σ 相呈橘红色，其他组织皆不显示
耐热合金	硼化物 M_3B_2 相	抛光后用熔融的 NaOH 热蚀 10min	M_3B_2 呈黑色，其他组织皆不显示
镍基合金	硫化物（Y 相即 M_2SC 或 $M_4S_2C_2$）	抛光后经用硫尿 1g + H_3PO_4 2mL + H_2O 100mL 溶液在电压为 12V 的条件下电解侵蚀 7min	初生 MC 呈棕色，γ′相呈白色，条状 M_2SC 相呈深褐色，次生 M_6C、σ、Laves 等相不显示

注：铁基、镍基高温合金的低倍、高倍组织试验方法及评定可按国家标准 GB/T 14999.1～14999.5 规定执行。

7.3.6 铸铁的金相检验（表 7.3－7）

表 7.3－7 铸铁的金相检验

类别	石墨主要形态	基体组织	检验项目及标准
灰铸铁（包括合金铸铁）	片状	1. 珠光体、铁素体或铁素体＋珠光体 2. 经热处理后，可为铁素体、片状珠光体、粒状珠光体、粒状贝氏体、针状贝氏体、针状马氏体或某几种组织的混合物	石墨分布形状、石墨长度、基体组织特征、珠光体片间距、珠光体数量、碳化物分布形状、碳化物数量、磷共晶类型、磷共晶分布形状、磷共晶数量、共晶团数量 GB/T 7216《灰铸铁金相》
蠕墨铸铁	蠕虫状	珠光体＋铁素体	石墨形状、蠕化率、珠光体数量、磷共晶类型、磷共晶数量、碳化物类型、碳化物数量 JB 3829《蠕墨铸铁金相标准》
可锻铸铁	团絮状和絮状	铁素体、珠光体或铁素体＋珠光体	石墨形状、石墨形状分级、石墨分布、石墨颗数、珠光体形状、珠光体残余量分级、渗碳体残余量分级、表皮层厚度

续表 7.3-7

类别	石墨主要形态	基体组织	检验项目及标准
球墨铸铁	球状或团状	铁素体+珠光体+少量碳化物(渗碳体)	球化分级、石墨大小、珠光体粗细、珠光体数量、分数铁素体数量、磷共晶数量、渗碳体数量 GB/T 9441《球墨铸铁金相检验》
球墨铸铁等温淬火	球状或团状	上贝氏体+残余奥氏体；下贝氏体+残余奥氏体；或下贝氏体+马氏体及贝氏体+铁素体	组织形态、贝氏体分级、白区数量分级、铁素体数量分级 JB 3021《稀土-镁球墨铸铁等温淬火金相标准》

7.3.7 铝合金中常见相的检验(表 7.3-8)

表 7.3-8 铝合金中常见相的检验

相组成	电子探针微区分析	抛光后侵蚀前相的颜色及形态显微硬度	侵蚀后相的颜色变化							
			HF 0.5mL H_2O 99.5mL 20℃ 15s	HF 0.5mL HCl 1.5mL HNO_3 2.5mL H_2O 99.5mL 20℃ 15s	HNO_3 25mL H_2O 75mL 70℃ 40s	H_2SO_4 20mL H_2O 80mL 70℃ 30s	NaOH 1g H_2O 100mL 50℃ 15s	NaOH 10g H_2O 100mL 70℃ 5s	H_3PO_4 100mL H_2O 100mL 20℃ 5s	$Fe(NO_2)_3\cdot 9H_2O$ 10g H_2O 100mL 20℃ 30s
Si	Si100	初晶 Si 呈灰色、多面体片状，α+Si 共晶组织中的 Si 未经变质处理者呈针条状，经变质处理者呈颗粒状 $H_m\approx1380$	不侵蚀	不侵蚀	不侵蚀	不侵蚀	不侵蚀	不侵蚀	不侵蚀	不侵蚀
$CuAl_2$	Al49.1 Cu 50.9	呈亮白色或淡粉红色，结晶密集，轮廓圆滑，正交偏光下有外圈。α+$CuAl_2$ 共晶中 $CuAl_2$ 呈较大的颗粒状、湖泊状或网络状 $H_m\approx450$	不侵蚀	不侵蚀	强烈侵蚀变黑褐色或深棕色	微侵蚀呈浅棕色	不侵蚀	侵蚀变浅棕色	不侵蚀	强烈侵蚀变黑褐色

续表 7.3-8

Mg_2Si	Mg 64.7 Si35.3	初晶为菱形，块状；共晶 Mg_2Si 多呈鱼骨形，亮灰色抛光后呈蓝色，或杂色 $H_m \approx 450$	海蓝色或黑色	变深褐色或局部溶解	变黑褐色，溶解	变黑溶解	蓝色或杂色	海蓝色	剧烈侵蚀变褐色	剧烈侵蚀变褐色
相组成	电子探针微区分析	抛光后侵蚀前相的颜色及形态显微硬度	侵蚀后相的颜色变化							
			HF 0.5mL H_2O 99.5mL 20℃ 15s	HF 0.5mL HCl 1.5mL HNO_3 2.5mL H_2O 99.5mL 20℃ 15s	HNO_3 25mL H_2O 75mL 70℃ 40s	H_2SO_4 20mL H_2O 80mL 70℃ 30s	NaOH 1g H_2O 100mL 50℃ 15s	NaOH 10g H_2O 100mL 70℃ 5s	H_3PO_4 100mL H_2O 100mL 20℃ 5s	$Fe(NO_2)_3 \cdot 9H_2O$ 10g H_2O 100mL 20℃ 30s
Mg_5Al_8 或 Mg_2Al_3	Al 64 Mg 35	呈淡黄色的网络状结晶，但比 $CuAl_2$ 分散	不侵蚀	不侵蚀	不侵蚀	微侵蚀暗黄色	不侵蚀	不侵蚀	微侵	微侵
$FeAl_3$	Al66.8 Fe23.7	灰色针片状，较 Si 明亮。与 Al 成共晶时呈骨铬状，偏光下有暗边 $H_m \approx 980$	不侵蚀	微侵发黑	不侵蚀	侵蚀变黑、局部溶解	不侵蚀	侵蚀变暗黄色	不侵蚀	侵蚀
S 相 $CuMgAl_2$ 或 $Cu_2Mg_2Al_5$	Al24.8 Cu38.0 Mg 12.8	与 α(Al) 组成共晶组织，呈灰黄色密集点状，有时也呈棱镜状或针条状，偏光下外圈呈紫色或黄色 $H_m \approx 449$	侵蚀变浅棕色	侵蚀变黑褐色	侵蚀变褐色，溶解	侵蚀变棕色	侵蚀变棕色	侵蚀变棕色	侵蚀变浅棕色	侵蚀变棕色
T_1 相 F_3SAl_{12} 或称 α (Fe-Si)		初晶 T_1 相呈不规则片状，共晶 T_1 相呈汉字或骨铬状，亮灰色 $H_m \approx 330 \sim 350$	微侵变亮黄色	不侵蚀	不侵蚀	不侵蚀	不侵蚀	侵蚀变棕色	侵蚀变棕色	不侵蚀

续表 7.3-8

T₂相 $Fe_2Si_2Al_9$ 或称 β (Fe-Si)	Al44.1 Fe24.6 Si8.2	呈亮灰色和松针状或细条状，偏光下有亮圈 $H_m\approx578$	侵蚀变浅棕色	侵蚀变浅棕色	不侵蚀	侵蚀变暗，局部溶解	不侵蚀	侵蚀变浅黄色	侵蚀变浅棕色	不侵蚀

相组成	电子探针微区分析	抛光后侵蚀前相的颜色及形态显微硬度	侵蚀后相的颜色变化							
			HF 0.5mL H_2O 99.5mL 20℃ 15s	HF 0.5mL HCl 1.5mL HNO_3 2.5mL H_2O 99.5mL 20℃ 15s	HNO_3 25mL H_2O 75mL 70℃ 40s	H_2SO_4 20mL H_2O 80mL 70℃ 30s	NaOH 1g H_2O 100mL 50℃ 15s	NaOH 10g H_2O 100mL 70℃ 5s	H_3PO_4 100mL H_2O 100mL 20℃ 5s	$Fe(NO_2)_3\cdot9H_2O$ 10g H_2O 100mL 20℃ 30s
(FeMn)Al_6	Al45.7 Mn 16.3 Fe17.3	亮灰色片、块状 $H_m\approx740$	侵蚀变深蓝色	不侵蚀	不侵蚀	不侵蚀	侵蚀变杂蓝色	侵蚀变杂灰暗色，表面粗糙	不侵蚀	不侵蚀
N相 Cu_2FeAl_7 或 Cu_2FeAl_6	Al36.3 Cu34.6 Fe13.2	呈亮灰色针状或细条块状 $H_m\approx608$	不侵蚀	侵蚀变棕色	侵蚀变褐色	强烈侵蚀变黑褐色	不侵蚀	不侵蚀	不侵蚀	不侵蚀
$NiAl_3$	Al64.3 Ni28.5	浅灰色针片状	不侵蚀	侵蚀变灰蓝色	不侵蚀	不侵蚀	不侵蚀	微侵蚀发暗	不侵蚀	不侵蚀
Cu_3NiAl_6	Al51.5 Cu4.5 Ni13.5	浅灰色枝叉状或骨络状	不侵蚀	不侵蚀	侵蚀发暗，局部溶解	不侵蚀	不侵蚀	不侵蚀	不侵蚀	不侵蚀
$MnAl_6$	Mn24 Al74.8	亮白色、片状	不侵蚀	不侵蚀	不侵蚀	不侵蚀	侵蚀呈粉红色	强烈侵蚀呈杂色	不侵蚀	不侵蚀
$MnAl_4$	Mn32 Al61.2	浅灰色片块状，较 $MnAl_6$ 暗	微侵蚀变灰色	不侵蚀	不侵蚀	不侵蚀	侵蚀呈浅棕色	侵蚀呈浅棕色	不侵蚀	不侵蚀

7.3.8 钢的晶粒度检验

钢中奥氏体 8 级粒度级别指数 N 是按下列公式建立的：

$$n = 2^{N-1}$$

式中 n——放大 100 倍时，每 645.16mm^2 面积内包含的晶粒数。

一般以 1~3 级为粗晶粒，4~6 级为中等晶粒，7~8 级为细晶粒。粗于 1 级者见于过热组织中，细于 8 级者常见于超高强度钢及淬火态的工具钢中。

1. 晶粒的显示方法

显示钢本质晶粒度的方法见 GB 6394《金属平均晶粒度测定法》，此外还有高温显微镜法等。用晶界侵蚀法时，除标准中所推荐的试剂外，尚可用在饱和苦味酸溶液(25mL)中加入少量表面活性剂如海鸥洗涤剂(1 ~6mL)或新洁而灭(1mL)的侵蚀剂，擦拭数分钟后，再用碱性溶液(NaOH 5g + H_2O 100mL)洗涤。

实际晶粒度的显示，可根据试样的成分、处理情况及可能出现的组织等而选用上述各方法。

2. 晶粒度的测定方法

在放大100倍下，与 GB 6394 中晶粒度标准级别图对照评定，或通过特殊目镜及显微镜投影到毛玻璃上的晶粒度标准刻度片进行对照评定。

在测定时也可降低或提高放大倍数，然后再按 GB 6394 中的规定换算成 100 倍下的级别。

钢的晶粒度也可参考 ISO643 - 1983(E)《钢 - 铁素体或奥氏体晶粒度的显微测定》进行评定。

7.3.9 钢中非金属夹杂物的检验

1. 钢中夹杂物分类

1）根据夹杂物化学成分分类

(1) 氧化物系夹杂物

① 简单氧化物。如 FeO、MnO、Al_2O_3、Cr_2O_3、ZrO_2、TiO_2等。这类夹杂物在钢中通常呈颗粒状或球形存在。

② 复杂氧化物。包括尖晶石类夹杂物和各类钙的铝酸盐等。尖晶石类氧化物常用化学式 $AO \cdot B_2O_3$表示，式中 A 为二价金属如 Mg、Mn、Fe 等，B 为三价金属如 Fe、Cr、Al 等。属于这类夹杂物有磁铁矿($FeO \cdot F_2O_3$)、铁尖. 晶石($FeO \cdot Al_2O_3$)、锰尖晶石($MnO \cdot Al_2O_3$)、镁尖晶石($MgO \cdot Al_2O_3$)、铬尖晶石($FeO \cdot Cr_2O_3$)、锰铁铬尖晶石[$(MnFe)O \cdot Cr_2O_3$]等。这些复杂化合物有一个相当宽的成分变化范围，而且其中的二价或三价金属元素都可被其他相应价的金属元素所换置。钙虽属二价金属元素，但它的氧化物不生成尖晶石，只生成各种钙铝酸盐。

③ 硅酸盐及硅酸盐玻璃。其通用化学式为 $lFeO \cdot mMO \cdot nAl_2O_3 \cdot pSiO_2$，它成分复杂而且常是多相的，如 $2FeO \cdot SiO_2$(铁硅酸盐)，$CaO \cdot SiO_2$(钙硅酸盐)，$2MnO \cdot SiO_2$(锰硅酸盐)，$3Al_2O_3 \cdot 2SiO_2$(铝硅酸盐)，$lFeO \cdot mMnO \cdot pSiO_2$(铁锰硅酸盐玻璃)等。

(2) 硫化物夹杂物

主要是 MnS、FeS、(Mn, Fe)S 和 CaS 等。当钢中加入稀土元素时，则可能形成稀土硫化物，如 La_2S_3、Ce_2S_3等。在铸钢中硫化物的存在形态通常分为三类：

第Ⅰ类 呈球形在截面上任意分布。

第Ⅱ类 存在于树枝晶间的杆状硫化物，呈共晶式薄膜或细球状呈链状排列。

第Ⅲ类 呈块状，外形不规则，任意分布。

(3)氮化物

当钢中含有 Al、Ti、Zr、V 时，它们与氮的亲和力较大，易形成很细小，呈颗粒状的 AlN、TiN、ZrN、VN 等氮化物。它们在显微镜下呈方形或棱角形。

2）按夹杂物的塑性分类

由于不同夹杂物在热压力加工温度条件下具有不同的塑性，所以加工变形后钢材中的夹杂物将呈现不同的形态。通常可分为：

（1）塑性夹杂物

塑性夹杂物在加工时沿加工方向延伸成条带状。如硫化物及含 SiO_2 量较低的低熔点硅酸盐。

（2）脆性夹杂物

脆性夹杂物在加工时不变形，但被破碎并沿加工方向成串分布。Al_2O_3、尖晶石类复杂氧化物，以及氮化物等高熔点、高硬度夹杂物属于这类。

（3）不变形夹杂物

不变形夹杂物在加工时保持原来的点球状不变。属于这类的夹杂物有 SiO_2，含 SiO_2 较高(质量分数 77%)的硅酸盐、钙铝酸盐及高熔点的硫化物 RE_2S_3、RE_2O_2S、CaS 等。

2. 定性检验

鉴定夹杂物的类型见表 7.3-9。

表 7.3-9 钢中非金属夹杂物的鉴别

鉴别项目	特征
形态及分布	不同类型夹杂物有不同外形。如球形、规则的几何形状等。分布情况有聚集成群者，如 Al_2O_3，在经锻轧的钢材中沿变形方向呈连续串状分布；也有呈分散点状的，如铸钢中的 MnS 等
组织	可为固溶体，如(Fe，Mn)S，也可形成共晶组织，如 FeS-FeO 等
反光能力	在较高放大倍数下，比较夹杂物及基体的反光强度，以判断夹杂物的反光能力
色彩及透明度	在暗场或偏光下观察可分辨夹杂物固有色彩和透明度的差异，如 Al_2O_3 在暗场下呈亮黄色，不透明。ZrN 在暗场下都发黑，但有亮边
各向异性效应	在正交偏光下观察，转动载物台，各向异性夹杂物出现四次消光及发亮现象(弱各向异性者则出现两次)，同时其色彩也会发生变化，如 ZrS_2、FeS 就有此效应。各向同性夹杂物则无上述现象
力学性能	指硬度，塑性等，如由显微硬度压痕形状，大小可估计夹杂物的硬度和塑性；抛光时硬脆夹杂物易剥落，有时还会有拽尾现象
化学性能	经规定的标准试剂侵蚀后，夹杂物会被染色，如 FeS 经碱性苦味酸钠煮沸 10min 后呈浅黄色，有些会被溶蚀而呈现凹坑
黑十字现象	球状的透明夹杂物在正交偏光下，产生黑十字现象，如 SiO_2、球形硅酸盐、球状石墨等

3. 定量检验

主要测定夹杂物的大小、形状、数量及分布。在已知夹杂物类型后，对照 GB/T 10561《钢中非金属夹杂物含量的测定 标准评级图显微检验法》中相应类别的评级图评定夹杂物的等级，借以判断钢材冶金质量。也可用图像分析仪进行精确的定量测定。

7.3.10 定量金相

金属不透明，不能直接观察三维空间的组织图像。由二维截面上得到的组织图像来研究和解释三维组织图象的学科称为体视学。应用体视学原理对金属材料的二维组织进行分析、测量和计算来确定三维组织的特征参数，称为定量金相。定量金相正是通过测定显微组织的各种特征参数，对材料的微观组织与它的宏观性能之间建立定量关系的一种分析测试方法。

定量金相中所用测量量的基本符号有统一的规定，常用基本符号及定义见表 7.3-10。

表 7.3-10 定量金相的基本符号与定义

符号	定 义	单 位
P	测量点数目	—
P_P	点分数，即测量对象落在总测试点上的点分数	
P_L	单位测量用线长度上相截点的点数	mm^{-1}
P_A	单位测量面积上的点数	mm^{-2}
P_V	单位测量体积内的点数	mm^{-3}
L	线的长度	mm
L_L	线的百分数，即在单位测量线上被测对象占的长度	mm^0
L_A	单位测量面积上被测对象的长度	mm^{-1}
L_V	单位测量体积中被测对象的长度	mm^{-2}
A	测量对象或测量用的平面积	mm^{-2}
A_A	面积百分数，即单位测量用的面积上被测对象所占面积	mm^0
S	曲面面积，即界面面积	mm^2
S_V	单位测量体积内的界面面积	mm^{-1}
V	体积，即被测对象或测量用的体积	mm^3
V_V	体积百分数，即单位测量体积中被测对象所占体积	mm^0
N	测量对象的个数	—
N_L	单位测量线上被测对象的个数	mm^{-1}
N_A	单位测量面积内被测对象的个数	mm^{-2}
N_V	单位测量体积中被测对象的个数	mm^{-3}
$\bar{L}$	平均截长度，等于 L_L/N_L	mm
$\bar{A}$	被测对象平均截面面积，等于 A_A/N_A	mm^{-2}
$\bar{S}$	平均界面面积	mm^2
$\bar{V}$	被测对象的平均体积，等于 V_V/N_V	mm^3

由表 7.3-10 可见，定量金相的基本参数 P_P、P_L、P_A、L_A、L_L 及 A_A 是可直接测量的，而 P_V、L_V、A_V 和 S_V 等为不可直接测定，但可用下列公式计算：

$$V_V = A_A = L_L = P_P$$

$$S_V = \frac{4}{\pi}L_A = 2P_L \qquad (L_A = \frac{\pi}{2}P_L)$$

$$L_V = 2P_A$$

$$P_V = \frac{1}{2}L_V \qquad S_V = \frac{2}{\pi}L_V L_A = 2P_A P_L$$

用定量金相法测定组织特征参数目前多数使用光学显微镜，也可要金相图片和显示组织的荧光屏上进行测量。有条件应用自动图像分析仪时，则能作快捷而精确的测定。定量测量必须具有统计观点。一个可靠的数据必须为多次重复测量的统计结果。基本的测量方法有如下几种。

1. 比较法

晶粒大小、夹杂物级别、石墨大小或长度等组织特征参数，目前都通过光学金相，把上述测量对象与标准图片进行比较，目视评定级别，称之为比较法。这种方法的特点是简单、快捷、易行，能有效地判断材料的质量与性能趋势，但无法提供宏观性能和微观组织间的定量关系。

2. 测量法

主要用来测定组织的某些特征参数，并经过计算得到所需的各种数据，它不能直接用来评定级别。常用的测量法有四种：计点法、线分法（或称截线法）、面积法及联合测量法。

7.4 常规力学性能试验

金属材料的力学性能是指材料在外加载荷（外力或能量）作用下或载荷与环境因素（温度、环境介质等）联合作用下所表现的行为。这种行为通常表现为材料的变形和断裂。因此，材料的力学性能是材料抵抗外加载荷引起的变形和断裂的能力。

绝大多数机件是在不同的载荷与环境条件下服役的，如果材料对变形和断裂的抗力与服役条件不相适应，机件便会产生变形或断裂而“失效”。为了确保机件安全运行，必须严格遵照有关标准，测试并提供准确、可靠的材料力学性能数据，为产品设计、材料选择、工艺评定和质量检验提供依据。

金属材料的力学性能包括强度、硬度、塑性、韧性、耐磨性和缺口敏感性等。他们主要决定于材料的化学成分、组织结构、冶金质量、残余应力及表面和内部缺陷等内在因素，但外在因素如载荷类型（静载荷、循环载荷、冲击载荷）、应力状态、温度、环境介质等对材料的力学性能也有很大影响。在生产中普遍应用的、最基本的常规力学性能试验有拉伸、硬度、压缩、弯曲、剪切、冲击、扭转及高温持久强度、蠕变、松弛试验等。

对于非金属材料，如工程塑料、复合材料和精细陶瓷等，其力学性能测试可参照有关标准或本章介绍的方法（指未形成现行标准的）。上述材料是具有特殊性能的新型材料，在进行试样设计和选择加载速率时应充分考虑各种材料所具有的特点。

7.4.1 拉伸试验

1. 拉伸曲线和应力－应变曲线

将试样装在拉力试验机上进行拉伸试验时，由于试样两端受到轴向静拉力 F 的作用，试样将产生变形。若将试样从试验开始直到断裂前所受的拉力 F，与其所对应的伸长量 ΔL 绘成曲线，可得到拉伸图或拉伸曲线（$F-\Delta L$ 曲线），见图7.4－1。拉伸图反映了材料在拉伸过程中的弹性变形、塑性变形直至断裂的全部力学特性。

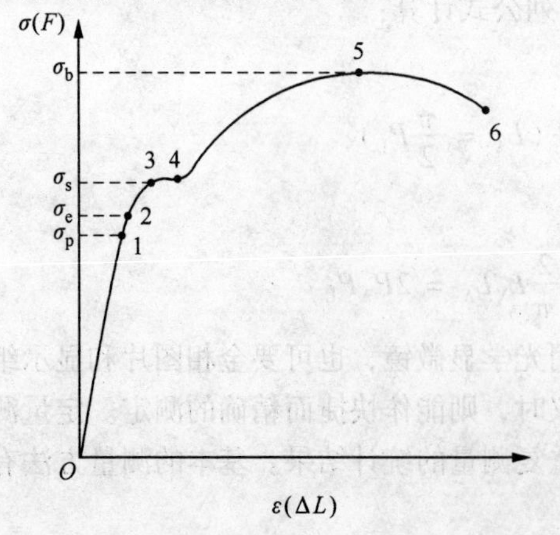

图7.4－1 45钢的应力－应变曲线（拉伸图）

由于拉伸图与试洋的几何尺寸有关，所以只反映了试样在拉伸时的力学性质。若将拉伸图中的试验力 F 除以试样原始横截面面积 S_0，伸长量 ΔL 除以试样原标距 L_0，则得应力－应变曲线（$\sigma-\varepsilon$ 曲线）。

应力－应变曲线的形状反映了材料抵抗外力的不同能力，同时也与试验条件如加载速度、温度、介质等有关。在规定的试验条件下，利用应力－应变曲线可以比较各种材料的力学特性。

2. 材料在拉伸时的力学性能

应力－应变曲线与试样的几何尺寸无关，并且两个坐标轴分别代表应力 σ 和应变 ε 的力学参量。因此在拉伸过程中，当 σ 和 ε 达到某一特性点数值时，便得到该材料的力学性能指标。由于新国标 GB/T 228—2002《金属材料　室温拉伸试验方法》中对某些性能指标的工程定义与 GB 228—76 有所不同，为了更好地贯彻新国标，现将金属拉伸性能指标在物理上、工程上定义的名称、符号及其相互关系列于表 7.4－1，以供读者比较。

表 7.4－1　新旧标准性能名称和符号对照

新标准（GB/T 228—2002）			旧标准（GB 228—76）	
性能名称	含　义	符　号	性能名称	符　号
断面收缩率	断裂后试样横面积的最大缩减量与原始横截面积之比的百分率	Z	断面收缩率	Ψ
断后伸长率	断后标距的残余伸长与原始标距之比的百分率	A $A_{11.3}$ A_{xmm}		δ δ_{10} δ_{xmm}
断裂总伸长率	断裂时刻原始标距的总伸长（弹性伸长加塑性伸长）与原始标距之比的百分率	A_t		
最大力总伸长率		A_{gt}	最大力下的总伸长率	δ_{gt}
最大力非比例伸长率		A_g	最大力下的非比例伸长率	δ_g
屈服点延伸率	呈现明显屈服（不连续屈服）现象的金属材料，屈服开始至均匀加工硬化开始之间引伸计标距的延伸与引伸计标距之比的百分率	A_e	屈服点伸长率	δ_R
屈服强度	当金属材料呈现屈服现象时，在试验期间达到塑性变形发生而力不增加的应力点		屈服点	σ_s
上屈服强度	试样发生屈服而力首次下降前的最高应力	R_{eH}	上屈服点	σ_{su}
下屈服强度	在屈服期间，不计初始瞬时效应时的最低应力	R_{eL}	下屈服点	σ_{SL}
规定非比例延伸强度	非比例延伸率等于规定的引伸计标距百分率时的应力。使用的符号应附以下脚注说明所规定的百分率，例如 $R_{p0.2}$，表示规定非比例延伸率为 0.2% 时的应力	R_p	规定非比例伸长应力	σ_p
规定总延伸强度	总延伸率等于规定的引伸计标距百分率时的应力。使用的符号应附以下脚注说明所规定的百分率，例如 $R_{t0.5}$，表示规定总延伸率为 0.5% 时的应力	R_t	规定总伸长应力	σ_t
规定残余延伸强度	卸除应力后残余延伸率等于规定的引伸计标距百分率时对应的应力。使用的符号应附以下脚注说明所规定的百分率。例如 $R_{r0.2}$，表示规定残余延伸率为 0.2% 时的应力	R_r	规定残余伸长应力	σ_r
抗拉强度	相应最大力的应力	R_m	抗拉强度	σ_b

3. 拉伸性能指标的测定

1）断后伸长率(A)和断裂总伸长率(A_t)的测定

(1) 应遵照定义测定断后伸长率。

为了测定断后伸长率，应将试样断裂的部分仔细地配接在一起使其轴线处于同一直线上，并采取特别措施确保试样断裂部分适当接触后测量试样断后标距。这对小横截面试样和低伸长率试样尤为重要。

原则上只有断裂处与最接近的标距标记的距离不小于原始标距的三分之一情况方为有效。但断后伸长率大于或等于规定值，不管断裂位置处于何处测量均为有效。

(2) 用引伸计测定断裂延伸率，引伸计标距(L_e)应等于试样原始标距(L_o)，无需标出试样原始标距的标记。以断裂时的总延伸作为伸长测量时，为了得到断后伸长率，应从总延伸中扣除弹性延伸部分。

(3) 在一固定标距上测定断后伸长率，然后使用换算公式或换算表将其换算成比例标距的断后伸长率(例如可以使用 GB/T 17600.1 和 GB/T 17600.2 的换算方法)。

(4) 为了避免因发生在①规定的范围以外的断裂而造成试样报废，可以采用 GB/T 228－2002 附录 F 的移位方法测定断后伸长率。

⑤按照②测定的断裂总延伸除以试样原始标距得到断裂总伸长率。

2)最大力总伸长率(A_{gt})和最大力非比例伸长率(A_g)的测定

在用引伸计得到的力－延伸曲线图上测定最大力时的总延伸(ΔL_m)。最大力总伸长率按照式(7.4－1)计算。

$$A_{gt} = \frac{\Delta L_m}{L_e} \times 100 \qquad (7.4-1)$$

从最大力时的总延伸 ΔL_m 中扣除弹性延伸部分即得到最大力时的非比例延伸，将其除以引伸计标距得到最大力非比例伸长率(A_g)。

如试验是在计算机控制的具有数据采集系统的试验机上进行，直接在最大力点测定总伸长率和相应的非比例伸长率，可以不绘制力－延伸曲线图。

GB/T 228—2002 附录 G 提供了人工测定的方法。

3)屈服点延伸率(A_e)的测定❶

按照定义和根据力－延伸曲线图测定屈服点延伸率。试验时记录力－延伸曲线，直至达到均匀加工硬化阶段。在曲线图上，经过屈服阶段结束点划一条平行于曲线的弹性直线段的平行线，此平行线在曲线图的延伸轴上的截距即为屈服点延伸，屈服点延伸除以引伸计标距得到屈服点延伸率(见图 7.4－2)。

可以使用自动装置(例如微处理机等)或自动测试系统测定屈服点延伸率，可以不绘制力－延伸曲线图。

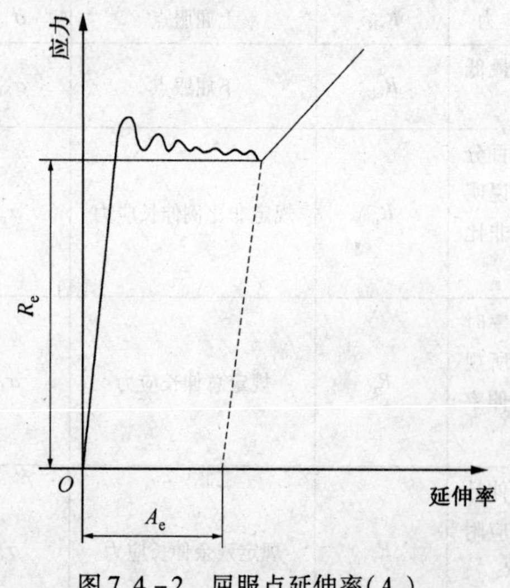

图 7.4－2　屈服点延伸率(A_e)

❶国际标准未规定此条内容。为了按照定义进行测定，补充此条规定。

4）上屈服强度（R_{eH}）和下屈服强度（R_{eL}）的测定❶

呈现明显屈服（不连续屈服）现象的金属材料，相关产品标准应规定测定上屈服强度或下屈服强度或两者。如未具体规定，应测定上屈服强度和下屈服强度，或下屈服强度[图7.4－3(d)]情况。按照定义及采用下列方法测定上屈服强度和下屈服强度。

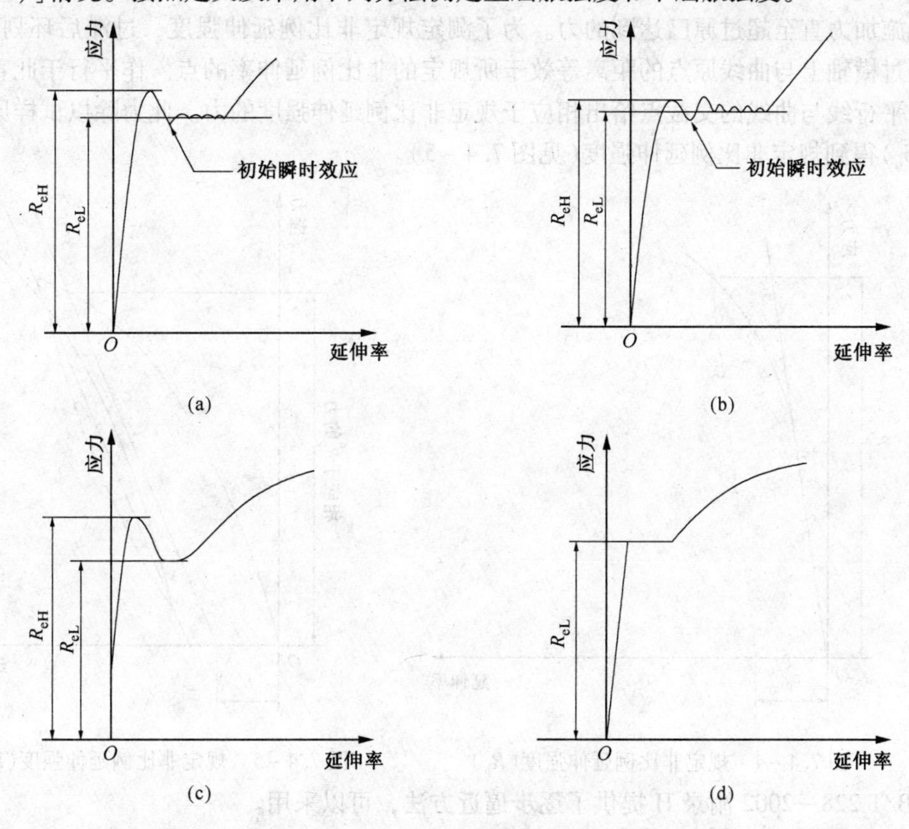

图7.4－3　不同类型曲线上的上屈服强度和下屈服强度（R_{eH}和R_{eL}）

(1) 图解方法：试验时记录力－延伸曲线或力－位移曲线。从曲线图读取力首次下降前的最大力和不计初始瞬时效应时屈服阶段中的最小力或屈服平台的恒定力。将其分别除以试样原始横截面积（S_o）得到上屈服强度和下屈服强度。

(2) 指针方法：试验时，读取测力度盘指针首次回转前指示的最大力和不计初始瞬时效应时屈服阶段中指示的最小力或首次停止转动指示的恒定力。将其分别除以试样原始横截面积（S_o）得到上屈服强度和下屈服强度。

(3) 可以使用自动装置（例如微处理机等）或自动测试系统测定上屈服强度和下屈服强度，可以不绘制拉伸曲线图。

5）规定非比例延伸强度（R_p）的测定

(1) 根据力－延伸曲线图测定规定非比例延伸强度。在曲线图上，划一条与曲线的弹性直线段部分平行，且在延伸轴上与此直线段的距离等效于规定非比例延伸率，例如0.2%的直线。此平行线与曲线的交截点给出相应于所求规定非比例延伸强度的力。此力除以试样原始横截面积（S_o）得到规定非比例延伸强度（见图7.4－4）

❶国际标准未规定此条内容。为了按照义定进行测定，补充此条规定。

准确绘制力－延伸曲线十分重要。

如力－延伸曲线图的弹性直线部分不能明确地确定，以致不能以足够的准确度划出这一平行线，推荐采用如下方法(见图7.4－5)。

试验时，当已超过预期的规定非比例延伸强度后，将力降至约为已达到的力的10%。然后再施加力直至超过原已达到的力。为了测定规定非比例延伸强度，过滞后环划一直线。然后经过横轴上与曲线原点的距离等效于所规定的非比例延伸率的点。作平行于此直线的平行线。平行线与曲线的交截点给出相应于规定非比例延伸强度的力。此力除以试样原始横截面积(S_o)得到规定非比例延伸强度(见图7.4－5)。

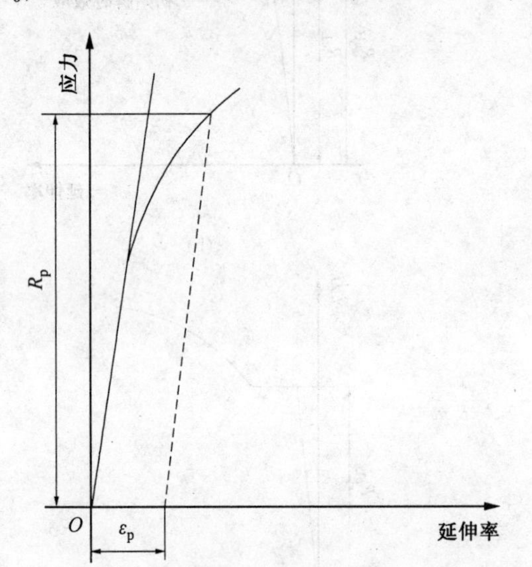

图7.4－4 规定非比例延伸强度(R_p)

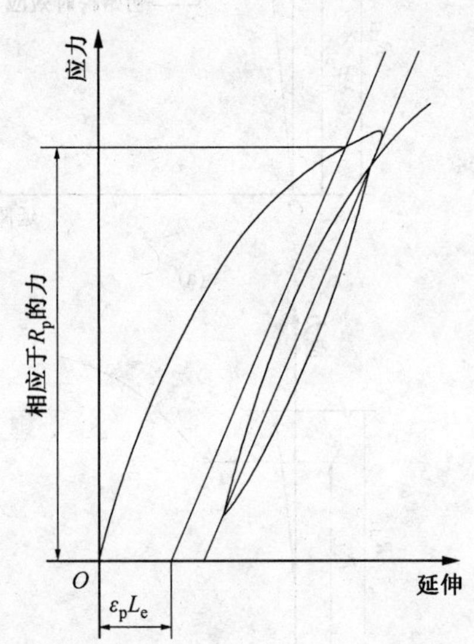

图7.4－5 规定非比例延伸强度(R_p)

GB/T 228—2002附录H提供了逐步逼近方法，可以采用。

注：可以用各种方法修正曲线的原点。一般使用如下方法：在曲线图上穿过其斜率最接近于滞后环斜率弹性上升部分，划一条平行于滞后环所确定的直线的平行线，此平行线与延伸轴的交截点即为曲线的修正原点。

(2) 可以使用自动装置(例如微处理机等)或自动测试系统测定规定非比例延伸强度，可以不绘制力－延伸曲线图。

(3) 日常一般试验允许采用绘制力－夹头位移曲线的方法测定规定非比例延伸率等于或大于0.2%的规定非比例延伸强度。仲裁试验不采用此方法。

6) 规定总延伸强度(R_t)的测定

(1) 在力－延伸曲线图上，划一条平行于力轴并与该轴的距离等效于规定总延伸率的平行线，此平行线与曲线的交截点给出相应于规定总延伸强度的力，此力除以试样原始横截面积(S_o)得到规定总延伸强度(见图7.4－6)。

(2) 可以使用自动装置(例如微处理机等)或自动测试系统测定规定总延伸强度，可以不绘制力－延伸曲线图。

7) 规定残余延伸强度(R_r)的验证方法

试样施加相应于规定残余延伸强度的力，保持力10～12s，卸除力后验证残余延伸率未超过规定百分率(见图7.4－7)。

如相关产品标准要求测定规定残余延伸强度，可以采用GB/T 228—2002附录1(提示的附录)提供的方法进行测定。

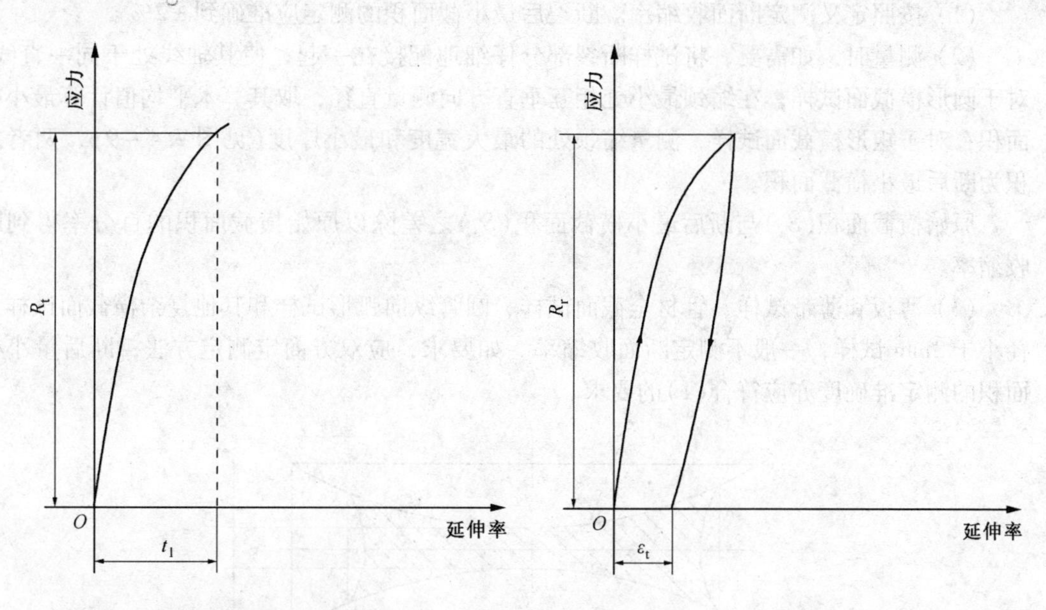

图 7.4－6　规定总延伸强度(R_t)　　　　图 7.4－7　规定残余延伸强度(R_r)

8) 抗拉强度(R_m)的测定❶

按照定义和采用图解方法或指针方法测定抗拉强度。

对于呈现明显屈服(不连续屈服)现象的金属材料，从记录的力－延伸或力－位移曲线图，或从测力度盘，读取过了屈服阶段之后的最大力(见图 7.4－8)；对于呈现无明显屈服(连续屈服)现象的金属材料，从记录的力－延伸或力－位移曲线图，或从测力度盘，读取试验过程中的最大力。最大力除以试样原始横截面积(S_o)得到抗拉强度。

可以使用自动装置(例如微处理机)或自动测试系统测定抗拉强度，可以不绘制拉伸曲线图。

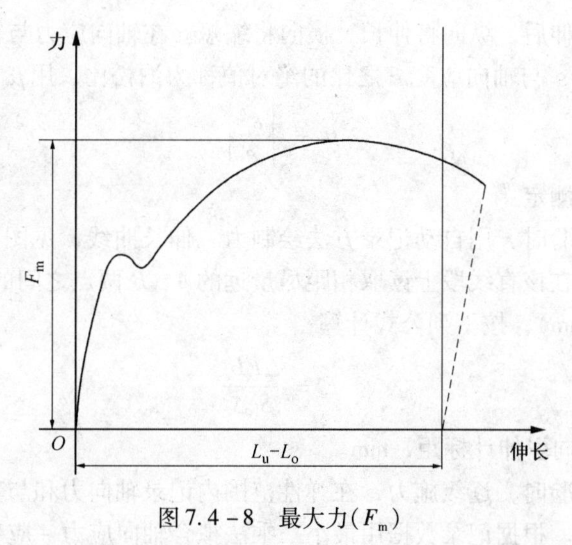

图 7.4－8　最大力(F_m)

❶国际标准未规定此条内容。为了按照定义进行测定，补充此条规定。

9）断面收缩率（Z）的测定

（1）按照定义测定断面收缩率。断裂后最小截面积的测定应准确到 ±2%。

（2）测量时，如需要，将试样断裂部分仔细地配接在一起，使其轴线处于同一直线上。对于圆形横截面试样，在缩颈最小处相互垂直方向测量直径，取其算术平均值计算最小横截面积；对于矩形横截面试样，测量缩颈处的最大宽度和最小厚度（见图 7.4－9），两者之乘积为断后最小横截面积。

原始横截面积（S_o）与断后最小横截面积（S_u）之差除以原始横截面积的百分率得到断面收缩率。

（3）薄板和薄带试样、管材全截面试样、圆管纵向弧形试样和其他复杂横截面试样及直径小于 3mm 试样，一般不测定断面收缩率。如要求，应双方商定测定方法，断后量小横截面积的测定准确度亦应符合（1）的要求。

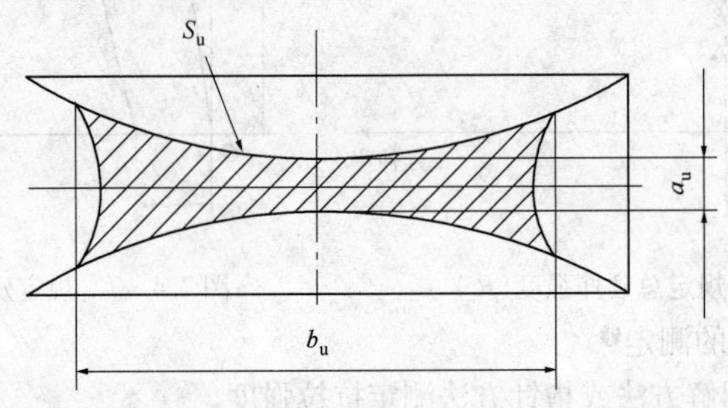

图 7.4－9 矩形横截面试样缩颈处最大宽度和最小厚度

10）弹性模量和泊松比

在轴向应力与轴向应变成线性比例关系范围内，应力 σ 正比于应变 ε，其比例系数称为弹性模量，用 E 表示。

$$E = \frac{\sigma}{\varepsilon} \tag{7.4-2}$$

材料在受轴向拉伸后，纵向将伸长，横向将缩短。在轴向应力与轴向应变成线性比例关系范围内，横向应变 ε' 与轴向应变 ε 之比的绝对值称为泊松比，用 μ 表示。

$$\mu = \left|\frac{\varepsilon'}{\varepsilon}\right| \tag{7.4-3}$$

弹性模量的静态测定：

（1）图解法　试验时，用自动记录方法绘制力－伸长曲线，见图 7.4－10。在曲线上确定弹性直线段，然后在该直线段上读取相距尽量远的 A、B 两点之间的轴向力增量 $\Delta F(N)$ 和相应的伸长增量 Δ（mm），按下列公式计算：

$$E = \frac{\Delta F L_e}{S_0 \Delta} \tag{7.4-4}$$

式中　L_e——轴向引伸计标距，mm。

（2）拟合法。试验时，逐级施力，在弹性范围内记录轴向力和与其相应的伸长量。施力级数一般不少于 8 级。根据记录数据用最小二乘法拟合轴向应力－应变曲线，拟合直线的斜率即为弹性模量，按下式计算：

$$E = \left[\sum(\varepsilon_i\sigma_i) - k\bar{\varepsilon}\bar{\sigma}\right] / \left(\sum\varepsilon_i^2 - k\,\bar{\varepsilon}^2\right) \tag{7.4-5}$$

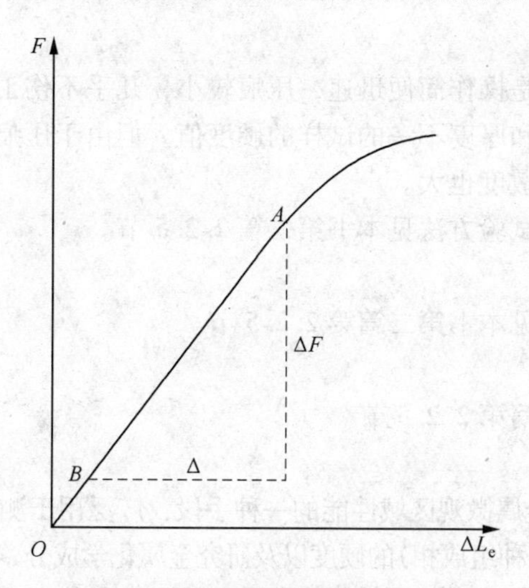

图 7.4－10　图解法测定弹性模量

式中　$\bar{\sigma}$、$\bar{\varepsilon}$——轴向应力和应变的平均值，即 $\bar{\sigma}=\sum\sigma_i/k$、$\bar{\varepsilon}=\sum\varepsilon_i/k$；

k——施力级数。

用拟合法测得的弹性模量，必须按式(7.4－6)计算拟合直线的斜率变度系数 V_1，若其值在 2% 以内，则试验结果有效。

$$V_1=\left[\left(\frac{1}{r^2}-1\right)/(k-2)\right]^{1/2}\times 100\% \tag{7.4-6}$$

式中：$r^2=\left[\sum(\varepsilon_i\sigma_i)-\dfrac{\sum\varepsilon_i\sum\sigma_i}{k}\right]^2\Big/\left\{\left[\sum\varepsilon_i^2-\dfrac{(\sum\varepsilon_i)^2}{k}\right]\left[\sum\sigma_i^2-\dfrac{(\sum\sigma_i)^2}{k}\right]\right\}$

μ 的测定一般也采用图解法或拟合法。在测试样纵向伸长的同时，又测试样的横向缩短，从而求出纵、横向的应变并计算出 μ。试验方法参见 GB/T 22315《金属材料　弹性模量和泊松比试验方法》。

弹性模量和泊松比的测定也可用电测法，即用电阻应变片同时测定纵、横向应变。然后由所测数据按式(7.4－2)和式(7.4－3)计算出 E 和 μ。

4. 高温短时拉伸试验

高温短时拉伸试验主要是测定金属材料在高于室温(一般在 100～1100℃范围)下的规定非比例伸长应力 R_P、规定残余伸长应力 R_r、屈服点 R_{eL}、抗拉强度 R_m、断后伸长率 A 和断面收缩率 Z 等性能指标，在各种类型拉力试验机上加装加热装置及测量和控制温度的仪表等就可进行试验。试验技术条件参照 GB/T 4338《金属材料　高温拉伸试验方法》。

7.4.2　硬度试验

硬度是衡量金属材料软硬程度的一种性能。它表示在金属材料表面局部体积内抵抗弹性变形、塑性变形或破断的能力，是表征材料性能的一个综合的物理量。

硬度试验设备简单，操作迅速方便；试验时一般不破坏零件或构件，因而大多数机件可用成品试验而无需专门加工试样；被测物体可大可小，小至单个晶粒；不管是塑性材料，还是脆性材料均可进行试验。因此，在工程上被广泛地用以检验原材料和热处理件的质量，鉴定热处理工艺的合理性以及作为评定工艺性能的参考。

1. 布氏硬度试验

试验原理和试验方法见本书第二篇 2.2.5 节。

2. 洛氏硬度试验

洛氏硬度试验的优点是操作简便迅速，压痕较小，几乎不伤工件表面；采用不同标尺可测定各种软硬不同的材料和厚度不一的试样的硬度值。但由于压痕较小，代表性差，往往使所测硬度值重复性差，分散度也大。

洛氏硬度试验原理和试验方法见本书第二篇 2. 2. 5 节。

3. 维氏硬度试验

试验原理和试验方法见本书第二篇第 2. 2. 5 节。

4. 肖氏硬度试验

试验方法见本书第二篇第 2. 2. 5 节。

5. 显微硬度试验

显微硬度试验是研究金属微观区域性能的一种手段，广泛用于测定一个极小区域内(例如金属中单个晶粒、夹杂物或某种组成相)的硬度以及研究金属化学成分、组织状态与性能的关系。

目前应用较广的是显微维氏硬度，其次是努氏硬度和划痕硬度。显微维氏硬度的试验原理、定义和计算公式与上述维氏硬度试验相同。其试验力的范围为 $9.807\times10^{-2}\sim1.961$N。压痕对角线长度以 μm 计量。显微维氏硬度仍用 HV 表示，试验方法参见 GB/T 4340. 1《金属维氏硬度试验　第 1 部分：试验方法》。

试验结果表明，在显微硬度试验中，试验力的选择很重要，过大或过小均将影响试验结果。

6. 高、低温硬度试验

试验方法见本书第二篇第 2. 2. 5 节。

7. 4. 3　压缩、弯曲和剪切试验

1. 压缩试验

压缩试验是在轴向静压力下测定材料力学性能的方法。实际上，压缩与拉伸仅仅是受力方向相反。因此，金属拉伸试验时所定义的力学性能指标和相应的计算公式，在压缩试验中基本上都适用。但应当用压缩率代替伸长率，断面扩大率代替面收缩率。当然，压缩试验与拉伸试验也存在重要差别，如力 - 变形曲线及断裂形态等。金属的压缩曲线见图 7. 4 - 11。压缩试验一般用于脆性材料(应力软性系数 $\alpha=2$)。与拉伸试验相似，压缩试验可测定材料在压缩状态下的屈服点 σ_{sc}、规定非比例压缩应力 σ_{pc}、规定总压缩应力 σ_{tc}、抗压强度 σ_{bc}和压缩弹性模量 E_c等。试验方法参见 GB/T 7314《金属材料　室温压缩试验方法》。图 7. 4 - 13 中 F_{bc}为最大压缩力，F_f为脆性材料断裂力。

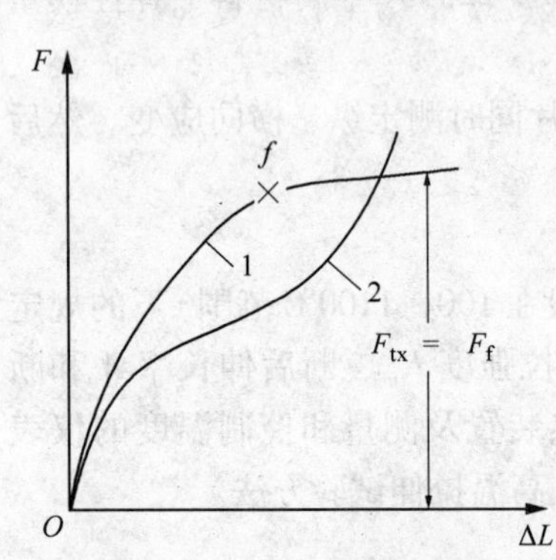

图 7. 4 - 11　金属压缩曲线

1—脆性材料；2—塑性材料

压缩试验用的试样通常为圆柱体。其形式和尺寸视材料的组织均匀性和试验目的而定。一般取试样原始直径 $d_0=(10\sim20)$mm。对仅测抗压强度的试样，取试样长度 $L=(1\sim2)d_0$；对测规定非比例压缩应力和弹性模量的试样，取 $L=(5\sim8)d_0$；如测其他性能指标的，则取 $L=(2.5\sim3.5)d_0$。

也可采用正方形柱体试样。但不管哪种形式试样，试样两端必须经研磨平整，互相平行，且端面垂直于轴线。试样尺寸 L/d_0对压缩变形量和变形抗力均有很大影响。为使试验

结果能相互比较，必须采用相同的L/d_0值。此外，试样端部的摩擦力不仅影响试验结果，而且会改变破裂形式，因此，应尽量设法减小。

2. 弯曲试验

弯曲试验的加载方式通常有两种：一为三点加载；另一为四点加载，见图 7.4-12。一般采用前者。试验时，测定试样中点在弯矩 M 作用下产生的挠度 f，并绘制 $M-f$ 曲线，称为弯曲曲线。塑性材料的弯曲曲线见图 7.4-13。根据弯曲曲线可计算出金属弯曲时的各项强度指标。

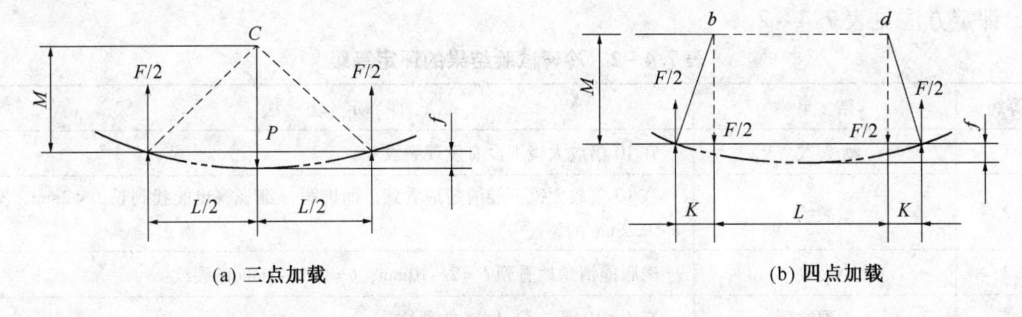

图 7.4-12 弯曲加载示意图

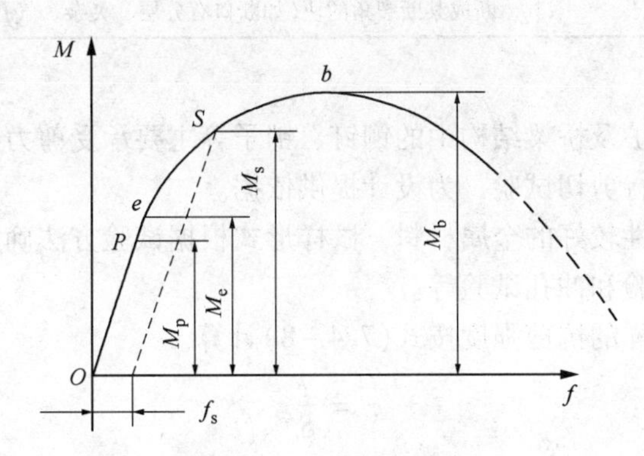

图 7.4-13 弯曲曲线

1）脆性材料的弯曲试验

脆性材料材质较硬，在其弹性变形阶段或在产生极少量的塑性变形时即破断。其抗弯强度σ_{bb}(Pa)可由式(7.4-7)计算：

$$\sigma_{bb} = \frac{M_b}{W} \tag{7.4-7}$$

式中 M_b——破断弯矩，对三点加载$M_b = \frac{1}{4}F_b\mathrm{L}$，其中$F_b$为破断力，$L$为跨距；对四点加在载，$M_b = \frac{1}{2}F_b\mathrm{K}$，$K$为力作用点到支点的距离，见图 7.4-12。

W——弯曲截面系数。对圆形截面，$W = \frac{\pi d_0^3}{32}$，其中d_0为试样直径；对矩形截面，$W = \frac{1}{6}b_0h_0$，其中b_0、h_0分别为试样宽度和厚度。

而挠度f则由挠度仪或百分表测量。

铸铁件的抗弯强度主要取决于金属的表面部分，故其标准试样应保留浇铸表面。

淬火工具钢，尤其是硬质合金，由于硬度高，加工困难，一般都采用矩形截面小试样，且仅测其横向断裂强度(抗弯强度)。

2) 冷弯试验

冷弯试验是在室温下测定金属弯曲变形性能并显示其缺陷的试验方法。

试验时，试样在规定的条件下弯至规定角度，根据试样表面有无裂纹、断裂、起皮等破坏情况来评定。试验条件依材料及试样厚度不同而异，具体要求可参见 GB/T 232《金属材料弯曲试验方法》。

评定方法见表7.4－2。

表7.4－2 冷弯试验结果的评定等级

等级	结 果	评 定 方 法
1	无裂纹	在10倍放大镜下没有发现裂纹
2	微裂纹	在10倍放大镜下能清楚地看到，而肉眼仔细观察也能找到长 $L<2$mm，宽 $b<0.2$mm 的裂纹
3	小裂纹	肉眼能清楚地看到 $L=2\sim10$mm，$b=0.1\sim1$mm 的裂纹
4	大裂纹	有 $L>10$mm、$b>1$mm 的裂纹
5	断裂	断成某断裂角的块(如断口有分层、夹杂、气孔等缺陷应注明)

3. 剪切试验

有些机件如蒸汽锅炉及桥梁结构中的铆钉、销子等主要承受剪力的作用，所以对这些机件所使用的材料必须进行剪切试验，为设计提供依据。

剪切试验适用于塑性较好的金属材料，试样形式根据试验方法确定。常用的剪切试验方法有单剪试验、双剪试验和冲孔试验等。

(1) 单剪试验 试样的抗剪强度按式(7.4－8)计算。

$$\tau = \frac{F}{S_0} \tag{7.4-8}$$

式中 τ——抗剪强度，MPa；

F——试样剪断时的最大力，N；

S_0——试样原始横截面积，mm²。

(2) 双剪试验 是最常用的剪切试验，试样一般为圆柱体，直径为 $d_0=5\sim15$mm。抗剪强度按式(7.4－9)计算。

$$\tau = \frac{F}{2S_0} \tag{7.4-9}$$

(3) 冲孔试验 适用于金属薄板。抗剪强度按式(7.4－10)计算。

$$\tau = \frac{F}{\pi d_0 t} \tag{7.4-10}$$

式中 d_0——冲孔直径，mm；

t——试样厚度，mm。

7.4.4 冲击试验

金属材料在使用过程中除要求有足够的强度和塑性外，还要求有足够的韧性。材料的韧性与加载速度、应力状态及温度等有很大关系。为了能敏感在显示出材料的化学成分、金相组织和加工工艺的微小变化对其韧性的影响，应使材料处于韧、脆过渡的半脆性状态进行试验。因此，通常采用带缺口试样，使其在冲击负荷下折断来获得材料的冲击韧度。

冲击试验方法很多，目前常用的有两种类型：一是简支梁式冲击弯曲试验；一是悬臂梁式冲击弯曲试验。前者称为夏比冲击试验，后者称为艾氏冲击试验。

冲击试样的断口情况对材料是否处于脆性状态的判断很重要。断口在宏观上大体可分为纤维状、晶状（细晶状或粗晶状）及混合型（纤维状和晶状相混合）三种。

1. 常温冲击试验

是将具有规定形状和尺寸的试样，在摆锤式冲击试验机上测定试样在一次冲击截荷作用下折断时冲击吸收功的试验方法。试样基本类型有U型缺口试样（见GB/T 229《金属材料　夏比摆锤冲击试验方法》）和V型缺口试样（见GB/T 229）两种。

当试样在一次冲击载荷作用下折断时，所吸收的能量称为冲击吸收功，以A_K表示，单位为焦尔。材料的冲击韧度α_K（J/cm²）由式（7.4－11）计算。

$$\alpha_K = \frac{A_K}{S_0} \tag{7.4-11}$$

式中　S_0——为试样缺口底部处横截面面积，cm²。

对于U型或V型缺口试样，分别用α_{KU}或α_{KV}表示。

冲击试样的几何形状及取样方向、缺口底部的粗糙度、冲击加载速度以及试验温度等都影响试验结果，试验时应于重视。

2. 低温冲击试验

低温冲击试验是将试样置于规定温度的冷却介质中冷却，然后进行试验，测定其冲击韧度值。如果在系列温度下进行试验，可得到不同温度下的冲击吸收功。材料的系列冲击曲线见图7.4－14。图中的$T_1 \sim T_5$分别为塑性断裂转变准则、断口形貌转变温度准则、平均能量准则、确定能量值的准则和无延性转变温度准则评定的脆性转变温度。从曲线中可确定材料由韧性状态转变为脆性转变温度（NDT）。材料在试验温度下是呈韧性还是脆性，还可从断口、斜裂角及试样侧面的横向收缩（或膨胀）等特征来判断。断口上晶状区所占比率越大，晶粒越粗，则脆性也越大。

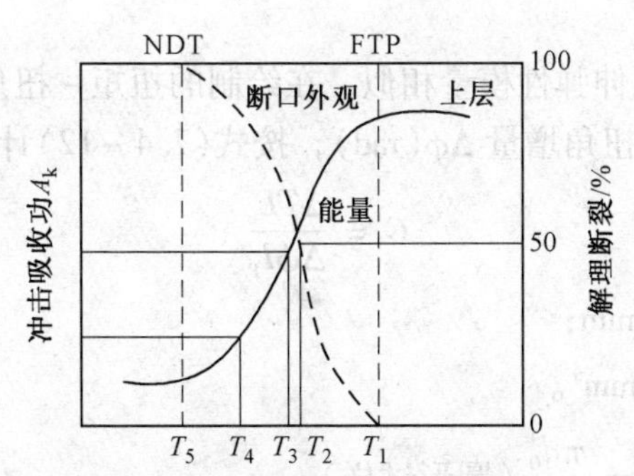

图7.4－14　材料的系列冲击曲线

NDT—无延性转变温度；FTP—塑性断裂转变温度

低温冲击试验用试样及试验机等都与常温试验相同。所不同的是必须附有足够容量的试样冷却装置的低温槽，且应能对槽内的冷却介质进行均匀搅拌，以使试样均匀冷却。也可在专门的高、低温冲击试验机上进行。具体试验要求参见GB/T 229。

3. 高温冲击试验

高温冲击试验与低温冲击试验本质上是一致的。只要在普通的冲击试验机上配上加热装置及测量和控温仪器即可进行试验(也可在专用试验机上进行)。一般试验温度低于200℃时，试样可在液体介质中加热，当试验温度超过200℃时，一般用气体介质加热炉加热试样。无论采用何种加热装置。都应通过温度控制系统将试验温度控制在所规定的温度范围内，其温度波动、温度梯度以及在不同温度下的过热度都必须符合GB/T 229中的规定。

由于大多数钢在高温下出现两个脆性区，即兰脆区和重结晶脆性区。因此高温冲击试验除了测定规定温度下材料的冲击韧度外，还经常进行高温系列冲击试验，并绘制出冲击吸收功与温度关系曲线。

7.4.5 扭转试验

扭转试验除了可测定材料在扭矩作用下的力学性能指标外，往往作为评价材料塑性的手段，特别是对拉伸时呈脆性的材料，这是比较其塑性的最好方法。

1. 扭转曲线

若把一对扭矩 T 施加于一圆柱形试样的两端，试样将产生一扭角 ϕ(标距为 L_0 的两截面的相对扭转角)。ϕ 随 T 的增加而增大。如把 T 和相对应的的 ϕ 绘成曲线，该曲线即称为扭转曲线，见图7.4－15。试验时，一般测定材料在扭矩作用下的规定非比例扭转应力、抗扭强度、切变模量以及塑性变形能力等。扭转试验的技术条件参见GB/T 10128《金属材料　室温扭转试验方法》。

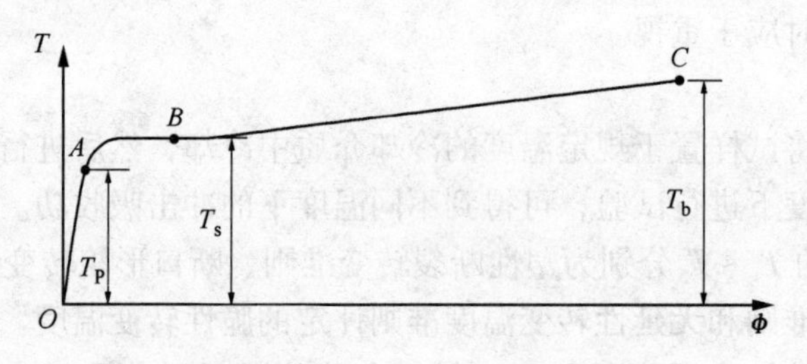

图7.4－15　低碳钢的扭转曲线

2. 金属材料扭转时抗力指标的测定

1) 切变模量

(1) 图解法　与测定拉伸弹性模量相似，在绘制的扭矩－扭角曲线的弹性直线段上，读取扭矩增量 ΔT(N·mm)和扭角增量 $\Delta\phi$(rad)，按式(7.4－12)计算得切变模量 G(MPa)。

$$G = \frac{\Delta T L_e}{\Delta\phi I_P} \tag{7.4-12}$$

式中　L_e——扭角计标距，mm；

I_P——截面惯性矩，mm^4。

$$I_P = \frac{\pi d_0^4}{32}\text{(圆形试样)；}$$

$$I_P = \frac{\pi d_0^3 a_0}{4}\left(1 - \frac{3a_0}{d_0} + \frac{4a_0^2}{d_0^2} - \frac{2a_0^3}{d_0^3}\right)\text{(管形试样)。}$$

式中　d_0、a_0——分别为管形试样的外径和壁厚。

(2) 逐级加载法。对试样先施加不超过预期规定非比例扭转应力 $\tau_{p0.015}$ 的10%的预扭矩。在弹性范围内，用不少于5级等扭矩对试样加载，在10s内读数，记录每级扭矩和相应的扭角，计算平均每级扭角增量，按式(7.4－12)计算 G 值。

2）规定非比例扭转应力

测定规定非比例扭转应力 $\tau_{p\varepsilon}$ 和测定规定非比例伸长应力 $\sigma_{p\varepsilon}$ 相似，也采用图解法和级施力法。

（1）图解法　在扭矩－扭角曲线上，确定弹性直线段，用平行线法求得 $T_{p\varepsilon}$ 值，按式（7.4－13）计算规定非比例扭转应力 $\tau_{p\varepsilon}$。

$$\tau_{p\varepsilon} = \frac{T_{p\varepsilon}}{W_p} \tag{7.4-13}$$

式中　$\tau_{p\varepsilon}$——规定非比例扭转应力，MPa；

$T_{p\varepsilon}$——扭矩 N·mm；

W_p——抗扭截面模数，$W_p = \frac{2I_p}{d_0}$，mm^3。

（2）逐级施力法。试验时，对试样施加初扭转应力 τ_0，在相当于预期规定非比例扭转应力 $\tau_{p0.015}$ 的 70%～80% 之前，加大等级扭矩，以后加小等级扭矩（一般以≯10MPa 的扭转应力增量），在 10s 内读取各级扭矩和扭角，从中减去弹性部分扭角，求出非比例部分扭角，试验到该扭角等于或稍大于所规定的数值为止，用内插法求出 $T_{p\varepsilon}$ 值，按式（7.4－13）计算 $\tau_{p\varepsilon}$ 值。

3）扭转屈服点

用图解法或指针法测定，当首次扭角增加而扭矩不增加时的扭矩为屈服扭矩 T_s 或首次下降前的最大扭矩为 T_{SU}，屈服阶段中最小扭矩为下屈服扭矩 T_{SL}，上述测得的扭矩除以抗扭截面模数 W_p，便可得到扭转屈服点 τ_S、上屈服点 τ_{SU}、下屈服点 τ_{SL}。

4）抗扭强度

试验时，施加扭矩直至试样断裂，记下断裂前的最大扭矩 T_b，由式（7.4－14）计算抗扭强度 τ_b。

$$\tau_b = \frac{T_b}{W_p} \tag{7.4-14}$$

5）最大非比例切应变

试验时，绘制出扭矩－扭角曲线，过曲线上断裂点作与弹性直线段的平行线，与横坐标轴的交点即为 φ_{max} 值，按式（7.4－15）计算 γ_{max}：

$$\gamma_{max} = \arctan\left(\frac{\varphi_{max} d_0}{2L_e}\right) \times 100\% \tag{7.4-15}$$

7.4.6　高温力学性能试验

1. 高温蠕变试验

蠕变试验是测定材料在给定温度和应力下抗蠕变变形能力的一种试验方法。试验温度和所施加的应力对试验结果影响较大。试验技术条件参见 GB/T 2039《金属拉伸蠕变及持久极限试验方法》。

1）蠕变曲线

在规定温度和给定应力下测定试样的轴向伸长。从施加试验力开始，每隔一定时间测定一次变形，可以给出试样变形随时间逐渐增加的曲线，称为蠕变曲线。蠕变曲线一般可分为三个阶段：蠕变第一阶段，也称减速蠕变阶段；蠕变第二阶段，也称恒速蠕变阶段；蠕变第三阶段，也称加速蠕变阶段。随着试验温度和应力的不同，蠕变曲线有不同的形状。温度较低、应力较小时，第二阶段的时间长一些；在高温高应力下，第二阶段较短，甚至不会出现。

2）蠕变极限

在规定温度和应力下，单位时间内单位长度的蠕变变形，也即给定时间内蠕就曲线的斜率称为蠕变速率，用%/h表示。在试验中，一般只测定蠕变第二阶段的蠕变速率。所谓蠕变极限是指在一定温度下，第二阶段蠕变速率到达某规定值时的应力，记为σ_V^T。上标T表示试验温度(℃)。下标V表示规定的蠕变速率。蠕变速率和试验应力有如下关系：

$$V = K\sigma^n \tag{7.4-16}$$

式中　K、n——材料常数。

对式(7.4-16)两边取对数，即可求出任意规定的蠕变速率下的蠕变极限。通常用作图法求出蠕变速率为10^{-5}%/h所对应的应力即为材料的蠕变极限。

2. 高温持久强度试验

1）试验方法

持久强度是指材料在一定的温度下，在规定期限内断裂的应力，这是材料抗高温断裂能力的衡量指标。持久强度试验是在一定的应力下测定试样断裂时间的试验，其试验方法参见GB/T 2039。试验时，在给定温度T下给试样施加一定的应力σ，可得到该试样至断裂的时间t。应力不同，断裂时间也不同。然后根据试验数据绘制出各温度下的$\sigma-t$曲线。再根据曲线外推出各种温度下到达规定断裂时间的应力，即持久强度极限，记为σ_t^T，上标T表示试验温度(℃)。下标t表示时间。试验时，选取的试验应力愈接近材料的持久强度极限，则试验结果的精确度愈高。

2）数据处理与外推

在进行试验时要直接得到长达10^5h的数据是困难的。因此，总是以较高的温度或较大的应力做较短时间的试验，然后根据试验数据再求得所需温度下长时持久强度，这种处理方法就是外推。

(1)等温线法　当温度恒定时，应力与断裂时间在双对数坐标上成直线关系，其数学表达式

$$t = A\sigma^{-B} \tag{7.4-17}$$

式中　A、B——与材料和试验温度有关的常数。

式(7.4-17)两边取对数，则可得到直线方程。将应力及其对应的断裂时间最小二乘法进行线性拟合(或作图)即可绘制出$\sigma-t$曲线，见图7.4-16。将此直线延长到10^5h，其所对应的应力即为10^5h的持久强度极限。

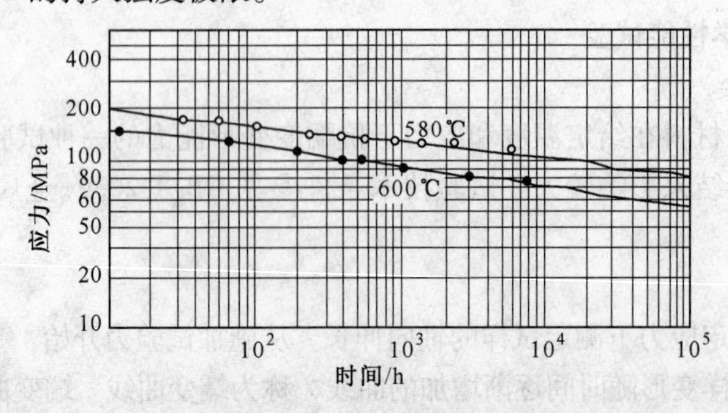

图7.4-16　12Cr1MoV钢$\sigma-t$曲线

(2)时间-温度参数法。通过长时持久试验结果发现，试验数据在双对数坐标上并不总是遵循线性分布，而是成曲线。也就是说直线发生转折现象。在此情况下，若采用直线外

推，得到的结果将有较大的偏差。时间-温度参数法的基本出发点是提高试验温度以缩短试验时间，即由较高温度下的短时试验数据，推算出较低温度下的长时持久强度极限。

时间-温度参数公式很多，目前较常用的有：

L-M 公式

$$p(\sigma)=T(c+\lg t) \tag{7.4-18}$$

K-D 公式

$$p(\sigma)=te^{-\frac{Q}{RT}} \tag{7.4-19}$$

式中　T——以热力学温度表示的试验温度，K；

t——断裂时间，h；

R——气体常数；

Q——材料常数，表示蠕变激活能；

c——常数，通常为20；

$p(\sigma)$——应力函数，称为时间-温度参数。

由式(7.4-18)、式(7.4-19)可看出，参数 $p(\sigma)$ 只决定于应力，应力一定时，$p(\sigma)$ 值就确定了，但对应的时间和温度可以变化。因此，高温下的短时试验与低温下的长时试验可以对应于同一参数值。在 $\lg\sigma-p(\sigma)$ 关系图上，不管试验在什么温度下进行，所有的试验数据点都将落在同一曲线上。

试验时，可在材料的使用温度至高于使用温度50～100℃的范围内选择几档作为试验温度，在各温度下采用不同的试验应力，只要各试样的断裂时间在100～1000h 范围内比较均匀分布即可，然后将所得的断裂时间连同它对应的应力和温度值代入式(7.4-18)或式(7.4-19)中，即可求得 $p(\sigma)$ 值。

7.5　无损检测

7.5.1　概述

无损检测(NDT)是指不损伤或不破坏材料或构件的情况下，对其质量和安全性实行评价及性能测定的各种检测技术。设备在制造过程中，材料或构件可能产生各种缺陷，诸如裂纹、疏松、气孔、夹渣、未焊透或脱粘等；在使用过程中，又由于应力、疲劳、腐蚀等因素的影响，各类缺陷还会不断产生或扩展。现代无损检测技术，不仅要判断缺陷是否存在，并要对缺陷的性质、形状、大小、位置、取向等作出定性、定量的评定，进而分析缺陷的危害程度。

在工业生产中，无损检测技术是检查材料性能，控制产品质量的一项非常方便和有用的技术。该技术检验速度快并对产品无损伤，可用于对产品进行抽检和逐个检查，或用于在线检验。无损检测也可用于测量电性能、磁性能、热性能、力学性能、表面性能，用于显微结构和晶粒结构及取向的分析，并可测定厚度或密度和尺度的变化等。

目前国际上经常使用并含义相近的技术术语还有：无损检验(NDI)、无损评价(NDE)；NDT 泛指对材料或构件的各种检测，NDI 多指验收和在役检验，NDE 是更高层次的发展，着重对缺陷危害程度的评价。

1. 无损检测方法的分类与特点

凡是能对材料或构件实行无损检测的各种力、声、光、热、电、磁、化学、电磁波或核辐射等方法，广义上都可以认为是无损检测方法。主要的无损检测方法及其特点见表7.5-1。

通常，人们将超声、射线、磁粉、渗透、涡流等五种方法，称为常规无损检测方法；此外，正在不断发展的其他无损检测新技术有：声发射、激光全息、红外、微波等。

表7.5-1 主要无损检测方法的适用性和特点

序号	检测方法	缩写	适用的缺陷类型	基本特点
1	超声探伤法	UT	表面与内部缺陷	速度快，平面型缺陷灵敏度高
2	射线探伤法	RT	内部缺陷	直观，体积型缺隔灵敏度高
3	磁粉探伤法	MT	表层缺陷	仅适于铁磁件材料的构件
4	渗透探伤法	PT	表面开口缺陷	操作简单
5	涡流探伤法	ET	表层缺陷	适于导体材料的构件
6	声发射检测法	AE	缺陷的萌生与扩展	动态检测与监测

2. 主要的缺陷类型和适用的NDT方法

通常各种缺陷可分为体积型和平面型两大类。不同类型的缺陷所适用的无损检测方法也是不同的。体积型缺陷主要有：疏松、夹渣、缩孔、孔洞或气孔、腐蚀磨损及腐蚀锈斑等，其适用的NDT方法有：目视法(表面)、渗透法(表面)、磁粉法(表面和近表层)、涡流法(表面和近表层)、微波法、超声波法、X射线CT法、中子射线法、激光全息法、红外法等。平面型缺陷主要有：发纹、夹层、未焊透、未溶合，锻造和轧制折迭、浇铸的不连续面、热处理裂纹、电镀裂纹、磨削裂纹、疲劳裂纹、应力腐蚀裂纹及焊接裂纹等，其适用的NDT方法有：目视法、磁粉法、涡流法、微波法、超声波法：声发射法及红外法等。

各种无损检测方法，除了主要用于探伤外，有些方法还可以用于材料或构件的性能测定，如超声波、射线、涡流、微波等方法可用于厚度测量：超声波、涡流、微波等方法电可以测量硬度及密度不均匀和用于材质的分选，此外，微波法也可用于监测湿度(含水量)、固化度、化学成分和化学反应等。

7.5.2 超声波探伤法

超声波一般是指频率高于20kHz人耳不易听到的机械波。高频的超声波波束具有光学相近的指向性，故可用于探伤。

超声波探伤法(UT)，是根据超声波在材料或构件中定向传播时，由于缺陷引起超声波的反射、散射或衰减，来判定缺陷的部位、大小、性质和危害程度的方法。

超声波探伤与射线无损检测手段主要特点对比列于表7.5-2。

表7.5-2 超声波和射线探伤的对比

方法	可测厚度	成本	速度	对人体	敏感的缺陷类型	显示特点
超声波	大	低	快	无害	平面型缺陷	当量大小
射线	较小	高	慢	有害	体积型缺陷	直观形状

1. 超声波探伤法的物理基础

1) 超声波的产生和基本参数

(1) 超声波的产生

超声波是一种机械波，其产生的必要条件是：第一，要有波源；第二，要有能传播机械振动的弹性介质。探头(更确切地讲是探头中的晶片)是产生超声波的波源。

超声波的基本参数为：振幅 A_m、频率 f、周期 T、波长 λ、波速 C，它们之间有如下关系：

$$f = \frac{1}{T} \tag{7.5-1}$$

$$C = f\lambda \tag{7.5-2}$$

介质中超声波的频率 f 或周期 T 取决于超声波源的振动频率和周期；而介质中的波速 C 则由介质的性质和波的类型所确定。

2）超声波的波型和波速

固体介质局部变形时，不仅产生体积变形，而且产生剪切变形，故可激发出纵波与横波两波。在一定条件下，还会在固体自由表面出现沿表面传播的表面波和沿薄板整体传播的兰姆波。在液体和气体中只能传播纵波，若纵波速度为 C_L，横波速度为 C_S，表面波速度 C_R，在同一介质中一般有：

$$C_S \approx 0.55 C_L \tag{7.5-3}$$

$$C_R \approx 0.9 C_S \tag{7.5-4}$$

波速既取决于波的类型、介质的弹性，也与介质的密度有关（亦与温度有关）。在常见材料中的波速见表 7.5-3。

表 7.5-3　在常见材料中的波速　m/s

材　料	纵波速 C_L	横波速 C_S	表面波速 C_R
空气	340	—	—
水(20℃)	1480	—	—
油	1400	—	—
甘油	1920	—	—
铝	6320	3080	2950
铜	5900	3230	3120
黄铜	4280	2030	1830
有机玻璃	2730	1430	1300

3）超声场的结构

在垂直于探头晶片中心轴线上，声压 P 的分布规律为

$$P = 2P_o \sin\left[\frac{\pi}{\lambda}\left(\sqrt{\frac{A}{\pi} + S^2} - S\right)\right] \tag{7.5-5}$$

式中　P_o——波源的声压；

λ——波长；

A——晶片面积；

S——声程，即声场中心轴线上离开波源的距离。

以近场长度 N 为界线，将超声场分为近场区和远场区。近场区长度

$$N = \frac{D^2 - \lambda^2}{4\lambda} \tag{7.5-6}$$

式中 D——晶片直径；

λ——波长。

近场区中，声压起伏很大，难以用来评价缺陷的大小，故探伤时要避开这个区域。远场区中，声压 P 与声程 S 间呈单调下降关系，故在远场区可实行探伤。

在远场区，当相当于中心轴线上的功率降低一半时，相对的主瓣声束的半扩散角 γ_0 为：

$$r_o = \arcsin(\frac{1.2\lambda}{D}) \tag{7.5-7}$$

探头的超声场能量集中并向某一方向强烈辐射的现象，称为探头的指向性。超声波探伤正足利用探头指向性来实现的。

4）超声波的传播

(1) 界面反射和折射。当超声波传播到不同介质之间的界面时，会产生反射和折射，并可能发生波型转换。若从介质 1 向界面入射一束纵波，则在介质 1 中会产生一束纵波折射和一束横波反射，而在介质 2 中会产生一束纵波折射和一束横波折射；在一定条件下还会产生表面波。

在同一介质内的纵波反射，反射角高于入射角，波速不变。在不同介质界面上，无论是反射或折射，都满足所谓“正弦定律”。

(2) 超声波在固体中的衰减。超声波衰减的主要原因：一是非平面波束随着距离增加而扩散；二是材料对超声波的散射或吸收所造成的。同一介质的吸收衰减，表面波最大，横波次之，纵波最小。

声压在介质中的衰减规律可表示为：

$$P_x = P_o e^{-\alpha x} \tag{7.5-8}$$

式中 P_o、P_x——始点和传播 x 距离后的声压；

α——衰减系数。

2. *超声波探伤仪系统*

超声波探伤仪系统由超声波探伤仪和探头两部分构成。其中，常用的超声波探伤仪为脉冲反射式，又可分为 A 型显示和平面显示两个基本类型。探头主要有直探头、斜探头和双晶探头等类型。

1）超声波探伤仪

(1) A 型显示探伤仪。以显示器的 x 轴为超声波传播时间，y 轴为超声波幅度，这种显示方式称为超声波的 A 型显示。用缺陷回波高度 h_F 来判定缺陷的当量大小。在相同条件下，以平底试块为基础，实际缺陷反射波与平底孔反射波的相对大小即为缺陷当量大小。

(2) 平面显示探伤仪。平面显示包括 B 型显示和 C 型显示。B 型显示是能对试件的某一纵断面声像进行显示的方式。C 型显示，能显示探头声束轴线上某一距离的横断面声像。为了能整体地显示缺陷在空间的特征，又开发了准三维显示技术。各种显示的基本特点见表 7.5-4。

表 7.5-4 超声波探伤仪的显示特点

类　型	显示内容	显示或成象时间	机械扫查范围
A 型显示	缺陷当量大小	最快	不用
B 型显示	缺陷纵剖面声像	较慢	一维空间

续表 7.5－4

类　型	显示内容	显示或成象时间	机械扫查范围
C 型显示	缺陷横断面声像	最慢	两维空间
准三维显示	缺陷三维空间声像	最慢	两维空间

2）超声波探头

（1）直探头。能产生纵波，其发射接收较容易，穿透能力强，用途最广。主要由压电晶片、吸收快、保护膜等构成。

（2）斜探头。斜探头分为横波探头、表面波探头和兰姆波探头，由其压电晶片产生纵波。横波多用于焊缝探伤；表面波对表面缺陷非常敏感，分辨力也优于横波和纵波；兰姆波能整体地检验薄的板或带。

（3）组合探头。是由两片以上的晶片构成的探头，如双晶直探头，双晶斜探头，多频探头和阵列探头等。双晶直探头主要用于测试构件的夹层缺陷或厚度，双晶斜探头可减小发射脉冲的阻塞作用，有利用近距离的缺陷探伤，双晶直探头还可用于测厚。

3. 超声波探伤法的分类与应用

1）超声波探伤法的分类

按发射波的形状、使用的波型、探头的种类、发射与接收连接方式等，常用超声波探伤法的分类见表 7.5－5。

表 7.5－5　常用超声波探伤法的分类

- 脉冲法
  - 单探头
  - 双探头
    - 反射法
      - 电磁超声法 …… 高温或粗糙表面非接触法探伤
      - 接触法
        - 斜角探伤法
          - 板波 …… 探薄板、薄壁管及复合材料
          - 表面波 …… 探表面及近表面缺陷
          - 横波 …… 探焊缝及纵波不易发现的缺陷
        - 垂直探伤法
          - 纵波 …… 工件内部缺陷的检查及测厚
    - 穿透法 …… 探衰减大的工件或分层性缺陷
- 连续法
  - 共振法 …… 测厚及测腐蚀量

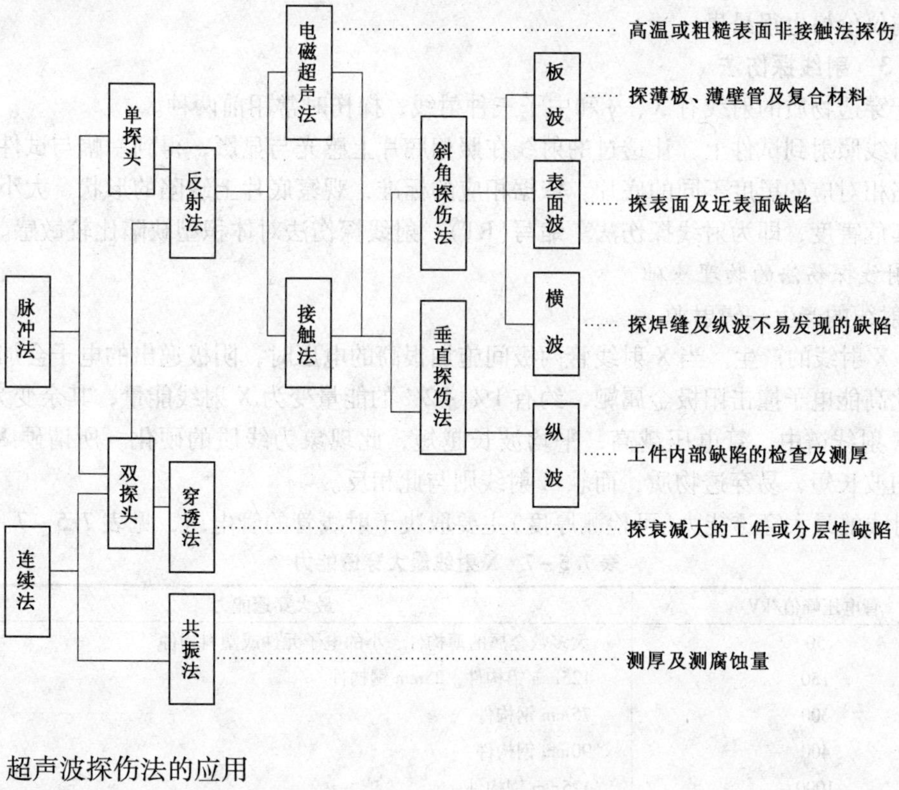

2）超声波探伤法的应用

超声波探伤法的主要应用见表 7.5－6。

表 7.5-6 超声波探伤法的应用

方法与设备	主要应用范围
纵波法(A 型脉冲反射式探伤仪、接触式或液浸式耦合)	锻件粗加工后的预检及热处理与精加工后的检验。 大型铸件的质量评定(利用底波衰减程度及缺陷波的有无)。 大型钢板的分层和夹渣等缺陷。 钢坯中的冶金缺陷检验(灵敏度高、速度快)。 大型设备的关键零部件，在定期检修时，在不拆卸和少拆卸情况下的检验、厚度测量(利用脉冲反射的底波时差)；硬度测量(利用谐振波的频率变动)
横波法 (仪器和耦合方式同上)	检验板厚在 6mm 以上的对接焊缝，尺寸较大的管接头角焊缝和 T 型焊缝，可发现裂纹、未焊透、未熔合等危险性缺陷。 检验高强度焊缝，可发现应力裂纹。 可检验管材和棒材的表面和内部裂纹、折轶和夹渣等。 横波法对裂纹等片状缺陷的检验具有灵敏度高、操作简便、成本低等特点
表面波法 (仪器和耦合方式同上)	检验光滑表面试件如涡轮叶片、火车车轴和螺旋等的表面疲劳裂纹，灵敏度高。有利于对复杂曲面的探伤
兰姆波 (仪器和耦合方式同上)	能发现厚度在 4mm 以下的薄板的夹层或裂纹缺陷(可激励薄板实现整体振动)。 适于对薄的冷轧板或带实行连续快速自动化检验

4. 超声波探伤法的特点

1）优点：可检测的材料类型和厚度范围很广；适于自动化探伤和微机数据处理；可获得缺陷的当量大小、尺寸、深度、位置或类型等多方面信息：检验速度快；检验成本低。

2）缺点：对探伤人员的知识和技能要求很高；所显示的图行有时难以解释与判定；先进的探伤仪价格也很昂贵。

7.5.3 射线探伤法

易于穿透物质的射线有 X、γ 和中子三种射线，探伤时常用前两种。

将射线照射到试件上，让透过的射线在照相底片上感光与显影，得到一幅与试件内部结构或缺陷相对应的黑度不同的底片，依据相应的标准，观察底片上缺陷的形状、大小和分布并评定其危害度，即为射线探伤法。缩写(RT)。射线探伤法对体积型缺陷比较敏感。

1. 射线探伤法的物理基础

1）射线的产生—辐射源

(1) X 射线的产生。当 X 射线管两极间施加很高的电压时，阴极逸出的电子会加速飞向阳极，此高能电子撞击阳极金属靶，约有 1% ~2% 的能量变为 X 射线能量，其余变为热能。

在 X 射线谱中，管电压越高，平均波长越短，此现象为线质的硬化。所谓硬 X 射线，是指平均波长短，易穿透物质；而软 X 射线则与此相反。

X 射线的最大穿透能力(可检测厚度)主要取决于射线管的管电压，见表 7.5-7。

表 7.5-7 X 射线最大穿透能力

管电压峰值/kV	最大穿透能力
50	大多数金属的薄构件，小的电子元件或塑料构件
150	125mm 铝构件，25mm 钢构件
300	75mm 钢构件
400	90mm 钢构件
1000	125mm 钢构件
8 ~25MeV①	250mm 钢构件

注：① 8 ~25MeV 电压，要有直线加速器来产生。

(2)γ射线的产生。γ射线是放射性原子核自然裂变辐射的电磁波。同位素裂变时其强度减半的时间称为半衰期。在无损检测中应用的射线源，其半衰期起码要几十天。能满足这个条件的同位素有^{60}Co(钴)、^{192}(铱)、^{137}(铯)、^{170}(铥)等，常用前两种同位素。

X射线和Y射线其特点各不相同，因X射线线源强度可调、图像对比度高、防护容易，多采用X射线。但在特殊场合，如石油化工行业的防爆区，因无电源，采用γ射线就比较合适。两种射线基本特点见表7.5-8。

表7.5-8　X射线和γ射线的基本特点对比

特点	线源强度	图像对比	线源尺寸	电源	防护
X射线	可调节	高	较大	有	较易
γ射线	固定	低	较小	无	较难

2）射线的衰减

射线贯穿试件时，会因吸收、散射而减弱。其减弱程度取决于试件厚度、材质、射线种类及缺陷的有无。

射线的衰减检测，除可用于探伤之外，还可用于厚度测量。用射线衰减测厚，又称同位素测厚法。

2. 射线探伤仪

1）小型化射线探伤仪

(1) X射线探伤仪。国产X射线探伤仪已系列化。型号有50kV、100kV、150kV、200kV、250kV、300kV、450kV等。射线管的焦点一般为2~4mm。

(2) γ射线探伤仪国产γ射线探伤仪，用^{60}Co、^{192}Ir同位素，可解决10~100mm厚的钢板探伤问题。

2)工业X射线电视

将透过试件的X射线转换为可见光，用电视摄像机摄像，通过观察显示器上的图像判段缺陷的有无。

通过数字图像增加技术，可提高图像的分辨率和对比度。

3)X射线CT技术

检测透过试件并经调制的X射线(即从试件的所有方向收集投影数据)，将多个一维投影数据重新构成原来试件在某一断层上的图像。

这种技术的最大优点是可测定缺陷的位置和空间尺寸。

3. 射线探伤方法

1）射线影像的质量因素

射线影像的质量由三个因素决定，即对比度、清晰度和颗粒度。

对比度，定义为射线照相影像的两个区域的黑度差。主要取决于缺陷的厚度、试件与缺陷的衰减系数差别、胶片质量及射线的散射性质。

清晰度，由影像的几何不清晰度(或称半影)来定量描述。主要取决于射线源的焦点尺寸和射线源与胶片之间焦距。

颗粒度，定义为射线照相影像黑度不均匀的视觉印象。除与胶片质量有关外，还取决于射线的能量和曝光量。

按所需要达到的底片影像质量，射线照相方法分为A级(普通级)、AB级(较高级)和B级(高级)。

2）像质计灵敏度

射线照相灵敏度，是综合评定射线照相质量的指标。目前各国普遍采用像质计灵敏度(即IQI灵敏度)。像质计亦称透度计，有线型、阶梯型、平板孔三类像质计。线型像质计简单，被很多国家在标准中采用，线型像质计用直径为试件厚度的2%或更细的金属丝，应在底片上分辨得出，以此来综合评定底片的对比度和清晰度。

4. 射线探伤法的特点

1）优点：可适用于几乎所有的材料；照相底片可永久保存；射线束类似光，具有直射性；可展示内部缺陷的外形；可检验管道或容器的环形焊缝。

2）缺点：射线探伤必须采取防护措施；成本高(包括胶片、暗室、化学药品等)；要求能在试件的两个侧面经行操作。

7.5.4 渗透探伤法

将渗透剂涂于试件被测面，当有开口缺陷时渗透剂就会渗透到其中，再涂显像剂，即可在合适光线下观察被放大了的缺陷显示痕迹，来判定缺陷的种类和大小，即为渗透探伤法(PT)。

这是一种最简单的无损检测方法，可检测表面开口缺陷，几乎适用于所有材质的试件和各种形状的表面。虽然这种方法比较古老，但它具有适用范围广、设备简单、操作方便、检测速度快等特点，所以至今还有广泛使用。

渗透探伤法所依据的基本原理，是利用液体表面张力对固体产生的浸润作用，以及液体的相互乳化作用等特性来实现探伤的。

1. 操作步骤

渗透探伤法的基本操作步骤见图7.5－1，主要包括：

1）表面清洗。去除开口缺陷附着的油脂、涂料、铁锈等污物。属于探伤前的预处理；

2）施加渗透剂。根据渗透剂种类、构件材质、预计的缺陷种类与大小，施加合用的渗透剂；

3）去除多余渗透液。清洗掉试件表面上多余的渗透液，以免造成假痕迹；

4）施加显像剂。在试件表面形成一层薄膜，由于毛细管作用，将残留在缺陷中的渗透剂吸出，形成足够大的显示痕迹。

2. 探伤方法和适用范围

1）探伤方法

主要分为荧光渗透法和着色渗透法两种。前者需要紫外线照射才能观察；后者只要在明亮的光线下即可观察，不需要暗室、电源等条件，故应用更为广泛。

还可按渗透剂种类或按显像方法分类，见表7.5－9、表7.5－10。

近年来所开发的探伤剂，多将清洗剂、渗透剂、显像剂合为一体。

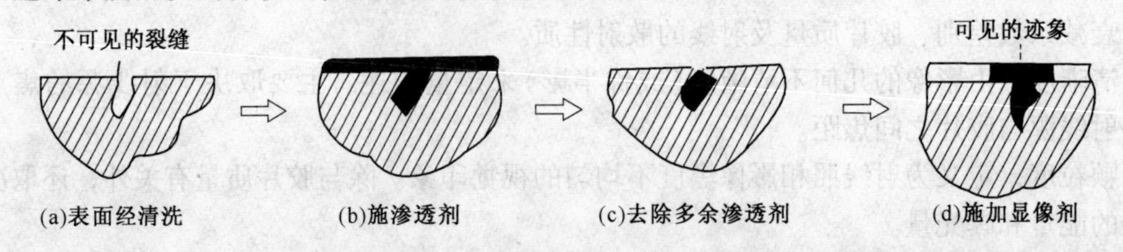

图7.5－1 渗透探伤的基本步骤

表 7.5-9　按渗透剂种类分类的渗透探伤法

方法名称	渗透剂种类	方法代号
荧光渗透探伤	水洗型荧光渗透剂	FA
	后乳化型荧光渗透剂	FB
	溶剂去除型荧光渗透剂	FC
着色渗透探伤	水洗型着色渗透剂	VA
	后乳化型着色渗透剂	VB
	溶剂去除型着色渗透剂	VC

注：乳化剂有油剂和水基两种。

表 7.5-10　按显像方法分类的渗透探伤法

方法名称	显像剂种类	方法代号
干式显像法	干式显像剂	D
湿式显像法	湿式显像剂	W
	快干式显像剂	S
无显像剂显像法	不用显像剂	N

2)适用范围

一般说来，渗透探伤法几乎适用于所有材质的试件和各种形状的表面。其中各种渗透探伤法更为适合的监测对象见表 7.5-11。

表 7.5-11　各种渗透探伤的适用范围

适合的检测对象	水洗型荧光法	后乳化型荧光法	溶剂去除型荧光法	水洗型着色法	后乳化型着色法	溶剂去除型着色法
微细的裂纹、宽而浅的裂纹	—	可用	—	—	可用	—
表面粗糙的构件	可用	—	—	可用	—	—
大型构件的局部探伤	—	—	可用	—	—	可用
疲劳裂纹、磨削裂纹	—	可用	可用	—	—	—
遮光有困难的场合	—	—	—	可用	可用	可用
无水、无电的场合	—	—	—	—	—	可用

3. 渗透探伤法的特点

1）优点

成本很低；设备简单、易被携带；操作方便、易被使用者掌握；适用范围广，几乎可用于所有的工程材料；可在被侧部位得到直观显示。

2）缺点

仅适于检验表面开口缺陷；灵敏度不太高(约比人眼目视高出 5~10 倍)；无深度信息显示。

7.5.5　磁粉探伤法

对铁磁性材质(铁、钴、镍)试件，当其表面或近表层有缺陷时，一旦被强磁化，就会有部分磁力线外溢形成漏磁场，它对施加到试件表面的磁粉产生吸附作用，从而显示缺陷的痕迹。这种由磁粉痕迹来判定缺陷位置、取向和大小的方法，即为磁粉探伤法(MT)。

缺陷漏磁场的强度和分布，取决于缺陷的长度、取向、位置和被侧面的磁化强度。当缺陷取向与磁化方向垂直时，检测灵敏度最高；互相平行时，则可能会无磁粉痕迹显示。

磁粉探伤法广泛用于检测铁磁性材料或构件的表面或近表而缺陷，可检出的典型缺陷如发纹、折叠、裂纹、冷隔和夹层等。

1. 磁粉探伤法的物理基础

1）漏磁场的形成

铁磁性材料的试件在外磁场作用下能被磁化，在试件中产生磁力线。若有缺陷(如裂纹)位于表面或近表层并与磁力线方向接近垂直，由于缺陷的阻挡作用迫使磁力线弯曲而溢出表面，在附近的空间形成漏磁场，见图7.5-2。

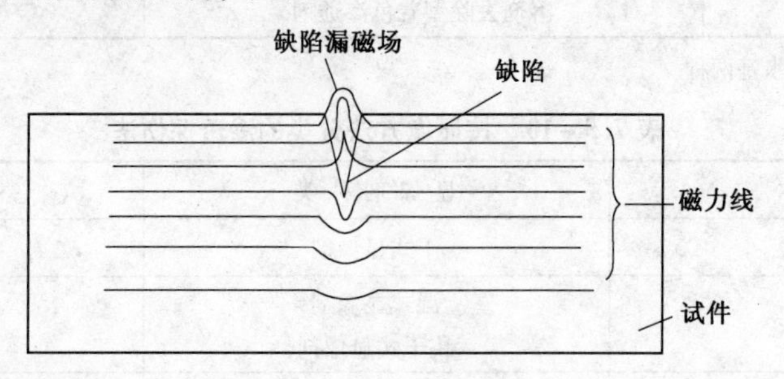

图7.5-2 磁力线弯曲和漏磁场示意

2）影响漏磁场的因素

(1) 外加磁场强度。漏磁场强度正比于外加磁场强度；

(2) 材料导磁率越高，漏磁场强度越大；

(3) 缺陷埋藏深度增加，漏磁场强度迅速减小；

(4) 缺陷取向与磁力线方向垂直时，漏磁场强度最大；互相平行时，则不会形成漏磁场；

(5) 缺陷尺寸(垂直于磁力线方向的)越大，漏磁场强度越大；

(6) 缺陷内含物的磁导率与试件差别较大时，则产生较强的漏磁场。

2. 磁粉探伤设备

1）移动式磁粉探伤设备。有代表性的型号是CY系列，如CY5-500、CY-1000、CY-2000、CY-3000、CY-5000等。这类设备与固定式设备的功能差不多，但体积小、重量轻，适于现场移动探伤。

2）磁轭探伤仪。很轻便，便于携带，适于焊缝及大型构件的局部探伤。常见的型号有CTX-515、CYE-12等。

3. 各种磁化方法及用途

按磁化方向和按磁化电流分类的磁化方法见表7.5-12、表7.5-13。

表7.5-12 按磁化方向分类的磁化方法及用途

磁化方向	磁化方法	适用对象	特　点
周向磁化	轴向通电法	长形棒状试件上的纵向裂纹	能一次检查整个试件表面
	中心孔通电法	长形管状试件上是纵向裂纹	可避免电流通过工件产生火花，能同时检查内孔表面
纵向磁化	螺管线圈法	长形棒状试件上的横向裂纹	有效范围为线圈及两端附近250mm区域
	闭合磁场法	较短管形试件上的横向裂纹	能有效地检查内外表面上的横向裂纹

续表 7.5－12

磁化方向	磁化方法	适用对象	特　点
各向磁化	旋转磁场法（线圈通过法，电磁轭法）	能发现构件表面任意方向的缺陷	能一次显示全方位的缺陷，探伤速度提高10倍左右
局部磁化	触角通电法	形状复杂试件的任何部位	适应性强，但探伤速度低
	磁轭法	大型试件的局部表面	设备和操作简单，水久磁轭法可不需要电源，但灵敏度较低

表 7.5－13　交直流磁化的特点

磁化电流	穿透力	缺陷类型
直流电磁化	大	表面及近表层缺陷
交流电磁化	小	表面缺陷

4. 磁粉探伤法的特点

1）优点：比渗透法灵敏，能检测不开口的近表层缺陷；不必非要预处理；可携带；甚至可用于水下探伤；操作简便，易被掌握；可在缺陷部位得到直观显示；

2）缺点：仅适于铁磁性材料或构件；与磁力线方向垂直的缺陷才敏感；无深度信息显示。

7.5.6　涡流探伤法

涡流探伤法是以电磁感应原理为基础的。当检测线圈靠近导电材料的构件表面，并通以交流电时，所产生的交变磁场将在构件表层感应出涡流。由于缺陷的存在，会改变涡流的大小和分布。由所测到涡流变化量，可判断缺陷的情况，此即为涡流探伤法(ET)。

因交流电在导体表层有“趋肤效应”，故涡流探伤的有效范围也就仅限于导体的表层和表面。趋肤深度随工作频率增高而减小。

与超声波法相比，涡流法不需要耦合剂与试件直接接触，因此检测速度比较高，并便于实现高温检测。

这种方法主要用于：导体表面和表层缺陷检验；材质分选；硬度测量；涂层厚度测量；工作几何尺寸测定等。

1. 涡流探伤法的物理基础

1）检测线圈的阻抗

当两个线圈靠近时，其间即存在互感。当线圈2接上电阻闭合时，在线圈2回路中就产生感应电流，并使线圈1的阻抗发生变化，见图7.5－3。涡流探伤发生的物理过程与此相似。

若用金属试块代替线圈2并与电阻相连接，相应地也将会在金属试块上感生出涡流，见图7.5－4。当有缺陷时，会改变涡流的分布，因线间阻抗的反射作用，导致了检测线圈的阻抗随之变化。

应用检测线圈阻抗与金属试块上缺陷的相关对应关系，可实现涡流探伤。

2）影响检测线圈阻抗的因素

影响检测线圈阻抗的因素很多，如：材料的电导率σ、磁导率υ；检测线圈与试件的距离（当距离改变时，会产生引起阻抗变化的提离效应）；试件尺寸（棒材或管材的尺寸会改变填充系数，引起阻抗变化）；缺陷的存在(可看作是由电导率变化和试件尺寸变化的综合影响)。

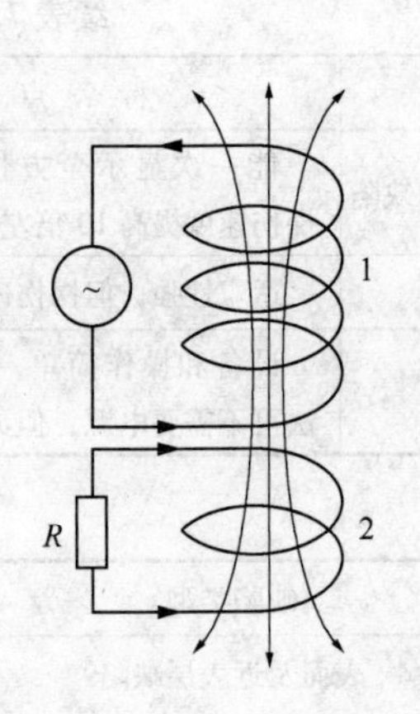

图 7.5－3　两线圈间的电磁感应

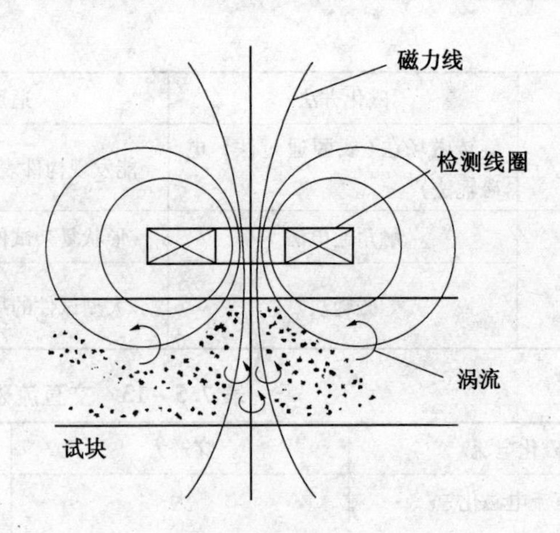

图 7.5－4　由检测线圈所产生的涡流示意

因此，涡流探伤时往往需要抑制多种因素，才能获得正确的检测结果。

2. 涡流探伤仪

涡流探伤仪所用的检测电路，本质上都属于电桥电路，检测线圈是它的一个桥臂。由于试快上缺陷的存在，使检测线圈阻抗发生变化，而在电桥输出端产生幅度、相位或频率调制的涡流信号。经放大器放大，再经数据处理单元利用缺陷信号和干扰信号幅度、相位或频率上的差别，提取反映缺陷的有用信号，在显示器上予以显示。

目前大多数涡流探伤仪，都综合采用幅度与相位分析，有的还采用相关分析，并发展了多种形式的探头。此外，正在发展的多频涡流技术和远场涡流技术，将使涡流探伤在提高抗干扰能力和检测深层缺陷方面有显著进展。

3. 涡流探伤法的应用

1）检测线圈的分类与应用

检测线圈的主要分类与用途见表 7.5－14。

表 7.5－14　检测线圈分类与应用

检测线圈主要形式	主　要　用　途
穿过式线圈	广泛用于线、棒、管材的探伤
内插式线圈	用于管内壁和试件内孔的探伤
探头式线圈	适于大直径钢管材、板材、钻孔等内、外表面探伤，也可用于材质分选，硬度、涂层厚度测量等

2）涡流检测法的主要应用

涡流检测方法如今已获得广泛应用，其主要应用范围见表 7.5－15。

表 7.5－15　涡流检测法的主要应用

试件特征	主要用途和性能
大批量生产的型材（线、棒、管材）	采用穿过式线圈探伤。直径 10mm 以下的工件，可检测缺陷的深度为 0.1～0.2mm。 探伤速度一般为 30～60m/min。 因可非接触式故能实行高温探伤

续表 7.5－15

试件特征	主要用途和性能
大批量生产的零部件(弹簧、气门、活塞杆、轴承、汽车转向器、拉杆等)	可用涡流法实行探伤，或硬度、渗碳层深度、涂层厚度的测量及零件的材质分选。 检验速度可达 60m/min 以上，并可在生产流水线上进行
小直径薄壁管(如不锈钢管)	采用点状小探头，对管壁实行螺旋式扫查。具有很高的灵敏度，对凹坑、麻点、小裂缝等均极敏感
形状复杂零件	可对形状复杂的表面实行探伤。如涡轮叶片在检修时，可不必拆卸，以专用的探头，能发现危险性的横向疲劳裂纹

4. 涡流探伤法的特征

1）优点

用途较广，除探伤外，还能测量厚度、硬度、渗碳层深度和分选混料等；检测线圈无需与试件接触，反映速度快，易实现自动化检验；对表层缺陷也有很高的灵敏度；可提供缺陷的深度信息；穿透深度(与工作频率有关)超过磁粉探伤所能达到的深度。

2）缺点

涡流检测理论很复杂，往往仅能通过实验来开发；涡流变化与很多因素有关，所造成的干扰较难排除；铁磁性材料需要涡流检验时，应在饱和磁化后才能进行。

7.5.7　无损检测新技术的发展

超声、射线、渗透、磁粉、涡流等常规方法之外的无损检测技术，如声发射、微波、红外、激光全息等均列为无损检测新技术。

1. 声发射技术

固体受力时，微观结构的不均匀性或内部缺陷的存在，均能导致应力集中，促使塑性变形加大或发生裂纹的萌生与扩展，同时释放弹性波，这种现象称为声发射(AE)。

从检测仪器的发展、检测标准和规范的制定及实际应用的广泛性来看，声发射技术是各种无损检测新技术中发展比较成熟的一门技术。

声发射技术的发展，有两次关键性的技术突破：第一次突破，为 20 世纪 60 年代初采用高频超声来检测声发射现象，大大减低了周围环境机械噪声的干扰，使声发射开始成为一门新技术；第二次突破，为 70 年代中期，将计算机用于声发射检测，使之发展到现场实用化阶段。此外，可处理与鉴别的声发射特征参数更多，并能用于实时监测。

声发射检测，就是根据其特征参数(如试件或振铃的声发射率或总数、幅度或能量分布、波形的时间参数等)，从噪声干扰中鉴别出缺陷扩展的声发射信号，再用源定位法确定缺陷的位置，并判定缺陷的危害度。

从噪声干扰中鉴别出有用的声发射信号的基本方法见表 7.5－16。

表 7.5－16　鉴别声发射信号的基本方法

鉴别方法	主要特点	处理方法
幅度鉴别	可排除低电平的内部噪声和外部干扰	硬件
频率鉴别	可排除频带外的内部噪声和外部干扰	硬件
时间鉴别	可排除较缓慢和较快速变化的外部干扰	硬件＋软件
统计鉴别	可排除随机分布的外部干扰	软件为主
空间鉴别	可排除检测区域以外的外部干扰	硬件＋软件

2. 微波检测技术

微波一般是指波长为1mm～30cm的电磁波。物理特性为：当波长远小于试件尺寸时，其性质可用几何光学描述；当波长与试件尺寸同数量级时，性质与超声波相近，但对非金属的穿透能力却远远大于超声波。

微波检测是通过穿透、反射、散射、干涉或腔体扰动等方法，来检测由于材料的不连续点或不均匀区的介电常数和介质损耗的差异，所引起的微波幅度、相位或频率的变化。

与常规NDT方法相比，微波NDT的优点为：对非金属的穿透能力远远大于超声波法；对非金属的裂纹或分层缺陷及金属表面的开口裂纹等平面型缺陷非常敏感，是射线法难以达到的(可检测微米数量级的裂纹)；能非接触检测，不需耦合剂；检测速度很快，能实现实时监测。不足之处是不能检测金属内部缺陷。

20世纪60年代初，美国检测北极星导弹壳体的短程雷达的问世，标志着微波NDT技术的开始。近年来，我国在微波NDT技术的应用研究方面取得了突破性的进展。

目前，国外用微波NDT方法实现对不同对象的检测研究成果见表7.5－17。

表7.5－17　微波NDT方法及检测对象

<table>
<tr><th>微波NDT方法</th><th colspan="2">检测对象</th></tr>
<tr><td>点频连续波传输法</td><td rowspan="2">板厚测量</td><td rowspan="2">金属板厚度
介质板厚度</td></tr>
<tr><td>调频连续波传输法</td></tr>
<tr><td>脉冲调制传输法</td><td rowspan="4">非金属内部缺陷检验</td><td rowspan="4">气孔
分层
孔隙率
夹杂
不均匀区</td></tr>
<tr><td>点频连续波反射法</td></tr>
<tr><td>调频连续波反射法</td></tr>
<tr><td>脉冲调制反射法</td></tr>
<tr><td>点频驻波法</td><td>金属表面
缺陷检验</td><td>表面开口裂纹
应力腐蚀</td></tr>
<tr><td>点频散射法</td><td rowspan="2">材料性能测试</td><td rowspan="2">密度
湿度(含水量)
固化度
材料各向异性
复合材料玻纤树脂比
介质材料化学成分</td></tr>
<tr><td>微波表面阻抗法
(微波涡流法)</td></tr>
<tr><td>微波全息法</td><td>化学反应监测</td><td>聚合
氧化
酯化
硫化
蒸馏与蒸发等</td></tr>
</table>

3. 红外检测技术

自然界中任何高于绝对零度的物体都辐射红外线，并具有可见光的属性：直线传播、反射和折射等。当受热工件内部存在缺陷时，就会改变工件的热传导特性，使工件表面的温度场分布发生变化。因此可用红外辐射测量工件表面的温度分布，进而判断工件的内部结构和缺陷的存在。关于红外线检测方法的应用情况见表7.5－18。

表 7.5－18　红外检测方法的应用

应用行业	探伤对象	主要功能
电力工业	发电机转子	通过温度上升情况，判定绝缘层损坏程度和转子运行情况
	发电机滑环	由温度上升情况，判定碳刷磨损程度
	发电机定子汇流端	由温度上升情况，确定接触不良的部位
	发电机表面和汽轮机表面	表面温度分布图，给设计者和运行人员提供有力数据
	锅炉和管道	可大面积检查锅炉保温质量，及时发现管泄漏情况
	变电站电气设备	可检查接头、刀闸、瓷套管等的松动、腐蚀等损伤
	高压输电线路	可检查压接接头和瓷瓶的压接质量和老化情况
航空航天工业	复合材料与构件	用热空气加热工件表面，检查复合材料的脱落
电子工业	电子元器件	通电后，根据温升，判定质量
铁道运输	火车轴瓦	在运行中，检查轴瓦的磨损情况
钢铁工业	炼钢炉	由炉壁外表面的温升，检查炼钢炉内衬的脱落
	钢板厚度	用主动加热式检查钢板厚度具有较高灵敏度
建筑行业	建筑物	可对建筑物的建筑质量和设计进行检测与评价

红外线检测属于非接触的远距离检测，特别适于高速旋转的设备和高温、高压容器的检测；适于大面积普查，可同时检测在仪器场内的多个构件；空间分辨率高，可达 1×1mrad。不足之处是仅能检验受热状态下的工件。

4. 激光全息摄影技术

激光全息摄影是全息干涉技术的重要实际应用，其基本原理是：材料承受载荷时，将缺陷引起的表面位移与缺陷状态用光学法进行比较，形成干涉带实行检测。一般采用波长为 633nm 的 He－Ne 激光作为光源。

脉冲激光全息的出现，排出了测量中对隔振和暗室条件的要求，这使激光全息摄影技术开始实用化。

第八章　金属材料的焊接

金属材料的焊接是指通过适当的手段，使两个(或两个以上)分离的金属(同种金属或异种金属)物体产生原子(分子)间结合而连接成一体的连接方法。

8.1　焊接方法简介

8.1.1　焊条电弧焊(SMAW)

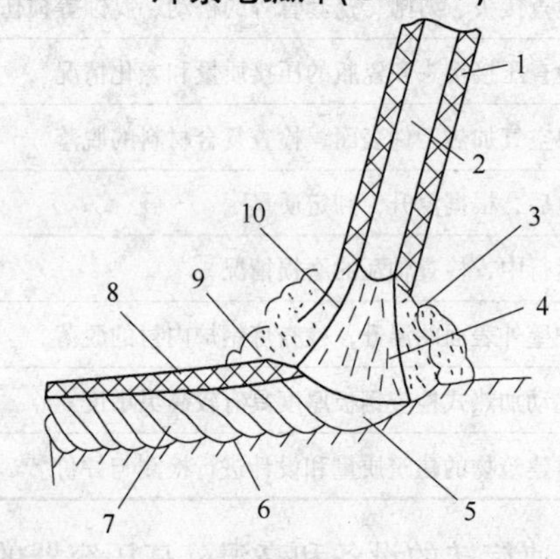

图 8.1－1　焊条电弧焊过程示意

1—药皮；2—焊芯；3—保护气；4—电弧；5—熔池；6—母材；7—焊缝；8—渣壳；9—熔渣；10—熔滴

焊条电弧焊是用手工(借助焊把)操纵焊条进行焊接的电弧焊方法。焊条电弧焊时，在焊条的末端与工件之间产生电弧，电弧的高温(6000～7000℃)使焊条的药皮、焊条芯及工件局部熔化，熔化的焊条芯端部迅速形成细小的金属熔滴，通过弧柱过渡到局部熔化的工件表面，与熔化的母材融为一体形成熔池，熔池冷却后形成焊缝．焊条药皮熔化后产出气体和熔渣，对熔池起到保护作用。焊条电弧焊过程见图 8.1－1。

由于焊条电弧焊使用的设备简单、操作灵活、适应性强，因此得到最广泛地应用。

8.1.2　埋弧焊(SAW)

顾名思义，所谓埋弧焊即电弧被焊剂埋藏起来(外表不可见)的机械化熔焊方法。埋弧焊主要由三部分组成：送丝机构，焊剂漏斗和专用焊接小车。

由于埋弧焊生产效率高(单丝焊速 30～50m/h，若用双丝或多丝效率更高)、熔深大(一次熔深可达 20mm)、焊接质量好、劳动条件好，因此，被广泛用于厚壁(＞20mm)容器平焊和角焊位置的焊接。与此同时，对埋弧焊操作人员的技术水平要求也比较高。

埋弧焊过程见图 8.1－2。

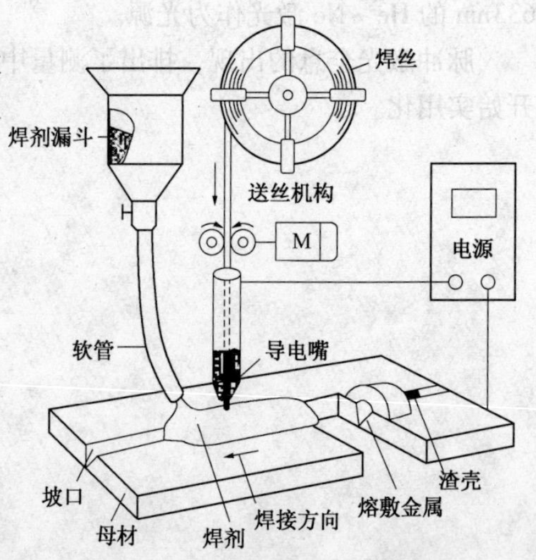

图 8.1－2　埋弧焊过程示意

8.1.3　钨极氩弧焊(GTAW)

钨极氩弧焊是以钨棒作为电极加上氩气保护的焊接方法。根据工件的具体情况，焊接过程中可以填充焊丝，也可不填充焊丝。

钨极氩弧焊由于有氩气保护，因此焊缝质量较好、成形美观．但由于钨极承载电流的能力差，电流大易引起钨极熔化和蒸发，焊接时宜采用小电流，因此效率低、熔深浅。正因为如此，钨极氩弧焊适宜薄板(≤3mm)的焊接。

由于钨极氩弧焊成本高，通常多用于铝、镁、钛、铜等有色金属及不锈钢、耐热钢的焊接。

钨极氩弧（惰性气体保护）焊示意见图8.1－3。

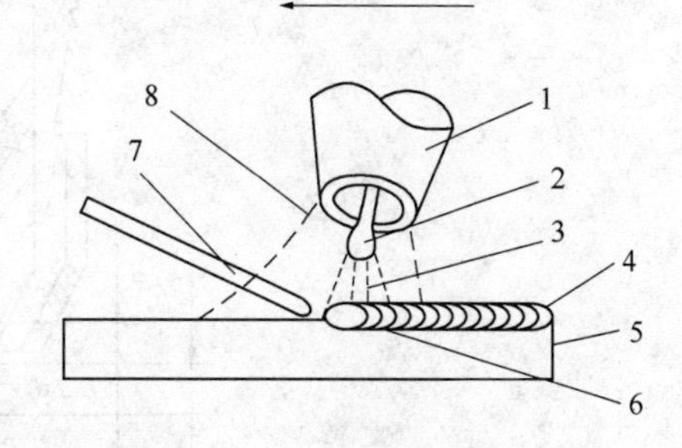

图8.1－3　钨极惰性保护焊示意

1—喷嘴；2—钨极；3—电弧；4—焊缝；5—工件；6—熔池；7—填充焊丝；8—惰性气体

8.1.4　熔化极氩弧焊

熔化极氩弧焊是熔化极气体保护电弧焊(GMAW)中的一种。熔化极气体保护电弧焊是采用可熔化的焊丝与工件之间的电弧作为热源来熔化焊丝和母材金属，形成熔池和焊缝的焊接方法。

熔化极气体保护电弧焊按保护气体的不同，大致分为以下三类：

1. 惰性气体保护电弧焊(MIG)

惰性气体保护电弧焊所用的保护气体为：Ar(氩)或Ar＋He(氦)或He。MIG适用于铝、铜等有色金属及不锈钢的焊接，若用于普通钢材的焊接，则成本较高．

2. 活性气体保护电弧焊(MAG)

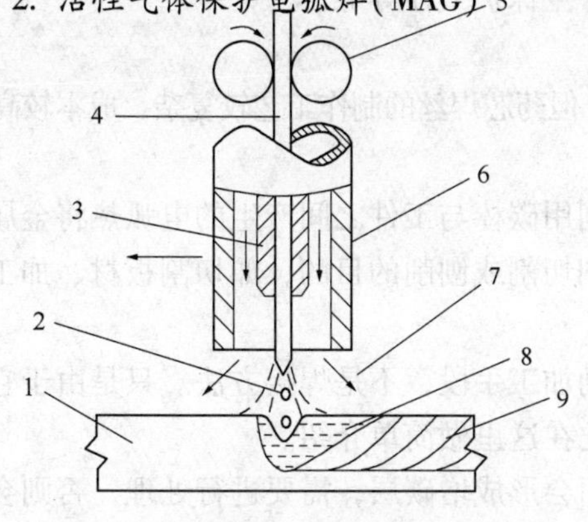

图8.1－4　熔化极气体保护电弧焊示意

1—母材；2—电弧；3—导电嘴；4—焊丝；5—送丝轮；6—喷嘴；7—保护气体；8—熔池；9—焊缝金属

活性气体保护电弧焊所用的保护气体为：Ar＋O_2(氧)或Ar＋CO_2(二氧化碳)＋O_2或Ar＋CO_2。MAG通常用于钢材的焊接，其优点是能提高电弧的稳定性，并能改善焊缝的成形。

3. CO_2气体保护电弧焊(CO_2焊)

CO_2焊的保护气体为：CO_2或CO_2+O_2。CO_2焊成本低、效率高，被广泛用于钢材的焊接。

熔化极氩弧(气体保护电弧)焊示意见图8.1－4。

8.1.5　等离子弧焊(PAW)

等离子弧焊是以等离子弧为热源进行的焊接。等离子弧是利用等离子枪将阴极和阳极之间的自由电弧压缩成高温、高电离度、高能量密度及高焰流速度的电弧。等离子弧不仅可用于焊接，还可用于表面喷涂、堆焊和切割。

等离子弧焊的关键设备是等离子弧枪。中性离子在喷嘴内被电离后压力增大，而后从喷嘴孔射出。由于喷嘴孔径很小．因此电弧带电质点的运动速度很高(约300m/s)，电弧集中且挺度好。

等离子弧焊适用各种金属材料的焊接。等离子弧枪的有关术语见图8.1－5。

8.1.6　药芯焊丝电弧焊

药芯焊丝电弧焊，从本质上讲与焊条电弧焊、焊丝(实心)电弧焊等无多大差别，均是以电弧作为热源。所不同的是填充材料。

药芯焊丝的外皮是用碳钢或不锈钢或镍等制成的金属管，管内填充各种不同矿物粉和金属粉。

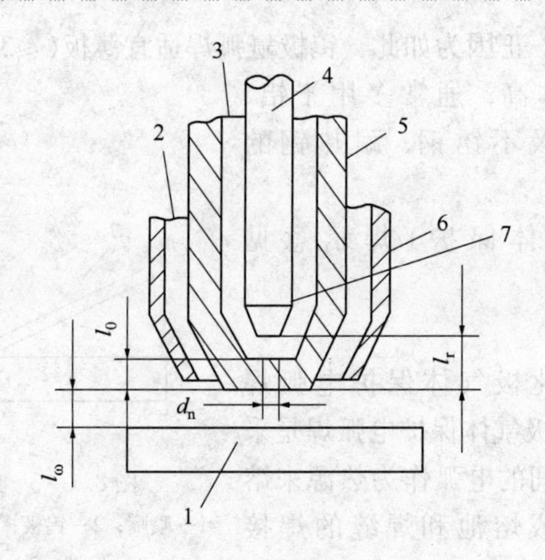

图 8.1－5　等离子弧枪的术语

1—工件；2—保护气体；3—离子气；4—电极；

5—压缩喷嘴；6—保护气罩；7—增压室；

d_n—喷嘴孔径；l_0—喷嘴孔道度；l_r—钨极内长缩长度；l_ω—喷嘴至工件距离

药芯焊丝分为很多种。在焊接过程中，除了可作为填充金属以外，还可向焊缝过渡所需的合金元素，还可以形成熔渣保护焊缝，还可以产生保护气体等等。

药芯焊丝电弧焊可用于焊接各种金属材料

药芯焊丝电弧焊有很多优点，其应用逐年增加，但药芯焊丝的制作工艺较复杂，成本较高。

8.1.7　碳弧气刨

碳弧气刨是电弧气刨中的一种。碳弧气刨是利用碳棒与工件之间产生的电弧热将金属熔化，同时用压缩空气将熔化的金属吹走，从而达到切割或刨削的目的，如切割板材、加工焊接坡口等。

严格来讲，碳弧气刨只是金属材料的一种辅助加工手段，不是焊接方法。只是由于它使用的热源也是电弧，而且与焊接有密切关系，因此在这里做简单介绍。

需要强调的是，经碳弧气刨加工过的金属表面会形成增碳层，需要进行处理，否则会影响焊接接头质量。

碳弧气刨工作原理见图 8.1－6。

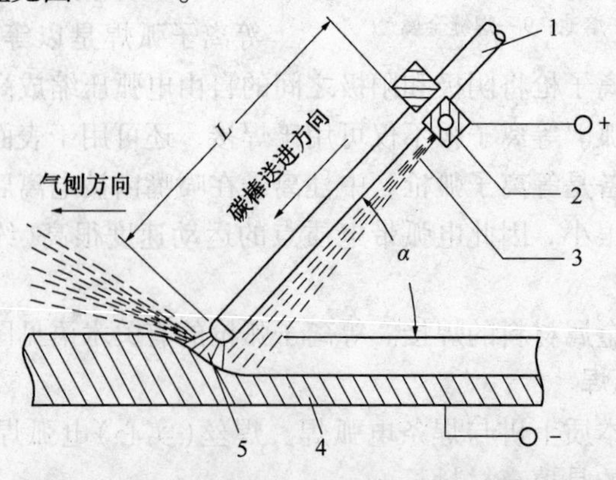

图 8.1－6　碳弧气刨工作原理示意

1—碳棒；2—气刨枪夹头；3—压缩空气；4—工件；5—电弧；

L—碳棒外伸长；α—碳棒与工件夹角

8.1.8　螺柱焊

将金属螺柱或与螺柱类似的金属紧固件(如栓、钉等)焊到工件(平板或管)上去的方法叫做螺柱焊．如保温钉的焊接和钉头管的焊接等，均可称做螺柱焊。

实现螺柱焊的方法有电阻焊、摩擦焊、爆炸焊及电弧焊等。

8.1.9　电渣焊

电渣焊是利用电流通过液体熔渣产生的电阻热作为热源，将工件和填充金属熔合成焊缝的垂直位置的焊接方法．其特点如下：

(1) 适合于垂直位置焊缝的焊接；

(2) 厚件能一次焊成，生产效率高，工件不用开坡口，焊材消耗较少；

(3) 渣池对工件有较好的预热作用，焊接碳当量较高的钢材(如中碳钢、低合金刚等)时，不易出现淬硬组织，冷裂倾向小；

(4) 焊缝和热影响区晶粒粗大，焊接接头韧性较差，焊后需进行正火和回火处理。

电渣焊过程示意见图 8.1－7。

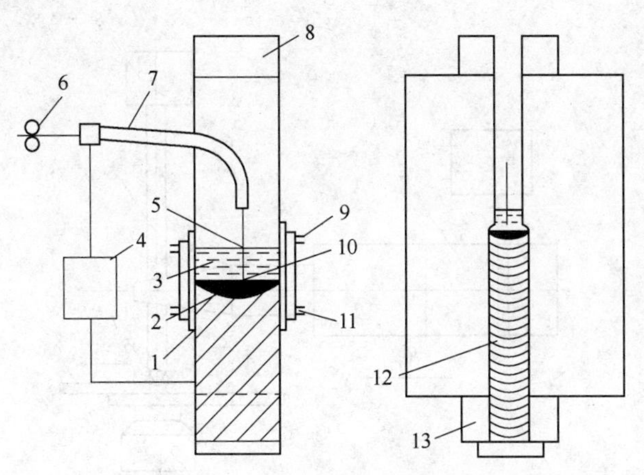

图 8.1－7　电渣焊过程示意

1—水冷成形滑块；2—金属熔池；3—渣池；4—焊接电源；5—焊丝；6—送丝轮；7—导电杆；8—引出板；9—出水管；10—金属熔滴；11—进水管；12—焊缝；13—起焊槽

8.1.10　爆炸焊

爆炸焊是以炸药为能源进行金属间焊接的方法。以金属复合板的爆炸焊为例，爆炸焊的原理可这样理解：当置于覆板上的炸药被雷管引爆后，爆轰波和爆炸产物的能量便在其上传播，使覆板向下运动，迅速向基层板倾斜撞击。在此过程中，在切向应力的作用下，界面两侧各一薄层金属的晶粒发生纤维状塑性变形，且外加载荷大部分转换成热能，使界面处的两种金属适量熔化，形成原子间的相互扩散，将两种金属结合在一起，如图 8.1－8 所示。

用爆炸焊法可以加工复合板、复合管及复合棒等。

用爆炸焊法可以焊接相同的金属，特别是化学成分和性能不同的金属，如钛－钢、铜－钢、不锈钢－钢、铝－铜及铝－钢等。

8.1.11　超声波焊接

超声波焊接是利用超声频率(超过 16kHz)的机械振动能量在静压力的共同作用下，连接同种或异种金属、半导体、塑料及金属陶瓷等的特殊焊接方法。

金属超声波焊接时，既不向工件输送电流，也不向工件引入高温热源，只是在静压力下

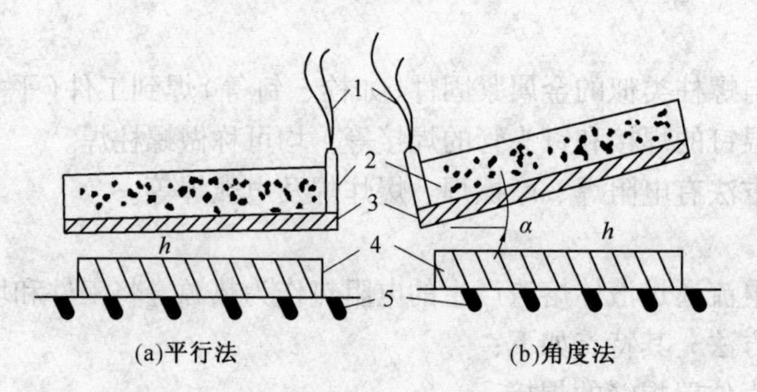

图 8.1-8 复合板爆炸焊接工艺安装示意

1—雷管；2—炸药；3—复板；4—基板；5—基础(地面)；α—安装角；h—间隙

将弹性振动能量转变为工件间的摩擦功、形变能及随后有限的温升。接头间的冶金结合是在母材不发生熔化的情况下实现的，因而是一种固态焊接。

超声波焊接原理见图 8.1-9。

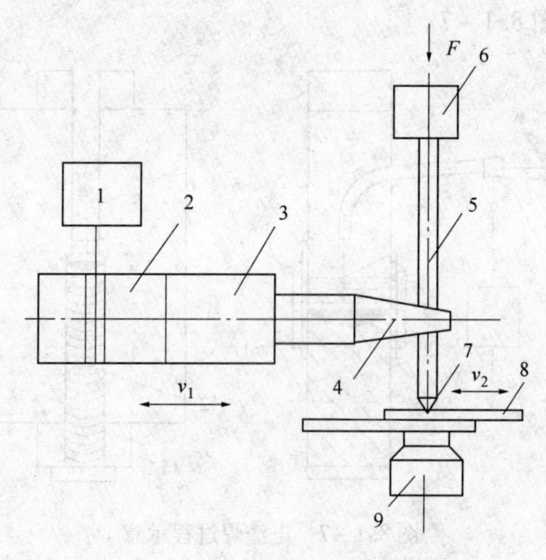

图 8.1-9 超声波焊原理示意

1—发生器；2—换能器；3—传振杆；4—聚能器；5—耦合杆；
6—静载；7—上声极；8—工件；9—下声极；
F—静压力；v_1—纵向振动方向；v_2—弯曲振动方向

超声波焊接分为点焊、环焊、缝焊及线焊。

超声波焊可以焊接其他焊接方法无法焊接的材料，如钢与有色金属、贵重金属及难熔金属之间的焊接。超声波焊接方法在电子工业、电器工业及航天、航空和核能工业得到广泛应用。

8.1.12 电子束焊

电子束焊是在真空环境下，利用会聚的高速电子流轰击工件接缝处所产生的热能，使被焊金属熔合在一起的焊接方法。

由于电子束焊功率密度高(可达 10^6W/cm^2)及电子束精确、快速的可控性，电子束焊具有如下优点：

(1) 电子束穿透能力强，焊缝深宽比大(可达50∶1)；

(2) 焊接速度快，热影响区小，焊接变形小；

(3) 真空焊接环境利于提高焊缝质量；

（4）焊接可达性好；

（5）电子束易受控。

电子束焊的缺点是设备比较复杂，工件装配要求高，工件尺寸受真空室空间的限制。

电子束焊接技术可以用于难熔合金和难焊材料的焊接。由于其焊接深度大、焊缝质量好、焊接变形小、生产率高，因此在核能工业、航天、航空及汽车、压力容器制造业得到了广泛应用。

电子束焊接缝成形原理见图 8.1－10。

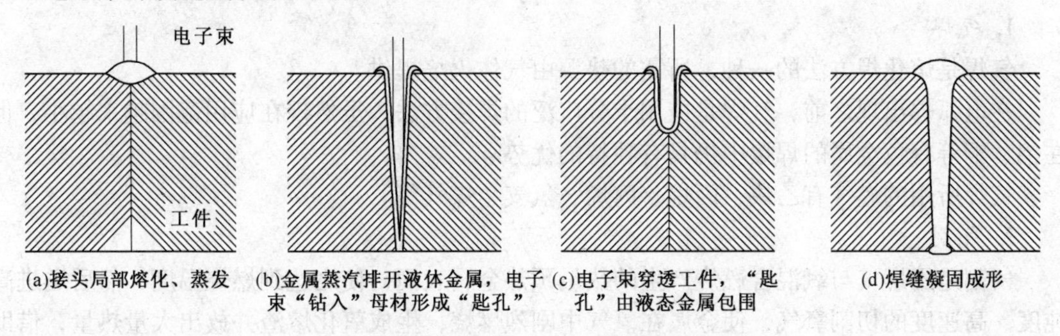

图 8.1－10　电子束焊接焊缝成形的原理示意

8.1.13　激光焊接与激光切割

1. 激光焊接

激光焊接是激光与非透明物体相互作用的过程，这个过程极其复杂，微观上是一个量子过程，宏观上则表现为反射、吸收、加热、熔化、气化等现象。

激光焊接设备中重要的是激光器。

激光焊接最常采用的接头形式是对接和搭接。

激光焊接有如下特点：

（1）功率密度高（聚焦后可达 $10^5 \sim 10^7 W/cm^2$），加热集中，工件变形小，热影响区窄；

（2）可获得深宽比较大的焊缝（目前达 12:1），不开坡口单道焊件厚度达 50mm；

（3）适用于难熔金属、热敏性强的金属及物理性能差异较大、尺寸相差悬殊的工件间的焊接；

（4）可穿过透明介质对容器内的工件进行焊接；

（5）可借助反射镜使激光光束达到一般焊接方法无法施焊的部位；

（6）激光不受电磁干扰，不会产生磁偏吹，适于焊接磁性材料；

（7）不需真空室，不产生 X 射线，观察、对中方便。

激光焊的不足之处是设备一次性投资大，对高反射率的金属直接进行焊接比较困难。

激光焊用于焊接碳钢、低合金钢、高合钢（不锈钢）、耐热合金及钛，均获得满意的结果。但用于焊接铝和铜则比较困难。

激光焊接技术还可以与其他焊接方法进行复合。

2. 激光切割

激光切割是利用激光聚焦后的高温将局部金属熔化，并使其迅速气化，或借助喷射惰性气体将熔化的金属吹掉，从而达到切割的目的。

8.1.14　堆焊

堆焊是用焊接的方法将具有一定性能的材料堆敷在焊件表面上的一种工艺过程，其物理本质、冶金过程和热过程的基本规律与一般焊接技术是相同的。

堆焊的目的是提高工件的耐磨性、耐蚀性、耐冲击性以及在高温下的使用性等，如加氢反应器内壁堆焊不锈钢就是为解决腐蚀问题。

堆焊金属的稀释问题是肯定的，为此常采用双层堆焊(即增加过渡层). 堆焊的熔合区常会出现脆性交界层，造成堆焊层剥离，以及堆焊层的反复受热(多道多层焊时)，使堆焊层性能变差等等，这些都是堆焊时经常遇到的问题。

8.1.15 气焊与气割

1. 气焊

气焊是熔化焊方法的一种，所需的热源由气体火焰提供。

在电弧焊出现之前，气焊是应用十分广泛的焊接方法，虽然现在应用范围越来越小，但在铝、铜等有色金属的焊接中仍具有独特的优势。

气焊所用的燃气有乙炔、丙烷、丙烯、氢气、煤气等。

2. 气割

气割是用燃气与氧混合燃烧产生的热量预热金属表面，使之达到燃烧温度，然后送进高纯度、高速度的切割氧气，使金属在氧气中剧烈燃烧，生成氧化熔渣并放出大量热量，借助这些热量不断加热切口处金属，由浅入深，再用高速氧流把熔渣吹掉，达到切割的目的。

气割在许多工业部门得到广泛应用。

不是所有金属都可以进行气割，需满足下述条件方可：

(1) 金属的熔点应高于它的燃点；

(2) 金属氧化物的熔点应低于金属本身的熔点，如高铬钢、镍铬钢等金属的熔点低于其氧化物的熔点，故不能用一般的气割方法切割；

(3) 金属的导热性不应过高；

(4) 生成的氧化物应富有流动性，否则熔渣不易被吹掉。

8.1.16 热喷涂

热喷涂是将喷涂材料加热熔化，通过气流使其雾化后高速喷射到工件表面上形成喷涂层的加工方法。

热喷涂的目的是改善工件的耐磨、抗腐蚀和耐高温等性能。

热喷涂技术主要有三类基本方法：火焰喷涂、电弧喷涂和等离子弧喷涂

8.1.17 高频焊

高频焊是用流经工件连接面的高频电流所产生的电阻热加热工件，并施加(或不加)顶锻力，使工件实现相互连接的焊接方法。

高频焊在管材制造方面获得了广泛应用，如有缝管、异形管、散热片管等等。

除上述而外，还有很多其他焊接方法，如电阻焊(包括点焊、缝焊、对焊等)、钎焊、气压焊、热剂焊、摩擦焊、变形焊、扩散焊等等。

8.2 碳钢(非合金钢)的焊接

鉴于习惯并为了叙述方便，这里仍将非合金刚称作碳钢(或碳素钢)。

碳钢的焊接性主要取决于碳含量，随着碳含量的增加，焊接性逐渐变差。表 8.2－1 表明了这一情况。

碳钢中的 Mn 和 Si 对焊接性也有影响。它们的含量增加，焊接性变差，但不及 C 作用强。Mn 和 Si 的影响可以折算为相当于多少碳量的作用，这样，就可以把 C、Mn 和 Si 对焊接性的影响汇合成一个适用于碳钢的碳当量 C_{eq} 经验公式：

$$C_{eq} = C + \frac{1}{6}Mn + \frac{1}{24}Si$$

表 8.2－1　碳钢焊接性与含碳量的关系

名称	w(C)/%	典型硬度	典型用途	焊接性
低碳钢	≤0.15	60HRB	特殊板材和型材薄板、带材、焊丝	优
	0.15～0.30	90HRB	结构用型、板材和棒材	良
中碳钢	0.30～0.60	25HRC	机器部件和工具	中（通常需要预热和后热，推荐使用低氢焊接方法和焊材）
高碳钢	≥0.60	40HRC	弹簧、模具、钢轨	劣（必须用低氢焊接方法和焊材，预热和后热）

对于碳钢来说，Si 含量较少，充其量 w(Si)也达不到 0.5%，即使以 w(Si)＝0.5% 计算，则 $\frac{1}{24}$Si 值亦只相当于 0.021% 的 C，对于 C_{eq} 值影响甚微。因此，在计算碳钢的碳当量时，往往将上式简化如下：

$$C_{eq} = C + \frac{1}{6}Mn$$

C_{eq} 值增加，产生冷裂纹的敏感性增加，焊接性变差。通常，当 C_{eq} 值大于 0.4 时，冷裂纹的敏感性将增大。

实际上，焊接性的好坏不只取决于 C、Mn 和 Si 的含量，还取决于焊接接头冷却速度，它与上述 3 种元素共同影响着热影响区和焊缝的组织，从而决定了焊接性的好坏。不同碳钢、不同冷却速度下的组织及其百分比，可从 CCT 图获得。在某些焊接热循环的加热及冷却速度下，碳钢可能在焊缝和热影响区中形成硬化组织甚至马氏体，而以马氏体对焊接性的影响最大。有无马氏体或马氏体量多少的表征之一是材料的硬度，马氏体愈多，则硬度愈高，焊接性也愈差。图 8.2－1 表示了碳钢淬火以后获得 50% 和 100% 马氏体时硬度与含碳量的关系。焊后的大量马氏体或者它表现出的高硬度，在焊接应力下可能引起热影响区和焊缝裂纹，从而表现为焊接性变差，因此，测定焊接接头的硬度，可以粗略地判断裂纹倾向或者焊接性的优劣。

碳钢的碳当量与材料最大硬度、焊道下裂纹敏感性以及缺口焊道试板慢弯曲能力之间有着一定的关系。

其实，引起冷裂纹的因素也还不止 C_{eq} 值、冷却速度或淬硬组织，氢和大拘束都会增加冷裂纹敏感性。使用低氢或超低氢焊接材料，并按规定的规范烘培，则可以大大减少氢致冷裂纹敏感性。还有，如果焊接时母材被刚性固定或结构刚性过大，或板材较厚，则都能造成大的拘束，使氢致冷裂纹敏感性增加。

碳钢中的杂质，例如 S、P、O、N 对焊接接头的裂纹敏感性和力学性能都有重大影响。

如果钢中 S、P 过多，则可能在晶界上形成低熔点的 S、P 化合物，引起焊缝熔合线附

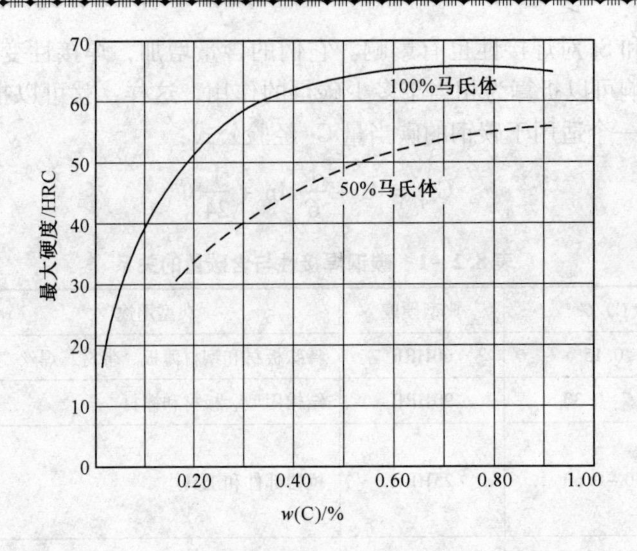

图 8.2-1　碳钢含碳量、马氏体量和最大硬度值的关系

近的液化裂纹，甚至焊缝热裂纹。

氧在碳钢中危害很大，会降低力学性能各项指标（强度、塑性和韧性），并提高时效敏感性。当氧化物和其他化合物数量过多时，还可能引起层状撕裂，这在厚板焊接时更应注意，就母材而言，氧的含量过多往往与炼方法有关，如沸腾钢比镇静钢差，即因氧的含量高，从而焊接性也差。

碳钢中的氮虽能提高强度指标，却恶化塑性和冲击韧度，并且时效敏感性大大提高。因此，常用碳钢往往规定 N 不大于 0.008%。

其他一些元素，例如 Cr、Ni、Cu、As 等都有限制。

优质碳素结构钢对于 Cr、Ni、Cu 的限制较严，一般各不大于 0.25%，个别牌号甚至要求 $w(Cr) \leqslant 0.10\%$。至于残余元素 As，碳素结构钢限制 $w(As)$ 在 0.080% 以下。

焊接时，焊缝是在焊接应力状态下，进行从液相到固相的结晶；焊缝组织又为铸态组织，从而杂质元素（S、P、O、N）和残余元素（Cr、Ni、Cu、As 等）的危害远比母材中敏感。所以，无论对手工焊条、埋弧焊和气体保护焊用焊丝，S、P 的限量都较母材更严格，而实际焊丝和熔敷金属的 S、P，又往往远比国际中的规定上限值更低。为了保证熔敷金属的 S、P 低值，除了焊丝的 S、P 应当符合国家标准的规定外，焊条药皮和埋弧焊剂也要严格控制 S、P 含量。至于残余元素的限量，焊丝和焊接材料熔敷金属也比母材要求严格。

焊缝中的 O、N，是影响焊缝质量的重要因素之一。焊缝中的 O、N，不仅以氧化物、氮化物形态存在，有时还以一氧化碳或氮气的气孔形态存在。化合物形态降低焊缝力学性能，特别是冲击韧度急剧降低；气孔形态则导致焊缝多孔性，降低力学性能，甚至需要返修。至于氧的危害则更为明显，以正常的碳钢焊条为例，一些酸性焊条熔敷金属 $w(O)$ 约为 0.1% 左右，而低氢焊条熔敷金属 $w(O)$ 仅为 0.02% ~0.03%，只有酸性焊条的 1/5 ~1/3，所以在同一强度级别的碳钢焊条中，低氢焊条熔敷金属的冲击韧度高于酸性焊条者，即与其含氧量的差别有着很大关系。

常用焊接材料的熔敷金属含氧量见表 8.2-2，含氮量见表 8.2-3。

表 8.2-2　钢材和焊接材料熔敷设金属含氧量(质量分数)　%

材料类别	O
平炉沸腾钢	0.010~0.020
平炉镇静钢	0.003~0.010
顶吹转炉镇静钢	0.003~0.005
H08A 焊丝	0.010~0.020
裸焊丝在空气中焊接的熔敷金属	0.15~0.30
氧化铁型焊条熔敷金属	0.10~0.13
纤维素型焊条熔敷金属	0.06~0.10
钛钙型焊条熔敷金属	0.05~0.07
低氢型焊条熔敷设金属	0.020~0.040
酸性焊剂埋弧焊熔敷金属	0.050~0.10
碱性焊剂埋弧焊熔敷金属	0.020~0.040
CO_2气体保护焊熔敷金属	0.202~0.070
电渣焊	0.01~0.02

表 8.2-3　钢材和焊接材料熔敷金属含氮量(质量分数)　%

材料类别	N
电炉钢	0.001 左右
平炉钢	0.005 左右
顶吹转炉钢	0.004~0.005
H08A 焊丝	0.002~0.003
裸焊丝在空气中焊接的熔敷金属	0.10~0.20
焊条电弧焊熔敷金属	0.01~0.02
埋弧焊熔敷金属	0.002~0.007
CO_2气体保护焊熔敷金属	0.006~0.010
自保护药芯焊丝熔敷金属	0.015~0.040

除了上述影响碳钢焊接性的诸多因素以外，母材焊前热处理状态对焊接性影响也是碳钢焊接时不容忽视的问题。通常大量使用的一般碳素结构钢为热轧供货，但是，优质碳素结构钢和专门用途碳素结构钢既有热轧的，也有控轧、正火、正火+回火或调质(淬火+回火)状态供货。此外，铸钢也有在铸造以后经过退火或正火的，这和铸态有所不同。因此，由于母材焊前热处理状态不同，导致同样的碳钢钢种，其母材前的原始金相组织和力学性能可能并不一样，焊后的焊接接头性能和质量也会显出差异。

8.2.1　低碳钢的焊接

1. 焊接性分析

低碳钢[w(C)=0.15%~0.30%]中的某些钢材，为了提高韧性或强度，以控轧、正火、或调质(淬火+回火)状态供货，抗拉强度可达450~690MPa。制订经过热处理的低碳钢的焊接工艺，应当注意保持母材焊前的韧性和强度。对这些母材进行焊条电弧焊、埋弧焊和气体保护焊时，可以采用常规焊接工艺，配以相应强度的焊接材料。为了使焊缝与母材等强度，选择焊接材料时，必须考虑焊缝金属的稀释，焊接材料熔敷金属的强度可以选用比母材略高一点，甚至为低合金钢填充金属，不过焊缝金属的强度不应超过母材太大。对这些母材采用常规焊接工艺，进行焊条电弧焊、埋弧焊和气体保护焊时，热影响区的强度的韧性，总的来说，是可以保证的，因为其冷却速度足以产生类似于正火或调质钢的显微组织。不过对于调质钢来说，在热影响区中受热温度低于Ac_1而高于调质时的回火温度的范围，不可避免地会产生软化区，该区域母材焊后的强度低于焊前强度值。就常规的焊条电弧焊、埋弧焊和气体保护焊而言，调质钢焊接热影响区中的这一软化区，宽度很窄，对焊接接头的整体性能无碍大局。但如果采用大热输入、或高的预热温度和层间温度，则会使热影响区的冷却速度大为降低，从而软化区宽度增大，其强度明显降低；不仅如此，慢的冷却速度还会使热影响区中的粗晶区、局部奥氏体相变区和软化区的韧性下降。如果焊接时的冷却速度很慢，为了恢复热影响区的强度和韧性，焊件大多要焊后热处理。

为了保证焊前经过热处理(控轧、正火、调质等)的母材获得良好的焊接接头，必须采用低氢焊接材料和保证低氢焊接条件，焊接材料使用前必须按规定严格烘干。

一般地说，经过热处理的低碳钢电弧焊是不预热的，但是当金属温度约低于10℃时，则应预热。此外，如果钢板厚度大于25.4mm或者接头拘束大，则应预热。

低碳钢梁、柱、桁架结构低温焊接时的预热温度见表8.2－4；低碳钢管道、容器、结构低温焊接时的预热温度见表8.2－5；安装、检修发电厂管道焊接时的湿度限制和预热要求见表8.2－6。

表8.2－4　低碳钢梁、柱、桁架结构低温焊接时的预热温度

板厚/mm	在各种气温下的预热温度
≤30	不低于－30℃时，不预热； 低于－30℃时，预热到100～150℃
31～50	不低于－10℃时，不预热； 低于－10℃时，预热到100～150℃
51～70	不低于0℃时，不预热； 低于0℃时，预热到100～150℃

表8.2－5　低碳钢管道、容器、结构低温焊接时的预热温度

板厚/mm	在各种气温下的预热温度
≤16	不低于－30℃时，不预热； 低于－30℃时，预热到100～150℃
17～30	不低于－20℃时，不预热； 低于－20℃时，预热到100～150℃
31～40	不低于－10℃时，不预热； 低于－10℃时，预热到100～150℃
41～50	不低于0℃时，不预热； 低于0℃时，预热到100～150℃

表8.2－6　安装、检修发电厂管道冬季焊接时的温度限度与预热要求

钢　号	管壁厚度/mm		
	<10	10～16	>16
w(C)≤0.2%的碳素钢	不低于－20℃，可不预热		低于－20℃，预热到100～200℃
w(C)为0.21%～0.28%的碳素钢	不低于－10℃，可不预热		低于－10℃，预热到100～200℃

2. 焊接材料的选用

低碳钢含 C 量低，Mn、Si 又少，所以，通常情况下不会因焊接而引起严重硬化组织或淬火组织。低碳钢的塑性和韧性优良，焊成的接头的塑性和韧性也很好。焊接时，一般不需预热、控制层间温度和后热，焊后也不必采用热处理改善组织，可以说，整个焊接过程中不需要特殊的工艺措施，其焊接性优良。

1）焊条

几种低碳钢焊接用焊条（举例）见表 8.2-7。

表 8.2-7　几种低碳钢焊接用焊条举例

<table>
<tr><th rowspan="3">钢号</th><th colspan="4">焊条选用</th><th rowspan="3">施焊条件</th></tr>
<tr><th colspan="2">一般结构</th><th colspan="2">承受动载荷、复杂和厚板结构、重要受压容器以及低温下焊接</th></tr>
<tr><th>国标型号</th><th>牌号</th><th>国标型号</th><th>牌号</th></tr>
<tr><td>Q235</td><td rowspan="2">E4313，E4303，E4301，E4320，E4311</td><td rowspan="2">J421，J422，J423，J424，J425</td><td rowspan="2">E4316，E4315，(E5016，E5015)</td><td rowspan="2">J426，J427 (J506，J507)</td><td rowspan="2">一般不预热</td></tr>
<tr><td>Q255</td></tr>
<tr><td>Q275</td><td>E5016，E5015</td><td>J506，J507</td><td>E5016，E5015</td><td>J506，J507</td><td>厚板结构预热 150℃以上</td></tr>
<tr><td>08、10、15、20</td><td>E4303，E4301，E4320，E4311</td><td>J422，J423，J424，J425</td><td>E4316，E4315，(E5016，E5015)</td><td>J426，J427 (J506，J507)</td><td>一般不预热</td></tr>
<tr><td>25、30</td><td>E4316、E4315</td><td>J426，J427</td><td>E5016，E5015</td><td>J506，J507</td><td>厚板结构预热 150℃以上</td></tr>
<tr><td>Q245R</td><td>E4303，E4301</td><td>J422，J423</td><td>E4316，E4315，(E5016，E5015)</td><td>J426，J427 (J506，J507)</td><td>一般不预热</td></tr>
</table>

注：表中括弧内表示可以代用。

2）埋弧焊焊丝和焊剂

几种低碳钢埋弧焊常用焊接材料见表 8.2-8。

表 8.2-8　几种低碳钢埋弧焊常用焊接材料选择举例

<table>
<tr><th rowspan="3">钢　号</th><th colspan="3">埋弧焊焊接材料选用</th></tr>
<tr><th rowspan="2">焊　丝</th><th colspan="2">焊　剂</th></tr>
<tr><th>牌　号</th><th>国标型号</th></tr>
<tr><td>Q235</td><td>H08A</td><td rowspan="3">HJ430，HJ431</td><td rowspan="3">HJ401—H08A</td></tr>
<tr><td>Q255</td><td>H08A</td></tr>
<tr><td>Q275</td><td>H08MnA</td></tr>
<tr><td>15、20</td><td>H08A，H08MnA</td><td rowspan="3">HJ430，HJ431，HJ330</td><td rowspan="3">HJ401—H08A
HJ301—H10Mn2</td></tr>
<tr><td>25、30</td><td>H08MnA，H10Mn2</td></tr>
<tr><td>Q245R</td><td>H08MnA，H08MnSi，H10Mn2</td></tr>
</table>

8.2.2　中碳钢的焊接

中碳钢含 C 量接近 0.30% 且含 Mn 量不高时，焊接性良好。随着 C 含量的增加，焊接性逐渐变差。大多数情况下，中碳钢焊接需焊前预热并保持层间温度，以降低焊缝和热影响区的冷却速度，防止产生马氏体。焊后最好立即进行消除应力热处理，如果不能立即进行消除应力热处理，则应先进后热，以便扩散氢逸出。

中碳钢手工电弧焊焊条选用(举例)见表8.2-9。

关于中碳结构钢，如果需要对已热处理的部件进行焊接，则必须采取措施防止发生裂纹。焊接时必须施加适当的预热和层间温度，否则就会发生裂纹。预热、层间温度和焊接热量会使热影响区显微组织力学性能变差，所以焊后需进行热处理，使热影响区恢复至所希望的性能。

碳钢铸件焊接前如已退火，它不会妨碍焊接，反而使焊接容易。焊后如果要提高其焊接接头性能，则需另行热处理。

表8.2-9 中碳钢焊接用焊条举例

钢号	母材/w(C)%	焊接性	母材力学性能(不小于)					选用焊条牌号	
			屈服点/MPa	抗拉强度/MPa	伸长率/%	断面收缩率/%	冲击吸收功/J	不要求强度或不要求等强度	要求等强度
35 ZG270—500	0.32~0.40 0.31~0.40	较好	315 270	530 500	20 18	45 25	55 22	J422、J423 J426、J427	J506、 J507
45 ZG310—570	0.42~0.50 0.41~0.50	较差	355 310	600 570	16 15	40 21	39 15	J422、J423 J426、J427 J506、J507	J556、 L557
55 ZG340—640	0.52~0.60 0.51~0.60	较差	380 340	645 640	13 10	35 18	— 10	J422、J423 J426、J427 J506、J507	J606、 J607

8.2.3 高碳钢的焊接

高碳钢含C量较高[w(C)>0.6%]，焊接容易产生硬脆的高碳马氏体，淬硬倾向和裂纹敏感倾向大，从而焊接性差。高碳钢不适于制造焊接结构，仅适用于高硬度或耐磨部件、零件和工具以及某些铸件。这些零、部件或铸件修复时，焊前应先退火，焊后再进行热处理。

高碳钢焊接时一般不选用高碳钢钢焊接材料。产品要求强度高时，选用E7015—D2(J707)或E6015—D1(J607)；要求不高时，可用E5016(J506)或E5015(J507)焊条。必要时也可用铬镍奥氏体不锈钢焊条，如A102、A107、A142、A146、A302、A307等。选用铬镍奥氏体不锈钢焊条时，工件可不预热或适当预热。

常用碳钢焊条牌号与国标型号和ASW型号的对照(表8.2-10)。

表8.2-10 常用碳钢焊条牌号与国标GB/T 5117—1995和AWS5.1—91型号的对照

牌号	国标型号	AWS型号	药皮类型	焊接电流	主要用途
J350			不属于已规定类型	直流	专用于微碳纯铁氨合成塔内件的焊接
J357			低氢钠型	直流	专用于微碳纯铁氨合成塔内件的焊接
J420G	E4300		不属于已规定类型	交直流	高温高压电站碳钢管道焊接

续表 8.2－10

牌号	国标型号	AWS 型号	药皮类型	焊接电流	主要用途
J421	E4313	E6013	氧化钛型	交直流	焊接一般低碳钢薄板结构
J421×	E4313	E6013	氧化钛型	交直流	用于碳钢薄板立向下行焊及间断焊
J421Fe	E4313	E6013	铁粉钛型	交直流	焊接一般低碳钢薄板结构
J421Fe13	E4324	E6024	铁粉钛型	交直流	焊接一般低碳钢薄板结构的高效率电焊条，名义熔敷效率 130%
J422	E4303		钛钙型	交直流	焊接较重要的低碳钢结构和相同强度等级的低合金钢
J422GM	E4303		铁钙型	交直流	焊接海上平台、船舶、车辆、工种机械等盖面装饰焊缝的电焊条
J422Fe	E4323		铁粉钛钙型	交直流	焊接较重要的低碳钢结构的铁粉型电焊条
J422Fe13	E4323		铁粉钛钙型	交直流	焊接较重要低碳钢薄板结构的高效率电焊条，名义熔敷效率 130%
J422Fe16	E4323		铁粉钛钙型	交直流	焊接重要低碳钢薄板结构的高效率电焊条，名义熔敷效率 160%
J422Z	E4323		铁粉钛钙型	交直流	焊接低碳钢结构的高效高速重力焊条，熔敷效率 150% 以上
J423	E4301		钛铁矿型	交直流	焊接低碳钢结构
J424	E4320	E6020	氧化铁型	交直流	焊接低碳钢结构
J424Fe14	E4327	E6027	铁粉氧化铁型	交直流	焊接低碳钢结构的高效电焊条，名义熔敷效率 140%
J425	E4311	E6011	高纤维素钾型	交直流	适用于立下焊的低碳钢薄板结构
J426	E4316	E6016	低氢钾型	交直流	焊接较重要的低碳钢及某些低合金钢结构
J427	E4315	E6015	低氢钠型	直流	焊接较重要的低碳钢及某些低合金钢结构
J427Ni	E4315	E6015	低氢钠型	直流	焊接重要的低碳钢及某些低合金钢结构
J501Fe15	E5024	E7024	铁粉钛型	交直流	焊接碳钢及某些低合金钢结构的高效率焊条，名义熔敷效率 150%
J501Fe18	E5024	E7024	铁粉钛型	交直流	焊接低碳钢及船用 A 级、B 级钢的焊接结构，名义熔敷效率 180%

续表 8.2-10

牌号	国标型号	AWS 型号	药皮类型	焊接电流	主要用途
J501Z	E5024	E7024	铁粉钛型	交直流	焊接碳钢及某些低合金钢结构平角焊的重力焊条，熔敷效率150%以上
J502	E5003		铁钙型	交直流	焊接碳钢及相同强度等级低合金钢的一般结构
J502Fe	E5003		铁粉钛钙型	交直流	焊接碳钢及相同强度等级低合金钢的一般结构
J502Fe16	E5023	E7023	铁粉钛钙型	交直流	用于碳钢及相同强度等级低合金钢结构的高效率电焊条。名义熔敷效率160%
J502Fe18	E5023	E7023	铁粉钛钙型	交直流	用于碳钢和相同强度等级钢的焊接，名义熔敷效率180%
J503	E5001		铁钛矿型	交直流	焊接碳钢及相同强度等级低合金钢的一般结构
J504Fe	E5027	E7027	铁粉氧化铁型	交直流	焊接碳钢及某些低合金钢结构的高效率焊条
J504Fe14	E5027	E7027	钛粉氧化铁型	交直流	焊接碳钢及低合金钢结构，名义熔敷效率140%
J505	E5011	E7011	高纤维素钾型	交直流	用于碳钢及某些低合金钢的焊接
J505MoD	E5011	E7011	高纤维素钾型	交直流	不用铲焊根封底用
J506	E5016	E7016	低氢钾型	交直流	焊接碳钢及某些重要的低合金钢结构
J506H	E5016—1	E7016—1	低氢钾型	交直流	超低氢，焊接重要的碳钢及低合金钢结构，扩散氢量不大于1.5mL/100g(甘油法)
J506×	E5016	E7016	低氢钾型	交直流	抗位强度为50kgf级的立向下焊条
J506DF	E5016	E7016	低氢钾型	交直流	用途同J506，但该焊条焊接时烟尘发生量及烟尘中可溶性氟化物含量较低，适用于密闭容器的焊接
J506D	E5016	E7016	低氢钾型	交直流	用于底层打底焊接，可免去铲根和封底焊
J506GM	E5016	E7016	低氢钾型	交直流	用于碳钢、低合金钢的压力容器、石油管道、造船等盖面装饰焊缝的焊接
J506Fe	E5018	E7018	铁粉低氢钾型	交直流	用于焊接碳钢及某些低合金钢结构
J506Fe—1	E5018-1	E7018-1	铁粉低氢钾型	交直流	用于碳钢及低合金钢的焊接
J506Fe16	E5028	E7028	铁粉低氢钾型	交直流	用于碳钢及低合金钢的平焊、平角焊接，名义熔敷效率160%

续表 8.2－10

牌号	国标型号	AWS 型号	药皮类型	焊接电流	主要用途
J506Fe18	E5028	E7028	铁粉低氢钾型	交直流	用于碳钢及低合金钢结构平焊、平角焊接，名义熔敷效率180%
J506LMA	E5018	E7018	低氢钾型	交直流	耐吸潮，用于碳钢及低合金钢船舶结构
J506GR	E5016—G	E7016	低氢钾型	交直流	高韧性，适用于采油平台、船舶和高压容器等重要结构的焊接
J506RH	E5016—G	E7016—G	低氢钾型	交直流	高韧性超低氢，适用于焊接低合金钢的重要结构，如海上平台、船舶、压力容器等
J507	E5015	E7015	低氢钠型	直流	焊接中碳钢及16Mn等重要的低合金钢结构
J507R	E5015—G	E7015—G	低氢钠型	直流	高韧性，用于压力容器的焊接
J507H	E5015	E7015—G	低氢钠型	直流	超低氢，用于压力容器的焊接
J507NiTiB	E5015—G	E7015—G	低氢钠型	直流	高韧性，用于船舶、锅炉、压力容器、海洋工程等重要结构焊接
J507RH	E5015—G	E7015—G	低氢钠型	直流	高韧性超低氢，用于重要的低合金钢结构焊接，如船舶、高压管道、海上平台等重要结构
J507×	E5015	E7015	低氢钠型	直流	用于50kgf级钢材的立向下焊条
J507DF	E5015	E7015	低氢钠型	直流	低尘，焊接碳钢和低合金钢
J507×G	E5015	E7015	低氢钠型	直流	立向下管子焊条
J507D	E5015	E7015	低氢钠型	直流	用于管道及厚壁容器的打底焊
J507Fe	E5018	E7018	铁粉低氢型	交直流	用于焊接重要的碳钢及低合金钢结构
J507Fe16	E5028	E7028	铁粉低氢型	交直流	用于碳钢及低合金钢结构的高效率电焊条，名义熔敷效率160%
J507FeNi	E5018－G	E7018－G	铁粉低氢型	直流	用于中碳钢及低温钢压力容器的焊接
J553	E5501－G		铁钛矿型	交直流	焊接中碳钢及相应强度的低合金钢一般结构
J556	E5516—G	E8016—G	低氢钾型	交直流	焊接中碳钢及相应强度的低合金钢结构
J557	E5515—G	E8015—G	低氢钠型	直流	焊接中碳钢及相应强度的低合金钢结构

续表 8.2-10

牌号	国标型号	AWS 型号	药皮类型	焊接电流	主要用途
J557Mo	E5515—D3	E8015—D3	低氢钠型	直流	焊接中碳钢及相应强度的低合金钢结构
J557MoV	E5515-G	E8015—G	低氢钠型	直流	焊接中碳钢及相应强度的低合金钢结构
J556RH	E5516—G	E8016—G	低氢钾型	交直流	高韧性超低氢，用于海洋平台、舰艇和压力容器等重要结构
J606	E6016—D1	E9016—D1	低氢钾型	交直流	焊接中碳钢及相应强度的低合金钢结构
J607	E6015—D1	E9016—D1	低氢钠型	直流	焊接中碳钢及相应强度的低合金钢结构
J607Ni	E6015—G	E9015—G	低氢钠型	直流	焊接相应强度等级，并有再热裂纹倾向钢的结构
J607RH	E6015—G	E9015—G	低氢钠型	直流	高韧性、超低氢，用于压力容器，桥梁及海洋工程等重要结构
J707	E7015—D2	E10015—D2	低氢钠型	直流	焊接相应强度的碳钢及低合金钢重要结构
J707Ni	E7015—G	E10015—G	低氢钠型	直流	焊接相应强度的碳钢及低合金钢重要结构
J707RH	E7015—G	E10015—G	低氢钠型	直流	高韧性、超低氢，焊接相应强度的碳钢及低合金钢重要结构
J707NiW	E7015—G		低氢钠型	直流	焊接相应强度的碳钢及低合金钢重要结构
J757	E7515—G	E11015—G	低氢钠型	直流	焊接相应强度的碳钢及低合金钢重要结构

注：1. 本表 E55××—×、E60××—×、E70××—×、E75××—×焊条属于 GB 5118—1995《低合金钢焊条》型号，有时也适用于要求较高强度的碳钢重要结构焊接。

2. 国标一栏中 E××××末尾加有“—×”的，其字母意义如下：

D1——熔敷金属合金元素为 Mn 和 Mo；

D2——熔敷金属合金元素为 Mn 和 Mo，但含量高于 D1；

G——熔敷金属合金元素为 Mn、Si、Ni、Cr、Mo 和 V 中的任一个或几个 之和。这些焊条都在国标 GB/T 5118—1995《低合金钢焊条》中说明。

8.3 低合金钢的焊接

低合金钢是在碳钢的基础上添加一定量的合金化元素而成，其合金元素的质量分数一般不超过 5%。

低合金钢可分为高强度钢、低温用钢、耐腐蚀用钢和珠光体耐热钢 4 种。本节只介绍前两种钢的焊接。珠光体耐热钢的焊接在 8.5 节介绍。

按钢材的屈服强度和使用时的热处理状态，高强度钢又可分为以下3种：

(1)在热轧、正火或控轧控冷状态下焊接并使用的，屈服强度为294～490MPa的热轧、正火和控轧控冷钢；

(2)在调质状态下焊接并使用的，屈服强度为490～980MPa的低碳低合金调质钢；

(3)C含量(质量分数)为0.25%～0.50%，屈服强度为880～1176MPa的中碳调质钢。

8.3.1　低合金高强度的焊接

1. 低合金高强度钢的分类

本节所述合金高强度钢是在热轧、控轧控冷及正火(或正火加回火)状态下焊接和使用，屈服强度为295～460MPa的低合金高强度结构钢。

GB/T1591—2008《低合金高强度结构钢》中，对低合金高强度结构钢的化学成分和力学性能要求作了规定，见本书第三章的表3.3－9、表3.3－14、表3.3－15和表3.3－16。标准中钢的分类是按照钢的力学性能划分的。钢的牌号由代表屈服点的汉语拼音字母Q、屈服点数值、质量等级符号三个部分按顺序排列。

2. 低合金高强度钢的焊接性

低合金高强度钢含有一定量的合金元素及微合金化元素，其焊接性与碳钢有差别，主要是焊接热影响区组织与性能的变化对焊接热输入较敏感，热影响区淬硬倾向增大，对氢致裂纹敏感性较大，含有碳、氮化合物形成元素的低合金高强度钢还存在再热裂纹的危险等。

1）焊接热影响区的组织与性能

依据焊接热影响区被加热的峰值温度不同，焊接热影响区可分为熔合区(1350～1450℃)、粗晶区(1000～1300℃)细晶区(800～1000℃)不完全相变区(700～800℃)及回火区(500～700℃)。不同部位热影响区组织与性能取决于钢的化学成分和焊接时加热和冷却的速度。对于某些低合金高强钢，如果焊接冷却速度控制不当，焊接热影响区局部区域将产生淬硬或脆性组织，导致抗裂性或韧性降低。

低合金高强度钢焊接时，热影响区中被加热到1100℃以上的粗晶区及加热温度为700～800℃的不完全相变区是焊接接头的两个薄弱区。热轧钢焊接时，如果焊接热输入过大，粗晶区将因晶粒严重长大或出现魏氏组织等而降低韧性，如果焊接热输入过小，由于粗晶区组织中马氏体比例增大而降低韧性。正火钢焊接时，粗晶区组织性能受焊接热输入的影响更为显著。Nb、V微合金化的14MnNb、Q420等正火钢焊接时，如果热输入较大，粗晶区的Nb(C，N)、V(C，N)析出相将固溶于奥氏体中，从而失去了抑制奥氏体晶粒长大及细化组织的作用，粗晶区将产生粗大的粒状贝氏体、上贝氏体组织而导致粗晶区韧性的显著降低。焊接热影响区的不完全相变区，在焊接加热时，该区域内只有部分富碳组元发生奥氏体转变，在随后的焊接冷却过程中，这部分富碳奥氏体将转变成高碳孪晶马氏体，而且这种高碳马氏体的转变终止温度(*Mf*)低于室温，相当一部分奥氏体残留在马氏体岛的周围，形成所谓的M－A组元。M－A组元的形成是该区域组织脆化的主要原因。防止不完全相变区组织脆化的措施是控制焊接冷却速度，避免脆硬的马氏体产生。

焊接热影响区软化是控轧控冷钢焊接时遇到的主要问题，当采用埋弧焊、电渣焊及闪光对焊等高热输入工艺方法时，控轧控冷钢焊接热影响区软化问题变得非常突出。焊接热影响区的软化使焊接接头强度明显低于母材，给焊接接头的疲劳性能带来损害。另外，焊接热输入还影响控轧控冷钢热影响区的组织和韧性，当采用较小的热输入焊接时，由于焊接冷却速度较快，焊接热影响区获得下贝氏体组织，具有较优良的韧性，而随着焊接热输入的增加，焊接冷却速度降低，焊接热影响区获得上贝氏体或侧板条铁素体组织，韧性显著降低。

2）热应变脆化

在自由氮含量较高的C－Mn系低合金钢中，焊接接头熔合区及最高加热温度低于A_{c1}的亚临界热影响区，常常有热应变脆化现象。一般认为，这种脆化是由于氮、碳原子聚集在位错周围，对位错造成钉扎作用所造成的。热应变脆化容易在最高加热温度范围200～400℃的亚临界热影响区产生。如有缺口效应，则热应变脆化更为严重，熔合区常常存在缺口性质的缺陷，当缺陷周围受到连续的焊接热应变作用后，由于存在应变集中和不利组织，热应变脆化倾向变更大，所以热应变脆化也容易发生在熔合区。有热应变脆化的Q345钢经600℃×1h退火处理后，韧性得到很大恢复。

3）冷裂纹敏感性

焊接氢致裂纹(通常称焊接冷裂纹或延迟裂纹)是低合金高强度钢焊接时最容易产生，而且是危害最为严重的工艺缺陷，它常常是焊接结构失效破坏的主要原因。低合金高强度钢焊接时产生的氢致裂纹主要发生在焊接热影响区，有时也出现在焊缝金属中，根据钢种的类型；焊接区氢含量及应力水平的不同，氢致裂纹可能在焊后200℃以下立即产生，或在焊后一段时间内产生。

大量研究表明，当低合金高强度钢焊接热影响区中产生淬硬的M或$M+B+F$混合组织时，对氢致裂纹敏感；而产生B或$B+F$组织时，对氢致裂纹不敏感。热影响区最高硬度可被用来粗略的评定焊接氢致裂纹敏感性。对一般低合金高强度钢，为防止氢致裂纹的产生，焊接热影响区硬度应控制在350HV以下。热影响区淬硬倾向可以采用碳当量公式加以评定。对于C－Mn系低合金高强钢，可采用国际焊接学会(IIW)推荐的碳当量公式：对于微合金化的低碳低合金高强钢适合于采用P_{cm}公式。应用这些公式时，应注意其适用范围。

$$C_{eq} = C + Mn/6 + Cr/5 + Mo/5 + V/5 + Ni/15 + Cu/15(\%)$$

$$P_{cm} = C + Si/30 + Mn/20 + Cu/20 + Ni/60 + Cr/20 + Mo/15 + V/10 + 5B(\%)$$

借助钢材的碳当量(C_{eq}，也有的用CE表示)，或裂纹敏感性指数(P_{cm})间接评价钢材的焊接性。$C_{eq} \leq 0.40\%$，焊接性较好；$C_{eq} = 0.40\% \sim 0.45\%$，焊接性尚可；$C_{eq} > 0.45\%$，焊接性变差。

对于同样厚度(或直径)的低合金高强度结构钢，其供货状态不同，碳当量是有差别的，见表8.3－1、表8.3－2和表8.3－3。热机械轧制或热机械轧制加回火状态交货的低合金高强度钢的P_{cm}值见表8.3－4。

表8.3－1 热轧、控轧状态交货钢材的碳当量

牌号	碳当量(CE)/%		
	基本厚度或直径≤63mm	基本厚度或直径≤63～250mm	基本厚度＞250mm
Q345	≤0.44	≤0.47	≤0.47
Q390	≤0.45	≤0.48	≤0.48
Q420	≤0.45	≤0.48	≤0.48
Q460	≤0.46	≤0.49	—

表 8.3-2　正火、正火轧制、正火加回火状态交货钢材的碳当量

牌号	碳当量(CE)/%		
	基本厚度或直径≤63mm	基本厚度或直径≤63~120mm	基本厚度>120~250mm
Q345	≤0.45	≤0.48	≤0.48
Q390	≤0.46	≤0.48	≤0.49
Q420	≤0.48	≤0.50	≤0.52
Q460	≤0.53	≤0.54	≤0.55

表 8.3-3　热机械轧制(TMCP)或热机械轧制加回火状态交货钢材的碳当量

牌号	碳当量(CE)/%		
	基本厚度或直径≤63mm	基本厚度或直径≤63~120mm	基本厚度>120~150mm
Q345	≤0.45	≤0.45	≤0.45
Q390	≤0.46	≤0.47	≤0.47
Q420	≤0.46	≤0.47	≤0.47
Q460	≤0.47	≤0.48	≤0.48
Q500	≤0.47	≤0.48	≤0.48
Q550	≤0.47	≤0.48	≤0.48
Q620	≤0.48	≤0.49	≤0.49
Q690	≤0.49	≤0.49	≤0.49

8.3-4　热机械轧制(TMCP)或热机械轧制加回火状态交货钢材的 P_{cm} 值

牌　号	P_{cm}/%	牌　号	P_{cm}/%
Q345	≤0.20	Q500	≤0.25
Q390	≤0.20	Q550	≤0.25
Q420	≤0.20	Q620	≤0.25
Q460	≤0.20	Q690	≤0.25

强度级别较低的热轧钢，由于其合金元素含量少，钢的淬硬倾向比低碳钢稍大。如Q345钢、15MnV钢焊接时，快速冷却可能出现淬硬的马氏体组织，冷裂倾向增大。但由于热轧钢的碳当量比较低，通常冷裂倾向不大。但在环境温度很低或钢板厚度大时应采取措施防止冷裂纹的产生。

控轧控冷碳含量和碳当量都很低，其冷裂纹敏感性较低。除超厚焊接结构外，490MPa级的控轧控冷钢焊接，一般不需要预热。

正火钢合金元素含量较高，焊接热影响区的淬硬倾向有所增加。对强度级别及碳当量较低的正火钢，冷裂倾向不大。但随着强度级别及板厚的增加，其淬硬性及冷裂倾向都随之增大，需要采取控制焊接热输入、降低含氢量、预热和及时后热等措施，以防止冷裂纹的产生。

4）热裂纹敏感性

与碳素钢相比，低合金高强钢的C、S较低，且Mn较高，其热裂纹倾向较小。但有时也会在焊缝中出现热裂纹，如厚壁压力容器焊接生产中，在多层多道埋弧焊焊缝

的根部焊道或靠近坡口边缘的高稀释率焊道中易出现焊缝金属热裂纹；电渣焊时，如母材含碳量偏高并含 Nb 时，电渣焊焊缝可能出现八字形分布的热裂纹。另外，焊接热裂纹也常常在低碳的控轧控冷管线钢根部焊缝中出现，这种热裂纹产生的原因与根部焊缝基材的稀释率大及焊接速度较快有关。采用 Mn、Si 含量较高的焊接材料，减小焊接热输入，减少母材在焊缝中的熔合比，增大焊缝成形系数(即焊缝宽度与高度之比)，有利于防止焊缝金属的热裂纹。

5）再热裂纹敏感性

低合金钢焊接接头中的再热裂纹亦称消除应力裂纹，出现在焊后消除应力热处理过程中。再热裂纹属于沿晶断裂，一般都出现在热影响区的粗晶区，有时也在焊缝金属中出现，其产生与杂质元素：P、Sn、Sb、As 在初生奥氏体晶界的偏聚导致的晶界脆化有关，也与 V、Nb 等元素的化合物强化晶内有关。Mn－Mo－Nb 和 Mn－Mo－V 系低合金高强钢对再热裂纹的产生有一定的敏感性，这些钢在焊后热处理时应注意防止再热裂纹的产生。

6）层状撕裂倾向

大型厚板焊接结构焊接时，如在钢材厚度方向承受较大的拉伸应力，可能沿钢材轧制方向发生阶梯状层状撕裂。这种裂纹常出现于要求熔透的角接接头或丁字接头中。选用抗层状撕裂钢、改善接头形式以减缓钢板 Z 向的应力应变，在满足产品使用要求的前提下，选用强度级别较低的焊接材料或采用低强焊材预堆边，采用预热及降氢等措施都有利于防止层状撕裂。

3. 低合金高强度钢的焊接工艺

1）焊接方法的选择

低合金高强度钢可采用焊条电弧焊、熔化极气体保护焊、埋弧焊、钨极氩弧焊；气电立焊、电渣焊等所有常用的熔焊及压焊方法焊接。具体选用何种焊接方法取决于所焊产品的结构、板厚、对性能的要求及生产条件等。其中焊条电弧焊、埋弧焊、实心焊丝及药芯焊丝气体保护电弧焊是常用的焊接方法。对于氢致裂纹敏感性较强的低合金高强度钢的焊接，无论采用哪种焊接工艺，都应采取低氢的工艺措施。厚度大于 100mm 低合金高强度钢结构的环形和长直线焊缝，常常采用单丝或双丝窄间隙埋弧焊。当采用高热输入的焊接工艺方法，如电渣焊、气电立焊及多丝埋弧焊焊接低合金高强度钢时，在使用前应对焊缝金属和热影响区的韧性认真的评定，以保证焊接接头的韧性能够满足使用要求。

2）焊接材料的选择

焊接材料的选择首先应保证焊缝金属的强度、塑性、韧性达到产品的技术要求，同时还应该考虑抗裂性及焊接生产效率等。由于低合金高强度钢氢致裂纹敏感性较强，因此，选择焊接材料时应优先采用低氢焊条和碱度适中的埋弧焊焊剂。气体保护焊用的 CO_2 气体应符合 HG/T 2537—1993 的规定或达到 GB/T 6052 规定的优等品要求。另外，为了保证焊接接头具有与母材相当的冲击韧度，正火钢与控轧控冷焊接材料优先选用高韧度焊材，配以正确的焊接工艺以保证焊缝金属和热影响区具有优良的冲击韧度。

3）焊接热输入的控制

为了确保焊缝金属的韧性，不宜采用过大的焊接热输入。焊接操作上尽量不用横向摆动和挑弧焊接，推荐采用多层窄焊道焊接。

热输入对焊接影响区的抗裂性及韧性也有显著的影响。低合金高强度钢热影响区组织的脆化或软化都与焊接冷却速度有关。由于低合金高强度钢的强度及板厚范围都较宽，合金体系及合金含量差别较大，焊接时钢材的状态各不相同，很难对焊接热输入作出统一的规定。各种低合金高强度钢焊接时应根据其自身的焊接性特点，结合具体的结构形式及板厚，选择合适的焊接热输入。

与正火或正火加回火钢及控轧控冷钢相比，热轧钢可以适应较大的焊接热输入。含碳量较低的热轧钢(09Mn2、09MnNb 等)以及含碳量偏下限的 16Mn 钢焊接时，焊接热输入没有严格的限制。因为这些钢焊接热影响区的脆化及冷裂倾向较小。但是，当焊接含碳量偏上限的 16Mn 钢时，为降低淬硬倾向，防止冷裂纹的产生，热输入应偏大一些。

含 V、Nb、Ti 微合金化元素的钢种，为降低热影响区粗晶区的脆化，确保焊接热影响区具有优良的低温韧性，应选择较小的焊接热输入。

碳及合金元素含量较高、屈服强度为 400MPa 的正火 + 回火钢，如 18MnMoNbR 等。选择热输入时既要考虑钢种的淬硬倾向，同时也要兼顾热影响区粗晶区的过热倾向，一般为了确保热影响区地的韧性，应选择较小的热输入，同时采用低氢焊接方法配合适当的预热或及时的焊后消氢处理来防止焊接冷裂纹的产生。

控冷控轧钢的碳含量和碳当量均较低，对氢致裂纹不敏感，为了防止焊接热影响区的软化，提高热影响区韧性，应采用较小的热输入焊接，使焊接冷却时间 $t_{8/5}$ 控制在 10s 以内为佳。

4) 预热及焊道间温度　预热可以控制焊接冷却速度，减少或避免热影响区中淬硬马氏体的产生，降低热影响区硬度，同时预热还可以降低焊接应力，并有助于氢从焊接接头的逸出，因此，预热是防止低合金高强度钢焊接氢致裂纹产生的有效措施。但预热常常恶化劳动条件，使生产工艺复杂化，不合理的、过高的预热和焊道间温度还会损害焊接接头的性能。因此，焊前是否需要预热及合理的预热温度，都需要认真考虑或通过试验确定。

预热温度的确定取决于钢材的成分(碳当量)、板厚、焊件结构形状和拘束度、环境温度以及所采用的焊接材料的含氢量等。随着钢材碳当量、板厚、结构拘束度、焊接材料的含氢量的增加和环境温度的降低、焊前预热温度要相应提高。表 8.3－5 中推荐了不同强度级别的热轧和正火低合金高强钢的焊接预热温度(供参考)。对于厚板多道多层焊，为了促进焊接区氢的逸出，防止焊接过程中氢致裂纹的产生，应控制焊道间温度不低于预热温度和进行必要的中间消氢热处理。

表 8.3－5　推荐用于轧制和正火状态的低合金高强钢的预热温度　℃

钢的厚度/mm	焊条类型	钢的最低屈服强度/MPa				
		310	345	380	413	448
<10	普通	不预热	不预热	不预热	38	66
	低氢	不预热	不预热	21	21	21
10～19	普通	不预热	38	66	93	121
	低氢	不预热	不预热	21	21	21
19～38	普通	66	66	93	121	—
	低氢	不预热	不预热	66	66	—

续表 8.3-5

钢的厚度/mm	焊条类型	钢的最低屈服强度/MPa				
		310	345	380	413	448
38~51	普通	93	121	149	—	—
	低氢	66	66	107	—	—
51~76	普通	149	149	177	—	—
	低氢	107	107	149	—	—

注：表中的不预热是指母材温度必须高于10℃，如果低于10℃，必须预热到21~38℃。

5）焊接后热及焊后热处理

（1）焊接后热及消氢处理。焊接后热是指焊接结束或焊完一条焊缝后，将焊件或焊接区立即加热到150~250℃范围内，并保温一段时间；而消氢处理则是在300~400℃加热湿度范围内保温一段时间，两种处理的目的都是加速焊接接头中氢的扩散逸出，消氢处理效果比低温后热更好。焊后及时后热及氢处理是防止焊接冷裂纹的有效措施之一，特别是对于氢致裂纹敏感性较强的14MnMoV、18MnMoNb等钢厚板焊接接头，采用这一工艺不仅可以降低预热温度、减轻焊工劳动强度，而且还可以采用较低的焊接热输入使焊接接头获得良好的综合力学性能。对于厚度超过100mm的厚壁压力容器及其他重要的产品构件，焊接过程中，应至少进行2~3次中间消氢处理，以防止因厚板多道多层焊氢的积聚而导致的氢致裂纹。

（2）焊后热处理。热轧、控轧控冷及正火钢一般焊后不进行热处理。电渣焊的焊缝及热影响区的晶粒粗大，焊后必须进行正火处理以细化晶粒。某些焊成的部件(如筒节等)在热校和热整形后也需要正火处理。正火温度应控制在钢材Ac_3点以上30~50℃，过高的正火温度会导致晶粒长大，保温时间按1~2min/mm计算。厚壁受压部件经正火处理后产生较高的内应力，正火后应作回火处理。

（3）消除应力处理。厚壁高压容器、要求抗应力腐蚀的容器、以及要求尺寸稳定性的焊接结构，焊后需要进行消除应力处理。此外，对于冷裂纹倾向大的高强钢，也要求焊后及时进行消除应力处理。

消除应力热处理是最常用的松弛焊接残余应力的方法，该方法是将焊件均匀加热到Ac_1点以下某一温度，保温一段时间后，随炉冷到300~400℃，最后焊件在炉外空冷。合理的消除应力热处理工艺可以起到消除内应力并改善接头的组织与性能的目的。对于某些含V、Nb的低合金钢热影响区和焊缝金属，如焊后热处理的加热温度和保温时间选择不当，会因碳、氮化合物的析出产生消除应力脆化，降低接头韧性，因此应恰当地选择加热制度和加热温度，避免焊件在敏感的温度区长时间加热。另外，消除应力热处理的加热温度不应超过母材原来的回火温度，以免损伤母材性能。

几种低合金高强度钢的不同焊后热处理的推荐参数见表8.3-6。

对那些受结构几何形状和尺寸的限制不易入炉的大件，有再热裂纹倾向的低合金高强度钢结构，以及为了节省能源、降低制度成本，可以采用振动或爆炸法降低焊接结构的残余应力。

表 8.3-6 几种低合金高强度钢的焊后热处理的推荐参数

强度等级 R_{eL}/MPa	钢号	回火	正火	消除应力热处理
295	09Mn2 09MnV 09Mn2Si	—	900~940℃	550~600℃
345	14MnNb 16Mn	580~620℃	900~940℃	550~600℃
390	15MnV 15MnTi 16MnNb	620~640℃	910~950℃	600~650℃
420	15MnVN 14MnVTiRE	620~640℃	910~950℃	600~660℃
460	14MnMoV 18MnMoNb	640~660℃ 620~640℃	920~950℃	600~660℃

振动消除应力是通过一个包括焊接结构件在内的振动系统，用振源激发，使构件共振，并在共振的条件下处理一段时间，在此过程中，金属组织内部产生微观塑性变形，使应力得到松弛，从而达到降低应力稳定尺寸的目的。16MnR 钢焊接蒸压釜，经振动消除应力处理，残余应力下降 50% 以上。低合金高强钢焊接结构振动消除应力处理可按照 JB/T 5926—91《振动时效效果评定方法》来选择振动时效工艺参数。

爆炸消除残余应力的机理与静压过载使材料发生流变的机理相似。据报道，采用爆炸消除残余应力的水平与整体退火消除应力的结果相近，此外爆炸消除残余应力处理对改善焊接构件的抗疲劳、抗应力腐蚀及抗脆断的能力也有显著的效果。国内在起重机吊臂、大型球罐、水电站压力钢管及石油化工反应塔等一些低合金钢焊接结构上采用爆炸法消除残余应力，效果良好。

4. 焊接材料的选用原则

1）根据产品对焊缝性能要求选择焊接材料

高强钢焊接时，一般应选择与母材强度相当的焊接材料，必须综合考虑焊缝金属的韧性、塑性及强度。只要焊缝强度或焊接接头的实际强度不低于产品要求即可。焊缝金属强度过高，将导致焊缝韧性、塑性以至抗裂性能的下降，从而降低焊接结构生产及使用的安全性，这对于焊接接头的韧性要求高，且基材的抗裂性差的低合金钢结构的焊接尤为重要。海洋工程、超高强钢壳体及压力容器选用的焊接材料，还应保证焊缝金属具有相应的低温、高温及耐蚀等特殊性能。

2）选择焊接材料时，还要考虑工艺条件的影响

（1）坡口和接头形式的影响。采用同一焊接材料焊同一钢种时，如果坡口形式不同，则焊缝性能各异。如用 HJ431 焊剂进行 Q345 钢埋弧焊不开坡口直边对接焊时，由于母材溶入焊缝金属较多，此时采用合金成分较低的 H08A 焊丝配合 H431，可满足焊缝力学性能要求；但如焊接 Q345 钢厚板开坡口对接接头时仍用 H08A—HJ431 组合，则因熔合比小，而使焊缝

强度偏低，此时应采用合金成分较高的 H08MnA 或 H10Mn2 等焊丝与 H431 组合。角接接头焊接时的冷却速度一般大于对接接头，因此 Q345 角接时，应采用合金成分较低的 H08A 焊丝与 HJ431 焊剂组合，以获得综合力学性能较好的焊缝金属；如采用合金成分偏高的 H08MnA 或 H10Mn2 焊丝，则该角焊缝的塑性偏低。

(2) 焊后加工工艺的影响。对于焊后经受热卷或热处理的焊件，必须考虑焊缝金属经受高温热处理后对其性能的影响。应保证焊缝热处理后仍具有所要求的强度、塑性和韧性，如厚壁压力容器筒节需用热卷方法成形，热卷温度一般要求达到或高于正火温度。这时筒节纵缝将随着经受正火处理，一般正火处理后的焊缝强度要比焊态时低，因此对于在焊后要经受正火处理的焊缝，应选用合金成分较高的焊接材料。如焊件焊后要进行消除应力热处理，一般焊缝金属的强度将降低，这时也应选用合金成分较高的焊接材料。对于焊后经受冷卷或冷冲压的焊件，则要求焊缝具有较高的塑性。

对于厚板、拘束度大及冷裂倾向大的焊接结构，应选用超低氢焊接材料，以提高抗裂性能，降低预热温度。厚板、大拘束度焊件，第一层打底焊缝最容易产生裂纹，此时可选用强度稍低、塑性、韧性良好的低氢或超低氢焊接材料。

对于重要的焊接产品，如海上采油平台、压力容器等，为确保产品使用的安全性，焊缝应具有优良的低温冲击韧性和断裂韧度，应选用高韧性焊接材料，如高碱度焊剂、高韧性焊丝、焊条、高纯度的保护气体并采用 $Ar+CO_2$混合气体保护焊等。

为提高生产率，可选用高效铁粉焊条、重力焊条、高熔敷率的药芯焊丝及高速焊剂等，立角焊可用立向下焊条，大口径管接头可用高速焊剂，小口径管接头可用底层焊条。

为改善卫生条件，在通风不良的产品中焊接时(如船仓、压力容器等)，宜采用低尘低毒焊条。

对于重要的焊接产品，焊接材料初步选定后，应根据相应产品的工艺规程进行工艺评定，检测焊缝金属的力学性能、抗裂性、耐腐蚀性以及焊条、焊丝和焊剂的焊接工艺性能，经考核所选的焊接材料满足所焊产品的技术要求后，方可用于产品的焊接。

表 8.3-7 是低合金高强度钢焊接材料选用举例，供参考。

8.3.2 低温用低合金钢的焊接

1. 低温用低合金钢的种类

低温用钢主要用于低温下工作的容器、管道和结构，如液化石油气储罐、冷冻设备及石油化工低温设备等。低温用钢可分为不含 Ni 及含 Ni 的两大类。

对低温用钢的主要性能要求是保证在使用温度下具有足够的韧性及抵抗脆性破坏的能力。低温用钢一般是通过合金元素的固溶强化、晶粒细化，并通过正火或正火加回火处理细化晶粒、均化组织，而获得良好的低温韧性。在低温用钢中常加入 V、Al、Nb 及 Ni 等合金元素，如我国的低温压力容器用钢 16MnDR、15MnNiDR 及 09MnNiDR 等。为保证低温韧性，在低温用钢中尽量降低含碳量，并严格限制 S、P 含量。GB 3531—2008《低温压力容器用低合金钢钢板》中规定的钢号有 16MnDR、15MnNiDR 和 09MnNiDR。其化学成分和力学性能见本篇表 5.1-6 和表 5.1-7 含 Ni(镍)低温用钢的化学成分和力学性能见表 8.3-8。

表 8.3-7 热轧及正火钢焊接材料选用举例

强度等级 R_{eL}/MPa	钢号	焊条电弧焊焊条		埋弧焊		电渣焊		气体保护焊		自保护焊丝
		型号	牌号	焊丝	焊剂	焊丝	焊剂	实心焊丝	药芯焊丝	
295	09Mn2 09MnNb 09MnV 12Mn	E4301 E4303 E4315 E4316	E423 J422 J427 J426	H08A H08MnA	HJ430 HJ431 SJ301	H08Mn2SiA H10MnSi H10Mn2	HJ360 HJ250 HJ170	CO_2： ER49-1 ER50-2		
345	16Mn 16MnR 16MnCu 14MnNb EH32 EH36 36Z 16MnRe	E5001 E5003 E5015 E5015-G E5016 E5016-G E5018 E5028	J503，J5032 J502 J507 J507R J506 J506R J506Fe J507Fe J506Fe16 J507Fe16	薄板 H08A H08MnA 不开坡口对接 H08A 中板开坡口对接 H08MnA H10Mn2 厚板深坡口 H10Mn2 H08MnMoA	SJ501 SJ502 HJ430 HJ431 HJ301 HJ350	H08MnMoA H10MnSi H10Mn2 H08Mn2SiA H10MnMo	HJ360 HJ431 HJ252 HJ171	CO_2： ER49-1 ER50-2 ER50-6、7 CH5-50	CO_2： YJ502-1(EF01-5020) YJ502R-1(EF01-5050) YJ507-1(EF03-5040) PK-YJ507	YJ502R-2 (EF01-5005) YJ507-2 (EF04-5020)
390	15MnV 15MnVR 15MnVRe 15MnTi 15MnVNb 16MnNb 15MnTiCu 14MnMoNb EH40	E5001 E5003 E5015 E5015-G E5016 E5016-G E5018 E5028 E5515-G E5516-G	J503，J503Z J502 J507 J507R J506 J506R J506Fe J507Fe J506Fe16 J507Fe16 J557 J556	不开坡口对接 H08MnA 中板开坡口对接 H10Mn2 H10MnSi 厚板深坡口 H08MnMoA	HJ430 HJ431 HJ250 HJ350 SJ101	H08MnMoA H10MnSi H10Mn2 H08MnMoVA H10MnMo	HJ360 HJ252 HJ431 HJ171	CO_2： ER50-2 ER50-6、7 GHS-50	CO_2： YJ502-1(EF01-5020) YJ502K-1(EF01-5050) YJ507-1(EF03-5040)	YJ502R-2 (EF01-5002) YJ507-2 (EF04-5020)

续表 8.3－7

强度等级 R_{eL}/MPa	钢号	焊条电弧焊焊条		埋弧焊		电渣焊		气体保护焊		自保护焊丝
		型号	牌号	焊丝	焊剂	焊丝	焊剂	实心焊丝	药芯焊丝	
440	15MnVN 15MnVNR 15MnVTiRe CF60 CF62 14MnVTiRe	E5515－G E5516－G E6015－D1 E6015－G E6016－D1 E6016－G	J557，J557Mo J557MoV J556，J556RH J607 J607Ni， J607RH J606 J606RH	H10Mn2 H08MnMoA H08Mn2MoA	HJ431 HJ350 HJ250 HJ252 SJ101	H08Mn2MoVA H10Mn2MoVA H10Mn2NiMo H10Mn2Mo	HJ360 HJ252 HJ170	ER49－1 ER50－2 ER55－D2 GHS－60 CO_2 或 Ar＋$CO_2$20%	CO_2： PKYJ607	—
490	14MnMoV 14MnMoVg 18MnMoNb 14MnMoVN 18MnMoNbg 15MnMoVCu	E6015－D1 E6015－G E6016－D1 E7015－D2 E7015－G	J607 J607Ni， J607RH J608 J707 J707RH J707NiW	H08Mn2MoA H08Mn2MoVA H08Mn2NiMo H0MnMoA	HJ250 HJ252 HJ350 SJ101 SJ102	H10Mn2MoVA H10Mn2Mo H08Mn2MoA	HJ360 HJ252 HJ170	ER35－D2 H08Mn2SiMoA GHS－60 GHS－60N GHS－70 CO_2 或 Ar＋$CO_2$20%	CO_2： PK－YJ607 YJ707－1	—
414 450	×60 ×65	E4310 E5011 E5015 E5016	J425G J505、J505Mo J507XG，J507 J506XG，J506	H08Mn2MoA H08MnMoA	SJ101 SJ102 SJ301	—	—	—	—	—

表 8.3－8 含镍低温用钢的化学成分和力学性能

国别	标准号	牌号	化学成分(质量分数)/%							力学性能					
			板厚 h/mm	C	Si	Mn	Ni	P	S	热处理	板厚 h/mm	R_{eL}/ MPa	R_m/ MPa	冲击吸收功	
														试验温度/℃	A_{kv}/J
日	JIS G3217	SL2N26	6～50	≤0.17	0.15～0.30	≤0.70	2.10～2.50	≤0.025	≤0.025	正火		255	451～588	－70	21
美	ASTM A203—72	A 级	h≤50	≤0.17	0.15～0.30	≤0.70	2.10～2.50	≤0.035	≤0.040	正火		255	451～529	—	—
			50＜h≤100	≤0.21		≤0.80									
			100＜h≤150	≤0.23		≤0.80									
		B 级	h≤50	≤0.21	0.15～0.30	≤0.70	2.10～2.50	＜0.035	≤0.040	正火		274	480～588	—	—
			50＜h≤100	≤0.24		≤0.80									
			100＜h≤150	≤0.25		≤0.80									
法	NF A36－208－66	2.25Ni	3～50	≤0.15	0.15～0.30	≤0.80	2.10～2.50	≤0.030	≤0.030	正火	h≤30 30＜h≤50	274 265	451～529	－80	40
日	JIS G3217	SL3N26	6～50	≤0.15	0.15～0.30	≤0.70	3.25～3.75	≤0.025	≤0.025	正火		255	441～588	－101	21
		SL3N45	6～50	≤0.15	0.15～0.30	≤0.70	3.25～3.75	≤0.025	≤0.025	调质		441	539～686	－110	27
美	ASTM A203－72	D 级	h≤50	≤0.17	0.15～0.30	≤0.70	3.25～3.75	≤0.035	≤0.040	调质		255	451～529	—	—
			50＜h≤100	≤0.20	0.15～0.30	≤0.80									
		E 级	h≤50	≤0.20	0.15～0.30	≤0.70	3.25～3.75	≤0.035	≤0.040	正火		274	480～588	—	—
			50＜h≤100	≤0.23	0.15～0.30	≤0.80									
法	NF A36－208－66	3.5Ni	3～50	≤0.15	0.15～0.30	≤0.80	3.25～3.75	≤0.030	≤0.030	协议	h≤30 30＜h≤50	274 265	451～529	－100	40

2. 低温用低合金钢的焊接性

不含 Ni 的低温用钢由于其含碳量低、其他合金含量也不高，淬硬和冷裂倾向小，因而具有良好的焊接性，一般可不焊前预热，但应避免在低温下施焊。含镍低温钢由于添加了Ni，增大了钢的淬硬性，但不显著，冷裂倾向不大。当板厚较大或拘束度较大时，应采用适当预热。Ni 可能增大热裂倾向，但是严格控制钢及焊接材料中的 C、S 及 P 的含量，以及采用合理的焊接工艺条件，增大焊缝成形系数可以避免热裂纹，保证焊缝和粗晶区的低温韧性是低温用钢焊接时的技术关键。

3. 低温用低合金钢的焊接工艺

1）焊接方法及热输入的选择

常用的焊接方法有焊电弧焊、埋弧焊、钨极氩弧焊及熔化极气保护焊等。为避免焊缝金属及近缝区形成粗大组织而使焊缝及热影响区韧性恶化，低温用低合金钢焊接时，焊条尽量不摆动，采用窄焊道、多道多层焊，焊接电流不宜过大，宜用快速多道焊以减轻焊道过热，并通过多层焊的重热作用细化晶粒。多道焊时，要控制道间温度，应采用小热输入施焊，焊条电弧焊热输入应控制在 20kJ/cm 以下，熔化极气体保护焊焊接热输入应控制在 28 ~ 45kJ/cm。如果需要预热，应严格控制预热温度及多层多道焊时的道间温度。

2）焊接材料的选择。

焊接低温用钢的焊条，如表 8.3 - 9 所示。焊接 -40℃ 级 16MnDR 钢可采用 E5015 - G 或 E5016 - G 高韧性焊条。埋弧焊时，可用中性熔炼焊剂配合 Mn - Mo 焊丝或碱性熔炼焊剂配合含 Ni 焊丝；也可采用 C - Mn 钢焊丝配合碱性非熔炼焊剂，由焊剂向焊缝渗入微量 Ti、B 合金元素，以保证焊缝金属获得良好的低温韧性。焊接含 Ni 的低温用钢所用焊条的含 Ni 量应与基材相当或稍高。但要注意，在焊态下的焊缝，其 $w(\mathrm{Ni}) > 2.5\%$ 时，焊缝组织中出现大量粗大的板条贝氏体或马氏体，韧性较低。只有焊后经调质处理，焊缝的韧性才能随其含 Ni 量的增加而提高，添加少量的 Ti 可以细化 $w(\mathrm{Ni}) = 2.5\%$ 的焊缝金属的组织，提高其韧性，添加少量的 Mo 可以克服其回火脆性。

3）焊后检查与处理

焊后应认真检查内在及表面缺陷，并及时修复。低温下由缺陷引起的应力集中将增大结构低温脆性破坏倾向。焊后消除应力处理可以降低低温用低合金钢焊接产品的脆断危险性。

表 8.3 - 9 低温用低合金钢匹配焊条

焊条牌号	焊条型号	焊缝金属合金系统	主要用途
J507NiTiB(J507GR)	GB E5015 - G AWS E7015 - G	Mn - Ni - Ti - B	16MnDR
J507FeNi	GB E5018 - G AWS E7018 - G JIS D5016	Mn - Ni	16MnDR
W607	GB 5015 - G	Mn - Ni	用于焊接 -60℃下工作的低合金钢结构
W607H	GB E5515 - C1	Mn - Ni2	用于焊接 -60℃下工作的低合金钢结构
W707	GB E5515 - C1	Mn2 - Cu	用于焊接 -70℃下工作的低合金钢结构
W707Ni	GB E5515 - C1 AWS E8015 - C1	Mn - Ni2	用于焊接 -70℃下工作的低合金钢结构
W807	GB E5515 - G	Mn - Ni1.5	用于焊接 -80℃下工作的低合金钢结构

续表 8.3-9

焊条牌号	焊条型号	焊缝金属合金系统	主要用途
W907Ni	GB E5515-C2 AWS E8015-C2	Mn-Ni3.5	用于焊接-90℃下工作的低合金钢结构
W107	GB E5015-C2 AWS E7015-L2L	Mn-Ni3.5	用于焊接-90℃下工作的低合金钢结构
W107Ni		Mn-Ni5	用于焊接-100℃下工作的低合金钢结构

4. 典型低温用钢的焊接及实例——3.5%镍钢的焊接

3.5%镍钢广泛用于乙烯、化肥、橡胶、液化石油气及煤气工程中低温设备的制造。3.5%镍钢依靠降低C、P、S含量，加入Ni等合金成分，并通过热处理细化晶粒，使其具有优良的低温韧性，3.5%镍钢一般为正火或正火加回火状态使用，其低温韧性较稳定，显微组织为铁素体和珠光体，其最低使用温度为-101℃。经调质处理，其组织和低温韧性得到改善，日本JIS标准规定SL3N45钢调质后的最低使用温度为-110℃，见表8.3-8。为避免由于过热而使焊缝及热影响区的韧性恶化，焊接时，焊条尽量不摆动，采用窄焊道、多道多层焊，应严格控制焊接预热及焊道间的温度，一般控制在50~100℃范围内，应采用小热输入施焊，焊条电弧焊热输入应控制在2.0kJ/mm以下，熔化极气体保护焊焊接热输入控制在2.5kJ/mm左右。由于3.5%镍钢中的含C量较低，所以其淬硬倾向不大，一般可以不预热。但板厚在25mm以上或刚性较大时，焊前要预热到150℃左右，道间温度与预热温度相同。焊接3.5%镍钢所用的焊接材料，除表8.3-9所列的国产焊条外，表8.3-10和表8.3-11还列举了日本的焊条和焊丝牌号、焊缝化学成分及力学性能。

表8.3-10 焊接3.5%Ni钢的日本产焊条及焊丝的化学成分①

牌号	标准型号	焊缝金属化学成分(质量分数)/%						
		C	Mn	Si	Ni	Mo	S	P
NB-3N焊条	JIS Z3241 DL5016 10P3	0.03	0.94	0.33	3.20	0.27	0.009	0.010
MGS-3Ni (Ar+5%~2% CO_2保护)②	JIS Z3325 YGL3-10G(P) AWS A5.28ER70S-G	0.03	1.18	0.26	4.08	0.20	0.006	0.004
TGS-3Ni (Ar保护)	AWS A5.28 ER70S-G	0.003	0.70	0.29	3.50	0.16	0.008	0.008
PFH-203 /US-203E	AWS A5.23 F7P15-E-Ni3-Ni3	0.05	0.73	0.24	3.54	—	0.005	0.008

注：① 神钢焊接材料手册，1998。

② 混合气体中的CO_2越少，焊缝的低温韧性越高。

表8.3-11 焊接3.5%Ni钢的日本产焊条及焊丝的力学性能

牌号	焊缝金属力学性能				焊后热处理
	R_m/MPa	R_{eL}/MPa	A_5/%	A_{kv}/J	
NB-3N焊条	550	460	32	—100℃ 100 —85℃ 120	620℃×1h
MGS-3Ni (Ar+5% CO_2保护)	570	470	32	—101℃ 130	620℃×1h

续表 8.3－11

牌号	焊缝金属力学性能				焊后热处理
	R_m/MPa	R_{eL}/MPa	A_5/%	A_{kv}/J	
TGS－3Ni（Ar保护）	580	510	30	－101℃ 69	焊态
	570	490	31	－101℃ 78	620℃×1h
PFH－203/US－203E	540	450	32	－101℃ 88 －85℃ 140	575℃×2h

3.5%镍钢有应变时效倾向，当冷加工变形量在5%以上时，要进行消除应力热处理以改善韧性。该类钢在焊后消除应力退火过程中，易产生回火脆性。为避免回火脆性，建议采用4.5Ni－0.2 Mo系焊丝。用NB－3N焊条焊接时，焊后进行600～625℃热处理，有利于改善焊接接头的低温韧性。

8.3.3 低碳低合金调质钢的焊接

1. 低碳低合金调质钢的种类

低碳低合金调质钢一般具有较高的屈服强度（450～980MPa）、良好的塑性、韧性及耐磨、耐蚀性能。根据用途不同，采用不同合金成分及不同热处理制度，可以获得具有不同综合性能的低碳低合金调质钢。常用的几种低碳低合金调质钢的化学成分、力学性能及相应的标准见表8.3－12及表8.3－13。从表8.3－12可以看到，低碳调质钢的w(C)一般不超过0.21%，因此该类钢与中碳调质钢相比有较好的焊接性。表8.3－12中的HQ60、HQ70、HQ80C、HQ100及14MnMoNbB钢主要应用于工程矿山机械的制造中，如牙轮钻机、推土机、煤矿液压支架、重型汽车及工程起重机等。美国的ASTM A514－B钢和日本的Welten80C与HQ80C相近，主要应用于开发高寒地区露天煤矿的大型挖掘机及电动轮自卸车等。低裂纹敏感性WDL系列的07MnCrMoVR、07MnCrMoVDR、07MnCrMoV－D及07MnCrMoV－E钢具有较好的低温韧性，可用于在低温下服役的焊接结构，如可用于高压管线、桥梁、电视塔等钢结构等，在大型球罐及海上采油平台的制造中，也有广阔的应用前景。ASTM A533－C、HY130钢和12Ni3CrMoV（与HY－80相当）主要用于核动力装置及航海、航天装备。

低碳调质钢综合性能的获得除了取决于其化学成分外，还要执行正确的热处理制度才能保证有良好的组织与性能。这类钢的热处理制度一般奥氏体化—淬火—回火。常用的几种低碳低合金调质钢的热处理制度及组织见表8.3－14。

2. 低碳低合金调质钢的焊接性

低碳调质钢的w(C)一般不超过0.21%，与中碳调质钢相比有较好的焊接性。但要成功地焊接这类钢，必须掌握这类钢的焊接性特点。这类钢焊接性的主要特点是：在焊接热影响区，特别是焊接热影响区的粗晶区有产生冷裂纹和韧性下降的倾向；在焊接热影响区受热时未完全奥氏体化的区域，及受热时其最高温度低于Ac_1，而高于钢质处理时的回火温度的那个区域有软化或脆化的倾向。低碳调质钢的淬硬倾向较大，但在焊接热影响区的粗晶区形成的是低碳马氏体，又因这类钢的Ms点较高，在焊接冷却过程中，所形成的马氏体可发生自回火，因而这种钢的冷裂倾向比中碳调质钢小得多。但为了可靠地防止冷裂纹的产生，还必须严格控制焊接时的氢源及选择合适的焊接方法及焊接工艺参数。一般低碳调质钢的热裂倾向较小，因钢中的C、S含量都比较低，而Mn含量及Mn/S又较高。如果钢中的C、S含量较高或Mn/S低时，则热裂倾向增大。如12Ni3CrMoV钢中的Mn/S较低，又含有较多的Ni，在近缝区易出现液化裂纹，这种裂纹常出现于大热输入焊接时。采用小热输入的焊接工艺参数，控制熔池形状，可以防止这种裂纹的产生。

表 8.3－12 常用低碳调质钢的化学成分

钢号	化学成分(质量分数)/%											P_{cm}/%	CE(ⅡW)/%	备注
	C	Si	Mn	P	S	Cr	Ni	Mo	Cu	V	其他			
15MnMoVN	0.12～0.20	0.20～0.5	1.30～1.70	≤0.035	≤0.035	—	—	0.40～0.60	—	0.10～0.20	N0.01～0.012			
15MnMoVNRe	≤0.18	0.20～0.60	1.20～1.70	≤0.035	≤0.035	—	—	0.35～0.60	—	0.03～0.10	N0.02～0.03 Re0.10～0.20			
14MnMoNbB	0.12～0.18	0.15～0.35	1.30～1.80	≤0.03	0.03	—	—	0.45～0.70	≤0.40	—	Nb0.02～0.07 B0.0005～0.0030	0.275	0.56	
12Ni3CrMoV	0.07～0.14	0.17～0.39	0.30～0.60	≤0.02	0.015	0.90～1.20	2.60～3.00	0.20～0.27	—	0.40～0.10		0.278	0.669	
WCF－60 WCF－62	≤0.09	0.15～0.35	1.10～1.50	≤0.03	≤0.02	≤0.03	≤0.05	≤0.30	—	0.02～0.06	B≤0.003	0.226	0.40 0.47 0.42	国产低裂纹钢
HQ70A	0.09～0.16	0.15～0.40	0.60～1.20	≤0.03	≤0.03	0.30～0.60	0.30～1.0	0.20～0.40	0.15～0.50		V＋Nb≤0.1 B0.0005～0.003	0.282	0.52	国产工程机械用钢
HQ80	0.10～0.16	0.15～0.35	0.60～1.20	≤0.025	≤0.015	0.6～1.20	—	0.30～0.60	0.15～0.50	0.03～0.08	B0.0005～0.003	0.297	0.58 0.69	国产工程机械用钢
HQ100	0.10～0.16	0.15～0.35	0.60～1.40	≤0.030	≤0.030	0.60～0.80	0.70～1.50	0.30～0.60	0.15～0.50	0.05～0.08			0.65	国产工程机械用钢
T－1	0.10～0.20	0.15～0.35	0.60～1.00	≤0.035	≤0.040	0.40～0.65	0.70～1.0	0.40～0.60	0.15～0.50	0.03～0.08		0.295	0.58	美国
HY－130	0.12	0.15～0.35	0.60～0.90	≤0.010	≤0.015	0.40～0.70	4.75～5.25	0.30～0.65	—	0.50～0.10		0.317	0.80	美国
WEL－TEN70	≤0.16	0.15～0.35	0.60～1.2	≤0.03	≤0.03	≤0.60	0.30～1.0	≤0.40	0.50	≤0.10 B ≤0.006		0.291	0.57	日本
WEL－TEN80	≤0.16	0.15～0.35	0.6～1.2	≤0.03	≤0.03	0.40～0.80	0.40～1.50	0.30～0.60	0.15～0.50	≤0.10 B ≤0.006		0.29	0.60	日本

表 8.3－13 常用低碳调质钢的力学性能

钢号	板厚/mm	拉伸性能			冲击性能		
		σ_b/MPa	σ_s/MPa	δ_5/%	温度/℃	缺口形式	冲击吸收功/J
15MnMoVN	18～40	≥690	≥590	≥15	－40	U	≥27
15MnMoVNRe	≤16		≥588		－40	U	≥23.5
14MnMoNbB	<8	≥755	≥686	≥12	－40	U	≥27
12Ni3CrMoV	<16	记录	588～745	≥16	－20	V	54
WCF－60	14～50	590～720	≥450	≥17	－20	V	≥47
WCF－62	14～50	610～740	≥490	≥17	－20	V	≥47
HQ70A	>18	≥685	≥590	≥17	－40	V	≥29
HQ80C	≤50	≥785	≥685	≥16	－40	V	≥29
HQ100	—	≥950	≥880	≥10	－25	V	≥27
T－1	5～64	794～931	≥686	≥18	－45	V	≥27
HY－130	16～100	882～1029	895	≥15	－18	V	≥68
WEL－TEN70	≤50	686～833	≥618	≥16	－17	V	≥39
WEL－TEN80	50	784～931	≥686	≥16	－15	V	≥35

表 8.3－14 常用低碳调质钢的热处理温度及其组织

钢号	相变点/℃				热处理温度/℃			组织
	Ac_1	Ac_3	Ar_1	Ar_3	奥氏体化温度	淬火介质	回火温度	
WCF－60 WCF－62	746	923	669	813	940	水	630	板条状回火马氏体、回火索氏体加贝氏体
HQ－70	724	855	616	758	920	水	600～700	具有大量亚结构的铁素体加较大的球状渗碳体
15MnMoVN	715	910	630	820	950	水	640	回火粒状贝氏体
15MnMoVNRe	736	873	674	762	930～940	水	820～830	细小均匀的铁素体加粒状贝氏体及少量上贝氏体
HQ－100	715	850	615	725	920	水	620	回火索氏体
14MnMoNbB	715	870	—	785	930	水	620	回火马氏体或回火马氏体加回火下贝氏体
12Ni3CrMoV	707	820	—	—	880	水	680	回火马氏体加回火贝氏体
HY－130	7	—	—	—	800～830	水	590	回火马氏体加回火贝氏体

为了研究评定不同热输入、不同预热温度对低碳调质钢冷裂纹敏感性及热影响区韧性的影响，用搭接接头(CTS)焊接裂纹试验方法、斜Y形坡口焊接裂纹试验法及插销冷裂纹试验法对这类钢的冷裂纹敏感进行评定，用示波夏比冲击试验及CTOD试验评定其热影响区的韧性。试验研究结果表明，采用较低热输入和较低预热温度焊接低碳调质钢，使其焊接热影响区的冷却速度 $t_{8/5}$ 控制在 t'_b 与 t'_m 之间，使其热影响区的粗晶区获得马氏体加少量 B_{III} 类下贝氏体组织时，则热影响区具有良好的抗冷裂性能及韧性。这类钢有各自的最佳 $t_{8/5}$ 或 $t_{8/3}$。在这一冷却速度下，其热影响区的粗晶区可以获得上述组织，具有最好的抗裂性及韧性。

焊接这类钢时，当其板厚较小，接头拘束度也较小时，可以采用不预热焊接。这类钢焊接时不宜采用过大的热输入和过高的预热温度，应控制焊接冷却速度不能过慢，即 $t_{8/5}$ 或 $t_{8/3}$ 不能过长。因为在过低的冷却速度下，热影响区的粗晶区将出现上贝氏体、M－A组元等组织而脆化。

15MnMoVNRE(QJ70)钢为双相区调质钢，其焊接热影响区受热时未完全奥氏体化的区域及受热时最高温度低于 Ac_1，而高于回火温度的那个区域，其组织软化的问题较为严重。软化区的维氏硬度值较母材约低40个单位，提高焊接热输入和预热温度其软化程度加重。

3. 低碳低合金调质钢焊接工艺

1）焊接方法

低碳低合金调质钢电常用的焊接方法有焊条电弧焊、熔极气体保护焊、埋弧焊及钨极氩弧焊。采用上述各种电弧焊方法，用一般焊接工艺参数，焊接接头的冷却速度较高，使焊接热影响区的力学性能接近钢在调质状态下的力学性能，因而不需要进行焊后热处理。如果采用电渣焊工艺，由于焊接热输入大、母材加热时间长、冷却缓慢。故这类钢在电渣焊后，必须进行淬火加回火处理。为了避免焊接热影响区韧性的恶化，不推荐大电流、粗丝、多丝埋弧焊工艺。但是窄间隙双丝埋弧焊工艺，由于焊丝细、焊接热输入不高，已成功地应用于低碳调质钢压力容器的焊接。

2）焊接材料

表8.3－15为几种低碳调质钢的焊条电弧焊焊条、熔化极气体保护焊焊丝及保护气体选用举例。采用表8.3－15所推荐的焊接材料可以获得强度系数为100%的焊接接头。为了防止高拘束条件下焊缝开裂，在焊接棱角焊缝及T形角接头时，也常常采用强度低于母材的焊接材料。

由于低碳调质钢产生冷裂纹的倾向较大，因此，严格控制焊接材料中的氢是十分重要的。用于低碳调质钢的焊条应是低氢型或超低氢型焊条。

3）焊接热输入和焊接技术

焊接热输入影响焊接冷却速度。结合焊前预热温度，选择适当的热输入，使焊接接头的冷却速度达到最佳值是较理想的。如果种种条件限制不能保证焊接接头的冷却速度达到最佳值，也一定要避免采用过大的热输入，以避免过度地损伤焊接热影响区的韧性。

表 8.3－15 低碳调质钢焊接材料选用例

钢号	焊条电弧焊的焊条		埋弧焊		电渣焊		气体保护焊	
	型号	牌号	焊丝	焊剂	焊丝	焊剂	气体（体积分数）	焊丝
WCF－60 WCF－62 HQ60	E6015－D_1 E6015－G E6016－D_1 E6016－G	J607 J607Ni J607RN J606	H08MnMoA H10Mn2 H10Mn2Si H08MnMoTI	HJ431 SJ201 SJ101 HJ350 SJ104	H10Mn2MoVA	HJ360 HJ431	CO_2 或 Ar＋$CO_2$20%	ER55－D_2 ER55－K_2Ti GHS－60 PK－YJ607
HQ70 14MnMoVN 12MnCrNiMoVCu 12Ni3CrMoV	E7015－D_2 E7015－G	J707 J707Ni J707RH J707NiW	HS－70A H08Mn2NiMoVA H08Mn2NiMo	HJ350 HJ250 SJ101	H10Mn2NiMoA H10Mn2NiMoVA	HJ360 HJ431	CO_2 或 Ar＋$CO_2$20%	ER69－1 ER69－3 GHS－60N GHS－70 YJ707－1
14MnMoNbB 15MnMoVNRe WEL－TEN70 WEL－TEN80	E7015－D_2 E7015－G E7515－G E8015－G	J707 J707Ni J707RH J707NiW J757 J757Ni J807 J807RH	H0Mn2MoA H08Mn2Ni2CrMoA	HJ350	H10Mn2MoA H08Mn2Ni2 H08Mn2Ni2CrMo	HJ360 HJ431	Ar＋$CO_2$20% 或 Ar＋$O_2$1%～2%	ER76－1 ER83－1 H08MnNi2Mo GHS－80B、 80C
12NiCrMoV	B8015－G	J807RH J857 J857Cr J857CrNi	—	—	—	—	—	—
T－1	E7015－D_2 E7015－G E7515－G	J707 J707Ni J707RH J757 J757Ni	—	—	—	—	—	ER76－1 ER83－1 GHS－80B GHS－80C
HQ80	—	GHH－80	—	—	—	—	Ar＋$CO_2$20%	GHQ－80
HQ100	—	J956	—	—	—	—	Ar＋$CO_2$20%	GHQ－100

焊接热输入不仅影响焊接热影响区的性能，也影响焊缝金属的性能。对许多焊缝金属来说，为获得综合的强韧性，需要获得针状铁素体的组织。这种组织必须在较快的冷却条件下才能获得。为了避免采用过大的热输入，不推荐采用大直径的焊条或焊丝。只要可能，应采用多层小焊道焊缝。最好采用窄焊道，而不采用横向摆动的运条技术。

4）预热

为了防止冷裂纹的产生，焊接低碳低合金调质钢时，常常需要采用预热，但必须注意防止由于预热而使焊接热影响区的冷却速度过于缓慢，因为在过于缓慢的冷却速度下，焊接热影响区内产生 M－A 组元和粗大贝氏体。这些组织使焊接热影响区强度下降、韧性变坏。过于缓慢的冷却速度，也可能使热影响区某些区域发生软化，导致接头强度下降。

为了避免预热对焊接接头造成有害的影响，必须严格准确地选用预热温度。或采用低温预热加后热，或不预热只采用后热的方法来防止低碳调质钢焊接时产生冷裂纹。

5）焊后热处理

大多数低碳调质钢焊接构件是在焊态下使用，降非在下述条件下才进行焊后热处理；①焊后或冷加工后钢的韧性过低；②焊后需进行高精度加工，要求保证结构尺寸的稳定性；③焊接结构承受应力腐蚀。

某些对钢和焊缝金属强韧化有益的元素，在焊后消除应力热处理时会产生有害的作用。许多沉淀硬化型低碳调质钢在焊后热处理时焊接热影响区会出现再热裂纹。为了使焊后热处理不致使焊接接头受到严重损害，应仔细地研究焊后热处理的温度、时间和冷却速度对接头性能的影响，以及产生再热裂纹的倾向和避免的条件，并认真地制定焊后热处理规范。焊后热处理的温度必须低于母材调质处理的回火温度，以防母材的性能受到损害。

6）接头设计与焊后表面处理

接头设计时，应考虑焊接操作和焊后检验的方便。不正确的焊缝位置能导致截面突变、未焊透、未熔合、咬边和焊瘤并造成缺口，引起应力集中。这些缺陷对于屈服强度大于550MPa 的高强钢是不允许的。对接接头焊后，应将余高打磨平才能使接头有足够的疲劳强度。角接接头容易产生应力集中，降低疲劳强度。角焊缝焊趾处的机械打磨、TIG 重熔或锤击强化都可以提高角接接头的疲劳强度。但必须选择适宜的打磨、重熔或锤击工艺。

8.3.4　中碳调质钢的焊接

1. 中碳调质钢的种类

中碳调质钢的碳含量较高［一般在 $w(\mathrm{C})=0.25\%\sim0.50\%$］，并含有较多的合金元素，如 Mn、Si、Cr、Ni、Mo、W 及 B、V、Ti、Al 等，以保证钢的淬透性和防止回火脆性。这类钢在调质状态下具有良好的综合性能，屈服强度高达 880～1176MPa。常用于大型齿轮、重型工程及矿山机器的零部件，飞机起落架及火箭发动机壳体等重要产品。本节所述中碳调质钢大部分归属 GB/T 3077《合金结构钢技术条件》，在该标准中按冶金质量分为优质钢、高级优质钢（钢号后加“A”）、特级优质钢（钢号后加“E”）。本节也列举了几种航空工业标准中规定的中碳调质钢。常用的中碳调质钢化学成分、力学性能及相应国内外标准见表 8.3－16 及表 8.3－17。

表8.3-16　常用中碳调质钢的化学成分(质量分数)　%

钢号	C	Si	Mn	Cr	Ni	Mo	V	S	P	标准
27SiMn	0.24~0.32	1.10~1.40	1.10~1.40	—	—	—	—	≤0.035	≤0.035	GB/T 3077—1999
40Cr	0.37~0.44	0.17~0.37	0.50~0.80	0.80~1.10	—	—	—	≤0.035	≤0.035	GB/T 3077—1999 ASTM 5140
30Cr Mo	0.26~0.34	0.17~0.37	0.40~0.70	0.80~1.10	—	0.15~0.25	—	≤0.035	≤0.035	GB/T 3077—1999 ASTM 4130
35Cr Mo	0.32~0.40	0.17~0.37	0.40~0.70	0.80~1.10	—	0.15~0.25	—	≤0.035	≤0.035	GB/T 3077—1999 ASTM - A649 - 70P
30Cr Mn Si	0.27~0.34	0.90~1.20	0.80~1.10	0.80~1.10	—	—	—	≤0.035	≤0.035	GB/T3077—1999 GOST - 30ChGS
30Cr Mn SiA	0.28~0.35	0.90~1.20	0.80~1.10	0.80~1.10	≤0.40	—	—	≤0.02	≤0.02	HB 5269
30Cr Mn Si Ni2A	0.27~0.37	0.90~1.20	1.00~1.30	0.90~1.20	1.40~1.80	—	—	≤0.02	≤0.02	HB 5269
34CrNi3MoA	0.30~0.40	0.27~0.37	0.50~0.80	0.70~1.10	2.75~3.25	0.25~0.40	—	≤0.03	≤0.03	—
40CrMn Mo	0.37~0.45	0.17~0.37	0.90~1.20	0.90~1.20	—	0.20~0.30	—	≤0.035	≤0.035	GB/T 3077—1999 BS970 - 708A42
40CrNi MoA	0.37~0.44	0.17~0.37	0.50~0.80	0.60~0.90	1.25~1.65	0.15~0.25	—	≤0.025	≤0.025	GB/T 3077—1999 JIS G4103 SNCM240
40Cr Mn Si MoVA	0.36~0.40	1.20~1.60	0.80~1.20	1.20~1.50	—	0.45~0.60	0.07~0.12	≤0.02	≤0.02	HB 5024
40CrNi 2Mo	0.38~0.43	0.15~0.35	0.65~0.85	0.70~0.90	1.65~2.00	0.20~0.30	—	≤0.025	≤0.025	AISI 4340
H11	0.30~0.40	0.80~1.20	0.20~0.40	4.75~5.50	—	1.25~1.75	0.30~0.50	≤0.01	≤0.01	AMS 4637D
D6AC	0.42~0.48	0.15~0.35	0.60~0.90	0.90~1.20	0.40~0.70	0.90~1.10	0.05~0.10	≤0.015	≤0.015	ASM 6439B

表 8.3-17　常用中碳调质钢的力学性能

钢　号	热处理工艺参数	R_m/MPa ≥	R_{eL}/MPa ≥	A_5/% ≥	Z/% ≥	A_{KV}/J ≥	HB_{max}（退火或高温回火）
27SiMn	920℃淬火（水） 450℃回火（水或油）	980	835	12	40	39	217
40Cr	850℃淬火（油） 520℃回火（水或油）	980	785	9	45	47	207
30Cr Mo（A）	880℃淬火（油） 540℃回火（水或油）	930	785	12	50	63	229
35Cr Mo（A）	850℃淬火（油） 550℃回火（水或油）	980	835	12	45	63	229
30Cr Mn Si	880℃淬火（油） 520℃回火（水或油）	1080	885	10	45	39	229
30Cr Mn SiA	锻件 880℃淬火（油） 540℃回火（油）	1080	835	10	45	a_{KV}/kJ · m^{-2} 490	383
30Cr Mn Si Ni2A	890℃淬火（油） 200～300℃回火（空）	1570		9	45	a_{KV}/kJ · m^{-2} 590	444
34Cr Ni3 Mo A	860℃淬火（油） 580～670℃回火	931	833	12	35	31	341
40CrMn Mo	850℃淬火（油） 600℃回火（水或油）	980	785	10	45	63	217
40CrNi MoA	850℃淬火（油） 600℃回火（水或油）	980	835	12	55	78	269
40Cr MnSi Mo VA（棒材）	870℃淬火（油） 300℃回火两次，AC	1860	1515	8		a_{KV}/kJ · m^{-2} 780	
40CN2M	800～850℃淬火（油） 635℃回火	965～1102	—	—	—	—	—
H11	980～1040℃空淬 540℃回火 480℃回火	1725 2070	—	—	—	—	—
D6AC	880℃淬火（油） 550℃回火	1570	1470	14	50	25	

2. 中碳调质钢的焊接性

1）焊接热影响区的脆化和软化

中碳调质钢由于含碳量高、合金元素含量多，在快速冷却时，从奥氏体转变为马氏体的起始温度 *Ms* 点较低，焊后热影响区产生硬度很高的马氏体，造成脆化。如果钢材在调质状态下施焊，而且焊接以后不再进行调质处理，其热影响区被加热到超过调质处理回火温度的区域，将出现强度、硬度低于母材的软化区。该软化区可能成为降低接头强度的薄弱区。

2）裂纹

中碳调质钢焊接热影响区极易产生硬脆的马氏体，对氢致冷裂纹的敏感性很大。因此，焊接中碳调质时，为了防止氢致冷裂纹的产生，除了尽量采用低氢或超低氢焊接材料和焊接工艺外，通常应焊前预热和焊后及时热处理。由于中碳调质钢的碳及合金元素含量高，焊接熔池凝固时，固液相温度区间大，结晶偏析倾向大，因而焊接时具有较大的热裂纹倾向。为了防止产生热裂纹，要求采用低碳且低硫、磷的焊接材料。重要产品用钢材及焊材，应采用真空冶炼及电渣精炼。

3. 中碳调质钢的焊接工艺

中碳调质钢的滚圆、校圆、冲压等成形工艺应在退火状态下完成。

1）焊接方法及热输入的选择

常用的焊接方法有钨极氩或氦弧焊、熔化极气体保护焊、埋弧焊、焊条电弧焊及电阻点焊等。

中碳调质钢宜采用较低的热输入焊接。大热输入将产生宽的、组织粗大的热影响区，增大脆化的倾向；大热输入也增大焊缝及热影响区产生热裂纹的可能性；对在调质状态下的焊接，且焊后不再进行调质处理的构件，大热输入增大热影响区软化的程度。

2）焊接材料的选择

为提高抗裂性，焊条电弧焊时应选用低氢或超低氢焊条；埋弧焊时，选用中性或中等碱度的焊剂，以保证焊缝有足够的韧性和优良的抗裂性。为保证焊缝金属有足够的强度、良好的塑韧性及抗裂性，应选用低碳和含适量合金的焊条、焊丝，应尽量降低焊接材料中 S、P 等杂质的含量。对于焊后进行调质处理的构件，应选用合金成分与母材相近的焊接材料。对于焊后只进行消除应力热处理的构件，应考虑焊缝金属消除应力热处理后的强韧性与母材相匹配。对于焊后不进行热处理，并要求在动载及冲击载荷下具有良好性能，而不要求焊缝金属与母材等强度的构件时，可选用镍基合金或镍铬奥氏体钢焊接材料。表 8.3－18 为常用中碳调质钢焊接材料选用举例，供参考。

3）预热

为防止氢致冷裂纹的产生，除了拘束度小、结构简单的薄壁壳体等焊件不用预热外，中碳调质钢焊接时一般均需要预热。理想的预热及道间温度应比冷却时马氏体开始转变的温度（*Ms*）高 20℃，焊后在此温度下保持一段时间，以保证焊缝及热影响区全部转变为贝氏体，而且也使接头中的氢能较充分地扩散逸出，可有效地防止氢致冷裂纹。但是，中碳调质钢冷却时，马氏体开始转变的温度（*Ms*）一般在 300℃以上。如此高的预热温度不但使焊接工人操作困难，也会在金属表面产生氧化膜导致焊接缺陷，如果预热及道间温度比冷却时马氏体开始转变的温度（*Ms*）低，焊接时焊缝及热影响区部分奥氏体立即转变为硬脆的马氏体，还有部分奥氏体没有转变。若焊后工件立即冷却至室温，尚未转变的奥氏体也转变为硬脆的马氏体，这种情况下极易产生冷裂纹。因此，预热及道间温度比冷却时马氏体开始转变的温度（*Ms*）低时，焊接以后工件冷至室温以前必须采用适当的、及时的热处理措施。

4）焊后热处理

预热及道间温度比冷却时马氏体开始转变的温度（*Ms*）低时，如果焊接以后工件不能立即进行消除应力热处理时，为防止氢致冷裂纹的产生，应采取后热措施。即将工件立即加热至高于 *Ms* 点 10～40℃，并在此温度下保温约 1h，使尚未转变的那部分奥氏体转变为韧性较好的贝氏体，然后再冷至室温。如果焊接以后工件可以立即进行消除应力热处理时，应将工件立即冷却至马氏体转变终了的温度 M_f 点以下，并停留一段时间，使尚未转变的那部分奥氏体亦完成马氏体转变，然后工件应立即进行消除应力热处理，这样焊件在随后的消除应力热处理过程中，接头中的马氏体被回火和软化。经过消除应力热处理的工件，再冷至室温不会有产生氢致冷裂纹的危险。

对于焊接以后进行调质处理的工件，进行处理前应仔细检查接头是否的缺陷，若需补焊，则补焊工艺要求与焊接工艺一样。采用的淬火工艺应保证接头各部分都能得到马氏体，然后进行回火处理。

5）防止氢致冷裂纹的其他措施

由于中碳调质钢焊接热影响区的高碳马氏体的氢脆敏感性大，少量的氢足以导致焊接接头产生氢致冷裂纹。为了降低焊接接头中的氢含量，除了采取预热及焊后及时热处理，采用低氢或超低氢焊接材料和焊接方法外，还应注意焊接前仔细清理焊件坡口周围及焊丝表面的油锈等，严格执行焊条、焊剂的烘干及保存制度，避免在穿堂风、低温及高湿度环境下施焊，否则应采取挡风和进一步提高预热温度等措施。不允许焊接接头有未焊透、咬边等缺陷，焊缝与母材的过渡应圆滑。为了改善焊缝成形，除了尽量采用机械化自动化焊接方法和注意操作外，可以采用钨极氩弧焊对焊趾处进行重熔处理。

表 8.3－18　常用中碳调质钢焊接材料选用举例

<table>
<tr><th rowspan="2">钢号</th><th colspan="2">焊条电弧焊</th><th colspan="2">埋弧焊</th><th colspan="2">气体保护焊</th></tr>
<tr><th>型号</th><th>牌号</th><th>焊丝</th><th>焊剂</th><th>气体</th><th>焊丝</th></tr>
<tr><td rowspan="2">30CrMnSiA</td><td rowspan="2">E8515－G
E10015－G</td><td rowspan="2">J857Cr
J107Cr
HT－1（H08CrMoA 焊芯）
HT－3（H08A 焊芯）
HT－3（H18CrMoA 焊芯）</td><td rowspan="2">H20CrMoA
H18CrMoA</td><td rowspan="2">HJ431
HJ431
HJ260</td><td>CO_2</td><td>H08Mn2SiMoA
H08Mn2SiA</td></tr>
<tr><td>Ar</td><td>H18CrMoA</td></tr>
<tr><td>30CrMnSiNi2A</td><td></td><td>HT－3（H18CrMoA 焊芯）</td><td>H18CrMoA</td><td>HJ350－1
HJ260</td><td>Ar</td><td>H18CrMoA</td></tr>
<tr><td>35CrMoA</td><td>E10015－G</td><td>J107Cr</td><td>H20CrMoA</td><td>HJ260</td><td>Ar</td><td>H20CrMoA</td></tr>
<tr><td>35CrMoVA</td><td>E8515－G
E10015－G</td><td>J857Cr
J107Cr</td><td>—</td><td>—</td><td>Ar</td><td>H20CrMoA</td></tr>
<tr><td>34CrNi3MoA</td><td>E8515－G</td><td>J857Cr</td><td>—</td><td>—</td><td>Ar</td><td>H20Cr3MoNiA</td></tr>
<tr><td>40Cr</td><td>E8515－G
E9015－G
E10015－G</td><td>J857Cr
J907Cr
J107Cr</td><td>—</td><td>—</td><td>—</td><td>—</td></tr>
</table>

注：“HT－X”为航空用焊条牌号；HJ350－1 为 80%～82% HJ350 和 18%～20%（质量分数）粘结焊剂 1 号混合焊剂。

8.3.5　耐候钢的焊接

耐候钢介绍及牌号和化学成分、力学性能见本书第一篇 3.3.1 条“耐候结构钢（GB/T 4171—2008）”。

1. 耐候钢的焊接性分析

耐候钢中除含 P 钢外，焊接性与一般低合金热轧钢没有原则差别，焊接热影响区的最高硬度不超过350HV，焊接性良好。钢中Cu的含量低[w(Cu)约0.2%～0.4%左右]，焊接时不会产生热裂纹。含P钢中w(C+P)都控制在0.25%以下，故钢的冷脆倾向不大。所以可与强度较低(σ_s=343～292MPa)的低合金热轧钢一样拟订焊接工艺。只须注意选择焊接材料时除应满足强度要求外，还须使焊缝金属的耐蚀性能与母材相匹配。

2. 焊接材料的选择

耐候钢的焊接性虽然与低合金热轧钢相同，但是考虑到焊缝金属与母材性能相匹配，目前焊接方法仍然以焊条电弧焊和埋弧焊为主，也可采用CO_2焊，点焊和塞焊。焊条电弧焊时，可选用含磷、铜的结构钢焊条。也可以不用含磷的J×××CrNi焊条，通过渗Cr、Ni来保证耐蚀性和韧性。埋弧焊常用镀铜的含锰焊丝，见表8.3-19。CO_2焊可用MG49-Ni焊丝。

表8.3-19 焊接耐候及耐海水腐蚀用钢焊材选用举例

屈服强度/MPa	钢种	焊条	气体保护焊丝	埋弧焊焊丝焊剂
≥235	Q235NH Q295NH Q295GNH Q295GNHL	J422CrCu， J422CuCrNi J423CuP	H10MnSiCuCrNiII GFA-50W① GFM-50W① AT-YJ502D② PK-YJ502CuCr③	H08A+HJ431 H08MnA+HJ431
≥355	Q355NH Q345GNH Q345GNHL Q390GNH	J502CuP，J502NiCu， J502WCu，J502CuCrNi J506NiCu，J506WCu J507NiCu，J507CuP J507NiCuP，J507CrNi J507WCu	H10MnSiCuCrNiII GFA-50W GFM-50W AT-YJ502D PK-YJ502CuCr	H08MnA+HJ431 H10Mn2+HJ431 H10MnSiCuCrNiIII+SJ101
≥450	Q460NH	J506NiCu，J507NiCu， J507CuP，J507NiCuP， J507CrNi	GFA-55W GFM-55W AT-YJ602D	H10MnSiCuCrNiIII+SJ101

注：① GFA-502、GFM-50W及GFM-55W分别为哈尔滨焊接研究所开发的熔渣型和金属芯型药芯焊丝。
② AT-YJ502D、AT-YJ602D为钢铁研究院开发的熔渣型药芯焊丝。
③ PK-YJ502CuCr为北京宝钢焊业公司开发的耐候钢药芯焊丝。

8.4 不锈钢的焊接

按不锈钢的照组织类型可将其分为五大类：奥氏体不锈钢、铁素体不锈钢、马氏体不锈钢、、双相不锈钢和沉淀硬化型不锈钢。各类不锈钢的牌号及化学成分、各类不锈钢的特性和用途分别列于本书第一篇的表4.1-2至表4.1-11。

在产品设计中，选用不锈钢的初衷多半为了防腐蚀。因此，其焊缝也应具有与母材相当的防腐蚀性能及其他性能。目前，在不锈钢焊接材料选择时常借助舍夫勒图(见图8.4-1)、德隆图(见图8.4-2)和WRC图(见图8.4-3)，以及镍、铬当量计算公式(列于表8.4-1)。

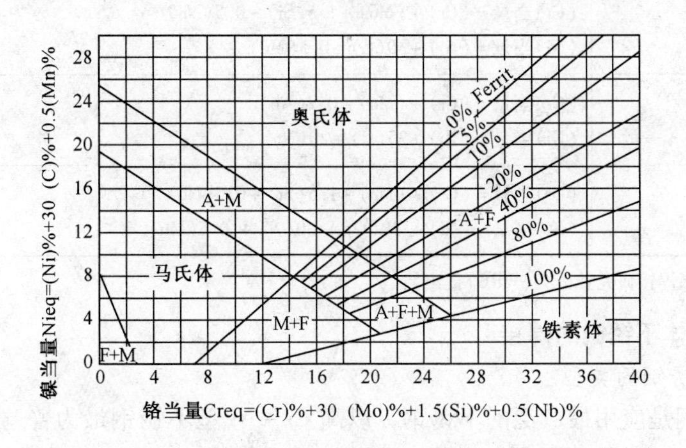

图 8.4－1　Schaeffler 图

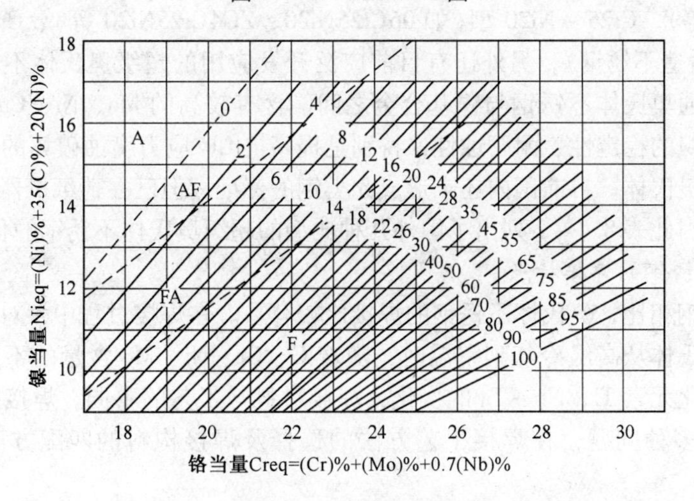

图 8.4－2　Delong 图

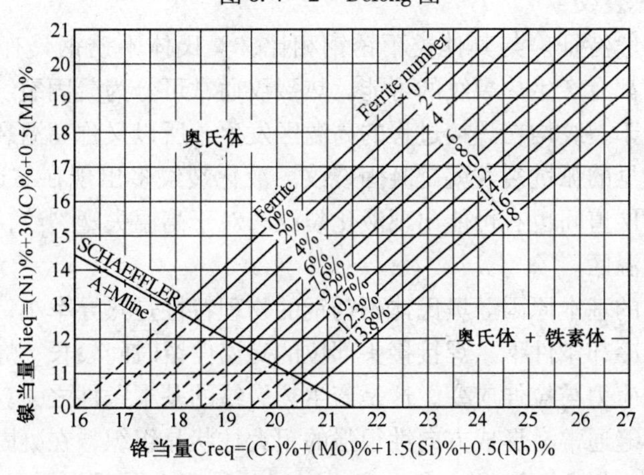

图 8.4－3　WRC 图

表 8.4-1 镍和铬当量计算公式 %

Schaeffler 图	(Cr)当量=(Cr)+(Mo)+1.5(Si)+0.5(Nb) (Ni)当量=(Ni)+30(C)+0.5(Mn)
Delong 图	(Cr)当量=(Cr)+(Mo)+0.7(Nb) (Ni)当量=(Ni)+35(C)+20(N)
WRC 图	(Cr)当量=(Cr)+(Mo)+1.5(Si)+0.5(Nb) (Ni)当量=(Ni)+30(C)+30(N)+0.5(Mn)

注：WRC 图由美国焊接研究委员会(WRC)提出。

8.4.1 奥氏体不锈钢的焊接

1. 奥氏体不锈钢的类型

奥氏体不锈钢是应用最广泛的不锈钢，以高 Cr-Ni 型不锈钢最为普遍。目前奥氏体不锈钢大致可分为 Cr18-Ni8 型（如 06Cr19Ni10、022Cr19Ni10，06Cr19Ni9NbN、06Cr17Ni12Mo2 等）、Cr25-Ni20 型(如 06Cr25Ni20、ZG4Cr25Ni20 等)、Cr25-Ni35 型(如 4Cr25Ni35 国外铸造不锈钢)，另外还有目前广泛开发应用的超级奥氏体不锈钢，这类钢的化学成分介于普通奥氏体不锈钢与镍基合金之间，含有较高的 Mo、Ni、Cu 等合金化元素，以提高奥氏体组织的稳定性、耐腐蚀性，特别是提高抗 Cl^- 应力腐蚀破坏的性能，该类钢的组织为典型的纯奥氏体。目前国内还未形成此类钢的标准，但已在造纸机器、化工设备制造中有实际应用，因此表 8.4-2 列出了国外几种典型的超级奥氏体不锈钢的化学成分。

2. 奥氏体不锈钢的焊接特点

与其他不锈钢相比，奥氏体不锈钢的焊接比较容易。在焊接过程中，对于不同类型的奥氏体不锈钢，奥氏体从高温冷却到室温时，随着 C、Cr、Ni、Mo 含量的不同、金相组织转变的差异及稳定化元素 Ti、Nb+Ta 的变化，焊接材料与工艺的不同，焊接接头各部位可能出现下述一种或多种问题，在焊接工艺方法的选择及焊接构料的匹配方面应予以足够的重视。

1）焊接接头的热裂纹

（1）热裂纹的一般特征。与其他类不锈钢相比，奥氏体不锈钢具有较高的热裂纹敏感性，在焊缝及近缝区都有产生热裂纹的可能。热裂纹通常可分为凝固裂纹、液化裂纹和高温失塑裂纹三大类，由于裂纹均在焊接过程的高温区发生，所以又称高温裂纹。凝固裂纹主要发生在焊缝区，最常见的弧坑裂纹就是凝固裂纹。液化裂纹多出现在靠近熔合线的近缝区。在多层多道焊缝中，层道间也有可能出现液化裂纹。对于高温失塑裂纹，通常发生在焊缝金属凝固结晶完了的高温区。

（2）产生热裂纹的基本原因。奥氏体不锈钢的物理特性是热导率小，线膨胀系数大，因此在焊接局部加热和冷却条件下，焊接接头部位的高温停留时间较长，焊缝金属及近缝区在高温承受较高的拉伸应力与拉伸应变，这是产生热裂纹的基本条件之一。

奥氏体不锈钢焊缝通常易形成方向性很强的粗大柱状晶组织，在凝固结晶过程中，一些杂质元素及合金元素，如 S、P、Sn、Sb、Si、B、Nb 易于在晶间形成低熔点的液态膜，因此造成焊接凝固裂纹；对于奥氏体不锈钢母材，当上述杂质元素的含量较高时，将易产生近缝区的液化裂纹。

表 8.4-2 国外超级奥氏体不锈钢的化学成分(质量分数) %

牌号	ASTM 编号	C	Si	Mn	Cr	Ni	Mo	Cu	N	P	S
20Cb3	N08020	0.07	1.0	2.0	19.0~21.0	32.0~38.0	2.0~3.0	3.0~4.0	8×C%≤ Nb≤1.0	0.045	0.035
904L	N08904	0.02	1.0	2.0	19.0~23.0	23.0~28.0	4.0~5.0	1.0~2.0	0.10	0.045	0.035
25-6Mo	N08925	0.02	0.5	1.0	19.0~21.0	24.0~26.0	6.0~7.0	0.8~1.5	0.18~0.20	0.045	0.030
20Mo6	N08026	0.03	0.5	1.0	22.0~26.0	33.0~37.0	5.0~6.7	2.0~4.0	—	0.030	0.030
URB28	N08028	0.03	1.0	2.5	26.0~28.0	29.5~32.5	3.0~4.0	0.6~1.4	—	0.030	0.030
SANICRO28	N08028	0.03	1.0	2.5	26.0~28.0	29.5~32.5	3.0~4.0	0.6~1.4	—	0.030	0.030
AL-6XN	N08367	0.03	1.0	2.0	20.0~22.0	23.5~25.5	6.0~7.0	0.75	0.18~0.25	0.040	0.030
JS700	N08700	0.04	1.0	2.0	19.0~23.0	24.0~26.0	4.3~5.0	0.5	8×C%≤ Nb≤0.5	0.040	0.030
317LM	S31725	0.03	0.75	2.0	18.0~20.0	13.0~17.0	4.0~5.0	—	—	0.045	0.030
17-14-4LN	S32726	0.03	0.75	2.0	17.0~20.0	13.5~17.5	4.0~5.0	—	0.10~0.20	0.030	0.030
URB25	S31254	0.02	0.8	1.0	19.5~20.5	17.5~18.5	6.0~6.5	0.5~1.0	0.18~0.22	0.030	0.010
254SM0	S31254	0.02	0.8	1.0	19.5~20.5	17.5~18.5	6.0~6.5	0.5~1.0	0.18~0.22	0.040	0.030

(3) 凝固模式和结晶组织对热裂纹敏感性的影响。当奥氏体的室温组织中含有少量的δ铁素体时(3%~12%)，其热裂纹敏感性显著降低。从热裂纹产生的特点来看，热裂纹的产生与高温凝固结晶的模式与高温组织有更加直接的关系。凝固结晶模式的不同，其裂纹敏感性也不同。

为了将 Cr-Ni 奥氏体不锈钢的化学成分与结晶模式及金相组织密切联系起来，并用于评估焊缝金属的热裂纹敏感性，明确防止焊接热裂纹的材料冶金措施，美国焊接研究委员会(WRC)提出了 WRC 图，见图 8.4-3。从图 8.4-3 中可以看出，对于常用的奥氏体不锈钢及其焊缝金属，当室温组织中含有少量的δ铁素体时(4%~12%)、对防止焊接热裂纹具有工程实际意义。

2) 焊接接头的耐蚀性

(1) 晶间腐蚀。根据不锈钢及其焊缝金属的化学成分、所采用的焊接工艺方法，焊接接头可能在三个部位出现晶间腐蚀，包括焊缝的晶间腐蚀、紧靠熔合线的过热区“刀蚀”及热影响区敏化温度区的晶间腐蚀。

对于焊缝金属，根据贫铬理论，在晶界上析出碳化铬，造成贫铬的晶界是晶间腐蚀的主要原因。因此，防止焊缝金属发生晶间腐蚀的措施有；①选择合适的超低碳焊接材料，保证焊缝金属为超低碳的不锈钢；②选用含有稳定化元素 Nb 或 Ti 的低碳焊接材料，一般要求焊缝金属中 Nb 或 Ti 含量(质量分数)为 1.0≤Nb≤(8~10)C%。③选择合适的焊接材料使焊缝金属中含有一定数量的δ铁素体(一般控制在 4%~12%)，δ铁素体分散在奥氏体晶间，对控制晶间腐蚀有一定的作用。

过热区的“刀蚀”仅发生在由 Nb 或 Ti 稳定化的奥氏体不锈钢热影响区的过热区，其原因是当过热区的加热温度超过 1200℃时，大量的 NbC 或 TiC 固溶于奥氏体晶内，峰值温度越高，固溶量越大，冷却时将有部分活泼的碳原子向奥氏体晶界扩散并聚集，Nb或Ti原子因来不及扩散，使碳原子在奥氏体晶界处于过饱和状态，再经过敏化温度区的加热后，在奥氏体晶界将析出碳化铬，造成贫铬的晶界，形成晶间腐蚀，而且越靠近熔合线，腐蚀越严重，形成象刀痕一样的腐蚀沟，俗称“刀蚀”。要防止“刀蚀”的发生，采用超低碳不锈钢及其配套的超低碳不锈钢焊接材料是最为根本的措施。

热影响区敏化温度区的晶间腐蚀发生在热影响区中加热峰值温度在600～1000℃范围的区域，产生晶间腐蚀的原因仍是奥氏体晶界析出碳化铬造成晶界贫铬所致。因此，防止焊缝金属晶间腐蚀的措施对防止敏化区温度区的晶间腐蚀均有参考价值，选用稳定化的低碳奥氏体不锈钢或超低碳奥氏体不锈钢将可防止晶间腐蚀，在焊接工艺上，采用较小的焊接热输入，加快冷却速度，将有利于防止晶间腐蚀的发生。

（2）应力腐蚀开裂。奥氏体不锈钢焊接接头的应力腐蚀开裂是焊接接头比较严重的失效形式，通常表现为无塑性变形的脆性破坏，危害严重，它也是最为复杂和难以解决的问题之一。影响奥氏体不锈钢应力腐蚀开裂的因素有焊接残余拉应力，焊接接头的组织变化，焊前的各种热加工、冷加工引起的残余应力，酸洗处理不当或在母材上随意打弧，焊接接头设计不合理造成应力集中或腐蚀介质的局部浓度提高等等。

应力腐蚀裂纹的金相特征是裂纹从表面开始向内部扩展，点蚀往往是裂纹的根源，裂纹通常表现为穿晶扩展，裂纹的尖端常出现分枝，裂纹整体为树枝状。裂纹的断口没有明显的塑性变形，微观上具有准解理、山形、扇形、河川及伴有腐蚀产物的泥状龟裂的特征，还可看到二次裂纹或表面蚀坑。要防止应力腐蚀的发生，需要采取的措施有：①合理设计焊接接头，避免腐蚀介质在焊接接头部位聚集，降低或消除焊接接头的应力集中；②尽量降低焊接残余应力，在工艺方法上合理布置焊道顺序，如采用分段退步焊，采取一些消应力措施，如焊后完全退火，在难以实施热处理时，采用焊后锤击或喷丸等，表8.4－3列出了常用Cr－Ni奥氏体不锈钢加工或焊后消除应力热处理工艺规范；③合理选择母材与焊接材料，如在高浓度氯化物介质中，超级奥氏体不锈钢就显示出明显的耐应力腐蚀能力。在选择焊接材料时，为了保证焊缝金属的耐应力腐蚀性能，通常采用超合金化的焊接材料，即焊缝金属中的耐蚀合金元素(Cr、Mo、Ni等)含量高于母材；④采用合理工艺方法保证焊接接头部位光滑洁净，焊接飞溅物，电弧擦伤等往往是腐蚀开始的部位，也是导致应力腐蚀发生的根源，因此，焊接接头的外在质量也是至关重要的。

3）焊接接头的脆化

（1）焊缝金属的低温脆化。对于奥氏体不锈钢焊接接头，耐蚀性或抗氧化性并不总是最为关键的性能，在低温使用时，焊缝金属的塑韧性就成为关键性能。为了满足低温韧性的要求，焊缝组织通常希望获得单一的奥氏体组织，避免δ铁素体的存在。δ铁素体的存在，总是恶化低温韧性。

（2）焊接接头的σ相脆化。σ相是一种脆硬的金属间化合物，主要析集于柱状晶的晶界。在奥氏体焊缝中，γ与δ相均可发生σ相转变，如Cr25－Ni20型焊缝在800～900℃加热时，将发生强烈的$\gamma \rightarrow \sigma$的转变；在奥氏体＋铁素体双相组织的焊缝中，当$\delta$铁素体含量较高时，如超过12%时，$\delta \rightarrow \sigma$的转变将非常显著，造成焊缝金属的明显脆化。$\delta$相析出的脆化还与奥氏体不锈钢中合金化程度相关，对于Cr、Mo等合金元素含量较高的超级奥氏体不锈钢，易析出σ相。Cr、Mo具有明显的σ化作用，提高奥氏体化合金元素Ni含量，防止N在焊接过程中的降低，可有效地抑制它们的σ化作用，是防止焊接接头脆化的有效冶金措施。

表 8.4－3　常用 Cr－Ni 奥氏体不锈钢加工或焊后消除应力热处理工艺规范

使用条件或进行热处理的目的	热处理规范		
	022Cr19Ni10、022Cr17Ni12Mo2 等超低碳不锈钢	06Cr18Ni11Ti、06Cr18Ni11Nb 等含 Ti、Nb 的不锈钢	06Cr19Ni10 06Cr17Ni12Mo2 等普通不锈钢
苛刻的应力腐蚀介质条件	A、B	A、B	①
中等的应力腐蚀介质条件	A、B、C	B、A、C	C①
弱的应力腐蚀介质条件	A、B、C、D	B、A、C、E	C、D
消除局部应力集中	F	F	F
晶间腐蚀条件	A、C②	A、C、B②	C
苛刻加工后消除应力	A、C	A、C	C
加工过程中消除应力	A、B、C	B、A、C	C③
苛刻加工后有残余应力以及使用应力高时和大尺寸部件焊后	A、C、B	A、C、B	C
不容许尺寸和形状改变时	F	F	F

注：A—完全退火，1065～1120℃缓冷；B—退火，850～900℃缓冷：C—固溶处理，1065～1120℃水冷或急冷；D—消除应力热处理，850～900℃空冷或急冷；E—稳定化处理，850～900℃空冷；F—尺寸稳定热处理，500～600℃缓冷。

① 建议选用最适合于进行焊后或加工后热处理的含 Ti、Nb 的钢种或超低碳不锈钢。

② 多数部件不必进行热处理，但在加工过程中，不锈钢受敏化的条件下，必须进行热处理时，才进行此种处理。

③ 加工完后，在进行 C 规范处理的前提下，也能够用 A、B 或 D 规范进行处理。

3. 焊接方法与焊接材料的选择

1）焊接方法

奥氏体不锈钢具有优良的焊接性，几乎所有的熔焊方法都可用于奥氏体不锈钢的焊接，许多特种焊接方法，如电阻点焊、缝焊、闪光焊、激光与电子束焊、钎焊都可用于奥氏体不锈钢的焊接。但对于组织性能不同的奥氏体不锈钢，应根据具体的焊接性与接头使用性能的要求，合理选择最佳的焊接方法。其中焊条电弧焊、钨极氩弧焊、熔化极惰性气体保护焊、埋弧焊是较为经济的焊接方法。

（1）奥氏体不锈钢一般不需要焊前预热及后热，如没有应力腐蚀或结构尺寸稳定性等特别要求时，也不需要焊后热处理，但为了防止焊接热裂纹的发生和热影响区的晶粒长大以及碳化物析出，保证焊接接头的塑韧性与耐蚀性，应控制较低的层间温度。

（2）焊接工艺参数。对于纯奥氏体与超级奥氏体不锈钢，由于热裂纹敏感性较大，因此应严格控制焊接热输入，防止焊缝晶粒严重长大与焊接热裂纹的发生。

2）焊接材料

奥氏体不锈钢的焊接，通常采用同材质焊接材料。为了满足焊缝金属的某些性能（如耐蚀性），也采用超合金化的焊接材料，如采用 00Cr19Ni12Mo2 类型的焊接材料焊接 022Cr19Ni10 钢板；采用 w(Mo) 达 9% 的镍基焊接材料焊接 Mo6 型超级奥氏体不锈钢，以确保焊缝金属的耐蚀性能。

铬－镍奥氏体不锈钢焊接材料的选用见表 8.4－4。

表 8.4－4 铬—镍奥氏体不锈钢焊接材料的选用

母材类别			焊条		TIG 用焊丝	埋弧焊		注
新钢号	旧钢号	国外代号	国标型号	牌号		焊丝	焊剂	
06Cr19Ni10	0Cr18Ni9	304	E308－16	A102	H0Cr21Ni10	H0Cr21Ni10	HJ151 HJ260	
022Cr19Ni10	00Cr19Ni10	304L	E308L－16	A002/A002A	H00Cr21Ni10	H00Cr21Ni10	HJ172 HJ151	
06Cr18Ni11Ti	0Cr18Ni10Ti	321	E347－16	A132	H0Cr20Ni10Ti H0Cr20Ni10Nb	同 TIG	HJ151Nb HJ172	
06Cr17Ni12Mo2	0Cr17Ni12Mo2	316	E316－16	A202	H0Cr19Ni12Mo2	H0Cr19Ni12Mo2	HJ151 HJ260	
022Cr17Ni12Mo2	00Cr17Ni14Mo2	316L	E316L－16	A022	H00Cr19Ni12Mo2	H00Cr19Ni12Mo2	HJ172 HJ151	
06Cr17Ni12Mo2Ti	0Cr18Ni12Mo3Ti	316Ti	E318－16	A212	H00Cr19Ni12Mo2	H00Cr19Ni12Mo2	HJ151Nb HJ172	
06Cr18Ni12Mo2Cu2	0Cr18Ni12Mo2Cu2	316Cu	E317MoCu－16	A222	H00Cr19Ni12Mo2Cu2			
022Cr18Ni14Mo2Cu2	00Cr18Ni14Mo2Cu2	316CuL	E317MoCuL－16	A032				
06Cr19Ni13Mo3	0Cr19Ni13Mo3	317	E317－16	A242	H0Cr20Ni14Mo3			
06Cr23Ni13	0Cr23Ni13 （1Cr23Ni13）	309S （309）	E309－16	A302	H1Cr24Ni13			
06Cr25Ni20	0Cr25Ni20 （1Cr25Ni20）	310S 310	E310－16	A402	H0Cr26Ni21 H1Cr25Ni20			

8.4.2　马氏体不锈钢的焊接

1. 马氏体不钢的类型

目前普遍采用的马氏体不锈钢可分为Cr13型马氏体不锈钢和低碳马氏体不锈钢以及超级马氏体不锈钢。对于Cr13型马氏体不锈钢，主要作为具有一般抗腐蚀性能的不锈钢使用，随着碳含量的不断增加，其强度与硬度提高，塑性与韧性降低，作为焊接用钢，w(C)含量一般不超过0.15%。以Cr12为基的马氏体不锈钢，因加入Ni、Mo、W、V等合金元素，除具有一定的耐腐蚀性能之外，还具有较高的高温强度及抗高温氧化性能，因此在电站设备中的高温、高压管道广泛应用，另外，因其有较好的耐磨性也用于液压缸体、柱塞及轴类部件以及刀具类工具。低碳，超低碳马氏体不锈钢是在Cr13基础上，在大幅度降低碳含量的同时，将w(Ni)控制在4%～6%的范围，还加入少量的Mo、Ti等合金元素的一类高强马氏体钢，除具有一定的耐腐蚀性能外，还具有良好的抗汽蚀、耐磨损性能，因此在水轮机及大型水泵中有广泛地应用。近年来，国外还研制开发了一类新型的超级马氏体不锈钢，它的成分特点是超低碳及低氮、w(Ni)控制在4%～7%的范围，还加入少量的Mo、Ti、Si、Cu等合金元素。这类钢高强、高韧性，具有良好的抗腐蚀性能。在油气输送管道中获得较广泛地应用，表8.4－5列出了几种常用的低碳马氏体不锈钢及超级马氏体不锈钢的化学成分。

2. 马氏体不锈钢的焊接特点

1）马氏体不锈钢的组织与性能特点

Cr13型马氏体不锈钢，一般经调质热处理，金相组织为马氏体，随回火温度的不同，马氏体的强度、硬度及塑韧性可在较大范围内调整，以满足不同使用性能的要求。

2）马氏体不锈钢的焊接特点

对于Cr13型马氏体不锈钢来讲，高温奥氏体冷却到室温时，即使是空冷，也转变为马氏体，表现出明显的淬硬倾向。由于焊接是一个快速加热与快速冷却的不平衡冶金过程，因此，此类焊缝及焊接热影响区焊后的组织通常为硬而脆的高碳马氏体，含碳量越高，这种硬脆倾向就越大。当焊接接头的拘束度较大或氢含量较高时，很容易导致冷裂纹的产生。因此，在采用同材质焊接材料焊接此类马氏体钢时，为了细化焊缝金属的晶粒，提高焊缝金属的塑韧性，焊接材料中通常加入少量的Nb、Ti、Al等合金化元素，同时应采取适宜的工艺。

对于低碳以及超级马氏体不锈钢，由于其w(C)已降低到0.05%、0.03%、0.02%的水平，因此从高温奥氏体状态冷却到室温时，虽然也全部转变为低碳马氏体，但没有明显的淬硬倾向。不同的冷却速度对热影响区的硬度没有显著的影响，具有良好的焊接性，该类钢经淬火和一次回火或二次回火热处理后，由于韧化相逆变奥氏体均匀弥散分布于回火马氏体基体，因此，具有较高的强度和良好的塑韧性，表现出强韧性的良好匹配。与此同时，其抗腐蚀能力明显优于Cr13型马氏体钢。

表8.4－5　常用低碳及超级马氏体不锈钢的化学成分(质量分数)　%

钢号	标准	C	Mn	Si	Cr	Ni	Mo	其他
ZG0C13Ni4Mo（中国）	JB/T 7349—94	0.06	1.0	1.0	11.5～14.0	3.5～4.5	0.4～1.0	—
ZG0Cr13Ni5Mo（中国）	JB/T 7349—94	0.06	1.0	1.0	11.5～14.0	4.5～5.5	0.4～1.0	—
CA－6NM（美国）	ASTM A734/A743M—1998	0.06	1.0	1.0	11.5～14.0	3.5～4.5	0.4～1.0	—

续表 8.4-5

钢号	标准	C	Mn	Si	Cr	Ni	Mo	其他
Z4CND13-4-M（法国）	AFNOR NF A32-059—1984	0.06	1.0	0.8	12.0~14.0	3.5~4.5	0.7	—
ZG0Cr16Ni5Mo（中国）	企业内部标准	0.04	0.8	0.5	15.0~17.5	4.8~6.0	0.5	S：0.01
Z4CND16-4-M（法国）	AFNOR NF A32-059—1984	0.06	1.0	0.8	15.0~17.5	4.0~5.5	0.7~1.50	—
12Cr-4.5Ni-1.5Mo（法国）	CLI 公司标准	0.015	2.0	0.4	11.0~13.0	4.0~5.0	1.0~2.0	N：0.012 S：0.002
12Cr-6.5Ni-2.5Mo（法国）	CLI 公司标准	0.015	2.0	0.4	11.0~13.0	6.0~7.0	2.0~3.0	N：0.012 S：0.002

注：1. 表中单值为最大值。2. 其他钢种的 P、S 含量不大于 0.03。

3. 焊接方法与焊接材料的选择

1）焊接方法

常用的焊接工艺方法，如焊条电弧焊、钨极氩弧焊、熔化极气体保护焊、等离子焊、埋弧焊、电渣焊、电阻焊、闪光焊，甚至电子束与激光焊接都可用于马氏体不锈钢的焊接。

2）焊接材料的选择

由于 Cr13 型的马氏体不锈钢焊接性较差，因此，除采用与母材化学成分、力学性能相当的同材质焊接材料外，对于含碳量较高的马氏体钢，在焊前预热、焊后热处理难以实施以及接头拘束度较大的情况下，也常采用奥氏体型的焊接材料，以提高焊接接头的塑韧性、防止焊接裂纹的发生。但值得注意的是，当焊缝金属为奥氏体组织或以奥氏体为主的组织时，焊接接头在强度方面通常为低强匹配，而且由于焊缝金属在化学成分、金相组织与热物理性能及其他力学性能方面与母材有很大的差异，焊接残余应力不可避免，对焊接接头的使用性能产生不利的影响，如焊接残余应力可能引起应力腐蚀破坏或高温蠕变破坏。因此，在采用奥氏体型焊接材料时，应根据对焊接接头性能的要求，做较严格的焊接材料选择与焊接接头性能评定。有时还采用镍基焊接材料，使焊缝金属的热膨胀系数与母材相接近，尽量降低焊接残余应力及在高温状态使用时的热应力。

对于低碳以及超级马氏体不锈钢，由于其良好的焊接性，一般采用同材质焊接材料，通常不需要预热或仅需低温预热，但需进行焊后热处理，以保证焊接接头的塑韧性。在接头拘束度较大，焊前预热和后热难以实施的情况下，也采用其他类型的焊接材料，如奥氏体型的 00Cr23Ni12、00Cr18Ni12Mo 焊接材料，国内研制的 0Cr17Ni6MnMo 焊接材料常用于大厚度马氏体不锈钢的焊接，其特点是焊接预热温度低，焊缝金属的韧性高、抗裂纹性能好。表 8.4-6列出了两种类型马氏体不锈钢的常用焊接材料及对应的焊接工艺方法。

4. 马氏体不锈钢的焊接工艺要点

对于 Cr13 型马氏体不锈钢，当采用同材质焊条进行焊条电弧焊时，为了降低冷裂纹敏感性，保证焊接接头的力学性能，特别是接头的塑韧性，应选择低氢或超低氢、并经高温烘干的焊条，同时还应采取如下工艺措施：

1）预热与后热

预热温度一般在 100~350℃，预热温度主要随碳含量的增加而提高，$w(C)<0.05\%$

时，预热温度为100~150℃；当w(C)为0.05%~0.15%时，预热温度为200~250℃；当w(C)>0.15%时，预热温度为300~350℃。为了进一步防止氢致裂纹，对于含碳量较高或拘束度大的焊接接头，在焊后热处理前，还应采取必要的后热措施，以防止焊接氢致裂纹的发生。

2）焊后热处理

焊后热处理可以显著降低焊缝与热影响区的硬度，改善其塑韧性，同时可消除或降低焊接残余应力。根据不同的需要，焊后热处理有回火和完全退火，为了得到最低的硬度，（如为了焊后的机械加工），采用完全退火，退火温度一般在830~880℃，保温2h后随炉冷却至595℃，然后空冷。回火温度的选择主要根据对接头力学性能和耐蚀性的要求确定，回火温度不应超过母材的Ac_1温度，以防止再度发生奥氏体转变，回火温度一般在650~750℃，保温时间按2.4min/mm确定，保温时间不低于1h，然后空降。高温回火时析出较多的碳化物，对接头的耐蚀性能不利，因此对于耐蚀性能要求较高的焊接件，应采用温度较低的回火温度。

表8.4-6　马氏体不锈钢常用的焊接材料及焊接工艺方法

母材类型	焊接材料	焊接工艺方法
Cr13型	G202(E410-16)、G207(E410-15)、G217(E410-15)焊条 H1Cr13、H2C13焊丝 AWS　E410T药芯焊丝 其他焊接材料： E410Nb(Cr13-Nb)焊条 A207(E309-15)、A307(E316-15)等焊条 H0Cr19Ni12Mo2、H1Cr24Ni13等焊丝	焊条电弧焊 TIG MIG
低碳及超级马氏体钢	E0-13-5Mo(E410NiMo)焊条 AWS ER410NiMo实心焊丝、AWS E410NiMoT 和AWS E410NiTiT药芯焊丝 其他焊接材料； A207(E309-15)、A307(E316-15)焊条 HT16/5、G367M(Cr17-Ni6-Mn-Mo)焊条 H0Cr19Ni12Mo2、H0Cr24Ni13焊丝 HS13-5(Cr13-Ni5-Mo)、HS367L(Cr16-Ni5-Mo)、 HS367M(Cr17-Ni6-Mn-Mo)焊丝 000Cr12Ni2、000Cr12Ni5Mo1.5、 000Cr12Ni6.5Mo2.5焊丝	焊条电弧焊 TIG MIG SAW

低碳及超级马氏体不锈钢的焊接裂纹敏感性小，在通常的焊接条件下不需采取预热或后热。当在大拘束度或焊缝金属中的氢含量难以严格控制的条件下，为了防止焊接裂纹的发生，应采取预热甚至后热措施，一般预热温度在100~150℃，为了保证焊接接头的塑韧性，该类钢焊后需进行回火热处理，热处理温度一般在590~620℃。对于耐蚀性能有特别要求的焊接接头，如用于油气输送的04Cr13Ni5Mo管道，为了保证焊接接头的抗应力腐蚀性能，需经过670℃+610℃的二次回火热处理，以保证焊接接头的硬度不超过22HRC。

8.4.3　铁素体不锈钢的焊接

1. 铁素体不锈钢的类型

目前铁素体不锈钢可分为普通铁素体不锈钢和超纯铁素体不锈钢两大类，其中普通铁素体不锈钢有Cr12～14型，如022Cr12、06Cr13Al；Cr16～18型，如10Cr17Mo、019Cr19Mo2NbTi；Cr25～30型，如008Cr27Mo、008Cr30Mo2。对于普通铁素体不锈钢，由于其碳、氮含量较高，因此其成形加工和焊接都比较困难，耐蚀性也难以保证，成为普通铁素体不锈钢发展与应用的主要障碍。由于影响高铬铁素体不锈钢的晶间腐蚀敏感性的元素不仅是碳，氮也起着至关重要的作用，因此，在超纯铁素体不锈钢中严格控制了C+N含量，一般控制在0.035%～0.045%、0.030%、0.010%～0.015%三个水平，在控制C+N含量的同时，还添加必要的合金化元素进一步提高耐腐蚀性能及其他综合性能。近年来，随着真空精炼(VOD)与气体保护精炼(AOD)等先进冶炼技术的发展与生产应用，铁素体中的碳、氮及氧等间隙元素的含量可以大幅度降低，结合微合金化技术的开发与应用，一些加工性、焊接性及耐各种腐蚀性良好的超纯高铬铁素体不锈钢得到了较大的开发和应用，与普通奥氏体不锈钢相比，高铬铁素体不锈钢具有很好的耐均匀腐蚀、点蚀及应力腐蚀性能，较多地应用于石油化工设备中。

2. 铁素体不锈钢的焊接特点

1）焊接接头的塑性与韧性

对于普通铁素体不锈钢，一般尽可能在低的温度下进行热加工，再经短时的780～850℃退火热处理，得到晶粒细化、碳化物均匀分布的组织，并具有良好的力学性能与耐蚀性能。但在焊接高温的作用下，在加热温度达到1000℃以上的热影响区，特别是近缝区的晶粒会急剧长大，进而引起近缝区的塑韧性大幅度降低，引起热影响区的脆化；在焊接拘束度较大时，还容易产生焊接裂纹。热影响区的脆化与铁素体不锈钢中C+N含量密切相关。铁素体不锈钢都具有较低的脆性转变温度，但随着C、N含量的提高，脆性转变温度有所提高，经高温1150℃热处理后，脆性转变温度明显提高，超纯铁素体不锈钢与普通铁素体不锈钢相比，随着C、N含量的降低，其塑性与韧性大幅度提高，焊接热影响区的塑韧性也得到明显改善。从表8.4－7中可以看出，对于超纯的Cr26型铁素体不锈钢，经1100℃高温加热后，无论采用水淬或空冷都具有良好的塑性。

表8.4－7　高温热处理对超纯Cr26型铁素体不锈钢塑性的影响

编号	热处理状态	延伸率/% （普通纯度钢）	延伸率/% （超纯度钢）
1	退火	25	30
2	1100℃×30min水淬	2	30
3	1100℃×30min空冷	27	32
4	1100℃×30min水淬	27	30
5	1100℃×30min慢冷(2.5℃/min)至850℃水淬	33	29

对超纯铁素体不锈钢模拟焊接热影响区脆性转变温度的研究表明，当热影响区的峰值温度达到1350℃时，其脆性转变温度比母材提高约15℃。

除高温加热引起接头脆化、塑韧性降低外，铁素体不锈钢还可能产生σ相脆化和475℃脆化，σ和脆化过程较缓慢，对焊后的接头韧性影响不大，由焊接引起的475℃脆化倾向也较小。

2）焊接接头的晶间腐蚀

对于普通高铬铁素体不锈钢，高温加热对于不含稳定化元素的普通铁素体不锈钢的晶间腐蚀敏感性的影响与通常的铬镍奥氏体不锈钢不同，将通常的铬镍奥氏体不锈钢在500～800℃敏化温度区加热保温，将会出现晶间腐蚀现象，在950℃以上加热固溶处理后，由于富铬碳化物的固溶，晶间敏化消除。与此相反，把普通高铬铁素体不锈钢加热到950℃以上而后冷却，则产生晶间敏化，而在700～850℃短时保温退火处理，敏化消失。因此通常检验铁素体不锈钢晶间腐蚀敏感性的温度不像奥氏体不锈钢在650℃保温1～2h，而是加热到950℃以上，然后空冷或水冷。加热温度越高，敏化程度愈大。由此可见。普通铁素体不锈钢焊接热影响区的近缝区将由于受到焊接热循环的高温作用而产生晶间敏化，在强氧化性酸中将产生晶间腐蚀，为了防止晶间腐蚀，焊后进行700～850℃的退火处理，使铬重新均匀化，进而恢复焊接接头的耐蚀性。

从研究结果可以看出，对于超纯的Cr26铁素体不锈钢[w(C + N) = 0.018%]，由1100℃水淬处理后，与普通铁素体不锈钢相比，腐蚀率很低，晶界上无富铬的碳化物与氮化物析出，不产生晶间腐蚀。由1100℃空冷时，晶界上有碳、氮化物析出，晶间腐蚀严重。在900℃短时保温，析出物集聚长大并变得不连续，但没有晶间腐蚀发生。在600℃短时保温，晶界上有析出物，有晶间腐蚀的倾向。在600℃长时间保温，晶界上有析出物，但没有晶间腐蚀，由此说明，晶界上碳、氮化物的析出与晶间腐蚀的发生并不存在严格的对应关系(见表8.4-8)。根据晶间腐蚀的贫铬理论，晶间腐蚀能否产生，关键是晶界是否贫铬。在高铬铁素体不锈钢中，碳、氮的溶解度都很低，随着温度的升高，溶解度也增大。当加热温度达到950℃以上时，碳、氮化物开始溶解，而且温度越高溶解的越多，1100～1200℃正是碳、氮化物大量溶解的温度，在冷却过程中，在900～500℃的温度范围内，过饱和的碳和氮将以化合物的形式重新析出，碳、氮化物的析出是否会引起晶界贫铬，与碳、氮的过饱和度、冷却速度及其他稳定化元素(如Mo、Ti、Nb等)有关。降低铁素体不锈钢钢中的碳、氮含量是消除晶间腐蚀的根本措施。目前已研制出w(C + N)≤0.010%的超高纯铁素体不锈钢，由于C + N含量很低，在较高温度时也没有足够能引起晶界贫铬的富铬碳、氮化物析出，因此该类合金在水淬、空冷或在敏化温度区保温都难以引起晶间敏化。值得注意的是，靠长时间保温消除敏化是不可取的工艺措施，因为晶界的大量析出往往造成晶界的脆化。

表8.4-8　热处理对超纯Cr26铁素体不锈钢腐蚀性能的影响

试样号	热处理规范	腐蚀率/(μm/a)	晶界上富铬碳化物、氮化物的析出	有无晶间腐蚀
1	1100℃×30min 水淬	22	无	无
2	1100℃×30min 空冷	549	大量析出	有
3	1100℃×30min 水淬 +900℃×15min 水淬	36	聚集长大	无
4	1100℃×30min 水淬 +700℃×15min 水淬	27	有	无
5	1100℃×30min 水淬 +600℃×15min 水淬	282	有	有

3. 焊接工艺与焊接材料的选择

1）普通铁素体不锈钢的焊接工艺与焊接材料的选择

对于普通铁素体不锈钢，可采用焊条电弧焊、气体保护焊、埋弧焊、等离子焊等熔焊工艺方法。该类钢在焊接热循环的作用下，热影响区的晶粒长大严重，碳、氮化物在晶界聚集，焊接接头的塑韧性很低，在拘束度较大时，容易产生焊接裂纹，接头的耐蚀性也严重恶化。为了防止焊接裂纹，改善接头的塑韧性和耐蚀性，在采用同材质熔焊工艺时，可采取下列工艺措施：

（1）采取预热措施，在100～150℃左右预热，使母材在富有塑韧性的状态焊接，含铬量越高，预热温度也应有所提高。

（2）采用较小的热输入，焊接过程中不摆动，不连续施焊。多层多道焊时，控制层间温度在150℃以上，但也不可过高，以减少高温脆化和475℃脆化。

（3）焊后进行750～800℃的退火热处理，由于在退火过程中铬重新均匀化，碳、氮化物球化，晶间敏化消除，焊接接头的塑韧性也有一定的改善。退火后应快速冷却，以防止σ相产生和475℃脆化。

关于同材质焊接材料，除Cri16～18型铁素体不锈钢有标准化的E430－15(G302)，E430－15(G307)焊条与H1Cr17实心焊丝外，其他类型的同材质焊接材料还缺乏相应的标准，一些与母材成分相当或相同的自行研制焊条或TIG焊丝经常用于同材质的焊接，表8.4－9列出了两种同材质焊条电弧焊焊接接头的主要化学成分与常规力学性能。

当采用奥氏体型焊接材料焊接时，焊前预热及焊后热处理可以免除，有利于提高焊接接头的塑韧性，但对于不含稳定化元素的铁素体不锈钢来讲，热影响区的敏化难以消除。对于Cr25～30型的铁素体不锈钢，目前常用的奥氏体不锈钢焊接材料有Cr25－Ni13型、Cr25－Ni20型超低碳焊条及气体保护焊丝。对于Cr16～18型铁素体不锈钢，常用的奥氏体不锈钢焊接材料有Cr19－Ni10型、Cr18－Ni12Mo型超低碳焊条及气体保护焊丝。另外，采用铬含量基本与母材相当的奥氏体＋铁素体双相钢焊接材料也可以焊接铁素体不锈钢，如采用Cr25－Ni5－Mo3型和Cr25－Ni9－Mo4型超低碳双相钢焊接材料焊接Cr25～30型铁素体不锈钢时，焊接接头不仅具有较高的强度及塑韧性，焊缝金属还具有较高的耐腐蚀性能。有关焊接工艺可参照双相钢的焊接工艺。

2）超纯高铬铁素体不锈钢的焊接工艺与焊接材料选择

对于碳、氮、氧等间隙元素含量极低的超纯高铬铁素体不锈钢，高温引起的脆化并不显著，焊接接头具有很好的塑韧性，焊前不需预热和焊后热处理。在同种钢焊接时，目前仍没有标准化的超高纯高铬铁素体不锈钢的焊接材料，一般采用与母材同成分的焊丝做为填充材料，由于超纯高铬铁素体不锈钢中的间隙元素含量已经极低，因此关键是在焊接过程中防止焊接接头区的污染，这是保证焊接接头的塑韧性和耐蚀性的关键。

表8.4－9 同材质焊接接头的化学成分和力学性能

钢种	化学成分(质量分数)/%						力学性能						
	C	Mn	Si	Cr	Ni	Ti	热处理状态	$R_{P0.2}$/MPa	R_m/MPa	A/%	Z/%	A_{KV}/J	弯曲角/(°)
Cr17	0.08	0.4/0.8	0.3/0.5	15/17	0.25	—	焊后 650℃退火	627 451	706 637	脆性 18	断口 48	48 64	— —
Cr30	0.07	0.25	0.5	30	0.25	0.25	焊后 800℃退火	— —	54 564	— —	— —	— —	10～15 40～50

8.4.4　奥氏体－铁素体双相不锈钢的焊接

1. 奥氏体－铁素体双相不锈钢的特点与应用

所谓奥氏体－铁素体双相不锈钢是指铁素体与奥氏体各约占50%的不锈钢。它的主要特点是屈服强度可达400～550MPa，是普通不锈钢的2倍，因此可以节约用材，降低设备制造成本。在抗腐蚀性能方面，特别是在介质环境比较恶劣(如Cl^-含量较高)的条件下，双相不锈钢的抗点蚀、缝隙腐蚀、应力腐蚀及腐蚀疲劳性能明显优于通常的Cr－Ni及Cr－Ni－Mo奥氏体型不锈钢(如06Cr19Ni10、022Cr19Ni10、06Cr17Ni12Mo2、022Cr17Ni12Mo2等)，可与高合金奥氏体不锈钢相媲美。与此同时，双相不锈钢具有良好的焊接性，与铁素体不锈钢及奥氏体不锈钢相比，它既不像铁素体不锈钢的焊接热影响区由于晶粒严重粗化而使塑韧性大幅度降低，也不像奥氏体不锈钢那样，对焊接热裂纹比较敏感。因此，奥氏体－铁素体双相不锈钢在石油化工设备、海水与废水处理设备、输油输气管线、造纸机械等工业领域获得越来越广泛地应用。

2. 双相不锈钢的化学成分力学性能及组织特点

1）化学成分与力学性能

目前，国际上普遍采用的奥氏体－铁素体双相不锈钢可分为Cr18型、Cr23(不含Mo)型、Cr22型、Cr25型四类。对于Cr25型双相钢，也有普通双相不锈钢和超级双相不锈钢之分，当点蚀指数PREN[PREN＝(Cr)＋3.3(Mo)＋16(N)]＞40时，称为超级双相不锈钢。我国列入国家标准的奥氏体－铁素体双相不锈钢有11个牌号，其化学成分见本书的表4.1－8，特性和用途见表4.1－9。本节第四章表4.1－10列出了国外常用双相不锈钢的化学成分，表4.1－11列出了室温下的力学性能。由于点蚀往往是各种腐蚀之源，双相钢的抗点蚀性能是重要的抗腐蚀性能，因此，表4.1－11也列出了各种类型双相钢的点蚀指数。

2）组织特点

由图8.4－4所示的Fe－Cr－Ni三元相图可以看出，双相钢以单相δ铁素体凝固结晶，当继续冷却时，发生δ→γ相变，随着温度的降低，δ→γ相变不断进行。在平衡条件下或者非快速冷却的情况下，部分δ铁素体将保留到室温，因此，室温下的组织为δ＋γ双相组织，其铁素体含量可通过计算Cr_{eq}、Ni_{eq}在WRC图(图8.4－3)中查得。

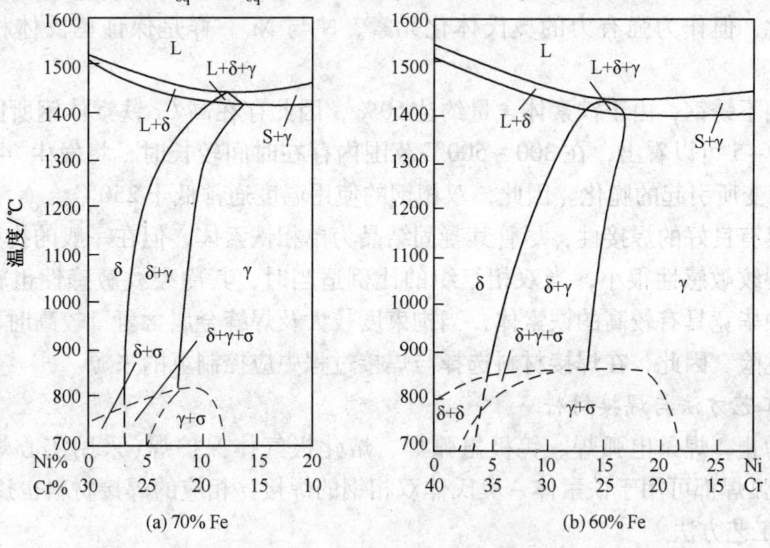

图8.4－4　Fe－Cr－Ni三元相图

3. 双相钢的焊接特点

在焊接加热过程中，热影响区的温度超过双相钢的固溶处理温度，在1150～1400℃的高温状态下，晶粒将会长大，而且发生γ→δ相变，γ相明显减少，δ相增多。一些钢的高温近缝区会出现晶粒较粗大的δ铁素体组织。如果焊后的冷却速度较快，将抑制δ→γ的二次相变，使热影响区的相比例失调，当δ铁素体大于70%时，二次转变的δ奥氏体也变为针状和羽毛状，具有魏氏组织特征，导致力学性能及耐腐蚀性能的恶化。当焊后冷却速度较慢时，则δ→γ的二次相变比较充分，室温下为相比例较为合适的双相组织。因此，为了防止热影响区的快速冷却，使δ→γ二次相变较为充分，保证较合理的相比例，足够的焊接热输入是必要的。随着母材厚度的增加，焊接热输入应适当提高。

对于双相钢焊缝金属，仍以单相δ铁素体凝固结晶，并随温度的降低发生δ→γ组织转变。但由于其熔化-凝固-冷却相变是一个速度较快的不平衡过程，因此，焊缝金属冷却过程中的δ→γ组织转变必然是不平衡的。当焊缝金属的化学成分与母材成分相同时，由于母材自熔，焊缝金属中的δ相将偏高，而γ相偏低，为了保证焊缝金属中有足够的γ相，应提高焊缝金属化学成分的Ni当量，通常的方法是提高奥氏体化元素(Ni、N)的含量，因此就出现了焊缝金属超合金化的特点。

另外，从双相钢的等温转变TTT图(图8.4-5)及连续转变CCT图(图8.4-6)可以看出，在600～1000℃温度范围较长时间加热时，有σ相、X相转变，碳、氮化物($Cr_{23}C_6$、Cr_2N、CrN)及其他各种金属间化合物析出，而且当Cr、Mo含量较高或双相钢中含有Cu、W时，上述转变与析出更加敏感。这些脆性相的形成与碳，氮化物的析出使焊接热影响区和焊缝金属的塑韧性及耐腐蚀性能大幅度降低。为了防止碳化物的析出，双相钢及焊缝金属的含碳量通常控制在超低碳[$w(C)<0.030\%$]的水平。研究表明，当双相钢的相比例失调时，如热影响区出现较多的铁素体，由于N在铁素体中的溶解度很低($<0.05\%$)，过饱和的N则很容易与Cr及其他金属元素形成Cr_2N、CrN及σ相，进而使这些局部区域的抗腐蚀性能与塑韧性大幅度降低。由于N在奥氏体中的溶解度很高(0.2%～0.5%)，当奥氏体相适当时，可以溶解较多N，进而减少了各种氮化物的形成与析出。由此可见，保持相比例的平衡对防止热影响区的腐蚀与脆化是非常重要的。理论与实践表明，尽管各种氮化物可以引起腐蚀与脆化，但作为强有力的奥氏体化元素，N与Ni一样是保证奥氏体相比例的重要成分。

对于双相不锈钢，由于铁素体含量约达50%，因此存在高Cr铁素体钢所固有的脆化倾向。由图8.4-5可以看出，在300～500℃范围内存在时间较长时，将发生“475℃脆性”及由于α→α′相变所引起的脆化。因此，双相钢的使用温度通常低于250℃。

双相钢具有良好的焊接性，尽管其凝固结晶为单相铁素体，但在一般的拘束条件下，焊缝金属的热裂纹敏感性很小，当双相组织的比例适当时，其冷裂纹敏感性也较低。但应注意，双相钢中毕竟具有较高的铁素体，当拘束度较大及焊缝金属含氢量较高时，还存在焊接氢致裂纹的危险。因此，在焊接材料选择与焊接过程中应控制氢的来源。

4. 焊接工艺方法与焊接材料

到目前为止，焊条电弧焊、钨极氩弧焊、熔化极气体保护焊(采用实心焊丝或药芯焊丝)、甚至埋弧焊都可用于铁素体-奥氏体双相钢的焊接，相应的焊接材料也逐步标准化。

1) 焊接工艺方法

焊条电弧焊是最常用的焊接工艺方法，其特点是灵活方便，并可实现全位置焊接，因

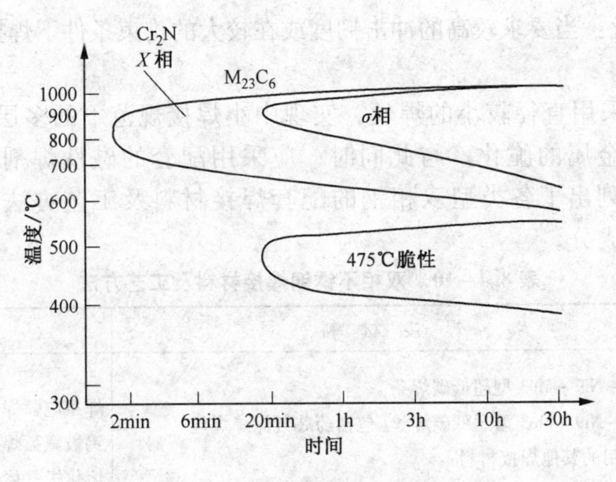

图 8.4－5 双相钢等温转变(TTT)图

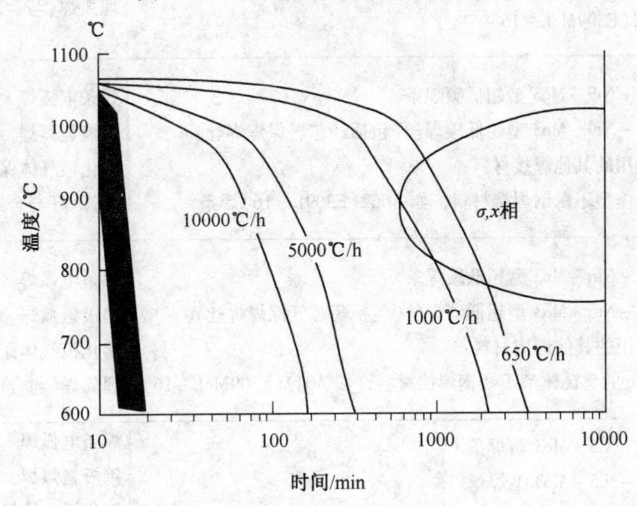

图 8.4－6 双相钢连续转变(CCT)图

此，焊条电弧焊是焊接修复的常用工艺方法。

钨极氩弧焊的特点是焊接质量优良，自动焊的效率也较高，因此广泛用于管道的封底焊缝及薄壁管道的焊接。

熔化极气体保护焊的特点是较高的熔敷效率，既可采用较灵活的半自动焊，也可实现自动焊。当采用药芯焊丝时，还易于进行全位置焊接。

埋弧焊是高效率的焊接工艺方法，适合于中厚板的焊接，采用的焊剂通常为碱性焊剂。

2）焊接工艺方法的选择及坡口形式与尺寸

根据管、板厚度，选择焊接工艺方法及坡口尺寸。

3）焊接材料的选择

对于焊条电弧焊，根据耐腐蚀性、接头韧性的要求及焊接位置，可选用酸性或碱性焊条。当要求焊缝金属具有较高的冲击韧度，并需进行全位置焊接时应采用碱性焊条。在根部封底焊时，通常采用碱性焊条。当对焊缝金属的耐腐蚀性能具有特殊要求时，还应采用超级双相钢成分的碱性焊条。

对于实心气体保护焊焊丝，在保证焊缝金属具有良好耐腐蚀性与力学性能的同时，还应注意其焊接工艺性能。对于药芯焊丝，当要求焊缝光滑，接头成形美观时，可采用金红石型或钛－钙型药芯焊丝：当要求较高的冲击韧度或在较大的拘束条件下焊接时，宜采用碱度较高的药芯焊丝。

埋弧焊时，宜采用直径较小的焊丝，实现中小焊接规范下的多层多道焊，以防止焊接热影响区及焊缝金属的脆化。与此同时，应采用配套的碱性焊剂，以防止焊接氢致裂纹。表 8.4－10 列出了各类型双相钢的配套焊接材料及工艺方法。表 8.4－11 为典型焊接材料的化学成分。

表 8.4－10　双相不锈钢焊接材料及工艺方法

母材(板、管)类型	焊　接　材　料	焊接工艺方法
Cr18 型	Cr22－Ni9－Mo3 型超低碳焊条 Cr22－Ni9－Mo3 型超低碳焊丝(包括药芯气保焊焊丝) 可选用的其他焊接材料： 含 Mo 的奥氏体型不锈钢焊接材料，如 A022Si(E316L－16)、A042(E309MoL－16)	焊条电弧焊 钨极氩弧焊 熔化极气体保护焊 埋弧焊(与合适的碱性焊剂相匹配)
Cr23 无 Mo 型	Cr22－Ni9－Mo3 型超低碳焊条 Cr22－Ni9－Mo3 型超低碳焊丝(包括药芯气保焊焊丝) 可选用的其他焊接材料： 奥氏体型不锈钢焊接材料，如 A062(E309L－16)焊条	焊条电弧焊 钨极氩弧焊 熔化极气体保护焊 埋弧焊(与合适的碱性焊剂相匹配)
Cr22 型	Cr22－Niq－Mo3 型超低碳焊条 Cr22－Niq－Mo3 型超低碳焊丝(包括药芯气保焊焊丝) 可选用的其他焊接材料： 含 Mo 的奥氏体型不锈钢焊接材料，如 A042(E309MoL－16)	焊条电弧焊 钨极氩弧焊 熔化极气体保护焊 埋弧焊(与合适的碱性焊剂相匹配)
Cr25 型	Cr25－Ni5－Mo3 型焊条 Cr25－Ni5－Mo3 型焊丝 Cr25－Ni9－Mo4 型超低碳焊条 Cr25－Ni9－Mo4 型超低碳焊丝 可选用的其他焊接材料： 不含 Nb 的高 Mo 镍基焊接材料， 如无 Nb 的 NiCrMo－3 型焊接材料	焊条电弧焊 钨极氩弧焊 熔化极气体保护焊 埋弧焊(与合适的碱性焊剂相匹配)

表 8.4－11　典型焊接材料熔敷金属的化学成分(质量分数)　　%

焊材类型	牌号	标准	C	Si	Mn	Cr	Ni	Mo	N	Cu
Cr22－Ni9－Mo3 型超低碳焊条与焊丝	E2209 焊条	ANSI/AWS A5.4－92	0.04	0.90	0.5～2.0	21.5～23.5	8.5～10.5	2.5～3.5	0.08～0.20	0.75
	E2293L 焊条	EN(欧洲标准)	0.04	1.2	2.5	21.0～24.0	8.0～10.5	2.5～4.0	0.08～0.2	0.75
		产品例值	0.03	0.8	0.8	22	9	3.0	0.13	—
	ER2209 焊丝	ANSI/AWS A5.9－93	0.03	0.90	0.5～2.0	21.5～23.5	7.5～9.5	2.5～3.5	0.08～0.20	0.75
		产品例值	0.02	0.5	1.6	23	9	3.2	0.16	—

续表 8.4-11

焊材类型	牌号	标准	C	Si	Mn	Cr	Ni	Mo	N	Cu
Cr25-Ni9-Mo4 型与 Cr5-Ni5-Mo3 型焊条与焊丝	E2553 焊条	ANSI/AWS A5.4-92	0.06	1.0	0.5~1.5	24.0~27.0	6.5~8.5	2.9~3.9	0.10~0.25	1.5~2.5
		产品例值	0.03	0.6	1.2	25.5	7.5	3.5	0.17	2.0
	E2572 焊条	EN（欧洲标准）	0.08	1.2	2.0	24.0~28.0	6.0~7.0	1.0~3.0	0.2	0.75
	E2593CuL 焊条	EN（欧洲标准）	0.04	1.2	2.5	24.0~27.0	7.5~10.5	2.5~4.0	0.10~0.25	1.5~3.5
	E2594L 焊条	EN（欧洲标准）	0.04	1.2	2.5	24.0~27.0	8.0~10.5	2.5~4.0	0.20~0.30	1.5~ W：1.0
	ER2553 焊丝	ANSI/AWS A5.9-93	0.04	1.0	1.5	24.0~27.0	4.5~6.5	2.9~3.9	0.10~0.25	1.5~2.5

5. 各类型双相钢的焊接要点

1）Cr18 型双相钢的焊接要点

Cr18 型双相钢是超低碳的双相不锈钢，具有良好的焊接性，其焊接冷裂纹及焊接热裂纹敏感性都比较小，焊接接头的脆化倾向也较铁素体不锈钢低，因此焊前不需要预热，焊后不经热处理。当母材的相比例约在 50% 时，只要合理选择焊接材料，控制焊接热输入（通常不大于 15kJ/cm）和层间温度（通常不高于 150℃），就能防止焊接热影响区出现晶粒粗大的单相铁素体组织及焊缝金属的脆化，保证焊接接头的力学性能、耐晶间腐蚀及抗应力腐蚀性能。对于 Cr18 型双相钢，尽管经长期加热时有 σ 相、碳氮化合物析出及 475℃ 脆化倾向，但由于 Cr 含量较低，这种脆化倾向较其他高合金双相钢的脆化倾向小。

在拘束度较大时，应严格控制氢含量，以防止氢致裂纹。对于薄板、薄壁管及管道的封底焊接，宜采用钨极氩弧焊，并应控制焊接热输入；对于中厚板及管道封底焊以后的焊接，可选用焊条电弧焊、气体保护焊（在需全位置焊接时，最好采用药芯焊丝）以及埋弧焊。对于焊接材料的选择，优先采用组织、力学性能及耐腐蚀性能与母材良好匹配的 Cr22-Ni9-Mo3 型超低碳双相不锈钢焊接材料，。

另外可选用含 Mo 的奥氏体型不锈钢焊接材料，其不足之处是焊缝的屈服强度偏低。

2）Cr23 无 Mo 型双相钢的焊接要点

Cr23 无 Mo 型双相钢具有良好的焊接性，其焊接冷裂纹及热裂纹敏感性很小，焊接接头的脆化倾向也小，因此焊前不需要预热，焊后不经热处理。

为获得合理相比例及防止各种脆化相的析出，焊接热输入应控制在 10~25kJ/cm 范围，层间温度低于 150℃。优先采用的焊接材料与 Cr18 型双相钢的相同，另外可选用 Cr 含量较高，但不含 Mo 的奥氏体型（如 309L 型）不锈钢焊接材料，其不足之处是焊缝的屈服强度偏低。

3）Cr22 型双相钢的焊接要点

与 Cr18 型双相钢相比，Cr22 型双相钢的 Cr 含量较高，Si 含量较低，而且 N 含量明显提高，因此它的耐均匀腐蚀性能、抗点蚀能力及抗应力腐蚀性能均优于 Cr18 型双相钢，也优于316L类型的奥氏体不锈钢。Cr22型双相钢具有良好的焊接性，焊接冷裂纹及热裂纹的敏感性都较小。通常焊前不预热，焊后不热处理，而且由于较高的N含量，热影响区的单相铁素体化倾向较小，当焊接材料选择合理，焊接热输入控制在10～25kJ/cm，层间温度控制在150℃以下时，焊接接头具有良好的综合性能。优先采用的焊接材料与Cr18型双相钢的相同，另外可选用Cr含量较高，而且含Mo的奥氏件型(如309MoL型)不锈钢焊接材料，其不足之处是焊缝的屈服强度偏低。与Cr18型双相钢一样，对焊接材料及焊接过程中的氢来源应严格控制。

4）Cr25型双相钢的焊接要点

对于Cr25型双相钢，当其抗点蚀指数大于40时，称为超级双相不锈钢。现代Cr25型双相钢的成分特点是在Cr25Ni5Mo合金系统的基础上，进一步提高Mo、N含量，以提高该类型钢的抗腐蚀能力与组织稳定性，有些还加入一定量的Cu和W，进一步提高其抗腐蚀能力。当Mo、N含量控制在成分范围的上限，而且加入一定量的Cu和W时，其抗点蚀指数通常大于40，成为超级双相钢。

Cr25型双相钢同其他双相钢一样具有良好的焊接性，通常焊前不预热，焊后不需热处理。但由于其合金含量较高，而且还添加有Cu和W元素，在600～1000℃范围内加热时，焊接热影响区及多层多道的焊缝金属易析出σ相、X相和碳、氮化物($Cr_{23}C_6$、Cr_2N、CrN)及其他各种金属间化合物，造成接头抗腐蚀性能及塑韧性的大幅度降低。因此焊接此类钢时要严格控制焊接热输入，另外当冷却速度过快时，将抑制$\delta\to\gamma$转变；造成单相铁素体化，因此焊接热输入还不能过小，一般控制在10～15kJ/cm范围内，层间温度不高于150℃，基本原则是中薄板采用中小热输入，中厚板采用较大热输入。

优先采用的焊接材料为Cr25-Ni9-Mo4型超低碳双相钢焊接材料，当对焊接接头有更高抗腐蚀性能要求时，可选用不含Nb的高Mo型镍基焊接材料。

8.4.5 沉淀硬化型不锈钢的焊接

沉淀硬化型不锈钢可分为沉淀硬化半奥氏体不锈钢、沉淀硬化马氏体不锈钢(含时效硬化马氏体不锈钢)和沉淀硬化奥氏体不锈钢。总的来讲，这些钢的焊接性均比较好。

1. 沉淀硬化半奥氏体不锈钢的焊接性

该类钢通常具有较好的焊接性。焊接材料的选用有两种考虑：焊缝与母材同材质等强度、焊缝与母材不同材质、不等强度。

1）当不要求焊缝与母材同材质等强度时，可采用奥氏体型焊接材料，如Cr18Ni9、Cr18Ni12Mo2等。采用此方案，焊缝和热影响区均没有明显的裂纹敏感性。

2）当要求焊缝与母材同材质等强度时，在焊接热循环作用下，可能会出现下述问题：

(1) 焊缝和近缝区内铁素体相的比例增加，引起焊接接头的脆化；

(2) 在焊接高温区，金属的碳化物(尤其是铬的碳化物)溶入奥氏体固溶体，增加了奥氏体的稳定性，使奥氏体在低温下都难以转变为马氏体，造成焊接接头的强度难以与母材相匹配。

2. 沉淀硬化马氏体不锈钢的焊接性

该类钢具有良好的焊接性。采用同材质等强度焊材焊接时，在焊接构件拘束度不大的情况下，无须焊前预热或后热，焊后采用与母材相同的低温回火时效处理，即可获得等强度的焊接接头。当不要求同材质等强度的焊接接头时，通常采用奥氏体型的焊材焊接，焊前不预热、不后热，焊接接头中不会产生裂纹。

3. 沉淀硬化奥氏体不锈钢的焊接性

在该类钢中，由于不同钢号之间的硬化机理不同，合金元素含量差异较大。因此，其焊接性也有较大差异，需根据具体钢号具体分析。

8.5 耐热钢的焊接

8.5.1 耐热钢概述

1. 耐热钢的种类

耐热钢按其合金成分的质量分数可分为低合金、中合金和高合金耐热钢。合金元素总质量分数在5%以下的合金钢通称为低合金耐热钢，其合金系列有Mo，Cr－Ho，Mo－V，Cr－Mo－V，Mn－Mo－V，Mn－Ni－Mo和Cr－Mo－W－V－Ti－B等。对焊接结构用的低合金耐热钢，为改善其焊接性，碳的质量分数均控制在0.2%以下，某些合金成分较高的低合金耐热钢，标准规定其碳的质量分数不高于0.15%。

这些低合金耐热钢通常以退火状态或正火＋回火状态供货。合金总质量分数在25%以下的低合金耐热钢在供货状态下具有珠光体＋铁素体组织。故也称珠光体耐热钢。合金总质量分数在3%～5%的低合金耐热钢，在供货状态下具有贝氏体＋铁素体组织，亦称为贝氏体耐热钢。

合金总质量分数在6%～12%的合金钢系统称为中合金耐热钢。目前，用于焊接结构的中合金耐热钢的合金系列有：Cr－Mo，Cr－Mo－V，Cr－Mo－Nb，Cr－Mo－W－V－Nb等。这些中合金钢必须以退火状态或正火＋回火状态供货，某些钢也可以调质状态供货。合金总质量分数在10%以下的耐热钢，在退火状态下具有铁素体＋合金碳化物的组织。在正火＋回火状态下，这些合金钢的组织为铁素体＋贝氏体。当钢的合金总质量分数超过10%时，其供货状态下的组织为马氏体、属于马氏体耐热钢。

合金总质量分数高于13%的合金钢称为高合金耐热钢，按其供货状态下的组织可分为马氏体、铁素体和奥氏体三种。应用最广泛的高合金耐热钢为铬镍奥氏体耐热钢，其合金系列为：Cr－Ni，Cr－Ni－Ti，Cr－Ni－Mo，Cr－Ni－Nb，Cr－Ni－Mo－Nb，Cr－Ni－Mo－V－Nb及Cr－Ni－Si等。

2. 耐热钢的应用范围

在常规热电站、核动力装置、石油精炼设备、加氢裂化装置、合成化工容器、宇航器械以及其他高温加工设备中，耐热钢的应用相当普遍。选用耐热钢应综合考虑下列因素；

(1) 常温和高温短时强度；

(2) 高温持久强度和蠕变强度：

(3) 耐蚀性、抗氢能力和抗氧化性；

(4) 抗脆断能力；

(5) 可加工性，包括冷、热成形性能，热切割性和焊接性；

(6) 成本。

在要求抗氧化和高温强度的运行条件下，各种典型耐热钢的极限工作温度示于图8.5－1。

在不同的运行条件下，各种耐热钢的容许最高工作温度列于表8.5－1。在高压氢介质中，各种Cr－Mo钢的适用温度范围见图8.5－2。

3. 对耐热钢焊接接头性能的基本要求

1）接头的等强度和等塑性

耐热钢焊接接头不仅应具有与母材基本相等的室温和高温短时强度，而且更重要的应具有与母材相当的高温持久强度。

耐热钢制焊接部件大多需经冷作，热冲压成形以及弯曲等加工，焊接接头也将经受较大的塑性变形，因而应具有与母材相近的塑性变形能力。

2）接头的抗氢性和抗氧化性

耐热钢焊接接头应具有与母材基本相同的抗氧性和抗高温氧化性。为此，焊缝金属的合金成分质量分数应与母材基本相等。

3）接头的组织稳定性

耐热钢焊接接头在制造过程中。特别是厚壁接头将经受长时间多次热处理，在运行过程中则处于长期的高温。高压作用下，为确保接头性能稳定。接头各区的组织不应产生明显的变化及由此引起的脆变或软化。

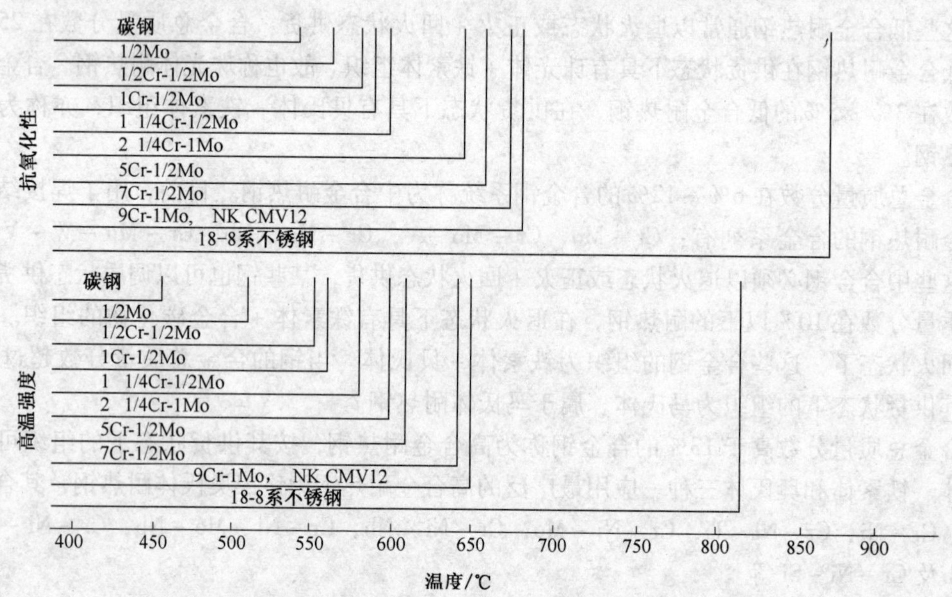

图 8.5－1 各种耐热钢的极限工作温度

表 8.5－1 不同的运行条件下各种耐热钢容许最高工作温度

运行条件	最高工作温度/℃						
	0.5Mo	1.25Cr－0.5Mo 1Cr－0.5Mo	2.25Cr－1Mo 1CrMoV	2CrMoWVTi 5Cr－0.5Mo	9Cr－1Mo 9CrMoV 9CrMoWVNb	12Cr－MoV	18－8CrNi （Nb）
高温高压蒸气	500	550	570	600	620	680	760
常规炼油工艺	450	530	560	600	650	—	750
合成化工工艺	410	520	560	600	650	—	800
高压加氢裂化	300	340	400	550	—	—	750

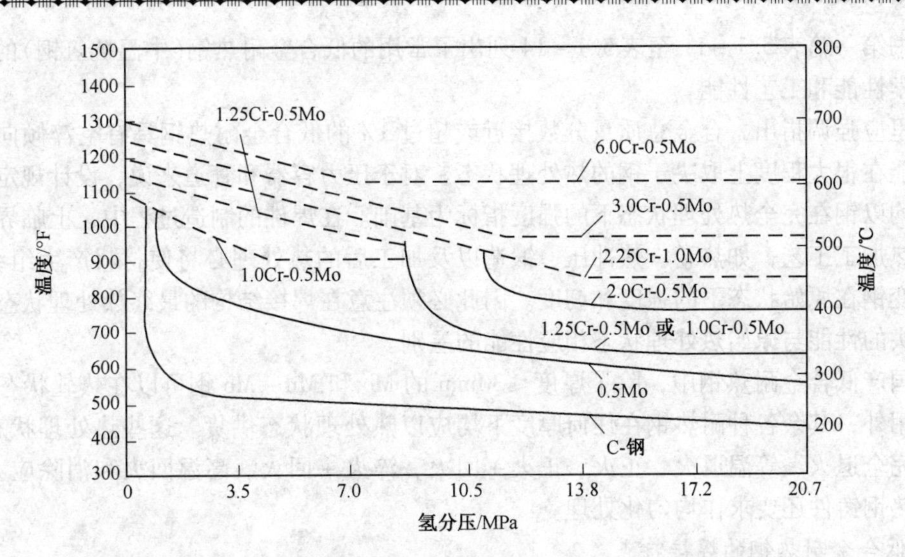

图 8.5－2　在高压氢介质中，各种 Cr－Mo 钢的适用温度范围

4）接头的抗脆断性

虽然耐热钢制焊 接结构均在高温下工作，但对于压力容器和管道，其最终的检验通常是在常温下以工作压力 1.5 倍的压力作液压试验或气压试验。高温受压设备准备投运或检修后，都要经历冷启动过程。因此，耐热钢焊接接头应具有一定的抗脆断性。

5）低合金耐热钢接头的物理均一性

低合金耐热钢焊接接头应具有与母材基本相同的物理性能，接头材料的热膨胀系数和导热率直接决定了接头在高温运行过程中的热应力，而过高的热应力对接头的提前失效将产生不利影响。

8.5.2　低合金耐热钢(中温抗氢钢)的焊接

1. 低合金耐热钢的化学成分、力学性能和热处理状态

目前，在动力工程、石油化工和其他工业部门应用的低合金耐热钢已有 20 余种。其中最常用的是 Ct－Mo，Mn－Mo 型耐热钢和 Ct－Mo 基多元合金耐热钢，如原苏联钢种 12×2MϕCP 和我国自行研制的 12Cr2MoWVTiB 等。

在普通碳钢中加入各种合金元素，可提高钢的高温强度，其中以 Mo、V、Ti 等元素最明显，如图 8.5－3 曲线所示。但当合金元素单独加入钢中时，这种低合金钢在高温长时间作用下仍会发生组织不稳定现象，而降低高温蠕变强度。例如 0.5Mo 钢在 450℃ 以上温度长期运行时就会发生石墨化过程，即钢中的碳化物以石墨形式分解而析出游离碳，从而使钢的高温强度和韧性降低。

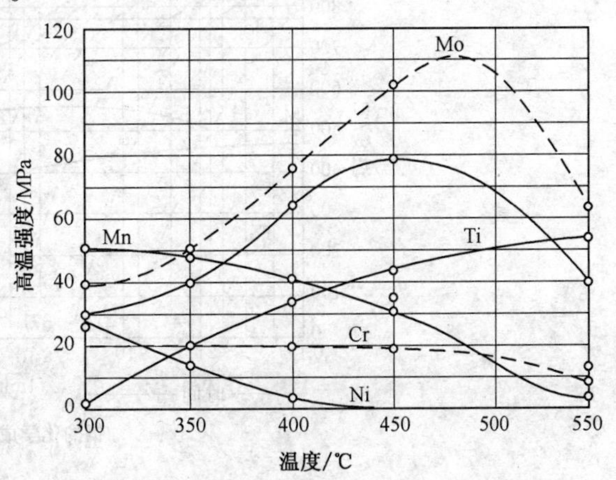

图 8.5－3　各种合金元素对钢的高温强度的影响

当在钢中加入其他合金元素，可明显提高钢的组织稳定性，如在钼钢中加入 1.0% 以上的铬、铌、钨和硼等碳化物形成元素。可进一步提高钢的蠕变强度和钢的组织稳定性。

本书第一篇表5.1－11至表5.1－14列出了常用的低合金耐热钢(中温抗氢钢)的化学成分、力学性能和工艺性能。

这里应强调指出，合金总质量分数接近或超过3%的低合金耐热钢具有空淬倾向，钢的力学性能在很大程度上取决于钢的热处理状态。对于压力容器和管道来说，设计规定的许用应力值均以钢在完全热处理状态下的强度指标为基础。在焊件的制造过程中，上临界点以上温度的热加工工艺，如热卷、热冲压、锻造以及加工后的热处理必将使材料产生组织变化，从而改变钢在原始状态下的强度和韧度。因此必须注意在焊接结构的最终热处理状态下，钢材和接头的性能与原始热处理状态相应性能的差别。

在国产低合金耐热钢中，除了厚度≤30mm的Mo和Mn－Mo钢可以在热轧状态供货和直接使用外，其余各种耐热钢在任何厚度下均应以热处理状态供货。这些热处理状态包括：退火、完全退火、等温退火、正火、正火＋回火、淬火＋回火、高温回火和消除应力处理。对于耐热钢铸件还要求作均匀化处理。

2. 低合金耐热钢的焊接特点

低合金耐热钢的焊接具有以下特点：首先这些钢按其合金含量具有不同程度的淬硬倾向，在较快的冷却速度下，焊缝金属和热影响区内可能形成对冷裂敏感的显微组织；其次，耐热钢中大多数含有Cr、Mo、V、Nb和Ti等强碳化物形成元素，从而使接头的过热区具有不同程度的再热裂纹(亦称消除应力裂纹)敏感性；最后，某些耐热钢焊接接头，当有害的残余元素总含量超过容许极限时仓出现回火脆性。

1）淬硬性

钢的淬硬性取决于它的碳含量、合金成分及其含量。低合金耐热钢中的主要合金元素铬和钼等都能显著地提高钢的淬硬性。其作用机理是延迟了钢在冷却过程中的转变，提高了过冷奥氏体的稳定性。对于成分一定的合金钢，最高硬度则取决于奥氏体相的冷却速度。图8.5－4示出2.25Cr－1Mo钢连续冷却组织转交。由图示冷却曲线可见，当自 Ac_3 点以上温度以300℃/s的速度冷却时，则形成全马氏体组织，最高硬度超过400HV。

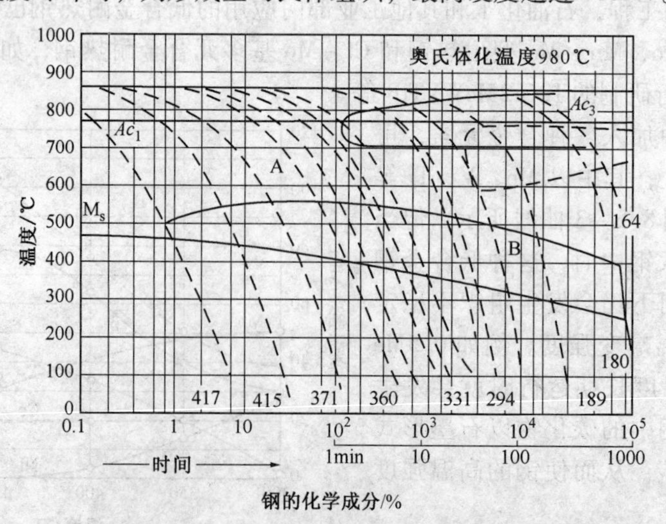

钢的化学成分/%

w(C)0.11，w(Si)0.21，w(Mn)0.47，w(P)0.010，w(Si)0.010，
w(Cr)2.29，w(Cu)0.18，w(Mo)1.02，w(Ni)0.14，w(V)0.01

图8.5－4 2.25Cr－1Mo钢连续冷却组织转变图

碳含量较低、铬钼含量相当的 Cr－Mo－V 型耐热钢，当以相同速度冷却时，其最高硬度为 361HV，可见，低的碳含量大大降低了马氏体组织的硬度。

2）再热裂纹倾向

低合金耐热钢焊接接头的再热裂纹（亦称消除应力裂纹）主要取决于钢中碳化物形成元素的特性及其含量（见图 8.5－5）以及焊接热规范（见图 8.5－6）。通常可以用 P_{SR} 裂纹指数粗略地表征一种钢的再热裂纹敏感性。

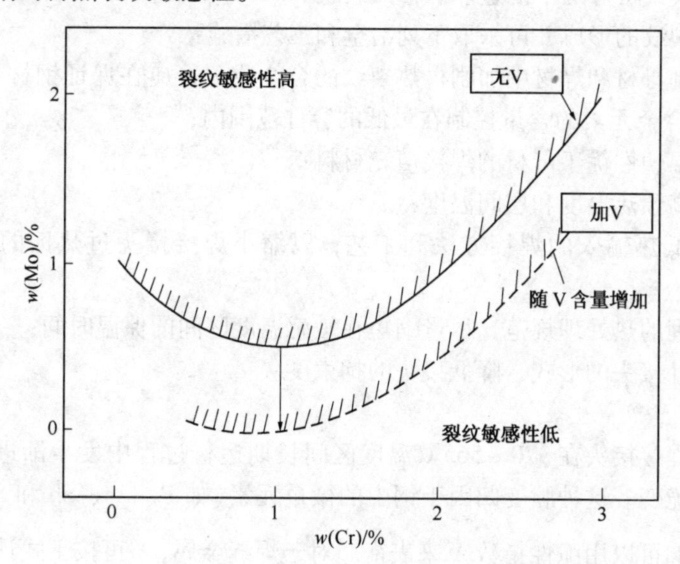

图 8.5－5　Cr、Mo、V 合金元素对钢材再热裂纹敏感性的影响

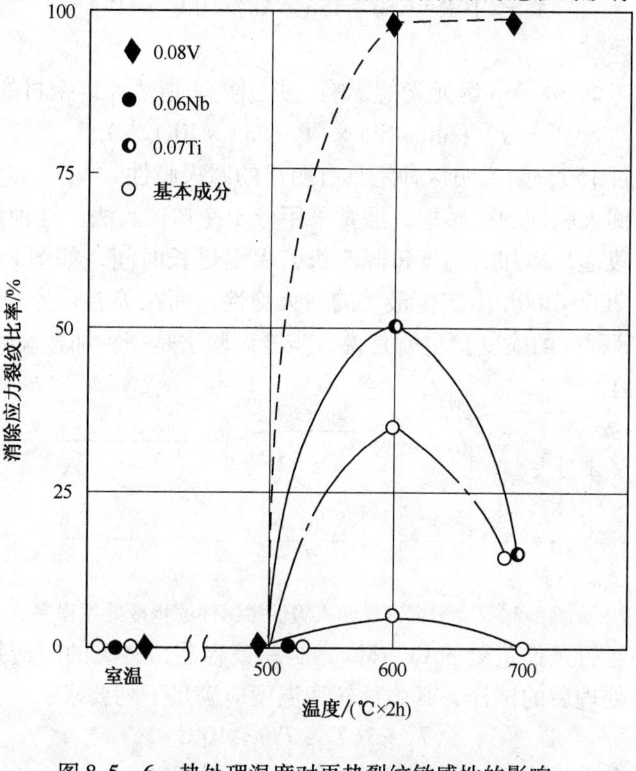

图 8.5－6　热处理温度对再热裂纹敏感性的影响

［钢的基本成分（质量分数）：C0.16%，Cr0.99%，Mo0.46%，Mn0.60%］

P_{SR}可取钢的实际合金成分含量按下式计算：

$$P_{SR}=(Cr)+(Cu)+2(Mo)+10(V)+7(Nb)+5(Ti)-2 \quad (8.5-1)$$

如$P_{SR}\geqslant 0$，则就有可能产生再热裂纹。但在实际的结构中再热裂纹的形成还与焊接热规范、接头的拘束应力以及热处理的制度有关。对于某些再热裂纹倾向较高的耐热钢，当采用大热输入焊接方法焊接时，即使焊后未作消除应力热处理，在接头高拘束应力作用下也有可能形成焊缝层间或堆焊层下的过热区再热裂纹。

为防止再热裂纹的形成，可采取下列冶金和工艺措施：

(1) 严格控制母材和焊材中加剧再热裂纹的合金成分，应在保证钢材热强性的前提下，将 V、Ti、Nb 等合金元素的含量控制在最低的容许范围内；

(2) 选用高温塑性优于母材的焊接填充材料；

(3) 适当提高预热温度和层间温度；

(4) 采用较低热输入的焊接方法和工艺，以缩小焊接接头过热区的宽度，限制晶粒长大；

(5) 选择合理的热处理规范，尽量缩短在敏感温度区间的保温时间；

(6) 合理设计接头的形式，降低接头的拘束度。

3) 回火脆性

铬钼钢及其焊接接头在 370～565℃温度区间长期运行过程中发生渐进的脆变现象称为回火脆性或长期脆变。这种脆变归因于钢中的微量元素(如 P、As、Sb 和 Sn)沿晶界的扩散偏析。其综合影响可以用脆性指数$\bar{X}$来表征。对于焊缝金属，$\bar{X}$可按下式计算：

$$\bar{X}=(10P+5Sb+4Sn+As)/100(\times 10^{-6}) \quad (8.5-2)$$

$\bar{X}$指数不应超过 20。

对于母材还应考虑 Si、Mn 等元素的影响，并引用J指数评定钢材的回火脆性。

$$J=(Mn+Si)\times(P+Sn)\times 10^{4}(\%) \quad (8.5-3)$$

如果J指数超过 150，则说明该种钢具有明显的回火脆性。

为测定钢材对回火脆性的敏感性，通常采用分步冷却试验法。这种试验是将试件加热到规定的温度后，分段逐步冷却。温度每降一级，保温更长时间，如图 8.5－7 所示。步冷处理的目的是使钢在 200～300h 内产生最大的回火脆性，而在等温热处理时，往往需要 200～5000h 才能产生同等程度的脆变。也就是说，步冷试验法是一种加速脆性试验法。

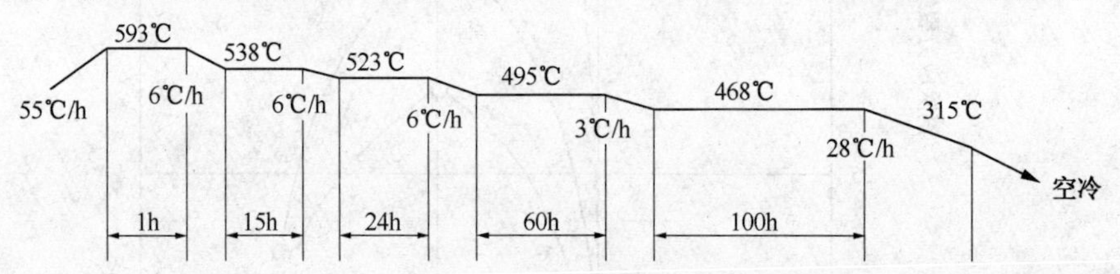

图 8.5－7 测定钢材回火脆性敏感性的步冷处理程序

目前，对一些运行条件苛刻的 Cr－Mo 钢制厚壁容器，有关的制造技术条件规定，母材和焊缝金属经步冷处理后的试样，其脆性转变温度应满足下列要求：

$$T_1+3(T_2-T_1)\leqslant 10℃ \quad (8.5-4)$$

式中 T_1——试样在步冷处理前的 54J 之冲击功转变温度；

T_2——试样在步冷处理后的 54J 之冲击功转变温度。

为降低 Cr－Mo 钢的焊缝金属回火脆性倾向，可以采取图 8.5－8 所示的冶金和工艺措施，其中最有效的措施是降低焊缝金属中的 O、Si 和 P 的含量。

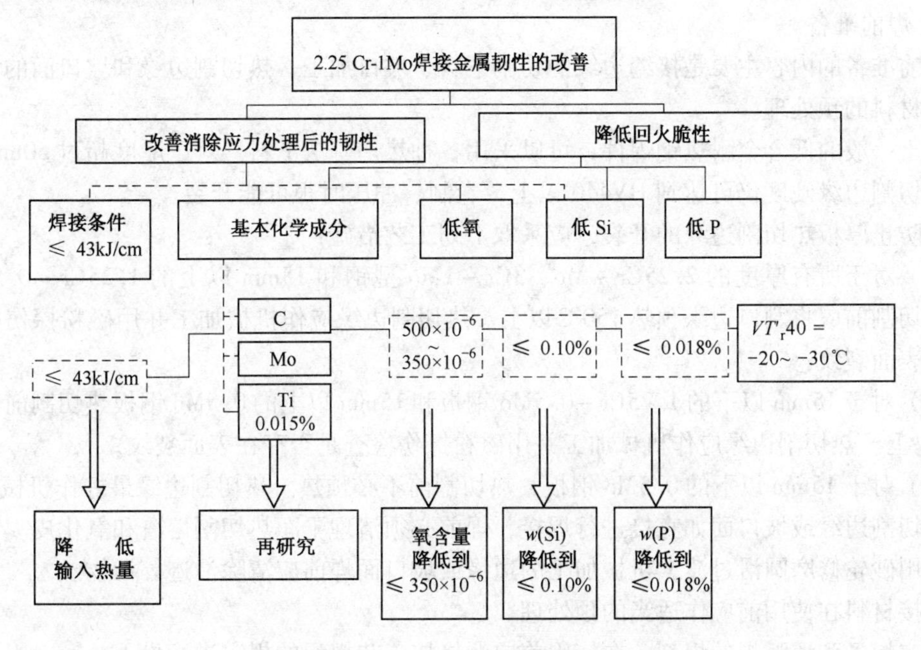

图 8.5－8　降低低合金 Cr－Mo 钢焊缝金属回火脆性的综合措施

3. 低合金耐热钢的焊接工艺

低合金耐热钢的焊接工艺包括焊接方法的选择、焊前准备、焊接材料的选配和管理、焊前预热和焊后热处理及焊接参数的选定等。

1）焊接方法

迄今，已在耐热钢焊接结构生产中实际应用的焊接方法有：焊条电弧焊、埋弧焊、熔化极气体保护焊、电渣焊、钨极氩弧焊、电阻焊和感应加热压力焊等。

埋弧焊由于熔敷效率高、焊缝质量好，在压力容器、管道、重型机械、钢结构、大型铸件以及汽轮机转子的焊接中都得到了广泛的应用。

焊条电弧焊由于具有机动、灵活、能作全位置焊的特点，在低合金耐热钢结构的焊接中应用广泛。为确保焊缝金属的韧性，降低裂纹倾向，低合金耐热钢的焊条电弧焊大都采用低氢型碱性焊条，但对于合金含量较低的耐热钢薄板，为改善工艺适应性，亦可采用高纤维素或高氧化钛型酸性焊条。

钨极氩弧焊具有低氢、工艺适应性强、易于实现单面焊双面成形的特点，多半用于低合金耐热钢管道的封底层焊道或小直径薄壁管的焊接；这种方法的另一个优点是可采用抗回火脆性能力较强的低硅焊丝，提高焊缝金属的纯度，这对于要求高韧性的耐热钢焊接结构具有重要的意义。

熔化极气体保护焊是一种高效、优质、低成本焊接方法。目前已能提供品种、规格齐全，质量符合标准要求的低合金耐热钢实心焊丝。

药芯焊丝气体保护焊与普通的实心焊丝气体保护焊相比具有更高的熔敷效率，且操作性能优良、飞溅小、焊缝成形美观。某些类型的药芯焊丝还适用于管道环缝的全位置焊。由于药芯焊丝比实心焊丝更易调整焊缝金属的合金成分，接头的性能和质量能得到可靠的保证。

另外，药芯焊丝比药皮焊条具有较好的抗潮性，可得到低氢的焊缝金属，这对于低合金耐热钢厚壁焊件尤为重要。

2）焊前准备

焊前准备的内容主要是接缝边缘的切割下料、坡口加工、热切割边缘和坡口面的清理以及焊接材料的预处理。

对于一般的低合金耐热钢焊件，可以采用各种热切割法下料。对于厚度超过50mm的铬钼钢热切割边缘硬度仍可达到HV440以上，卷制、冲压时很可能开裂。

为防止厚板热切割边缘的开裂，应采取下列工艺措施：

(1) 对于所有厚度的2.25Cr－Mo、3Cr－1Mo型钢和15mm以上的1.25Cr－0.5Mo钢板，热切割前应将割口边缘预热150℃以上。热切割边缘应作机械加工并用磁粉探伤检查是否存在表面裂纹；

(2) 对于15mm以下的1.25Cr－0.5Mo钢板和15mm以上的0.5Mo钢板热切割前应预热100℃以上。热切割边缘应作机械加工并用磁粉探伤检查是否存在表面裂纹；

(3) 对于15mm以下的0.5Mo钢板，热切割前不必预热。热切割边缘最好作机械加工。

热切割边缘或坡口面如直接进行焊接，焊前必须清理干净热切割熔渣和氧化皮。切割面缺口应用砂轮修磨圆滑过渡，机械加工的边缘或坡口面焊前应清除油迹等污物。

焊接材料在使用前应作适当的预处理。

药皮焊条和埋弧焊的焊剂，在使用前应严格按工艺规程的规定进行烘干。

3）焊接材料的选配

低合金耐热钢焊接材料的选配原则是焊缝金属的合金成分与强度性能应基本符合母材标准规定的下限值或应达到产品技术条件规定的最低性能指标。如焊件焊后需经退火，正火或热成形，则应选择合金成分和强度级别较高的焊接材料。为提高焊缝金属的抗裂性，通常将焊接材料中的碳含量控制在低于母材的碳含量。对于一些特殊用途的焊丝和焊条，例如为了免除焊后热处理所采用的焊条，其焊缝金属的$w(C)$应控制在0.05%以下。AWS A5.5中的E8018－B2L和E9018－B3L就属于这类焊条。

然而，最近的研究表明，对于1.25Cr－0.5Mo钢和2.25Cr－1Mo钢来说，焊缝金属的最佳碳含量为0.10%左右。在这种碳含量下焊缝金属具有最高的冲击韧性和与母材相当的高温蠕变强度。而碳含量过低的铬钼钢焊缝金属，经长时间的焊后热处理会促使铁素体形成，导致韧性下降。故应谨慎使用碳含量过低的焊丝和焊条。

我国常用的低合金耐热钢可按表8.5－2选配相应的焊接材料。其中包括我国现行国家标准的焊材标准和世界公认的AWS焊材标准所列的各种低合金耐热钢焊条，埋弧焊焊丝、焊剂及气体保护焊焊丝。

4）预热和焊后热处理

预热是防止低合金耐热钢焊接接头冷裂纹和再热裂纹的有效措施之一。预热温度主要依据钢的碳当量，接头的拘束度和焊缝金属的氢含量来决定。对于低合金耐热钢，预热温度并非愈高愈好，例如对于$w(Cr)$大于2%的铬钼钢为防止氢致裂纹的产生，规定较高的预热温度是必要的，但不应高于马氏体转变结束点M_f的温度，否则当焊件作最终焊后热处理时，会使奥氏体不发生转变，除非对焊件的冷却过程加以严格控制，不然，这部分残余奥氏体就可能转变成马氏体组织，而失去了焊后热处理对马氏体组织的回火作用。这种转变过程如图8.5－9(a)所示，它的危险性在于焊件冷却过程中残留的奥氏体由于塑性较好，即使吸收较多的氢也不致产生裂纹，但当奥氏体转变成马氏体组织时，少量氢的逸出就足以促使裂纹产生。图 8.5－9(b) 示出另一种焊接工艺的温度规范，其预热温度和层间温度均在 M_f 点以下。焊接结束后，奥氏体立即在层间温度下转变成马氏体，并在马氏体转变完全结束后再进行焊后热处理，从而使马氏体组织得到回火处理而形成韧性较高的回火马氏体。在焊接中小型焊件时，如采用电加热器预热和焊后热处理，焊接工艺的实施不会发生任何困难。但在大型焊件焊接中，如使用火焰预热焊件且焊后需进炉热处理，则从焊接结束到装炉这段时间内，接头产生裂纹的危险性较大。为防止焊件在焊后热处理之前产生裂纹，最简单而可靠的措施是将接头作 2～3h 的低温后热处理。后热处理的温度，一般在 250～300℃。

大型焊件的局部预热应注意保证预热区的宽度大于所焊壁厚的 4 倍，至少不小于 150mm，且预热区内外表面均应达到规定的预热温度。

世界各国压力容器和管道制造法规对低合金耐热钢规定的最低预热温度列于表 8.5－3。对于厚壁容器壳体上插入式接管的环向接头、钢结构部件的十字接头等高拘束度焊件，其预热温度应比表 8.5－3 所推荐的预热温度高 50℃。

低合金耐热钢焊件可按钢种和对接头性能的要求，作下列焊后处理：①不作焊后热处理；②580～760℃温度范围内回火或消除应力热处理；③正火处理。

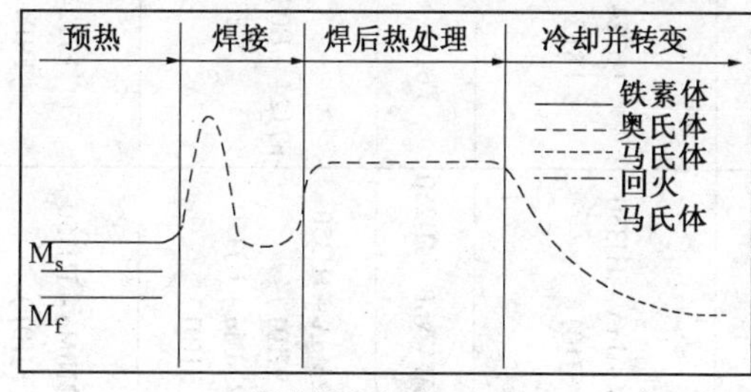

(a)预热温度高于M_f点

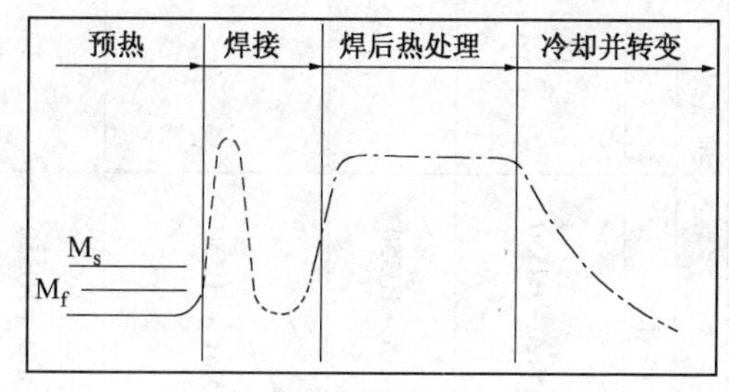

(b)预热温度低于M_f点

图 8.5－9　焊接温度规范及相应的组织转变

表 8.5－3　各国压力容器法规规定的最低预热温度

钢种	推荐值		ASME		BS5500		ASME B31.3		BS3351（低氢焊条）		BS2633（酸性焊条）	
	厚度/mm	温度/℃	厚度/mm	温度/℃	厚度/mm	温度/℃	厚度/mm	温度/℃	厚度/mm	温度/℃	厚度/mm	温度/℃
0.5Mo	≥20	80	>16	80	≥12	100	≥12	80	≥12	100	≤38	150
1Cr－0.5Mo 1.25Cr－0.5Mo	≥20	120	≥12	120	≤12 >12	100 150	所有厚度	150	≤12 >12	100 150	≤12 >12	150 200
2.25Cr－1Mo 1CrMoV	≥10	150	≥12	200	≤12 >12	150 200	所有厚度	150	≤12 >12	150 200	≤12 —	200 —
2CrMoWVTiB	所有厚度	150	—	—	—	—	—	—	—	—	—	—
2Mn－Mo 2Mn－Ni－Mo	≥30	150	—	—	—	—	—	—	—	—	—	—

表 8.5－2　低合金耐热钢焊接材料的选用

钢号		焊条电弧焊		埋弧焊		气体保护焊	
国家标准	ASTM(DIN)	牌号	国标型号	牌号	国标型号	牌号	国标型号
16Mo	A204－A. B. C A209－T1 A335－P1 (15Mo3)	R102 R107	E5003－A1 E5015－A1 E7015－A1(AWS)	H08MnMoA＋HJ350	F5114－H08MnMoA F7P0－EA1－A1(AWS)	H08MnSiMo TGR50M(TIG)	ER55－D2
12CrMo	A387－2 A213－T2 A335－P2	R202 R207	E5503－B1 E5515－B1 E8015－B1(AWS)	H10MoCrA＋HJ350	F5114－H10MoCrA F9P2－EG－G(AWS)	H08CrMnSiMo	ER55－B2
15CrMo	A213－T12 A199－T11 A335－P11，12 A387－11，12 (13CrMoV44)	R302 R307 R306Fe R307H	E5503－B2 E5515－B2 E5518－B2 E8018－B2(AWS) E8015－B2	H08CrMoV＋HJ350	F5114－H08CrMoA F9P2－EG－B2(AWS)	H08CrMnSiMo TGR55CM(TIG)	ER55－B2
12Cr1MoV	(13CrMoV42)	R312 R316Fe R317	E5503－B2－V E5518－B2－V E5515－B2－V	H08CrMoA＋HJ350	F6114－H08CrMoV	H08CrMnSiMoV TGR55V(TIG)	ER55B2MnV
12Cr2Mo	A387－22 A199－T22 A213－T22 A335－P22 (10CrMo910)	R406Fe R407	E6018－B3 E6015－B3 E9015－B3(AWS)	H08Cr3MoMnA＋HJ350 (SJ101)	F6124＋H08Cr3MnMoA F8P2－EG－B3(AWS)	H08Cr3MoMnSi TGR59C2M	ER62－B3
12Cr2MoWVTiB	—	R347 R340	E5515－B3－VWB	H08Cr2MoWVNbB＋HJ250	F6111＋H08Cr2MoWVNbB	H08Cr2MoWVNbB TGR55WB	ER62－G
18MnMoNb	A302－B，A	J707 J707Ni J607 J606	E7015－D2 E7015－G E6015－D1 E6016－D1 E9016－D1(AWS)	H08Mn2MoA＋HJ350 (SJ101) H08Mn2NiMo＋HJ350 (SJ101)	F7124－H08Mn2Mo－H08Mn2NiMo F8A6－EG－A4	H08Mn2SiMoA MG59－G	ER55－D2 ER80S－D2(AWS)
13MnNiMoNb	A302－C，D A533－A，B，C，D1 A508. 2. 3 (13MnNiMo54)	J607Ni J707Ni	E6015－G E7015－G E9015－G(AWS)	H08Mn2NiMo＋HJ350 (SJ101)	F7124－H08Mn2NiMo F9P4－EG－G(AWS)	H08Mn2NiMoSi	ER55Ni1 ER80S－Ni1(AWS)

对于某些合金成分较低、壁厚较薄的低合金耐热钢接头，如焊前采取预热，使用低氢低碳级焊接材料，且经焊接工艺试验证实接头具有足够的塑性和韧性，则焊件容许在焊后不作热处理。在遵守必要的附加条件下，各国压力容器和管道制造法规对一些常用低合金耐热钢规定了省略焊后热处理的厚度界限，如表 8.5-4 所示。

表 8.5-4　各国制造法规对省略低合金耐热钢焊后热处理最大容许壁厚(mm)的规定

钢种	HPIS① WES②	ISO③ TC11	ASME④ Ⅷ	ASME Ⅲ	ASME B31.3	BS⑤5500	BS2633
0.5Mo	16	20	19	0	19	20	12.5
	20						
1Cr-0.5Mo	13	15	19	0	13	0	12.5
1.25Cr-0.5Mo	16						
2.25Cr1Mo	8	0	19	—	13	0	0
	0						

注：① 日本高压(技术)协会标准；② 日本焊接工程标准；③ 国际标准组织；④ 美国机械工程师学会；⑤ 英国标准。

对于低合金耐热钢来说，焊后热处理的目的不仅是消除焊接残余应力，而且更重要的是改善接头金属组织，提高接头的综合力学性能，包括降低焊缝及热影响区的硬度，提高接头的高温蠕变强度和组织稳定性等。因此，在拟定耐热钢接头的焊后热处理规范时，应综合考虑下列冶金和工艺特点：

（1）焊后热处理应保证热影响区(主要是过热区)组织的改善；

（2）加热温度应保证接头的Ⅰ类应力降低到尽可能低的水平；

（3）焊后热处理，包括多次的热处理不应使母材和焊接接头各项力学性能降低到产品技术条件规定的最低值以下；

（4）焊后热处理应尽量避免在所处理钢材回火脆性敏感的或对再热裂纹敏感的温度范围内进行，并应规定在危险的温度范围内的加热速度。

表 8.5-5 列出了各国制造法规对低合金耐热钢焊件规定的最低焊后热处理温度。从表中列出的数据可见，各国法规所要求的最低热处理制度有较大差别。这与各法规所遵循的设计准则、材料标准、工艺评定准则不同有关。法规所列的最低热处理温度不一定是最佳热处理温度，它应根据焊件的运行条件、材料的供货状态、对接头的性能要求以及焊接残余应力的水平等并通过焊接工艺评定试验来确定。

表 8.5-5　各国制造法规要求的最低焊后热处理温度　℃

钢种	ASME B31.1	ASME Ⅷ	BS3351	BS5500	JIS⑤ B8243	ISO TC11	推荐温度
0.5Mo	600~650	≥595	650~680	650~680	≥600	580~620	600~620
0.5Cr-0.5Mo	600~650	≥595	—	—	≥600	620~660	620~640
1Cr-0.5Mo	700~750	≥595	630~670	630~670③ 650~700②	≥680	620~660	640~680
1.25Cr-0.5Mo	—	≥595	630~670	630~670③ 650~700②	≥680	620~660	640~680
2.25Cr-1Mo	700~750	≥680	680~720① 700~750②	630~670④ 680~720① 700~750②	≥680	625~700	680~700

续表 8.5－5

钢种	ASME B31.1	ASMⅧ	BS3351	BS5500	JIS⑤ B8243	ISO TC11	推荐温度
1Cr－Mo－V	—	—	—	—	—	—	720～740
2Cr－MoWVTiB	—	—	—	—	—	—	760～780

注：① 以提高蠕变强度为主；② 以软化焊缝为主；③ 以提高高温性能为主；④ 以提高常温强度为主；⑤ JIS 为日本工业标准

5）焊接工艺规程

低合金耐热钢焊接工艺规程的基本内容为坡口形式及尺寸、焊前准备要求、焊前预热温度和层间温度、焊接材料牌号和规格、焊接电流参数、焊后热处理制度、焊接顺序及操作技术、接头焊后检查及合格标准。

对于重要的钢结构、锅炉、压力容器和管道等高温高压焊接部件，应按每种焊接接头编制焊接工艺规程并按相应的焊接工艺评定标准通过试验评定其合理性和正确性。

4. 低合金耐热钢接头性能的控制

与普通碳钢和低合金钢相比，耐热钢焊接接头的性能应有较高的要求，不仅是常温力学性能，而且更重要的是高温性能，包括高温蠕变强度（高温持久强度），高温冲击韧度和抗回火脆性等都必须满足产品技术条件的要求。对于某些特殊的石化装置，对焊缝和热影响区的硬度还有严格的规定。

1）耐热钢焊接接头性能的影响因素

（1）合金成分的影响。焊缝中的碳能显著地提高钢的强度，但急剧地降低了韧性，使脆性转变温度升高。在某些低合金钢中，碳含量的提高与韧性的下降并不成比例关系。例如在2.25Cr－1Mo 钢焊缝中，0.10% 的 w(C) 是保证高韧性的最佳含量．而在 Cr－Mo 含量较低的焊缝中，最合适的 w（C）是 0.07%～0.08%。焊缝金属中的硅具有双重作用：硅作为一种还原元素对焊缝金属的性能起着有利作用，是保证焊缝致密性的必要元素之一。但硅在 Cr－Mo 钢焊缝中，对消除应力处理后的韧性产生不良影响，尤其是通过焊剂向焊缝金属渗硅，将急剧增加回火脆性的倾向。对于某些有回火脆性倾向的 Cr－Mo 钢焊缝金属，硅含量应控制在 0.1% 以下。对于 Cr－Mo 含量较低的耐热钢焊缝金属，w（Si）的合适范围是 0.15%～0.35%。

在 Cr－Mo 钢焊缝金属中，锰的作用与硅相似，它促使偏析加剧，产生一定的有害影响。然而锰又促使显微组织中形成针状铁素体，从而提高了焊缝金属的韧性。例如 1.25Cr－0.5Mo 钢焊缝金属中。w（Mn）从 0.5% 提高到 0.85%，低温缺口韧度有明显的提高。因此，气体保护焊的 Cr－Mo 钢焊丝中，w(Mn) 的合适范围是 0.80%～1.10%。

磷对焊缝金属的回火脆性有很不利的作用，图 8.5－10 示出磷含量与 2.25Cr－1Mo 钢焊缝金属 40J 转变温度的关系。从曲线可见，w（P）控制在 0.012% 以下，可将磷的有害作用限制到最小的程度。

氧对 Cr－Mo 钢焊缝金属的韧性亦有不利的影响。图 8.5－11 示出 2.25Cr－1Mo 钢焊缝金属中氧含量与韧性的关系。为确保焊缝金属的韧性，氧含量应控制在 400×10^{-6} 以下。使用高碱度焊剂和碱性药皮焊条可获得氧含量低于 350×10^{-6} 的焊缝金属。

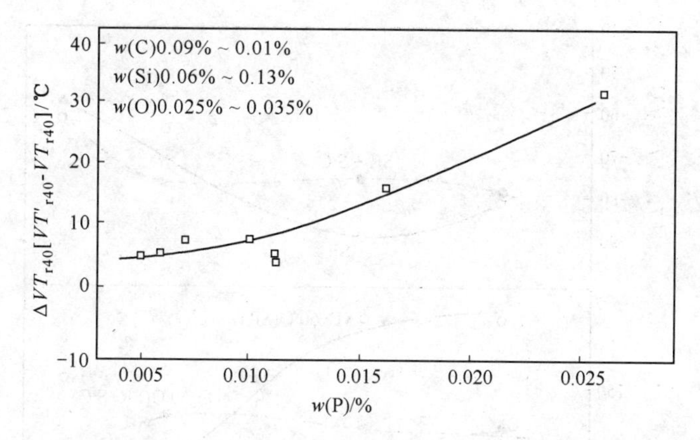

图 8.5－10 2.25Cr－1Mo 钢焊缝金属磷含量与 40J 脆性转变温度位移量的关系

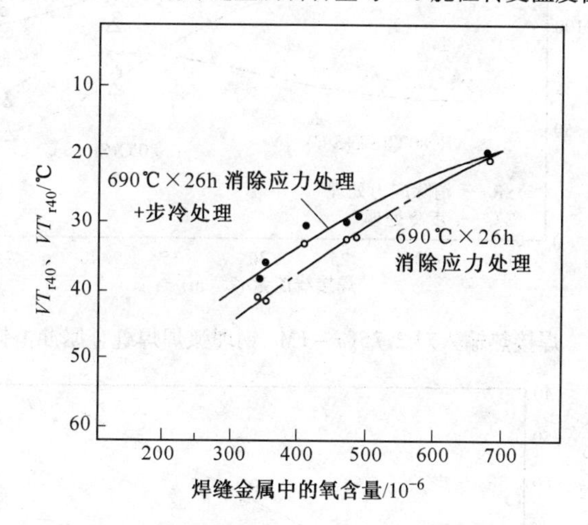

图 8.5－11 2.25Cr－Mo 钢焊缝金属氧含量与 40J 转变温度的关系[w(C)0.07%～0.09%]

各种合金元素和杂质对焊缝金属韧性的综合影响可用下式表达：

$$Tr20 = 436(C) - 54(Mn) + 14(Si) + 268(P) + 819(S) - 61(Cu) - 29(Ni) + 13(Cr) + 23(Mo) + 355(V) - 112(Al) + 1138(N) + 380(O) - 235/1.8 \quad (8.5-5)$$

式中合金元素含量的适用范围如下：

w(C)0.03%～0.11%；w(Mn)0.2%～1.16%；w(Si)0.05%～1.2%；w(S)0.006%～0.11%；w(Cu)0.05%～0.3%；w(Ni)0.05%～0.14%；w(P)0.004%～0.17%；w(Cr)0.05%～2.6%；w(Mo)≤1.2%；w(V)≤0.36%；w(N)0.004%～0.02%；w(O)0.007%～0.19%。

（2）焊接热规范的影响。焊接热规范通常是指焊接热输入，预热温度和层间温度。焊接热规范直接影响接头的冷却条件。热规范愈高，冷却速度愈低，接头各区的晶粒愈粗大，强度和韧性则愈低，采用低的热规范，则提高接头的冷却速度，有利于细化接头各区的晶粒，改善显微组织而提高冲击韧度。但在低合金耐热钢焊接中，预热和保持层间温度是防止接头冷裂纹和再热裂纹的必要条件之一，故调整焊接热规范主要通过控制焊接热输入。大多数低合金耐热钢对焊接热输入在一定范围内的改变并不敏感．当焊接热输入超过 30kJ/cm，预热和层间温度高于 250℃，则 Cr－Mo 钢焊缝金属的强度和冲击韧性会明显下降。图 8.5－12 和图 8.5－13 分别示出了焊接热输入和预热及层间温度对 2.25Cr－1Mo 钢埋弧焊焊缝金属冲击韧性的影响。

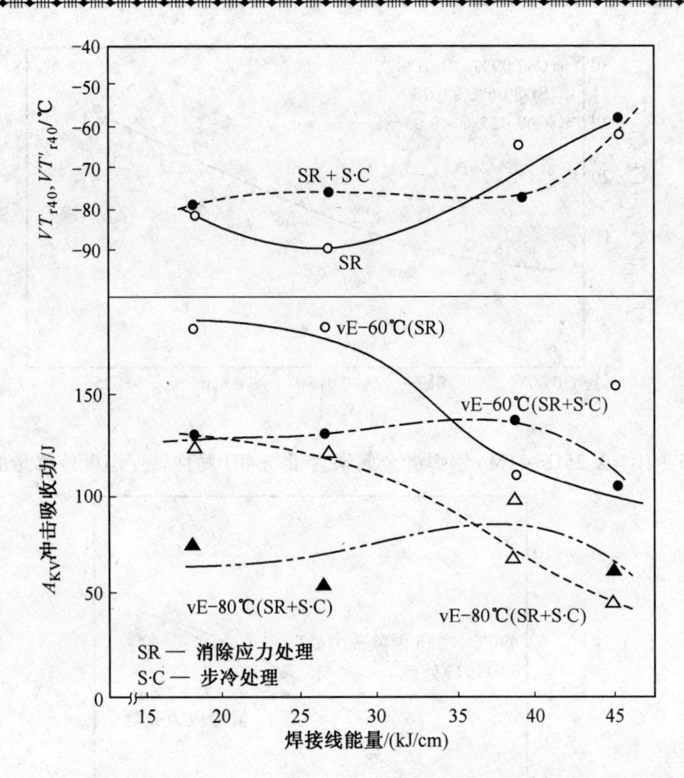

图 8.5－12 焊接热输入对 2.25Cr－1Mo 钢埋弧焊焊缝金属冲击韧度的影响

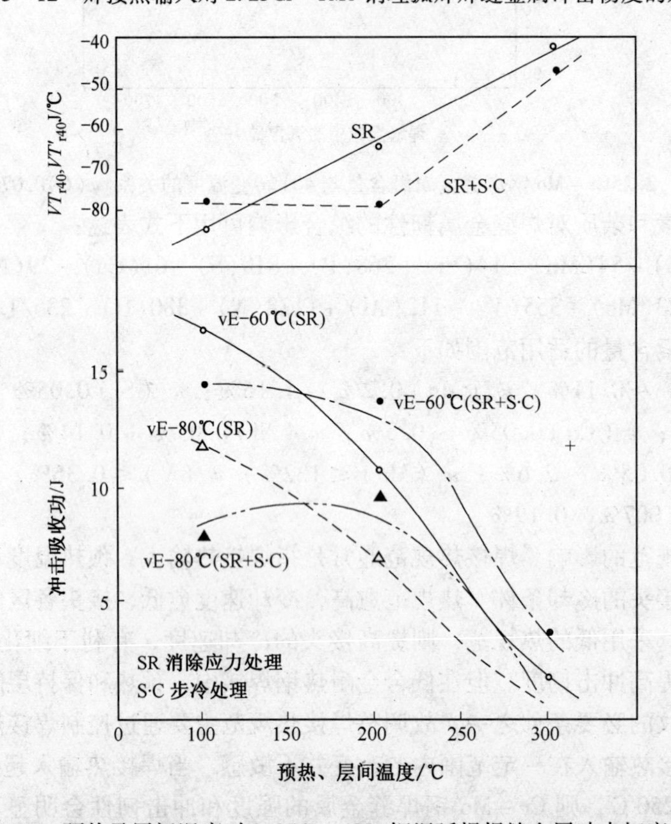

图 8.5－13 预热及层间温度对 2.25Cr－1Mo 钢埋弧焊焊缝金属冲击韧度的影响

(3) 焊后热处理的影响。焊后热处理的规范参数对低合金耐热钢焊接接头的力学性能产生复杂的影响。通常利用回火参数[P]来评定其影响程度，[P]值由热处理温度和保温时间按下式计算：

$$[P]=T(20+\lg t)\times 10^{-3} \tag{8.5-6}$$

式中 T——热处理绝对温度，K；

t——保温时间，h。

在低合金耐热钢焊件的各种热处理规范中，回火参数[P]的变化范围约为 18.2 ~21.4。实际上，对于每种低合金耐热钢均有一个最佳范围，即量合适的热处理温度和保温时间范围。图 8.5 - 14 示出了 1.25Cr - 0.5Mo 钢焊缝金属的冲击吸收功与回火参数的关系。曲线清楚表明，当回火参数[P]在 20.0 ~20.6 之间时，焊缝金属冲击功达到最高值，如回火参数[P]低于 20.0，即在较低的回火温度和较短的保温时间下，焊缝金属的韧性明显下降，而当回火参数[P]高于 20.6 时，则由于碳化物的沉淀和集聚使韧性再度下降。

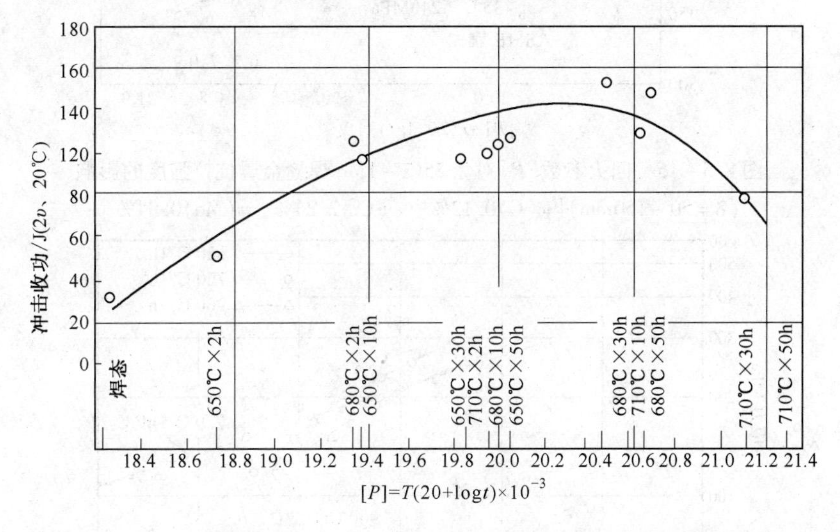

图 8.5 - 14 回火参数[P]对 1.25Cr - 0.5Mo 焊缝金属冲击韧度的影响

回火参数对焊缝金属强度性能亦有一定的影响，如图 8.5 - 15 所示。随着回火参数的提高焊缝金属的抗拉强度和屈服极限不断下降。对于 2.25Cr - 1Mo 钢焊缝金属，当回火参数超过 20.65 时，435℃的高温短时抗拉强度已降低到标准规定的下限值。回火参数[P]为 20.65 时，相当于 690℃ ×30h 的回火处理。这就是说，为保证 2.25Cr - 1Mo 钢焊缝金属的强度，在 690℃回火时间不应超过 30h，如制造工艺过程要求工件多次热处理累计时间超过 30h，则应适当降低回火温度。焊接接头各区的硬度与回火参数的关系，和抗拉强度与回火参数的关系相似。

焊后热处理对低合金耐热钢焊接接头的高温持久强度有独特的影响。图 8.5 - 16 对比了三种不同热处理状态的 2.25Cr - 1Mo 焊缝金属的蠕变强度。从中可见，较高的回火温度由于提高了组织稳定性而延长了蠕变断裂时间。延长回火处理保温时间同样有利于提高接头高温持久强度。

2) 低合金耐热钢焊接接头力学性能典型数据

表 8.5 - 6 列出了 1.25Cr - 0.5Mo 和 2.25Cr - 1Mo 钢各种焊接方法焊接的焊缝金属性能的典型数据(供参考)。

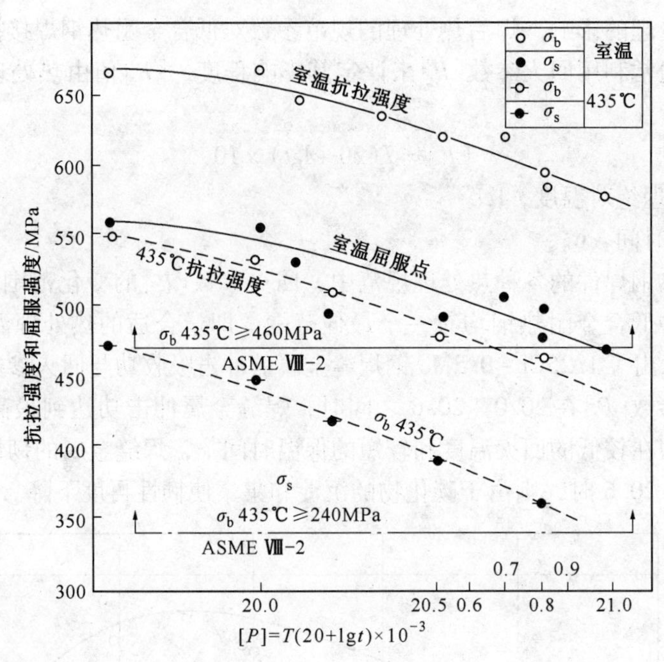

图 8.5-15 回火参数[P]对 2.25Cr-1Mo 焊缝金属抗拉强度的影响 (δ=50~150mm)[w(C)0.12%，w(Cr)2.24%，w(Mo)0.94%]

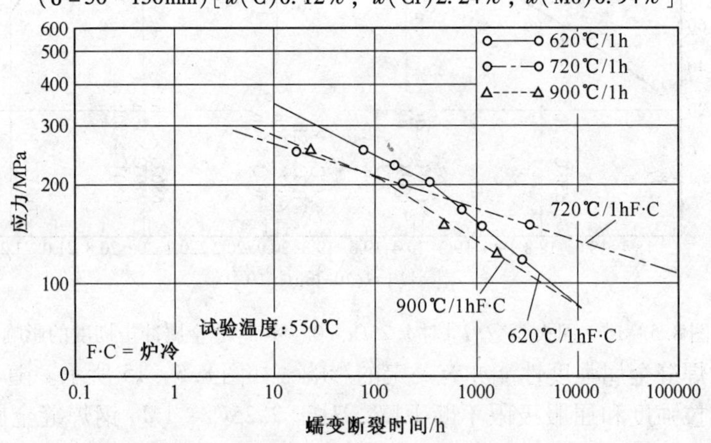

图 8.5-16 焊后热处理规范对 2.25Cr-1Mo 焊缝金属蠕变强度的影响

8.5.3 中合金耐热钢的焊接

1. 中合金耐热钢的化学成分和力学性能

在动力、化工和石油等工业部门经常使用的中合金耐热钢有 5Cr-0.5Mo、7Cr-0.5Mo、9Cr-1MoV、9Cr1MoVNb、9Cr-2Mo 等。这类耐热钢的主要合金元素是 Cr，其使用性能主要取决于 Cr 含量，Cr 含量愈高，耐高温性能和抗高温氧化性能愈好。在常规的碳含量下，所有中合金铬钢的组织均为马氏体组织。为提高铬钢的蠕变强度并降低回火脆性，通常加入 w(Mo)0.5%~1.0%。为改善铬钢的焊接性，控制过冷奥氏体的转变速度，在降低碳含量的同时，加入了 W、V、Ti 和 Nb 等合金元素。近年来已研制出多种焊接性尚可的低碳多元中合金耐热钢，例如 w(C)为 0.19% 的 9Cr1MoVNb 和 9Cr1MoWVNb 等钢，其性能填补了低合金珠光体耐热钢和高合金奥氏体耐热钢之间的空白。这些抗氧化性和耐热性良好的中合金耐热钢在高温高压锅炉和炼油高温设备中部分取代了高合金奥氏体耐热钢。

表 8.5-6 铬钼低合金耐热钢焊缝金属性能的典型数据

钢号	焊接方法	焊材牌号（AWS）	焊缝金属化学成分（质量分数）/%							力学性能			冲击吸收功/J	焊后热处理温度/℃	蠕变断裂强度
			C	Mn	Si	P	S	Cr	Mo	$R_{P0.2}$/MPa	R_m/MPa	A/%			
15CrMo A213-T12 A335-P11，12 A387-11，12	焊条电弧焊	E8016-B2	0.06	0.74	0.51	0.007	0.005	1.30	0.48	490 450℃ 352	587 450	29 24	-20℃ 147	690℃/1h	176 （720℃/1h）
	埋弧焊	F9P2-EG-B2	0.09	0.63	0.10	0.005	0.005	1.43	0.54	519 450℃ 411	627 490	28 18	-30℃ 157	650℃/1h	147 （720℃/1h）
	氩弧焊	ER80S-G	0.02	1.10	0.48	0.009	0.010	1.03	0.50	480	578	31	0℃ 303	620℃/1h	—
12Cr2Mo A387-22 A213-T22 A335-P22 10CrMo910	焊条电弧焊	E9016-B3	0.12	0.74	0.35	0.006	0.003	2.40	0.98	460 450℃ 362	617 470	26 20	-30℃ 127 步冷处理 -30℃ 117	690℃/27h	127 （690℃/27h）
	埋弧焊	F9P2-EG-B3	0.11	0.85	0.10	0.006	0.005	2.34	1.04	470 450℃ 352	607 440	27 19	-30℃ 127 步冷处理 -30℃ 117	690℃/8h	166 （690℃/8h）
	氩弧焊	ER90S-G	0.03	1.09	0.49	0.009	0.010	2.22	1.01	519	627	28	0℃ 254	690℃/1h	137

表 8.5-7 常用中合金耐热钢的标准化学成分

钢种	钢号	化学成分(质量分数)/%										
		C	Si	Mn	P	S	Cr	Mo	V	Nb	N	Ni
5Cr-0.5Mo	1Cr5Mo	≤0.15	≤0.50	≤0.60	≤0.035	≤0.030	4.0~6.0	0.45~0.60	—	—	—	—
	A213-T5(ASTM) A335-P5(ASTM)	≤0.15	≤0.50	0.30~0.60	≤0.030	≤0.030	4.0~6.0	0.45~0.65	—	—		
7Cr-0.5Mo	A213-T7(ASTM) A335-P7(ASTM)	≤0.15	0.50~1.0	≤0.30~0.60	≤0.030	≤0.030	6.0~8.0	0.45~0.65	—	—	—	—
9Cr-1Mo	A213-T9(ASTM) A335-P9(ASTM)	≤0.15	0.25~1.0	0.30~0.6	≤0.030	≤0.030	8.0~10.0	0.90~1.10	—	—	—	—
9Cr-1MoV	A213-T91(ASTM)	0.08~0.12	0.20~0.50	0.30~0.60	≤0.020	≤0.010	8.0~9.50	0.85~1.05	0.18~0.25	0.06~0.10	—	—
9Cr-1MoVNb	10Cr9Mo1VNb	0.08~0.12	0.30~0.50	0.30~0.60	≤0.020	≤0.010	8.0~9.50	0.85~1.05	0.18~0.25	0.06~0.10	0.03~0.07	≤0.40
5CrMoWVTiB	10Cr5MoWVTiB	0.07~0.12	0.40~0.70	0.40~0.70	≤0.030	≤0.030	4.5~6.0	0.48~0.65	0.20~0.33	Ti 0.16~0.24	W 0.20~0.40	B 0.008~0.014

表 8.5－8　常用中合金耐热钢标准力学性能指标

钢种	钢号	拉伸性能			冲击吸收功/J（+20℃）	备注
		R_{eL}/MPa	R_m/MPa	A/%		
5Cr－0.5Mo	1Cr5Mo A213－T5 A335－P5	≥195 ≥206	≥390 ≥414	22 ≥30	A_{KV} 92 —	HB187 退火状态
5CrMoWVTiB	10Cr5MoWVTiB	≥392	539～735	≥18	—	—
7Cr－0.5Mo	A213－T7 A335－P7	≥206	≥414	≥30	—	—
9Cr－1Mo	A213－T9 A335－P9	≥206	≥414	≥30	—	—
9Cr－1MoV	A213－T91	≥414	≥586	≥20	—	—
9Cr－1MoVNb	10Cr9Mo1VNb	≥415	≥585	≥20	A_{KV} 35	横向 A_{KV} 27

一些常用的中合金耐热钢的标准化学成分和力学性能分别列于表8.5-7和表8.5-8。

这些钢的高温性能数据，包括抗氧化性的极限温度，不同工作温度下的最高许用应力值列于表8.5-9。

中合金耐热钢由于其合金含量较高，具有相当高的空淬特性。为保证其优良的综合力学性能，钢材轧制成材后，必须作相应的热处理。这些热处理包括：等温退火，完全退火和正火+回火。

表8.5-9 中合金耐热钢高温性能数据

钢种及钢号		5Cr-0.5Mo 1Cr5Mo (A213-T5) (A335-P5)	7Cr-0.5Mo (A213-T7) (A335-P7)	9Cr1Mo (A213-T9) (A335-P9)	9CrMoVNb 10Cr9Mo1VNb X10CrMoVNb91	9Cr-1MoV (213-T91)
抗氧化极限温度/℃		650	673	673	673	673
不同工作温度下的最高许用应力值/MPa	300℃	98	98	99	108	144
	350℃	96	93	96	—	—
	400℃	91	78	91	103	133
	450℃	84	85	84	—	—
	500℃	63	63	77	88	110
	550℃	35	35	48	74	94
	600℃	18	18	21	47	66
	650℃	9	9	10	25	29

2. 中合金耐热钢的焊接特性

1）淬硬倾向

中合金耐热钢普遍具有较高的淬硬倾向，在w(Cr)为5%~10%的钢中，如w(C)高于0.10%，其在等温退火热处理状态下的组织均为马氏体。

马氏体的硬度则取决于钢中的碳含量和奥氏体化温度。降低碳含量可使奥氏体化温度对硬度的影响减小。当碳含量低于0.05%时，其最高硬度可降低到HV350以下，即不致导致焊接冷裂纹的形成。但对耐热钢十分重要的是，过低的碳含量将使钢的蠕变强度急剧下降。为保证耐热钢的高温蠕变强度，又兼顾焊接性，中合金耐热钢的w(C)一般控制在0.10%~0.20%的范围内。在这种情况下，接头和热影响区的组织均为马氏体组织。因此，中合金耐热钢焊接接头的焊后热处理是必不可少的。

2）焊接温度规范

焊接温度规范对中合金耐热钢焊接的成败起着关键的作用。对于壁厚在10mm以上的焊件，为防止冷裂和高硬度区的形成，预热200~300℃是必要的。

焊后回火的温度和保温时间对中合金耐热钢接头的力学性能，特别是韧性有较大影响。一般的规律是，回火的温度愈高，保温时间愈长，低温缺口冲击韧性就愈高。但过高的回火温度对接头的抗拉强度不利。当回火温度从700℃提高到775℃，屈服强度和抗拉强度约降低200~250MPa。回火参数的选择，应兼顾强度和韧性。

3. 中合金耐热钢的焊接工艺

1）焊接方法

中合金耐热钢由于淬硬和裂纹倾向较高，在选择焊接方法时，应优先采用低氢的焊接方法，如钨极氩弧焊和熔化极气体保护焊等。在厚壁焊件中，可选择焊条电弧焊和埋弧焊，但必须采用低氢碱性药皮焊条和焊剂。

2）焊前准备

中合金耐热钢热切割之前，必须将切割边缘200mm宽度内预热到150℃以上。切割面应采用磁粉探伤检查是否存在裂纹。焊接坡口应机械加工，坡口面上的热切割硬化层应清除干净，必要时应作表面硬度测定加以鉴别。

3）焊接材料的选择

中合金耐热钢焊接材料的选择有两种方案：一种方案是选用高铬镍奥氏体焊材，即异种焊材；另一方案是与母材合金成分基本相同的中合金耐热钢焊材。选择第一种方案，焊接工艺简单，焊前无需预热，焊后可不作热处理。但这种异种钢接头在高温下长期工作时，由于铬镍钢焊缝金属的线膨胀系数与中合金耐热钢有较大的差别，接头始终受到较高的热应力作用，加上异种钢接头界面存在高硬度区，最终将导致接头的提前失效。

中合金耐热钢焊材的设计原则是：在保证接头具有与母材相当的高温蠕变强度和抗氧化性的前提下改善其焊接性。

通常的标准型和非标准型中合金耐热钢焊接材料型号和牌号及其化学成分列于表8.5－10。

所有中合金耐热钢的焊条和焊剂均应为低氢或超低氢型的。

表8.5－10　中合金耐热钢常用焊接材料标准型号和牌号及其化学成分

适用钢种	焊材		化学成分（质量分数）/%								
	国标型号	牌号	C≤	Mn	Si≤	Cr	Mo	V	S≤	P≤	其他
1Cr5Mo A213－T5 A335－P5	E5MoV－15 E801Y－B6 （AWS）	R507	0.12	0.50～0.90	0.50	4.5～6.0	0.4～0.7	0.10～0.35	0.030	0.035	
10Cr5MoWVTiB	—	R517A	0.12	0.50～0.80	0.50	5.0～6.0	0.6～0.8	0.25～0.40	0.015	0.020	W：0.25～0.45 Nb：0.04～0.14
A213－T7，T9	E9Mo－15	R707	0.15	0.50～1.00	0.50	8.5～10.0	0.7～1.0	—	0.030	0.035	
A335－P7，P9	E801Y－B8 （AWS） E505－15	R717A	0.08	0.50～1.00	0.50	8.5～10.0	0.8～1.1	—	0.015	0.020	Ni：0.50～0.80
A213－T91 10Cr9Mo1VNb	E901Y－B9 （AWS）	R717	0.12	0.60～1.20	0.50	8.0～9.5	0.8～1.1	0.15～0.40	0.030	0.035	Ni：0.40～1.00 Nb：0.02～0.08

4）预热和焊后热处理

中合金耐热钢焊接时，预热是不可缺少的重要工序，是防止裂纹，降低接头各区硬度和焊接应力峰值以及提高韧性的有效措施。焊前的预热温度对于成熟钢种可按制造法规的要求选定。对于新型钢种，可根据裂纹性试验来确定。目前，测定钢材最低预热温度较可靠的定量试验法是插销冷裂试验。

表8.5－11列出了推荐的中合金耐热钢的最低预热温度，同时也列出了各国压力容器和管道制造法规对中合金耐热钢规定的最低预热温度。

中合金耐热钢焊件的焊后热处理在各国制造法规中作了强制性的规定，其目的在于改善焊缝金属及其热影响区的组织，使淬火马氏体转变成回火马氏体，降低接头各区的硬度，提高其韧性、变形能力和高温持久强度并消除内应力。中合金耐热钢焊件常用的焊后热处理有：完全退火，高温回火或回火＋等温退火等。

在实际生产中，从经济观点出发，应根据对接头提出的主要性能指标要求，为每种焊件选定最合理的焊后热处理规范。推荐的及各国压力容器和管道制造法规对中合金耐热钢焊后热处理的温度范围列于表8.5－11。

5）焊接工艺规程

中合金耐热钢的焊接工艺规程所列的项目和焊接工艺参数基本上与低合金耐热钢相同。所不同的是必须明确规定焊接结束后焊件在冷却过程中容许的最低温度以及焊后到热处理的时间间隔。这两个工艺参数对于保证中合金耐热钢接头无裂纹和高韧性是十分重要的。

表8.5－11 各国制造法规要求的中合金耐热钢的最低预热温度

钢种	推荐温度		ASMEⅧ		BS5500		ASME B31.3		BS3351（低氢焊条）	
	厚度/mm	温度/℃	厚度/mm	温度/℃	厚度/mm	温度/℃	厚度/mm	温度/℃	厚度/mm	温度/℃
5Cr－0.5Mo	≥6	200	≤13 ＞13	150 204	所有厚度	200	所有厚度	175	所有厚度	200
7Cr－0.5Mo	≥6	250	所有厚度	204	所有厚度	200	所有厚度	175	所有厚度	200
9Cr－1Mo 9Cr－1MoV 9Cr－2Mo	≥6	250	所有厚度	204	所有厚度	200	所有厚度	175	所有厚度	200

表8.5－12 推荐的各国压力容器和管道制造法规对中合金耐热钢焊后热处理的温度范围

钢种	推荐温度/℃	ASME B31.3	BS3351	ISO TC11	ASMEⅧ
		温度/℃	温度/℃	温度/℃	温度/℃
5Cr－0.5Mo	720～740	705～760	710～760	670～740	≥677
5CrMoWVTiB	760～780	—	—	—	—
9Cr－1Mo	720～740	705～760	710～760	—	＞677
9Cr－1MoV	710～730	—	—	—	—
9Cr－1MoVNb	750～770	—	—	—	—
9Cr－MoWVNb	740～750	—	—	—	—
9Cr－2Mo	710～730	—	—	—	—

4. 中合金耐热钢焊接接头的力学性能

中合金耐热钢焊接接头性能的影响因素如下：

1）合金成分的影响

中合金耐热钢焊缝金属的合金成分原则上按相同于母材的合金成分来设计，其实际成分控制在母材成分范围的中限，以保证接头的高温持久性能。但合金成分的微量变化可能对焊缝的性能产生重大影响。因此，在中合金耐热钢焊接中，严格控制焊缝金属的合金成分和杂质的含量是至关重要的。

2）热输入的影响

中合金耐热钢具有高的空淬倾向，焊后状态的焊缝金属和热影响区均为马氏体组织，但焊接热输入对接头的性能仍产生一定的影响。因此，焊接中合金耐热热钢时，应选择低的焊接热输入，控制焊道厚度，焊前的预热温度和层间温度不宜高于250℃。尽量缩短焊接接头热影响区830～860℃区间的停留时间。

3）焊后热处理的影响

焊后热处理温度和保温时间对接头的冲击韧度和高温持久强度都有不可忽视的影响。总的趋势是，回火温度愈高，冲击韧度愈高。回火温度必须高于725℃，才能使焊缝金属的冲击韧度达到标准规定的室温27J以上。

对于必须保证高温持久强度的焊接部件，如电站锅炉受热面管件，应严格控制回火温度，避免在组织回复区内长时间热处理。

8.5.4　高合金耐热钢的焊接

1. 高合金耐热钢的化学成分和力学性能

我国奥氏体型、铁素体型和马氏体型高合金耐热钢的标准化学成分见本书第五篇表5.1－27～表5.1－30，力学性能见表5.1－31～表5.1－36。

2. 高合金耐热钢的焊接特性

高合金耐热钢与中低合金耐热钢相比，具有独特的物理性能。表8.5－13列出了马氏体、铁素体、奥氏体和弥散硬化型高合金耐热钢的典型物理化学性能数据。为便于对照，亦列出了普通低碳钢的相应数据。对焊接性产生较大影响的物理性能有热膨胀系数，导热率和电阻。由表中数据可见，与碳钢相比，奥氏体耐热钢的热膨胀系数较高，将引起较大的变形。而各种高合金耐热钢的导热率均较低，要求采用较低的焊接热输入量。

表8.5－13　高合金耐热钢退火状态下的典型物理性能数据

物理性能		钢种				
名称	单位	奥氏体钢	铁素体钢	马氏体钢	弥散硬化钢	碳素结构钢
密度	t/m^3	7.8～8.0	7.8	7.8	7.8	7.8
弹性模数	GPa	193～200	200	200	200	200
平均热膨胀系数(0～538℃)	10^{-6}/℃	17.0～19.2	11.2～12.1	11.6～12.1	11.9	11.7
热导率(100℃)	W/(m·K)	18.7～22.8	24.4～26.3	28.7	21.8～23.0	60
比热容(0～100℃)	J/(kg·K)	460～500	460～500	420～460	420～460	480
电阻率	$10^{-8}\Omega \cdot m$	69～102	59～67	55～72	77～102	12
熔点	℃	1400～1450	1480～1530	1480～1530	1400～1440	1538

奥氏体耐热钢的另一重要特性是非磁性（磁导率1.02）。但冷作加工可提高其强度和磁导率。铁素体和马氏体型耐热钢的磁导率为600～1100，弥散硬化型耐热钢的磁导率为100

以下。这四类高合金耐热钢的焊接性因其金相组织的不同而异。马氏体型耐热钢的焊接性主要因高的淬硬性而恶化。铁素体型耐热钢焊接时，由于不发生同素异型转变，导致重结晶区晶粒长大，结果使接头的韧性降低。奥氏体型耐热钢焊接的主要问题是热裂倾向较高，而弥散硬化型耐热钢的焊接特性与弥散过程中的强化机制有关。

1）马氏体耐热钢的焊接特性

马氏体耐热钢基本上是 Fe－Cr－C 系合金。通常 $w(\mathrm{Cr})$ 是 11%～18%。为提高其热强性还加入 Mo、V 等合金元素。这些钢几乎在所有的实际冷却条件下均转变成马氏体组织。

马氏体耐热钢由于含有足够数量的铬，使其自 820℃以上温度冷却时具有空淬倾向，而从 960℃以上温度淬火可达到最高的硬度。

对于高铬耐热钢，铬对钢的焊接行为有明显的影响。当 $w(\mathrm{Cr})$ 从 11% 增加到 17% 时，钢的淬硬特性会发生重大变化。当钢的 $w(\mathrm{C})$ 约为 0.08% 时，则 $w(\mathrm{Cr})$12% 钢的焊接热影响区为全马氏体组织。而在 $w(\mathrm{Cr})$15% 钢中，由于铬具有稳定铁素体的作用，可能阻止其完全转变为奥氏体而残留部分未转变的铁素体。这样在快速冷却的热影响区内只有一部分转变为马氏体，其余为铁素体。在马氏体组织中存在软的铁素体降低了钢的硬度和裂纹倾向。

马氏体高铬钢可在退火、淬火，消除应力热处理或回火状态下焊接。热影响区的硬度主要取决于钢的碳含量。$w(\mathrm{C})$ 超过 0.15%，热影响区硬度急剧提高，冷裂纹敏感性加大，韧性下降。由于这种钢的导热性较低，导致热影响区的温度梯度更为陡降，加上组织转变时的体积变化，可能引起较高的内应力，从而进一步提高了冷裂倾向。

马氏体耐热钢焊接接头在焊后状态的工作能力取决于热影响区的综合力学性能，包括硬度和韧性之间的合适匹配。因此，为保证马氏体耐热钢焊接接头的使用可靠性，通常总是规定作焊后热处理。

2）铁素体高合金耐热钢的焊接特性

铁素体高合金耐热钢是一组低碳高铬 Fe－Cr－C 合金。为阻止加热时形成奥氏体，在钢中可加入 Al、Nb、Mo 和 Ti 等铁素体稳定元素。如图 8.5－17 所示，随着 $w(\mathrm{Cr})$ 的增加，$w(\mathrm{C})$ 的降低，奥氏体区尺寸缩小，当 $w(\mathrm{Cr})$ 大于 17% 或 $w(\mathrm{C})$ 小于 0.03% 时，钢内不可

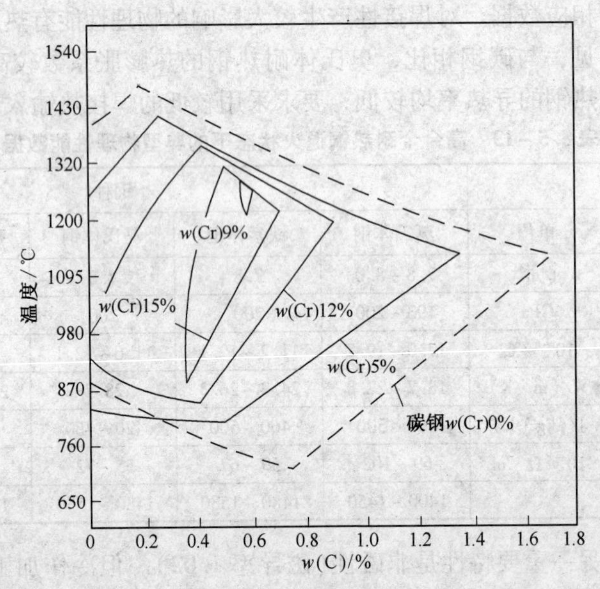

图 8.5－17 铬和碳含量对高铬奥氏体区范围的影响

能再形成奥氏体而形成纯铁素体组织。因此这些钢不可能被淬硬，冷裂倾向亦随之降低。但是普通铁素体耐热钢焊接过热区有晶粒长大倾向，使接头的韧性和塑性急剧下降。为改善其焊接性，在降低碳含量的同时增加少量 w（Al)(0.2%)，以阻止在高温区奥氏体的形成和晶粒过分长大。但为获得塑性较高的接头，焊后仍需退火处理。

改善铁素体耐热钢焊接性的最新方法是，降低钢中间隙元素(C、N、O)的含量，提高钢的纯度，并加入适量的铁素体稳定剂。这样可完全避免马氏体的形成。在一般的情况下，焊前无需预热，焊后亦不需热处理。在焊后状态，接头具有较好的塑性和韧性。

铬含量高于21%的铁素体耐热钢在600～800℃温度范围内长时加热过程中会形成金属间化合物σ相，其性质硬而脆，硬度高达800～1000HV，由 w(Cr)52%和 w（Fe)48%组成。如钢中含有Mo或其他元素，则σ相可能具有较复杂的成分。σ相的形成速度取决于钢中铬含量和加热温度。在800℃高温下σ相的形成速度可能达到最高值。在较低的温度下，σ相的形成速度减慢而需要较长的时间。

在高铬钢中添加Mo、Si、Nb等元素会加速σ相的形成。对于某些高铬钢，如Cr21Mo1、Cr29Mo4和Cr29Mo7Ni2等钢，甚至会在焊接过程中，由于多层焊道热作用而沿晶界形成σ相，导致接头室温和高温韧性的降低。

w(Cr)＞17%的高铬钢在450～525℃下加热也可能由于沉淀过程产生475℃脆性。如焊件在上述温度区间长时高温运行，铬含量较低的耐热钢(Cr＜14%)亦会倾向于475℃脆变。因此对于铁素体耐热钢焊件来说，应当避免在600～800℃以及400～500℃的临界温度区间作焊后热处理。

不过σ相的转变和475℃脆变都是可逆的。σ相可以通过850～950℃的短时加热，随即快速冷却来消除。而475℃脆变可在700～800℃短时加热，紧接水冷加以消除。

所有铁素体耐热钢在900℃以上温度加热时具有晶粒长大的倾向，铬含量愈高，晶粒长大的倾向愈严重，自1050℃温度以上，粗晶会加速形成，如图8.5－18所示。粗晶的形成导致钢材变形能力降低。恢复变形能力的方法有冷加工加退火以细化晶粒、也可在钢中添加钛、氮和铝等元素，通过成核作用而遏制粗晶的形成。

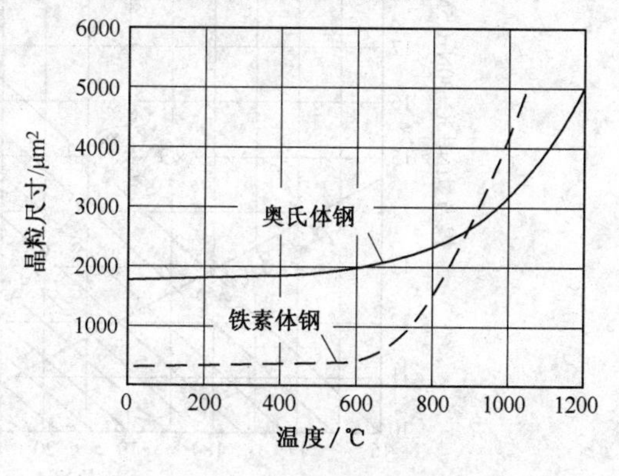

图8.5－18　铁素体和奥氏体晶粒尺寸与温度的关系

铁素体耐热钢焊接接头的热影响区内，由于焊接高温的作用不可避免会形成粗晶。晶粒长大的程度取决于所达到的最高温度及其保持时间。粗晶必然导致焊接接头过热区韧性的丧失。因此，在铁素体耐热钢焊接时，为避免在高温下长时间停留而导致粗晶和σ相的形成，应采用尽可能低的热输入量进行焊接，即采用小直径焊条、低的焊接电流、窄焊道技术、高焊速和多层焊等。对于某些焊接热特别敏感的铁素体钢，应在焊接工艺评定规程上明确规定最高容许的焊接热输入。

3）奥氏体耐热钢的焊接特性

奥氏体耐热钢与奥氏体系列不锈钢具有基本相同的焊接特点。总的来说，这类钢由于具有较高的塑性和韧性，且不可淬硬，与低合金，中合金及高合金马氏体，铁素体耐热钢相比，具有较好的焊接性。奥氏体耐热钢焊接的主要问题有：铁素体含量的控制、焊接热裂纹、接头各种形式的腐蚀和σ相的脆变等。

(1) 铁素体含量的控制。奥氏体耐热钢焊缝金属中铁素体含量关系到抗热裂性、σ相脆变和热强性能。从抗热裂性出发，要求焊缝金属中含有一定量的铁素体，但从σ相脆变和热强性考虑，铁素体含量愈低愈好。从焊接冶金和焊接工艺上妥善和合理地解决这一矛盾是奥氏体耐热钢焊接的核心技术。

奥氏体铬镍钢焊缝金属的初次结晶可最先以δ铁素体晶粒，也可以奥氏体晶粒结晶，这取决于焊缝金属中铁素体形成元素和奥氏体形成元素的含量比。例如，在 w(Cr)18% + w(Ni)8% ~10% 的焊缝金属中可能最先析出铁素体。这些铁素体晶体在缓慢冷却时可能富集形成铁素体形成元素。由于扩散速度随温度下降而减慢，因此在相继的γ结晶中不再达到平衡浓度，而使大量富集形成铁素体形成元素的区域仍为铁素体组织。这种金属实际上是亚稳奥氏体钢。w(Cr)17% + Ni(Ni)13% 的焊缝金属则是稳定奥氏体钢，它与前一种焊缝金属不同，在凝固时直接以奥氏体结晶，冷却后为全奥氏体组织。

各种不同成分的铬镍钢焊缝金属在焊后状态的铁素体含量可按图 8.5 - 19 所示的德龙(Delong)组织图来确定。该组织图考虑到焊接过程中吸收的氮对组织的影响。在计算焊缝金属铬镍当量时，应按所采用的焊接方法和工艺参数计及母材对焊缝金属的稀释率。此外，还应考虑焊接熔池的冷却速度，随着冷却速度的提高，铁素体含量减少。

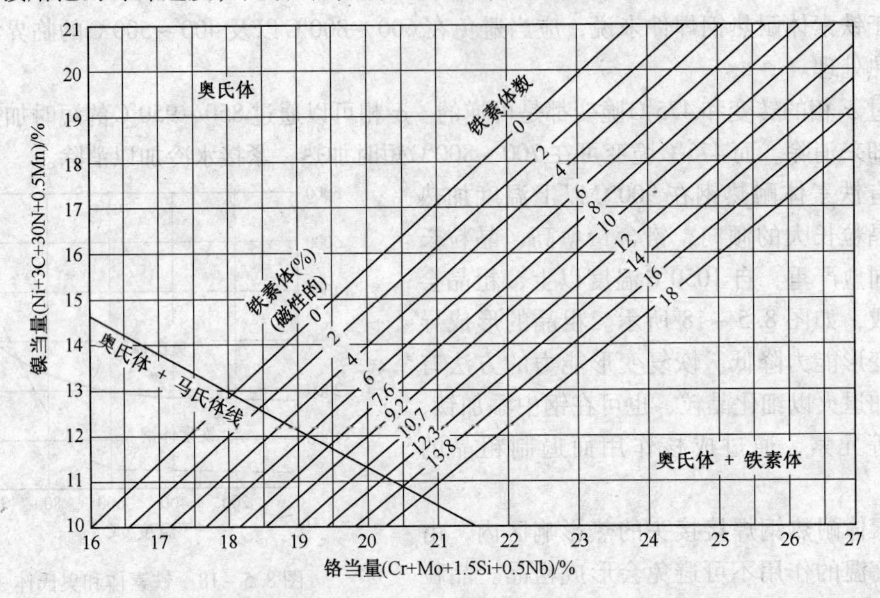

图 8.5 - 19 铬镍高合金钢焊缝金属的德龙(Delong)组织图

奥氏体焊缝金属的力学性能与其铁素体含量存在一定的关系，如图 8.5 - 20 曲线所示，随着铁素体含量的增加，奥氏体铬镍钢焊缝金属的常温抗拉强度提高，塑性下降。然而，高温短时抗拉强度，高温持久强度及低温韧性随之明显降低。因此，对于奥氏体耐热钢焊接接头，应当考虑控制铁素体含量。在某些特殊的应用场合，可能要求采用全奥氏体的焊缝金属。

(2) σ相的脆变。铬镍奥氏体钢材和焊缝金属在高温持续加热过程中亦会发生σ相的脆变。σ相的析出温度范围为 650 ~ 850℃。Cr18Ni8 钢在 700 ~ 800℃温度下，Cr25 - Ni20 钢在 800 ~ 850℃温度下，σ相析出的敏感性最大。Cr25 - Ni20 铬镍钢在 800℃以下加热时，σ相的析出速度要缓慢得多，在 900℃以上高温，σ相不再析出。在 Cr18Ni8 钢中，当温度超过

850℃时，σ 相不再形成。

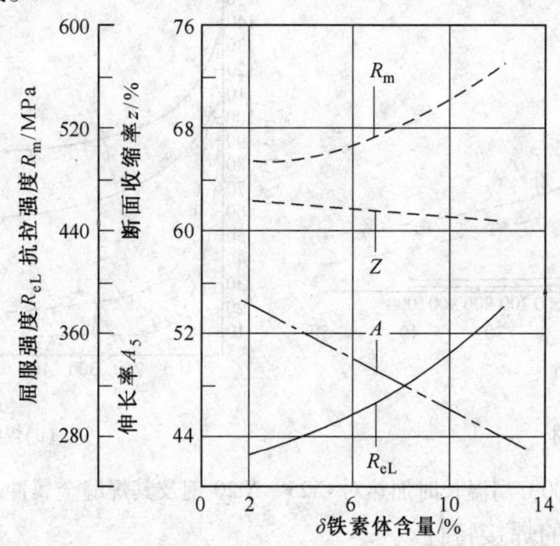

图 8.5－20　铁素体含量对奥氏体焊缝金属力学性能的影响

焊缝金属与轧制材料不同，在奥氏体组织内总含有一定量的铁素体。在高温加热过程中，铁素体逐渐转变为 σ 相。随着转变温度的提高，σ 相倾向于球化。σ 相亦能直接从奥氏体中析出，或者在奥氏体晶体内以魏氏组织形式析出。

σ 相的析出速度在很大程度上取决于金属的原始组织和加热过程的特性参数。σ 相从铁素体转变的速度要比从奥氏体转变快很多倍。奥氏体钢在高温加热过程中，如产生塑性流变或施加压力，则可大大加快 σ 相的析出。

在奥氏体钢中，σ 相析出的原因可能与温度升高时碳化物的溶解有关。由于碳和铬的扩散速度不同，在碳化物溶解时会形成一高铬区。σ 相就在这一区域析出。

σ 相的形成对奥氏体钢性能不利的影响是促使缺口冲击韧性明显降低。图 8.5－21 和图 8.5－22 分别示出了高温持续加热对 Cr18Ni8 和 Cr25Ni20 钢及其焊缝金属冲击韧度的影响。σ 相对钢材性能危害的程度取决于它的形状、尺寸和分布形式。此外，σ 相对奥氏体钢抗高温氧化性和接头的高温蠕变强度亦有一定的有害影响。因此，必须采取相应措施控制奥氏体焊缝金属的 σ 相转变。

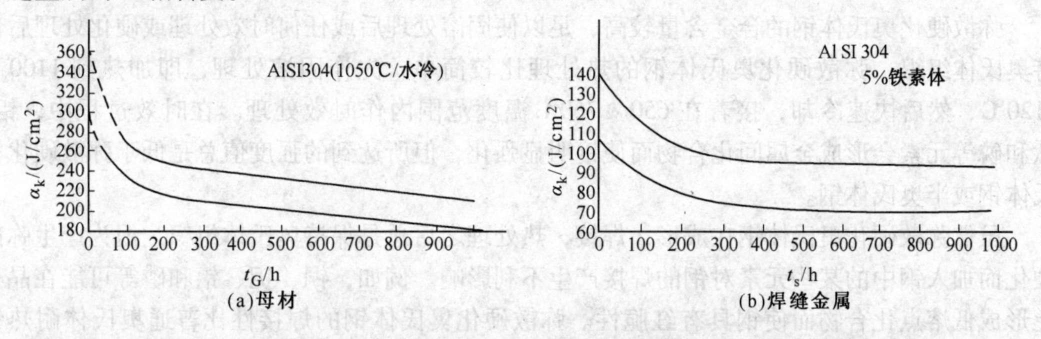

图 8.5－21　700℃长时间加热对 Cr18Ni8 钢及其焊缝金属冲击韧度的影响

防止奥氏体钢焊缝金属 σ 相形成的最有效措施是调整焊缝金属合金成分，严格限制 Mo、Si、Nb 等加速 σ 相形成的元素，适当降低 Cr 含量并提高 Ni 含量。例如 Cr23－Ni22 钢对 σ 相的敏感性比 Cr25－Ni20 钢低得多。在焊接工艺方面应采用热输入量低的焊接方法．焊后焊件应避免在 600～850℃温度区间作热处理。

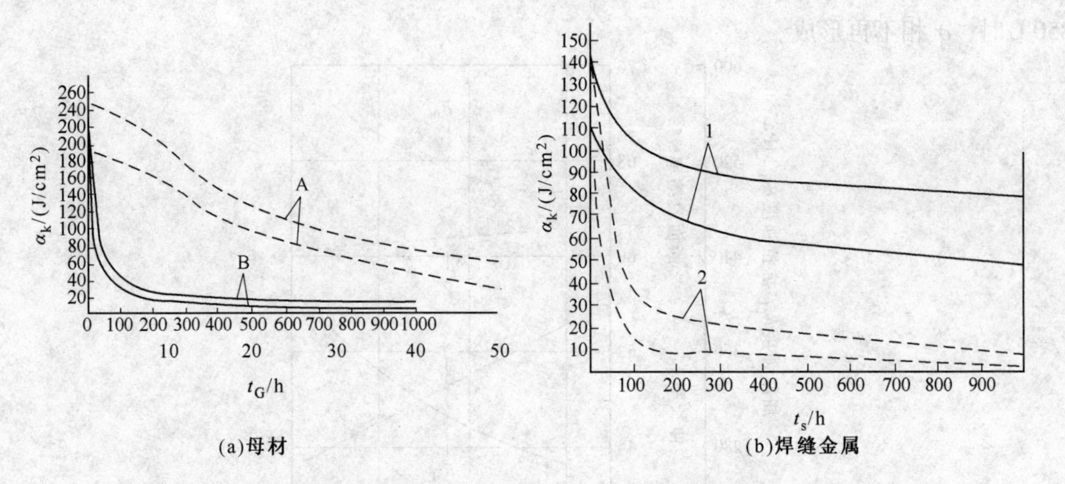

图 8.5－22　800℃高温长时加热对 Cr25－Ni20 钢及其焊缝金属冲击韧度的影响

4）弥散硬化耐热钢的焊接特性

弥散硬化耐热钢是一种通过复杂的热处理获得高强度的高合金钢。这些钢不仅具有高的耐热性和抗氧化性，而且具有较高的塑性和断裂韧度。弥散硬化是加入钢中的铜、钛、铌和铝等元素促成的。这些附加成分在固溶退火或奥氏体化过程中溶解，而在时效热处理时产生亚显微析出相，由此提高了基体的硬度和强度。弥散硬化耐热钢按其从奥氏件化温度冷却时形成的组织可分为三类：即马氏体、半奥氏体和奥氏体弥散硬化耐热钢。

大多数马氏体弥散硬化钢在约 1040℃下固溶处理，此时其组织主要为奥氏体．淬火时，奥氏体在 150～95℃温度区间转变为马氏体。在某些钢中，马氏体基体中可能含有少量铁素体。这类钢淬火成马氏体后，在时效处理过程中通过弥散机制而进一步强化。时效处理的温度范围为 480～620℃。

半奥氏体弥散硬化钢在固溶处理或退火状态的组织为奥氏体＋δ 铁素体，δ 铁素体所占比例最大可达 20%。这类钢通过三道热处理强化：①固溶处理；②马氏体转变冰冷处理；③时效硬化处理。固溶处理的温度在 732～954℃范围内，冰冷处理温度在－70℃以下，可使 30% 的奥氏体转变成马氏体。时效硬化实际是一种回火处理，即在 454～538℃温度范围内加热 3h 后空冷。其作用是消除应力并使马氏体回火，进一步提高钢的强度和韧度。

弥散硬化奥氏体钢的合金含量较高，足以使固溶处理后或任何时效处理或硬化处理后保持奥氏体组织。弥散硬化奥氏体钢的热处理比较简单，先作固溶处理，即加热到 1100～1120℃，然后快速冷却，接着在 650～760℃温度范围内作时效处理。在时效过程中，铝，钛和磷等元素会形成金属间化合物而使钢明显强化，但所达到的强度值总是低于弥散硬化马氏体钢或半奥氏体钢。

虽然弥散硬化奥氏体钢在成形，焊接，热处理之后总是保持奥氏体组织，但为产生弥散硬化而加入钢中的某些元素对钢的焊接产生不利影响。例如，铜、铌、铝和磷等可能在晶界上形成低熔点化合物而使钢具有红脆性。弥散硬化奥氏体钢的焊接性比普通奥氏体耐热钢差。某些钢种还可能对焊接热影响区再热裂纹相当敏感。在这种情况下，必须选用低热输入量的焊接方法和特种焊接材料，并确定适当的焊后热处理制度。

上述三类弥散硬化钢焊接时的共同问题是，为保证接头的力学性能和断裂韧度，焊件在焊后应作完整的热处理。对于大型和形状复杂的焊件，应在焊前先作固溶处理，焊后再作时效和硬化处理。

3. 高合金耐热钢的焊接工艺

上述四类高合金耐热钢中，马氏体高合金耐热钢的焊接性最差，其次是铁素体耐热钢和弥散硬化奥氏体钢，它们的焊接工艺有较大差别，分述如下：

1）马氏体高合金耐热钢的焊接工艺

马氏体高合金耐热钢可采用所有的熔焊方法进行焊接。由于这种钢具有相当高的冷裂倾向，因此必须严格保持低氢和超低氢的焊接条件和低的冷却速度。对于拘束度较大的接头，除了必须采用低氢焊接材料外，还应严格规定焊接温度参数，热规范和焊后热处理制度。

马氏体高合金耐热钢通常要求采用铬含量和母材基本相同的同质填充焊丝和焊条。

高铬马氏体钢电弧焊时，足够高的预热温度并保持不低于预热温度的层间温度是防止焊接裂纹的关键。常用的预热温度范围为150~400℃。预热温度主要按钢的碳含量，接头壁厚，填充金属的合金成分和氢含量及焊接方法和接头的拘束度选定。表8.5-14列出了按钢的碳含量分级推荐的预热温度、层间温度、热输入和焊后热处理的要求。

高铬马氏体钢焊后热处理种类有：亚临界退火和完全退火。完全退火可使接头的多相组织转变成全铁素体组织。完全退火的温度范围为830~885℃，保温结束后冷至600℃，然后空冷。(除非要求达到最大限度的软化，一般不推荐采用这种热处理)。亚临界退火的温度范围为650~780℃，保温结束后空冷或以200~250℃/h的速度控制冷却，保温结束后空冷保温时间可按2.5~3min/mm计算。如填充金属的化学成分，包括碳含量与母材基本匹配，焊后亦可作淬火+回火处理，以提高接头的性能并使之均匀化。

表8.5-14　高铬马氏体钢焊条电弧焊焊前预热温度、层间温度、热输入和焊后热处理

钢中碳含量(质量分数)/%	预热温度范围/℃	层间温度/℃	热输入	焊后热处理要求
0.10以下	150~200	≥150	中等	按壁厚定
0.10~0.20	200~300	≥250	中等	任何厚度均需热处理
0.20~0.50	300~400	≥300	高	任何厚度均需热处理

常用马氏体耐热钢焊接材料选用举例见表8.5-15。

表8.5-15　常用马氏体耐热焊接材料选用举例

钢号	焊条电弧焊的焊条		气体保护焊		埋弧焊	
	型号	牌号	气体	焊丝	焊丝	焊剂
1Cr12Mo 1Cr13	E410-16、E410-15 E410-15 E309-16、E410-15 E310-16、E410-15	G202、G207 G217 A302、G307 A402、A407	Ar	H1Cr13 H0Cr4	H1Cr13 H1Cr14 H0Cr21Ni10 H1Cr24Ni13 H0Cr26Ni21	SJ601 HJ151
2Cr13	E410-15 E308-15 E316-15	G207 A107 A207	Ar	H1Cr13 H0Cr14	—	—
1Cr11MoV	E-11MoVNi-15、E-11MoVNi-16 E-11MoVNiW-15	R807、R802 R817	—	—	—	—
1Cr12MoWV 1Cr12NiWMoV	E-11MoVNiW-15 E-11MoVNiW-15	R817 R827	Ar	HCr12WMoV	HCr12WMoV	HJ350

2）铁素体高合金耐热钢的焊接工艺

由于高铬铁素体耐热钢对过热较为敏感，只能采用低输入热量进行焊接. 通常多采用焊条电弧焊和钨极氩弧焊。高铬铁素体耐热钢的焊接填充金属基本有三类：①合金成分基本与母材匹配的高铬钢填充材料；②奥氏体铬镍高合金钢；③镍基合金。对于在高温下长时运行的焊件，不推荐采用奥氏体钢填充金属。而镍基合金由于价格昂贵，只有在特殊的场合下才被采用。列入我国国家标准（GB/T983—1995）的铁素体耐热钢焊条有两种即 EA30 - 16（G302）及 E430 - 15（G307），适用于 w(Cr)17%以下的各种高铬铁素体耐热钢。

由于在铁素体耐热钢中常见的铁素体形成元素铝和钛难以通过电弧过渡到焊缝金属，故迄今为止尚未研制出与这些铁素体耐热钢成分完全匹配的电弧焊焊条。为克服这一难题，可采用钨极氩弧焊或等离子弧焊。在惰性气体 Ar 的保护下，焊丝中的 Al、Ti 和 Nb 等元素不发生烧损而大部分过渡到焊缝金属中。

高铬铁素体耐热钢焊接时，预热的作用与马氏体耐热钢焊接时不同。高铬铁素体耐热钢接头热影响区的晶粒会因焊接热循环的高温而急剧长大，并在缓慢冷却时丧失韧性，而预热将延长接头在高温区的停留时间并降低接头的冷却速度而产生不利的影响。因此必须谨慎选择铁素体耐热钢的预热温度和层间温度。

高铬铁素体耐热钢的预热温度主要根据钢的化学成分，所要求的接头力学性能及接头的壁厚和拘束度而定。适宜的预热温度范围为 150～230℃，对于高拘束度接头，层间温度应略高于所选定的预热温度。高纯度的铁素体耐热钢焊前可不必预热，这些钢在焊接热循环的冷却条件下不可能形成马氏体，冷裂倾很小，热影响区亦不会因缓冷而脆变。

高铬铁素体耐热钢焊条电弧焊时，尽可能保持短弧，以避免铬元素的过分氧化损失和氮的吸收。高纯度的铁素体耐热钢不宜采用焊条电弧焊，最好采用钨极氩弧焊或等离子弧焊。

铁素体耐热钢接头通常在亚临界温度范围内作焊后热处理，以防止晶粒进一步长大。适用的焊后热处理温度范围为 700～840℃。为防止脆变，在冷却过程中应快速通过 540～370℃的温度区间，这也有利于控制焊件的变形和残余应力。壁厚在 10mm 以下的高纯度铁素体钢焊件，焊后不作焊后热处理，亦能保证接头各项性能达到规定的指标。其先决条件是焊缝金属内碳和氮总含量（质量分数）应限制在 0. 03%～0. 05%的范围内。对于 σ 相倾向较大的高铬铁素体钢，应尽可能避免在 650～850℃危险温度区间进行焊后热处理。热处理后应快速冷却。如要求接头具有均匀的力学性能，对于结构简单的焊件，可在焊后作淬火 + 回火处理。

几种铁素体耐热钢焊接材料选用举例见表 8. 5 - 16。

3）奥氏体耐热钢的焊接工艺

奥氏体耐热钢与马氏体、铁素体耐热钢相比具有较好的焊接性，可以采用所有的熔焊方法，包括焊条电弧焊、钨极氩弧焊、熔化极气体保护焊、药芯焊丝气体保护焊、等离子弧焊和埋弧焊等。

在拟定奥氏体耐热钢的焊接工艺规程时，必须考虑其特殊的物理性能，即低的热导率，高的电阻率和热膨胀系数以及高强度的表面保护膜。这些特性决定了焊件将产生较大的焊接挠曲变形，近缝区过热，并存在热裂纹和液化裂纹的危险。此外，奥氏体耐热钢含有大量的对氧亲和力较高的元素，因此，不论采用何种弧焊方法，都必须采取相应的有效措施，利用焊条药皮、焊剂和惰性气体对焊接熔池和高温区作良好的保护，以使决定热强性能的基本合金元素保持在所要求的范围之内。由于奥氏体钢，特别是纯奥氏体钢对焊接热裂纹的敏感性较高，故必须严格控制焊接材料中 C、S、P 等杂质的含量，对焊丝和坡口表面作仔细的清理。

表 8.5－16　几种铁素体耐热钢焊接材料选用举例

钢号	焊条电弧焊的焊条		气体保护焊		埋弧焊	
	型号	牌号	气体	焊丝	焊丝	焊剂
0Cr11Ti 0Cr13Al	E410－16 E410－15	G202 G207 G217	Ar	E410NiMo ER430①	—	—
1Cr17 Cr17Ti	E430－16 E430－15	G302 G307		H1Cr17 ER630①	H1Cr17 H0Cr21Ni10 H1Cr24Ni13 H0Cr26Ni21	SJ601 SJ608 HJ172 HJ151
Cr17Mo2Ti	E430－15 E309－16	G307 A302		H0Cr19Ni11Mo3		
Cr25	E308－15 E316－15 E310－16 E310－15	A107 A207 A402 A407		ER26－1① H1Cr25Ni13	H0Cr26Ni21 H0Cr26Ni21 H1Cr24Ni13	SJ601 SJ608 SJ701 HJ172 HJ151
Cr25Ti	E309Mo－16	A317				
Cr28	E310－16 E310－15	A402 407		H1Cr25Ni20 ER26－1①		

注：① ER430、ER630 和 ER26－1 是美国 AWSA. 5.9 铬钢焊丝。

奥氏体耐热钢焊接填充材料的选择原则，首先要保证焊缝的致密性、无裂蚊和气孔等缺陷，同时应使焊缝金属的热强性基本与母材等强，这就要求其合金成分大致与母材成分匹配；其次应考虑焊缝金属内铁素件含量的控制，对于长期在高温下运行的奥氏体钢焊件，焊缝金属内铁素体含量不应超过 5%。为提高全奥氏体焊缝金属的抗裂性，选用 w(Mn)达 6%～8% 的焊接填充材料是一种行之有效的解决办法。表 8.5－17 列出了我国常用的奥氏体耐热钢焊条和焊丝的标准型号和牌号及所适用的母材牌号。一种奥氏体耐热钢可采用几种焊条或焊丝来焊接，这主要取决于焊件的工作条件，即温度、介质和运行时间。气体保护焊和埋弧焊焊丝原则上应具有不同的合金成分，因为在埋弧焊过程中，焊剂或多或少对焊接熔池产生渗硅作用，元素成分铬亦会有一定程度的烧损。而在惰性气体保护焊时，焊丝中的合金成分基本上不会烧损。某些对氧亲和力特别高的元素。如钛，铝等可能因保护气氛混入微量氧气而产生微量的烧损。因此，气体保护焊焊丝的合金成分基本上与母材成分相同。

表 8.5－17　奥氏体耐热钢焊条和焊丝

钢号	焊条		埋弧焊焊丝牌号	气体保护焊焊丝牌号
	国标型号	牌号		
0Cr19Ni9	E308－16	A101 A102	H0Cr19Ni9	H0Cr19Ni9
1Cr18Ni9Ti	E347－16	A112 A132	H1Cr19Ni10Nb	H0Cr19Ni9Ti
0Cr18Ni10Ti 0Cr18Ni11Nb	E347－16 E347－15	A132 A137	H1Cr19Ni10Nb	H0Cr19Ni9Ti H1Cr19Ni10Nb
0Cr18Ni13Si4	E316－16 E318V－16	A201 A202 A232	H0Cr19Ni11Mo3	H0Cr19Ni11Mo3

续表 8.5－17

钢号	焊条		埋弧焊焊丝牌号	气体保护焊焊丝牌号
	国标型号	牌号		
1Cr20Ni14Si2	E309Mo－16	A312	H1Cr25Ni13	H1Cr25Ni13
0Cr23－Ni13	E309－16	A302	H1Cr25Ni13	H1Cr25Ni13
0Cr25－Ni20	E310－16 E310Mo－16	A402 A412	H1Cr25Ni13	H1Cr25Ni20
0Cr17Ni12Mo2	E316－16	A201 A202	H0Cr19Ni11Mo3	H0Cr19Ni11Mo3
0Cr19Ni13Mo3	E317－16	A242	H0Cr25Ni13Mo3 焊剂 HJ－260 SJ－601，641	H0Cr25Ni13Mo3 保护气体 Ar，Ar＋$O_2$1% Ar＋$CO_2$2%～3%，Ar＋He

奥氏体耐热钢焊件的焊后热处理各国制造规程一般不作规定。如因焊件结构、厚度及热加工经历等要求作热处理时，可由制造厂与用户之间协商确定。按生产经验，当奥氏体钢厚度超过 20mm 时，应根据结构复杂程度作适当的热处理。

奥氏体耐热钢焊件焊后热处理的目的可归结为：①消除焊接残余应力，提高结构尺寸的稳定性；②提高接头的高温蠕变强度：③消除不恰当的热加工所形成的 σ 相。奥氏体耐热钢焊件的焊后热处理按其温度可分为低温焊后热处理，中温焊后热处理和高温焊后热处理。

焊后低温热处理是指加热温度在 500℃以下的热处理．这种热处理对接头的力学性能不会产生重大影响。其作用主要是降低残余应力峰值，提高结构尺寸的稳定性．对奥氏体铬镍钢来说，加热温度 200～400℃的焊后热处理可降低峰值应力 40% 左右，但平均应力只能降低 5%～10%。实际生产中低温焊后热处理的温度范围为 400～500℃之间。

加热温度在 550～800℃之间的热处理为中温热处理。这种热处理的目的主要是消除奥氏体耐热钢焊接接头中的焊接应力，从而提高接头抗应力腐蚀的能力。但在这一温度区间可能发生 σ 相和碳化物的析出而降低接头和母材的韧性。因此，对于碳含量较高或铁素体含量较多的奥氏体钢焊缝，选用中温热处理要特别谨慎。对于某些超低碳铬镍奥氏体钢，800～850℃的中温热处理可提高接头的蠕变强度和塑性。

焊后高温热处理的加热温度在 900℃以上。其目的是溶解在焊接热循环作用下形成的 σ 相和碳化物，以恢复接头由此而损失的力学性能。为获得全奥氏体组织的固溶处理亦属于高温热处理。由于固溶处理过程中，冷却速度很快，工件将产生较大的变形，故只有那些形状较简单的焊件或半成品才能作这种热处理。几种常用奥氏体耐热钢固溶处理推荐温度列于表 8.5－18。

表 8.5－18　常用奥氏体耐热钢固溶处理推荐温度

钢号	固溶处理温度/℃
0Cr19Ni9 AISI 201，202，301	1010～1120
0Cr23Ni13 0Cr17Ni12Mo2 0Cr19Ni13Mo3	1040～1120
1Cr18Ni9Ti 0Cr18Ni11Ti	954～1065
0Cr18Ni11Nb	980～1065

4）弥散硬化耐热钢的焊接工艺

弥散硬化耐热钢可以采用任何一种能用于奥氏体耐热钢的焊接方法进行焊接。比较适用的焊接方法有钨极惰性气体保护焊、熔化极惰性气体保护焊和等离子弧焊。埋弧焊接法的热输入量较高，弥散硬化耐热钢焊丝供应也有困难，其应用范围较窄。

弥散硬化耐热钢焊接时，如果要求接头达到与母材相等的高强度，则填充材料的合金成分应与母材基本相同. 对于弥散硬化奥氏体耐热钢，由于存在焊接裂纹问题，不强求填充金属成分与母材完全一致。在一般情况下，可以采用奥氏体耐热钢或镍基合金填充金属。表8.5－19列出了推荐用于弥散硬化耐热钢焊接的焊条和焊丝。

表8.5－19　推荐用于弥散硬化耐热钢焊接的焊条和焊丝

钢的类型	钢号	药皮焊条	气体保护焊焊丝	埋弧焊焊丝
马氏体型	S17400 （17－4PH） S15500 （15－5PH）	AMS 5827B A101，A102	AMS 5826 H0Cr19Ni9 H0Cr19Ni9Ti	H0Cr19Ni9
半奥氏体型	1Cr17Ni7Al X17H5M3 S35000 （AM350） S35500 （AM355）	AMS 5827B AMS 5775A AMS 5718A	AMS 5824A H1Cr25Ni20 H1Cr25Ni13 AMS 5774B AMS 5780A	H1Cr25Ni20 ERNiCr－3 AMS 5774B
奥氏体型	0Cr15Ni25Ti2MoAlVB 1Cr22Ni20CO20Mo3W3NbN A286	A302，A312 A402	H1Cr25Ni13 H1Cr25Ni20	H1Cr25Ni13Mo3 H1Cr25Ni20 ERNiCrFe－6

各类弥散硬化耐热钢埋弧焊与焊条电弧焊接头，在大多数情况下，焊后至少应作时效处理，以提高接头的强度和降低焊接应力。

4. 高合金耐热钢焊接接头的性能

高合金耐热钢焊件可在极其不同的温度，负载和介质下工作。因此，对焊接接头性能的要求，应按焊接结构的实际用途而定。对于只要求长期耐高温工作的接头来说，除了满足常温力学性能的最低要求外，更重要的是必须具有足够的高温短时和高温持久强度，抗高温时效及抗高温氧化性等。对于重要的焊接结构，接头的设计基本遵循等热强性原则，即接头的高温短时或高温持久强度不应低于母材标准规定的相应值. 在短期和中期服役的焊接结构中，接头的短时高温强度是最重要的考核指标。而在长期服役（10～20万h）的高温高压部件中，接头的高温持久强度或蠕变强度，是必须保证的强度考核指标。

表8.5－20列出了各种18－8型铬镍奥氏体钢焊缝金属在850℃以下高温短时力学性能典型数据。

表 8.5-20　18-8 型铬镍奥氏体钢焊缝金属在 850℃ 以下高温短时力学性能

钢号	焊丝牌号	试验温度/℃	R_m/MPa	R_{eL}/MPa	A/% (50mm)	A_{KV}/J	焊缝金属主要合金成分（质量分数）/%
1Cr18Ni9Ti 1Cr18Ni11Nb	H-04Cr19Ni9	+20	565	260	60	129	Cr19.2, Ni8.5, Ti0.1
	H-04Cr18Ni9V35Si		633	347	52.2	122	Cr18.5, Ni8.6, V1.0
	H-04Cr18Ni9V35Si		676	400	46.2	123	Cr19.4, Ni10.0, Nb0.92
1Cr18Ni9Ti 1Cr18Ni11Nb	H-04Cr19Ni9	500	402	138	43.3		Cr19.2, Ni8.5, Ti0.1
	H-04Cr18Ni9V3Si		485	235	36.0	—	Cr18.5, Ni8.6, V1.0
	H-04Cr18Ni9V3Si		534	260	33.3	—	Cr19.4, Ni10.0, Nb0.92
1Cr18Ni9Ti 1Cr18Ni11Nb	H-04Cr19Ni9	650	368	157	33.8	142	Cr19.2, Ni8.5, Ti0.1
	H-04Cr18Ni9V3Si		474	208	32.4	125	Cr18.5, Ni8.6, V1.0
	H-04Cr18Ni9V3Si		495	242	31.4	146	Cr19.4, Ni10.0, Nb0.92
1Cr18Ni9Ti 1Cr18Ni11Nb	H-04Cr19Ni9	750	198	122	28.5	—	Cr19.2, Ni8.5, Ti0.1
	H-04Cr18Ni9V3Si		312	163	24.1	—	Cr18.5, Ni8.6, V1.0
	H-04Cr18Ni9V3Si		339	208	28.5	—	Cr19.4, Ni10.0, Nb0.92
1Cr18Ni9Ti	H-04Cr19Ni9	850	127	104	19.7	—	Cr19.2, Ni8.5, Ti0.1
	H-04Cr18Ni9V3Si		201	138	11.2	—	Cr18.5, Ni8.6, V1.0
	H-04Cr18Ni9V3Si		245	180	11.2	—	Cr19.4, Ni10.0, Nb0.92

这些数据表明，在 18-8 型铬镍奥氏体钢中，铌和钒显著提高了焊缝金属的高温短时强度，并仍具有足够的塑性。加入钨和钼亦能提高焊缝金属的持久强度。

奥氏体焊缝金属在 350～875℃高温区间长时间加热和运行可能促使焊缝金属冲击韧度急剧下降。这种脆变是高温时效的结果。主要是由于碳化物沿奥氏体晶体或晶界析出以及 σ 相和拉氏相的形成. 当焊缝金属中 δ 铁素体含量大于 8%，即铬含量高于 20%，并以铝、钛、铌、钒和硅强化时，高温脆化现象相当严重。表 8.5-21 列出了双相组织焊缝在 400～475℃温度长时加热后韧度逐渐降低的试验数据。这种焊缝金属的主要合金成分为：w(c) 0.09%，w(Si) 2.1%，w(Mn) 1.5%，w(Cr) 20.2%，w(Ni) 8 0%，w(V) 1.47%，w(Nb)0.54%。

焊缝金属的高温脆变，可以通过 900℃低温淬火加以消除。当焊缝金属中含有钛时，淬火温度应提高到 950～1000℃。

表 8.5-21　加热温度和时间对双相组织焊缝金属韧性的影响

加热温度和时间	焊后状态	400℃ 24h	450℃ 24h	450℃ 48h	450℃ 272h	450℃ 500h	450℃/800h 900℃/1h 水淬	475℃ 18h	475℃ 42h
120℃ α_K/(J/cm^2)	117	61.7	28.4	24.5	12.7	9.8	98	34.3	49

对于 Cr25-Ni20 型纯奥氏体焊缝金属，650～875℃的长时加热可能由于 γ-δ 相的转变而使韧性恶化。含钨和钼的 Cr25-Ni20 型奥氏体焊缝金属中这种变脆现象更为严重。

采用 06Cr25Ni13 或 Cr25Ni13Nb 型铬镍钢焊条焊接的焊缝金属由于铁素体含量较高，高温脆变的倾向亦比 Cr18Ni8 型焊缝金属严重得多。因此，对于在 450℃以上温度长时工作的高铬镍耐热钢焊件，原则上不应选用 Cr25-Ni13 型铬镍钢焊条。

影响铬镍奥氏体钢及其焊缝金属韧性的另一重要机制是冷作硬化现象，经不同程度的塑性变形后，强度明显提高，塑性和种击韧性急剧下降。

奥氏体钢的冷作硬化可以通过1100～1300℃的高温淬火来消除，但淬火的缺点是在工件表面会形成氧化皮并产生严重的崎变。因此，在许多情况下，以800～900℃空冷热处理代替淬火。

在许多工业应用场合，对耐热钢焊接接头也提出了抗氧化性的要求。钢的抗氧化性主要取决于钢中的合金成分，即能在钢表面形成坚固保护膜的元素，如铬、铝和硅等对提高钢的抗氧化性有积极的作用。为保证焊接接头与母材基本相同的抗氧化性，首先应使焊缝金属的合金成分接近于母材。但在焊接硅合金化的奥氏体耐热钢时，由于硅可能加剧高铬镍奥氏体钢焊缝金属的热裂倾向，必须限制焊接填充材料中的硅含量。

在奥氏体耐热钢中常见的合金元素钒和硼会明显降低钢的抗氧化性。钒含量较高的奥氏体钢焊缝不适用于900℃以上的工作温度。

8.6 异种钢的焊接

8.6.1 异种钢焊接结构常用的钢种

在焊接结构中，经常遇到异种钢焊接的问题。

异种钢焊接结构中所用的钢种，按照金相组织分类，主要有珠光体钢、马氏－铁素体钢和奥氏体钢三大类。表8.6－1列举了一些常用钢种。

表8.6－1　常用于异种钢焊接结构的钢种

组织类型	类别	钢　号
珠光体钢	Ⅰ	低碳钢：Q195，Q215，，Q235，Q275、08，10，15，20，Q245R，25，HP235，HP265
	Ⅱ	中碳钢及低合金钢：B5，BJ5，Q345，Q345R，Q390，16MnRC，16MnDR，15MnNiDR，09MnNiDR，15MnVB，Q370R，14MnMoV，18MnMoNbR，18CrMnTi，20Mn，20MnSi，20MnMo，30Mn，15Cr，20Cr，20Mn2，10CrV，20CrV，13MnNiMoR
	Ⅲ	船用特殊低合金钢：901钢，921钢
	Ⅳ	高强度中碳钢及中碳低合金钢：35，40，45，50，55，35Mn，40Mn，50Mn，40Cr，50Cr，35Mn2，45Mn2，50Mn2，30CrMnTi，40CrMn，35CrMn2，40CrV，25CrMnSi，35CrMnSiA
	Ⅴ	铬钼耐热钢：12CrMo，12Cr2Mo，12Cr2Mo1R，12Cr1MoVR，14Cr1MoR，15CrMoR，20CrMo，35CrMo，38CrMoAlA，2.25Cr－1Mo
	Ⅵ	铬钼钒(钨)耐热钢：20Cr3MoWVA，12Cr1MoV，25CrMoV，12Cr2MoWVTiB
马氏体－铁素体钢	Ⅶ	高铬不锈钢：0Cr13，1Cr13，1Cr14，2Cr13，3Cr13
	Ⅷ	高铬耐酸耐热钢：Cr17，Cr17Ti，Cr25，1Cr28，1Cr17Ni2
	Ⅸ	高铬热强钢：Cr5Mo，Cr9Mo1NbV，1Cr11MiVNb
奥氏体及奥氏体－铁素体钢	Ⅹ	奥氏体耐酸钢：00Cr18Ni10，0Cr18Ni9，1Cr18Ni9，2Cr18Ni9，0Cr18NiTi，1Cr18Ni9Ti，1Cr18Ni11Nb，Cr18Ni12Mo2Ti，1Cr18Ni12Mo3Ti，0Cr18Ni12TiV，Cr18Ni22W2Ti2
	Ⅺ	奥氏体耐热钢：0Cr23Ni18，Cr18Ni18，Cr23Ni13，0Cr20Ni14Si2，Cr20Ni14Si2，4Cr14Ni14W2Mo
	Ⅻ	无镍或少镍的铬锰氮奥氏体钢和无铬镍奥氏体钢：3Cr18Mn12Si2N，2Cr20Mn9Ni2Si2N，2Mn18Al15SiMoTi
	XⅢ	奥氏体－铁素体双相钢

8.6.2 异种钢焊接的工艺原则

异种钢焊接的突出问题在于焊接接头的化学不均匀性、界面组织的不稳定性以及应力变形的复杂性等，协调和处理好这些问题是正确制定异种钢焊接工艺的依据，也是获得满意焊接接头的关键。

1. 焊接方法的选择

大部分熔焊和压焊方法都可以用于异种钢的焊接。在一般生产条件下焊条电弧焊使用最方便，因为焊条种类多，可以根据不同异种钢的组合灵活选用，适应性非常强。对于直缝或环缝拼接的异种钢焊接构件，当批量较大时可采用机械化的钨极或熔化极气体保护焊。埋弧焊具有同样的优点，而且劳动条件更好一些。

2. 焊接材料的选择

异种钢焊接时，必须按照异种钢母材的化学成分、性能、接头形式和使用要求正确选择焊接材料。对于金相组织比较接近的异种钢接头，焊接材料的选择要点是要求焊缝金属的力学性能及耐热性等其他性能不低于母材中性能要求较低一侧的指标，并认为这就满足了要求。然而从焊接工艺考虑，在某些特殊情况下反而按性能要求较高的母材来选用焊接材料，可能更有利于避免焊接缺陷的产生。而对于金相组织差别比较大的异种钢接头，如珠光体、奥氏体异种钢接头，则必须充分考虑填充金属受到稀释后，焊接接头性能仍能得到保障来选择焊接材料。选择异种钢焊接材料的基本原则可归纳如下：

（1）所选择的焊接材料必须能够保证异种钢焊接接头设计所需要的性能，诸如力学性能，耐热、耐蚀性能等，但只需符合母材中的一种即认为满足技术条件。

（2）所选择的焊接材料必须在有关稀释率、熔化温度和焊接件其他物理性能要求等方面能保证焊接性需要。

（3）在焊接接头不产生裂纹等缺陷的前提下，当不可能兼顾焊缝金属的强度和塑性时，应优先选用塑性好的填充金属。

（4）焊接材料应经济、易得，并具有良好的焊接工艺性能，其焊缝成形美观。

3. 坡口角度

异种钢焊接时确定坡口角度的主要依据除母材厚度外，还有熔合比。一般坡口角度越大，熔合比越小。异种钢多层焊时，确定坡口角度要考虑多种因素的综合影响，但原则上是希望熔合比越小越好，以尽量减小焊缝金属的化学成分和性能的波动。

4. 焊接工艺参数

焊接工艺参数对熔合比有直接影响。焊接热输入越大，母材熔入焊缝越多，即稀释率越大。焊接热输入又取决于焊接电流、电弧电压和焊接速度等焊接工艺参数。当然，焊接方法不同，熔合比的大小及其变化范围也是不同的，表 8.6－2 列出了常用焊接方法的熔合比及其可能达到的变化范围。

表 8.6－2 不同焊接方法的熔合比范围

焊接方法	熔合比/%
碱性焊条电弧焊	20～30
酸性焊条电弧焊	15～25
熔化极气体保护焊	20～30
埋弧焊	30～60
带极埋弧焊	10～20
钨极氩弧焊	10～100

5. 预热及焊后热处理

(1) 预热。异种钢焊接时，预热的目的主要是降低焊接接头的淬火裂纹倾向。因此，对于珠光体、贝氏体、马氏体类异种钢的焊接，其预热温度按淬硬倾向较大的钢种确定。

对于铁素体或奥氏体钢，且其焊缝金属也为铁素体或奥氏体的异种钢焊接接头，若预热对确保其使用性能有不利影响时，选择预热温度要特别谨慎。

(2)焊后热处理。对焊接结构进行焊后热处理的目的是改善接头的组织和性能，消除部分焊接残余应力，并促使焊缝金属中的氢逸出。对于珠光体、贝氏体、马氏体类异种钢焊接接头，且其焊缝金属的金相组织也与之基本相同时，可以按合金含量较高的钢种确定热处理工艺参数这一基本原则。但对于铁素体或奥氏体钢，且其焊缝金属也为铁素体或奥氏体的异种钢焊接接头，若仍按此原则，则可能有害无益，不但达不到焊后热处理的预期目的，反而可能导致焊接接头缺陷的产生，破坏其使用性能，甚至波及到母材。

6. 焊接工艺评定

异种钢焊接接头的焊接工艺评定，除执行同种钢的有关规定外，还应符合下列要求：

(1) 拉伸试样的抗拉强度应不低于两种钢号标准规定值下限的较低者。拉伸试验方法按GB/T 228《金属材料 室温拉伸试验方法》进行。

(2) 弯曲试样的弯轴直径和弯曲角度应按塑性较差一侧母材标准进行评定。弯曲试验方法按 GB/T 232《金属材料 弯曲试验方法》进行。

(3) 冲击试样除从焊缝中心取三个外，两侧母材应从热影响区各取三个试样(奥氏体钢可不作冲击试验)。试验方法按 GB/T 229《金属材料 夏比摆锤冲击试验方法》进行。焊缝区的冲击吸收功平均值应不低于两种钢号标准规定值的较低者，并且只允许有一个试样的冲击功低于规定值，但不应低于规定值的70%。两侧热影响区的冲击吸收功按各自母材钢种分别评定。

(4)要求耐晶间腐蚀的奥氏体钢焊接接头应按 GB/T 4334《金属和合金的腐蚀 不锈钢晶间腐蚀试验方法》有关不锈耐酸钢晶间腐蚀倾向试验方法进行耐蚀试验。

8.6.3　不同珠光体钢的焊接

表8.6-1中类别Ⅰ~Ⅵ的碳钢和低合金钢(含低合金耐热钢)种类很多，应用范围很广，都属于珠光体钢，但它们的化学成分、强度级别及耐热性等性能不同，焊接性能也有较大差异，所以不同珠光体钢虽然都具有珠光体组织，却仍然存在与同种钢焊接所不同的问题。这一类钢，除一部分低碳钢外，大部分具有较大的淬火倾向，焊接时有较明显的冷裂纹倾向。焊接这类钢首先要采取措施防止近缝区裂纹，其次要注意防止或减轻它们由于化学成分不同，特别是碳及碳化物形成元素含量的不同所引起界面组织和力学性能的不稳定和劣化。

目前这类异种钢焊接经常采用且行之有效的有两种方法：其一是采用珠光体类焊条加预热或后热；其二是采用奥氏体焊条(或堆焊隔离层)不预热，都能满足上述要求。不过要注意的是，由于珠光体焊缝中也可能会出现裂纹，而奥氏体焊缝又存在屈服强度不高等问题，因此有时还必须采取一些特殊措施才能解决好实际生产中某些淬火钢的异种钢焊接问题。

1. 焊接材料的选择

表8.6-3所示为多种常见异种钢焊接组合及推荐的相应焊接材料。根据焊接材料的基本选用原则，对于不同珠光体钢的焊接，宜选用与合金含量较低一侧的母材相匹配的珠光体焊接材料，并要保证力学性能，其接头抗拉强度不低于两种母材标准规定值的较低者，其中Ⅰ~Ⅳ类钢主要保证焊接接头的常温力学性能，而Ⅴ和Ⅵ类钢还要保证耐热性能等。通常都选用低氢

型焊接材料，以保证焊缝金属的抗裂性能和塑性。如果产品不允许或施工现场无法进行焊前预热和焊后热处理时，可以选用奥氏体型焊接材料，以利用奥氏体焊缝良好的塑性和韧性，且排除扩散氢的来源，从而有效防止焊缝和近缝区产生冷裂纹。不过，对工作在高温状态下的珠光体异种钢焊接接头，要慎用奥氏体焊接材料，因二者线胀系数有较大差异，会在其接头的界面产生较大的附加热应力，而导致接头提前失效。因此，高温部件最好采用与母材同质的焊接材料。还有，如果异种珠光体钢焊接接头在使用工作温度下可能产生扩散层时，最好在坡口面堆焊隔离层，其隔离层金属应含有 Cr、V、Ti 等强烈碳化物形成元素。焊接性很差的淬火钢[Ⅳ类、部分 w(C)超过0.3%的Ⅴ、Ⅵ类]，应该用塑性好、熔敷金属不会淬火的焊接材料预先堆焊一层厚约 8～10mm 的隔离层，为防止淬火，堆焊后必须立即回火。

2. 预热及焊后热处理

珠光体钢的碳当量是评价其淬硬及脆化倾向的重要指标，也是决定该类异种钢焊接前是否需要预热、预热温度高低的依据。在不同珠光体钢的焊接中通常按碳当量高的钢种选择预热温度。w(C)低于0.30%的低碳钢没有淬硬倾向，焊接性非常好，一般不需预热，但在工件厚度很大(如40mm 以上)或环境温度很低(如0℃以下)时，仍需预热至75℃左右。w(C)约0.30%～0.60%的中碳钢，淬硬倾向比较大，经焊接热循环作用后焊接接头可能产生冷裂纹，故一般需要预热，预热温度可在100～200℃范围。w(C)高于0.60%的高碳钢，淬硬及冷裂纹倾向都很大，故要求较高的预热温度，一般都在250～350℃以上，工件比较厚，刚度比较大时，还必须采取焊后保温缓冷等措施。

对珠光体钢焊接接头进行焊后热处理的目的仍然是为改善焊缝金属与近缝区的组织和性能，消除厚大构件中的残余应力，促使扩散氢逸出，防止产生冷裂纹，以及保持焊件尺寸精度和提高铬钼钒钢工件在高温服役条件下的抗裂性等。常用的焊后热处理方法有高温回火、正火及正火+回火三种，应用较多的是高温回火。

表8.6－3 常用珠光体异种钢焊接时的焊接材料及预热和回火温度

母材组合	焊接材料		预热温度/℃	回火温度/℃	备注
	焊条	焊丝			
Ⅰ+Ⅱ	J427	H08A H08MnA	100～200	600～650	
Ⅰ+Ⅲ	J426 J427	H08A	150～250	640～660	
Ⅰ+Ⅳ	J426 J427	H08A	200～250	600～650	焊后立即热处理
	A302 A307 A146	H1Cr21Ni10Mn6	不预热	不回火	焊后不能热处理时选用
Ⅰ+Ⅴ	J427 R207 R407	—	200～250	640～670	焊后立即热处理
Ⅰ+Ⅵ	J427 R207	—	200～250	640～670	焊后立即热处理
Ⅱ+Ⅲ	J506 J507	H08Mn2SiA	150～250	640～660	

续表 8.6－3

母材组合	焊接材料		预热温度/℃	回火温度/℃	备注
	焊条	焊丝			
Ⅱ＋Ⅳ	J506 J507	H08Mn2SiA	200～250	600～650	
	A402 A407 A146	H1Cr21Ni10Mn6	不预热	不回火	
Ⅱ＋Ⅴ	J506 J507	H08Mn2SiA	200～250	640～670	
Ⅱ＋Ⅵ	R317	—	200～250	640～670	
Ⅲ＋Ⅳ	J506 J507	H08Mn2SiA	200～250	640～670	
	A507	—	不预热	不回火	
Ⅲ＋Ⅴ	J506 J507	H08Mn2SiA	200～250	640～670	
	A507	—	不预热	不回火	
Ⅲ＋Ⅵ	J506 J507	H08Mn2SiA	200～250	640～670	
	A507	—	不预热	不回火	
Ⅳ＋Ⅴ	J707	—	200～250	640～670	焊后立即热处理
	A507	—	不预热	不回火	
Ⅳ＋Ⅵ	J707	—	200～250	670～690	焊后立即热处理
	A507	—	不预热	不回火	
Ⅴ＋Ⅵ	R207 R407	—	200～250	700～720	焊后立即热处理
	A507	—	不预热	不回火	

8.6.4 不同马氏体－铁素体钢的焊接

表 8.6－1 中类别Ⅶ、Ⅷ、Ⅸ为马氏体－铁素体钢，一般都含有大量强碳化物形成元素 Cr，所以这类钢焊接熔合区不会出现明显的扩散过渡区。存在的主要问题是：铁素体钢是一种低碳高铬［w(Cr)17%～28%］合金，在固溶状态下为单相铁素体组织，这类钢虽然无淬硬性，但热敏感性很高，在焊接高温作用下会使晶粒严重粗化(含铬量越高，粗化越严重)而引起塑性和韧性显著下降；马氏体钢 w(Cr)＝11.5%～18%，有强烈的空淬倾向，几乎在所有的冷却条件下都转变成马氏体组织，同时也有晶粒粗化倾向和回火脆性。可见这两类钢的焊接性都比较差，尤其是马氏体钢更差，所以，焊接不同马氏体－铁素体异种钢时，最重要的是必须采取措施防止接头近缝区产生裂纹或塑性和韧性的下降。

对于铁素体钢，通常采取的措施是选用抗裂性能好的奥氏体或镍基填充材料，采用小规范、快速焊、窄焊道，以及多层焊时严格控制层间温度等手段。

对于马氏体钢，则必须预热，预热温度通常要高于 250～300℃(但不超过 400℃)，采用小热输入施焊，焊后缓冷，冷却到低于 100℃再进行 700～750℃的高温回火。只有当工件厚度不大(小于10mm)且无刚性固定的情况下，才可以不预热。如果焊接构件不承受冲击载荷，厚度较大时也可以不预热，但此时必须采用奥氏体焊接材料，不过因此会产生焊缝强度大大低于母材的严重问题。另外，这种接头在热处理时还会在熔合区产生使工作能力下降的组织变化。所以不预热而采用奥氏体焊接材料焊接这类钢应十分慎重，只有在无法进行热处理，且只承受静载荷，又无很大压力的情况下才允许这样做。

不同马氏体－铁素体钢焊接时的焊接材料及预热、回火温度可参考表8.6－4。

表8.6－4　不同马氏体－铁素体钢焊接时焊接材料及预热和回火温度

母材组合	焊接材料	预热温度/℃	回火温度/℃	备注
Ⅶ＋Ⅷ	H1Cr13，G207	200～300	700～740	
	H1Cr25Ni13，A307	不预热	不回火	
Ⅶ＋Ⅸ	G207，R817，R827	350～400	700～740	焊后保温缓冷后立即回火处理
	A307	不预热	不回火	
Ⅷ＋Ⅸ	G307，R817，R827	350～400	700～740	焊后保温缓冷后立即回火处理
	A312	不预热	不回火	

8.6.5　不同奥氏体钢的焊接

不同钢号的奥氏体钢焊接时，应考虑母材本身的焊接特点而采取相应的工艺措施及选择焊接材料。与同种奥氏体钢的焊接一样，主要注意防止热裂纹、晶间腐蚀和相析出脆化等问题，如控制焊缝金属含碳量、限制焊接热输入及高温停留时间，添加稳定化元素、采用双相组织焊缝、进行固溶处理或稳定化热处理等。但稳定化元素的添加等必须适当，否则过多的δ相会引起相析出脆化。奥氏体焊缝的性能与其化学成分密切相关，所以必须尽量保持焊接工艺参数的稳定，从而使熔合比稳定，以保证焊缝金属化学成分的稳定。无论采用何种奥氏体焊缝，都必须严格控制有害杂质S、P的含量，因为这些杂质会引起热裂纹倾向。

几乎所有的焊接方法都可以用于奥氏体钢的焊接，但焊条电弧焊仍是应用较多的方法。不同奥氏体钢焊接用的焊材参见表8.6－5和表8.6－6。不同奥氏体钢焊接时，一般都不需要预热，也不需要焊后热处理。只有在很特殊的情况下，才考虑焊后固溶处理或稳定化处理等。

表8.6－5　不同钢号奥氏体不锈钢相焊时焊条的选用(推荐)

母材钢号	S30403 022Cr19Ni10 (304L)	S30908 06Cr23Ni13 (309S)	S31008 06Cr25Ni20 (310S)	S31608 06Cr17Ni12Mo2 (316)	S31603 022Cr17Ni12Mo2 (316L)	S31708 06Cr19Ni13Mo3 (317)	S32168 06Cr18Ni11Ti (321)
S30408 06Cr19Ni10 (304)	A002	A102 A302	A102 A302 A402	A102 A202	A102 A202	A102 A202 A242	A102
S30403 022Cr19Ni10 (304L)		A102 A302	A102 A302 A402	A102 A202	A002 A022	A102 A202 A242	A002 A132
S30908 06Cr23Ni13 (309S)			A302 A402	A302 A202	A302 A022	A302 A202	A302 A132
S31008 06Cr25Ni20 (310S)					A202	A242	A102 A402

续表 8.6－5

母材钢号	S30403 022Cr19Ni10 (304L)	S30908 06Cr23Ni13 (309S)	S31008 06Cr25Ni20 (310S)	S31608 06Cr17Ni12Mo2 (316)	S31603 022Cr17Ni12Mo2 (316L)	S31708 06Cr19Ni13Mo3 (317)	S32168 06Cr18Ni11Ti (321)
S31608 06Cr17Ni12Mo2 (316)					A202	A202 A242	A102 A202
S31603 022Cr17Ni12Mo2 (316L)						A242	A202
S31708 06Cr19Ni13Mo3 (317)							A242 A102

注：表中焊条牌号的排列次序，并不意味着优先使用。

8.6.6　珠光体钢与奥氏体钢的焊接

1. 焊接特点

由于珠光体钢与奥氏体钢在化学成分、金相组织、物理性能及力学性能等方面有较大差异，在焊接时会引起一系列困难，为保证焊接质量，必须考虑以下问题：

1) 焊缝金属的稀释

一般情况下，可以认为焊缝金属大体是搅拌均匀的，选择焊接材料时可以根据舍夫勒组织图(见图 8.4－1)按熔合比来估算，以求得纯奥氏体或奥氏体加少量一次铁素体组织的焊缝成分。由于有珠光体母材的稀释作用，18－8 型焊接材料不可能满足要求，25－20 型焊接材料又可能因单相奥氏体组织而容易产生热裂纹，所以采用 25－13 型焊接材料通常是比较合适的。焊缝金属受到母材金属的稀释作用，往往会在焊接接头过渡区产生脆性的马氏体组织，即在珠光体钢一侧熔合区附近形成的低塑性狭窄区域(带状)最高硬度可达 350HV 以上。虽然焊后回火可使硬度有所降低，但接头在高温下长期工作后，脆性带还会发展，硬度还会上升。在熔池边缘部位，由于搅拌作用不足，母材的稀释作用比焊缝中心更突出，铬、镍含量会远低于焊缝中心的平均值，即形成了所谓的过渡区。图 8.6－1 是珠光体钢与奥氏体钢焊接时珠光体钢一侧奥氏体焊缝中的母材熔入比例以及合金元素含量变化的示意图。由图 8.6－1 可知，焊缝靠近熔合线处的稀释率很高，铬、镍含量极低，对照舍夫勒组织图，可估算出这一区域很可能是硬度很高的马氏体或奥氏体＋马氏体组织，而这种淬硬组织正是导致焊接裂纹的主要原因。

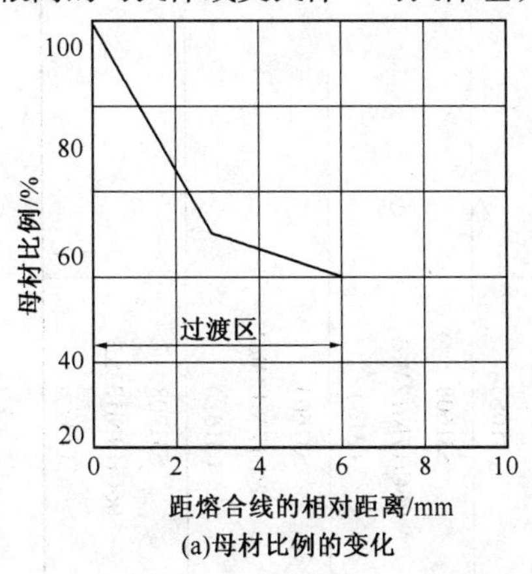

(a)母材比例的变化

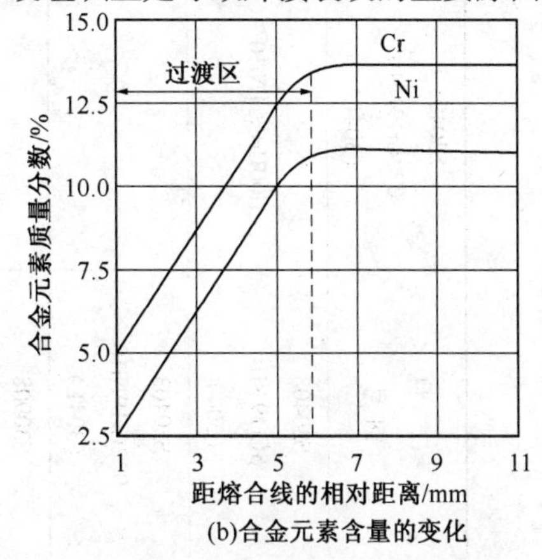

(b)合金元素含量的变化

图 8.6－1　珠光体钢一侧奥氏体焊缝中的过渡区示意图

表 8.6-6 不同钢号奥氏体不锈钢相焊(TIG)时焊丝的选用(推荐)

母材 钢号	S30403 022Cr19Ni10 (304L)	S30908 06Cr23Ni13 (309S)	S31008 06Cr25Ni20 (310S)	S31608 06Cr17Ni12Mo2 (316)	S31603 022Cr17Ni12Mo2 (316L)	S31708 06Cr19Ni13Mo3 (317)	S32168 06Cr18Ni11Ti (321)
S30408 06Cr19Ni10 (304)	H00CrCr21Ni10	H0Cr21Ni10 H1Cr24Ni13	H0Cr21Ni10 H0Cr24Ni13 H0Cr26Ni21	H0Cr21Ni10 H0Cr19Ni12Mo2	H0Cr21Ni10 H0Cr19Ni12Mo2	H0Cr21Ni10 H0Cr19Ni12Mo2 H0Cr20Ni14Mo3	H0Cr21Ni10
S30403 022Cr19Ni10 (304L)		H0Cr21Ni10 H1Cr24Ni13	H0Cr21Ni10 H0Cr24Ni13 H0Cr26Ni21	H0Cr21Ni10 H0Cr19Ni12Mo2	H00Cr21Ni10 H00Cr19Ni12Mo2	H0Cr21Ni10 H0Cr19Ni12Mo2 H0Cr20Ni14Mo3	H00Cr21Ni10 H0Cr20Ni10Ti H0Cr20Ni10Nb
S30908 06Cr23Ni13 (309S)			H1Cr24Ni13 H0Cr26Ni21	H1Cr24Ni23 H0Cr19Ni12Mo2	H1Cr24Ni13 H00Cr19Ni12Mo2	H1Cr24Ni13 H0Cr19Ni12Mo2	H1Cr24Ni13 H0Cr20Ni10Ti H0Cr20Ni10Nb
S31008 06Cr25Ni20 (310S)				H0Cr19Ni12Mo2	H0Cr19Ni12Mo2	H0Cr20Ni14Mo3	H0Cr21NI10 H0Cr26Ni21
S31608 06Cr17Ni12Mo2 (316)					H0Cr19Ni12Mo2	H0Cr19Ni12Mo2 H0Cr20Ni14Mo3	H0Cr21Ni10 H0Cr19Ni12Mo2
S31603 022Cr17Ni12Mo2 (316L)						H0Cr20Ni14Mo3	H00Cr19Ni12Mo2
S31708 06Cr19Ni13Mo3 (317)							H0Cr20Ni14Mo3 H0Cr21Ni10

虽然过渡区难以避免，但通过采取一些措施，如提高焊缝金属中奥氏体形成元素镍的含量和控制高温停留时间等，仍可以减小过渡区的宽度。选用奥氏体化能力很强的焊接材料，尤其是镍基合金，可以减小过渡区的宽度，还有利于防止熔合区内的碳迁移。采用含镍量高的焊接材料是目前异种钢焊接改善熔合区质量的主要手段。

2）碳迁移形成扩散层

在焊接、热处理或使用中长时间处于高温时，珠光体钢与奥氏体钢界面附近发生反应扩散而使碳迁移，结果在珠光体钢一侧形成脱碳层发生软化，奥氏体钢一侧形成增碳层发生硬化。由于界面两侧性能相差悬殊，致使接头中产生应力集中，降低接头的承载能力。为防止碳迁移，常采取以下措施：尽量降低加热温度并缩短高温停留时间；在珠光体钢中增加强碳化物形成元素（如 Cr、Mo、V、Ti 等），或预先堆焊含强碳化物形成元素或者镍基合金的隔离层，而在奥氏体钢中要相应减少这些元素；采用含镍量高的焊材，利用镍的石墨化作用阻碍形成碳化物，以缩小扩散层。

3）接头残余应力（焊缝金属的剥离）

除焊接时因局部加热引进焊接应力外，由于珠光体钢与奥氏体钢的线胀系数不同，且奥氏体钢的导热性差，焊后冷却时收缩量的差异必然导致这类接头产生另一性质的焊接残余应力，而且这部分焊接残余应力很难通过热处理方法消除，图 8.6－2 给出了典型一例。这种残余应力必然影响接头性能，特别是当焊接接头工作在交变温度下，由于形成热应力或热疲劳而可能沿着珠光体钢与奥氏体钢的焊接界面产生裂纹，最终导致焊缝金属的剥离。为防止这种现象的发生，常采取以下措施：优先选择与珠光体钢线胀系数相近且塑性好的填充金属，例如 Cr15Ni70 镍基合金，其线胀系数为 $14.5\times10^{-6}K^{-1}$，已非常接近珠光体钢的线胀系数，就是一种比较理想的填充金属。这样一来，焊接应力将集中在焊缝与奥氏体钢母材一侧，而奥氏体钢的塑性变形能力强，就能够承受住较大的应力；严格控制冷却速度，焊后缓冷，以尽可能减小焊接变形及应力；在焊接接头设计时，要尽可能将其安排在没有剧烈温度变化的位置等。

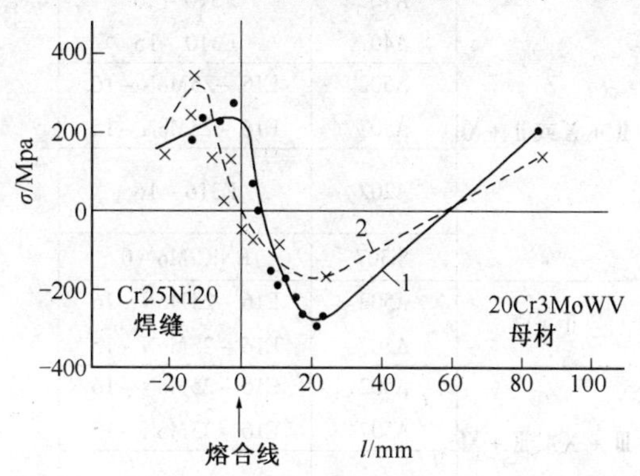

图 8.6－2　异种钢焊接接头的残余应力

1—焊态；2—700℃，2h 回火后

2. 焊接工艺

1）焊接方法

珠光体钢与奥氏体钢的焊接应注意选用熔合比小、稀释率低的焊接方法。

2）焊接材料

选择焊接材料时，必须充分考虑异种钢焊接接头的使用要求、稀释作用、碳迁移、热物理性能、焊接应力及抗热裂性能等一系列问题，表 8.6－7 可供参考。

3）焊接工艺要点

在确定接头形式、坡口种类、焊缝层数等工艺因素时，同样要依据珠光体钢与奥氏体钢焊接的特点，尽量减小熔合比。如焊条和焊丝直径要小一些，电弧电压高一些，尽量采用小电流、快速焊等。如果为了防止珠光体钢可能产生冷裂纹则需要预热，预热温度应当按照珠光体钢确定，但一般比同种珠光体钢焊接时的预热温度略低一些。

表 8.6-7 珠光体钢与奥氏体钢焊接的焊接材料及预热和回火温度

母材组合	焊条		预热温度/℃	回火温度/℃	备注
	牌号	型号(GB)			
Ⅰ+Ⅹ	A402	E310-16	不预热	不回火	工作温度<350℃，不耐晶间腐蚀
	A407	E310-15			
	A502	E16-25MoN-16			工作温度<450℃，不耐晶间腐蚀
	A507	E16-25MoN-15			
	A202	E316-16			用于覆盖 A507 焊缝，耐晶间腐蚀
Ⅰ+Ⅺ	A502	E16-25MoN-16			工作温度<350℃，不耐晶间腐蚀
	A507	E16-25MoN-15			
	A212	E318-16			用于覆盖 A507 焊缝，耐晶间腐蚀
	Ni307	ENiCrMo-0			用于覆盖 A507 焊缝，耐晶间腐蚀
Ⅰ+Ⅷ	A502	E16-25MoN-16			工作温度<350℃，不耐晶间腐蚀
	A507	E16-25MoN-15			
Ⅱ+Ⅹ或Ⅱ+Ⅺ	A402	E310-16			工作温度<350℃，不耐晶间腐蚀
	A407	E310-15			
	A502	E16-25MoN-16			工作温度<350℃，不耐晶间腐蚀
	A507	E16-25MoN-15			
	A202	E316-16			用于覆盖 A402，A407，A502，A507 焊缝，耐晶间腐蚀
	Ni307	ENiCrMo-0			珠光体钢坡口堆焊过渡层
Ⅱ+Ⅷ	A502	E16-25MoN-16			工作温度<300℃，不耐晶间腐蚀
	A507	E16-25MoN-15			
Ⅲ+Ⅹ或Ⅲ+Ⅺ	A502	E16-25MoN-16			工作温度<500℃，不耐晶间腐蚀
	A507	E16-25MoN-15			
	A202	E316-16			用于覆盖 A502，A507 焊缝，可耐晶间腐蚀
Ⅲ+Ⅷ	A502	E16-25MoN-16	不预热	不回火	工作温度<500℃，不耐晶间腐蚀
	A507	E16-25MoN-15			
Ⅳ+Ⅹ或Ⅳ+Ⅺ	A502	E16-25MoN-16	150~200 或 不预热	680~720 或 不回火	工作温度<450℃，不耐晶间腐蚀
	A507	E16-25MoN-15			
	Ni307	ENiCrMo-0			淬火钢坡口堆焊过渡层
Ⅳ+Ⅷ	A502	E16-25MoN-16			工作温度<300℃，不耐晶间腐蚀
	A507	E16-25MoN-15			
	Ni307	ENiCrMo-0			淬火钢坡口堆焊过渡层
Ⅴ+Ⅹ或Ⅴ+Ⅺ	A302	E309-16			工作温度<400℃
	A307	E309-15			
	A502	E16-25MoN-16			工作温度<450℃
	A507	E16-25MoN-1			
	Ni307	ENiCrMo-0			用作过渡层
	A212	E318-16			用作覆盖焊缝，可耐晶间腐蚀
Ⅴ+Ⅷ	A502	E16-25MoN-16			工作温度<350℃，不耐晶间腐蚀
	A507	E16-25MoN-1			

续表 8.6-7

母材组合	焊条		预热温度/℃	回火温度/℃	备注
	牌号	型号(GB)			
Ⅵ + Ⅹ 或Ⅵ + Ⅺ	A302 A307	E309 - 16 E309 - 15	150 ~ 200 或 不预热	730 ~ 770 或 不回火	工作温度 <520℃，不耐晶间腐蚀
	A502 A507	E16 - 25MoN - 16 E16 - 25MoN - 1			工作温度 <550℃，不耐晶间腐蚀
	Ni307	ENiCrMo - 0			工作温度 <570℃，不耐晶间腐蚀
	A212	E318 - 16			用作覆盖焊缝，可耐晶间腐蚀
Ⅵ + Ⅷ	A502 A507	E16 - 25MoN - 16 E16 - 25MoN - 1			工作温度 <300℃，不耐晶间腐蚀

8.6.7 珠光体钢与马氏体钢的焊接

1. 焊接特点

珠光体钢与马氏体钢焊接时的焊接性，主要取决于马氏体钢。这类异种钢形成焊接接头时具有以下特点：

1）焊接接头容易产生冷裂纹

不仅马氏体钢，就连多数珠光体钢也有较大的淬硬倾向，因此这类异种钢接头在焊后冷却时容易形成淬硬组织，是产生冷裂纹的主要原因。同时珠光体钢与马氏体钢的线胀系数相差较大，其接头中会产生较大的焊接应力，如果珠光体钢与马氏体钢焊接接头拘束度比较大，再加上焊扩散氢的作用，都会大大促使接头冷裂纹的产生。

2）焊接接头产生脆化

由于马氏体钢的晶粒粗化倾向比较大，特别是多数马氏体钢(表 8.6-1 中的Ⅶ、Ⅸ类钢，如1Cr13 等)的成分特点，使其组织往往处于舍夫勒组织图马氏体-铁素体的边界上，这种马氏体钢的组织存在部分铁素体，当冷却速度比较小时(如 1Cr13 的冷却速度小于 10℃/s)，就会出现粗大的铁素体和碳化物组织，引起塑性显著下降。珠光体钢与马氏体钢的焊接接头，焊后在550℃附近回火时，也容易出现回火脆性。一般含铬量越高，焊后脆化也越严重。

2. 焊接工艺

珠光体钢与马氏体钢焊接时，尽可能防止焊接接头产生脆化和冷裂纹。经常采取的措施如下：

1）焊前预热

预热温度应按马氏体钢的要求选择，为防止发生粗晶脆化，预热温度不宜过高，通常为150 ~400℃。

2）选择合适的填充材料

为保证异种钢结构的使用性能要求，焊缝化学成分应力求接近两种母材金属的成分，表8.6-8 可供选择焊接材料、预热温度及回火温度时参考。

3）选择合适的焊接参数

尽量采用短弧、小热输入焊接。采用熔化极气体保护焊时，常用的混合气体(体积分数)有 Ar +1% ~5% 的 O_2，或 Ar +5% ~25% 的 CO_2。

4）焊后回火处理

因马氏体钢一般是在调质状态下进行焊接的，为防止冷裂纹及调节焊接接头性能，通常要进行650～700℃的高温回火处理。

表8.6-8　珠光体钢与铁素体-马氏体钢焊接的焊接材料及预热和回火温度

母材组合	焊条		预热温度/℃	回火温度/℃	备注
	牌号	型号(GB)			
Ⅰ+Ⅶ	G207	E410-15	200～300	650～680	焊后立即回火
	A302	E309-16	不预热	不回火	
	A307	E309-15			
Ⅰ+Ⅷ	G307	E410-15	200～300	650～680	焊后立即回火
	A302	E309-16	不预热	不回火	
	A307	E309-15			
Ⅱ+Ⅶ	G207	E410-15	200～300	650～680	焊后立即回火
	A302	E309-16	不预热	不回火	
	A307	E309-15			
Ⅱ+Ⅷ	A302	E309-16	不预热	不回火	
	A307	E309-15			
Ⅲ+Ⅶ	A507	E16-25MoN-15	不预热	不回火	
Ⅲ+Ⅷ	A507	E16-25MoN-15	不预热	不回火	工件在浸蚀性介质中工作时，在A507焊缝表面堆焊A202
	A207	E316-15	不预热	不回火	
Ⅳ+Ⅶ	R202	E5503-B1	200～300	620～660	焊后立即回火
	R207	E5515-B1			
Ⅳ+Ⅷ	A302	E309-16	不预热	不回火	
	A307	E309-15			
Ⅴ+Ⅶ	R307	E5515-B2	200～300	680～700	焊后立即回火
Ⅴ+Ⅷ	A302	E309-16	不预热	不回火	
	A307	E309-15			
Ⅴ+Ⅸ	R817	E11MoVNiW-15	350～400	720～750	焊后保温缓冷并回火
	R827	—			
Ⅵ+Ⅶ	R307	E5515-B2	350～400	720～750	焊后立即回火
	R317	E5515-B2-V			
Ⅵ+Ⅷ	A302	E309-16	不预热	不回火	
	A307	E309-15			
Ⅵ+Ⅸ	R817	E11MoVNiW-15	350～400	720～750	焊后立即回火
	R827	—			

8.6.8　珠光体钢与铁素体钢的焊接

1. 珠光体钢与铁素体钢焊接的特点

焊接珠光体钢与铁素体钢时的焊接性，主要取决于铁素体钢。这类异种钢焊接接头铁素体钢一侧的焊接热影响区有较大的粗晶脆化倾向。含铬量越高，高温停留时间越长，焊接接头的脆化倾向越大。

2. 珠光体钢与铁素体钢的焊接工艺

为防止珠光体钢与铁素体钢焊接接头过热粗化、脆化和裂纹，常采取的焊接工艺措施如下：

1）焊前预热

焊前预热对防止晶粒粗化、裂纹等缺陷很有效，一般预热温度为150℃。随着铁素体钢含铬量的增高，预热温度可达200~300℃。

2）严格控制层间温度

控制层间温度可有效防止焊缝在高温停留时间过长，否则会促使粗晶脆化倾向。

3）选择合适的填充材料

应考虑两种母材金属的预热温度以及与焊接方法的配合，与焊后热处理的关系。如用焊条电弧焊焊接Q235与1Cr17钢时，使用G302、G307等焊条，则焊后必须进行热处理；若选用A107、A207、A412等焊条，焊后可以不进行热处理，且焊缝金属的塑性和韧性均较好。表8.6-8可供选用焊接材料时参考。

4）焊后及时进行热处理

焊后热处理能促使焊缝组织均匀化，并可提高焊缝的塑性和耐蚀性。

5）采用短弧、小电流、快速焊

采用焊条电弧焊最好不要作横向摆动，尽量用窄焊道，以利于防止晶粒粗化。

8.6.9 复合钢板的焊接

1. 复合钢板焊接的特点

由于复合钢板系由两种化学成分、力学性能等差别都很大的金属复合而成，所以复合钢板焊接属于异种钢焊接。目前工业应用较多的有奥氏体系和铁素体-马氏体系两种类型的复合钢板，其焊接特点如下：

1）奥氏体系复合钢板的焊接特点

奥氏体系是指复层为奥氏体(不锈)钢，基层为珠光体钢的复合钢板。其焊接性主要取决于奥氏体钢的物理性能、化学成分、接头形式及填充材料种类。主要的焊接特点是：不仅其层与复层母材本身在成分、性能等方面有较大差异，而且基层与复层的焊接材料也存在较大差异，因此稀释作用强烈，使得焊缝中奥氏体形成元素减少，含碳量增多，增大了结晶裂纹倾向；焊接熔合区则可能出现马氏体组织而导致硬度和脆性增加；同时由于基层与复层的含铬量差别较大，促使碳向复层迁移扩散，而在其交界的焊缝金属区域形成增碳层和脱碳层，加剧熔合区的脆化或另一侧热影响区的软化。

2）铁素体-马氏体系复合钢板的焊接特点

铁素体-马氏体系复合钢板是指复层为铁素体-马氏体(不锈)钢，基层为珠光体钢的复合钢板。由于基层与复层的母材及相应焊接材料同样有较大差异，稀释问题等也会引起焊缝及熔合区的脆化。需要特别指出的是，这类复合钢板接头产生冷裂纹的潜伏期与填充材料种类及焊接工艺密切相关，因此必须注意的是焊接检验不能焊后立即进行。

2. 复合钢板的焊接工艺

为保证复合钢板的焊接质量，首先要恰当地分别选择复层和基层用的焊接材料。为更有效地防止稀释和碳迁移等问题，在基层与复层之间加焊隔离层(见图8.6-3)，因此还要选好隔离层用焊接材料。选择焊接材料的基本原则是：复层用焊接材料应保证熔敷金属的主要合金元素含量不低于复层母材标准规定的下限值；对有防止晶间腐蚀要求的焊接接头，还应保证熔敷金属中有一定含量的Nb、Ti等稳定化元素或者$w(C) \leqslant 0.04\%$。基层焊接应按基层钢材合金含量选用焊接材料，保证焊接接头的抗拉强度不低于基层母材标准规定的抗拉强度下限值。隔离层焊接材料宜选用25Cr－13Ni型或25Cr－20Ni型，以保证能补充基层对复层造成的稀释；基层如果是含钼钢则应选用25Cr－13Ni－Mo型。基层焊接时，焊接材料的选用可参照表8.6－9；过渡层和复层焊接时，焊接材料的选用见表8.6－10。

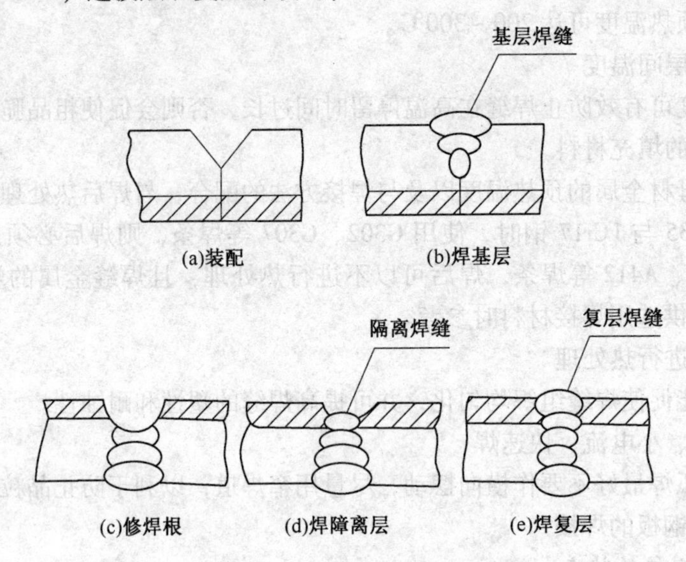

图8.6－3　复合钢板焊接顺序

复合钢板的焊接程序如图8.6－3所示，即先焊基层焊缝，再焊隔离层焊缝，最后焊复层焊缝。复合钢板对接焊时的坡口形式和尺寸见图8.6－4，为防止复层金属混入第一道基层焊缝，可如图8.6－4(d)、(f)所示，预先将接头附近的复层金属加工掉一部分。隔离层焊接宜用小热输入、反极性、直线运条和多层多道焊。如图8.6－5所示，隔离层的熔焊金属在基层b处的厚度宜为1.5～2.5mm，在复层*a*处的厚度宜为0.55mm～0.5×复层厚度且不大于1.8mm。焊前需要预热的复合钢板焊接接头，宜按基层母材金属的要求进行，预热温度可参考表8.6－11选用。焊后需要热处理的，其热处理温度可参照表8.6－12选择。其恒温时间按复合钢板的总厚度计算。

表8.6－9　常用钢号推荐选用的焊接材料

<table>
<tr><th rowspan="3">钢号</th><th colspan="2">焊条电弧焊</th><th colspan="2">埋弧焊</th><th>CO_2气保焊</th><th>氩弧焊</th></tr>
<tr><th colspan="2">焊条</th><th rowspan="2">焊剂型号及焊丝牌号</th><th rowspan="2">焊剂牌号及焊丝牌号示例</th><th rowspan="2">焊丝钢号</th><th rowspan="2">焊丝钢号（标准号）</th></tr>
<tr><th>型号</th><th>牌号示例</th></tr>
<tr><td>10(管)</td><td>E4303</td><td>J422</td><td rowspan="4">F4A0－H08A
F4A2－H08MnA</td><td rowspan="4">HJ431－H08A
HJ431－H08MnA</td><td rowspan="4"></td><td rowspan="4">H08A
H08MnA
(GB/T14957)</td></tr>
<tr><td>20(管)</td><td>E4315</td><td>J427</td></tr>
<tr><td>Q235－B
Q235－C</td><td>E4316</td><td>J426</td></tr>
<tr><td>Q245R
20(锻)</td><td>E4315</td><td>J427</td></tr>
<tr><td>09MnD</td><td>E5015－G</td><td>W607</td><td></td><td></td><td></td><td></td></tr>
<tr><td>09MnNiD
09MnNiDR</td><td>E5515－C1</td><td>W707Ni</td><td></td><td></td><td></td><td></td></tr>
</table>

续表 8.6－9

钢号	焊条电弧焊		埋弧焊		CO_2气保焊	氩弧焊
	焊条		焊剂型号及焊丝牌号	焊剂牌号及焊丝牌号示例	焊丝钢号	焊丝钢号（标准号）
	型号	牌号示例				
16Mn Q345R	E5016	J506	F5A0－H10Mn2 F5A0－H10MnSi F5A2－H10Mn2	HJ431－H10Mn2 HJ350－H10Mn2 HJ431－H10MnSi HJ350－H10MnSi SJ101－H10Mn2	ER49－1	H10MnSi （GB/T14957）
	E5015	J507				
	E5003	J502				
16MnD 16MnDR	E5016－G E5015－G	J506RH J507RH				
15MnNiDR	E5015－G	W607				
15MnNbR	E5516－G	J556RH				
	E5515－G	J557				
20MnMo	E5015	J507	F5A0－H10Mn2A F55A0－H08MnMoA	HJ431－H10Mn2A HJ350－H08MnMoA		H10MnSi H10Mn2 H08MnMoA （GB/T14957）
	E5515－G	J557				
20MnMoD	E5016－G	J506RH				
	E5015－G	J507RH				
	E5516－G	J556RH				
13MnNiMoNbR 18MnMoNbR 20MnMoNb	E6016－D1 E6015－D1	J606 J607	F62A0－H08Mn2MoA F62A0－H08Mn2MoVA F62A2－H08Mn2MoA F62A2－H08Mn2MoVA	HJ431－H08Mn2MoA HJ350－H08Mn2MoA HJ431－H08Mn2MoVA HJ350－H08Mn2MoVA SJ101－H08Mn2MoA SJ101－H08Mn2MoVA		H08Mn2MoA （GB/T14957）
07MnCrMoVA 08MnNiCrMoVD 07MnNiMoVDR	E6015－G	J607RH				
10Ni3MoVD	E6015－G	J607RH				
12CrMo 12CrMoG	E5515－B1	R207	F48A0－H13CrMoA	HJ350－H13CrMoA SJ101－H13CrMoA	ER55－B2	H08CrMoA （GB/T14957）
15CrMo 15CrMoG 15CrMoR	E5515－B2	R307			ER55－B2	H13CrMoA （GB/T14957）
14Cr1MoR 14Cr1Mo	E5515－B2	R307H				
12Cr1MoV 12Cr1MoVG	E5515－B2－V	R317	F48A0－H08CrMoVA	HJ350－H08CrMoVA	ER55－B2－MnV	H08CrMoVA （GB/T14957）

续表 8.6-9

钢号	焊条电弧焊		埋弧焊		CO_2气保焊	氩弧焊
	焊条		焊剂型号及焊丝牌号	焊剂牌号及焊丝牌号示例	焊丝钢号	焊丝钢号（标准号）
	型号	牌号示例				
12Cr2Mo 12Cr2Mo1 12Cr2MoG 12Cr2Mo1R	E6015-B3	R407				
1Cr5Mo	E5MoV-15	R507				
S30408 06Cr19Ni10 （0Cr18Ni9）	E308-16	A102	F308-H08Cr21Ni10	SJ601-H08Cr21Ni10 HJ260-H08Cr21Ni10		H0Cr21Ni10 （YB/T5091）
	E308-15	A107				
S32168 06Cr18Ni11Ti （0Cr18Ni10Ti）	E347-16	A132	F347-H08Cr20Ni10Nb	SJ601-H08Cr20Ni10Nb HJ260-H08Cr20Ni10Nb		H0Cr20Ni10Ti （YB/T5091）
	E347-15	A137				
S31608 06Cr17Ni2Mo2 （0Cr17Ni12Mo2）	E316-16	A202	F316-H08Cr19Ni12Mo2	SJ601-H08Cr19Ni12Mo2 HJ260-H08Cr19Ni12Mo2		H0Cr19Ni12Mo2 （YB/T5091）
	E316-15	A207				
S31668 06Cr17Ni12Mo2Ti （0Cr18Ni12Mo3Ti）	E316L-16	A022	F316L-H03Cr19Ni12Mo2	SJ601-H03Cr19Ni12Mo2 HJ260-H03Cr19Ni12Mo2		H00Cr19Ni12Mo2 （YB/T5091）
	E318-16	A212				
S31708 06Cr19Ni13Mo3 （0Cr19Ni13Mo3）	E317-16	A242	F317-H08Cr19Ni14Mo3	SJ601-H08Cr19Ni14Mo3 HJ260-H08Cr19Ni14Mo3		HoCr20Ni14Mo3 （YB/T 5091）
S30403 022Cr19Ni10 （00Cr19Ni10）	E308L-16	A002	F308L-H03Cr21Ni10	SJ601-H03Cr21Ni10 HJ260-H03Cr21Ni10		H00Cr21Ni10 （YB/T 5091）
S31603 022Cr17Ni12Mo2 （00Cr17Ni14Mo2）	E316L-16	A022				
S31703 022Cr19Ni13Mo3 （00CrNi13Mo3）	E317-16					
S41008 06Cr13 （0Cr13）	E410-16	G202				
	E410-15	G207				
S30908 06Cr23Ni13 （0Cr23Ni13）	E309-16	A302				
S31008 06Cr25Ni20 （0Cr25Ni20）	E310-16	A402				

表 8.6-10　过渡层、复层焊接时焊接材料的选用

复层材质	过渡层焊材		复层焊材			
	焊条型号	焊条牌号	焊条型号	焊条牌号	焊丝钢号	焊剂牌号
S30408 06Cr19Ni10 （0Cr18Ni9）	E309-16、 E309-15、 E309L-16、 E309L-15、 E310-16	A302、A307 A062、A402 A407	E308-16 E308-15	A102、A107	H08Cr21Ni10	HJ260 SJ601
S30403 022Cr19Ni10 （00Cr19Ni10）	E309L-16	A062	E308L-16	A002	H03Cr21Ni10 H00Cr21Ni10	HJ260 SJ601
S32168 06Cr18Ni11Ti （0Cr18Ni10Ti）	E309-16、 E309-15、 E309L-16 E310-16、 E310-15	A302、A307 A062、A402 A407	E347-16 E347-15	A132 A137	H08Cr19Ni10Ti H08Cr20Ni10Nb	HJ260 SJ601
S31608 06Cr17Ni12Mo2 （06Cr17Ni12Mo2）	E309Mo-16 E309MoL-16	A312 A042	E316-16 E316-15	A202 A207	H08Cr19Ni12Mo2	HJ260 SJ601
S31603 022Cr17Ni12Mo2 （00Cr17Ni14Mo2） 06Cr19Ni13Mo3 （0Cr19Ni13Mo3）	E309MoL-16 E309Mo-16	A042 A312	E316L-16	A022	H03Cr19Ni12Mo2	HJ260 SJ601
S11348 06Cr13Al （0Cr13Al）	E309-15、 E309-16、 E310-15 E310-16、 ENiCrFe-3	A307、A302、 A407、A402	E309-15、 E309-16、 E308-16、 ENiCrFe-3	A307、 A302、 A102		
S41008 06Cr13 （0Cr13）	E309-15、 E309-16、 E310-15、 E310-16、 ENiCrFe-3	A307、A302、 A407、A402	E309-16、 E309-15、 E308-16、 ENiCrFe-3	A302、 A307、 A102		
S22253 SAF2205 （Cr22 型）	E2209 （Cr22-Ni9-Mo3 型超低碳）		E2209		ER2209	

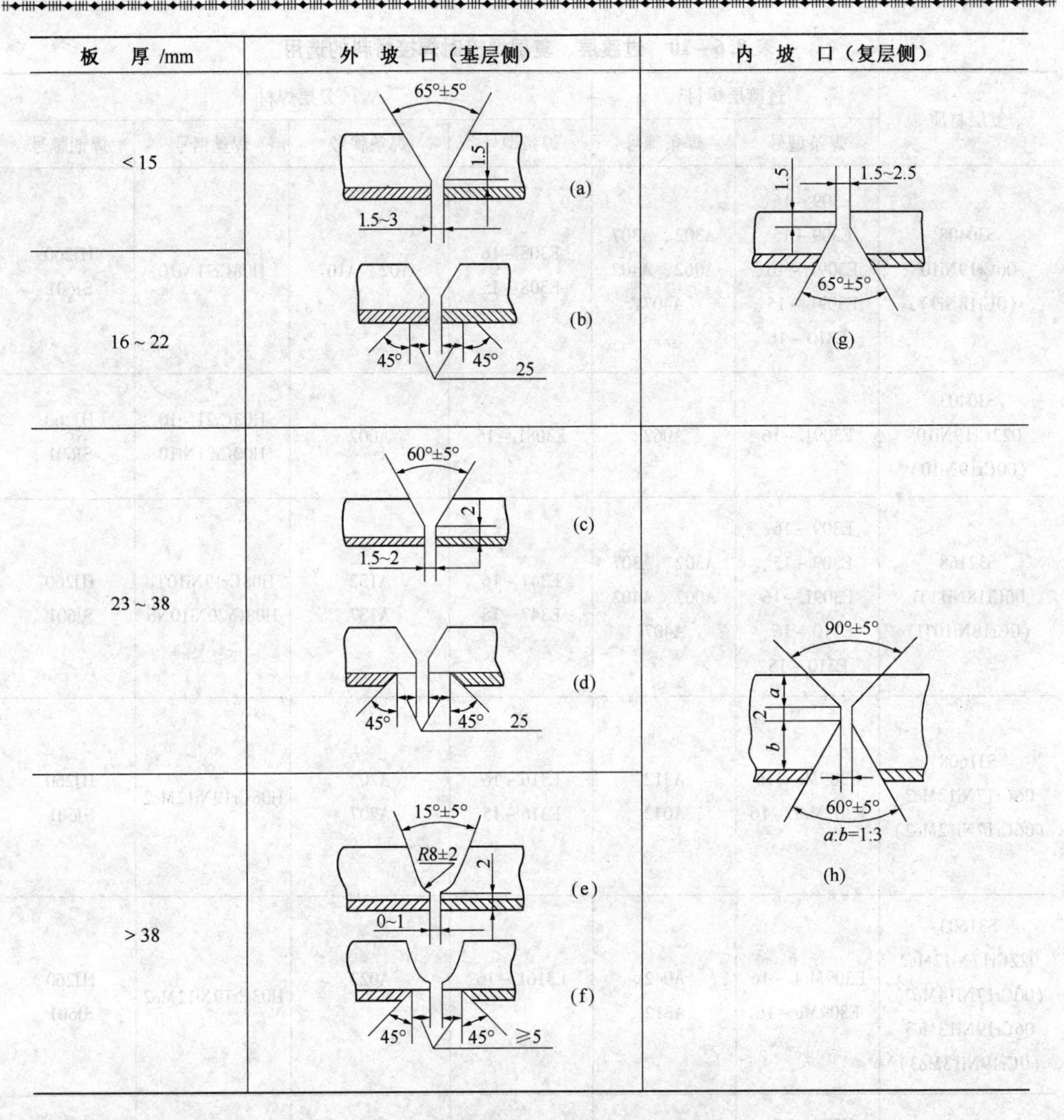

板　厚 /mm	外　坡　口（基层侧）	内　坡　口（复层侧）
<15	(a) 65°±5°；1.5；1.5~3	(g) 1.5；1.5~2.5；65°±5°
16~22	(b) 45°；45°；25	
23~38	(c) 60°±5°；2；1.5~2	(h) 90°±5°；a；2；b；60°±5°；a:b=1:3
	(d) 45°；45°；25	
>38	(e) 15°±5°；R8±2；2；0~1	
	(f) 45°；45°；≥5	

图 8.6-4　复合钢板对接接头坡口形式及尺寸

注：采用 TIG 焊封底时，钝边宜为 0.5~1mm

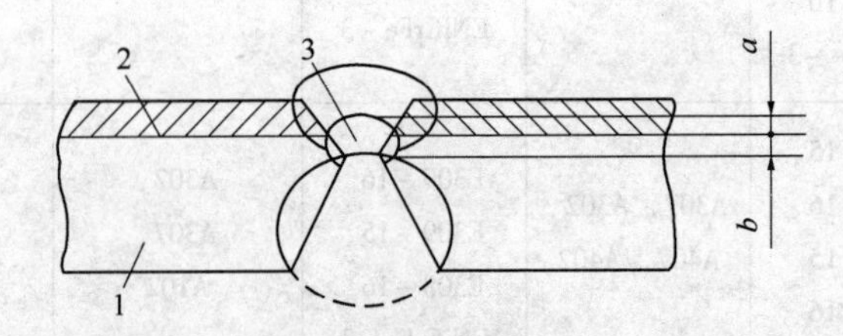

图 8.6-5　复合钢板隔离层焊缝金属厚度的要求

1—基层；2—复层；3—隔离层焊缝

a = 0.5mm ~ 0.5 × 复层厚度　b = 1.5 ~ 2.5mm

表 8.6－11　常用复合钢板焊前预热温度

复合钢板组合	基层厚度/mm	预热温度/℃
Q235＋0Cr13 Q245R＋0Cr13	30	>50
Q235(Q245R)＋{0Cr19Ni9 0Cr17Ni12Mo2 00Cr17Ni14Mo2}	30～50	50～80
	50～100	100～150
Q345R＋0Cr13	30	>100
Q345R＋{0Cr18Ni9 0Cr17Ni12Mo2 00Cr17Ni14Mo2}	30～50	100～150
	>50	>150
15CrMoR＋0Cr13	>10	150～200
15CrMoR＋{0Cr19Ni9 0Cr17Ni12Mo2 00Cr17Ni14Mo2}	>10	150～200

注：复层材质为0Cr13时，预热温度应按基层的预热温度，焊条应采用铬镍奥氏体焊条。

表 8.6－12　复合钢板焊后热处理温度选择

复层材料		基层材料	热处理温度/℃
不锈钢	铬系	低碳钢 低合金钢	600～650
	奥氏体系(稳定化，低碳)		600～650
	奥氏体系		<550
	奥氏体系	Cr－Mo钢	620～680

注：(1) 复层材料如果是奥氏体系不锈钢，在这个温度带易析出σ相和Cr碳化物，故尽量避免作焊后热处理。

(2) 对于用405型或410S型复合钢板焊制的容器，当采用奥氏体焊条焊接时，除设计要求外，可免作焊后热处理。

8.7　铝及铝合金的焊接

8.7.1　铝的物理特性及焊接工艺特点

铝具有许多与其他金属不同的物理特性，如表8.7－1所示，由此导致铝及铝合金具有与其他金属不同的焊接工艺特点。

表 8.7－1　铝与其他金属物理特性对比

金属名称	密度/(kg/m³)	电导率/%(I.A.C.S.)	热导率/[W/(m·K)]	线膨胀系数/(1/℃)	比热容/[J/(kg·K)]	熔点/℃
铝	2700	62	222	23.6×10^{-6}	940	660
铜	8925	100	394	16.5×10^{-6}	376	1083
65/35黄铜	8430	27	117	20.3×10^{-6}	368	930
低碳钢	7800	10	46	12.6×10^{-6}	496	1350
304不锈钢	7880	2	21	16.2×10^{-6}	490	1426
镁	1740	38	159	25.8×10^{-6}	1022	651

铝在空气中及焊接时极易氧化，生成的氧化铝(Al_2O_3)熔点高、非常稳定、能吸潮、不易去除，会妨碍焊接过程的进行，可在焊接接头内生成气孔、夹杂、未熔合、未焊透等缺陷。需在焊接前对其进行严格的表面清理，清除其表面氧化膜，并在焊接过程中继续防止其氧化或清除其新生的氧化物。

铝的比热容、电导率、热导率比钢大，焊接时的热输入将通过母材迅速流失，因此，熔焊时需采用的高度集中的热源，电阻焊时需采用特大功率的电源。

铝的线膨胀系数比钢大，焊接时焊件的变形趋势较大。因此，需采取预防焊接变形的措施。

铝对光、热的反射能力较强，熔化前无明显色泽变化，人工操作熔焊及钎焊作业时会感到判断困难。

适用于铝及铝合金的焊接方法除了传统的熔焊、电阻点、缝焊、钎剂钎焊方法，还推广应用了脉冲氩(氦)弧焊、极性参数不对称的方波交流钨极氩弧焊及等离子弧焊、真空电子束焊、真空及气体保护钎焊和扩散焊等。

8.7.2 焊接材料的选用

焊材是影响焊缝金属成分、组织、液相线温度、固相线温度、焊缝金属及近缝区母材抗热裂性、耐腐蚀性及常温或高低温下力学性能的重要因素，当铝材焊接性不良、熔焊时出现裂纹及焊缝和焊接接头力学性能欠佳或焊接结构出现脆性断裂时，改用适当的焊材而不改变焊件设计和工艺条件常成为必要、可行和有效的技术措施。

1）焊条

焊条的技术要求应符合GB/T 3669—2001《铝及铝合金焊条》的规定。焊条芯的化学成分应符合表8.7-2的规定；焊接接头的抗拉强度应符合表8.7-3的规定。

表8.7-2 焊条芯的化学成分(GB/T 3669—2001) %

<table>
<tr><th rowspan="2">焊条型号</th><th rowspan="2">Si</th><th rowspan="2">Fe</th><th rowspan="2">Cu</th><th rowspan="2">Mn</th><th rowspan="2">Mg</th><th rowspan="2">Zn</th><th rowspan="2">Ti</th><th rowspan="2">Be</th><th colspan="2">其他</th><th rowspan="2">Al</th></tr>
<tr><th>单个</th><th>合计</th></tr>
<tr><td>E1100</td><td colspan="2">Si + Fe
0.95</td><td rowspan="2">0.05 ~0.20</td><td>0.05</td><td rowspan="2">—</td><td rowspan="3">0.10</td><td rowspan="2">—</td><td rowspan="3">0.0008</td><td rowspan="3">0.05</td><td rowspan="3">0.15</td><td>≥99.00</td></tr>
<tr><td>E3003</td><td>0.6</td><td>0.7</td><td>1.0 ~1.5</td><td rowspan="2">余量</td></tr>
<tr><td>E4043</td><td>4.5 ~6.0</td><td>0.8</td><td>0.30</td><td>0.05</td><td>0.05</td><td>0.20</td></tr>
</table>

注：表中单值除规定外，其他均为最大值。

表8.7-3 焊接接头抗拉强度(GB/T 3669—2001)

<table>
<tr><th>焊条型号</th><th>抗拉强度 R_m/MPa</th></tr>
<tr><td>E1100</td><td>≥80</td></tr>
<tr><td>E3003</td><td rowspan="2">≥95</td></tr>
<tr><td>E4043</td></tr>
</table>

2）焊丝

焊丝的技术要求应符合GB/T10858—2008《铝及铝合金焊丝》的规定。焊丝的化学成分应符合表8.7-4的规定。焊丝新、旧型号对照见表8.7-5。美国铝及铝合金标准焊丝的化学成分参见表8.7-6。

表 8.7－4 焊丝化学成分(GB/T 10858—2008)

焊丝型号	化学成分代号	化学成分(质量分数)/%													
		Si	Fe	Cu	Mn	Mg	Cr	Zn	Ga、V	Ti	Zr	Al	Be	其他元素 单个	其他元素 合计
铝															
SAl1070	Al99.7	0.20	0.25	0.04	0.03	0.03		0.04	V0.05	0.03		99.70		0.03	
SAl1080A	Al99.8(A)	0.15	0.15	0.03	0.02	0.02		0.06	Ga0.03	0.02		99.80		0.02	—
SAl1188	Al99.88	0.06	0.06	0.005	0.01	0.01	—	0.03	Ga0.03 V 0.05	0.01	—	99.88	0.0003	0.01	
SAl1100	Al99.0Cu	Si + Fe5 0.95		0.05～0.20		—		0.10				99.00		0.05	0.15
SAl1200	Al99.0	Si + Fe 1.00		0.05	0.05				—	0.05					
SAl1450	Al99.5Ti	0.25	0.40			0.05		0.07		0.10～0.20		99.50		0.03	—
铝铜															
SAl2319	AlCu6MnZrTi	0.20	0.30	5.8～6.8	0.20～0.40	0.02	—	0.10	V0.05～0.15	0.10～0.20	0.10～0.25	余量	0，0003	0.05	0.15
铝锰															
SAl3103	AlMnL	0.50	0.70	0.10	0.90～1.50	0.30	0.10	0.20	—	Ti + Zr 0.10		余量	0.0003	0.05	0.15
铝硅															
SAl4009	AlSi5CuLMg	4.50～5.50		1.0～1.5		0.45～0.60				0.20			0.0003		
SAl4010	AlSi7Mg					0.30～0.45									
SAl4011	AlSi7Mg0.5Ti	6.50～7.50	0.20	0.20	0.10	0.45～0.70				0.04～0.20			0.04～0.07		
SAl4018	AlSi7Mg			0.05		0.50～0.80		0.10		0.20					
SAl4043	AlSi5	4.50～6.0	0.80		0.05	0.05	—								
SAl4043A	AlSi5(A)		0.60		0.15	0.20			—	0.15	—	余量		0.05	0.15
SAl4046	AlSi10Mg	9.0～11.0	0.50	0.30	0.40	0.20～0.50							0.0003		
SAl4047	AlSi12	11.0～13.0	0.80			0.10				—					
SAl4047A	AlSi12(A)		0.60		0.15			0.20		0.15					
SAl4145	AlSi10Cu4	9.3.～10.7	0.80	3.3～4.7		0.15	0.15			—					
SAl4643	AlSi4Mg	3.6～4.6	0.80	0.10	0.05	0.10～0.30	—	0.10		0.15					

续表 8.7－4

焊丝型号	化学成分代号	化学成分(质量分数)/%													
		Si	Fe	Cu	Mn	Mg	Cr	Zn	Ga、V	Ti	Zr	Al	Be	其他元素	
														单个	合计
铝镁															
SAl 5249	AlMg2Mn0. 8Zr	0. 25	0. 40	0. 05	0. 50～1. 10	1. 60～2. 50	0. 30	0. 20	—	0. 15	0. 10～0. 20	余量	0. 0003	0. 05	0. 15
SAl 5554	AlMg2. 7Mn			0. 10	0. 50～1. 0	2. 40～3. 0	0. 50～0. 20	0. 25		0. 05～0. 20	—				
SAl 5654	AlMg3. 5Ti	Si + Fe	0. 45	0. 05	0. 01	3. 10～3. 90	0. 15～0. 35	0. 20		0. 05～0. 15					
SAl 5654A	AlMg3. 5Ti												0. 0005		
SAl 5754[①]	AlMg3	0. 40	0. 40		0. 50	2. 60～3. 60	0. 30			0. 15			0. 0003		
SAl 5356	AlMg5Cr(A)	0. 25		0. 10	0. 05～0. 20	4. 50～5. 50		0. 10		0. 06～0. 20					
SAl 5356A	AlMg5Cr(A)												0. 0005		
SAl 5556	AlMg5Mn1Ti				0. 50～1. 0	4. 70～5. 50	0. 50～0. 20	0. 25		0. 05～0. 20			0. 0003		
SAl 5556C	AlMg5Mn1Ti												0. 0005		
SAl 5556A	AlMg5Mn				0. 60～1. 0	5. 0～5. 50		0. 20					0. 0003		
SAl 5556B	AlMg5Mn												0. 0005		
SAl 5183	AlMg4. 5Mn0. 7(A)	0. 40			0. 50～1. 0	4. 30～5. 20	0. 05～0. 25	0. 25		0. 15			0. 0003		
SAl 5183A	AlMg4. 5Mn0. 7(A)												0. 0005		
SAl 5087	AlMg4. 5MnZr	0. 25		0. 05	0. 70～1. 10	4. 50～5. 20					0. 10～0. 20		0. 0003		
SAl 5187	AlMg4. 5MnZr												0. 0005		

注：(1)Al 的单值为最小值，其他元素单值均为最大值。

(2)根据供需双方协议，可生产使用其他型号焊丝，用 SAlZ 表示，化学成分代号由制造商确定。

① SAl 5754 中(Mn + Cr)：0. 10～0. 60。

表 8.7-5　焊丝新旧型号对照表

序号	类别	焊丝型号	化学成分代号	GB/T10858—1989	AWS A5.10：1999
1	铝	SAl1070	Al99.7	SAl-2	
2		SAl1080A	Al99.8(A)		
3		SAl1188	Al99.88		ER1188
4		SAl1100	Al99.0Cu		ER1100
5		SAl1200	Al99.0	SAl-1	
6		SAl1450	Al99.5Ti	SAl-3	
7	铝铜	SAl2319	AlCu6MnZrTi	SAlCu	ER2319
8	铝锰	SAl3103	AlMnL	SAlMn	
9	铝硅	SAl4009	AlSi5CuLMg		ER4009
10		SAl4010	AlSi7Mg		ER4010
11		SAl4011	AlSi7Mg0.5Ti		R4011
12		SAl4018	AlSi7Mg		
13		SAl4043	AlSi5	SAlSi-1	ER4043
14		SAl4043A	AlSi5(A)		
15		SAl4046	AlSi10Mg		
16		SAl4047	AlSi12	SAlSi-2	ER4047
17		SAl4047A	AlSi12(A)		
18		SAl4145	AlSi10Cu4		ER4145
19		SAl4643	AlSi4Mg		ER4643
20	铝镁	SAl5249	AlMg2Mn0.8Zr		
21		SAl5554	AlMg2.7Mn	SAlMg-1	ER5554
22		SAl5654	AlMg3.5Ti	SAlMg-2	ER5654
23		SAl5654A	AlMg3.5Ti	SAlMg-2	
24		SAl5754	AlMg3		
25		SAl5356	AlMg5Cr(A)		ER5356
26		SAl5356A	AlMg5Cr(A)		
27		SAl5556	AlMg5Mn1Ti	SAlMg-5	ER5556
28		SAl5556C	AlMg5Mn1Ti	SAlMg-5	
29		SAl5556A	AlMg5Mn		
30		SAl5556B	AlMg5Mn		
31		SAl5183	AlMg4.5M0.7(A)	SAlMg-3	ER5183
32		SAl5183A	AlMg4.5M0.7(A)	SAlMg-3	
33		SAl5087	AlMg4.5MnZr		
34		SAl5187	AlMg4.5MnZr		

表 8.7－6　美国铝及铝合金标准焊丝的化学成分(ANSI/AWS A5.10—92)

焊丝型号	化学成分①、②(质量分数)/%												国内外焊丝型号对照
	Si	Fe	Cu	Mn	Mg	Cr	Ni	Zn	Ti	其他元素		Al	
										单个	总量		
ER1100	③	③	0.05～0.20	0.05	—	—	—	0.10	—	0.05④	0.10	99.0min⑤	
R1100	③	③	0.05～0.20	0.05	—	—	—	0.10	—	0.05④	0.10	99.0min⑤	
ER1188⑥	0.06	0.06	0.005	0.01	0.01	—	—	0.03	0.01	0.01④	—	99.88min⑤	
R1188⑥	0.06	0.06	0.005	0.01	0.01	—	—	0.03	0.01	0.01④	—	99.88min⑤	
ER2319⑦	0.20	0.30	5.8～6.8	0.20～0.40	0.02	—	—	0.10	0.10～0.20	0.05④	0.15	余量	SAlCu
R2319⑦	0.20	0.30	5.8～6.8	0.20～0.40	0.02	—	—	0.10	0.10～0.20	0.05④	0.15	余量	
ER4009	4.5～5.5	0.20	1.0～1.5	0.10	0.45～0.6	—	—	0.10	0.20	0.05④	0.15	余量	
R4009	4.5～5.5	0.20	1.0～1.5	0.10	0.45～0.6	—	—	0.10	0.20	0.05④	0.15	余量	
ER4010	6.5～7.5	0.20	0.20	0.10	0.30～0.45	—	—	0.10	0.20	0.05④	0.15	余量	
R4010	6.5～7.5	0.20	0.20	0.10	0.30～0.45	—	—	0.10	0.20	0.05④	0.15	余量	
R4011i	6.5～7.5	0.20	0.20	0.10	0.45～0.7	—	—	0.10	0.04～0.20	0.05	0.15	余量	
ER4043	4.5～6.0	0.8	0.30	0.05	0.05	—	—	0.10	0.20	0.05④	0.15	余量	SAlSi－1
R4043	4.5～6.0	0.8	0.30	0.05	0.05	—	—	0.10	0.20	0.05④	0.15	余量	
ER4047	11.0～13.0	0.8	0.30	0.15	0.10	—	—	0.20	—	0.05④	0.15	余量	SAlSi－2
R4047	11.0～13.0	0.8	0.30	0.15	0.10	—	—	0.20	—	0.05④	0.15	余量	
ER4145	9.3～10.7	0.8	3.3～4.7	0.15	0.15	0.15	—	0.20		0.05④	0.15	余量	
R4145	9.3～10.7	0.8	3.3～4.7	0.15	0.15	0.15	—	0.20		0.05④	0.15	余量	
ER4643	3.6～4.6	0.8	0.10	0.05	0.10～0.30	—	—	0.10	0.15	0.05④	0.15	余量	
R4643	3.6～4.6	0.8	0.10	0.05	0.10～0.30	—	—	0.10	0.15	0.05④	0.15	余量	
ER5183	0.40	0.40	0.10	0.50～0.10	4.3～5.2	0.05～0.25	—	0.25	0.15	0.05④	0.15	余量	SAlMg－3
R5183	0.40	0.40	0.10	0.50～0.10	4.3～5.2	0.05～0.25	—	0.25	0.15	0.05④	0.15	余量	

续表 8.7－6

焊丝型号	化学成分①,②（质量分数）/%												国内外焊丝型号对照
	Si	Fe	Cu	Mn	Mg	Cr	Ni	Zn	Ti	其他元素		Al	
										单个	总量		
ER5356	0.25	0.40	0.10	0.50～0.20	4.5～5.5	0.05～0.20	—	0.10	0.06～0.20	0.05④	0.15	余量	SAlMg－1
R5356	0.25	0.40	0.10	0.50～0.20	4.5～5.5	0.05～0.20	—	0.10	0.06～0.20	0.05④	0.15	余量	
ER5554	0.25	0.40	0.10	0.50～0.10	2.4～3.0	0.05～0.20	—	0.25	0.05～0.20	0.05④	0.15	余量	SAlMg－1
R5554	0.25	0.40	0.10	0.50～0.10	2.4～3.0	0.05～0.20	—	0.25	0.05～0.20	0.05④	0.15	余量	
ER5556	0.25	0.40	0.10	0.50～0.10	4.7～5.5	0.05～0.20	—	0.25	0.05～0.20	0.05④	0.15	余量	SAlMg－5
R5556	0.25	0.40	0.10	0.50～0.10	4.7～5.5	0.05～0.20	—	0.25	0.05～0.20	0.05④	0.15	余量	
ER5654	⑧	⑧	0.05	0.01	3.1～3.9	0.15～0.35	—	0.20	0.05～0.15	0.05④	0.15	余量	SAlMg－2
R5654	⑧	⑧	0.05	0.01	3.1～3.9	0.15～0.35	—	0.20	0.05～0.15	0.05④	0.15	余量	
R－206.0i⑨	0.10	0.15	4.2～5.0	0.20～0.50	0.15～0.35	—	0.05	0.10	0.15～0.30	0.05	0.15	余量	
R－C355.0	4.5～5.5	0.20	1.0～1.5	0.10	0.40～0.6	—	—	0.10	0.20	0.05	0.15	余量	
R－A356.0	6.5～7.5	0.20	0.20	0.10	0.25～0.45	—	—	0.10	0.20	0.05	0.15	余量	
R－357.0	6.5～7.5	0.15	0.05	0.03	0.45～0.6	—	—	0.05	0.20	0.05	0.15	余量	
R－A357.0	6.5～7.5	0.20	0.20	0.10	0.40～0.7	—	—	0.10	0.04～0.20	0.05	0.15	余量	

注：① 本表中指名并限定其含量的焊丝各元素应予分析。如分析时发现有其他元素存在，则其含量应予测定且不应超过“其他元素”栏目中的限值。

② 单个值表示最大值，除该处另有说明。

③（Si＋Fe）不得超过 0.95%。

④（Be）不得超过 0.0008%。

⑤ 非合金铝的 w(Al)为 100% 减去单个 w(Al)在 0.01% 或 0.01% 以上的所有其他金属元素含量之和，在确定此和值前，所有其他金属元素含量要表示到小数点后面两位。

⑥ w(V)最大值为 0.05%，w(Ga)最大值为 0.03%。

⑦ w(V)范围为 0.05%～0.15%，w(Zr)含量范围为 0.10%～0.25%。

⑧ w(Si＋Fe)不得超过 0.45%。

⑨ w(Sn)不超过 0.05%。

⑩ w(Be)范围为 0.04%～0.07%。

⑪ 国内外牌号近似相当。

8.8 钛及钛合金的焊接

8.8.1 钛及钛合金的焊接性分析

钛及钛合金由于其独特的物理特性，它的焊接性能也不好，对焊接工艺、焊接保护、焊前准备及焊接材料的选择均要求较高、较严。即使如此，在焊接过程中还是经常出现质量问题。

1. 间隙元素沾污引起的脆化

钛是一种活性金属，常温下能与氧生成致密的氧化膜而保持高的稳定性和耐腐蚀性。540℃以上生成的氧化膜则不致密。高温下钛与氧、氮、氢反应速度较快，钛在300℃以上快速吸氢，600℃以上快速吸氧，700℃以上快速吸氮，在空气中钛的氧化过程很容易进行。

焊接时刚凝固的焊缝金属和高温近缝区，不管是正面还是背面，如果不能受到有效的保护，必将引起塑性下降。液态的熔池和熔滴金属若得不到有效保护，则更容易受空气等杂质的沾污，脆化程度更严重。

1）氧和氮的影响

氧在α钛中的最大溶解度为14.5%(原子)，在β钛中为1.8%(原子)；氮则分别为7%和2%(原子)。氧和氮间隙固溶于钛中，使钛晶格畸变，变形抗力增加，强度和硬度增加，塑性和韧性降低，氮比氧的影响更甚。

随着氩气中氧、氮含量的增加，焊缝硬度增加，一般来说，焊缝中氧、氮含量增加是不利的，应设法避免。

2）氢的影响

氢对工业纯钛焊缝和焊接接头力学性能的影响，是使焊缝金属的脆性转变温度升高。随氢含量增加，焊缝金属冲击韧度急剧降低，而塑性下降较少，这是氢化物引起的脆性。

3）碳的影响

常温时，碳在α钛中的溶解度(质量分数)为0.13%，碳以间隙形式固溶于α钛中，使强度提高、塑性下降，但作用不如氮、氧显著。碳量超过溶解度时生成硬而脆的TiC，网状分布，易于引起裂纹。国家标准规定，钛及其合金中w(C)不得超过0.1%，焊接时，工件及焊丝上的油污能使焊缝增碳，因此焊前应注意清理。

从以上分析可看出，由于钛的活性强，气焊和手弧焊均不能满足焊接质量要求。熔焊时需要用惰性气体或真空进行保护。结构复杂或焊缝为空间曲线难以进行有效保护的零件可在充氩箱内焊接。

2. 焊接相变引起的性能变化

由于钛的熔点高，比热及热导系数小，冷却速度慢，焊接热影响区在高温下停留时间长，使高温β晶粒极易过热粗化，接头塑性降低。

1）α合金

工业纯钛，TA7和耐蚀合金Ti-0.2Pd是典型的α合金。这类合金焊缝和热影响区为锯齿状α和针状α组织，如图8.8-1所示。

这类合金焊接性良好，在所有钛合金中它的焊接性最好。用钨极氩弧焊填加同质焊丝或不填加焊丝，在保护良好的条件下焊接接头强度系数接近100%，接头塑性稍差。

2）α+β合金

它的最大特点是可热处理强化。目前我国应用的这类合金主要有TC1、TC4和TC10三种。这类合金室温平衡组织为α+β。TC1合金退火状态下β相含量很少，焊接性良好，焊

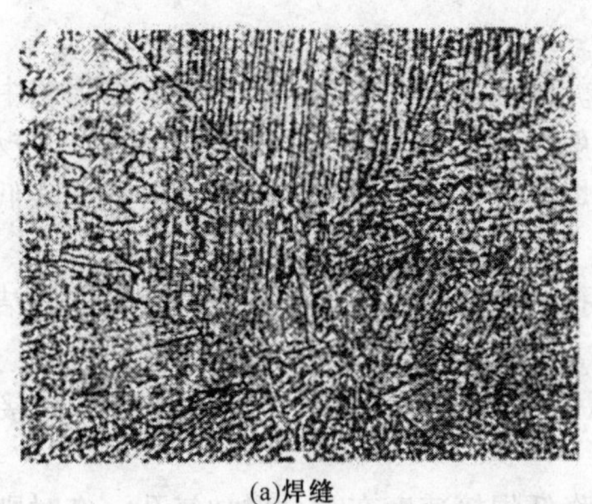
(a)焊缝

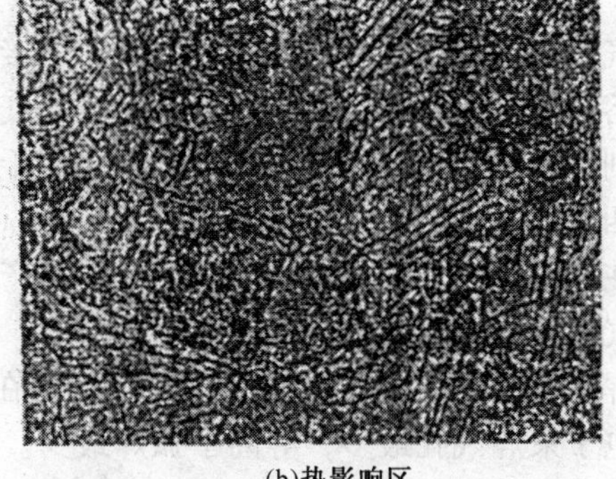
(b)热影响区

图 8.8－1　TA2 工业纯钛焊缝和热影响区组织

接时冷却速度以 12～150℃/s 为宜。TC4 合金以 α 相为主，β 相较少。加热到 β 相转变温度(996℃ ±14℃)以上温度快冷量 $\beta_0 \to \alpha'$，α′为钛过饱和针状马氏体，晶粒粗大的原始 β 相晶界清晰可见，焊接接头塑性，特别是断面收缩率较低，但断裂韧度较高，一般可提高 20%。TC4 合金多为退火状态下使用，为提高强度，可淬火状态下焊接，焊后时效，TC4 合金退火状态下焊接时接头强度系数可达 100%，接头塑性约为母材的一半。TC4 合金焊接时合适的冷速为 2～40℃/s，比 TC1(12～150℃/s)和 TA7(10～200℃/s)小得多。这是由于合金化程度高、晶粒长大倾向小，而过大的冷速会使 α′更细、更多，塑性降低也多的缘故。根据上述分析可知，TC4 合金焊接时可以采用较大的热输入，而不宜采用太小的热输入。

TC10 合金是一种高强度、高淬透性合金，由于合金元素含量较高，焊接性较差，厚 12mm 的 TC10 合金焊接时会出现热影响区裂纹。预热 250℃可预防裂纹并能提高接头塑性。

3) β 合金

这类合金又可分为亚稳 β 合金和稳定 β 合金两种，亚稳 β 合金 TB2 平衡组织为 β 加极少量 α 相，容易得到亚稳 β 相，焊后热处理时析出 α 相，容易引起脆性。TB2 合金抗拉强度可达 1320MPa，焊后进行 520～580℃、8h 时效处理，接头强度可达 1180MPa，伸长率可达 7%，而经 500℃、8h 或 620℃、0.5h 时效处理抗拉强度可达 1080MPa，伸长率可达 13%。

3. 裂纹

由于钛及钛合金中 S、P、C 等杂质很少，低熔点共晶很难在晶界出现，有效结晶温度区间窄，加之焊缝凝固时收缩量小，因此很少出现焊接热裂纹。但如果母材和焊丝质量不合格，特别是焊丝有裂纹、夹层等缺陷，在裂纹、夹层处存在大量的有害杂质时，则有可能出现焊接热裂纹，因此要特别注意焊丝质量。

焊接时，保护不良或 α＋β 合金中含 β 稳定元素较多时会出现热应力裂纹和冷裂纹。加强焊接保护，防止有害杂质沾污和焊前预热、焊后缓冷可以减少甚至消除热应力裂纹和冷裂纹。

钛合金焊接时，热影响区可能出现延迟裂纹，这与氢有关。焊接时由于熔池和低温区母材中的氢向热影响区扩散，引起热影响区氢含量增加，加上此处不利的应力状态，结果会引起裂纹。

随焊缝金属氢含量的增加，形成起源于气孔的裂纹时间减少，因此，应在力所能及的条件下降低焊接接头氢含量。另外残余应力也起较大作用，故应及时进行消除应力处理。

氢化钛会引起裂纹，正常氢含量的钛及其合金焊接时一般不会出现氢化钛。薄壁的 α＋β 钛合金用工业纯钛作填充材料时也不会出现氢化钛。厚板 α＋β 钛合金多层焊时，若用工业纯钛作填充材料则可能出现氢化钛并引起氢脆，因此后一情况应避免。

4. 气孔

气孔是钛及钛合金焊接时最常见的焊接缺陷。原则上气孔可以分为两类：即焊缝中部气孔和熔合线气孔。在焊接热输入较大时，气孔一般位于熔合线附近；在焊接热输入较小时，气孔则位于焊缝中部。气孔的影响主要在于降低焊接接头疲劳强度，能使疲劳强度降低一半甚至四分之三。

在一般情况下，金属中溶解的氢不是产生气孔的主要原因。焊丝和坡口表面的清洁度是影响气孔的最主要因素。

焊接方法不同，气孔敏感性也不同。在氩弧焊、等离子弧焊和电子束焊三种焊接方法中，电子束焊气孔最多，等离子弧焊最少。

焊接工艺参数对气孔的影响有时是矛盾的。降低焊接速度有时会增加气孔，有时则可减少气孔。有时慢冷可减少气孔，但有时快冷也可减少气孔。这主要是由于熔池停留时间增加使气泡浮出和周围气体扩散促使气泡长大这两个过程同时存在并影响气孔的产生所致。

8.8.2 焊接材料和焊接工艺

1. 焊接材料

1）填充金属

一般来说，钛及钛合金焊接时，填充金属与母材的标准成分相同。为改善接头的韧性、塑性，有时采用强度低于母材的填充金属，例如用工业纯钛 TA1、TA2 作填充金属焊接 TA7 和厚度不大的 TC4，用 TC3 焊 TC4。为了改善焊缝的韧性、塑性，填充金属的间隙元素含量较低，一般只有母材的一半左右。填充丝直径 1 ~ 3mm。焊前焊丝应认真清理，去除拉丝时附着的润滑剂，也可用硝酸氢氟酸水溶液清洗，以确保表面清洁。

2）保护气体

一般用氩气，只有在深熔焊和仰焊位置焊接时，有时才用氦气，前者为增加熔深，后者为改善保护。为保证保护效果，一般采用一级纯氩[$\varphi(Ar) \geqslant 99.99\%$]，其露点低于 -60℃。由于橡皮软管会吸气，一般不采用，多用环氧基或乙烯基塑料软管输送保护气体。

2. 焊前清理

焊接前，待焊区及其周围必须仔细清理，去除污物并干燥。

1）除油脂

金属表面无氧化皮时，仅需除油脂，有氧化皮时应先除氧化皮后除油脂。对油污、油脂、油化、挂印等污染物可采用适当的溶剂清洗，最常用的是 3% 氢氟酸 - 35% 水溶液，温度为室温，时间为 10min 左右，酸洗后用清水冲洗、烘干。当存在应力腐蚀危险时，不能用自来水冲洗，而用不含氯离子的清水冲洗。

2）除氧化皮

在 600℃以上形成的氧化皮很难用化学方法清除，可用不锈钢丝刷或锉刀清理，也可用喷丸或蒸汽喷砂进行清理，也可采用磨削，此时应采用碳化硅砂轮。用上述方法进行机械清理后，一般接着进行酸洗，以确保无氧化皮和油脂污染。

3. 焊接工艺

钛和钛合金较适宜的焊接方法有：熔化极氩弧焊、等离子弧焊、真空电子束焊、激光焊、高频焊以及摩擦焊、扩散焊、钎焊、电阻点焊和缝焊等等。在焊接过程中，对焊接区实施有效的氩气保护是十分必要的。

8.8.3. 焊接缺陷及补焊工艺

1. 焊接缺陷

1）气孔

焊缝气孔很难完全消除，往往根据工作需要对气孔尺寸、数量和分布等加以限制。预防气孔的措施主要从下述方面考虑：

(1) 材料及表面处理

① 保护气一般使用一级氩气，纯度为99.99%以上。

② 焊丝不允许有裂纹、夹层，临焊前焊丝最好进行真空热处理、酸洗，至少也要进行机械清理。

③ 焊件表面，特别是对接端面状态非常重要，对接端面如果不能进行铣刨、刮削等机械加工，最好临焊前进行酸洗。酸洗到焊接的时间一般不应超过2h，否则需要放到洁净、干燥的环境内储存，储存时间不超过120h。

④ 横向刨、锤击和滚压端面，产生横向沟槽，可比不带沟槽的气孔明显减少，其中滚压法生产率最高，刨的端面焊接时需填丝，否则焊缝凹陷。

⑤ 焊前热清理可明显减少气孔，氩弧焊时可用电弧热清理，电子束焊时可用电子束散焦预先加热，也可用感应加热到700~1000℃。

(2) 焊接方法和工艺

① 氩弧焊时，采用脉冲焊可明显减少气孔，通断比以1∶1为好。

② 采用等离子弧焊接，特别是脉冲等离子弧焊接比用氩弧焊气孔少。

③ 增加熔池停留时间便于气泡逸出，可有效地减少气孔。

④ 用电磁、超声和冶金方法强化熔池去气可有效地减少气孔，其中最有效的是冶金方法，即用$AlCl_3$、$MnCl_2$或CaF_2等涂于焊接坡口上，溶剂数量一般为$1mg/cm^2$。

⑤ 对接坡口留间隙0.2~0.5mm可明显减少气孔。

⑥ 电子束焊接时，用摆动和旋转电子束的方法可显著减少气孔。

⑦ 在钨极氩弧焊填丝焊接时，使焊丝距熔池一定高度导入，使焊丝熔化后不直接进入熔池，而是在电弧区下落，起到熔滴净化去气作用，可明显减少气孔。

2) 未焊透

未焊透是氩弧焊易出现的焊接缺陷，这与电弧特性有关。电弧张角大(约45°)，弧长少量变化会引起工件加热面积较大变化。自动氩弧焊时最好使用弧长自动调节装置，保持弧长变化在±0.15mm以内，电弧电压波动在±0.1V范围以内。由于钛的密度小，液态表面张力大，故烧穿的可能性比钢小，可用稍大的工艺参数焊接。采用背面加垫板也可预防未焊透。

3) 钨夹杂

手工氩弧焊时，因操作不慎可能产生钨夹杂，自动焊时，为增加熔深，有时采用“潜弧焊”工艺，引弧出现弧坑后，下降机头和焊炬使钨极尖端处在工件表面以下，此时一旦断弧而又未及时提高钨极，弧坑周围的液态金属填平弧坑、埋住钨极尖，熔池凝固后形成钨夹杂。

4) 焊缝背面回缩

焊缝背面回缩是由于熔池表面线力大、钛的密度小和坡口尺寸不合适所致。焊缝上表面的表面张力在垂直方向上的分量大于熔池自重和电弧压力时引起背面回缩，背面气压过高也会引起回缩。前者可用阶梯形或浅U形坡口来减少表面张力在垂直方向的分量和增加钝边尺寸以增加熔池自重来解决，后者则用减少背面保护气量以降低压力来避免。

5) 保护不良引起的缺陷

在保护不良时，氧、氮等进入焊缝及近缝区引起冶金质量变坏。焊缝和近缝区颜色是保护效果的标志，银白色表示保护效果最好，淡黄色为轻微氧化，是允许的。表面颜色一般应符合表8.8-1的规定。焊缝的背面保护有时被忽视，实际上背面保护与正面保护同样重要。

表 8.8-1　焊缝和近缝区表面颜色与接头质量的关系

表面颜色	保护效果	污染程度	接头质量	冷弯角/(°)
银白	良好	小 ↑ ↓ 大	良好	110
金黄	尚好		合格	88
深黄	尚好		合格	70
浅蓝	较差		不合格	66
深蓝	差		不合格	20
暗灰	极差		不合格	0

2. 补焊工艺

当保护不良表面颜色超过规定时，虽然重熔可使焊缝变成银白色，焊缝成形也好，但这是绝对不允许的。此时氧、氮不仅不会减少，还会由于表面富氧、富氮层熔入焊缝内部，使焊缝氧、氮含量增加，韧性、塑性显著降低。此时应将保护不良的这层焊缝加工掉，重新焊接。近缝区的氧化、氮化层也应用砂纸等清理干净。

钨夹杂、裂纹和超过标准规定的气孔应按照 X 射线检验所确定的位置来除掉，经检查无缺陷后再进行补焊。补焊处仍需探伤检查。

未焊透如果能从焊缝背面进行补焊，最好在背面进行，例如球形容器可用加工成特殊形状的钨极伸向球内背面焊缝处进行补焊，补焊次数一般不超过两次。

8.8.4　焊后热处理

焊后热处理的目的在于消除应力、稳定组织和获得最佳的物理-力学性能。真空热处理还可以降低氢含量和防止工件表面氧化。根据合金成分、原始状态和结构使用要求可分别进行退火、时效或淬火-时效处理。

由于钛及其合金活性强，在高于540℃大气介质中热处理时，表面生成较厚的氧化层，硬度增加、塑性降低，为此需进行酸洗。为防酸洗时增氢应控制酸洗温度，一般应在40℃以下。

1. 退火

适用于各类钛及其合金，并且是α钛和β钛合金唯一的热处理方式。

α钛和稳定β钛合金对退火后的冷却速度不敏感，而α+β合金，特别是过渡型合金对冷却速度很敏感，后者要以规定速度冷却到一定温度，然后空冷或分阶段退火。为保证其热稳定性，开始空冷的温度不应低于使用温度。钛合金焊接接头推荐的退火温度如表 8.8-2 所示，退火时间由焊件厚度而定，不超过 1.5mm 取 15min，1.6~2.0mm 取 20min，2.1~6.0mm 取 25min，6~20mm 取 60min，20~50mm 取 120min。采用上述参数可完全消除内应力并能保证较高的强度，而且空冷时不产生或少产生马氏体，故塑性也好。完全退火由于温度较高，需在真空或在氩气介质中进行，否则其表面受空气沾污严重。

不完全退火在较低温度下进行，因此可在大气中进行。由于空气沾污轻微，故可用酸洗除去。不完全退火温度范围如表 8.8-3 所示。退火时间根据焊件厚度不同可在 1~4h 变化。

表 8.8-2　钛及其合金退火温度

材料	TA1、TA2	TA6、TA7	TC1、TC2	TC3、TC4	TB2
退火温度/℃	550~680	720~820	620~700	720~800	790~810

表 8.8－3　钛及其合金不完全退火温度

材料	TA1、TA2	TA6、TA7、TC4	TC1、TC2	TC3
退火温度/℃	450～490	550～600	570～610	550～650

TC4 合金退火参数对应力消除效果的影响如图 8.8－2 所示。从该图可看出，提高温度和增加时间均可减少应力，其中提高温度的效果更显著。应力测定结果表明，厚 4mm 板材纵向拉应力峰值为 360MPa，经 550℃、4h 和 600℃、2h 处理后分别降低 55% 和 73%，说明图 8.8－2 与实际基本相符。

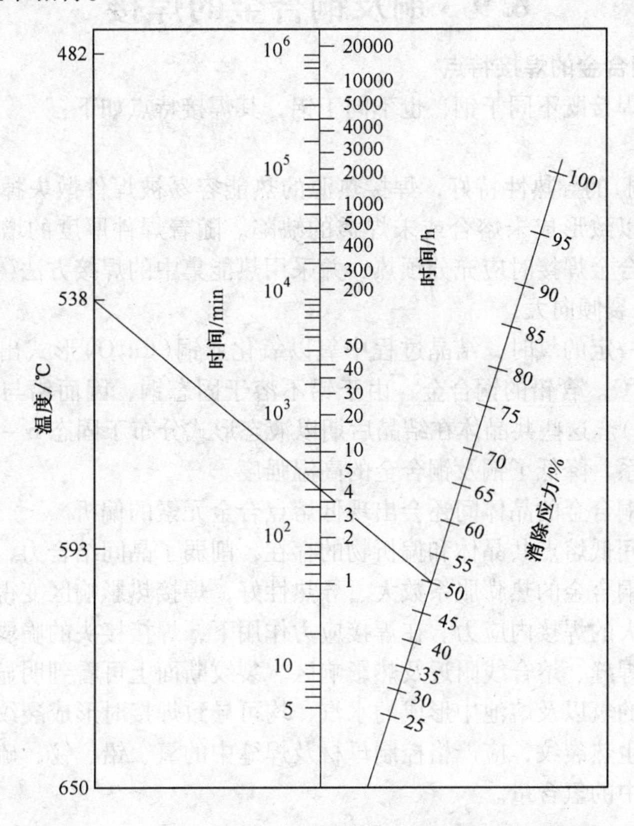

图 8.8－2　TC4 合金应力消除效果与温度和时间的关系

2. 淬火－时效处理

这是一种强化热处理，其原理是在高温快冷时保留亚稳定的 β、α′相，在随后时效时析出 α 和 β 相的弥散质点，形成平衡的 α＋β 组织。而在低温（＜500℃）时效时，某些钛合金可能生成 ω 相。选择热处理工艺参数时应避免生成 ω 相，以防出现脆性。α＋β 钛合金随淬火温度的提高，接头强度提高而塑性降低。采用这种热处理的困难在于大型结构淬火困难，在固溶温度下大气中保温时氧化严重，淬火变形也难以校正。除结构简单的压力容器有时采用这种热处理工艺外，一般很少使用。

许多钛合金焊接热循环起到局部淬火的作用，因此焊后一般可不再进行淬火处理。为保证基体金属的强度，采用焊前淬火、焊后时效处理。时效制度对板材和焊接接头力学性能的影响如表 8.8－4 所示。从表 8.8－4 可知，经 550℃、4h 及 600℃、2h 时效处理后，焊接接头力学性能基本相同，而基体金属的强度 550℃，4h 时效比 600℃、2h 时效高 34MPa，塑性基本一样。在焊接区可加厚的条件下，从力学性能，特别是从强度考虑，用 550℃、4h 比用 600℃、2h 时效更合适。

表 8.8-4 时效制度对TC4合金板材和焊接接头力学性能的影响

时效制度	材料	抗拉强度/MPa	屈服强度/MPa	伸长率/%
550℃、4h	焊接接头	1005	956	7.0
	板材(横向)	1072	983	11.2
	板材(纵向)	1189	1128	12.4
600℃、2h	焊接接头	1009	960	7.1
	板材(纵向)	1155	1103	13.6

8.9 铜及铜合金的焊接

8.9.1 铜及铜合金的焊接特点

铜及铜合金的焊接既不同于钢，也不同于铝，其焊接特点如下：

1）导热性好

铜(尤其是纯铜)的导热性特好，焊接热源的热能容易被焊件散失掉，往往出现焊缝处得不到充分熔化，以致形成未熔合或未焊透的缺陷。随着焊件厚度的增加，这一情况越严重。因此，铜及铜合金焊接时应充分预热，并采用热能集中的焊接方法(如氩弧焊)。

2）焊接接头热裂倾向大

焊接熔池中有一定的氧时，结晶过程中氧以氧化亚铜(Cu_2O)形式出现，并与α-铜共晶，其熔点为1064℃。含铅的铜合金，由于铅不溶于固态铜，因而铅与铜形成低熔点共晶体(熔点约为326℃)。这些共晶体在结晶后期以液态形式分布于固态α-铜晶粒的边界，割断了晶粒之间的联系，降低了铜及铜合金的高温强度。

此外，在某些铜合金的晶体间还会出现低熔点合金元素的偏析。

焊缝金属晶粒间低熔点共晶体和偏析物的存在，削弱了晶间结合力，使焊缝的塑性显著下降。再加上铜及铜合金的热膨胀系数大、导热性好，焊接热影响区变得很宽，在焊缝冷却过程中必将产生较大的焊接内应力。在焊接应力作用下，焊接接头的脆弱部分便容易形成裂纹。裂纹常出现在焊缝、熔合线附近及热影响区。裂纹断面上可看到明显的氧化色。

铜及其合金中的氢以及熔池中形成的水汽，均可导致焊接时形成裂纹。

为防止焊接产生热裂纹，应严格控制母材及焊缝中的氧、铅、铋、硫等有害杂质，还应尽量减少焊接熔池中的氢含量。

3）易生成气孔

纯铜焊缝中的气孔主要是氢引起的。当铜中含有一定量的氧或一氧化碳时，也可能由水汽及二氧化碳引发气孔。气孔多分布于焊缝中部及熔合线附近。

铜合金焊接时的气孔倾向性比纯铜大得多.

4）接头的力学性能降低

铜合金焊接时会发生铜的氧化及合金元素的挥发、烧损。铜氧化后生成的氧化亚铜处于晶粒边界，削弱了金属间的结合力。合金元素烧损后形成脆硬的夹杂物(如Al_2O_2等)，降低了接头的强度、塑性、耐蚀性及导电性．铜及铜合金在焊接过程中没有相变，所以焊缝和热影响区的晶粒相当粗大，一定程度上降低了接头的力学性能。纯铜焊接接头的强度约为母材金属的80%~90%，延伸率和冷弯角的下降尤为明显。

8.9.2 铜及铜合金焊接方法的选择

铜及铜合金焊接用得最广泛的方法还是熔化焊。表8.9-1对几种常用的焊接方法进行了比较，可根据不同材料、不同厚度进行选择。最值得注意的是：因为铜及其合金导热快，焊接时应选择大功率、高能束的熔焊热源，热效率越高，能量越集中越有利。

表 8.9-1　铜及铜合金熔焊方法比较

焊接方法（热效率 η）	纯铜	黄铜	锡青铜	铝青铜	硅青铜	白铜	简要说明
钨极气体保焊（0.65~0.75）	好	较好	较好	较好	较好	好	用于薄板（小于 12mm），纯铜、黄铜、锡青铜、白铜采用直流正接，铝青铜用交流，硅青铜用交流或直流
熔化极气体保护焊（0.70~0.80）	好	较好	较好	好	好	好	板厚大于 3mm 可用，板厚大于 15mm 优点更显著，电源极性为直流反接
等离子弧焊（0.80~0.90）	较好	较好	较好	较好	较好	好	板厚在 3~6mm 可不开坡口，一次焊成，最适合 3~15mm 中厚板焊接
焊条电弧焊（0.75~0.85）	差	差	尚可	较好	尚可	好	采用直流反接，操作技术要求高，适用板厚 2~10mm
埋弧焊（0.80~0.90）	较好	尚可	较好	较好	较好	—	采用直流反接，适用于 6~30mm 中厚板
气焊（0.30~0.50）	尚可	较好	尚可	差	差	—	易变形，成形不好，用于厚度小于 3mm 的不重要结构中
碳弧焊（0.50~0.60）	尚可	尚可	较好	较好	较好	—	采用直流正接，电流大、电压高，劳动条件差，目前已逐渐被淘汰，只用于厚度小于 10mm 的铜件

8.9.3　铜及铜合金焊接材料的选择

1）焊丝

熔焊用焊丝除应满足一般的工艺和冶金要求外，最重要的是控制其杂质含量和提高其脱氧能力，以避免焊接时产生热裂纹和气孔。我国常用的焊丝标准牌号及化学成分见表 8.9-2，国内外用于气体保护焊的铜合金焊丝见表 8.9-3。

表 8.9-2　国产铜及铜合金标准焊丝

牌号	名称	主要化学成分（质量分数）/%	熔点/℃	主要用途
HSCu	特别纯铜焊丝	Sn-1.1，Si-0.4，Mn-0.4，Cu 余量	1050	纯铜氩弧焊或气焊（和焊剂 CJ301 配用），埋弧焊（和焊剂 431 或 150 配用）
HSCu	低磷铜焊丝	P-0.3，Cu 余量	1060	纯铜气焊或碳弧焊
HSCuZn-2	锡黄铜焊丝	Cu-59，Sn-1，Zn 余量	886	黄铜气焊或惰性气体保护焊，铜及铜合金钎焊
HSCuZn-3	锡黄铜焊丝	Cu60，Sn-1，Si-0.3，Zn 余量	890	黄铜气焊，碳弧焊，铜，白铜，钢，灰口铸铁等钎焊
HSCuZn-4	铁黄铜焊丝	Cu-58，Sn-0.9，Si-0.1，Fe-0.8，Zn 余量	860	黄铜气焊，碳弧焊，铜，白铜，灰口铸铁等钎焊
HSCuZn-5	硅黄铜焊丝	Cu-62，Si-0.5，Zn 余量	905	黄铜气焊，碳弧焊，铜，白铜，灰口铸铁等钎焊
非国标牌号（SCuAl）	铝青铜焊丝	Al7~9，Mn≤2.0，Cu 余量		铝青铜的 TIG 和 MIG 焊，或用作焊条电弧焊用焊芯
非国标牌号（SCuSi）	硅青铜焊丝	Si2.75~3.5Mn1.0~1.5Cu 余量		硅青铜及黄铜的 TIG，MIG 焊，或用作焊条电弧焊用焊芯
非国标牌号（SCuSn）	锡青铜焊丝	Sn7~9，P0.15~0.35，Cu 余量		锡青铜的 TIG 焊或手工焊用焊芯

表 8.9－3 国内外用于气体保护焊铜合金焊丝

焊丝种类	牌号(国别)	主要成分(质量分数)/%	主要用途	备注
纯铜	ECu Rcu(美)	(Cu＋Ag)≥98.8，Sn1.0Mn0.5，Si0.5，P0.15	纯铜(TIG 焊)(MIG 焊)	E－MIG 用
黄铜	ЛОК59－0－0.3(俄)	Sn0.7～1.1，Si0.2～0.4，其余 Cu	黄铜(各种焊接方法)	R－TIG 用或焊条芯用
硅青铜	EcuSi(美)	Si2.8～4.0，Sn1.5，Mn0.5，Fe0.5，其余(Cu＋Ag)	硅青铜，小厚度黄铜(MIG 焊)	
锡青铜	ECuSn－A RCuSn－A(美)	Sn4.0～9.0，P0.1～0.35，其余(Cu＋Ag)	Sn＜8% 的锡青铜(TIG)，锡青铜，低锌黄铜(手弧焊)	
青铜	ърнцрт(前苏)	Ni0.5～0.8，Zr1.4～1.6，Ti0.1～0.2 其余 Cu	青铜(气保护焊)	
铝青铜	ECuAl－A2RCuAL－A2(美)	Fe1.5，Al7.0～11.0，其余(Cu＋Ag)	铝青铜(MIG，TIG)铝青铜，硅青铜，低锌黄铜(焊条电弧焊)	
白铜	中国非标准	Ni3～3.5，Ti0.1～0.3，Si0.2～0.3，Mn0.2～0.3，Fe＜0.5，其余 Cu	白铜，青铜(气保护焊)	
白铜	ECuNi RCuNi(美)	Mn1.0，Fe0.6，Si0.5，(Ni＋Co)≥29.0Ti0.6，其余(Cu＋Ag)	白铜(MIG，TIG 手弧焊)	
白铜	MHЖKT 5－1－0.2－2.2(俄)	NI5～5.5，Fe1.0～1.4，Si0.15～0.3，Ti0.1～0.3，Mn0.3～0.8，其余 Cu	白铜，异种铜合金，铜－钢异种接头(气电焊)	

2）焊剂

由于不同的焊接方法其热源的功率和温度差异较大，使用的焊剂也不同。铜和铜合金埋弧焊、电渣焊时，可借用低碳钢焊接时用的焊剂；有些单位使用气体熔剂，效果也很好。表 8.9－4 列出了铜和铜合金气焊碳弧焊用的焊剂。

表 8.9－4 铜和铜合金气焊碳弧焊用焊剂

牌号		化学成分(质量分数)/(%)						熔点/℃	应用范围
		$Na_2B_4O_7$	H_3BO_3	NaF	NaCl	KCl	其他		
标准	CJ301	17.5	77.5	—	—	—	$ALPO_4$5	650	铜和铜合金气焊，钎焊
标准	CJ401	—	—	7.5～9	27～30	49.5～52	LiAl13.5～15	560	青铜气焊
非标准	1	20	70	10	—	—	—	—	铜和铜合金的气焊及碳弧焊通用
非标准	2	56	—	—	22	—	$K_2CO_3$22	—	铜和铜合金的气焊及碳弧焊通用
非标准	3	68	10	—	20	—	碳粉 2	—	铜和铜合金的气焊及碳弧焊通用
非标准	4	LiCl15	—	KF7	30	45	$Na_2CO_3$3	—	铝青铜气焊用

3)焊条

目前应用较多的是青铜焊条。常用的焊条见表 8.9－5。

表 8.9－5 铜与铜合金焊条

国标	药皮类型	焊接电源	焊缝主要成分（质量分数）/%	焊缝金属性能	主要用途
ECu	低氢型	直流反接	纯铜 Cu＞99	$\sigma_b \geq 176$MPa a＞120	在大气及海水介质中具有良好的耐蚀性，用于焊接脱氧或无氧铜结构件
ECuSi	低氢型	直流反接	硅青铜：Si－3 Mn＜1.5 Sn＜1.5 Cu 余量	$\sigma_b \geq 340$MPa $\delta_5 > 20\%$ HV110～130	适用于纯铜，硅青铜及黄铜的焊接，以及化工管道等内衬的堆焊
ECuSnB	低氢型	直流反接	Sn－8 磷青铜 P≤0.3 Cu 余量	$\sigma_b \geq 270$MPa $\delta_5 > 20\%$ HV80～115	适用于焊纯铜，黄铜，磷青铜，堆焊磷青铜轴衬，船舶推进器叶片等
ECuAl	低氢型	直流反接	Al－8 铝青铜 Mn≤2 Cu 余量	$\sigma_b \geq 410$MPa $\delta_5 > 15\%$ HV120～160	用于铝青铜及其他铜合金，铜合金与钢的焊接以及铸件焊补

8.10 异种金属的焊接

异种金属是指那些不同元素的金属，其物理性能、化学性能等有显著的差异。因此，异种金属的焊接比同种金属的焊接要复杂得多。

8.10.1 异种金属焊接的特殊性

1）难以形成理想的焊接接头

相焊金属的熔点、热导率、比热容、线膨胀系数及电磁性能等有较大差异时，则难以形成理想的焊接接头。

2）焊接方法受到限制

熔焊方法是最常用的方法。但若相焊金属的熔点相差较大，就不能采用熔焊法，如铜与铝或铝合金的焊接。

3）不均匀性问题较突出

异种金属相焊时，母材的化学成分、力学性能不同，以及母材与焊缝金属的化学成分、力学性能也不同，由此导致的焊接接头化学成分、力学性能的不均匀性是显而易见的。

4）界面组织的不稳定性

异种金属焊接时，在母材与焊缝之间存在一个过渡区。过渡区的化学不均匀性，导致其组织的不均匀性和不稳定性。

5)焊接变形难控，残余应力难以消除

因异种金属的物理性能相差较大，焊接时的变形会五花八门，焊接残余应力也会比较大，而且不好采用热处理方式消除。

8.10.2 焊接材料的选择

部分异种金属相焊时焊接材料的选用参见表 8.10－1～表 8.10－6。

表 8.10-1 碳钢、不锈钢、镍基合金异种金属相焊时焊接材料的选用(供参考)

金属	纯镍	蒙乃尔 400	蒙乃尔 K500	inconel 600	incolly 800	不锈钢	碳钢	70/30 铜镍合金	海氏合金 B	海氏合金 C	备注
纯镍	ERNi-1 ENi-1	ERNi-1 ERNiCu-7	ERNi-1 ERNiCr-3	ERNi-1 ERNiCr-3	ERNi-1 ERNiCr-3	ERNi-1 ERNiCr-3 ERNiCrFe-6	ERNi-1	ERNi-1 ERCuNi	ERNiCr-3 ERNiCrFe-6	ERNiCr-3 ERNiCrFe-6	
蒙乃尔 400	ENi-1 ENiCu-7	ERNiCu-7 ENiCu-7	ERNiCu-7	ERNiCr-3 ERNiCrFe-6	ERNiCr-3 ERNiCrFe-6	ERNi-1	ERNi-1	ERNiCu-7	ERNiCu-7	ERNiCr-3 ERNiCrFe-6	
蒙乃尔 K500	ENiCu-7	ENiCu-7	ENiCu-7	ERNiCr-3 ERNiCrFe-6	ERNiCr-3 ERNiCrFe-6	ERNiCr-3 ERNiCrFe-6	ERNi-1	ERNiCu-7	ERNiCu-7	ERNiCr-3 ERNiCrFe-6	
inconel600	ENi-1 ENiCrFe-2 ENiCrFe-3	ENiCrFe-2 ENiCrFe-3	ENiCrFe-2 ENiCrFe-3	ERNiCrFe-6 ERNiCr-3 ENiCrFe-1 或 3	ERNiCr-3 ERNiCrFe-6	ERNiCr-3 ERNiCrFe-6	ERNiCr-3 ERNiCrFe-6	ERNi-1	ERNiCr-3 ERNiCrFe-6	ERNiCr-3 ERNiCrFe-6	
incolloy800	ENi-1 ENiCrFe-2 ERNiCrFe-3	ENiCrFe-2 ENiCrFe-3	ENiCrFe-2 ENiCrFe-3	ENiCrFe-2 ENiCrFe-3	ERNiCr-3 ENiCrFe-2 或 3	ERNiCr-3 ERNiCrFe-6	ERNiCr-3 ERNiCrFe-6	ERNi-1	ERNiCr-3 ERNiCrFe-6	ERNiCr-3 ERNiCrFe-6	
不锈钢	ENi-1	ENiCu-7	ENiCu-7	ENiCrFe-2 ENiCrFe-3	ENiCrFe-2 ENiCrFe-3		ERNiCr-3 ERNiCrFe-6	ERNi-1	ERNiCr-3 ERNiCrFe-6 ERNiMo-3	ERNiCr-3 ERNiCrFe-6 ERNiMo-3	
碳钢	ENi-1	ENiCu-7	ENiCu-7	ENiCrFe-2 ENiCrFe-3	ENiCrFe-2 ENiCrFe-3	ENiCrFe-2 ENiCrFe-3		ERNi-1	ERNiCr-3 ERNiMo-3	ERNiCr-3 ERNiMo-3	
70/30 铜镍合金	ENi-1 ECuNi	ENiCu-7 ECuNi	ENiCu-7 ECuNi	ENi-1 ENiCrFe-2	ENi-1 ENiCrFe-2	ENi-1 ENiCrFe-2	ENiCu-7	ERCuNi ECuNi	ERNi-1 ERNiMo-3 ERNiCrFe-6	ERNi-1 ERNiMo-3 ERNiCrFe-6	
海氏合金 B	ENiCrFe-2 ENiCrFe-3	ENiCu-7	ENiCu-7	ENiCrFe-2 ENiCrFe-3	ENiCrFe-2 ENiCrFe-3	ENiCrFe-2 ENiMo-3	ENiMo-3 ENiCrFe-2	ENi-1 ENiMo-3		ERNi-1 ERNiMo-1 ERNiMo-3	
海氏合金 C	ENiCrFe-2 ENiCrFe-3	ENiCrFe-2 ENiCrFe-3	ENiCrFe-2 ENiCrFe-3	ENiCrFe-2 ENiCrFe-3	ENiCrFe-2 ENiCrFe-3	ENiCrFe-2 ENiCrFe-3	ENiMo-3	ENi-1 ENiMo-3	ENiMo-3 ENiMo-1 ENiCrFe-2		

注：(1) 表的右上角为惰性气体保护焊用焊丝—AWS A5.14 所列的焊丝型号，详细成分参见表 8.10-2.

(2) 表的左下角为手工电弧焊用焊条—AWS A5.11 所列的焊条型号，详细成分及性能参见表 8.10-3 和 8.10-4。

表 8.10－2 镍及镍合金惰性气体保护焊(TIG MIG)用焊丝化学成分 %

GB15620 和 AWS 型号	C	Mn	Fe	P	S	Si	Cu	Ni	Co	Al	Ti	Cr	Nb＋Ti②	Mo	V	W	其他总量
ERNi－1	0.15	1.0	1.0	0.03	0.015	0.75	0.25	≥93		1.5	2～3.5						0.50
ERNiCu－7	0.15	4.0	2.5	0.02	0.015	1.25	余量	62～69		1.25	1.5～3						0.50
ERNiCr－3	0.10	2.5～3.5	3.0	0.03	0.015	0.5	0.50	≥67	①		0.75	18～22	2～3				0.50
ERNiCrFe－5	0.08	1.0	6～10	0.03	0.015	0.35	0.50	≥70	①			14～17	1.5～3				0.50
ERNiCrFe－6	0.08	2.0～2.7	8	0.03	0.015	0.35	0.50	≥67			2.5～3.5	14～17					0.50
ERNiMo－1	0.08	1.0	4～7	0.025	0.03	1.0	0.50	余量	2.5			1.0		26～30	0.2～0.4	1.0	0.50
ERNiMo－3	0.12	1.0	4～7	0.04	0.03	1.0	0.50	余量	2.5			4～6		23～26	0.6	1.0	0.50

注：表列化学成份除已规定外，单个值均指最大值。

① 当规定时，Co≤0.12。② 当规定时，Ti≤0.30。

表 8.10－3 镍及镍合金焊条熔敷金属化学成分 %

AWS 型号	C	Mn	Fe	P	S	Si	Cu	Ni	Co	Al	Ti	Cr	Nb＋Ti②	Mo	V	W	其他总量
ENi－1	0.10	0.75	0.75	0.03	0.02	1.25	0.25	≥92		1.0	1～4						0.50
ENiCu－7	0.15	4.0	2.5	0.02	0.015	1.0	余量	62≥68		0.75	1.0						0.50
ENiCrFe－1	0.08	3.5	11	0.03	0.02	0.75	0.50	≥62				13～17	1.5～4				0.50
ENiCrFe－2	0.10	1.0～3.5	12	0.03	0.02	0.75	0.50	≥62	①			13～17	0.5～3	0.5～2.5			0.50
ENiCrFe－3	0.10	5.0～9.5	10	0.03	0.015	1.0	0.50	≥59			1.0	13～17	1～2.5				0.50
ENiMo－1	0.07	1.0	4～7	0.04	0.03	1.0	0.50	余量	2.5			1.0		26～30	0.6	1.0	0.50
ENiMo－3	0.12	1.0	4～7	0.04	0.03	1.0	0.50	余量	2.5			2.5～5.5		23～27	0.6	1.0	0.50

注：表列化学成份除已规定外，单个值均指最大值。

① 当规定时，Co≤0.12。② 当规定时，Ti≤0.30

表 8.10－4 镍及镍合金焊条熔数敷金属机械性能

AWS 焊条型号	R_m/MPa	A_4/%
ENi－1	≥410	≥20
ENiCu－7	≥480	≥30
ENiCrFe－1 ENiCrFe－2 ENiCrFe－3	≥550	≥30
ENiMo－1 ENiMo－3	≥690	≥25

ECuNi 和 ERCuNi 分别为 AWS A5.6“铜及铜合金药皮焊条”和 AWS A5.7“铜及铜合金填

充丝和焊丝”所列的型号。焊条的熔敷金属和焊丝的化学成分见表8.10-5。

表8.10-5 焊条熔敷金属和焊丝的化学成分 %

AWS型号	Cu	Zn	Sn	Mn	Fe	Si	Ni	P	S	Pb	Ti	其他总量
ECuNi	余量	*	*	1~2.5	0.4~0.5	0.5	29~33	0.020	0.015	0.02	0.05	0.50
ERCuNi	余量	*	*	1.00	0.4~0.75	0.25	29~32	0.020	0.015	0.02	×	0.50

注：(1) 包括带“*”的元素在内的其他元素总含量，应不超过规定的0.5%。

(2) 表列数值除已规定者外，单个值系指最大值。

表8.10-6 碳钢、不锈钢与铜合金相焊时焊接材料的选用(供参考)

母材	纯铜	低锌黄铜	黄锌黄铜 锡黄铜 特种黄铜	磷青铜	铝青铜	硅青铜	铜镍合金
低碳钢	SCu-2 SCuAl ERNi-1 (预热540℃)	SCuSn (预热315℃)	SCuAl (预热260℃)	SCuSn (预热200℃)	SCuAl (预热150℃)	SCuAl (预热<60℃)	SCuAl ERNi-1 (预热<60℃)
中碳钢	SCu-2 SCuAl ERNi-1 (预热540℃)	SCuAl (预热315℃)	SCuAl (预热260℃)	SCuSn (预热200℃)	SCuAl (预热200℃)	SCuAl (预热<60℃)	SCuAl ERNi-1 (预热<60℃)
高碳钢	SCu-2 SCuAl ERNi-1 (预热540℃)	SCuAl (预热315℃)	SCuAl (预热260℃)	SCuSn (预热260℃)	SCuAl (预热260℃)	SCuAl (预热200℃)	SCuAl ERNi-1 (预热<60℃)
低合金钢	SCu-2 SCuAl ERNi-1 (预热540℃)	SCuAl (预热315℃)	SCuAl (预热315℃)	SCuSn (预热260℃)	SCuAl (预热260℃)	SCuAl (预热200℃)	SCuAl ERNi-1 (预热<60℃)
不锈钢	SCu-2 SCuAl ERNi-1 (预热540℃)	SCuSn SCuAl (预热315℃)	SCuAl (预热315℃)	SCuSn (预热200℃)	SCuAl (预热<60℃)	SCuAl (预热<60℃)	SCuAl ERNi-1 (预热<60℃)

注：(1) 表列的焊接材料是指采用惰性气体保护焊用焊丝。熔化极氩弧焊(MIG)适用于表列的各种异种金属焊接，但钨极氩弧焊(TIG)一般不适用于黄铜与铜的焊接。

(2) 表列的铜合金与钢焊接用氩弧焊焊丝符合JB2736“铜及铜合金焊丝”的规定。

(3) 施焊时，焊接电弧应指向两种金属中导热系数较高的一侧母材。

(4) 施焊时，应将焊接坡口预热到表列的温度，并控制层间温度不得超过表列温度范围，以避免热脆性。

(5) 硅青铜与钢焊接时，经常采用铝青铜焊丝(SCuAl)在铜合金的表面预先堆焊一层过渡层，然后再进行焊接，当使用镍基焊条(ERNi-1)焊接纯铜与钢；铜镍合金与钢；或使用铝青铜焊线(SCuAl)焊接铝青铜与钢时，一般不需要预堆焊，但必须把铜焊透，才能保证获得较大的接头强度。

(6) 铜合金与钢钎焊时，应注意防止对钢的过热，并应注意在钢的一侧产生晶钎焊裂缝的倾向。

8.10.3　焊接缺陷产生的原因及防止措施

由于异种金属的化学成分、物理性能及金相组织差异较大，因此，焊接时更容易产生缺陷。异种金属相焊时，常见缺陷产生的原因及防止措施见表8.10－7。

表8.10－7　常见异种金属焊接缺陷的产生原因和防止措施

异种金属组合	焊接方法	焊接缺陷	产生原因	防止措施
18－8不锈钢＋Cr－Mo钢	电弧焊	熔合区产生裂纹	产生马氏组织	控制母材金属熔合比，采用过渡层，过渡段
奥氏体不锈钢＋碳素钢	MIG焊	焊缝产生气孔，表面硬化	保护气体不纯，母材金属、填充材料受潮，碳的迁移	焊前母材金属、填充材料清理干净，保护气体纯度要高，填充材料要烘干，采用过渡层
Cr－Mo钢＋碳素钢	焊条电弧焊	熔合区产生裂纹	回火温度不适合	焊前预热，填充材料塑性好，焊后热处理温度合适
镍合金＋碳素钢	TIG焊	焊缝内部气孔、裂纹	焊缝含镍高，晶粒粗大，低熔点共晶物集聚，冷却速度快	通过填充材料向异质焊缝加入变质剂Mn、Cr，控制冷却速度，把接头清理干净
铜＋铝	电弧焊	产生氧化、气孔、裂纹	与氧亲和力大，氢的析集产生压力，生成低熔点共晶体，高温吸气能力强	接头及填充材料严格清理并烘干，最好选用低温摩擦焊、冷压焊、扩散焊
铜＋钢	扩散焊	铜母材金属侧未焊透	加热不足，压力不够，焊接时间短，接头装配不当	提高加热温度、压力及焊接时间，接头装配合理
铜＋钨	电弧焊	不易焊合、产生气孔、裂纹，接头成分不均	极易氧化，生成低熔点共晶，合金元素烧损、蒸发、流失，高温吸气能力强	接头及填充材料严格清理，焊前预热、退火，焊后缓冷，提高操作技术，采用扩散焊
铜＋钛	焊条电弧焊	产生气孔、裂纹，接头力学性能低	吸氢能力强、生成共晶及氢化物，线胀系数差别大，形成金属间化合物	选用合适焊接材料，制定正确焊接工艺，预热、缓冷，采用扩散焊、氩弧焊等方法
碳素钢＋钛	电弧焊	焊缝产生裂纹、氧化	焊缝中形成金属间化合物，氧化性强	合理选用填充材料、焊接方法及焊接工艺
铝＋钛	焊条电弧焊	氧化、脆化、气孔，合金元素烧损、蒸发	氧化性强，高温吸气能力强，形成金属间化合物，熔点差别大	控制焊接温度，严格清理接头表面，预热、缓冷，采用氩弧焊、电子束焊、摩擦焊
锆＋钛	电弧焊	氧化、裂纹、塑性下降	对杂质敏感性大，生成氧化膜，产生焊接变形	清理接头表面，预热、缓冷，采用夹具，选用惰性气体保护焊、电子束焊、扩散焊

附录2A 部分特殊焊条(熔敷金属)的化学成分和力学性能(供参考)

表2A.1 部分特殊焊条(熔敷金属)的化学成分 %

焊条牌号	C	Mn	Si	S	P	Ni	Mo	其他
J427Ni	≤0.12	0.50~0.85	≤0.50	≤0.035	≤0.040	≤0.70	—	—
J507R	≤0.12	≤1.60	≤0.70	≤0.035	≤0.040	≤0.70		
J507NiTiB	≤0.12	≤1.60	≤0.60	≤0.025	≤0.025	0.35~0.65	—	Ti0.02~0.04 B0.002~0.005
J507RH	≤0.12	≤1.60	≤0.70	≤0.025	≤0.025	0.35~0.80	—	—
J505MoD	≤0.20	0.40~0.70	≤0.20	≤0.035	≤0.040		0.20~0.60	
J557	≤0.12	≥1.00	0.30~0.70	≤0.035	≤0.035			
J557MoV	≤0.10	0.80~1.30	≤0.25	≤0.035	≤0.035		0.20~0.35	V0.03~0.05
J556RH	≤0.12	≥1.00	0.30~0.70	≤0.035	≤0.035	≤0.85		
J607Ni	≤0.10	≥1.00	≤0.80	≤0.035	≤0.035	1.20~1.50		
J607RH	≤0.10	≥1.00	≤0.80	≤0.025	≤0.025	0.60~1.20	0.10~0.40	
J707Ni	≤0.10	≥1.00	≤0.60	≤0.030	≤0.030	1.80~2.20	0.40~0.60	Cr≤0.20
J707RH	≤0.10	1.20~1.60	0.30~0.60	≤0.020	≤0.020	1.40~2.00	0.25~0.50	Cr0.08~0.20
J507Mo	≤0.12	≤0.90	≤0.60	≤0.035	≤0.035		0.40~0.65	V≤0.20
J507MoW	≤0.10	≤0.80	≤0.50	≤0.035	≤0.035		0.50~0.90	W0.5~0.90 V≤0.20 Nb≤0.12
J507NiCu	≤0.12	0.50~1.20	≤0.70	≤0.035	≤0.035	0.20~0.20		Cu0.2~0.4
J507FeNi	≤0.08	0.80~1.30	≤0.65	≤0.035	≤0.035	1.20~2.0		

表 2A. 2　部分特殊焊条的力学性能

焊条牌号	焊缝金属力学性能				熔敷金属扩散氢含量/(ml/100g)	药皮含水量/%
	R_m/MPa	$R_{p0.2}$/Mpa	A_5/%	A_{KV}/J		
J427Ni	≥420	≥330	≥22	-40℃ ≥27	≤8	≤0.40
J507R	≥490	≥390	≥22	-30℃ ≥47	≤4	≤0.30
J507NiTiB	≥490	≥410	≥24	-40℃ ≥47	≤5	≤0.15
J505RH	≥490	≥410	≥22	-30℃ ≥47 -40℃ ≥34	≤4	≤0.10
J505MoD	≥490	≥400	≥20	-30℃ ≥27	—	—
J557	≥540	≥440	≥17	-30℃ ≥47	≤6	≤0.20
J557MoV	≥540	≥440	≥17	-40℃ ≥27	≤6	≤0.20
J556RH	≥540	≥440	≥17	-40℃ ≥34	≤4	≤0.10
J607Ni	≥590	≥490	≥15	-40℃ ≥34	≤4	≤0.15
J607RH	≥610	≥490	≥17	-40℃ ≥47	≤4	≤0.10
J707Ni	≥690	≥590	≥15	-50℃ ≥27	≤4	≤0.15
J707RH	≥690	≥590	≥15	-50℃ ≥34	≤4	≤0.10
J507Mo	≥490	≥390	≥22	-30℃ ≥27	≤6	≤0.40
J507MoW	≥490	≥390	≥22	-30℃ ≥27	≤6	≤0.40
J507NiCu	≥490	≥390	≥22	-30℃ ≥27	≤4	≤0.30
J507FeNi	≥490	≥390	≥22	-40℃ ≥53	≤4	≤0.30

注：J557、J557MoV、J556RH、J607Ni、J607RH、J707Ni、J707RH 的力学性能为热处理后的性能，热处理规范为605~635℃保温 1h。J507MoW 为焊后 740℃热处理后的性能。

附录 2B 各国不锈钢和耐热钢牌号对照

表 2B.1 各国不锈钢和耐热钢牌号对照

序号	中国 GB/T 20878—2007			美国 ASTM A959—04	日本 JIS G4303—1998 JIS G4311—1991	国际 ISO/TS 15510：2003 ISO 4955：2005	欧洲 EN 10088：1—1995 EN 10095—1999 等	前苏联 ГОСТ 5632—1972
	统一数字代号	新牌号	旧牌号					
1	S35350	12Cr17Mn6Ni5N	1Cr17Mn6Ni5N	S20100，201	SUS201	X12CrMnNiN17－7－5	X12CrMnNiN17－7－5，1.4372	—
2	S35950	10Cr17Mn9Ni14N		—	—	—	—	12X17Г9AH4
3	S35450	12Cr18Mn9Ni5N	1Cr18Mn8Ni5N	S20200，202	SUS202	—	X12CrMnNiN18－9－5，1.4372	12X17Г9AH4
4	S35020	20Cr13Mn9Ni4	2Cr13Mn9Ni4	—	—	—	—	20X13H4Г9
5	S35550	20Cr15Mn15Ni2N	2Cr15Mn15Ni2N	—	—	—	—	
6	S35650	53Cr21Mn9Ni4N	5Cr21Mn9Ni4N	（S63008）	SUH35	（X53CrMnNiN21－9）	X53CrMnNiN21－9－4，1.4871	55X20Г9AH4
7	S35750	26Cr18Mn12Si2N	3Cr18Mn12Si2N	—	—	—	—	—
8	S35850	22Cr20Mn10Ni3Si2N	2Cr20Mn9Ni3Si2N	—	—	—	—	—
9	S30110	12Cr17Ni7	1Cr17Ni7	S30100，301	SUS301	X5CrNi17－7	（X3CrNiN7－8，1.4319）	—
10	S30103	022Cr17Ni7		S30103，301L	（SUS301L）	—	—	—
11	S30153	022Cr17Ni7N		S30153，301LN	—	X2CrNiN18－7	X2CrNiN18－7，1.4318	—
12	S30220	17Cr18Ni9	2Cr18Ni9	—	—	—	—	17X18H9
13	S30210	12Cr18Ni9	1Cr18Ni9	S30200，302	SUS302	X10CrNi18－8	X10CrNi18－8，1.4310	12X18H9
14	S30240	12Cr18Ni9Si3	1Cr18Ni9Si3	S30215，302B	（SUS302B）	X12CrNiSi18－9－3	—	—
15	S30317	Y12Cr18Ni9	Y1Cr18Ni9	S30300，303	SUS303	X10CrNiSi18－9	X8CrNiSi18－9，1.4305	—
16	S30327	Y12Cr18Ni9Se	Y1Cr18Ni9Se	S30323，303Se	SUS303Se	—	—	12X18H10E
17	S30408	06Cr19Ni10	0Cr18Ni9	S30400，304	SUS304	X5CrNi18－10	X5CrNi18－10，1.4301	—
18	S30403	022Cr19Ni10	00Cr19Ni10	S30403，304L	SUS304L	X2CrNi19－11	X2CrNi19－11，1.4306	03X18H11

续表 2B. 1

序号	中国 GB/T 20878—2007			美国 ASTM A959—04	日本 JIS G4303—1998 JIS G4311—1991	国际 ISO/TS 15510：2003 ISO 4955：2005	欧洲 EN 10088：1—1995 EN 10095—1999 等	前苏联 ГОСТ 5632—1972
	统一数字代号	新牌号	旧牌号					
19	S30409	07Cr19Ni10		S30409，304H	SUH304H	X7CrNi18－9	X6CrNi18－10，1. 4948	—
20	S30450	05Cr19Ni10Si2CeN		S30415	—	X6CrNiSiNCe19－10	X6CrNiSiNCe19－10，1. 4818	—
21	S30480	06Cr18Ni9Cu2	0Cr18Ni9Cu2	—	SUS304J3	—	—	—
22	S30488	06Cr18Ni9Cu3	0Cr18Ni9Cu3	—	SUSXM7	X3CrNiCu18－9－4	X3CrNiCu18－9－4，1. 4567	—
23	S30458	06Cr19Ni9N	0Cr19Ni9N	S30451，304N	SUS304N1	X5CrNiN19－9	X5CrNiN19－9，1. 4315	—
24	S30478	06Cr19Ni10NbN	0Cr19Ni0NbN	S30452，XM－21	SUS304N2	—	—	—
25	S30453	022Cr18Ni10N	00Cr18Ni10N	S30453，304LN	SUS304LN	X2CrNiN18－9	X2CrNiN18－10，1. 4311	—
26	S30510	10Cr18Ni12	1Cr18Ni12	S30500，305	SUS305	X6CrNi18－12	X4CrNi18－12，1. 4303	12X18H12T
27	S30508	06Cr18Ni12	0Cr18Ni12		SUS305J1	—	—	—
28	S38108	06Cr16Ni18	0Cr16Ni18	S38400	（SUS384）	（X6CrNi18－16E）	—	—
29	S30808	06Cr20Ni11		S30800，308	SUS308	—	—	—
30	S30850	22Cr21Ni12N	2Cr21Ni12N	（S63017）	SUH37	—	—	—
31	S30920	16Cr23Ni13	2Cr23Ni13	S30900，309	SUH309	—	（X15CrNiSi20－12，1. 4828）	20X23H12
32	S30908	06Cr23Ni13	0Cr23Ni13	S30908，309S	SUS309S	X12CrNi23－13	X12CrNi23－13，1. 4833	10X23H13
33	S31010	14Cr23Ni18	1Cr23Ni18	—		—	—	20X23H18
34	S31020	20Cr25Ni20	2Cr25Ni20	S31000，310	SUH310	X15CrNi25－21	X15CrNi25－21，1. 4821	20X25H20C2
35	S31008	06Cr25Ni20	0Cr25Ni20	S31008，310S	SUS310S	X12CrNi23－12	X12CrNi23－12，1. 4845	10X23H18
36	S31053	022Cr25Ni22Mo2N		S31050，310MoLN	—	X1CrNiMoN25－22－2	X1CrNiMoN25－22－2，1. 4466	—
37	S31252	015Cr20Ni18Mo6CuN		S31251	—	X1CrNiMoN20－18－7	X1CrNiMoN20－18－7，1. 4547	—
38	S31608	06Cr17Ni12Mo2	0Cr17Ni12Mo2	S31600，316	SUS316	X5CrNiMo17－12－2	X5CrNiMo17－12－2，1. 4401	—
39	S31603	022Cr17Ni12Mo2	00Cr17Ni14Mo2	S31603，316L	SUS316L	X2CrNiMo17－12－2	X2CrNiMo17－12－2，1. 4404	03X17H14M2

续表 2B. 1

序号	中国 GB/T 20878—2007			美国 ASTM A959—04	日本 JIS G4303—1998 JIS G4311—1991	国际 ISO/TS 15510：2003 ISO 4955：2005	欧洲 EN 10088：1—1995 EN 10095—1999 等	前苏联 ГОСТ 5632—1972
	统一数字代号	新牌号	旧牌号					
40	S31609	07Cr17Ni12Mo2	1Cr17Ni12Mo2	S31609，316H	—	—	X3CrNiMo17－13－3，1.4436	—
41	S31668	06Cr17Ni12Mo3Ti	0Cr18Ni12Mo3Ti	S31635，316Ti	SUS316Ti	X6CrNiMoTi17－12－2	X6CrNiMoTi17－12－2，1.4571	08X17H13M3T
42	S31678	06Cr17Ni12Mo2Nb		S31640，316Nb	—	X6CrNiMoNb17－12－2	X6CrNiMoNb17－12－2，1.4580	03X16H13M3Б
43	S31658	06Cr17Ni12Mo2N	0Cr17Ni12Mo2N	S31651，316N	SUS316N	—	—	—
44	S31653	022Cr17Ni12Mo2N	00Cr17Ni13Mo2N	S31653，316LN	SUS316LN	X2CrNiMoN17－12－3	X2CrNiMoNb17－13－3，1.4429	—
45	S31688	06Cr18Ni12Mo2Cu2	0Cr18Ni12Mo2Cu2	—	SUS316J1	—	—	—
46	S31683	022Cr18Ni14Mo2Cu2	00Cr18Ni14Mo2Cu2	—	SUS316JIL	—	—	—
47	S31693	022Cr18Ni15Mo3N	00Cr18Ni15Mo3N	—	—	—	—	—
48	S31782	015Cr21Ni26Mo5Cu2		N08904，904L	—	—	—	—
49	S31708	06Cr19Ni13Mo3	0Cr19Ni13Mo3	S31700，317	SUS317	—	—	—
50	S31703	022Cr19Ni13Mo3	00Cr18Ni13Mo3	S31703，317L	SUS317L	X2CrNiMo19－14－4	X2CrNiMo18－15－4，1.4438	03X16H15M3
51	S31793	022Cr18Ni14Mo3	00Cr18Ni14Mo3	—	—	—	—	—
52	S31794	03Cr18Ni16Mo5	0Cr18Ni16Mo5	—	SUS317J1	—	—	—
53	S31723	022Cr19Ni16Mo5N		S31726，317LMN	—	X2CrNiMoN18－15－5	X2CrNiMoN17－13－5，1.4439	—
54	S31753	022Cr19Ni13Mo4N		S31753，317LN	SUS317LN	X2CrNiMoN18－12－4	X2CrNiMoN18－12－4，1.4434	—
55	S32168	06Cr18Ni11Ti	0Cr18Ni10Ti	S32100，321	SUS321	X6CrNiTi18－10	X6CrNiTi18－10，1.4541	08X18H10T
56	S32169	07Cr19Ni11Ti	1Cr18Ni11Ti	S32109，321H	(SUS321H)	X7CrNiTi18－10	X6CrNiTi18－10，1.4541	12X18H11T
57	S32590	45Cr19Ni14W2Mo	4Cr14Ni14W2Mo	—	—	—	—	45X14H14B2M
58	S32652	015Cr24Ni22Mo8Mn3CuN		S32654		X1CrNiMoCuN24－22－8	(X1CrNiMoCuN24－22－8，1.4652)	—
59	S32720	24Cr18Ni8W2	2Cr18Ni8W2	—	—	—	—	25X18H8B2
60	S33010	12Cr16Ni35	1Cr16Ni35	N08330，330	SUH330	(X12CrNiSi35－16)	X12CrNiSi35－16，1.4864	—

续表 2B. 1

序号	中国 GB/T 20878—2007			美国 ASTM A959—04	日本 JIS G4303—1998 JIS G4311—1991	国际 ISO/TS 15510：2003 ISO 4955：2005	欧洲 EN 10088：1—1995 EN 10095—1999 等	前苏联 ГОСТ 5632—1972
	统一数字代号	新牌号	旧牌号					
61	S34553	022Cr24Ni17Mo5Mn6NbN		S34565	—	X2CrNiMnMoN25-18-6-5	(X2CrNiMnMoN25-18-6-5, 1.4565)	—
62	S34778	06Cr18Ni11Nb	0Cr18Ni11Nb	S34700, 347	SUS347	X6CrNiNb18-10	X6CrNiNb18-10, 1.4550	08X18H12Б
63	S34779	07Cr18Ni11Nb	1Cr19Ni11Nb	S34709, 347H	(SUS347H)	X7CrNiNb18-10	X7CrNiNb18-10, 1.4912	—
64	S38148	06Cr18Ni13Si4	0Cr18Ni13Si4	—	SUSXM15J1	S38100, XM-15	—	—
65	S38240	16Cr20Ni14Si2	1Cr20Ni14Si2	—	—	X15CrNiSi20-12	X15CrNiSi20-12, 1.4828	20X20H14C2
66	S38340	16Cr25Ni20Si2	1Cr25Ni20Si2	—	—	(X15CrNiSi25-21)	(X15CrNiSi25-21, 1.4811)	20X25H20C2
67	S21860	14Cr18Ni11Si4A1Ti	1Cr18Ni11Si4A1Ti	—	—	—	—	15X18H12C4TЮ
68	S21953	022Cr19Ni5Mo3Si2N	00Cr18Ni5Mo3Si2	S31500	—	—	—	—
69	S22160	12Cr21Ni5Ti	1Cr21Ni5Ti	—	—	—	—	10X21H5T
70	S22253	022Cr22Ni5Mo3N		S31803	SUS329J3L	X2CrNiMoN22-5-3	X2CrNiMoN22-5-3, 1.4462	—
71	S22053	022Cr23Ni5Mo3N		S32205, 2205	—	—	—	—
72	S23043	022Cr23Ni4MoCuN		S32304, 2304	—	X2CrNiN23-4	X2CrNiN23-4, 1.4362	—
73	S22553	022Cr25Ni6Mo2N		S31200	—	X3CrNiMoN27-5-2	X3CrNiMoN27-5-2, 1.4460	—
74	S22583	022Cr25Ni7Mo3WCuN		S31260	(SUS329J2L)	—	—	—
75	S25554	03Cr25Ni6Mo3Cu2N		S32550, 255	SUS329J4L	X2CrNiMoCuN25-6-3	X2CrNiMoCuN25-6-3, 1.4507	—
76	S25073	022Cr25Ni7Mo4N		S32750, 2507	—	X2CrNiMoN25-7-4	X2CrNiMoN25-7-4, 1.4410	—
77	S27603	022Cr25Ni7Mo4WCuN		S32760	—	X2CrNiMoWN25-7-4	X2CrNiMoWN25-7-4, 1.4501	—
78	S11348	06Cr13Al	0Cr13Al	S40500, 405	SUS405	X6CrAl13	X6CrAl13, 1.4002	—
79	S11168	06Cr11Ti	0Cr11Ti	S40900	(SUH409)	X6CrTi12	—	—
80	S11163	022Cr11Ti		S40900	(SUH409L)	X2CrTi12	X2CrTi12, 1.4512	—
81	S11173	022Cr11NbTi		S40930	—	—	—	—

续表 2B.1

序号	中国 GB/T 20878—2007			美国 ASTM A959—04	日本 JIS G4303—1998 JIS G4311—1991	国际 ISO/TS 15510：2003 ISO 4955：2005	欧洲 EN 10088：1—1995 EN 10095—1999 等	前苏联 ГОСТ 5632—1972
	统一数字代号	新牌号	旧牌号					
82	S11213	022Cr12Ni		S40977	—	X2CrNi12	X2CrNi12，1.4003	—
83	S11203	022Cr12	00Cr12	—	SUS410L	—	—	—
84	S11510	10Cr15	1Cr15	S42900，429	（SUS429）	—	—	—
85	S11710	10Cr17	1Cr17	S43000	SUS430	X6Cr17	X6Cr17，1.4016	12X17
86	Y11717	Y10Cr17	Y1Cr17	S43020，430F	SUS430F	X7CrS17	X14CrMo17，1.4014	—
87	S11863	022Cr18Ti	00Cr17	S43035，439	（SUS430LX）	X3CrTi17	X3CrTi17，1.4510	08X17T
88	S11790	10Cr17Mo	1Cr17Mo	S43400，434	SUS434	X6CrMo17 -1	X6CrMo17 -1，1.4113	—
89	S11770	10Cr17MoNb		S43600，436	—	X6CrMoNb17 -1	X6CrMoTi18 -2，1.4521	—
90	S11862	019Cr18MoTi		—	（SUS436L）	—	—	—
91	S11873	022Cr18NbTi		S43940	—	X2CrTiNb18	X2CrTiNb18，1.4509	—
92	S11972	019Cr19Mo2NbTi	00Cr18Mo2	S44400，444	（SUS444）	X2CrMoTi18 -2	X2CrMoTi18 -2，1.4521	—
93	S12550	16Cr25N	2Cr25N	S44600，446	（SUH446）	—	—	—
94	S12791	008Cr27Mo	00Cr27Mo	S44627，XM -27	SUSXM27	—	—	—
95	S13091	008Cr30Mo2	00Cr30Mo2		SUS417J1	—	—	—
96	S40310	12Cr12	1Cr12	S40300，403	SUS403	—	—	—
97	S41008	06Cr13	0Cr13	S41008，410S	（SUS410S）	X6Cr13	X6Cr13，1.4000	08X13
98	S41010	12Cr13	1Cr13	S41000，410	SUS410	X12Cr13	X12Cr13，1.4006	12X3
99	S41595	04Cr13Ni5Mo		S41500	（SUSF6NM）	X3CrNiMo13 -4	X3CrNiMo13 -4，1.4313	—
100	S41617	Y12Cr13	Y1Cr13	S41600，416	SUS416	X12CrS13	X12CrS131，1.4005	—
101	S42020	20Cr13	2Cr13	S42000，420	SUS420J1	X20Cr13	X20Cr13，1.4021	20X13
102	S42030	30Cr13	3Cr13	S42000，420	SUS420J2	X30Cr13	X30Cr13，1.4028	30X13

续表 2B.1

序号	中国 GB/T 20878—2007			美国 ASTM A959—04	日本 JIS G4303—1998 JIS G4311—1991	国际 ISO/TS 15510：2003 ISO 4955：2005	欧洲 EN 10088：1—1995 EN 10095—1999 等	前苏联 ГОСТ 5632—1972
	统一数字代号	新牌号	旧牌号					
103	S42037	Y30Cr13	Y3Cr13	S42020，420F	SUS420F	X29CrS13	X29CrS13，1.4029	—
104	S42040	40Cr13	4Cr13	—	—	X39Cr13	X39Cr13，1.4031	40X13
105	S41427	Y25Cr13Ni2	Y2Cr13Ni2					25X13H2
106	S43110	14Cr17Ni2	1Cr17Ni2					14X17H2
107	S43120	17Cr16Ni2		S43100，431	SUS431	X17CrNi16-2	X17CrNi16-2，1.4057	—
108	S44070	68Cr17	7Cr17	S44002，440A	SUS440A	—	—	—
109	S44080	85Cr17	8Cr17	S44003，410B	SUS440B	—	—	—
110	S44096	108Cr17	11Cr17	S44004，440C	SUS440C	X105CrMo17	X105CrMo17，1.4125	—
111	S44097	Y108Cr17	Y11Cr17	S44020，440F	SUS440F	—	—	—
112	S44090	95Cr18	9Cr18	—	—	—	—	95X18
113	S45110	12Cr5Mo	1Cr5Mo	（S50200，502）	（STB25）	（TS37）	—	15X5M
114	S45610	12Cr12Mo	1Cr12Mo	—	—	—	—	—
115	S45710	13Cr13Mo	1Cr13Mo	—	SUS410J1	—	—	—
116	S45830	32Cr13Mo	3Cr13Mo	—	—	—	—	—
117	S45990	102Cr17Mo	9Cr18Mo	S44001，440C	SUS440C	X105CrMo17	X105CrMo17，1.4125	—
118	S46990	90Cr18MoV	9Cr18MoV	S44003，440B	SUS440B	—	X90CrMoV18，1.4112	—
119	S46010	14Cr11MoV	1Cr11MoV	—	—	—	—	15X5Mф
120	S46110	158Cr12MoV	1Cr12MoV	—	—	—	—	—
121	S46020	21Cr12MoV	2Cr12MoV	—	—	—	—	—
122	S46250	18Cr12MoVNbN	2Cr12MoVNbN	—	SUH600	—	—	—
123	S47010	15Cr12WMoV	1Cr12WMoV	—	—	—	—	15X12BHMф

续表 2B. 1

序号	中国 GB/T 20878—2007			美国 ASTM A959—04	日本 JIS G4303—1998 JIS G4311—1991	国际 ISO/TS 15510：2003 ISO 4955：2005	欧洲 EN 10088：1—1995 EN 10095—1999 等	前苏联 ГОСТ 5632—1972
	统一数字代号	新牌号	旧牌号					
124	S47220	22Cr12NiWMoV	2Cr12NiMoWV	（616）	SUH616	—	—	—
125	S47310	13Cr11Ni2W2MoV	1Cr11Ni2W2MoV	—	—	—	—	13X11H2B2Mф
126	S47410	14Cr12Ni2WMoVNb	1Cr12Ni2WMoVNb	—	—	—	—	13X14H3B2ф
127	S47250	10Cr12Ni3Mo2VN	—	—	—	—	—	
128	S47450	18Cr11NiMoNbVN	2Cr11NiMoNbVN	—	—	—	—	—
129	S47710	13Cr14Ni3W2VB	1Cr14Ni3W2VB	—	—	—	—	15X12H2MBфAБ
130	S48040	42Cr9Si2	4Cr9Si2	—		—	—	40X9C2
131	S48045	45Cr9Si3	—	—	SUH1	—	（X45CrSi3，1.4718）	—
132	S48140	40Cr10Si2Mo	4Cr10Si2Mo	—	SUH3	—	（X40CrSiMo10，1.4731）	40X10C2M
133	S48380	80Cr20Si2Ni	8Cr20Si2Ni	—	SUH4	—	（X80CrSiNi20，1.4747）	—
134	S51380	04Cr13Ni8Mo2Al		S13800，XM－13	—	—	—	—
135	S51290	022Cr12Ni9Cu2NbTi		S45500，XM－16	—	—	—	08X15H5Д2 T
136	S51550	05Cr15Ni5Cu4Nb		S15500，XM－12	—	—	—	—
137	S51740	05Cr17Ni4Cu4Nb	0Cr17Ni4Cu4Nb	S17400，630	SUS630	X5CrNiCuNb16－4	X5CrNiCuNb16－4，1.4542	—
138	S51770	07Cr17Ni7Al	0Cr17Ni7Al	S17700，631	SUS631	X7CrNi17－7	X7CrNi17－7，1.4568	09X17H7Ю
139	S51570	07Cr15Ni7Mo2Al	0Cr15Ni7Mo2Al	S15700，632	—	X8CrNiMoAl15－7－2	X8CrNiMoAl15－7－2，1.4532	—
140	S51240	07Cr12Ni4Mn5Mo3Al	0Cr12Ni4Mn5Mo3Al		—	—	—	—
141	S51750	09Cr17Ni5Mo3N		S35000，633	—	—	—	—
142	S51778	06Cr17Ni7AlTi		S17600，635	—	—	—	—
143	S51525	06Cr15Ni25Ti2MoAlVB	0Cr15Ni25Ti2MoAlVB	S66286，660	SUH660	（X6NiCrTiMoVB25－15－2）	—	—

注：括号内牌号是在表头所列标准之外的牌号。

附录 2C　部分不锈钢和耐热钢的物理性能参数

表 2C.1　部分不锈钢和耐热钢的物理性能参数

序号	统一数字代号	新牌号	旧牌号	密度/(kg/dm³) 20℃	熔点/℃	比热容/[kJ/(kg·K)] 0～100℃	热导率/[W/(m·K)] 100℃	热导率/[W/(m·K)] 500℃	线膨胀系数/(10⁻⁶/K) 0～100℃	线膨胀系数/(10⁻⁶/K) 0～500℃	电阻率/(Ω·mm²/m) 20℃	纵向弹性模量/(kN/mm²) 20℃	磁性
奥氏体型													
1	S35350	12Cr17Mn6Ni5N	1Cr17Mn6Ni5N	7.93	1398～1453	0.50	16.3		15.7		0.69	197	
3	S35450	12Cr18Mn9Ni5N	1Cr18Mn8Ni5N	7.93		0.50	16.3	19.0	14.8	18.7	0.69	197	
4	S35020	20Cr13Mn9Ni4	2Cr13Mn9Ni4	7.85		0.49					0.90	202	
9	S30110	12Cr17Ni7	1Cr17Ni7	7.93	1398～1420	0.50	16.3	21.5	16.9	18.7	0.73	193	
10	S30103	022Cr17Ni7		7.93		0.50	16.3	21.5	16.9	18.7	0.73	193	
11	S30153	022Cr17Ni7N		7.93		0.50	16.3		16.0	18.0	0.73	200	
12	S30220	17Cr18Ni9	2Cr18Ni9	7.85	1398～1453	0.50	18.8	23.5	16.0	18.0	0.73	196	
13	S30210	12Cr18Ni9	1Cr18Ni9	7.93	1398～1120	0.50	16.3	21.5	17.3	18.7	0.73	193	
14	S30240	12Cr18Ni9Si3	1Cr18Ni9Si3	7.93	1370～1398	0.50	15.9	21.6	16.2	20.2	0.73	193	无①
15	S30317	Y12Cr18Ni9	Y1Cr18Ni9	7.98	1398～1420	0.50	16.3	21.5	17.3	18.4	0.73	193	
16	S30327	Y12Cr18Ni9Se	Y1Cr18Ni9Se	7.93	1398～1420	0.50	16.3	21.5	17.3	18.7	0.73	193	
17	S30408	06Cr19Ni10	0Cr18Ni9	7.93	1398～1454	0.50	16.3	21.5	17.2	18.4	0.73	193	
18	S30403	022Cr19Ni10	00CR19Ni10	7.90		0.50	16.3	21.5	16.8	18.3			
19	S30409	07Cr19Ni10		7.90		0.50	16.3	21.5	16.8	18.3	0.73		
21	S30480	06Cr18Ni9Cu2	0Cr18Ni9Cu2	8.00		0.50	16.3	21.5	17.3	18.7	0.72	200	
23	S30458	06Cr19Ni10N	0Cr19Ni9N	7.93	1398～1454	0.50	16.3	21.5	16.5	18.5	0.72	196	
25	S30453	022Cr19Ni10N	00Cr18Ni10N	7.93		0.50	16.3	21.5	16.5	18.5	0.73	200	

续表 2C.1

序号	统一数字代号	新牌号	旧牌号	密度/(kg/dm³) 20℃	熔点/℃	比热容/[kJ/(kg·K)] 0~100℃	热导率/[W/(m·K)] 100℃	热导率/[W/(m·K)] 500℃	线膨胀系数/(10⁻⁶/K) 0~100℃	线膨胀系数/(10⁻⁶/K) 0~500℃	电阻率/(Ω·mm²/m) 20℃	纵向弹性模量/(kN/mm²) 20℃	磁性
奥氏体型													
26	S30510	10Cr18Ni12	1Cr18Ni12	7.93	1398~1453	0.50	16.3	21.5	17.3	18.7	0.72	193	
28	S38408	06Cr16Ni18	0Cr16Ni18	8.03	1430	0.50	16.2		17.3		0.75	193	
29	S30808	06Cr20Ni11		8.00	1398~1453	0.50	15.5	21.6	17.3	18.7	0.72	193	
30	S30850	22Cr21Ni12N	2Cr21Ni12N	7.73			20.9 (24℃)			16.5			
31	S30920	16Cr23Ni13	2Cr23Ni13	7.98	1398~1453	0.50	13.8	18.7	14.9	18.0	0.78	200	
32	S30908	06Cr23Ni13	0Cr23Ni13	7.98	1398~1453	0.50	15.5	18.6	14.9	18.0	0.78	193	
33	S31010	14Cr23Ni18	1Cr23Ni18	7.90	1400~1454	0.50	15.9	18.8	15.4	19.2	1.0	196	
34	S31020	20Cr25Ni20	2Cr25Ni20	7.98	1398~1453	0.50	14.2	18.6	15.8	17.5	0.78	200	
35	S31008	06Cr25Ni20	0Cr25Ni20	7.98	1398~1453	0.50	16.3	21.5	14.4	17.5	0.78	200	
36	S31053	022Cr25Ni22Mo2N		8.02		0.45	12.0		15.8		1.0	200	
37	S31252	015Cr20Ni18Mo6CuN		8.00	1325~1400	0.50	13.5 (20℃)		16.5		0.85	200	无①
38	S31608	06Cr17Ni12Mo2	0Cr17Ni12Mo2	8.00	1370~1397	0.50	16.3	21.5	16.0	18.5	0.74	193	
39	S31603	022Cr17Ni12Mo2	00Cr17Ni14Mo2	8.00		0.50	16.3	21.5	16.0	18.5	0.74	193	
41	S31668	06Cr17Ni12Mo2Ti	0Cr18Ni12Mo3Ti	7.90		0.50	16.0	24.0	16.3	17.6	0.75	199	
43	S31658	06Cr17Ni12Mo2N	0Cr17Ni12Mo2N	8.00		0.50	16.3	21.5	16.5	18.0	0.73	200	
44	S31653	022Cr17Ni12Mo2N	00Cr17Ni13Mo2N	8.04		0.47	16.5		15.0			200	
45	S31688	06Cr18Ni12Mo2Cu2	0Cr18Ni12Mo2Cu2	7.96		0.50	16.1	21.7	16.6		0.74	186	
46	S31483	022Cr18Ni14Mo2Cu2	00Cr18Ni14Mo2Cu2	7.96		0.50	16.1	21.7	16.0	18.6	0.74	191	
48	S31782	015Cr21Ni26Mo5Cu2		8.00		0.50	13.7		15.0			188	

续表 2C.1

序号	统一数字代号	新牌号	旧牌号	密度/(kg/dm³) 20℃	熔点/℃	比热容/[kJ/(kg·K)] 0~100℃	热导率/[W/(m·K)] 100℃	热导率/[W/(m·K)] 500℃	线膨胀系数/(10^{-6}/K) 0~100℃	线膨胀系数/(10^{-6}/K) 0~500℃	电阻率/(Ω·mm²/m) 20℃	纵向弹性模量/(kN/mm²) 20℃	磁性
奥氏体型													
49	S31708	06Cr19Ni13Mo3	0Cr19Ni13Mo3	8.00	1370~1397	0.50	16.3	21.5	16.0	18.5	0.74	193	
50	S31703	022Cr19Ni13Mo3	00Cr19Ni13Mo3	7.98	1375~1400	0.50	14.4	21.5	16.5		0.79	200	
53	S31723	022Cr19Ni16Mo5N		8.00		0.50	12.8		15.2				
55	S32168	06Cr18Ni11Ti	0Cr18Ni10Ti	8.03	1398~1472	0.50	16.3	22.2	16.6	18.6	0.72	193	
57	S32590	45Cr14Ni14W2Mo	4Cr14Ni14W2Mo	8.00		0.51	15.9	22.2	16.6	18.0	0.81	177	
59	S32720	24Cr18Ni8W2	2Cr18Ni8W2	7.98		0.50	15.9	23.0	19.5	25.1			无①
60	S33010	12Cr16Ni35	1Cr16Ni35	8.00	1318~1427	0.50	12.6	19.7	16.6		1.02	196	
62	S34778	06Cr18Ni11Nb	0Cr18Ni11Nb	8.03	1398~1427	0.50	16.3	22.2	16.6	18.6	0.73	193	
64	S38148	06Cr18Ni3Si4	0Cr18Ni13Si4	7.75	1400~1430	0.50	16.3		13.8				
65	S38240	16Cr20Ni14Si2	1Cr20Ni14Si2	7.90		0.50	15.0		16.5		0.85		
奥氏体－铁素体型													
67	S21860	14Cr18Ni11Si4AlTi	1Cr18Ni11Si4AlTi	7.51		0.48	13.0	19.0	16.3	19.7	1.04	180	
68	S22160	022Cr19Ni5Mo3Si2N	00Cr18Ni5Mo3Si2	7.70		0.46	20.0	24.0 (300℃)	12.2	13.5 (300℃)		196	
69	S21953	12Cr21Ni5Ti	1Cr21Ni5Ti	7.80			17.6	23.0	10.0	17.4	0.79	187	
70	S22253	022Cr22Ni5Mo3N		7.80	1420~1462	0.46	19.0	23.0 (300℃)	13.7	14.7 (300℃)	0.88	186	
72	S23043	022Cr23Ni4MoCuN		7.80		0.50	16.0		13.0			200	无①
73	S22553	022Cr25Ni6Mo2N		7.80		0.50	21.0	25.0	13.4 (200℃)	24.0 (300℃)		196	
74	S22583	022Cr25Ni7Mo3WCuN		7.80		0.50		25.0	11.5 (200℃)	12.7 (400℃)	0.75	228	
75	S25554	03Cr25Ni6Mo3Cu2N		7.80		0.46	13.5		12.3			210	
76	S25073	022Cr25Ni5Mo4N		7.80			14		12.0			185 (200℃)	

续表 2C.1

序号	统一数字代号	新牌号	旧牌号	密度/（kg/dm^3）	熔点/℃	比热容/[kJ/(kg·K)]	热导率/[W/(m·K)]		线膨胀系数/（10^{-6}/K）		电阻率/（$\Omega \cdot mm^2/m$）	纵向弹性模量/（kN/mm^2）	磁性
				20℃		0~100℃	100℃	500℃	0~100℃	0~500℃	20℃	20℃	
铁素体													
78	S11348	06C13Al	0Cr13Al	7.75	1480~1530	0.46	24.2		10.8		0.60	200	有
79	S11168	06Cr11Ti	0Cr11Ti	7.75		0.46	25.0		10.6	12.0	0.60		
80	S11163	022Cr11Ti		7.75		0.46	24.9	28.5	10.6	12.0	0.57	201	
83	S11203	022Cr12	00Cr12	7.75		0.46	24.9	28.5	10.6	12.0	0.57	201	
84	S11510	10Cr15	1Cr15	7.70		0.46	26.0		10.3	11.9	0.59	200	
85	S11710	10Cr17	1Cr17	7.70	1480~1508	0.46	26.0		10.5	11.9	0.60	200	
86	S11717	Y10Cr17	Y1Cr17	7.78	1427~1510	0.46	26.0		10.4	11.4	0.60	200	
87	S11863	022Cr18Ti	00Cr17	7.70		0.46	35.1（20℃）		10.4		0.60	200	
88	S11790	10Cr17Mo	1Cr17Mo	7.70		0.46	26.0		11.9		0.60	200	
89	S11770	10Cr17MoNb		7.70		0.44	30.0		11.7		0.70	220	
90	S11862	019Cr18MoTi		7.70		0.46	35.1		10.4		0.60	200	
92	S11972	019Cr19Mo2NbTi	00Cr18Mo2	7.75		0.46	36.9		10.6（200℃）		0.60	200	
94	S12791	008Cr27Mo	00Cr27Mo	7.67		0.46	26.0		11.0		0.64	206	
95	S13091	008Cr30Mo2	00Cr30Mo2	7.64		0.50	26.0		11.0		0.64	210	

续表 2C.1

序号	统一数字代号	新牌号	旧牌号	密度/(kg/dm³) 20℃	熔点/℃	比热容/[kJ/(kg·K)] 0~100℃	热导率/[W/(m·K)]		线膨胀系数/(10^{-6}/K)		电阻率/(Ω·mm²/m) 20℃	纵向弹性模量/(kN/mm²) 20℃	磁性
							100℃	500℃	0~100℃	0~500℃			
马氏体型													
96	S40310	12Cr12	1Cr12	7.80	1480~1530	0.46	21.2		9.9	11.7	0.57	200	有
97	S41008	06Cr13	0Cr13	7.75		0.46	25.0		10.6	12.0	0.60	220	
98	S41010	12Cr13	1Cr13	7.70	1480~1530	0.46	24.2	28.9	11.0	11.7	0.57	200	
99	S41595	04Cr13Ni5Mo		7.79		0.47	16.30		10.7			201	
100	S41617	Y12Cr13	Y1Cr13	7.78	1482~1532	0.46	25.0		9.9	11.5	0.57	200	
101	S42020	20Cr13	2Cr13	7.75	1470~1510	0.46	22.2	26.4	10.3	12.2	0.55	200	
102	S42030	30Cr13	3Cr13	7.76	1365	0.47	25.1	25.5	10.5	12.0	0.52	219	
103	S42037	Y30Cr13	Y3Cr13	7.78	1451~1510	0.46	25.1		10.3	11.7	0.57	219	
104	S42040	40Cr13	4Cr23	7.75		0.46	28.1	28.9	10.5	12.0	0.59	215	
106	S43110	14Cr17Ni2	1Cr17Ni2	7.75		0.46	20.2	25.1	10.3	12.4	0.72	193	
107	S43120	17Cr16Ni2		7.71		0.46	27.8	31.8	10.0	11.0	0.70	212	
108	S44070	68Cr17	7Cr17	7.78	1371~1508	0.46	24.2		10.2	11.7	0.60	200	
109	S44080	85Cr17	8Cr17	7.78	1371~1508	0.46	24.2		10.2	11.9	0.60	200	
110	S44096	108Cr17	11Cr17	7.78	1371~1482	0.46	24.0		10.2	11.7	0.60	200	
111	S44097	Y108Cr17	Y11Cr17	7.78	1371~1508	0.46	24.2		10.1		0.60	200	
112	S44090	95Cr18	9Cr18	7.70	1371~1510	0.48	29.3		10.5	12.0	0.60	200	
117	S45990	102Cr17Mo	9Cr18Mo	7.70		0.43	16.0		10.4	11.6	0.80	215	
118	S46990	90Cr18MoV	9Cr18MoV	7.70		0.46	29.3		10.5	12.0	0.65	211	
120	S46110	158Cr12MoV	1Cr12MoV	7.70					10.9	12.2 (600℃)			

续表 2C.1

序号	统一数字代号	新牌号	旧牌号	密度/(kg/dm³) 20℃	熔点/℃	比热容/[kJ/(kg·K)] 0~100℃	热导率/[W/(m·K)] 100℃	热导率/[W/(m·K)] 500℃	线膨胀系数/(10^{-6}/K) 0~100℃	线膨胀系数/(10^{-6}/K) 0~500℃	电阻率/(Ω·mm²/m) 20℃	纵向弹性模量/(kN/mm²) 20℃	磁性
马氏体型													
122	S46250	18Cr12MoVNbN	2Cr12MoVNbN	7.75			27.2		9.3			218	有
124	S47220	22Cr12NiWMoV	2Cr12NiWMoV	7.78		0.46	25.1		10.6 (260℃)	11.5		206	
125	S47310	13Cr11Ni2W2MoV	1Cr11Ni2W2MoV	7.80		0.48	22.2	28.1	9.3	11.7		196	
126	S47410	14Cr12Ni2WMoVNb	1Cr12Ni2WMoVNb	7.80		0.47	23.0	25.1	9.9	11.4			
130	S48040	42Cr9Si2	4Cr9Si2				16.7 (20℃)			12.0	0.79		
132	S48140	40Cr10Si2Mo	4Cr10Si2Mo	7.62			15.9	25.1	10.4	12.1	0.84	206	
133	S48380	80Cr20Si2Ni	8Cr20Si2Ni	7.60						12.3 (600℃)	0.95		
沉淀硬化型													
134	S51380	04Cr13Ni8Mo2Al		7.76			14.0		10.4		1.00	195	有
135	S51290	022Cr12Ni9Cu2NbTi		7.70	1400~1440	0.46	17.2		10.6		0.90	199	
136	S51550	05Cr15Ni5Cu4Nb		7.78	1397~1435	0.46	17.9	23.0	10.8	12.0	0.98	195	
137	S51740	05Cr17Ni4Cu4Nb	0Cr17Ni4Cu4Nb	7.78	1397~1435	0.46	17.2	23.0	10.8	12.0	0.98	196	
138	S51770	07Cr17Ni7Al	0Cr17Ni7Al	7.93	1390~1430	0.50	16.3	20.9	15.3	17.1	0.80	200	
139	S51570	07Cr15Ni7Mo2Al	0Cr15Ni7Mo2Al	7.80	1315~1450	0.46	18.0	22.2	10.5	11.8	0.80	185	
140	S51240	07Cr12Ni4Mn5Mo3Al	0Cr12Ni4Mn5Mo3Al	7.80			17.6	23.9	16.2	18.9	0.80	195	
141	S51750	09Cr17Ni5Mo3N					15.4		17.3		0.79	203	
143	S51525	06Cr15Ni25Ti2MoAlVB	0Cr15Ni25Ti2MoAlVB	7.94	1371~1427	0.46	15.4	23.8 (600℃)	16.9	17.6	0.91	198	无①

注：① 冷变形后稍有磁性。

参 考 文 献

1 《机械工程手册》(第二版)编辑委员会. 机械工程手册(第二版). 北京：机械工业出版社，1996

2 中国石油化工总公司石油化工规划院. 炼油厂设备加热炉设计手册(第二分篇，中册). 北京：石油化工规划院，1987

3 潘家祯主编. 压力容器材料实用手册. 北京：化学工业出版社，2000

4 冶金工业部钢铁研究院主编. 合金钢手册(上册，第一分册). 北京：中国工业出版社，1971

5 朱学仪，李卫. 锅炉及压力容器用钢标准手册. 北京：中国标准出版社，2008

6 中国石化集团洛阳石油化工工程公司. 石油化工设备设计便查手册(第二版). 北京：中国石化出版社，2007

7 中国机械工程学会焊接学会编. 焊接手册(第2版). 北京：机械工业出版社，2001

8 GB 150.2—2011 压力容器　第二部分：材料

9 HG20581—1998 钢制化工容器材料选用规定

10 GB/T 13304—1991 钢分类

11 GB/T 700—2006 碳素结构钢

12 GB/T 699—1999 优质碳素结构钢

13 GB/T 4171—2008 耐候结构钢

14 GB/T 3077—1999 合金结构钢

15 GB/T 1591—2008 低合金高强度结构钢

16 GB/T 20878—2007 不锈钢和耐热钢牌号及化学成分

17 GB 713—2008 锅炉和压力容器用钢板

18 GB 3531—2008 低温压力容器用低合金钢钢板

19 GB 19189—2011 压力容器用调质高强度钢板

20 GB 24511—2009 承压设备用不锈钢钢板和钢带

21 GB/T 4238—2007 耐热钢钢板和钢带

22 NB/T 47002.1—2009 不锈钢—钢复合板

23 NB/T 47002.2—2009 镍—钢复合板

24 NB/T 47002.3—2009 钛—钢复合板

25 NB/T 47002.4—2009 铜—钢复合板

26 GB/T 8163—2008 输送流体用无缝钢管

27 GB 9948—2006 石油裂化用无疑钢管

28 GB 5310—2008 高压锅炉用无缝钢管

29 GB/T 18984—2003 低温管道用无缝钢管

30 GB/T 14976—2002 流体输送用不锈钢无缝钢管

31 GB 13296—2007 锅炉、热交换器用不锈钢无缝钢管

32 GB/T 12771—2008 流体输送用不锈钢焊接钢管

33 GB/T 24593—2009 锅炉和热交换器用奥氏体不锈钢焊接钢管

34 GB/T 21832—2008 奥氏体—铁素体型双相不锈钢焊接钢管

35 GB/T 21833—2008 奥氏体—铁素体型双相不锈钢无缝钢管

36 NB/T 47008—2010(JB/T 4726)承压设备用碳素钢和合金钢锻件

37 NB/T 47009—2010(JB/T 4727)低温承压设备用低合金钢锻件

38 NB/T 47010—2010(JB/T4728)承压设备用不锈钢和耐热钢锻件

39 GB/T 3190—2008 变形铝及铝合金化学成分

40 GB/T 3620.1—2007 钛及钛合金牌号和化学成分

41 GB/T 5117—1995 碳钢焊条
42 GB/T 5118—1995 低合金钢焊条
43 GB/T 228—2002 金属材料室温拉伸试验方法
44 GB/T 983—1995 不锈钢焊条
45 GB/T 14957—1994 熔化焊用钢丝
46 GB/T 5293—1985 碳素钢埋弧焊用焊剂
47 GB/T 14958—1994 气体保护焊用钢丝
48 YB/T 5092—1996 焊接用不锈钢丝
49 GB/T 3669—2001 铝及铝合金焊条
50 GB/T 10858—2008 铝及铝合金焊丝
51 JB/T 4709—2007 钢制压力容器焊接规程

第三篇　石油化工
装置设备的腐蚀与防护

第一章　石油化工设备常见的腐蚀损伤和失效机理

1.1　概　　述

1.1.1　近年来加工原油性质的变化

随着石油资源的深度开采以及进口高硫、高酸原油的不断增加，原油劣质化趋势日趋明显，由表1.1-1就可看出这个问题，2008年以后，原油含硫量继续增高，广东某炼油厂2008年加工原油平均含硫量已达1.62%。据国外某研究机构预测，2010年后加工国外原油的硫含量将升到1.5%~2%，由此给石油化工设备的安全及长周期运行造成了严重威胁，也给设备的腐蚀防护提出了新的课题。

表1.1-1　沿海某炼油厂1996~2004年加工的原油情况

项　目	1996年	1997年	1998年	1999年	2000年	2001年	2002年	2003年	2004年
原油加工量/10^4t	712	756	722	816	1053	1065	1032	1165	1322
含硫油比例/%	49.5	43.7	37.3	35.8	54.0	38.4	25.8	26.7	25.0
高硫油比例/%	50.7	43.7	40.2	8.56	26.4	44.0	57.6	56.6	58.6
平均含硫/%(质)	0.71	0.45	0.59	0.77	1.32	1.44	1.45	1.462	1.51

1.1.2　原油中的腐蚀介质

原油中除存在碳、氢元素外，还存在硫、氮、氯以及重金属和杂质等。这些非碳氢元素在石油加工过程中的高温、高压、催化剂作用下转化为各种各样的腐蚀性介质，并与石油加工过程中加入的化学物质一起形成复杂多变的腐蚀环境。

石油中有些杂质为酸性物质统称为石油酸，包括脂肪酸、环烷酸、芳香酸和其他诸如酚类、硫醇、硫化氢、无机酸等物质。我们把含硫大于等于1%(质量分数)的原油称为高硫原油，而将总酸值大于0.5mgKOH/g的原油称作高酸原油。原油中的腐蚀介质主要有以下几种。

1. *硫化物*

原油中的硫化物主要是硫醇、硫醚、硫化氢、多硫化物、噻吩、单质硫等。

原油中的硫包括元素硫、硫化氢(H_2S)、硫醇(R—SH)、硫醚(R—S—R)、多硫化物(R_mS_n)、噻吩类化合物以及相对分子质量大结构复杂的含硫化合物(见表1.1-2)。一般将原油中存在的硫分为活性硫和非活性硫。元素硫、硫化氢和低分子硫醇等能直接与金属作用而引起设备腐蚀的统称为活性硫，其余不能直接与金属作用的硫化物统称为非活性硫。因此，原油中的总含硫量与腐蚀性能之间并无精确的对应关系。

硫醇硫和硫化氢主要分布在沸点为50~250℃的馏分中，元素硫和二硫化物硫主要分布在100~250℃馏分中，即原油中活性硫主要分布在沸点小于250℃的轻质馏分中。而二硫醚类和噻吩类硫化物则主要分布在沸点高于200℃的馏分中，沸点越高，此类非活性硫的比例就越高。

原油中的硫化物主要分布在重质馏分中，蜡油加上碱渣的硫含量占总硫的80%以上，它们随馏分进入二次加工装置，对那里的设备构成威胁。

表1.1–2 石油中的硫化合物

硫化合物名称	典型代表(分子式)	硫化合物名称	典型代表(分子式)
元素硫	S	多环状—	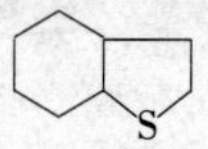 S
硫化氢	H_2S		
硫醇类:	(R—SH)	二硫化物	(R—S—S—R′)
烷基—	C_4H_9—SH	烷基—	C_2H_5—S—S—C_2H_5
环状—	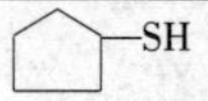 SH	噻吩类	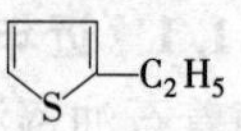 S C_2H_5
芳香族—	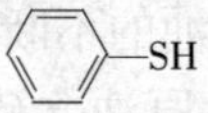 SH		
硫醚类:	(R—S—R′)	苯并噻吩类	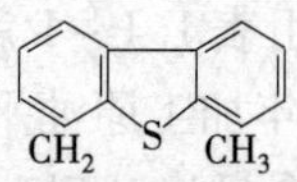 CH_2 S CH_3
烷基—	C_2H_5—S—C_3H_7		
环状—	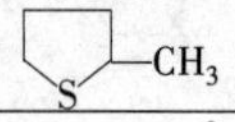 S CH_3	沥青质 ——芳香族环 ~~~~环烷环	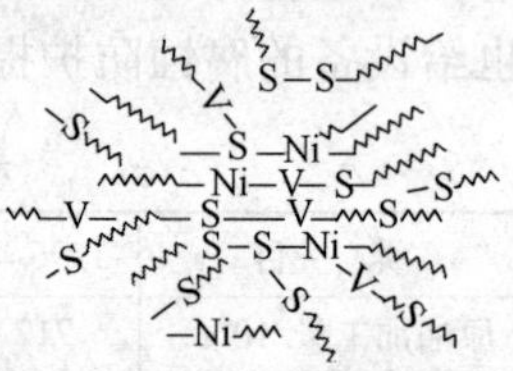
烷基—环状—	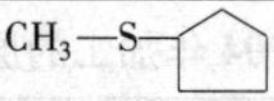 CH_3—S—		
环烷—环烷—	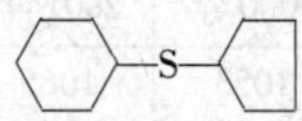 S		

2. 氯化物

原油开采时会带有一部分油田水，经过脱水可以去掉大部分，但是仍有少量的水分与油乳化，悬浮在原油中。这些水分都含有盐类，这些盐也可能来自二次采油注入的盐水或者来自油轮压舱海水。典型的含盐比例为75%氯化钠、15%氯化镁、10%氯化钙。在原油加工中，氯化镁和氯化钙很易受热水解，生成具有强烈腐蚀性的氯化氢(HCl)，而氯化钠不易水解，只有在高温条件下水解，例如经过焦化装置和催化裂化装置的加热与反应过程等。一般情况下，氯化氢(HCl)含量高则设备腐蚀严重。

有时原油析出的HCl量超过了全部无机氯盐完全水解所析出的HCl量，经实验证明，主要是原油生产过程中加入清蜡剂(三氯乙烷等氯代烷烃)，该有机氯化物发生分解生成HCl的缘故。有机氯和无机氯均可造成设备的腐蚀。无机氯主要分布在初馏塔塔顶，常减压塔顶冷凝水中；有机氯主要集中于初馏塔塔顶，各侧线中有机氯含量很少，但即使很少量的有机氯也给加氢装置带来了严重腐蚀。表1.1–3说明有机氯是无法通过电脱盐去除的，而且主要集中在轻油中。

表1.1–3 国内某油田原油加工过程中氯化物含量的分布 mg/L

样品名称	有机氯	无机氯	样品名称	有机氯	无机氯
脱前原油	6	48	常三线油	0.5	<0.1
脱后原油	7	1.8	减顶油	3	2.6
常顶汽油	164	1.0	减一线油	2	2.0
常一线油	3.6	<0.2	减三线油	3.4	<0.2
常二线油	1.2	0.2	减压渣油	3.5	3.6

3. 环烷酸

环烷酸(RCOOH)(R为环烷基)为原油中各种酸的混合物，是一类十分复杂、有着宽沸程范围的羧酸混合物的总称。它是含饱和五元环和(或)六元环的有机酸可分为两大类：一类是羧基直接与环相连；另一类是羧基通过一至数个亚甲基或次甲基与环相连。环烷酸主要集中在原油210~420℃馏分中，相对分子质量为180~700，以300~400居多。

环烷酸的腐蚀能力受温度的影响。220℃以下环烷酸一般不发生腐蚀，以后随温度上升而腐蚀性逐渐增加，在270~280℃腐蚀最大，温度再度提高腐蚀又下降。可是到350℃附近腐蚀又急骤增加，400℃以上就基本没有腐蚀了。此时原油中环烷酸已基本气化完毕，气流中酸性物浓度下降。环烷酸腐蚀一般都发生在液相。如果气相中没有凝液产生，也没有雾沫夹带，则气相腐蚀是很小的。但如果气相空间存在露点或有雾沫夹带，腐蚀就会加剧。环烷酸形成可溶性的腐蚀产物，腐蚀形态为带锐角边的蚀坑和蚀槽，物流的流速对腐蚀影响更大，环烷酸的腐蚀沟槽大都出现在流速高、流向改变和流型复杂的地方。流速增加，腐蚀速率也随之增加。

目前，国内很少有炼油装置只炼制含酸原油，大都采用含硫含酸原油混炼的加工方式。当硫含量高于临界值时，硫化氢在金属表面生成稳定的FeS保护膜，会减缓环烷酸的腐蚀作用。但原油含硫量低于某一临界值，则含硫含酸原油叠加后的腐蚀则会加重。因为，环烷酸破坏了硫化氢腐蚀产生的保护膜，生成可溶于油的环烷酸铁和硫化氢，使腐蚀不断地持续进行。现场实际情况也印证了，低硫高酸原油比含硫高酸原油腐蚀更加严重。

最常出现硫化物和环烷酸腐蚀的加工装置是常减压原油蒸馏装置，以及二次加工装置的进料系统，如加氢处理、催化裂化、减黏和焦化装置。加氢处理装置的氢气注入点上游，催化裂化进料预热系统和焦化装置辐射炉前都可能有环烷酸腐蚀。当加工含环烷酸的原料时，润滑油抽出系统中环烷酸的浓度很大。值得注意的是：有环烷酸热分解的地方，会有小分子有机酸或二氧化碳生成，它们会影响冷凝水的腐蚀性。在上述有腐蚀的装置中，环烷酸腐蚀主要发生在蒸馏装置，而蒸馏装置中又以减压塔最为严重。在减压过程中，最严重的腐蚀通常发生在288℃。

一般以原油中的总酸值TAN(Total Acid Number)来标称环烷酸的含量，原油酸值大于0.5mgKOH/g时，即可能引起设备的腐蚀。但这个酸值与原油的腐蚀性并无一一对应关系。这是因为，最常使用的评价环烷酸含量的方法是通过滴定测量原油的总酸值。原油的总酸值以mgKOH/g为单位，即指每克原油需要多少毫克KOH来中和。一般认为当原油的TAN > 0.5mgKOH/g时，就存在环烷酸腐蚀，当原油的TAN值越高，对整体设备来说其腐蚀性越严重。但由于TAN值只代表原油整体的酸性(还包括环烷酸以外的酸性)，而油品中环烷酸是混合酸，沸点也不同。因此，对设备的某一具体位置来说，工艺物料中的实际含酸值才真正反映其腐蚀性。国产含环烷酸的原油主要有；辽河原油(酸值0.86~1.64mgKOH/g)、鲁宁管输原油(酸值0.96~1.96mgKOH/g)、新疆原油(酸值0.76~5.64mgKOH/g)和胜利原油(酸值0.24~1.18mgKOH/g)。

4. 氮化物

石油中所含氮化合物主要为吡啶、吡咯及其衍生物。原油中这些氮化物在常减压装置很少分解，但是在二次加工装置，如在催化裂化、焦化等装置和加氢装置中，由于温度高或者催化剂的作用，则分解生成了可挥发的胺和氰化物(HCN)。HCN的存在对炼油厂低温H_2S—H_2O部位的腐蚀起到促进的作用，造成设备的氢鼓泡、氢脆和硫化物应力开裂分解。

胺将在焦化及加氢等装置形成NH_4Cl和NH_4HS，造成塔盘的垢下腐蚀或冷换设备管束的堵塞。

原油中的有机氮和氧燃烧生成了氮的氧化物，产生硝酸根(NO_3^-)遇水冷凝形成稀硝酸，与碳钢(Q235R、Q345R)壳体的焊接残余应力共同作用，使催化裂化装置再生器壳体产生应力腐蚀开裂。

5. 其他腐蚀介质

在原油炼制过程中尚有其他腐蚀介质，如水分、氢、有机溶剂、氨、酸、碱和化学物质等。

1.1.3 常见的设备失效形式

在API RP571《影响炼油工业固定设备的损伤机理》中，将炼油厂石油化工装置中设备的失效通常分为以下几种形式：

① 机械损伤和冶金损伤；

② 全部或局部厚度减薄；

③ 高温腐蚀；

④ 环境助长开裂。

本章主要讨论的是因石油中的腐蚀性物质对设备造成的腐蚀问题：主要包括厚度减薄和腐蚀开裂。同时简述一些炼油厂设备常见的机械和冶金损伤。

1.2 常见的腐蚀/损伤类型

1. 硫腐蚀

(1)破坏机理

硫腐蚀原因是碳钢和其他合金钢在高温环境下与硫化物发生反应。有氢存在时可加速腐蚀。

在高温下，活性硫与金属直接反应，它出现在与硫化物接触的各个部位，表现为均匀腐蚀，其中以硫化氢的腐蚀最为强烈。化学反应如下：

$$H_2S + Fe \longrightarrow FeS + H_2$$

$$S + Fe \longrightarrow FeS$$

$$RSH + Fe \longrightarrow FeS + \text{不饱和烃}$$

(2)受影响的材料

所有铁基材料包括碳钢、低合金钢、300系列和400系列的不锈钢都会遭受腐蚀。

(3)影响因素

① 影响硫腐蚀的主要因素是合金成分、温度和腐蚀性硫化物的浓度。

② 合金对硫腐蚀的敏感性取决于其形成硫化物保护膜的能力。

③ 铁基合金的硫腐蚀通常在金属温度高于260℃(500℉)时开始。温度升高、钢材中的铬含量增加和介质硫含量增加对腐蚀速率的影响见图1.2－1。

④ 通常说来，铁基和镍基合金的抗硫腐蚀性能由材料的铬含量决定，铬含量增加能显著增强材料的抗硫腐蚀性能，300系列不锈钢，比如304、316、321和347在绝大部分石油化工环境下有很好的抗硫腐蚀性能。由于镍基合金与不锈钢具有相近水平的铬含量，因此也具有相近的抗硫腐蚀性能。

⑤ 原油、煤和其他不同类型的烃类含有不同浓度的硫，总的硫含量由许多不同含硫化合物组成。

而硫腐蚀的主要成分是 H_2S 和其他硫化物在高温下分解产生的活性硫，某些硫化物非常容易反应生成 H_2S。因此，仅仅根据含硫重量百分比预测腐蚀速率有时会造成偏差。

⑥ 金属元件表面硫化物保护膜对材料提供保护的程度取决于合金钢类型和介质流体湍动程度。

(4)受影响的装置或设备

① 硫腐蚀发生在工艺介质含硫且高温环境下的管线和设备中；

② 通常涉及的装置有：常减压蒸馏、FCC、焦化、减黏和加氢装置；

③ 用石油、天然气、焦炭和其他绝大部分燃料进行火焰的加热炉管外表面有时也存在硫腐蚀，这主要是取决于燃料中的硫含量；

④ 暴露在含硫气体中的锅炉和高温设备也可能被腐蚀。

(5)腐蚀的表现和形态

① 腐蚀形态取决于操作的条件，腐蚀形态多为均匀减薄，但也存在局部腐蚀和高流速的冲蚀破坏；

② 硫化物保护膜通常覆盖在元件表面，保护膜的厚度取决于钢材的合金类型、工艺介质的腐蚀性、介质流速和杂质含量。

(6)材料选择

在含硫介质温度高于240℃时，一般按图1.2－1"修正后的Mcconomy曲线"进行选材。

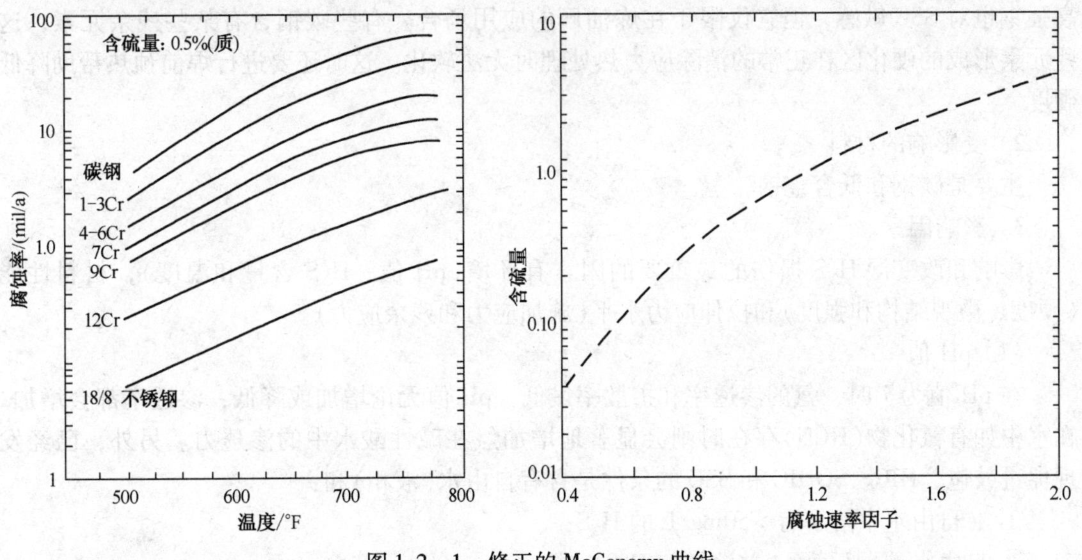

图1.2－1　修正的McConomy曲线

2. 湿硫化氢腐蚀

1）损伤描述

由湿 H_2S 环境引发的碳钢和低合金钢鼓包和开裂的有以下四种损伤形式。

(1) 氢鼓包

氢鼓包可以在容器或管道的内壁或外壁形成表面鼓包。鼓包是在硫化物腐蚀环境中氢原子从钢材表面扩散进入钢材内部，在不连续处如夹杂物和分层处聚集形成的。氢原子合并成为氢分子，而氢分子太大又无法从钢材中扩散出去，氢分子聚集达到一定的压力后产生局部变形，形成鼓包。氢鼓包导致由氢引发的腐蚀开裂，并不是由介质中的氢气造成的。

（2）氢诱导开裂（HIC）

在钢板的中间和焊缝附近，氢鼓包可以在离钢板表面的许多不同深度形成。有时，相邻或邻近的深度不同的鼓包，会扩展裂纹将它们连接起来。鼓包间相互连接的裂纹常常呈阶梯形，所以HIC有时也被称为“阶梯形开裂”。焊后消除应力热处理（PWHT）也无法避免氢诱导开裂的发生。

（3）应力导向氢诱导开裂（SOHIC）

SOHIC与HIC相似，但更加显著的损伤特点是裂纹排列为彼此相重迭。结果是垂直于钢板表面的贯穿性开裂，并引起的高应力水平（残余和施加）。它们通常在邻近焊接热影响区的母材上显现，热影响区最初为氢诱导开裂HIC损伤或其他形式的裂纹或缺陷，也包括硫化物应力开裂。

（4）硫化物应力腐蚀开裂（SSC）

硫化物应力腐蚀开裂（SSC）定义为在拉伸应力和含有水的H_2S腐蚀环境组合作用下的金属开裂现象。SSC是氢应力开裂的一种形式，是由于钢材吸收了硫化物腐蚀介质在金属表面形成的氢原子而形成的。

硫化物应力腐蚀开裂（SSC）起始于热影响区和焊缝附近的高硬度局部区的钢材表面。这些区域的高硬度是由于末道焊缝和附件的焊缝没有经过回火（软化）焊道覆盖所造成的。焊后消除应力热处理（PWHT）对降低硬度和残余应力有益，正是这些应力使钢材对SSC敏感。高强钢也对SSC敏感，但它仅限于在炼油厂的应用场合。有些碳钢含有某些残余元素，这些元素形成的硬化区在正常的消除应力热处理时无法软化。这时还要进行焊前预热帮助降低硬度。

2）受影响的材料

主要是碳钢和低合金钢。

3）影响因素

影响和改变湿H_2S损伤的最重要的因素有环境（pH值、H_2S含量和温度），材料性能（硬度、微观结构和强度）和拉伸应力水平（施加应力和残余应力）。

（1）pH值

在pH值为7时，氢的渗透率和扩散率最低，pH值无论增加或降低，渗透率都会增加。在水中如有氰化物（HCN）存在时则会显著地增加氢在碱性酸水中的渗透力。另外，已经发现促进鼓包、HIC、SOHIC和SSC的条件是含有自由水（液相）和：

① 在自由水中溶解有 >50mg/L 的H_2S；

② 自由水的pH值 <4 并溶解有H_2S，或；

③ 自由水的pH值 >7.6 并溶解有20mg/L的氰化物（HCN）和H_2S，或；

④ 在气相含有 >0.0003MPa（0.05psia）分压的H_2S。

（2）H_2S

① 由于水相中H_2S浓度的增加，氢的渗透率会随着H_2S分压的增加而加大。

② 在水相中，50mg/L（ppmw）H_2S的浓度经常用作判断的界限，超过这个界限湿H_2S就成为问题了。然而，有些开裂的案例也出现在浓度低于这个值时，或者发生在没有预料到湿H_2S的情况下。国外资料警告说：在水中就是有1mg/L的H_2S也足以使钢材中充入氢。

③ 对于标准规定拉伸强度下限值大于620MPa（90ksi）的钢材，或钢材的局部区域或焊

缝热影响区硬度大于237HB时，对SSC的敏感性会随着H_2S分压的增加而增加，尤其是钢材中H_2S分压大于0.0003MPa(0.05psi)时。

(3) 温度

① 鼓包、HIC和SOHIC损伤常发生在常温和150℃(300℉)及更高的温度下。

② SSC常发生在低于82℃(180℉)以下。

(4) 硬度

① 对SSC来说硬度是最大的问题。按照NACE RP0472标准，炼油厂中使用的一般的低强度碳钢可通过焊接工艺的调整使焊缝硬度<200HB。如果不出现局部硬度高于237HB，这些钢材一般对SSC并不敏感。

② 鼓包、HIC和SOHIC损伤与钢材的硬度无关。

(5) 钢材的制造

① 鼓包和HIC损伤很大程度上受钢材中的夹杂物和分层的影响，这些缺陷给氢的扩散和聚集提供了场地。

② 钢材的化学成分和制造方法也影响其应力腐蚀的敏感性，应按照NACE出版物8X194的要求定制抗HIC用钢的容器。

③ 改善钢材的纯净度和加工工艺可以减少鼓包，但钢材仍会对SOHIC敏感。

④ 没有可见的鼓包有时会使操作者误判以为没有H_2S发生，而实际上SOHIC损伤可能已经出现。

⑤ 氢诱导开裂HIC常见于所谓“不纯净”的钢板中，它含有较高的夹杂物或其他在钢材轧制过程中出现的内部不连续缺陷。

(6) 焊后热处理焊后消除应力热处理(PWHT)

① 如果没有外加的或残余的应力，鼓包和HIC损伤不会扩展，所以焊后消除应力热处理(PWHT)并不能防止它们的发生。

② 高的局部应力区和槽形不连续缺陷如：较浅的硫化物应力腐蚀裂纹，可以为SOHIC提供初始条件。焊后消除应力热处理(PWHT)可非常有效地防止和消除由残余应力和高硬度造成的SSC。

③ 应力导向开裂SOHIC由局部高应力所引发，所以焊后消除应力热处理(PWHT)有时在某种程度上也能减少SOHIC损伤。

4) 受影响的装置和设备

① 鼓包、HIC、SOHIC和SSC损伤可能发生在炼油厂任何含有湿H_2S的介质环境中的设备上。

② 在加氢装置中，增加二硫化胺的浓度达2%以上时，会增加鼓包、HIC和SOHIC出现的可能性。

③ 氰化物会显著地增加鼓包、HIC和SOHIC损伤的可能性和危害程度。这种情况在催化裂化(FCC)和延迟焦化装置的气体回收单元中特别明显。典型的局部区域有分馏塔顶罐、分馏塔、吸收塔和汽提塔、压缩机级间分离器和缓冲罐和各种换热器、冷凝器。酸水汽提塔和胺再生塔顶系统特别容易发生湿H_2S损伤，这是由于二硫化胺浓度和氰化物浓度在这些部位非常高。

④ SSC常见于高强度元件的焊缝和热影响区，如：高强螺栓，安全阀弹簧，400系列不锈钢阀板，压缩机的轴、套和弹簧。

5）损伤的表现和形态

① 氢鼓包在压力容器封头和壳体的表面常见。但氢鼓包很难在管道中及其焊缝中部出现。HIC 损伤有时可伴随鼓包和近表面的分层出现。

② 在承压容器中，SOHIC 和 SSC 损伤常常与焊接有关。SSC 也常见于容器的高硬度的局部区域或高强钢元件中。

3. 蠕变/应力腐蚀

（1）损伤描述

① 在高温状态下，金属元件在低于屈服应力的载荷作用下，会产生缓慢而持续变形。我们把这种受应力元件的变形称为蠕变。

② 变形导致损伤并最终导致开裂。

（2）受影响的材料

受影响的材料包括所有的金属和合金钢。

（3）影响因素

① 蠕变速率取决于材料、载荷和温度的共同作用。损伤应变率对载荷和温度都很敏感。总体上说，对合金钢而言，每增加大约 12℃（25℉）或应力增加 15% 可使设备的剩余寿命减少一半甚至更多。

② 表 1.2－1 列出了一些常用金属材料蠕变损伤发生的最低温度，如果金属温度高于这些最低温度值，蠕变损伤和蠕变开裂就可能发生。

表 1.2－1　常用金属材料蠕变发生的最低温度

材料名称	蠕变最低温度	材料名称	蠕变最低温度
碳钢（R_m ≤414MPa）	343℃（650℉）	5Cr－0.5Mo	427℃（800℉）
碳钢（R_m >414MPa）	371℃（700℉）	9Cr－1Mo	427℃（800℉）
C－0.5Mo	399℃（750℉）	304H SS	510℃（950℉）
1.05Cr－0.5Mo	427℃（800℉）	347H SS	538℃（1000℉）
2.05Cr－1Mo	427℃（800℉）	Alloy800，800H	565℃（1050℉）
2.25Cr－1Mo－V	441℃（825℉）	HK－40	649℃（1200℉）

③ 蠕变损伤发生的程度取决于材料及蠕变损伤发生时设备所处的温度和应力水平。

④ 如果金属元件的温度低于蠕变发生所要求的最低温度限制条件，即使在裂纹尖端部位存在高应力，金属元件的寿命仍几乎是无限的。

⑤ 由于蠕变损伤的外在表现很少或没有明显变形，因此人们常错误地把它称为蠕变脆断，但材料发生蠕变时通常还是有比较低的蠕变延伸性。

⑥ 低的蠕变延伸性特点是：

a. 材料和焊缝的拉伸强度越高，越严重。

b. 在蠕变发生的范围内温度越低，或在蠕变范围内应力越低，越普遍。

c. 粗晶粒的材料比细晶粒的材料，更有可能。

d. 无证据表明材料的常温性能会发生退化。

e. 在一些 CrMo 钢材中，由于某些碳化物存在，促进了蠕变损伤。

⑦ 由于腐蚀使设备壁厚减小而应力增加，将提前出现失效。

（4）受影响的装置或设备

① 蠕变损伤发生在操作温度高于蠕变范围要求的高温设备上，如火焰直接加热的加热

器炉炉管以及炉管支撑、吊钩和其他加热炉内件都易产生蠕变损伤。

② 管线和设备，例如热壁的重整反应器和加热炉炉管、临氢重整加热炉炉管、热壁的催化裂化反应器、所有操作条件在或接近蠕变范围内的催化裂化主分馏塔和再生器内件。

③ 低蠕变延伸性失效发生在接管的焊接热影响区和重整反应器的高应力区。裂纹也发生在一些高温管线和重整反应器的纵焊缝上。

④ 将异种钢焊接到一起(例如铁素体材料与奥氏体材料相焊)，由于材料的热膨胀系数不同，在高温情况下还会产生由热膨胀差引起的损伤。

4. 高温 H_2+H_2S 腐蚀

(1) 损伤描述

当有氢存和硫化氢 H_2S 共存的介质中，在 260℃(500℉)以上将增加高温硫化物的腐蚀性。通常导致厚度减薄的均匀腐蚀。

(2) 受影响的材料

常用材料耐高温 H_2+H_2S 腐蚀依次增强的顺序如下：碳钢，低合金钢，400 系列不锈钢，300 系列不锈钢。

(3) 影响因素

① 影响高温硫腐蚀的主要因素是温度、氢的存在、硫化氢的浓度和钢材的合金成分。

② 当氢大量存在时，腐蚀速度比那些无氢共存的情况下的高温硫腐蚀速率高。

③ 腐蚀速率随着 H_2S 含量的增加、尤其是随温度的升高而加大。

④ 汽油脱硫和加氢裂化装置中发生的腐蚀速率比石脑油脱硫中的腐蚀速率几乎高 2 倍。

⑤ 对硫化物的敏感度是由钢材的合金成分决定的。

⑥ 增加钢材中合金铬的含量，可提高抗蚀性，但是直到铬含量加到 7% ~9% 前，其对抗腐蚀性的改善相对于腐蚀速率的降低影响都比较小。见表 1.2-2 所示。

表 1.2-2　含铬量与腐蚀速率系数的关系

钢材牌号	腐蚀速率系数	钢材牌号	腐蚀速率系数
碳素钢 CS，C-0.5Mo	1	5Cr-0.5Mo	0.80
1Cr-0.5Mo	0.96	7Cr-1Mo	0.74
2.25Cr-0.5Mo	0.91	9Cr-1Mo	0.68

⑦ 含铬的镍基合金与不锈钢的抗腐蚀性能相似，因为它们有相似的铬含量，所以它们所提供的抗腐蚀能力相近。

(4) 受影响的装置和设备

① 这种腐蚀形式发生在具有高温 H_2+H_2S 介质装置中的管道和设备。包括所有加氢装置。如馏分油加氢脱硫装置，加氢处理以及加氢裂化装置。

② 在氢气注入点的下游可能发生更加严重的腐蚀。

(5) 损伤的表现和形态

① 腐蚀表现是厚度上的均匀减薄，同时伴有硫化铁锈的产生。

② 结构层的体积是流失金属量的 5 倍，并且可能是多层的。

③ 腐蚀产物形态是紧密黏着在钢材表面上的有光泽的灰铁锈，可能使人们误以为金属还没有被腐蚀。

(6) 常用金属材料在高温 H_2+H_2S 环境下的腐蚀速率曲线

常用金属材料在高温 H_2+H_2S 环境下的腐蚀速率曲线见图1.2-2。

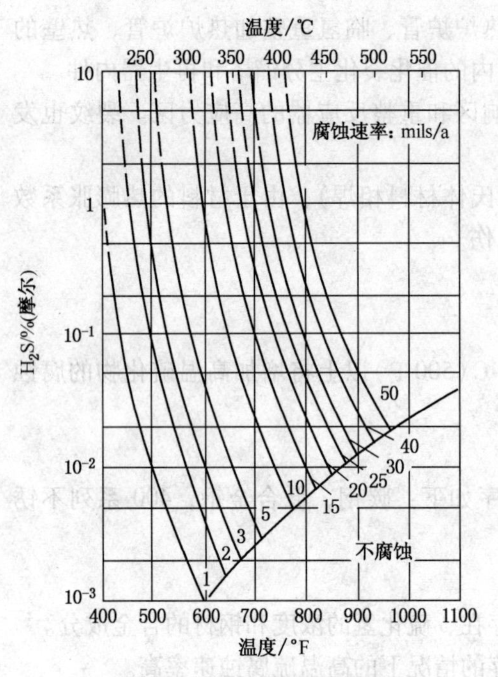

(a)温度和 H_2S 含量与碳钢(在轻油中)

高温 H_2S/H_2 腐蚀速率的关系

轻油：是指石脑油、汽油、煤油、轻柴油

1mil/a = 0.025mm/a

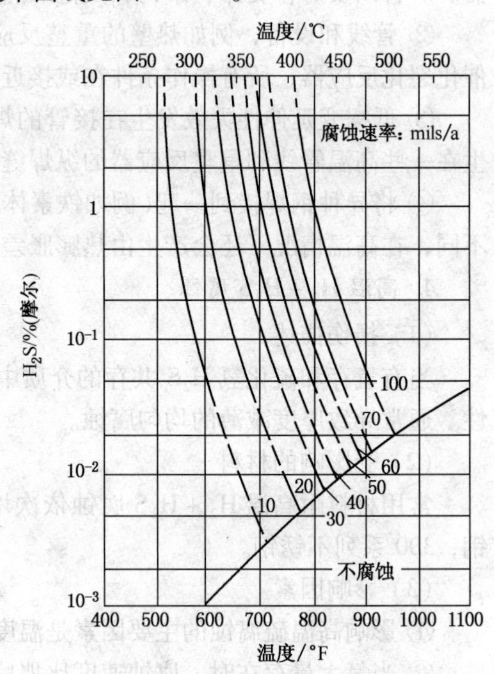

(b)温度和 H_2S 含量与碳钢(在重油中)

高温 H_2S/H_2 腐蚀速率的关系

重油：是指重柴油或更重的油

1mil/a = 0.025mm/a

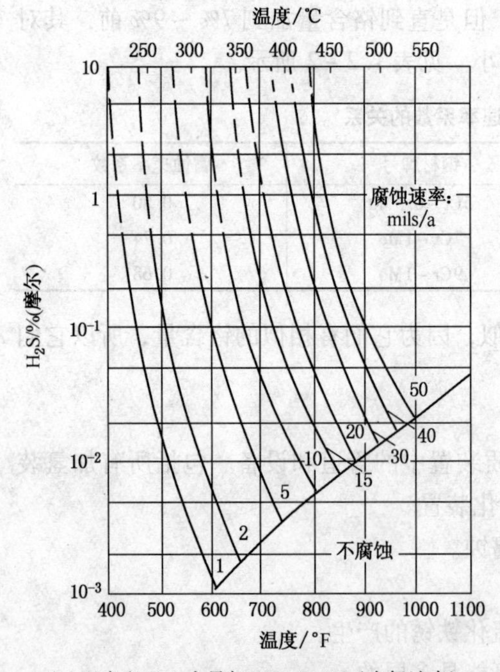

(c)温度和 H_2S 含量与5Cr-0.5Mo(在轻油中)

高温 H_2S/H_2 腐蚀速率的关系

1mil/a = 0.025mm/a

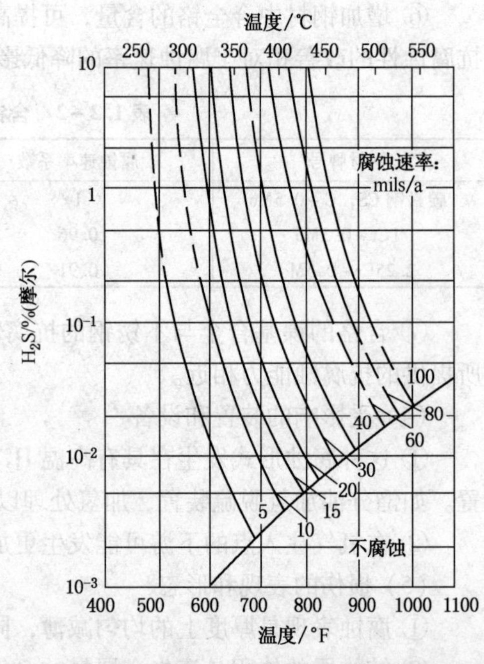

(d)温度和 H_2S 含量与5Cr-0.5Mo(在重油中)

高温 H_2S/H_2 腐蚀速率的关系

1mil/a = 0.025mm/a

图1.2-2 在 H_2+H_2S 腐蚀环境下各种钢材的腐蚀速率

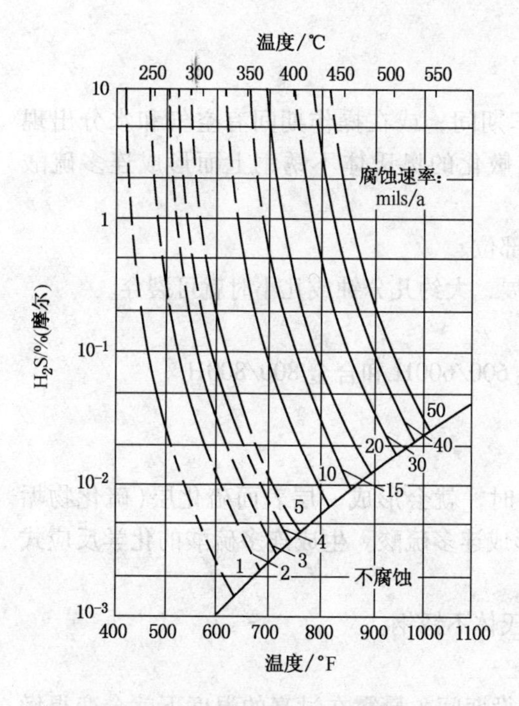

(e)温度和 H_2S 含量与 9Cr－1Mo(在轻油中)

高温 H_2S/H_2 腐蚀速率的关系

1mil/a＝0.025mm/a

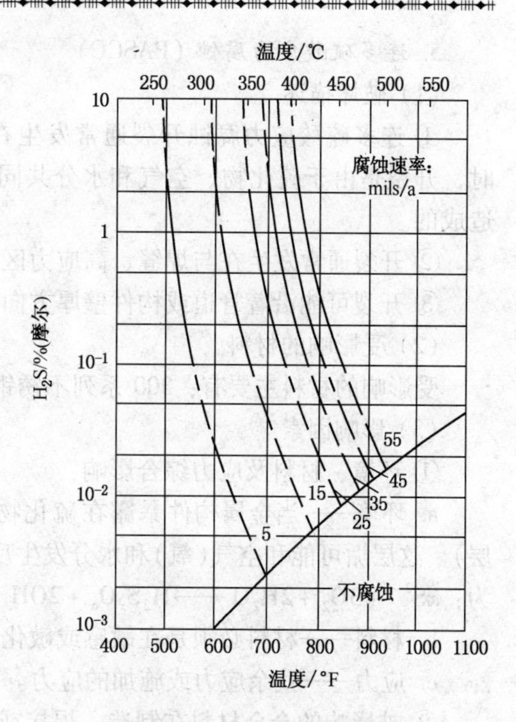

(f)温度和 H_2S 含量与 9Cr－1Mo(在重油中)

高温 H_2S/H_2 腐蚀速率的关系

1mil/a＝0.025mm/a

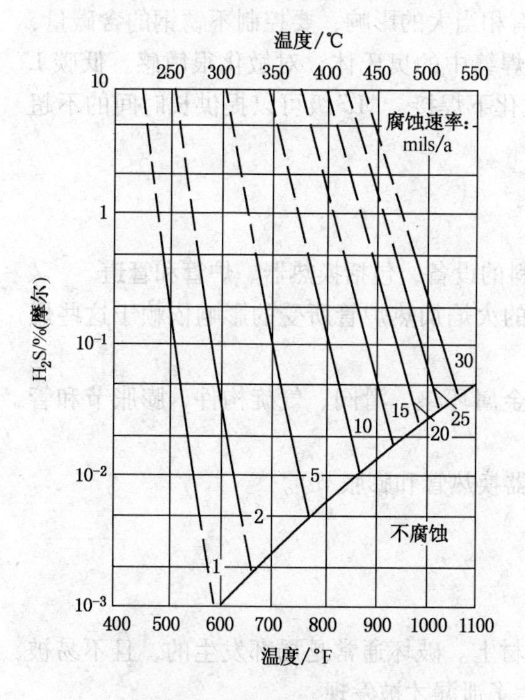

(g)温度和 H_2S 含量与 12C－不锈钢

高温 H_2S/H_2 腐蚀速率的关系

1mil/a＝0.025mm/a

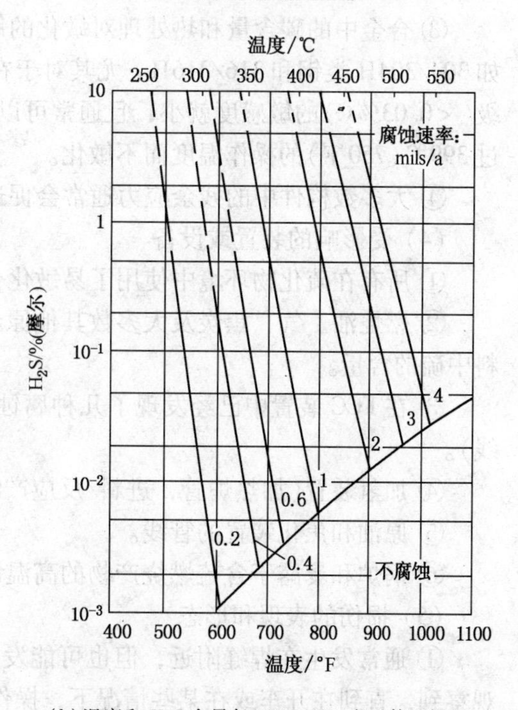

(h)温度和 H_2S 含量与 18Cr－8Ni 奥氏体不锈钢

高温 H_2S/H_2 腐蚀速率的关系

1mil/a＝0.025mm/a

图 1.2－2　在 H_2+H_2S 腐蚀环境下各种钢材的腐蚀速率(续)

5. 连多硫酸应力腐蚀（PASCC）

（1）破坏描述

① 连多硫酸应力腐蚀开裂通常发生在开停车期间，或在操作期间有空气和水分出现时，开裂是由于硫化物、空气和水分共同作用在敏化的奥氏体不锈钢上而形成连多硫酸造成的。

② 开裂通常发生在与焊缝、高应力区相邻的部位。

③ 开裂可能沿着管道或构件壁厚方向快速扩展，大约几分钟或几小时就可裂穿。

（2）受影响的材料

受影响的材料主要有：300 系列不锈钢、合金 600/600H 和合金 800/800H。

（3）影响因素

① 环境、材料及应力综合影响：

a. 环境——当金属构件暴露在硫化物组分中时，就会形成一层表面硫化层(硫化物垢层)。这层垢可能和空气(氧)和水分发生反应而形成连多硫酸。生成连多硫酸的化学反应式为：$xS^{2-}+3O_2+2H_2O \longrightarrow H_2S_xO_6+2OH^-$。

b. 材料——材料必须是在敏感或敏化后的奥氏体不锈钢。

c. 应力——残余应力或施加的应力。

② 被影响的合金材料在制造、焊接或高温服役期间，暴露在过高的温度下就会变得敏化，“敏化”是指成分/时间/温度，取决于在金属晶界上碳化铬 Cr－C 的形成。敏化发生在 400～815℃(750～1500℉)之间。

③ 合金中的碳含量和热处理对敏化的敏感性有相当大的影响，要控制不锈钢的含碳量，如 304/304H 类钢和 316/316H。尤其对于在 HAZ 焊缝中的奥氏体，对敏化很敏感。低碳 L 级(＜0.03% C)的敏感度就小，且通常可以在无敏化下焊接。“L”级可以提供长时间的不超过 399℃(750℉)的操作温度而不敏化。

④ 大多数构件中的残余应力通常会促进开裂。

（4）受影响的装置或设备

① 所有在硫化物环境中使用了易敏化合金材料的设备，包括换热器、炉管和管道。

② 燃烧油、气、焦炭及大多数其他原料燃料的火焰加热炉管所受的影响依赖于这些燃料中硫的含量。

③ 在 FCC 装置中已经发现了几种腐蚀案例(金属环垫、滑阀、气旋构件、膨胀节和管线)。

④ 加氢装置(加热炉管，进料/反应产物换热器换热管和膨胀节)。

⑤ 原油和焦化装置的管线。

⑥ 锅炉和暴露于含硫燃烧产物的高温设备。

（5）损伤的表现和形态

① 通常发生在焊缝附近，但也可能发生在母材上。破坏通常是局部发生的，且不易被观察到，直到在开车或在某些情况下，操作中发生了泄漏才被发现。

② 裂纹一般在晶界间扩展。

③ 腐蚀或厚度减薄通常是可以忽略不计。

（6）预防措施

奥氏体不锈钢连多硫酸应力腐蚀龟裂(PSCC)的产生必须同时满足下列三个条件：①存

在残余应力、拉伸应力；②奥氏体不锈钢已变成敏感性的不锈钢；③存在连多硫酸。只要其中有一个条件不满足，就不会有 PSCC 的产生。预防措施就是排除以上要素之一。PSCC 的来源以及预防措施总结列于表 1.2－3 中。

表 1.2－3　连多硫酸应力腐蚀龟裂(PSCC)的防止对策

必要因素	来源/影响因素	对　策
应力	残余/拉伸应力	没有对策
敏感性	含 Cr 低于 13%	非敏感材料时不要对策
		操作温度低于 430℃
		使用低碳钢不锈钢，例如：304L 型
		使用化学稳定不锈钢，例如：321、347 型
连多硫酸	水	湿度控制(催化剂钝化处理时形成的膜将水隔绝)
	氧气、空气	惰性气体保护(催化剂钝化处理时形成的膜将氧气隔绝)
	硫化物	碱溶液中和处理(浸泡、喷洒等)

6. 环烷酸腐蚀

(1) 损伤描述

这是一种高温腐蚀，主要发生在常减压装置，以及那些加工含有环烷酸馏分的下游装置。

目前多数学者认为环烷酸的反应机理如下：

$$2RCOOH + Fe \longrightarrow Fe(RCOO)_2 + H_2$$

(2) 受影响的材料

受影响的材料为：碳钢、低合金钢、300 系列不锈钢、400 系列不锈钢和镍基合金。

(3) 影响因素

① 环烷酸腐蚀受环烷酸含量、温度、硫含量、介质流速和材料合金成分的综合影响；

② 随着介质中酸度的增加，腐蚀将加重；

③ 酸值(TAN)或者说总酸度是一种酸度(有机酸含量)的表示法，可以有不同的测试方法，如 ASTM D－664。但是，环烷酸腐蚀常常发生在不含有自由水相的干热的烃流体中；

④ 由于环烷酸家族中各种酸的沸点不同，而且它们会分别出现在不同的馏分中，所以用原油总酸度的概念去考虑馏分油的酸腐蚀性是错误的。因为，环烷酸腐蚀是由实际馏分中的酸含量而不是原油的总酸度决定的；

⑤ 组成环烷酸家族的不同酸的腐蚀性有着明显的不同；

⑥ 目前，还未有一套普遍认可的方法来根据环烷酸腐蚀的影响因素来预测腐蚀率；

⑦ 硫可以促进硫铁化物的形成，并可在一定程度上抑制环烷酸腐蚀；

⑧ 环烷酸可以冲掉腐蚀金属表面形成的硫化铁保护层；

⑨ 在原油含硫量很低的情况下，即使总酸度低于 0.10mg/L，环烷酸腐蚀也会发生；

⑩ 环烷酸腐蚀通常发生在218℃(425℉)以上的热流体中，但在177℃(350℉)下的腐蚀也有报道。当温度低于 400℃(750℉)时，腐蚀随着温度的升高逐渐加剧。但在接近 427℃(800℉)的热焦化蒸汽油中也曾发现过环烷酸腐蚀。

⑪ 在下游的加氢处理装置和催化裂化装置，高温催化反应将破坏环烷酸，使其分解。

⑫ 材料的含钼量越高，耐蚀性越强。原油和其馏分产品的总酸度较高时，材料中含钼量应不低于2% ~2.5%；

⑬ 气液两相的高流速和高湍流区域腐蚀明显，尤其以蒸馏塔中的热蒸汽凝结区腐蚀最重。

(4) 受影响的装置或设备

① 环烷酸腐蚀常常发生在常减压加热炉管、减压塔转油线、减压塔底管线、常压瓦斯油循回流管道和重减压瓦斯油回流管道，有时也发生在轻减压瓦斯油回流管道中。在加工高酸度原料的延迟焦化装置中，轻焦化瓦斯油和重焦化瓦斯油也曾发现环烷酸腐蚀；

② 在高流速、湍流、流体转变方向的部位腐蚀特别严重，如在机泵内件、阀门、弯头、三通、大小头以及引起湍流的区域，以及残存焊瘤和热电偶套管附近；

③ 常减压蒸馏塔内件在闪蒸段、填料床层，以及环烷酸浓缩部位和高速液滴撞击的部位，腐蚀也容易发生；

④ 在常减压蒸馏装置的下游，以及混氢点上游的热烃流经部位也可能发生环烷酸腐蚀。

(5) 腐蚀的表现和形态

① 环烷酸腐蚀表现为局部腐蚀、点腐蚀或者是在高流速区内的流体冲蚀沟槽。

② 在低速冷凝的情况下，许多合金，包括碳钢，低合金钢和400系列不锈钢则表现为均匀减薄和/或点蚀。

7. 硫化氢胺腐蚀

(1) 损伤描述

① 加氢装置反应产物馏出物系统通常发生强烈的腐蚀，处理碱性酸水装置的设备局部也发生腐蚀泄漏。

② 因与硫化氢胺结晶有关，故在结晶温度点附近局部腐蚀明显，加氢反应器产物流出物系统已经发生过多次较大的泄漏问题。

(2) 受影响的材料

受硫化氢胺腐蚀影响的材料有碳钢，而双相不锈钢和镍基合金比碳钢更加耐腐蚀。

(3) 影响因素

① NH_4HS的浓度、流速、局部的湍流程度、pH值、温度、材料的合金组成、流体的偏流情况为设计上需要考虑的重要因素。工艺介质中NH_4HS的结晶温度估算见图1.2-3。

② 腐蚀性随NH_4HS浓度和物流速度的提高而增大。NH_4HS浓度低于2%(质)基本不具有腐蚀性，而浓度高于2%(质)时，腐蚀性随浓度升高则越来越大。

③ 在加氢反应器、催化裂化反应器和焦化炉中，进料中的氮转化为胺，与H_2S反应后生成NH_4HS。NH_4HS在温度低于66℃(150℉)时，会从反应产物气相中结晶，如果不注水冲洗，则会形成沉积结垢并发生堵塞。

④ 硫化氢胺NH_4HS盐的沉积，将导致沉积物垢层下的腐蚀破坏。而未被水溶解的胺盐则在湍流区形成对金属的冲蚀。

⑤ 用于溶解胺盐的冲洗水中质量较差，如果含有氧和铁，则会导致冲蚀和结垢的加剧。

⑥ 氰化物的出现使催化裂化气体装置、焦化气体装置、酸水气提塔顶部正常形成的硫化物保护膜被破坏，从而导致极为严重的腐蚀。

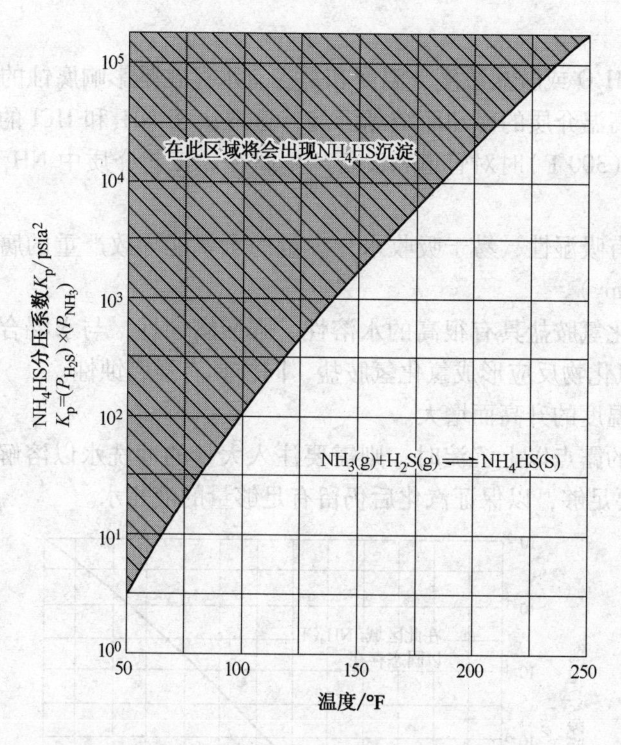

图 1.2－3　工艺介质中 NH_4HS 的结晶温度估算

（4）所影响的装置及设备

① 加氢装置反应产物系统中的高压空冷器及其进出口管道。

② 催化裂化装置的分馏塔顶冷换设备及其进出口管道。

③ 酸水汽提装置(SWS)中的汽提塔顶管道、冷凝器、收集器和回流管道，当 NH_4HS 的浓度高或有氰化物存在时会出现较为严重的腐蚀。

④ 胺处理装置中再生器顶部和回流管道可能有高浓度的 NH_4HS 时，会引起腐蚀。

⑤ 延迟焦化装置中高浓度 NH_4HS 的可能出现在气体浓缩单元分馏塔的下游，并引起腐蚀。

（5）损伤的表现和形态

① 碳钢可发生整体腐蚀，在 NH_4HS 浓度高于 2%（质），介质流向和流速不断改变的情况下，会出现严重的局部穿孔腐蚀。

② 若没有足够量的水来溶解 NH_4HS 盐的沉积层，低流速会导致严重的局部垢下的腐蚀，而高的流速会造成局部冲蚀。

③ 由于胺盐结垢，换热管会出现堵塞和换热效率降低的现象。

④ NH_4HS 可对海军铜和其他铜合金产生快速腐蚀。

8. 氯化胺腐蚀

（1）损伤描述

当流速较低又缺少起溶解作用的液相水时，通常会发生在氯化胺或胺盐的沉积。当流速较高时，则发生在流向改变和流型复杂、涡旋区域的冲蚀。

（2）受影响的材料

所有普通材料对氯化胺腐蚀都很敏感，抗腐蚀能力按以下顺序增强：碳钢、低合金钢、合金 400，双相不锈钢、800、825、合金 625 和 C276 及钛材。

(3) 影响因素

① NH_3、HCl、H_2O 或胺盐浓度、温度和是否有水存在是影响腐蚀的控制因素。

② 氯化胺盐随高温介质的冷却而结晶沉淀，这取决于 NH_3 和 HCl 的浓度，一般在高于水的露点温度 149℃(300℉)时对管道和设备产生腐蚀。工艺介质中 NH_4Cl 的结晶温度估算见图 1.2-4。

③ 氯化胺盐具有吸湿性，易于吸收水，少量的水就能导致严重的腐蚀，腐蚀速率会大于 2.5mm/a(>100mpy)。

④ 氯化胺和氯化氢胺盐具有很高的水溶性、强酸腐蚀性，与水混合时形成酸溶液，一些中和用胺溶液与氯化物反应形成氯化氢胺盐，同样具有强腐蚀性。

⑤ 腐蚀速率随温度的升高而增大。

⑥ 当它们在水的露点以上沉淀时，则需要注入大量的冲洗水以溶解掉盐；在这么高的温度下注入的水量要足够，以保证汽化后仍留有足够量的液相水。

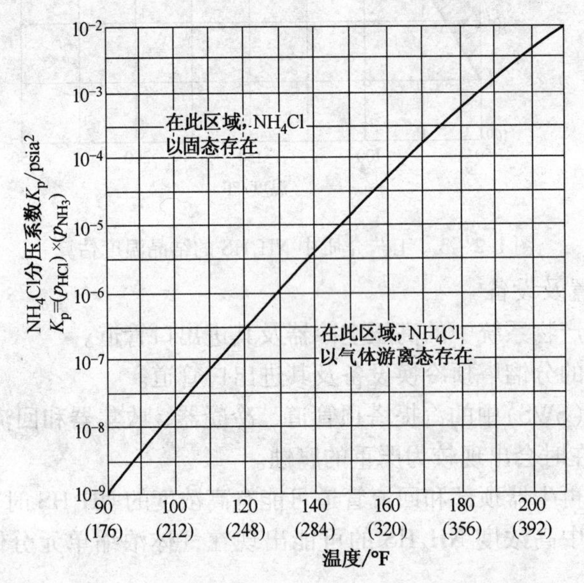

图 1.2-4 工艺介质中 NH_4Cl 的结晶温度估算

(4) 受影响的装置和设备

① 常压塔顶系统，塔顶部的塔盘、顶部管道以及换热器可能会结垢和冲蚀。在低速流动区域，由于氯化胺盐从气相冷凝而产生沉积。氯化胺盐一旦出现，塔顶循环泵将受到影响。

② 加氢装置，反应产物空冷器系统(国外称为 REAC 系统)容易受到氯化胺盐的结垢和腐蚀，若换热器结垢或换热效率降低，则需要间断注水冲洗。

③ 催化重整装置中反应产物和循环氢气系统也会受到氯化胺盐的结晶和腐蚀影响。

④ 催化裂化和焦化装置分馏塔顶部和顶部循环泵系统会遭受氯化胺盐结晶的腐蚀。

(5) 损伤的表现和形态

① 通常胺盐具有白色、褐色、绿色的外表，由于冲洗水或蒸汽吹扫可以清除沉淀物，所以在设备停工内部检查时，与铵盐结晶温度相关的容器就看到结垢了。

② 沉积盐的底部腐蚀是很典型的局部腐蚀和点蚀。

③ 腐蚀速率可能非常高，远远超过预期。

9. 盐酸腐蚀

(1) 损伤描述

① 盐酸(HCl水溶液)会引发全面腐蚀和局部腐蚀，很大浓度范围内的盐酸对于大部分普通材料来说侵蚀性都很强。

② 炼油厂中盐酸(HCl)的腐蚀破坏通常伴随着露点腐蚀出现，含有水以及氯化氢的蒸汽在蒸馏塔、分馏塔或汽提塔的过热蒸汽中浓缩时发生的腐蚀。浓缩的第一滴水酸性很大(低pH值)，加快了腐蚀速率。

(2) 受影响的材料

石油化工厂使用的所有普通结构材料都易受盐酸(HCl)腐蚀。

(3) 影响因素

① 盐酸的浓度、温度和金属材料的合金成分。

② 随着盐酸浓度和温度的增加，腐蚀的严重程度也增加。

③ 盐酸溶液(HCl)可能在换热器和管道底部形成氯化胺盐或氯化氢胺盐沉积物。这些沉积物容易从工艺流体或注入的冲洗水中吸收水分。氯化氢在无水相的干气体中一般没有腐蚀性，但是遇水形成盐酸后腐蚀性就变得异常强烈。

④ 碳钢和低合金钢暴露在 $pH < 4.5$ 下的任何浓度的盐酸中都会遭受严重的腐蚀。

⑤ 300和400系列的不锈钢在任何浓度和温度的HCl中都不具有抗腐蚀的作用。

⑥ 在许多炼油装置的应用中，400系列合金、钛合金及其他镍基合金抗稀盐酸腐蚀性能都表现良好。

⑦ 氧化剂(氧离子、铁离子和铜离子)的存在将会加快腐蚀速率，特别对400合金和B-2合金尤其严重。钛适用于氧化物介质，但不适用于无水的HCl介质。

(4) 受影响的装置和设备

许多装置中都发现有HCl腐蚀，特别是常减压装置、加氢处理装置和催化重整装置。

① 原油蒸馏装置：

a. 常压塔顶系统中，盐酸腐蚀在塔顶蒸汽凝结出第一滴水时出现，且最为强烈。这种凝结水pH值很低，能快速腐蚀管线、换热器壳体、换热管、封头盖和大气腿。

b. HCl腐蚀在减压塔顶的抽空器和减压塔顶冷凝器上也存在问题。

② 加氢处理装置：

a. 氯化物以有机氯的形式进入烃类进料或循环氢中，反应生成HCl。

b. 在工艺介质中HCl会通过分馏区转移，结果在与水的混合点形成严重的酸性露点腐蚀。

③ 催化重整装置

a. 氯化物会脱离催化剂，并反应生成HCl，然后通过反应产物换热系统被携带到再生系统，对稳定塔、脱丁烷塔和进料/预热换热器等设备和管道造成腐蚀。

b. 特殊的吸附剂和脱氯处理可以用于循环氢气和液态烃中氯的脱除。

(5) 损伤的表现的形式

① 碳钢和低合金钢遭受均匀减薄、局部腐蚀和沉积物侵蚀。

② 300和400系列不锈钢通常会遭受点蚀，而且300系列不锈钢还会遭受氯的应力腐蚀开裂。

10. 高温氢腐蚀(HTHA)

(1) 损伤描述

① 高温氢腐蚀因为钢材暴露在高温和高压的氢气中而发生，氢和碳在钢中反应生成甲

烷(CH_4)，又不能从钢中扩散出。碳化物的流失使得钢材整体强度降低。

② 甲烷的压力逐渐升高，形成鼓包或空洞、微裂缝，这些裂缝连接后会形成裂纹。

③ 当裂缝使承压件的承载能力降低到一定程度时，失效就发生了。

(2) 受影响的材料

受高温氢腐蚀(HTHA)影响的材料，按抗腐蚀能力增加排序：C-0.5Mo，Mn-0.5Mo，1Cr-0.5Mo(15CrMo)，1.25Cr-0.5Mo，2.25Cr-1Mo，2.25Cr-1Mo-V，3Cr-1Mo，5Cr-0.5Mo或化学成分近似的钢种。

(3) 影响因素

① 对于特殊材料，高温氢腐蚀(HTHA)取决于操作温度、氢分压、作用时间和应力大小。其中时间是指服役于氢环境中暴露的累积时间。

② 高温氢腐蚀(HTHA)在普通监测设备测出有明显的特征变化之前就已经产生了。

③ 腐蚀潜伏期是指从足够多的破坏开始出现到有效的监测设备可以检测出来这段时间。这个时期的长短范围，从非常严重情况下的几个小时到几年不等。

④ 碳钢和低合金钢随温度-氢分压变化的安全操作极限的曲线。关于高温氢腐蚀(HTHA)的更多信息见图1.2-5。应提请注意的是，该曲线并未计入氢脆、回火脆化和高温硫化氢损伤。

⑤ 300系列的不锈钢以及5Cr、9Cr、12Cr合金钢，在炼油装置常见的工况下都不受高温氢腐蚀(HTHA)的影响。

(4) 受高温氢腐蚀(HTHA)影响的装置

① 加氢处理装置，例如加氢脱硫和加氢裂化、催化重整、制氢装置和氢气提纯装置(例如变压吸附)都容易受高温氢腐蚀(HTHA)的影响。

② 高压蒸汽锅炉管。

(5) 损伤的表现和形态

① 碳氢反应会引起钢材表面脱碳。如果碳的表面扩散不再进行，碳氢反应会引起内部脱碳、形成甲烷并开裂。

② 虽然很难区分高温氢腐蚀的孔洞和蠕变孔洞，但在高温氢腐蚀(HTHA)初期，可以通过扫描电镜观测样品而查出高温氢腐蚀(HTHA)的气泡和孔洞。有些炼油厂的低合金钢暴露于高温氢腐蚀与蠕变并存的工况下。早期的高温氢腐蚀(HTHA)只能通过对损伤区域进一步进行金相分析来确认。

③ 在高温氢腐蚀(HTHA)腐蚀后期，脱碳和/或裂纹通过显微镜下观察试样而发现，有时也可以用原位金相图来发现。

④ 这些开裂和裂纹属于晶间腐蚀，出现在碳钢中接近珠光体(渗碳体)的区域。

⑤ 由于氢分子和甲烷分子在钢材的分层处积聚，有些气泡用肉眼就可看见。

(6) 临氢作业用钢选用曲线(Nelson曲线)

为了抵抗高温氢腐蚀，国内外普遍参照API RP941"炼油厂和石油化工厂用高温高压临氢作业钢"(如图1.2-5所示)来选择加氢反应器基体的材料。该曲线收集全世界各加氢设备的腐蚀案例，并在新的一版中不断修改曲线，目前它已作为一个单独文件，指导临氢设备的材料选择。最新版API RP941(2008年第七版)《炼油厂和石油化工厂用高温高压临氢作业用钢》中的Nelson曲线选材合适的碳钢或铬钼钢时，温度和压力需留出适当的裕度，一般可取压力裕度0.35MPa、温度裕度28℃。

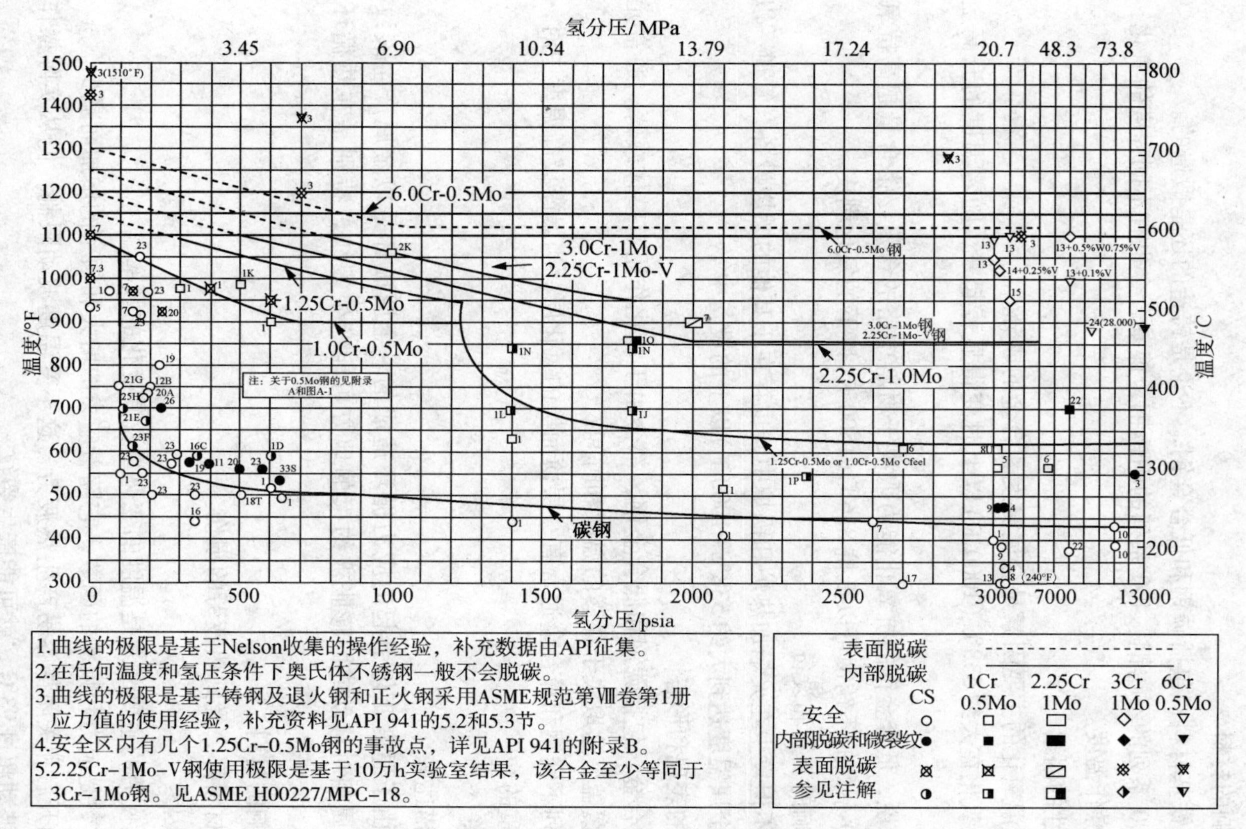

图 1.2－5　炼油厂和石油化工厂用高温高压临氢作业用钢的选用表（Nelson 曲线）

11. 氧腐蚀

(1) 损伤描述

① 在高温下氧和碳钢以及其他的合金材料反应，把金属转化为氧化物锈层。

② 这种破坏最常见，因为在火焰加热炉和锅炉里空气中含有被用来助燃的氧气(大约20%)。

(2) 受影响的材料

① 所有的铁基材料，包括碳钢和低合金钢，不论是铸造的还是锻造的。

② 所有300系列的不锈钢、400系列的不锈钢，镍基合金也有不同程度的氧化，这取决于化学成分和操作温度。

(3) 控制性的因素

① 影响高温氧化的主要因素是金属温度和合金的成分。

② 碳钢的氧化在大约538℃(1000℉)以上时变得显著起来，随着温度的升高金属损耗率也提高。

③ 一般来说，低合金钢的抗氧化能力取决于材料中铬的含量。铬含量越高抗氧化的保护性越强。300系列的不锈钢可以抵抗816℃(1500℉)以下的氧化剥皮。

(4) 受影响的装置和设备

氧化作用不但发生在火焰加热炉和锅炉中，也存在于其他的燃烧设备、管道，以及那些在高温环境中金属温度达到大约538℃(1000℉)以上的设备中。

(5) 损伤的表现和形态

① 大多数合金，包括碳钢和低合金钢，都会由于氧化作用有整体减薄。通常元件外表都会被氧化层覆盖，这取决于暴露的温度和时间。

② 300系列不锈钢和镍合金通常有一层薄而黑的氧化层。当暴露极高温度中时，金属损失率会非常严重的。

12. 热疲劳

(1) 损伤描述

热疲劳是由于温度变化引起的应力循环造成的。金属破坏是以金属产生裂纹的形式表现出来，金属相对移动或微膨胀被约束的地方可能产生裂纹，特别是在热循环重复作用下。

(2) 受影响的材料

几乎所有材料都会受到热疲劳的损伤。

(3) 影响因素

① 影响热疲劳的主要因素是温度的变化量及其变化的频率。

② 疲劳次数是应力和频率的函数，它随着应力的增大和频率的增加而减少。

③ 设备的开启和关闭都容易产生热疲劳，这不受温度波动限制，但从实际操作情况来看，如果温度波动超过93℃，就可能产生裂纹。

④ 疲劳损坏是随着表面温度快速变化而增大，并且在厚度方向或沿着金属长度方向形成温度梯度。例如：a. 突然用冷水冷却热的管子的情况(热冲击)；b. 由于连接点的刚性和较小的温度差；c. 自身的柔性不能适应热膨胀。

⑤ 凹槽(如角焊缝)和凸起(如管嘴和容器壳体的焊缝)及其他应力集中的地方是最容易产生裂纹的。

(4) 受影响的装置和设备

① 冷热流的混合区就是一个典型，例如加氢处理装置中的混氢点。另外与系统气体接触后的冷凝区，例如脱过热器或缓冲设备。

② 焦炭塔壳体上产生的裂纹就有热疲劳的影响。热疲劳产生在焦炭塔裙座处，由于温度变化在塔和裙座连接处产生很大温差的应力，并且循环往复地进行。

③ 在蒸汽发生器中，受损的常见位置是在过热器或重沸器的相邻管子的固定连接处，支持板间距要设计成满足因过冷或固定连接点积满灰尘时可能产生的相对移动的要求。

④ 在高温过热器或重沸器中穿过水冷壁的管子，如果管子没有足够的柔性，在与头盖连接处就可能产生裂纹。这些裂纹最普遍存在于端部，因为在那里头盖膨胀相对水器壁膨胀要大的多。

⑤ 蒸汽驱动的烟气鼓风机可能产生热疲劳裂纹，如果鼓风机一级出口管嘴含有冷凝物，由于冷凝水的快速冷却将加快管子的损坏。类似的切割水或水击作用在水冷壁管子上可能产生同样的损坏。

13. 酸性水腐蚀

(1) 损伤描述

① 钢的腐蚀是由于 pH 值为 4.5～7.0 的酸水中含有 H_2S，有时也有 CO_2。

② 含有大量胺、氯化物或氰化物会显著影响 pH 值，但不在本节讨论。

(2) 受影响的材料

受影响的材料主要有碳钢，而不锈钢、铜合金和镍基合金通常具有抵抗能力。

(3) 影响因素

① 酸水中的 H_2S 含量、流速和氧浓度都是影响因素。

② 酸水中的 H_2S 浓度取决于气相中 H_2S 的分压、温度和 pH 值。

③ 在给定压力下，酸水中的 H_2S 浓度随温度的增加而降低。

④ H_2S 浓度的增加往往会减小溶液 pH 值至 4.5。pH 值低于 4.5 的介质显示为强酸，它是主要腐蚀原因。

⑤ 当 pH 值在 4.5 以上时，一个硫化铁保护膜，阻止了腐蚀。

⑥ 在 pH 值高于 4.5 时，形成的硫化物保护膜为多孔的，这可以促进硫化物垢下的点蚀，但它不影响总的腐蚀速率。

⑦ 其他杂质也影响水的 pH 值，例如：HCl 和 CO_2 的加入会产生较低的 pH 值(酸性更强)。胺会增加 pH 值，它与碱性酸水联系密切，它是胺二硫化物腐蚀的主要因素。

⑧ 有空气或氧气存在，会增加腐蚀，并且产生点蚀或垢下腐蚀。

(4) 受影响的装置和设备

在 FCC 塔顶系统、焦化气体分馏装置就有酸水腐蚀，这些装置的介质为高 H_2S 和低 NH_3 水平。

(5) 损伤的表现和形态

酸水的腐蚀损伤典型地为均匀减薄。然而，也会出现局部腐蚀或局部垢下侵蚀，特别是有氧存在时。在含有 CO_2 的环境中，腐蚀可能伴随着碳化物应力腐蚀开裂。

300 系列不锈钢对点蚀非常敏感，也可能有缝隙腐蚀和/或氯化物应力腐蚀开裂。

14. 隔热耐磨衬里剥落

(1) 损伤描述

无论是隔热还是耐磨材料对于各种形式的机械损伤(裂纹、剥落和冲蚀)以及由氧化作用、硫化作用和其他高温腐蚀机理造成的腐蚀，都是敏感的。

(2) 受影响的材料

受影响的相关耐火材料包括绝热陶瓷纤维、耐火混凝土、耐火砖和纤维可塑料耐火产品。

(3) 影响因素

① 耐火材料的选择、设计和安装是减少损伤的关键。

② 带衬里设备在设计应该考虑到冲蚀、热冲击和热膨胀的影响。

③ 衬里烘干的步骤安排、处理的时间和运用的程序应该依照规范和 ASTM 的相关要求进行。

④ 锚固钉的材料热膨胀系数必须和基材的热膨胀系数相协调。

⑤ 锚固钉必须要能抵抗高温氧化腐蚀。

⑥ 锚固钉必须要能抵抗在加热烟气环境下冷凝出来的亚硫酸腐蚀。

⑦ 耐火材料的型号和密度的选择必须考虑能抵抗相应操作工况的磨损和冲蚀。

⑧ 耐火材料中的针状体和其他填充物必须与操作过程中的介质组分和温度相协调。

(4) 受影响的装置和设备

① 耐火材料广泛应用于流化床催化裂化的反应器、再生器的容器、管道、旋风分离器、滑阀和内件；流化焦化、冷壁式重整反应器以及余热锅炉和硫磺装置中的热反应器上。

② 同样采用耐火材料的锅炉燃烧室和烟囱也受到影响。

(5) 损伤的表现和形态

① 耐火材料会表现出异常的裂纹、剥落或者从基层隆起，以及由于暴露在潮湿环境中造成的软化或者全面的剥蚀。

② 耐火材料下面的结焦可能会发展，促进了裂纹和材料的恶化。

③ 在冲蚀的工况下，耐火材料可能会被冲刷掉或者变薄，暴露出锚固钉组件。

15. *石墨化*

(1) 损伤描述

① 一些碳钢和 0.5Mo 钢在 427 ~ 593℃ (800 ~ 1100℉) 下长期操作后，钢中的微观结构就会发生石墨化，由此会导致钢的强度降低，韧性变差，同时(或者)抵抗蠕变的能力也变差。

② 在较高温度下，这些钢中的碳化物就变得不稳定，随之分解成石墨球状物，这个分解过程就是石墨化过程。

(2)受影响的材料

受影响材料为一部分碳钢和 0.5Mo 钢。

(3)影响因素

① 影响石墨化最重要的因素包括钢材的化学成分、应力水平、操作温度和暴露在特定条件下的时间。

② 一般来说，肉眼观察是看不到石墨化的。一些钢比另外一些钢更容易受石墨化影响，但是究竟为什么一些钢容易石墨化而另外一些钢却能抵制石墨化，至今尚未完全被了解。早期研究认为硅和铝的化合物在石墨化中扮演着重要角色。但实际上在石墨化过程中，它对石墨化的影响几乎可以被忽略。

③ 从低合金碳钼钢 C - Mo 到 1% Mo 钢都会产生石墨化，但加入大约 0.7% 的铬就能消

除石墨化。

④ 温度对石墨化的速度影响非常大。当温度低于800℉(427℃)时，石墨化速度是非常低的，随着温度的升高，石墨化的速率也随之上升。

⑤ 石墨化分为典型的两种。第一种是不规则石墨化，在这种石墨化中，石墨成分随机地在钢中分布，虽然这种石墨化有可能降低材料在室温下的抗拉伸能力，但通常不会降低材料的抵抗蠕变的能力。第二种石墨化，也是更具有破坏性的一种石墨化，其结果使得石墨成分成带状或集中到一个平面上。这种形式的石墨化能明显降低材料的承载负荷的能力，而且会增加沿此平面脆化开裂风险。这两种形式的石墨化分别称之为焊接热影响区石墨化和非焊接石墨化。

⑥ 石墨化的范围和程度通常可以定性报告(没有、轻微、中等、严重)。虽然预测严重热影响区中的形成速率比较困难，但严重的热影响区石墨化发展速率跟在538℃(1000℉)以上历时5年中的情况差不多，而非常轻微的石墨化则在454℃(850℉)历时30~40年后才能发现。

(4) 受其影响的装置或设备

① 催化裂化、催化重整和焦化装置中的大部分热壁管线和容器；

② 粗的珠光体比贝氏体更容易受到影响；

③ 在炼油工业中，几乎没有听到过由石墨化直接导致的失效破坏。然而，在由于其他主要原因引起的破坏处，我们能找到已经发生的石墨化迹象。然而，在催化裂化装置的反应器和管线中发生过几次严重的石墨化案例，以及在一个热裂化装置中的碳钢炉管。还比如在一个催化裂化的立式余热锅炉底部管板密封焊的失效，有报告称一个C-0.5Mo材质的催化重整反应器内加热管的纵焊缝上发生石墨化失效的案例；

④ 眉形石墨化较集中的地方总是沿着热影响区，在这里蠕变断裂强度急剧下降。沿热影响区的轻微至中度石墨化并不会明显降低室温或高温下的材料特性；

⑤ 石墨化很少产生在表面沸腾管上，但在1940年确实发生在低合金C-0.5Mo管子和集箱上。省煤器管子、蒸发器管线和其他在441~552℃(850~1025℉)操作的设备则更容易产生表面石墨化。

(5) 损伤的表现和形态

① 由石墨化引起的破坏不是通过肉眼就能看到或很明显就能显现出来，只能通过金相检测到。

② 进一步的损伤伴随着蠕变强度的降低，可能形成微裂纹和微观空洞，以及表面开裂或表面连续裂纹。

16. 回火脆化

(1) 损伤描述

回火脆化是由于某些低合金钢长期操作在343~593℃(650~1100℉)高温环境中，因金相改变导致材质韧性的下降。回火脆化引起了韧性-脆性转变温度的升高，这可以通过夏比冲击试验来测定。虽然在操作温度下，韧性下降不明显，但回火脆化了的设备在开停工的时候容易发生脆性断裂。

(2) 受影响的钢材

① 主要是2.25Cr-1Mo低合金钢、3Cr-1Mo钢(程度较轻)和高强低合金Cr-Mo-V钢。

② 1972 以前早期的 2.25Cr-1Mo 材料制造的设备对回火脆化特别敏感，某些高强低合金钢也是敏感的。

③ C-0.5Mo 和 1.25Cr-0.5Mo 合金钢受回火脆化影响不明显。然而，其他的高温损伤机制促进了金相改变，这也能改变这些材料的韧性或高温塑性。详细可参见 API 934C 和 API 934D。

(3) 影响因素

① 钢材的合金成分、受热史、金属温度和暴露时间是关键因素。

② 回火脆化的敏感性很大程度上决定于合金元素 Mn 和 Si 的存在，以及杂质元素 P、Ti、Sb 和 As 的存在。强度水平和热处理/制造史亦应考虑。

③ 2.25Cr-1Mo 钢的回火脆化在 482℃(900℉)时比 427~440℃(800~850℉)温度范围发展更快，但是，在长期暴露在 440℃(850℉)温度下，损伤会更加严重。

④ 某些脆化可能发生在制造的热处理中，但绝大部分破坏是在经过很多年的服役后在脆化温度范围内操作后发生的。

⑤ 这种形式的破坏将显著降低含有裂纹等缺陷的部件的结构完整性。根据缺陷类型，可以要求对材料韧性、环境的苛刻度以及操作条件，特别是氢服役环境进行评价。

(4) 受影响的装置或设备

① 回火脆化发生于长期操作于 343℃(650℉)以上的各种工艺装置中。应该注意的是，很少有工业上的失效是直接与回火脆化相关联的。

② 易受回火脆化影响的设备常常在加氢处理装置中被发现，特别是反应器、高温进料/反应产物换热器部件以及热高压分离器。其他可能发生回火脆化的装置如催化重整装置(反应器和换热器)、催化裂化 FCC 反应器、焦化和减黏装置的高温设备上。

③ 应该注意这些合金钢的焊缝比母材常常更易发生回火脆化。

(5) 损伤的表现和形态

① 回火脆化是一个金相的转变，表面上不容易发现，可以通过冲击试验得到确认。由于回火脆化带来得损伤可以导致灾难性的脆性断裂。

② 回火脆化可通过夏比 V 型缺口冲击试验测定脆性转变温度来衡量。与未发生脆化和已消除了脆化的材料进行对比，回火脆化的另一个重要特点是对脆性转变温度曲线的上平台值没有影响。

17. 脱碳

(1) 损伤描述

由于脱碳使钢材丢失了碳和碳化物而仅剩下一个铁基，使得钢材失去了强度。脱碳常常出现高温下、热处理过程中，暴露在火焰或高温气体操作条件下。

(2) 受影响材料

碳钢和低合金钢。

(3) 影响因素

① 工艺流程中的时间、温度和碳的活性是关键因素。

② 材料必须暴露在低活性碳的气相中，使得钢中的碳能够扩散到表面与气相成分反应。

③ 脱碳程度和深度取决于温度和暴露时间的共同作用。

④ 浅层的脱碳能降低材料的强度，但对整个元件的总体性能没有决定性的影响。然而，这表明钢材已经过热和可能会有其他影响(例如：在临氢工况下，脱碳同高温氢腐蚀联系在

一起)。

⑤ 室温下的抗拉强度和蠕变强度可能遭受损失。

(4) 受影响的装置和设备

① 暴露在高温下的或经过热处理的，或直接见火的大部分设备都会发生脱碳。

② 在加氢处理和催化重整装置中热的氢环境中，以及火焰加热炉管也会受到影响。在制造过程中热成型后的压力容器部件容易受影响。

(5) 损伤的表现和形态

① 可通过金相学的方法来鉴别损伤。

② 损伤发生在暴露于气体环境的金属表面，但也有极端情况是贯穿整个壁厚的。

③ 脱碳层没有碳化物相，碳钢将会变成纯铁。

18. 苛性碱脆开裂

(1) 损伤描述

碱脆是应力腐蚀开裂的一种形式，其特征是从表面起始开裂，主要发生在暴露于碱液中的管道和设备上，临近未经焊后消除应力热处理(PWHT)的焊缝处。

(2) 受影响的材料

碳钢、低合金钢和300系列不锈钢都是敏感的，镍基合金具有更好的抗腐蚀性。

(3) 影响因素

① 在苛性钠(NaOH)和苛性钾(KOH)溶液中的碱脆敏感性是碱液浓度、金属温度和钢材应力水平的函数。

② 增加碱液浓度和金属温度，就会增加开裂的可能性和危险性。如果有可能产生浓缩现象，则较低浓度的碱液也可能引起开裂。在某些情况下，碱液浓度在50～100ppm就足够引起开裂。

③ 促进开裂的应力是焊接或冷加工(如：冷弯或成型)造成的残余应力，以及施加的应力。

④ 普遍认为应力接近屈服就会引起应力腐蚀开裂(SCC)，所以热处理消除应力(PWHT)可有效地防止碱应力腐蚀开裂。虽然低于屈服应力的失效也有发生，但还是很罕见的。

⑤ 裂纹扩散率随温度的升高而加快。在温度突变时，有时几天甚至几小时裂纹就可穿透壁厚，特别在碱浓度升高时。浓度可以随湿或干的条件变化，以及局部热点或高温蒸发的产生而改变。

⑥ 在未经焊后热处理的管道和设备上设计蒸汽加热(伴热)设施时应该特别小心。国内某炼油厂在2010年冬季曾因打开伴热而发生碱液管道开裂事故。

(4) 受影响的装置和设备

① 碱脆常见于处理碱液的管道和设备，包括脱H_2S和脱硫醇装置，以及采用碱液中和的硫酸烷基化装置和氢氟酸烷基化装置。有时在减压塔顶也注入碱液来控制氯化物。

② 失效常发生在错误伴热的管道和设备上，以及加热盘管和其他换热设备中。

③ 在碱环境下操作后的设备进行蒸汽清扫时，就容易发生碱脆。

④ 在锅炉给水中碱可能发生浓缩，而且锅炉管由于干烧而由湿变干时最有可能导致碱脆。

(5) 损伤的表现和形态

① 碱应力腐蚀开裂都是沿着母材平行于焊缝方向延伸，但也有发生在热影响区和焊缝

中的。

② 在钢材表面的裂纹形状有时像微小的蜘蛛网状，裂纹起始或相交于局部应力集中的焊缝处。

③ 通过对表面裂纹的金相检查发现裂纹主要是穿晶的。裂纹典型发生在焊态的碳钢上，裂纹为非常细的网状，内部充满了氧化物。

④ 300 系列不锈钢的裂纹为穿晶的，并且非常难以与氯化物应力腐蚀相区分。

(6) 碳钢在碱性条件下的损伤限制

操作经验得到的可能引起碱液中碳钢开裂的条件见图 1.2－6。

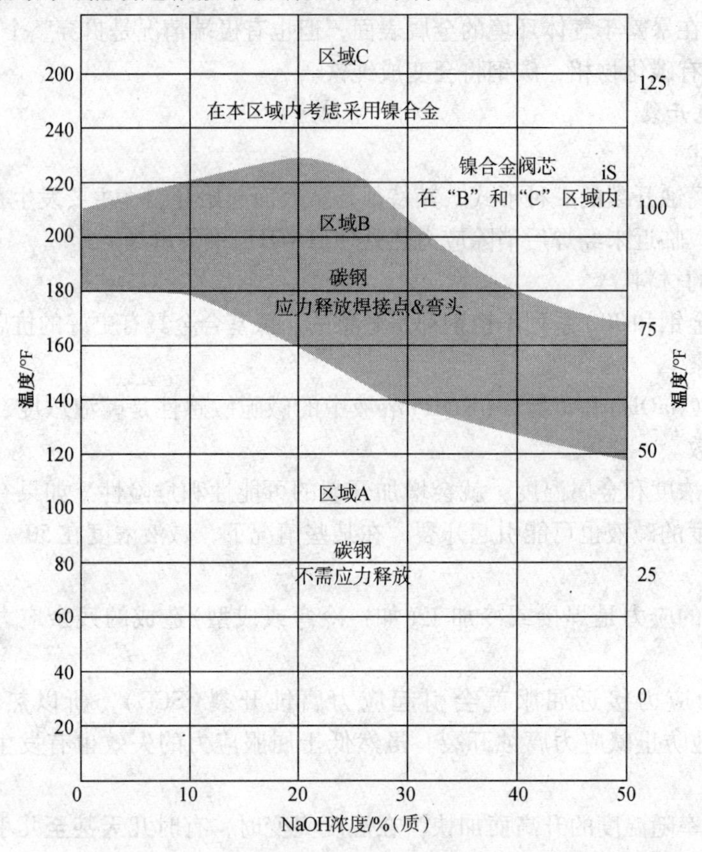

图 1.2－6 碱性条件下碳钢的推荐运行限制

19. 苛性碱腐蚀

(1) 损伤描述

由于苛性碱和碱盐的浓缩而形成局部腐蚀，它通常发生在蒸发或温度较高的热交换条件下。然而，均匀腐蚀取决于碱性和苛性碱的强度。

(2) 受影响的材料

所有的碳钢、低合金钢以及 300 系列不锈钢都会受到腐蚀。

(3) 影响因素

主要起作用的因素是是否有碱存在(NaOH 或 KOH)。以下是可能的碱的来源：

① 碱有时是作为中和剂或反应剂而加入到工艺物流中的。

② 有时是以较低的浓度有意加入锅炉给水中，或可能在脱盐剂再生时无意中带入的。

③ 苛性盐也可能由于冷凝器或工艺设备的泄漏而进入工艺物流中。

④ 有些工艺装置利用碱溶液来中和或去除硫化物。

⑤ 某些浓缩机制使碱的强度增加了。

⑥ 碱会因为在离开偏离核沸腾(DBN)、蒸发和沉积而被浓缩。

(4) 受影响的装置和设备

① 碱腐蚀最有可能与锅炉和发生蒸汽的设备及其相关的换热器。

② 类似碱的影响可能发生在原油装置中进料注碱的地方。

③ 如果碱不能有效地与油品混合，则局部加速腐蚀可能发生在预热换热器、炉管和转油线中。

④ 使用碱从产品中脱除硫化物的装置。

(5) 损伤的表现和形态

① 在锅炉管中的典型特点为局部金属流失，表现为沟槽状或在沉积物下的局部减薄。

② 沉积物可能充满了腐蚀物盖住了下面的损伤。这时可采用尖的仪器探测可疑的区域。

③ 局部沟槽可能沿着腐蚀浓缩的流线形成，在竖直管道中可能呈现环状沟槽。

④ 在水平或倾斜管中，沟槽位于管子的顶部或在管子的相对侧形成轴向沟槽。

⑤ 暴露在高于79℃(175℉)的高浓度碱溶液中的碳钢会有均匀腐蚀，而在93℃(200℉)以上腐蚀速率极高。

20. 侵蚀/冲蚀

(1) 损伤描述

① 冲蚀是指材料表面加速的机械磨损，它是由于固体、液体、蒸汽及其中的化合物，对材料表面不断冲击以及二者间的相对运动而造成的。

② 冲蚀-腐蚀是指冲蚀与腐蚀共同作用于金属表面，将金属表面形成的保护膜移除从而对其内部金属进一步腐蚀的过程。

(2) 受影响的材料

所有金属、合金以及耐火材料都会受到影响。

(3) 影响因素

① 在绝大多数情况下，腐蚀都会发生，纯的冲蚀(有时是指单纯的磨损)是很少见的。所以考虑腐蚀产生的破坏作用是很重要的。

② 金属的损失速率，决定于冲击介质(即颗粒、液滴、悬浮物、两相流)的速度和浓度、冲击粒子的大小和硬度，金属表面的硬度和抗腐蚀能力以及冲击的角度。

③ 硬度较低的合金，如铜合金、铝合金，很容易形成机械磨损，在冲击速度较高的情况下金属流失严重。

④ 提高金属的硬度，并不一定都能提高金属的抗冲蚀能力，特别是在腐蚀起决定作用的情况下。

⑤ 对于每一种不同的环境-材料组合情况，一般来说，都会存在一个临界速度，当冲击介质的速度高于这一临界速度时，便会发生金属的流失。

⑥ 造成冲击的流体介质中固体的大小、形状、密度和硬度可影响金属的流失速率。

⑦ 环境的腐蚀性增大会降低金属表面保护膜的稳定性，从而使金属更易于流失。金属可形成可溶解离子而从表面流失，或者形成腐蚀产物从金属表面被机械性剥离。

⑧ 提高环境腐蚀性的因素，如温度、酸碱度等，都会增大金属流失的敏感性。

(4) 受影响的装置和设备

① 所有接触到流动的液体或催化剂的装置及设备，都会发生冲蚀-腐蚀。这包括管道系统，特别是弯管、弯头、三通、大小头；放空阀、截止阀下游的管道系统；泵、风机、输送器、叶轮、搅拌器、被搅拌设备、换热器管束、测量设备进出口、涡轮叶片、喷嘴、输送管和蒸汽管线、刮板、切割器以及防冲板。

② 气体中携带的催化剂颗粒及液体中的颗粒(如催化油浆)均可对设备产生冲蚀。炼油厂设备此种类型的破坏，可由催化剂颗粒移动造成，如催化裂化反-再系统中与催化剂颗粒接触的设备(如阀门、旋风分离器、管道、反应器)，输送油浆的管道；延迟焦化和流化床焦化装置中的操作设备。

③ 加氢反应器的反应产物出口管线会受到亚硫酸铵结晶的固体冲蚀-腐蚀，金属流失的速率决定于亚硫酸胺的浓度、流速以及合金的抗腐蚀能力。

④ 暴露于含环烷酸的原油中的常减压装置中的管线及设备，会遭受严重的冲蚀-腐蚀，金属流失的速率决定于温度、流速、硫含量、和酸值的水平。

(5) 损伤的表现和形态

① 冲蚀及冲蚀-腐蚀，具有使材料发生局部厚度减薄的特点，减薄的形式包括凹坑、凹槽、波纹、圆孔以及窄缝。这些破坏常具有方向性。

② 在相当短的时间内即可发生失效破坏。

21. 碳酸盐应力腐蚀开裂(ACSCC)

(1) 损伤描述

碳酸盐应力腐蚀开裂(常被称作碳酸盐 开裂)是在拉应力和含有碳酸盐的腐蚀介质联合作用下，在临近碳钢焊缝附近的裂纹或表面开裂现象。它是碱应力腐蚀开裂(ASCC)的一种形式。

(2) 受影响的材料

受影响的材料为碳钢和低合金钢。

(3) 影响因素

① 碳钢的残余应力水平和水溶液的化学成分是关键因素。

② 碳酸盐应力腐蚀开裂可能发生在残余应力水平相当低时，也常发生在未经应力消除的焊缝或冷作硬化区域。

③ 催化裂化装置中水溶液的化学影响如下：

a. 当有分离的液相水存在时就会影响到所有碳酸盐应力腐蚀开裂。

b. 酸水 pH 值是一个控制因素，多数失效均发生在 pH8 ~ 10 环境中。

c. 当有碱性水存在时会引发开裂，尽管 H_2S 常伴随出现，但至今尚没有建立一个门槛值。

d. 存在碳酸盐和无碳酸盐应力腐蚀开裂环境(4800×10^{-6}和2500×10^{-6})时，酸水中的NH_3含量通常会很高，增加 NH_3和 H_2S 则会增加碳酸盐应力腐蚀开裂的可能性。

e. 碳酸根离子浓度高于某一门槛值(建议为 100×10^{-6})就会引起开裂。这还取决于 pH 值。然而很难有一个明确的导则，很大程度上是由于碳酸根离子很难取样得到和缺乏有效数据。

f. 有或没有 CN^-存在都会发生开裂。

g. 没有证据显示加注多硫化铵会影响碳酸盐应力腐蚀开裂的发生。

④ 催化裂化进料质量和装置操作对腐蚀敏感性的影响如下：

a. FCC 进料的总氮含量通常很高，碳酸盐应力腐蚀开裂(2645×10^{-6}和940×10^{-6})明显；

b. 开裂与 FCC 进料的低硫含量有关，采用加氢后的进料时裂纹敏感更加明显；

c. 碳酸盐应力腐蚀开裂与氮和硫的比例有关，一般是 0～70；

d. 部分燃烧的 FCC 再生器发生开裂的可能性与全燃烧的 FCC 再生器近似。

(4) 受影响的装置和设备

① 碳酸盐开裂最普遍发生在 FCC 装置的主分馏塔顶冷凝和塔顶回流系统，下游的湿气压缩机系统，和从这些区域来的酸水系统。管道和设备都会受影响。

② 碳酸盐开裂也发生在碳酸钾的设备和管道中。

③ 制氢装置中去除碳氧化物和 CO_2 的设备中。

(5) 损伤的表现和形态

① 碳酸盐开裂典型的是平行于焊缝，或在焊缝旁 50mm 内的母材上。仅有两起报告说发生在高冷作硬化的管件(弯头和大小头)旁 80mm 之外。

② 裂纹也发生在焊缝熔敷金属中。

③ 在钢材表面观察到的裂纹形态有时为蜘蛛网状的细小裂纹，它们常起始于或相交于焊接缺陷处，正是这些缺陷导致局部应力升高。

④ 这些裂纹很容易被误认为 SSC 或 SOHIC，然而，碳酸盐开裂常从焊趾处起始，并有多条平行的裂纹。

⑤ 碳酸盐开裂是表面裂纹，它主要是晶间开裂，典型发生在焊态的碳钢中，为非常细的网状，裂纹中充满氧化物。形貌类似碱应力腐蚀开裂和胺应力腐蚀开裂。

22. 铵应力腐蚀开裂

(1) 损伤描述

① 铵裂是钢材在拉应力和氨的水溶液腐蚀系统的共同作用下发生开裂的一个普遍现象。该系统用于去除和吸收气体和液态碳氢化合物介质中的 H_2S、CO_2 和其混合物。

② 铵裂是碱应力腐蚀开裂的一种形式。

③ 主要发生在没有焊后热处理的碳钢焊接部位或附近部分，或高度冷成型部件上。

④ 铵开裂不应该与其他几种有胺环境的应力腐蚀开裂相混淆。

(2) 受影响的材料

受影响的材料为碳钢和低合金钢。

(3) 影响因素

① 决定因素是拉应力水平、铵的浓度和温度。

② 裂纹与残余应力有关，残余应力是指焊接、冷成形或制造过程中产生的应力经过有效的应力消除热处理没有完全消除的那部分。

③ 裂纹很可能发生在贫单乙醇胺(MEA)和二乙醇胺(DEA)的环境中，但是在很多胺如甲基二乙醇胺(MDEA)和二异丙醇胺(DIPA)环境中也会发生开裂。

④ 有报道在有些胺环境下，常温下也出现胺开裂。温度和应力水平的提高会增加产生裂纹的可能性和严重性。此时可参考 API RP 945 对不同胺环境的焊后热处理要求的导则。

⑤ 铵开裂经常与贫铵液环境有关。纯铵液不会产生裂纹，富铵液环境中的裂纹往往与湿 H_2S 腐蚀有关。

⑥ 暴露在蒸汽出口和短期铵液夹带下的没有进行焊后热处理的管线和设备都会出现裂纹。

⑦ 铵浓度对产生裂纹的倾向没有严重的影响。

⑧ 有些炼油厂相信铵浓度低于2% ~5%就不会产生裂纹。然而，局部浓缩和蒸发会降低此限制值，所以许多厂将铵浓度限制降到0.2%。

(4) 受影响的装置和设备

在贫铵液环境下的所有没做焊后热处理的碳钢管线和设备，包括接触塔、吸收塔、汽提塔、再生塔和换热器，也包括接受夹带铵液的设备。

(5) 损伤的表现和形态

① 裂纹始于管线和设备的内部，主要在焊接热影响区，但裂纹也会发生在焊缝金属和近邻焊缝热影响区的高应力区，最终导致管线和设备表面开裂。

② 典型的裂纹扩展方向是与焊缝平行，有可能是平行的裂纹。在焊缝金属上，裂纹既有横向的又有纵向的。

③ 对于安放式的接管，裂纹在母材上呈径向分布，即从内径向外散开。对于嵌入式的接管，裂纹通常平行于焊缝。

④ 表面裂纹外观与湿 H_2S 腐蚀开裂的裂纹相似。

⑤ 因为产生裂纹的源动力是残余应力，所以裂纹通常发生在介质侧，而不是外部焊缝。识别铵裂纹可以通过金相分析。典型的裂纹是晶间的，裂纹的分枝处有氧化物。

23. 氯化物应力腐蚀开裂

(1) 损伤描述

300系列不锈钢和某些镍基合金在拉应力、温度和有水相的氯化物环境组合作用下，首先在材料表面出现裂纹，最后导致氯化物应力腐蚀开裂。当介质中有溶解氧存在时能增大开裂倾向。

(2) 受影响的材料

① 所有300系列不锈钢对氯化物应力腐蚀开裂都非常敏感；

② 双相不锈钢具有较好的抗氯化物应力腐蚀开裂性能；

③ 镍基合金具有很好的氯化物应力腐蚀开裂性能。

(3) 影响因素

氯化物含量、pH值、温度、应力、氧的存在与否和合金成分是氯化物应力开裂的关键因素；

① 温度增加，开裂敏感性增大；

② 氯化物含量增加，开裂的可能性增大；

③ 没有一个公认的能引起开裂的氯化物浓度的下限值，因为氯化物溶液始终存在浓缩的可能；

④ 热交换条件会显著增大开裂的敏感性，因为这些条件导致氯化物浓缩。交替暴露在湿-干条件下或蒸汽和水相条件下也易导致开裂；

⑤ 应力腐蚀开裂通常发生在pH高于2的环境下。在低pH值环境中，均匀腐蚀起主要作用；在pH值趋向碱性范围时，应力腐蚀开裂倾向减小；

⑥ 虽然有一些在更低温度下产生应力腐蚀开裂的例子，但开裂通常产生于温度高于大约60℃(140℉)时；

⑦ 应力可能是外加的或残余应力，承受高应力或冷作硬化的元件，比如波纹管开裂敏感性极高；

⑧ 水中溶有氧通常会加速应力腐蚀开裂，但目前还不清楚是否存在一个氧浓度的极限值，在该极限值之下不存在应力腐蚀开裂；

⑨ 合金中的镍含量对于抗应力腐蚀开裂具有主要作用，镍含量为8% ~12%时最易产生应力腐蚀开裂，合金钢中镍含量高于35%时会产生极好的抗应力腐蚀开裂性能，当镍含量高于45%时几乎不会发生应力腐蚀开裂；

⑩ 低镍不锈钢，比如双相钢(铁素体－奥氏体)不锈钢，比300系列不锈钢具有更好的抗应力腐蚀开裂性能，但不能完全避免应力腐蚀开裂；

⑪ 碳钢、低合金钢和400系列不锈钢对氯离子应力腐蚀开裂不敏感。

(4) 受影响的装置和设备

① 任何工艺装置中，所有300系列不锈钢制管线和压力容器元件都易产生氯化物应力腐蚀开裂。

② 开裂发生于水冷器的水侧和原油蒸馏塔顶冷凝器的工艺介质侧。

③ 加氢装置的排污口在开停工期间如果没有完全吹扫干净也易产生开裂。

④ 波纹管和仪表管，特别是当它们和含有氯化物杂质的循环氢相连时，也会产生应力腐蚀开裂。

⑤ 对于有保温的金属表面，当雨水淋湿保温时，金属外表面也往往存在氯化物应力腐蚀开裂的问题。

⑥ 开裂也会产生于锅炉的排水管线中。

(5) 损伤的表现和形态

① 表面裂纹产生于工艺介质一侧或外部有保温的一侧。

② 材料通常没有可见的腐蚀征兆。

③ 应力腐蚀裂纹的特征是：裂纹有许多分支，有时可用肉眼发现金属表面存在裂纹。

④ 开裂试件金相组织显示出典型的树枝状穿晶裂纹，有时在敏化的300系列不锈钢中也会出现晶间的裂纹。

⑤ 300系列不锈钢的焊缝处通常会存在一些铁素体相，由此产生的双相组织能更好的抵抗氯化物应力腐蚀开裂。

⑥ 断裂表面为脆性特征。

24. 渗碳

(1) 损伤描述

在高温情况下，与含碳的物料相接触或处于渗碳环境中，碳就被吸收进入材料中。

(2) 受影响的材料

碳钢和低合金钢，300系列和400系列不锈钢，不锈钢铸件，铁含量高的镍基合金钢(合金钢600和800系列等)和HK/HP合金钢。

(3) 影响因素

① 必须满足三个条件：

a. 处于渗碳环境下或与含碳物料相接触；

b. 具有足以使碳渗入金属的高温[一般温度需高于593℃(1100℉)]；

c. 敏感材料。

② 合适的渗碳条件包括较高的气相碳活性物质(例如：烃类、焦炭、富含CO、CO_2的气体、甲烷、乙烷)及低含氧的物质(含量很小的氧气和蒸汽)。

③ 最初碳以高的速率渗入元件，但随着渗碳的深入，渗碳的速率逐渐减弱。

④ 渗入碳钢和低合金钢中，碳反应在材料表面形成一层硬而脆的结构，这层结构在材料在冷却时可能会开裂或剥落。

⑤ 300 系列不锈钢材中铬和镍的含量比碳钢和低合金钢高，因而具有比碳钢和低合金钢更强的抗渗碳能力。

⑥ 渗碳能造成高温蠕变延展性损失、常温机械性能损失(特别是韧性/延展性)、可焊性和抗腐蚀性损失。

(4) 受影响的装置和设备

① 在上述环境中，加热炉炉管是最常见的对渗碳敏感的设备类型之一。

② 生成的焦炭是一大碳源，可加速了渗碳，特别是在除焦过程中，其温度超过正常操作温度，加速了渗碳。

③ 在催化重整装置和焦化装置的加热炉炉管或其他进行蒸汽/气体除焦的加热炉中有时发现渗碳现象。

④ 在乙烷热分解和蒸汽重整炉中也发生渗碳，在除焦循环过程中会发生显著的渗碳。

(5) 损伤的表现和形态

① 渗碳深度可通过金相照片来确认。

② 渗碳可通过材料硬度的显著增加和材料延展性的降低来确认。

③ 渗碳阶段越深入，受影响的元件呈体积增加。

④ 对一些合金，铁磁性的强弱会发生变化(增加)。

⑤ 渗碳造成金属碳化物形成，使周围晶格碳化物形成元素耗尽。

25. 氢脆(Hydrogen Embrittlement)

(1) 损伤描述

由于原子氢的渗透，引起高强钢的塑性损失，可能导致脆性开裂。氢脆可能出现在制造、焊接或服役期间，在服役期间液相腐蚀环境或气体环境中，氢气可能充入钢材中。

(2) 受影响的钢材

碳钢和低合金钢，400 系列不锈钢，淀积硬化型不锈钢和某些高强镍基合金。

(3) 影响因素

① 必须满足三个条件：

a. 在钢材/合金中的氢浓度达到临界值；

b. 钢材/合金的强度水平和微观组织必须对脆性敏感；

c. 残余应力和/或外加应力必须高于氢脆门槛应力值。

② 氢来源于如下几个方面：

a. 焊接。如果用了潮湿焊条或含水气较高的焊剂，氢就可能进入钢材内部而引起延迟开裂；

b. 用酸溶液清洗和钝化时；

c. 服役于高温氢气环境时，分子氢分解形成原子氢从而扩散到钢材内部；

d. 湿硫化氢 H_2S 环境或氢氟酸 HF 环境中，原子氢能扩散到钢材内部(氰化物，砷与 FeS 不利于氢的重新结合，从而降低了形成氢气体的反应，造成了更多氢渗入钢材内部)；

e. 制造－熔炼工艺或制造工艺中，特别是板状元件的加工过程；

f. 阴极保护。

③ 在温度从常温到大约149℃(300℉)期间影响是明显的。随着温度的升高影响降低，同时氢脆不可能出现在高于71～82℃(160～180℉)时。

④ 氢脆对钢材的静态力学性能影响较大，但对冲击韧性则影响不大。若存在氢，并施加足够大的应力，氢脆可能很快就发生。

⑤ 捕集氢的数量依赖于环境，表面反应程度和金属中存在的氢捕集目标(如缺陷、夹杂物和预先存在的缺陷或裂纹等)。

⑥ 氢的量可以通过钢材的机械性能与强度水平、微观组织和合金的热处理有关的影响来描述。在某些情况下，应建立临界氢浓度的门槛值。

⑦ 应力包括制造中的冷却速度、焊接或服役中施加的残余应力。

⑧ 由于热应力的增加，高的拘束度，以及氢从钢材内部扩散出去需花费更长的时间，这些使得厚壁设备更容易发生氢脆。

⑨ 普遍情况下，随着强度的增加氢脆的敏感性也增加。某些显微组织，如未经回火的马氏体和珠光体，在相同强度水平下比回火马氏体对氢脆更敏感。充氢严重的碳钢的韧性比不充氢时要低。

(4) 受影响的装置和设备

① 在FCC、加氢处理、胺处理、酸性水和HF烷基化等装置中，在湿性H_2S环境中服役的碳钢管线和设备。然而，在大部分的炼厂工艺处理等装置服役的低强钢容器和管线，由于硬度较低，通常对氢脆不敏感。但是，如果焊接接头没有做焊后消除应力热处理(PWHT)，在焊缝特别是热影响区内存在发生氢脆的可能性。

② 球罐经常由强度较高的钢材制造，因此比大多数炼厂设备更容易发生氢脆。

③ 由高强钢制造的螺栓和弹簧对氢脆更敏感。

④ 对于加氢处理装置和催化重整装置Cr－Mo钢反应器，容器和换热器壳体，如果焊接接头热影响区硬度超过235BHN则对氢脆敏感。

(5) 损伤的表现和形态

① 氢脆引发的裂纹从近表面开始(但大部分情况下是表面开裂)。

② 氢脆发生在局部高残余应力或轴向应力(缺口、拘束等)以及那些微观组织如焊接热影响区。

③ 虽然某些材料似乎存在表面脆性断裂，但宏观上看，则很少找到证据。虽然材料含有很少的塑性断裂表面，但必须从微观上与没有氢存在情况下的断裂情况作对比。

④ 在高强钢中裂纹一般是晶间的。

26. 蒸汽气垫

(1) 损伤描述

发生蒸汽的设备在操作时，燃料燃烧的热量与蒸发管内产生蒸汽的热量保持平衡。此时被加热的液体在管内表面产生不连续的单独的蒸汽泡(称泡核沸腾)，流动的液体将气泡带走，保持热平衡状态。当热流平衡被破坏时，单独的汽泡会聚集形成一层蒸汽包覆，这就是形成了蒸汽气垫，这一情况称为偏离泡核沸腾(DNB)。一旦形成蒸汽气垫，管壁将产生过热，致使管子在几分钟的短时间内产生断裂。

（2）受影响的材料

受影响的材料为碳钢和低合金钢。

（3）影响因素

① 热负荷和流量是影响因素。

② 扰动的火焰冲击和火嘴损坏都可使发热量大于管内的蒸汽发生量。

③ 在水侧，水流受限(例如：在蒸汽回路中有针孔泄漏，或熔渣坠落引起的管子塌腰)会减少水流量，并形成蒸汽气垫条件。

④ 管子内蒸汽压力和高温所引起的循环应力导致失效发生。

（4）受影响的装置或设备

所有蒸汽发生装置，包括火焰锅炉、硫磺、重整和 FCC 装置中的余热锅炉。失效会在过热器和再热器开工过程中发生，此时凝结物可能堵塞了蒸汽气流。

（5）损伤的表现和形态

① 短期、高温的失效表现为开放性的爆破，在断裂的边上出现刀口形边缘。

② 微观结构为由于塑性变形而使晶粒被拉长。

27. 热冲击

（1）损伤描述

由于不同的膨胀或收缩，设备局部在一个相当短的时间内产生高的和不均匀的热应力而形成的热疲劳的一种形式。如果热膨胀或收缩受到限制，就可能产生高于屈服强度的应力，当冷液体接触到热金属表面时热冲击通常就发生了。

（2）受影响的材料

所有金属及合金都会受到热冲击的影响。

（3）影响因素

① 材料的热膨胀系数和温差的大小决定应力的大小。

② 由温度循环产生循环应力引起初始疲劳裂纹。

③ 不锈钢的热膨胀系数要比碳钢、金钢或镍基合金高，可能产生更高的应力。

④ 暴露在火焰加热的高温区。

⑤ 遭受大雨的急冷引起温度变化。

⑥ 断裂是与部件收缩有联系的，由于温度的变化而产生的膨胀或收缩被阻止就容易产生断裂。

⑦ 像阀这种铸件上的裂纹可能是由于铸件内表面和沿厚度方向的铸造缺陷引起的。

⑧ 沿着厚度的截面能够产生高的温度梯度。

（4）受影响的装置和设备

① 催化装置、焦炭塔、催化重整反应器和加氢裂化装置等是高温装置，热冲击都可能产生。

② 热冲击会使一些装置中的高温管线和设备会受到损坏，特别是失去韧性的材料像 CrMo 钢设备(回火脆化)最容易遭受热冲击的影响。

③ 为了缩短停车时间，而进行加速冷却的设备容易产生热冲击。

(5) 损伤的表现和形态

表面的初始裂纹显现为微裂纹。

28. 汽蚀

(1) 损伤描述

汽蚀是冲蚀的一种，是由于无数微小气泡的形成和瞬时破裂造成的。破裂的气泡会施加强大的局部冲击力而导致金属耗损，被称为汽蚀损伤。气泡可能包含蒸汽相的液体、气体或其他夹带气体的液体。

(2) 受影响的材料

绝大部分的材料，包括铜和黄铜、铸铁、碳钢、低合金钢、300 系列不锈钢、400 系列不锈钢和镍基合金。

29. 碳化腐蚀

(1) 损伤描述

铸铁由嵌在铁基中的石墨颗粒组成。碳化腐蚀是合金元素贫化的一种形式，会让铁基腐蚀，腐蚀后剩下腐蚀产物和多孔的石墨。

损伤会产生一个多孔结构，并伴有强度、延性和密度的损失。损伤通常发生在低 pH 值和滞留条件下，尤其是在与有高含量硫酸盐的土壤或水有接触的条件下。

(2) 受影响的材料

主要是灰铸铁、发生了碳化腐蚀的球墨铸铁和可锻铸铁。但是，球墨铸铁和可锻铸铁在损伤后及容易碎断；而白铸铁由于不含游离石墨，所以不会出现损伤。

30. 短期过热(应力破裂)

(1) 损伤描述

在相当低的应力水平下由于局部过热而发生的永久变形，这通常导致鼓包和最终应力断裂而失效。

(2) 受影响的材料

所有火焰加热炉管材料和普通结构钢材料都会受到影响。

(3) 影响因素

① 温度、时间和应力都是关键因素；

② 通常是由于火焰的冲击或局部过热；

③ 内压和载荷减小时，失效期会延长。然而，当温度增加时鼓包和变形可以在较低的应力水平下依然很明显；

④ 在设计温度以上的局部过热；

⑤ 由于腐蚀使壁厚减薄，会增加应力，缩短其失效时限。

(4) 受影响的装置和设备

① 所有锅炉和火焰加热炉炉管都是敏感的；

② 有结焦倾向的加热炉，如常减压、重油加氢和焦化装置通常为维持加热炉出口温度而火焰较硬，因此更容易发生局部过热。

③ 由于不良的冷氢冷却剂不均匀的分配而产生的催化剂床层过热，使加氢反应器也处于短期过热损伤之中。

④ 在硫磺回收、催化裂化 FCC 装置的衬里设备可能由于衬里破损或过烧而发生器壁短期过热。

(5) 损伤的表现和形态

① 损伤的典型特征是按 3% ~10% 的规律发生局部变形或鼓包，这取决于合金情况、温

度和应力水平。

② 断裂具有开放的“鱼嘴”形状，并都伴有断裂表面处的减薄。

31. 脆断

(1) 损伤描述

脆断是指在残余应力或外加应力的作用下，材料显示几乎没有了延展性或塑性变形能力，突然快速发生的断裂。

(2) 受影响的材料

主要涉及碳钢和低合金钢，特别是那些长期在役后钢材，400 系列不锈钢也在易受影响的材料之列。

(3) 影响因素

① 含有缺陷的材料脆断即可发生，下面是三个重要因素：a. 断裂韧性，它可通过夏比冲击实验得到数据；b. 裂纹尺寸、形状和应力集中；c. 残余应力和外加应力总和的大小。

② 随着材料脆化相的出现，材料对脆断的敏感性也随之增加。

③ 钢材的洁净度和晶粒大小对材料的抗脆断能力和韧性有很大影响。

④ 较厚的材料截面因为所受约束较高，增加了裂纹尖端部分的三向应力，所以对脆断的耐受力也较低。

⑤ 在大多数情况下，脆断仅发生在温度低于材料的夏比冲击转变温度以下(或由延展性到脆性的转化温度)。在这一温度下，材料的韧性迅速降低。

(4) 受影响的装置和设备

① 在任何装置中的厚壁容器都应在考虑之列。对于轻烃(例如：甲烷、乙烷/乙烯、丙烷/丙烯或丁烷)类加工装置，当物料在自冷作用时，设备材料的脆断也会发生。此类装置包括烷基化装置、烯烃装置和聚合物(聚乙烯和聚丙烯)装置。对储存轻烃的罐/球罐，其材料对脆断也很敏感。

② 在进行常温水压试验时，由于材料在试验温度下存在高应力和低韧性，脆断也会发生。

32. σ 相脆化

(1) 损伤机理

σ 相脆化是某些种类的不锈钢加热到相当高的温度时，形成一种称之为 σ 相的金属相，从而导致冲击韧度的下降的现象。是一种典型的冶金损伤。

(2) 受影响的材料

① 300 系列的锻造、轧制不锈钢，焊接不锈钢，铸造不锈钢。铸造的 300 系列不锈钢包括 HK 和 HP 合金，由于它们铁素体含量较高(10% ~40%)，所以较易形成 δ 相。

② 400 系列不锈钢和其他铁素体不锈钢，Cr 含量 17% 以上的马氏体不锈钢也是敏感材料(例如：430 和 440)。

③ 双相不锈钢。

(3) 影响因素

① 材料的合金成分，时间和温度是主要影响因素。

② 对于敏感金属，σ 相形成的主要因素是在高温环境停留的时间。

③ 当暴露于 538 ~954℃(1000 ~1750℉)的温度范围时，铁素体不锈钢、马氏体不锈钢、奥氏体不锈钢和双相钢均会形成 σ 相。

④ 在300系列不锈钢和双向钢的焊接熔敷金属中，铁素体转变为σ相最快。σ相在300系列的不锈钢基层金属(奥氏体组织)中也会形成，但通常速度非常慢。

⑤ 300系列不锈钢可含有10%～15%的σ相。铸造的奥氏体不锈钢可形成更多的σ相。

⑥ 奥氏体不锈钢中仅几个小时也能形成σ相，这已通过将奥氏体不锈钢经过690℃(1275℉)焊后热处理，而易于形成σ相已经被证实。

⑦ σ相脆化的不锈钢的抗拉强度和屈服强度较固溶处理的不锈钢有少量的提高。这种强度的提高伴随着韧性的下降(通过伸长率和断面收缩率来测出)，同时硬度也有少量提高。

⑧ 形成σ相的不锈钢通常情况下可经受正常的操作压力，但当冷却到温度低于260℃(500℉)时，通过夏比冲击试验就会显示出它已经没有了断裂韧度。

⑨ 这种金相组织的改变实际上是一种坚硬的、脆性的金属间化合物析出，从而致使这种材料更易于发生晶间腐蚀。析出的速率随着金属中铬和钼含量的增加而提高。

(4) 受影响的装置和设备

① σ脆化的事例常见于高温的催化裂化再生系统中的不锈钢旋风分离器、管道系统和阀。

② 当对基层含有CrMo元素的部件进行焊后热处理时，300系列的不锈钢堆焊层、换热管和管板的连接焊缝会发生σ脆化。

③ 不锈钢加热炉管是敏感部件，易于发生σ脆化。

(5) 损伤的表现和形态

① σ脆化是一种金相组织结构的改变，所以容易通过金相检验和冲击试验来证实。

② 由σ相脆化引起的损坏以裂纹形式出现，尤其多发生于焊缝中或高约束的区域。

③ 从催化裂化再生器内件取样看，对已σ相脆化的300系列的不锈钢(304H)，进行试验，表明尽管仅含有10%的西格马组织，649℃(1200℉)时的夏比冲击韧性仍高达53J(39ft－lbs)。

④ 含有10%σ相的试样，塑性范围由室温时的0%到649℃(1200℉)时的100%不等。因此，尽管冲击韧性在高温时稍有降低，但试样断裂仍呈100%延性，这表明整体材料在操作温度下依然可用。

⑤ 铸造奥氏体不锈钢的铁素体含量/σ相含量通常较高(达40%)，所以高温塑性不好。

33. 475℃脆化

(1) 损伤描述

475℃(885℉)脆化是，包含铁素体相的合金钢长时间暴露在600～1000℉(316～540℃)的温度下，由于冶金结构的变化，而产生的韧性下降现象。

(2) 受影响的材料

① 400系列的不锈钢(例如405、409、410、410S、430和446)。

② 双相不锈钢例如2205、2304和2507。

③ 锻造、轧制和铸造的300系列的铁素体不锈钢，特别是焊缝和堆焊层。

(3) 影响因素

① 材料的合金成分，尤其是Cr含量、铁素体相所占的比例，以及操作温度都是控制因素。

② 在高温下操作时，铁素体相越多，合金对损伤的越敏感。塑性－脆性转变温度倾向将有显著的增加。

③ 主要考虑处于敏感温度范围内的操作时间。损伤的累积和金属晶间脆化相的析出都发生在约475℃(885℉)温度区，突发脆化导致金属件的破坏。当温度在475℃(885℉)上下时，要达到最大程度的脆化就需要更多的时间。例如，金属处于316℃(600℉)下需经过几千个小时才能发生脆化。

④ 由于475℃(885℉)脆化在相当短的时间内就会发生，通常假定敏感材料当暴露在371~538℃(700~1000℉)的温度范围内，就会受到影响。

⑤ 在操作温度下脆化对韧性的影响并不明显，但经过停车，开工或装置操作的不稳定这样的低温情况，对韧性影响就相当显著。

⑥ 高温回火，加热到相变温度或冷却经过相变的温度范围都会导致脆化。

(4) 受影响的装置和设备

① 任何装置中，只要敏感合金材料处于脆化温度范围内，均会发生475℃(885℉)脆化。

② 由于这种破坏机理，许多炼油企业只将铁基不锈钢用于非承压设备。

③ 最常见的案例是催化裂化、常减压和焦化装置中高温设备中的塔盘和内件。典型的损伤多处在焊缝或板材折弯部分，当试图再度焊接或折弯时开裂，或者409或410材质的塔盘被掀翻(通常发生在这种材质的减压塔塔盘上)。

④ 其他一些例子常见于暴露在316℃(600℉)温度相当长时间的双相不锈钢的换热管束和其他一些部件上。

(5) 损伤的表现和形态

① 475℃(885℉)脆化现象是一种金属金相结构的改变，使用金相技术不能明显地观测到，但可以通过弯曲或冲击试验来判断。

② 还可通过硬度的增加来证实受影响区域内发生475℃(885℉)脆化现象。从服役设备上的取样进行弯曲或冲击试验，是对885℉脆化最直接的检测方法。

34. 软化(球化)

(1) 损伤描述

球化是钢材被加热到440~760℃(850~1400℉)所发生的一种微观结构改变的现象。这时候碳素钢中的碳化物处于不稳定状态，会由通常的片状结构聚集成团，或是低合金钢(例如1Cr0.5Mo)中细小的均匀分布的碳化物变为大的聚结碳化物。球化会导致强度和抗蠕变能力的下降。

(2) 受影响的材料

所有常用等级的碳钢和低合金钢包括Cr-0.5Mo，1Cr-0.5Mo，1.25Cr-0.5Mo，2.25Cr-1Mo，3Cr-1Mo，5Cr-0.5Mo和9Cr-1Mo都是敏感材料。

(3) 影响因素

① 金属化学成分、微观结构和被加热到的温度和暴露时间是主要的影响因素。

② 球化的速率取决于温度和初始微观结构。在552℃(1300℉)时只需几个小时就可发生球化，但是在454℃(850℉)时，这样的变化需要几年才会发生。

③ 退火钢比普通钢抗球化能力要强。粗晶粒钢的比细晶粒的抗球化能力要强。细晶粒的硅镇静钢材比铝镇静钢的抗球化能力要强。

(4) 受影响的装置和设备

① 当管线和设备处于高于454℃(850℉)的温度时就会发生球化，强度损失会高达30%，但除非处于高应力时，在应力集中的区域或合并其他的机械损伤的情况下，否则不会

发生失效。强度的损失往往伴随着韧性的提高，它允许应力集中的区域发生变形。

② 球化会影响催化裂化装置，催化重整、焦化装置中的热壁管线和设备。锅炉和过程设备中的火焰加热管束可能会受到蠕变强度下降的影响，但大部分的设备通常很少由于球化而更新或检修的。

(5) 损伤的表现和形态

① 球化没有明显的表象故不易被觉察，只能通过金相组织来观测到。珠光体组织经过一定的时间会由部分球化变为全部球化。

② 而对于含量5% ~9%的铬钼 CrMo 合金钢来讲，球化的过程是碳化物由原来的离散分布的形态变为大的聚结的碳化物。

③ 除非缩短处于高温环境中的时间，否则球化是很难阻止的。而且球化只能通过现场的金相组织分析或取样进行金属结构分析来发现。抗拉强度和/或硬度的下降可能预示微观结构的球化产生。

35. 再热裂纹

(1) 损伤描述

再热裂纹属冶金损伤，是指在焊后热处理中或在大于399℃的高温环境中由于应力释放而引起的金属开裂。此种现象多出现在设备的厚壁部分。

(2) 受影响的材料

低合金钢、特别是加钒的铬钼钢，以及300系列的不锈钢和镍基合金，如800H合金。

(3) 影响因素

产生再热裂纹的主要影响因素包括材料的类型(化学成分、杂质元素)、晶粒大小、加工(冷加工、焊接)后的残余应力水平、金属截面厚度(决定了约束和应力状态)、是否有缺口和应力集中、焊材和母材的强度、焊接和热处理状况。

从300系列不锈钢和低合金钢产生再热裂纹的多种理论分析，可以看出此种开裂具有以下特征：

① 再热裂纹的产生需要高的应力，更可能出现在设备较厚的部分和更高强度的材质上。

② 在高温下，当韧性不足或难以适应外加载荷或残余应力产生的应变，再热裂纹就发生了。在2008年上半年，2.25Cr1Mo－V钢制加氢反应器发生了多起再热裂纹失效，裂纹仅出现在焊缝金属上，垂直于焊缝轴向，且仅在埋弧焊缝中存在。研究表明是由于焊剂中的杂质元素所致。

③ 再热裂纹不但可能出现在焊后热处理进行当中，也可能出现在高温操作工况下。在这两种情况下，裂纹是晶间的，并且显示出很少的变形或者没有变形。

④ 细小的晶间沉淀强化了晶粒，使之在强度上高于晶粒边界，并导致晶粒边界产生蠕变。

⑤ 300系列不锈钢为使其最大限度的抗氯化物应力腐蚀及PTA应力腐蚀而进行的消除应力热处理和稳定性处理，能够导致再热裂纹的产生，特别是在较厚的截面上。

(4) 受影响的装置和设备

再热裂纹绝大部分出现在厚壁容器约束力较强的区域，包括管嘴的焊缝处和厚壁管上。高强度低合金钢极易产生再热裂纹。

(5) 损伤的表现和形态

再热裂纹是晶间的，它可以在表面开裂，也可深入内部，这取决于应力水平和几何形状。再热裂纹经常出现在焊缝热影响区的晶粒较为粗大的地方。

36. 硫酸腐蚀

(1) 损伤描述

硫酸加剧了碳钢和其他合金的均匀腐蚀和局部腐蚀。碳钢热影响区可能腐蚀更加严重。

(2) 受影响的材料

抗腐蚀能力从碳钢、316L、20号合金、高含硅的铸铁、高含镍的铸铁、B-2合金和合金C276逐渐增加。

(3) 影响因素

① 酸的浓度、介质流速，杂质含量和是否含有氧以及材料的合金含量、。

② 图1.2-7表示了碳钢的腐蚀速率与硫酸的浓度和温度的关系。

③ 如果介质流速超过0.6~0.9m/s或酸浓度低于65%，则碳钢的腐蚀速率显著增加。

④ 与水的混合会引起热量的释放，同时当酸被稀释时，腐蚀速率极高。

⑤ 氧化剂的存在会大大增加腐蚀速率。

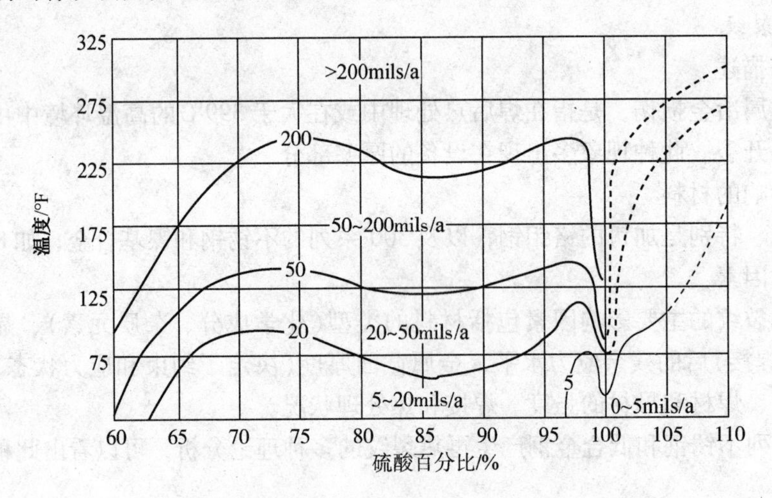

图1.2-7 碳钢的腐蚀速率与硫酸的浓度和温度的关系

注：1mils = 25.4μm

(4) 受影响的装置和设备

① 硫酸烷基化装置和污水处理装置都会受到影响

② 在硫酸烷基化装置中的薄弱区域包括反应产物管道、重沸器、脱异丁烷塔顶系统和碱处理段。

③ 酸通常在分馏塔底分解并在重沸器中浓缩。

(5) 损伤的表现和形态

① 总的来说是均匀腐蚀，但对于碳钢的热影响区会加速腐蚀。

② 在储罐或罐车的低速区或滞留区可能发生氢电化学腐蚀。

③ 硫酸还侵蚀焊接留下的熔渣。

④ 如果腐蚀速率和流速都很高，将没有锈皮。

⑤ 稀释后硫酸的腐蚀通常为均匀减薄或点蚀，并当温度和流速增加时加剧。

37. 氢氟酸HF腐蚀

(1) 损伤描述

HF引起的腐蚀可以导致整体的快速腐蚀或局部腐蚀，也可能伴随着氢致开裂、氢鼓泡和/或 HIC/SOHIC(见1.3)。

(2) 受影响的材料

① 碳钢、铜-镍合金以及合金400。

② 已应用于某些场合的其他镍基合金如合金C276。

③ 低合金钢、300系列不锈钢和400系列不锈钢对HF腐蚀敏感，一般不适用于HF环境。

(3) 影响因素

① 氢氟酸浓度(水含量)、温度、材料的合金成分、氧和硫的化合物杂质的存在是控制因素。

② 在无水的浓酸中碳钢形成一层氟化物保护膜；高流速或涡流造成的保护膜损破坏，大大加快腐蚀的速度。

③ 水的存在能使氟化物保护膜处于不稳定状态，并且使保护膜变成大量的非保护物。

④ 主要关心的事情是氢氟酸-水“HF-in-water”的浓度。尽管工艺物料主要可能由碳氢化合物组成，但氢氟酸被认为是一种单独的相存在。浓度是由酸中水的含量决定的。

⑤ 典型的氢氟酸烷基化装置是在酸中含1%~3%水状态下操作的。相当于97%~99%浓度的氢氟酸溶液，并且温度一般低于66℃(150℉)。在这些条件下，除了操作对精度要求很高的部件(如泵、阀、仪表)外，碳钢广泛用于各种设备。

⑥ 腐蚀速度随温度的升高和HF浓度的降低(水含量升高)而增加。

⑦ 在碳钢基材和焊缝中的残余元素可能加速装置中某些部件的腐蚀，这些残余元素在钢材制造过程中带入的。这些元素主要是：C、Cu、Ni和Cr。工业上已经推荐了的残余元素的含量限制，读者可在API RP751和NACE Publication 5A171中查到：

a. 对于母材：含碳量C% >0.18%，和Cu% +Ni% <0.15%；

b. 对于焊材：Cu% +Ni% +Cr% <0.15%。

⑧ 氧含量增加会加快碳钢的腐蚀速度，并且促进400合金的应力腐蚀。

(4) 受影响的装置和设备

① 氢氟酸烷基化装置中的管线和设备，炉管和输送酸到达的下游装置也受到影响。

② 氢氟酸再生塔和酸中和塔通常是部分或全部使用400合金制造，其余大部分设备由碳钢制成。

下列情况腐蚀速率增高：

a. 管线和设备在高于66℃(150℉)条件下操作。

b. 入口到安全阀及放空和排凝口的死角。

c. 从汽提塔、脱丙烷塔和氢氟酸汽提塔/丙烷汽提塔顶部来的油气冷凝器和管道。

d. 法兰密封面。

e. 加热含酸物流如酸蒸发器的换热器管束。

f. 在管道、换热器和气提塔及脱丙烷塔塔顶已经发现了由于氟化物离子腐蚀产物造成的结垢。

(5) 损伤的表现和形态

① 腐蚀是以碳钢某一局部全面减薄或严重减薄形式出现的。

② 氢氟酸腐蚀可能伴随由氢应力开裂、鼓泡和HIC/SOHIC引起的开裂。

③ 腐蚀可能伴随着严重的氟化铁离子结垢。

④ 400 合金在氢氟酸中显示出壁厚均匀减薄，但没有明显的结垢。

⑤ 当与含有氧的湿氢氟酸蒸气接触时，400 合金对应力腐蚀破裂敏感。

38. 烟气露点腐蚀

(1) 损伤描述

① 燃料中的硫元素和氯元素在燃烧产物中会形成二氧化硫、三氧化硫和氯化氢。

② 在足够低的温度下，烟气中的气体和水蒸气会凝结形成硫酸、亚硫酸和盐酸，这些都会引起严重的腐蚀。

(2) 受影响的材料

碳钢、低合金钢和 300 系列不锈钢都是受影响的材料。

(3) 影响因素

① 燃料中污染物(硫和氯)的浓度以及烟气的金属表面操作温度决定了腐蚀的可能性和严重性。

② 由于所有的燃料都含有一定数量的硫，当金属温度低于露点时硫酸和亚硫酸的露点腐蚀就会发生。

③ 硫酸的露点取决于烟气中三氧化硫的浓度，但一般在 138℃(280℉)左右。

④ 同样的，盐酸的露点取决于烟气中氯化氢的浓度，一般在 54℃(130℉)左右。

(4) 受影响的装置和设备

① 所有燃烧含硫燃料的火焰加热炉和锅炉在省煤段和烟囱里都会存在潜在硫酸露点腐蚀的可能性。

② 对于采用 300 系列不锈钢材质的给水加热器的热回收蒸汽发生器，在气相侧当进水温度低于盐酸的露点时都可能会产生氯离子引起的应力腐蚀开裂。

③ 当燃烧汽轮机的气体中存在氯时，热回收蒸汽发生器中采用 300 系列不锈钢材质的给水加热器就有潜在的危险性。

(5) 损伤的表现和形态

① 在省煤段和其他碳钢或者低合金钢部件处的硫酸腐蚀造成的破坏一般都是大面积损伤，经常带有大而浅的点蚀，这种点蚀取决于硫酸冷凝的方式。

② 对于热回收蒸汽发生器中采用 300 系列不锈钢材质的给水加热器，应力腐蚀开裂一般为表面开裂，通常裂纹外表为乱纹。

39. 异种金属焊缝开裂

(1) 损伤描述

异种钢焊接开裂发生在与奥氏体(300 系列)钢焊接的铁素体(碳钢或低合金钢)钢一侧，且铁素体材料在高温下操作。裂纹可以由蠕变损伤、疲劳开裂、硫化物应力开裂或氢剥离所引起。

(2) 受影响的材料

最普通的铁素体材料，如碳钢、低合金钢，与奥氏体不锈钢或其他热膨胀系数相差很远的材料相焊时，都会受到影响。

(3) 影响因素

① 重要因素包括用于连接材料用的填充金属的类型、热输入和冷却速度、金属的温度、在高温下的操作时间以及焊缝几何形状和热循环情况。

② 开裂发生在当铁素体钢同 300 系列不锈钢的热膨胀系数差在 25% ~30% 以上时。在

较高的操作温度下，热膨胀差导致在铁素体侧的热影响区内形成高应力。

③ 当温度升高，金属间的热膨胀差导致焊缝处应力增加，特别当采用300系列不锈钢焊材时，铁素体与奥氏体接头在260℃(510℉)以上就会产生明显的热膨胀/热疲劳应力。

④ 当采用奥氏体不锈钢填充金属时，应力在焊缝中的作用力很强。镍基填充材料的热膨胀系数与碳钢十分接近，能够显著降低高温下焊缝处的应力。

⑤ 在高温下，由于铁素体材料的热影响区之外碳的迁移作用而使问题更加严重。碳的流失减小了铁素体材料热影响区的蠕变强度，从而增加了开裂的可能性。对于碳钢和低合金钢，在427~510℃(800~950℉)以上，就应考虑碳的迁移问题。

⑥ 与300系列不锈钢焊接金属间的异种钢焊缝，在铁素体钢侧融合线附近会形成狭窄的高硬度区。高硬度区增加了材料对环境开裂的敏感性，如硫应力开裂和氢应力开裂。

⑦ 热循环会加重损伤，开车和停工时的应力会非常高。

⑧ 在采用300系列不锈钢或镍基填充金属焊接异种钢的铁素体钢中，在焊趾处产生一个非常窄的高硬度混合区，临近铁素体钢侧的融合线。这个高硬度区使材料对各种应力腐蚀环境都敏感，例如：硫化物应力腐蚀和氢应力腐蚀开裂。焊后消除应力热处理不能防止湿硫化氢环境应力腐蚀开裂。

⑨ 临氢高温环境下的异种钢焊接必须谨慎设计，并且严格检验防止氢剥离发生。

⑩ 在促进液态灰分腐蚀的环境中，焊接开裂问题可能由于应力腐蚀而加速。铁素体热影响区可能因较大的热应变而被优先腐蚀。结果是长而窄的氧化物在平行于焊缝融合线的边缘产生。

⑪ 焊缝几何形状差、较多的咬边和其他应力不连续因素将促进开裂形成。

(4) 受影响的装置和设备

在炼油厂和其他工厂应用异种钢焊接的特殊场合中。异种钢焊接问题实例：

a. 加氢反应器出口管铬钼堆焊不锈钢管与300系列不锈钢管道的焊接连接处；

b. 加氢处理装置高压换热器进出口管道连接处；

c. 加热炉管材料改变处，例如原油蒸馏加热炉管由9Cr钢转变为317钢处；

d. 加氢重整炉1.25Cr入口猪尾管与800合金管焊接处；

e. 加氢重整炉合金800合金锥段与碳钢或1.25Cr非金属衬里管道的连接处；

f. 不锈钢复合管与非复合碳钢或低合金钢管的焊接连接处；

g. 5Cr或9Cr管道中承插焊接阀门采用镍基合金焊接处；

h. 多数炼油厂反应器和压力容器上得300系列不锈钢堆焊处；

i. 催化裂化反应器、再生器和焦化装置中的类似异种钢的焊接连接处；

j. 所有过热器和再加热器中1.25Cr-0.5Mo和2.25Cr1Mo铁素体钢与300系列不锈钢(304H，321H和347H)焊接处。

(5) 损伤的外观和表现

① 多数情况下，裂纹在铁素体材料侧焊缝的热影响区边缘发生。

② 焊接连接的管子是普遍发生问题的地方，但是支腿或铸铁附件或锻制的300系列、400系列不锈钢也受影响。

40. 氢致应力开裂(HF)

(1) 破坏描述

氢应力破裂是环境破裂的一种形式。由于暴露于含水的氢氟酸环境中，破裂可以开始于高强度低合金钢的表面，以及碳钢在焊缝和热影响区高硬度局部区。

（2）受影响的材料

碳钢和低合金钢都会受到影响。

（3）影响因素

① 钢的硬度、强度和应力是决定因素。

② 随硬度增加敏感性增加。硬度水平在 HRC22(237BHN)以上具有高敏感性，随硬度增加失效时间缩短(高强材料)。

③ 在施加或残余拉应力(冷成型或焊接造成)很高的情况下，脆化导致敏感钢材的开裂。

④ 开裂可能非常快的发生，暴露于 HF 环境几小时之内，或者初始开裂没过多久。

⑤ 坚硬的微观结构出现在焊缝部位，尤其是在低热输入量的热影响区，在低合金钢中，或可能由不恰当的热处理造成。

（4）受影响的装置或设备

① 暴露于氢氟酸的所有管线和设备，硬度水平在上述推荐的限制之上就会产生氢应力破裂。

② 高强低合金钢如 ASTM A193 - B7 螺栓和压缩机部件都是敏感的。

③ 如果过度扭紧，ASTM A193 - B7M 螺栓也敏感。

（5）损伤的表现和形态

① 这种开裂的模式可能只能由金相试验来确认，裂纹一般是晶间的。

② 表面破裂裂纹，这通常是与焊接有关的。

41. 脱合金成分腐蚀(脱锌/脱镍)

（1）损伤描述

① 脱合金成分腐蚀是有选择性的腐蚀机理，在脱合金成分腐蚀中，一个或更多的合金成分优先受到侵袭而留下一个低密度(脱合金)常有孔洞的结构。

② 部件失效可能是在没有预料的情况下突然发生的，因为脱去合金成分材料的机械性能可能已经大幅降低。

（2）受影响的材料

主要是铜合金(黄铜、青铜、锡)以及 400 号合金和铸铁。

（3）影响因素

① 影响脱合金成分腐蚀的因素包括合金的化学成分和暴露的环境，这些包括温度、通风程度、pH 值和暴露时间。

② 脱合金成分腐蚀是由几种不同合金，并且通常在特殊的合金与环境组合条件下产生。

③ 脱合金成分腐蚀发生的确切条件是难以定义的，这种损伤可能在服役多年以后发生。

（4）受影响的装置和设备

① 处于特殊的土壤中的地下铸铁管线。

在冷却水中，换热器管子(黄铜、铝铜)在一些有盐物质和海水的情况下易于发生脱合金成分腐蚀，并且管板的损坏非常明显。在新鲜水或循环水中也可能发生这些问题。

② 锅炉给水管线系统和二次锅炉部件可能遭受脱合金成分腐蚀，包括青铜泵、蒙乃尔过滤网和黄铜压力表配件。

（5）损伤的表现和形态

① 经常发生的腐蚀表现在颜色的变化，深度侵蚀是合金中的一种元素脱离了合金。然

而，这取决于合金本身，一些合金材料受到的侵蚀在其表面上是观察不出来的，甚至当这些合金整个壁厚被减薄时。

② 受侵蚀可能是均匀的穿过横截面(层状的)或者是局部(塞形的)。

③ 在一些情况下，原材料被彻底的脱去合金，而其部件实际没有尺寸和其他外观上的明显变化。

42. 二氧化碳(CO_2)腐蚀

(1) 损伤描述

CO_2腐蚀是CO_2气体溶解在水中形成碳酸(H_2CO_3)造成的。碳酸使得溶液的pH值降低，足够量的碳酸会促使碳素钢产生大面积的腐蚀或点蚀(或两者同时发生)。

(2) 受影响的材料

碳素钢和低合金钢都会受此影响。

(3) 影响因素

① CO_2气分压、pH值和温度都是影响因素。

② 提高CO_2气分压将降低冷凝液的pH值，同时提高腐蚀速率。

③ 腐蚀通常出现在液相中，往往位于从CO_2气相出现冷凝液的区域。

④ 升高温度将会加速腐蚀速率直至CO_2气的蒸发点。

⑤ 增加钢中的Cr含量不会使其具有显著的抗蚀性，除非将钢材最低铬的含量提高到12%以上。

(4) 受影响的装置和设备

① 所有装置中的锅炉给水及冷凝系统都会受影响。

② 制氢装置转化炉反应产出的变换气也具有此种腐蚀性。腐蚀通常出现在变换气低于露点温度(约149℃)时，腐蚀速率可高达到1000mpy(25.4mm/a)。

③ 脱CO_2装置中再生器塔顶流出系统也存在此种类型的腐蚀。

(5) 损伤的表现和形态

① 碳素钢的局部减薄和(或)点蚀。

② 在湍流区域，碳素钢将产生沟槽状腐蚀和较深的点蚀。

③ 腐蚀通常出现在湍流和有流体冲击的区域，有时也出现在管线的焊根部。

43. 腐蚀疲劳

(1) 损伤描述

腐蚀疲劳是腐蚀开裂的一种形式，在循环载荷和腐蚀的共同作用下发生裂纹扩展。裂纹通常由应力集中区起始，如表面点蚀区。裂纹的起始可能会有多处。

(2) 受影响的材料

所有金属和合金。

(3) 影响因素

① 关键因素是材料、腐蚀环境、循环应力和高应力。

② 裂纹很可能是在环境造成的点蚀或局部腐蚀区域，由于热应力、振动或膨胀差产生的循环应力引起的。

③ 和纯粹的机械疲劳相反，在腐蚀助长的疲劳中没有疲劳的极限载荷。发生腐蚀疲劳的应力水平和循环次数都远低于没有腐蚀的共同作用时的限度。常常导致多条平行的裂纹扩展。裂纹起始处有：点蚀、凹坑、表面缺陷、以及变截面和角焊缝等处。

(4) 受影响的装置和设备

主要有旋转设备、脱氧器、循环锅炉，以及其他在腐蚀环境中承受循环应力的设备。举例如下：

① 旋转设备。叶轮和泵之间的连接器和泵的轴，以及其他腐蚀机理可能导致轴上的点蚀问题。点蚀是应力集中和应力突变引起的，并且促进了开裂。多数裂纹是穿晶的，没有分枝。

② 脱氧器。早在20世纪80年代后期，在造纸、炼油厂和石油化工厂、化石燃料工业中的脱氧器都有开裂问题。在纸浆和造纸工业中容器整体失效导致了持续检验程序的产生，并且发现了各个行业中常见的开裂问题。焊接和制造残余应力、应力突变(附焊接补强件)和正常的脱氧器环境可能产生多重腐蚀疲劳开裂问题。

③ 循环锅炉。循环锅炉在使用寿命中可能要经历数百次的冷开工过程，由于膨胀差，使得锈皮保护层不断裂开，而使腐蚀持续进行。

(5) 损伤的表现和形态

① 疲劳断裂是脆性的，裂纹常常是穿晶的，与应力 - 腐蚀开裂一样，但是没有分枝，常常导致多重平行裂纹的扩展。

② 疲劳开裂没有塑性变形的表现，最终开裂可能是由机械过载伴随塑性变形而产生的。

③ 在循环锅炉中，损伤首先表现在水侧支柱附件处。裂纹形态可能是围绕支柱附件和水侧管子的环状裂纹。在断面上，裂纹呈带有巨大莲叶的球根状。裂纹的尖端本身可能是钝的，但充满了氧化物，而且是穿晶的。

④ 在硫化物环境中，裂纹也有类似的形态，但是裂纹中充满了硫化物。

⑤ 在旋转设备中，多数裂纹是穿晶的，没有分枝。

44. 燃料灰分腐蚀

(1) 损伤描述

① 当加热炉、锅炉和燃气透平的金属表面存在燃料形成的沉积物和融化物时，燃料灰分腐蚀就加速了材料的高温损耗。

② 典型的腐蚀发生于燃料油或是煤中含有某种硫、钠、钾或是钒的化合物时。

③ 熔化的炉渣溶解了表面氧化物，增加了氧气的传送，使表面再次形成氧化铁，其结果造成了管壁和元件的损失。

(2) 受影响的材料

所有用于加热炉和锅炉常规的合金材料均是敏感的。50Cr - 50Ni 族合金显示了其改良后的抵抗力。

(3) 影响因素

① 熔化炉渣浓缩形成的污染物浓度，金属温度和合金材料的组成都是关键因素。

② 腐蚀损坏的严重程度取决于燃料类型(燃料中污染物的浓度)，例如硫含量以及金属温度。

③ 这种腐蚀机理只有发生在金属温度高于其液态物质形成温度时，并且温度高得越多，腐蚀越强烈。

④ 在加热炉中，腐蚀速率取决于材料中的合金成分和其所处的位置。

⑤ 形成的液态物质与燃料油和煤灰分的不同，也与水冷壁上的腐蚀的不同。

⑥ 对于燃料油灰分，液态物质是由五氧化二钒和钠氧化物或是五氧化二钒和硫酸钠盐

的混合物组成。其熔点低于538℃(1000℉)是可能的，这取决于具体的组分。

⑦ 对于水冷壁的腐蚀，液态物质是由钠和钾的焦硫酸盐的混合物组成，它的熔点低于371℃(700℉)。

⑧ 对于煤的灰分，过热器和再热器的腐蚀是由钠钾和铁的三硫化物造成的，其熔点在544～610℃(1030～1130℉)之间，这取决于钠和钾的比例。还原条件下，富含一氧化碳，硫化氢和氢气的燃料气将加重腐蚀速率。

⑨ 未燃尽的煤微粒还有碳随飞尘在管子表面形成堆积物，使其表面形成一个还原条件促使腐蚀发生。管子表面的渗碳，特别是奥氏体合金减少了抗腐蚀能力，增加了管子损耗速率。在还原条件下的腐蚀速率是氧化条件下的2～5倍。

(4) 受影响的装置和设备

① 燃料灰分腐蚀发生在任何火焰加热炉和燃用含有上述污染物燃料的燃气轮机中。

② 加热炉中燃烧含钒与钠的燃油和渣料时，常常发生燃料灰分腐蚀。

③ 在多数加热炉中，由于炉管的表面温度低于炉渣的极限熔点时，炉管不考虑腐蚀影响。然而在热的操作过程中炉管的支撑物和挂钩却要忍受严重的燃料灰分腐蚀。

④ 在改变燃料油时，许多燃气涡轮会发生叶片腐蚀。

⑤ 在某些情况下，如由热通量增加引起的焦化加热炉管的某些构件在临界温度之上，使这些地方发生燃料灰分腐蚀。

⑥ 由于液态物质的熔点在538℃左右，而在过热器或是再热器中熔点会更高些，金属温度高于硫酸盐的熔点的任何元件都可能出现腐蚀问题。

⑦ 燃油的锅炉，在不含钒的燃油操作下，不易产生液态灰分腐蚀。

⑧ 对于水冷壁来讲，当温度维持在焦亚硫酸盐的熔点之下[它的熔点在371℃(700℉)之下]时，其腐蚀损害最小。因此在蒸汽产生的压力在1800psi(12.4MPa)之下时，水冷壁几乎可不考虑腐蚀影响。

(5) 破坏的表现与形态

① 燃油灰分腐蚀是炉渣引起的严重的金属损失，一般腐蚀速率经验值为100～1000mpy(2.54～25.4mm/a)。

② 燃料灰分腐蚀现象的出现可用金相学分析和沉积分析技术来验证。

③ 过热器和再热器的燃油灰分腐蚀中，灰分沉积物至少由两种不同的层构成。其中附在元件上的主要沉淀物在室温下是呈灰黑色或黑色的成分；随着液态硫酸盐与腐蚀残骸在表面烧结形成一层硬脆的顽固薄膜。在它们被清除掉以后，钢材表面呈现一种如同鳄鱼皮一样交叉浅槽。

④ 水冷壁上裂纹大量的是环形的，较小范围是轴向裂纹。

⑤ 随着液态灰分层的扩展，由于“灰浆层”只能承载一定量的灰分，当其承载量达到一定的极限时，灰浆层剥落。从而炉管表面赤裸暴露在燃烧室内，造成水冷壁的温度达到一个峰值，大约38℃(100℉)。此时形成的裂纹类似于热疲劳损害。

⑥ 除了在温度峰值较小并引起的热疲劳损害也较小的情况外，蒸汽冷凝管的损坏机理与上述相同。

⑦ 相同机理造成了过热器和再热器的鳄鱼皮形态裂纹和燃煤式锅炉中水冷器的径向裂纹。

⑧ 对于煤灰，金属与炉灰渣层之间显示的是平滑的接触面。

45. 胺腐蚀

(1) 损伤描述

在胺处理工艺中，胺腐蚀主要是指均匀和局部腐蚀，主要发生的碳钢部分。胺本身并不能引起腐蚀，但溶解了酸性气体(CO_2+H_2S)的胺液、胺降解产物、热稳定胺盐和其他污染物后就会引起腐蚀。

胺环境中，碳钢的应力腐蚀开裂在“23. 氯化物应力腐蚀开裂”中讨论。

(2) 受影响的材料

受影响的材料主要是碳钢。300 系列的不锈钢具有很强的抗腐蚀能力。

(3) 影响因素

① 操作条件、胺的类型、胺液浓度、污染物、温度、流速对腐蚀起控制作用。

② 胺腐蚀与装置的操作情况密不可分，除少数情况外，在适当的设计、操作情况下碳钢适用于大多数部位，出现的大多数问题是因为错误的设计、不良操作或污染物的溶解造成的。所使用的胺液类型也决定腐蚀情况。一般情况下，链烷醇胺系统按其腐蚀性从强到弱的顺序依次为：单乙醇胺(MEA)、二甘醇胺(DGA)、二异丙醇胺(DIPA)、二乙醇胺(DEA)和甲基二乙醇胺(MDEA)。

③ 因为贫胺液的传导率低、pH 值高，所以一般没有腐蚀性。但是，当胺液中过多聚集的热稳定胺盐的浓度超过 2% 时，腐蚀速率会显著增加。

④ 胺、H_2S 和 HCN 会加快对再生器顶冷凝器及其外部管道、回流管道、阀门和泵的腐蚀。腐蚀速率会随着温度的升高而加快，特别是在富胺液环境中。温度超过 104℃(220℉)，会导致酸性气体闪蒸，如果压力降足够大就会产生严重的局部腐蚀。

⑤ 工艺介质的流速将影响胺液的腐蚀速率及其破坏性。胺液的腐蚀一般是均匀腐蚀，但是介质的流速快并有紊流时会造成局部厚度减薄。对于碳钢设备，富胺液的流速一般应限制在 0.9~1.8m/s，贫胺液的流速一般不超过 6.1m/s。

(4) 受影响的装置和设备

① 在炼油厂胺处理装置用来去除工艺介质中的 H_2S、CO_2 和硫醇，这些工艺介质来源于许多装置，包括常减压装置、焦化装置、催化裂化装置、重整装置、加氢装置和尾气处理装置。

② 再生塔重沸器和再生器由于温度最高、胺液紊流最快而引起严重的腐蚀问题。

③ 贫富胺液换热器的富胺液侧，热贫胺液管线、热富胺液管线、胺液泵和回收设备也有同样的腐蚀问题出现。

(5) 损伤的表现和形态

① 碳钢和低合金钢通常出现均匀减薄、局部腐蚀或局部垢下腐蚀。

② 介质流速低时，厚度减薄较为均匀。高流速并伴有湍流时主要是局部腐蚀。

46. 保温层下腐蚀

(1) 损伤描述

管道、压力容器和结构件的腐蚀是由于保温层和防火层下水的积聚而产生的。

(2) 受影响的材料

受影响的材料为碳钢、低合金钢、300 系列不锈钢和双相不锈钢。

(3) 影响因素

① 保温支撑的设计、保温类型、温度、环境(在沿海环境湿度、降雨量和氯化物)以及

高含 SO_2 的工业环境是关键因素。

② 错误的保温结构设计会使水汽能够存留在其中，并引起保温层下腐蚀。

③ 腐蚀速率随金属温度的上升而加重，尤其是升到水汽会迅速蒸发的温度。

④ 当金属温度在沸点100℃(212℉)和121℃(250℉)之间，水汽很少蒸发，并且在保温层里停留时间更长时，腐蚀变得更加严重。

⑤ 在沿海环境或非常潮湿的地区，保温层下腐蚀明显的上限温度是121℃(250℉)。

⑥ 吸水性保温材料可能引起更多的问题。

⑦ 热循环操作或间断操作会增加腐蚀。

⑧ 设备在低于露点温度时更容易在金属表面出现冷凝水，由此提供潮湿的环境，并增加腐蚀的危险性。

⑨ 一些污染物被保温层所过滤，如氯化物，则损伤会更加严重。

⑩ 位于年降雨量很高或炎热的地区、沿海地区的装置比寒冷、干燥和内陆地区的装置更加容易发生保温层下腐蚀。

⑪ 可传播污染物，如氯化物环境(海洋环境)中的设备(冷却塔风机)或 SO_2(在烟囱中)环境的设备可能加速腐蚀。

(4) 受影响的材料

① 碳钢和低合金钢会受到点蚀和壁厚减薄。

② 300系列不锈钢，400系列不锈钢和双相不锈钢会受到点蚀和壁厚减薄。

③ 如果有氯离子存在，300系列不锈钢也会受到应力腐蚀开裂(SCC)，但双相不锈钢不敏感。

(5) 受影响的装置和设备

所有在下列条件下使用的设备和管道都会遭受保温层下腐蚀的影响，虽然外表看保温完好，且没有被腐蚀的迹象存在。

① 设备的保温支撑圈直接满焊在设备上，而不是焊在连接件上。特别是在梯子、平台连接板、吊耳、接管和加强圈附近。

② 设备和管道的伴热管断裂、泄漏。

③ 外表面涂漆和涂料的局部破损时。

④ 潮气在蒸发之前被自然聚集的地方，如立式容器的保温支持圈，和防火层不恰当设置。

⑤ 竖直管道上的保温保护铁皮破损给水汽进入提供了通道。

⑥ 放空、排液和其他类似管嘴的死点区域。

⑦ 管道支、吊架附近。

⑧ 阀门和管件等不规则保温处。

⑨ 螺栓连接的管座处。

⑩ 蒸汽伴热埋入保温处。

⑪ 法兰和其他管道元件的保温转换处。

⑫ 水平管道上部的保温铁皮接缝处，保温铁皮搭接或密封不良处。

⑬ 竖直管道保温结构接头处。

⑭ 保温铁皮的压边发生了硬化、分离或残缺。

⑮ 保温及铁皮发生鼓包和变形，或扎紧带丢失。

⑯ 管道上的排凝低点也是保温的分支处，还有较长的无支撑管道上的低点。

⑰ 在高合金管道系统中的碳钢和低合金钢法兰、螺栓和其他连接件。

⑱ 为了进行在役测厚的管道和设备的可拆保温盖，应引起特别注意。这些保温盖应该允许快速更换和密封。市场上有几种可更换型保温盖允许进行在役检测，并有检测点的标识。

⑲ 邻近竖直管道底部的水平管的前几英尺的地方是保温层下腐蚀的典型局部。

(6) 损伤的表现和形态

① 碳钢和低合金钢会遭受局部点蚀和/或局部减薄。

② 如果有氯化物存在，300 系列不锈钢将遭受点蚀和局部腐蚀。

③ 300 系列不锈钢和双相不锈钢将遭受点蚀和局部腐蚀，对于 300 系列不锈钢特别是在老的硅酸盐保温层下(已经确认含有氯化物)，局部点蚀和氯化物应力腐蚀开裂都可能发生。

④ 掀开碳钢和低合金钢上的保温层，保温层下腐蚀常表现为浮锈和盖在被腐蚀金属上的锈皮。

⑤ 在有些局部，腐蚀呈现点状痈疮样(这常见于涂漆和涂料局部破损处)。

⑥ 保温层下腐蚀还常伴有保温层脱落和油漆/涂层破损。

47. 大气腐蚀

(1) 损伤描述

大气腐蚀是在潮湿的大气条件下发生的。海洋环境中和潮湿的工业污染环境最严重，干燥的田园环境几乎不引起腐蚀。

(2) 受影响的材料

受影响的材料为碳钢、低合金钢和铜铝合金。

(3) 影响因素

① 影响因素包括地理位置(工业、海洋、田园)、潮湿度(湿气)。捕集潮气的特殊设计，或处于凉水塔水薄雾中、温度、有盐雾、硫化物和污染物存在也是关键因素。

② 海洋环境是严重腐蚀环境[20mpy(0.508mm/a)]，包含某些酸或硫化物的工业环境会形成酸环境[5～10mpy(0.127～0.254mm/a)]。

③ 在暴露于适中的雨量和潮湿的内陆地区，是中等腐蚀环境[1～3mpy(0.0254～0.0762mm/a)]。

④ 干燥的田园环境腐蚀速率非常低[<1mpy(0.0254mm/a)]。

⑤ 捕集缝隙中的水和潮气的设计更容易被侵蚀。

⑥ 在 121℃(250℉)以内腐蚀率随温度的升高而加重。在 121℃(250℉)以上，表面通常太干燥而不被腐蚀，在保温层下者例外。

⑦ 氯、H_2S、飞灰和其他空气污染物会污染冷却塔的风机、加热炉耐火砖和其他设备，并加速腐蚀。

⑧ 鸟粪也可加速腐蚀并留下难看的污渍。

(4) 受影响的装置和设备

① 操作温度较低足以使潮气存在于表面的管道和设备。

② 油漆和涂层被破坏的情况下。

③ 如果操作温度在常温和较高或较低的间循环变化，设备也是敏感的。

④ 设备停工或长期闲置，如果没有被很好地封存。

⑤ 储罐和管道特别敏感。静止与管架上的管道对大气侵蚀非常敏感，因为在管道之间以及管道与管架间水汽容易进入的部位。

⑥ 与风和雨的主导方向一致也是主要因素。

⑦ 桥墩和码头非常容易被侵蚀。

⑧ 双金属连接点，例如铜和铝的电器连接处。

(5) 损伤的表现和形态

① 大气腐蚀可以是总体的也可以是局部的，这取决于气候或捕集潮气的能力。

② 如果没有涂漆或涂层剥落，腐蚀或壁厚减薄就容易发生。

③ 局部涂层剥落将使腐蚀加速。

④ 尽管有氧化铁(红锈)锈皮形成，但金属的损失难以看出。

48. 胺应力腐蚀开裂 SCC

(1) 损伤描述

① 含有胺的水溶液可以引起某些铜合金的应力腐蚀开裂(SCC)。

② 在无水胺液中，碳钢对应力腐蚀开裂敏感。

(2) 受影响的材料

① 胺和(或)胺化合物的水溶液中的一些铜合金。

② 无水胺溶液中的碳钢。

(3) 影响因素

① 对于铜合金：

a. 在残余应力和化学成分的联合作用下，易感合金可以发生开裂。

b. 铜－锌合金(黄铜)，包括海军黄铜和铝铜，也是易感合金。

c. 黄铜中的锌含量影响其敏感性，特别是锌含量增至15%以上。

d. 胺或胺化合物中必须有水相存在。

e. 氧的存在是必要的，但极微含量就足够。

f. pH 值要再8.5以上。

g. 在任何温度都可能发生。

h. 来源于制造和卷板的残余应力足以促进裂纹的发生。

② 对于钢：

a. 含水小于0.2%的无水氨液能引起碳钢开裂。

b. 焊后消除应力热处理(PWHT)能消除大部分普通钢[拉伸强度 <70ksi(483MPa)]的敏感性。

c. 空气或氧气等杂质增加开裂的敏感性。

(4) 受影响的装置和设备

① 换热器中的铜－锌合金换热管。

② 在某些场合胺要作为工艺杂质存在，也许被作为酸中和剂有意加入。

③ 在氨制冷装置和某些润滑油炼油装置中，用于氨储碳钢罐及管线。

(5) 损伤的表现和形态

① 铜合金：

a. 表面破坏裂纹可显示蓝色的腐蚀产物。

b. 换热管表面会出现单一或高度分叉的裂纹。

c. 开裂可能是穿晶或晶间开裂，这取决于环境和应力水平。

② 碳钢：开裂可能发生在未经焊后消除应力热处理(PWHT)的焊缝和热影响区。

49. 冷却水腐蚀

(1) 损伤描述

碳钢和其他金属由于水中溶解有盐、气体、有机化合物或活性微生物而引起的全面或局部腐蚀。

(2) 受影响的材料

受影响的钢材为碳钢和所有级别的不锈钢、铜、铝、钛和镍基合金。

(3) 影响因素

① 冷却水腐蚀和结垢紧密联系在一起，并且应该一起来考虑。流体的温度、水的类型(新鲜水，含盐水，盐水)和冷却系统的类型(单循环的、开路循环的、闭路循环的)、氧含量，以及流速都是关键因素。

② 增加冷却水出口温度和或工艺侧介质的进口温度将增加腐蚀率和结垢。

③ 增加氧含量将趋向增加碳钢腐蚀率。

④ 如果工艺侧介质温度高于60℃(140℉)，又有一定比例的新鲜水的存在，而且，随着工艺温度升高和冷却水进口温度升高，腐蚀变得更加有可能。含盐和盐水出口温度高于46℃(115℉)会引起严重的腐蚀。

⑤ 结垢由矿物质的沉积(硬化)、淤泥、悬浮有机物、腐蚀产物、热轧钢锭表面的氧化皮、海洋生物和微生物的生长而引发。

⑥ 设计流速应该足够高以减少污垢的形成，排出沉积物，但流速不要太高否则会引起冲蚀。速度限制取决于管子材质和水质。

⑦ 低流速能加速腐蚀。在新鲜水和含盐水系统中，流速低于大约1m/s (3fps)很可能导致结垢和沉积，以及腐蚀的增加。如果冷却水用于冷凝器/冷却器壳程，而不是用于管程，则可能出现的死区或滞流区域也能导致腐蚀的加速。

⑧ 在新鲜水、含盐水和盐水系统中，300系列的不锈钢可能会出现点蚀，缝隙腐蚀和应力腐蚀开裂。

⑨ 在淡水、碱水和盐水系统中，铜锌合金可能会出现脱锌现象。在水中或在工艺介质中，只要存在氨或氨化合物，铜锌合金可能会出现SCC腐蚀。

⑩ 在新鲜水和含盐水中，ERW电阻焊碳钢焊缝和/或热影响区可以出现严重的腐蚀。

⑪ 当连接到更多的阳极材料，钛可以遭受氢脆。一般问题会发生到68℃以上，但在更高的温度下，也可能发生腐蚀。

(4) 受影响的装置和设备

在工业装置所有采用冷却水的水冷却器和冷却塔中，冷却水腐蚀都应被关注。

(5) 损伤的表现和形态

① 冷却水腐蚀能导致很多破坏形式，包括全面腐蚀、点蚀、应力腐蚀开裂和结垢。

② 碳钢的全面或均匀腐蚀一般会在有溶解氧存在的情况下发生。

③ 局部腐蚀可能由于垢下腐蚀(underdeposit corrosion)、缝隙腐蚀或微生物腐蚀。

④ 结垢或缝隙可能导致任意受影响材料的垢下腐蚀或缝隙腐蚀。

⑤ 在嘴子入口和换热管入口，由于流动引起腐蚀、冲蚀或磨蚀，导致波状或光滑腐蚀的产生。

⑥ ERW 电阻焊缝区的腐蚀是沿着熔合线的沟槽形式。

⑦ 换热管取样的冶金学分析可用来确认失效的发生。

50. 锅炉水/冷凝水腐蚀

(1) 损伤描述

在锅炉系统和冷凝水回流管线内会发生全面腐蚀和点蚀。

(2) 受影响的材料

主要是碳钢、一部分低合金钢和某些 300 系列的不锈钢，以及铜基合金钢。

(3) 影响因素

① 锅炉给水系统和冷凝水回流系统内的腐蚀通常是气体、氧气及二氧化物溶解的结果，它可分别导致氧的点蚀和碳酸腐蚀。

② 溶解有氧气和二氧化碳气体的浓度、pH、温度、给水的质量和特定给水处理系统是关键因素。

③ 锅炉中的腐蚀防护是通过其内形成并持续保持一层保护性 Fe_3O_4完成的。

④ 污垢和沉积物的化学处理须进行调整，使特殊的水处理设施和锅炉给水处理系统与除氧剂协调。

⑤ 由于联氨、中和胺或氨化物的作用，Cu - Zn 合金的氨 SCC 可能会发生。

(4) 受影响的装置和设备

腐蚀可能发生在外部处理系统、除气设备、给水管线、泵、级间加热器和省煤器，以及蒸汽发生系统的加热侧和冷凝水回流系统。

(5) 损伤的表现和形态

① 氧气造成的腐蚀往往是点蚀，这种点蚀可能出现在系统的任何位置，甚至只是在清洗时产生少量的破损也会发生。在水温上升很快的封闭的加热炉或省煤器内，氧气造成的腐蚀尤为严重。

② 尽管除氧处理不正确时产生一些氧气点蚀，但冷凝水回流系统的腐蚀往往是由于二氧化碳，二氧化碳腐蚀通常在管壁上显现一条光滑的沟槽。

51. 液态金属脆化(LME)

(1) 损伤描述

液态金属脆化是当某些特定合金与融化金属接触时发生的一种断裂。这种断裂很容易突然发生，本质上属于脆性断裂。

(2) 受影响的材料

许多常用的材料包括碳钢、低合金钢、高强度钢、300 系列不锈钢、镍基合金、铜合金、铝合金和钛合金都会受到影响。

(3) 影响因素

① 液态金属脆化发生于非常特定条件下，当某些金属与锌、汞、镉、铅、铜和锡等低熔点金属接触时，就容易发生脆化。工业中典型的易发生脆化的金属组合见表 1.2 - 4。

表 1.2 - 4 一些易发生脆化的金属组合

易脆变合金	融化金属	易脆变合金	融化金属
300 系列不锈钢	锌	铝合金	汞
铜合金	汞	高强度钢	镉，铅
400 系列合金	汞		

② 很高的拉应力可以促进开裂，但是，只要敏感合金与融化的金属一接触，开裂就会发生。

③ 很微量的低熔点金属就足以引起液态金属脆化。

④ 拉应力可以加快裂纹的传播速度。在载荷作用下，裂纹发展的速度极快，一旦与融熔金属接触，几秒钟内裂纹就能穿透金属壁。

⑤ 当被污染的表面长期暴露于液态金属中，破裂就会发生。

⑥ 低温下与低熔点金属接触的敏感金属，当温度升到高于低熔点合金的熔点时，开裂就会发生。

(4) 受影响的装置和设备

① 有火焰时，融化金属可能会溅到或触到敏感金属上。如融化镀锌、镉电池罩，焊接时溅出的锡和铅，以及融化的铜元件。

② 只要有液态金属与脆化金属组合存在的地方就能发生液态金属。常见的例子如300系列不锈钢管线或容器与镀锌钢接触(或刮擦到)时产生的液态金属脆性开裂。

③ 在炼油厂发现一些原油中含有汞，它能在常压塔顶系统内冷凝，从而使得铜、400系列合金、钛和铝的换热器元件发生脆化。

④ 一些利用汞工作的工艺仪表由于破裂，导致汞泄漏到馏分中。

⑤ 汞在低温产气设备中冷凝，也使得铝制元件发生液态金属脆化。

(5) 损伤的表现和形态

① 液态金属脆化会使原本柔软的金属产生破裂。只有通过观察晶粒间填充有低熔点金属的金相组织，才能发现这种晶间开裂。

② 要鉴定融化金属的种类，需要采用光谱分析的技术。

52. 电化学(电偶)腐蚀

(1) 损伤描述

当两种不同的材料在合适的电解液，如潮湿、含水的环境或湿润的土壤中连接在一起，可以发生在他们的连接处的一种腐蚀。

(2) 受影响的材料

除大多数贵金属外的所有金属都会受到腐蚀。

(3) 影响因素

① 对于电化学腐蚀，必须满足三个条件：

a. 存在一种可以导电的流体 - 电解液。具有足够导电性的溶液通常要求湿度或分散的水相。

b. 被称之为阳极和阴极的两种不同的材料或合金，在电解液中接触。

c. 在阳极和阴极之间必须存在导电的连接。

② 更加贵重的金属(阴极)受到更加活跃的金属(阳极)牺牲性腐蚀而被保护。阳极与阴极相连时发生的腐蚀比它不与阴极相连发生的腐蚀要快。

③ 在海水中各种合金的电极电位顺序一览表见表1.2-5。

④ 两金属在表中相距得越远，推动腐蚀的力量就越大。

⑤ 在阳极材料和阴极材料之间的相对暴露的表面积比率具有以下显著的特点：

a. 如果阳极与阴极比率较小，则阳极的腐蚀速率可以很高。

b. 如果阳极与阴极比率较大，阳极的腐蚀速率将减少。

表 1.2-5　常用金属材料在海水中的电极电位顺序

腐蚀端阳极——更加活泼	金属镍
金属镁	黄铜
镁合金	铜-镍合金
金属锌	Monel 蒙乃尔合金
铝	钝态的金属镍
铝合金	钝态的 410 不锈钢
钢	钝态的 304 不锈钢
铸铁	钝态的 316 不锈钢
活泼状态的 410 不锈钢	金属钛
活泼状态的 304 不锈钢	石墨
活泼状态的 316 不锈钢	阴极保护端——更加惰性

c. 如果有电池阴阳极存在，就应在更贵重的金属上增加涂层。如果较活泼的金属被涂层，与大阴极相对的阳极，在涂层被破坏区域会加速阳极的腐蚀。

d. 由于表面涂层、锈皮或局部的环境(如旧钢管与新钢管连在一起)，同一种合金也可以既起到阳极又起到阴极的作用。

(4) 受影响的装置和设备

① 电池作用腐蚀可以发生在有导电的流体和成对合金的任何装置中。如果管子材料与管板和/或折流板材料不同，换热器对这种腐蚀更敏感，特别是利用含盐水冷却的冷却器。

② 埋地管线、输电支撑塔和船身是电池作用腐蚀的典型部位。

(5) 损伤的表现和形态

① 破坏发生在两种材料焊接或螺栓连接的部位。

② 更活泼的材料可能发生整体的厚度减薄或者可能有裂缝、凹槽或点蚀，这取决于推动力、导电性和阳极与阴极的面积比率。

③ 溶液的导电性增大，与阴极相连的临近部位阳极的腐蚀立即显著增高。

53. 渗氮

(1) 损伤描述

一些合金暴露在含有高温、高浓度如氨或氰化物的氮化合物的过程气之中，其硬而脆的表层将更进一步的扩展，尤其是在还原条件下。

(2) 受影响的材料

碳钢、低合金钢、300 系列不锈钢和 400 系列不锈钢。镍基合金有很好的抗蚀能力。

(3) 影响因素

① 温度、时间、氮的分压和金属的化学成分决定渗氮的扩散程度。

② 温度必须足够高到可以使氮从氨或其他混合物热离解/分裂出来，并使氮渗入金属中。

③ 渗氮起始温度在 316℃(600℉)以上，并在 482℃(900℉)之上变得更严重。

④ 气相氮含量高其活动性(氮分压较高)促进渗氮。

⑤ 抗腐蚀能力对渗氮产生阻碍作用。

⑥ 含 30%~80%镍的合金更加稳定。

⑦ 渗氮可能导致高温抗蠕变强度、室温机械性能(特定的韧性/展延性)，可焊性和腐蚀能力的丧失。

(4) 受影响的装置和设备

在适当环境和温度都满足的部位就发生渗氮，是相当少见的。在甲烷重整、水蒸气天然气裂化(石蜡制取设备)合成氨设备都已观察到渗氮发生。

(5) 损伤的表现和形态

① 渗氮可发生在大部分元件表面上，外观呈暗哑黑灰色。然而，在渗氮的初始阶段，可通过金相看到受损情况。

② 进一步发展后，材料会表现出很高的表面硬度。大部分情况下，容器或元件上的较小的硬度表层将不影响设备的机械完整性。然而，我们所关心的是在已氮化的层上潜在的能蔓延至基层金属的裂纹。

③ 含铬至12%的低合金钢发生渗氮程度伴随着金属中铬含量的增加而增加。渗氮层显现破裂和剥落。

④ 在410℃(770℉)以上，优先渗氮的晶界导致微裂纹和脆化。

⑤ 不锈钢变薄，脆化层会因热循环或应力而开裂和剥落。

⑥ 氮化物扩散到钢材内部并且形成针状微粒状的氮化铁(Fe_3N 或 Fe_4N)，这可由金相学来证实的。

54. 钛氢脆

(1) 损伤描述

钛的氢脆是一种冶金现象，氢扩散到钛内部，反应形成脆的氢化物相。使钛在表面没有明显腐蚀迹象或减薄的情况下，完全丧失延展性。

(2) 受影响的材料

受影响的材料为钛及钛合金。

(3) 影响因素

① 金属温度、溶液的化学成分、合金含量是决定因素。

② 对于温度高于74℃(165℉)并且 pH 值低于 3、pH 值高于 8 或含有高浓度的 H_2S 的 pH 值为中性的环境时会发生钛氢脆。

③ 更活跃的材料，如碳钢和300系列的不锈钢，与钛的电偶接触会促进破坏。但是氢脆在缺乏电耦合的情况下也发生。

④ 氢被吸收并反应形成氢化物使钛脆化需要一段时间，氢脆的深度和范围会继续增加，直到材料完全丧失延展性。

⑤ 由于在制造过程中钛表面偶然嵌入铁粒而形成的化学环境会发生氢脆，来自上游装置介质中铁的腐蚀物和铁的硫化物会导致氢聚集。

⑥ 对于纯钛和 $\alpha-\beta$ 钛合金，氢的溶解度限制在50~300ppm，一旦超过此限制，会发生氢脆。但对 β 型钛合金，氢的溶解度的限制更宽一些，2000ppm是允许的。

(4) 受影响的装置和设备

① 破坏主要发生在酸性水汽提和胺装置中操作温度高于74℃(165℉)的塔顶冷凝器、换热器的管束、管线和其他钛设备。

② 氢脆也发生在温度 >177℃(350℉)的氢气环境中，特别是缺少水分和氧的情况下。

③ 阴极保护设备的保护电位 < -0.9V(CSE)。

(5) 损伤的表现和形态

① 钛材的氢脆是一个金相改变，不容易表现出来。只能通过冶金技术或力学试验来

确定。

② 脆化可通过弯曲试验或挤压试验来快速检测，未受影响的钛以可延展性的形式被挤压，而已经脆化的钛没有或几乎没有出现延展性就开裂或被挤碎了。

③ 换热器的管子即使已经脆化，但在检修管束之前还是保持完整的。抽出管束检查时，管束受弯曲，换热管才出现裂纹。

④ 如果试图再次胀接已经脆化的换热管端部时，就会出现裂纹。

⑤ 烧过的钛换热管有可能发生另一种破坏形式。通过对烧过的管束中的钛换热管做金相检验，发现大量的氢化物，特别是在融化金属的附近。

55. 金属粉化

(1) 损伤描述

金属粉化是渗碳的形式，它导致局部点蚀的加速，这种点蚀发生在含有渗碳气体或是含有碳氢物质的过程物流中。点蚀通常在表面形成，并含有烟灰和石墨粉尘。

(2) 受影响材料

低合金钢、300系列不锈钢、镍基合金和耐热合金都敏感，目前还不知道合金在何种情况下对金属粉化具有免疫力。

(3) 影响因素

工艺介质的组成、操作温度和合金组成都是关键因素。

① 金属粉化在渗碳之后发生，金属粉化的一个特征是金属被快速地消耗掉。

② 金属粉化伴随着一系列与还原气体如氢气、甲烷、丙烷或是一氧化碳等相关复杂反应。

③ 它通常发生在操作温度为482～816℃(900～1500℉)，随着温度的升高损伤加重。

④ 金属粉化机理可以认为如下：

a. 渗碳导致金属矩阵饱和。

b. 在金属表面和晶粒边界析出的金属碳化物。

c. 来自大气环境中的石墨沉积在金属表面的碳化物上。

d. 金属碳化物分解形成石墨和金属颗粒。

e. 在表层，金属粒子促进了石墨的更进一步的沉积。

⑤ 在高镍合金中，通常认为金属粉化的出现过程中不会伴随有金属碳化物的生成。

⑥ 金属粉化在交替的还原条件和氧化条件下也会发生。

(4) 受影响的装置和设备

① 在渗碳环境下工作的加热炉炉管、热电偶套管和炉子构件会受影响。

② 在催化重整装置的炉管、焦化加热炉、燃气透平和甲醇重整装置的出口管道，以及加氢脱烷基化的炉子和反应器中已有金属粉化的报告。

(5) 损坏的表现和形态

① 在低合金钢中，金属的损耗是均匀的，但常见的形态是由充满脆的残余金属氧化物和碳化物的小坑点。

② 腐蚀产物是由大量的包含金属粒子和金属氧化物及碳化物中碳的粉尘构成。通常，这些粉尘由工艺介质带走，留下的是一薄层或是带坑点的金属。

③ 在不锈钢和高合金钢中，腐蚀通常是局部的，显现为深的圆点。

④ 金相学可揭示在腐蚀表层下的金属产生了严重的渗碳。

1.3 炼油工业中的典型腐蚀环境

石油加工过程中的腐蚀性物质并非总是像前面所述的单一存在的。经过多年探索，人们总结出了一些由两个以上的腐蚀性物质组合，在某些特定场合出现的典型腐蚀环境。例如：原油中存在 H_2S 以及有机硫化物分解生成的 H_2S、原油加工过程中生成的腐蚀性介质（如 HCl、NH_3等）和人为加入的腐蚀性介质（如乙醇胺、糠醛、水等）共同形成腐蚀性环境，典型的有：①蒸馏装置塔顶的 $HCl+H_2S+H_2O$ 腐蚀环境；②催化裂化装置分馏塔顶的 $HCN+H_2S+H_2O$ 腐蚀环境；③加氢裂化和加氢精制装置流出物空冷器的 $H_2S+NH_3+H_2+H_2O$ 腐蚀环境；④干气脱硫装置再生塔、气体吸收塔的 RNH_2（乙醇胺）$+CO_2+H_2S+H_2O$ 腐蚀环境；⑤常减压高温部位的环烷酸 $+H_2S$ 腐蚀环境等。

（1）$HCl+H_2S+H_2O$ 型腐蚀环境

腐蚀环境的生成：HCl 主要是原油中的无机盐（主要是氯化镁和氯化钙）在一定温度下水解生成。H_2S 来自原油中的硫化氢和原油中硫化物分解。H_2O 来自原油中含有的水以及塔顶三注工艺防腐蚀注水。

腐蚀状况：HCl 和 H_2S 的沸点都非常低（分别为 -84.95℃和 -60.2℃），在石油加工过程中伴随着油气集聚在分馏塔顶，遇到蒸汽冷凝水会形成 pH 值达 1 ~1.3 的强酸性腐蚀介质。对于碳钢为均匀腐蚀，对于 0Cr13 钢为点蚀，而对于奥氏体不锈钢则为氯化物应力腐蚀开裂。有资料表明，在无工艺防腐蚀的条件下，碳钢的腐蚀速度可达 2mm/a，常压塔碳钢管壳式冷却器管束进口部位腐蚀率高达 6.0 ~ 14.5mm/a，常压塔顶用 0Cr13 浮阀出现点蚀，腐蚀率为 1.8 ~2.0mm/a。这是炼油厂腐蚀最严重的部位之一。

（2）$HCN+H_2S+H_2O$ 型腐蚀环境

原油中的硫化物在催化裂化的反应条件下分解出 H_2S，同时一些氮化物也以一定的比例存在于裂解产物中，其中 1% ~2% 的氮化物以 HCN 的形式存在，从而在催化裂化装置吸收解吸系统，形成 $HCN+H_2S+H_2O$ 型腐蚀环境，该部位的温度为 40 ~50℃，压力为 1.6MPa。HCN 的存在对 H_2S+H_2O 的腐蚀起促进作用。

在吸收解吸系统，随着 CN^- 浓度的增加，腐蚀性也提高。当催化原料中氮的总量大于 0.1% 时，就会引起设备的严重腐蚀，当 CN^- 浓度大于 500mg/L 时，促进腐蚀作用明显。

（3）RNH_2（乙醇胺）$+CO_2+H_2S+H_2O$ 型腐蚀环境

腐蚀部位发生在干气及液化石油气脱硫的再生塔底部系统及富液管线系统（温度高于 90℃，压力约 0.2MPa）。腐蚀形态为在碱性介质下（pH 不小于 8），由 CO_2 及胺引起的应力腐蚀开裂和均匀减薄。均匀腐蚀主要是 CO_2 引起的，应力腐蚀开裂是由胺、二氧化碳、硫化氢和设备所受的应力引起的。

（4）高温烟气硫酸露点腐蚀环境

加热炉中燃料油在燃烧过程中生成含有 SO_2 和 SO_3 的高温烟气，在加热炉的低温部位，SO_2 和 SO_3 与空气中水分共同在露点部位冷凝，产生硫酸露点腐蚀。在炼油厂多发生在加热炉的空气预热器和烟道、余热锅炉的省煤器及管道等。

高温烟气硫酸露点腐蚀与普通的硫酸腐蚀有本质的区别。普通的硫酸腐蚀为硫酸与金属表面的铁反应生成 $FeSO_4$。而高温烟气硫酸露点腐蚀首先也生产 $FeSO_4$，$FeSO_4$ 在烟灰沉积物的催化作用下与烟气中的SO_2和O_2进一步反应生成$Fe_2(SO_4)_3$，而$Fe_2(SO_4)_3$对SO_2向SO_3的转化过程有催化作用，当pH值低于3时，$Fe_2(SO_4)_3$本身也将对金属腐蚀生成$FeSO_4$，形成$FeSO_4 \rightarrow Fe_2(SO_4)_3 \rightarrow FeSO_4$的腐蚀循环，大大加快了腐蚀速率。据国内报道，普通碳钢设备，腐蚀穿孔的最短为12天。

（5）常减压高温部位的环烷酸＋H_2S腐蚀环境

这可以从表1.3－1～表1.3－8中看出来。原油含有0.4%的硫存在时，环烷酸TAN值由0.3增至0.65时，基本不增加其对碳钢、铬钼钢材的腐蚀速率。而与仅抵抗高温硫腐蚀不同的是，当原油含环烷酸值较高时，12% Cr普通不锈钢很可能就不够了，而应选择含≥2.5% Mo的316型或317型不锈钢。

影响腐蚀速率的另一个因素是介质流速，特别是对含酸腐蚀而言，这一点在仅含硫的原油中对钢材的腐蚀速率几乎没有影响。在气液混合相中，流速特别高时，这种影响也特别突出。当流速大于30.5m/s(100ft/s)时，下面各表中的腐蚀速率数值将放大5倍。表1.3－1～表1.3－8系摘自API 581，各表中的TAN为总酸值(Total Acid Number)，其定义是：为了中和每克油样中的酸所需KOH的量(mg)。

表1.3－1　高温硫化物和环烷酸腐蚀——碳钢预计腐蚀速率　　mm/a

硫含量/%（质）	TAN/(mg/g)	温度/℃							
		232	246	274	302	329	357	385	399
0.2	0.3	0.03	0.08	0.18	0.38	0.51	0.89	1.27	1.52
	0.65	0.13	0.38	0.64	0.89	1.14	1.40	1.65	1.91
	1.5	0.51	0.64	0.89	1.65	3.05	3.81	4.57	5.08
	3.0	0.76	1.52	1.52	3.05	3.81	4.06	6.10	6.10
	4.0	1.02	2.03	2.54	4.06	4.57	5.08	7.11	7.62
0.4	0.3	0.03	0.10	0.25	0.51	0.76	1.27	1.78	2.03
	0.65	0.13	0.25	0.38	0.64	1.02	1.52	2.03	2.29
	1.5	0.20	0.38	0.64	0.89	1.27	1.91	2.29	2.79
	3.0	0.25	0.51	0.89	1.27	1.78	2.54	3.05	3.30
	4.0	0.51	0.76	1.27	1.78	2.29	3.05	3.56	4.06
0.6	0.3	0.03	0.13	0.25	0.64	1.02	1.52	2.29	2.54
	0.65	0.13	0.25	0.38	0.76	1.27	2.03	2.79	3.30
	1.5	0.25	0.38	0.76	1.27	2.03	2.54	3.30	3.81
	3.0	0.38	0.76	1.27	2.03	2.54	3.05	3.56	4.32
	4.0	0.64	1.02	1.52	2.54	3.05	3.81	4.57	5.08
1.5	0.3	0.05	0.13	0.38	0.76	1.27	2.03	2.79	3.30
	0.65	0.18	0.25	0.51	0.89	1.4	2.54	3.3	3.81
	1.5	0.38	0.51	0.89	1.4	2.54	3.05	3.56	4.32
	3.0	0.51	0.76	1.40	2.16	2.79	3.81	4.32	5.08
	4.0	0.76	1.14	1.91	3.05	3.56	4.57	5.08	6.60
2.5	0.3	0.05	0.18	0.51	0.89	1.4	2.41	3.3	3.81
	0.65	0.18	0.25	0.76	1.14	1.52	3.05	3.56	4.32
	1.5	0.38	0.51	1.02	1.52	1.91	3.56	4.32	5.08
	3.0	0.51	0.89	1.52	2.29	3.05	4.32	5.08	6.6
	4.0	0.89	1.27	2.03	3.05	3.81	5.08	6.6	7.11

续表 1.3－1

硫含量/%(质)	TAN/(mg/g)	温度/℃							
		232	246	274	302	329	357	385	399
3.0	0.3	0.05	0.2	0.51	1.02	1.52	2.54	3.56	4.06
	0.65	0.2	0.38	0.64	1.14	1.65	3.05	3.81	4.32
	1.5	0.51	0.64	0.89	1.65	3.05	3.81	4.57	5.08
	3.0	0.76	1.52	1.52	3.05	3.81	4.06	6.1	6.1
	4.0	1.02	2.03	2.54	4.06	4.57	5.08	7.11	7.62

表 1.3－2　高温硫化物和环烷酸腐蚀——1Cr0.2Mo、1Cr0.5Mo、1.25Cr0.5Mo、2.25Cr1Mo 和 3Cr1Mo 钢预计腐蚀速率　mm/a

硫含量/%(质)	TAN/(mg/g)	温度/℃							
		232	246	274	302	329	357	385	399
0.2	0.3	0.03	0.03	0.1	0.18	0.33	0.53	0.64	0.76
	0.65	0.08	0.2	0.38	0.51	0.64	0.76	0.89	1.02
	1.5	0.25	0.38	0.51	0.76	1.25	1.91	2.29	2.54
	3.0	0.38	0.76	0.76	1.52	1.91	2.16	3.05	3.05
	4.0	0.51	1.02	1.27	2.03	2.54	3.05	3.56	4.06
0.4	0.3	0.03	0.05	0.13	0.25	0.51	0.76	0.89	1.02
	0.65	0.08	0.13	0.2	0.38	0.51	0.76	1.02	1.14
	1.5	0.10	0.2	0.38	0.51	0.64	1.02	1.14	1.4
	3	0.13	0.25	0.51	0.64	0.89	1.27	1.52	1.65
	4	0.25	0.38	0.64	0.89	1.14	1.52	1.78	2.03
0.8	0.3	0.03	0.08	0.15	0.38	0.64	1.02	1.14	1.27
	0.65	0.08	0.13	0.2	0.51	0.76	1.14	1.4	1.52
	1.5	0.13	0.2	0.38	0.64	1.02	1.27	1.65	1.91
	3.0	0.18	0.38	0.64	1.02	1.27	1.52	1.78	2.16
	4.0	0.3	0.51	0.76	1.27	1.52	1.91	2.29	2.54
1.5	0.3	0.05	0.08	0.2	0.38	0.76	1.27	1.4	1.65
	0.65	0.1	0.13	0.25	0.51	1.02	1.4	1.65	1.91
	1.5	0.15	0.25	0.51	0.76	1.27	1.65	1.78	2.03
	3.0	0.25	0.38	0.76	1.14	1.52	1.91	2.16	2.54
	4.0	0.38	0.51	0.89	1.52	1.91	2.29	2.54	3.3
2.5	0.3	0.05	0.1	0.23	0.51	0.89	1.4	1.65	1.91
	0.65	0.1	0.13	0.38	0.64	1.02	1.52	1.78	2.03
	1.5	0.18	0.25	0.51	0.76	1.14	1.78	2.03	2.54
	3.0	0.25	0.38	0.76	1.14	1.52	2.03	2.54	3.05
	4.0	0.38	0.64	1.02	1.52	2.03	2.54	3.05	3.56
3.0	0.3	0.05	0.10	0.25	0.51	0.89	1.52	1.78	2.03
	0.65	0.13	0.2	0.38	0.64	1.02	1.78	1.91	2.16
	1.5	0.25	0.38	0.51	0.76	1.52	1.91	2.29	2.54
	3.0	0.38	0.76	0.76	1.52	1.91	2.16	3.05	3.05
	4.0	0.51	1.02	1.27	2.03	2.54	3.05	3.56	4.06

表 1.3－3　高温硫化物和环烷酸腐蚀——5Cr0.5Mo 钢预计腐蚀速率　mm/a

硫含量/%（质）	TAN/(mg/g)	温度/℃							
		232	246	274	302	329	357	385	399
0.2	0.7	0.03	0.03	0.05	0.1	0.15	0.2	0.25	0.38
	1.1	0.05	0.08	0.1	0.15	0.25	0.25	0.38	0.51
	1.75	0.18	0.25	0.38	0.51	0.64	0.89	1.14	1.27
	3.0	0.25	0.38	0.51	0.76	1.02	1.14	1.27	1.52
	4.0	0.38	0.51	0.76	1.02	1.27	1.52	1.78	2.03
0.40	0.7	0.03	0.05	0.08	0.13	0.2	0.25	0.38	0.51
	1.1	0.05	0.08	0.1	0.15	0.25	0.38	0.51	0.64
	1.75	0.05	0.1	0.15	0.2	0.38	0.51	0.64	0.76
	3.0	0.10	0.15	0.2	0.25	0.38	0.51	0.76	0.89
	4.0	0.15	0.20	0.25	0.25	0.51	0.64	0.89	1.02
0.75	0.7	0.03	0.05	0.1	0.15	0.25	0.38	0.58	0.64
	1.1	0.05	0.1	0.15	0.20	0.38	0.51	0.64	0.76
	1.75	0.10	0.15	0.20	0.25	0.38	0.51	0.76	0.89
	3.0	0.15	0.20	0.25	0.25	0.51	0.64	0.89	1.02
	4.0	0.2	0.25	0.25	0.38	0.51	0.76	1.02	1.27
1.5	0.7	0.03	0.05	0.13	0.20	0.38	0.51	0.76	0.89
	1.1	0.08	0.13	0.25	0.38	0.51	0.76	0.89	1.02
	1.75	0.13	0.25	0.38	0.51	0.76	0.89	1.02	1.14
	3.0	0.25	0.38	0.51	0.76	0.89	1.02	1.14	1.27
	4.0	0.38	0.51	0.76	0.89	1.02	1.27	1.52	1.78
2.5	0.7	0.03	0.08	0.15	0.23	0.38	0.51	0.89	1.02
	1.1	0.13	0.18	0.25	0.38	0.51	0.64	1.02	1.14
	1.75	0.18	0.25	0.38	0.51	0.64	0.89	1.14	1.27
	3.0	0.25	0.38	0.51	0.76	1.02	1.14	1.27	1.52
	4.0	0.38	0.51	0.76	1.02	1.27	1.52	1.78	2.03
3.0	0.7	0.05	0.08	0.15	0.25	0.38	0.64	0.89	1.02
	1.1	0.13	0.18	0.25	0.38	0.51	0.76	1.02	1.14
	1.75	0.18	0.25	0.38	0.51	0.64	0.89	1.14	1.27
	3.0	0.25	0.38	0.51	0.76	1.02	1.14	1.27	1.52
	4.0	0.38	0.51	0.76	1.02	1.27	1.52	1.78	2.03

表 1.3－4　高温硫化物和环烷酸腐蚀——9Cr1Mo 钢预计腐蚀速率　mm/a

硫含量/%（质）	TAN/(mg/g)	温度/℃							
		232	246	274	302	329	357	385	399
0.2	0.7	0.03	0.03	0.03	0.05	0.08	0.1	0.13	0.15
	1.1	0.03	0.05	0.05	0.10	0.10	0.13	0.15	0.20
	1.75	0.05	0.1	0.13	0.2	0.25	0.38	0.38	0.51
	3.0	0.08	0.15	0.25	0.3	0.38	0.51	0.51	0.64
	4.0	0.13	0.20	0.30	0.38	0.51	0.64	0.76	0.76

续表 1.3-4

硫含量/%(质)	TAN/(mg/g)	温度/℃							
		232	246	274	302	329	357	385	399
0.4	0.7	0.03	0.03	0.05	0.08	0.1	0.15	0.18	0.20
	1.1	0.03	0.03	0.05	0.10	0.13	0.18	0.2	0.25
	1.75	0.05	0.05	0.08	0.13	0.20	0.20	0.25	0.25
	3.0	0.08	0.08	0.13	0.20	0.25	0.25	0.30	0.38
	4.0	0.1	0.13	0.2	0.25	0.25	0.30	0.38	0.38
0.8	0.7	0.03	0.03	0.05	0.08	0.13	0.20	0.23	0.25
	1.1	0.03	0.05	0.08	0.13	0.2	0.25	0.25	0.25
	1.75	0.05	0.08	0.13	0.20	0.25	0.25	0.25	0.38
	3.0	0.08	0.13	0.20	0.25	0.25	0.38	0.38	0.38
	4.0	0.13	0.20	0.25	0.25	0.38	0.38	0.51	0.51
1.5	0.7	0.03	0.03	0.05	0.10	0.15	0.25	0.25	0.38
	1.1	0.03	0.05	0.08	0.13	0.18	0.25	0.38	0.38
	1.75	0.05	0.10	0.10	0.15	0.20	0.30	0.38	0.51
	3.0	0.08	0.15	0.13	0.20	0.25	0.38	0.51	0.51
	4.0	0.13	0.2	0.25	0.30	0.38	0.51	0.51	0.64
2.5	0.7	0.03	0.03	0.08	0.13	0.18	0.25	0.38	0.38
	1.1	0.03	0.05	0.10	0.15	0.20	0.25	0.38	0.38
	1.75	0.05	0.1	0.13	0.2	0.25	0.38	0.38	0.51
	3.0	0.08	0.15	0.25	0.3	0.38	0.51	0.51	0.64
	4.0	0.13	0.20	0.30	0.38	0.51	0.64	0.76	0.76
3.0	0.7	0.03	0.03	0.08	0.13	0.20	0.25	0.38	0.38
	1.1	0.05	0.08	0.13	0.20	0.25	0.38	0.38	0.51
	1.75	0.08	0.13	0.25	0.30	0.38	0.51	0.51	0.64
	3.0	0.13	0.20	0.30	0.38	0.51	0.64	0.76	0.76
	4.0	0.18	0.23	0.38	0.51	0.64	0.76	0.89	1.02

表 1.3-5 高温硫化物和环烷酸腐蚀——12%Cr 钢预计腐蚀速率 mm/a

硫含量/%(质)	TAN/(mg/g)	温度/℃							
		232	246	274	302	329	357	385	399
0.2	0.7	0.03	0.03	0.03	0.03	0.03	0.03	0.05	0.05
	1.1	0.03	0.03	0.03	0.03	0.03	0.05	0.10	0.13
	1.75	0.05	0.05	0.05	0.10	0.10	0.13	0.20	0.25
	3.0	0.13	0.25	0.38	0.51	0.64	0.76	0.64	1.02
	4.0	0.25	0.38	0.51	0.64	0.76	0.64	1.02	1.14
0.4	0.7	0.03	0.03	0.03	0.03	0.03	0.05	0.08	0.08
	1.1	0.03	0.03	0.03	0.03	0.03	0.05	0.08	0.08
	1.75	0.03	0.05	0.05	0.05	0.05	0.10	0.13	0.13
	3.0	0.05	0.08	0.08	0.08	0.08	0.13	0.25	0.38
	4.0	0.08	0.10	0.13	0.20	0.25	0.30	0.38	0.51

续表 1.3-5

硫含量/%(质)	TAN/(mg/g)	温度/℃							
		232	246	274	302	329	357	385	399
0.8	0.7	0.03	0.03	0.03	0.03	0.03	0.05	0.08	0.10
	1.1	0.03	0.03	0.03	0.03	0.03	0.05	0.08	0.10
	1.75	0.05	0.05	0.10	0.13	0.15	0.15	0.18	0.20
	3.0	0.08	0.08	0.13	0.20	0.25	0.3	0.38	0.51
	4.0	0.1	0.13	0.13	0.20	0.25	0.38	0.51	0.64
1.5	0.7	0.03	0.03	0.03	0.03	0.05	0.08	0.10	0.13
	1.1	0.03	0.03	0.03	0.03	0.05	0.08	0.10	0.13
	1.75	0.05	0.05	0.08	0.13	0.18	0.20	0.25	0.25
	3.0	0.08	0.08	0.13	0.2	0.25	0.30	0.38	0.51
	4.0	0.13	0.2	0.25	0.3	0.38	0.51	0.64	0.76
2.5	0.7	0.03	0.03	0.03	0.03	0.05	0.08	0.13	0.15
	1.1	0.03	0.03	0.03	0.03	0.05	0.08	0.13	0.15
	1.75	0.05	0.13	0.18	0.23	0.25	0.30	0.38	0.38
	3.0	0.08	0.20	0.25	0.38	0.51	0.51	0.64	0.79
	4.0	0.13	0.25	0.38	0.51	0.64	0.76	0.89	1.02
3.0	0.7	0.03	0.03	0.03	0.03	0.05	0.10	0.13	0.15
	1.1	0.03	0.03	0.03	0.03	0.05	0.10	0.13	0.15
	1.75	0.08	0.13	0.18	0.23	0.25	0.3	0.38	0.38
	3.0	0.10	0.20	0.25	0.38	0.51	0.51	0.64	0.76
	4.0	0.13	0.25	0.38	0.51	0.64	0.76	0.89	1.02

表 1.3-6　高温硫化物和环烷酸腐蚀——不含钼的奥氏体不锈钢预计腐蚀速率　mm/a

硫含量/%(质)	TAN/(mg/g)	温度/℃							
		232	246	274	302	329	357	385	399
0.2	1.0	0.03	0.03	0.03	0.03	0.03	0.03	0.03	0.03
	1.5	0.03	0.03	0.03	0.03	0.03	0.03	0.03	0.03
	3.0	0.03	0.03	0.03	0.03	0.05	0.08	0.10	0.10
	4.0	0.03	0.03	0.03	0.05	0.08	0.10	0.13	0.15
0.4	1.0	0.03	0.03	0.03	0.03	0.03	0.03	0.03	0.03
	1.5	0.03	0.03	0.03	0.03	0.03	0.03	0.03	0.03
	3.0	0.03	0.03	0.03	0.03	0.05	0.08	0.10	0.10
	4.0	0.03	0.03	0.03	0.05	0.08	0.10	0.13	0.15
0.8	1.0	0.03	0.03	0.03	0.03	0.03	0.03	0.03	0.03
	1.5	0.03	0.03	0.03	0.03	0.03	0.03	0.03	0.03
	3.0	0.03	0.03	0.03	0.05	0.08	0.10	0.13	0.15
	4.0	0.03	0.05	0.05	0.10	0.15	0.20	0.25	0.30

续表 1.3-6

硫含量/%(质)	TAN/(mg/g)	温度/℃							
		232	246	274	302	329	357	385	399
1.5	1.0	0.03	0.03	0.03	0.03	0.03	0.03	0.03	0.03
	1.5	0.03	0.03	0.03	0.03	0.03	0.03	0.03	0.03
	3.0	0.03	0.03	0.03	0.05	0.08	0.10	0.13	0.15
	4.0	0.03	0.05	0.05	0.10	0.15	0.20	0.25	0.30
2.50	1.0	0.03	0.03	0.03	0.03	0.03	0.03	0.03	0.03
	1.5	0.03	0.03	0.03	0.03	0.03	0.03	0.03	0.03
	3.0	0.03	0.05	0.05	0.10	0.15	0.20	0.25	0.30
	4.0	0.03	0.05	0.10	0.18	0.25	0.36	0.43	0.51
3.0	1.00	0.03	0.03	0.03	0.03	0.03	0.03	0.03	0.05
	1.50	0.03	0.03	0.03	0.03	0.03	0.03	0.05	0.05
	3.00	0.03	0.05	0.05	0.10	0.15	0.20	0.25	0.30
	4.00	0.03	0.05	0.10	0.18	0.25	0.36	0.43	0.51

注：不含 Mo 的不锈钢，包括 304、304L、321、347 等。

表 1.3-7 高温硫化物和环烷酸腐蚀——含钼小于 2.5% 的 316E 型不锈钢预计腐蚀速率 mm/a

硫含量/%(质)	TAN/(mg/g)	温度/℃							
		232	246	274	302	329	357	385	399
0.2	0.2	0.03	0.03	0.03	0.03	0.03	0.03	0.03	0.03
	3.0	0.03	0.03	0.03	0.03	0.03	0.05	0.05	0.05
	4.0	0.03	0.03	0.03	0.05	0.10	0.13	0.18	0.25
0.4	0.2	0.03	0.03	0.03	0.03	0.03	0.03	0.03	0.03
	3.0	0.03	0.03	0.03	0.03	0.05	0.05	0.05	0.05
	4.0	0.03	0.03	0.05	0.08	0.10	0.13	0.18	0.25
0.8	0.2	0.03	0.03	0.03	0.03	0.03	0.03	0.03	0.03
	3.0	0.03	0.03	0.03	0.03	0.05	0.05	0.05	0.08
	4.0	0.03	0.03	0.05	0.08	0.13	0.13	0.18	0.25
1.5	0.2	0.03	0.03	0.03	0.03	0.03	0.03	0.03	0.03
	3.0	0.03	0.03	0.03	0.03	0.08	0.08	0.08	0.10
	4.0	0.03	0.03	0.08	0.13	0.13	0.13	0.18	0.25
2.5	0.2	0.03	0.03	0.03	0.03	0.03	0.03	0.03	0.03
	3.0	0.03	0.03	0.03	0.05	0.08	0.08	0.10	0.13
	4.0	0.03	0.03	0.08	0.13	0.13	0.15	0.20	0.25
3.0	0.2	0.03	0.03	0.03	0.03	0.03	0.03	0.03	0.05
	3.0	0.03	0.03	0.03	0.05	0.10	0.13	0.13	0.15
	4.0	0.03	0.05	0.08	0.13	0.13	0.15	0.20	0.25

注：包括 Mo <2.5% 的不锈钢，例如 316、316L、316H 等。

表1.3-8　高温硫化物和环烷酸腐蚀——含钼大于2.5%的316型和317型不锈钢预计腐蚀速率　mm/a

硫含量/%(质)	TAN/(mg/g)	温度/℃							
		232	246	274	302	329	357	385	399
0.2	4.0	0.03	0.03	0.03	0.03	0.03	0.03	0.03	0.03
	5.0	0.03	0.03	0.03	0.03	0.03	0.05	0.10	0.13
	6.0	0.03	0.03	0.03	0.05	0.10	0.13	0.18	0.25
0.4	4.0	0.03	0.03	0.03	0.03	0.03	0.03	0.03	0.03
	5.0	0.03	0.03	0.03	0.03	0.05	0.10	0.10	0.13
	6.0	0.03	0.03	0.05	0.08	0.10	0.13	0.18	0.25
0.8	4.0	0.03	0.03	0.03	0.03	0.03	0.03	0.03	0.03
	5.0	0.03	0.03	0.03	0.03	0.05	0.1	0.10	0.13
	6.0	0.03	0.03	0.05	0.08	0.10	0.13	0.18	0.25
1.5	4.0	0.03	0.03	0.03	0.03	0.03	0.03	0.03	0.03
	5.0	0.03	0.03	0.03	0.03	0.05	0.08	0.13	0.18
	6.0	0.03	0.03	0.08	0.13	0.13	0.13	0.18	0.25
2.5	4.0	0.03	0.03	0.03	0.03	0.03	0.03	0.03	0.03
	5.0	0.03	0.03	0.03	0.05	0.08	0.10	0.13	0.18
	6.0	0.03	0.03	0.08	0.13	0.13	0.15	0.20	0.25
3.0	4.0	0.03	0.03	0.03	0.03	0.03	0.03	0.03	0.05
	5.0	0.03	0.03	0.03	0.05	0.08	0.10	0.13	0.18
	6.0	0.03	0.05	0.08	0.13	0.13	0.15	0.20	0.25

第二章　石油化工装置设备的材料选择和防腐措施

2.1　概　　述

2.1.1　原油馏分中硫的分布

原油中的总硫含量并不代表各馏分油和渣油中的硫含量，因此不同硫含量的馏分油、在不同的温度段，给设备带来的腐蚀是不同的。表2.1－1和表2.1－2就给出了典型含硫原油的硫分布情况，以及典型原油及其各馏分油的硫化物类型。

表2.1－1　典型含硫原油的硫分布　　%

序号	原油名称	原油	汽油		煤油		柴油		蜡油		减渣	
		含硫	含硫	分布	含硫	分布	含硫	分布	含硫	分布	含硫	分布
1	胜利	1.00	0.008	0.02	0.012	0.05	0.343	6.0	0.68	17.9	1.54	76.0
2	伊朗轻	1.35	0.06	0.6	0.17	2.1	1.18	15.5	1.62	16.9	3.0	65.4
3	伊朗重	1.78	0.09	0.7	0.32	3.1	1.44	9.4	1.87	13.5	3.51	73.9
4	阿曼	1.16	0.03	0.3	0.108	1.4	0.48	8.7	1.10	20.1	2.55	69.5
5	伊拉克轻	1.95	0.018	0.2	0.407	4.4	1.12	7.6	2.42	38.2	4.56	49.6
6	北海混合	1.23	0.034	0.7	0.414	5.2	1.14	10.2	1.62	34.3	3.21	49.5
7	卡塔尔	1.42	0.046	0.8	0.31	3.7	1.24	10.3	2.09	33.8	3.09	51.4
8	沙特轻质	1.75	0.036	0.4	0.43	3.9	1.21	7.6	2.43	44.5	4.10	43.6
9	沙特中质	2.48	0.034	0.3	0.63	3.6	1.51	6.2	3.01	36.6	5.51	53.3
10	沙特重质	2.83	0.033	0.2	0.54	2.4	1.48	4.9	2.85	32.1	6.00	60.4
11	科威特	2.52	0.057	0.4	0.81	4.3	1.93	8.1	3.27	41.5	5.24	45.7

表2.1－2　中东原油馏分中硫的分布

馏　　分	原油	石脑油	航煤	轻柴油	重柴油	瓦斯油	渣油
沸程/℃							
IBP(初沸点)	—	50	240	269	327	376	424
FBP(终沸点)	—	240	269	327	376	424	—
馏分收率/%	100.0	22.1	10.2	9.8	8.5	7.1	39.9
总硫含量/%	2.64	0.09	0.69	1.69	2.77	2.93	4.87
总硫分布/%	100.0	0.8	2.7	6.3	8.9	7.9	73.6
类型硫分布/%							
非噻吩类	28.2	92.2	39.1	26.0	19.9	21.8	29.2
噻吩类	71.6	7.8	60.9	74.0	80.1	78.2	70.8
一环	1.1	6.7	1.6	0.9	0.8	1.1	1.2
二环	22.0	1.1	59.3	52.7	26.7	27.0	17.2
三环	15.9	—	—	20.4	52.6	32.4	10.3
四环	5.7	—	—	—	—	17.7	5.7
≥五环	26.9	—	—	—	—	—	36.3

我国对原油的性质定义如下：

高硫低酸原油：总硫含量大于或等于1.0%（质量分数，下同），且酸值按照GB/T 18609—2001《原油酸值的测定电位滴定法》测定小于0.5mgKOH/g的原油。

高酸高硫原油：按GB/T 18609—2001《原油酸值的测定电位滴定法》测定的原油酸值大于等于0.5mgKOH/g，且总硫含量大于或等于1.0%的原油。

高酸低硫原油：按GB/T 18609—2001《原油酸值的测定电位滴定法》测定的原油酸值大于或等于0.5mgKOH/g，且总硫含量小于1.0%的原油。

以高温硫腐蚀为例说明炼油厂设备选材的依据，首先就要根据分析计算出炼油工艺装置中各馏分的硫含量，进而根据经验和相应的腐蚀速率计算，才能进行正确的材料选择。下面各章给出炼油厂典型工艺装置的设备选材，其中一台设备的同一部位可能有几种推荐选材，就表明需要设计者根据具体的腐蚀性介质含量来最终选定。下面就分装置分别说明炼油厂典型工艺装置中的主要设备与管道的材料选择。

2.1.2 腐蚀损伤编号

本章各装置流程图中的腐蚀损伤编号与第一章第二节常见的腐蚀损伤类型的对应关系见表2.1-3。

表2.1-3　失效机理章节号与本章各装置流程图中的腐蚀环境编号对应关系

腐蚀损伤类型编号①	腐蚀损伤类型名称	对应第一章第二节编号	腐蚀损伤类型编号①	腐蚀损伤类型名称	对应第一章第二节编号
(1)	硫腐蚀	1	(29)	碳化腐蚀	29
(2)	湿硫化氢腐蚀	2	30	短期过热(应力断裂)	30
3	蠕变/应力腐蚀	3	31	脆断	31
(4)	高温 H_2/H_2S 腐蚀	4	32	σ 相脆化	32
(5)	连多硫酸腐蚀	5	33	475℃脆化	33
(6)	环烷酸腐蚀	6	34	软化(球化)	34
(7)	硫化氢胺腐蚀	7	35	再热裂纹	35
(8)	氯化胺腐蚀	8	(36)	硫酸腐蚀	36
(9)	盐酸腐蚀	9	(37)	氢氟酸腐蚀	37
(10)	高温氢腐蚀	10	(38)	烟气露点腐蚀	38
(11)	氧腐蚀	11	39	异种金属焊缝开裂	39
12	热疲劳	12	(40)	氢致裂纹(HF中)	40
(13)	酸性水腐蚀(酸性)	13	(41)	脱合金成分腐蚀(脱锌/脱镍)	41
14	耐热衬里剥落	14	(42)	CO_2腐蚀	42
15	石墨化	15	(43)	腐蚀疲劳	43
16	回火脆化	16	(44)	燃料灰分腐蚀	44
(17)	脱碳	17	(45)	胺腐蚀	45
(18)	苛性碱开裂	18	(46)	保温层下腐蚀	46
(19)	苛性碱腐蚀	19	(47)	大气腐蚀	47
20	侵蚀/冲蚀	20	(48)	胺应力腐蚀开裂	48
(21)	碳酸盐应力腐蚀开裂	21	(49)	冷却水腐蚀	49
(22)	胺应力腐蚀开裂	22	(50)	锅炉水/冷凝水腐蚀	50
(23)	氯化物应力腐蚀开裂	23	(52)	液态金属脆化(LME)	52
(24)	渗碳	24	(53)	电化学腐蚀	53
(25)	氢脆	25	(55)	渗氮	55
(26)	蒸汽气垫	26	(57)	钛氢脆	57
27	热冲击	27	(59)	金属粉化	59
28	气蚀	28			

注：① 带( )的为与腐蚀相关的损伤机理的编号，并与主要工艺流程图中的腐蚀环境编号相对应。不带( )的编号为机械和冶金失效机理，不是本章的讨论重点。

2.2 常减压蒸馏装置

在整个石油化工装置中，蒸馏是原油加工的第一道工序，常减压蒸馏装置是为以后的二次加工提供原料，并将原油分馏成汽油、煤油、柴油、蜡油、渣油等组分的关键装置，常减压蒸馏装置的处理量被作为炼油厂的处理量。由于原油性质复杂多变，而且常减压装置结构复杂，影响因素众多，设备的腐蚀程度往往难以控制，这不但造成巨大的经济损失，严重时还可能导致火灾、爆炸等重大恶性事故。因而常减压装置的安全平稳运行直接关系着整个炼油厂的生产效益。

2.2.1 工艺流程和腐蚀损伤类型

常减压蒸馏装置的工艺流程与腐蚀损伤类型简图如图2.2－1所示。原油首先进入一组换热器，与产品或回流油换热，然后注入新鲜的洗涤水，通过混合使之与原油中盐、水及其他杂质成分接触，并需向原油中注入适量破乳剂，以促进乳化液的破乳，使水和杂质更有效地与原油分离。脱盐、脱水、脱杂质后的原油再进入另一组换热器与系统中高温热源换热后，进入常压加热炉，达到一定温度后经转油线进入常压塔，使汽液两相进行充分的热量交换和质量交换，在提供塔顶回流和塔底吹汽的条件下，对原油进行分馏，从塔顶分馏出沸点较低的产品——汽油，从塔底分出沸点较重的产品——重油，从塔中部抽出各侧线产品，即煤油、柴油、蜡油等。常压蒸馏后剩下的分子量较大的重油组分在高温下易分解，为将常压重油中的各种高沸点的组分分离出来，根据压力越低油品沸点就越低的特性，采用在减压塔塔顶抽真空的方法(即减压蒸馏)，使加热后的常压重油在负压条件下进行分馏，从而使高沸点的组份在相应的温度下依次馏出。

如图2.2－1所示，工艺流程简图上标注了重点设备和管道可能发生的损伤类型，共计19种。

2.2.2 主要设备推荐用材

常减压装置的腐蚀首先考虑的是原油中硫含量和酸值。根据含硫及酸值的高低，可将原油分为下列四种类型：

① 低硫低酸值原油——原油含硫＜1%(质)，酸值＜0.5mgKOH/g；
② 高硫低酸值原油——原油含硫≥1%(质)，酸值＜0.5mgKOH/g；
③ 低硫高酸值原油——原油含硫＜1%(质)，酸值≥0.5mgKOH/g；
④ 高硫高酸值原油——原油含硫≥1%(质)，酸值≥0.5mgKOH/g。

低硫低酸值原油在常减压设备上造成的腐蚀极轻，而且，目前中国的炼油厂已经难以获得这种原油了，故本文只讨论后三种腐蚀性原油对设备的影响。SH/T 3096推荐高硫低酸原油常减压装置主要设备用材见表2.2－1。SH/T 3129推荐低硫高酸值原油和高硫高酸值原油常减压装置主要设备用材见表2.2－2。

2.2.3 防护措施

1. 选材原则

初馏塔、常压塔、减压塔顶部(简称“三顶”)及其冷凝系统面临的是$HCl-H_2S-H_2O$的低温腐蚀环境，一般气相部位腐蚀较轻，液相部位腐蚀较重，尤其气液两相转变部位即“露点”部位最为严重。对此，首先应做好工艺防腐，必要时进行材质升级，使用0Cr13、钛材、双相钢、NCu30和N08367(Al－6XN)等，而普通的奥氏体不锈钢(304、321、316)应慎用。

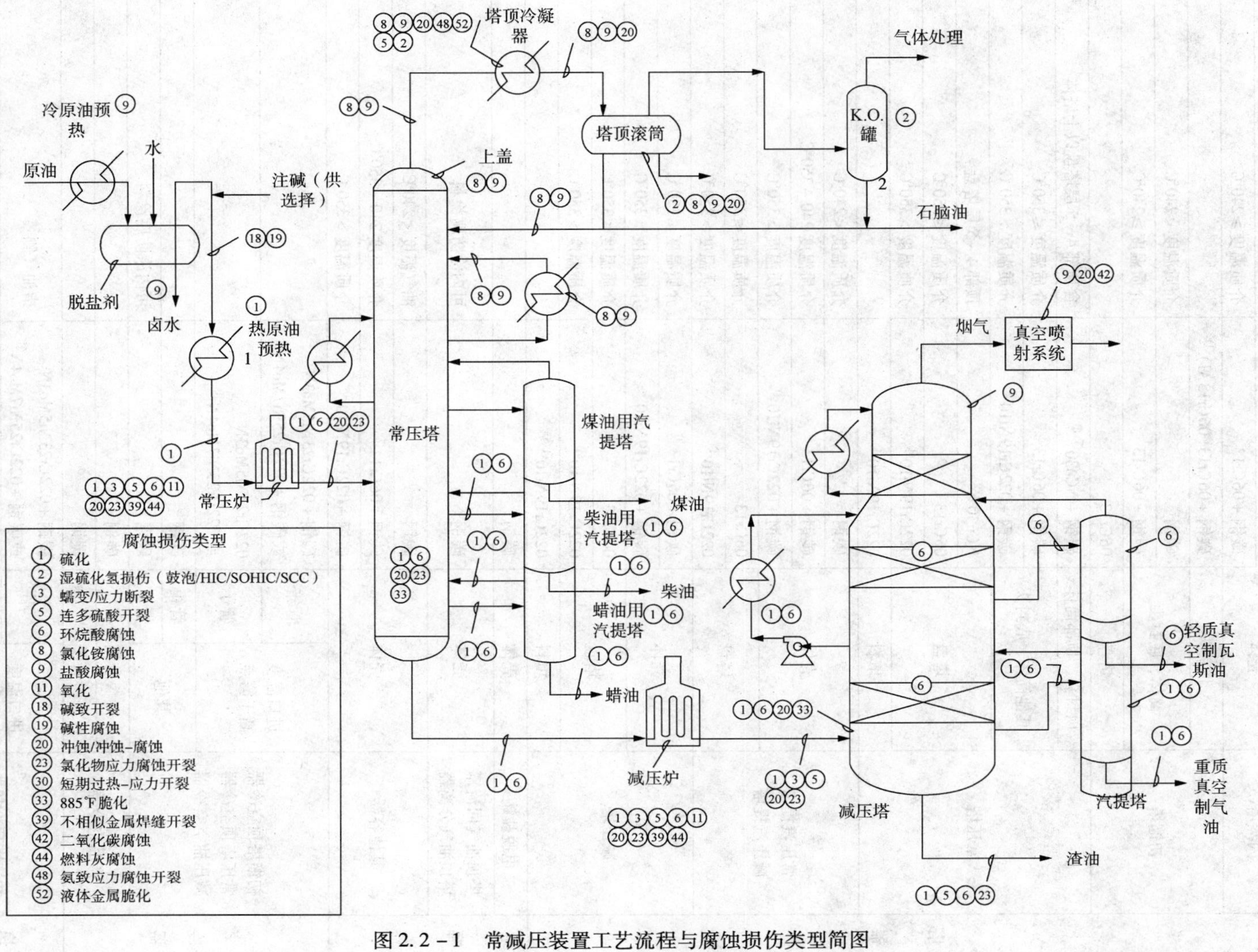

图 2.2-1　常减压装置工艺流程与腐蚀损伤类型简图

表 2.2-1 加工高硫低酸原油蒸馏装置主要设备推荐用材(SH/T 3096)

类别	设备名称	设备部位	设备主材推荐材料	备注
塔器	闪蒸塔	壳体	碳钢	介质温度<240℃
			碳钢+06Cr13	介质温度≥240℃
	初馏塔	顶封头	碳钢+06Cr13(06Cr13Al)①	
		筒体、底封头	碳钢	介质温度<240℃
			碳钢+06Cr13	介质温度≥240℃
		塔盘	06Cr13	
	常压塔	顶封头、顶部筒体	碳钢+NCu30①②	含顶部4~5层塔盘以上塔体
		其他筒体、底封头	碳钢+06Cr13③	介质温度≤350℃
			碳钢+022Cr19Ni10④	介质温度>350℃
		塔盘	NCu30①②	顶部4~5层塔盘
			06Cr13	介质温度≤350℃
			022Cr19Ni10④	介质温度>350℃
		填料	022Cr19Ni10④	
	常压汽提塔 减压汽提塔	壳体	碳钢	介质温度<240℃
			碳钢+06Cr13	介质温度240~350℃
			碳钢+022Cr19Ni10④	介质温度>350℃
		塔盘	06Cr13	介质温度≤350℃
			022Cr19Ni10④	介质温度>350℃
	减压塔	壳体	碳钢+06Cr13③	介质温度≤350℃
			碳钢+022Cr19Ni10④	介质温度>350℃
		塔盘	06Cr13	介质温度≤350℃
			022Cr19Ni10④	介质温度>350℃
		填料	022Cr19Ni10④⑤	
容器	电脱盐罐	壳体	碳钢	
	塔顶油气回流罐 塔顶油气分离器	壳体	碳钢⑥	可内涂防腐涂料
	其他容器	壳体	碳钢	油气温度<240℃
			碳钢+06Cr13⑦	介质温度240~350℃
			碳钢+022Cr19Ni10④	介质温度>350℃
空冷器	初馏塔顶空冷器 常压塔顶空冷器 减压抽空空冷器	进口温度高于露点 管箱	碳钢+022Cr23Ni5Mo3N 或碳钢+022Cr25Ni7Mo4N⑧	
		进口温度高于露点 管子	022Cr23Ni5Mo3N 或022Cr25Ni7Mo4N⑧	
		其他 管箱	碳钢⑥	
		其他 管子	碳钢	可内涂防腐涂料
	产品空冷器	管箱	碳钢	
		管子	碳钢	
换热器	初馏塔顶冷却器 常压塔顶冷却器 减压抽空冷却器	进口温度高于露点 壳体	碳钢+022Cr23Ni5Mo3N 或碳钢+022Cr25Ni7Mo4N⑧	指油气侧
		进口温度高于露点 管子	022Cr23Ni5Mo3N 或022Cr25Ni7Mo4N⑧	
		其他 壳体	碳钢⑥	指油气侧
		其他 管子	碳钢⑨	油气侧可涂防腐涂料

续表 2.2-1

类别	设备名称	设备部位		设备主材推荐材料	备　注
换热器	其他油气换热器 其他油气冷却器	壳体		碳钢	油气温度 <240℃
				碳钢 +06Cr13⑦	介质温度 240~350℃
				碳钢 +022Cr19Ni10④	介质温度 >350℃
		管子		碳钢⑨	油气温度 <240℃
				022Cr19Ni10④⑩	油气温度≥240℃
加热炉	常压炉	炉管	对流段	碳钢	管壁温度 <240℃
				1Cr5Mo	
			辐射段	1Cr5Mo/1Cr9Mo	
	减压炉	炉管	对流段	1Cr5Mo	
			辐射段	1Cr9Mo	
				06Cr18Ni11Ti	出口几排炉管，由腐蚀速率的计算确定

注：①当能确保初馏塔或常压塔的塔顶为热回流，塔顶温度在介质的露点以上时，初馏塔的顶封头可采用碳钢，常压塔的顶封头和顶部筒体可采用碳钢 +06Cr13(06Cr13Al)复合板，顶部塔盘可采用 06Cr13。

② 常压塔顶封头和顶部筒体复合板的复层及顶部塔盘也可采用双相钢(022Cr23Ni5Mo3N 或 022Cr25Ni7Mo4N)、钛材或 06Cr13(06Cr13Al)，当采用氨作缓蚀剂且常压塔顶为冷回流时，不宜采用 NCu30(N04400)合金，宜采用 N08367(Al-6XN)替代。

③ 对于常压塔(顶封头和顶部筒体除外)和减压塔的塔体，当介质温度小于 240℃且腐蚀不严重时可采用碳钢。

④ 采用 022Cr19Ni10 时可由 06Cr19Ni10 或 06Cr18Ni11Ti 替代，采用 022Cr17Ni12Mo2 时可由 06Cr17Ni12Mo2 替代。

⑤ 常压渣油馏分中的酸值大于 0.3mgKOH/g 时，减压塔下部 1~2 段的规整填料可升级至 06Cr17Ni12Mo2 或 022Cr17Ni12Mo2。

⑥ 湿硫化氢腐蚀环境，腐蚀严重时可采用抗 HIC 钢。

⑦ 当介质温度小于 288℃且馏分中的硫含量小于 2% 时，容器或换热器的壳体可采用碳钢，但应根据腐蚀速率和设计寿命确定腐蚀裕量。

⑧ 塔顶空冷器或冷却器的管子可采用钛材替代双相钢(022Cr23Ni5Mo3N 或 022Cr25Ni7Mo4N)；管板的耐腐蚀性能应与管子匹配；管箱的其他构件可根据结构特点采用双相钢(钛材)或其复合材料，也可采用碳钢，但应加大腐蚀裕量。

⑨ 对于水冷却器，水侧可涂防腐涂料。

⑩ 介质温度为 240~350℃的换热器管子也可根据需要采用碳钢渗铝管或 1Cr5Mo，管板及其他构件的耐腐蚀性能应与之匹配。

表 2.2-2　加工高酸低硫和高酸高硫原油蒸馏装置主要设备推荐用材(SH/T 3129)

类别	设备名称	设备部位	设备主材推荐材料	备　注
塔器	闪蒸塔	壳体	碳钢	介质温度 <240℃
			碳钢 +022Cr19Ni10①	介质温度≥240℃
	初馏塔	顶封头	碳钢 +06Cr13(06Cr13Al)②	
		筒体、底封头	碳钢	介质温度 <240℃
			碳钢 +022Cr19Ni10①	介质温度≥240℃
		塔盘	06Cr13	介质温度 <240℃
			022Cr19Ni10①	介质温度≥240℃
	常压塔	顶封头、顶部筒体	碳钢 + NCu30②③	含顶部 4~5 层塔盘以上塔体
		其他筒体、底封头	碳钢 +06Cr13④	介质温度 <240℃
			碳钢 +022Cr19Ni10①	介质温度 240~288℃
			碳钢 +022Cr17Ni12Mo2①	介质温度≥288℃
		塔盘	NCu30②③	顶部 4~5 层塔盘
			06Cr13	介质温度 <240℃
			022Cr19Ni10①	介质温度 240~288℃
			022Cr17Ni12Mo2①	介质温度≥288℃
		填料	022Cr19Ni10①③	介质温度 <288℃
			022Cr17Ni12Mo2①⑤	介质温度≥288℃

续表 2.2－2

类别	设备名称	设备部位		设备主材推荐材料	备注
塔器	常压汽提塔 减压汽提塔	壳体		碳钢	介质温度＜240℃
				碳钢＋022Cr19Ni10①	介质温度 240～288℃
				碳钢＋022Cr17Ni12Mo2①	介质温度≥288℃
		塔盘		06Cr13	介质温度＜240℃
				022Cr19Ni10①	介质温度 240～288℃
				022Cr17Ni12Mo2①	介质温度≥288℃
	减压塔	壳体		碳钢＋06Cr13④	介质温度＜240℃
				碳钢＋022Cr19Ni10①	介质温度 240～288℃
				碳钢＋022Cr17Ni12Mo2①	介质温度≥288℃
		塔盘		06Cr13	介质温度＜240℃
				022Cr19Ni10①	介质温度≥240℃
				022Cr17Ni12Mo2①	介质温度≥288℃
		集油箱、分配器、填料支撑等其他内构件		06Cr13	介质温度＜240℃
				022Cr19Ni10①⑤	介质温度 240～288℃
				022Cr17Ni12Mo2①⑤	介质温度≥288℃
		填料		022Cr19Ni10①	介质温度＜240℃
				022Cr17Ni12Mo2①⑤	介质温度 240～288℃
				022Cr19Ni13Mo3①	介质温度≥288℃
容器	电脱盐罐	壳体		碳钢	
	塔顶油气回流罐 塔顶油气分离器			碳钢⑥	可内涂防腐涂料
	容器	壳体		碳钢	介质温度＜240℃
				碳钢＋022Cr19Ni10①	介质温度 240～288℃
				碳钢＋022Cr17Ni12Mo2①	介质温度≥288℃
空冷器	初馏塔顶空冷器 常压塔顶空冷器 减压抽空空冷器	进口温度高于露点	管箱	碳钢＋022Cr23Ni5Mo3N 或碳钢＋022Cr25Ni7Mo4N⑦	
			管子	022Cr23Ni5Mo3N 或 022Cr25Ni7Mo4N⑦	
		其他	管箱	碳钢⑥	
			管子	碳钢	可内涂防腐涂料
	产品空冷器	管箱		碳钢	
		管子		碳钢	
换热器	初馏塔顶冷却器 常压塔顶冷却器 减压抽空冷却器	进口温度高于露点	壳体	碳钢＋022Cr23Ni5Mo3N 或碳钢＋022Cr25Ni7Mo4N⑦	指油气侧
			管子	022Cr23Ni5Mo3N 或 022Cr25Ni7Mo4N⑦	
		其他	壳体	碳钢⑥	指油气侧
			管子	碳钢⑧	油气侧可涂防腐涂料
	其他油气换热器 其他油气冷却器	壳体		碳钢	介质温度＜240℃
				碳钢＋022Cr19Ni10①	介质温度 240～288℃
				碳钢＋022Cr17Ni12Mo2①	介质温度≥288℃
		管子		碳钢⑧	油气温度＜240℃
				022Cr19Ni10①⑨	油气温度 240～288℃
				022Cr17Ni12Mo2①⑨	油气温度≥288℃

续表 2.2-2

类别	设备名称	设备部位		设备主材推荐材料	备　注
加热炉	常压炉	炉管	对流段	1Cr5Mo	
				06Cr18Ni10Ti	
			辐射段	022Cr17Ni12Mo2①	
	减压炉	炉管	对流段	06Cr18Ni11Ti	
			辐射段	022Cr17Ni12Mo2⑩	

注：① 采用022Cr19Ni10时可由06Cr19Ni10或06Cr18Ni11Ti替代，采用022Cr17Ni12Mo2时可由06Cr17Ni12Mo2替代，采用022Cr19Ni13Mo3时可由06Cr19Ni13Mo3替代。

② 当能确保初馏塔或常压塔的塔顶为热回流，塔顶温度在介质的露点以上时，初馏塔的顶封头可采用碳钢，常压塔的顶封头和顶部筒体可采用碳钢+06Cr13(06Cr13Al)复合板，顶部塔盘可采用06Cr13。

③ 常压塔顶封头和顶部筒体复合板的复层及顶部塔盘也可采用双相钢(022Cr23Ni5Mo3N或022Cr25Ni7Mo4N)、钛材或06Cr13(06Cr13Al)，当采用氨作缓蚀剂且常压塔顶为冷回流时，不宜采用NCu30(N04400)合金，宜采用N08367(Al-6XN)替代。

④ 对于常压塔(顶封头和顶部筒体除外)和减压塔的塔体，当介质温度小于240℃且腐蚀不严重时可采用碳钢。

⑤ 腐蚀严重时介质温度为240~288℃的常压塔填料和减压塔填料支撑构件可采用06Cr17Ni12Mo2或022Cr17Ni12Mo2，介质温度大于等于288℃的常压塔填料和减压塔填料支撑构件及介质温度为240~288℃的减压塔填料可采用06Cr19Ni13Mo3或022Cr19Ni13Mo3。

⑥ 湿硫化氢腐蚀环境，腐蚀严重可采用抗HIC钢。

⑦ 塔顶空冷器或冷却器的管子可采用钛材替代双相钢(022Cr23Ni5Mo3N或022Cr25Ni7Mo4N)；管板的耐腐蚀性能应与管子匹配；管箱的其他构件可根据结构特点采用双相钢(钛材)或其复合材料，也可采用碳钢，但应加大腐蚀裕量。

⑧ 对于水冷却器，水侧可涂防腐涂料。

⑨ 介质温度为240~350℃的换热器管子也可根据需要采用碳钢渗铝管，但不应降低管板及其他构件的耐腐蚀性能。

⑩ 流速大于或等于30m/s的常压炉和减压炉炉管采用022Cr17Ni12Mo2时，材料中的钼含量应不小于2.5%，或采用022Cr19Ni13Mo3。

加工高硫低酸原油时，常减压装置高温部位的选材在依据表2.2-1选材。同时，还需根据介质的硫含量、温度和欲用材质，采用McConomy曲线计算腐蚀速率，所选材料的计算腐蚀速率应小于0.25mm/a。最后应考虑加工高硫低酸原油企业的选材经验以及现场的腐蚀案例。综合以上几方面的内容，给出合理选材。

加工低硫高酸和高硫高酸原油时，常减压装置的高温部位选材在依据表2.2-2选材的同时，还需根据介质的硫含量、酸含量、温度和欲用材质，查询本篇表1.3-1~表1.3-8“高温硫和环烷酸的腐蚀速率”表格，确定所选材料的腐蚀速率，其值应小于0.25mm/a。最后应考虑加工低硫低酸和高硫高酸原油企业的选材经验以及现场的腐蚀案例。综合以上几方面的内容，给出合理选材。

2. 原料控制

进常减压装置原油中的酸值和硫含量应适时监控，遵从以下原则：

① 进厂原油应尽量做到“分贮分炼”。如果原油硫含量和酸值不能满足常减压装置设计加工原油的要求时，可考虑在罐区对原油混掺，原油混掺时应采取有效措施使不同种类原油混合均匀，避免由于原油混合不均匀对设备造成的冲击。

② 进装置原油必须进行腐蚀性介质分析(硫含量、酸值、盐、水分等)，采样除了在原油罐区外，电脱盐罐前也应采样分析。必须跟踪监测电脱盐的运行状况，对脱后含盐、脱后含水、排水含油等指标定期监测，确保电脱盐系统的有效运行。

③ 进装置原油的酸值和硫含量应控制在装置的设计范围内，进装置原油除考虑控制硫含量和酸值外，还应根据本企业电脱盐设施运行情况，对原油含盐、含水、密度等进行控制。

3. 工艺防腐

常减压蒸馏装置的工艺防腐主要涉及电脱盐和三顶冷凝系统两个环节。其中，原油电脱盐是控制常减压装置乃至整个炼厂腐蚀问题的关键。

脱盐过程包括原油预热、加入新鲜的洗涤水、注入破乳剂、注入脱钙剂等环节。国内石化企业规定的原油电脱盐技术控制指标如表2.2-3所示。

表2.2-3 原油电脱盐技术控制指标

项目名称	指标	测定方法
脱后含盐/(mg/L)	≤3	GB 6532—1986《原油及其产品的盐含量测定法》
脱后含水/%	≤0.2	GB 260—1977《石油产品水分测定法》
污水含油/(mg/L)	≤150	—

常减压装置"三顶"挥发线应注中和剂、注缓释剂和注水，冷凝水控制指标如表2.2-4所示。

表2.2-4 常减压装置三顶挥发线"三注"后冷凝水的技术控制指标

项目名称	指标	测定方法
pH值	5.5~7.5(注有机胺时) 7.0~9.0(注氨水时)	pH计量法
铁离子含量/(mg/L)	≤3	分光光度法
氯离子含量/(mg/L)	≤30	GB 6532
均匀腐蚀速率/(mm/a)	≤0.2	在线监测或挂片法

在工艺防腐措施执行过程中，还应注意以下事宜：

① 选择合适的电脱盐技术对常减压装置的平稳运行起重要作用。当加工原油的种类和性质发生较大变化时，或者电脱盐操作不稳定，出现脱后含盐含水超标、达标率低时，需考虑进行电脱盐工艺条件优化。这些措施包括：现场工艺参数调整、破乳剂品种更换和进行装置改造。

② "三顶"注水量应满足设计要求，达到减缓塔顶腐蚀和冲洗垢污的作用。"三顶"注水口应开在塔顶挥发线上，注意主入口末端的结构设计，保证注入药剂和水均匀分散，避免在挥发线管线上出现局部冷凝区。

③ 建议在"三顶"空冷器入口安装温度计或热电偶，以便推测初凝区的位置，若初凝区发生漂移，应及时调整注水量，以减缓空冷器的腐蚀。

④ 条件许可的话，应在"三顶"系统冷凝区设计安装实时监测pH值、腐蚀速率的装置，以根据pH值调整中和剂的注量，根据腐蚀速率调整缓蚀剂的注量。

⑤ 在加工有机氯含量高的原油时，会造成脱后含盐虽然小于3mg/L，但常压塔顶氯离子偏高的现象，可考虑在原油泵后加注少量碱以减轻常顶冷凝系统的腐蚀；若不允许添加碱，应考虑对冷凝系统的材质进行升级，尤其是可能出现"露点"的部位。

4. 腐蚀监测

常减压装置腐蚀监测主要包括定点测厚、腐蚀探针、腐蚀挂片和化学分析。

① 定点测厚部位主要包括：

a. 初馏塔顶冷凝系统：空冷器、冷却壳体及出入口短节，塔顶挥发线及回流线；

b. 常压塔：塔顶封头、5层以上塔壁、各侧线抽出口短节、进料端以下塔壁及下封头；

c. 常压塔顶冷凝系统：空冷器、冷却壳体及出入口短节，塔顶挥发线及回流线；

d. 常压塔高温侧线系统：温度大于220℃的换热壳体、出入口短节及相关管线；

e. 减压塔：塔顶封头、各段填料和集油箱所对应的塔壁、各侧线抽出口短节、进料端以下塔壁及下封头；

f. 减压塔顶冷凝系统：塔顶抽空冷却器出入口管线，塔顶挥发线及回流线；

g. 减压塔高温侧线系统：温度大于220℃的换热壳体、出入口短节及相关管线；

h. 加热炉：对流段每炉出口及弯头；

i. 转油线：转油线直管及弯头；

j. 调节阀和截断阀后管线。

② 腐蚀探针部位主要包括：

a. 三顶冷凝系统：在空冷器或换热器的进出口管线上安装电阻或电感探针；在回流罐的出口管线上安装 pH 在线监测探针。

b. 加工高酸原油时在减压侧线上安装高温电阻或电感探针。

③ 腐蚀挂片的部位主要包括：

常压塔塔顶上层塔盘、进料段、塔底；减压塔各段填料处、侧线集油箱、进料段、塔底。

④ 化学分析主要包括：

a. 原油电脱盐：脱前含盐、脱后含盐、脱后含水、排水含油；

b. 三顶冷凝系统：pH 值、Cl^-、Fe^{2+}、H_2S 含量；

c. 常底重油、减三线、减四线、及减低重油分析硫含量、酸值、Fe 离子或 Fe/Ni 比；

d. 加热炉分析燃料中的硫含量、Ni 含量、V 含量以及烟气露点的测定。

2.3　延迟焦化装置

延迟焦化装置是将重质油馏分经裂解、聚合，生成油气、轻质油、中间馏分油和焦炭。由于重质油在管式炉中加热，采用高的流速及高的热强度，使油品在加热炉中短时间内达到焦化反应所需的温度，然后迅速进入焦炭塔，使焦化反应不在加热炉中进行，而是延迟到焦炭塔中进行，因此，称之为延迟焦化。随着常减压装置加工原油不断劣质化，作为二次加工原料的减压渣油的硫含量和酸值不断增大，这就给以减压渣油为原料的延迟焦化装置带来了一系列设备和管线的腐蚀问题。

2.3.1　工艺流程和腐蚀损伤类型

延迟焦化装置的工艺流程有不同的类型，有一炉两塔、两炉四塔两种工艺流程。图 2.3－1 为典型的一种一炉两塔延迟焦化装置的工艺流程与腐蚀损伤类型简图。焦化原料直接来自常减压装置或罐区，进入装置后与换热器换热后进入分馏塔底，与焦炭塔产出的油气在分馏塔内换热，一方面把原料中的轻质油蒸出来，同时又加热了原料。然后原料油和循环油一起从分馏塔底抽出，用热油泵打进加热炉辐射段，加热到焦化反应所需的温度，再通过四通阀由下部进入焦炭塔。原料在焦炭塔内反应生成焦炭聚积在焦炭塔内，油气从焦炭塔顶出来进入分馏塔，与原料油换热后，经过分馏得到气体、汽油、柴油和蜡油。装置所产气体、汽油，分别用气体压缩机和泵送入吸收稳定部分进行分离得到干气及液化气，并使汽油的蒸汽压合格，柴油需要加氢精制，蜡油可作为催化裂化原料或加氢裂化原料。

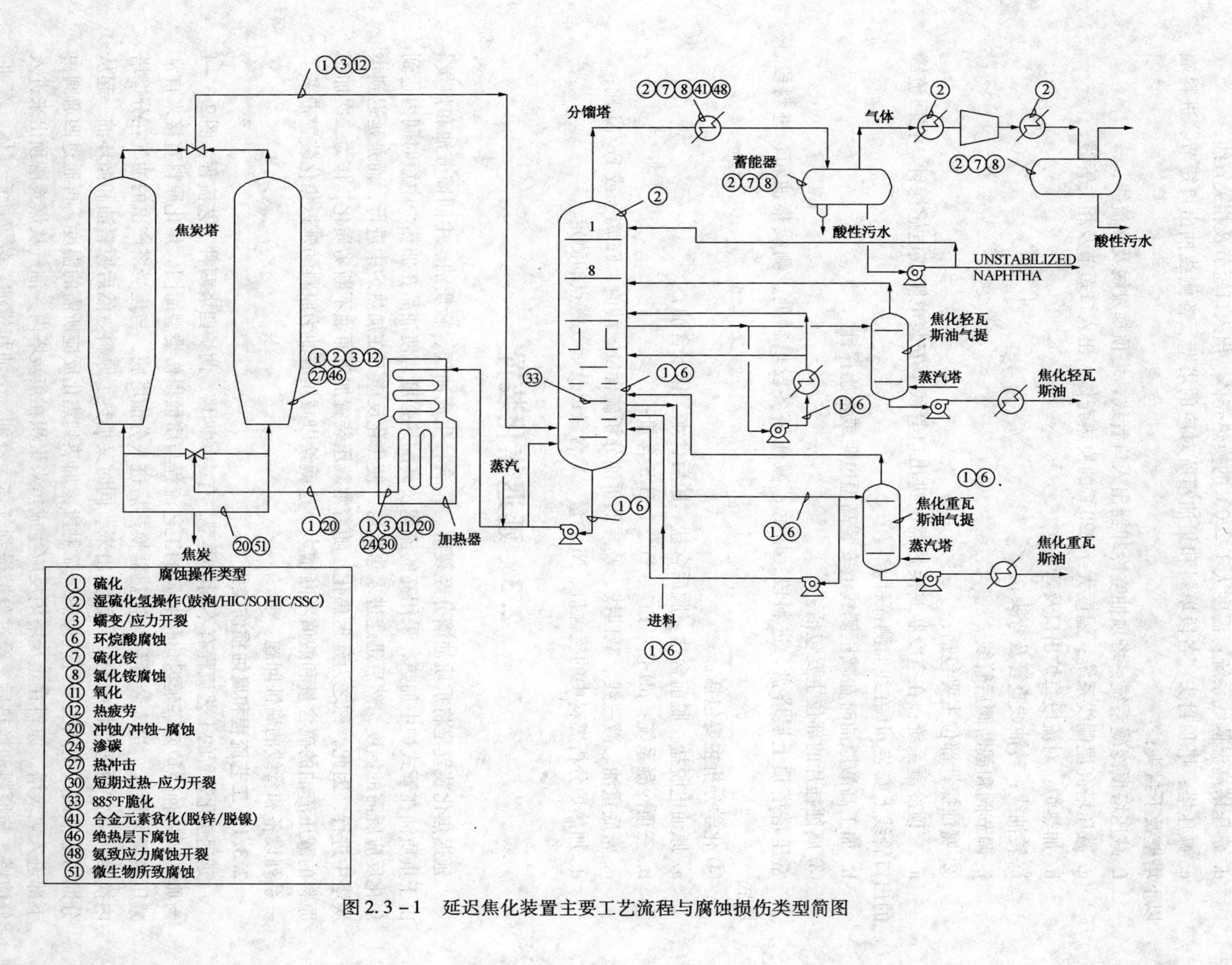

图 2.3-1 延迟焦化装置主要工艺流程与腐蚀损伤类型简图

延迟焦化装置的主要腐蚀部位包括：温度高于240℃以上的高温重油部位，如分馏塔的底部、蜡油段和柴油段，腐蚀形式为 $S+H_2S+RSH+RCOOH$ 腐蚀；温度低于120℃的低温部位，如分馏塔顶部塔盘、冷凝器，腐蚀形式为 $H_2S+HCl+NH_3+H_2O$ 腐蚀或由铵盐引起的垢下腐蚀；低频热疲劳、急冷引起塔体变形和焊缝开裂是焦炭塔的主要损伤形式。工艺流程简图(图2.3－1)上标注了重点设备和管道所处的典型腐蚀类型，共计19种。

2.3.2　主要设备推荐用材

SH/T 3096推荐的高硫低酸原油延迟焦化装置主要设备用材见表2.3－1；SH/T 3129推荐的低硫高酸值原油焦化装置主要设备用材见表2.3－2；SH/T 3129推荐的高硫高酸值原油焦化装置主要设备推荐用材见表2.3－3。

表2.3－1　加工高硫低酸原油延迟焦化装置主要设备推荐用材(SH/T 3096)

类别	设备名称	设备部位	设备主材推荐材料	备　注
塔器	焦炭塔	上部壳体	铬钼钢+06Cr13	由顶部到泡沫层底面以下1500~2000mm处
		下部壳体	铬钼钢	
	焦化分馏塔	顶封头、顶部筒体	碳钢+06Cr13(06Cr13Al)	含顶部4~5层塔盘以上塔体
		其他筒体、底封头	碳钢+06Cr13①	介质温度≤350℃
			碳钢+022Cr19Ni10②	介质温度>350℃
		塔盘	06Cr13	介质温度≤350℃
			022Cr19Ni10②	介质温度>350℃
	蜡油汽提塔 接触冷却塔 (放空塔)	壳体	碳钢	介质温度<240℃
			碳钢+06Cr13	介质温度240~350℃
			碳钢+022Cr19Ni10②	介质温度>350℃
		塔盘	06Cr13	介质温度≤350℃
			022Cr19Ni10②	介质温度>350℃
	吸收塔 解吸塔	壳体	碳钢+06Cr13(06Cr13Al)	
		塔盘	06Cr13	
	再吸收塔	壳体	碳钢③	
		塔盘	06Cr13	
	稳定塔	顶封头、顶部筒体	碳钢+06Cr13(06Cr13Al)	含顶部4~5层塔盘以上塔体
		其他筒体、底封头	碳钢③	
		塔盘	06Cr13	
容器	塔顶油气回流罐 塔顶油气分离器 压缩富气分离器	壳体	碳钢③	采用碳钢时可内涂防腐涂料
	其他容器	壳体	碳钢	油气温度<240℃
			碳钢+06Cr13④	油气温度≥240℃
	储罐	壳体	碳钢	可内涂防腐涂料
空冷器	塔顶油气空冷器 压缩富气空冷器	管箱	碳钢③	
		管子	碳钢⑤	采用碳钢时可内涂防腐涂料
	其他空冷器	管箱	碳钢⑥	
		管子	碳钢	

续表 2.3-1

类别	设备名称	设备部位	设备主材推荐材料	备　注
换热器	塔顶油气冷却器 压缩富气冷却器	壳体	碳钢③	指油气侧
		管子	碳钢⑤⑦	采用碳钢时油气侧可涂防腐涂料
	解吸塔底重沸器	壳体	碳钢	
		管子	022Cr19Ni10②	
	其他油气换热器 其他油气冷却器	壳体	碳钢⑥	油气温度<240℃
			碳钢+06Cr13④	介质温度240~350℃
			碳钢+022Cr19Ni10②	介质温度>350℃
		管子	碳钢⑦	油气温度<240℃
			022Cr19Ni10②⑧	油气温度≥240℃
加热炉	炉管	对流段	1Cr5Mo	
		辐射段	1Cr9Mo	

注：① 对于焦化分馏塔的塔体(顶封头和顶部筒体除外)，当介质温度小于240℃且腐蚀不严重时可采用碳钢。

② 采用022Cr19Ni10时可由06Cr19Ni10或06Cr18Ni11Ti替代。

③ 湿硫化氢腐蚀环境，腐蚀严重时可采用抗HIC钢。

④ 当介质温度小于288℃且馏分中的硫含量小于2%时，容器或换热器的壳体可采用碳钢，但应根据腐蚀速率和设计寿命确定腐蚀裕量。

⑤ 对于焦化分馏塔顶油气和压缩富气的空冷器或换热器(冷却器)，当腐蚀严重时管子可采用022Cr19Ni10或06Cr18Ni11Ti，空冷器管箱或换热器(冷却器)管板及其他构件的耐腐蚀性能应与之相匹配。

⑥ 当介质为吸收塔或解吸塔中段油、解吸塔塔底油(脱乙烷汽油)、再吸收塔塔底油(富吸收油)时，与此介质接触的空冷器管箱或换热器壳体应考虑湿硫化氢腐蚀。

⑦ 对于水冷却器，管束采用碳钢时水侧可涂防腐涂料。

⑧ 介质温度为240~350℃的换热器管子也可根据需要采用碳钢渗铝管或1Cr5Mo，管板及其他构件的耐腐蚀性能应与之匹配。

表 2.3-2　加工低硫高酸原油延迟焦化装置主要设备推荐用材(SH/T 3129)

类别	设备名称	设备部位	设备主材推荐材料	备　注
塔器	焦炭塔	壳体	铬钼钢	
	焦化分馏塔	顶封头、顶部筒体	碳钢+06Cr13(06Cr13A1)	含顶部4~5层塔盘以上塔体
		其他筒体、底封头	碳钢	
		塔盘	06Cr13	
	蜡油汽提塔 接触冷却塔 (放空塔)	壳体	碳钢	
		塔盘	06Cr13	
	吸收塔、解吸塔 再吸收塔、稳定塔	壳体	碳钢①	
		塔盘	06Cr13	
容器	塔顶油气回流罐 塔顶油气分离器 压缩富气分离器	壳体	碳钢①	采用碳钢时可内涂防腐涂料
	原料油缓冲罐 加热炉进料 缓冲罐	壳体	碳钢	油气温度<240℃
			碳钢+022Cr19Ni10②	油气温度≥240℃
	其他容器	壳体	碳钢	
	储罐	壳体	碳钢	内涂防腐涂料
空冷器	塔顶油气空冷器 压缩富气空冷器	管箱	碳钢①	
		管子	碳钢	可内涂防腐涂料
	一般空冷器	管箱	碳钢③	
		管子	碳钢	

续表 2.3－2

类别	设备名称	设备部位	设备主材推荐材料	备　注
换热器	原料油换热器	壳体 原料油侧	碳钢	原料油温度<240℃
			碳钢＋022Cr19Ni10[②④]	原料油温度≥240℃
		壳体 馏分油（油气）侧	碳钢	
		管子（指原料油侧）	碳钢	原料油温度<240℃
			022Cr19Ni10[②④⑤]	原料油温度≥240℃
	塔顶油气冷却器 压缩富气冷却器	壳体	碳钢[①]	指油气侧
		管子	碳钢[⑥]	油气侧可涂防腐涂料
	其他油气换热器 其他油气冷却器	壳体	碳钢[⑤]	
		管子	碳钢[⑥]	
加热炉	炉管	对流段	1Cr5Mo	
			06Cr18Ni11Ti	
		辐射段	1Cr9Mo/06Cr18Ni11Ti	
			07Cr17Ni12Mo2[⑦]	

注：① 湿硫化氢腐蚀环境，腐蚀严重可采用抗 HIC 钢。

② 采用 022Cr19Ni10 不锈钢可由 06Cr19Ni10 或 06Cr18Ni11Ti 替代。

③ 当介质为吸收塔或解吸塔中段油、解吸塔塔底油（脱乙烷汽油）、再吸收塔塔底油（富吸收油）时，与此介质接触的空冷器管箱或换热器壳体应考虑湿硫化氢腐蚀。

④ 当原料油的温度为 240～288℃且环烷酸酸值（TAN 值）小于 1.5 时，换热器管子也可采用 1Cr5Mo 钢管，壳体采用碳钢＋06Cr13 复合板；温度大于等于 288℃且环烷酸酸值（TAN 值）大于等于 1.5 时，换热器管子也可采用 022Cr17Ni12Mo2 钢管，壳体采用碳钢＋022Cr17Ni12Mo2 复合板。

⑤ 介质温度为 240～350℃的换热器管子也可采用碳钢渗铝管，管板及其他构件的耐腐蚀性能应与之匹配。

⑥ 对于水冷却器，水侧可涂防腐涂料。

⑦ 流速大于等于 30m/s 的焦化炉炉管采用 07Cr17Ni12Mo2 时，材料中的钼含量应不小于 2.5%。

表 2.3－3　加工高硫高酸原油延迟焦化装置主要设备推荐用材（SH/T 3129）

类别	设备名称	设备部位	设备主材推荐材料	备　注
塔器	焦炭塔	上部	铬钼钢＋06Cr13	由顶部到泡沫层底面以下 1500～2000mm 处
		下部	铬钼钢	
	焦化分馏塔	顶封头、顶部筒体	碳钢＋06Cr13（06Cr13A1）	含顶部 4～5 层塔盘以上塔体
		其他筒体、底封头	碳钢＋06Cr13[①]	介质温度≤350℃
			碳钢＋022Cr19Ni10[②]	介质温度>350℃
		塔盘	06Cr13	介质温度≤350℃
			022Cr19Ni10[②]	介质温度>350℃
	蜡油汽提塔 接触冷却塔	壳体	碳钢	介质温度<240℃
			碳钢＋06Cr13	介质温度 240～350℃
			碳钢＋022Cr19Ni10[②]	介质温度>350℃
		塔盘	06Cr13	介质温度≤350℃
			022Cr19Ni10[②]	介质温度>350℃
	吸收塔 解吸塔	壳体	碳钢＋06Cr13（06Cr13A1）	
		塔盘	06Cr13	
	再吸收塔	壳体	碳钢[③]	
		塔盘	06Cr13	
	稳定塔	顶封头、顶部筒体	碳钢＋06Cr13（06Cr13A1）	含顶部 4～5 层塔盘以上塔体
		其他筒体、底封头	碳钢[③]	
		塔盘	06Cr13	

续表 2.3-3

类别	设备名称	设备部位		设备主材推荐材料	备注
容器	塔顶油气回流罐 塔顶油气分离器 压缩富气分离器	壳体		碳钢[3]	采用一般碳钢时可内涂防腐涂料
	原料油缓冲罐 加热炉进料缓冲罐	壳体		碳钢	介质温度<240℃
				碳钢+022Cr19Ni10[2]	介质温度240~350℃
	其他容器	壳体		碳钢	油气温度<240℃
				碳钢+06Cr13[4]	油气温度≥240℃
	储罐	壳体		碳钢	内涂防腐涂料
空冷器	塔顶油气空冷器 压缩富气空冷器	管箱		碳钢[3]	
		管子		碳钢[5]	采用碳钢时可内涂防腐涂料
	一般空冷器	管箱		碳钢[6]	
		管子		碳钢	
换热器	原料油换热器	壳体	原料油侧	碳钢	原料油温度<240℃
				碳钢+022Cr19Ni10[2][7]	原料油温度≥240℃
			馏分油(油气)侧	碳钢	介质温度<240℃
				碳钢+06Cr13[4]	介质温度240~350℃
				碳钢+022Cr19Ni10[2]	介质温度>350℃
		管子	原料油侧	碳钢	原料油温度<240℃
				022Cr19Ni10[2][7][8]	原料油温度≥240℃
			馏分油(油气)侧	碳钢	油气温度<240℃
				022Cr19Ni10[2][9]	油气温度≥240℃
	塔顶油气冷却器 压缩富气冷却器	壳体		碳钢[3]	指油气侧
		管子		碳钢[5][10]	采用碳钢时油气侧可涂防腐涂料
	解吸塔底重沸器	壳体		碳钢	
		管子		022Cr19Ni10[2]	
	其他油气换热器 其他油气冷却器	壳体		碳钢[6]	油气温度<240℃
				碳钢+06Cr13[4]	介质温度240~350℃
				碳钢+022Cr19Ni10[2]	介质温度>350℃
		管子		碳钢[10]	油气温度<240℃
				022Cr19Ni10[2][9]	油气温度≥240℃
加热炉	炉管	对流段		1Cr5Mo	
				06Cr18Ni11Ti	
		辐射段		1Cr9Mo 或 06Cr18Ni11Ti	
				07Cr17Ni12Mo2[11]	

注：① 对于焦化分馏塔的塔体(顶封头和顶部筒体除外)，当介质温度小于240℃且腐蚀不严重时可采用碳钢。

② 采用022Cr19Ni10时，可采用06Cr19Ni10或06Cr18Ni11Ti替代。

③ 湿硫化氢腐蚀环境，如果腐蚀严重可采用抗HIC钢。

④ 当介质温度小于288℃且馏分中的硫含量小于2%时，容器或换热器的壳体可采用碳钢，但应根据腐蚀速率和设计寿命取足够的腐蚀裕量。

⑤ 对于焦化分馏塔顶油气和压缩富气的空冷器或换热器(冷却器)，当腐蚀严重时管子可采用022Cr19Ni10或06Cr18Ni11Ti，空冷器管箱或换热器(冷却器)管板及其他构件的耐腐蚀性能应与之相匹配。

⑥ 当介质为吸收塔或解吸塔中段油、解吸塔塔底油(脱乙烷汽油)、再吸收塔塔底油(富吸收油)时，与此介质接触的空冷器管箱或换热器壳体应考虑湿硫化氢腐蚀。

⑦ 当原料油的温度为240~288℃且环烷酸酸值(TAN值)小于1.5时，换热器管子也可采用1Cr5Mo钢管，壳体采用碳钢+06Cr13复合板；温度大于等于288℃且环烷酸酸值(TAN值)大于等于1.5时，换热器管子也可采用022Cr17Ni12Mo2钢管，壳体采用碳钢+022Cr17Ni12Mo2复合板。

⑧ 介质温度为240~350℃的换热器管子也可采用碳钢渗铝管，但不应降低管板及其他构件的耐腐蚀性能。

⑨ 介质温度为240~350℃的换热器管子也可采用碳钢渗铝管或1Cr5Mo，但不应降低管板及其他构件的耐腐蚀性能。

⑩ 对于水冷却器，管束采用碳钢时水侧可涂防腐涂料。

⑪ 流速大于等于30m/s的焦化炉炉管采用07Cr17Ni12Mo2时，材料中的钼含量应不小于2.5%。

2.3.3　防护措施

1. 选材原则

对延迟焦化装置的各种防腐措施中，正确选材是最基本的防腐措施。当硫含量较高时，焦化装置的设备和管道选材应按严重硫腐蚀来考虑，在酸含量较高时在一些部位还需要考虑高温环烷酸的协同腐蚀。

在进入加热炉之前，由于原料换热，以及进入分馏塔底部取热，使得原料温度升高至240℃以上。因此这些原料流经的换热器、管道和分馏塔底部均需考虑高硫或高酸的腐蚀。而由于加热炉对介质的高温作用，环烷酸在加热炉后几乎被分解或者其酸腐蚀的强度大大减弱。因此，一般从焦炭塔开始就不再需考虑环烷酸腐蚀了。根据现场经验，泡沫层以下的塔壁部分有一层焦炭保护，即使在高硫环境下(包括高硫高酸和高硫低酸)腐蚀也很轻，这部分塔体也可以无需使用不锈钢复合钢板。而焦炭塔从顶部至泡沫层以上1500～2000mm因没有结焦层的保护，而应采用不锈钢复合板。

分馏塔顶封头和筒体上部材质应采用06Cr13复合板，而筒体下部和底封头可视环境而定：高硫环境下(包括高硫低酸)，可采用06Cr13或00Cr19Ni10复合板，而在高酸低硫环境下可用316L或317L复合板。

2. 工艺防腐

分馏塔顶冷凝冷却系统除了合理选择耐蚀材料外，注水和注缓蚀剂是很好的工艺防腐措施。注水可以洗去NH_4Cl结晶，而加注抗H_2S和HCl的缓蚀剂$(10～20)\times10^{-6}$，就可使该系统获得较为满意的缓蚀效果。此外，精心控制工艺操作参数也是焦化装置控制腐蚀的重要因素：

① 严格控制原料油中的硫含量和酸值在限定制范围内。加强进装置原料油的管理，进行原料油的适当配比，避免进料中含腐蚀性介质的剧烈波动。

② 严格控制分馏塔顶的操作温度和操作压力，同时控制好塔顶回流温度，减少铵盐结晶带来的冲刷腐蚀或垢下腐蚀。

③ 注入的软化水应通过热力除氧器使其成为除氧水，减少焦化炉对流室注水管的腐蚀。

④ 有条件应尽量脱除焦化炉燃料中的硫。脱硫后的燃料不但减轻了设备的腐蚀，降低了排烟温度，提高了加热炉热效率，减少烟气中SO_2排放量，因而具有良好的经济效益和环境保护效果。

对于直接加工高硫高酸重质原油的焦化装置，在可能产生严重高温环烷酸腐蚀的部位加注高温缓蚀剂，也是控制腐蚀的一个措施。

3. 腐蚀监测

延迟焦化装置在采取了必要材料防腐和工艺防腐措施外，还须采用一定的手段和方法对设备的腐蚀情况进行在线或离线监测、检测、分析，掌握腐蚀程度和发展趋势，从而制定相应的防范措施或采取必要的防护手段，达到控制、避免安全事故发生的目的。

运行期间的超声波定期定点测厚是延迟焦化装置腐蚀监检测最重要、也是掌握装置腐蚀状况最直观的方法，其主要测厚选点部位见表2.3－4。

延迟焦化装置取样分析部位和化学分析项目见表2.3－5。

表 2.3-4 延迟焦化装置定点测厚重点部位

测厚部位	备注
焦化炉对流段炉管弯头、转油线	测厚选点应根据腐蚀趋势进行适时的增加或删减；测厚频次也应作相应的调整
焦炭塔顶大油气线	
分馏塔顶封头和底封头	
分馏塔顶空冷器、冷却器壳体及出入口短节	
分馏塔顶挥发线及回流线	
分馏塔顶回流罐壳体和底部含硫污水出口管道	
分馏塔底和蜡油段的高温重油管道(温度高于240℃)	
辐射泵出入口	
高温重油泵出入口	
高温换热器出入口短节以及串联换热器的连接管(温度高于240℃)	
蜡油过滤器	

表 2.3-5 延迟焦化装置取样分析部位和化学分析项目

取样部位	分析样品	分析项目	备注
分馏塔顶回流罐	污水	pH值、硫化物(ppm)、Cl^-(ppm)、CN^-(ppm)、氨氮(ppm)	推荐
进装置原料油罐	原料油	硫含量[%(质)]、酸值(mgKOH/L)、总氮(ppm)、总Cl^-(ppm)	推荐
焦化柴油、焦化蜡油、分馏塔底重油管道	焦化柴油、焦化蜡油、分馏塔底重油	硫含量[%(质)]、酸值(mgKOH/g)	推荐
	燃料	硫含量[%(质)]、Ni(ppm)、V(ppm)、烟气露点测定	推荐

注：$1ppm = 10^{-6}$。

因焦炭塔存在的问题主要为塔体变形和焊缝开裂，故其监检测方案应以停工期间的检查和检测为主，了解塔体腐蚀和焊缝开裂情况，定期对塔体的径向鼓凸变形进行测量，以掌握变形的发展情况。同时，应定期对塔壁鼓凸处进行现场覆膜金相检查，在条件允许的情况下对塔壁鼓凸处进行取样，以分析其常温和高温机械性能和金相组织的变化情况。

要加强炉管的壁厚测定和现场腹膜金相检查。需特别注意的是，在装置停工检查期间，应当对设备材质进行光谱分析普查，确认材质。

总之，延迟焦化装置遇到的腐蚀问题非常复杂，除了上述的防腐蚀措施外，还应特别注意焦炭塔塔体变形和焊缝开裂、塔体与裙座连接焊缝开裂、保温结构的破损以及焦化炉炉管结焦问题。

2.4 催化裂化装置(FCC)

2.4.1 工艺流程简介

流化催化裂化装置(后简称催化裂化装置)一般包括反应-再生系统、分馏系统、吸收稳定系统和能量回收系统，各部分的工艺流程简图见图2.4-1和图2.4-2。

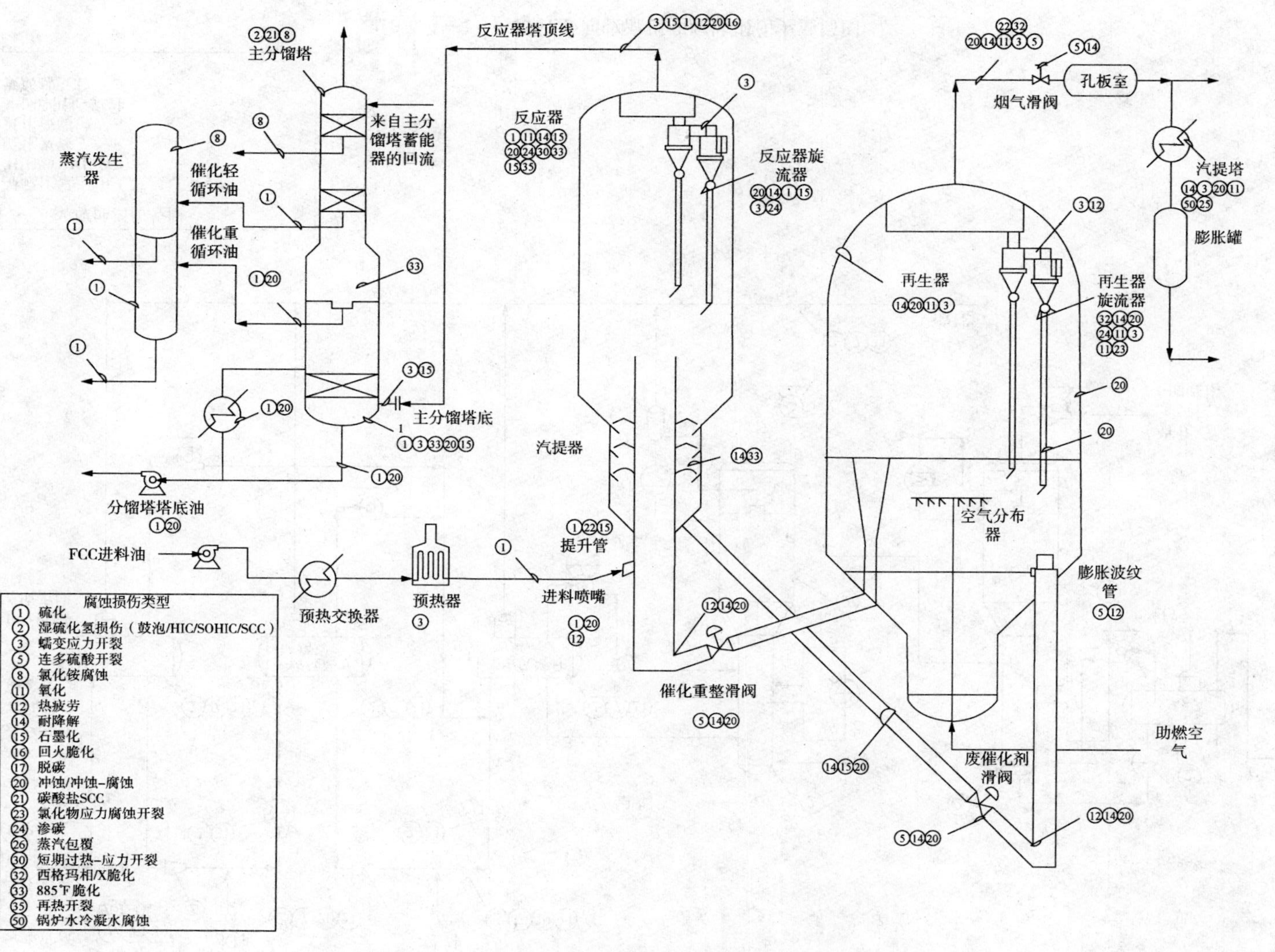

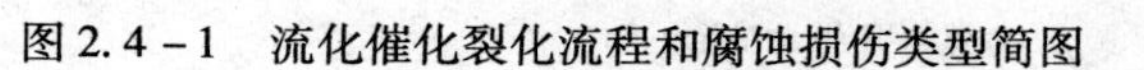
图 2.4－1　流化催化裂化流程和腐蚀损伤类型简图

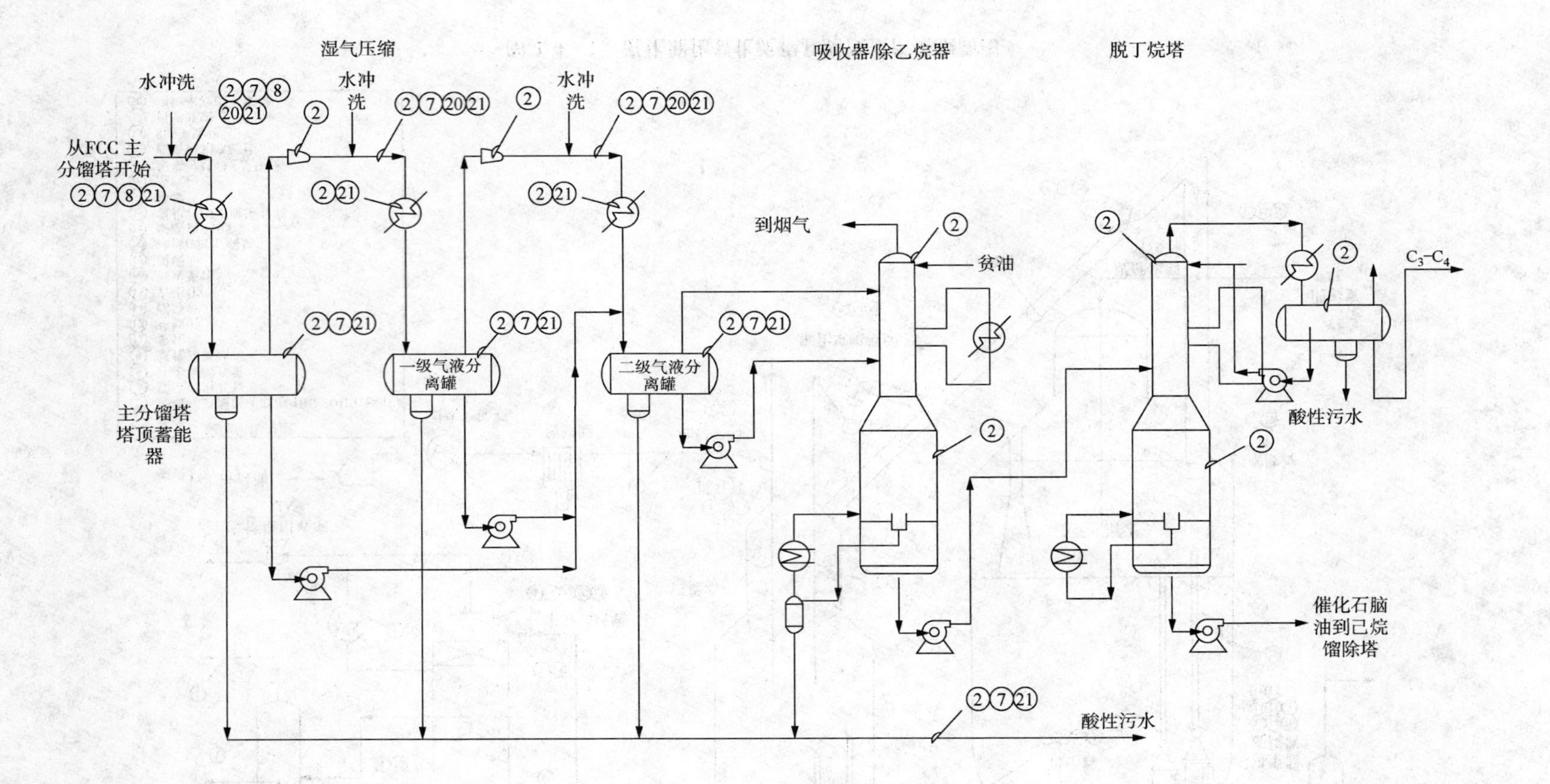

图 2.4－2 FCC 轻烃回收流程和腐蚀损伤类型简图

1. 反应-再生系统

原料油和回炼油混合经过换热至200～400℃以雾化状态进入提升管内，与再生斜管来的再生催化剂混合接触并完成催化裂化反应，反应油气和催化剂依次通过快速分离器和沉降器的沉降段进行分离。反应过后的催化剂(待生催化剂)在预热空气的作用下以流化状态经待生斜管进入再生器进行烧焦并恢复活性(再生催化剂)，再生催化剂经再生斜管进入下一个反应循环。反应油气通过旋风分离器分离出携带的催化剂颗粒后，经过油气集气室顶部出口去分馏塔。再生器中的烧焦烟气进入烟气集气室通过烟道去能量回收系统。

2. 分馏系统

来自反应器并携带少量催化剂来的高温反应油气(460～510℃)在分馏塔内分离出富气、汽油、柴油(包括轻柴油和重柴油)、回炼油和油浆。反应油气自分馏塔底部进入，在人字挡板作用下和280℃左右的循环油浆发生逆向接触，在取走多余热量的同时，将携带的少量催化剂细粉洗涤下来，防止堵塞塔盘和影响产品质量。油浆从塔底抽出，经发生蒸汽并换热降温后，一部分返回分馏塔作循环油浆，一部分去反应-再生系统回炼或作为燃料油。重柴油直接进入冷却器冷却后出装置，轻柴油进入汽提塔后汽提后经冷却送出装置。塔顶气经冷却进入油气分离器，粗汽油从分离器底部抽出，富气从分离器顶部出来去压缩机和吸收稳定部分。

3. 吸收稳定系统

从分馏塔顶来的富气经富气压缩机压缩并冷却后进入凝缩油沉降罐，罐顶出来的气体进入吸收塔，罐底沉降出来的凝缩油去解吸塔。在吸收塔中，富气中的C_3和C_4组分被吸收溶解，粗汽油中乙烷以下的轻组分则被汽提进入气体。从吸收塔顶出来的气体进入再吸收塔，柴油将气体携带的少量汽油吸收后返回分馏塔，干气则从再吸收塔顶出来。吸收塔底抽出的凝缩油进入解吸塔将溶解的C_1和C_2组分解析出来，从塔顶返回到凝缩油沉降罐。解吸塔塔底液体经换热后送入稳定塔，从稳定塔底抽出稳定汽油；稳定塔顶产品经冷凝后进入回流罐，罐底抽出液化石油气产品，罐顶为气态烃产品。吸收塔和解吸塔以前一般为重叠布置、整体制造，现在一般将两个塔单独制造。

4. 能量回收系统

由再生器来的烟气通过三级旋风分离器分离出催化剂粉尘，以免烟气轮机叶片过多磨损；然后进入烟气轮机驱动主风机回收压力能，如有多余的功率则用来带动电动/发电机发电；最后经余热锅炉发生蒸汽后排入大气。

2.4.2　典型的腐蚀类型、腐蚀部位及选材考虑

催化裂化装置由于具有装置规模大、操作温度高、介质种类多和介质形态复杂等特点，其腐蚀环境也非常复杂，其典型的腐蚀环境和常见腐蚀部位在图2.4-1和图2.4-2中已作说明；表2.4-1和表2.4-2是标准SH/T 3096推荐的主要设备和管道的选材。

1. 反应-再生系统

反应-再生系统的腐蚀问题主要有高温气体腐蚀、催化剂磨蚀和冲蚀、热应力引起的焊缝开裂、内取热器中奥氏体不锈钢换热管的应力腐蚀开裂和热应力腐蚀疲劳等。

反应器、再生器等高温设备和管道主要选用碳钢+隔热和耐磨双层衬里的冷壁结构设计；反应-再生系统的设备内构件主要采用300系列高温不锈钢；催化烟气管道上的膨胀节需要承受高温热应力，及停工时的H_2S、HCN和稀硝酸的应力腐蚀，此时，可采用825、625等耐高温疲劳性能良好的材料。

表 2.4-1　加工高硫低酸原油催化裂化装置主要设备推荐用材(SH/T 3096)

类别	设备名称	设备部位	设备主材推荐材料	备　注
反应再生系统设备	提升管反应器 反应沉降器 待生斜管等	壳体	碳钢	内衬隔热耐磨衬里
		旋风分离器	15CrMoR	
		料腿、拉杆	碳钢	
		翼阀	15CrMoR	
		汽提段	15CrMoR	无内衬里
			碳钢	内衬隔热耐磨衬里
		一般内构件	碳钢	
	再生器、三旋、 再生斜管等	壳体	碳钢[①]	内衬隔热耐磨衬里
		内构件	07Cr19Ni10[②③]	
	外取热器 (催化剂冷却器)	壳体	碳钢[①]	内衬隔热耐磨衬里
		蒸发管	15CrMo[④]	指基管，含内取热器
		过热管	1Cr5Mo[④]	
		其他内构件	07Cr19Ni10[②]	
塔器	催化分馏塔	顶封头、顶部筒体	碳钢+06Cr13(06Cr13Al)	含顶部4~5层塔盘以上塔体
		其他筒体、底封头[⑤]	碳钢+06Cr13[⑥]	介质温度≤350℃
			碳钢+022Cr19Ni10[⑦]	介质温度>350℃
		塔盘	06Cr13	介质温度≤350℃
			022Cr19Ni10[⑦]	介质温度>350℃
	汽提塔	壳体	碳钢	介质温度<240℃
		壳体	碳钢+06Cr13	介质温度≥240℃
		塔盘	06Cr13	
	吸收塔 解吸塔	壳体	碳钢+06Cr13(06Cr13Al)	
		塔盘	06Cr13	
	再吸收塔	壳体	碳钢[⑧]	
		塔盘	06Cr13	
	稳定塔	顶封头、顶部筒体	碳钢+06Cr13(06Cr13Al)	含顶部4~5层塔盘以上塔体
		其他筒体、底封头	碳钢[⑧]	
		塔盘	06Cr13	
容器	塔顶油气回流罐 塔顶油气分离器 压缩富气分离器	壳体	碳钢[⑧]	可内涂防腐涂料
	其他容器	壳体	碳钢	油气温度<240℃
			碳钢+06Cr13[⑨]	油气温度≥240℃
空冷器	塔顶油气空冷器 压缩富气空冷器	管箱	碳钢[⑧]	
		管子	碳钢[⑩]	可内涂防腐涂料
	其他空冷器	管箱	碳钢[⑪]	
		管子	碳钢	
换热器	塔顶油气冷却器 压缩富气冷却器	壳体	碳钢[⑧]	指油气侧
		管子	碳钢[⑩⑫]	油气侧可涂防腐涂料
	油浆蒸汽发生器 油浆冷却器	壳体	碳钢	
		管子	碳钢[⑫]	
	解吸塔底重沸器	壳体	碳钢	
		管子	022Cr19Ni10[⑦]	

续表 2.4－1

类别	设备名称	设备部位	设备主材推荐材料	备　注
换热器	稳定塔底重沸器 其他油气换热器 其他油气冷却器	壳体	碳钢⑪	油气温度＜240℃
			碳钢＋06Cr13⑩	油气温度≥240℃
		管子	碳钢⑫	油气温度＜240℃
			022Cr19Ni10⑦⑬	油气温度≥240℃
余热锅炉	管束	对流段	碳钢	
		辐射段	15CrMo、12Cr1MoVG 或 1Cr5Mo	
		省煤器	碳钢	
			09CrCuSb	

注：① 当考虑再生烟气应力腐蚀开裂时应采用 Q245R。

② 再生器、三旋和外取热器等设备的内构件应考虑高温氧化腐蚀，参见附录 A 表 A.1。

③ 当再生器的操作温度大于 750℃ 时，其重要内构件（集气室壳体、旋风分离器壳体及吊挂等）的材质也可采用 06Cr25Ni20。

④ 内外取热器的蒸发管可根据管壁温度和结构特点选择 15CrMo 或碳钢等钢管，过热管可根据管壁温度和结构特点选择 15CrMo、12Cr1MoVG、1Cr5Mo 或 1Cr9Mo 等钢管。

⑤ 催化分馏塔的油气入口温度一般在 500～550℃ 左右，如结构上不能确保油气入口附近设备壳体的壁温不超过 450℃，则该部位附近的设备壳体应采用 15CrMoR（采用复合板时指基层）或不锈钢。

⑥ 对于催化分馏塔的塔体（顶封头和顶部筒体除外），当介质温度小于 240℃ 且腐蚀不严重时可采用碳钢。

⑦ 采用 022Cr19Ni10 时可由 06Cr19Ni10 或 06Cr18Ni11Ti 替代。

⑧ $H_2O+H_2S+CO_2+HCN$ 腐蚀环境，腐蚀严重时可采用抗 HIC 钢。

⑨ 当介质温度小于 288℃ 且馏分中的硫含量小于 2% 时，容器或换热器的壳体可采用碳钢，但应根据腐蚀速率和设计寿命确定腐蚀裕量。

⑩ 对于催化分馏塔顶油气和压缩富气的空冷器或换热器（冷却器），当腐蚀严重时管子可采用 022Cr19Ni10 或 06Cr18Ni11Ti，空冷器管箱或换热器（冷却器）管板及其他构件的耐腐蚀性能应与之相匹配。

⑪ 当介质为吸收塔或解吸塔中段油、再吸收塔塔底油（富吸收油）时，与此介质接触的空冷器管箱或换热器壳体应考虑 $H_2O+H_2S+CO_2+HCN$ 腐蚀。

⑫ 对于水冷却器，管束采用碳钢时水侧可涂防腐涂料。

⑬ 介质温度为 240～350℃ 的换热器管子也可根据需要采用碳钢渗铝管（含催化剂颗粒的介质除外）或 1Cr5Mo，管板及其他构件的耐腐蚀性能应与之相匹配。

表 2.4－2　加工高硫低酸原油催化裂化装置主要管道推荐用材（SH/T 3096）

管道位置	管道名称		管道主材推荐用材	备　注
原料系统	进料管道		碳钢	
反应系统	冷壁壳体油气管道		碳钢	内衬隔热耐磨衬里
	热壁壳体油气管道		15CrMo	
再生系统	冷壁壳体烟气管道		碳钢①	内衬隔热耐磨衬里
	热壁壳体烟气管道		07Cr19Ni10/07Cr17Ni12Mo2	
	波纹管膨胀节		NS1402/NS3306	
分馏系统	塔顶油气管道		碳钢	湿硫化氢腐蚀环境
	塔侧回炼油管道		碳钢	介质温度＜288℃
			1Cr5Mo	介质温度≥288℃
	油浆管道（至反应器）		1Cr5Mo	
	循环油浆线	蒸汽发生器前	1Cr5Mo	
		蒸汽发生器后	碳钢	介质温度＜288℃
			1Cr5Mo	介质温度≥288℃
吸收稳定系统	塔顶冷凝管道		碳钢	湿硫化氢腐蚀环境
富气压缩机系统	进出口管道		碳钢	

续表 2.4-2

管道位置	管道名称	管道主材推荐用材	备　注
其　他	介质温度 < 288℃ 含硫油品油气管道	碳钢	
	288 ≤ 介质温度 < 340℃ 含硫油品油气管道	碳钢/1Cr5Mo②	
	介质温度 ≥ 340℃ 含硫油品油气管道	1Cr5Mo	

注：① 在催化裂化装置再生烟气管道系统中，应考虑应力腐蚀开裂的防范措施。

② 可根据操作条件计算腐蚀裕量从碳钢、1Cr5Mo 中选用合适的材料。

碳钢 + 隔热和耐磨双层衬里的隔热层紧贴在金属材料的表面，主要作用在于降低金属材料的工作温度，这样可以使用廉价的碳钢材料，同时也减少了表面的散热损失。由于隔热层一般都比较疏松，而且强度很低，所以需要在其表面再衬上一层耐磨材料，即耐磨层。耐磨层的强度和硬度都较高，但隔热性能不好。为了使隔热耐磨双层衬里和外壁完整的结合在一起，需要使用龟甲网将其固定住。这种双层衬里的结构设计降低了建造成本，而且耐催化剂磨损能力很好，但是要警惕在金属和衬里之间的裂纹间形成低温 $NO_x - SO_x - H_2O$ 腐蚀环境。

反应 - 再生系统腐蚀损伤类型主要有以下几种：

(1) 高温气体引起的腐蚀和破坏

催化剂烧焦过程产生的高温烟气(温度高达)对再生器至放空烟囱之间的设备和管道可能产生严重的腐蚀，腐蚀机理包括高温氧化、渗碳和石墨化、奥氏体不锈钢的 σ 相催化和蠕变疲劳开裂；腐蚀形态包括裂纹、渗碳和金属粉化、强度和韧性降低、金属光泽丧失等。

再生烟气的主要成分有 CO_2、CO、O_2、N_2、NO_x 和水蒸气等。CO_2 和 CO 来自焦碳燃烧产生；O_2 来自烧焦过程的过剩氧；氮氧化合物 NO_x 则是在催化剂的作用下，N_2 和 O_2 反应产生产物；水蒸气主要由碳氢化合物燃烧过程生成的和汽提注入的水蒸气组成。在高温条件下，再生烟气对碳钢材料主要产生高温氧化和脱碳。

(2) $NO_x - SO_x - H_2O$ 露点腐蚀

催化原料中的含氮、含硫化合物在催化反应过程中有一部分转化为焦炭沉积在催化剂上，在催化剂再生过程中，这些化合物会燃烧成 NO_x 和 SO_x。当设备或管道的衬里破坏时，这些氧化物会随着烟气渗入衬里和金属之间的间隙中，并在一些较低温度的部位形成 $NO_x - SO_x - H_2O$ 露点腐蚀环境，在冬季等较冷气候时由于设备外部的温度降低至露点很容易引起这种腐蚀破坏。这一腐蚀环境也是导致不锈钢波纹管破坏的一个很大原因。

(3) 催化剂的磨蚀和冲蚀

反应油气和再生烟气中的催化剂会对设备和管道表面产生冲刷磨损，引起局部甚至大面积减薄和穿孔。涉及部位包括：提升管预提升蒸汽喷嘴、原料油喷嘴、主风分布管、提升管出口快速分离设施、烟气和油气管道上的弯头、管道阀门、热电偶套管、内取热管等。

(4) 热应力引起的焊缝开裂

热应力是否引起焊缝开裂主要取决于以下因素：连接构件的不同部分是否存在较大的温差；焊接材料的热膨胀系数是否差异很大，奥氏体不锈钢和铁素体钢的焊接尤其容易发生这种开裂；结构设计是否具有足够的柔性以避免热应力引起的破坏。以下部位容易出现热应力引起的开裂：主风管道与再生器壳体的连接焊缝，不锈钢接管及内构件与设备壳体的连接焊缝，旋风分离器料腿拉杆，两端焊接固定的松动风和测压管等。

(5) 内取热管的高温水腐蚀和应力腐蚀开裂

这种腐蚀常见于采用奥氏体不锈钢材质的内取热管，由于高温水中溶解的氧和氯离子发生局部浓缩，在换热管内部存在的热应力的作用下，材料容易发生应力腐蚀破坏和疲劳开裂。因此取热管应优先选用抗氯离子应力腐蚀性能好且耐高温的铁素体材料。

(6) 奥氏体不锈钢的应力腐蚀开裂

300 系列奥氏体不锈钢在反应－再生系统中还容易由于晶间腐蚀引起的应力腐蚀开裂。如奥氏体不锈钢及其焊缝在停工期间在含 S 或 H_2S 的场合可能发生连多硫酸应力腐蚀开裂，而奥氏体不锈钢制造的膨胀节也容易在晶间腐蚀和应力的共同作用下发生破坏。

此外，含环烷酸的原料油在大于 240℃ 的换热过程中容易对换热器或加热炉产生腐蚀，可根据具体情况选用合适的抗环烷酸腐蚀的材料。

2. 分馏系统

分馏系统的腐蚀主要包括分馏塔的高温硫腐蚀、分馏塔顶的冷凝冷却系统和顶循环回流系统的腐蚀，以及油浆系统中催化剂的磨蚀。

为抵抗高温硫腐蚀，分馏塔的进料段以下的壳体和人字挡板等内件可考虑采用内衬 300 系列奥氏体不锈钢，高温管道可根据硫含量选用 15CrMo、Cr5Mo 和碳钢等材料。而分馏塔顶等低温湿 H_2S 腐蚀环境主要选用碳钢材料，这些场合以工艺防腐为主。对于换热器管也可以考虑采用耐低温湿 H_2S 腐蚀性能良好的材料。

(1) 高温硫腐蚀

高温硫腐蚀主要取决于油品中活性硫的含量，腐蚀主要发生在 240℃ 以上的高温部位，与其相连的高温管线和分馏塔进料段、人字挡板等内件。腐蚀形貌表现为均匀腐蚀，坑蚀等。由于催化装置中的含硫物质大部分为大分子硫化物，腐蚀活性偏低，因此高温硫腐蚀腐蚀在催化装置中不是很严重。

(2) 分馏塔顶腐蚀和结盐

分馏塔顶存在 $H_2S + HCl + NH_3 + CO_2 + H_2O$ 腐蚀环境，由于该腐蚀环境的腐蚀产物为疏松垢层，不能对金属表面起到有效的保护作用，因此会产生很大的腐蚀速率。

反应油气中的 HCl、H_2S 和 NH_3 反应生成的 NH_4Cl 和 NH_4HS 在低温环境下结晶形成盐垢和沉积物，容易引起堵塞。同时 NH_4Cl 和 NH_4HS 发生水解形成的 $HCl + H_2S + H_2O$ 环境也是造成顶循环系统腐蚀的主要原因。分馏塔顶冷凝部分的 CO_2 和 H_2S，当 pH 大于 7.5 时还可能导致碳酸盐应力腐蚀开裂，当氰化物(HCN)含量增加时，可能导致严重腐蚀。

此外，湿式空冷器因冷却水中含有 $CaCO_3$、$NaHCO_3$ 等易结垢物质，容易使换热管翅片和换热管表面出现腐蚀。

(3) 油浆蒸汽发生器管板的应力腐蚀开裂

重油催化裂化装置的油浆蒸汽发生器管板与换热管焊接处及管板容易出现开裂，裂纹大多起源于壳程，穿透管板后引起管板与管板的焊缝和管桥处开裂，分析认为这些开裂是应力腐蚀和热疲劳的双重作用下产生的。由于管板和管子之间存在间隙，间隙内的锅炉水不断被蒸发，碱性物质浓缩，形成了以溶解氧为去极化剂的电化学腐蚀环境；同时压力引起的应力、管板和管子的胀接应力、焊接应力以及应力集中等促进了应力腐蚀开裂的发生。管子的振动、温度变化引起的热疲劳也对开裂起到了促进作用。

油浆蒸汽发生器的换热管应选用碳钢等抗氯离子应力腐蚀能力强的材料，有些厂选用不锈钢后反而因氯离子的存在产生了更严重的开裂。另外，制定正确的贴胀工艺是关键，贴胀严密的同时还要避免产生过大的变形应力和应力集中。

3. 吸收稳定系统

吸收稳定系统的腐蚀问题主要是液相水环境中 H_2S 引起的各种腐蚀，主要表现为均匀减薄、氢鼓包、硫化物应力腐蚀开裂。

吸收稳定系统的吸收塔塔、脱吸塔、稳定塔顶部等部位采用内衬 13Cr 不锈钢复合材料，管道等一般选用碳钢材料，但是要求进行焊后热处理以避免湿 H_2S 应力腐蚀开裂。

(1) H_2S 腐蚀减薄

在液相水环境中，H_2S 和铁生成的 FeS 如果遇到 CN^- 就会生成 $[Fe(CN)_6]^{4-}$ 络合离子，再和铁反应生成亚铁氰化亚铁(亚铁氰化亚铁在停工时被氧化为亚铁氰化铁，呈普鲁士蓝色)，这种腐蚀多见于吸收塔、解吸塔、稳定塔的顶部和中部等容易出现液相水的部位，腐蚀形貌多为坑蚀、严重时导致穿孔。

(2) 氢鼓泡

在 $H_2S + HCN + H_2O$ 电化学腐蚀环境中，在 S^{2-} 和 CN^- 的作用下，H_2S 和 Fe 反应产生的 H 原子很容易渗入金属内部并结合成氢气体，随着氢的不断聚集，压力增加，最终导致氢鼓泡。解吸塔顶、解吸塔后冷器、凝缩油沉降罐、吸收塔壁以及和这些设备相连的管线都容易出现氢鼓泡。

(3) 硫化物应力腐蚀开裂

由于吸收稳定系统的 H_2S 含量较高、压力较大，因此存在较大拉应力的碳钢材料很容易产生湿硫化物应力腐蚀开裂。

4. 能量回收系统

能量回收系统的腐蚀问题主要有：高温烟气的冲蚀和磨蚀，$NO_x - SO_x - H_2O$ 露点腐蚀、奥氏体不锈钢的 Cl^- 离子应力腐蚀开裂。

旋风分离器、高温烟气管道等等和再生器一样主要采用碳钢 + 隔热耐磨衬里；降压孔板因流速过快，一般要求选用 300 奥氏体不锈钢；波纹管一般选用 825 材料；余热锅炉等换热设备一般选用碳钢 + 隔热耐磨衬里壳体，换热管以碳钢为主；余热锅炉之后的低温设备一般以碳钢为主。

(1) 高温烟气的冲蚀、磨蚀

高温烟气的冲蚀、磨蚀和反应 - 再生系统的高温烟气的腐蚀和磨蚀相类似。常见于旋风分离器的分离单管，尤其是单管下端的卸料盘、双动滑阀的阀板、阀座和导轨、降压孔板、烟气轮机的叶片等部位。腐蚀形貌多为沟槽、裂纹、衬里脱落和金属的局部减薄。

(2) $NO_x - SO_x - H_2O$“露点”腐蚀及其引起的应力腐蚀开裂

高温烟气管道和再生器一样，也会由于形成 $NO_x - SO_x - H_2O$ 腐蚀环境，造成碳钢金属的腐蚀和衬里脱落。

这类腐蚀也常见于奥氏体不锈钢材料的膨胀节波纹管，其破坏形式包括：①波纹管与筒节焊缝开裂；②波纹管穿孔；③波纹管变形挤压；④波纹管鼓泡。烟气中的 Cl^-、NO_x、SO_x 等与水蒸气结合形成腐蚀性很强的酸性物质对金属产生腐蚀，严重时引起穿孔；一旦形成腐蚀穿孔，渗入波纹管内的水等液相介质受热膨胀，极易使波纹管产生鼓泡变形。开停工及波动操作工况下引起的交变应力会使材料产生腐蚀疲劳，或使波纹管产生失稳变形扭曲损坏。制造过程中的残余应力和焊接缺陷，筒节和波纹管连接处的结构不连续引起的局部应力，液相腐蚀性介质的产生都会促使波纹管与筒节的焊接处发生开裂。

另一个容易形成 $NO_x-SO_x-H_2O$ 露点腐蚀的部位是余热锅炉炉管的烟气侧金属表面。

2.4.3 装置的工艺设计防腐和操作过程的防腐要点

对于再生器和能量回收系统的隔热耐磨衬里设备和波纹管等容易产生 $NO_x-SO_x-H_2O$ 型腐蚀的部位，可采用增加保温、提高介质温度等措施，防止结露的产生。

吸收稳定系统等容易形成 $H_2S+HCN+H_2O$ 腐蚀环境的部位，由于该部分的选材以碳钢为主，例如：压缩机出口和塔顶系统，需要注入水和有机缓蚀剂以控制这些部位的腐蚀。

2.5 催化重整装置

2.5.1 工艺流程简介

催化重整装置(后简称重整装置)是以直馏石脑油(初馏点约145℃)或混合二次加工石脑油为原料，在铂或多金属重整催化剂的作用下，经过脱氢环化、加氢裂化和异构化等反应，使环烷烃和烷烃转化成芳烃或异构烷烃，同时产生氢气的过程。根据目标产品的不同，催化重整的工艺流程也不尽相同，以生产高辛烷值汽油为目的时，主要包括原料预处理和重整反应两个部分，连续重整反应部分又包括反应和催化剂再生部分；而以生产轻质芳烃为目的时，一般还包括芳烃抽提、芳烃精馏等部分。连续重整和固定床重整反应部分的工艺流程简图分别见图2.5-1和图2.5-2。

1. 原料预处理部分

原料预处理的主要作用是将原料中对催化剂有害的杂质脱除并得到满足催化重整反应要求的精制油。原料油(如果原料油中的砷含量大于 100×10^{-9}，通常还要在原料油罐区进行预脱砷)换热后进入预分馏塔将 C_6 以下的轻组分和水从塔顶脱除，塔底抽出液经过加压、加热后和氢气混合进入加氢反应器。加氢反应在280~360℃，1.5~1.8MPa的条件下进行，烯烃被饱和成烷烃，硫化物、氮化物、氧化物等被转变成硫化氢、氨和水，砷、铅、铜、汞、铁等金属被吸附于钼酸镍催化剂上。反应产物进入油气分离器和汽提塔进一步分离，最终得到满足重整反应要求的精制石脑油。

2. 重整反应部分

从预加氢部分来的精制石脑油经换热后进入加热炉被加热到455~540℃进入反应器。石脑油和氢气在催化剂(通常为铂-铼基)的作用下生成以异链烷烃为主的芳香族产物，反应器流出物通过换热器冷却后进入分离器。分离出的气体含有85%~95%(体)的氢气，这些气体经循环压缩机增压后大部分作为循环氢使用，少部分去预处理部分。分离出的重整油进入稳定塔，塔顶出少量裂化气和液化石油气，塔底出高辛烷值汽油。以生产轻质芳香烃为目的时，需要在稳定塔之前设置一个后加氢反应器，将重整产物中的少量烯烃饱和成烷烃。在反应过程中，催化剂所带的部分氯会以HCl形式进入重整油和循环氢当中，从而对反应部分的设备和管道甚至下游装置造成腐蚀。

3. 催化剂再生部分

反应器中的催化剂从底部连续排出进入再生器，经过烧焦、氯化、干燥、还原等过程恢复其反应活性后，最后返回反应器，实现了催化剂的不停工再生。为了保持催化剂的活性，在催化剂的再生过程中需要注入一定的氯。和反应部分一样，催化剂所带的氯也会对再生部分的设备和管道造成腐蚀。

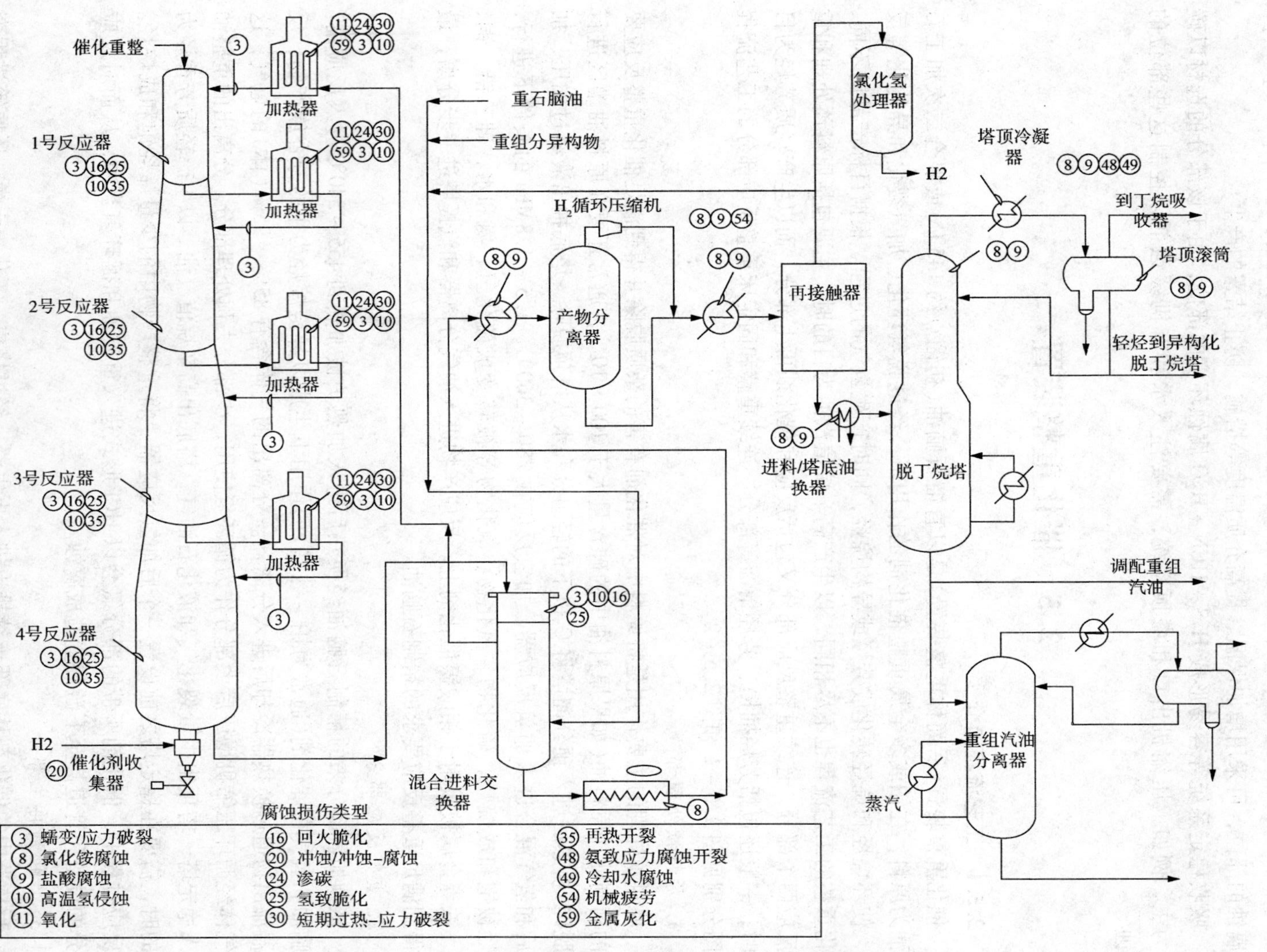

图 2.5－1 连续重整反应部分工艺流程和腐蚀损伤部位示意图

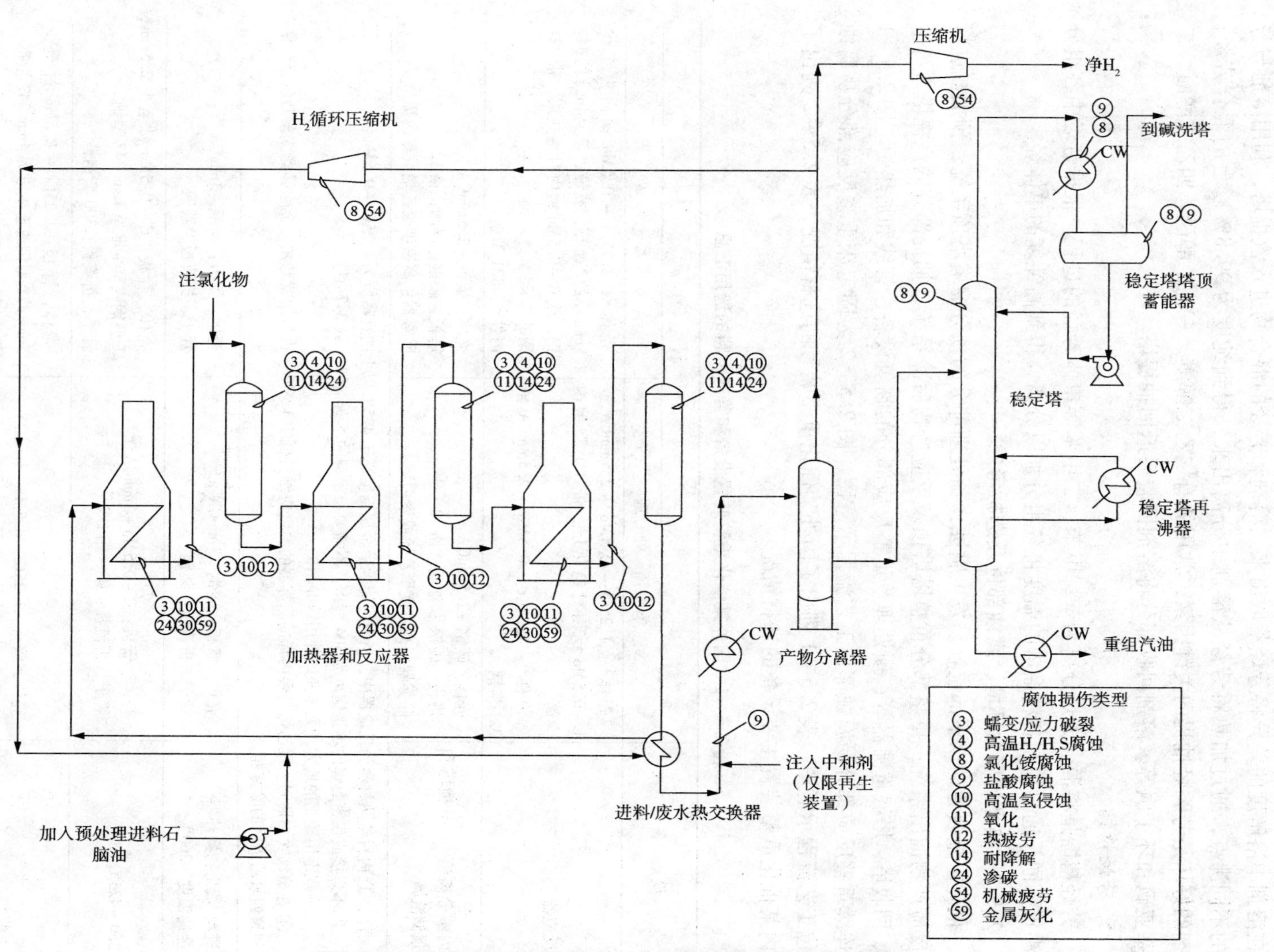

图 2.5－2　固定床重整反应部分工艺流程和腐蚀损伤部位示意图

4. 芳烃抽提部分

芳烃抽提包括溶剂抽提、提取物汽提和溶剂回收三部分。在抽提塔中，利用芳烃与非芳烃在溶剂中溶解度的差异将芳烃萃取出来。溶剂和芳烃的混合物进入汽提塔，利用溶剂与芳烃的不同沸点，通过加热将芳烃从溶剂中分离出来，得到纯度为99.8%以上的混合芳烃；溶剂的好坏是芳香烃抽提的关键因素，常用的有二乙二醇醚、三乙二醇醚、四乙二醇醚、二甲基亚砜和环丁砜等。溶剂回收部分将溶剂回收后返回抽提塔。

5. 芳烃精馏

芳烃精馏是将混合芳烃分离为苯、甲苯、二甲苯等单体芳烃的过程。根据芳烃中各组分的沸点不同，通过控制各精馏塔的温度将各组分加以分离，得到高纯度的单体烃。

2.5.2 典型的腐蚀环境、腐蚀部位及选材考虑

催化重整装置的以下部位容易发生腐蚀：预处理部分的预分馏塔塔顶系统，预加氢进料及反应产物馏出系统；重整部分重整塔塔顶及反应产物后冷系统；抽提部分的汽提塔、再生塔、回收塔、塔底重沸器等；预处理及重整反应部分的临氢设备、管线和加热炉。图2.5-1为连续重整反应部分易腐蚀部位工艺流程示意图，图2.5-2为固定床重整反应部分易腐蚀部位工艺流程示意图。表2.5-1列出了国外某催化重整装置的选材情况，表2.5-2列出了国内某催化重整装置主要设备的选材情况。

表2.5-1 国外某催化重整装置设备和管道材料的选用汇总

设备	材料	
	有预处理	无预处理
反应器	壳体①：1.25Cr-0.5Mo+2.5mmCA或C-0.5Mo钢内衬绝热层，带321型钢内套筒。 内件②：1.25Cr-0.5Mo+2.5mmCA或321型钢	壳体①：1.25Cr-0.5Mo钢内衬至少2.5mm厚的321型钢或堆焊至少4mm的347型钢，或C-0.5Mo钢内衬绝热层，带321型钢的内套筒。 内件②：321型钢
内蒸分离罐③、分馏塔和塔顶储液罐	壳体：碳钢+2.5mmCA 塔板：碳钢；浮阀：铬12 除雾器：高密度聚乙烯或聚丙烯④	壳体：碳钢+2.5mmCA 塔板：碳钢；浮阀：铬12 除雾器：高密度聚乙烯或聚丙烯
进料/流出物换热器 金属温度<260℃	壳体，管板：碳钢+3mmCA 管子、折流板：碳钢	壳体、管板：碳钢+3mmCA 管子、折流板，碳钢
260~425℃	壳体、管板：C-0.5Mo+3mmCA 管子、折流板：碳-钼1/2	壳体、管板：C-0.5Mo衬至少2.5mm 321型钢或至少堆焊4mm 347型钢 管子，折流板：300型钢②
>425℃	壳体，管板：1.25Cr-0.5Mo+3mmCA 管子、折流板：C-0.5Mo	壳体，管板：1.25Cr-0.5Mo衬至少2.5mm 321型钢或至少堆焊4mm 347型钢 折流板：300型② 管子：300型②
分馏塔，进料/塔底	壳体、管板：碳钢+3mmCA 管子：碳钢	管箱：碳钢+3mmCA 管子：碳钢

注：① 内衬绝热材料的反应器中，所有可能承受金属温度高于425℃以上的管嘴应为1.25Cr-0.5Mo钢。

② 不焊接或仅密封焊的不锈钢可为304型钢。不需要稳定型的不锈钢(321或347型)。

③ 在规定用碳钢的地方，壳体和内件用镇静钢。

④ 在蒸汽吹扫期间，聚乙烯和聚丙烯的除雾器的温度应维持低于125℃。也可用蒙乃尔合金除雾器或蒙乃尔合金格栅和聚四氟乙烯网的除雾器。

续表 2.5－1

设　备	材　料	
	有 预 处 理	无 预 处 理
分馏塔底冷却器和塔顶冷凝器空冷器	管箱：碳钢 +3mCA 管子；碳钢	管箱：碳钢 +3mmCA 管子：碳钢

注：① 有暴露于湿硫化氢（大于 100×10^{-6} 硫化氢）中的碳钢换热器壳体、管箱、管板和空冷界管箱如规定的最小抗拉强度大于414MPa，则需解除应力。焊缝和热影响区的硬度不应超过22HRC。

② 如使用不锈钢的U形管，弯曲后应焊后热处理。321不锈钢应解除应力，304L型不锈钢应固溶退火。

设　备	有 预 处 理	无 预 处 理
配管 反应进料和流出物① 金属温度 <260℃ 金属温度 260～425℃ 金属温度 >425℃	 碳钢 +2.5mmCA 碳－钼 1/2 +2.5mmCA 1.25Cr－0.5Mo +2.5mmCA	 碳钢 +2.5mmCA② 321 型钢 +1.5mmCA 321 型刚 +1.5mmCA
其他工艺物流 <260℃	碳钢 +2.5mmCA	碳钢 +2.5mmCA
蒸汽	碳钢 +1.5mmCA	碳钢 +2.5mmCA 碳钢 +1.5mmCA
氯化物注入管嘴	镍铬铁合金 600 +2mmCA（Inconel600）	镍铬铁合金 600 +2mmCA（Inconel600）
阀门 碳钢线上		阀体：碳钢 +2.5mmCA② 内件：Cr12
C－0.5Mo 线上		阀体：C－0.5Mo +2.5mmCA② 内件：Cr12
1.25Cr－0.5Mo 线上		阀体：C－0.5Mo +2.5mmCA② 内件：Cr12
321 型钢线上		阀体：321 型钢 +1.5mmCA 内件：321 型钢或钨铬钴合金
加热炉进料和预热	2.25Cr－1Mo +2.5mmCA	321 型钢 +1.5mmCA
烧火的重沸器	碳钢 +2.5mmCA	碳钢 +1.5mmCA
泵：催化重整进料，分馏塔、进料、回流和重沸器	泵壳：碳钢 +2.5mmCA 叶轮：碳钢或铸铁	泵壳，碳钢 +2.5mmCA 叶轮，碳钢或铸铁

注：① 催化剂再生循环中的流出物配管，在可能发生冷凝的地方，应至少有5.0mm的腐蚀裕量。

② 暴露于湿硫化氢（大于 100×10^{-6} 硫化氢）中的焊缝和热影响区的硬度应不超过225HB。

表 2.5－2　国内某催化重整装置设备和管道材料的选用汇总

炉子名称	介　质	温度/℃		压力/MPa	炉管材质	腐蚀情况
		入炉	出炉			
预加氢加热炉	汽油、H_2	265	330	2.72	Cr5Mo	无腐蚀
热载体加热炉	柴油	220	280	0.7	10	无腐蚀
重整第一加热炉	汽油、含 H_2 气体	350	490	3.58	Cr5Mo	无腐蚀
重整第二加热炉	汽油、含 H_2 气体	413	495	3.29	Cr5Mo	无腐蚀
重整第三加热炉	汽油、含 H_2 气体	452	500	3.25	Cr5Mo	无腐蚀
重整第四加热炉	汽油、含 H_2 气体	473	505	3.25	Cr5Mo	无腐蚀

反应器名称	介　质	设计温度/℃		设计压力/MPa	反应器型式	反应器材质		腐蚀情况
		器内	外壁			筒体	内构件	
预加氢反应器	汽油、H_2	370	300	2.845	热壁轴向	CrMo +316L	1Cr18Ni9Ti	无腐蚀
重整第一反应器	汽油、含 H_2 气体	570	300	3.532	热壁径向	CrMo	1Cr18Ni9Ti	无腐蚀
重整第二反应器	汽油、含 H_2 气体	570	300	3.532	热壁径向	CrMo	1Cr18Ni9Ti	无腐蚀

续表2.5-2

反应器名称	介　质	设计温度/℃		设计压力/MPa	反应器型式	反应器材质		腐蚀情况
		器内	外壁			筒体	内构件	
重整第三反应器	汽油、含H_2气体	570	300	3.532	热壁径向	CrMo	1Cr18Ni9Ti	无腐蚀
重整第四反应器	汽油、含H_2气体	530	300	1.766	热壁径向	CrMo	1Cr18Ni9Ti	无腐蚀
后加氢反应器①	重整产物、H_2	530	300	1.766	热壁轴向	CrMo	1Cr18Ni9Ti	无腐蚀

注：① 有的催化重整装置在第四反应器后，增加一台后加氢反应器，将重整反应过程中生成的烯烃加氢成饱和烃，以确保苯类产品酸洗颜色合格。

塔名称	设计操作条件			材　质			腐蚀情况
	温度/℃	压力/kPa	介质	塔体	塔盘	浮阀	
预分馏塔	175	400	汽油	Q235R	Q235AF	18-8 0Cr13	塔顶内轻点坑蚀，均匀分布，点坑深0.2~0.4mm，塔盘情况类似，浮阀无腐蚀
蒸馏脱水塔	185	2600	汽油	Q235R	Q235AF	1Cr13	全塔内均匀腐蚀，上部较下部重腐蚀产物大片剥落，塔盘均匀腐蚀液相部位有浅点坑蚀
脱戊烷塔	240	1280	汽油	Q235R	Q235A	0Cr13 (18-8)	塔顶坑疤腐蚀，深0.3~0.5mm，并1mm厚的锈皮剥离，塔底基本无腐蚀现象
抽提塔	180	1100	溶剂汽油	Q235R	Q235AF (筛板)	—	塔体内壁全部有浅点蚀深0.1~0.3mm
汽提塔	165	300	水蒸气 溶剂 芳烃	Q235R	Q235AF	0Cr13 (18-8)	塔底上部有较大的坑疤腐蚀深0.2~0.5mm，底部光滑局部浅坑蚀，上部塔盘浮阀孔增大成不规则形
非芳烃水洗塔	55	900	非芳水	Q235R	Q235AF (筛板)	—	无明显腐蚀迹象
减压蒸馏塔	180	真空	溶剂	Q235R	Q235AF		塔体内壁和塔盘均无明星腐蚀
苯塔	150	200	芳烃	Q235R	Q235AF	18-8	全塔无明显腐蚀个别浅点蚀
二甲苯塔	260	430	混二甲苯	Q235R	Q235AF	18-8	塔上部呈浅坑蚀深0.2~0.5mm，直径3~5mm，塔盘板面坑点较多，塔下部腐蚀较轻微

设备名称	设计操作条件				介　质		材　质	
	温度/℃		压力/kPa		壳　程	管　程	壳　程	管　程
	壳程	管程	壳程	管程				
预加氢进料-产物换热器(立式)	330	265	1600	1800	预加氢产物	汽油氢	上段15CrMo 下段Q235R	15CrMo
预加氧产物冷却器	120	40	150	600	汽油氢	水	Q235A	1Cr18Ni9Ti
预加氢气冷却器	55	40	140	300	氢	水	Q235A	1Cr18Ni9Ti
重整进料-第四反应器产物换热器(立式)	330	289	1400	1800	反应产物	重整原料氢	上段15CrMo 下段Q235R	15CrMo
重整进料-第四反应器产物换热器	350	497	1400	1450	四反应产物	重整原料氢	15CrMo	15CrMo
二段混氢—第四反应器产物换热器	440	497	1800	1450	氢	四反应产物	15CrMo	15CrMo
重整产物冷凝冷却器	130	42	1300	600	反应产物	水	Q235A	1Cr18Ni9Ti
水分馏塔重沸器	150	260	1	8	水	柴油	Q235A	1Cr18Ni9Ti
减压塔进料加热器	185	280	400	600	溶剂	柴油	Q235A	1Cr18Ni9Ti

1. 原料预处理部分

原料预处理部分的高温临氢环境设备和管道要考虑高温H_2和H_2+H_2S环境的腐蚀，这些场合主要包括加热炉炉管、预加氢反应器、反应进-出料换热器及其相连的管道。对于单纯的临氢环境，一般按Nelson曲线进行选材，将操作时的最高工作温度及最高氢分压分别提高28℃和0.35MPa，对于加热炉管，要注意以金属温度选择抗氢钢，通常要比工艺温度高55℃。对于含有H_2S的临氢环境，除要满足临氢环境的选材外，还要根据Copper曲线选用抗H_2+H_2S腐蚀的材料。

含氢的反应器等高温设备和管道一般选用1.25Cr－0.5Mo等抗氢材料，如原料硫含量高则要考虑选用300奥氏体不锈钢；分馏塔体材质可使用碳钢或碳钢加0Cr13Al不锈钢复合钢板，塔内构件可以选用碳钢或0Cr13，分馏部分的管道则主要以碳钢为主。

原料中的硫、氮、氧、氯等化合物和氢反应生成H_2S、NH_3、H_2O、HCl等产物和反应产物一起流出，经换热降温后形成低温$H_2S+HCl+H_2O$腐蚀环境。这种环境下的设备和管道不仅会发生腐蚀减薄，还有可能发生氢鼓泡(HB)、氢致开裂(HIC)和应力导向氢致开裂(SOHIC)等破坏。H_2S、HCl和NH_3在一定温度下会形成NH_4Cl和NH_4HS，含有NH_4Cl和NH_4HS的酸性水在高流速下会对碳钢设备产生冲刷腐蚀；此外，NH_4Cl和NH_4HS的结晶物除了会堵塞换热管，而且在遇水时会形成腐蚀性极强的酸性环境，这种环境对碳钢甚至300系列不锈钢具有很强的腐蚀性，很容易导致穿孔泄漏，因此需要采取注水等措施防止氨盐产生结晶。以上腐蚀主要集中在反应产物空冷器、后冷器、油气分离器和氢气压缩机入口分液罐等部位。

Cl^-的存在使预处理部分的奥氏体不锈钢设备产生氯离子应力腐蚀破裂和点蚀。由于近年来油田为了提高原收率而使用含有有机氯的注剂，由于有机氯在电脱盐过程中无法脱除，使得重整原料中的氯含量增加，造成了这些设备的腐蚀加剧。对于这些氯离子含量高的环境，要慎用敏化型不锈钢材质。

由于装置中含有一定的硫，在停工期间，不锈钢设备还会产生连多硫酸开裂。

2. 重整反应部分

重整反应部分的加热炉和反应器及其相连管线等高温部分都处于高温临氢环境，和预加氢临氢环境的选材原则一样，这些管线多选用1.25Cr－0.5Mo和2.25Cr－1Mo。当反应器直径较大时，为了降低壁厚，一般选用2.25Cr－1Mo。使用2.25Cr－1Mo材料时，要注意降低S、P含量低于0.005%，控制其回火脆性。由于加热炉内的温度较高，烃类介质在炉管内有裂解的可能，在含有氢气的还原性环境下，炉管容易产生渗碳现象，在一定条件下还可能出现金属粉化现象。

重整反应催化剂通过建立水－氯平衡以保持其反应活性，部分氯在反应过程会生成HCl进入H_2气体和重整油。由于HCl遇到液相水会形成强腐蚀性环境，因此反应产物冷却、分离系统的设备和管线有存在$HCl+H_2O$腐蚀的可能。为了防止HCl对下游设备和管道产生腐蚀，对于重整油和氢气要采用脱氯罐将这部分HCl吸收下来。

此外，如果预加氢部分的氮脱除不干净而带入重整反应部分与氢反应生成NH_3。这些NH_3和H_2S、Cl^-形成NH_4HS和NH_4Cl，容易堵塞塔顶空冷器和换热器的管束，严重时可使相连管道发生堵塞，遇水时还会产生腐蚀。

3. 催化剂再生部分

催化剂在再生器中依次进行燃烧－氯化－干燥－冷却等过程，以氧化态进入反器顶部进行还原。烧焦段通过高温含氧氮气使催化剂表面的积炭转化为CO和CO_2。操作温度很高(约580℃)时，为了防止炉管高温氧化和渗碳，一般选用304H或316H材质。在氯化段，通入有机氯对催化剂进行氯化，以补充催化剂表面在反应和烧焦过程中流失的氯，因此再生段及其连接管道容易存在氯离子腐蚀问题，过去多采用 Inconel800，现一般采用 316Ti。在反应器的还原段，高温氢气使催化剂表面从氧化态还原成活化态，存在高温（600℃）临氢环境，要使用 304H 或 316H 等耐高温抗氢材料。

从再生器顶部排出的含有氯和 CO_2 的气体在冷却后遇水会形成 $HCl + CO_2 + H_2O$ 环境，具有很强的腐蚀性。特别是现在有些工艺包采用了催化剂氯吸附法以吸附放空气中的氯，放空气进入分离料斗之前经过放空气冷却器进行冷却，因此放空气冷却器和分离料斗的下部很容易出现 $HCl + H_2O$ 环境，因此工艺包规定分离料斗底部内衬 Hastelloy B - 3 材料，冷却器采用 316 材料制造，但是要特别注意氯离子给 316 带来的应力腐蚀开裂问题。如果气体出口有露点出现而又保温、伴热不好时，可采用合金 825 或合金 625 来制造冷却器出口管箱。如采用碱液洗涤脱除 HCl 的工艺，但要注意碳钢在碱性环境中的应力腐蚀开裂问题。

催化剂输送部分的设备和管道主要选用碳钢，对碳钢可能产生腐蚀的场合要使用不锈钢，因为过多的铁离子会污染催化剂；此外，管道设计时要注意选用较大弯曲半径的弯头，以避免催化剂对管道产生过大的磨蚀。

4. 芳烃抽提部分

溶剂抽提所用溶剂如三乙二醇醚、二乙二醇醚和环丁砜等，其本身没有腐蚀性，但是会和系统中存在的少量氧发生反应降解，生成醛、酮、有机酸等。特别是当温度较高且存在酸性条件的情况下，氧化速度会加快，严重时会造成设备和管道的快速腐蚀。

主要腐蚀部位包括汽提水与溶剂换热器、汽提塔底重沸器、减压塔进料加热器以及汽提塔侧线空气冷却器，减压塔底循环泵、循环溶剂泵及出入口管线，腐蚀形态为均匀腐蚀和局部坑点腐蚀。芳烃抽提部分的设备和管道通常采用碳钢，对重沸器管束和再生器等腐蚀严重的部位可采用 300 系列奥氏体不锈钢。

2.5.3 装置的工艺设计防腐和操作过程的防腐要点

催化重整装置工艺防腐主要从两方面进行：一要防止预加氢和重整反应部分的 HCl 腐蚀；二要防止芳烃抽提部分溶剂降解产物造成的腐蚀。

（1）防止 HCl 腐蚀的工艺防腐措施

① 对重整原料进行调和，降低原料中的氯含量。

② 注水或注氨水。预加氢反应产物的低温换热器和管线容易发生 NH_4Cl 结盐，需要注水消除；也可考虑注氨水的方法，这样可以提高溶液 pH 值，有利于抑制 NH_4Cl 的分解。

③ 严格控制重整反应催化剂中的水氯平衡，防止过多的氯离子进入下游设备。

④ 使用脱氯剂，通常脱氯罐的安装位置有预加氢反应器后、脱戊烷稳定塔进料前、重整副产品氢气离开装置前。要注意监测和计算氯容的变化，当脱氯剂的计算氯容接近脱氯剂的穿透氯容时要及时更换脱氯剂；最好采取两台脱氯罐并联的方式，实现脱氯罐的切换操作。出装置氢气中的微量 HCl 要采用毒气侦测器（Draeger Accuro）进行分析。

⑤ 在原料或产品线上增加脱水罐，减少进入系统内的水，减轻 HCl 带来的腐蚀。

⑥ 在预加氢汽提塔塔顶挥发线和重整馏出物系统加注缓蚀剂和中和剂。有企业在预加氢汽提塔塔顶挥发线加注缓蚀剂，结果表明在 pH 值较高时，缓蚀率可达 97% 以上；而当 pH 小于 4.5 时，缓蚀剂不能有效发挥作用，必须结合使用中和剂。

（2）对于抽提装置中的溶剂降解形成酸性物质带来的腐蚀，可采取的工艺防腐措施

① 在再生塔顶挥发线加注缓蚀剂可以有效抑制环丁砜循环系统的腐蚀，缓蚀效果达到 90% 以上，且对工艺过程无不良影响。

② 控制溶剂 pH 不低于 8.0。

③ 将再生塔底的操作温度降低到 160℃以下，减少溶剂的降解。

④ 为防止塔内腐蚀性降解产物长期沉积，要定期排除再生塔塔底废溶剂，补充新鲜溶剂。

⑤ 对溶剂储罐采取氮封措施，加强系统机械设备的密封性检验，避免氧进入溶剂。

⑥ 汽提塔要使用软化水产生的蒸汽，防止塔盘和换热器腐蚀或结垢，提高抽提效率和汽提效果。

⑦ 用阴离子交换树脂法对溶剂进行净化。

(3) 为避免停工期间氯化氨盐和水引起腐蚀，可用 5% 碳酸钠溶液冲洗的设备

① 反应流出物冷却器；

② 闪蒸罐或分离器；

③ 循环氢压机；

④ 塔及其连接管道。

2.6 制氢装置

本节所述的制氢过程是以石脑油或石油气为原料，与水蒸气混合在镍系催化剂作用下，发生反应而制取氢气。氢气多用于石油炼制工业中的加氢裂化、加氢精制、蜡油加氢、润滑油加氢等工艺过程。制氢工艺包括轻烃水蒸气转化、一氧化碳中温、低温变换、溶剂(如苯菲尔溶液)脱碳—甲烷化或变压吸附(PSA)过程。

2.6.1　工艺流程和损伤机理

制氢装置的工艺流程与腐蚀类型简图如图 2.6－1 所示。原料进入转化系统之前，需要经过加氢脱硫处理，经过脱硫处理的原料气(油)与来自汽包的的蒸汽混合后进入转化炉对流段混合预热器预热至 500℃左右，由炉顶进入转化炉管。在以瓦斯气和 PSA 解吸气为主要燃料燃烧供热的条件下，在转化炉管中原料气(油)经转化反应和变换反应产生氢气、一氧化碳、二氧化碳及尚未转化的残余甲烷(根据氢气净化流程的区别，一般控制转化管出口的转化气体中甲烷含量在 3.5% ~6%)。转化炉出口 800℃左右的转化气，进入转化气废热锅炉产生中压蒸汽，回收热量，转化气温度降到 360℃后进入中温变换反应器。在中温变换反应器中，在一氧化碳中温变换(中变)催化剂和在 330 ~400℃温度下，将转化气中的一氧化碳变换为氢气和二氧化碳。中温变换后气体(中变气)温度升至 410℃左右，如果是苯菲尔脱碳流程，中变气将进入甲烷化加热器与来自甲烷化预热器的气体进行换热，降至 410℃左右再进入锅炉给水预热器，降至 190℃左右进入低温变换反应器。如果氢气净化是 PSA 变压吸附流程，中变气先与原料换热，后与锅炉水、除氧水、除盐水等换热降温至 40℃进入 PSA 吸附塔在低温变换反应器中，中变气在一氧化碳低温变换(低变)催化剂和在 190 ~230℃温度下，进一步发生变换反应。将剩余的一氧化碳进一步变换为氢气和二氧化碳，低变气送至脱碳系统进一步脱除二氧化碳。

含大量二氧化碳的低变气经换热冷却(95℃左右)后在吸收塔中经苯菲尔溶液洗涤后脱除二氧化碳，从吸收塔顶出来的粗氢气经甲烷化加热器换热后，升温至 300℃左右进入甲烷化反应器，在催化剂作用下使一氧化碳和残留的二氧化碳与氢气反应，生成甲烷，脱除甲烷，再经分离罐后分离后即产出工业氢。而从吸收塔底部出来富液则从再生塔顶部进入，经

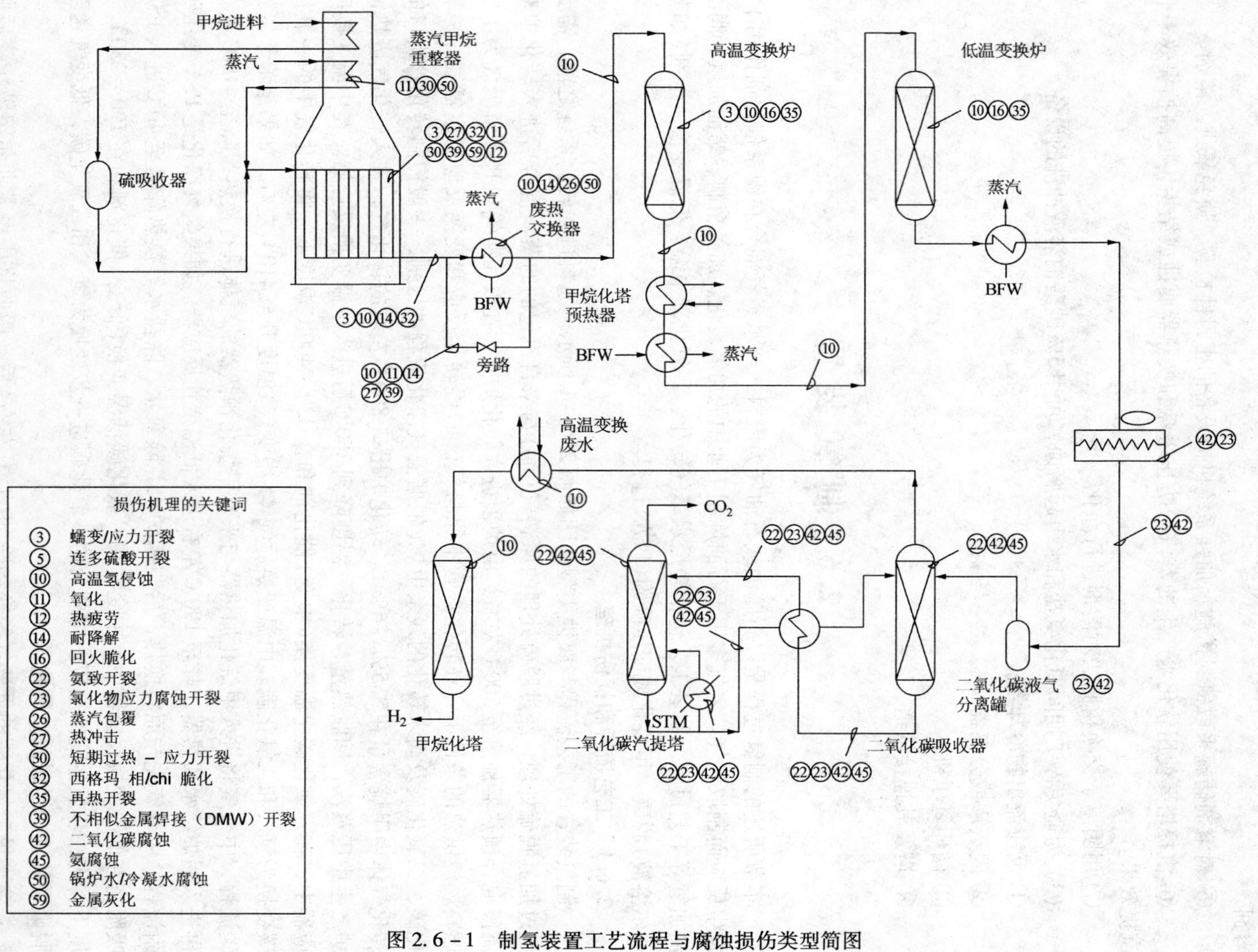

图2.6－1 制氢装置工艺流程与腐蚀损伤类型简图

过降压降温后，富液中的二氧化碳逐渐汽提出来，从吸收塔顶放空。从吸收塔中部出来的半贫液，大部分经加压后进入吸收塔顶部，少部分则引入再生塔下塔顶部进一步再生。从吸收塔底部出来的贫液(110℃左右)，经冷却、加压后送入吸收塔上塔顶部。再生塔上塔闪蒸出来闪蒸汽和填料层出来的再生气混合，经洗涤段后离开再生塔经冷凝器和气液分离器后，气体二氧化碳排出，冷凝液部分返回系统，部分排放。

如图2.6-1所示，工艺流程简图上标注了重点设备可能发生的腐蚀损伤类型，共计19种。

2.6.2　主要设备推荐用材

制氢装置用主要设备推荐用材见表2.6-1。

表2.6-1　制氢装置主要设备推荐用材

类别	设备名称	设备部位		设备主材推荐材料	备注
反应器	高温变换反应器 中温变换器	壳体		2.25Cr-1Mo	根据操作条件参照图1.2-5选材
				1.25Cr-0.5Mo	
				15CrMoR	
		内构件		06Cr18Ni11Ti	
	甲烷化反应器	壳体		15CrMoR	根据操作条件参照图1.2-5选材
		内构件		06Cr18Ni11Ti 或 15CrMoR	
塔器	二氧化碳汽提塔	壳体		碳钢	
				碳钢+022Cr19Ni10(06Cr18Ni11Ti)	
		填料		022Cr19Ni10(06Cr18Ni11Ti)	
	二氧化碳吸收塔	壳体		碳钢	
				碳钢+022Cr19Ni10(06Cr18Ni11Ti)	
		填料		022Cr19Ni10(06Cr18Ni11Ti)	
容器	变换气分离器	壳体		碳钢+022Cr19Ni10(06Cr18Ni11Ti)	
		内构件		022Cr19Ni10(06Cr18Ni11Ti)	
	其他容器	壳体		碳钢	
				15CrMoR	
空冷器	变换气空冷器	管箱		碳钢	
		管子		碳钢	
加热炉	转化炉	炉管		HK-40	
				HK-40Nb	
换热器	转化气中压蒸汽发生器	壳体	管程	15CrMoR	应加耐热衬里
				1.25Cr-0.5Mo	
			壳程	碳钢	
				15CrMoR	
		管子		06Cr18Ni11Ti 或 06Cr18Ni11Nb	
	甲烷化反应器预热器	壳体	管程	15CrMoR	
			壳程	15CrMoR	
		管子		15CrMo	
	高温变换气水冷器	壳体	管程	15CrMoR	
			壳程	碳钢	
		管子		15CrMo	

续表 2.6-1

类别	设备名称	设备部位		设备主材推荐材料	备注
换热器	低温变换气水冷器	壳体	管程	碳钢+022Cr19Ni10(06Cr18Ni11Ti)	
			壳程	碳钢	
		管子		022Cr19Ni10(06Cr18Ni11Ti)	必要时选双相钢
	高温变换气蒸气发生器	壳体	管程	15CrMoR	
			壳程	碳钢	
		管子		15CrMo	
	低温变换气蒸气发生器	壳体	管程	碳钢+022Cr19Ni10(06Cr18Ni11Ti)	
			壳程	碳钢	
		管子		022Cr19Ni10(06Cr18Ni11Ti)	必要时选双相钢
	其他换热器	壳体		碳钢	
		管子		碳钢	

2.6.3 防护措施

1. 选材原则和注意事项

对于氢腐蚀环境的定义，一般认为当温度高于232℃(450℉)、氢的分压大于7kgf/cm^2(100lbf/in^2)时，氢能够造成碳钢和低合金钢发生氢腐蚀。即使采用隔离材料(复合板或堆焊)，氢扩散通过隔离材料仍能侵蚀到基层材料。因此，不管有什么隔离材料，都应当选择能够抵抗氢腐蚀的基底材料。此时应选用抗氢钢，如15CrMoR(H)、1Cr-0.5Mo、1.25Cr-0.5Mo-Si、2.25Cr-1Mo等。具体应根据美国石油学会标准API 941《在石油炼厂和石油化工装置中高温高压氢系统中用的钢》是在氢中使用钢材的限制条件指南进行材料选择，见图1.2-5(Nelson曲线)。

转化系统的操作温度在700~900℃，选材主要考虑高温机械损伤、氢腐蚀以及转化炉炉膛侧的高温氧化、高温硫化、碳化、硫酸露点腐蚀，同时考虑废热锅炉及蒸汽发生器高温水侧的氧腐蚀、酸腐蚀。转化炉炉管一般选用HK-40(Cr25Ni20)、HP-40(Cr25Ni35)、HP-40Nb(Cr25Ni35Nb)。

变换系统的操作温度在200~450℃，选材主要考虑氢腐蚀和CO_2腐蚀问题。在露点温度(大约166~195℃，根据装置操作条件不同而不同)上，主要是考虑高温CO_2腐蚀问题，一般选用奥氏体不锈钢。

甲烷化系统的操作温度在300~400℃，选材主要考虑氢腐蚀，由于操作压力较低，一般选用15CrMoR即可。操作温度低于220℃或氢分压较低时操作环境可考虑选用碳钢。

此外，在进行选材时，还应对已开工炼厂充分进行调研，最终给出合理选材。

2. 原料控制和运行管理

制氢装置操作条件苛刻，高温临氢，介质易燃易爆，加强装置的原料控制和装置运行管理，对于设备的防腐蚀非常重要。

装置加工的原料气必须符合设计要求，原料油中应严格控制硫在设计规定值范围内。

对于临氢Cr-Mo钢设备如反应器等，在开停工任何阶段，如气密、干燥、硫化、正常运转，应严格控制升降温速度，以降低反应器壁材料中的氢浓度，最大可能降低氢损伤。

设备正常操作阶段，为了保证设备安全运行，防止失效，应保证操作平稳，保证工艺操作参数的稳定，防止超温、超压，尽量减少非计划停工。

3. 工艺防腐

锅炉给水工艺防腐蚀措施包括除氧和控制给水 pH 值，避免高温水的氧化腐蚀和酸性腐蚀。锅炉给水中溶解氧含量一般控制小于 5μg/L，同时还加入微量的除氧剂——联胺，同时加入碱控制锅炉给水的 pH 值大于等于 7，偏于碱性。有时，工艺上还加入磷酸盐，不仅除去钙和镁离子，同时可形成磷酸铁保护膜。

4. 腐蚀监检测

制氢装置常用的腐蚀监测方法主要是超声波定点测厚。

超声波测厚主要针对变换系统会出现 CO_2 腐蚀碳钢或铬钼低合金钢设备，选点首先考虑操作工艺条件是否出现露点的位置。定点测厚部位主要包括：

① 预脱硫系统：反应器、加热炉炉管、脱硫汽提塔、临氢管线；

② 转化系统：炉管的外观、设备内部的耐热衬里；

③ 变换系统：锅炉给水换热器、蒸汽发生器、工艺气碳钢或低合金钢设备及管线；

④ 脱碳系统：工艺操作温度在 60℃以上，介质含二氧化碳的碳钢设备及管线；

⑤ 甲烷化系统：反应器、临氢管线。

2.7 加氢裂化和加氢精制装置

加氢裂化是现代加氢技术的重要组成部分，是油品轻质化的重要加工手段之一。主要包括馏分油加氢裂化、渣油加氢裂化和馏分油加氢脱蜡等。加氢裂化能加工多种不同性质的原料，原料已由中等沸点馏分扩大至更高沸点馏分，包括轻石脑油、煤油、柴油、蜡油和渣油等，主要产品可以是液化石油气、汽油、喷气燃料、柴油、润滑油、石油化工原料等。加氢裂化已成为最有效、最灵活的炼制过程，也是炼油工艺中用途最广，最重要的转化过程之一。

2.7.1 工艺流程与腐蚀损伤类型

加氢裂化装置的工艺流程与腐蚀损伤类型简图如图 2.7－1 所示。原料油经过滤、脱水后进入缓冲罐，由高压泵升压后与反应产物换热到 320～360℃左右，与经加热炉加热的循环氢混和后进入反应器，反应器进料温度为 370～450℃，原料在反应器内的温度维持在 380～440℃，为了控制反应温度，向反应器分层注入冷氢。原料在反应器内经加氢裂化反应后，反应流出物分别与原料油、循环氢、低分油换热降到 150℃左右，进入高压空冷器冷却到 50℃左右，冷凝的油、油气、氢气和水一起进入高压分离器。在高压分离器内，气、油、水三相分离，氢气从高压分离器顶部排出去循环氢压缩机升压后循环使用；酸性水排出去汽提。生成的油降压后进入低压分离器，分出低分气去脱硫，低分油与反应流出物换热后去脱丁烷塔，脱丁烷塔塔顶得到液化气和干气，脱丁烷塔底油去分馏塔分馏得到轻重石脑油、航煤、柴油和尾油。根据情况，尾油可全部回炼或部分回炼，或作为产品出装置。随着我国炼油装置加工原油的硫含量提高，加氢裂化装置原料油的硫含量相应提高，导致循环氢系统和下游分馏系统低温部位硫化氢含量显著增加，一方面导致低温湿硫化氢应力腐蚀加重，另一方面使反应器内的氢分压下降，使加氢反应速率降低。因此加工高硫原料油的装置还设有循环氢脱硫单元，使循环氢中硫化氢浓度降低到一定限度内。在图 2.7－1 加氢裂化装置工艺流程与腐蚀损伤类型简图上标注了重点设备和管道可能发生的腐蚀损伤类型，共计 20 种。

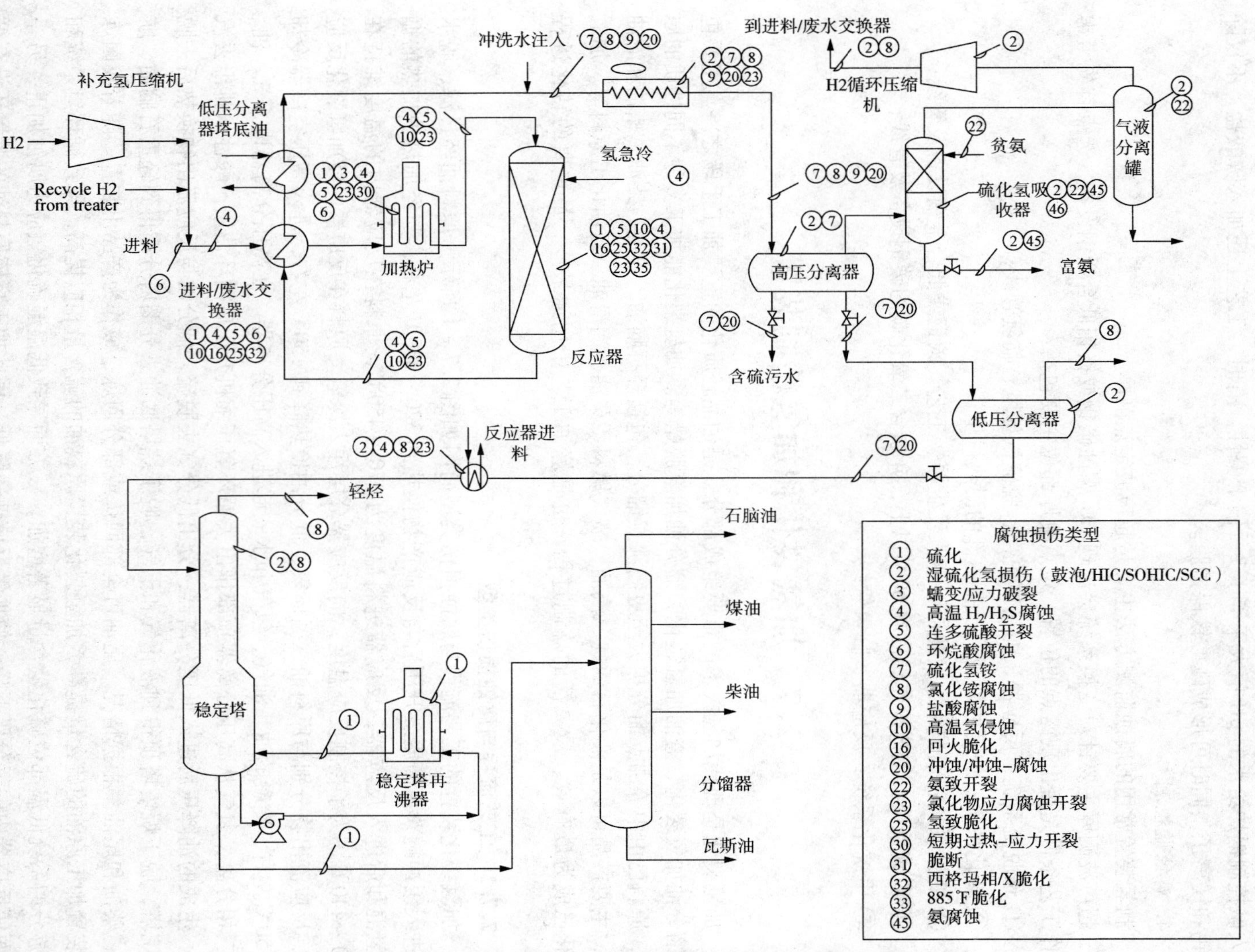

图 2.7-1 加氢裂化装置主要工艺流程及腐蚀损伤类型示意图

2.7.2　主要设备推荐用材

加氢裂化装置设备的主要腐蚀和损伤类型包括高温高压氢引起的损伤（包括氢腐蚀和氢脆）、高温硫化氢加氢的腐蚀、低温湿硫化氢引起的损伤（包括腐蚀减薄、应力腐蚀开裂、氢致开裂、应力导向氢致开裂），还有铬钼钢的回火脆化、不锈钢的氯化物应力腐蚀开裂和连多硫酸腐蚀开裂、氯化铵腐蚀和酸水腐蚀等。

在加氢裂化反应系统，高温部位容器壳体主要采用不锈钢或铬钼钢堆焊不锈钢，主要腐蚀类型是铬钼钢的回火脆化、高温高压氢引起的损伤、高温硫化氢加氢的腐蚀，停工时连多硫酸应力腐蚀开裂。发生部位包括加氢裂化反应器和高温高压换热器，反应加热炉以及相连管道。反应系统低温部位的主要腐蚀类型包括氯化铵腐蚀、含硫氢化铵酸性水的腐蚀、湿硫化氢引起的损伤。氯化铵腐蚀的主要发生部位在反应产物换热流程后部的高压换热器和相连管道。含硫氢化铵酸性水的腐蚀、湿硫化氢腐蚀的发生部位是高压空冷器、冷高压分离器、冷低压分离器及相连管道，以及循环氢系统的设备和相连管道。

分馏系统的主要腐蚀类型包括高温硫腐蚀、湿硫化氢引起的损伤（腐蚀减薄、湿硫化氢应力腐蚀开裂、氢致开裂、应力导向氢致开裂）。高温硫腐蚀主要发生在重沸炉及进出口管线、脱丁烷塔和分馏塔的高温部位和换热器、连接管线。湿硫化氢引起的损伤主要发生在脱丁烷塔、脱乙烷塔、脱硫再生塔塔顶冷凝冷却系统的设备和管线，以及酸性水管线。

加氢裂化装置设备的腐蚀首先考虑的是原料油中硫含量和酸值，硫及酸值的高低的划分参考第2.1章。其中，加工高硫低酸原油加氢裂化装置设备推荐用材见表2.7-1；加工高酸低硫和高酸高硫原油加氢裂化装置主要设备推荐用材见表2.7-2。表2.7-2未规定的设备主材按照表2.7-1的要求选材。渣油加氢、加氢脱蜡装置可参照加氢裂化装置设备选材原则执行。

表2.7-1　加工高硫低酸原油加氢裂化装置主要设备推荐用材

类别	设备名称	设备部位	设备主材推荐材料	备注
反应器	加氢反应器	壳体	2.25Cr-1Mo	根据操作条件参照图1.2-5选材
			2.25Cr-1Mo-0.25V	
			3Cr-1Mo-0.25V	
			1.25Cr-0.5Mo①	
		复层	双层堆焊TP309L+TP347	
			单层堆焊TP347	
		内构件	06Cr18Ni11Ti或06Cr18Ni11Nb	
塔器	脱硫化氢汽提塔	壳体	碳钢+06Cr13(06Cr13Al)	进料口以上壳体及以下1m范围壳体
			碳钢	其他壳体
		塔盘	06Cr13	
	分馏塔	壳体	碳钢②	
		塔盘	碳钢	
			06Cr13	介质温度≥288℃
	脱乙烷塔	壳体	碳钢+06Cr13(06Cr13Al)	顶部5层塔盘以上塔体
			碳钢	其他塔体
		塔盘	06Cr13	顶部5层塔盘
			碳钢	其他塔盘

续表 2.7－1

类别	设备名称	设备部位	设备主材推荐材料	备注
塔器	脱丁烷塔	壳体	碳钢＋06Cr13(06Cr13Al)	进料段以上塔体
			碳钢	其他塔体
		塔盘	06Cr13	进料段以上塔盘
			碳钢	其他塔盘
	溶剂再生塔	壳体	碳钢＋022Cr19Ni10	
		塔盘	06Cr19Ni10	
	循环氢脱硫塔	壳体	抗 HIC 钢③	
		塔盘	06Cr13	
	其他塔	壳体	碳钢	
		塔盘	碳钢	
容器	热高压分离器	壳体	2.25Cr－1Mo	根据操作条件参照图 1.2－5 曲线选材
			1.25Cr－0.5Mo①	
		堆焊层④	双层堆焊 TP309L＋TP347	
			单层堆焊 TP347	
		内构件	06Cr18Ni11Ti	
	冷高压分离器	壳体	抗 HIC 钢③	
		内构件	06Cr13	
		金属丝网	022Cr17Ni12Mo2⑨	
	热低压分离器	壳体	15CrMoR	腐蚀裕量≤6mm
			15CrMoR＋022Cr19Ni10⑨	
		内构件	022Cr19Ni10⑨	
		金属丝网	022Cr17Ni12Mo2⑨	
	冷低压分离器	壳体	抗 HIC 钢	
		内构件	06Cr13	
		金属丝网	022Cr17Ni12Mo2⑨	
	塔顶回流罐	壳体	碳钢⑤	采用碳钢时可内涂防腐涂料
	其他容器	壳体	碳钢	
空冷器	反应流出物空冷器	管箱	NS1402	当管子采用 022Cr23Ni5Mo3N 或 022Cr25Ni7Mo4N 时，管箱可采用抗 HIC 钢；当管子采用 NS1402 时，管箱应采用 NS1402 板材或复合材料。碳钢管应符合 GB 9948 标准
			022Cr23Ni5Mo3N 或 022Cr25Ni7Mo4N	
			15CrMoR	
			抗 HIC 钢	
		管子	NS1402	
			022Cr23Ni5Mo3N 或 022Cr25Ni7Mo4N	
			15CrMo	
			碳钢	
	脱硫化氢汽提塔顶空冷器	管箱	碳钢⑤	碳钢管应符合 GB 9948 标准。可内涂防腐涂料
		管子	碳钢	
	再生塔顶空冷器	管箱	碳钢＋022Cr19Ni10⑨	
		管子	022Cr19Ni10 或 022Cr17Ni12Mo2	
	其他中低压空冷器	管箱	碳钢	
		管子	碳钢	
加热炉	反应进料加热炉	炉管	TP321H	
			TP347H	
	分馏塔进料炉	炉管	1Cr5Mo⑥	

续表 2.7－1

类别	设备名称	设备部位		设备主材推荐材料	备　注
换热器	反应流出物/原料油，氢气或馏出物换热器	壳体	管程 壳程	碳钢	根据操作条件参照图 1.2－5 选材
				15CrMoR	
				1.25Cr－0.5Mo①	
				2.25Cr－1Mo	
			复层④	双层堆焊 TP309L＋TP347	
				单层堆焊 06Cr18Ni11Ti/TP347	
		管子		06Cr18Ni11Ti 或 06Cr18Ni11Nb	
	热高分气/原料油，氢气或低分油换热器	壳体	管程 壳程	碳钢	根据操作条件参照图 1.2－5 选材
				15CrMoR	
				1.25Cr－0.5Mo①	
				2.25Cr－1Mo	
			复层④	双层堆焊 TP309L＋TP347	
				单层堆焊 06Cr18Ni11Ti/TP347	
		管子⑦		NS1402	
				022Cr23Ni5Mo3N 或 022Cr25Ni7Mo4N	
				06Cr18Ni11Ti	
				15CrMo/14Cr1Mo	
	热低分气/冷低分液换热器	壳体	管程	碳钢＋022Cr19Ni10⑨	指热低分气侧
				15CrMoR	
			壳程	碳钢	指冷低分液侧
		管子		15CrMo	
	脱硫化氢/脱乙烷塔顶冷凝器再生塔顶冷凝器	壳体		碳钢⑤	指油气侧，可涂防腐涂料。
		管子		碳钢⑧	管子应符合 GB 9948 标准
	其他换热器	壳体		碳钢	
		管子		碳钢	

注：① 1.25Cr－1Mo 壳体名义厚度应控制在 80mm 以内。

② 根据装置具体工艺流程和实际生产运行情况，其下段可选择碳钢＋06Cr18Ni11Ti 复合材料。

③ 湿硫化氢腐蚀更严重时，可选择碳钢＋022Cr19Ni10 复合材料。

④ 应根据选用的壳体材料按照 H_2＋H_2S 腐蚀曲线图计算壳体的腐蚀裕量。

⑤ 湿硫化氢腐蚀环境，腐蚀严重时可采用抗 HIC 钢。

⑥ 根据装置具体工艺流程和实际生产情况，也可选择 06Cr18Ni11Ti。

⑦ 如果本台换热器上游管道设置注水点，管子材料宜选用 NS1402（N08825）、022Cr23Ni5Mo3N 或 022Cr25Ni7Mo4N 和 15CrMo/14Cr1Mo。

⑧ 对于水冷却器，水侧可涂防腐涂料。

⑨ 采用 022Cr19Ni10 不锈钢时可由 06Cr19Ni10 或 06Cr18Ni11Ti 替代，采用 022Cr17Ni12Mo2 不锈钢时可由 06Cr17Ni12Mo2 替代。

表 2.7－2　加工高酸低硫和高酸高硫原油加氢裂化装置主要设备推荐用材

类别	设备名称	设备部位	设备主材推荐材料	备　注
反应器	加氢反应器	壳体	2.25Cr－1Mo	根据操作条件参照图 1.2－5 选材
			2.25Cr－1Mo－0.25V	
			3Cr－1Mo－0.25V	
			1.25Cr－0.5Mo①	
		复层	双层堆焊 TP309L＋TP347 或 TP309L＋316L	
			单层堆焊 TP347	
		内件	022Cr17Ni12Mo2 或 06Cr18Ni11Ti 或 06Cr18Ni11Nb	

续表 2.7-2

类别	设备名称	设备部位		设备主材推荐材料	备注
换热器	反应流出物/原料油，氢气或馏出物换热器	壳体	管程壳程	碳钢	根据操作条件参照图 1.2-5 选材
				15CrMoR	
				1.25Cr-0.5Mo①	
				2.25Cr-1Mo	
			复层②	单层堆焊 316L 或 TP347	
				堆焊层 TP309L+TP347	
				堆焊层 TP309L+316L	
		管子③		06Cr18Ni11Ti 或 06Cr18Ni11Nb 或 022Cr17Ni14Mo2	
	热高分气/原料油，氢气或馏出物换热器	壳体	管程、壳程	碳钢	根据操作条件参照图 1.2-5 选材
				15CrMoR	
				1.25Cr-0.5Mo①	
				2.25Cr-1Mo	
			复层②	单层堆焊 316L 或 TP347	
				堆焊层 TP309L+TP347	
				堆焊层 TP309L+316L	
		管子③		NS1402	
				022Cr23Ni5Mo3N 或 022Cr25Ni7Mo4N	
				06Cr18Ni11Ti 或 06Cr18Ni11Nb 或 022Cr17Ni14Mo2	
				15CrMo/14Cr1Mo	
加热炉	反应进料加热炉	炉管		TP321H 或 TP347H	
	分馏塔进料炉	炉管		碳钢	炉管壁温≤300℃
				1Cr5Mo④	

注：① 1.25Cr-1Mo 壳体名义厚度应控制在小于或等于 80mm 以内。
② 应根据选用的壳体材料参照表 1.3-1～表 1.3-8 计算壳体的腐蚀裕量。
③ 注氢点以前的设备选材应考虑环烷酸的腐蚀。
④ 根据具体工艺流程和实际生产情况，也可选择 0Cr18Ni10Ti。

2.7.3 防护措施

1. 选材原则和注意事项

(1) 抗氢腐蚀材料选择

对于氢腐蚀环境的定义，一般认为当温度高于 232℃(450℉)、氢的分压大于 7kgf/cm^2 (100lbf/in^2)时，氢能够造成碳钢和低合金钢发生氢腐蚀。即使采用隔离材料(复合板或堆焊)，氢扩散通过隔离材料也侵蚀到基层材料，因此，不管有什么隔离材料，应当选择能够满足 API 941 标准要求的基底材料。此时应选用抗氢钢，如 15CrMoR(H)、1Cr-0.5Mo、1.25Cr-0.5Mo-Si、2.25Cr-1Mo、2.25Cr-1Mo、2.25Cr-1Mo-0.25V、3Cr-1Mo-0.25V 等。美国石油学会标准 API 941《在石油炼厂和石油化工装置中高温高压氢系统中用的钢》是在氢中使用钢材的限制条件指南。Nelson 曲线经常根据获得的新数据定期更新，所以使用者应以最新版本的曲线作为选材依据。并且在使用 Nelson 曲线选择材料时，温度还应另行考虑 28℃(50℉)的安全裕量。

(2) 铵盐腐蚀

对于热高分气与低分油换热器和热高分气与混氢(油)换热器，当温度处于氯化铵结晶范围(176～204℃)时，材质应根据实际情况适当升级，如 NS1402、022Cr23Ni5Mo3N 或

022Cr25Ni7Mo4N 等。

对于高压空冷器，温度处于硫化氢铵结晶范围(26～65℃)，应根据 NH_4HS 的浓度和介质流速进行选材。目前工程设计上对于空冷器管子选材时的准则之一是依据 K_p 值的大小来进行的。即：当 $K_p<0.12$ 时，认为是一般的铵盐腐蚀情况。根据现有加氢装置的使用经验，并考虑中国国情，对于 $K_p<0.12$，NH_4HS 含量<3%(质)，且介质流速为3～6m/s 的换热器器和空冷器用管可考虑选用碳钢或 CrMo 钢管子。

当 $K_p>0.12$ 时，认为是严重的铵盐腐蚀情况，可根据如下原则选材：

① 当 NH_4HS 浓度≤3%(质)，且流速≤6m/s 时，可选用碳钢；

② 当 NH_4HS 浓度≤12%(质)，且流速≤9m/s 时，可选用 022Cr23Ni5Mo3N或 022Cr25Ni7Mo4N；

③ 当 NH_4HS 浓度≤15%(质)，且流速≤15m/s 时，可选用 NS1402(UNS N8825)。

(3) 低温湿 H_2S 腐蚀

对于低温湿 H_2S 腐蚀场合，也可以选用碳钢加防腐涂料的方法抵抗均匀腐蚀，同时进行焊后消除应力热处理，以防止应力腐蚀开裂的发生。

(4) 循环水侧的腐蚀

对于循环水冷却器，换热管的水侧可涂防腐涂料。

2. 原料控制和运行管理

加氢裂化装置操作条件苛刻，高温高压临氢，介质易燃易爆，加强装置的原料控制和装置运行管理，对于设备的防腐蚀非常重要。

装置加工的原料油必须符合设计要求，原料油中的硫、氮、氯离子应严格控制在设计值规定值范围内。输入的新鲜氢气必须符合设计要求，特别要求氢气中不含氯离子。

对于临氢 Cr－Mo 钢设备如反应器、热高压分离器等，在开、停工任何阶段，如气密、干燥、硫化、正常运转，应严格控制升降温速度，以降低反应器壁材料中的氢浓度，最大可能降低氢损伤。

加氢反应器停工不开盖时，应采取氮气密封；开盖后应全面碱洗，以防止连多硫酸对不锈钢堆焊层的腐蚀开裂。

设备正常操作阶段，为了保证设备安全运行，防止失效，应保证操作平稳，保证工艺操作参数的稳定，防止超温、超压，尽量减少非计划停工。

3. 工艺防腐

(1) 概述

加氢裂化装置的工艺防腐蚀措施包括：在高压反应系统换热流程末端的高压换热器前、高压空冷器前的管线上注入除盐水，溶解洗去反应流出物中的铵盐，注水量和注水品质应严格控制。分馏系统塔顶挥发线注缓蚀剂；对冷高压分离器和分馏系统塔顶冷凝水含量进行监控分析。

冷凝水分析包括冷高压分离器酸性水分析和分馏系统塔顶冷凝水的分析，冷高压分离器酸性水分析是定期分析冷高分水中 NH_4HS 的浓度和铁离子浓度、氯离子、pH 值等。根据 NH_4HS 的浓度确定高压空冷器的注水量以及缓蚀剂的注入量；分馏系统塔顶冷凝水分析是定期分析塔顶回流罐冷凝水的浓度和铁离子浓度、氯离子、pH 值参数，根据分析结果对塔顶挥发线上水和缓蚀剂注入量进行调节。

(2) 高压空冷器和高压换热器的工艺防腐

① 高压空冷器和高压换热器注水管理。为了防止氯化铵和硫氢化铵结晶堵塞换热管，

在高压换热器前和高压空冷器前设有注水点进行注水冲洗。由于氯化铵量少，所以在换热流程末端高压换热器间断注水，通过对高压换热器的压降进行监控，在压降超过临界值时进行注水，注水水质要求见表2.7－3。在不注水时注水点阀门要关严，防止水泄漏进入系统，形成高浓度酸性溶液加快腐蚀。

为了防止高压空冷器产生氯化铵和硫氢化铵的沉积堵塞，在高压空冷器前连续、均匀、稳定的注水进行洗涤，注水水质要求见表2.7－3。注水量一般不低于装置处理量的6%，同时要保证总注水量的25%在注水部位为液相。注水量应以控制冷高压分离器内酸性水中NH_4HS浓度在3%～8%(质)为宜。高压空冷器注水量应随装置的处理量和原料性质变化进行调节。

表2.7－3　注水水质要求

成　分	最高值	期望值	成　分	最高值	期望值
氧/10^{-9}	50	15	硫化氢/10^{-9}	—	<1000
pH值	9.5	7.0～9.0	氨	—	<1000
总硬度(钙硬度)/10^{-9}	1	0.1	CN^-/10^{-6}	—	0
溶解的铁离子/10^{-9}	1	0.1	固体悬浮物/10^{-6}	0.2	少到可忽略
氯离子/10^{-9}	100	5			

② 防止催化剂粉末堵塞的措施。为了避免催化剂粉末堵塞高压空冷器，对混捏法制成的催化剂，要控制损耗量小于1.5%；对于浸渍法制成的催化剂，需要控制磨耗量小于1%。

③ 高压空冷器缓蚀剂注入的管理。可根据原料含硫、氮含量和高压空冷器的实际使用情况，选用适当的缓蚀剂，以减缓介质对设备的腐蚀，提高设备使用寿命。

4. 腐蚀监检测

加氢裂化装置常用的腐蚀监测方法包括腐蚀探针和定点测厚。

腐蚀探针安装在脱丁烷塔、脱乙烷塔和分馏塔顶冷凝器的入口管线上，对腐蚀速率进行实时监测，根据监测结果对评价工艺防腐措施的有效性，调节缓蚀剂的注入量。

装置运行中的定点测厚重点部位有：高压空冷器管箱和进出口管线、弯头和三通，高压分离器油出口高压泄放至低压的管线，冷高压分离器、冷低压分离器的酸性水管线，反应系统超压泄放管线，高压进料系统的超过240℃的碳钢和铬钼钢管线，分馏系统塔顶挥发线，重沸炉的出入口管线等。以及盲肠、死角部位，如：排凝管、采样口、调节阀副线、开停工旁路、吹扫线等。其他根据装置检修腐蚀状况适当增减在线定点测厚点。对于加热炉，需要定期对原料中硫等杂质和烟气露点进行分析，大修期间对炉管进行测厚检查。表2.7－4是重点腐蚀监检测内容表。

表2.7－4　腐蚀监检测重点内容表

设备类型	腐蚀挂片	腐蚀探针	定点测厚	化学分析	其　他
冷高压分离器			底部酸性水出口管弯头测厚	酸性水pH、Cl^-、Fe^{2+}/Fe^{3+}、H_2S、HCN、NH_4HS、CN^-含量	
高压换热系统			空冷器、冷却器壳体及出入口短节，塔顶挥发线及回流线。流出物管线弯头、大小头等部位		空冷器停工期间用内窥镜检查

续表 2.7-4

设备类型	腐蚀挂片	腐蚀探针	定点测厚	化学分析	其　他
反应器					热电偶套管焊缝、催化剂支撑凸台表面、法兰密封槽着色检查
分馏塔顶冷凝冷却系统	·	1. 在空冷器后电阻或电感探针； 2. 在回流罐前安装 pH 在线检测探针	空冷器、冷却器壳体及出入口短节，塔顶挥发线及回流线	pH 值、Fe^{2+} 或 Fe^{3+}、H_2S 含量	
加热炉			辐射段出口管线、对流段每路出口弯头	分析燃料中的硫含量、Ni 含量、V 含量	烟气露点的监测

2.7.4 加氢精制装置

1. 工艺流程和设备的腐蚀损伤类型

加氢精制的反应压力不超过 9.5MPa，可使原料油品中的烯烃饱和，并脱除其中的硫、氧、氮及金属杂质等有害组分。原料一般有汽油、柴油、灯油，也可以为润滑油或燃料油。

相比加氢裂化装置，加氢精制的工艺流程和设备的损伤机理基本相同，但加氢反应不十分剧烈，且原料较为干净，因此该装置的腐蚀没有加氢裂化装置那么强烈，尤其是在热高压分离器空气冷却器系统，铵盐腐蚀较轻。

而其他腐蚀情况，例如高温氢腐蚀、高温硫化氢腐蚀、湿硫化氢腐蚀，以及停工时的连多硫酸应力腐蚀基本与加氢裂化相同，故在此不再赘述。

2. 加氢精制装置的材料选择

SH/T 3096 推荐的加氢精制装置主要设备与管道的材料选择见表 2.7-5。

表 2.7-5　加氢精制装置主要设备与管道的材料选择

类别	设备名称	设备部位	设备主材推荐材料	备　注
反应器	加氢反应器	壳体	2.25Cr-1Mo	根据操作条件参照图 1.2-5 选材
			2.25Cr-1Mo-0.25V	
			3Cr-1Mo-0.25V	
			1.25Cr-0.5Mo①	
		复层	双层堆焊 TP309L + TP347	
			单层堆焊 TP347	
		内构件	06Cr18Ni11Ti 或 06Cr18Ni11Nb	
塔器	脱硫化氢汽提塔	壳体	碳钢 + 06Cr13(06Cr13Al)	进料口以上壳体及以下 1m 范围壳体
			碳钢	其他壳体
		塔盘	06Cr13	
	分馏塔	壳体	碳钢②	
		塔盘	碳钢	
			06Cr13	介质温度≥288℃
	脱乙烷塔	壳体	碳钢 + 06Cr13(06Cr13Al)	顶部 5 层塔盘以上塔体
			碳钢	其他塔体
		塔盘	06Cr13	顶部 5 层塔盘
			碳钢	其他塔盘
	脱丁烷塔	壳体	碳钢 + 06Cr13(06Cr13Al)	进料段以上塔体
			碳钢	其他塔体

续表 2.7－5

类别	设备名称	设备部位		设备主材推荐材料	备　注
塔器	脱丁烷塔	塔盘		06Cr13	进料段以上塔盘
				碳钢	其他塔盘
	溶剂再生塔	壳体		碳钢＋022Cr19Ni10⑨	
		塔盘		022Cr19Ni10⑨	
	循环氢脱硫塔	壳体		抗 HIC 钢③	
		塔盘		06Cr13	
	其他塔	壳体		碳钢	
		塔盘		碳钢	
容器	热高压分离器	壳体		2.25Cr－1Mo	根据操作条件参照附录 A 图 A.2 选材
				1.25Cr－0.5Mo①	
				15CrMoR	
		堆焊层④		双层堆焊 TP309L＋TP347	
				单层堆焊 TP347	
		内构件		06Cr18Ni11Ti	
	冷高压分离器	壳体		抗 HIC 钢③	
		内构件		06Cr13	
		金属丝网		022Cr17Ni12Mo2⑨	
	热低压分离器	壳体		15CrMoR	腐蚀裕量≤6mm
				15CrMoR＋022Cr19Ni10⑨	
		内构件		022Cr19Ni10⑨	
		金属丝网		022Cr17Ni12Mo2⑨	
	冷低压分离器	壳体		抗 HIC 钢	
		内构件		06Cr13	
		金属丝网		022Cr17Ni12Mo2⑨	
	塔顶回流罐	壳体		碳钢⑤	可内涂防腐涂料
	其他容器	壳体		碳钢	
空冷器	反应流出物空冷器	管箱		022Cr23Ni5Mo3N 或 022Cr25Ni7Mo4N	当管子采用 022Cr23Ni5Mo3N 或 022Cr25Ni7Mo4N，管箱可采用抗 HIC 钢。 碳钢管应符合 GB 9948 标准
				15CrMoR	
				抗 HIC 钢	
		管子		022Cr23Ni5Mo3N 或 022Cr25Ni7Mo4N	
				15CrMo	
				碳钢	
	脱硫化氢汽提塔顶空冷器	管箱		碳钢⑤	碳钢管应符合 GB 9948 标准。可内涂防腐涂料
		管子		碳钢	
	再生塔顶空冷器	管箱		碳钢＋022Cr19Ni10⑨	
		管子		022Cr19Ni10 或 022Cr17Ni12Mo2⑨	
	其他中低压空冷器	管箱		碳钢	
		管子		碳钢	
换热器	反应流出物/原料油，氢气或馏出物换热器	壳体	管程 壳程	碳钢	根据操作条件参照附录 A 图 A.2 选材
				15CrMoR	
				1.25Cr－0.5Mo①	
				2.25Cr－1Mo	
			复层④	双层堆焊 TP309L＋TP347	
				单层堆焊 06Cr18Ni11Ti/TP347	
		管子		06Cr18Ni11Ti	

续表 2.7－5

<table>
<tr><th>类别</th><th>设备名称</th><th colspan="2">设备部位</th><th>设备主材推荐材料</th><th>备　注</th></tr>
<tr><td rowspan="18">换热器</td><td rowspan="10">热高分气/原料油，氢气或低分油换热器（热高分气水冷器）</td><td rowspan="6">壳体</td><td rowspan="4">管程
壳程</td><td>碳钢</td><td rowspan="4">根据操作条件参照附录 A 图 A.2 选材</td></tr>
<tr><td>15CrMoR</td></tr>
<tr><td>1.25Cr－0.5Mo①</td></tr>
<tr><td>2.25Cr－1Mo</td></tr>
<tr><td rowspan="2">复层④</td><td>双层堆焊 TP309L＋TP347</td><td rowspan="6"></td></tr>
<tr><td>单层堆焊 06Cr18Ni11Ti/TP347</td></tr>
<tr><td colspan="2" rowspan="4">管子⑥</td><td>NS1402</td></tr>
<tr><td>022Cr23Ni5Mo3N 或 022Cr25Ni7Mo4N</td></tr>
<tr><td>06Cr18Ni11Ti</td></tr>
<tr><td>15CrMo/14Cr1Mo</td></tr>
<tr><td rowspan="4">热低分气/冷低分液换热器</td><td rowspan="3">壳体</td><td rowspan="2">管程</td><td>碳钢＋022Cr19Ni10⑨</td><td rowspan="2">指热低分气侧</td></tr>
<tr><td>15CrMoR</td></tr>
<tr><td>壳程</td><td>碳钢</td><td>指冷低分液侧</td></tr>
<tr><td colspan="2">管子</td><td>15CrMo</td><td></td></tr>
<tr><td rowspan="2">脱硫化氢/脱乙烷塔顶冷凝器再生塔顶冷凝器</td><td colspan="2">壳体</td><td>碳钢⑤</td><td rowspan="2">指油气侧，可内涂防腐涂料</td></tr>
<tr><td colspan="2">管子</td><td>碳钢⑧</td></tr>
<tr><td rowspan="2">其他换热器</td><td colspan="2">壳体</td><td>碳钢</td><td rowspan="2"></td></tr>
<tr><td colspan="2">管子</td><td>碳钢</td></tr>
<tr><td rowspan="4">加热炉</td><td rowspan="2">反应进料加热炉</td><td colspan="2" rowspan="2">炉管</td><td>TP321H</td><td rowspan="2"></td></tr>
<tr><td>TP347H</td></tr>
<tr><td rowspan="2">分馏塔进料炉</td><td colspan="2" rowspan="2">炉管</td><td>碳钢</td><td rowspan="2">管壁温度≤300℃</td></tr>
<tr><td>1Cr5Mo⑦</td></tr>
</table>

注：① 1.25Cr－0.5Mo 壳体名义厚度应控制在 80mm 以内。

② 根据装置具体工艺流程和实际生产运行情况，其下段壳体可选择碳钢＋06Cr18Ni11Ti 复合材料。

③ 湿硫化氢腐蚀更严重时，壳体可选择碳钢＋022Cr19Ni10 复合材料。

④ 应根据选用的壳体材料按照附录 A 图 A.3 计算壳体的腐蚀裕量。

⑤ 湿硫化氢腐蚀环境，腐蚀严重时可采用抗 HIC 钢。

⑥ 根据装置具体工艺流程和实际生产情况，也可选择 06Cr18Ni11Ti。

⑦ 如果本台换热器上游管道设置注水点，管子材料宜选用 NS1402（N08825）、022Cr23Ni5Mo3N 或 022Cr25Ni7Mo4N 和 15CrMo/14Cr1Mo。

⑧ 对于水冷却器，水侧可涂防腐涂料。

⑨ 采用 022Cr19Ni10 时可由 06Cr19Ni10 或 06Cr18Ni11Ti 替代，采用 022Cr17Ni12Mo2 时可由 06Cr17Ni12Mo2 替代。

表 2.7－5（续）　加氢精制装置主要设备与管道的材料选择

<table>
<tr><th>管道位置</th><th>管道名称</th><th>推荐用材</th><th>备　注</th></tr>
<tr><td rowspan="3">原料线①</td><td>介质温度≥240℃的原料油管道</td><td>碳钢/1Cr5Mo②</td><td></td></tr>
<tr><td>介质温度≥200℃的循环氢管道</td><td>15CrMo/1Cr－0.5Mo/1.25Cr－0.5Mo/2.25Cr－1Mo/06Cr18Ni11Ti/TP321/TP347④</td><td></td></tr>
<tr><td>混氢管道</td><td>碳钢/15CrMo/1Cr－0.5Mo/1.25Cr－0.5Mo/2.25Cr－1Mo/5Cr－0.5Mo/06Cr18Ni11Ti/TP321/TP347④</td><td></td></tr>
<tr><td rowspan="2">加氢反应器</td><td>进料管道</td><td>06Cr18Ni11Ti/TP321/TP347</td><td></td></tr>
<tr><td>反应流出物系统管道</td><td>15CrMo/1Cr－0.5Mo/1.25Cr－0.5Mo/2.25Cr－1Mo/5Cr－0.5Mo/06Cr18Ni11Ti/TP321/TP347④</td><td></td></tr>
</table>

续表 2.7－5

管道位置	管道名称	推荐用材	备注
热高压分离器罐顶	热高分管道至换热器	15CrMo/1.25Cr－0.5Mo/5Cr－0.5Mo/TP321④	
	空冷器后至冷高分管道	碳钢	湿硫化氢腐蚀环境
脱硫化氢汽提塔顶空冷器	冷凝管道	碳钢	湿硫化氢腐蚀环境
脱硫化氢汽提塔顶回流罐	罐顶冷凝管道	碳钢/022Cr19Ni10/022Cr17Ni12Mo2③	湿硫化氢腐蚀环境
	罐底循环管道	碳钢	

注：① 装置的原料应包括原料油和氢气(循环氢)两种。根据工艺的不同，应注意原料加热系统有炉前混氢和炉后混氢之分。

② 介质温度大于等于240℃时，可根据操作条件从碳钢、1Cr5Mo 中计算腐蚀余量选用合适的材料。

③ 当所选材料的均匀腐蚀速率大于0.25mm/a时，宜考虑提高材料等级，选择碳钢、022Cr19Ni10、022Cr17Ni12Mo2应根据生产的实际情况确定。

④ 高温氢气和硫化氢共同存在腐蚀环境下的选材：

——对于介质温度大于或等于200℃的含有氢气与硫化氢的管道，应考虑高温氢腐蚀以及氢加硫化氢腐蚀按附录A图A.2、图A.3进行选材；

——所选材料的腐蚀速率不宜超过0.25mm/a；

——当选用铬钼钢时，应考虑材料可能发生的回火脆性问题。

2.8 氢氟酸(HF)烷基化装置

2.8.1 工艺流程

烷基化装置采用 $C_3 \sim C_5$ 烯烃在催化剂氢氟酸的作用下，同异丁烷发生家和反应生成烷基化油。目前世界上已经工业化了的烷基化工艺有硫酸法烷基化和氢氟酸法烷基化两种，本文主要讨论氢氟酸法烷基化工艺。氢氟酸法烷基化工艺是美国20世纪40年代开发的技术，美国环球油品公司(UOP)和菲利浦斯公司(Phillips)各自持有这一技术的专利。氢氟酸法烷基化工艺流程共分为五个部分：原料预处理、反应、产品分馏、产品处理、酸再生和三废处理。工艺流程和腐蚀类型见图2.8－1。

1. 原料预处理

原料预处理主要是进行干燥脱水，原料异丁烷和丁烯经过干燥器将含水量降至 20×10^{-6} 以下，如果干燥不好导致原料含水量过高会加剧设备和管道的腐蚀。采用两组干燥器进行干燥和再生的切换，再生时采用部分进料烯烃经过加热器加热后进入干燥器，将脱除活性氧化铝吸附的水分脱除。

2. 反应部分

经过干燥的原料与来自主分馏塔的循环异丁烷以1∶14的体积比在管道内混合后，经高效喷嘴进入反应器中的HF酸液相中。由于异丁烷和丁烯的密度比HF酸低，它们在管道反应器(轻腿)中自下而上流动的同时，在HF催化剂的作用下迅速进行烷基化反应生成烷基化油。反应产物和酸的混合物一起进入酸沉降罐进行沉降分离，HF酸沿一根管子(重腿)自上而下进入酸冷却器冷却后，与进料混合返回到反应器循环使用。烃类油(包括反应产物和未反应烃类)经过维持一定氢氟酸液面的三层筛板，以除去有机氟后经酸喷射混合器与来自酸再接触器底部的氢氟酸混合后进入酸再接触器。在酸再接触器内，HF酸与烃类充分接触，使副反应生成的有机氟化物重新分解为HF酸和烯烃，烯烃再与异丁烷反应生成烷基化油。

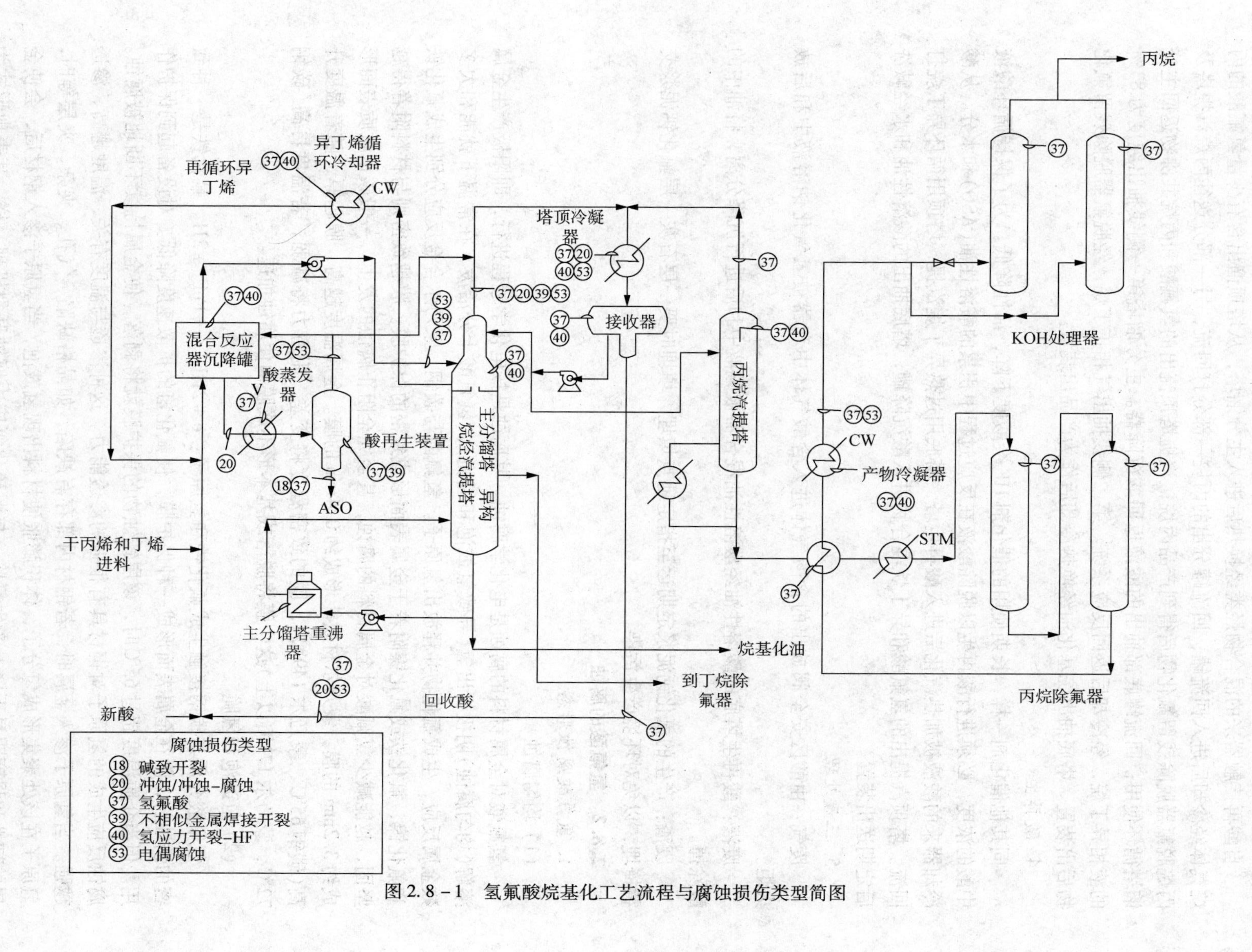

图2.8-1　氢氟酸烷基化工艺流程与腐蚀损伤类型简图

3. 产品分离

自酸再接触器来的混合物烃类经换热后进入主分馏塔，从塔顶馏出含有少量氢氟酸的丙烷气体经冷却后进入回流罐；回流罐分出的丙烷一部分打回流，另一部分送往丙烷汽提塔及丙烷脱氟器脱除残留氟化物后得到产品丙烷；汽提塔顶流出的氢氟酸和丙烷共沸物返回主分馏塔循环使用；回流罐底部抽出的酸液返回酸沉降器。主分馏塔第一侧线抽出纯度为83%的液相异丁烷，经冷却后返回反应系统。第二侧线抽出气相正丁烷，经脱氟器脱除残留氟化物后出装置。塔底抽出烷基化油经换热冷却后作为产品出装置。

4. 酸再生

同其他催化剂一样，长期使用的催化剂 HF 会酸度下降，活性降低。为了保持循环酸液中酸的浓度，必须进行酸再生以脱除酸液在反应过程中积累的酸溶性油(ASO)和水分。从酸冷却器来的酸液被加热汽化后进入酸再生塔，塔底用过热异丁烷汽提，塔顶用循环异丁烷打回流。塔顶汽提出的氢氟酸和异丁烷混合物进入酸沉降罐，塔底抽出的酸溶性油和水经碱洗后定期送出装置。

5. 三废处理

废气：由酸区安全阀放出的含酸气体进入含酸气体中和器被氢氧化钠溶液中和后放火炬。

废液：酸再生塔底的酸溶性油经酸溶性油混合器被碱液中和后进行沉降分离，将油中的酸除掉。

废渣：产生的氟化钙泥浆定期运至指定地点填埋，填埋时要一层石灰一层氟化钙泥浆交替掩埋，以免对环境产生污染。

2.8.2 氢氟酸的腐蚀

1. 氢氟酸腐蚀形态

(1) 均匀腐蚀

氢氟酸对金属材料的腐蚀是电化学腐蚀。其腐蚀是按电化学过程进行，即阳极产生金属溶解(均匀腐蚀)阴极析出氢(导致氢鼓泡和氢脆)。氢氟酸十分活泼，在常温下就能和大多数金属反应，生成氟化物并释放出氢原子。氢氟酸与碳钢，蒙乃尔合金反应分别生成氟化铁和氟化镍，氟化铁或氟化镍附着于金属表面形成致密的保护膜。膜越致密则与材料附着得越坚固，越能减少氢氟酸对金属材料的腐蚀，甚至完全阻止腐蚀的发生。一般碳钢材质表面形成约3.2mm的膜，蒙乃尔材质能形成约0.4mm的膜。金属温度越高，膜越厚，随着温度升高(碳钢65℃，蒙乃尔149℃)，膜的致密程度将变差，附着力将减弱，若温度再高(碳钢72℃，蒙乃尔171℃以上)这个膜将脱落或基本形不成膜而使腐蚀加速。

(2) 氢鼓泡和氢脆

氢氟酸介质与碳钢接触生成氟化铁和氢原子：$e + 2HF \longrightarrow FeF_2 + 2H$。氟化铁是一种致密的锈蚀物，附在金属表面形成一种保护膜，使氟化氢的扩散速度降低。对设备起到保护作用。但当介质温度超过65℃时，该层锈蚀物的保护膜就将剥落，使金属持续不断地被腐蚀。腐蚀反应生成的氢原子对钢材具有很强的渗透能力。这种渗透与温度有关、温度越高、渗透越强。当氢原子渗入金属时，若钢材内部存有缺陷，如晶格缺陷、气孔、夹杂、夹层等时，氢原子在该处聚集形成氢分子，体积膨胀使材料出现氢鼓泡，当氢原子渗入钢材后，会使金属的韧性和强度明显下降，产生氢脆。与湿硫化氢应力腐蚀开裂机理一样，其表现形式为HF引起有氢致开裂(HIC)和应力导向氢致开裂(SOHIC)，具体可见本章的1.2节。碳钢和低合金钢在 HSC 加氢氟酸中的敏感性见表 2.8－1，碳钢和低合金钢的 HIC/SOHIC－HF 敏感见表 2.8－2。

表 2.8－1　碳钢和低合金钢的 HSC－HF 敏感性

高硫钢（S>0.01%）		低硫钢（S=0.002%～0.01%）		超低硫钢（S<0.002%）	
焊后	PWHT	焊后	PWHT	焊后	PWHT
高	高	高	中度	中度	低

表 2.8－2　碳钢和低合金钢的 HIC/SOHIC－HF 敏感性

焊接时的最大布氏硬度			焊后热处理的最大布氏硬度		
<200	200～237	>237	<200	200～237	>237
低	中度	高	无	低	中度

（3）应力腐蚀

应力腐蚀是材料在应力和特定介质共同作用所引起的材料开裂。在氢氟酸中碳钢和蒙乃尔合金均可能产生应力腐蚀开裂，这种应力腐蚀是随温度的增加而加剧。

由 HF 水溶液与碳钢反应生成的氢原子，渗入钢材中杂质或缺陷处聚集，形成氢分子的压力致金属分层开裂，其特征和湿硫化氢的应力腐蚀一样。选择低含硫的钢材可降低开裂的敏感性，为防止压力容器应力腐蚀开裂的措施，可以采取设备焊后进行热处理消除应力并且控制钢材焊缝及其热影响区的硬度值。要求热处理后的硬度值控制布氏硬度在 HB200 以下。

（4）缝隙腐蚀

在设备焊接处可能存在的间隙、焊缝裂纹、垫片与密封面之间的间隙、螺母接触面间隙等处聚存着一部分静止的酸液，这里的酸液不断积聚浓缩，使已形成的保护膜被高浓度的氢离子破坏，使腐蚀加剧，造成严重的局部腐蚀。由于生成的氟化铁或氟化镍体积发生膨胀，在缝隙间膨胀易将焊缝胀坏，引起焊缝开裂乃至破坏事故。

预防缝隙腐蚀要求在施焊时要严格地遵守技术规定，按照规定的程序进行焊接，尤其是蒙乃尔合金的焊接，要求密封焊，连续焊并焊透。

氢氟酸介质的工艺管道不应小于 *DN*25，管道、泵和换热器上得排气、排液口不应小于 ¾"。小于等于 *DN*25 的管子和管件应采用螺纹连接，用聚四氟乙烯密封带密封，螺纹连接的管道绝对不允许采用密封焊。

2. 常用材料的耐氢氟酸腐蚀特性

碳钢在一定范围内能耐氢氟酸腐蚀。在无水氢氟酸中（酸浓度 85%～100%，酸中含水不得大于 3%）碳钢使用温度不高于 71℃。但也有资料报道"在 60℃以下，浓度大于 75% 以上的氢氟酸可以选用碳钢"。

蒙乃尔合金是目前抗氢氟酸腐蚀较好的金属材料之一。与氢氟酸作用后生成氟化镍是较氟化铁更致密、与基体结合更牢固、且不易脱落的保护膜，有极好的抗氢氟酸腐蚀性能。

$$Ni + 2HF \longrightarrow NiF_2 + H_2$$

蒙乃尔合金在任意浓度的氢氟酸中长期使用温度不超过 149℃，短期使用温度不超过

649℃时，在50%~100%氢氟酸中蒙乃尔合金的腐蚀率仅是碳钢的十分之一。

高铬钢和铬镍不锈钢在氢氟酸浓度高于50%的介质中有严重的点腐蚀。12Cr和1Crl8Ni9Ti等不锈钢在氢氟酸中生成的保护膜致密性差，即使在常温下也能为氢氟酸所破坏，一般不选用。

铸铁本身性脆，机械性能差，碳、硫、磷、硅含量较高，不耐氢氟酸腐蚀。

铜虽然在低温、稀酸中耐氢氟酸腐蚀，但不耐冲蚀。对流速较大的流动介质不能选用铜。在浓的氢氟酸中铜可耐66℃氢氟酸腐蚀。

铝不耐氢氟酸腐蚀。金、银、铂等贵重金属抗氢氟酸腐蚀较蒙乃尔合金还要好，但由于它们价格十分昂贵，一般不宜选用。只有少数的仪表零件必要时才选用铂、银，但使用银时介质中不允许含有硫化氢。

各种材料在氢氟酸中的年腐蚀率见表2.8-3，常温下碳钢材料在氢氟酸中的年腐蚀率见表2.8-4。

表2.8-3 各种材料在60℃氢氟酸中的年腐蚀率 mm/a

浓度 / 材料	50%		65%		70%	
	液相	气相	液相	气相	液相	气相
铂	0.00	0.00	0.00	0.00	0.00	
银	0.01	0.00	0.02	0.00	0.18	0.00
蒙乃尔	0.46	0.12	0.12	0.06	0.14	0.05
锰	0.21	0.03	0.06	0.06		
海氏合金	0.24	0.60	0.19	0.24		

表2.8-4 常温下碳钢在氢氟酸中的年腐蚀率

浓度/%	40	58	60	61	62	63	64	65	67.5	69.5
年腐蚀率/(mm/a)	31.0	3.05	2.53	2.07	1.49	0.24	0.05	0.06	0.05	0.06

非金属材料中的聚四氟乙烯、橡胶对氢氟酸有较好的耐腐蚀性能，可用做密封材料。

3. 影响氢氟酸腐蚀的主要因素

(1) 氢氟酸浓度的影响

浓的氢氟酸腐蚀性能极其微弱，而稀的氢氟酸则具有很强的腐蚀性，并且腐蚀性随氢氟酸浓度的降低加剧。这是由于浓度降低，导电性增加，离子的迁移和扩散容易进行，腐蚀电流也较大。当降低到某个浓度时，腐蚀性最强；再降低浓度、腐蚀性将随之降低。一般来讲碳钢使用温度不高于65℃，氢氟酸浓度在75%以上，最好是在98%。即使在低温下，碳钢因含水量增加，其腐蚀率也继续增加，含水量一般控制在1.5~2%为好。含水量与腐蚀关系见表2.8-5、图2.8-2及图2.8-3。

表2.8-5 氢氟酸含水量与碳钢及蒙乃尔合金腐蚀关系

氢氟酸/%	100	98	93	70
含水/%	0	2	7	30
碳钢年腐蚀率/(mm/a)	0.0762	0.178	0.189	5.84
蒙乃尔合金年腐蚀率/(mm/a)	0.0127	0.051	0.076	0.0025

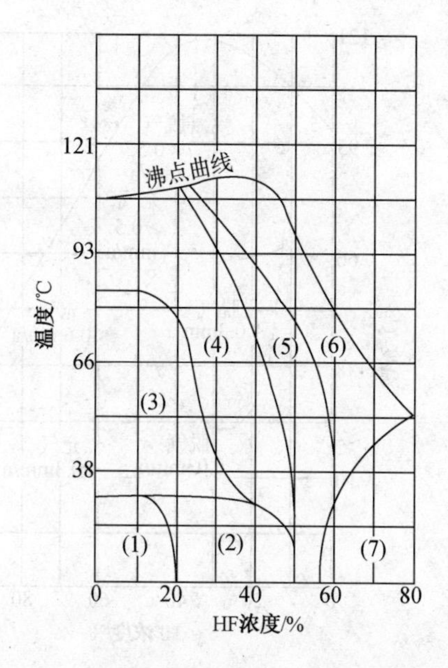

图 2.8-2　金属材料在氢氟酸中耐蚀性各区腐蚀率

（1）区：20Cr-30Ni；25Cr-20Ni；70Cu-30Ni#；66Ni-32Cu#；54Ni-15Cr-16Mo；Cu#；An；Pb；Ni#；镍铸铁；Pt；Ag。

（2）区：20Cr-30Ni；70Cu-30Ni；54Ni-15Cr-16Mo；66Ni-32Cu*；Cu*；Au；Pb*；Ni；Pt；Ag。

（3）区：20Cr-30Ni；70Cu-30Ni*；54Ni-15Cr-16Mo；66Ni-32Cu*；Au；Pb*；Pt；Ag。

（4）区：70Cu-30Ni；66Ni-32Cu*；54Ni-15Cr-16Mo；Cu*；Au；Pb*；Ag。

（5）区：70Cu-30Ni；66Ni-32Cu*；54Ni-15Cr-16Mo；An；Pb*；Pt；Ag。

（6）区：66Ni-32Cu*；54Ni-15Cr-16Mo；Au；Pt；Ag。

（7）区：66Ni-32Cu*；54Ni-15Cr-16Mo；碳钢；Au；Pt；Ag。

#该材料应在无空气进入的条件下使用。

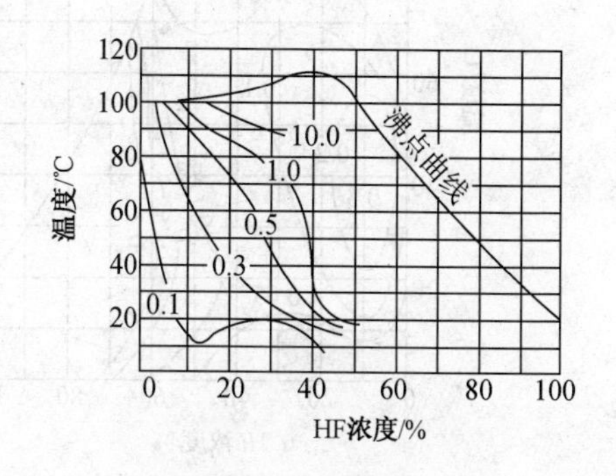

图 2.8-3　铬镍钼不锈钢腐蚀率 <0.5mm/a

（2）温度对腐蚀的影响

对化学反应来说，温度是一个关键条件，温度升高，反应加速，使腐蚀加剧。当使用温度高于65℃时，因氟化铁（FeF_2）保护膜失去作用，腐蚀急速增加，建议选用蒙乃尔合金。一般情况每升高10℃，腐蚀速度可增加1~3倍，由于碳钢在氢氟酸中所生成的保护膜在高温下脱落，造成氢氟酸对金属的腐蚀速率继续提高。蒙乃尔合金在不同温度下的年腐蚀率。见图2.8-4及图2.8-5，常用材料在无水氢氟酸、烃介质中的腐蚀率见表2.8-6，常用有机材料在氢氟酸中使用温度和浓度最大值见表2.8-7，国外某氢氟酸烷基化装置的主要设备选材见表2.8-8。

（3）介质流速对腐蚀的影响

介质的流速对生成的保护膜有一定的影响，介质流速过高，保护膜受到介质冲刷极易脱落，使金属的腐蚀速度加剧。铜的保护膜附着力最差，最易被冲掉；钢的次之；蒙乃尔（MONEL）合金生成的氟化镍保护膜致密，附着力最强，不易被冲刷掉。

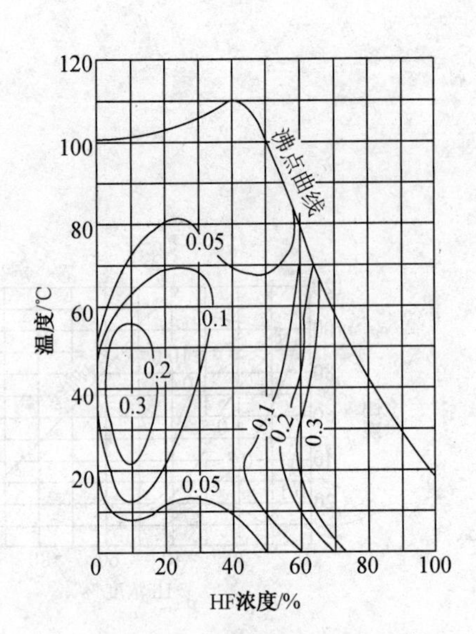

图 2.8-4 镍铜合金(Monel)

注：0.15%C，67%Ni，30%Cu，1.4%Fe。

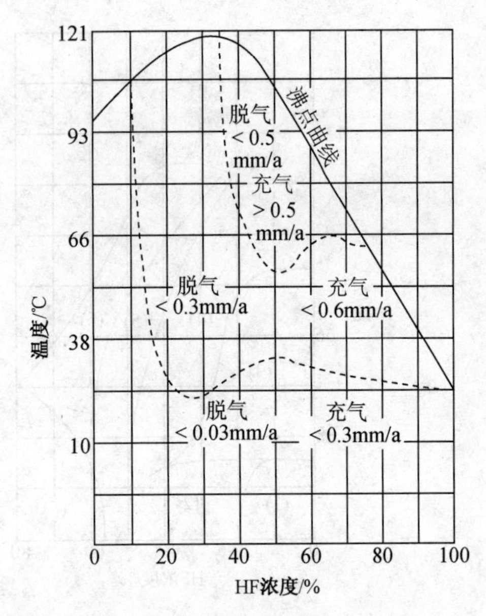

图 2.8-5 镍铜合金(Monel400)

注：0.12%C，66%Ni，1.35%Fe，31.5%Cu。

表 2.8-6 无水氢氟酸对材料的年腐蚀率 mm/a

材料 \ 温度/℃	16~27	27~38	54	82~88
低合金钢	0.15	0.15		2.0
碳钢	0.07	0.16	0.36	2.26
不锈钢	0.16	0.12		0.06
蒙乃尔	0.08	0.02	0.12	
铜	0.33			
70-30Cu-Ni		0.05	0.08	0.254
80-20Cu-Ni		0.13		
铝				24.8

表 2.8-7 氢氟酸中有机材料使用温度和浓度最大值

材料	常温/℃	浓度/%	高温/℃	浓度/%
聚四氟乙烯	20	100	260	100
聚乙烯	20	60	38	50
不透性石墨	20	60	85	60
酚醛塑料	20	60	66	60
环氧树脂	20	60	93	50

(4) 酸中含氧(空气带入)对腐蚀的影响

酸中带进的氧促使金属氧化，使金属的腐蚀明显加快，蒙乃尔合金受氧化而被腐蚀则更明显。因为氧的存在使得这类材料上的阴极控制被解除，腐蚀加剧，蒙乃尔400在饱和氧的氢氟酸中，腐蚀率为23.7mm/a，在无氧氢氟酸中仅为0.246mm/a，相差95倍之多。美国菲利蒲斯公司曾进行了不同条件下腐蚀速度的研究，研究结果表明蒙乃尔合金凹坑腐蚀是在85%~100%氢氟酸溶液中温度小于71℃并含有氧时产生，当金属在含1%氧的氢氟酸中腐蚀速度最大。

2.8.3 腐蚀类型及选材

氢氟酸烷基化装置的腐蚀主要是HF酸对金属的腐蚀，HF对碳钢主要产生均匀腐蚀减薄、氢鼓泡和氢脆、应力腐蚀，对 MONEL 合金主要产生均匀腐蚀减薄和应力腐蚀；此外，在金属连接处如存在缝隙，还可能出现缝隙腐蚀。图 2.8－1 总结了装置常见的腐蚀及其发生部位，表 2.8－8 列出了国外某装置主要设备的选材。

烷基化装置以碳钢和 MONEL 合金为主要材料，其中再生塔、酸汽化器、汽提用异丁烷加热器等操作温度较高的设备及其相应连接管道需选用蒙乃尔合金；对于操作温度 40℃以下的氢氟酸介质和操作温度 100℃以下含氢氟酸的烃类介质的设备和管道的材质以碳钢为主。

原料预处理部分主要脱除原料中的水，物料对材料基本上没有腐蚀性，设备和管道以碳钢为主要材质。

反应部分和产品分离部分的设备和管道以碳钢为主要材质，由于物料中含有大量的 HF，如果原料预处理部分有过多的水带入，会导致碳钢材料出现严重的腐蚀减薄、氢鼓泡和氢脆、应力腐蚀等腐蚀问题。酸喷射混合器和酸溶性油混合器内选用碳钢存在冲蚀问题，需要选用 MONEL 合金。

酸再生部分由于介质温度高，且介质中的 HF 含量高，其设备和管道的选材以 MONEL 合金为主。

2.8.4　工艺防腐和操作过程的防腐要点

氢氟酸烷基化装置的工艺防腐主要包括以下几个方面：

① 加强烷基化原料 C_4 的脱水预处理，严格控制原料干燥后的含水量；严格控制 HF 酸中含水量在 2%～3% 以下，当含水超标时，应及时再生脱水；

② HF 遇到水会形成腐蚀性很强的溶液，要加强对酸冷却器的酸泄漏监测，一旦发生泄漏要及时采取措施，避免 HF 酸泄漏对循环水系统的腐蚀；

③ 严格控制操作温度，禁止超温和超流量运行；

④ 应尽量减少装置开停工次数，避免空气进入系统。

2.9　硫磺回收装置

2.9.1　工艺流程及腐蚀环境

从脱硫装置来的酸性气经气—液分离器脱除水分和烃类后，与鼓风机来的空气预热后进入反应炉，反应炉供给充足的空气，使酸性气中的烃和氨完全燃烧，同时使酸性气中三分之一的 H_2S 燃烧成 SO_2，燃烧后的过程气经余热锅炉取热产生高压蒸汽，然后过程气进入第一硫冷凝器冷却后，硫蒸汽被冷凝下来并与过程气分离，低温的过程气进入第一在线炉，燃料气略低于化学当量燃烧产生的高温气体，并与过程气混合，通过控制燃料气和空气流量使过程气获得最佳温度。从在线炉来的过程气进入第一反应器，过程气中的 H_2S 和 SO_2 在催化剂作用下发生反应，同时 COS 和 CS_2 发生水解反应，反应后的气体进入第二硫冷凝器进行冷却并分离出液硫。过程气再进入第二在线炉加热，然后进入第二反应器、第三硫冷凝器冷却，进一步回收硫磺，从第一、二、三硫冷凝器得到的液硫，经硫封罐进入液硫池。硫磺回收装置的腐蚀主要有高温硫化腐蚀和低温电化学腐蚀。高温硫化腐蚀主要存在于反应燃烧炉的内构件如燃料气喷嘴、酸性气喷嘴等；余热锅炉进口管箱与换热管前端。低温电化学腐蚀主要存在于燃烧炉和转化器耐热衬里损坏后，过程气窜入内衬里造成设备腐蚀；过程气和硫磺尾气管道的波形补偿器夹层内窜入过程气和尾气并冷凝使补偿器夹层腐蚀穿孔。硫磺回收装置的主要工艺流程和腐蚀类型见图 2.9－1，主要腐蚀类型共有 8 种。

表 2.8-8 国外某氢氟酸烷基化装置的主要设备选材

设备名称	流程号	规格和结构特征	操作条件			主体材质	金属总重/t	
			介质	温度/℃	压力/(kgf/cm^2)		总重	其中合金
酸再生塔	V-1	$\phi600\times7000\times10$ 下部四层挡板	氟化氢异丁烷	149	9.5	蒙乃尔	2.5	
主分馏塔	V-2	$\phi2000/\phi2400\times63209\times34/38$ 82 层 V-GRID 塔盘	烃、烷基化油	232	20.5	碳钢	~170	
排出气吸收器	V-3	$\phi325\times3100\times10$ 1in 冷凝盘管、换热面积 $1.4m^2$，内装石墨填料	烃	41	18.7	10	0.5	
丙烷汽提塔和重沸器	V-4 E-12	$\phi400/\phi1000\times14480\times14/18$ 石墨填料塔，床高 9.2m，包括 E-12 内插重沸器	氟化 氢烃	70	22.3	碳钢	4.4	
酸沉降罐酸贮罐	D-2 D-3	$\phi2200/\phi2600\times30983\times18/20$ D-2 内设三层筛板	氟化 氢烃	51 38	8.3 10.2	碳钢	41.766	蒙乃尔 0.119
反应管、酸循环管		$\phi650/\phi700\times12$	氟化 氢烃			碳钢	6.872	
酸再接触器	D-5	$\phi2200\times9888\times40$ 卧式酸色 $\phi600\times1200$		51	32.8	碳钢	25.233	
含酸气体中和器	D-11	$\phi600/\phi2000\times10783\times8/10$ 立式内设五层挡板、含酸气体进料管为蒙乃尔	氟化 氢烃	43	0.4	碳钢	5.41	蒙乃尔 0.095
主分馏塔顶回流罐	D-6	$\phi2200\times9956\times26$ 卧式酸色 $\phi600\times1200$	碱液含酸气	41	18.7	碳钢	16.93	
酸冷却器	E-1	$\phi1300\times11713\times14$ U 形管 $F=710.6m^2$ 壳	氟化 氢烃	33.5 39.8	3 10.3	10 碳钢	28.144	
酸汽化器	E-2	U 形、双管板，管束为蒙乃尔钢管壳	氟化氢蒸汽	149 170	11.6 6	蒙乃尔	2.5	蒙乃尔 2
汽提用异丁烷加热器	E-3	$\phi45/\phi89-25-1.7\times3$ 内管为蒙乃尔管壳	异丁烷柴油	163 236	10.2 3.4	蒙乃尔 10	1.037	蒙乃尔 0.6
酸喷射混合器	M-1	$DN150\times1805$ 喷嘴和扩散器为	氟化氢烃	51	25.4	蒙乃尔	1	
酸溶性油混合器	M-5	$\phi80\times1370$ 内装 8 块半圆挡板蒙乃尔材料	油	149	1.5	蒙乃尔	0.1	

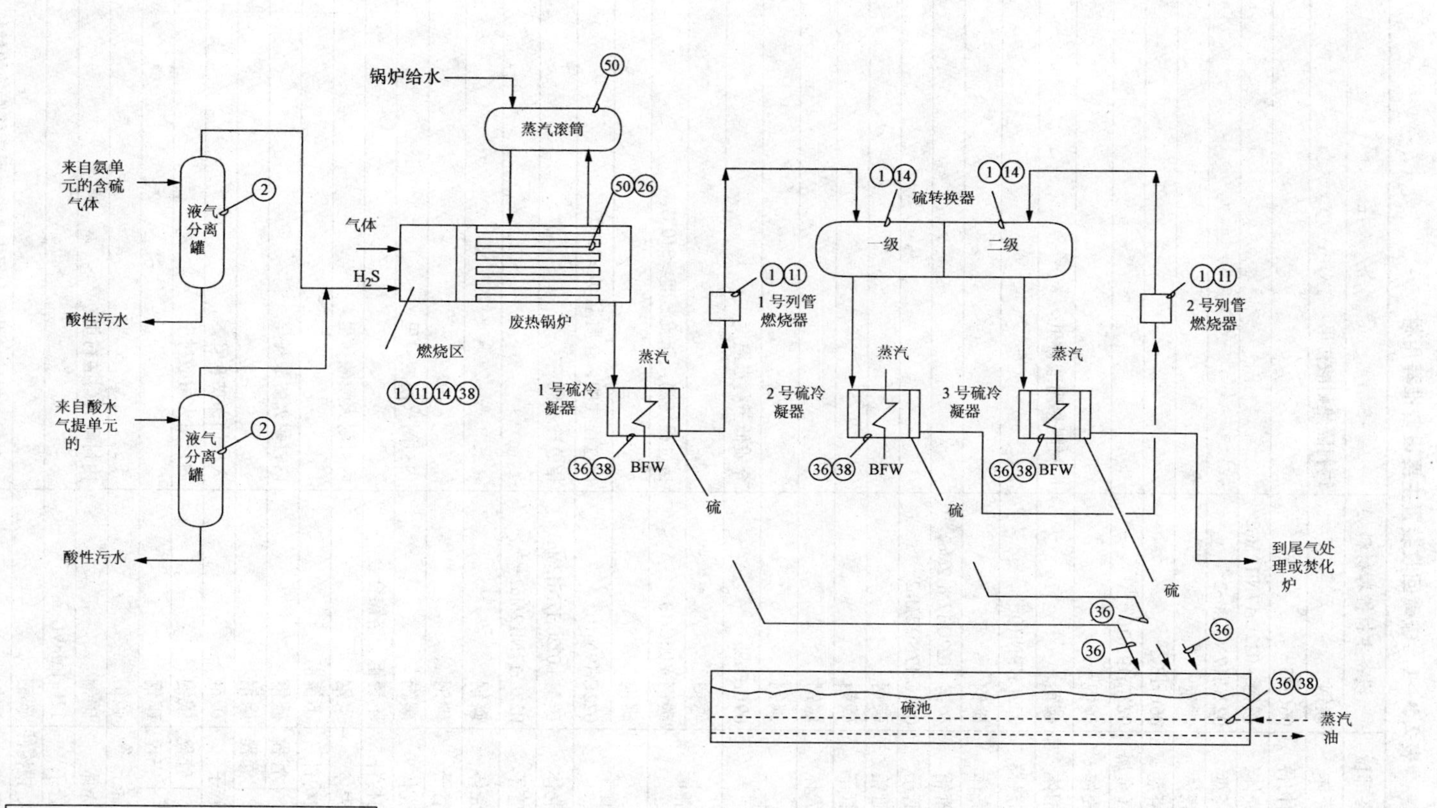

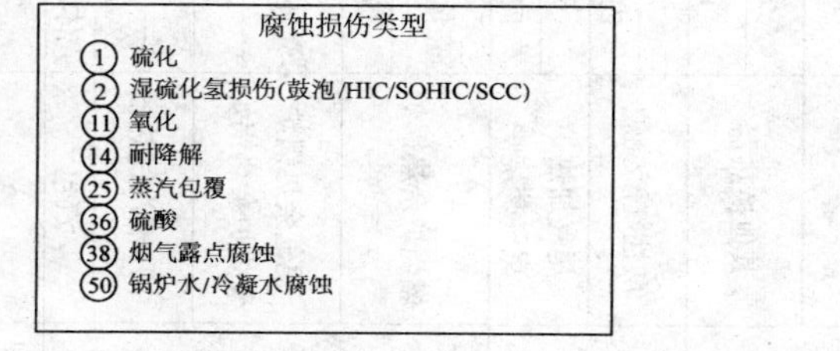

图 2.9-1 硫磺回收装置的主要工艺流程和腐蚀损伤部位简图

2.9.2 主要设备推荐用材

SH/T 3096 推荐的硫磺回收装置主要设备推荐用材见表 2.9－1。

表 2.9－1 硫磺回收装置主要设备推荐用材

类别	设备名称	设备部位	设备主材推荐材料	备注
反应器	反应器	壳体	碳钢	内衬隔热耐酸衬里
		内构件	06Cr13①	
塔器	急冷塔	壳体	碳钢＋022Cr17Ni12Mo2②	
		塔盘	022Cr17Ni12Mo2②	
	尾气吸收塔	壳体	碳钢②	
		塔盘	06Cr13	
		填料（金属）	022Cr19Ni10②③	
容器	酸性气分液罐	壳体	碳钢②	
	硫磺池	槽体	碳钢	内衬隔热耐酸衬里
		加热器	022Cr19Ni10②	
	其他容器	壳体	碳钢	
空冷器	急冷水空冷器	管箱	碳钢＋022Cr17Ni12Mo2②④	
		管子	022Cr17Ni12Mo2②④	
	其他空冷器	管箱	碳钢	
		管子	碳钢	
换热器	硫冷凝器	壳体	碳钢	
		管子	碳钢	
			09CrCuSb	介质低于露点温度
	过程气加热器	壳体	碳钢	
			碳钢＋06Cr13	指过程气侧，介质温度≥310℃
		管子	碳钢	
			022Cr19Ni10②	指过程气侧，介质温度≥310℃
	急冷水冷却器	壳体	碳钢＋022Cr17Ni12Mo2②④	指急冷水侧
		管子	022Cr17Ni12Mo2②④	
	其他换热器	壳体	碳钢	
		管子	碳钢	
加热炉	酸性气燃烧炉	壳体	碳钢	内衬耐火耐酸衬里
		内构件	不锈钢、铬镍合金	
	尾气加热炉 尾气焚烧炉	壳体	碳钢	内衬耐火耐酸衬里
		内构件	不锈钢	
废热锅炉	燃烧炉余热锅炉	壳体 管程	碳钢	内衬耐火耐酸衬里
		壳体 壳程	碳钢	
		管子	碳钢	入口加保护套管
	尾气余热锅炉 焚烧炉余热锅炉	壳体 管程	碳钢	内衬耐火耐酸衬里
		壳体 壳程	碳钢	
		管子	碳钢	
	中压蒸汽过热器	壳体	碳钢	内衬耐火耐酸衬里
		管子	12Cr1MoVG	
	汽包	壳体、内构件	碳钢	
烟囱		壳体	碳钢	内衬耐火耐酸衬里，上部应考虑耐稀硫酸腐蚀的材料

注：① 反应器内构件根据需要也可采用 06Cr19Ni10、022Cr19Ni10 或 06Cr18Ni11Ti 等材料。

② 采用 022Cr19Ni10 时可由 06Cr19Ni10 或 06Cr18Ni11Ti 替代。

③ 湿硫化氢腐蚀环境，腐蚀严重时可采用抗 HIC 钢。

④ 急冷水注氨后的空冷器或冷却器可采用碳钢。

2.9.3　腐蚀防护措施和选材应注意的问题

1. 选材原则

硫磺回收装置设备用材应遵循的原则是：一般硫磺回收装置的设备和管线可以用碳钢材料制造；与高温(≥310℃)接触的设备和管线可以用耐热耐火材料衬里或不锈钢保护。

2. 设备防腐结构设计

1）减少腐蚀的系统设计

酸性气中的烃类宜限制在4%以下，防止烃类突增，造成不完全燃烧影响硫磺质量和炉温的过分升高导致耐火衬里损坏，燃烧过程气窜入炉壁产生腐蚀。

为防止余热锅炉出口管箱及出口管线遭受高温硫化腐蚀，余热锅炉的过程气出口气流温度宜限制在310℃以下。

2）减少腐蚀的设备设计

(1) 燃烧反应炉

炉的燃烧温度一般在1100～1300℃，为防止高温硫化腐蚀，必须设耐热耐火衬里。耐热耐火材料可采取多层结构，其复合结构为：填料、硅藻土砖、轻质耐火砖、高铝砖或重质耐火砖。设计钢体炉壳的温度宜大于150℃。

燃烧炉在生产中爆炸损坏衬里，酸性气窜入砖缝中并与炉壁钢板接触产生腐蚀，燃烧炉需设置防爆膜并加防护罩。

设计处理炼油厂或化工厂含NH_3酸气时，推荐选用同室二段燃烧炉。前室为含NH_3的酸性气体分解室，后室为H_2S的部分燃烧室。炉体应设防雨设施。

(2) 余热锅炉

由于进余热锅炉的过程气温度很高，且暴露于热燃烧气中，为防止高温硫化腐蚀，入口钢板要用耐火材料加以保护，避免热气体直接接触钢板。余热锅炉入口炉管管内应插入刚玉保护衬管，伸出来刚玉衬管的周围要用耐火材料覆盖。

宜采用比耐火材料和管板总厚度更长的刚玉保护套管，使其伸出管板冷面一定距离。因为在紧靠管板处，气侧和水侧的温差大，传热量也大，大量蒸汽将冲刷管板和紧靠管板的换热管管段，使其难以一直浸泡在水中而超温，衬管伸出一定距离可使该处发生蒸汽量相对下降，保证管板冷面和该处管段不受高温硫化腐蚀。余热锅炉应设防雨设施。

(3) 硫冷凝冷却器

硫冷凝器壳程发生蒸汽时，宜选用带蒸汽发生空间的卧式固定管板换热器。尽可能不选用立式无蒸发空间的换热器，以避免壳程换热形成气液界面，使换热管产生疲劳腐蚀穿孔。当硫凝器管束选用碳钢时，壁温应控制在310℃以下，超过310℃，进口管箱、管板等应采取耐热衬里结构。硫冷凝器不设波形补偿器，则开停工时应设置壳程蒸汽加热，保持管束和壳体的金属壁温基本一致。为便于清扫和检查管子，冷凝器的两端宜设置检查孔。

(4) 转化器

为防止高温硫化腐蚀，转化器内应设耐热衬里，并能适应催化剂再生的高温条件。转化器底部出口管嘴应与转化器内表面齐平，避免腐蚀产物积存及腐蚀。转化器外表面宜设保温层。

(5) 工艺管线

过程气温度高于310℃的主要碳钢管线应用耐火衬里保护，以防止高温硫化腐蚀。当管线不能采用耐火衬里时，应采用合金钢管或合金复合钢管。当考虑工艺管线的热补偿需要安装波形补偿器时，可选用 S32168(1Cr18Ni9Ti)不锈钢，波形补偿器应尽可能安装在垂直管段上，并且外表面应敷设伴热线和保温保护套。

3）防止大气腐蚀措施

① 合理设计保温结构，防止凯装保温铁皮接口缝隙中存水、漏水。

② 设备和管线的保温外护层宜选用镀锌铁皮或薄铝板。外表面应涂刷防护层，使用不锈钢作外护层的外表面也要涂刷防护涂层。

③ 设备、管线和钢结构等涂刷防护油漆或装饰性油漆推荐使用抗大气腐蚀及抗日光老化性能优良的氯磺化聚乙烯涂料。

3. 工艺防腐措施

(1) 开停工保护

装置停工后，设备管线内不应有任何酸性介质(残硫、过程气)存在于设备和管线内。凡不需打开检查的设备和管线应充满氮气，保持密封，防止系统中湿气的冷凝，保持温度在系统压力对应的露点以上。

当设备打开检查或检修时，应用惰性气体吹扫设备，酸性介质及腐蚀产物不应滞留。余热锅炉炉管、硫冷凝器内腐蚀产物(硫化亚铁、泥状沉积物等)不宜用水清洗。推荐用惰性气体清理，并保持干燥。

(2) 操作注意事项

不宜使用蒸汽调节温度，并且不能使用蒸汽扑灭硫着火，防止产生腐蚀问题。

4. 制造注意事项

在湿 H_2S 环境下，为防止设备和管线焊缝产生应力腐蚀开裂，设备制造时应满足下列要求：

① 设备制造完后，应进行焊后热处理，控制焊缝和热影响区的硬度≤200HB。

② 采用埋弧自动焊时，不得使用陶瓷型焊剂，必须用熔融型焊剂。

余热锅炉、硫冷凝器制造时，为减少余热锅炉管子与管板之间热阻和缝隙腐蚀，换热管与管板的连接应采用贴胀加强度焊。当条件苛刻时，应适当增加管子与管板的贴合面积。

为防止硫冷凝器的高温硫化腐蚀和缝隙腐蚀，管子与管板的连接宜采用强度胀加密封焊或强度焊加贴胀。焊接结构中的不锈钢设备或不锈钢焊缝焊接之后应采用酸洗膏和钝化膏进行酸洗、钝化处理。

2.10 酸水汽提装置

2.10.1 工艺流程和腐蚀损伤类型

通过蒸汽加热促使含硫污水中硫氢化铵水解为 H_2S 和 NH_3 分子，利用 H_2S 相对挥发度比 NH_3 高而溶解度比 NH_3 小的特性，分离 H_2S 气体与 NH_3 气体。通过不断由塔顶抽出 H_2S，侧线抽出 NH_3，使硫氢化铵不断地水解。液相中 H_2S 和 NH_3 分子不断进入气相并分离，推动塔侧线汽提并连续生产。

热进料与侧线抽出富氨气、塔底净化水、重沸器依次换热后，温度降到150℃左右从塔的上部进入塔。此温度远远超过硫氢化铵电离反应与水解反应的拐点温度(110℃)，所以 H_2S 和 NH_3 均以游离的分子态存在于热进料中。汽提塔内操作压力比进料管中的压力低，热进料进入塔后由于减压闪蒸及塔顶的抽提作用，H_2S 与 NH_3 由液相转入气相，并向塔顶移动。

从塔顶打入温度为30℃左右的冷进料，并保持塔顶温度小于40℃。由于 NH_3 比 H_2S 易溶于水，所以下行的冷进料不断将向上移动的混合气体（H_2S和NH_3）中的NH_3吸收，而H_2S很少被吸收，塔顶抽出含H_2S浓度较高的酸性气。塔底用蒸汽加热，保持塔底温度160～170℃，使污水中的NH_3、H_2S全部被汽提出来，获得合格净化水。

塔下部汽提出的H_2S和NH_3不断上升，塔顶部NH_3被冷进料吸收而下行，在塔中部形成一个NH_3浓度较高的密集区，在此处将富氨气抽出，再经三级降温、降压、高温分离水，低温分离硫的分离工艺，得到纯度较高的氨气。酸水汽提装置主要工艺流程和腐蚀损伤类型见图2.10－1。

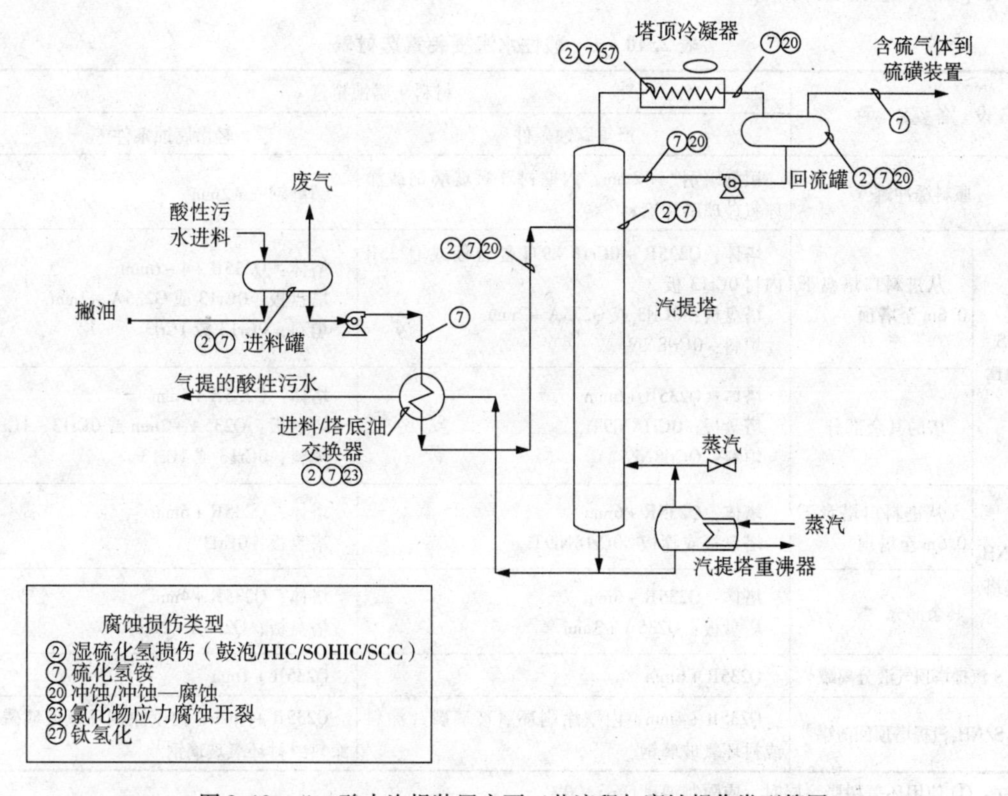

图2.10－1　酸水汽提装置主要工艺流程与腐蚀损伤类型简图

2.10.2　主要设备推荐用材

1. 选材原则

根据国内炼厂酸性水汽提装置的材料使用经验，装置主要设备和工艺管线如NH_3汽提塔、回流罐、原料缓冲罐以及冷却器、换热器的壳体、管箱等均可用碳钢材料制造。

对于酸性水的酸性冷凝液产生严重电化学腐蚀的部位，当工艺防腐措施无法实施或无可靠保证时，可选用18－8型奥氏体不锈钢。容易堵塞和造成腐蚀的部位或设备，如冷却器、换热器的管束，为便于清洗和延长管束的使用寿命，可以选用0Cr13或18－8型不锈钢。

因为酸性水中的NH_3能导致含铜合金的快速腐蚀，并可能产生应力腐蚀开裂，因此在酸性水汽提装置中，不允许使用铜或者含铜合金。

湿H_2S环境下使用的设备应遵循的原则：

① 以H_2S应力腐蚀开裂为主要破坏形式的部位，应尽可能选用碳素钢和强度较低的低合金钢。

② 主要腐蚀形式为氢鼓泡的部位，应选用镇静钢。当钢板厚度大于20mm和锻件等受

压元件应进行超声波探伤检查，检验结果应符合 JB/T 4730. 3—2005 中Ⅰ级要求。

③ 暴露在湿 H_2S 环境中的碳钢设备和管线，设备制造完毕后，应进行整体消除应力热处理或管线焊缝的热处理。经热处理后的设备不允许再动焊，否则应考虑焊后局部热处理，并保证焊缝和热影响区的硬度≤200HB。

2. 主要设备选材

一般情况下，本装置塔、容器类设备选用材料见表 2. 10 – 1。列出的材料和腐蚀裕量，是考虑能够满足炼制含硫原油的酸性水汽提装置设备设计选材的最低要求，设计时，可根据操作条件，调整选用材料。

表 2. 10 – 1 酸性水汽提装置选材表

设备名称		材料 + 腐蚀裕量	
		严重腐蚀条件	轻微腐蚀条件④
原料缓冲罐		镇静碳钢⑤ + 2mm，内壁衬环氧玻璃钢或涂环氧玻璃磷片涂料①	镇静钢⑤ + 2mm
H_2S 汽提塔	从进料口塔盘下 0. 6m 至塔顶	塔体；Q235R + 0Cr18Ni9Ti 复合板或 Q235R 内衬 0Cr13 板 塔盘板：0Crl3 或 Q235A + 2mm 填料：0Crl8Ni9	塔体：Q235R + 4 ~ 6mm 塔盘板：0Cr13 或 Q235A + 2mm 填料：0Cr13 或 1Crl3
	塔的其余部分	塔体：Q235R + 6mm 塔盘板；0Cr18Ni9Ti 填料：0Crl8Ni9	塔体：Q235R + 4mm 塔盘板：Q235A + 2mm 或 0Cr13、1Cr13 填料：0Cr13 或 1Cr13
H_2S/NH_3 汽提塔	从进料口塔盘下 0. 6m 至塔顶	塔体：Q235R + 6mm 塔盘板或筛板：0Cr18Ni9Ti	塔体；Q235R + 6mm 塔盘板：0Crl3
	其余部分	塔体：Q235R + 6mm 塔盘板：Q235A + 3mm	塔体；Q235R + 4mm 塔盘板；Q235A + 2mm
H_2S 汽提塔顶气液分离罐①		Q235R + 6mm	Q235R + 4mm
H_2S/NH_3 汽提塔顶回流罐③		Q235R + 4mm，内壁涂刷环氧玻璃磷片涂料或衬环氧玻璃钢①	Q235R + 4mm，内壁涂刷环氧玻璃磷片涂料或衬环氧玻璃钢①

注：① 使用环氧树脂涂层时，应限制温度低于 100℃。

② 如果器内设置丝网除雾器，则应选用 18 – 8 型奥氏体不锈钢丝网和隔栅。

③ H_2S/NH_3 汽提塔顶回流罐应进行焊后消除应力热处理，热处理后焊缝和热影响的硬度≤200HB。

④ 在酸性水中，H_2S、NH_3 及 CN^- 项指标都不超过下列数值时，则称为轻微腐蚀条件：$H_2S \leqslant 4000 \times 10^{-6}$；$NH_3 \leqslant 1500 \times 10^{-6}$；$CN^- \leqslant 10 \times 10^{-6}$。

⑤ 如果材料的最低公称抗拉强度大于 414MPa(60000psi)时，则容器应进行焊后消除应力热处理。处理后焊缝和热影响区的硬度应不超过 225HB。

2. 10. 3 工艺防腐措施

1. 防止设备腐蚀

脱 H_2S 汽提塔压力超高时，不宜切断重沸器汽源，宜慢慢降低蒸汽量，并紧急放空以避免上下压差太大造成塔内构件弯曲或损坏，同时避免重沸器过热。

塔顶及塔顶管线应有保温措施，并可同时对管线进行蒸汽伴热，以防止气相冷凝物的腐蚀。塔体接管和人孔等处也应保温，防止气体在无保温处冷凝产生腐蚀。为防止塔顶冷凝液的积聚而产生腐蚀，可在适当部位设置冷凝液排出口。酸性水进料线和回流循环线的进料速度宜控制在 0. 9 ~ 1. 8m/s，以尽量减少管线的冲蚀和腐蚀。汽提塔顶管线中气体的流速应低于15.2m/s，以减缓冲蚀。适当降低酸性水汽提塔的汽提速度，使 H_2S 气体中 NH_3 的浓度降低，可以减少 NH_4HS、NH_4HCO_3 或氨基甲酸造成的腐蚀。

为监测设备腐蚀和氢渗透鼓泡情况，宜在塔顶冷凝器的入口和出口、塔顶塔盘的液相区和气相区以及回流罐的液相区和气相空间分别安装电阻腐蚀探针和氢探针。

2. 防止系统管线堵塞

为防止塔顶冷凝器由于 NH_4HS、NH_4HCO_3 或氨基甲酸铵盐结晶引起的堵塞和腐蚀，可采取间断注水或用蒸汽加热的措施去除结晶物。注水应在确认冷凝器因堵塞而引起压降增加时进行。

汽提塔、容器等应有保温措施，不能剧烈降温，以免其他部位生成结晶物。脱 NH_3 汽提塔顶温度应控制大于82℃，以防止气体冷凝物腐蚀和 NH_4HS 的堵塞。为防止脱 H_2S 汽提塔液控阀、压控阀结晶堵塞，应加伴热线并保温。

为防止高浓度 NH_4HS 等结晶物堵塞仪表测量引线，H_2S 汽提塔底液位变送器、玻璃板液面计、NH_3 汽提塔顶流量计等，应注入冲洗水。提高脱 H_2S 汽提塔顶汽提压力，降低塔顶温度(不低于出现堵塞温度)，使 NH_3 在水中的溶解度提高，可以消除或减少塔顶 H_2S 管线的结晶物。

3. 开停工保护

为了防止腐蚀和腐蚀产物堵塞管道，开工时装置的设备和工艺管线推荐用蒸汽或氮气或者工业水置换设备内的空气。

停工时，用工业水切换原料污水并冲洗设备和管线。注意水不能窜进酸性气线和放火炬线。停工时不宜用压缩空气吹扫系统设备，以免产生腐蚀问题。

2.11　乙烯装置

2.11.1　工艺流程和腐蚀损伤类型

随着原料乙烯需要量的急剧增加，炼油工业热裂解的乙烯资源成为现代乙烯生产的主要原料。迄今为止，除了很少一部分乙烯由焦炉气回收制取外，大部分都以石油系碳氢化合物或湿性天然气为原料而制得。

我国生产乙烯的原料油范围很广，从闪蒸油、减压轻柴油(VGO)、常压轻柴油(AGO)、天然气凝析液、液化石油气(LPG)、轻烃直至渣油，应有尽有。其主要原料以轻柴油为主，占原料总量的70%，轻油(包括炼厂气)占14%，闪蒸油占8.9%，渣油占1.1%。

本文提到的乙烯装置(包括裂解单元)主要是以轻柴油为原料，采用高温裂解和深冷分离工艺，用六塔顺序分离生产纯乙烯、纯丙烯、混合碳四等的工艺路线。典型的工艺流程简图见图2.11-1。

无论选择哪一种工艺路线，哪一种专利技术，乙烯装置中最典型的设备腐蚀问题都离不开裂解炉管的高温下渗碳、高速物料冲刷、原料含硫等因素所引起的炉管早期失效，以及裂解气分离过程中的有害气体腐蚀。

所谓裂解，就是原料在裂解炉辐射盘管中、大于800℃的高温下进行处理，使碳链断裂的热裂解化学反应，产生乙烯、丙烯，同时还产生丁烯、丁二烯、乙烷、乙苯、甲苯、二甲苯、萘等产品。

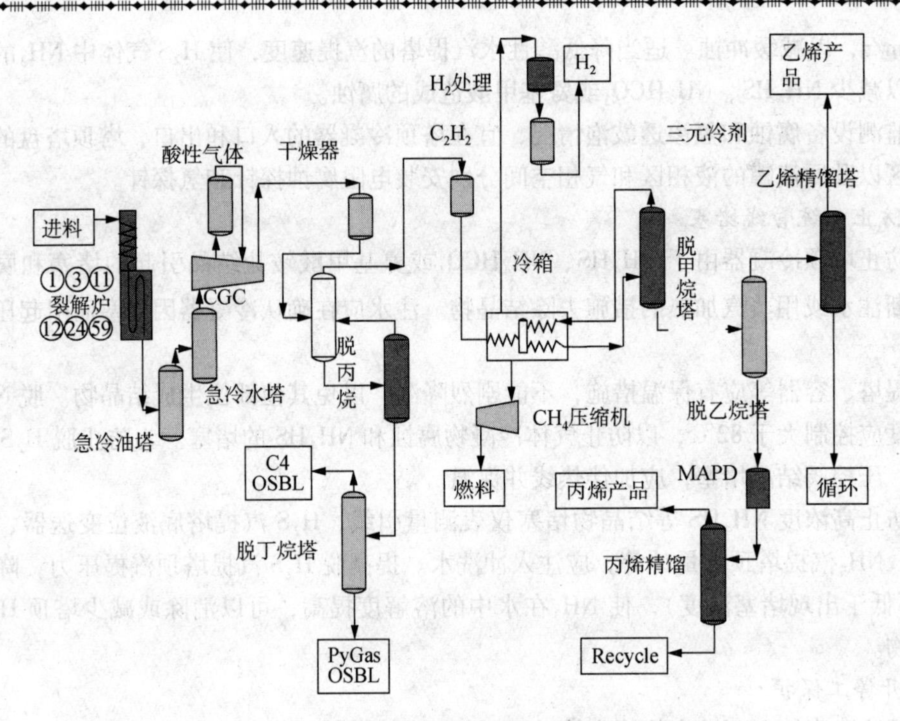

图 2.11－1　典型的工艺流程腐蚀损伤部位简图

裂解法生产乙烯的装置中裂解辐射盘管的材质为高合金铸造材料，主要存在渗碳腐蚀和高温蠕变。一是由高温结焦而引起的炉管渗碳，造成辐射盘管的损伤；二是由于高温蠕变损伤而产生的塑性变形、裂纹。

辐射盘管和对流炉管还偶见其他腐蚀和损伤有：①原料和燃料中的硫对炉管造成的腐蚀；②工艺水含酸性气体的腐蚀；③锅炉给水水质引起设备的垢下缺氧腐蚀；④清焦与开车过程引起的温差及热变应力腐蚀；⑤高速物料的冲刷腐蚀；⑥焊缝的应力腐蚀；⑦超低温腐蚀；⑧高温氧化腐蚀及高温下的热疲劳；⑨循环冷却水引起的腐蚀。

上述腐蚀损伤中以辐射盘管的渗碳最为常见，且危害也最大；其次是蠕变、裂纹、穿孔等损伤，而且多发生在裂解炉辐射段炉管及弯头部位。

裂解炉辐射盘管外壁接触的介质是高温燃烧气体，燃料燃烧时需要氧，燃料燃烧后生产 H_20 和 CO_2，所以炉管外壁接触的是氧化气氛。与转化管相比，炉管的内压只有 0.1 ~ 0.5MPa，所以炉管承受的内压是很小的。但是由于在内壁结焦和温度的分布不均引起应力增加的是由于：①结焦层比裂解管材料线胀系数小，在停炉时，将造成裂解管受拉应力；②若裂解辐射盘管产生渗碳层，则由于渗碳层与非渗碳层的比容和膨胀系数不同而引起附加应力；③内壁结焦后使内径变小，引起物料流线速度增加，压力降增大，若保持出口压力不变，必然增加入口压力，从而引起管内平均压力增大。此外，由于温度分布的不均匀造成的附加应力有：①在裂解炉管的轴向由于温度分布不均引起的应力；②由于裂解炉管存在向火面使轴向温度不均匀引起的热应力；③裂解管外壁温度高于管内壁温度引起的应力；④由于结焦或渗碳层不均匀导致温度分布不均引起的热应力；⑤由于停、开炉引起的热应力。综上所述，裂解炉辐射盘管是在高温、氧化和渗碳介质中并承受各种应力的条件下工作的。

另外，裂解炉辐射盘管的其他几种失效状态也是与渗碳有关的：①渗碳裂纹；②蠕变断裂；③热疲劳与热冲击；④渗碳引起的金属粉化。⑤高温硫腐蚀。

金属粉化是一种新的异常的高温腐蚀型式，也称为“灾难性渗碳”。这种腐蚀常呈点蚀坑形式。但在某种情况下，特别是在高流速气流下呈均匀减薄。当温度在482～816℃间，强还原气氛下产生；在1000～1100℃时也会产生。这种腐蚀有其特定的腐蚀环境及合金条件。腐蚀特征是：腐蚀形态呈坑状或均匀减薄；腐蚀产物呈颗粒状；氧化膜不完整。其原因，可认为是由于S、Cl在渗碳部位破坏了保护性氧化膜所致。

由于合金中金属表面氧化膜的破坏，在渗碳气氛下发生严重渗碳，致使碳化物分解，最终导致金属的粉化，这是一种极其迅速的渗碳破坏形式，而一般的渗碳只会导致机械性能下降，而不会造成表面的严重破坏。

除金属粉化外，渗碳导致高合金铸造炉管机械性能降低，引起材料劣化，被迫使炉管提前终止服役。一般炉管设计寿命为10×10^4h，当炉管一旦开始渗碳后则可缩短至$(2\sim3)\times10^4$h。最为严重的，国内某厂炉管只运行2.6×10^4h就被迫更换。说明在渗碳、蠕变、高应力以及制造缺陷的综合作用下，可以大大加快高合金铸造的炉管劣化进程。

对于裂解工艺各种炉型结构介质中的渗碳气氛都是相近的。温度、压力、烃分压、流速等等都构成对合金炉管的渗碳威胁，因此必须从各个方面对减缓炉管渗碳采取措施。

渗碳多发生于裂解炉辐射盘管的出口管和焊缝周围、温度最高区域、有缺陷或出现局部过热点的部位。

渗碳、温度、热应力变化、热冲击等综合因素引起炉管的综合损伤比较多见，而裂解辐射炉管和炉管吊架的蠕变则是对炉管造成损伤的另一大原因。蠕变开裂的主要损坏形式是：贯穿性开裂、横向开裂、混合类型、焊接部位的开裂四种，以及弯头部位的环向开裂、鼓胀、弯曲等。值得注意的是，单一的渗碳引起炉管报损的事例并不多见。实际上，渗碳并不直接造成合金炉管的损伤，这是由于渗碳以表面膜的剥落为起点产生。在炉管内壁发生渗碳后基体晶间产生局部性的蠕变、裂纹，从而导致机械性能的下降，是由于渗碳后使得金属的膨胀系数变大，渗碳层体积增大，形成的渗碳层处于受压状态；而未渗碳层膨胀系数不变，体积要维持原有大小，故处于受拉状态，在清焦或停炉状态下，渗碳层的收缩又小于未渗碳层，未渗碳层的合金处于一种条件拉伸应力状态下，裂纹通常在渗碳与未渗碳层之间最先生成。

在裂解炉对流盘管低温段、烟气温度较低的部位应考虑露点腐蚀，特别是位于炉顶死角处的弯头，而温度较高的部位和直管部分硫的腐蚀要轻些。高温硫腐蚀严重情况下，大量耗去合金基体中的Cr、Ni元素，造成组织恶化，严重降低材料的高温持久强度和韧性，还会造成裂解炉炉管壁厚的严重减薄，并对下游设备造成腐蚀。因此要严格控制裂解原料中硫的含量。

2.11.2　主要设备选材

乙烯装置主要设备选材见表2.11－1。

表2.11－1　典型的乙烯装置主要设备材料表

类　别	设备名称	设备主体材质	备　注
塔　器	汽油分馏塔	碳钢	
	急冷塔	碳钢	
	裂解燃料油汽提塔	碳钢	
	工艺水汽提塔	碳钢	
	裂解柴油汽提塔	碳钢	

续表

类别	设备名称	设备主体材质	备注
塔器	汽油汽提塔	碳钢	
	碱/水洗塔	碳钢(消除应力)	
	凝液汽提塔	碳钢	
	干燥器进料冲洗塔	低温碳钢	$T_s = -45℃$
	脱甲烷塔	304SS(内件为不锈钢)	$T_s = -145℃$
	分凝分馏塔	304SS(内件为不锈钢)	$T_s = -145℃$
	脱乙烷塔	碳钢	
	乙烯精馏塔	碳钢	
	脱丙烷塔 No. 1	碳钢	
	脱丙烷塔 No. 2	碳钢	
	丙烯精馏塔 No. 1	碳钢	
	丙烯精馏塔 No. 2	碳钢	
	脱丁烷塔	碳钢	
	C_2 绿油塔	低温碳钢	$T_s = -45℃$
	富乙烯气碱/水洗塔	碳钢	
	富乙烯气脱甲烷塔	304SS	$T_s = -100℃$
反应器	甲烷化反应器	1.25Cr0.5MoSi	
炉	乙烯裂解炉管	25Cr-35Ni+MA 和 35Cr-45Ni+MA	

2.11.3 腐蚀防护措施

1. 裂解炉管

(1) 设计选材

乙烯裂解炉由于工作条件复杂，为保证相对长的寿命周期，从性能上裂解炉辐射盘管材料应满足下列条件：①高的抗渗碳性能；②好的高温蠕变断裂性能；③高的抗热疲劳性能；④好的抗氧化、耐腐蚀性能；⑤良好的导热性能；⑥好的铸造、焊接性能。

(2) 焊接处理

焊缝是裂解炉管制造的关键部位，直接影响着炉管的使用寿命，所以必须注意焊口的焊接处理质量。由于焊材与母材在同等工况条件下承受相同的应力、温度、介质的影响，要求焊材必须与母材相匹配，以保持相同的膨胀系数与断裂强度，良好的可焊性。对炉管焊接的要求：

① 坡口制作要符合要求。当自动焊时采用 V 形与 J 形坡口角度分别取 37°和 19°为宜。焊后应对焊缝进行 X 光射线检测和着色检查。焊接部位要求光滑、平整。

② 焊接部位的几何形状不允许有急剧的变化。

③ 不锈钢轧制炉管需进行固溶退火以改进韧性，但应严格注意热处理工艺，处理不当时容易产生低的韧性。

(3) 工艺措施裂解炉运行

① 辐射炉管和对流炉管应严格按照操作规程控制进口或出口温度，以及最大管壁温度。

② 开、停车时，应严格控制升、降温速度。

③ 严格控制炉管内物料的操作压力，管内压力增高不仅会增大结焦的趋势，而且还会缩短炉管的寿命。

2. 裂解气系统工艺防护措施

(1) 在系统中加注氨

由于油冷塔来的裂解气中含有 CO_2、H_2S 等酸性气体。为防止急冷水系统发生腐蚀，在油冷塔顶出口气体管上加入 NH_4OH，以保持急冷水沉降槽中急冷水的 pH 值为 8 ~9。

(2) 在系统中加注缓蚀剂

在水冷过程中，裂解气中的 CO_2、H_2S 等酸性气体，将有部分溶解在工艺水中，为了防止工艺水汽提塔的腐蚀，在工艺水进料中加有碱液，在塔顶气体中加入缓蚀剂。

(3) 在系统中加碱

为了防止稀释蒸汽发生系统腐蚀，在工艺水气提塔顶部工艺水进口处，加入浓度为 20% 的碱液，随工艺水进入稀释蒸汽汽包，使其保持 pH 值为 9。

(4) 碱洗

裂解气中的酸性气 H_2S、CO_2 和硫醇等对分离设备有腐蚀，并易使催化剂中毒，为此必须在分离前脱除掉。硫含量较低时，可直接用碱洗。而硫含量较高时，先用乙醇胺(MEA)洗，将酸性气中的 H_2S、CO_2 降至 30ppm 后再用碱洗。

第三章 腐蚀监控

除了正确选材之外，腐蚀控制最有效、最为主动的还有工艺防腐措施和腐蚀监控手段。意外和过量的腐蚀常使工业设备发生各种事故，造成停工停产、设备效率下降、产品污染，甚至发生火灾、爆炸，危及生命安全，造成严重的直接损失和间接损失。因此，在炼油厂装置中需要有完善的监控手段随时了解腐蚀问题的进程和严重程度，同时可以延长设备操作周期。

3.1 腐蚀监控的主要任务

① 作为一种诊断方法，了解运行中的设备的实际状态，发现腐蚀问题，监视腐蚀变化规律，通过改变生产工艺条件或操纵电化学保护系统等以控制腐蚀过程，进而把腐蚀速度控制在允许的范围内。避免设备在危险状态下运转或过早失效。

② 提供腐蚀速度随时间的变化数据。

③ 提供一份可供事后分析设备异常情况的记录。

④ 判断工艺防腐措施(缓蚀剂)的效果，以便进行实时的调整。

⑤ 提前备料为检修更换做好准备。

⑥ 及时发现危险，避免着火、爆炸事故。

⑦ 防止由于腐蚀破坏造成物料泄漏。

3.2 腐蚀监控技术应该满足的几项要求

① 耐用可靠，可长期使用，有适当的精度和测量重复性。

② 应当是无损检测，测量不需要停车。

③ 有足够的灵敏度和响应速度，测量迅速。

④ 操作维护简单，不要求对操作人员进行特殊训练。

3.3 腐蚀监控技术

目前已有许多腐蚀监控技术。各种方法提供的信息参数是不同的，它们可以测定总腐蚀量、腐蚀速度、腐蚀状态、腐蚀产物或活性物质。但每种方法都有它的局限性，都不是万能的；为了正确选用腐蚀监控手段，需要掌握它们的适用范围。如果有两种或两种以上的方法可供选择，它们应该是互补的，而不是排斥的。正确地同时采用两种或更多种方法，可以提高数据的有效性，有助于判断和决策。

（1）表观检查

一般是指用肉眼或低倍放大镜观察设备受腐蚀的表面；

(2) 挂片法

将装有几种试片的支架固定在设备内，随设备运行一定时间后，取出检查和测量失重。这种方法只能给出两次停车之间的总腐蚀量、平均腐蚀速度，反映不出介质变化所引起的腐蚀变化，也检测不出短期内的腐蚀量或偶发的腐蚀。但可以通过加旁路的方法来加以改进。

(3) 电阻探针

在运行的设备中插入一个装有金属试片的探针，金属试片的横截面积将因腐蚀而减小，从而使其电阻增加。这种探针可用于液相或气相介质中对设备金属腐蚀监测，同时可用于确定缓蚀剂的作用。但由于试片材料与设备材料的冶金条件并不完全相同，因此，监测数据一般是作为腐蚀倾向和变化趋势考虑的。

(4) 电位探针

孔蚀、缝隙腐蚀、应力腐蚀开裂等电化学腐蚀都存在各自的临界电位或敏感电位区间。借助电位探针可作为是否产生这些腐蚀类型的判据。该技术关键是选择一个恰当的参比电极。

(5) 线性极化探针

其特点是响应迅速，可以快速灵敏地定量测量金属的瞬时全面腐蚀速度。但与电阻探针不同，它仅适用于具有足够导电性的电解质体系，并且在给定介质中，主要适用于预期金属发生全面腐蚀的场合。

(6) 交流阻抗探针

是一种基于交流阻抗技术测量原理又能自动测量记录金属瞬时腐蚀速度的腐蚀监测装置。该探针测出的腐蚀速度既包括均匀腐蚀，也包括局部腐蚀。

(7) 氢探针

氢气是许多腐蚀反应的产物，当阴极反应为析氢反应时，可以用这个现象来测量腐蚀速度。氢探针有压力型和真空型两种。它可用于检测碳钢和低合金钢在湿 H_2S 等弱酸性水溶液中遭受的氢损伤，即：氢致开裂、氢鼓包等。其缺点是不能定量测定氢损伤，且响应速度较慢。

(8) 超声检测

广泛用于监控设备和管道的壁厚，在线测量精度约为 ±0.2mm，且探测金属的表面温度不能超过 550℃。另外，孔蚀对这种检测方法有一定的干扰。

(9) 涡流技术

通过检测线圈测定由励磁线圈激励起来的金属涡流大小、分布及变化，来测定金属材料的表面缺陷、裂纹和蚀坑。由于腐蚀产物形成的有磁性垢层或磁性氧化物，会干扰检测结果，所以，涡流检测一般作为超声探伤方法的补充。

(10) 热成像技术

也称红外图像法，通过测量设备表面的温度和温度场变化，了解这种变化可能的原因，如：泄漏、内部耐火衬里脱落和内部结垢等。但该技术有时会受到环境、阳光照射的干扰。一般适用于检测腐蚀分布而非腐蚀发展进程。

(11) 射线照相技术

可以用来检测局部腐蚀，测量壁厚等，结果比较直观，缺陷容易定位，检测技术简单。但测量速度较慢，费用高。此外，射线对人体有害。

(12) 声发射技术

设备在裂纹扩展、断裂过程中将释放声能，某些腐蚀历程如：应力腐蚀开裂、腐蚀疲劳开裂、空泡腐蚀和微震磨损等都伴随有声能的释放，该技术就是通过监听和记录这种声波来监测腐蚀损伤的发生和发展。但缺点是定位困难，易受周围干扰噪声的影响。

(13) 电偶探针

为了检测高速湍流液体引起的冲刷腐蚀，以及流速增加造成钝化膜破坏，可以在敏感部位和不敏感部位设置相同的试片，再利用零阻电流表测量其电偶电流。它可以灵敏地显示出阳极金属的腐蚀速度、介质组成、流速或温度等环境因素的变化。

(14) 离子选择探针

将溶液中某一离子的含量转换成相应的电位，实现化学量到电化学量的转换，就可以直接测读电位而获得离子含量，可以方便地测出腐蚀性离子——氯离子、氰根离子、硫离子等的存在，从而可以判断环境的腐蚀性。

3.4 腐蚀监控方法的选择

腐蚀监控方法选择之前需要考虑的问题有：①可以获得什么样的数据和资料；②对腐蚀过程变化的响应速度要求；③每次测量所需的时间间隔中的累积量；④探针与检测设备腐蚀行为之间的对应关系；⑤对腐蚀环境介质的适用性；⑥可以监控和评定的腐蚀类型；⑦对监测结果解释的难易；⑧是否需要复杂的仪器和先进的技术等。按上述每一项技术进行比较，逐一分析各种监控方法的优点和局限性，然后结合本单位、现场的实际情况作出较为科学的选择。

3.5 监测位置的选择

① 物料流动方向突变的位置，如弯头和三通等，探针应插入最大湍流或最大流速区。

② 存在死角、缝隙、障碍物的部位，因为这些部位是滞留区或腐蚀产物沉积区。

③ 设备高应力区，如焊缝附近，以及经受温度交替变化或应力循环变化的区域。

④ 异种金属接触的部位，此处可能产生强烈的电偶腐蚀。

⑤ 监测人员的可到达处，尽可能利用原有的开口。

炼油厂设备腐蚀监控技术能够收到显著的效果，经验表明，成功的腐蚀监测将会带来相当于投资成本的数十倍、上百倍甚至更高的经济效益。

参 考 文 献

1 中国腐蚀与防护学会. 腐蚀试验方法与防腐蚀检测技术. 北京：化学工业出版社，1996

2 崔新安. 高硫原油加工过程中的腐蚀与防护. 石油化工腐蚀与防护，2001，18(1)

3 API RP571《影响炼油工业固定设备的损伤机理》，2003 年 12 月第一版

4 李久青，杜翠微. 腐蚀试验方法及监测技术. 北京：中国石化出版社，2007

5 API RP941《炼油厂和石油化工厂用高温高压临氢作业用钢》，2008 年第七版

6 API Recommended Practice 571 Second Edition, Damage Mechanisms Affecting Fixed Equipment in the Refining Industry. April 2011

7 SH/T 3096《高硫原油加工装置设备和管道设计选材导则》

8 SH/T 3129《高酸原油加工装置设备和管道设计选材导则》

第四篇　压力容器

第一章 概 述

1.1 压力容器类别及压力等级、品种的划分

为有利于安全技术监督和管理，需要对压力容器的类别及压力等级、品种进行定义。但由于压力容器的用途广泛，规格、品种繁多，从不同的角度可以有不同的分类方法。以下是国家质量监督检验检疫总局颁发的 TSG R0004—2009(含第 1 号修改单)《固定式压力容器安全技术监察规程》(以下简称《容规》)中的分类方法。

《容规》将其适用范围内的压力容器类别分为三类，即第Ⅰ、第Ⅱ和第Ⅲ类压力容器；压力等级按设计压力的高低分为低压、中压、高压和超高压四个等级；按照压力容器在生产工艺过程中的作用原理划分为反应压力容器、换热压力容器、分离压力容器、储存压力容器。简单叙述如下：

1.1.1 压力容器类别划分

1. 介质分组

压力容器的介质分为以下两组：

第一组介质，毒性程度为极度危害、高度危害的化学介质，易爆介质，液化气体；

第二组介质，除第一组介质以外的介质。

2. 介质危害性

介质危害度指压力容器在生产过程中因事故致使介质与人体接触，发生爆炸或者因经常泄漏引起职业性慢性危害的严重程度，用介质毒性和爆炸危害程度表示。

3. 毒性程度

综合考虑急性毒性、最高毒性浓度和职业性慢性危害等因素，极度危害最高容许浓度小于 0.1mg/m^3；高度危害最高容许浓度小于 0.1～1.0mg/m^3；中度危害最高容许浓度度小于 1.0～10.0mg/m^3；轻度危害最高容许浓度度大于或等于 10.0mg/m^3。

4. 易爆介质

指气体或液体的蒸气、薄雾与空气混合形成的爆炸混合物，并且其爆炸下限小于 10%，或者爆炸上限与爆炸下限的差值大于或等于 20% 的介质。

5. 介质毒性危害程度和爆炸危险程度

按照 HG 20660—2000《压力容器中化学介质毒性危害和爆炸危险程度分类》确定。HG 20660—2000 上没有的，由设计单位参照 GB 5044—1985《职业性接触毒性危害程度分级》的原则，确定介质组别。

1.1.2 压力容器类别的划分方法

1. 基本划分

压力容器类别的划分应当根据介质特性，按照以下要求选择类别划分图，再根据设计压力 p(单位 MPa)和容积 V(单位 L)，标出坐标点，确定压力容器类别：

第一组介质，压力容器类别的划分见图1.1－1；

第二组介质，压力容器类别的划分见图1.1－2。

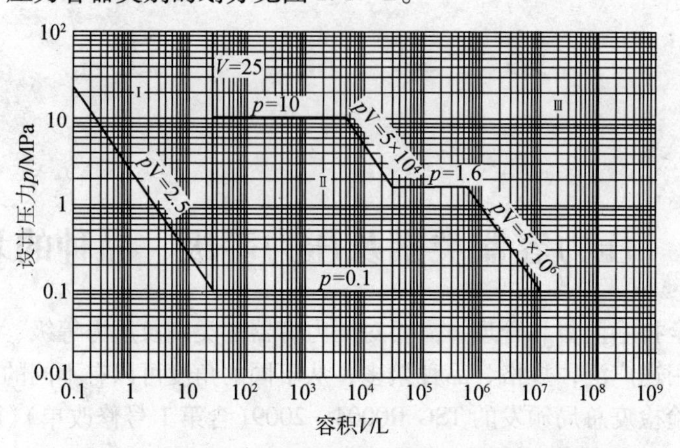

图1.1－1　压力容器类别划分图——第一组介质

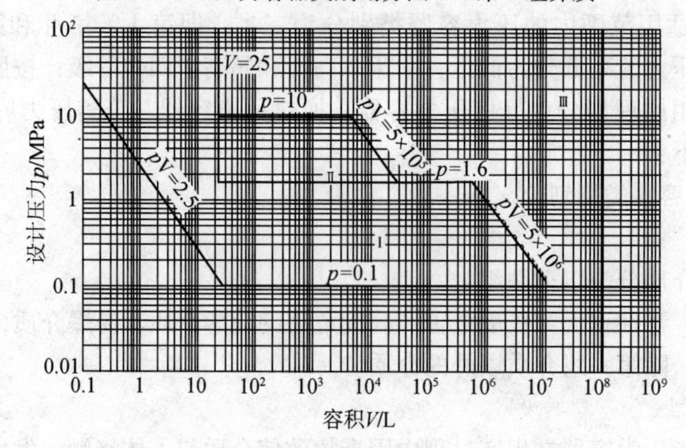

图1.1－2　压力容器类别划分图——第二组介质

2. 多腔压力容器类别的划分

多腔压力容器(如换热器的管程和壳程、夹套容器等)按照类别高的压力腔作为该容器的类别并且按照该类别进行使用管理。但是应当按照每个压力腔各自的类别分别提出设计、制造技术要求。对各压力腔进行类别划定时，设计压力取本压力腔的设计压力，容积取本压力腔的几何容积。

3. 同腔多种介质压力容器类别的划分

一个压力腔内有多种介质时，按照组别高的介质划分类别。

4. 介质含量极小的压力容器类别划分

当某一危害性物质在介质中含量极小时，应当根据其危害程度及其含量综合考虑，按照压力容器设计单位确定的介质组别划分类别。

5. 特殊情况的类别划分

坐标点位于图1.1－1或者图1.1－2的分类线上时，按照较高的类别划分其类别；

《容规》1.4节范围内的压力容器统一划分为第Ⅰ类压力容器。

1.1.3　压力等级划分

按压力容器的设计压力(p)划分为低压、中压、高压、超高压四个压力等级。

低压(代号L)，$0.1\text{MPa} \leqslant p < 1.6\text{MPa}$；

中压(代号 M)，1.6MPa≤p<10.0MPa；

高压(代号 H)，10.0MPa≤p<100.0MPa；

超高压(代号 U)，p≥100.0MPa。

1.1.4　压力容器品种划分

压力容器按照在生产工艺过程中的作用原理，划分为反应压力容器、换热压力容器、分离压力容器、储存压力容器。具体划分如下：

1. 反应压力容器(代号 R)

主要是用于完成介质的物理、化学反应的压力容器，例如各种反应器、反应釜、聚合釜、合成塔、变换炉、煤气发生炉等。

2. 换热压力容器(代号 E)

主要是用于完成介质的热量交换的压力容器，例如各种热交换器、冷却器、冷凝器、蒸发器等。

3. 分离压力容器(代号 S)

主要是用于完成介质的流体压力平衡缓冲和气体净化分离的压力容器，例如合作分离器、过滤器、集油器、洗涤器、吸收塔、酮洗塔、干燥塔、汽提塔、分气缸、除氧器等。

4. 储存压力容器(代号 C，其中球罐代号 B)

主要是用于储存或者盛装气体、液体、液化气体等介质的压力容器，例如各种形式的储罐。

在同一个压力容器中，如同时具备两种以上的工艺作用原理时，应当按照工艺过程中的主要作用来划分品种。

以上是《容规》对压力容器的分类，压力容器还有其他许多分类方法，如：

① 按容器内、外压差可分为内压容器和外压容器，当容器内部的压力高于容器外部的压力时，称内压容器；当容器内部的压力低于容器外部的压力时，称外压容器；当外压容器的外部压力为大气压时，有时也将其称负压容器。

② 按外形可分为圆筒形容器、球形容器、矩形容器等。

③ 按容器壁的厚薄可分为薄壁容器、厚壁容器。

通常情况下，薄壁容器系指容器圆筒体外直径(D_o)与圆筒体内直径(D_i)的比值 K ($=D_o/D_i$)小于1.20的压力容器。当 K≥1.20时，则视为厚壁容器。

一般来说，厚壁容器都属于高压容器。

④ 按容器圆筒体中心线的方向可分为卧式容器和立式容器。

当容器圆筒形部分的中心线与水平面平行时，称卧式容器；当容器圆筒形部分的中心线与水平面垂直时，称立式容器、直立容器或者塔式容器。

1.2　《容规》的适用范围

并不是所有的压力容器都要受 TSG R0004《固定式压力容器安全技术监察规程》(以下简称《容规》)的监管。换句话说，只有在特定范围内的压力容器才受《容规》的管辖。《容规》明确规定了它的适用范围和不适用范围。

1.2.1　《容规》适用的压力容器

《容规》适用于同时具备下列条件的压力容器：

① 最高工作压力大于或等于0.1MPa❶；

② 工作压力与容积的乘积大于或等于2.5MPa·L❷；

③ 盛装介质为气体、液化气体以及最高工作压力大于或等于其标注沸点的液体❸。

其中，超高压容器应符合《超高压容器安全技术监察规程》的规定，非金属压力容器应符合《非金属压力容器安全技术监察规程》的规定，简单压力容器应符合《简单压力容器安全技术监察规程》的规定。

1.2.2　《容规》不适用的压力容器

《容规》不适用于下列压力容器：

① 移动式压力容器、气瓶、氧舱；

② 锅炉安全技术监察规程适用范围内的余热锅炉；

③ 正常运行工作压力小于0.1MPa的容器(包括在进料或者出料过程中需要瞬时承受压力大于或等于0.1MPa的容器)；

④ 旋转或者往复运动的机械设备中自成整体或作为部件的受压器室(如泵壳、压缩机外壳、涡轮机外壳、液压缸等)；

⑤ 可拆卸垫片式板式热交换器(包括半焊式板式热交换器)、空冷式热交换器、冷却排管。

1.2.3　压力容器范围的界定

《容规》所指的“压力容器”，其范围包括压力容器本体和安全附件。

1. 压力容器本体

压力容器本体界定在下述范围内：

① 压力容器与外部管道或装置连接的第一道环向接头的坡口面、螺纹连接的第一个螺纹接头端面、法兰连接的第一个法兰密封面、专用连接件或者管件连接的第一个密封面；

② 压力容器开孔部分的承压盖及其紧固件；

③ 非受压元件与压力容器的连接焊缝。

压力容器本体中的主要受压元件，包括壳体、封头(端盖)、膨胀节、设备法兰，球罐的球壳板，换热器的管板和换热管，M36以上(含M36)的设备主螺柱以及公称直径大于或等于250mm的接管和管法兰。

2. 安全附件

压力容器的安全附件，包括直接连接在压力容器上的安全阀、爆破片装置、紧急切断装置、安全连锁装置、压力表、液位计、测温仪表等。

1.3　对压力容器的基本要求

1. 满足工艺过程的要求

压力容器应首先满足工艺过程的要求。压力容器的主要结构及尺寸由工艺设计决定，例

---

❶工作压力，是指压力容器在正常工作情况下，其顶部可能达到的最高压力(表压力)。

❷容积，是指压力容器的几何容积，即由设计标注的尺寸计算(不考虑制造公差)并且圆整。一般应当扣除永久连接在容器内部的内件的体积。

❸容器内介质为最高工作温度低于其标准沸点的液体时，如果气相空间的容积与工作压力的乘积大于或者等于2.5MPa·L时，也属于《容规》的适用范围。

如设计一台塔，工艺设计人员必须给出设计压力、设计温度、介质特征、塔的内直径、塔的高度、开孔的大小和位置、塔内件、外部操作平台的大小和位置等。设备设计人员根据这些工艺条件数据和使用压力容器的场地条件，设计出既满足工艺过程要求又满足强度和稳定性要求的塔设备。

2. 安全可靠

保证压力容器的强度、稳定性、密封性和耐蚀性是对压力容器安全使用的基本要求之一。

压力容器的所有零、部件之间的连接，除法兰连接外，几乎都是焊接连接，例如封头与圆筒体之间，接管与壳体之间等。这些连接结构有一个共同的特点是结构的不连续性。因此，在这些结构不连续部位的受力状态将会变得十分复杂并有应力集中，加上有可能存在的焊接缺陷，使得这些连接部位的强度减弱或存在隐患。因此，从设计、制造、检验到使用各个环节都应对这些部位引起高度重视。

容器在压应力作用下，突然改变原来形状(如压瘪)的失效形式称为失稳。其实质是容器壁内应力由失稳前的单纯的压应力状态突变为失稳时的弯曲应力状态。容器失去稳定性时的应力称为临界应力，其值越大，说明容器抗失稳的能力越强。对于薄壁容器，只要壁内存在压应力，就有失稳的可能。稳定性问题不仅仅限于外压容器，内压容器有时也存在失稳问题，例如受重量载荷和风弯矩(或风弯矩和地震的组合)作用产生轴向压应力的直立内压容器及有局部压应力产生的内压封头以及内压卧式容器的鞍座处等，均有稳定性问题存在。

压力容器必须具有良好的密封性能，特别是对有易燃、易爆、有毒介质的压力容器，如果密封不良，易燃、易爆、有毒介质泄漏出来，不仅会使正常生产受到影响，而且操作人员的人身安全也会受到威胁，环境将会受到污染。当泄漏出来的易燃、易爆介质达到一定的浓度时还会引起爆炸，造成极其严重的后果。

耐蚀性对保证压力容器的安全运行和使用寿命十分重要。压力容器接触的介质大都具有不同程度的腐蚀性，介质不同其腐蚀行为也不同。其中均匀腐蚀使壁厚均匀减薄；此外，还有点蚀、冲蚀、应力腐蚀开裂等腐蚀现象。压力容器的设计者应根据不同的操作介质和操作条件选用相应的耐腐蚀材料或采取适宜的工艺防腐蚀措施以提高压力容器运行的安全性和延长使用寿命。

3. 合理的技术经济指标

技术经济指标合理是对压力容器的另一基本要求。

压力容器设计既要保证安全可靠，又要尽量做到技术经济指标合理，使产品总成本最低。只有这样，产品在市场上才有竞争力。要做到这一点，在压力容器的设计过程中，选材要合理，在保证满足工艺过程要求的前提下，结构设计应尽可能地简单，材料消耗要尽可能少，并且应考虑方便制造、检验、安装、维修等因素。

某些技术先进的设备其总投资虽然要高些，但在单位加工能力、消耗指标、产品质量等方面有较大的优点。如果通过技术经济比较从长远看可行的话，这些技术先进但总投资较高的设备也应被采用。

1.4　压力容器的主要规范

新制定或新修订的压力容器标准、规范，在经过一定的法律程序后便成了法律性文件。

相关部门和个人如有违犯将要承担法律责任。

随着压力容器技术的不断发展，标准、规范本身也会不断更新，每当新版本开始执行，老版本便自动作废。所以，从事压力容器工作的有关部门和个人必须随时掌握压力容器标准、规范的动向，及时了解、掌握压力容器新标准、新规范并加以贯彻执行。

标准、规范不可能包罗万象，因此如何正确运用标准、规范，仍需要创造性的思考，在遵守标准、规范基本原则的条件下，要具体问题具体分析以作出最佳选择。

1.4.1 我国压力容器规范简介

我国的压力容器规范起步于20世纪50年代，“范R-1101”、“范R-1102”、“100万吨/年炼油厂设备设计规范”、“JB 741—65”等是我国压力容器设计规范的早期版本。至1973年，《钢制石油化工压力容器设计规范》(试用本)问世；至1989年，GB 150—89《钢制压力容器》正式出版发行。GB 150—1998《钢制压力容器》于1998年10月1日开始实施。GB 150.1~4—2011《压力容器》于2012年初正式发行。

国标GB 150，其设计原则与ASME第Ⅷ卷第一册《压力容器建造规则》类似，即“按常规设计”。它以第一强度理论为基础，将压力容器受压元件中的最大主应力限制在许用应力以内。与ASME第Ⅷ卷第一册相比，在决定材料的许用应力时，所取的强度安全系数有所不同：GB 150—1998取$n_b=3.0$，GB 150—2011取$n_b=2.7$；而ASME第Ⅷ卷第一册取$n_b=3.5$。另一个不同的是，GB 150对局部应力参照应力分析设计方法并作适当处理后，采用第三强度理论，即允许一些特定的应力值超过材料的屈服极限。

与ASME第Ⅷ卷第二册《压力容器建造另一规则》相类似，我国在1995年颁布了行业标准JB 4732—95《钢制压力容器——分析设计标准》。从标准的名称就可以看出，它的功能与ASME第Ⅷ卷第二册基本相同。

到目前为止，我国压力容器强制性标准和法规主要有：

中华人民共和国国务院务院令第549号：《特种设备安全监察条例》；

中华人民共和国国家质量监督检验检疫总局：TSG R0004《固定式压力容器安全技术监察规程》；

中华人民共和国国家质量监督检验检疫总局：TSG R7001《压力容器定期检验规则》；

中华人民共和国国家质量监督检验检疫总局：《压力容器压力管道设计单位资格许可与管理规则》；

中华人民共和国国家标准：GB 150《压力容器》；

中华人民共和国国家标准：GB 151《钢制管壳式换热器》；

中华人民共和国行业标准：JB 4732《钢制压力容器——分析设计标准》。

1.4.2 国外压力容器规范简介

1. ASME规范

ASME是英文全称“American Society of Mechanical Engineers”(中译名：“美国机械工程师协会”)的缩写。ASME规范是世界上最早出现的压力容器规范，首版发行于1915年，称为《锅炉建造规范·1914年版》。经过近百年的演变，现行的ASME规范统称《ASME锅炉及压力容器规范》，篇幅相当庞大并自成体系，内容包括了锅炉和压力容器质量保证各个方面的要求，不需套用其他标准和规范。整套规范共11卷，总目录如下：

第Ⅰ卷　动力锅炉

第Ⅱ卷　材料

第Ⅲ卷　核动力设备
第Ⅳ卷　采暖锅炉
第Ⅴ卷　无损检验
第Ⅵ卷　采暖锅炉维护和运行推荐规程
第Ⅶ卷　动力锅炉维护推荐规程
第Ⅷ卷　压力容器
第Ⅸ卷　焊接和钎焊评定
第Ⅹ卷　玻璃纤维增强塑料压力容器
第Ⅺ卷　在役核动力设备检验规程

ASME 规范第Ⅷ卷《压力容器》又分三个分册，即第一册、第二册和第三册：

第一册《压力容器建造规则》(一般缩写为 ASME Ⅷ－1)，通常称为“按常规设计篇”。其设计原则是将压力容器主要受压元件中的最大主应力控制在弹性范围内。根据不同材料，对压力容器各个元件的结构尺寸和计算方法作出了具体规定。实际上，ASME Ⅷ－1 是理论、实验和经验相结合的产物，具有较强的经验性，安全系数较大。所以，ASME Ⅷ－1 规定的许用应力比较低，虽然包括了静载荷下进入高温蠕变范围的容器设计，但它不包括疲劳设计。

第二册《压力容器建造另一规则》(一般缩写为 ASME Ⅷ－2)，通常称为“应力分析篇”。其设计原则是对压力容器中各个部位的应力作尽可能详细的分析和计算，对所求得的应力进行分类，并根据不同情况按照既定的安全准则予以控制。与 ASME Ⅷ－1 相比，ASME Ⅷ－2 对结构细节规定得更加细致，对元件的应力状态分析得更透彻。因而可取较低的安全系数，即允许有较高的许用应力，故在相同条件下的受压元件的截面尺寸要小些。此外，ASME Ⅷ－2 可用于疲劳设计，温度限制在蠕变温度以下。

第三册《高压容器建造规则》(一般缩写为 ASME Ⅷ－3)，包括 69MPa(10000psi)压力以上的高压容器设计要求，但对设计压力的上限没有硬性规定。第三册基本上采用第二册的结构和体系。

2. 其他国外标准

英国、德国、日本等主要工业国家都有自己国家的压力容器规范，它们是：

英国标准　BS PD 5500《非直接火焊接压力容器规范》
德国标准　《AD 受压容器规范》
日本标准　JIS B 8265《压力容器的构造——一般事项》
　　　　　JIS B 8266《压力容器的构造——特定标准》
欧洲标准　EN 13445《非直接火压力容器》

由于国情不同，我们在使用国外标准的时候，必须进行分析比较，切不可照搬照套。

1.5　我国压力容器的设计管理

压力容器是涉及人民生命和国家财产安全的特种设备，国家授权专门机构国家质量监督检验检疫总局特种设备安全监察局(以下简称“特种设备局”)对压力容器的设计、制造、安装、使用等各个方面进行监督。

设计是产品质量的最基本保障。为了保证压力容器的设计质量，特种设备局制定了相应的规程、规则和规范。对压力容器设计单位的设计资格实行许可证制度。

压力容器的设计必须由持有特种设备局颁发的《特种设备设计许可证》(以下简称“设计许可证”)的压力容器设计单位进行。压力容器设计单位的许可资格、设计类别、品种和级别范围应当符合TSG R1001《压力容器压力管道设计许可规则》的规定。设计单位取得设计许可证后才能在全国范围内从事许可范围内的压力容器设计工作。

1.5.1 压力容器设计单位必备的条件

① 有企业法人营业执照或者分公司性质的营业执照，或者事业单位的法人证书；

② 有中华人民共和国组织机构代码证；

③ 有与设计范围相适应的设计、审批人员：

A级、C级压力容器设计单位专职设计人员总数一般不少于10名，其中A级或者C级压力容器设计单位设计审批人员不少于2名，A4级压力容器设计单位，根据其实际工作量，专职设计人员数量可以适当降低；

D级压力容器设计单位专职设计人员总数一般不少于5名，其中审批人员不少于2名；

SAD级压力容器设计单位的专职设计人员，除满足A级、C级或D级设计单位人员要求外，其中专职分析设计人员一般不少于3名，专职SAD级审批人员不少于2名；

④ 有健全的质量保证体系和程序性文件及其设计技术规定；

⑤ 有与设计范围相适应的法规、安全技术规范规范、标准(应至少有一套正式版本的安全技术规范、标准)；

⑥ 有专门的设计工作机构、场所；

⑦ 有必要的设计装备和设计手段，具备利用计算机进行设计、计算、绘图的能力，利用计算机辅助设计和计算机出图率达到100%，具备在互联网上传递图样和文字所需要的软件和硬件；

⑧ 有一定设计经验和独立承担设计的能力。

1.5.2 设计许可程序

① 申请设计许可的单位向许可实施机关(特种设备局或省级质量技术监督部门)提交《设计许可申请书》；

② 申请单位的申请被受理后，应进行试设计；

③ 试设计完成后，申请单位应约请有相应设计评定评审资格的监督单位进行鉴定评审；并向许可实施机关提交鉴定评审报告；

许可实施机关在收到鉴定评审机构的鉴定评审报告和相关资料后的20个工作日内，完成审查、批准或不批准的手续，对批准的申请单位，在批准后的10个工作日内颁发《特种设备设计许可证》，对未予许可的申请单位，1年之内不再受理该单位的设计许可申请；

④ 设计单位在取得《设计许可证》后，应当刻制压力容器设计许可印章，并在压力容器设计产品——压力容器设计总图（蓝图)上加盖压力容器设计许可印章(复印章无效)，设计许可印章失效的设计图样和已加盖竣工图章的图样不得用于制造压力容器；

压力容器设计许可印章中的设计单位名称必须与所加盖的设计图样中的设计单位名称一致；

压力容器设计许可印章应包括“特种设备设计许可印章”字样、设计单位全称、设计单位技术负责人姓名、《压力容器设计单位批准书》编号和批准日期等内容。

1.5.3 设计许可的增项和变更、换证及监督管理

1. 增项和变更

① 按1.5.2的步骤和要求向许可实施机关提出申请；

② 经批准后需要更换《特种设备设计许可证》的，由许可实施机关换发新证，不需要更换新证的，许可实施机关在《特种设备许可(核准)变更申请表》上签署意见，一份返还申请单位，一份存留在许可实施机关的下一级的质量技术监督部门。

2. 换证

设计单位在《设计许可证》有效期满6个月前，向许可实施机关提交《换证申请书》。换证的申请、受理、鉴定评审程序与1.5.2相同。

3. 监督管理

① 许可实施机关按有关规定对设计单位进行监督管理。

② 设计单位应当加强日常管理，并达到以下要求：

a. 在《设计许可证》有效期内从事批准范围内的设计，禁止在外单位的设计图纸上加盖本单位设计的设计许可印章；

b. 对本单位设计的设计文件的设计质量负责；

c. 进行技术培训，有计划地安排设计人员深入制造、安装试验现场，结合设计学习有关知识，不断提高各级设计人员的能力和技术水平；

d. 落实各级设计人员的岗位责任制；

e. 建立设计工作档案；

f. 按表1.5－1的要求完成对主要设计文件的设计、校核、审核、审定工作；

表1.5－1　压力容器主要设计文件的签署

设计文件级别	设　计	校　核	审　核	审　定
A级、C级、SAD级	√	√	√	√
D级	√	√	√	

注：压力容器的主要设计文件，包括总装图、设计技术书、分析设计技术书(仅适用于SAD级)等。

1.5.4　压力容器设计许可级别

压力容器设计许可级别见表1.5－2。

表1.5－2　压力容器设计许可级别

级别	A1　A级	A2　C级	A3　D级	A4　SAD级
品种	① A1级，指超高压容器、高压容器(注明单层、多层) ② A2级，指第三类低、中压容器 ③ A3级，指球形储罐 ④ A4级，指非金属压力容器	① C1级，指铁路罐车 ② C2级，指汽车罐车、长管拖车 ③ C3级，指罐式集装箱	① D1级，指第一类压力容器 ② D2级，指第二类压力容器	指压力容器应力分析设计

注：不属于《压力容器安全技术监察规程》、《超高压容器安全技术监察规程》范围内的压力容器，其设计单位至少应当取得A级、C级或D级中任一级别的许可。

1.6　压力容器应力的分类

1.6.1　概述

将压力容器中的应力进行分类是分析设计与常规设计的一大区别。常规设计的公式，几乎都是基于对壁厚中的薄膜应力或平均应力采用同一许用应力的做法，这样做固然简单，但却常常不符合容器的实际受力情况。

压力容器承载以后，除了有简单的一次薄膜应力以外，还存在着其他类型的应力，如筒体与封头连接处的边缘效应区中，在内压作用下除有薄膜应力外，还有为满足变形连续的弯曲应力；在压力作用下的管板与平封头，沿厚度上分布着的也是弯曲应力。再如，在局部结构不连续处像开孔或缺口部位，会出现应力集中现象，产生较高的局部应力。

压力容器中的各种应力不具有同一性，对不同类型应力应予以区别对待，并应采用不同的许用应力极限。应力分类的概念就是根据应力的起因、应力对失效模式所起的不同作用以及应力本身的分布规律等提出来的。应力分类的总原则是“等安全裕度”，对不同性质的应力采用不同的控制值。从设计上讲，减少了盲目性，使设计趋于安全合理。

1.6.2 应力分类的依据

应力分类主要依据有以下两点：

① 应力产生的原因与作用。应力是平衡机械载荷所必须的还是变形协调所必须的？不同原因所产生的应力将具有不同的性质，所具有的危险性也不同，并会导致不同的失效模式。

② 应力的分布。这里有两层含义，一是应力分布的区域是整体的还是局部的，是整体的影响就大，是局部的影响就相对要小；另一层意思是应力沿壁厚的分布情况，是均布的还是线性分布的，或是非线性分布的，不同的应力分布具有不同的应力再分布(或重新分配)的能力，并与承载能力密切相关。

1.6.3 一次应力(primary stress)

应力可以从不同的角度进行分类：就其范围而言可分为总体的、局部的或集中的；若按沿厚度分布情况又可分为均匀分布、线性分布或非线性分布；就其性质而言可分为一次应力、二次应力和峰值应力。这些分类往往又是相互交叉的。

在压力容器分析设计中将应力主要分为：一次应力、二次应力和峰值应力。

一次应力是第一位的、首要的应力，过去也曾称它为“基本应力”。它是为平衡压力与其他机械载荷所必须的应力，包括法向应力与剪应力。一次应力是维持结构各部分平衡直接需要的，无此应力结构就会发生破坏，它对容器失效影响最大。一次应力超过材料屈服极限时，将会引起这里的总体塑性变形而造成结构破坏，一次应力没有自限性。一次应力按沿厚度分布情况又可分为一次薄膜应力与一次弯曲应力。又可细分为一次总体薄膜应力、一次弯曲应力和一次局部薄膜应力。

1. 一次总体薄膜应力 p_m

沿厚度方向均匀分布，影响范围遍及整个受压元件，在塑性流动过程中应力不发生重新分布，直到整体破坏。因此，一次总体薄膜应力对容器的危险性最大，如薄壁圆筒中由受内压引起的环向薄膜应力。

2. 一次弯曲应力 p_b

平衡压力或其他机械载荷所需的沿厚度线性分布的弯曲应力，如平封头中心部位在内压下引起的弯曲应力。当进入屈服以后，一次弯曲应力可以发生应力重分布，致使平封头承载能力可以提高。

3. 一次局部薄膜应力 p_L

一次局部薄膜应力是应力水平大于一次总体薄膜应力，影响范围仅限于结构局部区域的一次薄膜应力。局部区域是指沿经线方向延伸距离不大于 $1.0\sqrt{R\delta}$，应力强度超过 $1.1S_m$ 的区域，R 为该区域内壳体中面的第二曲率半径，即沿中面法线方向从壳体回转轴到壳体中面的距离，δ 为该区域内的最小壁厚，S_m 为材料的设计应力强度值。但是，实际上局部薄膜应力既可以是一次的也可以是二次的。一次性质的局部薄膜应力(记作 p'_L)是平衡作用在边界上的载荷(如法兰力矩)所必须的，或者是因平衡外载荷在壳体连接处产生的内力与弯矩所引起的(如锥形过渡段小端)。二次性质的局部薄膜应力(记作 p''_L)是由于总体结构不连续而在壳体连接处产生的内力与弯矩所引起的，如封头与筒体的连接处边缘效应区的应力，是具有二次应力性质的局部薄膜应力。但标准中从保守与方便考虑把 p''_L归入了 p_L。一般来说，当两个壳体的经线在连接处如果方向一致(如球形封头、椭圆形封头与筒体相连)，这时边缘区域中的局部薄膜应力完全是为了克服连接处径向位移总体不连续所必须的，故具有二次性质。但当两个壳体的经线在连接处的方向成一个夹角时(如锥形过渡段小端与筒体相连处)边缘区域中的局部薄膜应力必含有一次应力成分。在标准中则把 p'_L与 p''_L均当作 p_L。

此外，标准中一次局部薄膜应力是指局部应力区薄膜应力的总量，包括了总体薄膜应力 p_m，即在局部应力区内 p_m则变为的一个组成部分，所以在此只校核 p_L而不必再校核 p_m。

1.6.4 二次应力 Q(secondary stress)

二次应力是为满足外部约束条件或结构自身变形连续要求所必须的应力。过去曾称它为“副应力”，二次应力是由于变形协调的需要而产生的自平衡应力，是为满足平衡外载荷所必须的。也可将二次应力看作是为满足变形协调(连续)要求的附加应力。二次应力的主要特征是它具有自限性(self - limiting)。

一次应力是平衡外部机械载荷所必须的应力。当载荷增加时，它必须随之成比例增加，一旦平衡不了外载荷，就意味着结构破坏。对于理想的塑性材料，当应力达到屈服极限以后，只会产生塑性流动，而不能提高塑性区内的实际应力水平去平衡增加的外载荷。当结构整体或某部分全面进入塑性流动而形成垮塌时，在载荷的推动下，塑性流动便是无法限制，相应的弹性名义应力也将无限增加。因此可以说一次应力没有自限性。但对二次应力则不同，由于将一次应力控制在弹性范围内，弹性变形所引起的不连续性比较小，二次应力超过屈服限以后，则在局部产生塑性变形，一旦这种变形弥补了一次应力引起的弹性变形的不连续性，变形协调要求得以满足，塑性变形就会自动停止。在一次加载的情况下，破坏过程就不会继续下去，这就是二次应力所具有的“自限性”。

筒体与封头连接在一起时，为了消除二者径向位移的不连续性所附加的薄膜应力与弯曲应力是二次应力的典型例子。热应力分为总体热应力与局部热应力，一切总体热应力均属于二次应力，它是自平衡应力。总体热应力是指当解除约束后，会引起结构显著变形的热应力，如壳体与接管间的温差所引起的应力。局部热应力是指当约束解除后，不会引起结构显著变形的热应力，如复合钢板中因复层与基体金属膨胀系数不同而在复层中引起的热应力。

1.6.5 峰值应力 F(peak stress)

峰值应力是由局部结构不连续或局部热影响所引起的附加于一次与二次应力之上的应力增量。峰值应力的特征是它一般同时具有局部性与自限性，它不会引起显著变形。

通常所说的“应力峰值”、“局部高应力”都是指应力总量，而在标准中所说的峰值应力则是指总应力中扣除一次应力与二次应力后的增量部分。由于有自限性，不会引起结构变形的无限增长，又因为具有局部性，峰值应力影响区被周围弹性区所包围与限制，所以峰值应力就不会引起显著变形。

峰值应力与二次应力都具有自限性，且有自平衡性，因此与平衡外载荷无关。结构中是否存在这类自限应力并不影响结构的极限载荷的大小，在一次加载的情况下，自限应力不会导致结构破坏，所以，这类应力比非自限的一次应力危险性要小。一次应力与外载荷共同满足平衡要求，而自限应力（包括二次应力与峰值应力）与一次应力一起共同满足结构变形连续的要求。

峰值应力仅对低周疲劳或脆断的失效模式起作用。它仅是导致疲劳破坏或脆性断裂的可能原因，相对于另一种自限应力（二次应力）其危险性还要低。在反复载荷情况下，一旦二次应力影响区出现疲劳裂纹，容器将会因裂纹贯穿壁厚而导致泄漏，甚至会使结构断裂成两部分而失去完整性。

峰值应力的影响区很小，仅能形成浅表裂纹，这和二次应力的情况不同。因此，对二次应力用安定性控制，而对峰值应力仅在考虑疲劳破坏或防止脆断时才加以限制。

压力容器中一些典型情况的应力分类见表 1.6－1（引自 JB 4732—1995《钢制压力容器—分析设计标准》）。

表 1.6－1　一些典型情况的应力分类

容器部件	位　　置	应力的起因	应力的类型	所属种类
圆筒形或球形壳体	远离不连续处的筒体	内压	总体薄膜应力	p_m
			沿壁厚的应力梯度	Q
		轴向温度梯度	薄膜应力	Q
			弯曲应力	Q
	和封头或法兰的连接处	内压	薄膜应力	p_L
			弯曲应力	Q
任何筒体或封头	沿整个容器的任何截面	外部载荷或力矩，或内压	沿整个截面平均的总体薄膜应力。应力分量垂直于横截面	p_m
		外部载荷或力矩	沿整个截面的弯曲应力。应力分量垂直于横截面	p_m
	在接管或其他开孔的附近	外部载荷或力矩，或内压	局部薄膜应力	p_L
			弯曲应力	Q
			峰值压力（填角或直角）	F
	任何位置	壳体和封头间的温差	薄膜应力	Q
			弯曲应力	Q
碟形封头或锥形封头	顶部	内压	薄膜应力	p_m
			弯曲应力	p_b
	过渡区或和筒体连接处	内压	薄膜应力	p_L①
			弯曲应力	Q
平盖	中心区	内压	薄膜应力	p_m
			弯曲应力	p_L
	和筒体连接处	内压	薄膜应力	p_L
			弯曲应力	Q②
多孔的封头或筒体	均匀布置的典型管孔带	压力	薄膜应力（沿横截面平均）	p_m
			弯曲应力（沿管孔带的宽度平均，但沿壁厚有应力梯度）	p_b
			峰值应力	F
	分离的或非典型的孔带	压力	薄膜应力	Q
			弯曲应力	F
			峰值应力	F

续表 1.6-1

容器部件	位　置	应力的起因	应力的类型	所属种类
接管	垂直于接管轴线的横截面	内压或外部载荷或力矩	总体薄膜应力(沿整个截面平均)，应力分量和截面垂直	p_m
		外部载荷或力矩	沿接管截面的弯曲应力	p_m
	接管壁	内压	总体薄膜应力 局部薄膜应力 弯曲应力 峰值应力	p_m p_L Q F
		膨胀差	薄膜应力 弯曲应力 峰值应力	Q Q F
复层	任意	膨胀差	薄膜应力 弯曲应力	F F
任意	任意	径向温度分布③	当量线性应力④ 应力分布的非线性部分	Q F
任意	任意	任意	应力集中(缺口效应)	F

注：① 必须考虑在直径——厚度比大的容器中发生皱折或过度变形的可能性。

② 若周边弯矩是为保持平盖中心处弯曲应力在允许限度内所需要的，则在连接处的弯曲应力可划为 p_b 类，否则为 Q。

③ 应考虑热应力棘轮的可能性。

④ 当量线性应力是与实际应力分布具有相等净弯矩的线性应力分布。

1.6.6　应力强度评定

各类应力的强度极限值见表 1.6-2。其中 S_m 是设计应力强度，K 是载荷组合系数，按 JB 4732 根据载荷类别选取。弯曲应力许用值为拉、压应力之 1.5 倍。这是因为在弯曲条件下的极限承载应力是拉伸下的 1.5 倍。一次应力加上二次应力小于或等于 $3.0KS_m$，这是出于对安定性的考虑，安定性要求 $\sigma \leqslant 2R_{eL}$ 而 $S_m = 2R_{eL}/3$。$p_L + p_b + Q + F \leqslant S_a$，$S_a$ 是应力幅，从疲劳曲线查得。要注意的是表中 p_m、p_L、p_b、Q 和 F 都是指容器特定部位的第三强度理论的等效应力。例如 p_m 就要求出容器所考虑部位的薄膜环向应力 σ_θ，纵向应力 σ_x，径向应力 σ_r，如果按代数值大小排列的顺序是 $\sigma_\theta > \sigma_x > \sigma_r$，则 $\sigma_1 = \sigma_\theta$，$\sigma_3 = \sigma_r$，于是有 $p_m = \sigma_1 - \sigma_3 = \sigma_\theta - \sigma_r$。JB 4732 要求对设计载荷和工作载荷分别校核。设计载荷下要校核 p_m，p_L 和 $p_L + p_b$，工作载荷下要校核 $p_L + p_b + Q$。要注意的是每个评定条件中的每一类应力都存在六个应力分量，必须根据各评定条件将属于该评定条件的各类应力同方向先行叠加，然后再按最大剪应力理论计算其应力强度值，而不能反过来先按最大剪应力理论计算各自的应力强度值然后再叠加。此外在表 1.6-2 中，$S_{\text{II}} = p_L$，$S_{\text{III}} = p_L + p_b$，$S_{\text{IV}} = p_L + p_b + Q$，$S_{\text{V}} = p_L + p_b + Q$，$F$ 中的 p_L 指的都是 p_m 或 p_L。同时还应注意的是 $S_{\text{IV}} = p_L + p_b + Q \leqslant 3S_m$，所限制的是一次加二次应力强度范围(即 2 倍应力强度幅)，S_{IV} 应取工作循环中最高应力强度与最低应力强度之差值，S_m 应取最高温度与最低温度材料 S_m 的平均值。

当 3 个主应力值相近时，按最大剪应力理论确定的应力强度值很小，这时构件仍然有破坏的危险。因此作出应力强度评价时，还要求 $\sigma_1 + \sigma_2 + \sigma_3 \leqslant 4S_m$。

表 1.6－2　各类应力的强度极限值

应力种类	一次应力			二次应力	峰值应力
	总体薄膜	局部薄膜	弯曲		
符号	p_m	p_L	p_b	Q	F
应力分量的组合和应力强度的许用极限	p_m → $S_I \leqslant KS_m$	p_L → $S_{II} \leqslant 1.5KS_m$	p_L+p_b → $S_{III} \leqslant 1.5KS_m$	p_L+p_b+Q → $S_{IV} \leqslant 3S_m$	p_L+p_b+Q+F → $S_V \leqslant S_a$

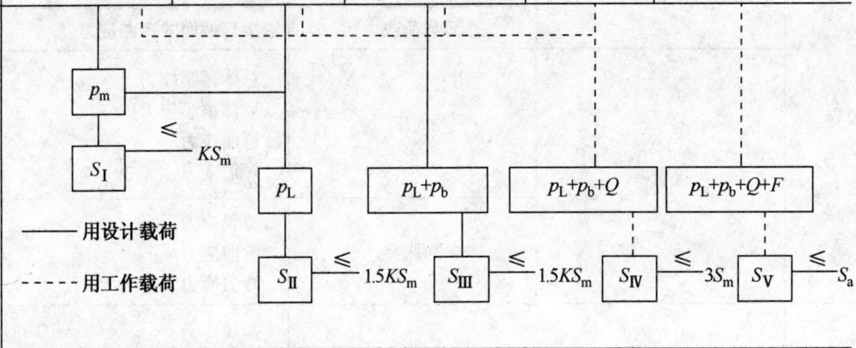

——— 用设计载荷

- - - - 用工作载荷

注：对于全幅度的脉动循环，允许的峰值应力强度值为$2S_a$。

第二章　压力容器用钢

2.1　名词术语

在了解钢材的性能时，经常会碰到一些有关钢材力学性能的术语，弄清它们的含义，有助于我们对钢材性能的正确理解和应用。

1. 力学性能(Mechanical properties)

金属材料在外力作用下表现出来的各种特性，如弹性、塑性、韧性、强度、硬度等。

2. 弹性(Elastic)

金属材料受到外力作用时，其形状和尺寸会发生变化，即产生变形。当外力去除后，原来的形状和尺寸将得以恢复。金属材料的这种能恢复原来形状和尺寸的能力，称为弹性。

3. 塑性(Plastic)

金属材料在外力作用下产生永久变形(指外力去除后不能恢复原来形状和尺寸的变形)，但不会被破坏的性能，叫做塑性。塑性用伸长率、断面收缩率表示。

4. 强度(Strength)

金属材料在外力作用下抵抗变形和断裂的能力称为强度。金属材料的强度，是通过弹性极限、屈服强度、抗拉强度等许多种强度指标来反映的。

在外力作用下工作的金属材料零件或构件，其强度是选择金属材料的重要依据。

5. 抗拉强度(Tensule strength)

金属材料试样在拉伸试验时，被拉断截面所承受的最大应力，称为抗拉强度。它表示金属材料在拉力作用下抵抗塑性变形和破坏的能力。抗拉强度通常用符号 R_m 表示，计量单位为 MPa，计算公式为：

$$R_m = \frac{F_m(\text{试样在屈服之后所能抵抗的最大力，N})}{S_o(\text{试样原始横截面积，mm}^2)} \quad \text{MPa}$$

6. 屈服强度(Yield strength)

金属材料拉伸试样在拉伸试验过程中，当材料呈现屈服现象时，在试验期间达到塑性变形发生而力不增加的应力点，称为屈服强度。其中，试样发生屈服而力首次下降前的最高应力，称为上屈服强度(Upper yield strength)，上屈服强度用 R_{eH} 表示，计量单位为 MPa。在试验期间，不计初始瞬间效应时的最低应力，称为下屈服强度(Lower yield strength)，下屈服强度用 R_{eL} 表示，计量单位为 MPa。

对于某些屈服现象不明显的金属材料，测定屈服点比较困难，常把产生一定数量永久变形时的应力称之为“规定非比例延伸强度(Proof strength non－proportionl exrension)”，用符号 R_p 表示。例如：规定产生 0.2% 永久变形时的应力用符号 $R_{p0.2}$ 表示。其实这里的“$R_{p0.2}$”与已经弃用的“条件屈服限 $\sigma_{0.2}$”是一码事，计量单位为 MPa，其计算公式为：

$$R_{p0.2} = \frac{F_{0.2}(\text{相应于所求应力的负荷，N})}{S_o(\text{试样原始横截面积，mm}^2)} \quad \text{MPa}$$

7. 持久强度极限(Limited creep rupture stress)

持久强度极限是试样在一定的温度和规定的持续时间内，引起断裂的最大应力值。用符号 σ_{τ}^{t}(MPa)表示，上标 t 表示试验温度(℃)，下标 τ 表示持续时间(h)。试验方法见 GB/T 2039《金属拉伸蠕变及持久试验方法》。

在压力容器行业中，以 σ_{D}^{t}表示钢材温度为 t，经 10 万 h 断裂时的持久强度极限，MPa。

8. 蠕变极限(Limited creep stress)

金属材料试样在一定温度和一定应力(该应力可低于屈服极限)的作用下，随着时间的增加而缓慢发生塑性变形的现象称为蠕变。

金属材料在一定温度和一定应力作用下，在规定时间内蠕变变形量或蠕变速度不超过某一规定值时所能承受的最大应力称为蠕变极限。

蠕变极限用符号 $\sigma_{\varepsilon/\tau}^{t}$或 σ_{v}^{t}表示。其中 σ 为极限应力(MPa)，t 试验温度(℃)，τ 为试验时间(h)，ε 为蠕变伸长率(%)，v 为恒定蠕变速率(%/h)。

试验方法见 GB/T 2039《金属拉伸蠕变及持久试验方法》。

在压力容器行业中，以 σ_{n}^{t} 表示钢材温度为 t，经 10 万 h 蠕变率为 1% 的蠕变极限，MPa。

9. 断后伸长率(Percentage elongation after fracture)

断后伸长率是指金属材料在做拉伸试验时，试样被拉断后标距的残余伸长(L_1-L_0，其中：L_1为试样被拉断后的标距长度，L_0为试样的原始标距长度)与原始标距之比的百分率，用 A 表示，计量单位为%。计算公式为：

$$A=\frac{L_1(\text{拉断后试样标距长度，mm})-L_0(\text{试样原始标距长度，mm})}{L_0(\text{试样原始标距长度，mm})}\times 100\%$$

对同一种材料，当原始标距(L_0)不同时，断后伸长率的数值也会不同，所以断后伸长率必须注明原始标距。对于比例试样，若原始标距不为 $L_0=5.65\sqrt{S_0}$(S_0为平行长度的原始横截面积)时，符号 A 应附以下脚标说明所使用的比例系数。例如，$A_{11.3}$表示原始标距(L_0)为 $11.3\sqrt{S_0}$的断后伸长率。对于非比例试样，符号 A 应附以下脚标说明所使用的原始标距，以 mm 表示，例如，A_{80mm}表示原始(L_0)标距为 80mm 的断后伸长率。

一般要求碳钢和碳锰钢的伸长率(A)不低于 16%，合金钢不低于 14%。

10. 断面收缩率(Percentage reduction of area)

金属材料试样在拉伸试验时，试样拉断后．试样截面的最大缩减量(S_0-S_1)与原始横截面面积(S_0)之比的百分率，用符号 Z 表示，计量单位为%，计算公式为：

$$Z=\frac{S_0(\text{试样原始横截面积，mm}^2)-S_1(\text{试样断裂处的最小截面积，mm}^2)}{S_0(\text{试样原始横截面积，mm}^2)}\times 100\%$$

11. 冲击吸收功(Impact absorbing energy)

金属材料对冲击负荷的抵抗能力称为韧性，通常用冲击吸收功（或“冲击功”)来度量。用一定尺寸和形状的试样，在规定类型的试验机上受一次冲击负荷折断时所吸收的功，称冲击吸收功。

冲击吸收功与试样的尺寸和缺口的形状有关，由于不同的冲击试样在试验时的应力状况各不相同，在破坏时所消耗的能量也不一样，因此冲击吸收功值也不同。压力容器用钢一般采用 V 形缺口冲击试样。我国现行的冲击试验标准为 GB/T 229《金属材料　夏比摆锤冲击试验方法》，该标准用符号 KV_2 表示“V 形缺口试样在 2mm 摆锤刀刃下的冲击吸收能量”，单位 J。

12. 硬度(Hardness)

材料抵抗更硬物体压入其表面的能力，称为硬度。硬度可采用不同的方法用不同的仪器测定，用不同的方法和不同的仪器测定的硬度值各不相同。最常用的硬度指标有布氏硬度(HB)、洛氏硬度(HR)和维氏硬度(HV)等。

硬度是一个反映金属材料弹性、强度与塑性等综合性能的指标，它是金属材料重要的性能指标之一。一般情况下，材料的硬度越高，其耐磨性能越好。材料的硬度与强度也有一定的关系，详见 GB/T 1172《黑色金属硬度与强度换算值》。

13. 布氏硬度(Brinell hardness)

用一定直径为 D 的淬硬钢球，以规定负荷 P(kgf)压入试验金属表面并保持一定时间，除去负荷后，测量金属表面的压痕直径，以直径算出压痕球面积 S，再以负荷 P 除以压痕球面积 S 所得之商，为该金属的布氏硬度值。布氏硬度以 HB 表示，一直惯用的单位为 kgf/mm^2，但使用中一般不标注单位、计算公式为：

$$HB=\frac{2P}{\pi D(D-\sqrt{D^2-d^2})}$$

式中　P——所加的规定负荷，kgf；

D——钢球直径，mm；

d——压痕直径，mm。

布氏硬度测定较为准确可靠．适用于测定 HB 在 8 ~480 范围内的金属材料。

14. 洛氏硬度(Rockwell hardness)

用顶角为 120°的金刚石圆锥体或一定直径(1.587mm 或 3.175mm)的淬火钢球作压头，先在初试验力 F_0 的作用下，将压头压入试件表面一定深度 h_0，以此作为测量压痕深度的基准，然后再加上主试验力 F_1，在总试验力 F(初试验力 F_0 + 主试验力 F_1)作用下，压疲深度的增量为 h_1，经规定时间后，卸除主试验力 F_1，压头回升一定高度，在试样上得到由主试验力所产生的压疲深度的残余增量 e。金属洛氏硬度的高低就以 e 的大小来衡量，e 的单位为 0.002mm。e 数值愈大，表示材料越软，反之，则愈硬。但这种表示方式不符合人们的习惯，因此改用一个常数 K 减去 e 来表示硬度值的高纸，这样洛氏硬度值(HR)可以表示为：

$$HR=K-e$$

当采用金刚石压头时：

$$K=100\quad HR(A,C,D)=100-e$$

当采用钢球作压头时：

$$K=130\quad HR(B,F,G)=130-e$$

式中　　HR——洛氏硬度值符号；

A，B，C，D，F，G——洛氏硬度的不同标尺符号。

例如：HRC 的 K 值为 100，当压入深度 e 为 0.08 时，则硬度值：

$$HRC=100-0.08/0.002=60$$

HRB 是应用较广的洛氏硬度标尺，常用测定低碳钢、低合金钢、铜合金、铝合金及可锻铸铁等中、低硬度材料。

HRC 主要用于测定一般钢材、硬度较高的锻件、珠光体可锻铸铁以及淬火 + 回火的合金钢，是用途最为广泛的洛氏硬度标尺。

洛氏硬度试验方法标准为 GB/T 230《金属材料　洛氏硬度试验》。

15. 维氏硬度(Vickers hardness)

维氏硬度的试验原理与布氏硬度的试验原理相同，也是根据压痕单位面积所承受的试验力来计算硬度值。所不同的是维氏硬度试验采用的压头是两相对面间夹角为 136°的金刚石正四棱锥体。压头在选定的试验力 F(单位为 N)作用下，压入试样表面，经规定保持时间后，卸除试验力，在试样表面压出一个正四棱锥形的压痕。测量压痕对角线长度 d(单位为 mm)，用压痕对角线平均值计算压痕的表面积 S，维氏硬度值是试验力 F 除以压痕表面积 S 所得的商，用符号(HV)表示。维氏硬度值不标注单位。

我国和世界上许多国家都根据试验力的大小将维氏硬度试验分为三种类型，即维氏硬度试验、小载荷维氏硬度试验和显微维氏硬度试验。显微维氏硬度试验是在硬度计上带有金相显微镜，以便观察试样的金相组织，确定压痕位置和精确测量压痕对角线长度。从上面的分析可以看出，显微维氏硬度试验是最精确的试验方法，主要用于测定各种表面处理后的渗秀或镀层的硬度以及较小、较薄工件的硬度，还可用于测定合金中组成相的硬度。但这种方法操作复杂、工效低，不适于大批量生产中的常规检查。显微维氏硬度试验方法压痕较小，代表性差，若材料中有偏析及组织不均匀等缺陷，则使所测硬度值重复性差、分散度大。

维氏硬度试验方法标准为 GB/T 4340《金属材料　维氏硬度试验》。

2.2　压力容器对钢材性能的基本要求

1. 较高的室温强度

通常，受压元件以钢材的屈服强度和抗拉强度作为其强度设计的依据。为了适应各种压力容器承受压力的需要，确保元件的安全性，同时考虑经济性，所用钢材必须具有较高的屈服强度和抗拉强度。

2. 足够的蠕变强度和持久强度

高温受压元件通常是以钢材的高温蠕变强度和持久强度作为强度设计的依据。选用蠕变强度和持久强度高的钢材不仅可以保证在蠕变条件下的安全运行，还可以减少材料用量，进而减少投资。

3. 良好的韧性

只有在具有足够韧性的情况下，压力容器才能在正常工作条件下承受施加给它的载荷而不致发生脆性破坏。在选择材料时，必须防止片面追求钢材的强度而忽视韧性。

4. 组织稳定性

在高温下工作的钢材应具有良好的高温组织稳定性和良好的高温抗氧化能力，材料应能长期在高温条件下工作而不发生组织结构的变化和氧化。

5. 较低的缺口敏感性

在容器制造过程中，往往要在材料上开孔和焊接，造成局部区域的应力集中，这就要求钢材具有较低的缺口敏感性，以防止由此产生裂纹。

6. 良好的低倍组织

钢材的分层、非金属夹杂物、气孔、疏松等缺陷应尽可能减少，不允许有白点和裂纹存在于钢中。

7. 良好的加工工艺性能和焊接性能

选材时须充分注意压力容器在制造过程中的冷热加工成形和焊接工艺及其对材料性能的影响。焊接热循环往往降低了焊接热影响区材料的韧性和塑性，或在焊接接头产生各种焊接缺陷，导致焊接接头产生裂纹。因而，在选择材料时，要考虑材料的碳当量，相应的焊接材料和焊接工艺。此外，还要求钢材具有良好的塑性，以保证其良好的冷加工性能。

第三章　内压薄壁容器的设计计算

通常情况下，薄壁容器系指容器圆筒体外直径(D_o)与圆筒体内直径(D_i)的比值 D_o/D_i 小于1.20的压力容器。当 D_o/D_i 大于等于1.20时，则视为厚壁容器。

3.1　符号和术语

3.1.1　符号说明

a——椭圆曲线的长半轴的长度，mm；

A_{eL}——锥壳大端与筒体连接处的有效加强面积，mm^2；

A_{eS}——锥壳小端与筒体连接处的有效加强面积，mm^2；

A_{rL}——锥壳大端需要加强的截面积，mm^2；

A_{rs}——锥壳小端需要加强的截面积，mm^2；

A_s——加强圈横截面积，mm^2；

A_T——圆筒、锥壳和加强圈的当量截面积，锥壳大端为 A_{TL}，锥壳小端为 A_{TS}，mm^2；

b——椭圆曲线的短半轴的长度，mm；

C——厚度附加量($C = C_1 + C_2$)，mm；

C_1——材料厚度负偏差，按材料标准的 + =规定，mm；

C_2——腐蚀裕量，mm；

D——圆筒形壳体的平均直径$\left(D = \frac{D_i + D_o}{2}\right)$，mm；

D_C——锥壳或平盖的计算直径，mm；

D_i——圆筒或球壳的内直径，mm；

D_{iL}——锥壳大端直边段内直径，mm；

D_{is}——锥壳小端直边段内直径，mm；

D_o——圆筒或球壳的外直径($D_o = D_i + 2\delta_n$)，mm；

D_{os}——锥壳小端直边段内直径，mm；

D_s——锥壳小端直边段中面半径，mm；

E_c, E_r, E_s——材料在设计温度下的弹性模量，下标 c、r、s 分别表示锥壳、加强圈及圆筒，MPa；

f_1——除压力载荷外，由外载荷在锥壳大端产生的单位长度上的轴向力，N/mm；

f_2——除压力载荷外，由外载荷在锥壳小端产生的单位长度上的轴向力，N/mm；

h——椭圆形、碟形封头的直边高度，mm；

h_i——椭圆曲线的短半轴长度，mm；

I——圆筒和锥壳或者加强圈、圆筒、锥壳组合段所需的惯性矩，mm^4；

I_s——圆筒和锥壳或者加强圈、圆筒、锥壳组合段有效横截面对平行于客厅轴线的形心的惯性矩，mm^4；

K——椭圆形封头的形状系数，$\left(K=\frac{1}{6}\left[2+\left(\frac{D_i}{2h_i}\right)^2\right]\right)$，其值见表3.3－1；在表3.3－6节中为平盖特征系数；

l——薄壁圆筒形壳体的轴向长度，mm；

L——球冠形封头加强段的长度，mm；

L_c——沿锥壳表面度量的锥壳上两加强圈之间的长度，mm；

L_L——与锥壳大端相连筒体的计算长度，mm；

L_{sm}——与锥壳小端相连筒体的计算长度，mm；

L_G——螺栓中心至垫片作用中心线的径向距离（见表3.3－6中简图），mm；

M——式(3.3－5)、式(3.3－6)中，碟形封头的形状系数，$M=\frac{1}{4}\left(3+\sqrt{\frac{R_i}{r}}\right)$，其值见表3.3－2；

p——内压、设计压力，MPa；

p_c——计算压力，MPa；

p_T——试验压力，MPa；

$[p_W]$——允许的最大工作压力，MPa；

q——在内压p作用在圆筒形壳体整个横截面上的合力，N；

q'——在内压p作用在圆筒形壳体轴平面内的合力，N；

Q——由$\frac{p_c}{[\sigma]^t\varphi}\left(\approx\frac{2\delta}{D_i}\right)$查得的系数，见图3.3－6、图3.3－7、图3.3－8；

Q_L——$\frac{1}{4}p_cD_L$和f_1代数和，N/mm；

Q_S——$\frac{1}{4}p_cD_s$和f_2代数和，N/mm；

r——图3.3－3中，蝶形封头过渡区的曲率半径，mm；

r——平盖过渡区圆弧半径，mm；

r——折边锥壳大端过渡段转角半径，mm；

r_s——折边锥壳小端过渡段转角半径（图3.3－12），mm；

R——圆筒中面半径，mm；

R_i——蝶形封头、球冠形封头球面部分的内半径，mm；

R_L——锥壳大端直边段内半径，mm；

R_m——材料标准室温拉伸强度，MPa；

R_0——式(3.3－6)中，蝶形封头球面部分的外半径，mm；

R_{os}——锥壳小端直边段外半径，mm；

R_{ol}——锥壳大端直边段外半径，mm；

R_s——锥壳小端直边段内半径，mm；

W——预紧状态时或操作状态时的螺栓设计载荷，N；

W_J——式(3.3－26)中的抗弯模量，mm^3；

Z——非圆形平盖的形状系数；

α——锥壳半顶角，(°)；

δ——圆筒或球壳的计算厚度，mm；

Δ——锥壳端部与筒体连接处需要加强圈的指数值，当 $\Delta \geqslant \alpha$ 时，该连续处不需要加强(见表 3.3－3)，(°)；

δ_1——复合板基层材料的名义厚度，mm；

δ_2——复合板覆层材料的厚度，不计入腐蚀裕量，mm；

δ_c——锥壳计算厚度，mm；

δ_{eh}——封头的有效厚度，mm；

δ_h——封头的计算厚度，mm；

δ_r——球冠形封头加强段、筒体加强段的计算厚度，mm；

δ_e——圆筒或球壳的有效厚度，mm；

δ_{ec}——锥壳当量有效厚度，mm；

δ_{ep}——平盖有效厚度，mm；

δ_{nc}——锥壳名义厚度，mm；

δ_p——平盖计算厚度，mm；

σ——计算应力，MPa；

σ_t——内压 p 的在薄壁圆筒形壳体内产生环向拉应力，MPa；

σ_z——内压 p 的在薄壁圆筒形壳体内产生的轴向拉应力，MPa；

$[\sigma]$——容器元件材料在耐压试验温度下的许用应力，MPa；

$[\sigma]^t$——容器元件材料在设计温度下的许用应力，MPa；

$[\sigma]^t_1$——复合板在设计温度下基层材料的许用应力，MPa；

$[\sigma]^t_2$——复合板在设计温度下覆层材料的许用应力，MPa；

$[\sigma]^t_c$——设计温度下锥壳所用材料的许用压力，MPa；

$[\sigma]^t_r$——设计温度下平盖材料的许用应力，MPa；

$[\sigma]^t_r$——设计温度下加强圈所用材料的许用压力，MPa；

$[\sigma]^t_S$——设计温度下圆筒所用材料的许用压力，MPa；

φ——焊接接头系数。

3.1.2 术语与定义说明

1. 压力

垂直作用在容器单位表面上的力。在本章中，除注明者外，压力均为表压力。

(1) 工作压力

指在正常工作情况下，容器顶部可能达到的最高压力。

(2) 设计压力

指设定的容器顶部的最高压力，与相应的设计温度一起作为容器的基本设计载荷条件，其值不低于工作压力。当容器上装有泄放装置时，取泄放装置超压限度的起始压力作为设计压力；对于盛装液化气体的容器，如果具有可靠的表冷措施，在规定的装量系数范围内，设计压力应根据工作条件下容器内介质可能达到的最高工作温度下的饱和蒸气压力来确定；否则按相关法规确定。

由 2 个或 2 个以上压力腔组成的容器，如夹套容器，应分别规定各压力腔的设计压力。确定公用元件的设计压力时，应考虑相邻压力腔之间的压力差因素。

(3) 计算压力

指在相应的设计温度下，用以确定元件厚度的压力，其中包括液柱静压力。

当元件所承受的液柱静压力小于5%设计压力时，可忽略不计。

(4) 试验压力

指在耐压试验时，容器顶部的压力。

2. 温度

(1) 设计温度

指容器在正常工作情况下，设定的元件金属温度。设计温度与设计压力一起作为设计载荷条件。设计温度不得低于元件金属在工作状态可能达到的最高温度。对于0℃以下的金属温度，设计温度不得高于元件金属可能达到的最低温度。当容器各部分的金属温度不相同时，可分别设定每部分的设计温度。

标志在铭牌上的设计温度应是设计温度的最高值或最低值。

(2) 元件的金属温度

沿元件金属截面的温度平均值。

元件的金属温度可由传热计算求得，或在已使用的同类容器上测定，或按内部介质温度确定(对有不同工况的容器，应按最苛刻的工况设计，并在图样或相应的技术文件中注明各工况的压力和温度值)。

(3) 试验温度

指在耐压试验时，壳体的金属温度。

3. 厚度

(1) 计算厚度

计算厚度系指载荷为计算压力时，按公式计算得到的厚度，不包括厚度附加量。需要时，计算厚度应计入其他载荷经相关计算得到的所需要的厚度。其他载荷包括：

容器的自重(如内件和填料等)，以及正常工作条件下或压力试验状态下内装物料的重力载荷；

附属设备、隔热材料、衬里、管道、扶梯、平台等的重力载荷；

风载荷、地震载荷、雪载荷；

支座、底座圈、支耳及其他形式支撑件的反作用力；

连接管道及其他部件的作用力；

温度梯度或热膨胀量不同引起的作用力；

冲击载荷，包括压力急剧波动引起的冲击载荷、流体的冲击所引起的反力等；

运输或吊装时的作用力。

(2) 设计厚度和腐蚀裕量

设计厚度指计算厚度与腐蚀裕量之和。

腐蚀裕量是为防止容器元件由于腐蚀、磨损而导致的厚度减薄量，GB 150《压力容器》对腐蚀裕量作了如下具体规定：

对有均匀腐蚀或磨损的元件，应根据预期的容器设计使用年限和介质对金属材料的腐蚀速率(及磨蚀速率)确定腐蚀裕量；容器各元件受到的腐蚀程度不同时，可采用不同的腐蚀裕量；介质为压缩空气、蒸汽或水的碳素钢或低合金钢制容器，腐蚀裕量应不小于1mm。

(3) 名义厚度

名义厚度是指设计厚度加上钢材厚度负偏差后，向上圆整至钢材标准规格的厚度，即标注在图样上的厚度。GB 713—2008《锅炉和压力容器用钢板》规定的钢板负偏差为0.30mm。

(4) 有效厚度

有效厚度指名义厚度减去腐蚀裕量和钢材厚度负偏差。

4. 许用应力

按常规设计时，受压元件内的应力不得超过材料在设计温度下的应力许用值。GB 150《压力容器》列出了多种国产材质的钢板、钢管、锻件及螺栓的许用应力值。许用应力的取值按表3.1－1和表3.1－2的规定。

对于覆层与基层结合率达到NB/T 47002《压力容器用爆炸焊接复合板》中B2级板以上的复合钢板，在设计计算中，如需计入覆层材料的强度时，其设计温度下的许用应力按式(3.1－1)确定：

$$[\sigma]^t = \frac{[\sigma]_1^t\delta_1 + [\sigma]_2^t\delta_2}{\delta_1 + \delta_2} \tag{3.1-1}$$

设计温度低于20℃时的许用应力，取20℃时的许用应力。

表3.1－1　钢材(螺栓材料除外)许用应力的取值　MPa

材　　料	许用应力取下列各值中的最小值
碳素钢、低合金钢	$\frac{R_m}{2.7}$，$\frac{R_{eL}}{1.5}$，$\frac{R_{eL}^t}{1.5}$，$\frac{R_D^t}{1.5}$，$\frac{R_n^t}{1.0}$
高合金钢	$\frac{R_m}{2.7}$，$\frac{R_{eL}(R_{p0.2})}{1.5}$，$\frac{R_{eL}^t(R_{p0.2}^t)}{1.5}$，$\frac{R_D^t}{1.5}$，$\frac{R_n^t}{1.0}$
钛及钛合金	$\frac{R_m}{2.7}$，$\frac{R_{p0.2}}{1.5}$，$\frac{R_{p0.2}^t}{1.5}$，$\frac{R_D^t}{1.5}$，$\frac{R_n^t}{1.0}$
镍及镍合金	$\frac{R_m}{2.7}$，$\frac{R_{p0.2}}{1.5}$，$\frac{R_{p0.2}^t}{1.5}$，$\frac{R_D^t}{1.5}$，$\frac{R_n^t}{1.0}$
铝及铝合金	$\frac{R_m}{3.0}$，$\frac{R_{p0.2}}{1.5}$，$\frac{R_{p0.2}^t}{1.5}$
铜及铜合金	$\frac{R_m}{3.0}$，$\frac{R_{p0.2}}{1.5}$，$\frac{R_{p0.2}^t}{1.5}$

注：(1) 对奥氏体高合金钢制受压元件，当设计温度低于蠕变范围，且允许有微量的永久变形时，可适当提高许用应力到$0.9R_{p0.2}^t$，但不超过$R_{p0.2}/1.5$。此规定不适用于法兰或其他有微量永久变形就产生泄漏或故障的场合。

(2) 如果引用标准允许采用$R_{p1.0}$或$R_{p1.0}^t$，则可以选用该值计算其许用应力。

(3) 根据设计使用年限选用1.0×10^5h、1.5×10^5h、2.0×10^5h等持久强度极限值。

表3.1－2　钢制螺栓材料许用应力的取值　MPa

<table>
<tr><th>材　　料</th><th>螺栓直径/mm</th><th>热处理状态</th><th colspan="2">许用应力取下列各值中的最小值</th></tr>
<tr><td rowspan="2">碳素钢</td><td>≤M22</td><td rowspan="2">热轧、正火</td><td>$\frac{R_{eL}^t}{2.7}$</td><td rowspan="2"></td></tr>
<tr><td>M24～M48</td><td>$\frac{R_{eL}^t}{2.5}$</td></tr>
<tr><td rowspan="3">低合金钢、马氏体高合金钢</td><td>≤M22</td><td rowspan="3">调质</td><td>$\frac{R_{eL}^t(R_{p0.2}^t)}{3.5}$</td><td rowspan="3">$\frac{R_D^t}{1.5}$</td></tr>
<tr><td>M24～M48</td><td>$\frac{R_{eL}^t(R_{p0.2}^t)}{3.0}$</td></tr>
<tr><td>≥M52</td><td>$\frac{R_{eL}^t(R_{p0.2}^t)}{2.7}$</td></tr>
</table>

续表 3.1－2

材　　料	螺栓直径/mm	热处理状态	许用应力取下列各值中的最小值	
奥氏体高合金钢	≤M22	固溶	$\frac{R_{eL}^t(R_{p0.2}^t)}{1.6}$	$\frac{R_D^t}{1.5}$
	M24～M48		$\frac{R_{eL}^t(R_{p0.2}^t)}{1.5}$	

注：表 3.1－1 和表 3.1－2 中：

R_{eL}($R_{p0.2}$、$R_{p1.0}$)——材料标准室温屈服强度(或 0.2%、1.0% 非比例延伸强度)，MPa；

R_{eL}^t($R_{p0.2}^t$、$R_{p1.0}^t$)——材料在设计温度下的屈服强度(或 0.2%、1.0% 非比例延伸强度)，MPa；

R_D^t——材料在设计温度下经 10 万小时断裂的持久强度的平均值，MPa；

R_n^t——材料在设计温度下经 10 万小时蠕变率为 1% 的蠕变极限平均值，MPa。

5. 焊接接头分类和焊接接头系数

焊接接头是容器上比较薄弱的环节，事故多发生在焊接接头区。一般情况下，焊缝金属的强度并不低于基本金属的强度，有时甚至超过基本金属。但由于在一般情况下，焊缝金属晶粒粗大，在焊接热影响区有残余应力以及焊缝中可能有气孔和未焊透等缺陷的存在，仍会降低接头的强度和韧性。在设计计算中引入一个小于或等于 1.00 的“焊接接头系数”来补偿因焊接可能产生的强度削弱。考虑到不同位置的焊接接头具有不同的特征和不同的受力状态，故有必要对其进行分类。

(1) 焊接接头分类

① 容器受压元件之间的焊接接头分为 A、B、C、D 四类，如图 3.1－1 所示。具体分类如下：

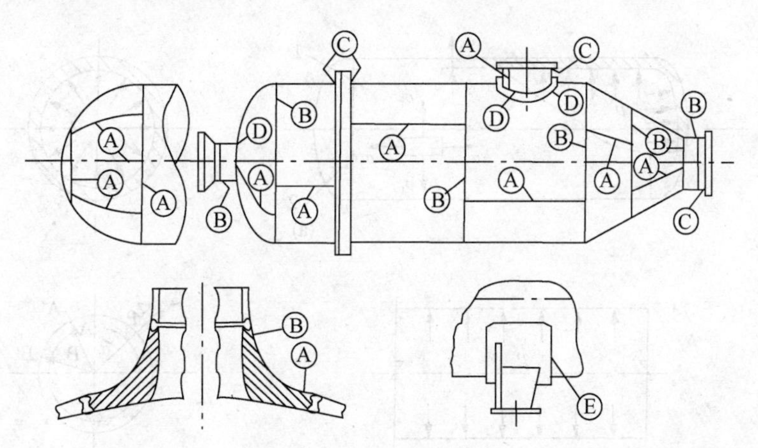

图 3.1－1　焊接接头分类

a. 圆筒部分(包括接管)和锥壳部分的纵向接头(多层包扎容器层板层纵向接头除外)、球形封头与圆筒连接的环向接头、各类凸形封头和平封头中的所有拼焊接头以及嵌入式的接管或凸缘与壳体对接连接的接头，均属 A 类焊接接头；

b. 壳体部分的环向接头、锥形封头小端与接管连接的接头、长颈法兰与壳体或接管连接的接头、平盖或管板与圆筒对接连接的接头以及接管间的对接环向接头，均属 B 类焊接接头，但已规定为 A 类的焊接接头除外；

c. 球冠形封头、平盖、管板与圆筒非对接连接的接头，法兰与壳体或接管连接的接头，内封头与圆筒的搭接接头以及多层包扎容器层板层纵向接头，均属 C 类焊接接头，但已规定为 A、B 类的焊接接头除外；

d. 接管(包括人孔圆筒)、凸缘、补强圈等与壳体连接的接头，均属 D 类焊接接头，但已规定为 A、B、C 类的焊接接头除外。

② 非受压元件与受压元件的连接接头为 E 类焊接接头，如图 3.1－1 所示。

(2) 焊接接头系数

焊接接头系数 φ 的大小取决于焊接接头的焊缝形式和无损检测的长度比例确定。

① 钢制压力容器的焊接接头系数规定如下：

a. 双面焊对接接头和相当于双面焊的全焊透对接接头

全部无损检测，取 $\varphi=1.0$；

局部无损检测，取 $\varphi=0.85$。

b. 单面焊对接接头(沿焊缝根部全长有紧贴基本金属的垫板)

全部无损检测，取 $\varphi=0.9$；

局部无损检测，取 $\varphi=0.8$。

② 其他金属材料的焊接接头系数按相应引用标准的规定。

3.2 内压薄壁圆筒和球壳

3.2.1 内压圆筒

1. 受力分析

图 3.2－1 为一薄壁内压圆筒形容器的受力示意图。如图所示，容器的圆筒形壳体在内压 p 的作用下，沿轴线方向(纵向)受到轴向拉力的作用，这一轴向拉力在圆筒形壳体中产

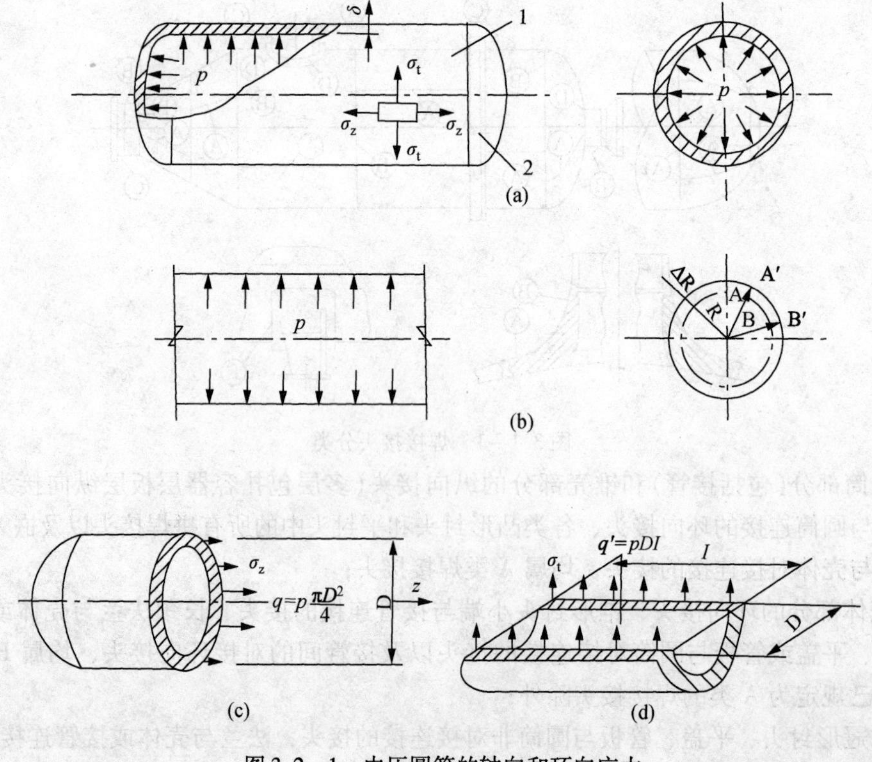

图 3.2－1 内压圆筒的轴向和环向应力

1—筒体；2—封头

生轴向拉应力 σ_z 并产生轴向拉伸变形；在垂直于轴线(横向)的平面上产生环向拉应力 σ_t 和发生直径增大的变形(半径增大值为 ΔR)。

在圆筒形壳体的平均半径 $R(R=D/2)$ 的圆周上取出一段弧 AB 来研究。

在内压 p 的作用下，弧 AB 由原来的位置 AB(在半径 R 上)移到了弧 $A'B'$(在半径 $R+\Delta R$ 上)的位置上，即弧 AB 被拉长了；同时，弧 AB 还发生了由"弯"变"直"的变化。一段弧由短变长了，说明必有拉应力存在，此拉应力就是上述的环向拉应力 σ_t，这段弧由"弯"变"直"即曲率变小了，说明必有弯曲应力(弯矩)存在，但弯曲应力相对于拉应力要小得多以致于在工程上可以忽略不计。因此，通常把在只考虑主应力而忽略弯曲应力的条件下，来分析薄壁壳体的受力状况和制定设计准则的理论称为无力矩理论。

"薄膜理论"一词经常在与压力容器有关的文献资料中出现，它是从另一个角度来下的定义：在薄壁($K=D_0/D_i<1.10$)条件下，由于壁很薄，像"薄膜"一样，在内压的作用下，壳体截面只考虑承受拉应力，完全不考虑弯曲应力，故称为"薄膜理论"。"薄膜理论"即"无力矩理论"的别称。

上面讨论了在内压 p 的作用下，薄壁圆筒形壳体内会产生轴向拉应力 σ_z 和环向拉应力 σ_t。以下推导 σ_z 和 σ_t 的计算公式。

如图3.2-1(c)所示，无论封头的形状如何，内压 p 作用在圆筒形壳体整个截面上的合力 q 可按公式(3.2-1)进行计算：

$$q=\frac{p\pi D^2}{4} \tag{3.2-1}$$

轴向拉应 σ_z 等于内压 p 作用在圆筒形壳体整个截面上的合力 q 除以圆筒形壳体的横截面积，按式(3.2-1)进行计算：

$$\sigma_z=\frac{q}{\pi D\delta}$$

将式(3.2-2)代入上式并经整理后，得到计算圆筒形壳体轴向拉应力 σ_z 的公式：

$$\sigma_z=\frac{pD}{4\delta} \tag{3.2-2}$$

下面来计算环向拉应力 σ_t。如图3.2-1(d)所示，在长度为 l 的一段筒体上，内压 p 作用在圆筒形壳体轴平面内的合力 q' 可按公式(3.2-3)进行计算：

$$q'=pDl \tag{3.2-3}$$

环向拉应力 σ_t 等于内压 p 作用在圆筒形壳体整个截面上的合力 q' 除以圆筒形壳体的截面积 $2l\delta$：

$$\sigma_t=\frac{q}{2l\delta}$$

将式(3.2-3)代入上式并经整理后，得到计算环向拉应力 σ_t 的公式：

$$\sigma_t=\frac{pD}{2\delta} \tag{3.2-4}$$

比较式(3.2-3)和式(3.2-4)，可得出以下三点结论：

① 在内压 p 的作用下，薄壁圆筒体内在两个互相垂直的方向(轴向和环向)上均有拉应力存在，圆筒体内的任意一点都处于双向应力状态；

② 环向拉应力 σ_t 是轴向拉应力 σ_z 的两倍，即：$\sigma_t=2\sigma_z$；

③ 无论轴向应力还是环向应力的大小，均与压力 p 和直径 D 成正比，与壁厚 δ 成反比。

2. 圆筒强度计算公式

由上述分析可知，对圆筒形壳体强度起决定性作用的是环向拉应力 σ_t，强度条件为：

$$\sigma_t = \frac{pD}{2\delta} \leqslant [\sigma]^t \quad (3.2-5)$$

当圆筒形壳体不是用无缝钢管或用锻件加工制成而是用钢板卷焊而成时，焊缝本身的缺陷有可能使其强度比母材要低，因此，设计温度下的许用应力 $[\sigma]^t$ 应该改用焊缝的许用应力。焊缝的许用应力等于母材的许用应力 $[\sigma]^t$ 乘以焊接接头系数 φ，即：$[\sigma]^t\varphi$。这样，上面的公式就变成了下面的形式：

$$\frac{pD}{2\delta} \leqslant [\sigma]^t\varphi$$

一般工艺设计人员给出的设备直径为设备内径 D_i。故在计算时采用内径更为方便。为此，将 $D = D_i + \delta$ 代入上式，可得：

$$\frac{p(D_i + \delta)}{2\delta} \leqslant [\sigma]^t\varphi$$

将上式中的 p 以 p_C 替代，并经整理后可得出计算圆筒形壳体壁厚的式(3.2－6)和式(3.2－7)：

$$\delta = \frac{p_c D_i}{2[\sigma]^t\varphi - p_c} \quad (3.2-6)$$

$$\delta = \frac{p_c D_0}{2[\sigma]^t\varphi - p_c} \quad (3.2-7)$$

由式(3.2－6)和式(3.2－7)计算出的圆筒形壳体壁厚，为承受内压 p_C 所需要的最小厚度。该公式的适应范围为 $p_c \leqslant 0.4[\sigma]^t\varphi$。

由式(3.2－6)和式(3.2－7)可以看出，圆筒形壳体的计算厚度 δ 与计算压力 p_c 和圆筒形壳体的内直径 D_i 成正比；与 $(2[\sigma]^t\varphi)$ 成反比，即材料的许用应力与焊接接头系数 φ 的乘积 $[\sigma]^t\varphi$ 越大，计算厚度 δ 将越小。

在设计温度下，圆筒形壳体内的环向应力按式(3.2－8)计算：

$$\sigma_t = \frac{p_c(D_i + \delta_e)}{2\delta_e} \quad (3.2-8)$$

σ_t 值应小于或等于 $[\sigma]^t\varphi$。

在设计温度下，圆筒形壳体的最大允许工作压力按式(3.2－9)计算：

$$[p_W] = \frac{2\delta_e[\sigma]^t\varphi}{(D_i + \delta_e)} \quad (3.2-9)$$

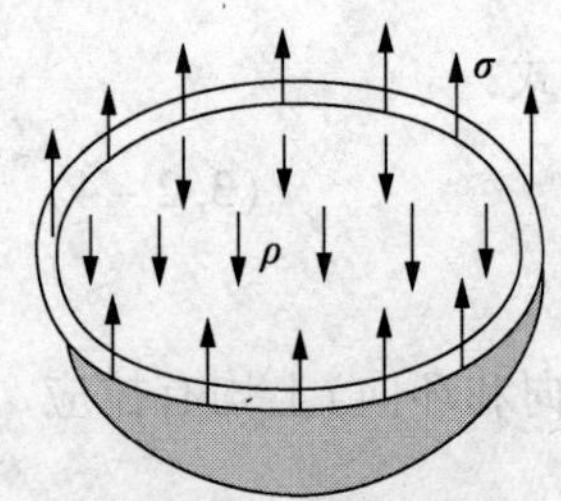

图3.2－2 球壳受力分析

3.2.2 内压球壳

1. 受力分析

由于球形壳体的几何形状相对于球心是对称的，所以"轴向"应力 σ_z 和"环向"应力 σ_t 在数值上是相等的。因此，没有圆筒形壳体那样的"轴向"和"环向"之分，即在球形壳体的情况下 $\sigma_z = \sigma_t = \sigma$，如图3.2－2所示。

在通过球心的截面上，内压 p 对半个球壳体总的作用力 q，可按式(3.2－10)进行计算：

$$q = \frac{p\pi D^2}{4} \tag{3.2-10}$$

采用与前面推导圆筒形壳体轴向应力相类似的步骤，可以导出在内压球壳中的应力计算公式：

$$\sigma = \frac{pD}{4\delta} \tag{3.2-11}$$

2. 球壳强度计算公式

将式(3.2-11)的符号做相应的替换，经整理后可得出球壳壁厚的计算式(3.2-12)或式(3.2-13)：

$$\delta = \frac{p_c D_i}{4[\sigma]^t \varphi - p_c} \tag{3.2-12}$$

$$\delta = \frac{p_c D_o}{4[\sigma]^t \varphi + p_c} \tag{3.2-13}$$

由式(3.2-6)和式(3.2-7)计算出的球壳壁厚，为承受内压 p_C 所需要的最小厚度。该公式的适应范围为 $p_c \leqslant 0.6[\sigma]^t \varphi$。

在设计温度下，球壳的计算应力按式(3.2-14)或式(3.2-15)计算：

$$\sigma_t = \frac{p_c(D_i + \delta_e)}{4\delta_e} \tag{3.2-14}$$

$$\sigma_t = \frac{p_c(D_i + \delta_e)}{4\delta_e} \tag{3.2-15}$$

σ_t 值应小于或等于 $[\sigma]^t \varphi$。

在设计温度下，球壳的最大允许工作压力按式(3.2-16)或式(3.2-17)计算：

$$[p_W] = \frac{4\delta_e [\sigma]^t \varphi}{(D_i + \delta_e)} \tag{3.2-16}$$

$$[p_W] = \frac{4\delta_e [\sigma]^t \varphi}{(D_o - \delta_e)} \tag{3.2-17}$$

比较式(3.2-4)和式(3.2-11)，可以看出在直径、压力相同的情况下，球形壳体的应力为圆筒形壳体环向应力的一半。因此，球形壳体的壁厚也只有圆筒形壳体壁厚的一半。

此外，在容积相同时，球形壳体的表面积小，故采用球形壳体可节省材料。因此，球形容器的应用越来越广泛。

3.3 各种内压封头的特点及其强度计算

封头是容器不可缺少的组成部分、常见的容器封头有半球形、椭圆形、球冠形、碟形、锥形、平盖等。GB 150 将半球形封头、椭圆形封头、碟形封头、球冠形封头统称为“凸形封头”。从受力的优劣看，其顺次为球形、椭圆形、碟形、锥形、平盖；从制造角度来看，由易到难的顺序为平盖、锥形、碟形、椭圆形、球形。锥形封头的受力不佳，但它有利于容器内物料的排出，立式容器的下封头用的较多。

3.3.1 半球形封头

半球形封头的受力状态好，在直径、压力相同的情况下，半球形封头的应力仅为圆筒形壳体环向应力的一半，壁厚也只有圆筒形壳体壁厚的一半，这是一方面；另一方面，由于半球形封头的深度较大，所以整体冲压比较困难，特别是在没有大型水压机的情况下成型更加困难。所以，除了压力较高、直径较大的高压容器和特殊需要外，一般很少采用。对于大直径的半球形封头或球形容器，一般都采用分瓣冲压成型而后拼焊的办法来制造。

半球形封头的强度计算按式(3.2－12)或式(3.2－13)计算；在设计温度下，半球形封头中的应力按式(3.2－14)或式(3.2－15)计算；在设计温度下，半球形封头的最大允许工作压力按式(3.2－16)或式(3.2－17)计算。

随着容器制造技术和水平的不断提高，高压容器使用球形封头已较为普遍，用以代替早期采用的平板盖，从而可大大地降低材料消耗。

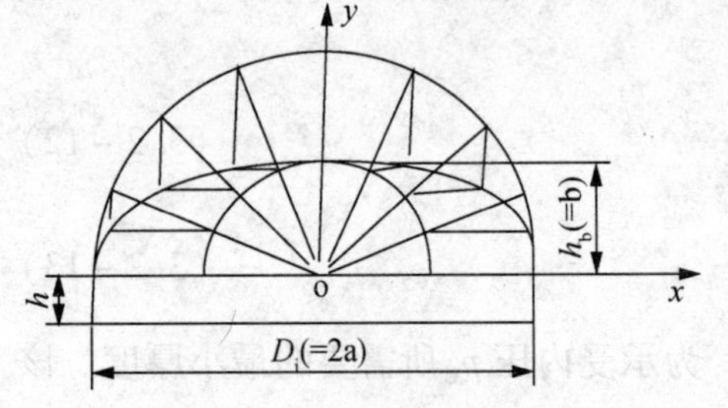

图3.3－1 椭圆曲线

3.3.2 椭圆形封头

椭圆形封头由半个椭球和具有一定高度的圆筒形壳体组成，此圆筒形壳体高度一般被称为“直边高度”(图3.3－1和图3.3－2中的h_i)。设置直边的目的是为了避免在封头和圆筒形壳体相交的这一结构不连续处出现焊缝，从而使焊缝避开(在结构不连续处的)边缘应力区。

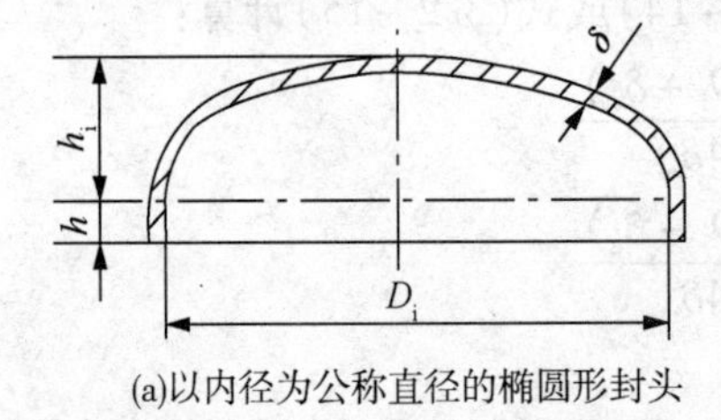

(a)以内径为公称直径的椭圆形封头

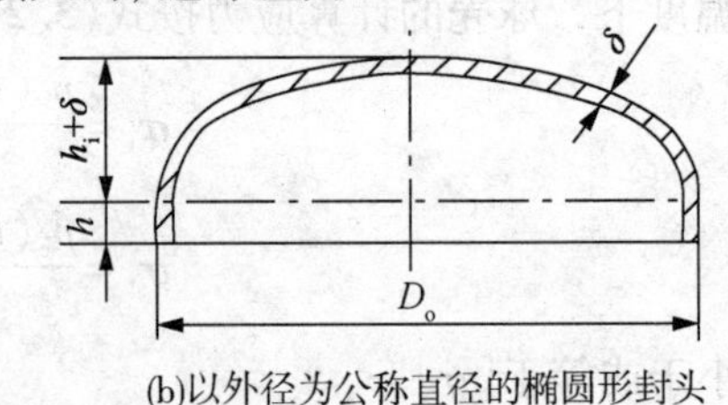

(b)以外径为公称直径的椭圆形封头

图3.3－2 椭圆形封头

椭圆形封头的受力状况虽然比球形封头差些，但比其他形式的封头要好。在制造方面，由于椭圆形封头的深度较浅，冲压成型要比球形封头容易得多，目前被国内外广泛用于中低压容器中。

椭圆形封头的椭圆曲线可用图3.3－1和式(3.3－1)所示的椭圆方程式来表示：

$$\frac{x^2}{a^2}+\frac{y^2}{b^2}=1 \tag{3.3-1}$$

椭圆封头的厚度按式(3.3－2)和式(3.3－3)计算：

$$\delta_h=\frac{Kp_cD_i}{2[\sigma]^t\varphi-0.5p_c} \tag{3.3-2}$$

$$\delta_h=\frac{Kp_cD_o}{2[\sigma]^t\varphi+(2K-0.5)p_c} \tag{3.3-3}$$

表3.3－1 椭圆形封头形状系数K值

$\frac{D_i}{2h_i}$	2.6	2.5	2.4	2.3	2.2	2.1	2.0	1.9	1.8
K	1.46	1.37	1.29	1.21	1.14	1.07	1.00	0.93	0.87
$\frac{D_i}{2h_i}$	1.7	1.6	1.5	1.4	1.3	1.2	1.1	1.0	
K	0.81	0.76	0.71	0.66	0.61	0.57	0.53	0.50	

注：$D_i/2h_i \leq 2$ 的椭圆形封头的有效厚度应不小于封头内直径的0.15%，$D_i/2h_i>2$ 的椭圆形封头的有效厚度应不小于封头内直径的0.30%。但当确定封头厚度时已考虑了内压下的弹性失稳问题，可不受此限制。

椭圆形封头的最大允许工作压力按式(3.3－4)计算：

$$[p_w]=\frac{2[\sigma]^t\varphi\delta_{eh}}{KD_i+0.5\delta_{eh}} \tag{3.3－4}$$

GB/T 25198《压力容器封头》规定的椭圆形直径，有以内径为公称直径和以外径为公称直径两个直径系列，以内径为公称直径的椭圆形封头(EHA)，如图3.3－2(a)所示，直径范围：$DN=300\sim6000$mm；以外径为公称直径的椭圆形封头(EHB)，如图3.3－2(b)所示，适用于用无缝钢管制作的圆筒体，有 $DN=159$，219，273，325，377 和426mm 六个直径。标准还规定，由整板或拼焊板成形的椭圆形封头适用于中、低压容器，由瓣片和顶圆板制成的椭圆形封头只适用于低压容器。

比较确定椭圆形封头厚度的式(3.3－2)、式(3.3－3)与确定圆筒形壳体厚度的式(3.2－6)、式(3.2－7)不难看出：在相同条件下，标准椭圆形封头的厚度与圆筒体的厚度几乎相等，便于封头与圆筒体的焊接连接。这也是椭圆形封头被广泛采用的原因之一。

由表3.3－1可以看出：

当比值 $D_i/2h_i>2$ 时，$K>1$，封头弧度小，即较扁平，受力状态不好，并且其计算厚度比标准椭圆形封头的厚度来得厚；

当 $D_i/2h_i<2$ 时，$K<1$，其计算厚度比标准椭圆形封头的厚度来得薄，但封头深度大，冲压成形困难；

在极端情况下，当 $D_i/2h_i=1.0$ 时，$K=0.5$，这时计算厚度最薄，深度最大，椭圆形封头就变成了球形封头了。

顺便指出，当采用旋压成形法来加工椭圆形封头时，其椭圆形封头的椭圆形状很难保证，且有时会由于旋压产生裂纹或虽然没有裂纹但内应力较大，这有可能对容器的安全生产带来隐患。因此，在选择这一成形方法来加工椭圆形封头时需要慎重。

3.3.3　碟形封头

碟形封头亦称带折边的球冠形封头，它由三部分组成：中心是以 R_i 为半径的球面部分；第二部分是与圆筒相连接处有一直边段；第三部分是连接这两部分的过渡区，过渡区的曲率半径为 r，如图3.3－3所示。若将碟形封头的过渡区和直边部分去掉(即令 $r=0$ 和 $h=0$)，只留下球面部分并直接与圆筒连接的话，就成了无折边的球冠形封头。

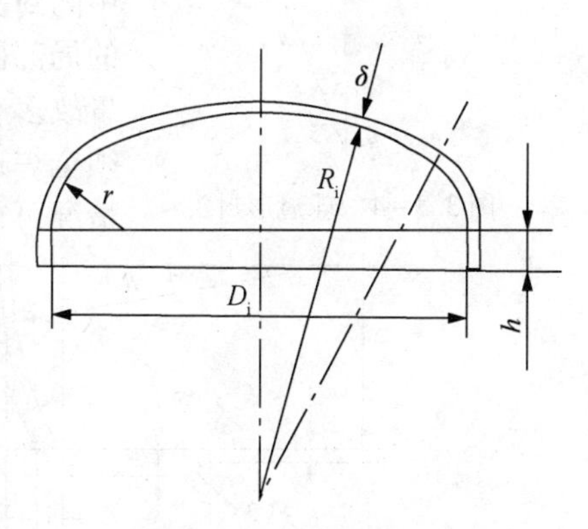

图3.3－3　碟形封头

从几何形状看，碟形封头与椭圆形封头的不同之处在于：在纵剖面上，椭圆形封头为一(连续的)椭圆曲线，而碟形封头则是由曲率半径不同的两条曲线组成的，是一条不连续曲线。在压力作用下，于两条曲线的交汇处有较大的径向弯曲应力和周向压应力产生。应力的大小与比值 r/R_i 有关。r/R_i 值愈小，应力愈大，当应力达到某种程度时，有可能在交汇区产生周向折皱或周向裂纹。

为了使上述交汇处的应力不致过大，故应对比值 r/R_i 加以限制。r 不小于封头内直径的10%，且不得小于3倍的封头名义厚度。国外规范一般对过渡区转角半径限制在 $r\geqslant(6\sim10)\%\ D_i$ 范围内，且不应小于封头厚度的3倍。

碟形封头的厚度按式(3.3－5)或式(3.3－6)确定：

$$\delta_h=\frac{Mp_cR_i}{2[\sigma]^t\varphi-0.5p_c} \tag{3.3-5}$$

$$\delta_h=\frac{Mp_cR_o}{2[\sigma]^t\varphi+(M-0.5)p_c} \tag{3.3-6}$$

由式(3.3－5)和式(3.3－6)可以看出，球面曲率半径 R_i 值越大，厚度越大。所以，为了不使厚度太厚，一般限制球面半径不大于封头的内直径，通常取 $R_i=0.9D_i$。碟形封头的形状系数 M 值如表3.3－2所示。

表3.3－2　碟形封头的形状系数 M 值

R_i/r	1.0	1.25	1.50	1.75	2.0	2.25	2.50	2.75
M	1.00	1.03	1.06	1.08	1.10	1.13	1.15	1.17
R_i/r	3.0	3.25	3.50	4.0	4.5	5.0	5.5	6.0
M	1.18	1.20	1.22	1.25	1.28	1.31	1.34	1.36
R_i/r	6.5	7.0	7.5	8.0	8.5	9.0	9.5	10.0
M	1.39	1.41	1.44	1.46	1.48	1.50	1.52	1.54

对于 $R_i/r\leqslant5.5$ 的碟形封头，其有效厚度应不小于封头内直径的0.15%，其他碟形封头的有效厚度应不小于封头内直径的0.30%。但当确定封头厚度时已考虑了内压下的弹性失稳问题，可不受此限制。

设计温度下，碟形封头的最大允许工作压力按式(3.3－7)确定：

$$[p_W]=\frac{2[\sigma]^t\varphi\delta_e}{MR_i+0.5p_c} \tag{3.3-7}$$

3.3.4　球冠形封头

从前，曾经将球冠形封头称为无折边球面封头或拱形封头。球冠形封头可作为端封头，也可用作容器中两个独立受压室的中间封头，此种封头的受力状态不好，在压力作用下会在折点的局部区域产生峰值应力，折点处的焊缝将成为危险源，破坏事故多有发生。所以一般要求封头与筒体相连接的T形接头必须全焊透。若在折点附近将筒体作加强处理(图3.3－5)，受力情况可得以缓和。

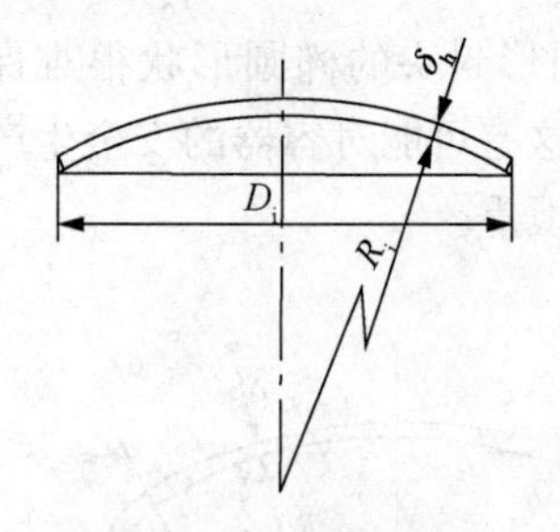

图3.3－4　球冠形封头

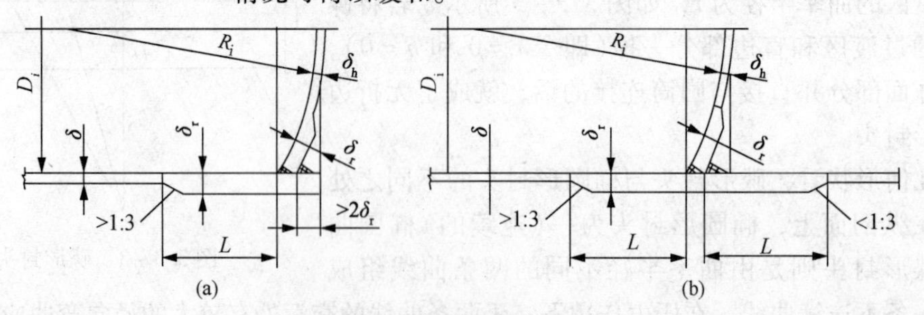

图3.3－5　有加强段的球冠形封头

1. 球冠形封头的计算厚度

受内压(凹面受压)的球冠形封头的计算厚度 δ_h 按内压球壳计算。对于中间封头，应考虑封头两侧最苛刻的压力组合工况。若能保证在任何情况下封头两侧的压力同时作用，可以按照封头两侧的压力差来进行计算。

2. 球冠形端封头加强段的厚度

封头加强段的计算厚度按式(3.3－8)计算：

$$\delta_r = Q\delta \qquad (3.3-8)$$

当 $2\delta/D_i < 0.002$ 时，加强段厚度按 3.3.4.4 计算；

要求与封头连接的圆筒端部厚度不得小于球冠形封头加强段厚度，否则应在圆筒端部设置加强段过渡连接。圆筒加强段计算厚度一般取封头加强段计算厚度，封头加强段长度和圆筒加强段长度均应不小于 $\sqrt{2D_i\delta_r}$。

3. 球冠形中间封头加强段厚度

球冠形中间封头加强段厚度的计算应考虑封头两侧最苛刻的压力组合工况，按式(3.3－8)确定，如果凹面侧受压，Q 值由图 3.3－7 查取。如果凸面侧受压，Q 值由图3.3－8 查取，此处还应不小于按 3.3.4.1(即按外压球壳计算)确定的球壳厚度。

当 $2\delta/D_i < 0.002$ 时，加强段厚度按 3.3.4.4 计算。

要求与封头连接处的圆筒厚度不得小于球冠封头加强段厚度，否则应设置圆筒加强段过渡连接，如图 3.3－5 所示。圆筒加强段计算厚度一般取等于封头加强段计算厚度，封头加强段长度和两侧圆筒加强段长度均应不小于 $\sqrt{2D_i\delta_r}$。

4. $2\delta/D_i < 0.002$ 时加强段厚度计算

对于需要加强的球冠形端封头与球冠形中间封头，当按照式(3.2－6)或式(3.2－7)计算得到的 δ，使 $2\delta/D_i < 0.002$ 时，按以下步骤计算加强段厚度：

① 取 $\delta = 0.001D_i$；

② 由 $p_c/([\sigma]^t\varphi) = 0.002$ 分别查图 3.3－6(或图 3.3－7、图 3.3－8)得到 Q 值；

③ 将①、②得到的 δ、Q 代入式(3.3－8)(即 $\delta_r = Q\delta$)计算加强段厚度。

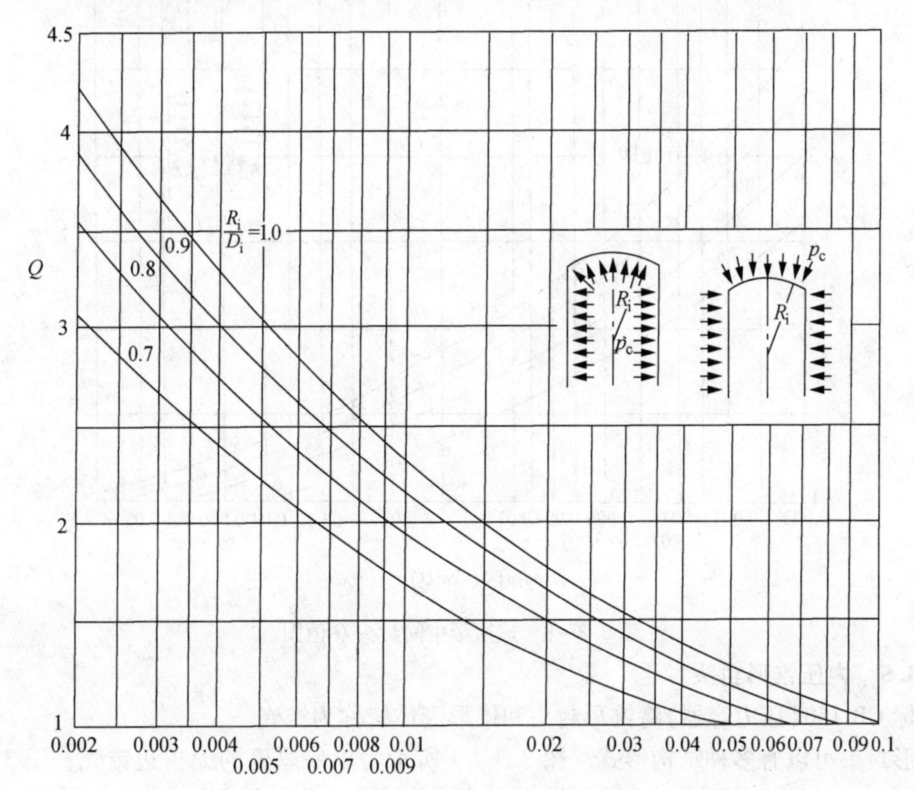

图 3.3－6 球冠形端封头 Q 值图

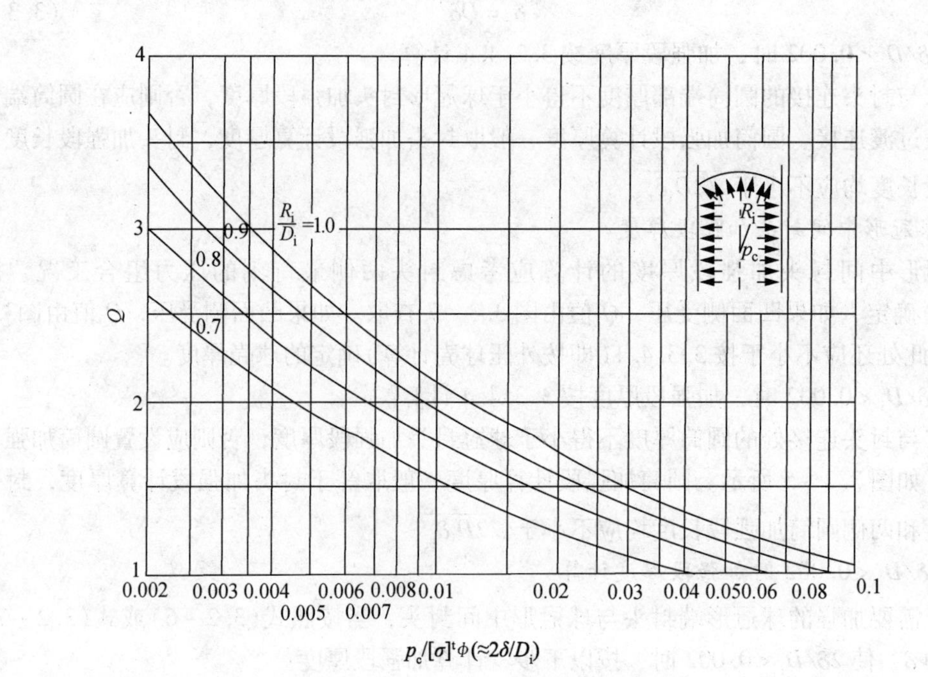

图 3.3 – 7 球冠形中间封头 Q 值图

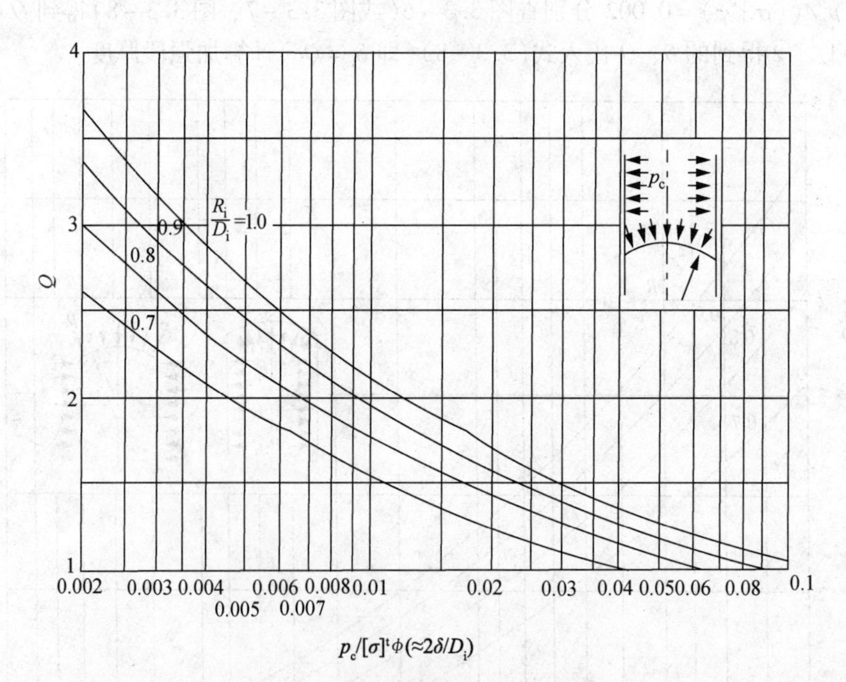

图 3.3 – 8 球冠形中间封头 Q 值图

3.3.5 内压锥形封头

国标 GB 150《压力容器》将锥形封头和锥形壳体统称为锥壳。

锥形封头可以有多种结构形式。图 3.3 – 9 所示为单一厚度的无折边锥壳；图 3.3 – 10 和图 3.3 – 11 所示是大端或两端具有带折边过渡段和直边段的锥壳；还有如图 3.3 – 13、图 3.3 – 15 和图 3.3 – 16 所示的大段或小端带有加强段的无折边锥壳等。

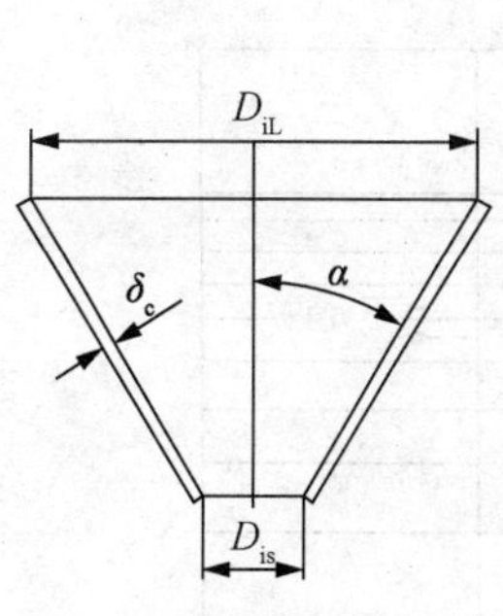

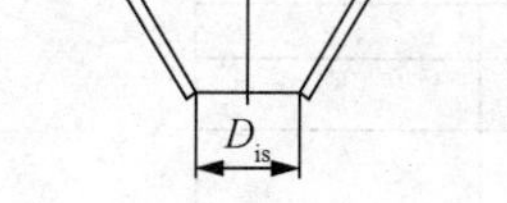

图 3.3－9 无折边锥壳

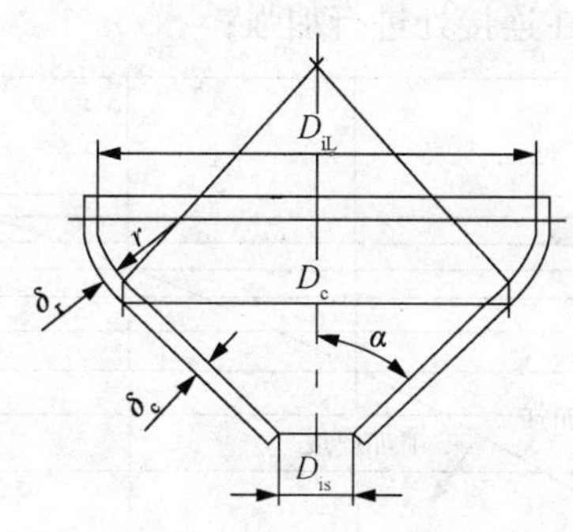
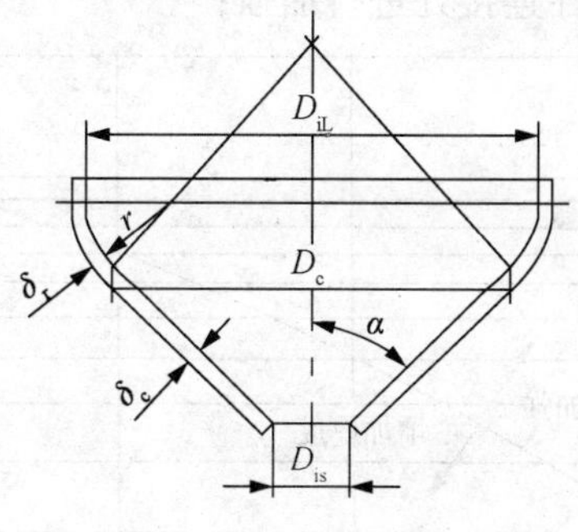

图 3.3－10 大端折边锥壳

图 3.3－11 两端折边锥壳

带折边的锥壳一般由三部分组成：锥体部分、圆弧过渡部分和圆筒体直边部分。

与球形封头、椭圆形封头、碟形封头相比，在相同条件下，锥形封头的受力状态较差。这主要是因为在锥体与筒体连接处，由于结构不连续易产生边缘应力所致。设置圆弧过渡区的目的一方面可以减小上述边缘应力，另一方面也为了将焊缝转移到圆筒与圆筒的连接部位上去。

以下所叙述的内容仅适用于锥壳半顶角 $\alpha \leqslant 60°$ 的轴对称无折边或折边锥形封头。

对于介质为黏度较大的物料，例如炼油厂催化裂化装置中催化剂储罐的底封头多采用锥形封头，其目的就是有利于物料的流动。

对于两个不同直径圆筒体的连接，即锥壳的大端与直径较大的圆筒形壳体连接，小端则与直径较小的圆筒体连接，构成的变径段也属于锥壳的范畴。

1. 结构要求

① 对锥形封头的折边设置要求见表 3.3－3。

表 3.3－3 锥形封头折边设置要求

锥封头半顶角 α	≤30°	≤45°	≤60°	>60°
锥壳大端	允许无折边	应有折边（$r \geqslant 10\% D_{iL}$ 且 $\geqslant 3\delta_r$）		按平盖（或应力分析）
锥壳小端	允许无折边		应有折边（$r_s \geqslant 5\% D_{is}$ 且 $\geqslant 3\delta_r$）	

② 锥壳与圆筒的焊接必须采用全焊透结构。

③ 当锥壳大端或大、小端同时具有加强段或过渡段时，应按 3.3.5.3、3.3.5.4、3.3.5.5 款的规定分别确定锥形封头各部分厚度。若考虑只有一种厚度组成时，则应取上述各部分厚度中的最大值作为锥形封头的厚度。

在任何情况下，过渡段或加强段的厚度不得小于与其连接的锥壳厚度并不小于圆筒内径的 0.3%。

2. 受内压的锥壳厚度

受内压锥壳厚度按式(3.3－9)计算：

$$\delta_C = \frac{p_c D_c}{2[\sigma]^t_c \varphi - p_c} \times \frac{1}{\cos\alpha} \tag{3.3-9}$$

当锥壳由同一半顶角的几个不同厚度的锥壳组成时，式中的 D_c 分别为各锥壳段大端内直径。

3. 受内压无折边锥壳

(1) 受内压无折边锥壳大端厚度

无折边锥壳大端与筒体连接时，应按以下步骤确定连接处锥壳大端厚度：

按图 3.3－12 确定是否需要在连接处进行加强；

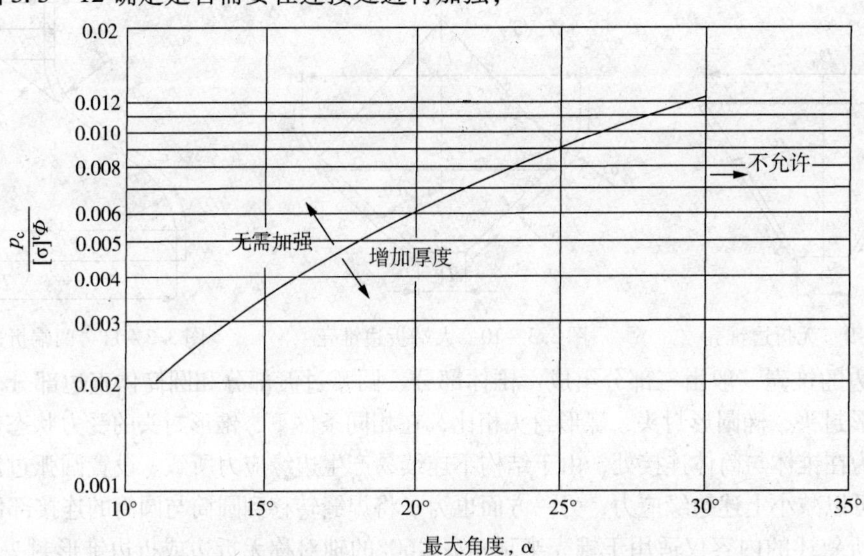

注：曲线系按最大等效应力（主要为轴向弯曲应力）绘制，控制值为 $3[\sigma]^t$。

图 3.3－12 确定锥壳大端连接处的加强图

无需加强时，锥壳大端厚度按式(3.3－9)计算；

需要增加厚度予以加强时，应在锥壳于筒体之间设置加强段，锥壳加强段与圆筒加强段应具有相同的厚度 δ_r，步骤如下：

① 按式(3.2－6)或(3.2－7)计算与锥壳相连接的圆筒厚度 δ，该式中的 D_i 取锥壳大端的内直径 D_{iL}；

② 按式(3.3－10)计算锥壳大端加强段厚度 δ_r：

$$\delta_r = Q_1\delta \tag{3.3-10}$$

式中，Q_1 为大端应力增值系数，由图 3.3－13 查取。

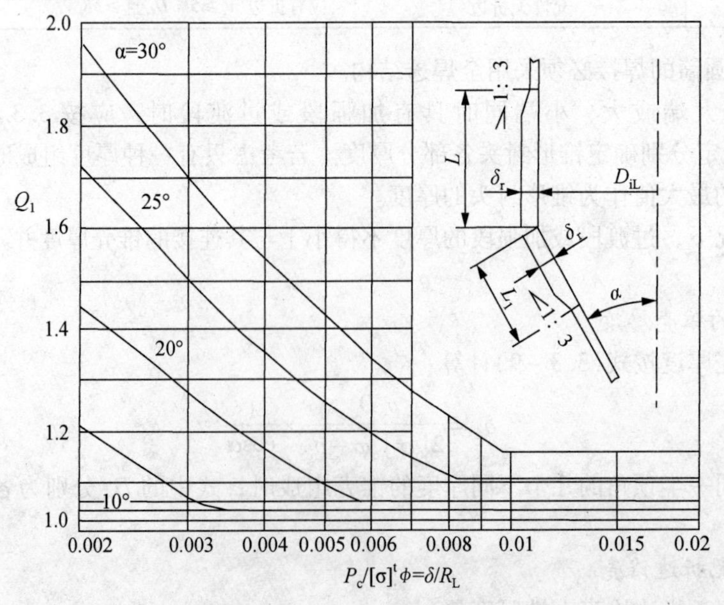

注：曲线系按最大等效应力绘制，控制值为 $3[\sigma]^t$。

图 3.3－13 锥壳大端连接处的 Q_1 值图

当$\frac{\delta}{R_L}<0.002$时，按3.5.3条第3款确定加强段的厚度。

在任何情况下，加强段的厚度不得小于相连接的锥壳厚度。锥壳加强段的长度L_i应不小于$\sqrt{\frac{2D_{iL}\delta_r}{\cos\alpha}}$；筒体加强段的长度$L_1$应不小于$\sqrt{2D_{iL}\delta_r}$。

（2）受内压无折边锥壳小端厚度

无折边锥壳小端与筒体连接时，应按以下步骤确定连接处锥壳小端厚度：

按图3.3－14确定是否需要在连接处进行加强；

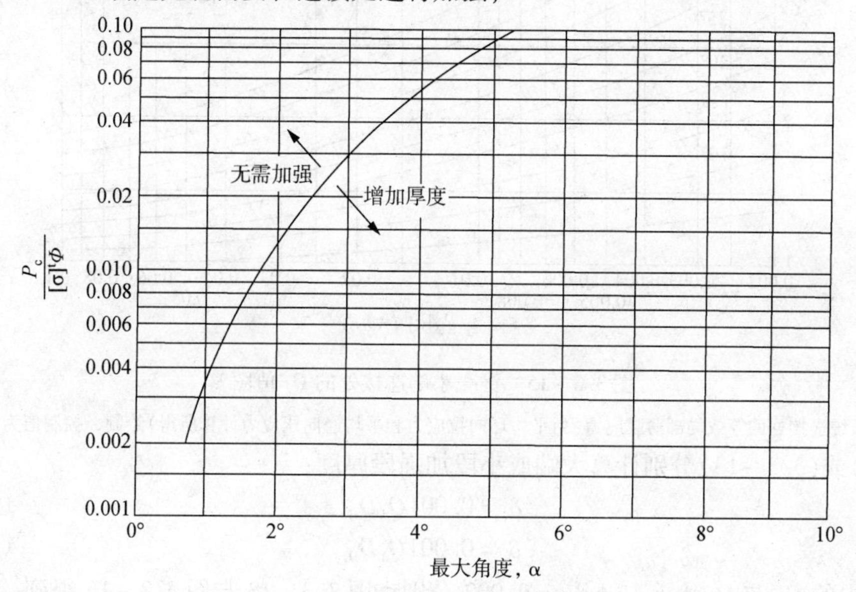

注：曲线系按连接处的等效局部薄膜应力（由平均环向拉应力和平均经向压应力计算所得）绘制，控制值为$1.1[\sigma]^t$。

图3.3－14　确定锥壳小端连接处的加强图

无需加强时，锥壳大端厚度按式(3.3－9)计算；

需要增加厚度予以加强时，应在锥壳于筒体之间设置加强段，锥壳加强段与圆筒加强段应具有相同的厚度δ_r，步骤如下：

① 按式(3.2－6)或(3.2－7)计算与锥壳相连接的圆筒厚度δ，该式中的D_i取锥壳大端的内直径D_{is}；

② 按式(3.3－11)计算锥壳小端加强段厚度δ_r：

$$\delta_r = Q_2\delta \tag{3.3－11}$$

式中Q_2为小端应力增值系数，由图3.3－15查取。

当$\frac{\delta}{R_s}<0.002$时，按3.5.3条第3款确定加强段的厚度。

在任何情况下，加强段的厚度不得小于相连接的锥壳厚度。锥壳加强段的长度L_1应不小于$\sqrt{\frac{2D_{is}\delta_r}{\cos\alpha}}$；筒体加强段的长度$L_1$应不小于$\sqrt{2D_{is}\delta_r}$。

（3）当$\frac{\delta}{R}<0.002$时无折边锥壳加强段的计算

对于需要加强的无折边锥壳，当$\frac{\delta}{R_L}$或$\frac{\delta}{R_s}<0.002$时，在计算无折边锥壳加强时，应按式

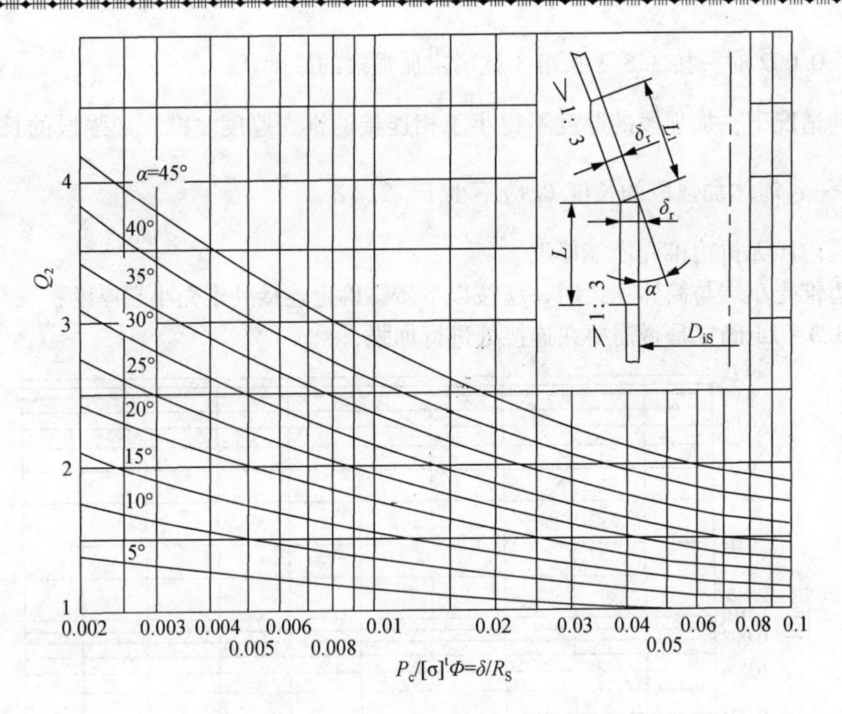

图 3.3-15 锥壳小端连接处的 Q_2 值图

注：曲线系统连接处的等效局部薄膜应力(由平均环向拉应力和平均经向压应力计算所得)绘制，控制值为 $1.1[\sigma]^t$。

(3.3-12)或(3.3-13)分别计算大端或小段加强段厚度：

$$\delta_r = 0.001 Q_1 D_{iL} \tag{3.3-12}$$

$$\delta_r = 0.001 Q_1 D_{iL} \tag{3.3-13}$$

两式中的 Q_1 与 Q_2 由 $p_c/[\sigma]^t\varphi = 0.002$ 分别查图 3.3-13 与图 3.3-15 得到。

(4) 在内压和轴向载荷共同作用下，无折边锥壳与圆筒连接处的加强设计

本节计算方法适用于半锥角 $\alpha < 30°$ 的无折边锥壳、在内压与其他轴向载荷(如偏小载荷、风载荷、地震载荷等)共同作用时，与圆筒连接处的结构应力校核计算。

在进行锥壳与圆筒连接处的加强结构设计时，首先分别满足按 3.3.2 和 3.3.3 计算的锥壳厚度。考虑加强圈、锥壳、圆筒间材料不同对加强圈计算的影响，引入系数 k，见式(3.3-14)：

$$k = \begin{cases} 1 & \text{不需要增加加强面积时} \\ \gamma/([\sigma]_r^t E_r)\text{且不小于}1 & \text{需要增加加强面积时} \end{cases} \tag{3.3-14}$$

式中 γ——锥壳与圆筒连接系数，加强圈设置在圆筒上；$\gamma = [\sigma]_s^t E_s$；

加强圈设置在锥壳上；$\gamma = [\sigma]_c^t E_c$。

本节内压加强设计仅适用于 Q_L、Q_s 为拉伸载荷的情况(即二者为正值)；同时，f_1、f_2 为轴向拉伸时取正值，反之取负值。

① 锥壳、大端与圆筒连接处的加强设计：

用 $p_c/[\sigma]_s^t\varphi$ 的比值从表 3.3-4 查得 Δ 值，若 Δ 值小于锥壳半顶角 α 时，应进行加强设计(中间值用内插法)。

锥壳与圆筒上所有能用于加强的截面都应在距锥壳与圆筒连接处为 $\sqrt{D_{iL}\delta_n/2}$ 的范围之内，并且要求加强面积的形心应在距连接处 $0.25\sqrt{D_{iL}\delta_n/2}$ 的范围之内。

表 3.3－4　$\alpha\leqslant30°$锥壳端部与圆筒连接处 Δ 值

大　端	$p_c/[\sigma]_s^t\varphi$	0.002	0.003	0.004	0.005	0.006	0.007	0.008	0.009
	$\Delta/(°)$	11	13.5	16	18	19.5	21.5	23	24.5
	$p_c/[\sigma]_s^t\varphi$	0.010	0.012	0.013					
	$\Delta/(°)$	26	29	30					
小　端	$p_c/[\sigma]_s^t\varphi$	0.002	0.005	0.010	0.02	0.04	0.08	0.1	0.125
	$\Delta/(°)$	4	6	9	12.5	17.5	24	27	30

注：对于更大的 $p_c/[\sigma]_s^t\varphi$ 值，取 $\Delta=30°$。

需要的加强圈面积按(3.3－15)确定：

$$A_{rL}=\frac{kQ_L D_{iL}\tan\alpha}{2[\sigma]_s^t\varphi}\left(1-\frac{\Delta}{\alpha}\right) \qquad (3.3-15)$$

式(3.3－15)中的 φ 取为 1.0，k 按式(3.3－14)求出。

锥壳大端与圆筒连接处的有效加强截面积可按(3.3－16)计算，如设置加强圈，还应计入加强圈的截面积。

$$A_{cL}=0.55(\delta_n-\delta-C)\sqrt{D_{iL}\delta_n}+0.55(\delta_{nc}-\delta_c-C)\sqrt{\frac{D_{iL}\delta_{nc}}{\cos\alpha}} \qquad (3.3-16)$$

校核条件：$A_{eL}\geqslant AD_{rL}$。

② 锥壳小端与筒体连接处的加强设计：

用 $p_c/[\sigma]_s^t\varphi$ 的比值从表 3.3－3 查得 Δ 值，若 Δ 值小于锥壳半顶角 α 时，应进行加强设计(中间值用内插法)。

需要的加强面积最小值按式(3.3－17)计算：

$$A_{rs}=\frac{kQ_s D_{is}\tan\alpha}{2[\sigma]_s^t\varphi}\left(1-\frac{\Delta}{\alpha}\right) \qquad (3.3-17)$$

式中 k 按式(3.3－14)求得。

锥壳小端与圆筒连接处的有效加强面积可按式(3.3－18)计算，如设置加强圈，还应计入加强圈的截面积。

4. *受内压折边锥壳*

(1) 受内压折边锥壳大端厚度

折边锥壳大端厚度按式(3.3－19)、式(3.3－20)分别计算，取其较大值。

① 过渡段厚度：

$$A_{es}=0.55(\delta_n-\delta-C)\sqrt{D_{is}\delta_n}+0.55(\delta_{nc}-\delta_c-C)\sqrt{\frac{D_{is}\delta_{nc}}{\cos\alpha}} \qquad (3.3-18)$$

校核条件：$A_{es}\geqslant A_{rs}$。

锥壳及圆筒上所有能用于加强的面积都应在距锥壳与圆筒连接处为 $\sqrt{D_{is}\delta_n/2}$ 的范围之内，并且要求加强截面积的形心在距连接处 $0.25\sqrt{D_{is}\delta_n/2}$ 的范围内。

$$\delta_r=\frac{Kp_c D_{iL}}{2[\sigma]_c^t\varphi-0.5p_c} \qquad (3.3-19)$$

式中　K——系数，见表 3.3－5。

表 3.3-5 系数 K 值

α	r/D_{iL}					
	0.10	0.15	0.20	0.30	0.40	0.50
10°	0.6644	0.6111	0.5789	0.5403	0.5168	0.5000
20°	0.6956	0.6357	0.5986	0.5522	0.5223	
30°	0.7544	0.6819	0.6357	0.5749	0.5329	
35°	0.7980	0.7161	0.6629	0.5914	0.5407	
40°	0.8547	0.7604	0.6981	0.6127	0.5506	
45°	0.9253	0.8181	0.7440	0.6402	0.5635	
50°	1.0270	0.8944	0.8045	0.6765	0.5804	
55°	1.1608	0.9980	0.8859	0.7249	0.6028	
60°	1.3500	1.1433	1.0000	0.7923	0.6337	

注：中间值用内插法。

② 与过渡段相连接的处的锥壳厚度：

$$\delta_r = \frac{f p_c D_{iL}}{[\sigma]^t_c \varphi - 0.5 p_c} \tag{3.3-20}$$

式中 f——系数，$f = \dfrac{1 - \dfrac{2r}{D_{iL}}(1-\cos\alpha)}{2\cos\alpha}$，其值见表 3.3-6。

表 3.3-6 系数 f 值

α	r/D_{iL}					
	0.10	0.15	0.20	0.30	0.40	0.50
10°	0.5062	0.5055	0.5047	0.5032	0.5017	0.5000
20°	0.5257	0.5225	0.5193	0.5128	0.5064	
30°	0.5619	0.5542	0.5465	0.5310	0.5155	
35°	0.5883	0.5773	0.5663	0.5442	0.5221	
40°	0.6222	0.6069	0.5916	0.5611	0.5305	
45°	0.6657	0.6450	0.6243	0.5828	0.5414	
50°	0.7223	0.6945	0.6668	0.6112	0.5556	
55°	0.7973	0.7602	0.7230	0.6486	0.5743	
60°	0.9000	0.8500	0.8000	0.7000	0.6000	

注：中间值用内插法。

(2) 内压折边锥壳小端厚度

当锥壳半顶角 $\alpha \leqslant 45°$ 时，如需采用折边，其小端过渡段厚度按式(3.3-11)计算，式中 Q_2 值由图 3.3-15 查取。

当锥壳半顶解 $\alpha > 45°$ 时，小端过渡段厚度仍按式(3.3-11)计算，但式中 Q_2 值由图 3.3-16 查取。

与过渡段相接的锥壳和圆筒的加强段厚度应与过渡段厚度相同。锥壳加强段的长度 L_1 应不小于 $\sqrt{D_{is}\delta_r/\cos\alpha}$；圆筒加强段的长度 L 应不小于 $\sqrt{D_{is}\delta_r}$。

3.3.6 平盖

1. 适用范围

本节计算公式适用于受内压或外压的无孔或有孔但已被加强的平盖设计。平盖的几何形

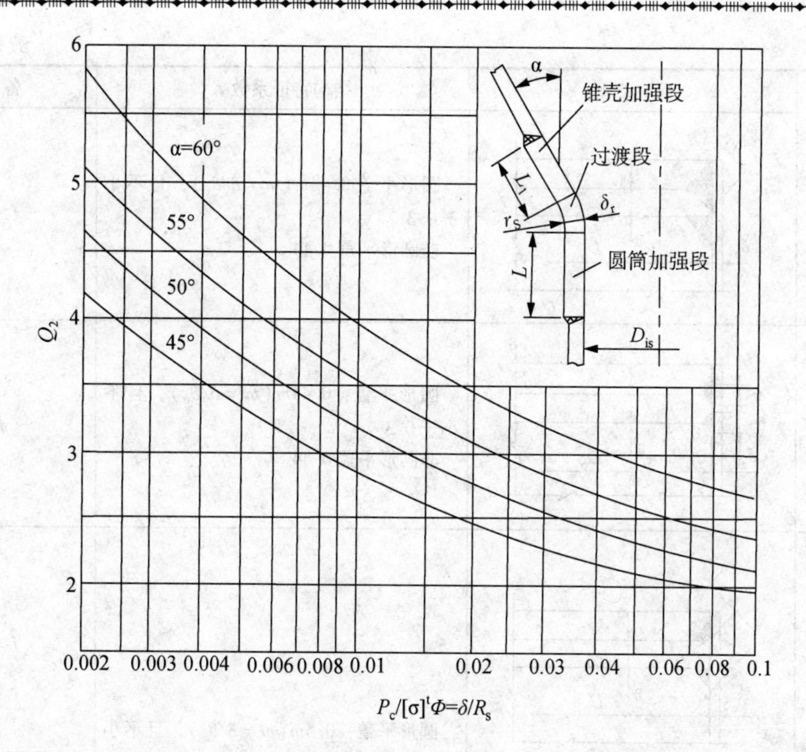

注：曲线系按连接处的等效局部薄膜应力（由平均环向拉应力和平均径向压应力计算所得）绘制，控制值为$1.1[\sigma]^t$。

图 3.3－16　锥壳小端带过渡段连接的 Q_2 值图

状包括圆形、椭圆形、长圆形、矩形及正方形。平盖与圆筒连接形式及其结构见表 3.3－6、表 3.3－7。其中表 3.3－7 对应的设计方法是基于塑性分析导出的，适用于封头与筒体全焊透连接结构。

2. 圆形平盖的厚度

平盖的厚度按式(3.3－21)计算：

$$\delta_p = D_c\sqrt{\frac{Kp_c}{[\sigma]^t\varphi}} \tag{3.3－21}$$

对于表 3.3－7 中序号 9、10 所示的平盖，应分别取其操作状态和预紧状态的 K 值代入(3.3－21)进行计算，取较大值。对预紧状态$[\sigma]^t$取常温的许用应力。

对于表 3.3－8 中序号 11、12、13、14 所示的平盖，宜采用锻件加工制造，若采用轧制板材直接加工制造，则应提出抗层状撕裂性能的附加要求。

表 3.3－7　平盖系数 K

固定方法	序号	简　图	结构特征系数 K	备　注
与圆筒一体或对焊	1	切线；焊缝中心；L；δ_{ep}；r；D_o；δ_e；斜度1:3	0.145	仅适用于圆形平盖 $p_c \leqslant 0.6$MPa $L \geqslant 1.1\sqrt{D_i\delta_e}$ $r \geqslant 3\delta_{ep}$

续表 3.3－7

固定方法	序号	简图	结构特征系数 K	备注
角焊缝或组合焊缝连接	2	f δ_e δ_{ep} D_o	圆形平盖 $0.44m(m=\delta/\delta_e)$，且不小于0.3 非圆形平盖0.44	$f \geqslant 1.4\delta_e$
	3	f f δ_e δ_{ep} D_o	圆形平盖：$0.44m(m=\delta/\delta_e)$，且不小于0.3 非圆形平盖0.44	$f \geqslant \delta_e$
	4	f f δ_e δ_{ep} D_o	圆形平盖：$0.5m(m=\delta/\delta_e)$，且不小于0.3 非圆形平盖：0.5	$f \geqslant 0.7\delta_e$
	5	f δ_e δ_{ep} D_o		$f \geqslant 1.4\delta_e$
锁底对接焊缝	6	δ_1 R6 3 ≥3 δ_{ep} 30° 3 δ_e D_o	$0.44m(m=\delta/\delta_e)$，且不小于0.3	仅适用于圆形平盖，且 $\delta_1 \geqslant \delta_e + 3\text{mm}$
	7	δ_1 R6 3 ≥3 δ_{ep} 30° 3 δ_e D_o	0.5	
螺栓连接	8	D_o δ_{ep}	圆形平盖或非圆形平盖0.25	

续表 3.3-7

固定方法	序号	简图	结构特征系数 K	备注
螺栓连接	9	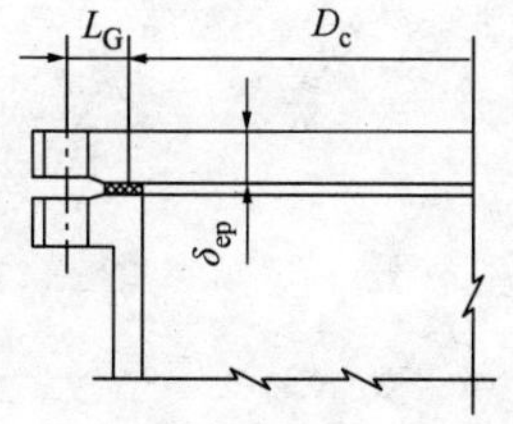	圆形平盖： 操作时，$0.3+\frac{1.78WL_G}{p_c D_c^3}$ 预紧时，$\frac{1.78WL_G}{p_c D_c^3}$ 非圆形平盖： 操作时，$0.3Z+\frac{6WL_G}{p_c L\alpha^2}$ 预紧时，$\frac{6WL_G}{p_c L\alpha^2}$	
	10	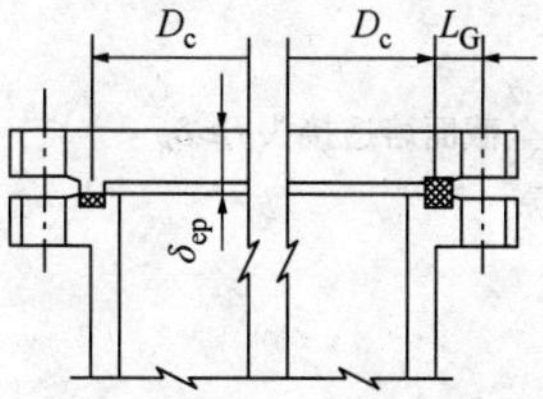		

表 3.3-8 平盖系数 K

序号	简图	结构参数要求	系数 K
11	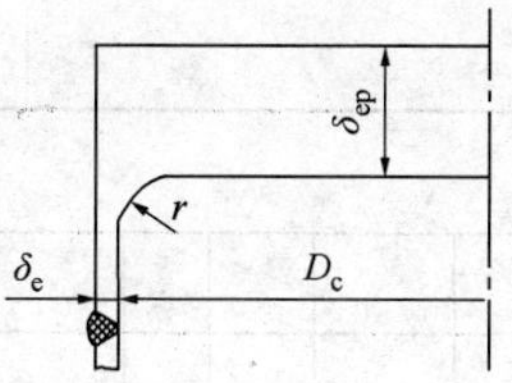	$\delta_e\leqslant 38$mm 时，$r\geqslant 10$mm； $\delta_e>38$mm 时，$r\geqslant 0.25\delta_e$，且不超过 20mm	查图 3.3-17
12	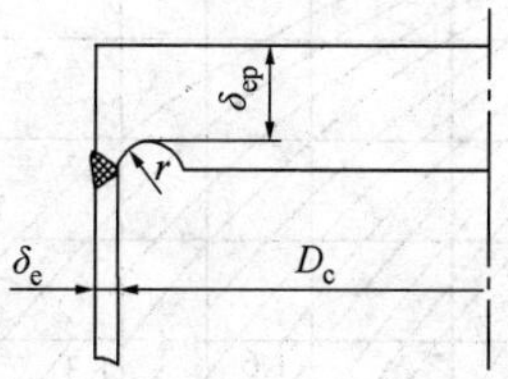		
13	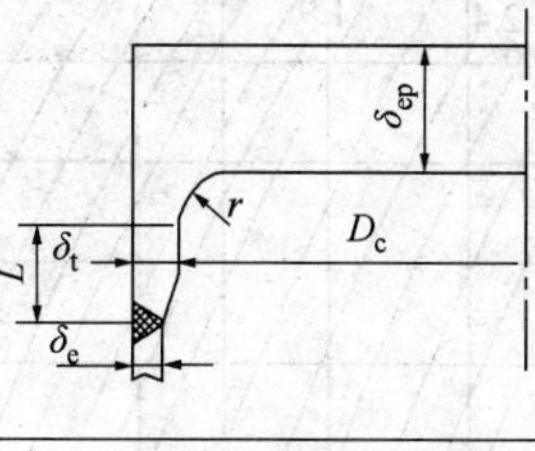	$r\geqslant 3\delta_f$ $L\geqslant 2\sqrt{D_c\delta_e}$ 注：查图 3.3-17 时，以 δ_f 作为与平盖相连接的圆筒有效厚度 δ_e	
14	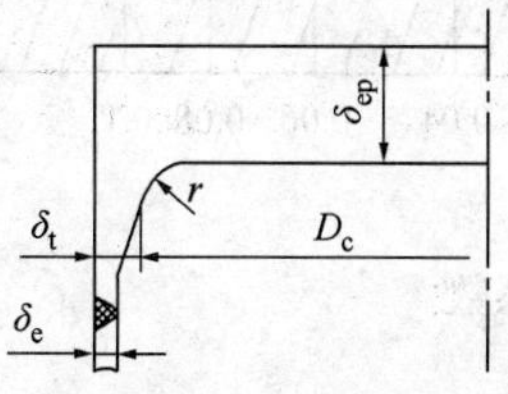	$\delta_f\geqslant 2\delta_e$ $r\geqslant 3\delta_f$	

续表 3.7－8

序号	简图	结构参数要求	系数 K
15	f, δ_{ep}, δ_e, D_c	要求全截面熔透接头 $f \geq \delta_e$	查图 3.3－18
16	f, δ_{ep}, δ_e		
17	f, f, δ_{ep}, δ_e		

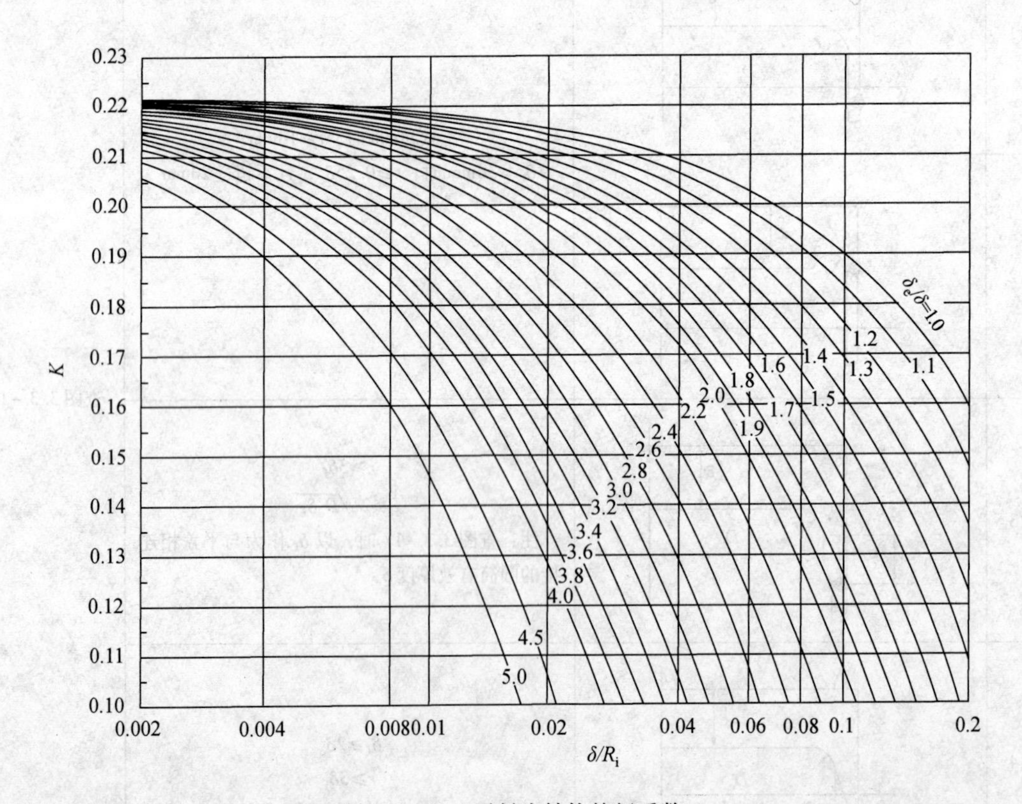

图 3.3－17　平封头结构特征系数

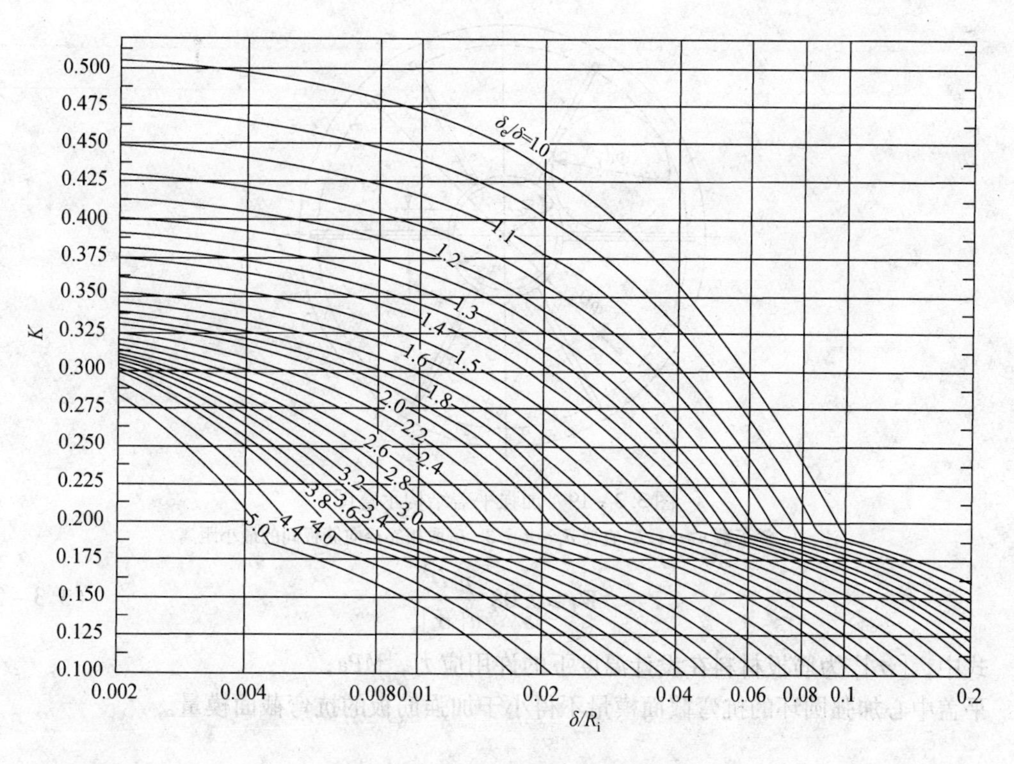

图 3.3－18　平封头结构特征系数

3. 非圆形平盖的厚度

① 对于表 3.3－6 中序号 2、3、4、5、8 所示平盖，按(3.3－22)计算：

$$\delta_p = a\sqrt{\frac{KZp_c}{[\sigma]^t\varphi}} \qquad (3.3-22)$$

式中，$Z=3.4-2.4a/b$，且 $Z\leqslant 2.5$。

② 对于表 3.3－6 中序号 9、10 所示平盖，按(3.3－23)计算：

$$\delta_p = a\sqrt{\frac{Kp_c}{[\sigma]^t\varphi}} \qquad (3.3-23)$$

当预紧时$[\sigma]^t$ 取常温的许用应力。

4. 加筋圆形平盖的厚度

对于如图 3.3－19 所示的加筋圆形平盖的厚度按(3.3－24)计算，并且不得小于 6mm；

$$\delta_p = 0.55d\sqrt{\frac{p_c}{[\sigma]^t\varphi}} \qquad (3.3-24)$$

式中，当量直径 d 取图 3.3－19 所示 d_1 和 d_2 中较大者。

d_1按式(3.3－25)计算：

$$d_1 \approx \frac{\sin(180°/n)}{1+\sin(180°/n)}D_c \qquad (3.3-25)$$

筋板与平板之间应采用双面焊；

如果采用矩形截面筋板，其高厚比一般为 5～8，且筋板与平盖组合截面(平板有效宽度见图 3.3－19 中的 L_3)的抗弯截面模数 W_J按式(3.3－26)计算：

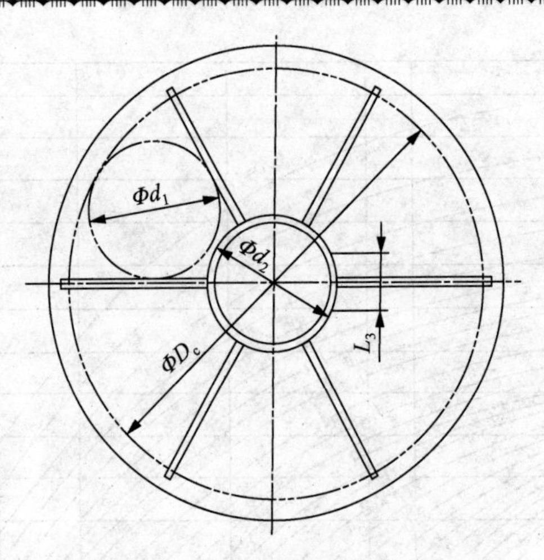

图 3.3－19　加强平盖结构示意图

注：1. 筋板数 $n \geqslant 6$；2. 宜使 $d_1 \approx d_2$；3. L_3 取相邻径向筋板间的最小距离。

$$W_J \geqslant 0.08\frac{p_c D_c^3}{n[\sigma]_r^t} \tag{3.3－26}$$

式中，$[\sigma]_r^t$ 为筋板材料在设计温度下的许用应力，MPa；

平盖中心加强圆环的抗弯截面模量不得小于加强筋板的抗弯截面模量。

第四章　外压容器

壳体外部压力大于壳体内部压力的容器称为外压容器。例如，常减压蒸馏装置中的减压分馏塔等。对于夹套容器，当夹套内的压力高于容器内部压力时，内筒也构成外压容器。对于外部压力是大气压的外压容器，有时也被称作负压容器。

外压容器与内压容器承受压力形式不同，除存在强度问题外，尚有一个稳定性问题。因此，设计外压容器时，不仅要进行强度计算，还要进行稳定性计算。

4.1　定义及符号说明

4.1.1　定义

压力——除注明者外，均指表压力；

工作压力——指在正常工作情况下，容器顶部可能达到的最高压力；

设计压力——指设定的容器顶部的最高压力，与相应的设计温度一起作为设计载荷条件，其值不低于工作压力；

真空容器的设计压力按承受外压考虑，当装有安全控制装置(如真空泄放阀)时，设计压力取1.25倍的最大内外压力差，或0.1MPa两者中的较低值；没有安全控制装置时，取0.1MPa。

其他名词的定义，见本篇第三章3.1.2。

4.1.2　符号说明

A，ε——系数；

A_s——加强圈的横截面积，mm^2；

B——应力系数，MPa；

C——厚度附加量，$C = C_1 + C_2$，见本篇第三章；

D——圆筒形壳体中间面的直径，mm；

D_i——圆筒形壳体的内直径，mm；

D_h——椭圆形封头的外径，mm。

D_o——圆筒形壳体的外直径($D_o = D_i + 2\delta_n$)，mm；

D_s——加强圈中性轴直径，mm；

E——设计常温下材料的弹性模量，MPa；

h_i——封头曲面深度，mm；

I——加强圈与圆筒形壳体组合截面所需惯性矩，mm^4；

I_s——加强圈与圆筒形壳体起加强作用的有效段的组合截面对通过与壳体轴线平行的该截面形心轴的惯性矩，mm^4，I_s值的计算可计入在加强圈中心线两侧有效宽度各为$0.55\sqrt{D_o\delta_e}$的壳体。若加强圈中心线两侧壳体有效宽度与相邻加强圈的壳体有效宽度相重叠，则该壳体的有效宽度中相重叠的部分各侧按一半计算；

K——式(4.4-1)中的特征系数，与圆筒形体的几何尺寸L/D_o和D_o/δ_e无关。

K_1——式(4.4-12)中由椭圆形封头的长短轴比值决定的系数，由表4.4-1查取；

L——圆筒计算长度，mm；

L_s——从加强圈中心线到相邻两侧加强圈中心线距离之和的一半，若与凸形封头相邻，在长度中还应计入封头曲面深度的1/3，mm；

m——稳定系数，其意义类似于强度计算中的安全系数。

n——波数；

p_c——计算外压力，MPa；

p_{cr}——临界压力，MPa；

$[p]$——许用外压力，MPa；

R——圆筒中间面的半径，mm；

R_i——圆筒内半径，mm；

R_o——球壳外半径，mm；

μ——材料泊桑比；

δ——计算壁厚，mm；

δ_n——圆筒或球壳的名义厚度，mm；

δ_e——圆筒或球壳的有效厚度，$\delta_e = \delta_n - C$，mm；

σ_o——应力，取$2[\sigma]^t$和$0.9\sigma^t(0.9\sigma^t_{0.2})$两者中的较小值；

$[\sigma]^t$——温度为t时，材料的许用应力，MPa；

$[\sigma]^t_{压}$——刚性圆筒材料在设计温度下的许用压应力，MPa；

φ——焊接接头系数，取$\varphi = 1.0$。

$R^t_{p0.2}$——温度为t时，材料产生0.2%永久变形时的屈服强度，MPa；

$R_{p0.2}$——常温下材料产生0.2%永久变形时的屈服强度，MPa。

4.2 临界应力概念

对于承受外压的容器，就其强度而言，壳体的环向应力与轴向应力的计算方法与内压容器相同，但其应力不是拉应力而是压应力。另一方面，对于工程上常用的外压容器，多属薄壁容器，刚性较差，在强度还能满足要求，即壳体的压应力尚低于屈服极限时，壳体便突然产生失去自身初始形状而出现压瘪或褶皱现象，致使壳体失去稳定性，或简称失稳。因此对外压容器，在保证其壳体强度的同时，还必须保证其壳体的稳定性，这是维持外压容器正常操作的必要条件。

临界压力p_{cr}是指当作用在圆筒形壳体外部的压力慢慢增加至圆筒形壳体突然改变其圆形时的压力，即圆筒形壳体开始失去稳定性时的外压力。圆筒形壳体失稳时壳体横断面由原来的圆形被压瘪或呈现波形状，波数可以等于两个(压瘪)、三个、四个、五个……，如图4.2-1所示。

外压容器的临界压力与下列因素有关：

(1) 临界压力与圆筒体的几何尺寸有关

按照圆筒体受外压时的失效特征，可将受外压圆筒形分为长圆筒、短圆筒与刚性圆筒三种。作为区分长、短圆筒与刚性圆筒的长度不是绝对长度，而是指与直径、壁厚等几何尺寸有关的相对长度。

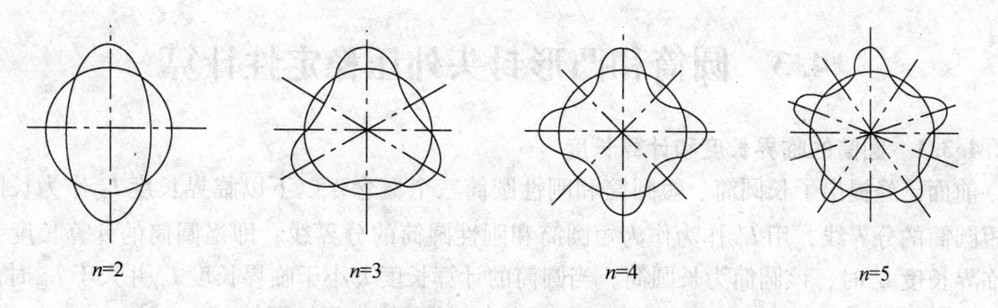

图 4.2－1　圆筒形壳体失去稳定后的形状

长圆筒——两端的边界影响可以忽略，压瘪时波数 $n=2$，临界压力 p_{cr} 仅与 δ_e/D_o 有关。

短圆筒——两端的边界影响显著，压瘪时波数为大于 2 的正整数，临界压力 p_{cr} 不仅与 δ_e/D_o 有关，也与 L/D_o 有关。

刚性圆筒——这种圆筒的 L/D_o 相对较小、δ_e/D_o 相对较大，故刚性较好。其破坏原因是由于器壁内的应力超过了材料的屈服极限所致。在计算时，只要满足强度要求即可。

对于长圆筒或短圆筒，除了需要进行强度计算外，尤其需要作稳定性校核计算。因为在一般情况下，这两种圆筒的破坏主要是由于稳定性不够所致。

（2）临界压力与材料性能有关

外压圆筒失稳时，筒壁截面的应力值尚未达到材料的屈服极限，说明圆筒失稳并不是因为筒体材料强度不够而是由于刚度不足造成的。刚度与材料的弹性模量 E 值的大小有关。E 值越大，刚性越强，材料抵抗变形的能力越强，临界压力值也就越大。从稳定角度考虑，在其他条件相同时，选择弹性模量 E 值大的钢材可提高临界压力值。然而遗憾的是，各种钢材虽然强度相差很大，但其弹性模量 E 值却很相近。因此，设计由稳定性控制的外压容器时，选择高强度钢是没有意义的。

（3）不圆度对临界压力的影响

外压容器的不圆度 $e=(D_{max}-D_{min})/D_i$，其中：D_{max} 为圆筒形壳体的实际最大内直径；D_{min} 为圆筒形壳体的实际最小内直径；D_i 为圆筒形壳体的名义内直径，见图 4.2－2。

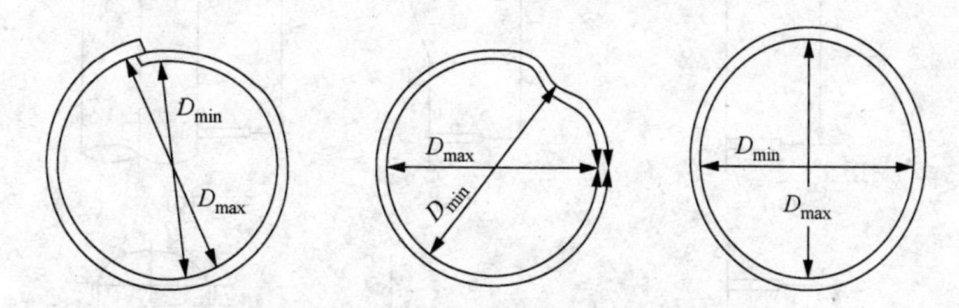

图 4.2－2　圆筒体的不圆度

一般情况下，圆筒形壳体或球壳是用钢板成形经焊接而成的，不可能达到绝对的圆形，再加上运输或安装过程中其他附加应力的影响，都会使圆筒形壳体变为椭圆或扁圆形壳体，使球壳变得不规则。受外压的圆筒形壳体或球壳与受内压时的情形相反：受内压时，内压有使不圆的圆筒或球壳变圆的趋势；但在外压的作用下，原始的不圆会变得更加不圆，进而增加容器失稳的可能性。因此，几乎所有的压力容器规范对外压容器不圆度的要求都要比内压容器要严格得多。

4.3 圆筒和凸形封头外压稳定性计算

4.3.1 圆筒的临界长度和计算长度

前面已经提出了长圆筒、短圆筒和刚性圆筒三个概念，以下以临界长度 L_{cr} 作为长圆筒和短圆筒的分界线，用 L'_{cr} 作为作为短圆筒和刚性圆筒的分界线，即当圆筒的计算长度 L 大于临界长度 L_{cr} 时，该圆筒为长圆筒，当圆筒的计算长度 L 小于临界长度 L_{cr} 并大于 L'_{cr} 时，该圆筒为短圆筒；当圆筒的计算长度 L 小于 L'_{cr} 时，该圆筒为刚性圆筒。

临界长度 L_{cr} 和 L'_{cr} 分别按式(4.3-1)和式(4.3-2)确定：

$$L_{cr}=1.17D_o\sqrt{\frac{D_o}{\delta_e}} \tag{4.3-1}$$

$$L'_{cr}=\frac{1.3E\delta_e}{\sigma_s^t\sqrt{D_o/\delta_e}} \tag{4.3-2}$$

外压圆筒的计算长度 L，应取相邻支撑线之间的距离，按图 4.3-1 中各项最大值选取。

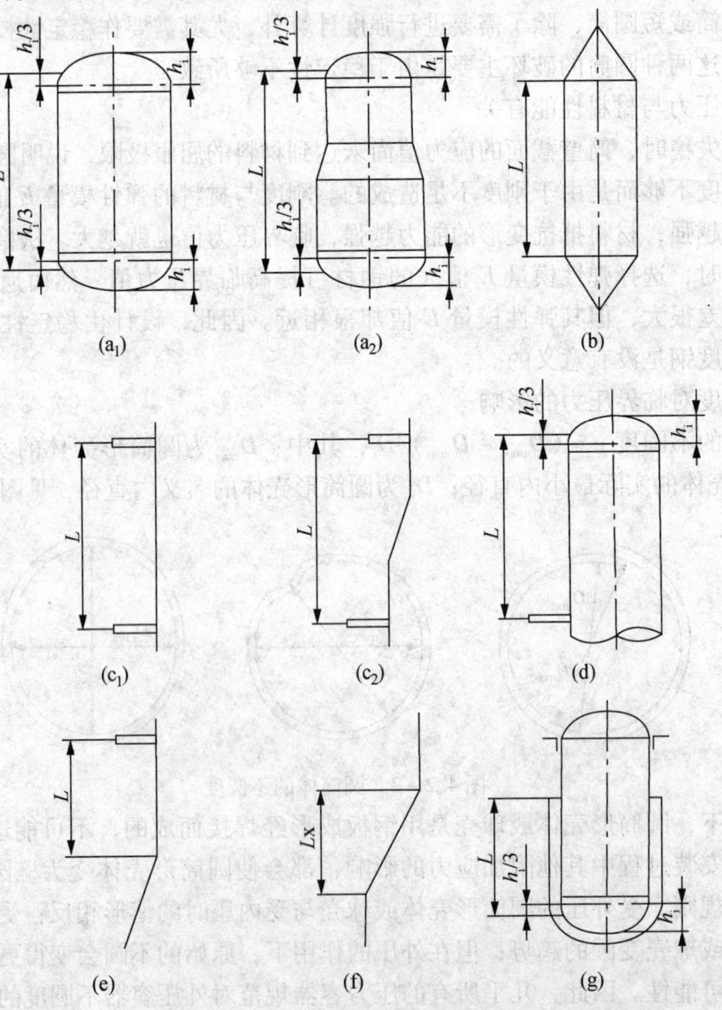

图 4.3-1 外压圆筒的计算长度

4.3.2　长圆筒的稳定性计算

尽管在各国压力容器规范中所推荐的外压容器稳定性的计算方法有所不同，但大都是以著名的米捷斯(R. V. Miscs)公式为基础导出的。米捷斯公式之所以被广泛应用，是因为它已被许多试验所验证，比较符合外压圆筒的实际失稳条件。

米捷斯公式通常用式(4.3-3)的形式来表达：

$$p_{cr}=\frac{E\delta_e}{R(n^2-1)\left[1+\left(\frac{nL}{\pi R}\right)^2\right]^2}+\frac{E}{12(1-\mu^2)}\left(\frac{\delta_e}{R}\right)^3\left[(n^2-1)+\frac{2n^2-1-\mu}{1+\left(\frac{nL}{\pi R}\right)^2}\right] \tag{4.3-3}$$

将长圆筒的条件：$L=\infty$（无穷长）和 $n=2$（压瘪时的波数）代入式(4.3-3)并略去无穷小项，米捷斯公式即可写成式(4.3-4)的形式：

$$p_{cr}=\frac{E}{4(1-\mu^2)}\left(\frac{\delta_e}{D}\right)^3 \tag{4.3-4}$$

亦即通常所说的布列西(Bresse)公式。

对于一般钢材，材料的泊桑比 $\mu\approx0.30$，将其代入上式得：

$$p_{cr}=2.2E\left(\frac{\delta_e}{D}\right)^3 \tag{4.3-5}$$

由上述公式可以看出，临界压力 p_{cr} 正比于材料的弹性模量 E。而对一般碳素钢和低合金钢来说，弹性模量 E 几乎没有什么不同。所以，在由稳定性起控制作用的场合，当其他他条件相同时，一般均选用强度等级较低的碳素钢，譬如 Q245 等，而不选用强度等级较高的低合金钢。

对实际使用的压力容器，绝不允许在外压力等于或接近临界压力 p_{cr} 时进行操作。因为实际使用的圆筒或管子不圆(即存在椭圆度)以及操作条件的波动，往往会使圆筒在外压力远未达到临界压力 p_{cr} 值时就会失稳。因此，操作压力应该比临界压力小才能保证安全使用。通常许用外压力 $[p]$ 按式(4.3-6)计算：

$$[p]=\frac{p_{cr}}{\mathrm{m}} \tag{4.3-6}$$

稳定系数太小，会使容器在操作时不可靠；如果太大，又会使设备变得笨重，且增加成本。稳定系数的大小决定于圆筒形状的准确性、载荷的对称性、制造方法等许多因素。我国规范目前采用 $m=3$。

将 $p_{cr}=m[p]$ 代入式(4.3-5)，即得到长圆筒受外压作用时，在保持原来形状不变的条件下所需厚度的计算公式：

$$\delta_e=D\left(\frac{m[p]}{2.2E}\right)^{\frac{1}{3}} \tag{4.3-7}$$

布列西公式(4.3-4)及其衍生出来的公式(4.3-5~4.3-7)仅在由于临界压力的作用，在器壁内产生的压应力不超过屈服极限时才正确。即：

$$\sigma_{cr}=\frac{p_{cr}D}{2\delta_e}\leqslant R_{p0.2}^t \tag{4.3-8}$$

4.3.3　短圆筒的稳定性计算

短圆筒的变形比较复杂，因为它的相对长度较小，两端的约束(如封头、法兰、加强圈等刚性构件)作用不可忽视，其临界压力不仅与 δ_e/D_o 有关，还与 L/D_o 有关；此外，它在破

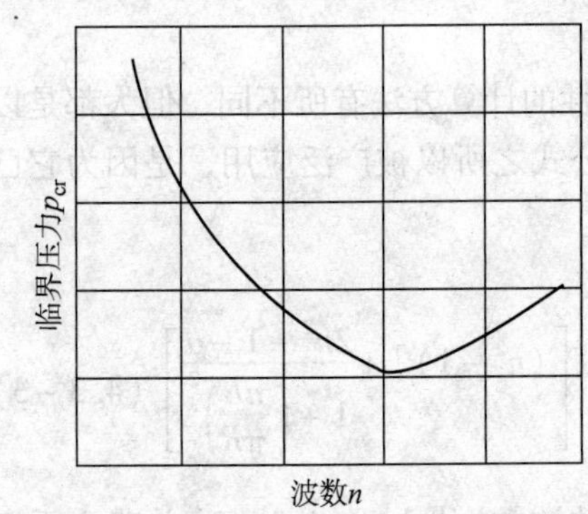

图 4.3-2 波数 n 与临界压力 p_{cr} 的关系

坏时其波数不等于2，而是大于2的某个正整数。由式(4.3-3)可知：不同的波数 n 可相应求得一个临界压力 p_{cr}；而波数 n 与临界压力 p_{cr} 的关系大致如图4.3-2所示。这样，便可以找到我们所需要的最小临界压力。具体做法是：先取波数 $n=2$、3、4、5、6、7……，求出与每个波数 n 相对应的临界压力 p_{cr}，再将 n 与相应的 p_{cr} 绘制成 $n-p_{cr}$ 关系曲线图4.3-2。进而可找到最小临界压力。

上述由米捷斯公式求临界压力时，步骤十分繁杂。拉姆(G. Lame)由简化的米捷斯公式入手，经过一系列变换，导出了一个可以直接求出最小临界压力的近似计算式(4.3-9)，这就是通常所称的拉姆公式：

$$(p_{cr})_{min}=\frac{2.59E\delta^2}{LD\sqrt{\dfrac{D}{\delta}}} \tag{4.3-9}$$

由 $(p_{cr})_{min}$ 在器壁内产生的压应力也必须满足式(4.3-8)的条件。

另一个简便的办法是：根据 δ_e/D_o 及 L/D_o 的数值从图4.3-3中查出与最小临界压力相对应的波数 n。然后将此 n 值代入式(4.3-3)直接求出最小临界压力 p_{cr} 来。

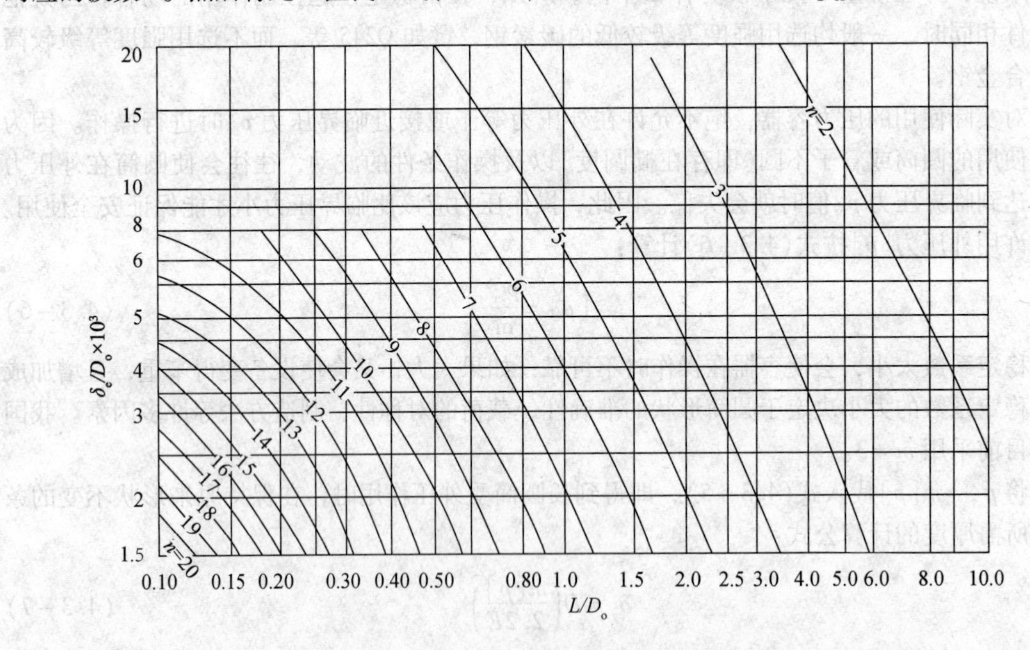

图 4.3-3 相应于最小临界压力的波数

4.3.4 刚性圆筒的稳定性计算

刚性圆筒一般不存在稳定性问题，其破坏是由于强度不足而引起的。因此，只需进行强度计算。刚性圆筒的壁厚按式(4.3-10)确定：

$$\delta=\frac{pD}{2[\sigma]^t_{压}\varphi} \tag{4.3-10}$$

4.4　外压圆筒和封头稳定性的图表计算法

4.4.1　外压图表的来源

除4.3节所介绍的解析法以外，工程设计中更多的采用图表法。因为它比较简单，适用范围广，可用于不同操作条件、多种材料的圆筒、凸形封头及加强圈的计算。

以下简单介绍外压图表是如何得来的？

我们将承受外压的圆筒形壳体临界压力 p_{cr} 计算式(4.3-5)改写为式(4.4-1)的形式：

$$p_{cr}=KE\left(\frac{\delta_e}{D_o}\right)^3 \tag{4.4-1}$$

这样，圆筒形壳体的临界应力 σ_{cr} 则可按式(4.4-2)计算：

$$\sigma_{cr}=\frac{p_{cr}D_o}{2\delta_e}=\frac{KE}{2\delta_e}\left(\frac{\delta_e}{D_o}\right)^3 D_o=\frac{KE}{2}\left(\frac{\delta_e}{D_o}\right)^2 \tag{4.4-2}$$

令 $\varepsilon=\dfrac{\sigma_{cr}}{E}=A$，则式(4.4-2)可改写为：

$$\varepsilon(=A)=\frac{\sigma_{cr}}{E}=\frac{K}{2}\left(\frac{\delta_e}{D_o}\right)^2=f\left(\frac{L}{D_o}\times\frac{D_o}{\delta_e}\right) \tag{4.4-3}$$

即：应变 $\varepsilon(A)$ 是 L/D_o 和 D_o/δ_e 的函数。

将 $\varepsilon(=A)=\dfrac{\sigma_{cr}}{E}=\dfrac{K}{2}\left(\dfrac{\delta_e}{D_o}\right)^2=f\left(\dfrac{L}{D_o}\times\dfrac{D_o}{\delta_e}\right)$ 绘成曲线，如图4.4-1所示。图中横座标为应变 $\varepsilon(=A)=\dfrac{\sigma_{cr}}{E}$。

在图4.4-1中，D_o/δ_e 各曲线垂直于横坐标的各直线段为长圆筒状态，在各曲线转折点以下的各斜线段为短圆筒状态。

将稳定系数 $m=3$ 引入式(4.4-1)可导出许用外压力 $[p]$ 的计算式(4.4-4)：

$$[p]=\frac{p_{cr}}{3}=\frac{1}{3}KE\left(\frac{\delta_e}{D_o}\right)^3 \text{或} [p]\left(\frac{D_o}{\delta_e}\right)=\frac{1}{3}KE\left(\frac{\delta_e}{D_o}\right)^2=\frac{2E}{3}\times\frac{K}{2}\left(\frac{\delta_e}{D_o}\right)^2$$

将式(4.4-3)中的 $\dfrac{\sigma_{cr}}{E}=\dfrac{K}{2}\left(\dfrac{\delta_e}{D_o}\right)^2$ 代入上述关系式后，可得：

$$[p]\left(\frac{D_o}{\delta_e}\right)=\frac{2E}{3}\times\frac{\sigma_{cr}}{E}-\frac{2}{3}\sigma_{cr}$$

令 $B=[p]\left(\dfrac{D_o}{\delta_e}\right)$，则：

$$[p]=B\left(\frac{\delta_e}{D_o}\right) \tag{4.4-4}$$

根据材料试验数据，对每种材料都可绘出不同温度下的应力(B，MPa)——应变($\varepsilon=A=\sigma_{cr}/E$)曲线，如图4.4-2～图4.4-4所示。图4.4-2～图4.4-4中没有的材料，可从GB 150.3—2011《压力容器　第3部分：设计》的有关章节中找到。

以下讨论如何利用图4.4-1～图4.4-4对外压圆筒和外压球壳进行校核计算。

4.4.2　$D_o/\delta_e \geqslant 20$ 的圆筒稳定性校核计算

① 根据 L/D_o 和 D_o/δ_e 由图4.4-1查取应变系数 A 值(遇中间值用内插法)；若 L/D_o 值大

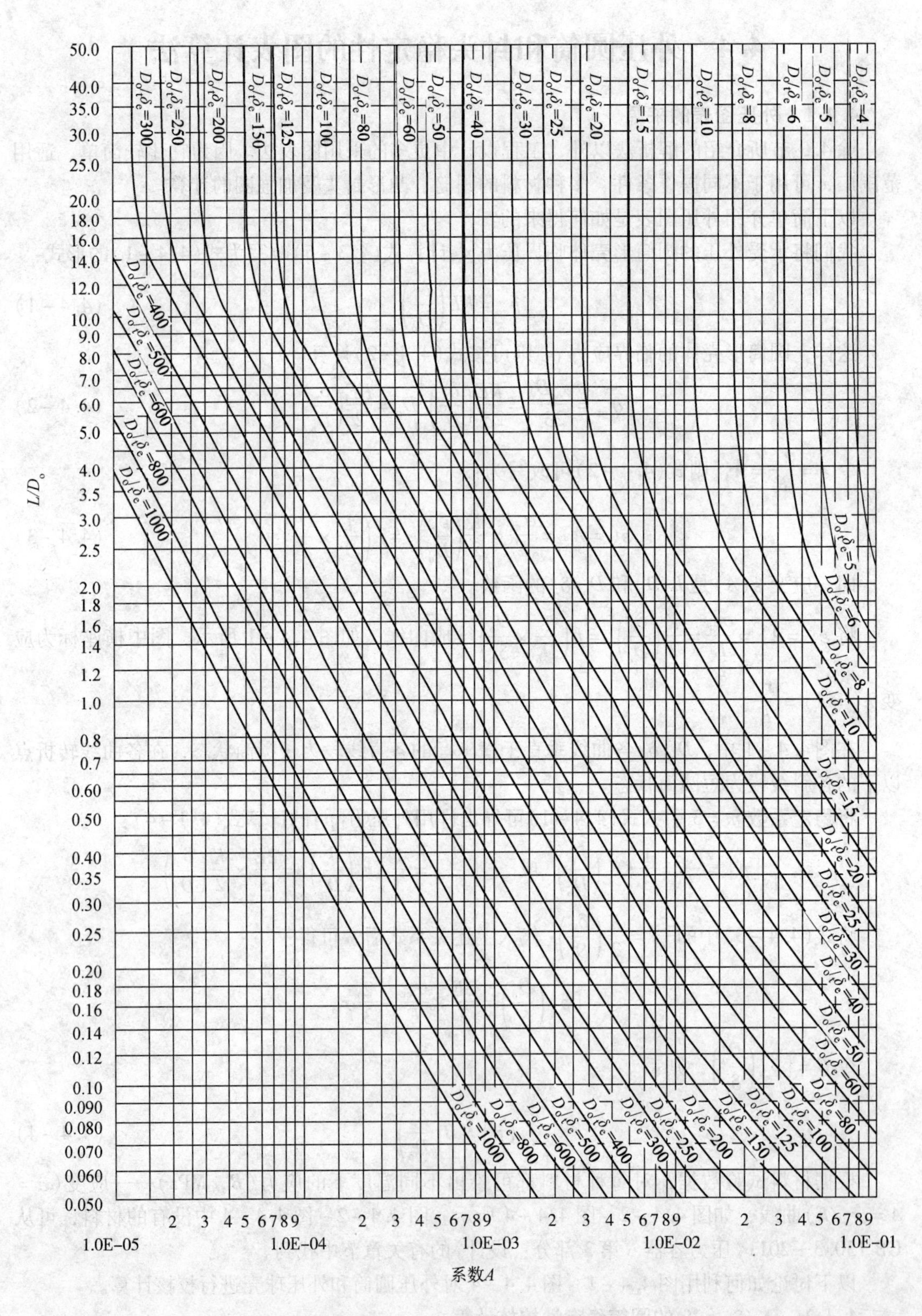

图4.4-1 外压应变系数A曲线

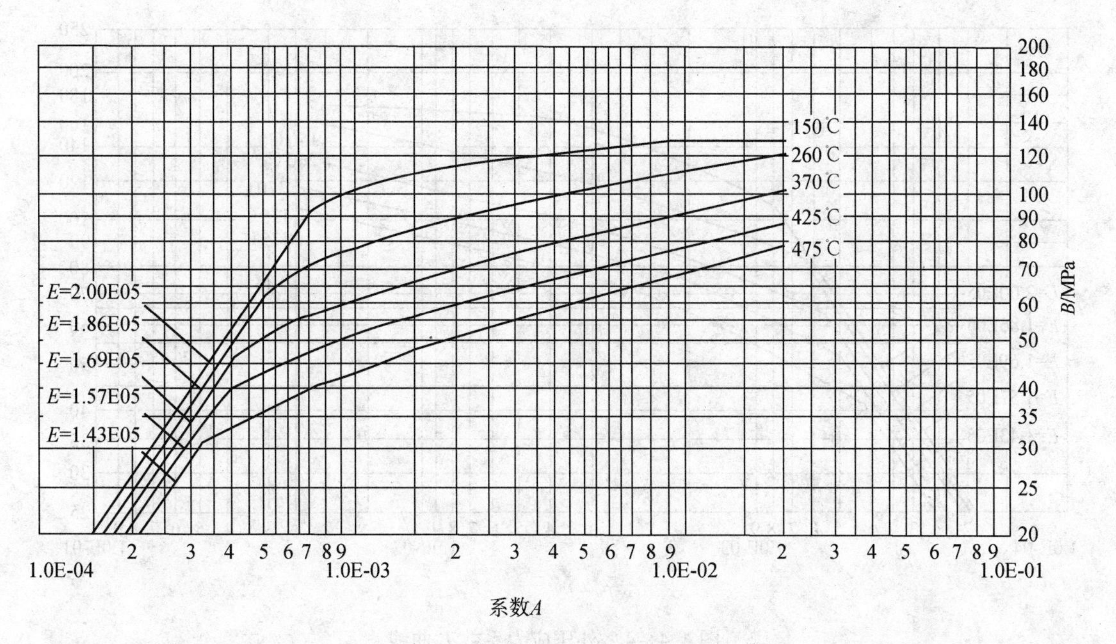

图 4.4-2 外压应力系数 B 曲线

注：用于屈服强度 $R_{eL}<207$MPa 的碳素钢和 S11348 钢等。

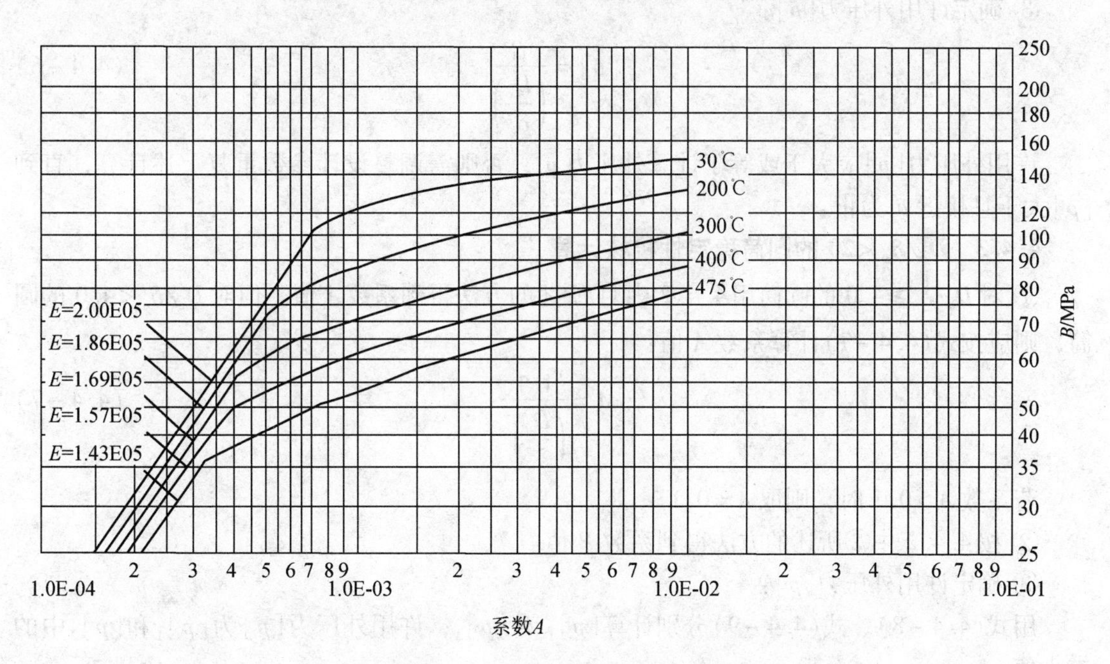

图 4.4-3 外压应力系数 B 曲线

注：用于 Q345R 钢。

于 50，则用 $L/D_o=50$ 查图，若 L/D_o值大于 0.05，则用 $L/D_o=0.05$ 查图。

② 确定外压应力系数 B。按所用材料选用相应的外压应力系数 B 曲线，由 A 值查取 B 值(遇中间值用内插法)；若 A 值超出设计温度曲线的最大值，则取对应温度右端点的纵坐标值为 B 值；若 A 值小于设计温度曲线的最小值，则按式(4.4-5)计算 B 值：

$$B=\frac{2AE^t}{3} \tag{4.4-5}$$

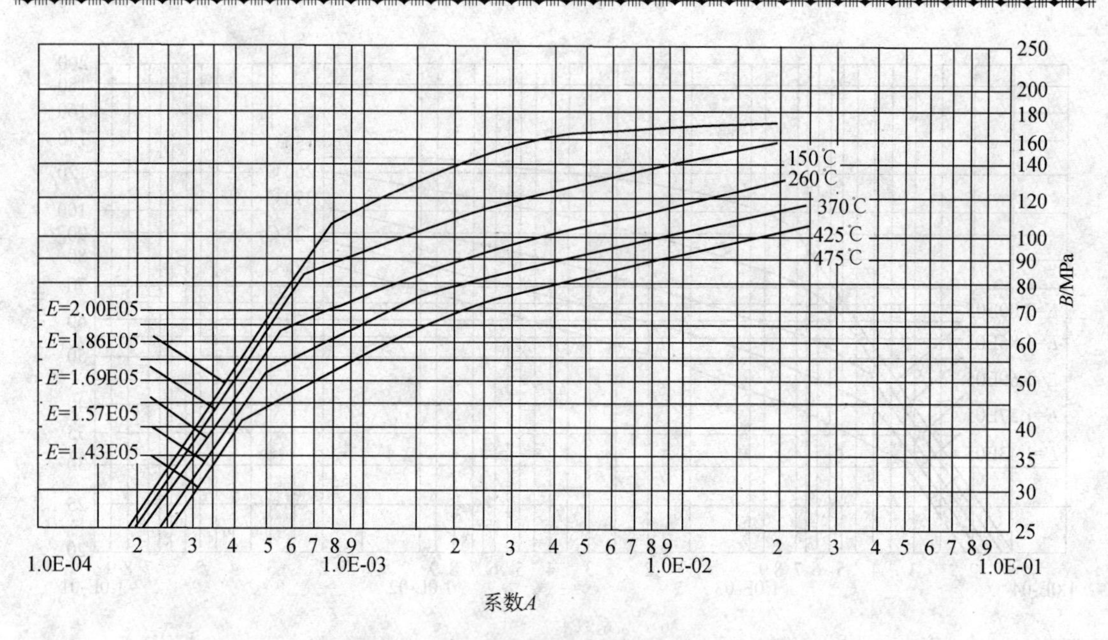

图4.4－4　外压应力系数 B 曲线

注：用于屈服强度 $R_{eL}>207$MPa 的碳素钢（Q345R 除外）和 S11348 钢等。

③ 确定许用外压力[p]：

$$[p]=\frac{B}{\left(\frac{D_o}{\delta_e}\right)} \tag{4.4-6}$$

许用外压力[p]应大于或等于计算外压力 p_c，否则需调整设计参数重复上述计算，直到[p]大于且接近 p_c 为止。

4.4.3　$D_o/\delta_e<20$ 的圆筒稳定性校核计算

① 对 $D_o/\delta_e\geqslant4.0$ 的圆筒用4.4.2 中 ①所述的方法得到系数A 值。但对 $D_o/\delta_e<4.0$ 的圆筒，则应按式(4.4－7)计算系数 A 值：

$$A=\frac{1.1}{\left(\frac{D_o}{\delta_e}\right)^2} \tag{4.4-7}$$

若系数 $A>0.1$ 时，则取 $A=0.1$。

② 按 4.4.2 中②所述的方法得到系数 B 值。

③ 确定许用外压力[p]：

用式(4.4－8)、式(4.4－9)分别计算$[p]_1$ 和$[p]_2$，许用外压力[p]为$[p]_1$和$[p]_2$中的较小值。

$$[p]_1=\left[\frac{2.25}{D_o/\delta_e}-0.0625\right]\times B \tag{4.4-8}$$

$$[p]_2=[2\sigma_o/(D_o/\delta_e)]\times[1-1/(D_o/\delta_e)] \tag{4.4-9}$$

许用外压力[p]应大于或等于计算外压力 p_c，否则需调整设计参数重复上述计算，直到[p]大于且接近 p_c 为止。

4.4.4　外压球壳稳定性校核计算

① 按式(4.4－10)计算外压应变系数 A 值：

$$A=\frac{0.125}{\left(\frac{R_o}{\delta_e}\right)} \tag{4.4-10}$$

② 确定外压应力系数 B 值。按所用材料选用相应的外压应力系数 B 曲线(图4.4－2～图4.4－4，若采用该图中没有列出的材料时，请查阅 GB 150.3—2011 的有关章节)，在图的下方找到系数 A，若 A 值落在设计温度下材料线的右方，则过此点垂直上移，与设计温度下的材料线相交(遇中间值用内插法)，再过此交点沿水平方向右移，在图的右方找到系数 B 值；若所得 A 值落在设计温度下材料线的左方，则用式(4.4－5)计算系数 B 值。

③ 确定许用外压力[p]：

$$[p]=\frac{B}{\left(\frac{R_o}{\delta_e}\right)} \tag{4.4-11}$$

许用外压力[p]应大于或等于计算外压力 p_c，否则需调整设计参数重复上述计算，直到[p]大于且接近 p_c 为止。

4.4.5　外压椭圆形封头(凸面受压)稳定性校核计算

凸面受压的椭圆形封头厚度，采用与4.4.4条外压球壳稳定性校核计算相同的方法进行计算。其中，R_o 为椭圆形封头的当量球壳外半径，按式(4.4－12)确定：

$$R_o=K_1D_o \tag{4.4-12}$$

式中　K_1——由椭圆形封头的长短轴比值决定的系数，由表4.4－1查取；

D_o——椭圆形封头的外径，mm。

表4.4－1　系数 K_1 值

$D_o/2h_o$	2.6	2.4	2.2	2.0	1.8	1.6	1.4	1.2	1.0
K_1	1.18	1.08	0.99	0.90	0.81	0.73	0.65	0.57	0.50

注：1. 遇中间值用内插法求得。

2. $h_o=h_1+\delta_n$。

4.4.6　外压碟形封头(凸面受压)稳定性校核计算

凸面受压的碟形封头厚度稳定性校核计算，采用与4.4.4条外压球壳稳定性校核计算相同的方法进行计算。其中，R_o 为碟形封头球面部分的外半径。

4.4.7　外压球冠形、锥形封头(凸面受压)稳定性校核计算

现有的计算方法比较繁杂且篇幅较大。故本手册略去这部分内容。读者若有需要，可参阅 GB 150—2011《压力容器》的有关章节。

4.5　加强圈的设计

4.5.1　加强圈的作用

在计算外压圆筒的过程中，当许用外压力小于设计外压力时，必须增加圆筒的厚度或缩短圆筒的计算长度，以满足许用外压力大于且接近设计外压力的稳定条件。

圆筒的计算长度是指两个刚性构件(如法兰、端盖、管板以及加强圈等)间的距离。从经济观点看，用增加壁厚的办法来提高圆筒的许用外压力是不划算的。适宜的办法是在外压圆筒上设置若干个加强圈，以缩短圆筒的计算长度，进而达到增加圆筒刚性的目的。

加强圈可设置在圆筒形壳体的外部或内部。当加强圈设置在外部时，材料一般采用比圆筒体更加廉价的普通碳素钢，可进一步减少投资，因此被广泛采用。

4.5.2 加强圈的设置

① 为了保证壳体形状的稳定性，加强圈必须整圈围绕在圆筒形壳体的圆周上，不得任意削弱或切断。加强圈两端的结合形式如图4.5-1A、B所示。

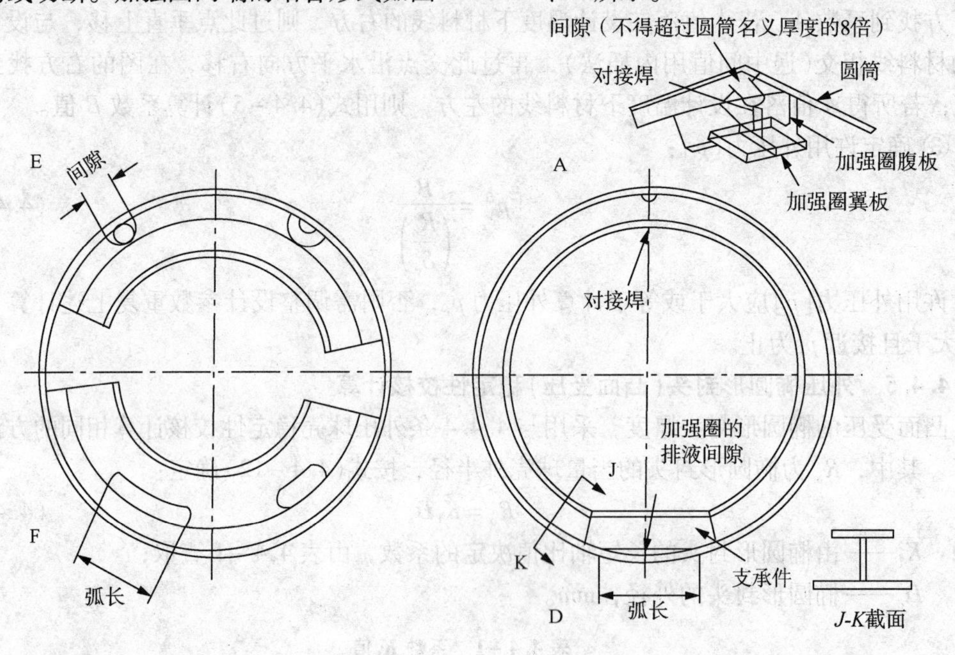

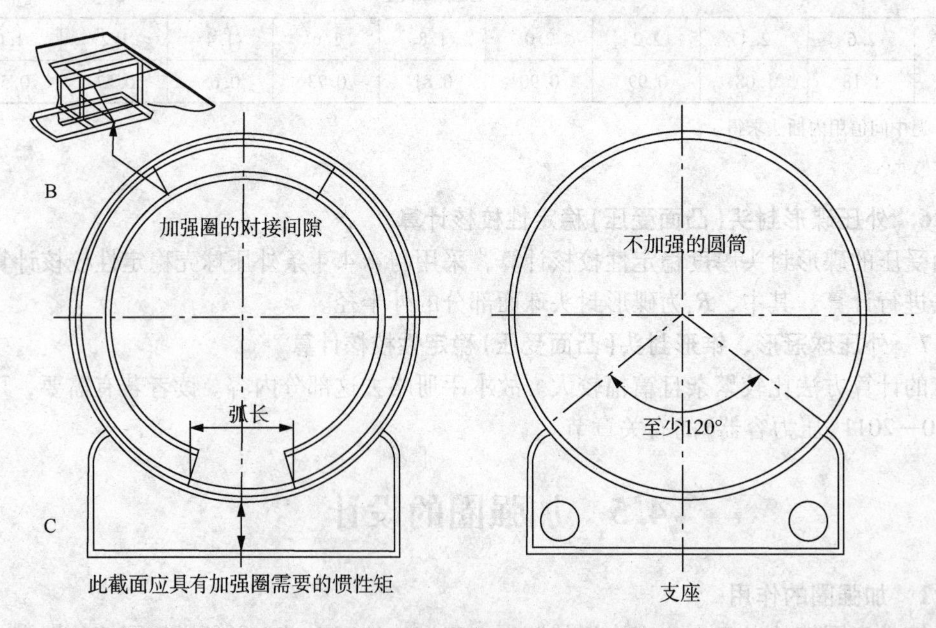

图4.5-1 外压容器各种加强圈的布置

② 容器内部的加强圈，若布置成图4.5-1中C、D、E所示的结构时，则应取具有最小惯性矩的该截面来进行计算。

③ 在加强圈上需要留出如图4.5-1中D、E或F所示的间隙时，则不应超过图4.5-2

规定的弧长，否则须将壳体内部或外部的加强圈相邻两部分之间接合起来，采用如图4.5-1中C所示的结构。但若能同时满足以下条件时则可除外：

a. 每圈只允许有一处无支承的壳体弧长；

b. 无支撑的弧长不得超过90°；

c. 相邻两加强圈不受支承的圆筒弧长相互交错180°；

d. 圆筒的计算长度L取下列数值中的较大者：相间隔加强圈之间的最大距离；从封头转角至第二个加强圈中心距离再加上封头曲面深度的三分之一。

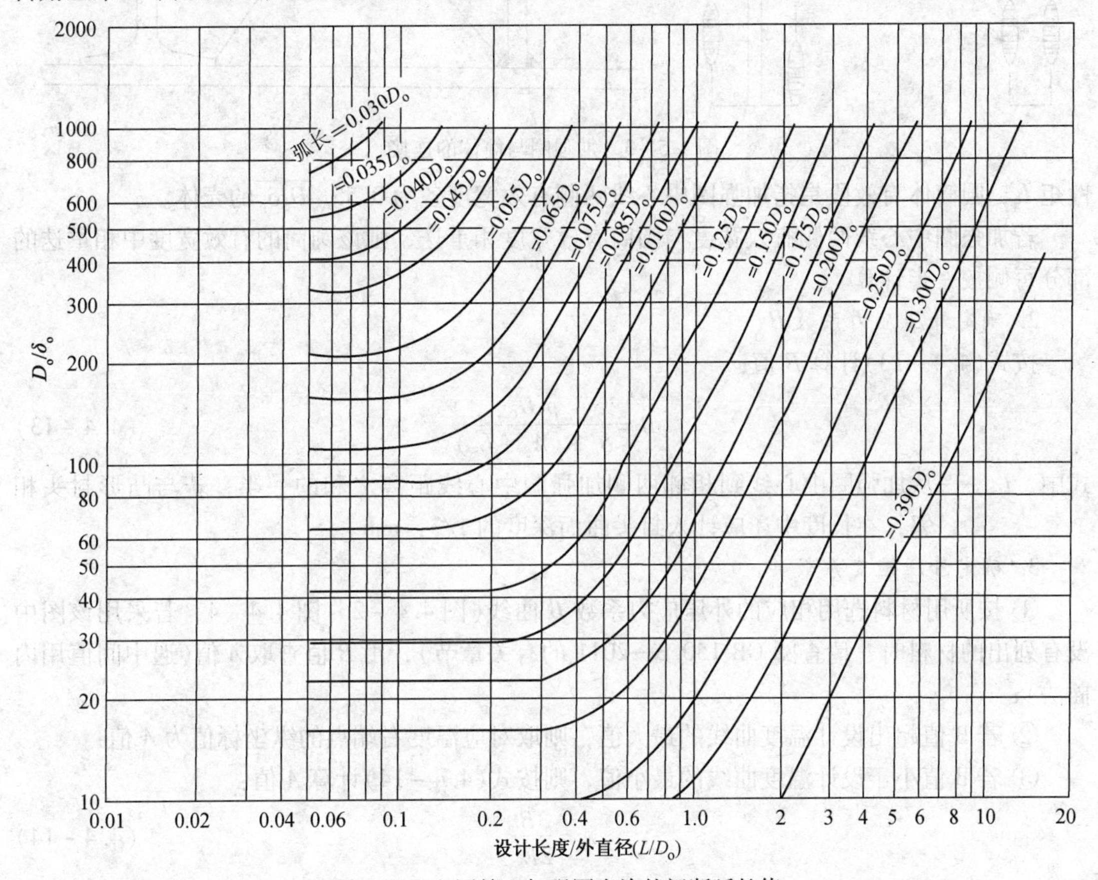

图4.5-2 圆筒上加强圈允许的间断弧长值

④ 容器内部的构件如塔盘等，若涉及起加强作用时，也可作加强圈用。

⑤ 加强圈与圆筒之间的连接可采用间断焊，如图4.5-3所示。当加强圈设置在壳体外面时，加强圈每侧间断焊接的总长度应不少于容器外圆周长的1/2；当加强圈设置在壳体内部时，加强圈每侧间断焊接的总长度应不少于容器内圆筒周长的1/3。焊脚高度一般不小于相焊接件较薄件的厚度。

间断焊缝的布置与间距可参照图4.5-3所示的形式，间断焊缝可以互相错开或并排布置。最大间隙t值规定如下：外加强圈为$8\delta_n$；内加强圈为$12\delta_n$。

加强圈可用扁钢、角钢、工字钢、T形钢（或用钢板组焊成工字钢）等型钢制成。

4.5.3 加强圈计算

1. 惯性矩计算

选定加强圈的材料和尺寸，计算其横截面积A_S和加强圈与圆筒体有效段组合截面的惯

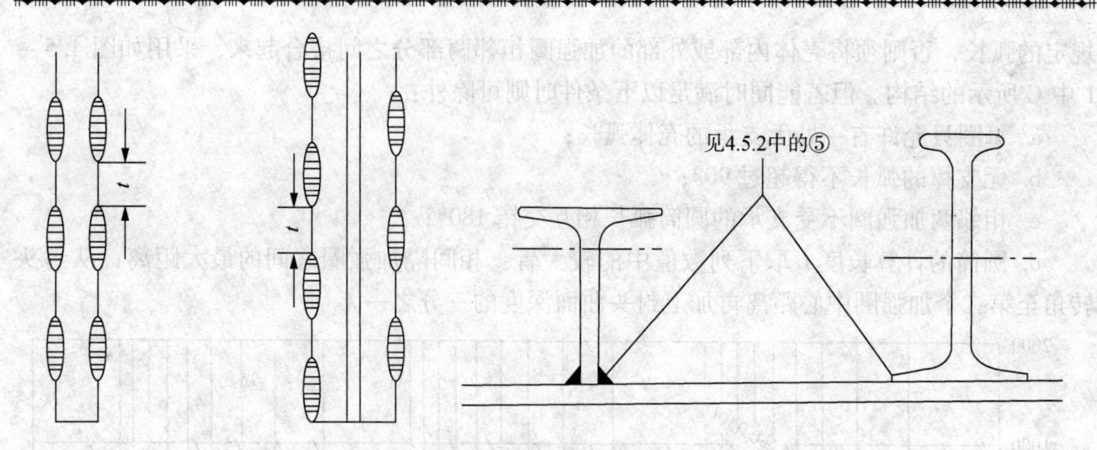

图 4.5-3 加强圈与筒体的连接

性矩 I_S，圆筒体有效段是指加强圈中心线两侧有效宽度各为 $0.55\sqrt{D_S\delta_e}$ 的壳体。

若加强圈中心线两侧有效宽度与圆筒有效宽度相重迭，则该圆筒的有效宽度中相重迭的部分每侧按一半计算。

2. 确定外压应力系数 B

按式(4.4-13)计算 B 值：

$$B=\frac{p_c D_0}{\delta_e+(A_S+L_S)} \tag{4.4-13}$$

式中 L_S——从加强圈中心线到相邻两侧加强圈中心线距离之和的一半，若与凸形封头相邻，在长度中还应计入封头曲面深度的1/3，mm。

3. 确定外压应变系数 A

① 按所用材料选用相应的外压应力系数 B 曲线(图 4.4-2~图 4.4-4，若采用该图中没有列出的材料时，请查阅 GB 150.3—2011 的有关章节)，由 B 值查取 A 值(遇中间值用内插法)；

② 若 B 值超出设计温度曲线的最大值，则取对应温度右端点的纵坐标值为 A 值；

③ 若 B 值小于设计温度曲线的最小值，则按式(4.4-14)计算 A 值：

$$A=\frac{3B}{2E^t} \tag{4.4-14}$$

4. 确定所需用的惯性矩 I

按式(4.4-15)计算加强圈与圆筒组合段所需用的惯性矩 I：

$$I=\frac{D_o^2 L_S(\delta_e+A_S/L_S)}{10.9}A \tag{4.4-15}$$

I_S 应大于或等于 I，否则选用较大的加强圈，重复上述步骤，直至 I_S 大于或接近于 I 为止。

第五章 压力容器的疲劳设计

5.1 概 述

5.1.1 疲劳破坏

许多压力容器是在交变载荷作用下工作的，例如：

① 频繁的间歇操作和开、停工造成工作压力和各种载荷的变化。

② 运行时出现的压力波动。

③ 运行时出现的周期性温度变化。

④ 在正常的温度变化时，容器及受压部件的膨胀或收缩受到约束。

⑤ 外加机械载荷交变产生的振动等。

疲劳是指在循环加载下，发生在材料某点处局部的、永久性的损伤递增过程。经足够的应力或应变循环后，损伤累积可使材料产生裂纹，或使裂纹进一步扩展至完全断裂。出现可见裂纹或者完全断裂都叫疲劳破坏。

近年来，随着科学技术的进步以及生产的规模扩大和要求提高，压力容器承受循环载荷的情况日益增多，同时，高强度钢的应用也更为广泛，这些都使得压力容器的疲劳失效问题在压力容器的设计工作中更具重要位置。

由于压力容器结构内的峰值应力都在焊接接头及结构的不连续部位发生，而且这种应力往往很大，甚至超过设计应力强度的两、三倍，它们是造成结构疲劳失效的主要原因。但这种很高的峰值应力所造成的疲劳失效和一般的回转机械的疲劳不同，它是一种高应变、低循环疲劳，通常称为低周疲劳。

疲劳破坏是一种损伤积累的过程。因此它的力学特征不同于静力破坏。不同之处主要表现为：

① 在循环应力远小于静强度极限的情况下破坏就可能发生，但不是立刻发生的，而要经历一段时间，甚至很长的时间。

② 疲劳破坏前，即使塑性材料(延性材料)有时也没有显著的残余变形。

疲劳破坏可分为三个阶段：

① 微观裂纹扩展阶段。在循环加载下，由于物体内部微观组织结构的不均匀性，某些薄弱部位首先形成微观裂纹，在此阶段，裂纹长度大致在0.05mm以内。若继续加载，微观裂纹就会发展成为宏观裂纹。

② 宏观裂纹扩展阶段。裂纹基本上沿着与主应力垂直的方向扩展。

③ 瞬时断裂阶段。当裂纹扩大到使物体残存截面不足以抵抗外载荷时，物体就会在某一次加载下突然断裂。

在疲劳宏观断口上往往有两个区域：光滑区域和颗粒状区域。疲劳裂纹的起始点称作疲劳源。实际的构件上的疲劳源总是出现在应力集中区，裂纹从疲劳源向四周扩展。由于反复变形，裂纹的两个表面时而分离，时而挤压，这样就形成了光滑区域，即疲劳裂纹第二阶段扩展区域。第三阶段的瞬时断裂区域表面呈现较粗糙的颗粒状。

5.1.2 循环应力

疲劳破坏是在循环应力或循环应变作用下发生的。为了便于研究和分析疲劳问题，对循环应力表示法已作出统一规定。循环应力的每一个周期变化称作一个应力循环。如图5.1－1所示的循环应力由以下几个分量表示：

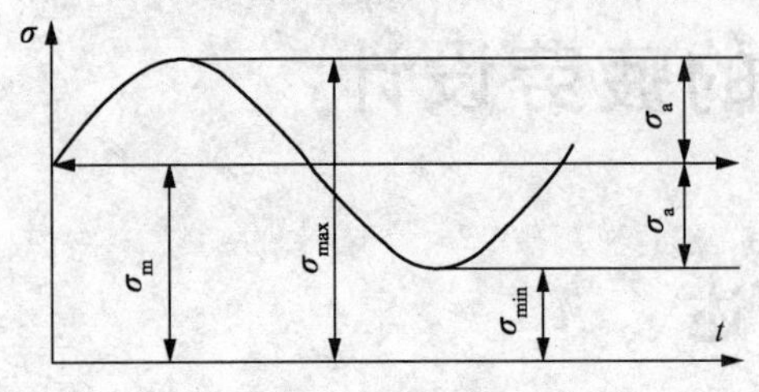

图5.1－1　应力循环曲线

① 最大应力 σ_{max}，应力循环中最大代数值的应力，以拉应力为正，压应力为负。

② 最小应力 σ_{min}，应力循环中最小代数值的应力，以拉应力为正，压应力为负。

③ 平均应力 σ_m，最大应力和最小应力的代数平均值，即：

$$\sigma_m = (\sigma_{max} + \sigma_{min})/2$$

④ 应力幅 σ_a，最大应力和最小应力的代数差的一半，即：

$$\sigma_a = (\sigma_{max} - \sigma_{min})/2$$

⑤ 应力范围 σ_r，又称应力变程，是最大应力与最小应力之差，即应力幅的两倍。

⑥ 应力比 R，又称循环特征，是最小应力与最大应力的代数比值，即：

$$R = \sigma_{min}/\sigma_{max}$$

$R=-1$ 的应力循环称为对称循环，其最大应力和最小应力绝对值相等，符号相反，且平均应力为零；$R=0$ 的应力循环称为脉动循环，其最小应力为零；R 等于其他值的应力循环称为非对称循环。

循环应变的表示法与此类似。

应力循环可以看成两部分应力的组合，一部分是数值等于平均应力 σ_m 的静应力；另一部分是在平均应力上变化的动应力。在四个应力分量 σ_{max}、σ_{min}、σ_a、σ_m 中只有两个是独立的。任意给定两个，其余两个就能确定。

用来确定应力循环的一对应力分量 σ_{max}、σ_{min} 或 σ_a、σ_m 称为应力水平。对恒幅循环应力，当给定 R 或 σ_m 时，应力水平可由 σ_{max} 或 σ_a 表示。产生疲劳破坏所需的循环数取决于应力水平的高低，破坏循环数越大，表示施加的应力水平越低。表5.1－1给出了几种典型的循环应力。

表5.1－1　几种典型的循环应力

循环名称	循环特征	应力特点	图　示
对称循环	$R=-1$	$\sigma_{max}=-\sigma_{min}$ $\sigma_m=0$ $\sigma_a=\sigma_{max}=-\sigma_{min}$	
脉动循环	$R=0$	$\sigma_{max}\neq 0$ $\sigma_{min}=0$ $\sigma_m=\sigma_a=\frac{1}{2}\sigma_{max}$	
不对称循环	$1>R>-1$	$\sigma_{max}=\sigma_m+\sigma_a$ $\sigma_{min}=\sigma_m-\sigma_a$	

续表 5.1－1

循环名称	循环特征	应力特点	图　示
静载荷	$R=1$	$\sigma_{max}=-\sigma_{min}-\sigma_m$ $\sigma_a=0$	σ $\sigma_a=0$ $\sigma_{max}=\sigma_{min}=\sigma_m$ O t

5.1.3　疲劳寿命

在循环加载条件下，产生疲劳破坏所需的应力或应变循环次数称为疲劳寿命。

为了便于分析研究，在工程实践中常常按破坏循环次数的高低将疲劳分为两类：

① 高循环疲劳(高周疲劳)：破坏循环次数高于 10^5 的疲劳，一般振动元件、传动轴等的疲劳属此类。其特点是：作用于构件上的应力水平较低，应力和应变呈线性关系。

② 低循环疲劳(低周疲劳)：破坏循环次数低于 10^5 的疲劳，典型实例有压力容器、燃气轮机构件等的疲劳。其特点是：作用于构件的应力水平较高，材料处于塑性状态。

1. 高循环疲劳曲线

图 5.1－2 是一典型的高循环疲劳曲线，它是在对称应力循环情况下试验测得。曲线的纵坐标为应力幅 S_a，横坐标为对应的破坏循环次数 N。

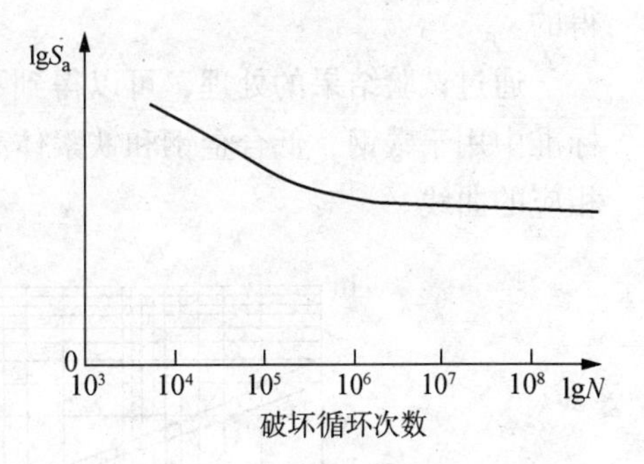

图 5.1－2　典型的高循环疲劳曲线

从图中可以看出，随 σ_a 的降低 N 的增加很快，而后渐趋水平，应力减小到某一临界值以后，试件就可以经历无穷多次应力循环而不发生疲劳破坏，这个临界值就称为疲劳极限或持久极限，记作 σ_{-1}。

在室温空气中，对铁素体钢进行试验，持久极限可由 10^7 循环次数来决定。在高循环区域中，持久极限是金属疲劳性能的特征，故可作为设计的依据。

2. 低循环疲劳曲线

在低循环疲劳试验时，其应力值常常超过材料的屈服强度，当材料受力超过弹性极限后，应力与应变是非线性关系，因而在试验中，材料屈服后呈现不稳定状态，此时如果采用应力作为控制变量时发现，试验所得数据非常分散，疲劳曲线不可靠。故在低循环疲劳试验时，采用应变作为控制变量，这样所得试验数据有明显的规律性，而且可靠。为了与高循环疲劳曲线坐标相一致，纵坐标仍以应力幅来表示，但此时为虚拟应力幅。

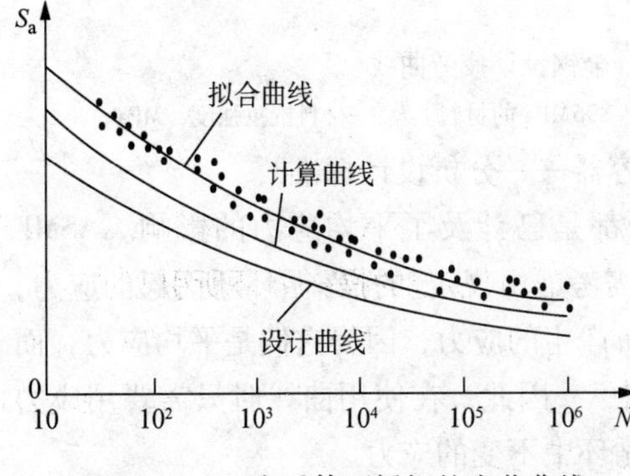

图 5.1－3　奥氏体不锈钢的疲劳曲线

假设 ε_t 为金属总应变范围，与此相应按弹性状态计算所得的虚拟应力变化范围为 $E\varepsilon_t$，则虚拟应力幅为 $S_a=\frac{1}{2}E\varepsilon_t$。

图 5.1－3 为奥氏体不锈钢以虚拟应力幅 S_a 与循环次数 N 之间关系求得的低循环疲劳曲线。图中给出了：由试验测得的曲线、计算曲线、设计曲线。

5.1.4 设计疲劳曲线

用试验方法可以得到不同材料的交变应力强度幅和失效的载荷循环次数的关系。由于试验通常是用无缺口的光滑试样通过拉－压或旋转弯曲试验得到，因此这种曲线常称为“最佳曲线”，它仅仅是材料在对称循环条件下的试验结果，在工程计算应用时，还应作必要的修正并考虑适当的安全系数，这样才能得到设计疲劳曲线。

由于疲劳数据比较分散，影响因素也很多，安全系数一般取值比较大。现有的标准，包括美国 ASME 标准、日本 JIS 标准，采用的安全系数都是一致的，以应力幅为基础的安全系数为2.0；以循环次数，即寿命为基础的安全系数为20。根据文献介绍，以寿命为基础的安全系数(取值为20)中主要考虑了以下几个因素：

数据的分散度(从最小到平均)　2.0；

尺寸因素　2.5；

表面粗糙度，环境因素等　4.0。

以上三者相乘，即为20。

因此，设计疲劳曲线就是根据以上两项安全系数，在双对数坐标纸上绘出的包络线获得的。

通过试验结果的处理，可以得到不同材料的设计疲劳曲线。图5.1－4是我国分析设计标准中用于碳钢、低合金钢和铁素体高合金钢的设计疲劳曲线，可按给定材料的抗拉强度查相应的曲线。

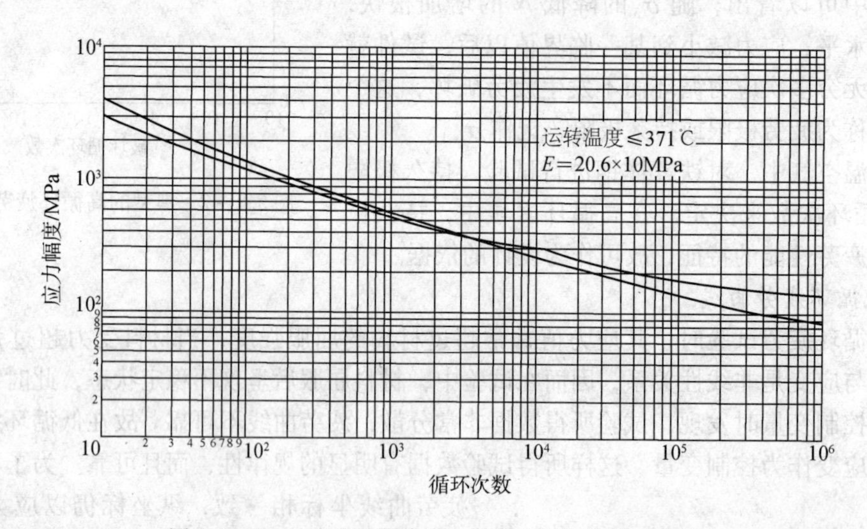

图5.1－4　$t \leq 375$℃的碳钢、低合金钢设计疲劳曲线

注：图中虚线用于 $R_m \leq 552$MPa 的材料；实线用于 $R_m = 793 \sim 896$MPa 的材料。R_m—材料抗拉强度，MPa。

奥氏体不锈钢的设计曲线见 JB 4732《钢制压力容器——分析设计标准》。

标准中经过各种处理，提供给设计的疲劳曲线都是已计及了平均应力的影响。ASME Ⅷ－2《压力容器建造——另一规则》中已明确：“只需考虑由规定的操作循环所引起的应力，而无需考虑在循环中不变化的任何载荷或温度状态所产生的应力，因为它们是平均应力，而平均应力的最大可能影响已包含在疲劳设计曲线之中”。因此，在使用曲线时只需要用应力的波动部分和许用应力幅相比较，而不必去考虑在循环中不变的应力。

5.2 疲劳分析设计

5.2.1 疲劳分析的免除

根据分析设计的规定，并非所有承受交变循环载荷的容器都要进行疲劳分析设计。当所设计的容器与已有成功使用经验的容器有可类比的形状和载荷条件，且根据其经验能证明不需要做疲劳分析者可以免做疲劳分析。但是在作出上述分析时应特别注意那些有可能产生峰值应力的部位，如非整体结构、螺纹连接、有显著厚度变化的区域等。

对于常温抗拉强度小于550MPa的钢材制造的容器，各项循环次数总计不超过1000次时也可免做疲劳分析。这些循环次数包括如下部分：

① 包括启动和停车在内的全范围压力循环的预计循环次数。

② 压力波动范围超过设计压力的20%的工作压力循环的预计次数。

③ 包括接管在内的任意相邻两点之间金属温度差波动的有效次数。这种有效次数是将金属温度差的波动循环次数乘以表5.2－1中所列的相应系数，再将所得次数相加而得到总次数。

④ 由热胀系数不同的材料组成的部件，当$(\alpha_1-\alpha_2)\Delta T>0.00034$时的温度波动循环次数。其中，$\alpha_1$与$\alpha_2$为两种材料平均热胀系数，$\Delta T$为工作时金属温度总的波动范围。

表5.2－1 温度差对应的系数值

金属温度差波动/℃	系数	金属温度差波动/℃	系数
≤25	0	151～200	8
26～50	1	201～250	12
51～100	2	>25	20
101～150	4		

对于带补强圈的接管和非整体结构，由于其峰值应力有可能达到更高的数值，因此，免做疲劳分析的循环总次数减少到400次。同时，压力波动范围超过设计压力15%的工作压力循环都应计算在内。

5.2.2 疲劳分析的步骤

在确定不能免除疲劳分析的情况下，应按规定的步骤进行疲劳分析设计。具体步骤如下：

① 载荷分析。分析各种载荷，包括温度、压力和各种机械载荷的载荷变化规律与计算条件等。

② 应力分析。计算各校核载面的应力，按各种应力分类，确定交变应力强度变化幅。

③ 应用疲劳设计曲线。确定设计的载荷循环次数，根据结构材料选用适合的疲劳设计曲线，查得设计允许的循环次数。若设计允许的循环次数大于结构应承受的预期循环次数，则设计条件满足，否则应重新设计。

1. 交变应力强度幅的确定

当校核截面主应力的方向在循环中不变时，可用以下方法确定交变应力强度幅：

① 确定校核截面在整个应力循环中与时间相对应的包括总体和局部结构不连续以及热效应所产生的应力分量，并由此计算3个主应力值σ_1、σ_2和σ_3。

② 按式(5.2－1)计算在整个应力循环中与时间相对应的各个主应力差 S_{ij}。

$$S_{12}=\sigma_1-\sigma_2$$
$$S_{23}=\sigma_2-\sigma_3 \qquad (5.2-1)$$
$$S_{31}=\sigma_3-\sigma_1$$

式中 S_{12}、S_{23}、S_{31}——主应力差，MPa；

σ_1、σ_2、σ_3——主应力，MPa。

③ 在整个应力循环中，确定每个主应力差的最大波动范围，其绝对值用 S_{rij} 表示。令各主应力差的交变应力强度幅 $S_{altij}=0.5S_{rij}$，按式(5.2－2)计算交变应力强度幅。

$$S_a=\max(S_{alt1,2},\ S_{alt2,3},\ S_{alt3,1}) \qquad (5.2-2)$$

若所考虑的校核截面主应力方向在循环中变化，则应将循环中各时刻的应力分量分别叠加，以求取各极端点的应力分量。然后计算各极端点的主应力，再用上述相同方法计算主应力差和交变应力强度幅。计算中应特别注意在循环中有几个载荷变化而不同步时，则应将可能产生的应力分量极端点都考虑到，以免计算失误。详见 JB 4732。

2. 设计疲劳曲线的应用

在疲劳分析设计中可按以下步骤使用设计疲劳曲线：

① 将应力分析所得的 S_a 值乘以相应设计疲劳曲线图中给定材料的弹性模量与所用材料弹性模量之比(所用材料弹性模量应按设计温度条件下查得)，如式(5.2－3)所示。

$$S'_a=S_a\frac{E}{E^t} \qquad (5.2-3)$$

式中 S'_a——修正后的交变应力强度幅，MPa；

E——相应设计疲劳曲线规定的弹性模量，MPa；

E^t——所选用材料在设计温度条件下的弹性模量，MPa。

② 在所用设计疲劳曲线的纵坐标上取该 S'_a 值，过此点做水平线与所用设计曲线相交，交点的横坐标值即为所对应的该结构允许的循环次数 N。

③ 允许的循环次数 N 应大于由容器操作条件所给出的预计循环次数 n，否则采用降低峰值应力、改变操作条件等措施，直到满足本条要求为止。

5.2.3 循环载荷作用下的累积损伤

由于实际压力容器的载荷谱比较复杂，常常会出现两种或更多种的应力循环。这时应分别进行交变应力强度幅的计算和校核，同时计算疲劳累积损伤效应。工程设计计算中应用最多的是线性累积损伤计算方法，它是将结构中不同应力循环作用时所受到损伤采用线性相加的方法得到的，计算步骤简便，但不甚精确。其具体步骤如下：

① 容器的寿命期内承受编号为1、2、3……等显著应力循环的预期循环次数分别为 n_1、n_2、n_3……。在确定其中任一循环的循环次数时，必须计及当不同循环叠加时，对各应力循环的主应力差叠加的影响。例如：第一种循环为0到400MPa，循环次数为1000次；第二种循环为0到－300MPa，循环次数为10000次。若考虑到两种循环的叠加，则其两种循环的参数如下：

对第一种循环，考虑到与第二种循环叠加以后最大交变应力强度变化范围扩大为－300～＋400MPa，故其参数为：

$$交变应力强度幅\ S_{1a}=\frac{400+300}{2}=350\text{MPa}$$

$$计算循环次数\ n_1=1000\ 次$$

对第二种循环，由于已与第一种循环叠加，计算的循环次数将减少 1000 次，故其参数为：

$$交变应力强度幅\ S_{2a}=\frac{0+300}{2}=150\mathrm{MPa}$$

$$计算循环次数\ n_2=10000-1000=9000\ 次$$

由此可见，循环的叠加对于计算结果将会产生较大的影响。

② 按前述条款，用同样的方法由设计曲线中取 S_{1a}，S_{2a}，S_{3a}……等单独作用时的允许循环次数 N_1、N_2、N_3……等。

③ 对每种应力循环，确定各自的使用系数 U_1、U_2、U_3……等。

$$U_1=\frac{n_1}{N_1}$$

$$U_2=\frac{n_2}{N_2}$$

$$U_3=\frac{n_3}{N_3}$$

④ 计算累积使用系数 σ

$$U=U_1+U_2+U_3+\cdots$$

⑤ 累积使用系数　$U\leqslant1.0$。

5.2.4　应力集中的影响

压力容器中总是存在着局部结构不连续与总体结构不连续的地方，如开孔、接管、补强、壁厚的变化，以及焊接时的咬边、错边、未焊透等都会导致局部地区的应力增高，会形成显著的二次应力或峰值应力，使该部位成为疲劳源，因此成为疲劳分析的关键。

在实际计算中应对所有使用条件，采用理论的、实验的或数值分析计算方法确定的应力集中系数来评价局部结构不连续效应。应力集中系数 K 的定义是：

$$K=\frac{最大局部应力}{平均应力}$$

在交变载荷的情况下，应力集中会导致疲劳强度的降低。对脆性材料，与静载荷时类似，疲劳强度与无应力集中时相比也会降低 K 倍。对于塑性材料，由于高应力区出现塑性变形，应力集中对疲劳强度产生的影响不同于弹性状态，K 已不能反映出实际情况。因此，引入疲劳强度减弱系数 K_f 来代替应力集中系数 K 来衡量疲劳强度的降低程度。

疲劳强度减弱系数定义为：在同一循环次数下破坏时的无缺口试件的应力与有缺口试件的应力之比，一般最好用试验方法确定。

$$K_f=\frac{无缺口时的疲劳强度}{有缺口时的疲劳强度}$$

这里缺口的涵义是广义的，可以指一个真实的缺口，也可以指横截面或多或少的一种突变，或是壳体上的开孔接管等。

在 JB 4732 中规定了以下经验方法确定的疲劳强度减弱系数或应力集中系数。

1. 角焊缝的疲劳强度减弱系数

角焊缝结构可能造成较高的峰值应力，所以推荐用于疲劳分析的角焊缝疲劳强度减弱系数为 4.0。若结构存在温度差，必须考虑热膨胀引起的附加应力。

2. 螺柱的疲劳强度减弱系数

对于满足标准中规定的全部条件的高强度合金钢螺柱，取疲劳强度减弱系数不小于4.0。

3. 螺纹的疲劳强度减弱系数

除非由分析或试验表明可以使用较低的系数外，在疲劳分析中螺纹构件的疲劳强度减弱系数不得小于4.0。

4. 用于开孔接管疲劳估算的应力指数

容器的开孔和接管是疲劳分析的重要区域，在这一区域常常形成较高的应力集中。由于其结构十分复杂，详细的应力分析和数值计算都比较困难，不易得到可靠的结果。为便于工程应用，在大量实验和数值分析的基础上归纳整理了用于开孔接管疲劳估算的应力指数法，现已用于各国设计标准之中。

应力指数的定义是：对于规定的载荷和接管结构形式，在指定点处的最大应力(包括峰值应力)和无开孔、无补强容器中的计算环向薄膜应力的比值。在标准中的疲劳分析部分以应力指数的形式列出了整体锻件补强(包括全焊透的厚壁管补强)的开孔接管处的应力集中系数，这里只包括内压引起的应力集中系数而不包括外加的机械载荷或壳壁、管壁温差所引起的热应力影响，不能任意推广到其他载荷形式。

JB 4732 给出了圆筒和球壳(包括封头球冠部分)上开有单个径向或非径向圆形接管时的应力指数。

5.2.5 疲劳试验

在疲劳分析设计中，如果需要采用高于设计疲劳曲线所规定的许用应力幅值时，可以用疲劳试验来确定结构的疲劳寿命。详见 JB 4732。

5.3 延长疲劳寿命的设计考虑

为提高压力容器疲劳寿命，应尽可能在结构设计中或制造检验的技术要求中给予一定的特殊考虑。

5.3.1 结构设计的特殊要求

降低应力集中。应力集中造成局部地区的高应力，其峰值应力成为裂纹萌生与扩展的根源。因此，从设计方面予以注意，要适当加大峰值应力部件的截面尺寸，加大圆角半径，改善外载荷的分布情况。例如，在结构设计中避免使用以下结构：

① 如垫板、补强板等非整体连接件。

② 管螺纹连接件。

③ 部分熔透的焊缝，如垫板不拆除的焊缝和一些角焊缝等。

④ 相邻元件厚度差过大的结构。

应优先采用整体结构，开孔接管应有较大的过渡圆角，对局部结构参数应以降低峰值应力为目标进行优化设计。

5.3.2 制造与检验的特殊要求

制造上要注意提高焊缝质量，有些疲劳裂纹多发生在焊缝附近，焊缝应尽量避开应力集中部位。加工中要注意减小成型偏差，消除局部结构不连续；注意表面质量，避免划伤与刮痕。

① 严格控制错边量，不允许强力组装。

② 钢板边缘和开孔边缘，焊前需经渗透探伤(或磁粉探伤)，防止存在潜在裂纹。

③ 不得采用硬印作为材料和焊工标记。

④ 焊缝余高应打磨平滑。

⑤ 几何不连续处，尽可能圆滑过渡；对填角焊缝，需打磨到所要求的过渡圆弧，所有打磨表面均应经磁粉(或渗透)探伤检测，同时避免引弧坑。

⑥ 焊缝需经100%探伤。

⑦ 容器组装后，应进行消除残余应力热处理。

在圆筒和封头的成形加工中，往往会在器壁内产生拉伸残余应力，在焊接接头中也会引起拉伸残余应力，而在这些拉伸残余应力区，也往往是介质压力引起最大拉伸应力的区域，会影响结构的疲劳寿命。热处理的目的就是消除或降低这些残余应力，避免焊接结构出现裂纹。

⑧ 对于采用高强度钢制作的容器，宜在焊后立即进行200～300℃消氢处理，以减少延迟裂纹的萌生。

5.4 计算例题

5.4.1 设计数据

某立式容器，结构尺寸如图5.4－1所示，要求根据JB 4732进行疲劳分析设计。

1. 工作条件

循环工作压力：0～1.59MPa

工作温度：80～120℃

工作循环次数：n_1 = (4次/h) × (8000h/年) ×30年 = 9.5 × 10^5次

2. 设计条件

设计压力：p = 1.59MPa

设计温度：150℃

工作循环次数：9.5 × 10^5次

水压试验压力循环次数：10次

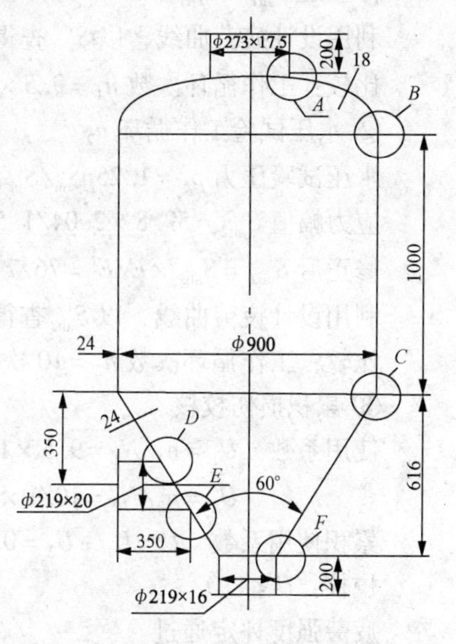

图5.4－1　算例

5.4.2 材料

见表5.4－1。

表5.4－1　材料[取自JB 4732—1995(2005确认)]

部　位	材　料	设计应力强度/MPa		抗拉强度 R_m/MPa	弹性摸量 E^t/MPa
		S_m	S_m^t		
壳体	Q345R(δ = 17～25mm)	188	183	490	2.02 × 10^5
接管	16Mn($\delta \leqslant$ 16mm)	188	183	490	
	(δ = 17～40mm)	188	177		
法兰	16Mn锻件	173	157	450	

5.4.3 确定容器各元件厚度设定值

根据设计条件、元件尺寸、材料，按照JB 4732第7章《承受内压的回转壳》计算确定在静载荷条件下各元件所需壁厚，再根据JB 4732附录C.8《用于开孔疲劳估算的应力指数法》

并考虑焊接的结构要求，初步设定各元件的厚度值，如图5.4－1所示。

管法兰按法兰标准选取，此处计算从略。

5.4.4 疲劳分析

通过对容器的结构分析，可预知在图5.4－1所示圈定的6个截面变化处需要进行应力分析和疲劳强度评定。其中B连接处已满足JB 4732第3.9条关于免除应力分析的条件。因此，首先对其余5处，采用ANSYS有限元计算程序进行应力分析、强度计算与评定。通过评定，初步设定的各元件厚度是满足静载强度要求的。本文中，略去上述整个应力分析、强度计算与评定过程。

最后，进行疲劳强度评定。通过前面的ANSYS有限元程序计算已经得到了各连接处的峰值应力强度。比较得知，其中连接点D处峰值应力强度S_V最大，$S_V = 119.5\text{MPa}$，现以此处进行疲劳强度评定：

① 正常工作循环n_1

应力幅值$S_{alt1} = 0.5 \times 119.5 = 59.8\text{MPa}$

修正后$S'_{alt1} = S_{alt1} \times E/E^t = 59.8 \times 2.1/2.02 = 62.2\text{MPa}$

利用设计疲劳曲线，以S'_{alt1}查得许用循环次数$N_1 = 1.5 \times 10^6$

比较：工作循环次数$n_1 = 9.5 \times 10^5$次$< N_1$

② 水压试验工作循环n_2

水压试验压力$p_T = 1.25pS_m/S^t_m = 1.25 \times 1.59 \times 188/183 = 2.04\text{MPa}$

应力幅值$S_{alt2} = 59.8 \times 2.04/1.59 = 76.7\text{MPa}$

修正后$S'_{alt2} = S_{alt2} \times E/E^t = 76.7 \times 2.1/2.02 = 79.7\text{MPa}$

利用设计疲劳曲线，以S'_{alt2}查得许用循环次数$N_2 = 1 \times 10^6$

比较：工作循环次数$n_2 = 10$次$< N_2$

③ 累积损伤校核

使用系数 $U_1 = n_1/N_1 = 9.5 \times 10^5/1.5 \times 10^6 = 0.63$

$U_2 = n_2/N_2 = 10/1 \times 10^6 = 1 \times 10^{-5}$

累积使用系数 $U = U_1 + U_2 = 0.63$

校核：$U < 1.0$

疲劳强度评定通过。

5.4.5 注意事项

从全部详细计算过程（本文中已略去）可以看出，本容器各处应力水平不均匀，有的地方应力强度与设计应力强度相差较大，因此，可在结构上或是壁厚上根据工程实际做出调整。

以上计算中的壁厚都是指计算壁厚，设计者还应再考虑壁厚附加量，最后形成容器各元件的名义厚度。

参考文献

1 中国大百科全书总编辑委员会. 中国大百科全书——力学. 中国大百科全书出版社，1985

2 JB 4732—1995(2005确认)《钢制压力容器——分析设计标准》

3 余国琮主编. 化工机械工程手册. 化学工业出版社，2003

4 李建国. 压力容器设计的力学基础及其标准应用. 机械工业出版社，2004

第六章　开孔及开孔补强

由于各种工艺需要，在壳体上开孔和安装接管几乎是所有压力容器都不可避免的。但是，开孔不但会削弱容器壳体的强度，而且还会在开孔附近引起应力集中，加上外部管线通过开孔接管上作用在壳体上的各种载荷所产生的应力、温度差造成的温差应力，以及容器材料和焊接缺陷等因素的综合考虑，开孔接管处往往会成为容器的薄弱点。特别是在有交变应力及由腐蚀的情况下，情况会变得更加严重，有可能使开孔处的这些薄弱点成为设备失效的源头。在失效的容器中，破坏源起始于接管处的比例很高。因此分析开孔附近的应力集中并采取适当的补强措施，对保证容器的安全运行是十分必要的。

6.1　符号说明

A——开孔削弱所需要的补强截面积，mm^2；

A_1——壳体有效厚度减去计算厚度之外的多余面积，mm^2；

A_2——接管有效厚度减去计算厚度之外的多余面积，mm^2；

A_3——焊缝金属截面积，mm^2；

A_4——有效补强范围内另加的补强面积(见图6.5－1)，mm^2；

A_e——补强面积，mm^2；

B——补强有效宽度，mm；

C_S——圆筒厚度的附加量，mm；

D——圆筒中面直径，mm；

D_i——圆筒内直径，mm；

D_o——平盖直径，mm；

d——接管中面直径，mm；

d_o——接管外直径，mm；

f_r——强度削弱系数；

h_1——接管外侧有效补强高度，mm；

h_2——接管内侧有效补强高度，mm；

K_1——由椭圆形封头长短轴比值决定的系数，从表6.5－1中查得；

p——设计压力，MPa；

p_c——计算压力，MPa；

R——圆筒中面半径，mm；

R_i——球壳或半球形封头内半径，椭圆形封头当量球面内半径或碟形封头球面内半径，mm；

R_m——钢材标准抗拉强度下限值，MPa；

R_{eL}——钢材标准屈服强度，MPa；

r——接管中面直径，mm；

δ——壳体开孔处的计算厚度，mm；

δ_e——壳体开孔处的有效厚度，mm；

δ_{et}——接管的有效厚度，mm；

δ_{nt}——接管名义厚度，mm；

δ_P——平盖计算厚度(按第三章计算)，mm；

δ_t——接管计算厚度，mm；

φ——焊接接头系数(按 GB 150.1 的规定)；

ρ——开孔系数，$\rho = d/D$；

$[\sigma]^t$——设计温度下壳体材料的许用应力，MPa；

$[\sigma]_t^t$——设计温度下接管材料的许用应力，MPa。

6.2 开孔边缘处的应力集中

6.2.1 平板开小孔的应力集中

由物体的应力实测和有限单元法的计算可以证实，在物体上存在着缺口、小孔洞、沟槽(包括螺蚊)或存在形状突变(如台阶)或者受到刚性约束的条件下，受载后在上述部位附近的应力值较之远离处应力值大得多。这种应力急剧增大的现象称为应力集中。在静载荷作用下，脆性材料制成的零件的应力集中可能导致零件断裂。在交变载荷的条件下，应力集中易于引起疲劳裂纹。在工程实践中，往往采用圆角过渡等方法避免形状突变，以减轻应力集中的程度，防止零件在使用中过早破坏。

在弹性力学和工程设计中，一般采用理论应力集中系数或简称应力集中系数来表征应力集中程度。应力集中系数是应力集中处的局部应力最大值与不存在上述应力集中源的同样物体在同样载荷下的应力之比。

局部应力最大值亦称峰值。无应力集中源试件的应力称为名义应力。对于形状规则的物体，名义应力一般可由材料力学公式计算得到。如图 6.2－1(a)中的 A 点处，其应力峰值是 3σ，而无小孔的无限大平板在同样载荷下的应力值为 σ，则应力集中系数为 3。简单形状物体应力集中系数的精确解可以用弹性力学方法求出。应力集中系数与物体形状(如小孔直径与板宽比等)和加载方式等因素有关。如果由于应力集中现象产生的局部应力超过材料的屈服强度，就有可能引起物体内的应力重新分布，导致实际的最大应力小于由理论应力集中系数算出的值。

实际的压力容器壳体(球壳和圆筒壳)是有一定曲率的，但当壳体开孔直径与壳体直径相比甚小时，可以忽略壳体曲率的影响，近似地将具有一定曲率的壳体视为平板，这样就可以将平板的情况应用于球壳和圆筒壳，从而求得球壳和圆筒壳近似的应力集中系数。图 6.2－1 给出的是在受拉伸无限大平板上开小孔时的边缘应力集中系数。图 6.2－1(b)双向等量拉伸与球壳受内压的情况类似，图 6.2－1(c)双向倍量拉伸正好是圆筒壳受内压的情况。表 6.2－1 列出了图 6.2－1(b)和图 6.2－1(c)开孔边缘各点的应力集中系数 K。

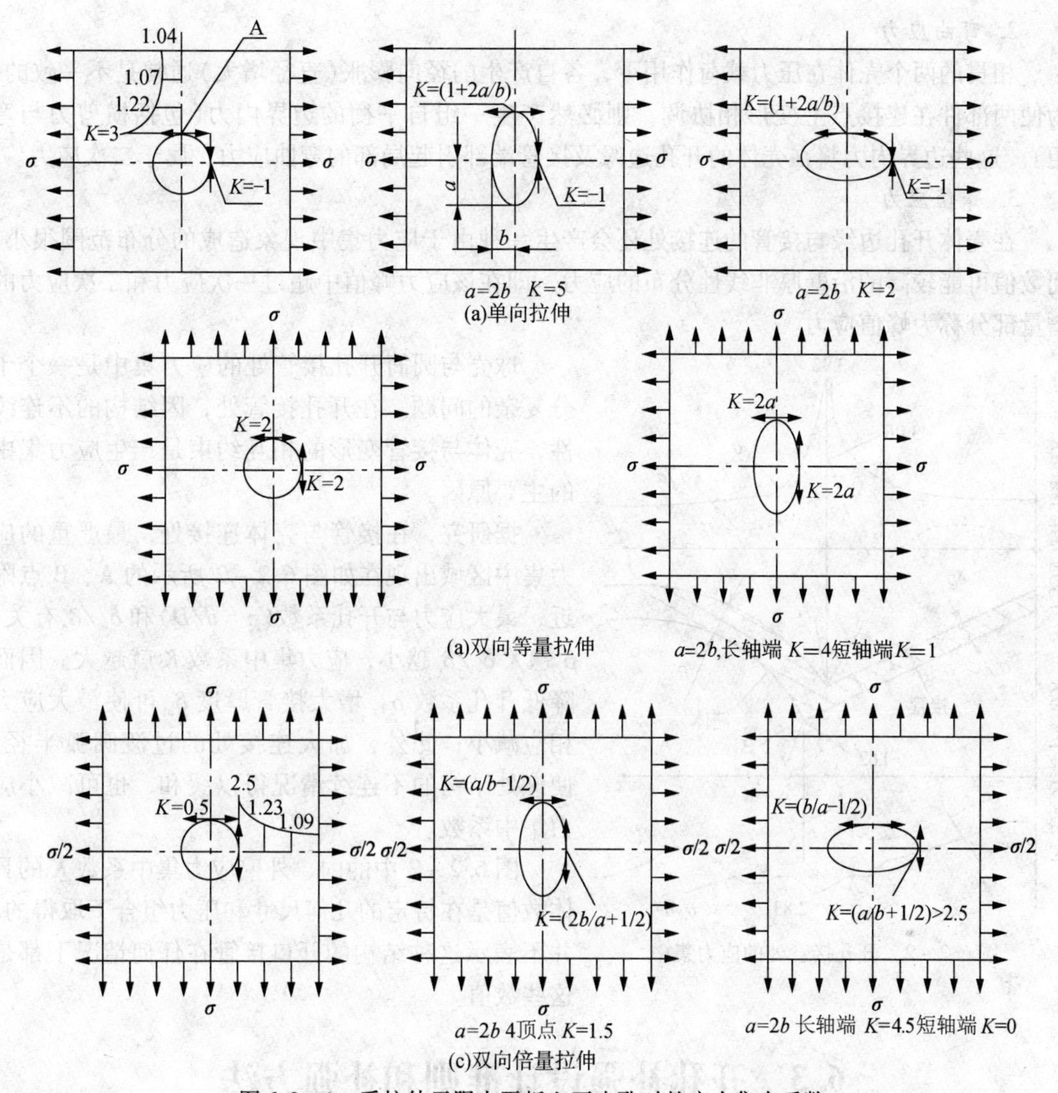

图 6.2-1　受拉伸无限大平板上开小孔时的应力集中系数

表 6.2-1　受拉伸无限大平板上开小孔时的应力集中系数 K

<table>
<tr><th colspan="2" rowspan="2">应　力</th><th rowspan="2">双向等量拉伸</th><th colspan="4">双向倍量拉伸</th></tr>
<tr><th colspan="2">σ 方向</th><th colspan="2">σ/2 方向</th></tr>
<tr><td colspan="2">圆孔</td><td>K=2.0</td><td colspan="2">K=0.5</td><td colspan="2">K=2.5</td></tr>
<tr><td rowspan="2">椭圆孔</td><td>在长轴端点</td><td>K=4.0</td><td rowspan="2">椭圆长轴为 σ 方向</td><td>K=1.5</td><td rowspan="2">椭圆长轴为 σ/2 方向</td><td>K=4.5</td></tr>
<tr><td>在短轴端点</td><td>K=1.0</td><td>K=1.5</td><td>K=0.0</td></tr>
</table>

6.2.2　壳体开孔接管处的应力和应力集中

压力容器壳体开孔以后，一般总需设置接管或人孔等，孔边可引起三种应力：

1. *局部薄膜应力*

压力容器壳体一般承受均匀的薄膜应力，即一次总体薄膜应力。壳体开孔以后，开孔边缘应力分布的特点是应力分布很不均匀。在离开孔边缘较远处，应力几乎没有变化，而增大的应力则集中分布在开孔边缘。由此在孔边引起很大的薄膜应力，即所谓的局部薄膜应力。

2. 弯曲应力

相贯的两个壳体在压力载荷作用下，各自产生的径向膨胀(直径增大)通常是不一致的。为使两部件在连接点上变形相协调，则必然产生一组自平衡的边界内力(包括横剪力与弯矩)。这些边界内力将在壳体的开孔边缘及接管端部引起局部的弯曲应力，属于二次应力。

3. 峰值应力

在壳体开孔边缘与接管的连接处还会产生一种由于应力集中现象造成的分布范围很小，而数值可能较高的沿壁厚非线性分布的应力，即在该应力峰值中超过一次应力和二次应力的增量部分称为峰值应力。

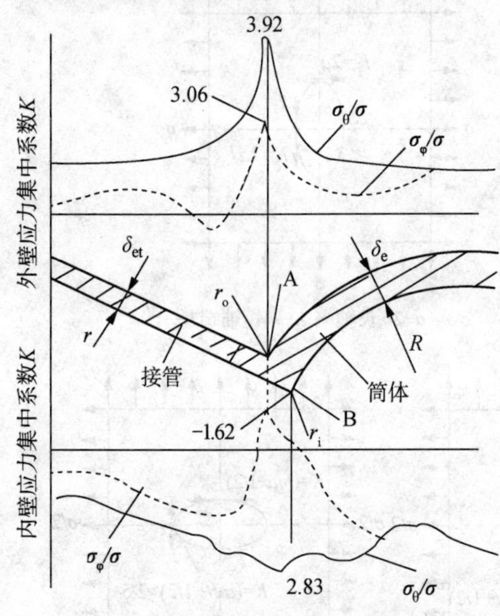

图 6.2-2 开孔接管处的应力集中

球壳与圆筒开孔接管处的应力集中是一个十分复杂的问题。在开孔接管处，因结构的不连续性，壳体与接管变形的相互约束是产生应力集中的主要原因。

据研究，在接管与壳体连接处，最严重的应力集中区域出现在如图 6.2-2 所示的 A、B 点附近，最大应力与开孔系数($\rho=d/D$)和 δ_{et}/δ_e 有关，ρ 越大 δ_{et}/δ_e 越小，应力集中系数 K 就越大。因而降低开孔系数 ρ，增大接管厚度 δ_{et} 可使最大应力相应减小；此外，加大连接处的过渡圆弧半径，使该处结构的不连续情况得以缓和，也可减小应力集中系数。

图 6.2-2 中的内、外壁应力集中系数 K 的具体数值是在特定的几何尺寸和压力组合下取得的，并不表示这种结构的开口接管在任何情况下都是这些数值。

6.3 开孔补强设计准则和补强方法

6.3.1 开孔补强准则

GB 150 认为，壳体开孔边缘存在着三种应力，因性质不同，补强准则也不同：

① 开孔边缘局部薄膜应力补强准则是保障开孔局部截面的静力强度或防止失稳。

对内压壳体来说，补强是保障开孔局部截面的拉伸静力强度，属于拉伸强度补偿。为确保内压壳体开孔局部截面的拉伸强度，从补强角度讲：壳体由于开孔丧失的拉伸承载截面积应在孔边有效补强范围内等面积地进行补偿，俗称等面积补强。

对外压壳体来说，补强是保障开孔截面的压缩稳定性。由于壳体开孔截面丧失稳定致使壳体局部发生弯曲变形(凹陷或凸起)，为防止失稳，补强的实质是保障壳体开孔截面具有足够的抗弯承载能力。在工程实践中折合成补强面积则为：壳体因开孔丧失的为保持稳定所需的承载面积应在孔边有效补强范围内以其一半面积予以补偿。

② 孔边因变形协调产生的弯曲应力，由于属于二次应力，对这种应力的控制和补强准则应从安定性加以考虑。对于一般工业用容器，因在使用寿命中须经历相当次数的压力循环(开停车)，因此对这种补强也是应加以保障的。

③ 孔边的峰值应力，其破坏与疲劳相关联，对于这种应力的控制也即补强应从疲劳强度进行考虑。对于经受频繁压力波动的容器必须对其进行控制。

6.3.2　不另行补强的最大开孔直径

壳体上开孔后的应力集中系数随着开孔系数($\rho = d/D$)的增加而增加。因此，当ρ比较小时，其开孔处最大应力不会太大。此外，一般情况下，壳体的实际厚度总是略大于按强度计算所需要的厚度，这是因为限于钢板或钢管原材料不正好有设计计算所需要的厚度，在设计计算中往往要向上圆整至原材料标准中有的厚度，多余的这部分金属可以挖掘出来作为开孔补强。因此，在符合一定条件的情况下，某些开孔可以不用补强。GB 150 规定，当满足下述全部要求时，可以不另行补强：

① 设计压力$p \leqslant 2.5$MPa；

② 相邻两孔中心的距离(对曲面间距以弧度计算)应不小于两孔直径之和；对于三个或三个以上相邻开孔，任意两孔中心的距离(对曲面间距以弧度计算)应不小于该两孔直径之和的2.5倍；

③ 接管外径小于或等于89mm；

④ 接管壁厚满足表6.3-1的要求；

⑤ 开孔不得位于A、B类焊接接头上。

表6.3-1　接管壁厚　mm

接管外径	25	32	38	45	48	57	65	76	89
接管壁厚	≥3.5			≥4.0		≥5.0		≥6.0	

注：1. 钢材的标准抗拉强度下限值$R_m \geqslant 540$MPa时，壳体与接管的连接宜采用全焊透的结构形式；

2. 表中接管的腐蚀裕量为1mm，需要加大腐蚀裕量时，应相应增加厚度。

6.3.3　开孔补强方法

不同的压力容器规范所采用的补强设计方法有所不同，但用得最多的是等面积补强法。等面积补强法的补强原则是补强金属截面积要等于或大于因开孔而减少的金属截面积，以使得在开孔边缘的应力集中区内，其平均应力不大于未开孔时壳体内的应力，从而维持容器的整体强度。一般情况下，等面积补强法对小直径开孔是安全可靠的，但对薄壁容器开大孔，因壳体曲率的影响，会使开孔边缘的应力状态比平板开孔更为恶化，此时再按等面积补强法进行补强时，其安全性就较开小孔要低得多。

除了等面积补强法以外，还有以根据弹性薄壳理论得到的应力分析法，极限载荷补强法和以安定性分析作为设计基础的安定性分析法等。当采用这些方法时，厚壁管与整体锻件必须与壳体焊成整体，并且必须采用全焊透焊接结构。

1. 开孔补强等面积补强法的适用范围

GB 150 规定：等面积补强法适用于圆筒壳、球壳、凸形封头、锥壳和平封头上的圆形、椭圆形或长圆形开孔。当在壳体上开椭圆形或长圆形开孔时，孔的长径与短径之比不应大于2.0。并另有如下限制：

① 其圆筒内直径$D_i \leqslant 1500$mm时，开孔最大直径$d_{op} \leqslant D_i/2$，且$d_{op} \leqslant 520$mm；当其内直径$D_i > 1500$mm时，开孔最大直径$d_{op} \leqslant D_i/3$，且$d < 1000$mm；

② 凸形封头或球壳的开孔最大直径$d_{op} \leqslant D_i/2$，且开孔位于封头中心80%D_i范围内；

③ 锥壳(或锥形封头)的开孔最大直径$d_{op} \leqslant D_i/3$，此处的D_i是指开孔中心处的锥壳直径。

2. 开孔补强分析法

根据弹性薄壳理论得到的应力分析法，用于内压作用下具有径向接管圆筒的开孔补强设计。GB 150 规定开孔补强分析法的适用范围是：

$d\leqslant 0.9D_i$ 且 $\max[0.5, d/D]\leqslant\delta_{et}/\delta_e\leqslant 2$。

开孔补强等面积法与开孔补强分析法适用的开孔范围的比较见图 6.3－1。

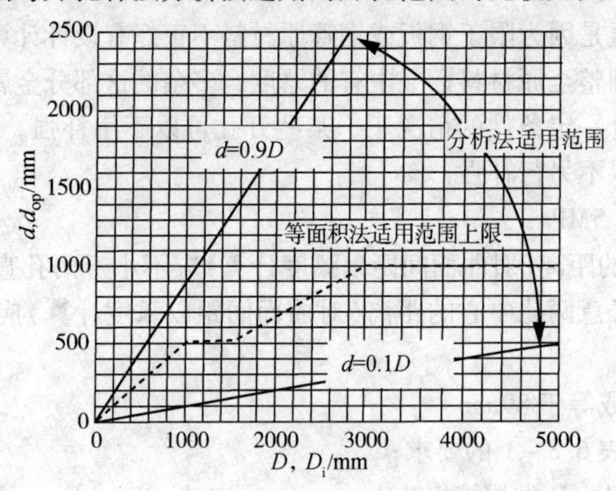

图 6.3－1 圆筒开孔补强分析法与等面积法的适用范围

以下只讨论单个开孔的等面积补强法。

6.4 开孔补强的结构形式

补强结构是指用于补强的金属采用什么样的结构形式与被补强的壳体或接管连成一体，以减小该处的应力集中。

6.4.1 无补强圈的接管

无补强圈的接管与壳体连接，如图 6.4－1 和图 6.4－2 所示。其中图 6.4－1 所示的结构不适用于有急剧温度梯度的场合。图 6.4－2 为全焊透 T 型接头。

6.4.2 带补强圈的接管

带补强圈的接管与壳体连接，如图 6.4－3 所示。补强圈作为补强元件，焊接在壳体与接管连接处，此结构广泛用于中、低压压力容器。补强圈的优点是制造方便、造价低和使用经验成熟。补强圈材料的厚度一般与壳体相同。在制造上应特别注意补强圈要与壳体很好地贴合，使其与壳体同时受力，以起到较好的补强作用。此外，应在补强圈上开一个焊缝检查孔，该检查孔应贯穿补强圈的全厚度并带有 M10 内螺纹，以便焊后通入压缩空气试漏。

补强圈的尺寸已标准化，详见 JB/T 4736《补强圈》，使用时应注意其附加条件。

补强圈补强结构有一些不足：

① 补强区域过于分散，补强效率不高。

② 补强圈和壳体之间存在着一层静止的气隙，传热效率差，容易在壳体与补强圈之间引起较大的温差应力。

③ 补强圈与壳体焊接处，刚度较大，容易在焊缝处出现裂纹，特别是当材料的强度较高时，其焊接裂纹敏感性问题更为突出。此外，因在补强圈外围造成了新的应力集中区，也容易使外围焊缝开裂。

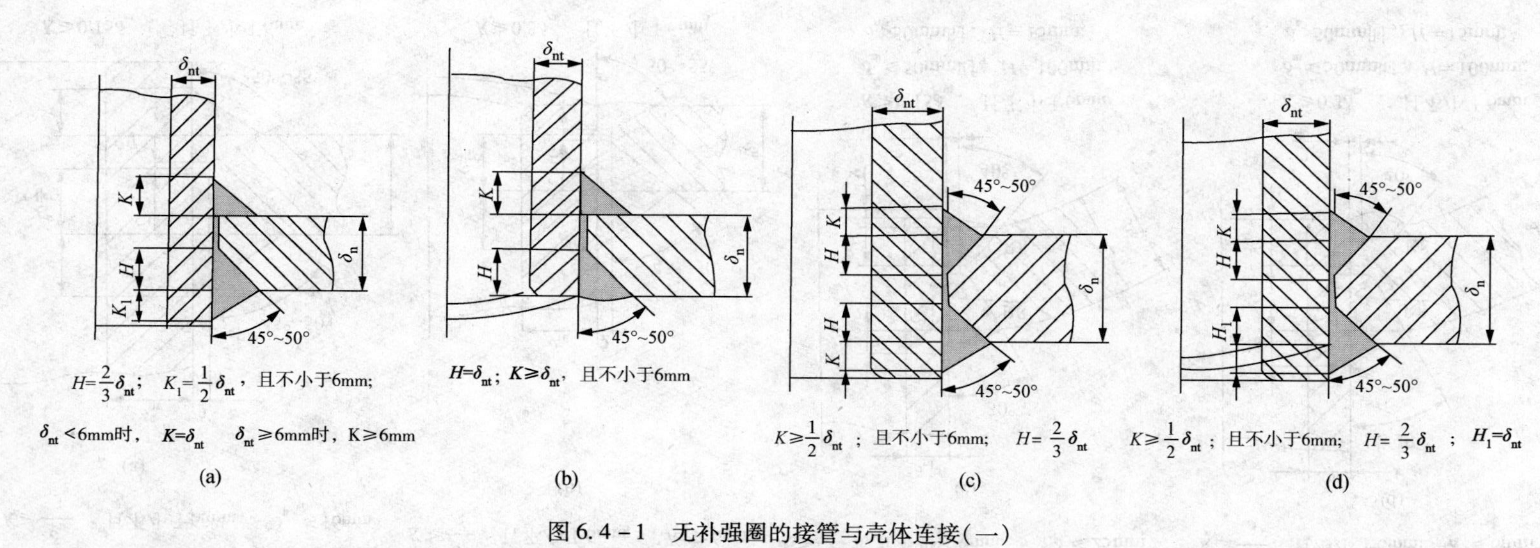

图 6.4－1 无补强圈的接管与壳体连接(一)

注：1. 图(a)、(b)适用于壳体厚度 $\delta_n\leqslant 16$mm 的碳钢和碳锰钢，或 $\delta_n\leqslant 25$mm 的奥氏体钢，并且 $\delta_{nt}<\delta_n/2$。

2. 图(c)、(d)一般适用于 $\delta_{nt}\approx\delta_n/2$，且 $\delta_n\leqslant 50$mm。

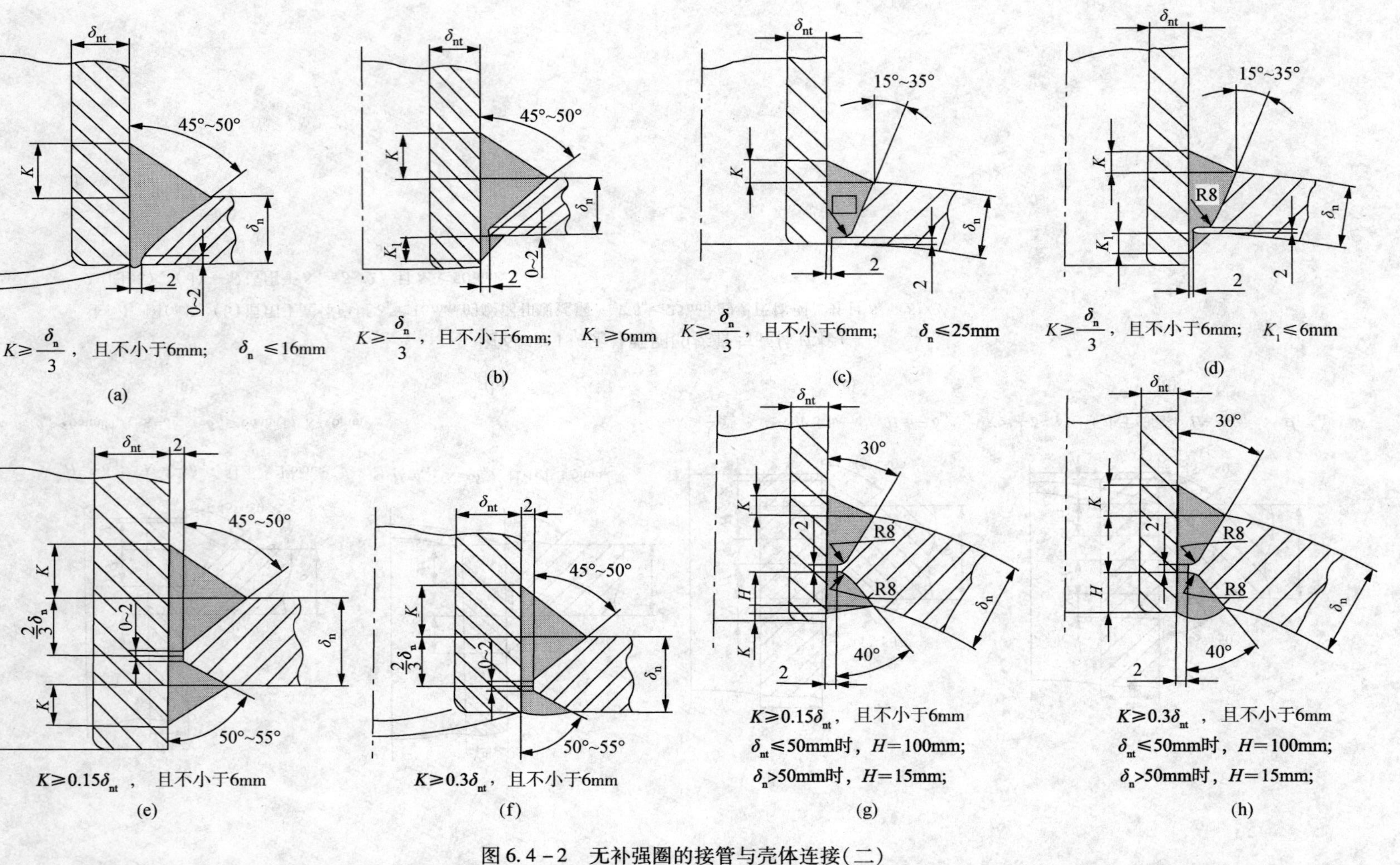

$K \geqslant \frac{\delta_n}{3}$，且不小于6mm；　$\delta_n \leqslant 16mm$

(a)

$K \geqslant \frac{\delta_n}{3}$，且不小于6mm；　$K_1 \geqslant 6mm$

(b)

$K \geqslant \frac{\delta_n}{3}$，且不小于6mm；　$\delta_n \leqslant 25mm$

(c)

$K \geqslant \frac{\delta_n}{3}$，且不小于6mm；　$K_1 \leqslant 6mm$

(d)

$K \geqslant 0.15\delta_{nt}$，　且不小于6mm

(e)

$K \geqslant 0.3\delta_{nt}$，且不小于6mm

(f)

$K \geqslant 0.15\delta_{nt}$，　且不小于6mm

$\delta_{nt} \leqslant 50mm$时，$H=100mm$；

$\delta_n > 50mm$时，$H=15mm$；

(g)

$K \geqslant 0.3\delta_{nt}$　，　且不小于6mm

$\delta_{nt} \leqslant 50mm$时，$H=100mm$；

$\delta_n > 50mm$时，$H=15mm$；

(h)

图 6.4－2　无补强圈的接管与壳体连接(二)

注：1. 插入式接管采用全焊透的连接时，应具备从内侧清根及焊接条件。只有采用保证焊透的焊接工艺时，方可采用如图(a)、(c)所示的单面焊焊缝。

2. 本图所示焊接接头一般适用于 $\delta_{nt} \geqslant \delta_n/2$。

3. 焊接接头有效厚度超过 16mm 时，则应优先选择 T 形坡口形式。

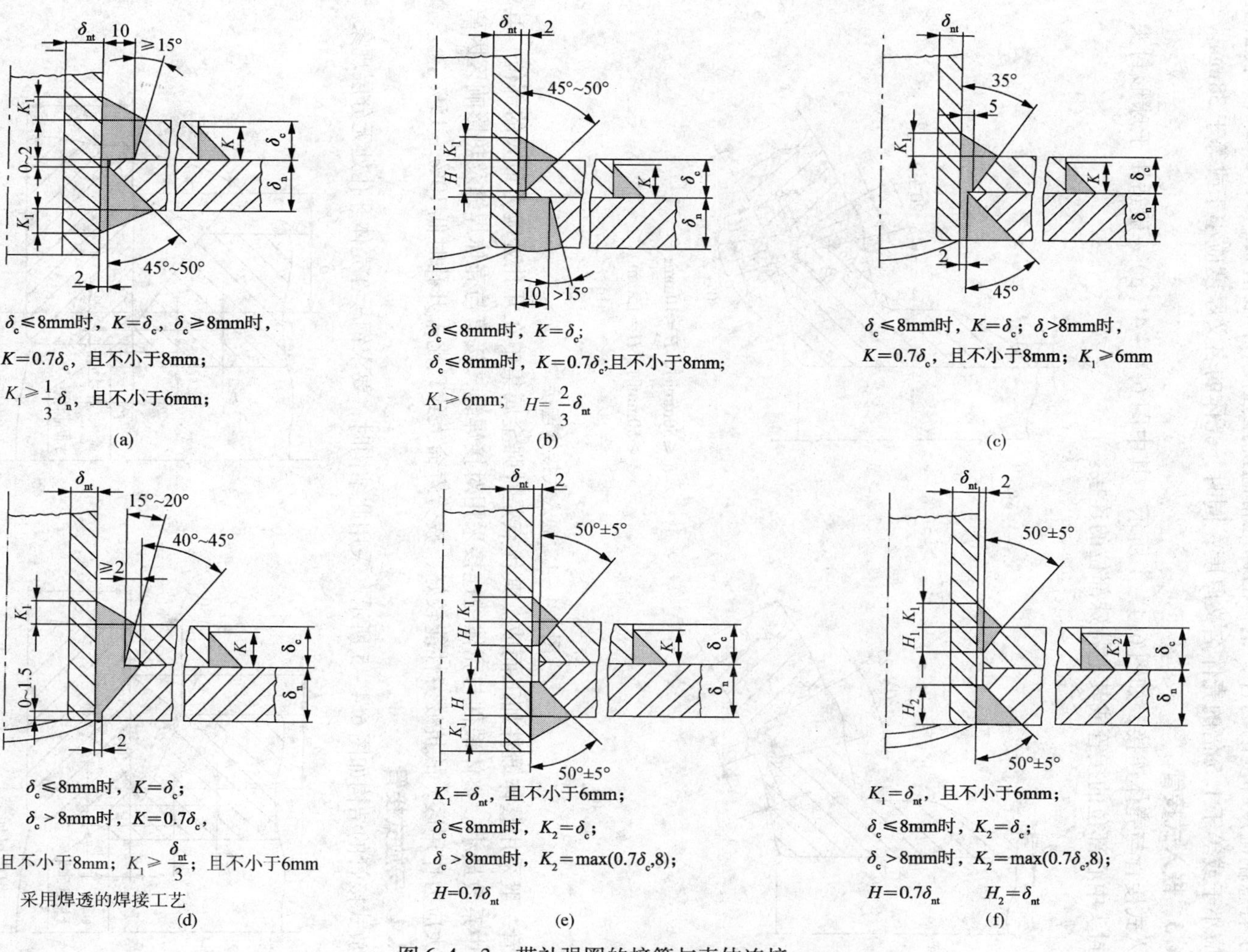

图 6.4－3　带补强圈的接管与壳体连接

注：1. 图(a)、(b)适用于壳体厚度 $\delta_n \leqslant 16mm$ 的碳钢和碳锰钢，或 $\delta_n \leqslant 25mm$ 的奥氏体钢，并且 $\delta_{nt} < \delta_n/2$。

2. 图(c)、(d)一般适用于 $\delta_{nt} \approx \delta_n/2$，且 $\delta_n \leqslant 50mm$。

④ 由于补强圈本身的结构特点，决定了它不可能与接管和壳体形成一个整体，因而抗疲劳性能差，其疲劳寿命比未开孔时要低30%左右，这是补强圈结构的致命缺点。所以，此种结构经常只用于温度和压力不高的容器。GB 150 对采用补强圈结构作了严格的限制：不能用于有急剧温度梯度的场合，钢材的标准常温抗拉强度（下限值）$R_m < 540\text{MPa}$；补强圈的厚度应小于或等于1.5倍的壳体名义厚度；同时，壳体的名义厚度应小于或等于38mm。

6.4.3 嵌入式接管

嵌入式接管与壳体连接，如图6.4-4所示。其中图6.4-4（a）一般适用于球形封头、椭圆形封头中心部位的接管或其他特殊部位的连接。

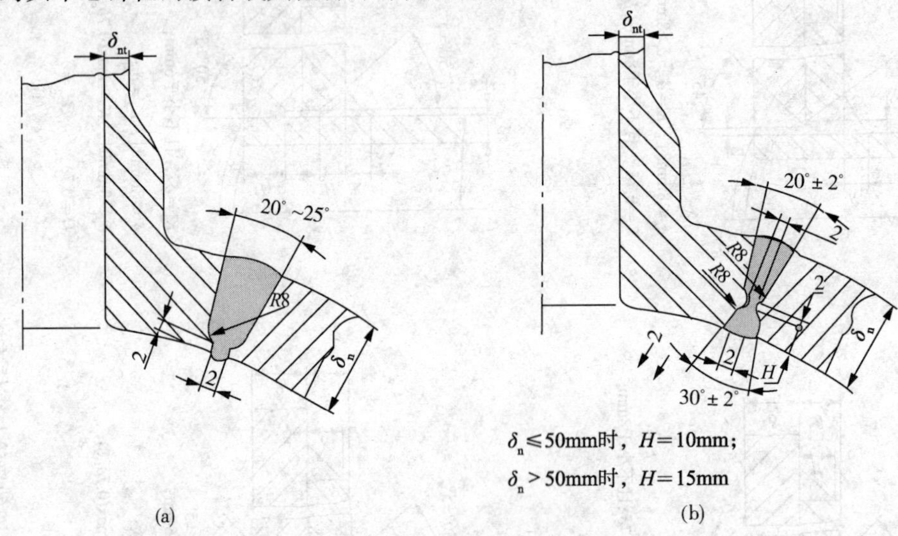

图6.4-4 嵌入式接体连接

接管一般采用整体锻件加工而成。其优点是补强金属集中在开孔处应力最大的部位，其应力集中系数最小。整体锻件与壳体的连接采用对接焊缝，接管与壳体焊缝及热影响区因离开了最大应力作用区，故抗疲劳性能较好，疲劳寿命大致只比未开孔时低10%~15%。

6.4.4 安放式接管

安放式接管的结构如图6.4-5所示。采用此结构时，要求钢板在壳体开孔处无分层现象。

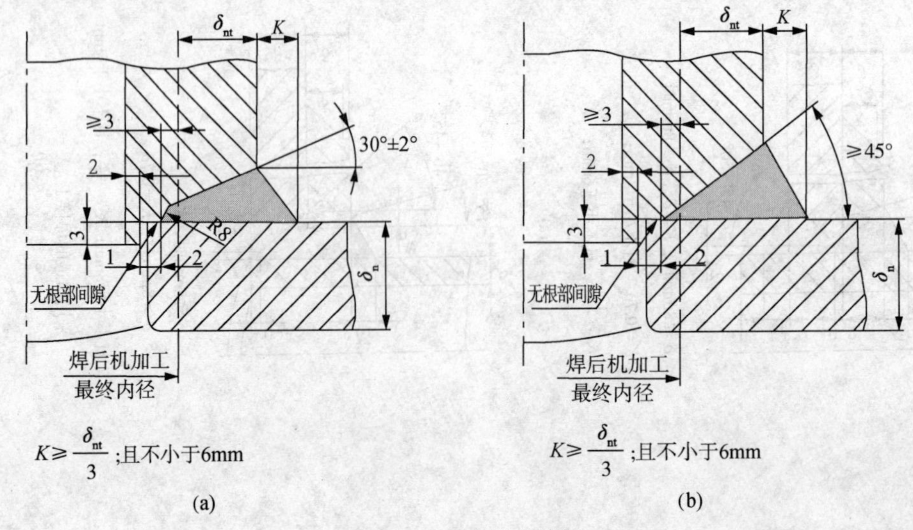

图6.4-5 安放式接管

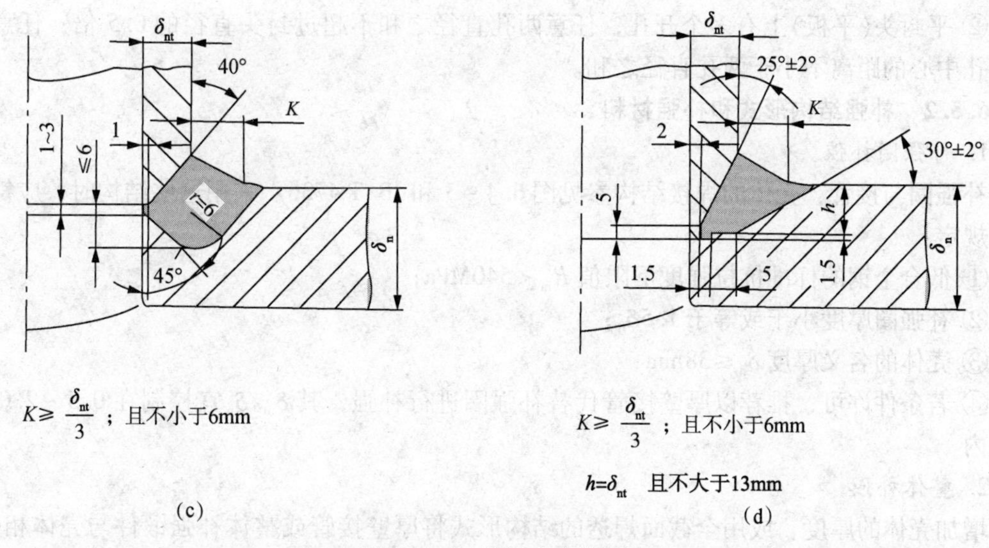

图 6.4－5 安放式接管(续)

注：1. 图(a)、(b)一般用于接管直径与壳体直径之比较小的场合；

2. 图(c) 一般用于接管直径≤100mm；

3. 图(d)一般适用于壳体厚度 $\delta_n\leqslant$16mm 的碳钢和碳锰钢，或 $\delta_n\leqslant$25mm 的奥氏体钢；

对接管内径大于 50mm 并小于或等于 150mm 时，δ_{nt}应大于 6mm；

4. 图(c)、(d) 一般适用于平盖开孔，也可用于筒体上的开孔

6.4.5 对接连接的凸缘

对接接头连接的凸缘如图 6.4－6 所示。

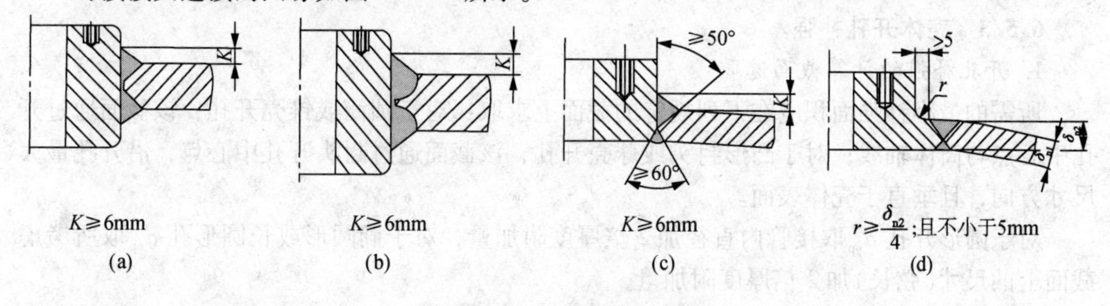

图 6.4－6 对接连接的凸缘

6.4.6 开孔附近的焊接接头

容器上的开孔宜避开容器焊接接头，当开孔通过或邻近焊接接头时，则应保证在开孔中心的 $2d_{op}$范围内的接头不存在有任何超标缺陷。

6.5 单个开孔的等面积补强法

6.5.1 单个开孔的定义

在等面积补强法的适用范围(见 6.3.3 中的 1.)内，满足下列条件的多个开孔均按单个开孔分别设计：

① 壳体上有两个开孔，开孔中心的距离(对曲面距离以弧长计算)不小于两孔直径之和；壳体上有三个或三个以上开孔时，任意两孔中心的距离(对曲面距离以弧长计算)不小于该两孔直径之和的 2 倍。

② 平封头(平板)上有多个开孔，任意两孔直径之和不超过封头直径的 0.5 倍；任意两相邻孔中心的距离不小于两孔直径之和。

6.5.2 补强结构形式和补强材料

1. 补强圈补强

补强圈与接管、壳体的焊接结构参见图 6.4－3 和 JB/T 4736。采用这些结构时，应符合下述规定：

① 低合金钢的标准抗拉强度下限值 $R_m < 540MPa$；

② 补强圈厚度小于或等于 $1.5\delta_n$；

③ 壳体的名义厚度 $\delta_n \leqslant 38mm$；

④ 若条件许可，推荐以厚壁接管代替补强圈进行补强，其 δ_{nt}/δ_n 宜控制在 0.5～2.0 的范围内。

2. 整体补强

增加壳体的厚度，或用全截面焊透的结构形式将厚壁接管或整体补强锻件与壳体相焊。结构可参见图 6.4－2、图 6.4－4～图 6.4.6。

3. 补强材料

补强材料宜与壳体材料相同。若补强材料许用应力小于壳体材料许用应力，则补强面积应按壳体材料与补强材料许用应力之比而增加。若补强材料许用应力大于壳体材料许用应力，则所需补强面积不得减少。

对于接管材料与壳体材料不同时，引入强度削弱系数 $f_r = [\sigma]_t^t/[\sigma]^t$，表示设计温度下接管材料与壳体材料许用应力的比值，当 $f_r > 1.0$ 时，取 $f_r = 1.0$。

6.5.3 壳体开孔补强

1. 开孔补强的计算截面选取

所需的最小补强面积应在下列规定的截面上求取：对于圆筒或锥壳开孔，该截面通过开孔中心点与筒体轴线；对于凸形封头或球壳开孔，该截面通过封头开孔中心点，沿开孔最大尺寸方向，且垂直于壳体表面。

对于圆形开孔 d_{op} 取接管内直径加 2 倍厚度附加量，对于椭圆形或长圆形孔 d_{op} 取所考虑截面上的尺寸(弦长)加 2 倍厚度附加量。

2. 内压容器

壳体开孔所需补强面积按式(6.5－1)计算：

$$A = d_{op}\delta + 2\delta\delta_{et}(1 - f_r) \tag{6.5-1}$$

式中，对安放式接管取 $f_r = 1.0$。

计算厚度 δ。按下述方法确定：

① 对于圆筒或球壳开孔，为开孔处的壳体计算厚度；

② 对于锥壳(或锥形封头)开孔，由式(3.3－9)计算，式中 D_c 取开孔中心处锥壳内直径；

③ 若开孔位于椭圆形封头中心 80% 直径范围内，δ 按式(6.5－2)计算，否则按式(3.3－2)计算。

$$\delta = \frac{p_c K_1 D_i}{2[\sigma]^t\varphi - 0.5p_c} \tag{6.5-2}$$

式中，K_1 为由椭圆形封头长短轴比值决定的系数，其取值见表 6.5－1。

表6.5-1　由椭圆形封头长短轴比值决定的系数　mm

$\frac{D_o}{2h_o}$	2.6	2.4	2.2	2.0	1.8	1.6	1.4	1.2	1.0
K_1	1.18	1.08	0.99	0.90	0.81	0.73	0.65	0.57	0.50

注：1. 中间值用内插法求得；
2. $K_1=0.9$ 为标准椭圆形封头；
3. $h_o=h_i+\delta_{nh}$。

④ 若开孔位于碟形封头球面部分内，δ 按式(6.5-3)计算，否则按式(3.3-5)计算。

$$\delta=\frac{p_c R_i}{2[\sigma]^t\varphi-0.5p_c} \tag{6.5-3}$$

3. 外压容器

壳体开孔所需要的面积按式(6.5-4)计算：

$$A=0.5[d_{op}\delta+2\delta\delta_{et}(1-f_r)] \tag{6.5-4}$$

式中，对安放式接管取 $f_r=1.0$。

4. 容器存在内压与外压两种设计工况时

开孔所需补强面积应同时满足6.5.3中2. 和3. 的要求。

6.5.4　平盖开孔补强

1. 平盖开单个孔，且开孔直径 $d_{op}\leqslant 0.5D_o$（D_o 取平盖计算直径，对非圆形平盖取短轴长度）时，所需最小补强面积按式(6.5-5)计算：

$$A=0.5d_{op}\delta_p \tag{6.5-5}$$

2. 平盖开单个孔，且开孔直径 $d_{op}>0.5D_o$ 时，其设计计算按GB 150.3—2011 6.5节的要求。

6.5.5　有效补强范围及补强面积

计算开孔补强时，有效补强范围及补强面积按图6.5-1中矩形 *WXYZ* 范围确定。

1. 有效补强范围

① 有效宽度 B 按式(6.5-6)计算，取二者中较大值。

$$B=\begin{cases}2d_{op}\\ d_{op}+2\delta_n+2\delta_{nt}\end{cases} \tag{6.5-6}$$

② 有效高度按式(6.5-7)和式(6.5-8)计算，分别取式中较小值。

外伸接管有效补强高度：

$$h_1=\begin{cases}\sqrt{d_{op}\delta_{nt}}\\ \text{接管实际外伸高度}\end{cases} \tag{6.5-7}$$

内伸接管有效补强高度：

$$h_2=\begin{cases}\sqrt{d_{op}\delta_{nt}}\\ \text{接管实际内伸高度}\end{cases} \tag{6.5-8}$$

2. 补强面积

在有效补强范围内，可作为补强的截面积按式(6.5-9)计算。

$$A_e=A_1+A_2+A_3 \tag{6.5-9}$$

A_1 按式(6.5-10)计算：

$$A_1=(B-d_{op})(\delta_e-\delta)-2\delta_{et}(\delta_e-\delta)(1-f_r) \tag{6.5-10}$$

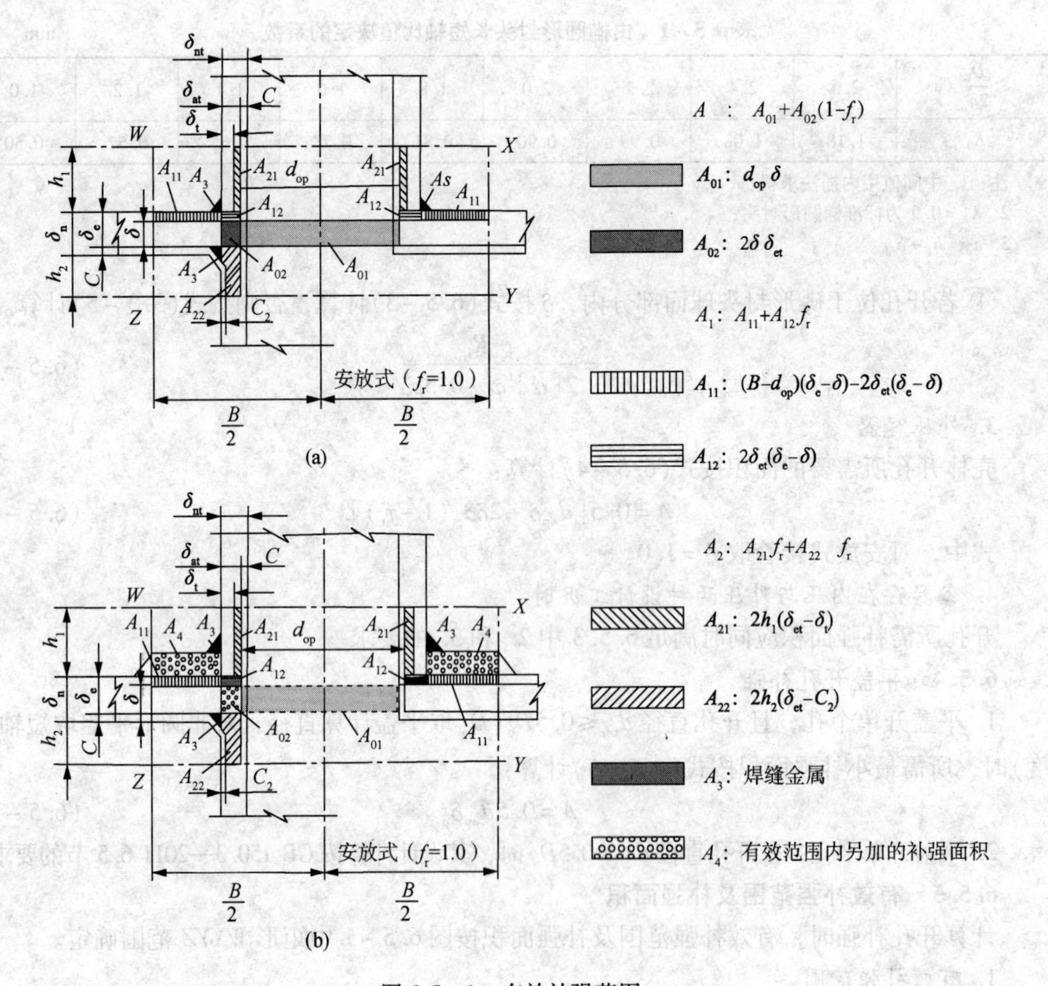

图 6.5－1　有效补强范围

式中，对安放式接管取 $f_r = 1.0$。

A_2 按式(6.5－11)计算：

$$A_2 = 2h_1(\delta_{et} - \delta_t)f_r + 2h_2(\delta_{et} - c_2)f_r \tag{6.5－11}$$

A_3 见图 6.5－1。

若 $A_e \geqslant A$，则开孔不需另加补强；

若 $A_e < A$，则开孔需另加补强，其另加补强面积按式(6.5－12)计算：

$$A_4 \geqslant A - A_e \tag{6.5－12}$$

第七章 法兰连接的设计计算

7.1 螺栓法兰连接的工作原理

石油化工设备的可拆连接形式很多，如螺纹连接、承插式连接和法兰连接等，其中以装拆比较方便的法兰连接用得最普遍。据统计仅一座年产 250×10^4t 的炼油厂，法兰连接总数达20万个以上。法兰连接由法兰对、垫片和螺栓组成，借助螺栓紧固力把两部分设备连在一起，同时压紧垫片，使连接处达到密封(图7.1－1)，因此法兰螺栓垫片作为一个整体也称螺栓法兰连接。

法兰连接的失效主要表现为泄漏。对于法兰连接不仅要确保螺栓法兰各零件有一定的强度，而最基本的要求是在工作条件下，螺栓法兰整个系统有足够的刚度，控制容器内物料向外或向内(在真空或减压条件下)的泄漏量在工艺和环境允许的范围内，即达到紧密不漏。泄漏的机理比较复杂，引起泄漏的因素很多，包括设计、制造、安装和使用等各个方面。

法兰通过紧固螺栓压紧垫片实现密封。一般来说，流体在垫片处的泄漏以两种形式出现，即所谓“渗透泄漏”和“界面泄漏”，如图7.1－2所示。渗透泄漏是流体通过垫片材料本体毛细管的泄漏，故除了介质压力、温度、黏度、分子结构等流体状态性质外，主要与垫片的结构与材质有关；而界面泄漏是流体从垫片与法兰接触界面泄漏，泄漏量大小主要与界面间隙有关。由于加工后的法兰压紧面总会存在凹凸不平的间隙，如果压紧力不够，界面泄漏即是法兰连接的主要泄漏通道。

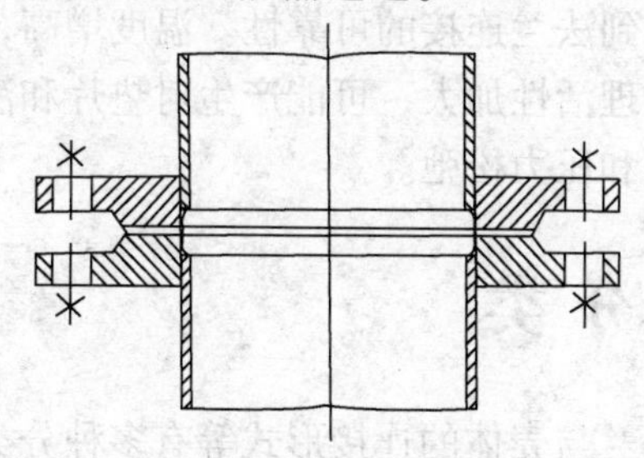

图7.1－1 法兰的连接

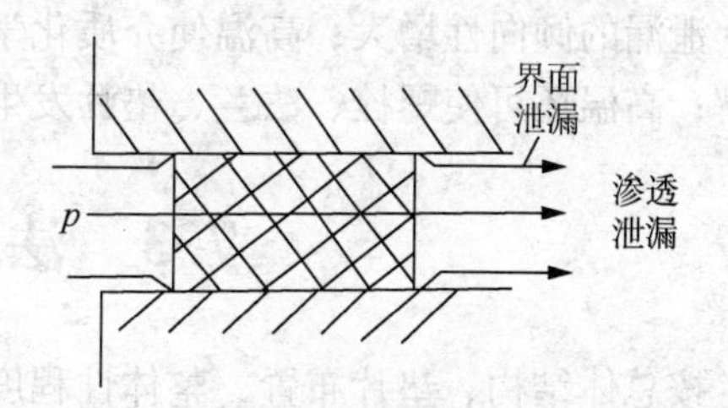

图7.1－2 界面泄漏与渗透泄漏

法兰密封的工作原理可以简述如下：

预紧螺栓时，螺栓力通过法兰压紧面作用到垫片上，使垫片发生弹性或塑性变形，以填满法兰压紧面上的不平间隙，从而阻止流体泄漏。显然，初始压紧力的大小受垫片材料和结构形式以及压紧面加工粗糙度的影响。压紧力过小，垫片压不紧不能阻漏；压紧力过大，往往使垫片压出或损坏。当设备操作时，由于内压作用，在容器或管道端部轴向力的作用下，螺栓被拉长，法兰压紧面趋向分开，垫片产生部分回弹，这时压紧面上的压紧力下降，如果垫片与压紧面之间没有残留足够的压紧力，就不能封住流体，即密封失效。

7.2 影响密封的主要因素

1. 螺栓预紧力

预紧力是影响密封的一个重要因素。适当的预紧力可保证垫片在工作时还可保留一定的密封比压，也不会把垫片压坏或挤出而破坏密封。预紧力在垫片上的分布也影响密封性能，保证预紧力分布均匀的方法是在满足紧固和拆卸螺栓所需空间的情况下，增加螺栓个数。

2. 垫片性能

垫片是构成密封的重要元件。要求垫片在适当的预紧力作用下既能产生必需的弹性变形，又不致被压坏或挤出；工作时法兰密封面的距离被拉大，垫片材料又应具有足够的回弹能力，使垫片表面与法兰面紧密接触，以继续保持良好的密封性能；选用垫片材料时还应考虑工作介质和工作温度。垫片的宽度也是影响密封的一个重要因素，垫片越宽，所需的预紧力就越大，从而螺栓及法兰的尺寸也要求越大。

3. 法兰密封面特征

法兰密封面的形式和表面性能对密封效果的影响起到至关重要的作用。为保证法兰密封面与垫片紧密接触，密封要求更高的场合则采用凹凸面榫槽面。法兰密封面的平直度、密封面与法兰中心的垂直度直接影响到垫片的受力均匀程度和垫片与法兰的良好接触。法兰密封面的粗糙度应与垫片的要求相配合，表面不允许有径向刀痕或划痕，更不允许存在表面裂纹。

4. 法兰刚度

刚度不足会使法兰产生过大翘曲变形，导致密封失效。这也是法兰密封失效的主要原因。影响法兰刚度的因素很多，其中增加法兰厚度，增大法兰盘外径等方法都可提高法兰刚度，减少变形，使螺栓力均匀传递给垫片，获得均匀和足够的密封比压，可提高密封性能。减少螺栓力作用的力臂，能减小法兰弯矩，有利于密封。

5. 操作条件的影响

操作温度、压力和介质的化学物理性能也影响到法兰连接的可靠性。温度增高，介质黏度变小，泄漏的倾向性增大；高温使介质化学和物理活性加大，可能产生对垫片和法兰的腐蚀和溶解；高温还可使螺栓、法兰、垫片发生蠕变和压力松弛。

7.3 法 兰 分 类

法兰按总体结构、垫片布置、整体性程度、法兰与壳体的连接形式等有多种分类方式。

1. 按介质的压力方向分类

与内压容器或管道连接的法兰，称为内压法兰，反之为外压法兰。

2. 按总体结构分类

根据法兰环与筒体的相对位置，法兰可分为一般法兰和反向法兰两种。

(1) 一般法兰

一般法兰指法兰环位于筒体(或接管)外侧，绝大多数法兰属于此类。

(2) 反向法兰(Reverse flange)

反向法兰是指法兰环位于筒体内侧。此类法兰是平封头开大孔，且直接采用螺栓垫片连接的一种特殊结构。

3. 按法兰盘的形状分类

除最常见的圆形法兰外，还有方形、椭圆形(图 7.3－1)以及特种形状的法兰，法兰的形状主要取决于被连接件的形状，有时为了使结构简单紧凑或受力均匀，在圆形管道上采用方形法兰或椭圆形法兰，如在常压简易玻璃管液面计或转子流量计上就能见到这种法兰。

4. 按法兰接触面宽窄分类

(1) 窄面法兰

垫片仅在螺栓圆范围内相互接触的法兰称窄面法兰，如图 7.3－2(a)所示。

(2) 宽面法兰

在螺栓圆内和在螺栓圆外通过垫片(或不通过垫片)都相互接触的法兰称宽面法兰，如图 7.3－2(b)所示。

宽面法兰仅用于低压、一般介质的场合。

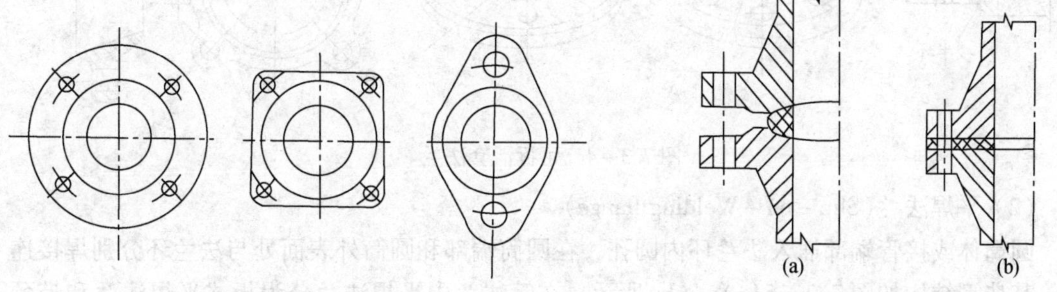

图 7.3－1　常见法兰形式　　　图 7.3－2　宽窄面法兰结构示意

5. 按整体性程度分类

从计算角度出发，考虑组成法兰的整体性程度，法兰可分为三类：

(1) 松式法兰(Loose type flange)

松式法兰指法兰环未能有效地与筒体(或接管)连接成为整体的法兰，不具有整体连接的结构强度。活套法兰、螺纹法兰、一般角焊缝连接的平焊法兰都属于松式法兰。

(2) 整体法兰(Integral type flange)

整体法兰的法兰环与筒体(或接管)、锥颈三者能有效地连接成一整体结构，共同承受法兰力矩的作用。

(3) 任意式法兰(Optional type flange)

任意式法兰是指一类平焊法兰，其计算应按整体法兰进行，但当符合一定条件时(见 GB 150)为简化起见可按活套法兰计算。

6. 按法兰环与筒体的连接结构分类

根据法兰环与筒体(或接管)的连接结构可分为活套法兰、平焊法兰、承插焊法兰、高颈对焊法兰和螺纹法兰等多种。

(1) 活套法兰(lapped flange)

法兰环不与筒体、封头或管段连成一体，它可以套在翻边上，也可以套在焊环上。这种法兰连接的刚性较差，一般只用于压力较低的场合。但它可以采用与设备或管段不同的材料制造。法兰环可以是板式的，也可以是带颈的，见图 7.3－3；也可以是可拆结构的，见图 7.3－4。

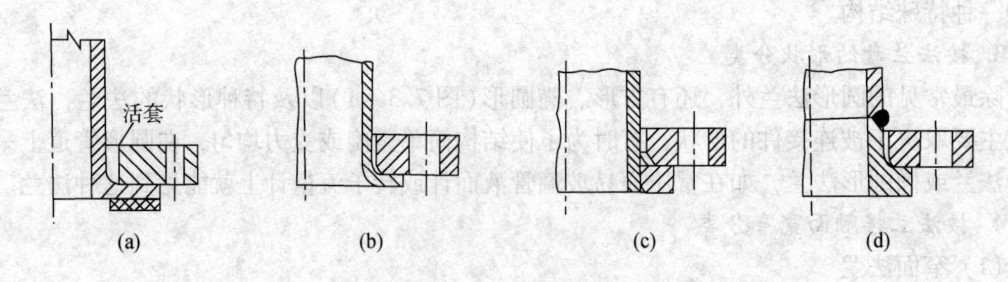

图 7.3－3　活套法兰

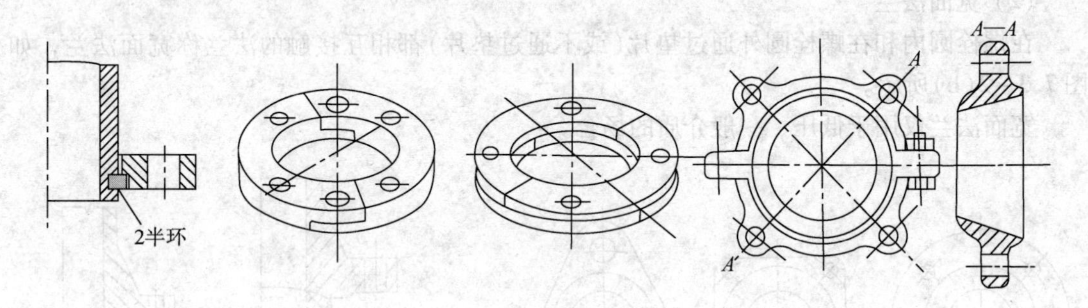

图 7.3－4　可拆活套法兰

(2) 平焊法兰(Slip－on－Welding flange)

圆筒体或接管端部插入法兰环内圆孔，在圆筒端部和圆筒外表面处与法兰环分别焊接连接，其典型结构如图 7.3－5(a)、(b)所示。在管法兰中平焊法兰分为板式平焊法兰和带颈平焊法兰两种。

我国压力容器法兰标准中的甲型平焊法兰和乙型平焊法兰是一种承插结构的平焊法兰，如图 7.3－5(c)。

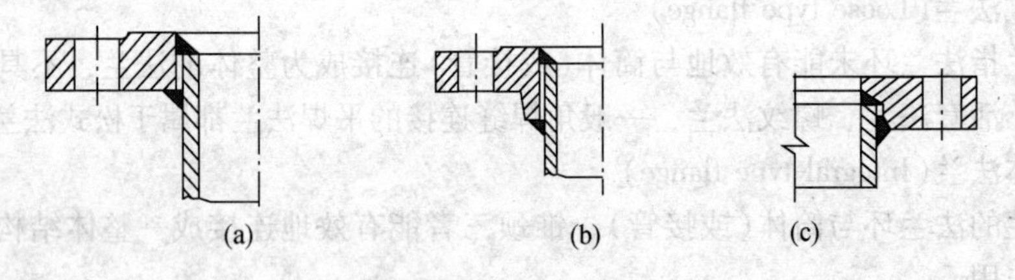

图 7.3－5　平焊法兰

(3) 承插焊法兰(Socket－Welding flange)

法兰环仅与接管外壁采用角焊缝连接(见图 7.3－6)。此种法兰仅用于小直径(≤3in)的管道上。

(4) 高(长)颈对焊法兰(Welding neck flange)

高(长)颈对焊法兰与筒体(或接管)采用对接接头连接，如图 7.3－7 所示。高颈对焊法兰又称高颈法兰，因其刚性好，强度高，所以适用于压力、温度较高和设备直径较大的场合。

(5) 螺纹法兰(threaded flange)

法兰与接管采用螺纹连接，见图 7.3－8。

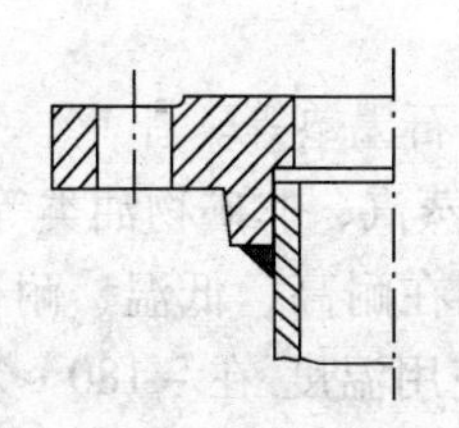

图 7.3－6 承插焊法兰

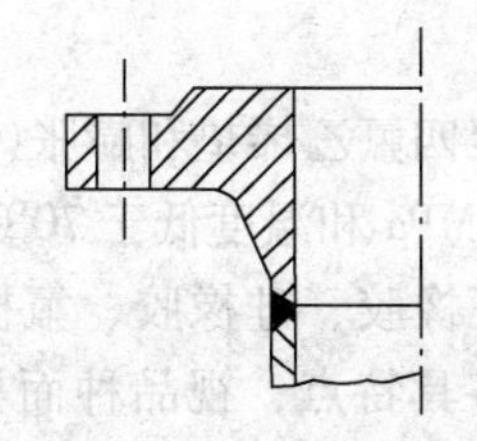

图 7.3－7 高(长)颈对焊法兰

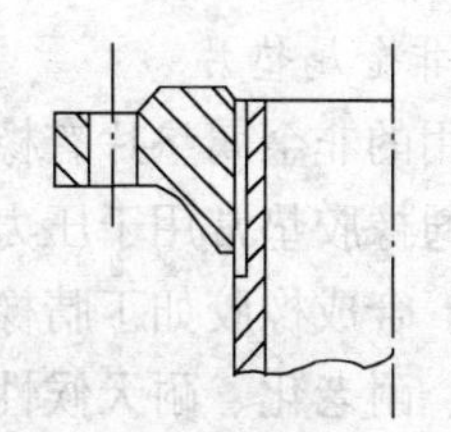

图 7.3－8 螺纹法兰

7.4 法兰密封面的形式

常用的法兰密封面形式有突平面、凹凸面、榫槽面和环面四种。如图 7.4－1 所示。

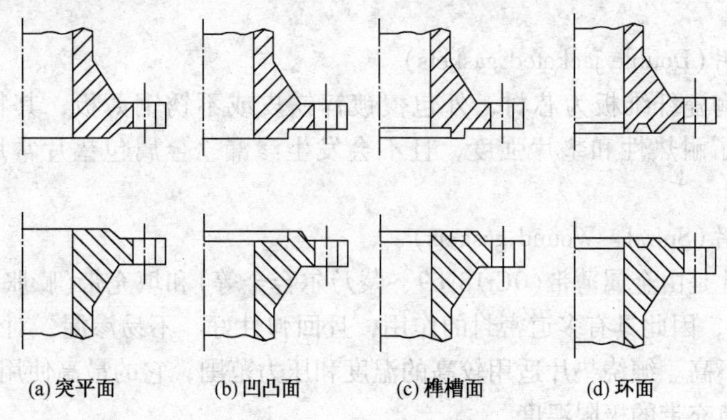

图 7.4－1 密封面型式

1. 突平面(raised seal face)

突平面(平面)是由相对突起的一对平面组成的密封面，见图 7.4－1(a)。

此密封面结构简单、制造方便，但密封性能相对较差，用于较低压力的场合。

2. 凹凸面(male－female seal face)

凹凸面是由一对相配合的凹面和凸面组成的密封面，见图 7.4－1(b)。

此密封面便于安装时垫片对中，垫片不会被挤出密封面，密封性能优于平面。适用于压力较高或介质为易燃、易爆、有毒的场合。

3. 榫槽面(tongue－groove seal face)

榫槽面是由一对相配合的榫面和槽面组成的密封面，见图 7.4－1(c)。

密封垫片较窄，易被压紧，密封性好。适用于压力较高，介质易燃、易爆、有毒的场合。但更换垫片困难，装配时应注意保护好密封榫面。

4. 环面(ring joint)

环面是由一对相配合的环面组成的密封面，见图 7.4－1(d)。这种密封面适合配用金属环垫片。金属环可以是八角形或椭圆形等。这种密封面在工作时，槽的锥面和垫片成线或窄面接触，因此密封可靠，适用于温度、压力较高或有波动、介质渗透性较强的场合。

7.5 垫片的种类

常用的垫片有非金属平垫、金属包垫、缠绕式垫片和实心金属垫等多种。

1. 非金属垫片

常用的非金属垫片有橡胶垫、聚四氟乙烯垫和膨胀(或柔性)石墨垫等。

普通橡胶垫常用于压力低于0.6MPa和温度低于70℃的水、蒸汽、非矿物油类等无腐蚀性介质。合成橡胶如丁腈橡胶、氯丁橡胶、硅橡胶、氟橡胶等则在耐高、低温、耐化学性、耐油性、耐老化、耐天候性等方面各具特点，视品种而异。当使用温度 在 -180 ~230℃范围内，使用压力不超过2.0MPa，纯或填充聚四氟乙烯(PTFE)垫是理想的选择，后者因具有抵抗蠕变性能，可适用于较高工作参数。

由于石棉对人体健康有害，近年迅速发展起来的膨胀(柔性)石墨材料垫片已逐渐成为一种石棉替代物，具有耐高温、耐腐蚀、低密度、优良的压缩回弹和密封性能，在蒸汽场合用到650℃、氧化性介质为450℃，采用金属衬里增强时使用压力也已用到10MPa。

2. 金属包垫片(Double jacketed gaskets)

膨胀石墨、陶瓷纤维板为芯材，外包覆镀锌铁皮或不锈钢薄板，其特点是填料不与介质接触，提高了耐热性和垫片强度，且不会发生渗漏。金属包垫片常用于中低压和较高温度。

3. 缠绕式垫片(Spiral - Wound gaskets)

金属缠绕垫片是由金属薄带(0Cr18Ni9、蒙乃尔合金等)和填充带(膨胀石墨、聚四氟乙烯)相间缠绕而成，因此具有多道密封的作用，且回弹性好，不易渗漏，对压紧面表面质量和尺寸精度要求不高。缠绕垫片适用较高的温度和压力范围，它的最高使用温度取决于所用的钢带与非金属填充带的极限温度。

4. 金属垫

当压力、温度较高时，多采用金属垫片或垫圈。常用的金属垫材料有软铝、钢、纯铁、软钢(08、10号钢)铬钢(0Cr13)和不锈钢(0Cr18Ni9、00Cr17Ni14Mo2)等，其断面形状有平面形、波纹形、齿形、椭圆形和八角形等。其中八角垫和椭圆垫属于线接触或接近线接触密封，并且有一定的径向自紧作用，密封可靠，可以重复使用，因此用于高温($t=240\sim600$℃)、高压($p=2.5\sim4.2$MPa)的设备和管路上，然而对压紧面的加工质量和精度要求较高，制造成本也较贵。金属垫片的最高使用温度取决于它的材料。

5. 其他形式垫片

带骨架的非金属垫片是以冲孔金属薄板或金属丝为骨架的膨胀石墨垫片。目的是增强非金属垫片的抗挤压强度，改善了回弹性能和密封性能，得到推广应用。

7.6 螺栓法兰连接的设计内容

保证螺栓法兰连接的密封可靠性是法兰连接设计的首要任务，但是至今尚未把泄漏作为设计准则付诸实用，其中关键是作为反映整个螺栓法兰连接密封优劣的垫片性能异常复杂，还缺乏足够的试验数据和规律性的数学描述，因此目前国内外多数规范中法兰设计的方法基本上仍从强度考虑，即控制法兰中的应力值作为设计依据。显然在实际中几乎没有出现因法兰强度破坏而造成泄漏，说明这种近似方法实际上也反映了一定程度的刚度要求，在使用中一般是成功的，经受了长期生产实践的考验。

法兰的设计方法最有代表性的是Waters法，长期大量实践证明该法设计的法兰一般情况下能得到较满意的使用效果，因此为国内外许多容器标准所采用。然而螺栓法兰连接设计涉及十余个设计变量，且对整个连接设计均有较大影响，因此合理的法兰连接设计具有十分重要的意义。一般包括以下设计内容和步骤：

① 确定垫片材料、形式及尺寸；

② 确定螺栓材料、规格及数量；

③ 确定法兰材料、密封面形式及结构尺寸；

④ 进行应力校核。

7.7 垫片的选择

要保证法兰连接的密封性，正确选用垫片是法兰连接设计的重要内容，垫片的选用主要依据为介质的腐蚀性、温度和压力，同时考虑价格、制造和更换等因素。作为压力容器，法兰垫片的选用如表 7.7－1 所示。

表 7.7－1 法兰垫片的选用

介质	公称压力/MPa	工作温度/℃	法兰形式	密封面	垫片		备注
					形式	材料	
油品、油气、溶剂、石油化工原料及产品	≤1.6	≤200	甲、乙型平焊	光（凹凸）	耐油垫、四氟垫	聚四氟乙烯板	当介质为易燃、易爆、有毒或强渗透性时，应采用凹凸面法兰
		201～250	长颈对焊	光（凹凸）	缠绕垫、金属包垫、柔性石墨复合垫	0Cr13（0Cr18Ni9）钢带＋石墨、铁皮（铝皮）＋石墨＋金属骨架（Cr13、0Cr18Ni9）	
	2.5	≤200	乙型平焊	光（凹凸）	耐油垫、缠绕垫、金属包垫、柔性石墨复合垫	0Cr13（0Cr18Ni9）钢带＋石墨、铁皮（铝皮）＋石墨＋金属骨架（Cr13、0Cr18Ni9）	
		201～450	长颈对焊	光（凹凸）	缠绕垫、金属包垫、柔性石墨复合垫	0Cr13（0Cr18Ni9）钢带＋石墨、铁皮（铝皮）＋石墨＋金属骨架（Cr13、0Cr18Ni9）	
	4.0	≤40	长颈对焊	凹 凸	缠绕垫、柔性石墨复合垫	0Cr13（0Cr18Ni9）钢带＋石墨＋金属骨架（Cr13、0Cr18Ni9）	
		41～450	长颈对焊	凹 凸	缠绕垫、金属包垫、柔性石墨复合垫	0Cr13（0Cr18Ni9）钢带＋石墨、铁皮（铝皮）＋石墨＋金属骨架（Cr13、0Cr18Ni9）	
	6.4	≤450	长颈对焊	光（凹凸）	缠绕垫、金属包垫	0Cr13（0Cr18Ni9）钢带＋石墨、铁皮（铝皮）	
				梯形槽	金属环垫	0Cr13、0Cr18Ni9、10	
氢气、氢气与油品混合气	4.0	≤450	长颈对焊	凹 凸	缠绕垫、金属包垫、柔性石墨复合垫	0Cr13（0Cr18Ni9）钢带＋石墨、铁皮（铝皮）＋石墨＋金属骨架（Cr13、0Cr18Ni9）	
	6.4	≤450	长颈对焊	梯形槽	金属环垫	10、0Cr13、0Cr18Ni9、0Cr17Ni12Mo2	
氨	2.5	≤150	乙型平焊	凹 凸	平垫		
压缩空气	1.6	≤150	甲、乙型平焊	光 滑	平垫		
惰性气体	1.6	≤150	甲、乙型平焊	光 滑	平垫		
	4.0	≤60	长颈对焊	凹 凸	缠绕垫、柔性石墨复合垫	Cr13（0Cr18Ni9）钢带＋石墨＋金属骨架（Cr13、0Cr18Ni9）	
	6.4	≤60	长颈对焊	凹 凸	缠绕垫	Cr13（0Cr18Ni9）钢带＋石墨	

续表 7.7－1

介质		公称压力/MPa	工作温度/℃	法兰形式	密封面	垫片		备注
						形式	材料	
蒸汽	0.3	1.0	≤200	甲、乙型平焊	光滑	平垫		
	1.0	1.6	≤280	甲、乙型平焊	光滑	缠绕垫、柔性石墨复合垫	Cr13(0Cr18Ni9)钢带＋石墨＋金属骨架(Cr13、0Cr18Ni9)	
	3.5	6.4	≤450	长颈对焊	凹凸	缠绕垫、金属包垫	Cr13(0Cr18Ni9)钢带＋石墨、10(Cr13、0Cr18Ni9)	
					梯形槽	金属环垫	10、0Cr13/0Cr18Ni9	
弱酸、弱碱、酸渣、碱渣		≤1.6	≤300	甲、乙型平焊	光滑	平垫		
		≥2.5	≤450	长颈对焊	凹凸	缠绕垫、柔性石墨复合垫	Cr13(0Cr18Ni9)钢带＋石墨＋金属骨架(Cr13、0Cr18Ni9)	
水		≤1.6	≤300	甲、乙型平焊	光滑	平垫		
剧毒介质		≥1.6		长颈对焊	榫槽面	缠绕垫	Cr13(0Cr18Ni9)钢带＋石墨带	
液化石油气		1.6	≤2	长颈对焊				
		2.5	≤2	长颈对焊		缠绕垫、柔性石墨复合垫	Cr13(0Cr18Ni9)钢带＋石墨＋金属骨架(Cr13、0Cr18Ni9)	

基于前面简单的密封原理分析，在确定法兰设计方法时，把预紧工况与操作工况分开处理，从而大大简化了法兰设计。为此，对两种不同的工况分别引进两个垫片性能参数，即最小压紧应力或比压力 y 以及垫片系数 m。

预紧比压 y 定义为预紧(无内压)时迫使垫片变形与压紧面密合，以形成初始密封条件，此时垫片所必需的最小压紧载荷，以单位接触面积上的压紧载荷计，故也称最小压紧应力，单位为MPa。垫片系数 m 是指操作(有内压)时，达到紧密不漏，垫片所必须维持的比压与介质压力 p 的比值。几种常用的垫片的预紧比压和垫片系数见表7.7－2。由表7.7－2可见，m、y 值仅与垫片材料、结构与厚度有关。不少生产实践和广泛的研究表明，y 和 m 值还与垫片尺寸、介质性质、压力、温度、压紧面粗糙度等许多因素有关，而且 m 与 y 之间也存在内在联系。尽管 y 和 m 在相当程度上掩盖了垫片材料的复杂行为，但一方面它们极大地简化了法兰设计，另一方面按目前的 m 和 y 值在实际使用中一般认为是满意的。

由此可见，保证法兰连接紧密不漏有两个条件：

① 必须在预紧时，使螺栓力在压紧面与垫片之间建立起不低于 y 值的比压力；

② 当设备工作时，螺栓力应能够抵抗内压的作用，并且在垫片表面上维持 m 倍内压的比压力。

表7.7－2 垫片性能参数

垫片材料	垫片系数 m①	比压力 y①/MPa	简图	压紧面形状(见表7.7－3)	类别，见表7.7－3
无织物				1(a、b、c、d) 4、5	Ⅱ
肖氏硬度低于75	0.50	0			
肖氏硬度大于或等于75	1.00	1.4			
具有适当加固物的石棉(石棉橡胶板) 厚度3mm	2.00	11			
厚度1.5mm	2.75	25.5			
厚度0.75mm	3.50	44.8			
内有棉纤维的橡胶	1.25	2.8			

续表 7.7－2

垫片材料		垫片系数 m①	比压力 y①/MPa	简　图	压紧面形状（见表 7.7－3）	类别，见表 7.7－3
内有石棉纤维的橡胶，具有金属加强丝或不具有金属加强丝	3 层 2 层 1 层	2.25 2.50 2.75	15.2 20 25.5		1(a、b、c、d) 4、5	Ⅱ
植物纤维		1.75	7.6		1(a、b、c、d) 4、5	
内填石棉缠绕式金属	碳钢 不锈钢或蒙乃尔	2.50 3.00	69 69			
波纹金属板类壳内包石棉或波纹金属板内包石棉	软铝 软铜或黄铜 铁或软钢 蒙乃尔或 4%～6% 铬钢 下锈钢	2.50 2.75 3.00 3.25 3.50	20 26 31 38 44.8		1(a、b)	
波纹金属板	软铝 软铜或黄铜 铁或软钢 蒙乃尔或 4%～6% 铬钢 不锈钢	2.75 3.00 3.25 3.50 3.75	25.5 31 38 44.8 52.4		1(a、b、c、d)	
平金属板内包石棉	软铝 软铜或黄铜 铁或软钢 蒙乃尔 4%～6% 铬钢 不锈钢	3.25 3.50 3.75 3.50 3.75 3.75	38 44.8 52.4 55.2 62.1 62.1		1a、1b、1c②、1d②、2②	
槽形金属	软铝 软铜或黄铜 铁或软钢 蒙乃尔或 4%～6% 铬钢 不锈钢	3.25 3.50 3.75 3.75 4.25	38 44.8 52.4 62.1 69.6		1(a、b、c、d)、2、3	
复合柔性石墨波齿金属板	碳钢 不锈钢	3.0	50		1(a、b)	
金属平板	软铝 软铜或黄铜 铁或软钢 蒙乃尔或 4%～6% 铬钢 不锈钢	4.00 4.75 5.50 6.00 6.50	60.7 89.6 124.1 150.3 179.3		1(a、b、c、d) 2、3、4、5	Ⅰ
金属环	铁或软钢 蒙乃尔或 4%～6% 铬钢 不锈钢	5.50 6.00 6.50	124.1 150.3 179.3		6	

注：① 本表所列各种垫片的 m、y 值及适用的压紧面形状，均属推荐性资料。采用本表推荐的垫片参数（m、y）并按本章规定设计的法兰，在一般使用条件下，通常能得到比较满意的使用效果。但在使用条件特别苛刻的场合，如在诸如氰化物介质中使用的垫片，其参数 m、y，应根据成熟的使用经验谨慎确定。

② 垫片表面的搭接接头不应位于凸台侧。

表 7.7-3　垫片基本密封宽度 b_o

序　号	压紧面形状(简图)	垫片基本密封宽度 b_o	
		Ⅰ	Ⅱ
1a		$\frac{N}{2}$	$\frac{N}{2}$
1b			
1c	$\omega < N$	$\frac{\omega+\delta_g}{2}$ $\left(\frac{\omega+N}{4}最大\right)$	$\frac{\omega+\delta_g}{2}$ $\left(\frac{\omega+N}{4}最大\right)$
1d	$\omega \leqslant N$		
2	0.4mm, $\omega \leqslant N/2$	$\frac{\omega+N}{4}$	$\frac{\omega+3N}{8}$
3	0.4mm, $\omega \leqslant N/2$	$\frac{N}{4}$	$\frac{3N}{8}$
4①		$\frac{3N}{8}$	$\frac{7N}{16}$
5①		$\frac{N}{4}$	$\frac{3N}{8}$
6		$\frac{\omega}{8}$	

注：① 当锯齿深度不超过 0.4mm、齿距不超过 0.8mm 时，应采用 1b 或 1d 的压紧面形状。

7.8 螺栓设计

螺栓设计包括螺栓材料选择、螺栓尺寸和个数的确定等。

1. 螺栓载荷计算

如前所述，法兰连接是依靠紧固螺栓压紧垫片实现密封的。螺栓载荷不仅应当考虑预紧时垫片必须有足够的预变形，且操作时保证垫片起密封作用，因此，螺栓载荷计算也分为预紧和操作两种工况。

在预紧工况，螺栓拉力 W_a 应等于压紧垫片所需的最小压紧载荷，即：

$$W_a = \pi b D_G y \tag{7.8-1}$$

式中 W_a——螺栓的最小预紧载荷，N；

b——垫片的有效密封宽度，mm；

D_G——垫片的平均直径，取垫片反力作用位置处的直径，mm；

y——垫片的预紧比压，MPa。

式(7.8-1)中用以计算接触面积的垫片宽度不是垫片的实际宽度，而是它的一部分，通过垫片基本密封宽度 b_o 确定，其大小与压紧面形状有关，见表7.7-3。在 b_o 的宽度范围内单位压紧载荷 y 视作均匀分布。当垫圈较宽时，由于螺栓载荷和内压的作用使法兰发生偏转，因此垫片外侧比内侧压得紧一些，为此实际计算中垫片宽度要比 b_o 更小一些，称为有效密封宽度 b，b 与 b_o 有如下关系：

当 $b_o \leqslant 6.4$mm 时，$b = b_o$；

当 $b_o > 6.4$mm 时，$b = 2.53\sqrt{b_o}$。

因而垫片平均直径 D_G 相应确定如下：

当 $b_o \leqslant 6.4$mm 时，D_G = 垫片接触面的平均直径；

当 $b_o > 6.4$mm 时，D_G = 垫片接触面外径 $-2b$。

在操作工况时，螺栓载荷 W_p 应等于抵抗内压产生的轴向载荷和维持密封垫片表面必需的压紧载荷之和，即：

$$W_p = \frac{\pi}{4} D_G^2 p + 2b\pi D_G m p \tag{7.8-2}$$

式中 W_p——操作工况下的螺栓载荷，N；

p——设计压力，MPa；

m——垫片系数，无因次。

等式右边后一项中，由于原始定义 m 时，是取2倍垫片有效接触面积上的压紧载荷等于操作压力的 m 倍，故计算时 b 需乘以2。

2. 螺栓尺寸与数目

上述 W_a 和 W_p 是在两种不同工况下的螺栓载荷，故确定螺栓截面尺寸时应分别求出两种工况下螺栓的总面积，择其大者为所需螺栓总截面积，从而确定实际选用螺栓直径与个数。在预紧工况时，所需螺栓总截面积 A_a 按常温计算，由强度条件得：

$$A_a \geqslant \frac{W_a}{[\sigma]_b} \text{mm}^2 \tag{7.8-3}$$

式中 $[\sigma]_b$——常温下螺栓材料的许用应力，MPa。

在操作工况时，所需螺栓总截面积 A_p 按螺栓设计温度计算，则为：

$$A_p = \frac{W_p}{[\sigma]_b^t} \text{mm}^2 \quad (7.8-4)$$

式中 $[\sigma]_b^t$——设计温度下螺栓材料的许用应力，MPa。

螺栓所需的总截面积 A_m 取上述两种工况下的较大值。

在选定螺栓数目 n 后，即可按下式得到螺栓直径 d_B：

$$d_B \geqslant \sqrt{\frac{A_m}{0.785n}} \text{mm} \quad (7.8-5)$$

式(7.8-5)中 d_B 应圆整到标准螺纹的根径，并据此确定螺栓的公称直径。

确定螺栓数目 n 时不仅要考虑法兰连接的密封性，还要考虑安装的方便。螺栓数多，垫片受力均匀，密封性好，但螺栓数目过多，螺栓间距就小，可能放不下扳手，同时螺栓直径相应减小，小直径螺栓拧紧时容易折断，所以一般 $d_B \geqslant 12\text{mm}$，螺栓的最小间距通常为 $(3.5 \sim 4)d_B$ 或参见我国容器标准中的规定。若螺栓间距太大，在螺栓孔之间将引起附加的弯矩，且垫片受力不均导致密封性下降，所以一般要求螺栓最大间距不超过 $2d_B + \frac{6t_f}{(m+0.5)}$（$t_f$——法兰的厚度）。

3. 螺栓设计载荷

法兰设计中需要确定螺栓设计载荷。在预紧工况下，由于实际的螺栓尺寸可能大于式(7.8-5)的计算值，在拧紧螺栓时有可能造成实际螺栓载荷超出式(7.8-1)所给出的数值，所以确定预紧工况螺栓设计载荷时，螺栓总截面积取 A_m 与实际选用的螺栓总截面积 A_b 的算术平均值，即

$$W = \frac{A_m + A_b}{2}[\sigma]_b \quad (7.8-6)$$

操作工况螺栓设计载荷仍按式(7.8-2)计算，即 $W = W_p$。

4. 螺栓材料

对螺栓材料的一般要求是强度高、韧性好、耐介质腐蚀。但螺栓强度选得过高，使螺栓直径明显减小，可能导致螺栓配置不合理。此外，为避免螺栓与螺母咬死，螺母的硬度一般比螺栓低 HB30，为此可通过选用不同强度级别的材料或采用不同热处理规范来实现。

7.9 法兰强度计算

Waters 法是 1927 年 Waters 和 Taylor 首先提出的，后又经 Waters 等人的发展，于 1934 年被吸收进 ASME 规范，直到目前一些主要国家包括我国的锅炉和压力容器规范仍沿用这个计算方法。这个方法也是基于弹性应力分析，不考虑系统的变形特性和垫片的复杂行为，而根据前述的 m 和 y 系数，在法兰受力确定的条件下，计算出法兰中最大应力，并控制在规定的许用应力以下，同时间接地保证法兰系统的刚度，从而达到连接的密封要求。

1. 基本假设

法兰的实物模型如图 7.9-1 所示。出于简化考虑，Waters 在分析法兰受力时，首先假定螺栓载荷 W，垫片反力 P_3 和流体静压力的轴向力 P_1、P_2 都是已知的。根据这些力计算出施加于法兰的外力矩，并将此外力矩用均匀作用在法兰环内外周界的力 W_1 所组成的当量力

偶来代替，如图 7.9－1、图 7.9－2 所示。

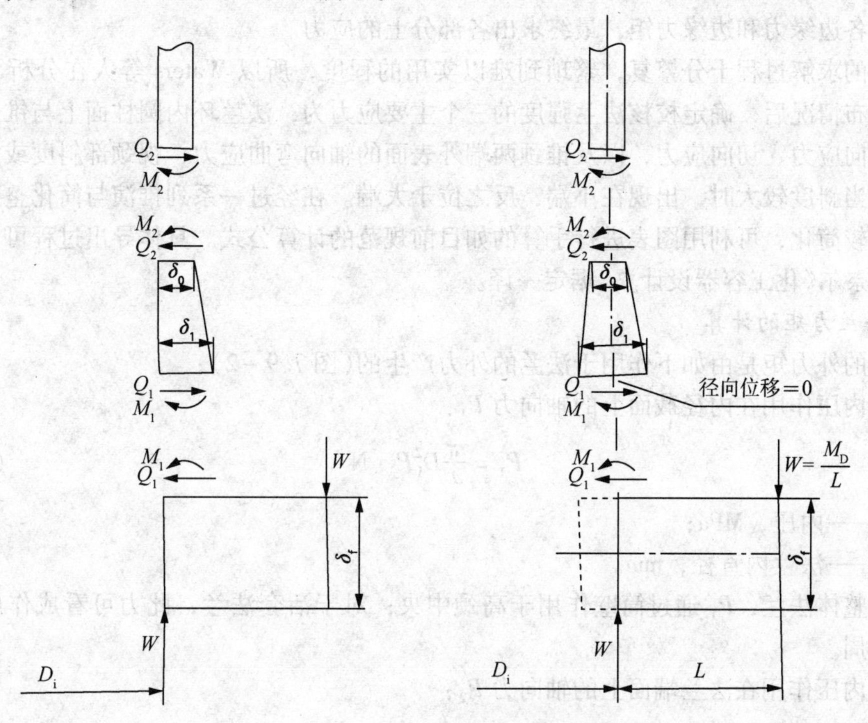

图 7.9－1　带颈整体法兰力学模型

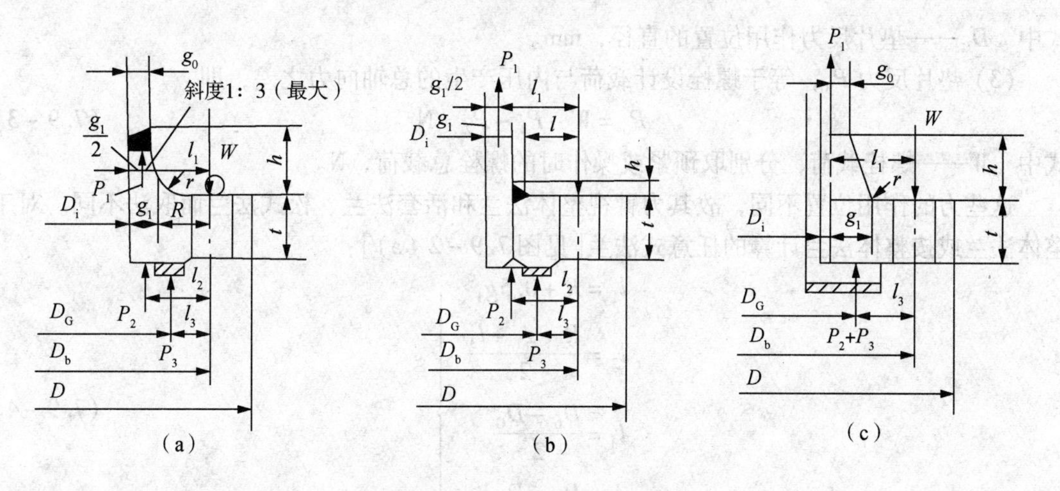

图 7.9－2　法兰受力分析

其次，假定内压以及由内压引起各部分相邻界面处的内力分量在法兰中产生的应力(即指内压在各构件中引起的纵向薄膜应力和边缘应力)远小于螺栓紧固力(用上述力偶替换)产生的弯曲应力，故可忽略不计。此外也不计及螺栓孔的影响。于是，这一方法最终的计算模型如图 7.9－1 所示，法兰在两个不连续处被分为三个部件，即圆筒体、锥颈和法兰环，各部件之间存在上述当量力偶弯曲作用引起的边缘力和边缘力矩。在力学分析上把圆筒体视作一端受边缘力和力矩的半无限长圆柱薄壳，将锥颈作为两端分别受边缘力和力矩作用的线性变厚度圆柱壳，而法兰环则视为环形薄板受力矩弯曲作用。其中面的假设为壳体与锥颈以其内表面为中性面，所以中面半径在数值上等于其内半径，然而其与环板中面连接处发生位移中断，因此另需假定锥颈大端的径向位移为零。然后由各连接处内力平衡条件和变形协调条件，求出各边缘力和边缘力矩，最终求出各部分上的应力。

上述的求解过程十分繁复，繁琐到难以实用的程度，所以 Waters 等人在分析了法兰中的应力分布情况后，确定校核法兰强度的三个主要应力为，法兰环内圆柱面上与锥颈连接处的最大径向应力、切向应力，以及锥颈两端外表面的轴向弯曲应力，视颈部斜度或大端、小端而定，当斜度较大时，出现在小端，反之位于大端。在经过一系列推演与简化整理后，最后给出比较简化，可利用图表进行手算的如目前规范的计算公式。具体导出过程可参阅文献 L. E 勃郎奈尔《化工容器设计》，琚定一译。

2. 法兰力矩的计算

法兰的外力矩是由如下作用于法兰的外力产生的(图 7.9 -2)：

(1) 内压作用在内径截面上的轴向力 P_1：

$$P_1 = \frac{\pi}{4} D_i^2 P \quad \text{N} \tag{7.9-1}$$

式中 P——内压，MPa；

D_i——法兰内直径，mm。

对于整体法兰，P_1 通过筒壁作用于高颈中央；对于活套法兰，此力可看成作用在法兰环的内圆周。

(2) 内压作用在法兰端面上的轴向力 P_2：

$$P_2 = \frac{\pi}{4} (D_G^2 - D_i^2) P \quad \text{N} \tag{7.9-2}$$

式中 D_G——垫片反力作用位置的直径，mm。

(3) 垫片反力 P_3，等于螺栓设计载荷与内压产生的总轴向力之差，即

$$P_3 = W - P_1 - P_2 \quad \text{N} \tag{7.9-3}$$

式中 W——螺栓载荷，分别取预紧或操作时的螺栓总载荷，N。

这些力的作用位置不同，故其力臂视整体法兰和活套法兰、松式法兰而取法不同。对于整体法兰或按整体法兰计算的任意式法兰[见图 7.9 -2 (a)]：

$$\left.\begin{aligned} l_1 &= R + 0.5g_1 \\ l_2 &= \frac{R + g_1 + l_3}{2} \\ l_3 &= \frac{D_b - D_G}{2} \\ R &= \frac{D_b - D_i}{2} - g_1 \end{aligned}\right\} \tag{7.9-4}$$

对于除活套法兰外的松式法兰或按松式法兰计算的任意式法兰[见图 7.9 -2(b)]：

$$\left.\begin{aligned} l_1 &= \frac{D_b - D_i}{2} \\ l_3 &= \frac{D_b - D_G}{2} \\ l_2 &= \frac{l_1 + l_3}{2} \end{aligned}\right\} \tag{7.9-5}$$

对于活套法兰[图 7.9 -2(c)]，则

$$\left.\begin{aligned} l_1 &= \frac{D_b - D_i}{2} \\ l_2 &= \frac{D_b - D_G}{2} \\ l_3 &= \frac{D_b - D_G}{2} \end{aligned}\right\} \tag{7.9-6}$$

于是，法兰力矩为：

$$M_1 = P_1 l_1,\ M_2 = P_2 l_2,\ M_3 = P_3 l_3$$

预紧时，因 $p=0$，故 $P_1 = P_2 = 0$，$P_3 = W$，总力矩为：

$$M_a = M_3 = P_3 l_3 = W l_3 \tag{7.9-7}$$

式中 W 按式(7.8-6)取值。

操作时，总力矩为：

$$M_p = M_1 + M_2 + M_3 = P_1 l_1 + P_2 l_2 + P_3 l_3 \tag{7.9-8}$$

计算法兰应力时，取以下两者中较大值为计算外力矩：

$$M = M_p \quad \text{N·mm}$$

$$M = M_a \frac{[\sigma]_f^t}{[\sigma]_f} \quad \text{N·mm} \tag{7.9-9}$$

式中　$[\sigma]_f$、$[\sigma]_f^t$——分别为常温和设计温度下法兰材料的许用应力，MPa。

3. *法兰应力的计算*

按照 Waters 得到的整体法兰的三种主要应力的计算式如下：

（1）锥颈上与法兰连接处的轴向弯曲应力

$$\sigma_z = \frac{fM}{\lambda g_1^2 D_i} \quad \text{MPa} \tag{7.9-10}$$

（2）法兰环上的径向应力

$$\sigma_r = \frac{(1.33te + 1)M}{\lambda t^2 D_i} \quad \text{MPa} \tag{7.9-11}$$

（3）法兰环上的切向应力

$$\sigma_t = \frac{YM}{t^2 D_i} - Z\sigma_r \quad \text{MPa} \tag{7.9-12}$$

式中　M——法兰计算力矩，N·mm；

f——法兰颈部应力校准系数，即法兰颈部小端应力与大端应力的比值，$f>1$ 表示最大轴向应力在小端处；反之 $f<1$ 时表示最大轴向应力在大端，此时取 $f=1$，无需对 f 进行修正，f 值按 $\frac{g_1}{g_0}$ 和 $\frac{h}{\sqrt{D_i g_0}}$ 由图 7.9-3 查取；

λ——系数，$\lambda = \frac{te+1}{T} + \frac{t^3}{d_1}$；

F_1、V_1——无因次系数，根据 $\frac{g_1}{g_0}$ 和 $\frac{h}{\sqrt{D_i g_0}}$ 由图 7.9-4 和图 7.9-5 查得；

T、U、Y、Z——无因次系数，根据 $K = \frac{D}{D_1}$ 查图 7.9-8；

e——系数，$e=\dfrac{F_1}{h_0}$，$\dfrac{1}{\text{mm}}$；

d_1——系数，$d_1=\dfrac{U}{V_1}h_0g_0^2$，$\text{mm}^3$；

h_0——系数，$h_0=\sqrt{D_ig_0}$，mm。

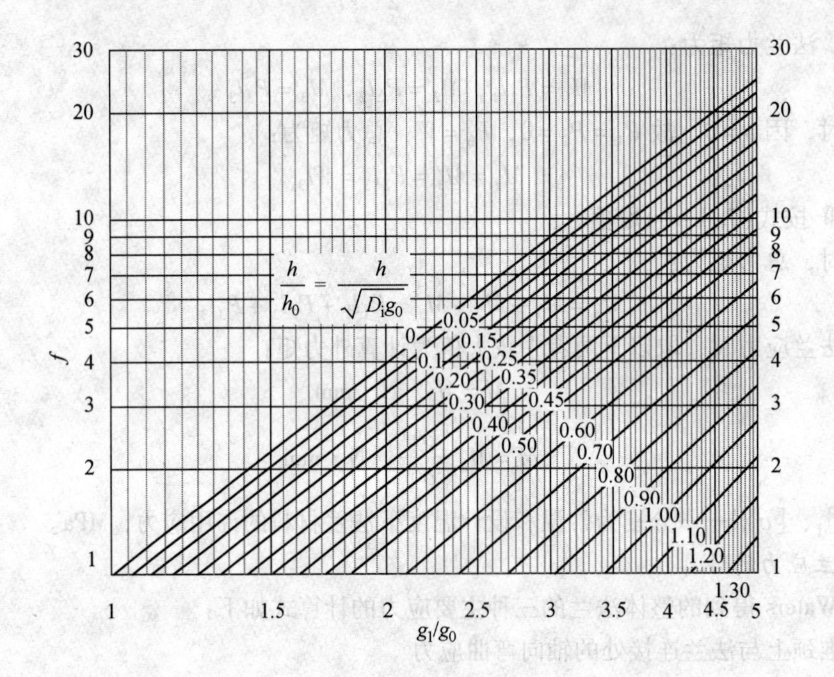

图 7.9－3 f系数

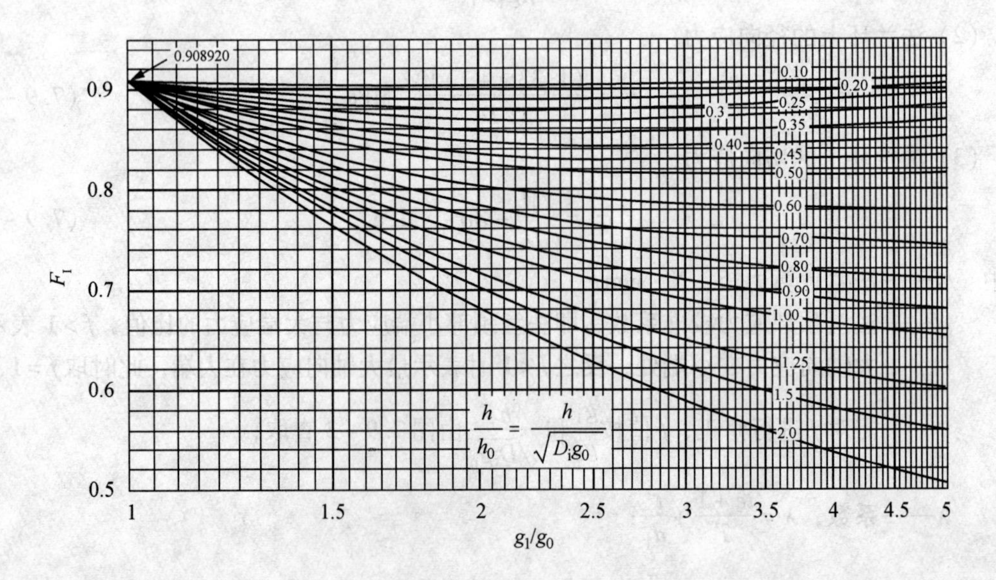

图 7.9－4 F_1系数

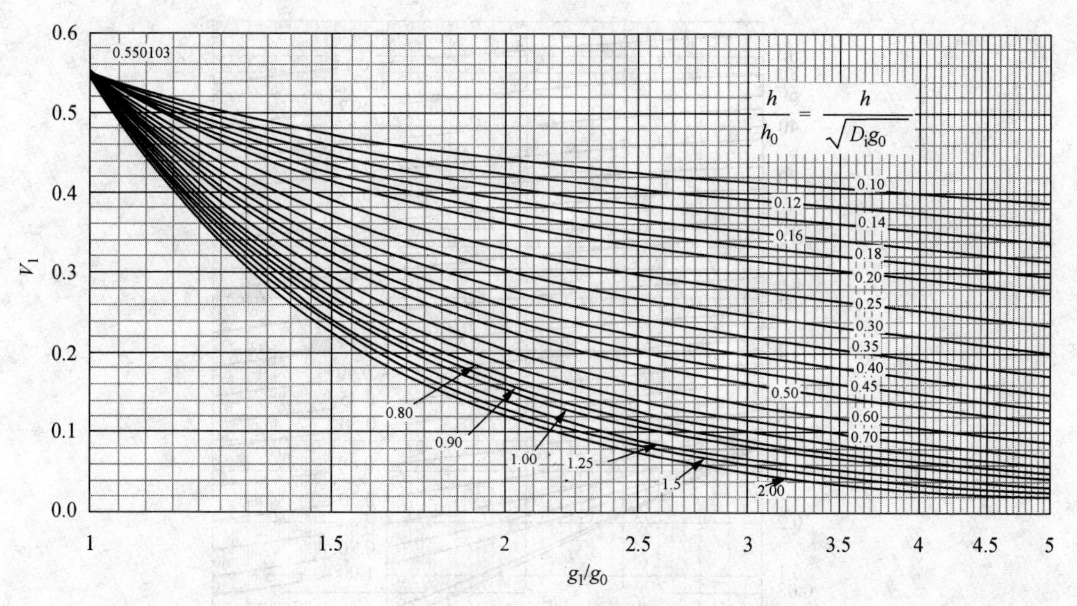

图 7.9－5　V_1系数

上述 Waters 整体法兰的计算公式包括按整体法兰计算的任意法兰或考虑颈部影响的松式法兰。后者的 F_1、V_1系数相应改为 F_L、V_L，查图 7.9－6、图 7.9－7。对于无颈部的松式法兰或虽有颈部但计算时不考虑其影响的松式法兰，以及按松式法兰计算的任意法兰也可以应用，此时因 $\sigma_z=\sigma_r=0$，仅有：

$$\sigma_t=\frac{YM}{D_i t^2}\quad \text{MPa} \tag{7.9-13}$$

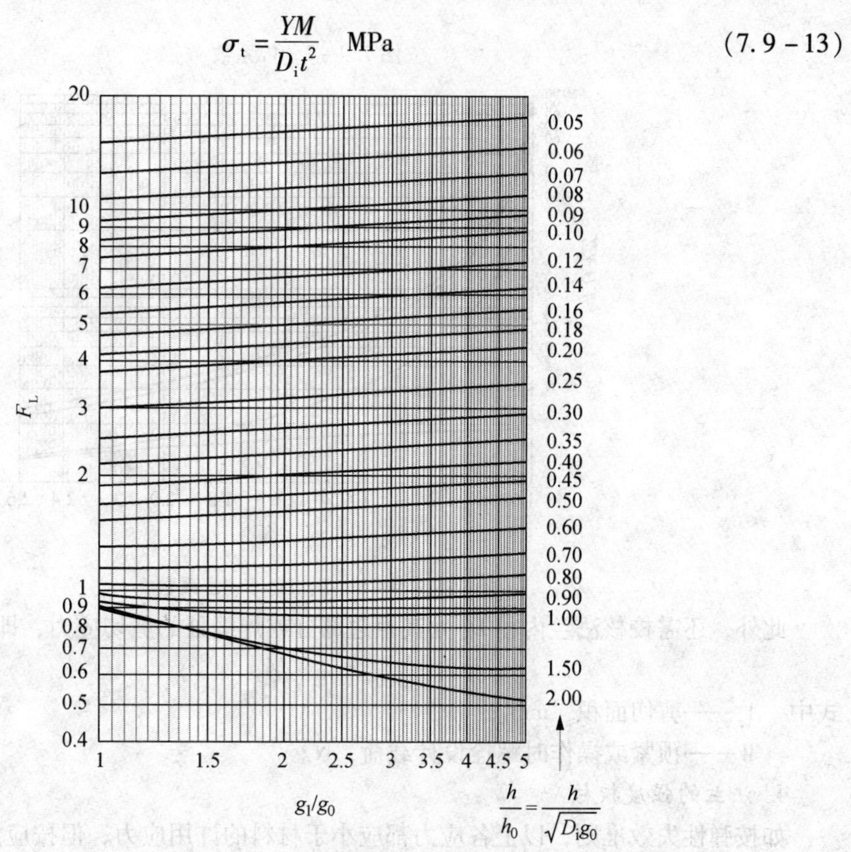

图 7.9－6　F_L系数

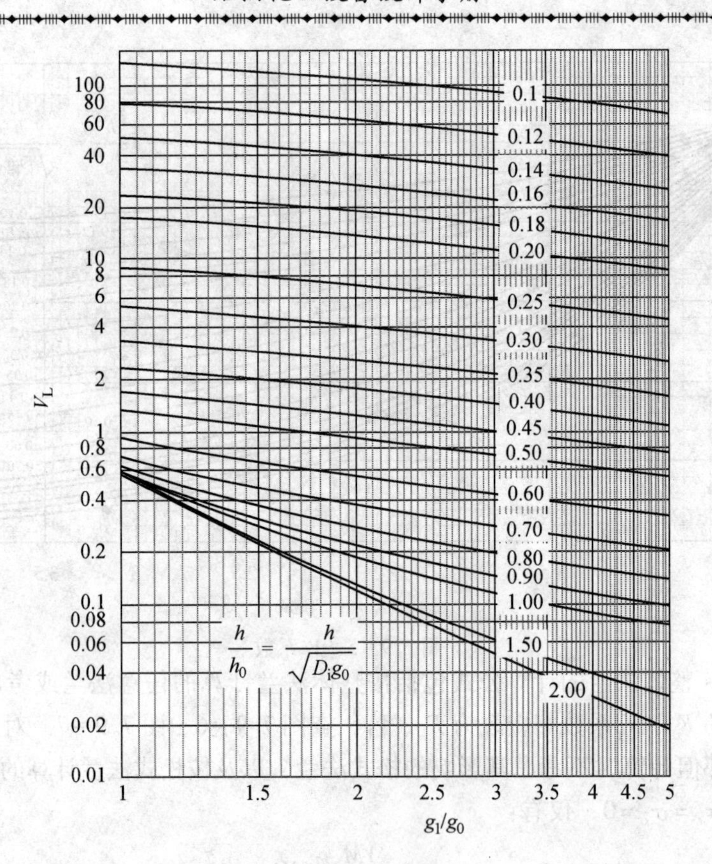

图 7.9－7 V_L系数

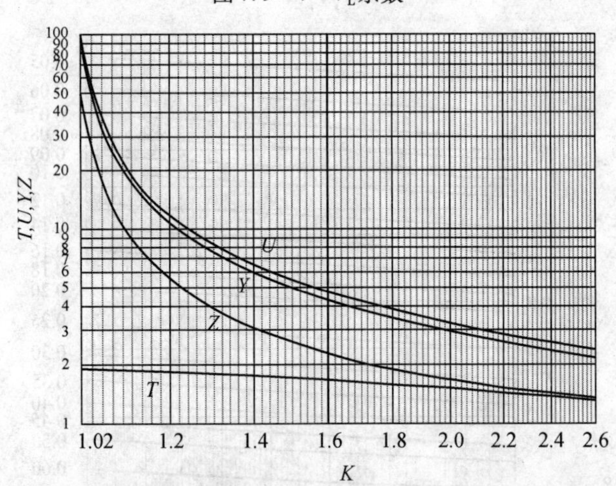

图 7.9－8 T、U、Y、Z 系数

此外，还需校核法兰内径 D_i 处其翻边部分或焊缝处的剪切应力，即：

$$\tau = W/A_\tau$$

式中 A_τ——剪切面积，mm^2；

W——预紧或操作时螺栓设计载荷，N。

4. 法兰的强度校核

如按弹性失效准则，以上各应力都应小于材料的许用应力，但按应力的实际分布状态和对失效的影响，则应规定不同的应力限制条件。从保证密封的角度出发，如果法兰产生屈服，则希望不在环部而在颈部，因为对于锥颈的轴向弯曲应力 σ_z，一方面它是沿截面线性分布的弯曲应力，另一方面具有局部的性质，小量屈服不会对法兰环密封部位的变形产生较大影响而导致泄漏，所以采用极限载荷设计法，取 1.5 倍材料许用应力作为它的最大允许应力。法兰环中的应力 σ_r 和 σ_t 则应控制在材料的弹性范围以内。但如果允许颈部有较高的应力(超过材料屈服极限)，则颈部的载荷因应力重新分配会传递到法兰环，而导致法兰环材料部分屈服，故对锥颈和法兰环的应力平均值也须加以限制。例如若 σ_z 达到 1.5 倍许用应力，σ_r 或 σ_t 只允许 0.5 倍许用应力。由此法兰的强度校核应同时满足如下条件：

$$\left.\begin{aligned}&\sigma_z\leqslant1.5[\sigma]_f^t\\&\sigma_r\leqslant[\sigma]_f^t\\&\sigma_t\leqslant[\sigma]_f^t\\&\frac{\sigma_z+\sigma_t}{2}\leqslant[\sigma]_f^t\\&\frac{\sigma_z+\sigma_r}{2}\leqslant[\sigma]_f^t\end{aligned}\right\}\tag{7.9-14}$$

对于整体法兰，当 σ_z 发生在锥颈小端时，σ_z 还要同时满足不大于 $2.5[\sigma]_n^t$($[\sigma]_n^t$——圆筒材料在设计温度下的许用应力)。此外，在需要校核剪应力的场合，则要求在预紧和操作两种状态下的剪应力应小于翻边或筒体材料在常温和设计温度下的许用应力的 0.8 倍。

从上述法兰的应力分析中可知，三个方向的应力计算公式中都包含与法兰几何尺寸有关的参数，因此除直接采用标准法兰外，对非标法兰的设计实质是强度核算，即先要确定法兰的结构尺寸和法兰环的厚度，决定其螺栓载荷和法兰力矩，然后计算出法兰中的最大应力，使之满足各项强度条件。如不满足，则适当调整包括法兰环厚度在内的其他结构尺寸(如圆筒厚度或锥颈厚度、斜率和高度等)或更换垫片形式、材料等，直至满足要求为止。

第八章 塔式容器

8.1 概 述

塔式容器广泛应用于石油化工的分离过程，不仅涉及气/液体系的精馏、吸收、解吸等过程，也大量用在液/液萃取等过程中。尤以精馏过程应用数量最多，涉及的体系面最广。在减压、常压到加压操作的宽广压力范围内均有应用。

一般在塔式容器内部设置一种或数种相同或不同类型的供气(液)液接触用的机械构件。当进入塔内的气(液)、液两相依据动量传递原理通过这些机械构件时，它们就成为气(液)液接触、分散、相际传质和相分离的场所，从而实现传质、传热过程，达到组分分离的目的。塔内机械构件不同，气(液)液两相流动和接触方式也不同，因而气(液)、液传质过程也有所不同。

一次气(液)液接触达到理想传质效果的机械构件单元称为一块理论塔板。在一块理论塔板上，离开塔板上的气相和液相的温度、压力相等、组分互呈相平衡状态，即达到最大理论上的热力学传质效果。但是，在实际的工业塔板并非是理想的气(液)液两相流动及接触，受体系物性、气液负荷大小以及塔板几何结构参数等诸多因素的制约，实际塔板上的传质传热达不到理论意义上分离效果。也就是说，要达到理想分离效果所需要的实际塔板数要比理论塔板数多些。理论塔板数与实际采用的塔板数之比就是通常所谓的塔板效率。

经过100多年的发展，现代塔式容器内构件有不下数百种之多。但从总体上讲，可概括为内部安装盘类构件的板式塔和内部装填填料的填料塔两大类。这两大类塔内件和它们各自不同的品种，各自具有不同的流体力学性能、传质性能及操作特点，适应于不同的操作工况和满足不同的生产要求。本章8.3和8.4节将分别对板式塔盘和填料进行简单介绍。

随着工业装置的大型化和超大型化，塔式容器的尺寸越来越大，直径大于10m、高度高于100m的塔式容器已不罕见。限于篇幅，本章8.2节仅对等直径、等厚度塔式容器在设备设计时应考虑的主要问题做一介绍。有关设计计算的详细内容，可查阅JB/T 4710《钢制塔式容器》。

8.2 塔式容器的强度和稳定性

置于露天的塔式容器一般都用地脚螺栓固定在混凝土基础上，通常称为自支承式塔。塔体除承受工艺过程所需要的内压或外压以外，还要承受各种质量载荷、偏心载荷、管线推力以及大自然的风力和(当有地震发生时)地震力等外加载荷。这些外加载荷将在筒体轴向产生拉(压)应力。当这些拉(压)应力与内压(或外压)所产生的应力叠加以后的组合应力超过设备材料的许用应力时，设备就会失效。因此，仅根据设计压力确定的塔体壁厚，不一定能满足塔体强度和稳定性要求。因此，设备设计除了要满足承受既定设计压力的要求以外，还必须根据各种工况下的不同载荷的综合作用对其组合应力进行计算，并将其控制在允许的范围内，使塔式容器有足够的强度和稳定性，以确保安全使用。

8.2.1　符号说明

A_b——基础环面积，$A_b=\frac{\pi}{4}(D_{ob}^2-D_{ib}^2)$，$mm^2$；

A_{sb}——裙座圆筒或锥壳的底部截面积，$A_{sb}=\pi D_{is}\delta_{es}$，$mm^2$；

A_{sm}——截面 h－h 处(见图 8.2－8)裙座的截面积，$A_{sm}=\pi D_{im}\delta_{es}-\sum[(b_m+2\delta_m)\delta_{es}-A_m]$，$mm^2$；

A_m——出入口剖面积，$A_m=2l_m\delta_m$，mm^2；

A_w——焊缝抗剪断面面积，$A_w=0.7\pi D_{ot}\delta_{es}$，$mm^2$；

$\sum A$——第 i 段内平台构件的投影面积(不计空档投影面积)，mm^2；

B——系数，按第四章计算出的值，MPa；

b——基础环外直径与裙座壳体外直径之差的 1/2，mm；

b_m——截面 h－h 处裙座壳人孔或较大管线引出孔接管水平方向的最大宽度，mm；

C——壁厚附加量，mm；

C_1——钢材厚度负偏差，按材料标准的规定，mm；

C_2——腐蚀裕量，mm；

C_x，C_y——系数，按表 8.2－7 选取；

D——塔式容器的平均直径，对等直径塔式容器为其公称直径；对不等直径的塔式容器取其各段公称直径的加权平均值，mm；

D_{ei}——塔式容器各计算段的有效直径，mm；

D_i——塔壳内直径，mm；

D_{ib}——基础环内直径，mm；

D_{ie}——锥壳大端内直径，mm；

D_{if}——锥壳小端内直径，mm；

D_{ih}——锥壳任意截面内直径，mm；

D_{im}——截面 h－h 处裙座壳的内直径，mm；

D_{is}——裙座壳底部内直径，mm；

D_{it}——裙座顶截面的内直径，mm；

D_o——塔壳外直径，mm；

D_{ob}——基础环外直径，mm；

D_{oi}——第 i 段塔式容器外直径，mm；

D_{os}——裙座壳底部截面的外直径，mm；

D_{ot}——裙座壳顶部截面的外直径，mm；

d_o——塔顶管线外直径，mm；

d_1——地脚螺栓螺纹小径，mm；

d_2——垫板上地脚螺栓孔直径，mm；

d_3——盖板上地脚螺栓孔直径，mm；

E^t——设计温度下材料的弹性模量，MPa；

E_i^t，E_{i-1}^t——第 i 段、第 $i-1$ 段壳体的设计温度；

F_{vi}——任意质量 i 处所分配到的垂直地震力，N；

F_v^{h-h}——截面 h－h 处的垂直地震力，但仅在最大弯矩为地震弯矩参与组合时计入此项，N；

F_v^{I-I}——塔式容器任意计算截面Ⅰ－Ⅰ(见图 8.2－3)处的垂直地震力，N；

F_v^{J-J}——搭接焊缝处(见图 8.2－11)承受的垂直地震力，N；

F_v^{0-0}——塔式容器底截面处垂直地震力，N；

F_1——一个地脚螺栓承受的最大拉力 $F_1 = \frac{\sigma_B A_b}{n}$，N；

F_{1k}——集中质量 m_k 引起的基本振型水平地震力，N；

F_z——轴向外载荷，当折算法兰当量压力时，拉伸时计入，压缩时不计入，N；

f_i——风压高度变化系数，高度取各计算段顶面的高度，由表 8.2－4 查取；

g——重力加速度，取 $g = 9.81\text{m/s}^2$；

H——塔式容器高度(见图 8.2－2)，mm；

H_i——塔式容器顶部到第 i 段底截面的距离，mm；

H_{it}——塔式容器第 i 段顶截面距地面的高度，m；

H_w——液柱高度，气压试验时 $H_w = 0$，mm；

h——计算截面距地面的高度，mm；

h_i——第 i 段集中质量距地面的高度(见图 8.2－2)，mm；

h_{it}——塔式容器第 i 段顶截面距塔底截面的高度，mm；

h_k——任意计算截面Ⅰ－Ⅰ以上的集中质量 m_k 距地面高度(见图 8.2－2)，mm；

I_i，I_{i-1}——第 i 计算段和第 $i-1$ 计算段的截面惯性矩，mm^4；

K——载荷组合系数，$K = 1.2$；

K_1——体型系数，对圆筒形设备取 $K_1 = 1.7$；

K_{2i}——塔式容器各计算段的风振系数，当塔高 H 小于或等于 20m 时取 $K_{2i} = 1.7$，；当 H 大于 20m 时，按下式计算：

$$K_{2i} = 1 + \frac{\xi v_i \varphi_{zi}}{f_i}$$

K_3——笼式扶梯当量宽度，当无确切数据时可取 $K_3 = 400\text{mm}$；

K_4——操作平台当量宽度，$K_4 = \frac{2\sum A}{l_0}$，mm；

l——两相邻筋板最大外侧间距(见图 8.2－10)，mm；

l_e——偏心质点重心至塔式容器中心线的距离，mm；

l_i——第 i 计算段长度，mm；

l_k——筋板长度，mm；

l_m——检查孔或较大管线引出孔加强管长度，mm；

l_0——操作平台所在计算段长度，mm；

l_2'——筋板宽度，mm；

l_3'——筋板内侧间距，mm；

l_4'——垫板宽度，mm；

M——外力矩，应计入法兰截面处的最大力矩 M_{max}^{I-I}、管线推力引起的力矩和其他机械载荷引起的力矩，N·mm；

M_{E}^{I-I}——任意计算截面Ⅰ－Ⅰ处的地震弯矩，N·mm；

M_{EI}^{I-I}——任意计算截面Ⅰ－Ⅰ处的基本振型地震弯矩，N·mm；

M_{E}^{0-0}——底部截面0－0处的地震弯矩，N·mm；

M_{EI}^{0-0}——底部截面0－0处的基本振型地震弯矩，N·mm；

M_{e}——偏心质量引起的弯矩，N·mm；

M_{max}^{h-h}——计算截面h－h处的最大弯矩，N·mm；

M_{max}^{I-I}——任意计算截面Ⅰ－Ⅰ处的最大弯矩，N·mm；

M_{max}^{J-J}——搭接焊缝截面J－J处(见图8.2－11)的最大弯矩，N·mm；

M_{max}^{0-0}——底部截面0－0处的最大弯矩，N·mm；

M_{w}^{h-h}——计算截面h－h处的风弯矩，N·mm；

M_{w}^{I-I}——任意计算截面Ⅰ－Ⅰ处的风弯矩，N·mm；

M_{w}^{0-0}——底部截面0－0处的风弯矩，N·mm；

M_{s}——矩形板的计算力矩，取矩形板X、Y轴的弯矩M_x、M_y中绝对值较大者，N·mm；

m_{a}——人孔、接管、法兰等附属件质量，kg；

m_{e}——偏心质量，kg；

m_{eq}——计算垂直地震力时，塔式容器的当量质量，取$m_{eq}=0.75m_0$，kg；

m_{i}——塔式容器第i计算段的操作质量，kg；

m_{k}——距地面h_k处的集中质量，kg；

m_{max}——塔式容器液压试验状态时的最大质量，kg；

m_{max}^{h-h}——计算截面h－h以上塔式容器液压试验状态时的最大质量，kg；

m_{max}^{J-J}——搭接焊缝截面J－J以上塔式容器液压试验状态时的最大质量，kg；

m_{min}——塔式容器安装状态时的最小质量，kg；

m_{T}^{I-I}——试验时，计算截面Ⅰ－Ⅰ以上的质量(只计入塔壳、内构件、偏心质量、保温层、扶梯及平台质量)，kg；

m_{w}——液压试验时，塔式容器内充液质量，kg；

m_{0}——塔式容器的操作质量，kg；

m_{0}^{h-h}——计算截面h－h以上塔式容器的操作质量，kg；

m_{0}^{I-I}——任意计算截面Ⅰ－Ⅰ以上塔式容器的操作质量，kg；

m_{0}^{J-J}——搭接焊缝J－J截面以上塔式容器的操作质量，kg；

m_{01}——塔壳和裙座壳质量，kg；

m_{02}——内件质量，kg；

m_{03}——保温材料质量，kg；

m_{04}——平台、扶梯质量，kg；

m_{05}——操作时塔式容器内介质质量，kg；

n——地脚螺栓个数，一般取4的倍数，对小直径塔式容器可取$n=6$，个；

n_1——对应于一个地脚螺栓的筋板个数，个；

p——设计压力，对外压容器即为设计外压力，MPa；

p_c——计算压力，MPa；

p_T——试验压力，MPa；

P_i——塔式容器各计算段的水平力，N；

q_0——基本风压值。见 GB 50009 中的有关规定，但不应小于 $300N/m^2$；

R_i——塔式容器的内半径，mm；

R_{eL}——屈服强度，MPa；

$R_{P0.2}$——屈服强度，MPa；

T_1——基本振型自振周期，s；

T_g——各类场地土的特征周期（见表 8.2－6），s；

T_i——第 i 振型的自振周期，s；

Z_b——基础环的抗弯截面系数（见图 8.2－10），$Z_b=\dfrac{\pi(D_{ob}^4-D_{ib}^4)}{32D_{ob}}$，$mm^3$；

Z_{sb}——裙座圆筒或锥壳底部抗弯截面系数，$Z_{sb}=\dfrac{\pi}{4}D_{is}^2\delta_{es}$，$mm^3$；

Z_{Sm}——截面 h－h（见图 8.2－8）处裙座壳的抗弯截面系数，$Z_{Sm}=\dfrac{\pi}{4}D_{im}^2\delta_{es}-\sum\left(b_mD_m\dfrac{\delta_{es}}{2}-Z_m\right)$，$Z_m=2\delta_{es}L_m\sqrt{\left(\dfrac{D_{im}}{2}\right)^2-\left(\dfrac{b_m}{2}\right)^2}$，$mm^3$；

Z_w——搭接焊缝抗剪截面系数（见图 8.2－11），$Z_w=0.55D_{ot}^2\delta_{es}$，$mm^3$；

α——地震影响系数，按图 8.2－5 确定；

α_1——对应于塔式容器基本振型自振周期 T_1 的地震影响系数；

α_{max}——地震影响系数的最大值，见表 8.2－5；

α_{vmax}——垂直地震影响系数最大值，取 $\alpha_{vmax}=0.65\alpha_{max}$；

β——锥壳半锥顶角，（°）；

γ——地震影响系数曲线下降段的衰减系数（见图 8.2－5）；

θ——锥形裙座壳半锥顶角，（°）；

δ_b——基础环计算厚度，mm；

δ_c——盖板厚度，mm；

δ_e——圆筒或锥壳的有效厚度，mm；

δ_{eh}——封头的有效厚度，mm；

δ_{ei}——各计算截面的圆筒或锥壳的有效厚度，mm；

δ_{es}——裙座壳的有效厚度，mm；

δ_G——筋板厚度，mm；

δ_m——h－h 截面处加强管的厚度（见图 8.2－8），mm；

δ_n——筒体或封头的名义厚度，mm；

δ_{ns}——裙座壳体的名义厚度，mm；

δ_{ps}——管线保温层厚度，mm；

δ_{si}——圆筒或锥壳保温层或防火层厚度，mm；

δ_z——垫板厚度，mm；

δ_1——不锈钢复合钢板基层钢板的名义厚度，mm；

δ_2——不锈钢复合钢板复层材料的厚度，mm；

v_1——脉动影响系数，见表 8.2－2；

ξ——脉动增大系数，见表8.2－1；

ξ_i——第i阶振型阻尼比；

η_{1k}——基本振型参与系数，按式(8.2－13)计算；

η_1——地震影响系数曲线直线下降段下降斜率的调整系数，按式(8.2－11)计算；

η_2——地震影响系数曲线的阻尼调整系数，按式(8.2－12)计算；

ρ——液压试验时试验介质的密度(当介质为水时，$\rho=1000$)，kg/m^3；

ρ_i——惯性半径，对长方形截面的筋板取$0.289\delta_G$，mm；

σ_B——地脚螺栓的最大拉应力，MPa；

σ_{bmax}——混凝土基础上的最大压应力，按式(8.2－48)计算，MPa；

σ_G——筋板的压应力，按式(8.2－53)计算，MPa；

σ_T——试验压力下圆筒的周向应力，MPa；

σ_Z——盖板的最大应力，按式(8.2－58)、式(8.2－59)计算，MPa；

σ_1——由压力(内压或外压)引起的轴向应力，MPa；

σ_2——由垂直载荷引起的轴向应力，MPa；

σ_3——由弯矩引起的轴向应力，MPa；

$[\sigma]$——试验温度下塔式容器元件材料的许用应力，MPa；

$[\sigma]^t$——设计温度下塔壳材料的许用应力，MPa；

$[\sigma]_b$——基础环材料的许用应力，MPa；

$[\sigma]_{bt}$——地脚螺栓材料的许用应力，MPa；

$[\sigma]_c$——筋板的临界许用压应力，MPa；

$[\sigma]_{cr}$——设计温度下塔壳或裙座壳的许用轴向压应力，MPa；

$[\sigma]_G$——筋板材料的许用应力，MPa；

$[\sigma]_s^t$——设计温度下裙座材料的许用应力，MPa；

$[\sigma]_w^t$——设计温度下焊接接头的许用应力，取两侧母材许用应力的小值，MPa；

φ——焊接接头系数；

φ_{zi}——振型系数，见表8.2－3；

λ——细长比，$\lambda=\dfrac{0.5l_k}{\rho_i}$；

λ_c——临界细长比，$\lambda_c=\sqrt{\dfrac{\pi^2E^t}{0.6[\sigma]_G}}$。

8.2.2　载荷

图8.2－1是塔式容器各种载荷的示意。其中，m_0是塔器操作质量。

1. 内压(或外压)

操作或压力试验时的内压(或外压)，在塔体横截面上产生轴向拉应力(或轴向压应力)。内压(或外压)产生轴向拉应力按本篇第三章和第四章进行计算。

2. 质量载荷

垂直作用的质量载荷对圆筒体或裙座圈的横截面产生均匀的压应力，这个压应力随横截面位置下移而增大。在操作时、非操作时和水压试验时质量载荷不同，应分别考虑。

在操作时，塔式容器内存在物料并处在操作温度和操作压力下工作，操作质量(m_0)按式(8.2－1)进行计算：

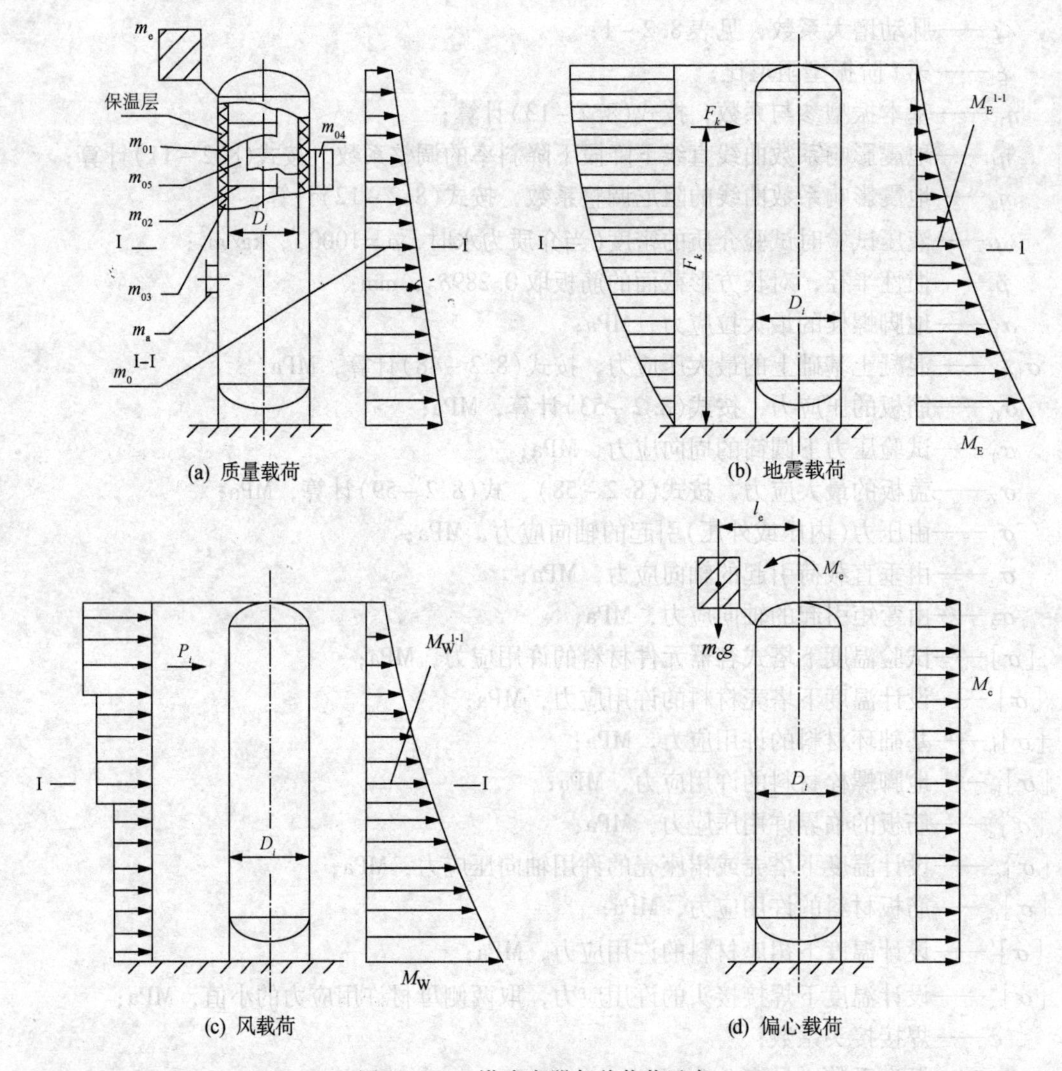

图 8.2－1　塔式容器各种载荷示意

$$m_0 = m_{01} + m_{02} + m_{03} + m_{04} + m_{05} + m_a + m_e \quad (8.2-1)$$

在塔式容器的内件、附属设施全部安装就位或者在大修后，当塔内充满水进行水压试验时，塔式容器具有最大的质量（m_{max}），可按式（8.2－2）进行计算：

$$m_{max} = m_{01} + m_{02} + m_{03} + m_{04} + m_a + m_w + m_e \quad (8.2-2)$$

在非操作状态下，塔式容器处在环境温度中，塔内没有物料也没有内、外压作用，可能还没有安装内件（或检修时拆除了内件），没有保温，劳动保护（梯子平台）也还没有安装等。塔式容器具有最小的质量（m_{min}），可按式（8.2－3）进行计算：

$$m_{min} = m_{01} + 0.2m_{02} + m_{03} + m_{04} + m_a + m_e \quad (8.2-3)$$

式（8.2－3）中的 $0.2m_{02}$ 系焊在塔壳上的内件质量，如塔盘支持圈、降液板等。当空塔吊装时，如未装保温层、平台和扶梯，则式（8.2－3）中不计 m_{03} 和 m_{04}。

偏心质量 m_e 除了对塔体产生压应力外，还会有弯矩产生。偏心弯矩按式（8.2－4）进行计算：

$$M_e = m_e g l_e \quad (8.2-4)$$

3. 基本自振周期

当静载荷作用于构件时，其质量不产生惯性力。因此静载荷不会使构件产生振动。然而动载荷的作用则不同：动载荷使构件产生惯性力，从而使结构产生振动。在动载荷作用下，构件各截面的变形和内力的最大值与构件的自由振动周期(或频率)及振动形式有关。由于塔式容器所受的地震载荷和风载荷均属于动载荷，因此在计算塔式容器的风载荷和地震载荷之前，必须求出它的自振周期。

什么是自振周期？物体在外力作用下，振动一次所需要的时间称为振动周期。单位时间内振动的次数称振动频率，频率与周期互为倒数。

在分析直立塔式容器的振动时，为了简化起见一般不考虑梯子平台、外部管线及地基的影响，仅将其视为底端固定、顶端自由、质量沿塔高度连续分布的悬臂梁。可将直径、厚度和材料沿高度变化的塔式容器视为一个多质点体系，如图 8.2-2 所示。它是一个具有无限多个自由度的体系。因此，它具有无限多个自振频率(自振周期)。其中最低的自振频率称为第一自振频率或基本自振频率，之后按从低到高的顺序分别称为第二自振频率、第三自振频率……，或统称为高频率。对应于任一自振频率，体系中各质点的振动位移之间存在着确定的关系，形成一定的曲线形式，称为振型。对应于第一自振频率的振型称为第一振型或基本振型，第二振型及更高振型统称为高振型。

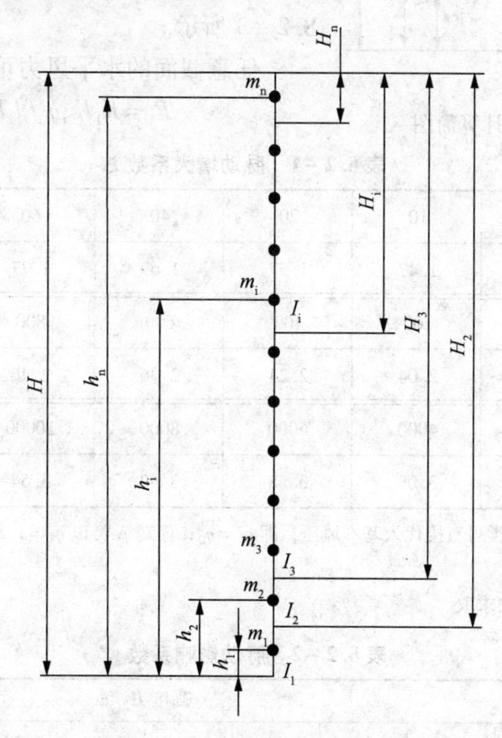

图 8.2-2 多质点体系示意

对于等直径、等厚度的塔式容器其基本自振周期 T_1 按式(8.2-5)计算：

$$T_1 = 90.33H\sqrt{\frac{m_0 H}{E^t \delta_e D_i^3}} \times 10^{-3} \tag{8.2-5}$$

4. 风载荷

风载荷是安装在室外的塔式容器的基本外载荷之一，它除了在塔壁内产生应力而外，还

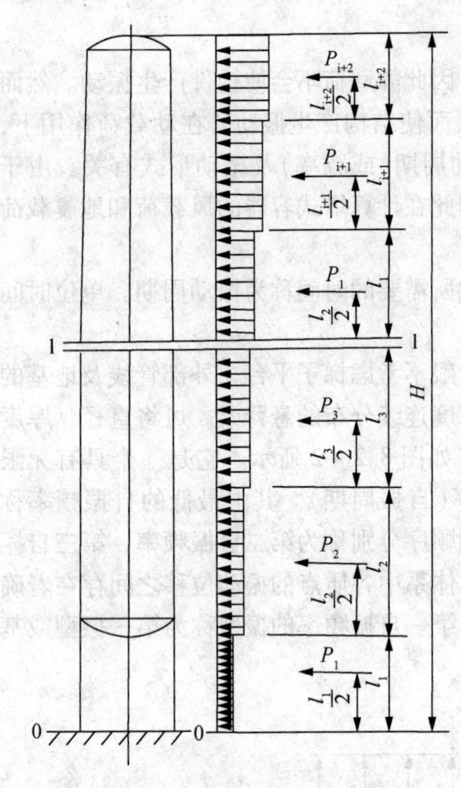

图 8.2－3　风弯矩计算简图

会使塔体产生方向与风向相同的顺风向振动和垂直于风向的横风向振动，振动的结果使塔式容器产生摇摆。过大的应力会造成塔体的强度和稳定失效。过大的挠度不仅会使塔的分离效果降低，也会使塔的偏心矩增加。若有共振产生，还可能导致塔体的破坏。因此，不可忽视风载荷的作用。

（1）水平风力

水平风力在塔体上产生风弯矩，风弯矩在塔体迎风侧截面内产生拉应力，在背风侧截面内产生压应力。风弯矩和由它产生的应力随截面位置下移而增大。

水平风力的大小与塔式容器所在地区基本风压 q_0（距地面 10m 处的风压值）、外形尺寸以及塔的自振周期有关。为了简化计算，将塔沿其高度分成每 10m 一段，以每段顶部的风压值计算该段的水平风力并将其合力作用在该段的的二分之一处。如图 8.2－3 所示。

任意截面的水平风力可按式(8.2－6)计算：

$$P_i = K_1 K_{2i} q_0 f_i l_i D_{ei} \times 10^{-6} \quad \mathrm{N} \qquad (8.2-6)$$

表 8.2－1　脉动增大系数 ξ

$q_1T_1^2/(\mathrm{N\cdot s^2/m^2})$	10	20	40	60	80	100
ξ	1.47	1.57	1.69	1.77	1.83	1.88
$q_1T_1^2/(\mathrm{N\cdot s^2/m^2})$	200	400	600	800	1000	2000
ξ	2.04	2.24	2.36	2.46	2.53	2.80
$q_1T_1^2/(\mathrm{N\cdot s^2/m^2})$	4000	6000	8000	10000	20000	30000
ξ	3.09	3.28	3.42	3.54	3.91	4.14

注：1. 计算 $q_1T_1^2$ 时，对 B 类可直接代入基本风压，即 $q_1=q_0$，而对 A 类以 $q_1=1.38q_0$、C 类以 $q_1=0.62q_0$、D 类以 $q_1=0.32q_0$ 代入。

2. 中间值可采用线性内插法求取。

表 8.2－2　脉动影响系数 ν_i

地面粗糙度类别	高度 H_{it}/m									
	10	20	30	40	50	60	70	80	100	150
A	0.78	0.83	0.86	0.87	0.88	0.89	0.89	0.89	0.89	0.87
B	0.72	0.79	0.83	0.85	0.87	0.88	0.89	0.89	0.90	0.89
C	0.64	0.73	0.78	0.82	0.85	0.87	0.90	0.90	0.91	0.93
D	0.53	0.65	0.72	0.77	0.81	0.84	0.89	0.89	0.92	0.97

注：中间值可采用线性内插法求取。

表 8.2-3 振型系数 ϕ_i

相对高度 h_{it}/H	振型序号		相对高度 h_{it}/H	振型序号	
	1	2		1	2
0.10	0.02	-0.09	0.60	0.46	-0.59
0.20	0.06	-0.30	0.70	0.59	-0.32
0.30	0.14	-0.53	0.80	0.79	0.07
0.40	0.23	-0.68	0.90	0.86	0.52
0.50	0.34	-0.71	1.00	1.00	1.00

注：中间值可采用线性内插法求取。

表 8.2-4 风压高度变化系数 f_i

距地面高度 H_{it}/m	地面粗糙度类别				距地面高度 H_{it}/m	地面粗糙度类别			
	A	B	C	D		A	B	C	D
5	1.17	1.00	0.74	0.62	60	2.12	1.77	1.35	0.93
10	1.38	1.00	0.74	0.62	70	2.20	1.86	1.45	1.02
15	1.52	1.14	0.74	0.62	80	2.27	1.95	1.54	1.11
20	1.63	1.25	0.84	0.62	90	2.34	2.02	1.62	1.19
30	1.80	1.42	1.00	0.62	100	2.40	2.09	1.70	1.27
40	1.92	1.56	1.13	0.73	150	2.64	2.38	2.03	1.61
50	2.03	1.67	1.25	0.84					

注：1. A类系指近海海面及海岛、海岸、湖岸及沙漠地区；B类系指田野、乡村、丛林、丘陵以及房屋比较稀疏的乡镇和城市郊区；C类系指有密集建筑群的城市市区；D类系指有密集建筑群且房屋较高的城市市区。

2. 中间值可采用线性内插法求取。

塔式容器各计算段的有效直径 D_{ei}，按下述规定取值。

① 当笼式扶梯与塔顶管线布置成180°时：

$$D_{ei} = D_{0i} + 2\delta_{si} + K_3 + K_4 + d_0 + 2\delta_{ps} \quad \text{mm}$$

② 当笼式扶梯与塔顶管线布置成90°时，取下列两式中较大者：

$$D_{ei} = D_{0i} + 2\delta_{si} + K_3 + K_4 \quad \text{mm}$$

$$D_{ei} = D_{0i} + 2\delta_{si} + K_4 + d_0 + 2\delta_{ps} \quad \text{mm}$$

（2）风弯矩

在风载荷的作用下，塔式容器可视为一个底端固定、顶端自由的悬臂梁，计算时将塔式容器从下往上每10m分为一段，也可以根据设备直径或壁厚不同分为不等长段，任意计算截面所承受的风弯矩应为各段风载荷与该段中心到计算截面力臂的乘积之和。

塔式容器任意计算截面Ⅰ-Ⅰ处的风弯矩按式(8.2-7)计算；

$$M_W^{\mathrm{I-I}} = P_i \frac{l_i}{2} + P_{i+1}\left(l_i + \frac{l_{i+1}}{2}\right) + P_{i+2}\left(l_i + l_{i+1} + \frac{l_{i+2}}{2}\right) + \cdots \quad \text{N}\cdot\text{mm} \qquad (8.2-7)$$

塔式容器底截面0-0处的风弯矩按式(8.2-8)计算：

$$M_W^{0-0} = P_1 \frac{l_1}{2} + P_2\left(l_1 + \frac{l_2}{2}\right) + P_2\left(l_1 + \frac{l_2}{2}\right) + P_3\left(l_1 + l_2 + \frac{l_3}{2}\right) + \cdots \quad \text{N}\cdot\text{mm} \quad (8.2-8)$$

5. 地震载荷

地震的发生，大多由于地层断裂、塌陷和/或火山爆发等所引起。地震发生时，以震源为中心的地震波向四周传播。地震波可分解为垂直于地面的垂直波和平行于地面的水平波（土层剪切波）。塔式容器在地震波的作用下，产生水平、垂直振动和扭转。这种在地震时由于地面振动而引起的作用力称为地震力。水平地震波引起的地震力称为水平地震力，垂直地震波产生的地震力称为垂直地震力。

在地震载荷计算中，涉及到震级、地震烈度、设防烈度、近震、远震等概念。震级表示地震时释放能量大小的级别；地震烈度表示地面及建筑物遭受地震破坏的程度。同一次地震，一般震中烈度最大，离震中越远烈度越小；地震烈度又分为基本烈度和设防烈度，基本烈度是指构建筑物实际承受的地震烈度，设防烈度一般根据构建筑物所在地区的基本地震烈度来选定，设防烈度可以大于或等于基本地震烈度。塔式容器属于重要建筑物，设防烈度应大于或等于基本地震烈度。地震烈度越高地震力越大。对于地震烈度大于9度的地区，地震设防会大大增加基建投资，经济上可能不合理。所以应尽量避免在地震烈度大于9度的地区兴建工程；当所在地区遭受的地震影响来自本烈度区或比本烈度区大一度地区的地震时，抗震设计应按近震的规定执行；当所在地区遭受的地震影响可能来自本烈度区或比本烈度区高一度以上地区时，抗震设计应按远震考虑。

(1) 水平地震力

任意高度 h_k 处(见图8.2-4)的集中质量 m_k 引起的基本振型水平地震力按公式(8.2-9)计算：

$$F_{1k}=\alpha_1\eta_{1k}m_kg \tag{8.2-9}$$

在图8.2-5中，参数 α_{max}、T_g、γ、η_1、η_2 按下述方法确定：

地震影响系数的最大值 α_{max}，按表8.2-5选取；

场地土特征周期 T_g，是设防地震分组和场地土类别相关的物理量，按表8.2-6选取；

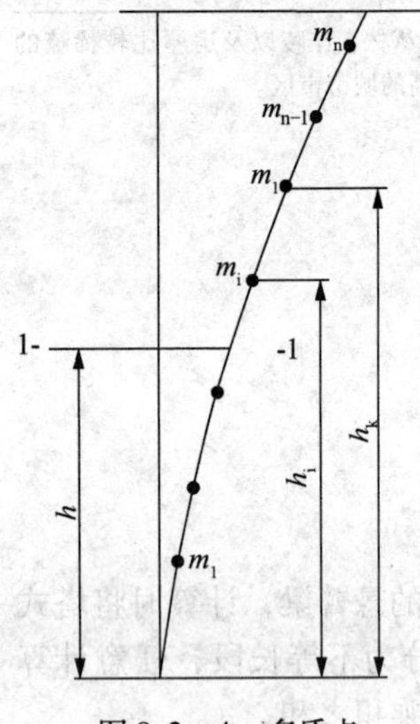

图8.2-4 多质点体系基本振型示意

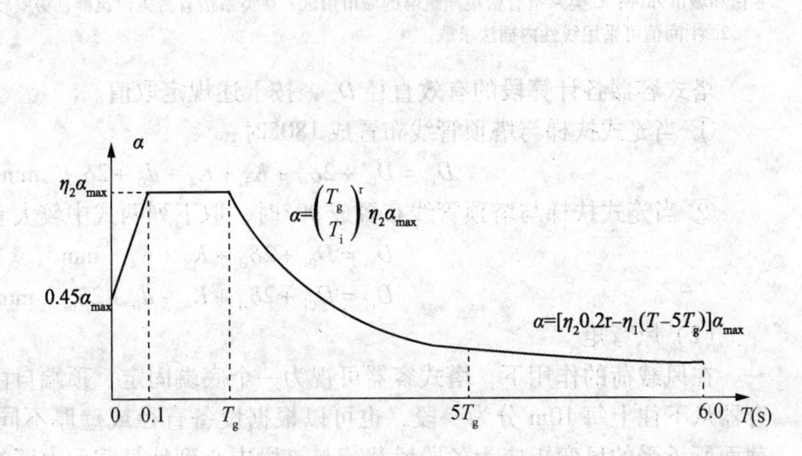

图8.2-5 地震影响系数曲线

表8.2-5 水平地震影响系数最大值 α_{max}

设防烈度	7		8		9
设计基本地震加速度	0.1g	0.15g	0.2g	0.3g	0.4g
地震影响系数最大值	0.08	0.12	0.16	0.24	0.32

表8.2-6 各类场地土的特征周期值 T_g

设计地震分组	场地土类别			
	Ⅰ	Ⅱ	Ⅲ	Ⅳ
第一组	0.25	0.35	0.45	0.65
第二组	0.30	0.40	0.55	0.75
第三组	0.35	0.45	0.65	0.90

衰减指数 γ，由式(8.2－10)确定：

$$\gamma = 0.9 + \frac{0.05 - \zeta_i}{0.5 + 5\zeta_i} \quad (8.2-10)$$

在式(8.2－10)中，ζ_i为振型阻尼比，应由实测取得。无实测数据时，一阶振型阻尼比可取 $\zeta_1 = 0.01 \sim 0.03$。

阻尼调整系数 η_1、η_2，分别由式(8.2－11)和式(8.2－12)确定：

$$\eta_1 = 0.02 + (0.05 - \zeta_i)/8 \quad (8.2-11)$$

$$\eta_2 = 1 + \frac{0.05 - \zeta_i}{0.06 + 1.7\zeta_i} \quad (8.2-12)$$

η_{1k}基本振型参与系数，按式(8.2－13)计算：

$$\eta_{1k} = \frac{h_k^{1.5}\sum_{i=1}^{n} m_i h_i^{1.5}}{\sum_{i=1}^{n} m_i h_i^3} \quad (8.2-13)$$

(2) 垂直地震力

设防烈度为8度或9度地区的塔器应考虑上下两个方向垂直地震力的作用，如图8.2－6所示。

塔式容器底截面处的垂直地震力按式(8.2－14)计算：

$$F_v^{0-0} = a_{vmax} m_{eq} g \quad N \quad (8.2-14)$$

任意高度 h_i(截面Ⅰ－Ⅰ)处垂直地震力按式(8.2－15)计算：

$$F_v^{I-I} = \frac{m_i h_i}{\sum_{k=i}^{n} m_k h_k} F_V^{0-0} (i = 1, 2 \cdots n) \quad N \quad (8.2-15)$$

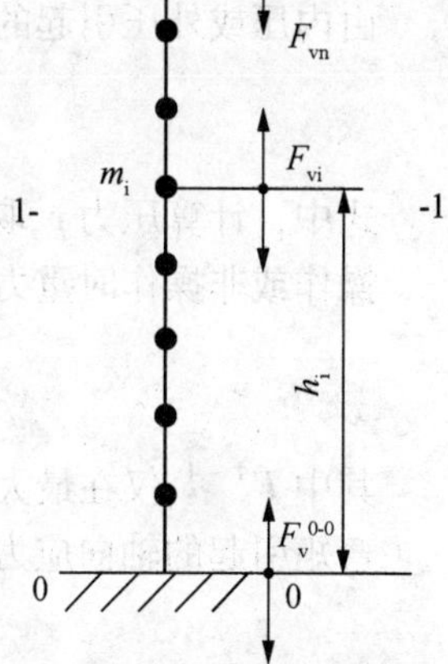

图8.2－6　垂直地震力的作用示意

(3) 地震弯矩

塔式容器任意计算截面Ⅰ－Ⅰ处的基本振型地震弯矩按式(8.2－16)计算：

$$M_{EI}^{I-I} = \sum_{k=i}^{n} F_{1k}(h_k - h) \quad (8.2-16)$$

对于等直径、等厚度塔式容器的任意截面Ⅰ－Ⅰ和底截面0－0的基本振型地震弯矩分别按式(8.2－17)和(8.2－18)计算：

$$M_{EI}^{I-I} = \frac{8\alpha_1 m_0 g}{175H^{2.5}}(10H^{3.5} - 14H^{2.5} \cdot h + 4h^{3.5}) \quad (8.2-17)$$

$$M_{EI}^{0-0} = \frac{16}{35}\alpha_1 m_0 g H \quad (8.2-18)$$

当塔器 $H/D > 15$，并且 $H > 20$m 时，还须考虑高振型的影响。

8.2.3　最大弯矩

塔式容器所承受的最大弯矩由风弯矩、地震弯矩及偏心弯矩按一定系数关系组合而成。

关于地震弯矩和风弯矩的组合，至今没有统一的认识。有文献主张100%的地震弯矩应与50%或30%的风弯矩组合；也有文献认为地震载荷是短期载荷，可以不与风载荷组合。JB 4710《钢制塔式容器》规定：地震弯矩加25%的风弯矩。

任意计算截面Ⅰ－Ⅰ处的最大弯矩按式(8.2－19)计算。

$$M_{max}^{I-I}=\begin{cases}M_W^{I-I}+M_e\\M_{EI}^{I-I}+0.25M_W^{I-I}+M_e\end{cases}\text{MPa，取其中较大值} \tag{8.2-19}$$

底部截面0-0处的最大弯矩按式(8.2-20)计算：

$$M_{max}^{0-0}=\begin{cases}M_W^{0-0}+M_e\\M_E^{0-0}+0.25M_W^{0-0}+M_e\end{cases}\text{MPa，取其中较大值} \tag{8.2-20}$$

8.2.4 圆筒形塔壳轴向应力校核

圆筒承受压力(内压或外压)、弯矩(风弯矩、地震弯矩和偏心弯矩)及轴向载荷(本身的质量、介质及附件等的质量)的联合作用。内压在圆筒中产生拉应力，外压产生压应力。弯矩在圆筒一侧产生轴向拉应力，另一侧产生轴向压应力。各种质量在圆筒中产生轴向压应力。由于压力、弯矩、质量随塔式容器所处状态而变化，故圆筒中的组合轴向应力值也随之变化。因此必须校核塔式容器在各种状态下的轴向组合应力，并确保轴向组合拉应力满足强度条件、轴向组合压应力满足稳定条件。

1. 圆筒轴向应力

圆筒任意计算截面Ⅰ-Ⅰ处的轴向应力分别按式(8.2-21)、式(8.2-22)和式(8.2-23)计算：

由内压或外压引起的轴向应力σ_1：

$$\sigma_1=\frac{p_c D_i}{4\delta_{ei}}\ \text{MPa} \tag{8.2-21}$$

式中，计算压力p_c取绝对值。

操作或非操作时重力及垂直地震力引起的轴向应力σ_2：

$$\sigma_2=\frac{m_0^{I-I}g\pm F_v^{I-I}}{\pi D_i\delta_{ei}}\ \text{MPa} \tag{8.2-22}$$

其中F_v^{I-I}仅在最大弯矩为地震弯矩参与组合时才计入。

弯矩引起的轴向应力σ_3：

$$\sigma_3=\frac{4M_{max}^{I-I}}{\pi D_i^2\delta_{ei}}\ \text{MPa} \tag{8.2-23}$$

2. 圆筒拉应力校核

圆筒最大组合拉应力应满足式(8.2-24)和式(8.2-25)的强度条件：

对内压容器 $\sigma_1-\sigma_2+\sigma_3\leqslant K[\sigma]^t\phi$ (8.2-24)

对外压容器 $-\sigma_2+\sigma_3\leqslant K[\sigma]^t\phi$ (8.2-25)

3. 圆筒稳定性校核

圆筒最大组合压应力应小于或等于临界许用压应力，即：

对内压容器 $\sigma_2+\sigma_3\leqslant[\sigma]_{cr}$ (8.2-26)

对外压容器 $\sigma_1-\sigma_2+\sigma_3\leqslant[\sigma]_{cr}$ (8.2-27)

$$\text{其中}[\sigma]_{cr}=\begin{cases}K_B\\K[\sigma]^t\end{cases}\text{取其中较小值}$$

如不能满足“2”和“3”的要求，应重新设定δ_{ei}重复上述计算，直至满足要求为止。

8.2.5 圆锥形塔壳轴向应力校核

1. 锥壳轴向应力

锥壳任意计算截面Ⅰ-Ⅰ处的轴向应力应分别按式(8.2-28)、式(8.2-29)和式

(8.2－30)计算。

由内压或外压引起的轴向应力：

$$\sigma_1=\frac{p_c D_{ih}}{4\delta_{ei}}\times\frac{1}{\cos\beta} \qquad (8.2-28)$$

其中计算压力 p_c 取绝对值。

由操作或非操作时重力及垂直地震力引起的轴向应力：

$$\sigma_2=\frac{m_0^{\mathrm{I-I}}g\pm F_v^{\mathrm{I-I}}}{\pi D_{ih}\delta_{ei}}\times\frac{1}{\cos\beta} \qquad (8.2-29)$$

其中 $F_v^{\mathrm{I-I}}$ 仅在最大弯矩为地震弯矩参与组合时才计入。

由弯矩引起的轴向应力：

$$\sigma_3=\frac{4M_{max}^{\mathrm{I-I}}}{\pi D_i^2\delta_{ei}}\times\frac{1}{\cos\beta} \qquad (8.2-30)$$

2. 锥壳稳定性校核

锥壳轴向许用压应力按(8.2－31)确定：

$$[\sigma]_{cr}=\begin{cases}KB\cos^2\beta\\K[\sigma]^t\end{cases}\text{取其中较小值} \qquad (8.2-31)$$

求取锥壳的 B 值时，式中的 R_i 应为锥壳小端曲率半径 r_i，见图 8.2－7。

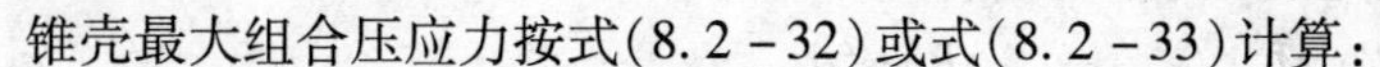

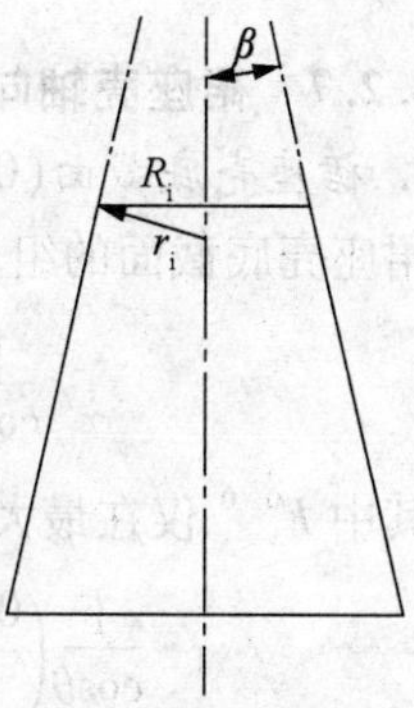

锥壳最大组合压应力按式(8.2－32)或式(8.2－33)计算：

对内压容器： $\sigma_2+\sigma_3\leqslant[\sigma]_{cr}$ (8.2－32)

对外压容器： $\sigma_1+\sigma_2+\sigma_3\leqslant[\sigma]_{cr}$ (8.2－33)

图 8.2－7 锥壳曲率半径示意

3. 锥壳拉应力校核

锥壳最大组合拉应力按式(8.2－24)或式(8.2－25)校核。

8.2.6 压力试验时应力校核

1. 圆筒应力

压力试验前，应按式(8.2－34)校核圆筒应力：

$$\sigma_T=\frac{(p_T+\rho H_w\times9.81\times10^{-9})(D_i+\delta_e)}{2\delta_e} \qquad (8.2-34)$$

σ_T应满足下列条件：

液压试验时： $\sigma_T\leqslant0.9R_{eL}(R_{p0.2})$

气压试验时： $\sigma_T\leqslant0.8R_{eL}(R_{p0.2})$

对选定的各计算截面轴向应力应按式(8.2－35)、式(8.2－36)和式(8.2－37)计算：

试验压力引起的轴向应力：

$$\sigma_1=\frac{p_T D_i}{4\delta_{ei}} \qquad (8.2-35)$$

重力引起的轴向应力：

$$\sigma_2=\frac{m_T^{\mathrm{I-I}}g}{\pi D_i\delta_{ei}} \qquad (8.2-36)$$

弯矩引起的轴向应力：

$$\sigma_3=\frac{4(0.3M_w^{\mathrm{I-I}}+M_e)}{\pi D_i^2\delta_{ei}} \qquad (8.2-37)$$

2. 应力校核

压力试验时，圆筒及锥壳材料的许用轴向应力按式(8.2-38)确定，圆筒及锥壳的最大组合轴向应力按式(8.2-39)、式(8.2-40)和式(8.2-41)校核：

$$[\sigma]_{cr}=\begin{cases}KB\\0.9R_{eL}\end{cases}\text{取其中较小值} \tag{8.2-38}$$

(1) 轴向拉应力

液压试验时：

$$\sigma_1-\sigma_2+\sigma_3\leqslant 0.9R_{eL}(R_{p0.2}) \tag{8.2-39}$$

气压试验时：

$$\sigma_1-\sigma_2+\sigma_3\leqslant 0.8R_{eL}(R_{p0.2}) \tag{8.2-40}$$

(2) 轴向压应力

$$\sigma_2+\sigma_3\leqslant[\sigma]_{cr} \tag{8.2-41}$$

8.2.7　裙座壳轴向应力校核

1. 裙座壳底截面(0-0截面)

裙座壳底截面的组合应力按式(8.2-42)和式(8.2-43)校核：

$$\frac{1}{\cos\theta}\left(\frac{M_{max}^{0-0}}{Z_{sb}}+\frac{m_0g+F_v^{0-0}}{A_{sb}}\right)\leqslant\begin{cases}KB\cos^2\theta\\K[\sigma]_s^t\end{cases}\text{取其中的小值} \tag{8.2-42}$$

其中 F_v^{0-0} 仅在最大弯矩为地震弯矩参与组合时计入此项。

$$\frac{1}{\cos\theta}\left(\frac{0.3M_w^{0-0}+M_e}{Z_{sb}}+\frac{m_{max}g}{A_{sb}}\right)\leqslant\begin{cases}B\cos^2\theta\\0.9R_{eL}(R_{p0.2})\end{cases}\text{取其中的小值} \tag{8.2-43}$$

2. 裙座壳较大管开孔(见图8.2-8)h-h截面

裙座壳检查孔或较大管线引出孔h-h截面处组合应力按式(8.2-44)和式(8.2-45)校核：

$$\frac{1}{\cos\theta}\left(\frac{M_{max}^{h-h}}{Z_{sm}}+\frac{m_0^{h-h}g+F_v^{h-h}}{A_{sm}}\right)\leqslant\begin{cases}KB\cos^2\theta\\K[\sigma]_s^t\end{cases}\text{取其中的小值} \tag{8.2-44}$$

其中 F_v^{h-h} 仅在最大弯矩为地震弯矩参与组合时计入此项。

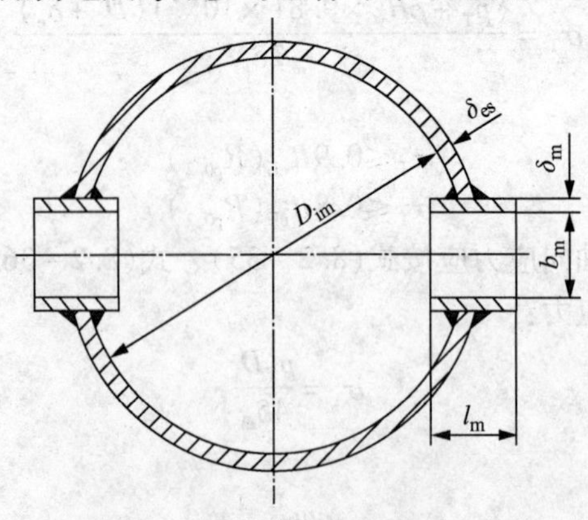

图8.2-8　裙座壳较大孔处截面h-h示意

$$\frac{1}{\cos\theta}\left(\frac{0.3M_w^{h-h}+M_e}{Z_{sm}}+\frac{m_{max}^{h-h}g}{A_{sm}}\right)\leqslant\begin{cases}B\cos^2\theta\\0.9R_{eL}(R_{p0.2})\end{cases}\text{取其中的小值} \tag{8.2-45}$$

如不能满足上述条件时，应重新设定裙座壳有效厚度 δ_{es}，重复上述计算，直至满足要求。

8.2.8 地脚螺栓座

地脚螺栓座包括基础环、筋板、盖板和垫板，如图 8.2-9 所示。

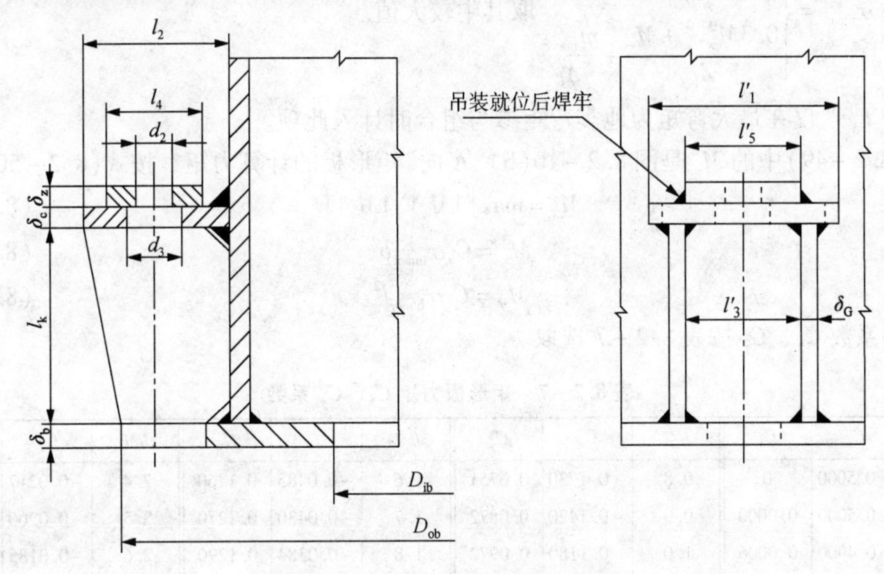

图 8.2-9 地脚螺栓座结构示意

1. 基础环

① 基础环内、外径(见图 8.2-10)按式(8.2-46)和式(8.2-47)选取。

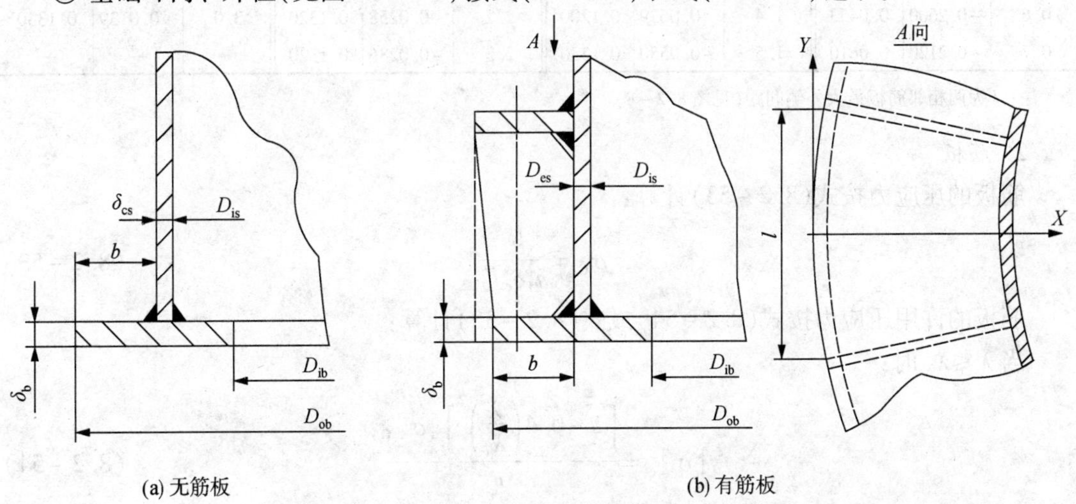

图 8.2-10 基础环结构示意

$$D_{ib} = D_{is} - (160 \sim 400) \tag{8.2-46}$$

$$D_{ob} = D_{is} + (160 \sim 400) \tag{8.2-47}$$

② 基础环厚度在无筋板时按式(8.2-48)计算，有筋板时按式(8.2-49)计算：

$$\delta_b = 1.73 \sqrt{\frac{\sigma_{bmax}}{[\sigma]_b}} \tag{8.2-48}$$

$$\delta_b = \sqrt{\frac{6M_s}{[\sigma]_b}} \tag{8.2-49}$$

式中 $\sigma_{bmax} = \begin{cases} \dfrac{M_{max}^{0-0}}{Z_b} + \dfrac{m_0 g \pm F_v^{0-0}}{A_b} \\ \dfrac{0.3M_w^{0-0} + M_e}{Z_b} + \dfrac{m_{max} g}{A_b} \end{cases}$ 取其中较大值。

其中 F_v^{0-0} 仅在最大弯矩为地震弯矩参与组合时计入此项。

式(8.2-49)中的 M_s 是图 8.2-10(b)“A 向”矩形板的计算力矩，按式(8.2-50)计算：

$$M_s = \max\{|M_x|, |M_y|\} \tag{8.2-50}$$

$$M_x = C_x \sigma_{bmax} b^2 \tag{8.2-51}$$

$$M_y = C_y \sigma_{bmax} l^2 \tag{8.2-52}$$

其中系数 C_x、C_y 按表 8.2-7 选取。

表 8.2-7　矩形板力矩 C_x、C_y 系数

b/l	C_x	C_y	b/l	C_x	C_y	b/l	C_x	C_y	b/l	C_x	C_y
0	-0.5000	0	0.8	-0.1730	0.0751	1.6	-0.0485	0.1260	2.4	-0.0217	0.1320
0.1	-0.5000	0.0000	0.9	-0.1420	0.0872	1.7	-0.0430	0.1270	2.5	-0.0200	0.1330
0.2	-0.4900	0.0006	1.0	-0.1180	0.0972	1.8	-0.0384	0.1290	2.6	-0.0185	0.1330
0.3	-0.4480	0.0051	1.1	-0.0995	0.1050	1.9	-0.0345	0.1300	2.7	-0.0171	0.1330
0.4	-0.3850	0.0151	1.2	-0.0846	0.1120	2.0	-0.0312	0.1300	2.8	-0.0159	0.1330
0.5	-0.3190	0.0293	1.3	-0.0726	0.1160	2.1	-0.0283	0.1310	2.9	-0.0149	0.1330
0.6	-0.2600	0.0453	1.4	-0.0629	0.1200	2.2	-0.0258	0.1320	3.0	-0.0139	0.1330
0.7	-0.2120	0.0610	1.5	-0.0550	0.1230	2.3	-0.0236	0.1320	—	—	—

注：l 为两相邻筋板最大外侧间距(见图 8.2-8)。

2. 筋板

筋板的压应力按式(8.2-53)计算：

$$\sigma_G = \frac{F_1}{n_1 \delta_G l'_2} \tag{8.2-53}$$

筋板的许用压应力按式(8.2-54)或式(8.2-55)计算：

当 $\lambda \leqslant \lambda_c$ 时：

$$[\sigma]_c = \frac{\left[1 - 0.4\left(\dfrac{\lambda}{\lambda_c}\right)^2\right][\sigma]_G}{v} \tag{8.2-54}$$

式中 $v = 1.5 + \dfrac{2}{3}\left(\dfrac{\lambda}{\lambda_c}\right)^2$。

当 $\lambda > \lambda_c$ 时：

$$[\sigma]_c = \frac{0.277[\sigma]_G}{(\lambda/\lambda_c)^2} \tag{8.2-55}$$

筋板的压应力应满足 $\sigma_G \leqslant [\sigma]_c$。

3. 盖板

盖板的最大应力应小于或等于盖板材料的许用应力：碳钢 147MPa，低合金钢 170MPa。

(1) 分块盖板

分块盖板最大应力按式(8.2-56)或式(8.2-57)计算:

无垫板时:
$$\sigma_z=\frac{F_1 l'_3}{(l'_2-d_3)\delta_c^2} \tag{8.2-56}$$

有垫板时:
$$\sigma_z=\frac{F_1 l'_3}{(l'_2-d_3)\delta_c^2+(l'_4-d_2)\delta_z^2} \tag{8.2-57}$$

(2) 整体环形盖板

整体环形盖板最大应力按式(8.2-58)或式(8.2-59)计算:

无垫板时:
$$\sigma_z=\frac{3F_1 l'_3}{4(l'_2-d_3)\delta_c^2} \tag{8.2-58}$$

有垫板时:
$$\sigma_z=\frac{3}{4}\left[\frac{F_1 l'_3}{(l'_2-d_3)\delta_c^2+(l'_4-d_2)\delta_z^2}\right] \tag{8.2-59}$$

8.2.9 地脚螺栓

塔式容器必须用地脚螺栓牢牢地固定在基础上，以防在风、地震等载荷的作用下使其翻倒。基础环在轴向载荷和组合弯矩的作用下，在迎风侧的地脚螺栓中可能出现拉应力，背风侧出现压应力，拉应力通过地脚螺栓传递给基础。因此，地脚螺栓必须有足够的强度。

地脚螺栓承受的最大应力按(8.2-60)计算:

$$\sigma_B=\begin{cases}\dfrac{M_w^{0-0}+M_e}{Z_b}-\dfrac{m_{min}g}{A_b}\\[2ex] \dfrac{M_E^{0-0}+0.25M_w^{0-0}+M_e}{Z_b}-\dfrac{m_0 g-F_v^{0-0}}{A_b}\end{cases}\text{取其中较大值} \tag{8.2-60}$$

当 $\sigma_B\leqslant 0$ 时，塔式容器自身稳定，但为固定塔式容器位置，应设置一定数量的地脚螺栓。

当 $\sigma_B>0$ 时，塔式容器应设置地脚螺栓。地脚螺栓的螺纹小径应按式(8.2-61)计算:

$$d_1=\sqrt{\frac{4\sigma_B A_b}{\pi n[\sigma]_{bt}}}+C_2 \tag{8.2-61}$$

圆整后的地脚螺栓公称直径不得小于 M24。地脚螺栓材料一般选用符合 GB/T 700《碳素结构钢》规定的 Q235 或符合 GB/T 1591《低合金高强度结构钢》规定的 Q345(16Mn)，Q235 的$[\sigma]_{bt}=147$MPa，Q345 的$[\sigma]_{bt}=170$MPa。

8.2.10 裙座与塔壳连接焊缝的校核

如图 8.2-11 所示，塔式容器裙座与塔壳的连接有对接和搭接两种结构，在弯矩和重力的作用下，对接焊缝产生拉应力或压应力，而搭接焊接则产生剪应力。显然对接焊缝受力情况好于搭接焊缝，故被广泛采用。

1. 搭接连接

裙座与塔壳搭接连接焊缝结构如图 8.2-11(a)所示。搭接焊缝截面 J-J 处的剪应力应满足式(8.2-62)或式(8.2-63)的要求。

$$\frac{M_{max}^{J-J}}{Z_w}+\frac{m_0^{J-J}g+F_v^{J-J}}{A_w}\leqslant 0.8K[\sigma]_w^t \tag{8.2-62}$$

$$\frac{0.3M_w^{J-J}+M_e}{Z_w}+\frac{m_{max}^{J-J}g}{A_w}\leqslant 0.72KR_{eL} \tag{8.2-63}$$

其中 F_V^{J-J} 仅在最大弯矩为地震弯矩参与组合时计入此项。

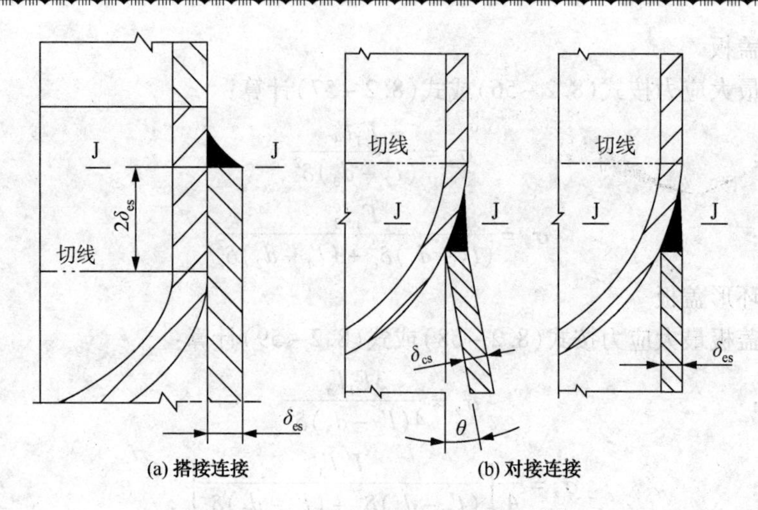

图 8.2-11 裙座与塔壳连接焊缝示意

2. 对接连接

裙座与塔壳对接焊缝连接结构如图 8.2-11(b)所示。对接焊缝截面 J-J 处的拉应力应满足式(8.2-64)的要求。

$$\frac{4M_{\max}^{J-J}}{\pi D_{it}^{2}\delta_{es}}-\frac{m_{0}^{J-J}g-F_{V}^{J-J}}{\pi D_{it}^{2}\delta_{es}}\leqslant 0.6K[\sigma]_{w}^{t} \tag{8.2-64}$$

其中 F_{V}^{J-J} 仅在最大弯矩为地震弯矩参与组合时计入此项。

8.3 板式塔盘

8.3.1 概述

塔式容器广泛应用于石油化工的分离过程，不仅涉及气/液体系的精馏、吸收、解吸等过程，而且也涉及液/液操作的萃取等过程。其中以精馏过程的工业应用数量最多，涉及面最广。从减压、常压到加压宽广压力范围内均有应用。

在塔式容器内部设置不同的机械结构和构件，以使进入塔内的气(液)、液两相依据动量传递原理通过这些机械结构，成为气液接触、分散、相际传质和相分离的场所，从而实现传质、传热过程，达到轻、重组分分离的目的。塔内机械结构不同，气液两相流动和接触方式也不同，因而气、液传质过程也有所不同。

塔内一次气液接触达到理想传质效果的塔盘称为“理论板”。在一块理论塔盘上，离开塔盘上的气相和液相的温度、压力相等、组分互呈相平衡状态，即达到最大理论上的热力学传质效果。但是，受塔式容器对处理能力的要求、塔盘上非“理想”的气液两相流动及接触、体系物性、气液负荷的大小以及塔盘几何结构等诸多因素的制约，实际塔盘上的传质效果很难达到“理论板”的效果。实际采用的塔盘数与理论板数之比就是板效率。

现代塔式容器经过100多年的发展历史，现已开发出数百种适应不同操作体系的不同塔内件构型。总体上，可概括为内部装填塔盘的板式塔和内部装填填料的填料塔两大类。这两大类塔内件分别具有不同的流体力学，传质特性及操作特点，适应于不同的操作工况和生产要求。

板式塔盘种类繁多，结构各异，从不同角度可以有多种不同的分类方法。按结构外形和两相接触状态可分为泡罩型、浮阀型、斜孔型、筛孔型、无溢流型、并流型、复合型等。以下简述泡罩型、浮阀型和斜孔型塔盘。

8.3.2　鼓泡型塔盘

1. 泡罩塔盘

“泡罩”有时又称为“泡帽”。泡罩型塔盘根据泡罩不同，可分为条形泡罩、圆形泡罩、槽形泡罩、S 形塔盘、扁平泡罩、伞形泡罩、具有导向叶片的泡罩、旋转泡罩、开孔泡罩等。

泡罩型塔盘于 20 世纪上半叶在石化行业中占主导地位。它的优点是：操作弹性大、塔盘效率较高、稳定可靠、通量大、不易堵塞、便于操作等；缺点是压降较大、结构复杂、安装维修较费事、因而成本较高等。

近半个世纪以来，出现了如新型筛板和浮阀塔盘等许多新型塔盘和高效填料，它们有各自独特的优点，与泡罩塔盘相比，具有处理能力大、压降小、结构简单、制造方便和费用低廉等优点。有资料称筛板塔和浮阀塔的投资仅为泡罩塔的一半。填料塔的性价比更高。然而，由于人们在长期使用中对泡罩塔盘积累的经验多，泡罩早已标准化，虽然压降大些，但对常压和加压操作不是主要矛盾，所以在那些对可靠性和稳定性要求较高的场合，泡罩塔盘仍占有它的一席之地。

图 8.3－1 和表 8.3－1 列出了 JB/T 1212—1999《圆泡帽》中的全部三种圆泡帽（*DN*80、*DN*100 和 *DN*150）的结构参数。

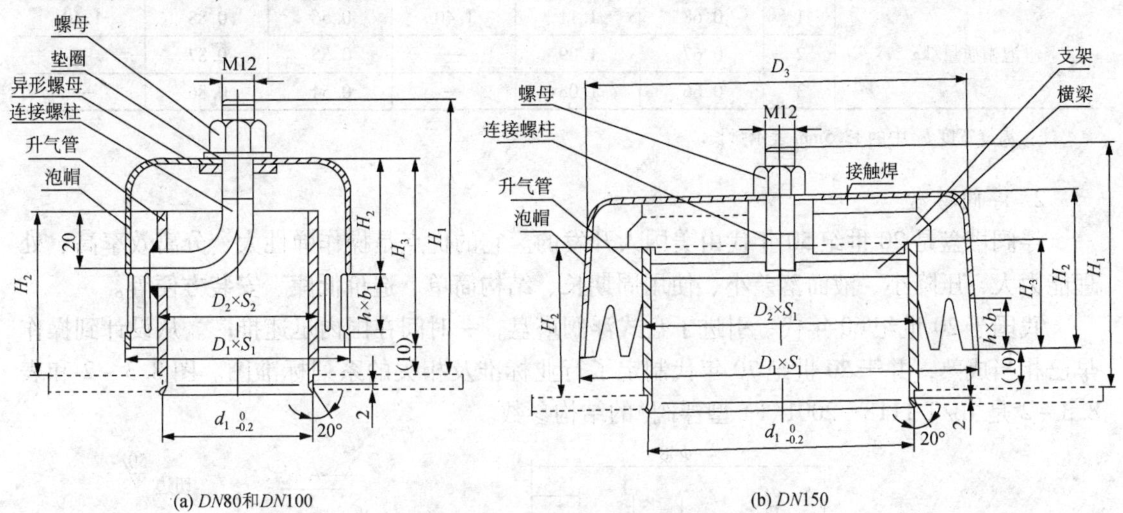

图 8.3－1　圆泡帽结构示意

表 8.3－1　圆泡帽的结构参数

材料类别		Ⅰ类			Ⅱ类		
公称直径 *DN*		80	100	150	80	100	150
泡帽外径 D_1 × 壁厚 S_1		80×2	100×3	158×3	80×1.5	100×1.5	158×1.5
泡帽顶部外径 D_3		—	—	152	—	—	152
升气管外径 D_2 × 壁厚 S_2		57×3.5	70×4	108×4	57×2.75	70×3	108×4
总高度 H_1		95	105	107	95	105	107
升气管高度 H_2		57	62	64	57	62	64
泡帽高度 H_3		65	75	73	65	75	73
泡帽顶部至齿缝高度 H_4	1	40	45	—	40	45	—
	2	35	42	—	35	42	—
	3	30	38	—	30	38	—

续表 8.3-1

材料类别		Ⅰ类			Ⅱ类		
支架至泡帽底端高度 H_5		—	—	45	—	—	45
齿缝高度 h	1	20	25	35	20	25	35
	2	25	28	—	25	28	—
	3	30	32	—	30	32	—
齿缝宽度 b_1		4	5	R_4/13.5	4	5	R_4/13.5
齿缝数目 n		30	32	28	30	32	28
齿缝节距 f		8.38	9.82	17.7	8.38	9.82	17.7
升气管孔径 d_1		55	68	106	55	68	106
升气管净面积 F_1/cm^2		16.06	25.85	73.05	17.16	27.75	73.05
回转面积 F_2/cm^2		25.12	38.94	78.50	26.68	43.21	78.90
环形面积 F_3/cm^2		19.84	30.90	80.00	21.04	35.39	85.10
齿缝总面积 F_4 cm^2	1	22.97	38.27	102.5	22.97	38.27	102.5
	2	28.97	43.07	—	28.97	43.07	—
	3	34.97	49.47	—	34.97	49.47	—
F_2/F_1		1.56	1.50	1.08	1.55	1.55	1.08
F_3/F_1		1.22	1.19	1.10	1.21	1.26	1.17
泡帽质量/kg	1	0.68	1.11	1.40	0.56	0.88	1.40
	2	0.67	1.09	—	0.55	0.87	—
	3	0.66	1.08	—	0.54	0.86	—

注：齿缝宽度 b_1 中的 13.5mm 表示弧长。

2. 浮阀塔盘

浮阀塔盘是20世纪50年代由美国人开发的。它的优点是操作弹性大、分离效率高、处理能力大，压降小、液面落差小、使用周期长、结构简单、造价低廉、安装方便等。

我国于20世纪60年代，引进了盘式浮阀塔盘，一时间在国内迅速推广。从设计到操作早已相当成熟，并于20世纪70年代制定了行业标准及相关的系列标准图。图 8.3-2 和表 8.3-2 是 JB/T 1118—2001《F1 型浮阀》的结构参数。

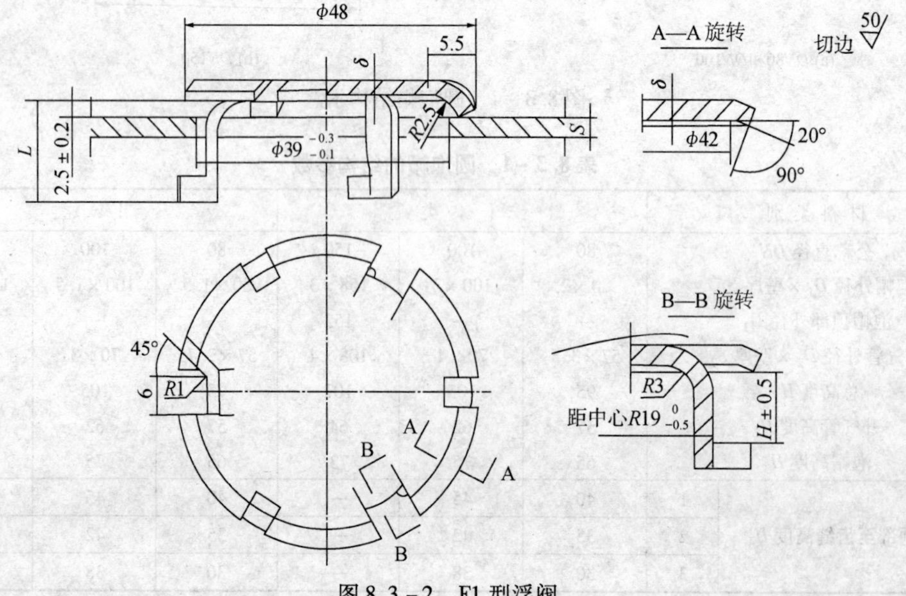

图 8.3-2 F1 型浮阀

表 8.3－2 F1 型浮阀的结构参数 mm

序号	标 记	其中参数		塔板厚度 S	尺 寸					材 质
		阀厚 δ	阀重/kg		H	L	a	b	c	
1	F1Q－4A	1.5	0.0246	4	12.5	16.5	9.7	5.4	34.8	0Cr13
2	F1Z－4A	2	0.0327				10.2	5.3	34.6	
3	F1Q－4B	1.5	0.0251				9.7	5.4	34.8	0Cr18Ni9
4	F1Z－4B	2	0.0333				10.2	5.3	34.6	
5	F1Q－4C	1.5	0.0253				9.7	5.4	34.8	0Cr17Ni12Mo2
6	F1Z－4C	2	0.0335				10.2	5.3	34.6	
7	F1Q－3A	1.5	0.0243	3	11.5	15.5	9.7	5.4	33.8	0Cr13
8	F1Z－3A	2	0.0324				10.2	5.3	33.6	
9	F1Q－3B	1.5	0.0248				9.7	5.4	33.8	0Cr18Ni9
10	F1Z－3B	2	0.0330				10.2	5.3	33.6	
11	F1Q－3C	1.5	0.0250				9.7	5.4	33.8	0Cr17Ni12Mo2
12	F1Z－3C	2	0.0332				10.2	5.3	33.6	
13	F1Q－2B	1.5	0.0246	2	10.5	14.5	9.7	5.4	32.8	0Cr18Ni9
14	F1Z－2B	2	0.0327				10.2	5.3	32.6	
15	F1Q－2C	1.5	0.0247				9.7	5.4	32.8	0Cr17Ni12Mo2
16	F1Z－2C	2	0.0329				10.2	5.3	32.6	

8.3.3 斜孔型塔盘

传统的泡罩、筛孔和浮阀类塔板，尽管其结构有各种差异，但是塔板上气液两相都是以错流方式相遇和接触，两相的流体力学工况属于泡沫鼓泡类型。

喷射型塔板的出现适应了现代工业分离对高效、低阻、大通量某些方面的需要。同时标志塔器技术开始从传统的泡沫鼓泡操作区限扩展到更为宽广的喷雾液滴的工况领域。

喷射塔板共有的特征结构是设有斜孔或导流孔道。尽管各类喷射塔板的孔口形式和开孔方向不尽相同，但气液两相都是在孔口相遇，然后形成两相并流。

气流通过板上的斜孔结构即产生一个水平分力，相应削弱轴向的曳力，抑制了雾沫夹带，可允许更大的气流速度。同时，气流穿过喷雾液滴层的压降要比通过鼓泡液层的压降要小得多。因此，选择在喷射工况条件下操作，一般可以获得较高的负荷能力和较低的压降。

但是，气液并流的操作方式也带来某些负面影响。如液流被高速气流不断加速。塔板上形成喷雾液滴层，从上游到下游不断增厚，封着降液管上方，恶化脱气过程（俗称“三角喷射”）。又因两相向一个方向加速，不利于液滴聚散和表面更新过程，因而效率较低。

喷射型塔盘的种类繁多，但曾经广泛用于石油炼制的不外舌形塔盘、网孔塔盘等少数几种。少有应用的还有斜孔塔盘、浮动喷射塔盘、浮舌塔盘等。

1. 舌形塔盘

舌形塔盘是早期出现的喷射型塔盘之一，具有结构简单、压降低、处理量大等良好性能。据称，与圆泡帽塔盘相比，可节省投资 15% ~45%，处理能力提高 20% ~30%，压降减少 13% ~30%。由于舌形塔盘上的“舌头”是从塔盘上直接冲制出来的，材料消耗只有圆泡帽塔盘的一半。

舌形塔盘的主要缺点是：弹性小、板效率较低。

如图 8.3－3 所示，舌形塔板上的舌孔按一定方式排列。舌片由平板冲制而成，孔口与液流的方向相同。图 8.3－4 表示了两种舌片。Ⅰ型舌片三面开口，气流可以从舌头和两侧同时喷出。Ⅱ型舌片呈拱形，气流只能从孔口前方喷出。舌片与板面形成的张角约为 20°。舌片的长宽有两种推荐值：$l_1 \times l_2 = 50\text{mm} \times 50\text{mm}$ 或 $l_1 \times l_2 = 25\text{mm} \times 25\text{mm}$。舌孔排布可按 a_1

和 a_2 定位，a_1 为相近两舌孔间隙，推荐 $a_1=15\sim20$mm；a_2 为前后舌孔的间隙，推荐 $a_2=20\sim25$mm；如果需要扩大开孔面积，可将舌孔间隙调整为 $a_1=a_2=10\sim15$mm。此外，改变开孔数目和舌片张角大小也可用以调节舌形塔板的开孔率。塔板上首第 1 排舌孔距受液盘不小于 30mm，下游最后一排舌孔离降液管 100 ~ 150mm。

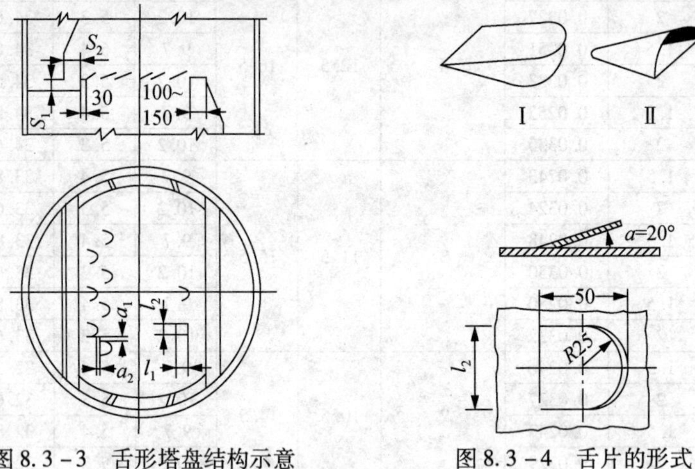

图 8.3-3　舌形塔盘结构示意　　图 8.3-4　舌片的形式

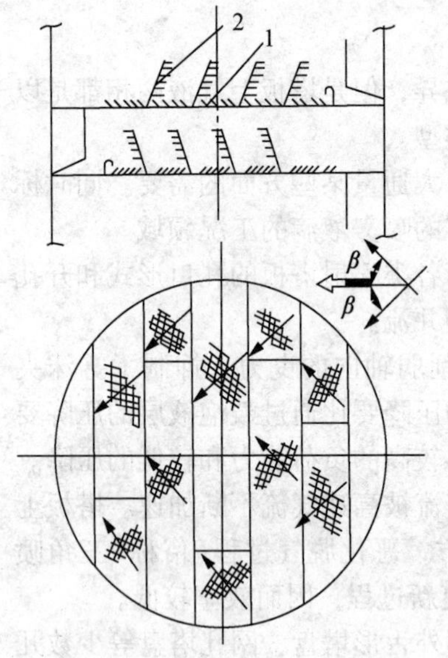

图 8.3-5　网孔塔盘结构示意
1—网孔板；2—挡沫板

2. 网孔塔盘

网孔塔盘的结构有两个显著的特点：一是有按一定方向呈网状分布的斜孔(网孔)；二是有架设在塔盘上方互相平行的倾斜的泡沫挡板(见图 8.3-5)。

塔板用压延金属制成，斜孔的开缝宽度通常采用 2 ~ 5mm，倾斜 10° ~ 60°角，缝宽与倾角是匹配的。当挡沫板也是网孔板，但斜孔宽度大约 6 ~ 8mm，；下边缘与塔板留有空隙。根据塔直径的不同，每层网孔塔板有若干宽度为 300 ~ 400mm 的条形网孔板组成，板条斜孔的法线与液流法线成 45°夹角。为了防止液体在塔壁上滞留，在板条的端部另接一小块网孔板，其上开的斜孔与板条上开的斜孔方向互成 90°，相邻板条上的开孔方向偏转 90°，使液体在塔板上的流动成“之”字形。

网孔塔盘不设出口堰，但有特别形式的进口堰。以克服液流在入口处容易严重漏液的缺点。

网孔塔盘的主要优点是通量大、压降小；缺点是容易漏液、操作弹性小、板效率较低。

8.3.4　常用塔盘连接件

塔板连接件的标准系数有：JB/T 1119—1999《卡子》、JB/T 1120—1999《双面可拆连接件》、JB/T 2878.2—1999《X1 型楔卡》、JB 2878.2—1999《X2 型楔卡》，此外，有些单位还自行制定连接件标准系列。

1. 卡子

卡子标准系数(JB/T 1119—1999)适应于塔板与支持圈、降液板与支持板的连接，适用的支持圈或支持板的厚度分为 6mm、8mm、10mm、12mm、14mm 五档。它是由卡板、椭圆垫板、圆头螺栓和螺母组成，其结构、尺寸及材质见表 8.3-3 及图 8.3-6。

表 8.3-3　卡子标准系列、尺寸与材质　mm

序号	标记	适用厚度 h	总高 H	卡板 a	a_1	d_1	δ_1	材质	圆头螺栓 L	L_0	d_3	规格	材质	椭圆垫板 d_2	δ_2	材质	螺母 规格	材质	每套质量/kg
1	K6A	6																	0.139
2	K8A	8	47	60	53	11			35	25	15	M10		11			M10		0.140
3	K10A	10					3	Q235-A					1Cr13			Q235-A		Q235-A	0.141
4	K12A	12	52	65	58	13			40	30	17	M12		13			M12		0.166
5	K14A	14																	0.137
6	K6B	6																	0.112
7	K8B	8	47	60	53	11	2		35	25	15	M10		11			M10		0.113
8	K10B	10						0Cr18Ni9					0Cr18Ni9		2.5	0Cr18Ni9		0Cr18Ni9	0.114
9	K12B	12																	0.166
10	K14B	14	52	65	58	13	3		40	30	17	M12		13			M12		0.167
11	K6C	6																	0.112
12	K8C	8	47	60	53	11	2		35	25	15	M10		11			M10		0.113
13	K10C	10						0Cr17Ni12Mo2					0Cr17Ni12Mo2			0Cr17Ni12Mo2		0Cr17Ni12Mo2	0.114
14	K12C	12	52	65	58	13	3		40	30	17	M12		13			M12		0.116
15	K14C	14																	0.167

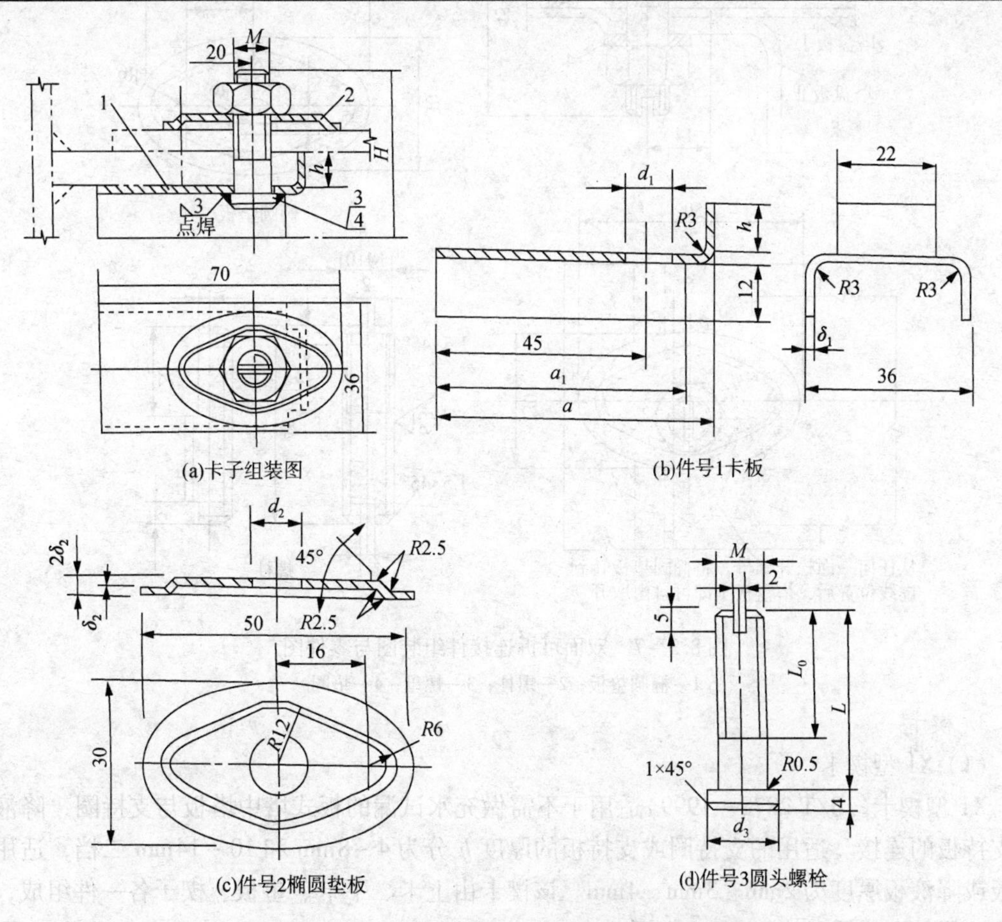

图 8.3-6　卡子(JB/T 1119—1999)组装图与零件图

1—卡板；2—椭圆垫板；3—圆头螺栓；4—螺母

2. 双面可拆连接件

JB/T 1120—1999《双面可拆连接件》适用于塔板与塔板间、塔板与人孔通道板间等处的连接，适用的被连接件厚度之和应不大于12mm。它由螺栓、椭圆垫板、垫圈和螺母组成，其结构、尺寸、材质见表8.3-4和图8.3-7。

表8.3-4 双面可拆连接件规格及材质

序号	标记	椭圆垫板		垫圈		螺柱		螺母		每套质量/kg
		数量	材质	数量	材质	数量	材质	数量	材质	
1	SLA	1	Q235-A	1	Q235-A	1	1Cr13	2	Q235-A	
2	SLB	1	0Cr18Ni9 或 0Cr18Ni10Ti	1	0Cr18Ni9 或 0Cr18Ni10Ti	1	0Cr18Ni9 或 0Cr18Ni10Ti	2	0Cr18Ni9 或 0Cr18Ni10Ti	0.0803
3	SLC	1	0Cr17Ni12Mo2	1	0Cr17Ni12Mo2	1	0Cr17Ni12Mo2	2	0Cr17Ni12Mo2	

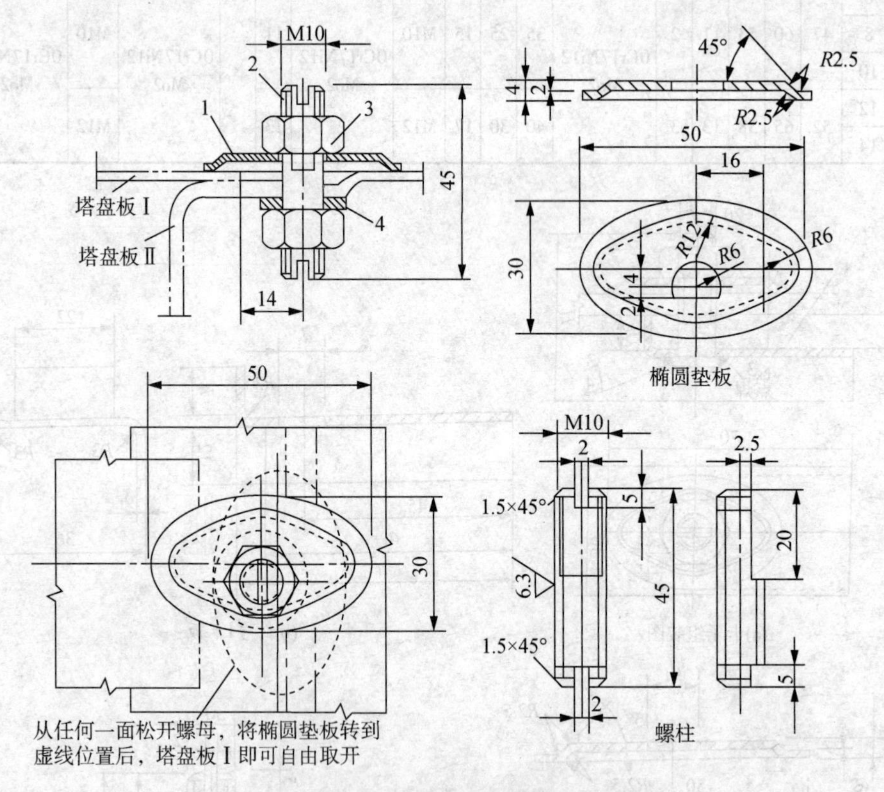

图8.3-7 双面可拆连接件组装图与零件图

1—椭圆垫板；2—螺柱；3—螺母；4—垫圈

3. 楔卡

(1) X1型楔卡

X1型楔卡(JB/T 2878—1999)适用于不需做充水试漏的板式塔中塔板与支持圈、降液板与支持板的连接。适用的支持圈或支持板的厚度 h 分为4~8mm和10~14mm二档，适用的塔板或降液板厚度为2mm、3mm、4mm。该楔卡由上卡、下卡、垫板、楔子各一件组成，其结构、尺寸和材质见表8.3-5和图8.3-8。

表 8.3-5 X1 型楔卡系列、尺寸与材质 mm

序 号	标 记	适用厚度 h	塔板厚度 S	尺寸 h_1	尺寸 h_2	尺寸 h_3	尺寸 δ	材 质	每套质量/kg
1	X1-Ⅰ-2A							Q235-A	
2	X1-Ⅰ-2B		2				4	0Cr18Ni9	0.265
3	X1-Ⅰ-2C							0Cr17Ni12Mo2	
4	X1-Ⅰ-3A							Q235-A	
5	X1-Ⅰ-3B	4~8	3	11	39	65	3	0Cr18Ni9	0.243
6	X1-Ⅰ-3C							0Cr17Ni12Mo2	
7	X1-Ⅰ-4A							Q235-A	
8	X1-Ⅰ-4B		4				2	0Cr18Ni9	0.221
9	X1-Ⅰ-4C							0Cr17Ni12Mo2	
10	X1-Ⅱ-2A							Q235-A	
11	X1-Ⅱ-2B		2				4	0Cr18Ni9	0.275
12	X1-Ⅱ-2C							0Cr17Ni12Mo2	
13	X1-Ⅱ-3A							Q235-A	
14	X1-Ⅱ-3B	10~14	3	17	45	71	3	0Cr18Ni9	0.253
15	X1-Ⅱ-3C							0Cr17Ni12Mo2	
16	X1-Ⅱ-4A							Q235-A	
17	X1-Ⅱ-4B		4				2	0Cr18Ni9	0.231
18	X1-Ⅱ-4C							0Cr17Ni12Mo2	

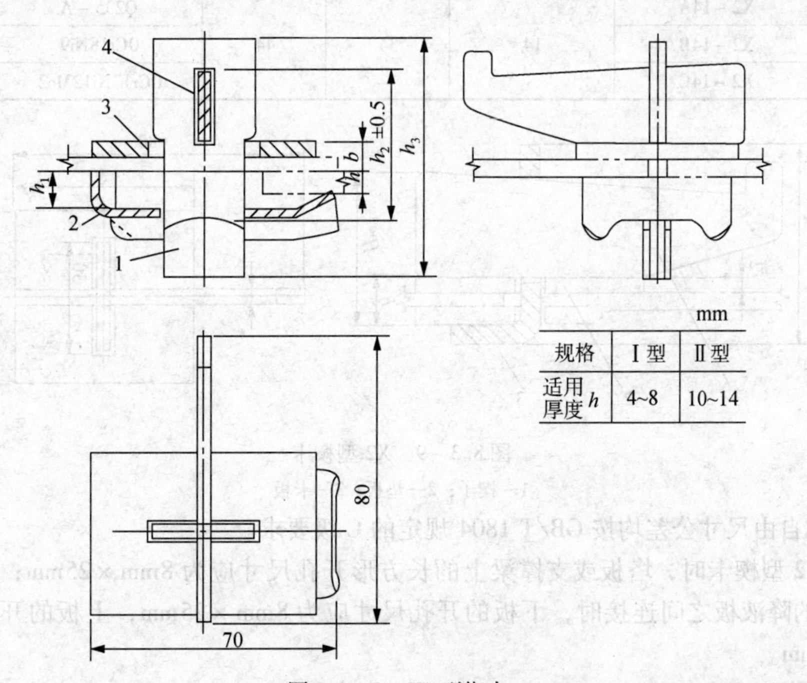

图 8.3-8 X1 型楔卡

1—上卡；2—下卡；3—垫板；4—楔子

为保证楔子具有良好的工作位置，必须保证塔板(或降液板)与垫板的厚度之和为 6mm。

冲压件自由尺寸公差均按 GB/T 1804 规定的 C 级要求。

使用 X1 型楔卡时，塔板或降液板上长方形开孔尺寸为 6mm×43mm。

(2) X2 型楔卡

X2 型楔卡(JB/T 2878.2—1999)适用于不需做充水试漏的板式塔中塔板之间、降液板之间、塔板与支撑梁的连接。适用厚度 h 分为 6mm、8mm、10mm、12mm、14mm 五档。h 系指包括垫板在内的被连接件厚度之总和。该楔卡由卡板、楔子和垫板组成，其结构、尺寸和材质见表 8.3-6 和图 8.3-9。

表 8.3-6　X2 型楔卡系列、尺寸与材质　mm

序号	标记	适用厚度 h	尺寸		材质	每套质量/kg
			H	H_1		
1	X2-6A	6	26	36	Q235-A	0.115
2	X2-6B				0Cr18Ni9	
3	X2-6C				0Cr17Ni12Mo2	
4	X2-8A	8	28	38	Q235-A	0.117
5	X2-8B				0Cr18Ni9	
6	X2-8C				0Cr17Ni12Mo2	
7	X2-10A	10	30	40	Q235-A	0.119
8	X2-10B				0Cr18Ni9	
9	X2-10C				0Cr17Ni12Mo2	
10	X2-12A	12	32	42	Q235-A	0.121
11	X2-12B				0Cr18Ni9	
12	X2-12C				0Cr17Ni12Mo2	
13	X2-14A	14	34	44	Q235-A	0.123
14	X2-14B				0Cr18Ni9	
15	X2-14C				0Cr17Ni12Mo2	

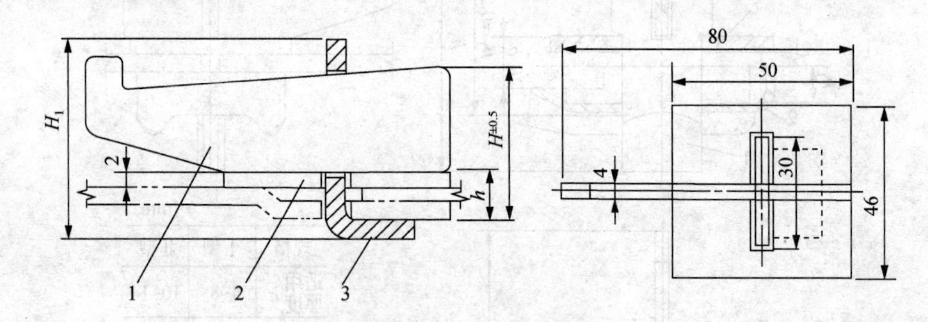

图 8.3-9　X2 型楔卡

1—楔子；2—垫板；3—卡板

冲压体自由尺寸公差均按 GB/T 1804 规定的 C 级要求。

使用 X2 型楔卡时，塔板或支撑梁上的长方形开孔尺寸应为 8mm×25mm；用于厚度不大于 4mm 的降液板之间连接时，下板的开孔尺寸应为 8mm×25mm，上板的开孔尺寸应为 10mm×33mm。

8.4　常用塔填料及填料塔内件

8.4.1　概述

广泛应用于石油化工分离过程的塔式容器，内部传质传热构件除了板式塔盘以外，填料占据着半壁江山。一般认为1914年在工业上应用的陶瓷拉西环(Raschig Ring)是最早的人造颗料填料。长期以来，由于填料的边壁效应，其应用受到限制。直到20世纪60年代随着新型高效填料的不断出现，以及各种结构的气液分配装置的出现，大大克服了边壁效应，才使填料塔的大型化成为了可能。一个时期以来，填料塔大有取代板式塔的趋势。

我国从20世纪60年代开始，开展了各类填料的研究工作，到目前已基本上可满足国内对填料塔的技术和成品的需求。

填料的品种规格繁多。按其在塔内的排列方式可以分为乱堆填料(Random Packing)和规整填料(Structured Packing)两大类。

乱堆填料也称为散堆填料，是具有一定几何形状和尺寸的颗粒体，故又有颗粒填料之称。它们在塔内以散堆的方式堆积，主要分为环形、鞍形、环鞍形等，以及由它们衍生出来的形形色色、五花八门的各式各样的品种和规格。在以下的叙述中使用颗粒填料一词。

规整填料也称为结构填料，是由丝网、薄板或栅格等构件制成的具有一定几何形状的单元体，将其按一定的规律规则地排列在床层中，人为地设定两相接触通道。因此，两相接触和分配更加均匀，分离效率更高。

为了充分发挥填料机械表面的作用，必须将气体和液体均匀地分布并润湿到填料表面。所以在填料床层的上、下两端须分别将液相和气相均匀地分散并均匀地进入填料床层。因此，高效能的填料还必须配有高效能的液体分布器和气体分布器来完成相分散过程。

填料性能的优劣主要反映在以下几个方面：

(1) 分离效率

较大的比表面积可提供较大的气液接触面积；几何结构上有利于流体分散、聚结，改善气液均匀分布，减少池液量；填料表面良好的润湿性能能增加气液相间接触面积，从而提高分离效率。

(2) 处理能力

足够大的空隙率来减小两相流动阻力，提高泛点气速，增加填料塔的操作弹性和处理能力。

(3) 流动阻力

气液通过填料所受到的阻力小、流动均匀、压降较低。

(4) 机械性能

填料在堆积、安装排放以及填料塔运行时，需要有较高的抗变形和抗破损的能力。

(5) 经济性

填料的结构便于制造，材料成本应该较低，且便于装拆、检修和重复使用。

(6) 其他

填料的抗腐蚀性、使用寿命及结构上的抗堵塞性能等。

填料所用的材料主要有金属、陶瓷、塑料。

8.4.2　颗粒填料

1. 拉西环(Raschig Ring)

拉西环是一个外径和高度相等的空心圆柱体，如图8.4-1所示。可用陶瓷、金属、塑料等材料制成。表8.4-1列出了金属拉西环的几何参数。

图 8.4－1 拉西环填料及其衍生品种

表 8.4－1 金属拉西环的几何参数

公称直径/mm	高×厚/mm	比表面积/(m^2/m^3)	空隙率/(m^3/m^3)	堆积个数/(个/m^3)	堆积重度/(kg/m^3)	干填料因子/(1/m)	填料因子/(1/m)
15	15×0.5	360	0.92	248000	660	460	900
25	25×0.8	220	0.92	55000	640	290	390
38	38×1	150	0.93	19000	570	190	260
50	50×1	110	0.95	7000	430	130	175
76	76×1.6	68	0.95	1870	400	80	105

2. 金属鲍尔环(Pall Ring)

金属鲍尔环是在拉西环的基础上，于环壁上开两层内伸舌片的窗口，每层窗口有五个舌片，舌片内弯指向环心，上下两层的位置错开。开口面积大约为环壁总面积的30%。这样在未增加填料总面积的情况下，大大改善了两相流的流动状态。鲍尔环填料的出现使环形填料进入到开口型填料的阶段，见图 8.4－2。

表 8.4－2 列出了金属鲍尔环填料的几何参数。

表 8.4－2 金属鲍尔环的几何参数

公称直径/mm	高×厚/mm	比表面积/(m^2/m^3)	空隙率/(m^3/m^3)	堆积个数/(个/m^3)	堆积重度/(kg/m^3)	干填料因子/(1/m)
16	16×0.8	239	93.8	143000	216	299
25	25×0.8	219	93.4	55900	427	269
38	38×0.8	129	94.5	13000	365	153
50	50×1	112.3	94.9	6500	395	131

3. 金属阶梯环

阶梯环(Cascade Mini Ring，缩写 CMR)填料是20世纪70年代初由英国人开发的一种新型颗粒填料，其结构如图 8.4－3 所示。这种填料吸收了短拉西环填料的优点，改变了填料

图 8.4－2 金属鲍尔环

图 8.4－3 阶梯环

填料占据着半壁江山。一般认为1914年在工业上应用的陶瓷拉西环(Raschig Ring)是最早的人造颗料填料。长期以来，由于填料的边壁效应，其应用受到限制。直到20世纪60年代随着新型高效填料的不断出现，以及各种结构的气液分配装置的出现，大大克服了边壁效应，才使填料塔的大型化成为了可能。一个时期以来，填料塔大有取代板式塔的趋势。

我国从20世纪60年代开始，开展了各类填料的研究工作，到目前已基本上可满足国内对填料塔的技术和成品的需求。

填料的品种规格繁多。按其在塔内的排列方式可以分为乱堆填料(Random Packing)和规整填料(Structured Packing)两大类。

乱堆填料也称为散堆填料，是具有一定几何形状和尺寸的颗粒体，故又有颗粒填料之称。它们在塔内以散堆的方式堆积，主要分为环形、鞍形、环鞍形等，以及由它们衍生出来的形形色色、五花八门的各式各样的品种和规格。在以下的叙述中使用颗粒填料一词。

规整填料也称为结构填料，是由丝网、薄板或栅格等构件制成的具有一定几何形状的单元体，将其按一定的规律规则地排列在床层中，人为地设定两相接触通道。因此，两相接触和分配更加均匀，分离效率更高。

为了充分发挥填料机械表面的作用，必须将气体和液体均匀地分布并润湿到填料表面。所以在填料床层的上、下两端须分别将液相和气相均匀地分散并均匀地进入填料床层。因此，高效能的填料还必须配有高效能的液体分布器和气体分布器来完成相分散过程。

填料性能的优劣主要反映在以下几个方面：

(1) 分离效率

较大的比表面积可提供较大的气液接触面积；几何结构上有利于流体分散、聚结，改善气液均匀分布，减少池液量；填料表面良好的润湿性能能增加气液相间接触面积，从而提高分离效率。

(2) 处理能力

足够大的空隙率来减小两相流动阻力，提高泛点气速，增加填料塔的操作弹性和处理能力。

(3) 流动阻力

气液通过填料所受到的阻力小、流动均匀、压降较低。

(4) 机械性能

填料在堆积、安装排放以及填料塔运行时，需要有较高的抗变形和抗破损的能力。

(5) 经济性

填料的结构便于制造，材料成本应该较低，且便于装拆、检修和重复使用。

(6) 其他

填料的抗腐蚀性、使用寿命及结构上的抗堵塞性能等。

填料所用的材料主要有金属、陶瓷、塑料。

8.4.2　颗粒填料

1. 拉西环(Raschig Ring)

拉西环是一个外径和高度相等的空心圆柱体，如图8.4-1所示。可用陶瓷、金属、塑料等材料制成。表8.4-1列出了金属拉西环的几何参数。

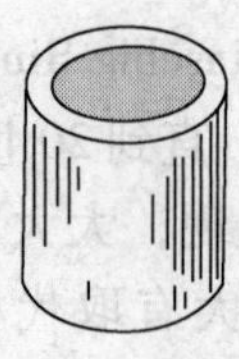
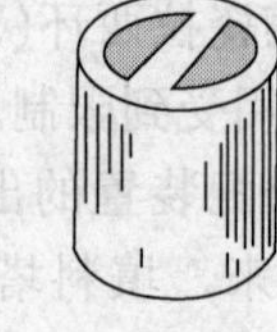

拉西环 勒辛环 十字格环 三头螺旋环 双头螺旋环 单头螺旋环

图 8.4－1 拉西环填料及其衍生品种

表 8.4－1 金属拉西环的几何参数

公称直径/mm	高×厚/mm	比表面积/(m^2/m^3)	空隙率/(m^3/m^3)	堆积个数/(个/m^3)	堆积重度/(kg/m^3)	干填料因子/(1/m)	填料因子/(1/m)
15	15×0.5	360	0.92	248000	660	460	900
25	25×0.8	220	0.92	55000	640	290	390
38	38×1	150	0.93	19000	570	190	260
50	50×1	110	0.95	7000	430	130	175
76	76×1.6	68	0.95	1870	400	80	105

2. 金属鲍尔环(Pall Ring)

金属鲍尔环是在拉西环的基础上，于环壁上开两层内伸舌片的窗口，每层窗口有五个舌片，舌片内弯指向环心，上下两层的位置错开。开口面积大约为环壁总面积的 30%。这样在未增加填料总面积的情况下，大大改善了两相流的流动状态。鲍尔环填料的出现使环形填料进入到开口型填料的阶段，见图 8.4－2。

表 8.4－2 列出了金属鲍尔环填料的几何参数。

表 8.4－2 金属鲍尔环的几何参数

公称直径/mm	高×厚/mm	比表面积/(m^2/m^3)	空隙率/(m^3/m^3)	堆积个数/(个/m^3)	堆积重度/(kg/m^3)	干填料因子/(1/m)
16	16×0.8	239	93.8	143000	216	299
25	25×0.8	219	93.4	55900	427	269
38	38×0.8	129	94.5	13000	365	153
50	50×1	112.3	94.9	6500	395	131

3. 金属阶梯环

阶梯环(Cascade Mini Ring，缩写 CMR)填料是 20 世纪 70 年代初由英国人开发的一种新型颗粒填料，其结构如图 8.4－3 所示。这种填料吸收了短拉西环填料的优点，改变了填料

图 8.4－2 金属鲍尔环

图 8.4－3 阶梯环

环高与直径相等的传统习惯，将鲍尔环填料的高径比降低到1/2～1/3，减薄了材料的厚度，并在环的侧端增加了翻边。这些改进使气流绕填料外壁流过的平均路径大大缩短，从而减少了气体通过填料层的阻力。此外，翻边不但增加了填料的机械强度，而且使填料结构失去了对称性，这将使填料在堆积时由线性接触改变为以点接触为主，这些接触点可成为液体沿填料表面流动的汇聚、分散点，有利于促进填料表面液膜的表面更新与气液混合，提高传质效率。因此，阶梯环的性能比鲍尔环又有了进一步提高。

阶梯环的材料可以是金属、塑料、陶瓷等。金属阶梯环的几何参数列于表8.4－3。

表8.4－3　金属阶梯环的几何参数

公称直径/mm	高×厚/mm	比表面积/(m^2/m^3)	空隙率/(m^3/m^3)	堆积个数/(个/m^3)	堆积重度/(kg/m^3)	干填料因子/(1/m)
25	12.5×0.6	220	93	97160	439	273.5
38	19×0.8	154.3	94	31890	475.5	185.8
50	28×1	109.2	95	11600	400	127.4

4. 金属矩鞍环填料

矩鞍形(Intalox Saddle)填料是从弧鞍形填料(Berl saddle 见图8.4－4)演变而来的一种形状更加敞开的鞍形填料。矩鞍环填料与弧鞍填料的主要差别是矩鞍填料的两端为矩形，而非圆弧形，上下两面不对称。由于这种不对称性，克服了弧鞍填料容易套叠的缺点，使床层具有较大的空隙率。矩鞍填料床层内多为圆弧形通道，减少了气体通过床层的阻力，液体分布均匀、壁效应小。矩鞍填料可以由金属、瓷或塑料制成，其中瓷质矩鞍环填料用连续积压成型，造价低廉，是目前处理腐蚀性介质填料塔中广泛采用的填料。

美国Norton公司于1978年推出金属矩鞍环填料，称为Metal Intalox，简称IMTP(Intalox Metal Twoer Packing)，中文音译名为“英特洛克斯”填料，其结构见图8.4－5。英特洛克斯填料是开孔环形填料和矩鞍形填料的结合体，它综合了开孔环形填料和一般矩鞍形填料的结构特点，既有类似开环形填料的圆环、环壁开孔和内伸的舌片，又有类似矩鞍形填料的圆弧形通道。此外，鞍形两侧的翻边与两端下部的齿形结构增加了填料间的汇聚点和空隙率。这种填料结构使得它具有更高的强度、更低的成本、更大的通量、更低的压降。金属环矩鞍填料两边的翻边结构起到了加强筋的作用，因此可用较薄的板材来制造，进而可以减小填料的堆积重度和节约成本。美国Norton公司生产的*DN*25和*DN*50的英特洛克斯填料的厚度仅有0.4mm。国内在70年代末研制出金属矩鞍环填料，其结构见图8.4－6。

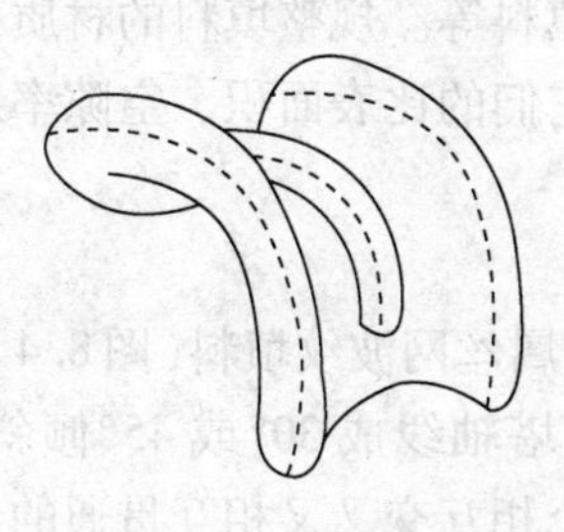

图8.4－4　矩鞍填料

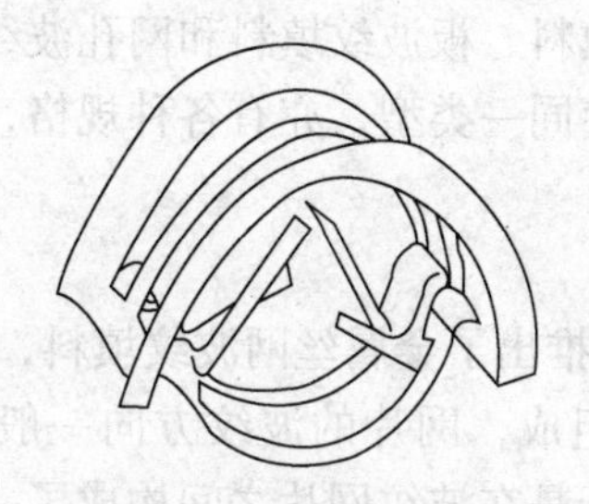

图8.4－5　英特洛克斯填料

图8.4－6　国产环矩鞍填料

美国 Norton 金属矩鞍环填料特性数据见表 8.4－4。

表 8.4－4 金属矩鞍环填料的几何参数

公称直径/mm	空隙率/(m^3/m^3)	堆积个数/(个/m^3)	填料因子/(1/m)	等板高度/mm
25	96.7	168425	441	355～485
40	97.3	50140	258	460～610
50	97.8	14685	194	560～740
70	98.1	4625	129	790～1060

5. 扁环(Super Mini Ring)填料

扁环(Super Mini Ring)填料是国内开发并获国家专利的一种特别适用于液液萃取过程的新型填料，其结构与阶梯环类似。与阶梯环不同的是，此种填料的特点是填料环壁的开孔窗由传统的断开式内弯舌片状改为连续内弯的弧形筋片，并且取消了环壁端面的翻边，另外，环的高径比较小。扁环填料的几何特性数据见表 8.4－5。

表 8.4－5 扁环填料的几何参数

公称尺寸/mm	外径×高×厚/mm	堆积密度/(kg/m^3)	比表面积/(m^2/m^3)	空隙率/(m^3/m^3)	堆积个数/(p/m^3)
16	16×5.5×0.5	604	348	92.3	630000
25	25×90×0.5	506	228	93.6	160000
38	38×12.7×0.7	390	150	95.0	48000
50	50×17.0×0.8	275	115	96.5	21500

6. 其他颗粒填料

颗粒填料的品种规格非常多，例如：扁环、共轭环、英特帕克(Interpack)、特勒花环(Teller Rosette)、螺旋圈填料、方形弹簧填料、狄克松(Dixon)填料、坎农(Cannon)填料、顶针填料、玻璃弹簧填料等。

8.4.3 规整填料

规整填料(Structured Packing)是一种在塔内以均匀几何图形排布、整齐堆砌的塔填料。它规定了气流的流路，改善了沟流、壁流和润湿性能，降低了阻力，同时提供了更多的气液接触面积从而提高了传质、传热效果。尤其，由于金属丝网波纹填料具有放大效应不明显的特征，其最大塔径已达到 14m。规整填料还由于结构的均匀、规则和对称，人为规定了气液流路，克服了散堆填料堆放的随机性，在与颗粒填料具有相同的比表面积时，填料的空隙率更大，在常压或减压操作时，具有更大的通量，综合处理能力比板式塔和颗粒填料塔大得多，因此以金属板波纹为代表的各种通用型规整填料在工业中得到了广泛地应用。

规整填料种类很多，根据其几何结构可以分为波纹填料、格栅填料、脉冲填料等，还可以根据材料的结构分为丝网波纹填料、板波纹填料和网孔波纹填料等。规整填料的材质有金属、塑料、陶瓷、碳纤维等。即使同一类型，亦有各种规格，它们的比表面积、空隙率及几何尺寸存在差异。

1. 金属丝网波纹填料

20 世纪 60 年代，苏尔寿公司推出了金属丝网波纹填料，金属丝网波纹填料(图 8.4－7)系由若干平行直立放置的波网片组成，网片的波纹方向一般与塔轴线成 30°或 45°倾斜角，相邻网片的波纹倾斜方向相反，于是在波纹网片之间构成了一个相互交叉又相互贯通的三角形截面通道网。组装在一起的网片周围用带状丝网圈箍住，构成一个圆柱形的填料盘。填料盘的直径比塔的内径小 2mm 左右，以便于装入塔内。填料装填入塔时，上下两盘填料的网片方向互成 90°。国外一般用直径 0.16mm 的不锈钢丝织成 80 目的丝网；国内一般选用 0.10～0.25mm 的丝径，相应丝网为 80～40 目。网片上打有 4～5mm 小孔，开孔率在 5%～10%左右。

(a) 金属丝网波纹填料

(b) 塑料丝网波纹填料

(c) 碳纤维丝网波纹填料

图 8.4－7　丝网波纹填料

丝网波纹填料是用丝网制成的，材料细薄、结构紧凑、组装规整，因而空隙率及比表面积均较大。而丝网的细密网孔，对液体有毛细管作用，有少量液体即可在丝网表面形成均匀的液膜，因而填料的表面润湿率很高。

金属丝网波纹填料具有以下特点：

① 比表面积大、空隙率高、质量轻。

② 气相通道规则且填料压降小，适用于常压及减压操作的塔。

③ 径向扩散好、气液接触充分。

④ 忌堵塞、抗腐蚀能力差、清洗困难。

⑤ 单位体积填料造价较高，使用范围受到一定的限制。

金属丝网波纹填料的性能及几何参数见表 8.4－6。

表 8.4－6　金属丝网波纹填料的几何参数

型号	峰高/mm	波距/mm	齿形角度/(°)	倾角/(°)	比表面积/(m^2/m^3)	水力直径/mm	空隙率/(m^3/m^3)	堆积密度/(kg/m^3)	HETP/mm
250(AX)				30	250	15	0.95	125	400～550
500(BX)	6.3	10.2	78	30	500	7.5	0.90	250	200～350
700(CY)	4.3	7.3	81	45	700	5.0	0.85	350	150～300

2. 金属板波纹填料

由于丝网波纹填料的价格较高，又易堵塞，在它之后发展了结构与丝网波纹填料相同的板波纹填料。板波纹填料价格较丝网波纹填料低，刚度也较大，并且可以用金属、陶瓷及塑料等多种材料制成。

金属板波纹填料如图 8.4－8 所示，是瑞士苏尔寿公司首创，于 1977 年推出的 MellaPak 型金属板波纹填料。

金属板波纹填料是由若干波纹平行排列的金属波纹片组成，波纹片用金属薄板冲制而成。板波纹填料的结构见图 8.4－9。波纹片上冲有小孔(或根据需要不开孔)，波纹顶角约 90°。

图 8.4-8　MellaPak 填料

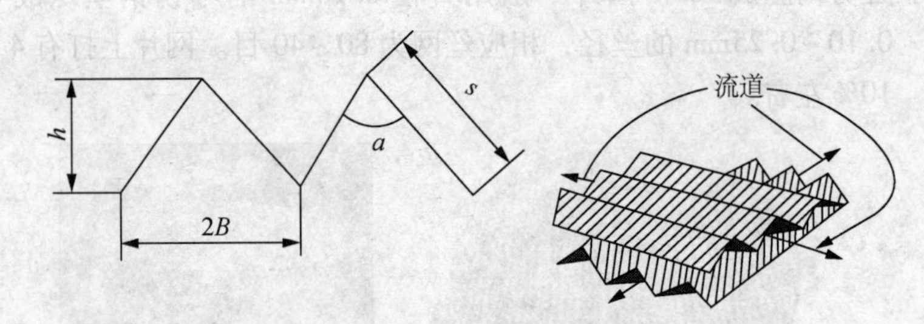

图 8.4-9　板波纹片的结构参数

金属板波纹填料波纹片的结构参数(见图 8-4-9)主要是：

峰高 h：波纹片的波峰高度，mm；

峰距 $2B$：相邻两波峰之间的距离，一般为波高的 2 倍左右，mm；

波纹倾角 α：波纹通道与垂直方向的夹角。当 $h=B$ 时，$\alpha=90°$；

板厚 δ：波纹片的厚度，通常在 0.1 ~0.2mm；

开孔率 σ：波纹片上开孔的面积除以波纹片一个面的表面积；

比表面积 a：即单位体积的表面积，按式(8.4-1)计算，m^2/m^3：

$$a=\frac{2S}{hB}(1-\sigma) \tag{8.4-1}$$

空隙率 ε：单位体积填料的空隙体积，按式(8.4-2)计算，m^3/m^3：

$$\varepsilon=1-\frac{S\delta}{hB}=1-\frac{a\delta}{2} \tag{8.4-2}$$

堆积密度 ρ_P：单位体积填料的重量，按式(8.4-3)计算，kg/m^3：

$$\rho_P=(1-\varepsilon)\rho_M \tag{8.4-3}$$

式中　ρ_M——填料材料的真密度，kg/m^3。

水力半径 d_h/m：波纹片两波谷间距的中点至波纹内边线值垂直长度的 2 倍，按式(8.4-4)计算，m。

$$d_h=\frac{4\varepsilon}{a}=\frac{4}{a}-2\delta \tag{8.4-4}$$

金属板波纹填料按其比表面积通常有 125 型、170 型、200 型、250 型、350 型和 500 型几种，填料的波纹形成的通道与垂直方向的倾角可以是 30°(X 型)或 45°(Y 型)。比表面积增加，则分离效率增加、压降增加、通量减少。125 型填料适合通量高、压降低、介质黏度高、易造成堵塞的场合；250 型填料在波纹填料各种特性中居于适中地位，是应用较为广泛的板波纹填料；350 型填料比表面积大，分离效率高；500 型填料适合分离要求很高的场合。Mellapak 型金属板波纹填料的几何参数见表 8.4-7。国产不锈钢制波纹板填料的几何参数见表 8.4-8。

表 8.4-7　Mellapak 型金属板波纹填料的几何参数

型　号	比表面积 $a/(m^2/m^3)$	波纹倾角 $\beta/(°)$	空隙率 $\rho/(m^3/m^3)$	峰高/mm
125X	125	30	0.98	25
125Y	125	45	0.98	25
250X	250	30	0.97	12
250Y	250	45	0.97	12

续表 8.4-7

型　号	比表面积 $a/(m^2/m^3)$	波纹倾角 $\beta/(°)$	空隙率 $\rho/(m^3/m^3)$	峰高/mm
350X	350	30	0.94	
350Y	350	45	0.94	9
500X	500	30	0.92	6.3
500Y	500	45	0.92	6.3

表 8.4-8　国产不锈钢波纹板填料的几何参数

型　号	波高/mm	波距/mm	边长/mm	倾斜角/(°)	齿形角/(°)	比表面积/(m^2/m^3)	堆积密度/(kg/m^3)	盘高/mm	盘径/mm
4.3 型	4.3	8.5	5.8	45	83	615	342	30~40	97~197
4.5 型	4.5	8.5	6.0	45	81			30~40	97~197
4.5 型	4.5	10.2	6.8	45	87	570	226	40~60	197~497
6.3 型	6.3	10.2	8.1	30	74			40~60	197~497

3. 压延刺孔金属板波纹填料

1977 年国内开发研制成功压延刺孔板波纹填料，见图 8.4-10。即以在金属板上先辗出排列很密的孔径为 0.4~0.5mm 的小刺孔来代替板波纹填料上的小孔。分离能力类似于丝网波纹填料，但抗堵能力比网波纹填料好，且价格比丝网波纹填料便宜，压延刺孔金属板波纹填料的几何参数列于表 8.4-9。

图 8.4-10　压延刺孔金属板波纹填料

表 8.4-9　压延刺孔金属板波纹填料几何参数

型　号	理论级数/(1/m)	空隙率 $\varepsilon/(m^3/m^3)$	比表面积 $a/(m^2/m^3)$	压降/(Pa/m)	堆积密度 $\rho/(kg/m^3)$	最大 F 因子/[$m/s(kg/m^3)^{0.5}$]
250Y	2.5~3	0.97	250	300	85~100	2.6
500X	3~4	0.93	500	200	170~200	2.1
700Y	5~7	0.85	700	930	240~280	1.6

4. 金属格栅填料

格栅填料的比表面积低，主要用于大负荷、怕堵及要求压降低的场合。

格栅填料的几何结构主要以条状单元结构为主，以大蜂高板波纹单元为主或以斜板状单元为主进行单元规则组合而成，因此结构变化颇多。其中以美国 Glitsch 公司在 20 世纪 60 年代开发成功的格里奇(Glitsch Grid)格栅填料最具代表性，见图 8.4-11。其中图 8.4-11(c)蜂窝格栅填料是我国在 20 世纪 90 年代研发的。

格里奇格栅填料的几何参数列于表 8.4-10。

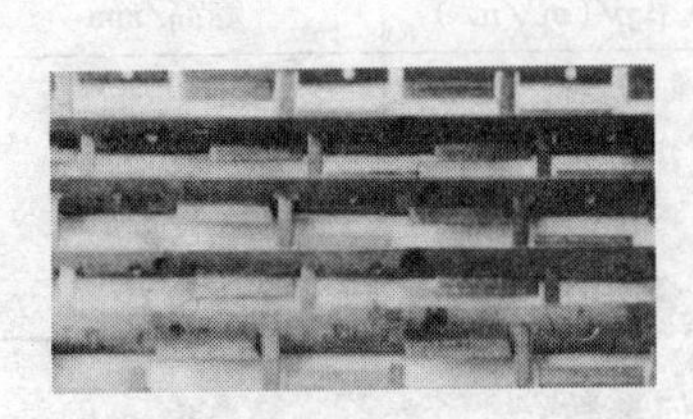

(a) 格里奇格栅填料

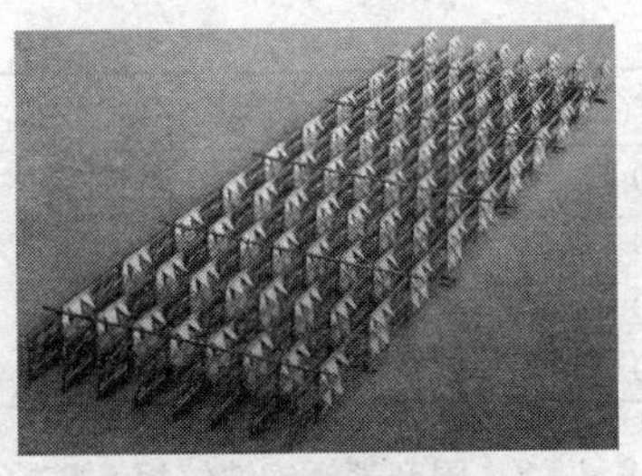

(b) Koch Flexigrid格栅填料

(c) 蜂窝格栅填料

图 8.4－11　金属格栅填料

表 8.4－10　格里奇格栅填料的几何参数

型　号	规格/mm	堆积密度/(kg/m^3)	比表面积/(m^2/m^3)	空隙率/(m^3/m^3)	干填料因子
EF－25A	67×60×2	272.2 318	40.66 44.7	98.2 95.9	50.68

8.4.4　液体分布装置

液体的不良初始分布会大大降低填料的传质效率。一般来说，需要较多理论级的难分离物系以及直径大、床层浅的填料塔，所使用填料的性能越好，对液体均匀分布的要求就越高，也就是对液体分布器的要求就越高。因此液体分布器在填料塔中起到了非常重要的作用。

液体分布器一般置于填料的上端，它能够将回流、液相加料或者收集液体均匀地分布到填料层的上表面，优化液体的初始分布，充分发挥填料的性能，使填料塔达到良好的操作状态。

液体分布器有多种多样的结构形式。一般按照推动力的形式进行划分，液体分布器主要可以分为压力式和重力式两种。

1. 压力式液体分布装置

(1) 喷嘴式液体分布器

该种分布器的结构形式见图 8.4－12。液体用泵送入布液管内通过喷嘴进行喷淋。它的优点首先是结构简单，金属用量小，其次是在塔内占用空间小，检修方便。缺点是喷嘴易被堵塞，操作弹性小，容易造成雾沫夹带。由于从喷嘴喷出的液滴覆盖面大多为圆形，喷嘴数量可以是 1、7、19、37 和 61 等几种。这种分布器适用于一次性投资较小，传质、传热要求不高的场合，如炼油厂中减压塔的泵循环段、水洗塔及水冷塔中。

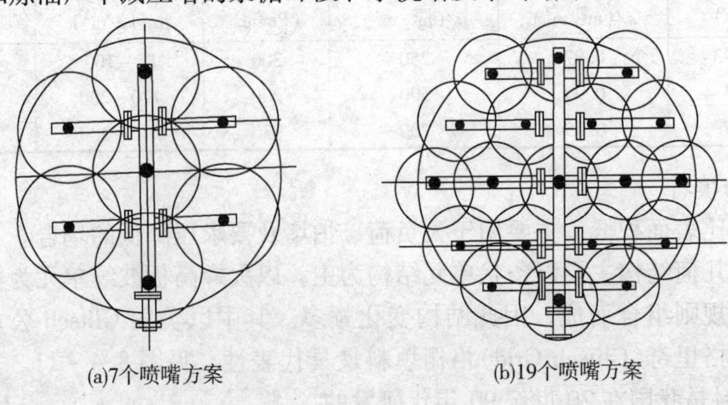

(a)7个喷嘴方案　(b)19个喷嘴方案

图 8.4－12　喷嘴式液体分布器

（2）多孔排管式液体分布器

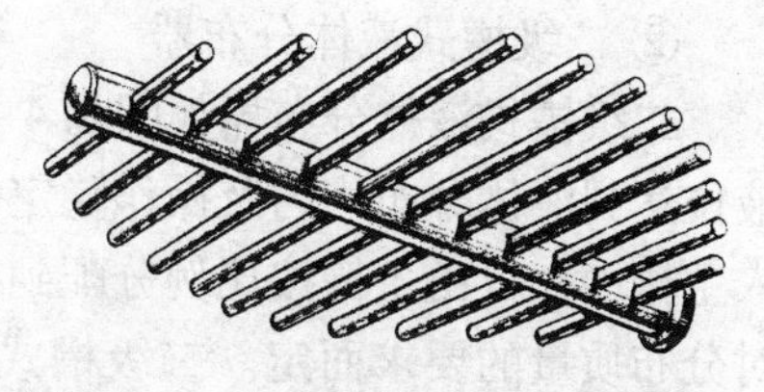
图 8.4－13　多孔排管式液体分布器

该分布器的结构形式见图 8.4－13。其特点是结构简单，在塔内占用空间较小。进液可有几种不同的方式：一是液体由水平主管一端引入，通过水平支管上的小孔向填料层喷淋；二是由水平主管的中心侧面进入。前者结构简单，后者可使液体沿塔中心线对称分布。

2. 重力式液体分布装置

重力型液体分布器是靠一定的液位推动液体从分布器的小孔排出。液位的高低取决于塔的操作弹性和塔内空间的大小。其形式主要有排管式液体分布器、槽式液体分布器、筛孔盘式液体分布器及槽盘式液体分布器。其中应用最为广泛的为槽式液体分布器及槽盘式液体分布器。

（1）排管式液体分布器

图 8.4－14 所示为单排管式液体分布器，系由垂直立管、水平主管和水平支管组成，在水平支管的下部开有均匀分布的小孔。当塔径大于 800mm、需要从人孔送入塔内时，可将垂直立管和水平主管分成若干段，用法兰连接，但要特别注意加工精度，应使其组装后各支管的中心线均在同一水平面上。另外还要注意法兰连接处的密封，使该处不得漏液。它通常用于需较多喷淋点和低液体负荷的场合。特别适于丝网波纹填料的液体分布。由于难以清理，要求物料清洁，对于含少量固体颗粒的场合应在垂直立管的进口端设置过滤网。设计时液体在水平主管中的流速不宜大于 0.2m/s。排管式液体分布器的液位可以较高，对安装水平度要求没有槽式分布器严格。单排管式液体分布器的操作弹性约为 3∶1。另外，塔顶挠度较大的塔器其塔顶回流液体分布器宜采用排管式液体分布器。

（2）槽式液体分布器

① 单级槽式液体分布器

单级槽式液体分布器亦称通槽式液体分布器，如图 8.4－15 所示。可以看出，它的结构紧凑，槽间相互连通，能保持所有槽处于同一水平液面，因而易于达到液体分布均匀。常常应用在直径 0.25～1m 的小塔中，当塔的空间受到限制时大塔也可采用。它的防冲装置与槽式分布器中主槽的防冲装置相同，布液结构只能采用底孔式。

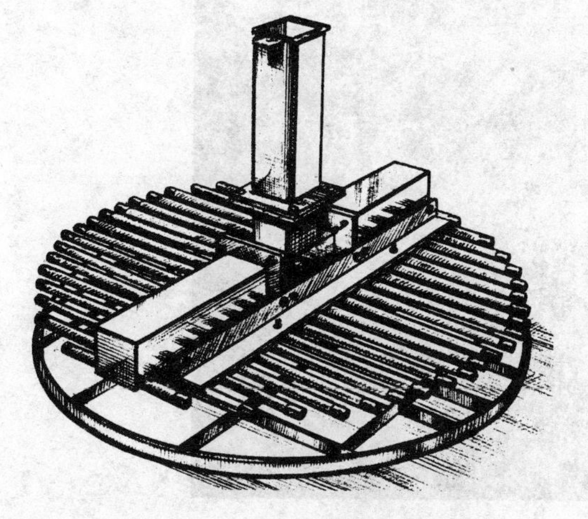
图 8.4－14　排管式液体分布器

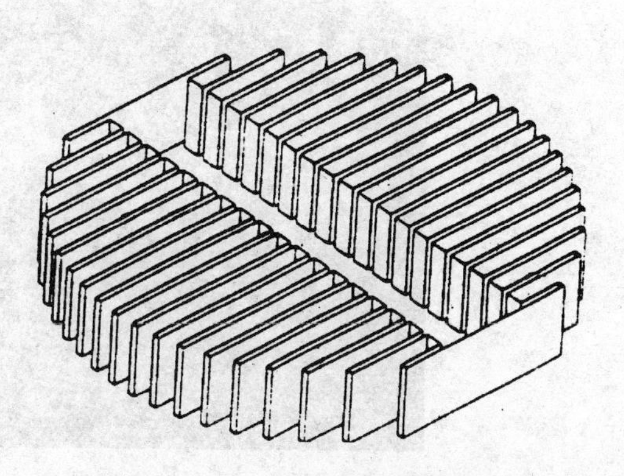
图 8.4－15　单级槽式液体分布器

② 二级槽式液体分布器

二级槽式液体分布器如图 8.4-16 所示。它是一种典型的重力型液体分布器。由于它靠液位达到液体分布均匀及操作稳定等要求。回流液或者加料液体由置于主槽上方的进料管进入主槽中，再由主槽按比例分配到各分槽中。主槽与分槽的结构尺寸由液体流率、塔径以及对分布质量的要求而定。二级槽式分布器结构简单，易于从人孔中进塔组装；升气通道均匀，自由截面积大。其缺点是占有塔空间较大，各分槽液位不易达到完全一致。多用于大直径塔中。

图 8.4-16 二级槽式液体分布器

槽式液体分布器产品，一般要求在出厂前进行验证性水力学性能试验，图 8.4-17 为一液体分布器正在进行水力学性能试验的照片。试验的目的是验证产品各部件装配关系是否达到设计图纸要求，特别是对水平度的要求。同时考察液体分布效果。如果不满足设计要求，应对包括设计在内的问题进行必要的整改。

图 8.4-17 液体分布器水力学试验

③ 槽式溢流型液体分布器

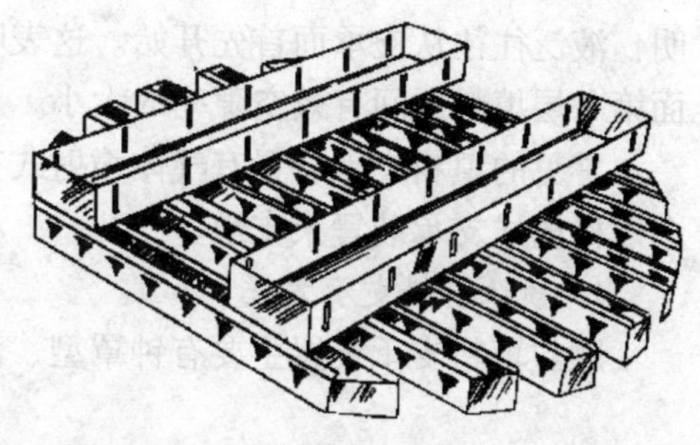
图 8.4－18　槽式溢流型液体分布器

槽式溢流型液体分布器与槽式孔流型液体分布器的结构有相似之处。它是将槽式孔流型的底孔变成侧溢流孔，溢流孔一般为倒三角形或矩形，如图 8.4－18 所示。它适用于高液量或易被堵塞的场合。从图中可以看出，液体先流入主槽，依靠液位从主槽的矩形（或三角形）溢流孔分配至分槽中，有时也可从底孔流入分槽，然后同样依靠液位从三角形（或矩形）溢流孔流到填料表面。根据塔径的不同，主槽可以设置一个或多个。一般情况下，直径 2m 以下的塔可设一个主槽。

④ 盘式液体分布器

盘式液体分布器有孔盘式、堰盘式和带管嘴式三种，如图 8.4－19 所示。液体流动的推动力均为重力。其主要构件有：液体分布盘和升气管。分布盘可水平地固定于支承环上，孔盘式的底盘上均匀布置许多液体淋降孔和升气管；亦可固定于塔壁的支耳上，留出分布盘与塔壁间的环形空间以扩大气流通道。堰盘式则于升气管的顶端设 V 形溢流堰。升气管有圆形和矩（条）形两种，圆形最适合于直径小于 1.2m 的小塔；矩形常用于 1.2m 以上的大塔，实际上其结构已逐步演变为槽式。

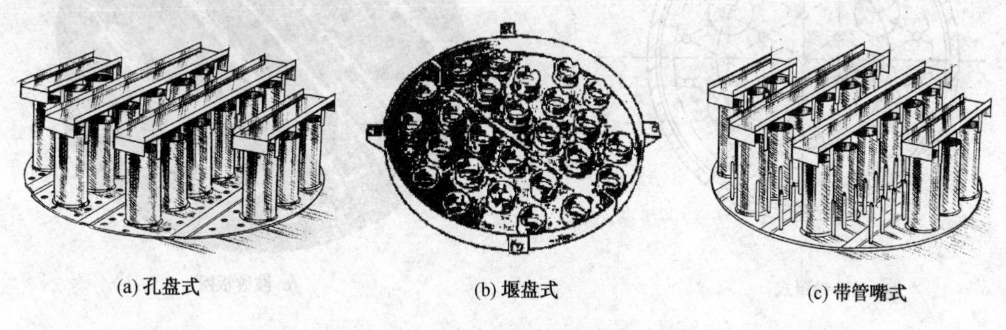
(a) 孔盘式　(b) 堰盘式　(c) 带管嘴式

图 8.4－19　盘式液体分布器

孔盘式理论上是液体分布器中性能最好的一类分布器，底盘开布液孔和升气管，气体从升气管上升，液体从布液小孔中流下。固定方法与塔板一样，将底盘固定在塔圈上。根据所用填料类型及被分离物系的要求，布液孔数及排列要适当。升气管截面为圆形或矩形，其高度在 200mm 以下，由物系和操作弹性而定。

与槽式分布器相比，盘式分布器液面较低占用空间小，具有全连通性，布液孔处于同一液面高度（而槽式分布器中各槽中的液面很难相同），因此盘式分布器的液体分布较均匀，适用于液体收集和侧线采出。对于组装式非焊接结构，为防漏液其操作弹性最大为 1:2。

该种液体分布器的最大缺点是用作再分布器时，很难达到浓度均匀混合，且液面不能过高，否则造成漏液；此外，布液孔的布置不如槽式分布器灵活，安装要求较高，需要有足够的气体释放空间。一般要求安置在距填料上表面 150～300mm 处；而槽式分布器则要求放置在填料定位器上，一般距填料表面 50mm。

8.4.5　填料支承装置

填料支承的合理设计对保证填料塔的操作性能同样具有极其重要的作用。大量的实践证明：液泛往往从支承面首先开始。这表明填料塔的液泛气速主要取决于支承板与在支承板上面第一层填料之间有效空隙率的大小。

常见的填料支承装置有气体喷射式支承和格栅式支承，前者多用于颗粒填料，规整填料多以格栅式支承装置来支承。

1. 颗粒填料支承装置

颗粒填料支承装置主要有钟罩型、波纹板网和驼峰式等三种形式，如图 8.4－20 所示。

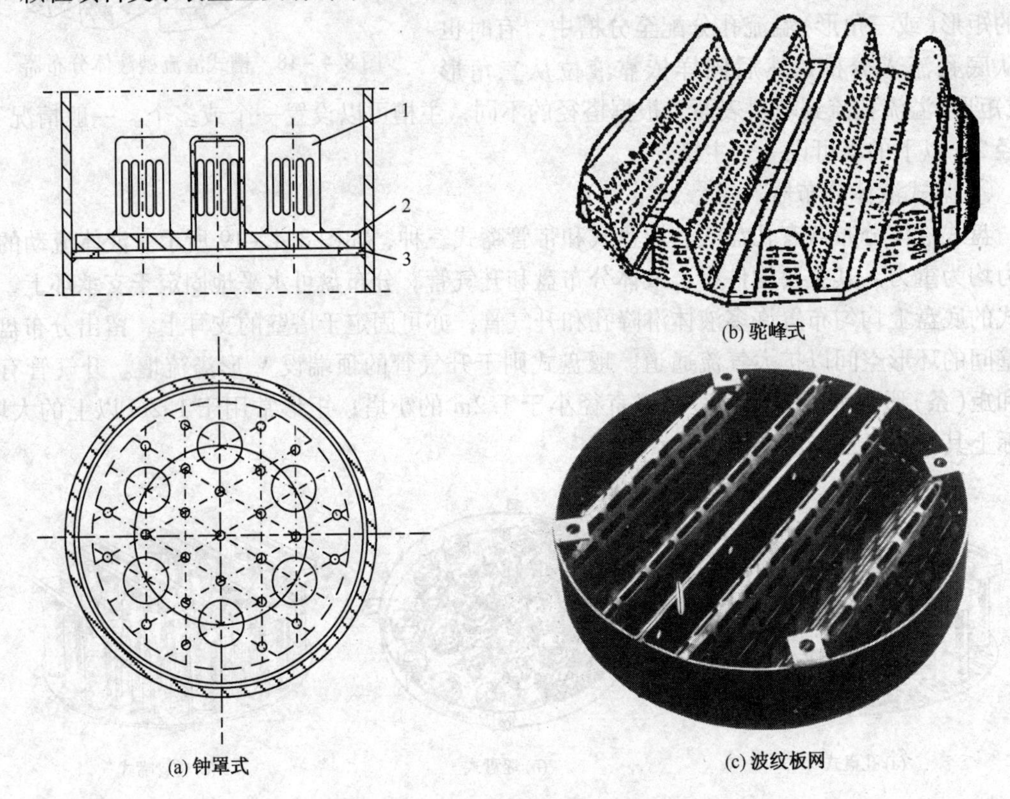

图 8.4－20 颗粒填料支承装置

1—钟罩；2—支承板；3—支承圈

(1) 钟罩型支承装置

钟罩型支承装置见图 8.4－20(a)。由带有筛孔的底板、支持圈和若干个钟罩组成。气体通过钟罩上的窄缝自下而上喷出，液体从筛孔往下流出。这种支承在孔隙率和强度方面均不如驼峰式支承，一般仅适用于小塔中。

(2) 波纹板网支承装置

波纹板网支承装置是将金属板网按规定尺寸压制成一定形状，如图 8.4－20(b) 所示。受金属板网刚度的限制，这种支承仅适用于塔径 800mm 以下的小塔。这里所说的“网”是指在金属板上开较多数量的小孔。小孔可以是横孔也可以是菱形孔。小孔的尺寸根据所使用填料的支承要求确定：为了不使颗粒填料卡在孔内，小孔的尺寸应小于填料最小外形尺寸的 0.6～0.8 倍。当塔径 $D<300$mm 时，最小填料为 $\phi6.4$mm；塔径 $D>300$mm 时，最小填料为 $\phi15$mm。

波纹板网支承结构简单、质量小、自由截面积大，最大承载能力为 2000Pa，适用于支承轻质填料或填料层高度较低时的重质填料。

(3) 驼峰式支承装置

驼峰式支承装置是目前用于颗粒填料性能最优、应用最广的大直径塔的支承形式，已应用的最大塔径达 10m。驼峰式支承结构如图 8.4－20(c)所示。它是由若干条驼峰型支承梁(简称驼峰梁)组装而成。该种支承可通过较高的气液负荷，最大液体负荷为 $200m^3/(m^2 \cdot h)$。在驼峰梁上开有若干长圆孔供气体通过，开孔的自由截面积大于 100%，因此，在填料支承处不会产生液泛。

驼峰式支承的设计已趋成熟，各条驼峰梁除长度不同外，其结构尺寸均相同，以便于成批生产。单条驼峰梁的宽度为 290mm，高度为 300mm，在各条驼峰梁底面之间用定距凸台保持二条的间隙，供排液用。驼峰梁的开孔尺寸应考虑到填料不被卡在孔内为宜；驼峰梁的板厚可取为：不锈钢 3～4mm，碳钢 6mm。一般认为塔径超过 3000mm 时应考虑增设主梁。

2. 规整填料支承装置

规整填料床层一般采用格栅式支承结构，用扁钢条组焊而成。其结构简单、制造方便、通透性好。格栅的结构与尺寸主要根据塔径、填料层高度及格栅的材质来确定。对于直径较小的规整填料塔，可采用整体式结构。在塔内固定时可直接放在塔壁的支撑圈或支耳上，也可用法兰夹持，便于装拆。对于直径较大的规整填料塔，应设计成分块式结构，以便各块能通过人孔进入塔内。为装卸方便，每块质量不宜过大，一般限制在 70kg 以下。各块长度一般应小于 1.5m。当塔径大于 2.0m 时应考虑增加主梁支撑，使各块在长度方向断开。

主梁一般采用工字钢或槽钢。当要求梁的材料为不锈钢或其他材料时，可用钢板焊接成梁。但焊接时一定要满足平直度、平行度等要求，也可以用弯板机弯制。

对于塔径大于 6m 的大型填料塔，对梁的设计提出了更高的要求。因为随着塔径的增大，型钢梁的型号也随之增大，将影响其上面填料的气体分布和横向混合，因而会降低填料的效率。因此，国内外都开发了新的组合梁结构(譬如桁架梁)，以避免上述缺点，使其既能满足强度要求，也能满足气体分布要求，同时也能合理地利用塔内空间。桁架梁具有很好的强度和刚度，同时也可降低金属消耗量；桁架结构梁具有很好的横向和纵向通透性，改善了大型钢支撑梁造成的气流旋绕、冲击，桁架梁中间可以穿行，可利用空间高度增加，进而可降低塔的高度。

8.4.6　填料固定装置

填料固定装置用于规整填料及金属塑料制成的颗粒填料，它固定于填料层上端，一方面对填料层起限位作用，另一方面用来支承槽式或管式液体分布器。填料压紧装置用于瓷质等易碎颗粒填料。这类填料，在塔操作时由于气体冲击和负荷波动，如不进行限位，填料层便会松动，使流体不能按原来理想的通道进行传质；填料层不规则的膨胀，会使流体流向阻力较小的区域，加剧流体的不均匀分布；填料层一旦松动，会互相撞击，以致填料破碎。从而降低塔的效率。因此，需靠填料压紧装置的自重压住填料。

1. 颗粒填料的固定装置

颗粒填料用床层限位器制成栅板状，典型结构如图 8.4－21 所示。为防小填料流失，在床层固定器底部加一层金属网，网孔大小取决于所用填料。目前多采用金属钢板网，即金属板冲拉而成的网，网孔呈菱形。为使孔隙率加大又不影响液体分布，金属网点焊在栅条上。用夹板固定网的方法不可取，因为水平挡板挡住分布点，使液体分布不均匀。对于筒体用法兰连接的小塔可制成整体式；而具有人孔的大塔则可制成分块式，分块的大小以能从人孔顺利进出而定。此种填料装置要达到1000～1400Pa的压力，以防止填料松动，否则颗粒填料受气流冲击产生振动，严重时会穿破丝网，从气相出口带入管路，影响正常操作。

用板波纹填料作为颗粒填料床层定位器的方法最近得到了成功的应用，它同时也改善了液体的分布。上置板波纹填料用放置液体分布器的栅板固定。

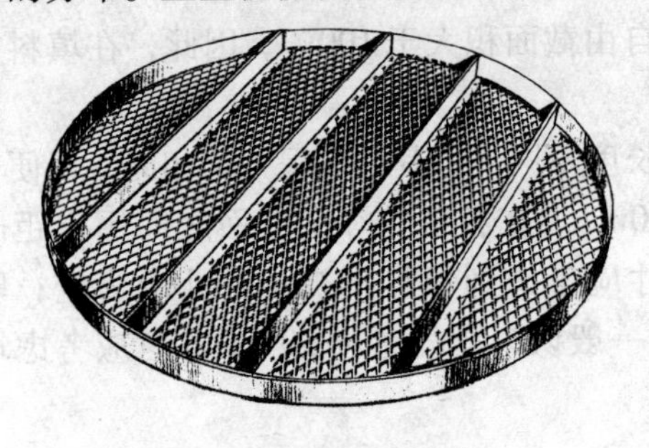
(a) 床层限位器(整体)

(b) 床层限位器(分块)

图8.4-21　颗粒填料的固定装置

2. 规整填料的固定装置

规整填料的固定装置一般用扁钢制成栅条组件，塔径小于800mm时可做成整体，塔径较大时，则应设计成能从人孔进出的栅条块组件。各栅条块组件用螺栓螺母连接组合成整体。

栅条整体用螺栓螺母固定在塔壁上从而起到对规整填料的限位作用。

8.4.7　其他设施

1. 集油箱

炼油厂中的许多分馏塔具有多个侧线抽出，因此在使用填料作为传质元件时，要设置集油箱，用来收集该段填料层的液体，以供抽出。集油箱的结构形式见图8.4-22。集油箱将填料塔分割成若干个气相相连、液体分开的简单塔，靠外部打入液体建立起塔的回流。

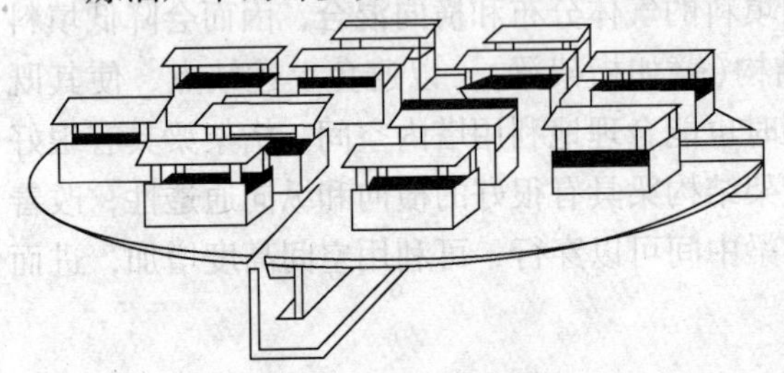
图8.4-22　集油箱

原油减压蒸馏塔的下部过汽化段，特别是深度切割的减压塔，设计还要考虑该集油箱液体几乎不能停留，因此设计中要考虑倾斜结构，让集油箱上的液体快速流到抽出斗抽出，以防止高温的结焦。

2. 液体收集器

液体收集器安装在两段填料层的中间，位于上段填料支承与下段填料液体再分布之间，或在最下层填料床下方，用来收集上段填料淋下的液体，同时可作为此处进料液体与上段填料层淋下液体的混合装置，另外也能实现液体的抽出。

液体收集器设计的原则是收集全部上段填料层淋下的液体，最大程度减少喷溅；集液板的形状尽量设计为流线型以便减少气体流动阻力和减少喷溅；使气体分布均匀、对称。

液体收集器的类型最常用的有两种，即百叶窗式和盘式液体收集器。

(1) 百叶窗式液体收集器

百叶窗式液体收集器用途较广，其特点为自由截面积大、压力降小、金属耗量较小、便于安装。但当淋下的液体喷淋密度较大时，易造成喷溅，导致漏液及雾沫夹带。因此，这种液体收集器适于收集液体喷淋密度较小或允许有少量漏液的场合。另外，由于集液板是斜板式的，对气体有偏导作用，因此需在液体收集器与填料支承之间留有足够的空间，使气体充分混合以改善气体分布。

（2）盘式液体收集器

盘式液体收集器自由截面积较百叶窗式液体收集器小，约为30%。该种液体收集器能改善气体分布，液体收集比较完全，一般不会产生漏液，常用于全抽出场合，如作为炼油厂中减压塔的集油箱，特别是位于进料上方的集油箱。

3. 液体再分布器

根据工艺的要求，填料塔在一定位置要设置进料或是侧线抽出，这时填料必须分段堆积；或是填料层高度太大时，不仅会导致流体的不良分布，而且还会形成同一截面上组分的不均匀分布，从而使塔的分离效率下降，这时填料也需要进行分段；另外在变径塔中填料也是分段的。当塔填料需要分段堆积时，必须设置液(气)体再分布器或称为液体再分布器。

以下介绍几种常见的液体再分布器的结构和特性：

（1）盘式液体再分布器

与盘式液体分布器一样，盘式液体再分布器也有孔型和堰型之分，结构、设计方法等没有什么大的差别，只不过为防止液体从上层填料直接落进升气管，故在其顶上设有帽盖，帽盖除了挡液外，还可以改变上升气流的方向，促进气体的横向混合。

盘式液体再分布器具有结构简单、安装方便、占位高度小等优点，流体混合和均布性能较好。随着塔径增大，其结构的复杂性要增加，特别是大型塔要考虑设计合适的支承结构。

（2）槽式液体再分布器

槽式液体再分布器的结构类似于槽式液体分布器，但是槽式液体分布器无法有效收集从上段填料层流下来的液体，故在支承板和分布器间需增设液体收集器。图8.4－23是典型装置示意图，其来自上层填料1的液体，被收集器2收集后汇入环形通道3，再从其出口流入液体分布器4。

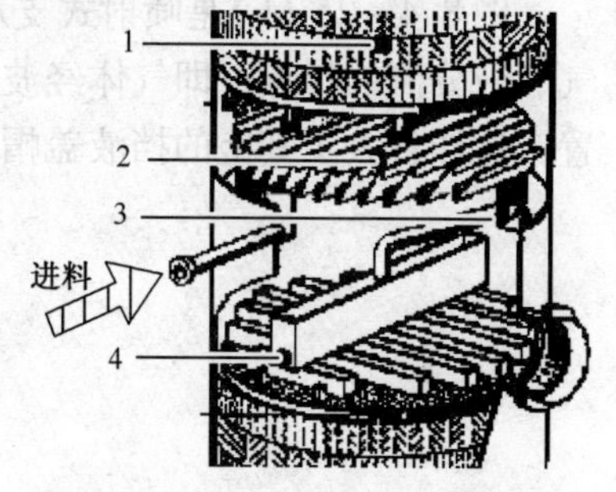

图8.4－23 槽式液体再分布器
1—填料；2—收集器；
3—环形通道；4—槽形液体再分布器

槽式液体再分布器很适用于直径大的塔，无论是简单的再分布，还是兼有中间加料或出料的再分布，均能达到理想的效果，且气流通道大、阻力小，但结构复杂、占塔的有效高度大。

（3）管式液体再分布器

重力型管式液体分布器也可以和收集器组成液体再分布器，图8.4－24是设置于填料塔加料段的管式液体再分布器，液体经填料层1、支承格栅2、收集器3的集液板和设于中心的集液槽4后经加料管流入分布器5。图中的液体收集器为一组合件，被固定于两个塔节法兰间。这种再分布器具有很大的气流通道，可以满足很小液量的均布要求，结构简单、安装方便，尤其适合于作为高真空精馏塔的液体再分布器，但对于大液量则不宜采用。

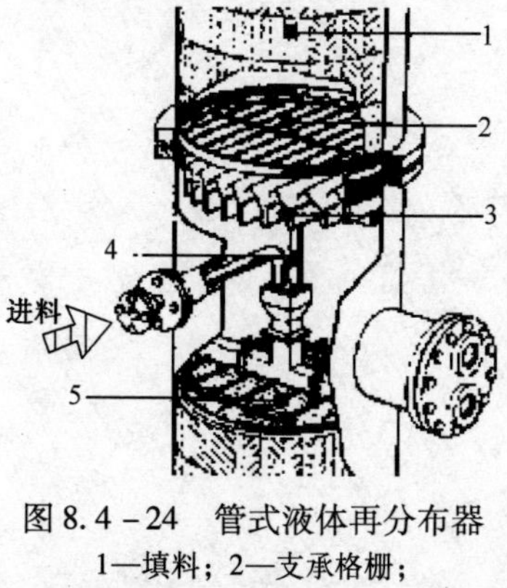

图8.4－24 管式液体再分布器
1—填料；2—支承格栅；
3—收集器；4—集液槽；5—分布器

(4) 组合式液体再分布器

组合式液体再分布器由填料支承板和液体分布器组合而成，它兼有填料支承和再分布器的各项性能，而且缩短了所占空间的高度。

图 8.4－25(a)是一种收集支承盘(上盘)和孔盘式液体分布器(下盘)的组合，气体从下盘的升气管流入上盘气体再分布管，再通过其侧面的开孔均布入填料层；液体被收集于上盘底面，经中心开孔溢流入下盘，再均布到下段填料层。上盘兼有填料支承、集液、混合、气体均布等多项功能，下盘主要起气、液均布等作用。该组合尽管具有结构紧凑、安装高度低、使用效果好等优点，但要防止底部因结垢、积渣、填料破损等引起通道堵塞而破坏了正常操作或局部区域过早产生液泛等情况，另外对于直径大的塔，该再分布器是不合适的。

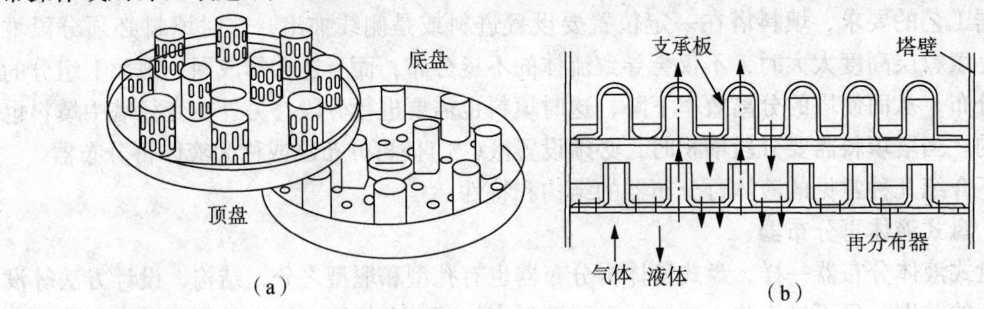

图 8.4－25　组合式液体再分布器

图 8.4－25 (b)是喷射式支承板和孔盘液体分布器的组合，利用喷射式支承板所具备的气、液分流的特点，即气体经波峰向上、液体由波谷向下，将分布器的升气管正对波峰处布置，这样省去了其上的挡液盖帽，既简化了结构又减小了阻力损失。

第九章 卧式容器

9.1 概 述

卧式容器通常采用鞍式支座来支承，如图 9. 1 – 1(a)所示。对那些由于容器质量会引起过大变形的卧式薄壁容器或负压操作容器以及对于须采用多于两个支座的容器，有时为了加强支座处的筒体而采用圈式支座可能会更好些，如图 9. 1 – 1(b)所示。

置于支座上的卧式容器其受力情况与外伸梁相似。多支点梁在梁内的应力较小，但是要求各支点在同一水平面上，这对大型卧式容器很难做到，又由于地基的不均匀下沉，多支点梁的支反力不能均匀分配，所以在大多数情况下，卧式容器总是采用两个支座来支承。双支座位置选择除考虑使用上的要求而外，由分析受均布载荷的外伸梁的受力情况可知：当 $A=0.207L$ 时，两支座间的最大弯矩与支座截面处弯矩的绝对值相等，故一般取 A 的尺寸不超过 $0.20L$。当需要加大时，尺寸 A 最大也不应超过 $0.25L$，否则由于设备的外伸作用将使支座截面处的应力过大。此外，由于封头的刚性大于筒体的刚性，封头对筒体有局部加强作用，若支座靠近封头，则可充分利用封头的加强作用，因此，当满足 $A\leqslant 0.20L$ 时，应尽量使 A 小于或等于 $R_m/2$。[R_m 是带圈座的筒体内半径，见图 9. 1 – 1(b)]。

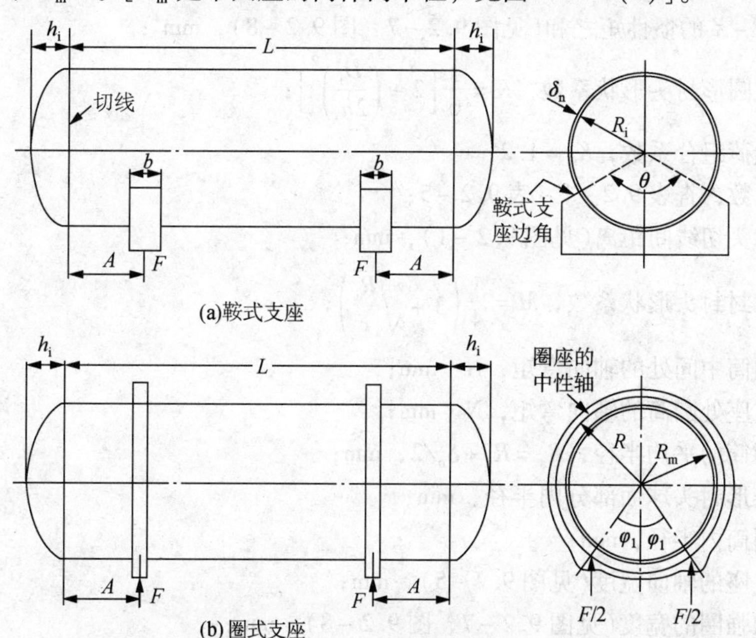

图 9. 1 – 1 卧式容器的典型支座

卧式容器受压元件的结构尺寸，除应首先满足第三章“内压薄壁容器的设计计算”和/或第四章“外压容器”所要求的条件外，还应满足支座反力所引起的各项应力要求，进行强度及稳定性校核计算。

9.2 鞍座支承的卧式容器

9.2.1 双鞍座支承的卧式容器

9.2.1.1 符号说明

A——鞍座底板中心线至封头切线的距离[见图9.2-1(a)]，mm；

A_0——一个支座的所有加强圈与圆筒起加强作用有效段的组合截面积之和，mm^2；

B——按GB 150.3 外压设计方法确定的外压应力系数，MPa；

D_i——圆筒内直径，mm；

D_o——圆筒外直径，mm；

d——对内加强圈，为加强圈与圆筒组合截面形心距加强圈内缘表面之距离(见图9.2-7)，mm；

对外加强圈，为加强圈与圆筒组合截面形心距加强圈外缘表面之距离(见图9.2-7)，mm；

e——对内加强圈，为加强圈与圆筒组合截面形心距圆筒外表面之距离(见图9.2-7)，mm；

对外加强圈，为加强圈与圆筒组合截面形心距圆筒内表面之距离(见图9.2-7)，mm；

F——每个支座的反力，N；

I_0——一个支座的所有加强圈与圆筒起加强作用的有效段的组合截面对该截面形心轴 $X-X$ 的惯性矩之和(见图9.2-7、图9.2-8)，mm^4；

K——椭圆形封头形状系数，$K=\frac{1}{6}\left[2+\left(\frac{D_i}{2h_i}\right)^2\right]$；

K_0——载荷组合系数，$K_0=1.2$；

$K_1\sim K_9$——系数，查表9.2-1～表9.2-5；

L——封头切线间距离(见图9.2-1)，mm；

M——碟封封头形状系数，$M=\frac{1}{4}\left(3+\sqrt{\frac{R_i}{r}}\right)$；

M_1——圆筒中间处的轴向弯矩，N·mm；

M_2——支座处圆筒的轴向弯矩，N·mm；

R_a——圆筒的平均半径，$R_a=R_i+\delta_n/2$，mm；

R_h——碟形封头球面部分内半径，mm；

R_i——圆筒内半径，mm；

b——支座的轴向宽度(见图9.2-5)，mm；

b_1——加强圈的宽度(见图9.2-7、图9.2-8)，mm；

b_2——圆筒的有效宽度，取 $b_2=b+1.56\sqrt{R_a\delta_n}$，mm；

b_3——计算圆筒与加强圈形成组合截面时，圆筒的有效宽度，$b_3=b_1+1.56\sqrt{R_a\delta_n}$，mm；

b_4——支座垫板宽度(见图9.2-5)，mm；

g——重力加速度，取 $g=9.81\mathrm{m/s^2}$；

h_i——封头曲面深度，mm；

k——系数。当容器不焊在支座上时，取 $k=1$；当容器焊在支座上时，取 $k=0.1$；

m——容器质量(包括容器自身质量、充满水或充满介质的质量、所有附件质量及隔热层等质量)，kg；

p——设计压力，MPa；

p_c——计算压力，MPa；

q——单位长度载荷，N/mm；

δ_e——圆筒有效厚度，mm；

δ_{he}——封头有效厚度，mm；

δ_n——圆筒名义厚度，mm；

δ_{re}——鞍座垫板有效厚度，mm；

δ_{rn}——鞍座垫板名义厚度，一般取 $\delta_{rn}=\delta_n$，mm；

θ——鞍座包角，(°)；

$[\sigma]^t$——设计温度下容器壳体材料的许用应力，MPa；

$[\sigma]^t_{ac}$——设计温度下容器圆筒材料的轴向许用压缩应力，取 $[\sigma]^t$、B 中较小者，MPa；

$[\sigma]_{ac}$——常温下容器圆筒材料的轴向许用压缩应力，取 $0.9R_{eL}(R_{p0.2})$、B 中较小者，MPa；

$[\sigma]^t_r$——设计温度下加强圈材料的许用应力，MPa；

$[\sigma]_{sa}$——鞍座材料的许用应力，按表 9.2-6 选取，MPa；

$[\sigma]_{bt}$——地脚螺栓材料的许用应力，MPa；

σ_h——由内压在封头中引起的应力(封头受外压，可不计算 σ_h)，MPa；

σ_1，σ_2——圆筒中间处横截面内最高点处、最低点处的轴向应力，MPa；

σ_3，σ_4——支座处圆筒横截面内的轴向应力，MPa；

注：$\sigma_1 \sim \sigma_4$ 加脚标 T 表示水压试验工况。

σ_5——支座处圆筒横截面最低点的周向应力(见图 9.2-6)，MPa；

σ_6——无加强圈时鞍座边缘处的圆筒周向应力(见图 9.2-6)，MPa；

σ'_6——无加强圈时鞍座垫板边缘处的圆筒周向应力(见图 9.2-6)，MPa；

σ_7——加强圈与圆筒组合截面上圆筒内表面或外表面的最大周向应力(见图 9.2-6)，MPa；

σ_8——加强圈与圆筒组合截面上加强圈内缘或外缘处的最大周向应力(见图 9.2-6)，MPa；

σ_9——鞍座腹板水平方向上的平均拉应力，MPa；

σ_{sa}——由水平地震力引起的支座腹板与筋板组合截面的压应力，MPa；

σ^t_{sa}——由温度变化引起圆筒体伸缩时产生的支座腹板与筋板组合截面的压应力，MPa；

τ——圆筒切向剪应力，MPa；

τ_h——封头切向剪应力，MPa；

ρ——加强圈靠近鞍座平面时，σ_7 和 σ_8 的方位角[见图 9.2-6(c)]，(°)；

Δ——圆筒未被加强时，σ_3 的方位角[见图 9.2-2(b)]，(°)；

α——圆筒剪应力的方位角[见图 9.2-3(b)]，(°)

9.2.1.2　双鞍座支撑的卧式容器强度计算

1. 反力和弯矩

见图 9.2-1。

支座反力 F 按式(9.2-1)计算：

$$F = \frac{mg}{2} \tag{9.2-1}$$

圆筒轴向最大弯矩位于圆筒中间截面(M_1)或鞍座平面上(M_2)[见图9.2-1]，分别按式(9.2-2)和式(9.2-3)计算：

$$M_1 = \frac{FL}{4}\left[\frac{1+\frac{2(R_a^2-h_i^2)}{L^2}}{1+\frac{4h_i}{3L}} - \frac{4A}{L}\right] \tag{9.2-2}$$

$$M_2 = -FA\left[1-\frac{1-\frac{A}{L}+\frac{R_a^2-h_i^2}{2AL}}{1+\frac{4h_i}{3L}}\right] \tag{9.2-3}$$

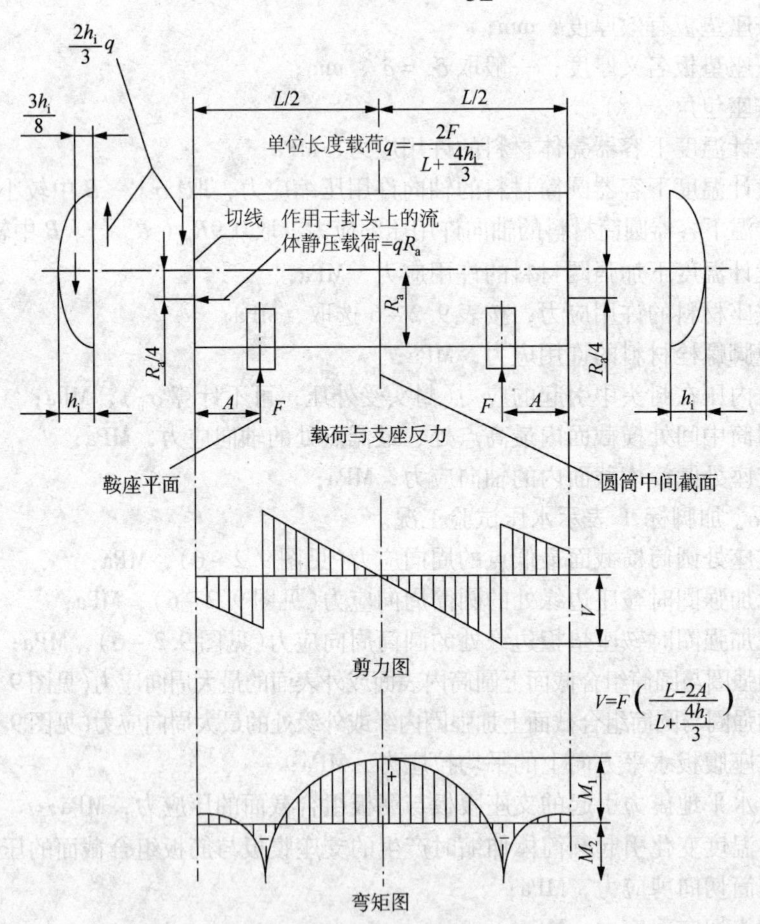

图9.2-1 卧式容器的载荷、支座反力、剪力及弯矩图

2. 圆筒轴向应力

(1) 圆筒中间横截面上，由压力及轴向弯矩引起的轴向应力，按式(9.2-4)和式(9.2-5)计算：

最高点处：

$$\sigma_1 = \frac{p_c R_a}{2\delta_e} - \frac{M_1}{3.14R_a^2\delta_e} \tag{9.2-4}$$

最低点处：
$$\sigma_2 = \frac{p_c R_a}{2\delta_e} + \frac{M_1}{3.14 R_a^2 \delta_e} \tag{9.2-5}$$

（2）鞍座平面上，由压力及轴向弯矩引起的轴向应力，按式（9.2－6）和式（9.2－7）计算：

当圆筒在鞍座平面上或靠近鞍座处有加强圈或被封头加强（即 $A \leqslant R_a/2$）时，轴向应力 σ_3 位于横截面最高点处［见图9.2－2(a)］；当筒体未被加强时，σ_3 位于靠近水平中心处［见图9.2－2(b)］：

$$\sigma_3 = \frac{p_c R_a}{2\delta_e} - \frac{M_2}{3.14 K_1 R_a^2 \delta_e} \tag{9.2-6}$$

在横截面最低点处的轴向应力 σ_4：

$$\sigma_4 = \frac{p_c R_a}{2\delta_e} + \frac{M_2}{3.14 K_2 R_a^2 \delta_e} \tag{9.2-7}$$

式中系数 K_1、K_2 由表9.2－1查得。

表9.2－1　系数 K_1、K_2

条　件	鞍座包角 θ/(°)	K_1	K_2
被封头加强的圆筒，即 $A \leqslant R_a/2$，或在鞍座平面上有加强圈的圆筒	120	1.0	1.0
	135	1.0	1.0
	150	1.0	1.0
未被封头加强的圆筒，即 $A > R_a/2$，且在鞍座平面上无加强圈的圆筒	120	0.107	0.192
	135	0.132	0.234
	150	0.161	0.279

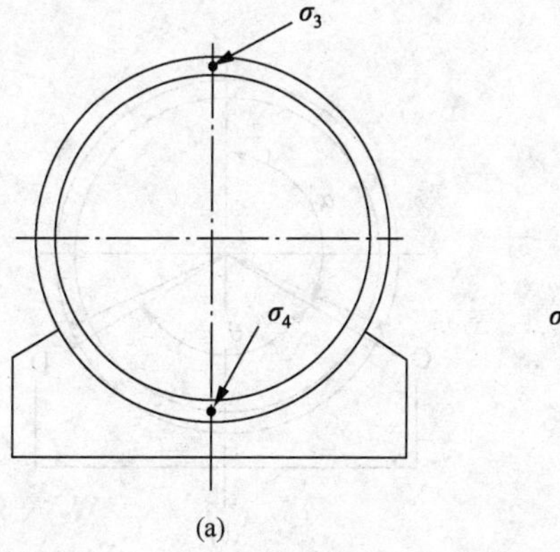

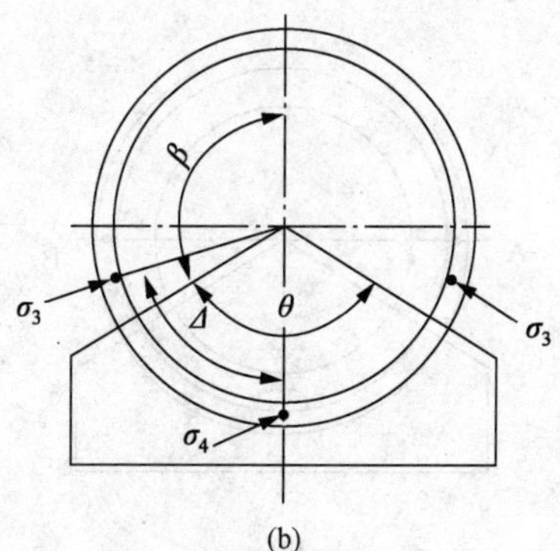

图9.2－2　支座处圆筒轴向应力位置

注：$\beta = 180° - \theta/2$，$\Delta = \theta/2 + \beta/6$。

计算轴向应力 $\sigma_1 \sim \sigma_4$ 时，应根据操作和水压试验时的各种危险工况，分别求出可能产生的最大应力。

（3）圆筒轴向应力的校核

对于操作状态应满足下列条件：

① 计算得到 $\sigma_1 \sim \sigma_4$，取出最大拉应力（最大正值）：

$$\max\{\sigma_1, \sigma_2, \sigma_3, \sigma_4\} \leqslant \varphi[\sigma]^t$$

② 计算得到 $\sigma_1 \sim \sigma_4$，取出最大压应力(最小负值)：

$$|\min\{\sigma_1,\ \sigma_2,\ \sigma_3,\ \sigma_4\}| \leqslant [\sigma]^t_{ac}$$

对于水压试验状态应满足下列条件：

① 充满水未加压时计算得到 $\sigma_1 \sim \sigma_4$，取出最大压应力(最小负值)：

$$|\min\{\sigma_{T1},\ \sigma_{T2},\ \sigma_{T3},\ \sigma_{T4}\}| \leqslant [\sigma]_{ac}$$

② 加压状态下计算得到 $\sigma_1 \sim \sigma_4$，取出最大拉应力(最大正值)：

$$\max(\sigma_{T1},\ \sigma_{T2},\ \sigma_{T3},\ \sigma_{T4}) \leqslant 0.9\varphi R_{eL}(R_{p0.2})$$

3. 切向剪应力

(1) 圆筒切向剪应力

在圆筒支座外横截面上的剪应力，按式(9.2－8)和式(9.2－9)计算。

① 圆筒未被封头加强(即 $A > R_a/2$)时：

圆筒在鞍座平面上有加强圈[见图9.2－6(b)]，其最大剪应力 τ 位于截面的水平中心线处A、B点[见图9.2－3(a)]；在鞍座平面上无加强圈或靠近鞍座处有加强圈[见图9.2－6(c)]，其最大剪应力 τ 位于靠近鞍座边角处C、D点[见图9.2－3(b)]。

$$\tau = \frac{K_3 F}{R_a \delta_e}\left(\frac{L-2A}{L+\frac{4}{3}h_i}\right) \tag{9.2-8}$$

② 圆筒被封头加强(即 $A \leqslant R_a/2$)时，其最大剪应力 τ 位于圆筒上靠近鞍座边角处C、D点[见图9.2－3(b)]。

$$\tau = \frac{K_3 F}{R_a \delta_e} \tag{9.2-9}$$

式中系数 K_3 值由表9.2－2查得。

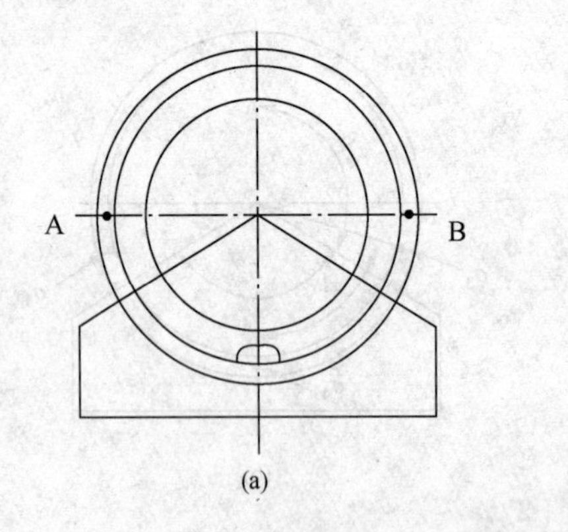

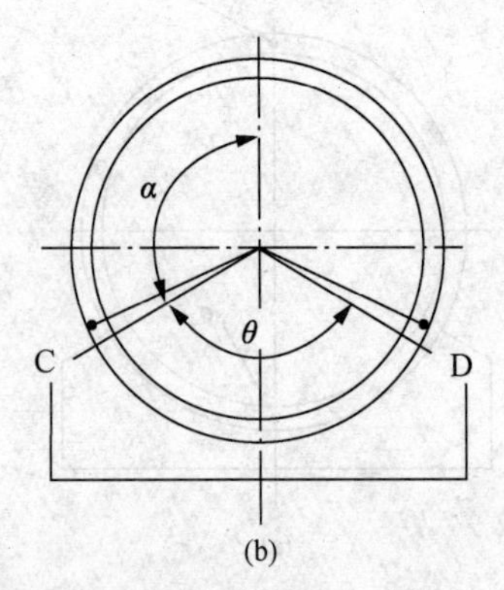

图9.2－3　圆筒切向剪应力位置

注：$\alpha = 171° - \frac{19}{40}\theta$。

(2) 封头切向剪应力

圆筒被封头加强(即 $A \leqslant R_a/2$)时，封头的最大剪应力 τ_h 按式(9.2－10)计算：

$$\tau_h = \frac{K_4 F}{R_a \delta_{he}} \tag{9.2-10}$$

式中系数 K_4 值由表9.2－2查得。

表 9.2-2　系数 K_3、K_4

条　　件	鞍座包角 θ/(°)	K_3	K_4
圆筒在鞍座平面上有加强圈	120 135 150	0.319 0.319 0.319	—
圆筒在鞍座平面上无加强圈，且 $A>R_a/2$，或靠近鞍座处有加强圈	120 135 150	1.171 0.958 0.799	—
圆筒被封头加强(即 $A\leqslant R_a/2$)	120 135 150	0.880 0.654 0.485	0.401 0.344 0.295

(3) 切向剪应力的校核

圆筒的切向剪应力不应超过设计温度下材料许用应力的 0.8 倍，即 $\tau\leqslant0.8[\sigma]^t$。

封头的切向剪应力，应满足式(9.2-11)的要求：

$$\tau_h\leqslant1.25[\sigma]^t-\sigma_h \qquad (9.2-11)$$

式(9.2-11)中的 σ_h 按式(9.2-12)~式(9.2-14)计算。

① 椭圆封头：

$$\sigma_h=\frac{Kp_cD_i}{2\delta_{he}} \qquad (9.2-12)$$

② 碟形封头：

$$\sigma_h=\frac{Mp_cR_h}{2\delta_{he}} \qquad (9.2-13)$$

③ 半球形封头：

$$\sigma_h=\frac{p_cD_i}{4\delta_{he}} \qquad (9.2-14)$$

4. 圆筒周向应力

圆筒鞍座平面上的周向弯矩见图 9.2-4。当无加强圈或加强圈在鞍座平面内时[见图

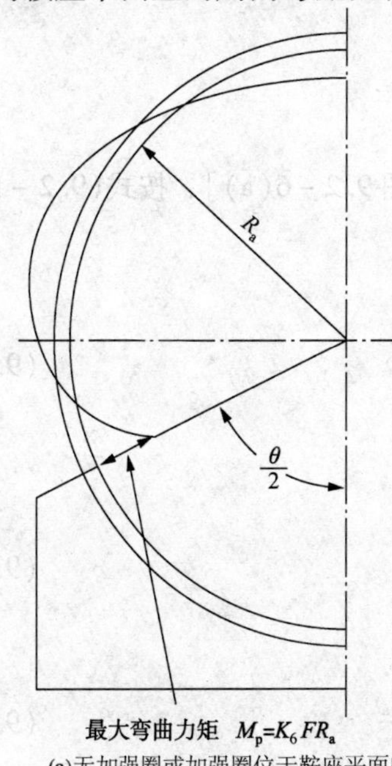

(a)无加强圈或加强圈位于鞍座平面内时

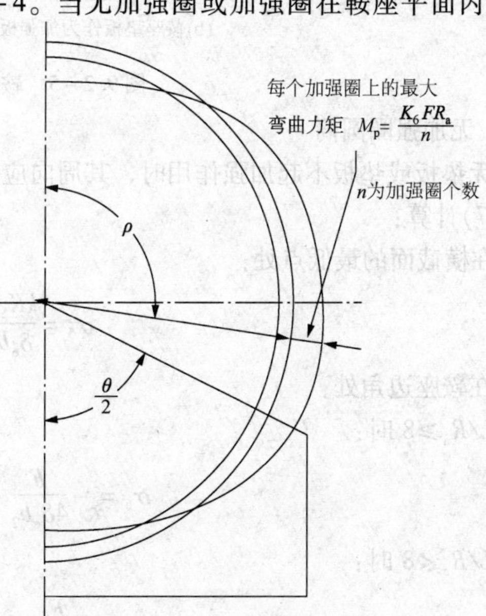

(b)加强圈靠近鞍座时

图 9.2-4　周向弯矩图

9.2-4(a)]，其最大弯矩点在鞍座边角处。当加强圈靠近鞍座平面时[见图9.2-4(b)]，其最大弯矩点在靠近横截面水平中心线处。应按不同的加强圈情况求出最大弯矩点的周向应力。

鞍式支座及鞍座垫板如图9.2-5所示，垫板不作为加强板用的鞍座见图9.2-5(a)；垫板作为加强板用的鞍座见图9.2-5(b)，必要时，可考虑鞍座垫板的加强作用。

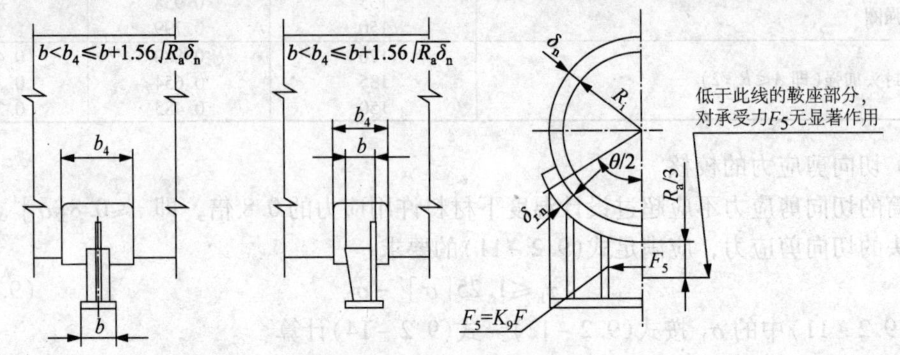

(a)鞍座垫板不作为加强板用的鞍座

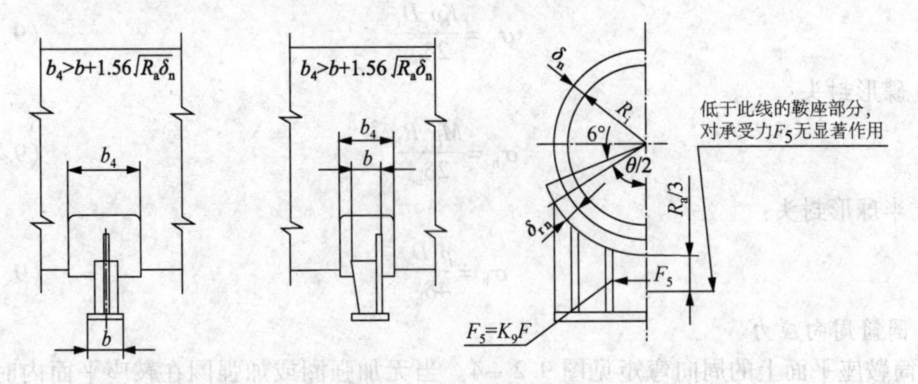

(b)鞍座垫板作为加强板用的鞍座

图9.2-5 鞍式支座

(1) 无加强圈圆筒

① 无垫板或垫板不起加强作用时，其周向应力[见图9.2-6(a)]，按式(9.2-15)~式(9.2-17)计算：

a. 在横截面的最低点处：

$$\sigma_5=\frac{kK_5F}{\delta_e b_2} \tag{9.2-15}$$

b. 在鞍座边角处：

当$L/R_a\geqslant 8$时：

$$\sigma_6=-\frac{F}{4\delta_e b_2}-\frac{3K_6F}{2\delta_e^2} \tag{9.2-16}$$

当$L/R_a<8$时：

$$\sigma_6=-\frac{F}{4\delta_e b_2}-\frac{12K_6FR_a}{L\delta_e^2} \tag{9.2-17}$$

式中系数K_5、K_6值由表9.2-3查得。

② 垫板起加强作用时，其周向应力[见图9.2-6(a)]，按式(9.2-18)~式(9.2-20)计算：

垫板起加强作用时，要求垫板的厚度应不小于0.6倍圆筒厚度，垫板的宽度不小于圆筒有效宽度 b_2，垫板包角应不小于($\theta+120°$)。

表9.2-3 系数 K_5、K_6

鞍座包角 θ/(°)	K_5	K_6	
		$A/R_a\leqslant0.5$	$A/R_a\geqslant1$
120	0.760	0.013	0.053
132	0.720	0.011	0.043
135	0.711	0.010	0.041
147	0.680	0.008	0.034
150	0.673	0.008	0.032
162	0.650	0.006	0.025

注：当 $0.5<A/R_a<1$ 时，K_6 值按表内数值线性内插求取。

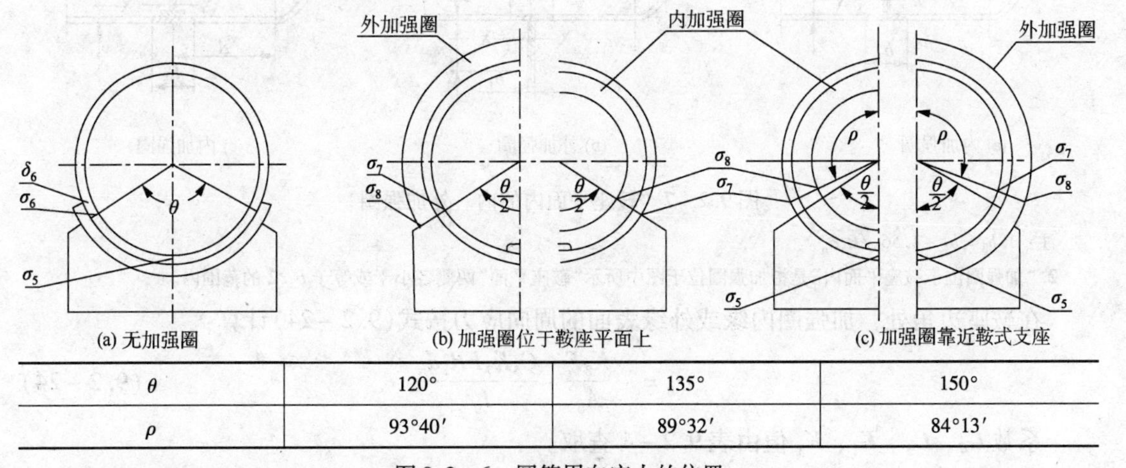

(a) 无加强圈 (b) 加强圈位于鞍座平面上 (c) 加强圈靠近鞍式支座

θ	120°	135°	150°
ρ	93°40′	89°32′	84°13′

图9.2-6 圆筒周向应力的位置

一般情况下加强板(垫板)宜取等于壳体圆筒厚度。

a. 在横截面的最低点处：

$$\sigma_5=\frac{kK_5F}{(\delta_e+\delta_{re})b_2} \tag{9.2-18}$$

b. 在鞍座边角处：

当 $L/R_a\geqslant8$ 时：

$$\sigma_6=-\frac{F}{4(\delta_e+\delta_{re})b_2}-\frac{3K_6F}{2(\delta_e^2+\delta_{re}^2)} \tag{9.2-19}$$

当 $L/R_a<8$ 时：

$$\sigma_6=\frac{F}{4(\delta_e+\delta_{re})b_2}-\frac{12K_6FR_a}{L(\delta_e^2+\delta_{re}^2)} \tag{9.2-20}$$

c. 鞍座垫板边缘处圆筒中的周向应力[见图9.2-6(a)]，按式(9.2-21)、式(9.2-22)计算：

当 $L/R_a\geqslant8$ 时：

$$\sigma_6'=-\frac{F}{4\delta_eb_2}-\frac{3K_6F}{2\delta_e^2} \tag{9.2-21}$$

当 $L/R_a<8$ 时：

$$\sigma_6'=-\frac{F}{4\delta_e b_2}-\frac{12K_6FR_a}{L\delta_e^2} \tag{9.2-22}$$

（2）有加强圈的圆筒

① 当加强圈位于鞍座平面上[见图9.2-6(b)、图9.2-7]，在鞍座边角处的圆筒的周向应力按式(9.2-23)计算：

$$\sigma_7=-\frac{K_8F}{A_o}+\frac{C_4K_7FR_ae}{I_o} \tag{9.2-23}$$

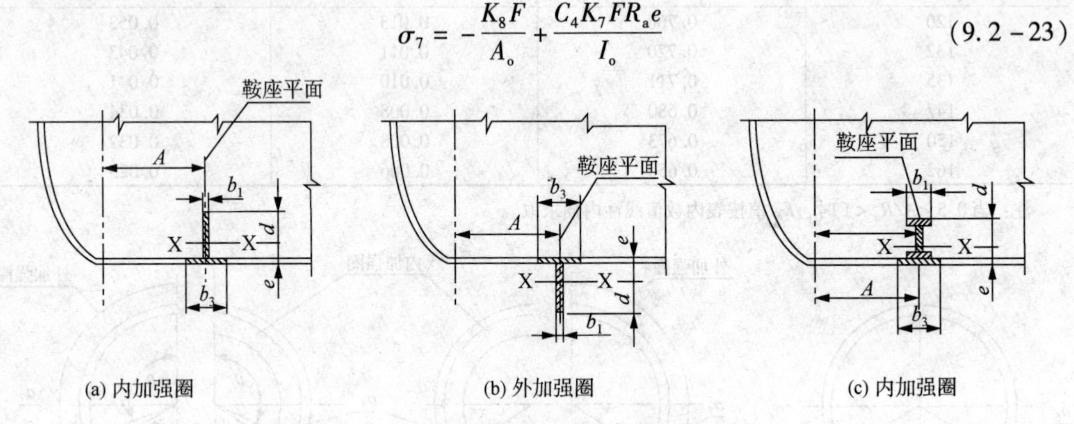

图9.2-7 鞍座平面内的内、外加强圈

注：1. $b_3=b_1+1.56\sqrt{R_a\delta_n}$。

2. "加强圈位于鞍座平面内"是指加强圈位于图中所示"鞍座平面"两侧各小于或等于 $b_2/2$ 的范围内。

在鞍座边角处，加强圈内缘或外缘表面的周向应力按式(9.2-24)计算：

$$\sigma_8=-\frac{K_8F}{A_0}+\frac{C_5K_7FR_ad}{I_0} \tag{9.2-24}$$

系数 C_4、C_5、K_7、K_8 值由表9.2-4查取。

表9.2-4 系数 C_4、C_5、K_7、K_8

加强圈位置		位于鞍座平面上，见图9.2-6(b)，图9.2-7						靠近鞍座，见图9.2-6(c)，图9.2-8		
θ/(°)		120	132	135	147	150	162	120	135	150
C_4	内加强圈	-1	-1	-1	-1	-1	1	+1	+1	+1
	外加强圈	+1	+1	-1	+1	+1	+1	-1	-1	-1
C_5	内加强圈	+1	+1	+1	+1	+1	-1	-1	-1	-1
	外加强圈	-1	-1	-1	-1	1	-1	+1	+1	+1
K_7		0.053	0.043	0.041	0.034	0.032	0.025	0.058	0.047	0.036
K_8		0.341	0.327	0.323	0.307	0.302	0.283	0.271	0.248	0.219

② 当加强圈靠近鞍座平面时[见图9.2-6(c)，图9.2-8]

在横截面最低点的周向应力 σ_5：

a. 对无垫板或垫板不起加强作用的，按式(9.2-15)计算；

b. 对垫板起加强作用的，按式(9.2-18)计算。

在横截面上靠近水平中心线处的圆筒周向应力 σ_7，按式(9.2-23)计算。

在横截面上靠近水平中心线处，加强圈内缘或外缘表面的周向应力 σ_9，按式(9.2-24)计算。

同时，还应按式(9.2-16)、式(9.2-17)、式(9.2-19)、式(9.2-20)校核在支座边角处的周向应力 σ_6 值，其中 K_6 值按表9.2-3中 $A/R_a\leqslant0.5$ 查取。

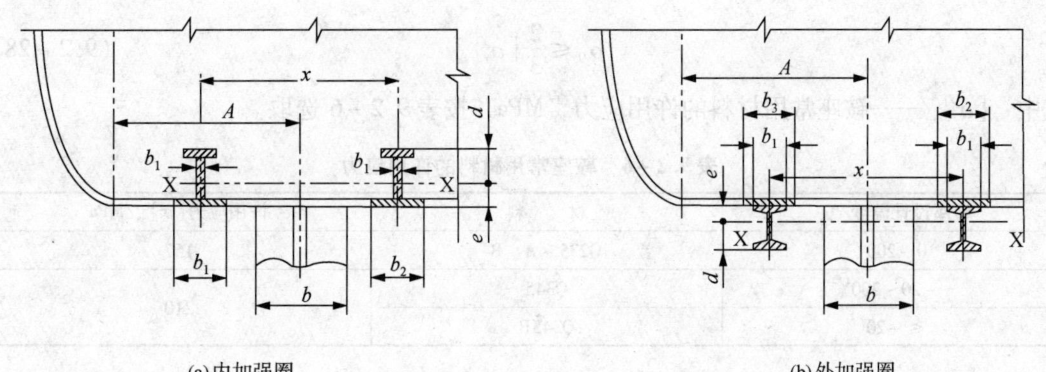

图 9.2－8　靠近鞍座平面的加强圈

注：b_3，$b_2 < x \leqslant R_a$

（3）周向应力校核

周向应力应满足下列条件：

$$|\sigma_5| \leqslant [\sigma]^t$$

$$|\sigma_6| \leqslant 1.25[\sigma]^t$$

$$|\sigma_6'| \leqslant 1.25[\sigma]^t$$

$$|\sigma_7| \leqslant 1.25[\sigma]^t$$

$$|\sigma_8| \leqslant 1.25[\sigma]_t^t$$

9.2.1.3　鞍座设计

鞍座包角一般为 120°～150°。钢制鞍座宽度 b 一般大于或等于 $8\sqrt{R_a}$。当采用 JB/T 4712《鞍式支座》的鞍座时，b 值应取筋板大端宽度与腹板厚度之和（见图 9.2－5）。

1. 腹板水平分力及强度校核

支座腹板的水平分力 F_s 按式（9.2－25）计算：

$$F_s = K_9 F \tag{9.2-25}$$

式中 K_9 系数值按表 9.2－5 查取。

表 9.2－5　系数 K_9

鞍座包角 θ/(°)	120	135	150
K_9	0.204	0.231	0.259

鞍座腹板有效截面内的水平方向平均拉应力 σ_9，按式（9.2－26）或式（9.2－27）计算。

当无垫板或垫板不起加强作用时：

$$\sigma_9 = \frac{F_s}{H_s b_0} \tag{9.2-26}$$

当垫板起加强作用时：

$$\sigma_9 = \frac{F_s}{H_s b_0 + b_r \delta_{re}} \tag{9.2-27}$$

式中　H_s——计算高度，取鞍座垫板底面至底板底面距离和 $R_a/3$ 两者中的较小值，mm；

b_0——鞍座腹板厚度，mm；

b_r——鞍座垫板有效宽度，取 $b_r = b_2$，mm。

应力应按式（9.2－28）进行校核：

$$\sigma_9 \leqslant \frac{2}{3}[\sigma]_{sa} \tag{9.2-28}$$

式中 $[\sigma]_{sa}$——鞍座常用材料的许用应力，MPa，按表9.2-6选取。

表9.2-6 鞍座常用材料的许用应力

鞍座设计温度/℃	材 料	许用应力$[\sigma]_{sa}$/MPa
0~200	Q235-A、B	157
-20~200	Q345	210
≤-20	Q345R	

2. 鞍座压缩应力及强度校核

(1) 当地震载荷引起的水平地震力小于或等于鞍座底板与基础间静摩擦力($F_{EV} \leqslant mgf$)时，在轴向弯矩及垂直载荷作用下，支座腹板与筋板组合截面内产生的压应力按式(9.2-29)计算：

$$\sigma_{sa} = -\frac{F}{A_{sa}} - \frac{F_{Ev}H}{2Z_t} - \frac{F_{Ev}H_v^4}{A_{sa}(L-2A)} \tag{9.2-29}$$

(2) 当地震载荷引起的水平地震力大于底板与基础的静摩擦力($F_{Ev} > mgf$)时，支座腹板与筋板组合截面内产生的压应力按式(9.2-30)计算：

$$\sigma_{sa} = -\frac{F}{A_{sa}} - \frac{(F_{Ev} - Ff_s)H}{Z_t} - \frac{F_{Ev}H_v}{A_{sa}(L-2A)} \tag{9.2-30}$$

式中 F_{Ev}——考虑地震影响时，卧式容器产生的水平地震力，$F_{Ev} = \alpha_1 mg$，N；

α_1——水平地震影响系数，按表9.2-7选取；

H_v——圆筒中心至基础表面的距离(见图9.2-9)mm；

H——圆筒最低表面至基础表面的距离，即鞍座高度，mm；

A_{sa}——腹板与筋板(筒板或垫板最低处)组合截面积，mm^2；

Z_t——腹板与筋板(筒体或垫板最低处)组合截面的抗弯截面系数，mm^3；

f——鞍座底板与基础间静摩擦系数；

钢底板对钢基础垫板$f=0.3$；

钢底板对水泥基础$f=0.4$；

f_s——鞍座底板对钢基础垫板的动摩擦系数，$f_s=0.15$。

表9.2-7 水平地震影响系数 α_1

地震设防烈度/度	7		8		9
设计基本地震加速度	0.10g	0.15g	0.20g	0.30g	0.40g
α_1	0.08	0.12	0.16	0.24	0.32

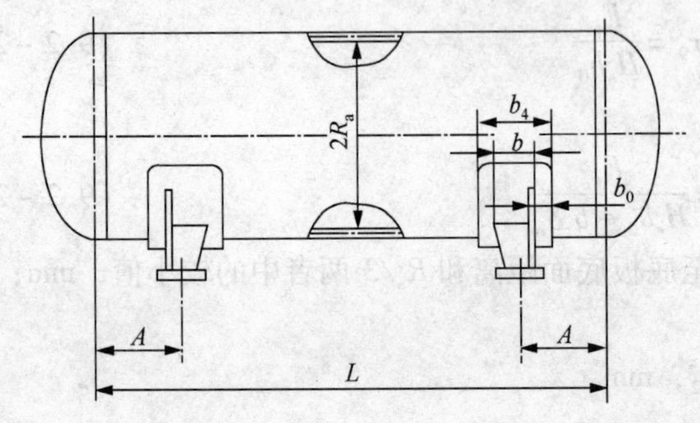

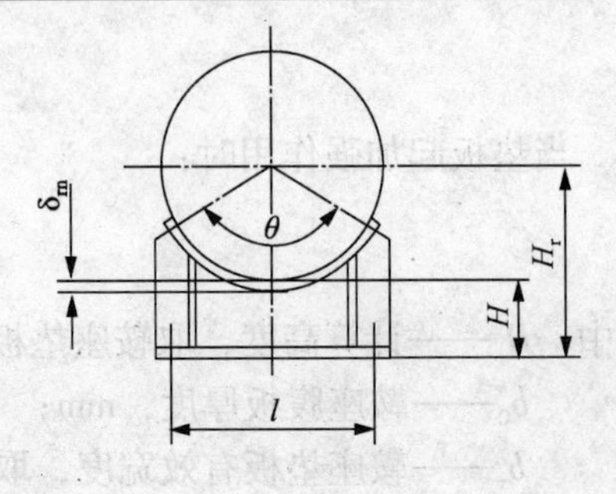

图9.2-9 卧式容器相关尺寸

（3）由温度变化引起圆筒体伸缩时产生的支座腹板与筋板组合截面的压应力，按式(9.2－31)计算：

$$\sigma_{sa}^{t}=-\frac{F}{A_{sa}}-\frac{FfH}{Z_{r}} \quad (9.2-31)$$

（4）应按式(9.2－32)进行应力校核：

$$|\sigma_{sa}|\leqslant K_0[\sigma]_{sa} \quad (9.2-32)$$

$$|\sigma_{sa}^{t}|\leqslant[\sigma]_{sa}$$

3. 地震引起的地脚螺栓应力

（1）倾覆力矩

倾覆力矩按式(9.2－33)计算：

$$M_{Ev}^{0-0}=F_{Ev}H_{v} \quad (9.2-33)$$

（2）由倾覆力矩引起的地脚螺栓拉应力

地脚螺栓拉应力按式(9.2－34)计算：

$$\sigma_{bt}=\frac{M_{Ev}^{0-0}}{nlA_{bt}} \quad (9.2-34)$$

式中　A_{bt}——每个地脚螺栓的横截面面积，mm^2；

l——筒体轴线两侧的螺栓间距，mm；

n——承受倾覆力矩的地脚螺栓个数，个。

应力的校核应满足：

$$\sigma_{bt}\leqslant K_0[\sigma_{bt}]$$

（3）由地震力引起的地脚螺栓剪应力

当地震载荷引起的水平地震力大于底板与基础的静摩擦力($F_{Ev}>mgf$)时，由地震力引起的地螺栓剪应力按式(9.2－35)计算：

$$\tau_{bt}=\frac{F_{Ev}}{n'A_{bt}} \quad (9.2-35)$$

n'——承受剪应力的地脚螺栓个数(仅计固定端)，个。

应力的校核应满足：

$$\tau_{bt}\leqslant 0.8[\sigma_{bt}]$$

地脚螺栓宜选用符合 GB/T 700 规定的 Q245 或符合 GB/T 1591 规定的 Q345。Q245 的许用应力$[\sigma]_{bt}=147$MPa；Q345 的许用应力$[\sigma]_{bt}=170$MPa。如采用其他碳素钢，则$n_s=1.6$；如采用其他低合金钢，则安全系数$n_s\geqslant 2.0$。

9.2.2　三鞍座支承的卧式容器

双鞍座支承的卧式容器当其长度过大时，为避免过大的跨距、筒体过度变形以及过大的应力，可采用三个或三个以上的鞍座来支承。但是，三个或三个以上鞍座支承的卧式容器与双支座不同，鞍座和筒体的受力情况受鞍座支承精度的影响较大，鞍座及基础尺寸偏差会使支座反力不能预期，基础的不均匀下沉会使支座反力重新分配，极端的情况可能会造成某个或某些鞍座“悬空”。因此，对三个或三个以上鞍座支承的卧式容器设计必须十分仔细和小心，特别是对支承面的尺寸精度和基础的不均匀下沉应加以严格限制，并且在使用中应加强监测，以保证容器的安全使用。

以下仅讨论三鞍座支撑的卧式容器的强度和稳定性校核计算。

9.2.2.1　符号说明

l_1——筒体轴线两侧的鞍座地脚螺栓间距，mm；

l——相邻两鞍座中心线间距，见图 9.2－10，mm；

M_{I}——Ⅰ支座处的弯矩，N·mm；

M_{II}——Ⅱ支座处的弯矩，N·mm；

M_{Ev}^{0-0}——卧式容器由地震作用，相对于 0－0 截面引起的倾覆力矩，N·mm；

M_{max}——两鞍座间筒体上的最大弯矩，N·mm；

其他符号见 9.2.1 节的符号说明。

9.2.2.2 不考虑地震载荷影响工况下的强度及稳定性校核

1. 鞍座反力的计算

图 9.2－10 是三鞍座卧式容器的受力示意图。

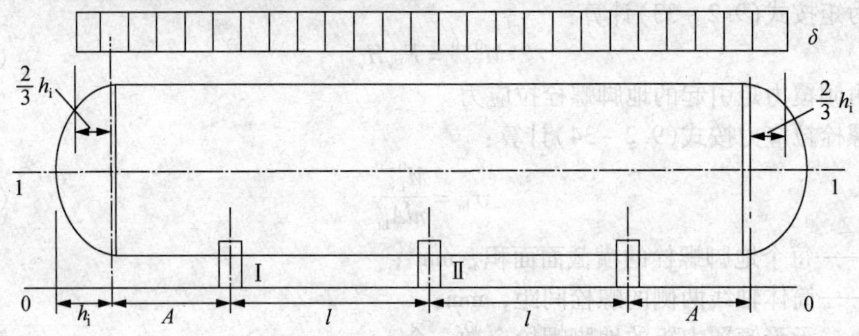

图 9.2－10 三鞍座卧式容器

支座Ⅰ处的反力 F_{I} 按式(9.2－36)计算：

$$F_{\mathrm{I}}=\frac{mg}{2(l+A)+\frac{4}{3}h_i}\left[\frac{A}{l}\left(\frac{3}{4}A+h_i\right)+\frac{3}{8l}(h_i^2-R_a^2)+A+\frac{2}{3}h_i+\frac{3}{8}l\right] \tag{9.2-36}$$

式中 $\frac{mg}{2(l+A)+\frac{4}{3}h_i}=q$ 为三支座连续梁所受的均布载荷。

支座Ⅱ处的反力 F_{II} 按式(9.2－37)计算：

$$F_{\mathrm{II}}=\frac{mg}{2(l+A)+\frac{4}{3}h_i}\left[\frac{5l}{4}-\frac{3A^2}{2l}-\frac{2h_iA}{l}-\frac{3}{4l}(h_i^2-R_a^2)\right] \tag{9.2-37}$$

2. 圆筒轴向应力计算和校核

(1) 支座Ⅰ处和支座Ⅱ处的弯矩分别按式(9.2－38)和式(9.2－39)计算：

$$M_{\mathrm{I}}=\frac{mg}{2(l+A)+\frac{4}{3}h_i}\left[\frac{A^2}{2}+\frac{2}{3}h_iA-\frac{R_a^2-h_i^2}{4}\right] \tag{9.2-38}$$

$$M_{\mathrm{II}}=\frac{mg}{2(l+A)+\frac{4}{3}h_i}\left[\frac{Ah_i}{3}+\frac{A^2}{4}-\frac{l^2}{8}-\frac{R_a^2-h_i^2}{8}\right] \tag{9.2-39}$$

(2) 在支座Ⅰ和支座Ⅱ之间的最大弯矩 X_a 按式(9.2－40)～式(9.2－42)计算：

$$X_a=\frac{A}{l}\left(\frac{3}{4}A+h_i\right)+\frac{3}{8l}(h_i^2-R_a^2)+\frac{3l}{8} \tag{9.2-40}$$

若 $0<X_a<l$，按式(9.2－41)计算支座Ⅰ和支座Ⅱ之间的最大弯矩：

$$M_{max}=\frac{mg}{2(l+A)+\frac{4}{3}h_i}\left[\frac{1}{4}(R_a^2-h_i^2)-\frac{2h_i}{3}(A+X_a)-\frac{(A+X_a)^2}{2}\right]+F_1X_a \tag{9.2-41}$$

若 $X_a<0$ 或 $X_a>1$，则按式(9.2－42)计算支座Ⅰ和支座Ⅱ之间的最小弯距：

$$M_{max}=\max\{M_{Ⅰ},M_{Ⅱ}\} \quad (9.2-42)$$

（3）两鞍座间最大弯矩处筒体上的轴向应力按式(9.2－43)和式(9.2－44)计算：

圆筒最高点处：

$$\sigma_1=\frac{p_cR_a}{2\delta_e}-\frac{M_{max}}{3.14R_a^2\delta_e} \quad (9.2-43)$$

圆筒最低点处：

$$\sigma_2=\frac{p_cR_a}{2\delta_e}+\frac{M_{max}}{3.14R_a^2\delta_e} \quad (9.2-44)$$

（4）支座Ⅰ处筒体上的轴向应力按式(9.2－45)和式(9.2－46)计算：

圆筒最高点处：

$$\sigma_3^{Ⅰ-Ⅰ}=\frac{p_cR_a}{2\delta_e}-\frac{M_Ⅰ}{3.14K_1R_a^2\delta_e} \quad (9.2-45)$$

圆筒最低点处：

$$\sigma_4^{Ⅰ-Ⅰ}=\frac{p_cR_a}{2\delta_e}+\frac{M_Ⅰ}{3.14K_2R_a^2\delta_e} \quad (9.2-46)$$

（5）支座Ⅱ处筒体上的轴向应力按式(9.2－47)和式(9.2－48)计算：

圆筒最高点低：

$$\sigma_3^{Ⅱ-Ⅱ}=\frac{p_cR_a}{2\delta_e}-\frac{M_Ⅱ}{3.14R_a^2\delta_e} \quad (9.2-47)$$

圆筒最低点处：

$$\sigma_4^{Ⅱ-Ⅱ}=\frac{p_cR_a}{2\delta_e}-\frac{M_Ⅱ}{3.14R_a^2\delta_e} \quad (9.2-48)$$

（6）圆筒轴向应力校核

① 对于操作状态应满足下列条件：

a. 计算所得的轴向拉应力不应超过设计温度下的材料的许用应力 $[\sigma]$，即：

$$\max\{\sigma_1,\sigma_2,\sigma_3^{Ⅰ-Ⅰ},\sigma_4^{Ⅰ-Ⅰ},\sigma_3^{Ⅱ-Ⅱ},\sigma_4^{Ⅱ-Ⅱ}\}\leqslant\phi[\sigma]$$

b. 计算所得的轴向压应力不应超过设计温度下材料的轴向许用压缩应力 $[\sigma]_{ac}^t$，即：

$$|\min\{\sigma_1,\sigma_2,\sigma_3^{Ⅰ-Ⅰ},\sigma_4^{Ⅰ-Ⅰ},\sigma_3^{Ⅱ-Ⅱ},\sigma_4^{Ⅱ-Ⅱ}\}|\leqslant[\sigma]_{ac}^t$$

② 对于水压试验状态应满足下列条件：

a. 充满水未加压时，计算所得的轴向应力不应超过 $[\sigma]_{ac}$，即：

$$|\min\{\sigma_{T1},\sigma_{T2},\sigma_{T3}^{Ⅰ-Ⅰ},\sigma_{T4}^{Ⅰ-Ⅰ},\sigma_{T3}^{Ⅱ-Ⅱ},\sigma_{T4}^{Ⅱ-Ⅱ}\}|\leqslant[\sigma]_{ac}^t$$

b. 充满水加压的状态下，计算所得的轴向拉应力不应超过材料的 $0.9\phi R_{eL}(R_{p0.2})$，即：

$$\max\{\sigma_{T1},\sigma_{T2},\sigma_{T3}^{Ⅰ-Ⅰ},\sigma_{T4}^{Ⅰ-Ⅰ},\sigma_{T3}^{Ⅱ-Ⅱ},\sigma_{T4}^{Ⅱ-Ⅱ}\}\leqslant0.9\phi R_{eL}(R_{p0.2})$$

3. 切向剪应力

（1）圆筒及封头切向剪应力计算

圆筒及封头切向剪应力 τ、τ_h 按9.2.1.2中的3.(1)和(2)所示的公式进行计算，式中 F 由 F_1 代替。

（2）圆筒及封头切向剪应力校核

圆筒及封头切向剪应力的校核，按9.2.1.2中3.(3)的规定进行。

4. 圆筒周向应力

a）圆筒周向应力 $\sigma_5\sim\sigma_8$ 计算按式(9.2－15)～式(9.2－24)计算，式中的 F 由 $F_Ⅰ$、$F_Ⅱ$ 代替。

b）圆筒周向应力校核

圆筒周向应力的校核按9.2.1.2中的4.(3)的规定进行。

5. 鞍座应力

(1) 腹板水平分力F_s按式(9.2－25)计算，式中的F由$F_Ⅰ$、$F_Ⅱ$代替。

腹板水平方向的拉应力σ_9按式(9.2－26)、式(9.2－27)计算。应力校核按(9.2－28)进行。

(2) 由温度变化引起圆筒伸缩时产生的支座腹板与筋板组合截面的压应力σ_{sa}^t按式(9.2－31)计算。式中，F取$F_Ⅰ$和$F_Ⅱ$中的较大者。计算得到的应力按σ_{sa}^t按式(9.2－32)进行评定。

9.3 圈式支座

圈式支座一般适用于因自重可能造成严重弯曲的薄壁容器，圈座形式如图9.1－1(b)所示，除在常温下操作的容器外，至少应有一个圈座是滑动支座结构。

9.3.1 圆筒轴向应力计算

当容器采用两个圈座支承时，圆筒所受的支承反力、轴向弯矩及相应的轴向应力计算及验算均与鞍式支座相同。

9.3.2 圆筒切向剪应力计算

圈座附近圆筒中的切向剪应力按式(9.3－1)计算：

$$\tau = \frac{0.319F}{R_m\delta_e}\left(\frac{L-2A}{L+\frac{4}{3}h_i}\right) \quad \text{MPa} \tag{9.3-1}$$

计算所得的切向剪应力τ不应超过设计温度下材料许用应力的0.8倍。

9.3.3 周向应力计算

由局部载荷引起的最大周向应力按式(9.3－2)计算：

$$\sigma_{10} = \frac{K_{10}FR}{Z_r} + \frac{K_{11}F}{A_r} \quad \text{MPa} \tag{9.3-2}$$

式中 R——圈座与圆筒有效段(长度取为$\sqrt{R_m\delta_e}$＋圈座宽度)的组合截面形心至圆筒中心的距离，mm；

Z_r——组合截面的截面系数，mm^3；

A_r——组合截面的面积，mm^2；

K_{10}、K_{11}——系数，按圈座φ_1[见图9.1－1(b)]由表9.3－1查取。

表9.3－1 系数K_{10}、K_{11}

φ_1/(°)	K_{10}	K_{11}	φ_1/(°)	K_{10}	K_{11}	φ_1/(°)	K_{10}	K_{11}
30	0.075	0.41	55	0.039	0.36	80	0.017	0.29
35	0.065	0.40	60	0.035	0.35	86	0.015	0.27
40	0.057	0.39	65	0.030	0.34	90	0.015	0.25
45	0.049	0.38	70	0.025	0.32			
50	0.043	0.37	75	0.020	0.31			

计算所得的σ_{10}不应超过设计温度下圈座材料或筒体材料的许用应力$[\sigma]_{tr}$或$[\sigma]_t$两者中的较小值。

第十章　压力容器的耐压试验

10.1　耐压试验的目的

压力容器是对安全性要求较高的特种设备，在制造过程中虽然经过多种工序的检验（如原材料检验、验收，尺寸检验，焊接接头的力学性能检验，无损检测等）并达到合格的要求，但仍需在容器制造完工后（也包括在役压力容器经大修完工以后）采用短期超压试验来全面综合考核其总体强度及密封性能。以便对在压力试验过程中暴露的隐患进行处置（返修或报废）。

压力试验的主要目的在于全面检验产品的整体强度，是对容器选材、设计计算、结构及制造质量的综合性检查。因此，耐压试验过程中存在一定的危险性。譬如耐压试验介质的流出、产品破裂甚至产生金属碎片等。其危险程度取决于以下因素：一是压力（p）与容积（V）乘积的大小，该乘积值越大表示容器内积聚的势能越大，一旦发生事故其破坏力也就越大；二是材料特性，试验时是否会发生脆断；三是试验介质的状态，即耐压试验是采用液态介质还是气态介质以及液态和气态介质并存。

外压或真空容器的失效方式主要是失稳。由于考核外压稳定性的试验成本较高，有时甚至难以进行。因此，外压或真空容器也是采用内压方式进行耐压试验。对外压或真空容器而言，耐压试验的主要目的不在于考核强度而是检查产品的致密性。

耐压试验除了考核容器的整体强度和致密性以外，可能还会起到如下作用：

① 通过短时超压，有可能减缓某些局部区域的峰值应力，在一定程度上消除或降低（残余）应力，起到使应力趋于均匀的作用；

② 按近代断裂力学的观点，短时超压可以使裂纹产生闭合效应，也即起到闭合裂纹尖端的作用，从而使容器在正常工作压力下运行时更加安全。

10.2　耐压试验的通用要求

10.2.1　耐压试验的对象

（1）新制成的压力容器；

（2）在改造与重大维修过程中有以下情况之一者：

① 用焊接方法更换主要受压元件的；

② 主要受压元件补焊深度大于二分之一厚度的；

③ 改变使用条件，超过原设计参数并且经过强度校核合格的；

④ 需要更换衬里的（耐压试验在更换衬里前进行）。

10.2.2　耐压试验种类

（1）液压试验

采用液体介质作压力试验时称液压试验。

（2）气压试验

采用气体介质作压力试验时称气压试验。

（3）气液组合压力试验

同时采用液体和气体两种介质作压力试验时称气液组合压力试验。

10.2.3 耐压试验压力

耐压试验压力 p_T 的最低值按式(10.2－1)和式(10.2－2)确定：

液压试验

$$p_T = 1.25p\frac{[\sigma]}{[\sigma]^t} \qquad (10.2-1)$$

气压试验和气液组合压力试验

$$p_T = 1.10p\frac{[\sigma]}{[\sigma]^t} \qquad (10.2-2)$$

式中 p_T——试验压力，MPa；

p——压力容器的设计压力或压力容器铭牌上规定的最高允许工作压力(对在役压力容器为定期检验确定的允许/监控使用压力)，MPa；

$[\sigma]$——试验温度下材料的许用应力(或者设计应力强度)，MPa；

$[\sigma]^t$——设计温度下材料的许用应力(或者设计应力强度)，MPa。

压力容器各元件(圆筒、封头、接管、法兰及紧固件等)所用的材料不同时，应取各元件材料 $[\sigma]/[\sigma]^t$ 中的最小值。

10.2.4 耐压试验时的应力校核

如果采用高于10.2.3规定的耐压试验压力时，应按相关标准的规定对容器壳体的环向膜应力提出如下限制：

① 液压试验时，不得超过试验温度下材料屈服强度与焊接接头系数乘积的90%；

② 气压试验与气液组合压力试验时，不得超过试验温度下材料屈服强度与焊接接头系数乘积的80%；

③ 校核时，所取的壁厚应当扣除壁厚附加量(新制造的容器可不扣除腐蚀余量)对液压试验和气液组合压力试验所取的压力还应当计入静液柱的压力。

10.2.5 耐压试验温度

无论是液压试验、气压试验还是气液组合压力试验，其试验温度(指容器器器壁金属温度)应当比容器器器壁金属无延性转变温度高30℃，或者按相关标准的规定；如果由于板厚等因素造成材料无延性转变温度升高，则需相应提高试验温度。

10.2.6 耐压试验用压力表

为了保证压力表读数的精确性，必须采用两个量程完全相同并经校正过的压力表，试验用压力表应当安装在被试验压力容器顶部便于观察的位置。

对耐压试验用压力表的要求如下：

① 选用的压力表，应当与耐压试验所用的试验介质相适应；

② 对设计压力小于1.6MPa的压力容器，压力表的精度不得低于2.5级；设计压力高于或等于1.6MPa的压力容器，压力表的精度不得低于1.6级；

③ 压力表刻度盘极限值应当为耐压试验压力的1.5~3.0倍；

10.2.7 耐压试验用介质

1. 耐压试验用液体

凡是在压力试验条件下不导致发生危险的液体，在低于其沸点温度下，都可用作液压试验的介质或气液组合压力试验的液体介质。

当采用可燃性液体进行液压试验时，试验温度必须低于可燃性液体的闪点，试验场地不得有火源，并配备适当的消防器材。

当采用水作试验介质时，如果不具备在试验以后立即将水渍清除干净的条件，对奥氏体不锈钢容器为防止可能产生的压力腐蚀，应限制水中的氯离子含量不超过25mg/L。若水质达不到这一要求，可对水进行预处理，如加入硝酸钠溶液等。

2. 耐压试验用气体

气压试验所用的气体应为干燥、洁净的空气、氮气或其他惰性气体。有的容器在运输、存储和安装过程中要求内部充氮气或其他惰性气体保护时，若采用氮气或其他惰性气体作气压试验时，可省去试验后再进行气体置换的麻烦。

10.2.8 耐压试验的其他要求

① 保压期间不得采用连续加压来维持试验压力不变；耐压试验过程中，不得带压紧固螺栓或者向受压元件施加外力。

② 耐压试验过程中，不得进行与试验无关的工作，无关人员不得在现场停留；

③ 压力容器进行耐压试验时，监检人员应当到现场进行监督检查。

10.3 液压试验

10.3.1 液压试验步骤

① 试验时压力容器中应当充满液体，在容器顶部应设排气口，以便充液时将容器内的空气排除干净。试验过程中应保持容器观察表面干净无潮。

② 只有当压力容器器壁金属温度达到规定温度时，才能开始缓慢升压至设计压力，确认无泄漏后继续升压至规定的试验压力，保压足够时间(一般不少于30分钟)；然后降至设计压力，保压足够时间进行检查，检查期间压力应当保持不变。

③ 对于带夹套的容器，应分别对内筒和夹套进行耐压试验，夹套的焊接应在内筒的耐压试验合格后进行，否则无法检查。夹套试验压力确定之后，必须按内容器壳体元件的有效厚度校核在该压力作用下内筒的稳定性，若不能满足稳定要求，则在作夹套耐压试验时，应在内容器内保持一定的压力，以使整个试验过程(包括升压、持压和卸压)中的任一时刻，夹套和内容器的压差不超过设计值。

④ 对新制造的压力容器，液压试验完毕后应立即将液体排尽，并用压缩空气将内部吹干，以防腐蚀。

10.3.2 液压试验合格标准

进行液压试验的压力容器，符合以下标准为合格：

① 无泄漏；

② 无可见的变形；

③ 试验过程中无异常的响声。

10.4 气压试验

10.4.1 气压试验步骤

气压试验时，应当先缓慢升压至规定试验压力的10%，保压足够时间，并且对所有焊接接头和连接部位进行初次检查；确认无泄漏后可继续升压至规定试验压力的50%；如无异常现象，其后按规定试验压力的10%逐级升压，直到规定的试验压力，保压足够时间；然后降至设计压力，保压足够时间进行检查，检查期间压力应该保持不变。

10.4.2 气压试验合格要求

气压试验过程中，压力容器无异常响声，经过肥皂液或者其他检漏液检查无漏气，无可见变形即为合格。

10.5 气液组合压力试验

10.5.1 气液组合压力试验步骤

气液组合压力试验步骤同10.4.1。

10.5.2 气液组合压力试验合格要求

气液组合压力试验合格要求同10.4.2。

第十一章　几种大型压力容器

11.1　加氢反应器

11.1.1　概述

加氢反应器是各种加氢工艺过程或加氢装置的核心关键设备。其操作条件苛刻、技术难度大、制造技术要求高，造价昂贵。所以人们对它无论在设计、制造或使用等各个环节上都给予了极大地重视。加氢反应器的自主设计和制造，不仅体现出加氢设备的技术进步，从某种意义上说也是体现一个国家总体技术水平的重要标志之一。

所谓加氢工艺过程是催化加氢过程的总称，大致可划分为加氢处理、加氢精制和加氢裂化三大类。

为了获得最大的经济效益，加氢工艺装置的规模越来越大，随之带来了设备的大型化：例如，日本在20世纪60年代初制造的反应器单台重量约300t，而1993年已制造出单重为1450t的大型加氢反应器，目前已具备生产2000t的巨型反应器的能力。我国在1989年依靠自己的力量自行研制成功的国内第一台锻焊结构热壁加氢反应器，重量约220t，而1998年已分别生产出内径达4.2m和单台重量近千吨的大型反应器。我国于2006年自主设计、制造了内径为4.8m，壁厚334mm、单台重量大于2000t的煤液化加氢反应器。这是当今世界上最大的锻焊结构反应器之一。

11.1.2　加氢反应器的分类

加氢反应器按工艺过程特点可分为固定床反应器、移动床反应器和流化床反应器三大类；按反应器的使用状态可分为冷壁反应器和热壁反应器两大类；按反应器本体结构特征可分为单层结构和多层结构两大类，单层结构又有钢板卷焊结构和锻焊结构之分，多层结构又有绕带式和热套式之分；按原料流动方向可分为上流式和下流式两大类。

到目前为止，应用最普遍的仍然是气液并行下流式催化剂固定床加氢反应器。

11.1.3　锻焊反应器的结构特点

锻焊结构的优点明显，主要表现在：

① 在锻造过程中要把钢锭镦粗和冲孔，可清除钢锭中的偏析和夹杂，从而提高了锻件的纯洁性。若用20世纪80年代开发成功的中空锭锻造技术，由于中空锭的凝固时间比实心锭大大缩短，因而既可降低钢锭中的碳偏析，又可使锻件制造时间大为缩短。

② 锻造变形过程的拔长、扩孔等工艺，使锻件各向性能差别减小，增加内部致密度，所以材料的均质性和致密性较好。

③ 焊缝较少，特别是没有纵焊缝，从而提高了反应器耐周向应力的可靠性，同时也可减少制造和使用过程中对焊缝检查的工作量。

④ 锻造筒节经过机加工内外圆后，提高了尺寸精度，这可方便筒节对接，错边量也小。

⑤ 反应器内部支承结构（如支持圈）可在筒体内壁留出凸台［如图11.1－1(b)所示］，这对于防止有关的脆性损伤很有好处。

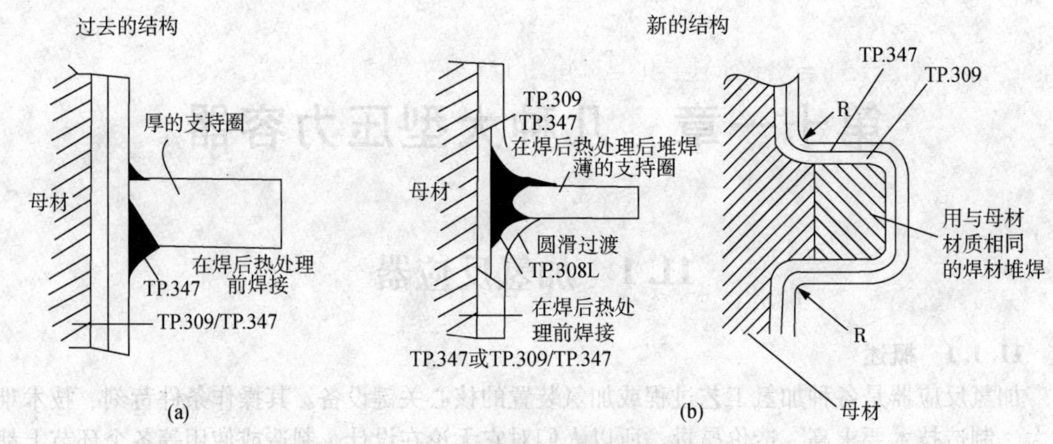

图 11.1-1　催化剂支承圈结构示意

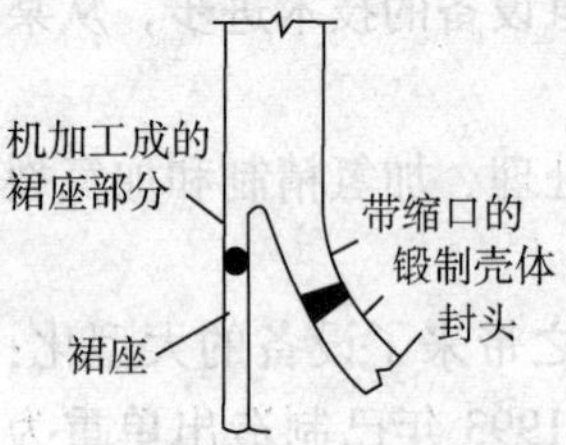

机加工成的裙座部分

带缩口的锻制壳体封头

裙座

图 11.1-2　裙座新结构

支承裙座可由带缩口的壳体锻环车削而成(如图 11.1-2 所示)，使裙座连接焊缝变为对接形式，便于无损检测，以提高使用的可靠性。

当然，锻造结构由于从钢锭到机加工成形的过程中材料的利用率要比板焊结构低，在反应器壁较薄时，其制造费用相对较高。但随着壁厚的增大，尤其是由于铸锭技术和锻造技术的进步，钢锭的利用率不断提高，依据当前的卷板技术和能力水平，当厚度约大于 180mm 时，就考虑采用锻焊结构。直径越大，壁厚越厚，锻焊结构的经济性更显优越。

11.1.4　反应器结构的改进

(1) 催化剂支承结构

最早支承催化剂的支持圈多半都是直接焊于筒体上，如图 11.1-1(a)所示，使用中曾在支持圈处发现多起裂纹，后改进为图 11.1-1(b)的结构，可靠性得到明显提高。

(2) 加氢反应器进出口大法兰密封结构

当反应器进出口管法兰采用八角型(或椭圆型)金属垫片密封时，曾在法兰密封槽底尖角上发生过裂纹。后来，为保持 TP.347 堆焊层或焊接金属有较高的延性，从制造上将密封槽处不锈钢表层 TP.347 的堆焊工作放到最终热处理(PWHT)之后进行，同时控制 TP.347 中 δ-铁素体含量(目标值小于 FN9，但不应小于 FN3，可按 WRC-1992 组织图计算)，就基本上避免了裂纹的发生，如图 11.1-3 所示。这是因为 PWHT 会使 TP.347 堆焊层延性下降之故。

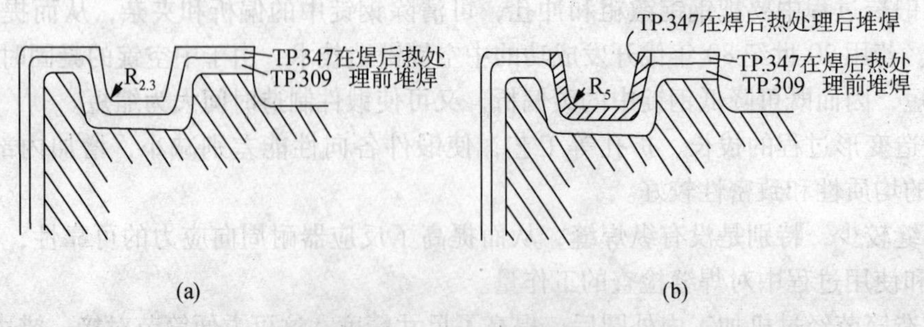

图 11.1-3　大法兰密封结构

(3) 反应器裙座与底封头连接结构

为改善反应器裙座支承部位的应力状况和为使裙座连接处焊缝在制造与检修时能够进行

超声和射线检测，锻焊反应器的裙座壳体与底封头连接采用图 11.1－4(b)的结构，而小型板焊反应器的裙座壳体与底封头连接则可采用图 11.1－4(a)的形式。

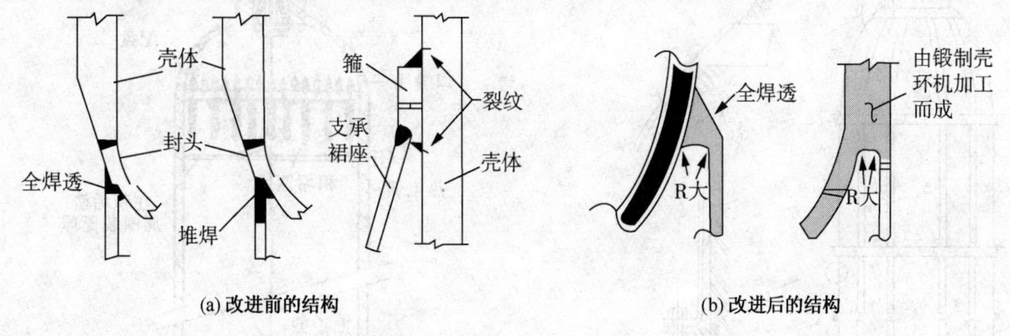

图 11.1－4　裙座支承结构

(4) 改善裙座连接处应力水平的结构设计

反应器在操作状态下，裙座连接部位由于器壁和裙座的温度边界条件差别较大，在设计中往往发现此处的温差应力相当大。为了能够使裙座连接部位的温度梯度减小，以降低其温差应力，如图 11.1－5 所示。

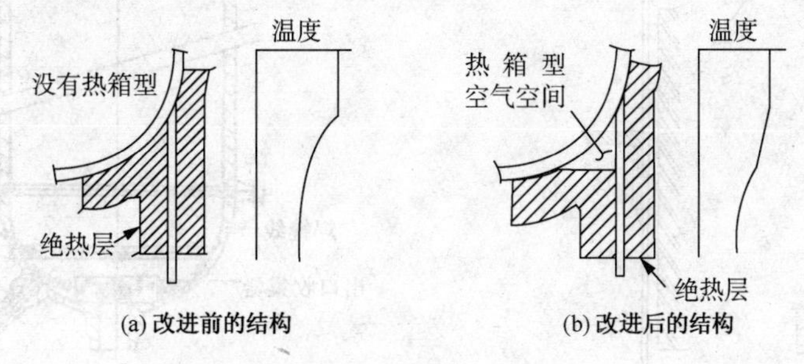

图 11.1－5　裙座保温连接结构

(5) 保温支承件的连接结构

在反应器的外表面过去曾将保温支持圈、管架、平台支架、表面热电偶等外部附件与反应器本体相焊接。由于结构上的原因，这些部位的焊缝很难焊透，操作一段时间后微裂纹往往会延伸至母材，严重威胁了加氢反应器的安全使用。因此近一二十年以来，一般都不把管架、平台支架等放置于反应器上，而是另设钢结构支承。保温支承结构也多改为不直接焊于反应器外部，而是将保温支承设计成披挂鼠笼式结构(如图 11.1－6 所示)。

11.1.5　主要内构件

如图 11.1－7 所示，加氢反应器内构件有：入口扩散器、分配盘、催化剂支承盘、冷氢盘和出口收集器。这些内构件的主要作用是要使反应进料(气、液相)与催化剂颗粒(固相)有效地接触、反应。并且使催化剂床层之间的降温冷氢能够与反应产物充分接触、混合，然后重新均匀地喷洒到下一个催化剂床层，而不发生流体偏流以及有效地控制床层温度，保证生产安全和催化剂的使用寿命。

1. 入口扩散器

入口扩散器是原料进入反应器遇到的第一个内构件，其作用是：

① 防止高速流体直接冲击液体分配盘，影响分配效果，从而起到预分配的作用。

② 消除气、液介质对顶分配盘的垂直冲击，为分配盘的稳定工作创造条件；

③ 通过扰动促使气液两相混合。

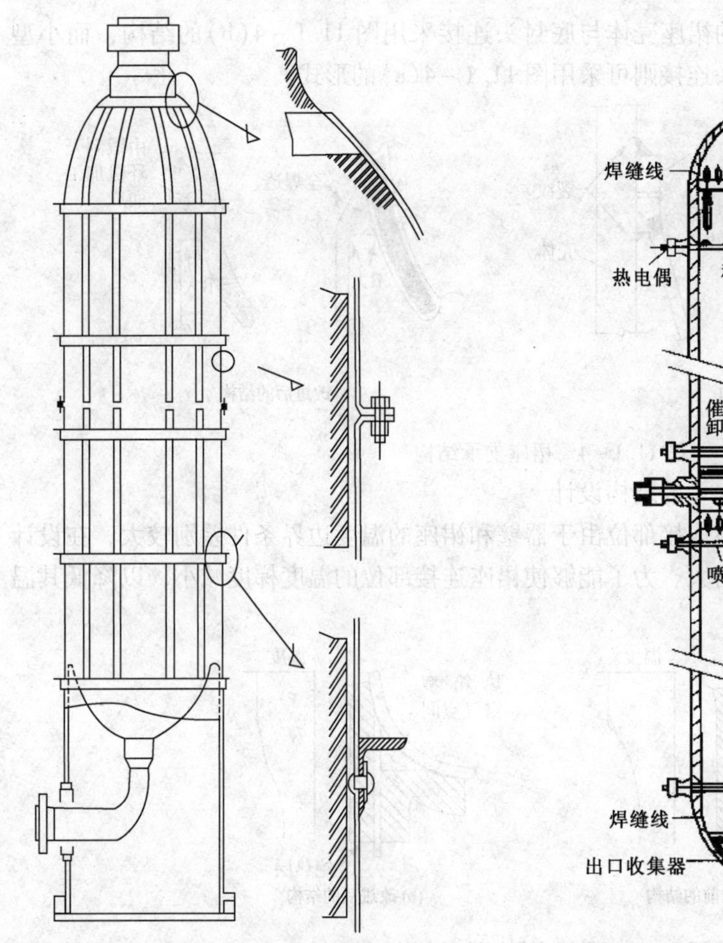

图 11.1－6　保温支承结构　　　　图 11.1－7　内件设置结构示意

图 11.1－8(a)所示的入口扩散器是一种双层多孔板结构。两层孔板上的开孔大小和疏密不同。反应原料在上部锥形体整流后，经两层孔板的节流、碰撞后被扩散到整个反应器截面上。图 11.1－8(b)所示为另一种扩散器，具有长圆孔侧隙结构，其优点是能拦截原料中的一部分杂物，使之不进入反应器床层。

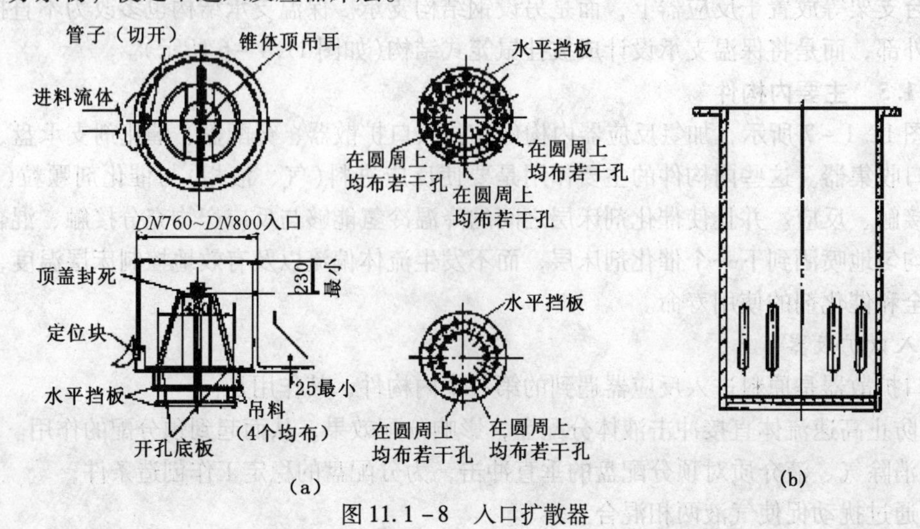

图 11.1－8　入口扩散器

2. 气液分配盘

采用分配盘是为了均匀地将反应原料分布在整个催化剂床层上面，实现与催化剂的良好接触，进而达到径向和轴向的均匀分布。分配盘由塔盘板和在该板上均布的分配器组成。分配器有多种形式(详见图 11.1-9～图 11.1-12)。常用的有 V 型缺口分配器和泡帽分配器。

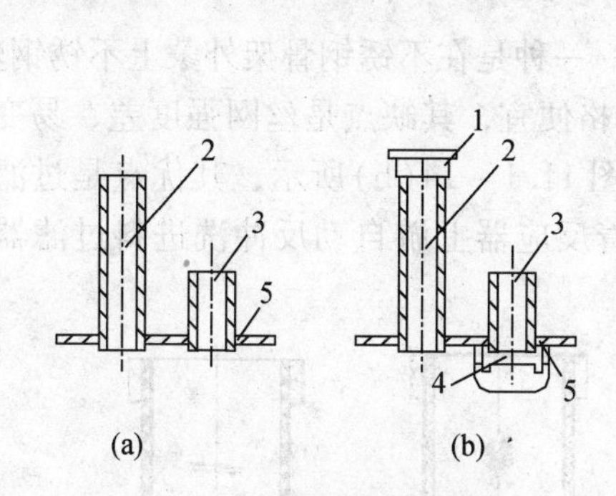

图 11.1-9 长短管分配器

1—帽；2—长管；3—短管；4—溢流盒；5—塔盘

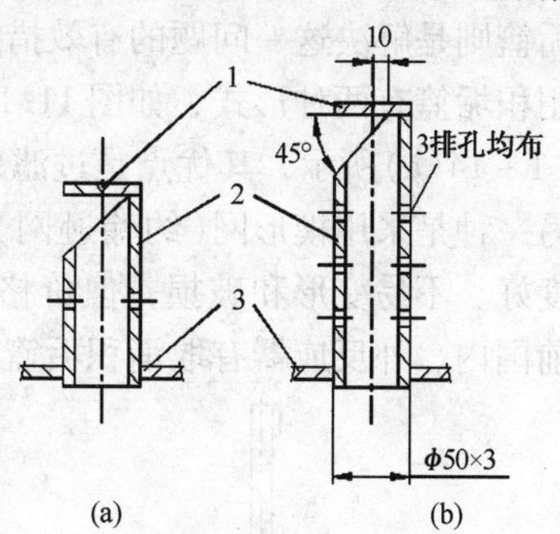

图 11.1-10 斜口管分配器

1—盖板；2—斜口管；3—塔板

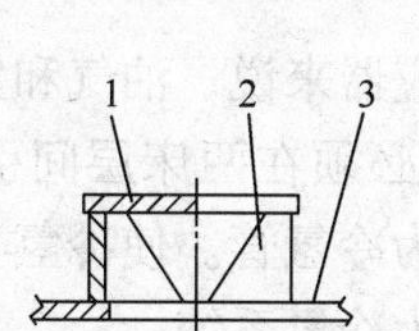

图 11.1-11 V 形缺口盒分配器

1—盖板；2—V 形缺口管；3—塔板

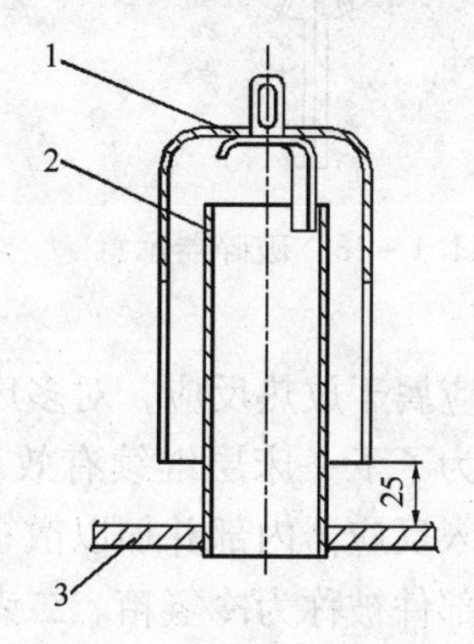

图 11.1-12 泡帽分配器

1—泡帽；2—下降管；3—塔板

从使用情况看，长短管分配器(图 11.1-9)为气液相分路分配，其液相的局部分布可能不均匀，但溢流盒的流体分布略有改善。斜口管分配器(图 11.1-10)因气液流垂直碰撞而造成粉碎并有吹散作用，从而有利于气液两相混合与均布。V 形缺口盒分配器(图 11.1-11)的工作机理与前者相仿，但着重利用气体对液体的吹散作用。而泡帽分配器(图 11.1-12)的外形类似泡帽塔盘，泡帽的圆柱面上均匀地开有数个平行于母线的齿缝。下降管置于泡帽里面，其上端与泡帽之间留有适当间隙，其下端与塔盘板相连。当塔盘上液面高于泡帽下缘时，分配器就进入工作状态。从齿缝进入的高速气流，在泡帽与下降管之间的环形空间内产生强烈的抽吸作用，致使液体被冲碎成液滴，并为上升气流所携带而进入下降管，施行气液分配。从分配机理上分析，它的功能较为完善。其液体下溢的主要动力是气流的抽吸，从而摆脱了以液面为主要溢流动力的分配器。近年来，由我国自行设计制造的加氢反应器多采用这种泡帽型分配器。

为了更好地将进入下降管的液体破碎成液滴，并将液体的流动方向由垂直改变为斜向下，造成进一步的扩散，经过多年的研究，又在泡帽下面增加了破碎器。将它焊接在泡帽下降管的下面，其中的一种形式如图 11.1-13 所示。从使用情况看，效果良好。

3. 积垢篮

在加氢反应器的顶部催化剂床层上多设有积垢篮，对进入反应器的介质进行过滤。因为在操作中，很难避免系统及管道中的锈垢污物被带到反应器内，这种污垢在催化剂床层表面积累，将迅速减小介质流通通道，甚至造成阻塞，使反应器床层压力降上升，操作条件恶化，积垢篮则是解决这一问题的有效措施之一。

常用积垢篮有两种形式，如图 11.1－14 所示。一种是在不锈钢骨架外蒙上不锈钢丝网，如图 11.1－14(a)所示，其优点是过滤效果好、价格便宜，其缺点是丝网强度差、易变形和破损；另一种是采用楔形网(约翰逊网)结构，如图 11.1－14(b)所示，其优点是过滤效果好、强度好、不易变形和破损，但价格较贵。随着反应器上游自动反冲洗进料过滤器的应用，目前国内、外反应器有取消积垢篮的趋势。

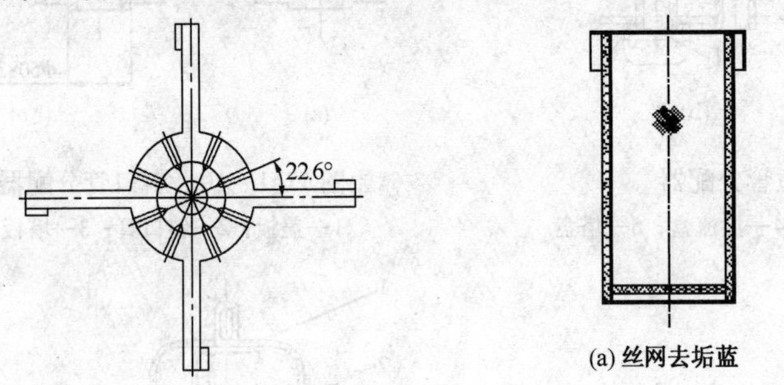

(a) 丝网去垢蓝 (b) 楔形网去垢蓝

图 11.1－13 破碎器示意

图 11.1－14 积垢蓝

4. 冷氢系统

烃类加氢反应属于放热反应，对多床层的加氢反应器来说，油气和氢气在上一床层反应后温度将升高，为了下一床层继续有效反应的需要，必须在两床层间引入冷氢气来控制温度。将冷氢气引入反应器内部并加以散布的管子被称为冷氢管。使冷氢与热反应物充分混合并进行预分配的部件被称为冷氢箱。二者合起来统称为冷氢系统。

(1) 冷氢管

冷氢管有直插式、树枝状和环形三种结构，如图 11.1－15 所示。对于直径较小的反应器，采用结构简单便于安装的直插式结构。但对于直径较大的反应器，则采用树枝状或环形结构。树枝状或环形冷氢管上均匀地开有若干个小孔，冷氢气从小孔中喷出，均匀地分布在反应器的整个截面上，使冷氢气与热油气充分接触，在降温的同时也可起到预混合的作用。

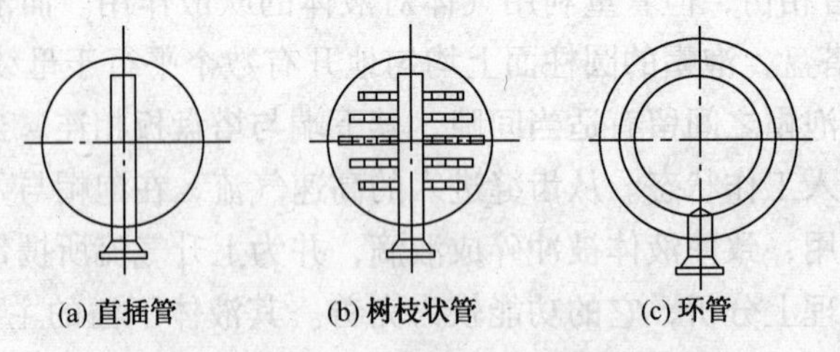

(a) 直插管 (b) 树枝状管 (c) 环管

图 11.1－15 三种冷氢管结构

(2) 冷氢箱

冷氢箱实为混合箱和预分配盘的组合体。它是加氢反应器内的热反应物与冷氢气进行混合及热量交换的场所。其作用是将上床层流下来的反应产物与冷氢管注入的冷氢在箱内进行充分混合，以吸收反应热，降低反应物温度，满足下一催化剂床层的反应要求，避免反应器超温。冷氢箱的第一层为挡板盘，挡板上开有节流孔。由冷氢管出来的冷氢与上一床层反应后的油气在挡板盘上先预混合，然后由节流孔进入冷氢箱。进入冷氢箱的冷氢气和上床层下来的热油气经过反复折流混合，就流向冷氢箱的第二层——筛板盘，在筛板盘上再次折流强化混合效果，然后再作分配。常见的冷氢箱结构见图 11.1－16。

近年来，国内又开发出了多种新型的冷氢箱。其中之一如图 11.1－17 所示。第一层同样为一层挡板盘，不同的是两个节流孔相距 180°位于器壁边缘，节流孔下分别有两个半圈流道，半圈流道切向插入中间圆形混合箱，中间圆形混合箱底部有中间开有节流孔的挡板盘，再次混合后的混氢油就由中间孔翻下到达下层的筛板盘，进行预分配。半圈流道的设计是为了延长油气与冷氢在流道内的混合时间，提高了混合效果。因装填催化剂的要求，所有挡板盘应为可拆卸式结构，并应保证密封，不得有泄漏。

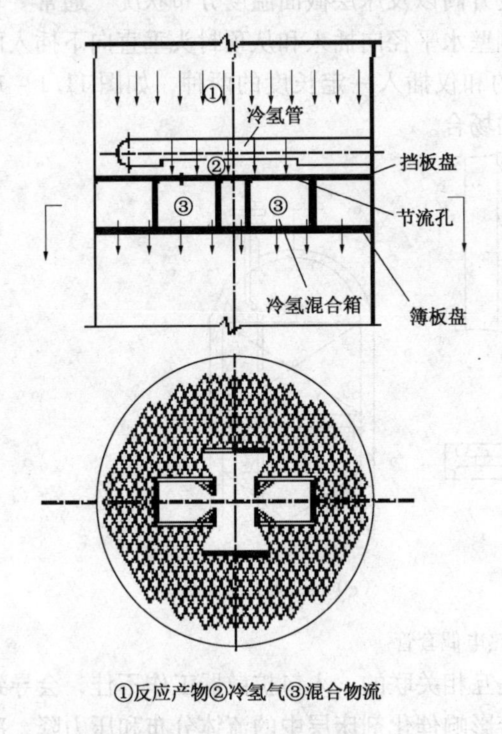

图 11.1－16　常规冷氢箱结构图

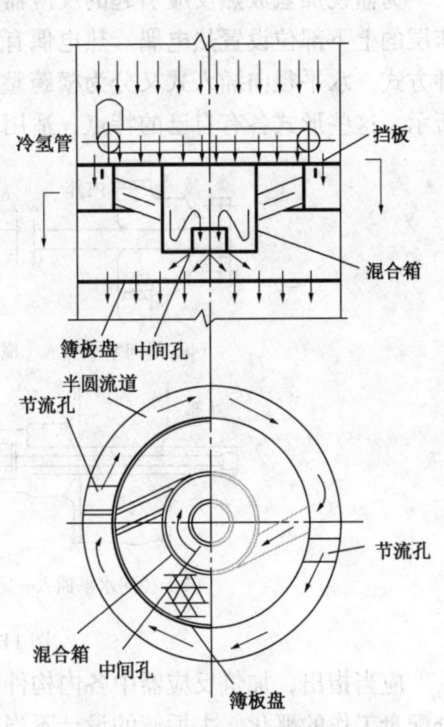

图 11.1－17　新型冷氢箱结构图

5. 催化剂支承盘

如果反应器有两个以上的催化剂床层，上面一个催化剂床层就需要支承。催化剂支承盘由“⊥”形大梁、格栅和丝网组成。大梁的两边搭在反应器器壁的凸台上，而格栅则放在大梁和凸台上。格栅上平铺一层粗的不锈钢丝网和一层细的不锈钢丝网，上面就可以装填磁球和催化剂了。

催化剂支承大梁和格栅在最高操作温度下要有足够的强度和刚度且应具有抗腐蚀性能。因此，大梁、格栅和丝网的材质一般均为不锈钢。格栅与大梁以及器壁凸台间的缝隙应塞满软质填料（如柔性石墨），以防催化剂由此缝隙中泄漏，阻塞下层分配盘。

6. 出口收集器

出口收集器的作用是支承下部催化剂床层的重量，使反应产物均匀地流出反应器，同时也防止催化剂和磁球堵塞反应器出口。见图 11.1－18。

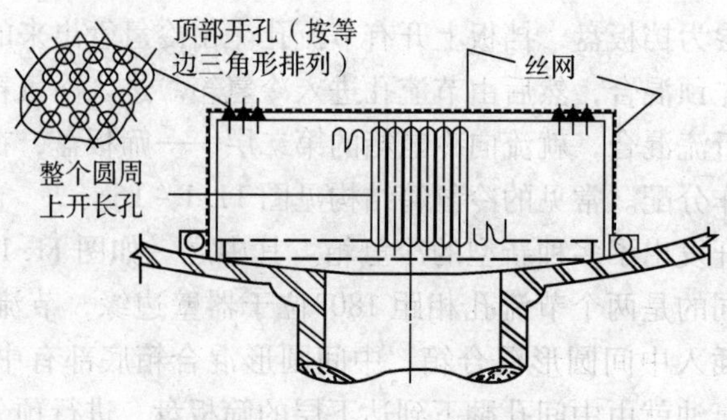

图 11.1－18 出口收集器

7. 热电偶套管

为监视加氢放热反应引起的反应器床层温度升高以及床层截面温度分布状况，通常要在床层的上下部位设置热电偶。热电偶有从筒体侧壁水平径向插入和从顶封头垂直向下插入两种方式。水平径向插入式又分为横跨整个截面的和仅插入一定长度的两种，如图 11.1－19 所示。这些形式各有自己的特点，适用于不同的场合。

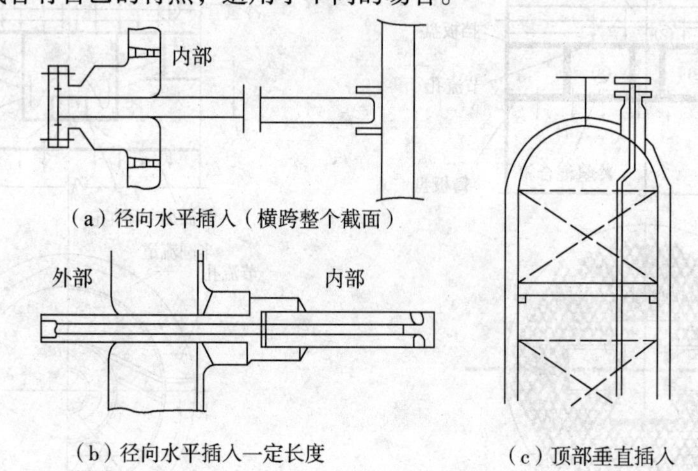

（a）径向水平插入（横跨整个截面）

（b）径向水平插入一定长度

（c）顶部垂直插入

图 11.1－19 热电偶套管

应当指出，加氢反应器中各内构件的工作是互相关联的，入口扩散器工作不佳，会导致分配盘工作的恶化，去垢篮的设计不当，将直接影响催化剂床层中的流体分布和压力降，冷氢系统的分配和混合效果，决定着下一床层的正常操作。因此，一台加氢反应器的设计成功与否，必须统筹考虑其内构件。

11.1.6 加氢反应器主要损伤形式与材料选择

加氢装置由于操作条件的特殊性，所以反应器有可能发生一些特殊的损伤现象。为防止这些破坏性的损伤发生，不仅要有正确的设计与选材，而且与正确的制造工艺和正确的操作维护关系极大。

加氢反应器材料包括基层材料和覆层材料。应考虑如下因素：高温氢腐蚀、氢脆、高温硫化氢腐蚀、铬－钼钢的回火脆性损伤、连多硫酸应力腐蚀开裂、奥氏体不锈钢堆焊层的氢致剥离等。分述如下：

1. 高温氢腐蚀(HA——Hydrogen Attack)

高温氢腐蚀的表现形式为表面脱碳和内部脱碳：表面脱碳使钢材局部强度和硬度有所下降但不至于产生裂纹；内部脱碳是由于 $Fe_3C + 2H_2 \longrightarrow 3Fe + CH_4$ 而使钢材产生裂纹或鼓

泡，导致钢材强度、延性和韧性下降并且具有不可逆的性质(亦称永久脆化)。

通常根据 API RP(推荐准则)941《炼油厂和石油化工厂用高温高压临氢作业用钢》中的“纳尔逊(Nelson)曲线”来选择反应器的基层材料。纳尔逊曲线只涉及材料抗高温氢腐蚀，选材时应对操作温度和氢分压留出适当裕度(一般氢分压取实际氢分压加 0.35MPa，温度取最高操作温度加 28℃)。

目前，加氢反应器基体材料主要采用 Cr－Mo 钢系列。可供选择钢材的名义成分可以是：1Cr－0.5Mo，1.25Cr－0.5Mo，2.25Cr－1Mo，2.25Cr－1Mo－0.25V，3Cr－1Mo，3Cr－1Mo－0.25V 等。

纳尔逊曲线自 1970 年首次由 API RP 941 出版物发行第 1 版以来，经多次修订，现在的最新版为第 7 版。使用时务必选用最新版的曲线，以保证使用的可靠性。

在实际应用中，焊接接头处的氢腐蚀行为不可忽视。并应尽量减少杂质元素含量，控制非金属夹杂物的含量和降低应力水平以及充分回火和施行焊后热处理等。

2. 铬钼钢的回火脆性损伤(TE—— Temper Embrittlement)

Cr－Mo 钢的回火脆性是指 Cr－Mo 钢材长时间地保持在某一高温范围或者从这温度范围缓慢地冷却时，由于冶金变化，使材料的断裂韧性引起劣化损伤的现象。影响回火脆性的因素除了有害杂质元素(如 P、锡 Sn、锑 Sb、砷 As)和某些合金元素(如 Si、Mn)的含量以外，还有诸如：制造中的热处理条件 、加工时的热状态、强 度大小、碳化物形态、保持温度和时间等。

材料一旦发生回火脆化，其韧脆性转变温度向高温侧迁移。因此，设备处在低温区时，若有较大附加应力存在，就有可能发生脆性破坏的危险。回火脆化现象具有可逆性。

① 25Cr－0.5Mo 钢的回火脆化较合金含量更高的合金钢来的缓和，但在使用该钢材时仍需对其的 J 系数加以限制。

② 25Cr－1Mo 钢产生回火脆性的温度范围大约在 343～593℃。以 2.25Cr－1Mo 钢为例，防止 Cr－Mo 钢产生回火脆性采取的一些措施如下：

a. 尽量减少钢中 P、Sb、Sn、As 杂质元素的含量。

一般认为，当 2.25Cr－1Mo 钢中的 As 和 Sb 含量分别控制在 0.020% 和 0.004% 以下时，

对钢材回火脆性影响不大。采用真空脱氧(VCD)的冶炼工艺，降低 Si 的含量(最好控制在 Si＜0.1%，最大不超过 0.25%，但此时 P 应控制更低)。对回火脆化敏感性系数(J 系数和 X 系数)应满足式(11.1－1)和式(11.1－2)的要求：

$$J\text{系数}\quad J=(\mathrm{Si}+\mathrm{Mn})\times(\mathrm{P}+\mathrm{Sn})\times10^{4}\leqslant100^{❶}\ (\text{仅用于母材})\qquad(11.1-1)$$

$$X\text{系数}\quad X=(10\mathrm{P}+5\mathrm{Sb}+4\mathrm{Sn}+\mathrm{As})\times10^{-2}\leqslant15\mathrm{ppm}^{*}\qquad(11.1-2)$$

b. 采用步冷法(Step Cooling)处理，量化材料的回火脆化倾向。

反应器制造过程中材料回火脆化敏感性的评价，采用阶梯冷却或称步冷法(Step Cooling)处理。这是一种加速模拟处理方法，在工程上被广泛地采用。所谓阶梯冷却法就是将试验材料的试样置于回火脆化温度范围内阶梯式地进行加热、保温与冷却（一般多采用 5 个阶梯，见图 11.1－20)，使其发生回火脆化的方法。

通常采用式(11.1－3)来评定钢材(或焊缝)的回火脆化倾向：

$$vTr54+\alpha\Delta vTr54\leqslant X\quad ℃\qquad(11.1-3)$$

---

❶随着冶炼技术的不断提高，式(11.1－1)和式(11.1－2)J 系数和 X 系数合格指标的控制值有逐渐加严的趋势。

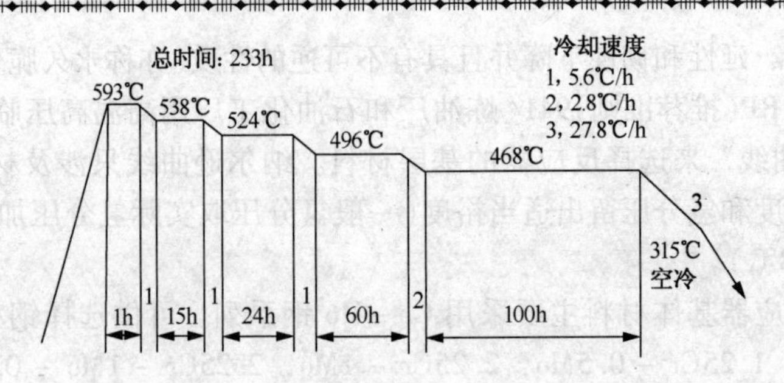

图 11.1－20 步冷试验的时间－温度曲线

式中 $vTr54$——按阶梯冷却工艺进行脆化处理后与处理前的 V 型缺口夏比冲击功为 54J 所对应的温度，℃；

$\Delta vTr54$——按阶梯冷却工艺进行脆化处理后与处理前的 V 型缺口夏比冲击功为 54J 所对应温度的增量，℃；

α——系数，最早为 1.5，由于要求越来越严格，逐步增大到 2.5 或 3.0；

X——规定满足的温度值，最早为 38℃，现已变为 10℃或 0℃等。

c. 制造中，应选择合适的热处理工艺，使材料既能满足规定的力学性能要求，又具有优越的抗回火脆化的综合性能。

d. 使用中，应采用“热态型”开停工方案：开工时先升温后升压；停工时先降压后降温。为此，要确定一个合适的最低升压温度（MPT），当操作温度低于 MPT 时，应限制系统压力不超过最高设计压力的 25%。当温度低于 150℃时，升降温速度以不超过 25℃/h 为宜。

3. 抗高温硫化氢腐蚀

在加氢反应器中高温 H_2S 的腐蚀实际上是 $H_2 + H_2S$ 腐蚀。而含 Cr 量小于 12% 的钢材，对抵抗高温硫化氢腐蚀作用都不明显。目前，国内对在高温 $H_2 + H_2S$ 环境下操作的设备和管线的选材基本上参照 SH 3705《石油化工钢制压力容器材料选用标准》中的曲线进行（库柏（Couper），见图 11.1－21。

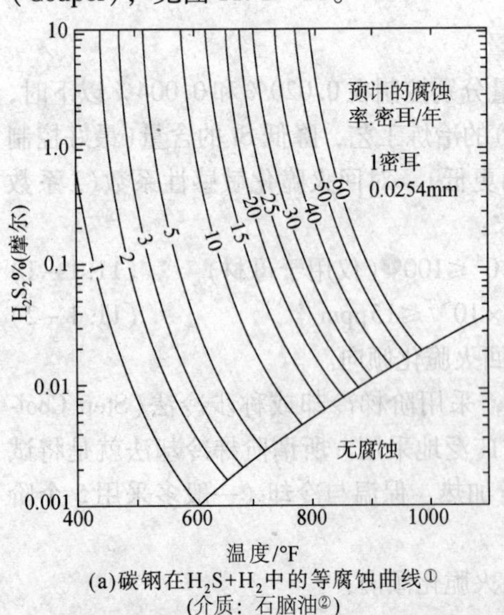

(a)碳钢在 H_2S+H_2 中的等腐蚀曲线①
(介质：石脑油②)

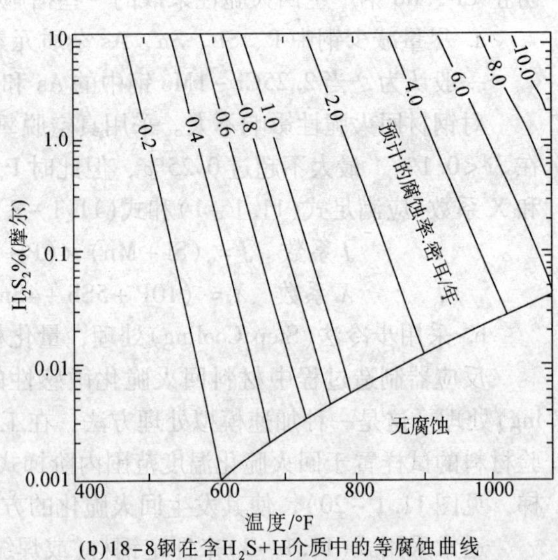

(b)18-8钢在含 H_2S+H 介质中的等腐蚀曲线

图 11.1－21 碳钢和 18－8 钢在 H_2S 介质中的等腐蚀曲线

注：① 介质为瓦斯油时再乘以 1.896 倍；

② 如按碳钢曲线计算不同 Cr－Mo 钢的腐蚀率时还应乘以修正系数 F_{cr}。F_{cr} 由表 11.1－1 查得。

表 11.1－1　修正系数 F_{cr}

钢种	C. S.	C－0.5Mo	1Cr－0.5Mo	2.25Cr－1Mo	5Cr－0.5Mo	7Cr－1Mo	9Cr－1Mo
F_{cr}	1	1	0.96	0.91	0.80	0.74	0.68

4. 氢脆(HE—Hydrogen Embrittlement)

在高温高压氢环境中的加氢反应器，器壁中会吸收一定量的氢。若停工过程冷却速度过快，氢来不及扩散出去，造成过饱和氢残留在器壁内的话，可能引起钢材延伸率和断面收缩率下降，这就是氢脆。氢脆发生的温度从室温至大约150℃的范围。随温度升高，氢脆效应下降，所以，实际装置中氢脆损伤往往发生在装置开、停工过程的低温阶段。钢材的强度越高，氢脆敏感性越高。因此，从抗氢脆角度考虑，制造加氢反应器所用的钢材及焊缝的强度不是越高越好。目前对于制造加氢反应器用2.25Cr－1Mo钢，限制其最高抗拉强度小于或等于690MPa，其最高屈服强度小于或等于620MPa；对改进型Cr－Mo钢，如3Cr－1Mo－0.25V和2.25Cr－1Mo－0.25V钢，限制其最高抗拉强度小于或等于760MPa，同时，在制造中应充分消除残余应力，并通过无损检测消除宏观缺陷，控制硬度小于或等于220HB等。在生产操作中，当装置停工时应有一定的程序尽量使钢中吸藏的氢释放出去，同时更应尽量避免非计划紧急停工。

由于冶炼技术的进步，钢材质量明显提高(S、P含量与有害气体含量低，非金属夹杂物少)。近期已很少看到加氢反应器母材发生氢脆损伤的报道。但是，反应器内部的奥氏体不锈钢焊接金属时有发生氢脆开裂的现象，并伴有σ相脆化。奥氏体不锈钢氢脆裂纹特征一般是裂纹沿着奥氏体晶界上的铁素体/σ相网状组织传播。普遍发生在TP.347焊缝金属上，通常扩展到TP.347和TP.309的界面处就停止；但是，也有裂纹穿透TP.309堆焊层而进入到母材的实例。裂纹发生的主要部位在反应器催化剂格栅支持圈拐角焊缝上以及法兰梯型槽密封面的槽底拐角处等。对克服奥氏体不锈钢焊接金属氢脆开裂现象的措施，见11.1.4(1)、(2)。

5. 奥氏体不锈钢堆焊层的氢致剥离(Disbonding)

由于基层Cr－Mo钢和奥氏体不锈钢堆焊层具有不同的氢溶解度和扩散速度，氢在母材中的溶解度小、扩散速度快，在奥氏体不锈钢堆焊层中溶解度大、扩散速度慢。致使在堆焊层过渡区的堆焊层侧出现很高的氢浓度。当反应器由正常运转转入停工时，溶解氢将从母材侧向堆焊层侧扩散迁移，导致在过渡区的界面上堆焊层侧聚集大量的氢而引起脆化；同时，由于基层和堆焊层材料的线膨胀系数差别较大，造成界面上存在着较大的残余应力。这样，就有可能在界面上发生剥离(裂纹)。氢致剥离是氢致延迟开裂的一种形式。

添加钒的Cr－Mo钢，由于大大改变了氢在钢中的特性和钢中碳化物的组成、形态、分布及与堆焊层之间的相关性能，使堆焊层具有非常好的抗剥离能力。

在操作中应严格遵守操作规程，降温速度不能过快和避免非计划紧急停车。

6. 连多硫酸的应力腐蚀开裂

连多硫酸(Polythionic Acid Attack $H_2S_xO_6$，$x=3\sim6$)是装置停止运转或停工检修时，残留在反应器中的硫化铁，与水和进入设备内的空气中的氧发生反应而生成的。它对处于敏化态的奥氏体不锈钢产生应力腐蚀。

采用稳定型的奥氏体不锈钢TP321、TP347等敏化程度低的材料，可减少停工期间的连多硫酸应力腐蚀开裂。加上停工过程所采取的防护措施，保持奥氏体钢表面(包括堆焊层，复合层和衬里等)干燥，不接触空气，或在设备打开前先用碱液清洗以中和掉连多硫酸等酸性物质。

降低材料的敏化程度有助于减少连多硫酸的应力腐蚀开裂，不锈钢冷加工变形超过5%要进行1040℃的固溶化处理，不锈钢管线焊后要做900℃的稳定化处理。

由于焊缝金属中有一定量的铁素体，热处理过程转化成硬脆的σ相降低了焊缝韧性，因此，反应器易裂部位的双层堆焊中的TP 347表层应在最终热处理之后进行堆焊，见11.1.4(2)和图11.1-3(b)。

11.2 重整反应器

11.2.1 轴向反应器

轴向反应器是重整反应器中结构形式最简单的反应器，筒体内装入催化剂，油气自上而下沿反应器轴向垂直穿过催化剂床层进行反应，反应器本身设有油气进、出口和催化剂卸料口。为使气流分布均匀、反应充分，反应器高径比应适中，避免气流分布不均，或压降过大。因此此类结构只适用于处理量小、反应压力稍高的装置中，在20世纪60~80年代我国$(10\sim30)\times10^4$t/a半再生重整装置内普遍采用这类轴向反应器。轴向反应器有冷壁和热壁两种形式。但随着冶金钢铁行业的进步，冷壁重整反应器已经被淘汰了。

轴向反应器的主要零部件简述如下：

1. 人孔大法兰

由于重整反应器在临氢高温(520~540℃)条件下操作，要求尽量减少泄漏点，以提高设备的安全性。有的重整装置在开车前进行设备检查时，常会发现人孔法兰的密封面有泄漏。其原因是人孔直径大(ϕ500mm左右)，通常选用是06Cr13钢垫圈，垫圈在制造和安装中若精度不够或安装时受力稍不均匀，就会发生漏氢现象，因此人孔大法兰和它的密封是关键。

2. 卸料口

固定床重整反应器在底封头上通常设有催化剂卸料口，用于卸出反应器内的催化剂和瓷球。重整反应器的第一台通常还开设测温口，用于测量催化剂床层内不同高度的温度，以观察反应温度的改变。

3. 入口分配器

油气入口分配器安装在人孔的入口端，油气通过入口分配器后，实现均匀分配到反应器床层上。入口分配器设计成不等的流通面积，以达到最好的油气分配效果。

4. 出口收集器

现用的出口收集器大都采用筛网结构，它具有缝隙均匀、开孔率大、表面光滑平整、不易堵塞、强度高等优点，起着支承催化剂并保证油气出口不携带催化剂。

11.2.2 径向反应器

我国自1975年以后，新建和改扩建规模较大的重整装置中，为降低床层压降和实现油气在床层中的均匀流通，普遍采用径向反应器结构。径向反应器与轴向反应器的不同之处是，进入反应器内的物料沿径向穿过催化剂床层，最后通过中心管流出反应器。因此在器内增设了中心管、扇形筒、环形筒及帽罩等内件，取消了出口收集器。移动床连续重整反应器多为径向结构，为了使催化剂缓慢连续地向下移动，在进出口设置了催化剂输送管。径向反应器按固定床、移动床及几台反应器排列方式不同，可分为三种形式：

(1) 固定床径向反应器

固定床径向反应器的基本结构如图 11.2－1 和图 11.2－2 所示，内件有扇形筒或环形筒、中心管和帽罩。

(2) 并列式移动床径向反应器

并列式移动床连续重整装置重整反应器通常为四台(或三台)并列布置，每个反应器的结构形式如图 11.2－3 所示。

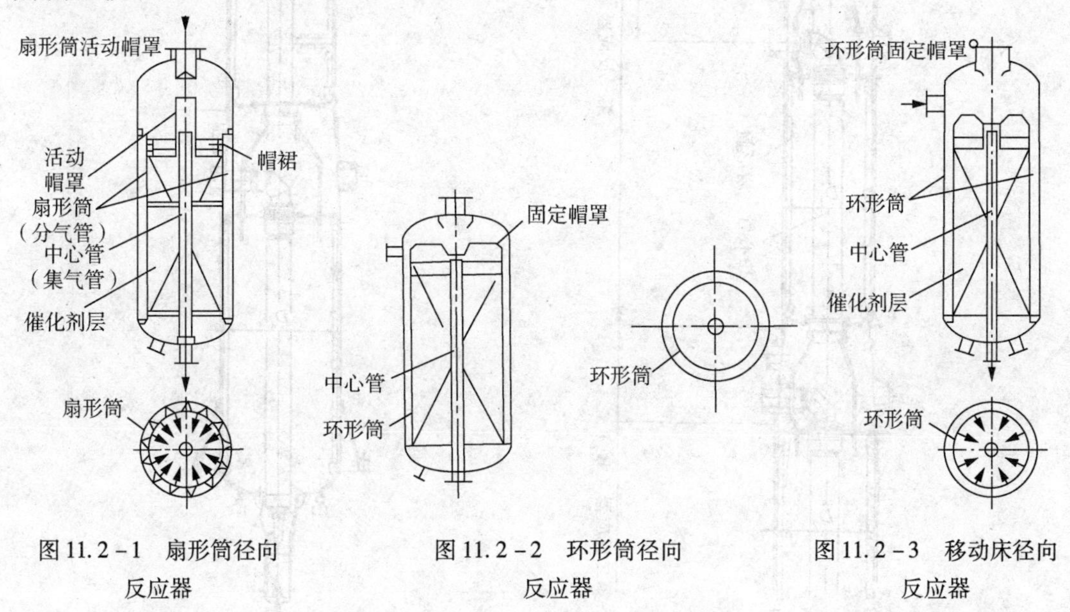

图 11.2－1 扇形筒径向反应器

图 11.2－2 环形筒径向反应器

图 11.2－3 移动床径向反应器

(3) 重叠式径向反应器

重叠式径向反应器，一般由三台或四台径向反应器重叠而成，如图 11.2－4 所示。各反应器的内构件之间有紧密关系。每根中心管上部均安装着膨胀节，吸收在操作状态所产生的膨胀力。扇形筒顶部有一个形状像“D”字形的升气管，制造精度很高，与焊于支持圈上的密封板装配尺寸的公差要求更严。密封板与升气管之间有很精确的间隙值，它根据反应器操作温度、材质及密封板尺寸计算确定，不同的反应器，密封板扇形筒的间隙值是不一样的，在安装重叠式反应器内的扇形筒时，该间隙值被确定为反应器安装是否符合要求，能否满足进油的一个重要标志。也是专利商判别反应器是否符合开工要求的一个重要数据。

(4) 径向反应器的主要零部件

① 中心管(集气管)

中心管由内外两层构成，内层为圆筒，外层为筛网。内层圆筒的外表面按圆周方向均匀地开若干个小孔(孔径约 5～6mm)，开孔率是中心管设计的关键，合适的开孔率能使油气在整个流通面积上达到均匀分布。开孔面积过大，气体通过床层的阻力降小，会造成沿中心管顶底界面上的气量分配不均匀，因此应根据能实现流体均匀分布需要控制的压力降来设计开孔率。中心管圆筒外部筛网具有接触面光滑、流通面积大和对催化剂流动阻力小等特点。在反应器内筛网的缝隙小而均匀，固体催化剂不会被镶嵌在筛网的缝隙内，所以能保证催化剂顺利地从筛网表面流过。即使在反应器的操作后期，也不会因催化剂堵塞而增加反应器的阻力降。

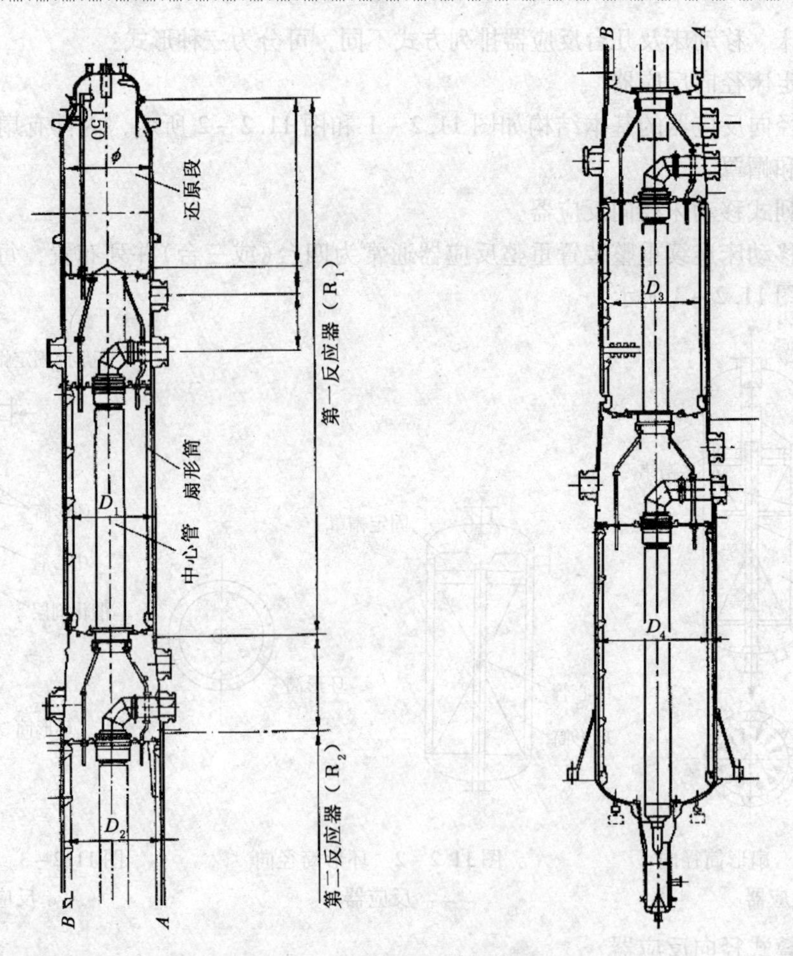

图 11.2-4 重叠式径向反应器

② 扇形筒或环形筒(分气管)

扇形筒由壁厚 1.2mm 的 06Cr19Ni10Ti 钢板冲制而成，外表面(在朝向催化剂的一侧)上开有长 12mm、宽 1mm 的长条孔，长条孔的尺寸公差要求极其严格，各开孔的圆角处都不准有尖锐的棱角，制造成型精度要求很高。各扇形筒都紧贴反应器内壁排布，采用膨胀圈和螺栓固定。固定扇形筒的间隙要求严格，它既要使扇形筒不能随意移动，保持扇形筒不变形，同时还要考虑在操作状态下，扇形筒受热膨胀时能向上移动，不会被卡住，并在反应器停工检修时，能很方便地从人孔(或顶部开孔处)卸出，进行清扫后重复使用。

③ 环形筒

环形筒是一个靠近壳体壁的同心圆筒，它的功能与扇形筒相似。环形筒主要由特殊的楔形筛网焊接而成，其直径根据催化剂的装填量等工艺参数决定，安装和检修时难度大，需要在焊接反应器上封头前，将环形筒放入内部。长期在高温条件下操作，加上操作不稳定时，筛网会产生局部变形，甚至损坏。一旦环形筒损坏，难于修理更换，需要将反应器上封头切开，更换一个新的环形筒。

④ 筛网

目前在重整反应器内件中已大量采用筛网结构，如中心管的外筛网、环形筒、油气出口收集器，以及一些反应器的扇形筒等，见图 11.2-5。楔形筛网(约翰逊网)是由美国约翰逊筛网公司首先开发的产品，现在国内已有不少的厂家能够生产。它与一般用的钢板冲孔件和金属丝网相比较，筛网具有更大的有效流通面积，从而界面速度低，增加了工艺过程的效率。楔形筛网强度高，表面光滑，筛网间隙尺寸精度高，经久耐用，因此减少了催化剂破碎率，延长了操作周期，也减少了停工时的检修费用。

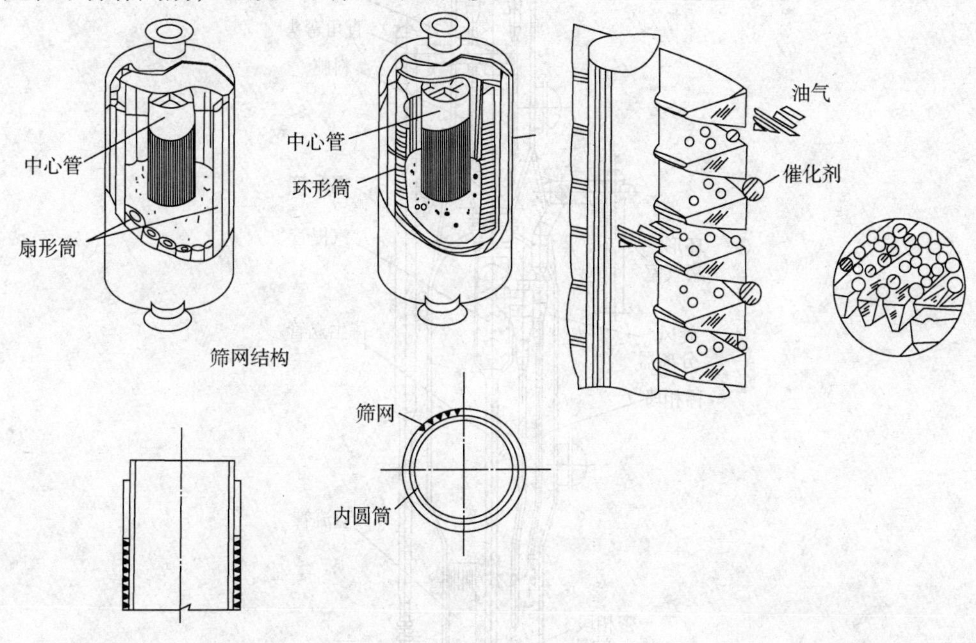

图 11.2－5　筛网

11.2.3　材料选用

重整反应器材料的选用见表 11.2－1。此外为了防止发生回火脆化，在正确选择抗氢材料的同时，应控制材料中的有害杂质(如 S、P、Sn、Sb 等)的含量，并在制造过程中做好焊后热处理。

表 11.2－1　重整反应器材料的选用

设备名称	结构材料	
	壳体	内件或冷换管束
预加氢反应器（热壁）	① 15CrMoR + S11306 复合钢板 ② 15CrMoR + S32168 复合钢板	06Cr19Ni10Ti
重整反应器（热壁）	① 1.25Cr－0.5Mo　(或 2.25Cr－1Mo) ② 15CrMo	06Cr19Ni10Ti

11.3　催化裂化反应沉降器与再生器

11.3.1　反应沉降器与再生器的布置形式

1. 两器同轴式

(1) 反应沉降器与再生器同轴

同轴式提升管催化裂化装置，两器的布置形式如图 11.3－1 所示。它的特点如下：

① 两器同轴叠置，反应沉降器在上，再生器在下，汽提段伸入到再生器内，可降低装置总高度，节省钢材、占地和投资，无反应器框架。

② 采用折叠式外提升管，由沉降器侧壁进入，也可由顶部进入。

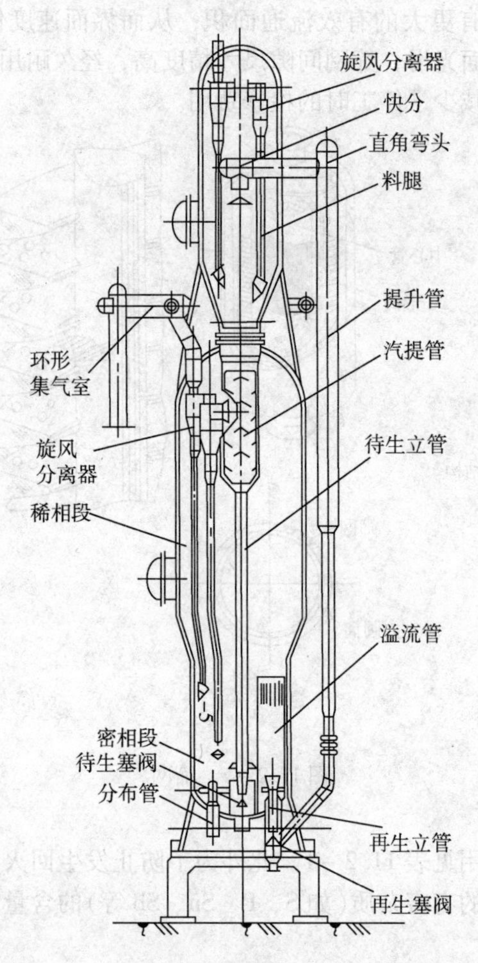

图 11.3－1　同轴式提升管催化裂化反应器和再生器

③ 用塞阀控制催化剂循环量。待生催化剂经由套筒进入再生器密相床层，再生剂由淹流管排出。

(2) 同轴式带后置烧焦罐两段再生提升管

同轴式带后置烧焦罐两段再生提升管催化裂化装置，两器的布置形式如图 11.3－2 所示。它的特点如下：

① 带后置烧焦罐两段再生提升管催化裂化，更适宜于老装置改造以增加烧焦能力。由一段湍流床和二段高速床(后置烧焦罐)构成。

② 操作灵活。对不同的原料采用不同的操作方案：对于焦产率低的馏分油采用完全再生方式；用于热过剩装置可采用增加待生剂旁路。一部分催化剂不经一段直接到二段以控制 CO 尾燃。用于掺炼渣油，则将一、二段烟气分开。这种结构形式可解决稀相尾燃和一、二段烧焦分配问题。

③ 烧焦能力强。总烧焦强度高于单段再生，可达 200kg/(h · t)催化剂以上，利用了一段湍流床催化剂含碳量高和二段快速床温度高的优势，经二段再生后，再生催化剂含碳量可由一段再生剂的0.1% ~0.4% 降到 0.05% ~0.2% 。

④ 烟气可在器外合并，也可分流。一段允许 CO 过剩，其能量可在后部回收。取热器设在一段(采用内、外取热均可)。

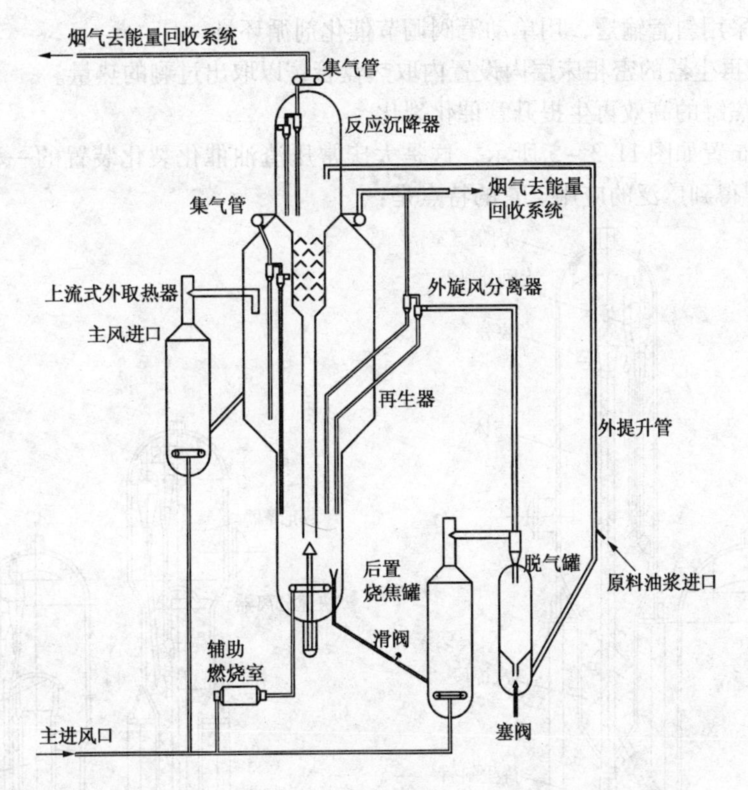

图 11.3－2 同轴式带后置烧焦罐两段再生提升管催化裂化

(3) 三器同轴式

反应沉降器与再生器同轴布置及烟气串联单器两段再生催化裂化装置两器布置形式见图11.3－3。它的特点是：

① 采用外提升管，反应沉降器、再生器、烧焦罐同轴布置，亦称三器同轴式催化裂化装置。

② 烧焦罐和二段烟气串联布局，两段之间设有一个大孔径的低压降分布板。

③ 二段在上、一段在下叠置，总烧焦强度较高。

④ 二段再生剂经淹流孔进入溢流区，再经外循环管到一段，不需要滑阀或翼阀。

2. 两器并列式

(1) 高低并列式提升管催化裂化

高低并列式提升管催化裂化两器的布置形式如图 11.3－4 所示，它的特点是：

① 采用直提升管进行裂化反应，在提升管反应器出口设快速分离器。

② 反应沉降器位置较高，只起沉降催化剂和容纳内部旋风分离器的作用，再生压力比反应压力

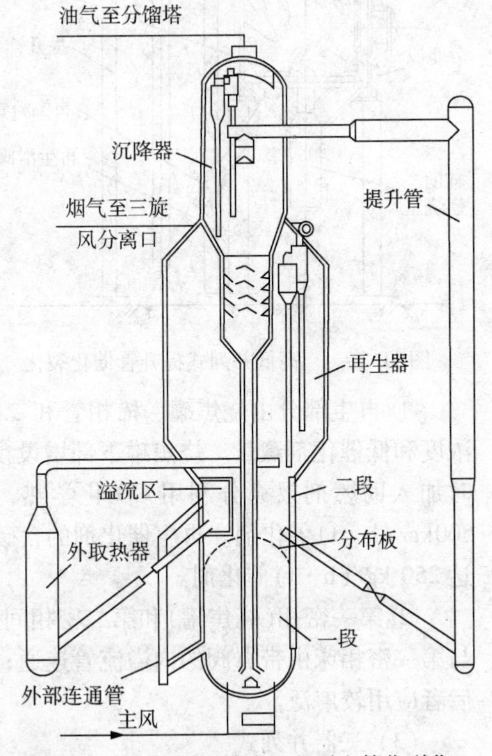

图 11.3－3 三器同轴式两段再生催化裂化

略高。催化剂采用斜管输送，用单动滑阀调节催化剂循环量。

③ 有的在再生器的密相床层内设置内取热盘管，以取出过剩的热量。

(2) 带烧焦罐的高效再生提升管催化裂化

该装置的布置如图 11.3-5 所示，这是大庆常压渣油催化裂化装置的一种形式，在 20 世纪 80 年代曾得到广泛的应用。它的特点是：

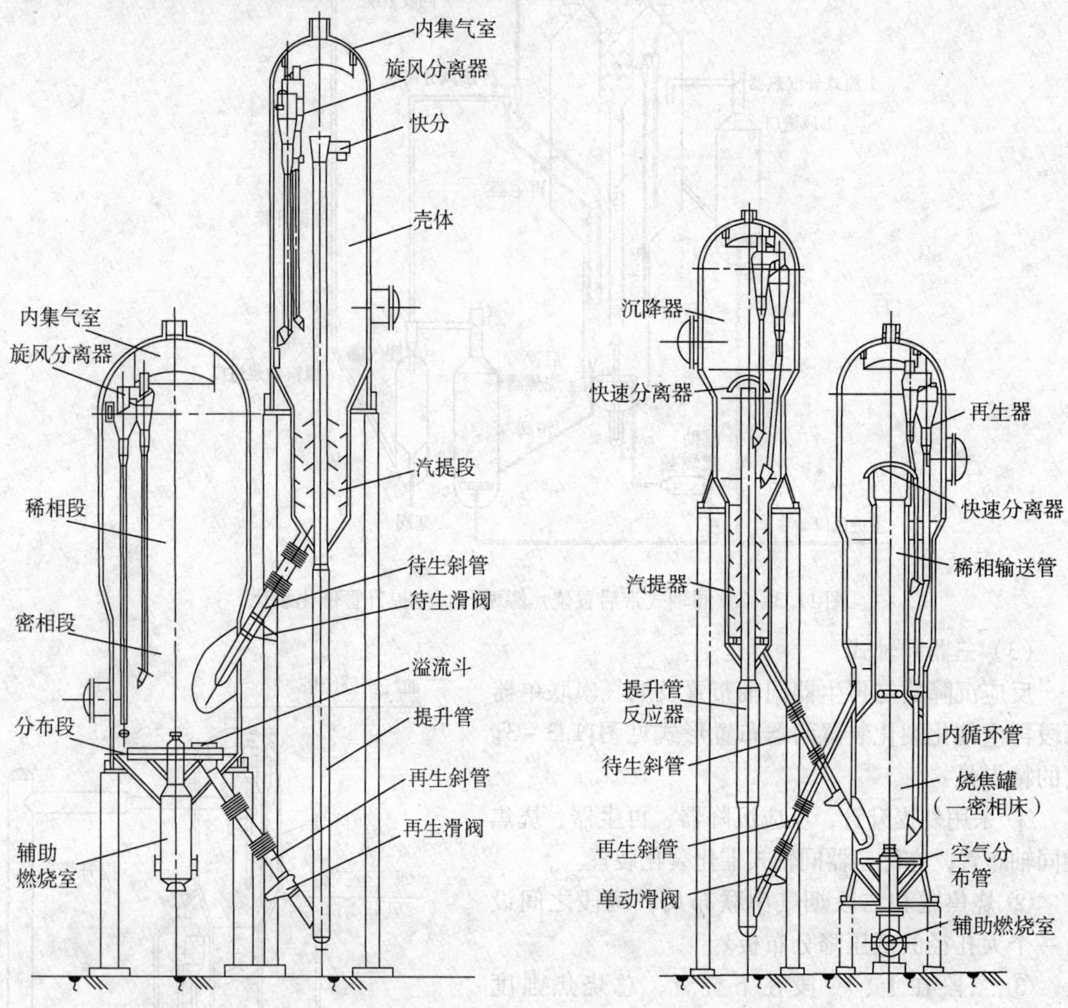

图 11.3-4 高低并列式提升管催化裂化　　图 11.3-5 带烧焦罐的高效再生提升管催化裂化

① 再生部分由烧焦罐、稀相管和二密相床构成。烧焦罐为高速床，高温、高速、高氧浓度和低催化剂藏量。烧焦罐下部增设预混合器，可预烧掉 100% 氢。烧焦罐和稀相管可同时加入助燃剂以充分利用 CO 化学热，提高再生温度实现 CO 完全燃烧，烧焦强度可达 500kg/(h·t)催化剂。再生催化剂的含碳量可达 0.1% 以下，包括二密相床的总烧焦强度可达 250 kg/(h·t)催化剂。

② 第一密相(烧焦罐)和第二密相间催化剂循环管结构有两种形式：一种是第二密相床与第一密相床由带翼阀的内溢流管连通；另一种是由带可调式单动滑阀的外部循环管连通，后者应用较广泛。

(3) 三器并列式

这是一种将反应器与两个再生器并列布置的形式。具有第二再生器的重油催化裂化的反应－再生器的布置形式如图 11.3－6 所示。它的特点是可以不用取热器。无取热的双器两段再生渣油催化裂化是 20 世纪 80 年代从美国石伟公司引进的技术，为自动热平衡式。它是特点是：

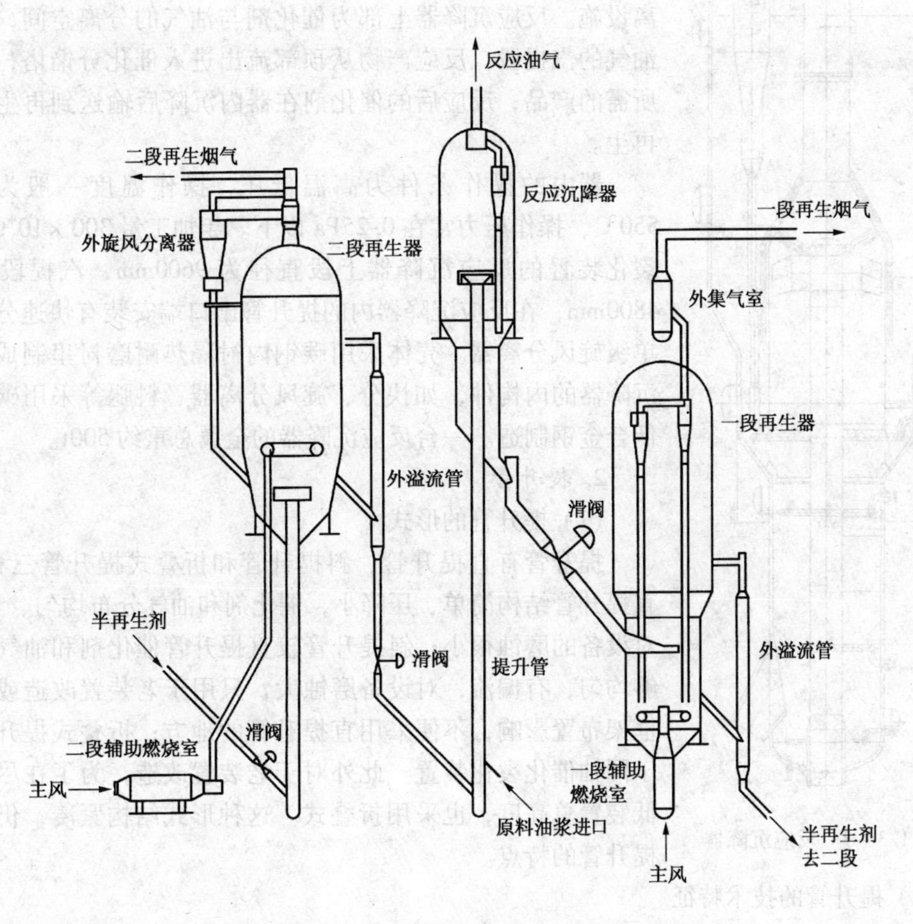

图 11.3－6 具有第二再生器的重油催化裂化

① 两段均为湍流床，一段常规再生，二段不用助燃剂高温完全再生。一、二段主风热平衡的需要调节两段的烧焦比例，不设取热设施。二段无内构件，再生温度可达 800℃ 以上，专门用于渣油催化裂化。反应再生系统并列布置，两个再生器可以并列也可以同轴叠置。重叠布置时二段在上、一段在下。

② 采用高效雾化喷嘴，提高雾化蒸汽量（5%～8%），促使重馏充分汽化，达到减少生焦的目的。

③ 第二再生器的旋风分离器设置在器外，称为外旋风分离器。

11.3.2 反应沉降器及提升管

催化裂化反应工艺过程已由以往的床层反应发展成今天的提升管反应，反应过程在提升管内完成。提升管下部安装有多个进料喷嘴，上部置于反应沉降器内并在出口端设有油气与催化剂的分离装置。催化进料从提升管下部进入与催化剂混合后进行反应，反应产物与催化剂在提升管的出口端进行分离。以下对反应沉降器、提升管、进料喷嘴和油气分离器作进一步叙述。

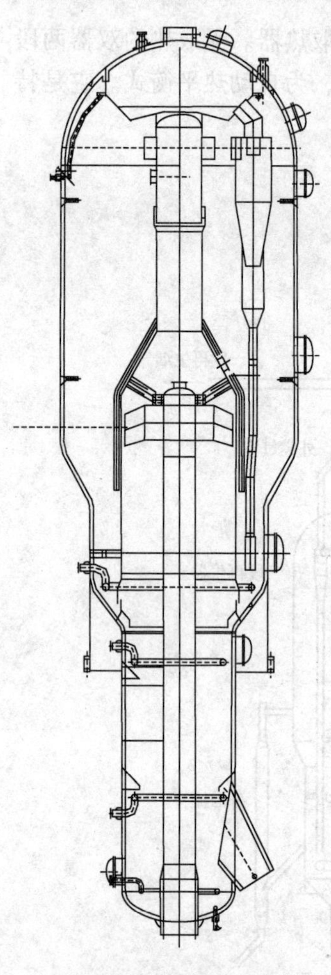
图 11.3－7 反应沉降器

1. 反应沉降器

反应沉降器的典型结构如图 11.3－7 所示。由上下两部分组成，提升管位于中央，提升管出口端装有油气与催化剂的分离设施。反应沉降器上部为催化剂与油气的分离空间，下部为油气的汽提段。反应产物从顶部流出进入催化分馏塔，分离出所需的产品；反应后的催化剂在器内沉降后输送到再生器进行再生。

器内的操作条件为高温低压，操作温度一般为 480～550℃，操作压力常在 0.25Pa 以下。年加工量 300×10^4t 的催化裂化装置的反应沉降器上段直径为 9600mm，汽提段的直径 4800mm，在反应沉降器内的提升管出口端安装有快速分离器和单级旋风分离器。壳体采用碳钢内衬隔热耐磨衬里制成。反应沉降器的内构件，如快分、旋风分离器、料腿等采用碳素钢或低合金钢制造。一台反应沉降器的金属总重约 500t。

2. 提升管

(1) 提升管的形式

提升管有直提升管、斜提升管和折叠式提升管三种形式。直提升管结构简单、压降小，催化剂和油气分布均匀、无偏流、对设备的磨蚀很小；斜提升管较直提升管催化剂和油气分布不够均匀，有偏流，对设备磨蚀大，只用于老装置改造或因基础框架布置影响，不便采用直提升管的地方；折叠式提升管常用于同轴催化裂化装置。此外对于老装置改造，为了在尽可能降低装置总高度，也采用折叠式。这种形式结构紧凑，仍具有直提升管的特点。

(2) 提升管的技术特征

提升管是一根细长的管子，直径 1500～2000mm，如年加工 300×10^4t 的催化裂化装置的提升管的直径为 1800mm，长度可达数十米，长度与所需油气的反应时间有关。线速较低时，提升管中心密度较小，而边缘的密度较高，催化剂滑落与返混严重，在提升管下部出现高密度区，形成类似于床层裂化操作的状况。提高线速可以使催化剂密度均匀、减少滑落和返混，有利于改进气固接触情况，减少二次反应，提高汽、柴油收率。提升管入口线速为 4～7m/s，出口线速为 10～18m/s。提升管中下部安装有一系列的喷嘴，如新鲜进料喷嘴、回炼油喷嘴、急冷油喷嘴和补充蒸汽喷嘴等。提升管的出口处设有油气分离设施。

3. 进料雾化喷嘴

(1) 作用

进料雾化喷嘴是重油催化裂化工艺的关键技术之一。它对反应深度、产品分布和生焦率有重大影响。重油催化进料是高粘度的渣油，为了使重油催化裂化反应顺利进行，必须在进料段将重油快速而有效地雾化成小颗粒，使进料均匀地分散在催化剂表面上，与催化剂充分接触进行裂化反应。

(2) 对进料雾化喷嘴的性能的基本要求

① 雾化效果良好。雾滴直径一般在 40～80μm，细小的颗粒直径有利于催化裂化反应，

重油催化裂化所用的催化剂的颗粒平均直径约为60μm。一般认为重油催化裂化进料在雾化后雾滴的直径应小于或接近催化剂的平均直径为宜。

② 从进料喷嘴出来的油雾在提升管横截面上覆盖面要大、要均匀，并且立即与催化剂充分混合，尽量减少催化剂返混。

③ 进料的稳定性好，不产生震动。

④ 单个喷嘴的处理能力大。

⑤ 不结焦、不堵塞。

⑥ 更换容易、操作方便、处理能力弹性大。

(3) 雾化喷嘴的主要类型

① LPC 型喷嘴

LPC 型喷嘴是由洛阳石油化工工程公司开发的，称 LPC 型喷嘴。其结构如图 11.3－8 所示。LPC 型喷嘴的特点是：喷嘴的压力降小，一般在 0.1～0.6MPa；油和雾化蒸汽分别进入混合室，油气互不影响，不会产生油气倒串现象；单喷嘴处理能力大、不结焦、不堵塞。这种喷嘴的雾化质量较为理想，冷模试验中，当雾化气耗为 5%～7% 时，平均雾化粒径约 60μm，在工业试验 中可降低生焦率约 0.5% 以上，总液收增加 1%～2%。

② KH 型喷嘴

KH 型喷嘴是中国科学院力学研究所开发的。它的结构如图 11.3－9 所示。KH 型喷嘴由第一喉道、混合腔、第二喉道和二个进料管构成。原料从侧面二个进料管进入混合腔，雾化蒸汽通过第一喉道进入混合腔，利用气液两相的速度差，对原料油进行第一次破碎。油气混合物进入第二喉道在气动压力作用下再进行第二次破碎，然后喷向提升管。它的特点是：具有良好的雾化性能，油滴粒径小，雾化后的粒度可达 65μm，接近催化剂的平均粒度；操作弹性大，弹性范围在 30% 左右；耗汽量小、能耗低，渣油的耗汽量只需 2%～3%；工业应用时，生焦量降低 0.7%～1.7%，轻油收率增加 1.3%～1.6%。

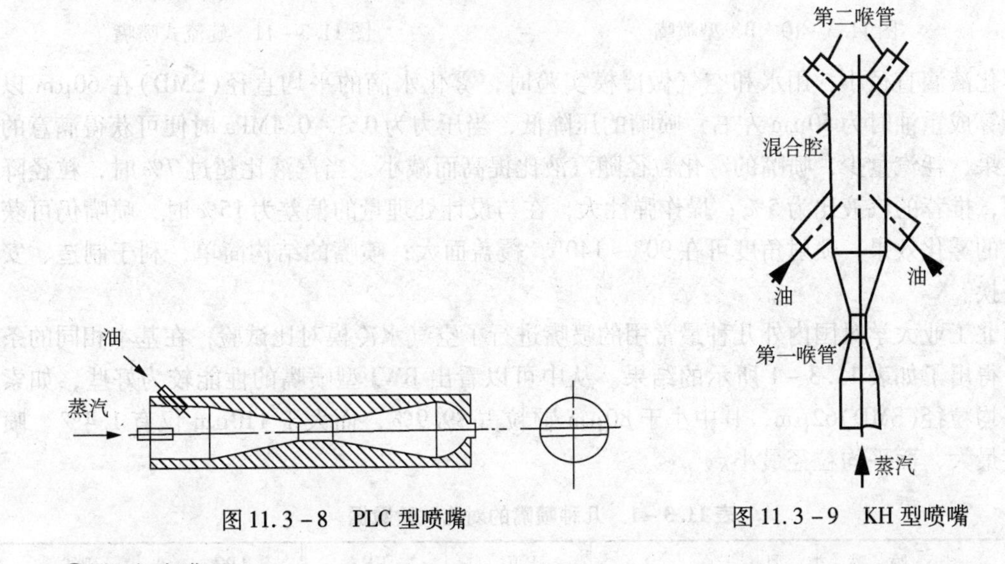

图 11.3－8　PLC 型喷嘴　　图 11.3－9　KH 型喷嘴

③ 靶式喷嘴

靶式喷嘴原是一种大容量原料油雾化喷嘴。靶式喷嘴是按逐次雾化的原理进行设计的。首先，原料油通过喷嘴的进口时，受到进口喷孔的突然收缩作用，得到初次雾化，雾化率 10%～12%；接着是高粘度的原料油在压力作用下，以高速撞击金属靶使之形成破碎的液滴，再与横向气流作用实现第二次雾化；形成的气液两相流，经在喷头出口处加速，实现第三次雾化。它的缺点是需要有较高的油压和消耗较多的雾化介质。靶式喷嘴有 BX 和 HW 两种形式。两种形式基本相似。

由中国石化工程建设公司开发的 BX 型喷嘴，如图 11.3-10 所示。靶式喷嘴的特点是：雾化效果好，雾化油滴直径小于 80μm，这种喷嘴的雾化质量较为理想，冷模试验中，当雾化气耗为 5%～7% 时，平均雾化粒径约 60μm；喷嘴出口为扁平形状，油雾呈扇形薄层，油雾能与催化剂很好接触；油和雾化蒸汽分别通过孔板进入压力较低的预混合室，油气流互不影响，进料稳定可靠；单喷嘴处理能力大、不结焦、不堵塞；喷嘴更换容易方便，适用于处理量变化较大的装置；压降较大，要求进喷嘴前的油和蒸汽的压力分别为 1.4MPa 和 1.0MPa；在工业试验中较第一种喉管式喷嘴可降低生焦率约 0.5% 以上，总液收增加 1%～2%。

④ 气液两相旋流式喷嘴

气液两相旋流式喷嘴如图 11.3-11 所示。气液两相旋流式喷嘴的工作原理是在喷嘴混合腔内形成气液两相流体，在一定压力作用下，进入喷嘴的核心部分气液两者旋流器的螺旋通道，被迫进入回旋流通。随着旋流直径的减少，流通速度将不断增加，在离心力的作用下，液体被撕成薄膜，在与气体介质的相互作用下被雾化。雾化室后还增加了一个加速段，以提高汽液两相流的轴向速度，此外，喷嘴的喷出口设计成扁口形，使已经雾化的流体从扁口喷出，再二次雾化，并形成扇形喷射面，使喷嘴具有很好的雾化效果。该喷嘴的特点如下：

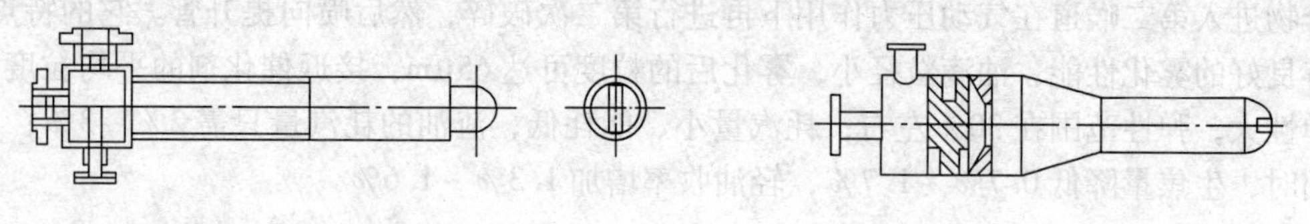

图 11.3-10 BX 型喷嘴　　图 11.3-11 旋流式喷嘴

雾化液滴直径小，用水和空气做冷模实验时，雾化水滴的平均直径（SMD）在 60μm 以下，折算成重油时为 50μm 左右；喷嘴的压降低，当压力为 0.3～0.4MPa 时便可获得满意的雾化效果，耗汽量少，喷嘴的雾化粒径随汽液比提高而减小，当汽液比超过 7% 时，粒径降低有限，推荐的汽液比为 5%；操作弹性大，在与设计处理量的偏差为 15% 时，喷嘴仍可获得满意的雾化效果；喷射角度可在 90°～140°，覆盖面大；喷嘴的结构简单，利于制造、安装和更换。

西北工业大学对国内外几种最常用的喷嘴进行了空气水冷模对比试验，在基本相同的条件下，得出了如表 11.3-1 所示的结果。从中可以看出 BWJ 型喷嘴的性能较为好些，如索太尔平均粒径（SMD）62μm，其中小于 80μm 颗粒占 89.9%，而大于 110μm 仅有 1.4%。喷射速度最大，而平均粒径最小。

表 11.3-1 几种喷嘴的对比试验数据

喷嘴类型		BWJ	KH	LPC	靶式
试验条件	气液比/%	6.645	6.57	7.65	7.18
	喷嘴压力/MPa	0.31	0.317	0.329	0.51
	处理量/(t/h)	32.8	18.52	15.47	26.42

续表 11.3-1

喷嘴类型			BWJ	KH	LPC	靶式
试验结果	粒径/μm	算术平均粒径	47.3	66.6	46.4	54.4
		面积平均粒径	50.5	73.6	58.5	65.6
		体积平均粒径	54.1	80.6	71.4	76.3
		SMD 平均粒径	62.0	96.5	106.3	103.2
	粒径分布/%	<40μm	29.5	11.2	41.5	29.6
		40~80μm	60.4	45.1	32.6	36.8
		90~110μm	8.7	26.2	12.1	16.6
		>110μm	1.4	17.5	13.8	17.0
	喷射速度/(m/s)		38.6	30.9	26.4	15.8

4. 快速分离器

快速分离器位于提升管顶部，它的作用是尽快使反应后的油气与催化剂脱离接触，油气快速引出，以减少过度裂解反应。同时还应避免油气在沉降器内结焦。20 世纪 60~80 年代，快分的主要形式是比较简单的 T 型、倒 L 型、伞帽型分离器和蝶型快速分离器。进入 90 年代之后，快速分离器发展迅速。除了满足以往的油气快速分离外，还要求油气快速引出、催化剂快速汽提，采用称为“三快”的技术，以避免油气在高温区停留时间过长而引起过度裂解，使轻质油产率下降和在沉降器内结焦。为此，国外各大公司纷纷推出了各种新型快速分离器。如 Mobil 公司的密闭式直联旋分器、S&W 公司的 Ramshorn 旋分系统以及 UOP 公司的 VDS 和 VSS 系统等，都获得了良好的效果。国内从 20 世纪 80 年代开始对快分展开了一系列的研究并取得了显著的效果。最近几年又推出了 VQS 和 FSC 新型快速分离器。由于早期的喷嘴已不再使用，现将近期几种常用的喷嘴介绍如下。

(1) 旋流式快速分离器(VQS)

旋流式快速分离器又称 VQS(Vortex Quick Separater)。重油催化裂化提升管出口的反应油气经过快分系统要求实现三快：油气与催化剂的快速分离；油气的快速引出；催化剂的快速汽提。以免油气在高温区停留时间过长，而产生过度裂解使产率下降和高含量的稠环芳烃在沉降器内结焦。以往的 T 型和蝶型快分只考虑了油气与催化剂的快速分离，并没有达到另外的两个快的要求。致使反应后的油气在沉降器内的停留时间长达 10~20s，引起结焦增加、轻质油收率下降。在原料油日益变重的情况下，这种快分的弊病就日益突现，严重影响了装置的掺渣率和长周期运行。20 世纪 90 年代以来，针对上述问题，国外大石油公司纷纷开发出了新的快分系统。国内从 1993 年开始研究 VQS 快速分离器。国内开发的旋流式快速分离器使油气在沉降器内的平均停留时间缩减到了 5s 以下。VQS 快速分离器的结构如图 11.3-12 所示。

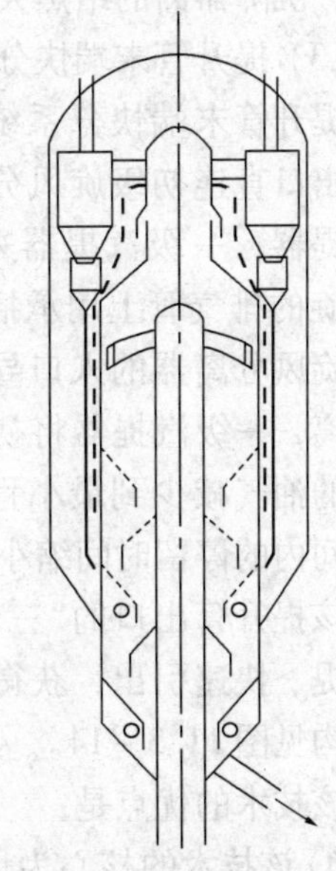

图 11.3-12 VQS 快速分离器

VQS 的结构从上到下由导流管、封闭罩、旋流快分头、预汽提段和溢流密封圈等五部分组成。导流管将快分与一级旋风分离器连结在一起。

VQS的优点是：气固分离效率高，压力降小，在冷态下的气固分离效率达98%以上；从工业装置的应用表明，它可以使轻油收率提高0.5% ~1%，焦炭的H/C比下降20% ~30%，可提高掺渣比，汽油诱导期略有延长，沉降器内结焦大为减少。分离速度快，气体的停留时间在5s以下；操作弹性大，灵活可靠。当提升管线速在8.83 ~21.50m/s范围内变化时，系统压力分布合理，快分压降变化平缓，未出现大的波动。

(2) FSC(Fender Stripping Cyclone)快速分离器

FSC(Fender Stripping Cyclone)快速分离器即挡板汽提式粗旋风分离器，是近年由石油大学等单位联合开发成功的。FSC快速分离器是由环形挡板和粗旋分等构成，如图11.3-13所示。它的主要特点是在粗旋风下部连接有预汽提器，器内装有一根中心稳涡杆和4~6层带有裙边并开孔的汽提挡板。提升管出口油气内所含催化剂的99%以上可被粗旋分离下来。这些夹带有油气的催化剂在挡板上呈薄层流动，与自下而上从小孔中喷出的汽提蒸汽形成错流和逆流接触，从而把催化剂中向下夹带的反应后的油气充分置换出来，随汽提气快速向上进入粗旋内，与分离掉了99%以上催化剂的油气主流汇合，一起在新设置的导流管内快速上升并直接进入到顶部单级旋风分离器内。该系统与目前的粗旋相比，有以下的优点：消除了部分油气在粗旋料腿中被高密度催化剂流夹带而产生过裂化和二次反应；采用两段汽提，大大提高了汽提效率，从而减少了剂油比焦(可汽提焦)，减少了带入再生器的烃类，即降低了装置焦炭产率；提升管出口反应后油气在沉降器内的停留时间从原来的10~20s缩短到5s以下，减少了过裂化，提高了轻油收率；根据标定结果，可使轻油收率提高0.5% ~1%，焦炭H/C比下降20% ~30%；掺渣比可以提高，汽油的诱导期略有延长，沉降器内的结焦大为减少，操作周期延长。

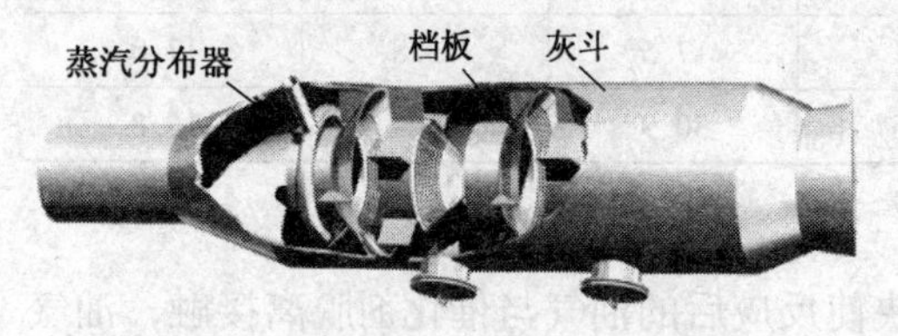

图11.3-13 FSC快速分离器

(3) 提升管末端快分系统(CSC)

提升管末端快分系统(CSC)的结构特点为：提升管出口直连初级旋风分离器，在初旋下部直连一级汽提器，一级汽提器采用密相环流汽提的方式；在初旋的排气管上用承插的方式罩一段连接沉降器顶部旋风分离器的入口导流管；初旋可实现气固快速分离，一级汽提器将初旋料腿由于正压排料而下夹带的油气减少到最小程度，导流管可把油气在沉降空间内的停留时间缩小到5s以下；以上三部分构成了该提升管出口的“三快”技术，即快速分离、快速汽提、快速引出，获得较高的汽提效率。该技术的结构见图11.3-14。

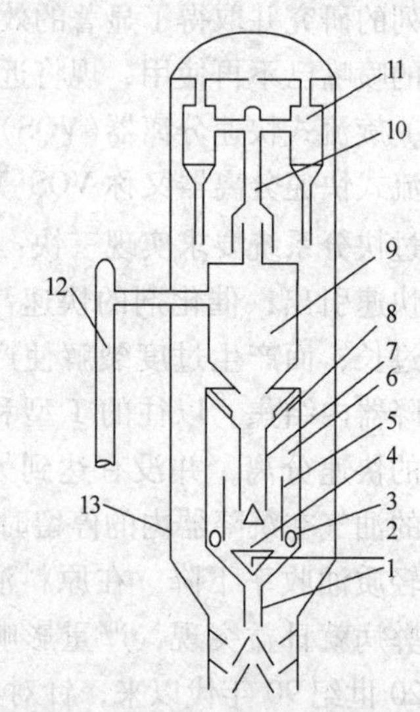

图11.3-14 提升管末端油气-催化剂快分与引出系统示意图

1—料腿；2—内环预汽提蒸汽进气管；3—外环分布管；4—内环分布板；5—内筒；6—预汽提器；7—中心下料管；8—带消涡板的环形挡板；9—粗旋；10—承插式导流管；11—预旋风分离器；12—外提升管；13—沉降器壳体

该技术的优点是：

① 该技术的核心为增设了“密相环流汽提器”，要使环流汽提器中内环与外环的催化剂流化起来，

形成环流非常关键。这就要在内环与外环间形成密度差。即要控制环流比 C(环流量与系统催化剂循环量之比)，可在2～4之间。

② 外环气速比内环气速低，形成外环密度与内环密度差，此差值加大，环流更明显，为此控制外环气速不大于0.1m/s为好，内环线速0.1～0.4m/s。

③ 要维持粗旋风较高效率，提升管线速不能太低，特别在转剂时提升管线速保持在8～16m/s有利。提升管线速在20m/s左右时，粗旋可获得较高的效率。

11.3.3　再生器

1. 再生器的结构形式

将参与催化裂化反应后表面积碳而失去活性的催化剂进行烧焦脱碳的过程称之为催经剂的再生。这一过程是在再生器内实现的。再生器的形式有同轴烟气串联两段再生器(图11.3－3)、单段床层式再生器(图11.3－4)、带烧焦罐的再生器(图11.3－5)和具有二段高温再生的并列再生器(图11.3－6)等。典型的再生器结构如图11.3－15所示。经反应后表面积碳而失去活性的催化剂进入再生器下部的空气分布管之上与空气混合燃烧，烧焦再生的催化剂经设在上部的旋风分离器分离后再进入反应器内开始新的反应过程。再生器是一种高温低压设备，再生器内的操作温度高达760℃，压力在0.3MPa以下。年加工能力 300×10^4t 的催化裂化装置的再生器，其直径为13000mm，壳体由碳钢内加隔热耐磨衬里制成，上部设多组旋风分离器，下部有分布管等内件，再生器的金属总重约1000t。

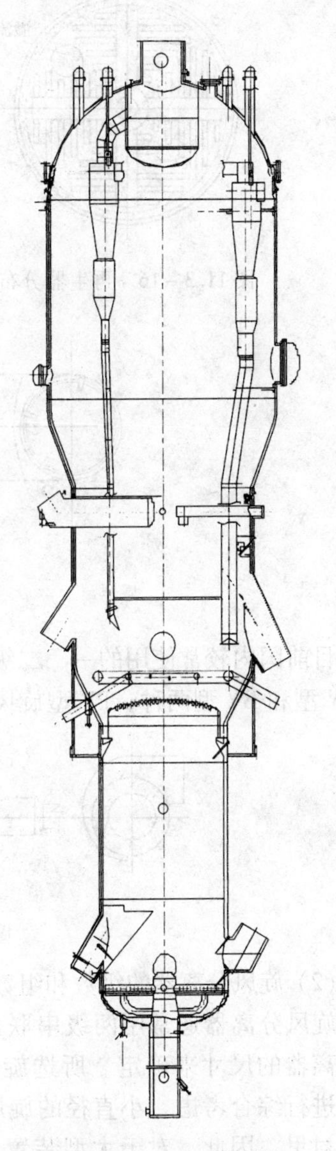

图11.3－15　再生器

2. 再生器内构件

早期的催化裂化装置曾采用分布板，它是一圆形球面板，通过圆弧形翻边与裙形圆筒焊在一起，安装在再生器锥形底的封头上，大型装置分布板变形严重，致使气体分布不均匀，床层流化不稳定，现在已基本不用了。目前较常用的是管式分布器，它有枝状、环形和大型环管三种基本形式。

枝状分布管如图11.3－16所示，像树枝状结构，由主管和支管组成，环状分布管按同心圆布置。图11.3－17为环状布置结构。大型环管分布管的形式见图11.3－18。各种分布管的结构、管径、喷嘴大小及数量由工艺要求确定。

3. 旋风分离器

(1) 旋风分离器的结构形式

旋风分离器主要由入口、筒体、锥体、灰斗、升气管及料腿短节六部分组成，内壁均设有20mm龟甲网刚玉类型的耐磨衬里，也可以使用无龟甲网耐磨浇铸料衬里。

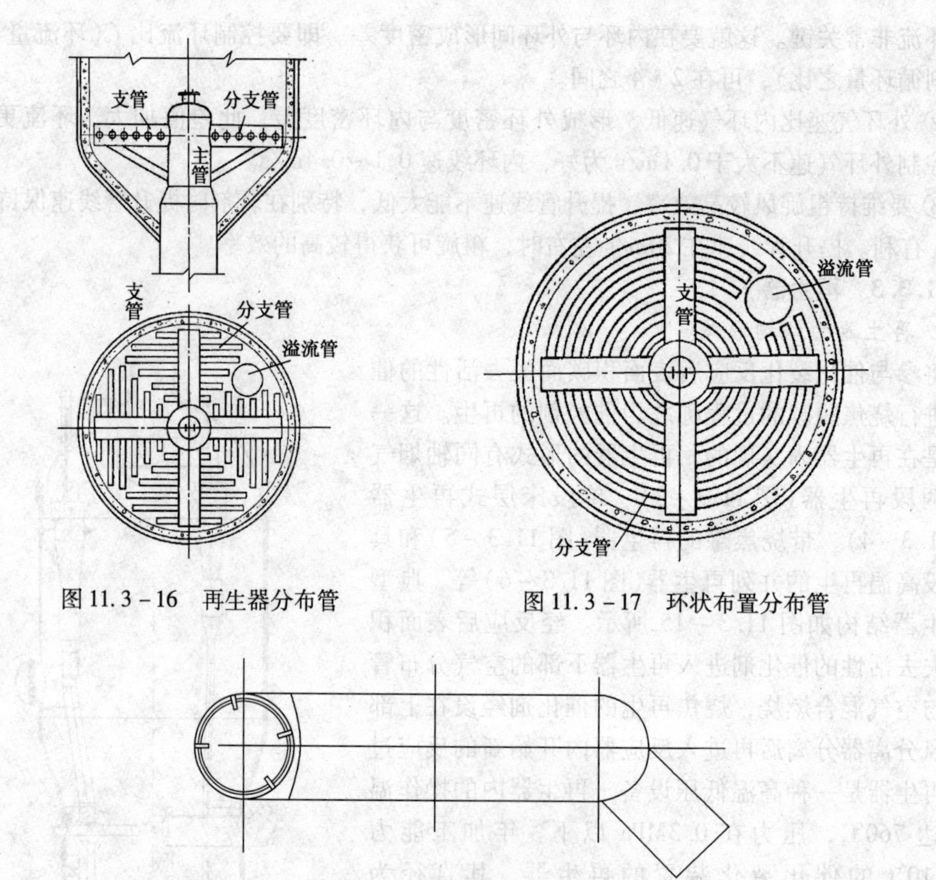

图 11.3-16 再生器分布管

图 11.3-17 环状布置分布管

图 11.3-18 环管形分布器

目前国内较常使用的一、二级旋风分离器、外旋风分离器和粗级旋风分离器的类型主要有 PV 型和 BY 型两种，PV 型旋风分离器见图 11.3-19。

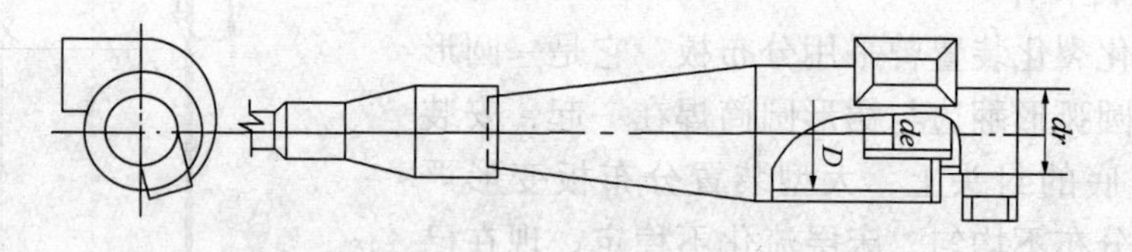

图 11.3-19 PV 型旋风分离器

（2）旋风分离器的级数和组数

旋风分离器通常用两级串联成一组，旋风分离器的组数应根据装置的生产能力及旋风分离器的尺寸来确定。所选旋风分离器尺寸的大小，应从制造、维修、衬里及工艺要求等进行综合考虑，小直径的旋风分离器效率略高一些，但大直径的旋风分离器易于检修和衬里。因此，对于大型装置，应适当选用大尺寸的旋风分离器，以减少旋风分离器的组数。

（3）旋风分离器的布置

一般情况下，旋风分离器应对称安装，所有一级进口靠近器壁并朝向相同的圆周方向，如图 11.3-20 所示。如果采用旋转床再生工艺时，一级入口应面向床层旋转方向。采用内集气室时，二级旋风分离器应尽量向中心靠近，以减小集气室的尺寸。

为便于维修，在旋风分离器平面投影布置图中，两相邻旋风分离器外壁之间应保持80mm的最小间隙，任何一个旋风分离器与器壁衬里之间的最小间隙应大于150mm。

对于小型装置，如果器内容纳旋风分离器有困难时，也可将旋风分离器设于器外，但在结构上要考虑足以承受一定的内压。

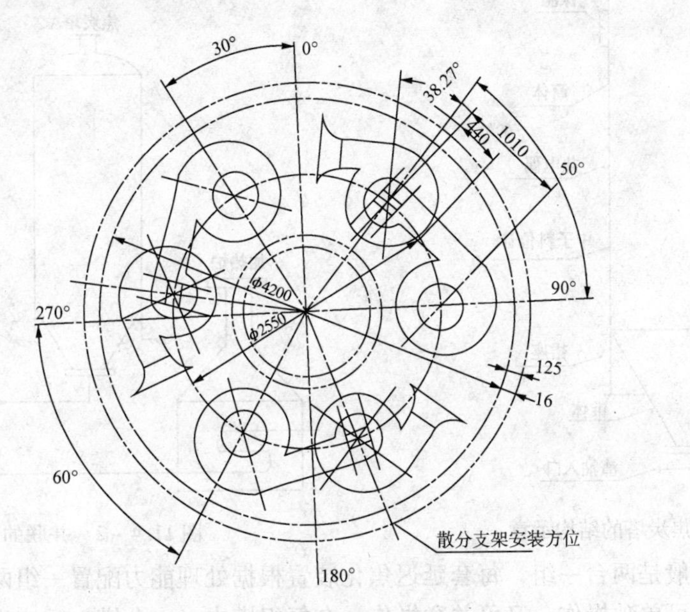

图11.3－20　旋风分离器几何参数

11.4　焦　炭　塔

11.4.1　焦炭塔的结构特点

焦炭塔是焦化装置的反应器，它是延迟焦化装置中最重要的设备之一。焦炭塔是一个直立圆柱壳压力容器，顶部采用球形或椭圆形封头，下部为锥体，塔体由裙座支承。焦炭塔顶部安装有压力安全阀，塔体外表面通常安装有三个中子料位计以测量料位。直径范围通常为4.4～9.8m，高约25～35m。在顶部有直径为600～900mm的盲板法兰(即钻焦口)，底部有直径为1400～1800mm的盲板法兰(即卸焦口)，底部盲板法兰上有直径为150～400mm的渣油入口管或安装自动底盖机。结构简图见图11.4－1。

焦炭塔设计压力为0.25～0.4MPa(表)，最高操作温度427～510℃，设计温度上部为450～475℃，下部为475～510℃。

焦炭塔外保温通常采用120～200mm的玻璃纤维或复合硅酸盐等保温材料，并用铝合金薄板或不锈钢薄板作为保护层。

11.4.2　焦炭塔操作特点与失效形式

1. 操作特点

焦炭塔的作用是将重油(渣油)轻质化变成瓦斯、液体产品和焦炭。渣油在加热炉内被加热到500℃左右进入塔内，单系列的延迟焦化装置使用两台并联的焦炭塔，进行连续操作，见图11.4－2。

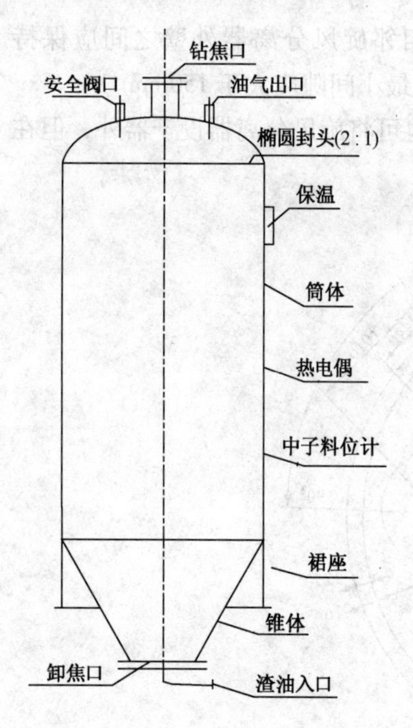

图 11.4－1 焦炭塔的结构示意

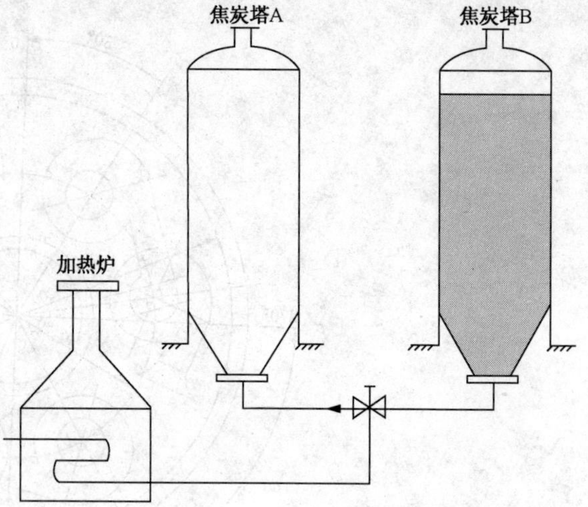

焦炭塔A
焦炭塔B
加热炉

图 11.4－2 并联的两台焦炭塔

焦炭塔一般是两台一组，每套延迟焦化装置根据处理能力配置一组两台或两组四台焦炭塔。两组塔既可单独操作，又可并联操作。在每组塔中，一台塔在反应生焦时，另一台塔则处于除焦阶段。每台塔的切换周期一般为 48h，其中生焦 24h，除焦及其他辅助操作 24h。随着技术的进步，目前每台塔的切换周期已缩短至 28～36h。除焦采用压力达 11.8～34.1MPa 的高压水。

该操作过程是周期性的，当焦炭在一台塔内积聚时，而另一台塔则进行清焦。焦炭塔冷却到环境温度又重新被加热到 475～510℃，通常每 48h 或 36h 为一个周期。焦炭塔操作温度曲线见图 11.4－3。长期反复冷却和反复加热是焦炭塔失效的主要原因。

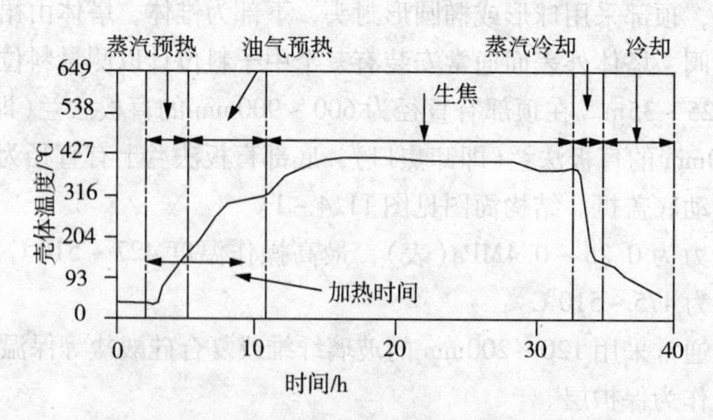

图 11.4－3 焦炭塔操作温度曲线

2. 失效形式

(1) 变形失效

焦炭塔操作时，塔壁温度发生周期性变化，从而引起塔壁应力也相应地改变。升温时沿壁厚方向产生的热应力，塔外壁为拉应力；而纵向温差引起的热应力，塔外壁为压应力。实测的焦炭塔纵向温差为175℃(间距2m)，而壁厚温差为85℃，显然纵向引起的热应力绝对值大于壁厚引起热应力的绝对值。如果这时的综合应力超过了材料在该温度下的屈服强度时，会引起塔壁的局部塑性变形，反复循环，将出现“热应力棘轮现象”，它比相同的定常应力的静态蠕变要大得多，这就是焦炭塔鼓胀变形的主要原因。

日本学者平修二1974年综合叙述了“棘轮”概念。即受静载荷作用的构件，若反复施加能产生塑性变形的大应力，则在部件受定常载荷作用的方向上产生永久变形，而且逐渐增长，这种永久变形的增长状态恰恰和齿轮在解脱制动器后开始旋转的状态相似，故称之为“棘轮”作用。

在焦炭塔寿命的早期，变形仅局限于底部发生，随着时间的推移，上部产生的鼓胀更加明显。由于环缝具有较高的屈服强度，该焊缝厚度又比母材稍厚一些，因而显示出较少的鼓胀。这样，焦炭塔就产生了糖葫芦状的鼓凸，见图11.4－4。

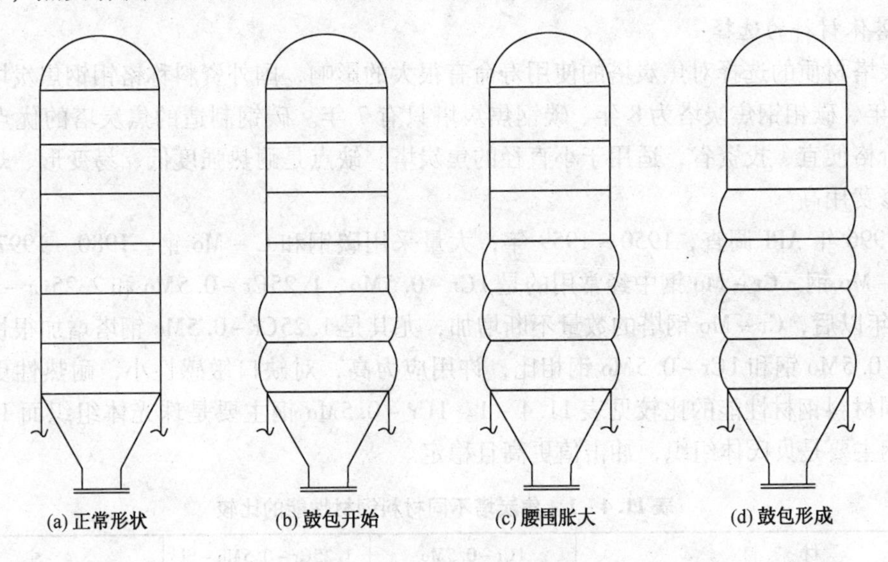

图11.4－4　鼓包形成的各阶段

过去国内使用的焦炭塔材质大都选用20g(Q245R)，这种钢材的最高使用温度为450℃，在焦炭塔的操作工况条件下，长期使用还是有可能产生石墨化现象的。产生石墨化的时间约几万小时。石墨化的结果将会导致钢材韧性、强度和塑性降低，致使碳钢制造的焦炭塔在使用几年后便出现严重变形和裂纹。而15CrMoR是耐热钢，其机械性能大大优于Q245R，例如在475℃的温度下，15CrMoR(正火＋回火)的许用应力为110MPa；而Q245R仅是41MPa；15CrMoR在475℃10万小时的持久强度达180MPa，而Q245R仅为59MPa；就蠕变强度而言，Q245R(20g)在400℃以上即可产生蠕变，450℃的蠕变极限为56MPa(此时相应的蠕变速率为1×10^{-5})。根据金陵公司炼油厂对焦炭塔塔体的受力分析，膜应力较小，轴向应力为10.9 MPa，环向应力为21.8MPa；而热应力较大，进油阶段由外壁厚度方向引起的环向和轴向热应力为44.8MPa。冷却期间，轴向温差所产生的环向和轴向热应力分别为80.5MPa和24.15MPa(平均值)。由此可见，热应力和内压产生的应力叠加已超过56MPa，且在420℃以上持续操作20多小时，这足以使碳钢材料发生蠕变，产生“糖葫芦”现象。而15CrMo钢的475℃蠕变极限为100MPa(相应的蠕变速率也为1×10^{-5})，几乎是碳钢的2倍。如按上述金陵公司炼油厂焦炭塔的应力分析，其热应力和内压产生的应力叠加亦小于15CrMo的蠕变极限110MPa。由此可见，焦炭塔发生蠕变变形与材料的性能有密切关系。

（2）开裂破坏

以往，焦炭塔发生裂纹最多的位置是裙座焊缝。例如，最严重的是齐鲁公司炼油厂3号焦炭塔焊缝整圈开裂，造成塔体下沉807mm，塔体倾余395mm；石油一厂焦炭塔焊缝开裂长度3.77m，塔体倾斜74mm；金陵公司炼油厂在焦炭塔外壁焊缝熔合线发现裂纹最长2m，深3mm；广州石化厂的焦炭塔运行五年后发现T101/4塔裙座与塔体连接焊缝存在断续长度10m，最深达5mm的环向裂纹。

（3）腐蚀

当炼制含硫较高的原料油时，塔内发生了较严重的硫腐蚀(详见第三篇有关内容)。

11.4.3　焦炭塔材质的选择

1. 塔体材料的选择

焦炭塔材质的选择对焦炭塔的使用寿命有很大的影响，国外资料称铬钼钢焦炭塔使用寿命为12年、碳钼钢焦炭塔为8年、碳钢焦炭塔只有7年。碳钢制造的焦炭塔的优点是制造容易、价格便宜、投资省，适用于小直径的焦炭塔。缺点是耐热强度低、易变形、焊缝易开裂、维修费用高。

据1996年API调查，1950~1959年，大量采用碳钢和C-Mo钢。1980~1997年大量使用Cr-Mo钢。Cr-Mo钢中经常用的是1Cr-0.5Mo、1.25Cr-0.5Mo和2.25Cr-1Mo钢。从1970年以后，Cr-Mo钢塔的数量不断增加，尤其是1.25Cr-0.5Mo钢塔增加很快。因为1.25Cr-0.5Mo钢和1Cr-0.5Mo钢相比，许用应力高，对缺口敏感性小，耐热性更好。焦炭塔不同材料钢材性能的比较见表11.4-1。1Cr-0.5Mo钢主要是珠光体组织而1.25Cr-0.5Mo钢主要是贝氏体组织，冲击值更高且稳定。

表11.4-1　焦炭塔不同材料钢材性能的比较

材　料	1Cr-0.5Mo	1.25Cr-0.5Mo-Si	注
475℃许用应力/MPa	107	116	按ASME VIII卷第一册
475℃高温屈服强度/MPa	176.5	185.5	按ASME II卷D册

随着焦炭塔的大型化，碳钢材料已明显不能适应其要求，目前国内的焦炭塔设计大多选用国产15CrMoR及其复合板。

15CrMoR钢已正式列入GB 713-2008《锅炉和压力容器用钢板》标准。为了更安全可靠，对钢板提出了一些特殊要求。

① P含量要求≤0.012%，S含量要求≤0.010%，而GB 713—2008规定S≤0.025%，P≤0.010%。

② 提高了常温冲击值的要求，-10℃夏比(V型缺口)冲击功≥54J(三个试样平均值)，允许其中一个试样≥47J。而GB 713—2008规定：20℃冲击功≥31J(三个试样平均值)，允许其中一个试样≥22J。

为了防止高温含硫介质对塔体的腐蚀，尤其是塔体的上部往往采用复合板。

据资料调查，国外的焦炭塔几乎全部采用不锈钢复合板制造。根据我国的经验，因为焦炭塔中下部有一层焦炭保护，腐蚀很轻，可以不用复合板。SH/T 3096—2010《高硫原油加工装置设备和管道设计选材导则》规定，从顶部至泡沫层以下200mm处应采用不锈钢复合板，覆层为0Cr13A1或0Cr13，下部可不用复合钢板。

2. *覆层材料的选择*

覆层可采用0Cr13A1(405)或0Cr13(410S)。据API调查，美国1969年以前基本都采用405钢，1970年以后基本都采用410S钢。据资料介绍，405型不锈钢使用温度应限制在343℃以下，长期处于371～538℃的405型材料会变脆。超过343℃(650°F)时只可使用410S不锈钢作内部构件。

目前我国使用405型(0Cr13Al)作覆层的不锈钢复合板很多，还未见有0Cr13Al脆化的报道，但由于焦炭塔壳体覆层长期处于427～495℃之间，为了稳妥可靠起见，还是选用0Cr13(410S)为好。

实践表明，焦炭塔覆层的焊缝也会发生裂纹，为了减少裂纹产生，可采用INCONEL625代替常用的405或410S钢作为覆层。其优点不但抗腐蚀性能好，更为重要的是覆层与基层之间因热膨胀差异产生的热应力少，不易产生裂纹。根据对内径为6840mm，C－0.5Mo钢制造的焦炭塔进行有限元分析，基层厚20mm，覆层为405或410S钢，厚度为1.6mm或3.2mm。分析是在复合板处于482℃的工况下进行的。分析的结果是405或410S钢的应力强度约是INCONEL625的13倍，见表11.4－2。

表11.4－2　焦炭塔覆层应力强度分析

覆层材料与厚度	应力强度/psi(MPa)	覆层材料与厚度	应力强度/psi(MPa)
405或410S，1.6mm	31784(219)	INCONEL625，1.6mm	2460(16.9)
405或410S，3.2mm	30564(210)	INONEL625，3.2mm	2380(16.4)

据统计，覆层采用1.6mm厚的INCONEL625后焦炭塔成本将增加30%；当采用厚3.2mm INCONEL625时，成本增加40%～50%；当部分采用INCONEL625，例如塔体下段垂直焊缝和其他容易产生鼓凸变形和焊接裂纹的部位覆层采用INCONEL625，厚度为1.6mm时，成本增加不会超过15%～20%。现在不少国外公司采用INCONEL625LCF。

3. *覆层焊接材料的选择*

据API调查，1960年以前，使用过三种材料即ENiCrFe－3，ENiCrFe－2和308/309型不锈钢焊条。从此以后，仅使用镍基材料。ENiCrFe－2使用率是100%，ENiCrFe－3(INCO.182型)使用率是92%。对309型不锈钢的评价是从好到坏都有，有一份调查介绍，在第一次操作期间就产生大范围的龟裂而全部被清除。如果抗硫腐蚀是首先要考虑的因素，则309型不锈钢性能比镍基材料较好些，但如果相应的热膨胀系数是关键，那么采用镍基材料比采用奥氏体不锈钢更好。

11.4.4　焦炭塔结构的改进

(1) 焦炭塔按疲劳容器的要求进行设计

焦炭塔在结构上作了以下改进：

① 在筒体上不开孔，且尽量减少与筒体相焊的连接件。所有与壳体相焊的连接焊缝处打磨圆滑。

② 因为塔体焊缝加强高度在焦炭塔操作条件下，是引起应力集中产生疲劳裂纹的根源，同时也是筒体变形的一个原因，为此焊缝内外侧应全部磨平，其加强高度应为0。不等厚壁板相焊时，应打磨成1:10的斜坡，这样能减少由热循环引起的峰值应力。

③ 对接焊缝采用X型坡口以减少变形和应力。

④ 上封头上的开孔连接处取消补强圈，采取整体补强设计。连接处圆弧过渡特别是底盖进料口处设计成翻边结构，避免应力集中。

(2) 提高材料的冲击韧性

① 采用细晶粒钢加正火处理，其冲击韧性将大大提高。目前一般都采用Cr-Mo钢，尤其是采用1.25Cr-0.5Mo钢。因为它是贝氏体组织而10Cr-0.5Mo钢是珠光体组织，贝氏体钢比珠立体钢冲击韧性更好。

② Cr-Mo钢应经精炼，严格控制S、P含量。有资料介绍，国外某公司控制P≤0.008%、S≤0.005%。目前国内能控制P≤0.012%、S≤0.010%。

③ 适当降低焊接材料的屈服强度，使之与母材强度接近，规定一个母材与焊缝金属之间的最大屈服强度差，在操作温度下，焊接材料的屈服强度一般应为母材的1.0~1.1倍。

④ 提高Cr-Mo钢焊接的预热温度，一般应为160~250℃。

⑤ 选择低热输入的焊接工艺(例如小电流手工焊)，以减少热影响区晶粒的长大。

⑥ 提高焊后热处理温度(PWHT)，一般为690℃±14℃。

采取以上一系列措施后，钢材的冲击值将大大提高。例如焦炭塔采用舞阳钢厂的15CrMoR钢板，某炼厂直径为8800mm焦炭塔的工程试块的冲击值如表11.4-3所示。

表11.4-3 直径为8800mm焦炭塔工程试块的冲击值

手工焊(钢板δ28)	常温 A_{KV}/J	0℃ A_{KV}/J	埋弧焊(钢板δ28)	常温 A_{KV}/J	0℃ A_{KV}/J
焊缝	124	162	焊缝	166.3	147.3
热影响区	246.6	189	热影响区	175.3	171
母材	215	216.3	母材	223.3	221

(3) 改进裙座的设计

焦炭塔裙座受力最复杂，是最容易出现裂纹的部位。API调查后给出的裂纹的位置如图11.4-5所示。A、B、C部位都有裂纹的占报告的56%，最严重的裂纹即延伸到筒体的裂纹(A)占报告的43%，从外表面开裂的裂纹(B)占63%，从内表面开裂的裂纹占26%，从膨胀缝槽孔开裂(D)占76%，有A、B、C、D四种裂纹的塔占78%。

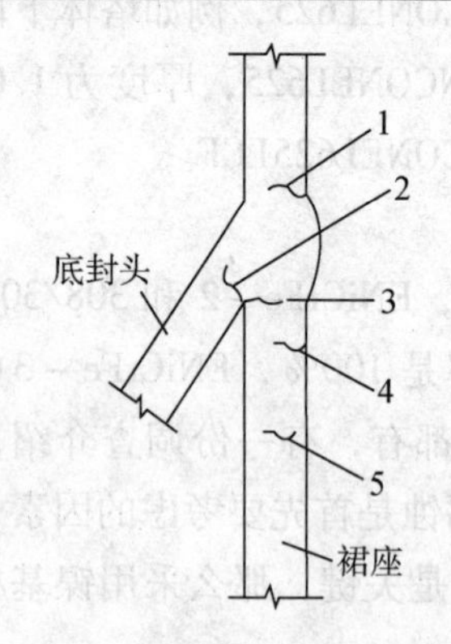

图11.4-5 焦炭塔裙座裂纹位置

1~5—裂纹

筒体与裙座的连接方式有如下四种：

第一种为一般对接形式，见图11.4-6(a)。其结构简单，但易产生应力集中和裂纹。

第二种为搭接形式，见图11.4-6(b)。其结构简单，但易产生应力集中和裂纹，裂纹扩展后将会造成塔体下沉的严重后果。

第三种为堆焊型，见图11.4-6(c)，应力集中系数较小，产生裂纹的可能性小，但制造较复杂，焊接工作量较大。有的裙座开槽孔(即膨胀缝)，有利于应力释放，防止焊缝开裂。

第四种为整体型，见图11.4-6(d)，即采用整体锻件，应力集中系数最小，但制造难度大。

1995年ASME石油化工设备与服务部的一份报告，介绍了对这四种结构的应力分析，并进行了比较。分析结果表明第四种形式的疲劳寿命最长，第三种形式次之，分析结果见表11.4-4。

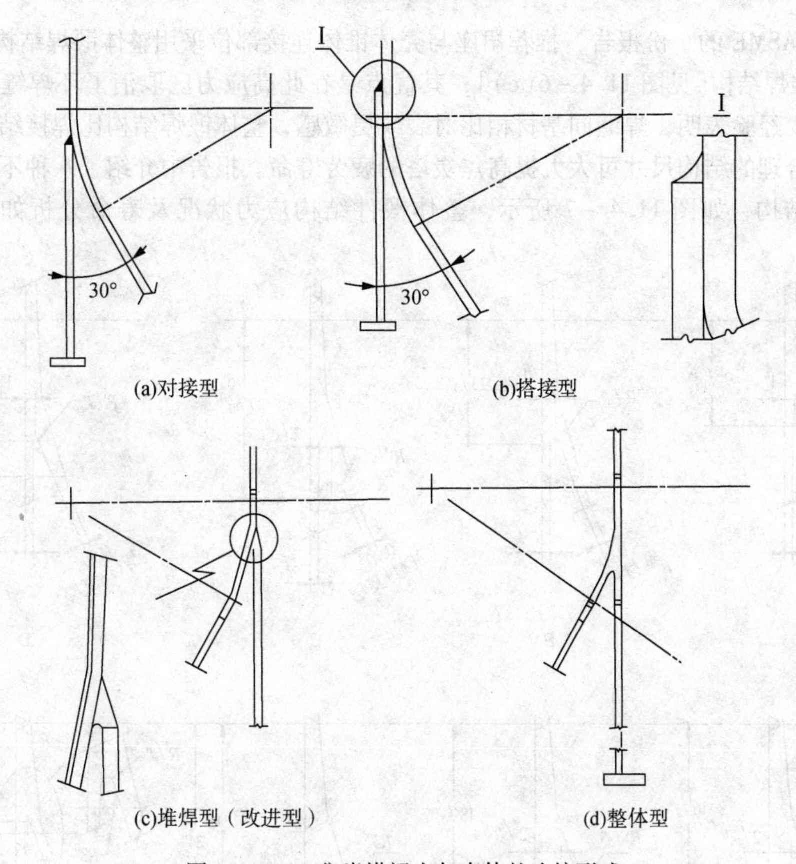

图 11.4－6　焦炭塔裙座与壳体的连接形式

表 11.4－4　裙座连接处的应力值，应力集中系数和疲劳寿命

类型	一般对接型 图 11.4－6(a)	搭接型 图 11.4－6(b)	堆焊型 图 11.4－6(c)	整体型 图 11.4－6(d)
裙座连接处加热时的应力值/psi(MPa)	66627(459)在裙座内表面焊肉上和在与裙座相连的锥体上	72963(503)在裙座内表面焊肉上和在与裙座相连接的锥体上	54384(375)在裙座内表面和在与裙座相连接的锥体上	47262(326)在裙座内表面和在与裙座相连接的锥体上
裙座连接处冷却时的应力值/psi(MPa)	41440(286)在裙座内表面的焊肉上，在与裙座相连接的锥体上	44117(304)在裙座内表面焊肉上，在与裙座相连接的锥体上	21834(151)在裙座的内外表面和在与裙座相连接的锥体上	13824(95)在裙座内外表面和在与裙座相连接的锥体上
应力集中系数(用于疲劳计算)	1.5	1.5	1.0	1.0
计算疲劳寿命(周期)	598	478	5503	10704
槽孔应力值(加热时)/psi(MPa)			68200(470) (槽孔顶部)	
槽孔应力值(冷却时)/psi(MPa)			22500(155) (槽孔顶部)	
槽孔应力集中系数			1.5	
槽孔计算疲劳寿命(周期)			3302	

1999 年 ASME 的一份报告，推荐裙座与壳体锥体连接部位采用整体锻焊结构[图 11.4 - 6(d)]代替堆焊结构[见图 11.4 - 6(c)]，其优点是在此高应力区取消了环焊缝，代之以机加工的锻件。经验表明，焊缝同基材相比对裂纹更敏感，整体锻焊结构比焊接结构更能抵抗裂纹。选择合理的结构尺寸可大大提高焦炭塔的疲劳寿命。报告中介绍了八种不同结构尺寸的整体锻件结构，如图 11.4 - 7 所示，整体锻件结构应力状况及寿命分析如表 11.4 - 5 所示。

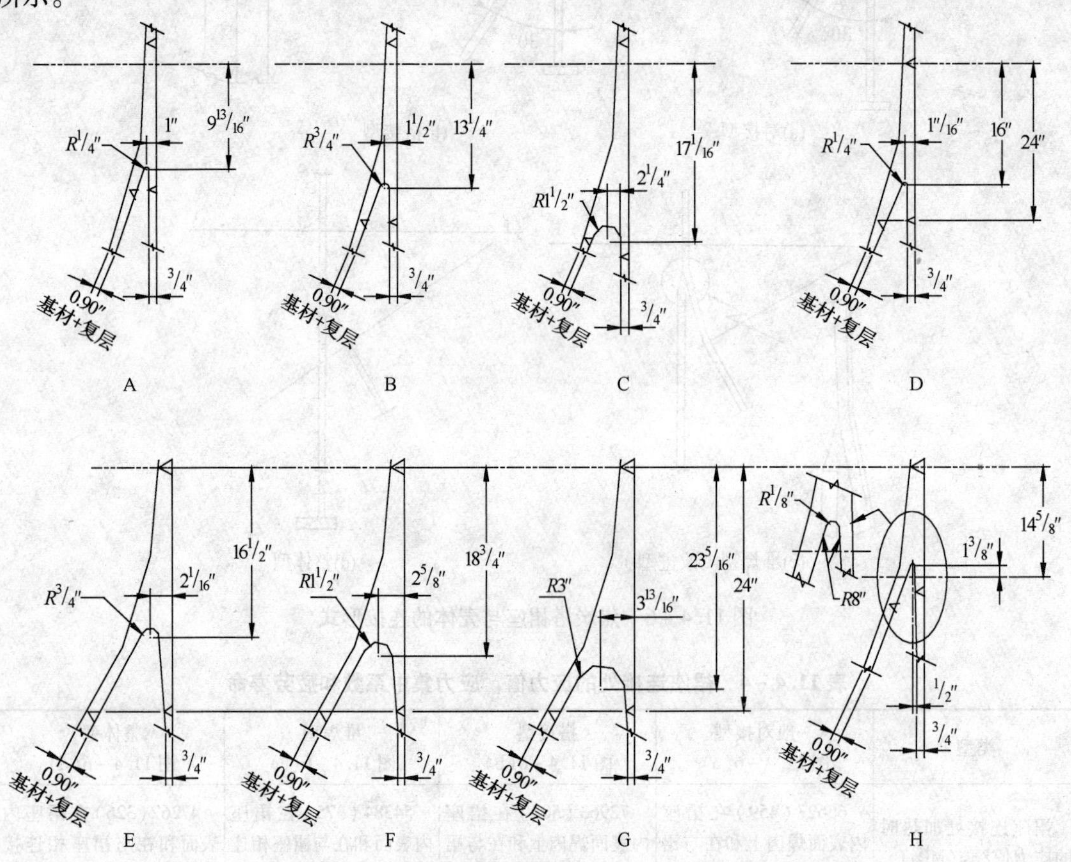

图 11.4 - 7　裙座整体锻焊结构的优化

表 11.4 - 5　整体锻件结构应力状况及寿命分析

应力状况及寿命分析	图 11.4 - 6(c)	图 11.4 - 7							
		A	B	C	D	E	F	G	H
热应力/psi	54384	56803	46683	51212	57237	45781	48512	59409	38570
冷却应力/psi	21834	21563	15469	15622	13014	10086	10733	17061	14643
应力范围/psi	76218	78366	62152	66834	70251	55867	59245	76470	53213
寿命周期/次	5503	5067	10092	8126	7009	14508	11880	5449	17123

由此可见，同样是锻件结构，不同的结构尺寸其寿命也大不相同，例如图 11.4 - 7H 的疲劳寿命最高，达 17123 次，是堆焊结构[图 11.4 - 6(c)]疲劳寿命的 3 倍多，而图 11.4 - 7G 的疲劳寿命才 5449 次，比图 11.4 - 6(c)的堆焊结构还低。

必须指出，热应力水平的确定取决于加热速度和冷却速度，表 11.4 - 5 中热应力是在塔升温(6.1℃/min)和冷却(2.2℃/min)的条件下，对最高应力点的强度水平计算出来的，实际操作时实测的加热速度约为7.8℃/min，冷却速度约为3.3℃/min，这还是相当低的。有的延迟焦化装置加热和冷却速度往往分别达到11.1℃/min和16.7℃/min。这样将产生更高的热应力，随之相应的疲劳寿命将大大减少。这点由一般的焦炭塔裙座在投产五年内开裂而得到证明。但整体锻焊结构能提供最好的计算寿命，甚至在操作条件达到了最高的加热速度和最度的冷却速度时，也能提供无裂纹的寿命。

这种整体锻焊结构已在日本和西班牙的4台焦炭塔和我国的直径为8800、9400、9800mm等20几台焦炭塔上得到应用。

根据具体情况选择堆焊结构还是选择整体锻焊结构，在有条件的情况下，应优先选择整体锻焊结构。另外，裙座结构形式应该选择直线型设计（即裙座外壁与壳体外壁成一直线），焊缝应打磨圆滑或光滑。

（4）改进焦炭塔保温结构

焦炭塔保温对促进渣油的裂化反应是至关重要的。如果保温不好，热量大量损失，将使反应温度降低，裂化反应不能充分完成，甚至局部部位无法结焦。据估算，焦炭塔内温度每降低5.6℃，将使液体收率降低1.1%。

焦炭塔塔体表面保温的好坏，也对减少局部应力及塔壁腐蚀有着极其重要的作用。当塔体表面某些部位缺少保温或保温破损，长期裸露，特别在下雨、下雪时，会造成塔体内外温差陡增，热应力增大，是塔体变形、焊缝开裂的潜在隐患。一些炼油厂焦炭塔接管、支腿加强焊缝开裂就是与保温不善、内应力过大有着很大关系。在塔顶部位，也有因保温不善而引起塔内壁接管的加速腐蚀，直至产生局部渗透、泄漏的现象。

焦炭塔承受热疲劳载荷，要求表面形状圆滑过渡，故不宜在其表面焊接保温钉或保温支持圈。对必要的焊接件也应使其焊缝圆滑过渡。若塔体采用Cr－Mo钢，因Cr－Mo钢对裂纹的敏感性更强，故更不能在塔体上焊保温钉和保温支持圈，所以焦炭塔应参考加氢反应器的保温结构，采用“背带”结构，在“背带”上焊保温钉并固定保温支持圈，内部的保温材料应能耐500℃，外表面应有保护层，例如铝合金瓦楞板等。焦炭塔“背带”式保温国内已有专利技术。

鉴于焦炭塔的操作特点，有关保温结构应适应其周期性的膨胀收缩。为此要求：

① 保温材料应是软质的，本身能吸收膨胀，而不易损坏。

② 由于保温层内外侧温差很大，外侧的保护层即保温铁皮（或瓦楞板）不应与内部的保温钉连接，否则保护层易损坏。

除此以外，裙座上部和焦炭塔锥体之间应设有热盒，见图11.4－8。此热盒能使裙座与锥体连接部位的焊缝处的温度梯度减少，当焦炭塔操作时，能有效地减少该处的温度梯度，也就是能减少该处的热应力，防止该处焊缝产生裂纹。

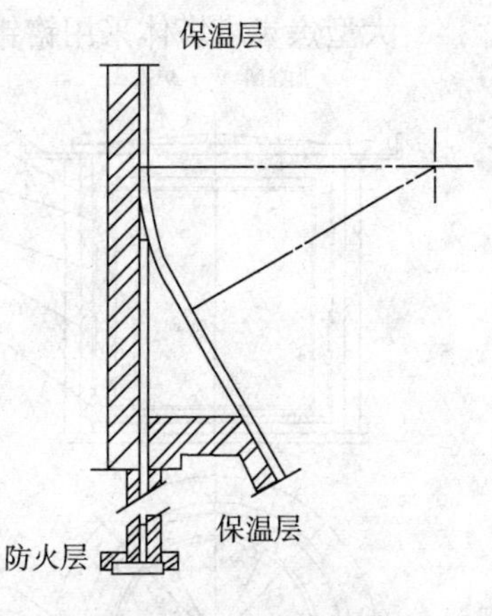

图11.4－8　焦炭塔裙座顶部的保温结构

11.4.5　焦炭塔大型化

1. 大型化发展概况

要实现延迟焦化装置的大型化，首先要实现其核心设备焦炭塔的大型化。1996年API调查报告中的最大直径为28ft（约8534mm）。1998年福斯特．维勒（FOSTER. Wheeher）公司为印度信诚石油公司设计的 670×10^4t/a 延迟焦化装置的 8 个焦炭塔直径达 29ft(约 8840mm)，该公司最近还将有 18 台直径为 28ft(约 8534mm)的焦炭塔投产，正在建造的焦炭塔直径为 29ft(约 8840mm)，他们将计划设计 32ft(约 9754mm)的焦炭塔。据资料介绍，鲁姆斯(Lummus)公司最大的焦炭塔为 30ft(约 9144mm)。在 100×10^4t/a 延迟焦化装置中焦炭塔直径一般都在 8000mm 以上。

我国焦炭塔直径早期大多是 5400mm，20 世纪 80 年代后期建造的焦炭塔直径为 6100mm。目前投产的焦炭塔直径达 9400mm 和 9800mm。

焦炭塔塔直径的增大受切焦系统能力的限制，直径越大，匹配高压水泵的压力越大，见表 11.4-6。

表 11.4-6 焦炭塔直径与高压水泵压力的关系

塔直径/mm	高压水泵压力/MPa	塔直径/mm	高压水泵压力/MPa
5400	15.0	8800	30.0
6100	18.0	9000	30.0
6400	20.0	9400	31.0
6800	21.0	9800	34.1
8400	28.5		

2. 实现大型化必须考虑的几个因素

(1) 塔体的材料应选用铬钼钢

大型焦炭塔的塔体应选择高温性能好的耐热钢，例如 1Cr-0.5Mo 钢、1.25Cr-0.5Mo 或 2.25Cr-1.0Mo 钢。若选用碳钢，则因其高温强度低，不可能制造大型焦炭塔。例如直径为 8400mm 的炭塔，若采用 Q245R 钢板，则壁厚达 40~70mm，已经超过不热处理的允许范围。由于壁厚太厚，在操作过程中因径向温差引起的热应力将很大。而选用 15CrMoR 钢，则计算厚度仅为 20~36mm。操作时产生的热应力也较少。从经济角度看，若选用碳钢，设备估算重达 380t/台，若选用 15CrMoR 则设备重仅 200t/台。

(2) 要解决焊后热处理问题

大型焦炭塔塔体采用铬钼钢制造，按规范要求，铬钼钢设备应进行焊后热处理。由于焦炭塔的直径较大，整体热处理很困难。目前常用的热处理方法有二种：①筒体分段炉内整体热处理加电热局部热处理；②立置内部燃油法整体热处理。目前常用的方法是采用分段炉内热处理，现场拼接后对环缝再进行局部热处理。现场简易加热炉的结构见图 11.4-9。第二种方法如球罐整体热处理那样，用柴油加热。先在塔底部卸焦口处安装加热器，加热器装有齿轮油泵+变频电机，鼓风机+变频电机等。塔顶钻焦口处安装烟囱，烟囱上安装控制蝶阀。操作时通过调节变频电机的电流来调节油量和空气量，控制喷嘴处火炬的大小及长短，同时控制烟囱处蝶阀的开度，以调节排气量。这样来控制热处理温度及其均匀性。以上两种方法都应使器壁温度控制在 ±14℃ 之内。

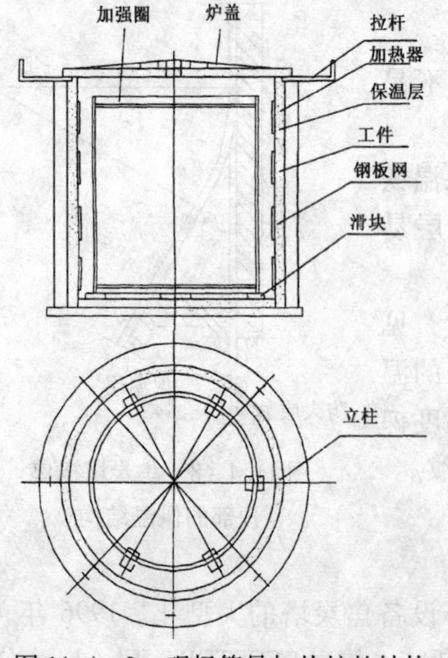

图 11.4-9 现场简易加热炉的结构

第二种方法较前者的优点是：对器壁来说只经过一次加热，热处理效果更好；操作简便；投资较省。目前现场组装的焦炭塔大都采用第二种方法。

11.5　环管反应器

11.5.1 概述

1. 工艺简介

聚丙烯是塑料工业中发展速度最快的一个品种。世界上第一个聚丙烯工业化装置建于1957年(意大利的裴拉拉 Farrara)，生产规模6000t/a。

聚丙烯主要原料为丙烯，其生产工艺简单，由于聚丙烯性能优良而用途很广，可作成纤维、单丝、窄带、薄膜、注塑日用品及工业用品、管材、板材等。为克服聚丙烯的低温脆性的弱点，还发展了丙烯和乙烯的共聚物。

聚丙烯生产工艺有本体法和溶剂法两种，本体法中又有气相聚合和液相本体聚合。

从聚丙烯工艺技术发展的趋势看，液相本体法、气相法和气液组合法占主导地位。溶剂法(淤浆法)由于生产过程较复杂，还要回收溶剂等原因，已逐步淘汰，。

目前世界上比较先进的聚丙烯生产工艺主要是本体—气相组合工艺和气相法工艺。典型代表有：Spheripol 本体—气相工艺、Hypol - Ⅱ本体—气相工艺、Unipol 气相流化床工艺、Novolene 气相工艺、INNOVENE 气相工艺等。

Spheripol 工艺技术是液相环管反应器本体聚合和气相流化床反应器聚合工艺的组合工艺技术，采用高活性催化剂。1983年实现工业化生产以来，采用该技术已建成了超过100套工业装置。

Spheripol 技术采用环管反应器，它的主要特点是：传热系数大、单程转化率高、流速快、聚合质量均匀、不容易粘壁、反应条件较容易控制、反应器内物料停留时间短，故产品牌号切换时间也较短。环管反应器结构比较简单，材质要求较低，可采用低温碳钢。原料丙烯或乙烯的消耗定额比其他工艺路线低。目前，我国生产的产品牌号有51个，而且许多厂已采用炼厂气的丙烯作原料建设了聚丙烯装置，当然对丙烯精制的要求较为严格。

环管法工艺技术属于本体聚合工艺，不需要烃类做稀释剂，而是把丙烯既作为聚合单体又作为稀释溶剂来使用，在60～80℃、表压2.5～3.5MPa的条件下进行聚合反应，当聚合反应结束后，只要将浆液减压闪蒸即可脱除单体，简单方便。高产率、高立构定向性催化剂的使用，使得此工艺技术不需要脱灰和脱无规物工序。

环管法采用一个或多个环管本体反应器和一个或多个串联的气相流化床反应器，在环管反应器中进行均聚和无规共聚、在气相流化床中进行抗冲共聚物的生产。它采用高性能的催化剂，聚合物收率高达40kg/g负载催化剂，产品有可控的粒径分布，等规度可达95%～98%。

此工艺技术可生产宽范围的丙烯聚合物，包括均聚物、无规共聚物、三元共聚物、多相抗冲和专用抗冲共聚物以及高刚性聚合物，产品质量好，并且投资费用和运转费用较低。

2. 反应条件

环管法工艺需要在聚合反应开始前先进行预聚合反应，使催化剂的表面包覆一定量的丙烯，同时将温度控制在20℃，压力(表)与反应压力相同，3.4MPa。

均聚物和无规共聚物的聚合反应是在环管反应器中进行的，反应条件是：

反应温度：70℃；压力(表)：3.3～3.4MPa；浆液浓度(质量分数)：约50%。

反应器温度通过夹套内的循环水来控制。环管反应器中聚合物的操作浓度仅受浆液循环所需的能量限制。

工业经验表明：反应温度下，反应器能在浆液(质量分数)约含50%固体以下操作良好。超过这个浓度，泵的吸收能量急剧上升，使操作不稳定。

显然，聚合物浓度应保持尽可能高以获得最大的产量和收率。为保持浆液中的固体浓度，密度控制器将根据生成的聚合物量与排出 R－201 出口的液体量之和调节加入反应器的总丙烯流量。

反应器的每个顶部弯管都装有阀门(在控制室操作)，在反应器加料时用于排放气体。这些阀门也用于当闪蒸管线故障时，从反应器向排放罐排放全部物料。每个底部弯管也装有在控制室操作的排放阀，通过闪蒸管线向脱气工段放净反应器。

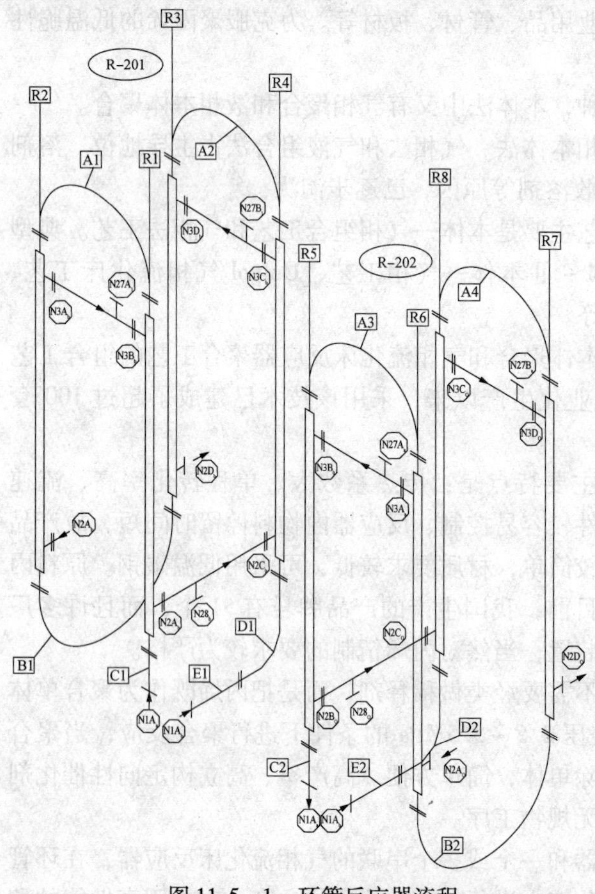

图 11.5－1　环管反应器流程

当需要快速终止反应时，把氮气和一氧化碳的混合气注入每个反应器腿的底部。使用钢瓶用于阻聚操作，阻聚操作通过控制室中的自动程序进行。

11.5.2　环管反应器工艺流程简介

如图 11.5－1 所示，反应器为立式设备，由两组 R－201、R－202 环管组成，每组是由四条直段长度为 39m 夹套管、三个 180° 4200mm 大跨度弯头、一个 90°弯头连接起来形成的一个循环整体。每条夹套管本身既是反应器，又是设备框架的支承钢柱，受力情况复杂。环管底部大法兰用于连接轴流泵，以使物料在管内循环、搅拌发生反应。反应器内管需抛光，目的是防止反应物粘壁产生爆聚。反应器外设夹套，目的是撤走反应热，夹套之间设有六条连接管，以使各夹套之间彼此相通。为防止操作温差、结构约束等原因产生的应力，在夹套上和中间冷却水连接管上设置膨胀节。夹套之间用 H 型钢连接，用以增加整个反应器的刚度、支承爬梯及多层空间平台。八条夹套管的基础环底面应位于一个平面上，则加大了设备设计、制造以及土建施工的难度。

11.5.3　材料选择

① 内管最低设计温度为 －45℃，内管和弯头公差要求比较高，管内壁需进行抛光，对材料质量要求高。故内管和弯头选用国外的低温碳钢管，材料标准为 ASME SA672 － Cl22 C70。弯头在国内的管件厂进行加工，可满足使用要求。

② 内管、弯头上所有的法兰和凸缘均由低温锻件加工而成。考虑到这些锻件规格不一，数量不多，国内低温锻件可以满足要求。故其材料选用 09MnNiD，应全部符合 NB/T 47009

《低温承压设备用低合金钢锻件》的要求。

③ 夹套筒体内介质为脱盐冷却水，设计温度为150℃，设计压力为0.5MPa，夹套材料采用16MnR，支座材料选用16MnR。

④ 连接梁材料选用Q235－B。

⑤ 膨胀节材料可选用碳钢或不锈钢，由国内专业厂家生产。

11.5.4 环管反应器的设计

1. 计算

反应器本身既是反应容器，同时又是梯子平台框架的支承。其结构特点决定了反应器受力情况的复杂性，给反应器的设计计算带来了很大的难度，需要考虑的影响因素很多，如反应器内筒、夹套的内压及自重对强度及刚度的影响、框架(包括梯子、平台)重量的影响、内筒与夹套的温差、风载荷、地震载荷、雪载荷及操作物料重量的影响、吊装时风载荷地震载荷的影响、以及各种因素的危险组合等。

鉴于其结构的特殊性及受力的复杂性，仅靠常规压力容器设计计算软件是无法解决的，在土建结构专业的密切配合下，建立了环管反应器计算模型。

根据结构设计软件计算出框架中各个节点上的各种力。在计算中考虑了反应器在吊装、操作、检修、压力试验、并且加上了梯子平台重、风载荷、地震载荷等综合因素的影响，分为多种工况进行，从而得到的受力最危险组合，再由设备专业根据设备受压情况进行组合应力计算来得到内筒、夹套、膨胀节、支座及地脚螺栓零部件的结构尺寸。

反应器内管和夹套内压计算、内管外压、接管补强等主要根据GB 150《压力容器》和JB/T 4710《钢制塔式容器》中的有关公式进行校核计算。

反应器吊装、操作时组合应力计算是根据反应器结构特点取其危险截面进行计算。

现在，也可采用有限元建模，用应力分析的方法进行各种应力的综合计算。

2. 结构设计

(1) 反应器设计条件

反应器设计条件如表11.5－1所示。

表11.5－1 反应器设计条件

项　　目	反应器	夹　　套
介质	丙烯浆料	冷却水
介质密度/(kg/m^3)	560	1000
设计压力/MPa	5.11	0.5
设计温度/℃	－45/150	90/150
射线检测	100%	20%
焊接接头系数	1	0.85
腐蚀裕量/mm	2	2
换热面积/m^2	597	
基本风压/(kN/m^2)	0.55	
基本雪压/(kN/m^2)	0.45	
场地类别	Ⅲ	
地震烈度	7度　近震	

(2) 反应器结构

反应器的结构如图11.5－2所示，环管的结构形式见图11.5－3。

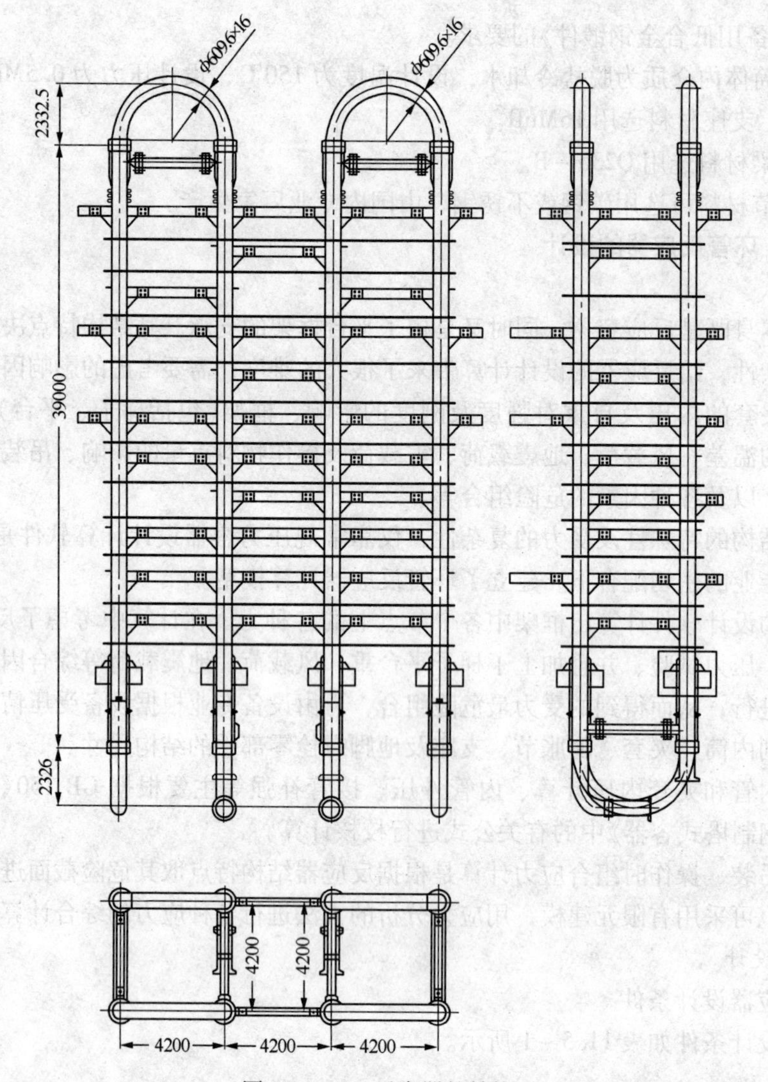

图 11.5－2　反应器的结构

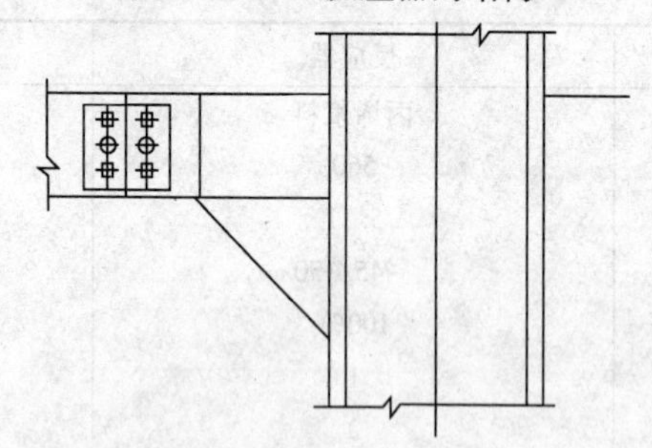

图 11.5－3　环管的结构形式

反应器主要结构尺寸如下：

反应器腿间距 4200mm；内管直径 609mm、内管长度 39000mm；夹套内径 690mm；H 型钢规格 400mm×300mm。

11.5.5　反应器的技术要求

反应器的密封性能要求很高，上、下主法兰需采用榫槽面连接，对于确保 4200mm 跨度的大弯头与两直管的准确安装是非常困难的，另外每段直管通过 12 根螺栓安装在土建基础上，2000mm 直径的环管底板和土建基础的不平度也一样会造成弯头与直管安装的公差，稍有偏差就会造成安装不上或安装不好而泄漏。因此，为了保证其顺利安装，并能满足制造的可行性，在设计时需提出以下技术要求：

（1）尺寸公差

严格限制原材料及部件加工后的尺寸公差。

（2）厂内预组装要求

内筒、弯头、夹套连接管和连接梁等部件，应在制造厂进行预组装，调整、加工好夹套连接管和连接梁的相关尺寸及配钻孔，并注上组装标记。

（3）安装现场预组装及吊装方案

安装现场预组装是指将部件筒体与弯头及各自的夹套连接管、连接梁组装成四个大部件。预组装过程中，在各螺栓连接处，应使用力矩扳手，按计算的螺栓力矩拧紧螺栓。调整两个筒体中心距尺寸 4200 mm，控制好两端法兰和支座处公差及其他位置的公差。

由筒体与弯头预组装好成为一个部件。吊装时，用弯头作为起吊点，用一个临时梁固定在支座裙环上作为支点，将筒体与地脚螺栓一起固定在基础上。采用同样的方法，依次吊装其他几个预组装好的部件。依次安装筒体顶部连接梁及其他连接梁，底部 180°弯头和夹套连接管。然后，将连接梁和平台支承梁的连接处，按图纸的要求进行焊接。先用螺栓连接，可有效消除框架的内应力，减少结构约束，焊接后使框架结构得到进一步保证。

（4）环形支座与夹套的连接

反应器本体、梯子、平台等均通过环形支座生根于土建基础上，因此支座的结构形式以及与夹套、内筒的连接方式异常重要。内筒与夹套仅通过两端封板相连接，如果支座只作用于夹套上，封板受力很大，势必引起连接结构不可靠。在连接结构的设计上有多个方案，经过大量的调查研究和方案比较，最后采取了内管、夹套、支座连接为刚性整体的方案。

（5）抛光及使用前保护

为防止物料粘壁、爆聚，环管内壁需抛光。在直径为 609mm、长度为 39000mm 长的直筒和弯曲半径为 2100mm 的 180°大弯头和 90°弯头的内表面积大、形状复杂，抛光加工很困难，如何实现？经多方调研了解，并与制造单位协商，采取了制造单位与专业抛光公司合作的方式。针对反应器的结构特点，设计制造了一批专用工装，进行高速旋转抛光。对于 90°、180°弯头的内表面，设计制作了柔性轴机构，自动导向进给行走抛光，使抛光效果完全达到了设计要求。

由于材料为碳钢，抛光后极易生锈，从设备制造完毕到投入使用有一个较长的周期，需寻找一个既经济又可靠的方法保证设备不生锈。根据国外资料介绍，抛光表面涂凡士林，然后充氮。为了保持设备内充氮压力，设备上需配置压力表，设备内如果压力降低则要补充氮气。根据国内的情况考虑充氮的成本高，需配置十几块压力表和氮气钢瓶，而且操作上也较复杂。经过多方调查，兰州化机院提供了一种保护剂，只要分装成几小袋放在设备内，可起到干燥作用，能保证使用半年时间，而且价格便宜，在这方面又可节省一笔费用，实践证明是行之有效的。

11.6 二甲苯塔

11.6.1 二甲苯塔简介

二甲苯分馏装置利用精馏的方法从 C_8^+ 混合芳烃物料中分出混合二甲苯及 C9 芳烃。本装置和歧化、吸附分离和异构化均有物料联系，在芳烃联合装置各装置间起联络作用。据加工工艺的需要，二甲苯分馏装置设置了白土塔、二甲苯塔、重芳烃塔以及相关设备。二甲苯塔是二甲苯分馏装置的主要设备之一。

重整装置重整油塔底物 C_8^+ 芳烃先经白土塔吸附脱除微量烯烃，然后与异构化脱庚烷塔底物 C_8^+ 馏分及歧化甲苯塔底物 C_8^+ 芳烃一起送入二甲苯塔。二甲苯塔顶物即混合二甲苯，送往吸附分离装置做原料。二甲苯塔底物经与重整油塔底物 C_8^+ 馏分换热后送至重芳烃塔。重芳烃塔顶物即 C9 芳烃大部分作为歧化装置原料送出，少部分作为高辛烷值汽油组分送出装置，塔底物为 C_{10}^+ 重芳烃，作为本装置副产品送出装置。

二甲苯塔在塔顶压力(表)0.814MPa 下操作，塔顶温度达到 246℃，从而可以利用塔顶的物料作为吸附分离装置抽出液塔和抽余液塔重沸器的热源以回收热量，多余热量发生 1.0MPa 蒸汽或作其他重沸器热源。塔底物料也分别作为解吸剂蒸馏塔、歧化汽提塔、异构化脱庚烷塔和重芳烃塔重沸器热源。二甲苯塔底采用重沸炉加热。

11.6.2 设计参数

大连福佳大化石油化工有限公司 70×10^4 t/a PX 芳烃联合工程二甲苯分馏单元的二甲苯塔(C－803) 由中国石化工程建设公司于 2007 年底完成设计、2009 年投产，该塔的设计参数如下：

介质名称 C8＋芳烃；
设计压力 1.39MPa；
设计温度 323℃；
基本风压 670Pa；
地面粗糙度 A；
抗震设防烈度 7 度；
设计基本地震加速度 0.1g/第一组；
场地土类别 Ⅱ；
最低设计金属温度 －7.9℃；
设计执行标准：JB/T 4710—2006《钢制塔式容器》、GB 150—1998《钢制压力容器》。

11.6.3 结构特征

二甲苯塔是一个直立设备，由上下封头、筒体、塔盘内件、进出口和裙座等构成。通过圆筒形裙座支承在基础上。该塔的内径为 7200mm，高度为 129 m，塔体的厚度自上而下递增，上部 42mm、下部 58 mm。塔内设有 213 层双溢流塔盘，该塔的金属总重约 1600t。塔的具体的结构形式见图 11.6－1。从图中可以可出，本塔的塔身为等直径的圆筒壳体，下部采用裙座支承，塔顶设有吊挂装置。

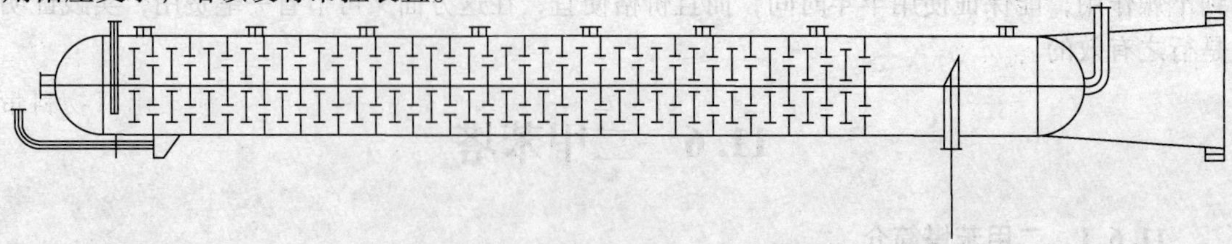

图 11.6－1 二甲苯塔结构示意

11.6.4 材料选用

壳体：16MnR(环境温度许用应力157MPa、操作温度许用应力120.86MPa、腐蚀裕量3mm、焊接接头系数1)；

内件：碳钢。

11.6.5 主要内件

塔盘数量：213；

塔盘形式：双溢流浮阀。

11.7 环氧乙烷反应器

11.7.1 概述

环氧乙烷(EO)反应器是环氧乙烷/乙二醇(EO/EG)装置中的核心设备。

目前世界上环氧乙烷/乙二醇(EO/EG)装置普遍采用乙烯氧化法。即采用纯氧和乙烯为原料，氧化反应生成环氧乙烷、环氧乙烷水合生成乙二醇的工艺路线。具有代表性的工艺专利商是美国科技设计(SD)公司、DOW和Shell，其他还有BASF、日本的触媒公司、意大利的SNAM等。

各专利商的工艺路线大体近似，其核心设备EO反应器的结构形式都为列管式固定床反应器，但在具体结构形式上有所不同。

目前国内引进的EO/EG装置大部分采用的是SD的工艺技术，DOW、BASF等技术在个别引进或合资项目中也有应用。我国从20世纪70年代起直到目前引进的SD工艺技术的部分EO/EG装置见表11.7-1。

表11.7-1 SD技术部分国内EO/EG装置概况

建设年代	规模/($\times 10^4$t/a)	台数	反应器供货商	反应器设计
20世纪70年代	6	1	日本三井造船	
20世纪80年代	20	2	日本日立公司	
20世纪90年代	10	1	日本三菱重工	
2000年	38	2	日本IHI	
2010年	18 EO	1	中国南化机	中国石化工程建设公司

从表11.7-1可以看出从20世纪70年代起，国内的EO反应器几乎都为进口。由中国石化工程建设公司(SEI)、南化公司化工机械厂等单位联合开发，实现了的国内首台特大型“18×10^4t/a环氧乙烷反应器”的国产化。

11.7.2 反应器的工作原理

循环气(来自EO回收工段的循环气+新鲜乙烯+氧气)被反应器出口气体预热后从反应器的顶部入口进入反应管内装填有银催化剂的列管式固定床反应器，反应压力(表)为1.5~2.0MPa，反应温度200~300℃。主反应生成EO，同时伴随有副产物CO_2和水。反应器出口物料包括EO，副产物和反应器中未反应的气体。反应所放热量一部分由反应器出口物料带走，一部分由反应器列管外侧的锅炉给水移出，副产蒸汽供乙二醇反应及后续工段使用。

11.7.3 反应器的工艺参数

各专利商的工艺路线大体近似，EO反应器的工艺参数也基本相当。SD技术反应器工艺参数：壳程操作温度271~280℃，管程操作温度275~282℃；壳程设计温度288~330℃，管程设计温度 325 ~ 330℃；壳程操作压力 5.6 ~ 5.96MPa（70 年代除外），管程操作压力 2.07 ~ 2.14MPa，壳程设计压力 6.54 ~ 6.71MPa（70 年代除外），管程设计压力 2.33 ~ 2.38MPa。部分引进 SD 技术 EO 反应器的工艺参数见表 11.7 - 2。

表 11.7 - 2 SD 技术部分国内 EO 反应器工艺参数

年代	温度/℃				压力/MPa			
	操作		设计		操作		设计	
	管侧	壳侧	管侧	壳侧	管侧	壳侧	管侧	壳侧
20 世纪 70 年代	282	280	330	330	2.14	0.28	2.35	0.70
20 世纪 80 年代	275	271	325	288	2.11	5.6	2.32	6.64
20 世纪 90 年代	280	275	325	288	2.07	5.85	2.34	6.54
2000 年	280	275	325	288	2.11	5.96	2.38	6.71
2010 年	280	275	325	288	2.07	5.85	2.33	6.6

从表 11.7 - 2 可以看出除 20 世纪 70 年代引进的反应器壳程压力较低外，以后所有反应器的工艺设计参数基本没有变化。

11.7.4 反应器的结构及参数

反应器的总体结构为立式列管固定床结构，20 世纪 70 年代引进的反应器为裙座支承，上下封头为球形结构（见图 11.7 - 1），折流板为普通的双弓形结构。

20 世纪 80 ~ 90 年代的反应器的总体结构仍为立式列管固定床结构，但其内部折流板的结构有重大的改进，由原来的普通双弓形结构改进为格栅结构（参见图 11.7 - 2），上下封头改为了椭圆形封头，支承形式既有裙座式（参见图 11.7 - 3），也有悬挂耳式（参见图 11.7 - 4）。

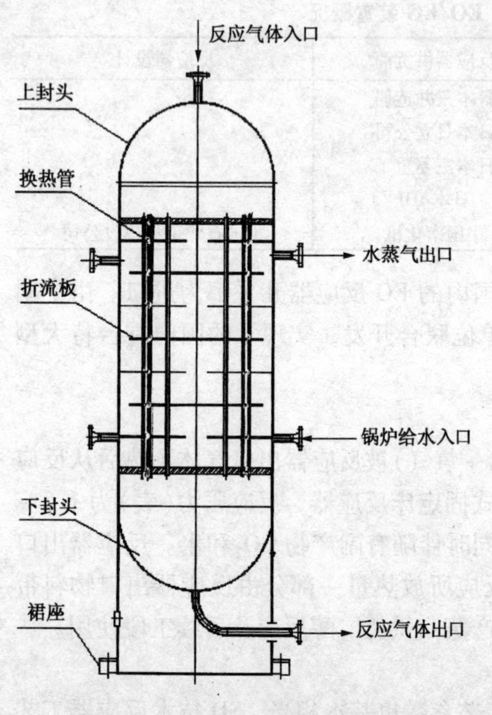

图 11.7 - 1 20 世纪 70 年代引进 EO 反应器结构示意

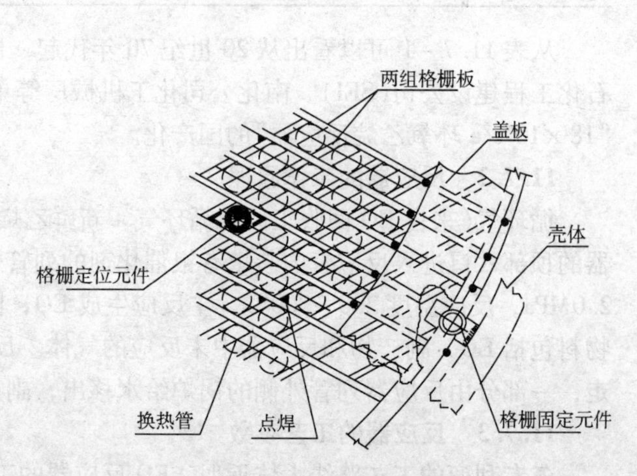

图 11.7 - 2 格栅结构示意

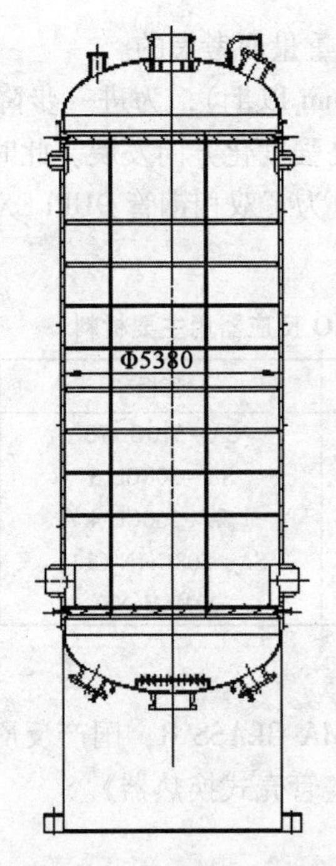

图 11.7－3 20 世纪 80 年代引进 EO 反应器结构示意

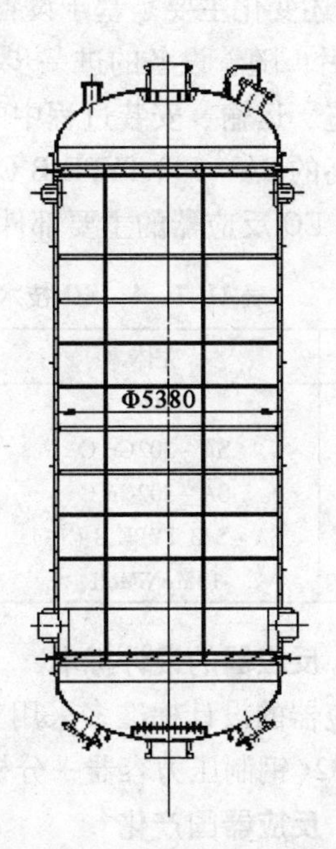

图 11.7－4 20 世纪 90 年代引进 EO 反应器结构示意

2000 年后，反应器结构的又一重大变化是将气体冷却器和反应器本体连为一体，直接设置在反应器下封头上，外形见图 11.7－5。

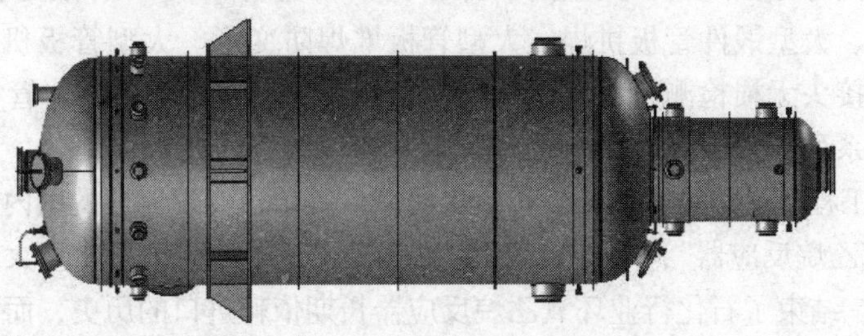

图 11.7－5 带气体冷却器的 EO 反应器外形图

部分引进 SD 技术 EO 反应器的主要结构参数见表 11.7－3。

表 11.7－3 SD 技术部分国内 EO/EG 装置 EO 反应器结构参数

年代	规模/($\times 10^4$t/a)	台数	反应器直径/mm	管长度/mm	管直径/mm	管数量/根
20 世纪 70 年代	6	1	4425	8000	25	约 14000
20 世纪 80 年代	20	2	5160	9000	38	约 9000
20 世纪 90 年代	10	1	5380	10000	38	约 10000
2000 年	38	2	5500	12000	38	约 10000
2010 年	18 EO	1	6760	12000	38	约 16000

11.7.5 反应器的材料

20 世纪 70 年代引进的反应器主要材料为压力容器用普通碳钢，其中管板用的是板材(SA－516 Gr. 70)制作的。

20 世纪 80～90 年代引进的反应器的主要用材有所变化，壳体采用了强度级别较高的压力容器用锰钼镍合金钢板(SA－302 Gr. C)，管板采用了锻件材料 SA－508 CL. 3 或SA－

266CL. 4。上述变化主要是基于设备大型化后为减轻设备重量而考虑的。

2000年后，随着设备的进一步大型化(直径在5500mm以上)，为进一步降低设备的重量，减轻制造、运输、安装过程中的难度，材料继续向高强度化方向发展。此时壳体采用了强度级别更高的SA－543 TYPE B CL. 1，管子由碳钢管改为了双相钢管DUPLEX 2205。部分引进SD技术EO反应器的主要部件用材料见表11.7－4。

表11.7－4 SD技术部分国内EO/EG装置EO反应器用主要材料

年代	壳体	管子	管板	备注
20世纪70年代	SB49	STBA22	SA－516Gr. 70	引进
20世纪80年代	SA－302Gr. C	SA－179	SA－508CL. 3	引进
20世纪90年代	SA－302Gr. C	SA－334Gr. 1	SA－266CL. 4	引进
2000年	SA－543 TYPE B CL. 1	DUPLEX 2205	SA－508Gr4N CL1.	引进
2010年	13MnNiMoR	DUPLEX 2205	20MnMoNb	国产

11.7.6 反应器的设计标准

引进反应器的设计标准多采用ASME VIII－2和TEMA CLASS R；国产反应器的设计标准为：JB 4732《钢制压力容器—分析设计标准》和GB151《管壳式换热器》。

11.7.7 反应器国产化

环氧乙烷反应器结构复杂、技术要求高、设计和制造难度大，以往只有日本、德国等地的几家知名公司能够制造。在承担18×10^4t/a环氧乙烷反应器国产化攻关项目的过程中，中国石化工程建设公司、南化公司化工机械厂在反应器的工程设计、国产材料应用、制造技术、检验技术研究等方面进行了大量的工作，例如，应用ANSYS有限元软件对反应器整体进行了分析设计、大型锻件管板拼焊、大型管板堆焊防变形、大型管板机加工(包括钻孔)、管子与管板焊接接头无损检测、大直径高精度格栅制造、管子与格栅、管板、筒体组对精度控制等取得了一系列成果，形成了一批具有自主知识产权的技术。

由中国石化工程建设公司、南化公司化工机械厂等单位开发完成的国内首台特大型国产化“18×10^4t/a环氧乙烷反应器”，于2011年9月22日通过了由中国石化重大装备国产化办公室组织的出厂验收。结束了石化行业环氧乙烷反应器长期依赖进口的历史，而且标志着我国石化重大装备研制能力达到国际先进水平。首台国产化18×10^4t/a环氧乙烷反应器最大直径7m、长22m、重850t。国产环氧乙烷反应器的运输与吊装分别如图11.7－6和图11.7－7所示。

图11.7－6 国产18×10^4t/a环氧乙烷反应器的运输

图11.7－7 国产18×10^4t/a环氧乙烷反应器的吊装

11.8 乙烯装置大型塔器

11.8.1　概述

近年来为实现经济效益的最大化，石油化工装置的生产规模越来越大。随之导致石化装备的日益大型化。乙烯装置作为石油化工装置的龙头，对装置大型化提出了更高的要求。

塔器在乙烯装置中占有重要地位，其性能和投资对整个装置的生产能力、能耗、经济效益影响很大。因此乙烯装置中装备大型化很大程度上表现为塔器大型化。

11.8.2　乙烯装置塔器的主要特点

乙烯装置中塔器的主要特点如下：

(1) 尺寸大

油洗塔直径达 12.6m，水洗塔直径 11.4m，而丙烯精馏塔高度达 94.1m，表 11.8－1 是天津 100×10^4t/a 乙烯装置塔器设备名细。

(2) 使用材料广泛

乙烯装置流程复杂，塔的设计温度从－145～340℃，采用的材料有奥氏体不锈钢、低温低合金钢、碳素钢、低合金钢等。选材原则如下：

设计温度＜－100℃，奥氏体不锈钢；

－100℃≤设计温度＜－70℃，3.5Ni 钢；

－70℃≤设计温度＜－40℃，低温用低合金钢(如 09MnNiDR)；

－40℃≤设计温度＜－20℃，低温用低合金钢(如 16MnDR)；

－20℃≤设计温度≤420℃，碳钢、低合金钢。

考虑到目前国内材料的供应情况，国内某些工程公司在实际材料使用中，也根据工程经验做某些调整。

表 11.8－1　天津 100×10^4t/a 乙烯装置塔器设备名细

位　号	名　称	设备直径/mm	设备高度/mm	主体材料	设备总重/t
DA－151	汽油分馏塔	12600	45200	16MnR	1453
DA－152	急冷水塔	11400	41425	16MnR	1515
DA－154	工艺水汽提塔	2900	15250	16MnR	32.4
DA－155	裂解柴油汽提塔	900	10100	16MnR	5.7
DA－201	汽油汽提塔	1300/1700	16700	16MnR	16.7
DA－202	碱/水洗塔	5800	53500	16MnR	508.8
DA－203	凝液汽提塔	2100	26700	16MnR	44.7
DA－301	脱甲烷塔	3000/4000	70900	0Cr18Ni9	269.6
DA－401	脱乙烷塔	4200	42900	09MnNiDR	369.2
DA－402	乙烯精馏塔	6000	90200	09MnNiDR	1257.4
DA－403	1 号脱丙烷塔	3400	38200	16MnR	187.6
DA－404	2 号脱丙烷塔	3200	22200	16MnR	72.6
DA－405	丙烯第一精馏塔	6600	52600	16MnR	882
DA－406	丙烯第二精馏塔	7800	94100	16MnR	2181
DA－407	脱丁烷塔	3000	29900	16MnR	69.8
FA－153	稀释蒸汽罐	5800	10050	16MnR	97.6

11.8.3 乙烯装置的大型塔器

直径超过8m的塔器，可称为大型塔器。乙烯装置中大型塔器主要有汽油分馏塔和急冷水塔，近三十年来，乙烯装置的单线产能由 30×10^4t/a 增加到 100×10^4t/a，大型塔器的尺寸随之增大。20世纪70年代初建成的燕化 30×10^4t/a 乙烯装置中，汽油分馏塔直径仅6.8m，而2010年开车的镇海 100×10^4t/a 乙烯装置中，汽油分馏塔直径达到了11.2m。表11.8－2列出了近年来大型乙烯装置中汽油分馏塔和急冷水塔塔径及开车时间。

表11.8－2　乙烯汽油分馏塔和急冷水塔直径及开车时间

装置名称	汽油分馏塔直径/mm	急冷水塔直径/mm	开车时间
燕山 66×10^4t/a 乙烯改扩建装置	9000	8500	2001年
齐鲁 72×10^4t/a 乙烯改扩建装置	9200	8700	2004年
上海赛科 90×10^4t/a 乙烯装置	10650	10650	2005年
茂名 64×10^4t/a 乙烯装置	10500	9700	2006年
福建 90×10^4t/a 乙烯装置	11500	9600	2009年
天津 100×10^4t/a 乙烯装置	12600	11400	2010年
镇海 100×10^4t/a 乙烯装置	13200	11400	2010年

11.8.4 乙烯装置的汽油分馏塔和急冷水塔

1. 汽油分馏塔和急冷水塔流程说明

(1) 汽油分馏塔急冷系统

汽油分馏塔为四段式结构，自下向上依次为裂解气进料段、急冷油循环段、中质油循环段和分离段。来自裂解炉的裂解气经急冷器冷却至200℃左右后进入汽油分馏塔中。下部急冷油循环段和中质油循环段为换热段，通过大量的急冷油和中质油与裂解气在塔内逆向接触带走裂解气的热量，并洗去裂解气中重燃料油馏分。循环急冷油和中质油回流温度分别控制在180℃和125℃左右，保持汽油分馏塔较好的温度分布。换热段上方为分离段，汽油分馏塔塔顶用循环汽油回流，裂解气中柴油馏分在汽油分离段下方采出。塔釜急冷油经稀释蒸汽发生器回收热量后分成两股：一部分送往急冷器中，其作用是中止裂解气中的二次反应，将裂解气进塔温度冷却至200℃左右；另一部分再经换热器冷却后作为循环急冷油返回汽油分馏塔换热段上方。图11.8－1为茂名 64×10^4t/a 乙烯装置中的汽油分馏塔结构示意。

(2) 急冷水塔急冷系统

经汽油分馏塔处理后的裂解气温度约为105℃左右，裂解气中的重燃料油馏分和柴油馏分已在汽油分馏塔系统经分馏采出。急冷水塔系统的主要目的是将裂解气中的轻汽油和稀释蒸汽冷凝下来，该部分裂解气主要成分是水、汽油和轻烃。急冷水塔系统通过塔顶和中部的急冷水冷却，以分馏出裂解气中裂解粗汽油和大部分的蒸汽。急冷水塔塔釜温度控制在80℃左右，塔顶温度为40℃左右。急冷水塔顶裂解气直接送往裂解气压缩机。图11.8－2为茂名 64×10^4t/a 乙烯装置急冷水塔结构示意。

2. 汽油分馏塔和急冷水塔内件

塔器大型化过程中带来的直接问题是如何确保内件强度、刚度和可靠性是否满足操作工况的要求。实现塔器大型化的关键在于解决好放大效应问题。放大效应指塔器直径太大时，会引起塔内的气液分布不均匀，导致整塔效率降低。保证塔盘的水平度是克服放大效应的重要措施，也是实现塔设备工艺性能的关键。

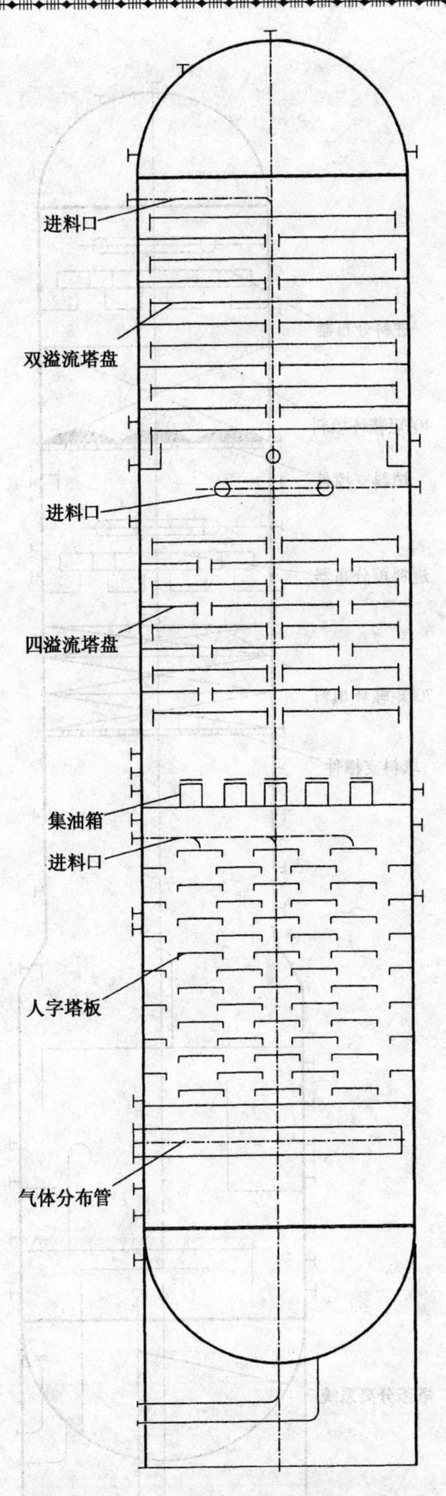

图 11.8－1 汽油分馏塔结构示意

在大型塔器结构设计时还要考虑很多实际问题。从工艺角度讲，为了保证传热、传质效果，避免介质发生涡流，在操作时介质在塔盘之间必须有足够的流通空间，支承梁的几何尺寸也就受到了限制，从而直接影响塔盘水平度。这就给塔盘支承结构的设计带来很大的难题。

本节将以乙烯装置中汽油分馏塔和水洗塔为例对大塔内件及支承结构予以简要介绍：

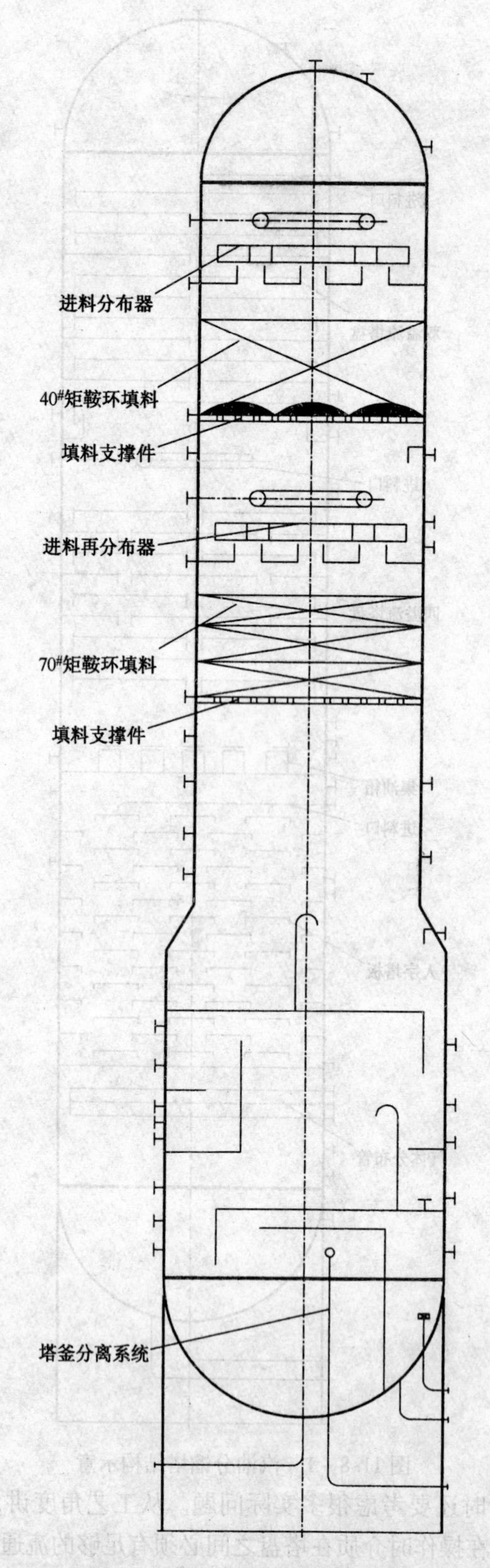

图 11.8－2　急冷水塔结构示意

(1) 汽油分馏塔内件

汽油分馏塔(茂名 64×10^4t/a 乙烯装置)公称直径 10500mm，分为分离段、中质油循环段、急冷油循环段和进料段四段汽油分馏塔；内件见图 11.8-2，内件结构明细见表 11.8-3。

表 11.8-3 汽油分馏塔内件明细

位 置	主要内件	简要说明
分离段	1~11 号 导向梯形固阀复合塔盘	回流分配管； 双溢流塔盘； 桁架支承梁
中质油循环段	12~20 号 导向梯形固阀复合塔盘	变截面变孔径预分布管； 四溢流塔盘； 支承桁架梁
急冷油循环段	带导向舌孔人字挡板组	变截面变孔径预分布管； 人字挡板组； 桁架支承梁
进料段	环形折返流气体分布器	气体分布器

汽油分馏塔上部两段采用导向梯形固阀复合塔盘，考虑到该塔的物性特点和设备长周期运行的需要，塔板设计采用抗堵塞技术，更好地保证了该塔的汽油和柴油分离质量。塔盘上大部分鼓泡区采用导向梯形固阀；靠近受液盘鼓泡区采用喷射型导向梯形固阀；弓形区鼓泡区也采用喷射型导向梯形固阀并对固阀方向和喷射角度作调整排列；分离段塔盘板上设置格栅挡板，中质油循环段塔板降液管中间上方设置防跳板；这样的组合设置保证了塔盘上液流均匀，没有流动死区，保证传质效率。受液盘设计考虑确保降液管内没有流动死角，减少了降液管底部发生结焦堵塞的现象。塔板的出口堰避免流动死角，减少了出口堰处发生结焦堵塞的现象。图 11.8-3 为高强度四溢流塔盘三维效果图。

图 11.8-3 高强度四溢流塔盘三维效果图

汽油分馏塔下部采用带导向舌孔人字挡板，可以实现高效换热、低压降。汽油分馏塔下部的主要作用是将裂解气中的热量高效回收，实现乙烯装置节能降耗。使用填料层造价高、易堵、塔盘阻力大；普通人字挡板价格虽然便宜，但易被高流速裂解气吹翻。而采用导向舌孔人字挡板，高温裂解气从下层穿过人字挡板上的导向舌孔和侧面急冷油层，与低温液体完成换热，并推动人字挡板上的液相快速流动，减少其在人字挡板上的停留时间，防止堵塞，同时气体通过挡板的压力降降低，防止内件被吹翻。图 11.8-4 为带导向舌孔人字挡板结构示意。

(2) 急冷水塔内件

急冷水塔(茂名 64×10^4t/a 乙烯装置)公称直径 9700mm，内件见图 11.8-3，内件结构明细见表 11.8-4。

图 11.8－4　带导向舌孔人字挡板结构示意

表 11.8－4　急冷水塔内件明细

位　置	主 要 内 件	简 要 说 明
1 号填料床层	40 号 I－IMTP（矩鞍环）填料	H 型预分布管； 重力型液体预分布装置； 新型分块盘式液体分布器； 长臂支座＋短梁和花梁； 填料限位器； 增强型驼峰支承
2 号填料床层	50 号 I－IMTP（矩鞍环）填料	H 型预分布管； 重力型液体预分布装置； 新型分块盘式液体分布器； 长臂支座＋短梁和花梁； 填料限位器
3 号填料床层	70 号 I－IMTP（矩鞍环）填料	
4 号填料床层	IE－GRID（高效格栅）填料	格栅支承

急冷水塔的工艺特点是液相负荷较大，气速相对小一些，属于粗分塔。保证分配盘的水平度对该塔很重要。急冷水塔的分配器和再分配器皆采用无焊接分块盘式液体分布器，解决了大型填料塔的放大效应问题。这种液体分布器由分布槽板、连接槽板、调整垫板以及连接件等组成，主体是分布槽板。分布槽板侧板开有降液孔，各分布槽底板与梁上表面同作为受液盘，通过螺栓、螺母和支承梁连成一体，使其各处液位相同。分布槽板侧板之间通过连接槽板保持相同的间隙，并以此作为升气通道。升气通道的端部用连接槽板封闭，防止液体进入。无焊接分块盘式液体分布器结构示意见图 11.8－5 和图 11.8－6。

3. 大型塔器内件支承

保证塔盘的水平度是克服放大效应的重要措施，气量大、液量小的大塔，有时塔盘的水平度要求≤3mm。而实现塔设备工艺性能又限制了支承梁的尺寸，从工艺角度讲，为了保证传质效果、避免介质发生涡流，操作时介质在塔盘之间必须有足够的流通空间。国外一些工程公司一般限制主支承梁的高度不超过塔板间距的 30%，辅梁的高度不超过塔板间距的 25%。既要保证塔盘的水平度，又要限制支承梁的尺寸。无论是大塔塔盘支承结构的设计还是制造装配，都对其提出了相当高的要求。

(1) 桁架支承梁

近年来桁架梁的应用逐渐增多，对于大型塔器而言大有取代传统简支梁支承的趋势。在塔内件(包括填料、格栅、驼峰板等)的重力作用下，桁架梁中的各个杆件基本上只受轴向力(拉力或压力)作用，各截面的应力发挥的更为充分。在达到同样支承效果的前提下，桁架梁的用钢量更少、结构轻巧，并且由于其空腹结构而不会影响塔内介质的横向流动。以上特点使得桁架梁在大跨度塔器支承领域具有明显的优势。图 11.8－7 为桁架支承梁的实物照片。

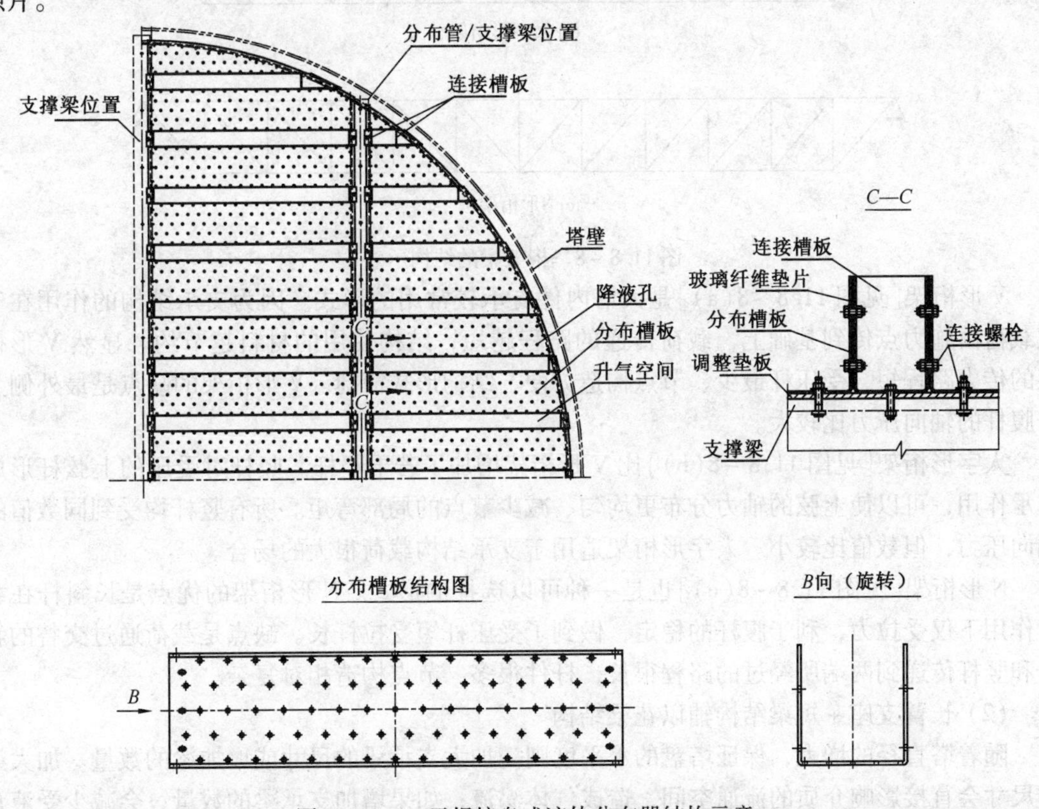

图 11.8－5　无焊接盘式液体分布器结构示意

图 11.8－6　盘式液体分布器水力学测试图片

图 11.8－7　桁架支承梁实物照片

由于腹杆布置方式的不同，桁架梁可以有很多形式。如 V 形、人字形和 N 形，见图 11.8－8。

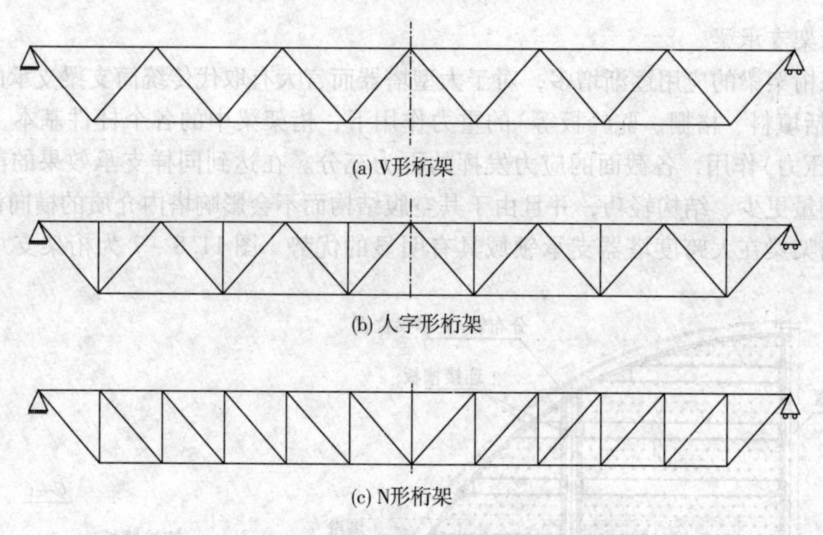

(a) V形桁架

(b) 人字形桁架

(c) N形桁架

图 11.8－8　桁架梁的结构示意

V 形桁架[见图 11.8－8(a)]是大塔内件支承较常用的形式。因为支承结构的作用在于把载荷由施力点传到基础上，载荷传递的路程越短，结构使用的材料越节约。显然 V 形桁架的传力路程短、受压杆最少、节点构造方便、结构形式简捷。V 形桁架的缺点是最外侧上升腹杆的轴向压力比较大。

人字形桁架[见图 11.8－8(b)]比 V 形桁架增加了若干竖杆。竖杆对受压的上弦杆形成支承作用，可以使上弦的轴力分布更均匀、减少节点的局部弯矩。所有竖杆均受到同数值的轴向压力，但数值比较小。人字形桁架适用于支承结构载荷很大的场合。

N 形桁架[见图 11.8－8(c)]也是一种可以选择的形式。N 形桁架的优点是长斜杆在载荷作用下仅受拉力，利于腹杆的稳定，做到了受压杆短受拉杆长。缺点是载荷通过交替的斜杆和竖杆传递到两端所经过的路程很长，杆件很多，节点构造相对复杂。

(2) 长臂支座＋短梁结构辅以花梁结构

随着塔直径的增大，保证塔盘的水平度则需加大支承梁的尺寸或增加梁的数量。加大梁的尺寸会直接影响介质的流通空间，造成气体涡流；如果增加支承梁的数量，会减少受液盘的开孔数量，也会影响气液的有效接触面积，从而影响传热传质效果；加大支承梁的尺寸或增加梁的数量，势必增加梁的重量，加大安装工作量。采用长臂支座＋短梁结构，辅以花梁设置，可以大大缓解上述矛盾。

长臂支座＋短梁结构辅以花梁结构，即通过加长支座腹板(长臂)而减小支承梁尺寸，且在梁腹板和支座腹板上开孔(花梁)，达到改进支承结构的目的。长臂支座的使用可使梁的尺寸大为减小，塔盘受力比较均匀。急冷水塔液体分布器和液体再分布器常采用这种形式。梁腹板和支座腹板上开通气孔，降低大尺寸支座对塔内气体流动的阻碍，塔内气体可以更均匀、有效地与液体相接触，同时可以减轻支座周围的气体涡流现象。恰当的通气孔设置不会影响支座的支承能力。盘式液体分布器的支承件结构如图 11.8－9、图 11.8－10 所示。

4. 塔釜油水分离器

近年来，急冷系统的油水分离已不再单设尺寸较大的急冷水沉降槽，油水分离只在急冷水塔塔釜里进行。油水分离的程度是急冷水塔主要性能之一，直接影响后续单元设备和系统的平稳生产。急冷水塔油水分离是采用挡板强化重力分离结构，通过核算汽油槽、工艺水槽、急冷水槽的停留时间来满足工艺包的要求。图 11.8－11 为油水分离器的立体结构示意。

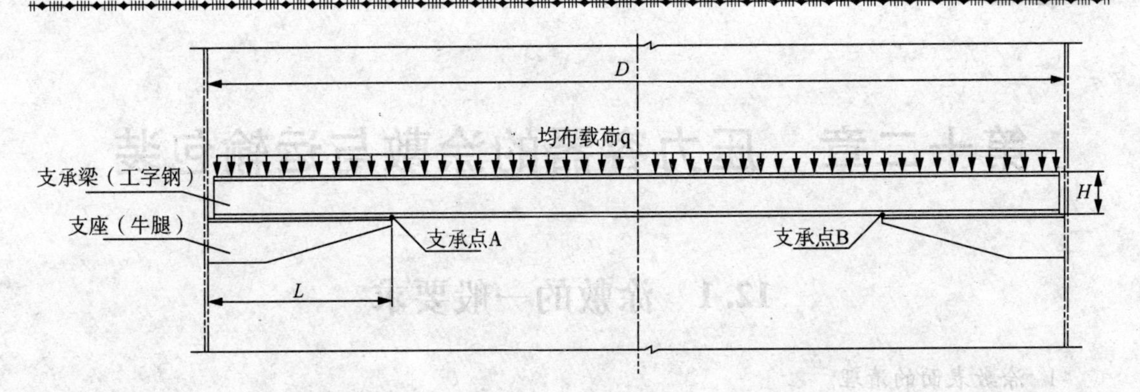

图 11.8－9　盘式液体分布器支承梁与支座结构示意

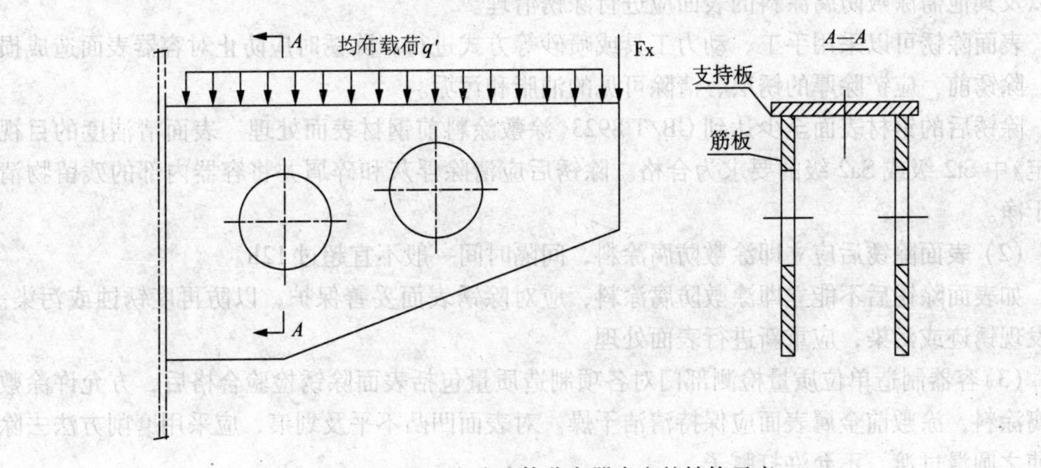

图 11.8－10　盘式液体分布器支座的结构示意

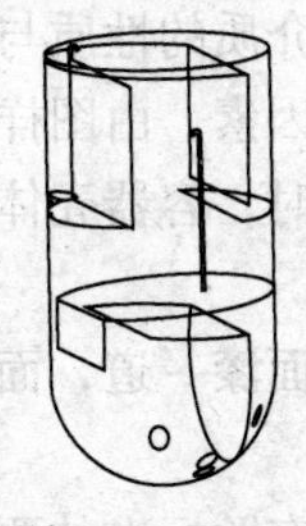

图 11.8－11　油水分离器立体结构示意

第十二章　压力容器的涂敷与运输包装

12.1　涂敷的一般要求

1. 涂敷表面的清理

（1）为提高涂层的附着力和保证涂层质量，对于碳素钢和低合金钢制容器的外表面内表面以及其他需涂敷防腐涂料的表面应进行除锈清理。

表面除锈可以采用手工、动力工具或喷砂等方式进行，除锈时应防止对容器表面造成损伤。除锈前，应铲除厚的锈层、清除可见的油脂和污垢。

除锈后的钢材表面至少达到GB/T 8923《涂敷涂料前钢材表面处理　表面清洁度的目视评定》中St2级或Sa2级的要求为合格。除锈后应清除浮灰和碎屑并将容器内部的残留物清理干净。

（2）表面除锈后应立即涂敷防腐涂料，间隔时间一般不宜超过12h。

如表面除锈后不能立即涂敷防腐涂料，应对除锈表面妥善保护，以防再度锈蚀或污染。如发现锈迹或污染，应重新进行表面处理。

(3)容器制造单位质量检测部门对各项制造质量包括表面除锈检验合格后，方允许涂敷防腐涂料，涂敷前金属表面应保持清洁干燥。对表面凹凸不平及划痕，应采用磨削方法去除并使之圆滑过渡，不允许打腻子。

2. 防腐涂料

（1）防腐涂料的选择应根据容器内介质的性质与温度、环境条件、容器在工艺流程中的作用与造价、涂料的性能及固化条件等因素，由图样技术要求确定。

如图样对涂敷防腐涂料无特殊要求时，容器壳体外表面应至少涂醇酸类底漆两道，底漆干膜厚度不小于30μm。

一般情况下，容器壳体外表面应涂面漆一道，面漆的颜色宜浅淡，如图样另有规定，按图样要求。

移动式压力容器面漆的颜色应符合有关标准的要求。

（2）涂敷的防腐涂层应均匀、牢固，不应有气泡、龟裂、流挂、剥落等缺陷，否则应进行修补。必要时可采用专门仪器检测涂层的厚度及致密度。

（3）螺纹、密封面等精加工表面应涂敷易去除的保护膜。

下列各坡口，在距坡口边缘约100mm范围内不涂敷防腐涂料，如需要可涂敷对焊接质量无害且易去除的保护膜：

① 分段出厂容器的切断面坡口；

② 分片件的周边坡口；

③ 容器壳体上其他需要在使用现场组焊的焊接坡口。

3. 不需涂敷防腐涂料的部位

除图样另有规定外，下列情况可不涂敷防腐涂料：

① 容器的内表面；
② 随容器整体出厂的内件；
③ 不锈钢制压力容器；
④ 有色金属及其合金制压力容器。

12.2　涂　料

1. 涂料的作用

涂料是有机涂料一词的简称，就是通常所称的“油漆”。涂料的作用，主要有以下几方面。

(1) 保护作用

使用涂料可将金属表面与大气隔离，能防止锈蚀，延长容器的使用寿命。

(2) 装饰作用

经过涂料涂饰的物面，色泽鲜明美丽，给人以光亮悦目的感觉。

(3) 标志作用

工厂企业使用的有毒和易燃、易爆等危险物品，可利用涂料的颜色来做标志，以引起人们的注意，避免事故的发生；各种管道、气体钢瓶以及机械、电气设备上的启动、关闭按钮和其他零部件，亦可涂上不同颜色的涂料作为标志，便于使用人员识别、操作。

2. 涂料的组成

涂料由主要成膜物质、次要成膜物质和辅助成膜物质组成，见表12.2－1。

表12.2－1　涂料的组成

<table>
<tr><th colspan="2">组成部分</th><th>采 用 原 料</th><th>用途说明</th></tr>
<tr><td rowspan="6">主要成膜物质</td><td rowspan="3">油料</td><td>干性油——植物油主要有桐油、亚麻籽油、梓油、苏子油等，动物油主要有鳖鱼肝油、鲴鱼油等</td><td rowspan="3">油料是制造油性涂料和油基涂料的主要原料。所用油料以植物油中的干性油和半干性油为主，动物油由于它的性能不好，一般很少使用。不能成膜的不干性油经过一定的化学方法处理后，转变成干性油才能用于涂料生产</td></tr>
<tr><td>半干性油——植物油主要有豆油、向日葵油、棉子油等，动物油主要有带鱼油、鲑油等</td></tr>
<tr><td>不干性油——植物油主要有蓖麻油、椰子油、花生油等，动物油主要有牛油、羊油、猪油等</td></tr>
<tr><td rowspan="3">树脂</td><td>天然树脂——虫胶(即漆片)、松香、天然沥青等</td><td rowspan="3">树脂是非结晶形的半固体或固体的高分子有机物质，将它溶在有机溶剂中的溶液涂在物体表面上。在溶剂挥发后能形成一层连续的固体薄膜。涂料用树脂作为成膜物质就是利用树脂的这个性质。树脂涂料在性能上大大优于油性涂料，随着合成树脂工业的发展，原料来源充沛，故发展迅速．已成为当代涂料工业中的主要产品</td></tr>
<tr><td>人造树脂——松香钙脂、松香甘油脂、硝基纤维、醋酸丁酸纤维、乙基纤维，氯化橡胶、环化橡胶、氧茚树脂、萜烯绔脂等</td></tr>
<tr><td>合成树脂——缩合型树脂主要有酚醛树脂、醇酸树脂、环氧树脂、氨基树脂、聚氨醋树脂、聚酯树脂等
聚合型树脂主要有乙烯类树脂、丙烯酸树脂、有机硅树脂、有机钛树脂等</td></tr>
</table>

续表 12.2-1

组成部分		采用原料	用途说明
次要成膜物质	着色颜料	黄色颜料：铅铬黄、镉黄、铁黄、联苯胺黄等	着色颜料是涂料用颜色中品种最多的一种，它的主要作用是着色和遮盖物面。另外它还能提高涂膜的耐久性、耐候性和耐磨性
		红色颜料：银朱、铁红、镉红、甲苯胺红等	
		蓝色颜料：铁蓝、群蓝、酞菁蓝等	
		白色颜料；氧化锌、锌钡白、钛白等	
		黑色颜料：炭黑、铁黑、石墨、苯胺黑等	
		绿色颜料：铬绿、锌绿、酞菁绿等	
		金属颜料主要有：铝粉、铜粉	
	防锈颜料	主要有：红丹、锌铬黄、氧化铁红、铅粉、锌粉、铝酸钙、铬酸锶、偏硼酸钡等	提高涂膜的防锈能力
	体质颜料	主要有：硫酸铜、碳酸钙、滑石粉、云母粉等	增加涂层厚度，加强涂膜体质，提高涂膜耐磨和耐久性
辅助成膜物质	溶剂（稀释剂）	稀溶剂——最常用的是松节油	溶剂是挥发的液体，具有能溶解成膜物质的能力。它的作用就是将固体的成膜物质变成稀薄的液体以便于喷、刷施工。溶剂在涂料组成中占有很大比例，在将涂料涂成涂膜后便全部挥发掉，并不存在于涂膜中，但却能影响涂膜的形成和质量．故应正确选择
		石油溶剂——主要有松香水(或称石油溶剂油)	
		煤焦溶剂——主要有苯、甲苯、二甲苯、氯苯等	
		酯类——常用的有醋酸乙酯、醋酸丁酯、醋酸戊醇	
		醇类——常用的有乙醇(酒精)、异丙醇、丁醇等	
	辅助材料	催干剂——主要是钴、锰、铅、锌、钙等五种金属的氧化物、盐类以及他们的各种有机酸皂等	辅助材料的作用是：①改进涂料性能，②改善涂料的生产或施工工艺；③防止涂膜产生病态；④改进涂膜性能。涂料中所使用的辅助材料种类很多，各具特长，用量虽小，但作用显著
		增塑剂——主要有不干性油、苯二甲酸酯、磷酸酯、氯化合物、癸二酸酯等	
		固化剂——是指那些与合成树脂发生反应而使其涂膜干结的各种酸、胺、过氧化物等物质	
		其他——还有润湿剂、悬浮剂、防结皮剂、稳定剂、防霉剂、防污剂、乳化剂、引发剂等	

3. 涂料的选用

(1) 底漆

对于压力容器等石油化工机械设备，绝大多数被涂物件的表面材质是钢铁金属材料，大多数涂料(漆)对于钢铁金属材料一般都有良好的适应性。几种不同金属材料对于底漆的选用可见表 12.2-2。

表 12.2-2 几种金属对底漆的选择

金属种类	推荐选用的底漆品种
黑色金属(钢)	铁红醇酸底漆、铁红纯酚醛底漆、铁红酚醛底漆、铁红酯胶底漆、铁红过氯乙烯底漆、沥青底漆、磷化底漆、各种树脂的红丹防锈漆、铁红环氧底漆、铁红硝基底漆、富锌底漆、氨基底漆、铁红油性防锈漆、铁红缩醛底漆

续表 12.2－2

金属种类	推荐选用的底漆品种
铜及其合金	氨基底漆、磷化底漆、铁红环氧底漆或醇酸底漆
铝及铝镁合金	锌黄酚醛底漆、锶黄丙烯酸底漆、锌黄环氧底漆、锌黄过氯乙烯底漆
钛及钛合金	锶黄氯酯—氯化橡胶底漆
铅金属	铁红环氧底漆或醇酸底漆

（2）防锈涂料

对于压力容器产品而言，采用油料防锈涂料最为普遍。油料防锈是指以矿物油或合成油为基体，添加油溶性缓蚀剂和辅助添加剂配成防锈油防锈。常用油溶性缓蚀剂见表 12.2－3。基础油料可选用不同黏度的机械油或不同滴落点的凡士林。合成油则用于配制要求高的润滑防锈两用油。

表 12.2－3 常用油溶性缓蚀剂

代号	名称	主要用途
T－701	石油磺酸钡	钢铁防锈，对非铁金属也比较适用，用于配制各种防锈油
T－702	石油磺酸钠	钢铁防锈，对非铁金属适应性较好，用于配制置换性防锈油和乳化防锈油等
T－703	十二烯基丁二酸咪唑啉	对钢铁与非铁金属有良好的防锈作用
T－704	环烷酸锌	对钢、铜、铝都能防锈，常与石油磺酸盐联用
T－705	二壬基萘磺酸钡	钢铁防锈
T－706	苯骈三氮唑	铜及其合金防锈
T－708	烷基磷酸脒唑啉	钢、铜等防锈
T－743	氧化石油脂钡皂	钢、铜、铝防锈
T－746	十二烯基丁二酸	用于汽轮机油，常与 T－705、T－701 联用

注：代号是 SH 0389《石油添加剂分类》中规定的统一代号。

（3）涂料层次

涂装环境与涂料层次的关系见表 12.2－4。

表 12.2－4 涂装环境与涂料层次的关系

涂装环境	涂料总层数/层	涂料层次	
		层次	底漆与面漆
一般大气	2～3	第 1 层	底漆（可采用红丹或其他防锈漆）
		第 2～3 层	一般外用面漆
工业大气	3～5	第 1～2 层	底漆（加入填料的合成树脂漆）
		第 3～5 层	面漆（加或不加填料的合成树脂漆）
化工厂工业大气	4～6	第 1～2 层	防腐蚀底漆
		第 3～6 层	防腐蚀面漆
腐蚀性液体或气体	4～8	第 1～2 层	防腐蚀底漆
		第 3～8 层	防腐蚀面漆（填料量可逐渐减少）

注：减少溶剂型涂料的使用，换用厚浆涂料、无溶剂涂料、粉末涂料，可使涂层层次减少，节省涂装时间和提高劳动生产率。

12.3 涂敷施工

1. 表面处理

（1）表面处理的目的和意义

为保证涂层与钢材基体表面的结合为机械性的黏合和附着，防止涂层的剥落和脱层，需将钢材表面原有的氧化皮、铁锈及各种杂质污染物如油脂、污垢、尘土、旧涂层等全部清除掉，使之达到表面洁净而呈现金属色泽，并满足适当的粗糙度要求。

（2）除锈方法

① 手工除锈。使用铁砂纸、锤、凿、刮铲、钢丝刷等工具，用手工敲铲、刮凿、扫刷以去除各种锈垢。其生产率很低，每人每日约清理 $1 \sim 3m^2$，清理后的表面还残存着锈迹，劳动量大、质量不稳定、劳动保护差，但对于小面积、局部除锈，还是经常采用这种除锈方法。

② 动力工具除锈。采用电动或风动工具，如砂轮机、砂带机、针束除锈工具，用于清除弯曲、狭窄、凹凸不平以及角缝处的氧化皮、锈层、旧涂层及焊渣等。其特点是操作简便，效率要比手工除锈高。适用于要求不高的除锈处理。

③ 喷砂除锈。利用压缩空气流将砂子(包括各种磨料)喷射至钢板表面，不但使表面洁净，而且可使钢板表面呈现锯齿形高低不平的粗糙轮廓表面，以增加涂层与钢板表面的附着力。喷砂是被广泛采用的方法，它既可以使钢板表面净化，又可使之达到粗化的要求。

④ 喷砂质量直接影响到涂层的结合强度。其质量指标主要有以下三方面：

a. 表面净化程度：喷砂后的表面应无油、无脂、无污物、无轧制铁鳞、无锈斑、无腐蚀物、无氧化物、无油漆及其他外来物。对于金属基材，应露出均质的金属本色。这种表面被称为“活化”的表面。评定钢材表面除锈等级标准见表 12.3－1。

表 12.3－1 钢材表面除锈等级标准

等级符号	除锈方式	除 锈 质 量
Sa1	轻度的喷射或抛射除锈	钢材表面应无可见的油脂和污垢，并且没有附着不牢的氧化皮、铁锈和油漆涂层等
Sa2	彻底喷射或抛射除锈	钢材表面应无可见的油脂和污垢，并且氧化皮、铁锈和油漆涂层等附着物已基本清除，其残留物应是牢固附着的
Sa2½	非常彻底的喷射或抛射除锈	钢材表面无可见的油脂、污垢、铁锈、氧化皮和油漆涂层等附着物，任何残留的痕迹，应仅是点状或条状的轻微色斑
Sa3	使钢材表面洁净的喷射或抛射除锈	钢材表面应无可见的油脂、污垢、铁锈、氧化皮和油漆涂层等附着物，该表面应显示均匀的金属色泽
St2	彻底的手工和动力工具除锈	钢材表面应无可见的油脂和污垢，并且没有附着不牢的氧化皮、铁锈和油漆涂层等附着物
St3	非常彻底的手工和动力工具除锈	钢材表面应无可见的油脂和污垢. 并且没有附着不牢的氧化皮、铁锈和油漆涂层等附着物，除锈应比 St2 更彻底，底材暴露部分的表面应具有金属光泽

注：详见 GB/T 8923，该标准中尚附有除锈质量等级照片，可对照喷砂实物表面进行评定。

b. 表面粗糙度：一般表面粗糙度可控制在25～50μm，厚涂层所要求的表面粗糙度可达70μm。粗糙度以不超过涂层的1/3为好。不同的粗糙度选择不同的砂子粒度(或号数)，可参照表12.3－2。粗糙度的检测通常采用标准样块对照，或采用仪器测量。

表12.3－2　砂子粒度与粗糙度的对应关系

粗糙度/μm	砂子的号数	对应的沙子粒度
40	3	16～40目石英砂混合
50	3	16～40目石英砂混合
60	2	8～40目石英砂混合
70	1	8～20目石英砂混合

c. 喷砂表面的均匀性：基材被喷砂清理并粗化后的状况应该在整个表面上是均匀的，不应出现所谓的“花斑”情况。美国《钢结构涂敷协会》(SSPC)的《表面准备》规范中，对喷砂清理分三个等级；5号为白色金属喷砂，相当于我国标准的Sa3级，10号为近白喷砂，相当于Sa2½级，它规定在每平方英寸的面积内，95%应是洁净的，仅残存少许轻微的点状、条状黑斑，绝大部分油漆涂层可采用这一等级。而6号为普通(经济型)喷砂，相当于Sa1、Sa2级，它规定在每平方英寸的面积内，2/3应是洁净的，仅允许少许难以除去的条状、点状黑斑，由于这一等级的成本低，故采用也较广泛。从国外某公司引进的加氢反应器，其表面处理要求，对反应器本体部分为SSPC10；对裙座部分为SSPC6(SSPC：Steel Structures Painting Council)。

⑤ 湿法喷砂除锈。为改善劳动保护、防止环境污染，近来也推广湿法喷砂除锈，即采用水和砂子的比例为1∶2，以0.4～0.7 MPa的压缩空气喷射的方法。在水中还应加入少量化学钝化剂，如亚硝酸钠、磷酸三钠、碳酸钠、肥皂水等，以使金属在除锈后短期内不生锈，干燥后即刻涂防锈底漆。

⑥ 化学除锈　化学除锈是利用化学或电化学反应，溶解掉工件表面的锈迹、铸皮、锻皮、轧皮以及各种腐蚀产物的方法。

除锈材料主要为无机酸，如H_2SO_4、HCl、HNO_3，亦可用有机酸。无机酸除锈速度快、效率高、价格较低，但控制不当，对金属基体会产生“过腐蚀”，且除锈过程中产生的氢原子，容易向钢铁内部扩散，引起氢脆。有机酸作用较缓和，但除锈速度较慢，价格较高。为减缓酸对金属的腐蚀和氢脆，除锈液中需加适量的缓蚀剂。常用的缓蚀剂为若丁、乌洛托平、硫脲等。

(3) 除油

① 碱液清洗。这是一种廉价的以除油为主的净化处理方法。水溶液中的碱化合物($NaOH$、Na_3PO_4、Na_2CO_3等)，对除去油脂和污物十分有效，在除油的同时可以去除附在工件表面的金属碎屑及混在油脂中的研磨料、碳渣等杂质。

碱液清洗一般用浸洗的方法，适用于尺寸并不太大的工件。典型的几个碱液清洗配方列于表12.3－3。用手工清洗时，操作温度不可过高，碱液浓度也应选用低指标，一般低于30g/L。操作时要防止碱液灼伤皮肤和眼睛。经过碱洗后的工件，应立即用软水漂洗或冲洗并随即烘干。

表 12.3-3 碱液清洗配方

被洗材料	清洗液配方/(g/L)		工作条件
一般钢铁	Na_3PO_4 Na_2CO_3 合成洗涤剂	25~35 25~35 0.75	80~100℃浸洗
	Na_2CO_3 NaOH Na_3PO_4	8 3 4	80℃、表压 0.15~0.20MPa 冲淋
黄铜、锌、铅等	Na_2CO_3 Na_3PO_4 皂粉	50~60 20~30 1~2	70~80℃浸洗
铝及铝合金	Na_3PO_4 Na_2CO_3 水玻璃 海鸥润湿剂	40~60 40~50 2~5 3~5mL/L	70~90℃浸洗

② 溶剂清洗。利用有机溶剂可以溶解油脂的特性，清洗工件表面，除去油脂。常用的溶剂有：工业汽油、煤油、松香水、丙酮及三氯乙烯、四氯乙烯、四氯化碳等。

③ 表面活性剂清洗。以表面活性剂为主配制的清洗剂，主要是利用其表面活性剂能显著地降低表面张力并具有良好的润湿、渗透、乳化、增溶、分散等性能去除油污。此法除油效果好，可在常温下使用，适用范围广，因而目前应用最普遍。但易产生泡沫，在用喷射方式清洗时，应注意选用低泡型的表面活性剂或添加消泡剂。

表面活性剂溶于水时，根据其离解状态可分为阴离子型、阳离子型，两性离子型、非离子型四大类。用于清洗的表面活性剂多为阴离子型和非离子型的。

(4) 脱漆

① 在各种涂装施工及维修期间，经常需脱除不必要的旧油漆。

脱漆剂可以分成下列几种：

a. 热的稀碱溶液或冷的有机酸类溶液；

b. 多种有机挥发性溶剂的混合溶液；

c. 在混合溶剂中加有水和表面活性剂、稠化剂的溶液；

d. 有机酸、无机酸、活化剂、表面活性剂和加亲水性胶液的混合物；

e. 采用特殊的有机药剂。

② 脱漆剂的配方见表 12.3-4。

表 12.3-4 常用脱漆剂的配方

组 分	用 量/g	组 分	用 量/g
二氯甲烷	65~85	乙烯树脂	0.5~2
甲酸	1~6	石蜡	0.5~2
苯酸	2~8	平平加 O	1~4
酒精	2~8		

上述配方可适用于氨基漆、丙烯酸、酚醛、环氧、聚酯、乙烯、有机硅、聚氨酯的旧涂

层，脱漆效率高。在操作时要注意避免与皮肤接触，以防腐蚀。脱漆完毕后要用汽油冲洗、擦净，才能涂覆新漆。油性漆或硝基漆，可用含蜡的有机混合溶剂(如丙酮、苯、酒精)或硝基漆稀释剂作脱漆剂。此外，尚有氟化氰脱漆剂、水冲型脱漆剂、不燃性脱漆剂和蒸汽加压脱漆的方法等。

2. 涂敷方法

(1) 手工涂装

手工涂装包括刷涂、滚涂、揩刷和刮涂等工艺，是最古老、最简便的涂装方式。手工涂装可以增进涂层的附着力，但控制厚度较难，涂层外观较差，且易人为地造成质量问题，故只适用于批量小、大型构件的涂装。

(2) 空气喷涂

空气喷涂是以洁净的压缩空气、通过喷枪使涂料雾化，喷涂到被涂工件表面的涂装方法。空气喷涂具有涂装作业性好、能适应各种被涂工件、效率高(每小时可涂装 150 ~ 200m^2)、涂层均匀美观，是目前应用最为广泛的常规涂装方法之一，既适合于手工喷涂也适用于自动化喷涂。喷涂法的缺点是漆雾飞散多，涂料利用率低(一般只有 50% ~60%)，劳动卫生条件差，对环境污染较重。

(3) 高压无气喷涂

高压无气喷涂是靠高压泵将涂料压至 15 ~ 20MPa 高压，当高压涂料从喷嘴小孔喷出时突然失压、膨胀，以很高的速度(≈100m/s)与空气发生撞击而被雾化，并以较高的动能喷涂于被涂工件表面。高压无气喷涂具有涂装效率高(约为空气喷涂的 3 倍以上)、漆雾飞散小、涂料利用率高、环境污染小，适于喷涂高黏度涂料，且涂装质量好(不存在压缩空气中水、油污染涂层之虑)等特点，已被广泛采用。

3. 涂敷环境

(1) 涂装场地

涂装施工应在专门的涂装车间中进行，该车间一定要与其他车间隔离，如果全部隔离有困难时，则可以在最后喷面漆或清漆时进行隔离，避免涂层沾污而影响漆膜外观。企业应根据自身条件，建立相对隔离的涂装车间或喷漆室，以达到防毒、防火、防爆、防尘等目的。

(2) 涂装环境温度

通常应控制在 5 ~ 38℃之间，且至少高于露点 3℃，相对湿度不大于 85%，这在相对封闭的涂装车间里是较容易做到的，可以进行全天候作业，而在露天场地则难以保证。

在允许范围内，适当地提高涂层的干燥温度，可以增进涂层的干燥性能。在沿海、低温、潮湿地区或雨季施工，由于空气中的湿度过高，容易使水汽包裹在涂层内部，发生涂层泛白或气泡，日久甚至剥落或整张揭起。

4. 压力容器涂层的层次和厚度

涂层的主要目的是保护容器经久耐用。因此要求有足够的层次与厚度，这样才能消除涂层中的孔隙，以抵抗外来的侵蚀，达到防腐和保养的目的。但是在涂装有色金属时，因为他本身具有较好的防腐蚀性能，所以涂漆时不一定要涂得过厚，主要考虑有色金属和涂层间的附着力。

根据经验，在不同环境条件下，对涂层厚度的控制有一个具体规定，通常涂层厚度见表 12.3 -5。

表 12.3－5 通常涂层的控制厚度范围

环境条件	厚度范围/μm	环境条件	厚度范围/μm
一般性涂层	80～100	含侵蚀液体冲击的设备涂层	250～350
装饰性涂层	100～150	耐磨损涂层	250～350
保护性涂层	150～200	厚浆涂层	350 以上
含有盐雾的海洋环境涂层	200～250		

特别要注意的是对于钢结构的边缘、螺钉、焊缝及各接缝等部位，有必要再增加一些厚度。对不挥发高分涂料，一般采用 2 层系统涂装，即先涂 1 道较厚的涂层，然后再涂 1 层薄的面层来配套使用。

5. 涂层质量检测

涂料产品质量检测方法见表 12.3－6，其中包括黏度、细度、密度、不挥发分、流变性、结皮性、储存稳定性等。

表 12.3－6 常用涂层质量检测方法

项　目	标　准
硬度(摆杆法)	GB/T 1730—2007《色漆和清漆　摆杆阻尼试验》
硬度(铅笔法)	GB/T 6739—2006《色漆和清漆　铅笔法测定漆膜硬度》
柔韧性	GB/T 1731—1993　《漆膜柔韧性测定法》
抗冲击	GB/T 1732—1993　《漆膜耐冲击测定法》
附着力	GB/T 1720—1979(1989)《漆膜附着力测定法》
光泽	GB/T 1743—1979(1989)　《漆膜光泽度测定法》
厚度	GB/T 1764—1979(1989)　《漆膜厚度测定法》
耐水性	GB/T 1733—1993　《漆膜耐水性测定法》
耐盐雾	GB/T 1771—2007　《色漆和清漆　耐中性盐雾性能的测定》
耐汽油性	GB/T 1734—1993　《漆膜耐汽油性测定法》

12.4 运输包装

12.4.1 运输包装的一般要求

① 包装应根据容器的使用要求、结构尺寸、重量大小、路程远近、运输方法(铁路、公路、水路和航空)等特点选用相适应的结构及方法。容器的包装应有足够的强度，以确保容器及其零部件能安全可靠地运抵目的地。

对在运输和装卸过程中有严格防止变形、污染、损伤要求的容器及其零部件应进行专门的包装设计。

② 铁路运输的容器，不论采用何种包装形式，其截面尺寸均不应超过 GB 146.1 和 GB146.2 的规定。对尺寸超限容器的运输包装，应事先和有关铁路运输部门取得联系。公路、水路及航空运输的容器及其零部件，其单件尺寸、重量与包装要求应事先与相关运输部门联系。

对于尺寸超限或超重的容器，必要时应由设计、制造、建安及承运单位共同制订运输包装方案。

③ 容器一般应整体出厂，如因运输条件限制，亦可分段、分片出厂。段、片的划分应根据容器的特点和有关运输要求在图样技术要求或供、需双方技术协议上注明。

④ 法兰接口的包装应符合如下要求：

a. 有配对法兰的，应采用配对法兰中间夹以橡胶或塑料制盖板封闭，盖板的厚度不宜小于3mm。

b. 无配对法兰的，应采用与法兰外径相同且足够厚的金属、塑料或木制盲板封闭，如用金属制盲板，则在法兰与盲板中间应夹以橡胶或塑料制垫片，垫片厚度不宜小于3mm。

c. 配对法兰或盲板用螺栓紧固在容器法兰接口处，紧固螺栓不得少于4个且应分布均匀。

⑤ 对带焊焊坡口的开口接管，应采用金属或塑料环形保护罩罩在接管端部，保护罩应采用适当方式固定。如图样允许，金属罩可点焊在接管外侧，但不应点焊在待焊坡口面上。

⑥ 所有螺纹接口应采用六角头螺塞和螺帽堵上，外螺纹也可采用塑料罩保护。

⑦ 若因装运空间要求而改变或去除接管口、支承件、吊耳或其他类似附件时，制造厂应提供装载图，以示出所需重新定位或去除的附件位置，并得到买方书面认可，此种情况制造厂应提供重新装配、组焊的程序和现场焊接接管所需的检验方法。

12.4.2　包装形式

1. 裸装

(1) 适用范围

① 压力容器中的承压壳体的本体，即整台容器产品，如塔器、换热器、分离器、储罐、反应器、搅拌釜等。

② 具有足够刚性的不可分拆的大件和特大件，分段发货的塔器分段、大型膨胀节、锥体等部件。

(2) 包装要点

① 所有管接口(接管法兰或管嘴)均应用盲板(钢制或木制)、丝堵、木塞封闭好，再对各管口用塑料薄膜逐个包扎。密封面、螺纹部位涂抹防锈油脂。精密螺纹应加保护套。

② 发运前，承压壳体内不得残留液体及其他杂物。

③ 所有包装应在表面涂装完毕后进行。

④ 托架的设置与栓固应满足安全发运要求。

2. 架装

(1) 适用范围

① 小型容器本体，可直接装于框形架内。

② 分片发运的壳体、锥体瓦片、球片、瓜瓣等。

(2) 包装要点

① 根据容器及其零部件结构、尺寸可将托架制成框形，可装人孔、膨胀节、管件等零部件，包装牢固，稳定性好。

② 片状零件可逐层叠装于托架上，再予以固定。

3. 箱装

(1) 适用范围

① 对于精密、易损零件及怕潮、防腐、容易失散的零件(如标准件、配套件)，可用密封箱或密闭箱包装。

② 塔内件、管件、膨胀节视情况可装入空格箱内。

(2) 包装要点

① 包装用箱可用木板、菱苦土板件及钢板(铁皮)制成，箱内衬以油纸、油毡防潮，尽量采用可周转、回收的铁皮箱。

② 空格箱可用木条、型钢制成，内衬油毡纸防潮。

③ 所有装箱件均应相对固定，防止在装卸、搬运时产生滑动、倾倒、碰撞。

④ 较精密、易失散的小零件(如浮阀、泡罩、螺栓、螺母、金属垫片等)应先用麻袋、纸盒、塑料袋装好再整齐装入箱内。对易生锈的零件应作防锈处理。

⑤ 大规格金属垫、缠绕垫应采用专用木板箱牢固包装，所有金属垫、缠绕垫应逐件用塑料薄膜、麻布包裹好，再装入箱内。垫片可按直径大小进行套装，但固定必须牢靠。

⑥ 有装箱件必须按产品台分开包装，不可混装。装箱顺序是法兰、盲板、主螺栓等重物排在箱底，小型、精密零件装在上层，以降低整箱重心，重心不宜超过箱高的一半。

⑦ 每件包装箱的装入重量不得超过3t，对铁皮包装箱也不得超过4. 5t。

⑧ 每件包装箱内应附装箱清单1份，装箱清单装入密封的塑料袋后，挂于箱内壁。

4. 捆装

(1) 适用范围

① 不会失散、不会损伤、数量较少的组焊件，如吊柱、格栅、平台、梯子等。

② 不必装箱或难以装箱的零件如保温支持圈、管子、型材等。

(2) 包装要点

① 用草绳、草帘、麻片包好，并用铁丝或扁钢捆扎焊牢。

② 为便于作发运标志，每项捆扎件均应用铁丝绑上铁质标牌。

12. 4. 3 整体出厂容器的运输包装

1. 一般要求

整体出厂容器一般宜采用裸装。装运前应清除容器内的各种残留物。

2. 包装设计

制造单位应根据容器和运输的具体情况，进行包装设计，设计时宜考虑如下要求：

① 体积较小，重量不大于1t的容器，宜用垫木固定在运载车辆或船舶上。

② 体积较大，重量大于1t的容器，宜用托架支承，并用拉紧箍将容器紧固在托架上，在拉紧箍与容器间需垫以柔性材料，托架应牢固地固定在运载车辆或船舶上。重量在1～10t的容器，可采用木制托架；重量大于10t或公称直径大于3000mm的容器，应采用钢制托架。

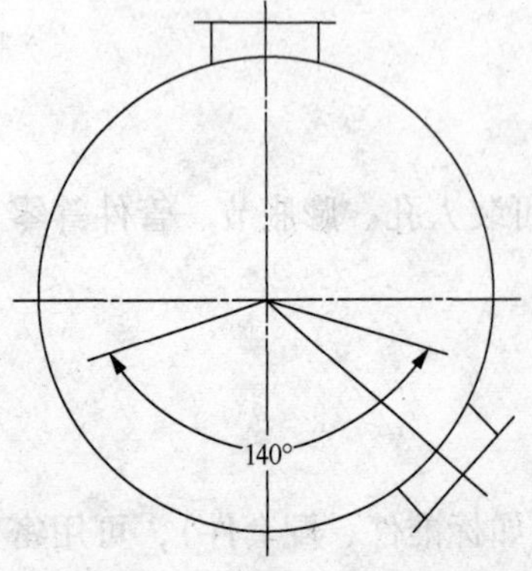

图12. 4－1 设备接管摆放位置

③ 公称直径大于或等于2600mm或长度大于12000mm的容器，应在包装件下方两侧设置固定的钣钩；重量大于或等于30t的容器，运输托架两侧应设置起顶用的支耳。

④ 托架的设置应严防容器变形。采用铁路运输的容器，其托架宽度一般为2900mm，两个端部托架的外侧距离一般为10000mm，且不应大于12000mm。

⑤ 公称直径大于或等于3000mm容器的运输位置，应将接管(特别是人孔之类的大接管)放置在视图下方140°范围内，若不可能，也可放在顶点径线上(见图12. 4－1)，以免造成不合理的超限运输。

⑥ 必要时直立设备运输可设置临时鞍座。

⑦ 重量大于或等于30t的容器，在制造单位应试吊，并标出重心和起吊位置。

12.4.4　分段出厂容器的运输包装

分段出厂的容器，当敞口端刚性不足时，应设置加固支承，且应以适当方式将敞口封闭。

12.4.5　分片出厂容器的运输包装

① 分片件在包装前应按排板图的顺序进行编号并做好标记。

② 每组分片件将凹面向下重叠放置于钢制或木制的凸形托架上，片与片之间应垫以木块(或其他缓冲件)并用扁钢与托架捆绑焊牢。对圆筒形容器，也可采用分片直立重叠放置，捆扎包装。

③ 每组分片件与托架的总重量不宜超过15t。必要时，托架可设置吊耳供起吊用。禁止在分片件上直接起吊。

12.4.6　有特殊要求容器的运输包装

1. 不锈钢、有色金属及其合金制压力容器

不锈钢、有色金属及其合金制压力容器，运输包装的特殊要求如下：

① 装运前应将容器内各种残留物、油渍、水渍彻底清除干净。

② 起吊时，可采用尼龙吊带或有保护套管的钢丝绳，严禁用钢丝绳直接捆扎在容器上起吊。在运输包装过程中应采取其他措施防止可能产生的铁、铜等有害离子的污染。

③ 在运输包装过程中应采取措施防止耐蚀表面的各种损伤，如耐蚀表面的钝化(氧化)膜在运输包装过程中受到破坏，应采取措施予以恢复并达到原定技术要求。

2. 需充装惰性气体保护的容器

需充装惰性气体保护的容器，运输包装的特殊要求如下：

① 充装惰性气体的种类、浓度、压力，按图样技术要求执行。一般用氮气，压力为0.05～0.10MPa，通常还需设置压力表装置，以显示运输过程中容器内保持的氮气压力。

② 如气密试验用介质与应充装的惰性气体不符，应先置换合格后再开始升压，升至指定充装压力后将进气口阀门关闭，保压30min压力不下降为充装合格；如气密试验所用介质与应充装的惰性气体一致，气密试验合格后将压力调整到指定充装压力，将排气口阀门关闭，保压30min压力不下降为充装合格。

③ 在压力表装置(包括压力表、连通管、三通旋塞或针形阀、锁紧装置)上加可清晰看到表盘读数的金属保护罩，保护罩用点焊或其他适宜的方式固定。压力表精度应不低于1级。

3. 多层、热套、扁平钢带等压力容器

多层、热套、扁平钢带等压力容器的泄放孔应以橡胶或塑料的塞堵堵死。

12.4.7　内件、零部件、备品备件及专用工具的运输包装

① 单独交付的组装内件和较大型的不规则的零部件(如膨胀节、人孔、大型接管等)一般采用框架或空格箱包装，装箱时需注意防护。

② 较精密易散失的小零件(如浮阀、泡罩、螺栓、螺母等)采用暗箱包装。同台产品的零件应避免与其他产品的零件混装。必要时可先袋装，再将袋装入暗箱。

安全附件一般采用暗箱或空格箱包装，如需装在容器上和容器一起运输，应采取必要的保护措施。

装箱时较精密零件应相对固定，以防止装卸和搬运时产生滑动撞击。采用暗箱包装时应有防雨措施，必要时箱内应放置干燥剂。

③ 备品备件、专用工具宜单独装箱，箱外应标记“备品备件”、“专用工具”字样。

④ 螺纹精度等级达到 GB/T 197 规定的中等或精密的螺栓与螺柱，其螺纹部分除应涂敷易去除的保护膜，还应加防护罩保护。

⑤ 装箱时应把重的零部件装在箱的下部以降低包装重心，当无法做到这一点时，应采取适当措施确保重心不超过箱高的1/2。

⑥ 包装箱的每箱重量不宜超过3t。

12.4.8 文件资料的运输包装

1. 文件资料

文件资料包括产品出厂质量证明文件、装箱清单等规定的有关文件。详细说明如下：

① 每批装运货物内均须有一份装箱清单，说明每箱、每袋和每一台架货物位号所装运的货物，并说明货物是完整的或是一部分。

② 根据容器交货、运输包装情况，必要时还应包括如下文件资料：

a. 安装图纸和安装说明书；

b. 12. 4.1 中⑦所要求的装载图、现场重新装配组焊的程序文件及检验要求文件；

c. 分片出厂容器的排版图。

2. 文件资料的装订和包装

所有文件资料均应分类装订成册，并用塑料袋装妥密闭，以便防水、防潮、防散失。

3. 文件资料的发运

上述文件资料与货物一起发运时，宜装在最大的暗箱内，箱外应有明显标志。质量证明文件也可另行邮寄。

12.4.9 图示标志

在裸装容器表面和包装箱的明显部位作如下标志：

(1) 发货标志

① 出厂编号(或命令单号)；

② 总共箱(件)数及箱号或捆号；

③ 发货站(港)；

④ 到货站(港)；

⑤ 体积：长×宽×高；

⑥ 毛重及净重；

⑦ 发货单位；

⑧ 收货单位；

⑨ 出厂或装箱日期。

发货标志在空格箱或包扎件上无法标志时，可采用薄铁皮或塑料标签固定在适当位置。

(2) 运输包装图示标志

按 GB 191 的规定，如图 12.4-2 所示。运输包装图示标志还应包括：

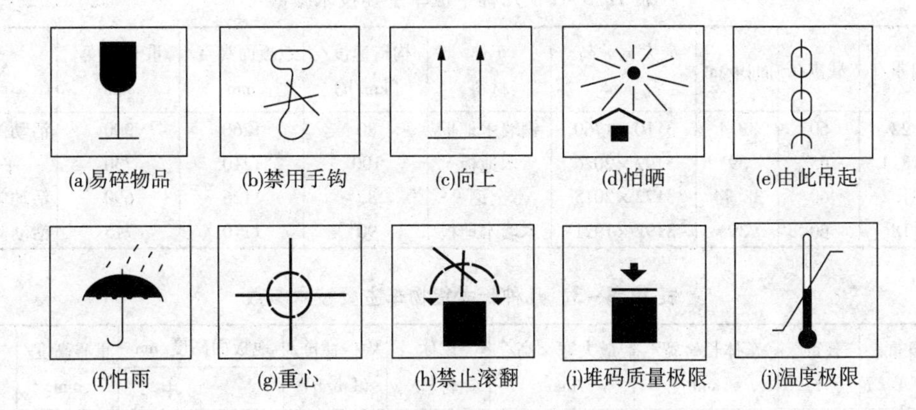

图 12.4－2　包装运输图示标志

① 大型容器的重心点，起吊位置；

② 防雨、防湿等作业标志；

③ 有禁焊要求的容器的禁焊标志；

④ 充氮设备标志及其他特殊要求标志。

12.4.10　相关标准

运输包装涉及的标准如下：

① GB 191—2008《包装储运图示标志》；

② JB/T 4711—2003《压力容器的涂敷与运输包装》；

③ GB 146.1—1983《标准轨距铁路机车车辆限界》；

④ GB 146.2—1983《标准轨距铁路建筑限界》；

⑤ TB/T 3304—2000《铁路货物装载加固技术要求》；

⑥《铁路超限货物运输规则》。

12.5　铁路运输的相关规定

1. 铁路运输常用车皮类型技术参数

① 敞车(如 C50、C62、C65 等)见表 12.5－1。

② 平板车(如 N9、N16、N17 等)见表 12.5－2。

③ 长大货物车(如 D10、D21、D22 等)见表 12.5－3。

表 12.5－1　几种敞车主要技术参数

车型	自重/t	载重/t	容积/m^3	车内长×宽×高/mm	车体材料	构造速度/(km/h)	地板面高度/mm	重心高度/mm	车门宽×高/mm
C50	19	50	57	13000×2740×1600	木墙	100	1190	910	2250×736
C62	20.6	60	68.8	12488×2798×2000	全钢	100	1082	970	1620×1800
C62A	21.7	60	71.6	12500×2900×2000	全钢	85	1083	1000	1620×1900
C65	19.3	60	68.8	12988×2796×1900	全钢	100	1073	995	1620×1800

表 12.5－2　几种平板车主要技术参数

车型	自重/t	载重/t	面积/m^2	最大宽×高/mm	车体材料	构造速度/(km/h)	地板面高度/mm	重心高度/mm	特点
N9	22	60	38.4	3110×1760	钢墙木地板	80	1260	900	活动侧端墙板
N16	18.4	65	39	3192×2026	木地板	100	1210	730	平板式
N17	21.2	60	38.74	3172×2015	全钢	85	1126	690	活动侧端墙板
N60	18	60	39	3192×1921	木墙木地板	90	1170	715	活动侧端墙板

表 12.5－3　几种长大货物车主要技术参数

车型	自重/t	载重/t	车体长×宽/mm	最大宽×高/mm	车体材料	构造速度/(km/h)	地板面高度/mm		重心高度/mm	特点
								中部		
D9	180	230	39450×3100	3100×3650	全钢		1850		1100	中间凹底
D10	47	90	20000×3000	3000×3000	全钢	75	1400	835	800	中间凹底
D21	28.3	60		3190×3765	木地板		1356	950	730	平板式
D22	41.4	120	25000×3000	3198×2043	木地板	100	1460		770	平板式

2. 车皮选型原则

(1) 综合考虑的因素

按产品重量、体积、结构、长度、管口方位、重心高度等因素综合考虑。当一台产品装载可能出现超长、重心超高、集重等超载情况，如车皮选型合理，也可能不超载了，即使是超限货物只要车型选择得当，可以不超限或降低超限等级。

(2) 车型选择的顺序

考虑到运输成本及车皮申请的难易程度，车型选择的优选顺序为 C 型车、N 型车、D 型车。

① C 型车即敞车，又称高帮车，端板与侧板的高度为 1 900mm，有效宽度在 2 800mm 左右，载重量 50～60t。我国敞车数量最多，是最为常见的货运车种。

② N 型车即平板车，其车底板尺寸与 C 型车差不多，但重心高度要比 C 型车低，载重量 60～65t。用平板车运送压力容器类货物也较为常见。

③ D 型车是一种特殊用途的车型，它包括长大平板车、凹型车、落下孔车皮、双支承车皮及钳夹车皮，主要用于发运一些超限、长大、集重货物，国内大型压力容器厂选用 D 型车的频率较高。

(3) 货车使用限制

对于超限、超长、集重货物发运的车皮选择还应遵守铁道部的货车使用限制，见表 12.5－4。

表 12.5－4　货车使用限制

货物	棚车	敞车	底开门车	有端侧板平车	无端侧板平车	有端板无侧板平车	铁地板平车	备注
超长货物	X	X	X				X	
集重货物	X		X				X	
超限货物	X		X				X	

注：X 表示不准使用的车种。

3. 超限货物的发运(含超长、重心超高、集重等货物)

(1) 高、宽超限

一件货物装车后，在平直线路上停留时，货物的高度和宽度如有任何部位超过机车车辆限界或特定区段装载限界者，均为超限货物(简称超限)。

在平直线路上不超限，但行经半径为300m的曲线线路时，货物的内侧或外侧的计算宽度(已经减去曲线水平加宽量36mm)仍然超限的，也为超限货物。在发运超长货物时予以充分关注。

① 超限限界。超限货物由线路中心线起分为左侧、右侧和两侧超限并按其超限部位和超限程度划分为下列等级:

a. 上部超限由轨面起高度(以下简称高度)超过3600mm有任何部位超限者，按其超限程度划分为一级、二级和超级。

b. 中部超限高度在1250～3600mm，有任何部位超限者，按其超限程度划分为一级、二级和超级。

c. 下部超限高度在150～1250mm，有任何部位超限者，按其超限程度划分为二级和超级。

机车车辆限界见图12.5－1。

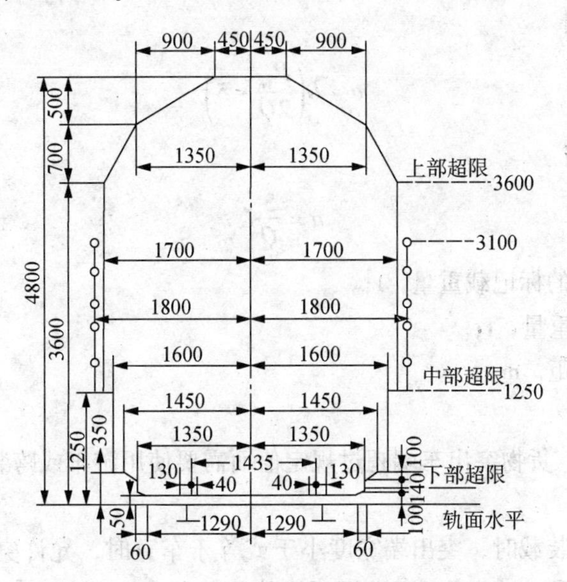

图12.5－1　机车车辆的限界(GB 146.1—1983)

各级超限限界与直线建筑接近限界距离线路中心线尺寸、各级超限的限界见图12.5－2。

② 超限货物的装载。大型压力容器在装车时，货物重心的投影应位于车底板的纵、横心线的定义点上。如在特殊情况下必须位移时，横向位移不得超过100mm，超过时，应采取配重措施。纵向位移时，每个车辆转向架所承受的货物重量不得超过标记载重量的1/2，而且两转向架承受重量之差不得大于10t(铁路另有规定者除外)。

货物重心在车辆纵方向位移时，其最大容许位移距离 a，可按式(12.5－1)、式(12.5－2)确定:

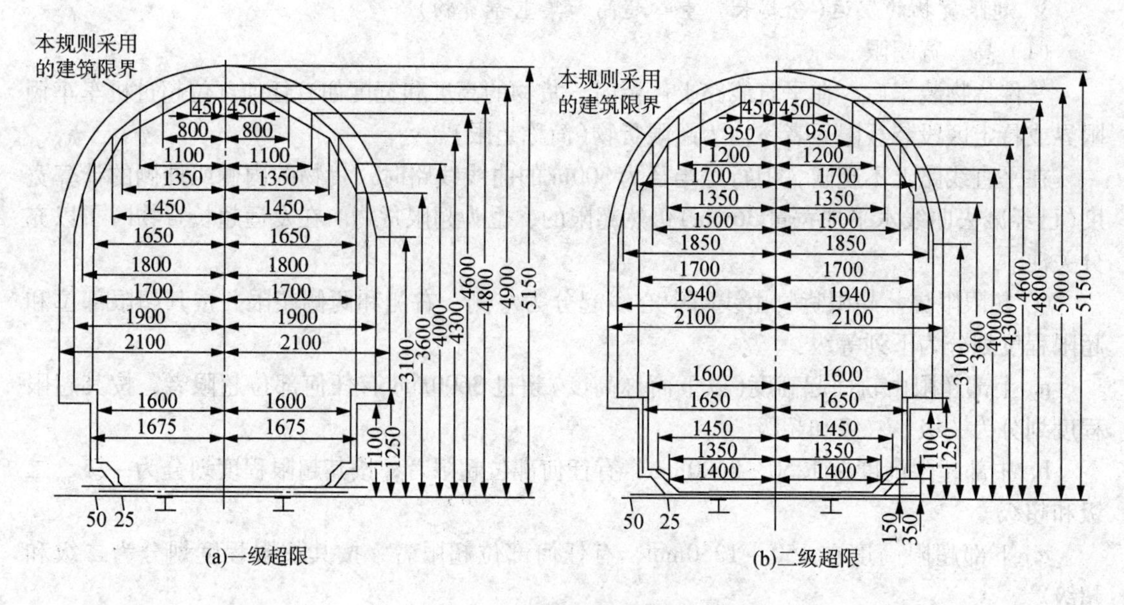

图 12.5－2　各级超限的限界

当 $P_{标} - Q \leqslant 10\text{t}$ 时

$$a = L\left(\frac{P_{标}}{2Q} - 5\right) \tag{12.5-1}$$

当 $P_{标} - Q > 10\text{t}$ 时

$$a = \frac{5}{Q}L \tag{12.5-2}$$

式中　$P_{标}$——装载车的标记载重量，t；

Q——货物重量，t；

L——车辆销距，m。

(2) 超长

当采用一车负重，货物突出车端超过规定值而需要使用游车或跨装运输的货物，称为超长货物。

① 货物突出车端装载时，突出端宽度小于或等于车宽时，允许突出端梁 300mm，大于车宽时，允许突出端梁 200mm，超过此限时应使用游车。

② 超长货物也可采用两车跨装，此时应配备货物转向架。转向架每副为两件，每个转向架均由相对转动的上下架体构成。新造的转向架需经铁路部门技术测试合格后方准使用。

铁路部门对转向架的使用、管理、维修、报废制度十分严格。对于超长的压力容器货物，除非万不得已而非采用跨装发运不可，通常尽量采用一车装载加游车的办法，或分段发运后现场安装组焊。

③ 超长货物的装载还应遵守以下规定：

a. 均重货物使用 60t 平车（N 型车）两端均衡突出时，其装载量不得超过表 12.5－5 的规定。

表 12.5－5　装载量的规定

突出车端的长度/m	不足 1.5	1.51～2.00	2.01～2.50	2.51～3.00	3.01～3.50	3.51～4.00	4.01～4.50	4.51～5.00
容许装载重量/t	58	57	56	56	55	54	53	52

注：表内所列重量，包括加固材料的重量。

b. 均重或非均重货物一端突出端梁装载时，重心最大容许纵向偏移量应根据式(12.5－1)、式(12.5－2)计算确定。

c. 超长货物无论是采取一车负重或两车跨装，货物的内侧、外侧的偏差量(计算宽度)的计算，应满足《铁路超限货物运输规则》的规定。

d. 使用游车时应按以下要求：

两货物突出端间距不小于 500 mm，见图 12.5－3；游车上的货物与货物突出端间距不小于 350 mm，货物突出部分的两侧不得装载货物，见图 12.5－4。

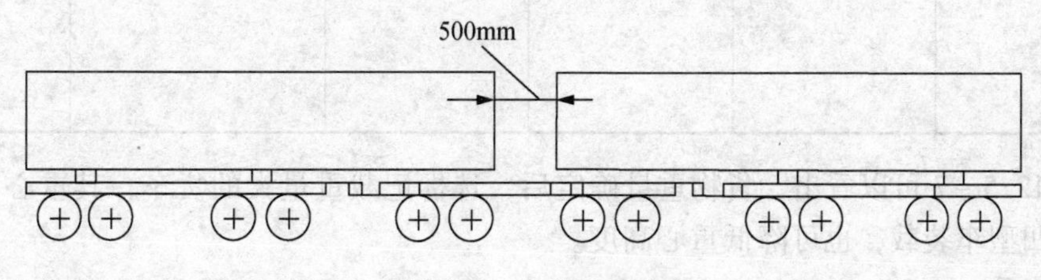

图 12.5－3　共用游车

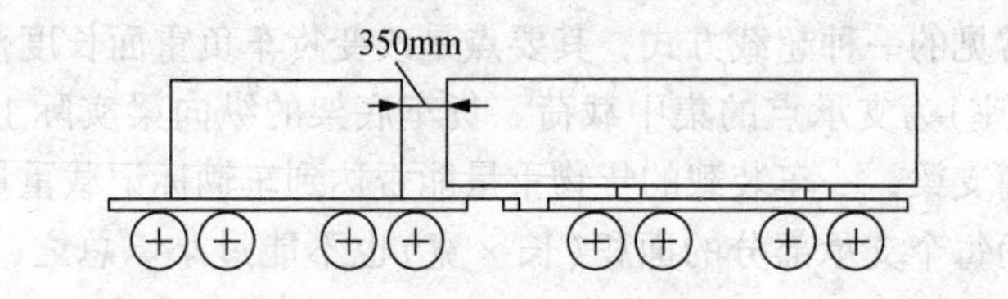

图 12.5－4　游车装载货物

(3) 重心超高

压力容器类货物装车后，车皮与货物组合后的重心高度，自钢轨面起一般不超过 2000mm，超过时称为重心超高，可采取配重措施，以降低装载重车的重心高度。否则应限速运行，见表 12.5－6。

表 12.5－6　重心超高限速

重心高度/mm	区间限速/(km/h)	通过侧向道岔限速/(km/h)
2001～2400	50	15
2401～2800	40	15
2801～3000	30	15

重车重心高度的计算方法详见《铁路超限货物运输规则》。货物装车后，自钢轨面起其重心高度(车底板本身高度加上货物本身重心高度)不超过表 12.5－7 所示高度时可不必计算重车重心高度。

表 12.5-7 确定是否需要计算重车重心的高度 mm

货物重量	一般平车			60t，6 轴 20m	120t，8 轴 25m
	30t	40t	50~60t	长大平车	长大平车
15t	3040	3035	3303	3680	4800
20t	2780	2776	2977	3260	4100
25t	2624	2621	2782	3008	3680
30t	2520	2517	2651	2840	3400
35t		2443	2558	2720	3200
40t		2388	2488	2630	3050
45t			2434	2560	2933
50t			2391	2504	2840
55t			2355	2458	2763
60t			2325	2420	2700
70t					2600
80t					2525
90t					2466
100t					2420
110t					2381
120t					2350

从表 12.5-7 可以看出，货物重量确定后，选标记载重量大的货车，其重心不易超高，另外，选凹型车装载，也可降低重心高度。

（4）集重

货物重量大于所装车辆负重面长度的最大容许载重量时，称为集重货物。

集重装载也是常见的一种超载方式，其要点是改变货车负重面长度范围内的均布载荷为两横垫木(或装载支座)为支承点的集中载荷。货车底架的纵向梁实际上就是支点距离为车底转向架中心距的简支梁，一车装载的货物重量能否达到车辆标记载重量，这就取决于装载两支点的距离了，而每个支承部分的面积(长×宽)也不能过小。总之，对集重货物的装载在转向架以内应适当拉大横垫木(或装载支座)间的距离，并增大支承部位面积。

平车装载集重货物时，应遵守下列规定：平车地板负重面长度最大容许载重量见表 12.5-8；根据货物的重量，其支重面长度小于表 12.5-8 的规定时，需铺垫横垫木。两横垫木间最小距离，应符合上列各表规定。如货物支重面长度小于两横垫木之间的最小距离时，应铺垫纵横垫木(横垫木大多已被装载支座替代)。

表 12.5-8 几种平车地板负重面长度最大容许载重量 t

地板负重面长度/m	两横垫木最小间距/m	N9、N17 (60t)	N16 (60t)	N60 (60t)	D9 (230t)	D10 (90t)	D21 (60t)	D22 (120t)
1.0	0.5	25.0	25.0	25.0	196.0	60.0		
1.5	0.75				197.5	65.0		
2.0	1.0	30.0	27.5	27.5	199.0	67.0	28.0	42.0
2.5	1.25	35.0	28.5	28.5				
3.0	1.5	40.0	30.0	30.0	203.0	70.0		
3.5	1.75				205.0	72.0		
4.0	2.0	45.0	32.0	33.0	207.0	73.5	30.0	48.0
4.5	2.25				209.0	75.0		
5.0	2.5	50.0	35.0	35.0	211.0	77.0		

续表 12.5－8

地板负重面长度/m	两横垫木最小间距/m	N9、N17（60t）	N16（60t）	N60（60t）	D9（230t）	D10（90t）	D21（60t）	D22（120t）
5.5	2.75				213.5	78.5		
6.0	3.0	53.0	37.5	40.0	216.0	80.0	33.0	55.0
7.0	3.5	55.0	40.0	45.0	220.0	83.5		
7.5	3.75				222.0	85.0		
8.0	4.0	57.0	44.0	50.0	224.0	87.0	36.0	60.0
9.0	4.5	60.0	49.0	55.0	230.0	90.0		
10.0	5.0		55.0	60.0			39.0	65.0
11.0	5.0		60.0					
12.0	6.0						43.0	70.0
13.0	7.0						48.0	75.0
15.0	7.5						50.0	
16.0	8.0						60.0	80.0
18.0	9.0							85.0

敞车避免集重装载，应遵守下列规定：

① 货物支重面长度大于车辆销距时，应在车辆枕梁上铺设横垫木或草支垫、稻草绳把，装载量可以达到车辆容许载重量。自身刚度大的货物可直接放在车地板上。

② 货物长度小于车辆长度的1/2，又无法做到全车均布承载时，仅限使用C62A、C62A(N)及C64型敞车，将货物分为重量、装载长度相等的两部分，按下列要求装载：

a. 每一部分的装载长度不大于3.8m时，应装在枕梁两侧等距离范围内，车辆负重面宽度不得小于1.3m。全车装载量可以达到车辆标记载重量。需要加横垫木时，每部分下加3根，并分别置于车辆枕梁及枕梁内外各1m处。

b. 每一部分的装载长度大于3.8m时，应靠车辆两端墙向中部连续装载，车辆负重面宽度不得小于1.3m，全车装载量不大于55t，货下满铺稻草垫。

③ 一车装载奇数件货物时，应采用车辆枕梁两侧等距离范围内及车辆中部3处承载，中部货重不超过13t，全车装载量不大于57t。

④ 仅在车辆两枕梁之间一定负重面长度上承受均布载荷或对称集中载荷时，最大容许装载量应遵照表12.5－9、表12.5－10的规定。

⑤ 靠防滑衬垫防止货物移动时，C62A、C62A(N)、C64的全车装载量不得超过55t。

表12.5－9　C62A、C62A(N)、C64型敞车两枕梁间承受均布载荷时最大容许装载重量

车辆负重面长度/mm	车辆负重面宽度/mm	最大容许装载重量/t	车辆负重面长度/mm	车辆负重面宽度/mm	最大容许装载重量/t
2000	1300～未满2500	15	6000	1300～未满2500	20
	≥2500	20		≥2500	32
3000	1300～未满2500	16	7000	1300～未满2500	23.5
	≥2500	23		≥2500	35.5
4000	1300～未满2500	17	8000	1300～未满2500	27
	≥2500	26		≥2500	39
5000	1300～未满2500	18.5	9000	1300～未满2500	30
	≥2500	29		≥2500	43

表 12.5－10 C62A、C62A(N)、C64 型敞车两枕梁间承受对称集中载荷时最大容许装载重量

横垫木中心间距/mm	横垫木长度/mm	最大容许装载重量/t	横垫木中心间距/mm	横垫木长度/mm	最大容许装载重量/t
1000	1300～未满 2500	13	5000	1300～未满 2500	32
	≥2500	17		≥2500	42
2000	1300～未满 2500	14	6000	1300～未满 2500	43
	≥2500	20		≥2500	49
3000	1300～未满 2500	17	7000	1300～未满 2500	46
	≥2500	21		≥2500	55
4000	1300～未满 2500	24	8000	1300～未满 2500	50
	≥2500	30		≥2500	60

4. 特殊限界区段的运输限制

特殊限界区段的运输限制见表 12.5－11。

表 12.5－11 特定装载限界区段的运输限制(79 铁运字 1900 号)

<table>
<tr><th>序号</th><th>线名</th><th>区　段</th><th colspan="3">装　载　限　界</th><th>备　注</th></tr>
<tr><td>1</td><td>沈丹线</td><td>本溪湖～本溪间</td><td colspan="3">装载货物中心高度由钢轨面起不得超过 4750mm，4750mm 处的全宽不得超过 1080mm，由车辆纵中心线起每侧不得超过 540mm，其以下高度和宽度按机车车辆限界的标准装载</td><td>中心高处之宽及其以下高处之间应装成斜坡形</td></tr>
<tr><td rowspan="9">2</td><td rowspan="9">京包线</td><td rowspan="9">南口～西拨子间</td><td colspan="3">装载货物高度和宽度参照如下规定　mm</td><td rowspan="9"></td></tr>
<tr><td>由钢轨面起算的高度</td><td>由车辆纵中心线起算每侧的宽度</td><td>全部宽度</td></tr>
<tr><td>4300</td><td>1050</td><td>2100</td></tr>
<tr><td>4200</td><td>1150</td><td>2300</td></tr>
<tr><td>4100</td><td>1250</td><td>2500</td></tr>
<tr><td>4000</td><td>1350</td><td>2700</td></tr>
<tr><td>3900</td><td>1450</td><td>2900</td></tr>
<tr><td>3600</td><td>1600</td><td>3200</td></tr>
<tr><td>1250 以上</td><td></td><td></td></tr>
<tr><td>3</td><td></td><td>运往朝鲜的货物</td><td colspan="3">按机车车辆限界装载，但最高不得超过 4750mm</td><td></td></tr>
<tr><td>4</td><td>广九线</td><td>经深圳北运往九龙的货物</td><td colspan="3">装载货物中心高度由钢轨面起不得超过 4572mm，4572mm 处左右宽度不得超过 406mm，两侧高为 3732mm，两侧高处及其以下左右宽度不得超过 1524mm</td><td>装载竹竿、杉木、木板及其同类性质货物，应尽量避免使用平板车装运</td></tr>
</table>

5. 货物装载加固

① 货物装载时，应使用必要的装载加固材料和装置。

a. 常用加固材料有：支持、垫木、三角挡(木制、铁塑制、铁制)、轮挡(铁塑制)、凹木、挡木、掩木、方术、支承方木、隔木、木楔、绞棍、镀锌铁线、盘条、钢带、钢丝绳、钢丝绳夹头、紧线器、紧固器(钢丝绳制、棕麻绳制)、固定捆绑铁索、绳索、绳网、橡胶垫、草支垫、稻草垫、稻草绳把、钉子、U形钉、巴锔钉、专用卡具、型钢等。

b. 装载加固装置有：货物转向架、活动式滑枕或滑台、货物支架、座架、车钩缓冲停止器等。禁止使用菱苦土(菱镁混凝土)、水泥、砖块、石块等材料作为加固材料和制作加固装置。

② 装载货物时，可根据需要使用横、纵垫木。分层装载需要层间防滑时，必须使用隔木。纵、横垫木与隔木规格见表12.5－12。

表12.5－12　横、纵垫木及隔木规格

<table>
<tr><th colspan="2" rowspan="2">名称及适用货物</th><th colspan="3">规格尺寸</th><th rowspan="2">备　注</th></tr>
<tr><th>长/mm</th><th>宽/mm</th><th>离(厚)/mm</th></tr>
<tr><td rowspan="3">横垫木</td><td>超长货物</td><td rowspan="3">2700～3000</td><td></td><td></td><td>高度根据货物突出车辆长度确定，宽度不小于高度</td></tr>
<tr><td>超限货物</td><td rowspan="2">150</td><td rowspan="2">140</td><td rowspan="2"></td></tr>
<tr><td>集重货物</td></tr>
<tr><td>纵垫木</td><td>集重货物</td><td></td><td>150</td><td>140</td><td></td></tr>
<tr><td colspan="2">横隔木</td><td></td><td>100</td><td>35</td><td>长度不得小于货物的装载宽度</td></tr>
</table>

注：① 横、纵垫木均应以坚实的木材制作。

② 纵垫木最小长度，应与表12.5－8所规定的地板负重面长度相等。

③ 本表规定的垫木规格，如不能适应所装货物的重量、长度和形状时，应由托运人和发货站共同确定。

③ 超长货物的跨装运输，必须使用货物转向架。对转向架的具体要求应符合《铁路货物装载加固规则》的有关规定。

④ 使用铁地板D型车(长大货物车)装载货物，允许采用型钢焊接加固的方法，焊接强度应满足所受剪切力的要求。

⑤ 支座的装载位置应满足表12.5－8规定的集重货物装载要求。对不等径容器的发运，为使中心轴线保持与车底板平行，应调整装载支座的高度。

⑥ 装车(加固)图的绘制原则要求如下：

a. 对于各级超限、集重、超长、重心偏移或超高等货物，装载加固较复杂的均应进行装载设计并绘制装车(加固)图。

b. 装车图至少绘出两个视图(主视图、侧视图)，可以用单线表达，但尺寸要标注齐全，高度方向上的尺寸应从车底面板或轨面算起，两侧突出点的尺寸应以产品中心线向两侧标注，并应有横竖两个尺寸，以确定该突出点的坐标位置而便于计算及测量。

c. 装车图需标明重心位置、重心高、支座或垫木位置。

d. 所选用的车皮类型、主要特性及参数尺寸要有说明，特别是有些车型，如D10型有3种不同的转向架(或底架心盘)中心距，车体长也有差别，在注释中应予确定。

e. 装车图中对各加固用物品、零部件应标注名称、数量、货物总重及总体尺寸。

f. 装车图必须征得货物承运部门的认可方能作为装载依据。

12.6　集装箱的尺寸

采用集装箱运输的产品，应符合集装箱规格尺寸的要求。GB/T 1412《系列1集装箱分类、尺寸和额定质量》规定了集装箱的基本规格大小，见表12.6－1。

表 12.6－1 系列 1 通用集装箱的最小内部尺寸和门框开口尺寸

<table>
<tr><th rowspan="2">集装箱型号</th><th colspan="3">最小内部尺寸/mm</th><th colspan="2">最小门框开口尺寸/mm</th></tr>
<tr><th>高度</th><th>宽度</th><th>长度</th><th>高度</th><th>宽度</th></tr>
<tr><td>1EEE</td><td>2650</td><td rowspan="2">2330</td><td rowspan="2">13542</td><td>2566</td><td rowspan="11">2286</td></tr>
<tr><td>1EE</td><td>2350</td><td>2261</td></tr>
<tr><td>1AAA</td><td>2650</td><td rowspan="3">2330</td><td rowspan="3">11998</td><td>2566</td></tr>
<tr><td>1AA</td><td>2350</td><td>2261</td></tr>
<tr><td>1A</td><td>2197</td><td>2134</td></tr>
<tr><td>1BBB</td><td>2650</td><td rowspan="3">2330</td><td rowspan="3">8931</td><td>2566</td></tr>
<tr><td>1BB</td><td>2350</td><td>2261</td></tr>
<tr><td>1B</td><td>2197</td><td>2134</td></tr>
<tr><td>1CC</td><td>2350</td><td rowspan="2">2330</td><td rowspan="2">5867</td><td>2261</td></tr>
<tr><td>1C</td><td>2197</td><td>2134</td></tr>
<tr><td>1D</td><td>2197</td><td>2330</td><td>2802</td><td>2134</td></tr>
</table>

注：① 另有型号 1AX、1BX、1CX、1DX 系指集装箱高度尺寸小于 2197mm。

② 内部尺寸不考虑顶角件伸入箱内的部分。

附录 A　敞口矩形容器的设计

A.1　符号说明

A、B——矩形板计算公式与图表中矩形边的一般符号，mm，应用时视具体问题以 L、L_p、L_I代替 A，以 H、H_i、W、W_T代替 B；

a——F 型矩形容器拉杆水平间距，mm；

b——扁钢宽度，mm；

C——厚度附加量，$C = C_1 + C_2$，mm；

C_1——钢板厚度负偏差，mm；

C_2——腐蚀裕量，mm；

d——C、E 型矩形容器圆钢拉杆直径，mm；

d_i——F 型矩形容器第 i 截面拉杆直径，mm；

E^t——设计温度下材料的弹性模量，MPa；

F_i——D、E 型矩形容器第 i 截面加固圈单位长度上的载荷，N/mm；

$[f]$——壁板或顶板的许用挠度，mm；

$f_{f,max}$——D、E、G 型矩形容器第 i 层壁板最大挠度，mm；

$f_{W,max}$、$f_{T,max}$——壁板、顶板最大挠度，mm；

g——重力加速度，$g = 9.81 m/s^2$；

H——容器高度，mm；

H_c、L_c——顶边加固件承受储液压力的高度、宽度，mm，应用时视具体问题以 H、H_1代替 H_c，以 L、L_p代替 L_c；

H_i——D、E、G 型矩形容器第 i 段加固圈、拉杆或联杆段间距，m；

h——F 型矩形容器拉杆垂直间距，mm；

h_i——D、E、F、G 型矩形容器顶边与第 i 截面加固圈、拉杆或联杆距离，mm；

i——D、E、F、G 型矩形容器加固圈、拉杆或联杆的层序号，从顶边以下分别为 1、2、3、……；

$I_{c,i}$——D、E 型矩形容器第 i 截面加固圈所需惯性矩，mm^4；

$I_{c,T}$——顶边加固件所需惯性矩，mm^4；

I_x——G 型矩形容器顶部联杆组合截面惯性矩，mm^4；

L——容器长度($L \geqslant W$)，mm；

L_b——底板支承梁间距，mm；

$L_{b,max}$——底板支承梁最大允许间距，mm；

L_p、$L_{p,max}$——分别为 C、E、G 型矩形容器的加固柱间距、最大间距，mm；

L_R——拉杆或联杆长度，mm；

L_T、W_T——顶板加强筋沿 L、W 方向的间距，mm；

M——加固柱承受的最大弯矩，N·mm；

P_a——顶板附加载荷，$P_a = 1.2 \times 10^{-3}$MPa；

p_c——计算压力，MPa；

W——容器宽度（$W \leqslant L$），mm；

Z_p——C、E、G 型矩形容器加固柱所需截面系数，mm^3；

L_T，W_T——顶板 L 方向、W 方向加强筋所需截面系数，mm^3；

Z_T——顶板加强筋所需截面系数，mm^3；

Z_x——G 型矩型容器顶部联杆组合截面所需截面系数，mm^3；

Γ、Δ——矩形板的长边和短边，Γ 为 A、B 中的较大值，Δ 为 A、B 中的较小值，mm；

α、β——系数，见图 A.5－2，图 A.6－2，图 A.7－2 和图 A.12－2；

$[\sigma]_b$——常温下型钢结构件材料的许用应力，MPa；

$[\sigma]_{bt}$——常温下拉杆或联杆抵抗液体静压对外推力的许用应力，MPa；普通碳素钢取 55.6MPa；

$[\sigma]^t$——设计温度下矩形板材料的许用应力，MPa；

$\sigma_{n,W}$——拉杆或联杆自身重力引起的弯曲应力，MPa；

$\sigma_{t,p}$——拉杆或联杆液体静压引起的拉应力，MPa；

$\sigma_{t,w}$——拉杆或联杆自身重力引起的拉应力，MPa；

$\sigma_{R,max}$——作用于拉杆或联杆的最大应力，MPa。

δ_b、$\delta_{b,n}$、$\delta_{b,e}$——分别为底板的计算厚度、名义厚度、有效厚度，mm；

δ_e——矩形容器壁板，底板有效厚度，mm；

δ_i、$\delta_{i,n}$、$\delta_{i,e}$——分别为 D、E、F、G 型矩形容器第 i 层壁板的计算厚度、名义厚度、有效厚度，mm；

$\delta_{n,b}$——G 型矩形容器扁钢联杆的名义厚度，mm；

δ_T、$\delta_{T,n}$、$\delta_{T,e}$——分别为顶板的计算厚度、名义厚度、有效厚度，mm；

δ_W、$\delta_{W,n}$、$\delta_{W,e}$——分别为壁板的计算厚度、名义厚度、有效厚度，mm；

ρ——储液密度，kg/mm^3，$\rho = 1 \times 10^{-6} kg/mm^3$；

ρ_M——矩形板或加固件的材料密度，kg/mm^3，$\rho_M = 7.85 \times 10^{-6} kg/mm^3$。

A.2 结构设计

A.2.1 结构形式分类

矩形容器可分为不加固型（A 型）、顶边加固型（B 型）、垂直加固型（C 型）、横向加固型（D 型）、垂直和横向联合加固型（E 型）、拉杆加固型（F 型）及带双向水平联杆垂直加固型（G 型）等七种结构形式，其分类说明按表 A.2－1。

A.2.2 矩型容器板边的连接形式

矩形容器板边的连接形式及加固措施如图 A.2－1 所示。对垂直加固的矩形容器，如采用［图 A.2－1（a）］的筋板加固时，此筋板应与加固柱对中。

表 A.2-1 矩形容器分类说明

类型	代号与名称	加固方式	尺寸范围与选用原则	设计元件
小型	A型 不加固型	不加固	$V \leqslant 1m^3$ $0.3 \leqslant H/L \leqslant 3$	顶板[可选]、底板、壁板
中型	B型 顶边加固型	顶边加固	选用原则 按设计流程	同A型；顶边加固件
	C型 垂直加固型	顶边加固 垂直加固		同B型；垂直加固件、拉杆[可选]
	D型 横向加固型	顶边加固 横向加固		同A型；垂直加固件、水平加固件
	E型 垂直和横向联合加固型	顶边加固 横向加固 横向加固		同A型；垂直加固件、水平加固件
较大型	F型 拉杆加固型	顶边加固 内部壁板由双向拉杆加固		同A型；拉杆
	G型 带双向水平联杆垂直加固型	顶边加固 内部垂直加固 内部双向联杆加固		同B型；垂直加固件、水平联杆

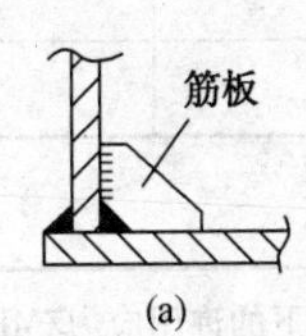

(a)

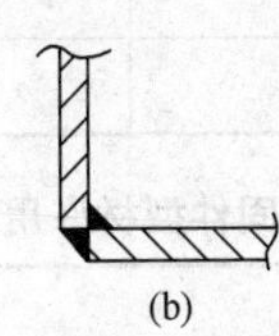
(b)

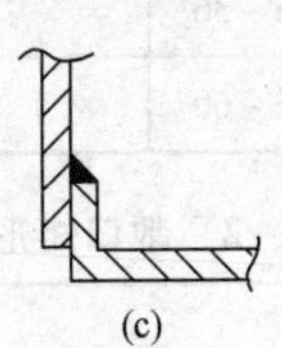
(c)

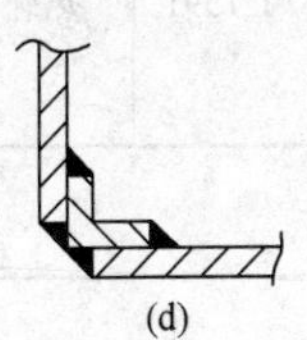
(d)

图 A.2-1 板边连接焊接接头

A.2.3 容器内部的设置

容器内部设置有分室隔板时，隔板应按壁板设计。

A.2.4 壁板及顶边加固件的连接

壁板及顶边加固件可用连续焊或间断焊连接，每侧间断焊接接头的总长不少于加固件长度的1/2。

A.2.5 矩形容器的放置

矩形容器可置于平面基础上，也可用型钢支承(见图 A.13-1)。

A.3 设计控制方式

A.3.1 容器各元件的设计

敞口矩形容器壁板、顶板需作强度设计以确定壁厚，并作刚度校核；容器底板作强度设计；加固件按相应的强度或刚度要求作截面设计。

A.3.2 许用应力和许用挠度

① 矩形容器壁板、顶板、底板钢板许用应力按表 A.3-1 的规定；加固件型材许用应力

按表 A.3－2 的规定。

表 A.3－1 敞口矩形容器钢板的许用应力

钢 号	钢材标准	使用状态	厚度/mm	常温强度指标		在下列温度下(℃)的许用应力/MPa			
				R_m/MPa	R_{eL}/MPa	≤20	100	150	200
Q235A.F	GB 912	热轧	3～4	375	235	140	126	120	112
	GB/T 3274		4.5～16	375	235	140	126	120	112
Q235A	GB 912	热轧	3～4	375	235	140	126	120	112
	GB/T 3274		4.5～16	375	235	140	126	120	112
			＞16～40	375	235	140	120	114	107
Q235B	GB 912	热轧	3～4	375	235	140	126	120	112
	GB/T 3274		4.5～16	375	235	140	126	120	112
			＞16～40	375	235	140	120	114	107
Q235C	GB 912	热轧	3～4	375	235	156	140	133	124
	GB/T 3274		4.5～16	375	235	156	140	133	124
			＞16～40	375	235	156	133	127	119
Q345	GB/T 1591	热轧	6～16						
			＞16～36						
			＞36～60						

表 A.3－2 敞口矩形容器加固件型材许用应力

钢 号	钢材标准	钢材厚度(直径)/mm	常温下的许用应力/MPa	
			抗拉、抗压和抗弯	抗剪≤
Q235A.F	GB/T 700	≤16	150	88
Q235A，Q235B		＞16～40	137	84
Q235B	GB/T 700	≤16	167	98
		＞16～40	152	93
Q235C	GB/T 1591	≤16	235	142
		＞16～25	235	137

② 矩形容器壁板、顶板许用挠度按式(A.3－1)计算：

$$[f]=5\left(\frac{\delta_e}{2}+\sqrt{\frac{B}{A}\times\frac{A}{500}}\right) \tag{A.3－1}$$

A.3.3 矩形容器的选型及设计

矩形容器的选型及设计可参照图 A.3－1 的设计流程进行。

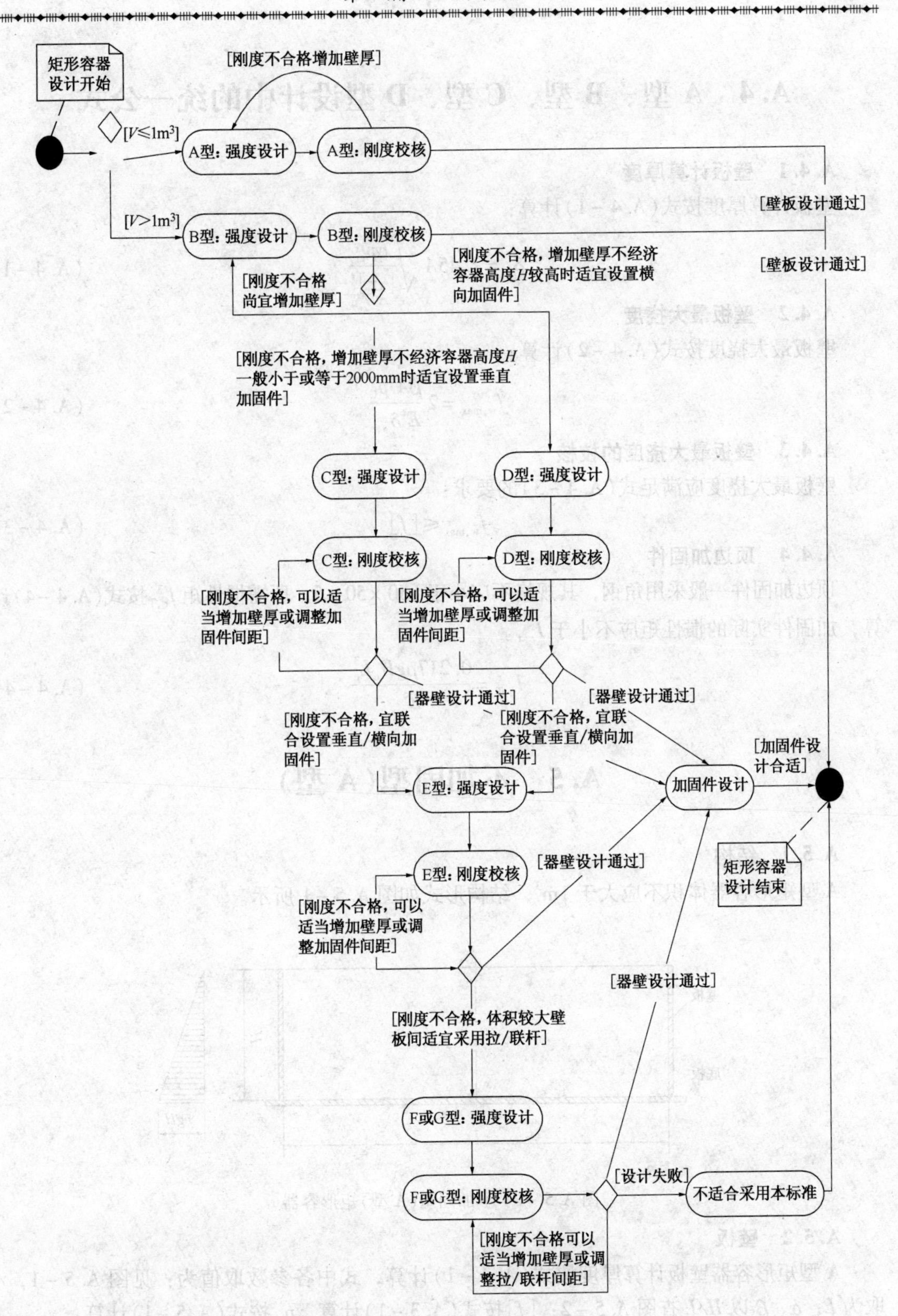

图 A.3－1　矩形容器设计流程

A.4 A型、B型、C型、D型设计中的统一公式

A.4.1 壁板计算厚度

壁板计算厚度按式(A.4-1)计算：

$$\delta_w = 2.45A\sqrt{\frac{\alpha p_c}{[\sigma]^t}} \tag{A.4-1}$$

A.4.2 壁板最大挠度

壁板最大挠度按式(A.4-2)计算：

$$f_{w,\max} = 2\frac{\beta A^4 p_C}{E^t \delta_{w,e}} \tag{A.4-2}$$

A.4.3 壁板最大挠度的校核

壁板最大挠度应满足式(A.4-3)的要求：

$$f_{w,\max} \leqslant [f] \tag{A.4-3}$$

A.4.4 顶边加固件

顶边加固件一般采用角钢，其规格不应小于L50×50×5，所需惯性矩 $I_{c,T}$ 按式(A.4-4)计算，加固件实际的惯性矩应不小于 $I_{c,T}$。

$$I_{c,T} = \frac{0.217\rho g H_c^2 L_c^3}{E^t} \tag{A.4-4}$$

A.5 不加固型(A型)

A.5.1 结构

A型矩形容器体积不应大于1m³，结构形式如图A.5-1所示。

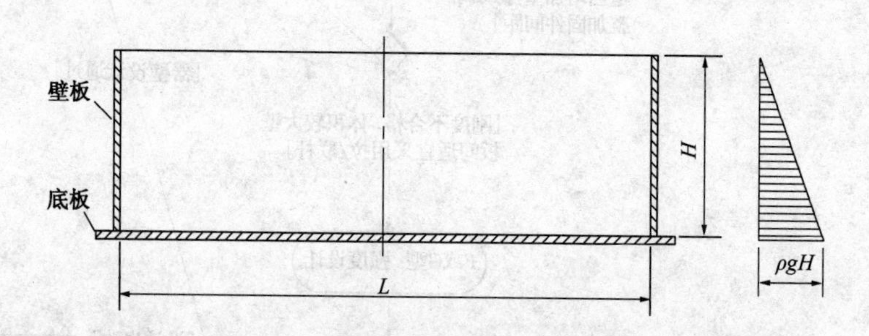

图A.5-1 不加固型(A型)矩形容器

A.5.2 壁板

A型矩形容器壁板计算厚度按式(A.4-1)计算，式中各参数取值为：见图A.5-1，A 取为 L；α、β 以 H/L 查图A.5-2；$[f]$ 按式(A.3-1)计算，p_c 按式(A.5-1)计算：

$$p_c = \rho g H \tag{A.5-1}$$

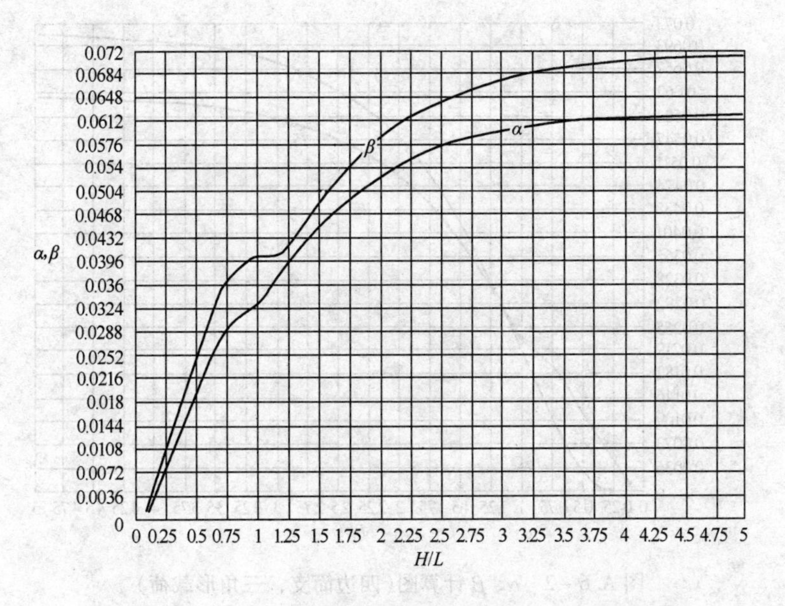

图 A.5－2 α、β 计算图（三边简支顶边自由，三角形载荷）

A.6 顶边加固型（B 型）

A.6.1 结构

B 型矩形容器的顶边设置加固件，一般采用角钢，其规格不应小于 L50×50×5，其结构如图 A.6－1 所示。

A.6.2 壁板

B 型矩形容器壁板计算厚度按式（A.4－1）计算。式中各参数取值为：见图 A.6－1，A 取为 L、B 取为 H；α、β 以 B/A 查图 A.6－1；$[f]$ 按式（A.3－1）计算，p_c 按式（A.5－1）计算。

A.6.3 顶边加固件

B 型矩形容器顶边加固件所需惯性矩按式（A.4－4）计算。式中各参数取值为：见图 A.6－2，H_c 取为 H，L_c 取为 L。

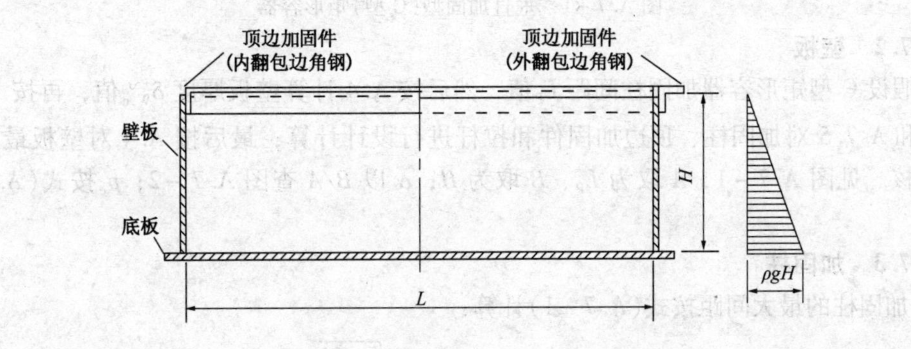

图 A.6－1 顶边加固型（B 型）矩形容器

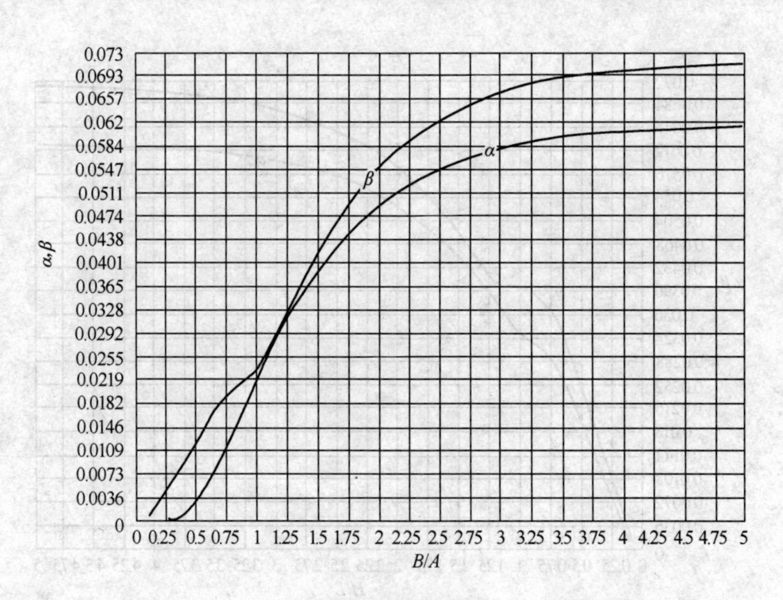

图 A.6－2　α、β 计算图(四边简支，三角形载荷)

A.7　垂直加固型(C)型

A.7.1　结构

C 型矩形容器，顶边设置加固件，一般采用角钢，其规格不应小于 L50×50×5；在长度方向、宽度方向器壁上设置垂直加固柱，相对器壁的加固柱之间可设置拉杆，其结构如图 A.7－1 所示。

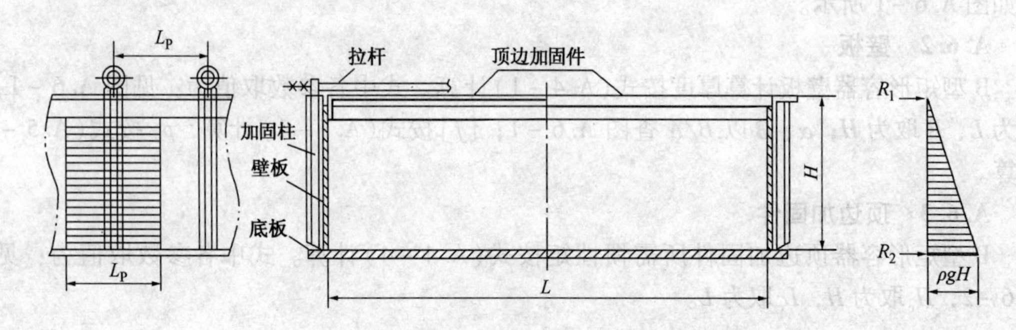

图 A.7－1　垂直加固型(C 型)矩形容器

A.7.2　壁板

先假设 C 型矩形容器加固柱间距 L_P值，然后按 A.4 计算壁板厚度 $\delta_{W,n}$值，再按 A.7.3、A.7.4 和 A.7.5 对加固柱、顶边加固件和拉杆进行设计计算；最后按 A.4 对壁板最大挠度进行校核。见图 A.7－1，A 取为 L_P、B 取为 H；α 以 B/A 查图 A.7－2；p_c按式(A.5－1)计算。

A.7.3　加固柱

1. 加固柱的最大间距按式(A.7－1)计算：

$$L_{p,\max}=0.408\delta_{W,e}\sqrt{\frac{[\sigma]^t}{\alpha P_c}} \qquad (A.7-1)$$

式中各参数取值为：见图 A.7－1，A 取为 L_p、B 取为 H；α 以 B/A 查图 A.7－2；p_c 按式(A.5－1)计算。

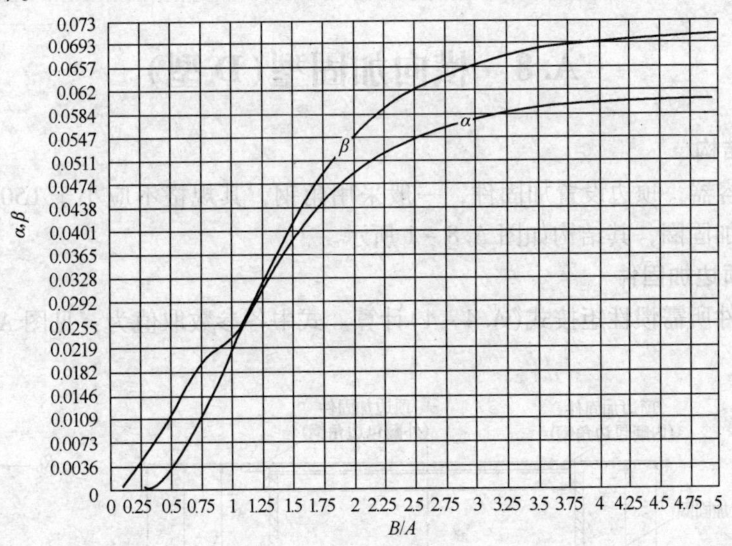

图 A.7－2　α、β 计算图(四支简支，三角形载荷)

2. 图 A.7－1 中实际的加固柱间距 L_p 不应大于 $L_{p,max}$。

3. 加固柱所需截面系数 Z_p 按式(A.7－2)计算，加固柱实际截面系数应不小于 Z_p：

$$Z_p = L_p\left(\frac{0.0642\rho g H^3}{[\sigma]^t} - \frac{\delta_{W,c}^2}{6}\right) \quad (A.7-2)$$

A.7.4　顶边加固件

顶边加固件所需惯性矩按式(A.4－4)计算。式中各参数取值为：见图 A.7－1，当有拉杆时，H_c 取为 H、L_c 取为 L_p；当无拉杆时，H_c 取为 H、L_c 取为 L。

A.7.5　圆钢拉杆

1. 当拉杆长度 $L_R \geqslant 363d^{2/3}$，拉杆直径按式(A.7－3)、式(A.7－4)计算：

$$d = 0.553H\sqrt{\frac{\rho g L_p}{[\sigma]_{bt}}} + C_2 \quad (A.7-3)$$

$$[\sigma]_{bt} = [\sigma]_b - 62.1 \quad (A.7-4)$$

2. 当拉杆长度 $L_R < 363d^{2/3}$，按式(A.7－5)～式(A.7－9)进行应力校核：

拉杆自身重力引起的拉应力按式(A.7－5)计算：

$$\sigma_{t,w} = 0.864E^t\frac{d^2}{L_R^2} \quad (A.7-5)$$

拉杆自身重力引起的弯曲应力按式(A.7－6)计算：

$$\sigma_{n,w} = \frac{\rho_M g L_R^2}{d} \quad (A.7-6)$$

液体静压力作用于拉杆上引起的拉应力按式(A.7－7)计算：

$$\sigma_{t,p} = \frac{0.306\rho g H^2 L_p}{d^2} \quad (A.7-7)$$

拉杆的最大应力按式(A.7－8)计算：

$$\sigma_{R,max} = \sigma_{t,w} + \sigma_{n,w} + \sigma_{t,p} \quad (A.7-8)$$

拉杆的最大应力应满足式(A.7 -9)：

$$\sigma_{R,max} \leqslant [\sigma]_b \tag{A.7-9}$$

A.8 横向加固型(D 型)

A.8.1 结构

D 型矩形容器，顶边设置加固件，一般采用角钢，其规格不应小于 L50 ×50 ×5；在器壁上设置横向加固圈，其结构如图 A.8 -1 所示。

A.8.2 顶边加固件

顶边加固件所需惯性矩按式(A.4 -4)计算。式中各参数取值为：见图 A.8 -1，H_c取为h_i，L_c取为L。

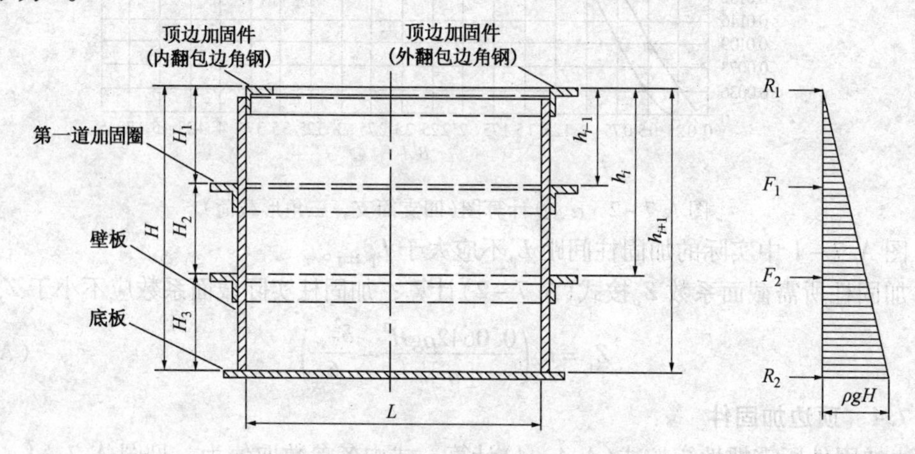

图 A.8 -1 横向加固型(D 型)矩形容器

A.8.3 加固圈

推荐的加固圈数量与段间距见表 A.8 -1 和表 A.8 -2。

表 A.8 -1 加固圈数量

容器高 H/mm	1500 ~2100	>2100 ~3000	>3000 ~4000	>4000
加固圈数量/个	1	2	3	4

表 A.8 -2 加固圈段间距

数量/个	段间距/mm				
	H_1	H_2	H_3	H_4	H_5
1	0.60H	0.40H	—	—	—
2	0.45H	0.30H	0.25H	—	—
3	0.37H	0.25H	0.21H	0.17H	—
4	0.31H	0.21H	0.18H	0.16H	0.14H

A.8.4 各段设计

1. 第一段

第一道加固圈单位长度上的载荷按式(A.8 -1)计算：

$$F_1 = \frac{1}{6}\rho g h_2(h_1 + h_2) \tag{A.8-1}$$

第一道加固圈所需的惯性矩按式(A.8-2)计算，该道加固圈实际的惯性矩应不小于$I_{c,T}$：

$$I_{c,T} = \frac{1.3F_1L^3}{E^t} \tag{A.8-2}$$

第一段壁板计算厚度按式(A.8-3)计算：

$$\delta_1 = L\sqrt{\frac{3\alpha_1\rho g h_1}{[\sigma]^t}} \tag{A.8-3}$$

式中α_1查图A.6-2的α，查图时，A取为L、B取为H_1。

2. 第一段以下各段

由矩形容器顶端算起，第$i(i=2, 3, 4\cdots)$道横向加固圈单位长度上的载荷按式(A.8-4)计算：

$$F_i = \frac{1}{6}\rho g(h_{i+1} - h_{i-1})(h_{i+1} + h_i + h_{i-1}) \tag{A.8-4}$$

第i道横向加固圈所需的惯性矩按式(A.8-5)计算，各道加固圈实际的惯性矩应不小于$I_{c,i}$：

$$I_{c,i} = \frac{1.3F_iL^3}{E^t} \tag{A.8-5}$$

第i段壁板计算厚度按式(A.8-6)计算：

$$\delta_i = L\sqrt{\frac{6\alpha_i\rho g(h_{i-1} + h_i)}{[\sigma]^t}} \tag{A.8-6}$$

式中α_i查图A.7-2的α，查图时，A取为L，B取为H_i。

A.8.5　各段刚度校核

1. 第一段

按式(A.8-3)计算的第一段壁板厚度，应按式(A.8-7)计算最大挠度，并按式(A.8-8)校核刚度：

$$f_{1,\max} = \frac{\beta_1L^4\rho g h_1}{2E^t\delta_{1,e}^3} \tag{A.8-7}$$

$$f_{1,\max} \leqslant [f] \tag{A.8-8}$$

式(A.8-7)中，β_1查图A.7-2的β，查图时，A取为L，B取为H_1；式(A.8-8)中，$[f]$按式(A.3-1)计算。

2. 第一段以下各段

按式(A.8-6)计算的各段壁板厚度，按式(A.8-9)计算最大挠度，并按式(A.8-10)校核刚度：

$$f_{i,\max} = \frac{\beta_iL^4\rho g(h_{i-1} - h_i)}{2E^t\delta_{i,e}^3} \tag{A.8-9}$$

$$f_{i,\max} \leqslant [f] \tag{A.8-10}$$

式(A.8-9)中，β_i查图A.6-3的β，查图时，A取为L，B取为H_i；式(A.8-10)中，$[f]$按式(A.3-1)计算。

A.9 垂直和横向联合加固型(E型)

A.9.1 结构

当矩形容器高 H 超过2200mm时，通常在壁板垂直加固的形式上，再加横向加固圈，以增加壁板的刚度，此即垂直横向联合加固型(E型)矩形容器，如图A.9-1所示。

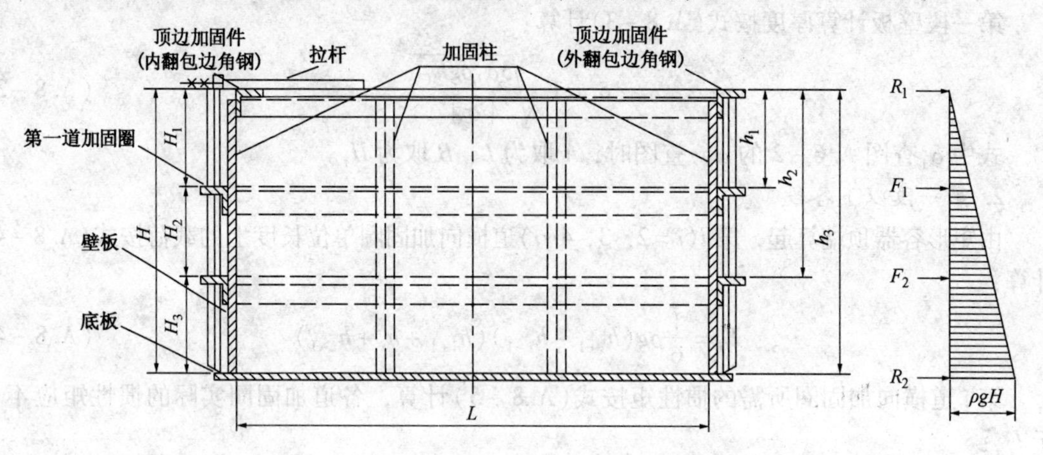

图A.9-1 垂直和横向联合加固型(E型)矩形容器

A.9.2 设计

E型矩形容器顶边加固件、各段横向加固圈与壁板的设计、校核按A.8进行。各项计算中的 A 改用 L_p；垂直加固柱和圆钢拉杆的设计按A.7.3和A.7.5进行。

A.10 拉杆加固型(F型)

A.10.1 结构

对较大矩形容器，可采用内部拉杆结构，如图A.10-1所示，布置拉杆时，宜使 $a \approx h$。

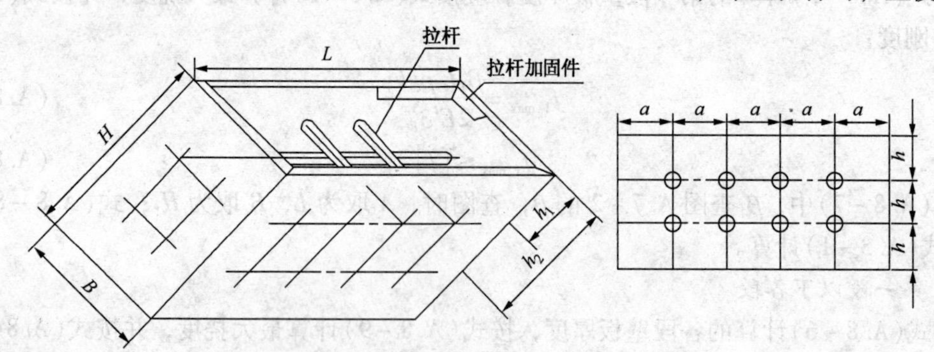

图A.10-1 拉杆加固型(F型)矩型容器

A.10.2 壁板

拉杆间距 $a \approx h$ 时，壁板计算厚度按式(A.10-1)计算：

$$\delta_i = h\sqrt{\frac{\rho g h_i}{2[\sigma]^t}} \quad \text{(A.10-1)}$$

A.10.3　拉杆

拉杆直径按式(A.10－2)计算，且不应小于6m。

$$d_i = 1.13\sqrt{\frac{\alpha h\rho g h_i}{2[\sigma]_{bt}}} + C_2 \tag{A.10－2}$$

A.10.4　顶边加固件

顶边加固件所需的惯性矩按式(A.4－4)计算。式中各参数取值为：见图A.10－1，H_c取为h_1，L_c取为L。

A.11　带双向水平联杆垂直加固型(G型)

A.11.1　结构

带双向水平联杆垂直加固型(G型)矩形容器，为内部加固的较大型矩形容器，通常在垂直加固柱之间设置一排或两排不等距的联杆，顶部联杆兼作盖板支承，其结构如图A.11－1所示，α、β由图A.7－2查取。

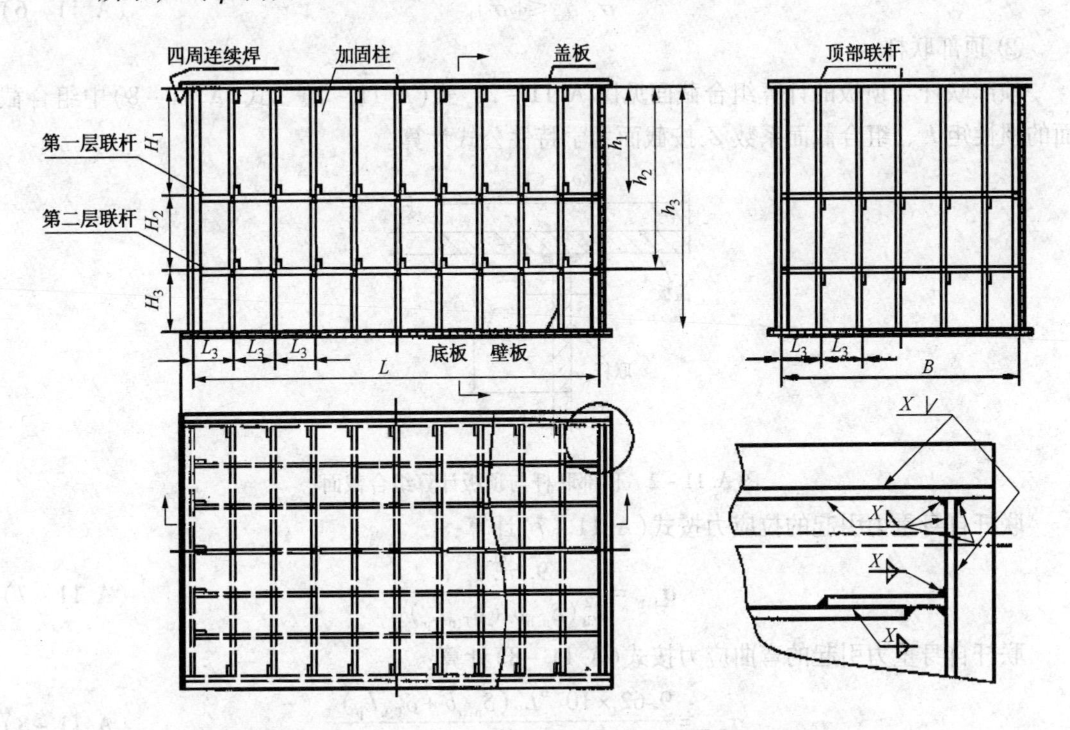

图A.11－1　带双向水平联杆垂直加固型(G型)矩形容器

A.11.2　加固柱与联杆

1. 设置一层联杆时

(1) 加固柱

联杆宜设置在$H_1 = 0.6H$处，此时，加固柱所需的截面系数Z_P按式(A.11－1)计算，实际的截面系数应不小于Z_P：

$$Z_P = L_P\left(\frac{0.015\rho g H^3}{[\sigma]_b} - \frac{\delta_{W,e}^2}{6}\right) \tag{A.11－1}$$

(2) 扁钢联杆

① 中间联杆：

联杆自身重力引起的拉应力按式(A.11-2)计算：

$$\sigma_{t,w}=\frac{0.8E^{t}b^{2}}{L_{R}^{2}} \tag{A.11-2}$$

联杆自身重力引起的弯曲应力按式(A.11-3)计算：

$$\sigma_{n,w}=\frac{0.75\rho_{M}gL_{R}^{2}}{b} \tag{A.11-3}$$

液体静压力作用于中间联杆上引起的拉应力按式(A.11-4)计算：

$$\sigma_{t,p}=\frac{0.27\rho gH^{2}L_{p}}{(\delta_{nb}-2C)(b-2C)} \tag{A.11-4}$$

中间联杆的最大应力按式(A.11-5)计算：

$$\sigma_{R,max}=\sigma_{t,w}+\sigma_{n,w}+\sigma_{t,p} \tag{A.11-5}$$

中间联杆的最大应力 $\sigma_{R,max}$ 应满足(A.11-6)的要求：

$$\sigma_{R,max}\leqslant[\sigma]_{b} \tag{A.11-6}$$

② 顶部联杆：

顶部联杆与顶板的计算组合截面见图 A.11-2，式(A.11-7)、式(A.11-8)中组合截面的惯性矩 I_x、组合截面系数 Z_x 按截面力学特性公式计算。

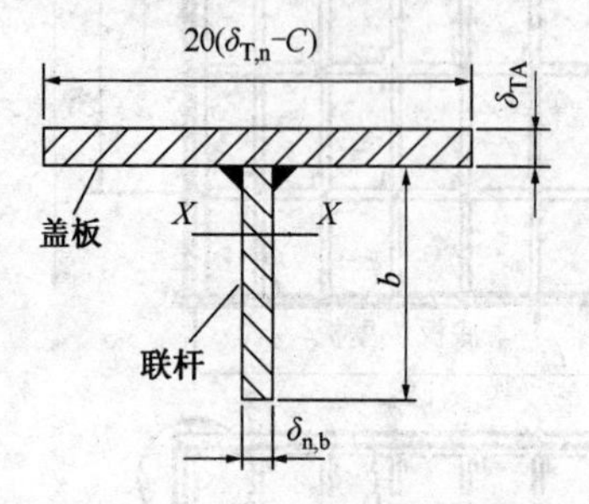

图 A.11-2 顶部联杆与顶板计算组合截面

联杆自身重力引起的拉应力按式(A.11-7)计算：

$$\sigma_{t,w}=\frac{9.6E^{t}I_{x}}{L_{R}^{2}(\delta_{n,b}b+\delta_{T,n}L_{p})} \tag{A.11-7}$$

联杆自身重力引起的弯曲应力按式(A.11-8)计算：

$$\sigma_{n,w}=\frac{9.62\times10^{-6}L_{R}^{2}(\delta_{n,b}b+\delta_{T,n}L_{p})}{Z_{x}} \tag{A.11-8}$$

液体静压力作用于顶部联杆上的拉应力按式(A.11-9)计算：

$$\sigma_{t,p}=\frac{0.06\rho gH^{2}L_{p}}{(b-C)(\delta_{n,b}-2C)+L_{p}\delta_{T,e}} \tag{A.11-9}$$

顶部联杆的最大应力按式(A.11-10)计算：

$$\sigma_{R,max}=\sigma_{t,w}+\sigma_{n,w}+\sigma_{t,p} \tag{A.11-10}$$

顶部联杆的最大应力 $\sigma_{R,max}$ 应满足式(A.11-10)的要求：

$$\sigma_{R,max}\leqslant[\sigma]_{b} \tag{A.11-11}$$

2. 设置两层联杆时

(1) 加固柱

联杆宜设置在 $H_1 = 0.45H$、$H_2 = 0.3H$、$H_3 = 0.25H$ 处，此时，加固柱所需的截面系数 Z_P按式(A.11-12)计算，实际的截面系数应不小于 Z_P：

$$Z_P = L_P\left(\frac{0.0054\rho g H^3}{[\sigma]_b} - \frac{\delta_{W,e}^2}{6}\right) \tag{A.11-12}$$

(2) 扁钢联杆

① 第一层联杆

联杆自身重力引起的拉应力 $\sigma_{t,w}$和弯曲应力力 $\sigma_{n,w}$分别按式(A.11-2)和式(A.11-3)计算，液体静压力作用于第一层联杆上引起的拉应力按式(A.11-13)计算：

$$\sigma_{t,p} = \frac{0.15\rho g H^2 L_p}{(\delta_{n,b} - 2C)(b - 2C)} \tag{A.11-13}$$

② 第二层联杆

联杆自身重力引起的拉应力 $\sigma_{t,w}$和弯曲应力力 $\sigma_{n,w}$分别按式(A.11-2)和式(A.11-3)计算，液体静压力作用于第二层联杆上引起的拉应力按式(A.11-14)计算：

$$\sigma_{t,p} = \frac{0.202\rho g H^2 L_p}{(\delta_{n,b} - 2C)(b - 2C)} \tag{A.11-14}$$

第二层联杆的最大应力 $\sigma_{R,max}$及所要满足的要求分别按式(A.11-10)和式(A.11-11)计算。

③ 顶部联杆

顶部联杆与顶板的计算组合截面见图 A.11-2。

联杆自身重力引起的拉应力 $\sigma_{t,w}$和弯曲应力力 $\sigma_{n,w}$分别按式(A.11-7)和式(A.11-8)计算，液体静压力作用于顶部联杆上引起的拉应力按式(A.11-15)计算：

$$\sigma_{t,p} = \frac{0.034\rho g H^2 L_p}{(b - C)(\delta_{n,b} - 2C) + L_p \delta_{T,e}} \tag{A.11-15}$$

顶部联杆的最大应力 $\sigma_{R,max}$及所要满足的要求分别按式(A.11-10)和式(A.11-11)计算。

A.11.3 壁板

如图 A.11-1 所示，壁板按分层联杆分段，各段壁板的计算厚度按式(A.8-3)和式(A.8-6)计算，计算和查图中的 L 改用 L_p。

A.12 顶 板

A.12.1 结构

矩形容器顶板上一般需设置加强筋，如图 A.12-1 所示。以下顶板的计算厚度和最大挠度，只考虑顶板自重和附加载荷 $P_a = 1.2 \times 10^{-3}$MPa。

A.12.2 顶板的计算厚度

顶板的计算厚度按式(A.12-1)计算：

$$\delta_T = \frac{3A^2\alpha\rho_M g + A\sqrt{3\alpha(3A^2\alpha\rho_M^2 g^2 + 2P_a[\sigma]^t)}}{[\sigma]^t} \tag{A.12-1}$$

式中取值为：当如图 A. 12－1 设置加强筋时，A 取为 L_T，B 取为 W_T；当不设加强筋时，A 取为 L，B 取为 W。α 以 B/A 查图 A. 12－2。

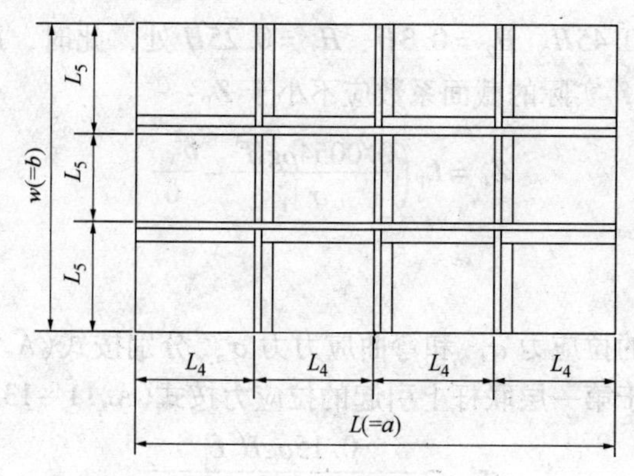

图 A. 12－1 顶板上加强筋的布置

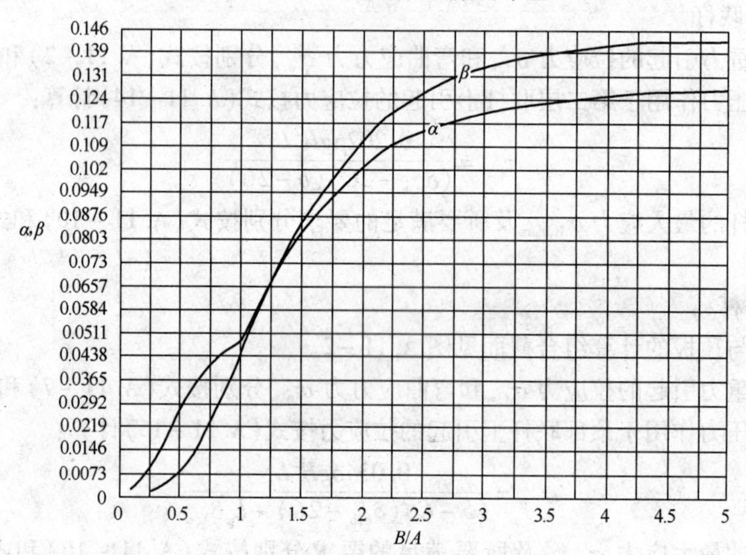

图 A. 12－2 α、β 计算图(四边简支，均布载荷)

A. 12. 3 顶板最大挠度

顶板最大挠度按式(A. 12－2)计算，最大挠度应满足式(A. 12－3)要求：

$$f_{T,\max}=\frac{\beta A^4(\rho_M g\delta_{T,e}+P_a)}{E^t\delta_{T,e}^3} \tag{A. 12－2}$$

$$f_{T,\max}\leqslant[f] \tag{A. 12－3}$$

式中取值为：当如图 A. 12－1 设置加强筋时，A 取为 L_T，B 取为 W_T；当不设加强筋时，A 取为 L，B 取为 W。β 以 B/A 查图 A. 12－2。

$[f]$按式(A. 3－1)计算。

A. 12. 4 加强筋

顶板上加强筋的截面系数 Z_T取 L 方向截面系数 $Z_{T,L}$与 W 方向截面系数 $Z_{T,W}$的较大值，$Z_{T,L}$、$Z_{T,W}$、Z_T分别按式(A. 12－4)～式(A. 12－6)计算，顶板上加强筋实际的截面系数应不小于 Z_T。

$$Z_{T,L}=\frac{(\rho_M g\delta_{T,e}+P_a)L_T W_T^2}{9.4[\sigma]_b}-\frac{L_T\delta_{T,e}^2}{6} \tag{A.12-4}$$

$$Z_{T,W}=\frac{(\rho_M g\delta_{T,e}+P_a)W_T L_T^2}{9.4[\sigma]_b}-\frac{W_T\delta_{T,e}^2}{6} \tag{A.12-5}$$

$$Z_T=\max\{Z_{T,L},\ Z_{T,W}\} \tag{A.12-6}$$

A.13　底　　板

A.13.1　结构

底板可放置在型钢支承上，如图 A.13－1 所示。也可放置在整个平面上，平面支承的底板，当壁板厚度小于 10mm 时，底板厚度不小于 6mm；当壁板厚度为 10～20mm 时，底板厚度不小于 8mm。

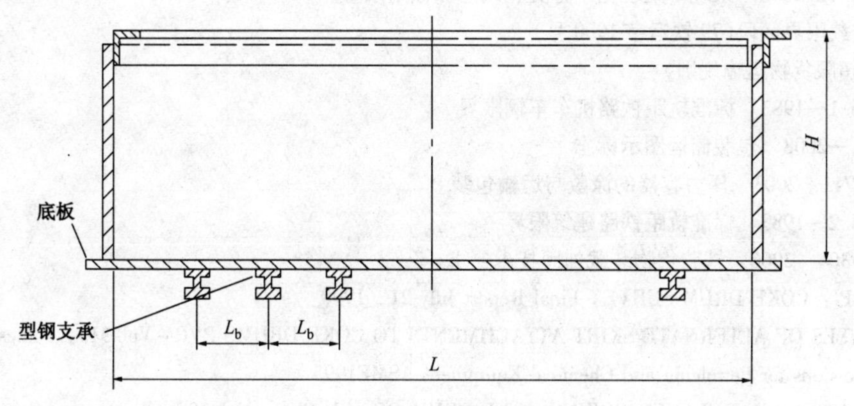

图 A.13－1　型钢上的矩形容器底板

A.13.2　型钢上的矩形容器底板

型钢支承的底板计算厚度按式(A.13－1)计算：

$$\delta_b=0.8L_b\sqrt{\frac{\rho gH}{[\sigma]^t}} \tag{A.13-1}$$

如果已知底板厚度 $\delta_{b,n}$(或先设 $\delta_{b,n}$)，则支承的最大间距按式(A.13－2)计算：

$$L_{b,max}=1.25\delta_{b,e}\sqrt{\frac{[\sigma]^t}{\rho gH}} \tag{A.13-2}$$

A.13.3　在平基础上全平面支承的底板

当底板整个表面被支承时，底板最小厚度常用 4～6mm(或与壁板等厚)，同时考虑腐蚀裕量来确定底板的名义厚度。

参 考 文 献

1 中国石油和石化工程研究会. 炼油设备工程师手册(第二版). 北京：中国石化出版社，2010

2 兰州石油机械研究所. 现代塔器技术(第二版). 北京：中国石化出版社，2005

3 TSG R0004—2009 固定式压力容器安全技术监察规程

4 TSG R1001—2008 压力容器压力管道设计许可规则

5 GB 150—2011 压力容器

6 JB/T 4710—2005 钢制塔式容器

7 JB/T 4731—2005 钢制卧式容器

8 NB/T 47003.1 钢制常压容器

9 中国石化北京设计院. 石油炼厂设备. 北京：中国石化出版社，2001

10 压力容器实用技术丛书. 制造与修理

11 GB/T 1412.2008 系统1集装箱 分类、尺寸和额定质量

12 特定装载限界区段(79铁运字1900号)

13 《铁路超限货物运输规则》

14 GB 146.1—1983 标准轨距铁路机车车辆限界

15 GB 191—2008 包装储运图示标志

16 JB/T 4711—2003 压力容器的涂敷与运输包装

17 GB 146.2—1983 标准轨距铁路建筑限界

18 TB/T 3304—2000 铁路货物装载加固技术要求

19 1996 API：COKE DRUM SURVEY Final Report July 21，1998

20 ANALYSES OF ALTERNATE SKIRT ATTACHMENTS TO COKE DRUMS PVP - Vol. 315，Fitness for Service and Decisions for Petroleum and Chemical Equipment ASME1995

21 INNOVATIONS IN DELAYED COKING COKE DRUM DESIGN PVP - Vol. 388，Fracture，Design Analysis of Pressure Vessels，Heat Exchangers，Piping Components，and Fitness for Service - 1999 ASME 1999

22 秦瑞歧. 焦化装置标定程序. 北京：中国石化出版社，1991

23 API publiation 938 “An Experimental Study of Causes and Repair of Cracking of $\frac{1}{4}$Cr - $\frac{1}{2}$Mo Steel Equipment”

24 ASME Ⅷ - 2 材料 D篇 性能(2010年版). 北京：中国石化出版社，2011

25 李世玉主编. 压力容器设计工程师培训教程. 北京：新华出版社，2005

26 [日]平修二. 热应力与热疲劳. 国际工业出版社

27 赵艳梅，郑国芬. 焦炭裙座环缝裂因及安全分析. 化工设备与管道，2001(6)

28 莫少明等. ϕ8800mm焦炭塔的焊后整体热处理. 石油化工设备技术，2004(6)

29 专利号ZL01243629.1“大型铬钼钢塔器背带式保温结构”